CHRISTIAN FOCKE

Mathematische Leitfäden

Herausgegeben von
em. o. Prof. Dr. Dr. h.c. mult. G. Köthe, Universität Frankfurt/M.,
Prof. Dr. K.-D. Bierstedt, Universität-Gesamthochschule Paderborn,
und Prof. Dr. G. Trautmann, Universität Kaiserslautern

Lehrbuch der Algebra

Unter Einschluß der linea

Teil 2

Von Dr. rer. nat. Günter Scheja
o. Professor an der Universität Tübingen

und Dr. rer. nat. Uwe Storch
o. Professor an der Universität Bochum

Mit 44 Figuren, 351 Beispielen und 1285 Aufgaben

B. G. Teubner Stuttgart 1988

Prof. Dr. rer. nat. Günter Scheja

Geboren 1932 in Wuppertal-Barmen. Studium der Mathematik und Naturwissenschaften an der Universität Münster von 1952 bis 1958. Promotion 1958 und Habilitation 1963 im Fach Mathematik in Münster, anschließend als Dozent und Professor in Münster, Lafayette/Indiana und Freiburg/Schweiz tätig. 1969 o. Professor an der Ruhr-Universität Bochum, seit 1979 o. Professor an der Universität Tübingen.

Prof. Dr. rer. nat. Uwe Storch

Geboren 1940 in Leopoldshall/Sachsen-Anhalt. Studium der Mathematik, Physik und Mathematischen Logik an den Universitäten Münster und Heidelberg von 1960 bis 1966. Promotion 1966 in Münster. Habilitation 1972, anschließend Dozent und Professor in Bochum. 1974 o. Professor an der Universität Osnabrück, seit 1981 o. Professor an der Universität Bochum.

CIP-Titelaufnahme der Deutschen Bibliothek

Scheja, Günter:
Lehrbuch der Algebra : unter Einschluß d.
linearen Algebra / von Günter Scheja u. Uwe Storch.
– Stuttgart : Teubner.
(Mathematische Leitfäden)

NE: Storch, Uwe:
Teil 2 (1988)
ISBN 3-519-02212-5

Printed in Germany
Druck und Bindung: Zechnersche Buchdruckerei GmbH, Speyer
Umschlaggestaltung: W. Koch, Sindelfingen

Vorwort

Das "Lehrbuch der Algebra" dient der Einführung in die Algebra, einschließlich derjenigen Teile der Algebra, die gemeinhin als Lineare Algebra bezeichnet werden. Mit dem zweiten Band legen wir nunmehr den Hauptteil des Buches vor.

Den Studierenden werden zunächst die drei mittleren Kapitel VIII, IX und X interessieren, die Lineare Operatoren, Dualität und Multilineare Algebra behandeln und damit den Stoff vermitteln, der den Kern der Anfänger-Vorlesungen über (Lineare) Algebra und Geometrie ausmacht und in weitem Maße auch in den parallelen Analysis-Vorlesungen gebraucht wird.

Zur Untersuchung linearer Operatoren in Kapitel VIII sind einige Ergebnisse über Polynomringe nötig, die in Kapitel VII, welches allgemeine Begriffe der Kommutativen Algebra vorstellt, enthalten sind, wenn sie auch nur einen geringen Teil dieses Kapitels bilden, den der Leser aber an Hand kurzer Bemerkungen zu Beginn der einzelnen Paragraphen unschwer herausfinden wird. Dem Leser sei geraten, sich hier anfangs auf das Nötige zu beschränken.

Weiter empfehlen wir dem Leser, sich frühzeitig mit dem Tensorprodukt als dem Grundbegriff multilinearer Algebra vertraut zu machen; hierzu bieten schon einige Stellen der Kapitel VIII und IX Gelegenheit. Systematisch wird das Tensorprodukt erst in Kapitel X besprochen, jedoch ergeben die ersten Paragraphen 80 und 81 dieses Kapitels eine in sich geschlossene einfach gehaltene Einführung, die man leicht vorziehen kann. Die Paragraphen 80 und 84 können übrigens ohne weiteres als Teil des Kapitels VI über Determinanten in den ersten Band aufgenommen werden.

Der Rest des vorliegenden Bandes, nämlich der weitaus größte Teil des Kapitels VII, die Schlußparagraphen von Kapitel X und das letzte Kapitel XI über algebraische Körpererweiterungen, ist für mittlere Semester gedacht. Begriffen und Schlußweisen der Kommutativen Algebra haben wir, insbesondere auch bei der Behandlung der Körpererweiterungen, unserer Sehweise gemäß größeren Raum gewährt.

Anders als im ersten Band, zu dem Anhänge gesondert als Band 3 erschienen sind, haben wir im zweiten Band weiterführende Beispiele und Bemerkungen in den Text eingeflochten, die dem Leser sicher willkommene Ergänzungen zu den Übungen in den bloßen Methoden bieten.

Viele dieser Ergänzungen und ebenso viele der mit ausführlichen Hinweisen ausgestatteten Aufgaben erweitern den Stoff dergestalt, daß das Buch nicht nur zum Lernen, sondern auch zum Nachschlagen gebraucht werden kann. Eine Vollständigkeit freilich konnte bei dem begrenzten Umfange nicht erreicht werden. Oft werden Gebiete der Analysis berührt. Die Analysis auszuklammern, erschiene uns unnatürlich.

Wieder haben wir vielen zu danken, die uns bei der Arbeit halfen. Die ersten Schreibmaschinen-Vorlagen wurden — im Laufe mehrerer Jahre — von Frau M. Schallwich und Frau E. Gondos mit großer Sorgfalt hergestellt. Verschiedene Versionen des Manuskripts wurden von einer Reihe unserer Schüler kritisiert und verbessert. Für sie sei stellvertretend Frau Dipl.-Math. U. Franzen, geb. Urbasch genannt, die die Koordination besorgte. Beim Lesen der Fahnenkorrekturen haben uns die Herren Doz. Dr. M. Kersken, Akad. ORat Dr. W. Grölz, Dr. Th. Lehmkuhl und Dipl.-Math. H.-G. Rentzsch in dankenswerter Weise unterstützt.

Der gesamte Text wurde unter Verwendung des Systems TEX von Herrn stud. phys. H. Storch gesetzt, dem wir für seinen Einsatz und seine kompetente Mitarbeit herzlich danken.

Endlich schulden wir den Herausgebern sowie Herrn Dr. P. Spuhler vom Teubner-Verlag für ihr Vertrauen, ihren Langmut und die zuverlässige Hilfe besonderen Dank.

Bochum und Tübingen, im Oktober 1987 — Die Verfasser

Hinweise

Bei der Numerierung wird generell wie im Band 1 vorgegangen. Die Zählung der Kapitel und Paragraphen setzt die des ersten Bandes fort, so daß Zitate ohne Erwähnung der Bandnummer erfolgen können.

Auch bei der Wahl der Schrifttypen haben wir uns vom ersten Band leiten lassen, soweit dies bei der eingeschränkten TEX-Implementation, die uns zur Verfügung stand, möglich war. Die Ersetzung der Fraktur durch Antiqua fett wird am stärksten ins Auge fallen.

Inhalt

VII Kommutative Algebra

VIII Lineare Operatoren

IX Dualität

X Multilineare Algebra

XI Algebraische Erweiterungen

VII Kommutative Algebra

§51 Ringe und Moduln von Brüchen

In diesem Paragraphen werden Konstruktion und Eigenschaften von Quotientenringen — Ringen von Brüchen — besprochen. Um die Anwendungsfähigkeit dieses Begriffs für die kommutative Algebra zu erläutern, braucht nur auf den folgenden Spezialfall hingewiesen zu werden: Jeder Integritätsbereich besitzt einen und im wesentlichen nur einen Quotientenkörper; vergleiche §16, Beispiel 4 und 51.2 unten. Beim ersten Lesen braucht man nur bis dorthin vorzugehen.

Definition Sei A ein kommutativer Ring. Ein multiplikatives System S in A ist ein Untermonoid des multiplikativen Monoids von A.

Triviale multiplikative Systeme in A sind $\{1\}$, $A^{\times}$ und A.

Beispiel 1 Sei $a \in A$. Die Potenzen a^n, $n \in \mathbb{N}$, bilden ein multiplikatives System $\mathrm{S}(a)$ in A. Es ist das kleinste a enthaltende multiplikative System.

Beispiel 2 Die Menge der Nichtnullteiler von A ist ein multiplikatives System.

Beispiel 3 Sei $\varphi\colon A \to B$ ein Homomorphismus kommutativer Ringe. Sind S und T multiplikative Systeme in A bzw. B, so sind $\varphi(S)$ und $\varphi^{-1}(T)$ multiplikative Systeme in B bzw. A. Insbesondere sind $\varphi^{-1}(B^{\times})$ und $\varphi^{-1}(1) = 1 + \mathrm{Kern}\,\varphi$ multiplikative Systeme in A.

Seien A ein kommutativer Ring und S ein multiplikatives System in A. Wir konstruieren den Ring

$$A_S$$

der Brüche a/s, wobei $a \in A$, $s \in S$ sind, wie folgt: In der Produktmenge $A \times S$ betrachten wir die durch

"$(a, s) \sim (b, t)$ genau dann, wenn ein $v \in S$ mit $vat = vbs$ existiert"

definierte Relation $\sim$.

Die Relation $\sim$ ist eine Äquivalenzrelation. Beweis. Die Gleichung $1 \cdot as = 1 \cdot as$ zeigt $(a, s) \sim (a, s)$ für alle $(a, s) \in A \times S$. Die Symmetrie der Relation liegt auf der Hand, und die Transitivität folgt so: Sei $(a, s) \sim (b, t)$ und $(b, t) \sim (c, u)$; es gibt Elemente $v, w \in S$ mit $vat = vbs$ und $wbu = wct$. Dann ist $(vwt)au = (vat)wu = (vbs)wu = (wbu)vs = (wct)vs = (vwt)cs$ und damit $(a, s) \sim (c, u)$ wegen $vwt \in S$.

Die dem Ring A_S zugrundeliegende Menge ist die Quotientenmenge von $A \times S$ bezüglich dieser Äquivalenzrelation. Die Äquivalenzklasse von (a, s) werde mit

$$a/s$$

bezeichnet. a/s und b/t sind definitionsgemäß gleich, wenn ein $v \in S$ mit $vat = vbs$ existiert. (Dies ist über einem Integritätsbereich im Fall $0 \notin S$ mit der aus der gewöhnlichen Bruchrechnung rationaler Zahlen bekannten Bedingung $at = bs$ gleichbedeutend.) Insbesondere ist $a/s = au/su$ für alle $u \in S$. Endlich viele Brüche lassen sich somit stets auf einen "gemeinsamen Nenner" bringen.

Die Verknüpfungen auf A_S definieren wir den Rechenregeln für Brüche 15.2 entsprechend:

$$a/s + b/t := (at + bs)/st\,, \quad a/s \cdot b/t := ab/st\,.$$

Zunächst ist zu zeigen, daß dies überhaupt wohldefinierte Verknüpfungen sind. Dafür ist die Gültigkeit der folgenden Aussage nachzuweisen: Ist $a/s = a'/s'$ und $b/t = b'/t'$, so ist $(at + bs)/st = (a't' + b's')/s't'$ und $ab/st = a'b'/s't'$. Aus $vas' = va's$ und $wbt' = wb't$ mit Elementen $v, w \in S$ erhält man $vw(at + bs)s't' = vwats't' + vwbss't' = vwa'tst' + vwb'ss't = vw(a't' + b's')st$ und $vwabs't' = vwa'b'st$, was wegen $vw \in S$ die gewünschten Identitäten ergibt.

A_S mit den eingeführten Verknüpfungen ist ein kommutativer Ring.

B e w e i s. Die Addition ist augenscheinlich kommutativ. Den Beweis der Assoziativität der Addition überlassen wir dem Leser zur Übung. Neutrales Element bezüglich der Addition ist $0/1$. Das Negative von a/s ist $(-a)/s$. Somit ist $(A_S, +)$ eine abelsche Gruppe. Ferner ist $(A_S, \cdot)$ offensichtlich ein kommutatives Monoid mit dem Einselement $1/1$. Das Distributivgesetz verifiziert man wie folgt:

$$\begin{aligned}(a/s)(b/t + c/u) &= (a/s)((bu + ct)/tu) = a(bu + ct)/stu \\ &= as(bu + ct)/s^2tu = (absu + acst)/stsu \\ &= ab/st + ac/su = (a/s)(b/t) + (a/s)(c/u)\,.\end{aligned}$$

Der Ring A_S heißt die B r u c h e r w e i t e r u n g von A bezüglich S oder der R i n g d e r B r ü c h e oder auch der Q u o t i e n t e n r i n g von A bezüglich S. Der Übergang von einem Ring zu einer Brucherweiterung wird gelegentlich als N e n n e r a u f n a h m e bezeichnet. Für ein $s \in S$ ist $s/1$ eine Einheit in A_S, denn es ist $(s/1)(1/s) = s/s = 1/1$. Insbesondere kann man die Elemente a/s von A_S in folgender Form schreiben:

$$a/s = (a/1)(1/s) = (a/1)(s/1)^{-1}\,.$$

Die Abbildung $a \mapsto a/1$ ist ein Ringhomomorphismus

$$\iota : A \to A_S$$

von A in A_S, bezüglich dessen wir A_S in kanonischer Weise als *A-Algebra* auffassen.

Beispiel 4 Betrachten wir den Kern von $\iota: A \to A_S$. Für ein $a \in A$ ist $\iota(a) = 0$ genau dann, wenn es ein $v \in S$ mit $va = 0$ gibt, wie man aus $a/1 = 0/1$ abliest. Speziell gilt: *Die kanonische Abbildung $A \to A_S$ ist genau dann injektiv, wenn S nur aus Nichtnullteilern von A besteht.* In diesem Falle kann man A mit einem Unterring von A_S identifizieren, und ein Bruch $a/s = as^{-1}$ hat dieselbe Bedeutung wie in §15. Weiter gilt: *A_S ist genau dann der Nullring, wenn $0 \in S$ ist.* Denn es ist $A_S = 0$ genau dann, wenn $1/1 = 0/1$ ist, wenn es also ein $v \in S$ mit $v = v \cdot 1 = 0$ gibt.

Der folgende Satz gibt die charakteristische Eigenschaft der Brucherweiterung an.

51.1 Satz *Seien $\varphi: A \to B$ ein Homomorphismus kommutativer Ringe und S ein multiplikatives System in A mit $\varphi(S) \subseteq B^\times$. Dann gibt es einen und nur einen A-Algebra-Homomorphismus*

$$\varphi_S : A_S \to B .$$

Ein Bruch $a/s \in A_S$ gehört zum Kern von φ_S genau dann, wenn $a \in \operatorname{Kern} \varphi$ ist. Speziell gibt es zu $\varphi: A \to B$ genau einen A-Algebra-Homomorphismus $A_{\varphi^{-1}(B^\times)} \to B$.

Beweis. Es ist ein Ringhomomorphismus φ_S derart zu finden, daß das Diagramm

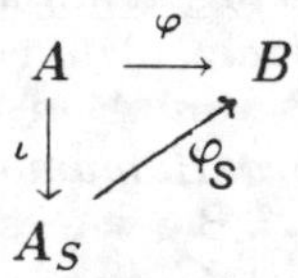

kommutativ ist, wobei ι die kanonische Abbildung ist. Notwendigerweise ist

$$\varphi_S(a/s) = \varphi_S((a/1)(s/1)^{-1}) = \varphi_S(\iota(a)\iota(s)^{-1})$$
$$= \varphi_S\iota(a)(\varphi_S\iota(s))^{-1} = \varphi(a)\varphi(s)^{-1} .$$

Dies zeigt, daß es nur einen Homomorphismus mit den angegebenen Eigenschaften geben kann, und schreibt die Konstruktion vor: Sei $x \in A_S$. Ist $x = a/s$, so setzen wir $\varphi_S(x) := \varphi(a)\varphi(s)^{-1}$. Dieses Element läßt sich bilden, da $\varphi(s)$ nach Voraussetzung des Satzes eine Einheit in B ist. Es hängt nicht von der Darstellung $x = a/s$ ab. Sei nämlich $x = a/s = b/t$. Es gibt ein $v \in S$ mit $vat = vbs$. Aus $\varphi(v)\varphi(a)\varphi(t) = \varphi(v)\varphi(b)\varphi(s)$ folgt nun, da $\varphi(v)$, $\varphi(s)$, $\varphi(t)$ Einheiten in B sind: $\varphi(a)\varphi(s)^{-1} = \varphi(b)\varphi(t)^{-1}$. Daß die so wohldefinierte Abbildung φ_S ein Ringhomomorphismus ist, folgt direkt aus den Rechenregeln für Brüche. Schließlich ist $\varphi_S(a/s) = \varphi(a)\varphi(s)^{-1} = 0$ genau dann, wenn $\varphi(a) = 0$ ist, ebenfalls weil $\varphi(s)$ Einheit in B ist. Damit ist 51.1 vollständig bewiesen. •

Die Voraussetzung $\varphi(S) \subseteq B^\times$ in 51.1 ist übrigens notwendig für die Existenz eines solchen A-Algebra-Homomorphismus φ_S, denn $\iota(S)$ besteht aus Einheiten von A_S und wird durch φ_S in $B^\times$ abgebildet.

Jetzt können wir leicht die in §16, Beispiel 4 angekündigte Existenz und Eindeutigkeit des Quotientenkörpers eines Integritätsbereiches beweisen.

51.2 Satz *Jeder Integritätsbereich A besitzt einen und bis auf kanonische A–Algebra–Isomorphie nur einen Quotientenkörper.*

Beweis. $S := A \setminus \{0\}$ ist ein multiplikatives System in A. Die kanonische Abbildung ι von A in $K := A_S$ ist nach Beispiel 4 injektiv, so daß wir A kanonisch mit einem Unterring von K identifizieren können. Die Elemente von S sind Einheiten in K; für $b \in S$ ist $1/b = b^{-1}$ in K. Jedes Element von K ist von der Form $a/b = ab^{-1}$ mit $a, b \in A$, $b \neq 0$. Bei $a/b \neq 0$ ist $a \neq 0$ und daher $b/a \in K$ wohldefiniert; es ist $(a/b)(b/a) = 1$. Folglich ist K ein Quotientenkörper von A. Schließlich sei $L \supseteq A$ ein Quotientenkörper von A gemäß der Definition aus §16, Beispiel 4. Der kanonische Homomorphismus $\varphi: K \to L$ nach 51.1 ist dann offensichtlich ein und auch der einzige A–Algebra–Isomorphismus von K auf L. •

Wegen 51.2 spricht man von *dem* Quotientenkörper eines Integritätsbereiches A und bezeichnet ihn mit

$$\mathrm{Q}(A).$$

Bemerkung 1 In welcher Weise die Brucherweiterung A_S durch 51.1 charakterisiert wird, läßt sich wie folgt präzisieren: *Seien A ein kommutativer Ring, S ein multiplikatives System und C eine kommutative A–Algebra mit dem Strukturhomomorphismus $\chi: A \to C$ derart, daß $\chi(S) \subseteq C^\times$ gilt und daß es zu jedem Homomorphismus $\varphi: A \to B$ von A in einen kommutativen Ring B mit $\varphi(S) \subseteq B^\times$ genau einen A–Algebra–Homomorphismus $C \to B$ gibt; dann ist C als A–Algebra isomorph zu A_S.* Beweis. Es gibt insbesondere genau einen A–Algebra–Homomorphismus $\psi: C \to A_S$. Dann ist $\chi_S\psi$ ein A–Algebra–Automorphismus von C, der nach der Eindeutigkeitsvoraussetzung nur id_C sein kann. Ebenso sieht man ein, daß $\psi\chi_S$ die Identitätsabbildung von A_S ist. Folglich ist ψ bijektiv mit $\psi^{-1} = \chi_S$.

Beispiel 5 (Totaler Quotientenring) Seien A ein kommutativer Ring und S das multiplikative System aller Nichtnullteiler von A. Der Quotientenring A_S heißt der totale Quotientenring von A. Er wird häufig mit $\mathrm{Q}(A)$ bezeichnet. Der kanonische Homomorphismus $A \to A_S$ ist nach Beispiel 4 injektiv, weshalb man gewöhnlich A als Unterring von $\mathrm{Q}(A)$ betrachtet. Ein $a/s \in A_S$ kann man dann als gewöhnlichen Bruch as^{-1} schreiben. Ist A ein Integritätsbereich, so ist $\mathrm{Q}(A)$ der Quotientenkörper von A.

51.3 *Jeder Nichtnullteiler in $\mathrm{Q}(A)$ ist eine Einheit.*

Beweis. Sei S das multiplikative System der Nichtnullteiler in A, und sei $a/s \in A_S$ ein vorgegebener Nichtnullteiler. Es genügt zu zeigen, daß a Nichtnullteiler in A ist. Sei also $b \in A$ mit $ba = 0$ vorgegeben. Aus $(b/1)(a/s) = ba/s = 0$ folgt $b/1 = 0$. Also gibt es ein $t \in S$ mit $tb = 0$, woraus $b = 0$ folgt. •

Sei T irgendein multiplikatives System in A, das nur aus Nichtnullteilern besteht. Durch $A \to \mathrm{Q}(A)$ wird T auf Einheiten abgebildet, und 51.1 garantiert die Existenz eines kanonischen Homomorphismus $A_T \to \mathrm{Q}(A)$, welcher ebenso wie $A \to \mathrm{Q}(A)$ injektiv ist. Somit läßt sich A_T in kanonischer Weise als eine A–Unteralgebra von $\mathrm{Q}(A)$ auffassen. Insbesondere gilt: *Jede Brucherweiterung*

$\neq 0$ eines Integritätsbereiches A ist kanonisch isomorph zu einem A umfassenden Unterring von $\mathrm{Q}(A)$.

Bemerkung 2 Seien A ein kommutativer Ring und S ein multiplikatives System in A. Bezeichnet man mit S^{-1} die Familie der Elemente $1/s$, $s \in S$, in A_S, so ist A_S gerade die von S^{-1} erzeugte A-Unteralgebra von A_S. Ist E eine Teilmenge von S derart, daß jedes Element von S ein Monom in Elementen von E ist, so hat man sogar $A_S = A[E^{-1}]$. Ist beispielsweise $S = \mathrm{S}(a)$ mit einem $a \in A$, vergleiche Beispiel 1, so hat man $A_{\mathrm{S}(a)} = A[\{a\}^{-1}] = A[1/a]$.

Beispiel 6 Restklassenbildung und Brucherweiterung sind miteinander verträglich, das soll heißen:

51.4 *Seien A ein kommutativer Ring, S ein multiplikatives System in A und $\mathbf{a}$ ein Ideal in A. Der Restklassenhomomorphismus $\pi: A \to A/\mathbf{a}$ induziert einen kanonischen surjektiven A-Algebra-Homomorphismus $A_S \to (A/\mathbf{a})_{\pi(S)}$ mit dem Kern $\mathbf{a}A_S$, und man hat demnach eine kanonische A-Algebra-Isomorphie*

$$A_S/\mathbf{a}A_S = (A/\mathbf{a})_{\pi(S)}.$$

Beweis. Sei φ die Komposition von π mit der kanonischen Abbildung von $A/\mathbf{a}$ in $(A/\mathbf{a})_{\pi(S)}$. Nach 51.1 ist φ_S definiert, und φ_S ist offensichtlich surjektiv. Zum Kern von φ_S gehört sicher das Ideal $\mathbf{a}A_S$. Ist andererseits $0 = \varphi_S(a/s) = (\pi(a)/1)(\pi(s)/1)^{-1}$, so ist auch $\pi(a)/1 = 0$. Daher gibt es ein $t \in S$ mit $0 = \pi(t)\pi(a) = \pi(ta)$, also $ta \in \mathbf{a}$. Folglich ist $a/s = ta/ts = (ta/1)(1/ts) \in \mathbf{a}A_S$. Somit ist Kern $\varphi_S = \mathbf{a}A_S$. •

Bemerkung 3 (Differenzenmonoid) Ist S ein multiplikatives System in einem kommutativen Ring A, so ist die Konstruktion der Menge A_S, des multiplikativen Monoids von A_S und der kanonischen Abbildung $A \to A_S$, die S in die Menge der invertierbaren Elemente des multiplikativen Monoids von A_S abbildet, unabhängig von der additiven Struktur auf A. In der Tat ist dies ein Spezialfall einer allgemeinen Konstruktion bei kommutativen Monoiden, die wir kurz besprechen wollen. Wegen der Beispiele, die wir im Auge haben, wollen wir hier die Monoide additiv schreiben.

Seien M ein kommutatives Monoid und S ein Untermonoid von M. Auf der Menge $M \times S$ ist

"$(a, s) \sim (b, t)$ genau dann, wenn ein $v \in S$ mit $v + a + t = v + b + s$ existiert"

eine Äquivalenzrelation. Die Äquivalenzklasse von (a, s) werde mit $[a - s]$ bezeichnet. Durch

$$[a - s] + [b - t] := [(a + b) - (s + t)]$$

ist eine Verknüpfung auf der Menge M_S der Äquivalenzklassen wohldefiniert. M_S ist mit dieser Verknüpfung ein kommutatives Monoid. Die Abbildung $\iota: M \to M_S$ durch $a \mapsto [a - 0]$ ist ein Monoidhomomorphismus, der genau dann injektiv ist, wenn die Translationen $x \mapsto x + s$ von M für alle $s \in S$ injektiv sind. Die Elemente $[s - 0]$, $s \in S$, sind in M_S invertierbar wegen $[s - 0] + [0 - s] = [s - s] = [0 - 0] = 0$.

Analog zu 51.1 beweist man für M_S folgende Eigenschaft: Ist $\varphi: M \to N$ ein Homomorphismus kommutativer Monoide mit $\varphi(S) \subseteq N^{\times}$, so gibt es genau einen Monoidhomomorphismus $\varphi_S: M_S \to N$ mit $\varphi = \varphi_S \iota$. Dabei ist $\varphi_S([a - s]) = \varphi(a) - \varphi(s)$.

M_S heißt das **Differenzenmonoid** von M bezüglich S. Bei $S = M$ erhält man in M_M (wegen $[a-b]+[b-a] = 0$) eine *Gruppe*, die die **Differenzengruppe** oder die **Grothendieckgruppe** von M heißt. (Bei multiplikativer Schreibweise kann man von **Quotientenmonoid** bzw. **Quotientengruppe** sprechen, obwohl man dann auf begriffliche Abgrenzung zur Restklassenbildung zu achten hat.) Wir bezeichnen sie mit $\mathrm{G}(M)$. Sie besitzt folgende charakteristische Eigenschaft: *Ist $\varphi: M \to V$ ein Homomorphismus von M in eine kommutative Gruppe V, so gibt es genau einen Gruppenhomomorphismus $\mathrm{G}(\varphi): \mathrm{G}(M) \to V$ mit $\varphi = \mathrm{G}(\varphi)\iota$.* Genau dann ist $\iota: M \to \mathrm{G}(M)$ injektiv, d.h. ist M in $\mathrm{G}(M)$ eingebettet, wenn M ein Monoid mit Kürzungsregel ist.

Bemerkung 4 (Differenzenring) Unter einem Halbring verstehen wir eine Menge A mit einer Addition $+$ und einer Multiplikation $\cdot$ derart, daß $(A, +)$ ein kommutatives Monoid ist, $(A, \cdot)$ ein Monoid ist und ferner die distributiven Gesetze $a(b+c) = ab + ac$ und $(b+c)a = ba + ca$ gelten.

Sei A ein Halbring. Auf der Differenzengruppe $\mathrm{G}(A)$ des additiven Monoids $(A, +)$ ist durch

$$[a-b]\cdot[c-d] := [(ac+bd)-(ad+bc)]$$

eine Multiplikation wohldefiniert (Beweis!). Sie ist die einzige Multiplikation auf $\mathrm{G}(A)$ derart, daß $\iota: A \to \mathrm{G}(A)$ multiplikativ und $\mathrm{G}(A)$ ein Ring ist (Beweis!). Der so definierte Ring $\mathrm{G}(A)$ heißt der **Differenzenring** oder der **Grothendieckring** zum Halbring A. Ist B ein beliebiger Ring und $\varphi: A \to B$ eine Abbildung, die sowohl additiv als auch bezüglich der Multiplikation ein Monoidhomomorphismus ist, so ist der nach Bemerkung 3 existierende und eindeutig bestimmte additive Gruppenhomomorphismus $\mathrm{G}(\varphi)$ auch multiplikativ und damit ein Ringhomomorphismus.

Die natürlichen Zahlen $\mathbb{N}$ bilden bezüglich der gewöhnlichen Addition und Multiplikation einen Halbring. Der zugehörige Differenzenring $\mathrm{G}(\mathbb{N})$ ist nichts anderes als $\mathbb{Z}$. Zur Einbettung $\varphi: \mathbb{N} \to \mathbb{Z}$ gibt es nämlich den kanonischen Ringhomomorphismus $\mathrm{G}(\varphi): \mathrm{G}(\mathbb{N}) \to \mathbb{Z}$ mit $[a-b] \mapsto a-b$, der offensichtlich bijektiv ist. Also ist $\mathrm{G}(\mathbb{N})$ kanonisch zu $\mathbb{Z}$ isomorph.

Bemerkung 5 (Aufbau des Zahlensystems) An dieser Stelle sei kurz angedeutet, wie unser gewöhnliches Zahlensystem von den natürlichen zu den komplexen Zahlen aufgebaut werden kann. Ausgehend vom Halbring $\mathbb{N}$ der natürlichen Zahlen konstruiert man den Ring $\mathbb{Z}$ der ganzen Zahlen als Differenzenring von $\mathbb{N}$, vergleiche Bemerkung 4. Der Quotientenkörper $\mathrm{Q}(\mathbb{Z})$ von $\mathbb{Z}$ ist der Körper $\mathbb{Q}$ der rationalen Zahlen. Am wenigsten elementar ist die Konstruktion des Körpers $\mathbb{R}$ der reellen Zahlen aus $\mathbb{Q}$; diese läßt sich etwa nach dem in §33, Beispiel 5 beschriebenen Cantorschen Verfahren ausführen. Schließlich ergibt sich der Körper $\mathbb{C}$ der komplexen Zahlen als (bis auf Isomorphie einzige) nullteilerfreie quadratische Algebra über $\mathbb{R}$, vgl. §28, Beispiel 2 und Anhang V.A, Beispiel 5.

Seien A ein kommutativer Ring und S ein multiplikatives System in A. Aus A–Moduln konstruiert man in natürlicher Weise Moduln über A_S. Sei dazu V ein A–Modul. In der Produktmenge $V \times S$ ist durch

"$(x, s) \sim (y, t)$ genau dann, wenn ein $v \in S$ mit $vtx = vsy$ existiert"

eine Äquivalenzrelation $\sim$ definiert. Die Quotientenmenge von $V \times S$ bezüglich dieser Äquivalenzrelation werde mit

$$V_S$$

bezeichnet, die Äquivalenzklasse von $(x, s) \in V \times S$ mit x/s. Wir nennen V_S auch die Brucherweiterung von V bezüglich S. Auf V_S gibt es eine natürliche A_S-Modulstruktur: Die Addition in V_S wird definiert durch

$$x/s + y/t := (tx + sy)/st$$

und die Skalarmultiplikation $A_S \times V_S \to V_S$ durch

$$(a/s)(x/t) := ax/st\,.$$

Der Leser prüft mit Schlüssen wie denen bei der Konstruktion von A_S, daß Addition und Skalarmultiplikation auf V_S wohldefiniert sind und eine A_S-Modulstruktur auf V_S bilden. Aus dem A-Modul A wird bei dieser Konstruktion gerade der A_S-Modul A_S.

Bemerkung 6 Handelt es sich bei S speziell um das von einem Element $a \in A$ erzeugte multiplikative System $\mathrm{S}(a)$, so schreibt man einfach A_a für $A_{\mathrm{S}(a)}$, ebenso V_a für $V_{\mathrm{S}(a)}$.

Bemerkung 7 (Brucherweiterungen von Algebren) Seien B eine nicht notwendig kommutative Algebra über dem kommutativen Ring A und S ein multiplikatives System in A. Dann ist der A_S-Modul B_S mit der Multiplikation

$$(b/s) \cdot (c/t) := bc/st$$

für $b, c \in B$, $s, t \in S$ eine A_S-Algebra. Da sich jeder Ring als Algebra über seinem Zentrum auffassen läßt, lassen sich insbesondere Brucherweiterungen beliebiger Ringe bezüglich multiplikativer Systeme bilden, die im Zentrum enthalten sind.

Sei wieder V ein A-Modul. Offensichtlich ist die kanonische Abbildung

$$\iota : V \to V_S$$

mit $x \mapsto x/1$ ein A-Modul-Homomorphismus.

51.5 *Seien A ein kommutativer Ring, S ein multiplikatives System in A, V ein A-Modul, $\iota : V \to V_S$ der kanonische Homomorphismus, und für jedes $s \in S$ sei ϑ_s die Homothetie $x \mapsto sx$ von V.*

(1) *Es gilt* $\operatorname{Kern} \iota = \{x \in V : sx = 0 \text{ für ein } s \in S\}$. *Folglich ist ι genau dann injektiv, wenn alle ϑ_s es sind.*

(2) *Genau dann ist ι bijektiv, wenn alle ϑ_s es sind. In diesem Fall gibt es genau eine A_S-Modulstruktur auf V, die die gegebene A-Modulstruktur auf V induziert. Die Multiplikation mit den Skalaren aus A_S sieht dabei so aus:*

$$(a/s)x = a\vartheta_s^{-1}(x)\,.$$

Beweis. Zu (1). Definitionsgemäß ist $x/1 = 0 = 0/1$ genau dann, wenn es ein $s \in S$ mit $sx = s \cdot 0 = 0$ gibt. Der Zusatz folgt direkt. Zu (2). Sei ι bijektiv. Für ein beliebiges $s \in S$ ist die Homothetie von V mit s dann nichts anderes als die Homothetie mit $s/1$ auf V_S, und diese ist bijektiv, da $s/1$ Einheit in A_S ist. Seien umgekehrt alle Homothetien $x \mapsto sx$ von V bijektiv. Sei $x/s \in V_S$ vorgegeben. Nach Voraussetzung gibt es ein $y \in V$ mit $x = sy$. Dann ist $y/1 = sy/s = x/s$. Folglich ist ι auch surjektiv. Die Zusätze sind leicht nachzurechnen. •

Beispiel 7 Bei $V = A$ haben wir (1) aus 51.5 bereits in Beispiel 4 besprochen. (2) ergibt hier direkt den Zusatz: *Der kanonische Ringhomomorphismus $A \to A_S$ ist genau dann bijektiv, wenn alle $s \in S$ Einheiten in A sind.*

Ist S das multiplikative System aller Nichtnullteiler von A, so ist der Kern von $V \to V_S$ der Torsionsmodul von V, wie 51.5(1) direkt zeigt. Wir führen bei dieser Gelegenheit die Bezeichnung

$$\mathrm{t}V = \mathrm{t}_A V$$

für ihn ein.

51.6 Satz *Seien $\varphi: A \to B$ ein Homomorphismus kommutativer Ringe und S ein multiplikatives System in A mit $\varphi(S) \subseteq B^\times$. Ferner seien V ein A-Modul, W ein B-Modul und $f: V \to W$ ein A-Modul-Homomorphismus. Mittels $\varphi_S: A_S \to B$ werde W als A_S-Modul aufgefaßt. Dann gibt es genau einen A_S-Modul-Homomorphismus $f_S: V_S \to W$ derart, daß das mit der kanonischen Abbildung $V \to V_S$ gebildete Diagramm*

$$\begin{array}{ccc} V & \xrightarrow{f} & W \\ \downarrow & \nearrow_{f_S} & \\ V_S & & \end{array}$$

kommutativ ist. Es ist $\mathrm{Kern}\, f_S = \{x/s : x \in \mathrm{Kern}\, f\}$.

Beweis. Nach 51.1 ist φ_S und damit die A_S-Modulstruktur von W wohlbestimmt: $(a/s)w = \varphi(a)\varphi(s)^{-1}w$. Für f_S gilt notwendig

$$f_S(x/s) = f_S((1/s)(x/1)) = (1/s)f_S(x/1) = (1/s)f(x).$$

Daß umgekehrt durch $x/s \mapsto (1/s)f(x)$ ein A_S-Homomorphismus definiert wird, prüft der Leser ebenso leicht wie den Zusatz über den Kern von f_S.•

Bemerkung 8 Sind in der Situation von 51.6 V bzw. W Algebren über A bzw. B, und ist f ein A-Algebra-Homomorphismus, so ist offenbar f_S ein A_S-Algebra-Homomorphismus.

Beispiel 8 Bei $V = W$ in der Situation von 51.6 ist $(\mathrm{id}_W)_S: W_S \to W$ ein Isomorphismus, da $W \to W_S$ nach 51.5(2) bijektiv ist: W_S läßt sich kanonisch mit W identifizieren.

Anwendungen findet 51.6 vor allem in folgender Situation. Seien A ein kommutativer Ring, S ein multiplikatives System in A und V, W, X Moduln über A. Sei $f \in \mathrm{Hom}_A(V, W)$. Dann gibt es zu $(W \to W_S) \circ f$ genau einen A_S-Homomorphismus F derart, daß das Diagramm

$$\begin{array}{ccc} V & \xrightarrow{f} & W \\ \downarrow & & \downarrow \\ V_S & \xrightarrow{F} & W_S \end{array}$$

mit den kanonischen Homomorphismen in den Vertikalen kommutativ ist. Es ist üblich und wird zu keinen Mißverständnissen führen, F mit f_S zu bezeichnen. Für $x/s \in V_S$ hat man einfach

$$f_S(x/s) = f(x)/s\,.$$

Es ist daher trivial, daß

$$(\mathrm{id}_V)_S = \mathrm{id}_{V_S}$$

gilt, und ebenfalls, daß für $g \in \mathrm{Hom}_A(W, X)$ gilt:

$$(gf)_S = g_S f_S\,.$$

Sind weiter $f' \in \mathrm{Hom}_A(V, W)$ und $a \in A$, so hat man

$$(f + f')_S = f_S + f'_S\,,\ 0_S = 0\,,\ (af)_S = af_S\,.$$

Insbesondere ist die Abbildung $f \mapsto f_S$ ein A–Homomorphismus

$$\mathrm{Hom}_A(V, W) \to \mathrm{Hom}_{A_S}(V_S, W_S)\,.$$

Nach 51.6 läßt sich dieser zu einem kanonischen A_S–Homomorphismus

$$\mathrm{Hom}_A(V, W)_S \to \mathrm{Hom}_{A_S}(V_S, W_S)$$

fortsetzen, der in gewissen Fällen bijektiv ist (Aufgabe 6).
Wichtig ist:

51.7 Satz *Seien A ein kommutativer Ring, S ein multiplikatives System in A und $V \xrightarrow{f} W \xrightarrow{g} X$ eine exakte Sequenz von A-Moduln. Dann ist auch die Sequenz*

$$V_S \xrightarrow{f_S} W_S \xrightarrow{g_S} X_S$$

von A_S-Moduln exakt.

B e w e i s. Es ist $g_S f_S = (gf)_S = 0_S = 0$. Folglich ist Bild $f_S \subseteq$ Kern g_S. Sei umgekehrt $y/s \in$ Kern g_S. Es ist $0 = g_S(y/s) = g(y)/s$. Somit gibt es ein $t \in S$ mit $0 = tg(y) = g(ty)$. Nach Voraussetzung existiert ein $x \in V$ mit $ty = f(x)$. Dann ist aber $f_S(x/ts) = f(x)/ts = ty/ts = y/s$, also $y/s \in$ Bild f_S, was noch zu zeigen war. •

Bildet man beispielsweise zu $f\colon V \to W$ die exakte Vierersequenz

$$0 \to \mathrm{Kern}\, f \to V \xrightarrow{f} W \to \mathrm{Kokern}\, f \to 0$$

und geht zur Brucherweiterung über, so erhält man die exakte Sequenz

$$0 \to (\mathrm{Kern}\, f)_S \to V_S \xrightarrow{f_S} W_S \to (\mathrm{Kokern}\, f)_S \to 0$$

von A_S–Moduln. Man kann daher $(\mathrm{Kern}\, f)_S$ mit Kern f_S und $(\mathrm{Kokern}\, f)_S$ mit Kokern f_S identifizieren. *Insbesondere ist f_S injektiv bzw. surjektiv, wenn das Entsprechende für f gilt.*

Generell lassen sich Homologiebildung und Nenneraufnahme vertauschen: Ist

$$\cdots V_{i-1} \xrightarrow{f_{i-1}} V_i \xrightarrow{f_i} V_{i+1} \cdots$$

ein Komplex von A-Moduln, so gilt für die Homologie des Komplexes

$$\cdots (V_{i-1})_S \xrightarrow{(f_{i-1})_S} (V_i)_S \xrightarrow{(f_i)_S} (V_{i+1})_S \cdots$$

eine kanonische Isomorphie

$$\operatorname{Kern}(f_i)_S/\operatorname{Bild}(f_{i-1})_S \cong (\operatorname{Kern} f_i/\operatorname{Bild} f_{i-1})_S\,.$$

Beispiel 9 Seien A ein kommutativer Ring und S ein multiplikatives System in A. Ferner sei V ein A-Modul. Für einen Untermodul U von V hat man die kanonische Dreiersequenz

$$0 \to U \to V \xrightarrow{\pi} V/U \to 0$$

und daher die exakte Sequenz

$$0 \to U_S \to V_S \xrightarrow{\pi_S} (V/U)_S \to 0$$

von A_S-Moduln. Bezüglich der Einbettung $U_S \to V_S$ identifiziert man U_S gewöhnlich mit seinem Bild, dem Untermodul der Elemente u/s, $u \in U$, $s \in S$, in V_S. Sodann induziert π_S einen kanonischen Isomorphismus

$$V_S/U_S \cong (V/U)_S\,.$$

Sämtliche Untermoduln von V_S sind übrigens in der Form U_S mit $U \subseteq V$ darstellbar. *Sei nämlich $W \subseteq V_S$ ein A_S-Untermodul; dann ist $U(W) := \{x \in V : x/1 \in W\} = \iota^{-1}(W)$ ein Untermodul von V mit $U(W)_S = W$.* Trivialerweise ist nämlich $U(W)_S \subseteq W$. Umgekehrt sei $y/s \in W$ vorgegeben, $y \in V$. Dann ist auch $y/1 = (s/1)(y/s) \in W$, folglich $y \in U(W)$ und $y/s \in U(W)_S$.

Als Folgerung notieren wir, daß man den Verband der Untermoduln von V_S in den Verband der Untermoduln von V einbetten kann, wobei für zwei Untermoduln von V_S eine Inklusion genau dann gilt, wenn die entsprechende Inklusion für die zugehörigen Untermoduln von V gilt. Insbesondere gilt:

51.8 *Ist V ein noetherscher bzw. artinscher A-Modul, so ist V_S noetherscher bzw. artinscher A_S-Modul. Ist A noetherscher bzw. artinscher Ring, so auch A_S.*

Beispiel 10 Seien A ein kommutativer Ring und S ein multiplikatives System in A. Ferner seien V ein A-Modul und x_i, $i \in I$, eine Familie von Elementen in V. *Ist x_i, $i \in I$, ein A-Erzeugendensystem von V, so ist $x_i/1$, $i \in I$, ein A_S-Erzeugendensystem von V_S.* Zu vorgegebenem $x/s \in V_S$ gibt es nämlich eine Darstellung $x = \sum_i a_i x_i$ mit $a_i \in A$; dann ist $x/s = \sum_i (a_i/s)(x_i/1)$ eine A_S-Linearkombination der $x_i/1$. *Speziell ist demnach mit A auch A_S ein Hauptidealring.*

Ist x_i, $i \in I$, eine A-linear unabhängige Familie in V, so ist $x_i/1$, $i \in I$, eine A_S-linear unabhängige Familie in V_S. Die Injektivität des Homomorphismus $A^{(I)} \to V$ mit $e_i \mapsto x_i$ impliziert nämlich nach 51.7 die Injektivität des Homomorphismus $e_i \mapsto x_i/1$ von $(A^{(I)})_S = A_S^{(I)}$ in V_S. Insbesondere gilt: *Ist x_i, $i \in I$, eine A-Basis* *von V, so ist $x_i/1$, $i \in I$, eine A_S-Basis von V_S. Ist V freier A-Modul, so ist V_S freier A_S-Modul.*

Allgemeiner gilt: *Nenneraufnahme und direkte Summenbildung sind miteinander verträglich.* Genauer:

51.9 *Ist $\alpha_i: V_i \to V$, $i \in I$, eine Darstellung des A-Moduls V als direkte Summe der V_i, so ist $(\alpha_i)_S: (V_i)_S \to V_S$, $i \in I$, eine Darstellung des A_S-Moduls V_S als direkte Summe der $(V_i)_S$.*

Der Beweis (etwa über §39, Aufgabe 18) sei dem Leser überlassen.

Beispiel 11 (Moduln mit Rang) Sei A ein kommutativer Ring. S sei das multiplikative System der Nichtnullteiler in A. Wir setzen voraus, daß A nicht der Nullring ist. Dann ist auch $A_S = \mathrm{Q}(A)$ nicht der Nullring. Jeder freie A_S-Modul besitzt daher einen wohldefinierten Rang. Wir definieren: Ein A-Modul V ist ein Modul mit Rang, wenn V_S freier Modul über A_S ist; in diesem Fall sei

$$\mathrm{Rang}_A V := \mathrm{Rang}_{A_S} V_S\,.$$

Nach Beispiel 10 ist jeder freie A-Modul V ein Modul mit Rang und dessen Rang ist nichts anderes als der Rang des freien A-Moduls V im bisherigen Sinn. Ist V ein A-Modul mit Rang, so besitzt V_S, da es auf Faktoren der Form $1/s$ über A_S nicht ankommt, stets auch eine A_S-Basis des Typs $x_i/1$, $i \in I$; dann ist x_i, $i \in I$, eine maximale A-linear unabhängige Familie in V.

Sei nun A Integritätsbereich. Dann ist $S = A \setminus \{0\}$, und $A_S = \mathrm{Q}(A)$ ist der Quotientenkörper von A, über dem jeder Modul frei ist. Der somit hier für jeden A-Modul definierte Rang stimmt mit dem bereits in §25, Bemerkung 2 auf direkte Weise eingeführten Rang überein.

51.10 Lemma *Seien A ein Integritätsbereich und*

$$0 \to V_0 \to \cdots \to V_n \to 0$$

eine exakte Sequenz von A-Moduln endlichen Ranges. Dann gilt:

$$\sum_{i=0}^{n} (-1)^i \mathrm{Rang}_A V_i = 0\,.$$

Beweis. Durch Übergang zum Quotientenkörper führt man die Aussage mit 51.7 auf 42.2 zurück. •

Lemma 51.10 *gilt für beliebige vom Nullring verschiedene kommutative Ringe.* Nach Übergang zum totalen Quotientenring genügt es dazu, folgendes zu zeigen: Ist R ein (nicht notwendig kommutativer) Ring, dessen endliche freie Moduln einen Rang besitzen, und ist $0 \to W_0 \to \cdots \to W_n \to 0$ eine exakte Sequenz von endlichen freien R-Moduln, so ist $\sum_{i=0}^{n}(-1)^i \mathrm{Rang}_R W_i = 0$. Man vergleiche dazu auch Anhang V.B, Aufgabe 2.

Aufgaben

1. Seien A ein kommutativer Ring, S ein multiplikatives System in A und V ein A–Modul. Ist $a \in A$ kein Nullteiler von V, dann ist $a/1$ kein Nullteiler des A_S–Moduls V_S. Insbesondere: Ist $a \in A$ Nichtnullteiler von A, so ist $a/1$ Nichtnullteiler von A_S.

2. Seien A ein kommutativer Ring und $T \subseteq S$ multiplikative Systeme in A. Dann ist A_S eine Algebra über A_T und kanonisch isomorph zur Brucherweiterung von A_T bezüglich des kanonischen Bildes von S in A_T.

3. (Saturierte multiplikative Systeme) Sei A ein kommutativer Ring. Für jedes multiplikative System S in A ist $S' := \{a \in A : a \text{ teilt ein } s \in S\}$ ein multiplikatives System in A und zwar ist $S' = \iota^{-1}(A_S^\times)$, wobei $\iota: A \to A_S$ die kanonische Abbildung ist. Man hat $S \subseteq S'$ und $(S')' = S'$. Sind S und T multiplikative Systeme in A, so sind A_S und A_T genau dann als A–Algebren isomorph, wenn $S' = T'$ ist. (Man nennt S saturiert, wenn $S = S'$ ist. Allgemein heißt S' das zu S gehörige saturierte multiplikative System.)

4. Sei V endlicher torsionsfreier Modul mit Rang über dem kommutativen Ring A. Dann ist V isomorph zu einem Untermodul eines endlichen freien A–Moduls.

5. Für eine abelsche Gruppe H sind äquivalent: (1) H ist isomorph zu einer Untergruppe der additiven Gruppe von $\mathbb{R}$. (2) H ist torsionsfrei, und es ist $\operatorname{Kard} H \leq \operatorname{Kard} \mathbb{R}$. (Bei $\operatorname{Kard} H \leq \operatorname{Kard} \mathbb{R}$ ist $\operatorname{Rang} H \leq \operatorname{Kard} \mathbb{R}$ nach 25.7.)

6. Seien A ein kommutativer Ring, S ein multiplikatives System in A und V, W Moduln über A. Für den kanonischen Homomorphismus

$$\operatorname{Hom}_A(V, W)_S \to \operatorname{Hom}_{A_S}(V_S, W_S),$$

der hier mit Φ bezeichnet sei, gelten folgende Aussagen:

(1) Ist V endlicher A–Modul, so ist Φ injektiv.

(2) Ist V endlicher A–Modul und ist der kanonische Homomorphismus $W \to W_S$ injektiv (man sagt dann, W sei S–torsionsfrei), so ist Φ bijektiv.

(3) Ist V ein A–Modul von endlicher Darstellung, so ist Φ bijektiv.

(Zum Beweis von (3) betrachtet man eine exakte Sequenz $G \to F \to V \to 0$ mit endlichen freien A–Moduln F, G und das kanonische Diagramm

$$\begin{array}{ccccccc} 0 \longrightarrow & \operatorname{Hom}_A(V,W)_S & \longrightarrow & \operatorname{Hom}_A(F,W)_S & \longrightarrow & \operatorname{Hom}_A(G,W)_S \\ & \downarrow{\scriptstyle \Phi} & & \downarrow{\scriptstyle \Phi_F} & & \downarrow{\scriptstyle \Phi_G} \\ 0 \longrightarrow & \operatorname{Hom}_{A_S}(V_S,W_S) & \longrightarrow & \operatorname{Hom}_{A_S}(F_S,W_S) & \longrightarrow & \operatorname{Hom}_{A_S}(G_S,W_S) \end{array}$$

mit exakten Zeilen. Φ_F, Φ_G sind bijektiv. Es folgt: Φ ist bijektiv.)

7. a) Seien A ein Integritätsbereich, $S := A \setminus \{0\}$ und $K := A_S = \mathrm{Q}(A)$. Es ist $A = K$, falls der folgende kanonische Homomorphismus surjektiv ist:

$$\operatorname{Hom}_A(K, A)_S \to \operatorname{Hom}_{A_S}(K_S, A_S).$$

(id_K betrachten! — Man erhält übrigens noch einmal $A = K$, falls K endlich über A ist.)

b) Seien A ein kommutativer Ring und S ein multiplikatives System in A. Ist A_S endlicher A–Modul, so ist A_S nichts anderes als $A/\operatorname{Kern}(A \to A_S)$.

8. Seien K ein Körper, I eine unendliche Menge und $A := K^I$. Ferner seien $\mathbf{a}$ das Ideal $K^{(I)}$ in A und S das multiplikative System der Elemente $(s_i) \in K^I$ mit $s_i \neq 0$ für fast alle $i \in I$. Dann ist der folgende kanonische Homomorphismus nicht surjektiv:

$$\mathrm{Hom}_A(A/\mathbf{a}, A)_S \to \mathrm{Hom}_{A_S}((A/\mathbf{a})_S, A_S).$$

($f \mapsto f(1_{A/\mathbf{a}})$ ergibt $\mathrm{Hom}_A(A/\mathbf{a}, A) \cong \mathrm{Ann}_A \mathbf{a} = 0$. Es ist $\mathbf{a}_S = 0$.)

Für jede unendliche Menge J ist der folgende kanonische Homomorphismus nicht injektiv:

$$\mathrm{Hom}_A(A^{(J)}, A)_S \to \mathrm{Hom}_{A_S}(A_S^{(J)}, A_S).$$

9. Seien A ein kommutativer Ring und V ein projektiver A-Modul (V ist also isomorph zu einem direkten Summanden eines freien A-Moduls, vergleiche Anhang V.B). Sei S ein multiplikatives System von Nichtnullteilern in A. Ist V_S endlicher A_S-Modul, so ist V endlicher A-Modul. (Sei f eine Einbettung von V als direkter Summand in einen freien A-Modul des Typs $A^{(I)}$. Man betrachtet das Bild von f_S.) Insbesondere ist ein projektiver Modul über einem Integritätsbereich genau dann endlich, wenn er einen endlichen Rang besitzt.

10. Seien A ein kommutativer Ring und $\mathbf{a} \subseteq A$ ein Ideal; S bezeichne das multiplikative System $1+\mathbf{a}$ in A. Dann ist $\mathbf{a}A_S$ im Jacobson-Radikal von A_S enthalten. ($1 + \mathbf{a}A_S$ besteht aus Einheiten von A_S.)

11. Seien A ein kommutativer Ring und V ein endlicher A-Modul. Für ein multiplikatives System S in A gilt $V_S = 0$ genau dann, wenn $sV = 0$ ist für ein $s \in S$.

12. (Lemma von Dedekind 48.9) Seien A ein kommutativer Ring, V ein endlicher A-Modul und $\mathbf{a}$ ein Ideal in A mit $V = \mathbf{a}V$. Dann ist $(1 + a)V = 0$ mit einem $a \in \mathbf{a}$. (Es ist $V_{1+\mathbf{a}} = 0$ nach dem Lemma 37.14 von Krull-Nakayama. — Bemerkung. Ein anderer elementarer Beweis verläuft so: Sei etwa $V = Ax_1 + \cdots + Ax_n$ und $V_i := Ax_1 + \cdots + Ax_i$ für $i = 0, \ldots, n$. Man zeigt durch Induktion, daß es Elemente $a_j \in \mathbf{a}$ mit $(1 - a_j)V \subseteq \mathbf{a}V_{n-j}$ gibt, $j = 0, \ldots, n$.)

§52 Monoidringe und Polynomringe

Seien A ein Ring und M ein Monoid mit dem neutralen Element ι. Der Monoidring $A[M]$ ist wie folgt definiert (vergleiche §28, Bemerkung 3): Die zugrundeliegende abelsche Gruppe ist die M-fache direkte Summe $A^{(M)}$ von A. Zu jedem $\sigma \in M$ bezeichne e_σ das kanonische Basiselement $(\delta_{\sigma,\tau})_{\tau \in M}$ des freien A-Linksmoduls $A^{(M)}$. Sind $\sigma, \tau \in M$ und $a, b \in A$, so setzt man

$$(ae_\sigma)(be_\tau) := abe_{\sigma\tau}$$

und erweitert dies distributiv zu einer Multiplikation auf $A^{(M)}$. Es ist direkt zu sehen, daß hierdurch die Struktur eines Ringes auf $A[M]$ mit e_ι als Eins gegeben ist, eben die des Monoidringes $A[M]$. Ist M eine Gruppe, so spricht man auch vom **Gruppenring** $A[M]$.

Ist A nicht der Nullring, so ist $\sigma \mapsto e_\sigma$ ein injektiver Monoidhomomorphismus von M in das multiplikative Monoid von $A[M]$, so daß man in diesem Falle M als Untermonoid von $(A[M], \cdot)$ betrachtet. Die Abbildung $A \to A[M]$ durch $a \mapsto ae_\iota$ ist ein injektiver Ringhomomorphismus; so wird A stets als Unterring von $A[M]$ aufgefaßt. Man halte sich vor Augen: *Die Elemente von A kommutieren mit den Elementen e_σ der Standardbasis von* $A[M]$. Bei $f = \sum a_\sigma e_\sigma$ aus $A[M]$ heißen die $a_\sigma \in A$ die **Koeffizienten** von f. Ist A kommutativ, so sind die Monoidringe Algebren über A; man spricht dann auch von **Monoidalgebren** bzw. **Gruppenalgebren**. Bei $A \neq 0$ *ist $A[M]$ genau dann kommutativ, wenn der Ring A und das Monoid M kommutativ sind.* Betrachtet man M als Untermonoid von $A[M]$, so ersetzt man die Basiselemente e_σ durch die Elemente $\sigma \in M$ selbst. Bei dieser Schreibweise haben die Elemente von $A[M]$ die Form $\sum_{\sigma \in M} a_\sigma \sigma$. Ferner ist es häufig üblich, kurz AM für $A[M]$ zu schreiben.

Sei $\varphi: A[M] \to R$ ein Ringhomomorphismus von $A[M]$ in einen Ring R. Durch Beschränken erhält man aus φ einen Ringhomomorphismus $\varphi': A \to R$, ferner durch $\sigma \mapsto \varphi(e_\sigma)$ einen Monoidhomomorphismus $\alpha: M \to (R, \cdot)$. Wegen $ae_\sigma = e_\sigma a$ erfüllen φ' und α folgende Verträglichkeitsbedingung: $\varphi'(a)\alpha(\sigma) = \alpha(\sigma)\varphi'(a)$ für alle $a \in A$, $\sigma \in M$. Umgekehrt gilt:

52.1 *Seien $\varphi': A \to R$ ein Homomorphismus von Ringen und $\alpha: M \to (R, \cdot)$ ein Monoidhomomorphismus mit $\varphi'(a)\alpha(\sigma) = \alpha(\sigma)\varphi'(a)$ für alle $a \in A$, $\sigma \in M$. Dann gibt es einen und nur einen Ringhomomorphismus $\varphi: A[M] \to R$ mit $\varphi(ae_\sigma) = \varphi'(a)\alpha(\sigma)$ für alle $a \in A$, $\sigma \in M$.*

Beweis. Es ist notwendigerweise $\varphi(\sum_\sigma a_\sigma e_\sigma) = \sum_\sigma \varphi'(a_\sigma)\alpha(\sigma)$, und auf diese Weise definieren wir φ auch als eine Abbildung von $A[M]$ in R. Offenbar ist φ additiv. Weiter ist φ multiplikativ:

$$\begin{aligned}\varphi((\sum_\sigma a_\sigma e_\sigma)(\sum_\tau b_\tau e_\tau)) &= \varphi(\sum_{\sigma,\tau} a_\sigma b_\tau e_{\sigma\tau}) \\ &= \sum_{\sigma,\tau} \varphi'(a_\sigma b_\tau)\alpha(\sigma\tau) = \sum_{\sigma,\tau} \varphi'(a_\sigma)\varphi'(b_\tau)\alpha(\sigma)\alpha(\tau) \\ &= \sum_{\sigma,\tau} \varphi'(a_\sigma)\alpha(\sigma) \cdot \varphi'(b_\tau)\alpha(\tau) = (\sum_\sigma \varphi'(a_\sigma)\alpha(\sigma))(\sum_\tau \varphi'(b_\tau)\alpha(\tau)) \\ &= \varphi(\sum_\sigma a_\sigma e_\sigma) \cdot \varphi(\sum_\tau b_\tau e_\tau).\end{aligned}$$

Schließlich ist $\varphi(1_{A[M]}) = \varphi(1 \cdot e_\iota) = 1 \cdot \alpha(\iota) = 1_R$. •

52.2 Korollar *Seien A ein kommutativer Ring, R eine A-Algebra und $\alpha: M \to R$ ein Monoidhomomorphismus von M in das multiplikative Monoid von R. Dann gibt es genau einen A-Algebra-Homomorphismus $\varphi: A[M] \to R$ mit $\varphi(e_\sigma) = \alpha(\sigma)$ für alle $\sigma \in M$.*

B e w e i s. Das Bild des Strukturhomomorphismus $\varphi' : A \to R$ der A–Algebra R liegt im Zentrum von R, ist also insbesondere mit allen $\alpha(\sigma)$, $\sigma \in M$, vertauschbar. Daß φ ein A–Algebra–Homomorphismus ist, bedeutet, daß $\varphi(ae_\sigma) = a \cdot \varphi(e_\sigma) = \varphi'(a)\alpha(\sigma)$ ist. Mit 52.1 ergeben sich nun Existenz und Eindeutigkeit von φ. •

Beispiel 1 (A u g m e n t a t i o n) Seien A ein Ring und M ein Monoid. Zur Identitätsabbildung $A \to A$ und zum trivialen Monoidhomomorphismus $M \to A$ durch $\sigma \mapsto 1$ gehört nach 52.1 ein Homomorphismus

$$A[M] \to A$$

mit $\sum a_\sigma e_\sigma \mapsto \sum a_\sigma$. Dieser surjektive Ringhomomorphismus heißt die A u g m e n t a t i o n (oder der E i n s – H o m o m o r p h i s m u s) von $A[M]$. Der Kern ist ein zweiseitiges Ideal, genannt das A u g m e n t a t i o n s i d e a l $\mathbf{I}_A(M)$ von $A[M]$.

Beispiel 2 Seien $\psi : A \to B$ ein Ring–Homomorphismus und $\alpha : M \to N$ ein Monoid–Homomorphismus. Die Kompositionen von ψ bzw. α mit den Einbettungen $B \to B[N]$ bzw. $N \to B[N]$ erfüllen trivialerweise die Verträglichkeitsbedingungen, die 52.1 anzuwenden erlauben. Somit existiert ein eindeutig bestimmter Ringhomomorphismus

$$A[M] \to B[N]$$

mit $ae_\sigma \mapsto \psi(a)e_{\alpha(\sigma)}$.

Insbesondere gibt es zu $\psi = \mathrm{id}_A$ einen Homomorphismus $A[\alpha] : A[M] \to A[N]$ mit $A[\alpha](ae_\sigma) = ae_{\alpha(\sigma)}$. Dieser ist offensichtlich ein Isomorphismus, wenn α bijektiv ist; dann läßt sich nämlich analog mit α^{-1} die Umkehrabbildung konstruieren. Ist α injektiv, so ist auch $A[\alpha]$ injektiv. Speziell wird bei einem Untermonoid M_1 von M der Ring $A[M_1]$ stets als Unterring von $A[M]$ aufgefaßt.

Daneben gibt es zu $\alpha = \mathrm{id}_M$ einen Homomorphismus $\psi[M]$ von $A[M]$ in $B[M]$ mit $\psi[M](ae_\sigma) = \psi(a)e_\sigma$, welcher ψ kanonisch fortsetzt. Ist x_i, $i \in I$, ein Erzeugendensystem von B als A–Modul, so auch von $B[M]$ als $A[M]$–Modul. Entsprechendes gilt für Algebra–Erzeugende, falls A kommutativ ist. Sind x_i, $i \in I$, linear unabhängig in B über A, so auch in $B[M]$ über $A[M]$. Insbesondere bleiben Basen erhalten.

Beispiel 3 Mit ψ ist natürlich auch $\psi[M]$ surjektiv, vgl. Beispiel 2. Seien $\mathbf{a}$ ein zweiseitiges Ideal in A und $\pi : A \to A/\mathbf{a}$ die Restklassenabbildung. Der Kern von $\pi[M] : A[M] \to (A/\mathbf{a})[M]$ besteht aus allen $f \in A[M]$, deren Koeffizienten sämtlich in $\mathbf{a}$ liegen, und das ist offenbar das Erweiterungsideal $\mathbf{a}A[M] = A[M]\mathbf{a}$. Folglich induziert $\pi[M]$ eine kanonische Isomorphie

$$A[M]/\mathbf{a}A[M] = (A/\mathbf{a})[M]\,.$$

Beispiel 4 Seien A ein kommutativer Ring, S ein multiplikatives System in A und $A \to A_S$ der kanonische Homomorphismus. Seine Fortsetzung $A[M] \to A_S[M]$ liefert nach §51, Bemerkung 8 einen kanonischen A_S–Algebra–Homomorphismus

$$A[M]_S \to A_S[M]\,.$$

Dieser bildet $(\sum a_\sigma e_\sigma)/s$ auf $\sum (a_\sigma/s)e_\sigma$ ab und ist ein Isomorphismus, wie der Leser leicht verifiziert.

Soweit der allgemeine Rahmen, nun zu den Polynomringen, die uns genauer interessieren. Die Polynomringe sind Monoidringe zu speziellen Monoiden. Seien A ein beliebiger Ring, I eine Menge und $\mathbb{N}^{(I)}$ die I-fache direkte Summe des additiven Monoids $(\mathbb{N}, +)$. Sei $\epsilon_i \in \mathbb{N}^{(I)}$ das I-Tupel, dessen i-te Komponente gleich 1 und dessen übrige Komponenten gleich 0 sind. Ein $\nu = (\nu_i)_{i\in I}$ aus $\mathbb{N}^{(I)}$ läßt sich damit in der Form $\nu = \sum_{i\in I} \nu_i\epsilon_i$ schreiben. Im Monoidring $A[\mathbb{N}^{(I)}]$ setzt man noch

$$X_i := e_{\epsilon_i}$$

und hat dann

$$e_\nu = \prod_{i\in I} e_{\nu_i\epsilon_i} = \prod_{i\in I} X_i^{\nu_i} .$$

Die Elemente e_ν der Standardbasis sind somit Produkte von (bei $A \neq 0$ eindeutig bestimmten) Potenzen der Elemente X_i, $i \in I$. *Die X_i, $i \in I$, sind untereinander und mit allen Elementen von A vertauschbar.* Sie heißen die Unbestimmten oder Variablen über A zur (Index-)Menge I.

Definition Der Monoidring $A[\mathbb{N}^{(I)}]$ heißt der Polynomring in den Unbestimmten X_i, $i \in I$, über A. Er wird mit

$$A[X_i : i \in I] \quad \text{oder} \quad A[X_i]_{i\in I}$$

bezeichnet. Seine Elemente heißen Polynome in den Unbestimmten X_i über A.

Gelegentlich nennt man das Bilden von Polynomringen auch Adjunktion von Unbestimmten.

Für die Basiselemente $e_\nu = \prod_{i\in I} X_i^{\nu_i}$ schreibt man häufig — wie schon in §26 erwähnt — kurz X^ν. Jedes Polynom f läßt sich in der Form

$$f = \sum_{\nu\in\mathbb{N}^{(I)}} a_\nu X^\nu$$

mit den eindeutig bestimmten Koeffizienten $a_\nu \in A$ schreiben, von denen fast alle verschwinden. Ein Polynom ist also eine endliche Summe von Elementen der Form $a_\nu X^\nu$, die man Monome nennt. Man nennt $\nu \in \mathbb{N}^{(I)}$ übrigens auch, um Mißverständnisse auszuschließen, einen Multi-Index, im Unterschied zu einem Index nämlich, der in $\mathbb{N}$ läuft. Ist $g = \sum_\nu b_\nu X^\nu$ ein weiteres Polynom aus $A[X_i]_{i\in I}$, so hat man

$$f + g = \sum_\nu (a_\nu + b_\nu) X^\nu ,$$

$$fg = \sum_\lambda c_\lambda X^\lambda \quad \text{mit} \quad c_\lambda := \sum_{\nu+\mu=\lambda} a_\nu b_\mu ,$$

wobei λ, μ, ν ganz $\mathbb{N}^{(I)}$ durchlaufen. Weniger die Konstruktion als diese zuletzt beschriebenen Eigenschaften sollte man im Kopf haben, wenn man mit Polynomen rechnet. Ist I einelementig, so hat man eine Unbestimmte, kurz X, und handlichere Schreibweisen, beispielsweise:

$$f = \sum_{\nu \geq 0} a_\nu X^\nu = a_0 + a_1 X + \cdots + a_n X^n ,$$

$$g = \sum_{\mu \geq 0} b_\mu X^\mu = b_0 + b_1 X + \cdots + b_m X^m ,$$

$$fg = \sum_{\lambda \geq 0} c_\lambda X^\lambda \quad \text{mit } c_\lambda = \sum_{j=0}^{\lambda} a_j b_{\lambda - j} = a_0 b_\lambda + \cdots + a_\lambda b_0 ,$$

falls $a_\nu = b_\mu = 0$ für $\nu > n$, $\mu > m$ ist.

Bei gleichmächtigen Mengen I und J sind die Monoide $\mathbb{N}^{(I)}$ und $\mathbb{N}^{(J)}$ und somit auch die Polynomringe $A[X_i]_{i \in I}$ und $A[X_j]_{j \in J}$ in natürlicher Weise isomorph, vgl. Beispiel 2. Man verwendet daher bei endlich vielen Unbestimmten meistens die Indexmengen $I := [1, n]$ und setzt:

$$A[X_1, \ldots, X_n] := A[X_i : i \in I] .$$

Ein Polynom in diesem Ring läßt sich in der Form

$$\sum_{(\nu_1, \ldots, \nu_n) \in \mathbb{N}^n} a_{\nu_1 \cdots \nu_n} X_1^{\nu_1} \cdots X_n^{\nu_n}$$

schreiben. Oft unterscheidet man verschiedene Unbestimmte, indem man Symbole wie $Z, Y, X, \ldots$ oder $Y_1, \ldots, Y_n$ usw. verwendet.

Monoidhomomorphismen von $\mathbb{N}^{(I)}$ sind durch ihre Werte auf den Erzeugenden ϵ_i, $i \in I$, eindeutig bestimmt. Ist umgekehrt α eine Abbildung der ϵ_i, $i \in I$, in ein Monoid derart, daß die $\alpha(\epsilon_i)$, $i \in I$, paarweise kommutieren, so läßt sich α zu einem Monoidhomomorphismus fortsetzen, indem man

$$\alpha(\nu) = \alpha(\sum_{i \in I} \nu_i \epsilon_i) := \prod_{i \in I} \alpha(\epsilon_i)^{\nu_i}$$

setzt. 52.1 und 52.2 haben daher die Zusätze:

52.3 Korollar *Seien $\varphi' \colon A \to R$ ein Homomorphismus von Ringen und x_i, $i \in I$, eine Familie von Elementen aus R, die paarweise untereinander und mit allen Elementen von $\varphi'(A)$ kommutieren. Dann gibt es genau einen Ringhomomorphismus $\varphi \colon A[X_i]_{i \in I} \to R$ mit $\varphi(a) = \varphi'(a)$ für $a \in A$ und $\varphi(X_i) = x_i$ für $i \in I$.*

52.4 Korollar *Seien A ein kommutativer Ring, R eine A-Algebra und x_i, $i \in I$, eine Familie paarweise kommutierender Elemente von R. Dann gibt es genau einen A-Algebra-Homomorphismus $A[X_i]_{i \in I} \to R$ mit $X_i \mapsto x_i$. Dieser bildet Polynome wie folgt ab:*

$$\sum a_\nu X^\nu \mapsto \sum a_\nu x^\nu .$$

Der in diesen Sätzen genannte Homomorphismus wird als Einsetzungshomomorphismus angesprochen: Für die Unbestimmte X_i wird ja das (bestimmte) Element x_i eingesetzt. Das Bild von $f \in A[X_i]_{i\in I}$ unter dem durch $x = (x_i)_{i\in I}$ gegebenen Einsetzungshomomorphismus bezeichnet man gewöhnlich mit

$$f(x)$$

oder $f(x_i)_{i\in I}$; bei $x = (x_1, \ldots, x_n)$ wird auch $f(x_1, \ldots, x_n)$ gebraucht. Man nennt $f(x)$ den Wert von f an der Stelle (oder: im Punkte) $x \in R^I$. Ist $y \in R$ und $y = f(x)$, so heißt x eine y-Stelle von f. Insbesondere heißt x eine Nullstelle von f, wenn $f(x) = 0$ ist; in diesem Falle sagt man auch, daß f in x verschwinde. Bei einem Polynom $f = a_0 + \cdots + a_n X^n \in A[X]$ nennt man eine Nullstelle $x \in R$ von f auch eine Wurzel der algebraischen Gleichung $a_0 + \cdots + a_n x^n = 0$ (in R).

Da der Einsetzungshomomorphismus ein Ringhomomorphismus ist, gelten für $f, g \in A[X_i]_{i\in I}$ die Gleichungen

$$(f+g)(x) = f(x) + g(x)\,, \quad (fg)(x) = f(x)g(x)\,,$$

ferner für $a \in A$:

$$(af)(x) = af(x)\,.$$

Diese Rechenregeln für das Einsetzen werden beim Rechnen mit Polynomen laufend und stillschweigend benutzt.

Man beachte, daß im Falle von 52.4 das Bild des Einsetzungshomomorphismus die von den x_i in R erzeugte A-Algebra ist, die man gewöhnlich mit $A[x_i]_{i\in I}$ bezeichnet. Insbesondere gilt: *Jede kommutative Algebra über einem kommutativen Ring A ist isomorph zu einer Restklassenalgebra einer Polynomalgebra über A. Jede endlich erzeugte kommutative A-Algebra ist isomorph zu einer Restklassenalgebra einer Polynomalgebra in endlich vielen Unbestimmten über A.* Jeder kommutative Ring ist isomorph zu einem Restklassenring eines Polynomringes über $\mathbb{Z}$.

Ist der Einsetzungshomomorphismus $X_i \mapsto x_i$, $i \in I$, injektiv, so heißt die Familie x_i, $i \in I$, algebraisch unabhängig über A. In diesem Fall ist die von den Elementen x_i, $i \in I$, erzeugte Unteralgebra $A[x_i]_{i\in I}$ isomorph zur Polynomalgebra $A[X_i]_{i\in I}$. Ein einzelnes über A algebraisch unabhängiges Element x heißt auch transzendent über A.

Bemerkung 1 (Hilbertscher Basissatz) *Eine Polynomalgebra P in endlich vielen Unbestimmten über einem noetherschen kommutativen Ring A ist ein noetherscher Ring.* Dies folgt aus 38.9, da P als A-Algebra von den Unbestimmten erzeugt wird. 38.9 ist natürlich nicht wesentlich allgemeiner, da homomorphe Bilder noetherscher Ringe wieder noethersch sind. — Man hat auch einen Basissatz für nichtkommutative Grundringe, vgl. §38, Aufgabe 3.

Bemerkung 2 (Freie Algebren) Die Polynomalgebren haben für die Theorie der kommutativen Algebren eine analoge Bedeutung wie die freien Moduln für die Theorie der Moduln oder wie die freien Gruppen für die Theorie der Gruppen, vgl. Anhang IV.D. Einen analogen Begriff für die Theorie der Algebren schlechthin gewinnt man wie folgt.

Seien A ein kommutativer Ring, I eine beliebige Menge und $\mathrm{M}(I)$ das freie über dem Alphabet I konstruierte Monoid, vgl. Anhang IV.D. Das Element e_i aus $A[\mathrm{M}(I)]$ zu $i \in I \subseteq \mathrm{M}(I)$ sei ebenfalls mit X_i bezeichnet. Die Monoidalgebra $A[\mathrm{M}(I)]$ hat die folgende universelle Eigenschaft: *Ist x_i, $i \in I$, eine beliebige Familie von Elementen einer beliebigen A-Algebra R, so gibt es genau einen A-Algebra-Homomorphismus von $A[\mathrm{M}(I)]$ in R mit $X_i \mapsto x_i$.* Dies ergibt sich unmittelbar aus IV.D.2 und 52.2. Man nennt $A[\mathrm{M}(I)]$ die freie A-Algebra in den (nichtkommutierenden) Unbestimmten X_i, $i \in I$. Die Polynomalgebra $A[X_i]_{i\in I}$ ist kanonisches Bild der freien A-Algebra; man hat ja den kanonischen Homomorphismus $A[\mathrm{M}(I)] \to A[X_i]_{i\in I}$ mit $X_i \mapsto X_i$, der trivialerweise surjektiv ist.

Einfache Beispiele von Homomorphismen zwischen Polynomringen gewinnt man auf folgende Weise: Eine Abbildung $\sigma: I \to J$ definiert einen natürlichen Homomorphismus

$$\Phi_\sigma: A[Y_i]_{i\in I} \to A[X_j]_{j\in J}$$

mit $Y_i \mapsto X_{\sigma(i)}$. Dieser ist bei $A \neq 0$ genau dann injektiv bzw. surjektiv bzw. bijektiv, wenn Entsprechendes für σ gilt. Ist $\tau: J \to K$ eine weitere Abbildung von Mengen und Φ_τ der zugehörige Homomorphismus, so ist $\Phi_\tau\Phi_\sigma = \Phi_{\tau\sigma}$.

Beispiel 5 Durch $\sigma \mapsto \Phi_\sigma$ erhält man einen Gruppenhomomorphismus

$$\mathbf{S}(I) \to \mathrm{Aut}_{A-\mathrm{Alg}} A[X_i]_{i\in I}\,.$$

Die Permutationsgruppe $\mathbf{S}(I)$ operiert so als Gruppe von Automorphismen auf dem Polynomring. Die unter dieser Operation invarianten Polynome heißen symmetrische Polynome, vgl. §54.

Sei J eine Teilmenge der Menge I. Die Injektion $J \to I$ definiert einen kanonischen Ringhomomorphismus

$$A[X_i]_{i\in J} \to A[X_i]_{i\in I}\,,$$

über den man $A[X_i : i \in J]$ als Unterring von $A[X_i : i \in I]$ auffaßt. Dieser Unterring enthält genau diejenigen Polynome, in denen die Unbestimmten X_j, $j \in I \setminus J$, nicht explizit, d.h. in Monomen mit nichtverschwindenden Koeffizienten vorkommen. Daher: *Man hat die kanonische Ringisomorphie*

$$A[X_i : i \in I] = (A[X_i : i \in J])[X_i : i \in I \setminus J]$$

(Schachtelung der Unbestimmten).

Beispiel 6 Da eine Familie von endlich vielen Polynomen stets in einem Unterring $A[X_i : i \in J]$ mit einer *endlichen* Menge J liegt, lassen sich viele Probleme über allgemeine Polynomringe auf solche in endlich vielen Unbestimmten zurückführen. Für einen Polynomring des Typs $A[X_1, \ldots, X_n]$, $n \geq 1$, gilt überdies

$$A[X_1, \ldots, X_n] = A[X_1, \ldots, X_{n-1}][X_n]\,,$$

so daß man sich häufig mittels eines Induktionsschlusses sogar auf Polynomringe in einer Variablen beschränken kann. Konkrete Beispiele dazu: Siehe §53.

Häufig gebraucht werden die Translations-Automorphismen und die linearen Automorphismen von Polynomalgebren. Wir behandeln zunächst die

Translationsautomorphismen und später in Beispiel 7 die linearen Automorphismen.

Seien A ein kommutativer Ring, I eine Menge und

$$P := A[X_i]_{i\in I}\,.$$

Für ein I–Tupel $a = (a_i)_{i\in I}$ aus A^I bezeichnen wir hier mit φ_a den A-Algebra–Endomorphismus von P mit $X_i \mapsto X_i - a_i$. Ist auch $b = (b_i)_{i\in I}$ aus A^I, so gilt

$$\varphi_a\varphi_b = \varphi_{a+b}$$

wegen $\varphi_a\varphi_b(X_i) = \varphi_a(X_i - b_i) = (X_i - a_i) - b_i = X_i - (a_i + b_i)$. Trivialerweise ist $\varphi_a = \mathrm{id}_P$ genau dann, wenn $a = 0$ ist. Deshalb erhält man in $a \mapsto \varphi_a$ eine Einbettung der additiven Gruppe von A^I in die multiplikative Gruppe $\mathrm{Aut}_{A-\mathrm{Alg}} P$. Die Automorphismen φ_a, $a \in A^I$, heißen die Translations-Automorphismen von P (in bezug auf die Unbestimmten X_i). Es ist $\varphi_a(\prod_{i\in I} X_i^{\nu_i}) = \prod_{i\in I}(X_i - a_i)^{\nu_i}$. Die Monome

$$(X-a)^\nu := \prod_{i\in I}(X_i - a_i)^{\nu_i}\,,\quad \nu = (\nu_i) \in \mathbb{N}^{(I)}\,,$$

bilden somit eine A–Basis von P. Also gilt:

52.5 Taylorentwicklung *Seien A ein kommutativer Ring und $a \in A^I$. Jedes Polynom $f \in A[X_i]_{i\in I}$ läßt sich in der Form*

$$f = \sum_{\nu\in\mathbb{N}^{(I)}} b_\nu (X-a)^\nu$$

mit eindeutig bestimmten Koeffizienten $b_\nu \in A$ schreiben.

Diese Darstellung heißt die Taylorentwicklung von f im Punkte $a \in A^I$. Die Darstellung von f in der Standard–Monombasis der X^ν ist mit der Entwicklung von f im Nullpunkt von A^I identisch. In wichtigen Fällen lassen sich die Koeffizienten b_ν in der Taylorentwicklung explizit mit der Taylorschen Formel (siehe 57.7) angeben.

Beispiel 7 (Lineare Automorphismen) Seien A ein kommutativer Ring, I eine Menge und $P := A[X_i]_{i\in I}$. Mit $P^{(1)}$ bezeichnen wir den freien A-Untermodul $\sum_{i\in I} AX_i$ von P mit der Basis X_i, $i \in I$. Die Elemente von $P^{(1)}$ heißen die homogenen linearen Polynome von P (in bezug auf die Unbestimmten X_i).

Sei $\alpha \in \mathrm{End}_A P^{(1)}$. Durch $X_i \mapsto \alpha(X_i)$ ist ein A-Algebra-Endomorphismus φ_α von P definiert, dessen Beschränkung auf $P^{(1)}$ mit α übereinstimmt. Für $\alpha, \beta \in \mathrm{End}_A P^{(1)}$ ist $\varphi_{\alpha\beta} = \varphi_\alpha\varphi_\beta$, und es ist $\varphi_{\mathrm{id}} = \mathrm{id}$. Daher ist die Abbildung

$$\mathrm{End}_A P^{(1)} \to \mathrm{End}_{A-\mathrm{Alg}} P$$

durch $\alpha \mapsto \varphi_\alpha$ ein injektiver Monoidhomomorphismus. Aus diesem erhalten wir durch Einschränken einen injektiven Gruppenhomomorphismus

$$\mathrm{Aut}_A P^{(1)} \to \mathrm{Aut}_{A-\mathrm{Alg}} P .$$

Die hierbei als Bild auftretenden Automorphismen von P, also die Automorphismen φ_α mit $\alpha \in \mathrm{Aut}_A P^{(1)}$, heißen die **homogenen linearen** Automorphismen der A-Algebra $P = A[X_i]_{i\in I}$.

Sei T die Untergruppe der Translationsautomorphismen und H die Untergruppe der homogenen linearen Automorphismen in $\mathrm{Aut}_{A-\mathrm{Alg}} P$. Wir untersuchen Produkte der Elemente aus T und H. Seien etwa $a = (a_i) \in A^I$ und $\alpha \in \mathrm{Aut}_A P^{(1)}$ mit $\alpha(X_j) = \sum_i a_{ij} X_i$. Dann ist $\varphi_a \varphi_\alpha(X_j) = \varphi_a(\sum_i a_{ij} X_i) = \sum_i a_{ij}(X_i - a_i) = \varphi_\alpha(X_j) - b_j$, wobei $b_j := \sum_i a_{ij} a_i$ gesetzt ist. Mit $b := (b_i)_{i\in I}$ ist $\varphi_\alpha(X_j) - b_j = \varphi_\alpha(X_j - b_j) = \varphi_\alpha \varphi_b(X_j)$. Insgesamt ergibt sich

$$\varphi_a \varphi_\alpha = \varphi_\alpha \varphi_b .$$

Also ist $TH \subseteq HT$. Ferner ist $\varphi_\alpha^{-1}\varphi_a\varphi_\alpha = \varphi_b$. Es folgt $\varphi T \varphi^{-1} \subseteq T$ für beliebige $\varphi \in H$. Deshalb ist auch $HT \subseteq TH$, also $TH = HT$; dies ist eine Untergruppe von $\mathrm{Aut}_{A-\mathrm{Alg}} P$. Man nennt diese Gruppe $TH = HT$ die Gruppe der **linearen Automorphismen** von $P = A[X_i]_{i\in I}$. In ihr ist T ein Normalteiler. Wegen $T \cap H = \{\mathrm{id}\}$ ist $TH/T \cong H$, d.h. TH ist semidirektes Produkt von T und H (vgl. §34, Aufgabe 12).

Aufgaben

1. Seien $A \neq 0$ ein Ring und I eine nichtleere Menge. Dann ist

$$\mathrm{Kard}\, A[X_i]_{i\in I} = \mathrm{Max}(\aleph_0, \mathrm{Kard}\, A, \mathrm{Kard}\, I) .$$

2. Seien A ein Ring und M, N Monoide. Dann gibt es eine kanonische Isomorphie $A[M \times N] = (A[M])[N]$ von Ringen.

3. Seien A ein Ring und M ein Monoid. Dann ist $A[M]^{\mathrm{op}} = A^{\mathrm{op}}[M^{\mathrm{op}}]$.

4. Sei A ein kommutativer Ring. Man gebe Polynome f, g in $A[X_1, X_2, Y_1, Y_2]$ mit $(X_1^2 + X_2^2)(Y_1^2 + Y_2^2) = f^2 + g^2$ an. Es gibt keine Polynome f, g, h in $\mathbb{Z}[X_1, X_2, X_3, Y_1, Y_2, Y_3]$ mit $(X_1^2 + X_2^2 + X_3^2)(Y_1^2 + Y_2^2 + Y_3^2) = f^2 + g^2 + h^2$. (Welche Konsequenz hätte solch eine Gleichung für die Darstellbarkeit ganzer Zahlen als Summe von 3 Quadraten?)

5. Seien A ein kommutativer Ring und G eine endliche Gruppe mit den Konjugationsklassen $C_1, \ldots, C_r$. Dann ist das Zentrum des Gruppenringes $A[G]$ eine freie A-Unteralgebra mit der A-Basis $\sum_{\sigma\in C_i} e_\sigma$, $i = 1, \ldots, r$.

6. Seien A ein Ring, G eine Gruppe und N eine normale Untergruppe von G der endlichen Ordnung m. In A sei $m = m \cdot 1_A$ eine Einheit. Sei $\varphi : A[G] \to A[G/N]$ der von der kanonischen Projektion herrührende Ringhomomorphismus mit $\varphi|A = \mathrm{id}_A$. Dann sind $e := (1/m)\sum_{\sigma\in N} e_\sigma$ und $1 - e$ idempotente Elemente des Zentrums von $A[G]$. (Für $\tau \in G$ ist $e_\tau e = e e_\tau$, für $\tau \in N$ ist $e_\tau e = e$.) Es ist $\mathrm{Kern}\varphi = A[G](1 - e)$. (Man zerlegt G in Nebenklassen bezüglich N und faßt die e_σ, $\sigma \in G$, entsprechend zusammen. — Bemerkung. $A[G]$ ist isomorph zum direkten Produkt von $A[G/N]$ mit dem Ring $A[G](1 - e)$, vgl. §33, Beispiel 6.)

7. Seien A ein kommutativer Ring, M eine kommutatives Monoid, $N \subseteq M$ ein Untermonoid und S das multiplikative System $\{e_s : s \in N\}$ in $A[M]$. Dann gibt es eine kanonische Isomorphie $A[M]_S \cong A[M_N]$. (Zu M_N vgl. man §51, Bem. 3.)

8. Seien A ein kommutativer Ring, T eine Teilmenge von A und S das kleinste multiplikative System in A, das T umfaßt. Ferner sei $\mathbf{a}$ das im Polynomring $P := A[X_t]_{t \in T}$ von den $tX_t - 1$, $t \in T$, erzeugte Ideal. Dann induziert der durch $X_t \mapsto 1/t$ definierte A–Algebra–Homomorphismus von P in A_S einen Isomorphismus $P/\mathbf{a} \to A_S$. Insbesondere sind für ein $f \in A$ die A–Algebren $A[X]/(fX - 1)$ und A_f kanonisch isomorph.

9. Seien K ein Divisionsbereich der Charakteristik $p > 0$ und G eine p–Gruppe. Dann ist das Augmentationsideal $\mathbf{I}_K(G)$ ein Nilideal und gleich dem Jacobsonradikal von $K[G]$.

10. Seien p eine Primzahl und G eine divisible abelsche Gruppe. Für das Jacobsonradikal $\mathbf{m}$ von $\mathsf{K}_p[G]$ gilt dann $\mathbf{m} = \mathbf{m}^n$ für alle $n \geq 1$.

11. Seien A ein Ring und M ein Monoid mit dem neutralen Element ι.

a) Die Elemente $e_x - 1$, $x \in M$, $x \neq \iota$, bilden eine A–Basis des Augmentationsideals $\mathbf{I}_A(M)$, sowohl als Links– wie auch als Rechtsmodul.

b) Für $x, y \in M$ und $z \in M^\times$ gilt:

$$e_{xy} - 1 = (e_x - 1) + e_x(e_y - 1) = (e_x - 1)e_y + (e_y - 1)$$
$$e_{z^{-1}} - 1 = -e_{z^{-1}}(e_z - 1) = -(e_z - 1)e_{z^{-1}} .$$

Ist $x(i)$, $i \in I$, ein Monoiderzeugendensystem bzw. — falls M eine Gruppe ist — ein Gruppenerzeugendensystem von M, so erzeugen die Elemente $e_{x(i)} - 1$, $i \in I$, das Ideal $\mathbf{I}_A(M)$ sowohl als Links– wie auch als Rechtsideal. Ist I eine Menge und M das freie Monid $\mathrm{M}(I)$ zu I bzw. die freie Gruppe $\mathrm{F}(I)$ zu I, so ist $e_i - 1$, $i \in I$ ($\subseteq \mathrm{M}(I)$ bzw. $\subseteq \mathrm{F}(I)$), eine $A[M]$–Basis von $\mathbf{I}_A(M)$. (Bemerkung. Insbesondere gilt für die Ringe $A[\mathrm{M}(I)]$ und $A[\mathrm{F}(I)]$ bei $A \neq 0$ und $\mathrm{Kard}\, I > 1$ nicht die Aussage des Satzes 25.4. Es haben aber alle freien Moduln über diesen Ringen einen wohlbestimmten Rang, wenn dies für A gilt, denn A ist mit der Augmentation homomorphes Bild dieser Ringe; vgl. §40, Aufgabe 19. Siehe hierzu auch §25, Beispiel 3. — Übrigens ist, wenn $A = K$ ein Divisionsbereich ist, sogar *jedes* Linksideal ein freier $K[\mathrm{M}(I)]$– bzw. $K[\mathrm{F}(I)]$–Modul.)

c) Sei $M = G$ eine Gruppe. Mit $x \mapsto \overline{x}$ sei die Restklassenbildung von G in $G_{\mathrm{ab}} = G/[G, G]$ bezeichnet. Der durch $e_x - 1 \mapsto \overline{x}$ definierte Gruppenhomomorphismus von $\mathbf{I}_{\mathbb{Z}}(G)$ in G_{ab} induziert einen Isomorphismus

$$\mathbf{I}_{\mathbb{Z}}(G)/\mathbf{I}_{\mathbb{Z}}(G)^2 \to G_{\mathrm{ab}} .$$

(Die Umkehrabbildung wird von einem Homomorphismus von G induziert.)

d) Sei A kommutativ, seien G und H Gruppen. Ist $\varphi\colon A[G] \to A[H]$ ein A–Algebra–Isomorphismus, so wird durch $e_x \mapsto \epsilon(\varphi(e_x)^{-1})\varphi(e_x)$ ein A–Algebra–Isomorphismus $\psi\colon A[G] \mapsto A[H]$ mit $\psi(\mathbf{I}_A(G)) = \mathbf{I}_A(H)$ definiert; dabei ist ϵ die Augmentation von $A[H]$. Folgerung. Sind $\mathbb{Z}[G]$ und $\mathbb{Z}[H]$ isomorphe Ringe, so sind G_{ab} und H_{ab} isomorphe Gruppen.

12. Sei A ein vom Nullring verschiedener kommutativer Ring. Gibt es einen surjektiven A–Algebra–Homomorphismus von $A[X_1, \ldots, X_m]$ auf $A[X_1, \ldots, X_n]$, so ist $m \geq n$. (§38, Aufgabe 12.) Sind $A[X_1, \ldots, X_m]$ und $A[X_1, \ldots, X_n]$ als A–Algebren isomorph, so ist $m = n$. (Vergleiche auch §53, Aufgabe 3 und 57.19.)

13. Sei A ein kommutativer Ring $\neq 0$. Man gebe nichtlineare A–Algebra–Automorphismen von $A[X, Y]$ an.

14. (Verschränkte Monoidringe) Seien A eine Algebra über dem kommutativen Ring k und M ein (multiplikativ geschriebenes) Monoid mit einer Operation von M auf A als Monoid von k–Algebra–Endomorphismen, die durch den Monoidhomomorphismus

$$\vartheta : M \to \mathrm{End}_{k-\mathrm{Alg}} A$$

beschrieben wird.

a) Auf dem freien A–Modul $A^{(M)}$ wird durch

$$(ae_\sigma)(be_\tau) := a\sigma(b)e_{\sigma\tau}$$

$a, b \in A$, $\sigma, \tau \in M$, und distributive Ausdehnung eine k–Algebrastruktur bestimmt. Die so gewonnene k–Algebra heißt der verschränkte (oder getwistete) Monoidring über A bezüglich ϑ. Wir bezeichnen ihn mit

$$A[M] = A[M; \vartheta].$$

Die Abbildung $a \mapsto ae_\iota$ ist ein injektiver k–Algebra–Homomorphimus von A in $A[M]$. Ist M eine Gruppe, so spricht man auch von dem verschränkten Gruppenring $A[M]$. Ist die Operation von M auf A trivial, so erhalten wir in $A[M]$ den gewöhnlichen Monoidring zu M über A.

b) $A[M]$ hat folgende universelle Eigenschaft: Seien $\varphi' : A \to R$ ein Homomorphimus von k–Algebren und $\alpha : M \to (R, \cdot)$ ein Monoidhomomorphismus mit $\varphi'(\sigma a)\alpha(\sigma) = \alpha(\sigma)\varphi'(a)$ für alle $a \in A$, $\sigma \in M$. Dann gibt es einen und nur einen A–linearen k–Algebra–Homomorphismus $\varphi : A[M] \to R$ mit $\varphi(e_\sigma) = \alpha(\sigma)$.

c) Zu der Abbildung $\lambda : A \to \mathrm{End}_k A$ durch Linkstranslation gehört nach b) der A–lineare k–Algebra–Homomorphimus

$$\Lambda : A[M] \to \mathrm{End}_k A$$

mit $e_\sigma \mapsto \vartheta(\sigma)$. Ist $A = K$ ein Körper und ist ϑ treu, so ist Λ injektiv. (Lemma von Dedekind–Artin, §36, Aufgabe 15.) Ist A ein Integritätsbereich, M eine Gruppe und ist ϑ treu, so ist Λ ebenfalls injektiv.

d) Sei $\sigma \in \mathrm{End}_{k-\mathrm{Alg}} A$ fest. Durch $n \mapsto \sigma^n$ ist eine Operation von $\mathbb{N}$ auf A definiert. Die zugehörige verschränkte k–Algebra über A heißt der verschränkte Polynomring über A bezüglich σ. Setzt man $X := e_1$, so ist $e_n = X^n$, und man hat

$$(aX^m)(bX^n) = a(\sigma^m b)X^{m+n},$$

$a, b \in A$. Für den verschränkten Polynomring schreiben wir daher auch

$$A[X] = A[X; \sigma].$$

Ist σ ein Automorphimus von A, so ist durch $n \mapsto \sigma^n$ sogar eine Operation von $\mathbb{Z}$ auf A definiert. Den zugehörigen verschränkten Gruppenring bezeichnen wir mit

$$A[X, X^{-1}] = A[X, X^{-1}; \sigma].$$

Die Potenzen $e_n = (e_1)^n = X^n$, $n \in \mathbb{Z}$, bilden eine A–Basis dieses Ringes. $A[X; \sigma]$ ist eine k–Unteralgebra dieses Ringes.

Ist $\varphi': A \to R$ ein Homomorphismus von k–Algebren und ist $x \in R$ (bzw. $x \in R^\times$) ein Element mit $\varphi'(\sigma a)x = x\varphi'(a)$ für alle $a \in A$ (bzw. $\varphi' \circ \sigma = \kappa_x \circ \varphi'$), so gibt es genau einen A-linearen k–Algebra–Homomorphimus $\varphi: A[X;\sigma] \to R$ (bzw. $\varphi: A[X, X^{-1};\sigma] \to R$) mit $X \mapsto x$. Das Bild von φ bezeichnen wir mit

$$A[x] = A[x;\sigma] \quad (\text{bzw. } A[x, x^{-1}] = A[x, x^{-1};\sigma]).$$

Wenn die Potenzen von x linear unabhängig über A sind, ist φ ein Isomorphismus auf das Bild; in diesem Falle heißt x transzendent über A.

15. (Moduln über Monoid–Ringen) Seien A ein Ring und M ein Monoid. Ist V ein A–Modul, auf dem M als Monoid von A–Endomorphismen operiert, so ist V mit der Operation

$$\Big(\sum_{\sigma\in M} a_\sigma e_\sigma\Big)x := \sum_{\sigma\in M} a_\sigma \sigma x$$

ein $A[M]$–Modul. Ist umgekehrt V ein $A[M]$–Modul, so ist V ein A–Modul, auf dem M mittels $\sigma x := e_\sigma x$ als Monoid von A–Endomorphismen operiert.

§53 Grad der Polynome

Seien A ein beliebiger Ring, I eine Indexmenge und $P := A[X_i]_{i\in I}$. Ist $\nu = (\nu_i)_{i\in I}$ aus $\mathbb{N}^{(I)}$, so heißt

$$|\nu| := \sum_{i\in I} \nu_i$$

der Grad des Monoms $X^\nu = \prod_{i\in I} X_i^{\nu_i}$ im Polynomring P. Ein Polynom dieses Ringes heißt homogen vom Grade n oder eine Form vom Grade n, wenn es Linearkombination von Monomen des Grades n mit Koeffizienten in A ist. Das Produkt eines homogenen Polynoms vom Grade m mit einem homogenen Polynom vom Grade n ist ein homogenes Polynom vom Grade $m+n$. Jedes Polynom $f = \sum a_\nu X^\nu$ aus P läßt sich in der Form

$$f = \sum_{i\in\mathbb{N}} f_i$$

mit den eindeutig bestimmten homogenen Polynomen $f_i = \sum_{|\nu|=i} a_\nu X^\nu$ des Grades i schreiben; das Polynom f_i heißt dabei die i-te homogene Komponente von f. Man nennt $f_0 = a_0$ den konstanten Term von f. Ist $f \neq 0$, so heißt das Maximum der $i \in \mathbb{N}$ mit $f_i \neq 0$ der Grad von f. Er wird mit

$$\operatorname{Grad} f$$

bezeichnet. Offenbar ist der Grad von f auch das Maximum der Grade der Monome X^ν mit $a_\nu \neq 0$. Als Grad des Nullpolynoms setzen wir $-\infty$ fest. Polynome vom Grade ≤ 0 heißen konstante Polynome, die vom Grade 1 linear und die vom Grade 2 quadratisch.

Bemerkung 1 Die homogenen Polynome vom Grade n bilden einen freien A–Untermodul und zugleich einen freien A–Rechtsuntermodul von P, wobei die Monome vom Grade n eine Basis bilden. Wir verwenden für diesen Modul die Bezeichnung $P^{(n)}$. In §52, Beispiel 7 haben wir schon $P^{(1)}$ verwendet. Nach den Ausführungen oben ist klar, daß Produkte von Elementen aus $P^{(m)}$ bzw. $P^{(n)}$ in $P^{(n+m)}$ liegen, kurz:

$$P^{(m)}P^{(n)} \subseteq P^{(m+n)}.$$

Die eindeutige Zerlegung in homogene Komponenten zeigt, daß P die direkte Summe der A–Untermoduln $P^{(n)}$, $n \in \mathbb{N}$, ist. Wir kommen auf Zerlegungen dieser Art in §62 zurück.

Bemerkung 2 (Partieller Grad) Gelegentlich spielt auch der partielle Grad bezüglich einer Teilfamilie X_i, $i \in J$, $J \subseteq I$, der Unbestimmten eine Rolle. Dies ist der Grad von f, aufgefaßt als Element des Polynomringes $R[X_i : i \in J]$, wobei $R := A[X_i : i \in I \setminus J]$ ist.

Sei $f \in P$, $f \neq 0$. Die homogene Komponente $f_{\mathrm{Grad}\, f}$ von f heißt der Leitterm oder die Leitform von f. Im Falle einer Unbestimmten X hat der Leitterm von f die Form $a_n X^n$ mit $a_n \in A$, $a_n \neq 0$. Hierbei heißt a_n der Leitkoeffizient oder der höchste Koeffizient von f. Polynome in einer Unbestimmten, deren Leitkoeffizient gleich 1 ist, heißen normiert.

Mit Hilfe der homogenen Zerlegungen von Polynomen $f, g \in P$ erhält man folgende trivialen Abschätzungen:

$$\mathrm{Grad}\,(f+g) \leq \mathrm{Max}(\mathrm{Grad}\, f, \mathrm{Grad}\, g),$$
$$\mathrm{Grad}\, fg \leq \mathrm{Grad}\, f + \mathrm{Grad}\, g,$$

wobei wie üblich $n + (-\infty) = (-\infty) + n := -\infty$ für alle $n \in \mathbb{Z} \cup \{-\infty\}$ gesetzt ist. Bei nullteilerfreien Ringen gilt in der zweiten Ungleichung sogar das Gleichheitszeichen. Dies wird sich aus folgendem Satz ergeben.

53.1 Satz *Ist A ein nullteilerfreier Ring, so ist jeder Polynomring $A[X_i]_{i\in I}$ nullteilerfrei. Insbesondere sind Polynomringe über Integritätsbereichen stets wieder Integritätsbereiche.*

Beweis. Seien $f, g \in A[X_i]_{i\in I}$ mit $f \neq 0$, $g \neq 0$; wir haben $fg \neq 0$ zu zeigen. Da in f und g nur endlich viele Unbestimmte explizit vorkommen, genügt es, einen Polynomring in endlich vielen Unbestimmten zu betrachten. Induktion erlaubt sogar anzunehmen, daß es sich um einen Polynomring $A[X]$ in einer Unbestimmten X handelt, vgl. §52, Beispiel 6. Sei dann $a_m \neq 0$ der Leitkoeffizient von f und $b_n \neq 0$ der Leitkoeffizient von g. Für $fg = \sum_{i=0}^{m+n} c_i X^i$ ist $c_{m+n} = a_m b_n \neq 0$, da A nullteilerfrei ist. Somit ist $fg \neq 0$. •

Beispiel 1 (Körper rationaler Funktionen) Sei K ein Körper. Dann ist $K[X_i]_{i\in I}$ ein Integritätsbereich und besitzt einen Quotientenkörper. Dieser heißt traditionsgemäß der Körper der rationalen Funktionen in den Unbestimmten X_i über K und wird mit

$$K(X_i : i \in I) = K(X_i)_{i \in I}$$

bezeichnet. Ist A ein Integritätsbereich mit Quotientenkörper K, so ist der Quotientenkörper von $A[X_i]_{i\in I}$, der nach §52, Beispiel 4 den Ring $K[X_i]_{i\in I}$ enthält, auch der Funktionenkörper $K(X_i)_{i\in I}$. Ein beliebiger Automorphismus von $K[X_i]_{i\in I}$ läßt sich eindeutig zu einem Automorphismus des Quotientenkörpers $K(X_i)_{i\in I}$ fortsetzen. So spricht man auch von den Translations- bzw. linearen Automorphismen von $K(X_i)_{i\in I}$.

Ein anders geartetes Beispiel ist das folgende: Die Konjugation $a \mapsto \overline{a}$ der komplexen Zahlen setzt sich zu einem Automorphismus

$$\sum_\nu a_\nu X^\nu \mapsto \sum_\nu \overline{a}_\nu X^\nu$$

des Polynomringes $\mathbb{C}[X_i]_{i\in I}$ fort, die wir ebenfalls als Konjugation $f \mapsto \overline{f}$ bezeichnen, und weiter zu einem Automorphismus von $\mathbb{C}(X_i)_{i\in I}$ durch $f/g \mapsto \overline{f}/\overline{g}$, der auch Konjugation genannt wird. Genau dann ist $f/g = \overline{f}/\overline{g}$, wenn $f/g \in \mathbb{R}(X_i)_{i\in I}$ ist. (Beweis!)

53.2 Gradformel *Sei A ein nullteilerfreier Ring. Dann gilt*

$$\operatorname{Grad} fg = \operatorname{Grad} f + \operatorname{Grad} g$$

für alle $f, g \in A[X_i]_{i\in I}$.

Beweis. Die Formel gilt offenbar, wenn $f = 0$ oder $g = 0$ ist. Sei nun $f \neq 0$, $g \neq 0$ und $m := \operatorname{Grad} f$, $n := \operatorname{Grad} g$. Es seien $f = \sum_i f_i$ und $g = \sum_j g_j$ die Darstellungen von f und g als Summe ihrer homogenen Komponenten. Dann ist $f_m \neq 0$, $g_n \neq 0$ und nach 53.1 auch $f_m g_n \neq 0$. Wegen

$$fg = (\sum_{i=0}^{m} f_i)(\sum_{j=0}^{n} g_j) = \sum_{k=0}^{m+n} h_k$$

mit den homogenen Polynomen $h_k := \sum_{i+j=k} f_i g_j$ vom Grade k ist somit $f_m g_n = h_{m+n}$ der Leitterm von fg, in Worten: *Der Leitterm des Produkts ist das Produkt der Leitterme.* Hieraus folgt die Behauptung. •

Bemerkung 3 Beim Produkt zweier Polynome $f \neq 0$, $g \neq 0$ aus $A[X]$ mit den Leittermen $a_m X^m$ und $b_n X^n$ ist $a_m b_n X^{m+n}$ der Leitterm von fg, falls $a_m b_n \neq 0$ ist; hierfür genügt es zu wissen, daß a_m oder b_n Nichtnullteiler in A ist. Ist dies der Fall, so gilt die Gradformel ebenfalls! Es folgt:

53.3 Korollar *Seien A ein Ring und* $f \in A[X]$ *ein Polynom* $\neq 0$, *dessen Leitkoeffizient ein Nichtnullteiler in A ist; dann ist f Nichtnullteiler in* $A[X]$. *Insbesondere sind normierte Polynome in* $A[X]$ *stets Nichtnullteiler.*

Beispiel 2 (Kroneckersche Unbestimmtenmethode) Eine von Leopold Kronecker häufig benutzte Methode zum Beweis algebraischer

Beziehungen zwischen Elementen $x_1, \ldots, x_n$ eines Ringes B besteht darin, das analoge Problem für die *Unbestimmten* $X_1, \ldots, X_n$ in einem Ring $A[X_1, \ldots, X_n]$ zu lösen und dann das Resultat mittels eines Homomorphismus $A \to B$ und des zugehörigen Einsetzungshomomorphismus $X_i \mapsto x_i$ nach B zu übertragen. Der Vorteil besteht darin, Erleichterungen des Rechnens in $A[X_1, \ldots, X_n]$ in Anspruch nehmen zu können.

Sind bespielsweise $\mathbf{A}$, $\mathbf{B}$ quadratische Matrizen aus $\mathsf{M}_n(B)$, wobei B ein kommutativer Ring ist, so gilt

$$\mathrm{Adj}(\mathbf{AB}) = \mathrm{Adj}\mathbf{B} \cdot \mathrm{Adj}\mathbf{A}\,.$$

Zum Beweis dieser Formel darf man nach dem Vorstehenden annehmen, daß B der Polynomring über $\mathbb{Z}$ in den $2n^2$ Unbestimmten X_{ij}, Y_{ij}, $1 \leq i, j \leq n$, und $\mathbf{A} = (X_{ij})$, $\mathbf{B} = (Y_{ij})$ ist! Die Determinante von $\mathbf{A}$ ist ein homogenes Polynom des Grades n in den X_{ij} und $\neq 0$, wie das Einsetzen der Einheitsmatrix zeigt, somit ein Nichtnullteiler im Integritätsbereich B. Dasselbe gilt für die Determinante von $\mathbf{B}$. Die Formel ergibt sich jetzt leicht aus 48.2.

Eine Variante der Kroneckerschen Unbestimmtenmethode, die 53.3 benutzt, wurde schon im Beweis von 49.11 und in §49, Aufgabe 5 erwähnt.

Mittels Gradüberlegungen erhält man auch Auskunft über die Einheiten in Polynomringen.

53.4 Satz *Sei A ein nullteilerfreier Ring. Dann ist*

$$A[X_i : i \in I]^\times = A^\times\,,$$

wobei A als Unterring von $A[X_i : i \in I]$ aufgefaßt wird.

Beweis. Jede Einheit in A ist auch Einheit im Polynomring. Seien umgekehrt f, g Polynome mit $fg = gf = 1$. Nach der Gradformel ist $0 \geq \mathrm{Grad}\, fg = \mathrm{Grad}\, f + \mathrm{Grad}\, g$, woraus $f, g \in A$ folgt. Also sind f, g auch Einheiten in A. •

Eine der wichtigsten Grundüberlegungen in der Theorie der Polynome ist die Division mit Rest, welche wir in folgender allgemeiner Form zeigen.

53.5 Division mit Rest für Polynome *Sei A ein kommutativer Ring. Ferner seien f und g Polynome in einer Unbestimmten X über A; dabei sei $g \neq 0$ und habe den Leitkoeffizienten b. Dann gibt es Polynome $q, r \in A[X]$ derart, daß*

$$b^s f = qg + r \;\; \textit{und} \;\; \mathrm{Grad}\, r < \mathrm{Grad}\, g$$

gilt, wobei $s = s(f) := \mathrm{Max}(0, \mathrm{Grad}\, f - \mathrm{Grad}\, g + 1)$ ist. Ist b kein Nullteiler in A, so sind q und r durch die angegebenen Bedingungen eindeutig bestimmt.

Beweis. Wir beweisen zunächst die Existenz von q und r durch Induktion über s. Im Fall $s = 0$ ist $\mathrm{Grad}\, f < \mathrm{Grad}\, g$, und wir brauchen nur $q := 0$ und $r := f$ zu setzen. Sei nun $s > 0$. Wir betrachten den Leitkoeffizienten

a von f und $f_1 := bf - aX^{s-1}g$. Dann ist $t := s(f_1) < s$. Nach Induktionsvoraussetzung gibt es Polynome $q_1, r_1 \in A[X]$ mit $b^t f_1 = q_1 g + r_1$ und $\operatorname{Grad} r_1 < \operatorname{Grad} g$. Jetzt ist

$$b^s f = b^{s-1} f_1 + b^{s-1} a X^{s-1} g = (b^{s-1-t} q_1 + b^{s-1} a X^{s-1}) g + (b^{s-1-t} r_1)$$

eine Darstellung der gewünschten Art, da man nur $q := b^{s-1-t} q_1 + b^{s-1} a X^{s-1}$ und $r := b^{s-1-t} r_1$ zu setzen braucht.

Sei b Nichtnullteiler in A. Zum Beweis der Eindeutigkeit von q und r betrachten wir zwei Darstellungen $b^s f = q'g + r' = qg + r$ mit den angegebenen Eigenschaften. Es ist dann $(q - q')g = r' - r$. Wäre $q - q' \neq 0$, so folgte $\operatorname{Grad}(r' - r) = \operatorname{Grad}(q - q') + \operatorname{Grad} g \geq \operatorname{Grad} g$, Widerspruch. Somit ist $q - q' = 0$ und $r' - r = 0$. •

53.6 Korollar *Sei A ein kommutativer Ring. Ferner seien f und g Polynome in $A[X]$; dabei sei $g \neq 0$ und habe eine Einheit als Leitkoeffizienten. Dann gibt es eindeutig bestimmte Polynome $q, r \in A[X]$ mit*

$$f = qg + r \quad \textit{und} \quad \operatorname{Grad} r < \operatorname{Grad} g\,.$$

B e w e i s. Es gibt nach 53.5 eine eindeutige Darstellung $b^s f = q_1 g + r_1$ mit $\operatorname{Grad} r_1 < \operatorname{Grad} g$, wobei b der Leitkoeffizient von g ist. Somit ist $f = (b^{-s} q_1) g + (b^{-s} r_1)$ eine Darstellung der gewünschten Art, da man nur $q := b^{-s} q_1$ und $r := b^{-s} r_1$ zu setzen braucht; die Eindeutigkeit von q und r folgt aus der von q_1 und r_1. •

Bemerkung 4 Ist A ein (nicht notwendig kommutativer) Ring und sind f, g Polynome in $A[X]$, von denen $g \neq 0$ ist und eine Einheit als Leitkoeffizienten hat, so gibt es eindeutig bestimmte Polynome q', q'' und r', r'' mit

$$f = q'g + r' = gq'' + r''$$

und $\operatorname{Grad} r' < \operatorname{Grad} g$, $\operatorname{Grad} r'' < \operatorname{Grad} g$. Man verfährt analog zu den Beweisen von 53.5 und 53.6.

Man braucht im übrigen nur dem Beweisgang von 53.5 zu folgen, um die Division mit Rest effektiv durchzuführen. Besonders einfach ist das, wenn $b = 1$ ist, wenn g also normiert ist.

Beispiel 3 Bei der Division von $f := X^3 + 2X^2 + 1$ durch $g := X^2 - 1$ in $\mathbb{Z}[X]$ erhält man (mit einer Schreibweise, wie sie vom gewöhnlichen Rechnen her geläufig ist):

$$\begin{array}{l}
(X^3 + 2X^2 + 1) : (X^2 - 1) = X + 2\,, \quad \text{Rest } X + 3\,. \\
\underline{-(X^3 - X)\qquad\quad} \\
\quad 2X^2 + X + 1 \\
\underline{-(2X^2 - 2)\qquad\quad} \\
\qquad\qquad X + 3
\end{array}$$

Es ist also $f = qg + r$ mit $q = X + 2$ und $r = X + 3$.

Beispiel 4 (Hornersches Schema) Die Division mit Rest durch ein Polynom $X - a$, $a \in A$, geschieht am übersichtlichsten mit dem Hornerschen Schema. Sei also $f = a_0 + \cdots + a_n X^n \in A[X]$. Man definiert sukzessive

$$f_0 := a_n$$
$$f_1 := Xf_0 + a_{n-1} = a_n X + a_{n-1}$$
$$f_2 := Xf_1 + a_{n-2} = a_n X^2 + a_{n-1}X + a_{n-2}$$
$$\cdots\cdots\cdots\cdots\cdots\cdots\cdots\cdots$$
$$f_n := Xf_{n-1} + a_0 = a_n X^n + a_{n-1}X^{n-1} + \cdots + a_1 X + a_0 = f\,.$$

Man nennt diese Polynome auch die Ruffinischen Polynome zu f und ihre Folge die Ruffinische Reihe.

Die Werte $f_0(a), \ldots, f_n(a)$ lassen sich nacheinander gut berechnen, und es ist

$$f = q \cdot (X - a) + f(a)$$

mit

$$q = f_0(a)X^{n-1} + f_1(a)X^{n-2} + \cdots + f_{n-1}(a)\,, \quad f(a) = f_n(a)\,,$$

wie man leicht direkt durch Einsetzen bestätigt. Will man alle Koeffizienten b_ν der Taylorentwicklung

$$f = b_0 + b_1(X - a) + \cdots + b_n(X - a)^n\,, \quad b_0 = f(a)\,,$$

gewinnen, so hat man nur das Verfahren mit q statt f zu wiederholen und gewinnt $b_1 = q(a)$, und so fort.

Für das Polynom $f = 2X^3 + 2X^2 - X + 1$ und $a = -2$ beispielweise erhält man das folgende Schema:

	2	2	−1	1
−2	2	−2	3	$-5(= b_0)$
−2	2	−6	$15(= b_1)$	
−2	2	$-10(= b_2)$		
−2	$2(= b_3)$			

Also ist $f = 2(X + 2)^3 - 10(X + 2)^2 + 15(X + 2) - 5$.

Man bemerkt, daß im Polynomring $K[X]$ über einem Körper K alle Polynome $\neq 0$ Leitkoeffizienten haben, die Einheiten sind; daher hat man stets die Division mit Rest gemäß 53.6, ohne störende Faktoren wie in 53.5 beachten zu müssen.

Beispiel 5 Teilbarkeit von Polynomen in $K[X]$ hängt nicht von K ab, genauer:

53.7 Lemma *Seien K ein Körper, L ein Erweiterungskörper von K und $f, g \in K[X] \subseteq L[X]$. Genau dann ist g ein Teiler von f im Ring $K[X]$, wenn dies im Ring $L[X]$ gilt.*

Beweis. Ist g Teiler von f über K, so trivialerweise auch über L. Sei umgekehrt $f = hg$ mit einem $h \in L[X]$. Wir dürfen $g \neq 0$ annehmen und haben dann $h \in K[X]$ nachzuweisen. Nach 53.6 gibt es $q, r \in K[X]$ mit $f = qg + r$, Grad $r <$ Grad g. Aus $hg = f = qg + r$ folgt $(h - q)g = r$. Aus Gradgründen kommt nur $h - q = 0$ in Frage. Das bedeutet aber $h = q \in K[X]$. •

Die uneingeschränkte Ausführbarkeit der Division mit Rest im Polynomring $K[X]$ über einem Körper K hat Auswirkungen, die mit denen der gewöhnlichen Division mit Rest im Ring $\mathbb{Z}$ zu vergleichen sind. Wichtigstes Beispiel dafür ist:

53.8 Satz *Sei K ein Körper. Dann ist $K[X]$ ein Hauptidealbereich.*

Beweis. Nach 53.1 ist $K[X]$ Integritätsbereich. Sei $\mathbf{a}$ ein Ideal in $K[X]$. Wir dürfen sogleich annehmen, daß $\mathbf{a}$ nicht das Nullideal ist. *Wir wählen dann unter allen Polynomen $\neq 0$ aus $\mathbf{a}$ ein Polynom g kleinsten Grades aus; dieses erzeugt $\mathbf{a}$.* Sei nämlich $f \in \mathbf{a}$ beliebig. Nach 53.6 gibt es Polynome $q, r \in K[X]$ mit $f = qg + r$ und $\operatorname{Grad} r < \operatorname{Grad} g$. Aus der Darstellung $r = f - qg$ liest man $r \in \mathbf{a}$ ab. Aus Gradgründen ist (nach der Wahl von g) nur $r = 0$ möglich. Folglich ist $f = qg$ Vielfaches von g. •

Nicht minder wichtig ist:

53.9 Zusatz *Unter allen Polynomen in $K[X]$, die das Ideal $\mathbf{a} \neq 0$ in $K[X]$ erzeugen, gibt es ein und nur ein normiertes Polynom.*

Beweis. Aus einem erzeugenden Element g von $\mathbf{a}$ kann man ein normiertes erzeugendes Element machen, indem man g durch den Leitkoeffizienten von g teilt, welcher ja eine Einheit in $K[X]$ ist. Sei daher nun g als normiert angenommen, und betrachten wir ein weiteres erzeugendes Element g_1 von $\mathbf{a}$, welches normiert ist. Es gibt dann Polynome h, h_1 in $K[X]$ mit $g = hg_1$ und $g_1 = h_1 g$. Einsetzen liefert

$$g = hg_1 = h(h_1 g) = (hh_1)g\,,$$

woraus durch Kürzen von g folgt: $1 = hh_1$. Daher ist h eine Einheit in $K[X]$, nach 53.4 also eine Konstante aus K. Der Vergleich der Leitterme in $g = hg_1$ zeigt $h = 1$. Somit ist endlich $g = g_1$. •

Nach diesem Satz darf man von *dem* normierten erzeugenden Element eines Ideals $\neq 0$ in $K[X]$ sprechen.

Bemerkung 5 In Fällen, in denen ein Ideal in $K[X]$ durch ein endliches Erzeugendensystem komplizierter Art gegeben ist, findet man ein erzeugendes Element des Ideals mit Hilfe des euklidischen Algorithmus, vgl. §59.

53.8 und 53.9 erlauben durchgreifende Aussagen über die Struktur der Restklassenalgebren von $K[X]$, also über die Struktur zyklischer Algebren über einem Körper. Ein simples Beispiel dafür ist im folgenden Satz über Algebren enthalten.

53.10 Satz *Sei $g \neq 0$ ein Polynom des Grades n im Polynomring $A[X]$ über dem kommutativen Ring A; der Leitkoeffizient von g sei eine Einheit in A. Dann ist der Restklassenring*

$$B := A[X]/A[X]g$$

von $A[X]$ nach dem Hauptideal $A[X]g$ eine freie A-Algebra vom Rang n. Bezeichnet x die Restklasse von X in B, so ist

$$1, x, \ldots, x^{n-1}$$

eine A-Basis von B.

Beweis. Sei $f \in A[X]$. Aus der Darstellung $f = qg + r$ mit Polynomen q, r, wobei $\operatorname{Grad} r < n = \operatorname{Grad} g$ ist, folgt, daß f und r dieselbe Restklasse in B haben. Ist $r = \sum_{i=0}^{n-1} a_i X^i$, so ist diese Restklasse $\sum_{i=0}^{n-1} a_i x^i$. Alle Restklassen in B haben diese Form, da $f \in A[X]$ beliebig war. Somit erzeugen $1, \ldots, x^{n-1}$ die Restklassenalgebra B als A-Modul. Ist $\sum_{i=0}^{n-1} a_i x^i = 0$ mit $a_i \in A$, so ist $h := \sum_{i=0}^{n-1} a_i X^i \in A[X]g$, was aber $h = 0$ impliziert, da der Leitkoeffizient von g eine Einheit ist und daher alle Vielfachen $\neq 0$ von g einen Grad $\geq n = \operatorname{Grad} g$ besitzen. Somit ist $a_0 = \cdots = a_{n-1} = 0$, und $1, \ldots, x^{n-1}$ haben sich als linear unabhängig erwiesen. Insgesamt ist $1, \ldots, x^{n-1}$ eine A-Basis von B. •

Bemerkung 6 Der erste Teil des Beweises von 53.10 läßt sich direkt einfacher führen, wobei die Division mit Rest in versteckter Form verwendet wird: *Seien A ein kommutativer Ring und $B = A[x]$ ein zyklische A-Algebra. Es gebe eine Relation*

$$a_0 + a_1 x + \cdots + a_n x^n = 0$$

mit $a_i \in A$, wobei a_n zusätzlich eine Einheit ist. Dann gilt:

$$B = A \cdot 1 + A \cdot x + \cdots + A \cdot x^{n-1}.$$

Aus der Relation folgt nämlich, daß x^n eine Linearkombination von $1, \ldots, x^{n-1}$ ist. Nach Multiplikation mit x^j, $j \geq 0$, sieht man, daß überhaupt jede Potenz x^m, $m \geq n$, Linearkombination der vorhergehenden Potenzen von x ist. Ein trivialer Induktionsschluß zeigt nun, daß der A-Modul B von $1, \ldots, x^{n-1}$ erzeugt wird.

Beispiel 6 (Resultanten) Seien A ein kommutativer Ring, g ein normiertes Polynom vom Grade n im Polynomring $A[X]$ und B die freie Restklassenalgebra

$$B = A[X]/A[X]g = A[x]$$

mit der A-Basis $1, x, \ldots, x^{n-1}$, wobei x die Restklasse von X ist. Zu jedem Polynom $h \in A[X]$ definiert man die Resultante $\mathrm{R}(g, h) \in A$ als Norm der Restklasse $h(x)$ von h in B:

$$\mathrm{R}(g, h) := \mathrm{N}_A^B(h(x)).$$

Sätze über die Normabbildung liefern direkt auch Sätze über die Resultante $\mathrm{R}(g, h)$. Sie ist multiplikativ in h nach 50.1. Satz 50.2 zeigt: *$\mathrm{R}(g, h)$ ist genau dann eine Einheit in A, wenn $h(x)$ eine Einheit in B ist.* Dies wiederum ist äquivalent dazu, daß die Hauptideale $A[X]g$ und $A[X]h$ in $A[X]$ das Einheitsideal erzeugen: $A[X] = A[X]g + A[X]h$.

Wie die Resultante $\mathrm{R}(g, h)$ von den Koeffizienten der Polynome g, h abhängt, läßt sich mit einer einfachen Determinantenregel fassen. Zu beliebigen Polynomen $g, h \in A[X]$, $g = c_0 + \cdots + c_n X^n$, $h = d_0 + \cdots + d_m X^m$ definiert man als

Sylvestersche Determinante das Element

$$\mathrm{R}_{n,m}(g,h) := \left|\begin{matrix} c_n & \cdots & c_0 & & \\ & \ddots & & \ddots & \\ & & c_n & \cdots & c_0 \\ d_m & \cdots & d_0 & & \\ & \ddots & & \ddots & \\ & & d_m & \cdots & d_0 \end{matrix}\right| \begin{matrix} \left.\vphantom{\begin{matrix}a\\a\\a\end{matrix}}\right\} m \text{ Zeilen} \\ \left.\vphantom{\begin{matrix}a\\a\\a\end{matrix}}\right\} n \text{ Zeilen} \end{matrix}$$

von A; in der Matrix sind die Leerstellen mit Nullen aufzufüllen. n und m sind hier als "formale Grade" aufzufassen: c_n und d_m können 0 sein. Bei $c_n = d_m = 0$ ist $\mathrm{R}_{n,m}(g,h) = 0$ aus trivialen Gründen, und die Determinante bedeutet dann nichts.

53.11 Lemma *Seien* $g = c_o + \cdots + c_n X^n$, $c_n = 1$, *und* $h = d_0 + \cdots + d_m X^m$. *Dann gilt* $\mathrm{R}(g,h) = \mathrm{R}_{n,m}(g,h)$.

Beweis. In $B := A[X]/A[X]g$ gelte für $j = 0, \ldots, n-1$

$$h(x)x^j = \sum_{i=0}^{n-1} a_{ij} x^i, \quad a_{ij} \in A.$$

Dann ist $\mathrm{R}(g,h) = \mathrm{N}(h(x)) = \mathrm{Det}(a_{ij})$. Auf der anderen Seite betrachtet man den freien A–Modul V aller Polynome des Grades $< n+m$. Die Betrachtung der Basis $X^{n+m-1}, \ldots, 1$ von V zeigt, daß $\mathrm{R}_{n,m}(g,h)$ die Determinante des durch

$$X^j \mapsto hX^j, \ j = 0, \ldots, n-1, \quad X^{n+k} \mapsto gX^k, \ k = 0, \ldots, m-1,$$

definierten Endomorphismus ist. Dieser ist Komposition der beiden Endomorphismen

$$X^j \mapsto X^j, \ j = 0, \ldots, n-1, \quad X^{n+k} \mapsto gX^k, \ k = 0, \ldots, m-1,$$
$$X^j \mapsto hX^j, \ j = 0, \ldots, n-1, \quad gX^k \mapsto gX^k, \ k = 0, \ldots, m-1.$$

(Man beachte, daß auch $1, X, \ldots, X^{n-1}, g, gX, \ldots, gX^{m-1}$ eine Basis von V bilden.) Die Matrix des ersten Endomorphismus bezüglich $1, X, \ldots, X^{n+m-1}$ ist eine obere Dreiecksmatrix, deren Elemente in der Hauptdiagonalen alle gleich 1 sind; es ist ja $c_n = 1$. Daher ist $\mathrm{R}_{n,m}(g,h)$ gleich der Determinante des zweiten Endomorphismus. Man hat aber

$$hX^j = \sum_{i=0}^{n-1} a_{ij} X^i + g_j g, \quad j = 0, \ldots, n-1,$$

mit Polynomen $g_j \in A[X]$, welche offensichtlich einen Grad $< m$ haben. Der zweite Endomorphismus wird daher bezüglich $1, \ldots, X^{n-1}, g, \ldots, gX^{m-1}$ durch eine Blockmatrix beschrieben, die in der Hauptdiagonalen aus den Blöcken (a_{ij}) und $\mathbf{E}_m$ besteht. Folglich ist $\mathrm{R}_{n,m}(g,h) = \mathrm{Det}(a_{ij}) = \mathrm{R}(g,h)$. •

Da $\mathrm{R}(g,h)$ die Determinante des durch $X^j \mapsto hX^j$, $X^{n+k} \mapsto gX^k$ beschriebenen Endomorphismus von V ist, zeigt die Cramersche Regel, daß alle Elemente $\mathrm{R}(g,h)X^i$, $i = 0, \ldots, n+m-1$, zum Bild des Endomorphismus gehören. Es gibt daher Polynome g_i, h_i mit $\mathrm{Grad}\, g_i < n$ und $\mathrm{Grad}\, h_i < m$ und

$$\mathrm{R}(g,h)X^i = hg_i + gh_i\,,\quad i = 0,\ldots,n+m-1\,.$$

Insbesondere ist die Resultante $\mathrm{R}(g,h)$ *Linearkombination von* g *und* h *in* $A[X]$.

Es ist üblich, bei beliebigen — also nicht notwendig normierten — Polynomen $g, h \in A[X]$ und geeigneten Zahlen n, m auch die Sylvestersche Determinante $\mathrm{R}_{n,m}(g,h)$ die Resultante von $g = c_0 + \cdots + c_m X^m$ und $h = d_0 + \cdots + d_m X^m$ zu nennen. Wir erwähnen einige Rechenregeln für diese Resultanten, die sich beispielsweise aus einfachen Determinantensätzen ergeben:

(1) $\mathrm{R}_{n,0}(g,1) = 1 = \mathrm{R}_{0,m}(1,h)$.

(2) $\mathrm{R}_{n,m}(g,h) = (-1)^{nm}\mathrm{R}_{m,n}(h,g)$.

(3) $\mathrm{R}_{n,m}(cg,h) = c^m\mathrm{R}_{n,m}(g,h)$ für $c \in A$.

(4) $\mathrm{R}_{n,m}(g,dh) = d^n\mathrm{R}_{n,m}(g,h)$ für $d \in A$.

(5) $\mathrm{R}_{n,m}(g,h) = c_n\mathrm{R}_{n,m-1}(g,h)$ bei $m \geq 1$ und $d_m = 0$.

(6) $\mathrm{R}_{n,m}(g,h) = (-1)^m d_m\mathrm{R}_{n-1,m}(g,h)$ bei $n \geq 1$ und $c_n = 0$.

(7) $\mathrm{R}_{n,m}(g,h) = \mathrm{R}_{n,m}(g_1,h)$, wenn $n \geq m$ ist und $g_1 \in A[X]$ ist mit $g - g_1 = qh$, $q \in A[X]$, $\operatorname{Grad} q \leq n-m$.

(8) $\mathrm{R}_{n,m}(g,h) = \mathrm{R}_{n,m}(g,h_1)$, wenn $m \geq n$ ist und $h_1 \in A[X]$ ist mit $h - h_1 = qg$, $q \in A[X]$, $\operatorname{Grad} q \leq m-n$.

(9) $(-1)^m(d_m)^{m-1}\mathrm{R}_{n,m}(g,h) = \mathrm{R}_{n-1,m}(d_m g - c_n X^{n-m}h, h)$ bei $n \geq m \geq 1$.

(10) $(c_n)^{n-1}\mathrm{R}_{n,m}(g,h) = \mathrm{R}_{n,m-1}(g, c_n h - d_m X^{m-n}g)$ bei $m \geq n \geq 1$.

Aufgaben

1. Seien A ein kommutativer Ring, $f_1,\ldots,f_n \in A[X]$ Polynome vom Grade $\leq n-2$ und $x_1,\ldots,x_n \in A$ beliebig. Dann ist $\operatorname{Det}(f_i(x_j))_{1\leq i,j\leq n} = 0$. (Vgl. auch §54, Aufgabe 38.)

2. Sei $A \neq 0$ ein kommutativer Ring. Für $i, n \in \mathbb{N}$ bezeichne $P_n^{(i)}$ (bzw. $Q_n^{(i)}$) den freien A-Untermodul der homogenen Polynome vom Grade i (bzw. vom Grade $\leq i$) in der Polynomalgebra $A[X_1,\ldots,X_n]$. Man hat

$$\operatorname{Rang}_A P_n^{(i)} = \binom{n-1+i}{i}, \quad \operatorname{Rang}_A Q_n^{(i)} = \binom{n+i}{i},$$

wobei $\binom{-1}{0} := 1$ zu lesen ist. (Vgl. auch §2, Aufgabe 5.)

3. Sei $A \neq 0$ ein kommutativer Ring. Ist $\varphi : A[X_1,\ldots,X_m] \to A[X_1,\ldots,X_n]$ ein injektiver A-Algebra-Homomorphismus, so ist $m \leq n$. (Sei d das Maximum der Grade der $\varphi(X_i)$, $1 \leq i \leq m$. Es folgt $\varphi(Q_m^{(i)}) \subseteq Q_n^{(di)}$, wobei die $Q_m^{(i)}$ wie in vorstehender Aufgabe definiert sind. Man folgert $\binom{m+i}{m} \leq \binom{n+di}{n}$ für alle $i \in \mathbb{N}$ und daraus $m \leq n$.) Folgerung. Sind $A[X_1,\ldots,X_m]$ und $A[X_1,\ldots,X_n]$ als A-Algebren isomorph, so ist $m = n$.

4. Seien f und g die Polynome $3X^6 + 4X^5 - 2X^3 + X - 1$ bzw. $X^3 - 2X^2 + X - 1$ aus $\mathbb{Z}[X]$. Man gebe $q, r \in \mathbb{Z}[X]$ mit $f = qg + r$ und $\operatorname{Grad} r \leq 2$ an.

5. Für welche Primzahlen p ist $X^5 + 6X - 20$ durch $X^2 + 2$ teilbar im Polynomring in einer Unbestimmten über einem Körper der Charakteristik p?

6. Seien A ein kommutativer Ring und Z_n eine zyklische Gruppe der Ordnung $n \geq 1$. Dann sind die A-Algebren $A[\mathsf{Z}_n]$ und $A[X]/(X^n - 1)$ isomorph.

7. Seien A ein kommutativer Ring, $g \in A[X]$ ein Polynom des Grades $n \geq 1$, dessen Leitkoeffizient eine Einheit ist, und $\varphi : A[X] \to A[X]$ der Einsetzungshomomorphismus mit $X \mapsto g$. Über φ läßt sich $A[X]$ in nichttrivialer Weise als $A[X]$-Algebra B auffassen. Diese $A[X]$-Algebra ist frei vom Rang n mit der Basis $1, \ldots, X^{n-1}$. Welches ist der Kern des kanonischen $A[X]$-Algebra-Homomorphismus $(A[X])[Y] \to B$ mit $Y \mapsto X$?

8. Lemma 53.7 gilt auch für Polynome in beliebig vielen Unbestimmten über Körpern. (Es genügt, Polynomringe $K[X_1, \ldots, X_n]$ zu betrachten. Beim Induktionsschluß verwendet man $K(X_2, \ldots, X_n)[X_1]$.)

9. Man konstruiere einen Körper K und einen Endomorphismus h von K derart, daß K nicht endliche Algebra über dem Körper $h(K)$ ist. (Rationale Funktionenkörper in unendlich vielen Unbestimmten. — Zur Verwendung der Beispiele siehe §38, Aufgabe 5.)

10. Seien A ein kommutativer Ring, P die Polynomalgebra $A[X_i]_{i \in I}$ und $f = \sum a_\nu X^\nu \in P$.

a) Genau dann ist f nilpotent, wenn alle Koeffizienten von f nilpotent sind.

b) Genau dann ist f eine Einheit in P, wenn a_0 Einheit in A ist und alle Koeffizienten a_ν, $\nu \neq 0$, von f nilpotent sind. (Man kann $P = A[X]$ annehmen. Sei $m := \operatorname{Grad} f > 0$. Es genügt zu zeigen, daß a_m nilpotent ist. Ist aber $fg = 1$ mit $g = b_0 + \cdots + b_n X^n$, so folgt durch Induktion $a_m^{i+1} b_{n-i} = 0$ für $i = 0, \ldots, n$. Variante: Zu A_S, $S := \mathrm{S}(a_m)$, übergehen und die Gradformel verwenden.)

c) Satz von McCoy: Genau dann ist f ein Nullteiler in P, wenn es ein $a \in A$, $a \neq 0$, mit $af = 0$ gibt. (Man darf I endlich annehmen. Sei zunächst $P = A[X]$, $fg = 0$, $m := \operatorname{Grad} f$, $\operatorname{Grad} g > 0$. Der Fall $a_i g = 0$ für alle i ist trivial. Andernfalls sei r das Maximum der i mit $1 \leq i \leq m$ und $a_i g \neq 0$. Dann ist $\operatorname{Grad}(a_r g) < \operatorname{Grad} g$ und $f \cdot (a_r g) = 0$. — Sei nun $n \geq 1$ und $f = \sum_{i=0}^m f_i X_n^i$ mit $f_i \in Q := A[X_1, \ldots, X_{n-1}]$. Bei $fg = 0$ mit $g \in Q$, $g \neq 0$, ist $hg = 0$ für alle $h = \sum_{i=0}^m f_i X_{n-1}^{s_i}$ aus Q mit $s_i \in \mathbb{N}$ beliebig. Man wende die Induktionsvoraussetzung auf h an und wähle dabei die s_i so, daß s_{i+1} jeweils groß genug gegenüber s_i ist.)

d) Genau dann ist f idempotent, wenn $f = a_0$ ein konstantes Polynom und a_0 in A idempotent ist. (Man darf $P = A[X]$ annehmen. Mit f sind a_0 und $(f - a_0)^2$ idempotent, woraus $(f - a_0)^2 = 0$ und $f = a_0$ folgt, vgl. §15, Aufgabe 6.)

11. Seien A ein kommutativer Ring und $P := A[X_i]_{i \in I}$. Ein Element $f \in P$ heißt stark primitiv, wenn seine Koeffizienten das Einheitsideal in A erzeugen. Stark primitive Polynome sind keine Nullteiler. (Aufgabe 10c).) Produkte stark primitiver Polynome sind stark primitiv. (Sind $f, g \in P$ stark primitiv, betrachtet man die kanonischen Bilder von f und g in $(A/\mathbf{a})[X_i]_{i \in I}$, wobei $\mathbf{a}$ das von den Koeffizienten von fg in A erzeugte Ideal ist.)

12. Seien A ein kommutativer Ring und $P := A[X_i]_{i \in I}$ mit $I \neq \emptyset$. Dann sind das Jacobsonradikal $\mathbf{m}_P$ und das Nilradikal $\mathbf{n}_P$ von P gleich. $(1 + X_i \mathbf{m}_P \subseteq P^\times$, Aufgabe 10b).)

13. Seien K ein Körper und F eine freie abelsche Gruppe. Dann ist das Jacobsonradikal von $K[F]$ das Nullideal. ($K[F]$ entsteht aus einem Polynomring über

K durch Nenneraufnahme der Monome. Gradüberlegung wie in vorstehender Aufgabe.)

14. a) Über einem Integritätsbereich A ist jeder A–Algebra–Automorphismus φ von $A[X]$ ein linearer Automorphismus. (Man darf annehmen, daß der konstante Term von $\varphi(X)$ gleich 0 ist. Dann ist $A[X]X$ φ–invariant.)

b) Seien A ein kommutativer Ring und φ ein A–Algebra–Endomorphismus von $A[X]$. Genau dann ist φ ein Automorphismus, wenn $\varphi(X) = a + gX$ mit $a \in A$ und $g \in A[X]^\times$ ist. (Sei φ von der angegebenen Form und $\mathbf{a}$ das wegen Aufgabe 10b) nilpotente Ideal, welches von den vom konstanten Term verschiedenen Koeffizienten von g erzeugt wird. Man geht zu $(A/\mathbf{a})[X]$ über und verwendet §42, Aufgabe 6a).)

15. a) Seien A ein Ring $\neq 0$ und G eine Gruppe, welche ein nichtneutrales Element positiver Ordnung enthält. Dann ist $A[G]$ nicht nullteilerfrei.

b) Seien A ein nullteilerfreier Ring und G eine torsionsfreie abelsche Gruppe. Dann ist $A[G]$ nullteilerfrei. ($f, g \in A[G]$ liegen bereits in einem Unterring $A[N]$, wobei N eine freie abelsche Gruppe ist.)

16. Wir betrachten Gruppen G mit der folgenden Eigenschaft (E): Ist H eine nichttriviale endlich erzeugte Untergruppe von G, so gibt es einen Normalteiler N in H derart, daß H/N eine unendliche zyklische Gruppe ist.

Eine Gruppe G besitzt genau dann die Eigenschaft (E), wenn jede nichttriviale endlich erzeugte Untergruppe von G einen nichttrivialen Homomorphismus in die additive Gruppe von $\mathbb{Z}$ besitzt. Besitzt eine Gruppe die Eigenschaft (E), so auch jede ihrer Untergruppen. Ist N Normalteiler der Gruppe G und besitzen N und G/N die Eigenschaft (E), so auch G. Eine abelsche Gruppe besitzt genau dann die Eigenschaft (E), wenn sie torsionsfrei ist. Besitzt eine Familie G_i, $i \in I$, von Gruppen die Eigenschaft (E), so auch das direkte Produkt der G_i. Jede freie Gruppe besitzt die Eigenschaft (E) (nach dem Satz IV.E.9 von N i e l s e n – S c h r e i e r). Besitzt eine Familie G_i, $i \in I$, von Gruppen die Eigenschaft (E), so auch das freie direkte Produkt der G_i. (Anhang IV.D, Aufgaben 11, 12, 15.)

a) Seien A ein nullteilerfreier Ring und G eine Gruppe mit der Eigenschaft (E). Dann ist $A[G]$ nullteilerfrei. (Seien $f, g \in A[G]$, $f \neq 0$, $g \neq 0$. Seien $f = \sum_{i=1}^m a_i e_{x(i)}$, $g = \sum_{j=1}^n b_j e_{y(j)}$ mit $a_i, b_j \in A$, wobei m, n minimal gewählt sind. Durch Induktion über $m + n$ zeigt man, daß $fg \neq 0$ ist. Seien dazu H die von den $x(i)$, $y(j)$ erzeugte Untergruppe von G, ferner N ein Normalteiler in H mit $H/N = \mathbb{Z}$ und $x \in H$ ein Element, dessen Restklasse in H/N diese Gruppe erzeugt. Die Potenzen $(e_x)^r = e_{x^r}$, $r \in \mathbb{Z}$, bilden eine Basis von $A[H]$ als $A[N]$–Modul. Sei $B_r := A[N]e_{x^r}$. Dann gilt $B_rB_s \subseteq B_{r+s}$. Sei $f = \sum_{r\in\mathbb{Z}} f_r$ und $g = \sum_{s\in\mathbb{Z}} g_s$ mit $f_r \in B_r$, $g_s \in B_s$. Ferner sei u bzw. v das Maximum der r bzw. s mit $f_r \neq 0$ bzw. $g_s \neq 0$. Auf f_u, g_v läßt sich die Induktionsvoraussetzung anwenden.)

b) Seien A ein Ring $\neq 0$ und G eine Gruppe mit der Eigenschaft (E). Dann ist $A[G]^\times = A^\times \times G$. (Der Homomorphismus von $A^\times \times G$ in $A[G]^\times$ mit $(a, x) \mapsto ae_x$ ist bijektiv. Man schließt ähnlich wie in a). — Bemerkung. Im allgemeinen ist $A^\times \times G \subseteq A[G]^\times$ echte Untergruppe. Ist beispielsweise G eine zyklische Gruppe der Ordnung 5 mit erzeugendem Element σ, so sind $1 - \sigma^2 - \sigma^3$ und $1 - \sigma - \sigma^4$ zueinander inverse Einheiten (der Ordnung 0). Allgemeiner ist die Einheitengruppe $\mathbb{Z}[\mathsf{Z}_n]^\times$, Z_n zyklische Gruppe der Ordnung n, eine endlich erzeugte Gruppe vom

Rang $[(n+2)/2] - \mathrm{T}(n)$ (> 0 bei $n \neq 1,2,3,4,6$), wobei $\mathrm{T}(n)$ die Anzahl der natürlichen Zahlen ist, die n teilen. Diese Aussage ist ein Spezialfall des Dirichletschen Einheitensatzes, vgl. §77, Aufgabe 26b).)

17. Man berechne die Resultante $\mathrm{R}(g,f)$ der Polynome f, g aus Aufgabe 4.

18. Sei A ein kommutativer Ring. Für $m \in \mathbb{N}_+$ und $a, b, a_0, \ldots, a_{n-1} \in A$ ist

$$\mathrm{R}_{n,n-1}(bX^n - a, a_{n-1}X^{n-1} + \cdots + a_0) = \begin{vmatrix} ba_0 & aa_{n-1} & \cdots & \cdots & aa_1 \\ ba_1 & ba_0 & \cdots & \cdots & aa_2 \\ \cdots & \cdots & \cdots & \cdots & \cdots \\ ba_{n-2} & ba_{n-3} & \cdots & ba_0 & aa_{n-1} \\ a_{n-1} & a_{n-2} & \cdots & a_1 & a_0 \end{vmatrix}.$$

(Im Fall $a = b = 1$ ist die Determinante auf der rechten Seite die Zirkulante der $a_0, \ldots, a_{n-1}$, vgl. §69, Beispiel 5.)

19. Sind $c_0, c_1, c_2, d_0, d_1, d_2$ Elemente eines kommutativen Ringes, so gilt

$$\mathrm{R}_{2,2}(c_0 + c_1X + c_2X^2, d_0 + d_1X + d_2X^2) = \begin{vmatrix} c_0 & c_2 \\ d_0 & d_2 \end{vmatrix}^2 - \begin{vmatrix} c_0 & c_1 \\ d_0 & d_1 \end{vmatrix} \cdot \begin{vmatrix} c_1 & c_2 \\ d_1 & d_2 \end{vmatrix}.$$

20. Seien A ein kommutativer Ring, $c \in A$ und $h \in A[X]$. Dann ist $\mathrm{R}(X - c, h) = h(c)$.

21. Seien $c_0, c_1, d_0, \ldots, d_m$ Elemente eines kommutativen Ringes. Dann ist $\mathrm{R}_{1,m}(c_1X - c_0, d_0 + \cdots + d_mX^m) = \sum_{j=0}^{m} d_j c_0^j c_1^{m-j}$.

22. Seien A ein kommutativer Ring und g, g_1, h, h_1 Polynome aus $A[X]$ der formalen Grade n bzw. n_1 bzw. m bzw. m_1. Dann gilt:

$$\mathrm{R}_{n,m+m_1}(g, hh_1) = \mathrm{R}_{n,m}(g,h)\mathrm{R}_{n,m_1}(g,h_1),$$

$$\mathrm{R}_{n+n_1,m}(gg_1, h) = \mathrm{R}_{n,m}(g,h)\mathrm{R}_{n_1,m}(g_1,h).$$

23. Seien A ein kommutativer Ring und $g, h \in A[X]$ Polynome vom formalen Grad n bzw. m. Es sei $g = a(X - a_1)\cdots(X - a_n)$ mit $a, a_1, \ldots, a_n \in A$. Dann ist

$$\mathrm{R}_{n,m}(g,h) = a^m h(a_1)\cdots h(a_n).$$

24. Seien $n, m \in \mathbb{N}_+$ und $g := 1 + X + \cdots + X^{n-1}$, $h := 1 + X + \cdots + X^{m-1}$. Genau dann ist $\mathrm{R}(g,h) \neq 0$, wenn n und m teilerfremd sind; in diesem Falle ist $\mathrm{R}(g,h) = 1$. (Sei etwa $n < m$. Man subtrahiere $X^{m-n}g$ von h.)

25. Seien $g = c_0 + \cdots + c_nX^n$ und $h = d_0 + \cdots + d_mX^m$ Polynome über dem kommutativen Ring A und $\mathbf{A}$ die $(n+m)$–reihige Matrix, mit deren Determinante in Beispiel 6 die Resultante $\mathrm{R}_{n,m}(g,h)$ definiert wurde. Die Linearkombinationen in $X^{n+m-1}, \ldots, X, 1$ mit den Koeffizienten aus den Zeilen von $\mathbf{A}$ ergeben gerade die Polynome $X^{m-1}g, \ldots, g, X^{n-1}h, \ldots, h$. Die Cramersche Regel zeigt daher direkt, daß $\mathrm{R}_{n,m}(g,h)X^i$ im Ideal $A[X]g + A[X]h$ liegt, $i = 0, \ldots, n+m-1$. Man gebe $\mathrm{R}_{n,m}(g,h)$ als Linearkombination von g und h unter Verwendung der Kofaktoren der letzten Spalte von $\mathbf{A}$ an.

26. Seien A ein Integritätsbereich und $g, h \in A[X]$ Polynome vom Grad n bzw. m. Genau dann ist $\mathrm{R}_{n,m}(g,h)$ von 0 verschieden, wenn das Ideal $A[X]g + A[X]h$ ein von 0 verschiedenes konstantes Polynom enthält. (Bemerkung. Zu weiteren Charakterisierungen der Situation siehe §59, Aufgabe 16.)

27. Seien A ein kommutativer Ring und $g, h \in A[X]$, wobei $g = c_n X^n + \cdots + c_0$ und $h = d_m X^m + \cdots + d_0$ ist, $n \geq m \geq 1$. Sei $d_m^{n-m+1} g = qh + r$ mit $q, r \in A[X]$ gemäß 53.5, $r = e_{m-1} X^{m-1} + \cdots + e_0$. Dann gilt:

$$d_m^{(n-m+1)(m-1)} \mathrm{R}_{n,m}(g,h) = (-1)^{nm} \mathrm{R}_{m,m-1}(h,r).$$

28. Seien X_i, Y_j, $1 \leq i, j \leq n$, Unbestimmte über dem kommutativen Ring A. Dann gilt:

a)

$$\begin{vmatrix} X_1 Y_1 & X_1 Y_2 & X_1 Y_3 & \cdots & X_1 Y_n \\ X_1 Y_2 & X_2 Y_2 & X_2 Y_3 & \cdots & X_2 Y_n \\ X_1 Y_3 & X_2 Y_3 & X_3 Y_3 & \cdots & X_3 Y_n \\ \vdots & \vdots & \vdots & \ddots & \vdots \\ X_1 Y_n & X_2 Y_n & X_3 Y_n & \cdots & X_n Y_n \end{vmatrix} = X_1 Y_n \prod_{i=1}^{n-1} (X_{i+1} Y_i - X_i Y_{i+1}).$$

b)

$$\mathrm{Det}\left(\frac{1}{X_i + Y_j}\right)_{1 \leq i,j \leq n} = \frac{\prod_{i<j} (X_j - X_i)(Y_j - Y_i)}{\prod_{i,j} (X_i + Y_j)}.$$

29. Sei $P := \mathbb{Z}[Z_i : i \in \mathbb{N}_+]$. Die Polynome $L_j \in P$, $j \in \mathbb{N}$, seien rekursiv durch

$$L_0 = 1 \;, \quad L_j + \sum_{i=1}^{j} Z_i L_{j-i} = 0 \,, \;\; j \in \mathbb{N}_+ \,,$$

definiert. Man bestätige:

$$\begin{aligned} L_0 &= 1\,, \\ L_1 &= -Z_1\,, \\ L_2 &= Z_1^2 - Z_2\,, \\ L_3 &= -Z_1^3 + 2Z_1 Z_2 - Z_3\,, \\ L_4 &= Z_1^4 - 3Z_1^2 Z_2 + 2Z_1 Z_3 + Z_2^2 - Z_4\,, \\ L_5 &= -Z_1^5 + 4Z_1^3 Z_2 - 3Z_1^2 Z_3 - 3Z_1 Z_2^2 + 2Z_1 Z_4 + 2Z_2 Z_3 - Z_5\,, \\ L_6 &= Z_1^6 - 5Z_1^4 Z_2 + 4Z_1^3 Z_3 + 6Z_1^2 Z_2^2 - 3Z_1^2 Z_4 - 6Z_1 Z_2 Z_3 + 2Z_1 Z_5 \\ &\quad - Z_2^3 + 2Z_2 Z_4 + Z_3^2 - Z_6\,. \end{aligned}$$

a) Für $j \in \mathbb{N}$ ist

$$L_j = (-1)^j \begin{vmatrix} Z_1 & 1 & 0 & \cdots & 0 \\ Z_2 & Z_1 & 1 & \cdots & 0 \\ \vdots & \vdots & \vdots & & \vdots \\ Z_j & \cdots & \cdots & \cdots & Z_1 \end{vmatrix}.$$

b) Seien $a_1, \ldots, a_j, t$ Elemente eines kommutativen Ringes A mit $t^{j+1} = 0$. Dann ist $(1 + a_1 t + \cdots + a_j t^j)^{-1} = 1 + b_1 t + \cdots + b_j t^j$ mit $b_i := L_i(a_1, \ldots, a_i)$, $i = 1, \ldots, n$. In $\mathsf{M}_{j+1}(A)$ gilt:

$$\begin{pmatrix} 1 & a_1 & a_2 & \cdots & a_j \\ 0 & 1 & a_1 & \cdots & a_{j-1} \\ \vdots & \vdots & \vdots & \ddots & \vdots \\ 0 & 0 & 0 & \cdots & a_1 \\ 0 & 0 & 0 & \cdots & 1 \end{pmatrix}^{-1} = \begin{pmatrix} 1 & b_1 & b_2 & \cdots & b_j \\ 0 & 1 & b_1 & \cdots & b_{j-1} \\ \vdots & \vdots & \vdots & \ddots & \vdots \\ 0 & 0 & 0 & \cdots & b_1 \\ 0 & 0 & 0 & \cdots & 1 \end{pmatrix},$$

$$\begin{pmatrix} a_j & a_{j-1} & \cdots & a_1 & 1 \\ a_{j-1} & a_{j-2} & \cdots & 1 & 0 \\ \vdots & \vdots & \ddots & \vdots & \vdots \\ a_1 & 1 & \cdots & 0 & 0 \\ 1 & 0 & \cdots & 0 & 0 \end{pmatrix}^{-1} = \begin{pmatrix} 0 & 0 & \cdots & 0 & 1 \\ 0 & 0 & \cdots & 1 & b_1 \\ \vdots & \vdots & \ddots & \vdots & \vdots \\ 0 & 1 & \cdots & b_{j-2} & b_{j-1} \\ 1 & b_1 & \cdots & b_{j-1} & b_j \end{pmatrix}.$$

c) Für $j \in \mathbb{N}$ ist

$$L_j = \sum_{\nu \in \mathbb{N}^j,\, \nu_1 + 2\nu_2 + \cdots + j\nu_j = j} (-1)^{|\nu|} \frac{|\nu|!}{\nu!} Z^\nu ,$$

wobei für $\nu = (\nu_1, \ldots, \nu_j) \in \mathbb{N}^j$ gesetzt ist: $|\nu| = \nu_1 + \cdots + \nu_j$, $\nu! = \nu_1! \cdots \nu_j!$.

30. (Waring- und Newton-Polynome) Sei $P := \mathbb{Q}[Z_i : i \in \mathbb{N}_+]$.

a) Die Polynome $M_j \in P$, $j \in \mathbb{N}_+$, seien rekursiv durch die Gleichungen

$$M_j + \sum_{i=1}^{j-1} Z_i M_{j-i} + jZ_j = 0\,, \quad j \in \mathbb{N}_+ ,$$

definiert. Man bestätige die folgenden Formeln:

$$\begin{aligned}
M_1 &= -Z_1 ,\\
M_2 &= Z_1^2 - 2Z_2 ,\\
M_3 &= -Z_1^3 + 3Z_1Z_2 - 3Z_3 ,\\
M_4 &= Z_1^4 - 4Z_1^2Z_2 + 4Z_1Z_3 + 2Z_2^2 - 4Z_4 ,\\
M_5 &= -Z_1^5 + 5Z_1^3Z_2 - 5Z_1^2Z_3 - 5Z_1Z_2^2 + 5Z_1Z_4 + 5Z_2Z_3 - 5Z_5 ,\\
M_6 &= Z_1^6 - 6Z_1^4Z_2 + 6Z_1^3Z_3 + 9Z_1^2Z_2^2 - 6Z_1^2Z_4 - 12Z_1Z_2Z_3\\
&\qquad + 6Z_1Z_5 - 2Z_2^3 + 6Z_2Z_4 + 3Z_3^2 - 6Z_6 .
\end{aligned}$$

Die Polynome M_j, $j \in \mathbb{N}_+$, heißen die Waring-Polynome. Ihre Koeffizienten liegen in $\mathbb{Z}$. Erfüllen die Elemente m_j und c_i, $i, j \in \mathbb{N}_+$, eines beliebigen kommutativen Ringes A die Gleichungen

$$m_j + \sum_{i=1}^{j-1} c_i m_{j-i} + jc_j = 0\,, \quad j \in \mathbb{N}_+ ,$$

so ist $m_j = M_j(c_1, \ldots, c_j)$, $j \in \mathbb{N}_+$. Es gelten die Darstellungen

$$M_j = -\sum_{i=0}^{j-1} (j-i) Z_{j-i} L_i\,, \quad j \in \mathbb{N}_+ ,$$

wobei die Polynome L_i diejenigen der Aufgabe 29 sind. Es folgt

$$M_j = \sum_{\nu \in \mathbb{N}^j,\ \nu_1+2\nu_2+\cdots+j\nu_j=j} (-1)^{|\nu|} j \frac{(|\nu|-1)!}{\nu!} Z^\nu .$$

Ferner gilt für $j \in \mathbb{N}_+$ die Determinantendarstellung

$$M_j = (-1)^j \begin{vmatrix} 1Z_1 & 1 & 0 & \cdots & 0 \\ 2Z_2 & Z_1 & 1 & \cdots & 0 \\ \vdots & \vdots & \vdots & & \vdots \\ jZ_j & Z_{j-1} & Z_{j-2} & \cdots & Z_1 \end{vmatrix} .$$

b) Die Polynome $Q_j \in P$, $j \in \mathbb{N}$, seien rekursiv durch folgende Gleichungen definiert: $Q_0 = 1$ und

$$Q_j + \frac{1}{j} \sum_{i=1}^{j} Z_i Q_{j-i} = 0 , \quad j \in \mathbb{N}_+ .$$

Ferner sei $N_j := j!Q_j$, $j \in \mathbb{N}$. Man bestätige die folgenden Formeln:

$$\begin{aligned} N_0 &= 1 , \\ N_1 &= -Z_1 , \\ N_2 &= Z_1^2 - Z_2 , \\ N_3 &= -Z_1^3 + 3Z_1Z_2 - 2Z_3 , \\ N_4 &= Z_1^4 - 6Z_1^2Z_2 + 8Z_1Z_3 + 3Z_2^2 - 6Z_4 , \\ N_5 &= -Z_1^5 + 10Z_1^3Z_2 - 20Z_1^2Z_3 - 15Z_1Z_2^2 + 30Z_1Z_4 + 20Z_2Z_3 - 24Z_5 , \\ N_6 &= Z_1^6 - 15Z_1^4Z_2 + 40Z_1^3Z_3 + 45Z_1^2Z_2^2 - 90Z_1^2Z_4 - 120Z_1Z_2Z_3 \\ &\quad + 144Z_1Z_5 - 15Z_2^3 + 90Z_2Z_4 + 40Z_3^2 - 120Z_6 . \end{aligned}$$

Die Polynome N_j, $j \in \mathbb{N}$, heißen die Newton-Polynome. Ihre Koeffizienten liegen in $\mathbb{Z}$. Für alle $j \in \mathbb{N}$ ist

$$N_j = (-1)^j \begin{vmatrix} Z_1 & 1 & 0 & \cdots & 0 \\ Z_2 & Z_1 & 2 & \cdots & 0 \\ \vdots & \vdots & \vdots & \ddots & \vdots \\ Z_{j-1} & Z_{j-2} & Z_{j-3} & \cdots & j-1 \\ Z_j & Z_{j-1} & Z_{j-2} & \cdots & Z_1 \end{vmatrix} .$$

c) Für alle $j \in \mathbb{N}_+$ gilt

$$Q_j(M_1, \ldots, M_j) = Z_j , \quad M_j(Q_1, \ldots, Q_j) = Z_j .$$

(Induktion über j.) Die Einsetzungshomomorphismen $Z_i \mapsto M_i$ bzw. $Z_i \mapsto Q_i$, $i \in \mathbb{N}_+$, sind zueinander inverse $\mathbb{Q}$-Algebra-Automorphismen von P. Für alle $j \in \mathbb{N}_+$ gilt

$$N_j(M_1, \ldots, M_j) = j!Z_j .$$

(Zu Anwendungen der hier behandelten Polynome siehe §57, Beispiel 5, §64, Aufgabe 42, Satz 69.11(4) und §69, Aufgabe 10.)

§54 Nullstellen von Polynomen

In diesem Paragraphen sind wichtige Aussagen über die Werte von Polynomen zusammengestellt. Für viele Zwecke genügt es, Nullstellen anzusehen. Ist beispielsweise A ein kommutativer Ring, $f \in A[X]$ und $x \in A$, so ist x Nullstelle des Polynoms $f - f(x)$, das sich von f nur unwesentlich, nämlich im konstanten Term unterscheidet.

54.1 Lemma *Seien A ein kommutativer Ring und $f \in A[X]$. Genau dann ist $a \in A$ Nullstelle von f, wenn es ein $q \in A[X]$ mit $f = q \cdot (X - a)$ gibt.*

Beweis. Division von f durch $X - a$ zeigt, daß es Polynome q, r aus $A[X]$ mit $f = q \cdot (X - a) + r$ gibt, wobei $\operatorname{Grad} r < \operatorname{Grad}(X - a) = 1$ ist. Also ist $r \in A$. Einsetzen von a liefert daher $f(a) = r$. Insgesamt ergibt sich die Formel

$$f = q \cdot (X - a) + f(a)\,.$$

Bei $f(a) = 0$ ist also f Vielfaches von $X - a$. Die Umkehrung dieser Aussage ergibt sich einfach durch Einsetzen. •

Bemerkung 1 Eine Beweisvariante liefert allgemeiner:

54.2 Lemma *Seien A ein kommutativer Ring und $f \in A[X_i]_{i \in I}$. Genau dann ist $a = (a_i)_{i \in I} \in A^I$ eine Nullstelle von f, wenn f zum Ideal gehört, das von den Polynomen $X_i - a_i$, $i \in I$, erzeugt wird.*

Beweis. Nach 52.5 ist $f = \sum_\nu b_\nu (X - a)^\nu$ mit $b_\nu \in A$. Einsetzen von a ergibt $f(a) = b_0$. Hiermit erhält man das Gewünschte wie oben. •

54.3 Lemma *Sei A ein Integritätsbereich. Ferner sei $f \in A[X]$, $f \neq 0$, ein Polynom in einer Unbestimmten über A und $m := \operatorname{Grad} f$. Dann hat f höchstens m Nullstellen in A.*

Beweis durch Induktion über m. Für $m = 0$ ist die Aussage trivial. Sei nun $m \geq 1$. Hat f keine Nullstelle in A, sind wir fertig. Andernfalls gibt es ein $a \in A$ mit $f(a) = 0$. Nach 54.1 ist $f = (X - a)g$ mit einem $g \in A[X]$, welches nach der Gradformel den Grad $m - 1$ hat. Ist b eine von a verschiedene Nullstelle von f, so ist $0 = f(b) = (b - a)g(b)$ und $b - a \neq 0$. Da A nullteilerfrei ist, folgt $g(b) = 0$. Die Nullstellen von f bestehen also aus a und den Nullstellen von g, deren Anzahl aber nach Induktionsvoraussetzung durch $m - 1$ beschränkt ist. •

Bemerkung 2 Die Kommutativität von A in 54.3 ist wesentlich, vgl. auch §28, Aufgabe 4.

54.4 Korollar *Seien A ein Integritätsbereich und $m \in \mathbb{N}$. Ein Polynom $f \in A[X]$ des Grades $\leq m$ ist durch seine Werte an $m+1$ verschiedenen Stellen von A eindeutig bestimmt.*

Beweis. Seien etwa $f, g \in A[X]$ mit $f(a_i) = g(a_i)$ an $m+1$ verschiedenen Punkten $a_i \in A$. Dann sind die a_i Nullstellen des Polynoms $f-g$ des Grades $\leq m$. Nach 54.3 ist $f - g = 0$, also $f = g$. •

Bemerkung 3 Lemma 54.3 wurde in §25, Aufgabe 8 auf andere Weise bewiesen, wozu noch die folgende Variante erwähnenswert ist: Seien $x_1, \ldots, x_{m+1}$ untereinander verschiedene Nullstellen des Polynoms $a_0 + \cdots + a_m X^m$. Man hat also

$$\begin{array}{ccccccc} a_0 + & a_1 x_1 & + \cdots + & a_m x_1^m & = 0 \\ \vdots & \vdots & \vdots & \vdots & \vdots \\ a_0 + & a_1 x_{m+1} & + \cdots + & a_m x_{m+1}^m & = 0 \end{array}$$

und nach der Cramerschen Regel $\mathrm{V}(x_1, \ldots, x_{m+1}) a_i = 0$ für $i = 0, \ldots, m$, wobei

$$\mathrm{V}(x_1, \ldots, x_{m+1}) = \prod_{i<j} (x_j - x_i)$$

die Vandermondesche Determinante der Elemente $x_1, \ldots, x_{m+1}$ ist, die ein Nichtnullteiler ist, was nun $a_0 = \cdots = a_m = 0$ zur Folge hat.

Wie schon in §25, Aufgabe 9 erwähnt, erhält man mit dem Lemma und mit 13.12 direkt folgende wichtige Aussage:

54.5 Satz *Ist A ein Integritätsbereich, so ist jede Untergruppe von $A^\times$ mit einem Exponenten $\neq 0$ zyklisch (und endlich); insbesondere ist jede endliche Untergruppe von $A^\times$ zyklisch. Die multiplikative Gruppe eines endlichen Körpers ist zyklisch.*

Beispiel 1 (Polynomfunktionen) Seien A ein kommutativer Ring, I eine Menge und R eine kommutative A-Algebra. Dann ist der Wert von $f \in A[X_i]_{i \in I}$ an jeder Stelle $x \in R^I$ erklärt, und somit definiert f durch $x \mapsto f(x)$ eine R-wertige Funktion auf R^I, genannt die f zugeordnete Polynomfunktion. Jede auf diese Art entstehende R-wertige Funktion heißt Polynomfunktion (über A) schlechthin. Vgl. §26, Beispiel 7.

Die Rechenregeln für das Einsetzen in Polynome zeigen, daß die Abbildung

$$\Phi : A[X_i]_{i \in I} \to R^{R^I},$$

die einem Polynom die zugehörige Polynomfunktion zuordnet, ein A-Algebra-Homomorphismus ist. Bild Φ ist die A-Algebra der Polynomfunktionen auf R^I über A. Die Polynomfunktion zum Polynom X_j ist die kanonische Projektion $\pi_j : R^I \to R$ auf die j-te Komponente. Die A-Algebra der Polynomfunktionen auf R^I ist die von den kanonischen Projektionen π_j erzeugte A-Algebra.

Φ braucht weder injektiv noch surjektiv zu sein. Ist beispielsweise A ein endlicher Ring $\neq 0$, so ist zwar $A[X]$ nicht endlich, aber A^A, so daß Φ nicht injektiv sein kann. Die Surjektivität einer Abbildung Φ verbietet sich ebenfalls vielfach aus Kardinalzahlgründen, vgl. auch Aufgabe 7.

Unter den Voraussetzungen von 54.3 jedoch ist Φ offenbar injektiv, wenn A überdies unendlich viele Elemente besitzt!

Ganz allgemein gilt sogar:

54.6 Satz *Sei A ein Integritätsbereich mit unendlich vielen Elementen. Dann ist der kanonische A-Algebra-Homomorphismus von $A[X_i]_{i\in I}$ in die A-Algebra der A-wertigen Funktionen auf A^I injektiv.*

Beweis. Da ein Polynom nur endlich viele Unbestimmte explizit enthält, können wir gleich annehmen, daß I endlich ist. Dann ergibt sich der Satz aus dem folgenden schärferen Lemma. •

54.7 Identitätssatz für Polynome *Es seien A ein Integritätsbereich und $f, g \in A[X_1, \ldots, X_n]$ zwei Polynome, deren partielle Grade bezüglich der Unbestimmten X_i kleiner oder gleich $r_i \in \mathbb{N} \cup \{-\infty\}$ sind, $1 \leq i \leq n$. Ferner seien $N_1, \ldots, N_n$ Teilmengen von A mit* $\operatorname{Kard} N_i > r_i$. *Ist $f(a_1, \ldots, a_n) = g(a_1, \ldots, a_n)$ für alle $(a_1, \ldots, a_n)$ aus $N := N_1 \times \cdots \times N_n$, so ist $f = g$.*

Beweis. Wir betrachten das Polynom $h := f - g$, dessen partieller Grad bezüglich X_i ebenfalls $\leq r_i$ ist. Die Nullstellenmenge von h umfaßt N. Wir haben zu zeigen, daß $h = 0$ ist. Der Beweis erfolgt durch Induktion über n, wobei der Fall $n = 0$ trivial ist. Für $n = 1$ liefert 54.3 das gewünschte Resultat. Sei jetzt $n > 1$. Dann kann man h in der Form

$$h = \sum_{j=0}^{r_n} h_j X_n^j$$

mit $h_j \in A[X_1, \ldots, X_{n-1}]$ schreiben. Der partielle Grad von h_j bezüglich einer Unbestimmten X_i mit $i < n$ ist ebenfalls $\leq r_i$. Zu einem Element $(a_1, \ldots, a_{n-1}) \in M := N_1 \times \cdots \times N_{n-1}$ sei φ der A-Algebra-Homomorphismus von $A[X_1, \ldots, X_n]$ in $A[X_n]$ mit $\varphi(X_i) = a_i$ bei $i < n$ und $\varphi(X_n) = X_n$. Es ist

$$\varphi(h) = \sum_{j=0}^{r_n} h_j(a_1, \ldots, a_{n-1}) X_n^j .$$

Für jedes $a_n \in N_n$ ist $\varphi(h)(a_n) = h(a_1, \ldots, a_{n-1}, a_n) = 0$. Nach 54.3 ist deshalb $h_j(a_1, \ldots, a_{n-1}) = 0$ für $j = 0, \ldots, r_n$. Da dies für alle $(a_1, \ldots, a_{n-1})$ aus M gilt, folgt nach Induktionsvoraussetzung $h_j = 0$ für $j = 0, \ldots, r_n$ und damit $h = 0$. •

54.8 Korollar *Seien A ein Integritätsbereich mit unendlich vielen Elementen und $f_1, \ldots, f_r$ von 0 verschiedene Polynome in $A[X_1, \ldots, X_n]$. Dann gibt es n-Tupel $(a_1, \ldots, a_n) \in A^n$ mit $f_j(a_1, \ldots, a_n) \neq 0$ für $j = 1, \ldots, r$.*

Beweis. Das Produkt $f := f_1 \cdots f_r$ ist nicht das Nullpolynom. Man wendet jetzt 54.7 auf f und das Nullpolynom für $N := A^n$ an. •

In den durch 54.6 beschriebenen Fällen ist jeweils die Polynomalgebra kanonisch isomorph zur Algebra der Polynomfunktionen, so daß man zwischen diesen Algebren nicht immer streng zu unterscheiden braucht. Dies ist vor allem in der Analysis gang und gäbe. Es erklärt auch manche klassische Sprechweise, beispielsweise die Bezeichnung der Polynome des Grades ≤ 0 als konstante Polynome. Ferner nennt man Polynome über einem Körper K auch *ganze rationale Funktionen* über K, Brüche von ihnen heißen *rationale Funktionen* über K (obwohl sie nur außerhalb der Nullstellen der Nennerpolynome K-wertige Funktionen durch Einsetzen bestimmen), letztere bilden den rationalen Funktionenkörper.

Bemerkung 4 Sei A ein kommutativer Ring. Zu jedem endlichen freien A-Modul V wird die A-Algebra der *Polynomfunktionen auf* V definiert als die von den A-Linearformen $V \to A$ erzeugte A-Unteralgebra der Algebra A^V aller A-wertigen Funktionen auf V. Ist x_i, $i \in I$, eine (endliche) Basis von V, so wird die Algebra der Polynomfunktionen auf V von den Koordinatenfunktionen x_i^*, $i \in I$, erzeugt. Mittels des durch $e_i \mapsto x_i$, $i \in I$, definierten Isomorphismus ψ von A^I auf V ist die A-Algebra-Isomorphie $A^V \to A^{A^I}$ mit $f \mapsto f \circ \psi$ definiert. Diese ergibt durch Beschränkung einen A-Algebra-Isomorphismus der A-Algebra der Polynomfunktionen auf V und der A-Algebra der Polynomfunktionen auf A^I. Es genügt also — wie hier geschehen — die letztere zu behandeln.

Beispiel 2 (*Polynom-Interpolation*) Seien A ein Integritätsbereich und $m \in \mathbb{N}$. Ob ein $f \in A[X]$ des Grades m existiert, welches an $m+1$ Stellen von A vorgegebene Werte annimmt, und wie man f berechnet, ist ein sogenanntes *Interpolationsproblem*: f wird als rechnerisch brauchbare Näherung an eine Funktion auf A gedacht, deren Werte an $m+1$ Stellen bekannt sind. Über Körpern ist die Existenz von f trivial: Ist K ein Körper, sind $a_0, \ldots, a_m$ ($m+1$ verschiedene) Stellen und $b_0, \ldots, b_m$ vorgegebene Werte in K, so ist

$$f := \sum_{i=0}^{m} \frac{b_i}{c_i} \prod_{j \neq i} (X - a_j)\,, \quad c_i := \prod_{j \neq i} (a_i - a_j)\,,$$

(wobei j der laufende Index in den Produkten ist) das nach 54.4 eindeutig bestimmte Polynom des Grades $\leq m$ mit $f(a_i) = b_i$ für $i = 0, \ldots, m$ (*Lagrangesche Interpolationsformel*).

Man kann auch wie folgt vorgehen: Zu den Polynomen $f_0 := 1$, $f_1 := X - a_0$, $f_2 := (X - a_0)(X - a_1)$, …, $f_m := (X - a_0) \cdots (X - a_{m-1})$ kann man wegen $f_j(a_j) \neq 0$ Koeffizienten $\alpha_0, \ldots, \alpha_m$ in K rekursiv derart bestimmen, daß

$$\Big(\sum_{j=0}^{r} \alpha_j f_j\Big)(a_r) = b_r\,, \quad 0 \leq r \leq m\,,$$

gilt. Dies hat den Vorteil, daß sukzessiv die Polynome $\sum_{j=0}^{r} \alpha_j f_j$ vom Grade $\leq r$ gewonnen werden, die für $i = 0, \ldots, r$ an den Stellen a_i die Werte b_i haben (*Newton-Interpolation*).

Liegen die vorgegebenen Stellen $a_0, \ldots, a_m$ und Werte $b_0, \ldots, b_m$ im Integritätsbereich A, so kann man bei der Rekursion entscheiden, ob das über dem Quotientenkörper von A konstruierbare Interpolationspolynom f Koeffizienten in A hat: Dies ist genau dann der Fall, wenn $\alpha_0, \ldots, \alpha_m$ in A liegen. (Beweis!)

Zur Interpolation siehe auch noch §57, Aufgabe 13 und §70, Aufgabe 24.

Sei A ein kommutativer Ring. Besitzt $f \in A[X]$, $f \neq 0$, die Nullstelle $c_1 \in A$, so hat man $f = (X - c_1)q$ mit einem $q \in A[X]$, siehe 54.1. Man beachte, daß $\operatorname{Grad} q < \operatorname{Grad} f$ ist. Analog mit q an Stelle von f fortfahrend, erhält man in endlich vielen Schritten eine Darstellung

$$f = (X - c_1) \cdots (X - c_s) g$$

mit Nullstellen $c_1, \ldots, c_s$ von f und einem Polynom $g \in A[X]$, welches keine Nullstellen in A hat. Es kann wesentlich verschiedene Darstellungen von f dieses Typs geben (siehe Aufgabe 2). Hingegen gilt:

54.9 Satz *Seien A ein Integritätsbereich und $f \neq 0$ ein Polynom aus $A[X]$. Es gibt eine eindeutig bestimmte Darstellung*

$$f = (X - a_1)^{r_1} \cdots (X - a_n)^{r_n} g$$

mit n verschiedenen Elementen $a_1, \ldots, a_n \in A$ und einem Polynom $g \in A[X]$, welches keine Nullstellen in A hat. Dann sind $a_1, \ldots, a_n$ sämtliche Nullstellen von f in A.

Beweis. Eine Darstellung der genannten Art erhält man aus einer wie oben konstruierten Zerlegung $f = (X - c_1) \cdots (X - c_s) g$ durch Zusammenfassen gleicher Linearfaktoren. Trivialerweise sind $a_1, \ldots, a_n$ Nullstellen von f. Ist $a \in A$ eine beliebige Nullstelle von f, so erhält man durch Einsetzen:

$$0 = f(a) = (a - a_1)^{r_1} \cdots (a - a_n)^{r_n} g(a).$$

Da $g(a) \neq 0$ und A nullteilerfrei ist, gibt es ein i mit $a - a_i = 0$. Dies zeigt, daß $a_1, \ldots, a_n$ sämtliche Nullstellen von f sind. Die Eindeutigkeit der Exponenten $r_1, \ldots, r_n$ und damit auch die von g beweist man leicht durch Induktion über n, wobei man beim Induktionsschluß von f zum Polynom $(X - a_1)^{-r_1} f$ übergeht. •

Man sagt in der Situation von 54.9, a_i sei eine r_i-fache Nullstelle von f, und nennt r_i die Vielfachheit oder Ordnung der Nullstelle a_i von f. Die Summe $r_1 + \cdots + r_n$ heißt die Anzahl der Nullstellen von f, Vielfachheiten eingerechnet.

Bemerkung 5 Seien A ein Integritätsbereich und $f \in A[X]$, $f \neq 0$. Für jedes $a \in A$ kann man f in der Form

$$f = (X - a)^r h$$

mit $h \in A[X]$, $h(a) \neq 0$, schreiben. Hierbei sind r und h eindeutig bestimmt. Dies ist klar, da man aus dieser Darstellung durch Betrachten der Nullstellen von h die Zerlegung von f gemäß 54.9 erhält. Ist $f(a) = 0$, so ist $r \geq 1$ zugleich die

Ordnung der Nullstelle a von f. Für manche Betrachtungen ist es zweckmäßig, auch bei $r = 0$ die Zahl r als Nullstellenordnung von f in a zu bezeichnen.

Weiter bezeichnet man $a \in A$ als b-Stelle der Ordnung r von f, wenn a eine Nullstelle der Ordnung r von $f - b$ ist. (Wie kann man diese Ordnung an der Taylorentwicklung von f in a ablesen?)

Man sagt, ein Polynom $f \in A[X]$ zerfalle (in Linearfaktoren) über A (oder: in $A[X]$), wenn es eine Darstellung

$$f = c(X - c_1)\cdots(X - c_s)$$

mit $c, c_1, \ldots, c_s \in A$ gibt. Die Struktur solcher Polynome über Integritätsbereichen läßt sich mit 54.9 völlig durch ihre Nullstellen und den Leitkoeffizienten beschreiben. (In anderen Fällen kann man häufig mit Vorteil die Primfaktorzerlegung verwenden, siehe §§58 bis 60.)

Beispiel 3 Sei K ein Körper. Ein Polynom $f \in K[X]$ zerfällt bei Grad $f \leq 1$ und, falls f eine Nullstelle in K besitzt, auch bei Grad $f = 2$ über K in Linearfaktoren.

Sehr häufig wird der folgende Satz benutzt:

54.10 Satz (Kronecker) *Seien $f_1, \ldots, f_m$ Polynome positiven Grades aus dem Polynomring $K[X]$ über dem Körper K. Dann läßt sich K in einen Körper L derart einbetten, daß L endlich über K ist und die Polynome $f_1, \ldots, f_m$ über L in Linearfaktoren zerfallen.*

Beweis. Es genügt, zu einem Polynom $f \in P := K[X]$ positiven Grades eine endliche Körpererweiterung B von K zu finden, in der f eine Nullstelle besitzt und demzufolge einen Linearfaktor abspaltet. Die Behauptung ergibt sich dann daraus, daß endliche Ketten endlicher Körpererweiterungen wieder endliche Körpererweiterungen liefern, vgl. 22.3.

Nun, f erzeugt in P nicht das Einheitsideal. Da P/Pf nach 53.10 endlicher K-Vektorraum ist, gibt es ein maximales Ideal in P/Pf; die Restklassenalgebra danach ist ein Körper B, der ebenfalls endliche K-Algebra ist, mit einem injektiven Strukturhomomorphismus $K \to B$, über den man K mit einem Unterkörper von B identifiziert. f gehört zum Kern der kanonischen Projektion $\pi : P \to B$. Aus $0 = \pi(f) = f(\pi(X))$ folgt schließlich, daß $\pi(X)$ eine Nullstelle von f in B ist. •

Definition Ein Körper K heißt algebraisch abgeschlossen, wenn jedes Polynom aus $K[X]$ in Linearfaktoren zerfällt.

Ein Körper K ist offenbar genau dann algebraisch abgeschlossen, wenn jedes Polynom positiven Grades aus $K[X]$ eine Nullstelle in K hat. Die Struktur der Polynome über algebraisch abgeschlossenen Körpern läßt sich mit 54.9 durch ihre Nullstellen und den Leitkoeffizienten beschreiben. Den Terminus "algebraisch abgeschlossen" erklären wir in §56 näher.

Beispiel 4 Das Polynom $X^2 + 1$ hat keine Nullstelle in $\mathbb{R}$; also sind $\mathbb{R}$ und alle Unterkörper von $\mathbb{R}$ nicht algebraisch abgeschlossen. Ein endlicher Körper K ist nicht algebraisch abgeschlossen, denn $1 + \prod_{a \in K}(X - a)$ hat keine Nullstelle in K.

Von großer Bedeutung für Zahlentheorie und Analysis ist:

54.11 Satz ("Fundamentalsatz der Algebra") *Der Körper $\mathbb{C}$ der komplexen Zahlen ist algebraisch abgeschlossen.*

Auf Grund dieses Satzes haben algebraische Gleichungen $a_0 + a_1 x + \cdots + a_n x^n = 0$ mit Koeffizienten $a_i \in \mathbb{C}$ stets Wurzeln in $\mathbb{C}$, können also — wenigstens prinzipiell, wenn auch nicht immer praktisch befriedigend — gelöst werden. In dem Maße jedoch, wie die Algebra über eine reine Gleichungslehre hinauswuchs, hat der Satz seine zunächst als fundamental empfundene Stellung in der Algebra eingebüßt. Der erste vollständige Beweis des Satzes stammt von Gauß (Dissertation 1799).

Beweis von 54.11. Naturgemäß hat man beim Beweis analytische Hilfsmittel zu benutzen. Wir verwenden hier den folgenden topologischen Satz: Ist $f: D \to \mathbb{C}$ eine stetige Funktion auf einer abgeschlossenen und beschränkten (d.h. kompakten) Menge $D \subseteq \mathbb{C}$, so gibt es ein $z_0 \in D$ mit $|f(z_0)| \leq |f(z)|$ für alle $z \in D$. Ferner brauchen wir die folgenden Eigenschaften der Funktion

$$t \mapsto \exp(it) = \cos t + \mathrm{i} \sin t$$

auf $\mathbb{R}$ mit Werten in $\mathbb{C}$: Jede komplexe Zahl w hat eine Darstellung $w = r \exp(it)$ mit $t, r \in \mathbb{R}$ und $r \geq 0$. Es ist $|\exp(it)| = 1$ für alle $t \in \mathbb{R}$ und $\exp(i(t_1 + t_2)) = \exp(it_1)\exp(it_2)$ für alle $t_1, t_2 \in \mathbb{R}$, ferner ist $\exp(i\pi) = -1$. All dies folgt aus bekannten Eigenschaften der trigonometrischen Funktionen. (Vgl. auch Anhang V.D, Beispiel 2.)

Sei nun $f = a_0 + \cdots + a_n X^n$ ein Polynom des Grades $n \geq 1$ aus $\mathbb{C}[X]$. Für $z \in \mathbb{C}$, $z \neq 0$, ist

$$f(z) = a_n z^n \left(\frac{a_0}{a_n z^n} + \cdots + \frac{a_{n-1}}{a_n z} + 1 \right).$$

Ist $|z| \geq 2n|a_i||a_n|^{-1}$ für $i = 0 \ldots, n$ (und dann gilt dies bei $|z| \geq 1$ auch für Potenzen von $|z|$), so hat man für alle $z \in \mathbb{C}$ mit $|z| \geq 1$

$$|f(z)| \geq |a_n||z|^n \left(1 - \frac{|a_0|}{|a_n||z|^n} - \cdots - \frac{|a_{n-1}|}{|a_n||z|} \right) \geq \frac{|a_n|}{2} \cdot |z|^n.$$

Es gibt daher eine positive reelle Zahl R derart, daß für alle z mit $|z| \geq R$ die Ungleichung $|f(z)| > |f(0)|$ gilt. Die Polynomfunktion $z \mapsto f(z)$ ist stetig; nach dem eingangs zitierten Satz gibt es deshalb eine Stelle z_0 in der abgeschlossenen und beschränkten Menge $D := \{z \in \mathbb{C} : |z| \leq R\}$ mit $|f(z_0)| \leq |f(z)|$ für alle $z \in D$. Nach Wahl von R gilt dann sogar $|f(z_0)| \leq |f(z)|$ für *alle* $z \in \mathbb{C}$. Wir werden sehen, daß $f(z_0) = 0$ ist.

Dazu machen wir die Annahme $f(z_o) \neq 0$ und führen diese zu einem Widerspruch, indem wir zeigen, daß es in der Umgebung von z_0 doch noch Punkte z gibt, in denen $|f(z)| < |f(z_0)|$ ist. Sei

$$f = b_0 + b_1(X - z_0) + \cdots + b_n(X - z_0)^n$$

die Taylorentwicklung von f im Punkte z_0. Dabei ist $b_0 = f(z_0) \neq 0$ und $b_n = a_n \neq 0$. Einige der Koeffizienten $b_1, b_2, \ldots$ können verschwinden. Sei etwa $b_1 = \cdots = b_{m-1} = 0$ und $b_m \neq 0$. Dann ist

$$f = b_0 + b_m(X - z_0)^m + (X - z_o)^{m+1} g$$

mit einem Polynom g. Wir schreiben $b_0 = r_0 \exp(\mathrm{i}t_0)$, $b_m = r_m \exp(\mathrm{i}t_m)$ mit $r_0, r_m > 0$ und schließlich $z = z_0 + r\exp(\mathrm{i}t)$ mit $r \geq 0$. (Dies erlaubt, die Umgebung von z_0 mit reellen Parametern r, t geeignet zu beschreiben.) Dann ist

$$\begin{aligned} f(z) &= r_0 \exp(\mathrm{i}t_0) + r_m \exp(\mathrm{i}t_m) r^m \exp(\mathrm{i}mt) + r^{m+1} \exp(\mathrm{i}(m+1)t) g(z) \\ &= \exp(\mathrm{i}t_0)[r_0 + r_m r^m \exp(\mathrm{i}(t_m + mt - t_0))] + r^{m+1} \exp(\mathrm{i}(m+1)t) g(z) \,. \end{aligned}$$

Somit kann man abschätzen:

$$|f(z)| \leq |r_0 + r_m r^m \exp(\mathrm{i}(t_m + mt - t_0))| + r^{m+1} |g(z)| \,.$$

Es genügt nun solche z zu betrachten, bei denen der Parameter t durch $t := (t_0 - t_m + \pi)/m$ festgelegt ist. Dann ist nämlich $\exp(\mathrm{i}(t_m + mt - t_0)) = -1$, und wir haben

$$|f(z)| \leq |r_0 - r_m r^m| + r^{m+1} |g(z)| \,,$$

wobei über r frei verfügt werden kann. Es gibt eine positive reelle Zahl ϵ_1 derart, daß $r_m r^m < r_0$ ist für alle r mit $0 \leq r < \epsilon_1$. Für solche r ist $|r_0 - r_m r^m| = r_0 - r_m r^m$ und

$$|f(z)| \leq r_0 - r_m r^m + r^{m+1} |g(z)| = r_0 - r^m (r_m - r|g(z)|) \,.$$

Für die noch in Frage kommenden Zahlen z ist $|g(z)|$ trivialerweise beschränkt. Es gibt daher weiter eine positive reelle Zahl $\epsilon \leq \epsilon_1$ derart, daß $r|g(z)| < r_m$ ist für alle r mit $0 \leq r < \epsilon$. Für jedes r mit $0 < r < \epsilon$ ist dann $|f(z)| < r_0 = |b_0| = |f(z_0)|$, was den Beweis beendet. •

Bemerkung 6 Beim Beweis von 54.11 wurde das Minimumprinzip für holomorphe Funktionen (zu denen auch die Polynomfunktionen gehören) zum Vorbild genommen, welches lautet: Ist $f\colon U \to \mathbb{C}$ eine holomorphe Funktion in der offenen Menge $U \subseteq \mathbb{C}$ und gilt $|f(z_0)| \leq |f(z)|$ für einen Punkt $z_0 \in U$ und alle Punkte z einer Umgebung von z_0, so ist $f(z_0) = 0$ oder aber f ist in einer Umgebung von z_0 konstant. Man beweist das Minimumprinzip wie oben.

Mittels stärkerer algebraischer Methoden lassen sich die benötigten analytischen Hilfsmittel beim Beweis von 54.11 reduzieren, siehe §92, Aufgabe 17. Einen Beweis, der die trigonometrischen Funktionen vermeidet, skizzieren wir in §57, Aufgabe 38.

Beispiel 5 (Einheitswurzeln. Kreisteilungspolynome) Sei $n \geq 1$ eine natürliche Zahl. Ferner sei K ein Körper. Eine Gleichung $x^n = c$ über K heißt eine reine Gleichung; ihre Lösungen heißen Radikale oder n-te Wurzeln von c.

Lösungen einer derartigen Gleichung unterscheiden sich nur um einen Faktor, der Lösung der Gleichung $x^n = 1$ ist. Es ist daher wichtig, die Nullstellen des Polynoms $X^n - 1$ in K zu kennen; man nennt sie die n-ten Einheitswurzeln in K. Sie bilden nach 54.5 eine endliche zyklische Untergruppe von $K^\times$, deren Ordnung ein Teiler von n ist. Man sagt, K enthalte alle n-ten Einheitswurzeln, wenn $X^n - 1$ über K zerfällt. In diesem Fall heißen die erzeugenden Elemente der Gruppe der Einheitswurzeln die primitiven n-ten Einheitswurzeln. Ist

Char $K = 0$ und zerfällt $X^n - 1$ über K, so gibt es genau n n–te Einheitswurzeln in K. Dies folgt daraus, daß $X^n - 1$ nur einfache Nullstellen hat. Ist nämlich $x^n = 1$ für ein $x \in K$, so ist

$$X^n - 1 = ((X - x) + x)^n - 1 = (X - x)^n + \cdots + n(X - x)x^{n-1}$$

die Taylorentwicklung bei x, die wegen $nx^{n-1} \neq 0$ das Gewünschte zeigt. Zum Fall Char $K > 0$ siehe Aufgabe 32.

Über $\mathbb{C}$ zerfällt das Polynom $X^n - 1$. Seine Nullstellen sind

$$e^{\frac{2\pi i}{n}k}, \quad k = 0, \ldots, n-1,$$

die *n*–ten komplexen Einheitswurzeln. Sie teilen den Einheitskreis $\{z \in \mathbb{C} : |z| = 1\}$ in n gleiche Teile. Primitive n–te komplexe Einheitswurzeln in Radikaldarstellung sind beispielweise für $n = 1, 2, 3, 4, 5, 6$:

$$1,\ -1,\ \frac{-1 + i\sqrt{3}}{2},\ i,\ \frac{-1 + \sqrt{5} + i\sqrt{10 + 2\sqrt{5}}}{4},\ \frac{1 + i\sqrt{3}}{2}.$$

Nach 13.5 gibt es $\varphi(n)$ primitive n–te Einheitswurzeln, und zu jedem Teiler d von n gibt es $\varphi(d)$ n–te Einheitswurzeln, die in der Gruppe $\mathbb{C}^\times$ die Ordnung d haben. Es bietet sich an, die komplexen Einheitswurzeln nach ihrer Ordnung in $\mathbb{C}^\times$ zusammenzufassen. Sind $z_1, \ldots, z_{\varphi(n)}$ die primitiven n–ten Einheitswurzeln, so ist

$$\Phi_n := (X - z_1) \cdots (X - z_{\varphi(n)})$$

ein normiertes Polynom in $\mathbb{C}[X]$, welches gerade die primitiven n–ten Einheitswurzeln als einfache Nullstellen hat. Man nennt Φ_n das n–te Kreisteilungspolynom oder das n–te zyklotomische Polynom.

54.12 Satz *Für jedes $n \in \mathbb{N}_+$ ist Φ_n ein normiertes ganzzahliges Polynom des Grades $\varphi(n)$, und es ist*

$$X^n - 1 = \prod_{d|n} \Phi_d .$$

Beweis. Die Zerlegung von $X^n - 1$ beruht auf der obengenannten Zusammenfassung der Einheitswurzeln nach ihrer Ordnung. Daß die Kreisteilungspolynome Koeffizienten in $\mathbb{Z}$ haben, beweist man leicht durch Induktion über n. Es ist $\Phi_1 = X - 1 \in \mathbb{Z}[X]$. Die Division von $X^n - 1$ durch das Produkt der normierten Polynome $\Phi_d \in \mathbb{Z}[X]$ mit $d < n$, $d|n$, erweist dann auch Φ_n als Polynom mit Koeffizienten in $\mathbb{Z}$. •

Die Formel des Satzes wird zur rekursiven Berechnung der Kreisteilungspolynome genutzt. Die Φ_n für $n = 1, \ldots, 6$ ergeben sich so beispielweise zu

$$X - 1,\ X + 1,\ X^2 + X + 1,\ X^2 + 1,\ X^4 + X^3 + X^2 + X + 1,\ X^2 - X + 1.$$

Als Polynome in $\mathbb{Z}[X]$ lassen sich die Kreisteilungspolynome als Polynome über jedem kommutativen Ring verwenden; ihre Eigenschaften variieren dabei. Über einem Körper, dessen Charakteristik n nicht teilt und über dem $X^n - 1$ zerfällt, läßt sich Φ_n in derselben Weise mit den primitiven n–ten Einheitswurzeln darstellen, die wir oben zur Definition (über $\mathbb{C}$) benutzten.

Bemerkung 7 (Stetigkeit der Nullstellen) Für näherungsweises

Rechnen, aber auch für manche theoretischen Überlegungen ist wichtig: *Mit den Koeffizienten eines Polynoms $f \in \mathbb{C}[X]$ ändern sich auch die Nullstellen von f stetig.* Das soll heißen: Ist

$$f = a_0 + \cdots + a_n X^n = a_n(X - c_1)\cdots(X - c_n), \quad a_n \neq 0,$$

so gibt es zu jedem (reellen) $\epsilon > 0$ ein $\delta > 0$ derart, daß für jede Nullstelle a von $g = b_0 + \cdots + b_n X^n \in \mathbb{C}[X]$, wobei $|a_i - b_i| \leq \delta$ für $0 \leq i \leq n$ ist, gilt: Es gibt ein j mit $|a - c_j| \leq \epsilon$. Beweis. Sei t das Maximum der $|a_i - b_i|$, $0 \leq i \leq n$. Dann ist

$$a_n(a - c_1)\cdots(a - c_n) = f(a) = g(a) + (f - g)(a) = (f - g)(a),$$

$$\begin{aligned} |a - c_1|\cdots|a - c_n| &\leq |a_n|^{-1}(|a_0 - b_0| + \cdots + |a_n - b_n||a|^n) \\ &\leq |a_n|^{-1}(n + 1)t\,\mathrm{Max}(1, |a|^n). \end{aligned}$$

$|a|$ bleibt bei genügend kleinem t beschränkt, denn bei $|a| \geq 1$ ist

$$\begin{aligned} |b_n a^n| &= |b_{n-1}a^{n-1} + \cdots + b_0|, \\ |a| &\leq |b_n|^{-1}\left(\frac{|b_{n-1}|}{1} + \frac{|b_{n-2}|}{|a|} + \cdots + \frac{|b_0|}{|a|^{n-1}}\right) \\ &\leq |b_n|^{-1}(|b_{n-1}| + \cdots + |b_0|), \end{aligned}$$

und für die letztere Zahl läßt sich bei $t \leq |a_n|/2$ sofort eine obere Schranke finden, die nur noch eine Funktion der $a_0, \ldots, a_n$ ist. Insgesamt findet man ein $M > 0$ mit

$$|a - c_1|\cdots|a - c_n| \leq Mt$$

für $t \leq |a_n|/2$. Bei $|a - c_i| > \epsilon$ für $1 \leq i \leq n$ hätte man $\epsilon^n < Mt$. Daher ist $\delta := \mathrm{Min}(|a_n|/2, \epsilon^n M^{-1})$ eine reelle Zahl der verlangten Art. •

Beispiel 6 (Zerlegung reeller Polynome) Sei $f = a_0 + \cdots + a_n X^n \in \mathbb{R}[X]$, $a_n \neq 0$, $n \geq 1$. Besitzt f eine reelle Nullstelle a, so spaltet f in $\mathbb{R}[X]$ den Linearfaktor $X - a$ ab. Hat f keine reelle Nullstelle, so doch wenigstens eine komplexe. Sei $c = \alpha + i\beta$ mit $\alpha, \beta \in \mathbb{R}$, $\beta \neq 0$, eine solche Nullstelle. Man findet sofort eine weitere, nämlich $\overline{c} = \alpha - i\beta \neq c$; denn es ist

$$0 = \overline{f(c)} = \overline{a}_0 + \overline{a}_1\overline{c} + \cdots + \overline{a}_n\overline{c}^n = a_0 + a_1\overline{c} + \cdots + a_n\overline{c}^n = f(\overline{c}).$$

Also ist $h := (X - c)(X - \overline{c}) = X^2 - (c + \overline{c})X + c\overline{c}$ ein Teiler von f in $\mathbb{C}[X]$. Wegen $c + \overline{c} = 2\alpha \in \mathbb{R}$ und $c\overline{c} = \alpha^2 + \beta^2 \in \mathbb{R}$ ist $h \in \mathbb{R}[X]$. Es ist daher klar, daß f Produkt von a_n mit Linearfaktoren vom Typ $X - a$, $a \in \mathbb{R}$, und mit quadratischen Polynomen vom Typ $X^2 - (c + \overline{c})X + c\overline{c}$, $c \in \mathbb{C} \setminus \mathbb{R}$, ist; die Faktoren dieses Produktes sind eindeutig bestimmt, da man sie aus den Nullstellen von f in $\mathbb{C}$ ablesen kann. Zwei triviale Folgerungen seien erwähnt: Sei $f \in \mathbb{R}[X]$, $n := \mathrm{Grad}\, f \geq 0$. *Die Anzahl der reellen Nullstellen von f, Vielfachheiten mitgezählt, ist kongruent zu n modulo 2. Ist n ungerade, so besitzt f wenigstens eine reelle Nullstelle.*

Wie sieht man einem reellen quadratischen Polynom $f = aX^2 + bX + c$, $a \neq 0$, an, ob es reelle Nullstellen hat oder nicht? Aus der Darstellung

$$f = a((X + \frac{b}{2a})^2 - \frac{b^2 - 4ac}{4a^2})$$

folgt, daß f genau dann wenigstens eine reelle Nullstelle hat, wenn man in $\mathbb{R}$ die

Quadratwurzel aus $b^2 - 4ac$ ziehen kann, wenn also $b^2 - 4ac \geq 0$ ist. Weiter sieht man, daß f bei $b^2 - 4ac < 0$ entweder nur positive (bei $a > 0$) oder nur negative Werte (bei $a < 0$) annehmen kann. Aus der oben besprochenen Zerlegung reeller Polynome folgert man daher den Zwischenwertsatz für reelle Polynome: *Ist $f \in \mathbb{R}[X]$ und gilt $f(a)f(b) < 0$ für zwei reelle Zahlen a, b mit $a < b$, so gibt es ein $c \in \mathbb{R}$ mit $a < c < b$ und $f(c) = 0$.*
Weitere Sätze über Nullstellen reeller Polynome findet man in §57.

Sei wieder A ein beliebiger kommutativer Ring. $f \in A[X]$ sei ein normiertes Polynom, das über A in Linearfaktoren zerfällt:

$$f = \prod_{i \in I}(X - a_i)\,.$$

Dann ist $\operatorname{Kard} I = \operatorname{Grad} f$ und

$$f = \sum_{\nu=0}^{n}(-1)^\nu S_\nu(a_i)_{i\in I}X^{n-\nu}\,,$$

wobei die Polynome $S_\nu \in A[X_i : i \in I]$ die sogenannten elementarsymmetrischen Polynome (oder Funktionen) in den Unbestimmten X_i, $i \in I$, sind, die durch

$$S_\nu := \sum_{H \in \mathbf{P}_\nu(I)} X_H\,, \quad \nu \in \mathbb{N}\,,$$

definiert sind. Dabei ist $\mathbf{P}_\nu(I)$ die Menge der Teilmengen von I, die genau ν Elemente besitzen , und für $H \subseteq I$ ist

$$X_H := \prod_{i \in H} X_i\,.$$

Für $\nu > n := \operatorname{Kard} I$ ist $S_\nu = 0$. Ferner ist $S_0 = 1$. Die S_ν mit $0 \leq \nu \leq n$ sind durch die Gleichung

$$\prod_{i\in I}(X - X_i) = \sum_{i=0}^{n}(-1)^\nu S_\nu X^{n-\nu}$$

in $A[X_i : i \in I][X]$ bestimmt. Gelegentlich ist es bequem, auch die Polynome

$$C_\nu := (-1)^\nu S_\nu\,, \quad \nu \in \mathbb{N}\,,$$

zur Verfügung zu haben. Dann ist $\prod_{i\in I}(X - X_i) = \sum_{\nu=0}^{n} C_\nu X^{n-\nu}$. Für den Standardfall $I = \{1, \ldots, n\}$ ist

$$\begin{aligned} S_1 &= X_1 + X_2 + \cdots + X_n \\ S_2 &= X_1X_2 + X_1X_3 + \cdots + X_{n-1}X_n \\ &\vdots \\ S_n &= X_1X_2\cdots X_n\,. \end{aligned}$$

Ist $\sigma \in \mathbf{S}(I)$, so ist das Polynom $\prod_{i\in I}(X - X_i)$ gegenüber dem durch die Permutation $X_i \mapsto X_{\sigma(i)}$, $i \in I$, definierten Automorphismus von $A[X_i : i \in I][X]$ invariant. Somit sind die Polynome S_ν, $\nu \in \mathbb{N}$, symmetrisch, d.h. sie sind invariant unter der natürlichen Operation von $\mathbf{S}(I)$ auf $A[X_i : i \in I]$, vgl. §52, Beispiel 5.

Der folgende Hauptsatz über die elementarsymmetrischen Polynome besagt unter anderem, daß die S_ν, $\nu = 1, \ldots, \operatorname{Kard} I$, (oder die C_ν) bereits die Algebra aller symmetrischen Polynome erzeugen.

54.13 Satz *Seien A ein kommutativer Ring $\neq 0$ und I eine endliche Menge mit $n := \operatorname{Kard} I$. Dann ist die A-Algebra der symmetrischen Polynome in $A[X_i : i \in I]$ gleich $A[S_1, \ldots, S_n]$. Die Polynome $S_1, \ldots, S_n$ sind algebraisch unabhängig über A. Ferner ist $A[X_i : i \in I]$ eine freie Algebra vom Rang $n!$ über $A[S_1, \ldots, S_n]$. Sind $i_1, \ldots, i_n$ die Elemente von I, so ist*

$$X_{i_1}^{\nu_1} \cdots X_{i_n}^{\nu_n}\,, \quad 0 \leq \nu_j < j\,, \quad j = 1, \ldots, n\,,$$

eine Basis von $A[X_i : i \in I]$ über $A[S_1, \ldots, S_n]$.

Beweis. Ohne Einschränkung sei $I = \{1, \ldots, n\}$. Wir ordnen die Menge $\mathbb{N}^n$ lexikographisch (vgl. §4, Beispiel 3) und bezeichnen als Multigrad eines Polynoms $g \in A[X_1, \ldots, X_n]$, $g \neq 0$, das größte Index-Tupel $(\nu_1, \ldots, \nu_n)$, für das $X_1^{\nu_1} \cdots X_n^{\nu_n}$ in g einen von 0 verschiedenen Koeffizienten $a_{\nu_1 \cdots \nu_n}$ hat. Den zugehörigen Term $a_{\nu_1 \cdots \nu_n} X_1^{\nu_1} \cdots X_n^{\nu_n}$ nennen wir den Hauptterm $\mathrm{H}(g)$ von g. Ist der Koeffizient von $\mathrm{H}(g)$ ein Nichtnullteiler in A, so ist offenbar $\mathrm{H}(gh) = \mathrm{H}(g)\mathrm{H}(h)$ für alle $h \neq 0$, $h \in A[X_1, \ldots, X_n]$.

Sei nun $g \neq 0$ ein symmetrisches Polynom. Wir beweisen $g \in A[S_1, \ldots, S_n]$ durch Induktion über den Multigrad von g. Sei $\mathrm{H}(g) = aX_1^{\nu_1} \cdots X_n^{\nu_n}$. Da g symmetrisch ist, enthält g alle Monome $aX_{\sigma(1)}^{\nu_1} \cdots X_{\sigma(n)}^{\nu_n}$, $\sigma \in \mathbf{S}_n$. Daraus folgt $\nu_1 \geq \nu_2 \geq \cdots \geq \nu_n$. Es ist

$$\begin{aligned}\mathrm{H}(aS_1^{\nu_1-\nu_2} S_2^{\nu_2-\nu_3} \cdots S_n^{\nu_n}) &= a\mathrm{H}(S_1^{\nu_1-\nu_2})\mathrm{H}(S_2^{\nu_2-\nu_3}) \cdots \mathrm{H}(S_n^{\nu_n}) \\ &= aX_1^{\nu_1-\nu_2}(X_1X_2)^{\nu_2-\nu_3} \cdots (X_1 \cdots X_n)^{\nu_n} = aX_1^{\nu_1} \cdots X_n^{\nu_n} = \mathrm{H}(g)\,.\end{aligned}$$

Also ist $g - aS_1^{\nu_1-\nu_2} S_2^{\nu_2-\nu_3} \cdots S_n^{\nu_n}$ ein symmetrisches Polynom, das 0 oder von kleinerem Multigrad als g ist. Nach Induktionsvoraussetzung gehört dieses Polynom und damit auch g zu $A[S_1, \ldots, S_n]$.

Um zu zeigen, daß die Polynome $S_1, \ldots, S_n$ algebraisch unabhängig sind, bemerken wir zunächst, daß der Multigrad von $aS_1^{\nu_1} \cdots S_n^{\nu_n}$, $a \neq 0$, gleich $(\nu_1 + \cdots + \nu_n, \nu_2 + \cdots + \nu_n, \ldots, \nu_n)$ ist. Ist nun $h \in A[Y_1, \ldots, Y_n]$ ein Polynom $\neq 0$ und ist $aY_1^{\nu_1} \cdots Y_n^{\nu_n}$ das Monom $\neq 0$ in h, für das $(\nu_1 + \cdots + \nu_n, \ldots, \nu_n)$ am größten ist, so enthält $h(S_1, \ldots, S_n)$ das Monom $aX_1^{\nu_1+\cdots+\nu_n} \cdots X_n^{\nu_n} \neq 0$ und ist daher von 0 verschieden.

Die letzte Behauptung in 54.13 beweisen wir durch Induktion über n. Der Fall $n = 1$ ist trivial. Wir zeigen weiter, daß die Algebra $B :=$

$A[S_1,\ldots,S_n,X_n]$ frei vom Rang n über $A[S_1,\ldots,S_n]$ mit der Basis $1,X_n,\ldots,X_n^{n-1}$ ist. Wegen

$$X_n^n - S_1X_n^{n-1} + \cdots + (-1)^n S_n = 0$$

erzeugen $1,X_n,\ldots,X_n^{n-1}$ den Modul B über $A[S_1,\ldots,S_n]$. Sei etwa

$$c_0 + c_1X_n + \cdots + c_{n-1}X_n^{n-1} = 0$$

mit $c_i \in A[S_1,\ldots,S_n]$, $i = 0,\ldots,n-1$. Durch Anwenden der Transpositionen $< i,n >$, $i = 1,\ldots,n-1$, erhält man zusammen mit der Ausgangsgleichung das Gleichungssystem

$$\begin{array}{c} c_0 + c_1X_1 + \cdots + c_{n-1}X_1^{n-1} = 0 \\ \cdots\cdots\cdots\cdots\cdots\cdots\cdots\cdots \\ c_0 + c_1X_n + \cdots + c_{n-1}X_n^{n-1} = 0 \end{array}$$

in den $c_0,\ldots,c_{n-1}$. Da die Determinante der Koeffizientenmatrix die Vandermondesche Determinante $\mathrm{V}(X_1,\ldots,X_n) = \prod_{i<j}(X_j - X_i)$ ist (vgl. §47, Beispiel 6) und diese kein Nullteiler in $A[X_1,\ldots,X_n]$ ist, folgt $\mathrm{V}(X_1,\ldots,X_n)c_i = 0$, also $c_i = 0$, $i = 0,\ldots,n-1$. Es genügt nun nach 27.2 zu zeigen, daß $A[X_1,\ldots,X_n]$ eine freie B–Algebra mit der Basis $X_1^{\nu_1}\cdots X_{n-1}^{\nu_{n-1}}$, $0 \le \nu_j < j$, $j = 1,\ldots,n-1$. ist. Es ist aber

$$S_\nu = S'_\nu + X_nS'_{\nu-1},$$

wobei $S'_0 := 1$, $S'_n := 0$ und S'_μ, $\mu = 1,\ldots,n-1$, das μ–te elementarsymmetrische Polynom in den Unbstimmten $X_1,\ldots,X_{n-1}$ ist. Daher ist

$$B = A[S_1,\ldots,S_n,X_n] = A[X_n][S'_1,\ldots,S'_{n-1}],$$

und das gewünschte Resultat ergibt sich aus der Induktionsvoraussetzung, angewandt auf $A[X_n]$ als Grundring. •

54.14 Korollar *Seien A ein kommutativer Ring und*

$$f = a_n + a_{n-1}X + \cdots + a_1X^{n-1} + X^n$$

ein normiertes Polynom in $A[X]$, das über dem kommutativen Oberring B von A in Linearfaktoren zerfällt:

$$f = (X-b_1)\cdots(X-b_n),\ \ b_\nu \in B,\ \ \nu = 1,\ldots,n.$$

Ist dann $g \in A[X_1,\ldots,X_n]$ ein symmetrisches Polynom, so gibt es ein Polynom $h \in A[Y_1,\ldots,Y_n]$ mit

$$g(b_1,\ldots,b_n) = h(a_1,\ldots,a_n).$$

Insbesondere ist $g(b_1,\ldots,b_n) \in A$.

Beweis. Nach 54.13 gibt es ein $h \in A[Y_1,\ldots,Y_n]$ mit $g = h(C_1,\ldots,C_n)$. Es ist dann

$$g(b_1,\ldots,b_n) = h(C_1(b_1,\ldots,b_n),\ldots,C(b_1,\ldots,b_n)) = h(a_1,\ldots,a_n).$$ •

Beispiel 7 (Diskriminanten) Seien A ein kommutativer Ring und $Z_1, \ldots, Z_n, X$ Unbestimmte über A. Man nennt

$$f_n := X^n + Z_1 X^{n-1} + \cdots + Z_{n-1} X + Z_n$$

das allgemeine (normierte) Polynom n-ten Grades über A. Mit den zu Satz 54.13 eingeführten Bezeichnungen gilt bei der Identifikation

$$A[Z_1, \ldots, Z_n] = A[C_1, \ldots, C_n], \ Z_\nu \leftrightarrow C_\nu, \ \nu = 1, \ldots, n,$$

daß f_n über dem Oberring $A[X_1, \ldots, X_n]$ von $A[Z_1, \ldots, Z_n]$ zerfällt:

$$f_n = \prod_{i=1}^{n} (X - X_i).$$

Mit $V = \mathrm{V}(X_1, \ldots, X_n)$ sei die Vandermondesche Determinante der $X_1, \ldots, X_n$ bezeichnet. Für $\sigma \in \mathbf{S}_n$ gilt:

$$\sigma V = \mathrm{V}(X_{\sigma 1}, \ldots, X_{\sigma n}) = (\mathrm{Sign}\, \sigma) V.$$

Daher ist V^2 ein symmetrisches Polynom. Man nennt es die Diskriminante von f_n und bezeichnet es mit $\mathrm{D}(f_n)$. Es ist

$$\mathrm{D}(f_n) = \mathrm{V}(X_1, \ldots, X_n)^2 = \prod_{1 \le i < j \le n} (X_j - X_i)^2 \in A[Z_1, \ldots, Z_n].$$

Bei $n \ge 1$ hat $\mathrm{D}(f_n)$ den Multigrad $(2(n-1), \ldots, 0)$ (vgl. Beweis von 54.13); daher ist $\mathrm{D}(f_n)$ ein Polynom des Grades $2n - 2$ in $Z_1, \ldots, Z_n$, vgl. Aufgabe 35.

Sei nun ein normiertes Polynom

$$f = X^n + a_1 X^{n-1} + \cdots + a_{n-1} X + a_n$$

aus $A[X]$ gegeben. Substituiert man in $\mathrm{D}(f_n)$ für Z_ν jeweils a_ν, so erhält man ein Element von A, das man die Diskriminante von f schlechthin nennt und mit

$$\mathrm{D}(f)$$

bezeichnet. Aus 54.14 folgt: Sind $x_1, \ldots, x_n$ Nullstellen von f in irgendeinem kommutativen Erweiterungsring B von A mit $f = \prod_{i=1}^n (X - x_i)$, so ist

$$\mathrm{D}(f) = \mathrm{V}(x_1, \ldots, x_n)^2 = \prod_{i<j} (x_j - x_i)^2.$$

Ist B nullteilerfrei, so sind die Nullstellen von f in B genau dann alle einfach, wenn $\mathrm{D}(f) \ne 0$ ist.

Als Beispiele interessieren die Diskriminanten zu kleinem n. Trivialerweise ist

$$\mathrm{D}(1) = 1, \ \mathrm{D}(X + a_1) = 1, \ \mathrm{D}(X^2 + a_1 X + a_2) = a_1^2 - 4a_2.$$

Letzteres ergibt sich unter Verwendung von Nullstellen x_1, x_2 einfach aus $(x_2 - x_1)^2 = (x_1 + x_2)^2 - 4x_1 x_2$. Bei $n = 3$ ist es angebracht, die Methode aus dem Beweis von 54.13 zur Berechnung von $\mathrm{D}(f)$ zu gebrauchen. Man erhält unschwer

$$\mathrm{D}(X^3 + a_1 X^2 + a_2 X + a_3) = -4a_1^3 a_3 + a_1^2 a_2^2 + 18 a_1 a_2 a_3 - 4a_2^3 - 27a_3^2.$$

(Zur Übung verifizieren!) Bei $n = 4$ gestalten sich die entsprechenden Rechnungen schon mühsam; man erhält:

$$\begin{aligned}\mathrm{D}(X^4+a_1X^3+a_2X^2+a_3X+a_4) &= -27a_1^4a_4^2+18a_1^3a_2a_3a_4-4a_1^3a_3^3\\ &\quad -4a_1^2a_2^3a_4+a_1^2a_2^2a_3^2+144a_1^2a_2a_4^2-6a_1^2a_3^2a_4-80a_1a_2^2a_3a_4+18a_1a_2a_3^3\\ &\quad -192a_1a_3a_4^2+16a_2^4a_4-4a_2^3a_3^2-128a_2^2a_4^2+144a_2a_3^2a_4-27a_3^4+256a_4^3\,.\end{aligned}$$

Es empfiehlt sich hier, einen — auch später noch wichtigen — Zwischenschritt zu machen: Seien $x_1,\ldots,x_4$ Nullstellen von $f = X^4+a_1X^3+a_2X^2+a_3X+a_4$ in einem kommutativen Erweiterungsring B von A mit $f=(X-x_1)\cdots(X-x_4)$. Man setzt

$$y_1 := x_1x_4+x_2x_3\,,\quad y_2 := x_1x_3+x_2x_4\,,\quad y_3 := x_1x_2+x_3x_4$$

und hat dann

$$\mathrm{V}(x_1,\ldots,x_4) = (y_2-y_1)(y_3-y_1)(y_3-y_2) = \mathrm{V}(y_1,y_2,y_3)\,.$$

Alle Permutationen der $x_1,\ldots,x_4$ permutieren offenbar y_1,y_2,y_3. Daher sind die elementarsymmetrischen Funktionen der y_1,y_2,y_3 symmetrische Polynome in den $x_1,\ldots,x_4$ und gehören zu A. Das Polynom

$$g := (Y-y_1)(Y-y_2)(Y-y_3)$$

hat demzufolge Koeffizienten in A, die Polynome in $a_1,\ldots,a_4$ sind. Man verifiziert leicht:

$$g = Y^3-a_2Y^2+(a_1a_3-4a_4)Y-a_1^2a_4+4a_2a_4-a_3^2\,.$$

Man nennt g eine k u b i s c h e R e s o l v e n t e zu f. Aus $\mathrm{V}(x_1,\ldots,x_4)=\mathrm{V}(y_1,y_2,y_3)$ folgt sofort $\mathrm{D}(f)=\mathrm{D}(g)$. Die Formel für $\mathrm{D}(f_4)$ ergibt sich nun leicht aus der für $\mathrm{D}(f_3)$, angewandt auf g.

Benutzt man statt y_1,y_2,y_3 etwa $y_1+y_2, y_1+y_3, y_2+y_3$ oder ähnliche symmetrische Terme, so erhält man ähnliche, aber verschiedene kubische Resolventen. Wir wollen jedoch — auch weiterhin — nur die oben ausgeführte Konstruktion verwenden und nennen g daher auch *die* kubische Resolvente zu f.

Zu Anwendungen und Ergänzungen der in diesem Beispiel vorgestellten Begriffe siehe die Aufgaben 40 bis 51, ferner §57, Aufgabe 14 und die Aufgaben 26 bis 28 in §93.

Hier sei schon auf eine Verallgemeinerung hingewiesen: Sei etwa

$$f = a_0X^n+a_1X^{n-1}+\cdots+a_{n-1}X+a_n\in A[X]\,,$$

wobei wir zunächst annehmen, daß a_0 ein Nichtnullteiler und demzufolge in geeigneten Erweiterungsringen von A eine Einheit ist. Bezeichnet

$$\tilde{f} := X^n+\frac{a_1}{a_0}X^{n-1}+\cdots+\frac{a_n}{a_0}$$

das zu f gehörige normierte Polynom, so nennt man bei $n\ge 1$

$$\mathrm{D}(f) := a_0^{2n-2}\,\mathrm{D}(\tilde{f})$$

die D i s k r i m i n a n t e des (nicht notwendig normierten) Polynoms f. Man stellt leicht fest, daß $\mathrm{D}(f)$ sogar ein Polynom D_n in $a_0,a_1,\ldots,a_n$ ist: Die Nenner in $\mathrm{D}(\tilde{f})$ heben sich gerade gegen a_0^{2n-2} weg, da $\mathrm{D}(\tilde{f})$ ein Polynom des Grades $2n-2$ in den $a_1/a_0,\ldots,a_n/a_0$ ist. Da man D_n mit unbestimmten Koeffizienten (die Nichtnullteiler sind!) konstruieren kann, läßt sich $\mathrm{D}(f)$ ganz allgemein als $\mathrm{D}_n(a_0,\ldots,a_n)$ definieren; nur über den (formalen) Grad n muß man sich jeweils im klaren sein. Beispielsweise ist

$$\mathrm{D}(a_0X + a_1) = 1\,,$$
$$\mathrm{D}(a_0X^2 + a_1X + a_2) = a_1^2 - 4a_0a_2\,,$$
$$\mathrm{D}(a_0X^3 + a_1X^2 + a_2X + a_3) = -27a_0^2a_3^2 + 18a_0a_1a_2a_3 - 4a_0a_2^3 - 4a_1^3a_3 + a_1^2a_2^2\,.$$

Auch bei $n = 4$ läßt sich das Ergebnis nach dem bekannten Fall eines normierten Polynoms direkt hinschreiben. Zu

$$f = a_0X^4 + a_1X^3 + a_2X^2 + a_3X + a_4$$

definieren wir als kubische Resolvente

$$g := Y^3 - a_2Y^2 + (-4a_0a_4 + a_1a_3)Y + 4a_0a_2a_4 - a_0a_3^2 - a_1^2a_4\,.$$

Dann ist auch hier $\mathrm{D}(f) = \mathrm{D}(g)$, vgl. Aufgabe 45.

Aufgaben

1. Wie viele Nullstellen hat $X^2 + X$ in $\mathbb{Z}/\mathbb{Z}6$?

2. Das Polynom $X^3 + X^2 + X + 1$ in $(\mathbb{Z}/\mathbb{Z}4)[X]$ ist ein Vielfaches von $X + 1$ und $X + 3$, nicht aber von $(X + 1)(X + 3)$.

3. Man gebe kommutative Ringe an, in denen $X^2 - X$ unendlich viele Nullstellen hat.

4. Man berechne die Nullstellen und den zweitobersten Koeffizienten des Polynoms über $\mathbb{Z}$, das durch die folgende Determinante definiert wird:

$$\begin{vmatrix} 1 & 1 & 1 & \cdots & 1 \\ 1 & X+1 & 1 & \cdots & 1 \\ 1 & 1 & X+2 & \cdots & 1 \\ \vdots & \vdots & \vdots & \ddots & \vdots \\ 1 & 1 & 1 & \cdots & X+n \end{vmatrix}.$$

5. Sei K ein Körper. Man gebe die Nullstellen von X^2 in der K-Algebra $K[Y]/(Y^2)$ an.

6. Für welches $f \in \mathbb{R}[X]$ mit $\mathrm{Grad}\, f = 3$ ist $f(0) = 0$, $f(1) = f(2) = f(3) = 1$?

7. Sei A ein kommutativer Ring $\neq 0$. Der kanonische Homomorphismus Φ von $A[X]$ in A^A ist genau dann surjektiv, wenn A ein Körper mit endlich vielen Elementen ist. (Bemerkung. In diesem Falle wird der Kern von Φ von $X^q - X = (X^{q-1} - 1)X$ erzeugt, $q := \mathrm{Kard}\, A$.)

8. Sei A ein noetherscher kommutativer Ring.

a) Enthält der Kern des kanonischen Homomorphismus Φ von $A[X]$ in A^A ein normiertes Polynom, dann besteht A nur aus endlich vielen Elementen. (Angenommen, A sei unendlich. Reduktion modulo eines Ideals in A, das maximal in der Menge der Ideale ist, nach denen die Restklassenringe unendlich sind, erlaubt es ferner anzunehmen, daß alle echten Restklassenringe von A endlich sind. Es gibt Elemente $a, b \in A$ mit $a \neq 0$, $b \neq 0$, $ab = 0$. Mit A/Aa und A/Ab besitzt auch

$A/Aab = A$ nur endlich viele Elemente. — Bemerkung. Φ ist genau dann nicht injektiv, wenn es in A ein maximales Ideal $\mathbf{m}$ und ein $a \neq 0$ gibt mit $a\mathbf{m} = 0$ und $A/\mathbf{m}$ endlich.)

b) Sei $n \in \mathbb{N}_+$. Es gibt nur endlich viele Ideale $\mathbf{a}$ in A mit Kard $A/\mathbf{a} \leq n$ (P. Samuel — Seien $f := \prod_{i=0}^{n-1}(X^n - X^i)$ und $\mathbf{c}$ der Durchschnitt der Ideale $\mathbf{a}$ mit Kard $A/\mathbf{a} \leq n$. Dann ist $f(x) \in \mathbf{c}$ für alle $x \in A$. Nach a) ist $A/\mathbf{c}$ endlich. — Bemerkung. Die zahlentheoretische Funktion $\mathbb{N}_+ \to \mathbb{Z}$, deren Wert für $n \in \mathbb{N}_+$ die Anzahl der Ideale $\mathbf{a}$ in A mit Kard $A/\mathbf{a} = n$ ist, heißt die Dedekindsche Funktion $\mathbf{z} = \mathbf{z}_A$ von A. Sie ist multiplikativ (Beweis!). Stellt die zugehörige Dirichletreihe

$$\zeta_A = \sum_{n=1}^{\infty} \frac{\mathbf{z}(n)}{n^s}$$

eine komplex-analytische Funktion (in s) dar, so heißt diese die Dedekindsche Zetafunktion ζ_A von A. Bei $A = \mathbb{Z}$ ist $\mathbf{z}(n) = 1$ für alle $n \in \mathbb{N}_+$; daher ist $\zeta_{\mathbb{Z}}$ die Riemannsche Zetafunktion, vgl. §10, Aufgabe 16.)

c) Ist M ein noetherscher Modul über einem kommutativen Ring und ist $n \in \mathbb{N}_+$, so gibt es nur endlich viele Untermoduln N von M mit Kard $M/N \leq n$.

d) Ist B eine (nicht notwendig kommutative) endlich erzeugte A-Algebra, so gibt es nur endlich viele (Links-, Rechts- bzw. zweiseitige) Ideale $\mathbf{b}$ in B mit Kard $B/\mathbf{b} \leq n$.

9. Seien K ein Körper, $f \in K[X]$, $f = \sum_{i \geq 0} a_i X^i$, ferner $f_0 := a_0 + a_2 X + a_4 X^2 + \cdots$, $f_1 := a_1 + a_3 X + a_5 X^2 + \cdots$. Genau dann ist $X^2 - a$ Teiler von f in $K[X]$, wenn $f_0(a) = f_1(a) = 0$ ist. (Man teilt f durch $X^2 - a$.)

10. Sei A ein unendlicher Integritätsbereich. Ein $f \in A[X_1, \ldots, X_n]$ ist genau dann homogen vom Grade r, wenn für alle $a \in A$ gilt: $f(aX_1, \ldots, aX_n) = a^r f$.

11. Sei A ein unendlicher Integritätsbereich. Ferner seien $f, g, h \in A[X_1, \ldots, X_n]$, $h \neq 0$. Ist $f(a) = g(a)$ für alle $a \in A^n$ mit $h(a) \neq 0$, so ist $f = g$.

12. Seien A ein kommutativer Ring, $\mathbf{a}_1, \ldots, \mathbf{a}_n$ paarweise komaximale Ideale in A und $\mathbf{a} := \mathbf{a}_1 \cdots \mathbf{a}_n$. Besitzt $f \in A[X]$ in jedem Ring $A/\mathbf{a}_i$, $1 \leq i \leq n$, eine Nullstelle, so auch in $A/\mathbf{a}$.

13. $(X^2 - 2)(X^2 + 7)(X^2 + 14)$ und $(X^2 - 2)(X^2 - 17)(X^2 - 34)$ haben Nullstellen in jedem echten Restklassenring von $\mathbb{Z}$, jedoch keine Nullstelle in $\mathbb{Q}$. (Anhang IV.C, Aufgabe 8. — Polynome , die die Bedingung nur in den Restklassen*körpern* von $\mathbb{Z}$ erfüllen, sind sehr viel einfacher zu finden.)

14. (Euler) Das ganzzahlige Polynom $f := X^2 - X + 41$ hat an den Stellen $n = 1, 2, \ldots, 40$ jeweils eine Primzahl als Wert. (Mit dem quadratischen Reziprozitätsgesetz (vgl. §55, Aufgabe 19 oder IV.C.10) sieht man, daß f modulo jeder Primzahl $\leq f(40)$ nicht zerfällt.) Das Polynom $f(-X)$ hat Primzahlen als Werte an den Stellen $n = 0, \ldots, 39$. Das Polynom $f(X - 40)$ hat Primzahlen als Werte an den Stellen $n = 1, \ldots, 80$. Im übrigen haben die Werte von f keine Primteiler ≤ 37.

15. Sei $f \in \mathbb{Z}[X]$ ein Polynom positiven Grades. Dann gibt es unendlich viele Primzahlen p derart, daß das Polynom f in $\mathbb{Z}/\mathbb{Z}p$ eine Nullstelle besitzt. Es gilt sogar: Die Werte $f(x) \neq 0$ für $x \in \mathbb{N}_+$ haben insgesamt unendlich viele Primteiler.

(Zu $x \in \mathbb{N}_+$ gibt es ein $y \in \mathbb{Z}$ mit $f(x+f(x)^2) = f(x)+f(x)^2 y = f(x)(1+f(x)y)$.) Aber nicht alle $|f(x)|$, $x \in \mathbb{N}_+$, sind prim.

16. Seien K ein unendlicher Körper und $f_i \in K[X_1,\ldots,X_n]$, $i \in I$, eine Familie von Polynomen $\neq 0$ mit $\operatorname{Kard} I < \operatorname{Kard} K$. Dann gibt es ein n–Tupel $(a_1,\ldots,a_n) \in K^n$ mit $f_i(a_1,\ldots,a_n) \neq 0$ für alle $i \in I$.

17. Seien K ein unendlicher Körper, L ein Erweiterungskörper von K, $f \in K[X_1,\ldots,X_n]$ und

$$a_{i1}x_1 + \cdots + a_{in}x_n = b_i\,, \quad 1 \leq i \leq m\,,$$

ein lineares Gleichungssystem mit Koeffizienten $a_{ij}, b_i \in K$. Besitzt das Gleichungssystem eine Lösung $(x_1,\ldots,x_n)$ in L^n mit $f(x_1,\ldots,x_n) \neq 0$, so auch eine Lösung $(y_1,\ldots,y_n)$ in K^n mit $f(y_1,\ldots,y_n) \neq 0$. (Sei $n-r$ der Rang des Gleichungssystems. Sämtliche Lösungen des Gleichungssystems werden von einer Lösung $x \in K^n$ und Lösungen $x^{(\rho)} \in K^n$, $1 \leq \rho \leq r$, des zugehörigen homogenen Gleichungssystems erzeugt, sowohl über K als auch über L. Die resultierende Parameterdarstellung des Lösungsraumes setzt man in f ein.)

18. Seien K ein unendlicher Körper, L ein Erweiterungskörper von K und $\mathbf{A}, \mathbf{B}$ quadratische n–reihige Matrizen über K. Genau dann sind $\mathbf{A}, \mathbf{B}$ über K ähnlich, wenn sie über L ähnlich sind. (Kroneckersche Unbestimmtenmethode und vorstehende Aufgabe. — Bemerkung. Das Resultat ist auch über endlichen Körpern K richtig, siehe §68, Aufgabe 11.)

19. Seien A ein kommutativer Ring und $g \in A[X]$ ein Polynom mit einer Einheit als Leitkoeffizient. Genau dann gehört $f \in A[X]$ zu der A–Unteralgebra $A[g]$ von $A[X]$, mit anderen Worten: ist f ein Polynom in g, wenn $f(Y) - f(X)$ in $A[X,Y]$ von $g(Y) - g(X)$ geteilt wird. (Sei $n := \operatorname{Grad} g$. Dann ist $1, X, \ldots, X^{n-1}$ eine $A[g]$–Basis von $A[X]$ (vgl. §53, Aufgabe 7). Sei ferner $\epsilon\colon A[X] \to A[g]$ die Projektion auf den Koeffizienten von 1. Man verwendet die A–lineare Abbildung von $A[X,Y]$ in $A[X]$, welche X^iY^j auf $\epsilon(X^i)X^j$ abbildet und auf allen Vielfachen von $g(Y) - g(X)$ verschwindet.)

20. Seien A ein kommutativer Ring und $f \in A[X]$ ein Polynom mit einer Einheit als Leitkoeffizient. Dann gibt es eine endliche freie kommutative A–Algebra B, über der f in Linearfaktoren zerfällt.

21. Seien A ein Integritätsbereich und $f, g \in A[X]$. Ist $fg \neq 0$ und zerfällt fg in Linearfaktoren, so auch f und g.

22. Seien a, b, c natürliche Zahlen. Dann ist $X^{3a+2} + X^{3b+1} + X^{3c}$ in $\mathbb{Z}[X]$ durch $X^2 + X + 1$ teilbar.

23. Man gebe wie in Beispiel 5 in $\mathbb{C}$ primitive n–te Einheitswurzeln für $n = 8, 10, 12$ und 20 an.

24. Man berechne die Kreisteilungspolynome Φ_n für $n \leq 12$.

25. Sei $m \in \mathbb{N}$, $m \geq 3$, ungerade. Dann ist $\Phi_{2m} = \Phi_m(-X)$.

26. Sei $n \in \mathbb{N}_+$. Mit $\operatorname{Red}(n)$ sei das Produkt der verschiedenen Primfaktoren von n bezeichnet. Dann gilt

$$\Phi_n = \prod_{d|n} (X^d - 1)^{\mu(n/d)} = \Phi_{\mathrm{Red}(n)}(X^{n/\mathrm{Red}(n)})\,,$$

wobei μ die Möbiussche Funktion ist, vgl. §15, Aufgabe 5, §18, Aufgabe 2.

27. Sei $n \in \mathbb{N}_+$. Ferner sei $n = p^\alpha m$, wobei $m, \alpha \in \mathbb{N}_+$ sind und p eine m nicht teilende Primzahl. Dann ist

$$\Phi_n = \Phi_{pm}(X^{p^{\alpha-1}}) = \Phi_m(X^{p^\alpha})/\Phi_m(X^{p^{\alpha-1}}).$$

Man spezialisiere auf den Fall $m = 1$.

28. Sei $n \in \mathbb{N}_+$.

a) Der konstante Term von Φ_n ist

$$\Phi_n(0) = \begin{cases} -1, & \text{falls } n = 1, \\ 1 & \text{sonst.} \end{cases}$$

b) Der Koeffizient von $X^{\varphi(n)-1}$ in Φ_n ist $-\mu(n)$ (μ ist die Möbiussche Funktion), d.h. es ist

$$\mu(n) = \sum_\zeta \zeta\,,$$

wobei über alle primitiven n-ten Einheitswurzeln ζ zu summieren ist. (Vgl. auch Anhang IV.B, Aufgabe 17. Man beweise die Aussage aber ohne den dortigen Hinweis. — Bemerkungen. Das erste Kreisteilungspolynom mit einem von $-1, 0, 1$ verschiedenen Koeffizienten ist Φ_{105}. — Man zeige: Hat $n \in \mathbb{N}_+$ höchstens zwei verschiedene ungerade Primteiler, so hat Φ_n keine von $-1, 0, 1$ verschiedenen Koeffizienten. Man gebe das Polynom Φ_{14000} an.— Die Koeffizienten der Polynome Φ_n werden aber nach I. Schur dem Betrage nach beliebig groß. Sind nämlich $p_1 < p_2 < \cdots < p_t$ Primzahlen mit $t \geq 3$, $t \equiv 1(2)$ und $p_1 + p_2 > p_t$ (solche Primzahlen gibt es nach §10, Aufgabe 17 für jedes solche t), so gilt in $\mathbb{Z}[X]$ modulo X^{p_t+1} nach Aufgabe 26 für $n := p_1 \cdots p_t$

$$\begin{aligned}\Phi_n &\equiv (X-1)^{-1}(X^{p_1}-1)\cdots(X^{p_t}-1)\\ &\equiv -(1+X+\cdots+X^{p_t})(X^{p_1}-1)\cdots(X^{p_t}-1)\\ &\equiv -(1+\cdots+X^{p_t})(-1+X^{p_1}+\cdots+X^{p_t}),\end{aligned}$$

so daß der Koeffizient von Φ_n bei X^{p_t} gleich $-(t-1)$ ist. Φ_{105} hat also bei X^7 den Koeffizienten -2.)

c) Φ_n ist für $n \geq 1$ ein selbstreziprokes Polynom. (Ein Polynom $a_0 + a_1X + \cdots + a_nX^n$ des Grades $n > 0$ heißt selbstreziprok, wenn $a_i = a_{n-i}$, $i = 0, \ldots, n$, ist. — Zur Berechnung von Φ_n, $n \geq 3$, darf man also modulo $X^{1+(\varphi(n)/2)}$ rechnen. Z.B. erhält man so mit Aufgabe 26

$$\begin{aligned}\Phi_{105} &= \frac{(X^3-1)(X^5-1)(X^7-1)(X^{105}-1)}{(X-1)(X^{15}-1)(X^{21}-1)(X^{35}-1)}\\ &\equiv (X^2+X+1)(X^5-1)(X^7-1)(-X^{15}-1)(-X^{21}-1) \bmod X^{25}\end{aligned}$$

und nach Ausmultiplizieren schließlich

$$\begin{aligned}\Phi_{105} = X^{48} &+ X^{47} + X^{46} - X^{43} - X^{42} - 2X^{41} - X^{40} - X^{39} + X^{36} \\ &+ X^{35} + X^{34} + X^{33} + X^{32} + X^{31} - X^{28} - X^{26} - X^{24} - X^{22} \\ &- X^{20} + X^{17} + X^{16} + X^{15} + X^{14} + X^{13} + X^{12} - X^{9} - X^{8} \\ &- 2X^{7} - X^{6} - X^{5} + X^{2} + X + 1 .)\end{aligned}$$

29. Sei $n \in \mathbb{N}_+$.

a) Es ist

$$\Phi_n(1) = \begin{cases} 0, & \text{falls } n = 1, \\ p, & \text{falls } n = p^\alpha,\ p \text{ prim},\ \alpha > 0, \\ 1 & \text{sonst.} \end{cases}$$

b) Es ist $\Phi_n(a) \in \mathbb{N}_+$ für alle $a \in \mathbb{N}$, $a \geq 2$.

30. Seien $n \in \mathbb{N}_+$, $a \in \mathbb{Z}$ und p eine Primzahl; sei $n = p^\alpha m$ mit einer nicht durch p teilbaren Zahl $m \in \mathbb{N}_+$. Genau dann ist $\Phi_n(a)$ durch p teilbar, wenn a nicht durch p teilbar ist und die Restklasse von a modulo p in der multiplikativen Gruppe $(\mathbb{Z}/\mathbb{Z}p)^\times$ die Ordnung m hat. (Zu zeigen ist im wesentlichen: $\Phi_n(a) \equiv 0 \bmod p$ genau dann, wenn $\Phi_m(a) \equiv 0 \bmod p$. Dies folgt aus Aufgabe 27 unter Benutzung des Kleinen Fermatschen Satzes.)

31. Sei $n \in \mathbb{N}_+$. Es gibt unendlich viele Primzahlen der Form $\nu n + 1$, $\nu \in \mathbb{N}$. (Man verwendet die vorstehende Aufgabe und Aufgabe 15. — Bemerkung. Die Aussage ist ein Spezialfall des Dirichletschen Satzes über arithmetische Progressionen. Eine schwächere Aussage wurde in Anhang IV.B, Aufgabe 18 bewiesen.)

32. (Einheitswurzeln bei Primzahlcharakteristik) Sei K ein Körper der Charakteristik $p > 0$. Ferner sei n eine nicht durch p teilbare natürliche Zahl; $X^n - 1$ zerfalle über K. Dann bilden die Nullstellen von $X^n - 1$ eine zyklische Gruppe der Ordnung n. Ist r eine Potenz von p, so sind (nr)-te und n-te Einheitswurzeln in K identisch.

33. Seien A ein kommutativer Ring und $f \in A[X_1, \ldots, X_n]$ ein Polynom mit der Zerlegung $f = \sum_{i \in \mathbb{N}} f_i$ in seine homogenen Komponenten f_i. Genau dann ist f symmetrisch, wenn alle f_i, $i \in \mathbb{N}$, symmetrisch sind. Die symmetrischen Polynome des Grades $i \in \mathbb{N}$ bilden einen freien A-Modul mit der Basis

$$S_1^{\nu_1} \cdots S_n^{\nu_n}, \quad (\nu_1, \ldots, \nu_n) \in \mathbb{N}^n, \quad 1\nu_1 + 2\nu_2 + \cdots + n\nu_n = i .$$

Insbesondere ist (bei $A \neq 0$) der Rang dieses Moduls gleich $p(i,n)$, wobei $p(i,n)$ die Anzahl der Tupel $(\nu_1, \ldots, \nu_n) \in \mathbb{N}^n$ mit $1\nu_1 + \cdots + n\nu_n = i$ ist. (Bemerkung. Bei $n \geq i$ ist $p(i,n) = P(i)$ die Anzahl der Partitionen der Zahl i. Die $p(i,n)$ erfüllen für $n \in \mathbb{N}_+$ die Rekursionsgleichung $p(i,n) = p(i,n-1) + p(i-n,n)$ mit den Anfangsbedingungen $p(0,n) = 1$, $n \in \mathbb{N}$; $p(i,0) = 0$, $i \in \mathbb{N}_+$; $p(i,n) = 0$, $i < 0$, woraus man leicht die folgende Tabelle für die $p(i,n)$, $0 \leq i \leq 15$, $0 \leq n \leq 5$, berechnet:

	0	1	2	3	4	5	6	7	8	9	10	11	12	13	14	15
0	1	0	0	0	0	0	0	0	0	0	0	0	0	0	0	0
1	1	1	1	1	1	1	1	1	1	1	1	1	1	1	1	1
2	1	1	2	2	3	3	4	4	5	5	6	6	7	7	8	8
3	1	1	2	3	4	5	7	8	10	12	14	16	19	21	24	27
4	1	1	2	3	5	6	9	11	15	18	23	27	34	39	47	54
5	1	1	2	3	5	7	10	13	18	23	30	37	47	57	70	84.

Es ist $p(i,n)$ auch die Anzahl der Tupel $(\mu_1,\dots,\mu_i)\in\mathbb{N}^i$ mit $1\mu_1+\cdots+i\mu_i=i$ und $\mu_1+\cdots+\mu_i\le n$, also gleich der Anzahl der Partitionen von i in höchstens n Teile (Beweis!). Vgl. §63, Beispiel 5.)

34. Seien A ein kommutativer Ring und $n\in\mathbb{N}$. Die Permutationsgruppe $\mathbf{S}_n$ operiert auf den Monomen $X^\nu=X_1^{\nu_1}\cdots X_n^{\nu_n}$ im Polynomring $A[X_1,\dots,X_n]$. Für jedes $\nu\in\mathbb{N}^m$ mit $0\le m\le n$ bezeichne $T_\nu^{(n)}$ die Summe der Monome aus der Bahn von $X^\nu\in A[X_1,\dots,X_n]$ bezüglich dieser Operation. Die $T_\nu^{(n)}$ sind symmetrische Polynome.

a) Die Polynome $T_\nu^{(n)}$, $\nu=(\nu_1,\dots,\nu_n)\in\mathbb{N}^n$, $\nu_1\ge\cdots\ge\nu_n$, $|\nu|=d$, bilden eine A-Basis aller symmetrischen Polynome vom Grade d in $A[X_1,\dots,X_n]$.

b) Sei $K_\nu^{(n)}$ das eindeutig bestimmte Polynom in $A[Y_1,\dots,Y_n]$ mit $T_\nu^{(n)}=K_\nu^{(n)}(S_1^{(n)},\dots,S_n^{(n)})$, wobei $S_j^{(n)}$ das elementarsymmetrische Polynom vom Grad j in den Unbestimmten $X_1,\dots,X_n$ ist, $j=1,\dots,n$. Bei $|\nu|\le n$ enthält $K_\nu^{(n)}$ die Unbestimmten $Y_{|\nu|+1},\dots,Y_n$ nicht. Ferner ist $K_\nu^{(n)}=K_\nu:=K_\nu^{(|\nu|)}$ für alle $\nu\in\mathbb{N}^m$ und alle $n\in\mathbb{N}$ mit $0\le m\le|\nu|\le n$.

c) Man bestätige die Formeln

$$K_0=1\,,\quad K_1=Y_1\,,\quad K_{(1,1)}=Y_2\,,\quad K_2=Y_1^2-2Y_2\,,$$

$$K_{(1,1,1)}=Y_3\,,\quad K_{(2,1)}=Y_1Y_2-3Y_3\,,\quad K_3=Y_1^3-3Y_1Y_2+3Y_3\,,$$

$$K_{(1,1,1,1)}=Y_4\,,\quad K_{(2,1,1)}=Y_1Y_3-4Y_4\,,\quad K_{(2,2)}=Y_2^2-2Y_1Y_3+2Y_4\,,$$

$$K_{(3,1)}=Y_1^2Y_2-Y_1Y_3+4Y_4-2Y_2^2\,,\quad K_4=Y_1^4+2Y_2^2+4Y_1Y_3-4Y_1^2Y_2-4Y_4\,.$$

Nach 57.9 ist $K_n=M_n(-Y_1,Y_2,\dots,(-1)^nY_n)$, $n\in\mathbb{N}_+$, wobei die M_n die Waring-Polynome aus §53, Aufgabe 30a) sind.)

35. Seien A ein kommutativer Ring und $g\in A[X_1,\dots,X_n]$ ein symmetrisches Polynom $\ne 0$ in den X_i. Bezüglich der lexikographischen Ordnung von $\mathbb{N}^n$ habe g den Multigrad $(\nu_1,\dots,\nu_n)$. Dann hat g, aufgefaßt als Polynom in den elementarsymmetrischen Funktionen $S_1,\dots,S_n$ der X_i den Gesamtgrad ν_1. (Man betrachte den Induktionsschritt am Anfang des Beweises von 54.13.)

36. Seien A ein kommutativer Ring und A' ein Unterring von A. Die Koeffizienten des Polynoms $(X-a_1)\cdots(X-a_n)$, $a_1,\dots,a_n\in A$, mögen alle in A' liegen. Dann liegen für $f\in A'[Y]$ auch die Koeffizienten von $(X-f(a_1))\cdots(X-f(a_n))$ in A'. (Vgl. §67, Bemerkung 2 für eine explizite Beschreibung von $\prod_i(X-f(a_i))$ als Polynom in $A'[X]$.)

37. Sei A ein kommutativer Ring. Ein Polynom $g\in A[X_1,\dots,X_n]$ heißt a l t e r n i e r e n d, wenn $g(X_{\sigma(1)},\dots,X_{\sigma(n)})=\operatorname{Sign}(\sigma)g(X_1,\dots,X_n)$ für alle $\sigma\in\mathbf{S}_n$ und $g(X_1,\dots,X_i,\dots,X_{j-1},X_i,X_{j+1},\dots,X_n)=0$ für alle i,j mit $1\le i<j\le n$ ist. (Ist 2 kein Nullteiler in A, so folgt die zweite Bedingung aus der ersten.) Genau dann ist $g\in A[X_1,\dots,X_n]$ alternierend, wenn $g=h\cdot\mathrm{V}(X_1,\dots,X_n)$ mit einem symmetrischen Polynom $h\in A[X_1,\dots,X_n]$ und der Vandermondeschen Determinante $\mathrm{V}(X_1,\dots,X_n)$ in den Unbestimmten $X_1,\dots,X_n$ ist. (Man beachte, daß $h=g/\mathrm{V}(X_1,\dots,X_n)$ eindeutig bestimmt ist, da $\mathrm{V}(X_1,\dots,X_n)$ kein Nullteiler in $A[X_1,\dots,X_n]$ ist.)

38. Seien A ein kommutativer Ring und $Q = (Q_0, \ldots, Q_{n-1})$ ein n–Tupel von Polynomen aus $A[X]$. Das Polynom $\operatorname{Det}(Q_{i-1}(X_j))_{1\le i,j\le n} \in A[X_1, \ldots, X_n]$ ist alternierend, vgl. Aufgabe 37. Wir setzen gemäß Aufgabe 37 und 54.13

$$\operatorname{Det}(Q_{i-1}(X_j))/\mathrm{V}(X_1, \ldots, X_n) = \mathrm{R}(C_1, \ldots, C_n)$$

mit einem eindeutig bestimmten Polynom

$$\mathrm{R} = \mathrm{R}_Q \in A[Y_1, \ldots, Y_n].$$

Mit diesen Bezeichnungen gilt: Seien $g = X^n + c_1X^{n-1} + \cdots + c_n \in A[X]$ ein normiertes Polynom und $B := A[x] = A[X]/A[X]g$ mit $x :=$Restklasse von X. Dann ist $\mathrm{R}_Q(c_1, \ldots, c_n)$ die Determinante des A–(Modul–)Endomorphismus $x^i \mapsto Q_i(x)$, $i = 0, \ldots, n-1$, von B. (Ohne Einschränkung ersetze man A durch $A[X_1, \ldots, X_n]$ und g durch $X^n + C_1X^{n-1} + \cdots + C_n = \prod_{\nu=1}^n (X - X_\nu)$, vgl. Aufgabe 20. Sei dann $Q_i(x) = \sum_{j=0}^{n-1} a_{ji}x^j$, $i = 0, \ldots, n-1$, $a_{ji} \in A[X_1, \ldots, X_n]$. Es folgt

$$Q_i(X_\nu) = \sum_{j=0}^{n-1} a_{ji}X_\nu^j\,, \quad \nu = 1, \ldots, n\,,$$

d.h. die Matrizengleichung

$$\begin{pmatrix} Q_0(X_1) & \cdots & Q_0(X_n) \\ \vdots & \ddots & \vdots \\ Q_{n-1}(X_1) & \cdots & Q_{n-1}(X_n) \end{pmatrix} = (a_{ji})_{0\le j,i\le n-1} \begin{pmatrix} 1 & \cdots & 1 \\ \vdots & \ddots & \vdots \\ X_1^{n-1} & \cdots & X_n^{n-1} \end{pmatrix}.$$

Folgerung. Genau dann sind die Elemente $Q_0(x), \ldots, Q_{n-1}(x)$ in B eine A–Basis (bzw. linear unabhängig über A), wenn $\mathrm{R}_Q(c_1, \ldots, c_n)$ eine Einheit (bzw. ein Nichtnullteiler) in A ist. Übrigens: Ist $h \in A[X]$ und $Q_i = X^ih$, $i = 0, \ldots, n-1$, so ist $\mathrm{R}_Q(c_1, \ldots, c_n) = \mathrm{R}(g, h)$, vgl. §53, Beispiel 6.

39. Sei $f = a_nX^n + a_{n-1}X^{n-1} + \cdots + a_0$ ein Polynom des Grades $n \ge 2$ über einem Körper K, dessen Charakteristik n nicht teilt. Durch

$$X \mapsto X - \frac{a_{n-1}}{na_n}$$

geht f in ein Polynom $b_nX^n + b_{n-1}X^{n-1} + \cdots + b_0$ mit $b_{n-1} = 0$ über.

40. (Q u a d r a t i s c h e G l e i c h u n g e n) Sei K ein Körper der Charakteristik $\ne 2$. Die Lösungen einer Gleichung

$$a_0x^2 + a_1x + a_2 = 0$$

mit $a_0, a_1, a_2 \in K$, $a_0 \ne 0$, können in der geschlossenen Form

$$\frac{1}{2a_0}(-a_1 + \sqrt{D})\,, \quad D = a_1^2 - 4a_0a_2\,,$$

angegeben werden; dies ist die sogenannte M i t t e r n a c h t s f o r m e l. Die Quadratwurzel, die in K oder vielleicht nur in Erweiterungskörpern von K existiert, ist nur bis auf das Vorzeichen, also bis auf 2–te Einheitswurzeln bestimmt.

41. (K u b i s c h e G l e i c h u n g e n) Sei K ein Körper der Charakteristik $\ne 2, \ne 3$. Die Bildung der im folgenden auftretenden Radikale sei in K oder in geeigneten Erweiterungskörpern von K vorgenommen. Ferner nehmen wir an, daß K (oder eben ein geeigneter Erweiterungskörper von K) eine primitive 3-te Einheitswurzel ϵ enthält.

Im Prinzip genügt es, bei der Lösung von Gleichungen 3-ten Grades (unter Verwendung von Radikalen) die spezielle Form

$$x^3 + px + q = 0$$

mit $p, q \in K$ vorauszusetzen. Die Diskriminante der Gleichung ist $D = -4p^3 - 27q^2$. Man macht für die Lösung den Ansatz $x = u+v$ mit zunächst unbestimmten Elementen u, v. Aus

$$u^3 + v^3 + 3uv(u+v) + p(u+v) + q = 0$$

folgt, daß Lösungen sicher bei

$$u^3 + v^3 + q = 0\,, \quad 3uv + p = 0$$

erhalten werden. u^3 und v^3 sind dann Lösungen der Gleichung

$$y^2 + qy - \frac{1}{27}p^3 = 0\,,$$

also von der Form

$$\frac{1}{2}(-q \pm \frac{1}{9}\sqrt{-3D})\,,$$

wobei die Quadratwurzel $\sqrt{-3D}$ irgendwie festgelegt ist. Man setzt nun

$$u := \sqrt[3]{\frac{1}{2}(-q + \frac{1}{9}\sqrt{-3D})}\,, \quad v := \sqrt[3]{\frac{1}{2}(-q - \frac{1}{9}\sqrt{-3D})}\,,$$

wobei man in der Wahl der 3-ten Wurzel von u frei ist, bei v aber mit 3-ten Einheitswurzeln so zu manipulieren hat, daß $uv = -p/3$ ist. Dann ist $x = u+v$ Lösung der Ausgangsgleichung (Cardanosche Formel); die übrigen Lösungen sind $\epsilon u + \epsilon^2 v$ und $\epsilon^2 u + \epsilon v$. (Bemerkung. Das hier angegebene Lösungsschema geht im wesentlichen auf Scipione del Ferro (1515) und Nicolo Fontana, genannt Tartaglia (1535), zurück und wurde 1545 von Geronimo Cardano in seiner "Ars magna" veröffentlicht. Die Lösungsformeln heißen heute Cardanosche Formeln.)

42. (Gleichungen 4-ten Grades) Sei K ein Körper der Charakteristik $\neq 2, \neq 3$. Wir übernehmen die Eingangsbemerkung der vorigen Aufgabe.

Betrachten wir eine Gleichung 4-ten Grades der Form

$$x^4 + a_1x^3 + a_2x^2 + a_3x + a_4 = 0$$

mit $a_1, \ldots, a_4 \in K$. Seien $x_1, \ldots, x_4$ die Lsüngen dieser Gleichung in K (oder einem geeigneten Erweiterungskörper von K) und

$$y_1 := x_1x_4 + x_2x_3\,, \quad y_2 := x_1x_3 + x_2x_4\,, \quad y_3 := x_1x_2 + x_3x_4\,,$$

vgl. Beispiel 7. Dies sind die Nullstellen der kubischen Resolvente, die man sich nach Maßgabe der vorstehenden Aufgabe aus den $a_1, \ldots, a_4$ konstruieren kann. Wie kommt man nun von y_1, y_2, y_3 zu den $x_1, \ldots, x_4$? Es ist $(x_4 + x_1)(x_2 + x_3) = y_2 + y_3$ und $x_2 + x_3 = -a_1 - (x_4 + x_1)$. Daraus ergibt sich

$$x_4 + x_1 = \frac{1}{2}(-a_1 + R_1)\,, \quad R_1 := \sqrt{a_1^2 - 4(y_2 + y_3)}\,.$$

Ebenso erhält man

$$x_4 + x_2 = \frac{1}{2}(-a_1 + R_2)\,, \quad R_2 := \sqrt{a_1^2 - 4(y_1 + y_3)}\,,$$

$$x_4 + x_3 = \frac{1}{2}(-a_1 + R_3)\,, \quad R_3 := \sqrt{a_1^2 - 4(y_1 + y_2)}\,.$$

Summation der 3 Gleichungen ergibt $2x_4 - a_1 = -\frac{3}{2}a_1 + \frac{1}{2}(R_1 + R_2 + R_3)$. Die allgemeine Lösung der Gleichung ist also

$$x = \frac{1}{4}(-a_1 + R_1 + R_2 + R_3)\,.$$

Die Vorzeichen der Wurzeln R_i sind dabei geeignet festzulegen, und zwar ist genau

$$-R_1 R_2 R_3 = a_1^3 - 4a_1 a_2 + 8a_3$$

die festzuhaltende Bedingung. (Bemerkung. Die explizite Lösung der Gleichung vierten Grades geht auf Ludovico Ferrari, einen Schüler Cardanos, zurück und wurde ebenfalls 1545 von Cardano in der "Ars magna" veröffentlicht.)

43. Die Lösungen der folgenden Gleichungen in $\mathbb{C}$ sind unter Verwendung von Radikalen anzugeben.

a) Man bestimme alle Lösungen von $x^4 + 24x + 24 = 0$ in $\mathbb{C}$.

b) Man bestimme diejenige Lösung von $x^4 + x^3 + x^2 + x + 1 = 0$ in $\mathbb{C}$, die positiven Real- und Imaginärteil hat.

44. (Normieren und Ganz-Normieren) Seien A ein kommutativer Ring und

$$f = a_0 X^n + a_1 X^{n-1} + \cdots + a_{n-1} X + a_n$$

ein Polynom mit Koeffizienten in A, wobei a_0 ein Nichtnullteiler sei. Über Erweiterungsringen von A, in denen a_0 eine Einheit ist, kann man von f zu dem normierten Polynom

$$\tilde{f} := X^n + \frac{a_1}{a_0} X^{n-1} + \cdots + \frac{a_{n-1}}{a_0} X + \frac{a_n}{a_0}$$

übergehen: gewöhnliches Normieren. Es ist aber auch möglich, nach Multiplikation von f mit a_0^{n-1} und Substitution $a_0 X \mapsto X$ von f zu dem normierten Polynom

$$\hat{f} := X^n + a_1 X^{n-1} + a_0 a_2 X^{n-2} + \cdots + a_0^{n-1} a_n$$

zu kommen. Wir nennen dies das Ganz-Normieren, da die Koeffizienten von $\hat{f}$ sicher im Ring A bleiben und nicht etwa (wie gewöhnlicherweise die von $\tilde{f}$) nur in Brucherweiterungen von A erklärt sind. f und $\tilde{f}$ haben dieselben Nullstellen; die Nullstellen von $\hat{f}$ gehen aus denen von f durch Multiplikation mit $a_0 \in A$ hervor. Bei $n \geq 1$ ist $\mathrm{D}(f) = a_0^{2n-2}\mathrm{D}(\tilde{f})$ und $\mathrm{D}(\hat{f}) = a_0^{n^2+2-3n}\mathrm{D}(f)$.

45. Sei $f = a_0 X^4 + \cdots + a_4 \in A[X]$, a_0 Nichtnullteiler in A, und sei g die in Beispiel 7 angegebene kubische Resolvente von f.

a) Man erhält g, indem man f normiert, dann die gewöhnliche kubische Resolvente bildet, mit a_0^3 multipliziert, um die Nenner zu entfernen, und schließlich $a_0 Y \mapsto Y$ substituiert. Es ist $\mathrm{D}(f) = \mathrm{D}(g)$.

b) Man erhält g, indem man f ganz–normiert, dann die gewöhnliche kubische Resolvente bildet, $Y \mapsto a_0 Y$ substituiert und schließlich normiert. Man verifiziere auch auf diesem Wege $\mathrm{D}(f) = \mathrm{D}(g)$.

46. Seien A ein kommutativer Ring, $f \in A[X]$ ein Polynom des Grades ≥ 2 mit einer Nullstelle $a \in A$ und $h \in A[X]$ das Polynom $f/(X - a)$. Dann ist $\mathrm{D}(f) = \mathrm{D}(h) \cdot h(a)^2$.

47. Sei $f = aX^4 + bX^2 + c$ ein biquadratisches Polynom über dem kommutativen Ring A. Dann ist b eine Nullstelle der kubischen Resolvente von f und

$$\mathrm{D}(f) = (b^2 - 4ac)^2 \cdot 16ac\,.$$

Die Gleichung $f(x) = 0$ läßt sich durch zweimaliges Ziehen von Quadratwurzeln lösen.

48. Ein Polynom $a_0X^n + a_1X^{n-1} + \cdots + a_n$ und das dazu gehörige r e z i p r o k e Polynom $a_nX^n + a_{n-1}X^{n-1} + \cdots + a_0$ haben dieselbe Diskriminante. Man verifiziere dies auch an Hand der konkreten Formeln für $n \leq 4$.

49. Reziproke Polynome des Grades 4 haben dieselbe kubische Resolvente.

50. Sei $f = aX^4 + bX^3 + cX^2 + bX + a$ ein selbstreziprokes Polynom 4–ten Grades über dem Integritätsbereich A.

a) Die rationale Funktion f/X^2 ist ein Polynom in $X + X^{-1}$. (Man betrachte $(X + X^{-1})^2$.) Die Gleichung $f(x) = 0$ läßt sich daher durch zweimaliges Ziehen von Quadratwurzeln lösen.

b) Man löse erneut Aufgabe 43b).

c) Die kubische Resolvente $g = Y^3 - cY^2 + (b^2 - 4a^2)Y + 4a^2c - 2ab^2$ von f hat die Nullstelle 2a. Es ist $h := g/(Y - 2a) = Y^2 + (2a - c)Y + b^2 - 2ac$ und

$$\begin{aligned}\mathrm{D}(f) = \mathrm{D}(g) = h(2a)^2\mathrm{D}(h) &= (8a^2 - 4ac + b^2)^2(2a + 2b + c)(2a - 2b + c)\\ &= (8a^2 - 4ac + b^2)^2 f(1)f(-1)\,.\end{aligned}$$

51. Sei $f \in \mathbb{R}[X]$ ein Polynom des Grades n mit r reellen Nullstellen. Ist $\mathrm{D}(f) \neq 0$, so hat $\mathrm{D}(f)$ das Vorzeichen $(-1)^{(n-r)/2}$. (Wie operiert die komplexe Konjugation auf der Menge der Nullstellen von f?)

52. Sei $f = a_0 + \cdots + a_nX^n \in \mathbb{C}[X]$, $a_n \neq 0$. Ist $a \in \mathbb{C}$ eine Nullstelle von f, so ist

$$|a| \leq 2 \cdot \mathrm{Max}_{0 \leq i \leq n-1} \sqrt[n-i]{|a_i|/|a_n|}\,.$$

53. Seien $L \supseteq K$ eine Erweiterung von Körpern mit unendlich vielen Elementen und V ein K–Vektorraum. Eine Familie h_i, $i \in I$, von K–linearen Abbildungen $V \to L$, die über L linear unabhängig ist, ist algebraisch unabhängig, jeweils als Familie von Elementen der L–Algebra L^V. Insbesondere sind die Elemente in $\mathrm{Hom}_{K-\mathrm{Alg}}(B, L) \subseteq \mathrm{Hom}_K(B, L)$ algebraisch unabhängig, wenn B eine K–Algebra ist. (§36, Aufgaben 15,16.)

§55 Endliche Algebren über Körpern

Beim ersten Lesen genügt es, bis 55.3 vorzugehen.

In der Theorie der Algebren über Körpern ist der Begriff des algebraischen Elementes von grundlegender Bedeutung. Sei K ein Körper.

Definition Ein Element x einer K–Algebra B heißt a l g e b r a i s c h ü b e r K, wenn der K-Algebra–Homomorphismus

$$K[X] \to K[x] \subseteq B$$

mit $X \mapsto x$ nicht injektiv ist.

Gleichbedeutend damit ist, daß es ein Polynom $g = \sum_{i=0}^{n} a_i X^i$ aus $K[X]$, $g \neq 0$, gibt, das in x eine Nullstelle hat, für das also gilt: $a_0 + a_1 x + \cdots + a_n x^n = 0$. Sämtliche Polynome aus $K[X]$ mit dieser Eigenschaft bilden (zusammen mit $0 \in K[X]$) ein Ideal $\mathbf{a}$ in $K[X]$, nämlich den Kern von $K[X] \to K[x]$.

Definition Das Element x der K–Algebra B sei algebraisch über K. Ist $\mathbf{a}$ der Kern des K–Algebra–Homomorphismus $K[X] \to K[x]$ mit $X \mapsto x$, so heißt das (nach 53.9 eindeutig bestimmte) normierte Polynom, welches $\mathbf{a}$ erzeugt, das M i n i m a l p o l y n o m μ_x von x über K, sein Grad der G r a d von x über K, der gelegentlich mit $[x : K]$ bezeichnet wird.

Die Bezeichnung als "Minimalpolynom" folgt der Konstruktion im Beweis von 53.8: Es ist vom (normierten) Polynom $\neq 0$ minimalen Grades in $\mathbf{a}$ die Rede. *Man erhält das Minimalpolynom μ_x eines über K algebraischen Elementes $x \in B$ also, indem man die Gleichung*

$$a_0 + \cdots + a_{n-1} x^{n-1} + x^n = 0$$

mit $a_i \in K$ und mit minimalem n sucht; dann ist $\mu_x = a_0 + \cdots + a_{n-1} X^{n-1} + X^n$, und $1, \ldots, x^{n-1}$ ist eine K-Basis von $K[x]$! Es ist $K[x] \cong K[X]/K[X]\mu_x$ und

$$\mathrm{Dim}_K K[x] = \mathrm{Grad}\, \mu_x = [x : K].$$

Ist φ ein K–Algebra–Homomorphismus von B in eine K–Algebra und wird $K[x]$ durch φ isomorph abgebildet — beispielsweise, wenn φ selbst eine Isomorphie ist —, so stimmt das Minimalpolynom von x offensichtlich mit dem von $\varphi(x)$ überein.

Beispiel 1 Es ist $\mathbb{C} = \mathbb{R}[\mathrm{i}]$, wobei i die imaginäre Einheit ist: $\mathrm{i}^2 = -1$, also $\mathrm{i}^2 + 1 = 0$. Eine Gleichung $\mathrm{i} + a = 0$ mit $a \in \mathbb{R}$ ist wegen $\mathrm{i} \notin \mathbb{R}$ nicht möglich. Somit ist $X^2 + 1$ das Minimalpolynom von i über $\mathbb{R}$.

Beispiel 2 Seien K ein Körper und B eine K–Algebra, die K als Unterkörper enthält. Jedes $a \in K$ ist trivialerweise algebraisch über K mit $X - a$ als Minimalpolynom. Ferner hat man das folgende einfache Kriterium: *Sei B nullteilerfrei. Ist $x \in B$ algebraisch über K und besitzt das Minimalpolynom g von x über K eine Nullstelle $a \in K$, so ist $x = a \in K$.* Beweis. Nach 54.1 ist $g = (X - a)q$ mit einem $q \in K[X]$, $q \neq 0$. Es ist $\operatorname{Grad} q < \operatorname{Grad} g$ und daher $q(x) \neq 0$ nach Definition von g. Aus $0 = g(x) = (x - a)q(x)$ folgt nun, da B nullteilerfrei ist, $x - a = 0$, also $x = a \in K$.

Elementar und wichtig ist das folgende Kriterium:

55.1 Lemma *Sei B eine endliche Algebra über einem Körper K. Dann ist jedes Element von B algebraisch über K.*

Beweis. B hat als K–Vektorraum eine endliche Dimension, sagen wir: n. Ist x ein Element von B, so sind $1 = x^0, x = x^1, x^2, \ldots, x^n$ notwendig linear abhängig über K, woraus sich eine nichttriviale Relation $a_0 + a_1 x + \cdots + a_n x^n = 0$ mit $a_i \in K$ herleitet. Also ist x algebraisch über K. •

Der Beweis zeigt außerdem, daß das Minimalpolynom von x über K einen Grad $\leq n$ hat. Hat x den Grad $n = \operatorname{Dim}_K B$ über K, so ist $B = K[x]$. Algebraisch abgeschlossene Körper lassen sich wie folgt charakterisieren.

55.2 *Für einen Körper K sind folgende Aussagen äquivalent:*

(1) *K ist algebraisch abgeschlossen.*

(2) *Ist L ein Erweiterungskörper von K und ist $x \in L$ algebraisch über K, so ist $x \in K$.*

(3) *Jeder endliche Erweiterungskörper von K ist mit K identisch.*

Beweis. Die Äquivalenz von (2) und (3) ist nach den Eingangsüberlegungen und nach 55.1 klar. Aus (2) folgt (1): Hat $f \in K[X]$ positiven Grad, so gibt es nach dem Satz von Kronecker 54.10 einen Erweiterungskörper L von K mit einer Nullstelle x von f; offensichtlich ist x algebraisch über K und gehört deshalb nach Voraussetzung (2) zu K, weshalb f eine Nullstelle in K hat. Nach Beispiel 2 ist umgekehrt (2) eine Folgerung von (1). •

Wie die hier vorgestellten Begriffe in der Theorie der Algebren verwendet werden, zeigen die nächsten Beispiele.

Beispiel 3 (Endliche nullteilerfreie $\mathbb{R}$–Algebren) Wie das Vorstehende zeigt, sind endliche nullteilerfreie Algebren über algebraisch abgeschlossenen Körpern diesen gleich (kanonisch isomorph). Insbesondere gibt es keinen Körper oder Divisionsbereich, der endliche $\mathbb{C}$–Algebra wäre, außer $\mathbb{C}$ selbst. Entsprechendes gilt für den Körper $\mathbb{R}$ nicht. Die endlichen nullteilerfreien $\mathbb{R}$–Algebren lassen sich hingegen noch leicht klassifizieren:

55.3 Satz *Sei K eine kommutative endliche nullteilerfreie $\mathbb{R}$-Algebra. Dann ist K als $\mathbb{R}$-Algebra isomorph zu 0, $\mathbb{R}$ oder $\mathbb{C}$.*

Beweis. Die trivialen Fälle $K = 0$, $K = \mathbb{R}$ ausschließend, darf man annehmen, daß $\mathbb{R}$ echter Unterring von K ist. Nach 28.1 ist K und jede $\mathbb{R}$-Unteralgebra von K ein Körper. Wir wählen ein $x \in K$, $x \notin \mathbb{R}$, aus. Nach 55.1 ist x algebraisch über $\mathbb{R}$. Das Minimalpolynom g von x über $\mathbb{R}$ besitzt nach Beispiel 2 keine Nullstelle in $\mathbb{R}$. Indessen gibt es nach 54.11 eine Nullstelle z von g in $\mathbb{C}$. Wegen $z \notin \mathbb{R}$ hat man $\mathbb{R} \subset \mathbb{R}[z] \subseteq \mathbb{C}$, und ein Dimensionsargument zeigt $\mathbb{R}[z] = \mathbb{C}$. Der Homomorphismus $\mathbb{R}[X] \to \mathbb{R}[z]$ von $\mathbb{R}$-Algebren mit $X \mapsto z$ hat einen Kern, der g enthält, und induziert demzufolge einen surjektiven Homomorphismus von $\mathbb{R}[x] = \mathbb{R}[X]/\mathbb{R}[X]g$ auf $\mathbb{C}$. Da $\mathbb{R}[x]$ ein Körper ist, ist dieser surjektive Homomorphismus sogar ein Isomorphismus, der es somit erlaubt, $\mathbb{R}[x]$ mit $\mathbb{C}$ zu identifizieren. Wir dürfen also annehmen, daß eine Kette $\mathbb{R} \subset \mathbb{C} \subseteq K$ von Körpern vorliegt. K ist erst recht endlich über $\mathbb{C}$. Mit 55.2 folgt jetzt $K = \mathbb{C}$. •

Den Fall nichtkommutativer endlicher nullteilerfreier $\mathbb{R}$-Algebren — nach 28.1 sind das notwendig Divisionsbereiche — behandelt der folgende Satz. Vgl. dazu auch §28, Bemerkung 1.

55.4 Satz (Frobenius) *Sei D eine nichtkommutative endliche nullteilerfreie $\mathbb{R}$-Algebra. Dann ist D isomorph zur Algebra $\mathbb{H}(\mathbb{R})$ der Quaternionen über $\mathbb{R}$.*

Beweis. Wir können $\mathbb{R} \subseteq D$ annehmen. Ist $x \in D \setminus \mathbb{R}$ beliebig, so ist $\mathbb{R}[x]$ nach 55.3 isomorph zu $\mathbb{C}$. Es gibt daher in D ein Element i mit $\mathrm{i}^2 = -1$, und D ist in natürlicher Weise ein Vektorraum über $\mathbb{R}[\mathrm{i}] \cong \mathbb{C}$. Wir betrachten nun in D die Konjugation mit i, die wir kurz κ nennen. κ ist der $\mathbb{R}$-Algebra-Automorphismus von D mit $x \mapsto \mathrm{i}x\mathrm{i}^{-1} = -\mathrm{i}x\mathrm{i}$. Man sieht sofort, daß κ eine Involution ist. Folglich ist $\pi := (\mathrm{id} + \kappa)/2$ eine $\mathbb{R}$-lineare Projektion (vgl. auch §15, Aufgabe 7), und man hat

$$D = D^+ \oplus D^-$$

mit $D^+ := \mathrm{Bild}\,\pi = \mathrm{Kern}\,(\mathrm{id} - \pi)$, $D^- := \mathrm{Kern}\,\pi$. Wegen $\mathrm{id} - \pi = (\mathrm{id} - \kappa)/2$ ist $D^+ = \{z \in D : \kappa(z) = z\}$ die $\mathbb{R}$-Unteralgebra der mit i vertauschbaren Elemente in D. Somit ist $R[\mathrm{i}] \subseteq D^+$. Gäbe es ein $x \in D^+$ mit $x \notin \mathbb{R}[\mathrm{i}]$, so wäre $\mathbb{R}[\mathrm{i}][x]$ eine endliche nullteilerfreie kommutative $\mathbb{R}$-Algebra der Dimension > 2, was nach 55.3 nicht möglich ist. Also ist

$$D^+ = \mathbb{R}[\mathrm{i}]\,.$$

Für $x, y \in D^- = \{z : \kappa(z) = \mathrm{i}z\mathrm{i}^{-1} = -z\}$ ist $\kappa(\mathrm{i}x) = \kappa(\mathrm{i})\kappa(x) = -\mathrm{i}x$, $\kappa(xy) = \kappa(x)\kappa(y) = (-x)(-y) = xy$. Somit ist D^- ein $\mathbb{R}[\mathrm{i}]$-Unterraum, und es gilt $xy \in D^+$ für alle $x, y \in D^-$. Für $x \in D^-$, $x \neq 0$, ist x ein Nichtnullteiler und $y \mapsto xy$ ein injektiver $\mathbb{R}$-linearer Homomorphismus von D^- in D^+. Es folgt $\mathrm{Dim}_{\mathbb{R}} D^- \leq \mathrm{Dim}_{\mathbb{R}} D^+ = 2$ und $\mathrm{Dim}_{\mathbb{R}[\mathrm{i}]} D^- = 1$. Sei $\mathrm{j} \in D^-$, $\mathrm{j} \neq 0$. Dann ist $\mathrm{j}^2 \in \mathbb{R}[\mathrm{j}] \cap \mathbb{R}[\mathrm{i}] = \mathbb{R}$, also $\mathrm{j}^2 = a \in \mathbb{R}$, wobei notwendigerweise $a < 0$ ist. Ersetzen wir j durch $\mathrm{j}/\sqrt{|a|}$, so können wir $\mathrm{j}^2 = -1$ annehmen. Sei schließlich $\mathrm{k} := \mathrm{ij} \in D^-$. Dann ist

$$1,\ \mathrm{i},\ \mathrm{j},\ \mathrm{k}$$

eine $\mathbb{R}$-Basis von D mit der Multiplikationstafel, die in §28, Beispiel 3 angegeben ist. Man bestätigt dies leicht durch Ausrechnen, beispielsweise ist $\mathrm{jk} = \mathrm{j}(\mathrm{ij}) =$

$-j(ji) = -j^2 i = i$. Diese Multiplikationstafel ist gerade die der Standardbasis von $\mathbb{H}(\mathbb{R})$. •

Der Beweis von 55.4 ließe sich unter Benutzung der Lemmata 55.10 und 55.11 unten etwas kürzen.

Beispiel 4 (Isomorphietypen endlicher Körper) Sei K ein endlicher Körper der Charakteristik p. Da K endlicher Vektorraum über dem Primkörper K_p ist, gibt es eine natürliche Zahl n mit Kard K = Kard $\mathsf{K}_p^n = p^n$. Als Kardinalzahlen endlicher Körper kommen also nur Primzahlpotenzen in Frage.

55.5 Lemma *Sei L ein Körper der Charakteristik $p > 0$ und $n \geq 1$, $q := p^n$. Das Polynom $X^q - X$ zerfalle in Linearfaktoren über L. Dann ist die Menge K der Nullstellen von $X^q - X$ in L ein Unterkörper mit q Elementen.*

Beweis. Sei φ der (injektive) Frobenius-Endomorphismus $x \mapsto x^p$ von L. Dann ist φ^n der Endomorphismus $x \mapsto x^q$. Offenbar ist K gerade die Menge der Fixpunkte von φ^n, somit ein Körper. Nach 54.3 besteht K aus höchstens q Elementen. Da $X^q - X$ in L zerfällt, bleibt zu zeigen, daß alle Nullstellen von $X^q - X$ einfach sind. Ist aber a eine Nullstelle, so ist

$$X^q - X = X^q - a^q - X + a = (X - a)^q - (X - a),$$

und somit

$$X^q - X = (X - a)((X - a)^{q-1} - 1),$$

woran man unmittelbar sieht, daß a einfache Nullstelle ist. •

Mit dem Satz von Kronecker 54.10 kann man, von K_p ausgehend, stets Körper der Charakteristik p konstruieren, über denen $X^q - X$ zerfällt. 55.5 zeigt somit, daß stets Körper mit $q = p^n$ Elementen existieren.

55.6 Satz *Seien p eine Primzahl, $n \geq 1$ und $q := p^n$. Dann gibt es einen und bis auf Isomorphie nur einen Körper mit q Elementen.*

Beweis. Wir haben noch zu zeigen, daß zwei Körper K, L mit je q Elementen isomorph sind. $K^\times$ hat die Ordnung $q - 1$. Daher gilt $a^{q-1} = 1$ für jedes $a \in K$, $a \neq 0$. Folglich gilt $a^q = a$ für jedes $a \in K$. Also hat $X^q - X$ genau q Nullstellen in K und zerfällt über K in Linearfaktoren. Dasselbe gilt für L.

Die Primkörper von K und L sind isomorph zu K_p. Sei k der Primkörper von K. Dann ist L in natürlicher Weise eine k-Algebra. Da $K^\times$ zyklisch ist (54.5), gibt es ein $x \in K$, dessen Potenzen $K^\times$ ergeben. Somit ist $K = k[x]$. Das Minimalpolynom g von x ist ein Teiler von $X^q - X$, da $X^q - X$ in x verschwindet. Als Teiler des in L zerfallenden Polynoms $X^q - X$ besitzt g eine Nullstelle y in L. Der k-Algebra-Homomorphismus $k[X] \to L$ mit $X \mapsto y$ enthält g in seinem Kern und induziert folglich einen k-Algebra-Homomorphismus

$$K = k[X]/k[X]g \to L,$$

der injektiv ist, da K ein Körper ist, und somit aus Anzahlgründen bijektiv. •

Der nach 55.6 (bis auf Isomorphie) eindeutig bestimmte Körper mit p^n Elementen sei mit

$$\mathsf{K}_{p^n}$$

bezeichnet. Für diesen Körper schreibt man auch GF(p^n), GF steht dabei abkürzend für den Namen Galoisfeld, der vielfach für endliche Körper verwendet wird.

Wir wollen noch die Unterkörper und Automorphismen der Galoisfelder bestimmen.

55.7 Satz *Sei K ein Körper mit p^n Elementen. Zu jedem Teiler r von n gibt es genau einen Unterkörper mit p^r Elementen in K, und zwar ist dies die Nullstellenmenge von $X^{p^r} - X$. Alle Unterkörper von K sind von dieser Art.*

Beweis. Sei $L \subseteq K$ ein Unterkörper. Dann ist Kard $L = p^r$ mit einem $r \geq 1$. Da es eine L–Vektorraumisomorphie $K \cong L^s$ mit einem $s \geq 1$ gibt, hat man $p^n = (p^r)^s = p^{rs}$, also $n = rs$. Sei umgekehrt r ein Teiler von n, etwa $n = rs$. Wir setzen $t := p^r$ und $q := p^n = (p^r)^s = t^s$. Einen Unterkörper von K mit t Elementen bilden nach 55.5 die Nullstellen von $X^t - X$, wenn es t solche Elemente gibt; und nach dem Anfang des Beweises von 55.6 ist klar, daß nur diese Nullstellen einen Unterkörper von K mit t Elementen ergeben können. Es bleibt zu zeigen, daß die Gleichung $x^{t-1} = 1$ in $K^\times$ mindestens $t-1$ Lösungen hat. Dies folgt aber daraus, daß $K^\times$ eine zyklische Gruppe der Ordnung $q - 1 = t^s - 1$ ist und daß $t - 1$, wie die endliche geometrische Reihe zeigt, ein Teiler von $t^s - 1$ ist. (Wer bei diesem Beweisteil auf die Gruppentheorie verzichten will, überlegt sich leicht, daß $X^t - X$ Teiler von $X^q - X$ ist und deshalb über K zerfällt.) •

Sei K ein endlicher Körper der Charakteristik p. Ist ψ ein Automorphismus von K, so ist die Menge seiner Fixpunkte ein Unterkörper k von K (sein Fixkörper), und ψ ist sogar ein k–Algebra–Automorphismus von K. Wir bestimmen im folgenden die Gruppe $\mathrm{Aut}_{k-\mathrm{Alg}} K$, wobei k ein Unterkörper von K ist. Die volle Automorphismengruppe von K ist die Gruppe der Algebra–Automorphismen über dem Primkörper K_p. (Vgl. auch Kap XI.)

Einen Automorphismus von K kann man sofort angeben: Die Frobenius–Abbildung $\varphi : x \mapsto x^p$. *Ist* Kard $K = p^n$, *so hat* φ *die Ordnung* n. Trivialerweise ist $\varphi^n = \mathrm{id}$. Die Ordnung von φ kann nicht kleiner als n sein. Für jeden Teiler r von n ist nämlich der Fixkörper von φ^r gleich der Menge der $x \in K$ mit $x^{p^r} = x$, das ist der Unterkörper k mit p^r Elementen; bei $r < n$ ist $k \subset K$ und daher $\varphi^r \neq \mathrm{id}$. Wir sehen zudem, daß φ^r ein Element der Ordnung n/r in $\mathrm{Aut}_{k-\mathrm{Alg}} K$ ist.

55.8 Satz *Seien K ein Körper der Charakteristik p mit p^n Elementen, r ein Teiler von n und k der Unterkörper von K mit p^r Elementen. Dann ist* $\mathrm{Aut}_{k-\mathrm{Alg}} K$ *eine zyklische Gruppe der Ordnung $s := n/r$. Sie wird von φ^r erzeugt, wobei φ der Frobenius–Automorphismus von K ist. k ist der Fixkörper von φ^r und damit der ganzen Gruppe* $\mathrm{Aut}_{k-\mathrm{Alg}} K$.

Zum Beweis genügt es nur hinzuzufügen, daß K nach dem Lemma von Dedekind–Artin (§36, Aufgabe 15) gar nicht mehr als $s = \mathrm{Dim}_k K$ k–Automorphismen haben kann. •

Man sieht übrigens sofort, daß jede Untergruppe der zyklischen Gruppe Aut K die Automorphismengruppe $\mathrm{Aut}_{k-\mathrm{Alg}} K$ für einen geeigneten Unterkörper k ist.

Beispiel 5 (Der Satz von Wedderburn) Mit den Strukturaussagen von Beispiel 4 können wir auch den folgenden, bereits mehrfach erwähnten Satz erhalten.

55.9 Satz (Wedderburn) *Jeder Divisionsbereich mit endlich vielen Elementen ist kommutativ, ist also ein Körper.*

Erster Beweis. Sei D ein Divisionsbereich mit endlich vielen Elementen. Wir fassen D als endliche Algebra über seinem Zentrum $k := \mathrm{Z}(D)$ auf. Sei $n := [D : k] = \mathrm{Dim}_k D$. Mit $\mathbf{M}$ sei die Menge der maximalen kommutativen k-Unteralgebren von D bezeichnet. Diese sind Unterkörper von D. Für jedes $K \in \mathbf{M}$ ist $[K : k]^2 = n$ nach Lemma 55.10 unten. Satz 55.6 zeigt daher, daß die Körper aus $\mathbf{M}$ untereinander isomorph sind. Sie sind sogar k–isomorph, wie ein zweiter Blick auf den Beweis von 55.6 lehrt: Man braucht den Primkörper nur durch k zu ersetzen. Mit dem nachfolgenden Lemma 55.11 erhält man, daß sämtliche Körper aus $\mathbf{M}$ in D sogar konjugiert sind. Da jedes $x \in D$ in einer maximalen kommutativen k–Unteralgebra von D liegt, ist $D^\times$ die Vereinigung der $aK^\times a^{-1}$, wobei $K \in \mathbf{M}$ fest ist und $D^\times$ von a durchlaufen wird. Nach Aufgabe 5 aus §34 — einer einfachen Folgerung aus 34.9 — ist dies nur für $K^\times = D^\times$, also für $K = D$ möglich. •

Beim Beweis wurden die folgenden beiden Lemmata benutzt, die in dieser allgemeinen Form auch für sich von Interesse sind.

55.10 Lemma *Seien D ein Divisionsbereich, der endlich über seinem Zentrum $k := \mathrm{Z}(D)$ ist, und K eine maximale kommutative k-Unteralgebra von D. Dann ist $[K : k]^2 = [D : k]$.*

Beweis. K ist ein Unterkörper von D. Wir fassen D als (Links–) Vektorraum über K auf. Sei $n := [D : k]$, $N := [D : K]$, $r := [K : k]$ und $e := \mathrm{Dim}_k \mathrm{End}_K D$. Nach der Gradformel ist $n = rN$ und $e = r \cdot \mathrm{Dim}_K \mathrm{End}_K D = rN^2$. Es genügt also zu verifizieren, daß $e = rn$ $(= r^2 N)$ ist.

Sei $x_1, \ldots, x_n$ eine k-Basis von D, wobei zugleich $x_1, \ldots, x_r$ eine k–Basis von K sei. Mit ρ_j sei die Multiplikation von rechts mit x_j in D bezeichnet. Zu $x \in D$ bezeichne $\lambda(x)$ die Multiplikation von links mit x in D. Nach Aufgabe 17c) aus §36 bilden die $\lambda(x_i)\rho_j$, $1 \le i \le n$, $1 \le j \le n$ eine k–Basis von $\mathrm{End}_k D (\supseteq \mathrm{End}_K D)$. Behauptung: *$\lambda(x_i)\rho_j$, $1 \le i \le r$, $1 \le j \le n$, bilden eine k-Basis von $\mathrm{End}_K D$.*

Die angegebenen Elemente gehören natürlich zu $\mathrm{End}_K D$. Es bleibt zu zeigen: Sind $a_j \in D$ so, daß $\sum \lambda(a_j)\rho_j$ linear über K ist, so sind $a_1, \ldots, a_n \in K$. Offenbar ist $\sum \lambda(a_j)\rho_j$ genau dann K–linear, wenn

$$\sum_j \lambda(a)\lambda(a_j)\rho_j = \sum_j \lambda(a_j)\lambda(a)\rho_j$$

für alle $a \in K$ gilt. Ist dies erfüllt, so folgt aus der k–linearen Unabhängigkeit aller $\lambda(x_i)\rho_j$, daß $\lambda(aa_j - a_j a) = 0$ ist für alle $a \in K$ und alle j. Dies bedeutet aber $aa_j = a_j a$ für alle $a \in K$, woraus $a_j \in K$ folgt, da K maximale kommutative k–Unteralgebra von D ist. •

55.11 Lemma *Seien D ein Divisionsbereich, der endlich über seinem Zentrum $k := \mathrm{Z}(D)$ ist, und $f\colon K \to L$ ein k-Isomorphismus von k-Unteralgebren K, L von D. Dann ist f Beschränkung einer Konjugation κ_a von D, $a \in D^\times$. Insbesondere sind k-isomorphe k-Unteralgebren von D stets konjugiert.*

Beweis. Der D–Homomorphismus $\operatorname{End}_k D \to \operatorname{Hom}_k(K, D)$ mit $g \mapsto g|K$ ist surjektiv. Nach Aufgabe 17a) aus §36 besitzt $\operatorname{End}_k D$ eine D–Basis der Form κ_{x_i}, $1 \leq i \leq n$, mit $x_i \in D^\times$. Wir dürfen annehmen, daß die ersten r dieser Konjugationen eine D–Basis von $\operatorname{Hom}_k(K, D)$ liefern, $r := [K : k]$. Es ist also

$$f = \left(\sum_{i=1}^{r} a_i \kappa_{x_i}\right) |K$$

mit Elementen $a_i \in D$. Da f auch ein Charakter ist, folgt aus dem Hilfssatz in Aufgabe 14 von §36, daß

$$f = \kappa_{a_i} \kappa_{x_i} |K = \kappa_{a_i x_i} |K$$

für jedes i mit $a_i \neq 0$ gilt. •

Lemma 55.11 impliziert speziell, daß (mit den Bezeichnungen von 55.11) jeder k–Automorphismus von D ein innerer Automorphismus ist, vgl. §36, Aufgabe 17b).

Zweiter Beweis von 55.9 (nach Witt). Sei D ein endlicher Divisionsbereich. Man macht die Annahme, daß D nicht kommutativ ist. Dann ist D Erweiterung seines Zentrums k vom Grade $n > 1$. Sei etwa $\operatorname{Kard} k = q$. Dann ist $\operatorname{Kard} D = q^n$. Wir verwenden nun Begriffe aus §34, Beispiel 12. Da $k^\times$ das Zentrum der Gruppe $D^\times$ ist, zeigt die Klassengleichung 34.7, daß $\operatorname{Kard} D^\times = \operatorname{Kard} k^\times + \sum_j \operatorname{Kard} C_j$ ist, wobei die C_j die Konjugationsklassen von $D^\times$ mit jeweils mehr als einem Element sind. Es ist also

$$q^n - 1 = q - 1 + \sum_j \operatorname{Kard} C_j\,.$$

Das Kreisteilungspolynom Φ_n teilt $X^n - 1$ in $\mathbb{Z}[X]$. Daher ist $\Phi_n(q)$ ein Teiler von $q^n - 1$. Wir werden jetzt sehen, daß auch jede Zahl $\operatorname{Kard} C_j$ von $\Phi_n(q)$ geteilt wird. Daraus ergibt sich dann, daß $q - 1$ von $\Phi_n(q)$ geteilt wird; insbesondere ist $|\Phi_n(q)| \leq q - 1$. Sei C also eine der Konjugationsklassen von $D^\times$ mit mehr als einem Element. Sei $y \in C$. Dann ist $\operatorname{Kard} C$ der Index des Zentralisators

$$\mathrm{Z}(y) = \{x \in D^\times : xyx^{-1} = y\} = \{x \in D^\times : xy = yx\}\,.$$

Es ist direkt zu sehen, daß $L := \{0\} \cup \mathrm{Z}(y)$ ein Divisionsbereich ist. Wegen $k \subseteq L \subseteq D$ ist $\operatorname{Kard} L = q^d$ und $\operatorname{Kard} D$ eine echte Potenz von q^d; das bedeutet, daß d ein echter Teiler von n ist. Insgesamt ist

$$\operatorname{Kard} C = (q^n - 1)/(q^d - 1)\,.$$

Da Φ_n Teiler von $(X^n - 1)/(X^d - 1)$ in $\mathbb{Z}[X]$ ist, folgt nun, daß $\operatorname{Kard} C$ von $\Phi_n(q)$ geteilt wird.

Es ist $\Phi_n(q) = \prod_\nu (q - z_\nu)$, wobei z_ν die primitiven n–ten Einheitswurzeln in $\mathbb{C}$ durchläuft. Diese sind von 1 verschieden, haben also einen größeren Abstand zu q als 1: Es ist $|q - z_\nu| > q - 1$. Folglich ist $|\Phi_n(q)| > q - 1$. Widerspruch! •

Neben den Algebren über einem Körper K, die selbst Körper oder Divisionsbereiche sind, hat man auch Algebren mit Nullteilern zu untersuchen. Wir betrachten im folgenden nur K–Algebren, die kommutativ sind und einer Endlichkeitsbedingung genügen.

Zunächst betrachten wir kommutative Algebren, die endlich über dem Körper K sind. Jede solche Algebra ist nach 38.20 ein noetherscher und artinscher Ring. Es lohnt sich, unsere Betrachtungen gleich für artinsche Ringe vorzunehmen.

55.12 Satz *Sei A ein artinscher kommutativer Ring. Dann ist das Jacobson–Radikal $\mathbf{m}_A$ nilpotent, A besitzt nur endlich viele maximale Ideale und ist außerdem noethersch.*

Beweis. Daß $\mathbf{m}_A$ nilpotent ist, besagt gerade der Satz III.A.12, dessen einfacher Beweis auch im Kommutativen nicht kürzer ausfällt.

Verschiedene maximale Ideale sind paarweise teilerfremd. Sind $\mathbf{a}_1, \ldots, \mathbf{a}_{r+1}$ paarweise teilerfremde Ideale $\neq A$, so sind auch $\mathbf{a}_1 \cap \cdots \cap \mathbf{a}_r$ und $\mathbf{a}_{r+1}$ teilerfremd, wie Satz 33.5 und sein Beweis zeigen; insbesondere ist $\mathbf{a}_1 \cap \cdots \cap \mathbf{a}_{r+1}$ echt in $\mathbf{a}_1 \cap \cdots \cap \mathbf{a}_r$ enthalten. Sind daher $\mathbf{m}_1, \ldots, \mathbf{m}_s$ verschiedene maximale Ideale in A, so ist

$$\mathbf{m}_1 \supset (\mathbf{m}_1 \cap \mathbf{m}_2) \supset \cdots \supset (\mathbf{m}_1 \cap \cdots \cap \mathbf{m}_s)$$

eine echt absteigende Idealkette. Die Voraussetzung über A zeigt daher, daß A nur endlich viele maximale Ideale besitzt. Diese seien $\mathbf{m}_1, \ldots, \mathbf{m}_s$.

Da $\mathbf{m}_A$ nilpotent ist und $\mathbf{m}_1 \cdots \mathbf{m}_s \subseteq \mathbf{m}_A$ gilt, ist das Nullideal in A Produkt maximaler Ideale. Sei also $0 = \mathbf{n}_1 \cdots \mathbf{n}_r$ mit maximalen Idealen $\mathbf{n}_\rho$. Der Ring A ist nach 38.2 noethersch, wenn für die Kette

$$A \supseteq \mathbf{n}_1 \supseteq \mathbf{n}_1\mathbf{n}_2 \supseteq \cdots \supseteq \mathbf{n}_1 \cdots \mathbf{n}_r = 0$$

die Restklassenmoduln $V_\rho := \mathbf{n}_1 \cdots \mathbf{n}_{\rho-1}/\mathbf{n}_1 \cdots \mathbf{n}_\rho$, $\rho = 1, \ldots, r$, noethersch sind. Wegen $\mathbf{n}_\rho V_\rho = 0$ ist V_ρ ein $(A/\mathbf{n}_\rho)$-Vektorraum. Da V_ρ wie A artinsch ist, zeigt Beispiel 1 aus §38, daß V_ρ auch noethersch ist. •

55.13 Korollar *Seien K ein Körper und A eine kommutative endliche K-Algebra der Dimension n. Dann gibt es höchstens n maximale Ideale in A und höchstens n K-Algebra–Homomorphismen von A in K.*

Beweis. Wie wir im Beweis zu 55.12 sahen, ist die Kette der Durchschnitte der maximalen Ideale von A echt absteigend. Die Anzahl der maximalen Ideale in A ist daher nach oben durch die Vektorraum–Dimension $n = \mathrm{Dim}_K A$ beschränkt. Hieraus folgt auch die zweite Behauptung; denn besitzen zwei K-Algebra–Homomorphismen von A in K denselben Kern $\mathbf{m}$, so sind sie wegen $A = K \cdot 1_A + \mathbf{m}$ gleich. •

Bemerkung 1 Einen Teil von 55.12 sowie Folgerungen über artinsche Ringe und Moduln hätten wir Anhang V.G und dessen Aufgaben entnehmen können. Es ist jedoch vorteilhaft, bei den direkten Methoden der kommutativen Algebra zu bleiben, die zudem stärkere Aussagen ermöglichen. Wir wollen daher hier zwar den simplen Anhang V.E über Moduln endlicher Länge, nicht aber den Anhang V.G über halbeinfache Ringe als bekannt voraussetzen.

Wie Bemerkung 3 in §38 zeigt, ergibt 55.12 den — noch ausstehenden — Beweis des Satzes 38.24, daß jeder endliche artinsche Modul über einem kommutativen

Ring noethersch ist. Es folgt, daß ein Modul über einem kommutativen Ring genau dann eine endliche Länge besitzt, wenn er ein endlicher artinscher Modul ist.

Sei nun A ein artinscher kommutativer Ring. Für einen A–Modul V sind dann äquivalent: (1) V ist von endlicher Länge. (2) V ist noethersch. (3) V ist artinsch. (4) V ist endlich. Diese Äquivalenzen sind uns größtenteils bekannt. Es fehlt noch der Beweis für (3)⇒(2). Hierfür kann man aber den letzten Teil des Beweises von 55.12 auf den A–Modul V übertragen, indem man $V_\rho := \mathbf{n}_1 \cdots \mathbf{n}_{\rho-1} V / \mathbf{n}_1 \cdots \mathbf{n}_\rho V$ setzt. Zu 55.13 siehe auch §36, Aufgabe 16a).

Dem nächsten Satz stellen wir ein Lemma voran, das sich in §33, Aufgabe 16 findet:

55.14 Lemma *Seien $\mathbf{a}_1, \ldots, \mathbf{a}_r$ teilerfremde Ideale im kommutativen Ring A. Dann ist*

$$\mathbf{a}_1 \cap \cdots \cap \mathbf{a}_r = \mathbf{a}_1 \cdots \mathbf{a}_r\,.$$

55.15 Zerlegungssatz für artinsche kommutative Ringe *Sei A ein artinscher kommutativer Ring. Dann ist A direktes Produkt eindeutig bestimmter lokaler (artinscher kommutativer) Ringe, welche unzerlegbar und den maximalen Idealen von A eindeutig zugeordnet sind. — Ist A reduziert, so sind die genannten lokalen Ringe Körper.*

Man nennt die lokalen direkten Faktoren des artinschen kommutativen Ringes A die l o k a l e n K o m p o n e n t e n oder die l o k a l e n F a k t o r e n von A.

B e w e i s. Nehmen wir zunächst an, daß A selbst schon lokal ist. Dann ist A nicht (echt) zerlegbar. Zum Beweis genügt es nach 33.5 zu zeigen, daß von A verschiedene Ideale $\mathbf{a}_1, \mathbf{a}_2$ nicht teilerfremd sein können. Das ist aber klar, da $\mathbf{a}_1$ und $\mathbf{a}_2$ beide im einzigen maximalen Ideal von A enthalten sind.

Nun betrachten wir den allgemeinen Fall. Seien $\mathbf{m}_1, \ldots, \mathbf{m}_s$ die maximalen Ideale von A; es ist $\mathbf{m}_A = \mathbf{m}_1 \cap \cdots \cap \mathbf{m}_s$. Nach 55.12 gibt es außerdem ein r mit $\mathbf{m}_A^r = 0$. Sodann sei $\mathbf{a}_i := \mathbf{m}_i^r$. Sind $\mathbf{a}$ und $\mathbf{b}$ teilerfremde Ideale im Ring A, so ist das homomorphe Bild von $\mathbf{a}$ in $A/\mathbf{b}$ das Einheitsideal, und dasselbe gilt für beliebige Potenzen $\mathbf{a}^t$ von $\mathbf{a}$; also sind auch $\mathbf{a}^t$ und $\mathbf{b}$ teilerfremd. Dieser Schluß zeigt, daß $\mathbf{a}_1, \ldots, \mathbf{a}_s$ paarweise teilerfremde Ideale sind. Mit 55.14 folgt $\mathbf{a}_1 \cap \cdots \cap \mathbf{a}_s = \mathbf{a}_1 \cdots \mathbf{a}_s = \mathbf{m}_A^r = 0$. Nach 33.5 definiert daher das Produkt der Restklassenabbildungen $A \to A/\mathbf{a}_i$ eine Isomorphie

$$A \to \prod_{i=1}^{s} A/\mathbf{a}_i\,.$$

Bei $i \neq j$ sind $\mathbf{a}_i = \mathbf{m}_i^r$ und $\mathbf{m}_j$ teilerfremd; insbesondere ist $\mathbf{a}_i \not\subseteq \mathbf{m}_j$. Folglich ist $\mathbf{m}_i$ das einzige maximale Ideal in A, das $\mathbf{a}_i$ enthält, d.h. $A/\mathbf{a}_i$ ist ein lokaler Ring mit dem maximalen Ideal $\mathbf{m}_i/\mathbf{a}_i$.

Die gewonne direkte Zerlegung von A hängt nicht von der hier gewählten Konstruktion ab. Zum Beweis ihrer Eindeutigkeit betrachten wir eine weitere direkte Zerlegung von A in lokale Faktoren, die wir nach 33.5 als Restklassenringe schreiben können: $A \cong \prod_{j=1}^{t} A/\mathbf{b}_j$. Dabei sind $\mathbf{b}_1, \ldots, \mathbf{b}_t$ paarweise teilerfremde Ideale in A mit $\mathbf{b}_1 \cap \cdots \cap \mathbf{b}_t = \mathbf{b}_1 \cdots \mathbf{b}_t = 0$; dasselbe gilt für ihre homomorphen Bilder in $A/\mathbf{a}_i$. Da $A/\mathbf{a}_i$ lokal und somit direkt unzerlegbar ist, sind $\mathbf{b}_1, \ldots, \mathbf{b}_t$ bis auf eine Ausnahme $\mathbf{b}_{j(i)}$ teilerfremd zu $\mathbf{a}_i$, und es ist $\mathbf{b}_{j(i)} \subseteq \mathbf{a}_i$. Vertauscht man die $\mathbf{a}_i$ und $\mathbf{b}_i$ in der vorstehenden Betrachtung, so sieht man, daß eines der Ideale $\mathbf{a}_1, \ldots, \mathbf{a}_s$ in $\mathbf{b}_{j(i)}$ enthalten sein muß. Das kann nur $\mathbf{a}_i$ sein, und wir erhalten $\mathbf{b}_{j(i)} = \mathbf{a}_i$. Es ist jetzt klar, daß $s = t$ und $\{\mathbf{a}_1, \ldots, \mathbf{a}_s\} = \{\mathbf{b}_1, \ldots, \mathbf{b}_t\}$ ist.

Der Zusatz versteht sich von selbst, da die maximalen Ideale der lokalen Komponenten nilpotent sind. •

55.16 Korollar *Sei A eine kommutative endliche Algebra über dem Körper K. Dann ist A direktes Produkt eindeutig bestimmter lokaler (kommutativer endlicher) K-Algebren $A_1, \ldots, A_s$. Dabei ist s die Anzahl der maximalen Ideale in A; es ist $s \leq \mathrm{Dim}_K A$. — Ist A reduziert, so sind $A_1, \ldots, A_s$ Körper.*

Bemerkung 2 (Hauptidempotente) Direkte Zerlegungen von Ringen lassen sich in kanonischer Weise mit idempotenten Elementen beschreiben, vgl. Satz 33.7. Die Unzerlegbarkeit eines kommutativen Ringes A bedeutet nach 33.8, daß es in A keine idempotenten Elemente außer 0 und 1 gibt. Bei lokalen Ringen ist diese Bedingung erfüllt, was man an einer Gleichung der Form $0 = e - e^2 = e(1-e)$ abliest; denn ist e keine Einheit, so liegt e im Jacobson-Radikal, so daß $1 - e$ eine Einheit ist.

Sei nun A ein artinscher kommutativer Ring. Der nach 55.15 existierenden direkten Zerlegung von A in lokale Ringe A_i, $i = 1, \ldots, s$, entspricht eine Zerlegung $1 = e_1 + \cdots + e_s$ in paarweise orthogonale idempotente Elemente $e_i \neq 0$ derart, daß $A_i = A/A(1 - e_i)$ ist. Diese idempotenten Elemente $e_1, \ldots, e_s$ sind eindeutig bestimmt. Ist nämlich $e \in A$ idempotent, so ist auch das homomorphe Bild von e in A_i idempotent und stimmt mit dem Null- oder Einselement in A_i überein; folglich ist e Summe einiger der e_i. Jeder direkte Faktor von A ist also direktes Produkt einiger der lokalen Ringe A_i. Das ergibt auch noch einmal die Eindeutigkeitsaussage in 55.15. Man nennt $e_1, \ldots, e_s$ die Hauptidempotenten von A. Die Hauptidempotenten von A sind unter den idempotenten Elementen offensichtlich dadurch ausgezeichnet, daß sie von 0 verschieden sind und nicht als Summe zweier von 0 verschiedener orthogonaler idempotenter Elemente darstellbar sind. Sie sind also in diesem präzisierten Sinn irreduzibel. Ein Automorphismus von A permutiert die Hauptidempotenten von A.

Schließlich betrachten wir kommutative endlich erzeugte Algebren über Körpern. Die Kategorie dieser Algebren (und ihrer Homomorphismen) ist die algebraische Version der klassischen algebraischen Geometrie. Hier sei nur der grundlegende Hilbertsche Nullstellensatz besprochen, zunächst in algebraischer Formulierung.

55.17 Hilbertscher Nullstellensatz *Seien K ein Körper und L eine endlich erzeugte kommutative K-Algebra, die selbst ein Körper ist. Dann ist L endliche K-Algebra.*

Man beachte im folgenden, daß alle endlich erzeugten kommutativen Algebren über Körpern nach dem Hilbertschen Basissatz noethersche Ringe sind.

Dem Beweis von 55.17 dient die folgende Überlegung.

55.18 Lemma *Seien A ein noetherscher kommutativer Ring und B eine endlich erzeugte kommutative A–Algebra. Ferner sei C eine A–Unteralgebra von B derart, daß B endlicher C–Modul ist. Dann ist auch C eine endlich erzeugte A–Algebra.*

Beweis. Sei etwa $B = A[x_1, \ldots, x_n]$ und $B = Cy_1 + \cdots + Cy_m$. Es gibt Darstellungen $x_i = \sum_{j=1}^{m} z_{ij} y_j$ und $y_i y_j = \sum_{r=1}^{m} z_{ijr} y_r$ mit Elementen $z_{ij}, z_{ijr} \in C$. Sei R die von den z_{ij}, z_{ijr} erzeugte A–Unteralgebra von C und $B' := Ry_1 + \cdots + Ry_m$. Wegen $y_i y_j \in B'$ ist B' eine A–Unteralgebra von B. Da ferner die Elemente x_i nach Konstruktion in B' liegen, ist sogar $B' = B$. Nach dem Hilbertschen Basissatz ist R noethersch. Der Untermodul C des endlichen R–Moduls $B' = B$ ist daher auch ein endlicher R–Modul. Sei etwa $C = Rz_1 + \cdots + Rz_p$. Dann wird C als A–Algebra von den Elementen z_{ij}, z_{ijr}, z_s erzeugt, ist also eine endlich erzeugte A–Algebra. •

Beweis von 55.17 (nach einer Methode von E. Artin und J. Tate). Sei $L = K[x_1, \ldots, x_n]$. Mit Q_i bezeichnen wir den im Körper L gebildeten Quotientenkörper von $K[x_1, \ldots, x_i]$, $i = 0, \ldots, n$. Wir haben die Körperkette

$$K = Q_0 \subseteq Q_1 \subseteq \cdots \subseteq Q_n = L\,.$$

Sei m das Minimum der r, für die Q_{i+1} endlicher Q_i–Vektorraum ist für $i = r, \ldots, n-1$. Nach 22.3 ist L endlich über Q_m. Bei $m = 0$ haben wir das gewünschte Resultat.

Den Fall $m > 0$ werden wir zum Widerspruch führen. Offensichtlich ist Q_m der Quotientenkörper von $Q_{m-1}[x_m]$. Nach 55.18 ist Q_m endlich erzeugte K–Algebra und erst recht endlich erzeugte Q_{m-1}–Algebra. Es genügt daher, folgende Situation zu betrachten: Der Körper L ist Quotientenkörper der Unteralgebra $K[x]$; ferner ist L nicht endlich über K, wohl aber endlich erzeugt über K. Wäre x algebraisch über K, so wäre $K[x]$ endlich über K. Also ist $K[x] \cong K[X]$. Es bleibt also zu zeigen, daß ein rationaler Funktionenkörper $K(X)$ nicht endlich erzeugte K–Algebra ist.

Sei etwa $K(X) = K[z_1, \ldots, z_s]$. Es ist $z_j = f_j/g_j$ mit $f_j, g_j \in K[X]$, $g_j \neq 0$. Setzt man $g := g_1 \cdots g_s$, so kann man auch $z_j = h_j/g$ mit $h_j \in K[X]$ schreiben. Wegen $K(X) \neq K[X]$ ist $\operatorname{Grad} g > 0$. Offenbar hat nun jedes $z \in K(X)$ eine Darstellung $z = h/g^r$ mit $h \in K[X]$ und $r \in \mathbb{N}$. Dies ist aber unmöglich! Beispielsweise gibt es keine derartige Darstellung für $z := (g-1)^{-1}$. Aus $(g-1)^{-1} = h/g^r$ folgt ja $g^r = h \cdot (g-1)$ und hieraus wegen $1 = g^r - (g-1)(g^{r-1} + \cdots + 1)$, daß $1 \in K[X](g-1)$ ist, daß also $g-1$ eine Einheit ist, was sich aber aus Gradgründen verbietet. Das beendet den Beweis von 55.17. •

55.19 Korollar *Seien K ein Körper und $\varphi: A \to B$ ein K-Algebra-Homomorphismus endlich erzeugter kommutativer K-Algebren. Ist $\mathbf{n}$ ein maximales Ideal in B, so ist $\mathbf{m} := \varphi^{-1}(\mathbf{n})$ ein maximales Ideal in A.*

Beweis. Nach 55.17 ist $B/\mathbf{n}$ endliche K–Algebra. φ induziert einen injektiven K–Algebra–Homomorphismus von $A/\mathbf{m}$ in $B/\mathbf{n}$. Nach 28.1 ist daher $A/\mathbf{m}$ selbst ein Körper, womit sich $\mathbf{m}$ als maximales Ideal erweist. •

55.20 Korollar *Seien K ein Körper und A eine endlich erzeugte kommutative K-Algebra. Dann ist das Jacobson-Radikal $\mathbf{m}_A$ von A nilpotent und stimmt mit dem Nilradikal $\mathbf{n}_A$ von A überein.*

Beweis. Sei $f \in A$ nicht nilpotent. Man betrachtet dann das multiplikative System $S := \{1, f, f^2, \ldots\}$ der Potenzen von f. Wegen $0 \notin S$ ist der Ring $A_S = A_f$ nicht der Nullring — vgl. §51, Beispiel 4 — und enthält somit ein maximales Ideal $\mathbf{n}$. Mit $\mathbf{m}$ sei das Urbild von $\mathbf{n}$ in A bezeichnet. Dann ist $f \notin \mathbf{m}$. Es gibt eine Darstellung $A = K[x_1, \ldots, x_n]$ und somit auch eine Darstellung $A_f = K[x_1, \ldots, x_n, 1/f]$, d.h. A und A_f sind endlich erzeugte K–Algebren. Nach 55.19 ist $\mathbf{m}$ ein maximales Ideal. $f \notin \mathbf{m}$ impliziert aber $f \notin \mathbf{m}_A$. Wir haben bewiesen: $\mathbf{m}_A \subseteq \mathbf{n}_A$. Trivialerweise ist $\mathbf{n}_A \subseteq \mathbf{m}_A$. Folglich ist $\mathbf{m}_A = \mathbf{n}_A$. Da A noethersch ist, ist $\mathbf{m}_A$ sogar nilpotent. •

Aus 55.20 erhält man direkt folgende Verallgemeinerung:

55.21 Korollar *Seien K ein Körper, A eine endlich erzeugte kommutative K-Algebra und $\mathbf{a}$ ein Ideal in A. Dann ist das Radikal des Ideals der Durchschnitt der $\mathbf{a}$ umfassenden maximalen Ideale von A.*

Wir besprechen nun noch die geometrische Formulierung des Hilbertschen Satzes, die auch zur Bezeichnung als "Nullstellensatz" geführt hat, und setzen hierzu K als algebraisch abgeschlossen voraus. Zunächst werden die maximalen Ideale in den Polynomringen über K beschrieben.

55.22 Korollar *Sei K ein algebraisch abgeschlossener Körper. Dann ist*

$$(a_1, \ldots, a_n) \mapsto \sum_{i=1}^{n} K[X_1, \ldots, X_n](X_i - a_i)$$

eine bijektive Abbildung des K^n auf die Menge der maximalen Ideale in $K[X_1, \ldots, X_n]$.

Beweis. Es genügt zu zeigen, daß ein beliebig vorgegebenes maximales Ideal $\mathbf{m}$ im Polynomring $P := K[X_1, \ldots, X_n]$ von der angegebenen Art ist. Der Restklassenkörper $P/\mathbf{m}$ ist nach 55.17 endliche K–Algebra und stimmt nach 55.2 wegen der Voraussetzung über K mit K überein. Es gibt somit $a_i \in K$ mit $X_i \equiv a_i$ mod $\mathbf{m}$, und $\mathbf{m}$ wird von den $X_i - a_i$ erzeugt! •

Zur Vorbereitung auf den eigentlichen Nullstellensatz dienen die folgenden Bemerkungen. Man nennt eine Punktmenge $N \subseteq K^n$ eine (affine algebraische) Varietät, wenn N simultanes Nullstellengebilde von Polynomfunktionen auf dem K^n ist, wenn es also Polynome $f_i \in P := K[X_1, \ldots, X_n]$, $i \in I$, gibt derart, daß

$$N = \{(a_1, \ldots, a_n) \in K^n : f_i(a_1, \ldots, a_n) = 0 \quad \text{für alle } i \in I\}$$

gilt. Linearkombinationen der f_i verschwinden ebenfalls auf N, d.h. N ist auch das simultane Nullstellengebilde aller Polynome aus dem Ideal $\sum_{i \in I} Pf_i$. Dieses Ideal ist endlich erzeugt, so daß sich N auch als simultanes Nullstellengebilde endlich vieler Polynome darstellen läßt, sogar endlich vieler der f_i, vgl. §38, Bemerkung 1 zum Hilbertschen Basissatz!

Zur genaueren Untersuchung einer Varietät $N \subseteq K^n$ muß man die Menge aller Polynome kennen, die auf N verschwinden, nicht nur eine zur Definition von N dienende Familie f_i, $i \in I$, von Polynomen. Es stellt sich heraus, daß dies gerade das Radikal des Ideals $\sum_{i \in I} Pf_i$ ist. In der Hauptsache ist dies:

55.23 Hilbertscher Nullstellensatz (Geometrische Form) *Seien K ein algebraisch abgeschlossener Körper und f_i, $i \in I$, Polynome aus dem Polynomring $P := K[X_1, \ldots, X_n]$. Ist f ein Polynom, das in jedem Punkt des simultanen Nullstellengebildes N der f_i, $i \in I$ verschwindet, so gibt es ein $\nu \in \mathbb{N}$ mit $f^\nu \in \mathbf{a} := \sum_{i \in I} Pf_i$.*

Beweis. Sei $\mathbf{m}$ ein maximales Ideal in P mit $\mathbf{a} \subseteq \mathbf{m}$. Nach 55.22 gibt es einen Punkt $(a_1, \ldots, a_n) \in K^n$ derart, daß $\mathbf{m}$ von $X_1 - a_1, \ldots, X_n - a_n$ erzeugt wird. Wegen $\mathbf{a} \subseteq \mathbf{m}$ ist $f_i(a_1, \ldots, a_n) = 0$ für alle $i \in I$, also $(a_1, \ldots, a_n) \in N$. Nach Voraussetzung über f ist dann auch $f(a_1, \ldots, a_n) = 0$, was nach 54.2 aber $f \in \mathbf{m}$ bedeutet. Nach 55.21 gehört f zum Radikal von $\mathbf{a}$. •

55.24 Korollar *Seien K ein algebraisch abgeschlossener Körper und f_i, $i \in I$, Polynome aus $K[X_1, \ldots, X_n]$, die nicht das Einheitsideal erzeugen. Dann haben die f_i, $i \in I$, eine gemeinsame Nullstelle im K^n.*

Beweis. Hätten die f_i keine gemeinsame Nullstelle, so gehörte nach 55.23 das konstante Polynom 1 zum Ideal, das von den f_i erzeugt wird. Widerspruch! •

Aufgaben

1. Seien $K := \mathbb{Q}[\sqrt{2}]$ und $L := K[\sqrt{3}]$ in $\mathbb{R}$ gebildet. Man gebe Basen der $\mathbb{Q}$–Algebra K, der K–Algebra L und der $\mathbb{Q}$–Algebra L an und berechne das Minimalpolynom von $\sqrt{2} + \sqrt{3}$ über $\mathbb{Q}$.

2. Welche Nullstellen hat $X^{12} - X^2 - 2$ in K_{11}?

3. Die K_2–Algebra K_8 besitzt ein erzeugendes Element mit dem Minimalpolynom $X^3 + X + 1$ und eins mit dem Minimalpolynom $X^3 + X^2 + 1$.

4. Seien K ein endlicher Körper mit q Elementen, L ein endlicher Erweiterungskörper von K und $x \in L$ ein Element $\neq 0$, das die Ordnung d in $L^\times$ habe. Dann ist $[x : K]$ gleich der Ordnung der Restklasse von q in $(\mathbb{Z}/\mathbb{Z}d)^\times$.

5. Seien K ein endlicher Körper mit q Elementen, L ein endlicher Erweiterungskörper von K und $x \in L$, $s := [x : K]$. Dann ist s die kleinste positive natürliche Zahl mit $x = x^{q^s}$, und

$$g := \prod_{i=0}^{s-1} (X - x^{q^i})$$

ist das Minimalpolynom von x über K. (Die Koeffizienten von g sind invariant unter dem erzeugenden Element von $\mathrm{Aut}_{K-\mathrm{Alg}} K[x]$.)

6. Sei D ein Divisionsbereich, der endlich über seinem Zentrum $k = \mathrm{Z}(D)$ ist. Sind $x, y \in D$ zwei Elemente mit demselben Minimalpolynom über k, so sind x, y konjugiert, d.h. es ist $x = aya^{-1}$ mit einem $a \in D^\times$. (Man benutzt 55.11.)

7. Seien K ein Körper und $n \in \mathbb{N}$. Wir betrachten die endliche K–Algebra $K^n = K \times \cdots \times K$ der Dimension n.

a) Das Minimalpolynom eines Elementes $x = (a_1, \ldots, a_n)$ aus K^n ist

$$(X - a_{i_1}) \cdots (X - a_{i_r}),$$

wobei $a_{i_1}, \ldots, a_{i_r}$ die *verschiedenen* Komponenten des n–Tupels x sind.

b) Ein Element $x = (a_1, \ldots, a_n) \in K^n$ ist genau dann ein erzeugendes Element der K–Algebra K^n, wenn die Komponenten $a_1, \ldots, a_n$ von x paarweise verschieden sind. (Am einfachsten ist es, a) zu verwenden. Oder man beachtet, daß die Matrix mit den Elementen $1, x, \ldots, x^{n-1}$ aus K^n als Zeilen die Vandermondesche Matrix $\mathbf{V}(a_1, \ldots, a_n)$ mit der Determinante $\mathrm{V}(a_1, \ldots, a_n)$ ist, vgl. §47, Beispiel 6 oder auch §25, Aufgabe 3 und 7.)

c) Genau dann ist die K–Algebra K^n zyklisch, wenn $n \leq \mathrm{Kard}\, K$ ist.

8. Seien K ein Körper und $n \in \mathbb{N}$. Wir betrachten Restklassen- und Unteralgebren der K–Algebra $A = K^n$.

a) Jedes Ideal $\mathbf{a}$ in A hat die Form $\mathbf{a}_1 \times \cdots \times \mathbf{a}_n$ mit $\mathbf{a}_i = 0$ oder $\mathbf{a}_i = K$, $1 \leq i \leq n$. (Vgl. §20, Aufgabe 3.) Es gibt 2^n Ideale in A. Es gelten die K–Algebra–Isomorphien $A/\mathbf{a} \cong \prod_{i=1}^n (K/\mathbf{a}_i) \cong K^m$, wobei $m := \mathrm{Kard}\,\{i : \mathbf{a}_i = 0\}$ ist.

b) Sei B eine K–Unteralgebra von A. B liefert in natürlicher Weise eine Äquivalenzrelation $\mathcal{R}_B$ auf $\{1, \ldots, n\} = [1, n]$: Zwei Elemente $i, j \in [1, n]$ seien äquivalent bezüglich $\mathcal{R}_B$, wenn $b_i = b_j$ für alle $b = (b_1, \ldots, b_n) \in B$ gilt. Die Zuordnung $B \mapsto \mathcal{R}_B$ ist eine Bijektion der Menge der K–Unteralgebren von A auf die Menge der Äquivalenzrelationen auf $[1, n]$. Ist $\mathcal{R}$ eine Äquivalenzrelation auf $[1, n]$, so hat die zugehörige K–Unteralgebra $A_\mathcal{R}$ die Basis e_H, wobei H die Äquivalenzklassen durchläuft. Dabei ist e_H für $H \subseteq [1, n]$ das n–Tupel $e_H = \sum_{i \in H} e_i$. Insbesondere ist die Anzahl der Unteralgebren von K^n gleich der Anzahl β_n der Äquivalenzrelationen auf $[1, n]$. (Zusatz. Die β_ν, $\nu \in \mathbb{N}$, heißen die Bellschen Zahlen.

Sie lassen sich rekursiv durch $\beta_0 = 1$ und

$$\beta_{\nu+1} = \binom{\nu}{0}\beta_0 + \binom{\nu}{1}\beta_1 + \cdots + \binom{\nu}{\nu}\beta_\nu\,, \quad \nu \geq 0\,,$$

berechnen, wie man sofort sieht. Die Potenzreihe

$$\sum_{\nu=0}^{\infty} \frac{\beta_\nu}{\nu!} t^\nu$$

ist die Taylorentwicklung um den Nullpunkt der Funktion $f\colon t \mapsto \exp(\exp(t) - 1)$; man hat also $\beta_\nu = f^{(\nu)}(0)$, wie man leicht durch Anwenden der Leibnizschen Regel (§57, Aufgabe 5) auf die Gleichung $f' = \exp(t)f$ erkennt. Aus

$$\exp(1)f(t) = \exp(\exp(t)) = \sum_{\mu=0}^{\infty} \frac{\exp(\mu t)}{\mu!}$$

$$= \sum_{\mu=0}^{\infty}\sum_{\nu=0}^{\infty} \frac{\mu^\nu t^\nu}{\mu!\nu!} = \sum_{\nu=0}^{\infty}\left(\sum_{\mu=0}^{\infty}\frac{\mu^\nu}{\mu!}\right)\frac{t^\nu}{\nu!}$$

folgt ferner durch Koeffizientenvergleich die Formel von G. Dobinski:

$$\beta_n = \exp(-1)\sum_{\mu=0}^{\infty}\frac{\mu^n}{\mu!}\,, \quad n \in \mathbb{N}.)$$

9. Seien K ein Körper und $n \in \mathbb{N}$.

a) Auf K^n operiert die Gruppe $\mathbf{S}_n$ als Gruppe von K-Algebra-Automorphismen durch Vertauschen der Komponenten. Der kanonische Gruppenhomomorphismus

$$\mathbf{S}_n \to \operatorname{Aut}_{K-\mathrm{Alg}} K^n$$

ist ein Isomorphismus. ($\sigma \in \mathbf{S}_n$ wird der Automorphismus von K^n zugeordnet, welcher $x = (a_1, \ldots, a_n) \in K^n$ auf $\sigma x = (a_{\sigma^{-1}(1)}, \ldots, a_{\sigma^{-1}(n)})$ abbildet, vgl. §34, Beispiel 5.)

b) Die (endliche) Gruppe G operiere als Gruppe von K-Algebra-Automorphismen auf K^n, wobei die Operation von G auf K^n durch die Operation von G auf $[1,n]$ gegeben sei, vgl. a). Dann ist die Fixalgebra

$$\mathrm{Fix}_G K^n = \{x \in K^n : \sigma x = x \quad \text{für alle } \sigma \in G\}$$

gleich der Unteralgebra $A_{\mathcal{R}}$ im Sinne von 8b), wobei $\mathcal{R}$ die durch die Operation von G auf $[1,n]$ definierte Äquivalenzrelation ist. Insbesondere ist

$$\mathrm{Dim}_K(\mathrm{Fix}_G K^n) = \mathrm{Kard}\,([1,n]/G) = \frac{1}{\mathrm{Kard}\,G}\sum_{\sigma\in G}\mathrm{Kard}(\mathrm{Fix}_\sigma[1,n])\,.$$

(Für die letzte Gleichung vgl. die Formel von Burnside, §34, Aufgabe 9 oder §64, Aufgabe 25.) Genau dann ist $\mathrm{Fix}_G K^n = K$, wenn G transitiv auf $[1,n]$ operiert.

c) Operiere G einfach transitiv auf $[1,n]$. (Man sagt in diesem Falle auch, G operiere einfach transitiv auf K^n.) Für jede Untergruppe H von G ist dann

$\mathrm{Dim}_K \mathrm{Fix}_H K^n = [G : H]$.

10. **a)** Eine endliche kommutative $\mathbb{C}$–Algebra ohne nilpotente Elemente $\neq 0$ ist isomorph zu einer Produktalgebra $\mathbb{C}^n$, $n \in \mathbb{N}$, wobei n durch den Isomorphietyp der Algebra eindeutig bestimmt ist. Jede solche $\mathbb{C}$–Algebra ist zyklisch.

b) Eine endliche kommutative $\mathbb{R}$–Algebra ohne nilpotente Elemente $\neq 0$ ist isomorph zu einer Produktalgebra $\mathbb{R}^m \times \mathbb{C}^n$, $m, n \in \mathbb{N}$, wobei die Zahlen m, n durch den Isomorphietyp der Algebra eindeutig bestimmt sind. Jede solche $\mathbb{R}$–Algebra ist zyklisch.

11. A sei ein kommutativer Ring.

a) Seien V ein endlicher und W ein noetherscher (bzw. artinscher) A–Modul. Dann ist $\mathrm{Hom}_A(V, W)$ ein noetherscher (bzw. artinscher) A–Modul.

b) Sei V ein A–Modul, der noethersch (bzw. endlich und artinsch) ist. Dann ist $\mathrm{End}_A V$ ein noetherscher (bzw. endlicher und artinscher) A–Modul. Insbesondere ist jede A–Unteralgebra von $\mathrm{End}_A V$ noethersch (bzw. endlich und artinsch).

12. Sei V ein A–Modul. V heißt beschränkt zerlegbar (vom Typ $\leq m$, $m \in \mathbb{N}$), wenn jede direkte Summenzerlegung von V höchstens m nichttriviale Summanden hat.

a) Gibt es s verschiedene paarweise kommutierende A–lineare Projektionen $P_1, \ldots, P_s$, so besitzt V eine direkte Zerlegung in $t \geq \log_2 s$ von 0 verschiedene direkte Summanden. (Der Unterring $\mathbb{Z}[P_1, \ldots, P_s]$ von $\mathrm{End}_A V$ ist isomorph zu einem Produktring $A_1 \times \cdots \times A_t$ mit $t \geq \log_2 s$ und $A_\tau \neq 0$, $\tau = 1, \ldots, t$.) Folgerung. V sei beschränkt zerlegbar vom Typ $\leq m$. Dann besitzt jede Menge paarweise kommutierender Projektionen von V höchstens 2^m Elemente. Ist überdies die Homothetie mit 2 in V bijektiv, so besitzt V auch höchstens 2^m A–lineare Involutionen (§15, Aufgabe 7).

b) Ist A lokal und V ein endlicher A–Modul, so ist V beschränkt zerlegbar vom Typ $\leq \mathrm{Dim}_{A/\mathbf{m}_A} V/\mathbf{m}_A V$. (Man benutze das Lemma von K r u l l – N a k a y a m a 37.14.) Ist V artinsch und noethersch, so ist V beschränkt zerlegbar (§39, Aufg. 26).

c) Ist A kommutativ und V noethersch, so ist V beschränkt zerlegbar. (Ohne Einschränkung sei auch A noethersch (38.21). Man benutzt dann noethersche Induktion über $\mathrm{Ann}_A V$ (vgl. 4.4) und darf annehmen, daß die Aussage für alle Restklassenringe von A richtig ist. Gibt es in A Elemente a, b mit $ab = 0$ und $a \neq 0 \neq b$, so betrachtet man V/aV und V/bV. Ist A aber nullteilerfrei, so ist A beschränkt zerlegbar vom Typ $\leq m + n$, wenn der Torsionsuntermodul (dessen Annullator $\neq 0$ ist) beschränkt zerlegbar vom Typ $\leq m$ ist und V den Rang n hat.)

13. Sei K ein Körper, dessen Einheitengruppe $K^\times$ endlich erzeugt ist. Dann ist K endlich. (Bemerkung. Das Ergebnis läßt sich auf kommutative Ringe verallgemeinern, die nur endlich viele maximale Ideale haben, siehe “Bemerkungen über die Einheitengruppen semilokaler Ringe”, Math. Phys. Semesterberichte **17**, 168-181(1970).)

14. Sei K ein Körper, der eine endlich erzeugte $\mathbb{Z}$–Algebra ist. Dann ist K endlich. (Bei Char $K = 0$ erwiese sich $\mathbb{Q}$ als endlich erzeugte $\mathbb{Z}$–Algebra.)

15. Der Hilbertsche Nullstellensatz 55.17 läßt sich für überabzählbare Körper (wie $\mathbb{R}$ und $\mathbb{C}$) einfach wie folgt beweisen. Seien K ein überabzählbarer Körper und L ein Körper, der eine endlich erzeugte K–Algebra ist, $L = K[x_1, \ldots, x_n]$. Wäre $x \in L$ nicht algebraisch über K, so wären die Elemente $(x-a)^{-1}$, $a \in K$, K–linear unabhängig nach §26, Aufgabe 3. Andererseits ist $\mathrm{Dim}_K L$ sicherlich abzählbar. (Bemerkung. Man beweist analog: Seien K ein überabzählbarer Körper und L ein Körper, der eine K–Algebra mit einem Erzeugendensystem x_i, $i \in I$, $\mathrm{Kard}\, I < \mathrm{Kard}\, K$, ist. Dann ist jedes $x \in L$ algebraisch über K.)

16. Seien K ein Körper, $P := K[X_1, \ldots, X_n]$ und $\mathbf{m}$ ein maximales Ideal in P. Dann gibt es ein Erzeugendensystem $f_1, \ldots, f_n$ des Ideals $\mathbf{m}$ aus Polynomen der Gestalt $f_i \in K[X_1, \ldots, X_i]$, $1 \le i \le n$. (Induktion über n. Sei $A := K[X_1, \ldots, X_{n-1}]$, $\mathbf{n} := \mathbf{m} \cap A$. Zu zeigen ist, daß $\mathbf{m}/\mathbf{n}P$ ein Hauptideal in $P/\mathbf{n}P \cong (A/\mathbf{n})[X_n]$ ist.)

17. Sei K ein Körper. Eine endlich erzeugte kommutative K–Algebra ist genau dann artinsch, wenn sie endlich ist. (Man benutze 55.17.)

18. Sei K ein Körper, der nicht algebraisch abgeschlossen ist.

a) Für jedes $m \in \mathbb{N}_+$ gibt es ein nichtkonstantes Polynom $f_m \in K[X_1, \ldots, X_m]$, dessen Nullstellenmenge nur den Nullpunkt $0 \in K^m$ enthält. (Induktion über m. Für $m \ge 2$ setze man $f_{m+1} = f_2(f_m, X_{m+1})$.)

b) Jede affine Varietät $N \subseteq K^n$,$n \ge 1$, ist die genaue Nullstellenmenge eines einzigen Polynoms $f \in K[X_1, \ldots, X_n]$. (Man benutze a).)

19. (Quadratisches Reziprozitätsgesetz) Seien $p \ge 3$ eine Primzahl, $K := \mathsf{K}_p = \mathbb{Z}/p\mathbb{Z}$ und $t := (p-1)/2$. Das Legendre–Symbol (a/p) für $a \in \mathbb{Z}$ ist wie folgt definiert. Ist a durch p teilbar, so ist $(a/p) = 0$. Ist a nicht durch p teilbar, so ist $(a/p) = 1$ bzw. -1, wenn die Restklasse von a ein Quadrat bzw. kein Quadrat in K ist. Das Legendre–Symbol induziert einen Homomorphismus von $K^\times$ auf die Gruppe $\{1, -1\}$ in $\mathbb{C}^\times$, den sogenannten Legendre–Charakter. In Formeln: Es ist $(a/p) = (b/p)$ bei $a \equiv b$ modulo p und generell $(ab/p) = (a/p)(b/p)$ für $a, b \in \mathbb{Z}$. Grundlage der Berechnung von (a/p) bilden daher Formeln für $(-1/p)$, $(2/p)$, (q/p) wobei q eine von p verschiedene Primzahl ≥ 3 ist. Wir haben dies im Anhang IV.C abgehandelt. Hier sollen einige Beweisvarianten besprochen werden, welche auf der Theorie der endlichen Körper beruhen.

Verwendet wird das Eulersche Restkriterium: $(a/p) \equiv a^t$ modulo p (vgl. §17, Aufgabe 9). Danach ist bespielsweise $(-1/p) \equiv (-1)^t$, also $(-1/p) = 1$ bei $p \equiv 1$ modulo 4 und $(-1/p) \equiv -1$ bei $p \equiv 3$ modulo 4. Zur Berechung von $(2/p)$ dient eine neue Idee. Sei nämlich α eine primitive 8–te Einheitswurzel in einem Erweiterungskörper von K. Es ist $\alpha^4 = -1$ und $\alpha^2 = -1/\alpha^2$. Für $y := \alpha + 1/\alpha$ ist dann $y^2 = 2$. Also ist $(2/p) = 1$ genau dann, wenn $y \in K = \mathsf{K}_p$ ist, was mit $y^p = y$ äquivalent ist. Leicht zu verifizieren ist $y^p = y$ und damit $(2/p) = 1$ bei $p \equiv \pm 1$ modulo 8 sowie $y^p = -y$ und damit $(2/p) = -1$ bei $p \equiv \pm 3$ modulo 8.

Nun zum eigentlichen Reziprozitätsgesetz. Sei $q \ge 3$ eine von p verschiedene Primzahl, $s := (q-1)/2$ und $L := \mathsf{K}_q$. Dann gilt

$$(p/q) = (-1)^{st}(q/p)\,.$$

Zum Beweis sei w eine primitive q–te Einheitswurzel in einem Erweiterungskörper von K. Wegen $L = \mathbb{Z}/q\mathbb{Z}$ ist w^x für jedes $x \in L$ wohldefiniert. Mit dem Legendre–Symbol modulo q wird die Gaußsche Summe

$$y := \sum_{x \in L} (x/q) w^x$$

definiert. Dann gilt $y^2 = (-1)^s q$. (Beweis. Es ist

$$y^2 = \sum_{a,b \in L} (a/q)(b/q) w^{a+b} = \sum_{z \in L} \left(\sum_{a \in L} (a(z-a)/q) \right) w^z$$

und daher $(-1)^s y^2 = q - 1 + \sum_{z \in L^\times} c_z w^z$ mit $c_z := \sum_{a \in L^\times} ((1 - z/a)/q)$. Bei $z \neq 0$ durchläuft $1 - z/a$ die von 1 verschiedenen Elemente aus L. Daher ist

$$c_z = \left(\sum_{b \in L^\times} (b/q) \right) - (1/q) = -1 \,,$$

denn es gibt ebenso viele Quadrate wie Nichtquadrate in $L^\times$. Also ist

$$-1 + \sum_{z \in L^\times} c_z w^z = -1 + \sum_{z \in L^\times} -w^z = -\sum_{z \in L} w^z = 0 \,,$$

da w Nullstelle von $(X^q - 1)/(X - 1) = X^{q-1} + \cdots + 1$ ist.) Weiter gilt: $y^{p-1} = (p/q)$. (Beweis. $y^p = \sum_{x \in L} (x/q) w^{xp} = \sum_{z \in L} (pz/q) w^z = (p/q) y$.)
Insgesamt erhält man mit dem Eulerschen Restkriterium

$$((-1)^s q/p) = (y^2/p) \equiv (y^2)^t = y^{p-1} = (p/q) \mod p \,,$$

woraus das Reziprozitätsgesetz $(p/q) = ((-1)^s q/p) = (-1)^{st} (q/p)$ folgt.)

20. Sei K ein Bereich der Charakteristik $p > 0$. Jede endliche Untergruppe von $K^\times$ ist zyklisch. (Man benutze 55.9. — Bemerkung. Bei $\operatorname{Char} K = 0$ ist die Aussage im allgemeinen falsch. Beispiel. $K := \mathbb{H}(\mathbb{R})$, vgl. §75, Aufgaben 13,14.)

§56 Algebraische Hüllen

Beim ersten Lesen kann dieser Paragraph übergangen werden.

Bisher haben wir algebraische Elemente in Algebren über Körpern betrachtet. Allgemeiner definiert man: Seien A ein kommutativer Ring $\neq 0$ und B eine treue A–Algebra. Man nennt ein Element $x \in B$ a l g e b r a i s c h über A, wenn x Nullstelle eines Polynoms $\neq 0$ aus $A[X]$ ist, wenn es also eine a l g e b r a i s c h e G l e i c h u n g

$$a_n x^n + a_{n-1} x^{n-1} + \cdots + a_0 = 0$$

mit $n \geq 1$, $a_i \in A$, $a_n \neq 0$, gibt. Ist $x \in B$ nicht algebraisch über A, so nennt man x t r a n s z e n d e n t über A. Dies ist gleichbedeutend damit, daß der A–Algebra–Homomorphismus $A[X] \to B$ mit $X \mapsto x$ eine Isomorphie $A[X] \cong A[x]$ stiftet. Die Elemente von A sind algebraisch über A, denn $X - a$ verschwindet in $a \in A$. Unbestimmte über A sind trivialerweise transzendent über A. Da man bei einer treuen A–Algebra B immer A mit dem Bild des Strukturhomomorphismus in B identifizieren kann, genügt es bei der Betrachtung algebraischer Elemente, Ringerweiterungen $A \subseteq B$ mit $A \subseteq \mathrm{Z}(B)$ zugrunde zu legen.

Eine derartige Ringerweiterung $A \subseteq B$ heißt algebraisch (und B heißt algebraisch über A), wenn jedes $x \in B$ algebraisch über A ist, andernfalls transzendent. Ist jedes $x \in B$, $x \notin A$, transzendent über A, so heißt B rein–transzendent über A und A algebraisch abgeschlossen in B.

Ist B auch C–Algebra, wobei C ein Zwischenring von $A \subseteq \mathrm{Z}(B)$ ist: $A \subseteq C \subseteq \mathrm{Z}(B)$, so ist jedes $x \in B$, welches algebraisch über A ist, offenbar auch algebraisch über C. Ist B algebraisch über A, so auch über C.

Beispiel 1 Jede A enthaltende endliche A–Algebra ist algebraisch über A, wie schon der modultheoretische Satz 25.4 zeigt. Zu einem anderen Beweis siehe 56.5. Ferner gilt:

56.1 Satz *Seien $A \subseteq B$ eine Erweiterung von Integritätsbereichen und A_1 die Menge der Elemente in B, die algebraisch über A sind. Ist A endlich, so ist* Kard $A <$ Kard $A_1 \leq \aleph_0$. *Ist A unendlich, so ist* Kard $A =$ Kard A_1.

Beweis. Sei $A[X]_n$ die Menge der Polynome $\neq 0$ aus $A[X]$ vom Grade $\leq n$. Diese besteht aus höchstens Kard A^{n+1} Elementen. Nach 54.3 hat die Menge B_n der $x \in B$, die Nullstelle eines $f \in A[X]_n$ sind, höchsten $n \cdot$ Kard A^{n+1} Elemente. Ist daher A endlich, so auch B_n, und die Vereinigung A_1 der B_n ist abzählbar. Ist A unendlich, so folgt die Behauptung mit den Sätzen aus §7. •

Beispiel 2 (Algebraische und transzendente Zahlen) Ein Element eines Körpers K heißt algebraisch (bzw. transzendent) schlechthin, wenn es algebraisch (bzw. transzendent) über dem Primkörper von K ist. Unter algebraischen und transzendenten Zahlen versteht man ebensolche Elemente des Körpers der komplexen Zahlen.

Zu den algebraischen Zahlen gehören trivialerweise die rationalen Zahlen. Unter den irrationalen Zahlen sind beispielsweise die Wurzeln aus rationalen Zahlen wie etwa $\sqrt{2}$, $1/\sqrt{2}$, $\sqrt{3}$, ... und die komplexen Einheitswurzeln (§54, Beispiel 5) algebraisch. Die Menge der algebraischen Zahlen ist nach 56.1, dessen Beweis sich hier übrigens wegen der Abzählbarkeit des Primkörpers sehr vereinfacht, ebenfalls nur abzählbar unendlich. *Die Menge der transzendenten Zahlen ist daher von der Mächtigkeit des Kontinuums*! Die Existenz transzendenter Zahlen ergab sich erstmals 1851, als J. Liouville ein konkretes Verfahren zur Konstruktion solcher Zahlen angab.

56.2 Lemma (Liouvillescher Approximationssatz) *Seien x eine irrationale algebraische Zahl, g das Minimalpolynom von x über $\mathbb{Q}$ und n der Grad von g. Dann gibt es eine positive reelle Zahl δ derart, daß für alle ganzen Zahlen a, b mit $b > 0$ folgende Ungleichung besteht:*

$$\left| x - \frac{a}{b} \right| \geq \frac{\delta}{b^n}.$$

B e w e i s. Bei $|x - a/b| > 1$ ist die Ungleichung mit $\delta = 1$ erfüllt. Es genügt deshalb, Paare a, b mit $|x - a/b| \leq 1$ zu betrachten.

Es gibt eine ganze Zahl $c_n \neq 0$ derart, daß

$$f := c_n g = c_n X^n + \cdots + c_0$$

nur ganzzahlige Koeffizienten hat; die Nullstellen von f und g stimmen überein. Nach §55, Beispiel 2 hat daher f keine Nullstelle in $\mathbb{Q}$, woraus $f(a/b) \neq 0$ und wegen $c_i \in \mathbb{Z}$ folgende Abschätzung resultiert:

$$|f(\frac{a}{b})| = \frac{1}{b^n}|c_n a^n + \cdots + c_0 b^n| \geq \frac{1}{b^n}.$$

Andererseits läßt sich $|f(a/b)| = |0 - f(a/b)| = |f(x) - f(a/b)|$ wie folgt nach oben abschätzen. Für jede komplexe Zahl y ist

$$|f(y)| = |f(x) - f(y)| = |c_n(x^n - y^n) + \cdots + c_1(x - y)| = |x - y| \cdot |h(y)|$$

mit einem festen Polynom h über $\mathbb{Q}[x]$. Wegen $|x - a/b| \leq 1$ gibt es eine (nur von x und f abhängende) positive reelle Zahl der Form $1/\delta$ mit $|h(a/b)| \leq 1/\delta$. Dann ist

$$|f(\frac{a}{b})| = |x - \frac{a}{b}| \cdot |h(\frac{a}{b})| \leq |x - \frac{a}{b}| \cdot \frac{1}{\delta}.$$

Zusammen mit der ersten Abschätzung erhalten wir, wie gewünscht:

$$|x - \frac{a}{b}| \geq \delta \cdot |f(\frac{a}{b})| \geq \frac{\delta}{b^n}.$$ •

56.3 Korollar *Seien a_j, b_j ganze Zahlen mit $b_j \geq 2$ und $\mathrm{ggT}(a_j, b_j) = 1$, $j = 1, 2, \ldots$, ferner r_j ein Folge natürlicher Zahlen mit*

$$\overline{\lim_{j \to \infty}} r_j = +\infty.$$

Ist x eine irrationale Zahl derart, daß

$$\left| x - \frac{a_j}{b_j} \right| \leq \frac{1}{b_j^{r_j}}$$

für alle $j \in \mathbb{N}$ gilt, so ist x eine transzendente Zahl.

Eine transzendente Zahl ist beispielsweise

$$x := \sum_{\nu=0}^{\infty} \frac{1}{2^{\nu!}}$$

Daß x irrational ist, folgt daraus, daß seine Dualbruchentwicklung offensichtlich nicht periodisch ist. Man definiert a_j und b_j durch

$$\frac{a_j}{b_j} = \sum_{\nu=0}^{j} \frac{1}{2^{\nu!}}.$$

Dann ist $b_j = 2^{j!}$ und

$$\left|x - \frac{a_j}{b_j}\right| = \sum_{\nu=j+1}^{\infty} \frac{1}{2^{\nu!}} \le \frac{2}{2^{(j+1)!}} = \frac{2}{b_j^{j+1}} \le \frac{1}{b_j^j},$$

so daß sich 56.3 mit $r_j := j$ anwenden läßt.

Im Jahre 1873 bewies Ch. Hermite, daß die Eulersche Zahl e transzendent ist. Die Kreiszahl π ist ebenfalls transzendent, wie dann F. v. Lindemann 1882 zeigte; siehe Bemerkung 1 weiter unten.

Unterscheidung und Behandlung algebraischer Elemente richten sich natürlicherweise nach den Eigenschaften der in ihnen verschwindenden Polynome. Ein wichtiger Unterbegriff ist der des ganz–algebraischen Elementes, den wir hier einiger bequemer Sprechweisen wegen etwas allgemeiner als üblich fassen.

Definition Sei A ein kommutativer Ring. Ein Element x einer A–Algebra B heißt ganz(–algebraisch) über A, wenn x Nullstelle eines normierten Polynoms aus $A[X]$ ist, mit anderern Worten, wenn es eine Ganzheitsgleichung

$$x^n + a_{n-1}x^{n-1} + \cdots + a_0 = 0$$

mit $n \ge 1$ und $a_i \in A$ gibt. Die A–Algebra B heißt ganz, wenn jedes Element $x \in B$ ganz über A ist.

Ist B auch C–Algebra, wobei C eine kommutative A–Algebra ist, so ist jedes $x \in B$, welches ganz über A ist, erst recht ganz über C; ist B ganz über A, so auch über C. Eine andere einfache Bemerkung, auf die nicht immer ausdrücklich hingewiesen wird, ist die folgende: Ist B eine ganze A–Algebra, so ist auch jede Restklassenalgebra von B ganz über A.

Sei A_1 das Bild von A unter dem Strukturhomomorphismus $A \to B$ der A–Algebra B. Offenbar ist $x \in B$ genau dann ganz über A, wenn x ganz über A_1 ist. Für viele Ganzheitsüberlegungen genügt es daher, Ringerweiterungen $A \subseteq B$ mit $A \subseteq \mathrm{Z}(B)$ zu betrachten.

Die Elemente des kanonischen Bildes A_1 von A in der A–Algebra B sind trivialerweise ganz über A. Gehört jedes über A ganze Elemente von B zu A_1, so heißt A ganz abgeschlossen in B.

Ein Integritätsbereich A heißt ganz abgeschlossen schlechthin oder normal, wenn A in seinem Quotientenkörper ganz abgschlossen ist. (An der Quotientendarstellung der Elemente von $\mathrm{Q}(A)$ liest man sofort ab, daß diese Definition nur vom A–Algebra–Isomorphietyp von $\mathrm{Q}(A)$ abhängt.)

Beispiel 3 Den Satz 10.3 von Gauß kann man jetzt so formulieren: Rationale Zahlen, die ganz über $\mathbb{Z}$ sind, sind notwendigerweise ganze Zahlen. $\mathbb{Z}$ ist also ein normaler Integritätsbereich. $\sqrt{2}$ ist ganz über $\mathbb{Z}$, während $1/\sqrt{2}$ zwar algebraisch, nicht jedoch ganz über $\mathbb{Z}$ ist, da sonst $1/2 = (1/\sqrt{2})^2$ ganz über $\mathbb{Z}$ wäre (wie man mit 56.4 oder 56.9 schließen könnte).

Algebraische Elemente über Körpern sind stets ganz–algebraisch, da man aus einer algebraischen Gleichung durch Division mit dem Leitkoeffizienten stets eine Ganzheitsgleichung gewinnt. Die algebraischen Elemente über Körpern werden also bei der Behandlung ganz-algebraischer Elemente eingeschlossen.

56.4 Ganzheits-Kriterium *Seien A ein kommutativer Ring und B eine A-Algebra. Für ein $x \in B$ sind äquivalent:*

(1) *x ist ganz über A.*

(2) *$A[x]$ ist endlicher A-Modul.*

(3) *Es gibt eine endliche A-Unteralgebra C von B mit $x \in C$.*

Beweis. Aus (1) folgt (2). Sei dazu

$$x^n + a_{n-1}x^{n-1} + \cdots + a_0 = 0$$

eine Ganzheitsgleichung von x über A, und sei $W := A \cdot 1_B + Ax + \cdots + Ax^{n-1}$. Offensichtlich ist $x^n \in W$ und damit $xW \subseteq W$. Ein einfacher Induktionsschluß zeigt nun, daß alle Potenzen von x in W liegen. Das bedeutet $A[x] = W$. Die Aussage (3) ist eine Abschwächung von (2). Aus (3) ergibt sich schließlich (1) wie folgt: Sei etwa $C = Ax_1 + \cdots + Ax_n$. Es gibt Elemente $a_{ij} \in A$ mit

$$xx_j = \sum_{i=1}^{n} a_{ij}x_i\,, \quad j = 1,\ldots,n\,.$$

Diese Gleichungen lassen sich mit dem Kroneckerdelta auch so schreiben:

$$\sum_{i=1}^{n}(x\delta_{ij} - a_{ij})x_i = 0\,, \quad j = 1,\ldots,n\,.$$

Die Elemente der $n \times n$-Matrix $(x\delta_{ij} - a_{ij})$ liegen in der kommutativen A-Algebra $A[x]$ und ebenso ihre Determinante D. Die Cramersche Regel 48.8, angewendet auf die obigen Gleichungen im $A[x]$-Modul C, ergibt $Dx_i = 0$ für $i = 1,\ldots,n$, woraus $DC = 0$ und dann $D = 0$ in C folgt. D ist aber der Wert des normierten Polynoms $\mathrm{Det}(X\delta_{ij} - a_{ij}) \in A[X]$ an der Stelle x. •

56.5 Korollar *Sei A ein kommutativer Ring. Jede endliche A-Algebra ist ganz über A.*

Das ergibt sich direkt aus 56.4. Der Beweis zeigt außerdem, daß es in einer endlichen A-Algebra B mit n A-Modul-Erzeugenden zu jedem $x \in B$ eine Ganzheitsgleichung vom Grade $\leq n$ gibt. — Für Algebren über Körpern ist 56.5 nichts anderes als die triviale Aussage 55.1.

56.6 Lemma *Seien $A \subseteq B$ eine Erweiterung kommutativer Ringe und $x_1,\ldots,x_n \in B$. Ferner sei x_i ganz über $A[x_1,\ldots,x_{i-1}]$ für $i = 1,\ldots,n$. Dann ist $A[x_1,\ldots,x_n]$ endlich über A.*

B e w e i s durch Induktion über n. Wir dürfen also annehmen, daß $C := A[x_1, \ldots, x_{n-1}]$ endlich über A ist. Es genügt dann zu zeigen, daß $A[x_1, \ldots, x_n] = C[x_n]$ endlich über C ist. Das folgt aber aus 56.4. •

56.7 Korollar *Sei A ein kommutativer Ring. Jede endlich erzeugte kommutative A-Algebra B, die ganz über A ist, ist bereits endlich über A.*

B e w e i s. Man wendet 56.6 auf B und das kanonische Bild von A in B an. •

56.8 Lemma *Seien A ein kommutativer Ring, B eine kommutative A-Algebra und C eine B-Algebra. Ist $x \in C$ ganz über B und B ganz über A, so ist x ganz über A. Insbesondere gilt: Ist C ganz über B und B ganz über A, so ist C ganz über A.*

B e w e i s. Wir dürfen $B \subseteq C$ annehmen. Sei $x \in C$ ganz über B. Es gibt eine Ganzheitsgleichung $x^n + b_{n-1}x^{n-1} + \cdots + b_0 = 0$ mit $b_i \in B$. Dann ist x auch ganz über $A_1 := A[b_{n-1}, \ldots, b_0]$. Nach Voraussetzung über B und nach 56.6 ist dann $A_1[x]$ endlich über A, woraus mit 56.4 folgt, daß x ganz über A ist. Die Zusatzfolgerung ist klar. •

Die Aussagen 56.6 und 56.8 werden in der Theorie der Körpererweiterungen $K \subseteq L$ häufig gebraucht. Insbesondere braucht man: *Durch Adjunktion endlich vieler algebraischer Elemente aus L erhält man einen endlichen Erweiterungskörper von K.* Und: *Ist ein Erweiterungskörper M von L algebraisch über L und L algebraisch über K, so ist M algebraisch über K.*

Wir betrachten nun die Gesamtheit der über einem Grundring ganzen Elemente und setzen dazu generell die Kommutativität der Algebra voraus.

Seien A ein kommutativer Ring und B eine kommutative A-Algebra. Die Menge der über A ganzen Elemente von B heißt der g a n z e (oder g a n z - a l g e b r a i s c h e) A b s c h l u ß von A in B. Ist A ein Körper, so spricht man vom a l g e b r a i s c h e n A b s c h l u ß von A in B. Statt des Wortes "Abschluß" ist auch "Hülle" gebräuchlich.

56.9 Satz *Seien A ein kommutativer Ring und B eine kommutative A-Algebra. Der ganze Abschluß A' von A in B ist eine A-Unteralgebra von B, welche ganz abgeschlossen in B ist.*

B e w e i s. Seien $x, y \in A'$ vorgegeben. Nach 56.6 ist $A[x, y]$ endlich über A, woraus $A[x, y] \subseteq A'$ mit 56.4 folgt. Also sind $x \pm y \in A'$ und $xy \in A'$. Dies zeigt, daß A' in der Tat ein Ring ist. Da A' das kanonische Bild von A in B umfaßt, ist A' auch eine A-Algebra. Daß A' ganz abgeschlossen in B ist, folgt direkt aus 56.8. •

Der ganze Abschluß eines Integritätsbereiches A in einem Erweiterungskörper L ist offenbar normal.

56.10 Satz *Sei K ein Unterkörper des Integritätsbereiches B. Dann ist der algebraische Abschluß K' von K in B ein Unterkörper von B.*

Beweis. Nach 56.9 ist K' ein Unterring von B. Sei $x \in K'$, $x \neq 0$. Dann ist $K[x] \subseteq K'$ endlich über K und deswegen ein Körper. Folglich existiert x^{-1} in $K[x] \subseteq K'$. Dies zeigt, daß K' ein Körper ist. •

56.11 Lemma *Seien $A \subseteq B$ eine Erweiterung von Integritätsbereichen und A' der ganze Abschluß von A in B. Ferner besitze A einen Quotientenkörper K in B. Für den algebraischen Abschluß K' von K in B gilt dann:*

$$K' = K[A'].$$

Insbesondere ist K' der Quotientenkörper von A'.

Beweis. Wegen $K \subseteq K'$ und $A' \subseteq K'$ ist $K[A'] \subseteq K'$. Sei umgekehrt $x \in K'$ vorgegeben. Es gibt eine Gleichung

$$x^n + a_{n-1}x^{n-1} + \cdots + a_0 = 0$$

mit $a_i \in K$. Weiter gibt es, da K Quotientenkörper von A ist, ein $b \in A$, $b \neq 0$, mit $ba_i \in A$ für alle i. Wir multiplizieren obige Gleichung mit b^n und erhalten eine Ganzheitsgleichung

$$(bx)^n + (ba_{n-1})(bx)^{n-1} + \cdots + b^n a_0 = 0$$

für bx über A. Also ist $bx \in A'$ und $x = b^{-1}(bx) \in K[A']$. Insgesamt ist $K[A'] = K'$. Dieser Körper ist aus A' und $K = \mathrm{Q}(A) \subseteq \mathrm{Q}(A')$ gebildet, ist also bereits der Quotientenkörper von A'. •

Beispiel 4 (Ganze algebraische Zahlen) Die komplexen Zahlen, welche ganz über $\mathbb{Z}$ sind, heißen ganz-algebraische oder ganze algebraische Zahlen. Sie bilden nach 56.9 einen Unterring von $\mathbb{C}$, den Ring der ganzen algebraischen Zahlen, den wir mit

$$\mathbb{A}$$

bezeichnen wollen. $\mathbb{A}$ ist ein normaler Integritätsbereich. Die algebraischen Zahlen bilden nach 56.10 einen Unterkörper von $\mathbb{C}$, den Körper der algebraischen Zahlen. Dieser ist nach 56.11 der Quotientenkörper von $\mathbb{A}$.

Ein Unterkörper K von $\mathbb{C}$, der algebraisch über $\mathbb{Q}$ ist, heißt ein (algebraischer) Zahlkörper, und zwar ein endlicher Zahlkörper, wenn K endlich über $\mathbb{Q}$ ist, sonst ein unendlicher. Der Unterring $K \cap \mathbb{A}$ der ganz-algebraischen Zahlen in K wird auch der Ring der ganzen Zahlen von K genannt. Er ist ein normaler Integritätsbereich mit dem Quotientenkörper K. Man nennt $K \cap \mathbb{A}$ auch einen (algebraischen) Zahlbereich; ist K endlich über $\mathbb{Q}$, so heißt $K \cap \mathbb{A}$ ein endlicher (algebraischer) Zahlbereich.

$\mathbb{A}$ ist nicht noethersch (Aufgabe 15), hingegen ein Bezoutbereich, was wir hier ohne Beweis mitteilen. Jeder endliche algebraische Zahlbereich ist nicht nur noethersch (Aufgabe 15), sondern sogar endliche freie $\mathbb{Z}$-Algebra (Aufgabe 23).

Sei K ein endlicher Zahlkörper. Den Körpergrad $[K : \mathbb{Q}]$ nennt man kurz den Grad von K. Ist 2 bzw. 3 der Grad von K, so heißt K quadratisch bzw. kubisch; entsprechend benennt man die zugehörigen Zahlbereiche.

Sei $n \geq 1$. Den durch Adjunktion der n-ten Einheitswurzeln (§54, Beispiel 5) an $\mathbb{Q}$ entstehenden Zahlkörper nennt man den n-ten Kreisteilungskörper oder den Körper der n-ten Einheitswurzeln. Man erhält ihn als Erweiterung

$\mathbb{Q}[\zeta_n]$, wenn ζ_n irgendeine der primitiven n-ten Einheitswurzeln ist. Der Ring der ganzen Zahlen im n-ten Kreisteilungskörper heißt der n-te Einheitswurzelbereich oder Kreisteilungsbereich. Der erste und zweite Kreisteilungskörper ist $\mathbb{Q}$ selbst. Der vierte Kreisteilungskörper ist $\mathbb{Q}[i]$, dessen zugehöriger Zahlbereich nichts anderes ist als der Bereich der ganzen Gaußschen Zahlen $\mathbb{Z}[i]$, wie aus der folgenden allgemeinen Überlegung folgt. Generell ist $\mathbb{Z}[\zeta_n]$ der n-te Einheitswurzelnbereich, was wir in §69, Beispiel 4 zeigen.

Beispiel 5 (Quadratische Zahlbereiche) Sei K ein quadratischer Zahlkörper. Je nachdem ob $K \subseteq \mathbb{R}$ oder $K \not\subseteq \mathbb{R}$ ist, nennt man K einen reell- bzw. imaginär-quadratischen Körper. Aus Gradgründen ist $K = \mathbb{Q}[x]$ für jedes $x \in K$, $x \notin \mathbb{Q}$. Mittels quadratischer Ergänzung findet man leicht ein $x \in K$, $x \notin \mathbb{Q}$, $x^2 \in \mathbb{Q}$. Man hat $K \subseteq \mathbb{R}$ bei $x^2 > 0$ und $K \not\subseteq \mathbb{R}$ bei $x^2 < 0$.
Wir wollen den Ring A der ganzen Zahlen von K berechnen. Für jedes $a \in \mathbb{Z}$, $a \neq 0$, ist auch $ax \notin \mathbb{Q}$ und $x/a \notin \mathbb{Q}$. An $(ax)^2 = a^2x^2$ und $(x/a)^2 = x^2/a^2$ liest man ab, daß es möglich ist, x so zu bestimmen, daß $x^2 = D \in \mathbb{Z}$ ist, wobei $D \neq 0$, $D \neq 1$ ist und D keinen ganzzahligen Faktor $a^2 > 1$ besitzt. (Man sagt, D sei quadratfrei.) Es ist nun

$$K = \mathbb{Q}[\sqrt{D}]\,.$$

Trivialerweise gilt $A \supseteq \mathbb{Z} + \mathbb{Z}\sqrt{D} = \mathbb{Z}[\sqrt{D}]$. Der Homomorphismus $\mathbb{Q}[X] \to K$ mit $X \mapsto \sqrt{D}$ hat als Kern das vom Minimalpolynom $X^2 - D$ erzeugte Ideal. Der Automorphismus von $\mathbb{Q}[X]$ mit $X \mapsto -X$ induziert daher einen ($\mathbb{Q}$-) Automorphismus τ von K mit $\tau\sqrt{D} = -\sqrt{D}$. Aus einer Ganzheitsgleichung für ein $z \in A$ über $\mathbb{Z}$ wird durch Anwenden von τ eine solche für τz. Daher ist A invariant unter τ. Insbesondere hat man $z + \tau z \in A$ und $z \cdot (\tau z) \in A$ nach 56.9. Ist $z = r + s\sqrt{D} \in A$, wobei $r, s \in \mathbb{Q}$ sind, so sind also

$$2r = r + s\sqrt{D} + (r - s\sqrt{D})\,, \quad r^2 - Ds^2 = (r + s\sqrt{D})(r - s\sqrt{D})$$

Elemente von $A \cap \mathbb{Q} = \mathbb{Z}$. Es folgt $(2r)^2 - D(2s)^2 \in 4\mathbb{Z}$ und $D(2s)^2 \in \mathbb{Z}$. Da D quadratfrei ist, ergibt sich zunächst generell $2s \in \mathbb{Z}$. Betrachten wir jetzt die Gleichung

$$(2r)^2 - D(2s)^2 \equiv 0 \bmod 4\,.$$

Quadrate in $\mathbb{Z}$ haben den Rest 0 oder 1 mod 4. Bei $D \equiv 2 \bmod 4$ oder $D \equiv 3 \bmod 4$ ist die Gleichung nur trivial lösbar, was $2r, 2s \in 2\mathbb{Z}$, also $r, s \in \mathbb{Z}$ bedeutet. In diesem Falle ist $A = \mathbb{Z}[\sqrt{D}]$. Der Fall $D \equiv 0 \bmod 4$ ist nicht möglich, da D quadratfrei ist. Sei nun $D \equiv 1 \bmod 4$. Dann ist die obige Gleichung auch noch mit (simultan) ungeraden Zahlen $2r, 2s$ lösbar. z liegt in diesem Falle im $\mathbb{Z}$-Modul

$$\mathbb{Z} + \mathbb{Z}[\frac{1+\sqrt{D}}{2}]\,,$$

welcher wegen

$$\left(\frac{1+\sqrt{D}}{2}\right)^2 - \left(\frac{1+\sqrt{D}}{2}\right) - \frac{D-1}{4} = 0$$

und $(D-1)/4 \in \mathbb{Z}$ eine $\mathbb{Z}$-Algebra ist. Diese ist nach 56.9 sogar ganz über $\mathbb{Z}$. Wir haben bewiesen:

56.12 Satz *Bei* $D \equiv 2 \bmod 4$ *und* $D \equiv 3 \bmod 4$ *ist* $A = \mathbb{Z}[\sqrt{D}]$, *bei* $D \equiv 1 \bmod$

4 *ist* $A = \mathbb{Z}[(1+\sqrt{D})/2]$.

Bei $D = -1$, d.h. bei $K = \mathbb{Q}[\mathrm{i}]$, ist $A = \mathbb{Z}[\mathrm{i}]$, wie bereits erwähnt. Die quadratischen Zahlbereiche sind die maximalen nullteilerfreien $\mathbb{Z}$-Algebren, die wir in Anhang V.A untersucht haben. Der Leser verifiziere das und überlege sich dabei auch, daß die hier verwendete quadratfreie Zahl D dem Körper K eindeutig zugeordnet ist.

Den Automorphismus τ von A nennt man auch die Konjugation von A. Bei $D < 0$ ist τ die gewöhnliche komplexe Konjugation. Die Abbildung $z \mapsto z \cdot \tau(z)$ ist eine multiplikative Abbildung von A in $\mathbb{Z}$ und zwar, wie eine simple Kalkulation zeigt, die Norm der $\mathbb{Z}$-Algebra A.

Bemerkung 1 (Lindemanns Satz) Die Transzendenz von e und π ergibt sich in natürlicher Weise aus dem folgenden übergreifenden Satz, den wir ohne Beweis angeben.

56.13 Satz (Lindemann) *Sei* $K = \mathbb{Q}(\mathbb{A})$ *der Körper der algebraischen Zahlen. Dann sind die Zahlen* e^a, $a \in K$, *linear unabhängig über* K.

Wäre e bzw. π (und damit auch $2\pi\mathrm{i}$) algebraisch, so ergäbe $\mathrm{e} \cdot \mathrm{e}^0 - 1 \cdot \mathrm{e}^1 = 0$ bzw. $1 \cdot \mathrm{e}^0 - 1 \cdot \mathrm{e}^{2\pi\mathrm{i}} = 0$ mit 56.13 einen Widerspruch!

Beispiel 6 (Ganzer Abschluß in Polynomringen) Ganzer Abschluß ist mit Adjunktion von Unbestimmten verträglich:

56.14 Satz *Seien* $A \subseteq B$ *eine Erweiterung kommutativer Ringe,* A' *der ganze Abschluß von* A *in* B *und* I *eine Indexmenge. Dann ist* $A'[X_i]_{i\in I}$ *der ganze Abschluß von* $A[X_i]_{i\in I}$ *in* $B[X_i]_{i\in I}$.

Beweis (nach N. Bourbaki). $A'[X_i]_{i\in I}$ ist trivialerweise ganz über dem Unterring $A[X_i]_{i\in I}$. Zum Beweis, daß jedes über $A[X_i]_{i\in I}$ ganze Polynom aus $B[X_i]_{i\in I}$ Koeffizienten in A' hat, erlaubt eine Induktion gemäß §52, Beispiel 6 anzunehmen, daß es sich um Polynomringe in einer Unbestimmten X handelt. Sei also f ein Polynom aus $B[X]$, welches ganz über $A[X]$ ist, und betrachten wir eine Ganzheitsgleichung

$$f^n + g_{n-1}f^{n-1} + \cdots + g_0 = 0$$

mit $g_i \in A[X]$. Sei r irgendeine natürliche Zahl, die größer als die Grade von $f, g_{n-1}, \ldots, g_0$ ist, und $F := X^r + f$. Dies ist ein normiertes Polynom aus $B[X]$, welches ebenfalls ganz über $A[X]$ ist. Es genügt zu zeigen, daß F Koeffizienten in A' hat. Ersetzen von f durch $F - X^r$ in obiger Ganzheitsgleichung ergibt

$$(F - X^r)^n + g_{n-1}(F - X^r)^{n-1} + \cdots + g_1(F - X^r) + g_0 = 0\,,$$

woraus man durch Ausmultiplizieren und geeignetes Zusammenfassen

$$F^n + h_{n-1}F^{n-1} + \cdots + h_1F + h_0 = 0$$

mit $h_i \in A[X]$ erhält, wobei speziell $h_0 = (-X^r)^n + g_{n-1}(-X^r)^{n-1} + \cdots + g_0$ nach Wahl von r den Leitkoeffizienten $(-1)^n$ hat. Daher ist

$$F \cdot [(-1)^{n-1}(F^{n-1} + h_{n-1}F^{n-2} + \cdots + h_1)] = (-1)^n h_0$$

eine Zerlegung des normierten Polynoms $(-1)^n h_0$ in ebensolche Faktoren. Die folgende Hilfsüberlegung zeigt nun, daß F in der Tat Koeffizienten in A' hat. •

56.15 Lemma (Gauß) *Seien $A \subseteq B$ eine Erweiterung kommutativer Ringe und f, g normierte Polynome aus $B[X]$ mit $fg \in A[X]$. Dann sind die Koeffizienten von f und g ganz über A.*

Beweis. Sei C ein Erweiterungsring von B, über dem f und g in normierte Linearfaktoren zerfallen. (Siehe Aufgabe 20 aus §54, die man wie 54.10 beweist.) Die Nullstellen von f und g in C sind als Nullstellen von $fg \in A[X]$ ganz über A. Da hierzu die konstanten Terme der genannten Linearfaktoren gehören, liegen die Koeffizienten von f und g in der über A ganzen Unteralgebra von B, welche von den Nullstellen von f und g erzeugt wird, sind also selbst ganz über A. •

56.16 Satz *Jede Polynomalgebra über einem Körper ist normal.*

Beweis. Offenbar genügt es zu zeigen, daß $K[X_1, \ldots, X_n]$, $n \in \mathbb{N}$, normal ist für einen Körper K. Der Fall $n = 0$ ist trivial. Der Fall $n = 1$ wird in Aufgabe 19 bzw. Aufgabe 20 besprochen. Ist $n > 1$, so betrachte man die Kette

$$\begin{aligned} K[X_1, \ldots, X_{n-1}, X_n] &= K[X_1, \ldots, X_{n-1}][X_n] \subseteq K(X_1, \ldots, X_{n-1})[X_n] \\ &\subseteq K(X_1, \ldots, X_{n-1})(X_n) = K(X_1, \ldots, X_n). \end{aligned}$$

Ist $f \in K(X_1, \ldots, X_n)$ ganz über $K[X_1, \ldots, X_n]$, so ist $f \in K(X_1, \ldots, X_{n-1})[X_n]$. Dies ist der Fall $n = 1$. Dann ist aber sogar $f \in K[X_1, \ldots, X_{n-1}][X_n]$ nach 56.14 und der Induktionsvoraussetzung. — Ein anderer Beweis für 56.16 ergibt sich später nebenbei, vgl. 60.5 und 58.10. Vgl. auch Aufgabe 25b) für eine Verschärfung von 56.16. •

56.17 Korollar *Jede Polynomalgebra über einem normalen Integritätsbereich ist ebenfalls normal.*

Beweis. Dies folgt sofort aus 56.14 und 56.16. •

Beispiel 7 (Minimale Ganzheitsgleichungen) In manchen Fällen besitzen ganze Elemente ausgezeichnete Ganzheitsgleichungen, nämlich dann, wenn diese von Minimalpolynomen herrühren.

56.18 Lemma *Seien A ein Integritätsbereich, K sein Quotientenkörper, B eine K-Algebra und $x \in B$ ein über A ganzes Element. Dann liegen die Koeffizienten des Minimalpolynoms g von x über K in der ganzen Hülle von A in K.*

Beweis. Sei $f(x) = 0$ eine Ganzheitsgleichung, $f \in A[X]$ normiert. Da f Vielfaches von g in $K[X]$ ist, ergibt 56.15 die Behauptung. •

Ist in der in 56.18 gegebenen Situation A zusätzlich normal, so ist $g(x)$ die — eindeutig bestimmte — Ganzheitsgleichung kleinsten Grades für x über A; wir nennen sie die minimale Ganzheitsgleichung für x über A. Einen wichtigen Einzelfall halten wir fest:

56.19 Korollar *Sei $A \subseteq B$ eine Erweiterung von Integritätsbereichen; A sei normal. Ferner sei $x \in B$ ganz über A. Dann hat das Minimalpolynom g von*

x über dem Quotientenkörper von A Koeffizienten in A, und $g(x) = 0$ ist die minimale Ganzheitsgleichung für x über A. Ferner ist

$$A[x] \cong A[X]/A[X]g\,,$$

und $A[x]$ ist eine freie A–Algebra (vom Rang $\mathrm{Grad}\, g = [x : K]$*).*

Dabei ergibt sich der Zusatz ebenfalls aus 56.15: Die zum Kern des A–Algebra–Homomorphismus $A[X] \to A[x]$ mit $X \mapsto x$ gehörenden Polynome sind bereits in $A[X]$ Vielfache von g. Schließlich ist an 53.10 zu erinnern.

Bemerkung 2 (Vollständig normale Ringe) Seien A ein kommutativer Ring und Q sein totaler Quotientenring. Ein Element $x \in Q$ heißt schwach ganz(-algebraisch) über A, wenn es einen Nichtnullteiler $c \in A$ gibt derart, daß $cx^i \in A$ ist für alle $i \in \mathbb{N}$; gleichbedeutend damit ist, daß $cA[x] \subseteq A$ gilt, daß $A[x]$ also von einer Homothetie (mit einem Nichtnullteiler) isomorph auf ein Ideal in A abgebildet wird. Die Menge der schwach ganzen Elemente in Q über A sei mit

$$A''$$

bezeichnet. Man hat folgende Inklusionen:

$$A \subseteq A' \subseteq A'' \subseteq Q\,.$$

Ist nämlich $x \in Q$ ein Element der ganzen Hülle A' von A in Q, so ist $A[x]$ ein endlicher A–Modul; für einen gemeinsamen Nenner c der Elemente eines endlichen Erzeugendensystems des A–Moduls $A[x]$ gilt dann $cA[x] \subseteq A$. *Ist A noethersch, so ist freilich $A' = A''$.*

Allgemein ist A'' ein Unterring von Q, wie man sofort sieht. Man nennt A vollständig ganz-abgeschlossen in Q, wenn $A = A''$ ist. Ist A überdies ein Integritätsbereich, so heißt A vollständig normal. *Jeder vollständig normale Integritätsbereich ist normal.* Die Umkehrung hiervon gilt nicht, aber *noethersche normale Integritätsbereiche sind vollständig normal.* Zu weiteren Sätzen und Beispielen siehe die Aufgaben 25 und 27.

Definition Sei K ein Körper. Ein Erweiterungskörper $L \supseteq K$ heißt ein algebraischer Abschluß (schlechthin) von K, wenn L algebraisch über K und algebraisch abgeschlossen ist.

Im Kapitel XI werden wir zeigen, daß algebraische Abschlüsse von K bis auf K–Algebra–Isomorphie eindeutig bestimmt sind, daß man also von *dem* algebraischen Abschluß von K sprechen kann, wenn er existiert. Die Existenz eines algebraischen Abschlusses können wir an dieser Stelle ohne Schwierigkeiten beweisen. Zunächst eine Hilfsüberlegung:

56.20 *Sei $K \subseteq L$ eine Körpererweiterung derart, daß jedes Polynom aus $K[X]$ über L in Linearfaktoren zerfällt. Dann ist der algebraische Abschluß K' von K in L ein algebraischer Abschluß von K.*

Beweis. Die Nullstellen eines $f \in K[X]$, $f \neq 0$, in L gehören zu K', weshalb f bereits über K' zerfällt. Wir dürfen daher $K' = L$ annehmen.

Sei etwa L_1 ein Erweiterungskörper von L und $x \in L_1$ algebraisch über L. Nach 56.8 ist x dann algebraisch über K. Also gibt es ein Polynom $g \neq 0$ aus $K[X]$ mit $g(x) = 0$. Da g über L in Linearfaktoren zerfällt, gehört x als Nullstelle von g zu L. Nach 55.2 ist jetzt klar, daß L algebraisch abgeschlossen ist. •

Der Fundamentalsatz der Algebra ergibt mit 56.20 direkt:

56.21 Satz *Der Körper der algebraischen Zahlen ist ein algebraischer Abschluß des Körpers der rationalen Zahlen.*

Der Körper der algebraischen Zahlen ist insbesondere ein algebraisch abgeschlossener Körper. Nach 56.1 ist er abzählbar.

Beispiel 8 Algebraische Abschlüsse abzählbarer Körper lassen sich leicht konstruieren. Sei nämlich K ein abzählbarer Körper. Dann ist $K[X]$ abzählbar; sei etwa $f_1, f_2, \ldots$ eine Aufzählung der Polynome $\neq 0$ aus $K[X]$. Rekursiv findet man mit 54.10 eine Körperkette $K \subseteq K_1 \subseteq K_2 \subseteq \cdots$ derart, daß jeweils K_i endlich über K_{i-1} ist und f_i über K_i zerfällt. Die Vereinigung der K_i ist ein algebraischer Erweiterungskörper L von K, der nach 56.20 ein algebraischer Abschluß von K ist. L ist offenbar ebenso wie K abzählbar. Insbesondere besitzen endliche Körper algebraische Abschlüsse. (Zu einem anderen Konstruktionsverfahren siehe Aufgabe 13.)

Ganz allgemein gilt:

56.22 Satz (Steinitz) *Jeder Körper K besitzt einen algebraischen Abschluß.*

Beweis (E. Artin). Sei M die Menge der nichtkonstanten Polynome aus $K[X]$. Das Ideal $\mathbf{a}$, das im Polynomring

$$P := K[X_f : f \in M]$$

von den Polynomen $f(X_f)$, $f \in M$, erzeugt wird, ist nicht das Einheitsideal. Sonst gäbe es eine Darstellung der 1,

$$1 = \sum_{i=1}^{n} g_i f_i(X_{f_i}),$$

mit $f_i \in M$, $g_i \in P$, $i = 1, \ldots, n$. Nach 54.10 gäbe es Elemente $x_1, \ldots, x_n$ in einer Körpererweiterung L von K mit $f_i(x_i) = 0$. Der Substitutionshomomorphismus $P \to L$ mit $X_{f_i} \mapsto x_i$, $i = 1, \ldots, n$, und $X_f \mapsto 0$ sonst machte aus der Darstellung der 1 die Identität $1 = 0$ in L, was absurd wäre.

Wegen $\mathbf{a} \neq P$ gibt es ein maximales Ideal $\mathbf{m}$ in P mit $\mathbf{m} \supseteq \mathbf{a}$. Dann ist $K_1 := P/\mathbf{m}$ ein Körper. Die Restklasse von $f(X_f)$ ist $0 \in K_1$, so daß die Restklasse von X_f in K_1 eine Nullstelle von f ist. Wir identifizieren K mit seinem kanonischen Bild in K_1. Dann ist K_1 ein Erweiterungskörper von K, in dem jedes Polynom $f \in M$ eine Nullstelle x besitzt; man hat weiter $f = (X - x) \cdot f_1$ mit einem $f_1 \in K_1[X]$. Man wiederholt den Prozeß und konstruiert eine Körperkette $K \subseteq K_1 \subseteq K_2 \subseteq \cdots$ so, daß jeweils die nichtkonstanten Polynome aus $K_{i-1}[X]$ Nullstellen in K_i besitzen. Die Vereinigungsmenge der K_i ist dann ein Erweiterungskörper von K, über dem sämtliche Polynome aus $K[X]$ zerfallen. Mit 56.20 erhält man einen algebraischen Abschluß von K.

Übrigens brauchte man gar nicht erst die Körperkette $K_1 \subseteq K_2 \subseteq \cdots$ zu bilden; denn die Polynome aus $K[X]$ zerfallen bereits über K_1, siehe §89, Aufgabe 13. •

Aufgaben

1. Sei A ein Integritätsbereich. $Q(A)$ ist algebraisch über A.

2. Seien $A \subseteq B$ eine Erweiterung von Integritätsbereichen und $K \subseteq L$ die ihrer Quotientenkörper. Genau dann ist B algebraisch über A, wenn L algebraisch über K ist.

3. Jeder Zwischenring einer algebraischen Körpererweiterung ist ein Körper.

4. Ist $g \in \mathbb{N}$, $g \geq 2$, so ist $\sum_{\nu=0}^{\infty} \frac{1}{g^{\nu!}}$ eine transzendente Zahl.

5. Eine irrationale Zahl x mit der Kettenbruchentwicklung $x = [b_0, b_1, \ldots]$ und den Näherungsbrüchen p_j/q_j heißt eine Liouvillezahl, wenn es zu jedem noch so großen m ein j mit $b_{j+1} > q_j^m$ gibt. Liouvillezahlen sind transzendent und leicht anzugeben. (Zur Kettenbruchentwicklung siehe Anhang II.C.)

6. Sei $A \subseteq B$ eine Erweiterung von Integritätsbereichen. Dann ist die Menge der über A algebraischen Elemente von B ein Zwischenring der Erweiterung.

7. Sei P ein Polynomring über dem Körper K. Dann ist K algebraisch abgeschlossen in P. (Gradbetrachtung. Siehe weiter Aufgabe 21.)

8. Seien A ein kommutativer Ring, S ein multiplikatives System in A und B eine kommutative A–Algebra. Ist B ganz über A, so auch B_S über A_S. Ist A ganz abgeschlossen in B, so ist A_S ganz abgeschlossen in B_S. Insbesondere gilt: Ist A ein normaler Integritätsbereich, so ist auch A_S normal.

9. Seien A ein kommutativer Ring und B eine A–Algebra. Genau dann ist $x \in B$ ganz über A, wenn es einen treuen $A[x]$–Modul V gibt, der endlicher A–Modul ist. (Man übertrage den Beweis von 56.4.)

10. Sei $A \subseteq B$ eine ganze Erweiterung von Integritätsbereichen.

a) Ist $\mathbf{b}$ ein Ideal $\neq 0$ in B, so ist auch $\mathbf{b} \cap A \neq 0$.

b) Genau dann ist A ein Körper, wenn B ein Körper ist.

11. Sei $A \subseteq B$ eine ganze Erweiterung kommutativer Ringe. Ist $\mathbf{a}$ ein Ideal $\neq A$ in A, so ist $\mathbf{a}B \neq B$. Folgerung: $A^\times = B^\times \cap A$. (Sei etwa $\mathbf{a}B = B$ und $1 = a_1 b_1 + \cdots + a_n b_n$ mit $a_i \in \mathbf{a}$, $b_i \in B$. Dann ist auch $\mathbf{a}C = C$ für $C := A[b_1, \ldots, b_n]$. Nach dem Lemma von Dedekind 48.9 gibt es ein $a \in \mathbf{a}$ mit $(1-a)C = 0$.)

12. Sei $A \subseteq B$ eine ganze Erweiterung kommutativer Ringe. Ist $\mathbf{b}$ ein maximales Ideal in B, so ist $\mathbf{b} \cap A$ ein maximales Ideal in A. ($B/\mathbf{b}$ ist ganz über $A/(A \cap \mathbf{b})$.)

13. Sei $\mathbf{a}$ ein maximales Ideal im Ring der ganzen algebraischen Zahlen $\mathbb{A} \subseteq \mathbb{C}$. Dann wird $\mathbf{a} \cap \mathbb{Z}$ von einer Primzahl p erzeugt, und $\mathbb{A}/\mathbf{a}$ ist ein algebraischer Abschluß von K_p. Zu jeder Primzahl p gibt es ein p enthaltendes maximales Ideal in $\mathbb{A}$. ($1/p \notin \mathbb{A}$.)

14. Sei A ein normaler noetherscher Integritätsbereich, der von seinem Quotientenkörper K verschieden ist. Dann ist K nicht algebraisch abgeschlossen. (Sei K algebraisch abgeschlossen. Sei $x \in A$ eine Nichteinheit $\neq 0$. Es gibt ein $x_1 \in A$ mit $x_1^2 = x$, ein $x_2 \in A$ mit $x_2^2 = x_1$, usw. Für $y \in A$, $y \neq 0$, folgt aus $Ay = Ay^2$, daß y eine Einheit ist. — Bemerkung. Die Behauptung bleibt richtig, wenn man die Voraussetzung der Normalität von A wegläßt.)

15. $\mathbb{A}$ ist nicht noethersch, wenn auch ein abzählbarer normaler Integritätsbereich. (Aufgabe 14.) Jeder endliche algebraische Zahlbereich B ist noethersch. (Ist $\mathbf{b}$ ein Ideal in B, so gibt es ein $m \in \mathbf{b} \cap \mathbb{Z}$, $m \neq 0$. Dann ist B/Bm endlich; erst recht ist $\mathbf{b}$ endlich erzeugt. Daß B/Bm endlich ist, sieht man so: Ist $m = rs$, so ist $B \supseteq Bs \supseteq Brs$ eine Idealkette mit $Bs/Brs \cong B/Br$. Es genügt also zu zeigen, daß B/Bp für jede Primzahl p endlich ist. Je $d+1$ Elemente in B/Bp sind aber linear abhängig über $\mathbb{Z}/p\mathbb{Z}$, wobei d der Rang von B über $\mathbb{Z}$ ist.)

16. Seien A ein kommutativer Ring und B eine A–Algebra. Eine Einheit $x \in B$ ist genau dann ganz über A, wenn $x \in A[1/x]$ ist.

17. Seien A ein kommutativer Ring und S ein multiplikatives System von Nichtnullteilern in A. Ist A_S ganz über A, so ist $A = A_S$.

18. Seien A ein normaler Integritätsbereich und B eine torsionsfreie endliche zyklische A–Algebra. Dann ist B eine freie A–Algebra. (Mit Nenneraufnahme der Elemente $\neq 0$ aus A konstruiert man einen Erweiterungsring C von B, in dem der Quotientenkörper von A liegt. Dann geht man wie bei 56.19 vor.)

19. Sei K ein Körper. Man beweise, daß $K[X]$ normal ist, mit Gradbetrachtungen. (Sei f/g ganz über $K[X]$, wobei $f, g \in K[X]$, $g \neq 0$, sind. Man zeigt $f/g \in K[X]$ durch Induktion über $\operatorname{Grad} g$. Division mit Rest erlaubt es, $\operatorname{Grad} f < \operatorname{Grad} g$ anzunehmen. Bei $f \neq 0$ folgert man aus einer Ganzheitsgleichung

$$(f/g)^n + h_{n-1}(f/g)^{n-1} + \cdots + h_0 = 0$$

mit $h_i \in K[X]$, daß $h_0 g/f$ ganz über $K[X]$ ist, also nach Induktionsvoraussetzung zu $K[X]$ gehört. Nun reduziert man den Grad der Ganzheitsgleichung.)

20. Jeder Bezoutbereich A ist normal. (Jedes Element x des Quotientenkörpers von A läßt sich in der Form $x = a/b$ mit $a, b \in A$, $b \neq 0$, $Aa + Ab = A$ darstellen. Ist x zudem ganz, so erhält man aus einer Ganzheitsgleichung für x, daß a sowohl Einheit als auch ein nilpotentes Element modulo Ab ist, was $Ab = A$ bedeutet.) Insbesondere ist jeder Hauptidealbereich normal. (Das beweist erneut, daß $\mathbb{Z}$ und $K[X]$, K Körper, normal sind.)

21. Ein Körper K ist algebraisch abgeschlossen in jedem rationalen Funktionenkörper über K.

22. (Norm ganzer Elemente) Sei $A \subseteq B$ eine ganze Erweiterung von Integritätsbereichen, deren Quotientenkörper $K \subseteq L$ eine endliche Erweiterung bilden. Für jedes $b \in B$ ist dann $\mathrm{N}_K^L(b)$ ganz über A. (Wegen 56.19 darf man annehmen, daß die Koeffizienten des Minimalpolynoms von b über K in A liegen. Nun betrachtet man $A[b]$ und verwendet den Normschachtelungssatz 50.6.)

23. Sei K ein endlicher algebraischer Zahlkörper. Dann ist der endliche Zahlbereich $B := K \cap A$ der ganzen Zahlen in K eine endliche freie $\mathbb{Z}$-Algebra. (Dedekind — Wir zeichnen eine $\mathbb{Q}$-Basis $z_1, \ldots, z_n$ von K aus, $n := [K : \mathbb{Q}]$. K läßt sich als $\mathbb{Q}$-Unteralgebra einer $\mathbb{R}$-Algebra R auffassen, die $z_1, \ldots, z_n$ als $\mathbb{R}$-Basis mit denselben Strukturkonstanten hat. Kurz gesagt, wir betrachten die $\mathbb{R}$-Algebra $\mathbb{R} \otimes_{\mathbb{Q}} K$. Die Norm N von R über $\mathbb{R}$ ist eine Fortsetzung der Norm von K über $\mathbb{Q}$. Wir versehen R mit der Topologie, die von der Maximumsnorm der Koeffizienten bezüglich der Basis $z_1, \ldots, z_n$ herrührt. Als reelle Funktion auf R ist N stetig. Besäße ein $x \in B$ keine Umgebung U mit $U \cap B = \{x\}$, so gäbe es eine gegen 0 konvergierende Folge $x_i \in B$ mit $x_i \neq 0$; wegen $\mathrm{N}(x_i) \in \mathbb{Z}$ (nach Aufgabe 22) folgte aber $|\mathrm{N}(x_i)| \geq 1$ und $\lim \mathrm{N}(x_i) = 0$, Widerspruch! Also ist B diskrete Punktmenge in R. Nach dem einfachen Satz 76.11 über Gitter ist B endlicher freier $\mathbb{Z}$-Modul.)

24. Sei K ein beliebiger algebraischer Zahlkörper. Dann ist der Ring B der ganzen Zahlen in K eine freie $\mathbb{Z}$-Algebra. Insbesondere ist A frei über $\mathbb{Z}$. (Satz von Stiemke. — Nach III.B.6 genügt es zu zeigen: Sind $x_1, \ldots, x_n \in B$ und ist U die gesättigte Hülle von $\mathbb{Z}x_1 + \cdots + \mathbb{Z}x_n$ in B, so ist U frei. U ist aber im Ring der ganzen Zahlen von $\mathbb{Q}[x_1, \ldots, x_n]$ enthalten, welcher nach dem Satz von Dedekind (Aufgabe 23) frei ist. — Bemerkung. Die Sätze III.B.5 und III.B.6 (Pontrjagin) finden sich für den Grundring $\mathbb{Z}$ auch schon bei Stiemke 1913. Siehe E. Noethers Zitat in Math. Z. **25** (1926), 9-39.)

25. a) Seien A ein Integritätsbereich, A'' der Ring der über A schwach ganzen Elemente im Quotientenkörper Q von A und X_i, $i \in I$, Unbestimmte über A. Dann ist $A''[X_i]_{i \in I}$ der Ring der über $A[X_i]_{i \in I}$ schwach ganzen Elemente im rationalen Funktionenkörper $Q(X_i)_{i \in I}$. (Es genügt, den Fall einer Unbestimmten X über A zu betrachten. Dann ist in der Hauptsache zu beweisen: Sind $f, g \in A''[X]$, $h \in A[X]$, $g \neq 0$, $h \neq 0$, mit $h(f/g)^i \in A[X]$ für alle $i \in \mathbb{N}$, so ist $f \in A''[X]g$. (Induktion über Grad f.))

b) Jede Polynomalgebra über einem vollständig normalen Integritätsbereich ist vollständig normal. Insbesondere ist jede Polynomalgebra über einem Körper vollständig normal.

c) Sei A' der Ring der über A ganzen Elemente in Q. Man beweise, daß $A'[X_i]_{i \in I}$ der Ring der über $A[X_i]_{i \in I}$ ganzen Elemente in $Q[X_i]_{i \in I}$ ist, durch Zurückführen auf a), indem man ausnützt, daß die Koeffizienten von Ganzheitsgleichungen jeweils in einer endlich erzeugten $\mathbb{Z}$-Algebra, also einem noetherschen Unterring liegen.

26. Sei A ein vollständig normaler Integritätsbereich. Ist $f \in A$, $f \notin A^\times$, so ist $\bigcap_{n \in \mathbb{N}} Af^n = 0$.

27. Seien K ein Körper, P die Polynomalgebra $K[X, Y]$ und

$$A := K[X, XY, XY^2, \ldots]$$

die von den Monomen XY^i, $i \in \mathbb{N}$, erzeugte K-Unteralgebra von P. Der Funktionenkörper $K(X, Y)$ ist auch der Quotientenkörper von A.

a) Der Ring A ist ganz abgeschlossen in P und daher normal. (Ein $f \in P$ ohne konstanten Term liegt genau dann in A, wenn $f(0, Y) = 0$ ist. Man setze $X = 0$ in Ganzheitsgleichungen für Elemente von P über A.)

b) A ist nicht vollständig normal. Jedes $f \in P$ ist schwach ganz über A.

c) A ist die Vereinigung der aufsteigenden Folge $R_n := K[X, XY, \ldots, XY^n]$, $n \in \mathbb{N}_+$, von Unteralgebren, die vollständig normal sind. (Als Abweichung eines Monoms X^iY^j sei die Zahl $q - i$ bezeichnet, wobei $q \in \mathbb{N}$ aus $j = qn + r$, $-n < r \leq 0$, bestimmt wird. Genau dann gehört X^iY^j zu R_n, wenn die Abweichung ≤ 0 ist. Gehört X^iY^j nicht zu R_n, so werden die Abweichungen der Potenzen von X^iY^j beliebig groß. — Jedes $f \in P \setminus R_n$ ist nicht schwach ganz über R_n. Zum Beweis darf man f homogen annehmen. Man betrachte dann die Leitterme der Potenzen f^i, aufgefaßt als Polynome in Y über $K[X]$.)

28. Sei $A \subseteq B$ eine Erweiterung von Integritätsbereichen mit $A \cap (Bx) = Ax$ für alle $x \in A$. Ist B normal, so auch A. (Die Voraussetzung ist zum Beispiel erfüllt, wenn $A \subseteq B$ eine freie oder allgemeiner treuflache Erweiterung von Integritätsbereichen ist, vgl. auch §88, Aufgabe 7.)

29. Sei A ein $\mathbb{R}$–Algebra. Ist A algebraisch über $\mathbb{R}$ und ein Divisionsbereich, so ist A eine der Algebren $\mathbb{R}$, $\mathbb{C}$ oder $\mathbb{H}$. (Vgl. 55.4 bzw. den Beweis dazu.)

30. Sei K ein Körper. Man gebe eine K–Algebra A mit über K algebraischen Elementen $x, y \in A$ an, deren Produkt xy transzendent über K ist.

§57 Derivationen

Beim ersten Lesen genügt es, bis zur Taylorformel vorzugehen.

Sei A ein kommutativer Ring.

Definition Sei V ein Modul über der kommutativen A–Algebra B. Eine Abbildung

$$\delta : B \to V$$

heißt eine A-Derivation von B in V, wenn gilt:

(1) δ ist A–linear.

(2) Für alle $b, c \in B$ gilt die Produktregel:

$$\delta(bc) = c\,\delta b + b\,\delta c\,.$$

Eine $\mathbb{Z}$–Derivation heißt eine Derivation schlechthin; (1) bedeutet dann einfach, daß δ additiv ist. Statt Derivation ist auch die Bezeichnung Ableitung gebräuchlich. Bei einer Derivation von B in sich (wenn also $V = B$ ist), kann man die Produktregel (2) auch so schreiben:

$$\delta(bc) = (\delta b)c + b\,\delta c\,.$$

Beispiel 1 Sei $B := C^\infty(\mathbb{R})$ die $\mathbb{R}$–Algebra der beliebig oft differenzierbaren reellwertigen Funktionen auf $\mathbb{R}$. Die Abbildung, die jeder Funktion aus B die gewöhnliche Ableitung zuordnet, ist eine $\mathbb{R}$–Derivation von B in sich.

Bemerkung 1 Der Begriff der Derivation läßt sich weiter fassen. Häufig gebraucht wird die folgende Erweiterung: Sei V ein Bimodul vom Typ ${}_BV_B$ über einer (nicht notwendig kommutativen) A–Algebra B derart, daß $ax = xa$ für alle $a \in A$, $x \in V$ gilt. Eine Abbildung $\delta : B \to V$ heißt dann eine A–Derivation, wenn δ linear über A ist und $\delta(bc) = (\delta b)c + b\,\delta c$ für alle $b, c \in B$ gilt. Einige der folgenden Überlegungen gelten auch für solche allgemeinen Derivationen.

Sei $\delta : B \to V$ eine A–Derivation der kommutativen A–Algebra B. Aus der Produktregel folgert man durch Induktion sofort die Potenzregel: Für jedes $n \in \mathbb{N}_+$ ist

$$\delta(b^n) = nb^{n-1}\delta b\,.$$

Weiter leitet sich aus der Produktregel die Quotientenregel ab: Ist $b \in B$ und $c \in B^\times$ beliebig, so ist

$$\delta\left(\frac{b}{c}\right) = \frac{c\,\delta b - b\,\delta c}{c^2}\,.$$

Man erhält diese Regel, indem man $\delta b = \delta((b/c)c) = c\,\delta(b/c) + (b/c)\delta c$ nach $\delta(b/c)$ auflöst. Man kann nun die Potenzregel für Einheiten aus B und jedes $n \in \mathbb{Z}$ beweisen.

57.1 Lemma *Sei $\delta : B \to V$ eine A-Derivation der kommutativen A-Algebra B in den B-Modul V. Dann ist* Kern δ *eine A-Unteralgebra von B.*

Beweis. Kern δ ist ein A–Untermodul von B. Weiter ist $\delta(1) = 0$ wegen

$$\delta 1 = \delta(1 \cdot 1) = 1 \cdot (\delta 1) + 1 \cdot (\delta 1) = \delta 1 + \delta 1$$

Sind $b, c \in$ Kern δ, so ist $\delta(bc) = c\,\delta b + b\,\delta c = 0$, also auch $bc \in$ Kern δ. •

Insbesondere ist der Primring $\mathbb{Z} \cdot 1_B$ von B im Kern jeder Derivation von B enthalten.

57.2 Korollar *Zwei A-Derivationen δ und δ' von B in den B-Modul V sind bereits dann gleich, wenn ihre Werte auf einem A-Algebra-Erzeugendensystem von B übereinstimmen.*

Beweis. Die A–lineare Abbildung $\delta - \delta'$ von B in V genügt, wie ein Blick auf die Produktregel zeigt, dieser Regel ebenfalls, ist also eine A–Derivation. Nach 57.1 ist nun $\delta - \delta' = 0$, also $\delta = \delta'$. •

Das folgende Lemma erlaubt es oft, bei der Untersuchung von A–Derivationen den Grundring A zu vernachlässigen.

57.3 Lemma *Eine Derivation δ der A-Algebra B ist genau dann eine A-Derivation, wenn $A \cdot 1_B$ zum Kern von δ gehört.*

Beweis. Ist δ A–linear, so ist $\delta(a \cdot 1_B) = a \cdot \delta 1_B = 0$ für jedes $a \in A$. Gehört umgekehrt $A \cdot 1_B$ zum Kern von δ, so ist

$$\delta(ab) = \delta((a \cdot 1_B)b) = b\,\delta(a \cdot 1_B) + (a \cdot 1_B)\delta b = a\,\delta b$$

für beliebige $a \in A$, $b \in B$, so daß δ A–linear ist. •

Sei weiterhin V ein Modul über der kommutativen A–Algebra B. Die Menge der A–Derivationen von B in V wird mit

$$\mathrm{Der}_A(B, V)$$

bezeichnet, bei $A = \mathbb{Z}$ schreibt man kurz $\mathrm{Der}(B, V)$. Im Falle $V = B$ verwenden wir statt $\mathrm{Der}_A(B, B)$ auch die Bezeichnung

$$\mathrm{Der}_A B$$

und bei $A = \mathbb{Z}$ entsprechend $\mathrm{Der} B$.

57.4 $\mathrm{Der}_A(B, V)$ *ist in natürlicher Weise ein B-Modul.*

Beweis. Mit $\delta, \delta' \in \mathrm{Der}_A(B, V)$ sind auch $\delta \pm \delta'$ Derivationen, wie ein Blick auf die Produktregel zeigt. Daher ist $\mathrm{Der}_A(B, V)$ eine Untergruppe von $\mathrm{Hom}_A(B, V)$.

Für $b \in B$ und $\delta \in \mathrm{Der}_A(B, V)$ definiert man $b\delta$ als die A–lineare Abbildung $c \mapsto b\,\delta c$, welche eine Derivation ist, was wiederum direkt der Produktregel anzusehen ist. Man verifiziert leicht, daß durch dieses Produkt $\mathrm{Der}_A(B, V)$ zu einem B–Modul wird. (Dieser ist ein B–Untermodul von $\mathrm{Hom}_A(B, V) \subseteq V^B$ bezüglich der B–Modulstruktur, die von V herrührt.) •

Bemerkung 2 Zu jedem Homomorphismus $v: V \to W$ von B–Moduln ist durch $\delta \mapsto v \circ \delta$ ein B–Modul–Homomorphismus

$$\mathrm{Der}_A(B, v): \mathrm{Der}_A(B, V) \to \mathrm{Der}_A(B, W)$$

definiert. $\mathrm{Der}_A(B, \mathrm{id}_V)$ ist die Identitätsabbildung von $\mathrm{Der}_A(B, V)$. Ist $u: U \to V$ ein weiterer Homomorphismus von B–Moduln, so gilt

$$\mathrm{Der}_A(B, v) \circ \mathrm{Der}_A(B, u) = \mathrm{Der}_A(B, vu)\,.$$

Schließlich läßt sich auch B in $\mathrm{Der}_A(B, V)$ variieren. Ist $\varphi: B' \to B$ ein Homomorphismus kommutativer A–Algebren, so ist durch $\delta \mapsto \delta\varphi$ ein B'–Modul–Homomorphismus

$$\mathrm{Der}_A(\varphi, V): \mathrm{Der}_A(B, V) \to \mathrm{Der}_A(B', V)$$

definiert, wobei B–Moduln mittels φ kanonisch als B'–Moduln aufgefaßt werden.

Im Falle $V = B$ ist eine Komposition von Derivationen möglich. Diese ergibt im allgemeinen nicht wieder Derivationen. Es gilt jedoch:

57.5 Lemma *Seien B eine kommutative A-Algebra und $\delta_1, \delta_2 \in \mathrm{Der}_A B$. Dann ist auch der A-Endomorphismus*

$$[\delta_1, \delta_2] := \delta_1\delta_2 - \delta_2\delta_1$$

von B ein Element von $\mathrm{Der}_A B$.

Beweis. Seien $b, c \in B$ beliebig. Es ist

$$\begin{aligned}[\delta_1, \delta_2]bc &= (\delta_1\delta_2 - \delta_2\delta_1)bc = \delta_1\delta_2(bc) - \delta_2\delta_1(bc)\\ &= \delta_1((\delta_2 b)c + b\,\delta_2 c) - \delta_2((\delta_1 b)c + b\,\delta_1 c)\end{aligned}$$

$$\begin{aligned}&= (\delta_1\delta_2 b)c + (\delta_2 b)(\delta_1 c) + (\delta_1 b)(\delta_2 c) + b(\delta_1\delta_2 c)\\ &\quad - ((\delta_2\delta_1 b)c + (\delta_1 b)(\delta_2 c) + (\delta_2 b)(\delta_1 c) + b(\delta_2\delta_1 c))\\ &= (\delta_1\delta_2 b)c - (\delta_2\delta_1 b)c + b(\delta_1\delta_2 c) - b(\delta_2\delta_1 c)\\ &= ([\delta_1,\delta_2]b)c + b([\delta_1,\delta_2]c).\end{aligned}$$

$[\delta_1,\delta_2]$ ist trivialerweise A–linear. •

Die Derivation $[\delta_1,\delta_2]$ heißt die Jacobi–Klammer von δ_1 und δ_2. Häufig wird sie auch als Lie–Produkt oder Klammerprodukt von δ_1 und δ_2 bezeichnet.

Bemerkung 3 (Lie–Algebren) Seien A ein kommutativer Ring und L eine A–Algebra im allgemeinen Sinne, vgl. §26, Bemerkung 1 und §45, Beispiel 1. Das Produkt in L ist durch eine A–bilineare Abbildung $\mu: L \times L \to L$ gegeben und sei hier mit einer Klammer geschrieben:

$$[x, y] := \mu(x, y).$$

Man nennt L eine Lie–Algebra über A, wenn μ alternierend ist, wenn also für jedes $x \in L$

$$[x, x] = 0$$

gilt, und wenn für alle $x, y, z \in L$ die Jacobi–Identität gilt:

$$[x, [y, z]] + [y, [z, x]] + [z, [x, y]] = 0.$$

Diese letzte Eigenschaft tritt an Stelle des Assoziativgesetzes, welches wir normalerweise bei Algebren voraussetzen. Man merkt sich die Jacobi–Identität so: Innerhalb der Klammern werden die Elemente x, y, z zyklisch permutiert. Da man $[x, y] = -[y, x]$ für alle $x, y \in L$ hat, kann man die Jacobi–Identität auch in folgender Weise schreiben:

$$[[x, y], z] + [[y, z], x] + [[z, x], y] = 0.$$

Eine Lie–Unteralgebra L' einer Lie–Algebra L ist eine in L enthaltene Lie–Algebra, die ein A–Untermodul von L ist und deren Multiplikation sich aus der von L durch Beschränkung ergibt. Jeder A–Untermodul von L, auf den sich die Multiplikation beschränken läßt, ist damit eine Lie–Unteralgebra.

Zu jeder (assoziativen) A–Algebra B erhält man eine zugeordnete (oder assoziierte) Lie–Algebra $[B]$ über A, indem man das gewöhnliche Produkt zweier Elemente b, c aus B durch

$$[b, c] := bc - cb$$

ersetzt. Dieses Produkt ist alternierend und erfüllt, wie leicht zu verifizieren ist, die Jacobi–Identität. 57.5 läßt sich jetzt so formulieren: *Der$_A B$ ist mit der Jacobi–Klammer eine Lie–Unteralgebra von* $[\mathrm{End}_A B]$.

Wir besprechen nun Derivationen von Polynomalgebren. Sei A ein kommutativer Ring. Im Polynomring $A[X]$ in einer Variablen X über A ist

$$\partial: \sum_{i\in\mathbb{N}} a_i X^i \mapsto \sum_{i\in\mathbb{N}_+} i a_i X^{i-1}$$

eine A–Derivation von $A[X]$ in sich. Da ∂ sicher A–linear ist, genügt es, die Produktregel für die Potenzen der Unbestimmten zu zeigen. Für $i, j \in \mathbb{N}_+$

ist aber

$$\partial(X^iX^j) = (i+j)X^{i+j-1} = iX^{i-1}X^j + jX^iX^{j-1} = (\partial X^i)X^j + X^i(\partial X^j).$$

Die Fälle, in denen i oder j gleich 0 ist, sind trivial. Ist $f \in A[X]$, so bezeichnet man das Polynom ∂f auch mit

$$f' \text{ oder } \frac{\mathrm{d}f}{\mathrm{d}X}$$

und nennt es die Ableitung von f nach X.

Beispiel 2 Einfachheit von Nullstellen läßt sich mit der Ableitung feststellen:

57.6 Lemma *Seien A ein Integritätsbereich und $f \in A[X]$, $f \neq 0$. Eine Nullstelle $a \in A$ von f ist genau dann einfach, wenn $f'(a) \neq 0$ ist.*

Beweis. Es ist $f = (X-a)g$ mit einem $g \in A[X]$. Genau dann ist a eine einfache Nullstelle von f, wenn $g(a) \neq 0$ ist. Es ist aber $f' = (X-a)'g + (X-a)g' = g + (X-a)g'$ und daher $f'(a) = g(a)$. •

Beispielsweise ist sofort zu sehen, daß jedes Polynom $X^n - 1$ aus $\mathbb{C}[X]$ nur einfache Nullstellen hat. Die Ableitung ist nämlich das Polynom nX^{n-1}, welches in allen Nullstellen von $X^n - 1$ gerade keine Nullstellen hat! Vgl. §54, Beispiel 5. Auch die Einfachheit der Nullstellen des Polynoms $X^q - X$ in Satz 55.5 ist nach 57.6 evident.

Sei nun $P = A[X_i]_{i \in I}$ ein Polynomring in einer beliebigen Familie X_i, $i \in I$, von Unbestimmten. Zu festem $i \in I$ läßt sich P als Polynomring in der einen Unbestimmten X_i über $A_i := A[X_j : j \in I \setminus \{i\}]$ betrachten. Nach obigem ist dann die A_i–Derivation (erst recht: A–Derivation)

$$\partial_i = \frac{\partial}{\partial X_i}$$

von P in sich definiert, die jedem Polynom f die Ableitung von f nach X_i zuordnet; sie heißt die partielle Ableitung nach X_i.

Bemerkung 4 Sei $B = A[x_i]_{i \in I}$ eine beliebige Polynomalgebra über A in den Elementen x_i, $i \in I$; es wird also vorausgesetzt, daß der Einsetzungshomomorphismus $\varphi : A[X_i]_{i \in I} \to B$ mit $X_i \mapsto x_i$ bijektiv ist. Die mit Hilfe von φ nach B herübergenommenen Ableitungen $\partial_i = \partial/\partial X_i$ sind die A–Derivationen $\varphi\partial_i\varphi^{-1}$ von B, die man mit

$$\frac{\partial}{\partial x_i}$$

oder auch mit ∂_i bezeichnet, wenn aus dem Zusammenhang klar ist, um welche Familie x_i, $i \in I$, von Elementen es sich handelt. Sie werden ebenfalls partielle Ableitungen nach den x_i genannt.

Seien $P := \mathbb{R}[X_1, \ldots, X_n]$ und B die $\mathbb{R}$–Algebra der zugehörigen Polynomfunktionen, die man in der Analysis gemeinhin mit den Polynomen gleichsetzt. Die bei der kanonischen Isomorphie $P \to B$ der Unbestimmten X_i zugeordnete Funktion sei mit x_i bezeichnet. B ist $\mathbb{R}$–Unteralgebra der $\mathbb{R}$–Algebra $C^\infty(\mathbb{R}^n)$ der reellen unendlich oft differenzierbaren Funktionen auf dem $\mathbb{R}^n$. Die in der Analysis definierten partiellen Ableitungen $\partial/\partial x_i$ auf $C^\infty(\mathbb{R}^n)$ lassen sich auf B beschränken und stimmen dort mit den partiellen Ableitungen überein, die wir oben algebraisch konstruiert haben. Wegen 57.2 braucht dies nur auf den x_i nachgeprüft zu werden, wofür die Behauptung trivial ist.

Analoge Aussagen gelten für $P := \mathbb{C}[X_1, \ldots, X_n]$ und die komplexwertigen Funktionen auf dem $\mathbb{R}^n$ bzw. (bezüglich der komplexen Differentiation) auf dem $\mathbb{C}^n$.

Für die partiellen Ableitungen in $P = A[X_i]_{i \in I}$ hat man

$$\partial_i X_j = \delta_{ij}$$

bei beliebigen $i, j \in I$; δ_{ij} ist hier das Kroneckerdelta. Daraus folgert man, daß die ∂_i paarweise kommutieren: *Es ist*

$$\partial_i \partial_j = \partial_j \partial_i$$

für alle $i, j \in I$. Nach 57.5 ist nämlich $[\partial_i, \partial_j]$ eine A-Derivation von P in sich, von der zu zeigen ist, daß sie die Nullderivation ist, wozu nach 57.2 genügt, $[\partial_i, \partial_j]X_k = 0$ für jedes $k \in I$ zu wissen. Es ist aber $\partial_i \partial_j X_k = \partial_i \delta_{jk} = 0$ und ebenso $\partial_j \partial_i X_k = 0$.

Da die ∂_i paarweise kommutieren, ist für ein beliebiges Element $\nu = (\nu_i)$ aus $\mathbb{N}^{(I)}$ die Abbildung

$$\partial_\nu = \frac{\partial^{|\nu|}}{\partial X^\nu} := \prod_{i \in I} \partial_i^{\nu_i}$$

als A-Endomorphismus von P wohldefiniert; bei einer Variablen ist

$$\frac{\mathrm{d}^\nu}{\mathrm{d}X^\nu}$$

als Bezeichnung gebräuchlich; statt $\mathrm{d}^\nu f/\mathrm{d}X^\nu$ schreibt man auch kurz $f^{(\nu)}$. Zu den üblichen Abkürzungen mit Multi-Indizes (siehe §52) nehmen wir im Hinblick auf den folgenden Satz auch noch

$$\nu! := \prod_{i \in I} \nu_i!$$

für $\nu = (\nu_i) \in \mathbb{N}^{(I)}$ hinzu.

57.7 Taylorformel *Seien* $f \in P = A[X_i]_{i \in I}$ *und* $a = (a_i)_{i \in I} \in A^I$. *Die Koeffizienten* $b_\nu \in A$ *aus der Taylorentwicklung*

$$f = \sum_{\nu \in \mathbb{N}^{(I)}} b_\nu (X - a)^\nu$$

genügen den folgenden Gleichungen:

$$\nu! b_\nu = (\partial_\nu f)(a), \quad \nu \in \mathbb{N}^{(I)}.$$

Beweis. Sei $\nu \in \mathbb{N}^{(I)}$ fest. Die Abbildungen $f \mapsto \nu! b_\nu$ und $f \mapsto (\partial_\nu f)(a)$ von P in A sind beide A-linear. Es genügt deshalb, die Taylorformel für die Monome

$$f = (X-a)^\mu = \prod_{i \in I} (X_i - a_i)^{\mu_i}, \quad \mu \in \mathbb{N}^{(I)},$$

zu beweisen, die eine A-Modul-Basis von P bilden. Gibt es ein $i \in I$ mit $\nu_i > \mu_i$, so ist offensichtlich $\partial_\nu (X-a)^\mu = 0$. Ist $\nu_i < \mu_i$ für ein $i \in I$, so ist das Polynom $\partial_\nu (X-a)^\mu$ ein Vielfaches von $X_i - a_i$ und verschwindet deshalb an der Stelle a. In beiden Fällen ist auch $b_\nu = 0$. Bei $\mu = \nu$ schließlich ist $\partial_\nu f$ das konstante Polynom $\nu!$, was noch zu zeigen war. •

Sind die Vielfachen $m = m \cdot 1_A$ für $m \in \mathbb{N}_+$ Einheiten in A, was zum Beispiel der Fall ist, wenn A ein Körper der Charakteristik Null ist, so erhält man aus der Taylorformel 57.7 die Darstellung

$$f = \sum_{i \in \mathbb{N}^{(I)}} \frac{(\partial_\nu f)(a)}{\nu!} (X-a)^\nu$$

der Taylorentwicklung von $f \in P$ um den Punkt a. Diese Darstellung hat man insbesondere in den klassischen Fällen, in denen A einer der Körper $\mathbb{Q}$, $\mathbb{R}$ oder $\mathbb{C}$ ist.

Beispiel 3 (Nullstellenordnung) Allgemeiner als in Beispiel 2 läßt sich auch die Ordnung mehrfacher Nullstellen mit Ableitungen testen:

57.8 Satz *Seien A ein Integritätsbereich, $a \in A$ und $f \in A[X]$, $f \neq 0$. Für $i \in \mathbb{N}$ sei $f^{(i)} := \mathrm{d}^i f / \mathrm{d}X^i$. Dann gilt:*

(1) *Hat f die Nullstelle a mit der Vielfachheit ν, so ist $f^{(i)}(a) = 0$ für $0 \le i < \nu$. Ist überdies $\nu!$ kein Nullteiler in A, so ist $f^{(\nu)}(a) \neq 0$.*

(2) *Ist umgekehrt $\nu!$ kein Nullteiler in A und ist $f^{(i)}(a) = 0$ für $0 \le i < \nu$ und $f^{(\nu)}(a) \neq 0$, so ist ν die Vielfachheit der Nullstelle a von f.*

Insbesondere gilt bei Char $A = 0$, *daß die Nullstellenordnung von f in a die kleinste natürliche Zahl ν mit $f^{(\nu)}(a) \neq 0$ ist.*

Beweis. Nach Taylorentwicklung und -formel ist $f = \sum_{i \in \mathbb{N}} b_i (X-a)^i$ mit $i! b_i = f^{(i)}(a)$. Es genügt nun darauf hinzuweisen, daß a genau dann eine Nullstelle der Ordnung ν von f ist, wenn $b_i = 0$ für $0 \le i < \nu$ und $b_\nu \neq 0$ ist. •

Beispiel 4 (Polynomialtheorem) Wir geben einen zweiten Beweis für den Satz 14.4: *Sind $a_1, \ldots, a_r$ paarweise kommutierende Elemente des Ringes A, so gilt für jedes $n \in \mathbb{N}$ die Formel*

$$(a_1 + \cdots + a_r)^n = \sum_{|\nu| = n} \frac{n!}{\nu!} a^\nu .$$

Dabei ist $a^\nu := a_1^{\nu_1} \cdots a_r^{\nu_r}$ bei $\nu = (\nu_i)$ gesetzt. Zum Beweis ziehen wir die Kroneckersche Unbestimmtenmethode heran. Sei dazu

$$\varphi : \mathbb{Z}[X_1, \ldots, X_r] \to A$$

der Einsetzungshomomorphismus mit $X_i \mapsto a_i$. Gilt die Formel für $X_1, \ldots, X_r$, so offenbar auch für $a_1, \ldots, a_r$. Wir können uns also auf die Berechnung der g^n, $g := X_1 + \cdots + X_r$, beschränken. Nach der Taylorformel ist

$$g^n = \sum_{|\nu|=n} a_\nu X^\nu$$

mit $\nu! a_\nu = (\partial_\nu g^n)(0)$. Man hat $\partial_i g^m = m g^{m-1}$ für alle i und alle $m \geq 1$. Somit ist $\partial_\nu g^n = n! g^0 = n!$ für alle $\nu \in \mathbb{N}^r$ mit $|\nu| = n$. Es folgt $\nu! a_\nu = n!$ und $a_\nu = n!/\nu!$, wie behauptet.

Beispiel 5 (Waringsche und Newtonsche Formeln) Seien I eine endliche Menge mit n Elementen und A ein kommutativer Ring. Die Potenzsummen

$$P_j := \sum_{i \in I} X_i^j, \quad j \in \mathbb{N},$$

sind symmetrische Polynome in den Unbestimmten X_i, $i \in I$, über A und lassen sich daher nach Satz 54.13 eindeutig als Polynome in den elementarsymmetrischen Funktionen S_ν der Unbestimmten X_i, $i \in I$, bzw. in den Funktionen

$$C_\nu = (-1)^\nu S_\nu, \quad \nu = 1, \ldots, n,$$

darstellen. Man beachte, daß $S_\nu = C_\nu = 0$ für $\nu > n$ ist. Genauer gilt:

57.9 Satz *Für alle $j \in \mathbb{N}_+$ ist*

$$P_j = M_j(C_1, \ldots) \qquad \text{(Waringsche Formeln)},$$
$$j! C_j = N_j(P_1, \ldots) \qquad \text{(Newtonsche Formeln)}.$$

Die M_j bzw. N_j sind die Waring- bzw. Newton-Polynome aus §53, Aufgabe 29.

Beweis. Es genügt, die Waringschen Formeln zu beweisen. Die Newtonschen Formeln ergeben sich dann aus §53, Aufgabe 30c).

Sei $j \in \mathbb{N}_+$ fest. Auf $F := \prod_{i \in I}(X - X_i) = X^n + C_1 X^{n-1} + \cdots + C_{n-1} X + C_n$ wendet man die Derivation $\Delta_j := X^{j+1} \partial/\partial X + \sum_{i \in I} X_i^{j+1} \partial/\partial X_i$ an. Einerseits erhält man dann

$$\begin{aligned}
\Delta_j F &= F \cdot \sum_{i \in I} \frac{\Delta_j(X - X_i)}{X - X_i} = F \cdot \sum_{i \in I} \frac{X^{j+1} - X_i^{j+1}}{X - X_i} \\
&= F \cdot \sum_{i \in I} (X^j + X^{j-1} X_i + \cdots + X_i^j) = F \cdot (P_0 X^j + P_1 X^{j-1} + \cdots + P_j) \\
&= \sum_{i=0}^{n} (C_i P_0 X^{n-i+j} + C_i P_1 X^{n-i+j-1} + \cdots + C_i P_j X^{n-i}).
\end{aligned}$$

Andererseits ergibt sich auf direktem Wege

$$\Delta_j F = \sum_{i=0}^{n}(\Delta_j C_j)X^{n-i} + \sum_{i=0}^{n}(n-i)C_i X^{n-i+j}\,.$$

Der Koeffizientenvergleich bei X^n in den beiden Darstellungen von $\Delta_j F$ liefert, daß die P_j dieselben Rekursionsgleichungen wie die Waringschen Polynome erfüllen (mit C_j anstelle von Z_j, vgl. §53, Aufgabe 30a)). Daher ist $P_j = M_j(C_1, \dots)$. •

Zu einem anderen Beweis von 57.9 siehe §63, Beispiel 6.

Wir wenden uns noch einigen Sätzen über die Lage der Nullstellen reeller Polynome zu, die man mit elementaren Mitteln der Analysis beweist, wozu Zwischenwertsatz und Mittelwertsatz gehören.

Beispiel 6 (M i t t e l w e r t s a t z   f ü r   r e e l l e   P o l y n o m e) In §54 hatten wir gesehen, daß der Zwischenwertsatz für reelle Polynome eine Folgerung aus dem Fundamentalsatz der Algebra ist. Ohne noch einmal auf die Analysis zurückgreifen zu müssen, leiten wir hier den Mittelwertsatz für reelle Polynome aus dem Zwischenwertsatz ab. Zunächst wird ein Spezialfall behandelt.

57.10 (S a t z   v o n   R o l l e   f ü r   r e e l l e   P o l y n o m e) *Hat das Polynom $f \in \mathbb{R}[X]$ in den Punkten a, b aus $\mathbb{R}$, $a < b$, jeweils eine Nullstelle, so gibt es einen Punkt c im offenen Intervall $]a, b[$, in dem die Ableitung f' von f verschwindet.*

B e w e i s. Wir können $f \neq 0$ annehmen und weiter, daß f in $]a, b[$ keine Nullstelle hat. Man schreibt $f = (X - a)^\mu (X - b)^\nu g$ mit positiven natürlichen Zahlen μ, ν und einem $g \in \mathbb{R}[X]$, welches in $[a, b]$ keine Nullstelle hat. Es folgt

$$f' = \mu(X-a)^{\mu-1}(X-b)^\nu g + (X-a)^\mu \nu(X-b)^{\nu-1}g + (X-a)^\mu(X-b)^\nu g'$$
$$= (X-a)^{\mu-1}(X-b)^{\nu-1}h$$

mit $h := \mu(X-b)g + \nu(X-a)g + (X-a)(X-b)g'$. Da $g(a)$ und $g(b)$ nach dem Zwischenwertsatz das gleiche Vorzeichen haben, haben $h(a) = \mu(a-b)g(a)$ und $h(b) = \nu(b-a)g(b)$ verschiedene Vorzeichen. h hat folglich nach dem Zwischenwertsatz eine Nullstelle in $]a, b[$, was dann erst recht für f' gilt. •

57.11 (M i t t e l w e r t s a t z   f ü r   r e e l l e   P o l y n o m e) *Seien $f \in \mathbb{R}[X]$ und $a, b \in \mathbb{R}$, $a < b$. Dann gibt es einen Punkt c im offenen Intervall $]a, b[$ mit*

$$\frac{f(b) - f(a)}{b - a} = f'(c)\,.$$

B e w e i s. Man wendet 57.10 auf $f - f(a) - \frac{f(b)-f(a)}{b-a}(X-a)$ an. •

57.12 Korollar *Seien $f \in \mathbb{R}[X]$ und $a, b \in \mathbb{R}$, $a < b$. Ist $f'(x) > 0$ (bzw. < 0) für alle $x \in]a, b[$, so ist $f(a) < f(b)$ (bzw. $f(a) > f(b)$).*

Dies verwendet man in bekannter Weise für die Untersuchung des Werteverlaufs reeller Polynomfunktionen ("K u r v e n d i s k u s s i o n").

Im folgenden spielen die Vorzeichenwechsel in einer Folge reeller Zahlen eine große Rolle. Ist $a_0, a_1, a_2, \dots$ eine (endliche oder unendliche) Folge reeller Zahlen $\neq 0$, so heißt ein Paar $(i, i+1)$, wobei $i \in \mathbb{N}$ ist, ein Vorzeichenwechsel, wenn $a_i a_{i+1} < 0$ ist. Die Vorzeichenwechsel einer beliebigen Folge reeller Zahlen sind definitionsgemäß die Vorzeichenwechsel der Teilfolge der von 0 verschiedenen Elemente dieser Folge. So hat etwa die Folge 1,0,2,0,0,-3,1,-1,0 genau 3 Vorzeichenwechsel. Wir betrachten nun für ein Polynom $f \in \mathbb{R}[X]$ und ein $c \in \mathbb{R}$ die Vorzeichenwechsel der Folge

$$f(c) = f^{(0)}(c),\; f'(c),\; f''(c), \ldots, f^{(i)}(c), \ldots,$$

wobei $f^{(i)} := \mathrm{d}^i f / \mathrm{d}X^i$ gesetzt ist; mit

$$V(c)$$

sei die Anzahl dieser Vorzeichenwechsel bezeichnet.

57.13 Lemma *Das Polynom $f \in \mathbb{R}[X]$, $f \neq 0$, habe im Punkte $c \in \mathbb{R}$ die Nullstellenordnung μ. Dann gibt es ein (reelles) $\epsilon > 0$ und ein $\rho \in \mathbb{N}$ mit*

$$V(x) = V(c) \qquad \text{für } x \in]c, c+\epsilon],$$
$$V(y) = V(c) + \mu + 2\rho \quad \text{für } y \in [c-\epsilon, c[\,.$$

Beweis. Sei $n := \operatorname{Grad} f$. Wir wählen $\epsilon > 0$ so klein, daß die Polynome $f, f', \ldots, f^{(n)}$ in $[c-\epsilon, c[$ und $]c, c+\epsilon]$ keine Nullstelle haben. Seien $f^{(\nu_0)}(c), f^{(\nu_1)}(c), \ldots, f^{(\nu_m)}(c)$, $\mu = \nu_0 < \nu_1 < \cdots < \nu_m = n$, die von 0 verschiedenen Werte der Folge $f(c), f'(c), \ldots, f^{(n)}(c)$. Sei $f^{(\nu_i)}(c) > 0$ mit $i \geq 1$, $\nu_{i-1} < \nu_i - 1$. Nach 57.12 ist $f^{(\nu_i - 1)}(x) > 0$ für $x \in]c, c+\epsilon]$. So fortfahrend erhält man $f^{(\nu)}(x) > 0$ für alle ν mit $\nu_{i-1} + 1 \leq \nu \leq \nu_i$ und alle $x \in]c, c+\epsilon]$. Analog erhält man $f^{(\nu)}(x) < 0$ für die angegebenen ν und x, falls $f^{(\nu_i)}(c) < 0$ ist. Schließlich haben auch $f^{(0)}(x), \ldots, f^{(\nu_0)}(x)$ dasselbe Vorzeichen wie $f^{(\nu_0)}(c)$, falls $x \in]c, c+\epsilon]$ ist. Insgesamt bedeutet dies $V(x) = V(c)$ für $x \in]c, c+\epsilon]$.

Für $y \in]c-\epsilon, c]$ und $i \geq 1$ haben $f^{(\nu_{i-1}+1)}(y), \ldots, f^{(\nu_i)}(y)$ abwechselndes Vorzeichen. Setzen wir $F_i := f^{(\nu_{i-1})}(c) f^{(\nu_i)}(c)$, so ist für die genannten y die Anzahl der Vorzeichenwechsel in der Folge $f^{(\nu_{i-1})}(y), \ldots, f^{(\nu_i)}(y)$ gleich

$$\begin{aligned} \nu_i - \nu_{i-1}\,, &\text{ falls } \nu_i - \nu_{i-1} \text{ gerade und } F_i > 0, \\ \nu_i - \nu_{i-1}\,, &\text{ falls } \nu_i - \nu_{i-1} \text{ ungerade und } F_i < 0, \\ \nu_i - \nu_{i-1} - 1\,, &\text{ falls } \nu_i - \nu_{i-1} \text{ ungerade und } F_i > 0, \\ \nu_i - \nu_{i-1} - 1\,, &\text{ falls } \nu_i - \nu_{i-1} \text{ gerade und } F_i < 0. \end{aligned}$$

Die Anzahl der Vorzeichenwechsel in der Folge $f^{(0)}(y), \ldots, f^{(\nu_0)}(y) = f^{(\mu)}(y)$ schließlich ist gleich μ bei $y \in [c-\epsilon, c[$. Insgesamt ergibt das die zweite Gleichung des Lemmas. •

57.14 Satz (Budan–Fourier) *Sei $f \in \mathbb{R}[X]$ ein von 0 verschiedenes Polynom. Für die Anzahl N der Nullstellen von f im Intervall $]a,b]$, $a < b$, jede mit ihrer Vielfachheit gerechnet, gilt*

$$N = V(a) - V(b) - 2\rho$$

mit einem $\rho \in \mathbb{N}$. Insbesondere ist $N \leq V(a) - V(b)$. Sind alle Nullstellen von f reell (d.h. besitzt f keine Nullstellen in $\mathbb{C}\setminus\mathbb{R}$), so ist $N = V(a)-V(b)$.

Beweis. Sei $n := \operatorname{Grad} f$. Seien $a := a_0 < a_1 < \cdots < a_s := b$ so bestimmt, daß die Polynome $f = f^{(0)}, \ldots, f^{(n)}$ in den Intervallen $]a_i, a_{i+1}[$ keine Nullstellen haben, $i = 0, \ldots, s-1$. Dann ist $V(x)$ nach 57.13 in den halboffenen Intervallen $[a_i, a_{i+1}[$ jeweils konstant, $i = 0, \ldots, s-1$. Ferner gibt es nach 57.13 natürliche Zahlen $\rho_1, \ldots, \rho_s$ mit

$$V(a_i) - V(a_{i+1}) = \mu_{i+1} + 2\rho_{i+1}\,, \quad i = 0, \ldots, s-1\,,$$

wobei $\mu_1, \ldots, \mu_s$ die Nullstellenordnungen von f in den Punkten $a_1, \ldots, a_s$ sind. Mit $\rho := \rho_1 + \cdots + \rho_s$ gilt dann

$$N = \mu_1 + \cdots + \mu_s = \sum_{i=0}^{s-1} (V(a_i) - V(a_{i+1}) - 2\rho_{i+1}) = V(a) - V(b) - 2\rho\,.$$

Zum Beweis des Zusatzes seien $a' < a$ und $b' > b$ so gewählt, daß $f^{(0)}(a'), \ldots, f^{(n)}(a')$ abwechselndes und $f^{(0)}(b'), \ldots, f^{(n)}(b')$ gleiches Vorzeichen haben und f für $y \leq a'$ und $x \geq b'$ keine Nullstellen hat. Nach dem Bewiesenen gibt es $\rho_1, \rho, \rho_2 \in \mathbb{N}$ mit $N_1 = V(a') - V(a) - 2\rho_1$, $N = V(a) - V(b) - 2\rho$, $N_2 = V(b) - V(b') - 2\rho_2$, wobei N_1 bzw. N bzw. N_2 die Anzahl der Nullstellen von f in $]a', a]$ bzw. $]a, b]$ bzw. $]b, b']$ ist. Es folgt

$$n = \operatorname{Grad} f = N_1 + N + N_2 = V(a') - V(b') - 2(\rho_1 + \rho + \rho_2) = n - 2(\rho_1 + \rho + \rho_2)$$

und daraus $\rho_1 = \rho = \rho_2 = 0$. •

57.15 Korollar (Descartes) *Sei $f = a_0 + a_1 X + \cdots + a_n X^n \in \mathbb{R}[X]$, $a_n \neq 0$. Mit V_+ bzw. V_- sei die Anzahl der Vorzeichenwechsel in $a_0, \ldots, a_n$ bzw. $a_0, -a_1, \ldots, (-1)^n a_n$ bezeichnet, mit N_+ bzw. N_- die Anzahl der positiven bzw. negativen Nullstellen von f, jede mit ihrer Vielfachheit gerechnet. Dann gibt es $\rho_+, \rho_- \in \mathbb{N}$ mit*

$$N_+ = V_+ - 2\rho_+\,, \quad N_- = V_- - 2\rho_-\,.$$

Besitzt f nur reelle Nullstellen, so ist $N_+ = V_+$ und $N_- = V_-$.

Beweis. Sei $b' > 0$ so groß gewählt, daß $f^{(0)}(b'), \ldots, f^{(n)}(b')$ alle dasselbe Vorzeichen haben, nämlich das von a_n, und daß f keine Nullstellen x mit $x \geq b'$ hat. Dann ist die Anzahl der Nullstellen in $]0, b']$ nichts anderes als N_+, und die Gleichungen $N_+ = V_+ - 2\rho_+$ bzw. $N_+ = V_+$ folgen direkt aus 57.14. Die Aussagen über N_- folgen aus denen über N_+, angewandt auf das Polynom $f(-X)$. •

Bemerkung 5 Seien $f = a_0 + \cdots + a_n X^n \in \mathbb{R}[X]$ und $c \in \mathbb{R}$. Ist $f = b_0 + b_1(X-c) + \cdots + b_n(X-c)^n$ die Taylorentwicklung von f um den Punkt c, so gilt $b_i = (1/i!)f^{(i)}(c)$, und die Anzahl $V(c)$ der Vorzeichenwechsel von $f^{(0)}(c), \ldots, f^{(n)}(c)$ ist gleich der Anzahl der Vorzeichenwechsel von $b_0, \ldots, b_n$. Zur konkreten Berechnung der Koeffizienten $b_0, \ldots, b_n$ siehe §53, Beispiel 4.

Der Satz von Budan-Fourier liefert im allgemeinen nur eine Abschätzung für die Anzahl der Nullstellen eines reellen Polynoms in einem vorgegebenen Intervall. Die genaue Anzahl solcher Nullstellen, *ohne* Vielfachheiten gerechnet, gewinnt man mit einem von Sturm angegebenen Algorithmus.

Betrachten wir dazu ein nichtkonstantes Polynom $f \in \mathbb{R}[X]$ mit der Ableitung f'. Als Sturmsche Kette zu f definieren wir mit Hilfe des Satzes 53.6 über die Division mit Rest

$$f_{(0)}, f_{(1)}, \ldots, f_{(k)}$$

durch folgende Bedingungen:

$$f_{(0)} := f\,, \quad f_{(1)} := f'\,,$$

und für $i \geq 1$:

$$\begin{aligned} f_{(i-1)} &= q_i f_{(i)} - f_{(i+1)}\,, \quad \operatorname{Grad} f_{(i)} > \operatorname{Grad} f_{(i+1)}\,, \\ &\vdots \\ f_{(k-1)} &= q_k f_{(k)}\,. \end{aligned}$$

Dies ist im wesentlichen der euklidische Algorithmus für die Polynome f und f', den wir in §59 noch ausführlicher besprechen. Das Polynom $f_{(k)}$ ist der größte gemeinsame Teiler von f und f'. Für ein $c \in \mathbb{R}$ bezeichnen wir mit

$$W(c)$$

die Anzahl der Vorzeichenwechsel in der Folge $f_{(0)}(c), \ldots, f_{(k)}(c)$.

57.16 Satz (Sturm) *Sei $f \in \mathbb{R}[X]$ ein nichtkonstantes Polynom. Die Punkte $a, b \in \mathbb{R}$, $a < b$, seien keine mehrfachen Nullstellen von f. Dann gilt für die Anzahl M der Nullstellen von f im Intervall $]a, b]$, jede Nullstelle einfach gezählt:*

$$M = W(a) - W(b)\,.$$

Beweis. $f_{(0)}, \ldots, f_{(k)}$ sei die Sturmsche Kette zu f. Nach Konstruktion teilt $f_{(k)}$ alle Polynome $f_{(i)}$, $i = 0, \ldots, k$. Für die Quotienten $g_{(i)} = f_{(i)}/f_{(k)}$ gilt:

$$\begin{aligned} g_{(i-1)} &= q_i g_{(i)} - g_{(i+1)}\,, \quad i = 1, \ldots, k-1\,, \\ g_{(k-1)} &= q_k\,, \quad g_{(k)} = 1\,. \end{aligned}$$

Die $g_{(i)}$ haben folgende Eigenschaften:

(1) $f_{(0)}$ und $g_{(0)}$ haben dieselben Nullstellen. Die Nullstellen von $g_{(0)}$ sind alle einfach.

(2) Von den Polynomen $g_{(i)}$ haben zwei aufeinanderfolgende keine gemeinsamen Nullstellen.

(3) Ist $g_{(i)}(c) = 0$ für ein i mit $0 < i < k$, so ist $g_{(i-1)}(c)g_{(i+1)}(c) < 0$.

(4) Ist $g_{(0)}(c) = 0$, so ist $g'_{(0)}(c)g_{(1)}(c) > 0$.

Der Beweis von (1) ergibt sich aus der folgenden Überlegung: Ist c eine μ-fache Nullstelle von f, $\mu \geq 1$, so ist c eine $(\mu - 1)$-fache Nullstelle von f'. Dann ist c auch eine $(\mu - 1)$-fache Nullstelle von $f_{(k)}$ und folglich eine einfache Nullstelle von $g_{(0)} = f/f_{(k)}$. — Verschwänden zwei aufeinanderfolgende $g_{(i)}$ an der Stelle c, so verschwänden alle $g_{(i)}$ an der Stelle c. Es ist aber $g_{(k)} = 1$. Das beweist (2). — (3) ist nach Konstruktion auf Grund von (2) trivial. — (4) erhält man wie folgt: Ist $f = (X - c)^{\mu}h$ und $f_{(k)} = (X - c)^{\mu-1}h_{(k)}$ mit $\mu \geq 1$ und $h(c) \neq 0 \neq h_{(k)}(c)$, so ist, wie leicht zu sehen,

$$g'_{(0)}(c) = h(c)/h_{(k)}(c)\,, \quad g_{(1)}(c) = \mu h(c)/h_{(k)}(c) = \mu g'_{(0)}(c)\,.$$

Sei nun $c \in \mathbb{R}$ beliebig. Mit $U(c)$ sei die Anzahl der Vorzeichenwechsel in der Folge $g_{(0)}(c), \ldots, g_{(k)}(c)$ bezeichnet. Seien $a_0 := a < a_1 < \ldots < a_s := b$ so bestimmt, daß die Polynome $g_{(i)}$ in den Intervallen $]a_j, a_{j+1}[$ keine Nullstellen haben. Dann ist $U(x)$ in den Intervallen $[a_j, a_{j+1}[$ jeweils konstant; ist $\mu_j (= 0$ oder $= 1)$ die Ordnung von $g_{(0)}$ in a_j, so ist $U(a_j) = U(a_{j+1}) + \mu_{j+1}$. Dies folgt direkt aus den oben angegebenen Eigenschaften (2) bis (4). Also ist

$$M = \mu_1 + \cdots + \mu_s = \sum_{j=0}^{s-1} (U(a_j) - U(a_{j+1})) = U(a) - U(b)\,.$$

Wegen $f = g_{(0)} f_{(k)}$ und $f_{(k)}(a) \neq 0 \neq f_{(k)}(b)$ (hier nützen wir aus, daß f in a und b keine mehrfachen Nullstellen hat) ist $W(a) = U(a)$ und $W(b) = U(b)$, so daß auch $M = W(a) - W(b)$ gilt, wie behauptet. •

Die Einschränkung an die Nullstellenordnung von f in den Intervallenden a und b, die im Satz genannt ist, ist für praktische Zwecke unwichtig, da man, wie die Hilfsaussage (1) im Beweis zeigt, f notfalls auf algorithmische Weise durch das Polynom $g_{(0)}$ mit einfachen Nullstellen ersetzen kann.

Es folgen einige Ergänzungen über Derivationen.

57.17 Satz *Seien A ein kommutativer Ring, $P = A[X_i]_{i \in I}$ ein Polynomring über A und V ein P-Modul. Zu jedem I-Tupel (x_i) aus V^I gibt es genau eine Derivation $\delta \in \mathrm{Der}_A(P, V)$ mit $\delta X_i = x_i$ für alle $i \in I$, und* *zwar ist*

$$\delta : f \mapsto \sum_{i\in I} (\partial_i f) x_i \, .$$

B e w e i s. Nach 57.2 kann es höchsten eine Derivation δ mit den angegebenen Eigenschaften geben. Zum Existenzbeweis bemerkt man zunächst, daß für jedes $\eta \in \mathrm{Der}_A P$ und jeden P–Modul–Homomorphismus $P \to V$ des Typs $f \mapsto fx$ (mit einem $x \in V$) die Komposition $f \mapsto \eta(f)x$ eine A–Derivation von P in V ist. Da in jedem $f \in P$ nur endlich viele Unbestimmte explizit vorkommen, ist $f \mapsto (\partial_i f)x_i$, $i \in I$, eine summierbare Familie von Derivationen. Ihre Summe δ ist eine A–Derivation von P in V mit $\delta X_i = x_i$, wie gewünscht. •

Man kann 57.17 auch wie folgt beschreiben: Die Abbildung

$$\mathrm{Der}_A(P, V) \to V^I \quad \text{mit} \quad \delta \mapsto (\delta X_i)_{i \in I} \, ,$$

ist bijektiv. Sie ist offenbar sogar eine Isomorphie von P–Moduln.

57.18 Korollar *Ist I eine endliche Menge, so ist* $\mathrm{Der}_A P$ *ein freier P–Modul mit der Basis ∂_i, $i \in I$.*

B e w e i s. Die gerade besprochene P–Isomorphie von $\mathrm{Der}_A P$ auf P^I bildet die ∂_i gerade auf die Standardbasis des endlichen freien P–Moduls $P^I = P^{(I)}$ ab. •

Beispiel 7 Derivationen können dazu verwendet werden, Probleme über Algebren zu "linearisieren". Wir besprechen ein typisches Beispiel.

57.19 Satz *Seien A ein vom Nullring verschiedener kommutativer Ring,*

$$P = A[X_i]_{i \in I}$$

eine Polynomalgebra über A und f_j, $j \in J$, ein A–Algebra–Erzeugendensystem von P. Dann ist $\mathrm{Kard}\, J \geq \mathrm{Kard}\, I$.

B e w e i s. Sei I zunächst unendlich. In diesem Falle ist ein Kardinalzahlargument möglich. Zu jedem $i \in I$ wähle man ein $\tau i \in J$ derart, daß X_i in $f_{\tau i}$ explizit vorkommt. Da jedes f_i nur endlich viele Unbestimmte X_i enthält, hat die Abbildung $\tau : I \to J$ endliche Fasern. Nach 7.4 ist $\mathrm{Kard}\, I \leq \mathrm{Kard}\, J$.

Seien nun J und I beide endlich. Durch $\delta \mapsto (\delta f_j)$ erhält man eine P–lineare Abbildung von $\mathrm{Der}_A P$ in P^J, die wegen 57.2 injektiv ist. Weiter ist $\mathrm{Der}_A P = P^I$ nach 57.18. Die Rangabschätzung $\mathrm{Kard}\, I \leq \mathrm{Kard}\, J$ ergibt sich jetzt mit 25.4. •

57.20 Korollar *Sei A ein vom Nullring verschiedener kommutativer Ring. Zwei Polynomalgebren $A[X_i]_{i \in I}$ und $A[X_j]_{j \in J}$ sind genau dann als A–Algebren isomorph, wenn* $\mathrm{Kard}\, I = \mathrm{Kard}\, J$ *ist.*

Beispiel 8 (F o r t s e t z u n g   v o n   D e r i v a t i o n e n) Sei $\varphi : A \to B$ ein Homomorphismus kommutativer Ringe. Ferner seien V ein B–Modul und $\delta \in \mathrm{Der}(A, V)$. Unter einer Fortsetzung von δ nach B versteht man ein $\Delta \in \mathrm{Der}(B, V)$

mit $\Delta\varphi = \delta$. Existiert eine Fortsetzung, so ist sie durch ihre Werte auf einem A–Algebra–Erzeugendensystem von B eindeutig bestimmt (Verallgemeinerung von 57.2 mit demselben Beweis).

Ist $\delta \in \operatorname{Der} A$, so versteht man unter einer Fortsetzung von δ nach B ein $\Delta \in \operatorname{Der} B$ mit $\Delta\varphi = \varphi\delta$. Diese Situation verlangt aber, da man aus δ durch Komposition mit φ ein Element $\varphi\delta \in \operatorname{Der}(A, B)$ erhält, keine wesentlich neuen Betrachtungen und braucht deshalb im folgenden nicht gesondert erwähnt zu werden.

Ist $\varphi: A \to B$ surjektiv, so ist δ nach B fortsetzbar (und sogar genau dann), wenn $\delta \operatorname{Kern}\varphi = 0$ ist; in diesem Falle induziert δ nämlich einen Gruppen–Homomorphismus von B in V, für den offensichtlich die Produktregel gilt. Wegen der Produktregel ist die Fortsetzungsbedingung übrigens bereits dann erfüllt, wenn δ auf einem A-Erzeugendensystem des Ideals $\operatorname{Kern}\varphi$ verschwindet.

Fortsetzungen von Derivationen nach Polynomalgebren lassen sich stets einfach gewinnen. Betrachten wir etwa einen Polynomring $P = A[X_i]_{i\in I}$ über dem kommutativen Ring A und ein $\delta \in \operatorname{Der}(A, V)$, wobei V ein P–Modul ist. Durch

$$\Big(\sum_{\nu\in\mathbb{N}^{(I)}} a_\nu X^\nu\Big)^\delta := \sum_{\nu\in\mathbb{N}^{(I)}} X^\nu(\delta a_\nu)$$

erhält man dann eine wohldefinierte additive Abbildung von P in V, die auf A mit δ übereinstimmt und, wie eine leichte Rechnung zeigt, der Produktregel genügt: $f \mapsto f^\delta$ ist also eine Fortsetzung von δ (als Derivation) nach P. Satz 57.17 läßt sich nun allgemeiner aussprechen:

57.21 Satz *Zu jedem I–Tupel (x_i) aus V^I gibt es genau eine Derivation $\Delta \in$* $\operatorname{Der}(P, V)$ *mit $\Delta|A = \delta$ und $\Delta X_i = x_i$ für alle $i \in I$.*

Beweis. Man erhält Δ in der wohldefinierten Summe

$$f \mapsto f^\delta + \sum_{i\in I}(\partial_i f)x_i$$

von Derivationen. Die Eindeutigkeit ist nach der Eingangsbetrachtung klar. •

Als eine Anwendung behandeln wir die Nenneraufnahme.

57.22 Satz *Seien A ein kommutativer Ring, S ein multiplikatives System in A, ferner V ein A_S-Modul und $\delta \in$* $\operatorname{Der}(A, V)$. *Dann gibt es genau eine Fortsetzung δ_S von δ nach A_S.*

Beweis. A_S wird als A–Algebra von den $1/s$, $s \in S$, erzeugt. Notwendig ist

$$\delta_S\Big(\frac{1}{s}\Big) = -\frac{1}{s^2}\delta s$$

nach der Quotientenregel. Daher ist überhaupt nur eine Fortsetzung möglich. Zugleich erhalten wir einen Hinweis auf die Konstruktion. A_S ist nichts anderes als der Restklassenring von $P := A[X_s : s \in S]$ nach dem von den Polynomen $1 - sX_s$ erzeugten Ideal (§52, Aufgabe 8). Sei $\Delta \in \operatorname{Der}(P, V)$ die Fortsetzung von δ gemäß 57.21 mit $\Delta X_s := -s^{-2}\delta s$. Es ist $\Delta(1 - sX_s) = 0$. Daher induziert Δ eine Derivation von A_S in V, welche die gesuchte Derivation δ_S ist. •

Man kann δ_S auch direkt konstruieren, indem man für $a \in A$, $s \in S$

$$\delta_S\left(\frac{a}{s}\right) := \frac{1}{s^2}\cdot(s\,\delta a - a\,\delta s)$$

setzt und nachrechnet, daß so in der Tat eine Derivation von A_S definiert wird.

57.23 Korollar *Seien A ein Integritätsbereich und $\delta \in \operatorname{Der} A$. Dann gibt es ein und nur ein $\Delta \in \operatorname{Der} \mathrm{Q}(A)$ mit $\Delta | A = \delta$.*

Insbesondere lassen sich die partiellen Ableitungen eines Polynomringes $K[X_i]_{i\in I}$ über einem Körper K zu Derivationen des Funktionenkörpers $K(X_i)_{i\in I}$ in sich fortsetzen; man bezeichnet diese ebenfalls mit $\partial_i = \partial/\partial X_i$.

Aufgaben

1. Sei K ein Körper der Charakteristik 0. Alle Nullstellen in K des Polynoms $1 + X + (1/2!)X^2 + \cdots + (1/n!)X^n$ sind einfach.

2. Sei A ein kommutativer Ring der Primzahlcharakteristik $p > 0$, in dem der Frobenius–Endomorphismus $x \mapsto x^p$ ein Automorphismus ist. (Dies ist beispielsweise der Fall, wenn A ein endlicher oder ein algebraisch abgeschlossener Körper ist.) Dann ist $\operatorname{Der} A = 0$.

3. A sei ein kommutativer Ring, δ_1 und δ_2 seien folgende A–Derivationen des Polynomringes $A[X, Y, Z]$:

$$XZ\frac{\partial}{\partial X} - 2Z^2\frac{\partial}{\partial Y} + \frac{\partial}{\partial Z} \quad \text{bzw.} \quad Y^3\frac{\partial}{\partial X} + X^7\frac{\partial}{\partial Z}.$$

Man bestimme $f, g, h \in A[X, Y, Z]$ mit $[\delta_1, \delta_2] = f(\partial/\partial X) + g(\partial/\partial Y) + h(\partial/\partial Z)$.

4. (Eulersche Formel) Seien A ein kommutativer Ring und $f \in A[X_i]_{i\in I}$ ein homogenes Polynom vom Grade m. Dann ist

$$mf = \sum_{i\in I} X_i(\partial f/\partial X_i).$$

5. (Leibnizregel) Seien A ein kommutativer Ring und $\delta \in \operatorname{Der} A$. Sind $a_1, \ldots, a_r \in A$ und $n \in \mathbb{N}$, so gilt

$$\delta^n(a_1\cdots a_r) = \sum_{i_1+\cdots+i_r=n} \frac{n!}{i_1!\cdots i_r!}(\delta^{i_1}a_1)\cdots(\delta^{i_r}a_r).$$

6. Sei A ein kommutativer Ring der Charakteristik p, wobei p eine Primzahl sei. Für jedes $\delta \in \operatorname{Der} A$ ist auch $\delta^p \in \operatorname{Der} A$.

7. (Logarithmische Ableitung) Seien B ein kommutativer Ring, δ eine Derivation von B in einen B–Modul V und A der Kern von δ. Durch $b \mapsto (\delta b)/b$ wird ein Gruppenhomomorphismus der multiplikativen Gruppe $B^\times$ in die additive Gruppe von V definiert, die logarithmische Ableitung bezüglich δ. Diese induziert eine Einbettung von $B^\times/A^\times$ in die additive Gruppe von V.

8. (Kettenregel) Seien A ein kommutativer Ring, φ ein A–Algebra–Homomorphismus von $R := A[X_i]_{i\in I}$ in $S := A[Y_j]_{j\in J}$ und δ eine A–Derivation von S mit Werten in einem S–Modul V. Für alle $f \in R$ gilt dann

$$\delta\varphi(f) = \sum_{i\in I} \varphi(\partial f/\partial X_i)\cdot\delta\varphi(X_i) = \sum_{i\in I, j\in J} \varphi(\partial f/\partial X_i)\cdot\partial_j\varphi(X_i)\cdot\delta Y_j\,.$$

(Man betrachtet die Derivationen $\delta\varphi$ und $\sum_i \varphi(\partial/\partial X_i)\cdot\delta\varphi(X_i)$ von R in V.)

9. (Funktionaldeterminante) Seien A ein kommutativer Ring und φ ein A–Algebra–Endomorphismus von $A[X_1,\ldots,X_n]$. Die Matrix

$$\mathbf{J}(\varphi) := (\partial\varphi(X_j)/\partial X_i)_{1\le i,j\le n}$$

heißt die Funktionalmatrix oder Jacobische Matrix von φ.

$$\mathrm{J}(\varphi) := \mathrm{Det}\mathbf{J}(\varphi)$$

heißt die Funktionaldeterminante oder Jacobische Determinante von φ. Ist ψ ein weiterer A–Algebra–Endomorphismus von $A[X_1,\ldots,X_n]$, so ist $\mathrm{J}(\varphi\psi) = \mathrm{J}(\varphi)\cdot\varphi(\mathrm{J}(\psi))$. Ist φ ein Automorphismus, so ist $\mathrm{J}(\varphi)$ eine Einheit in $A[X_1,\ldots,X_n]$, und es ist $\mathrm{J}(\varphi^{-1}) = (\varphi^{-1}(\mathrm{J}(\varphi)))^{-1}$. (Bemerkung. Ob im Falle, daß $A = K$ ein Körper der Charakteristik 0 ist, umgekehrt aus $\mathrm{J}(\varphi) \in K^\times$ folgt, daß in φ ein Automorphismus vorliegt, ist eine offene Frage: Jacobi–Problem.)

10. (Wronskische Determinante) Seien L ein Körper, $\delta \in \mathrm{Der}\,L$. Der Kern K von δ ist ein Unterkörper von L.

a) Die Elemente $f_0,\ldots,f_{n-1}$ von L sind genau dann linear unabhängig über K, wenn ihre Wronskische Determinante

$$W = \mathrm{W}(f_0,\ldots,f_{n-1}) := \mathrm{Det}((\delta^i f_j)_{0\le i,j\le n-1})$$

von 0 verschieden ist. (Induktion über n.)

b) Sind $a_1,\ldots,a_n \in L$, so ist die Menge der Lösungen $f \in L$ der "linearen homogenen Differentialgleichung"

$$\delta^n f + a_1\delta^{n-1} f + \cdots + a_n f = 0$$

der Ordnung n ein K–Untervektorraum von L der Dimension $\le n$. (Diese Dimension kann $< n$ sein.)

c) Seien $f_0,\ldots,f_{n-1} \in L$ linear unabhängig über K. Mit W_i sei die Determinante derjenigen Matrix bezeichnet, die aus $(\delta^i f_j)_{0\le i\le n, 0\le j\le n-1}$ durch Streichen der i–ten Zeile entsteht, $i = 0,\ldots,n$. Dabei ist $W_n = W(\neq 0)$ die Wronskische Determinante der $f_0,\ldots,f_{n-1}$. Die Elemente $f_0,\ldots,f_{n-1}$ bilden eine K–Basis des Lösungsraumes der Differentialgleichung $\delta^n f + a_1\delta^{n-1} f + \cdots + a_n f = 0$ mit den Koeffizienten $a_i := (-1)^i W_{n-i}/W$, $i = 1,\ldots,n$. Es ist

$$\delta W + a_1 W = 0$$

(Liouvillesche Gleichung).

11. Seien K ein Körper der Charakteristik 0, L der Funktionenkörper $K(X)$ und ∂ die Fortsetzung der K–Derivation $f \mapsto df/dX$ von $K[X]$ nach $K(X)$. Es gilt: Rationale Funktionen $f_0,\ldots,f_{n-1} \in K(X)$ sind genau dann linear unabhängig über K, wenn die Wronskische Determinante $\mathrm{Det}((\partial^i f_j)_{0\le i,j\le n-1})$ von 0 verschieden ist. (K ist der Kern von ∂.)

12. Seien L ein Körper und $\delta \in \operatorname{Der} L$. Sei B ein Unterring von L mit $\delta B \subseteq B$ derart, daß L der Quotientenkörper von B ist und daß es zu jedem $b \in B$ ein n mit $\delta^n b = 0$ gibt. Dann ist $K := \operatorname{Kern} \delta$ der Quotientenkörper von $A := K \cap B = \operatorname{Kern}(\delta|B)$. (Bemerkung. Es folgt eine Hälfte des Beweises in Aufgabe 11. Die etwas allgemeinere Überlegung hier läßt sich auch sonst noch vorteilhaft verwenden. Beispiel. Sei K ein Körper der Charakteristik $p > 0$. Der Kern der Fortsetzung von $\partial/\partial X$ nach $k(X)$ ist $k(X^p)$.)

13. (Hermite-Interpolation) Seien K ein Körper, $a_1, \ldots, a_n$ untereinander verschiedene Elemente aus K und $m_1, \ldots, m_n$ natürliche Zahlen derart, daß $m_1!, \ldots, m_n!$ in K nicht verschwinden, ferner $m := (m_1 + 1) + \cdots + (m_n + 1)$. Zu vorgegebenen Elementen $b_i^{(\mu_i)}$ in K, $0 \le \mu_i \le m_i$, $1 \le i \le n$, gibt es dann genau ein Polynom $f \in K[X]$ des Grades $< m$ mit

$$\frac{d^{\mu_i} f}{dX^{\mu_i}}(a_i) = b_i^{(\mu_i)}, \quad 0 \le \mu_i \le m_i, \quad 1 \le i \le n.$$

(Die K-lineare Abbildung $f \mapsto ((d^{\mu_i} f/dX^{\mu_i})(a_i))$ des K-Vektorraumes der Polynome vom Grade $< m$ in K^m ist injektiv.)

14. (Diskriminante eines Polynoms) Seien A ein kommutativer Ring und $f = a_0 + \cdots + a_n X^n$ aus $A[X]$ ein Polynom des Grades $n \ge 1$, dessen Leitkoeffizient a_n ein Nichtnullteiler sei. Die Resultante $\mathrm{R}_{n,n-1}(f, f')$ von f und der Ableitung f' ist ein Vielfaches von a_n in A. Daher ist

$$\mathrm{D}(f) := (-1)^{\binom{n}{2}} \frac{1}{a_n} \mathrm{R}_{n,n-1}(f, f')$$

ein wohldefiniertes Element von A, das die Diskriminante von f heißt.

Zum Begriff der Resultante und Diskriminante siehe §53, Beispiel 6 und §54, Beispiel 7, sowie jeweils die zugehörigen Aufgaben. Aus 53.11 folgt die Darstellung

$$\mathrm{D}(f) = \begin{vmatrix} n & (n-1)a_{n-1} & \cdots & a_1 & 0 & 0 & \cdots & \cdots \\ 1 & a_{n-1} & \cdots & a_1 & a_0 & 0 & \cdots & \cdots \\ 0 & na_n & \cdots & 2a_2 & a_1 & 0 & \cdots & \cdots \\ 0 & a_n & \cdots & a_2 & a_1 & a_0 & \cdots & \cdots \\ \cdots & \cdots & \cdots & \cdots & \cdots & \cdots & \cdots & \cdots \\ 0 & \cdots & \cdots & na_n & \cdots & \cdots & \cdots & a_1 \end{vmatrix},$$

wobei die Matrix, deren Determinante zu bilden ist, in $\mathsf{M}_{2n-1}(A)$ liegt. Man nennt diese Determinante auch dann die Diskriminante von f, wenn der Koeffizient a_n ein Nullteiler ist, und schreibt — wenn nötig — genauer $\mathrm{D}_n(f)$ für $\mathrm{D}(f)$.

a) Sei A ein Integritätsbereich. Für ein $f \in A[X]$ mit $\operatorname{Grad} f \ge 1$ ist $\mathrm{D}(f) = 0$ genau dann, wenn es einen Erweiterungskörper K von A gibt, in dem f eine mehrfache Nullstelle hat.

b) Sei f ein Polynom aus $A[X]$ des Grades $n \ge 1$ mit einem Nichtnullteiler als Leitkoeffizienten, das über A in Linearfaktoren zerfällt:

$$f = a(X - a_1) \cdots (X - a_n).$$

Mit der Vandermondeschen Determinante $\mathrm{V}(a_1, \ldots, a_n) = \prod_{1 \le i < j \le n} (a_j - a_i)$ gilt:

$$\mathrm{D}(f) = a^{2n-2} \mathrm{V}(a_1, \ldots, a_n)^2 = (-1)^{\binom{n}{2}} a^{2n-2} \prod_{j=1}^{n} f'(a_j).$$

c) Sind f, g aus $A[X]$ Polynome des Grades $n \geq 1$ bzw. $m \geq 1$, so ist

$$\mathrm{D}_{n+m}(fg) = \mathrm{D}_n(f)\mathrm{D}_m(g)\mathrm{R}_{n,m}(f,g)^2 .$$

d) Die Diskriminante des Polynoms $X^m + pX^n + q$, $m > n > 0$, ist

$$(-1)^{\binom{m}{2}} q^{n-1}\left(m^{\frac{m}{d}} q^{\frac{m-n}{d}} - (-1)^{\frac{m}{d}} (m-n)^{\frac{m-n}{d}} n^{\frac{n}{d}} p^{\frac{m}{d}}\right)^d ,$$

$d := \mathrm{ggT}(m, n)$. (R.G. Swan — Zum Beweis benutze man die Rechenregeln für Resultanten in §53, Beispiel 6 und die folgende Resultantenformel:

$$\mathrm{R}(X^m - a, X^n - b) = (-1)^m \left(b^{\frac{m}{d}} - a^{\frac{n}{d}}\right)^d ,$$

$d := \mathrm{ggT}(m, n)$. Zum Beweis dieser letzten Formel kann man annehmen, daß a, b Unbestimmte Y, Z über $\mathbb{C}$ sind. Dann rechne man in einem Erweiterungskörper von $\mathbb{C}(Y, Z)$, in dem $X^m - Y$ in Linearfaktoren zerfällt.)

15. Sei $C := \mathrm{C}^\infty(\mathbb{R})$ die $\mathbb{R}$–Algebra der beliebig oft differenzierbaren Funktionen $t \mapsto \varphi(t)$ von $\mathbb{R}$ in sich. Die gewöhnliche Ableitung $\varphi \mapsto \varphi' = d\varphi/dt$ ist eine Basis des C–Moduls $\mathrm{Der}_{\mathbb{R}} C$. (Sei $\delta \in \mathrm{Der}_{\mathbb{R}} C$. Es ist zu zeigen, daß $\delta(\varphi) = \delta(\mathrm{id}_{\mathbb{R}})\varphi'$ für alle φ ist. Sei $t_0 \in \mathbb{R}$. Es gibt bekanntlich ein $\psi \in C$ mit $\varphi - \varphi(t_0) = (t - t_0)\psi$. Es ist $\psi(t_0) = \varphi'(t_0)$. Man berechne $(\delta\varphi)(t_0) = \delta(\varphi - \varphi(t_0))(t_0)$.)

Allgemeiner gilt: Ist G ein Gebiet im $\mathbb{R}^n$ und $C = \mathrm{C}^\infty(G)$ die $\mathbb{R}$–Algebra der beliebig oft stetig differenzierbaren reellwertigen Funktionen auf G, so bilden die partiellen Ableitungen $\partial_1, \ldots, \partial_n$ eine C–Basis von $\mathrm{Der}_{\mathbb{R}} C$.

16. Seien A ein kommutativer Ring, V ein A–Modul, $\delta \in \mathrm{Der}(A, V)$ und S ein multiplikatives System in A. Dann gibt es eine und nur eine Derivation $\Delta \in \mathrm{Der}(A_S, V_S)$ derart, daß das folgende kanonische Diagramm kommutativ ist:

$$\begin{array}{ccc} A & \xrightarrow{\delta} & V \\ \downarrow & & \downarrow \\ A_S & \xrightarrow{\Delta} & V_S \end{array} .$$

17. (Innere Derivationen) Sei B eine Algebra über dem kommutativen Ring A. Für jedes $b \in B$ ist $\delta_b \colon x \mapsto [b, x]$ eine A–Derivation von B in sich. Sie heißt die zu b gehörige innere Derivation von B. Die Abbildung $[B] \to \mathrm{Der}_A B$ durch $b \mapsto \delta_b$ ist ein Lie–Algebra–Homomorphismus (d.h. A–linear und mit den Klammerprodukten verträglich). Der Kern ist das Zentrum von B. Das Bild dieses Homomorphismus heißt die Lie-Algebra der inneren Derivationen von B.

Sei L eine Lie–Algebra über A. Eine A–Derivation von L in sich ist ein A–Endomorphismus D, welcher der Produktregel $D[x, y] = [Dx, y] + [x, Dy]$ genügt, $x, y \in L$. Zu jedem $x \in L$ erhält man in $\mathrm{adj}(x) : y \mapsto [x, y]$ eine innere Derivation von L, die man die zu x adjungierte Derivation nennt. Im speziellen Fall $L = [B]$ stimmen die inneren Derivationen von B und $[B]$ überein. Jede Derivation $\delta \in \mathrm{Der}_A B$ ist auch eine Derivation von $[B]$, d.h. für beliebige $b, c \in B$ gilt $\delta[b, c] = [\delta b, c] + [b, \delta c]$. Eine triviale Folgerung: $\delta\mathrm{Z}(B) \subseteq \mathrm{Z}(B)$.

18. Seien A ein kommutativer Ring und V ein endlicher freier A–Modul. Dann ist jede A–Derivation δ der A–Algebra $\mathrm{End}_A V$ eine innere Derivation. (Seien $x_1, \ldots, x_n$ eine A–Basis von V und e_{ij}, $1 \leq i, j \leq n$, die zugehörige Basis von $\mathrm{End}_A V$ gemäß §40, Beispiel 11. Es ist $\delta e_{ij} = \sum_{r,s} a_{rs,ij} e_{rs}$ mit Koeffizienten aus

A, über die man Bedingungen durch Anwenden von δ auf die Produkte $e_{ij}e_{rs} = \delta_{jr}e_{is}$ gewinnt. δ ist die innere Derivation, die zu $\sum_{r,s} a_{r1,s1}e_{rs}$ gehört.)

19. Seien A ein kommutativer Ring und V ein endlicher freier A-Modul mit der Basis $x_1, \ldots, x_n$. Für eine Derivation $d \in \operatorname{Der} A = \operatorname{Der}_{\mathbb{Z}} A$ und einen A-Endomorphismus f von V mit der Matrix (a_{ij}) bezüglich $x_1, \ldots, x_n$ sei df der Endomorphismus mit der Matrix (da_{ij}) bezüglich $x_1, \ldots, x_n$. Bei festem d ist $f \mapsto df$ eine Derivation von $\operatorname{End}_A V$. Ist δ eine beliebige Derivation aus $\operatorname{Der}(\operatorname{End}_A V)$, so gibt es eine (bei $V \neq 0$ eindeutig bestimmte) Derivation $d \in \operatorname{Der} A$ und ein $g \in \operatorname{End}_A V$ derart, daß $\delta f = df + [g, f]$ für alle $f \in \operatorname{End}_A V$ gilt. (Man benutzt die vorstehenden beiden Aufgaben und die Tatsache, daß das Zentrum von $\operatorname{End}_A V$ gerade aus den Homothetien besteht, was in V.F.1 bewiesen wurde, indem einfach mit den Strukturkonstanten der zu $x_1, \ldots, x_n$ gehörenden Basis (e_{ij}) von $\operatorname{End}_A V$ gerechnet wurde.)

20. Sei f aus $\mathbb{R}[X]$ ein Polynom, das nur reelle Nullstellen hat. Dann haben auch die Ableitungen $f^{(i)}$, $i \geq 0$, von f nur reelle Nullstellen. Ist c eine μ-fache Nullstelle von $f^{(i)}$ mit $\mu > 1$, so ist c eine $(\mu + i)$-fache Nullstelle von f.

21. Das Polynom $f = a_0 + \cdots + a_n X^n$ aus $\mathbb{R}[X]$, $a_n \neq 0$, $a_0 \neq 0$, habe nur reelle Nullstellen. Dann sind in der Koeffizientenfolge $a_0, \ldots, a_n$ niemals zwei benachbarte Glieder gleich 0. Ist $a_i = 0$, so haben die Nachbarglieder a_{i-1}, a_{i+1} verschiedene Vorzeichen.

22. Seien $f \in \mathbb{R}[X]$ und $a, b \in \mathbb{R}$, $a < b$. Bei $f(a)f(b) < 0$ (bzw. > 0) ist die Anzahl der Nullstellen von f in $]a, b[$ ungerade (bzw. gerade). Dies gilt sowohl bei Anrechnung der Vielfachheiten der Nullstellen als auch ohne sie. (Induktion über den Grad von f.)

23. Sei $n \geq 1$. Die gestutzte Logarithmusreihe

$$L_n := \sum_{\nu=0}^{n-1} \frac{(-1)^\nu}{\nu + 1} X^{\nu+1}$$

(der Entwicklung von $\log(1 + X)$ im Nullpunkt) hat neben 0 bei ungeradem n keine und bei geradem n genau eine (und zwar einfache) weitere reelle Nullstelle.

24. a) Seien $f \in \mathbb{R}[X]$, $f \neq 0$, und $a \in \mathbb{R}$. Dann hat das Polynom $F := f + af'$ mindestens so viele reelle Nullstellen wie f, und zwar gleichgültig, ob diese jeweils einfach oder mit ihren Vielfachheiten gerechnet werden. (Sei $a \neq 0$. Sind x, y, $x < y$, benachbarte reelle Nullstellen von f, so hat F in $]x, y[$ eine ungerade Anzahl von Nullstellen, mit Vielfachheiten gezählt. Man beachte ferner $\operatorname{Grad} F = \operatorname{Grad} f$.)

b) Seien $g \in \mathbb{R}[X]$ ein Polynom des Grades $n \geq 0$ und $a \in \mathbb{R}$. Dann hat $f := g + ag' + \cdots + a^n g^{(n)}$ höchsten so viele reelle Nullstellen wie g, die Nullstellen jeweils einfach oder jeweils mit ihren Vielfachheiten gezählt. (Es ist $g = f - af'$.)

c) Sei $n \in \mathbb{N}$. Die gestutzte Exponentialreihe

$$E_n := \sum_{\nu=0}^{n} \frac{1}{\nu!} X^\nu$$

hat bei geradem n keine und bei ungeradem n genau eine (und zwar einfache) reelle Nullstelle. (Man verwendet b) zu $g := X^n/n!$, $a := 1$.)

25. Seien a, b, $a < b$, reelle Nullstellen des Polynoms $f \in \mathbb{R}[X]$. In $]a, b[$ habe f keine Nullstellen. Dann ist die Anzahl der Nullstellen von f' in $]a, b[$, jede Nullstelle mit ihrer Vielfachheit gerechnet, ungerade.

26. Sei $f \in \mathbb{R}[X]$, $f \neq 0$, $n := \operatorname{Grad} f$. Ferner sei $c \in \mathbb{R}$ derart, daß die Glieder der Folge $f^{(0)}(c), \ldots, f^{(n)}(c)$ abwechselndes (bzw. gleiches) Vorzeichen haben. Dann hat f keine Nullstelle $x \leq c$ (bzw. $x \geq c$). (Newton)

Allgemeiner gilt: Ist $b \in \mathbb{R}$ und ist $N_+(b)$ bzw. $N_-(b)$ die Anzahl der Nullstellen $x > b$ (bzw. $y < b$) von f, jede mit ihrer Vielfachheit gerechnet, so ist $N_+(b) = V(b) - 2\rho_+$ und $N_-(b) = V_-(b) - 2\rho_-$ mit natürlichen Zahlen ρ_+, ρ_-. Dabei ist $V_-(b)$ die Anzahl der Vorzeichenwechsel in der Folge

$$f^{(0)}(b), -f'(b), \ldots, (-1)^n f^{(n)}(b)\,.$$

27. Man verschaffe sich eine Übersicht über Lage und Vielfachheiten der reellen Nullstellen folgender reeller Polynome: $3X^6 + 9X^5 + X^3 - 6X^2 - 2$, $2X^5 - X^4 + X^3 + X - 2$, $X^5 + 5X^4 + 10X^2 - 5$.

28. Sei $f \in \mathbb{R}[X]$, $f \neq 0$, $n := \operatorname{Grad} f$ und seien $f_0, \ldots, f_n = f$ die in §53, Beispiel 4 für das Hornersche Schema zu f definierten Polynome. Zu $b \in \mathbb{R}$ bezeichne $V'(b)$ die Anzahl der Vorzeichenwechsel in der Folge $f_0(b), \ldots, f_n(b)$.

a) Ist $b > 0$, so ist $V(b) \leq V'(b)$. Ist überdies $f(b) \neq 0$, so ist $V(b) = V'(b) - 2\rho$ mit einem $\rho \in \mathbb{N}$.

b) Ist $b > 0$, so ist $N_+(b) \leq V'(b)$, wobei $N_+(b)$ die Anzahl der Nullstellen $x > b$ von f ist, jede Nullstelle mit ihrer Vielfachheit gerechnet. Ist überdies $f(b) \neq 0$, so ist $N_+(b) = V'(b) - 2\rho_+$ mit einem $\rho_+ \in \mathbb{N}$. (Laguerre)

29. Sei $f \in \mathbb{R}[X]$ vom Grade $n \geq 1$. Ferner seien $a, b \in \mathbb{R}$, $a < b$, und

$$(1+X)^n f\left(\frac{a+bX}{1+X}\right) = b_0 + b_1 X + \cdots + b_n X^n\,.$$

N sei die Anzahl der Nullstellen von f in $]a, b[$, Vielfachheiten eingerechnet; V sei die Anzahl der Vorzeichenwechsel von $b_0, \ldots, b_n$. Dann gilt $N = V - 2\rho$ mit einem $\rho \in \mathbb{N}$. (Jacobi — Man benutzt 57.15.)

30. Man bestimme mit dem Sturmschen Satz die Anzahl der reellen Nullstellen des Polynoms $X^n + X - 1$, $n \geq 2$.

31. Man bestimme mit dem Sturmschen Satz die Anzahl der reellen Nullstellen des Polynoms $X^n + pX + q$ mit $n \geq 2$, $p, q \in \mathbb{R}^\times$.

32. Seien $f = a_0 + a_1 X + \cdots + a_n X^n$ ein Polynom aus $\mathbb{R}[X]$ vom Grade $n \geq 1$ und $f = f_{(1)}, \ldots, f_{(k)}$ die Sturmsche Kette von f.

a) f hat genau dann n verschiedene reelle Nullstellen, wenn $k = n$ ist (d.h. wenn $\operatorname{Grad} f_{(i)} = n - i$ für $i = 0, \ldots, n$ ist) und wenn die Leitkoeffizienten der $f_{(i)}$ alle dasselbe Vorzeichen haben.

b) Seien $\Delta_1, \Delta_3, \ldots, \Delta_{2n-1}$ die Hauptunterminoren ungerader Ordnung der quadratischen Matrix aus $\mathsf{M}_{2n-1}(\mathbb{R})$, mit deren Hilfe die Diskriminante $\mathrm{D}(f)$ dargestellt wird, vgl. Aufgabe 14. Das Polynom f hat genau dann n verschiedene reelle Nullstellen, wenn $\Delta_1, \Delta_3, \ldots, \Delta_{2n-1}$ alle von 0 verschieden sind und dasselbe Vorzeichen haben. (Sind $b_1, \ldots, b_n$ (bei $k = n$) die Leitkoeffizienten von

$f' = f_{(1)}, \ldots, f_{(n)}$, so ist $a_n \Delta_1 = b_1$, $a_n \Delta_3 = b_1^2 b_2, \ldots, a_n \Delta_{2n-1} = b_1^2 \cdots b_{n-1}^2 b_n$, was man mittels geeigneter Zeilenumformungen in der Matrix erkennt. — Bemerkung. Allgemeiner gilt: Sind $\Delta_1, \ldots, \Delta_{2n-1}$ alle von 0 verschieden und ist r die Anzahl der Vorzeichenwechsel in dieser Folge, so besitzt f genau $n - 2r$ verschiedene reelle Nullstellen und $2r$ verschiedene nichtreelle komplexe Nullstellen. $D = \Delta_{2n-1}$ ist die Diskriminante von f. Genau dann ist $D \neq 0$, wenn f keine mehrfachen (komplexen oder reellen) Nullstellen hat; vgl. Aufgabe 14.)

33. (Verallgemeinerte Sturmsche Ketten) Sei $[a, b] \subseteq \mathbb{R}$, $a < b$, ein reelles Intervall. Eine Folge $f = f_0, f_1, \ldots, f_m$ reeller Polynome $\neq 0$ mit folgenden Eigenschaften heißt eine verallgemeinerte Sturmsche Kette:

(1) Es ist $f(a) \neq 0$, $f(b) \neq 0$.

(2) Zwei aufeinanderfolgende Polynome verschwinden in $[a, b]$ nicht zugleich.

(3) Ist $f_i(x) = 0$ für ein $x \in [a, b]$ und ein i, $0 < i < m$, so ist $f_{i-1}(x) f_{i+1}(x) < 0$.

(4) f_m hat in $[a, b]$ keine Nullstelle.

Bei einer derartigen Folge sei für jedes $x \in \mathbb{R}$ mit $W(x)$ die Anzahl der Zeichenwechsel in der Folge $f_0(x), \ldots, f_m(x)$ bezeichnet, und $\delta(x)$ sei folgendermaßen definiert:

$$\delta(x) := \begin{cases} 1, & \text{falls } f(x) = 0 \text{ und } f(y) f_1(y)(y - x) > 0 \text{ für alle } y \neq x \text{ nahe bei } x, \\ -1, & \text{falls } f(x) = 0 \text{ und } f(y) f_1(y)(y - x) < 0 \text{ für alle } y \neq x \text{ nahe bei } x, \\ 0 & \text{sonst.} \end{cases}$$

Zur Veranschaulichung dienen die folgenden Bilder:

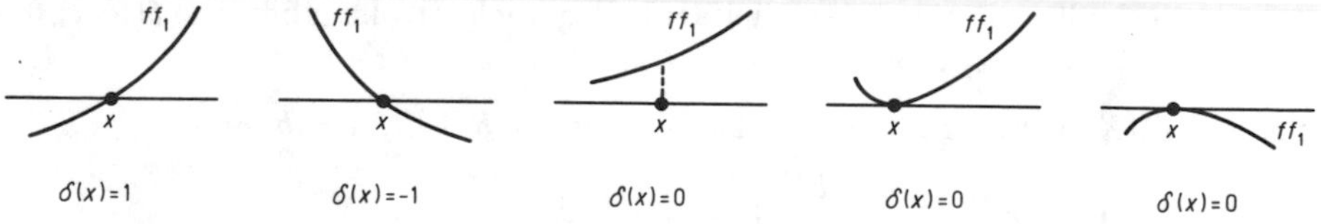

a) Sei g ein reelles Polynom derart, daß f und g keine gemeinsamen Nullstellen in $[a, b]$ haben. Die sukzessive Division mit Rest definiert eine Folge $f_0 := f$, $f_1 := g, \ldots$ mit $f_{i-1} = q_i f_i - f_{i+1}$. Sei $f_0, \ldots, f_r$ eine Teilfolge hiervon derart, daß f_r keine Nullstelle in $[a, b]$ hat. Dann ist $f_0, \ldots, f_r$ eine verallgemeinerte Sturmsche Kette zu f. Mit $g := f'$ erhält man die bekannte Sturmsche Kette.

b) Es gilt folgende Verallgemeinerung des Satzes von Sturm: Es ist

$$W(b) - W(a) = \sum_{x \in [a,b]} \delta(x).$$

Insbesondere hat f in $[a, b]$ mindestens $|W(b) - W(a)|$ Nullstellen, jede einfach gezählt.

c) Gilt in jeder Nullstelle $x \in [a, b]$ von f, daß $f_1 f'(y) > 0$ für alle $y \neq x$ nahe bei x ist, so daß man $\delta(x) = 1$ hat, so ist $W(b) - W(a)$ die Anzahl der einfach zu zählenden Nullstellen von f in $[a, b]$.

34. Man löse die Aufgaben 23 und 24c) unter Verwendung von verallgemeinerten Sturmschen Ketten aus 3 Polynomen.

35. Sei $f \in \mathbb{C}[X]$ ein Polynom vom Grade $n \geq 1$.

a) Seien $z_1, \ldots, z_n$ von 0 verschiedene komplexe Zahlen, die auf einer Seite einer reellen Geraden durch den Nullpunkt der komplexen Zahlenebene $\mathbb{C}$ $(= \mathbb{R}^2)$ liegen. Dann ist $z_1 + \cdots + z_n \neq 0$ und $z_1^{-1} + \cdots + z_n^{-1} \neq 0$. ($z_1^{-1}, \ldots, z_n^{-1}$ liegen ebenfalls auf einer Seite einer Geraden durch den Nullpunkt.)

b) Liegen die Nullstellen von f in einer abgeschlossenen Halbebene der komplexen Zahlenebene, so liegen auch die Nullstellen von f' in dieser Halbebene. (Es ist $f'/f = \sum (X - c_i)^{-1}$, wobei $c_1, \ldots, c_n$ die Nullstellen von f sind.)

c) Die Nullstellen von f' liegen in der konvexen Hülle der Nullstellen von f. (Gauß)

36. Sei A ein Ring, in dem die Elemente $n = n \cdot 1_A$ für alle $n \in \mathbb{Z} \setminus \{0\}$ Einheiten sind, d.h. ein Ring, in dem $\mathbb{Q}$ in kanonischer Weise enthalten ist. Dann gibt es eine kanonische bijektive Beziehung zwischen der Menge N der nilpotenten Elemente von A und der Menge U der unipotenten Elemente von A.

Für $a \in N$ und $u \in U$ sind

$$\exp(a) := \sum_{n=0}^{\infty} \frac{1}{n!} a^n \quad \text{und} \quad \log(u) := \sum_{n=1}^{\infty} \left(-\frac{1}{n}\right)(1-u)^n$$

wohldefiniert. Die Exponentialabbildung exp mit $a \mapsto \exp a$ ist eine Abbildung von N in U. Sind $a, b \in N$ vertauschbare Elemente, so gilt $\exp(a+b) = \exp(a)\exp(b)$ (Additionstheorem der Exponentialabbildung). Der Logarithmus log mit $u \mapsto \log u$ ist eine Abbildung von U in N. Sind $u, v \in U$ vertauschbare Elemente, so gilt $\log(uv) = \log(u) + \log(v)$ (Additionstheorem des Logarithmus). Die Abbildungen exp und log sind invers zueinander. — Ist A kommutativ, so ist N eine additive Gruppe und U eine multiplikative Gruppe und exp und log sind zueinander inverse Isomorphien zwischen ihnen. (Das Additionstheorem für exp ist einfach nachzurechnen. Zum Beweis, daß exp und log zueinander invers sind, genügt es, einen Ring des Typs $R = \mathbb{Q}[a]$ zu betrachten, wobei a ein nilpotentes Element von A ist. Auf $R \cap U$ ist log injektiv, da man aus $\log(u) - \log(v) = 0$ nämlich $(u-v)w = 0$ mit einem $w \in U$ erhält. Weiter genügt es, $\log \exp = \mathrm{id}$ auf $R \cap N$ zu verifizieren. Hierzu verwendet man die Derivation δ auf R mit $\delta a = a$, die existiert, da $R = \mathbb{Q}[X]/(X^m)$ mit geeignetem m ist. Es ist $\mathbb{Q} = \operatorname{Kern} \delta$. Für $u \in R \cap U$ und $b \in R \cap N$ gilt $\delta \log u = u^{-1} \delta u$ bzw. $\delta \exp b = (\delta b) \exp b$. Nun berechnet man $\delta \log \exp b$.)

37. (Harmonische Polynome) Seien K ein Körper der Charakteristik 0 und $P_{n+1} := K[X_0, \ldots, X_n]$ die Polynomalgebra in den $n+1$ Unbestimmten $X_0, \ldots, X_n$ über K. Der K-lineare Differentialoperator

$$\Delta_{n+1} := \partial_0^2 + \cdots + \partial_n^2$$

heißt der Laplace-Operator auf P_{n+1} (bezüglich der Unbestimmten $X_0, \ldots, X_n$). Die Elemente aus

$$U_{n+1} := \operatorname{Kern} \Delta_{n+1}$$

heißen harmonische Polynome in $n+1$ Unbestimmten. Der K-Vektorraum der homogenen harmonischen Polynome vom Grade $r \in \mathbb{N}$ werde mit $U_{n+1}^{(r)}$ bezeichnet. $P_{n+1}^{(r)}$ bezeichne den Raum aller homogenen Polynome vom Grade r und $Q_{n+1}^{(r)}$ den Raum der Polynome vom Grade $\leq r$. Man hat

$$U_{n+1} = \bigoplus_{r \in \mathbb{N}} U_{n+1}^{(r)} .$$

a) Δ_{n+1} ist surjektiv. Folgerung: $\mathrm{Dim}_K U_{n+1}^{(r)} = \binom{n+r}{r} - \binom{n+r-2}{r-2}$. (Man beweist durch Induktion über die lexikographische Ordnung der Monome in P_{n+1}, daß Bild Δ_{n+1} alle Monome enthält, und verwendet §53, Aufgabe 2.) Insbesondere ist $\mathrm{Dim}_K U_2^{(r)} = 2$ für $r \geq 1$ und $\mathrm{Dim}_K U_3^{(r)} = 2r+1$ für $r \geq 0$. Man gebe eine Basis von $U_{n+1}^{(r)}$ für $0 \leq r \leq 3$ an.

b) Es ist $P_{n+1} = U_{n+1} \oplus P_{n+1}(X_0^2 + \cdots + X_n^2 - 1)$. Folgerung. Die kanonische Projektion von P_{n+1} auf $B_{n+1} := P_{n+1}/P_{n+1}(X_0^2 + \cdots + X_n^2 - 1)$ ergibt durch Beschränken einen K-linearen Isomorphismus von U_{n+1} auf B_{n+1}. (Es ist $U_{n+1} \cap P_{n+1}(X_0^2 + \cdots + X_n^2 - 1) = 0$, woraus

$$Q_{n+1}^{(r)} = \left(\sum_{j=0}^{r} U_{n+1}^{(j)} \right) \oplus \left(Q_{n+1}^{(r)} \cap P_{n+1}(X_0^2 + \cdots + X_n^2 - 1) \right)$$

mit einem Dimensionsargument folgt. — Bemerkung. Im Fall $K = \mathbb{C}$ heißen die von den Polynomen aus $U_{n+1}^{(r)}$ auf der n-dimensionalen Einheitssphäre

$$S^n = \{(t_0, \ldots, t_n) \in \mathbb{R}^{n+1} : t_0^2 + \cdots + t_n^2 = 1\}$$

definierten komplexwertigen Funktionen die Kugelfunktionen r-ter Ordnung, vergleiche §76, Beispiel 16. Allgemein wollen wir die Restklassen der Polynome aus $U_{n+1}^{(r)}$ in B_{n+1} als Kugelfunktionen r-ter Ordnung bezeichnen.)

c) Sei $n = 1$. Wir nehmen an, daß K ein Element i mit $\mathrm{i}^2 = -1$ enthält. Dann setzen wir $Z := X_0 + \mathrm{i}X_1$ und $\overline{Z} := X_0 - \mathrm{i}X_1$ und erhalten

$$\Delta_2 = 4\partial^2/\partial Z \partial \overline{Z} .$$

Folgerungen. Die Polynome Z^r und $\overline{Z}^r$ bilden für $r \geq 1$ eine K-Basis von $U_2^{(r)}$. Sei z die Restklasse von Z und $\overline{z}$ diejenige von $\overline{Z}$ in $P_2/P_2(X_0^2 + X_1^2 - 1)$. Es ist $\overline{z} = z^{-1}$. Die Elemente z^r und z^{-r} sind für $r \geq 1$ eine Basis der Kugelfunktionen r-ter Ordnung. Für $r = 0$ ist $1 = z^0$ eine Basis. (Bemerkung. Fassen wir diese Funktionen im Fall $K = \mathbb{C}$ als $\mathbb{C}$-wertige Funktionen auf dem Einheitskreis S^1 auf, so handelt es sich einfach um die Funktionen $c \mapsto c^r$ bzw. $c \mapsto \overline{c}^r = c^{-r}$ auf S^1, also insgesamt um die Funktionen $\exp(2\pi \mathrm{i}t) \mapsto \exp(2\pi \mathrm{i}mt)$, $t \in \mathbb{R}$, $m \in \mathbb{Z}$.)

38. Für den entscheidenden Schritt im Beweis des Fundamentalsatzes der Algebra 54.11 beschreiben wir nach einem Vorschlag von K. Kirchgässner einen zweiten Beweis, der nur rationale Funktionen und die elementare Theorie der Extremwerte reeller Funktionen einer Veränderlichen benutzt. Wir übersetzen unser Problem im folgenden in eines über reelle differenzierbare Funktionen auf dem $\mathbb{R}^2 = \{(x,y) : x, y \in \mathbb{R}\}$. Für eine solche Funktion w mögen w_x bzw. w_y die partiellen Ableitungen von w nach x bzw. y bezeichnen. Sind diese Funktionen wieder differenzierbar, so sei $w_{xx} := (w_x)_x$, $w_{xy} := (w_x)_y$ usw. Der Laplace-Operator auf genügend oft differenzierbaren Funktionen w ist der lineare Operator Δ mit

$$\Delta w = w_{xx} + w_{yy} .$$

Ist w die Polynomfunktion zu $W \in \mathbb{R}[X,Y]$, so ist w beliebig oft differenzierbar, und zwar ist w_x bzw. w_y die Polynomfunktion zu $\partial W/\partial X$ bzw. $\partial W/\partial Y$; es folgt $w_{xy} = w_{yx}$.

Sei $f \in \mathbb{C}[Z]$ beliebig. Zu f sind reelle Funktionen u und v auf dem $\mathbb{R}^2$ wie folgt definiert: Für $(x,y) \in \mathbb{R}^2$ sei u der Realteil und v der Imaginärteil von $f(x+iy)$. Man sieht sofort, daß u und v reelle Polynomfunktionen sind. Ferner genügen sie wie Real- und Imaginärteil einer beliebigen holomorphen Funktion den Cauchy-Riemannschen Differentialgleichungen

$$u_x = v_y\,,\quad u_y = -v_x\,.$$

Man schließt daraus $\Delta u = \Delta v = 0$, d.h. u und v sind harmonische Polynome. Die Funktion $g := u^2 + v^2$, die in (x,y) den Wert $|f(x+iy)|^2$ hat, ist i.a. nicht harmonisch, jedoch gilt in allen Punkten noch $\Delta g \geq 0$. Dasselbe, also $\Delta h \geq 0$, gilt auch für $h := 1/g$, wie man mit Hilfe der Cauchy-Riemannschen Differentialgleichungen verifiziert.

Nach diesen Vorbemerkungen betrachten wir ein nichtkonstantes Polynom $f \in \mathbb{C}[Z]$. Die Funktion $z \mapsto |f(z)|$ habe im Punkte $z_0 = x_0 + iy_0$ ein Minimum. Zu zeigen ist dann $f(z_0) = 0$.

Machen wir die Annahme $f(z_0) \neq 0$. Zu f konstruieren wir wie oben reelle Funktionen g und h. Es gibt eine positive reelle Zahl R derart, daß $|f(z)| > |f(z_0)|$ für alle z mit $z \geq R$ ist. Sei

$$D := \{(x,y) \in \mathbb{R}^2 : x^2 + y^2 < R^2\}\,,\quad K := \{(x,y) \in \mathbb{R}^2 : x^2 + y^2 = R^2\}\,.$$

Man hat dann $h(x,y) \leq h(x_0,y_0)$ in D und $h(x,y) < h(x_0,y_0)$ auf dem Rand K von D. Es gibt also ein $\epsilon > 0$ derart, daß $1 - \epsilon(x^2+y^2) > 0$ in $D \cup K$ und $w(x,y) < w(x_0,y_0)$ in K gilt, wobei w durch

$$w(x,y) := h(x,y)/(1 - \epsilon(x^2+y^2))$$

definiert ist. Sei $(x_1,y_1) \in D$ ein Punkt, in dem w ein Maximum annimmt. Auf den achsenparallelen Geraden durch (x_1,y_1) ergibt die Theorie der Extremwerte differenzierbarer Funktionen, daß w_x und w_y in (x_1,y_1) verschwinden, während w_{xx} und w_{yy} dort nichtpositiv sind. Daraus erhält man leicht $(\Delta h)(x_1,y_1) < 0$, was jedoch der oben genannten Ungleichung $\Delta h \geq 0$ widerspricht. Also ist doch $f(z_0) = 0$, und das war zu zeigen. (Bemerkung. Der Kunstgriff, w anstelle von h zu betrachten, ist in der Theorie der elliptischen Differentialgleichungen geläufig.)

39. Seien A ein kommutativer Ring, dessen Charakteristik eine Primzahl p ist, $\delta_1,\ldots,\delta_r$ paarweise kommutierende Derivationen aus $\operatorname{Der} A$ und $\delta := a_1\delta_1 + \cdots + a_r\delta_r$, wobei $a_1,\ldots,a_r \in A$ sind. Dann gilt:

$$\delta^p = \sum_{i=1}^{r} (a_i^p \delta_i^p + (\delta^{p-1} a_i)\delta_i)\,.$$

(Man setzt die δ_i nach $A[X_1,\ldots,X_r]$ mit $\delta_i X_j = \delta_{ij}$ (Kroneckersymbol) fort. Man hat dann

$$\delta^p = \sum_{i=1}^{r} a_i^p \delta_i^p + \sum c_{\nu_1\cdots\nu_r} \delta_1^{\nu_1}\cdots\delta_r^{\nu_r}\,,$$

wobei sich die Summe über alle Tupel $\nu = (\nu_1,\ldots,\nu_r)$ mit $0 \leq \nu_i < p$, $\nu_1 + \cdots + \nu_r \geq 1$, erstreckt und die c_ν Koeffizienten aus A sind. Diese bestimmt man, indem

man beide Seiten der Gleichung auf $(X_1 \cdots X_r)^{p-1}$ anwendet.)
Im Fall $r = 1$ hat man speziell $\delta_1 \in \operatorname{Der} A$, $a \in A$, $\delta := a\delta_1$ und

$$\delta^p = a^p \delta_1^p + (\delta^{p-1} a)\delta_1$$

(Formel von Hochschild).

40. (Formel von Barsotti-Cartier) Seien A ein kommutativer Ring, dessen Charakteristik eine Primzahl p ist, $a \in A^\times$ und $\delta \in \operatorname{Der} A$. Dann gilt

$$\delta^{p-1}\left(\frac{\delta a}{a}\right) = \frac{\delta^p a}{a} - \left(\frac{\delta a}{a}\right)^p.$$

§58 Primelemente

Sei A ein kommutativer Ring.

Definition Ein Ideal $\mathbf{a}$ in A heißt ein Primideal (oder prim) in A, wenn $A/\mathbf{a}$ ein Integritätsbereich ist.

58.1 *Für ein Ideal $\mathbf{a}$ im kommutativen Ring A sind äquivalent:*

(1) *$\mathbf{a}$ ist ein Primideal.*

(2) *$A \setminus \mathbf{a}$ ist ein multiplikatives System.*

(3) *Es ist $\mathbf{a} \neq A$; sind b, c beliebige Elemente in A mit $bc \in \mathbf{a}$, so ist $b \in \mathbf{a}$ oder $c \in \mathbf{a}$.*

(4) *Es ist $\mathbf{a} \neq A$; sind $\mathbf{b}$, $\mathbf{c}$ beliebige Ideale in A mit $\mathbf{bc} \subseteq \mathbf{a}$, so ist $\mathbf{b} \subseteq \mathbf{a}$ oder $\mathbf{c} \subseteq \mathbf{a}$.*

Beweis. $S := A \setminus \mathbf{a}$ ist das Urbild der Menge T der von 0 verschiedenen Elemente in $A/\mathbf{a}$ bezüglich der kanonischen Projektion π von A auf $A/\mathbf{a}$. Da π multiplikativ ist, ist S genau dann multiplikativ abgeschlossen, wenn T dies ist, wenn also $A/\mathbf{a}$ nullteilerfrei ist. Schließlich ist $A/\mathbf{a}$ genau dann nicht der Nullring, wenn $1 \notin \mathbf{a}$ ist, wenn also $1 \in S$ ist. Insgesamt haben sich (1) und (2) als äquivalent erwiesen.

(2) und (3) sind äquivalent. $\mathbf{a} \neq A$ ist ja mit $1 \in A \setminus \mathbf{a}$ äquivalent. Der zweite Teil von (3) läßt sich so formulieren: Sind $b, c \in A$ mit $b \notin \mathbf{a}$ und $c \notin \mathbf{a}$, so ist $bc \notin \mathbf{a}$. Dies bedeutet aber, daß $A \setminus \mathbf{a}$ multiplikativ abgeschlossen ist.

Aus (3) folgt (4). Seien nämlich Ideale $\mathbf{b}, \mathbf{c}$ in A mit $\mathbf{bc} \subseteq \mathbf{a}$ vorgegeben, und es gelte $\mathbf{b} \not\subseteq \mathbf{a}$, $\mathbf{c} \not\subseteq \mathbf{a}$. Dann gibt es Elemente $b \in \mathbf{b} \setminus \mathbf{a}$, $c \in \mathbf{c} \setminus \mathbf{a}$. Wegen $bc \in \mathbf{bc} \subseteq \mathbf{a}$ folgt ein Widerspruch zu (3). Also ist doch $\mathbf{b} \subseteq \mathbf{a}$ oder $\mathbf{c} \subseteq \mathbf{a}$. Umgekehrt folgt (3) direkt aus (4) unter Benutzung von Hauptidealen. •

Aus der Bedingung (3) in 58.1 folgt durch Induktion sofort die folgende Aussage: *Ist $\mathbf{p}$ ein Primideal in A und liegt das Produkt $a_1 \cdots a_n$ von Elementen $a_i \in A$ in $\mathbf{p}$, so liegt wenigstens einer der Faktoren $a_1, \ldots, a_n$ in $\mathbf{p}$.*

Analog folgt aus der Bedingung (4) in 58.1: *Ist* $\mathbf{p}$ *ein Primideal und liegt das Produkt* $\mathbf{a}_1 \cdots \mathbf{a}_n$ *der Ideale* $\mathbf{a}_i \subseteq A$ *in* $\mathbf{p}$*, so liegt wenigstens eines der Ideale* $\mathbf{a}_1, \ldots, \mathbf{a}_n$ *in* $\mathbf{p}$. Daraus ergibt sich: *Liegt der Durchschnitt der Ideale* $\mathbf{a}_i \subseteq A$ *im Primideal* $\mathbf{p}$*, so liegt wenigstens eines der Ideale* $\mathbf{a}_1, \ldots, \mathbf{a}_n$ *in* $\mathbf{p}$.

Beispiel 1 In einem kommutativen Ring A ist jedes maximale Ideal $\mathbf{m}$ ein Primideal. Denn $A/\mathbf{m}$ ist ein Körper, also erst recht ein Integritätsbereich. Wegen des Korollars 20.6 zum Satz von Krull gibt es daher in einem vom Nullring verschiedenen kommutativen Ring stets Primideale.

Ein kommutativer Ring A ist genau dann ein Integritätsbereich, wenn sein Nullideal prim ist. Beispiele von Primidealen, die nicht maximal sind, erhält man also in den Nullidealen von Integritätsbereichen, die keine Körper sind.

Ist $\varphi: A \to B$ ein Homomorphismus kommutativer Ringe und B ein Integritätsbereich, so ist $\operatorname{Kern}\varphi$ ein Primideal, denn $A/\operatorname{Kern}\varphi \cong \operatorname{Bild}\varphi$ ist ein Integritätsbereich.

Beispiel 2 Die Menge der Primideale von $\mathbb{Z}$ besteht aus dem Nullideal und den maximalen Idealen $\mathbb{Z}p$, wobei p die Menge der Primzahlen durchläuft. (Vgl. 17.3 zusammen mit Beispiel 1 aus §33.)

Beispiel 3 Sei A ein Integritätsbereich. Im Polynomring $B := A[X_i]_{i \in I}$ ist für jede Teilmenge J von I das von den Unbestimmten X_i, $i \in J$, erzeugte Ideal prim. Dieses Ideal ist nämlich der Kern des Einsetzungshomomorphismus $B \to B$ mit $X_i \mapsto 0$, $i \in J$, und $X_i \mapsto X_i$, $i \in I \setminus J$.

Bemerkung 1 (Lokalisierung) Sei $\mathbf{p}$ ein Primideal im kommutativen Ring A. Der Ring der Brüche von A bezüglich des multiplikativen Systems $A \setminus \mathbf{p}$ heißt die Lokalisierung von A nach dem Primideal $\mathbf{p}$ (vergleiche Aufgabe 9). Man bezeichnet sie üblicherweise mit

$$A_{\mathbf{p}}$$

statt mit $A_{A \setminus \mathbf{p}}$; eine Verwechslung von $\mathbf{p}$ mit einem multiplikativen System kann wegen $1 \notin \mathbf{p}$ nicht erfolgen. Analog bezeichnet man für einen A-Modul V den $A_{\mathbf{p}}$-Modul der Brüche bezüglich $A \setminus \mathbf{p}$ mit $V_{\mathbf{p}}$. Auf die Bedeutung der Ringe $A_{\mathbf{p}}$ für die Untersuchung des Ringes A und seiner Moduln gehen wir in Kapitel X ein, vgl. insbesondere §88.

Beispiel 4 Für das Rechnen mit Primidealen ist folgendes Lemma wichtig.

58.2 Lemma *Seien* $\mathbf{p}_1, \ldots, \mathbf{p}_n$ *Primideale im kommutativen Ring* A *und* $\mathbf{a}$ *ein Ideal in* A. *Bei*

$$\mathbf{a} \subseteq \bigcup_{i=1}^{n} \mathbf{p}_i$$

ist $\mathbf{a}$ *bereits in einem der Primideale* $\mathbf{p}_i$ *enthalten.*

Beweis. Wir dürfen $\mathbf{p}_i \not\subseteq \mathbf{p}_j$ für alle $i \neq j$ voraussetzen und nehmen an, daß $\mathbf{a}$ in keinem der $\mathbf{p}_j$ enthalten ist. Nach dem Zusatz zu 58.1 gibt es dann für jedes $j \in I$ ein Element

$$x_j \in (\mathbf{a} \cap \bigcap_{i \neq j} \mathbf{p}_i) \setminus \mathbf{p}_j\,.$$

$x_1 + \cdots + x_n \in \mathbf{a}$ ist ein Element, das in keinem $\mathbf{p}_j$ liegt. Widerspruch! •

Wie sich Primideale bei Ringhomomorphismen verhalten, beschreibt die folgende Aussage.

58.3 *Sei $\varphi: A \to B$ ein Homomorphismus kommutativer Ringe. Es gilt:*
(1) *Ist $\mathbf{q}$ ein Primideal in B, so ist $\varphi^{-1}(\mathbf{q})$ ein Primideal in A.*

(2) *Ist φ surjektiv, so ist die Abbildung $\mathbf{q} \mapsto \varphi^{-1}(\mathbf{q})$ eine bijektive Abbildung der Menge der Primideale von B auf die Menge der* Kern φ *umfassenden Primideale von A.*

Beweis. Für jedes Ideal $\mathbf{b}$ in B induziert φ einen injektiven Homomorphismus von $A/\varphi^{-1}(\mathbf{b})$ in $B/\mathbf{b}$, der zudem bijektiv ist, wenn φ surjektiv ist. Hiermit ergibt sich sofort (1) und zusammen mit 31.3(3) auch (2). •

Speziell besagt 58.3(1), daß bei einer Ringerweiterung $A \subseteq B$ für jedes Primideal $\mathbf{q}$ in B der Durchschnitt $\mathbf{q} \cap A$ ein Primideal in A ist.

Beispiel 5 Für maximale Ideale gilt die zu 58.3(2) analoge Aussage. 58.3(1) hat indessen nur in speziellen Fällen ein Analogon (vgl. etwa 55.19). Im allgemeinen ist das Urbild eines maximalen Ideals nur ein Primideal. Ist etwa $A \to \mathrm{Q}(A)$ die Einbettung eines Integritätsbereiches in seinen Quotientenkörper, so ist das Nullideal in $\mathrm{Q}(A)$ maximal, sein Urbild in A das Nullideal in A, welches prim ist, aber maximal nur dann, wenn A selbst ein Körper ist.

Beispiel 6 (Nilradikal) Sei A ein kommutativer Ring. Das Ideal der nilpotenten Elemente in A ist das Nilradikal $\mathbf{n}_A$ von A.

58.4 *Das Nilradikal eines kommutativen Ringes A ist der Durchschnitt aller Primideale von A.*

Beweis. Ist $a \in A$ nilpotent, gibt es also ein $n \in \mathbb{N}_+$ mit $a^n = 0$, so folgt mit 58.1(3), daß a in jedem Primideal von A enthalten ist. Also ist das Nilradikal im Durchschnitt der Primideale von A enthalten. Das Gleichheitszeichen gilt, wenn umgekehrt zu jedem Element $a \in A$, das nicht nilpotent ist, ein Primideal $\mathbf{p} \subseteq A$ mit $a \notin \mathbf{p}$ existiert. Der Ring der Brüche A_a ist nicht der Nullring (siehe §51, Beispiel 4). Sei $\mathbf{q}$ irgendein Primideal in A_a. Bezeichnet $\varphi: A \to A_a$ den kanonischen Homomorphismus, so ist $\varphi(a)$ Einheit in A_a, weshalb $\varphi(a) \notin \mathbf{q}$ ist und a nicht im Primideal $\mathbf{p} := \varphi^{-1}(\mathbf{q})$ liegt. •

Beispiel 7 (Erweiterung von Primidealen) Sei $\mathbf{p}$ ein Primideal in einem kommutativen Ring A. Ist $\varphi: A \to B$ ein Homomorphismus von Ringen, so ist im allgemeinen das von $\varphi(\mathbf{p})$ in B erzeugte ("erweiterte") Ideal $\mathbf{p}B$ kein Primideal in B. (Beispiel?) Wir wollen zwei wichtige Fälle angeben, in denen die Erweiterungen von Primidealen dennoch wieder prim sind.

58.5 *Sei B die Polynomalgebra $A[X_i]_{i \in I}$. Ist $\mathbf{p}$ ein Primideal in A, so ist $\mathbf{p}B$ ein Primideal in B.*

Beweis. Dies folgt mit 53.1 aus §52, Beispiel 3. •

58.6 Satz *Seien A ein kommutativer Ring, S ein multiplikatives System in A und $\iota : A \to A_S$ der kanonische Homomorphismus. Die Abbildungen*

$$\mathbf{p} \mapsto \mathbf{p}A_S \quad \textit{und} \quad \mathbf{q} \mapsto \iota^{-1}(\mathbf{q})$$

sind zueinander inverse Abbildungen der Menge der Primideale $\mathbf{p}$ in A mit $\mathbf{p} \cap S = \emptyset$ und der Menge aller Primideale $\mathbf{q}$ in A_S.

B e w e i s. Ist $\mathbf{p} \cap S = \emptyset$, so bildet der Restklassenhomomorphismus von A auf $A/\mathbf{p}$ das multiplikative System S auf ein multiplikatives System T in $A/\mathbf{p}$ ab, welches 0 nicht enthält. Daher ist $(A/\mathbf{p})_T$ ein Integritätsbereich. Nach 51.4 gibt es eine Isomorphie $A_S/\mathbf{p}A_S \cong (A/\mathbf{p})_T$. Somit ist $\mathbf{p}A_S$ prim. Ist $\mathbf{q}$ prim in A_S, so ist $\iota^{-1}(\mathbf{q})$ trivialerweise ein Primideal in A, das kein Element von S enthält. Daß die angegebenen Abbildungen in der Tat invers zueinander sind, prüft der Leser leicht nach. •

Sei A ein kommutativer Ring.

Definition Ein Element $a \in A$ heißt ein P r i m e l e m e n t (oder p r i m) in A, wenn a ein Nichtnullteiler in A ist und das von a erzeugte Hauptideal Aa ein Primideal ist.

Primelemente sind stets $\neq 0$ und keine Einheiten. Primelemente in Polynomringen nennt man auch P r i m p o l y n o m e. Primzahlen sind Primelemente in $\mathbb{Z}$, vergleiche Beispiel 2.

Beispiel 8 Sei A ein Integritätsbereich. Im Polynomring $B := A[X_i]_{i \in I}$ ist jede Unbestimmte X_i ein Nichtnullteiler und nach dem Schluß aus Beispiel 3 sogar ein Primpolynom. Da die Primelementeigenschaft invariant unter Isomorphismen ist, sind auch alle Polynome der Form $bX_i - a$, $a \in A$, $b \in A^\times$, Primpolynome in B, vergleiche §52, Beispiel 7. Ist A ein Körper, so ist jedes Polynom des Grades 1 in B ein Primelement.

Ein weiteres Beispiel von Primelementen geben wir seiner Bedeutung wegen in Form eines Satzes an:

58.7 Satz *Seien K ein Körper, B eine K-Algebra, $x \in B$ algebraisch über K und $K[x] \neq 0$. Dann sind äquivalent:*

(1) *Das Minimalpolynom g von x über K ist prim.*

(2) *$K[x]$ ist nullteilerfrei.*

(3) *$K[x]$ ist ein Körper.*

B e w e i s. Es ist $K[x] \cong K[X]/K[X]g$. Aus den generellen Voraussetzungen folgt daher, daß g eine Nichteinheit $\neq 0$ ist. (1) und (2) sind daher trivialerweise äquivalent. Da $K[x]$ endlich über K ist, erweisen sich (2) und (3) nach 28.1 als äquivalent. •

Als nächstes werden Primelemente durch eine Teilbarkeitseigenschaft charakterisiert.

58.8 *Für einen Nichtnullteiler a im kommutativen Ring A sind äquivalent:*

(1) *a ist ein Primelement.*

(2) *a ist keine Einheit in A; teilt a das Produkt bc von Elementen b, c ∈ A,
so teilt a das Element b oder c.*

B e w e i s. 58.8 ist eine Spezialisierung der Äquivalenz von (1) und (3) aus
58.1. Man hat nur zu beachten, daß ein $b \in A$ genau dann im Hauptideal
Aa liegt, wenn a ein Teiler von b ist.   •

Durch Induktion folgt aus 58.8 leicht: *Teilt ein Primelement $p \in A$ ein
Produkt $a_1 \cdots a_n$, so wenigstens einen der Faktoren $a_1, \ldots, a_n \in A$.*

Erzeugen zwei Elemente a und a' in A dasselbe Ideal, so ist a genau dann
prim, wenn a' prim ist. Daß $Aa = Aa'$ ist, bedeutet die Existenz zweier
Elemente $b, c \in A$ mit $a = ba'$ und $a' = ca$ — was man auch so ausdrücken
kann: a teilt a' und a' teilt a. Es folgt $a = bca$ und daraus $1 = bc$, *falls a
kein Nullteiler ist.* a und a' unterscheiden sich in diesem Fall also nur um
einen Faktor aus $A^\times$.

Definition Zwei Elemente a, a' eines kommutativen Ringes A heißen
a s s o z i i e r t, wenn es eine Einheit $b \in A$ mit $a = ba'$ gibt.

Das Assoziiertsein ist eine Äquivalenzrelation in A. Nach dem oben Gesagten erzeugen zwei Nichtnullteiler genau dann dasselbe Ideal, wenn sie
assoziiert sind.

Beispiel 9 Sei K ein Körper. Die Einheiten in $K[X]$ sind die Elemente $a \in K$,
$a \neq 0$. Eine Äquivalenzklasse assoziierter Polynome $\neq 0$ aus $K[X]$ enthält daher
genau ein normiertes Polynom, vgl. 53.9. Die normierten Polynome in $K[X]$
bilden somit in natürlicher Weise ein Repräsentantensystem der Äquivalenklassen
assoziierter Polynome $\neq 0$.

Bemerkung 2 Assoziierte Elemente erzeugen stets dasselbe Ideal; die Umkehrung
braucht — bei Nullteilern — nicht zu gelten: Aufgabe 7.

In §10 haben wir Primzahlen als natürliche Zahlen eingeführt, die > 1 und
"unzerlegbar" sind. Daß diese Zahlen Primelemente in $\mathbb{Z}$ sind, folgte erst
aus späteren Überlegungen wie 10.7. Bei Untersuchungen auf Primelementeigenschaft ist häufig diejenige auf Unzerlegbarkeit der Ausgang.

Definition Sei a ein Nichtnullteiler und eine Nichteinheit im kommutativen
Ring A. Man nennt a u n z e r l e g b a r oder i r r e d u z i b e l, wenn es
keine Zerlegung $a = bc$ mit Nichteinheiten $b, c \in A$ gibt, andernfalls heißt a
z e r l e g b a r oder r e d u z i b e l.

58.9 *Jedes Primelement ist unzerlegbar.*

Beweis. Sei $a \in A$ prim. Ist $a = bc$ mit $b, c \in A$, so zeigt 58.8, daß b oder c von a geteilt wird. Sei etwa $b = ad$. Dann ist $a = bc = adc$ und folglich $1 = dc$, $c \in A^\times$. Also ist $a = bc$ keine echte Zerlegung. •

Beispiel 10 Sei A ein kommutativer Ring, aber kein Integritätsbereich. In Polynomringen über A sind die Unbestimmten aus Gradgründen unzerlegbare Elemente, jedoch nicht prim. Weitere Beispiele unzerlegbarer Elemente, die nicht prim sind, werden in Beispiel 11 angegeben.

Ringe, in denen ein dem Hauptsatz der elementaren Zahlentheorie 10.1 über die Primfaktorzerlegung in $\mathbb{Z}$ entsprechender Satz gilt, sind in Algebra und Zahlentheorie Gegenstand immer wiederkehrenden Interesses.

Definition Ein Ring A heißt faktoriell[1]), wenn er ein Integritätsbereich ist und jede Nichteinheit $\neq 0$ in A Produkt von Primelementen ist.

Der Ring $\mathbb{Z}$ ist faktoriell. Der Leser wird genügend viele andere Beispiele faktorieller Ringe in den nächsten Paragraphen finden. Wir gehen hier zunächst auf methodische Zusätze ein, die im übrigen bereits Vorbilder in früheren Paragraphen wie §10 haben.

58.10 Satz *Jeder faktorielle Integritätsbereich A ist normal.*

Beweis. Der Definition der Normalität gemäß ist zu zeigen, daß A ganz abgeschlossen in seinem Quotientenkörper K ist. Sei $x \in K$ ganz über A mit der Ganzheitsgleichung

$$x^n + a_{n-1}x^{n-1} + \cdots + a_0 = 0\,,$$

$a_i \in A$. Es gibt eine Darstellung $x = a/b$ mit $a, b \in A$, $b \neq 0$. Nehmen wir an, b sei keine Einheit in A. Nach Kürzen gemeinsamer Primteiler in Zähler und Nenner darf man annehmen, daß kein Primelement einer Primfaktorzerlegung von b Teiler von a ist. Multipliziert man die angegebene Ganzheitsgleichung mit b^n, so erhält man die Gleichung

$$a^n + a_{n-1}a^{n-1}b + \cdots + a_0 b^n = 0\,,$$

aus der man abliest, daß jeder Primteiler von b ein Teiler von a^n und dann natürlich auch von a sein muß. Widerspruch! Also ist b eine Einheit und $x = a/b \in A$. •

Wie etwa in $\mathbb{Z}$ das Beispiel $6 = 2 \cdot 3 = 3 \cdot 2 = (-3) \cdot (-2)$ zeigt, ist die Darstellung einer von 0 verschiedenen Nichteinheit als Produkt von Primelementen im allgemeinen nicht eindeutig; man muß von der Reihenfolge der Faktoren absehen und auch den Übergang zu assoziierten Elementen zulassen. Davon abgesehen ist aber die Zerlegung in Primfaktoren eindeutig, wie der folgende allgemeine Satz zeigt.

---

[1]) oder ein ZPE-Ring (gemäß den Anfangsbuchstaben der Stichworte: **Z**erlegung in **P**rim–**E**lemente)

58.11 Satz *Ein Element a eines kommutativen Ringes A sei dargestellt als Produkt*

$$a = p_1 \cdots p_r = q_1 \cdots q_s$$

von Primelementen $p_1, \ldots, p_r$ bzw. $q_1, \ldots, q_s$. Dann ist $r = s$ und es gibt eine Permutation $\sigma \in \mathbf{S}_r$ derart, daß p_i und $q_{\sigma(i)}$, $1 \leq i \leq r$, assoziiert sind.

Beweis. Die Behauptung ergibt sich unmittelbar aus der folgenden Aussage: *Ist das Produkt xy der Elemente $x, y \in A$ Produkt der Primelemente $q_1, \ldots, q_s \in A$, so ist x assoziiert zum Produkt einer Teilfolge der $q_1, \ldots, q_s$ und y zum Produkt der übrigen Elemente der Folge $q_1, \ldots, q_s$.* •

In einem faktoriellen Ring ist jedes unzerlegbare Element a prim, da in einer Darstellung von a als Produkt von Primelementen nur ein Faktor auftreten kann. Daher gilt:

58.12 Lemma *Ein Integritätsbereich A ist genau dann faktoriell, wenn gilt:*

(1) *Jede von 0 verschiedene Nichteinheit in A ist Produkt unzerlegbarer Elemente.*

(2) *Jedes unzerlegbare Element in A ist prim.*

Insbesondere braucht man in faktoriellen Ringen nicht zwischen irreduziblen Elementen und Primelementen zu unterscheiden. Zur Feststellung, daß ein vorgegebener Integritätsbereich faktoriell ist, bereitet vor allem der Nachweis von (2) aus 58.12 Schwierigkeiten, während (1) häufig leicht zu prüfen ist. So hat man beispielsweise:

58.13 Lemma *Sei A ein Integritätsbereich. Ist die Menge der Hauptideale in A bezüglich der Inklusion noethersch geordnet — und das ist der Fall, wenn A noethersch ist —, so ist jede von 0 verschiedene Nichteinheit in A Produkt unzerlegbarer Elemente.*

Beweis. Zum Begriff der noetherschen Ordnung siehe §4 und §38. — Nehmen wir an, es gäbe Nichteinheiten $\neq 0$ in A, die nicht Produkt unzerlegbarer Elemente sind. In der (nichtleeren) Menge der von diesen Elementen erzeugten Hauptideale sei Aa maximal. Da a nicht selbst unzerlegbar ist, gibt es Nichteinheiten $b, c \in A$ mit $a = bc$. Die Hauptideale Ab und Ac umfassen Aa echt, da weder b noch c zu a assoziiert ist. Nach Wahl von Aa sind b und c jeweils als Produkt unzerlegbarer Elemente darstellbar, was dann aber auch für $bc = a$ gilt. Widerspruch! •

Beispiel 11 Der Integritätsbereich $B := \mathbb{Z}[i\sqrt{5}]$ ist normal nach 56.12. B ist aber nicht faktoriell: Nach 58.13 ist jede Nichteinheit $\neq 0$ in B Produkt unzerlegbarer Elemente; unter diesen gibt es jedoch welche, die nicht prim sind.

Wir betrachten dazu die Normabbildung $\mathrm{N}: B \to \mathbb{Z}$, die jedem $x \in B$ das Element $x\overline{x}$ zuordnet, wobei $\overline{x}$ die zu x konjugiert komplexe Zahl ist, vergleiche §50, insbesondere Beispiel 1. Ist $x = a + bi\sqrt{5}$ mit $a, b \in \mathbb{Z}$, so ist $\mathrm{N}(x) = a^2 + 5b^2$. Für beliebige $x, y \in B$ ist $\mathrm{N}(xy) = \mathrm{N}(x)\mathrm{N}(y)$. Damit sieht man leicht, daß nur 1 und -1 Einheiten in B sind. Betrachten wir nun:

$$2 \cdot 3 = (1 + i\sqrt{5})(1 - i\sqrt{5}).$$

In diesen Produkten sind keine zwei der vier auftretenden Faktoren assoziiert. Jeder der Faktoren ist unzerlegbar. Das Element $1 + i\sqrt{5}$ beispielsweise hat die Norm 6. Jeder echte Teiler von $1 + i\sqrt{5}$ müßte daher die Norm 2 oder 3 haben; aber solche Elemente gibt es in B nicht. Ebenso sieht man ein, daß 2,3 und $1 - i\sqrt{5}$ unzerlegbar sind. Somit hat man zwei wesentlich verschiedene Zerlegungen von $6 \in B$ in unzerlegbare Faktoren gefunden. Keiner der vier unzerlegbaren Faktoren ist prim.

Für Teilbarkeitsbetrachtungen ist es oft vorteilhaft, ein Repräsentantensystem P für die Äquivalenzklassen assoziierter Primelemente auszuzeichnen.

Beispiel 12 Die Menge der Primzahlen $p \in \mathbb{N}$ ist ein Repräsentantensystem P der genannten Art in $\mathbb{Z}$.

Sei A ein faktorieller Ring. Ferner sei P ein Repräsentantensystem für die Äquivalenzklassen assoziierter Primelemente in A. Satz 58.11 besagt, daß sich jedes Element $a \in A$, $a \neq 0$, in der Form

$$a = e \prod_{p \in P} p^{\mathrm{v}_p(a)}$$

mit eindeutig bestimmten natürlichen Zahlen $\mathrm{v}_p(a)$, von denen fast alle verschwinden, und einer eindeutig bestimmten Einheit e schreiben läßt. Ändert man das Repräsentantensystem P, so ist $\mathrm{v}_p(a) = \mathrm{v}_q(a)$, falls p und q zur selben Klasse gehören. Wir setzen noch $\mathrm{v}_p(0) := \infty$ für alle $p \in P$. Die $\mathrm{v}_p(a)$ heißen die *p-Exponenten* von $a \in A$.
$K := \mathrm{Q}(A)$ sei der Quotientenkörper von A. Die p-Exponenten lassen sich auch für die Elemente von K definieren. Man setzt

$$\mathrm{v}_p(a/b) := \mathrm{v}_p(a) - \mathrm{v}_p(b)$$

für einen Bruch $a/b \in K$ mit $a, b \in A$, $b \neq 0$. Ist $a/b = a'/b'$, so ist $ab' = a'b$, woraus $\mathrm{v}_p(a) + \mathrm{v}_p(b') = \mathrm{v}_p(a') + \mathrm{v}_p(b)$ und damit

$$\mathrm{v}_p(a) - \mathrm{v}_p(b) = \mathrm{v}_p(a') - \mathrm{v}_p(b')$$

folgt, so daß die p-Exponenten für die Elemente aus K wohldefiniert sind. Für $x \in K^\times$ ist nun

$$x = e \prod_{p \in P} p^{\mathrm{v}_p(x)}$$

mit einer eindeutig bestimmten Einheit $e \in A^\times$. Daraus gewinnt man die *gekürzte Darstellung*

$$x = e \cdot \frac{c}{d} \text{ mit } c := \prod_{\mathrm{v}_p(x) \geq 0} p^{\mathrm{v}_p(x)}, \quad d := \prod_{\mathrm{v}_p(x) < 0} p^{-\mathrm{v}_p(x)},$$

in der der Zähler c und der Nenner d, von Einheiten abgesehen, keine gemeinsamen Teiler haben.

58.14 *Es gelten folgende Rechenregeln für p-Exponenten von Elementen x, y des Quotientenkörpers des faktoriellen Ringes A.*

(1) *Ist $x \neq 0$, so ist $\mathrm{v}_p(x) = 0$ für fast alle $p \in P$.*

(2) *Es ist $\mathrm{v}_p(xy) = \mathrm{v}_p(x) + \mathrm{v}_p(y)$ für alle $p \in P$.*

(3) *Es ist $\mathrm{v}_p(x + y) \geq \mathrm{Min}(\mathrm{v}_p(x), \mathrm{v}_p(y))$ für alle $p \in P$.*

(4) *Es ist $\mathrm{v}_p(x) = 0$ für alle $p \in P$ genau dann, wenn $x \in A^\times$ ist.*

(5) *Es ist $\mathrm{v}_p(x) \leq \mathrm{v}_p(y)$ für alle $p \in P$ genau dann, wenn ein $a \in A$ mit $xa = y$ existiert.*

(6) *Es ist $\mathrm{v}_p(x) = \mathrm{v}_p(y)$ für alle $p \in P$ genau dann, wenn eine Einheit e in $A^\times$ mit $xe = y$ existiert.*

(7) *Es ist $\mathrm{v}_p(x) \geq 0$ für alle $p \in P$ genau dann, wenn $x \in A$ ist.*

Für das Rechnen mit ∞ werden dabei die Konventionen aus §10, Bemerkung 1 benutzt. Die Beweise der Regeln (1) bis (7) können wir dem Leser überlassen; man vergleiche mit 10.2.

In einem faktoriellen Ring existieren ggT und kgV. Zunächst:

Definition Seien $a_1, \ldots, a_n$ von 0 verschiedene Elemente eines Integritätsbereiches A, $n \geq 1$. Ein Element $d \in A$ heißt ein größter gemeinsamer Teiler der $a_1, \ldots, a_n$, wenn d gemeinsamer Teiler der a_i ist und von jedem gemeinsamen Teiler der a_i geteilt wird. Ein Element $v \in A$ heißt kleinstes gemeinsames Vielfaches der $a_1, \ldots, a_n$, wenn v ein gemeinsames Vielfaches der a_i ist und wenn jedes gemeinsame Vielfache der a_i ein Vielfaches von v ist.

Je zwei größte gemeinsame Teiler bzw. kleinste gemeinsame Vielfache teilen sich gegenseitig und sind somit assoziiert. Umgekehrt ist von zwei assoziierten Elementen das eine genau dann ein größter gemeinsamer Teiler bzw. kleinstes gemeinsames Vielfaches, wenn dies für das andere gilt. Man kann also, ohne mißverstanden zu werden, von

$$\mathrm{ggT}(a_1, \ldots, a_n) \quad \text{bzw.} \quad \mathrm{kgV}(a_1, \ldots, a_n)$$

der Elemente $a_1, \ldots, a_n \in A$ sprechen, wenn derartige Elemente existieren.

Aus der Charakterisierung der Teilbarkeit in faktoriellen Ringen mit 58.14(5) ergibt sich sofort:

58.15 Satz *Sei A ein faktorieller Ring. Dann existiert zu $n \geq 1$ von 0 verschiedenen Elementen $a_1, \ldots, a_n$ von A stets ein größter gemeinsamer Teiler und ein kleinstes gemeinsames Vielfaches. Ist P ein Repräsentantensystem für die Klassen assoziierter Primelemente aus A, so ist*

$$\mathrm{ggT}(a_1, \ldots, a_n) = \prod_{p \in P} p^{\mathrm{Min}(\mathrm{v}_p(a_1), \ldots, \mathrm{v}_p(a_n))},$$

$$\text{kgV}(a_1,\ldots,a_n) = \prod_{p\in P} p^{\text{Max}(v_p(a_1),\ldots,v_p(a_n))}.$$

Konvention Sei A ein faktorieller Integritätsbereich. Es ist bequem, den größten gemeinsamen Teiler und das kleinste gemeinsame Vielfache für beliebige endliche Folgen von Elementen aus A zu haben. Wir definieren sie so, daß sie die angegebenen charakteristischen Eigenschaften haben. Die leere Folge hat $0 \in A$ als größten gemeinsamen Teiler und $1 \in A$ als kleinstes gemeinsames Vielfaches. Der größte gemeinsame Teiler einer beliebigen Folge $a_1,\ldots,a_n$ in A ist derselbe wie derjenige der Teilfolge der von 0 verschiedenen Elemente, und das kleinste gemeinsame Vielfache ist 0, sobald eines der Elemente $a_1,\ldots,a_n$ gleich 0 ist. Die Elemente $a_1,\ldots,a_n$ heißen teilerfremd, wenn $\text{ggT}(a_1,\ldots,a_n) = 1$ ist.

Weisen wir zum Schluß noch auf idealtheoretische Beschreibungen des ggT und kgV hin.

58.16 Lemma *Seien A ein Integritätsbereich und $a_1,\ldots,a_n \in A$.*

(1) *Genau dann existiert* $\text{kgV}(a_1,\ldots,a_n)$, *wenn das Ideal $Aa_1 \cap \cdots \cap Aa_n$ ein Hauptideal in A ist. In diesem Fall ist jedes erzeugende Element dieses Ideals ein kleinstes gemeinsames Vielfaches der $a_1,\ldots,a_n$.*

(2) *Ist $Aa_1 + \cdots + Aa_n$ ein Hauptideal, so ist jedes erzeugende Element dieses Ideals ein größter gemeinsamer Teiler der $a_1,\ldots,a_n$.*

Beweis. Zu (1). Die Menge der gemeinsamen Vielfachen der a_i ist nichts anderes als $Aa_1 \cap \cdots \cap Aa_n$; dieses Ideal sei mit $\mathbf{a}$ bezeichnet. Ein erzeugendes Element von $\mathbf{a}$ ist nichts anderes als ein Element von $\mathbf{a}$, welches alle Elemente von $\mathbf{a}$ teilt, also ein in Bezug auf Teilbarkeit kleinstes Element von $\mathbf{a}$. Die Aussage (1) ist nun evident.

Zu (2). Sei $Aa_1 + \ldots + Aa_n = Ad$. Es ist $a_i \in Ad$, so daß d ein gemeinsamer Teiler der a_i ist. Ist f irgendein gemeinsamer Teiler der a_i, so ist $a_i \in Af$ für $i = 1,\ldots,n$ und damit $Ad = Aa_1 + \cdots + Aa_n \subseteq Af$. Also wird d von f geteilt. •

Beispiel 13 Besitzen $a_1,\ldots,a_n$ einen größten gemeinsamen Teiler, so braucht $Aa_1 + \cdots + Aa_n$ kein Hauptideal zu sein. So ist beispielsweise $1 = \text{ggT}(2, X)$ in $\mathbb{Z}[X]$; das von 2 und X erzeugte Ideal in $\mathbb{Z}[X]$ ist aber kein Hauptideal, wie eine simple Gradbetrachtung zeigt. $\mathbb{Z}[X]$ ist zwar kein Hauptidealbereich, jedoch faktoriell, wie wir in §60 sehen werden.

Aufgaben

1. Die Primideale eines kommutativen Ringes A sind genau die Kerne der Homomorphismen von A in Körper.

2. Seien K ein Körper, B eine K-Algebra $\neq 0$ und $x \in B$ algebraisch über K mit dem Minimalpolynom g.

a) Ist $f \in K[X]$ ein normiertes irreduzibles Polynom mit $f(x) = 0$, so ist $f = g$.

b) Sind $f_1, f_2 \in K[X]$ irreduzible Polynome mit $f_1(x) = f_2(x) = 0$, so sind f_1, f_2 assoziiert.

c) Ist $K[x]$ nullteilerfrei, so gibt es genau ein normiertes irreduzibles Polynom in $K[X]$ mit Nullstelle x, nämlich g.

3. Man gebe sämtliche normierten irreduziblen Polynome des Grades ≤ 4 in $\mathsf{K}_2[X]$ an.

4. Sei K ein endlicher Körper mit q Elementen. In $K[X]$ gibt es genau $q(q-1)/2$ normierte quadratische irreduzible Polynome. (Daraus ergibt sich ein trivialer Beweis dafür, daß endliche Körper nicht algebraisch abgeschlossen sind.)

5. Sei $q > 1$ eine Potenz einer Primzahl. Für $s \in \mathbb{N}_+$ sei mit $r_q(s)$ die Anzahl der normierten irreduziblen Polynome des Grades s in $\mathsf{K}_q[X]$ bezeichnet. Dann gilt (nach G a u ß)

$$r_q(s) = \frac{1}{s} \sum_{d|s} \mu\left(\frac{s}{d}\right) q^d .$$

Dabei ist μ die Möbiussche Funktion. (Zum Beweis verwendet man die Resultate aus §55, Beispiel 4. Sei K ein Erweiterungskörper von K_q des Grades s über K_q. Ist d ein Teiler von s und $f \in \mathsf{K}_q[X]$ irreduzibel und vom Grad d, so besitzt f genau d Nullstellen in K. Es ist

$$q^s = \sum_{d|s} d \cdot r_q(d) .$$

Nun wendet man die Möbiussche Umkehrformel aus §15, Aufgabe 5e) an.)

6. Sei f ein nichtkonstantes Polynom im Polynomring $K[X]$ über einem Körper K. Dann sind äquivalent: (1) f ist irreduzibel in $K[X]$. (2) Ist L ein endlicher Erweiterungskörper von K, in dem f eine Nullstelle besitzt, so ist $\operatorname{Grad} f$ ein Teiler von $\operatorname{Dim}_K L$. (3) Ist L ein endlicher Erweiterungskörper von K, in dem f eine Nullstelle besitzt, so ist $\operatorname{Grad} f \leq \operatorname{Dim}_K L$.

7. Sei $A := \mathbb{Z}[X, Y, Z]$. Mit x, y seien die Restklassen von X bzw. Y im Restklassenring $B := A/A \cdot X(1 - YZ)$ bezeichnet. Die Elemente x und xy erzeugen dasselbe Hauptideal in B, sind aber nicht assoziiert in B.

8. Seien K ein Körper und h ein nichtkonstantes homogenes Primpolynom in $K[X_1, \ldots, X_n]$. Dann ist $K^\times$ gleich der Einheitengruppe von $K[X_1, \ldots, X_n]/(h)$. (In einer Relation $1 \equiv fg \bmod h$ betrachte man die Leitterme von f und g.)

9. Sei $\mathbf{p}$ ein Primideal im kommutativen Ring A. Dann ist $A_\mathbf{p}$ ein lokaler Ring mit dem maximalen Ideal $\mathbf{p}A_\mathbf{p}$. Der Restkörper $A_\mathbf{p}/\mathbf{p}A_\mathbf{p}$ ist kanonisch isomorph zum Quotientenkörper von $A/\mathbf{p}$.

10. Seien A ein kommutativer Ring und V ein A-Modul endlicher Länge. Dann ist

$$\ell_A(V) = \sum_{\mathbf{m}} \ell_{A_{\mathbf{m}}}(V_{\mathbf{m}}),$$

wobei sich die Summe über alle maximalen Ideale $\mathbf{m}$ von A erstreckt.

11. Sei A ein artinscher kommutativer Ring mit den maximalen Idealen $\mathbf{m}_1, \ldots, \mathbf{m}_s$. Dann ist der kanonische Homomorphismus

$$A \to A_{\mathbf{m}_1} \times \cdots \times A_{\mathbf{m}_s}$$

mit $a \mapsto (a/1, \ldots, a/1)$ bijektiv. Insbesondere sind die Lokalisierungen $A_{\mathbf{m}_1}, \ldots, A_{\mathbf{m}_s}$ die lokalen Komponenten von A.

12. (Minimale Primideale) Seien A ein kommutativer Ring und $\mathbf{a}$ ein Ideal in A. Jedes minimale Element in der durch Inklusion geordneten Menge der $\mathbf{a}$ umfassenden Primideale in A heißt minimales Primideal von $\mathbf{a}$. Ein minimales Primideal des Nullideals heißt minimales Primideal in A.

a) Jedes $\mathbf{a}$ umfassende Primideal in A enthält ein minimales Primideal von $\mathbf{a}$. (Die Menge der $\mathbf{a}$ umfassenden Primideale ist durch absteigende Inklusion induktiv geordnet.) Folgerung: Das Radikal von $\mathbf{a}$ ist Durchschnitt der minimalen Primideale von $\mathbf{a}$. (58.4)

b) Ist $\mathbf{a}$ gleich seinem Radikal, so ist die Menge der Elemente $a \in A$, die Nullteiler in $A/\mathbf{a}$ sind, gleich der Vereinigung der minimalen Primideale von $\mathbf{a}$.

c) Ist A noethersch, so ist die Menge der minimalen Primideale von $\mathbf{a}$ endlich. (Sei $\mathbf{a}$ maximal in der Menge der Ideale von A, für welche die Aussage nicht richtig ist. Es gibt Elemente $a, b \in A$ mit $a \notin \mathbf{a}$, $b \notin \mathbf{a}$, $ab \in \mathbf{a}$. Man betrachtet die minimalen Primideale von $\mathbf{a} + Aa$, $\mathbf{a} + Ab$.)

d) Das Primideal $\mathbf{p} \supseteq \mathbf{a}$ ist genau dann ein minimales Primideal von $\mathbf{a}$, wenn es zu jedem $x \in \mathbf{p}$ ein $n \in \mathbb{N}$ und ein $s \in A$, $s \notin \mathbf{p}$, mit $x^n s \in \mathbf{a}$ gibt. (Man geht zu $A_{\mathbf{p}}$ über und beachtet 58.6.)

e) Alle Elemente eines minimalen Primideals von A sind Nullteiler.

13. (Charakterisierung artinscher Ringe) Sei A ein noetherscher kommutativer Ring. Genau dann ist A artinsch, wenn jedes Primideal in A ein maximales Ideal ist. (Sei A artinsch. Ist $\mathbf{p}$ ein Primideal in A, so sind die nichttrivialen Homothetien in $A/\mathbf{p}$ nach 38.17 bijektiv, also ist $A/\mathbf{p}$ ein Körper. — Sei umgekehrt jedes Primideal in A maximal. Unter Verwendung der vorstehenden Aufgabe und 58.4 folgt, daß das Nullideal in A Produkt maximaler Ideale $\mathbf{n}_1, \ldots, \mathbf{n}_s$ ist. Man verwendet dann eine Konstruktion wie am Ende des Beweises von 55.12.)

14. Sei $A = A_1 \times \cdots \times A_n$ direktes Produkt kommutativer Ringe $A_1, \ldots, A_n$. Genau dann ist A ein Hauptidealring, wenn die Ringe $A_1, \ldots, A_n$ Hauptidealringe sind. (Ideale in A sind direkte Produkte von Idealen in den A_i.)

15. Sei A ein kommutativer Ring, dessen Restekörper unendlich seien. Besitzt A nur endlich viele Ideale, so ist A ein (artinscher) Hauptidealring. (Die Eigenschaft von A vererbt sich auf die Restklassenringe. Man darf dann annehmen, daß A lokal mit dem maximalen Ideal $\mathbf{m}$ ist. Für jedes Ideal $\mathbf{a}$ in A betrachtet man weiter den Vektorraum $\mathbf{a}/\mathbf{ma}$.)

16. (Struktur der Hauptidealringe) Sei A ein Hauptidealring. Dann ist A endliches direktes Produkt von Ringen, die Hauptidealbereiche oder lokale artinsche Hauptidealringe sind. (Schritt 1: Nach Aufgabe 12 besitzt A nur endlich viele minimale Primideale. Seien diese $\mathbf{p}_1, \ldots, \mathbf{p}_n$, wobei $\mathbf{p}_i$ genau für $i \leq r$ nicht maximal sei. Dann sind $\mathbf{a} := \mathbf{p}_1 \cap \cdots \cap \mathbf{p}_r$ und $\mathbf{b} := \mathbf{p}_{r+1} \cap \cdots \cap \mathbf{p}_n$ komaximale Ideale. Indem man zu Potenzen von $\mathbf{a}$ und $\mathbf{b}$ übergeht, erhält man eine direkte Zerlegung von A in Restklassenringe B_1, B_2 (nach den genannten Idealen), wobei die minimalen Primideale von B_1 nicht maximal sind und B_2 artinsch mit $n - r$ maximalen Idealen ist. Schritt 2: Es genügt weiter, den Ring B_1 zu betrachten, d.h. man darf $r = n$ annehmen. In diesem Fall ist A direktes Produkt von r Hauptidealbereichen, die keine Körper sind. Sei nämlich $\mathbf{p}_1 \cap \cdots \cap \mathbf{p}_r = Ax$. Sei $\mathbf{m}$ ein beliebiges maximales Ideal in A. Es gibt ein $y \in \mathbf{m}$ mit $\mathbf{m} = Ay$. Sei etwa $x = ay$. Da y in keinem der $\mathbf{p}_i$ liegen kann, ist $a \in Ax$. Also gibt es ein $b \in A$ mit $a = bx$. Dann ist $(1 - by)x = 0$, $1 - by \notin \mathbf{m}$. Folglich ist $\mathrm{Ann}_A x = A$ und $x = 0$. Mit einer ähnlichen Betrachtung sieht man, daß ein maximales Ideal in A nur eines der $\mathbf{p}_i$ enthalten kann, d.h. daß die $\mathbf{p}_1, \ldots, \mathbf{p}_r$ paarweise komaximal sind. Also ist A direktes Produkt der $A/\mathbf{p}_i$.)

17. (T e i l e r f r e m d e R i n g e l e m e n t e) Seien A ein Integritätsbereich und $a, b \in A \setminus \{0\}$. Die Elemente a, b heißen t e i l e r f r e m d, wenn $Aa \cap Ab = Aab$ ist. Ist A faktoriell, so stimmt diese Definition mit der gewöhnlichen überein. Sind Aa und Ab teilerfremde Ideale, so sind a und b teilerfremd; die Umkehrung ist i.a. nicht richtig (Unbestimmte in Polynomringen). Folgende Aussagen sind äquivalent: (1) a und b sind teilerfremd. (2) Die Restklasse von a in A/Ab ist ein Nichtnullteiler. (2′) Die Restklasse von b in A/Aa ist ein Nichtnullteiler.

18. Seien a, b teilerfremde Elemente $\neq 0$ im Integritätsbereich A. Dann gilt: (1) Teilt a ein Produkt bc in A, so auch den Faktor c. (2) Sind $m, n \in \mathbb{N}_+$ beliebig, so sind a^m und b^n teilerfremd.

19. (W u r z e l n i m Q u o t i e n t e n k ö r p e r) Sei A ein Integritätsbereich mit dem Quotientenkörper K. Ferner seien a, b Elemente $\neq 0$ von A. Dann sind äquivalent: (1) a und b sind teilerfremd. (2) $A[X](bX - a)$ ist der Kern des A-Algebra-Homomorphismus $A[X] \to K$ mit $X \mapsto a/b$. (3) $bX - a$ ist ein Primpolynom in $A[X]$. (Aus (1) folgert man (2) so: Sei $f \in A[X]$ mit $f(a/b) = 0$, $n := \operatorname{Grad} f \geq 1$. Es gibt ein $g \in A[X]$ derart, daß $b^n f = g(bX - a)$ ist. Nun erweist sich b^n als Teiler aller Koeffizienten von g.)
Für die Suche nach Nullstellen von $f \in A[X]$ in K sind folgende einfache Folgerungen wichtig. Sind a, b teilerfremd und ist $f(a/b) = 0$, so gilt: b teilt den Leitkoeffizienten von f, a teilt den konstanten Term von f, und $bc - a$ teilt den Wert $f(c)$ (letzteres für jedes $c \in A$). Man gebe alle rationalen Nullstellen des ganzzahligen Polynoms $6X^5 + 13X^4 + 13X^3 + 6X^2 - X - 1$ an.

20. Sei A ein faktorieller Integritätsbereich, aber kein Körper. Dann ist der Quotientenkörper von A nicht algebraisch abgeschlossen.

21. Seien A ein faktorieller Integritätsbereich, P ein Repräsentantensystem für die Äquivalenzklassen assoziierter Primelemente in A und $a \in A$, $a \neq 0$. Die Anzahl der a enthaltenden Hauptideale in A ist dann (vgl. §10, Aufgabe 11)

$$\prod_{p \in P} (\mathrm{v}_p(a) + 1)\,.$$

22. (R e d u k t i o n) Sei A ein kommutativer Ring. Das Element $a \in A$ besitze eine Zerlegung $a = ep_1^{\alpha_1} \cdots p_r^{\alpha_r}$ mit $\alpha_i \in \mathbb{N}_+$, einer Einheit $e \in A^\times$ und paarweise nichtassoziierten Primelementen $p_i \in A$. Dann gilt: (1) Die Menge der Nullteiler in A/Aa ist die Vereinigung der Ideale Ap_i/Aa, $i = 1, \ldots, r$. (2) Das Nilradikal in A/Aa ist $(Ap_1 \cdots p_r)/Aa$. (3) A/Aa ist genau dann reduziert, wenn $\alpha_1 = \ldots = \alpha_r = 1$ ist. (Bemerkung. Das Element $p_1 \cdots p_r$ heißt die Reduktion von a und wird mit $\mathrm{Red}(a)$ bezeichnet. Es ist bis auf assoziierte Elemente eindeutig bestimmt. In einem faktoriellen Ring hat jedes von 0 verschiedene Element eine Reduktion.)

23. Seien A ein faktorieller Integritätsbereich mit Quotientenkörper K und P ein Repräsentantensystem für die Äquivalenzklassen assoziierter Primelemente in A. Die Abbildung $A^\times \times \mathbb{Z}^{(P)} \to K^\times$ mit

$$(e, (\alpha_p)_{p \in P}) \mapsto e \prod_{p \in P} p^{\alpha_p}$$

ist ein Gruppenisomorphismus. Die Sequenz

$$1 \longrightarrow A^\times \xrightarrow{\iota} K^\times \xrightarrow{\pi} \mathbb{Z}^{(P)} \longrightarrow 0$$

ist eine exakte Sequenz abelscher Gruppen, wobei ι die kanonische Einbettung und π der Homomorphismus $x \mapsto (\mathrm{v}_p(x))_{p \in P}$ ist.

24. Für Elemente a, b, c eines faktoriellen Integritätsbereiches gilt:

$$\mathrm{ggT}(\mathrm{kgV}(a, b), c) = \mathrm{kgV}(\mathrm{ggT}(a, c), \mathrm{ggT}(b, c)),$$
$$\mathrm{kgV}(\mathrm{ggT}(a, b), c) = \mathrm{ggT}(\mathrm{kgV}(a, c), \mathrm{kgV}(b, c)).$$

(Man verwendet p-Exponenten.)

25. Seien $a_1, \ldots, a_n$ Elemente $\neq 0$ im faktoriellen Ring A. Zu einer Teilmenge J von $I := \{1, \ldots, n\}$ sei $\mathrm{g}(J)$ der größte gemeinsame Teiler und $\mathrm{k}(J)$ das kleinste gemeinsame Vielfache der Elemente a_i, $i \in J$. Ferner sei $\mathrm{s}(J) := -(-1)^{\mathrm{Kard}\, J}$. Dann ist

$$\mathrm{kgV}(a_1, \ldots, a_n) = \prod_{\substack{J \in \mathbf{P}(I) \\ J \neq \emptyset}} \mathrm{g}(J)^{\mathrm{s}(J)}, \quad \mathrm{ggT}(a_1, \ldots, a_n) = \prod_{J \in \mathbf{P}(I)} \mathrm{k}(J)^{\mathrm{s}(J)}.$$

(Man verwendet p-Exponenten.)

26. Sei A ein Integritätsbereich, in dem jede Nichteinheit $\neq 0$ Produkt unzerlegbarer Elemente ist. Dann sind äquivalent: (1) A ist faktoriell. (2) Je zwei Elemente $a, b \in A$ besitzen einen größten gemeinsamen Teiler. (3) Je zwei Elemente $a, b \in A$ besitzen ein kleinstes gemeinsames Vielfaches. (Bemerkung. Die Charakterisierung der Faktorialität durch (3) ist vom idealtheoretischen Standpunkt her die natürlichere, vergleiche Aufgabe 17. Schon in $\mathbb{Z}$ ist es einfacher, die Existenz kleinster gemeinsamer Vielfacher als die größter gemeinsamer Teiler zu zeigen. Seien nämlich $a, b \in \mathbb{N}_+$; dann ist die kleinste Zahl in der Menge der gemeinsamen Vielfachen von a und b in $\mathbb{N}_+$ ein kleinstes gemeinsames Vielfaches von a, b, wie man mit Hilfe der Division mit Rest direkt verifiziert.)

27. Seien A ein Integritätsbereich und S das multiplikative System der Elemente aus A, die zu Produkten von Primelementen assoziiert sind. Dann sind äquivalent: (1) A ist faktoriell. (2) Jedes Primideal $\neq 0$ in A enthält ein Primelement. (3) A_S ist der Quotientenkörper von A. (Zum Nachweis von (2)⇒(3) betrachtet man ein maximales Ideal in A_S und seinen Durchschnitt mit A. Zum Nachweis von

(3)⇒(1) betrachtet man zu $a \neq 0$ aus A die Darstellung von a^{-1} in A_S.)

28. Der Körper K sei algebraisch abgeschlossen im Erweiterungskörper L. Dann ist jedes irreduzible Polynom aus $K[X]$ auch in $L[X]$ irreduzibel. (Ist $f \in K[X]$ normiert, $f = gh$ mit normierten Polynomen $g, h \in L[X]$, so betrachtet man einen Erweiterungskörper von L, über dem g und h in Linearfaktoren zerfallen.)

29. Seien K ein Körper und $f_i \in K[X_i]$ nichtkonstante Polynome vom Grade m_i, $i = 1, \ldots, n$. Die K-Algebra $A := K[X_1, \ldots, X_n]/(f_1, \ldots, f_n)$ ist eine endliche K-Algebra der Dimension $m_1 \cdots m_n$. Jedes Primideal in $K[X_1, \ldots, X_n]$, welches $f_1, \ldots, f_n$ enthält, ist maximal. Sind die f_i irreduzibel und die m_i paarweise teilerfremd, so ist A ein Körper, d.h. das Ideal $(f_1, \ldots, f_n)$ ist maximal.

30. Sei $A \subseteq B$ eine Erweiterung von Integritätsbereichen; A sei normal. Ist $x \in B$ ganz über A, so hat das Minimalpolynom g von x (über dem Quotientenkörper von A) Koeffizienten in A und ist ein Primpolynom in $A[X]$. (56.19)

31. Seien A ein faktorieller Ring mit $2 \in A^\times$ und $D \in A$ ein Element, das kein Quadrat in A ist. Sei

$$D = \epsilon \pi_1^{\nu_1} \cdots \pi_r^{\nu_r}$$

mit $\epsilon \in A^\times$ und paarweise nichtassoziierten Primelementen $\pi_1, \ldots, \pi_r \in A$, $\nu_1, \ldots, \nu_r \geq 1$. Ferner seien K der Quotientenkörper von A und $L := K[\sqrt{D}] = K[X]/(X^2 - D)$. Es ist L eine quadratische Körpererweiterung von K.

a) Ein Element $y = a + b\sqrt{D} \in L$, $a, b \in K$, ist genau dann ganz über A, wenn $a \in A$ ist und b die Gestalt $b'/\pi_1^{\mu_1} \cdots \pi_r^{\mu_r}$ mit $b' \in A$ und $\mu_1 \leq \nu_1/2, \ldots, \mu_r \leq \nu_r/2$ hat. (Man schließe ähnlich wie in der ersten Hälfte von §56, Beispiel 5.)

b) Genau dann ist $A[\sqrt{D}] = A[X]/(X^2 - D)$ normal, wenn $\nu_1 = \cdots = \nu_r = 1$ ist (d.h. wenn D "quadratfrei" ist).

(Bemerkung. Die Aussagen in a) und b) gelten z.B. auch dann, wenn A noethersch und normal (mit $2 \in A^\times$) ist.)

32. Jeder faktorielle Ring ist vollständig normal.

33. Sei $\mathbf{a}$ ein Ideal im kommutativen Ring A. Das Radikal $\mathbf{r}(\mathbf{a}) = \sqrt{\mathbf{a}}$ von $\mathbf{a}$ (vgl. §33, Aufgabe 11) ist der Durchschnitt der Primideale von A, die $\mathbf{a}$ umfassen. (Vgl. Aufgabe 12a) für eine Verschärfung.)

34. Seien A ein kommutativer Ring und $f, g \in A[X]$. Die von den Koeffizienten der Polynome f, g und fg erzeugten Ideale in A seien $\mathbf{a}, \mathbf{b}$ und $\mathbf{c}$. Dann gilt: Ein Primideal $\mathbf{p} \subseteq A$ umfaßt genau dann $\mathbf{c}$, wenn $\mathbf{p}$ das Produkt $\mathbf{ab}$ umfaßt, d.h. wenn $\mathbf{p}$ wenigstens eines der Ideale $\mathbf{a}$ bzw. $\mathbf{b}$ umfaßt. (Man rechne modulo $\mathbf{p}$.) Mit anderen Worten (Aufgabe 33): Die Radikale $\mathbf{r}(\mathbf{ab})$ und $\mathbf{r}(\mathbf{c})$ sind gleich.

35. Man löse Aufgabe 10b) von §53, indem man das Problem auf den Fall eines Integritätsbereiches A reduziert.

36. Sei $A \subseteq B$ eine freie Erweiterung von Integritätsbereichen.

a) Ist die Menge der Hauptideale in B noethersch geordnet, so gilt Entsprechendes in A.

b) Ist B endlich über A oder eine Polynomalgebra über A, so ist die Menge der Hauptideale in B genau dann noethersch geordnet, wenn Entsprechendes in A gilt.

37. Seien $A \subseteq B$ eine ganze Erweiterung und $\mathbf{q} \subseteq \mathbf{b}$ Ideale in B, wobei $\mathbf{q}$ prim sei. Ist dann $\mathbf{q} \cap A = \mathbf{b} \cap A$, so ist $\mathbf{q} = \mathbf{b}$. (Auf $A/(\mathbf{q} \cap A) \subseteq B/\mathbf{q}$ wende man die Aufgabe 10a) aus §56 an.)

38. In dieser Aufgabe wird (nach einer Idee von I. Kaplansky) eine wichtige Aussage über die Nullteiler eines kommutativen noetherschen Ringes A behandelt. Ist A reduziert, so ist die Menge der Nullteiler von A nach Aufgabe 12b), c) die Vereinigung der endlich vielen minimalen Primideale von A. Es soll gezeigt werden, *daß die Menge der Nullteiler eines kommutativen noetherschen Ringes stets die Vereinigung endlich vieler Primideale ist.* — Sei A zunächst ein beliebiger kommutativer Ring. Die Menge der Nullteiler von A ist die Vereinigung der Annullatoren $\mathrm{Ann}_A a$, $a \in A \setminus \{0\}$.

a) Ein (bezüglich der Inklusion) maximales Element in der Menge der Ideale $\mathrm{Ann}_A a$, $a \neq 0$, ist ein Primideal. (Übrigens heißen die Primideale unter den Idealen $\mathrm{Ann}_A a$, $a \neq 0$, die assoziierten Primideale von A.)

b) Ist A noethersch, so gibt es nur endlich viele maximale Elemente in der Menge der Ideale $\mathrm{Ann}_A a$, $a \neq 0$. (Seien $\mathrm{Ann}_A a_i$, $i \in I$, die maximalen Elemente, $a_{i_1}, \ldots, a_{i_n}$ ein endliches Erzeugendensystem von $\sum A a_i$ und $\mathbf{p}_\nu := \mathrm{Ann}_A a_{i_\nu}$, $\nu = 1, \ldots, n$. Aus $\bigcap \mathbf{p}_\nu \subseteq \mathrm{Ann}_A a_i$ folgt $\mathbf{p}_{\nu_0} \subseteq \mathrm{Ann}_A a_i$, also $\mathbf{p}_{\nu_0} = \mathrm{Ann}_A a_i$ für wenigstens ein ν_0.)

c) Ist A noethersch, so ist die Menge der Nullteiler von A Vereinigung von endlich vielen Primidealen, die überdies die Annullatorideale von Elementen aus A sind.

39. Man folgere aus 38c) mit 58.2: Ein Ideal $\mathbf{a}$ eines noetherschen Ringes A enthält genau dann einen Nichtnullteiler, wenn $\mathrm{Ann}_A \mathbf{a} = 0$ ist.

40. Der totale Quotientenring eines noetherschen kommutativen Ringes ist semilokal, d.h. besitzt nur endlich viele maximale Ideale.

§59 Hauptidealbereiche

Beim ersten Lesen genügt es, unter Auslassen von Beispiel 2 bis Satz 59.8 vorzugehen und sich dann noch die Ausführungen über den euklidischen Algorithmus anzusehen.

Hier sollen Besonderheiten der Teilbarkeitslehre in Hauptidealbereichen besprochen werden. Dabei orientieren wir uns an den wichtigsten Beispielen, nämlich dem Ring der ganzen Zahlen und den Polynomringen in einer Unbestimmten über Körpern.

59.1 Satz *Jeder Hauptidealbereich ist faktoriell.*

Der Beweis ergibt sich aus 58.12, 58.13 und dem folgenden Lemma. •

59.2 Lemma *Sei A ein Hauptidealbereich. Ist $a \in A$ irreduzibel, so ist Aa ein maximales Ideal.*

Beweis. Sei $a \in A$ irreduzibel. Da a keine Einheit ist, ist $Aa \neq A$. Sei nun $\mathbf{b}$ ein beliebiges Ideal in A, das Aa umfaßt. Dies ist nach Voraussetzung über A ein Hauptideal Ab. Wegen $a \in Ab$ gibt es ein c mit $a = cb$. Nach Voraussetzung über a ist c oder b eine Einheit, was $Aa = Ab = \mathbf{b}$ bzw. $\mathbf{b} = Ab = A$ bedeutet. Dies zeigt, daß Aa maximal ist. •

59.3 Korollar *Jeder Polynomring $K[X]$ über einem Körper K ist faktoriell.*

Beweis. Nach 53.8 ist $K[X]$ nämlich ein Hauptidealbereich. •

Bemerkung 1 Daß jedes Polynom $f \in K[X]$ des Grades $n \geq 1$ (also jede Nichteinheit $\neq 0$ in $K[X]$) Produkt irreduzibler Polynome ist, läßt sich einfacher als auf dem Umweg über 58.13 (der sich bei allgemeinen Hauptidealbereichen nicht vermeiden läßt) durch Induktion über n (Gradsatz!) einsehen. Wegen 58.12 sind die Primpolynome in $K[X]$ mit den irreduziblen Polynomen identisch.

Man spricht im allgemeinen von irreduziblen Polynomen statt von Primpolynomen, insbesondere auch deshalb, weil die Irreduzibilität meist einfacher nachzuweisen ist.

Beispiel 1 Sei K ein Körper. Nach §58, Beispiel 9 gibt es ein natürliches Repräsentantensystem P für die Äquivalenzklassen assoziierter Primelemente in $K[X]$, nämlich die Menge der normierten irreduziblen Polynome in $K[X]$. Wir wollen Kard P berechnen. Da die Polynome $X - a$, $a \in K$, zu P gehören, gilt Kard $K \leq$ Kard $P \leq$ Kard $K[X]$. Es gilt sogar

$$\text{Kard}\, P = \text{Kard}\, K[X] = \text{Max}(\aleph_0, \text{Kard}\, K)\,.$$

Hierzu braucht man sich nur noch zu überlegen, daß für einen endlichen Körper K nicht nur endlich viele Primpolynome in $K[X]$ existieren. Dies liefert aber Euklids Argument im Beweis von 10.8, das sich hier ungezwungen übertragen läßt.

Die Primfaktorzerlegung einzelner Polynome ist im allgemeinen nur schwierig zu gewinnen, wenn sie denn überhaupt gelingt. Wir kommen auf diesbezügliche Beispiele und Methoden noch oft zurück.

Beispiel 2 (Irreduzibilität der Kreisteilungspolynome) Wir fahren, anknüpfend an §54, in der Behandlung der Kreisteilungsgleichungen $x^n - 1 = 0$ fort.

59.4 Satz *Sei $n \geq 1$ eine natürliche Zahl. Das n-te Kreisteilungspolynom Φ_n ist prim in $\mathbb{Q}[X]$. Der n-te Kreisteilungskörper hat den Grad $\varphi(n)$ über $\mathbb{Q}$.*

Beweis. Sei ζ_n eine primitive n-te Einheitswurzel in $\mathbb{C}$. Es ist zu zeigen, daß das Minimalpolynom g von ζ_n über $\mathbb{Q}$, welches nach 58.7 prim ist, mit Φ_n übereinstimmt. Dieses bedeutet, daß sämtliche primitiven n-ten Einheitswurzeln als Nullstellen von g erwiesen werden müssen. Diese Einheitswurzeln lassen sich in der Form ζ_n^i mit $i \geq 1$ und $\text{ggT}(i, n) = 1$ darstellen. Man erhält alle diese Potenzen als Elemente einer Folge $\zeta_n, \zeta_n^{p_1}, \zeta_n^{p_1 p_2}, \ldots$, wobei $p_1, p_2, \ldots$ zu n teilerfremde Primzahlen sind. Es genügt daher, für jede zu n teilerfremde Primzahl p und jede primitive n-te Einheitswurzel x zu zeigen: Ist $g(x) = 0$, so ist auch $g(x^p) = 0$. Ohne Einschränkung der Allgemeinheit sei $x = \zeta_n$.

Der Grundring $\mathbb{Z}$ ist nach 58.10 (siehe auch schon §56, Beispiel 3) normal. Daher zeigt 56.19, daß g ein ganzzahliges Polynom ist und daß $\mathbb{Z}[\zeta_n]$ isomorph zu $\mathbb{Z}[X]/\mathbb{Z}[X]g$ ist. Insbesondere ist Φ_n Vielfaches von g in $\mathbb{Z}[X]$. Diese Relation bleibt über dem Restklassenkörper $\mathsf{K}_p = \mathbb{Z}/\mathbb{Z}p$ erhalten, über dem wir die Polynome jetzt betrachten.

Da n nicht von $p = \operatorname{Char} \mathsf{K}_p$ geteilt wird, gibt es einen Erweiterungskörper L von K_p, in dem $X^n - 1$ genau n Nullstellen hat; die primitiven unter diesen n-ten Einheitswurzeln sind gerade die Nullstellen von Φ_n in L. Eine davon, nennen wir sie z, ist auch Nullstelle des Teilers g von Φ_n. Der Homomorphismus $\mathbb{Z}[X] \to L$ mit $X \mapsto z$ induziert wegen $g(z) = 0$ einen Homomorphismus π von $\mathbb{Z}[\zeta_n]$ in L mit $\zeta_n^i \mapsto z^i$, der die Menge M der n-ten Einheitswurzeln in $\mathbb{C}$ bijektiv auf die Menge der n-ten Einheitswurzeln in L abbildet. Da die $r := \operatorname{Grad} g$ Nullstellen von g in $\mathbb{C}$ in M liegen, werden sie von π bijektiv auf sämtliche Nullstellen von g in L abgebildet. Also ist $g(\zeta_n^p) = 0$ genau dann, wenn $g(z^p) = 0$ ist. Der Frobenius-Homomorphismus $u \mapsto u^p$ von L, der auf K_p die Identität ist, bildet aber die Nullstelle z des Polynomes $g \in \mathsf{K}_p[X]$ auf die Nullstelle z^p von g ab. Das beendet den Beweis. Der Zusatz $[\mathbb{Q}[\zeta_n] : \mathbb{Q}] = \varphi(n)$ ist klar, da Φ_n den Grad $\varphi(n)$ hat. •

Satz 59.4 wurde für den Fall einer Primzahl n zuerst von Gauß bewiesen. Den kurzen Beweis von Eisenstein in diesem Spezialfall werden wir in §60, Beispiel 5 kennenlernen. Die ersten Beweise für allgemeines n stammen von Kronecker und Dedekind. Der oben vorgestellte Beweis ist der Dedekindsche in einer Variante von Friedrich Wilhelm Levi.
Von Kronecker stammt die folgende Anmerkung:

59.5 Korollar *Seien n und m teilerfremde positive ganze Zahlen. Dann ist Φ_m prim im Polynomring über dem n-ten Kreisteilungskörper.*

Beweis. Seien ζ_n und ζ_m primitive n-te bzw. m-te komplexe Einheitswurzeln. Das Produkt $\zeta_n\zeta_m$ ist wegen $\operatorname{ggT}(n, m) = 1$ eine primitive (nm)-te Einheitswurzel. Daher hat $\mathbb{Q}[\zeta_n\zeta_m] = \mathbb{Q}[\zeta_n][\zeta_m]$ den Grad $\varphi(nm) = \varphi(n)\varphi(m)$ über $\mathbb{Q}$ und folglich den Grad $\varphi(m)$ über $\mathbb{Q}[\zeta_n]$. Daher ist Φ_m auch das Minimalpolynom von ζ_m über $\mathbb{Q}[\zeta_n]$. •

Viele Besonderheiten der Teilbarkeitslehre in Hauptidealbereichen liegen im Grunde an dem im folgenden Lemma beschriebenen Sachverhalt, der sich unmittelbar aus 58.16(2) ergibt:

59.6 Bezoutsches Lemma *Sei A ein Hauptidealbereich. Sind $a_1, \ldots, a_n$ Elemente in A, so gibt es Elemente $r_1, \ldots, r_n$ in A mit*

$$\operatorname{ggT}(a_1, \ldots, a_n) = r_1a_1 + \cdots + r_na_n .$$

Insbesondere gilt $\operatorname{ggT}(a_1, \ldots, a_n) = 1$ *genau dann, wenn es Elemente $r_1, \ldots, r_n$ in A mit $1 = r_1a_1 + \cdots + r_na_n$ gibt.*

Bemerkung 2 (ggT in Erweiterungsringen) Unter denselben Voraussetzungen wie in 59.6 gilt: *Ist $\varphi: A \to B$ ein Homomorphismus von A in einen Integritätsbereich B, so ist*

$$\varphi(\operatorname{ggT}(a_1, \ldots, a_n)) = \operatorname{ggT}(\varphi(a_1), \ldots, \varphi(a_n)) .$$

Ist nämlich $d := \text{ggT}(a_1, \ldots, a_n)$ ein erzeugendes Element von $Aa_1 + \cdots + Aa_n$, so ist $\varphi(d)$ offenbar ein solches von $B\varphi(a_1) + \cdots + B\varphi(a_n)$, woraus mit 58.16(2) die Behauptung folgt.

Insbesondere besitzen $a_1, \ldots, a_n$ einen ggT in jedem Erweiterungsbereich B von A. Jeder ggT von $a_1, \ldots, a_n$ in A ist ein ggT von $a_1, \ldots, a_n$ in B. Umgekehrt braucht ein $a \in A$, welches ein ggT der $a_1, \ldots, a_n$ in B ist, nicht auch ggT von $a_1, \ldots, a_n$ in A zu sein; man denke nur an die Situation $B = \mathrm{Q}(A)$! Siehe aber Aufgabe 25. Speziell ergibt sich unmittelbar mit 53.7:

59.7 Lemma *Seien K ein Körper, L ein Erweiterungskörper von K und $f_1, \ldots, f_n$ Polynome aus $K[X] \subseteq L[X]$. Ein $f \in K[X]$ ist genau dann* ggT *der $f_1, \ldots, f_n$ in $K[X]$, wenn dies in $L[X]$ gilt.*

Auf dem Bezoutschen Lemma beruhen auch viele Struktursätze über Moduln über Hauptidealbereichen, wie wir in §61 sehen werden. Hier sei ein Struktursatz über die Restklassen*ringe* von Hauptidealbereichen vorgestellt, bei dem das Bezoutsche Lemma in die folgende Überlegung einfließt. *Elemente a und b eines Hauptidealbereiches A sind genau dann teilerfremd, wenn $Aa + Ab = A$ ist, d.h. wenn die Ideale Aa und Ab teilerfremd sind.*

Sei A ein Hauptidealbereich. Wir betrachten ein Ideal $Af \neq 0$ in A. *Der Restklassenring A/Af ist ein artinscher Ring, der überhaupt nur endlich viele Ideale hat.* Diese entsprechen ja eindeutig den Hauptidealen $Aa \supseteq Af$, also den Klassen assoziierter Teiler g von f, und von denen gibt es nur endlich viele.

Faktorzerlegungen von f entsprechen direkte Zerlegungen des *Ringes* A/Af:

59.8 Satz *Seien A ein Hauptidealbereich und f ein Element von A, das in ein Produkt $f = f_1 \cdots f_r$ von paarweise teilerfremden Elementen f_i von A zerlegt sei. Dann ist der kanonische Homomorphismus*

$$A/Af \to \prod_{i=1}^{r} A/Af_i$$

ein Isomorphismus von Ringen.

Beweis. Mit φ_i sei die Restklassenabbildung $A \to A/Af_i$ bezeichnet, mit φ der aus $\varphi_1, \ldots, \varphi_r$ zusammengesetzte Homomorphismus von A in das direkte Produkt der A/Af_i. Die Ideale $Af_i = \text{Kern}\,\varphi_i$ sind paarweise teilerfremd. Außerdem wird $\text{Kern}\,\varphi = Af_1 \cap \cdots \cap Af_r$ nach 58.16(1) von $\text{kgV}(f_1, \ldots, f_r) = f_1 \cdots f_r = f$ erzeugt. Satz 33.5 zeigt nun, daß der von φ induzierte Ringhomomorphismus bijektiv ist. Dies ist die Behauptung. •

Bemerkung 3 Sei A wie in 59.8 und $f \in A$, $f \neq 0$. Sei $f = ep_1^{m_1} \cdots p_r^{m_r}$ eine Primfaktorzerlegung von f mit paarweise nicht assoziierten Primelementen p_i und einer Einheit e. Man nennt dann

$$f = ef_1 \cdots f_r \quad \text{mit} \quad f_i := p_i^{m_i}\,, \ i = 1, \ldots, r\,,$$

wohl auch eine Primärzerlegung von f. Diese liefert die feinste Zerlegung von A/Af gemäß Satz 59.8 und die feinste direkte Zerlegung überhaupt: siehe Satz 55.15. Jeder der direkten Faktoren A/Af_i ist nämlich lokal (mit dem maximalen Ideal Ap_i/Af_i). Die A/Af_i, $i = 1, \ldots, r$, sind also die lokalen Komponenten von A/Af.

Bemerkung 4 (Allgemeiner Chinesischer Restsatz) Sei A ein Hauptidealbereich. Ferner seien $f_1, \ldots, f_r$ Elemente $\neq 0$ aus A und f ihr kleinstes gemeinsames Vielfaches. Der kanonische Homomorphismus von A in das direkte Produkt B der A/Af_i sei mit φ bezeichnet. Der von φ induzierte Homomorphismus von $A/Af_1 \cdots f_r$ in B ist i.a. weder injektiv noch surjektiv; sein Kern und sein Bild können aber berechnet werden. Sein Kern ist einfach $Af/Af_1 \cdots f_r$, da $\operatorname{Kern} \varphi = Af$ ist, siehe den Beweis von 59.8. Sein Bild stimmt mit $\operatorname{Bild} \varphi$ überein. Wir formulieren die Berechnung des Bildes von φ wie folgt mit Kongruenzen:

59.9 Lösung simultaner Kongruenzen *Seien A ein Hauptidealbereich und $f_1, \ldots, f_r \in A$, $f := \mathrm{kgV}(f_1, \ldots, f_r)$. Ferner seien $a_1, \ldots, a_r \in A$ vorgegeben. Das System*

$$\text{(S)} \qquad x \equiv a_i \mod f_i\,, \quad 1 \leq i \leq r\,,$$

hat genau dann eine Lösung, wenn für alle i, j mit $1 \leq i, j \leq n$ (und $i \neq j$) gilt:

$$\text{(B)} \qquad a_i \equiv a_j \mod \mathrm{ggT}(f_i, f_j)\,.$$

Ist a eine Lösung des Systems, so sind $a + Af$ alle Lösungen des Systems.

Sind die f_i paarweise teilerfremde Elemente $\neq 0$ in A, so hat man $\mathrm{ggT}(f_i, f_j) = 1$ bei $i \neq j$, und (B) ist trivialerweise bei jeder Vorgabe der a_i erfüllt. Daher ist 59.9 eine Verallgemeinerung von 59.8 und insbesondere des klassischen Chinesischen Restsatzes 13.9. Man nennt 59.9 auch den allgemeinen Chinesischen Restsatz.

Beweis von 59.9. Ist a ein Lösung des Systems, so ist $a_i \equiv a$ modulo f_i, erst recht modulo $\mathrm{ggT}(f_i, f_j)$; die Bedingungen (B) sind daher notwendig. Daß sie auch hinreichend sind, zeigen wir durch Induktion über r. Der Fall $r = 1$ ist trivial. Sei nun $r \geq 2$. Ist $d := \mathrm{ggT}(f_1, f_2) = 0$, so sind die beiden ersten Kongruenzen aus (S) identisch, und man kann die Induktionsvoraussetzung anwenden. Sei jetzt $d \neq 0$, und setzen wir $e := f_1 f_2 / d = \mathrm{kgV}(f_1, f_2)$. Nach dem Bezoutschen Lemma gibt es Elemente $u, v \in A$ mit $uf_1 + vf_2 = d$. Indem wir die beiden ersten Kongruenzen aus (S) durch

$$x \equiv c \mod e$$

ersetzen, wobei $c := a_1 + (a_2 - a_1)uf_1/d$ gesetzt ist, erhalten wir ein System (S′). Offenbar ist $c = a_2 + (a_1 - a_2)vf_2/d$. Da $a_2 - a_1$ wegen der Voraussetzung (B) durch d teilbar ist, gilt $c \equiv a_1$ modulo f_1 und $c \equiv a_2$ modulo f_2. Man sieht daher sofort, daß jede Lösung von (S′) auch eine von (S) ist und umgekehrt. Es genügt also, das System (S′) mit $r - 1$ Kongruenzen zu lösen. Dies ist nach Induktionsvoraussetzung möglich, da die (B) entsprechenden Bedingungen (B′) zu (S′) erfüllt sind: Für Indizes $i, j > 2$ sind die Teilbedingungen von (B′) als solche von (B) trivialerweise erfüllt. Es genügt daher zu zeigen, daß

$$c \equiv a_j \mod \mathrm{ggT}(e, f_j)$$

für alle $j \geq 3$ gilt. Für $i = 1, 2$ ist $c \equiv a_i$ modulo f_i, erst recht modulo $\mathrm{ggT}(f_i, f_j)$. Nach (B) ist daher $c \equiv a_j$ modulo $\mathrm{ggT}(f_i, f_j)$. Also ist

$$c \equiv a_j \mod E\,, \quad E := \mathrm{kgV}(\mathrm{ggT}(f_1, f_j), \mathrm{ggT}(f_2, f_j))\,.$$

Es ist leicht zu sehen, daß $E = \mathrm{ggT}(e, f_j)$ ist, siehe §58, Aufgabe 24.
Der Zusatz über die genaue Lösungsmenge von (S) ist nach den Vorbemerkungen von 59.9 klar. •

Ein weiteres Anwendungsgebiet des Bezoutschen Lemmas liegt in der Bruchrechnung.

59.10 Lemma *Sei A ein Hauptidealbereich mit dem Quotientenkörper K. Seien $a_1, \ldots, a_n$ paarweise teilerfremde Elemente $\neq 0$ in A, und sei $b \in A$ beliebig. Dann gibt es Elemente $b_1, \ldots, b_n$ in A derart, daß in K gilt:*

$$\frac{b}{a_1 \cdots a_n} = \frac{b_1}{a_1} + \cdots + \frac{b_n}{a_n}\,.$$

B e w e i s. Die Elemente $c_i := \prod_{j \neq i} a_j$ haben keinen gemeinsamen Primfaktor. Nach 59.6 gibt es daher Elemente r_i in A mit $r_1 c_1 + \cdots + r_n c_n = 1$. Man braucht dann nur $b_i := b r_i$ zu setzen. •

59.11 Partialbruchzerlegung *Seien K ein Körper und sei P die Menge der normierten irreduziblen Polynome in $K[X]$. Dann bilden die rationalen Funktionen*

$$X^i\,, \;\; i \in \mathbb{N}\,; \quad \frac{X^j}{p^s}\,, \;\; p \in P\,, \;\; 0 \leq j < \mathrm{Grad}\, p\,, \;\; s \in \mathbb{N}_+\,,$$

eine K-Vektorraumbasis des Funktionenkörpers $K(X)$.

Die Darstellung einer Funktion $g \in K(X)$ als K-Linearkombination der in 59.11 angegebenen Funktionen heißt die P a r t i a l b r u c h z e r l e g u n g von g.

B e w e i s von 59.11. Die im Satz angegebenen Funktionen sind K-linear unabhängig, wie wir zunächst zeigen. Dazu brauchen wir, da die X^i, $i \in \mathbb{N}$, eine K-Basis des Ringes $K[X] \subseteq K(X)$ der ganzrationalen Funktionen bilden, nur aus einer Gleichung

$$f + \sum_{p \in P, s > 0} f_{p,s}/p^s = 0$$

mit $f, f_{p,s} \in K[X]$, $\mathrm{Grad}\, f_{p,s} < \mathrm{Grad}\, p$ und $f_{p,s} = 0$ für fast alle p, s zu folgern, daß $f_{p,s} = 0$ für alle p, s gilt. Nehmen wir an, daß in der vorgegebenen Gleichung für ein $q \in P$ und ein $m \in \mathbb{N}_+$ gilt: $f_{q,m} \neq 0$. Wir dürfen voraussetzen, daß außerdem $f_{q,s} = 0$ für alle $s > m$ ist. Aus

$$f_{q,m}/q^m = -f - \sum_{\substack{p \in P, s > 0 \\ p \neq q}} f_{p,s}/p^s - \sum_{0 < s < m} f_{q,s}/q^s$$

folgt nun für den q-Exponenten $\alpha := \mathrm{v}_q(f_{q,m}/q^m)$ mittels der Rechenregeln 58.14 einerseits durch Betrachten der rechten Seite der Gleichung, daß $\alpha >$

$-m$ ist, andererseits aber, daß $\alpha = -m$ ist, da $f_{q,m}$ aus Gradgründen nicht von q geteilt werden kann. Widerspruch!

Zweitens ist zu zeigen, daß $K(X)$ als Vektorraum von den angegebenen Funktionen erzeugt wird. Lemma 59.10 und die Verwendung der Primfaktorzerlegung in $K[X]$ erlauben sofort die Beschränkung auf rationale Funktionen f/p^α mit $p \in P$, $\alpha > 0$. Diese zerlegt man unter Abbau von α wie folgt: Division mit Rest ergibt $f = qp + r$ mit $q, r \in K[X]$, $\operatorname{Grad} r < \operatorname{Grad} p$; also ist $f/p^\alpha = q/p^{\alpha-1} + r/p^\alpha$. •

Der Beweis von 59.11 zeigt, daß die Partialbruchzerlegung einer Funktion $g \in K(X)$ mit Hilfe der Division mit Rest in $K[X]$ effektiv gewonnen werden kann, sofern die Primfaktorzerlegung des Nenners von g bekannt ist.

Beispiel 3 Sei K ein Körper. Dann hat $K[X]$ als K-Vektorraum die Dimension $\operatorname{Kard} \mathbb{N} = \aleph_0$. Für den rationalen Funktionenkörper $K(X)$ hingegen gilt:

59.12 Satz *Es ist* $\operatorname{Dim}_K K(X) = \operatorname{Max}(\aleph_0, \operatorname{Kard} K)$.

Beweis. Mit P sei die Menge der normierten Primpolynome in $K[X]$ bezeichnet. Nach Beispiel 1 ist $\operatorname{Kard} P = \operatorname{Max}(\aleph_0, \operatorname{Kard} K)$. Aus Satz 59.11 folgt aber $\operatorname{Dim}_K K(X) = \operatorname{Kard} P$, da P keine endliche Menge ist. •

59.13 Korollar *Seien K ein überabzählbarer unendlicher Körper und L eine K-Algebra, die ein Divisionsbereich ist und ein K-Algebra-Erzeugendensystem x_i, $i \in I$, mit* $\operatorname{Kard} I < \operatorname{Kard} K$ *besitzt. Dann ist L algebraisch über K.*

Beweis. Offenbar ist $\operatorname{Dim}_K L \le \operatorname{Max}(\aleph_0, \operatorname{Kard} I) < \operatorname{Kard} K$. Sei etwa $x \in L$ nicht algebraisch über K. Dann ist $K[x] \cong K[X]$. Der in L gebildete Quotientenkörper Q von $K[x]$ ist dann zu $K(X)$ isomorph. Mit 59.12 folgt $\operatorname{Dim}_K L \ge \operatorname{Dim}_K Q = \operatorname{Kard} K$. Widerspruch! •

Man kann 59.13 als eine Ergänzung zum Hilbertschen Nullstellensatz 55.17 auffassen. Dieser selbst ergibt sich aus 59.13, wenigstens im Fall überabzählbarer Grundkörper. Vgl. auch §55, Aufgabe 15.

Beispiel 4 (Partialbruchzerlegung über $\mathbb{R}$ und $\mathbb{C}$) Sei K ein algebraisch abgeschlossener Körper. Dann bilden die $X - a$, $a \in K$, die Menge der normierten Primpolynome in $K[X]$. Nach 59.11 läßt sich jede rationale Funktion $g \in K(X)$ eindeutig in der Form

$$g = f + \sum_{a \in K} \sum_{s > 0} \frac{u_{a,s}}{(X-a)^s}$$

mit $f \in K[X]$, $u_{a,s} \in K$, $u_{a,s} = 0$ für fast alle $(a, s) \in K \times \mathbb{N}_+$, schreiben. Dies gilt insbesondere für $K = \mathbb{C}$.

Bei $K = \mathbb{R}$ erhält man auch noch eine übersichtliche Partialbruchzerlegung. Nach Beispiel 6 aus §54 gibt es neben den Polynomen $X - a$, $a \in \mathbb{R}$, nur noch die normierten irreduziblen Polynome $X^2 + bX + c$ mit $b, c \in \mathbb{R}$, $d := b^2 - 4c < 0$, nämlich die normierten quadratischen reellen Polynome mit nichtreellen Nullstellen. Jede rationale Funktion aus $\mathbb{R}(X)$ läßt sich daher eindeutig in der Form

$$f+\sum_{a\in\mathbb{R}}\sum_{s>0}\frac{u_{a,s}}{(X-a)^s}+\sum_{\substack{b,c\in\mathbb{R}\\ b^2-4c<0}}\sum_{s>0}\frac{v_{b,c,s}X+w_{b,c,s}}{(X^2+bX+c)^s}$$

mit $f\in\mathbb{R}[X]$ und reellen Koeffizienten $u_{a,s}$, $v_{b,c,s}$, $w_{b,c,s}$ schreiben, die fast alle 0 sind. Übersichtlicher ist es freilich, die komplexe Partialbruchzerlegung reeller rationaler Funktionen zu verwenden. Der Zusammenhang mit der reellen Darstellung ergibt sich wie folgt. Da eine reelle rationale Funktion unter komplexer Konjugation invariant ist, muß wegen der Eindeutigkeit der komplexen Partialbruchzerlegung mit einem Term $u/(X-a)^s$, $a\in\mathbb{C}$, $a\notin\mathbb{R}$, $u\neq 0$, auch der Term $\overline{u}/(X-\overline{a})^s$ vorkommen. Die Summe

$$\frac{u}{(X-a)^s}+\frac{\overline{u}}{(X-\overline{a})^s}$$

ist eine reelle rationale Funktion der Form $g/((X-a)(X-\overline{a}))^s$ mit $g\in\mathbb{R}[X]$. Die reellen Funktionen in $\mathbb{C}(X)$ sind also gerade die Funktionen, in deren Partialbruchzerlegung neben rein reellen Termen nur noch Terme der Form $u/(X-a)^s+\overline{u}/(X-\overline{a})^s$ mit $u\in\mathbb{C}$, $a\in\mathbb{C}$, $a\notin\mathbb{R}$, vorkommen.

Bemerkung 5 (Integration rationaler Funktionen) Die Partialbruchzerlegung rationaler Funktionen über $\mathbb{R}$ bzw. $\mathbb{C}$ erlaubt es in einfacher Weise, für diese Funktionen Stammfunktionen im Sinne der Infinitesimalrechnung anzugeben. Jede rationale Funktion g/h aus $\mathbb{C}(X)$ bzw. $\mathbb{R}(X)$ definiert außerhalb der Menge der Nullstellen von h eine differenzierbare Funktion $t\mapsto g(t)/h(t)$. Die Partialbruchzerlegung von g/h liefert eine Partialbruchzerlegung für die zugehörige Funktion. Sucht man eine Stammfunktion für g/h, d.h. eine Funktion, deren Ableitung (im gewöhnlichen Sinne) mit der Funktion $t\mapsto g(t)/h(t)$ übereinstimmt, so genügt es folglich, die einzelnen Terme der Partialbruchzerlegung zu betrachten.

Im Komplexen braucht man also nur die rationalen Funktionen

$$t^i,\ i\in\mathbb{N},\quad\text{und}\quad 1/(t-a)^s,\ a\in\mathbb{C},\ s>0,$$

zu betrachten, wofür die Funktionen $t^{i+1}/(i+1)$ bzw.

$$\log(t-a)\quad\text{bei } s=1\quad\text{und}\quad -\frac{1}{(s-1)(t-a)^{s-1}}\quad\text{bei}\quad s\geq 2$$

Stammfunktionen sind. (Bei den Funktionen $\log(t-a)$ hat man sich auf offene Mengen in $\mathbb{C}$ zu beschränken, in denen diese Funktionen definiert werden können.)

Im Reellen hat man außer den Funktionen des gerade besprochenen Typs noch Funktionen des Typs

$$\frac{2t+b}{(t^2+bt+c)^s}\quad\text{bzw.}\quad\frac{1}{(t^2+bt+c)^s}$$

mit $b,c\in\mathbb{R}$, $d:=b^2-4c<0$, $s>0$, zu integrieren. Hierfür sind

$$\log(t^2+bt+c)\quad\text{bei } s=1\quad\text{und}\quad -\frac{1}{(s-1)(t^2+bt+c)^{s-1}}\quad\text{bei}\quad s\geq 2$$

bzw. die rekursiv durch

$$\varphi_1 := \left(\frac{2}{\sqrt{-d}}\right)\arctan\left(\frac{2t+b}{\sqrt{-d}}\right),$$

$$\varphi_{s+1} := -\frac{1}{sd}\left(\frac{2t+b}{(t^2+bt+c)^s} + 2(2s-1)\varphi_s\right), \quad s \geq 1,$$

definierten Funktionen φ_s Stammfunktionen, wie man unmittelbar durch Differenzieren bestätigt.

Häufig ist es im Reellen bequemer, die komplexe Partialbruchzerlegungng der reellen rationalen Funktionen zu verwenden; siehe Beispiel 4. Als Stammfunktion der reellen Funktion

$$t \mapsto \frac{u}{(t-a)^s} + \frac{\overline{u}}{(t-\overline{a})^s},$$

$u \in \mathbb{C}$, $a \in \mathbb{C}$, $a \notin \mathbb{R}$, $s \geq 2$, kann man ja direkt die reelle Funktion

$$-\frac{1}{s-1}\left(\frac{u}{(t-a)^{s-1}} + \frac{\overline{u}}{(t-\overline{a})^{s-1}}\right)$$

angeben. Man bestätigt dies einfach durch Differenzieren, wobei man beachte, daß sich bei den rationalen Funktionen gewöhnliche Differentiation nach der reellen Variablen t und Differentiation nach der Unbestimmten X entsprechen; bei der letzteren ist es gleichgültig, ob man sie in $\mathbb{R}(X)$ oder in $\mathbb{C}(X)$ ausführt.

Die Methode, mit der $\mathbb{Z}$ und Polynomringe vom Typ $K[X]$ als Hauptidealbereiche erwiesen werden, läßt sich auch in anderen Fällen verwenden und wird im folgenden präzisiert.

Definition Sei A ein Integritätsbereich. Eine e u k l i d i s c h e F u n k t i o n auf A ist eine Abbildung ν von $A \setminus \{0\}$ in $\mathbb{N}$ mit folgender Eigenschaft: Zu je zwei Elementen $a, b \in A$ mit $b \neq 0$ gibt es Elemente q und r in A derart, daß $a = qb + r$ gilt und $r = 0$ oder $\nu(r) < \nu(b)$ ist. Besitzt A eine euklidische Funktion, so heißt A e u k l i d i s c h oder ein e u k l i d i s c h e r B e r e i c h.

Eine euklidische Funktion beschreibt eine "Division mit Rest". Auf $\mathbb{Z}$ ist nach 12.3 die Betragsfunktion $a \mapsto |a|$ eine euklidische Funktion. Ist K ein Körper, so ist nach 53.6 die Gradfunktion eine euklidische Funktion auf $K[X]$.

59.14 Satz *Jeder euklidische Bereich A ist ein Hauptidealbereich und insbesondere faktoriell.*

B e w e i s. Seien $\mathbf{a}$ ein vom Nullideal verschiedenes Ideal in A und ν eine euklidische Funktion auf A. In $b \in \mathbf{a}$ nehme die Beschränkung von ν auf $\mathbf{a} \setminus \{0\}$ ein Minimum an. Dann ist $\mathbf{a} = Ab$. Trivialerweise ist nämlich $Ab \subseteq \mathbf{a}$. Ist umgekehrt $a \in \mathbf{a}$ vorgegeben, so gibt es Elemente $q, r \in A$ mit $a = qb + r$ und $r = 0$ oder $\nu(r) < \nu(b)$. Da $r = a - qb \in \mathbf{a}$ gilt, ist $\nu(r) < \nu(b)$ nach der Wahl von b nicht möglich. Folglich ist $r = 0$, also $a = qb \in Ab$. (Man vergleiche diesen Beweis mit den Beweisen von 12.4 und 53.8). •

Beispiel 5 *Der Ring $A := \mathbb{Z}[\mathrm{i}]$ der ganzen Gaußschen Zahlen ist euklidisch.* Er besteht aus allen komplexen Zahlen $a+b\,\mathrm{i}$ mit $a, b \in \mathbb{Z}$, $\mathrm{i}^2 = -1$. Eine euklidische Funktion auf A ist die Normfunktion N, welche $x \in A$ die natürliche Zahl $x\overline{x}$ zuordnet, wobei $\overline{x}$ die zu x konjugiert komplexe Zahl bezeichnet. Für $x = a + b\,\mathrm{i}$ ist

$$\mathrm{N}(x) = \mathrm{N}(a + b\,\mathrm{i}) = a^2 + b^2 .$$

Es ist $\mathrm{N}(x) = 0$ genau dann, wenn $x = 0$ ist. Aus der Konstruktion von N folgt trivialerweise, daß N multiplikativ ist: Für $x, y \in A$ ist $\mathrm{N}(xy) = \mathrm{N}(x)\mathrm{N}(y)$.

Daß bezüglich N in A Division mit Rest möglich ist, sieht man wie folgt ein: Seien $x, y \in A$, $y \neq 0$, vorgegeben. Man zerlegt x/y in der Form

$$x/y = (m + v) + (n + w)\,\mathrm{i}$$

mit ganzen Zahlen m, n und rationalen Zahlen v, w des Betrages $\leq 1/2$. Dann setzt man

$$q := m + n\,\mathrm{i}, \quad r := y(v + w\,\mathrm{i})$$

und hat $x = qy + r$, wobei $q \in A$ und auch $r = x - qy \in A$ ist. Schließlich rechnet man in $\mathbb{C}$ aus: $\mathrm{N}(r) = \mathrm{N}(y)\mathrm{N}(v + w\,\mathrm{i}) < \mathrm{N}(y)$ wegen $\mathrm{N}(v + w\,\mathrm{i}) \leq \frac{1}{4} + \frac{1}{4} = \frac{1}{2}$.

Bemerkung 6 Man beachte, daß die euklidische Funktion im vorstehenden Beispiel weitere Informationen über die Teilbarkeit liefert, da sie multiplikativ ist. Viele Autoren nehmen übrigens zur Definition einer euklidischen Funktion ν auf einem Integritätsbereich hinzu, daß ν die Multiplikation respektiert, wenn nicht in der starken Form wie im obigen Beispiel, so doch etwa wie folgt: Sind a, b Elemente $\neq 0$, so ist $\nu(ab) \geq \nu(a)$. Dies ist jedoch keine wesentliche Einschränkung, wie bereits H.J. Claus 1954 in Crelles Journal bemerkte. Wir empfehlen dem Leser zur Ergänzung die Lektüre des folgenden Artikels von Pierre Samuel: About Euclidean Rings, Journal of Algebra, Bd.19, 282–301 (1971). Siehe auch Aufgabe 44.

Sei A ein euklidischer Bereich mit der euklidischen Funktion ν. Ferner seien a und b Elemente $\neq 0$ von A. Man führe die Division mit Rest aus: $a = qb + r$, wobei $r = 0$ oder $\nu(r) < \nu(b)$ ist. Bei $r = 0$ ist $\mathrm{ggT}(a, b) = b$. Bei $r \neq 0$ ist offenbar jeder gemeinsame Teiler von a und b auch ein solcher von b und r und umgekehrt! Also ist $\mathrm{ggT}(a, b) = \mathrm{ggT}(b, r)$. Will man $\mathrm{ggT}(a, b)$ berechnen, so kann man (a, b) durch (b, r) ersetzen; dabei ist $\nu(r) < \nu(b)$. Durch fortgesetzte Division mit Rest kommt man zwangsläufig nach endlich vielen Schritten (deren Anzahl durch $\nu(b)$ grob abgeschätzt ist) zur Situation, daß die Division ohne Rest aufgeht; der letzte Divisor ist dann $\mathrm{ggT}(a, b)$. Das Rechenschema ist dabei von folgender Form, wobei $a_0 := a$, $a_1 := b$ gesetzt ist:

$$\begin{aligned} a_0 &= q_0 a_1 + a_2 \\ &\vdots \\ a_{n-1} &= q_{n-1} a_n + a_{n+1} \\ a_n &= q_n a_{n+1} \end{aligned}$$

mit $a_i, q_i \in A$, $a_i \neq 0$, sowie $\nu(a_i) < \nu(a_{i-1})$ für $i \geq 2$. Es ist $a_{n+1} = \mathrm{ggT}(a_0, a_1)$. Dieses Rechenverfahren zur Bestimmung des größten gemeinsamen Teilers war — im Bereich der ganzen Zahlen — bereits Euklid bekannt und heißt deshalb der euklidische Algorithmus (zur Bestimmung des ggT), vgl. in §12 die Bemerkung am Ende von Beispiel 2.

Beispiel 6 Es ist $52111 = 1\cdot 51127+984$, $51127 = 51\cdot 984+943$, $984 = 1\cdot 943+41$, $943 = 23\cdot 41$. Also ist 41 der ggT von 52111 und 51127.

Der euklidische Algorithmus gibt die Möglichkeit, den ggT ohne Informationen über die Primfaktorzerlegung der in Rede stehenden Elemente zu bestimmen, welche im allgemeinen nur mühsam zu gewinnen ist, wenn man dabei nicht gar aufs Raten angewiesen ist. Falls sich die Division mit Rest bezüglich ν effektiv durchführen läßt, ist der euklidische Algorithmus ein effektives Verfahren.

Eine weitere Bedeutung erhält der euklidische Algorithmus dadurch, daß er durch Zurückrechnen (man hat ja $a_{n+1} = a_{n-1} - q_{n-1}a_n$, kann darin a_n durch a_{n-1} und a_{n-2} ausdrücken usw.) zugleich einen Algorithmus zur Bestimmung einer Linearkombination der Elemente a, b definiert, welche $\mathrm{ggT}(a, b)$ ergibt; dies ist ein erzeugendes Element für $Aa+Ab$. Wiederholung des Verfahrens erlaubt es, den ggT einer endlichen Menge zu berechnen. Alle auf dem Bezoutschen Lemma beruhenden Konstruktionen lassen sich deshalb ebenfalls algorithmisch durchführen!

Beispiel 7 Seien $f := X^3 + 2X^2 + 1$ und $g := X^2 - 1$ aus $\mathbb{Q}[X]$. Es ist

$$\begin{aligned} X^3 + 2X^2 + 1 &= (X+2)(X^2 - 1) + (X+3) \\ X^2 - 1 &= (X-3)(X+3) + 8 \\ X + 3 &= \frac{1}{8}(X+3)\cdot 8\,. \end{aligned}$$

Daher ist $\mathrm{ggT}(f, g) = 1$ und

$$1 = \left(-\frac{1}{8}\right)(X-3)\cdot f + \frac{1}{8}(X^2 - X - 5)\cdot g$$

eine Darstellung von 1 als Linearkombination von f und g.

Faktorielle algebraische Zahlbereiche sind notwendigerweise Hauptidealbereiche, siehe den folgenden Satz 59.15. Es ist freilich nicht schwer, faktorielle Integritätsbereiche anzugeben, die keine Hauptidealbereiche sind; beispielsweise sind $\mathbb{Z}[X]$ und Polynomringe über Körpern in mehr als einer Unbestimmten keine Hauptidealbereiche, aber nach 60.5 bzw. 60.9 faktoriell. Hingegen ist es nicht so leicht, Hauptidealbereiche anzugeben, die nicht euklidisch sind. Beispiele dafür gibt es unter den imaginär-quadratischen Zahlbereichen, wie in Beispiel 8 ausgeführt wird.

59.15 Satz *Ein algebraischer Zahlbereich A ist genau dann ein Hauptidealbereich, wenn er faktoriell ist.*

Beweis. Sei A faktoriell, und sei $\mathbf{a} \neq 0$ ein vorgegebenes Ideal in A. Es gibt ein $x \in \mathbf{a}$, $x \neq 0$. Da die Ax umfassenden Hauptideale in A den endlich vielen Klassen assoziierter Teiler von x entsprechen, gibt es ein Hauptideal

$Az \subseteq \mathbf{a}$, das maximal ist in der Menge der Hauptideale, die Ax umfassen und in $\mathbf{a}$ liegen. Wir behaupten: $\mathbf{a} = Az$. Für $y \in \mathbf{a}$ folgt nach Wahl von Az sicher $y \in Az$ dann, wenn $Az + Ay$ ein Hauptideal in A ist. Dieses wiederum zeigt man so: Zunächst läßt sich der größte gemeinsame Teiler von z und y ausklammern, d.h. man darf weiter annehmen, daß z und y teilerfremd sind. Sodann ist zu zeigen, daß $Az + Ay = A$ ist.

Ist A endlich über $\mathbb{Z}$, z.B. ein quadratischer Zahlbereich, so ist A/Az ein Ring mit endlich vielen Elementen (vgl. §49, Aufgabe 4). Dann ist die Restklasse von y in A/Az nicht nur ein Nichtnullteiler, sondern sogar eine Einheit, was gerade $Ay + Az = A$ bedeutet.

Im allgemeinen Fall schließt man so: Es genügt zu wissen, daß jeder Primfaktor von y eine Einheit modulo Az ist. Wir dürfen daher annehmen, daß y prim ist und $z \notin Ay$. Nach §56, Aufgabe 10 ist $Ay \cap \mathbb{Z}$ ein vom Nullideal verschiedenes Primideal in $\mathbb{Z}$, also $Ay \cap \mathbb{Z} = \mathbb{Z}p$ mit einer Primzahl p, und A/Ay ist als ganze (nullteilerfreie) Erweiterung des Körpers $\mathbb{Z}/\mathbb{Z}p$ selbst ein Körper. Folglich ist z modulo Ay eine Einheit, d.h. es ist $Az + Ay = A$. Die Umkehrung liefert Satz 59.1. •

Für einen etwas anderen Beweis von 59.15 vergleiche man Aufgabe 28.

Beispiel 8 (Quadratische Zahlbereiche und Faktorialität) Wir schließen an §56, Beispiel 5 an. Im folgenden bezeichne D stets eine quadratfreie ganze Zahl $\neq 0$, $\neq 1$, und $A = A_D$ den Ring der ganzen algebraischen Zahlen in $\mathbb{Q}[\sqrt{D}]$. Es ist $A = \mathbb{Z}[\omega]$, wobei

$$\omega := \begin{cases} \sqrt{D} & \text{bei } D \not\equiv 1(4), \\ \frac{1+\sqrt{D}}{2} & \text{bei } D \equiv 1(4) \end{cases}$$

gesetzt ist, vgl. 56.12. Neben D ist die Diskriminante d von A zu verwenden, die im Anhang V.A eingeführt wurde, von der man hier aber nur zu wissen braucht:

$$d = \begin{cases} 4D & \text{bei } D \not\equiv 1(4), \\ D & \text{bei } D \equiv 1(4). \end{cases}$$

Die Konjugation von A (das ist der Automomorphismus von A mit $\sqrt{D} \mapsto -\sqrt{D}$) sei durchweg in der Form $x \mapsto \overline{x}$ geschrieben, auch dann, wenn $D > 0$ und A daher in $\mathbb{R}$ enthalten ist; Verwechslungen mit der komplexen Konjugation sind bei $A \subseteq \mathbb{R}$ ja nicht zu befürchten. Die (multiplikative) Normabbildung $\mathrm{N} = \mathrm{N}_{\mathbb{Z}}^{A}$ läßt sich einfach durch $x \mapsto x\overline{x}$ beschreiben. Sie stellt den Zusammenhang der Multiplikation in A mit der in $\mathbb{Z}$ her. Beispielsweise ist $x \in A$ genau dann eine Einheit in A, wenn $\mathrm{N}(x)$ eine Einheit in $\mathbb{Z}$ ist, wenn also $\mathrm{N}(x) \in \{1, -1\}$ ist.

Allgemeiner erinnern wir an die Indexformel

$$[A : Ax] = [\mathbb{Z} : \mathbb{Z}\mathrm{N}(x)] = |\mathrm{N}(x)|$$

für jedes $x \in A$, vgl. Satz 50.4 oder Beispiel 1 im Anhang V.A. (Es ist $\mathrm{N}(x)^2 = [A : A\mathrm{N}(x)] = [A : Ax\overline{x}] = [A : Ax][Ax : Ax\overline{x}] = [A : Ax][A : A\overline{x}] = [A : Ax]^2$.)

Genau dann ist A faktoriell, wenn die Nichteinheiten $\neq 0$ aus $\mathbb{Z}$ eine Primfaktorzerlegung in A besitzen. Ist nämlich die letzte Bedingung erfüllt und x eine von 0 verschiedene Nichteinheit in A, so besitzt $\mathrm{N}(x) = x\overline{x} \in \mathbb{Z}$ eine Primfaktorzerlegung in A und damit auch der Teiler x, siehe §58, Beweis zu 58.11.

Will man also A auf Faktorialität untersuchen, hat man das Verhalten der ganzrationalen Zahlen in A zu studieren. Dabei kann man sich überdies auf die Primzahlen $p \in \mathbb{N}_+$ beschränken.

Definition Eine Primzahl $p \in \mathbb{N}_+$ heißt träge (in A), wenn p prim in A ist.

Das folgende Lemma charakterisiert die trägen Primzahlen. Dabei wird das Legendresche Symbol

$$\left(\frac{a}{p}\right) = (a/p)$$

für $a \in \mathbb{Z}$ und Primzahlen $p \geq 3$ benutzt, vgl. Anhang IV.C. Es ist $(a/p) = 1$, wenn a in $\mathbb{Z}/\mathbb{Z}p$ ein von 0 verschiedenes Quadrat ist. Ist a kein Quadrat in $\mathbb{Z}/\mathbb{Z}p$, so ist $(a/p) = -1$. Wir setzen noch $(a/p) = 0$, wenn p ein Teiler von a ist. Es ist ferner nützlich, $(a/2)$ für $a \in \mathbb{Z}$ zu definieren, und zwar setzt man

$$\left(\frac{a}{2}\right) = (a/2) := \begin{cases} 1, & \text{falls } a \equiv \pm 1(8), \\ -1, & \text{falls } a \equiv \pm 5(8), \\ 0, & \text{falls } a \equiv 0(2). \end{cases}$$

$(a/2)$ ist also durch die Restklasse von a modulo 8 bestimmt. Für ungerade a ist

$$\left(\frac{a}{2}\right) = (-1)^{\frac{a^2-1}{8}}.$$

Analog zum Legendre–Symbol für ungerade Primzahlen gilt $(ab/2) = (a/2)(b/2)$ für alle $a, b \in \mathbb{Z}$.

Das quadratische Polynom $X^2 + aX + b$, $a, b \in \mathbb{Z}$, ist in $(\mathbb{Z}/\mathbb{Z}p)[X]$, p prim, genau dann irreduzibel, d.h. besitzt modulo p genau dann keine Nullstelle, wenn für die Diskriminante $a^2 - 4b$ dieses Polynoms gilt:

$$\left(\frac{a^2 - 4b}{p}\right) = -1\,.$$

Für $p \geq 3$ folgt dies aus der Darstellung

$$X^2 + aX + b = \left(X + \frac{a}{2}\right)^2 - \frac{a^2 - 4b}{4}$$

in $(\mathbb{Z}/\mathbb{Z}p)[X]$, und für $p = 2$ daraus, daß $X^2 + aX + b$ genau dann modulo 2 irreduzibel ist, wenn $a \equiv b \equiv 1(2)$ ist, und daß dies wiederum äquivalent zu $a^2 - 4b \equiv 5(8)$ ist. Nun ergibt sich sofort:

59.16 Lemma *Die Primzahl $p \in \mathbb{N}_+$ ist genau dann träge in A_D, wenn $(d/p) = -1$ ist für die Diskriminante d von A_D.*

Beweis. Es ist $A = A_D \cong \mathbb{Z}[X]/g\mathbb{Z}[X]$, wobei g das Minimalpolynom

$$g = \begin{cases} X^2 - D & \text{bei } D \not\equiv 1(4), \\ X^2 - X - \frac{D-1}{4} & \text{bei } D \equiv 1(4) \end{cases}$$

von ω über $\mathbb{Z}$ ist. p ist genau dann träge in A, wenn

$$A/Ap \cong (\mathbb{Z}/\mathbb{Z}p)[X]/g(\mathbb{Z}/\mathbb{Z}p)[X]$$

nullteilerfrei ist, d.h. wenn g irreduzibel modulo p ist. Da die Diskriminante von g gerade d ist, folgt die Behauptung aus der Vorbemerkung. •

Für die Diskriminante d von A_D ist die Bedingung $(d/2) \equiv -1$ mit $D \equiv 5(8)$ äquivalent.

59.17 Lemma *Die Primzahl $p \in \mathbb{N}_+$ sei in A nicht träge. Dann sind äquivalent:*
(1) *p besitzt eine Primfaktorzerlegung in A.*
(2) *p ist zerlegbares Element in A.*
(3) *p oder $-p$ ist Norm eines Elementes aus A.*
(4) *p oder $-p$ ist Norm eines Primelementes aus A.*

Beweis. Aus (1) folgt (2): Sei $p = q_1 \cdots q_r$ mit Primelementen $q_1, \ldots, q_r \in A$. Bei $r = 1$ wäre p träge. Also ist $r \geq 2$ und p zerlegbar. Aus (2) folgt (3). Sei $p = xy$ mit Nichteinheiten $x, y \in A$. Dann ist $p^2 = \mathrm{N}(p) = \mathrm{N}(xy) = \mathrm{N}(x)\mathrm{N}(y)$ mit Nichteinheiten $\mathrm{N}(x), \mathrm{N}(y) \in \mathbb{Z}$. Folglich ist $p = |\mathrm{N}(x)| = |\mathrm{N}(y)|$. Aus (3) folgt (4): Sei $p = |\mathrm{N}(x)|$. Wegen $\operatorname{Kard} A/Ax = |\mathrm{N}(x)| = p$ ist A/Ax ein Körper mit p Elementen und x prim in A. Aus (4) folgt (1): Sei $\mathrm{N}(x) = \pm p$ mit dem Primelement $x \in A$. Dann ist auch $\overline{x}$ prim in A und $p = \pm x\overline{x}$ ist eine Primfaktorzerlegung von p. •

Das Problem, zu entscheiden, ob eine ganzrationale Zahl Norm eines Elements aus A ist, hängt wesentlich vom Vorzeichen von D ab. Es ist

$$\mathrm{N}(a + b\omega) = \begin{cases} a^2 - b^2 D & \text{bei } D \not\equiv 1(4), \\ \frac{1}{4}((2a+b)^2 - b^2 D) & \text{bei } D \equiv 1(4), \end{cases}$$

so daß die Lösungen $x = a + b\omega$, $a, b \in \mathbb{Z}$, der Gleichung $\mathrm{N}(x) = \pm m$ umkehrbar eindeutig den Lösungspaaren $(u, v) \in \mathbb{Z}^2$ der Pellschen Gleichung

$$u^2 - v^2 d = \pm 4m\,, \quad m \in \mathbb{N}\,,$$

entsprechen. Im imaginär-quadratischen Fall, d.h. bei $D < 0$, handelt es sich um die Gleichung

$$u^2 + v^2 |d| = 4m\,,$$

deren Lösbarkeit durch einfaches Probieren entschieden werden kann. Für $m = 2$ etwa ist die Gleichung nur für $|d| = 4, 7, 8$, d.h. für $D = -1, -7, -2$ lösbar. 59.16 und 59.17 ergeben daher:

59.18 *Sei $D < 0$. Die Primzahl 2 besitzt genau in den folgenden Fällen eine Primfaktorzerlegung in A_D:*

$$(1)\ D = -1, -2, -7\,. \qquad (2)\ D \equiv 5(8)\,.$$

In den durch 59.18 ausgeschlossenen Fällen ist A_D, $D < 0$, insbesondere nicht faktoriell und erst recht kein Hauptideal- bzw. euklidischer Bereich.

Wie auch bei $D > 0$ in endlich vielen Schritten entschieden werden kann, ob eine Primzahl $p \in \mathbb{N}_+$ eine Primfaktorzerlegung in A_D besitzt, beschreiben wir in 59.23 am Ende dieses Beispiels. Wir bemerken aber, daß die Gleichung $u^2 - v^2 d = \pm 4m$ höchstens dann lösbar ist, wenn für jeden ungeraden Primteiler q von d die Zahl m oder die Zahl $-m$ ein Quadrat in $\mathbb{Z}/\mathbb{Z}q$ ist.

Wir geben nun zunächst ein Kriterium dafür an, daß A_D faktoriell ist, daß also *jede* Primzahl $p \in \mathbb{N}_+$ eine Primfaktorzerlegung in A_D besitzt:

59.19 Satz *Der quadratische Zahlbereich $A = A_D$ ist genau dann faktoriell, wenn jede Primzahl $p \in \mathbb{N}_+$ mit*

$$p < \begin{cases} \frac{1}{\sqrt{3}}\sqrt{|d|}\,, & \textit{falls } d < 0, \\ \frac{1}{\sqrt{8}}\sqrt{|d|}\,, & \textit{falls } d > 0, \end{cases}$$

eine Primfaktorzerlegung in A besitzt.

Bevor wir 59.19 beweisen, leiten wir daraus einige handliche Kriterien für die Faktorialität quadratischer Zahlbereiche ab.
Sei zunächst $D < 0$. Nach 59.16, 59.17 und 59.19 ist A_D genau dann faktoriell, wenn die Gleichung $u^2 + v^2|d| = 4p$ für alle Primzahlen $p \in \mathbb{N}_+$ mit $(d/p) \neq -1$ und $3p^2 < |d|$ eine Lösung besitzt. Nun kann es für eine Primzahl p mit $3p^2 < |d|$ keine Lösung der Gleichung $u^2 + v^2|d| = 4p$ geben, denn bei jeder solchen Lösung ist $v \neq 0$ und folglich $4p = u^2 + v^2|d| \geq |d| > 3p^2 > 4p$, Widerspruch. Wir haben bewiesen:

59.20 Satz *Sei $D < 0$. Der quadratische Zahlbereich A_D ist genau dann faktoriell, wenn für alle Primzahlen p mit $3p^2 < |d|$ gilt: $(d/p) = -1$.*

Bestimmen wir die faktoriellen A_D mit $D < 0$ und kleinem $|D|$. Für $|d| \leq 12$ gibt es keine Primzahl p mit $3p^2 < |d|$. Also sind die zugehörigen Bereiche faktoriell. Es sind dies

$$A_{-1} = \mathbb{Z}[\mathrm{i}], A_{-2}, A_{-3}, A_{-7}, A_{-11}\,.$$

Diese Bereiche sind sogar euklidisch, und es sind dies die einzigen euklidischen quadratischen Zahlbereiche mit negativer Diskriminante, vgl. die Aufgaben 39,40.
Für $|d| > 12$ muß $(d/2) = -1$, also $d = D \equiv 5(8)$ sein. Ist überdies $|d| \leq 27$, so ist keine weitere Bedingung zu erfüllen. Somit ist für $12 < |d| \leq 27$ genau

$$A_{-19}$$

faktoriell. Für $|d| > 27$ kommt noch die Bedingung $(d/3) = -1$, d.h. $d \equiv 2(3)$ hinzu. Zusammen mit $d \equiv 5(8)$ ergibt dies $d \equiv 5(24)$, also $|d| = -d \equiv 19(24)$, und bei $|d| \leq 75$ ist dies wiederum die einzige Bedingung. Somit sind

$$A_{-43}, A_{-67}$$

faktoriell. Für $|d| > 75$ kommt die Bedingung $(d/5) = -1$ oder $d \equiv 2, 3(5)$ hinzu, was zusammen mit $d \equiv 5(24)$ die Bedingung $d \equiv -43(120)$ oder $d \equiv -67(120)$ liefert. Bis zu $|d| \leq 3 \cdot 11^2 = 363$ können daher nur noch die Algebren A_D mit $D = d = -163, -187, -283, -307$ faktoriell sein. Von diesen erfüllt nur

$$A_{-163}$$

die zusätzliche Bedingung $(d/7) = -1$ bzw. $d \equiv 3, 5, 6(7)$. Wir haben gezeigt: *Unter den Algebren A_D mit $-363 \leq d < 0$ sind genau die neun Algebren mit*

$$D = -1, -2, -3, -7, -11, -19, -43, -67, -163$$

faktoriell.
Nach Aufgabe 40 *sind*

$$A_{-19}, A_{-43}, A_{-67}, A_{-163}$$

Hauptidealbereiche, die nicht euklidisch sind. Es sind die Standardbeispiele für dieses Phänomen.

Führt man das obige Verfahren fort, so sieht man leicht, daß es etwa für $d > -10^6$ keine weiteren faktoriellen A_D als die angegebenen gibt. (Aufgabe!) *Es gibt aber überhaupt keine anderen faktoriellen quadratischen Zahlbereiche mit negativer Diskriminante als die oben angegebenen.* Dies war schon von Gauß vermutet worden, konnte aber erst in den Jahren 1967/69 von K. Heegner, H.M. Stark vollständig bewiesen werden.

Sei nun $D > 0$. Aus 59.16, 59.17 und 59.19 folgt sofort:

59.21 Satz *Sei $D > 0$. Der quadratische Zahlbereich A_D ist genau dann faktoriell, wenn die Pellsche Gleichung*

$$u^2 - v^2 d = \pm 4p$$

für alle Primzahlen $p \in \mathbb{N}_+$ mit $(d/p) \neq -1$ und $8p^2 < d$ eine Lösung $(u, v) \in \mathbb{Z}^2$ besitzt.

Betrachten wir wieder kleine Werte von D. Für $d \leq 8 \cdot 2^2 = 32$ gibt es keine Primzahlen p mit $8p^2 < d$. Faktoriell sind somit alle Algebren mit $d \leq 32$, d.h. mit

$$D = 2, 3, 5, 6, 7, 13, 17, 21, 29\,.$$

Bis zu $d \leq 8 \cdot 3^2 = 72$ hat man noch die Primzahl 2 zu berücksichtigen. Ist $(d/2) = -1$, also $d = D \equiv 5(8)$, liegt Faktorialität vor. Dies ergibt die Zahlen

$$D = 37, 53, 61, 69\,.$$

Bleiben die Zahlen $D = 10, 11, 14, 15, 33, 41, 57, 65$. Da ± 2 kein quadratischer Rest modulo 5 ist, sind die Algebren für $D = 10, 15, 65$ nicht faktoriell. Die Gleichungen $3^2 - 1^2 \cdot 11 = -2$, $4^2 - 1^2 \cdot 14 = 2$, $5^2 - 1^2 \cdot 33 = -8$, $7^2 - 1^2 \cdot 41 = 8$, $7^2 - 1^2 \cdot 57 = -8$ zeigen weiter, daß A_D für

$$D = 11, 14, 33, 41, 57$$

faktoriell ist. Bei $72 < d \leq 8 \cdot 5^2 = 200$ hat man neben 2 noch die Primzahl 3 zu untersuchen. Bei $D \equiv 5(24)$ ist $(d/2) = (d/3) = -1$, also liegt dann Faktorialität vor. Somit ist A_D für

$$D = 77$$

faktoriell. Bei $d \leq 100$ sind noch $D = 19, 22, 23, 73, 85, 89, 93, 97$ zu betrachten. A_{85} ist nicht faktoriell, da $(85/3) = 1$, aber ± 3 kein quadratischer Rest modulo 5 ist. Für die übrigen sieben Werte

$$D = 19, 22, 23, 73, 89, 93, 97$$

ist A_D faktoriell. Dies zeigen die Gleichungen $13^2 - 3^2 \cdot 19 = -2$, $4^2 - 1^2 \cdot 19 = -3$ für $D = 19$; $14^2 - 3^2 \cdot 22 = -2$, $5^2 - 1^2 \cdot 22 = 3$ für $D = 22$; $5^2 - 1^2 \cdot 23 = 2$ für $D = 23$; $9^2 - 1^2 \cdot 73 = 4 \cdot 2$, $34^2 - 4^2 \cdot 73 = -4 \cdot 3$ für $D = 73$; $9^2 - 1^2 \cdot 89 = -4 \cdot 2$ für $D = 89$; $9^2 - 1^2 \cdot 93 = -4 \cdot 3$ für $D = 93$ und schließlich $69^2 - 7^2 \cdot 97 = 4 \cdot 2$, $20^2 - 2^2 \cdot 97 = 4 \cdot 3$ für $D = 97$.

Zwei Bemerkungen zu diesen Rechnungen: *Ist $D = d \equiv 1(8)$, so ist die Gleichheit $u^2 - v^2 d = \pm 4m$ bei ungeradem m nur mit $u \equiv v \equiv 0(2)$ möglich,* da bei $u \equiv v \equiv 1(2)$ und $d \equiv 1(8)$ die Kongruenz $u^2 - v^2 d \equiv 1 - 1 \cdot 1 = 0(8)$ folgt, während $\pm 4m \equiv 4(8)$ bei $m \equiv 1(2)$ ist. Somit untersucht man dann besser die Gleichung $u^2 - v^2 d = \pm m$. Auch im Fall $d = 4D$ betrachtet man statt der Gleichung

$u^2 - v^2 d = \pm 4m$ besser die äquivalente Gleichung $u^2 - v^2 D = \pm m$. — *Ist ferner — wieder bei beliebigem d — die Gleichung $u^2 - v^2 d = \pm 4m$ lösbar für $m = p$ und $m = rp$, wobei p eine Primzahl ist und $r \in \mathbb{Z}$ beliebig, so ist sie auch für $m = r$ lösbar.* Ist nämlich $|\mathrm{N}(x)| = p$ und $|\mathrm{N}(y)| = rp$, so ist $y\overline{y} = \pm rp = \pm rx\overline{x} \in Ax$. Da Ax wegen $[A : Ax] = p$ ein maximales Ideal ist, folgt $y \in Ax$ oder $\overline{y} \in Ax$ und $y/x \in A$ oder $\overline{y}/x \in A$. Es ist $|\mathrm{N}(y/x)| = |\mathrm{N}(\overline{y}/x)| = rp/p = r$. So gewinnt man etwa oben die Lösbarkeit der Gleichung $u^2 - v^2 \cdot 97 = 4 \cdot 2$ sofort aus den Lösungen $10^2 - 1^2 \cdot 97 = 3$ und $11^2 - 1^2 \cdot 97 = 4 \cdot 6$. — Die Nichtlösbarkeit einer Gleichung $u^2 - v^2 d = \pm 4m$ konnte in den behandelten Fällen durch Kongruenzüberlegungen entschieden werden. Dies ist nicht immer möglich. Wir verweisen aber auf 59.23 am Ende dieses Beispiels.

Wir fassen die Ergebnisse der obigen Rechnungen zusammen: *Bei $0 < d \leq 100$ ist A_D genau für*

$$D = 2, 3, 5, 6, 7, 11, 13, 14, 17, 19, 21, 23, 29, 33, 37,$$

$$41, 53, 57, 61, 69, 73, 77, 89, 93, 97$$

faktoriell.

Man vermutet, daß für unendlich viele positive Werte von D die Algebra A_D faktoriell ist. A_D ist für

$$D = 2, 3, 5, 6, 7, 11, 13, 17, 19, 21, 29, 33, 37, 41, 57, 73$$

bezüglich des *Betrages der Norm* euklidisch und bei $D > 0$ in keinem anderen Fall. (Für einige dieser D vgl. Aufgabe 41.) Ob unter den A_D mit $D > 0$ noch weitere Ringe zu finden sind, die euklidische Funktionen besitzen, ist unbekannt.

Wir kommen zum Beweis von 59.19. Jede Primzahl $p \in \mathbb{N}_+$ mit $p < c\sqrt{|d|}$, wobei c die in 59.19 angegebene Konstante ist, besitze eine Primfaktorzerlegung in A. Zu zeigen ist, daß *jede* Primzahl p eine Primfaktorzerlegung in A besitzt. Ist p träge, so ist p selbst prim.

Andernfalls haben wir ein y mit $|\mathrm{N}(y)| = p$ zu finden. $Ap \neq A$ ist dann kein maximales Ideal. Es gibt ein maximales Ideal $\mathbf{p}$ mit $Ap \subset \mathbf{p} \subset A$. Es folgt $p^2 = [A : Ap] = [A : \mathbf{p}][\mathbf{p} : Ap]$ und somit $[A : \mathbf{p}] = p$. Nach dem folgenden Lemma 59.22 gibt es in $\mathbf{p}$ ein Element $x \neq 0$ mit $|\mathrm{N}(x)| = mp$, wobei $m \in \mathbb{N}_+$ und $m \leq c\sqrt{|d|}$ bei $d \neq 5$ bzw. $m = 1$ bei $d = 5$ ist. Im Fall $m = 1$ (und insbesondere bei $d = 5$) ist $y := x$ das gesuchte Element. Bei $m > 1$ sei q ein Primfaktor von m. Dann ist $q \leq c\sqrt{|d|}$ und — da $q = c\sqrt{|d|}$ offensichtlich nicht möglich ist — sogar $q < c\sqrt{|d|}$. Nach Voraussetzung besitzt q eine Primfaktorzerlegung. Ist q träge, so teilt q das Produkt $x\overline{x} = \pm mp$ und damit x oder $\overline{x}$. Wegen $q = \overline{q}$ teilt q dann x und $\overline{x}$. Es folgt $x/q \in A$ und $|\mathrm{N}(x/q)| = (m/q^2)p$. Ist q nicht träge, so ist $\pm q = z\overline{z}$ mit einem Primelement $z \in A$. Dann teilt z wieder x oder $\overline{x}$. Somit ist $x/z \in A$ oder $\overline{x}/z \in A$ und $|\mathrm{N}(x/z)| = |\mathrm{N}(\overline{x}/z)| = (m/q)p$. So fortfahrend erhält man ein $y \in A$ mit $|\mathrm{N}(y)| = p$, wie gewünscht. •

Beim letzten Beweis haben wir das folgende Lemma benutzt, das auch für sich von Interesse ist.

59.22 Lemma *Sei $\mathbf{a} \neq 0$ ein Ideal in A_D. Ist $d = D = 5$, so ist $\mathbf{a}$ ein Hauptideal. Andernfalls gibt es ein $x \in \mathbf{a}$, $x \neq 0$, mit $|\mathrm{N}(x)| = m[A : \mathbf{a}]$ und*

$$m \leq \begin{cases} \frac{1}{\sqrt{3}}\sqrt{|d|}, & \textit{falls } d < 0, \\ \frac{1}{\sqrt{8}}\sqrt{|d|}, & \textit{falls } d > 0,\ d \neq 5. \end{cases}$$

Beweis. Sei $x \in \mathbf{a}$ ein Element $\neq 0$ mit minimalem $|\mathrm{N}(x)|$. Es ist

$$|\mathrm{N}(x)| = [A : Ax] = [\mathbf{a} : Ax][A : \mathbf{a}] = m[A : \mathbf{a}],$$

mit $m := [\mathbf{a} : Ax]$. Wir zeigen $m \leq c\sqrt{|d|}$ mit $c := 1/\sqrt{3}$ bei $d < 0$ und $c := 1/\sqrt{8}$ bei $d > 0$, $d \neq 5$ und $m = 1$ bei $d = D = 5$.

$A = A_D$ hat den Quotientenkörper $K = \mathbb{Q}[\sqrt{D}]$. Das Ideal $\mathbf{a}$ besitzt als $\mathbb{Z}$–Modul eine Basis aus zwei Elementen. Für eines der Basiselemente kann man x wählen: Ist nämlich $x = a_1x_1 + a_2x_2$, $a_1, a_2 \in \mathbb{Z}$, mit einer Basis x_1, x_2 von $\mathbf{a}$, so sind a_1, a_2 teilerfremd, da sonst $(a_1/d)x_1 + (a_2/d)x_2$ mit $d := \mathrm{ggT}(a_1, a_2)$ ein Element mit kleinerer Absolutnorm $\neq 0$ in $\mathbf{a}$ wäre. Ist aber $a_1b_1 + a_2b_2 = 1$, $b_1, b_2 \in \mathbb{Z}$, so bilden x und $y := -b_2x_1 + b_1x_2$ ebenfalls eine Basis von $\mathbf{a}$. Wir betrachten nun die Inklusion $A \subseteq x^{-1}\mathbf{a} \subseteq K$. In $x^{-1}\mathbf{a}$ haben alle Elemente $\neq 0$ eine Absolutnorm ≥ 1, und $1 = x^{-1}x \in x^{-1}\mathbf{a}$ ist Teil einer $\mathbb{Z}$–Basis von $x^{-1}\mathbf{a}$. Sei $1, z = \alpha + \beta\sqrt{d}$ mit $\alpha, \beta \in \mathbb{Q}$ eine $\mathbb{Z}$–Basis von $x^{-1}\mathbf{a}$ und $\omega \in A = \mathbb{Z}[\omega] \subseteq x^{-1}\mathbf{a}$ habe die Darstellung $\omega = \gamma + \delta z$ mit $\gamma, \delta \in \mathbb{Z}$. Dann ist $A = \mathbb{Z} + \mathbb{Z}\omega = \mathbb{Z} + \mathbb{Z}\delta z$,

$$|\delta| = [x^{-1}\mathbf{a} : A] = [\mathbf{a} : Ax] = m$$

und folglich $\omega = \gamma \pm mz = \gamma \pm m\alpha \pm m\beta\sqrt{d}$. Durch Vergleich mit der Darstellung

$$\omega = \begin{cases} \frac{\sqrt{d}}{2} & \text{bei } D \not\equiv 1(4), \\ \frac{1+\sqrt{d}}{2} & \text{bei } D \equiv 1(4) \end{cases}$$

ergibt sich $\pm m\beta = \frac{1}{2}$, d.h. $m^2 = 1/(4\beta^2)$. Sei zunächst $d < 0$. Offensichtlich können wir $|\alpha| \leq \frac{1}{2}$ annehmen. Aus $1 \leq z\bar{z} = \alpha^2 + \beta^2|d| \leq 1/4 + \beta^2|d|$ folgt $4\beta^2 \geq 3/|d|$ und $m^2 = 1/4\beta^2 \geq |d|/3$, wie gewünscht. Sei jetzt $d > 0$. Wir wählen z so, daß $1/2 \leq |\alpha| \leq 1$, also $1/4 \leq \alpha^2 \leq 1$ ist. Aus $1 \leq |z\bar{z}| = |\alpha^2 - \beta^2 d|$ (und $\beta^2 d \neq 0$) folgt $\beta^2 d \geq 5/4$. Bei $d = D = 5$ ergibt sich $4\beta^2 \geq 1$ und $m^2 \leq 1$. Sei $D \neq 5$. Dann ist $\beta^2 d = 5/4$ nicht möglich, d.h. es ist $\beta^2 d > 5/4$. Wir ändern z so, daß $1 \leq |\alpha| \leq 3/2$ ist. Aus

$$1 \leq |\alpha^2 - \beta^2 d|,\ 1 \leq \alpha^2 \leq 9/4,\ \beta^2 d > 5/4$$

folgen nun die Ungleichungen $\beta^2 d \geq 2$ und $m^2 = 1/4\beta^2 \leq d/8$. Das war noch zu zeigen. •

Zum Schluß geben wir noch ein Verfahren an, wie man auch bei $D > 0$ die Lösbarkeit der Gleichung $u^2 - v^2 d = \pm 4m$ in jedem Fall in endlich vielen Schritten entscheiden kann. Man benutzt dazu die Grundeinheit (das ist die kleinste Einheit > 1 in A_D) oder allgemeiner eine beliebige Einheit > 1 in $A = A_D \subseteq \mathbb{R}$, vgl. Anhang V.A, Beispiel 9, wo auch rechnerische Verfahren zum Bestimmen der Grundeinheit angegeben werden.

59.23 Lemma *Sei $d > 0$ und η eine Einheit in $A_D \subseteq \mathbb{R}$ mit $\eta > 1$. Besitzt die Pellsche Gleichung $u^2 - v^2 d = \pm 4m$, $m \in \mathbb{N}_+$, eine Lösung, so besitzt sie auch eine Lösung mit*

$$0 \leq v \leq \sqrt{\frac{m}{d}}\left(\sqrt{\eta} + \sqrt{\eta^{-1}}\right).$$

Beweis. Die Lösbarkeit der Gleichung $u^2 - v^2 d = \pm 4m$ ist äquivalent mit der Existenz eines Elements $x \in A_D$, für das $|\mathrm{N}(x)| = m$ gilt. Wir können $x > 0$ annehmen. Dann gibt es genau einen Exponenten $n \in \mathbb{Z}$ mit

$$\sqrt{\frac{m}{\eta}} \cdot \eta^n \leq x < \sqrt{\frac{m}{\eta}} \cdot \eta^{n+1} .$$

Für $y := x/\eta^n \in A_D$ gilt $|\mathrm{N}(y)| = |\mathrm{N}(x)| = m$, $\sqrt{m/\eta} \leq y < \sqrt{m\eta}$. Wir zeigen, daß die zu $y = (u + v\sqrt{d})/2$ gehörende Lösung (u, v) von $u^2 - v^2 d = \pm 4m$ die im Lemma angegebene Bedingung mit $|v|$ statt v erfüllt. Es ist

$$v = \frac{y - \overline{y}}{\sqrt{d}} = \frac{1}{\sqrt{d}}(y - \frac{\mathrm{N}(y)}{y}) = \begin{cases} \frac{1}{\sqrt{d}}(y - \frac{m}{y}), & \text{falls } \mathrm{N}(y) = m, \\ \frac{1}{\sqrt{d}}(y + \frac{m}{y}), & \text{falls } \mathrm{N}(y) = -m. \end{cases}$$

Die Funktion $y \mapsto (y - m/y)$ ist streng monoton steigend. Aus $\sqrt{m/\eta} \leq y < \sqrt{m\eta}$ folgt daher bei $\mathrm{N}(y) = m$:

$$\frac{1}{\sqrt{d}}\left(\sqrt{\frac{m}{\eta}} - \sqrt{m\eta}\right) \leq v < \frac{1}{\sqrt{d}}\left(\sqrt{m\eta} - \sqrt{\frac{m}{\eta}}\right) ,$$

also $|v| \leq (\sqrt{m/d})(\sqrt{\eta} - \sqrt{\eta^{-1}})$. Die Funktion $y \mapsto (y + m/y)$ ist im reellen Intervall $]0, \sqrt{m}]$ streng monoton fallend und in $[\sqrt{m}, \infty[$ streng monoton steigend. Es folgt daher bei $\mathrm{N}(y) = -m$ aus $\sqrt{m/\eta} \leq y < \sqrt{m\eta}$:

$$2\sqrt{\frac{m}{d}} \leq v \leq \frac{1}{\sqrt{d}}\left(\sqrt{\frac{m}{\eta}} + \sqrt{m\eta}\right) .$$

In beiden Fällen ergibt sich also für $|v|$ die gewünschte Abschätzung. •

Aus 59.23 ergibt sich zusammen mit 59.21 das folgende Kriterium: *Sei $D > 0$. Der quadratische Zahlbereich A_D ist genau dann faktoriell, wenn die Pellsche Gleichung $u^2 - v^2 d = \pm 4p$ für alle Primzahlen $p \in \mathbb{N}_+$ mit $(d/p) \neq -1$ und $8p^2 < d$ eine Lösung $(u, v) \in \mathbb{N}_+^2$ mit $v^2 < (\epsilon + \epsilon^{-1} + 2)/\sqrt{8d} < (\epsilon + 3)/\sqrt{8d}$ besitzt, wobei $\epsilon > 1$ die Grundeinheit von A_D ist.*

Es sei bemerkt, daß sich dieses Kriterium unter Benutzung von Kettenbrüchen wesentlich verbessern läßt. Doch kann der Leser jetzt zum Beispiel leicht bestätigen, daß neben den bereits oben genannten faktoriellen Algebren A_D mit $0 < D \leq 100$ noch die Algebren mit

$$D = 31, 38, 43, 46, 47, 59, 62, 67, 71, 83, 86, 94$$

faktoriell sind *und bei* $0 < D \leq 100$ *keine weiteren* (vgl. Aufgabe 36).

Bemerkung 7 Wie die quadratischen Zahlbereiche sind auch die Algebren $\mathbb{Z}[\zeta_n]$, wobei $\zeta_n \in \mathbb{C}$ eine primitive n-te Einheitswurzel ist, $n \in \mathbb{N}_+$, ausführlich untersucht worden. Wegen $\mathbb{Z}[\zeta_n] = \mathbb{Z}[\zeta_{2n}]$ für ungerades $n \in \mathbb{N}_+$ wollen wir im weiteren $n \not\equiv 2(4)$ annehmen. Nach 59.4 (und 56.19) ist $\mathbb{Z}[\zeta_n] \cong \mathbb{Z}[X]/(\Phi_n)$ eine freie $\mathbb{Z}$-Algebra vom Grade $\varphi(n)$ mit der $\mathbb{Z}$-Basis $1, \zeta_n, \ldots, \zeta_n^{\varphi(n)-1}$.

Wie wir bereits in §56, Beispiel 4 erwähnten und in §69, Beispiel 4 beweisen werden, ist $\mathbb{Z}[\zeta_n]$ die Algebra der über $\mathbb{Z}$ ganzen Elemente in $\mathbb{Q}[\zeta_n]$ und damit normal. $\mathbb{Z}[\zeta_n]$ ist faktoriell (d.h. nach 59.15 ein Hauptidealbereich) genau für die folgenden 30 Werte von $n(\not\equiv 2(4))$:

$$n = 1, 3, 4, 5, 7, 8, 9, 11, 12, 13, 15, 16, 17, 19, 20, 21, 24,$$

$$25, 27, 28, 32, 33, 35, 36, 40, 44, 45, 48, 60, 84\,.$$

Dies wurde bei primem n von K. Uchida und H.L. Montgomery 1971 und allgemein 1972 von J.M. Masley bewiesen. Bezüglich der gewöhnlichen Norm, die bei $n > 1$ stets nichtnegativ ist (vgl. Aufgabe 47), ist $\mathbb{Z}[\zeta_n]$ euklidisch für wenigstens die folgenden n:

$$n = 1, 3, 4, 5, 7, 8, 9, 11, 12, 15, 16, 20, 24$$

(R. Lakein, H.W. Lenstra, J.M. Masley). Für $n = 3$ bzw. 4 ist $\mathbb{Z}[\zeta_n]$ die quadratische Algebra $A_{-3} = \mathbb{Z}[\frac{1}{2}(1 + \mathrm{i}\sqrt{3})]$ bzw. $A_{-1} = \mathbb{Z}[\mathrm{i}]$. Für $n = 5$ (dieser Fall wurde schon von E. Landau bewiesen) und $n = 8$ siehe die Aufgaben 49 und 48.

Aufgaben

1. Seien K ein Körper und f ein normiertes Polynom vom Grade $n \geq 0$ in $K[X]$. Die Anzahl der normierten Polynome in $K[X]$, die f teilen, ist $\leq 2^n$. Wann gilt das Gleichheitszeichen?

2. Sei A ein Integritätsbereich. In einem Polynomring $A[X_i]_{i\in I}$ mit $I \neq \emptyset$ gibt es stets unendlich viele Äquivalenzklassen assoziierter Primpolynome.

3. Man stelle den größten gemeinsamen Teiler der Polynome $X^5 + X - 1$ und $X^5 - X^4 + 2X^3 + 1$ aus $\mathbb{Q}[X]$ als Linearkombination dieser Polynome dar.

4. Man zeige, daß $f := X^3 + 2X + 1$ aus $\mathbb{Q}[X]$ prim ist, und berechne x^{-1} und $(x^2 + x - 1)^{-1}$ im Körper $\mathbb{Q}[X]/\mathbb{Q}[X]f$; dabei bezeichne x die Restklasse von X.

5. Seien A ein euklidischer Bereich und a, b Elemente $\neq 0$ in A. Ein Element, für das die euklidische Funktion in der Menge der gemeinsamen Vielfachen von a und b den kleinsten Wert annimmt, ist ein $\mathrm{kgV}(a, b)$.

6. Das "Zurückrechnen" in den Gleichungen $a_i = q_i a_{i+1} + a_{i+2}$ des euklidischen Algorithmus läßt sich wie folgt formalisieren. Man hat $a_i = c_i a_0 + d_i a_1$, $i = 0, \ldots, n+1$, mit Zahlenfolgen c_i, d_i die sich rekursiv durch

$$c_0 = 1\,,\quad c_1 = 0\,,\quad c_i = -q_{i-2}c_{i-1} + c_{i-2} \ \text{ für } i \geq 2\,;$$

$$d_0 = 0\,,\quad d_1 = 1\,,\quad d_i = -q_{i-2}d_{i-1} + d_{i-2} \ \text{ für } i \geq 2$$

bestimmen. (Bemerkung. Im Fall $A = \mathbb{Z}$ stimmen die Brüche d_i/c_i bis auf das Vorzeichen und die Numerierung mit den Näherungsbrüchen der Kettenbruchentwicklung von a_0/a_1 überein, vergleiche Anhang II.C.)

7. Seien K ein Körper und $f \in K[X]$ ein Polynom $\neq 0$ mit der Primfaktorzerlegung $f = ap_1^{\nu_1} \cdots p_r^{\nu_r}$, $a \in K^\times$. Sei $f' := df/dX$ und $g := \mathrm{ggT}(f, f')$. Dann ist f/g assoziiert zum Produkt derjenigen p_i, für die $\nu_i p_i' \neq 0$ ist. Insbesondere gilt bei $\mathrm{Char}\, K = 0$, daß $f/g = bp_1 \cdots p_r$ mit einem $b \in K^\times$ ist. (Bemerkung. Bei $\mathrm{Char}\, K = 0$ lassen sich also die mehrfachen Faktoren eines $f \in K[X]$ auf algorithmischem Wege zu einfachen reduzieren. Genaueres in der folgenden Aufgabe.)

8. (Reduzierte-Faktoren-Analyse) Seien A ein faktorieller Ring und P ein Repräsentantensystem der Klassen assoziierter Primelemente in A.

a) Jedes $f \in A$, $f \neq 0$, ist assoziiert zu einem eindeutig bestimmten Produkt

$$\prod_{i \in \mathbb{N}_+} (h_i)^i$$

von Elementen h_i mit folgenden Eigenschaften: (1) $h_i = 1$ für fast alle $i \in \mathbb{N}_+$. (2) Jedes h_i ist Produkt von Elementen aus P ohne mehrfache Faktoren, kurz: h_i ist reduziert. (3) Die h_i, $i \in \mathbb{N}_+$, sind paarweise teilerfremd. — Wir nennen die h_i hier die reduzierten Faktoren von f.

b) Zu einem $f \in A$, $f \neq 0$, sei $f^* \in A$ ein Element, in dem die Primfaktoren von f in um 1 erniedrigter Vielfachheit vorkommen. Dann lassen sich die reduzierten Faktoren h_i von f wie folgt algorithmisch nur unter Benutzung des ggT, nicht aber von Kenntnissen aus der Primfaktorzerlegung von f, gewinnen: Man bestimmt Folgen f_i, g_i rekursiv durch

$$\begin{aligned} f_0 &:= f, & g_0 &:= f/\mathrm{ggT}(f, f^*), \\ f_{i+1} &:= f_i/g_i, & g_{i+1} &:= \mathrm{ggT}(f_{i+1}, g_i); \end{aligned}$$

dann ist jeweils $h_i = g_{i-1}/g_i$ für $i \in \mathbb{N}_+$. (Bemerkung. In einem euklidischen Bereich lassen sich so häufig wichtige Vorinformationen über die Primfaktorzerlegung von f erhalten.)

9. Seien K ein Körper, m und n positive ganze Zahlen und $d := \mathrm{ggT}(m, n)$. In $K[X]$ gilt dann $\mathrm{ggT}(X^m - 1, X^n - 1) = X^d - 1$. (Man rechnet bequem in einem Erweiterungskörper von K, über dem $X^m - 1$ und $X^n - 1$ in Linearfaktoren zerfallen.)

10. Seien $m, n \in \mathbb{N}_+$, $m \neq n$, und ζ_m bzw. ζ_n eine m-te bzw. n-te primitive komplexe Einheitswurzel. Folgende Aussagen sind äquivalent: (1) Es ist $\mathbb{Q}[\zeta_m] = \mathbb{Q}[\zeta_n]$. (2) Die Körper $\mathbb{Q}[\zeta_m]$ und $\mathbb{Q}[\zeta_n]$ sind isomorph. (3) Es ist m ungerade und $n = 2m$ oder umgekehrt.

11. Seien $m, n \in \mathbb{N}_+$ und $v := \mathrm{kgV}(m, n)$, $d := \mathrm{ggT}(m, n)$.

a) Es ist $\varphi(m) \cdot \varphi(n) = \varphi(v) \cdot \varphi(d)$.

b) Das Polynom Φ_n zerfällt über $\mathbb{Q}[\zeta_m]$ in $\varphi(d)$ irreduzible Faktoren vom Grade $\varphi(v)/\varphi(m) = \varphi(n)/\varphi(d)$.

12. Für jede Primzahl p gilt: $\Phi_8 = X^4 + 1$, aufgefaßt als Polynom in $\mathsf{K}_p[X]$, ist reduzibel. (Bei $p > 2$ ist Φ_8 stets Produkt zweier Polynome vom Grade 2 in $\mathsf{K}_p[X]$, wie man beispielsweise mit Hilfe des quadratischen Reziprozitätsgesetzes sieht; man kann auch Aufgabe 14 unten heranziehen.)

13. a) Ein normiertes Polynom $f \in \mathbb{Q}[X]$ ist genau dann Produkt zyklotomischer Polynome, wenn jede Nullstelle von f in $\mathbb{C}$ eine Einheitswurzel ist.

b) Ein normiertes Polynom $f \in \mathbb{Z}[X]$ ist genau dann Produkt zyklotomischer Polynome, wenn jede Nullstelle von f in $\mathbb{C}$ den Betrag 1 hat. (Sei $f = (X - a_1) \cdots (X - a_n)$ in $\mathbb{C}[X]$ mit $|a_i| = 1$ und $a \in \{a_1, \ldots, a_n\}$ eine Nullstelle von f. Dann ist für alle $\nu \in \mathbb{N}$ auch

$$f_\nu := (X - a_1^\nu) \cdots (X - a_n^\nu) \in \mathbb{Z}[X]$$

(vgl. §54, Aufgabe 36), und die Koeffizienten der f_ν werden durch eine von ν unabhängige Konstante beschränkt. Es gibt folglich nur endlich viele Potenzen a^ν, $\nu \in \mathbb{N}$, und a ist eine Einheitswurzel.)

c) Man gebe Polynome in $\mathbb{Q}[X]$ an, deren Nullstellen in $\mathbb{C}$ alle den Betrag 1 haben, aber keine Einheitswurzeln sind.

d) Man gebe ein normiertes irreduzibles Polynom in $\mathbb{Z}[X]$ an, das in $\mathbb{C}$ eine Nullstelle vom Betrag 1 hat, aber kein Kreisteilungspolynom ist.

14. Sei K ein endlicher Körper mit q Elementen. Sei n eine zu q teilerfremde positive ganze Zahl; zu jedem Teiler d von n bezeichne $\mathrm{s}_q(d)$ die Ordnung der Restklasse von q in $(\mathbb{Z}/\mathbb{Z}d)^\times$. Dann ist $X^n - 1 = \prod_{d|n} \Phi_d$ (siehe 54.12), und Φ_d zerfällt in $K[X]$ in $\varphi(d)/\mathrm{s}_q(d)$ verschiedene normierte Primpolynome vom Grade $\mathrm{s}_q(d)$. Insgesamt zerfällt $X^n - 1$ in $K[X]$ in ein Produkt von

$$\sum_{d|n} \frac{\varphi(d)}{\mathrm{s}_q(d)}$$

verschiedenen normierten Primfaktoren. (In einem Erweiterungskörper L von K, über dem $X^n - 1$ zerfällt, zählt man die Nullstellen dieses Polynoms nach ihrer Ordnung in $L^\times$ ab und verwendet §55, Aufgabe 4.)

15. Seien p^α eine Primzahlpotenz > 1 und $\zeta \in \mathbb{C}$ eine primitive p^α-te Einheitswurzel. In $\mathbb{Z}[\zeta] \cong \mathbb{Z}[X]/(\Phi_{p^\alpha})$ gilt:

$$p\mathbb{Z}[\zeta] = (1-\zeta)^{\varphi(p^\alpha)}\mathbb{Z}[\zeta]\,.$$

(Für jede primitive p^α-te Einheitswurzel η erzeugen $1-\zeta$ und $1-\eta$ dasselbe Ideal, und es ist $\Phi_{p^\alpha}(1) = p$, vgl. §54, Aufgabe 29.) Insbesondere ist $1-\zeta$ ein Primelement der Norm p in $\mathbb{Z}[\zeta]$.

16. Seien K ein Körper und $g, h \in K[X]$ Polynome $\neq 0$ vom Grade n bzw. m. Genau dann ist die Resultante $\mathrm{R}_{n,m}(g,h) = 0$, wenn g und h einen gemeinsamen Faktor des Grades ≥ 1 haben. (Daß bei verschwindender Resultante $\mathrm{ggT}(g,h)$ nichttrivial ist, erhält man mit Aufgabe 23 aus §53 oder direkt aus der Darstellung $hg_0 + gh_0 = \mathrm{R}_{n,m}(g,h)$ mit Grad $g_0 < n$, Grad $h_0 < m$ nach §53, Beispiel 6.)

17. Die im Beweis zu 59.9 angegebenen Systeme (S) und (S′) sind äquivalent, d.h. haben gleiche Lösungsmengen. Daraus ergibt sich ein effektives Lösungsverfahren für simultante Kongruenzen durch sukzessives Verschmelzen zweier Kongruenzen.

18. Welches ist die kleinste natürliche Zahl, die bei Division durch 2, 3, 4, 5 und 6 den Rest 1 bzw. 2 bzw. 3 bzw. 4 bzw. 5 hat? (Brahmagupta, 7.Jahrh.)

19. Die Zahl x, welche ein unheiliges Jahr bezeichnet, hat bei der Division durch 7 bzw. 11 den Rest 3 bzw. 4, bei Division durch 13 und 17 den Rest -5. Um welches Jahr handelt es sich?

20. Seien A ein Hauptidealbereich und $b, a, f \in A$, $b \neq 0$. Die Kongruenz

$$bx + a \equiv 0 \mod f$$

hat genau dann eine Lösung, wenn a Vielfaches von $d := \mathrm{ggT}(b,f)$ ist. In diesem Falle ist

$$-ca/d + Af/d$$

die Lösungsmenge der Kongruenz, wobei $c \in A$ mit $cb \equiv d \bmod f$ gewählt ist.

21. (Systeme linearer Kongruenzen) Seien A ein Hauptidealbereich und b_i, a_i, f_i Elemente von A, $i = 1, \ldots, n$. Das System

$$\text{(S)} \qquad b_i x + a_i \equiv 0 \mod f_i\,, \quad 1 \le i \le n\,,$$

linearer Kongruenzen soll gelöst werden. Um triviale Unterfälle auszuschließen, sei angenommen, daß $b_i \neq 0$ und $f_i \neq 0$ für $i = 1, \ldots, n$ ist. Es genügt ferner, den Fall $n = 2$ zu betrachten. Sei $d := \mathrm{ggT}(b_1 f_2, b_2 f_1)$, $\delta := \mathrm{ggT}(d, f_1 f_2)$ und

$$D := \begin{vmatrix} b_1 & a_1 \\ b_2 & a_2 \end{vmatrix}.$$

a) Hat (S) eine Lösung x, so ist D Vielfaches von d, und die Lösungsmenge von (S) ist $x + Af_1 f_2/\delta$.

b) Ist D Vielfaches von d, so ist (S) äquivalent zu

$$\text{(S}'\text{)} \qquad b_1 x + a_1 + u f_1 D/d \equiv 0 \mod f_1 (b_1 f_2)/d\,,$$

wobei $u \in A$ so gewählt ist, daß $u b_2 f_1 \equiv d \mod b_1 f_2$ ist.

c) Ist D Vielfaches von d, so ist (S) äquivalent zu

$$\text{(S}''\text{)} \qquad dx + \alpha f_2 a_1 + \beta f_1 a_2 \equiv 0 \mod f_1 f_2\,,$$

wobei $\alpha, \beta \in A$ so gewählt sind, daß $\alpha f_2 b_1 + \beta f_1 b_2 = d$ ist.

d) (S) besitzt genau dann eine Lösung, wenn D Vielfaches von d ist und jede der beiden Einzelkongruenzen aus (S) lösbar ist.

e) Man berechne die Lösungen des folgenden Systems über $\mathbb{Z}$:

$$3x \equiv 5 \mod 22\,, \quad 11x \equiv 3 \mod 28\,, \quad 5x \equiv 89 \mod 99\,.$$

22. Seien K ein Körper und I eine nichtleere Menge. Dann ist

$$\mathrm{Dim}_K K(X_i : i \in I) = \mathrm{Max}(\aleph_0, \mathrm{Kard}\, K, \mathrm{Kard}\, I)\,.$$

23. Man bestimme die Partialbruchzerlegungen der folgenden rationalen Funktionen über $\mathbb{R}$ bzw. $\mathbb{C}$ und gebe Stammfunktionen dieser Funktionen an:
$1/(X-1)(X-2)(X-3)(X-4)$, $1/(X^4+1)$, $(2X^4+2X^2-5X+1)/X(X^2+X-1)^2$, $(3X^4-9X^3+4X^2-34X+1)/(X-2)^3(X+3)^2$.

24. Seien K ein Körper und $f, g \in K[X]$, $g \neq 0$. Ist $a \in K$, so heißt der Koeffizient bei $1/(X-a)$ in der Partialbruchzerlegung von f/g das Residuum von f/g an der Stelle a. Es gilt: Ist $a \in K$ eine einfache Nullstelle von g, so ist $f(a)/g'(a)$ das Residuum von f/g an der Stelle $a \in K$; dabei ist $g' := dg/dX$ gesetzt. Folgerung. Sind $a_1, \ldots, a_n$ paarweise verschiedene Elemente von K und ist $f \in K[X]$ ein Polynom vom Grade $< n$, so ist

$$\frac{f}{\prod_{i=1}^{n}(X-a_i)} = \sum_{i=1}^{n} \frac{f(a_i)}{\prod_{j \neq i}(a_j - a_i)} \cdot \frac{1}{(X-a_i)}\,.$$

(Man vgl. dies mit der Lagrangeschen Interpolationsformel, §54, Beispiel 2.)

25. Sei $A \subseteq B$ eine Erweiterung von Integritätsbereichen, wobei A ein Hauptidealbereich sei. Dann sind äquivalent: (1) Sind $a, b \in A$ und ist $d \in A$ ein größter gemeinsamer Teiler von a und b in B, so ist d auch ein ggT von a und b in A. (2) Sind $a, b \in A$ und wird b von a in B geteilt, so auch in A. (3) Es ist

$Ba \cap A = Aa$ für alle $a \in A$. (4) Es ist $B^\times \cap A = A^\times$. — Zusatz: Gelten diese Aussagen und besitzen $A \subseteq B$ denselben Quotientenkörper, so ist $A = B$.

26. Seien A ein Hauptidealbereich und B ein A umfassender Unterring des Quotientenkörpers K von A. Dann ist $B = A_S$, wobei $S := B^\times \cap A$ gesetzt ist; insbesondere ist B ebenfalls ein Hauptidealbereich. (Bemerkung. In Analogie zu Anhang II.B lassen sich bezüglich eines Repräsentantensystems P für die Äquivalenzklassen assoziierter Primelemente in A die A–Untermoduln und die A umfassenden Unterringe von K übersichtlich beschreiben, wobei Aussagen wie die gerade gewonnenen mit abfallen.)

27. Sei A ein Hauptidealbereich.

a) Sind $a, b \in A \setminus \{0\}$ mit $a \in Ab$, so ist der kanonische Homomorphismus

$$(A/Aa)^\times \to (A/Ab)^\times$$

surjektiv. Sein Kern sei im weiteren mit $\mathrm{K}(a, b)$ bezeichnet.

b) Seien $a_1, \ldots, a_n \in A \setminus \{0\}$, ferner v ein gemeinsames Vielfaches der $a_1, \ldots, a_n$ und $d := \mathrm{ggT}(a_1, \ldots, a_n)$. Dann ist

$$\mathrm{K}(v, d) = \mathrm{K}(v, a_1) \cdots \mathrm{K}(v, a_n)\,.$$

(Induktion über n. Bei $n = 2$ betrachte man zuächst den Fall $v = \mathrm{kgV}(a_1, a_2)$.)

28. Sei A ein Integritätsbereich. Dann sind äquivalent: (1) A ist ein Hauptidealbereich. (2) A ist noethersch, und jedes maximale Ideal in A ist ein Hauptideal. (3) A ist faktoriell, und jedes maximale Ideal in A ist ein Hauptideal. (4) A ist faktoriell, und jedes Primideal $\neq 0$ in A ist maximal. (5) Jedes Primideal in A ist ein Hauptideal. (6) A ist ein faktorieller Bezoutbereich. (7) A ist faktoriell, und je zwei teilerfremde Elemente in A erzeugen das Einheitsideal. (Zum Nachweis von (6) aus (5) zieht man §58, Aufgabe 27 heran. Zum Beweis von (1) aus (7): Ist $\mathbf{a}$ ein Ideal in A, so betrachte man ein maximales Element in der durch Inklusion geordneten Menge der in $\mathbf{a}$ enthaltenen Hauptideale.) Korollare. Jeder fastendliche faktorielle Integritätsbereich ist ein Hauptidealbereich. Jeder faktorielle algebraische Zahlbereich ist ein Hauptidealbereich (vgl. 59.15).

29. Sei $A \subseteq B$ eine ganze Erweiterung von Integritätsbereichen. Ist A ein Hauptidealbereich, so ist B genau dann faktoriell, wenn B ebenfalls ein Hauptidealbereich ist. (Ist A ein Hauptidealbereich, so ist jedes Primideal $\neq 0$ in B maximal.)

30. Sei A ein faktorieller Integritätsbereich, der nur endlich viele Klassen assoziierter Primelemente besitzt. Dann ist A ein Hauptidealbereich. (Man verwendet 58.2 — Siehe weiter Aufgabe 43 unten.)

31. Wir betrachten folgende $\mathbb{R}$–Algebren:

$$H := \mathbb{R}[X,Y]/(X^2 - Y^2 - 1) \cong \mathbb{R}[X,Y]/(XY - 1) \cong \mathbb{R}[Z, Z^{-1}] \quad (\text{Hyperbel}),$$

$$K := \mathbb{R}[X,Y]/(X^2 + Y^2 - 1) \quad (\text{Kreis}),$$

$$L := \mathbb{R}[X,Y]/(X^2 + Y^2 + 1)\,.$$

Die entsprechenden $\mathbb{C}$–Algebren $H_\mathbb{C}$, $K_\mathbb{C}$ und $L_\mathbb{C}$ sind als $\mathbb{C}$–Algebren untereinander isomorphe Hauptidealbereiche.

a) Es ist $\mathrm{Hom}_{\mathbb{R}-\mathrm{Alg}}(H, \mathbb{R}) \neq \emptyset \neq \mathrm{Hom}_{\mathbb{R}-\mathrm{Alg}}(K, \mathbb{R})$ und $\mathrm{Hom}_{\mathbb{R}-\mathrm{Alg}}(L, \mathbb{R}) = \emptyset$.

b) Es ist $H^\times \cong \mathbb{R}^\times \times \mathbb{Z}$ und $K^\times = L^\times = \mathbb{R}^\times$. (Um die beiden letzten Gleichungen zu beweisen, fasse man K bzw. L als quadratische Algebra über $\mathbb{R}[X]$ mit der Basis $1, y$ auf, wobei y jeweils die Restklasse von Y ist, und verwende 50.2.)

c) H und L sind Hauptidealbereiche und damit faktoriell. (Für L vgl. §60, Aufgabe 23.) K ist kein Hauptidealbereich und damit auch nicht faktoriell: Die maximalen Ideale $K(x-a)+K(y-b)$, $a, b \in \mathbb{R}$, $a^2+b^2=1$, sind keine Hauptideale. (Mit x, y seien die Restklassen von X, Y bezeichnet. Ohne Einschränkung sei $a=1$, $b=0$. Man verwendet die Norm von K über $\mathbb{R}[X]$ wie in b).) K ist ein normaler Ring. (§58, Aufgabe 31.)

d) H, K und L sind paarweise nichtisomorphe $\mathbb{R}$–Algebren. (Sie sind sogar als Ringe paarweise nichtisomorph.) H ist euklidischer Hauptidealbereich (vgl. Aufgabe 44d)(3). L ist kein euklidischer Bereich. (Alle Restklassenkörper von L sind isomorph zu $\mathbb{C}$. Nun benutze man Aufgabe 37.)

32. Seien A ein kommutativer Ring, $p \in A$ ein Primelement und

$$\mathbf{q} := \bigcap_{n \in \mathbb{N}} p^n A\,.$$

$\mathbf{q}$ ist ein Primideal $\neq pA$. Ist $\mathbf{p}$ ein Primideal in A mit $\mathbf{p} \subset pA$, so ist $\mathbf{p} \subseteq \mathbf{q}$. Ist A ein Integritätsbereich, in dem jede Nichteinheit $\neq 0$ Produkt irreduzibler Elemente ist, so ist $\mathbf{q} = 0$.

33. (Diskrete Bewertungsringe) **a)** Seien A ein kommutativer Ring, p ein Primelement in A derart, daß pA das einzige maximale Ideal in A ist. Ferner sei $\mathbf{q}$ der Durchschnitt der Ideale p^nA, $n \in \mathbb{N}$. Dann sind äquivalent: (1) A ist faktoriell. (2) Die Ideale p^nA, $n \in \mathbb{N}$, sind neben dem Nullideal die einzigen Ideale in A. (3) A ist ein Hauptidealbereich. (4) A ist noethersch. (5) $\mathbf{q}$ ist ein endlich erzeugtes A–Ideal. (6) Es ist $\mathbf{q} = 0$. (Man folgert (6) aus (5) mit dem Lemma von Krull–Nakayama. Von (6) geht man zu (2) zurück.)

Ein Hauptidealbereich, der bis auf assoziierte Elemente genau ein Primelement besitzt, heißt ein diskreter Bewertungsring. Man kann einen diskreten Bewertungsring auch beschreiben als einen lokalen kommutativen Ring, dessen maximales Ideal von einem Nichtnullteiler p erzeugt wird und für den eine (und damit jede) der genannten Aussagen (1) bis (6) zutrifft. Ein Primelement in einem diskreten Bewertungsring wird auch als Ortsuniformisierende bezeichnet.

b) Sei A ein kommutativer Ring mit einem Primelement p derart, daß pA das einzige maximale Ideal in A ist. (Beispiele für diese Situation erhält man aus einem Primelement p eines beliebigen kommutativen Ringes R, indem man zu $p/1$ in der Lokalisierung $A := R_{pR}$ übergeht.) Dann ist $A/\bigcap_n p^nA$ ein diskreter Bewertungsring.

c) Seien A ein diskreter Bewertungsring, K sein Quotientenkörper und p eine Ortsuniformisierende. Dann sind p^nA, $n \in \mathbb{Z}$, die einzigen von 0 und K verschiedenen A–Untermoduln von K. Jeder A umfassende Unterring von K ist mit A oder K identisch. Es ist $K = A_p = A[1/p]$. Das Ideal $\mathbf{m} := (pX-1)$ ist maximal in $A[X]$, und es ist $\mathbf{m} \cap A = 0$ (vgl. §58, Aufgabe 19).

d) Sei A ein faktorieller Integritätsbereich mit dem Quotientenkörper K. Ist $p \in A$ prim, so ist

$$A_{pA} = \{x \in K : \mathrm{v}_p(x) \geq 0\}$$

ein diskreter Bewertungsring. Bezeichnet P ein Repräsentantensystem für die Äquivalenzklassen assoziierter Primelemente in A, so ist

$$A = \bigcap_{p \in P} A_{pA} .$$

34. Sei K ein Körper. Im Polynomring $K[X, X_i : i \in \mathbb{N}]$ sei $\mathbf{a}$ das von den Polynomen $X_i - XX_{i+1}$, $i \in \mathbb{N}$, erzeugte Ideal. Ferner sei A der Restklassenring des Polynomrings nach $\mathbf{a}$, und x bzw. x_i seien die Restklassen von X bzw. X_i in A. Dann ist A ein Integritätsbereich. (Es genügt zu zeigen, daß die Polynome $X_0 - XX_1, \ldots, X_n - XX_{n+1}$ in $K[X, X_0, \ldots, X_{n+1}]$ ein Primideal erzeugen.) Das Element $x \in A$ ist ein Primelement, und xA ist ein maximales Ideal in A. Es ist

$$\mathbf{q} := \bigcap_{n \in \mathbb{N}} x^n A = \sum_{i \in \mathbb{N}} Ax_i \neq 0$$

und $A/\mathbf{q} \cong K[X]$. A ist normal, aber nicht vollständig normal. (Vgl. §56, Aufgabe 26 und das Beispiel in §56, Aufgabe 27.)

35. Sei $A := C^\infty(\mathbb{R})$ der Ring der beliebig oft differenzierbaren reellwertigen Funktionen auf $\mathbb{R}$. Jede Funktion $f \in A$ mit $f(0) = 0$ ist bekanntlich ein Vielfaches der Identität $t \mapsto t$ von $\mathbb{R}$, die wir ebenfalls mit t bezeichnen. t ist ein Primelement in A, und tA ist ein maximales Ideal in A. Das Primideal

$$\mathbf{q} := \bigcap_{n \in \mathbb{N}} t^n A$$

ist das Ideal der im N u l l p u n k t $0 \in \mathbb{R}$ p l a t t e n F u n k t i o n e n, d.h. das Ideal derjenigen Funktionen $f \in A$, deren sämtliche Ableitungen $f^{(n)}$, $n \in \mathbb{N}$, im Nullpunkt verschwinden. $\exp(-1/t^2)$ ist eine Funktion in $\mathbf{q}$. Für die Lokalisierung A_{tA} gilt $\bigcap t^n A_{tA} = \mathbf{q}A_{tA} \neq 0$.

36. Sei $D \in \mathbb{N}_+$ quadratfrei mit $1 < D < 100$. Die Diskriminante d von A_D sei größer als 100. Genau dann ist A_D faktoriell, wenn D eine der folgenden Zahlen ist: $31, 38, 43, 46, 47, 59, 62, 67, 71, 83, 86, 94$. (Vergleiche das Ende von Beispiel 8.)

37. Sei A ein euklidischer Bereich. Dann gibt es einen Homomorphismus φ von A auf einen Restklassenkörper K von A derart, daß $A^\times$ von φ auf $K^\times$ abgebildet wird. (Sei ν eine euklidische Funktion auf A. Falls A nicht schon ein Körper ist, wählt man $K := A/Az$, wobei z eine Nichteinheit $\neq 0$ mit minimalem $\nu(z)$ ist.)

38. Sei K ein algebraischer Zahlkörper. Der Ring A der ganzen Zahlen in K ist genau dann euklidisch bezüglich des Betrages der Norm N von K über $\mathbb{Q}$, wenn es zu jedem $x \in K$ ein $a \in A$ mit $|\mathrm{N}(x - a)| < 1$ gibt.

39. A_D ist für $D = -1, -2, -3, -7$ und -11 euklidisch. (Man geht ähnlich wie im Beispiel 5 vor.)

40. A_D ist für quadratfreies $D < -11$ nicht euklidisch. (Die Einheitengruppe von A_D ist $\{1, -1\}$. Die Elemente 2 und 3 in A_D sind unzerlegbar, da kein Element von A_D die Norm 2 oder 3 hat. Nun benutze man Aufgabe 37.)

41. A_D ist für $D = 2, 3, 5, 6, 7, 11, 13$ euklidisch bezüglich des Betrages der gewöhnlichen Normfunktion. (Die Fälle $D = 7$ und 11 machen schon Mühe.)

42. Sei E die abgeschlossene Einheitskreisscheibe $\{z \in \mathbb{C} : |z| \leq 1\}$ in der komplexen Zahlenebene. Eine komplexwertige Funktion f auf E heißt holomorph, wenn es eine holomorphe Funktion F in einer offenen Umgebung U von E gibt mit $F|E = f$. Die holomorphen Funktionen auf E bilden einen euklidischen Bereich H. (Einem $f \in H$, $f \neq 0$, ordne man die Summe der Nullstellenordnungen von F in E zu.) E darf man durch eine beliebige kompakte zusammenhängende Teilmenge von $\mathbb{C}$ ersetzen.

43. Seien A ein faktorieller Integritätsbereich und P ein Repräsentantensystem für die Äquivalenzklassen assoziierter Primelemente in A. Ist P endlich, so ist A euklidisch. (H.J. Claus — Man benutzt Aufgabe 30. Auf $A \setminus \{0\}$ ist $\sum_{p\in P} \mathrm{v}_p$ eine euklidische Funktion. Zum Beweis genügt es, Division mit Rest für $a, b \in A$, a, b Nichteinheiten $\neq 0$ mit $\mathrm{ggT}(a,b) = 1$, zu beweisen. Sei t das Produkt der $p \in P$, welche b nicht teilen. Es gibt ein $c \in A$ mit $a \equiv bc \bmod t$. Nun betrachtet man $a = qb + r$ mit $q := c - 1$.)

44. (Minimale euklidische Funktionen) **a)** Sei A ein Integritätsbereich. Eine Folge von Teilmengen $A_n \subseteq A$ sei wie folgt rekursiv definiert: $A_0 := A^\times$; A_{n+1} sei die Menge aller $a \in A$, $a \neq 0$, für die $A_n \cup \{0\}$ bei der Restklassenabbildung $A \to A/Aa$ auf A/Aa abgebildet wird. Man hat $A_n \subseteq A_{n+1}$ für alle n. Genau dann ist A euklidisch, wenn $A \setminus \{0\}$ die Vereinigung aller A_n ist. In diesem Falle ist die durch

$$\mu(a) := \mathrm{Min}\{n : a \in A_n\}\,, \quad a \neq 0\,,$$

definierte Funktion eine euklidische Funktion; sie heißt die minimale euklidische Funktion von A. Für jede euklidische Funktion ν von A gilt $\nu(a) \geq \mu(a)$ für alle $a \in A$, $a \neq 0$.

b) Sei K ein Körper. Die minimale euklidische Funktion von $K[X]$ ist mit der Gradfunktion identisch.

c) Die minimale euklidische Funktion μ von $\mathbb{Z}$ kann wie folgt angegeben werden: Für $n \in \mathbb{Z}$, $n \neq 0$, ist $\mu(n) + 1$ die Anzahl der Ziffern in der Dualentwicklung von $|n|$.

d) Sei A ein euklidischer Bereich, μ seine minimale euklidische Funktion. Es gilt (nach der Darstellung von P. Samuel, siehe Bemerkung 6):

(1) Sind $a, b \in A$, $ab \neq 0$, so ist $\mu(ab) \geq \mu(a)$. (Zum Beweis überlegt man sich, daß durch $\nu(a) := \mathrm{Min}\{\mu(x) : x \in Aa \setminus \{0\}\}$, $a \neq 0$, eine euklidische Funktion definiert wird.)

(2) Für $a, b \in A$, $ab \neq 0$, gilt $\mu(ab) = \mu(a)$ genau dann, wenn b eine Einheit ist.

(3) Sei S ein multiplikatives System in A. Dann ist A_S euklidisch. (Man darf S als saturiert annehmen. Sei $x \in A_S$, $x \neq 0$. Es gibt $s, t \in S$ und ein $y \in A$ mit $x = (s/t)y$ derart, daß y von keinem Primelement aus S geteilt wird. Sei $\nu(x) := \mu(y)$. Dann ist ν eine euklidische Funktion für A_S.)

e) Die in Aufgabe 43 verwendete euklidische Funktion ist minimal.

f) Sei A ein euklidischer Bereich. Dann ist jeder A umfassende Unterring des Quotientenkörpers von A ebenfalls euklidisch. (H.J. Claus — Aufgabe 26.)

45. Sei A ein Integritätsbereich. Die folgende (auf Dedekind zurückgehende) Charakterisierung von Hauptidealbereichen läßt diese als unmittelbare Verallgemeinerung der euklidischen Bereiche erkennen. Eine Funktion g von $A \setminus \{0\}$ in $\mathbb{N}$ heiße zulässig, wenn gilt: Sind $x, y \in A$ mit $y \neq 0$, $x \notin Ay$ und $g(y) \leq g(x)$, so gibt es $a, b \in A$ derart, daß $ax + by \neq 0$ und $g(ax + by) < g(y)$ ist.

a) Besitzt A eine zulässige Funktion, so ist A ein Hauptidealbereich.

b) Seien A ein Hauptidealbereich und P ein Repräsentantensystem assoziierter Primelemente von A. Dann ist

$$g_A := \sum_{p \in P} \mathrm{v}_p$$

eine zulässige Funktion. (Man verwendet das Lemma von B e z o u t.)

c) Sei A Hauptidealbereich. Dann ist g_A das Minimum aller zulässigen Funktionen von A. (Induktion über den Wertevorrat von g_A.)

d) Ein endlicher algebraischer Zahlbereich A ist genau dann ein Hauptidealbereich, wenn die mit der Norm von A über $\mathbb{Z}$ gebildete Funktion $x \mapsto |\mathrm{N}_{\mathbb{Z}}^{A}(x)|$ zulässig ist. (Man verwendet Satz 50.2.)

46. Sei A eine endliche kommutative $\mathbb{R}$-Algebra. Genau dann ist die Normfunktion $\mathrm{N} = \mathrm{N}_{\mathbb{R}}^{A}$ nichtnegativ, wenn sämtliche lokalen Komponenten von A eine gerade Dimension über $\mathbb{R}$ haben. (Ohne Einschränkung sei A lokal. Es gibt eine Folge von Idealen $0 = \mathbf{a}_0 \subset \mathbf{a}_1 \subset \cdots \subset \mathbf{a}_n = A$ derart, daß $\mathbf{a}_{i+1}/\mathbf{a}_i$, $i = 0, \ldots, n-1$, jeweils isomorph zum Restkörper von A ist.) Folgerung. Für eine zyklische $\mathbb{R}$-Algebra $A \cong \mathbb{R}[X]/(f)$ ist die Normfunktion genau dann nichtnegativ, wenn jede reelle Nullstelle des Polynoms f eine gerade Vielfachheit hat.

47. Sei A eine endliche freie kommutative $\mathbb{Z}$-Algebra. Sei $z_1, \ldots, z_n$ eine $\mathbb{Z}$-Basis von A. Dann läßt sich A als Unteralgebra der $\mathbb{R}$-Algebra $A_{(\mathbb{R})}$ auffassen, die $z_1, \ldots, z_n$ als $\mathbb{R}$-Basis mit denselben Strukturkonstanten hat. (Es ist also $A_{(\mathbb{R})} = \mathbb{R} \otimes_{\mathbb{Z}} A$, vgl. §81.) Genau dann ist die Normfunktion $\mathrm{N} = \mathrm{N}_{\mathbb{Z}}^{A}$ nichtnegativ auf A, wenn die Normfunktion $\mathrm{N}_{\mathbb{R}}^{A}(\mathbb{R})$ auf $A_{(\mathbb{R})}$ nichtnegativ ist, und dies ist genau dann der Fall, wenn die lokalen Komponenten von $A_{(\mathbb{R})}$ eine gerade Dimension über $\mathbb{R}$ haben. (Man benutze: $\mathbb{Q}$ ist dicht in $\mathbb{R}$.) Folgerung. Für die zyklische freie $\mathbb{Z}$-Algebra $A = \mathbb{Z}[X]/(f)$, $f \in \mathbb{Z}[X]$ normiert, ist die Normfunktion genau dann nichtnegativ, wenn jede r e e l l e Nullstelle von f gerade Vielfachheit hat.

48. $\mathbb{Z}[\zeta_8]$ ist bezüglich der gewöhnlichen Norm N euklidisch. (Sei $\zeta := \zeta_8 = \exp(2\pi\,\mathrm{i}/8) = (1+\mathrm{i})/\sqrt{2}$. Es ist $\zeta^2 = \zeta_4 = \mathrm{i}$, ferner $\mathbb{Q} \subseteq \mathbb{Q}[\mathrm{i}] \subseteq \mathbb{Q}[\zeta]$ und

$$\mathrm{N}x = \mathrm{N}_{\mathbb{Q}}^{\mathbb{Q}[\zeta]}x = \mathrm{N}_{\mathbb{Q}}^{\mathbb{Q}[\mathrm{i}]}(\mathrm{N}_{\mathbb{Q}[\mathrm{i}]}^{\mathbb{Q}[\zeta]}x).$$

Daraus ergibt sich für $b_0, \ldots, b_3 \in \mathbb{Q}$ die explizite Darstellung:

$$\mathrm{N}(b_0 + b_1\zeta + b_2\zeta^2 + b_3\zeta^3) = (b_0^2 + b_2^2)^2 + (b_1^2 + b_3^2)^2 + 4b_0b_2(b_3^2 - b_1^2) + 4b_1b_3(b_0^2 - b_2^2).$$

Es ist nun zu zeigen: Zu jedem $x \in \mathbb{Q}[\zeta]$ existiert ein $y \in \mathbb{Z}[\zeta]$ mit $\mathrm{N}(x-y) < 1$. Man wählt y einfach so, daß die Koeffizienten b_j von $x - y$ in der Darstellung $x - y = \sum_j b_j\zeta^j$ alle dem Betrage nach $\leq \frac{1}{2}$ sind.)

49. $\mathbb{Z}[\zeta_5]$ ist bezüglich der gewöhnlichen Norm N euklidisch. (Beweis nach E. L a n d a u. Sei $\zeta := \zeta_5 = \exp(2\pi\,\mathrm{i}/5)$. Es ist

$$\zeta + \zeta^{-1} = \frac{1}{2}(-1 + \sqrt{5}), \quad \zeta^2 + \zeta^{-2} = \frac{1}{2}(-1 - \sqrt{5})$$

und $\mathbb{Q} \subseteq K \subseteq L$ mit $K := \mathbb{Q}[\zeta + \zeta^{-1}] = \mathbb{Q}[\sqrt{5}]$ und $L := \mathbb{Q}[\zeta]$. Für $z = b_0 + b_1\zeta + b_2\zeta^2 + b_3\zeta^3 \in L$ ist $0 \leq \mathrm{N}_{\mathbb{Q}}^{L}z$ und

$$\mathrm{N}_K^L z = (b_0 + b_1\zeta + b_2\zeta^2 + b_3\zeta^3)(b_0 + b_1\zeta^{-1} + b_2\zeta^{-2} + b_3\zeta^{-3})$$
$$= (b_0b_1 + b_1b_2 + b_2b_3)(\zeta + \zeta^{-1}) + (b_0b_2 + b_0b_3 + b_1b_3)(\zeta^2 + \zeta^{-2}) + \sum_{j=0}^{3} b_j^2 ,$$

somit $\mathrm{N}_K^L z = A + B\sqrt{5}$ mit $A, B \in \mathbb{Q}$; dabei ist

$$A = \sum_j b_j^2 - \frac{1}{2}\sum_{j<k} b_j b_k = \frac{1}{4}\Big(5\sum_j b_j^2 - \big(\sum_j b_j\big)^2\Big) .$$

Es folgt

$$\mathrm{N}z = \mathrm{N}_{\mathbb{Q}}^K (A + B\sqrt{5}) = A^2 - 5B^2 \leq A^2 .$$

Es ist nun zu zeigen: Zu $x \in \mathbb{Q}[\zeta]$ existiert ein $y \in \mathbb{Z}[\zeta]$ mit $\mathrm{N}(x - y) < 1$. Man überlegt sich zunächst: Für wenigstens eine der Zahlen $\zeta^k x$, $1 \leq k \leq 4$, ist der Abstand wenigstens eines der Koeffizienten a_j der Darstellung $\zeta^k x = \sum_{j=0}^{3} a_j \zeta^j$, $a_j \in \mathbb{Q}$, zu einer ganzen Zahl $\leq \frac{1}{5}$. Es gibt also ein $y' \in \mathbb{Z}[\zeta]$ derart, daß die entsprechenden Koeffizienten b_j von $z := \zeta^k x - y'$ dem Betrage nach alle $\leq \frac{1}{2}$ und wenigstens einer $\leq \frac{1}{5}$ ist. Für dies z ist $|A| < 1$ und man hat

$$\mathrm{N}(x - \zeta^{-k} y') = \mathrm{N}(\zeta^k (x - \zeta^{-k} y')) = \mathrm{N}(z) \leq A^2 < 1 .)$$

50. (Links- und rechtseuklidische Bereiche) Ein nullteilerfreier Ring A heißt ein linkseuklidischer Bereich, wenn es eine euklidische Funktion ν auf $A \setminus \{0\}$ mit Werten in $\mathbb{N}$ gibt derart, daß zu je zwei Elementen $a, b \in A$, $b \neq 0$, Elemente q und r in A mit $a = qb + r$ und $r = 0$ oder $\nu(r) < \nu(b)$ existieren. Ein Ring A heißt ein rechtseuklidischer Bereich, wenn A^{op} ein linkseuklidischer Bereich ist. Linkseuklidische Bereiche sind Linkshauptidealbereiche, rechtseuklidische Bereiche sind Rechtshauptidealbereiche. Ist K ein Divisionsbereich, so ist $K[X]$ sowohl links- als auch rechtseuklidisch bezüglich der Gradfunktion (§53, Bemerkung 4). Allgemeiner gilt: Ist K ein Divisionsbereich und σ ein Automorphismus von K, so sind die Ringe

$$K[X;\sigma] \quad \text{und} \quad K[X, X^{-1};\sigma]$$

(vgl. §52, Aufgabe 14d)) jeweils links- und rechtseuklidische Bereiche; als euklidische Funktion nimmt man im ersten Fall die gewöhnliche Gradfunktion, im zweiten die Differenz von "Obergrad" und "Untergrad". Ist σ ein Endomorphismus von K, so ist $K[X;\sigma]$ wie oben linkseuklidisch, aber kein Rechtshauptidealbereich, wenn σ nicht surjektiv ist; ferner ist $K[X;\sigma]$ genau dann rechtsnoethersch, wenn die Rechts-Vektorraumdimension von K über $\sigma(K)$ endlich ist.

51. (Hurwitzsche Quaternionen) Sei H' der Ring der Hurwitzschen Quaternionen, siehe §28, Aufgabe 8. Man nennt H' auch den Ring der ganzen Quaternionen im Divisionsbereich $\mathbb{H}(\mathbb{Q})$ der Quaternionen mit $\mathbb{Q}$ als Grundring. H' ist eine freie $\mathbb{Z}$-Algebra mit der Basis

$$(1 + \mathrm{i} + \mathrm{j} + \mathrm{k})/2 , \quad \mathrm{i}, \quad \mathrm{j}, \quad \mathrm{k} .$$

Durch Beschränken der reduzierten Norm erhält man eine Funktion N auf H' mit Werten in $\mathbb{N}$. Bezüglich dieser Funktion ist H' sowohl links- als auch rechtseuklidisch. (Seien $x, y \in H'$, $y \neq 0$. In $\mathbb{H}(\mathbb{Q})$ ist $xy^{-1} = \alpha + \beta\mathrm{i} + \gamma\mathrm{j} + \delta\mathrm{k}$ wohldefiniert. Es gibt ganze Zahlen a, b, c, d mit $a \equiv b \equiv c \equiv d$ modulo 2 und

$$|2\alpha - a|, |2\beta - b|, |2\gamma - c|, |2\delta - d| \le 1,$$

wobei überdies in wenigstens einem Fall sogar das Zeichen $<$ statt $\le$ gilt. Für $q = (a + b\mathrm{i} + c\mathrm{j} + d\mathrm{k})/2$ ist dann $\mathrm{N}(x - qy) < \mathrm{N}(y)$.)

52. (Zwei-Quadrate-Satz) Welche natürlichen Zahlen sind Summen zweier Quadrate ganzer Zahlen? Mit der Norm N im Ring $A := \mathbb{Z}[\mathrm{i}] \subseteq \mathbb{C}$ der ganzen Gaußschen Zahlen kann das Problem wie folgt beschrieben werden: Sei $n \in \mathbb{N}$. Wann gibt es Zahlen $x = a + ib$ in A, $a, b \in \mathbb{Z}$, mit $\mathrm{N}(x) = a^2 + b^2 = n$? Mit $r(n)$ bezeichnet man die Anzahl der Zahlen $x \in A$ mit $\mathrm{N}(x) = n$. Es ist $r(0) = 1$. Bei $n > 0$ hat man mit $\mathrm{N}(x) = n$ auch noch $\mathrm{N}(\epsilon x) = n$ für jede der Einheiten $\epsilon = \pm 1, \pm \mathrm{i}$ in A, so daß durch $s(n) := r(n)/4$ eine Funktion s auf $\mathbb{N}_+$ definiert wird, welche natürliche Zahlen als Werte annimmt. Mit der folgenden Berechnung der Funktion s ist das Ausgangsproblem gelöst.

a) s ist eine multiplikative zahlentheoretische Funktion. (Für $n \in \mathbb{N}_+$ ist $s(n)$ nach 50.4 und Beispiel 5 die Anzahl der Ideale $\mathbf{a}$ in A mit Kard $A/\mathbf{a} = n$. Ebenso ist $s(n)$ die Anzahl der Ideale $\overline{\mathbf{a}}$ in $\overline{A} := A/nA$ mit Kard $\overline{A}/\overline{\mathbf{a}} = n$. Sind m und n teilerfremd, so ist A/mnA direktes Produkt von A/mA und A/nA.)

b) Für eine Primzahl p und $\nu \in \mathbb{N}_+$ gilt:

$$s(p^\nu) = \begin{cases} 1, & \text{falls } p = 2, \\ \nu + 1, & \text{falls } p \equiv 1(4), \\ 1, & \text{falls } p \equiv 3(4),\ \nu \text{ gerade}, \\ 0, & \text{falls } p \equiv 3(4),\ \nu \text{ ungerade}. \end{cases}$$

(Man verwendet §17, Aufgabe 9d).) Es gilt der Satz von Fermat-Euler: Für jedes $n \in \mathbb{N}_+$ ist

$$s(n) = \eta(n) \prod_{p \equiv 1(4)} (\mathrm{v}_p(n) + 1),$$

wobei $\eta(n) := 1$ ist, falls $\mathrm{v}_p(n)$ gerade ist für alle $p \equiv 3(4)$, und $\eta(n) := 0$ sonst.

c) Für $n \in \mathbb{N}_+$ ist $s(n)$ gleich der Differenz der Anzahl der Teiler d von n mit $d \equiv 1(4)$ und der Anzahl der Teiler d von n mit $d \equiv 3(4)$. (Die genannte Differenz definiert eine multiplikative zahlentheoretische Funktion.)

53. (Gitterpunkte im Kreis) Bezeichnungen und Ergebnisse der vorstehenden Aufgabe werden übernommen. Sei

$$R(n) := \sum_{\nu=0}^{n} r(\nu)$$

für $n \in \mathbb{N}$. Diese Zahl ist die Anzahl der Gitterpunkte $(a, b) \in \mathbb{Z}^2 \subseteq \mathbb{R}^2$, die im Kreis um den Nullpunkt mit dem Radius $\sqrt{n}$ liegen. Es ist nach Gauß

$$R(n) = 1 + 4\sum_{\nu=1}^{n} s(\nu) = 1 + 4\sum_{\mu \in \mathbb{N}} (-1)^\mu \left[\frac{n}{2\mu + 1}\right].$$

(Dabei ist [ ] die Gaußklammer. Sehr leicht sieht man übrigens:

$$R(n) = 1 + 4([\sqrt{n}] + [\sqrt{n/2}]^2 + 2 \sum_{\sqrt{n/2} < \lambda \le \sqrt{n}} [\sqrt{n - \lambda^2}]),$$

was sich zum Rechnen bei nicht zu großen n eignet.) Es ist

$$R(n) - (1 + 4[\sqrt{n}]) \leq n\pi \leq R(n) + (3 + 4[\sqrt{n}]),$$

$$\left|\frac{R(n)}{n} - \pi\right| \leq \frac{3 + 4[\sqrt{n}]}{n}.$$

Insbesondere konvergiert $R(n)/n$ gegen π. (Die angegebene Fehlerabschätzung ist freilich grob.) Es ist nach Leibniz

$$\sum_{\mu=0}^{\infty} \frac{(-1)^\mu}{2\mu + 1} = \frac{\pi}{4}.$$

(Nach dem Vorhergehenden genügt es zu zeigen: Zu $\epsilon > 0$ und $r \in \mathbb{N}$ gibt es $m, n \in \mathbb{N}_+$ mit $m, n \geq r$ und

$$\left|\sum_{\mu=0}^{\infty}(-1)^\mu \frac{1}{n}\left[\frac{n}{2\mu+1}\right] - \sum_{\mu=0}^{m}(-1)^\mu \frac{1}{2\mu+1}\right| \leq \epsilon.$$

Für $m \in \mathbb{N}$ und $n := \prod_{\mu=0}^{m}(2\mu + 1)$ ist diese absolute Differenz gleich

$$\left|\sum_{\mu>m}(-1)^\mu \frac{1}{n}\left[\frac{n}{2\mu+1}\right]\right| \leq \frac{1}{2m+3}.$$

Die Reihe $1 - \frac{1}{3} + \frac{1}{5} - \frac{1}{7} + \cdots$ heißt die Leibnizsche Reihe.)

54. a) (Vier-Quadrate-Satz) Es handelt sich um den folgenden Satz von Lagrange: Jede natürliche Zahl ist Summe von vier Quadraten natürlicher Zahlen. (Zu zeigen ist, daß die Normabbildung N von $\mathbb{H}(\mathbb{Z})$ in $\mathbb{N}$ surjektiv ist. $0, 1, 2$ gehören zum Bild von N. Es genügt dann zu zeigen, daß jede ungerade Primzahl p zum Bild von N gehört. $\mathbb{H}(\mathbb{Z})$ ist Unteralgebra vom Index 2 im Ring H' der Hurwitzschen Quaternionen. Folglich ist der induzierte Homomorphismus

$$\mathbb{H}(\mathbb{Z}/p\mathbb{Z}) \cong \mathbb{H}(\mathbb{Z})/p\mathbb{H}(\mathbb{Z}) \to H'/pH'$$

surjektiv und damit bijektiv. Mit §28, Aufgabe 7 sieht man so, daß H'/pH' kein Divisionsbereich ist. Somit gibt es ein Linksideal $\mathbf{a}$ in H' mit $pH' \subset \mathbf{a} \subset H'$. Nach Aufgabe 51 ist $\mathbf{a} = H'z$ mit $z \in H'$. Es gibt ein $y \in H'$ mit $p = yz$. Sowohl z als auch y ist keine Einheit, woraus $\mathrm{N}(z) = p$ folgt. Nach §28, Aufgabe 8 gibt es eine Einheit e in H' mit $ez \in \mathbb{H}(\mathbb{Z})$. Es ist $\mathrm{N}(ez) = p$.)

b) Man beweise folgende Verschärfung des Satzes von Lagrange, die auf Jacobi zurückgeht: Für eine positive natürliche Zahl n ist die Anzahl $f(n)$ der verschiedenen $(a, b, c, d) \in \mathbb{Z}^4$ mit $a^2 + b^2 + c^2 + d^2 = n$ das 8-fache der Summe der ungeraden Teiler von n, falls n ungerade ist, und das 24-fache dieser Summe, wenn n gerade ist. (Nach 50.4 und §50, Aufgabe 5 ist $\mathrm{N}(x)^2 = (x\overline{x})^2 = (\overline{x}x)^2 = \mathrm{Kard}(H'/H'x)$ für jedes $x \in H'$, $x \neq 0$. Dabei ist $x \mapsto \overline{x}$ die Konjugation in H'. Für $n \in \mathbb{N}_+$ sei $\gamma(n)$ die Anzahl der Linksideale $\mathbf{a}$ in H' mit $\mathrm{Kard}\, H'/\mathbf{a} = n^2$. Durch Betrachten der Einheiten in H' sieht man leicht, daß $f(n)$ gleich $8\gamma(n)$ bzw. gleich $24\gamma(n)$ ist, je nachdem ob n ungerade oder gerade ist. Es genügt also zu zeigen, daß $\gamma(n)$ gleich der Summe der ungeraden Teiler von n ist. Man kann $n = p^r$, p prim, annehmen. Sei zunächst $p \geq 3$. Dann ist $H'/H'p \cong \mathbb{H}(\mathsf{K}_p)$ kein Divisionsbereich und alle nichttrivialen Linksideale in $\mathbb{H}(\mathsf{K}_p)$ haben den Index p^2. In $\mathbb{H}(\mathsf{K}_p)$ existiert kein nichttriviales zweiseitiges Ideal. Der Restklassenring nach solch einem Ideal wäre nämlich ein Körper, in dem für die Restklassen $[\mathrm{i}]$, $[\mathrm{j}]$, $[\mathrm{k}]$ die Gleichungen $[\mathrm{i}]^2 = [\mathrm{j}]^2 = [\mathrm{k}]^2 = -1$ und $[\mathrm{i}][\mathrm{j}] = [\mathrm{k}]$ gelten, was in einem Körper der Charakteristik $\neq 2$ unmöglich ist. Es folgt

$$\mathbb{H}(\mathsf{K}_p) \cong \mathsf{M}_2(\mathsf{K}_p)\,, \quad p \geq 3\,,$$

entweder mit den allgemeinen Struktursätzen im Anhang V.G oder direkt durch Betrachten eines Linksideals der K_p-Dimension 2, auf dem $\mathbb{H}(\mathsf{K}_p)$ (notwendigerweise treu) als Algebra von K_p-Endomorphismen operiert. Es gibt $p+1$ Linksideale vom Index p^2 in $\mathbb{H}(\mathsf{K}_p)$, folglich ist $\gamma(p) = p+1$. Seien $z_1, \ldots, z_{p+1}$ erzeugende Elemente dieser Linksideale. Dann ist $H'z_i \cap H'z_j = H'p$ für $i \neq j$ und $z_i\overline{z}_i = \overline{z}_i z_i = p$ für alle i. Ferner besitzt jedes Linksideal vom Index p^{2r} in H' genau ein erzeugendes Element $p^s z_{i_1} \cdots z_{i_t}$ mit $s, t \in \mathbb{N}$, $2s + t = r$ derart, daß für zwei aufeinanderfolgende Elemente z_i, z_j unter den $z_{i_1}, \ldots, z_{i_t}$ gilt: $p \notin H'z_i z_j$ (was mit $H'z_i \neq H'\overline{z_j}$ äquivalent ist). Es folgt nun $\gamma(p^{r+1}) = \gamma(p^{r-1}) + (p+1)p^r$ für $r \geq 1$ und daraus $\gamma(p^r) = \sum_{\rho=0}^{r} p^\rho = (p^{r+1}-1)/(p-1)$. Für $p=2$ ist $H'/H'2$ ein kommutativer Ring mit genau einem Ideal vom Index 4, woraus leicht folgt, daß $H'(1+\mathrm{i})^r$ das einzige Linksideal vom Index 2^{2r} in H' ist.)

55. (Frobenius-Rabinowitsch 1912/1913) Sei $D \in \mathbb{Z}$ quadratfrei, $D \equiv 1(4)$, $D < 0$. Ferner sei $A := A_D$ und

$$g := X^2 - X + \frac{1+|D|}{4} \in \mathbb{Z}[X]\,.$$

Folgende Aussagen sind äquivalent: (1) A ist faktoriell. (2) Für jede Primzahl p mit $p < (1+|D|)/4$ ist g irreduzibel modulo p. (3) Die Werte von g an den Stellen $n \in \mathbb{N}_+$ mit $n < (1+|D|)/4$ sind Primzahlen. — Sind diese Bedingungen erfüllt, so ist $|D|$ eine Primzahl und bei $D \neq -3$ auch $q := (1+|D|)/4$. (Bemerkung. Die zu $D = -67$ und $D = -163$ gehörenden Polynome

$$g = X^2 - X + 17\,, \quad X^2 - X + 41$$

mit Primzahlwerten für $0 \leq n \leq 16$ bzw. $0 \leq n \leq 40$ waren bereits Euler 1772 bekannt, vgl. Aufgabe 14 in §54. Nach den trivialen notwendigen Bedingungen des Zusatzes kommen als Werte für $|D| < 200$, $|D| \equiv 3(4)$, bei denen A_D, $D < 0$, faktoriell ist, nur die Zahlen $4q-1$ mit

$$q = 1, 2, 3, 5, 11, 17, 41$$

in Frage. Dies sind aber genau die überhaupt möglichen Werte.)

56. Sei $D \in \mathbb{Z}$ quadratfrei, $D \neq 0$, $D \neq 1$, und $A := A_D$.

a) Sei p ein Primteiler von D, oder es sei $p = 2$ und $D \not\equiv 1(4)$, d.h. p sei ein Primteiler der Diskriminante d von A_D. Es gebe ein $x \in A$ mit $|\mathrm{N}(x)| = p$. Dann ist $\overline{x} = ex$ mit einer Einheit e aus A. (x^2 ist in A durch p teilbar.)

b) Sei m eine quadratfreie ganze Zahl, $m \neq 0$, $m \neq 1$. Gibt es ein $x \in A$ mit $\mathrm{N}(x) = m$ und $\overline{x} = ex$, $e \in \{\pm 1\}$, so ist $m = -D$. (Man betrachtet $\overline{x} - ex = 0$.)

c) Sei A ein Hauptidealbereich. Dann gilt: (1) Bei $D < -1$ ist $|D|$ prim. (2) Sei $D > 0$, und die Grundeinheit von A habe die Norm -1. Dann ist D prim, und es ist $D = 2$ bei $D \not\equiv 1(4)$. (3) Bei $D > 0$ und $D \not\equiv 1(4)$ hat D höchstens einen ungeraden Primteiler. (4) Bei $D > 0$ und $D \equiv 1(4)$ hat D höchstens zwei Primteiler.

§60 Primfaktorzerlegung in Polynomringen

Beim ersten Lesen genügt es, die Sätze 60.1 und 60.5 anzusehen.

Das Hauptergebnis dieses Paragraphen ist der folgende Satz:

60.1 Satz (Gauß) *Sei A ein faktorieller Integritätsbereich. Dann ist der Polynomring $A[X]$ ebenfalls faktoriell.*

Der Beweis von 60.1 wird mit Hilfsüberlegungen geführt, die auch für sich genommen von Interesse sind, nicht zuletzt ihrer praktischen Verwendung wegen. Zunächst haben wir:

60.2 Lemma *Sei A ein faktorieller Integritätsbereich. Die Primelemente aus A sind auch in $A[X]$ prim.*

Beweis. Sei $p \in A$ prim. Trivialerweise ist p kein Nullteiler und keine Einheit in $A[X]$. Sei weiter p ein Teiler eines Produktes fg von Polynomen $f = \sum_i a_i X^i$, $g = \sum_j b_j X^j$ aus $A[X]$ und dabei p nicht Teiler von g, also nicht Teiler aller Koeffizienten von g; wir haben zu zeigen, daß p dann f, d.h. alle Koeffizienten von f teilt. Dies erfolgt Schritt für Schritt: Sei etwa a_m ein Koeffizient von f derart, daß alle a_i mit $0 \leq i < m$ von p geteilt werden. Nach Voraussetzung über g gibt es einen Koeffizienten b_n von g, der nicht von p geteilt wird, während alle b_j mit $0 \leq j < n$ von p geteilt werden. p teilt den $(m+n)$-ten Koeffizienten

$$a_0 b_{m+n} + \cdots + a_m b_n + \cdots + a_{m+n} b_0$$

von fg und daher $a_m b_n$, denn die übrigen Summanden $a_i b_j$ sind wegen $i < m$ oder $j < n$ durch p teilbar. Da aber b_n nicht von p geteilt wird, folgt, daß a_m von p geteilt wird, und das war noch zu zeigen. •

Zur Bestimmung der möglichen Zerlegungen eines Polynoms aus $A[X]$ ist es zweckmäßig, zunächst den größten gemeinsamen Teiler der Koeffizienten als Faktor abzuspalten, dessen Primfaktorzerlegung in $A[X]$ mit 60.2 gewonnen wird.

Definition Sei A ein faktorieller Integritätsbereich. Der größte gemeinsame Teiler der Koeffizienten eines Polynoms $f \in A[X_i]_{i \in I}$ heißt der Inhalt von f und sei mit

$$\mathrm{I}(f)$$

bezeichnet. Bei $\mathrm{I}(f) = 1$ heißt f ein primitives Polynom.

Normierte Polynome in $A[X]$ sind stets primitiv. Jedes Polynom $f \in A[X_i]_{i\in I}$ läßt sich in der Form $f = \mathrm{I}(f)g$ mit einem primitiven Polynom g zerlegen.

Der zweite Teil des Beweises von 60.1 besteht darin, die bereits bekannte Primfaktorzerlegung im Hauptidealbereich $K[X] \supseteq A[X]$ auszunutzen, wobei K der Quotientenkörper von A ist. Man beachte, daß sich jedes Polynom $f \in K[X]$ durch Multiplikation mit einem gemeinsamen Nenner $b \in A$, $b \neq 0$, seiner Koeffizienten in ein Polynom aus $A[X]$ umwandeln läßt, welches in $K[X]$ zu f assoziiert ist.

Im Beweis von 60.1 fortfahrend, betrachten wir ein $f \in A[X]$, $f \neq 0$. Wegen 60.2 können wir gleich Grad $f \geq 1$ annehmen. Es gibt dann eine Zerlegung

$$f = f_1 \cdots f_n$$

mit in $K[X]$ irreduziblen Polynomen $f_i \in K[X]$. Hieraus gewinnen wir eine Zerlegung in $A[X]$ wie folgt. Es gibt Elemente $a_i, b_i \in A$, $b_i \neq 0$, und ein primitives Polynom g_i in $A[X]$ mit $b_i f_i = a_i g_i$, $1 \leq i \leq n$. Sei $b := b_1 \cdots b_n$. Dann ist

$$bf = (a_1 g_1) \cdots (a_n g_n)$$

eine Zerlegung in $A[X]$. Jeder Primfaktor p von b teilt wegen 60.2 einen der Faktoren $a_1, \ldots, a_n, g_1, \ldots, g_n$. Da die g_i primitiv sind, kann p nur einen der Faktoren a_i teilen. Man sieht so, daß sich die Primfaktoren von b der Reihe nach gegen Faktoren von $a_1, \ldots, a_n$ wegheben lassen. Danach resultiert eine Zerlegung

$$f = a g_1 \cdots g_n$$

mit $a \in A$, wobei die g_i primitiv in $A[X]$ sind; jedes g_i ist in $K[X]$ assoziiert zu f_i, also in $K[X]$ irreduzibel.

Somit genügt es, folgendes zu zeigen: Sei $f \in A[X]$ ein primitives Polynom, welches in $K[X]$ irreduzibel ist; dann ist f ein Primelement in $A[X]$. Nehmen wir an, f teile ein Produkt $f_1 f_2$ von Polynomen $f_1, f_2 \in A[X]$. Da $K[X]$ nach 59.3 faktoriell ist und f als irreduzibles Polynom in $K[X]$ prim ist, teilt f einen der Faktoren f_1, f_2 in $K[X]$, sagen wir: f_1. Es bleibt zu zeigen, daß f dann f_1 auch in $A[X]$ teilt. Das leistet das folgende Lemma.

60.3 Lemma *Sei A ein faktorieller Integritätsbereich mit dem Quotientenkörper K. Teilt ein primitives Polynom $f \in A[X]$ ein beliebiges Polynom $g \in A[X]$ im Oberring $K[X]$, so auch in $A[X]$.*

Beweis. Sei $g = hf$ mit $h \in K[X]$; wir haben $h \in A[X]$ zu zeigen. Es gibt Elemente $a, b \in A$, $b \neq 0$, und ein primitives Polynom h_1 in $A[X]$ derart, daß $bh = ah_1$ ist. Nun ist $bg = (bh)f = ah_1 f$. Die Primfaktoren von b teilen nach 60.2 jeweils einen der Faktoren a, h_1, f, können aber nur a teilen, da h_1 und f primitiv sind. Somit ist $a = bc$ mit einem $c \in A$, und es ist $g = ch_1 f$ mit $ch_1 \in A[X]$. •

Mit 60.3 ist auch 60.1 bewiesen. •

Bis auf Faktoren $\neq 0$ aus A stimmen Primfaktorzerlegungen in $A[X]$ und $K[X]$ überein. Der Beweis zeigt daher auch:

60.4 Korollar *Sei A ein faktorieller Integritätsbereich mit dem Quotientenkörper K. Ein primitives Polynom $f \in A[X]$ ist genau dann irreduzibel (und daher prim) in $A[X]$, wenn dies in $K[X]$ gilt.*

Ein einfacher Induktionsbeweis liefert aus 60.1:

60.5 Korollar *Ist A ein faktorieller Integritätsbereich, so auch jeder Polynomring $A[X_1, \ldots, X_n]$. — Über einem Körper K und über $\mathbb{Z}$ sind die Polynomringe $K[X_1, \ldots, X_n]$ bzw. $\mathbb{Z}[X_1, \ldots, X_n]$ faktoriell.*

Bemerkung 1 (Ergänzungen zum Satz von Gauß) Allgemeiner als 60.2 ist (vgl. auch 58.5):

60.6 Lemma *Sei A ein kommutativer Ring. Ein $a \in A$ ist genau dann prim in A, wenn dies in $A[X]$ gilt.*

Beweis. Wir steuern gleich eine Variante des Beweises zu 60.2 bei. Trivialerweise ist a ein Nichtnullteiler $\neq 0$ in $A[X]$ genau dann, wenn dies in A gilt. Es bleibt zu zeigen, daß Aa genau dann prim ist, wenn dies für $Aa \cdot A[X] = aA[X]$ gilt. Diese Äquivalenz ergibt sich sofort aus der kanonischen Isomorphie

$$A[X]/aA[X] = (A/Aa)[X],$$

die wir in §52, Beispiel 3 besprochen haben. •

60.7 Lemma von Gauß *Sei A ein faktorieller Integritätsbereich. Dann ist die Menge der primitiven Polynome in $A[X]$ ein multiplikatives System.*

Beweis. Das Einselement von A ist primitiv in $A[X]$. Seien f, g primitive Polynome in $A[X]$. Ist fg nicht primitiv, so gibt es ein Primelement $p \in A$, welches fg teilt; nach 60.2 ist p prim in $A[X]$ und teilt daher f oder g. Also ist f oder g nicht primitiv. Widerspruch! •

Etwas allgemeiner gilt offensichtlich für beliebige $f, g \in A[X]$:

$$\mathrm{I}(fg) = \mathrm{I}(f) \cdot \mathrm{I}(g),$$

genauer: $\mathrm{I}(fg)$ ist assoziiert zu $\mathrm{I}(f)\mathrm{I}(g)$. Hiermit lassen sich einige Einzelheiten des Beweises von 60.1 übersichtlicher gestalten.

Eine Variante des Beweises von 60.1 läuft wie folgt: Primitive Polynome in $A[X]$ sind entweder Einheiten oder Polynome des Grades ≥ 1. Eine echte Zerlegung eines primitiven Polynoms besteht trivialerweise wieder aus primitiven Polynomen, diese sind aber vom Grade ≥ 1. Eine Induktion mittels des Gradsatzes zeigt also, daß jedes primitive Polynom Produkt irreduzibler primitiver Polynome ist. Um $A[X]$ als faktoriell zu erweisen, hat man noch nachzuweisen, daß die irreduziblen Polynome prim sind.

Hierzu kann man mit 60.3 direkt zum Ziel kommen. Eine andere Möglichkeit ist die, sich auf die folgende Überlegung zurückzuziehen. Man betrachtet das multiplikative System S der Elemente $\neq 0$ in A. Nach §52, Beispiel 4 ist $A[X]_S$ kanonisch isomorph zum Polynomring $A_S[X]$ über dem Quotientenkörper A_S von A, ist also faktoriell. Nach 60.2 wird S von Primelementen erzeugt, so daß eine direkte Anwendung des folgenden Lemmas die Faktorialität von $A[X]$ ergibt.

60.8 Lemma von Nagata *Sei R ein Integritätsbereich, in dem jede von 0 verschiedene Nichteinheit Produkt von unzerlegbaren Elementen ist. Ferner sei S ein multiplikatives System in R mit $0 \notin S$ derart, daß jede Nichteinheit aus S Produkt von Primelementen aus R ist. Dann gilt: Ist R_S faktoriell, so auch R.*

Beweis. Sei $u \in R$ unzerlegbar; wir haben zu zeigen, daß u prim ist. Sei M die Menge der Primelemente, die als Faktoren der Elemente von S auftreten. Wir dürfen annehmen, daß u nicht von einem Element aus M geteilt wird, da andernfalls u als prim erwiesen ist. Dann läßt sich zeigen: *Teilt u ein $v \in R$ in R_S, so auch in R.* Aus einer Darstellung $(a/s)u = v$ mit $a \in R$, $s \in S$, ergibt sich nämlich $au = vs$. Die Primfaktoren von s teilen a nach Wahl von u und lassen sich daher der Reihe nach gegen Faktoren von a wegkürzen. Es bleibt eine Darstellung $bu = ve$ mit $b \in A$ und $e \in A^{\times}$ zurück, was in der Tat bedeutet, daß v von u in R geteilt wird. Als erste Anwendung haben wir: u ist keine Einheit (kein Teiler der 1) in R_S. Als zweite Anwendung unmittelbar: Ist u prim in R_S, so auch in R. Da R_S faktoriell ist, genügt es endlich zu zeigen, daß u in R_S irreduzibel ist. Sei etwa $u = (v/s)(w/t)$ eine Zerlegung in R_S. In R ist $stu = vw$. Die Primfaktoren von $s, t \in S$ gehen in v bzw. w auf und lassen sich wegkürzen. Es resultiert eine Zerlegung $u = v'w'$, wobei v zu v' und w zu w' in R_S assoziiert sind. Da u unzerlegbar ist, ist $u = v'w'$ keine echte Zerlegung in R, somit $u = (v/s)(w/t)$ keine echte Zerlegung in R_S. •

Allgemeiner als in 60.5 hat man:

60.9 Satz *Seien A ein Ring und I eine Indexmenge. A ist genau dann ein faktorieller Integritätsbereich, wenn dies für $B := A[X_i]_{i \in I}$ gilt.*

Beweis. Lemma 60.6 gilt auch in diesem Fall, da sich der Beweis wörtlich überträgt. Sei nun B faktoriell. Ist $a = f_1 \cdots f_n$ eine Primfaktorzerlegung eines Elementes $a \in A$ in B, so liegen $f_1, \ldots, f_n$ aus Gradgründen in A und sind nach der Vorbemerkung prim in A.

Sei umgekehrt A ein faktorieller Integritätsbereich. Jeweils endlich viele Polynome $g_1, \ldots, g_r$ aus B liegen bereits in einem Unterring $A[X_i]_{i \in J}$ zu einer endlichen Teilmenge J von I, welcher nach 60.5 faktoriell ist. Primelemente solcher Unterringe von B bleiben nach der Vorbemerkung prim in B. Da in jedem Polynom nur endlich viele Unbestimmte wirklich vorkommen, ist die Zerlegung in Primpolynome gesichert. •

Bemerkung 2 Im Zusammenhang mit dem Lemma von Nagata sei bemerkt: Es genügt in 60.8, von R nur zu fordern, daß es zu jedem $a \in R$, $a \neq 0$, einen Teiler $s \in S$ von a gibt derart, daß a/s außer Einheiten keine Teiler aus S mehr hat. Man beweist 60.8 dann auch leicht mit §58, Aufgabe 27. Ferner hat man:

60.10 *Seien R ein faktorieller Integritätsbereich und S ein multiplikatives System in R mit $0 \notin S$. Dann ist auch R_S faktoriell.*

Beweis. Wegen $0 \notin S$ ist R_S ein Erweiterungsbreich von R. Da jedes Element von R_S zu einem solchen von R assoziiert ist, genügt es zu zeigen: *Jedes Primelement $p \in R$, welches keine Einheit in R_S ist, ist prim in R_S.* Dies ergibt sich aus 58.6. (Direkt schließt man wie folgt: Sei p ein Teiler eines Produktes in R_S; wir dürfen annehmen, daß es sich dabei um Faktoren aus R handelt: $(a/s)p = xy$ mit $a, x, y \in R$, $s \in S$. In R schreibt sich dies so: $ap = sxy$. Da p keine Einheit in R_S

ist, teilt p nicht $s \in S$, teilt somit einen der anderen Faktoren x oder y von sxy, und das war zu zeigen.) •

Im allgemeinen ist es in Polynomringen nicht möglich, die Zerlegung von Polynomen in Primfaktoren effektiv zu bewerkstelligen. Einige einfache Ausnahmen seien erwähnt.

Beispiel 1 Sei K ein endlicher Körper. Die Primfaktorzerlegung eines Polynoms $f \in K[X]$ mit $n := \operatorname{Grad} f \geq 1$ läßt sich in endlich vielen Rechenschritten erhalten, denn als Teiler von f kommen nur Polynome $g \in K[X]$ mit $\operatorname{Grad} g \leq n$ in Frage, und das sind nur endlich viele. Um zu entscheiden, ob f irreduzibel ist, braucht man nur nach Teilern des Grades $\leq n/2$ zu fahnden. Ebenfalls mit Gradbetrachtungen sieht man, daß sich die Primfaktorzerlegung in beliebigen Polynomringen über K effektiv durchführen läßt.

Beispiel 2 (Methode nach Schubert–Kronecker) Sei A ein faktorieller Integritätsbereich mit endlicher Einheitengruppe. Jedes Element $a \neq 0$ von A besitzt dann nur endlich viele Zerlegungen in Produkte von Elementen aus A, nämlich in Produkte von Einheiten und Primteilern von a. Dasselbe gilt dann auch in $A[X]$: Sei $f \in A[X]$, $n := \operatorname{Grad} f$. Außer f und seinen Assoziierten kommen als Teiler von f nur Polynome $g \in A[X]$ mit $\operatorname{Grad} g \leq n$ in Frage, deren Werte an $n+1$ verschiedenen Stellen die Werte von f an dieser Stelle teilen. Das sind nach 54.4 endlich viele Polynome in $A[X]$, die man wie in §54, Beispiel 2 konstruieren kann. Da man, wenn das zu f gehörende primitive Polynom nicht irreduzibel ist, stets Teiler des Grades $\leq n/2$ findet, braucht man, um einen nichttrivialen Teiler von f zu finden, sogar nur Interpolationspolynome des Grades $\leq n/2$ zu betrachten.

Man beachte, daß die Teilbarkeit eines Polynoms durch ein anderes leicht mittels der Division mit Rest entschieden werden kann.

Läßt sich die Primfaktorzerlegung in A effektiv ausführen, so nach der beschriebenen Methode auch in $A[X]$. Diese Bemerkung rührt von Kronecker her[1]). Induktion erlaubt es sogar, zu beliebigen Polynomringen über A überzugehen. Es folgt dann auch, daß sich die Primfaktorzerlegung in beliebigen Polynomringen über dem Quotientenkörper von A effektiv berechnen läßt. (Beweis!) Insbesondere kann man die Primfaktorzerlegung in allen Polynomringen über $\mathbb{Z}$ und $\mathbb{Q}$ effektiv durchführen.

Beispiel 3 Seien A ein Ring und I eine Indexmenge. Zerlegungen eines $f \in A[X_i]_{i\in I}$ in ein Produkt von Polynomen haben bei einer homomorphen Abbildung $\varphi: A \to B$ von Ringen und der zugeordneten Abbildung von $A[X_i]_{i\in I}$ in $B[X_i]_{i\in I}$ gleichgeartete Zerlegungen in $B[X_i]_{i\in I}$ des Bildes von f zur Folge. Man benutzt dies zu Rückschlüssen auf f, wenn die Faktorzerlegung der Polynome über B übersichtlich ist. Als konkretes Beispiel betrachten wir das Polynom $f := X^4 - 3X^3 + 4X + 1$ aus $\mathbb{Z}[X]$. Als Test-Homomorphismus φ verwenden wir die Restklassenabbildung von $\mathbb{Z}$ auf den Körper $\mathbb{Z}/\mathbb{Z}2$, die sich kanonisch zu der Restklassenabbildung $g \mapsto \overline{g}$ von $\mathbb{Z}[X]$ auf $(\mathbb{Z}/\mathbb{Z}2)[X]$ fortsetzen läßt.

---

[1]) Sie wurde auch schon im 18. Jahrhundert von Friedrich von Schubert gemacht, der damit eine Methode von Newton zur Bestimmung linearer und quadratischer Faktoren erweiterte.

f ist ein normiertes, also primitives Polynom. Jede echte Zerlegung von f gibt nach eventuellem Übergang zu Assoziierten zu einer echten Zerlegung in normierte Polynome kleineren Grades Anlaß. Diese überträgt sich durch die Restklassenabbildung unmittelbar auf $\overline{f}$. Sehen wir nun, welche Teiler für $\overline{f} = X^4 + X^3 + \overline{1}$ in Frage kommen, vergleiche Beispiel 1. Sicher hat $\overline{f}$ keine linearen Teiler, da $\overline{f}$ keine Nullstellen in $\mathbb{Z}/\mathbb{Z}2$ hat, denn es ist $\overline{f}(0) = \overline{f}(1) = 1$. Als echte Teiler von $\overline{f}$ können somit nur irreduzible Faktoren des Grades 2 auftreten. Es gibt überhaupt nur ein irreduzibles Polynom des Grades 2 in $(\mathbb{Z}/\mathbb{Z}2)[X]$, also ein Polynom des Grades 2 ohne Nullstellen, nämlich $X^2 + X + 1$. Da $\overline{f}$ nicht durch $X^2 + X + 1$ teilbar ist, wie eine triviale Rechnung zeigt (Man kann auch so schließen: $\overline{f}$ müßte mit $(X^2 + X + 1)^2 = X^4 + X^2 + 1$ übereinstimmen.), ist $\overline{f}$ irreduzibel. Erst recht ist f in $\mathbb{Z}[X]$ irreduzibel.

Wie im vorstehenden Beispiel verwendet man zur Untersuchung ganzzahliger Polynome häufig mit Erfolg einen Übergang zu $(\mathbb{Z}/\mathbb{Z}p)[X]$ mit geeigneten Primzahlen p. Diese Methode hat jedoch auch prinzipielle Einschränkungen, vgl. etwa §54, Aufgabe 13, §59, Aufgabe 12 sowie §93, Aufgabe 35.

Zum Schluß geben wir ein häufig benutztes Irreduzibilitätskriterium an.

60.11 Lemma von Eisenstein *Seien A ein Integritätsbereich, $\mathbf{p}$ ein Primideal in A und $f = a_0 + \cdots + a_n X^n$, $n \geq 1$, ein Polynom in $A[X]$ mit folgenden Eigenschaften:*

$$a_n \notin \mathbf{p}\,, \quad a_i \in \mathbf{p} \quad \textit{für} \quad 0 \leq i < n\,, \quad a_0 \notin \mathbf{p}^2\,.$$

Dann besitzt f keinen nichtkonstanten Teiler in $A[X]$, dessen Grad kleiner als der von f ist.

Beweis. Angenommen, es wäre $f = gh$ mit Polynomen g, h, deren Grade größer als 0 und kleiner als $n = \operatorname{Grad} f$ sind. Mit $\overline{f}, \overline{g}, \overline{h}$ bezeichnen wir die Bilder von f bzw. g bzw. h bezüglich des kanonischen Homomorphismus von $A[X]$ auf $(A/\mathbf{p})[X]$. Es ist $\overline{f} = \overline{g}\overline{h}$. Nach Voraussetzung ist $\overline{f} = \overline{a}_n X^n$ mit $\overline{a}_n \neq 0$. Da $A/\mathbf{p}$ ein Integritätsbereich ist, sind dann $\overline{g}$ und $\overline{h}$ notwendigerweise von der Form $\overline{b}X^r$ bzw. $\overline{c}X^s$ mit $r, s < n$, $r + s = n$ und $b, c \in A$, $\overline{a}_n = \overline{b}\overline{c}$. Dies heißt insbesondere, daß die konstanten Terme von g und h in $\mathbf{p}$ liegen. Der konstante Term a_0 von f liegt dann als Produkt der konstanten Terme von g und h in $\mathbf{p}^2$. Widerspruch! •

Aus dem Lemma von Eisenstein folgt, daß ein primitives Polynom $f \in A[X]$ über einem faktoriellen Ring A irreduzibel und damit prim ist, falls es die im Lemma angegebenen Eigenschaften besitzt. Man wendet das Lemma von Eisenstein häufig mit Primidealen $\mathbf{p} = Ap$ an, wobei p ein Primelement ist. Die Bedingungen in 60.11 lauten dann folgendermaßen: p teilt nicht a_n, aber alle a_i für $0 \leq i < n$, und p^2 teilt nicht a_0.

Beispiel 4 Sei A ein faktorieller Integritätsbereich. Besitzt $a \in A$ einen Primteiler p, dessen Quadrat a jedoch nicht teilt, so ist

$$X^n - a$$

für $n \geq 1$ nach 60.11 irreduzibel. Beispielsweise ist $X^n - 6$ das Minimalpolynom von $\sqrt[n]{6} \in \mathbb{R}$ über $\mathbb{Q}$ für alle $n \geq 1$.

Das Polynom $3X^5 - 49X^2 + 7X + 14$ ist in $\mathbb{Z}[X]$ irreduzibel. Man wendet dazu 60.11 mit der Primzahl $p = 7$ an.

Beispiel 5 (nach Gotthold Eisenstein) Gelegentlich läßt sich das Eisensteinsche Kriterium nach einem Automorphismus des Polynomringes $A[X]$ anwenden. So ist für jede Primzahl p das Kreiteilungspolynom

$$f := \Phi_p = 1 + X + \cdots + X^{p-1} = (X^p - 1)/(X - 1)$$

irreduzibel und damit prim in $\mathbb{Z}[X]$, denn der Translationsautomorphismus $X \mapsto X + 1$ von $\mathbb{Z}[X]$ transformiert f in

$$((X+1)^p - 1)/((X+1) - 1) = \sum_{i=1}^{p} \binom{p}{i} X^{i-1},$$

und alle vom Leitkoeffizienten verschiedenen Koeffizienten dieses normierten Polynoms sind durch p teilbar, der konstante Term p jedoch ist nicht durch p^2 teilbar. (Man vergleiche auch Satz 59.4.)

Beispiel 6 Sei K ein Körper. Ist $n \geq 3$, so ist für beliebige Zahlen $\nu_1, \ldots, \nu_n$ aus $\mathbb{N}_+$, die nicht alle Vielfache der Charakteristik von K sind, und beliebige Elemente $a_1, \ldots, a_n$ aus $K^\times$ das Polynom

$$F := a_1 X_1^{\nu_1} + \cdots + a_n X_n^{\nu_n}$$

aus $K[X_1, \ldots, X_n]$ irreduzibel und damit prim. Beim Beweis können wir annehmen, daß ν_1 in K von 0 verschieden ist. Wir betrachten dann das Polynom $f := a_1 X_1^{\nu_1} + \cdots + a_{n-1} X_{n-1}^{\nu_{n-1}}$ aus $A := K[X_1, \ldots, X_{n-1}]$. Ist g ein beliebiges nichtkonstantes Polynom in A, so ist g^2 kein Teiler von f. Wäre nämlich $f = g^2 h$, so ergäbe die partielle Ableitung ∂_1 nach X_1 folgendes:

$$\nu_1 a_1 X_1^{\nu_1 - 1} = \partial_1 f = \partial_1 (g^2 h) = g \cdot (2(\partial_1 g)h + g(\partial_1 h)).$$

Wegen $\nu_1 a_1 \neq 0$ wäre g notwendigerweise von der Form aX_1^μ mit $a \in K$, $\mu \geq 1$, was wegen $n - 1 \geq 2$ absurd ist. Jetzt können wir das Eisensteinsche Kriterium auf $F = a_n X_n^n + f$ in $A[X_n]$ und irgendeinen Primfaktor von f in A anwenden.

Beispiel 7 Wir zeigen:

60.12 Satz (Klein-Nagata) *Sei K ein Körper der Charakteristik $\neq 2$. Für jede natürliche Zahl $n \geq 5$ und beliebige von 0 verschiedene Elemente $a_1, \ldots, a_n$ aus K ist*

$$A := K[X_1, \ldots, X_n]/(a_1 X_1^2 + \cdots + a_n X_n^2)$$

ein faktorieller Integritätsbereich.

Beweis. Nach Beispiel 6 ist A wegen $\operatorname{Char} K \neq 2$ ein Integritätsbereich. Wir können ohne weiteres $a_1 = 1$ annehmen. Ferner setzen wir zunächst voraus, daß $-a_2$ ein Quadrat in K ist: $-a_2 = b^2$. Dann ist

$$X_1^2 + a_2 X_2^2 + \cdots + a_n X_n^2 = (X_1 + bX_2)(X_1 - bX_2) + a_3 X_3^2 + \cdots + a_n X_n^2.$$

Der lineare Automorphismus mit $X_1 \mapsto X_1 + bX_2$, $X_2 \mapsto X_1 - bX_2$, $X_i \mapsto X_i$ für $i \geq 3$, von $K[X_1, \ldots, X_n]$ bildet

$$f := X_1X_2 + a_3X_3^2 + \cdots + a_nX_n^2$$

auf $X_1^2 + a_2X_2^2 + \cdots + a_nX_n^2$ ab. (An dieser Stelle wird ebenfalls $\operatorname{Char} K \neq 2$ benutzt.) Deshalb ist A isomorph zu $R := K[X_1, \ldots, X_n]/(f)$, und es genügt, R zu betrachten. Mit $x_1, \ldots, x_n$ bezeichnen wir die Restklassen der Unbestimmten in R. Als endlich erzeugte K–Algebra ist R noethersch. Unter Benutzung von 58.13 sehen wir, daß R ein Integritätsbereich ist, in dem jede Nichteinheit $\neq 0$ Produkt irreduzibler Elemente ist. Die Restklasse x_1 von X_1 ist prim in R. Es ist nämlich

$$R/Rx_1 \cong K[X_1, \ldots, X_n/(f, X_1) \cong K[X_2, \ldots, X_n]/(a_3X_3^2 + \cdots + a_nX_n^2)$$

ein Integritätsbereich, da $a_3X_3^2 + \cdots + a_nX_n^2$ wegen $n \geq 5$ und $\operatorname{Char} K \neq 2$ nach Beispiel 6 ein Primelement in $K[X_3, \ldots, X_n]$ und folglich auch in $K[X_2, \ldots, X_n]$ ist. Sei S das multiplikative System der Potenzen von x_1. Wegen 60.8 genügt es endlich zu zeigen, daß R_S faktoriell ist.

Trivialerweise ist der Durchschnitt von $K[X_1, X_3, \ldots, X_n]$ mit dem von f erzeugten Hauptideal in $K[X_1, \ldots, X_n]$ das Nullideal. Daher ergibt die Beschränkung der Projektion $K[X_1, \ldots, X_n] \to R$ eine Isomorphie von $K[X_1, X_3, \ldots, X_n]$ auf $R' := K[x_1, x_3, \ldots, x_n]$. Es ist $S \subseteq R' \subseteq R$. In R ist

$$x_2 = -(a_3x_3^2 + \cdots + a_nx_n^2)/x_1 .$$

Deshalb ist $R_S = R'_S$ isomorph zur Brucherweiterung von $K[X_1, X_3, \ldots, X_n]$ bezüglich der Potenzen von X_1 und somit nach 60.5 und 60.10 faktoriell.

Wir haben uns jetzt noch der Annahme zu entledigen, daß $-a_2$ ein Quadrat in K ist. Sei also $-a_2$ kein Quadrat in K. Dann ist $X^2 + a_2$ irreduzibel in $K[X]$, und durch $K[X]/(X^2 + a_2)$ erhalten wir einen Erweiterungskörper L von K der Form $K[w]$, $w^2 = -a_2$. Dann ist

$$B := L[X_1, \ldots, X_n]/(X_1^2 + a_2X_2^2 + \cdots + a_nX_n^2)$$

eine quadratische freie A–Algebra mit der Basis $1, w$, wofür $-a_2 = w^2$ gilt. Nach dem Vorausgegangenen ist B faktoriell. Sei $x \mapsto \overline{x}$ der A–Algebra-Automorphismus von B mit $\overline{w} = -w$ (die Konjugation von B über A). Die Norm $\mathrm{N} = \mathrm{N}_A^B$ wird einfach durch $x \mapsto x\overline{x}$ dargestellt. Wir benutzen außerdem, daß die einzigen Einheiten in B die von 0 verschiedenen Elemente von L sind (§58, Aufgabe 8).

Sei nun a eine von 0 verschiedene Nichteinheit in A (und damit in B). In B gibt es eine Zerlegung $a = p_1 \cdots p_r$ mit Primelementen $p_i \in B$. Es gilt

$$a^2 = \mathrm{N}(a) = \mathrm{N}(p_1 \cdots p_r) = \mathrm{N}(p_1) \cdots \mathrm{N}(p_r) .$$

Es genügt zu zeigen, daß die Normen $\mathrm{N}(p_i)$ assoziiert zu Produkten von Primelementen in A sind, da dann auch a^2 und a selbst Produkte von Primelementen in A sind. Sei also p ein beliebiges Primelement in B. Es ist $\mathrm{N}(p) = p\overline{p}$. Betrachten wir zunächst den Fall, daß p und $\overline{p}$ nicht assoziiert sind. Dann ist $\operatorname{ggT}(p, \overline{p}) = 1$ und $p\overline{p}B = pB \cap \overline{p}B$. Für jedes Ideal $\mathbf{a}$ in A ist $\mathbf{a}B = \mathbf{a} + \mathbf{a}w$ und daher $\mathbf{a}B \cap A = \mathbf{a}$; ferner ist offensichtlich $pB \cap A = \overline{p}B \cap A$. Also ist

$$p\overline{p}A = p\overline{p}B \cap A = pB \cap \overline{p}B \cap A = (pB \cap A) \cap (\overline{p}B \cap A) = pB \cap A$$

ein Primideal in A. Folglich ist $\mathrm{N}(p)$ prim in A. Betrachten wir jetzt den zweiten Fall, nämlich: p und $\overline{p}$ sind assoziiert in B. Es gibt dann ein $e \in L^\times$ mit $\overline{p} = ep$. Ist $e + 1 \neq 0$, so ist $q := p + \overline{p} = (1 + e)p$ ein Element in A, welches in B zu p assoziiert ist. Ist $e + 1 = 0$, so ist $\overline{p} = -p$; wegen $\operatorname{Char} K \neq 2$ ist dann $p = qw$ mit einem $q \in A$, welches in B zu p assoziiert ist. In beiden Fällen ist q wegen $qA = qB \cap A = pB \cap A$ ein Primelement in A, und $\mathrm{N}(p) = p\overline{p}$ ist in A assoziiert zu q^2, da Normen assoziierter Elemente ebenfalls assoziiert sind. •

Wir werden in §71, Aufgabe 27 sehen, daß es zu jedem homogenen quadratischen Polynom $h \in K[X_1, \ldots, X_n]$, wobei K ein Körper der Charakteristik $\neq 2$ ist, einen homogenen linearen Automorphismus des Polynomrings gibt, der h in ein Polynom der Form $a_1X_1^2 + \cdots + a_nX_n^2$ abbildet. Insofern bedeutet die spezielle Wahl des quadratischen Polynoms in 60.12 keine Einschränkung der Allgemeinheit: 60.12 gilt für beliebige nicht ausgeartete quadratische homogene Polynome anstelle von $a_1X_1^2 + \cdots + a_nX_n^2$.

Ferner weisen wir darauf hin, daß man im Beweis von 60.12 die Reduktion auf den Fall, daß $-a_2$ ein Quadrat in K ist, auch in einfacher Weise mit dem Abstiegskriterium §62, Aufgabe 40 ausführen kann; die Algebra B ist ja ein graduierter Bereich, der frei über dem homogenen Unterring A ist.

Aufgaben

1. a) Seien $a_1, \ldots, a_m$ verschiedene ganze Zahlen, g ein normiertes Polynom aus $\mathbb{Z}[X]$ mit $2 \cdot \operatorname{Grad} g < m$. Dann ist

$$f = (X - a_1) \cdots (X - a_m)g - 1$$

ein Primpolynom in $\mathbb{Z}[X]$. (Bei $f = f_1f_2$ betrachtet man $(f_1 + f_2)(a_i)$.)

b) Ein normiertes Polynom $f \in \mathbb{Z}[X]$ vom Grade n mit einem von 0 verschiedenen konstanten Term ist prim in $\mathbb{Z}[X]$, falls $n - 1$ Nullstellen von f in $\mathbb{C}$ — mit Vielfachheiten gerechnet — einen Betrag < 1 haben.

2. Für die folgenden Polynome gebe man Zerlegungen als Produkt irreduzibler Polynome an:

a) $X^2 + 3X - 2$ in $\mathbb{R}[X]$, $\mathbb{Q}[X]$, $\mathsf{K}_{13}[X]$, $\mathsf{K}_{17}[X]$, $\mathsf{K}_{23}[X]$.

b) $X^3 + \frac{25}{8}$, $X^3 + \frac{3}{4}X^2 + \frac{3}{2}X + 3$, $X^3 - \frac{1}{5}X^2 - 4X + \frac{4}{5}$ in $\mathbb{Q}[X]$.

c) $X^3 + 1$ in $\mathbb{Q}[X]$, $\mathsf{K}_7[X]$.

d) $X^4 - 16$, $X^4 + 1$, $X^4 + 4X^3 + 4X^2 + 1$ in $\mathbb{C}[X]$, $\mathbb{R}[X]$, $\mathbb{Q}[X]$.

e) $X^4 + 3X^3 + 1$ in $\mathsf{K}_2[X]$, $\mathbb{Q}[X]$.

f) $(X - Y)^3 - 3(X - Y) - 2$ in $K[X, Y]$, K Körper.

g) $6X^7 + 8X^6 - 2X^5 + 2X^4 + 8X^3 + 10X^2 - 8$ in $\mathbb{Z}[X]$.

h) $X^n + X - 1$ für $n \leq 11$ in $\mathbb{Z}[X]$.

3. Man verifiziere, daß die folgenden Polynome aus $\mathbb{Q}[X]$ irreduzibel sind:

a) $X^q + 1$ für $q = 2^m$, $m \geq 1$ beliebig.

b) $X^5 - X - 1$, $X^5 - 5X^4 - 6X - 1$, $X^4 + 3X^3 + 3X^2 - 5$, $X^6 + 4X^3 + 1$.

c) $X^n + X - 1$ für $n \leq 7$.

d) $E_n = 1 + X + X^2/2! + \cdots + X^n/n!$, $1 \leq n \leq 6$ oder n prim.

e) $L_n/X = 1 - X/2 + X^2/3 - X^3/4 + \cdots + (-1)^{n-1}X^{n-1}/n$, $2 \leq n \leq 6$ oder n prim.

4. Sei p eine Primzahl. Die Familie der reellen Zahlen p^r, wobei r die Menge der rationalen Zahlen mit $0 \leq r < 1$ durchläuft, ist linear unabhängig über $\mathbb{Q}$.

5. In den folgenden Ergänzungen zum Lemma von Eisenstein seien A ein Integritätsbereich, K sein Quotientenkörper und

$$f = a_0 + a_1X + \cdots + a_nX^n$$

ein Polynom in $A[X]$, wobei $n \geq 1$ sei. Für das Ideal $\mathbf{a} \subseteq A$ gelte: $A/\mathbf{a}$ ist reduziert und $a_i \in \mathbf{a}$ für $0 \leq i < n$. Ferner sei a_n ein Nichtnullteiler in $A/\mathbf{a}$.

a) Bei $a_0 \notin \mathbf{a}^2$ besitzt f keinen nichtkonstanten Teiler in $A[X]$ eines Grades $< n$.

b) Ist $a_0 \notin \mathbf{a}^2$, ferner A normal und f normiert, so ist f ein Primpolynom in $A[X]$ und in $K[X]$.

c) Ist $a_1 \notin \mathbf{a}^2$ und besitzt f einen Teiler $g \in A[X]$ positiven Grades r, so ist $r = 1$, $n - 1$ oder n. (Wie lautet die b) entsprechende Aussage? — Man studiere Verallgemeinerungen!)

6. Sei A ein kommutativer Ring. Genau dann ist $A[X]$ ein Hauptidealbereich, wenn A ein Körper ist. (Bemerkung. Genau dann ist $A[X]$ ein Hauptidealring, wenn A endliches direktes Produkt von Körpern ist. Beweis?)

7. Seien A ein faktorieller Integritätsbereich und $\mathbf{p}$ ein Primideal in $A[X]$ mit $\mathbf{p} \cap A = 0$. Dann ist $\mathbf{p}$ ein Hauptideal.

8. Sei A ein faktorieller Integritätsbereich. Mit T sei das multiplikative System der primitiven Polynome in $A[X]$ bezeichnet; T ist saturiert. Der Quotientenring $A[X]_T$ ist ein Hauptidealbereich.

9. Sei A ein faktorieller Integritätsbereich mit dem Quotientenkörper K. Ein nichtkonstantes Polynom in $A[X_i]_{i \in I}$ ist genau dann prim, wenn es primitiv und in $K[X_i]_{i \in I}$ prim ist.

10. a) Seien A ein Integritätsbereich, K sein Quotientenkörper und f ein normiertes Polynom in $A[X]$. Genau dann ist f prim in $A[X]$, wenn f prim in $K[X]$ ist. Ist dies der Fall, so ist $K[X]/K[X]f$ in kanonischer Weise zum Quotientenkörper von $A[X]/A[X]f$ isomorph.

b) Sei A ein normaler Integritätsbereich. Jedes normierte Polynom aus $A[X]$ besitzt eine Primfaktorzerlegung in $A[X]$. (56.15.)

11. Seien A ein Integritätsbereich und R der Polynomring über A in den n^2 Unbestimmten X_{ij}, $1 \leq i, j \leq n$. Dann ist die Determinante der $(n \times n)$–Matrix (X_{ij}) prim in R.

12. Sei $A \subseteq B$ eine Erweiterung faktorieller Integritätsbereiche. Wir sagen, die Erweiterung $A \subseteq B$ habe die Eigenschaft (T), wenn folgendes gilt: Sind $a, b \in A \setminus \{0\}$ und ist d ein größter gemeinsamer Teiler von a und b in A, so ist d auch ein größter gemeinsamer Teiler von a und b in B. Ist A ein Hauptidealbereich, so hat $A \subseteq B$ nach 58.16(2) die Eigenschaft (T).

a) Genau dann hat $A \subseteq B$ die Eigenschaft (T), wenn je zwei in A teilerfremde Elemente $\neq 0$ auch in B teilerfremd sind.

b) Ist S ein multiplikatives System in A mit $0 \notin S$, so hat die Erweiterung $A \subseteq A_S$ die Eigenschaft (T).

c) Die Erweiterung $A \subseteq A[X_i]_{i \in I}$ hat für jede Indexmenge I die Eigenschaft (T).

d) Hat $A \subseteq B$ die Eigenschaft (T), so hat auch $A[X_i]_{i \in I} \subseteq B[X_i]_{i \in I}$ für jede Indexmenge I die Eigenschaft (T). (Ohne Einschränkung der Allgemeinheit sei I endlich und $\operatorname{Kard} I = 1$. Man nutzt aus, daß für die Quotientenkörper K und L von A bzw. B die Erweiterung $K[X] \subseteq L[X]$ die Eigenschaft (T) hat.) Folgerung: Ist $K \subseteq L$ eine beliebige Körpererweiterung und I eine beliebige Indexmenge, so hat $K[X_i]_{i \in I} \subseteq L[X_i]_{i \in I}$ die Eigenschaft (T).

e) Seien K ein Körper, $B_1 := K[X, Y]$ und $A_1 := K[X, XY] \subseteq B_1$. Die Elemente X und XY sind algebraisch unabhängig über K, und A_1 ist faktoriell. Die Erweiterung $A_1 \subseteq B_1$ besitzt nicht die Eigenschaft (T), denn X und XY sind teilerfremd in A_1, nicht aber in B_1.

13. Sei $K \subseteq L$ eine Erweiterung von Körpern. Ist $f \in K[X_i]_{i \in I}$ prim in $L[X_i]_{i \in I}$, so auch in $K[X_i]_{i \in I}$.

14. Die nachfolgend genannten Polynome sind prim in Polynomringen über beliebigen Körpern, wobei für die letzten beiden die Charakteristik $\neq 2$ sei: $X^2Y^2 + XZ + YZ^2$, $Z^3Y^3(X + Y)^2 + X^7$, $X^3 - Z(X^2 + Y^2)$ (Cartanscher parapluie), $(X - 1)^2(X^2 + Y^2) - X^2$ (Konchoide des Nikomedes), $(X^2 + Y^2)(X - 2) + X$ (Strophoide). (Die beigefügten Namen gelten den Nullstellengebilden der Polynome in $\mathbb{R}^3$ bzw. $\mathbb{R}^2$.)

15. (Allgemeine Neilsche Parabel) Seien K ein Körper, a, b Elemente $\neq 0$ aus K und m, n teilerfremde positive natürliche Zahlen. Dann ist $aX^m + bY^n$ prim in $K[X, Y]$. (Nach Aufgabe 13 genügt es, das Polynom $X^m - Y^n$ zu betrachten. Dieses erzeugt den Kern des K-Algebra-Homomorphismus φ von $K[X, Y]$ in $K[Z]$ mit $\varphi(X) = Z^n$, $\varphi(Y) = Z^m$. — Übrigens ist $K[Z]$ ganz über $\operatorname{Bild} \varphi$, und diese Ringe haben denselben Quotientenkörper, nämlich $K(Z)$. Das Nullstellengebilde von $X^3 - Y^2$ im $\mathbb{R}^2$ ist die klassische Neilsche Parabel.) In $\mathbb{R}[X, Y]$ sind auch die Polynome $X^m + Y^n$ prim, falls $\operatorname{ggT}(m, n) = 2$ ist.

16. Seien m und n positive natürliche Zahlen, $d := \operatorname{ggT}(m, n)$ und K ein Körper der Charakteristik 0, der alle d-ten Einheitswurzeln enthält. Man gebe die Primfaktorzerlegung von $X^m - Y^n$ in $K[X, Y]$ an.

17. Der Ring A der Polynome aus $\mathbb{Q}[X]$, deren konstanter Term ganz ist, ist ein Bezoutbereich, aber nicht noethersch oder faktoriell, geschweige denn ein Hauptidealbereich.

18. Sei H der Ring der holomorphen komplexwertigen Funktionen $z \mapsto f(z)$ in einem Gebiet G der komplexen Zahlenebene $\mathbb{C}$. Dann gilt: H ist ein Integritätsbereich. $\{z - a : a \in G\}$ ist ein Repräsentantensystem der Äquivalenzklassen assoziierter Primelemente in H. Jedes irreduzible Element in H ist prim. H ist nicht faktoriell. H ist nicht noethersch. (Man sieht das direkt auch so: Ist X eine unendliche Punktmenge in G, die keinen Häufungspunkt in G hat, so ist das Ideal der $f \in H$, die in fast allen Punkten von X Nullstellen haben, nicht endlich erzeugt.) Hingegen ist H ein Bezoutbereich. (Man verwende den Weierstraßschen Produktsatz und den Mittag-Lefflerschen Anschmiegungssatz.)

19. Sei K ein Körper der Charakteristik p. Das Polynom

$$f := X_1^{\nu_1} + a_2 X_2^{\nu_2} + \cdots + a_n X_n^{\nu_n} \in K[X_1, \ldots, X_n]$$

mit $a_2, \ldots, a_n \in K^\times$, $\nu_i \in \mathbb{N}_+$ und $n \geq 3$ ist in $K[X_1, \ldots, X_n]$ genau dann zerlegbar, wenn $p > 0$ ist, alle ν_i Vielfache von p sind und alle a_i in K p–te Potenzen sind. (Es genügt, den Beweis zu skizzieren, daß die angegebenen Bedingungen notwendig sind. Sei f zerlegbar. Nach Beispiel 6 ist $p > 0$. Sei $q := p^\alpha$, $\alpha \geq 1$, die größte alle ν_i teilende p–Potenz. Ferner sei L ein Erweiterungskörper von K, in dem es Elemente c_i mit $c_i^q = a_i$ gibt. In $L[X_1, \ldots, X_n]$ ist $f = h^q$ mit einem irreduziblen Polynom h. Nach Aufgabe 12 ist $f = g^r$, $r > 1$, mit einem irreduziblen Polynom $g \in K[X_1, \ldots, X_n]$; dabei benutzt man, daß f normiert als Polynom in X_1 ist. Ein Vergleich über L ergibt, daß r eine Potenz von p ist. Daraus folgt der Rest der Behauptung.)

20. a) Seien A ein faktorieller Integritätsbereich und $a \in A$ ein Primelement oder eine Einheit. Dann ist

$$B := A[X, Y]/(XY + a)$$

faktoriell. (Die Restklasse x von X ist prim und $B[1/x] = A[x, 1/x]$ ist faktoriell.)

b) Sei K ein Unterkörper von $\mathbb{R}$. Der Integritätsbereich $A = K[X, Y]/(X^2 + Y^2 - 1)$ ist nicht faktoriell. (Die Restklasse x von X in A ist unzerlegbar, aber nicht prim. Zur Hilfe betrachte man die quadratische Erweiterung $K[x] \subseteq A$ und deren Norm.) Die quadratische A–Algebra $A[\mathrm{i}] = K[\mathrm{i}][X, Y]/(X^2 + Y^2 - 1)$ ist hingegen faktoriell. (Man verwende a) nach einer Variablentransformation.)

21. Seien A ein faktorieller Integritätsbereich, in dem 2 eine Einheit ist, und $a_1, \ldots, a_n$ Einheiten aus A, $n \geq 5$. Dann ist $A[X_1, \ldots, X_n]/(a_1 X_1^2 + \cdots + a_n X_n^2)$ faktoriell. $\mathbb{Z}[X_1, \ldots, X_n]/(X_1^2 + \cdots + X_n^2)$ ist für $n \geq 2$ ein Integritätsbereich, aber nicht faktoriell. (Man betrachtet die Restklasse von $(X_1 + \cdots + X_n)^2$. — Für $n \geq 3$ ist $\mathbb{Z}[X_1, \ldots, X_n]/(X_1^2 + \cdots + X_n^2)$ jedoch normal.)

22. Zu den folgenden Polynomen f sei jeweils $A := K[X_1, \ldots, X_n]/(f)$, wobei K ein Unterkörper von $\mathbb{R}$ und n größer oder gleich der Anzahl der in f vorkommenden Unbestimmten sei. Bei

$$f = X_1^2 + X_2^2 + X_3^2 - X_4^2$$

ist A faktoriell, nicht jedoch bei

$$f = X_1^2 + X_2^2 - X_3^2 - X_4^2, \quad X_1^2 + X_2^2 - X_3^2 .$$

(Bemerkung. Es läßt sich zeigen, daß A in den Fällen

$$f = X_1^2 + X_2^2 + X_3^2 + X_4^2, \quad X_1^2 + X_2^2 + X_3^2$$

ebenfalls faktoriell ist; zu einem Spezialfall siehe die übernächste Aufgabe. Alle genannten Polynome definieren über $\mathbb{C}$ keine faktoriellen Ringe.)

23. $A := \mathbb{R}[X, Y]/(X^2 + Y^2 + 1)$ ist ein faktorieller Integritätsbereich und darüber hinaus ein Hauptidealbereich. (Nach Aufgabe 20 ist die quadratische A–Algebra $B := \mathbb{C}[X, Y]/(X^2 + Y^2 + 1) = A[\mathrm{i}]$ faktoriell. Ein Vertretersystem für die Assoziiertheitsklassen der Primelemente in B bilden die Elemente $a + (x - \mathrm{i}y)$, $a \in \mathbb{C}^\times$, wobei x, y die Restklassen von X, Y bezeichnen. Die Einheiten in B sind die Elemente $b(x - \mathrm{i}y)^n$, $b \in \mathbb{C}^\times$, $n \in \mathbb{Z}$. Man schließt nun wie im Beweis zu 60.12 und beachtet, daß kein Primelement in B zu seinem Konjugierten assoziiert ist.)

24. $A := \mathbb{R}[X,Y,Z]/(X^2+Y^2+Z^2)$ ist ein faktorieller Integritätsbereich. (Die Restklasse z von Z ist ein Primelement in A. Es genügt daher zu zeigen, daß A_z faktoriell ist. Mit $A_1 := \mathbb{R}[Z]_Z$ ist aber

$$A_z = A_1[X,Y]/((X/Z)^2 + (Y/Z)^2 + 1) \cong A_1[X,Y]/(X^2+Y^2+1).$$

Nun benutzt man die vorstehende Aufgabe.)

25. Seien K ein Körper und $A := K[X_0,\ldots,X_n]$ bzw. $B := K[Y_1,\ldots,Y_n]$ Polynomalgebren in $n+1$ bzw. n Unbestimmten über K. Ist $g \in B$ und $d := \operatorname{Grad} g \geq 0$, so sei

$$^{\mathrm{h}}g := X_0^d g(X_1/X_0,\ldots,X_n/X_0) \in A.$$

Dieses Polynom heißt das homogenisierte Polynom. Es ist homogen und hat den gleichen Grad wie g. Für $f \in A$ sei

$$^{\mathrm{a}}f := f(1,Y_1,\ldots,Y_n) \in B.$$

a) Es ist $\operatorname{ggT}(X_0, {}^{\mathrm{h}}g) = 1$ und ${}^{\mathrm{a}}({}^{\mathrm{h}}g) = g$ für alle $g \in B$, $g \neq 0$. Es ist ${}^{\mathrm{h}}({}^{\mathrm{a}}f) = f$ für alle homogenen Polynome $f \neq 0$ aus A mit $\operatorname{ggT}(X_0, f) = 1$. Für Polynome $g_1, g_2 \in B \setminus \{0\}$ ist ${}^{\mathrm{h}}(g_1g_2) = {}^{\mathrm{h}}g_1{}^{\mathrm{h}}g_2$.
b) Sei $f \in A$, $f \neq 0$, homogen und $f = X_0^{\alpha_0} f_1^{\alpha_1}\cdots f_r^{\alpha_r}$ die Zerlegung von f in paarweise teilerfremde Primpolynompotenzen. Die f_i sind homogen und ${}^{\mathrm{a}}f = ({}^{\mathrm{a}}f_1)^{\alpha_1}\cdots({}^{\mathrm{a}}f_r)^{\alpha_r}$ ist die Zerlegung von ${}^{\mathrm{a}}f$ in paarweise teilerfremde Primpolynompotenzen in B.
c) Sei $g \in B$, $g \neq 0$, und $g = g_1^{\alpha_1}\cdots g_r^{\alpha_r}$ die Zerlegung von g in paarweise teilerfremde Primpolynompotenzen. Die analoge Zerlegung von ${}^{\mathrm{h}}g$ in A ist dann ${}^{\mathrm{h}}g = ({}^{\mathrm{h}}g_1)^{\alpha_1}\cdots({}^{\mathrm{h}}g_r)^{\alpha_r}$.
(Bemerkung. Teil b) und c) besagen, daß das Problem der Primfaktorzerlegung homogener Polynome über K in $n+1$ Unbestimmten äquivalent zu dem Problem ist, die Primfaktorzerlegung der Polynome in n Unbestimmten über K zu bekommen. Insbesondere bedeutet die Primfaktorzerlegung homogener Polynome in 2 Unbestimmten die Zerlegung der Polynome in $K[Y]$.)

26. Seien K ein Körper und $f/g \in K(Z)$, $f/g \notin K$, mit teilerfremden Polynomen $f, g \in K[Z]$. Dann ist $f(X) - (f/g)g(X) \in K(f/g)[X]$ bis auf einen Faktor $a \in K(f/g)$ das Minimalpolynom von Z über $K(f/g)$. Insbesondere ist $[K(Z) : K(f/g)] = \operatorname{Max}(\operatorname{Grad} f, \operatorname{Grad} g)$.

27. Sei A ein Integritätsbereich. Ferner sei $x \in A$ ein Element $\neq 0$ derart, daß A/Ax reduziert und der Quotientenring A_x normal ist. Dann ist A selbst normal. (Man betrachtet Ganzheitsgleichungen der Elemente a/x^n der ganzen Hülle von A im Quotientenkörper.)

28. Sei K ein Körper. Dann ist der Ring $A := K[X_1,X_2,X_3,X_4]/(X_1X_2 - X_3X_4)$ ein nichtfaktorieller normaler Integritätsbereich. (Sei x die Restklasse von X_1 in A. Zu x läßt sich Aufgabe 27 anwenden: A_x ist faktoriell. Andererseits ist x unzerlegbar, aber nicht prim. — Bemerkung. Die in Aufgabe 22 angegebenen nichtfaktoriellen Integritätsbereiche sind normal, wie man leicht mit Aufgabe 27 sieht. Einfacher und weiterführender ist jedoch für solche Überlegungen die in §69, Aufgabe 19 besprochene Methode. Siehe §69, Aufgaben 20,21.)

29. Gegeben seien n Würfel, $n \geq 1$. Ihre Seiten sollen so mit positiven natürlichen Zahlen beschriftet werden, daß die Wahrscheinlichkeit, mit diesen Würfeln eine der Zahlen $n, n+1, \ldots, 6n$ zu werfen, jeweils die gleiche ist wie bei der Standardbeschriftung (bei der die Seiten eines jeden Würfels die Zahlen $1, \ldots, 6$ erhalten). Man zeige, daß es dafür neben dieser Standardbeschriftung noch genau $[n/2]$ weitere (wesentlich verschiedene) Möglichkeiten gibt. Welche sind das? (Man benutze die Primfaktorzerlegung $X + X^2 + \cdots + X^6 = X\Phi_2\Phi_3\Phi_6$ in $\mathbb{Z}[X]$. Für $n = 2$ bilden die Würfel $(1, 2, 2, 3, 3, 4)$ und $(1, 3, 4, 5, 6, 8)$ die Alternative.)

§61 Moduln über Hauptidealringen

Anschließend an Sätze über direkte Zerlegungen abelscher Gruppen – siehe Beispiel 3 in §39 — sollen Sätze über die Struktur von Moduln über Hauptidealbereichen, insbesondere über direkte Zerlegungen solcher Moduln, vorgestellt werden.

Ein klassisches Strukturprinzip ist die *Primärzerlegung* von Torsionsmoduln über Hauptidealbereichen, die zunächst besprochen wird.

Sei A ein Hauptidealbereich. Wir zeichnen ein Repräsentantensystem P von Äquivalenzklassen assoziierter Primelemente in A aus; dabei sei an das wichtige Beispiel 9 in §58 erinnert.

Seien V ein A–Modul und $p \in P$. Für jedes $\nu \in \mathbb{N}$ ist dann

$$V^\nu(p) := \{x \in V : p^\nu x = 0\}$$

ein Untermodul von V. Diese Untermoduln bilden eine aufsteigende Folge

$$0 = V^0(p) \subseteq V^1(p) \subseteq \cdots \subseteq V^\nu(p) \subseteq V^{\nu+1}(p) \subseteq \cdots.$$

Die Vereinigung

$$V(p) := \bigcup_{\nu \in \mathbb{N}} V^\nu(p)$$

ist daher auch ein Untermodul von V; man nennt ihn die (p–)**Primärkomponente** von V. Bei $V = V(p)$ und $V \neq 0$ heißt V ein **Primärmodul**. (Bei Untermoduln von A selbst, also bei Idealen, ist übrigens eine andere Sprechweise üblich: Man nennt das Ideal $\mathbf{a}$ in A ein **Primärideal**, kurz: **primär**, wenn $A/\mathbf{a}$ ein Primärmodul ist. Offenbar ist $\mathbf{a}$ genau dann primär, wenn $\mathbf{a} = Ap^m$ mit einem $p \in P$ und $m \in \mathbb{N}_+$ ist.)

Die getroffenen Definitionen und die hier und im folgenden daraus abgeleiteten Begriffe hängen nicht von der Auswahl des Repräsentantensystems P ab. Es ist ja $V^\nu(p) = \{x \in V : (Ap)^\nu x = 0\}$ wegen $(Ap)^\nu = Ap^\nu$. Hingegen ist es anschaulich (und bequem zugleich), statt der maximalen Ideale in A und ihrer Potenzen erzeugende Elemente dieser Ideale zu nehmen, also Primelemente und ihre Potenzen.

61.1 *Ist $V^m(p) = V^{m+1}(p)$ für ein $m \in \mathbb{N}$, so ist $V^m(p) = V(p)$.*

Beweis. Es genügt zu zeigen, daß aus $V^\nu(p) = V^{\nu+1}(p)$ auch $V^{\nu+1}(p) = V^{\nu+2}(p)$ folgt. Sei dazu $x \in V^{\nu+2}(p)$ vorgegeben. Dann ist $0 = p^{\nu+2}x = p^{\nu+1}(px)$, folglich $px \in V^{\nu+1}(p) = V^\nu(p)$, so daß $0 = p^\nu(px) = p^{\nu+1}x$ ist, also $x \in V^{\nu+1}(p)$. •

61.2 *Ist $q \in A$ nicht durch p teilbar, so ist die Homothetie mit q auf jedem $V^\nu(p)$ und auf $V(p)$ bijektiv.*

Beweis. Es genügt zu zeigen, daß die Homothetie ϑ_q mit q auf jedem $V^\nu(p)$ bijektiv ist. Da q und p^ν teilerfremd sind, gibt es nach dem Bezoutschen Lemma eine Darstellung $1 = ap^\nu + bq$. Wegen $p^\nu V^\nu(p) = 0$ ist ϑ_b das Inverse zu ϑ_q auf $V^\nu(p)$. •

Das Hauptresultat über die Primärkomponenten eines A-Moduls lautet:

61.3 Primärzerlegung *Seien A ein Hauptidealbereich und V ein A-Modul. Dann ist der Torsionsuntermodul von V direkte Summe der Primärkomponenten von V:*

$$\mathrm{t}V = \bigoplus_{p\in P} V(p)\,.$$

Beweis. Die Primärkomponenten von V sind trivialerweise Untermoduln des Torsionsuntermoduls von V. Daß ihre Summe direkt ist, braucht ebenso wie die Existenz der Zerlegung nur in endlichen Untermoduln von $\mathrm{t}V$ verifiziert zu werden. Da diese Moduln einen nichttrivialen Annullator haben, ist Satz 61.3 mit Teil (1) des folgenden Lemmas bewiesen. •

61.4 Lemma *Seien A ein Hauptidealbereich und V ein A-Modul, der von einem Element $a \in A$, $a \neq 0$, annulliert werde. Sei*

$$a = ep_1^{m_1} \cdots p_r^{m_r}$$

die Primfaktorzerlegung von a mit den paarweise verschiedenen Primelementen $p_1, \ldots, p_r$ aus P und $e \in A^\times$. Dann gilt:

(1) *Es ist $V = V^{m_1}(p_1) \oplus \cdots \oplus V^{m_r}(p_r)$. Die Projektionen von V, welche zu dieser direkten Zerlegung gehören, sind Homothetien.*

(2) *Zu jedem $i = 1, \ldots, r$ gibt es ein μ_i mit $0 \le \mu_i \le m_i$ derart, daß gilt:*

$$0 = V^0(p_i) \subset V^1(p_i) \subset \cdots \subset V^{\mu_i}(p_i) = V^{m_i}(p_i) = V(p_i)\,.$$

Dabei ist $\mathrm{Ann}_A V(p_i) = Ap_i^{\mu_i}$.

(3) *Genau dann ist $\mathrm{Ann}_A V = Aa$, wenn $\mathrm{Ann}_A V(p_i) = Ap_i^{m_i}$ für $i = 1, \ldots, r$ ist.*

(4) *Ist $V(p) \neq 0$ für ein $p \in P$, so ist $p \in \{p_1, \ldots, p_r\}$.*

(5) *V ist genau dann zyklischer A-Modul, wenn seine Primärkomponenten zyklisch sind.*

B e w e i s. Wir dürfen von a zum assoziierten Element $e^{-1}a$ übergehen; sei also nun $e = 1$. Wir haben dann $a = a_1 \cdots a_r$, wobei zur Abkürzung $a_i = p_i^{m_i}$ gesetzt ist. $a_1, \ldots, a_r$ sind paarweise teilerfremd. Ebenso schreiben wir kurz $V_i = \{x \in V : a_i x = 0\}$ anstelle von $V^{m_i}(p_i)$.

Für die Elemente $b_i := a/a_i = \prod_{j \neq i} a_j$ ist $\mathrm{ggT}(b_1, \ldots, b_r) = 1$. Nach dem Lemma von B e z o u t gibt es eine Darstellung $c_1 b_1 + \cdots + c_r b_r = 1$. Sei P_i die Homothetie mit $c_i b_i$ in V, $i = 1, \ldots, r$. Wir zeigen, daß $P_1, \ldots, P_r$ Projektionen sind, welche die in (1) genannte direkte Zerlegung $V = V_1 \oplus \cdots \oplus V_r$ beschreiben; vgl. 39.9.

Trivialerweise ist $P_1 + \cdots + P_r = \mathrm{id}_V$. Sei $i \neq j$. Da a_i dann ein Faktor von b_j ist, hat $c_i b_i c_j b_j$ den Faktor $b_i a_i = a$. Daraus folgt $P_i P_j = P_j P_i = 0$. Wegen

$$P_i = P_i \circ \mathrm{id}_V = P_i(P_1 + \cdots + P_r) = \sum_{j=1}^{r} P_i P_j = P_i P_i$$

ist P_i schließlich auch eine Projektion. Weiter ist zu zeigen, daß $V_i = \mathrm{Bild}\, P_i$ ist. Wegen $a_i c_i b_i = c_i a$ ist $a_i \mathrm{Bild}\, P_i = 0$; dies zeigt $\mathrm{Bild}\, P_i \subseteq V_i$. Sei umgekehrt $x \in V_i$ vorgegeben. Da a_i Faktor eines jeden b_j für $j \neq i$ ist, hat man $P_j(x) = 0$ für alle $j \neq i$ und daher

$$x = \mathrm{id}_V(x) = (P_1 + \cdots + P_r)(x) = \sum_{j=1}^{r} P_j(x) = P_i(x)\,.$$

Somit ist $\mathrm{Bild}\, P_i = V_i$, und (1) ist bewiesen.

Den Beweis von (2) und (3) führen wir gleichzeitig. Wir betrachten zunächst $\mathrm{Ann}_A V(p_i)$. Jeder Annullator $\neq 0$ von $V(p_i)$ ist von der Form $p_i^{\mu} q$ mit einem zu p_i teilerfremden Element q. Nach 61.2 ist dann auch $p_i^{\mu} V(p_i) = 0$. Das Annullatorideal von $V(p_i)$ wird deshalb von einer Potenz $p_i^{\mu_i}$ erzeugt. Ferner ist $\mu_i \leq m_i$, da V und erst recht $V(p_i)$ von $a = p_i^{m_i} b_i$ annulliert wird. Mit 61.1 ergibt sich so (2). Schließlich erhalten wir

$$\mathrm{Ann}_A V = \mathrm{Ann}_A\Big(\bigoplus_{i=1}^{r} V(p_i)\Big) = \bigcap_{i=1}^{r} \mathrm{Ann}_A V(p_i) = \bigcap_{i=1}^{r} A p_i^{\mu_i} = A p_1^{\mu_1} \cdots p_r^{\mu_r}$$

unter Verwendung von 58.16(1) bei der letzten Identität. (3) ist nun evident.

Zum Beweis von (4) genügt es zu bemerken, daß für $p \notin \{p_1, \ldots, p_r\}$ die Homothetie mit p nach 61.2 auf jedem V_i, insgesamt also auf V bijektiv ist.

Beweis von (5): Ist V zyklisch, so trivialerweise auch jeder Untermodul von V. Sei umgekehrt jedes $V(p_i)$ zyklisch, etwa $V(p_i) = Ax_i$ für $i = 1, \ldots, r$. Wir setzen $x := x_1 + \cdots + x_r$. Dann ist $V = Ax$, da für jedes i gilt: $x_i = P_i(x) = c_i b_i x \in Ax$. •

Bemerkung 1 Die Zerlegung des Moduls V gemäß 61.4(1) gewinnt man auch direkt aus der Zerlegung des Ringes $\overline{A} := A/Aa \cong \prod_{i=1}^{r} A/Ap_i^{m_i}$ gemäß 59.8: Wegen $aV = 0$ können wir V als $\overline{A}$–Modul auffassen. Sind $e_1, \ldots, e_r \in \overline{A}$ die idempotenten Elemente, die der angegebenen Zerlegung von $\overline{A}$ entsprechen, so ist $V = e_1V \oplus \cdots \oplus e_rV$ und $e_iV = V^{m_i}(p_i)$. Übrigens ist e_i die Restklasse von c_ib_i in $\overline{A}$, wobei die c_i, b_i dieselbe Bedeutung wie im obigen Beweis von 61.4(1) haben.

61.5 Korollar *Seien A ein Hauptidealbereich, V ein A-Modul und $q \in A$, $q \neq 0$. Dann gilt für die Homothetie ϑ_q mit q auf V:*

$$\operatorname{Kern}\vartheta_q = \bigoplus_{p\in P} V^{\mathrm{v}_p(q)}(p)\,.$$

B e w e i s. Der Kern von ϑ_q ist trivialerweise in $\mathrm{t}V$ enthalten und zerfällt wegen $qV(p) \subseteq V(p)$ in die direkte Summe der Untermoduln $\operatorname{Kern}\vartheta_q \cap V(p)$. Dieser Modul stimmt aber mit $V^\nu(p)$ überein, wenn $\nu = \mathrm{v}_p(q)$ ist, wie mit 61.2 direkt aus den Definitionen folgt. •

Eine 61.5 entsprechende Formel für $\operatorname{Bild}\vartheta_q$ gibt es nicht; i.a. sind nur schwache Formeln wie etwa die folgende möglich:

$$\vartheta_q(V^m(p)) \subseteq V^\nu(p)\,,\quad \nu := \operatorname{Max}(0, m - \mathrm{v}_p(q))\,.$$

61.6 Korollar *Seien A ein Hauptidealbereich und V ein A-Modul mit $\operatorname{Ann}_A V \neq 0$. Dann gibt es ein Element $x \in V$ mit*

$$\operatorname{Ann}_A x = \operatorname{Ann}_A V\,.$$

B e w e i s. Sei $\operatorname{Ann}_A V = Aa$ und $a = ep_1^{m_1}\cdots p_r^{m_r}$ die Primfaktorzerlegung von a. Nach 61.4 ist $V^{m_i-1}(p_i) \subset V^{m_i}(p_i)$, $i = 1,\dots,r$. Sei $x_i \in V^{m_i}(p_i)$, $x_i \notin V^{m_i-1}(p_i)$, $i = 1,\dots,r$. Dann ist $x := x_1 + \cdots + x_r$ offenbar ein Element mit $\operatorname{Ann}_A x = Aa = \operatorname{Ann}_A V$. •

Unter den Zerlegungssätzen für Moduln sind sicher diejenigen von höchstem Interesse, die Zerlegungen in zyklische Moduln betreffen. Ein grundlegendes Resultat dieser Art ist der folgende Satz.

61.7 Satz (P r ü f e r) *Seien A ein Hauptidealbereich und V ein A-Modul mit $\operatorname{Ann}_A V \neq 0$. Dann ist V direkte Summe zyklischer Primärmoduln.*

B e w e i s. Nach 61.4 dürfen wir annehmen, daß $V = V(p)$ für ein Primelement $p \in A$ ist und daß es ein $\nu \in \mathbb{N}$ mit $p^\nu V = 0$ gibt. Sodann führen wir Induktion über ν, wobei der Induktionsbeginn trivial ist. Beim Induktionsschluß von ν auf $\nu + 1$ dürfen wir nach Induktionsvoraussetzung wegen $p^\nu(pV) = 0$ annehmen, daß pV direkte Summe zyklischer Moduln ist. Seien dann $x_i \in V$, $i \in I$, so gewählt, daß jedes $px_i \neq 0$ und pV die direkte Summe der Apx_i ist. Hat man $\operatorname{Ann}_A(Apx_i) = Ap^{\nu_i}$, so ist offenbar $\operatorname{Ann}_A Ax_i = Ap^{\nu_i+1}$. Wir behaupten nun, daß auch die Summe der Ax_i direkt ist. Betrachten wir nämlich eine Relation $0 = \sum a_ix_i$ mit $a_i \in A$. Aus $0 = p\sum a_ix_i = \sum a_i(px_i)$ folgt $a_i(px_i) = 0$ und $a_i \in Ap$ für jedes $i \in I$. Sei dann $a_i = pb_i$ mit $b_i \in A$. Aus $0 = \sum a_ix_i = \sum b_i(px_i)$ folgt jetzt $b_i(px_i) = a_ix_i = 0$ für jedes $i \in I$. $V_1 := \sum Ax_i$ ist also direkte Summe der zyklischen Moduln Ax_i. Für jedes $x \in V$ ist px Linearkombination der px_i, weswegen es ein $y \in V_1$ mit $p(x - y) = 0$ gibt. Es folgt $V = V_1 + V^1(p)$. Da $V^1(p)$ Modul über dem Körper A/Ap ist, besitzt $V_1 \cap V^1(p)$ ein Komplement V_2 in $V^1(p)$. Dann ist $V = V_1 \oplus V_2$, und V_2 ist als Vektorraum über A/Ap trivialerweise direkte Summe zyklischer A/Ap–Moduln. Die Zerlegungen von V_1 und V_2 ergeben zusammengefaßt eine direkte Zerlegung von V in zyklische Moduln. •

Direkte Zerlegungen von Moduln über Hauptidealbereichen in zyklische Moduln sind im wesentlichen eindeutig bestimmt, jedenfalls was den Isomorphietyp der Summanden und die Anzahlen angeht. Zu Untersuchungen darüber benutzt man die Ulmschen Invarianten, die wir sogleich — in der hier ausreichenden Spezialisierung — einführen.

Sei weiterhin A ein Hauptidealbereich. Ist V ein A–Modul und p ein Primelement in A, so heißt

$$\mathrm{S}(V) = \mathrm{S}_p(V) := V^1(p) = \{x \in V : px = 0\}$$

der (p–)S o c k e l von V. Er ist in natürlicher Weise ein Vektorraum über dem Körper A/Ap. Zu jedem $n \in \mathbb{N}_+$ heißt die (A/Ap)–Dimension von $\mathrm{S}(p^{n-1}V)/\mathrm{S}(p^nV)$ die n–te U l m s c h e (p–) I n v a r i a n t e von V; sie sei wie folgt bezeichnet:

$$\mathrm{u}(n) = \mathrm{u}(n,p) = \mathrm{u}(n,p;V)\,.$$

Beispiel 1 Berechnen wir beispielsweise die Ulmschen Invarianten des Moduls $W := A/Ap^m$, $m \in \mathbb{N}_+$, $p \in P$. Die einzigen Untermoduln von W sind diejenigen der Form Ap^i/Ap^m, $i = 0, \ldots, m$. Der Sockel von W und eines jeden Untermoduls $\neq 0$ von W ist also Ap^{m-1}/Ap^m. Daher ist $\mathrm{S}(p^{n-1}W) \cong \mathrm{S}(p^nW)$, außer bei $n = m$, wo $\mathrm{S}(p^{n-1}W) \cong A/Ap$, aber $p^nW = 0$ ist. Mit dem Kroneckerdelta kann man also schreiben:

$$\mathrm{u}(n,p;W) = \delta_{n,m}\,.$$

Für $q \in P$, $q \neq p$, sind alle $\mathrm{u}(n,q;W) = 0$, $n \in \mathbb{N}_+$.

Für den A–Modul A verschwinden alle Ulmschen Invarianten.

Eine wichtige Eigenschaft der Funktion u ist ihre Additivität, d.h. ihre Verträglichkeit mit direkten Summen: Sei etwa $V = \bigoplus_{i\in I} V_i$; offenbar ist

$$\mathrm{S}(p^{n-1}V)/\mathrm{S}(p^nV) = \bigoplus_{i\in I} \mathrm{S}(p^{n-1}V_i)/\mathrm{S}(p^nV_i)$$

und daher (unter Benutzung von Kardinalzahlsummen):

$$\mathrm{u}(n,p;\bigoplus_{i\in I} V_i) = \sum_{i\in I} \mathrm{u}(n,p;V_i)\,.$$

Wir können jetzt den angekündigten Eindeutigkeitssatz über direkte Zerlegungen in zyklische Moduln beweisen.

61.8 Satz *Seien A ein Hauptidealbereich und V ein A-Modul, der direkte Summe zyklischer Moduln sei. Dann ist V durch seine Ulmschen Invarianten und durch seinen Rang bis auf Isomorphie eindeutig bestimmt, und zwar ist*

$$V \cong A^{(\mathrm{Rang}\, V)} \oplus \bigoplus_{p \in P, n \in \mathbb{N}_+} (A/Ap^n)^{(\mathrm{u}(n,p))}.$$

B e w e i s. Zyklische Torsionsmoduln lassen sich nach 61.4 in zyklische Primärmoduln zerlegen. Von einer direkten Zerlegung von V in zyklische Moduln ausgehend, erhält man daher eine Isomorphie

$$V \cong \mathrm{t}V \oplus A^{(J)}, \quad \mathrm{t}V \cong \bigoplus_{i \in I} A/Ap_i^{m_i}$$

mit $p_i \in P$, $m_i \in \mathbb{N}_+$, wobei $A^{(J)}$ durch Zusammenfassen der zu A isomorphen zyklischen Summanden entsteht. $A^{(J)}$ ist ein freier A-Modul, dessen Rang Kard J auch der Rang des Moduls V über dem Integritätsbereich A ist. Es genügt nun zu zeigen, daß man aus den Ulmschen Invarianten von V ablesen kann, wie oft der Modul A/Ap^n in obiger Zerlegung vorkommt. Dies ist aber wegen der Additivität der Funktion u und der Formel aus Beispiel 1 klar. •

Nicht jeder Modul über einem Hauptidealbereich ist direkte Summe zyklischer Moduln, wie wir in den Aufgaben sehen werden. Geeignete Endlichkeitsbedingungen erzwingen dies jedoch; man beachte, daß auch die Voraussetzung des Prüferschen Satzes 61.7 Endlichkeitscharakter hat.

Bei endlichen Moduln schließlich macht die direkte Zerlegung in zyklische Moduln keine Schwierigkeiten, wie die folgenden beiden Sätze ausweisen.

61.9 Satz *Sei A ein Hauptidealbereich. Jeder endliche torsionsfreie A-Modul ist frei. — Insbesondere ist jeder Untermodul eines endlichen freien A-Moduls wieder ein endlicher freier A-Modul.*

B e w e i s. Nach §38, Aufgabe 6 gilt: Jeder Untermodul eines Moduls mit n Erzeugenden über dem Hauptidealring A besitzt ein Erzeugendensystem aus ebenfalls n Elementen. Der Zusatz ist damit ein Spezialfall des ersten Teils. Wir beweisen diesen Teil durch Induktion über die Anzahl der Erzeugenden endlicher torsionsfreier A-Moduln, wobei der Beginn trivial ist. Sei $V = Ax_1 + \cdots + Ax_n$ ein torsionsfreier A-Modul. Sind $x_1, \ldots, x_n$ linear unabhängig, so ist V frei. Andernfalls gibt es eine nichttriviale Relation $a_1x_1 + \cdots + a_nx_n = 0$. Ohne Einschränkung dürfen wir dabei $a_1 \neq 0$ annehmen. Dann ist aber $V \cong a_1V \subseteq Ax_2 + \cdots + Ax_n$ nach Induktionsvoraussetzung frei, da V nach der Bemerkung eingangs des Beweises wie $Ax_2 + \cdots + Ax_n$ von $n-1$ Elementen erzeugt wird. •

Zu Satz 61.9 vergleiche man auch den Anhang III.B, ferner 42.13.

61.10 Satz *Jeder endliche Modul V über einem Hauptidealbereich A ist direkte Summe zyklischer Moduln.*

Beweis. $V/\mathrm{t}V$ ist nach 61.9 frei und insbesondere direkte Summe zyklischer A–Moduln. Nach 42.12 spaltet die exakte Sequenz

$$0 \to \mathrm{t}V \to V \to V/\mathrm{t}V \to 0$$

auf, d.h. V ist direkte Summe von $\mathrm{t}V$ und $V/\mathrm{t}V$. Der Satz folgt nun, indem 61.7 auf $\mathrm{t}V$ angewendet wird, was möglich ist, da $\mathrm{t}V$ als endlicher A–Torsionsmodul ein annullierendes Element $\neq 0$ aus A besitzt. •

Mit den Sätzen 61.10 und 61.8 haben wir den Hauptsatz 39.8 über endlich erzeugte abelsche Gruppen auf Moduln über Hauptidealbereichen ausgedehnt.

Bemerkung 2 Sei A ein Hauptidealbereich. Ein zyklischer A–Modul ist offenbar genau dann unzerlegbar, wenn er zu A isomorph oder ein Primärmodul ist. Die Sätze 61.7 und 61.10 zusammen mit 61.8 sind daher Sätze über die Existenz und Eindeutigkeit der Zerlegung gewisser A–Moduln in direkte Summen (genau bekannter) unzerlegbarer Moduln.

Bemerkung 3 (Reine Untermoduln) Diese Bemerkung kann beim ersten Lesen übergangen werden. Viele Sätze über die Struktur abelscher Gruppen (und allgemeiner von Moduln über Hauptidealbereichen) gehen auf Untersuchungen Heinz Prüfers zurück, vgl. Kaplanskys Bericht in [48]. Wir besprechen hier den Begriff des reinen Untermoduls, der dazu dient, direkte Zerlegungen vorzubereiten. Dabei betrachten wir nur Moduln über (kommutativen) Hauptidealringen. In der allgemeinen Modultheorie ist der Begriff nur mit Mitteln zu fassen, die wir erst in Kapitel X zur Verfügung haben; siehe §88, Beispiel 1.

Sei also A ein Hauptidealring.

Definition Ein Untermodul U des A–Moduls V heißt rein in V, wenn für jedes $a \in A$ gilt: $U \cap aV = aU$.

U ist also genau dann rein in V, wenn für jedes $u \in U$ gilt: Sind $a \in A$ und $x \in V$ Elemente mit $u = ax$, so gibt es auch ein $x_1 \in U$ mit $u = ax_1$.

61.11 Lemma *Seien A ein Hauptidealring und V ein A–Modul. Ein Untermodul U von V ist genau dann rein, wenn für jedes $x \in V$ gilt: U ist direkter Summand von $U + Ax$.*

Beweis. Sei U rein in V, und sei $x \in V$ vorgegeben. Das Ideal $\{b \in A : bx \in U\}$ besitzt ein erzeugendes Element a. Nach Voraussetzung über U gibt es ein $x_1 \in U$ mit $ax = ax_1$. Ist $b(x - x_1) \in U$, so ist auch $bx \in U$; daher gibt es ein $c \in A$ mit $b = ca$, woraus $b(x - x_1) = ca(x - x_1) = 0$ folgt. Also ist $U \cap A(x - x_1) = 0$ und $U + Ax = U \oplus A(x - x_1)$.

Für die Umkehrung zeigen wir gleich: *Ist U direkter Summand von V, so ist U rein in V.* Seien dazu $u \in U$ und eine Gleichung $u = ax$ in V vorgegeben. Sei W ein Komplement von U in V. Man zerlege $x = x_1 + x_2$ mit $x_1 \in U$, $x_2 \in W$. Aus $u = ax = ax_1 + ax_2$ in $U \oplus W$ folgt nun $u = ax_1 \in aU$. •

61.12 Lemma *Seien A ein Hauptidealring, V ein A–Modul und U ein reiner Untermodul von V. Ist V/U direkte Summe zyklischer Moduln, so ist U direkter Summand von V.*

Beweis. Es gibt eine Familie x_i, $i \in I$, von Elementen in V, deren Restklassen in V/U zyklische Untermoduln erzeugen, deren Summe direkt ist und mit V/U übereinstimmt. Diese Situation bleibt erhalten, wenn man die x_i jeweils durch ein beliebiges Element aus $x_i + U$ ersetzt. Nach 61.11 darf man deshalb zusätzlich annehmen, daß $U \cap Ax_i = 0$ ist. Dann ist aber die Restklassenabbildung von $W := \sum_{i \in I} Ax_i$ auf V/U bijektiv, und W ist ein Komplement von U in V. •

61.13 Satz *Seien A ein Hauptidealbereich, V ein A-Modul und U ein reiner Untermodul von V. Ist U kofinit in V, so ist U direkter Summand in V.*

Beweis. Der Satz folgt sofort aus Satz 61.10 und Lemma 61.12. •

61.14 Satz (Prüfer) *Seien A ein Hauptidealbereich und V ein A-Modul mit* $\mathrm{Ann}_A V \neq 0$. *Dann gilt: Ein Untermodul von V ist genau dann direkter Summand von V, wenn er reiner Untermodul von V ist.*

Der Beweis ergibt sich diesmal sofort aus Satz 61.7 und Lemma 61.12. •

Zu diesem Satz gibt es eine wichtige Verallgemeinerung:

61.15 Satz (Baer–Fomin–Kulikoff) *Seien A ein Hauptidealbereich, V ein A-Modul und U ein reiner Untermodul von V. Ist* $\mathrm{Ann}_A U \neq 0$, *so ist U direkter Summand von V.*

Beweis. Es gibt ein $q \in A$, $q \neq 0$, mit $qU = 0$. Dann ist $U \cap qV = qU = 0$, und U wird bei der Restklassenabbildung $V \to V/qV$ isomorph auf einen Untermodul U' von $V' := V/qV$ abgebildet. U' ist in V' rein! Sei nämlich ein $u \in U$ und eine Darstellung $u = ax + qv$ mit $a \in A$ und $x, v \in V$ vorgegeben. Dann ist zu zeigen, daß die Restklasse u' von u in U' durch a teilbar ist. U ist in $V_1 := U + Ax + Av$ rein und nach 61.13 sogar ein direkter Summand. Sei W ein Komplement von U in V_1. Man zerlege $x = u_1 + w_1$, $v = u_2 + w_2$ mit $u_1, u_2 \in U$ und $w_1, w_2 \in W$. Komponentenvergleich ergibt $u = au_1 + qu_2 = au_1$. Also ist u sogar in U durch a teilbar.

Es ist $qV' = 0$. Nach 61.14 ist U' direkter Summand von V'. Es gibt also einen Untermodul X von V mit $X \supseteq qV$ und $(U + qV) + X = V$, $(U + qV) \cap X = qV$. Wegen $U + X = V$ und $U \cap X \subseteq U \cap qV = 0$ ist X ein Komplement von U in V. •

Da der Torsionsuntermodul eines Moduls über einem Hauptidealbereich trivialerweise rein ist, gilt speziell:

61.16 Korollar *A sei ein Hauptidealbereich und V ein A-Modul mit* $\mathrm{Ann}_A(\mathrm{t}V) \neq 0$. *Dann ist* $\mathrm{t}V$ *ein direkter Summand von V.*

Bemerkung 4 Wir geben noch einen Beweis des Hauptsatzes 61.10, der sich an einer Darstellung des Moduls V als Restklassenmodul eines endlichen freien A-Moduls orientiert.

61.17 Lemma *Sei U ein Untermodul des endlichen freien Moduls F über dem Hauptidealbereich A. Für jedes Ideal* $\mathbf{a} \neq A$ *gelte* $U \not\subseteq \mathbf{a}F$. *Dann gibt es ein Element von U, das Teil einer Basis von F ist.*

Beweis. Sei $x_1, \ldots, x_n$ eine Basis von F. Die Voraussetzung über U besagt, daß der ggT der Koeffizienten der Elemente von U bezüglich der Basis $x_1, \ldots, x_n$

gleich 1 ist. Es gibt dann bereits endlich viele Elemente $u_1, \ldots, u_m \in U$, für die der ggT ihrer Koeffizienten 1 ist. Wir schließen durch Induktion über m.

Im Fall $m = 1$ ist F/Au_1 torsionsfrei, also nach 61.9 frei. Somit besitzt Au_1 ein freies Komplement in F, und u_1 ist Teil einer Basis von F.

Sei $m = 2$, $u_1 = a_1x_1 + \cdots + a_nx_n$ und a der ggT der Elemente $a_1, \ldots, a_n$. Nach dem bereits behandelten Fall $m = 1$ gibt es eine Basis $y_1, \ldots, y_n$ mit $u_1 = ay_1$. Sei $u_2 = b_1y_1 + \cdots + b_ny_n$. Nach Voraussetzung ist $\mathrm{ggT}(a, b_1, \ldots, b_n) = 1$. Wir schließen weiter durch Induktion über die Anzahl k der Primteiler von a, wobei der Induktionsanfang mit $k = 0$ trivial ist. Sei nun a prim. Ist $\mathrm{ggT}(a, b_1) = 1$, so gibt es Elemente $r, s \in A$ mit $ra + sb_1 = 1$, und $ru_1 + su_2 = y_1 + sb_2y_2 + \cdots + sb_ny_n \in U$ ergibt zusammen mit $y_2, \ldots, y_n$ eine Basis. Ist $\mathrm{ggT}(a, b_1) \neq 1$, so ist $b_1 = ta$ mit einem $t \in A$. Nun ist $1 = \mathrm{ggT}(a, b_1, \ldots, b_n) = \mathrm{ggT}(a, b_2, \ldots, b_n)$, und das Element $(1 - t)u_1 + u_2 = ay_1 + b_2y_2 + \cdots + b_ny_n \in U$ ist Teil einer Basis von F.

Ist $a = pa'$ mit einem Primelement $p \in A$, so gibt es nach dem bereits Bewiesenen in $U' := Apy_1 + Au_2$ ein Element z_1, das Teil einer Basis $z_1, z_2, \ldots, z_n$ von F ist. Ist $u_2 = c_1z_1 + \cdots + c_nz_n$, so ist $\mathrm{ggT}(b_1, \ldots, b_n) = \mathrm{ggT}(c_1, \ldots, c_n)$. Daher sind $a'z_1$ und u_2 Elemente in U mit $\mathrm{ggT}(a', c_1, \ldots, c_n) = \mathrm{ggT}(a', b_1, \ldots, b_n) = 1$. Nach Induktionsvoraussetzung (über k) enthält U ein Element einer Basis von F.

Schließlich sei $m > 2$ und d der ggT der Koeffizienten von $u_2, \ldots, u_m$ bezüglich einer Basis von F. Es ist dann $u_j = du'_j$ mit $u'_j \in F$, $j = 2, \ldots, m$. Nach Induktionsvoraussetzung (über m) gibt es in $Au'_2 + \cdots + Au'_m$ ein Element u', das Teil einer Basis von F ist. In U liegen die Elemente u_1 und du', deren Koeffizienten den größten gemeinsamen Teiler 1 haben. Dies reduziert das Problem auf den schon behandelten Fall $m = 2$. •

61.18 Satz *Seien F ein endlicher freier Modul des Ranges n über dem Hauptidealbereich A und U ein Untermodul von F. Dann gibt es eine Basis $x_1, \ldots, x_n$ von F und von 0 verschiedene Elemente $e_1, \ldots, e_r \in A$ mit folgenden Eigenschaften:*

(1) *U wird von den Elementen $e_1x_1, \ldots, e_rx_r$ erzeugt.*

(2) *e_{i+1} teilt e_i für $i = 1, \ldots, r - 1$.*

Beweis (durch Induktion über n). Ist U der Nullmodul, so ist die Aussage trivial. Andernfalls sei a_1 der ggT der Koeffizienten der Elemente von U bezüglich einer Basis von F. Es ist dann $U = a_1U'$ mit einem Untermodul U', der nach Lemma 61.17 ein Element y_1 enthält, das zu einer Basis $y_1, \ldots, y_n$ von F gehört. Sei $F' = Ay_2 + \cdots + Ay_n$. Nach Induktionsvoraussetzung gibt es von 0 verschiedene Elemente $a_2, \ldots, a_r$ von A und eine Basis $z_2, \ldots, z_n$ von F' derart, daß $U' \cap F'$ von $a_2z_2, \ldots, a_rz_r$ erzeugt wird und a_{j+1} von a_j geteilt wird für $j = 2, \ldots, r-1$. Es ist offenbar $U = a_1U' = a_1(Ay_1 + Aa_2z_2 + \cdots + Aa_rz_r)$. Eine Basis $x_1, \ldots, x_n$ mit den gewünschten Eigenschaften ist dann $z_r, \ldots, z_2, y_1, z_{r+1}, \ldots, z_n$. Die zugehörigen Elemente $e_1, \ldots, e_r$ sind $a_1a_r, \ldots, a_1a_2, a_1$. •

Die Nichteinheiten unter den Elementen $e_1, \ldots, e_r$ des Satzes 61.18 sind bis auf Assoziiertheit eindeutig durch den Isomorphietyp des Restklassenmoduls $F/U \cong (A/Ae_1) \oplus \cdots \oplus (A/Ae_r) \oplus A^{n-r}$ bestimmt und heißen die Elementarteiler von $\mathrm{t}_A(F/U)$, man vergleiche dazu Aufgabe 6 und §83, Aufgabe 32.

Der Satz 61.18 liefert nicht nur den Struktursatz 61.10, sondern auch den folgenden Satz über die Darstellungen endlicher Moduln über Hauptidealbereichen.

61.19 Satz *Seien V ein endlicher Modul über dem Hauptidealbereich A und $f : F \to V$ bzw. $g : G \to V$ surjektive A-Homomorphismen endlicher freier A-Moduln F bzw. G gleichen Ranges. Dann gibt es einen Isomorphismus $h : F \to G$ mit $f = gh$.*

Beweis. Nach Satz 61.18 und der gerade bemerkten Eindeutigkeit der Elementarteiler gibt es Basen $x_1, \ldots, x_n$ bzw. $y_1, \ldots, y_n$ von F bzw. G und Elemente $e_1, \ldots, e_r \in A$ mit $\operatorname{Kern} f = Ae_1x_1 + \cdots + Ae_rx_r$ bzw. $\operatorname{Kern} g = Ae_1y_1 + \cdots + Ae_ry_r$. Dann kann h durch $x_i \mapsto y_i$, $i = 1, \ldots, n$, definiert werden. •

Ist A ein euklidischer Bereich, so läßt sich eine Basis von F gemäß 61.18 (bei einem gegebenen endlichen Erzeugendensystem von U) algorithmisch gewinnen. Beschränkt man sich darauf, eine Basis $x_1, \ldots, x_n$ von F zu bestimmen derart, daß U von Elementen $a_1x_1, \ldots, a_nx_n$ erzeugt wird (so daß F/U isomorph zur direkten Summe der zyklischen Moduln A/Aa_i, $i = 1, \ldots, n$, ist), kann man etwa folgendermaßen vorgehen. Man notiert die Koeffizienten des Erzeugendensystems als Spalten einer $(n \times m)$-Matrix. Dann bedeuten Spaltenumformungen Ändern der Erzeugendensysteme von U und Zeilenumformungen Basiswechsel in F. Durch Zeilen- und Spaltenvertauschungen bringt man ein Element möglichst kleiner Norm an die Stelle $(1, 1)$ und verkleinert durch Anwenden des euklidischen Algorithmus die Normen der Elemente der ersten Zeile und Spalte, bis diese ausgeräumt sind. Damit ist das Problem auf eine $(n-1) \times (m-1)$-Matrix reduziert.

Ähnlich kann man verfahren, wenn im Hauptidealbereich A zu je zwei Elementen $b, c \in A$ Elemente $r, s \in A$ mit $rb + sc = \operatorname{ggT}(b, c)$ explizit berechnet werden können. Sind in der gegebenen Matrix $\mathbf{A} = (a_{ij})$ die Elemente der ersten Zeile und Spalte Vielfache von a_{11}, so lassen sich diese Zeile und Spalte direkt ausräumen. Andernfalls sei etwa a_{12} kein Vielfaches von a_{11}. Ist dann $d := \operatorname{ggT}(a_{11}, a_{12}) = ra_{11} + sa_{12}$ mit $r, s \in A$, so ersetze man die erste Spalte von $\mathbf{A}$ durch die Summe des r-fachen der ersten und s-fachen der zweiten Spalte und die zweite Spalte durch die Summe des $(-a_{12}/d)$-fachen der ersten und (a_{11}/d)-fachen der zweiten Spalte. Dann steht an der Stelle $(1, 1)$ der neuen Matrix das Element $d = \operatorname{ggT}(a_{11}, a_{12})$, und an der Stelle $(1, 2)$ steht das Nullelement. Man beachte, daß die Matrix

$$\begin{pmatrix} r & -a_{12}/d \\ s & a_{11}/d \end{pmatrix} \in \mathsf{M}_2(A)$$

invertierbar ist. Dieses Verfahren ist im wesentlichen der matrizentheoretisch formulierte Beweis von 61.18.

Aufgaben

In den folgenden Aufgaben bezeichnet P stets ein Repräsentantensystem für die Assoziiertheitsklassen der Primelemente eines Hauptidealbereiches.

1. Sei A ein Hauptidealbereich mit dem Quotientenkörper $K \neq A$.

a) Der Torsionsmodul K/A ist nicht direkte Summe zyklischer Moduln, aber — wie jeder Torsionsmodul — homomorphes Bild einer direkten Summe zyklischer Torsionsmoduln.

b) Der torsionsfreie A-Modul K ist nicht direkte Summe zyklischer A-Moduln, also nicht frei.

2. Seien A ein Hauptidealbereich, $p \in A$ ein Primelement und V ein A–Modul. Sei $x \in V$. Ist x durch p^n teilbar, d.h. gibt es ein $y \in V$ mit $x = p^n y$, so heißt x von der (p–)Höhe $\geq n$. Das Supremum dieser Zahlen n heißt die (p–)Höhe von x und sei mit

$$\mathrm{h}(x) = \mathrm{h}_V(x) = \mathrm{h}_{V,p}(x)$$

bezeichnet. Es ist $\mathrm{h}(x) \in \mathbb{N} \cup \{\infty\}$. Haben x und y verschiedene Höhen, so ist das Minimum dieser Höhen die Höhe von $x+y$. Im weiteren sei V ein p–Primärmodul.

a) Sei $U \subseteq V$ ein Untermodul. Für $x \in U$ ist $\mathrm{h}_U(x) \leq \mathrm{h}_V(x)$. Genau dann ist U rein in V, wenn $\mathrm{h}_U(x) = \mathrm{h}_V(x)$ für alle $x \in U$ gilt.

b) (Sockelkriterium) Sei $U \subseteq V$ ein Untermodul ohne Elemente $\neq 0$ unendlicher Höhe. Gilt $\mathrm{h}_U(x) = \mathrm{h}_V(x)$ für alle $x \in \mathrm{S}(U)$, so ist U rein in V. (Bei $\mathrm{h}_U(x) = \mathrm{h}_V(x)$ sei diese Zahl mit $\mathrm{h}(x)$ bezeichnet. Man führt Induktion über n in $U^n(p)$ und hat sich zu überlegen: Ist $\mathrm{h}(px)$ definiert, so auch $\mathrm{h}(x)$. Sei dazu etwa $\mathrm{h}(px) = r$, $px = p^r y$. Man betrachtet dann $x = (x - p^{r-1}y) + p^{r-1}y$.)

c) Jedes Element $x \in \mathrm{S}(V)$ endlicher Höhe ist in einem zyklischen direkten Summanden von V enthalten. (Sei $\mathrm{h}(x) = r$, $x = p^r y$. Dann ist Ay rein in V.)

d) Jedes Element $\neq 0$ in V besitze endliche Höhe. Dann ist $x \in V$ in einem endlichen reinen Untermodul von V enthalten. (Ein Induktionsargument erlaubt anzunehmen, daß px in einem endlichen reinen Untermodul U von V enthalten ist. Übergang zu V/U reduziert das Problem auf c).)

e) V besitze ein abzählbares Erzeugendensystem und habe keine Elemente $\neq 0$ unendlicher Höhe. Dann ist V direkte Summe zyklischer Moduln. (Prüfer — Man schöpft V durch endliche direkte Summanden aus.)

3. Seien A ein Hauptidealbereich, $p \in A$ ein Primelement und V das direkte Produkt der A–Moduln A/Ap^n, $n \in \mathbb{N}_+$.

a) In V (und in allen Untermoduln von V) gibt es keine Elemente $\neq 0$ unendlicher Höhe.

b) Es ist $\mathrm{Ann}_A(\mathrm{t}V) = 0$, und $\mathrm{t}V$ ist kein direkter Summand von V. ($V/\mathrm{t}V$ hat Elemente $\neq 0$ unendlicher Höhe.)

c) $\mathrm{t}V$ ist nicht direkte Summe zyklischer Moduln. (Die Ulmschen p–Invarianten von $\mathrm{t}V$ sind sämtlich 1. Wäre $\mathrm{t}V$ direkte Summe zyklischer Moduln, so wäre der Sockel von V abzählbar erzeugt.)

4. Seien V ein Modul über dem Hauptidealring A und U_i, $i \in I$, eine Familie von reinen Untermoduln von V derart, daß $U := \bigcup_{i \in I} U_i$ ein Untermodul von V ist. Dann ist U reiner Untermodul von V.

5. Seien A ein Hauptidealbereich, $p \in A$ ein Primelement und V die direkte Summe der zyklischen Torsionsmoduln A/Ap^n, $n \in \mathbb{N}_+$. Für $n \in \mathbb{N}_+$ sei $e_n \in V$ das Element, dessen n–te Komponente die Restklasse von 1 und dessen übrige Komponenten 0 sind. Dann ist der von den Elementen $e_n - pe_{n+1}$, $n \in \mathbb{N}_+$, erzeugte Untermodul U von V ein reiner Untermodul von V, aber kein direkter Summand. (Seien V_m bzw. U_m die von den Elementen $e_1, \ldots, e_m$ bzw. $e_1 - pe_2, \ldots, e_m - pe_{m+1}$ erzeugten Untermoduln. Dann ist U_m ein direkter Summand von V_{m+1}, also auch von V. — Im Restklassenmodul V/U ist die Restklasse von e_i ein Element $\neq 0$ unendlicher p–Höhe.)

6. Sei V ein endlicher Torsionsmodul über dem Hauptidealbereich A. Dann gibt es eine Folge $e_1, \ldots, e_t$ von Nichteinheiten $\neq 0$ in A, deren Glieder e_τ durch (den Isomorphietyp von) V bis auf Assoziiertheit eindeutig bestimmt sind, mit folgenden Eigenschaften: (1) $V \cong \bigoplus_{\tau=1}^{t} A/Ae_\tau$. (2) $e_{\tau+1}$ teilt e_τ, $\tau = 1, \dots, t-1$. (Bemerkung. Die Elemente $e_1, \dots, e_t$ oder auch die von ihnen erzeugten Ideale $Ae_1, \dots, Ae_t$ heißen die Elementarteiler von V. Es ist t die Minimalzahl von Erzeugenden des Moduls V. Häufig ist es bequem, die Folge $e_1, \dots, e_t$ mit Einsen (oder Einheiten) zu einer unendlichen Folge $e_1, \dots, e_t, 1, 1, \dots$ zu verlängern. Dann gelten (1) und (2) analog. Das Element e_1 erzeugt das Annullatorideal $\mathrm{Ann}_A V$. Ferner ist für $n \in \mathbb{N}_+$ und $p \in P$ die Ulmsche Invariante $\mathrm{u}(n, p; V)$ gleich der Anzahl der τ mit $\mathrm{v}_p(e_\tau) = n$.)

7. Seien A ein Hauptidealbereich und V, W endliche Torsionsmoduln über A.

a) Ist $V \cong A/Aa$, $W \cong A/Ab$, $a, b \in A \setminus \{0\}$, so ist $\mathrm{Hom}_A(V, W) \cong A/(\mathrm{ggT}(a, b))$.

b) Für jedes $n \in \mathbb{N}_+$ und $p \in P$ ist

$$\mathrm{u}(n, p; \mathrm{Hom}_A(V, W)) = \sum_{\mu,\nu \geq n,\ \mu = n \text{ oder } \nu = n} \mathrm{u}(\mu, p; V)\mathrm{u}(\nu, p; W).$$

c) Ist $e_1, e_2, e_3, \dots$ die Folge der Elementarteiler von V (vgl. Aufgabe 6), so ist $e_1, e_2, e_2, e_2, e_3, e_3, e_3, e_3, e_3, \dots$ die Folge der Elementarteiler von $\mathrm{End}_A V$. (Das Element e_τ wird also jeweils $(2\tau - 1)$–mal wiederholt, $\tau \in \mathbb{N}_+$.)

d) Genau dann ist die A–Algebra $\mathrm{End}_A V$ kommutativ, wenn V zyklisch ist.

e) Das Zentrum der A–Algebra $\mathrm{End}_A V$ enthält nur die Homothetien $a\,\mathrm{id}_V$, $a \in A$.

(Bemerkung. Die Aussagen in d) und e) gelten bereits dann, wenn $\mathrm{Ann}_A V \neq 0$ ist.)

8. Seien A ein Hauptidealbereich, p ein Primelement in A und V ein p–Primärmodul.

a) Seien $T \subseteq \mathrm{S}(V)$ ein Untermodul, dessen Elemente $\neq 0$ beschränkte Höhe haben, und W_1 ein reiner Untermodul von V mit $W_1 \cap \mathrm{S}(V) \subseteq T$. Dann gibt es einen reinen Untermodul W von V mit $W \supseteq W_1$ und $W \cap \mathrm{S}(V) = T$. (Sei W ein maximales Element in der Menge M der reinen Untermoduln X von V mit $X \supseteq W_1$ und $X \cap \mathrm{S}(V) \subseteq T$. Bei $W \cap \mathrm{S}(V) \subset T$ erhält man einen Widerspruch so: Sei $z \in T \setminus W$ mit maximaler Höhe gewählt. Dann hat die Restklasse von z in V/W endliche Höhe und ist in einem zyklischen direkten Summanden enthalten, dessen Urbild in V zu M gehört.)

b) (Kriterium von Kulikoff) Genau dann ist V direkte Summe zyklischer Moduln, wenn $\mathrm{S}(V)$ Vereinigung einer aufsteigenden Folge $\cdots T_n \subseteq T_{n+1} \cdots$ von Untermoduln ist, deren Elemente $\neq 0$ jeweils beschränkte Höhe haben.(Folgerung. Der Satz von Prüfer aus Aufgabe 2e).)

c) (Kulikoff) Ist V direkte Summe zyklischer Moduln, so gilt dies auch für jeden Untermodul.

9. Sei A ein Hauptidealbereich. Ist V ein A–Modul, der direkte Summe zyklischer Moduln ist, dann besitzt auch jeder Untermodul von V diese Eigenschaft. (Neben dem Satz von Kulikoff verwendet man III.B.3.)

10. Sei A ein artinscher Hauptidealring. Dann ist jeder A–Modul direkte Summe zyklischer Moduln. (Man überträgt den Beweis von 61.7.)

11. Sei A ein artinscher Hauptidealring.

a) Sei A lokal. Für einen A-Modul V sind äquivalent: (1) V ist frei. (2) V ist projektiv. (3) V ist injektiv. (Man beachte Anhang V.B, Aufgabe 1 und Anhang V.C, Aufgabe 2. Mit vorstehender Aufgabe folgt, daß man V zyklisch annehmen kann. Aus (2) folgt (1) nun einfach daraus, daß V direkter Summand von A sein muß. Aus (3) folgt (1): Die Isomorphie der Sockel von A und V läßt sich nur dann zu einem Homomorphismus $A \to V$ fortsetzen, wenn $A \cong V$ ist. Aus (1) folgt (3): A ist reiner Untermodul jedes A-Moduls, der A enthält, und damit direkter Summand.)

b) Ein A-Modul V ist genau dann projektiv, wenn er injektiv ist. (Man kann annehmen, daß V Modul über einem der lokalen Restklassenringe von A ist.)

12. (Köthe) Sei A ein artinscher kommutativer Ring, über dem jeder Modul direkte Summe zyklischer Moduln ist. Dann ist A ein Hauptidealring. (Ohne Einschränkung kann man A lokal mit maximalem Ideal $\mathbf{m}$ annehmen. Aus der Existenz injektiver A-Moduln ergibt sich die Existenz eines zyklischen injektiven A-Moduls $V \neq 0$. Sei $\mathbf{a} := \operatorname{Ann}_A V$. Bei $\mathbf{a} \neq 0$ gäbe es einen nichttrivialen Homomorphismus von $\mathbf{a}$ in V, dessen Fortsetzung nach A zu einer unmöglichen Situation führte. Daher ist $A \cong V$ selbst injektiver A-Modul, und Projektionen im A-Modul $\mathbf{m}$ lassen sich zu Homothetien in A fortsetzen. Hieraus ergibt sich, daß $\mathbf{m}$ ein Hauptideal ist.)

13. Sei H eine endliche abelsche Gruppe. Für eine Primzahl p und eine natürliche Zahl n bezeichne $\mathrm{w}(n,p)$ die Anzahl der Elemente $x \in H$ mit $p^n x = 0$, d.h. die Anzahl der Elemente $x \in H$ mit einer Ordnung p^m, $m \leq n$. Dann gilt für die Ulmschen Invarianten $\mathrm{u}(n,p)$ von H, $n \in \mathbb{N}_+$:

$$p^{\mathrm{u}(n,p)} = \frac{\mathrm{w}(n,p)^2}{\mathrm{w}(n-1,p)\mathrm{w}(n+1,p)}\,.$$

14. Mit dem Verfahren des Beweises von Lemma 39.5 (also ohne Benutzung von 61.9) beweise man, daß über einem euklidischen Bereich jeder Modul mit einem Erzeugendensystem aus n Elementen eine direkte Zerlegung in höchstens n zyklische Untermoduln besitzt.

15. Sei A ein Hauptidealbereich.

a) Seien F' und F endliche freie A-Moduln und f, g Homomorphismen von F' in F mit isomorphen Kokernen. Dann gibt es Automorphismen h' bzw. h von F' bzw. F mit $hf = gh'$. (61.19)

b) Seien I und J endliche Mengen und $\mathbf{A}, \mathbf{B} \in \mathsf{M}_{I,J}(A)$. Genau dann sind $\mathbf{A}$ und $\mathbf{B}$ äquivalent (vgl. §40, Bemerkung 5), wenn die durch $\mathbf{A}$ und $\mathbf{B}$ definierten Homomorphismen $A^J \to A^I$ isomorphe Kokerne haben.

16. Seien $F_\bullet = (F_i)$ und $G_\bullet = (G_i)$ Komplexe von Moduln über einem Ring A mit Homomorphismen $f_i : F_i \to F_{i+1}$ und $g_i : G_i \to G_{i+1}$, $i \in \mathbb{Z}$. Eine Familie (h_i) von A-Homomorphismen $h_i : F_i \to G_i$ heißt ein Komplex-Homomorphismus, wenn $h_{i+1} f_i = g_i h_i$ ist für alle $i \in \mathbb{Z}$, d.h. wenn das Diagramm

$$\begin{array}{ccccccccc}
\cdots & \to & F_{i-1} & \xrightarrow{f_{i-1}} & F_i & \xrightarrow{f_i} & F_{i+1} & \to & \cdots \\
 & & \downarrow{\scriptstyle h_{i-1}} & & \downarrow{\scriptstyle h_i} & & \downarrow{\scriptstyle h_{i+1}} & & \\
\cdots & \to & G_{i-1} & \xrightarrow{g_{i-1}} & G_i & \xrightarrow{g_i} & G_{i+1} & \to & \cdots
\end{array}$$

kommutativ ist. Solch ein Komplex–Homomorphismus induziert für jedes $i \in \mathbb{Z}$ einen Homomorphismus $H_i(F_\bullet) \to H_i(G_\bullet)$ der Homologiemoduln von $F_\bullet$ bzw. $G_\bullet$ an der Stelle i. Ist (h_i) ein Komplex-Isomorphismus, d.h. sind alle h_i Isomorphismen, so sind auch die induzierten Homomorphismen $H_i(F_\bullet) \to H_i(G_\bullet)$ bijektiv. — Man sagt, der Komplex $F_\bullet$ sei rechts bzw. links beschränkt, wenn die Moduln F_i für genügend große $i \in \mathbb{Z}$ bzw. genügend kleine $i \in \mathbb{Z}$ alle verschwinden.

Sei A ein Hauptidealbereich und seien $F_\bullet$ bzw. $G_\bullet$ beide links bzw. beide rechts beschränkte Komplexe endlicher freier A–Moduln. Genau dann sind $F_\bullet$ und $G_\bullet$ isomorphe Komplexe, wenn für jedes $i \in \mathbb{Z}$ gilt: $\operatorname{Rang} F_i = \operatorname{Rang} G_i$ und $H_i(F_\bullet) \cong H_i(G_\bullet)$. (Für die nichttriviale Implikation konstruiere man rekursiv die Isomorphismen $h_i : F_i \to G_i$ mit 61.19.)

17. Seien A ein Hauptidealbereich und $f : F_1 \to F_2$ ein Homomorphismus endlicher freier A–Moduln. Dann ist $\mathrm{t}_A(\operatorname{Kokern} f) \cong \mathrm{t}_A(\operatorname{Kokern} f^*)$. (61.18 — Eine Beweisvariante liefert §83, Aufgabe 32b).)

18. Seien $F_\bullet = (F_i)$ ein Komplex freier Moduln über dem Hauptidealbereich mit den Homomorphismen $f_i : F_i \to F_{i+1}$ und $F_\bullet^* = (F_i^*)$ der dualisierte Komplex.

a) Für jedes $i \in \mathbb{Z}$ gibt es eine kanonische exakte Sequenz

$$0 \to E_{i+1} \to H_i(F_\bullet^*) \to H_i(F_\bullet)^* \to 0,$$

wobei E_{i+1} der Kokern des Duals der Einbettung $\operatorname{Bild} f_i \to \operatorname{Kern} f_{i+1}$ ist.

b) Haben die F_i endliche Ränge, so gilt für $i \in \mathbb{Z}$: (1) $H_i(F_\bullet)^*$ ist frei vom gleichen Rang b_i wie $H_i(F_\bullet)$. (2) $E_{i+1} \cong \mathrm{t}H_{i+1}(F_\bullet)$. —Insbesondere ist $H_i(F_\bullet^*) \cong A^{b_i} \oplus \mathrm{t}H_{i+1}(F_\bullet)$.

19. Eine endliche quadratische Matrix über einem Hauptidealbereich ist zu ihrer Transponierten äquivalent. (Aufgaben 15b) und 17.)

20. Sei V die direkte Summe der zyklischen Moduln $A/Aa_1, \ldots, A/Aa_n$ über dem Hauptidealbereich A mit von 0 verschiedenen Elementen $a_1, \ldots, a_n$. Um die Elementarteiler von V zu bestimmen, ersetzt man, ausgehend von der Folge $a_1, \ldots, a_n$, jeweils zwei Elemente der Folge durch das Paar aus ihrem kgV und ggT, bis eine Folge $e_1, \ldots, e_n$ erreicht ist, in der e_{i+1} ein Teiler von e_i ist, $i = 1, \ldots, n-1$. Dann ist $e_1, \ldots, e_n, 1, \ldots$ die Folge der Elementarteiler von V. (Bemerkung. Beim Rechnen geht man rekursiv etwa folgendermaßen vor: Bezeichne P_i das Ersetzen des Paares p_i, p_{i+1} in einer Folge $p_1, \ldots, p_n$ durch das Paar $\operatorname{kgV}(p_i, p_{i+1})$, $\operatorname{ggT}(p_i, p_{i+1})$. Dann führt man, mit $a_1, \ldots, a_n$ beginnend, nacheinander die Operationen $P_1, \ldots, P_{n-1}$ aus und erhält eine Folge $b_1, \ldots, b_n$, in der $b_n = e_n$ ist, und die Elementarteiler zur Folge $b_1/b_n, \ldots, b_{n-1}/b_n$ sind $e_1/b_n, \ldots, e_{n-1}/b_n, 1, \ldots$.)

§62 Graduierte Ringe und Moduln

Es genügt, beim ersten Lesen bis zum Absatz vor 62.3 vorzugehen.
Seien k ein kommutativer Ring und I eine Menge. In der Polynomalgebra $A := k[X_i : i \in I]$ bilden die homogenen Polynome vom Grade n, $n \in \mathbb{N}$, einen k–Untermodul A_n. Weiter ist $A = \sum_{n\in\mathbb{N}}^{\oplus} A_n$ und $A_m A_n \subseteq A_{m+n}$, $m, n \in \mathbb{N}$. Solche direkten Zerlegungen von k–Algebren — Graduierungen genannt — werden in diesem Paragraphen systematisch behandelt.

Definition Sei k ein kommutativer Ring. Eine graduierte k-Algebra ist eine k–Algebra A zusammen mit einer Zerlegung

$$A = \sum\nolimits_{n\in\mathbb{Z}}^{\oplus} A_n$$

von A als direkte Summe der k–Untermoduln A_n, $n \in \mathbb{Z}$, mit

$$A_m A_n \subseteq A_{m+n}$$

für alle $m, n \in \mathbb{Z}$.

Sind keine Mißverständnisse zu befürchten, schreiben wir kurz $\sum_n A_n$ für die k-Graduierung $\sum_{n\in\mathbb{Z}}^{\oplus} A_n$ der k–Algebra A. Den k–Modul A_n nennen wir auch die n–te Stufe von A. Für $n \in \mathbb{Z}$ bezeichnet

$$\pi_n : A \to A_n$$

gewöhnlich die Projektion auf A_n längs $\sum_{m\neq n} A_m$. Dann ist

$$a = \sum_{n\in\mathbb{Z}} \pi_n(a) = \sum_{n\in\mathbb{Z}} a_n\,, \quad a_n := \pi_n(a)\,,$$

für jedes $a \in A$. Das Element $a_n = \pi_n(a)$ heißt die n–te homogene Komponente von a. Ein Element $a \in A_n$ heißt homogen vom Grade n. Das Nullelement ist nach dieser Sprechweise homogen von jedem Grade $n \in \mathbb{Z}$.
Ist $a = \sum_n a_n \in A$, $a_n \in A_n$, beliebig, so heißt das Infimum der $n \in \mathbb{Z}$ mit $a_n \neq 0$ der Untergrad von a. Er wird mit

$$\omega(a)$$

bezeichnet. Das Supremum der $n \in \mathbb{Z}$ mit $a_n \neq 0$ heißt der Grad (oder genauer der Obergrad) von a und wird mit

$$\mathrm{Grad}(a)$$

bezeichnet. Dabei ist $\omega(0) = \infty$ und $\mathrm{Grad}(0) = -\infty$. Wir halten aber daran fest, daß 0 als homogenes Element — wie oben erwähnt — jeden Grad besitzt. Ist $a = \sum_n a_n \neq 0$, so sind $a_{\omega(a)}$ bzw. $a_{\mathrm{Grad}(a)}$ wohldefinierte von 0 verschiedene Elemente. Sie heißen die untere bzw. obere Leitform von a. Als Leitform schlechthin bezeichnet man immer die obere Leitform. Die untere Leitform heißt auch die Anfangsform.

Die folgenden Rechenregeln lassen sich unmittelbar verifizieren: Für beliebige $a, b \in A = \sum_n A_n$ ist

$$\begin{aligned}\omega(a+b) &\geq \mathrm{Min}(\omega(a), \omega(b))\,,\\ \omega(ab) &\geq \omega(a) + \omega(b)\,,\\ \mathrm{Grad}(a+b) &\leq \mathrm{Max}(\mathrm{Grad}(a), \mathrm{Grad}(b))\,,\\ \mathrm{Grad}(ab) &\leq \mathrm{Grad}(a) + \mathrm{Grad}(b)\,.\end{aligned}$$

In den angegebenen Ungleichungen für $\omega(a+b)$ bzw. $\mathrm{Grad}(a+b)$ steht jeweils das Gleichheitszeichen, wenn $\omega(a) \neq \omega(b)$ bzw. $\mathrm{Grad}(a) \neq \mathrm{Grad}(b)$ ist. Für $\omega(ab)$ bzw. $\mathrm{Grad}(ab)$ steht jeweils das Gleichheitszeichen, wenn $a \neq 0 \neq b$ ist und das Produkt der unteren bzw. das Produkt der oberen Leitformen von a und b von 0 verschieden ist. Es ist dann $a_{\omega(a)}b_{\omega(b)}$ bzw. $a_{\mathrm{Grad}(a)}b_{\mathrm{Grad}(b)}$ die untere bzw. obere Leitform von ab.

Aus der letzten Bemerkung ergibt sich unmittelbar das folgende nützliche Lemma:

62.1 Lemma *Eine graduierte k-Algebra $A = \sum_{n\in\mathbb{Z}} A_n$ ist genau dann nullteilerfrei, wenn folgendes gilt: Sind a, b von 0 verschiedene homogene Elemente in A, so ist auch ihr Produkt ab von 0 verschieden.*

Das Einselement einer graduierten k-Algebra $A = \sum_n A_n$ ist stets homogen vom Grade 0. Beweis. Sei $1 = \sum_n a_n$. Ist dann $b_m \in A_m$ homogen vom Grade m, so ist $b_m = b_m \cdot 1 = \sum_n b_m a_n$. Wegen $b_m a_n \in A_{m+n}$ ist notwendigerweis $b_m = b_m a_0$. Analog ist $b_m = a_0 b_m$. Somit operiert a_0 auf allen homogenen Elementen und damit generell wie das Einselement.

Es folgt, *daß A_0 eine k-Unteralgebra von $A = \sum_n A_n$ ist.* Die A_n, $n \in \mathbb{N}$, sind sowohl A_0-Links- als auch A_0-Rechts-Untermoduln.

Beispiel 1 Jede k-Algebra A besitzt die triviale Graduierung mit $A_0 := A$ und $A_n := 0$ für $n \in \mathbb{Z}$, $n \neq 0$.

Beispiel 2 Sei $P = k[X_i]_{i\in I}$ die Polynomalgebra in den Unbestimmten X_i, $i \in I$, über dem kommutativen Ring k, und sei $A = \sum_n A_n$ eine Graduierung von A, bezüglich der die Unbestimmten homogene Elemente vom Grade $\gamma(i) \in \mathbb{Z}$, $i \in I$, sind. Man nennt $\gamma(i)$ auch das Gewicht von X_i. Jedes Monom $X^\nu = \prod_{i\in I} X_i^{\nu_i}$, $\nu = (\nu_i) \in \mathbb{N}^{(I)}$, ist dann homogen vom Grade $\sum_{i\in I} \gamma(i)\nu_i$. Folglich ist $P_n \subseteq P$ der freie k-Modul mit der Monombasis

$$X^\nu\,;\ \nu \in \mathbb{N}^{(I)}\,,\ \sum_{i\in I} \gamma(i)\nu_i = n\,.$$

Ist umgekehrt $\gamma : I \to \mathbb{Z}$ eine beliebige Gewichtsfunktion und definiert man A_n für $n \in \mathbb{Z}$ als k–Untermodul von A mit der angegebenen Monombasis, so ist damit eine Graduierung $P = \sum_n P_n$ von P definiert, bezüglich der die X_i das Gewicht $\gamma(i)$ haben. Wir bezeichnen diese Graduierung als die *γ - Graduierung* von $k[X_i]_{i\in I}$. Die *Standardgraduierung*, die wir in §53 eingeführt haben, ist die Graduierung zur konstanten Gewichtsfunktion γ mit $\gamma(i) = 1$ für alle $i \in I$.

Allgemeiner läßt sich eine Graduierung der k–Algebra $A = \sum_n A_n$ eindeutig zu einer Graduierung des Polynomringes $P = A[X_i]_{i\in I}$ fortsetzen, wenn die Gewichte $\gamma(i) \in \mathbb{Z}$, $i \in I$, der Unbestimmten X_i, $i \in I$, vorgegeben sind. Für $n \in \mathbb{Z}$ ist

$$P_n = \sum A_m X^\nu ,$$

wobei die Summe über alle $m \in \mathbb{Z}$ und $\nu = (\nu_i) \in \mathbb{N}^{(I)}$ mit $m + \sum_i \gamma(i)\nu_i = n$ zu bilden ist.

Beispiel 3 Seien $A = \sum_n A_n$ eine graduierte k–Algebra und $d \in \mathbb{Z}$, $d \neq 0$. Die graduierte k–Algebra

$$A^{[d]} := \sum_{n\in\mathbb{Z}} A_{dn}$$

mit $A_n^{[d]} := A_{dn}$ heißt die *d-te Veronese-Transformierte* von A.

Sei $A = \sum_n A_n$ eine graduierte k–Algebra. Unter den A–Moduln sind diejenigen ausgezeichnet, die eine Graduierung besitzen, die mit der von A verträglich ist. Diese sind folgendermaßen definiert.

Definition Sei $A = \sum_{n\in\mathbb{Z}} A_n$ eine graduierte k–Algebra. Ein *graduierter A-Modul* ist ein A–Modul V zusammen mit einer Zerlegung

$$V = \sum\nolimits_{n\in\mathbb{Z}}^{\oplus} V_n$$

von V als direkte Summe der k–Untermoduln V_n, $n \in \mathbb{Z}$, mit

$$A_m V_n \subseteq V_{m+n}$$

für alle $m, n \in \mathbb{Z}$.

Die obige Definition beschreibt die graduierten A–Links–Moduln. Graduierte A–Rechts–Moduln sind in analoger Weise definiert. Ist $V = \sum_n^{\oplus} V_n = \sum_n V_n$ ein graduierter A–Modul, so sind die direkten Summanden V_n sogar A_0–Moduln wegen $A_0 V_n \subseteq V_{0+n} = V_n$. Für graduierte A–Moduln V sind die Projektionen π_n, ferner die homogenen Komponenten, Untergrad, Obergrad und untere bzw. obere Leitform eines Elements

$$x = \sum_n \pi_n(x) = \sum_n x_n \in V\,, \quad x_n := \pi_n(x) \in V_n\,,$$

analog wie für den Fall $V = A$ definiert.

Beispiel 4 Ist $V_i = \sum_n (V_i)_n$, $i \in I$, eine Familie von graduierten A–Moduln, so ist die direkte Summe $V := \bigoplus_{i\in I} V_i$ mit der Graduierung $V_n := \bigoplus_{i\in I}(V_i)_n$, $n \in \mathbb{Z}$, ebenfalls ein graduierter A–Modul.

Sind $V = \sum_n V_n$ und $W = \sum_n W_n$ graduierte A–Moduln, so heißt ein A–Modul–Homomorphismus $f : V \to W$ homogen vom Grade r, $r \in \mathbb{Z}$, wenn

$$f(V_n) \subseteq W_{n+r}$$

für alle $n \in \mathbb{Z}$ ist. Den k–Modul der Homomorphismen $f : V \to W$ vom Grade r bezeichnen wir mit

$$\mathrm{Hom}_A^r(V, W)\,.$$

Wir nennen $f : V \to W$ einen Isomorphismus (graduierter A-Moduln), wenn f bijektiv und *homogen vom Grade* 0 *ist.*

Ein Untermodul U des graduierten A–Moduls $V = \sum_n V_n$ heißt homogen, wenn $U_n := \pi_n(U) \subseteq U$ ist. Genau dann ist U also homogen, wenn U mit jedem Element $x = \sum_n x_n$ die homogenen Komponenten x_n, $n \in \mathbb{Z}$, von x enthält. Ist $U \subseteq V$ ein homogener Untermodul, so ist $U = \sum_n U_n$ ebenfalls ein graduierter Modul, und die kanonische Injektion $U \to V$ ist homogen vom Grade 0. Ferner gilt für den Restklassenmodul V/U die direkte Summenzerlegung $V/U = \sum_{n\in\mathbb{Z}}^{\oplus} \overline{V}_n$, wobei $\overline{V}_n$ das Bild von V_n unter der kanonischen Projektion $V \to V/U$ ist. Es ist $\overline{V}_n = V_n/U_n$ wegen $V_n \cap U = U_n$. Offensichtlich ist V/U mit der Graduierung $V/U = \sum_n \overline{V}_n$ ein graduierter A–Modul, und die kanonische Projektion $V \to V/U$ ist homogen vom Grade 0.

Beispiel 5 Ist $f : V \to W$ ein homogener Homomorphismus vom Grade r, so sind Kern f bzw. Bild f homogene Untermoduln von V bzw. W, und die kanonische Vierersequenz

$$0 \to \mathrm{Kern}\, f \to V \xrightarrow{f} W \to \mathrm{Kokern}\, f \to 0$$

(vgl. §42, Beispiel 3) ist eine exakte Sequenz von graduierten A–Moduln und homogenen A–Homomorphismen. Für jedes $n \in \mathbb{Z}$ hat man die folgende exakte Sequenz von k–Moduln:

$$0 \to (\mathrm{Kern}\, f)_n \to V_n \to W_{n+r} \to (\mathrm{Kokern}\, f)_{n+r} \to 0\,.$$

Homogene Untermoduln lassen sich wie folgt charakterisieren.

62.2 Lemma *Ein Untermodul U eines graduierten A-Moduls $V = \sum_n V_n$ ist genau dann homogen, wenn U ein Erzeugendensystem aus homogenen Elementen besitzt.*

Beweis. Ist U homogen, so bilden die homogenen Elemente in U ein homogenes Erzeugendensystem von U. Sei umgekehrt x_i, $i \in I$, ein Erzeugendensystem von U mit $x_i \in V_{n_i}$. Sei $x \in U$ und $x = \sum_i a_i x_i$ mit den homogenen Zerlegungen $a_i = \sum_n (a_i)_n \in A$. Dann ist die n-te homogene Komponente $\sum_i (a_i)_{n-n_i} x_i$ von x ebenfalls ein Element von U, was zu beweisen war. •

Sind $A = \sum_n A_n$ und $B = \sum_n B_n$ graduierte k-Algebren, so heißt $\varphi : A \to B$ ein homogener k-Algebra-Homomorphismus, wenn φ ein k-Algebra-Homomorphismus mit $\varphi(A_n) \subseteq B_n$ für alle $n \in \mathbb{Z}$ ist. Das Bild eines homogenen k-Algebra-Homomorphismus $\varphi : A \to B$ ist eine homogene k-Unteralgebra von B, d.h. es gilt $\pi_n(\varphi(A)) \subseteq \varphi(A)$ für alle $n \in \mathbb{Z}$. Analog ist der Kern eines solchen Homomorphismus ein homogenes zweiseitiges Ideal $\mathbf{a}$ in A, d.h. ein Ideal mit $\pi_n(\mathbf{a}) \subseteq \mathbf{a}$ für alle $n \in \mathbb{Z}$. Für ein beliebiges homogenes zweiseitiges Ideal $\mathbf{a} \subseteq A$ ist $A/\mathbf{a}$ in kanonischer Weise wieder eine graduierte k-Algebra derart, daß die kanonische Projektion $\pi : A \to A/\mathbf{a}$ ein homogener Homomorphismus ist. Für homogene k-Algebra-Homomorphismen $\varphi : A \to B$ ist der induzierte Homomorphismus $\varphi' : A/\mathrm{Kern}\,\varphi \to \mathrm{Bild}\,\varphi$ (vgl. 31.4) ein Isomorphismus von graduierten k-Algebren.

Aus 62.1 erhält man folgendes Korollar.

62.3 Lemma *Sei $\mathbf{a}$ ein homogenes Ideal in der kommutativen graduierten k-Algebra $A = \sum_n A_n$ mit $\mathbf{a} \neq A$. Genau dann ist $\mathbf{a}$ ein Primideal, wenn folgende Bedingung erfüllt ist: Sind a, b homogene Elemente in A mit $a \cdot b \in \mathbf{a}$, so ist $a \in \mathbf{a}$ oder $b \in \mathbf{a}$.*

Beweis. $\mathbf{a}$ ist wegen $\mathbf{a} \neq A$ genau dann prim, wenn die graduierte k-Algebra $A/\mathbf{a}$ nullteilerfrei ist. Nach 62.1 ist dies äquivalent mit der angegebenen Bedingung. •

Beispiel 6 (Verschieben graduierter Moduln) Seien $A = \sum_n A_n$ eine graduierte k-Algebra und $V = \sum_n V_n$ ein graduierter A-Modul. Aus V gewinnen wir durch Verschieben für jedes $m \in \mathbb{Z}$ einen graduierten A-Modul $V(m)$, dessen n-te Stufe V_{m+n} ist, also:

$$V(m)_n := V_{m+n}\,.$$

Insbesondere gewinnt man aus A die graduierten A-Moduln $A(m)$. Genau dann ist ein Homomorphismus $f : V \to W$ von graduierten A-Moduln homogen vom Grade r, wenn f als Homomorphismus von $V(m)$ in $W(n)$ homogen vom Grade $m - n + r$ ist.

Ist x_i, $i \in I$, ein Erzeugendensystem des graduierten A-Moduls V mit homogenen Elementen $x_i \in V$ des Grades m_i, $i \in I$, so ist

$$\bigoplus_{i \in I} A(-m_i) \longrightarrow V$$

mit $(a_i) \mapsto \sum_{i\in I} a_i x_i$ ein surjektiver homogener Homomorphismus vom Grade 0. Die graduierten Restklassenmoduln der direkten Summen von Moduln des Typs $A(m)$, $m \in \mathbb{Z}$, repräsentieren also bis auf Isomorphie alle graduierten A-Moduln.

Beispiel 7 Seien $A = \sum_n A_n$ eine kommutative graduierte k-Algebra und $S \subseteq A$ ein multiplikatives System in A, dessen Elemente alle homogen sind. Dann besitzt der Ring A_S der Brüche mit Nennern aus S eine natürliche Graduierung derart, daß der kanonische Homomorphismus $A \to A_S$ homogen ist. Ein Element aus A_S ist definitionsgemäß genau dann homogen vom Grade n, wenn es eine Darstellung der Form a/s mit homogenen Elementen $a \in A$ und $s \in S$ hat, wobei $\operatorname{Grad} a - \operatorname{Grad} s = n$ ist. Den einfachen Beweis, daß damit eine Graduierung auf A_S definiert ist, überlassen wir dem Leser. Wegen $\operatorname{Grad} 1 = 0$ ist $\operatorname{Grad} a/1 = \operatorname{Grad} a$ für jedes homogene Element $a \in A$. Somit ist $a \mapsto a/1$ ein homogener k–Algebra–Homomorphismus von A in A_S. Ist V ein graduierter A–Modul, so besitzt V_S in natürlicher Weise die Struktur eines graduierten A_S–Moduls.

Beispiel 8 (Faktorielle graduierte Integritätsbereiche) Die folgende Konstruktion faktorieller graduierter Integritätsbereiche geht auf P. Samuel zurück.

62.4 Satz *Seien A ein graduierter Integritätsbereich und $f \in A_m$ ein homogenes Element des Grades $m > 0$. Ferner sei $n \in \mathbb{N}_+$ teilerfremd zu m. Dann gilt: Ist A faktoriell und f prim oder eine Einheit in A, so ist auch*

$$B := A[Z]/(Z^n - f) = A[z]$$

faktoriell.

Beweis. z bezeichnet die Restklasse von Z. Wegen $B/Bz = A[Z]/(Z^n - f, Z) = A[Z]/(f, Z) = A/Af$ ist z (genau dann) prim in B, wenn $f(= z^n)$ prim in A ist.

Sei A faktoriell. Wir überlegen uns zunächst, daß wir annehmen können, daß f eine Einheit in A ist und betrachten dazu $B_z = B_f = A_f[Z]/(Z^n - f)$. In A_f ist f eine Einheit. Wenn B_z faktoriell ist, so ist B ein Integritätsbereich (da z kein Nullteiler in B ist). Ferner erfüllt B als endliche freie A–Algebra nach §58, Aufgabe 36b) die aufsteigende Kettenbedingung für Hauptideale. Ist nun f prim in A, so ist z prim in B und B nach dem Lemma 60.8 von Nagata faktoriell.

Im weiteren sei f eine Einheit in A. Es gibt natürliche Zahlen r, s mit $ns - mr = 1$. Neben B betrachten wir noch die Algebren $C := B[Y]/(Y^s - z) = B[y]$ und $D := C[X]/(X^n - y) = C[x]$. Es ist $C = A[Y]/(Y^{ns} - f)$ und $D = B[X]/(X^{ns} - z)$. Ferner haben wir natürliche Inklusionen $A \subseteq B \subseteq C \subseteq D$. Strecken wir die Graduierung von A um den Faktor n, so daß f den Grad mn erhält, und geben wir der Unbestimmten $Z \in A[Z]$ das Gewicht m, so ist $Z^n - f \in A[Z]$ homogen und $B = A[Z]/(Z^n - f)$ trägt eine Graduierung mit $\operatorname{Grad} z = m$. Nach dem folgenden Lemma 62.5 sind daher A und C bzw. B und D jeweils isomorph. Insbesondere ist C faktoriell.

Nach Aufgabe 37 genügt es zu zeigen, daß jedes unzerlegbare homogene Element in B prim in B ist. Sei $b \in B$ solch ein Element. Bei der Isomorphie $B \cong D$ gemäß Lemma 62.5 wird b auf ein zu b assoziiertes Element in D abgebildet. Es folgt, daß b auch, aufgefaßt als Element von D, unzerlegbar ist. In C hat b eine Primfaktorzerlegung $b = \pi_1 \cdots \pi_t$ mit Primelementen $\pi_1, \ldots, \pi_t \in C$, $t \geq 1$. Die Elemente π_t sind Nichteinheiten in D. Somit ist $t = 1$, d.h. b ist prim in C. Wegen $Cb \cap B = Bb$ ist b prim in B, was noch zu zeigen war. •

62.5 Lemma *Seien A ein kommutativer graduierter Ring und $f \in A_m$ eine homogene Einheit des positiven Grades m. Ferner sei $n := 1 + mr$ mit einem $r \in \mathbb{N}_+$ und $B := A[Z]/(Z^n - f) = A[z]$. Dann gibt es eine Isomorphie $\varphi : A \to B$ dergestalt, daß $a_i \in A_i$ auf $a_i z^{-ir}$ abgebildet wird.*

B e w e i s. Wir strecken die Graduierung von A um den Faktor r, so daß jedes Element $a_i \in A_i$ den Grad ir erhält, $i \in \mathbb{Z}$. Wir können deshalb annehmen, daß $r = 1$ ist.

$A[Z, Z^{-1}] = A[Z]_Z$ erhält die Graduierung, die diejenige von A fortsetzt und Z das Gewicht 1 erteilt. Sei $\pi : A[Z, Z^{-1}] \to B$ der A-Algebra-Homomorphismus mit $\pi(Z) = z$. Es ist Kern π das von dem inhomogenen Element $Z^n - f$ erzeugte Hauptideal; er enthält daher keine von 0 verschiedenen homogenen Elemente. Bezeichnet R den Unterring der homogenen Elemente des Grades 0 in $A[Z, Z^{-1}]$, so ist $\pi|R$ injektiv. Ferner ist $\pi(R) = B$. Man hat nämlich $fZ^{-m}, f^{-1}Z^m \in R$ und somit

$$z = \frac{z^{1+m}}{z^m} = \frac{f}{z^m} = \pi(fZ^{-m}) \in \pi(R)$$

und analog $z^{-1} \in \pi(R)$. Für ein $a_i \in A_i$ gilt:

$$a_i = z^i \frac{a_i}{z^i} = z^i \pi(a_i Z^{-i}) \in \pi(R),$$

folglich enthält $\pi(R)$ ganz A und damit auch $B = A[z]$. Andererseits wird durch $a_i \mapsto a_i Z^{-i}$, $a_i \in A_i$, eine Isomorphie von A auf R definiert. Zusammen mit π erhält man die angegebene Isomorphie φ. •

Zu diesem Beweis und für Verallgemeinerungen von 62.4 vergleiche man G. Scheja, U. Storch, Zur Konstruktion faktorieller graduierter Integritätsbereiche, Archiv der Mathematik **42**, 45–52(1984).

Beispiel 9 Seien A eine kommutative graduierte k-Algebra und a_i, $i \in I$, ein Algebra-Erzeugendensystem von A aus homogenen Elementen a_i mit Grad $a_i = \gamma(i)$, $i \in I$. Dann ist der surjektive k-Algebra-Homomorphismus $\varphi : k[X_i]_{i\in I} \to A$ mit $X_i \mapsto a_i$, $i \in I$, homogen, falls $k[X_i]_{i\in I}$ die γ-Graduierung (mit Grad $X_i = \gamma(i)$) trägt, vgl. Beispiel 2. Somit ist $\mathbf{a} :=$ Kern φ ein homogenes Ideal und A als graduierte k-Algebra isomorph zu $k[X_i]_{i\in I}/\mathbf{a}$.

Beispiel 10 ($k^\times$ - O p e r a t i o n) Sei $A = \sum_n A_n$ eine graduierte k-Algebra. Die Gruppe $k^\times$ der Einheiten von k operiert dann in natürlicher Weise als Gruppe von k-Algebra-Automorphismen von A. Ein Element $a \in k^\times$ operiert dabei wie

$$\varphi_a : \sum_{n\in\mathbb{Z}} a_n \mapsto \sum_{n\in\mathbb{Z}} a^n a_n\,, \quad a_n \in A_n\,.$$

Dies ist offenbar ein k-Algebra-Automorphismus von A. Ist $V = \sum_n V_n$ ein graduierter A-Modul, so definiert

$$\sum_{n\in\mathbb{Z}} x_n \mapsto \sum_{n\in\mathbb{Z}} a^n x_n\,, \quad x_n \in V_n\,, \quad a \in k^\times\,,$$

eine Operation von $k^\times$ auf V als Gruppe von semilinearen Automorphismen, und zwar operiert $a \in k^\times$ als φ_a-lineare Abbildung, vgl. §35, Bemerkung 1.

Die Operation von $k^\times$ auf A hängt eng zusammen mit der kanonischen Einbettung $\varphi : A \to A[T, T^{-1}]$ von A in den Ring $A[T, T^{-1}] = A[T]_T$, die durch

$$\sum_{n\in\mathbb{Z}} a_n \mapsto \sum_{n\in\mathbb{Z}} a_n T^n$$

gegeben wird. Ist umgekehrt eine Einbettung von A in $A[T, T^{-1}]$ gegeben, so wird dadurch unter gewissen Voraussetzungen eine Graduierung auf A definiert, vgl. Aufgabe 14.

Beispiel 11 (Homogenisieren und Dehomogenisieren) Sei $A = \sum_n A_n$ eine kommutative graduierte k-Algebra. Die Polynomalgebra $A[X]$ ist offenbar durch

$$A[X] = \sum_{n \in \mathbb{Z}} A[X]_n \quad \text{mit} \quad A[X]_n := \sum_{i \in \mathbb{N}} A_{n-i} X^i$$

graduiert, die Unbestimmte X ist homogen vom Grade 1 (vgl. Beispiel 2). Wir betrachten den (nicht homogenen) surjektiven Einsetzungshomomorphismus

$$\varphi : A[X] \to A \quad \text{mit} \quad X \mapsto 1\,,$$

dessen Kern nach 54.1 von $X - 1$ erzeugt wird. Ist $\mathbf{b} \subseteq A$ ein beliebiges (nicht notwendig homogenes) Ideal, so heißt das homogene Ideal in $A[X]$, das von den homogenen Elementen im Urbild $\varphi^{-1}(\mathbf{b})$ erzeugt wird, die Homogenisierung von $\mathbf{b}$. Sie wird mit ${}^{\mathrm{h}}\mathbf{b}$ bezeichnet. Ist andererseits $\mathbf{c} \subseteq A[X]$ ein homogenes Ideal, so heißt das Bild $\varphi(\mathbf{c}) \subseteq A$ die Dehomogenisierung von $\mathbf{c}$. Sie wird mit ${}^{\mathrm{a}}\mathbf{c}$ bezeichnet. Für $b = \sum_n b_n \in A$, $b \neq 0$, heißt

$${}^{\mathrm{h}}b := \sum_n b_n X^{\mathrm{Grad}(b)-n} \in A[X]$$

die Homogenisierung von b. Sie ist homogen vom Grade $\mathrm{Grad}\, b$. Man setzt ${}^{\mathrm{h}}0 := 0$. Ist $b \in \mathbf{b}$, $\mathbf{b}$ Ideal in A, so ist ${}^{\mathrm{h}}b \in {}^{\mathrm{h}}\mathbf{b}$. Ist umgekehrt $c = \sum_{i \in \mathbb{N}} c_{n-i} X^i \in A[X]$ homogen vom Grade n, so heißt

$${}^{\mathrm{a}}c := \varphi(c) = \sum_i c_{n-i}$$

die Dehomogenisierung von c. Es ist

$${}^{\mathrm{a}}({}^{\mathrm{h}}b) = b \quad \text{und} \quad X^{\mathrm{Grad}\, c - \mathrm{Grad}\, {}^{\mathrm{a}}c} \cdot {}^{\mathrm{h}}({}^{\mathrm{a}}c) = c$$

für alle $b \neq 0$ in A und alle homogenen Elemente $c \neq 0$ in $A[X]$. Sind $b_1, b_2 \in A$ Elemente mit $b_1 b_2 \neq 0$, so ist

$$X^d \cdot {}^{\mathrm{h}}(b_1 b_2) = {}^{\mathrm{h}}b_1\, {}^{\mathrm{h}}b_2$$

mit $d := \mathrm{Grad}\, b_1 + \mathrm{Grad}\, b_2 - \mathrm{Grad}\, b_1 b_2$. Für beliebige homogene Elemente $c_1, c_2 \in A[X]$ ist

$${}^{\mathrm{a}}(c_1 c_2) = {}^{\mathrm{a}}c_1\, {}^{\mathrm{a}}c_2\,.$$

Sei $\mathbf{b} \subseteq A$ ein beliebiges Ideal. Dann ist ${}^{\mathrm{a}}({}^{\mathrm{h}}\mathbf{b}) = \mathbf{b}$. Der Homomorphismus $\varphi : A[X] \to A$ induziert daher einen surjektiven Homomorphismus

$$\overline{\varphi} : A[X]/{}^{\mathrm{h}}\mathbf{b} \to A/\mathbf{b} \quad \text{mit} \quad x \mapsto 1\,,$$

dessen Kern von $x - 1$ erzeugt wird, wobei x die Restklasse von X ist. Wir setzen $B := A/\mathbf{b}$ und ${}^{\mathrm{h}}B := A[X]/{}^{\mathrm{h}}\mathbf{b}$. Es ist also $B \cong {}^{\mathrm{h}}B/{}^{\mathrm{h}}B \cdot (x - 1)$. Nach Aufgabe 21b) *induziert* $\overline{\varphi} : {}^{\mathrm{h}}B \to B$ *einen Isomorphismus*

$$(({}^{\mathrm{h}}B)_x)_0 \to B\,,$$

ferner ist $({}^{h}B)_x = (({}^{h}B)_x)_0[x, x^{-1}] \cong B[x, x^{-1}]$, *und* x *ist transzendent über* B, vgl. Aufgabe 21a).

Ist A *ein Integritätsbereich, so gilt für ein Hauptideal* Ab, $b \neq 0$: ${}^{h}(Ab) = A[X]^{h}b$. Ist nämlich $c \in {}^{h}(Ab)$ homogen $\neq 0$ und ${}^{a}c = db$, $d \in A$, so ist $c = X^m \cdot {}^{h}({}^{a}c) = X^m \cdot {}^{h}(db) = X^m \cdot {}^{h}d^{h}b \in A[X]^{h}b$ mit $m := \operatorname{Grad} c - \operatorname{Grad}^{a} c$. Es folgt, daß für nullteilerfreie A das Ideal ${}^{h}\mathbf{b}$ für ein beliebiges Ideal $\mathbf{b} \subseteq A$ von den Elementen ${}^{h}b, b \in \mathbf{b}$, erzeugt wird. Im allgemeinen wird aber ${}^{h}\mathbf{b}$ nicht von den Elementen ${}^{h}b_i$, $i \in I$, erzeugt, wenn b_i, $i \in I$, ein Erzeugendensystem von $\mathbf{b}$ ist.

Vielfach benutzt werden die hier beschriebenen Prozesse des Homogenisierens bzw. Dehomogenisierens im Fall einer Polynomalgebra $A = k[X_i]_{i \in I}$ mit der Standardgraduierung. Der Fall $A = k[X_1, \ldots, X_n]$ ist bereits in §60, Aufgabe 25 beschrieben worden.

Eine graduierte k–Algebra $A = \sum_n A_n$ heißt nichtnegativ graduiert, wenn $A_n = 0$ ist für $n < 0$, und positiv graduiert, wenn A nichtnegativ graduiert mit $A_0 = k \cdot 1_A$ ist. Ist A eine nichtnegativ graduierte Algebra, so ist A eine positiv graduierte A_0–Algebra, falls A_0 im Zentrum von A liegt. In jeder graduierten k–Algebra $\sum_n A_n$ ist

$$A_{\geq 0} := \sum_{n \in \mathbb{N}} A_n$$

eine nichtnegativ graduierte k–Unteralgebra. Ebenso ist

$$A_{\leq 0} := \sum_{n \in \mathbb{Z}, n \leq 0} A_n$$

eine graduierte k–Unteralgebra, aus der man durch $n \mapsto -n$ eine nichtnegativ graduierte k–Algebra erhält.

Sei nun $A = \sum_{n \in \mathbb{N}} A_n$ eine nichtnegativ graduierte k–Algebra. Die Summen

$$A_{(n)} := \sum_{m \geq n} A_m\,, \quad n \in \mathbb{N}\,,$$

bilden offenbar eine absteigende Folge von zweiseitigen Idealen $A_{(n)}$ in A mit $\bigcap_{n \in \mathbb{N}} A_{(n)} = 0$. Man schreibt noch

$$A_+ := A_{(1)} = \sum_{m \in \mathbb{N}_+} A_m\,.$$

Die Restklassenalgebra A/A_+ ist kanonisch isomorph zu A_0.

62.6 Lemma *Sei* $A = \sum_{n \in \mathbb{N}} A_n$ *eine positiv graduierte* k*–Algebra. Für eine Familie* x_i, $i \in I$, *von homogenen Elementen mit* $\operatorname{Grad} x_i = n_i > 0$ *sind folgende Aussagen äquivalent:*

(1) *Es ist* $A_+ = \sum_{i \in I} A x_i$.

(1′) *Es ist* $A_+ = \sum_{i \in I} x_i A$.

(2) *Es ist* $A = A_0[x_i : i \in I]$.
Sind diese Bedingungen erfüllt, so ist

$$A_n = \sum A_0 x_{i_1} \cdots x_{i_t} \,,$$

wobei die Summe über alle endlichen Folgen $i_1, \ldots, i_t$ *von Elementen aus* I *mit* $n_{i_1} + \cdots + n_{i_t} = n$ *zu bilden ist.*

B e w e i s. Es genügt, die Äquivalenz von (1) und (2) zu zeigen. Sei (1) erfüllt. Wir beweisen den Zusatz über A_n durch Induktion über n. (Dieser Zusatz impliziert (2).) Für $n = 0$ ist der Zusatz trivial. Sei $n > 0$ und $a_n \in A_n$. Dann gibt es Elemente $a_i \in A$ mit $a_n = \sum_i a_i x_i$. Es folgt $a_n = \sum_i (a_i)_{n-n_i} x_i$. nach Induktionsvoraussetzung haben die homogenen Elemente $(a_i)_{n-n_i} \in A_{n-n_i}$ eine Darstellung der angegebenen Form, dann aber auch a_n.
Sei umgekehrt (2) erfüllt. Die Produkte $x_{i_1} \cdots x_{i_t}$, wobei $i_1, \ldots, i_t$ alle endlichen Folgen von Elementen aus I durchläuft, bilden ein A_0–Modul–Erzeugendensystem von A_+. Wegen Grad $x_i > 0$ für alle i folgt (1). •

62.7 Satz *Sei* $A = \sum_{n \in \mathbb{N}} A_n$ *eine nichtnegativ graduierte kommutative* k*–Algebra. Folgende Aussagen sind äquivalent:*

(1) A *ist noethersch.*

(2) A_0 *ist noethersch, und* A_+ *ist ein endlich erzeugtes Ideal in* A.

(3) A_0 *ist noethersch, und* A *ist eine endlich erzeugte* A_0*–Algebra.*

B e w e i s. Aus (1) folgt (2): Ist A noethersch, so ist das Ideal A_+ endlich erzeugt und die Restklassenalgebra $A/A_+ = A_0$ ebenfalls noethersch. (3) folgt aus (2) mit Hilfe von 62.6, und (1) folgt aus (3) nach 38.9. •

Beispiel 12 (R e e s – A l g e b r a und L e m m a von A r t i n – R e e s. K r u l l s c h e r D u r c h s c h n i t t s s a t z) Seien A ein kommutativer Ring und $\mathbf{a} \subseteq A$ ein Ideal. In der Polynomalgebra $A[T]$ bilden die Elemente $\sum_{n \in \mathbb{N}} a_n T^n$ mit $a_n \in \mathbf{a}^n$ offenbar eine positiv graduierte A–Unteralgebra. Diese wird mit

$$\mathrm{R}(\mathbf{a}) = \mathrm{R}(\mathbf{a}, A)$$

bezeichnet und heißt die R e e s – A l g e b r a zum Ideal $\mathbf{a} \subseteq A$. Es ist also

$$\mathrm{R}(\mathbf{a}) = \sum_{n \in \mathbb{N}} \mathbf{a}^n T^n \cong \bigoplus_{n \in \mathbb{N}} \mathbf{a}^n \,.$$

Ist V ein A–Modul, so trägt

$$\mathrm{R}(\mathbf{a}, V) := \bigoplus_{n \in \mathbb{N}} \mathbf{a}^n V$$

die Struktur eines graduierten $\mathrm{R}(\mathbf{a})$–Moduls. Man setzt $\left(\sum_m a_m\right)\left(\sum_n x_n\right) = \left(\sum_p y_p\right)$ mit $y_p := \sum_{m+n=p} a_m x_n$. Bilden die Elemente a_i, $i \in I$, ein Erzeugendensystem des Ideals $\mathbf{a}$, so ist $a_i T$, $i \in I$, ein A–Algebra–Erzeugendensystem von $R(\mathbf{a})$. Insbesondere ist $R(\mathbf{a})$ noethersch, wenn A noethersch ist. Ist x_j, $j \in J$, ein A-Modul-Erzeugendensystem von V, so bilden die x_j, $j \in J$, auch ein $R(\mathbf{a})$-Modul-Erzeugendensystem des Moduls $R(\mathbf{a}, V)$. *Ist also V ein noetherscher, d.h. endlich erzeugter Modul über dem noetherschen Ring A, so ist* $R(\mathbf{a}, V)$ *ein noetherscher Modul über dem noetherschen Ring* $R(\mathbf{a})$.

62.8 Lemma von Artin–Rees *Seien A ein noetherscher kommutativer Ring, V ein endlicher A-Modul, $\mathbf{a}$ ein Ideal in A und U ein Untermodul von V. Dann gibt es ein $m \in \mathbb{N}$ mit*

$$(\mathbf{a}^n V) \cap U = \mathbf{a}^{n-m}((\mathbf{a}^m V) \cap U)$$

für alle $n \geq m$.

Beweis. In $R(\mathbf{a}, V) = \bigoplus_n \mathbf{a}^n V$ ist $\bigoplus_n (\mathbf{a}^n V \cap U)$ offenbar ein homogener $R(\mathbf{a})$-Untermodul. Da $R(\mathbf{a}, V)$ nach der Vorbemerkung noethersch ist, wird $\bigoplus_n (\mathbf{a}^n V \cap U)$ von endlich vielen homogenen Elementen $y_j \in \mathbf{a}^{m_j} V \cap U$, $j = 1, \ldots, r$, erzeugt. Sei $m := \mathrm{Max}(m_1, \ldots, m_r)$. Ist $n \geq m$ und $y \in \mathbf{a}^n V \cap U$, so gibt es Elemente $a_j \in \mathbf{a}^{n-m_j}$ mit

$$\begin{aligned} y = a_1 y_1 + \cdots + a_r y_r &\in \mathbf{a}^{n-m_1}(\mathbf{a}^{m_1} V \cap U) + \cdots + \mathbf{a}^{n-m_r}(\mathbf{a}^{m_r} V \cap U) \\ &\subseteq \mathbf{a}^{n-m}(\mathbf{a}^m V \cap U)\,. \end{aligned}$$

(Man beachte dabei, daß $\mathbf{a}^{n-m'}(\mathbf{a}^{m'} V \cap U) = \mathbf{a}^{n-m}(\mathbf{a}^{m-m'}(\mathbf{a}^{m'} V \cap U)) \subseteq \mathbf{a}^{n-m}(\mathbf{a}^m V \cap U)$ für alle $m' \leq m$ ist.) Es folgt

$$\mathbf{a}^n V \cap U \subseteq \mathbf{a}^{n-m}(\mathbf{a}^m V \cap U)$$

für $n \geq m$. Die Inklusion $\mathbf{a}^{n-m}(\mathbf{a}^m V \cap U) \subseteq \mathbf{a}^n V \cap U$ ist trivial. •

Eine leichte Folgerung des Lemmas von Artin–Rees ist:

62.9 Krullscher Durchschnittssatz *Seien A ein noetherscher kommutativer Ring, V ein endlicher A-Modul und $\mathbf{a}$ ein Ideal in A. Für ein Element $x \in V$ sind folgende Aussagen äquivalent:*

(1) $x \in \bigcap_{n \in \mathbb{N}} \mathbf{a}^n V$.

(2) *Es gibt ein $a \in \mathbf{a}$ mit $(1 - a)x = 0$.*

Beweis. Sei $U := \bigcap_n \mathbf{a}^n V$. Es ist $U = (\mathbf{a}^n V) \cap U$ für alle $n \in \mathbb{N}$. Wir setzen im Lemma 62.8 von Artin–Rees $n := m+1$ und erhalten $\mathbf{a}^{m+1} V \cap U = \mathbf{a}(\mathbf{a}^m V \cap U)$, also $U = \mathbf{a}U$. Das Lemma 48.9 von Dedekind liefert dann $(1 - a)U = 0$ für ein $a \in \mathbf{a}$. Dies beweist die Implikation (1)$\Rightarrow$(2). Umgekehrt: Ist $(1 - a)x = 0$ für ein $a \in \mathbf{a}$, so ist $x = ax = a(ax) = a^2 x = \cdots$, also $x \in \bigcap_n \mathbf{a}^n V$. •

62.10 Korollar *Seien A ein noetherscher kommutativer Ring und V ein endlicher A-Modul. Für jedes Ideal $\mathbf{a}$ im Jacobson-Radikal $\mathbf{m}_A$ von A ist $\bigcap_n \mathbf{a}^n V = 0$.*

Beweis. Ist $x \in \bigcap_n \mathbf{a}^n V$, so gibt es nach 62.9 ein $a \in \mathbf{a}$ mit $(1 - a)x = 0$. Da $1 - a$ nach 37.13 eine Einheit in A ist, folgt $x = 0$. •

62.11 Korollar *Seien A ein noetherscher Integritätsbereich und $\mathbf{a}$ ein Ideal in A mit $\mathbf{a} \neq A$. Dann ist $\bigcap_n \mathbf{a}^n = 0$.*

Beweis. Ist $b \in \bigcap_n \mathbf{a}^n$, so gibt es ein $a \in \mathbf{a}$ mit $(1-a)b = 0$. Wegen $1 - a \neq 0$ ist $b = 0$. •

Sei A eine graduierte k–Algebra mit $A = \sum_{n\in\mathbb{Z}} A_n$. Im direkten Produkt $\prod_{n\in\mathbb{Z}} A_n$ sei

$$\hat{A}$$

der k–Untermodul der Tupel $(a_n)_{n\in\mathbb{Z}}$, $a_n \in A_n$, für die es eine (von (a_n) abhängende) ganze Zahl n_0 mit $a_n = 0$ für $n < n_0$ gibt.

Es ist $A \subseteq \hat{A}$. Auf $\hat{A}$ ist durch

$$(a_m)_{m\in\mathbb{Z}} \cdot (b_n)_{n\in\mathbb{Z}} := (c_p)_{p\in\mathbb{Z}} \quad \text{mit} \quad c_p := \sum_{m+n=p} a_m b_n = \sum_m a_m b_{p-m}$$

eine Multiplikation definiert, die die Multiplikation von A fortsetzt und $\hat{A}$ zu einer k–Algebra macht. Den einfachen Beweis dafür können wir dem Leser überlassen. $\hat{A}$ heißt die Komplettierung von A. Die Elemente $a \in A_n \subseteq \hat{A}$, $n \in \mathbb{Z}$, heißen auch die homogenen Elemente vom Grade n in $\hat{A}$.

Für Elemente $a = (a_n)_{n\in\mathbb{Z}} \in \hat{A}$ ist der Untergrad

$$\omega(a) := \operatorname{Inf}(n \in \mathbb{Z} : a_n \neq 0)$$

wohldefiniert. Ist $a \neq 0$, so ist $\omega(a) \in \mathbb{Z}$, und $a_{\omega(a)}$ heißt dann die Anfangsform von a. Die oben angegebenen Rechenregeln für den Untergrad und die Anfangsform übertragen sich von A auf $\hat{A}$. Insbesondere ist die Anfangsform des Produkts zweier von 0 verschiedener Elemente $a, b \in \hat{A}$ das Produkt der Anfangsformen der Faktoren a, b, falls dieses Produkt $\neq 0$ ist. Es folgt:

62.12 Satz *Genau dann ist $\hat{A}$ nullteilerfrei, wenn A nullteilerfrei ist.*

Wir setzen

$$\hat{A}_{(n)} := \prod_{m\geq n} A_m\,, \quad \hat{A}_+ = \hat{A}_{(1)} = \prod_{m\in\mathbb{N}_+} A_m\,.$$

$\hat{A}_{(n)}$ ist der k–Untermodul der $a \in \hat{A}$ mit $\omega(a) \geq n$.

Sei A *nichtnegativ graduiert.* Dann sind die $A_{(n)}$ Ideale in A und die $\hat{A}_{(n)}$ Ideale in $\hat{A}$. Die Restklassenalgebren

$$A^{(n)} := A/A_{(n+1)} \quad \text{und} \quad \hat{A}^{(n)} := \hat{A}/\hat{A}_{(n+1)}$$

sind für alle $n \in \mathbb{N}$ kanonisch isomorph. Wir wollen diese Algebren identifizieren. $A^{(n)} = \hat{A}^{(n)}$ heißt die Algebra der n–Jets zu A. Für $a \in \hat{A}$ heißt die Restklasse von a in $A^{(n)} = \hat{A}^{(n)}$ der n–Jet von a. *Zwei Elemente sind genau dann gleich, wenn alle ihre Jets übereinstimmen.* Es ist

$A^{(0)} = A_0 = \hat{A}^{(0)}$. Für $m \le n$ gibt es einen kanonischen Homomorphismus $j^{m,n} : \hat{A}^{(n)} \to \hat{A}^{(m)}$, für den das Diagramm

$$\begin{array}{ccc} \hat{A} & \xrightarrow{j^n} & \hat{A}^{(n)} = A^{(n)} \\ & \searrow^{j^m} & \downarrow j^{m,n} \\ & & \hat{A}^{(m)} = A^{(m)} \end{array}$$

kommutativ ist. j^m und j^n sind dabei die Restklassenhomomorphismen.

Sehr leicht lassen sich die Einheiten in $\hat{A}$ charakterisieren, wenn A nichtnegativ graduiert ist:

62.13 Satz *Sei A nichtnegativ graduiert. Ein Element $a = (a_n) \in \hat{A}$ ist genau dann eine Einheit in $\hat{A}$, wenn $a_0 = j^0(a)$ eine Einheit in A_0 ist.*

Beweis. Ist $a \in \hat{A}^\times$, so ist $a_0 = j^0(a) \in A_0^\times$. Sei umgekehrt $a = (a_n) \in \hat{A}$ und $a_0 \in A_0^\times$. Wir zeigen: a besitzt genau ein Linksinverses $b = (b_n)$ (vgl. §15, Aufgabe 1). Ist aber $(b_n)(a_n) = 1$, so ist notwendigerweise $b_0 a_0 = 1$, also $b_0 = a_0^{-1}$ und

$$\sum_{\nu=0}^{n} b_\nu a_{n-\nu} = 0\,, \quad \text{also} \quad b_n = -\left(\sum_{\nu=0}^{n-1} b_\nu a_{n-\nu}\right) a_0^{-1}\,, \quad n \in \mathbb{N}_+\,.$$

Die Komponenten b_n, $n \in \mathbb{N}$, sind folglich eindeutig bestimmt. Definiert man umgekehrt die b_n rekursiv mittels $b_0 := a_0^{-1}$ und der angegebenen Rekursionsgleichung, so ist $(b_n)(a_n) = 1$. •

Sei A wieder eine beliebige graduierte k–Algebra, ferner $V = \sum_{n\in\mathbb{Z}} V_n$ ein graduierter A–Modul. Für V sei

$$\hat{V}$$

der k–Untermodul derjenigen Tupel $(x_n)_{n\in\mathbb{Z}} \in \prod_n V_n$ mit $x_n = 0$, $n < n_0$, für ein (von (x_n) abhängendes) $n_0 \in \mathbb{Z}$. Mit der Skalarmultiplikation

$$(a_m)_{m\in\mathbb{Z}} \cdot (x_n)_{n\in\mathbb{Z}} := (y_p)_{p\in\mathbb{Z}}\,, \quad y_p := \sum_{m+n=p} a_m x_n$$

ist $\hat{V}$ ein $\hat{A}$–Modul. Er heißt die Komplettierung von V. Ist $f : V \to W$ ein homogener Homomorphismus von graduierten A–Moduln, so ist $\hat{f} : \hat{V} \to \hat{W}$ mit $f((x_n)) = (f(x_n))$ ein Homomorphismus von $\hat{A}$–Moduln. Ist

$$\cdots \to V_{i-1} \to V_i \to V_{i+1} \to \cdots$$

eine exakte Sequenz von graduierten A–Moduln mit homogenen Homomorphismen, so ist auch die Sequenz

$$\cdots \to \hat{V}_{i-1} \to \hat{V}_i \to \hat{V}_{i+1} \to \cdots$$

der Komplettierungen exakt.

Die Komplettierung $\hat{V}$ eines graduierten A–Moduls V ist die Komplettierung von V bezüglich der Krullmetrik d, die durch

$$\mathrm{d}(x,y) := 2^{-\omega(y-x)}\,,\quad x,y\in\hat{V}\,,$$

definiert ist. Dabei ist $2^{-\infty} := 0$ zu setzen. Daß es sich um eine Metrik handelt, ist leicht zu verifizieren. Sie ist translationsinvariant, d.h. es ist $\mathrm{d}(x+z,y+z) = \mathrm{d}(x,y)$ für alle $x,y,z\in\hat{V}$. Überdies gilt die Dreiecksungleichung in der schärferen Form:

$$\mathrm{d}(x,z)\le \mathrm{Max}(\mathrm{d}(x,y),\mathrm{d}(y,z))\,.$$

Bei $\mathrm{d}(x,y)\neq\mathrm{d}(y,z)$ gilt hier sogar das Gleichheitszeichen. Wegen $\mathrm{d}(x,\sum_{n\le m}x_n)\le 2^{-(m+1)}$ für $x=(x_n)\in\hat{V}$ liegt V dicht in $\hat{V}$. Um $\hat{V}$ als Komplettierung zu erweisen, brauchen wir nur noch zu zeigen, daß $\hat{V}$ vollständig ist. Es genügt also, folgenden Satz zu beweisen.

62.14 Satz *Jede Cauchy–Folge in $\hat{V}$ ist konvergent.*

Beweis. x_ν, $\nu\in\mathbb{N}$, sei eine Cauchy–Folge in $\hat{V}$:

$$x_\nu = ((x_\nu)_n)_{n\in\mathbb{Z}}\,,\quad (x_\nu)_n\in V_n\,.$$

Die Folgen $(x_\nu)_n$, $\nu\in\mathbb{N}$, sind stationär, d.h. zu jedem $n\in\mathbb{Z}$ gibt es ein $\nu(n)$ mit $(x_\nu)_n = (x_{\nu(n)})_n$ für alle $\nu\ge\nu(n)$. Ist nämlich $\mathrm{d}(x_\mu,x_\nu)<2^{-n}$ für $\mu,\nu\ge\nu(n)$, so ist $\omega(x_\nu-x_\mu)>n$ für $\mu,\nu\ge\nu(n)$, was $(x_\nu)_n=(x_\mu)_n$ für $\mu,\nu\ge\nu(n)$ bedeutet. Nun ist

$$\lim_{\nu\to\infty} x_\nu = x = (z_n)\quad\text{mit}\quad z_n := (x_{\nu(n)})_n\,,\ n\in\mathbb{Z}\,.$$

Zum Beweis sei zu vorgegebenem $\epsilon>0$ die Zahl $m\in\mathbb{Z}$ so gewählt, daß $2^{-m}\le\epsilon$ ist. Ferner sei ν_0 so groß, daß $(x_\mu)_n=(x_\nu)_n$ ist für alle $\mu,\nu\ge\nu_0$ und alle $n<m$. Dann ist

$$\mathrm{d}(x_\nu,x) = 2^{-\omega(x-x_\nu)}\le 2^{-m}\le\epsilon$$

für $\nu\ge\nu_0$ wegen $\omega(x-x_\nu)\ge m$ für $\nu\ge\nu_0$. •

In $\hat{V}$ bilden die k–Untermoduln $\hat{V}_{(n)} := \prod_{m\ge n}V_m$, $n\in\mathbb{Z}$, eine Umgebungsbasis des Nullelements und die Nebenklassen $x+\hat{V}_{(n)}$ eine Umgebungsbasis für ein beliebiges Element $x\in\hat{V}$. Wegen

$$(x+\hat{V}_{(m)})+(y+\hat{V}_{(n)})\subseteq x+y+\hat{V}_{(\mathrm{Min}(m,n))}$$

$$(a+\hat{A}_{(m)})\cdot(y+\hat{V}_{(n)})\subseteq ay+\hat{V}_{(\mathrm{Min}(\omega(a)+n,m+\omega(y),m+n))}$$

für $x,y\in\hat{V}$ und $a\in\hat{A}$ sind die Addition in $\hat{V}$ und die Skalarmultiplikation auf $\hat{V}$ stetige Abbildungen von $\hat{V}\times\hat{V}$ bzw. $\hat{A}\times\hat{V}$ in $\hat{V}$. Insbesondere sind die Addition und Multiplikation in $\hat{A}$ stetige Verknüpfungen. Man sagt: *$\hat{A}$ ist ein topologischer Ring, und $\hat{V}$ ist ein topologischer $\hat{A}$-Modul.*

Ein Element $x = (x_n) \in \hat{V}$ ist die Summe seiner Komponenten x_n:

$$x = \sum_{n \in \mathbb{Z}} x_n ,$$

wobei die Summe im Sinne der folgenden Definition zu verstehen ist.

Definition Eine Familie x_i, $i \in I$, von Elementen $x_i \in \hat{V}$ heißt summierbar (in $\hat{V}$), wenn es ein $x \in \hat{V}$ mit folgender Eigenschaft gibt: Zu jedem $\epsilon > 0$ gibt es eine endliche Teilmenge $E_0 \subseteq I$ dergestalt, daß

$$\mathrm{d}\left(\sum_{i \in E} x_i, x\right) \le \epsilon$$

für alle $E \in \mathbf{E}(I)$ (= Menge der endlichen Teilmengen von I) mit $E_0 \subseteq E$ gilt.

Das Element x in obiger Definition, das für eine summierbare Familie x_i, $i \in I$, offenbar eindeutig bestimmt ist, heißt die Summe der x_i, $i \in I$, und wird mit

$$\sum_{i \in I} x_i$$

bezeichnet.

Sei x_i, $i \in I$, summierbar in $\hat{V}$ mit der Summe x. Ist $\mathrm{d}(\sum_{i \in E} x_i, x) \le \epsilon/2$ für alle $E \in \mathbf{E}(I)$ mit $E \supseteq E_0$, so gilt für jedes $i_0 \notin E_0$:

$$\begin{aligned} \mathrm{d}(x_{i_0}, 0) &= \mathrm{d}\left(\sum_{j \in E_0 \cup \{i_0\}} x_j, \sum_{i \in E_0} x_i\right) \\ &\le \mathrm{d}\left(\sum_{i \in E_0 \cup \{i_0\}} x_i, x\right) + \mathrm{d}\left(\sum_{i \in E_0} x_i, x\right) \le \frac{\epsilon}{2} + \frac{\epsilon}{2} = \epsilon . \end{aligned}$$

Die $(x_i)_{i \in I}$ bilden somit ein Nullsystem in V, d.h. es gilt: Zu jedem $\epsilon > 0$ ist $\mathrm{d}(x_i, 0) \le \epsilon$ für fast alle $i \in I$. Summierbare Familien in $\hat{V}$ sind demnach Nullsysteme. Hierzu gilt auch die Umkehrung:

62.15 Satz *Eine Familie x_i, $i \in I$, von Elementen in $\hat{V}$ ist genau dann summierbar, wenn sie ein Nullsystem ist.*

Beweis. Wir haben noch zu zeigen, daß ein Nullsystem x_i, $i \in I$, summierbar ist. Zu jedem $n \in \mathbb{Z}$ gibt es eine endliche Teilmenge $E_n \subseteq I$ mit $\mathrm{d}(x_i, 0) \le 2^{-(n+1)}$ für $i \notin E_n$. Daraus folgt $\omega(x_i) > n$ für $i \notin E_n$. Für

$n \in \mathbb{Z}$ ist daher $(x_i)_n = 0$ für alle $i \notin E_n$. Es ist nun leicht zu sehen, daß gilt:

$$\sum_{i \in I} x_i = (x_n)_{n \in \mathbb{Z}} \quad \text{mit} \quad x_n := \sum_{i \in E_n} (x_i)_n \in V_n\,. \qquad \bullet$$

Eine Familie x_i, $i \in I$, ist übrigens genau dann ein Nullsystem, wenn gilt: Für jedes $n \in \mathbb{Z}$ ist $x_i \in V_{(n)}$ für fast alle $i \in I$.

Beispiel 13 Sei $a \in \hat{A}_+$. Wegen $\omega(a^n) \geq n$ ist a^n, $n \in \mathbb{N}$, ein Nullsystem. Ferner ist

$$\sum_{n \in \mathbb{N}} a^n = \frac{1}{1-a}\,,$$

denn $(1-a)\left(\sum_{n=0}^{N} a^n\right) = 1 - a^{N+1}$ für alle $N \in \mathbb{N}$.

Beispiel 14 (Unendliche Produkte) Sei A und damit $\hat{A}$ kommutativ. Eine Familie $b_i \in \hat{A}$, $i \in I$, heißt multiplizierbar mit dem Produkt b, wenn es zu jedem $\epsilon > 0$ ein $E_0 \in \mathbf{E}(I)$ gibt mit $\mathrm{d}(\prod_{i \in E} b_i, b) \leq \epsilon$ für alle $E \in \mathbf{E}(I)$, $E_0 \subseteq E$. Man schreibt dann $b = \prod_{i \in I} b_i$.

62.16 *Sei A nichtnegativ graduiert und kommutativ. Für eine Familie $a_i \in \hat{A}_+$, $i \in I$, sind folgende Aussagen äquivalent:*

(1) *$1 + a_i$, $i \in I$, ist multiplizierbar.*

(2) *a_i, $i \in I$, ist summierbar.*

(3) *Die Familie $a_E := \prod_{i \in E} a_i$, $E \in \mathbf{E}(I)$, ist summierbar.*

Sind diese Bedingungen erfüllt, so gilt $\prod_{i \in I}(1 + a_i) = \sum_{E \in \mathbf{E}(I)} a_E$.

Beweis. Sei $1 + a_i$, $i \in I$, multiplizierbar mit Produkt a, und sei $n \in \mathbb{N}$. Es gibt ein $E_0 \in \mathbf{E}(I)$ mit $\prod_{i \in E}(1 + a_i) - a \in \hat{A}_{(n)}$ für alle $E \in \mathbf{E}(I)$ mit $E_0 \subseteq E$. Insbesondere gilt für $i_0 \notin E_0$:

$$\prod_{i \in E_0 \cup \{i_0\}} (1 + a_i) - \prod_{i \in E_0} (1 + a_i) = a_{i_0} \prod_{i \in E_0} (1 + a_i) \in \hat{A}_{(n)}\,.$$

Da $\prod_{i \in E_0}(1 + a_i)$ nach 62.13 eine Einheit in $\hat{A}$ ist, folgt $a_{i_0} \in \hat{A}_{(n)}$. Somit ist $(a_i)_{i \in I}$ ein Nullsystem und folglich summierbar. Das beweist (1) $\Rightarrow$ (2).

Aus (2) folgt (3): Sei $n \in \mathbb{N}$ und $a_i \in \hat{A}_{(n)}$ für alle $i \in I$, $i \notin E_0$, $E_0 \in \mathbf{E}(I)$. Ist $E \in \mathbf{E}(I)$ und $E \not\subseteq E_0$, so ist in dem Produkt $a_E = \prod_{i \in E} a_i$ wenigstens ein Faktor a_i ein Element in $\hat{A}_{(n)}$. Somit ist $a_E \in \hat{A}_{(n)}$. Folglich ist a_E, $E \in \mathbf{E}(I)$, ein Nullsystem und daher summierbar.

Aus (3) folgt (1): Sei $a := \sum_{E \in \mathbf{E}(I)} a_E$ und $n \in \mathbb{N}$. Es gibt ein $\mathbf{E}_0 \in \mathbf{E}(\mathbf{E}(I))$ mit $\mathrm{d}(\sum_{E \in \mathbf{E}} a_E, a) \in \hat{A}_{(n)}$ für alle $\mathbf{E} \in \mathbf{E}(\mathbf{E}(I))$ mit $\mathbf{E}_0 \subseteq \mathbf{E}$. Sei $E_0 := \bigcup_{F \in \mathbf{E}_0} F$.

Für ein $E \in \mathbf{E}(I)$ mit $E \supseteq E_0$ ist

$$\prod_{i \in E}(1+a_i) = \sum_{F \in \mathbf{P}(E)} a_F .$$

Wegen $\mathbf{P}(E) \supseteq \mathbf{P}(E_0) \supseteq \mathbf{E}_0$ ist also $\prod_{i \in E}(1+a_i) - a \in \hat{A}_{(n)}$ für solche E. •

Eine Einheit $1 + a \in \hat{A}$ mit $a \in \hat{A}_+$ heißt übrigens eine Einseinheit in $\hat{A}$. Die Einseinheiten bilden eine Untergruppe von $\hat{A}^\times$.

62.17 Satz *Sei $V = \sum V_n$ ein noetherscher graduierter Modul über dem graduierten Ring A. Dann ist $\hat{V}$ ein noetherscher $\hat{A}$-Modul.*

Beweis. Sei $W \subseteq \hat{V}$ ein $\hat{A}$-Untermodul. $U \subseteq V$ sei der von allen Anfangsformen der Elemente $x \in W$, $x \neq 0$, erzeugte (homogene) Untermodul von V. Nach Voraussetzung ist U endlich erzeugt. Seien $x^{(1)}, \ldots, x^{(r)}$ Elemente in W, deren Anfangsformen $y^{(1)} \in V_{n_1}, \ldots, y^{(r)} \in V_{n_r}$ den Modul U über A erzeugen. Dann ist $W = \hat{A}x^{(1)} + \cdots + \hat{A}x^{(r)}$. Zum Beweis sei $x \in W$ vorgegeben, $x = \sum_{n \geq q} x_n$. Es ist $x_q \in U$. Somit gibt es Elemente $a^{(\rho)}_{q-n} \in A_{q-n_\rho}$ mit $x_q = \sum_{\rho=1}^r a^{(\rho)}_{q-n_\rho} y^{(\rho)}$, woraus

$$x - \sum_{\rho=1}^{r} a^{(\rho)}_{q-n_\rho} x^{(\rho)} \in W \cap V_{(q+1)}$$

folgt. Rekursiv definiert man nun für alle $n \geq q$ Elemente $a^{(\rho)}_{n-n_\rho} \in A_{n-n_\rho}$ derart, daß

$$x - \sum_{\rho=1}^{r} \left(\sum_{n=q}^{N} a^{(\rho)}_{n-n_\rho} x^{(\rho)} \right) \in W \cap V_{(N+1)}$$

gilt. Mit $a_\rho := \sum_{n \geq q} a^{(\rho)}_{n-n_\rho}$, $\rho = 1, \ldots, r$, ist dann

$$x = \lim_{N \to \infty} \sum_{\rho=1}^{r} \left(\sum_{n=q}^{N} a^{(\rho)}_{n-n_\rho} \right) x^{(\rho)} = \sum_{\rho=1}^{r} \left(\lim_{N \to \infty} \sum_{n=q}^{N} a^{(\rho)}_{n-n_\rho} \right) x^{(\rho)}$$

$$= \sum_{\rho=1}^{r} a_\rho x^{(\rho)} \in \hat{A}x^{(1)} + \cdots + \hat{A}x^{(r)} .$$

Wir haben gezeigt, daß jeder $\hat{A}$-Untermodul von $\hat{V}$ endlich erzeugt ist. •

62.18 Korollar *Sei A ein linksnoetherscher graduierter Ring. Dann ist auch die Komplettierung $\hat{A}$ linksnoethersch.*

Bemerkung 1 Ein weiteres Endlichkeitskriterium liefert der folgende Satz:

62.19 Satz *Seien A ein nichtnegativ graduierter Ring und M ein (beliebiger) $\hat{A}$-Modul mit $\bigcap_n \hat{A}_{(n)} M = 0$. Bilden die Restklassen der Elemente $x_1, \ldots, x_m \in M$ ein Erzeugendensystem von $M/\hat{A}_+ M$, so erzeugen $x_1, \ldots, x_m$ den $\hat{A}$-Modul M.*

Beweis. Sei $x \in M$. Wir konstruieren sukzessiv Elemente $a_\nu^{(1)}, \ldots, a_\nu^{(m)} \in (\hat{A}_{(1)})^\nu \subseteq \hat{A}_{(\nu)}$, $\nu \in \mathbb{N}$, mit

$$x - \left(\sum_{\nu=0}^{N} a_\nu^{(1)}\right) x_1 - \cdots - \left(\sum_{\nu=0}^{N} a_\nu^{(m)}\right) x_m \in \hat{A}_{(1)}^{N+1} M \subseteq \hat{A}_{(N+1)} M$$

für alle $N \in \mathbb{N}$. Sei dann $a^{(\mu)} := \sum_{\nu=0}^{\infty} a_\nu^{(\mu)}$ und $x' := a^{(1)} x_1 + \cdots + a^{(m)} x_m$. Es ist

$$x - x' = x - \sum_{\mu=1}^{m} \left(\sum_{\nu=0}^{N} a_\nu^{(\mu)}\right) x_\mu - \sum_{\mu=1}^{m} \left(\sum_{\nu=N+1}^{\infty} a_\nu^{(\mu)}\right) x_\mu \in \hat{A}_{(N+1)} M$$

für alle $N \in \mathbb{N}$ und somit $x - x' \in \bigcap_{n \in \mathbb{N}} \hat{A}_{(n)} M = 0$. Es folgt $x = x' \in \hat{A}x_1 + \cdots + \hat{A}x_m$, und M wird, wie behauptet, von $x_1, \ldots, x_m$ erzeugt.

Seien nun die Elemente $a_\nu^{(1)}, \ldots, a_\nu^{(m)}$ für $\nu = 0, \ldots, N-1$ bereits konstruiert und

$$x - \sum_{\mu=0}^{m} \left(\sum_{\nu=0}^{N-1} a_\nu^{(\mu)}\right) x_\mu = \sum_{\rho=1}^{r} b^{(\rho)} y^{(\rho)}$$

mit $b^{(\rho)} \in \hat{A}_{(1)}^N$ und $y^{(\rho)} \in M$. Es gibt Darstellungen

$$y^{(\rho)} = \sum_{\mu=1}^{m} a_\mu^{(\rho)} x_\mu + z^{(\rho)} \quad \text{mit} \quad a_\mu^{(\rho)} \in \hat{A}\,, \;\; z^{(\rho)} \in \hat{A}_{(1)} M\,.$$

Sei

$$a_N^{(\mu)} := \sum_{\rho=1}^{r} b^{(\rho)} a_\mu^{(\rho)} \in \hat{A}_{(1)}^N\,.$$

Es ist

$$x - \sum_{\mu=0}^{m} \left(\sum_{\nu=0}^{N} a_\nu^{(\mu)}\right) x_\mu = \sum_{\rho=1}^{r} b^{(\rho)} z^{(\rho)} \in \hat{A}_{(1)}^{N+1} M\,.$$

Damit ist 62.19 vollständig bewiesen. •

Bemerkung 2 Schließlich beweisen wir noch:

62.20 Satz *Sei A ein vollständig normaler graduierter Integritätsbereich. Dann ist auch $\hat{A}$ vollständig normal.*

Beweis. Seien $a, b \in \hat{A}$, $a, b \neq 0$, und sei $a/b \in \mathrm{Q}(\hat{A})$ schwach ganz über $\hat{A}$. Wir haben $a \in \hat{A}b$ zu zeigen. Wir konstruieren sukzessiv Elemente $c_\nu \in \hat{A}_{(\nu - \omega(b))}$, $\nu \geq 0$, mit

$$e_N := a - (\sum_{\nu=0}^{N} c_\nu)b \in \hat{A}_{(N+1+\omega(a))} .$$

Es folgt dann $a = cb$ mit $c := \sum_{\nu \in \mathbb{N}} c_\nu$.

Seien $c_0, \ldots, c_{N-1}$ bereits konstruiert, $N \geq 0$. Da a/b schwach ganz ist, gibt es ein $d \in \hat{A}$, $d \neq 0$, mit $d(a/b)^r \in \hat{A}$ für alle $r \in \mathbb{N}$. Es gilt auch

$$d((a/b) - \sum_{\nu=0}^{N-1} c_\nu)^r = d(e_{N-1}/b)^r \in \hat{A}$$

oder $de_{N-1}^r \in \hat{A}b^r$ für alle $r \in \mathbb{N}$. Es folgt (bei $e_{N-1} \neq 0$): $\tilde{d}\tilde{e}_{N-1}^r \in A\tilde{b}^r$, $r \in \mathbb{N}$, wobei mit $\sim$ jeweils die Anfangsform des betreffenden Elements bezeichnet ist. Damit ist $\tilde{e}_{N-1}/\tilde{b}$ schwach ganz über A und folglich nach Voraussetzung ein Element c_N aus A. Aus $\tilde{e}_{N-1} = c_N\tilde{b}$ folgt $c_N \in \hat{A}_{(N+\omega(a)-\omega(b))}$ und

$$a - (\sum_{\nu=0}^{N} c_\nu)b = e_{N-1} - c_N b \in \hat{A}_{(N+1+\omega(a))} . \qquad \bullet$$

62.21 Korollar *Sei A ein noetherscher normaler Integritätsbereich. Dann ist auch $\hat{A}$ (noethersch und) normal.*

Beweis. Für einen noetherschen Integritätsbereich ist die Normalität mit der vollständigen Normalität äquivalent, vgl. §56, Bemerkung 2. $\bullet$

Bemerkung 3 Ist A normal, so ist $\hat{A}$ nicht notwendigerweise normal, vgl. §63, Aufgabe 20. Analoges gilt für faktorielle Ringe, vgl. §63, Aufgabe 19.

Aufgaben

1. Jede Einheit in einem graduierten Bereich ist ein homogenes Element.

2. Sei A ein graduierter Ring. Der Annullator eines graduierten A–Moduls ist ein (zweiseitiges) homogenes Ideal.

3. Sei A eine graduierte k–Algebra. Das Zentrum von A ist eine homogene k–Unteralgebra von A.

4. Sei V ein graduierter Modul über dem kommutativen graduierten Ring A. Sei $a \in A$ ein Nullteiler von V, d.h. es gebe ein $x \in V$, $x \neq 0$, mit $ax = 0$. Dann gibt es ein *homogenes* Element $x \in V$, $x \neq 0$, mit $ax = 0$. (Man schließt wie im Beweis des Satzes von McCoy, vgl. §53, Aufgabe 10c).) Insbesondere sind alle homogenen Komponenten von a Nullteiler von V.

5. Sei A ein kommutativer reduzierter graduierter Ring. Die Elemente $x, y \in A$ mögen jeweils (wenigstens) eine homogene Komponente haben, die ein Nichtnullteiler in A ist (dann sind x, y selbst Nichtnullteiler nach Aufgabe 4). Ist das Produkt xy homogen, so sind x und y homogen.

6. Sei A ein graduierter Ring. Jedes homogene Linksideal $\neq A$ in A ist in einem maximalen homogenen Linksideal enthalten. Die Abbildung $\mathbf{a} \mapsto \mathbf{a} \cap A_0$ ist eine bijektive Abbildung der Menge der maximalen homogenen Linksideale auf die Menge der maximalen Linksideale von A_0. Ist A kommutativ, so ist jedes maximale homogene Ideal in A ein Primideal (aber nicht notwendig ein maximales Ideal).

7. Sei $\mathbf{p}$ ein Primideal im kommutativen graduierten Ring A. Dann ist das von der Menge aller homogenen Elemente aus $\mathbf{p}$ erzeugte Ideal ein Primideal.

8. Seien A ein kommutativer graduierter Ring, $\mathbf{a}$ ein homogenes Ideal in A und $\mathbf{p}_i$, $i \in I$, eine endliche Familie von Primidealen mit $A_{(1)} \not\subseteq \mathbf{p}_i$ für $i \in I$. Ist

$$\mathbf{a} \not\subseteq \bigcup_{i \in I} \mathbf{p}_i ,$$

so gibt es ein homogenes Element $a \in \mathbf{a}$ mit $a \notin \bigcup_{i \in I} \mathbf{p}_i$. (Ohne Einschränkung seien die $\mathbf{p}_i$ homogen. Man schließe ähnlich wie beim Beweis von 58.2).

9. Seien A ein kommutativer graduierter Ring und $\mathbf{a}$ ein homogenes Ideal in A.

a) Die minimalen unter den $\mathbf{a}$ umfassenden Primidealen sind homogen. Das Radikal $\mathbf{r}(\mathbf{a}) = \sqrt{\mathbf{a}}$ von $\mathbf{a}$ ist Durchschnitt homogener Primideale.

b) Ist A noethersch, so gibt es nur endlich viele minimale $\mathbf{a}$ umfassende homogene Primideale; insbesondere ist das Radikal von $\mathbf{a}$ Durchschnitt endlich vieler homogener Primideale. (Vgl. §58, Aufgabe 12.)

10. Sei A ein kommutativer graduierter Ring.

a) Es gebe eine homogene Einheit x des Grades $m \neq 0$ in A. Dann ist die Abbildung $\mathbf{p} \mapsto \mathbf{p} \cap A_0$ ein Bijektion der Menge der homogenen Primideale in A auf die Menge der Primideale in A_0. (Ohne Einschränkung sei $m > 0$. Das Urbild des Primideals $\mathbf{q} \subseteq A_0$ ist das homogene Primideal $\mathbf{p}$, für das gilt: $f \in A_n$ gehört zu $\mathbf{p}$ genau dann, wenn $f^m x^{-n} \in \mathbf{q}$ ist.)

b) Sei $d \in \mathbb{Z}$, $d \neq 0$. Dann ist die Abbildung $\mathbf{p} \mapsto \mathbf{p} \cap A^{[d]}$ eine Bijektion der Menge der homogenen Primideale in A auf die Menge der homogenen Primideale in $A^{[d]}$.

11. (Lemma von Krull–Nakayama für graduierte Moduln) Wir übertragen die Überlegungen der Beispiele 3 und 4 aus §37 auf den graduierten Fall. Seien A ein graduierter Ring und V ein graduierter A-Modul.

a) V heißt einfacher graduierter Modul, wenn $V \neq 0$ ist und außer 0 und V keine homogenen Untermoduln besitzt. Genau dann ist V einfacher graduierter Modul, wenn V bis auf Verschieben zu einem Restklassenmodul $A/\mathbf{a}$ isomorph ist, wobei $\mathbf{a}$ ein maximales homogenes Linksideal in A ist. Ist V endlich und $\neq 0$, so besitzt V homogene Untermoduln U derart, daß V/U einfacher graduierter Modul ist.

b) Ist V endlicher A-Modul und ist $V = \mathbf{m}V$ für alle Annullatoren $\mathbf{m}$ einfacher graduierter A-Moduln, so ist $V = 0$. Folgerung: Ist U ein kofiniter homogener Untermodul von V und ist $V = U + \mathbf{m}V$ für alle Annullatoren $\mathbf{m}$ einfacher graduierter A-Moduln, so ist $V = U$.

c) Folgende (homogenen) Ideale in A stimmen überein: (1) Der Durchschnitt aller maximalen homogenen Linksideale in A. (2) Der Durchschnitt der Annullatoren der einfachen graduierten A–(Links–)Moduln. (3) Der Durchschnitt aller maximalen homogenen Rechtsideale in A. (4) Der Durchschnitt der Annullatoren der einfachen graduierten A–Rechtsmoduln.

Wir nennen die in (1) bis (4) definierten Durchschnitte das homogene Jacobson–Radikal von A und bezeichnen es mit

$$\mathbf{h} = \mathbf{h}_A\,.$$

$(1+\mathbf{h}) \cap A_0$ ist eine Untergruppe der Einheitengruppe von A_0.

d) Ist A nichtnegativ graduiert, so ist $\mathbf{h}_A = A_+ + \mathbf{m}_{A_0} = \{a \in A : a_0 \in \mathbf{m}_{A_0}\}$.

e) Lemma von Krull–Nakayama: Seien $\mathbf{a}$ ein homogenes Linksideal in A mit $\mathbf{a} \subseteq \mathbf{h}$ und U ein kofiniter homogener Untermodul von V. Ist $V = U + \mathbf{a}V$, so ist $V = U$.

12. (Lokal–graduierte Ringe) Sei A ein graduierter Ring.

a) A besitze genau ein maximales homogenes Linksideal. Dieses Ideal ist dann das zweiseitige Ideal $\mathbf{h}_A$, $k_A := (A/\mathbf{h}_A)_0$ ist ein Divisionsbereich, und $\mathbf{h}_A$ ist auch das einzige maximale homogene Rechtsideal. In diesem Fall nennen wir A einen lokal–graduierten Ring. Sei

$$m_A := \operatorname{Inf}\{n \in \mathbb{N}_+ : (A/\mathbf{h}_A)_n \neq 0\}\,.$$

Sei V ein endlicher graduierter A–Modul und

$$\mu(V) = \mu_A(V) := \begin{cases} \operatorname{Dim}_{k_A} \sum_{0 \le n < m_A} (V/\mathbf{h}_A V)_n\,, & \text{falls } m_A < \infty, \\ \operatorname{Dim}_{k_A}(V/\mathbf{h}_A V) & \text{sonst.} \end{cases}$$

Jedes minimale homogene Erzeugendensystem von V besitzt dann genau $\mu(V)$ Elemente. Insbesondere enthält jedes homogene Erzeugendensystem von V ein Erzeugendensystem aus $\mu(V)$ Elementen.

b) A ist genau dann lokal–graduiert, wenn A_0 lokal ist. In diesem Falle ist

$$k_A = (A/\mathbf{h}_A)_0 = A_0/\mathbf{m}_{A_0} = k_{A_0}\,.$$

Ist A nichtnegativ graduiert, so ist $k_A = A/\mathbf{h}_A$. Jede positiv graduierte k–Algebra über einem Körper k ist lokal–graduiert.

13. Seien A ein kommutativer Ring und $f \in A$ ein Nichtnullteiler in A. Die Menge der Hauptideale von A sei (bezüglich der Inklusion) noethersch geordnet. Sei $\mathbf{b} := \bigcap_{n\in\mathbb{N}} Af^n$. Für ein Element $b \in A$ zeige man die Äquivalenz folgender Aussagen: (1) $b \in \mathbf{b}$. (2) Es gibt ein $a \in Af$ mit $(1-a)b = 0$. (Vgl. 62.10.) — Folgerung. Ist $f \in \mathbf{m}_A$ oder ist A ein Integritätsbereich und $f \notin A^\times$, so ist $\mathbf{b} = 0$.

14. Sei A eine k–Algebra.

a) Sei $A = \sum_n A_n$ graduierte k–Algebra. φ bezeichne die kanonische Einbettung $\sum a_n \mapsto \sum a_n T^n$ von A in $A[T, T^{-1}]$, vgl. Beispiel 10. Ferner seien ψ_1 bzw. ψ_2 die k–Algebra–Homomorphismen von $A[T, T^{-1}]$ in $A[U, V, U^{-1}, V^{-1}]$ mit

$$\psi_1\left(\sum_{i\in\mathbb{Z}} b_i T^i\right) := \sum_{i\in\mathbb{Z}} \varphi(b_i)(V)U^i\,,\quad \psi_2\left(\sum_{i\in\mathbb{Z}} b_i T^i\right) := \sum_{i\in\mathbb{Z}} b_i U^i V^i\,.$$

Dann ist $A_n = \varphi^{-1}(AT^n)$ und $\psi_1\varphi = \psi_2\varphi$.

b) Sei $\varphi : A \to A[T, T^{-1}]$ ein injektiver k–Algebra–Homomorphismus und ψ_1 (mittels φ) bzw. ψ_2 wie in Teil a) definiert. Es gelte $\psi_1\varphi = \psi_2\varphi$. Dann ist $A = \sum_{n\in\mathbb{Z}} A_n$ mit $A_n := \varphi^{-1}(AT^n)$ eine k–Graduierung auf A, und φ ist die durch diese Graduierung gegebene kanonische Einbettung. (Bemerkung. Die k–Graduierungen auf A und die injektiven k–Algebra–Homomorphismen $\varphi : A \to A[T, T^{-1}]$ mit $\psi_1\varphi = \psi_2\varphi$ entsprechen sich also umkehrbar eindeutig. Die nichtnegativen Graduierungen entsprechen dabei den Einbettungen $\varphi : A \to A[T]$ mit $\psi_1\varphi = \psi_2\varphi$.)

15. Sei A graduierte k–Algebra. k enthalte einen Körper K mit unendlich vielen Elementen. Sei V ein graduierter A–Modul. Ein A–Untermodul $U \subseteq V$ ist genau dann ein homogener Untermodul, wenn U unter der kanonischen $K^\times$–Operation aus Beispiel 10 invariant ist.

16. Sei A eine homogene k–Unteralgebra der kommutativen graduierten k–Algebra B. Dann ist der ganze Abschluß A' von A in B ebenfalls eine homogene k–Unteralgebra von B. (Sei $\varphi_B : B \to B[T, T^{-1}]$ die kanonische Einbettung, vgl. Beispiel 10 und Aufgabe 14. Es genügt zu zeigen: $\varphi_B(A') \subseteq A'[T, T^{-1}]$. Dies folgt aber aus 56.14.)

17. Sei A ein kommutativer noetherscher nichtnegativ graduierter Ring. Dann ist auch die Veronese–Transformierte $A^{[d]}$ noethersch für jedes $d \in \mathbb{N}_+$.

18. Sei $A = \sum_n A_n$ eine positiv graduierte k–Algebra und x_i, $i \in I$, eine Familie homogener Elemente positiven Grades in A. Ferner sei $A' := k[x_i : i \in I] \subseteq A$.

a) Ist A ein endlicher A'–(Links–)Modul, so ist $A_{(n)} \subseteq \sum_{i\in I} x_i A$ für genügend große $n \in \mathbb{N}$.

b) Ist $A_{(m)} \subseteq \sum_{i\in I} x_i A$ für ein $m \in \mathbb{N}_+$ und sind die A_n endliche k–Moduln für $n < m$, so ist A ein endlicher A'–Modul.

19. Seien A ein graduierter Ring und V, W graduierte A–Moduln. Es gibt einen kanonischen $Z(A)$–Homomorphismus

$$\bigoplus_{r\in\mathbb{Z}} \operatorname{Hom}_A^r(V, W) \to \operatorname{Hom}_A(V, W)\,.$$

Dieser ist ein Isomorphismus, wenn V ein Modul von endlicher Darstellung ist. (Man setze für V eine exakte Sequenz $G \to F \to V \to 0$ homogener Homomorphismen des Grades 0 ein, wobei F, G endliche direkte Summen von Moduln des Typs $A(n)$ sind, $n \in \mathbb{Z}$, vgl. Beispiel 6.)

20. Seien k ein Körper und $d \in \mathbb{N}_+$. Es enthalte $k^\times$ ein Element ζ der Ordnung d. Dann ist $G := \{1, \zeta, \ldots, \zeta^{d-1}\} \subseteq k^\times$ die Gruppe der d–ten Einheitswurzeln in $k^\times$. Als Untergruppe von $k^\times$ operiert G auf jedem graduierten Modul V über einer graduierten k–Algebra A, vgl. Beispiel 10. Man zeige: Für jeden graduierten A–Modul $V = \sum_n V_n$ ist $\operatorname{Fix}_G V = \sum_{n\in\mathbb{Z}} V_{dn}$. Insbesondere ist $\operatorname{Fix}_G A$ bis auf Strecken der Graduierung die d–te Veronese–Transformierte $A^{[d]}$ von A.

21. Seien A ein kommutativer graduierter Ring und $x \in A_d$ ein homogenes Element des Grades $d \neq 0$.

a) Ist x eine Einheit, dann ist x transzendent über A_0, und es gilt: $A^{[d]} = A_0[x, x^{-1}]$.

b) Für den Quotientenring A_x gilt: $A_x^{[d]} := (A_x)^{[d]} = (A^{[d]})_x = (A_x)_0[x/1, 1/x]$, und $x/1$ ist transzendent über $(A_x)_0$. Die Erweiterung der Restklassenabbildung $A^{[d]} \to A^{[d]}/A^{[d]}(x-1)$ zu einem Homomorphismus von $A_x^{[d]}$ ergibt bei Beschränkung auf $(A_x)_0 \subseteq A_x^{[d]}$ eine Isomorphie

$$(A_x)_0 \to A^{[d]}/A^{[d]}(x-1).$$

c) Sei A überdies eine graduierte Algebra über dem Körper k, der die Gruppe G der d-ten Einheitswurzeln enthält. (Es gebe also ein Element der Ordnung d in $k^\times$.) Bezüglich der natürlichen Operation von G auf A (vgl. Aufgabe 20) gilt dann

$$A_x^{[d]} = (A_x)_0[x/1, 1/x] \cong \mathrm{Fix}_G A_x\,,$$

$$(A_x)_0 \cong A^{[d]}/A^{[d]}(x-1) \cong \mathrm{Fix}_G(A/A(x-1)).$$

22. Seien A ein graduierter Integritätsbereich und S das multiplikative System der homogenen Elemente $\neq 0$ in A. Dann ist $B := A_S$ ein graduierter Integritätsbereich, in dem jedes homogene Element $\neq 0$ eine Einheit ist. B_0 ist ein Körper. Ist $A = A_0$, so ist $B = B_0$ der Quotientenkörper von A. Ist $A \neq A_0$, so ist

$$B = B_0[x, x^{-1}],$$

wobei x ein beliebiges homogenes Element minimalen positiven Grades in B ist; x ist transzendent über B_0; insbesondere ist $\mathrm{Q}(A) = \mathrm{Q}(B)$ isomorph zum Funktionenkörper in einer Variablen über B_0.

23. Seien A ein k-Algebra, σ ein k-Algebra-Endomorphismus (bzw. -Automorphismus) von A und $m \in \mathbb{Z}$. Dann trägt der verschränkte Polynomring (bzw. Gruppenring)

$$B = A[X;\sigma] \quad (\text{bzw. } B = A[X, X^{-1};\sigma])$$

(vgl. §52, Aufgabe 14d)) genau eine Graduierung mit $A \subseteq B_0$ und $\mathrm{Grad}\, X = m$. Bei $m \neq 0$ ist $B_{pm} = AX^p$ für alle $p \in \mathbb{N}$ (bzw. $p \in \mathbb{Z}$) und $B_n = 0$ für die übrigen $n \in \mathbb{Z}$.

24. Seien K ein Divisionsbereich, σ ein Automorphismus von K und $A := K[X, X^{-1};\sigma]$ der graduierte Ring gemäß Aufgabe 23 mit $\mathrm{Grad}\, X = 1$. Dann ist $L := \hat{A}$ ein Divisionsbereich. (Bemerkungen. Die Elemente f von L sind von der Form $f = \sum_n a_n X^n$ mit eindeutig bestimmten Elementen $a_n \in K$ mit $a_n = 0$ für alle $n < n_0 = n_0(f) \in \mathbb{Z}$. Man nennt L den (bezüglich σ verschränkten) Divisionsbereich der f o r m a l e n L a u r e n t r e i h e n über K und bezeichnet ihn mit $K((X;\sigma))$. Ist $\sigma = \mathrm{id}$, so schreibt man kurz $K((X))$. Genau dann ist L kommutativ, wenn K ein Körper und $\sigma = \mathrm{id}$ ist. Es lassen sich jetzt leicht nichtkommutative Divisionsbereiche konstruieren, selbst wenn man von einem Körper K ausgeht.)

25. Sei A ein graduierter Ring. Folgende Aussagen sind äquivalent: (1) A ist $\neq 0$, und jedes homogene Element $\neq 0$ in A ist eine Einheit. (2) A hat genau zwei homogene Linksideale. (3) A hat genau zwei homogene Rechtsideale. (4) A_0 ist ein Divisionsbereich, und es ist $A = A_0$ oder A ist ein verschränkter Gruppenring $A_0[x, x^{-1};\sigma]$ wie in §52, Aufgabe 14d), wobei x eine über A_0 transzendente homogene Einheit eines Grades $\neq 0$ ist und σ die Einschränkung der Konjugation κ_x auf A_0 ist.

26. Sei A ein graduierter Integritätsbereich mit $A \neq A_0$. Genau dann ist A ein Hauptidealbereich, wenn $A_0 = K$ ein Körper ist und $A = K[x]$ oder $A = K[x, x^{-1}]$ mit einem über K transzendenten homogenen Element x.

27. Sei A ein graduierter Integritätsbereich. Dann ist der ganze Abschluß A' von A im Quotientenkörper von A eine homogene Unteralgebra von A_S, wobei S das multiplikative System der von 0 verschiedenen homogenen Elemente in A ist. Insbesondere ist A' in natürlicher Weise graduiert (vgl. Aufgabe 16).

28. Sei A ein graduierter Integritätsbereich. Dann ist der schwach ganze Abschluß A'' von A im Quotientenkörper von A eine homogene Unteralgebra von A_S, wobei S das multiplikative System der von 0 verschiedenen homogenen Elemente in A ist. Insbesondere ist A'' in natürlicher Weise graduiert. (Bemerkung. Man löse mit diesem Ergebnis die Aufgabe 27 durch Reduktion auf den noetherschen Fall.)

29. Sei A ein nichtnegativ graduierter Ring. Das Jacobson-Radikal $\mathbf{m}_{\hat{A}}$ von $\hat{A}$ ist $\mathbf{m}_{A_0} + \hat{A}_+$. Genau dann ist $\hat{A}$ lokal, wenn dies für A_0 gilt.

30. Seien V und W graduierte Moduln über der graduierten k-Algebra A. Jede (bezüglich der Krullmetriken) stetige k-lineare Abbildung $f : V \to W$ läßt sich auf genau eine Weise zu einer stetigen k-linearen Abbildung $\hat{f} : \hat{V} \to \hat{W}$ fortsetzen.

31. (Euler Derivation) Sei A eine k-Algebra.

a) $A = \sum_{n\in\mathbb{Z}} A_n$ sei graduiert. Dann ist $\sum_{n\in\mathbb{Z}} a_n \mapsto \sum_{n\in\mathbb{Z}} na_n$ eine k-Derivation

$$\delta_E$$

auf A (im Sinne der Bemerkung 1 von §57). (Bemerkung. Diese Derivation heißt die Euler-Derivation auf A.) δ_E läßt sich auf genau eine Weise zu einer stetigen k-Derivation auf $\hat{A}$ fortsetzen, die ebenfalls mit δ_E bezeichnet wird.

b) Sei $A = \sum_n A_n$ weiterhin graduiert. Überdies seien die Elemente $m \in \mathbb{N}_+$ keine Nullteiler in A. Dann gilt: Ein Element $a \in \hat{A}$ ist genau dann homogen vom Grade $m \in \mathbb{Z}$, wenn $\delta_E a = ma$ ist. (Eulersche Formel)

c) Sei δ eine k-Derivation auf A. Die Elemente $m \in \mathbb{N}_+$ seien keine Nullteiler in A. Für $n \in \mathbb{Z}$ sei $A_n := \{a \in A : \delta_a = na\}$. Dann sind die A_n, $n \in \mathbb{Z}$, k-Untermoduln in A, deren Summe direkt ist. $A' := \sum_{n\in\mathbb{Z}} A_n$ ist ein k-Unteralgebra von A, für die die Zerlegung $A' = \sum_n A_n$ eine k-Graduierung ist. (Bemerkung. Unter der angegebenen Voraussetzung lassen sich Graduierungen auf A durch k-Derivationen charakterisieren.)

32. Seien A eine nichtnegativ graduierte kommutative k-Algebra mit $\mathbb{Q} \subseteq k$ und $\delta : \hat{A} \to \hat{A}$ eine k-Derivation von $\hat{A}$ in sich mit $\delta\hat{A}_{(n)} \subseteq \hat{A}_{(n)}$ für alle $n \in \mathbb{N}$. Ferner seien die von δ auf $\hat{A}^{(n)} = \hat{A}/\hat{A}_{(n+1)}$ induzierten Derivationen nilpotent für alle n. Dann ist

$$f \mapsto \sum_{n=0}^{\infty} \frac{1}{n!}\delta^n f = f + \frac{\delta f}{1!} + \frac{\delta^2 f}{2!} + \cdots$$

ein k-Algebra-Automorphismus φ_δ von $\hat{A}$. Ist η eine k-Derivation von $\hat{A}$ in sich mit denselben Eigenschaften wie δ, die überdies mit δ kommutiert, so ist

$\varphi_{\delta+\eta} = \varphi_\delta\varphi_\eta = \varphi_\eta\varphi_\delta$. Insbesondere ist $\varphi_\delta^{-1} = \varphi_{-\delta}$. (Bemerkung. Wird $\hat{A}$ als k–Algebra von $A_0 + \cdots + A_m$ erzeugt und ist die auf $\hat{A}^{(m)}$ von δ induzierte Derivation nilpotent, so induziert δ nilpotente Derivationen auf allen $\hat{A}^{(n)}$. Beweis!)

33. Sei V ein graduierter Modul über dem graduierten Ring A. Ist x_i, $i \in I$, ein endliches A–Erzeugendensystem von V aus homogenen Elementen, so ist x_i, $i \in I$, auch ein $\hat{A}$–Erzeugendensystem von $\hat{V}$.

34. Sei A ein graduierte k–Algebra.

a) Ist U ein homogener Untermodul des graduierten A–Moduls V, so sind $\widehat{V/U}$ und $\hat{V}/\hat{U}$ kanonisch isomorphe $\hat{A}$–Moduln.

b) Ist $\mathbf{a}$ ein homogenes zweiseitiges Ideal in A, das als Linksideal endlich erzeugt ist, so sind $\widehat{A/\mathbf{a}} = \hat{A}/\hat{\mathbf{a}}$ und $\hat{A}/\hat{A}\mathbf{a}$ kanonisch isomorphe k–Algebren.

35. Sei A ein graduierter Integritätsbereich, in dem jede homogene Nichteinheit $\neq 0$ Produkt unzerlegbarer Elemente ist. Dann ist jede Nichteinheit $x \neq 0$ in A Produkt unzerlegbarer Elemente. (Induktion über $\mathrm{Grad}(x) - \omega(x)$.)

36. Sei A ein faktorieller graduierter Integritätsbereich. Dann ist auch A_0 ein faktorieller Integritätsbereich.

37. Sei A ein graduierter Integritätsbereich. Dann sind äquivalent: (1) A ist faktoriell. (2) Jedes homogene Primideal $\neq 0$ in A enthält ein Primelement. (3) Jedes homogene Primideal $\neq 0$ enthält ein homogenes Primelement. (4) Jede homogene Nichteinheit $\neq 0$ in A ist Produkt von (notwendigerweise homogenen) Primelementen. (Zum Beweis von (2)$\Rightarrow$(3) sei $\mathbf{p}$ ein homogenes Primideal, das ein homogenes Element $x \neq 0$ enthält und (ohne Einschränkung) minimal über Ax liegt. $\mathbf{p}$ enthält ein Primelement p. Nach §58, Aufgabe 12d) gibt es ein $n \in \mathbb{N}$ und ein $s \in A$, $s \notin \mathbf{p}$, mit $p^n s \in Ax$. Es folgt $x \in Ap$, und p ist homogen. Zum Beweis von (3)$\Rightarrow$(4) sei S das multiplikative System der homogenen Elemente von A, die zu Produkten von homogenen Primelementen assoziiert sind. Dann besitzt A_S kein homogenes Primideal $\neq 0$, woraus folgt, daß S das System aller homogenen Elemente $\neq 0$ in A ist. Zu (4)$\Rightarrow$(1) benutzt man die Aufgaben 22 und 35, sowie das Lemma 60.8 von Nagata.) Folgerung. Ist A noethersch und ist jedes homogene irreduzible Element in A prim, so ist A faktoriell.

38. Sei A ein graduierter Integritätsbereich, in dem jede homogene Nichteinheit $\neq 0$ Produkt unzerlegbarer (notwendig homogener) Elemente ist. Folgende Aussagen über A sind äquivalent: (1) A ist faktoriell. (2) Je zwei homogene Elemente besitzen einen größten gemeinsamen Teiler. (3) Je zwei homogene Elemente besitzen ein kleinstes gemeinsames Vielfaches. (4) Der Durchschnitt je zweier homogener Hauptideale ist wieder ein Hauptideal.

39. Sei A ein graduierter Integritätsbereich, in dem jedes homogene Primideal ein Hauptideal ist. Dann ist A faktoriell. (Bemerkung. A braucht selbst kein Hauptidealbereich zu sein, wie man beispielsweise an $\mathbb{Z}[X, X^{-1}]$ sieht, oder auch an Ringen des Typs $A = R_x$, wobei R einer der faktoriellen graduierten Integritätsbereiche ist, die in Aufgabe 44a) und Aufgabe 46a) konstruiert werden, und x eine homogene Nichteinheit $\neq 0$ in R ist.)

40. Seien B ein lokal–graduierter faktorieller Integritätsbereich und A ein homogener Unterring, über dem B frei ist. Dann ist auch A faktoriell. (Für jedes Ideal $\mathbf{a}$ in A ist $\mathbf{a}B \cap A = \mathbf{a}$; insbesondere sind Nichteinheiten in A auch Nichteinheiten in B. Für je zwei Ideale $\mathbf{a}, \mathbf{b}$ in A ist $\mathbf{a}B \cap \mathbf{b}B = (\mathbf{a} \cap \mathbf{b})B$. Sind $a, b \in A$ homogene Elemente, so ist $aB \cap bB = (Aa \cap Ab)B$ ein Hauptideal cB mit einem homogenen Element $c \in Aa \cap Ab$, vgl. Aufgabe 12a). Dann ist $Aa \cap Ab = Ac$. Jetzt läßt sich Aufgabe 38 anwenden!)

41. Seien A ein graduierter Integritätsbereich, in dem jede Nichteinheit $\neq 0$ Produkt unzerlegbarer Elemente ist, und x ein homogenes Element des Grades 1, das Produkt von Primelementen ist. Genau dann ist A faktoriell, wenn der Restklassenring $A/A(x-1)$ faktoriell ist. (Aufgabe 21.)

42. Seien A ein graduierter Integritätsbereich und $f \in A$, $f \neq 0$, ein homogenes Element vom Grade $m > 0$. Ferner sei $n \in \mathbb{N}_+$ teilerfremd zu m. Dann ist $Z^n - f$ ein Primpolynom im Polynomring $A[Z]$. (Man reduziere die Aussage auf den Fall $n \equiv 1 \bmod m$ und benutze 62.5. — Aufgabe 15 aus §60 ist ein Spezialfall.)

43. Seien A ein graduierter Integritätsbereich, der die aufsteigende Kettenbedingung für Hauptideale erfüllt, und $f \in A$ eine homogene Einheit oder ein homogenes Primelement des positiven Grades m. Folgende Aussagen sind äquivalent: (1) $A[Z]/(Z^m - f)$ ist faktoriell. (2) $A[Z]/(Z^{mn} - f)$ ist faktoriell für alle $n \in \mathbb{N}_+$. (3) $A/A(f-1)$ ist faktoriell. — Ist A überdies lokal und nichtnegativ graduiert, so sind diese Bedingungen äquivalent zu der folgenden: (4) $A[Z]/(Z^n - f)$ ist faktoriell für alle $n \in \mathbb{N}_+$.

44. Sei K ein Körper. Zu den im folgenden genannten Polynomen f im (jeweils passenden) Polynomring P über K ist P/Pf faktoriell. (Man benutze 62.4.)

a) $X^r + Y^s + Z^t$, wobei $r, s, t \in \mathbb{N}_+$ paarweise teilerfremd sind.

b) $X_1^{r_1} + \cdots + X_n^{r_n} + Z^r$, wobei gilt: $n \geq 3$; $r, r_1, \ldots, r_n \in \mathbb{N}_+$ mit $\mathrm{ggT}(r, r_1, \ldots, r_n) = 1$; ferner: $\mathrm{Char}\, K$ teilt nicht alle $r_1, \ldots, r_n$.

c) $X_1^2 + \cdots + X_n^2 + Z^r$, wobei $n \geq 4$ und $r \geq 1$ ist, ferner $\mathrm{Char}\, K \neq 2$.

d) $X_1^{r_1} + \cdots + X_n^{r_n} + Y^s + Z^t$, wobei gilt: $n \geq 1$; $r_1, \ldots, r_n, s, t \in \mathbb{N}_+$ und $r_1, \ldots, r_n, s, t$ sind paarweise teilerfremd. ($X_1^{r_1} + \cdots + X_n^{r_n} + Y^s$ ist prim nach Aufgabe 42.)

(Bemerkung. Bei allen Polynomen darf man die vorkommenden Monome mit beliebigen Koeffizienten $\neq 0$ aus K versehen. Man konstruiere weitere Klassen interessanter Beispiele!)

45. Seien K ein Körper, $P = K[X_1, X_2, X_3, X_4]$, $R = K[X_1, X_2, X_3, X_4, Z]$ und

$$f = X_1^{r_1} + X_2^{r_2} + X_3^{r_3} + X_4^{r_4}\,, \quad g = aX_1^{r_1} + bX_2^{r_2} + cX_3^{r_3} + dX_4^{r_4}$$

Polynome über K, wobei $r_1, r_2, r_3, r_4 \in \mathbb{N}_+$ so gewählt sind, daß P/Pf faktoriell ist (vgl. etwa Aufgabe 44b)), und die Konstanten $a, b, c, d \in K$ so, daß die Restklasse von g in P/Pf prim ist. Dann ist $R/(Rf + R(g - Z^r))$ faktoriell für alle $r \in \mathbb{N}_+$ mit $\mathrm{ggT}(r_1 r_2 r_3 r_4, r) = 1$. (Bemerkung. Die Restklasse von g in P/Pf ist etwa trivialerweise dann prim, wenn $g = X_3^{r_3} + X_4^{r_4}$ ist und $\mathrm{ggT}(r_1, r_2) = \mathrm{ggT}(r_3, r_4) = 1$ ist, aber auch dann, wenn $a, b, c, d, 0$ paarweise verschieden sind und r_1, r_2, r_3, r_4 sämtlich nicht von $\mathrm{Char}\, K$ geteilt werden (dann handelt es sich bei $R/(Rf + R(g - Z^r))$ um eine "isolierte Singularität").)

46. Zu den im folgenden genannten Polynomen f im (jeweils passenden) Polynomring P über $\mathbb{R}$ ist P/Pf faktoriell.

a) $X^r + Y^s + Z^t$, wobei $r, s, t \in \mathbb{N}_+$ paarweise den größten gemeinsamen Teiler 1 oder 2 haben. (Den Fall $r = s = t = 2$ liefert §60, Aufgabe 24. Mit Aufgabe 43 erhält man den Fall $r = s = 2$, t beliebig. Dann schließe man mit 62.4.)

b) $X_1^2+X_2^2+X_3^2 \pm Z^t$ und $X_1^2+X_2^2-X_3^2+Z^t$, $t \in \mathbb{N}_+$ beliebig. Auch hier lassen sich die Exponenten noch variieren!

47. Sei B eine positiv graduierte Algebra über dem Körper K. Ist B ein Hauptidealbereich, so ist $B \cong K[X]$. (62.6.)

§63 Formale Potenzreihenringe

Es genügt, diesen Paragraphen beim ersten Lesen bis Beispiel 5 durchzuarbeiten.
Seien k ein kommutativer Ring und I eine Menge mit einer Gewichtsfunktion $\gamma : I \to \mathbb{N}_+$. Die Polynomalgebra $A = k[X_i : i \in I] = \sum_{n\in\mathbb{N}} A_n$ mit der γ–Graduierung ist eine positiv graduierte k–Algebra, in der die Unbestimmten $X_i, i \in I$, homogen vom Grade $\gamma(i)$ sind, vgl. §62, Beispiel 2. Die Komplettierung $R := \hat{A} = \prod_{n\in\mathbb{N}} A_n$ von A heißt die Potenzreihenalgebra über k in den (mit γ gewichteten) Unbestimmten X_i, $i \in I$. Wir bezeichnen diese Algebra mit

$$k_\gamma[\![X_i : i \in I]\!] = k_\gamma[\![X_i]\!]_{i\in I}\,.$$

Ist $\gamma \equiv 1$, trägt A also die Standardgraduierung, so schreiben wir einfach

$$k[\![X_i : i \in I]\!] = k[\![X_i]\!]_{i\in I}\,.$$

Die Elemente von $R = k_\gamma[\![X_i : i \in I]\!]$ heißen die (formalen) Potenzreihen über k in den (mit γ gewichteten) Unbestimmten X_i, $i \in I$.
Bei $I = \{1,\dots,n\}$ schreibt man auch $k_\gamma[\![X_1,\dots,X_n]\!]$ für die Potenzreihenalgebra. Generell übernehmen wir die bereits für die Polynomalgebren benutzten Konventionen und schreiben zum Beispiel X, Y, Z, U, V etc. für verschiedene Unbestimmte einer Potenzreihenalgebra.
Für $f \in R = k_\gamma[\![X_i : i \in I]\!]$ gilt

$$f = \sum_{n\in\mathbb{N}} f_n\,, \qquad f_n := \sum_{\nu\in\mathbb{N}^{(I)},|\nu|_\gamma=n} a_\nu X^\nu \in A_n\,.$$

Dabei ist für $\nu = (\nu_i) \in \mathbb{N}^{(I)}$ gesetzt:

$$|\nu| = |\nu|_\gamma := \sum_{i\in I} \gamma(i)\nu_i\,.$$

Das Element $f_0 \in k$, das man aus f formal dadurch erhält, daß man die X_i, $i \in I$, alle gleich 0 setzt, und das man deshalb auch mit $f(0)$ bezeichnet, heißt der konstante Term von f.

$$R_{(n)} := \hat{A}_{(n)} := \prod_{m\geq n} A_m$$

ist das Ideal aller $f = \sum_{m\in\mathbb{N}} f_m$ mit $f_m = 0$ für $m < n$, d.h. mit $\omega(f) \geq m$. Hierbei ist

$$\omega(f) = \mathrm{Inf}(m \in \mathbb{N} : f_m \neq 0) \in \mathbb{N} \cup \{\infty\}$$

der Untergrad von f. Die n–Jets in $R/R_{(n+1)} = A/A_{(n+1)}$ werden repräsentiert von den Polynomen $\sum_{m=0}^{n} f_m$, $f_m \in A_m$, insbesondere die 0–Jets durch die "Konstanten" $a \in k$.

Das Ideal $R_{(1)} = \hat{A}_{(1)}$ bezeichnen wir auch mit R_+. Ist I endlich, wird R_+ von den Unbestimmten X_i, $i \in I$, erzeugt.

Beispiel 1 Die k–Algebra $R = k_\gamma[\![X_i : i \in I]\!]$ ist eingebettet in die k–Algebra R' aller $\mathbb{N}^{(I)}$–Tupel $(a_\nu)_{\nu\in\mathbb{N}^{(I)}}$, $a_\nu \in k$, für die die Multiplikation durch

$$(a_\nu)(b_\mu) = (c_\lambda)\,, \quad c_\lambda := \sum_{\nu+\mu=\lambda} a_\nu b_\mu$$

definiert ist. Offenbar ist genau dann $R = R'$, wenn die Fasern der Gewichtsfunktion $\gamma : I \to \mathbb{N}_+$ endlich sind. Die Bedeutung der Gewichtsfunktion γ liegt unter anderem darin, daß mit ihrer Hilfe R in natürlicher Weise ein topologischer Ring ist, wie in §62 ausgeführt wurde. Bei endlichem I freilich ist die Topologie auf R unabhängig von der Gewichtsfunktion γ. In diesem Fall repräsentiert die Algebra $k[\![X_1, \ldots, X_n]\!]$ bezüglich der Standardgraduierung $\gamma \equiv 1$ alle Potenzreihenalgebren $k_\gamma[\![X_i]\!]_{i\in I}$ mit $\mathrm{Kard}\, I = n$ bis auf Isomorphie topologischer k–Algebren, $n \in \mathbb{N}$. Bezüglich der k–Algebra–Strukturen gilt überdies die Isomorphie

$$k[\![X_1, \ldots, X_{n+1}]\!] \cong k[\![X_1, \ldots, X_n]\!][\![X_{n+1}]\!]\,,$$

$n \in \mathbb{N}$. Ist k noethersch, so ist nach dem Hilbertschen Basissatz 38.9 auch $A = k[X_1, \ldots, X_n]$ noethersch. Aus 62.18 folgt daher: *Ist k ein noetherscher kommutativer Ring, so ist die Potenzreihenalgebra $k[\![X_1, \ldots, X_n]\!]$ für jedes $n \in \mathbb{N}$ noethersch.* Ist k überdies normal, so ist auch $k[\![X_1, \ldots, X_n]\!]$ normal, vgl. 62.21. Dagegen braucht für einen beliebigen (nicht noetherschen) normalen Integritätsbereich k die Potenzreihenalgebra $k[\![X]\!]$ nicht normal zu sein, siehe Aufgabe 20.

Beispiel 2 Eine Potenzreihe $f = \sum_n f_n \in R = k_\gamma[\![X_i : i \in I]\!]$ ist nach 62.13 genau dann eine Einheit, wenn der konstante Term $f_0 \in k$ eine Einheit in k ist. Ist speziell $k = K$ ein Körper, so bilden die Nichteinheiten das maximale Ideal R_+ mit dem Restklassenkörper $R/R_+ = K$. In diesem Fall ist R ein kommutativer lokaler Ring mit dem einzigen maximalen Ideal $\mathbf{m}_R = R_+$, vgl. §37, Aufgabe 13. Die Polynomalgebra $A = K[X_i : i \in I]$ ist eine K–Unteralgebra der Potenzreihenalgebra $R = K_\gamma[\![X_i : i \in I]\!]$ mit $\mathbf{m}_R \cap A = A_+ = \sum_{i\in I} AX_i =: \mathbf{m}$. Nach 51.1 läßt sich somit die kanonische Einbettung $A \to R$ zu einer Einbettung $A_\mathbf{m} \to R$ der Lokalisierung $A_\mathbf{m}$ von A nach $\mathbf{m}$ in R fortsetzen. Jede rationale Funktion $f/g \in K(X_i : i \in I)$, deren Nenner g einen von 0 verschiedenen konstanten Term hat, läßt sich somit als Potenzreihe in $K_\gamma[\![X_i : i \in I]\!]$ auffassen.

Beispiel 3 (L a u r e n t - R e i h e n) Sei K ein Körper. Der Quotientenkörper des Potenzreihenrings $K[\![X]\!]$ ist der Körper $K((X))$ der formalen Laurentreihen über K, vgl. §62, Aufgabe 24. (Wir erinnern daran, daß $K((X))$ die Komplettierung von $K[X, X^{-1}]$ ist und damit insbesondere $K[\![X]\!]$ umfaßt. Da weiter jede Laurent–Reihe $f = \sum_{n\in\mathbb{Z}} a_n X^n$ offenbar die Gestalt g/X^m mit einem $g \in K[\![X]\!]$ und einem $m \in \mathbb{N}$ hat, *ist $K((X))$ der Quotientenkörper von $K[\![X]\!]$*.)

Für $f = \sum_{n\in\mathbb{Z}} a_n X^n \in K((X))$ heißt die (endliche) Summe

$$\sum_{n\in\mathbb{N}_+} a_{-n} X^{-n}$$

der Hauptteil von f; der Koeffizient a_{-1} heißt Residuum von f und wird mit

$$\mathrm{Res}(f)$$

bezeichnet. Der Untergrad $\omega(f) \in \mathbb{Z} \cup \{\infty\}$ von f wird auch die Nullstellenordnung und $-\omega(f)$ die Polstellenordnung von f genannt. Ist $\omega(f) > 0$, so sagt man, f habe eine Nullstelle der Ordnung $\omega(f)$; ist $\omega(f) < 0$, d.h. $-\omega(f) > 0$, so sagt man, f habe einen Pol der Ordnung $-\omega(f)$.

Für beliebige $f, g \in K((X))$ ist

$$\omega(f+g) \geq \mathrm{Min}(\omega(f), \omega(g)), \quad \omega(fg) = \omega(f) + \omega(g).$$

Gelegentlich nennt man allgemein für einen beliebigen kommutativen Ring k die Komplettierung $k((X))$ von $k[X, X^{-1}]$ den Ring der formalen Laurentreihen über k. Es ist $k((X))$ die Algebra $k[\![X]\!]_X$ der Brüche von $k[\![X]\!]$ mit Potenzen von X als Nenner.

Beispiel 4 (Zahlentheoretische Funktionen. Dirichlet-Reihen) Sei k ein kommutativer Ring. Die k-Algebra $\mathrm{ZF}(k)$ der zahlentheoretischen Funktionen mit Werten in k (vgl. §15, Aufgabe 5) ist isomorph zur Potenzreihenalgebra $k_\gamma[\![X_p : p \in P]\!]$, wobei $P (\subseteq \mathbb{N}_+)$ die Menge der Primzahlen ist und $\gamma : P \to \mathbb{N}_+$ (etwa) die natürliche Gewichtsfunktion mit $\gamma(p) = p$ für alle $p \in P$. Die Isomorphie $\mathrm{ZF}(k) \to k_\gamma[\![X_p : p \in P]\!]$ wird durch

$$f \mapsto \sum_{n\in\mathbb{N}_+} f(n) \prod_{p\in P} X_p^{\mathrm{v}_p(n)}$$

für $f : \mathbb{N}_+ \to k$ gegeben. Wir identifizieren f mit der zugehörigen Potenzreihe. Sei

$$f_p := \sum_{\nu\in\mathbb{N}} f(p^\nu) X_p^\nu .$$

Bei $f(1) = 1$ ist die Familie f_p, $p \in P$, nach 62.16 multiplizierbar. *In diesem Fall gilt*

$$f = \prod_{p\in P} f_p$$

genau dann, wenn f (normiert) multiplikativ ist (vgl. loc. cit.). Ist f sogar voll multiplikativ, d.h. gilt $f(mn) = f(m)f(n)$ für alle $m, n \in \mathbb{N}_+$, so ist

$$f_p = \sum_{\nu=0}^{\infty} f(p^\nu) X_p^\nu = \sum_{\nu=0}^{\infty} (f(p)X_p)^\nu = \frac{1}{1 - f(p)X_p}$$

und folglich

$$f = \prod_{p\in P} f_p = \prod_{p\in P} \frac{1}{1 - f(p)X_p} \qquad \text{(Formel von Euler).}$$

Noch einprägsamer lassen sich die zahlentheoretischen Funktionen als formale Dirichletreihen schreiben. Man setzt dazu

$$X_p = p^{-S} = \frac{1}{p^S}$$

und interpretiert p^{-S} formal als eine Exponentialfunktion in S. Dann ist für $n = \prod_p p^{v_p(n)} \in \mathbb{N}_+$

$$\prod_{p\in P} X_p^{v_p(n)} = \prod_{p\in P} (p^{-S})^{v_p(n)} = (\prod_{p\in P} p^{v_p(n)})^{-S} = \frac{1}{n^S},$$

und die obige Potenzreihe zur zahlentheoretischen Funktion $f : \mathbb{N}_+ \to k$ erhält die Gestalt

$$\sum_{n\in\mathbb{N}_+} \frac{f(n)}{n^S}.$$

Ist $k = \mathbb{C}$ der Körper der komplexen Zahlen, so sind die Funktionen $s \mapsto n^{-s} = \exp(-s\log n)$ auf ganz $\mathbb{C}$ wohldefiniert, und man kann die formale Reihe $\sum_n f(n)n^{-S}$ mit der Funktionenreihe

$$\sum_{n=1}^{\infty} \frac{f(n)}{n^s},$$

d.h. mit der Funktionenfolge $\sum_{n=1}^{m} f(n)n^{-s}$, $m \in \mathbb{N}_+$, identifizieren. Man beachte dabei, daß die Funktionen n^{-s}, $n \in \mathbb{N}_+$, linear unabhängig über $\mathbb{C}$ sind (vgl. §36, Aufgabe 16c)) und daß daher die Koeffizienten $f(n)$, $1 \leq n \leq m$, durch die Funktion $\sum_{n=1}^{m} f(n)n^{-s}$ eindeutig bestimmt sind. Solche Funktionenreihen heißen Dirichletreihen. Ein einfaches Beispiel ist die Dirichletreihe zur konstanten Funktion $n \mapsto 1$, $n \in \mathbb{N}_+$. Hier ergibt sich die bereits in §10, Aufgabe 16 diskutierte Reihe

$$\zeta(s) = \sum_{n=1}^{\infty} \frac{1}{n^s},$$

die für alle $s \in \mathbb{C}$ mit $\mathrm{Re}\, s > 1$ konvergiert und die Riemannsche Zetafunktion definiert. Ihre mehr formale Bedeutung als zahlentheoretische Funktion ist in §15, Aufgabe 5c) bis e) besprochen.

Beispiel 5 (Erzeugende Funktionen. Partitionen) Mit Potenzreihen lassen sich vielfach Zahlenfolgen übersichtlich darstellen. Sind k ein kommutativer Ring und $(a_\nu) \in k^{\mathbb{N}}$ eine Folge mit Werten in k, so heißt die Potenzreihe

$$\sum_{\nu\in\mathbb{N}} a_\nu Z^\nu \in k[\![Z]\!]$$

die erzeugende Funktion der Folge (a_ν). Allgemeiner läßt sich jedem Element $(a_\nu)_{\nu\in\mathbb{N}^I} \in k^{\mathbb{N}^I}$, I endliche Menge, die erzeugende Funktion $\sum_{\nu\in\mathbb{N}^I} a_\nu Z^\nu \in k[\![Z_i : i \in I]\!]$ zuordnen.

Als Beispiel betrachten wir die Folge $P(n)$, $n \in \mathbb{N}$, wobei $P(n)$ die Anzahl der Partitionen von n ist, das ist die Anzahl der $(\nu_1, \ldots, \nu_n) \in \mathbb{N}^n$ mit $1\nu_1 +$

$2\nu_2 + \cdots + n\nu_n = n$. Es ist

$$\sum_{n=0}^{\infty} P(n)Z^n = \prod_{i\in\mathbb{N}_+} (1-Z^i)^{-1} = \Big(\prod_{i\in\mathbb{N}_+} (1-Z^i)\Big)^{-1}.$$

Der Beweis ergibt sich direkt aus

$$\prod_{i\in\mathbb{N}_+} (1-Z^i)^{-1} = \prod_{i\in\mathbb{N}_+} \left(\sum_{\nu_i=0}^{\infty} Z^{i\nu_i}\right) = \sum_{\nu\in\mathbb{N}^{(\mathbb{N}_+)}} Z^{\nu_1+2\nu_2+\cdots}.$$

Die Potenzreihe $\prod_{i\in\mathbb{N}_+}(1-Z^i)$ läßt sich nach Euler explizit angeben:

63.1 Satz (Euler) *Es ist*

$$\prod_{i\in\mathbb{N}_+} (1-Z^i) = 1 + \sum_{\nu\in\mathbb{N}_+} (-1)^\nu \big(Z^{(3\nu^2-\nu)/2} + Z^{(3\nu^2+\nu)/2}\big).$$

Beweis. Es ist

$$\prod_{i\in\mathbb{N}_+} (1-Z^i) = \lim_{n\to\infty} \prod_{i=1}^{n+1}(1-Z^i) = \lim_{n\to\infty} \Big(1 - Z - \sum_{i=1}^{n} Z^{i+1}\prod_{j=1}^{i}(1-Z^j)\Big)$$

$$= 1 - Z - \sum_{i=1}^{\infty} Z^{i+1}\prod_{j=1}^{i}(1-Z^j).$$

Es genügt nun, für alle $n \in \mathbb{N}_+$ die Gleichung

$$\prod_{i\in\mathbb{N}_+} (1-Z^i) = 1 + \sum_{\nu=1}^{n-1}(-1)^\nu\big(Z^{(3\nu^2-\nu)/2} + Z^{(3\nu^2+\nu)/2}\big) + (-1)^n Z^{(3n^2-n)/2}$$
$$+ (-1)^n \sum_{i=n}^{\infty} Z^{n(i-n)+(3n^2+n)/2} \prod_{j=n}^{i}(1-Z^j)$$

zu zeigen. Die Behauptung folgt dann durch den Grenzübergang $n \to \infty$ auf der rechten Seite dieser Gleichung. Für $n = 1$ ist die Gleichung aber bereits bewiesen, und der Induktionsschritt von n auf $n+1$ ergibt sich aus der Gleichungskette

$$(-1)^n Z^{(3n^2-n)/2} + (-1)^n \sum_{i=n}^{\infty} Z^{n(i-n)+(3n^2+n)/2} \prod_{j=n}^{i}(1-Z^j)$$
$$= (-1)^n Z^{(3n^2-n)/2} + (-1)^n Z^{(3n^2+n)/2} - (-1)^n Z^{n+(3n^2+n)/2}$$
$$+ (-1)^n \sum_{i=n+1}^{\infty} Z^{n(i-n)+(3n^2+n)/2} \prod_{j=n+1}^{i}(1-Z^j)$$

$$+(-1)^{n+1}\sum_{i=n+1}^{\infty} Z^{n(i+1-n)+(3n^2+n)/2}\prod_{j=n+1}^{i}(1-Z^j)$$

$$=(-1)^n(Z^{(3n^2-n)/2}+Z^{(3n^2+n)/2})$$
$$-(-1)^n Z^{n+(3n^2+n)/2}+(-1)^n Z^{n+(3n^2+n)/2}(1-Z^{n+1})$$
$$+(-1)^n\sum_{i=n+1}^{\infty} Z^{n(i+1-n)+(3n^2+n)/2}\prod_{j=n+1}^{i+1}(1-Z^j)$$
$$+(-1)^{n+1}\sum_{i=n+1}^{\infty} Z^{n(i+1-n)+(3n^2+n)/2}\prod_{j=n+1}^{i}(1-Z^j)$$
$$=(-1)^n(Z^{(3n^2-n)/2}+Z^{(3n^2+n)/2})+(-1)^{n+1}Z^{n+1+n+(3n^2+n)/2}$$
$$+(-1)^{n+1}\sum_{i=n+1}^{\infty} Z^{i+1+n(i+1-n)+(3n^2+n)/2}\prod_{j=n+1}^{i}(1-Z^j)$$

wegen $n+1+n+(3n^2+n)/2=(3(n+1)^2-(n+1))/2$ und $i+1+n(i+1-n)+(3n^2+n)/2=(n+1)(i-(n+1))+(3(n+1)^2+(n+1))/2$. •

Satz 63.1 läßt sich folgendermaßen kombinatorisch interpretieren (und auch beweisen): Ist g_n (bzw. u_n) die Anzahl der Zerlegungen der natürlichen Zahl n als Summe einer geraden (bzw. einer ungeraden) Anzahl verschiedener positiver natürlicher Zahlen (ohne Berücksichtigung der Reihenfolge der Summanden), so ist $g_n = u_n$, es sei denn, n ist von der Form $(3\nu^2 \pm \nu)/2$ mit einem $\nu \in \mathbb{N}$, in welchem Fall $g_n - u_n = (-1)^\nu$ ist.

Um die Zahlen $P(n)$, $n \in \mathbb{N}$, zu gewinnen, hat man nur noch die in 63.1 angegebene Reihe zu invertieren. Das ergibt die Rekursionsgleichungen

$$P(0)=1,\ldots,P(n+1)=$$
$$\sum_{\nu\in\mathbb{N}_+}(-1)^{\nu-1}(P(n+1-(3\nu^2-\nu)/2)+P(n+1-(3\nu^2+\nu)/2)),$$

(mit $P(\nu)=0$ für $\nu<0$), womit man zum Beispiel leicht die folgende Tabelle bestätigt:

n	0	1	2	3	4	5	6	7	8	9	10	11	12	13	14	15	16	17	18	19	20
$P(n)$	1	1	2	3	5	7	11	15	22	30	42	56	77	101	135	176	231	297	385	490	627.

Wir erwähnen die folgenden Beispiele für das Auftreten der Zahlen $P(n)$:

(1) Die Klassenzahl der symmetrischen Gruppe $\mathbf{S}_n$ ist $P(n)$, $n \in \mathbb{N}$, vgl. 44.9.

(2) Die Anzahl der Isomorphieklassen der abelschen Gruppen der Ordnung $n \in \mathbb{N}_+$ ist $\prod_{p\in P} P(\mathrm{v}_p(n))$, vgl. 39.8. ($P$ ist die Menge der Primzahlen.)

(3) Die Anzahl der Ähnlichkeitsklassen der Matrizen aus $\mathsf{M}_n(K)$, $n \in \mathbb{N}$, K ein Körper, mit dem vorgegebenen charakteristischen Polynom χ ist $\prod_{\pi\in P} P(\mathrm{v}_\pi(\chi))$. Hier durchläuft π die Menge P der normierten Primpolynome in $K[X]$. (Vgl. §68, Aufgabe 16a).)

(4) Für $n \in \mathbb{N}$ ist $P(n) = \mathrm{Rang}_k A_n$, wobei $A = k[X_i : i \in \mathbb{N}_+] = \sum_n A_n$ die graduierte Polynomalgebra über k ist, in der X_i das Gewicht i hat. Vgl. hierzu auch das folgende Beispiel 6 und §54, Aufgabe 33.

Beispiel 6 Wir geben einen neu geordneten Beweis der Waringschen bzw. Newtonschen Formeln, vgl. Satz 57.9, und übernehmen dazu die Bezeichnungen von §57, Beispiel 5. Es gilt in $A[X_i : i \in I][\![Z]\!]$:

$$\sum_{j=0}^{\infty} P_j Z^j = \sum_{j=0}^{\infty} \left(\sum_{i \in I} X_i^j \right) Z^j = \sum_{i \in I} \left(\sum_{j=0}^{\infty} (X_i Z)^j \right)$$

$$= \sum_{i \in I} \frac{1}{1 - X_i Z} = \frac{F'(1/Z)}{ZF(1/Z)} = \frac{nC_0 + (n-1)C_1 Z + \cdots + C_{n-1}Z^{n-1}}{C_0 + C_1 Z + \cdots + C_n Z^n}.$$

Somit ist $(C_0 + \cdots + C_n Z^n) \left(\sum_{j=0}^{\infty} P_j Z^j \right) = nC_0 + \cdots + C_{n-1}Z^{n-1}$. Koeffizientenvergleich liefert wiederum, daß die P_j dieselben Rekursionsgleichungen wie die Waringschen Polynome erfüllen.

Beispiel 7 (Poincaré-Reihen) Sei k ein Ring. Ferner sei ρ eine Abbildung, die jedem Modul V einer vorgegebenen Klasse $\mathcal{K}$ von k-Moduln ein Element $\rho(V)$ eines festen Ringes D zuordnet. Dabei soll gelten: Ist

$$0 \to V^{(n)} \to V^{(n-1)} \to \cdots \to V^{(0)} \to 0$$

eine exakte Sequenz von Moduln in $\mathcal{K}$, so ist

$$\sum_{i=0}^{n} (-1)^i \rho(V^{(i)}) = 0.$$

Wir nennen ρ dann *additiv*. Ist $0 \in \mathcal{K}$, so ist $\rho(0) = 0$. Enthält $\mathcal{K}$ mit jedem Modul V auch die Unter- und Restklassenmoduln von V, so ist ρ bereits dann additiv, wenn für jede kurze exakte Sequenz

$$0 \to V' \to V \to V'' \to 0$$

von Moduln in $\mathcal{K}$ gilt: $\rho(V) = \rho(V') + \rho(V'')$. Man beweist die allgemeine Additivität dann durch Induktion über die Länge n der exakten Sequenz

$$0 \to V^{(n)} \to \cdots \to V^{(0)} \to 0.$$

Wichtige Beispiele für solche additiven Abbildungen ρ sind die folgenden:

(1) Seien k ein kommutativer Ring $\neq 0$ und $\mathcal{K}$ die Klasse der endlichen freien k-Moduln. Dann ist $\rho(V) := \mathrm{Rang}_k V$ für $V \in \mathcal{K}$ additiv, vgl. V.B, Aufgabe 2.

(2) $\mathcal{K}$ ist die Klasse der k-Moduln endlicher Länge, und ρ ist die Längenfunktion auf $\mathcal{K}$, vgl. Anhang V.E.

(3) k ist ein Integritätsbereich, und $\mathcal{K}$ ist die Klasse der k-Moduln endlichen Ranges. Die Funktion $\rho(V) := \mathrm{Rang}_k V$ ist dann additiv, vgl. 51.10. Für k kann man übrigens einen beliebigen kommutativen Ring $\neq 0$ wählen, vgl. §51, Beispiel 11.

Seien nun A eine graduierte k-Algebra und $V = \sum_{n \in \mathbb{Z}} V_n$ ein nach unten beschränkter graduierter A-Modul, für den $\rho(V_n)$ für alle $n \in \mathbb{Z}$ definiert ist. Dann heißt die Laurent-Reihe

$$\mathcal{P} = \mathcal{P}_V = \mathcal{P}_{V,k,\rho} := \sum_{n \in \mathbb{Z}} \rho(V_n) Z^n \in D((Z))$$

die Poincaré-Reihe von V (bezüglich ρ).

Es ist $\mathcal{P}_{V(m)} = Z^{-m}\mathcal{P}_V$ für alle $m \in \mathbb{Z}$.

63.2 Lemma *Sei* $0 \to V^{(n)} \xrightarrow{f^{(n)}} \cdots \xrightarrow{f^{(1)}} V^{(0)} \to 0$ *eine exakte Sequenz von nach unten beschränkten graduierten A-Moduln* $V^{(i)}$ *mit homogenen Homomorphismen* $f^{(i)}$ *vom Grade* r_i. *Sind die Poincaré-Reihen* $\mathcal{P}_{V^{(i)}}$, $i = 0, \ldots, n$, *definiert, so gilt*

$$\sum_{i=0}^{n} (-1)^i Z^{r_1 + \cdots + r_i} \mathcal{P}_{V^{(i)}} = 0 .$$

Beweis. Die Aussage folgt unmittelbar aus den exakten Sequenzen

$$0 \to V_\nu^{(n)} \to V_{\nu+r_n}^{(n-1)} \to \cdots \to V_{\nu+r_n+\cdots+r_1}^{(0)} \to 0 ,$$

$\nu \in \mathbb{Z}$, und der Additivität von ρ. •

63.3 Satz *Sei A eine nicht negativ graduierte endlich erzeugte kommutative k-Algebra, und zwar sei* $A = k[x^{(1)}, \ldots, x^{(s)}]$ *mit homogenen Elementen* $x^{(i)}$ *des Grades* n_i, $0 = n_1 = \cdots = n_r < n_{r+1} \le \cdots \le n_s$. *Ferner sei* $V = \sum V_n$ *ein noetherscher nach unten beschränkter graduierter A-Modul, für den die Poincaré-Reihe* $\mathcal{P}_V$ *definiert ist. Die Klasse* $\mathcal{K}$, *für deren k-Moduln die additive Funktion* ρ *definiert ist, enthalte mit jedem Modul dessen Unter- und Restklassenmoduln. Dann gilt*

$$\mathcal{P}_V = \frac{f}{Z^m \prod_{\sigma=r+1}^{s} (1 - Z^{n_\sigma})}$$

mit $f \in D[Z]$, $m \in \mathbb{N}$.

Beweis (durch Induktion über $s - r$). Bei $r = s$ ist $A = A_0$. Da V noethersch ist, folgt $V_n = 0$ für fast alle n. Dann ist $\mathcal{P}_V = f/Z^m$ mit einem $m \ge 0$ und einem Polynom $f \in D[Z]$.

Sei jetzt $r < s$. Die Multiplikation ϑ in V mit $x^{(s)}$ ist ein homogener A-Homomorphismus vom Grade n_s. Mit $U = \operatorname{Kern} \vartheta$ und $\overline{V} = \operatorname{Kokern} \vartheta = V/x^{(s)}V$ ergibt sich die kanonische exakte Vierersequenz

$$0 \to U \to V \xrightarrow{\vartheta} V \to \overline{V} \to 0 .$$

Wegen $x^{(s)} \in \operatorname{Ann} U$ und $x^{(s)} \in \operatorname{Ann} \overline{V}$ tragen U und $\overline{V}$ eine kanonische $\overline{A}$-Modul-Struktur mit $\overline{A} := A/x^{(s)}A = k[\overline{x}^{(1)}, \ldots, \overline{x}^{(s-1)}]$, vgl. §37, Bemerkung 1. Die Moduln U und $\overline{V}$ sind noethersche Moduln über $\overline{A}$. Die Elemente $\overline{x}^{(i)}$ haben ebenfalls den Grad n_i. Nach Induktionsvoraussetzung gilt

$$\mathcal{P}_U = \frac{f_1}{Z^{m_1} \prod_{\sigma=r+1}^{s-1} (1 - Z^{n_\sigma})} \quad \text{und} \quad \mathcal{P}_{\overline{V}} = \frac{f_2}{Z^{m_2} \prod_{\sigma=r+1}^{s-1} (1 - Z^{n_\sigma})}$$

mit $m_1, m_2 \in \mathbb{N}$, $f_1, f_2 \in D[Z]$. Aus obiger exakter Sequenz folgt unter Benutzung von 63.2: $\mathcal{P}_{\overline{V}} - \mathcal{P}_V + Z^{n_s}\mathcal{P}_V - Z^{n_s}\mathcal{P}_U = 0$ und

$$\mathcal{P}_V = \frac{\mathcal{P}_{\overline{V}} - Z^{n_s}\mathcal{P}_U}{1 - Z^{n_s}} = \frac{f}{Z^m \prod_{\sigma=r+1}^{s}(1 - Z^{n_\sigma})}$$

mit $m := \mathrm{Max}(m_1, m_2) \in \mathbb{N}$ und $f := Z^{m-m_2}f_2 - Z^{n_s+m-m_1}f_1 \in D[Z]$. •

Auf der Polynomalgebra $A = k[X_i : i \in I] = \sum_n A_n$ mit der γ-Graduierung sind die partiellen Ableitungen $\partial_i = \frac{\partial}{\partial X_i}$, $i \in I$, homogene k-Derivationen vom Grade $-\gamma(i)$, d.h. es ist $\partial_i A_n \subseteq A_{n-\gamma(i)}$ für alle n. Diese Derivationen lassen sich durch

$$\partial_i f = \partial_i \sum_{n \in \mathbb{N}} f_n = \sum_{n \in \mathbb{N}} \partial_i f_n ,$$

$f \in R = k_\gamma[\![X_i : i \in I]\!]$, $f_n \in A_n$, zu stetigen k-Derivationen auf der Potenzreihenalgebra $k_\gamma[\![X_i : i \in I]\!]$ fortsetzen. Die Gültigkeit der Produktregel

$$\partial_i(fg) = f\partial_i g + g\partial_i f ,$$

$f, g \in R$, sieht man etwa in folgender Weise ein: Die Abbildungen $(f,g) \mapsto \partial_i(fg)$ und $(f,g) \to f\partial_i g + g\partial_i f$ sind stetig und stimmen auf der in R dichten Polynomalgebra A überein. Folglich sind beide Abbildungen auf ganz R identisch, und dies ist die Produktregel.

Wie für Polynome gilt auch für Potenzreihen die T a y l o r f o r m e l: Ist

$$f = \sum_{\nu \in \mathbb{N}^{(I)}} a_\nu X^\nu \in k_\gamma[\![X_i : i \in I]\!],$$

so gilt

$$\nu! a_\nu = ((\prod_{i \in I} \partial_i^{\nu_i})f)(0) \quad \text{für alle} \quad \nu = (\nu_i) \in \mathbb{N}^{(I)} .$$

Man beachte, daß die partiellen Ableitungen vertauschbar sind: $[\partial_i, \partial_j] = \partial_i\partial_j - \partial_j\partial_i = 0$ für alle $i, j \in I$.

Für das weitere setzen wir voraus, daß die Gewichtsfunktion γ beschränkt ist. Da die k-Algebra-Struktur und die Topologie von $k_\gamma[\![X_i : i \in I]\!]$ von der speziellen Wahl einer solchen Funktion γ unabhängig sind, wollen wir annehmen, daß $\gamma \equiv 1$ ist. Wir betrachten also $R = k[\![X_i : i \in I]\!]$. Die folgende Aussage beschreibt die stetigen k-Derivationen auf R.

63.4 *Die stetigen k-Derivationen auf $R = k[\![X_i : i \in I]\!]$ sind genau die Abbildungen*

$$g \mapsto \sum_{i \in I} f_i \partial_i g ,$$

wobei f_i, $i \in I$, die I-Tupel von Elementen aus R durchläuft.

B e w e i s. Seien f_i, $i \in I$, Elemente in R. Für jedes $g = \sum_n g_n \in R$ ist dann $f_i \partial_i g$, $i \in I$, summierbar. Sei nämlich $m \in \mathbb{N}$ vorgegeben und $E_0 \subseteq I$ die (endliche) Menge der Indizes $i \in I$, für die die Unbestimmten X_i explizit in den Polynomen g_n mit $n \leq m$ vorkommen. Für $i \notin E_0$ ist dann

$$\omega(f_i \partial_i g) \geq \omega(\partial_i g) \geq m .$$

Somit ist $f_i \partial_i g$, $i \in I$, ein Nullsystem und nach 62.15 summierbar. Die Abbildung $\delta : g \mapsto \sum_i f_i \partial_i g$ ist daher wohldefiniert und offensichtlich k-linear. Sie ist auch stetig, denn aus $\omega(g) \geq m$ folgt

$$\omega\left(\sum_{i\in I} f_i \partial_i g\right) \geq \operatorname{Min}(\omega(f_i) + m - 1) \geq m - 1 .$$

Die Produktregel gilt zunächst für alle Polynome $f, g \in A = k[X_i : i \in I]$ und wegen der Stetigkeit von δ dann für alle $f, g \in R$. Somit ist δ eine stetige k–Derivation.

Sei umgekehrt $\delta : R \to R$ eine stetige k–Derivation und $f_i := \delta X_i$. Die Derivation $\delta' : g \mapsto \sum_{i \in I} f_i \partial_i g$ stimmt dann für alle Polynome $g \in A$ mit δ überein. Da δ und δ' stetig sind, gilt $\delta = \delta'$. •

Seien nun $R = k[\![X_i : i \in I]\!]$ und $S = k[\![Y_j : j \in J]\!]$ zwei Potenzreihenalgebren und g_i, $i \in I$, eine Familie von Elementen aus S_+. Für eine beliebige Potenzreihe $f = \sum_{n \in \mathbb{N}} f_n \in R$ ist die Familie $f_n(g_i : i \in I) \in S$, $n \in \mathbb{N}$, wegen $\omega(f_n(g_i : i \in I)) \geq n$ summierbar. Somit ist

$$f(g_i : i \in I) := \sum_{n \in \mathbb{N}} f_n(g_i : i \in I) \in S$$

wohldefiniert. Die Abbildung

$$\varphi : f \mapsto f(g_i : i \in I)$$

von R in S ist offensichtlich k–linear und stetig. Sie ist auch multiplikativ, da ihre Beschränkung auf $A = k[X_i : i \in I]$ der Einsetzungshomomorphismus $X_i \mapsto g_i$ ist. φ ist also ein stetiger k–Algebra–Homomorphismus von R in S, den wir ebenfalls den E i n s e t z u n g s h o m o m o r p h i s m u s $X_i \mapsto g_i$, $i \in I$, nennen.

Man gewinnt das φ–Bild von $f \in R$ dadurch, daß man in f für die Unbestimmten X_i die Elemente g_i, $i \in I$, einsetzt. Die Einsetzungshomomorphismen sind bereits alle stetigen k–Algebra–Homomorphismen $\varphi : R \to S$ mit $\varphi(R_+) \subseteq S_+$.

63.5 *Sei $\varphi : k[\![X_i : i \in I]\!] \to k[\![Y_j : j \in J]\!]$ ein stetiger k-Algebra–Homomorphismus mit $\omega(\varphi(X_i)) \geq 1$ für alle $i \in I$. Dann ist φ der Einsetzungshomomorphismus $X_i \mapsto \varphi(X_i)$.*

B e w e i s. Sei $g_i := \varphi(X_i)$. Der Einsetzungshomomorphismus φ' mit $X_i \mapsto g_i$, $i \in I$, stimmt auf der Polynomalgebra $k[X_i : i \in I]$ mit φ überein. Da φ und φ' stetig sind, gilt $\varphi = \varphi'$ auf ganz $k[\![X_i : i \in I]\!]$. •

Die Komposition zweier Einsetzungshomomorphismen ist offenbar ebenfalls ein Einsetzungshomomorphismus.

Eine häufig benutzte Rechenregel ist die Kettenregel:

63.6 Kettenregel *Seien $g_i \in k[\![Y_j : j \in J]\!]$, $i \in I$, Potenzreihen mit $\omega(g_i) \geq 1$ für alle $i \in I$. Für jede Potenzreihe $f \in k[\![X_i : i \in I]\!]$ gilt dann*

$$\frac{\partial}{\partial Y_j} f(g_i : i \in I) = \sum_{r \in I} \frac{\partial f}{\partial X_r}(g_i : i \in I) \frac{\partial g_r}{\partial Y_j}.$$

Beweis. Sei $\varphi : k[\![X_i : i \in I]\!] \mapsto k[\![Y_j : j \in J]\!]$ der durch die g_i, $i \in I$, definierte Einsetzungshomomorphismus. Die Abbildung $\delta := \frac{\partial}{\partial Y_j} \circ \varphi$ ist eine stetige k-Derivation von $R := k[\![X_i : i \in I]\!]$ mit Werten in $S := k[\![Y_j : j \in J]\!]$, wobei S mittels φ als R-Modul aufgefaßt wird. Wie in 63.4 zeigt man, daß jede solche Derivation die Gestalt

$$f \mapsto \sum_{r \in I} f_r \frac{\partial f}{\partial X_r} = \sum_{r \in I} f_r \varphi\left(\frac{\partial f}{\partial X_r}\right)$$

mit $f_r \in S$ hat. Für δ ist $f_r = \delta X_r = \partial_j(g_r)$. Es folgt

$$\delta f = \frac{\partial}{\partial Y_j} f(g_i : i \in I) = \sum_{r \in I} \frac{\partial g_r}{\partial Y_j} \cdot \frac{\partial f}{\partial X_r}(g_i : i \in I)$$

für alle $f \in R$, wie behauptet. •

Sei weiter $\varphi : R \to S$ ein Einsetzungshomomorphismus. φ bildet $R_{(1)} = R_+$ in $S_{(1)} = S_+$ und $R_{(2)}$ in $S_{(2)}$ ab und induziert daher einen k-linearen Homomorphismus

$$d\varphi : R_{(1)}/R_{(2)} \to S_{(1)}/S_{(2)}.$$

Die Restklassen der Unbestimmten X_i, $i \in I$, bilden eine k-Basis von $R_{(1)}/R_{(2)}$, und die Restklassen der Y_j, $j \in J$, bilden eine k-Basis von $S_{(1)}/S_{(2)}$. Wir können $R_{(1)}/R_{(2)}$ mit $A_1 = \sum_{i \in I} kX_i$ und $S_{(1)}/S_{(2)}$ mit $B_1 = \sum_{j \in J} kY_j$ identifizieren. Offenbar ist dann

$$(d\varphi)(X_i) = \sum_j \frac{\partial \varphi(X_i)}{\partial Y_j}(0) \cdot Y_j, \ i \in I.$$

Für die Komposition $\psi \circ \varphi$ zweier Einsetzungshomomorphismen φ, ψ gilt

$$d(\psi \circ \varphi) = d\psi \circ d\varphi.$$

Ist $h : A_1 \to B_1$ eine beliebige k-lineare Abbildung, so gilt für den durch $X_i \mapsto h(X_i)$ definierten linearen Einsetzungshomomorphismus φ_h die Gleichung $d\varphi_h = h$.

Mit Hilfe der Operation d lassen sich sehr einfach die Isomorphismen unter den Einsetzungshomomorphismen charakterisieren.

63.7 Satz *Sei $\varphi : k[\![X_i : i \in I]\!] \to k[\![Y_j : j \in J]\!]$ ein Einsetzungshomomorphismus. Genau dann ist φ ein Isomorphismus, wenn $d\varphi$ ein Isomorphismus ist.*

Beweis. Sei $R := k[\![X_i : i \in I]\!]$ und $S := k[\![Y_j : j \in J]\!]$. Ist φ ein Isomorphismus, so ist wegen $\mathrm{id} = d(\varphi\varphi^{-1}) = d\varphi \circ d\varphi^{-1}$ und $\mathrm{id} = d(\varphi^{-1}\varphi) = d\varphi^{-1} \circ d\varphi$ auch $d\varphi$ ein Isomorphismus.

Sei umgekehrt $h := d\varphi$ ein Isomorphismus. Der lineare Einsetzungshomomorphismus $\varphi_{h^{-1}} : S \to R$ ist trivialerweise ein Isomorphismus mit $\varphi_h : R \to S$ als Umkehrisomorphismus. Es genügt daher zu zeigen, daß $\varphi' := \varphi_{h^{-1}}\varphi$ ein Isomorphismus ist. Wegen $d\varphi' = \mathrm{id}$ können wir daher von vornherein annehmen, daß $R = S$ und $d\varphi = \mathrm{id}$ ist. Es genügt zu zeigen, daß φ einen linksinversen Einsetzungsendomorphismus ψ mit $\psi\varphi = \mathrm{id}$ besitzt, denn die Einsetzungsendomorphismen φ von R mit $d\varphi = \mathrm{id}$ bilden ein Untermonoid des Monoids aller Einsetzungshomomorphismen und folglich nach §11, Bemerkung 1 dann sogar eine Gruppe.

Es ist $\varphi(X_i) = X_i + g_i$ mit $\omega(g_i) \geq 2$, $i \in I$. Gesucht sind Elemente $h_i \in R$ mit $\omega(h_i) \geq 2$ derart, daß der durch $X_i \mapsto X_i + h_i$, $i \in I$, definierte Einsetzungshomomorphismus die Bedingung $\psi\varphi = \mathrm{id}$ erfüllt. Es muß also

$$X_i = \psi\varphi(X_i) = \psi(X_i + g_i) = X_i + h_i + g_i(X_j + h_j : j \in I),\ i \in I,$$

gelten. Wir fassen die X_i, g_i bzw. h_i jeweils zu einem I-Tupel X, g bzw. h zusammen. Dann muß $X = X + h + g(X + h)$ oder $h = -g(X + h)$ gelten, mit anderen Worten: h muß Fixpunkt der Abbildung

$$F : h \mapsto -g(X + h)$$

von $R^I_{(2)}$ in sich sein. Wir definieren rekursiv die Folge $h^{(\lambda)} \in R^I_{(2)}$, $\lambda \in \mathbb{N}$, durch

$$h^{(0)} = 0, \ldots, h^{(\lambda+1)} = -g(X + h^{(\lambda)}).$$

Die Folge $h^{(\lambda)}$ konvergiert in $R^I_{(2)}$. Dies folgt aus

$$h^{(\lambda+1)} - h^{(\lambda)} \in R^I_{(\lambda+2)}$$

für alle $\lambda \in \mathbb{N}$, was wir durch Induktion über λ beweisen: Für $\lambda = 0$ ist $h^{(1)} - h^{(0)} = -g(X) \in R^I_{(2)}$. Sei nun $\lambda \geq 1$. Wir erhalten

$$\begin{aligned} h_i^{(\lambda+1)} - h_i^{(\lambda)} &= -g_i(X + h^{(\lambda)}) - h_i^{(\lambda)} = -g_i(X + h^{(\lambda)}) + g_i(X + h^{(\lambda-1)}) \\ &= -g_i(X + h^{(\lambda-1)} + (h^{(\lambda)} - h^{(\lambda-1)})) + g_i(X + h^{(\lambda-1)}) \\ &= -\sum_{j\in I} \partial_j g_i(X + h^{(\lambda-1)}) \cdot (h_j^{(\lambda)} - h_j^{(\lambda-1)}) + q_i \in R_{(\lambda+2)} \end{aligned}$$

mit $q_i \in R_{(2(\lambda+1))}$. Beim letzten Gleichheitszeichen haben wir das unten folgende Lemma 63.8 und die Induktionsvoraussetzung $h_j^{(\lambda)} - h_j^{(\lambda-1)} \in R_{(\lambda+1)}$, $j \in I$, benutzt.

Sei $h := \lim_{\lambda\to\infty} h^{(\lambda)}$. Da $F : R_{(2)}^I \to R_{(2)}^I$ stetig ist, was ebenfalls aus 63.8 folgt, ergibt sich

$$-g(X+h) = \lim_{\lambda\to\infty} -g(X+h^{(\lambda)}) = \lim_{\lambda\to\infty} h^{(\lambda+1)} = h.$$

h ist somit der gesuchte Fixpunkt von F. •

63.8 Lemma *Seien $g, \alpha_j, \beta_j \in k[\![X_i : i \in I]\!]$, $j \in I$, mit $\omega(\alpha_j), \omega(\beta_j) \geq 1$. Dann gilt*

$$g(\alpha_j + \beta_j : j \in I) = g(\alpha_j : j \in I) + \sum_{i\in I} (\partial_i g)(\alpha_j : j \in I) \cdot \beta_i + q$$

mit $q \in R_{(2n)}$, falls $\beta_j \in R_{(n)}$, $j \in I$.

B e w e i s. Sei $\alpha := (\alpha_j)$, $\beta := (\beta_j)$. Die Abbildung

$$g \mapsto g(\alpha+\beta) - g(\alpha) - \sum_{i\in I} (\partial_i g)(\alpha)\beta_i$$

von $R := k[\![X_i : i \in I]\!]$ in sich ist stetig. Es genügt zu zeigen, daß ihr Bild in $R_{(2n)}$ liegt, falls $\beta \in R_{(n)}^I$ ist. Das Bild von $A := k[X_i : i \in I]$ liegt unter dieser Voraussetzung nach der Taylorschen Formel in $R_{(n)}^2 \subseteq R_{(2n)}$. Da A dicht in R und $R_{(2n)}$ offenbar abgeschlossen in R ist, folgt die Behauptung. •

63.9 Satz *Seien $R := k[\![X_i : i \in I]\!]$, $S := k[\![Y_j : j \in J]\!]$ und $\varphi : R \to S$ ein Einsetzungshomomorphismus. Genau dann ist φ endlich, d.h. S bezüglich φ eine endliche R-Algebra, wenn $S/R_+S = S/\varphi(R_+)S$ eine endliche k-Algebra ist. — Genauer: Sind die Restklassen der Elemente $g_1, \ldots, g_m \in S$ ein endliches Erzeugendensystem von S/R_+S als k-Modul, so erzeugen $g_1, \ldots, g_m$ die Algebra S als R-Modul.*

B e w e i s. Ist S endlich über R, so ist die Reduktion S/R_+S endlich über $R/R_+ = k$. Ist umgekehrt S/R_+S endlich, so ist S nach 62.19 endlich über R wegen $\bigcap_{n\in\mathbb{N}} R_{(n)}S \subseteq \bigcap_{n\in\mathbb{N}} S_{(n)} = 0$. Der Zusatz ergibt sich ebenfalls aus 62.19. •

Für die folgenden beiden Sätze benötigen wir einige Bezeichnungen. Seien K ein Körper und $R = K[\![X_i : i \in I; X]\!]$ die Potenzreihenalgebra über K in den Unbestimmten X_i, $i \in I$, und X. Für $g \in R$ bezeichne $\overline{g} \in K[\![X]\!]$ die Potenzreihe, die aus g durch Einsetzen von 0 für X_i, $i \in I$, (und X für X) entsteht. $g \in R$ heißt a u s g e z e i c h n e t v o m G r a d e $m \in \mathbb{N}$ bezüglich der Unbestimmten X, wenn $\overline{g}$ die Gestalt

$$\sum_{j=m}^{\infty} a_j X^j \quad \text{mit} \quad a_m \neq 0$$

hat. g ist genau dann ausgezeichnet vom Grade 0, wenn g eine Einheit ist. Spezielle ausgezeichnete Potenzreihen vom Grade m sind die Weierstraßpolynome

$$X^m + c_{m-1}X^{m-1} + \cdots + c_0 \quad \text{mit} \quad c_\mu \in R'_+ \,,\ \mu = 0,\ldots,m-1\,,$$

wobei $R' := K[\![X_i : i \in I]\!]$ gesetzt wurde.

63.10 Divisionssatz *Seien K ein Körper und $g \in R := K[\![X_i : i \in I; X]\!]$ eine in X ausgezeichnete Potenzreihe vom Grade m. Zu jedem $f \in R$ existiert ein eindeutig bestimmtes Element $q \in R$ und ein eindeutig bestimmtes Polynom $r \in R'[X]$, $R' := K[\![X_i : i \in I]\!]$, vom Grade $< m$ mit*

$$f = qg + r\,.$$

Beweis. Ohne Einschränkung sei $m > 0$. Zunächst wird die *Existenz* der Darstellung $f = qg + r$ bewiesen. Sei φ der Einsetzungshomomorphismus $X_i \mapsto X_i$, $i \in I$, $X \mapsto g$. Dann ist $\varphi(R_+)R$ das von X_i, $i \in I$, und g in R erzeugte Ideal. Somit ist

$$R/\varphi(R_+)R = R/(\sum_{i\in I} RX_i + Rg) \cong K[\![X]\!]/(\overline{g})\,,$$

wobei $\overline{g}$ aus g durch Nullsetzen von X_i, $i \in I$, entsteht. Da g ausgezeichnet vom Grade m ist, gilt $\overline{g} = X^m \cdot \epsilon$ mit einer Einheit $\epsilon \in K[\![X]\!]$. Somit wird $K[\![X]\!]/(\overline{g}) = K[\![X]\!]/(X^m)$ als K-Algebra von den Restklassen der Elemente $1, X, \ldots, X^{m-1}$ erzeugt. Nach 63.9 wird R als R-Modul bezüglich φ von $1, X, \ldots, X^{m-1}$ erzeugt. Jedes Element $f \in R$ hat also eine Darstellung

$$f = \varphi(f_0) + \varphi(f_1)X + \cdots + \varphi(f_{m-1})X^{m-1}$$

mit $f_0, \ldots, f_{m-1} \in R$. Offenbar gilt $\varphi(f_j) = \sum_{\nu=0}^{\infty} f_{j\nu}g^\nu$ mit $f_{j\nu} \in R'$, also

$$f = qg + r \quad \text{mit} \quad q := \sum_{j=0}^{m-1}\sum_{\nu=1}^{\infty} f_{j\nu}g^{\nu-1}X^j\,,\quad r := \sum_{j=0}^{m-1} f_{j0}X^j\,.$$

Nun zur *Eindeutigkeit* der Darstellung. Wir haben

$$Rg \cap (R' + R'X + \cdots + R'X^{m-1}) = 0$$

zu zeigen. Sei

$$qg = b_0 + b_1X + \cdots + b_{m-1}X^{m-1}\,,\quad q = \sum_{\nu=0}^{\infty} q_\nu X^\nu\,,\quad g = \sum_{\nu=0}^{\infty} g_\nu X^\nu$$

mit $b_0, \ldots, b_{m-1}, q_\nu, g_\nu \in R'$, $\nu \in \mathbb{N}$. Wir nehmen $q \neq 0$ an. q_n sei unter den q_ν, $\nu \in \mathbb{N}$, der Koeffizient, für den $\omega(q_\nu)$ minimal ist und der unter diesen den minimalen Index hat. Durch Koeffizientenvergleich bei X^{m+n} ergibt sich $0 = \sum_{\nu=0}^{m+n} q_\nu g_{m+n-\nu}$ oder

$$q_n g_m = -(q_0 g_{m+n} + \cdots + q_{n-1}g_{m+1}) - (q_{n+1}g_{m-1} + \cdots + q_{m+n}g_0)\,.$$

Beide Summen der rechten Seite haben einen Grad $> \omega(q_n)$, die erste wegen $\omega(q_0), \ldots, \omega(q_{n-1}) > \omega(q_n)$, die zweite wegen $\omega(g_0), \ldots, \omega(g_{m-1}) > 0$. Dies ist ein Widerspruch zu $\omega(q_n g_m) = \omega(q_n) + \omega(g_m) = \omega(q_n)$. •

63.11 Weierstraßscher Vorbereitungssatz *Seien K ein Körper und $g \in R := k[\![X_i : i \in I; X]\!]$ eine in X ausgezeichnete Potenzreihe vom Grade m. Dann gibt es eine eindeutig bestimmte Einheit $e \in R^\times$ derart, daß eg ein Weierstraßpolynom*

$$p = X^m + c_{m-1}X^{m-1} + \cdots + c_0 \in R'[X],$$

$R' := K[\![X_i : i \in I]\!]$, ist. Der kanonische K-Algebra-Homomorphismus

$$R'[X]/pR'[X] \to R/pR = R/gR$$

ist überdies ein Isomorphismus.

B e w e i s. Nach dem Divisionssatz 63.10 gibt es eindeutig bestimmte Elemente $q \in R$ und $r \in R'[X]$ mit $\operatorname{Grad} r < m$ und

$$X^m = qg + r .$$

Wir setzen in dieser Gleichung $X_i = 0$, $i \in I$, und erhalten

$$X^m = \overline{q}\,\overline{g} + \overline{r} .$$

Wegen $\overline{g} = X^m\epsilon$ mit einer Einheit $\epsilon \in K[\![X]\!]$ und $\overline{r} \in K[X]$ mit $\operatorname{Grad} \overline{r} < m$ folgt $\overline{r} = 0$ und $\overline{q}\epsilon = 1$. Daraus folgt, daß $p := X^m - r$ ein Weierstraßpolynom und $e := q \in R^\times$ ist. Ferner gilt $eg = qg = X^m - r = p$ wie gewünscht. Die Eindeutigkeit von e und p ergibt sich ebenfalls aus der Eindeutigkeitsaussage des Divisionssatzes. Der Homomorphismus $R'[X]/pR'[X] \to R/pR$ ist surjektiv und injektiv, wie ebenfalls aus der Existenz- bzw. Eindeutigkeitsaussage des Divisionssatzes, angewandt auf p, folgt. •

Eine unmittelbare und wichtige Folgerung des Weierstraßschen Vorbereitungssatzes ist der folgende Satz:

63.12 Satz *Seien K ein Körper und I eine endliche Menge. Dann ist der Potenzreihenring $K[\![X_i : i \in I]\!]$ faktoriell.*

B e w e i s (durch Induktion über $\operatorname{Kard} I$). Der Fall $I = \emptyset$ ist trivial (der Fall $\operatorname{Kard} I = 1$ ebenfalls). Es genügt also zu zeigen, daß der Ring $R := K[\![X_i : i \in I; X]\!]$ faktoriell ist unter der Voraussetzung, daß dies für $R' := K[\![X_i : i \in I]\!]$ gilt. Sei $f \in R$ eine von 0 verschiedene Nichteinheit. Zu zeigen ist, daß f Produkt von Primelementen ist. Nach dem folgenden Lemma 63.13 gibt es einen Automorphismus φ von R derart, daß $\varphi(f)$ eine in X ausgezeichnete Potenzreihe ist. Da f genau dann Produkt von Primelementen ist, wenn dies für $\varphi(f)$ gilt, können wir gleich annehmen, daß f eine ausgezeichnete Potenzreihe ist. Da dann f nach 63.11 zu einem Weierstraßpolynom assoziiert ist, können wir sogar voraussetzen, daß $f \in R'[X]$ ein solches Polynom vom Grade $m > 0$ ist. Mit R' ist nach 60.1 auch $R'[X]$ faktoriell.

Damit gilt $f = p_1 \cdots p_s$ mit Primpolynomen $p_1, \ldots, p_s \in R'[X]$, die wir wie f als normiert annehmen können. Die $p_1, \ldots, p_s$ sind dann ebenfalls

Weierstraßpolynome, da die Gleichung $f = p_1 \cdots p_s$ die Gleichung $X^m = \overline{f} = \overline{p}_1 \cdots \overline{p}_s$ impliziert, wobei mit Überqueren die Einsetzung $X_i \mapsto 0$, $X \mapsto X$ bezeichnet ist. Nach 63.11 ist $R'[X]/p_\sigma R'[X] \cong R/p_\sigma R$, $\sigma = 1, \ldots, s$. Die p_σ, $\sigma = 1, \ldots, s$, sind somit auch prim in R. Damit ist alles bewiesen.•

63.13 Lemma *Seien K ein Körper, I eine endliche Menge und*
$$f \in R := K[\![X_i : i \in I; X]\!], \quad f \neq 0 .$$
Dann gibt es einen Einsetzungsautomorphismus φ von R des Typs $X_i \mapsto X_i + X^{n(i)}$, $X \mapsto X$, $n(i) \geq 1$, $i \in I$, derart, daß $\varphi(f)$ ausgezeichnet bezüglich X ist. — Ist K unendlich, so gibt es einen linearen Einsetzungsautomorphismus der Form $X_i \mapsto X_i + a_i X$, $X \mapsto X$, $a_i \in K$, $i \in I$, mit dieser Eigenschaft.

Beweis. Wir behandeln zunächst den Fall, daß K unendlich ist. Sei $f = \sum_{n=0}^{\infty} f_n$ mit homogenen Polynomen des Grades n. Dann ist

$$\varphi(f) = f(X_i + a_i X : i \in I; X) = \sum_{n=0}^{\infty} f_n(X_i + a_i X : i \in I; X)$$

$$\varphi(f)(0; X) = f(a_i X : i \in I; X) = \sum_{n=0}^{\infty} f_n(a_i X : i \in I; X)$$

$$= \sum_{n=0}^{\infty} X^n f_n(a_i : i \in I; 1) .$$

Wir haben die $a_i \in K$, $i \in I$, so zu wählen, daß $\varphi(f)(0; X) \neq 0$ ist. Ist aber $\omega(f) = m$, so ist f_m ein homogenes Polynom vom Grade m, das von 0 verschieden ist. Dann ist auch $f_m(X_i : i \in I; 1) \neq 0$. Nach dem Identitätssatz 54.7 für Polynome gibt es Elemente $a_i \in K$, $i \in I$, mit $f_m(a_i : i \in I; 1) \neq 0$. Bei dieser Wahl ist $\varphi(f)$ ausgezeichnet vom Grade m bezüglich X.

Sei jetzt K beliebig. Wir haben die $n(i) \in \mathbb{N}_+$, $i \in I$, so zu wählen, daß $f(X^{n(i)} : i \in I; X) \neq 0$ ist.

Wir ordnen I vollständig und betrachten unter den Monomen $X^\nu \prod_{i \in I} X_i^{\nu_i}$, deren Koeffizient in f von 0 verschieden ist, ein solches, für das $(\nu_i) \in \mathbb{N}^I$ minimal ist bezüglich der lexikographischen Ordnung von $\mathbb{N}^I$. Die $n(i) \in \mathbb{N}_+$, $i \in I$, seien so gewählt, daß

$$n(i) > \nu + \sum_{j > i} \nu_j n(j), \quad i \in I ,$$

ist. Für $d := \nu + \sum_{i \in I} \nu_i n(i)$ gilt dann: Ist $\mu + \sum_{i \in I} \mu_i n(i) = d$ für $\mu, \mu_i \in \mathbb{N}$, so ist $(\mu_i) \leq (\nu_i)$. Sei nämlich $\mu_j = \nu_j$ für $j < i$. Aus $\mu(i) > \nu(i)$ folgte

$$(\nu(i) + 1) n(i) \leq \mu + \sum_{j \geq i} \mu_j n(j) = d - \sum_{j < i} \mu_j n(j) = d - \sum_{j < i} \nu_j n(j) ,$$

$$n(i) \le d - \sum_{j \le i} \nu_j n(j) = \nu + \sum_{j>i} \nu_j n(j)\,,$$

Widerspruch! Es folgt, daß in $f(X^{n(i)} : i \in I; X)$ der Koeffizient von X^d gleich dem (von 0 verschiedenen) Koeffizienten von $X^\nu \prod_i X_i^{\nu_i}$ in f ist. •

Bemerkung 1 Ist K ein Körper, so ist eine beliebige volle Potenzreihenalgebra R' im Sinne des Beispiels 1 faktoriell, vgl. Aufgabe 21.

Aufgaben

1. Seien k ein kommutativer Ring und $f = 1 + a_1X + a_2X^2 + \cdots \in k[\![X]\!]$ eine Eins–Einheit. Dann ist $f^{-1} = 1 + b_1X + b_2X^2 + \cdots$ mit $b_n = L_n(a_1, \ldots, a_n)$, $n \in \mathbb{N}_+$, wobei die $L_n(Z_1, \ldots, Z_n)$ die in §53, Aufgabe 29 definierten Polynome sind. (Übrigens sind die L_n homogene Polynome vom Grade n, wenn man der Unbestimmten Z_m jeweils das Gewicht m gibt, $m \in \mathbb{N}_+$.)

2. (Exponentialreihen) Sei k eine kommutative $\mathbb{Q}$–Algebra. Für $a \in k$ heißt

$$\exp(aX) = E_a := \sum_{n=0}^{\infty} \frac{1}{n!}(aX)^n$$

die Exponentialreihe zu a. Die Reihe $\exp X = E := E_1$ heißt die Exponentialreihe schlechthin. $E_a \in k[\![X]\!]$ ist durch die Bedingungen $E_a' = aE_a$ und $E_a(0) = 1$ eindeutig bestimmt. Es ist $E_{a+b} = E_a E_b$ für $a, b \in k$ und $E(X+Y) = E(X)E(Y)$ in $k[\![X, Y]\!]$.

3. a) Sei $P := \mathbb{Q}[Z_j : j \in \mathbb{N}_+]$. Die Polynome $R_j \in P$, $j \in \mathbb{N}$, seien rekursiv durch die Gleichungen $R_0 = 1$ und

$$jR_j = \sum_{i=1}^{j} iZ_iR_{j-i}\,, \quad j \in \mathbb{N}_+\,,$$

definiert. Man zeige für alle $j \in \mathbb{N}$:

$$R_j = Q_j(-Z_1, -2Z_2, \ldots)\,, \quad Q_j = R_j(-\frac{Z_1}{1}, -\frac{Z_2}{2}, \ldots)\,,$$

wobei die Q_j die Polynome aus §53, Aufgabe 30b), sind.

b) Seien k eine kommutative $\mathbb{Q}$–Algebra und $f = a_1X + a_2X^2 + \cdots \in k[\![X]\!]$ eine Potenzreihe ohne konstanten Term. Dann ist

$$\exp(f) = E(f) = \sum_{\nu=0}^{\infty} \frac{1}{\nu!} f^\nu = \sum_{j=0}^{\infty} R_j(a_1, a_2, \ldots)X^j\,.$$

(Es ist $E(f)' = f'E(f)$.)

c) Man folgere aus b): Für alle $j \in \mathbb{N}$ ist

$$R_j = \sum_{\nu \in \mathbb{N}^j,\, \nu_1 + 2\nu_2 + \cdots + j\nu_j = j} \frac{1}{\nu!} Z^\nu\,.$$

Daraus gewinnt man explizite Formeln für die Polynome Q_j und die Newtonschen Polynome $N_j = j!Q_j$.

4. (Logarithmusreihe) Sei k eine kommutative $\mathbb{Q}$-Algebra.

a) Die Reihe

$$\log(1+X) = L := \sum_{n=1}^{\infty} \frac{(-1)^{n+1}}{n} X^n$$

heißt die Logarithmusreihe. Es ist $L' = (1+X)^{-1}$, ferner $L(E-1) = X$, $E(L) = 1+X$ und $L(E_a - 1) = aX$ für $a \in k$. (Vgl. Aufgabe 2.)

b) Für eine nichtnegativ graduierte kommutative k-Algebra A sind

$$f \mapsto E(f) = \exp(f) = \sum_{n=0}^{\infty} \frac{f^n}{n!}, \quad g \mapsto L(g-1) = \sum_{n=1}^{\infty} \frac{(-1)^{n+1}}{n}(g-1)^n$$

zueinander inverse Gruppenisomorphismen der additiven Gruppe $\hat{A}_+$ und der multiplikativen Gruppe $1 + \hat{A}_+$ der Einseinheiten.

5. (Exponentielle erzeugende Funktionen) Sei k eine kommutative $\mathbb{Q}$-Algebra. Zu einer Folge $(a_n) \in k^{\mathbb{N}}$ heißt die Potenzreihe

$$f = \sum_{n=0}^{\infty} \frac{a_n}{n!} X^n$$

die exponentielle erzeugende Funktion von (a_n).

a) Seien f bzw. g die exponentiellen erzeugenden Funktionen von (a_n) bzw. (b_n). Dann ist fg die exponentielle erzeugende Funktion von (c_n), wobei

$$c_n := \sum_{\nu=0}^{n} \binom{n}{\nu} a_\nu b_{n-\nu}$$

ist, $n \in \mathbb{N}$. Sind $a_n, b_n \in \mathbb{Z}$ für alle $n \in \mathbb{N}$, so ist auch $c_n \in \mathbb{Z}$ für alle $n \in \mathbb{N}$. Ist $a_n \in \mathbb{Z}$ für alle $n \in \mathbb{N}$ und ist $a_0 = \pm 1$, so ist f invertierbar und $1/f$ ist die exponentielle erzeugende Funktion einer Folge $(d_n) \in \mathbb{Z}^{\mathbb{N}}$.

b) Die exponentielle erzeugende Funktion der Folge (β_n) der Bellschen Zahlen ist $\exp(\exp X - 1)$ (vgl. §55, Aufgabe 8b)).

6. (Binomialreihen)

a) Sei k eine kommutative $\mathbb{Q}$-Algebra. Für $a \in k$ heißt

$$(1+X)^a := B_a := \sum_{n=0}^{\infty} \binom{a}{n} X^n$$

die Binomialreihe zu a. Dabei ist der Binomialkoeffizient $\binom{a}{n}$ in gleicher Weise wie für $a \in \mathbb{N}$ definiert, also

$$\binom{a}{n} := \frac{a(a-1)\cdots(a-n+1)}{n!}.$$

$B_a \in k[\![X]\!]$ ist durch die Bedingungen $B'_a = \frac{a}{1+X}B_a$ und $B_a(0) = 1$ eindeutig bestimmt. Es ist $B_a = E_a(L)$, $B_{a+b} = B_a B_b$, $B_{ab} = B_a(B_b - 1)$ und $B'_a = aB_{a-1}$ für $a, b \in k$, ferner $B_a(X)B_a(Y) = B_a(X + Y + XY)$ in $k[\![X, Y]\!]$ für alle $a \in k$. Für $f = a_1 X + a_2 X^2 + \cdots \in k[\![X]\!]$ und $a \in k$ ist $B_a(f) = 1 + b_1 X + b_2 X^2 + \cdots$, wobei für die b_n die Rekursionsformeln

$$b_0 = 1\,, \quad b_{n+1} = \frac{1}{n+1}\sum_{\nu=1}^{n+1}((a+1)\nu - (n+1))a_\nu b_{n+1-\nu}\,,$$

$n \in \mathbb{N}$, gelten. (Es ist $(1 + f)B_a(f)' = aB_a(f)f'$.)

b) Für $m \in \mathbb{Z}$ ist $B_m \in \mathbb{Z}[\![X]\!]$ die gewöhnliche Potenzreihe der rationalen Funktion $(1 + X)^m$. Ist $\hat{A}$ die Komplettierung eines beliebigen kommutativen graduierten Ringes A, so ist $(1 + f)^m = B_m(f) = \sum_{n=0}^{\infty} \binom{m}{n} f^n$ für alle $f \in \hat{A}$ mit $\omega(f) > 0$ und alle $m \in \mathbb{Z}$. (Bei $m < 0$ ist übrigens $\binom{m}{n} = (-1)^n \binom{n+|m|-1}{n}$.)

7. (Wurzeln aus Potenzreihen) **a)** Seien $q \in \mathbb{Q}$ und p eine Primzahl, die den Nenner von q nicht teilt, also q ein Element des lokalen Ringes $\mathbb{Z}_{(p)}$. Dann teilt p auch nicht die Nenner der rationalen Zahlen $\binom{q}{n}$, $n \in \mathbb{N}$. (Sei $q = a/b$ und $\mathrm{ggT}(b, p) = 1$. Ferner sei p^α die größte in $n!$ aufgehende Potenz von p. Es gibt $c, d \in \mathbb{Z}$ mit $a/b = c + dp^\alpha/b$. Dann ist $\binom{q}{n} = \binom{c}{n} + \frac{ep^\alpha}{b^n n!}$ mit $e \in \mathbb{Z}$.)

b) Sei $q \in \mathbb{Z}_{(p)}$. Dann liegt die Binomialreihe B_q in $\mathbb{Z}_{(p)}[\![X]\!]$, und es gilt $B_q \cdot B_r = B_{q+r}$ und $B_q(X)B_q(Y) = B_q(X + Y + XY)$ für alle $q, r \in \mathbb{Z}_{(p)}$. Es folgt, daß die B_q auch in $\mathsf{K}_p[\![X]\!]$ für alle $q \in \mathbb{Z}_{(p)}$ wohldefiniert sind und den angegebenen Gleichungen genügen.

c) Seien k ein kommutativer Ring der Charakteristik $p \geq 0$, der einen Körper enthält, und A eine graduierte k-Algebra. Sei $f \in \hat{A}$ mit $\omega(f) > 0$. Für jedes $q \in \mathbb{Z}_{(p)}$ ist dann

$$(1 + f)^q := B_q(f) = \sum_{n=0}^{\infty} \binom{q}{n} f^n$$

wohldefiniert, und es gilt das Additionstheorem

$$(1 + f)^{q+r} = (1 + f)^q (1 + f)^r$$

für alle $q, r \in \mathbb{Z}_{(p)}$. Ferner ist $((1 + f)(1 + g))^q = (1 + f)^q (1 + g)^q$ für ein weiteres Element $g \in \hat{A}$ mit $\omega(g) > 0$.

Setzen wir nun voraus, daß A nichtnegativ graduiert ist! Sei m eine positive natürliche Zahl, die nicht von p geteilt wird. Dann ist $(1 + f)^{1/m}$ die einzige Einseinheit in $\hat{A}$, die eine m-te Wurzel von $1 + f$ ist. Genau dann besitzt eine beliebige Einheit $g = \sum_{n=0}^{\infty} g_n \in \hat{A}$ eine m-te Wurzel, wenn g_0 eine m-te Wurzel in A_0 besitzt. In diesem Fall sind $w(g/g_0)^{1/m}$ sämtliche m-ten Wurzeln von g, wobei w die m-ten Wurzeln von g_0 in A_0 durchläuft.

Für jedes $q \in \mathbb{Z}_{(p)}^\times$ ist $(1 + f) \mapsto (1 + f)^q$ ein Automorphismus der Einseinheitengruppe von $\hat{A}$.

8. (Bernoullische Zahlen) Die Folge $(B_n)_{n \in \mathbb{N}}$ der Bernoullischen

Zahlen ist definiert durch die Gleichung

$$\frac{X}{\exp(X)-1} = \sum_{n=0}^{\infty} \frac{B_n}{n!} X^n$$

in $\mathbb{Q}[\![X]\!]$. Die exponentielle erzeugende Funktion der Folge (B_n) ist also $X/(\exp(X)-1)$. Die B_n erfüllen folgende Rekursionsgleichungen:

$$B_0 = 1\,, \quad \sum_{i=0}^{n} \binom{n+1}{i} B_i = 0\,,$$

mit deren Hilfe man folgende Werte bestätige:

$$B_0 = 1,\ B_1 = -\frac{1}{2},\ B_2 = \frac{1}{6},\ B_3 = 0,\ B_4 = -\frac{1}{30},\ B_5 = 0\,.$$

Es ist $B_{2m+1} = 0$ für alle $m \geq 1$, da die Potenzreihe $X(\exp(X)-1)^{-1} + X/2$ gerade ist. Die weiteren Werte von B_n für gerade n sind:

$$B_6 = \frac{1}{42},\ B_8 = -\frac{1}{30},\ B_{10} = \frac{5}{66},\ B_{12} = -\frac{691}{2730},\ B_{14} = \frac{7}{6},\ B_{16} = -\frac{3617}{510}\,.$$

(Die Bernoullischen Zahlen treten in der Zahlentheorie unter anderem bei der Behandlung der Riemannschen ζ-Funktion auf, vgl. Beispiel 4 und §76, Aufg. 59.)

9. (Bernoulli-Polynome) Die Folge $(B_n(T))_{n\in\mathbb{N}}$ der Bernoulli-Polynome aus $\mathbb{Q}[T]$ ist definiert durch die Gleichung

$$\frac{X\exp(TX)}{\exp(X)-1} = \sum_{n=0}^{\infty} \frac{B_n(T)}{n!} X^n$$

in $\mathbb{Q}[T][\![X]\!]$. Aus Aufgabe 5 folgt:

$$B_n(T) = \sum_{\nu=0}^{n} \binom{n}{\nu} B_\nu T^{n-\nu}\,,$$

wobei die B_ν die Bernoullischen Zahlen sind. Man bestätige folgende Werte:

$$B_0(T) = 1,\ B_1(T) = T - \frac{1}{2},\ B_2(T) = T^2 - T + \frac{1}{6},\ B_3(T) = T^3 - \frac{3}{2}T^2 + \frac{1}{2}T\,.$$

Für jedes $t \in k$, wobei k eine kommutative $\mathbb{Q}$-Algebra ist, gilt in $k[\![X]\!]$

$$\frac{X\exp(tX)}{\exp(X)-1} = \sum_{n=0}^{\infty} \frac{B_n(t)}{n!} X^n\,.$$

Insbesondere ist $B_n(0) = B_n$ für alle $n \in \mathbb{N}$ und $B_n(1) = B_n$ für alle $n \neq 1$. Setzt man ferner $(1-T)$ für T, so erhält man leicht

$$B_n(1-T) = (-1)^n B_n(T)$$

für alle $n \in \mathbb{N}$, woraus unter anderem $B_n(\frac{1}{2}) = 0$ für alle ungeraden n folgt. Ferner erhält man $B_n'(T) = nB_{n-1}(T)$ für alle $n \in \mathbb{N}_+$ durch Differenzieren der Definitionsgleichung nach T. Übrigens folgt daraus sofort für alle $n \in \mathbb{N}_+$:

$\int_0^1 B_n(t)dt = 0$. Die letzten beiden Gleichungen gestatten es, die Bernoulli-Polynome leicht rekursiv zu berechnen.

10. a) Seien r, s natürliche Zahlen mit $r \leq s$. Dann ist für alle $n \in \mathbb{N}$

$$\sum_{\nu=r}^{s} \nu^n = \frac{1}{n+1}(B_{n+1}(s+1) - B_{n+1}(r)).$$

(Zum Beweis nach J a c o b B e r n o u l l i beachte man

$$\frac{X(\exp((s+1)X) - \exp(rX))}{\exp X - 1} = X \sum_{\nu=r}^{s} \exp(\nu X) = \sum_{n=0}^{\infty} \frac{1}{n!}\left(\sum_{\nu=r}^{s} \nu^n\right) X^{n+1} .)$$

b) Mit Aufgabe 9 und unter Benutzung von §30, Beispiel 13 ergibt sich

$$\sum_{\nu=0}^{s-1} \nu^n = \frac{1}{n+1} \sum_{\nu=0}^{n} \binom{n+1}{\nu} B_\nu s^{n+1-\nu} = \sum_{\nu=0}^{n} \binom{s}{\nu+1} \Delta^\nu g_n(0)$$

für alle $n, s \in \mathbb{N}$, wobei $g_n\colon \mathbb{N} \to \mathbb{Z}$ durch $s \mapsto s^n$ definiert ist. Durch Vergleich der Koeffizienten bei s folgt für alle $n \in \mathbb{N}$:

$$B_n = \sum_{\nu=0}^{n} \frac{(-1)^\nu}{\nu+1} \Delta^\nu g_n(0).$$

c) Es ist $\Delta^\nu g_n(0) \equiv 0(\nu+1)$, es sei denn, $\nu+1$ ist eine Primzahl, n ist $\neq 0$ und ν teilt n, oder es ist $\nu = 3$, n ungerade und $n \geq 3$. Ferner ist

$$\Delta^\nu g_n(0) \equiv -1(\nu+1), \quad \text{falls } \nu+1 \text{ prim}, \ n \neq 0, \ \nu|n;$$

$$\Delta^3 g_n(0) \equiv 2(4), \quad \text{falls } n \text{ ungerade}, \ n \geq 3.$$

(Ist $\nu+1$ keine Primzahl und überdies $\nu+1 \neq 4$, so ist die durch $\prod_{i=1}^{\nu}(X-i)$ definierte Polynomfunktion modulo $\nu+1$ die Nullfunktion, §16, Aufgabe 5. Somit wird dann modulo $\nu+1$ jede Polynomfunktion durch ein Polynom vom Grade $< \nu$ dargestellt, woraus $\Delta^\nu g_n \equiv 0(\nu+1)$ folgt, vgl. 30.14. Sei $\nu+1$ prim, $n \neq 0$ und $n-1 = q\nu + r$ mit $0 \leq r < \nu$. Dann ist $s^n \equiv s^{r+1}(\nu+1)$ und somit $\Delta^\nu g_n \equiv 0(\nu+1)$, falls $r+1 < \nu$, d.h. ν teilt nicht n, und $\Delta^\nu g_n = \nu! \equiv -1(\nu+1)$, falls $r+1 = \nu$, d.h. $\nu|n$. — Für $\nu = 3$ benutze man beispielsweise die Kongruenz $\Delta^3 g_{n+1}(0) \equiv 2 - \Delta^3 g_n(0)(4)$ für alle $n \geq 2$.)

d) Für $m \in \mathbb{N}_+$ ist

$$B_{2m} \equiv - \sum_{\substack{p \text{ prim} \\ (p-1)|2m}} \frac{1}{p} \quad \text{modulo } \mathbb{Z},$$

und insbesondere ist

$$\prod_{\substack{p \text{ prim} \\ (p-1)|2m}} p$$

der Nenner der Bernoullischen Zahl B_{2m}, $m \in \mathbb{N}_+$ (S a t z v o n v o n S t a u d t u n d C l a u s e n).

11. In $\mathbb{Q}[\![X]\!]$ sind folgende Potenz- bzw. Laurent-Reihen definiert:

$$\sin X = \sum_{n=0}^{\infty}(-1)^n \frac{X^{2n+1}}{(2n+1)!}, \quad \cos X = \sum_{n=0}^{\infty}(-1)^n \frac{X^{2n}}{(2n)!},$$

$$\mathrm{tg}X := \frac{\sin X}{\cos X}, \quad \mathrm{ctg}X := \frac{\cos X}{\sin X}, \quad \sec X := \frac{1}{\cos X}, \quad \mathrm{cosec}X := \frac{1}{\sin X}.$$

a) In $\mathbb{C}[\![X]\!]$ gelten die folgenden Eulerschen Formeln:

$$\exp(\mathrm{i}X) = \cos X + \mathrm{i}\sin X,$$

$$\cos X = \frac{1}{2}(\exp(\mathrm{i}X) + \exp(-\mathrm{i}X)), \quad \sin X = \frac{1}{2\mathrm{i}}(\exp(\mathrm{i}X) - \exp(-\mathrm{i}X)).$$

b) Es ist

$$X\mathrm{ctg}X = \sum_{n=0}^{\infty}(-1)^n \frac{B_{2n}}{(2n)!} 2^{2n} X^{2n},$$

$$\mathrm{tg}X = \sum_{n=1}^{\infty}(-1)^{n-1} \frac{B_{2n}}{(2n)!}(2^{2n}-1)2^{2n} X^{2n-1},$$

$$X\mathrm{cosec}X = \sum_{n=0}^{\infty}(-1)^{n-1} \frac{B_{2n}}{(2n)!}(2^{2n}-2)X^{2n}.$$

(Es ist z.B.

$$X\mathrm{cosec}X = \frac{2\mathrm{i}X}{\exp(\mathrm{i}X) - \exp(-\mathrm{i}X)} = \frac{2\mathrm{i}X\exp(\mathrm{i}X)}{\exp(2\mathrm{i}X) - 1}$$
$$= \frac{2\mathrm{i}X(\exp(\mathrm{i}X)+1) - 2\mathrm{i}X}{\exp(2\mathrm{i}X) - 1} = 2\frac{\mathrm{i}X}{\exp(\mathrm{i}X) - 1} - \frac{2\mathrm{i}X}{\exp(2\mathrm{i}X) - 1}.$$

Für die anderen Reihen leitet man ähnliche Formeln ab.)

c) Die durch

$$\sec X = \sum_{n=0}^{\infty} \frac{E_n}{n!} X^n$$

definierten (ganzen)Zahlen E_n, $n \in \mathbb{N}$, heißen die Eulerschen Zahlen. Es ist $E_n = 0$ für ungerades n und

$$E_{2m} = (-1)^m\Big(1 - \frac{1}{2m+1}\sum_{\nu=1}^{m}\binom{2m+1}{2\nu}2^{2\nu}(2^{2\nu}-1)B_{2\nu}\Big)$$

für $m \in \mathbb{N}$. Mittels der Rekursionsgleichung $\sum_{\nu=0}^{n}(-1)^{\nu}\binom{2n}{2\nu}E_{2\nu} = 0$, $n \in \mathbb{N}_+$, bestätige man die Werte

$$E_0 = 1,\ E_2 = 1,\ E_4 = 5,\ E_6 = 61,\ E_8 = 1385,\ E_{10} = 50521.$$

12. (Folgen mit linearer Rekursionsgleichung) Seien A ein kommutativer Ring und $c_0, \ldots, c_m \in A$, wobei c_m sogar eine Einheit in A sei.

a) Für eine Folge $F = (F(n)) \in A^{\mathbb{N}}$ ist die Gültigkeit der Rekursionsgleichung

$$c_0 F(n) + \cdots + c_m F(n+m) = 0\,,$$

$n \geq 0$, äquivalent mit der Gleichung

$$(c_m + c_{m-1} Z + \cdots + c_0 Z^m) F = P$$

in $A[\![Z]\!]$, wobei F mit der erzeugenden Funktion $\sum_{n \in \mathbb{N}} F(n) Z^n$ identifiziert wird und P ein Polynom in Z vom Grade $< m$ ist, und zwar ist dann $P = d_0 + d_1 Z + \cdots + d_{m-1} Z^{m-1}$ mit

$$d_\mu := c_m F(\mu) + \cdots + c_{m-\mu} F(0)\,, \quad \mu = 0, \ldots, m-1\,.$$

Die Folgen mit der angegebenen Rekursionsgleichung sind daher genau diejenigen, deren erzeugende Funktionen die Gestalt

$$\frac{P}{c_m + c_{m-1} Z + \cdots + c_0 Z^m}$$

mit $P \in A[Z]$, $\operatorname{Grad} P < m$, haben.

b) Sei jetzt $A = K$ ein Körper. Das Polynom $c_m X^m + \cdots + c_0 \in K[X]$ zerfalle in Linearfaktoren:

$$c_m X^m + \cdots + c_0 = c_m X^{\nu_0} \prod_{i=1}^{r} (X - a_i)^{\nu_i}\,,$$

wobei die $a_1, \ldots, a_r \in K$ paarweise und von 0 verschieden seien. Dann bilden die zu den Potenzreihen

$$1, Z, \ldots, Z^{\nu_0 - 1}, (1 - a_i Z)^{-1}, \ldots, (1 - a_i Z)^{-\nu_i}\,, \quad 1 \leq i \leq r\,,$$

gehörenden Folgen eine K–Basis aller Folgen, die der in a) angegebenen Rekursionsgleichung genügen. (Partialbruchzerlegung. — Bemerkung. Man beachte, daß man die Koeffizienten der Reihen $(1 - aZ)^{-\nu} = B_{-\nu}(-aZ)$, $\nu \in \mathbb{N}_+$, nach Aufgabe 6 explizit angeben kann. Vgl. auch §66, Aufgabe 30.)

c) Sei $A = K$ ein Körper. Eine Laurentreihe $f = \sum_{n \geq n_0} a_n X^n \in K((X))$ ist genau dann eine rationale Funktion, d.h. ein Element in $K(X)$, wenn es Zahlen $r \in \mathbb{N}$ und $k_0 \in \mathbb{Z}$ derart gibt, daß sämtliche Hankelschen Determinanten

$$\begin{vmatrix} a_k & a_{k+1} & \cdots & a_{k+r} \\ \vdots & \vdots & \ddots & \vdots \\ a_{k+r} & a_{k+r+1} & \cdots & a_{k+2r} \end{vmatrix}$$

für $k \geq k_0$ verschwinden. (Vgl. §66, Aufgabe 31.)

d) Für $k, r \in \mathbb{N}$ gilt

$$\begin{vmatrix} \binom{Z}{k} & \binom{Z}{k+1} & \cdots & \binom{Z}{k+r} \\ \vdots & \vdots & \ddots & \vdots \\ \binom{Z}{k+r} & \binom{Z}{k+r+1} & \cdots & \binom{Z}{k+2r} \end{vmatrix} = C \prod_{\nu=-r}^{k+r-1} (Z - \nu)^{\rho_\nu}$$

in $\mathbb{Q}[Z]$ mit

$$\rho_\nu = \begin{cases} r + 1 + \nu\,, & -r \leq \nu < 0, \\ r + 1\,, & 0 \leq \nu \leq k - 1, \\ k + r - \nu\,, & k \leq \nu \leq k + r - 1, \end{cases}$$

und $C := (-1)^{\binom{r+1}{2}} \prod_{\nu=0}^{r} \frac{\nu!}{(k+r+\nu)!}$.

e) Ist K ein Körper der Charakteristik 0 und $a \in K$, so ist die Binomialreihe $B_a \in K((X))$ genau dann eine rationale Funktion, wenn $a \in \mathbb{Z}$ ist.

13. Sei $m \in \mathbb{N}$. Mit $\mathbf{z}_m(n)$ bezeichnen wir für $n \in \mathbb{N}_+$ die (endliche) Anzahl der Untergruppen vom Index n in $\mathbb{Z}^m$.

a) Die zahlentheoretische Funktion $n \mapsto \mathbf{z}_m(n)$ ist (normiert) multiplikativ. ($n \mapsto \mathbf{z}_m(n)$ ist die Dedekindsche Funktion des $\mathbb{Z}$-Moduls $\mathbb{Z}^m$, siehe §54, Aufgabe 8.)

b) Sei Z_m die zur zahlentheoretischen Funktion $n \mapsto \mathbf{z}_m(n)$ gehörende Potenzreihe (vgl. Beispiel 4). Dann ist

$$Z_m = \prod_{p\in P} Z_{m,p}\,, \quad Z_{m,p} := \sum_{r=0}^{\infty} \mathbf{z}_m(p^r)X_p^r\,, \quad p \in P\,.$$

c) Für alle $n \in \mathbb{N}_+$ ist

$$\mathbf{z}_{m+1}(n) = \sum_{d|n} d\mathbf{z}_m(d)\,.$$

($\mathbb{Z}^m$ sei kanonisch in $\mathbb{Z}^{m+1}$ eingebettet, und π sei die kanonische Projektion $\mathbb{Z}^{m+1} \to \mathbb{Z}$ mit dem Kern $\mathbb{Z}^m$. Zu jeder Untergruppe U vom Index d in $\mathbb{Z}^m$ und jedem (Haupt-)Ideal $\mathbf{a} \neq 0$ vom Index e in $\mathbb{Z}$ gibt es genau d Untergruppen V in $\mathbb{Z}^{m+1}$ vom Index de mit $V \cap \mathbb{Z}^m = U$ und $\pi(V) = \mathbf{a}$.)

d) Aus c) folgt $Z_{m+1,p} = Z_{m,p}(pX_p)Z_{1,p}$ für alle $p \in P$ und daraus

$$\begin{aligned} Z_{m,p} &= Z_{1,p}(X_p)Z_{1,p}(pX_p)\cdots Z_{1,p}(p^{m-1}X_p) \\ &= \frac{1}{1-X_p}\cdot\frac{1}{1-pX_p}\cdots\frac{1}{1-p^{m-1}X_p} = \sum_{r=0}^{\infty}\begin{bmatrix} r+m-1 \\ m-1\end{bmatrix}(p)X_p^r\,, \\ \mathbf{z}_m(n) &= \prod_{p\in P}\begin{bmatrix} \mathrm{v}_p(n)+m-1 \\ m-1\end{bmatrix}(p)\,, \end{aligned}$$

vgl. Aufgabe 30. Speziell ist $\mathbf{z}_2(n) = \sum_{d|n} d = S(n)$ die Summe der positiven Teiler von n. (Bemerkungen. (1) Für die Dedekindsche Zeta-Funktion von $\mathbb{Z}^m$ ergibt sich offenbar

$$\zeta_{\mathbb{Z}^m}(s) = \sum_{n=1}^{\infty}\frac{\mathbf{z}_m(n)}{n^s} = \zeta(s)\zeta(s-1)\cdots\zeta(s-m+1)\,,$$

wobei ζ die gewöhnliche Riemannsche Zeta-Funktion ist. Also ist

$$\zeta_{\mathbb{Z}^{m+1}}(s) = \zeta_{\mathbb{Z}^m}(s-1)\zeta(s) = \zeta_{\mathbb{Z}^m}(s)\zeta(s-m)\,.$$

(2) Ganz analoge Formeln gelten für die Zeta-Funktionen der endlichen freien Moduln über einem beliebigen Dedekindbereich A. Es ist einfach die Riemannsche Zeta-Funktion ζ durch die Dedekindsche Zeta-Funktion ζ_A zu ersetzen!)

14. Die Potenzreihe zur Dedekindschen Funktion $n \mapsto \mathbf{z}(n) = \mathbf{z}_{\mathbb{Z}[\mathrm{i}]}(n)$ des Ringes $\mathbb{Z}[\mathrm{i}]$ ist (vgl. §59, Aufgabe 52)

$$\prod_{p\in P}\frac{1}{1-X_p}\cdot\prod_{\substack{p\in P\\ p\neq 2}}\frac{1}{1-(-1)^{\frac{p-1}{2}}X_p}\,.$$

15. Die Potenzreihe zur Dedekindschen Funktion $n\mapsto \mathbf{z}(n)=\mathbf{z}_{H'}(n)$ des Ringes H' der Hurwitzschen Quaternionen (vgl. §28, Aufgabe 8 und §59, Aufgabe 54b)) ist

$$\frac{1}{1-X_2^2}\prod_{\substack{p\in P\\ p\neq 2}}\frac{1}{(1-X_p^2)(1-pX_p^2)}\,.$$

16. Seien k ein kommutativer Ring $\neq 0$ und $A=k[X_1,\ldots,X_d]$ die mit den Gewichten $m_i:=\gamma(X_i)>0$ graduierte Polynomalgebra. Dann ist

$$\prod_{i=1}^{d}\frac{1}{(1-Z^{m_i})}$$

die Poincaré–Reihe von A bezüglich der Rangfunktion für endliche freie k–Moduln. Insbesondere ist

$$\operatorname{Rang}_k A_n=\binom{n+d-1}{d-1}$$

bei $m_1=\cdots=m_d=1$, vgl. §53, Aufgabe 2.

17. Sei $P=F/\prod_{i=1}^{d}(1-Z^{m_i})$, $F\in\mathbb{C}[Z,Z^{-1}]$, die Poincaré–Reihe des graduierten A–Moduls $V=\sum V_n$ bezüglich der Funktion ρ mit Werten in $\mathbb{C}$. Die positiven natürlichen Zahlen m_i seien teilerfremd. Dann ist

$$\rho(V_n)=\frac{F(1)}{\prod_{i=1}^{d}m_i}\cdot\frac{n^{d-1}}{(d-1)!}+O(n^{d-2})\,.$$

($O(n^{d-2})$ ist dabei eine Funktion, die bei Division durch n^{d-2} beschränkt bleibt (Landau-Symbol). Die Partialbruchzerlegung von P hat die Gestalt

$$P=G+\frac{F(1)}{\prod_{i=1}^{d}m_i}\frac{1}{(1-Z)^d}+\frac{b_1}{(1-c_1Z)^{d_1}}+\cdots+\frac{b_s}{(1-c_sZ)^{d_s}}$$

mit $b_\sigma,c_\sigma\in\mathbb{C}$, $|c_\sigma|=1$, $d_\sigma\in\mathbb{N}_+$, $d_\sigma<d$, $G\in\mathbb{C}[Z,Z^{-1}]$.)

18. Sei K ein Körper der Charakteristik 0.

a) Für $f,g\in K((X))$ mit $1\leq\omega(g)<\infty$ ist $\omega(g)\mathrm{Res}f=\mathrm{Res}(f(g)g')$. (Ohne Einschränkung sei $f=X^{-\nu}$, $\nu\in\mathbb{N}_+$. Bei $\nu\geq 2$ ist g'/g^ν die Ableitung von $g^{1-\nu}/(1-\nu)$.)

b) Seien $f,g\in K[\![X]\!]$ mit $\omega(f)=\omega(g)=1$ und $g(f)=X(=f(g))$. Für die Koeffizienten b_n von $g=\sum_{n=1}^{\infty}b_nX^n$ gilt dann

$$b_n=\frac{1}{n}\mathrm{Res}(f^{-n})\,.$$

19. Sei K ein Körper der Charakteristik $\neq 2$ und sei $f=X^2+Y^3+Z^t\in K[X,Y,Z]$, wobei $t>6$ teilerfremd zu 6 ist. Dann ist $A:=K[X,Y,Z]/(f)=K[x,y,z]$ eine (bezüglich der Gewichte $\gamma(x)=3t$, $\gamma(y)=2t$, $\gamma(z)=6$ für die

Restklassen x, y, z von X, Y, Z) positiv graduierte (nach §62, Aufgabe 44) faktorielle K–Algebra, deren Komplettierung

$$\hat{A} = K_\gamma[\![X, Y, Z]\!]/(f)$$

ein normaler Integritätsbereich ist, der nicht faktoriell ist. (Wäre $\hat{A}$ faktoriell, so wäre $y + z^2 \notin (\hat{A}_+)^2$ irreduzibel, also prim. Es ist aber $\hat{A}/\hat{A}(y + z^2)$ isomorph zu $K[\![X, Z]\!]/(X^2 - Z^6 + Z^t)$, und dieser Ring ist nicht nullteilerfrei wegen

$$X^2 - Z^6 + Z^t = (X - Z^3\sqrt{1 - Z^{t-6}})(X + Z^3\sqrt{1 - Z^{t-6}}).)$$

20. Sei A ein Integritätsbereich, der einen Körper enthält. In A existiere eine Nichteinheit a mit $\bigcap_{n\geq 0} Aa^n \neq 0$. Dann ist $A[\![X]\!]$ nicht normal. (Sei $n \in \mathbb{N}_+$, $n \geq 2$, so gewählt, daß Char A kein Teiler von n ist. Nach Aufgabe 7 besitzt $a^n + a^{n-2}X$ in $\mathrm{Q}(A)[\![X]\!]$ die n–te Wurzel $h := a(1 + a^{-2}X)^{1/n} = a(1 + \frac{1}{na^2}X + \frac{r_2}{a^4}X^2 + \cdots)$, wobei die Elemente $r_2, r_3, \ldots$ im Primkörper von A liegen. Ist $b \in \bigcap_n Aa^n$, $b \neq 0$, so ist $bh \in A[\![X]\!]$, folglich ist $h \in \mathrm{Q}(A[\![X]\!])$ ganz über $A[\![X]\!]$, aber kein Element von $A[\![X]\!]$. Bemerkung. Mit dem Ergebnis dieser Aufgabe lassen sich leicht normale Integritätsbereiche A angeben, für die $A[\![X]\!]$ nicht normal ist. So ist etwa der ganze Abschluß des Integritätsbereiches A von §59, Aufgabe 34 in seinem Quotientenkörper solch ein Beispiel. Übrigens ist dieser Integritätsbereich A selbst schon normal.)

21. Sei K ein Körper. Dann ist die K–Algebra der zahlentheoretischen Funktionen mit Werten in K faktoriell. (Satz von E.D. Cashwell, C.J. Everett und Chin-Pi Lu. — Zu zeigen ist, daß die Algebra $R := K_\gamma[\![X_i : i \in \mathbb{N}_+]\!]$ mit $\gamma(i) = i$ faktoriell ist. π_n sei die kanonische Projektion von R auf $R_n := K_{\gamma_n}[\![X_1, \ldots, X_n]\!]$ mit $\gamma_n = \gamma|[1, n]$. Die R_n sind nach 63.12 faktoriell. Eine triviale Gradbetrachtung zeigt, daß R die aufsteigende Kettenbedingung für Hauptideale erfüllt. Es bleibt zu zeigen, daß jedes irreduzible Element $f \in R$ prim ist. Es gibt ein $n_0 \in \mathbb{N}_+$ derart, daß $\pi_n(f)$ prim in R_n ist für alle $n \geq n_0$. (Beweis. Es gibt ein n_1 und ein $r \in \mathbb{N}_+$ derart, daß $\pi_n(f)$ genau r Primfaktoren in R_n hat für alle $n \geq n_1$. Sei etwa $r \geq 2$. Induktiv findet man eine Folge $g_n \in R_n$, $n \geq n_1$, von Primfaktoren von $\pi_n(f)$ derart, daß $\pi_n(g_{n+1})$ assoziiert ist zu g_n für alle n. Offensichtlich kann man sogar annehmen, daß $\pi_n(g_{n+1}) = g_n$ ist für alle $n \geq n_1$. Es existiert $g := \lim g_n$, und g ist ein echter Faktor von f. Widerspruch.) Teile nun f das Produkt $g \cdot h$ in R. Wir können dann annehmen, daß für unendlich viele und damit für alle $n \geq n_0$ gilt: $\pi_n(f)$ teilt $\pi_n(g)$. Dann teilt f auch g.)

22. Seien $K \subseteq L$ eine Körpererweiterung und $f \in L((X))$ eine Laurentreihe, die algebraisch über $K((X))$ ist. Dann sind die Koeffizienten von L algebraisch über K. (Bemerkung. Ist Char $K = 0$, so erzeugen die Koeffizienten von f sogar eine endliche Körperweiterung von K. Vgl. §91.)

23. Sei $K \subseteq L$ eine Körpererweiterung. Eine über K algebraisch unabhängige Familie $f_i \in K((X))$, $i \in I$, ist auch algebraisch unabhängig über L in $L((X))$. (Auf die Familie f^ν, $\nu \in \mathbb{N}^{(I)}$, der Monome in den f_i, $i \in I$, wendet man §25, Aufgabe 11 an.)

24. Sei K ein Körper. Dann gibt es eine unendliche Folge $f_0 := X, f_1, f_2, \ldots$ von Potenzreihen in $K[\![X]\!]$, die algebraisch unabhängig über K sind. (Lemma von S. MacLane und D.F.G. Schilling. — Wegen Aufgabe 23 können wir annehmen, daß K ein Primkörper, also abzählbar ist. Seien dann $f_0, \ldots, f_n$ schon gefunden. Die algebraische Hülle von $K(f_0, \ldots, f_n)$ in $K((X))$ ist abzählbar, $K[\![X]\!]$ aber nicht.)

25. Seien K ein Körper der Charakteristik 0 und $f_i \in K[X]$, $i \in I$, eine Familie von Polynomen ohne konstanten Term, die linear unabhängig über $\mathbb{Q}$ sind. Dann ist die Familie $\exp(f_i)$, $i \in I$, zusammen mit X algebraisch unabhängig über K in $K((X))$. (Es ist im wesentlichen das folgende zu zeigen: Sind $f_1, \ldots, f_n \in K[X]$ untereinander und von 0 verschiedene Polynome ohne konstanten Term und sind $g_0, g_1, \ldots, g_n \in K[X]$ beliebige von 0 verschiedene Polynome, so ist $g_0 \neq g_1 \exp(f_1) + \cdots + g_n \exp(f_n)$. Beim Beweis durch Widerspruch wähle man n so klein wie möglich, für das eine Gleichung $g_0 = g_1 \exp(f_1) + \cdots + g_n \exp(f_n)$ gilt, und bilde auf beiden Seiten die $(m+1)$-te Ableitung nach X, wobei $m := \operatorname{Grad} f_0$ ist, und beachte dann noch $g' + gf'_\nu \neq 0$ für jedes Polynom $g \neq 0$, $\nu = 1, \ldots, n$. — Bemerkung. Bei $K = \mathbb{Q}$ — in diesem Fall ist I notwendigerweise abzählbar — ergibt sich ein expliziter Beweis für die Aufgabe 24 im Fall der Charakteristik 0.)

26. Seien K ein Körper und I eine abzählbare Menge. Dann gibt es eine Einbettung von $K_\gamma[\![X_i : i \in I]\!]$ in $K[\![X, Y]\!]$ als K-Algebra. (Lemma von S.S. A b h y a n k a r. — Sei f_i, $i \in I$, eine Familie von Elementen in $K[\![Y]\!]$, die algebraisch unabhängig über K ist. Dann ist der (wohldefinierte) Einsetzungshomomorphismus $\sum_{n=0}^{\infty} g_n \mapsto \sum_{n=0}^{\infty} g_n(X^{\gamma(i)} f_i : i \in I) = \sum_{n=0}^{\infty} X^n g_n(f_i : i \in I)$ eine solche Einbettung.)

27. Seien A ein kommutative k-Algebra mit $\mathbb{Q} \subseteq k$ und $\delta : A \to A$ eine k-Derivation. Dann ist

$$a \mapsto \sum_{n=0}^{\infty} \frac{\delta^n a}{n!} X^n = a + \frac{\delta a}{1!} X + \frac{\delta^2 a}{2!} X^2 + \cdots$$

ein (injektiver) k-Algebra-Homomorphismus von A in $A[\![X]\!]$. (Leibnizsche Regel!)

28. (S a t z v o n S e i d e n b e r g) Seien A eine kommutative $\mathbb{Q}$-Algebra, Q ihr totaler Quotientenring und A'' die schwach ganze Hülle von A in Q. Dann läßt sich jede Derivation $\delta : A \to A$ auf genau eine Weise zu einer Derivation $\delta'' : A'' \to A''$ fortsetzen. (Die eindeutige Fortsetzung von δ nach Q (vgl. 57.22) werde ebenfalls mit δ bezeichnet. Es ist $\delta A'' \subseteq A''$ zu zeigen. Sei $\varphi : Q \to Q[\![X]\!]$ der zu δ gehörende Homomorphismus gemäß Aufgabe 27. Sei $z \in A''$ und $az^i \in A$ für alle $i \in \mathbb{N}$ mit einem Nichtnullteiler $a \in A$. Dann ist $a^2(\delta z)^i \in A$ für alle i. Zum Beweis betrachtet man einfach den Anfangskoeffizienten der Potenzreihe $a\varphi(a)(\varphi(z) - z)^i$, die wegen $\varphi(a)\varphi(z)^i = \varphi(az^i)$ in $A[\![X]\!]$ liegt.) Folgerung. Ist A eine kommutative noethersche $\mathbb{Q}$-Algebra, so läßt sich jede Derivation von A in sich zu genau einer Derivation von A' in sich fortsetzen, wobei A' die ganze Hülle von A im totalen Quotientenring ist.

29. (D e r S a t z v o n P i c a r d - L i n d e l ö f) Sei k eine kommutative $\mathbb{Q}$-Algebra. Mit S bezeichnen wir den (bezüglich der Krullmetrik) stetigen A-linearen Stammfunktionenoperator $\sum_{n \geq 0} a_n X_n \mapsto \sum_{n \geq 0} \frac{a_n}{n+1} X^{n+1}$ auf $A[\![X]\!]$. Auf einem Produktmodul $A[\![X]\!]^I$ werden der Operator S und auch die Ableitung d/dX komponentenweise definiert.

a) Seien $\mathbf{g} = (g_1, \ldots, g_m) \in A[\![X, Y_1, \ldots, Y_m]\!]^m$. Dann gibt es genau ein Lösungstupel $\mathbf{f} = (f_1, \ldots, f_m) \in A[\![X]\!]^m$ mit $f_1(0) = \cdots = f_m(0) = 0$ für das Differentialgleichungssystem $d\mathbf{f}/dX = \mathbf{g}(X, f)$, d.h. für das System

$$\frac{df_1}{dX} = g_1(X, f_1, \ldots, f_m)$$

$$\ldots\ldots\ldots\ldots\ldots\ldots\ldots\ldots$$

$$\frac{df_m}{dX} = g_m(X, f_1, \ldots, f_m),$$

und zwar gilt $\mathbf{f} = \lim_{n\to\infty} \mathbf{f}_n$, wobei die Folge $\mathbf{f}_n \in A[\![X]\!]^m$, $n \in \mathbb{N}$, rekursiv durch $\mathbf{f}_0 = 0$, $\mathbf{f}_{n+1} = S(\mathbf{g}(X, \mathbf{f}_n))$, $n \in \mathbb{N}$, definiert ist.

b) (Lineare Differentialgleichungssysteme) Für jeden Vektor $\mathbf{a} \in A^m$ und jede Matrix $\mathbf{A} \in \mathsf{M}_m(A[\![X]\!])$ gibt es genau eine Lösung $\mathbf{f} \in A[\![X]\!]^m$ des linearen Differentialgleichungssytems

$$\frac{d\mathbf{f}}{dX} = \mathbf{A}\mathbf{f}$$

mit der Anfangsbedingung $\mathbf{f}(0) = \mathbf{a}$. (Hier sind die m–Tupel als einspaltige Matrizen zu interpretieren.) Der Raum der $\mathbf{f} \in A[\![X]\!]^m$ mit $d\mathbf{f}/dX = \mathbf{A}\mathbf{f}$ ist ein freier A–Modul vom Rang m. Ist $\mathbf{f}_1, \ldots, \mathbf{f}_m$ eine A–Basis dieses Lösungsraumes, so ist die Matrix $\mathbf{W}$ mit den Spalten $\mathbf{f}_1, \ldots, \mathbf{f}_m$ eine $(m \times m)$–Matrix mit Elementen in $A[\![X]\!]$, und für jedes $\mathbf{h} \in A[\![X]\!]^m$ ist

$$\mathbf{f} = \mathbf{W} \cdot S(\mathbf{W}^{-1}\mathbf{h})$$

die einzige Lösung des Differentialgleichungssystems

$$\frac{d\mathbf{f}}{dX} = \mathbf{A}\mathbf{f} + \mathbf{h}$$

mit $\mathbf{f}(0) = 0$. Zu jedem $\mathbf{a} \in A^m$ gibt es genau eine Lösung von $d\mathbf{f}/dX = \mathbf{A}\mathbf{f} + \mathbf{h}$ mit $\mathbf{f}(0) = \mathbf{a}$. Man betrachte speziell den Fall, daß $\mathbf{A} \in \mathsf{M}_m(A)$ ist.

c) (Lineare Differentialgleichungen höherer Ordnung) Seien $a_1, \ldots, a_m \in A[\![X]\!]$. Zu jedem $h \in A[\![X]\!]$ und jedem $(b_0, \ldots, b_{m-1}) \in A^m$ gibt es genau eine Lösung $f \in A[\![X]\!]$ der Differentialgleichung

$$\frac{d^m f}{dX^m} + a_1 \frac{d^{m-1} f}{dX^{m-1}} + \cdots + a_m f = h$$

mit $(d^\mu f/dX^\mu)(0) = b_\mu$, $\mu = 0, \ldots, m-1$. (Die Differentialgleichung ist äquivalent zum System

$$\frac{df}{dX} = \frac{df_0}{dX} = f_1\,, \quad \frac{df_1}{dX} = f_2, \ldots, \frac{df_{m-2}}{dX} = f_{m-1}\,,$$

$$\frac{df_{m-1}}{dX} = -a_1 f_{m-1} - \cdots - a_m f_0 + h$$

mit $f_\mu(0) = b_\mu$, $\mu = 0, \ldots, m-1$.)

30. (Gaußsche Polynome) Für $n, r \in \mathbb{N}$ mit $0 \le r \le n$ definieren wir

$$\begin{bmatrix} n \\ r \end{bmatrix} := \frac{(T^n - 1)\cdots(T^{n-r+1} - 1)}{(T - 1)\cdots(T^r - 1)} = \frac{(T^n - 1)\cdots(T - 1)}{(T - 1)\cdots(T^r - 1)\cdot(T - 1)\cdots(T^{n-r} - 1)}$$

in $\mathbb{Q}(T)$ und setzen noch $\begin{bmatrix} n \\ r \end{bmatrix} := 0$ für $n \in \mathbb{N}$ und $r \in \mathbb{Z}$, $r < 0$ oder $r > n$.

a) Für alle $n \in \mathbb{N}$, $r \in \mathbb{Z}$ gilt:

$$\begin{bmatrix} n \\ r \end{bmatrix} = \begin{bmatrix} n \\ n-r \end{bmatrix}, \quad \begin{bmatrix} n+1 \\ r \end{bmatrix} = T^r \begin{bmatrix} n \\ r \end{bmatrix} + \begin{bmatrix} n \\ r-1 \end{bmatrix} = \begin{bmatrix} n \\ r \end{bmatrix} + T^{n-r+1} \begin{bmatrix} n \\ r-1 \end{bmatrix}.$$

Für $0 \le r \le n$ ist $\left[\begin{smallmatrix} n \\ r \end{smallmatrix}\right]$ ein normiertes Polynom vom Grade $r(n-r)$ mit ganzzahligen Koeffizienten, genannt G a u ß s c h e s P o l y n o m. Der Wert von $\left[\begin{smallmatrix} n \\ r \end{smallmatrix}\right]$ an der Stelle 1 ist gleich dem Binomialkoeffizienten $\binom{n}{r}$. Für eine Primzahl p ist der Wert von $\left[\begin{smallmatrix} n \\ r \end{smallmatrix}\right]$ an der Stelle p gleich der Anzahl der Untergruppen der Ordnung p^r in einer elementaren abelschen p–Gruppe der Ordnung p^n, die wir in §39, Aufgabe 9f) ebenfalls kurz mit $\left[\begin{smallmatrix} n \\ r \end{smallmatrix}\right]$ bezeichnet haben.

b) Sei $0 \le r \le n$. Das Polynom $\left[\begin{smallmatrix} n \\ r \end{smallmatrix}\right]$ ist selbstreziprok. Seine Primfaktorzerlegung in $\mathbb{Z}[T]$ ist

$$\begin{bmatrix} n \\ r \end{bmatrix} = \prod_{d \in \mathbb{N}_+} \Phi_d^{\epsilon(d)},$$

wobei Φ_d das d–te Kreisteilungspolynom ist und $\epsilon(d) := [n/d] - [r/d] - [(n-r)/d]$. Es ist $\epsilon(d) \in \{0,1\}$ und $\epsilon(d) = 1$ genau dann, wenn die Summe der kleinsten nichtnegativen Reste von r und $n-r$ bei der Divison durch d größer-gleich d ist.

c) Für alle $r \in \mathbb{N}$ gilt:

$$\prod_{\rho=0}^{r} \frac{1}{(1-T^\rho Z)} = \sum_{n=0}^{\infty} \begin{bmatrix} n+r \\ r \end{bmatrix} \cdot Z^n \quad \text{in} \quad \mathbb{Z}[T][\![Z]\!],$$

$$\prod_{\rho=1}^{r} \frac{1}{(1-T^\rho)} = \sum_{n=0}^{\infty} T^n \cdot \begin{bmatrix} n+r-1 \\ r-1 \end{bmatrix} \quad \text{in} \quad \mathbb{Z}[\![T]\!],$$

$$\prod_{\rho=1}^{r} (1+T^\rho Z) = \sum_{n=0}^{r} \begin{bmatrix} r \\ n \end{bmatrix} \cdot T^{\binom{n+1}{2}} Z^n \quad \text{in} \quad \mathbb{Z}[T,Z],$$

$$\prod_{\rho=1}^{r} (1+T^\rho) = \sum_{n=0}^{r} T^n \cdot \begin{bmatrix} r \\ n \end{bmatrix}(T^2) \quad \text{in} \quad \mathbb{Z}[T] \quad (\text{G a u ß}),$$

$$\prod_{\rho=1}^{r} (1-T^{2\rho-1}) = \sum_{n=0}^{2r} (-1)^n \begin{bmatrix} 2r \\ n \end{bmatrix} \quad \text{in} \quad \mathbb{Z}[T] \quad (\text{G a u ß}).$$

VIII Lineare Operatoren

Bei der Untersuchung linearer Operatoren ist es notwendig, die Methode der Erweiterung des Grundkörpers oder Grundringes zu verwenden. Dazu werden Grundtatsachen über Tensorprodukte gebraucht, die leicht aus der systematischen Darstellung in Kapitel X herausgezogen werden können: Es genügt, die einführenden Paragraphen 80 und 81 zu lesen, wobei überdies alle Bemerkungen ausgelassen werden können.

§64 Charakteristische Polynome

Es genügt, beim ersten Lesen bis 64.12 vorzugehen.

In diesem Paragraphen ist der Grundring A stets ein kommutativer Ring. Wir machen ferner die Voraussetzung, daß A immer dann vom Nullring verschieden ist, wenn vom Rang freier Moduln gesprochen wird.

Seien V ein A–Modul und f ein A–Endomorphismus von V, also ein (A–) linearer Operator auf V. Wir wollen f näher untersuchen und benutzen dazu die folgende Betrachtungsweise, die die Grundidee für diesen und die folgenden Paragraphen ist: V ist nicht nur ein A–Modul, sondern auch in kanonischer Weise ein Modul über der A–Algebra $\mathrm{End}_A V$, vgl. §35, Beispiel 8, und damit über jeder A–Unteralgebra von $\mathrm{End}_A V$. Hier interessiert die von f in $\mathrm{End}_A V$ erzeugte A–Unteralgebra $A[f]$, die das Bild des Einsetzungshomomorphismus

$$A[X] \to \mathrm{End}_A V$$

mit $X \mapsto f$ ist. Dieser Homomorphismus erlaubt es, *V als $A[X]$–Modul (bezüglich f) aufzufassen.* Für $x \in V$ und $\alpha \in A[X]$ ist dabei

$$\alpha x = \alpha(f)x = \alpha(f)(x),$$

anders gesagt: $\alpha \in A[X]$ operiert wie das Polynom $\alpha(f)$ in f auf V. Die konstanten Polynome aus $A[X]$ operieren so wie die entsprechenden Elemente in A. Die Unbestimmte X operiert wie f. Wollen wir deutlich machen, daß wir V mit Hilfe von $f \in \mathrm{End}_A V$ in der gerade beschriebenen Weise als $A[X]$–Modul auffassen, so schreiben wir für V auch

$$V_f .$$

Umgekehrt bestimmt jeder $A[X]$–Modul einen A–Modul V durch Beschränken des Skalarenbereiches von $A[X]$ auf A und einen A–linearen Operator auf V, nämlich die Homothetie mit X in V. Ein $A[X]$–Modul V und ein A–Modul V zusammen mit einem Operator $f \in \mathrm{End}_A V$ sind somit äquivalente Objekte.

Sei $V = V_f$ der Modul mit der durch den A–linearen Operator f bestimmten $A[X]$–Modulstruktur. Da ein A–Untermodul von V genau dann ein $A[X]$–Untermodul ist, wenn er invariant unter der Homothetie mit X ist, folgt: *Ein A-Untermodul $U \subseteq V$ ist genau dann ein $A[X]$-Untermodul, wenn er f-invariant ist.* Ist U solch ein Untermodul, so induziert f auf dem Restklassenmodul V/U einen linearen Operator, *für den die zugehörige $A[X]$-Modulstruktur gerade die des $A[X]$-Restklassenmoduls V/U ist.*

Betrachten wir neben V einen weiteren A–Modul W, der bezüglich $g \in \mathrm{End}_A W$ als $A[X]$–Modul aufgefaßt sei. Ein A–Homomorphismus $h : V \to W$ ist genau dann ein $A[X]$–Homomorphismus, wenn h mit den Homothetien mit X auf V bzw. W vertauschbar ist: $h\vartheta_X = \vartheta_X h$. Es folgt:

64.1 *Ein A-Homomorphismus $h : V_f \to W_g$ ist genau dann $A[X]$-linear, wenn $hf = gh$ ist, d.h. wenn das Diagramm*

$$\begin{array}{ccc} V & \xrightarrow{h} & W \\ {\scriptstyle f}\downarrow & & \downarrow{\scriptstyle g} \\ V & \xrightarrow{h} & W \end{array}$$

kommutativ ist. Insbesondere ist ein $h \in \mathrm{End}_A V$ genau dann $A[X]$-linear, wenn h und f kommutieren, wenn also $hf = fh$ ist.

Beispiel 1 (Ähnliche Operatoren) Seien V und W Moduln über A. Die linearen Operatoren $f \in \mathrm{End}_A V$ und $g \in \mathrm{End}_A W$ heißen ähnlich, wenn es eine A-Isomorphie $h : V \to W$ mit $hf = gh$ gibt. Nach 64.1 ist dies äquivalent damit, daß V_f und W_g als $A[X]$-Moduln isomorph sind. Sind f und g ähnlich (bezüglich $h \in \mathrm{Hom}_A(V, W)$), so ergibt die A-Isomorphie $\mathrm{End}_A V \to \mathrm{End}_A W$ mit $f' \mapsto hf'h^{-1}$ durch Einschränken eine A-Algebra-Isomorphie $A[f] \cong A[g]$. Sind V und W zusätzlich endliche freie A-Moduln und ist x_i, $i \in I$, eine A-Basis von V, so hat f bezüglich der Basis x_i, $i \in I$, dieselbe Matrix wie g bezüglich der Basis $h(x_i)$, $i \in I$.

Zwei Endomorphismen auf V sind genau dann ähnlich, wenn sie in denselben Bahnen von $\mathrm{End}_A V$ bezüglich der Operation von $\mathsf{GL}_A(V) = \mathrm{Aut}_A V$ durch Konjugation liegen.

Ist V frei mit der endlichen Basis x_i, $i \in I$, so sind $f, g \in \mathrm{End}_A V$ genau dann ähnlich, wenn die Matrizen von f und g bezüglich der Basis x_i, $i \in I$, in $\mathsf{M}_I(A)$ ähnlich sind, vgl. §40, Bemerkung 4.

Sei nun V endlicher freier A–Modul des Ranges n mit der Basis x_i, $i \in I$, und f ein Operator auf V mit der Matrix $\mathbf{A} = (a_{ij}) \in \mathsf{M}_I(A)$ bezüglich x_i, $i \in I$. Nach Definition der durch f bestimmten $A[X]$–Modulstruktur auf V gilt

$$Xx_j = f(x_j) = \sum_{i \in I} a_{ij} x_i \,, \quad j \in I \,,$$

oder, unter Benutzung des Kroneckersymbols:

$$\sum_{i \in I} (X\delta_{ij} - a_{ij}) x_i = 0 \,, \quad j \in I \,.$$

Die Koeffizientenmatrix dieses Gleichungssystems über V mit Koeffizienten in $A[X]$ ist $X\mathbf{E}_I - \mathbf{A}$. Ihre Determinante

$$\chi := \chi_f := \operatorname{Det}(X\mathbf{E}_I - \mathbf{A}) \in A[X]$$

ist von Bedeutung. Sie ist unabhängig von der Indexmenge, aber auch unabhängig von der Wahl der Basis: Ist nämlich x_i', $i \in I$, eine weitere Basis von V und ist $\mathbf{A}'$ die Matrix von f bezüglich dieser Basis, so gibt es eine invertierbare Matrix $\mathbf{V} \in \mathsf{GL}_I(A)$ mit $\mathbf{A}' = \mathbf{VAV}^{-1}$, woraus

$$\begin{aligned}|X\mathbf{E}_I - \mathbf{A}'| &= |X\mathbf{E}_I - \mathbf{VAV}^{-1}| = |\mathbf{V}(X\mathbf{E}_I - \mathbf{A})\mathbf{V}^{-1}| \\ &= |\mathbf{V}||X\mathbf{E}_I - \mathbf{A}||\mathbf{V}^{-1}| = |X\mathbf{E}_I - \mathbf{A}|\end{aligned}$$

folgt. Im Falle der Indexmenge $I = \{1, \ldots, n\}$ ist χ_f die Determinante

$$\begin{vmatrix} X - a_{11} & -a_{12} & \cdots & -a_{1n} \\ -a_{21} & X - a_{22} & \cdots & -a_{2n} \\ \vdots & \vdots & \ddots & \vdots \\ -a_{n1} & -a_{n2} & \cdots & X - a_{nn} \end{vmatrix}.$$

Insbesondere ist χ_f ein normiertes Polynom vom Grade n.

Definition Das normierte Polynom $\chi_f = \operatorname{Det}(X\mathbf{E}_I - \mathbf{A})$ vom Grade n heißt das charakteristische Polynom des A–linearen Operators f auf dem endlichen freien A–Modul V des Ranges n.

Sind f und g ähnliche Operatoren auf endlichen freien A–Moduln V bzw. W, so haben sie bezüglich geeigneter Basen dieselbe Matrix, vgl. Beispiel 1. Es folgt:

64.2 *Ähnliche Operatoren auf endlichen freien A–Moduln haben dasselbe charakteristische Polynom.*

Wenden wir auf das oben hergeleitete Gleichungssystem

$$\sum_{i \in I} (X\delta_{ij} - a_{ij}) x_i = 0, \; j \in I,$$

die Cramersche Regel 48.8 an, so erhalten wir $|X\delta_{ij} - a_{ij}| x_j = \chi_f x_j = 0$, $j \in I$, woraus $\chi_f(f) x_j = 0$, $j \in I$, also $\chi_f(f) = 0$ folgt. Das beweist:

64.3 Satz von Cayley–Hamilton *Ist f ein A–linearer Operator auf dem endlichen freien A–Modul V, so ist $\chi_f(f) = 0$.*

Der Satz von Cayley–Hamilton besagt, daß das charakteristische Polynom χ_f von f im Kern des Algebra–Homomorphismus $A[X] \to A[f] \subseteq \operatorname{End}_A V$ liegt oder, was dasselbe ist, daß $\chi_f \in \operatorname{Ann}_{A[X]} V_f$ ist. Insbesondere ist $A[f]$ eine endliche Algebra mit dem A–Modul–Erzeugendensystem $1 = f^0, f, \ldots, f^{n-1}$, wobei n der Rang von V ist.

Beispiel 2 Die Homothetie mit $a \in A$ hat bezüglich jeder Basis des freien A–Moduls V vom Rang n die Matrix $a\mathbf{E}$. Daher gilt

$$\chi_{a\,\mathrm{id}_V} = \mathrm{Det}(X\mathbf{E} - a\mathbf{E}) = \mathrm{Det}((X-a)\mathbf{E}) = (X-a)^n .$$

Insbesondere haben die Identität bzw. der Nullhomomorphismus die charakteristischen Polynome $(X-1)^n$ bzw. X^n.

Beispiel 3 (Zyklische Operatoren. Begleitmatrizen) Sei V ein A–Modul. Ein Operator $f \in \mathrm{End}_A V$ heißt zyklisch, wenn V_f als $A[X]$–Modul zyklisch ist. Für $x \in V$ ist $A[X]x = A[f]x = \sum_{\nu=0}^{\infty} Af^\nu(x)$. Daher ist f genau dann zyklisch, wenn es ein $x \in V$ gibt derart, daß V als A–Modul von $x, f(x), f^2(x), \ldots$ erzeugt wird. Ist V ein endlicher A–Modul, so müssen bereits endlich viele dieser Elemente V erzeugen. Ist $x \in V$ ein Element mit $V_f = A[X]x$, so heißt x ein zyklisches Element (in V bezüglich f). Für endliche freie Moduln gilt:

64.4 Satz *Seien V ein endlicher freier A–Modul des Ranges n und $f \in \mathrm{End}_A V$. Folgende Aussagen sind äquivalent:*

(1) *f ist zyklisch.*

(2) *Es gibt ein $x \in V$ mit $V = Ax + Af(x) + \cdots + Af^{n-1}(x)$.*

(3) *Es gibt ein $x \in V$ derart, daß $x, f(x), \ldots, f^{n-1}(x)$ eine A–Basis von V ist.*

(4) *Es gibt eine A–Basis $x_1, \ldots, x_n$ von V, bezüglich der f durch die Matrix*

$$\begin{pmatrix} 0 & 0 & \cdots & 0 & -a_0 \\ 1 & 0 & \cdots & 0 & -a_1 \\ 0 & 1 & \cdots & 0 & -a_2 \\ \vdots & \vdots & \ddots & \vdots & \vdots \\ 0 & 0 & \cdots & 1 & -a_{n-1} \end{pmatrix}$$

beschrieben wird.

(5) *V_f ist als $A[X]$-Modul isomorph zu $A[X]/A[X]\beta$, wobei β ein normiertes Polynom (vom Grade n) ist.*

Erfüllt f diese Bedingungen, so ist $\chi_f = \beta = X^n + a_{n-1}X^{n-1} + \cdots + a_0$ und jedes zyklische Element $x \in V$ erfüllt die Bedingungen (2) *und* (3).

Beweis. Nach 64.3 wird $A[f]$ als A–Modul bereits von $1 = \mathrm{id}_V, f, \ldots, f^{n-1}$ erzeugt. Für jedes $x \in V$ ist daher $A[f]x = Ax + \cdots + Af^{n-1}(x)$, woraus die Äquivalenz von (1) und (2) folgt. Daß (2) und (3) äquivalent sind, ergibt sich aus 38.15, vgl. auch §48, Bemerkung 3 oder 49.6.

Gilt (3), so hat f bezüglich der Basis $x_1 := x, x_2 := f(x), \ldots, x_n := f^{n-1}(x)$ die in (4) angegebene Matrix, wobei die $a_i \in A$ durch

$$f(x_n) = (-a_0)x_1 + (-a_1)x_2 + \cdots + (-a_{n-1})x_n$$

oder

$$f^n(x) + a_{n-1}f^{n-1}(x) + \cdots + a_1 f(x) + a_0 x = 0$$

bestimmt sind. Das beweist die Implikation (3)⇒(4).

Sei (4) erfüllt und $\beta := X^n + a_{n-1}X^{n-1} + \cdots + a_0$. Es ist dann $x_1 = f^0(x_1), x_2 = f(x_1), x_3 = f(x_2) = f^2(x_1), \ldots, x_n = f^{n-1}(x_1)$ und $\beta x_1 = \beta(f)x_1 = 0$. Es folgt, daß $x := x_1$ ein erzeugendes Element von V_f als $A[X]$–Modul ist und daß $\beta \in \mathrm{Ann}_{A[X]}x = \mathrm{Ann}_{A[X]}V_f$ ist. Der surjektive $A[X]$–Homomorphismus $A[X] \to V_f$ mit $1 \mapsto x$ induziert daher einen surjektiven $A[X]$–Homomorphismus $A[X]/A[X]\beta \to V_f$, der auch injektiv ist, da er die Restklassen $\overline{1} = \overline{X}^0, \ldots, \overline{X}^{n-1}$, die $A[X]/A[X]\beta$ als A–Modul erzeugen, auf die Basis $x_1, \ldots, x_n$ abbildet. Das beweist (5). Die Implikation (5)$\Rightarrow$(1) ist trivial.

Der Zusatz, daß das Polynom β in (5) notwendigerweise gleich χ_f ist, ergibt sich so: Sei $\beta = X^n + a_{n-1}X^{n-1} + \cdots + a_0$. Dann hat die Homothetie mit X in $A[X]/A[X]\beta$ bezüglich der A–Basis $\overline{1}, \overline{X}, \ldots, \overline{X}^{n-1}$ offenbar die in (4) angegebene Matrix, deren charakteristisches Polynom eben gerade β ist, wie eine einfache Induktion über n und Entwicklung nach der ersten Zeile zeigen. •

64.4 besagt insbesondere, daß jedes normierte Polynom in $A[X]$ vom Grade n als charakteristisches Polynom eines geeignet gewählten – sogar zyklischen — Operators auf einem freien A–Modul vom Rang n auftritt. Die in 64.4(4) angegebene Matrix (oder auch ihre Transponierte) heißt die Begleitmatrix zum Polynom $X^n + a_{n-1}X^{n-1} + \cdots + a_0$.

Die oben für Operatoren eingeführten Begriffe werden auch für Matrizen $\mathbf{A} \in \mathsf{M}_I(A)$ mit einer endlichen Indexmenge I erklärt, indem man sie von dem durch $\mathbf{A}$ definierten Operator $A^I \to A^I$ auf die Matrix $\mathbf{A}$ überträgt. Insbesondere ist

$$\chi_{\mathbf{A}} := \mathrm{Det}(X\mathbf{E} - \mathbf{A}) \in A[X]$$

das charakteristische Polynom von $\mathbf{A}$. *Ähnliche Matrizen haben dasselbe charakteristische Polynom.* Für jeden Operator f, der bezüglich einer Basis x_i, $i \in I$, die Matrix $\mathbf{A}$ hat, ist

$$\chi_f = \chi_{\mathbf{A}}\,.$$

Da ferner die kanonische Abbildung $\mathrm{End}_A A^I \to \mathsf{M}_I(A)$ eine A–Algebra–Isomorphie ist, gilt der Satz von Cayley–Hamilton auch für Matrizen: *Es gilt also für alle $\mathbf{A} \in \mathsf{M}_I(A)$ die Gleichung*

$$\chi_{\mathbf{A}}(\mathbf{A}) = 0\,.$$

Beispiel 4 (Zyklische Matrizen) Ist der durch $\mathbf{A}$ definierte Operator zyklisch, so heißt $\mathbf{A}$ zyklisch. Nach 64.4 ist $\mathbf{A} \in \mathsf{M}_n(A)$ *genau dann zyklisch, wenn $\mathbf{A}$ zur Begleitmatrix von $\chi_{\mathbf{A}}$ ähnlich ist.*

Beispiel 5 Ist $\mathbf{A} = (a_{ij}) \in \mathsf{M}_n(A)$ eine obere oder untere Dreiecksmatrix, so ist

$$\chi_{\mathbf{A}} = \prod_{i=1}^{n}(X - a_{ii})\,.$$

Aussagen über charakteristische Polynome von linearen Operatoren haben stets ein Analogon für Matrizen, und umgekehrt. Der Leser achte auf diesen Gesichtspunkt, den wir zur Vermeidung von Doppelformulierungen im folgenden nur selten explizit erwähnen. *Bei Beweisen verwenden wir ohne weiteres die jeweils zweckmäßigere Version.*

64.5 Lemma *Seien $\varphi: A \to B$ ein Homomorphismus kommutativer Ringe und f ein A-linearer Operator auf dem endlichen freien A-Modul V. Für den durch Grundringwechsel gewonnenen B-linearen Operator $f_{(B)}$ auf $V_{(B)}$ gilt*

$$\chi_{f_{(B)}} = \varphi[X](\chi_f),$$

wobei $\varphi[X] : A[X] \to B[X]$ der Homomorphismus ist, der ein Polynom $\alpha \in A[X]$ auf das Polynom in $B[X]$ abbildet, dessen Koeffizienten die φ-Bilder der Koeffizienten von α sind.

Beweis. Hat f bezüglich der Basis x_i, $i \in I$, von V die Matrix $\mathbf{A} = (a_{ij})$, so hat $f_{(B)}$ bezüglich $1 \otimes x_i$, $i \in I$, die Matrix $\mathsf{M}_I(\varphi)(\mathbf{A}) = (\varphi(a_{ij}))$, vgl. §81. Es ist nun $\chi_{f_{(B)}} = \operatorname{Det}(X\mathbf{E}_I - \mathsf{M}_I(\varphi)(\mathbf{A})) = \operatorname{Det}(\mathsf{M}_I(\varphi[X])(X\mathbf{E}_I - \mathbf{A})) = \varphi[X](\operatorname{Det}(X\mathbf{E}_I - \mathbf{A})) = \varphi[X](\chi_f)$. •

64.6 Satz *Seien V ein endlicher freier A-Modul und $f \in \operatorname{End}_A V$. Für den dualen Operator $f^* \in \operatorname{End}_A(V^*)$ gilt:*

$$\chi_{f^*} = \chi_f.$$

Beweis. Ist $\mathbf{A} \in \mathsf{M}_I(A)$ die Matrix von f bezüglich einer Basis von V, so ist ${}^t\mathbf{A}$ die Matrix von f^* bezüglich der Dualbasis. Es folgt $\chi_{f^*} = \operatorname{Det}(X\mathbf{E}_I - {}^t\mathbf{A}) = \operatorname{Det}({}^t(X\mathbf{E}_I - \mathbf{A})) = \operatorname{Det}(X\mathbf{E}_I - \mathbf{A}) = \chi_f$. •

64.7 Satz *Sei f ein linearer Operator auf dem endlichen freien A-Modul V. Ferner sei U ein freier f-invarianter A-Untermodul von V derart, daß V/U ebenfalls frei ist. Mit $\overline{f}$ sei der von f auf V/U induzierte lineare Operator bezeichnet. Dann gilt:*

$$\chi_f = \chi_{f|U} \cdot \chi_{\overline{f}}.$$

Beweis. Seien $y_1, \ldots, y_s$ Elemente aus V, deren Restklassen in V/U eine Basis von V/U bilden. Zusammen mit einer (notwendigerweise endlichen) Basis $x_1, \ldots, x_r$ von U erhalten wir eine Basis $x_1, \ldots, x_r, y_1, \ldots, y_s$ von V. Bezüglich dieser Basis hat die Matrix $\mathbf{A}$ von f die Kästchenform

$$\mathbf{A} = \begin{pmatrix} \mathbf{B} & \mathbf{C} \\ 0 & \mathbf{D} \end{pmatrix} \in \mathsf{M}_{r+s}(A),$$

wobei $\mathbf{B} \in \mathsf{M}_r(A)$ die Matrix von $f|U$ bezüglich $x_1, \ldots, x_r$ und $\mathbf{D} \in \mathsf{M}_s(A)$ die Matrix von $\overline{f}$ bezüglich $\overline{y}_1, \ldots, \overline{y}_s$ ist. Es folgt

$$X\mathbf{E}_{r+s} - \mathbf{A} = \begin{pmatrix} X\mathbf{E}_r - \mathbf{B} & -\mathbf{C} \\ 0 & X\mathbf{E}_s - \mathbf{D} \end{pmatrix}$$

und $\chi_f = \operatorname{Det}(X\mathbf{E}_{r+s} - \mathbf{A}) = \operatorname{Det}(X\mathbf{E}_r - \mathbf{B})\operatorname{Det}(X\mathbf{E}_s - \mathbf{D}) = \chi_{f|U}\chi_{\overline{f}}$, wobei (die matrizentheoretische Version von) 47.8 benutzt wurde. •

Ganz ähnlich beweist man:

64.8 Korollar *Der A-Modul V sei die direkte Summe der unter dem Operator $f \in \mathrm{End}_A V$ invarianten endlichen freien Untermoduln $U_1, \ldots, U_r$. Dann gilt $\chi_f = \chi_{f|U_1} \cdots \chi_{f|U_r}$.*

Beweis. Im Fall $r = 2$ (woraus der allgemeine Fall mittels Induktion folgt) kann man 64.8 auch direkt aus 64.7 gewinnen, da $f|U_2$ augenscheinlich zu dem von f auf V/U_1 induzierten Operator ähnlich ist. •

Bemerkung 1 Nur eine Umformulierung von 64.7 ist die folgende Aussage: Sei

$$\begin{array}{ccccccccc} 0 & \longrightarrow & V' & \xrightarrow{g'} & V & \xrightarrow{g} & V'' & \longrightarrow & 0 \\ & & {\scriptstyle f'}\big\downarrow & & {\scriptstyle f}\big\downarrow & & \big\downarrow{\scriptstyle f''} & & \\ 0 & \longrightarrow & V' & \xrightarrow{g'} & V & \xrightarrow{g} & V'' & \longrightarrow & 0 \end{array}$$

ein kommutatives Diagramm von endlichen freien A-Moduln und A-Homomorphismen mit exakten Zeilen. Dann gilt $\chi_f = \chi_{f'} \cdot \chi_{f''}$. Denn es ist f' ähnlich zu $f|\mathrm{Bild}g'$ und f'' zu dem von f auf $V/\mathrm{Bild}g' \cong V''$ induzierten Operator. Es folgt insbesondere: Sind

$$\begin{array}{ccccc} 0 & \to & V' & \to & V \\ & & {\scriptstyle f'}\big\downarrow & & {\scriptstyle f}\big\downarrow \\ 0 & \to & V' & \to & V \end{array} \qquad \text{bzw.} \qquad \begin{array}{ccccc} V & \to & V'' & \to & 0 \\ \big\downarrow{\scriptstyle f} & & \big\downarrow{\scriptstyle f''} & & \\ V & \to & V'' & \to & 0 \end{array}$$

kommutative Diagramme von Homomorphismen endlichdimensionaler Vektorräume mit exakten Zeilen, so gilt $\chi_{f'}|\chi_f$ bzw. $\chi_{f''}|\chi_f$. Für Verallgemeinerungen vgl. Aufgaben 27,28.

Die Werte des charakteristischen Polynoms lassen sich leicht interpretieren:

64.9 *Seien V ein endlicher freier A-Modul des Ranges n und $f \in \mathrm{End}_A V$. Für $a \in A$ ist*

$$\chi_f(a) = \mathrm{Det}(a\,\mathrm{id}_V - f) = (-1)^n \mathrm{Det}(f - a\,\mathrm{id}_V).$$

Insbesondere ist der konstante Term $\chi_f(0)$ des charakteristischen Polynoms χ_f — vom Vorzeichen $(-1)^n$ abgesehen — die Determinante des linearen Operators f.

Beweis. Sei $\mathbf{A}$ die Matrix von f bezüglich einer Basis von V. Dann ist $a\mathbf{E} - \mathbf{A}$ die Matrix von $a\,\mathrm{id}_V - f$ und folglich $\mathrm{Det}(a\,\mathrm{id}_V - f) = \mathrm{Det}(a\mathbf{E} - \mathbf{A}) = \chi_f(a)$. •

Beispiel 6 In der Situation von 64.9 sei $A = K$ ein Körper. *Dann sind die Nullstellen von χ_f in K genau die $a \in K$, für die $f - a\,\mathrm{id}_V$ kein Automorphismus von V ist.* In §66 werden wir uns ausführlich damit beschäftigen.

Beispiel 7 Mit Hilfe des charakteristischen Polynoms läßt sich das Inverse eines invertierbaren Operators bestimmen.

64.10 Satz *Seien V ein endlicher freier A–Modul des Ranges n und f ein linearer Operator auf V mit dem charakteristischen Polynom*

$$\chi_f = X^n + a_{n-1}X^{n-1} + \cdots + a_0 .$$

Genau dann ist f invertierbar, wenn a_0 eine Einheit in A ist. In diesem Fall ist $f^{-1} \in A[f]$, also ein Polynom in f, und zwar:

$$f^{-1} = -\frac{1}{a_0}(f^{n-1} + a_{n-1}f^{n-2} + \cdots + a_1) .$$

Beweis. Da a_0 bis auf das Vorzeichen die Determinante von f ist, folgt der erste Teil mit 46.6. Sei nun $a_0 \in A^\times$. Nach 64.3 hat man

$$0 = \chi_f(f) = f^n + a_{n-1}f^{n-1} + \cdots + a_1 f + a_0 = f(f^{n-1} + a_{n-1}f^{n-2} + \cdots + a_1) + a_0 ,$$

woraus die angegebene Darstellung von f^{-1} durch Auflösen folgt. — Bezüglich des Zusatzes vergleiche man auch §48, Beispiel 4. •

Neben dem konstanten Term des charakteristischen Polynoms ist vor allem der dem Leitkoeffizienten 1 nachfolgende Koeffizient wichtig.

Definition Sei V ein endlicher freier A–Modul des Ranges n. Ist $f \in \mathrm{End}_A V$ und $\chi_f = X^n + a_{n-1}X^{n-1} + \cdots + a_0$, dann heißt

$$\mathrm{Sp}\, f := -a_{n-1}$$

die Spur des linearen Operators f. Mit

$$\mathrm{Sp} : \mathrm{End}_A V \to A$$

wird die (ebenfalls Spur oder auch Spurabbildung genannte) Abbildung $f \mapsto \mathrm{Sp} f$ bezeichnet.

Analog werden die Spur einer endlichen quadratischen Matrix und die Spurabbildung einer Matrizenalgebra definiert.

Man berechnet die Spur eines Operators am bequemsten über die Spur einer zugehörigen Matrix. Es gilt nämlich:

64.11 *Seien I eine endliche Menge und $\mathbf{A} \in \mathsf{M}_I(A)$. Dann gilt:*

$$\mathrm{Sp}\mathbf{A} = \sum_{i \in I} a_{ii} .$$

In Worten: Die Spur von $\mathbf{A}$ ist die Summe der Diagonalelemente von $\mathbf{A}$.

Beweis. Es ist $\chi_{\mathbf{A}} = \mathrm{Det}(X\mathbf{E} - \mathbf{A}) = \alpha + \beta$ mit $\alpha := \prod_{i \in I}(X - a_{ii})$ und $\beta \in A[X]$, wobei β als Summe von Produkten, bei denen jeweils mindestens zwei Faktoren nicht Elemente der Hauptdiagonalen von $X\mathbf{E} - \mathbf{A}$ sind, vom Grade $\leq n - 2$ ist. Also ist $\mathrm{Sp}\mathbf{A}$ das Negative des Koeffizienten von X^{n-1} in α, und das ist $\sum_{i \in I} a_{ii}$. •

Beispiel 8 Für $\mathbf{A} = \left(\begin{smallmatrix} a & c \\ b & d \end{smallmatrix}\right) \in \mathsf{M}_2(A)$ ist $\chi_{\mathbf{A}} = X^2 - (\mathrm{Sp}\mathbf{A})X + (\mathrm{Det}\mathbf{A}) = X^2 - (a+d)X + (ad-bc)$.

64.12 Satz *Sei V ein endlicher freier A-Modul. Dann gilt:*
(1) $\mathrm{Sp} : \mathrm{End}_A V \to A$ *ist A-linear.*
(2) *Es ist* $\mathrm{Sp}(\mathrm{id}_V) = \mathrm{Rang}_A V$ $(= (\mathrm{Rang}_A V) \cdot 1_A)$.
(3) *Für $f, g \in \mathrm{End}_A V$ ist* $\mathrm{Sp}(fg) = \mathrm{Sp}(gf)$.

Beweis. Es genügt, die entsprechenden Aussagen für die Spurabbildung $\mathsf{M}_n(A) \to A$, $n := \mathrm{Rang}_A V$, zu zeigen. (1) und (2) sind dann wegen 64.11 trivial. Seien $\mathbf{A} = (a_{ij})$, $\mathbf{B} = (b_{rs}) \in \mathsf{M}_n(A)$. Dann ist

$$\mathrm{Sp}(\mathbf{AB}) = \sum_i \sum_j a_{ij} b_{ji} = \sum_j \sum_i b_{ji} a_{ij} = \mathrm{Sp}(\mathbf{BA}),$$

womit auch (3) bewiesen ist. •

Wir wollen nun genauer die $A[X]$-Modulstruktur eines A-Moduls V bezüglich eines Operators $f \in \mathrm{End}_A V$ beschreiben. Dazu bedienen wir uns des $A[X]$-linearen Operators

$$\Phi := \Phi_f := X\,\mathrm{id}_{V_{(A[X])}} - f_{(A[X])}$$

auf dem durch die Grundringerweiterung $A \to A[X]$ aus V gewonnenen $A[X]$-Modul $V_{(A[X])} = A[X] \otimes_A V$. Den Operator Φ kann man auch in der Form $\lambda_X \otimes \mathrm{id}_V - \mathrm{id}_{A[X]} \otimes f$ schreiben, wobei λ_X die Multiplikation mit X in $A[X]$ ist. (Für eine übersichtliche Beschreibung von $V_{(A[X])}$ vergleiche man §81, Beispiel 8.)

$\pi_f : V_{(A[X])} \to V_f$ sei im folgenden der kanonische surjektive $A[X]$-Homomorphismus $\alpha \otimes x \mapsto \alpha x = \alpha(f)x$. Grundlegend ist:

64.13 Satz *Sei f ein A-linearer Operator auf dem A-Modul V. Dann ist*

$$0 \to V_{(A[X])} \xrightarrow{\Phi_f} V_{(A[X])} \xrightarrow{\pi_f} V_f \to 0$$

eine exakte Sequenz von $A[X]$-Moduln.

Beweis. Wie bereits erwähnt, ist π_f surjektiv. Ferner ist Φ_f injektiv. Sei nämlich $z = \sum_{r=0}^{\infty} X^r \otimes z_r$, $z_r \in V$, ein Element in Kern Φ_f. Dann ist (wir setzen $z_{-1} := 0$)

$$0 = \Phi_f(z) = \sum_{r=0}^{\infty} (X^{r+1} \otimes z_r - X^r \otimes f(z_r)) = \sum_{r=0}^{\infty} X^r \otimes (z_{r-1} - f(z_r)),$$

woraus $z_{r-1} = f(z_r)$ für alle r folgt. Für große r ist $z_r = 0$. Dann ergibt sich sukzessive $z_r = 0$ für alle $r \in \mathbb{N}$.

Es bleibt $\operatorname{Kern}\pi_f = \operatorname{Bild}\Phi_f$ zu zeigen. Wegen $\pi_f\Phi_f(1\otimes x) = \pi_f(X\otimes x - 1\otimes f(x)) = Xx - f(x) = 0$ ist $\pi_f\Phi_f = 0$ und folglich $\operatorname{Bild}\Phi_f \subseteq \operatorname{Kern}\pi_f$. Sei umgekehrt $z = \sum_{r=0}^{\infty} X^r\otimes z_r$, $z_r \in V$, ein Element aus $\operatorname{Kern}\pi_f$. Aus $0 = \pi_f(z) = \sum_{r=0}^{\infty} X^r z_r = \sum_{r=0}^{\infty} f^r(z_r)$ folgt $z = \sum_{r=0}^{\infty}(X^r\otimes z_r - 1\otimes f^r(z_r))$. Wegen $X^r\otimes z_r - 1\otimes f^r(z_r) = \Phi_f\left(\sum_{\rho=0}^{r-1} X^{r-1-\rho}\otimes f^\rho(z_r)\right)$ („geometrische Reihe", vgl. 14.5) ist $X^r\otimes z_r - 1\otimes f^r(z_r) \in \operatorname{Bild}\Phi_f$ für alle $r \geq 0$. Dann ist auch $z \in \operatorname{Bild}\Phi_f$. Das beweist $\operatorname{Kern}\pi_f \subseteq \operatorname{Bild}\Phi_f$. •

Sei nun V ein endlicher freier A-Modul. Für die Basis x_i, $i \in I$, von V sei $f(x_j) = \sum_{i\in I} a_{ij}x_i$, $j \in I$. Dann ist $1\otimes x_i$, $i \in I$, eine Basis von $V_{(A[X])}$ mit

$$\Phi_f(1\otimes x_j) = \sum_{i\in I}(X\delta_{ij} - a_{ij})(1\otimes x_i)\,,\ j \in I\,.$$

Insbesondere gilt

$$\chi_f = \operatorname{Det}(X\delta_{ij} - a_{ij}) = \operatorname{Det}\Phi_f\,,$$

womit wir eine invariante Beschreibung des charakteristischen Polynoms χ_f von f erhalten. Ferner bildet der kanonische Homomorphismus $\pi_f : V_{(A[X])} \to V$ des Satzes 64.13 das Basiselement $1\otimes x_i$ auf x_i ab, $i \in I$. Aus 64.13 folgt daher noch:

64.14 Korollar *Die Elemente*

$$\omega_j := (X\delta_{ij} - a_{ij})_{i\in I}\,,\ j \in I\,,$$

bilden eine $A[X]$-Basis des Relationenmoduls $\operatorname{Rel}_{A[X]}(x_i)_{i\in I}$ des $A[X]$-Erzeugendensystems x_i, $i \in I$, von V_f.

Mit Hilfe von 64.13 läßt sich der Zusammenhang des charakteristischen Polynoms χ_f mit dem Annullatorideal des $A[X]$-Moduls V_f bezüglich eines $f \in \operatorname{End}_A V$ näher beschreiben. Sei

$$\mathbf{a}_f := \operatorname{Ann}_{A[X]} V_f\,.$$

Es ist $\mathbf{a}_f$ das Ideal der Polynom $\alpha \in A[X]$ mit $\alpha(f) = 0$. Man hat insbesondere die A-Algebra-Isomorphie

$$A[f] \cong A[X]/\mathbf{a}_f\,.$$

Nach dem Satz von Cayley-Hamilton ist $\chi_f \in \mathbf{a}_f$. Umgekehrt gilt $(\mathbf{a}_f)^n \subseteq A[X]\chi_f$ mit $n := \operatorname{Rang}_A V$. Dies besagt der folgende Satz:

64.15 Satz (Fitting) *Seien V ein endlicher freier A-Modul des Ranges n und $f \in \operatorname{End}_A V$. Sind $\alpha_1, \ldots, \alpha_n \in A[X]$ Polynome mit $\alpha_1(f) = \cdots = \alpha_n(f) = 0$, so ist*

$$\alpha_1 \cdots \alpha_n \in A[X]\chi_f\,.$$

Insbesondere gilt $\alpha^n \in A[X]\chi_f$ für jedes $\alpha \in A[X]$ mit $\alpha(f) = 0$.

Beweis. Seien $x_1, \ldots, x_n$ eine Basis von V und $(a_{ij}) \in \mathsf{M}_n(A)$ die Matrix von f bezüglich $x_1, \ldots, x_n$. Wir übernehmen die Bezeichnungen des Satzes 64.13. Die Elemente $\alpha_j(1 \otimes x_j) = \alpha_j \otimes x_j$, $j = 1, \ldots, n$, gehören zu Kernπ_f = BildΦ_f. Es gibt daher eine Matrix $(\beta_{ij}) \in \mathsf{M}_n(A[X])$ mit

$$\alpha_j(1 \otimes x_j) = \sum_{i=1}^{n} \beta_{ij} \Phi_f(1 \otimes x_i) = \sum_{i=1}^{n} \sum_{r=1}^{n} \beta_{ij}(X\delta_{ri} - a_{ri})(1 \otimes x_r)$$

$$= \sum_{r=1}^{n} \left(\sum_{i=1}^{n} (X\delta_{ri} - a_{ri})\beta_{ij} \right) (1 \otimes x_r), \quad j = 1, \ldots, n.$$

Es folgt

$$\begin{pmatrix} \alpha_1 & & 0 \\ & \ddots & \\ 0 & & \alpha_n \end{pmatrix} = \begin{pmatrix} X - a_{11} & \cdots & -a_{1n} \\ \vdots & \ddots & \vdots \\ -a_{n1} & \cdots & X - a_{nn} \end{pmatrix} \begin{pmatrix} \beta_{11} & \cdots & \beta_{1n} \\ \vdots & \ddots & \vdots \\ \beta_{n1} & \cdots & \beta_{nn} \end{pmatrix}.$$

Übergang zu den Determinanten ergibt $\alpha_1 \cdots \alpha_n = \chi_f \mathrm{Det}(\beta_{ij}) \in A[X]\chi_f$. •

Beispiel 9 Ein linearer Operator $f \in \mathrm{End}_A V$ heißt nilpotent bzw. unipotent, wenn er als Element des Ringes $\mathrm{End}_A V$ nilpotent bzw. unipotent ist.

64.16 Satz *Seien A ein Integritätsbereich, V ein endlicher freier A-Modul des Ranges n und $f \in \mathrm{End}_A V$. Dann gilt:*

(1) *Genau dann ist f nilpotent, wenn $\chi_f = X^n$ ist.*

(2) *Genau dann ist f unipotent, wenn $\chi_f = (X - 1)^n$ ist.*

Beweis. Zu (1): Sei f nilpotent und $f^r = 0$ für ein $r \in \mathbb{N}_+$. Nach 64.15 gibt es ein $\beta \in A[X]$ mit $(X^r)^n = X^{rn} = \beta\chi_f$. Da A ein Integritätsbereich ist, ist notwendigerweise χ_f selbst eine Potenz von X, also $\chi_f = X^n$. Ist umgekehrt $\chi_f = X^n$, so ist $f^n = 0$ nach dem Satz von Cayley-Hamilton, f also nilpotent.

Zu (2): f ist genau dann unipotent, wenn $f - \mathrm{id}$ nilpotent ist. Wegen $\chi_{f-\mathrm{id}} = \chi_f(X + 1)$, vgl. Aufgabe 1a), folgt (2) aus (1). •

Aus 64.16 folgt unmittelbar:

64.17 Korollar *Seien A ein Integritätsbereich, V ein endlicher freier A-Modul des Ranges n und $f \in \mathrm{End}_A V$. Dann gilt:*

(1) *Ist f nilpotent, so ist* $\mathrm{Sp} f = 0$ *und* $\mathrm{Det} f = 0$.

(2) *Ist f unipotent, so ist* $\mathrm{Sp} f = n$ *und* $\mathrm{Det} f = 1$.

Aufgaben

In diesen Aufgaben bezeichnet A stets einen *kommutativen* Ring, falls nicht etwas anderes gesagt wird.

1. Seien V ein endlicher freier A–Modul des Ranges n und $f \in \mathrm{End}_A V$.

a) Für jedes $a \in A$ ist $\chi_{f-a\mathrm{id}} = \chi_f(X+a)$ und $\chi_{af}(aX) = a^n \chi_f$.

b) Für jedes $a \in A^\times$ ist $\chi_{af} = a^n \chi_f(X/a)$.

c) Ist f invertierbar, so ist $\chi_{f^{-1}} = ((-1)^n/\mathrm{Det} f) X^n \chi_f(1/X)$.

2. Es sei f ein linearer Operator vom Rang ≤ 1 auf dem n–dimensionalen Vektorraum V über dem Körper K, $n \in \mathbb{N}_+$. Dann ist $\chi_f = X^n - (\mathrm{Sp} f)X^{n-1}$. (§40, Aufgabe 8 oder §47, Aufgabe 12.)

3. Es sei f eine K–lineare Projektion auf dem n–dimensionalen Vektorraum V über dem Körper K, $n \in \mathbb{N}$. Dann ist $\chi_f = (X-1)^r X^{n-r}$ mit $r := \mathrm{Rang} f$ und insbesondere $\mathrm{Sp} f = \mathrm{Rang} f$.

4. Es sei f eine K–lineare Involution auf dem n–dimensionalen Vektorraum V über dem Körper K der Charakteristik $\neq 2$, $n \in \mathbb{N}$. Dann ist $\chi_f = (X+1)^r(X-1)^{n-r}$ mit einem $r \in \mathbb{N}$. ($\frac{1}{2}(\mathrm{id}_V - f)$ ist eine Projektion, vgl. §15, Aufgabe 7. — Bemerkung. Bei $\mathrm{Char} K = 2$ ist stets $\chi_f = (X-1)^n$.)

5. Die Matrix

$$\mathbf{A} := \begin{pmatrix} 0 & 0 & \cdots & 0 & 0 \\ 1 & 0 & \cdots & 0 & 0 \\ 0 & 1 & \cdots & 0 & 0 \\ \vdots & \vdots & \ddots & \vdots & \vdots \\ 0 & 0 & \cdots & 1 & 0 \end{pmatrix}$$

aus $\mathsf{M}_n(A)$ ist zyklisch und nilpotent. Man gebe die Potenzen von $\mathbf{A}$ an. $\mathbf{B} := \mathbf{E}_n + \mathbf{A}$ ist unipotent. Man gebe $\mathbf{B}^{-1}$ an.

6. Das charakteristische Polynom der Matrix

$$\begin{pmatrix} a & b_2 & \cdots & b_n \\ c_2 & 0 & \cdots & 0 \\ \vdots & \vdots & & \vdots \\ c_n & 0 & \cdots & 0 \end{pmatrix} \in \mathsf{M}_n(A)$$

ist $X^n - aX^{n-1} - \left(\sum_{\nu=2}^n b_\nu c_\nu\right) X^{n-2}$.

7. Seien $\mathbf{A}_0, \ldots, \mathbf{A}_{n-1} \in \mathsf{M}_m(A)$. Das charakteristische Polynom der Blockmatrix

$$\begin{pmatrix} 0 & 0 & \cdots & 0 & -\mathbf{A}_0 \\ \mathbf{E}_m & 0 & \cdots & 0 & -\mathbf{A}_1 \\ 0 & \mathbf{E}_m & \cdots & 0 & -\mathbf{A}_2 \\ \vdots & \vdots & \ddots & \vdots & \vdots \\ 0 & 0 & \cdots & \mathbf{E}_m & -\mathbf{A}_{n-1} \end{pmatrix} \in \mathsf{M}_{mn}(A)$$

ist $\mathrm{Det}(X^n \mathbf{E}_m + X^{n-1}\mathbf{A}_{n-1} + \cdots + \mathbf{A}_0)$.

8. Das charakteristische Polynom der Matrix

$$\begin{pmatrix} X_1+W & Y+W & \cdots & Y+W \\ Z+W & X_2+W & \cdots & Y+W \\ \vdots & \vdots & \ddots & \vdots \\ Z+W & Z+W & \cdots & X_n+W \end{pmatrix} \in \mathsf{M}_n(A[W, X_1, \ldots, X_n, Y, Z])$$

ist

$$\frac{(Y+W)F(X+Z)-(Z+W)F(X+Y)}{(Y-Z)}$$

mit $F = F(X) := (X - X_1)\cdots(X - X_n)$. (Als Polynom in W ist das charakteristische Polynom vom Grade ≤ 1. Zur Berechnung der Koeffizienten substituiere man $W = -Y$ bzw. $W = -Z$. — Spezialfall. Sind $a_1, \ldots, a_n, b$ Elemente eines kommutativen Ringes, so ist das charakteristische Polynom der Matrix

$$\begin{pmatrix} a_1 & b & \cdots & b \\ b & a_2 & \cdots & b \\ \vdots & \vdots & & \vdots \\ b & b & \cdots & a_n \end{pmatrix}$$

gleich $\prod_{i=1}^{n}(X - a_i + b) - b\sum_{j=1}^{n}\left(\prod_{i\neq j}(X - a_i + b)\right)$ und ihre Determinante gleich $\prod_{i=1}^{n}(a_i - b) + b\sum_{j=1}^{n}\left(\prod_{i\neq j}(a_i - b)\right)$.)

9. Seien $a_1, \ldots, a_n, b_1, \ldots, b_{n-1}, c_1, \ldots, c_{n-1}$ Elemente von A und $\mathbf{D} = \mathbf{D}_n$ die sogenannte J a c o b i s c h e M a t r i x

$$\begin{pmatrix} a_1 & b_1 & 0 & \cdots & 0 & 0 \\ c_1 & a_2 & b_2 & \cdots & 0 & 0 \\ 0 & c_2 & a_3 & \cdots & 0 & 0 \\ \vdots & \vdots & \vdots & \ddots & \vdots & \vdots \\ 0 & 0 & 0 & \cdots & a_{n-1} & b_{n-1} \\ 0 & 0 & 0 & \cdots & c_{n-1} & a_n \end{pmatrix}.$$

$\mathbf{D}_i$ bezeichne die aus $\mathbf{D}$ durch Streichen der letzten $n - i$ Zeilen und Spalten gewonnene Matrix und χ_i ihr charakteristisches Polynom, $i = 0, \ldots, n$.

a) Es ist $\chi_0 = 1$, $\chi_1 = X - a_1$, $\chi_i = (X - a_i)\chi_{i-1} - b_{i-1}c_{i-1}\chi_{i-2}$, $i = 2, \ldots, n$.

b) Sei $A = \mathbb{R}$ und $b_i c_i > 0$ für $i = 1, \ldots, n-1$. Die Polynome $\chi := \chi_n, \chi_{n-1}, \ldots, \chi_1, \chi_0$ bilden eine verallgemeinerte Sturmsche Kette im Sinne der Aufgabe 33 in §57. Folgerungen: (1) χ hat n verschiedene reelle Nullstellen. (2) Die Anzahl der positiven Nullstellen von χ ist die Anzahl der Vorzeichenwechsel in der Folge $1, -D_1, \ldots, (-1)^n D_n$, wobei $D_i := \operatorname{Det} \mathbf{D}_i$ ist.

10. Sei $\mathbf{A} = (a_{ij}) \in \mathsf{M}_n(A)$, $n \in \mathbb{N}$. Dann ist $\chi_{\mathbf{A}} = X^n - s_1X^{n-1} + s_2X^{n-2} - \cdots + (-1)^n s_n$, wobei s_ν, $\nu = 1, \ldots, n$, die Summme der $\binom{n}{\nu}$ Minoren

$$\begin{vmatrix} a_{i_1 i_1} & \cdots & a_{i_1 i_\nu} \\ \vdots & \ddots & \vdots \\ a_{i_\nu i_1} & \cdots & a_{i_\nu i_\nu} \end{vmatrix}, \quad 1 \leq i_1 < \cdots < i_\nu \leq n,$$

von $\mathbf{A}$ ist. (Beweisvorschlag. Ohne Einschränkung sei $A = \mathbb{Q}$. Man berechne mit §47, Aufgabe 10 die ν-te Ableitung von $\chi_{\mathbf{A}}$ an der Stelle 0 und benutze die Taylorsche Formel. — Bemerkung. Unter Benutzung von äußeren Potenzen läßt sich das obige Ergebnis geschlossener formulieren, vgl. §85, Aufgabe 4.)

11. Seien V ein endlicher freier A-Modul des Ranges n und $f \in \mathrm{End}_A V$. Mit $L(f)$ bzw. $R(f)$ sei die Linkstranslation $g \mapsto fg$ bzw. die Rechtstranslation $g \mapsto gf$ in $\mathrm{End}_A V$ bezeichnet. Dann gilt

$$\chi_{L(f)} = \chi_{R(f)} = (\chi_f)^n ,$$

$$\mathrm{Sp}\, L(f) = \mathrm{Sp}\, R(f) = n\, \mathrm{Sp} f\,, \quad \mathrm{Det}\, L(f) = \mathrm{Det}\, R(f) = (\mathrm{Det} f)^n .$$

12. Seien V ein A-Modul und $f, g \in \mathrm{End}_A V$ miteinander vertauschbare Operatoren. Für jedes $\alpha \in A[X]$ sind $\mathrm{Kern}\, \alpha(f)$ und $\mathrm{Bild}\, \alpha(f)$ invariant unter g.

13. Seien V ein A-Modul, $f \in \mathrm{End}_A V$ ein zyklischer Operator und $g \in \mathrm{End}_A V$ mit f vertauschbar. Dann ist $g \in A[f]$.

14. Seien K ein Körper und f ein Operator auf dem endlichdimensionalen K-Vektorraum V.

a) Ist f zyklisch mit dem charakteristischen Polynom $\chi = \chi_f$, so besitzt V genau $\prod_{\pi \in P}(\mathrm{v}_\pi(\chi) + 1)$ unter f invariante Unterräume, und die Einschränkung von f auf jeden dieser Unterräume ist wieder ein zyklischer Operator. (P bezeichnet die Menge der normierten Primpolynome in $K[X]$, und v_π bezeichnet den π-Exponenten.)

b) Besitzt K unendlich viele Elemente und hat V nur endlich viele f-invariante Unterräume, so ist f zyklisch. (§19, Aufgabe 6.)

15. Für einen linearen Operator f auf dem endlichdimensionalen Vektorraum $V \neq 0$ über dem Körper K sind äquivalent: (1) χ_f ist ein Primpolynom. (2) 0 und V sind die einzigen f-invarianten Unterräume von V. (3) V_f ist ein einfacher $K[X]$-Modul. (4) Jeder Vektor $x \in V$, $x \neq 0$, ist zyklisch bezüglich f.

16. Seien V ein A-Modul und $f \in \mathrm{End}_A V$. Folgende Aussagen sind äquivalent: (1) V ist endlicher A-Modul. (2) V_f ist endlicher $A[X]$-Modul, und $\mathrm{Ann}_{A[X]} V_f$ enthält ein normiertes Polynom. (3) V ist als $A[f]$-Modul endlich, und $A[f]$ ist eine endliche A-Algebra.

17. Seien f ein Operator auf dem A-Modul V und B eine kommutative A-Algebra. Dann ist $V_{(B)} = B \otimes_A V$ ein $B[X]$-Modul bezüglich $f_{(B)}$, und $(V_f)_{(B[X])} = B[X] \otimes_{A[X]} V_f$ ist ebenfalls ein $B[X]$-Modul in kanonischer Weise. Beide $B[X]$-Moduln sind kanonisch isomorph. Man erhält die Isomorphie

$$(V_{(B)})_{f_{(B)}} \to (V_f)_{(B[X])}$$

durch $1 \otimes_B v \mapsto 1 \otimes_{B[X]} v$, ihre Umkehrung durch $\sum b_\nu X^\nu \otimes v \mapsto \sum b_\nu \otimes f^\nu(v)$.

18. Sei f ein Operator auf dem A-Modul V. Dann trägt $V^* = \mathrm{Hom}_A(V, A)$ bezüglich f^* die $A[X]$-Modul-Struktur, die von der $(A, A[X])$-Bimodulstruktur von $V = V_f = {}_A(V_f)_{A[X]}$ herrührt (vgl. 35.3).

19. Sei f ein zyklischer Operator auf dem endlichen freien A-Modul V vom Rang n mit dem zyklischen Element $x \in V$. Dann ist f^* ein zyklischer Operator auf V^* mit dem zyklischen Element $(f^{n-1}(x))^*$, wobei $(f^{n-1}(x))^*$ zur Dualbasis von $x, f(x), \ldots, f^{n-1}(x)$ gehört.

20. Seien V ein endlicher freier A–Modul mit einer A–Basis $x_1, \ldots, x_n$ und V^* sein Dual mit der zugehörigen Dualbasis $x_1^*, \ldots, x_n^*$. Für $f \in \mathrm{End}_A V$ ist

$$\mathrm{Sp} f = \sum_{i=1}^{n} x_i^*(f(x_i)).$$

21. Seien V ein endlicher freier A–Modul des Ranges n und $\Delta \in \mathrm{Alt}_A(n, V)$ eine alternierende n–Linearform $V^n \to A$. Für $f \in \mathrm{End}_A V$ und $x_1, \ldots, x_n \in V$ ist

$$(\mathrm{Sp} f) \cdot \Delta(x_1, \ldots, x_n) = \sum_{i=1}^{n} \Delta(x_1, \ldots, x_{i-1}, f(x_i), x_{i+1}, \ldots, x_n).$$

22. Seien V, W endliche freie A–Moduln. Für $f \in \mathrm{End}_A V$ und $g \in \mathrm{End}_A W$ ist $\mathrm{Sp}(f \otimes g) = (\mathrm{Sp} f)(\mathrm{Sp} g)$.

23. Sei V ein endlicher freier A–Modul vom Rang $n \geq 1$. Der Kern der Spurabbildung $\mathrm{Sp} : \mathrm{End}_A V \to A$ ist ein freier A–Untermodul vom Rang $n^2 - 1$ in $\mathrm{End}_A V$. Er wird von den Kommutatoren $[f, g] = fg - gf$, $f, g \in \mathrm{End}_A V$, erzeugt. Jede A–Linearform $H : \mathrm{End}_A V \to A$ mit $H(fg) = H(gf)$ für alle $f, g \in \mathrm{End}_A V$ ist ein Vielfaches der Spurabbildung: $H = a\,\mathrm{Sp}$ mit $a \in A$.

24. Seien K ein Körper der Charakteristik 0 und V ein endlichdimensionaler K–Vektorraum. $P_i \in \mathrm{End}_K V$, $i \in I$, sei eine endliche Familie von Projektionen auf V mit $\sum_{i \in I} P_i = \mathrm{id}_V$. Dann gilt $P_i P_j = 0$ für alle $i, j \in I$ mit $i \neq j$ und folglich $V = \bigoplus_{i \in I} \mathrm{Bild}\, P_i$. (Vgl. 39.9. — Es genügt, $\sum_{i \in I} \mathrm{Rang}\, P_i = \mathrm{Dim}_K V$ zu zeigen. Man betrachte dazu die Spuren.)

25. Seien V ein endlichdimensionaler Vektorraum über dem Körper K und G eine endliche Gruppe mit $\mathrm{Kard}\, G \neq 0$ in K, die auf V als Gruppe von K–Automorphismen operiert. Dann ist

$$P := \frac{1}{\mathrm{Kard}\, G} \sum_{\sigma \in G} \sigma$$

eine Projektion von V auf den Unterraum $\mathrm{Fix}_G V$ der Fixpunkte unter G in V. Insbesondere ist

$$\mathrm{Dim}_K \mathrm{Fix}_G V = \frac{1}{\mathrm{Kard}\, G} \sum_{\sigma \in G} \mathrm{Sp}\, \sigma.$$

(In der Bezeichnung wurde zwischen den Elementen $\sigma \in G$ und den zugeordneten Automorphismen von V nicht unterschieden.)

26. (J o r d a n – M a t r i z e n) Seien V ein freier A–Modul, f ein zyklischer Operator auf V mit dem charakteristischen Polynom $\chi_f = \alpha^r$, $\alpha = X^m + b_{m-1} X^{m-1} + \cdots + b_0 \in A[X]$, $m \geq 1$, und $x \in V$ ein zyklisches Element bezüglich f. Dann ist

$$\begin{array}{cccc} x, & f(x), & \ldots, & f^{m-1}(x), \\ \cdots & \cdots & \cdots & \cdots \\ \alpha^{r-1}(f)(x), & \alpha^{r-1}(f) f(x), & \ldots, & \alpha^{r-1}(f) f^{m-1}(x) \end{array}$$

eine Basis von V, bezüglich der f die Matrix

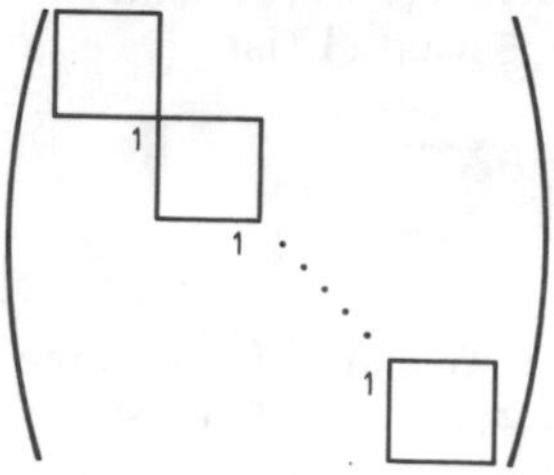

aus $\mathsf{M}_{rm}(A)$ hat, wobei die einzelnen Kästchen mit der Begleitmatrix $\mathbf{A}_\alpha$ zu α zu füllen sind und die nicht näher gekennzeichneten Stellen mit Nullen besetzt sind. Für $\alpha = X - a$ ist dies die Jordan-Matrix

$$\mathbf{J}_r(a) := \begin{pmatrix} a & & & \\ 1 & a & & \\ & & \ddots & \\ & & 1 & a \end{pmatrix} \in \mathsf{M}_r(A).$$

27. Seien V ein A-Modul, $f \in \mathrm{End}_A V$ und $0 = V_0 \subseteq V_1 \subseteq \cdots \subseteq V_r = V$ eine Kette f-invarianter Untermoduln von V derart, daß die V_i/V_{i-1}, $i = 1, \ldots, r$, endliche freie A-Moduln sind. Mit f_i sei der von f auf V_i/V_{i-1} induzierte Operator bezeichnet. Dann gilt

$$\chi_f = \prod_{i=1}^r \chi_{f_i}\,, \quad \mathrm{Sp} f = \sum_{i=1}^r \mathrm{Sp} f_i\,, \quad \mathrm{Det} f = \prod_{i=1}^r \mathrm{Det} f_i\,.$$

28. Sei $0 \to V_0 \stackrel{g_0}{\to} \cdots \stackrel{g_{r-1}}{\to} V_r \to 0$ ein Komplex von endlichen freien A-Moduln derart, daß die Homologie-Moduln $H_i = \mathrm{Kern}\, g_i/\mathrm{Bild}\, g_{i-1}$, $i = 1, \ldots, r$, ebenfalls frei sind (vgl. §42). Ist

$$\begin{array}{ccccccccc} 0 & \to & V_0 & \to & \cdots & \to & V_r & \to & 0 \\ & & {\scriptstyle f_0}\downarrow & & & & {\scriptstyle f_r}\downarrow & & \\ 0 & \to & V_0 & \to & \cdots & \to & V_r & \to & 0 \end{array}$$

ein kommutatives Diagramm von A-Modul-Homomorphismen, so induzieren die f_i Homomorphismen $Hf_i : H_i \to H_i$, $i = 0, \ldots, r$, und es gilt

$$\prod_{i=0}^r \chi_{f_i}^{(-1)^i} = \prod_{i=0}^r \chi_{Hf_i}^{(-1)^i}\,, \quad \sum_{i=0}^r (-1)^i \mathrm{Sp} f_i = \sum_{i=0}^r (-1)^i \mathrm{Sp}(Hf_i)\,,$$

$$\Big(\prod_{i\equiv 0(2)} \mathrm{Det} f_i\Big)\Big(\prod_{j\equiv 1(2)} \mathrm{Det}(Hf_j)\Big) = \Big(\prod_{i\equiv 1(2)} \mathrm{Det} f_i\Big)\Big(\prod_{j\equiv 0(2)} \mathrm{Det}(Hf_j)\Big)\,.$$

Ist insbesondere $0 \to V_0 \to \cdots \to V_r \to 0$ exakt, so gilt

$$\prod_{i\equiv 0(2)} \chi_{f_i} = \prod_{i\equiv 1(2)} \chi_{f_i}\,, \quad \sum_{i=0}^r (-1)^i \mathrm{Sp} f_i = 0\,, \quad \prod_{i\equiv 0(2)} \mathrm{Det} f_i = \prod_{i\equiv 1(2)} \mathrm{Det} f_i\,.$$

29. Seien V ein endlicher freier A–Modul und $f, g \in \operatorname{End}_A V$. Dann ist $\chi_{fg} = \chi_{gf}$. (Es genügt zu zeigen: Für die Matrizen $\mathbf{A} := (X_{ij}) \in \mathsf{M}_n(P)$ und $\mathbf{B} := (Y_{ij}) \in \mathsf{M}_n(P)$, wobei P die Polynomalgebra $A[X_{ij}, Y_{ij} : 1 \le i, j \le n]$ über A ist, gilt $\chi_{\mathbf{AB}} = \chi_{\mathbf{BA}}$. In diesem Fall ist $\operatorname{Det}\mathbf{A}$ ein Nichtnullteiler.)

30. Sei die Charakteristik von A die Primzahl p. Für jeden Operator f auf einem endlichen freien A–Modul V gilt $\chi_{f^p}(X^p) = (\chi_f)^p$, also $\chi_{f^p} = F[X](\chi_f)$, wobei $F : x \mapsto x^p$ der Frobenius–Homomorphismus von A ist (vgl. §31, Beispiel 3). Insbesondere ist $\operatorname{Sp}(f^p) = (\operatorname{Sp} f)^p$. (Für eine Matrix $\mathbf{A} \in \mathsf{M}_n(A)$ ist $(X\mathbf{E} - \mathbf{A})^p = X^p\mathbf{E} - \mathbf{A}^p$. — Bemerkung. Die bewiesene Formel ist ein Spezialfall der folgenden allgemeinen Aussage: Ist $X^r - 1 = \prod_{i=1}^r (X - \zeta_i)$ über dem beliebigen kommutativen Ring A, so gilt für einen Operator f auf einem freien A–Modul vom Rang n:

$$\chi_{f^r}(X^r) = (-1)^{n(r-1)} \prod_{i=1}^{r} \chi_f(\zeta_i X)\,.$$

(Beweis!) So erhält man etwa aus $X^2 - 1 = (X+1)(X-1)$ die Beziehung

$$\chi_{f^2}(X^2) = (-1)^n \chi_f(X)\chi_f(-X)\,,$$

die für alle kommutativen Ringe gültig ist und mit deren Hilfe sich χ_{f^2} aus χ_f leicht bestimmen läßt.)

31. Sei $\mathbf{A} \in \mathsf{M}_n(A)$ eine Matrix mit dem charakteristischen Polynom $\chi_{\mathbf{A}} = X^n + a_{n-1}X^{n-1} + \cdots + a_0$. Dann gilt für die zu $\mathbf{A}$ adjungierte Matrix:

a) $\operatorname{Adj}\mathbf{A} = (-1)^{n-1}(\mathbf{A}^{n-1} + a_{n-1}\mathbf{A}^{n-2} + \cdots + a_1\mathbf{E})$.

b) $\chi_{\operatorname{Adj}\mathbf{A}} = X^n + (-1)^n a_1 X^{n-1} + (-1)^n a_2 (\operatorname{Det}\mathbf{A}) X^{n-2} + \cdots + (-1)^n (\operatorname{Det}\mathbf{A})^{n-1}$.

32. Seien A ein Integritätsbereich, I eine endliche Menge, P die Polynomalgebra $A[X_{ij} : i, j \in I]$ und $\mathbf{A} := (X_{ij}) \in \mathsf{M}_I(P)$. Dann ist $\chi_{\mathbf{A}}$ ein Primpolynom in $P[X]$. (Man ersetze die Unbestimmten X_{ij} so durch Elemente aus P, daß die neue Matrix zyklisch mit einem über dem Quotientenkörper von P irreduziblen charakteristischen Polynom ist und benutze §60, Aufgabe 10.)

33. Seien f und g Operatoren auf einem endlichen freien A-Modul mit $\chi_f = \chi_g$. Dann ist $\chi_{\alpha(f)} = \chi_{\alpha(g)}$ für alle $\alpha \in A[X]$. (Es genügt zu zeigen: Ist $\mathbf{A} \in \mathsf{M}_n(A)$ und ist $\mathbf{B}$ die Begleitmatrix zu $\chi_{\mathbf{A}}$, so ist $\chi_{\alpha(\mathbf{A})} = \chi_{\alpha(\mathbf{B})}$ für alle $\alpha \in A[X]$. Dabei kann man $A := \mathbb{Z}[X_{ij}, 1 \le i, j \le n; Y_0, \ldots, Y_m]$, $\mathbf{A} := (X_{ij})_{1 \le i,j \le n}$ und $\alpha := Y_0 + Y_1 X + \cdots + Y_m X^m$ annehmen. Über dem Quotientenkörper von A ist aber $\mathbf{A}$ nach Aufgabe 32 und Aufgabe 15 zur Begleitmatrix von $\mathbf{A}$ ähnlich.)

34. Man verallgemeinere 64.17 in folgender Weise: f und g seien vertauschbare Operatoren auf dem endlichen freien Modul V über dem Integritätsbereich A, und g sei nilpotent. Dann ist $\chi_f = \chi_{f+g}$ und insbesondere $\operatorname{Det} f = \operatorname{Det}(f+g)$ und $\operatorname{Sp} f = \operatorname{Sp}(f+g)$.

35. Seien V ein endlicher freier A-Modul, $f \in \operatorname{End}_A V$ und $\chi_f = X^n + a_{n-1}X^{n-1} + \cdots + a_0$. Genau dann ist f nilpotent, wenn die Koeffizienten $a_{n-1}, \ldots, a_0$ in A nilpotent sind. (Genau dann ist $\mathbf{A} \in \mathsf{M}_n(A)$ nilpotent, wenn $\mathbf{E}_n - X\mathbf{A} \in \mathsf{GL}_n(A[X])$, d.h. $\operatorname{Det}(\mathbf{E}_n - X\mathbf{A}) = X^n \chi_{\mathbf{A}}(1/X) \in A[X]^\times$ ist. Jetzt benutze man §53, Aufgabe 10b). — Oder: Man reduziere modulo der Primideale von A und benutze 58.4.) Folgerung. Die Aussagen 64.16 und 64.17 gelten auch für reduzierte Ringe, d.h. für Ringe ohne nilpotente Elemente $\neq 0$.

36. (Äquivalente Operatoren) Seien V und W Moduln über A und $f \in \mathrm{End}_A V$ und $g \in \mathrm{End}_A W$ lineare Operatoren. f und g heißen äquivalent, wenn es A-Isomorphien $h_1, h_2 \colon V \to W$ mit $h_2 f = g h_1$, d.h. mit einem kommutativen Diagramm

$$\begin{array}{ccc} V & \xrightarrow{f} & V \\ {\scriptstyle h_1}\downarrow & & \downarrow{\scriptstyle h_2} \\ W & \xrightarrow{g} & W \end{array}$$

gibt. Ähnliche Operatoren sind äquivalent. Sind V und W endliche freie A-Moduln und $\mathbf{A}, \mathbf{B}$ Matrizen, die f und g (bezüglich irgendwelcher Basen) beschreiben, so sind f und g genau dann äquivalent, wenn die Matrizen $\mathbf{A}$ und $\mathbf{B}$ äquivalent (gemäß §40, Bemerkung 5) sind.

a) Sei V ein endlichdimensionaler Vektorraum über dem Körper K. Jeder Operator auf V ist äquivalent zu einer Projektion $P \colon V \to V$. Zwei Operatoren auf V sind genau dann äquivalent, wenn sie denselben Rang haben. (§39, Aufgabe 6, §41, Aufgabe 17).

b) Genau dann sind die A-linearen Operatoren $f \in \mathrm{End}_A V$ bzw. $g \in \mathrm{End}_A W$ ähnlich, wenn die $A[X]$-linearen Operatoren $\Phi_f \in \mathrm{End}_{A[X]} V_{(A[X])}$ und $\Phi_g \in \mathrm{End}_{A[X]} W_{(A[X])}$ äquivalent sind. (64.13.)

37. (Charakteristische Polynome bei Moduln mit Rang) Sei $Q = Q(A)$ der totale Quotientenring von A, also $Q = A_S$, wobei S das multiplikative System der Nichtnullteiler von A ist. Ist V ein A-Modul mit einem endlichen Rang (vgl. §51, Beispiel 11) und ist $f \in \mathrm{End}_A V$, so ist $f_{(Q)} = f_S$ ein Operator auf dem endlichen freien Q-Modul $V_{(Q)} = V_S$ und $\chi_{f_S} \in Q[X]$, $\mathrm{Sp} f_S \in Q$, $\mathrm{Det} f_S \in Q$ sind definiert. χ_{f_S}, $\mathrm{Sp} f_S$ bzw. $\mathrm{Det} f_S$ heißen das charakteristische Polynom, die Spur bzw. die Determinante von f und werden mit χ_f, $\mathrm{Sp} f$ bzw. $\mathrm{Det} f$ bezeichnet. Ist $\mathrm{t}V$ der Torsionsuntermodul von V und $\overline{f}$ der von f auf $V/\mathrm{t}V$ induzierte Operator, so gilt $\chi_f = \chi_{\overline{f}}$.

Ist V ein endlicher A-Modul mit Rang und $f \in \mathrm{End}_A V$, so ist $\chi_f \in A'[X]$ und damit insbesondere $\mathrm{Sp} f, \mathrm{Det} f \in A'$, wobei A' der ganze Abschluß von A in Q ist. (χ_f ist die Determinante des Operators $X\,\mathrm{id} - (f_S)_{(Q[X])} = (X\,\mathrm{id} - f_{A[X]})_S$ auf $Q[X] \otimes_Q V_S = (A[X] \otimes_A V)_S$ (wobei S einmal als multiplikatives System in A und einmal als solches in $A[X]$ aufgefaßt wird). Da $A'[X]$ der ganze Abschluß von $A[X]$ in $Q[X]$ ist (vgl. 56.14), genügt es, folgende Aussage zu beweisen: Sei W ein endlicher Modul über dem kommutativen Ring B derart, daß W_T ein freier B_T-Modul ist, wobei T ein multiplikatives System aus Nichtnullteilern in B ist. Für jeden Operator $g \in \mathrm{End}_B W$ ist dann $\mathrm{Det}(g_T)$ ein Element im ganzen Abschluß von B in B_T. Zum Beweis seien $x_1, \ldots, x_n \in W$ Elemente derart, daß $x_1/1, \ldots, x_n/1$ eine B_T-Basis von W_T ist. Sei ferner $\Delta \colon W_T^n \to B_T$ die alternierende n-Linearform mit $\Delta(x_1/1, \ldots, x_n/1) = 1$. Das kanonische Bild W_1 von W in W_T ist ein endlicher B-Untermodul von W_T mit $g_T(W_1) \subseteq W_1$. Die Elemente $\Delta(y_1, \ldots, y_n)$, $y_1, \ldots, y_n \in W_1$, erzeugen einen endlichen B-Untermodul U von B_T mit $1 \in U$ und $\mathrm{Det}(g_T)U \subseteq U$. Daraus folgt, daß $\mathrm{Det}(g_T)$ ganz über B ist, vgl. §56, Aufgabe 9.)

Folgerung. Ist A ein normaler (speziell: ein faktorieller) Integritätsbereich, so liegt für jeden Operator f eines endlichen A–Moduls V das charakteristische Polynom χ_f in $A[X]$. (Für Hauptidealbereiche folgt dies schon daraus, daß V/tV frei ist.)

38. Man erweitere die Ergebnisse der Aufgaben 27, 28 auf Moduln mit endlichem Rang, insbesondere auf endliche Moduln über Integritätsbereichen.

39. (Folgen mit linearen Rekursionsgleichungen) Seien A ein kommutativer Ring und $A^{\mathbb{N}}$ der A–Modul der Folgen mit Werten in A. Mit v wird der Verschiebungsoperator bezeichnet, der einer Folge $F \in A^{\mathbb{N}}$ die Folge $vF: n \mapsto F(n+1)$ zuordnet, vgl. §30, Beispiel 13. Sei $\alpha = a_0 + a_1 X + \cdots + a_m X^m \in A[X]$. Die Gültigkeit der Gleichungen

$$a_0 F(n) + a_1 F(n+1) + \cdots + a_m F(n+m) = 0$$

für alle $n \in \mathbb{N}$ ist äquivalent mit $\alpha(v)F = 0$, d.h. mit $F \in \operatorname{Kern} \alpha(v)$. Wir sagen in diesem Fall, daß F der (linearen) Rekursionsgleichung zum (Rekursions-)Polynom α genüge.

Sind $F_0, \ldots, F_{m-1} \in A^{\mathbb{N}}$, so heißt die Determinante

$$\mathrm{C}(F_0, \ldots, F_{m-1}) := \begin{vmatrix} F_0(0) & \cdots & F_{m-1}(0) \\ \vdots & \ddots & \vdots \\ F_0(m-1) & \cdots & F_{m-1}(m-1) \end{vmatrix}$$

die Casoratische Determinante der $F_0, \ldots, F_{m-1}$. Für $F \in A^{\mathbb{N}}$ heißen die Determinanten

$$\mathrm{H}_m^{(k)}(F) := \begin{vmatrix} F(k) & \cdots & F(k+m-1) \\ \vdots & \ddots & \vdots \\ F(k+m-1) & \cdots & F(k+2m-2) \end{vmatrix},$$

$k, m \in \mathbb{N}$, die Hankelschen Determinanten zu F. Es ist

$$\mathrm{H}_m^{(k)}(F) = \mathrm{H}_m^{(0)}(v^k F) = \mathrm{C}(v^k F, v^{k+1} F, \ldots, v^{k+m-1} F).$$

a) Die Abbildung $\operatorname{Hom}_A(A[X], A) = A[X]^* \to (A^{\mathbb{N}})_v$ mit $e \mapsto (e(X^n))_{n \in \mathbb{N}}$ ist ein $A[X]$–Modul–Isomorphismus (wobei $A[X]$ die von dem Bimodul $A[X] = {}_A A[X]_{A[X]}$ herrührende $A[X]$–Modul–Struktur trägt (vgl. 35.3)). Bei dieser Isomorphie entsprechen die Folgen $F \in A^{\mathbb{N}}$, die der Rekursionsgleichung zu $\alpha \in A[X]$ genügen, den Linearformen $e \in A[X]^*$, die auf dem Hauptideal $A[X]\alpha$ verschwinden, d.h. den Linearformen aus $(A[X]/A[X]\alpha)^* = B^*$, wobei $B := A[X]/A[X]\alpha$ gesetzt ist. Die B–Moduln $B^* = \operatorname{Hom}_A(B, A)$ und $\operatorname{Kern} \alpha(v)$ sind isomorph.

b) Sei $\alpha \in A[X]$ ein normiertes Polynom vom Grade m. Der Operator $\alpha(v): A^{\mathbb{N}} \to A^{\mathbb{N}}$ ist surjektiv; sein Kern ist ein freier A–Modul vom Rang m. Die Abbildung $F \mapsto (F(n))_{0 \leq n < m}$ ist eine A–Modul–Isomorphie von $\operatorname{Kern} \alpha(v)$ auf A^m. Genau dann bilden die Folgen $F_0, \ldots, F_{m-1} \in \operatorname{Kern} \alpha(v)$ eine A–Basis von $\operatorname{Kern} \alpha(v)$, wenn die Casoratische Determinante $\mathrm{C}(F_0, \ldots, F_{m-1})$ eine Einheit in A ist.

c) Seien weiter $\alpha = a_0 + \cdots + a_{m-1} X^{m-1} + X^m$ normiert vom Grade m und B, B^* wie in a). Genau dann ist die Hankelsche Determinante $\mathrm{H}_m^{(0)}(F)$ für $F \in \operatorname{Kern} \alpha(v)$ eine Einheit in A, wenn F ein zyklisches Element für die Einschränkung von v auf $\operatorname{Kern} \alpha(v)$ ist. Genau dann ist $\mathrm{H}_m^{(0)}(F)$ für $F \in \operatorname{Kern} \alpha(v)$ ein Nichtnullteiler in A, wenn jedes Polynom $\beta \in A[X]$ mit $\beta(v)F = 0$ ein Vielfaches von α ist. Für eine Folge $F \in \operatorname{Kern}\alpha(v)$ und ein Polynom $\beta \in A[X]$ ist

$$\mathrm{H}_m^{(0)}(\beta(v)(F)) = \mathrm{H}_m^{(0)}(F) \cdot \mathrm{N}_A^B(\overline{\beta}),$$

wobei $\overline{\beta}$ die Restklasse von β in B ist.

d) Wir übernehmen die Bezeichnungen und Voraussetzungen von c). Für die Folge $G_0 \in \operatorname{Kern}\alpha(v)$ mit

$$G_0(0) = 0, \ldots, G_0(m-2) = 0, G_0(m-1) = 1, \ldots$$

ist $\mathrm{H}_m^{(0)}(G_0) = (-1)^{\binom{m}{2}}$. Folglich ist G_0 ein zyklisches Element in $\operatorname{Kern}\alpha(v)$ bezüglich der Verschiebung v. Für alle $n \in \mathbb{N}$ ist

$$G_0(m-1+n) = L_n(a_{m-1}, \ldots, a_{m-n}),$$

wobei die L_n, $n \in \mathbb{N}$, die in §53, Aufgabe 29 definierten Polynome sind und $a_i = 0$ zu setzen ist für $i < 0$. Sei

$$\alpha_0 = 1, \alpha_1 = X + a_{m-1}, \ldots, \alpha_{m-1} = X^{m-1} + a_{m-1}X^{m-2} + \cdots + a_1, \alpha_m = \alpha$$

die Ruffinische Reihe zu α (vgl. §53, Beispiel 4). Für eine beliebige Folge $F \in \operatorname{Kern}\alpha(v)$ mit den Anfangsbedingungen $F(i) = c_i$, $i = 0, \ldots, m-1$, ist dann

$$F = (c_0\beta_{m-1}(v) + \cdots + c_{m-1}\beta_0(v))G_0.$$

(Seien $F_i \in \operatorname{Kern}\alpha(v)$, $i = 0, \ldots, m-1$, die Folgen mit $F_i(j) = \delta_{ij}$, $0 \leq i, j < m$. Dann ist $G_0 = F_{m-1}$ und $F_{i-1} = vF_i + a_iF_{m-1}$, $i = 1, \ldots, m-1$. — Vgl. 69.11.)

40. (Geometrische Folgen) Die Bezeichnungen seien dieselben wie in der vorangegangenen Aufgabe 39. Ferner sei $a \in A$ und $\alpha := (X-a)^m$, $m \in \mathbb{N}_+$. Den Operator $v - a\,\mathrm{id}$ auf $A^{\mathbb{N}}$ bezeichnen wir mit Δ_a. Es ist $\alpha(v) = \Delta_a^m$.

a) Die Elemente $(x-a)^i$, $i = 0, \ldots, m-1$, bilden eine A–Basis von $B := A[X]/A[X]\alpha = A[x]$. Die Folgen

$$\left(\binom{n}{i}a^{n-i}\right)_{n\in\mathbb{N}}, \quad i = 0, \ldots, m-1,$$

(mit $\binom{n}{i}a^{n-i} = 0$ bei $n < i$) bilden eine A–Basis des Moduls der Folgen $F \in A^{\mathbb{N}}$ mit $\Delta_a^m F = 0$. (Bemerkung. Ist $a = 1$, so sind dies die arithmetischen Folgen vom Grade $< m$, vgl. §30, Beispiel 13. Bei beliebigem $a \in A$ heißen diese Folgen die geometrischen Folgen vom Grade $< m$ mit dem Quotienten a.)

b) Ist $\beta \in A[X]$ ein Polynom vom Grade $< m$, $\beta = \sum_{i=0}^{m-1} d_iX^i$, so ist $F = (\beta(n)a^n)_{n\in\mathbb{N}}$ eine geometrische Folge vom Grade $< m$ mit dem Quotienten a und mit $\Delta_a^{m-1}F = (m-1)!a^{m-1}d_{m-1}F_0$, wobei F_0 die Standardfolge $(a^n)_{n\in\mathbb{N}}$ mit dem Quotienten a ist.

c) Ist a eine Einheit in A und enthält A die rationalen Zahlen, so bilden die Folgen

$$(n^ia^n)_{n\in\mathbb{N}}, \quad i = 0, \ldots, m-1,$$

eine A–Basis des Moduls der geometrischen Folgen vom Grade $< m$ mit dem Quotienten a.

d) Ist F eine geometrische Folge vom Grade $< m$ mit dem Quotienten a, so ist

$\mathrm{H}_m^{(0)}(F) = (-1)^{\binom{m}{2}}(\Delta_a^{m-1}F(0))^m$. Speziell: Ist $\beta = \sum_{i=0}^{m-1} d_i X^i \in A[X]$, so ist

$$\begin{vmatrix} \beta(0) & \beta(1) & \cdots & \beta(m-1) \\ \vdots & \vdots & \ddots & \vdots \\ \beta(m-1) & \beta(m) & \cdots & \beta(2m-2) \end{vmatrix} = (-1)^{\binom{m}{2}}((m-1)!)^m d_{m-1}^m .$$

41. Sei $\mathbf{A} \in \mathsf{M}_I(A)$, I eine endliche Menge. Über dem totalen Quotientenring von $A[X]$ gilt

$$\mathrm{Sp}((X\mathbf{E} - \mathbf{A})^{-1}) = \frac{\chi'_\mathbf{A}}{\chi_\mathbf{A}}, \quad \chi'_\mathbf{A} := \frac{d}{dX}\chi_\mathbf{A} .$$

42. (Newtonsche Formeln) Sei f ein Operator auf dem freien A-Modul V des Ranges n mit dem charakteristischen Polynom $\chi_f = X^n + c_1 X^{n-1} + \cdots + c_n$. Für $i > n$ setze man $c_i := 0$. Dann gilt für jedes $j \in \mathbb{N}_+$:

$$\mathrm{Sp}(f^j) = M_j(c_1, c_2, \ldots)$$
$$j!c_j = N_j(\mathrm{Sp}(f), \mathrm{Sp}(f), \mathrm{Sp}(f^2), \ldots) .$$

Dabei sind die M_j bzw. N_j die Waring- bzw. Newton-Polynome, vgl. §53, Aufgabe 30. (Zu beweisen sind die Formeln

$$0 = \mathrm{Sp}(f) + c_1$$
$$0 = \mathrm{Sp}(f^2) + c_1\mathrm{Sp}(f) + 2c_2$$
$$\vdots$$
$$0 = \mathrm{Sp}(f^n) + c_1\mathrm{Sp}(f^{n-1}) + \cdots + c_{n-1}\mathrm{Sp}(f) + nc_n$$
$$0 = \mathrm{Sp}(f^{n+i}) + c_i\mathrm{Sp}(f^{n-1+i}) + \cdots + c_{n-1}\mathrm{Sp}(f^{1+i}) + c_n\mathrm{Sp}(f^i), \quad i \in \mathbb{N}_+ ,$$

wovon wegen $f^i\chi(f) = 0$ nur die ersten $n-1$ Gleichungen nicht selbstverständlich sind. Statt f betrachten wir eine zugehörige Matrix $\mathbf{A} \in \mathsf{M}_n(A)$. Für $j = 1, \ldots, n-1$ sei $\mathbf{B}_j := \mathbf{A}^j + c_1\mathbf{A}^{j-1} + \cdots + c_j\mathbf{E}$. Es ist $\mathrm{Sp}\mathbf{B}_j = (n-j)c_j$ zu zeigen. Dies ist äquivalent mit $\mathrm{Sp}\mathbf{B} = \chi'_\mathbf{A}$, wobei $\mathbf{B} := X^{n-1}\mathbf{E} + X^{n-2}\mathbf{B}_1 + \cdots + \mathbf{B}_{n-1} \in \mathsf{M}_n(A[X])$ ist. Es ist aber $(X\mathbf{E} - \mathbf{A})\mathbf{B} = \chi_\mathbf{A}\mathbf{E}$ und folglich $\mathbf{B} = \chi_\mathbf{A} \cdot (X\mathbf{E} - \mathbf{A})^{-1}$. Das Gewünschte ergibt sich nun aus der Aufgabe 41. — Bemerkung. Wie wir später sehen werden (§67), kann man zum Beweis der obigen Formeln ohne weiteres annehmen, daß $\mathbf{A}$ eine obere Dreiecksmatrix mit den Elementen $a_1, \ldots, a_n$ in der Hauptdiagonalen ist. Dann ist mit den Bezeichnungen von §57, Beispiel 5: $c_j = C_j(a_1, \ldots, a_n)$ und $\mathrm{Sp}f^j = P_j(a_1, \ldots, a_n)$. Nun wendet man 57.9 an.)

§65 Minimalpolynome

In diesem Paragraphen bezeichnet K durchgehend einen Körper. Wir betrachten lineare Operatoren auf K–Vektorräumen. Jeder Operator f auf solch einem Vektorraum V bestimmt eine $K[X]$–Modulstruktur auf V mittels der Operation $\alpha x = \alpha(f)x$, $\alpha \in K[X]$, $x \in V$, vgl. §64. Der Polynomring $K[X]$ ist ein euklidischer Hauptidealbereich, und die Struktur der $K[X]$–Moduln ist in vielen Fällen übersichtlich, vgl. insbesondere §61. Demgemäß lassen sich für K–lineare Operatoren weiterreichende Aussagen gewinnen als für Operatoren auf (freien) Moduln über beliebigen kommutativen Ringen.

Seien also V ein K–Vektorraum und $f \in \mathrm{End}_K V$. Der Annullator $\mathbf{a}_f$ des mittels f definierten $K[X]$–Moduls $V = V_f$ ist der Kern des K–Algebra–Homomorphismus $K[X] \to K[f] \subseteq \mathrm{End}_K V$ mit $X \mapsto f$. Insbesondere ist $K[X]/\mathbf{a}_f \cong K[f]$. Ist $\mathbf{a}_f \neq 0$, so ist f algebraisch über K. Dies ist genau dann der Fall, wenn es ein $\alpha \in K[X]$, $\alpha \neq 0$, mit $\alpha(f) = 0$ gibt. Es ist dann $\mathbf{a}_f = K[X]\mu_f$ mit einem eindeutig bestimmten normierten Polynom μ_f, dem M i n i m a l p o l y n o m von f, vgl. hierzu §55. Es ist μ_f das normierte Polynom kleinsten Grades mit $\mu_f(f) = 0$. Ferner ist $\mathrm{Grad}\,\mu_f = \mathrm{Dim}_K K[f]$.

Definition Der lineare Operator $f \in \mathrm{End}_K V$ heißt e n d l i c h, wenn f algebraisch über K ist. In diesem Fall heißt das Minimalpolynom

$$\mu_f$$

von f über K das M i n i m a l p o l y n o m d e s l i n e a r e n O p e r a t o r s f.

Beispiel 1 Ist $V \neq 0$, so hat die Homothetie mit $a \in K$ in V das Minimalpolynom $X - a$. Insbesondere ist $\mu_{\mathrm{id}} = X - 1$ und $\mu_0 = X$. Ist umgekehrt $\mu_f = X - a$ für einen (endlichen) Operator $f \in \mathrm{End}_K V$, so ist f die Homothetie mit a.

Beispiel 2 Ein Operator $f \in \mathrm{End}_K V$ ist genau dann endlich, wenn er in einer endlichen K–Unteralgebra $R \subseteq \mathrm{End}_K V$ enthalten ist, vgl. 55.1. Folgerung. Mit f sind alle Operatoren aus $K[f]$ endlich.

Beispiel 3 Seien V, W Vektorräume über K und $f \in \mathrm{End}_K V$, $g \in \mathrm{End}_K W$ lineare Operatoren. Gibt es eine K–Algebra–Isomorphie von $K[f]$ auf $K[g]$ mit $f \mapsto g$, so ist offenbar $\mathbf{a}_f = \mathbf{a}_g$. In diesem Fall ist f genau dann endlich, wenn g endlich ist; man hat dann $\mu_f = \mu_g$. Insbesondere gilt: *Ähnliche (endliche) Operatoren haben dasselbe Minimalpolynom.*

65.1 Satz *Seien V ein K–Vektorraum und $f \in \mathrm{End}_K V$. Genau dann ist f endlich, wenn der duale Operator $f^* \in \mathrm{End}_K V^*$ endlich ist. In diesem Fall gilt*

$$\mu_f = \mu_{f^*}\,.$$

B e w e i s. Der K–Algebra–Antihomomorphismus $\varphi: g \mapsto g^*$ von $\mathrm{End}_K V$ in $\mathrm{End}_K V^*$ ist auf jeder kommutativen Unteralgebra ein Homomorphismus. Er ist außerdem injektiv: Sei nämlich $g^* = 0$. Dann ist auch $g^{**} = 0$. In dem kanonischen kommutativen Diagramm

$$\begin{array}{ccc} V & \xrightarrow{g} & V \\ \downarrow & & \downarrow \\ V^{**} & \xrightarrow{g^{**}} & V^{**} \end{array}$$

(vgl. 41.7), ist $V \to V^{**}$ injektiv, also ist $g = 0$. Insgesamt induziert das Dualisieren für jeden Operator $f \in \mathrm{End}_K V$ eine K–Algebra–Isomorphie $K[f] \to K[f^*]$ mit $f \mapsto f^*$. Das ergibt die Behauptung, vgl. Beispiel 3. •

Bemerkung 1 Ist V endlichdimensional, so sind f und f^* sogar ähnlich (68.4).

65.2 Satz *Seien V ein K-Vektorraum der Dimension $n \in \mathbb{N}$ und $f \in \mathrm{End}_K V$ ein linearer Operator mit dem charakteristischen Polynom χ_f. Dann ist f endlich. Darüber hinaus gilt:*

(1) *χ_f ist ein Vielfaches von μ_f in $K[X]$.*

(2) *$(\mu_f)^n$ ist ein Vielfaches von χ_f in $K[X]$.*

(3) *χ_f und μ_f haben dieselben Primteiler in $K[X]$.*

B e w e i s. $\mathrm{End}_K V$ ist endlichdimensional. Nach Beispiel 2 ist f endlich. Daß sogar μ_f ein Teiler von χ_f ist, d.h. daß $\chi_f(f) = 0$ gilt, ist der Satz 64.3 von C a y l e y – H a m i l t o n. Das beweist (1).

Zum Beweis von (2) wählen wir ein Erzeugendensystem $x_1, \ldots, x_r$ des $K[X]$–Moduls $V = V_f$ mit $r \le n$ (zum Beispiel eine K–Basis von V). Für die zyklischen $K[X]$–Untermoduln $U_\rho := K[X]x_\rho$, von V, $\rho = 1, \ldots, r$, gilt $\chi_{f|U_\rho} = \mu_{f|U_\rho}$ nach 64.4 (vgl. auch 65.3 unten). Mit Hilfe der surjektiven Abbildung $(u_1, \ldots, u_r) \mapsto u_1 + \cdots + u_r$ von $U_1 \oplus \cdots \oplus U_r$ auf V erhält man ein kommutatives Diagramm von K–Vektorraumhomomorphismen

$$\begin{array}{ccc} U_1 \oplus \cdots \oplus U_r & \to & V \\ {\scriptstyle \oplus_\rho (f|U_\rho)} \downarrow & & \downarrow {\scriptstyle f} \\ U_1 \oplus \cdots \oplus U_r & \to & V\,. \end{array}$$

Nach §64, Bemerkung 1 ist χ_f ein Teiler von

$$\chi_{\oplus(f|U_\rho)} = \chi_{f|U_1} \cdots \chi_{f|U_r} = \mu_{f|U_1} \cdots \mu_{f|U_r}\,.$$

Da $\mu_{f|U_\rho}$ ein Teiler von μ_f ist für $\rho = 1, \ldots, r$, ergibt sich schließlich $\chi_f | \mu_f^r$ und damit (2).

(3) folgt aus (1) und (2), da μ_f und $(\mu_f)^n$ dieselben Primteiler haben. •

Bemerkung 2 Die Aussage 65.2(2) folgt auch unmittelbar aus dem Satz 64.15 von Fitting.

Beispiel 4 Über die im allgemeinen unterschiedlichen Vielfachheiten, mit denen die Primfaktoren in χ_f bzw. μ_f auftreten, werden wir später etwas aussagen. Hier charakterisieren wir die Gleichheit $\chi_f = \mu_f$:

65.3 Satz *Seien V ein endlicher K-Vektorraum und $f \in \mathrm{End}_K V$. Genau dann ist $\chi_f = \mu_f$, wenn f zyklisch ist. Insbesondere ist f zyklisch, wenn jeder Primfaktor von χ_f einfach ist.*

Beweis. Sei f zyklisch. Dann ist $V = V_f$ als $K[X]$-Modul isomorph zu $K[X]/\mathrm{Ann}_{A[X]} V_f = K[X]/K[X]\mu_f$. Es folgt $\mathrm{Grad}\,\mu_f = \mathrm{Dim}_K K[X]/K[X]\mu_f = \mathrm{Dim}_K V = \mathrm{Grad}\,\chi_f$ und $\mu_f = \chi_f$. Für die Umkehrung benutzen wir das folgende Lemma, das ein Spezialfall von 61.6 ist:

65.4 Lemma *Seien W ein K-Vektorraum und $g \in \mathrm{End}_K W$ ein endlicher Operator. Dann gibt es einen Vektor $y \in W_g$ mit $\mathrm{Ann}_{K[X]} y = K[X]\mu_g$.*

Sei also jetzt $\mu_f = \chi_f$. Nach 65.4 gibt es ein $x \in V$ mit $\mathrm{Ann}_{K[X]} x = K[X]\mu_f = K[X]\chi_f$. Dann ist $K[X]x = K[X]/\mathrm{Ann} K[X]x = K[X]/K[X]\chi_f$. Aus $\mathrm{Grad}\,\chi_f = \mathrm{Dim}_K V$ folgt $K[X]x = V$, und f ist zyklisch. — Der Zusatz in 65.3 ist mit 65.2(3) klar. •

Die Verträglichkeit des Minimalpolynoms bei Grundkörpererweiterung beschreibt der folgende Satz:

65.5 Satz *Seien L ein Erweiterungskörper von K und f ein linearer Operator auf dem K-Vektorraum V. Genau dann ist f endlich, wenn der auf $V_{(L)} = L \otimes_K V$ erweiterte L-lineare Operator $f_{(L)}$ endlich ist. In diesem Fall ist*

$$\mu_f = \mu_{f_{(L)}}.$$

Beweis. Der kanonische L-Algebra-Homomorphismus

$$L \otimes_K \mathrm{End}_K V \to \mathrm{End}_L V_{(L)}$$

ist injektiv, siehe 81.5(3). (Er ist übrigens bijektiv, wenn V endlicher K-Vektorraum ist; siehe 81.5(1).) Daher ist

$$\mathrm{Dim}_K K[f] = \mathrm{Dim}_L L[f_{(L)}].$$

Folglich ist f endlich genau dann, wenn $f_{(L)}$ endlich ist. Ist dies der Fall, so stimmt μ_f aus Gradgründen mit $\mu_{f_{(L)}}$ überein, da $\mu_f(f_{(L)}) = 0$ ist. •

Es folgen zwei einfache Aussagen, die beim Bestimmen des Minimalpolynoms helfen können:

65.6 *Seien V ein K-Vektorraum und $f \in \mathrm{End}_K V$. Ferner sei V die Summe der f-invarianten Unterräume $U_1, \ldots, U_r$. Genau dann ist f endlich, wenn die Operatoren $f|U_1, \ldots, f|U_r$ alle endlich sind. In diesem Fall ist*

$$\mu_f = \mathrm{kgV}(\mu_{f|U_1}, \ldots, \mu_{f|U_r}).$$

B e w e i s. Die Behauptungen ergeben sich (mit 58.16(1)) unmittelbar aus der folgenden etwas allgemeineren Aussage: Ist V die Summe der f-invarianten Unterräume U_i, $i \in I$ (wobei I eine beliebige Menge ist), so ist $\mathbf{a}_f = \bigcap_{i \in I} \mathbf{a}_{f|U_i}$. Dies ist aber ein Spezialfall der folgenden trivialen Aussage: Ist der B-Modul Y (B ein beliebiger Ring) die Summe der Untermoduln X_i, $i \in I$, so ist $\mathrm{Ann}_B Y = \bigcap_{i \in I} \mathrm{Ann}_B X_i$. •

65.7 *Seien V ein K-Vektorraum, $f \in \mathrm{End}_K V$, U ein f-invarianter Unterraum von V und $\overline{f}$ der von f auf V/U induzierte Operator. Genau dann ist f endlich, wenn $f|U$ und $\overline{f}$ endlich sind. In diesem Fall ist μ_f ein gemeinsames Vielfaches von $\mu_{f|U}$ und $\mu_{\overline{f}}$ und ein Teiler von $\mu_{f|U} \cdot \mu_{\overline{f}}$.*

B e w e i s. Die Behauptungen ergeben sich sofort aus der folgenden allgemeinen (und trivialen) modultheoretischen Aussage: Ist Y ein B-Modul (B beliebiger Ring) und ist X ein B-Untermodul von Y, so ist

$$(\mathrm{Ann}_B X)(\mathrm{Ann}_B(Y/X)) \subseteq \mathrm{Ann}_B Y \subseteq (\mathrm{Ann}_B X) \cap (\mathrm{Ann}_B(Y/X)) . \qquad \bullet$$

Zum Schluß sei bemerkt, daß für eine endliche Matrix $\mathbf{A} \in \mathsf{M}_I(K)$ das M i n i m a l p o l y n o m

$$\mu_{\mathbf{A}}$$

von $\mathbf{A}$ definiert ist, wobei $\mathbf{A}$ als (algebraisches) Element der endlichen K-Algebra $\mathsf{M}_I(K)$ aufgefaßt wird. Ist f ein Operator auf einem endlichdimensionalen K-Vektorraum, dessen Matrix (bezüglich irgendeiner Basis x_i, $i \in I$) gleich $\mathbf{A}$ ist, so ist

$$\mu_{\mathbf{A}} = \mu_f .$$

Aussagen über die Minimalpolynome endlicher Matrizen mit Elementen in K entsprechen also Aussagen über Operatoren auf endlichdimensionalen K-Vektorräumen und umgekehrt. Dem Leser sei empfohlen, den Paragraphen unter diesem Gesichtspunkt noch einmal durchzugehen.

Aufgaben

K bezeichnet in den folgenden Aufgaben stets einen Körper.

1. Man berechne Minimalpolynom und charakteristisches Polynom von

$$\begin{pmatrix} 3 & -3 & 2 \\ -1 & 5 & -2 \\ -1 & 3 & 0 \end{pmatrix} \in \mathsf{M}_3(\mathbb{Q})$$

und bestimme die Primfaktorzerlegung dieser Polynome.

2. Man berechne das Minimalpolynom der Matrix

$$\begin{pmatrix} 0 & 1 & 0 & 1 \\ 1 & 0 & 1 & 0 \\ 0 & 1 & 0 & 1 \\ 1 & 0 & 1 & 0 \end{pmatrix} \in \mathsf{M}_4(K) .$$

($\mathrm{Char} K = 2$ ist ein Sonderfall.)

3. Man berechne das Minimalpolynom und (mit seiner Hilfe) das Inverse der folgenden Matrix aus $\mathsf{M}_6(\mathbb{Q})$:

$$\begin{pmatrix} 4 & -1 & 0 & -1 & -1 & 1 \\ 3 & -1 & 1 & -2 & -1 & 2 \\ 3 & -2 & 2 & -2 & -1 & 2 \\ 0 & 0 & 0 & 1 & 0 & 0 \\ 6 & -1 & -1 & -1 & -1 & 1 \\ 0 & 0 & 0 & 0 & 0 & 1 \end{pmatrix}.$$

4. Man beweise 64.16 und damit 64.17 mit Hilfe von 65.2 für den Fall, daß $A = K$ ein Körper ist.

5. Das charakteristische Polynom der Diagonalmatrix $\mathbf{D} := \mathrm{Diag}(a_1, \ldots, a_n) \in \mathsf{M}_n(K)$ ist $\prod_{i=1}^n (X - a_i)$, das Minimalpolynom ist $\prod_{\rho=1}^r (X - a_{i_\rho})$, wobei $a_{i_1}, \ldots, a_{i_r}$ die *verschiedenen* Elemente unter den $a_1, \ldots, a_n$ sind. Genau dann ist $\mathbf{D}$ zyklisch, wenn $a_1, \ldots, a_n$ paarweise verschieden sind. In diesem Fall ist $x_1 + \cdots + x_n$ ein zyklischer Vektor für jeden Operator f, der bezüglich einer Basis $x_1, \ldots, x_n$ eines K-Vektorraumes V die Matrix $\mathbf{D}$ hat.

6. Sei $\mathbf{E}_\sigma \in \mathsf{M}_n(K)$ die Matrix der Permutation $\sigma \in \mathbf{S}_n$, also $\mathbf{E}_\sigma = (\delta_{i\sigma(j)})$ (vgl. §40, Beispiel 17). In der kanonischen Zyklenzerlegung von σ (vgl. 44.2) mögen m_i Zyklen der Ordnung i auftreten, $i = 1, \ldots, n$. Dann ist $n = \sum_{i=1}^n i m_i$ und

$$\chi_{\mathbf{E}_\sigma} = \prod_{i=1}^n (X^i - 1)^{m_i}, \quad \mu_{\mathbf{E}_\sigma} = \mathrm{kgV}(X^{i_1} - 1, \ldots, X^{i_r} - 1),$$

wobei $i_1, \ldots, i_r$ die Indizes i mit $m_i \neq 0$ sind. (Mit Hilfe von §58, Aufgabe 25 und §59, Aufgabe 9 läßt sich $\mu_{\mathbf{E}_\sigma}$ explizit aufschreiben.) Genau dann ist $\mathbf{E}_\sigma$ zyklisch, wenn σ ein Zyklus der Ordnung n ist.

7. Sei f ein endlicher Operator auf dem K-Vektorraum V. Folgende Aussagen sind äquivalent: (1) $\mu_f(0) \neq 0$. (2) f ist bijektiv. (3) f ist injektiv. (4) f ist surjektiv. — Sind diese Bedingungen erfüllt und ist $\mu := \mu_f$, so ist

$$f^{-1} = -\frac{\mu - \mu(0)}{\mu(0)X}(f) \quad \text{und} \quad \mu_{f^{-1}} = \frac{1}{\mu(0)} X^m \mu(1/X), \quad m := \mathrm{Grad}\,\mu.$$

8. Seien V ein K-Vektorraum und $f \in \mathrm{End}_K V$. Gibt es ein nichtkonstantes Polynom $\alpha \in K[X]$ derart, daß $\alpha(f)$ endlich ist, so ist f endlich.

9. Seien V ein K-Vektorraum und $f \in \mathrm{End}_K V$. Gibt es ein $\alpha \in K[X]$, $\alpha \neq 0$, derart, daß $\alpha(f)$ endlichen Rang hat, so ist f ein endlicher Operator. Insbesondere ist f endlich, wenn $\mathrm{Rang} f$ endlich ist.

10. Seien V ein endlicher K-Vektorraum und $f, g \in \mathrm{End}_K V$.

a) Ist f oder g invertierbar, so ist $\mu_{fg} = \mu_{gf}$. (fg und gf sind ähnlich.)

b) Sind μ_{fg} und μ_{gf} verschieden, so unterscheiden sie sich um den Faktor X.

c) Man gebe konkrete Beispiele (in $\mathrm{End}_K K^2$) mit $\mu_{fg} \neq \mu_{gf}$ an.

11. Sei f ein Operator auf dem endlichdimensionalen K-Vektorraum V mit $\mathrm{Char} K = 0$ oder $\mathrm{Char} K > \mathrm{Dim}_K V$ und $m := \mathrm{Grad}\,\mu_f$. Folgende Aussagen sind äquivalent: (1) f ist nilpotent. (2) Es ist $\mathrm{Sp} f^i = 0$ für $i = 1, \ldots, m$. (3) Es ist $\mathrm{Sp} f^i = 0$ für alle $i \geq 1$. ((2)$\Rightarrow$(1) beweise man durch Induktion über $\mathrm{Dim}_K V$. Ist (2) erfüllt und $V \neq 0$, so ist f nicht bijektiv, und auf $f|\mathrm{Bild} f$ läßt sich die Induktionsvoraussetzung anwenden. — Oder: Man benutze für (3)$\Rightarrow$(1) die Aufgabe 42 aus §64.)

12. Seien V ein K–Vektorraum, $f \in \mathrm{End}_K V$ ein endlicher Operator und U ein f–invarianter Unterraum von V. Ist $\mathrm{Grad}\, \mu_f = \mathrm{Grad}\, \mu_{f|U}$, so ist $\mu_f = \mu_{f|W}$ für jeden f–invarianten Unterraum W von V mit $U \subseteq W \subseteq V$.

13. Seien f ein endlicher Operator auf dem K–Vektorraum V und α ein Polynom in $K[X]$. Sei $W := \mathrm{Kern}\, \alpha(f)$. Dann gilt: $f|W$ ist ein endlicher Operator mit dem Minimalpolynom $\mu_{f|W} = \mathrm{ggT}(\alpha, \mu_f)$. Ist α ein Teiler von μ_f, so ist $\mu_{f|W} = \alpha$. Ist α ein echter Teiler von μ_f, so ist $W \neq V$.

14. Seien K_q ein Körper mit q Elementen und V ein K_q–Vektorraum der endlichen Dimension $n \geq 1$. Wir betrachten die (endliche) Gruppe $\mathsf{GL}(V)$.

a) Für jeden Operator $f \in \mathsf{GL}(V)$ ist $\mathrm{Ord} f \leq q^n - 1$ (wobei $\mathrm{Ord} f$ die Ordnung von f in $\mathsf{GL}(V)$ ist).

b) Für $f \in \mathsf{GL}(V)$ sind folgende Aussagen äquivalent: (1) $\mathrm{Ord} f = q^n - 1$. (2) Das Minimalpolynom μ_f von f ist prim in $\mathsf{K}_q[X]$ vom Grade n, und die Restklasse x von X in dem Restklassenkörper $L := \mathsf{K}_q[X]/\mathsf{K}_q[X]\mu_f$ ist ein erzeugendes Element der multiplikativen Gruppe $L^\times$ von L.

c) Normierte Primpolynome π in $\mathsf{K}_q[X]$, die die in der Bedingung (2) aus Teil b) für μ_f formulierte Eigenschaft haben, heißen p r i m i t i v e (P r i m –) P o l y n o m e in $\mathsf{K}_q[X]$. Es gibt $\frac{1}{n}\varphi(q^n - 1)$ primitive Primpolynome vom Grade n in $\mathsf{K}_q[X]$, wobei φ die Eulersche Funktion ist. (§59, Aufgabe 14.) Welches sind die primitiven Primpolynome vom Grade 1? Die primitiven Primpolynome vom Grade ≤ 4 über K_2 sind $X+1$, X^2+X+1, X^3+X+1, X^3+X^2+1, X^4+X+1, X^4+X^3+1. Man bestimme weitere primitive Primpolynome, auch über anderen endlichen Körpern.

d) Die Elemente der Ordnung $q^n - 1$ in $\mathsf{GL}(V)$ zerfallen in $\frac{1}{n}\varphi(q^n - 1)$ Konjugationsklassen, von denen jede $q^{(n-1)n/2}\prod_{i=1}^{n-1}(q^i - 1)$ Elemente enthält. (Man benutze §39, Aufgabe 9b).) Insgesamt gibt es

$$\frac{1}{n}\varphi(q^n - 1)q^{(n-1)n/2}\prod_{i=1}^{n-1}(q^i - 1)$$

Elemente der Ordnung $q^n - 1$ in $\mathsf{GL}(V)$.

15. Seien $n \in \mathbb{N}_+$ und $m = 2^\alpha p_1^{\alpha_1} \cdots p_r^{\alpha_r} \in \mathbb{N}_+$ mit $\alpha \geq 0$, $\alpha_1, \ldots, \alpha_r > 0$ und verschiedenen Primzahlen $p_1, \ldots, p_r > 2$. Genau dann besitzt $\mathsf{GL}_n(\mathbb{Z}) = \mathrm{Aut}(\mathbb{Z}^n)$ ein Element der Ordnung m, wenn dies für $\mathsf{GL}_n(\mathbb{Q}) = \mathrm{Aut}(\mathbb{Q}^n)$ richtig ist, und dies ist genau dann der Fall, wenn gilt:

$$n \geq \begin{cases} \sum_{\rho=1}^{r} p_\rho^{\alpha_\rho - 1}(p_\rho - 1), & \text{falls } \alpha \leq 1, \\ 2^{\alpha-1} + \sum_{\rho=1}^{r} p_\rho^{\alpha_\rho - 1}(p_\rho - 1), & \text{falls } \alpha \geq 2. \end{cases}$$

Man bestätige die folgende Tabelle, in der rechts jeweils die Zahlen $m \in \mathbb{N}_+$ aufgeführt sind, für die es Elemente der Ordnung m in $\mathsf{GL}_n(\mathbb{Z})$ gibt. (Diese Zahlen m heißen auch die kristallographischen Zahlen der Dimension n, vgl. dazu §75, Beispiel 6.)

n	kristallographische Zahlen der Dimension n
1	1, 2
2, 3	1, 2, 3, 4, 6
4, 5	1, 2, 3, 4, 5, 6, 8, 10, 12
6, 7	1, 2, 3, 4, 5, 6, 7, 8, 9, 10, 12, 14, 15, 18, 20, 24, 30.

Bei geradem $n > 0$ stimmen die kristallographischen Zahlen der Dimensionen n und $n+1$ überein.

16. Sei $n \in \mathbb{N}_+$. Für eine natürliche Zahl $r \geq 2$ bezeichne φ_r den von der kanonischen Projektion $\mathbb{Z} \to \mathbb{Z}/\mathbb{Z}r$ induzierten Gruppenhomomorphismus $\mathsf{GL}_n(\mathbb{Z}) \to \mathsf{GL}_n(\mathbb{Z}/\mathbb{Z}r)$, vgl. §40, Bemerkung 6. Ist $r \geq 3$, so ist $\operatorname{Kern}\varphi_r$ torsionsfrei. Die von $1(= \mathbf{E}_n) \in \mathsf{GL}_n(\mathbb{Z})$ verschiedenen Torsionselemente in $\operatorname{Kern}\varphi_2$ haben die Ordnung 2. (Sei $\mathbf{A} \in \operatorname{Kern}\varphi_r$ ein Element der Ordnung $k \geq 2$. Nach eventueller Vergrößerung von r hat man $\mathbf{A} = \mathbf{E}_n + r\mathbf{B}$ mit einer Matrix $\mathbf{B} \in \mathsf{M}_n(\mathbb{Z})$, deren Elemente teilerfremd sind. Aus der Identität $\mathbf{E_n} = (\mathbf{E}_n + r\mathbf{B})^k$ folgt dann $r|k$ mit der binomischen Formel. Wäre $r > 2$ und k eine Primzahl, so würde wegen $k|\binom{k}{2}$ darüber hinaus sogar folgern: $k^2|k$. — Im Fall $r = 2$ muß man noch zeigen, daß die Ordnung k nicht 4 sein kann. Aus $\mathbf{A}+\mathbf{E}_n, \mathbf{A}-\mathbf{E}_n \in 2\mathsf{M}_n(\mathbb{Z})$ ergibt sich jedoch $(\mathbf{A}^2 + \mathbf{E}_n) - 2\mathbf{E}_n \in 4\mathsf{M}_n(\mathbb{Z})$ und $\operatorname{Det}(\mathbf{A}^2 + \mathbf{E}_n) \neq 0$. Also kann $0 = \mathbf{A}^4 - \mathbf{E}_n = (\mathbf{A}^2 + \mathbf{E}_n)(\mathbf{A} + \mathbf{E}_n)(\mathbf{A} - \mathbf{E}_n)$ nur dann gelten, wenn bereits $(\mathbf{A} + \mathbf{E}_n)(\mathbf{A} - \mathbf{E}_n) = 0$ ist.)

17. Seien $n \in \mathbb{N}_+$ und $G \subseteq \mathsf{GL}_n(\mathbb{Z})$ eine Torsionsgruppe. Für eine Primzahl p sei $\varphi_p\colon \mathsf{GL}_n(\mathbb{Z}) \to \mathsf{GL}_n(\mathsf{K}_p)$ der kanonische Homomorphismus. Ist $p \geq 3$, so induziert φ_p einen injektiven Homomorphismus $G \to \mathsf{GL}_n(\mathsf{K}_p)$, dessen Bild in der Untergruppe der Matrizen aus $\mathsf{GL}_n(\mathsf{K}_p)$ liegt, deren Determinante ± 1 ist. φ_2 induziert einen Homomorphismus $G \to \mathsf{GL}_n(\mathsf{K}_2)$, dessen Kern eine elementare abelsche 2–Gruppe mit $\leq 2^n$ Elementen ist. (Für diese letzte Abschätzung vgl. §55, Aufgabe 12a) oder §67, Aufgabe 12.) Insbesondere ist G endlich und $\operatorname{Kard} G$ ein Teiler von

$$2^n \operatorname{Kard} \mathsf{GL}_n(\mathsf{K}_2) = 2^n(2^n - 2)\cdots(2^n - 2^{n-1})$$
$$= 2^{\binom{n+1}{2}}(2^{n-1} - 1)\cdots(2 - 1)$$

und ein Teiler von $\frac{2}{p-1}\operatorname{Kard}\mathsf{GL}_n(\mathsf{K}_p)$ für alle $p \geq 3$. (Zur Bestimmung dieser Zahlen siehe §39, Aufgabe 9. — Die letzte Aussage läßt sich auch so formulieren: Das kleinste gemeinsame Vielfache v_n der Ordnungen der endlichen Untergruppen von $\mathsf{GL}_n(\mathbb{Z})$ ist ein Teiler des größten gemeinsamen Teiler d_n der Zahlen $2^n \operatorname{Kard}\mathsf{GL}_n(\mathsf{K}_2)$ und $\frac{2}{p-1}\operatorname{Kard}\mathsf{GL}_n(\mathsf{K}_p)$, $p \geq 3$. Es ist $v_1 = d_1 = 2$, $v_2 = d_2 = 24$ und $v_3 = 48, d_3 = 96$. Generell gilt $d_n = 2^{[\frac{n}{2}]}v_n$ für $n \geq 3$, und der p–Exponent von v_n ist für jede Primzahl p und jedes $n \in \mathbb{N}_+$ gleich $\sum_i \left[\frac{n}{p^i(p-1)}\right]$

(Minkowski). Wir bemerken noch, daß Bild φ_p genau die Untergruppe der Matrizen aus $\mathsf{GL}_n(\mathsf{K}_p)$ mit Determinanten ± 1 ist, wegen VI.B.5 beispielsweise, vgl. die Bemerkung 2 im Anhang VI.B.)

18. (Hauptidempotente und hauptnilpotente Operatoren) Sei f ein endlicher Operator auf dem K–Vektorraum V. Das Minimalpolynom μ_f habe in $K[X]$ die Primfaktorzerlegung $\mu_f = \pi_1^{\lambda_1} \cdots \pi_r^{\lambda_r}$ mit paarweise verschiedenen normierten Primpolynomen $\pi_1, \ldots, \pi_r$ (und $\lambda_\rho > 0$). Der kanonische Homomorphismus $K[X]/K[X]\mu_f \to \prod_{\rho=1}^r K[X]/K[X]\pi_\rho^{\lambda_\rho}$ ist ein Isomorphismus mit dem Umkehrisomorphismus

$$(\overline{\alpha}_1, \ldots, \overline{\alpha}_r) \mapsto \alpha_1\beta_1\mu_f/\pi_1^{\lambda_1} + \cdots + \alpha_r\beta_r\mu_f/\pi_r^{\lambda_r},$$

wobei $\beta_1, \ldots, \beta_r \in K[X]$ Polynome mit

$$\beta_1\mu_f/\pi_1^{\lambda_1} + \cdots + \beta_r\mu_f/\pi_r^{\lambda_r} = 1$$

sind. Den Idempotenten $e_\rho = (0, \ldots, 0, 1, 0, \ldots, 0)$ (mit der Eins an der ρ–ten Stelle) im Produktring entsprechen die idempotenten Elemente $\overline{\epsilon}_\rho \in K[X]/K[X]\mu_f$ mit $\epsilon_\rho := \beta_\rho\mu_f/\pi_\rho^{\lambda_\rho}$ und die idempotenten Operatoren (d.h. Projektionen) $\epsilon_\rho(f) \in K[f]$. Den nilpotenten Elementen $(0, \ldots, 0, \overline{\pi}_\rho, 0, \ldots, 0)$ entsprechen die nilpotenten Operatoren $\eta_\rho(f) \in K[f]$ mit $\eta_\rho := \beta_\rho\mu_f/\pi_\rho^{\lambda_\rho - 1}$. (Man vgl. auch 66.4.)

Die Operatoren $\epsilon_1(f), \ldots, \epsilon_r(f)$ bzw. $\eta_1(f), \ldots, \eta_r(f)$ heißen (nach Wedderburn) die hauptidempotenten bzw. die hauptnilpotenten Operatoren zum Operator f. Genau dann verschwinden die hauptnilpotenten Operatoren zu f, wenn μ_f keine mehrfachen Faktoren besitzt. Zerfällt μ_f in Linearfaktoren, so sind die Elemente

$$\epsilon_1(f), \eta_1(f), \eta_1^2(f), \ldots, \eta_1^{\lambda_1 - 1}(f),$$
$$\ldots\ldots\ldots\ldots\ldots\ldots\ldots\ldots\ldots\ldots$$
$$\epsilon_r(f), \eta_r(f), \eta_r^2(f), \ldots, \eta_r^{\lambda_r - 1}(f)$$

eine K–Basis von $K[f]$. Ist $\mu_f = (X - a_1)\cdots(X - a_r)$ mit paarweise verschiedenen $a_1, \ldots, a_r$, so ist

$$\epsilon_\rho(f) = \prod_{\sigma \neq \rho} \frac{f - a_\sigma \mathrm{id}}{a_\rho - a_\sigma}, \quad \rho = 1, \ldots, r.$$

(Man vgl. die Lagrange–Interpolation.)

19. Seien f ein Operator auf dem K–Vektorraum V und L ein Erweiterungskörper von K. Genau dann ist f zyklisch, wenn der (L–lineare) Operator $f_{(L)}$ auf $V_{(L)}$ zyklisch ist. (Man unterscheide die Fälle, daß f endlich bzw. nicht endlich ist.)

20. Seien V ein K–Vektorraum und R eine kommutative endliche K–Unteralgebra von $\mathrm{End}_K V$. Dann gibt es K–Unterräume W_i, $i \in I$, von V mit folgenden Eigenschaften:

(1) W_i ist f–invarianter endlicher Unterraum für jedes $f \in R$, $i \in I$.

(2) Zu beliebigen $i, j \in I$ gibt es ein $k \in I$ mit $W_i + W_j \subseteq W_k$.

(3) V ist die Vereinigung der W_i, $i \in I$.

Sind W_i, $i \in I$, K-Unterräume von V mit den Eigenschaften (1), (2), (3), so gibt es ein $s \in I$ derart, daß $\mu_f = \mu_{f|W_s}$ ist für jeden Operator $f \in R$. (Sei $R = Kf_1 + \cdots + Kf_m$. Man betrachte die Familie der endlichen Summen der Unterräume $Kf_1(x) + \cdots + Kf_m(x)$, $x \in V$. Zum Beweis des zweiten Teils findet man mit einem Dimensionsargument einen endlichen Unterraum $U \subseteq V$ derart, daß sich R auf U treu beschränken läßt.)

21. Die Theorie der Operatoren auf K-Vektorräumen und die Theorie der abelschen Gruppen haben viele Gemeinsamkeiten, handelt es sich doch in beiden Fällen um Moduln über einem (euklidischen) Hauptidealbereich (nämlich $K[X]$ bzw. $\mathbb{Z}$). Bei der Analogie entsprechen den endlichdimensionalen Vektorräumen mit gegebenem Operator die endlichen abelschen Gruppen. Dem Minimalpolynom μ_f bzw. dem charakteristischen Polynom χ_f eines Operators f entsprechen der Exponent $\operatorname{Exp} G$ bzw. die Ordnung $\operatorname{Ord} G$ einer abelschen Gruppe G.

a) Zu den folgenden Aussagen über Operatoren gebe man die entsprechenden Aussagen für abelsche Gruppen an: (1) Satz 64.3 von Cayley-Hamilton. (2) Satz 64.7. (3) Aufgabe 13 oben. (4) Satz 65.2. (5) Satz 65.3 usw.

b) Zu den folgenden gruppentheoretischen Aussagen gebe man entsprechende Aussagen aus der Operatorentheorie an: Satz 13.8 und §13, Aufgaben 11ff.

22. Seien V, W Vektorräume über dem Körper K und $f \in \operatorname{End}_K V$, $g \in \operatorname{End}_K W$. Genau dann ist der lineare Operator $f \otimes g \in \operatorname{End}_K(V \otimes_K W)$ endlich, wenn eine der beiden folgenden Bedingungen erfüllt ist: (1) f und g sind endlich. (2) f oder g ist nilpotent. (Ist $f \otimes g$ endlich, aber f nicht endlich, so ist g nilpotent; hierzu verwendet man §80, Aufgabe 17.)

23. Sei $\mathbf{A}$ eine endliche quadratische Matrix vom Rang r über dem Körper K. Dann ist $\operatorname{Grad} \mu_{\mathbf{A}} \le r + 1$. (65.7.)

24. Seien $K \subseteq L$ eine algebraische Körpererweiterung und f ein Operator auf dem L-Vektorraum V. Genau dann ist f, aufgefaßt als L-linearer Operator, endlich bzw. (lokal endlich, vgl §66), wenn f, aufgefaßt als K-linearer Operator, die entsprechende Eigenschaft hat. (56.8.)

§66 Primärzerlegung

Wir setzen die Untersuchung von linearen Operatoren auf Vektorräumen fort und benutzen dabei vor allem die Ergebnisse von §61. Wie im vorigen Paragraphen bezeichne K stets einen Körper. Die Menge der normierten Primpolynome in $K[X]$ sei durchgehend mit

$$P = P(K[X])$$

bezeichnet. Ist K algebraisch abgeschlossen, so ist $P = \{X - a : a \in K\}$.

Seien V ein K-Vektorraum und $f \in \operatorname{End}_K V$ ein linearer Operator. Auf V ist durch $\alpha x = \alpha(f)x$ für $\alpha \in K[X]$, $x \in V$, eine $K[X]$-Modul-Struktur definiert; den so gewonnenen $K[X]$-Modul bezeichnen wir wie in den vorhergehenden Paragraphen mit V_f. Hier interessiert vor allem der Torsionsuntermodul $\mathrm{t}V = \mathrm{t}V_f$. Dies ist der f-invariante Unterraum der Vektoren

$x \in V$, für die es ein Polynom $\alpha \in K[X]$ mit $\alpha \neq 0$ und $\alpha x = \alpha(f)x = 0$ gibt. Ist also $x \in \mathrm{t}V_f$, so ist

$$\mathrm{Ann}_{K[X]}x = \{\alpha \in K[X] : \alpha(f)x = 0\}$$

ein von 0 verschiedenes Ideal in $K[X]$. Dies wird von einem eindeutig bestimmten normierten Polynom

$$\alpha_x$$

erzeugt. Man nennt α_x das Minimalpolynom von x. Offenbar ist α_x das charakteristische Polynom und das Minimalpolynom der Einschränkung von f auf den zyklischen Unterraum $K[X]x = K[f]x = \sum_{\nu \in \mathbb{N}} Kf^\nu(x)$ von V. Hat α_x den Grad m, so ist $x, f(x), \ldots, f^{m-1}(x)$ eine K–Basis von $K[X]x$.

Der Vektorraum $\mathrm{t}V_f$ hat als Unterräume die Primärkomponenten

$$V(\pi) = V(\pi; f)\,, \quad \pi \in P\,.$$

Dabei ist die π-Primärkomponente $V(\pi)$, $\pi \in P$, der Raum der $x \in V$, für die ein $\mu \in \mathbb{N}$ mit $\pi^\mu(f)(x) = 0$ existiert. Es ist also

$$V(\pi) = \bigcup_{\mu \in \mathbb{N}} V^\mu(\pi)$$

mit

$$V^\mu(\pi) = V^\mu(\pi; f) = \{x \in V : \pi^\mu x = \pi^\mu(f)(x) = 0\} = \mathrm{Kern}\,\pi^\mu(f)\,.$$

Die Räume $V^\mu(\pi; f)$, $\mu \in \mathbb{N}$, sind f–invariant, ja sogar invariant unter jedem $K[X]$–Endomorphismus von V, d.h. invariant unter jedem Operator auf V, der mit f vertauschbar ist. Die $V^\mu(\pi)$, $\mu \in \mathbb{N}$, bilden eine Kette

$$0 = V^0(\pi) \subseteq V^1(\pi) \subseteq \cdots\,.$$

Es ist $\pi(f)^{-1}(V^\mu(\pi)) = V^{\mu+1}(\pi)$. Ist $V^\nu(\pi) = V^{\nu+1}(\pi)$ für ein $\nu \in \mathbb{N}$, so ist $V^\nu(\pi) = V^\mu(\pi)$ für alle $\mu \geq \nu$, und folglich $V(\pi) = V^\nu(\pi)$, vgl. 61.1. In diesem Fall heißt das kleinste derartige ν der Index oder die Vielfachheit bzw. die Multiplizität von π bezüglich f und wird mit

$$\nu(\pi) = \nu(\pi; f)$$

bezeichnet. Ist ν der Index von π bezüglich f, so ist $\pi^\nu(f)V(\pi) = 0$ und, falls $\nu > 0$ ist, $\pi^{\nu-1}(f)V(\pi) \neq 0$. Genau dann ist der Index von π gleich 0, wenn $V(\pi) = 0$ ist. Dies ist mit $V^1(\pi) = \mathrm{Kern}\,\pi(f) = 0$ äquivalent. $V^1(\pi; f)$ heißt auch der π-Eigenraum oder der π-Sockel von V bezüglich f. Besitzt π bezüglich f keinen Index $\nu(\pi; f) \in \mathbb{N}$, so sagt man, π habe bezüglich f einen unendlichen Index, und schreibt

$$\nu(\pi; f) = \infty\,.$$

Setzt man noch

$$V^\infty(\pi; f) := V(\pi; f)\,,$$

so gilt

$$V(\pi; f) = V^{\nu(\pi; f)}(\pi; f)$$

für alle $\pi \in P$. Ein Primpolynom $\pi \in P$ mit $V(\pi; f) \neq 0$ heißt ein Eigenpolynom von f. Die Menge der Eigenpolynome von f bezeichnen wir mit

$$\mathrm{EIG}f = \mathrm{EIG}_K f\,.$$

Im Falle eines linearen Polynoms $\pi = X - a$, $a \in K$, benutzt man spezielle Bezeichnungen. Man schreibt

$$V(a) = V(a; f) := V(X - a; f)\,,$$

$$V^\mu(a) = V^\mu(a; f) := V^\mu(X - a; f)\,,\ \mu \in \mathbb{N}\,,$$

$$\nu(a) = \nu(a; f) := \nu(X - a; f)\,.$$

Der Sockelraum

$$V^1(a) = V^1(a; f) = \mathrm{Kern}(f - a\,\mathrm{id}_V) = \{x \in V : f(x) = ax\}$$

heißt der Eigenraum von f zu $a \in K$. Die Einschränkung von f auf $V^1(a; f)$ ist die Homothetie mit a. Ist $V(a) \neq 0$, so ist bereits $V^1(a) \neq 0$. In diesem Fall heißt a ein Eigenwert oder charakteristischer Wert von f. Die Menge der Eigenwerte von f bezeichnen wir mit

$$\mathrm{eig}f = \mathrm{eig}_K f\,.$$

Jeder Vektor $x \in V^1(a)$, $x \neq 0$, heißt ein Eigenvektor von f zum Eigenwert a.

Beispiel 1 Der Eigenraum eines K-linearen Operator $f: V \to V$ zu $1 \in K$ ist die Menge der Fixpunkte von f. Genau dann ist 1 ein Eigenwert von f, wenn f einen von 0 verschiedenen Fixpunkt hat. Der Eigenraum von f zu $0 \in K$ ist $\mathrm{Kern}f$. Genau dann ist 0 Eigenwert von f, wenn f nicht injektiv ist.

Aus Satz 61.3 folgt direkt:

66.1 Satz über die Primärzerlegung *Seien f ein linearer Operator auf dem K-Vektorraum V und $\mathrm{t}V_f$ der Torsionsuntermodul von V_f. Dann gilt*

$$\mathrm{t}V_f = \bigoplus_{\pi \in P(K[X])} V(\pi; f)\,.$$

Jede Primärkomponente $V(\pi; f)$, $\pi \in P$, ist invariant unter allen mit f vertauschbaren Operatoren auf V. Ist $x \in \mathrm{t}V_f$, so besitzt x eine Darstellung

$$x = \sum_{\pi \in P} x_\pi$$

mit eindeutig bestimmten Vektoren $x_\pi \in V(\pi; f)$, die die Primärkomponenten von x bezüglich f heißen. Das Minimalpolynom von $x \in \mathrm{t}V_f$ ist

$$\alpha_x = \prod_{\pi \in P} \pi^{\lambda_\pi}\,,\quad \lambda_\pi := \mathrm{Min}\{\mu : x_\pi \in V^\mu(\pi; f)\}\,.$$

Definition Ein Operator f auf einem K–Vektorraum V heißt l o k a l e n d l i c h, wenn $V_f = \mathrm{t}V_f$ ist.

$f \in \mathrm{End}_K V$ ist genau dann lokal endlich, wenn jeder Vektor $x \in V$ in einem endlichdimensionalen f–invarianten Unterraum liegt. Ist f lokal endlich, so ist V nach 66.1 die direkte Summe seiner Primärkomponenten $V(\pi) = V(\pi; f)$, $\pi \in P$.

Jeder endliche Operator ist lokal endlich. Genauer gilt:

66.2 Primärzerlegung bei endlichen Operatoren *Sei f ein linearer Operator auf dem K-Vektorraum V. Dann sind äquivalent:*

(1) *f ist endlich.*

(2) *f ist lokal endlich; für alle $\pi \in P$ ist der Index $\nu(\pi; f)$ von π bezüglich f endlich, und es ist $\nu(\pi; f) = 0$ für fast alle $\pi \in P$.*

Sind diese Bedingungen erfüllt, so ist

$$\nu(\pi; f) = \mathrm{v}_\pi(\mu_f)$$

für alle $\pi \in P$, wobei $\mathrm{v}_\pi(-)$ den π-Exponenten bezeichnet. Es ist dann

$$\mu_f = \prod_{\pi \in P} \pi^{\nu(\pi; f)}, \quad V(\pi; f) = V^{\mathrm{v}_\pi(\mu_f)}(\pi) = \mathrm{Kern}\, \pi^{\mathrm{v}_\pi(\mu_f)}(f)$$

und insbesondere $\mathrm{EIG} f = \{\pi \in P : \pi | \mu_f\}$.

B e w e i s. 66.2 folgt direkt aus 61.4. •

Sei weiter f ein Operator auf dem K–Vektorraum V. Für ein Polynom $\alpha \in K[X]$ ist der Operator $\alpha(f)$ nichts anderes als die Homothetie mit α auf V_f. Aus 61.5 folgt:

66.3 Satz *Seien f ein Operator auf dem K-Vektorraum V und $\alpha \in K[X]$ ein Polynom $\neq 0$. Dann gilt:*

$$\mathrm{Kern}\, \alpha(f) = \bigoplus_{\pi \in P} V^{\mathrm{v}_\pi(\alpha)}(\pi).$$

Genau dann induziert $\alpha(f)$ einen Isomorphismus auf der Primärkomponente $V(\pi; f)$, wenn $V(\pi; f) = 0$ ist oder wenn $\mathrm{v}_\pi(\alpha) = 0$, d.h. π kein Teiler von α ist.

Für endliche Operatoren lassen sich die Projektionen zur Primärzerlegung direkt angeben:

66.4 Satz *Seien f ein endlicher Operator auf dem K-Vektorraum V und $\alpha \in K[X]$ ein Polynom $\neq 0$ mit $\alpha(f) = 0$. Es gelte $\alpha = \alpha_1 \cdots \alpha_r$ mit paarweise teilerfremden Polynomen $\alpha_1, \ldots, \alpha_r \in K[X]$. Ferner sei*

$$1 = \beta_1 \frac{\alpha}{\alpha_1} + \cdots + \beta_r \frac{\alpha}{\alpha_r}$$

mit $\beta_1, \ldots, \beta_r \in K[X]$. *Dann ist*

$$V = \bigoplus_{i=1}^{r} \operatorname{Kern} \alpha_i(f) \,,$$

$$\operatorname{Kern} \alpha_i(f) = \bigoplus_{\pi \in P, \pi | \alpha_i} V(\pi; f) \,, \quad i = 1, \ldots, r \,,$$

und für die zu dieser direkten Summenzerlegung von V *gehörenden Projektionen* $P_i : V \to V$ *gilt*

$$P_i = \beta_i \frac{\alpha}{\alpha_i}(f) \,, \quad i = 1, \ldots, r \,.$$

Insbesondere sind die P_i *Polynome in* f.

Satz 66.4 läßt sich speziell auf $\alpha = \mu_f$ mit der normierten Primfaktorzerlegung $\mu_f = \pi_1^{\nu_1} \cdots \pi_r^{\nu_r}$ anwenden. Dann sind die Projektionen P_i die hauptidempotenten Operatoren zu f, vgl. Aufgabe 29 und §65, Aufgabe 18.

B e w e i s von 66.4. Die Aussage ist im wesentlichen eine explizite Fassung von 61.4, angewandt auf die vorliegende Situation. Wegen $\operatorname{ggT}(\alpha/\alpha_1, \ldots, \alpha/\alpha_r) = 1$ gibt es zunächst die in 66.4 angegebene Darstellung der 1. Nach 66.3 ist

$$V = \operatorname{Kern} \alpha(f) = \bigoplus_{\pi \in P} V^{\mathrm{v}_\pi(\alpha)}(\pi; f) = \bigoplus_{\pi \in P, \pi | \alpha} V(\pi; f) \,,$$

denn es ist $V(\pi; f) = V^{\mathrm{v}_\pi(\mu_f)}(\pi; f)$ und $\mathrm{v}_\pi(\alpha) \geq \mathrm{v}_\pi(\mu_f)$, also $V(\pi; f) = V^{\mathrm{v}_\pi(\alpha)}(\pi; f)$. Analog gilt

$$\operatorname{Kern} \alpha_i(f) = \bigoplus_{\pi \in P, \pi | \alpha_i} V(\pi; f) \,, \quad i = 1, \ldots, r \,.$$

Sei schließlich $x_i \in \operatorname{Kern} \alpha_i(f)$. Dann ist $\beta_j \frac{\alpha}{\alpha_j}(f)(x_i) = 0$ für $j \neq i$ (wegen $\alpha_i | \frac{\beta_j \alpha}{\alpha_j}$ bei $i \neq j$) und $x_i = \sum_{\rho=1}^{r} \beta_\rho \frac{\alpha}{\alpha_\rho}(f)(x_i) = \beta_i \frac{\alpha}{\alpha_i}(f)(x_i)$. Somit sind die $(\beta_i(\alpha/\alpha_i))(f)$, $i = 1, \ldots, r$, die zur Zerlegung $V = \bigoplus_i \operatorname{Kern} \alpha_i(f)$ gehörenden Projektionen. •

Wir notieren einige direkte Folgerungen der vorangegangenen Sätze:

66.5 Korollar *Sei* f *ein endlicher Operator auf dem* K*-Vektorraum* V. *Die Eigenwerte von* f *sind genau die Nullstellen des Minimalpolynoms* μ_f.

B e w e i s. Dies ergibt sich aus 66.2, angewandt auf die Primpolynome $\pi = X - a$, $a \in K$. •

66.6 Korollar *Sei f ein Operator auf dem endlichdimensionalen K-Vektorraum V. Dann gilt für $\pi \in P$*

$$V(\pi; f) = \operatorname{Kern} \pi^{v_\pi(\chi_f)}(f), \quad \operatorname{Dim}_K V(\pi; f) = \operatorname{Grad} \pi^{v_\pi(\chi_f)}.$$

Speziell ist $\operatorname{EIG} f = \{\pi \in P : \pi | \chi_f\}$, *und $a \in K$ ist genau dann ein Eigenwert von f, wenn a eine Nullstelle des charakteristischen Polynoms χ_f ist.*

Beweis. Sei $\chi_f = \pi_1^{\lambda_1} \cdots \pi_r^{\lambda_r}$, $\pi_1, \ldots, \pi_r \in P$, die Primfaktorzerlegung von χ_f mit $\pi_i \neq \pi_j$ für $i \neq j$. Wegen $\chi_f(f) = 0$ ist $V(\pi_\rho; f) = \operatorname{Kern} \pi_\rho^{\lambda_\rho}(f)$ für $\rho = 1, \ldots, r$ und $V(\pi; f) = 0$ für $\pi \neq \pi_1, \ldots, \pi_r$ nach 66.4. Sei f_ρ die Einschränkung von f auf $V(\pi_\rho; f)$. Nach 64.8 ist $\chi_f = \chi_{f_1} \cdots \chi_{f_r}$. Ferner ist $\pi_\rho^{\lambda_\rho}(f_\rho) = 0$. Somit ist das Minimalpolynom und damit auch das charakteristische Polynom von f_ρ eine Potenz von π_ρ. Daher ist notwendigerweise $\chi_{f_\rho} = \pi_\rho^{\lambda_\rho}$ und $\operatorname{Dim}_K V(\pi_\rho; f) = \operatorname{Grad} \chi_{f_\rho} = \operatorname{Grad} \pi_\rho^{\lambda_\rho}$. •

Bemerkung 1 Die Aussage über die Eigenwerte von f in 66.6 ergibt sich natürlich auch direkt aus der Gleichung $\operatorname{Det}(a \operatorname{id} - f) = \chi_f(a)$ für alle $a \in K$, vgl. §64, Beispiel 6.

Seien f ein Operator auf dem K-Vektorraum V und π ein normiertes Primpolynom über K. Die Dimensionen der Unterräume $V^\mu(\pi; f)$, $\mu \in \mathbb{N}$, und $V(\pi; f)$ von V sind Vielfache von $\operatorname{Grad} \pi$, vgl. Aufgabe 36. Ist V endlichdimensional, so ist $\operatorname{Dim}_K V(\pi; f) = v_\pi(\chi) \cdot \operatorname{Grad} \pi$ nach 66.6.

Definition Die algebraische Vielfachheit von π bezüglich f ist die (Kardinal-)Zahl

$$\operatorname{Dim}_K V(\pi; f) / \operatorname{Grad} \pi,$$

die geometrische Vielfachheit von π bezüglich f ist

$$\operatorname{Dim}_K V^1(\pi; f) / \operatorname{Grad} \pi.$$

(Man beachte, daß diese Zahlen auch dann wohldefiniert sind, wenn die Räume $V(\pi; f)$ bzw. $V^1(\pi; f)$ nicht endlichdimensional sind. Jedoch ist ihre Bedeutung in diesen Fällen naturgemäß gering.) Ist V endlichdimensional, so ist die algebraische Vielfachheit von π bezüglich f gleich $v_\pi(\chi_f)$. Ist $V^1(\pi; f)$ endlichdimensional, so stimmen die algebraische und geometrische Vielfachheit von π bezüglich f genau dann überein, wenn $V(\pi; f) = V^1(\pi; f)$, d.h. $\nu(\pi; f) \leq 1$ ist.

Der Beweis des folgenden Lemmas ist sehr einfach und kann dem Leser überlassen werden.

66.7 Lemma *Seien f ein Operator auf dem K-Vektorraum V und U ein f-invarianter Unterraum. Mit $\overline{f}$ sei der auf $\overline{V} := V/U$ induzierte Operator bezeichnet, und $p: V \to \overline{V}$ sei die kanonische Projektion. Dann gilt:*

(1) *Für jedes* $\pi \in P$ *und jedes* $\mu \in \mathbb{N} \cup \{\infty\}$ *ist*

$$U^\mu(\pi; f|U) = V^\mu(\pi; f) \cap U\,, \quad p(V^\mu(\pi; f)) \subseteq \overline{V}^\mu(\pi; \overline{f})\,.$$

(2) *Genau dann ist* f *lokal endlich, wenn* $f|U$ *und* $\overline{f}$ *lokal endlich sind. In diesem Fall ist* $p(V(\pi; f)) = \overline{V}(\pi; \overline{f})$.

(3) *Es ist* $\nu(\pi; f|U) \leq \nu(\pi; f)$. *Ist* f *lokal endlich, so gilt auch* $\nu(\pi; \overline{f}) \leq \nu(\pi; f)$.

Betrachten wir noch einmal zu einem linearen Operator f auf dem K-Vektorraum V den kanonischen K-Algebra-Homomorphismus

$$\varphi : K[X] \to \mathrm{End}_K V$$

mit $X \mapsto f$. Wir bezeichnen mit

$$\mathrm{R}(f)$$

das multiplikative System der Polynome $\alpha \in K[X]$, $\alpha \neq 0$, für die $\varphi(\alpha) = \alpha(f)$ ein Automorphismus von V, d.h. eine Einheit in $\mathrm{End}_K V$ ist. Nach 51.1 gibt es genau einen K-Algebra-Homomorphismus

$$K[X]_{\mathrm{R}(f)} \to \mathrm{End}_K V$$

des Unterrings $K[X]_{\mathrm{R}(f)}$ des rationalen Funktionenkörpers $K(X)$, der φ fortsetzt. (Nach §59, Aufgabe 26 läßt sich φ auf keinen größeren Unterring von $K(X)$ fortsetzen.) Für $\gamma \in K(X)$ ist der Operator

$$\gamma(f)$$

auf V genau dann definiert, wenn für den Nenner β von γ bei der *gekürzten* Darstellung $\gamma = \alpha/\beta$, $\alpha/\beta \in K[X]$, gilt, daß $\beta(f)$ ein Automorphismus ist, β also zu $\mathrm{R}(f)$ gehört. Die "rationale Funktion" $\gamma(f)$ in f ist dann gleich $\alpha(f)\beta(f)^{-1}$. Genau dann ist $\beta(f)$ ein Automorphismus, wenn für alle Primteiler π von β der Operator $\pi(f)$ ein Automorphismus ist. $\mathrm{R}(f)$ wird also von $\mathrm{R}(f) \cap P$ und $K^\times$ multiplikativ erzeugt. Ist f endlich, so liegt das Bild von $K[X]_{\mathrm{R}(f)} \to \mathrm{End}_K V$ in $K[f]$, da generell das Inverse eines invertierbaren endlichen Operators g in $K[g]$ liegt.

Definition Das Primpolynom $\pi \in P(K[X])$ heißt ein Spektralpolynom des Operators $f \in \mathrm{End}_K V$, wenn $\pi(f)$ kein Automorphismus von V ist. Das Element $a \in K$ heißt ein Spektralwert von f, wenn $X - a$ ein Spektralpolynom ist, d.h. wenn $f - a\,\mathrm{id}_V$ kein Automorphismus von V ist. Die Menge der Spektralpolynome bzw. Spektralwerte von f wird mit

$$\mathrm{SPEK} f = \mathrm{SPEK}_K f \quad \text{bzw.} \quad \mathrm{spek} f = \mathrm{spek}_K f$$

bezeichnet. $\mathrm{spek} f$ heißt das Spektrum von f.

Nach dem oben Gesagten gilt $\mathrm{SPEK} f = P \setminus \mathrm{R}(f)$. Ist $V^1(\pi; f) = \mathrm{Kern}\, \pi(f) \neq 0$, so ist π ein Spektralpolynom von f. Insbesondere gilt stets:

$$\mathrm{EIG} f \subseteq \mathrm{SPEK} f,$$

und jeder Eigenwert von f ist ein Spektralwert von f:

$$\mathrm{eig} f \subseteq \mathrm{spek} f.$$

Im allgemeinen gilt hier nicht die Gleichheit. Man hat aber:

66.8 Satz *Sei f ein lokal endlicher Operator auf dem K-Vektorraum f. Dann ist*

$$\mathrm{EIG} f = \mathrm{SPEK} f.$$

Insbesondere ist in diesem Fall $a \in K$ genau dann ein Spektralwert von f, wenn a ein Eigenwert von f ist:

$$\mathrm{eig} f = \mathrm{spek} f.$$

Ist f ein endlicher Operator, so stimmen die Spektralpolynome bzw. die Spektralwerte mit den (normierten) Primteilern bzw. den Nullstellen des Minimalpolynoms μ_f von f überein. Ist V endlichdimensional, so kann man dabei μ_f durch das charakteristische Polynom χ_f von f ersetzen.

Beweis. Sei π prim. Genau dann ist $\pi(f)$ ein Automorphismus von V, wenn $\pi(f)$ auf jeder Primärkomponente von V bezüglich f einen Automorphismus induziert. Die Behauptung folgt daher aus 66.3. •

Schließlich beschreiben wir das Verhalten der Primärkomponenten bei einer Grundkörpererweiterung. Seien V ein K-Vektorraum und $K \subseteq L$ eine Körpererweiterung. Für jeden K-Unterraum $U \subseteq V$ fassen wir $U_{(L)} = L \otimes_K U$ als L-Unterraum von $V_{(L)} = L \otimes_K V$ auf, vgl. §81, Beispiel 2. Ist f ein K-linearer Operator auf V, so ist $f_{(L)}$ ein L-linearer Operator auf $V_{(L)}$. Für jedes Polynom $\alpha \in K[X] \subseteq L[X]$ ist $\alpha(f_{(L)}) = \alpha(f)_{(L)}$. Ist $\pi \in K[X]$ ein normiertes Primpolynom, so hat die Primfaktorzerlegung von π in $L[X]$ die Gestalt $\pi = \pi_1^{\lambda_1} \cdots \pi_r^{\lambda_r}$ mit paarweise verschiedenen normierten Primpolynomen $\pi_1, \ldots, \pi_r \in L[X]$. Ist $\mathrm{Char}\, K = 0$, so ist $\lambda_i = 1$ für $i = 1, \ldots, r$. Dieses letzte Ergebnis ergibt sich sehr leicht so: Hätte π in $L[X]$ einen mehrfachen Primfaktor π_1, so hätten π und $\pi' = d\pi/dX$ in $L[X]$ den Faktor π_1 gemeinsam. Es ist aber $\mathrm{ggT}(\pi, \pi') = 1$ in $K[X]$, da π prim und $\mathrm{Grad}\, \pi' = \mathrm{Grad}\, \pi - 1$ ist. Nach 59.7 ist auch $\mathrm{ggT}(\pi, \pi') = 1$ in $L[X]$. Widerspruch! (Die Gleichung $\lambda_i = 1$ für $i = 1, \ldots, r$ gilt — wie die obige Überlegung zeigt — immer dann, wenn $\pi' \neq 0$, d.h. wenn π ein separables Primpolynom ist, vgl. §90. Im allgemeinen sind bei $\mathrm{Char}\, K = p > 0$ die Exponenten λ_i Potenzen von p, vgl. 90.13 und §90, Aufgabe 10.)

66.9 Satz *Seien f ein Operator auf dem Vektorraum V über dem Körper K und $K \subseteq L$ eine Körpererweiterung. Ferner sei $\pi \in K[X]$ ein normiertes Primpolynom, das in $L[X]$ die Primfaktorzerlegung*

$$\pi = \pi_1^{\lambda_1} \cdots \pi_r^{\lambda_r}$$

mit paarweise verschiedenen normierten Primpolynomen $\pi_1,\ldots,\pi_r \in L[X]$ *hat. Dann gilt*

$$V^\mu(\pi; f)_{(L)} = \bigoplus_{i=1}^{r} V_{(L)}^{\mu\lambda_i}(\pi_i; f_{(L)})$$

für alle $\mu \in \mathbb{N} \cup \{\infty\}$. *Insbesondere ist*

$$V(\pi; f)_{(L)} = \bigoplus_{i=1}^{r} V_{(L)}(\pi_i; f_{(L)})\,.$$

Ferner gilt für die Indizes der Polynome $\pi_1,\ldots,\pi_r$ *bezüglich* $f_{(L)}$

$$\nu(\pi_i; f_{(L)}) = \lambda_i \nu(\pi; f)\,,\ i = 1,\ldots,r\,.$$

Beweis. Für jeden Operator g auf V gilt $\mathrm{Kern}(g_{(L)}) = (\mathrm{Kern}\, g)_{(L)}$, vgl. 81.4. Es folgt mit 66.3 für $\mu \in \mathbb{N}$ wegen $\pi^\mu = \pi_1^{\mu\lambda_1}\cdots\pi_r^{\mu\lambda_r}$:

$$V^\mu(\pi; f)_{(L)} = \mathrm{Kern}\,\pi^\mu(f)_{(L)} = \mathrm{Kern}\,\pi^\mu(f_{(L)}) = \bigoplus_{i=1}^{r} V_{(L)}^{\mu\lambda_i}(\pi_i; f_{(L)})\,.$$

Daraus ergibt sich auch die Aussage für $\mu = \infty$. Um die Aussage über die Indizes zu beweisen, sei zunächst $\nu := \nu(\pi; f) < \infty$. Sei f_1 die Einschränkung von f auf $V(\pi; f) = V^\nu(\pi; f)$. Das Minimalpolynom von f_1 ist π^ν. Nach 65.5 ist auch das Minimalpolynom von $(f_1)_{(L)}$ gleich $\pi^\nu = \pi_1^{\nu\lambda_1}\cdots\pi_r^{\nu\lambda_r}$. Da $(f_1)_{(L)}$ die Einschränkung von $f_{(L)}$ auf $V(\pi)_{(L)} = V^\nu(\pi)_{(L)} = \bigoplus_i V_{(L)}^{\nu\lambda_i}(\pi_i) = \bigoplus_i V_{(L)}(\pi_i)$ ist, folgt $\nu(\pi_i; f_{(L)}) = \nu\lambda_i$, wie behauptet. Den Fall $\nu(\pi; f) = \infty$ überlassen wir dem Leser. •

66.10 Korollar *Seien f ein lokal endlicher Operator auf dem Vektorraum V über dem Körper K und $K \subseteq L$ eine Körpererweiterung. Dann ist auch $f_{(L)}$ ein lokal endlicher Operator auf $V_{(L)}$. Genau dann ist ein normiertes Primpolynom $\tilde\pi \in L[X]$ ein Eigenpolynom von $f_{(L)}$, wenn $\tilde\pi$ ein Eigenpolynom π von f teilt. In diesem Fall ist*

$$\nu(\tilde\pi; f_{(L)}) = \mathrm{v}_{\tilde\pi}(\pi)\nu(\pi; f)\,.$$

Insbesondere sind die Spektralwerte (=Eigenwerte) von $f_{(L)}$ genau die Nullstellen der Eigenpolynome von f in L.

Beweis. Wegen $V = \bigoplus_\pi V(\pi; f)$ ist $V_{(L)} = \bigoplus_\pi V(\pi; f)_{(L)}$, und die Behauptung folgt direkt aus 66.9. •

66.11 Korollar *Seien f ein Operator auf dem Vektorraum V über dem Körper K der Charakteristik 0 (oder allgemeiner über dem vollkommenen Körper K) und $K \subseteq L$ eine Körpererweiterung. Das normierte Primpolynom $\tilde\pi \in L[X]$ teile das normierte Primpolynom $\pi \in K[X]$. Dann ist*

$$\nu(\tilde\pi; f_{(L)}) = \nu(\pi; f)\,.$$

B e w e i s. $\tilde{\pi}$ ist ein einfacher Primfaktor von π in $L[X]$. Die Behauptung folgt daher aus 66.9. •

Bemerkung 2 *Für einen beliebigen Operator $f \in \mathrm{End}_K V$ und eine beliebige Körpererweiterung $K \subseteq L$ ist*

$$\mathrm{t}(V_{(L)}) = (\mathrm{t}V)_{(L)}\,.$$

Diese Aussage ist wegen der $L[X]$-Isomorphie $V_{(L)} \cong L[X] \otimes_{K[X]} V$ (vgl. §64, Aufgabe 17) ein Spezialfall des Ergebnisses der Aufgabe 13b) in §82.

Die Voraussetzungen und die Bezeichnungen seien dieselben wie in 66.9. Ist $\psi : L \to K$ eine beliebige K-Linearform, so ist für jeden K-Vektorraum V die Abbildung $V_{(L)} \to V$ mit $b \otimes x \mapsto \psi(b)x$ eine K-lineare Abbildung, die wir mit ψ_V oder kurz wieder mit ψ bezeichnen wollen. $\psi = \psi_V$ ergibt bei Einschränkung auf V die Homothetie mit $\psi(1)$. Aus 66.9 folgt

$$\psi\left(\bigoplus_{i=1}^{r} V_{(L)}(\pi_i; f_{(L)})\right) = V(\pi; f)\,,$$

falls $\psi \neq 0$ ist, oder allgemeiner

$$\psi\left(\bigoplus_{i=1}^{r} V_{(L)}^{\mu\lambda_i}(\pi_i; f_{(L)})\right) = V^{\mu}(\pi; f)\,,\quad \mu \in \mathbb{N} \cup \{\infty\}\,.$$

Mit den Räumen $V_{(L)}(\pi_i; f_{(L)})$, $i = 1, \ldots, r$, kennt man daher auch $V(\pi; f)$.

Beispiel 2 Seien $K := \mathbb{R}$ und $L := \mathbb{C}$. Die Linearformen $\mathrm{Re} : \mathbb{C} \to \mathbb{R}$ und $\mathrm{Im} : \mathbb{C} \to \mathbb{R}$ mit $a + b\mathrm{i} \mapsto a$ bzw. $a + b\mathrm{i} \mapsto b$, $a, b \in \mathbb{R}$, induzieren für jeden $\mathbb{R}$-Vektorraum V entsprechende $\mathbb{R}$-lineare Abbildungen $\mathrm{Re} : V_{(\mathbb{C})} \to V$ bzw. $\mathrm{Im} : V_{(\mathbb{C})} \to V$ auf der Komplexifizierung $V_{(\mathbb{C})}$ von V. Seien f ein Operator auf V und $\pi = X^2 - bX + c$ ein quadratisches Primpolynom in $\mathbb{R}[X]$. In $\mathbb{C}[X]$ hat π die Primfaktorzerlegung $\pi = (X - a)(X - \overline{a})$, wobei $\overline{a}$ die zu a konjugiert komplexe Zahl ist. Nach obigem gilt

$$\mathrm{Re}(V_{(\mathbb{C})}^{\mu}(a; f_{(\mathbb{C})}) \oplus V_{(\mathbb{C})}^{\mu}(\overline{a}; f_{(\mathbb{C})})) = V^{\mu}(\pi; f)\,,\quad \mu \in \mathbb{N} \cup \{\infty\}\,.$$

Darüber hinaus gilt:

66.12 *Ist y_j, $j \in J$, eine $\mathbb{C}$-Basis von $V_{(\mathbb{C})}^{\mu}(a; f_{(\mathbb{C})})$, so bilden die Vektoren*

$$\mathrm{Re}\, y_j\,, \mathrm{Im}\, y_j\,,\quad j \in J\,,$$

zusammen eine $\mathbb{R}$-Basis von $V^{\mu}(\pi; f)$, $\mu \in \mathbb{N} \cup \{\infty\}$.

B e w e i s. Die komplexe Konjugation $z \mapsto \overline{z}$ auf $\mathbb{C}$ induziert eine $\mathbb{R}$-lineare Involution $V_{(\mathbb{C})} \to V_{(\mathbb{C})}$ mit $z \otimes x \mapsto \overline{z} \otimes x$, die wir ebenfalls die Konjugation nennen und mit $y \mapsto \overline{y}$ bezeichnen. Das Diagramm

$$\begin{array}{ccc} V_{(\mathbb{C})} & \xrightarrow{f_{(\mathbb{C})} - a\mathrm{id}} & V_{(\mathbb{C})} \\ {\scriptstyle -}\downarrow & & \downarrow{\scriptstyle -} \\ V_{(\mathbb{C})} & \xrightarrow{f_{(\mathbb{C})} - \overline{a}\mathrm{id}} & V_{(\mathbb{C})} \end{array}$$

ist offenbar kommutativ. Daher ist für alle $\mu \in \mathbb{N} \cup \{\infty\}$:

$$V^{\mu}_{(\mathbb{C})}(\overline{a}; f_{(\mathbb{C})}) = \overline{V^{\mu}_{(\mathbb{C})}(a; f_{(\mathbb{C})})}\,.$$

Es folgt, daß die $\overline{y}_j$, $j \in J$, eine $\mathbb{C}$–Basis von $V^{\mu}_{(\mathbb{C})}(\overline{a}; f_{(\mathbb{C})})$ bilden. Es ist

$$y_j = \operatorname{Re} y_j + \mathrm{i} \operatorname{Im} y_j\,, \quad \overline{y}_j = \operatorname{Re} y_j - \mathrm{i} \operatorname{Im} y_j\,.$$

Die Elemente $\operatorname{Re} y_j, \operatorname{Im} y_j \in V^{\mu}(\pi; f)$, $j \in J$, bilden also ebenfalls eine $\mathbb{C}$–Basis von $V^{\mu}_{(\mathbb{C})}(a; f_{(\mathbb{C})}) \oplus V^{\mu}_{(\mathbb{C})}(\overline{a}; f_{(\mathbb{C})}) = V^{\mu}(\pi; f)_{(\mathbb{C})}$ und sind daher eine $\mathbb{R}$–Basis von $V^{\mu}(\pi; f)$. •

Beispiel 3 (L i n e a r e D i f f e r e n t i a l g l e i c h u n g e n m i t k o n s t a n t e n K o e f f i z i e n t e n) Sei $I \subseteq \mathbb{R}$ ein Intervall (mit mehr als einem Punkt). Mit $\mathrm{C}^n_{\mathbb{C}}(I)$ bzw. $\mathrm{C}^n_{\mathbb{R}}(I)$, $n \in \mathbb{N} \cup \{\infty\}$, bezeichnen wir die $\mathbb{C}$– bzw. $\mathbb{R}$–Algebra der n–mal stetig differenzierbaren Funktionen auf I mit Werten in $\mathbb{C}$ bzw. $\mathbb{R}$. Für eine Funktion h auf I bezeichnen wir mit h auch die Multiplikation $f \mapsto hf$ mit h in einer Funktionenalgebra. D bezeichne die Differentiation $D: f \mapsto f' = \dot{f} = df/dt$. Ist f differenzierbar und $Df = 0$, so ist f konstant. Allgemeiner: *Ist $D^{\mu} f = 0$ für eine μ–mal differenzierbare Funktion f, so ist f eine Polynomfunktion vom Grade $< \mu$.*

Folgende triviale Bemerkung ist grundlegend:

66.13 *Für eine stetig differenzierbare Funktion $G: I \to \mathbb{C}$ ist das Diagramm*

$$\begin{array}{ccc} \mathrm{C}^1_{\mathbb{C}}(I) & \xrightarrow{\;D\;} & \mathrm{C}^0_{\mathbb{C}}(I) \\ {\scriptstyle \exp(G)}\big\downarrow & & \big\downarrow{\scriptstyle \exp(G)} \\ \mathrm{C}^1_{\mathbb{C}}(I) & \xrightarrow{\;D - \dot{G}\;} & \mathrm{C}^0_{\mathbb{C}}(I) \end{array}$$

kommutativ.

Aus 66.13 folgt speziell: Für jedes $a \in \mathbb{C}$ und $\mu \in \mathbb{N}$ ist das Diagramm

$$\begin{array}{ccc} \mathrm{C}^{\infty}_{\mathbb{C}}(I) & \xrightarrow{\;D^{\mu}\;} & \mathrm{C}^{\infty}_{\mathbb{C}}(I) \\ {\scriptstyle \exp(at)}\big\downarrow & & \big\downarrow{\scriptstyle \exp(at)} \\ \mathrm{C}^{\infty}_{\mathbb{C}}(I) & \xrightarrow{\;(D-a)^{\mu}\;} & \mathrm{C}^{\infty}_{\mathbb{C}}(I) \end{array}$$

kommutativ. Es folgt $\operatorname{Kern}(D - a)^{\mu} = \exp(at) \operatorname{Kern} D^{\mu}$ und mit 66.3:

66.14 Satz *Für den Differentiationsoperator D auf $V := \mathrm{C}^{\infty}_{\mathbb{C}}(I)$ gilt:*

(1) *Sind $a \in \mathbb{C}$ und $\mu \in \mathbb{N}$, so ist $t^i \exp(at)$, $i = 0, \ldots, \mu - 1$, eine $\mathbb{C}$-Basis von $V^{\mu}(a; D) = \operatorname{Kern}(D - a)^{\mu}$. Insbesondere gilt für die Primärkomponenten:*

$$V(a; D) = \mathbb{C}[t] \exp(at)\,, \quad a \in \mathbb{C}\,.$$

(2) *Ist $\alpha = c_0 + \cdots + c_{m-1} X^{m-1} + X^m \in \mathbb{C}[X]$ ein Polynom des Grades m mit der Zerlegung*

$$\alpha = (X - a_1)^{\mu_1} \cdots (X - a_r)^{\mu_r}\,,$$

wobei die $a_1, \ldots, a_r$ paarweise verschieden sind, so bilden die Lösungen $y \in \mathrm{C}^{\infty}_{\mathbb{C}}(I)$ der homogenen Differentialgleichung

$$\alpha(D)y = y^{(m)} + c_{m-1}y^{(m-1)} + \cdots + c_1 y + c_0 = 0$$

einen m-dimensionalen $\mathbb{C}$*-Vektorraum mit der Basis*

$$\exp(a_1 t), \ldots, t^{\mu_1 - 1}\exp(a_1 t),$$
$$\ldots\ldots\ldots\ldots\ldots\ldots\ldots\ldots$$
$$\exp(a_r t), \ldots, t^{\mu_r - 1}\exp(a_r t)\,.$$

Man bezeichnet die Funktionen $t^i \exp(at)$, $i \in \mathbb{N}$, $a \in \mathbb{C}$, und ihre Linearkombinationen auch als Quasipolynome. Der Raum der Quasipolynome ist nach 66.14 genau der Raum der Funktionen $y \in C^\infty_{\mathbb{C}}(I)$, die Lösung einer Differentialgleichung $\alpha(D)y = 0$ mit einem Polynom $\alpha \in \mathbb{C}[X]$, $\alpha \neq 0$, sind, d.h. der Torsionsuntermodul tV_D von $V_D = C^\infty_{\mathbb{C}}(I)$. Der Raum der Quasipolynome ist die direkte Summe

$$\bigoplus_{a\in\mathbb{C}} V(a; D) = \bigoplus_{a\in\mathbb{C}} \exp(at)\mathbb{C}[t]$$

der Primärkomponenten $V(a; D)$, $a \in \mathbb{C}$. Alle Werte $a \in \mathbb{C}$ sind Eigenwerte von D, der Eigenraum $V^1(a; D) = \mathbb{C}\exp(at)$ ist eindimensional. Statt von Eigenvektoren spricht man bei Funktionenräumen auch von Eigenfunktionen. Die Funktionen $c\exp(at)$, $c \in \mathbb{C}^\times$, sind also die Eigenfunktionen zum Eigenwert a.

Man beachte, daß eine m-mal differenzierbare Funktion $y: I \to \mathbb{C}$, die einer Differentialgleichung $\alpha(D)y = 0$ genügt, wobei $\alpha \in \mathbb{C}[X]$ ein Polynom vom Grade $m \in \mathbb{N}$ ist, notwendigerweise beliebig oft differenzierbar und damit ein Quasipolynom ist. Da $D: C^{\mu+1}_{\mathbb{C}}(I) \to C^{\mu}_{\mathbb{C}}(I)$ surjektiv ist für jedes $\mu \in \mathbb{N}$, gilt dies auch für $(D - a\,\mathrm{id}): C^{\mu+1}_{\mathbb{C}}(I) \to C^{\mu}_{\mathbb{C}}(I)$ und folglich für $\alpha(D): C^m_{\mathbb{C}}(I) \to C^0_{\mathbb{C}}(I)$, wobei $\alpha \in \mathbb{C}[X]$ den Grad m hat. Ist $f: I \to \mathbb{C}$ stetig, so gibt es also Lösungen der inhomogenen Differentialgleichung

$$\alpha(D)y = f\,.$$

Man gewinnt alle Lösungen, indem man zu einer speziellen (die man etwa (vgl. Aufgabe 7) durch wiederholte Integration mittels der Zerlegung $\alpha = (X - a_1)^{\mu_1} \cdots (X - a_r)^{\mu_r}$ gewinnen kann) die in 66.14(2) angegebenen Lösungen der homogenen Gleichung $\alpha(D)y = 0$ addiert.

Der komplexe Differentiationsoperator $D: C^\infty_{\mathbb{C}} \to C^\infty_{\mathbb{C}}(I)$ ist die Komplexifizierung $D_{(\mathbb{C})}$ des reellen Differentiationsoperators $D: C^\infty_{\mathbb{R}}(I) \to C^\infty_{\mathbb{R}}(I)$. Mit Hilfe von 66.12 erhält man also unter Ausnutzung der Eulerschen Gleichung

$$\exp(\mathrm{i}a) = \cos a + \mathrm{i}\sin a$$

für ein $\alpha \in \mathbb{R}[X]$ bei Kenntnis der Primfaktorzerlegung von α eine *reelle* Basis des Lösungsraumes der Gleichung $\alpha(D)y = 0$. Ist etwa

$$\alpha = (X^2 - bX + c)^\mu\,,\quad \mu \geq 1\,,$$

wobei $X^2 - bX + c \in \mathbb{R}[X]$ irreduzibel, d.h. $b^2 - 4c < 0$ ist, so ist das Funktionensystem

$$\exp(\tfrac{1}{2}bt)\cos(\tfrac{1}{2}\sqrt{4c - b^2}\,t), \ldots, t^{\mu-1}\exp(\tfrac{1}{2}bt)\cos(\tfrac{1}{2}\sqrt{4c - b^2}\,t),$$
$$\exp(\tfrac{1}{2}bt)\sin(\tfrac{1}{2}\sqrt{4c - b^2}\,t), \ldots, t^{\mu-1}\exp(\tfrac{1}{2}bt)\sin(\tfrac{1}{2}\sqrt{4c - b^2}\,t),$$

eine reelle Basis des Lösungsraumes der Differentialgleichung $\alpha(D)y = 0$.

Aufgaben

In den folgenden Aufgaben bezeichnet K stets einen Körper.

1. Seien f, g Operatoren auf dem K–Vektorraum V.

a) Ist $\mathrm{Dim}_K V = 2$, so sind f und g genau dann ähnlich, wenn $\mu_f = \mu_g$ ist.

b) Ist $\mathrm{Dim}_K V = 3$, so sind f und g genau dann ähnlich, wenn $\mu_f = \mu_g$ und $\chi_f = \chi_g$ ist.

c) Man gebe bei $\mathrm{Dim}_K V = 4$ (nilpotente) Operatoren f, g mit $\mu_f = \mu_g$ und $\chi_f = \chi_g$ an, die nicht ähnlich sind.

2. Man bestimme jeweils die Eigenwerte und Basen für die Eigenräume der durch die Matrizen

$$\begin{pmatrix} 3 & -3 & 2 \\ -1 & 5 & -2 \\ -1 & 3 & 0 \end{pmatrix}, \begin{pmatrix} 2 & 0 & -1 \\ 1 & 1 & 0 \\ 3 & 0 & -1 \end{pmatrix}, \begin{pmatrix} -5 & 2 & 4 \\ 1 & 3 & -1 \\ -6 & 3 & 5 \end{pmatrix}$$

gegebenen linearen Operatoren auf dem $\mathbb{R}^3$.

3. Für die durch die Matrizen

$$\begin{pmatrix} -4 & 5 & -8 & 0 \\ 19 & -18 & 32 & 16 \\ 15 & -15 & 26 & 10 \\ 0 & 0 & 0 & 2 \end{pmatrix}, \begin{pmatrix} 5 & -5 & 8 & 0 \\ 10 & -5 & 8 & 16 \\ 3 & 0 & 0 & 10 \\ -3 & 3 & -5 & 0 \end{pmatrix}$$

definierten Operatoren auf dem $\mathbb{R}^4$ sind die Primärzerlegungen zu finden, indem zunächst die entsprechende Aufgabe für die zugehörigen komplexen Operatoren auf dem $\mathbb{C}^4 = (\mathbb{R}^4)_{(\mathbb{C})}$ gelöst und 66.12 angewendet wird. Ferner gebe man die zu den Primärzerlegungen gehörigen Projektionen als Polynome in den gegebenen Operatoren an.

4. Man bestimme Basen für den Raum der komplexen Lösungen bzw. den Raum der reellen Lösungen der Differentialgleichungen

$$y^{(4)} - y = 0\,, \quad y^{(4)} - 4y^{(2)} + 4y = 0\,.$$

5. Sei $\mathrm{t}V \subseteq V := C^\infty_{\mathbb{C}}(I)$ der Raum der Quasipolynome auf dem Intervall $I \subseteq \mathbb{R}$, vgl. Beispiel 3. Für jedes $\alpha \in \mathbb{C}[X]$, $\alpha \neq 0$, ist der Differentialoperator $\alpha(D) : \mathrm{t}V \to \mathrm{t}V$ surjektiv. Genauer gilt: Besitzt $\alpha \in \mathbb{C}[X]$, $\alpha \neq 0$, die Nullstelle a mit der Vielfachheit $\lambda \in \mathbb{N}$, so ist $\alpha(D)(V^{\mu+\lambda}(a; D)) = V^{\mu}(a; D)$, $\mu \in \mathbb{N}$. Folgerung. Ist $f \in \mathrm{t}V$ ein Quasipolynom, so ist jede Lösung der Differentialgleichung $\alpha(D)y = f$, $\alpha \in \mathbb{C}[X]$, $\alpha \neq 0$, ebenfalls ein Quasipolynom.

6. Man bestimme sämtliche reellen und sämtliche komplexen Lösungen der Differentialgleichungen

$$\ddot{y} - 7\dot{y} + 6y = t^2\,, \quad \ddot{y} - 4\dot{y} + 2y = te^t + \cos t\,.$$

7. Seien $f, g: I \to \mathbb{C}$ stetige Funktionen auf dem Intervall $I \subseteq \mathbb{R}$ und $G: I \to \mathbb{C}$ eine Stammfunktion zu g (d.h. es sei $\dot{G} = g$). Ferner seien $t_0 \in I$ und $y_0 \in \mathbb{C}$. Dann hat die Differentialgleichung

$$\dot{y} - gy = f$$

mit der Anfangsbedingung $y(t_0) = y_0$ die (einzige) Lösung

$$t \mapsto \exp(G(t))(y_0 \exp(-G(t_0)) + \int_{t_0}^{t} f(x)\exp(-G(x))dx)).$$

(Man benutze 66.13.)

8. Der Integraloperator $S: C^\infty_{\mathbb{C}}(\mathbb{R}) \to C^\infty_{\mathbb{C}}(\mathbb{R})$ mit

$$S(y) := (t \mapsto \int_0^t y(x)dx)$$

besitzt keinen Eigenwert und 0 als einzigen Spektralwert.

9. Sei $\alpha := \prod_{i=1}^{r}(X - a_i)^{\mu_i} \in \mathbb{C}[X]$ ein komplexes Polynom vom Grade $n = \mu_1 + \cdots + \mu_r$ mit den paarweise verschiedenen Nullstellen $a_1, \ldots, a_r$. Die Einschränkung des Differentiationsoperators D auf den Raum der Lösungen der Differentialgleichung $\alpha(D)y = 0$ ist ein zyklischer Operator mit dem zyklischen Vektor $y_0 := \sum_{i=1}^{r} t^{\mu_i - 1}\exp(a_i t)$. Die Funktionen $y_0, Dy_0, \ldots, D^{n-1}y_0$ bilden also eine $\mathbb{C}$-Basis des Lösungsraumes.

10. Wir übernehmen die Bezeichnungen und Sprechweisen aus Beispiel 3.

a) Ein Quasipolynom f ist auf der Halbgraden $t \geq 0$ genau dann beschränkt, wenn gilt:

$$f \in (\bigoplus_{\operatorname{Re} a < 0} V(a; D)) \oplus (\bigoplus_{\operatorname{Re} c = 0} V^1(c; D)).$$

b) Ein Quasipolynom f konvergiert für $t \to \infty$ genau dann gegen 0, wenn gilt:

$$f \in \bigoplus_{\operatorname{Re} a < 0} V(a; D).$$

(Man führt die Aussagen leicht auf die folgende zurück: Sind $b_1, \ldots, b_n \in \mathbb{R}^\times$ und $c_1, \ldots, c_n \in \mathbb{C}^\times$, so konvergiert die Funktion $f(t) = 1 - c_1 \exp(ib_1 t) - \cdots - c_n \exp(ib_n t)$ für $t \to \infty$ nicht gegen 0. Dies folgt aber aus

$$b - a = \int_a^b dt = \sum_{\nu=1}^{n} \frac{c_\nu}{ib_\nu}(\exp(ib_\nu b) - \exp(ib_\nu a)) + \int_a^b f(t)dt$$

für $a, b \in \mathbb{R}$, $a < b$.)

11. Sei $\alpha \in \mathbb{C}[X]$, $\alpha \neq 0$. Die Differentialgleichung $\alpha(D)y = 0$ heißt stabil (bzw. asymptotisch stabil), wenn alle ihre Lösungen auf der Halbgeraden $t \geq 0$ beschränkt sind (bzw. für $t \to \infty$ gegen 0 konvergieren). Man zeige: Genau dann ist $\alpha(D)y = 0$ stabil (bzw. asymptotisch stabil), wenn die Realteile der Nullstellen von α alle ≤ 0 sind und die Nullstellen mit Realteil gleich 0 einfach sind (bzw. wenn die Realteile der Nullstellen von α alle < 0 sind).

12. Sei T eine positive reelle Zahl. Mit v_T bezeichnen wir den Verschiebungsoperator, der einer Funktion $f\colon \mathbb{R} \to \mathbb{C}$ die Funktion $t \mapsto f(t+T)$ zuordnet. Genau dann hat die Funktion f die Periode T, wenn $v_T f = f$ ist, d.h. wenn f zum Eigenraum von v_T zum Wert 1 gehört. Gehört f zum Eigenraum von v_T zu $b \in \mathbb{C}$, ist also $v_T f = bf$, so heißt f eine periodische Funktion 2. Art mit dem Multiplikator b. Ist dabei b eine Einheitswurzel der Ordnung $m \in \mathbb{N}_+$, so ist mT eine Periode von f; bei $b = -1$ spricht man von halbperiodischen Funktionen. Für differenzierbare Funktionen sind die Differentiation D und die Verschiebung v_T vertauschbar.

a) v_T induziert auf dem Raum $V^\mu(a; D)$, $a \in \mathbb{C}$, $\mu \in \mathbb{N}$, der Quasipolynome f mit $(D-a)^\mu f = 0$ (vgl. Beispiel 3) einen zyklischen Operator mit dem charakteristischen Polynom $(X - \exp(aT))^\mu$.

b) Auf dem Raum $\mathrm{t}V \subseteq V = C^\infty_{\mathbb{C}}(\mathbb{R})$ aller Quasipolynome induziert v_T einen invertierbaren lokal endlichen Operator, für den

$$(\mathrm{t}V)^\mu(b; v_T) = \bigoplus_{\exp(aT)=b} V^\mu(a; D)\,, \quad (\mathrm{t}V)(b; v_T) = \bigoplus_{\exp(aT)=b} V(a; D)$$

für $b \in \mathbb{C}$ und $\mu \in \mathbb{N}$ ist. Für $\gamma \in \mathbb{C}[X]$, $\gamma \neq 0$, ist die Einschränkung von $\gamma(v_T)$ auf $\mathrm{t}V$ surjektiv.

c) Seien $\alpha = (X-a_1)^{\mu_1} \cdots (X-a_r)^{\mu_r} = X^n + b_{n-1}X^{n-1} + \cdots + b_0 \in \mathbb{C}[X]$ und L_α der Lösungsraum der Differentialgleichung $\alpha(D)y = 0$. Auf L_α induziert v_T einen invertierbaren Operator $v_{T,\alpha}$ mit dem charakteristischen Polynom

$$(X - \exp(a_1 T))^{\mu_1} \cdots (X - \exp(a_r T))^{\mu_r}$$

und dem Minimalpolynom $\mathrm{kgV}((X - \exp(a_1T))^{\mu_1}, \ldots, (X - \exp(a_rT))^{\mu_r})$. Insbesondere ist $\mathrm{Det}\, v_{T,\alpha} = \exp((\mu_1 a_1 + \cdots + \mu_r a_r)T) = \exp(-b_{n-1}T)$. (Der Operator $v_{T,\alpha}$ auf L_α heißt auch die Monodromie der Gleichung $\alpha(D)y = 0$ bezüglich der Periode T.) Folgerungen: (1) Die Eigenwerte von $v_{T,\alpha}$ sind $\exp(a_1T), \ldots, \exp(a_rT)$. (2) Genau dann besitzt die Differentialgleichung $\alpha(D)y = 0$ nichttriviale periodische Lösungen 2. Art mit dem Multiplikator b, wenn α eine Nullstelle a mit $\exp(aT) = b$ hat. In diesem Fall ist die Dimension des Raumes der periodischen Lösungen 2. Art mit Multiplikator b gleich der Anzahl s der verschiedenen Nullstellen $a_{i_1}, \ldots, a_{i_s}$ von α mit $\exp(a_{i_\sigma}T) = b$. Eine Basis dieses Raumes ist dann

$$\exp(a_{i_1}t), \ldots, \exp(a_{i_s}t)\,.$$

Insbesondere besitzt $\alpha(D)y = 0$ genau dann nichttriviale Lösungen mit der Periode T, wenn eine der Zahlen $(2\pi\mathrm{i}k)/T$, $k \in \mathbb{N}$, Nullstelle von α ist. In diesem Fall ist

$$\exp(\frac{2\pi\,\mathrm{i}k_1}{T}t), \ldots, \exp(\frac{2\pi\,\mathrm{i}k_s}{T}t)$$

eine Basis des Raumes dieser periodischen Lösungen, wobei $(2\pi\mathrm{i}k_\sigma)/T$, $\sigma = 1, \ldots, s$, die verschiedenen Nullstellen des genannten Typs sind. (3) Genau dann ist die Differentialgleichung $\alpha(D)y = 0$ stabil (bzw. asymptotisch stabil) (vgl. Aufgabe 11), wenn die Eigenwerte der Monodromie $v_{T,\alpha}$ alle einen Betrag ≤ 1 haben und die Eigenwerte mit dem Betrag 1 die Multiplizität 1 haben (bzw. wenn die Eigenwerte der Monodromie $v_{T,\alpha}$ alle einen Betrag < 1 haben). (Bemerkung. Generell nennt man einen Operator auf einem endlichdimensionalen $\mathbb{C}$-Vektorraum stabil bzw. asymptotisch stabil, wenn seine Eigenwerte jeweils die hier angegebenen Bedingungen erfüllen. Wir kommen darauf in §76, Aufgaben 17 und

21e),f) zurück.)

13. Wir übernehmen die Bezeichnungen der vorangegangenen Aufgabe. Aus dem kommutativen Diagramm

$$\begin{array}{ccccccccc} 0 & \to & L_\alpha & \to & C^n_{\mathbb{C}}(\mathbb{R}) & \xrightarrow{\alpha(D)} & C^0_{\mathbb{C}}(\mathbb{R}) & \to & 0 \\ & & \downarrow{\scriptstyle v_{T,\alpha}-\mathrm{id}} & & \downarrow{\scriptstyle v_T-\mathrm{id}} & & \downarrow{\scriptstyle v_T-\mathrm{id}} & & \\ 0 & \to & L_\alpha & \to & C^n_{\mathbb{C}}(\mathbb{R}) & \xrightarrow[\alpha(D)]{} & C^0_{\mathbb{C}}(\mathbb{R}) & \to & 0 \end{array}$$

mit exakten Zeilen leite man eine exakte Sequenz

$$0 \to L_{\alpha,per} \to C^n_{\mathbb{C}}(\mathbb{R})_{per} \xrightarrow{\alpha(D)} C^0_{\mathbb{C}}(\mathbb{R})_{per} \xrightarrow{\delta} L_\alpha/(v_{T,\alpha} - \mathrm{id})L_\alpha \to 0$$

her, wobei mit dem Index "per" der Unterraum der Funktionen mit der Periode T in den jeweiligen Funktionenräumen gekennzeichnet ist. (§42, Aufgabe 15. $v_T - \mathrm{id}$ ist surjektiv.) Folgerungen. (1) Die stetigen Funktionen $g : \mathbb{R} \to \mathbb{C}$ mit der Periode T, für die die Differentialgleichung $\alpha(D)y = g$ eine Lösung mit der Periode T besitzt, bilden im Raum $C^0_{\mathbb{C}}(\mathbb{R})_{per}$ aller stetigen Funktionen mit der Periode T einen Unterraum der Kodimension s, wobei s die Anzahl der verschiedenen Nullstellen der Form $(2\pi ik)/T$, $k \in \mathbb{N}$, von α ist. (2) Genau dann besitzt die Differentialgleichung $\alpha(D)y = g$ für jede stetige Funktion $g : \mathbb{R} \to \mathbb{C}$ mit der Periode T eine Lösung, die ebenfalls die Periode T hat, wenn die homogene Gleichung $\alpha(D)y = 0$ außer 0 keine solche Lösung hat. Zu gegebenem g gibt es dann genau eine solche periodische Lösung. Dies ist insbesondere dann richtig, wenn die Gleichung $\alpha(D)y = 0$ asymptotisch stabil ist (vgl. Aufgabe 11). In diesem Fall konvergiert überdies jede Lösung von $\alpha(D)y = g$ für $t \to \infty$ gegen die periodische Lösung. (3) Besitzt die Differentialgleichung $\alpha(D)y = g$, wobei g die Periode T hat, keine Lösung mit der Periode T, so ist jede Lösung dieser Gleichung unbeschränkt auf der Halbgeraden $t \geq 0$. Man sagt dann, es liege Resonanz vor.

(Bemerkung. Eine analoge Sequenz wie oben hat man auch, wenn die Koeffizienten $b_i = b_i(t)$ des Differentialoperators $\alpha(D) = D^n + b_{n-1}D^{n-1} + \cdots + b_0$ nicht konstant, sondern allgemeiner Funktionen mit der Periode T sind. Dann ist aber die Monodromie $v_{T,\alpha}$ weniger gut zu übersehen.)

14. Seien f ein Operator auf dem K-Vektorraum V und x_i, $i \in I$, eine Familie von Eigenvektoren von f mit paarweise verschiedenen Eigenwerten. Dann ist die Familie x_i, $i \in I$, linear unabhängig.

15. Seien f ein endlicher Operator auf dem K-Vektorraum V und x_i, $i \in I$, eine Familie von Elementen aus V, die V_f als $K[X]$-Modul erzeugen. Dann ist $\mu_f = \mathrm{kgV}(\alpha_{x_i} : i \in I)$.

16. Sei f ein lokal endlicher Operator auf dem K-Vektorraum V. Genau dann ist f endlich, wenn die Grade der Minimalpolynome α_x der Elemente $x \in V$ durch eine feste natürliche Zahl beschränkt sind.

17. Sei f ein endlicher Operator auf dem K-Vektorraum V. Zu jedem normierten Teiler $\alpha \in K[X]$ des Minimalpolynoms μ_f von f gibt es ein $x \in V$ mit $\alpha_x = \alpha$.

18. Seien f ein linearer Operator auf dem K-Vektorraum V und U ein f-invarianter Unterraum von V. Weiter seien $p : V \to V/U$ die kanonische Projektion $x \mapsto \overline{x}$ und $\overline{f}$ der von f auf $\overline{V} := V/U$ induzierte Operator.

a) Für $\pi \in P$ ist die kanonische Sequenz $0 \to U(\pi; f|U) \to V(\pi; f) \to \overline{V}(\pi; \overline{f})$

exakt. Ist f lokal endlich, so ist überdies $V(\pi; f) \to \overline{V}(\pi; \overline{f})$ surjektiv. (Im allgemeinen ist $V(\pi; f) \to \overline{V}(\pi; \overline{f})$ nicht surjektiv. Beispiele?)

b) Es ist $\mathrm{EIG}(f|U) \subseteq \mathrm{EIG}f \subseteq \mathrm{EIG}(f|U) \cup \mathrm{EIG}\overline{f}$. Ist f lokal endlich, so gilt $\mathrm{EIG}f = \mathrm{EIG}(f|U) \cup \mathrm{EIG}\overline{f}$.

c) Es ist $\mathrm{SPEK}f \subseteq \mathrm{SPEK}(f|U) \cup \mathrm{SPEK}\overline{f}$ und insbesondere $\mathrm{spek}f \subseteq \mathrm{spek}(f|U) \cup \mathrm{spek}\overline{f}$. Ist f lokal endlich, gilt in beiden Fällen die Gleichheit.

d) Man gebe Beispiele dafür an, daß die Inklusionen in b) und c) echt sein können.

19. Seien K ein Körper und S, S' Teilmengen von K mit $S \subseteq S'$. Man gebe einen K-linearen Operator an, für den die Menge der Eigenwerte gleich S und die Menge der Spektralwerte gleich S' ist.

20. Seien V ein K-Vektorraum, $f \in \mathrm{End}_K V$ und $\alpha \in K[X]$ ein nichtkonstantes Polynom. Ist $a \in K$ ein Eigenwert von f, so ist $\alpha(a)$ ein Eigenwert von $\alpha(f)$. Ist K algebraisch abgeschlossen, entstehen so alle Eigenwerte von $\alpha(f)$. Analoge Aussagen gelten für die Spektralwerte von f. (Vergleiche auch Aufgabe 30.)

21. Seien V ein K-Vektorraum und $f \in \mathrm{End}_K V$ invertierbar. Dann gilt

$$\mathrm{spek}(f^{-1}) = \{a^{-1} : a \in \mathrm{spek}f\}, \quad \mathrm{eig}(f^{-1}) = \{a^{-1} : a \in \mathrm{eig}f\}.$$

22. Seien V ein K-Vektorraum und $f \in \mathrm{End}_K V$. Dann ist $\mathrm{SPEK}f = \mathrm{SPEK}f^*$ und insbesondere $\mathrm{spek}f = \mathrm{spek}f^*$. (Die Menge der Eigenwerte von f und die von f^* sind im allgemeinen verschieden. Beispiele?)

23. Sei f ein endlicher Operator auf dem K-Vektorraum V. Genau dann besitzt f einen Eigenvektor, wenn es in V einen 1-kodimensionalen f-invarianten Unterraum gibt. (Man betrachte neben f den dualen Operator f^* auf V^*.) Man zeige an einem Beispiel, daß die Aussage nicht gilt, falls "endlich" durch "lokal endlich" ersetzt wird.

24. Seien E ein affiner Raum über dem K-Vektorraum V und $f: E \to E$ eine affine Abbildung von E in sich mit dem zugehörigen Operator $\overline{f}: V \to V$. Ist $1 \notin \mathrm{spek}\overline{f}$, so besitzt f genau einen Fixpunkt. Ist 1 kein Eigenwert von $\overline{f}$, so besitzt f höchstens einen Fixpunkt.

25. Seien V ein K-Vektorraum und $f, g \in \mathrm{End}_K V$.

a) (1) Die Eigenwerte $\neq 0$ von fg und gf stimmen überein. (2) Ist $fg - a\,\mathrm{id}$ für ein $a \in K$, $a \neq 0$, invertierbar, so ist auch $gf - a\,\mathrm{id}$ invertierbar, und es ist $(gf - a\,\mathrm{id})^{-1} = (g(fg - a\,\mathrm{id})^{-1}f - \mathrm{id})a^{-1}$. (3) Die Spektralwerte $\neq 0$ von fg und gf stimmen überein.

b) Man gebe Beispiele dafür an, daß die Spektralwerte bzw. Eigenwerte von fg und gf nicht übereinstimmen.

26. Seien V ein K-Vektorraum, $f \in \mathrm{End}_K V$ und $V = \bigoplus_{i \in I} V_i$ eine Zerlegung von V in eine direkte Summe f-invarianter Unterräume V_i, $i \in I$. Dann gilt

$$V^{\mu}(\pi) = \bigoplus_{i \in I} V_i^{\mu}(\pi), \quad \mu \in \mathbb{N} \cup \{\infty\},$$

für jedes normierte Primpolynom $\pi \in K[X]$. Ferner ist

$$\mathrm{EIG} f = \bigcup_{i \in I} \mathrm{EIG} f|V_i\,, \quad \mathrm{SPEK} f = \bigcup_{i \in I} \mathrm{SPEK} f|V_i$$

und insbesondere $\mathrm{spek} f = \bigcup_{i\in I} \mathrm{spek} f|V_i$.

27. Seien V ein K–Vektorraum, $f \in \mathrm{End}_K V$ und $\alpha, \beta \in K[X]$ mit $\delta := \mathrm{ggT}(\alpha, \beta)$ und $\vartheta := \mathrm{kgV}(\alpha, \beta)$. Dann ist

$$\mathrm{Kern}\,\delta(f) = \mathrm{Kern}\,\alpha(f) \cap \mathrm{Kern}\,\beta(f)\,, \quad \mathrm{Kern}\,\vartheta(f) = \mathrm{Kern}\,\alpha(f) + \mathrm{Kern}\,\beta(f)\,.$$

28. Seien V ein K–Vektorraum, $f \in \mathrm{End}_K V$ ein lokal endlicher Operator und $\pi_0 \in K[X]$ ein normiertes Primpolynom mit einem endlichen Index $\nu_0 = \nu(\pi_0; f)$ bezüglich f. Dann ist

$$\mathrm{Kern}\,\pi_0^\mu(f) = V(\pi_0; f)\,, \quad \mathrm{Bild}\,\pi_0^\mu(f) = \bigoplus_{\pi \neq \pi_0} V(\pi; f)$$

für alle $\mu \geq \nu_0$. (Bemerkung. Ist $\mu_0 = X$, so ist $V(\pi_0; f) = V(0; f)$ der Spektralraum zu 0. Dieser heißt auch die Fittingsche Null–Komponente V_0 von V bezüglich f, der Raum $V_1 := \bigoplus_{\pi \neq X} V(\pi; f)$ heißt die Fittingsche Eins–Komponente von V bezüglich f, und die direkte Summenzerlegung $V = V_0 \oplus V_1$ heißt die Fittingsche Zerlegung von V bezüglich des (lokal endlichen) Operators f. Die Einschränkung von f auf V_1 ist bijektiv. Ist $x = x_0 + x_1$ mit $x_0 \in V_0$, $x_1 \in V_1$, so heißt x_0 bzw. x_1 die Fittingsche Null– bzw. Eins–Komponente von $x \in V$. — Schließlich sei folgendes erwähnt: Ist f ein beliebiger Endomorphismus eines Moduls V derart, daß $\mathrm{Kern} f^n = \mathrm{Kern} f^m$ und $\mathrm{Bild} f^n = \mathrm{Bild} f^m$ ist für alle $n \geq m$, so ist $V = V_0 \oplus V_1$ mit $V_0 := \mathrm{Kern} f^m$ und $V_1 := \mathrm{Bild} f^m$. Ferner ist $f|V_0 \colon V_0 \to V_0$ nilpotent und $f|V_1 \colon V_1 \to V_1$ bijektiv, vgl. §39, Aufgabe 25. Man spricht auch in diesen allgemeinen Situationen von der Fittingschen Null- bzw. Eins–Komponente von f, vgl. den Hinweis im Anschluß an 38.17.)

29. Zu Satz 66.4 läßt sich folgendes hinzufügen: Sei (mit den dortigen Bezeichnungen) $f_i := f|\mathrm{Kern}\,\alpha_i(f)$, $i = 1, \ldots, r$. Dann ist $K[f]$ in kanonischer Weise zur Produktalgebra $K[f_1] \times \cdots \times K[f_r]$ isomorph. Die idempotenten Elemente in $K[f]$, die diese Produktdarstellung von $K[f]$ beschreiben (vgl. 33.7), sind die Projektionen $P_1, \ldots, P_r$. Die zugehörige Zerlegung des $K[f]$–Moduls V gemäß §39, Beispiel 6 ist gerade diejenige in die $K[f_i]$–Moduln $\mathrm{Kern}\,\alpha_i(f)$.

30. (Tschirnhaus–Transformation) Seien f ein Operator auf dem K–Vektorraum V und $\alpha \in K[X]$ ein nichtkonstantes Polynom. Die $K[X]$–Struktur von $V_{\alpha(f)}$ entsteht aus der von V_f durch Zurücknehmen mittels des Einsetzungshomomorphismus $\varphi_\alpha \colon K[X] \to K[X]$, $X \mapsto \alpha$, vgl. §31, Bemerkung 4. Man sagt auch, $V_{\alpha(f)}$ entstehe aus V_f durch Anwenden der Tschirnhaus–Transformation mit dem Polynom α.

Mit P bezeichnen wir wieder die Menge der normierten Primpolynome in $K[X]$. Ist $\pi \in P$, so ist $\varphi_\alpha^{-1}(K[X]\pi)$ ein Primideal in $K[X]$, das von einem Polynom $\varphi_\alpha^*(\pi) \in P$ erzeugt wird. Es ist $\varphi_\alpha^*(\pi)$ das Minimalpolynom von $\alpha(x)$, wobei x die Restklasse von X in $K[X]/K[X]\pi$ ist. Insbesondere ist $\mathrm{Grad}\,\varphi_\alpha^*(\pi)$ ein Teiler von $\mathrm{Grad}\,\pi$. Ist $a \in K$, so ist $\varphi_\alpha^*(X - a) = X - \alpha(a)$. Die Abbildung $\varphi_\alpha^* \colon P \to P$ ist surjektiv. Für $\pi \in P$ ist $(\varphi_\alpha^*)^{-1}(\pi) = \{\pi_1 \in P : \pi_1 | \pi(\alpha)\}$.

a) Sind $\pi_1, \pi_2 \in P$ und gilt $\pi_1 | \pi_2(\alpha)$ (d.h. ist $\pi_1 \in (\varphi_\alpha^*)^{-1}(\pi_2)$), so ist

$$V^\mu(\pi_1; f) \subseteq V^\mu(\pi_2; \alpha(f))\,, \quad \mu \in \mathbb{N} \cup \{\infty\}\,;$$

insbesondere ist für $a \in K$

$$V^\mu(a;f) \subseteq V^\mu(\alpha(a);\alpha(f)), \quad \mu \in \mathbb{N} \cup \{\infty\}$$

(Hilbert–Dirac).

b) Für $\pi \in P$ ist

$$V(\pi;\alpha(f)) = \bigoplus_{\pi_1 \in (\varphi_\alpha^*)^{-1}(\pi)} V(\pi_1;f).$$

c) Es ist $\mathrm{EIG}(\alpha(f)) = \varphi_\alpha^*(\mathrm{EIG}f)$, $\mathrm{SPEK}(\alpha(f)) = \varphi_\alpha^*(\mathrm{SPEK}f)$ und insbesondere $\mathrm{spek}(\alpha(f)) \supseteq \{\alpha(a) : a \in \mathrm{spek}f\}$. (Vgl. auch Aufgabe 20.)

31. Auf dem Raum $V := K^{\mathbb{N}}$ der Folgen mit Werten in K betrachten wir den Verschiebungsoperator v mit $F \mapsto vF := (n \mapsto F(n+1))$, vgl. §64, Aufgabe 40. Genügt ein $F \in K^{\mathbb{N}}$ einer Rekursionsgleichung $\alpha(v)F = 0$ mit $\alpha \in K[X]$, $\alpha \neq 0$, so heißt das Minimalpolynom α_F von F auch das minimale Rekursionspolynom von F.

a) Ist $\alpha(v)F = 0$ und $\alpha \in K[X]$ ein normiertes Polynom vom Grade m, so ist $\alpha = \alpha_F$ genau dann, wenn die Hankelsche Determinante $\mathrm{H}_m^{(0)}(F) \neq 0$ ist. In diesem Fall ist v^iF, $i = 0,\ldots,m-1$, eine K–Basis aller Folgen $G \in K^{\mathbb{N}}$, die der Rekursionsgleichung $\alpha(v)G = 0$ genügen.

b) Für $a \in K$ ist $V(a;v)$ der Raum der geometrischen Folgen mit dem Quotienten a, vgl. §64, Aufgabe 40. Der Raum $V^\mu(a;v)$, $\mu \in \mathbb{N}$, ist der Raum der geometrischen Folgen vom Grade $< \mu$ mit dem Quotienten a. Er hat die Basis

$$\left(\binom{n}{i} a^{n-i}\right)_{n \in \mathbb{N}}, \quad i = 0,\ldots,\mu-1,$$

bzw. bei $\mathrm{Char}K = 0$ und $a \neq 0$ auch die Basis $(n^i a^n)_{n\in\mathbb{N}}$, $i = 0,\ldots,\mu-1$, siehe loc.cit. Ist $\alpha = (X-a_1)^{\mu_1}\cdots(X-a_r)^{\mu_r}$ mit paarweise verschiedenen $a_1,\ldots,a_r \in K$, so ist der Raum der Folgen F mit der Rekursionsgleichung $\alpha(v)F = 0$ die direkte Summe $V^{\mu_1}(a_1;v) \oplus \cdots \oplus V^{\mu_r}(a_r;v)$.

c) Sei $\alpha = (X-a_1)\cdots(X-a_r)$ mit paarweise verschiedenen $a_1,\ldots,a_r \in K$ und

$$\prod_{\substack{i=1\\ i\neq j}}^{r} \frac{X-a_i}{a_j-a_i} = \frac{\alpha}{(X-a_j)} \cdot \frac{1}{\alpha'(a_j)} = \sum_{i=0}^{r-1} a_{ij} X^i,$$

$j = 1,\ldots,r$, mit $a_{ij} \in K$. Genügt $F \in K^{\mathbb{N}}$ der Rekursionsgleichung $\alpha(v)F = 0$ und den Anfangsbedingungen $F(n) = c_n$, $n = 0,\ldots,r-1$, so ist

$$F(n) = (c_0,\ldots,c_{r-1}) \begin{pmatrix} a_{01} & \cdots & a_{0,r-1} \\ \vdots & \ddots & \vdots \\ a_{r-1,1} & \cdots & a_{r-1,r-1} \end{pmatrix} \begin{pmatrix} a_1^n \\ \vdots \\ a_r^n \end{pmatrix}, \quad n \in \mathbb{N},$$

wobei die rechte Seite als Matrizengleichung zu lesen ist.

d) Ist $\alpha \in K[X]$ ein normiertes quadratisches Polynom mit den verschiedenen Nullstellen a_1, a_2, so ist

$$F(n) = \frac{1}{a_2 - a_1}((c_0 a_2 - c_1)a_1^n + (-c_0 a_1 + c_1)a_2^n), \quad n \in \mathbb{N},$$

für eine Folge $F \in K^{\mathbb{N}}$ mit $\alpha(v)F = 0$ und $F(0) = c_0$, $F(1) = c_1$. Hat α die doppelte Nullstelle a, so ist

$$F(n) = c_0 a^n + (c_1 - c_0 a) n a^{n-1}, \quad n \in \mathbb{N}.$$

Für die Fibonacci-Folge $(f_n) \in \mathbb{R}^{\mathbb{N}}$ mit $f_0 = f_1 = 1$ und $f_{n+2} = f_{n+1} + f_n$, $n \in \mathbb{N}$, leite man die Binetschen Formeln her:

$$f_n = \frac{1}{\sqrt{5}}\left(\left(\frac{1+\sqrt{5}}{2}\right)^{n+1} - \left(\frac{1-\sqrt{5}}{2}\right)^{n+1}\right), \quad n \in \mathbb{N}.$$

32. Folgende Aussagen sind äquivalent: (1) Die Folge $F \in K^{\mathbb{N}}$ genügt einer linearen Rekursionsgleichung $\alpha(v)F = 0$ mit einem Polynom $\alpha \in K[X]$, $\alpha \neq 0$. (2) Es gibt ein $r \in \mathbb{N}$ derart, daß sämtliche Hankelschen Determinanten $\mathrm{H}_{r+1}^{(k)}(F)$, $k \in \mathbb{N}$, verschwinden. (Vgl. §64, Aufgabe 39.) — Sind diese Bedingungen erfüllt, so gilt: Ist $m \in \mathbb{N}$ die kleinste Zahl mit $\mathrm{H}_{m+1}^{(k)}(F) = 0$ für alle $k \in \mathbb{N}$, so ist m der Grad des minimalen Rekursionspolynoms α_F von F, und es ist $\mathrm{H}_m^{(0)}(F) \neq 0$. (Zum Beweis von (2)⇒(1) zeige man zunächst folgende Hilfsaussage: Sei $\mathbf{A} = {}^t\mathbf{A} \in \mathsf{M}_{n+1}(K)$ eine symmetrische Matrix mit verschwindender Determinante. Verschwindet der Kofaktor von $\mathbf{A}$ zur Stelle $(n+1, n+1)$, so verschwindet auch der Kofaktor zur Stelle $(n+1, 1)$. Weiter kann man dann annehmen, daß *alle* Hankelschen Determinanten $\mathrm{H}_r^{(k)}(F)$, $k \in \mathbb{N}$, von 0 verschieden sind.)

33. (Periodische Folgen) Eine Folge $F \in K^{\mathbb{N}}$ heißt periodisch, wenn es ein $s \in \mathbb{N}_+$ und ein $r \in \mathbb{N}$ mit $F(n+s) = F(n)$ für alle $n \geq r$ gibt. Ist dabei $r = 0$, so heißt F streng periodisch mit einer Periodenlänge s. Ist s_0 für eine streng periodische Folge die kleinste (positive) Periodenlänge, so sind alle anderen Periodenlängen Vielfache von s_0. Eine Folge $F \in K^{\mathbb{N}}$ ist genau dann periodisch, wenn sie einer Rekursionsgleichung $\alpha(v)F = 0$ mit einem Polynom $\alpha = X^r(X^s - 1)$, $r \in \mathbb{N}$, $s \in \mathbb{N}_+$, genügt, und genau dann streng periodisch, wenn $\alpha(v)F = 0$ ist mit einem $\alpha = X^s - 1$, $s \in \mathbb{N}_+$.

a) Genau dann ist $F \in K^{\mathbb{N}}$ streng periodisch, wenn das minimale Rekursionspolynom α_F von F folgende Eigenschaft besitzt: Die Restklasse x von X in der Restklassenalgebra $K[X]/K[X]\alpha_F = K[x]$ ist eine Einheit mit einer positiven Ordnung in der Einheitengruppe $K[x]^\times$. In diesem Fall ist $\operatorname{Ord} x$ die kleinste positive Periodenlänge von F.

b) Sei $K = \mathsf{K}_q$ ein Körper mit $q(\in \mathbb{N}_+)$ Elementen. Jede Folge $F \in K^{\mathbb{N}}$, die einer Rekursionsgleichung $\alpha(v)F = 0$ mit $\alpha \in K[X]$, $\alpha \neq 0$, genügt, ist periodisch und überdies streng periodisch, wenn $\alpha(0) \neq 0$ ist. Ist $\alpha_F(0) \neq 0$ und $\operatorname{Grad} \alpha_F = m$, so ist die minimale positive Periodenlänge $\leq q^m - 1$ und genau dann $= q^m - 1$, wenn α_F ein primitives Primpolynom ist (vgl. §65, Aufgabe 14). (Beispiel. $X^{15} + X + 1$ ist ein primitives Primpolynom über K_2. Durch $F(n+15) = F(n) + F(n+1)$, $n \in \mathbb{N}$, und beliebige Anfangswerte $F(0), \ldots, F(14) \in \mathsf{K}_2$, die nicht alle verschwinden, wird eine streng periodische 0–1–Folge F der minimalen Periodenlänge $2^{15} - 1$ definiert.)

c) Man betrachte die Fibonacci-Folge (f_n) (mit $f_0 = f_1 = 1$ und $f_{n+2} = f_{n+1} + f_n$) modulo der Zahlen 10,11 bzw. 13 und bestimme jeweils die minimale Periodenlänge. (Die minimalen Periodenlängen der Fibonacci-Folge modulo

$10^1, 10^2, 10^3, 10^4, 10^5, \ldots$ sind $60, 300, 1500, 15000, 150000, \ldots$ (Beweis!).)

34. Das normierte Polynom $\alpha \in \mathbb{C}[X]$ vom Grade $m \geq 1$ besitze die dominante Nullstelle $a \in \mathbb{C}$, $a \neq 0$, d.h. es sei $\alpha(a) = 0$ und $|b| < |a|$ für alle Nullstellen b von α mit $b \neq a$. Ist $F \in \mathbb{C}^{\mathbb{N}}$ eine Folge mit dem minimalen Rekursionspolynom $\alpha_F = \alpha$, so ist $F(n) \neq 0$ für genügend große n und

$$\lim_{n \to \infty} \frac{F(n+1)}{F(n)} = a\,.$$

(Formel von Bernoulli. — Beispiel. Genügt F den Anfangsbedingungen $F(0) = \cdots = F(m-2) = 0$, $F(m-1) = 1$ und der Gleichung $\alpha(v)F = 0$, so ist $\alpha = \alpha_F$. In günstigen Fällen liefern die Quotienten $F(n+1)/F(n)$ sehr schnell gute Approximationen von a. Man teste dies etwa für $\alpha := X^2 - 2X - (a-1)$, $a \in \mathbb{R}_+$, oder für $\alpha := X^m - X - 1$, $m \geq 2$.)

35. Seien $a, b, c \in \mathbb{C}$ und $bc \neq 0$. Sei $\mathbf{D}_n$ die komplexe $(n \times n)$-Matrix

$$\begin{pmatrix} a & b & 0 & \cdots & 0 & 0 \\ c & a & b & \cdots & 0 & 0 \\ 0 & c & a & \cdots & 0 & 0 \\ \vdots & \vdots & \vdots & \ddots & \vdots & \vdots \\ 0 & 0 & 0 & \cdots & a & b \\ 0 & 0 & 0 & \cdots & c & a \end{pmatrix}.$$

a) Die Eigenwerte von $\mathbf{D}_n$ sind die n Zahlen

$$a_\nu := a + 2\sqrt{bc}\cos\frac{\pi\nu}{n+1}\,, \quad \nu = 1, \ldots, n\,.$$

(Ohne Einschränkung sei $a = 0$. Sei $\lambda \in \mathbb{C}$ mit $\lambda^2 \neq 4bc$. Dann gilt für $D_n(\lambda) := \operatorname{Det}(\lambda\mathbf{E}_n - \mathbf{D}_n)$:

$$D_0(\lambda) = 1, D_1(\lambda) = \lambda, \; D_{i+2}(\lambda) = \lambda D_{i+1}(\lambda) - bcD_i(\lambda)\,, \; i \geq 0\,,$$

vgl. §64, Aufgabe 9, folglich $D_n(\lambda) = (\lambda_1^{n+1} - \lambda_2^{n+1})/(\lambda_1 - \lambda_2)$, wobei λ_1, λ_2 die zwei (verschiedenen) Wurzeln der Gleichung $X^2 - \lambda X + bc$ sind, vgl. Aufgabe 31d). Jetzt bestimme man λ so, daß $\lambda_1^{n+1} = \lambda_2^{n+1}$ ist.)

b) Ein Eigenvektor zum Eigenwert a_ν ist der Vektor mit den Komponenten

$$\left(\sqrt{\frac{c}{b}}\right)^{i-1} \sin\frac{\pi\nu i}{n+1}\,, \quad i = 1, \ldots, n\,.$$

36. Sei f ein Operator auf dem K-Vektorraum V. Für jedes normierte Primpolynom $\pi \in K[X]$ und jedes $\mu \in \mathbb{N} \cup \{\infty\}$ ist $\operatorname{Dim}_K V^\mu(\pi; f)$ ein Vielfaches von $\operatorname{Grad}\pi$. (Für $\mu \in \mathbb{N}$ beachte man, daß $V^{\mu+1}(\pi; f)/V^\mu(\pi; f)$ von $\pi(f)$ annulliert wird und deshalb ein Vektorraum über dem Körper $K[X]/(\pi)$ ist. Man benutze ferner 27.2.)

§67 Trigonalisieren und Diagonalisieren

In diesem Paragraphen bezeichnet K wieder stets einen Körper. Wir betrachten einige spezielle Typen von Operatoren auf Vektorräumen.

Definition Ein Operator f auf dem K-Vektorraum V heißt auflösbar oder trigonalisierbar, wenn V die Summe der Räume $V(a;f)$, $a \in K$, ist. f heißt diagonalisierbar, wenn V die Summe der Eigenräume $V^1(a;f)$, $a \in K$, von f ist.

Jeder diagonalisierbare Operator ist auflösbar. Jeder auflösbare Operator ist lokal endlich. Da für einen algebraisch abgeschlossenen Körper die Räume $V(a;f)$ eines Operators f mit den Primärkomponenten übereinstimmen, ist in diesem Fall auch jeder lokal endliche Operator auflösbar:

67.1 *Ein Operator auf einem Vektorraum über einem algebraisch abgeschlossenen Körper ist genau dann auflösbar, wenn er lokal endlich ist.*

Da man jeden Körper K nach 56.22 in einen algebraisch abgeschlossenen Körper L einbetten kann, läßt sich durch eine Grundkörpererweiterung von K nach L aus einem beliebigen lokal endlichen Operator f über K ein auflösbarer Operator $f_{(L)}$ über L gewinnen, siehe 66.10.

Allgemein werden die auflösbaren Operatoren durch folgenden Satz beschrieben:

67.2 Charakterisierung der auflösbaren Operatoren *Sei f ein Operator auf dem K-Vektorraum V. Folgende Aussagen sind äquivalent:*

(1) *f ist auflösbar.*

(2) *V ist die direkte Summe der Räume $V(a;f)$, $a \in K$:*

$$V = \bigoplus_{a \in K} V(a;f).$$

Ist f endlich, so sind diese Bedingungen äquivalent mit der folgenden:

(3) *Das Minimalpolynom μ_f von f zerfällt in Linearfaktoren.*

Beweis. 67.2 folgt direkt aus 66.1 und 66.2. •

67.3 Korollar *Sei f ein Operator auf dem endlichdimensionalen K-Vektorraum V. Folgende Aussagen sind äquivalent:*

(1) *f ist auflösbar.*

(2) *μ_f zerfällt in Linearfaktoren.*

(3) *χ_f zerfällt in Linearfaktoren.*

(4) *Es gibt eine Kette $0 = V_0 \subset V_1 \subset \cdots \subset V_n = V$ von f-invarianten Unterräumen $V_i \subseteq V$ mit $\mathrm{Dim}_K V_i/V_{i-1} = 1$, $i = 1, \ldots, n$.*

(5) *Es gibt eine K-Basis von V derart, daß die Matrix von f bezüglich dieser Basis eine obere Dreiecksmatrix ist.*

B e w e i s. Die Äquivalenz von (1), (2), (3) ergibt sich aus 67.2 und daraus, daß μ_f und χ_f dieselben Primteiler haben. Die Äquivalenz von (4) und (5) ist trivial, vgl. 40.13.

Aus (1) folgt (4): Seien $a_1, \ldots, a_r$ die verschiedenen Eigenwerte von f. Dann ist $V = V(a_1) \oplus \cdots \oplus V(a_r)$. Es genügt (4) für die Spektralräume $V(a_i)$ zu verifizieren. Wir können also $V = V(a)$ annehmen. Sei $0 = V^0(a) \subset V^1(a) \subset \cdots \subset V^\nu(a) = V(a) = V$. Dann erfüllt jede maximale Kette $0 = V_0 \subset V_1 \subset \cdots \subset V_n = V$, welche die $V^\mu(a)$, $\mu = 0, \ldots, \nu$ enthält, die Bedingung (4). Ist nämlich U ein Unterraum von V mit $V^\mu(a) \subseteq U \subseteq V^{\mu+1}(a)$ und ist $x \in U$, so ist $(f - a\,\mathrm{id})(x) \in V^\mu(a)$, also $f(x) - ax \in V^\mu(a) \subseteq U$ und $f(x) \in U$. Damit ist U invariant unter f. — Aus (5) folgt (3), vergleiche §64, Beispiel 5. •

Bemerkung 1 Die Bedingung (5) in 67.3 erklärt die Bezeichnung "trigonalisierbare Operatoren" für auflösbare Operatoren. Man beweist die Implikation (3)⇒(4) (oder (2)⇒(4)) in 67.3 auch leicht durch Induktion über $\mathrm{Dim}_K V$: Ist (3) erfüllt und $V \neq 0$, so besitzt f einen Eigenvektor x. Sei $V_1 := Kx$. Der von f auf $\overline{V} := V/V_1$ induzierte Operator $\overline{f}$ besitzt wegen $\chi_{\overline{f}} | \chi_f$ ebenfalls die Eigenschaft (3). Ist $0 = V_1/V_1 \subset \cdots \subset V_n/V_1 = \overline{V}$ eine maximale $\overline{f}$-invariante Kette in $\overline{V}$, so ist $0 = V_0 \subset V_1 \subset \cdots \subset V_n = V$ eine maximale f-invariante Kette in V. — Man kann die Induktionsvoraussetzung aber auch auf die Beschränkung von f auf eine f-invariante Hyperebene (die nach §66, Aufgabe 23 existiert) anwenden.

Definition Sei V ein endlichdimensionaler K-Vektorraum. Eine maximale Kette $0 = V_0 \subset V_1 \subset \cdots \subset V_n = V$ von K-Untervektorräumen von V heißt eine F a h n e in V. Sind die Unterräume V_i, $i = 0, \ldots, n$, der Fahne invariant unter einem Operator f auf V, so heißt die Fahne f - i n v a r i a n t.

Mit dieser Definition läßt sich die Äquivalenz von (1) und (4) in 67.3 so formulieren: *Ein Operator f auf einem endlichdimensionalen K-Vektorraum ist genau dann auflösbar, wenn es eine f-invariante Fahne in V gibt.*

Beispiel 1 Sei f ein Operator auf einem endlichdimensionalen K-Vektorraum. Durch Übergang zu einem geeigneten Erweiterungskörper L von K kann man stets erreichen, daß der Operator $f_{(L)}$ über L auflösbar wird. Man hat nur darauf zu achten, daß μ_f oder χ_f in $L[X]$ in Linearfaktoren zerfällt. Nach dem Satz 54.10 von K r o n e c k e r erreicht man dies sogar schon über einem passenden *endlichen* Erweiterungskörper L von K. Für Matrizen besagt dies, *daß eine endliche Matrix $\mathbf{A} \in \mathsf{M}_I(K)$ in $\mathsf{M}_I(L)$, wobei L ein geeigneter (endlicher) Erweiterungskörper* *von K ist, zu einer Dreiecksmatrix ähnlich ist.* Durch solch eine Körpererweiterung lassen sich Berechnungen für Operatoren und Matrizen häufig wesentlich vereinfachen.

Ein typisches Beispiel ist der folgende Satz:

67.4 Satz *Seien V ein endlicher K-Vektorraum der Dimension n, $f \in \operatorname{End}_K V$ und L ein Erweiterungskörper von K, über dem χ_f in Linearfaktoren zerfällt:*

$$\chi_f = (X - a_1) \cdots (X - a_n).$$

Für ein beliebiges Polynom $\alpha \in K[X]$ gilt dann:

$$\chi_{\alpha(f)} = (X - \alpha(a_1)) \cdots (X - \alpha(a_n)).$$

Insbesondere ist

$$\operatorname{Det} \alpha(f) = \alpha(a_1) \cdots \alpha(a_n), \quad \operatorname{Sp} \alpha(f) = \alpha(a_1) + \cdots + \alpha(a_n).$$

Beweis. Es ist $\chi_f = \chi_{f_{(L)}}$ und $\chi_{\alpha(f)} = \chi_{\alpha(f)_{(L)}}$. Wir können also $K = L$ annehmen. Dann besitzt V eine Basis, in der die Matrix $\mathbf{A}$ von f eine obere Dreiecksmatrix ist. Die Diagonalelemente sind (bis auf die Reihenfolge) $a_1, \ldots, a_n$. Die obere Dreiecksmatrix $\alpha(\mathbf{A})$ von $\alpha(f)$ hat dann in der Diagonalen die Elemente $\alpha(a_1), \ldots, \alpha(a_n)$, woraus die Behauptungen folgen. •

Bemerkung 2 Satz 67.4 gilt analog für beliebige kommutative Ringe:

67.5 Satz *Seien V ein freier Modul des Ranges n über dem kommutativen Ring A, $f \in \operatorname{End}_A V$ und C ein kommutativer Oberring von A, über dem χ_f in Linearfaktoren zerfällt:*

$$\chi_f = (X - a_1) \cdots (X - a_n).$$

Für ein beliebiges Polynom $\alpha \in A[X]$ gilt dann

$$\chi_{\alpha(f)} = (X - \alpha(a_1)) \cdots (X - \alpha(a_n)).$$

Beweis. Ohne Einschränkung sei $A = C$. Wir benutzen folgendes Lemma, das in §64, Aufgabe 33 bewiesen wurde.

67.6 Lemma *Sind f, g zwei Operatoren auf einem endlichen freien Modul über dem kommutativen Ring A mit $\chi_f = \chi_g$, so ist $\chi_{\alpha(f)} = \chi_{\alpha(g)}$ für alle $\alpha \in A[X]$.*

Für einen Operator f mit einer Diagonalmatrix $\operatorname{Diag}(a_1, \ldots, a_n)$ in einer geeigneten Basis ist 67.5 aber trivial. •

Ein Beispiel zu 67.5: Sei ψ ein normiertes Polynom vom Grade n über dem kommutativen Ring A, das über dem kommutativen Oberring C von A in Linearfaktoren zerfällt:

$$\psi = (X - a_1) \cdots (X - a_n),$$

$a_1, \ldots, a_n \in C$. Für ein beliebiges Polynom $\alpha \in A[X]$ ist dann nach §54, Aufgabe 36 das Polynom

$$\psi_\alpha := (X - \alpha(a_1)) \cdots (X - \alpha(a_n))$$

mit den Nullstellen $\alpha(a_1), \ldots, \alpha(a_n) \in C$ ein Polynom in $A[X]$. Mit 67.5 läßt sich dieses Polynom direkt mit Hilfe der Koeffizienten von ψ in A angeben: Es ist $\psi_\alpha = \chi_{\alpha(\mathbf{A})}$, wobei $\mathbf{A} \in \mathsf{M}_n(A)$ die Begleitmatrix zu ψ ist. Insbesondere ist $\chi_{\mathbf{A}^r}$

für $r \in \mathbb{N}$ das Polynom mit den Nullstellen $a_1^r, \ldots, a_n^r$. (Zur Berechnung von $\chi_{\mathbf{A}^r}$ vergleiche auch die Bemerkung in §64, Aufgabe 30.)

Sei f ein auflösbarer Operator auf dem K–Vektorraum V. Die Zerlegung

$$V = \bigoplus_{a \in K} V(a; f)$$

von V gemäß 67.2 heißt die Spektralzerlegung von V bezüglich f, und die Familie

$$P_a, \ a \in K,$$

der Projektionen von V, die zu der Spektralzerlegung (nach 39.9) gehört, die Spektralschar von f.

Es ist $P_a = 0$ genau dann, wenn a kein Eigenwert oder — was dasselbe ist — wenn a kein Spektralwert von f ist. Ist f endlich, so ist $P_a = 0$ für alle $a \in K$, die keine Nullstellen von μ_f sind. In diesem Fall sind die Projektionen P_a der Spektralschar von f nach 66.4 Polynome in f. Für jeden auflösbaren Operator f gilt

$$f = \sum_{a \in K} f P_a = \sum_{a \in K} P_a f .$$

Diese Darstellung heißt auch die Spektralzerlegung von f. Man beachte, daß $P_a f = f P_a$ für alle $a \in K$ ist. Allgemeiner: *Jede Projektion P_a der Spektralschar von f kommutiert mit allen Operatoren auf V, die mit f kommutieren, da diese die Spektralräume $V(a; f)$ invariant lassen!*

Der folgende Satz charakterisiert die diagonalisierbaren Operatoren. Definitionsgemäß ist der Operator f genau dann diagonalisierbar, wenn er auflösbar ist und $\nu(a; f) \leq 1$ für alle $a \in K$ gilt. Aus 66.1, 66.2 und 66.6 folgt daher direkt:

67.7 Charakterisierung der diagonalisierbaren Operatoren *Sei f ein Operator auf dem K-Vektorraum V. Dann sind äquivalent:*

(1) *f ist diagonalisierbar.*

(2) *V ist die direkte Summe der Eigenräume $V^1(a; f)$, $a \in K$:*

$$V = \bigoplus_{a \in K} V^1(a; f) .$$

Ist f endlich, so sind (1) *bzw.* (2) *äquivalent mit der folgenden Bedingung:*

(3) *Das Minimalpolynom μ_f von f zerfällt in einfache Linearfaktoren.*

Ist V endlichdimensional, so sind diese Aussagen äquivalent zu:

(4) *Das charakteristische Polynom χ_f von f zerfällt in Linearfaktoren, und es ist $\mathrm{Dim}_K V^1(a; f)$ gleich der Vielfachheit von a in χ_f für jede Nullstelle a von χ_f.*

Sei f ein diagonalisierbarer Operator auf V. Dann besitzt V ein Erzeugendensystem und folglich eine Basis aus Eigenvektoren. Ist V überdies endlichdimensional, so ist die Matrix von f bezüglich einer Basis aus Eigenvektoren eine Diagonalmatrix. *Ein Operator auf einem endlichdimensionalen Vektorraum ist also genau dann diagonalisierbar, wenn er in einer geeigneten Basis mit einer Diagonalmatrix beschrieben wird.* Dies erklärt auch die Bezeichnung "diagonalisierbarer Operator". Sei weiter f diagonalisierbar. P_a, $a \in K$, sei die Spektralschar von f. Offenbar ist dann $fP_a = P_af = aP_a$ für alle $a \in K$ und die Spektralzerlegung von f hat die einfache Gestalt

$$f = \sum_{a \in K} aP_a\,.$$

Sei nun f nur auflösbar mit der Spektralschar P_a, $a \in K$. Der Operator

$$g := \sum_{a \in K} aP_a$$

ist diagonalisierbar, und die Differenz

$$h := f - g = \sum_{a \in K} (f - a\,\mathrm{id})P_a$$

ist lokal nilpotent. Dabei heißt ein Operator h auf dem K-Vektorraum V l o k a l n i l p o t e n t, wenn zu jedem $x \in V$ ein $\mu \in \mathbb{N}$ mit $h^\mu(x) = 0$ existiert, d.h. wenn $V = V(0; h)$ ist.

Daß der oben konstruierte Operator $h = f - g$ lokal nilpotent ist, braucht nur auf den Spektralräumen $V(a; f) = \bigcup_{\mu \in \mathbb{N}} V^\mu(a; f)$ geprüft zu werden. Es ist aber $h^\mu(V^\mu(a; f)) = (f - a\,\mathrm{id})^\mu(V^\mu(a; f)) = 0$. Damit sind die Aussagen (1) und (2) des folgenden Satzes bewiesen.

67.8 Kanonische Zerlegung eines auflösbaren Operators *Sei f ein auflösbarer Operator auf dem K-Vektorraum V. Dann gibt es Operatoren $g, h \in \mathrm{End}_K V$ mit folgenden Eigenschaften:*

(1) *Es ist $f = g + h$.*

(2) *g ist diagonalisierbar, und h ist lokal nilpotent.*

(3) *g und h sind vertauschbar.*

Durch (1), (2), (3) *sind g und h eindeutig festgelegt. Jeder mit f vertauschbare Operator auf V ist auch mit g und h vertauschbar. Jeder f-invariante Unterraum von V ist auch g-invariant und h-invariant. Ist f endlich, so sind g und h Polynome in f.*

B e w e i s. Wir brauchen nur noch (3) und die Zusätze zu beweisen. Da P_a und f für alle $a \in K$ vertauschbar sind, sind f und g und damit auch $h = f - g$ und g vertauschbar. Das beweist (3).

Jeder mit f vertauschbare Operator bildet die Räume $V(a; f)$ in sich ab. Daraus folgt, daß er mit g und dann auch mit h vertauschbar ist. Ist der

Unterraum U invariant unter f, so ist $U(a; f|U) \subseteq V(a; f)$. Es folgt, daß U invariant unter g und damit auch invariant unter h ist. Ist schließlich f endlich, so sind die Projektionen P_a, $a \in K$, Polynome in f und folglich auch g und h.

Nun zur Eindeutigkeit von g und h: Seien g_1 und h_1 Operatoren mit den Eigenschaften (1), (2), (3). Wegen (3) sind g_1 und h_1 mit f vertauschbar und lassen sich auf die Räume $V(a; f)$ einschränken. Für diese Einschränkungen gilt ebenfalls (2). In $V(a; f)$ hat man $g_1 - a\,\mathrm{id} = f - h_1 - a\,\mathrm{id} = h - h_1$. h_1 ist mit $g_1 - a\,\mathrm{id}$ vertauschbar und somit auch mit h. Aus 15.4(2) folgt leicht, daß auch $h - h_1$ lokal nilpotent ist. $g_1 - a\,\mathrm{id}$ ist also auf $V(a; f)$ lokal nilpotent und diagonalisierbar, d.h. aber es ist $g_1 - a\,\mathrm{id} = 0$ auf $V(a; f)$. Es folgt $g_1 = \sum_{a \in K} aP_a = g$ und $h_1 = f - g_1 = f - g = h$. •

Die Zerlegung $f = g + h$ eines auflösbaren Operators f im Sinne von Satz 67.8 heißt die kanonische Zerlegung von f. Dabei heißen g bzw. h der diagonalisierbare bzw. lokal nilpotente Bestandteil oder die diagonalisierbare bzw. lokal nilpotente Komponente von f. Ist f endlich, so ist h nilpotent und man spricht vom nilpotenten Bestandteil oder von der nilpotenten Komponente. Vielfach wird die kanonische Zerlegung auch die Jordan- oder Jordan-Chevalley-Zerlegung genannt.

67.9 Korollar *Seien f ein Operator auf dem K-Vektorraum V und U ein f-invarianter Unterraum. Genau dann ist f auflösbar, wenn die Einschränkung $f|U$ von f auf U und der von f auf $\overline{V} := V/U$ induzierte Operator $\overline{f}$ auflösbar sind. In diesem Fall ist*

$$\mathrm{spek} f = \mathrm{spek}(f|U) \cup \mathrm{spek}\overline{f}\,.$$

Ist ferner in diesem Fall $f = g + h$ die kanonische Zerlegung von f, so sind $f|U = g|U + h|U$ bzw. $\overline{f} = \overline{g} + \overline{h}$ die kanonischen Zerlegungen von $f|U$ bzw. $\overline{f}$. Dabei bezeichnen $\overline{g}$ und $\overline{h}$ die von g und h auf $\overline{V}$ induzierten Operatoren.

Beweis. Die ersten Behauptungen folgen direkt aus 66.7 und §66, Aufgabe 18. Sei $f = g + h$ die kanonische Zerlegung von f. Dann sind $g|U$ und $\overline{g}$ diagonalisierbar und $h|U$ und $\overline{h}$ lokal nilpotent, ebenfalls nach 66.7. Da damit sowohl $g|U$ und $h|U$ für $f|U$ als auch $\overline{g}$ und $\overline{h}$ für $\overline{f}$ jeweils die Bedingungen (1), (2), (3) von 67.8 erfüllen, ergibt sich die Behauptung aus 67.8. •

Zum Schluß beweisen wir zwei Sätze über die simultane Diagonalisierbarkeit bzw. Trigonalisierbarkeit von Operatoren. Seien V ein K-Vektorraum und $f_i \in \mathrm{End}_K V$, $i \in I$, eine Familie von Operatoren auf V. Man sagt, f_i, $i \in I$, sei diagonalisierbar oder die Operatoren f_i, $i \in I$, seien simultan diagonalisierbar, wenn es eine Basis von V gibt, deren Elemente Eigenvektoren für alle f_i sind. Dies ist äquivalent damit, daß es eine direkte Summenzerlegung $V = \bigoplus_{j \in J} U_j$ von V mit Unterräumen $U_j \subseteq V$ gibt derart, daß jedes f_i auf jedem U_j wie eine Homothetie operiert. Dann gilt dies auch für jeden Operator aus der von den f_i, $i \in I$, erzeugten K–Unteralgebra in $\mathrm{End}_K V$. Mit f_i, $i \in I$, ist also auch die davon erzeugte Unteralgebra in $\mathrm{End}_K V$ diagonalisierbar. Sind zwei Operatoren simultan diagonalisierbar, so kommutieren sie offensichtlich. Umgekehrt gilt:

67.10 Simultane Diagonalisierbarkeit *Seien V ein K-Vektorraum und $f_1, \ldots, f_r \in \mathrm{End}_K V$ diagonalisierbare Operatoren, die paarweise kommutieren. Dann ist $K[f_1, \ldots, f_r]$ diagonalisierbar.*

Beweis. Sei $P_a^{(i)}$, $a \in K$, die Spektralschar von f_i, $i = 1, \ldots, r$. Die $P_a^{(i)}$, $a \in K$, $i \in \{1, \ldots, r\}$, kommutieren paarweise. Die Familie

$$P_{a_1}^{(1)} \cdots P_{a_r}^{(r)}\,, \quad (a_1, \ldots, a_r) \in K^r\,,$$

ist daher eine Familie von Projektionen, die die Bedingungen (1) und (2) von 39.9 erfüllt. Da f_i auf $\mathrm{Bild}(P_{a_1}^{(1)} \cdots P_{a_r}^{(r)})$ wie die Homothetie mit a_i operiert, folgt die Behauptung. •

Sei der K–Vektorraum V jetzt *endlichdimensional*. Eine Familie $f_i \in \mathrm{End}_A V$, $i \in I$, heißt trigonalisierbar, wenn es eine maximale Kette (also eine Fahne) $0 = V_0 \subset V_1 \subset \cdots \subset V_n = V$, $n := \mathrm{Dim}_K V$, gibt, die invariant unter allen f_i, $i \in I$, ist. Dies ist äquivalent damit, daß es eine Basis $x_1, \ldots, x_n$ von V gibt, bezüglich der die Matrix eines jeden f_i, $i \in I$, eine obere Dreiecksmatrix ist. Letzteres gilt dann für alle $f \in K[f_i]_{i \in I}$. Man sagt auch, die Operatoren f_i, $i \in I$, seien simultan trigonalisierbar.

67.11 Simultane Trigonalisierbarkeit *Seien V ein endlichdimensionaler K-Vektorraum und f_i, $i \in I$, eine Familie paarweise kommutierender trigonalisierbarer Operatoren auf V. Dann ist $K[f_i : i \in I]$ trigonalisierbar.*

Beweis. $K[f_i : i \in I] \subseteq \mathrm{End}_K V$ ist endlichdimensional. Es genügt daher, eine endliche Familie $f_1, \ldots, f_r$ zu betrachten. Wir schließen durch Induktion über $\mathrm{Dim}_K V$. Sei $V \neq 0$. Es genügt, einen Vektor $x \in V$ zu finden, der Eigenvektor für alle $f_1, \ldots, f_r$ ist. Ist dann nämlich $V_1 := Kx$ und $0 = V_1/V_1 \subset V_2/V_1 \subset \cdots \subset V_n/V_1$ eine Fahne in V/V_1, deren Elemente invariant unter den induzierten Operatoren $\overline{f}_1, \ldots, \overline{f}_r$ sind, so ist $0 = V_0 \subset V_1 \subset V_2 \subset \cdots \subset V_n = V$ eine maximale Kette in V, deren Elemente invariant unter $f_1, \ldots, f_r$ sind (vgl. auch Bemerkung 1). Um x zu finden, sei E_1 ein Eigenraum $\neq 0$ von f_1, E_2 ein Eigenraum $\neq 0$ von $f_2|E_1, \ldots, E_r$ ein Eigenraum $\neq 0$ von $f_r|E_{r-1}$. Für x kann man dann jeden Vektor $\neq 0$ in E_r wählen. Man beachte bei dieser Konstruktion noch, daß die E_i jeweils invariant unter den $f_1, \ldots, f_r$ sind, da diese paarweise kommutieren. •

Bemerkung 3 Satz 67.11 läßt sich auf nicht notwendig kommutative auflösbare Lie–Unteralgebren von $\mathrm{End}_K V$ verallgemeinern: Satz von S. Lie, s. Aufg. 34c).

Bemerkung 4 (Halbeinfache Operatoren) In Verallgemeinerung des Begriffs "diagonalisierbarer Operator" definiert man:

Definition Ein Operator f auf dem K-Vektorraum V heißt halbeinfach, wenn V die (direkte) Summe der Räume $V^1(\pi; f)$ ist, wobei π die Menge P der normierten Primpolynome von $K[X]$ durchläuft.

Ein halbeinfacher Operator ist lokal endlich. Ein lokal endlicher Operator f ist genau dann halbeinfach, wenn $\nu(\pi; f) \leq 1$ für alle $\pi \in P$ ist. Jeder diagonalisierbare Operator ist halbeinfach. Ist umgekehrt f auflösbar und halbeinfach, so ist f diagonalisierbar.

f ist genau dann halbeinfach, wenn V bezüglich der durch f definierten $K[X]$–Modul–Struktur ein halbeinfacher $K[X]$–Modul ist. (Man vergleiche auch Anhang V.G.) Dies besagt unter anderem der folgende Satz.

67.12 Satz *Sei f ein Operator auf dem K-Vektorraum V. Folgende Aussagen sind äquivalent:*

(1) *f ist halbeinfach.*

(2) *Jeder f-invariante Unterraum U von V besitzt ein f-invariantes Komplement.*

Ist f endlich, so sind diese Bedingungen äquivalent mit den folgenden:

(3) *Das Minimalpolynom μ_f von f ist reduziert.*

(4) *Die Algebra $K[f]$ ist reduziert.*

Beweis. Die Äquivalenz von (1) und (3) bei einem endlichen Operator folgt direkt aus 66.2. Die Äquivalenz von (3) und (4) folgt aus der Isomorphie $K[f] = K[X]/K[X]\mu_f$ und §58, Aufgabe 22. Es bleibt die Äquivalenz von (1) und (2) zu zeigen. Sei (1) erfüllt. Jede Primärkomponente $V(\pi; f) = V^1(\pi; f)$ wird von π annulliert und läßt sich daher als Vektorraum über $K[X]/K[X]\pi$ auffassen.

Ist $U \subseteq V$ invariant unter f, so ist $U(\pi; f|U) \subseteq V(\pi; f) = V^1(\pi; f)$ ein $(K[X]/K[X]\pi)$–Unterraum und besitzt daher ein Komplement U'_π in $U(\pi; f|U)$, das ebenfalls ein $(K[X]/K[X]\pi)$–Vektorraum und damit invariant unter f ist. $\bigoplus_{\pi \in P} U'_\pi$ ist ein f–invariantes Komplement von U in V.

Sei (2) erfüllt. Zunächst zeigen wir, daß f lokal endlich ist. Mit V erfüllt jeder f–invariante Unterraum die Bedingung (2), vgl. §39, Aufgabe 2. Wäre nun $x \in V$, $x \notin \mathrm{t}V_f$, so besäße in dem von x erzeugten f–invarianten Unterraum $V' := \sum_{i \in \mathbb{N}} Kf^i(x)$ außer 0 und V' kein f–invarianter Unterraum ein f–invariantes Komplement. Es bleibt $\nu(\pi; f) \leq 1$ für alle $\pi \in P$ zu zeigen. Bei $\nu(\pi; f) \geq 2$ für ein $\pi \in P$ wäre aber $V^1(\pi; f) \subset V^2(\pi; f)$, und zu $V^1(\pi; f)$ gäbe es in $V^2(\pi; f)$ kein f–invariantes Komplement. •

Schließlich sei wieder bemerkt, daß die in diesem Paragraphen für Operatoren entwickelten Begriffe auf endliche quadratische Matrizen $\mathbf{A} \in \mathsf{M}_I(K)$ mit Elementen in einem Körper K mittels der kanonischen Isomorphie $\mathsf{M}_I(K) = \mathrm{End}_K K^{(I)}$ übertragen werden. Dies versteht sich von selbst und braucht nicht weiter ausgeführt zu werden. So ist $\mathbf{A} \in \mathsf{M}_n(K)$ genau dann trigonalisierbar bzw. diagonalisierbar, wenn $\mathbf{A}$ zu einer oberen Dreiecksmatrix bzw. zu einer Diagonalmatrix ähnlich ist. Das ist genau dann der Fall, wenn das Minimalpolynom von $\mathbf{A}$ in Linearfaktoren bzw. einfache Linearfaktoren zerfällt.

Beispiel 2 (Lineare Differentialgleichungssysteme mit konstanten Koeffizienten) Sei $\mathbf{A} = (a_{ij}) \in \mathsf{M}_n(\mathbb{C})$. Zu $\mathbf{A}$ betrachten wir das Differentialgleichungssystem

$$\begin{aligned} \dot{y}_1 &= a_{11}y_1 + \cdots + a_{1n}y_n \\ &\cdots\cdots\cdots\cdots\cdots \\ \dot{y}_n &= a_{n1}y_1 + \cdots + a_{nn}y_n \,. \end{aligned}$$

Gesucht sind die Funktionentupel

$$y = \begin{pmatrix} y_1 \\ \vdots \\ y_n \end{pmatrix} \in \mathrm{C}^1_{\mathbb{C}}(I)^n \,,$$

$I \subseteq \mathbb{R}$ ein Intervall, für die diese Gleichungen gelten. Offenbar ist dann sogar $y \in \mathrm{C}^\infty_{\mathbb{C}}(I)^n$. Bezeichnen wir mit

$$\nabla_{\mathbf{A}} : \mathrm{C}^1_{\mathbb{C}}(I)^n \to \mathrm{C}^0_{\mathbb{C}}(I)^n$$

den Operator

$$y \mapsto Dy - \mathbf{A}y = (D - \mathbf{A})y \,,$$

wobei D die Differentiation ist, die jedem Tupel differenzierbarer Funktionen das Tupel der Ableitungen zuordnet, so ist Kern $\nabla_{\mathbf{A}}$ zu bestimmen. Trivialerweise gilt:

67.13 *Ist* $\mathbf{V} \in \mathsf{GL}_n(\mathbb{C})$, *so ist das folgende Diagramm kommutativ:*

$$\begin{array}{ccc} \mathrm{C}^1_{\mathbb{C}}(I)^n & \xrightarrow{\nabla_{\mathbf{A}}} & \mathrm{C}^0_{\mathbb{C}}(I)^n \\ \mathbf{V}\big\downarrow & & \big\downarrow\mathbf{V} \\ \mathrm{C}^1_{\mathbb{C}}(I)^n & \xrightarrow{\nabla_{\mathbf{VAV}^{-1}}} & \mathrm{C}^0_{\mathbb{C}}(I)^n \,. \end{array}$$

Mit Kern $\nabla_{\mathbf{VAV}^{-1}}$ kennt man daher auch Kern $\nabla_{\mathbf{A}}$:

$$\text{Kern}\, \nabla_{\mathbf{A}} = \mathbf{V}^{-1}(\text{Kern}\, \nabla_{\mathbf{VAV}^{-1}}) \,.$$

Zum Lösen des Gleichungssystems $\nabla_{\mathbf{A}} y = 0$ wird man also $\mathbf{V} \in \mathsf{GL}_n(\mathbb{C})$ so bestimmen, daß die zu $\mathbf{A}$ ähnliche Matrix $\mathbf{VAV}^{-1}$ eine möglichst einfache Gestalt hat. Wir können $\mathbf{V} \in \mathsf{GL}_n(\mathbb{C})$ nach 67.3 zum Beispiel so wählen, daß $\mathbf{VAV}^{-1}$ eine obere Dreiecksmatrix ist. Das Differentialgleichungssystem mit einer solchen Matrix hat die Gestalt

$$\begin{aligned} \dot{y}_1 &= a_{11}y_1 + a_{12}y_2 + \cdots + a_{1n}y_n \\ \dot{y}_2 &= \phantom{a_{11}y_1 + {}} a_{22}y_2 + \cdots + a_{2n}y_n \\ &\cdots\cdots\cdots\cdots\cdots\cdots \\ \dot{y}_n &= \phantom{a_{11}y_1 + a_{12}y_2 + \cdots + {}} a_{nn}y_n \end{aligned}$$

und kann leicht direkt gelöst werden. Der Lösungsraum hat die Dimension n. Eine Basis bestimmt man wie folgt sukzessive: Ist in

$$\begin{pmatrix} y_{22} \\ \vdots \\ y_{n2} \end{pmatrix}, \ldots, \begin{pmatrix} y_{2n} \\ \vdots \\ y_{nn} \end{pmatrix}$$

bereits eine Basis des Systems gefunden, bei dem die erste Gleichung unterdrückt wird, so bestimmt man $y_{12}, \ldots, y_{1n}$ so, daß die Tupel

$$\begin{pmatrix} y_{12} \\ \vdots \\ y_{n2} \end{pmatrix}, \ldots, \begin{pmatrix} y_{1n} \\ \vdots \\ y_{nn} \end{pmatrix}$$

Lösungen des Gesamtsystems sind, und fügt noch

$$\begin{pmatrix} y_{11} \\ \vdots \\ y_{n1} \end{pmatrix} := \begin{pmatrix} \exp(a_{11}t) \\ 0 \\ \vdots \\ 0 \end{pmatrix}$$

hinzu. Man kann so erreichen, daß die Funktionenmatrix (y_{ij}) eine obere Dreiecksmatrix

$$\begin{pmatrix} \exp(a_{11}t) & P_{12}\exp(a_{22}t) & \cdots & P_{1n}\exp(a_{nn}t) \\ & \exp(a_{22}t) & \cdots & P_{2n}\exp(a_{nn}t) \\ & & \ddots & \vdots \\ & & & \exp(a_{nn}t) \end{pmatrix}$$

ist, wobei die P_{ij}, $i < j$, Polynomfunktionen vom Grade $\leq j - i$ sind, vgl. §66, Aufgabe 5.

Hat die Matrix $\mathbf{A}$ Diagonal–Kästchenform

$$\mathbf{A} = \begin{pmatrix} \mathbf{A}_1 & & 0 \\ & \ddots & \\ 0 & & \mathbf{A}_r \end{pmatrix}$$

mit quadratischen Matrizen $\mathbf{A}_1, \ldots, \mathbf{A}_r$ längs der Diagonalen, so genügt es, die Gleichungssysteme zu diesen Kästchen zu lösen. Es folgt nun sofort:

67.14 Satz *Sei $\mathbf{A} \in \mathsf{M}_n(\mathbb{C})$ eine komplexe Matrix, deren (nicht notwendig) verschiedenen Eigenwerte $a_1, \ldots, a_n \in \mathbb{C}$ sind. Dann hat der Lösungsraum des Differentialgleichungssystems*

$$\nabla_{\mathbf{A}} y = 0\,, \quad y \in C^1_{\mathbb{C}}(I)^n\,,$$

die komplexe Dimension n und besitzt eine Basis der Gestalt

$$\begin{pmatrix} P_{11} \\ \vdots \\ P_{n1} \end{pmatrix} \exp(a_1 t), \ldots, \begin{pmatrix} P_{1n} \\ \vdots \\ P_{nn} \end{pmatrix} \exp(a_n t)\,,$$

wobei die P_{ij} Polynomfunktionen sind und Grad P_{ij} *kleiner als die Vielfachheit von a_j als Nullstelle von $\chi_{\mathbf{A}}$ ist.*

Für Verschärfungen vgl. man Aufgabe 32. Bemerkt sei schließlich, daß die Abbildung $\nabla_{\mathbf{A}}: \mathrm{C}^1_{\mathbb{C}}(I)^n \to \mathrm{C}^0_{\mathbb{C}}(I)^n$ offensichtlich für jede Matrix $\mathbf{A} \in \mathsf{M}_n(\mathbb{C})$ surjektiv ist, so daß für jedes n–Tupel $g \in \mathrm{C}^0_{\mathbb{C}}(I)^n$ stetiger Funktionen auf I die Gleichung $\nabla_{\mathbf{A}} y = g$ lösbar ist.

Aufgaben

In diesen Aufgaben bezeichnet K stets einen Körper.

1. Seien V ein K–Vektorraum und $f \in \mathrm{End}_K V$.

a) Genau dann ist f lokal nilpotent, wenn f auflösbar und $\mathrm{spek} f \subseteq \{0\}$ ist.

b) f heißt l o k a l u n i p o t e n t, wenn $\mathrm{id}_V - f$ lokal nilpotent ist. Genau dann ist f lokal unipotent, wenn f auflösbar und $\mathrm{spek} f \subseteq \{1\}$ ist.

c) Genau dann ist f eine Projektion, wenn f diagonalisierbar und $\mathrm{spek} f \subseteq \{0, 1\}$ ist.

d) Sei $\mathrm{Char} K \neq 2$. Genau dann ist f eine Involution, wenn f diagonalisierbar und $\mathrm{spek} f \subseteq \{-1, 1\}$ ist.

2. Seien f ein Operator auf dem K–Vektorraum V und $\alpha \in K[X]$ ein Polynom $\neq 0$ mit $\alpha(f) = 0$.

a) Zerfällt α in Linearfaktoren, so ist f auflösbar.

b) Zerfällt α in einfache Linearfaktoren, so ist f diagonalisierbar.

3. Seien $a_1, \ldots, a_r \in K$ paarweise verschieden und $n_1, \ldots, n_r \in \mathbb{N}_+$. Welche Matrizen $\mathbf{B} \in \mathsf{M}_n(K)$, $n := n_1 + \cdots + n_r$, sind mit der Blockmatrix

$$\begin{pmatrix} a_1 \mathbf{E}_{n_1} & 0 & \cdots & 0 \\ 0 & a_2 \mathbf{E}_{n_2} & \cdots & 0 \\ \vdots & \vdots & \ddots & \vdots \\ 0 & 0 & \cdots & a_r \mathbf{E}_{n_r} \end{pmatrix} \in \mathsf{M}_n(K)$$

vertauschbar?

4. Sei K algebraisch abgeschlossen mit $\mathrm{Char} K = 0$.

a) Jeder Operator f auf einem K–Vektorraum V mit $f^m = \mathrm{id}$ für ein $m \in \mathbb{N}_+$ ist diagonalisierbar. (Ein Operator f mit $f^m = \mathrm{id}$ für ein $m \in \mathbb{N}_+$ heißt auch p e r i o d i s c h. Genau dann ist f periodisch (K wie oben!), wenn f diagonalisierbar ist und die Eigenwerte Einheitswurzeln von beschränkter Ordnung sind.)

b) Jede Permutationsmatrix $\mathbf{E}_\sigma \in \mathsf{M}_I(K)$ (wobei I eine endliche Menge ist und $\sigma \in \mathbf{S}(I)$, vgl. §40, Beispiel 17) ist diagonalisierbar.

5. Sei $\mathbf{E}_\sigma \in \mathsf{M}_n(\mathbb{C})$, $\sigma \in \mathbf{S}_n$, eine beliebige Permutationsmatrix. Dann ist $\mathbf{E}_\sigma$ diagonalisierbar (Aufgabe 4). Man bestimme ein $\mathbf{V} \in \mathsf{GL}_n(\mathbb{C})$ derart, daß $\mathbf{V}\mathbf{E}_\sigma\mathbf{V}^{-1}$ eine Diagonalmatrix ist. (Vgl. den letzten Absatz von §69, Beispiel 5.)

6. Jeder Operator f vom Rang ≤ 1 eines K–Vektorraumes V ist diagonalisierbar oder nilpotent.

7. Ist $\mathrm{Char} K \neq 2$ und ist f ein Operator auf dem K–Vektorraum V mit $f^3 = f$, so ist f diagonalisierbar.

8. Welche der Matrizen

$$\begin{pmatrix} 1 & 2 & 2 \\ 0 & -1 & 1 \\ 0 & 0 & 2 \end{pmatrix}, \begin{pmatrix} 1 & -1 & 1 \\ 0 & 2 & -1 \\ 0 & 0 & 1 \end{pmatrix}, \begin{pmatrix} 1 & 4 & -4 \\ -1 & -1 & 3 \\ 0 & 0 & 0 \end{pmatrix}$$

aus $\mathsf{M}_3(\mathbb{Q})$ sind diagonalisierbar bzw. zyklisch?

9. Sei $\mathbf{A} \in \mathsf{M}_n(K)$. Genau dann sind die Spalten der Matrix $\mathbf{V} \in \mathsf{GL}_n(K)$ eine Basis von Eigenvektoren von $\mathbf{A}$, wenn $\mathbf{V}^{-1}\mathbf{AV}$ eine Diagonalmatrix $\mathbf{D}$ ist. In diesem Fall sind die Spalten der kontragredienten Matrix ${}^t\mathbf{V}^{-1}$ eine Basis von Eigenvektoren für ${}^t\mathbf{A}$. Es ist $\mathbf{A}^m = \mathbf{VD}^m\mathbf{V}^{-1}$ für alle $m \in \mathbb{N}$ und bei invertierbarem $\mathbf{A}$ für alle $m \in \mathbb{Z}$. Die Diagonalelemente von $\mathbf{D}$ sind die Eigenwerte zu den Spalten von $\mathbf{V}$.

10. Man berechne $\mathbf{A}^{1000}$ für die Matrix

$$\mathbf{A} := \begin{pmatrix} 0 & 0 & 2 \\ 1 & 0 & 1 \\ 0 & 1 & -2 \end{pmatrix} \in \mathsf{M}_3(\mathbb{Q}).$$

11. Ein Operator f auf einem n-dimensionalen K-Vektorraum ist genau dann diagonalisierbar und zyklisch, wenn das charakteristische Polynom χ_f von f n verschiedene Nullstellen in K hat.

12. Seien n eine positive natürliche Zahl und K ein Körper, dessen Charakteristik kein Teiler von n ist. K enthalte die n-ten Einheitswurzeln, d.h. $X^n - 1$ zerfalle in $K[X]$ in Linearfaktoren. Man zeige: Ist $G \subseteq \mathsf{GL}_I(K)$, I endliche Menge, eine abelsche Gruppe, deren Exponent ein Teiler von n ist, so ist G konjugiert zu einer Untergruppe der Gruppe der Diagonalmatrizen aus $\mathsf{GL}_I(K)$, deren Hauptdiagonalelemente n-te Einheitswurzeln sind.

13. Eine Matrix aus $\mathsf{M}_3(\mathbb{R})$, die über $\mathbb{R}$ nicht trigonalisierbar ist, ist über $\mathbb{C}$ diagonalisierbar.

14. Man zeige, daß die Matrix

$$\mathbf{A} := \begin{pmatrix} -18 & 7 & -4 \\ -34 & 13 & -8 \\ 45 & -18 & 8 \end{pmatrix} \in \mathsf{M}_3(\mathbb{Q})$$

trigonalisierbar ist, und gebe Polynome $\alpha, \beta \in \mathbb{Q}[X]$ an derart, daß $\mathbf{A} = \alpha(\mathbf{A}) + \beta(\mathbf{A})$ die Jordan-Chevalleysche Zerlegung von $\mathbf{A}$ ist, $\alpha(\mathbf{A})$ also diagonalisierbar und $\beta(\mathbf{A})$ nilpotent ist.

15. Zu der Matrix

$$\mathbf{A} := \begin{pmatrix} -3 & 4 & 3 & 7 \\ -7 & 10 & 6 & 13 \\ 7 & -10 & -6 & -14 \\ -1 & 1 & 1 & 3 \end{pmatrix} \in \mathsf{M}_4(\mathbb{Q})$$

konstruiere man ein $\mathbf{V} \in \mathsf{GL}_4(\mathbb{Q})$ derart, daß $\mathbf{VAV}^{-1}$ obere Dreiecksmatrix ist.

16. Die beiden folgenden Matrizen aus $\mathsf{M}_3(\mathbb{Q})$:

$$\mathbf{A}_1 := \begin{pmatrix} -1 & 0 & 3 \\ -12 & 12 & 4 \\ 9 & 0 & 5 \end{pmatrix}, \quad \mathbf{A}_2 := \begin{pmatrix} -1 & 0 & 1 \\ -3 & 2 & 1 \\ 3 & 0 & 1 \end{pmatrix},$$

sind simultan diagonalisierbar. Man bestimme eine Matrix $\mathbf{V} \in \mathsf{GL}_3(\mathbb{Q})$ derart, daß $\mathbf{V}\mathbf{A}_i\mathbf{V}^{-1}$, $i = 1, 2$, Diagonalmatrizen sind.

17. Man gebe Repräsentanten für die Ähnlichkeitsklassen der Matrizen $\mathbf{A} \in \mathsf{M}_2(K)$ mit $\mathbf{A}^2 = \mathbf{E}_2$ an. (Der Fall $\mathrm{Char} K = 2$ ist gesondert zu behandeln.)

18. Ein Operator f auf dem K-Vektorraum V ist genau dann auflösbar, wenn jeder f-invariante Unterraum $U \neq 0$ in V einen Eigenvektor x von f enthält.

19. Sei f ein Operator auf dem K-Vektorraum V.

a) Folgende Aussagen sind äquivalent: (1) f ist auflösbar. (2) Zu jedem $x \in V$ gibt es ein Polynom $\alpha \in K[X]$, $\alpha \neq 0$, das in Linearfaktoren zerfällt, und für das $\alpha(f)(x) = 0$ ist. (3) f ist lokal endlich, und das Minimalpolynom α_x zerfällt für jedes $x \in V$ in Linearfaktoren.

b) Folgende Aussagen sind äquivalent: (1) f ist diagonalisierbar. (2) Zu jedem $x \in V$ gibt es ein Polynom $\alpha \in K[X]$, $\alpha \neq 0$, das in einfache Linearfaktoren zerfällt und für das $\alpha(f)(x) = 0$ ist. (3) f ist lokal endlich, und das Minimalpolynom α_x zerfällt für jedes $x \in V$ in einfache Linearfaktoren.

20. Seien f ein Operator auf dem K-Vektorraum V und $\alpha \in K[X]$. Ist f auflösbar (bzw. diagonalisierbar), so ist $\alpha(f)$ auflösbar (bzw. diagonalisierbar). (Vgl. auch §66, Aufgabe 30.)

21. Sei f ein auflösbarer Operator auf dem K-Vektorraum V mit dem diagonalisierbaren Bestandteil g. Ist $\alpha \in K[X]$, so ist $\alpha(g)$ der diagonalisierbare Bestandteil von $\alpha(f)$.

22. Seien f, f_1 vertauschbare auflösbare Operatoren auf dem K-Vektorraum V mit den kanonischen Zerlegungen $f = g + h$ bzw. $f_1 = g_1 + h_1$. Dann sind $f + f_1 = (g + g_1) + (h + h_1)$ bzw. $af = (ag) + (ah)$, $a \in K$, die kanonischen Zerlegungen von $f + f_1$ bzw. von af.

23. Seien V ein K-Vektorraum, $f \in \mathrm{End}_K V$ ein endlicher auflösbarer Operator und $f = g + h$ seine kanonische Zerlegung. Dann sind g und h Polynome in f, welche man ohne konstanten Term wählen kann. (Man unterscheide die Fälle $\mu_f(0) = 0$ und $\mu_f(0) \neq 0$.)

24. (Kanonische multiplikative Zerlegung) Seien V ein K-Vektorraum und $f \in \mathrm{Aut}_K V$ auflösbar. Dann gibt es eindeutig bestimmte Operatoren $g, u \in \mathrm{Aut}_K V$ mit den folgenden Eigenschaften: (1) $f = gu$. (2) g ist diagonalisierbar, u ist lokal unipotent. (3) $gu = ug$. (Man nennt u den lokal unipotenten Bestandteil von f.) Ist f endlich, so sind g und u Polynome in f, und u ist unipotent.

25. Ist f ein auflösbarer (bzw. diagonalisierbarer) endlicher Operator auf dem K-Vektorraum V, so ist f^* ein auflösbarer (bzw. diagonalisierbarer) endlicher Operator auf V^*. Ist in diesem Fall $f = g + h$ die kanonische Zerlegung von f, so ist $f^* = g^* + h^*$ die kanonische Zerlegung von f^*. (Ist f auflösbar, aber nicht endlich, so ist f^* nicht auflösbar.)

26. Seien V ein K-Vektorraum und $f \in \mathrm{End}_K V$ ein endlicher Operator. $L(f)$ bzw. $R(f)$ bezeichnen die Links- bzw. Rechtstranslation mit f in $\mathrm{End}_K V$.

a) $L(f)$ und $R(f)$ sind endlich, und es gilt $\mu_{L(f)} = \mu_{R(f)} = \mu_f$. (Für $\alpha \in K[X]$ ist $\alpha(L(f)) = L(\alpha(f))$.)

b) Sei E eine der Eigenschaften: trigonalisierbar, diagonalisierbar, nilpotent. Dann sind äquivalent: (1) f besitzt E. (2) $L(f)$ besitzt E. (3) $R(f)$ besitzt E. Ist dies der Fall, so besitzt auch $L(f) - R(f)$ die Eigenschaft E.

c) Sei V endlich über K und f ein diagonalisierbarer Operator. Man berechne $\operatorname{spek}(L(f) - R(f))$.

27. Seien f_1 bzw. f_2 auflösbare Operatoren auf den K-Vektorräumen V_1 bzw. V_2 mit den diagonalisierbaren Bestandteilen g_1 bzw. g_2. Dann ist $f_1 \otimes f_2$ ein auflösbarer Operator auf $V_1 \otimes_K V_2$ mit dem diagonalisierbaren Bestandteil $g_1 \otimes g_2$. (Tensorprodukte halbeinfacher Operatoren brauchen nicht halbeinfach zu sein.)

28. Sei f ein endlicher auflösbarer Operator auf dem K-Vektorraum V. Die hauptidempotenten Elemente $\epsilon_1(f), \ldots, \epsilon_r(f)$ zu f (vgl. §65, Aufgabe 18) sind die von 0 verschiedenen Projektionen der Spektralschar von f. Sind $\eta_1(f), \ldots, \eta_r(f)$ die hauptnilpotenten Operatoren zu f (vgl. loc.cit.), so ist $\eta_1(f) + \cdots + \eta_r(f)$ der nilpotente Bestandteil von f.

29. Seien f ein halbeinfacher Operator auf dem K-Vektorraum V und U ein f-invarianter Unterraum.

a) Für jedes $\alpha \in K[X]$ ist $\alpha(f)$ halbeinfach.

b) Die Einschränkung $f|U$ von f auf U ist ein halbeinfacher Operator auf U, und der von f auf V/U induzierte Operator $\overline{f}$ ist ebenfalls halbeinfach.

30. Sei f ein halbeinfacher Operator auf dem endlichdimensionalen K-Vektorraum V mit dem Minimalpolynom $\mu_f = \pi_1 \cdots \pi_r$, π_ρ prim. Es seien $p_\rho := \operatorname{Grad} \pi_\rho$, L_ρ der endliche Erweiterungskörper $K[X]/K[X]\pi_\rho$ und $n_\rho := \operatorname{Dim}_K V(\pi_\rho; f)$. Dann ist die K-Algebra der mit f vertauschbaren Operatoren auf V isomorph zum Produkt $\mathsf{M}_{n_1/p_1}(L_1) \times \cdots \times \mathsf{M}_{n_r/p_r}(L_r)$. (Man beachte: $V(\pi_\rho; f) = V^1(\pi_\rho; f)$ ist ein L_ρ-Vektorraum der Dimension n_ρ/p_ρ, $\rho = 1, \ldots, r$.)

31. Sei $x_1, \ldots, x_n$ eine Basis des $\mathbb{C}^n$ aus Eigenvektoren der Matrix $\mathbf{A} \in \mathsf{M}_n(\mathbb{C})$ mit den Eigenwerten $a_1, \ldots, a_n$. Dann ist $x_1 \exp(a_1 t), \ldots, x_n \exp(a_n t)$ eine Basis des Lösungsraumes des Differentialgleichungssystems $\nabla_{\mathbf{A}} y = 0$. (Beispiel 2.)

32. Seien $\mathbf{A} \in \mathsf{M}_n(\mathbb{C})$ und $L_{\mathbf{A}}$ der Lösungsraum des Differentialgleichungssystems $\nabla_{\mathbf{A}} y = 0$. Ferner sei $t_0 \in \mathbb{R}$. Die Abbildung $L_{\mathbf{A}} \to \mathbb{C}^n$ mit $y \mapsto y(t_0)$ ist ein Isomorphismus. Das Diagramm

$$\begin{array}{ccc} L_{\mathbf{A}} & \xrightarrow{D} & L_{\mathbf{A}} \\ \downarrow & & \downarrow \\ \mathbb{C}^n & \xrightarrow{\mathbf{A}} & \mathbb{C}^n \end{array}$$

ist kommutativ. Folgerungen. (1) D induziert auf $L_{\mathbf{A}}$ einen Operator, der zu $\mathbf{A}$ ähnlich ist. Insbesondere ist $\mu_{D|L_{\mathbf{A}}} = \mu_{\mathbf{A}}$ und $\mu_{\mathbf{A}}(D)|L_{\mathbf{A}} = 0$. (2) Jede Komponente einer Lösung $y \in L_{\mathbf{A}}$ hat die Gestalt $P_1 \exp(a_1 t) + \cdots + P_r \exp(a_r t)$, wobei $a_1, \ldots, a_r$ die verschiedenen Eigenwerte von $\mathbf{A}$ sind und P_ρ Polynomfunktionen mit Grad $P_\rho < \nu(a_\rho; \mathbf{A})$, $\rho = 1, \ldots, r$. (3) Zu jedem Vektor $y_0 \in \mathbb{C}^n$ gibt es genau eine Lösung $y \in L_{\mathbf{A}}$ mit $y(t_0) = y_0$. (4) Genau dann sind sämtliche Lösungen $y \in L_{\mathbf{A}}$ für $t \geq 0$ beschränkt (man sagt dann, $\nabla_{\mathbf{A}} y = 0$ sei ein s t a b i l e s System), wenn die Eigenwerte von $\mathbf{A}$ alle einen Realteil ≤ 0 haben und $\nu(a;\mathbf{A}) = 1$ ist, falls a ein Eigenwert mit $\operatorname{Re} a = 0$ ist. Genau dann konvergieren alle Lösungen $y \in L_{\mathbf{A}}$ für $t \to \infty$ gegen 0 (man sagt dann, das System sei asymptotisch stabil), wenn die Eigenwerte von $\mathbf{A}$ alle einen negativen Realteil haben.

33. Sei A eine K–Algebra im allgemeinen Sinne (vgl. §26, Bemerkung 1).

a) Sei $\delta \in \operatorname{Der}_K A \subseteq \operatorname{End}_K A$ eine K–Derivation, welche als linearer Operator auf A auflösbar ist. Dann sind diagonalisierbarer und lokal nilpotenter Bestandteil von δ ebenfalls K–Derivationen. (Seien $a, b \in K$. Es ist $A^{\mu}(a)A^{\nu}(b) \subseteq A^{\mu+\nu-1}(a+b)$ für $\mu+\nu \geq 1$. Beim Beweis durch Induktion über $\mu+\nu$ sei $\mu, \nu \geq 1$. Ist $x \in A^{\mu}(a)$, $y \in A^{\nu}(b)$, so ist $\delta x - ax \in A^{\mu-1}(a)$, $\delta y - by \in A^{\nu-1}(b)$ und $(\delta x - ax)y, x(\delta y - by) \in A^{\mu+\nu-2}(a+b)$ nach Induktionsvoraussetzung; folglich ist $(\delta x - ax)y + x(\delta y - by) = \delta(xy) - (a+b)xy \in A^{\mu+\nu-2}(a+b)$. Man erhält insbesondere $A(a)A(b) \subseteq A(a+b)$.)

b) Sei f ein K–Algebra–Endomorphismus von A, welcher als linearer Operator auflösbar sei. Dann ist der diagonalisierbare Bestandteil von f ebenfalls ein K–Algebra–Endomorphismus. Ist f ein Automorphismus, so sind diagonalisierbarer und lokal unipotenter Bestandteil von f (vgl. Aufgabe 24) ebenfalls K-Algebra–Automorphismen. (Für $a, b \in K$ gilt $A^{\mu}(a)A^{\nu}(b) \subseteq A^{\mu+\nu-1}(ab)$, falls $\mu + \nu \geq 1$; denn sei $\mu, \nu \geq 1$, $x \in A^{\mu}(a)$, $y \in A^{\nu}(b)$; dann ist $f(x) - ax \in A^{\mu-1}(a)$, $f(y) - by \in A^{\nu-1}(b)$, also auch $f(x) \in A^{\mu}(a)$, $f(y) \in A^{\nu}(b)$ und $f(xy) - abxy = (f(x) - ax)f(y) + ax(f(y) - by) \in A^{\mu+\nu-2}(ab)$ nach Induktionsvoraussetzung.)

34. (Fahnen zu Lie–Algebren)

a) Sei $\mathbf{g}$ eine Lie–Algebra über K. Für $x \in \mathbf{g}$ sei $\operatorname{adj}(x) \in \operatorname{End}_K \mathbf{g}$ durch $y \mapsto [x, y]$ definiert. Ist V ein K–Vektorraum und $f \in \operatorname{End}_K V$ nilpotent, so ist $\operatorname{adj}(f)$ nilpotent. ($\operatorname{End}_K V$ ist die Lie–Algebra $[\operatorname{End}_K V]$ zugeordnet, §57, Bemerkung 3.)

b) (Satz von Engel) Seien V ein endlicher K–Vektorraum und $\mathbf{g}$ eine K–Lie–Unteralgebra von $[\operatorname{End}_K V]$, deren sämtliche Elemente nilpotent seien. Dann besitzt V eine $\mathbf{g}$–invariante Fahne, d.h. eine Fahne, die unter allen $f \in \mathbf{g}$ invariant ist. (Induktion über $\operatorname{Dim}_K \mathbf{g}$. Sei $\mathbf{g} \neq 0$. Es genügt, einen simultanen Eigenvektor für die Elemente von $\mathbf{g}$ zu finden. Sei $\mathbf{a}$ eine maximale Lie–Unteralgebra von $\mathbf{g}$, für die der Satz richtig ist. Sei etwa $\mathbf{a} \neq \mathbf{g}$. Für $f \in \mathbf{a}$ induziert $\operatorname{adj}(f)$ einen Operator in $\operatorname{End}_K(\mathbf{g}/\mathbf{a})$, der nach a) nilpotent ist. Nach Induktionsvoraussetzung gibt es ein $g \in \mathbf{g}$, $g \notin \mathbf{a}$, mit $[f, g] \in \mathbf{a}$ für jedes $f \in \mathbf{a}$. Für die Lie–Algebra $\mathbf{a} + Kg$ gibt es aber auch einen simultanen Eigenvektor, da der Unterraum $\{x \in V : f(x) = 0$ für alle $f \in \mathbf{a}\} \neq 0$ invariant unter g ist.)

c) (Satz von Lie) Sei $\operatorname{Char} K = 0$. Seien V ein endlicher K–Vektorraum und $\mathbf{g}$ eine Lie–Unteralgebra von $[\operatorname{End}_K V]$ aus trigonalisierbaren Endomorphismen. Genau dann besitzt V eine $\mathbf{g}$–invariante Fahne, wenn es eine Kette von K–Unterräumen $0 = \mathbf{g}_0 \subseteq \mathbf{g}_1 \subseteq \cdots \subseteq \mathbf{g}_m = \mathbf{g}$ in $\mathbf{g}$ gibt derart, daß für $s = 1, \ldots, m$ gilt: Sind $f, g \in \mathbf{g}_s$, so ist $[f, g] \in \mathbf{g}_{s-1}$. (Eine Lie–Algebra dieser Art heißt auflösbar.)

(Schwierigkeiten macht nur der Beweis, daß es eine $\mathbf{g}$–invariante Fahne in V gibt, wenn $\mathbf{g}$ als Lie–Algebra auflösbar ist. Es genügt, einen simultanen Eigenvektor für die Elemente von $\mathbf{g}$ zu finden. Induktion über $\operatorname{Dim}_K \mathbf{g}$: Sei $\mathbf{a}$ eine Unteralgebra der Kodimension 1 in $\mathbf{g}$ mit $[f, g] \in \mathbf{a}$ für alle $f, g \in \mathbf{g}$. Nach Induktionsvoraussetzung gibt es ein $x \in V$, $x \neq 0$, mit $g(x) = \lambda(g)x$, $\lambda(g) \in K$, für alle $g \in \mathbf{a}$. Es ist $\mathbf{g} = \mathbf{a} + Kh$ mit einem $h \in \mathbf{g}$. Der Unterraum $U := \sum_{i \in \mathbb{N}} Kh^i(x)$ von V ist $\mathbf{g}$–invariant, und für alle $g \in \mathbf{a}$ ist die Spur der Einschränkung von g auf U gleich

$(\text{Dim}_K U) \cdot \lambda(g)$. Wegen $\text{Char}K = 0$ folgt $\lambda([g, h]) = 0$ für alle $g \in \mathbf{a}$. Es folgt, daß der Unterraum $E := \{y \in U : g(y) = \lambda(g)y$ für alle $g \in \mathbf{a}\} \subseteq U$ invariant unter h ist. In E besitzt h einen Eigenvektor.)

d) Sei $\text{Char}K = 0$. Seien V ein endlicher K–Vektorraum und A eine (assoziative) K–Unteralgebra von $\text{End}_K V$, deren zugeordnete Lie–Algebra $[A]$ (vgl. §57, Bemerkung 3) auflösbar ist. Dann ist die Einheitengruppe von A auflösbar. (§40, Aufgabe 13e).)

35. Die Menge der Matrizen $\mathbf{A} \in \mathsf{M}_n(\mathbb{C})$, für die das charakteristische Polynom n verschiedene Nullstellen hat, ist offen und dicht in $\mathsf{M}_n(\mathbb{C})$. (Für die Topologie vergleiche man §48, Aufgabe 14 oder §76. — Zum Beweis benutze man Resultanten; siehe auch §76, Aufgabe 52.)

§68 Jordansche Normalform

Dieser Paragraph kann beim ersten Lesen übergangen werden.

Sei f ein endlicher Operator auf dem Vektorraum V über dem Körper K. Der mit f definierte $K[X]$-Modul V_f hat dann als Annullator das Ideal $K[X]\mu_f$, wobei μ_f das Minimalpolynom von f ist. V_f ist also ein Modul über einem Hauptidealbereich mit einem von 0 verschiedenen Annullator. Die Struktur solcher Moduln wird aber in den Sätzen 61.7 und 61.8 genau beschrieben. Zur bequemeren Formulierung nennen wir noch einen f-invarianten Unterraum U von V derart, daß die Einschränkung von f auf U ein zyklischer Operator ist, einfach einen z y k l i s c h e n f - i n v a r i a n t e n Unterraum. Dann ergeben 61.7 und 61.8:

68.1 Satz *Sei f ein endlicher Operator auf dem K-Vektorraum V. Dann ist V die direkte Summe von zyklischen f-invarianten Unterräumen V_i, $i \in I$, derart, daß das Minimalpolynom von $f|V_i$ jeweils eine Primpolynompotenz ist. Bezeichnet*

$$\mathrm{u}(\nu, \pi) = \mathrm{u}(\nu, \pi; f)$$

für ein normiertes Primpolynom $\pi \in K[X]$ und eine natürliche Zahl $\nu \in \mathbb{N}_+$ die Kardinalzahl der Menge der $i \in I$, für die das Minimalpolynom der Einschränkung $f|V_i$ gleich π^ν ist, so sind die $\mathrm{u}(\nu, \pi)$ durch f eindeutig bestimmt. — Es ist $\mathrm{u}(\nu, \pi) = 0$ für $\nu > \mathrm{v}_\pi(\mu_f)$ und $\mathrm{u}(\mathrm{v}_\pi(\mu_f), \pi) \neq 0$ für alle normierten Primteiler π von μ_f.

Die in 68.1 genannten (Kardinal-)Zahlen $\mathrm{u}(\nu, \pi; f)$ sind die Ulmschen Invarianten des $K[X]$–Moduls V_f. Ist $\pi = X - a$, $a \in K$, so schreibt man kurz

$$\mathrm{u}(\nu, a) = \mathrm{u}(\nu, a; f)$$

für $\mathrm{u}(\nu, X - a; f)$.

Ein zyklischer Operator mit dem Minimalpolynom π^ν hat in einer geeigneten Basis eine Matrix, wie sie in §64, Aufgabe 26 beschrieben wird. Bei $\pi = X - a$ ist dies die Jordan-Matrix

$$\mathbf{J}_\nu(a) = \begin{pmatrix} a & & & \\ 1 & a & & \\ & & \ddots & \\ & & 1 & a \end{pmatrix}$$

aus $\mathsf{M}_\nu(K)$. Aus 68.1 folgt damit direkt:

68.2 Satz über die Jordansche Normalform *Sei f ein trigonalisierbarer Operator auf dem endlichdimensionalen K-Vektorraum V. Dann ist in einer geeigneten Basis von V die Matrix von f eine Diagonal-Blockmatrix*

$$\begin{pmatrix} \mathbf{A}_1 & & 0 \\ & \ddots & \\ 0 & & \mathbf{A}_s \end{pmatrix},$$

wobei die Matrizen $\mathbf{A}_1, \ldots, \mathbf{A}_s$ Jordanmatrizen sind, die bis auf die Reihenfolge eindeutig bestimmt sind.

Für Matrizen besagt 68.2, daß eine trigonalisierbare Matrix $\mathbf{A} \in \mathsf{M}_n(K)$ zu einer im wesentlichen eindeutig bestimmten Diagonal–Blockmatrix — wie dort angegeben — ähnlich ist. Man nennt diese Diagonal–Blockmatrix auch die Jordansche Normalform von $\mathbf{A}$.

Bemerkung 1 Für den Fall, daß V *endlichdimensional* ist, wollen wir für die Existenzaussage in 68.1 noch einen anderen Beweis geben, der nicht auf den Struktursatz 61.7 zurückgreift. Es genügt zu zeigen, daß V die direkte Summe von zyklischen f-invarianten Unterräumen ist. Man braucht diese dann nur noch in ihre Primärkomponenten zu zerlegen, um eine Zerlegung wie in 68.1 zu erhalten. Nach 65.4 gibt es einen Vektor $x \in V = V_f$, dessen Minimalpolynom α_x mit μ_f übereinstimmt. Die Behauptung ergibt sich dann mit Hilfe einer einfachen Induktion über $\mathrm{Dim}_K V$ aus dem folgenden Lemma.

68.3 Lemma *Seien f ein Operator auf dem endlichdimensionalen K-Vektorraum V und $x \in V$ ein Vektor, dessen Minimalpolynom α_x gleich dem Minimalpolynom μ_f von f ist. Dann besitzt der von x erzeugte zyklische f-invariante Unterraum $V_1 = \sum_{i \geq 0} K f^i(x)$ ein f-invariantes Komplement.*

Beweis. Mit f_1 bezeichnen wir die Einschränkung von f auf V_1 und mit $\overline{f}$ den von f auf $\overline{V} := V/V_1$ induzierten Operator. Wir haben zu zeigen, daß die exakte Sequenz

$$0 \to V_1 \to V \to \overline{V} \to 0$$

als Sequenz von $K[X]$-Moduln aufspaltet. Wir betrachten die Sequenz

$$0 \to \overline{V}^* \to V^* \to V_1^* \to 0$$

der Dualräume, die ebenfalls eine exakte Sequenz von $K[X]$-Moduln ist (bezüglich der Operatoren $\overline{f}^*$, f^*, f_1^*). Mit f_1 ist auch f_1^* ein zyklischer Operator mit Minimalpolynom $\mu_{f_1^*} = \mu_{f_1} = \mu_f$ (vgl. §64, Aufgabe 19 und 65.1). Ist $e \in V^*$ eine Linearform, deren Beschränkung auf V_1 ein zyklischer Vektor von V_1^* ist, so ist das Minimalpolynom von e ebenfall μ_f, da es ein Teiler von $\mu_{f^*} = \mu_f$ ist und andererseits ein Vielfaches von $\mu_{f_1^*} = \mu_f$. Somit erzeugt e in V^* einen f^*-invarianten zyklischen Unterraum, der bei der Abbildung $V^* \to V_1^*$ bijektiv auf V_1^* abgebildet wird, d.h. aber, die Sequenz $0 \to \overline{V}^* \to V^* \to V_1^* \to 0$ spaltet als Sequenz von $K[X]$-Moduln auf. Dann spaltet auch die nochmals dualisierte Sequenz

$$0 \to V_1^{**} \to V^{**} \to \overline{V}^{**} \to 0$$

auf. Wegen des kanonischen kommutativen Diagramms

$$\begin{array}{ccccccccc} 0 & \to & V_1 & \to & V & \to & \overline{V} & \to & 0 \\ & & \downarrow & & \downarrow & & \downarrow & & \\ 0 & \to & V_1^{**} & \to & V^{**} & \to & \overline{V}^{**} & \to & 0 \end{array},$$

wobei die vertikalen Pfeile Isomorphismen sind (vgl. 41.6 und 41.7), spaltet auch die Ausgangssequenz auf. •

68.4 Satz *Sei f ein Operator auf dem endlichdimensionalen K-Vektorraum V. Dann sind f und der duale Operator f^* ähnlich.*

Beweis. Sei $V = V_1 \oplus \cdots \oplus V_s$, wobei die V_σ, $\sigma = 1, \ldots, s$, zyklische f-invariante Unterräume von V sind. Dann besitzt V^* eine Zerlegung $V^* = V_1^* \oplus \cdots \oplus V_s^*$ mit $f^*|V_\sigma^* = (f|V_\sigma)^*$. Da mit $f|V_\sigma$ auch $(f|V_\sigma)^*$ zyklisch ist und zwar jeweils mit demselben Minimalpolynom (vgl. §64, Aufgabe 19 oder 65.1), sind $f|V_\sigma$ und $(f|V_\sigma)^*$ ähnlich, $\sigma = 1, \ldots, s$. Dann sind auch f und f^* ähnlich. •

Für Matrizen formuliert, lautet 68.4: *Ist $\mathbf{A} \in \mathsf{M}_I(K)$ eine (endliche) Matrix über dem Körper K, so sind $\mathbf{A}$ und die transponierte Matrix ${}^t\mathbf{A}$ ähnlich.*

Aufgaben

In den folgenden Aufgaben bezeichnet K stets einen Körper.

1. Man gebe ein volles Repräsentantensystem für die Ähnlichkeitsklassen der komplexen (2×2)-Matrizen an.

2. Man gebe die Jordansche Normalform an für eine zyklische Matrix $\mathbf{A} \in \mathsf{M}_n(K)$ mit dem charakteristischen Polynom $(X - a_1)^{\mu_1} \cdots (X - a_r)^{\mu_r}$, wobei die $a_1, \ldots, a_r \in K$ paarweise verschieden sind.

3. Für die Jordan-Matrix $\mathbf{J}_\nu(a) \in \mathsf{M}_\nu(K)$ und $m \in \mathbb{N}$ gilt

$$\mathbf{J}_\nu(a)^m = \begin{pmatrix} a^m & 0 & \cdots & 0 \\ \binom{m}{1} a^{m-1} & a^m & \cdots & 0 \\ \binom{m}{2} a^{m-2} & \binom{m}{1} a^{m-1} & \cdots & 0 \\ \vdots & \vdots & \ddots & \vdots \\ \binom{m}{\nu-1} a^{m-\nu+1} & \binom{m}{\nu-2} a^{m-\nu+2} & \cdots & a^m \end{pmatrix}.$$

Bei $a \neq 0$ gilt diese Darstellung für alle $m \in \mathbb{Z}$. (Bemerkung. Ist $\mathbf{J}$ die Jordansche Normalform einer Matrix $\mathbf{A} \in \mathsf{M}_n(K)$ und ist $\mathbf{A} = \mathbf{VJV}^{-1}$ mit $\mathbf{V} \in \mathsf{GL}_n(K)$, so ist $\mathbf{A}^m = \mathbf{VJ}^m\mathbf{V}^{-1}$, und diese Matrix läßt sich nach obigem (bei Kenntnis von $\mathbf{V}$ und $\mathbf{J}$) explizit aufschreiben. Vgl. auch §67, Aufgabe 9.)

4. Man bestimme, welche der 64 Matrizen

$$\begin{pmatrix} 0 & a & b & c \\ 0 & 0 & d & e \\ 0 & 0 & 0 & f \\ 0 & 0 & 0 & 0 \end{pmatrix}$$

aus $\mathsf{M}_4(K)$, wobei $a, b, c, d, e, f \in \{0, 1\}$ sind, untereinander ähnlich sind, indem man ihre Jordansche Normalform angibt.

5. Eine reelle Matrix $\mathbf{A} \in \mathsf{M}_n(\mathbb{R})$ ist ähnlich zu einer Diagonal–Blockmatrix

$$\begin{pmatrix} \mathbf{A}_1 & & 0 \\ & \ddots & \\ 0 & & \mathbf{A}_s \end{pmatrix},$$

wobei die Matrizen $\mathbf{A}_1, \ldots, \mathbf{A}_s$ Jordanmatrizen oder Matrizen der Form

$$\begin{pmatrix} 0 & -a & & & & & \\ 1 & -b & & & & & \\ & 1 & 0 & -a & & & \\ & & 1 & -b & & & \\ & & & & \ddots & & \\ & & & & 1 & 0 & -a \\ & & & & & 1 & -b \end{pmatrix}$$

mit $a, b \in \mathbb{R}$, $b^2 - 4a < 0$, sind. Die $\mathbf{A}_1, \ldots, \mathbf{A}_s$ sind bis auf die Reihenfolge durch $\mathbf{A}$ eindeutig bestimmt. — Man gebe ein volles Repräsentantensystem für die Ähnlichkeitsklassen der reellen (2×2)–Matrizen an.

6. Zur Matrix der Aufgabe 3 in §65 gebe man die Jordansche Normalform an.

7. Zu den Matrizen

$$\mathbf{A} = \begin{pmatrix} 5 & -3 & -7 \\ -9 & 8 & 16 \\ 5 & -4 & -8 \end{pmatrix}, \quad \begin{pmatrix} 3 & -1 & 2 \\ 1 & 1 & 2 \\ 2 & -2 & 2 \end{pmatrix}$$

aus $\mathsf{M}_3(\mathbb{Q})$ gebe man jeweils ein $\mathbf{V} \in \mathsf{GL}_3(\mathbb{Q})$ derart an, daß $\mathbf{VAV}^{-1}$ die Jordansche Normalform von $\mathbf{A}$ ist.

8. Sei f ein Operator auf dem K–Vektorraum V mit $f^2 = 0$. Dann ist $\mathrm{u}(1, 0; f) = \mathrm{Dim}_K \mathrm{H}_f(V)$, wobei $\mathrm{H}_f(V)$ die Homologie $\mathrm{Kern} f/\mathrm{Bild} f$ ist, und

$u(2,0;f) = \operatorname{Rang} f$.

9. Sei f ein endlicher Operator auf dem K-Vektorraum V. Genau dann ist f zyklisch, wenn für jeden normierten Primteiler π von μ_f gilt: $\operatorname{Dim}_K V^1(\pi; f) = \operatorname{Grad} \pi$. Insbesondere ist ein endlicher auflösbarer Operator f genau dann zyklisch, wenn alle Eigenräume $V^1(a; f)$, a Eigenwert von f, eindimensional sind.

10. Seien f ein Operator auf dem endlichdimensionalen K-Vektorraum V und $\pi \in K[X]$ ein normiertes Primpolynom vom Grade p. Dann gilt für $\nu \in \mathbb{N}_+$:

$$\operatorname{Dim}_K(V^\nu(\pi; f)/V^{\nu-1}(\pi; f)) = p \sum_{\mu \geq \nu} u(\mu, \pi; f),$$

$$u(\nu, \pi; f) = \frac{1}{p}(2 \operatorname{Dim}_K V^\nu(\pi; f) - \operatorname{Dim}_K V^{\nu+1}(\pi; f) - \operatorname{Dim}_K V^{\nu-1}(\pi; f)).$$

(Da trivialerweise $\operatorname{Dim}_K V^\nu(\pi; f) = \operatorname{Dim}_K V^{*\nu}(\pi; f^*)$ für alle π, ν gilt, folgt noch einmal 68.4.)

11. Seien f ein endlicher Operator auf dem K-Vektorraum V und L ein Erweiterungskörper von K. Es seien π ein normiertes Primpolynom in $K[X]$ und $\pi_1 \in L[X]$ ein normierter Primteiler von π in $L[X]$ mit $\lambda_1 := v_{\pi_1}(\pi)$. Dann ist

$$u(\nu, \pi; f) = u(\lambda_1 \nu, \pi_1; f_{(L)})$$

für alle $\nu \in \mathbb{N}_+$. Folgerungen. Genau dann sind zwei endliche Operatoren f, g auf K-Vektorräumen ähnlich, wenn die erweiterten L-linearen Operatoren $f_{(L)}, g_{(L)}$ ähnlich sind. — Zwei Matrizen aus $\mathsf{M}_n(K)$ sind genau dann ähnlich (über K), wenn sie, aufgefaßt als Elemente in $\mathsf{M}_n(L)$, ähnlich (über L) sind. (Bei unendlichem K vgl. §54, Aufgabe 18.)

12. Sei f ein Operator auf dem K-Vektorraum V. Die Algebra der mit f vertauschbaren Operatoren auf V ist die Algebra $\operatorname{End}_{K[X]} V_f$ und heißt auch die Kommutante von f. Das Zentrum von $\operatorname{End}_{K[X]} V_f$ ist die Algebra der Operatoren auf V, die mit allen Operatoren vertauschbar sind, die mit f vertauschbar sind, und heißt die Bikommutante von f. Sei nun f ein *endlicher* Operator. Dann ist die Bikommutante von f gleich $K[f]$. (Siehe §61, Aufgabe 7e).)

13. Sei f ein endlicher Operator auf dem K-Vektorraum V. Folgende Aussagen sind äquivalent: (1) f ist zyklisch. (2) Die Kommutante von f ist $K[f]$. (3) Die Kommutante von f ist kommutativ.

14. Sei f ein Operator auf dem endlichdimensionalen K-Vektorraum V. Es gibt eindeutig bestimmte normierte Polynome $e_1, \ldots, e_t \in K[X]$ mit $e_{\tau+1} | e_\tau$, $\tau = 1, \ldots, t-1$, $e_t \neq 1$, derart, daß V die direkte Summe zyklischer f-invarianter Unterräume $V_1, \ldots, V_t$ mit $\mu_{f|V_\tau} = e_\tau$, $\tau = 1, \ldots, t$, ist. (Vgl. §61, Aufgabe 6.)

15. (Formel von Frobenius) Sei f ein Operator auf dem endlichdimensionalen K-Vektorraum V. Dann ist die K-Dimension des Raumes der mit f vertauschbaren Operatoren gleich $\sum_{\tau=1}^{t}(2\tau - 1)\operatorname{Grad} e_\tau$, wobei $e_1, \ldots, e_t$ die Polynome aus Aufgabe 14 sind. (Vgl. §61, Aufgabe 7c).)

16. Sei V ein K-Vektorraum der Dimension n.

a) Sei $\chi \in K[X]$ ein normiertes Polynom vom Grade n mit der Primfaktorzerlegung $\chi = \chi_1^{m_1} \cdots \chi_r^{m_r}$. Dann gibt es unter den Operatoren auf V mit charakteristischem Polynom χ genau $P(m_1) \cdots P(m_r)$ Klassen ähnlicher Operatoren, wobei für eine natürliche Zahl m mit $P(m)$ die Anzahl der Partitionen von m bezeichnet ist, vgl. §63, Beispiel 5. Ist auch das Minimalpolynom $\mu = \chi_1^{k_1} \cdots \chi_r^{k_r}$, $1 \leq k_\rho \leq m_\rho$, vorgeschrieben, gibt es $p(m_1 - k_1, k_1) \cdots p(m_r - k_r, k_r)$ Ähnlichkeitsklassen, wobei die Zahlen $p(i, k)$ diejenigen aus §54, Aufgabe 33 sind.

b) Sei $\mu \in K[X]$ ein normiertes Polynom (vom Grade $\leq n$). Dann gibt es unter den Operatoren auf V mit dem Minimalpolynom μ nur endlich viele Klassen ähnlicher Operatoren.

§69 Charakteristische Polynome bei Algebren

In diesem Paragraphen werden die Ergebnisse des §50 erweitert und ergänzt. Man kann ihn beim ersten Lesen übergehen.

Im folgenden sei A stets ein vom Nullring verschiedener kommutativer Ring.

Sei B eine endliche freie A–Algebra. Mit

$$\lambda : B \to \mathrm{End}_A B$$

wird der injektive A–Algebra–Homomorphismus bezeichnet, der jedem Element $x \in B$ das Multiplizieren

$$\lambda_x = \lambda(x) = (y \mapsto xy)$$

mit x von links in B zuordnet. Die nachfolgenden Aussagen über λ_x lassen sich unter Verwendung der A–Algebra B^{op} m.m. auch für das Multiplizieren ρ_x mit x von rechts gewinnen.

Definition Sei $x \in B$. Das charakteristische Polynom von $\lambda(x) \in \mathrm{End}_A B$,

$$\chi_x = \chi_{x,A}^B := \chi_{\lambda(x)}\,,$$

heißt das charakteristische Polynom von x über A.

χ_x ist ein normiertes Polynom des Grades $\mathrm{Rang}_A B$ *in* $A[X]$. Es liefert eine Ganzheitsgleichung für x über A:

69.1 Satz von Cayley–Hamilton für Algebren *Für $x \in B$ ist*

$$\chi_x(x) = 0\,.$$

Beweis. Nach dem Satz 64.3 von Cayley–Hamilton ist $\chi_x(\lambda(x)) = 0$. Da λ ein A–Algebra–Homomorphismus ist, hat man $\lambda(\chi_x(x)) = \chi_x(\lambda(x)) = 0$ und folglich $\chi_x(x) = 0$, da λ injektiv ist. •

Aus 64.5 folgt sofort die Verträglichkeit der Bildung des charakteristischen Polynoms mit Grundringwechsel:

69.2 *Seien B eine endliche freie A–Algebra und A' eine kommutative A–Algebra mit Strukturhomomorphismus φ. Sei $B' := B_{(A')} = A' \otimes_A B$. Für $x \in B$ und $x' := 1 \otimes x \in B'$ gilt dann*

$$\chi^{B'}_{x',A'} = \varphi[X](\chi^B_{x,A}).$$

Beispiel 1 Sei B eine endliche freie A–Algebra, die von dem Element $x \in B$ erzeugt wird: $B = A[x]$. *Dann ist der Kern des (surjektiven) Einsetzungshomomorphismus $A[X] \to B$ mit $X \mapsto x$ das von χ_x erzeugte Hauptideal $A[X]\chi_x$.* Insbesondere ist $B = A[X]/A[X]\chi_x$ und $1, x, \ldots, x^{n-1}$, $n := \mathrm{Rang}_A B = \mathrm{Grad}\chi_x$, eine A–Basis von B.

B e w e i s. Nach 69.1 induziert der Einsetzungshomomorphismus $\alpha \mapsto \alpha(x)$ von $A[X]$ auf B einen surjektiven A–Algebra–Homomorphismus $\psi: A[X]/A[X]\chi_x \to B$. Da $\mathrm{Rang}_A A[X]/A[X]\chi_x = \mathrm{Rang}_A B = n$ ist, ergibt sich aus 38.15, daß ψ bijektiv ist. — Man beachte auch, daß unter obigen Voraussetzungen λ_x ein zyklischer Operator auf B mit dem zyklischen Element $1 = 1_B$ ist. Die Behauptung folgt daher auch direkt aus 64.4. Jeder zyklische Operator auf einem freien A–Modul mit dem charakteristischen Polynom $\alpha \in A[X]$ ist ähnlich zur Multiplikation mit der Restklasse x von X in der Restklassenalgebra $A[X]/A[X]\alpha$.

Bemerkung 1 Ist $B := \mathsf{M}_n(A)$ die Algebra der n–reihigen Matrizen über A, so hat man für eine Matrix $\mathbf{A} \in B$ das charakteristische Polynom $\chi^B_{\mathbf{A},A}$ von $\mathbf{A}$ als Element der A–Algebra B zu unterscheiden vom charakteristischen Polynom $\chi_{\mathbf{A}}$ der quadratischen Matrix $\mathbf{A}$. Aus §50, Aufgabe 6 folgt leicht, daß $\chi^B_{\mathbf{A},A} = \chi^n_{\mathbf{A}}$ ist. Analoges gilt für die Endomorphismenalgebren endlicher freier A–Moduln.

Ist $A = K$ ein Körper, so erhält man mit Hilfe von Satz 65.2 Informationen über charakteristische Polynome aus den Minimalpolynomen; man beachte, daß wegen der Injektivität von λ die Minimalpolynome von $x \in B$ und $\lambda_x \in \mathrm{End}_K B$ übereinstimmen. Es folgt beispielsweise sofort: *Sei $K \subseteq L$ eine endliche Körpererweiterung. Für $x \in L$ ist dann χ_x eine Potenz des Minimalpolynoms μ_x von x über K, und zwar ist*

$$\chi_x = \mu_x^{[L:K[x]]}.$$

Seien wieder B eine endliche freie A–Algebra des Ranges n und $x \in B$ mit dem charakteristischen Polynom

$$\chi_x = X^n + a_{n-1}X^{n-1} + \cdots + a_0.$$

Nach 64.9 ist $a_0 = (-1)^n \mathrm{Det}\lambda_x$. Die Determinante $\mathrm{Det}\lambda_x$ ist definitionsgemäß die Norm von x über A, siehe §50. Wir haben also

$$a_0 = (-1)^n \mathrm{N}^B_A(x).$$

Aus $\chi_x(x) = 0$ folgt insbesondere $\mathrm{N}^B_A(x) \in xA[x]$.
Der Koeffizient a_{n-1} ist das Negative der Spur des Endomorphismus λ_x.

Definition Sei B eine endliche freie Algebra des Ranges n über dem kommutativen Ring A. Dann heißt die Abbildung

$$\mathrm{Sp}_A^B : B \to A, \quad x \mapsto \mathrm{Sp}\lambda_x ,$$

die Spurabbildung von B über A oder kurz die Spur von B über A.

Es ist also

$$\mathrm{Sp}_A^B(x) = -a_{n-1} .$$

Sp_A^B ist die Komposition des A–Algebra–Homomorphismus $\lambda: B \to \mathrm{End}_A B$ mit der Spurabbildung $\mathrm{Sp}: \mathrm{End}_A B \to A$. Mit λ und Sp ist auch Sp_A^B A–linear. Wegen $\lambda(a1_B) = a\,\mathrm{id}_B$ für $a \in A$ gilt $\mathrm{Sp}_A^B(a1_B) = \mathrm{Sp}(a\,\mathrm{id}_B) = na$. Ferner ist $\mathrm{Sp}_A^B(xy) = \mathrm{Sp}(\lambda_{xy}) = \mathrm{Sp}(\lambda_x\lambda_y) = \mathrm{Sp}(\lambda_y\lambda_x) = \mathrm{Sp}(\lambda_{yx}) = \mathrm{Sp}_A^B(yx)$ für alle $x, y \in B$. Damit ist bewiesen:

69.3 Satz *Sei B eine endliche freie Algebra des Ranges n über dem kommutativen Ring A. Dann ist $\mathrm{Sp}_A^B \in \mathrm{Hom}_A(B, A)$, und es gilt $\mathrm{Sp}_A^B(a1_B) = na$ für $a \in A$ und $\mathrm{Sp}_A^B(xy) = \mathrm{Sp}_A^B(yx)$ für $x, y \in B$.*

Beispiel 2 (Norm und Spur ganzer Elemente)

69.4 Lemma *Seien A ein Integritätsbereich und L eine endliche Algebra über dem Quotientenkörper K von A. Für ein $x \in L$ sind folgende Aussagen äquivalent:*

(1) *x ist ganz über A.*

(2) *Die Koeffizienten des Minimalpolynoms μ_x von x über K sind ganz über A.*

(3) *Die Koeffizienten des charakteristischen Polynoms χ_x von x über K sind ganz über A.*

Insbesondere sind für ein über A ganzes Element $x \in L$ die Elemente $\mathrm{N}_K^L(x)$ und $\mathrm{Sp}_K^L(x)$ aus K ganz über A.

Beweis. Die Implikation (1)⇒(2) ergibt sich aus 56.18. Zu (2)⇒(3). Es genügt zu zeigen, daß jeder normierte Primteiler π von χ_x Koeffizienten besitzt, die über A ganz sind. π ist aber auch ein Primteiler von μ_x. Sind alle Koeffizienten von μ_x ganz über A, so nach 56.15 auch alle Koeffizienten von π. — Die Implikation (3)⇒(1) ist trivial wegen $\chi_x(x) = 0$. •

69.5 Korollar *Seien A ein normaler Integritätsbereich, K sein Quotientenkörper und B eine torsionsfreie A–Algebra, die ganz über A ist und für die die Erweiterung $K \subseteq L := B_{(K)} = K \otimes_A B$ endlich über K ist. Dann ist $\chi_x := \chi_{x,K}^L \in A[X]$ für alle $x \in B$. Insbesondere bilden N_K^L und Sp_K^L den Ring B in A ab, und die Einschränkung $\mathrm{Sp}_K^L|B$ läßt sich als Element von $B^* = \mathrm{Hom}_A(B, A)$ auffassen.*

Ist in 69.5 die Algebra B selbst eine endliche freie A–Algebra, so ist natürlich

$$\mathrm{N}_K^L|B = \mathrm{N}_A^B \quad \text{und} \quad \mathrm{Sp}_K^L|B = \mathrm{Sp}_A^B .$$

In diesem Fall sind sogar die charakteristischen Polynome eines $x \in B \subseteq L$ über A und über K gleich, da eine A–Basis von B zugleich eine K–Basis von L ist.

Für Rechnungen mit der Spur ist das folgende einfache Lemma wichtig.

69.6 Lemma *Sei B eine endliche freie A–Algebra mit der A–Basis x_i, $i \in I$, und der zugehörigen Dualbasis x_i^*, $i \in I$, von B^*. Für jedes $x \in B$ ist dann*

$$\mathrm{Sp}_A^B(x) = \sum_{i \in I} x_i^*(xx_i)\,.$$

Mit anderen Worten: Es ist

$$\mathrm{Sp}_A^B = \sum_{i \in I} x_i x_i^*\,,$$

wobei $B^* = \mathrm{Hom}_A(B, A)$ mit Hilfe der (A, B)–Bimodulstruktur von $B = {}_AB_B$ als B–(Links–)Modul betrachtet wird (vgl. 35.3).

Beweis. Es ist $\lambda_x(x_j) = xx_j = \sum_{i\in I} a_{ij}x_i$ mit $a_{ij} \in A$ und $\mathrm{Sp}_A^B(x) = \mathrm{Sp}(\lambda_x) = \sum_i a_{ii} = \sum_i x_i^*(xx_i)$. •

Die Formel in 69.6 ist ein Spezialfall von §64, Aufgabe 20.

Analog dem Schachtelungssatz für die Norm (vgl. 50.6) gilt ein solcher Satz für die Spur. Zunächst allgemein:

69.7 Satz *Seien B eine endliche freie kommutative A–Algebra, V ein endlicher freier B–Modul und $f \in \mathrm{End}_B V \subseteq \mathrm{End}_A V$. Dann gilt*

$$\mathrm{Sp}_A f = \mathrm{Sp}_A^B(\mathrm{Sp}_B f)\,.$$

Beweis. Seien x_i, $i \in I$, eine A–Basis von B mit der Dualbasis x_i^*, $i \in I$, von B^* und y_j, $j \in J$, eine B–Basis von V mit der Dualbasis y_j^*, $j \in J$, von V^*. Dann sind die Kompositionen $x_i^* y_j^* : V \to A$, $i \in I$, $j \in J$, Elemente von $\mathrm{Hom}_A(V, A)$. Sie bilden die Dualbasis zur A–Basis $x_i y_j$, $i \in I$, $j \in J$, von V. Es gilt daher

$$\begin{aligned}\mathrm{Sp}_A f &= \sum_{i,j} x_i^* y_j^*(f(x_i y_j)) = \sum_i x_i^* \sum_j y_j^*(x_i f(y_j)) \\ &= \sum_i x_i^*(x_i \sum_j y_j^*(f(y_j))) = \sum_i x_i^*(x_i \mathrm{Sp}_B f) = \mathrm{Sp}_A^B(\mathrm{Sp}_B f)\,.\end{aligned}$$

Bei der letzten Gleichung haben wir die Kommutativität von B (und 69.6) benutzt. •

Eine direkte Folgerung aus 69.7 ist:

69.8 Schachtelungssatz für die Spur *Seien A ein kommutativer Ring, B eine endliche freie kommutative A–Algebra und C eine endliche freie (nicht notwendig kommutative) B–Algebra. Dann ist*

$$\mathrm{Sp}_A^C = \mathrm{Sp}_A^B \circ \mathrm{Sp}_B^C\,.$$

Bemerkung 2 Für das gesamte charakteristische Polynom gilt folgender Schachtelungssatz.

69.9 Satz *Die Voraussetzungen seien dieselben wie in* 69.7. *Dann ist*

$$\chi_{f,A} = \mathrm{N}_{A[X]}^{B[X]}(\chi_{f,B}).$$

Beweis. Es definiert $\alpha \otimes x \mapsto \alpha \otimes x$, $\alpha \in A[X]$, $x \in V$, einen Isomorphismus $A[X] \otimes_A V \to B[X] \otimes_B V$. Ferner ist $B[X] = A[X] \otimes_A B$ eine freie $A[X]$-Algebra. Mit 50.5 folgt

$$\begin{aligned}\chi_{f,A} &= \mathrm{Det}_{A[X]}(\lambda_X \otimes \mathrm{id} - \mathrm{id} \otimes f) \\ &= \mathrm{N}_{A[X]}^{B[X]}(\mathrm{Det}_{B[X]}(\lambda_X \otimes \mathrm{id} - \mathrm{id} \otimes f)) = \mathrm{N}_{A[X]}^{B[X]}(\chi_{f,B}).\end{aligned}$$ •

Für Algebren ergibt sich aus 69.9 speziell:

69.10 Korollar *Unter den Voraussetzungen von* 69.8 *gilt für jedes* $z \in C$:

$$\chi_{z,A}^{C} = \mathrm{N}_{A[X]}^{B[X]}(\chi_{z,B}^{C}).$$

Als Spezialfall ($B = C$) erwähnen wir die häufig nützliche Formel

$$\chi_{x,A}^{B} = \mathrm{N}_{A[X]}^{B[X]}(X - x)$$

für ein Element x einer endlichen freien A–Algebra B, die sich freilich auch aus $\chi_{x,A} = \mathrm{Det}(\lambda_X \otimes \mathrm{id}_B - \mathrm{id}_{A[X]} \otimes \lambda_x) = \mathrm{Det}(\lambda_{X \otimes 1 - 1 \otimes x}) = \mathrm{Det}(\lambda_{X-x})$ ergibt, wobei $B[X]$ mit $A[X] \otimes_A B$ identifiziert wird.

Ein wichtiges Hilfsmittel zur Behandlung der Spur ist im folgenden Satz enthalten.

69.11 Satz *Seien A ein kommutativer Ring und B eine endliche freie A–Algebra vom Typ*

$$B = A[x] = A[X]/\alpha A[X],$$

wobei $\alpha = X^n + a_{n-1}X^{n-1} + \cdots + a_0 \in A[X]$ *ein normiertes Polynom des Grades n ist und x die Restklasse von X. Die Dualbasis zur A–Basis* $1, x, \ldots x^{n-1}$ *von B sei mit* $\eta_0, \ldots, \eta_{n-1}$ *bezeichnet, also* $\eta_i = (x^i)^*$. *Für*

$$\eta := \eta_{n-1} \in \mathrm{Hom}_A(B, A)$$

gelten dann folgende Aussagen:

(1) *η ist eine Basis des B-Moduls* $B^* = \mathrm{Hom}_A(B, A)$.

(2) *Es ist* $\mathrm{Sp}_A^B = \alpha'(x)\eta$ (*mit* $\alpha' = d\alpha/dX$).

(3) *Es ist* $\mathrm{N}_A^B(\alpha'(x)) = (-1)^{\binom{n}{2}} \mathrm{Det}(\mathrm{Sp}_A^B(x^{i+j}))_{0 \le i,j \le n-1}$.

(4) *Es ist* $\mathrm{Sp}_A^B(x^j) = M_j(a_{n-1}, \ldots, a_0, 0, \ldots)$ *für alle* $j \in \mathbb{N}_+$, *wobei die* M_j *die Waring–Polynome aus* §53, *Aufgabe* 30 *sind.*

Beweis. In $B[X]$ ist $\alpha = (X - x)\beta$, wobei

$$\beta = b_0 + b_1 X + \cdots + b_{n-1} X^{n-1}$$

mit $b_{n-1} = 1$ ist. Zur bequemeren Formulierung setzen wir noch $a_n := 1$, $b_{-1} := 0$ und $\eta_{-1} := 0$. Durch Ausmultiplizieren von $(X - x)\beta$ erhält man $a_i = b_{i-1} - xb_i$ für $i = 0, \dots, n-1$ und daraus

$$\begin{aligned} b_0 &= a_1 \cdot 1 + a_2 \cdot x + \cdots + a_n \cdot x^{n-1} \\ &\cdots\cdots\cdots\cdots\cdots\cdots \\ b_{n-2} &= a_{n-1} \cdot 1 + a_n \cdot x \\ b_{n-1} &= a_n \cdot 1 \end{aligned}$$

mit einer Übergangsmatrix $\mathbf{A}$, welche die Determinante $(-1)^{\binom{n}{2}}$ hat. Insbesondere ist $b_0, \dots, b_{n-1}$ auch eine A–Basis von B.

Aus $(x\eta_i)(x^j) = \eta_i(x^{j+1}) = \delta_{i,j+1}$ für $0 \le j \le n-2$ und $(x\eta_i)(x^{n-1}) = \eta_i(x^n) = -a_i$ ergibt sich $x\eta_i = \eta_{i-1} - a_i\eta$ für $i = 0, \dots, n-1$. Hieraus folgt $b_i\eta = \eta_i$ für $i = 0, \dots, n-1$ durch absteigende Induktion, wobei der Schluß von i auf $i-1$ so erfolgt: $b_{i-1}\eta = (a_i + xb_i)\eta = a_i\eta + x\eta_i = \eta_{i-1}$. Man sieht nun leicht, daß B^* ein freier B–Modul und η eine Basis von B^* ist. Somit ist (1) bewiesen. Mit 69.6 erhält man weiter

$$\mathrm{Sp}_A^B = \sum_{i=0}^{n-1} x^i\eta_i = \sum_{i=0}^{n-1} x^i b_i \eta = \beta(x)\eta = \alpha'(x)\eta,$$

wobei man die letzte Gleichheit durch Ableiten von $\alpha = (X - x)\beta$ und Einsetzen von x beweist. Damit ist (2) bewiesen.

Stellt man die x^i mittels $\mathbf{A}$ als Linearkombination der b_i dar und setzt diese in die Matrix $(\mathrm{Sp}_A^B(x^{i+j})) = (\mathrm{Sp}_A^B(x^i x^j))$ ein, so erhält man:

$$\mathrm{Det}(\mathrm{Sp}_A^B(x^{i+j})) = (-1)^{\binom{n}{2}} \mathrm{Det}(\mathrm{Sp}(b_i x^j)).$$

Mit (2) folgt nun:

$$\mathrm{Sp}(b_i x^j) = (\alpha'(x)\eta)(b_i x^j) = \eta(\alpha'(x) b_i x^j) = (b_i\eta)(\alpha'(x)x^j) = \eta_i(\alpha'(x)x^j).$$

Hieraus liest man sofort ab, daß die Matrix $\mathrm{Sp}(b_i x^j))$ mit der Matrix der Multiplikation mit $\alpha'(x)$ übereinstimmt und folglich dieselbe Determinante, nämlich $\mathrm{N}_A^B(\alpha'(x))$, hat. Damit ist (3) gezeigt.

(4) schließlich ist ein Spezialfall von §64, Aufgabe 42. •

Bemerkung 3 (Diskriminanten zyklischer Algebren) Wir übernehmen die Gegebenheiten des vorstehenden Satzes. Die Diskriminante $\mathrm{D}(\alpha)$ wird durch $\mathrm{D}(\alpha) = (-1)^{\binom{n}{2}} \mathrm{R}_{n,n-1}(\alpha, \alpha')$ definiert, vgl. §57, Aufgabe 14, wobei die Resultante $\mathrm{R}_{n,n-1}(\alpha, \alpha')$ als Norm $\mathrm{N}_A^B(\alpha'(x))$ definiert ist, siehe §53, Beispiel 6. Man hat daher

$$\mathrm{D}(\alpha) = \mathrm{Det}(\mathrm{Sp}_A^B(x^{i+j}))_{0 \le i,j \le n-1}.$$

Insbesondere hat man die für Rechnungen nützliche Formel

$$\mathrm{D}(\alpha) = \mathrm{Det}(M_{i+j})_{0 \le i,j \le n-1}, \quad M_{i+j} := M_{i+j}(a_{n-1}, \dots, a_0, 0, \dots).$$

Wir wollen $\mathrm{D}(\alpha)$ auch Diskriminante der A–Algebra B bezüglich der A–Basis $1, x, \ldots, x^{n-1}$ nennen und — wenn nötig — mit

$$\mathrm{Diskr}(x) = \mathrm{Diskr}_A(x)$$

bezeichnen. Der Leser zeigt leicht, daß für eine beliebige A–Basis $y_1, \ldots, y_n$

$$\mathrm{Det}(\mathrm{Sp}_A^B(y_i y_j))_{1 \le i,j \le n}$$

sich von $\mathrm{Diskr}(x)$ nur um einen Faktor unterscheidet, der das Quadrat einer Einheit von A ist, was eine Verallgemeinerung des Begriffs der Diskriminante bei beliebigen endlichen freien kommutativen A–Algebren nahelegt; siehe hierzu weiter §94. Im übrigen benutzen wir in den nachfolgende Beispielen die Aussage 69.11(3) und die Ausführungen über Diskriminanten inhaltlich nicht.

Beispiel 3 (Ganzer Abschluß zyklischer Algebren) Zur Berechnung ganzer Hüllen wird der folgende Satz verwendet.

69.12 Satz *Seien A ein normaler Integritätsbereich und B ein Integritätsbereich, der eine endliche freie A–Algebra des Typs*

$$B = A[x] = A[X]/\alpha A[X]$$

ist, wobei α ein normiertes Polynom des Grades n ist und x die Restklasse von X. Ferner sei R die ganze Hülle von B im Quotientenkörper L von B. Dann gilt:

$$\alpha'(x) \cdot R \subseteq B \quad und \quad \mathrm{Diskr}(x) \cdot R \subseteq B\,.$$

Anders gesagt: $\alpha'(x)$ und jedes Vielfache von $\alpha'(x)$ annullieren den Modul R/B.

Beweis. In L läßt sich der Quotientenkörper K von A bilden. Dann ist $K[x]$ ein Körper des Grades n über K, und man hat $K[x] = L$. Zu einem vorgegebenen $z \in R$ gibt es daher ein $s \in A$ mit $s \neq 0$, $sz \in B$. Es genügt weiter, $\alpha'(x)sz \in sB$ zu zeigen. Sei etwa $\alpha'(x)sz = \sum_{i \in \mathbb{N}} c_i x^i$ mit $c_i \in A$, $c_i = 0$ für $i \geq n$. Zu zeigen ist, daß $c_i \in sA$ gilt. Dies läßt sich leicht durch absteigende Induktion über $i < n$ ausführen. Sei etwa $c_i \in sA$ für $i > m \geq 0$. Für jedes $j \in \mathbb{N}$ ist $zx^j \in R$ und daher $\mathrm{Sp}_K^L(zx^j) \in A$ nach 69.4. Wegen $\mathrm{Sp}_K^L | B = \mathrm{Sp}_A^B$ ist darüber hinaus

$$\mathrm{Sp}_A^B(szx^j) = \mathrm{Sp}_K^L(szx^j) = s\,\mathrm{Sp}_K^L(zx^j) \in sA\,.$$

Modulo sA hat man dann nach 69.11(2)

$$0 \equiv \mathrm{Sp}_A^B(szx^j) = \eta(\alpha'(x)szx^j) = \sum_{i \in \mathbb{N}} c_i \eta(x^i x^j) \equiv \sum_{i=0}^{m} c_i \eta(x^i x^j)\,.$$

Bei $j = n-1-m$ erhält man hieraus $0 \equiv c_m$, also $c_m \in sA$.

Für die zweite Inklusion genügt es, sich zu vergewissern, daß $\mathrm{Diskr}(x)$ zum Ideal $\alpha'(x)B$ gehört. Dies folgt aber mit 69.11(3) aus 69.1. •

Sei unter den Voraussetzungen von 69.12 außerdem $\alpha'(x) \neq 0$ in B. (Dieses ist beispielsweise der Fall bei $\mathrm{Char} A = 0$; denn dann ist die Linearkombination $\alpha'(x) = a_1 + 2a_2 x + \cdots + n x^{n-1}$ wegen $n \neq 0$ sicher auch $\neq 0$.) Man kann sodann schreiben:

$$R \subseteq \alpha'(x)^{-1} B\,.$$

Die ganze Hülle R von B in L, die übrigens mit der ganzen Hülle von A in L

übereinstimmt, ist im zyklischen B–Modul $\alpha'(x)^{-1}B$ enthalten. Ist A noethersch, so folgt, daß R *endlicher* A*–Modul und endlicher* B*–Modul ist.* Insbesondere ist dann auch R noethersch. Statt $\alpha'(x)$ in den Nenner zu nehmen, kann man auch $\mathrm{Diskr}(x) \in A$ verwenden. Man sagt deshalb auch: Die Diskriminante $\mathrm{Diskr}(x)$ ist ein universeller Nenner für die über $B = A[x]$ ganzen Elemente von L.

In konkreten Fällen kann man Satz 69.12 ergänzen durch Aussagen, die die spezielle Gestalt von α berücksichtigen. Das wichtigste Beispiel dazu wird von den Eisenstein–Polynomen gestellt.

Definition Sei A ein Integritätsbereich. Ein Polynom $\alpha \in A[X]$ heißt ein Eisenstein–Polynom bezüglich des Elementes $v \in A$, wenn gilt:

$$\alpha = X^n + a_{n-1}X^{n-1} + \cdots + a_0$$

ist normiert, es ist $v \neq 0$, und A/Av ist ein reduzierter Ring; ferner sind $a_{n-1}, \ldots, a_0 \in Av$, und das wohldefinierte Element a_0/v ist ein Nichtnullteiler modulo Av.

69.13 Satz *Seien A ein normaler Integritätsbereich und B ein Integritätsbereich des Typs $B = A[x] = A[X]/\alpha A[X]$, wobei α ein Eisenstein–Polynom bezüglich des Elementes $v \in A$ ist. Ferner sei R die ganze Hülle von B im Quotientenkörper L von B. Dann ist v Nichtnullteiler des A–Moduls R/B.*

Beweis. Sei $\alpha = X^n + a_{n-1}X^{n-1} + \cdots + a_0$. Man hat dann

$$\frac{x^n}{v} = -\frac{a_{n-1}}{v}x^{n-1} - \cdots - \frac{a_0}{v} \in B\,.$$

Ferner folgt aus $\mathrm{N}_A^B(x) = (-1)^n a_0$, daß $\mathrm{N}_A^B(x) = uv$ mit einem Element $u \in A$ ist, welches Nichtnullteiler modulo Av ist. Wir zeigen nun, daß jedes $y \in R$ mit $vy \in B$ selbst schon zu B gehört; dies wird ja im Satz behauptet. Offenbar genügt es zu zeigen, daß bei einem Element

$$y = \frac{1}{v}(c_r x^r + \cdots + c_{n-1}x^{n-1}) \in R$$

mit Elementen $c_r, \ldots c_{n-1} \in A$, $0 \le r \le n-1$, gilt: $c_r \in Av$. Multipliziert man die Gleichung mit x^{n-1-r}, so erhält man in

$$\frac{c_r}{v}x^{n-1} = yx^{n-1-r} - \frac{x^n}{v}(c_{r+1} + \cdots + c_{n-1}x^{n-2-r})$$

ein ganzes Element! Folglich liegt

$$\mathrm{N}_K^L\Big(\frac{c_r}{v}x^{n-1}\Big) = \frac{c_r^n}{v^n}\mathrm{N}_K^L(x)^{n-1} = \frac{c_r^n}{v^n}u^{n-1}v^{n-1}$$

in A, was $u^{n-1}c_r^n \in Av$ bedeutet. Da u Nichtnullteiler modulo Av ist, folgt $c_r^n \in Av$ und daraus $c_r \in Av$, da A/Av keine nilpotenten Elemente $\neq 0$ hat. •

69.14 Korollar *Unter den Voraussetzungen von* 69.13 *gilt $R = B$ sicher dann, wenn die Diskriminante* $\mathrm{Diskr}(x)$ (*oder die Diskriminante irgendeines erzeugenden Elementes der A–Algebra B*) *eine Potenz von v teilt.*

Anwendungen findet man in den Aufgaben und im nachfolgenden Beispiel.

Beispiel 4 (Kreisteilungsbereiche) Wir beweisen den Satz:

69.15 Satz *Sei ζ_n eine primitive n-te Einheitswurzel, $n \in \mathbb{N}_+$. Dann ist $\mathbb{Z}[\zeta_n]$ der Ring der ganzen Zahlen im n-ten Kreisteilungskörper.*

Beweis durch Induktion über (die Teiler von) n. Sei $n = p^r m$, wobei p eine Primzahl ist, die in m nicht aufgeht, und $r \geq 1$. Zur Induktion dürfen wir voraussetzen, daß für den Ring A der ganzen Zahlen im m-ten Kreisteilungskörper $K := \mathbb{Q}[\zeta_m]$ gilt: $A = \mathbb{Z}[\zeta_m]$.

Sei z eine primitive p^r-te Einheitswurzel. Dann ist $z\zeta_m$ eine primitive n-te Einheitswurzel; wir dürfen gleich annehmen, daß $\zeta_n = z\zeta_m$ ist. Nach 59.4 hat der n-te Kreisteilungskörper $L := \mathbb{Q}[\zeta_n] = K[z]$ den Grad $\varphi(n) = \varphi(p^r)\varphi(m)$ über $\mathbb{Q}$ und daher den Grad $\varphi(p^r)$ über K. Folglich ist das p^r-te Kreisteilungspolynom Φ_{p^r} auch das Minimalpolynom von z über K. Sei $B := A[z] \cong A[X]/(\Phi_{p^r})$ und R die ganze Hülle von B in L. Wir haben zu zeigen: $R = B$.

Sei $C := \mathbb{Z}[z] \cong \mathbb{Z}[X]/(\Phi_{p^r})$. Zunächst zeigen wir, daß der Betrag von

$$\mathrm{N}_A^B(\Phi'_{p^r}(z)) = \mathrm{N}_{\mathbb{Z}}^C(\Phi'_{p^r}(z))$$

eine Potenz von p ist. $y := z^{p^{r-1}}$ ist eine primitive p-te Einheitswurzel mit dem Minimalpolynom $\Phi_p = (X^p - 1)/(X - 1) = X^{p-1} + \cdots + X + 1$ über $\mathbb{Q}$. Da $\Phi_p(X^{p^{r-1}})$ die Nullstelle z hat, ist dieses Polynom aus Gradgründen mit Φ_{p^r} identisch. Einsetzen von $X^{p^{r-1}}$, Ableiten nach X und schließlich Einsetzen von z gibt:

$$(X^{p^{r-1}} - 1)\Phi_{p^r} = X^{p^r} - 1, \quad (z^{p^{r-1}} - 1)\Phi'_{p^r}(z) = p^r z^{p^r - 1}.$$

Wegen $|\mathrm{N}_{\mathbb{Z}}^C(z)| = 1$ ist also $|\mathrm{N}_{\mathbb{Z}}^C(\Phi'_{p^r}(z))|$ eine Potenz von p. Nach 69.14 genügt es nun zu zeigen, daß das Minimalpolynom $\alpha = \Phi_{p^r}(X+1)$ des Elements $x := z - 1$ ein Eisenstein-Polynom bezüglich p ist. Aus $((X+1)^{p^{r-1}} - 1)\alpha = (X+1)^{p^r} - 1$ folgt, wenn man diese Gleichung modulo p betrachtet: $X^{p^{r-1}}\alpha \equiv X^{p^r}$. Das zeigt, daß alle Koeffizienten von α, abgesehen vom Leitkoeffizienten, durch p teilbar sind. Ferner ist

$$\alpha(0) = \Phi_p((0+1)^{p^{r-1}}) = \Phi_p(1) = p.$$

Es bleibt nun noch zu zeigen, daß A/Ap reduziert ist. Wegen

$$A \cong \mathbb{Z}[X]/\Phi_m\mathbb{Z}[X], \quad A/Ap \cong \mathsf{K}_p[X]/\Phi_m\mathsf{K}_p[X]$$

ist A/Ap genau dann reduziert, wenn die Primfaktoren von Φ_m über K_p einfach sind, wenn also Φ_m in Erweiterungskörpern von K_p nur einfache Nullstellen hat. Dies gilt aber sogar für das Vielfache $X^m - 1$ von Φ_m, da $m \neq 0$ in K_p ist. •

Aus §94, Beispiel 2 folgt für eine natürliche Zahl $n \in \mathbb{N}_+$ mit der kanonischen Primfaktorzerlegung $n = p_1^{\alpha_1} \cdots p_r^{\alpha_r}$ wegen $\mathbb{Z}[\zeta_n] \cong \bigotimes_{i=1}^r \mathbb{Z}[\zeta_{p_i^{\alpha_i}}]$

$$\mathrm{D}(\Phi_n) = \prod_{i=1}^r (\mathrm{D}(\Phi_{p_i^{\alpha_i}}))^{\varphi(n/p_i^{\alpha_i})}.$$

Mit der Aufgabe 17 ergibt sich bei $n \not\equiv 2(4)$

$$\mathrm{D}(\Phi_n) = (-1)^{\varphi(n)/2} \cdot \frac{n^{\varphi(n)}}{\prod_{p|n} p^{\varphi(n)/(p-1)}} .$$

Wir erwähnen zum Schluß noch die folgende Rechenregel, die sich direkt aus 67.4 ergibt.

69.16 Satz *Seien B eine endliche Algebra der Dimension n über dem Körper K, $x \in B$ und L ein Erweiterungskörper von K, über dem χ_x in Linearfaktoren zerfällt:*

$$\chi_x = (X - a_1) \cdots (X - a_n) .$$

Für ein beliebiges Polynom $\alpha \in K[X]$ gilt dann

$$\chi_{\alpha(x)} = (X - \alpha(a_1)) \cdots (X - \alpha(a_n)) .$$

Insbesondere ist

$$\mathrm{N}_K^B(\alpha(x)) = \alpha(a_1) \cdots \alpha(a_n) , \quad \mathrm{Sp}_K^B(\alpha(x)) = \alpha(a_1) + \cdots + \alpha(a_n) .$$

Bemerkung 4 Satz 69.16 gilt wegen 67.5 allgemein nicht nur für Körpererweiterungen $K \subseteq L$, sondern für beliebige Erweiterungen kommutativer Ringe $A \subseteq A'$ und endliche freie A–Algebren B.

Beispiel 5 (Zirkulante Matrizen) Seien A ein kommutativer Ring und B die A–Algebra $A[X]/(X^n - 1)$, $n \geq 1$. Die Restklasse von X in B sei mit x bezeichnet. Es ist $\chi_x = X^n - 1$, vgl. Beispiel 1. Für ein $y \in B$, $y = \alpha(x)$ mit $\alpha := c_0 + c_1 X + \cdots + c_{n-1} X^{n-1} \in A[X]$, hat λ_y bezüglich der Basis $1, x, \ldots, x^{n-1}$ von B wegen $x^n = 1$ die Matrix

$$\mathbf{Z}(c_0, \ldots, c_{n-1}) := \begin{pmatrix} c_0 & c_{n-1} & \cdots & c_1 \\ c_1 & c_0 & \cdots & c_2 \\ \vdots & \vdots & \ddots & \vdots \\ c_{n-1} & c_{n-2} & \cdots & c_0 \end{pmatrix} .$$

Diese Matrix heißt die mit den Elementen $c_0, \ldots, c_{n-1} \in A$ gebildete zirkulante (oder zyklische) Matrix, ihre Determinante $Z = \mathrm{Z}(c_0, \ldots, c_{n-1})$ Zirkulante. (Gelegentlich trägt auch die durch Spaltenvertauschungen gewonnene Matrix

$$\begin{pmatrix} c_0 & c_1 & \cdots & c_{n-1} \\ c_1 & c_2 & \cdots & c_0 \\ \vdots & \vdots & \ddots & \vdots \\ c_{n-1} & c_0 & \cdots & c_{n-2} \end{pmatrix}$$

diesen Namen. Die Determinante ändert sich dann um das Vorzeichen $(-1)^s$, $s := (n-1)(n-2)/2$.) Gilt

$$X^n - 1 = \prod_{\nu=0}^{n-1} (X - \zeta_\nu)$$

(über einem geeigneten Erweiterungsring A' von A), so ist nach Bemerkung 4 das charakteristische Polynom von $\mathbf{Z}(c_0, \ldots, c_{n-1})$ gleich $\prod_{\nu=0}^{n-1}(X - \alpha(\zeta_\nu))$ und insbesondere

$$Z(c_0, \ldots, c_{n-1}) = \prod_{\nu=0}^{n-1} \alpha(\zeta_\nu)\,.$$

Die folgende Interpolationsformel löst (bei $n \in A^\times$) das Problem, die Koeffizienten c_i desjenigen Polynoms α vom Grade $< n$ zu bestimmen, das an den Stellen ζ_ν, $\nu = 0, \ldots, n-1$, vorgegebene Werte annimmt. Es gilt

$$nc_i = \sum_{\nu=0}^{n-1} \frac{\alpha(\zeta_\nu)}{\zeta_\nu^i}$$

für $i = 0, \ldots, n-1$. Zum Beweis betrachtet man die gemäß 69.11 konstruierte Linearform η aus $\mathrm{Hom}_A(B, A)$; wegen $(X^n - 1)' = nX^{n-1}$ ist dann $\mathrm{Sp} = nx^{n-1}\eta$, womit sich wegen $x^n = 1$

$$nc_i = nx^{n-1-i}\eta(\alpha(x)) = (x^{n-i}\mathrm{Sp})(\alpha(x)) = \mathrm{Sp}(x^{-i}\alpha(x))$$

und weiter mit Bemerkung 4 die Interpolationsformel ergibt.

In gewissen Fällen läßt sich die Interpolationsformel noch vereinfachen. Sei etwa $A = K$ ein Körper der Charakteristik 0 oder der Charakteristik $p > 0$, wobei p kein Teiler von n sei. Dann sind die ζ_ν gerade die n verschiedenen n-ten Einheitswurzeln (in einem geeigneten Erweiterungskörper von K). Sie lassen sich als die Potenzen einer primitiven Einheitswurzel darstellen. Bezeichnet daher ζ irgendeine primitve n-te Einheitswurzel über K, so ist

$$c_i = \frac{1}{n} \sum_{\nu=0}^{n-1} \frac{\alpha(\zeta^\nu)}{\zeta^{\nu i}}$$

für $i = 0, \ldots, n-1$. (Die Interpolationsformel läßt sich dann auch leicht direkt beweisen. Es genügt, sie für ein normiertes Monom $\alpha = X^j$ zu prüfen.)

Im gerade erwähnten Fall hat jede zirkulante Matrix über $K[\zeta]$ die n-linear unabhängigen Spaltenvektoren

$${}^t(1, \zeta^{-\nu 1}, \ldots, \zeta^{-\nu(n-1)})$$

als Eigenvektoren zu den Eigenwerten $\alpha(\zeta^\nu)$, $\nu = 0, \ldots, n-1$. Dies gilt insbesondere für die Permutationsmatrix zum Zyklus $< 1, \ldots, n > \in \mathbf{S}_n$, die gleich der zirkulanten Matrix $\mathbf{Z}(0, 1, 0, \ldots, 0)$ ist.

Aufgaben

In diesen Aufgaben bezeichnet A stets einen kommutativen Ring.

1. Ist $\varphi : B \to C$ ein Isomorphismus endlicher freier A-Algebren, so ist $\chi_{\varphi(x)} = \chi_x$ für alle $x \in B$ und insbesondere $\mathrm{N}_A^C \circ \varphi = \mathrm{N}_A^B$ und $\mathrm{Sp}_A^C \circ \varphi = \mathrm{Sp}_A^B$.

2. Seien $B_1, \ldots, B_n$ endliche freie A-Algebren und $B := B_1 \times \cdots \times B_n$ die Produktalgebra. Für jedes n-Tupel $x = (x_1, \ldots, x_n) \in B$ ist

$$\chi_x^B = \chi_{x_1}^{B_1} \cdots \chi_{x_n}^{B_n}$$

und

$$\mathrm{N}_A^B(x) = \mathrm{N}_A^{B_1}(x_1)\cdots\mathrm{N}_A^{B_n}(x_n)\,, \quad \mathrm{Sp}_A^B(x) = \mathrm{Sp}_A^{B_1}(x_1)+\cdots+\mathrm{Sp}_A^{B_n}(x_n)\,.$$

3. Seien B eine endliche freie kommutative A–Algebra und C eine endliche freie B–Algebra des Ranges m. Für $x \in B$ ist

$$\chi_{x,A}^C = (\chi_{x,A}^B)^m\,, \quad \mathrm{N}_A^C(x) = \mathrm{N}_A^B(x)^m\,, \quad \mathrm{Sp}_A^C(x) = m\mathrm{Sp}_A^B(x)\,.$$

Man beweise diese Formeln direkt (ohne 69.9).

4. Seien a, b, c, d komplexe Zahlen. Man berechne

$$\begin{vmatrix} a & d & c & b \\ b & a & d & c \\ c & b & a & d \\ d & c & b & a \end{vmatrix}\,.$$

5. Für $n \in \mathbb{N}_+$ ist $\mathrm{Z}(1, \binom{n}{1}, \ldots, \binom{n}{n-1}) = \prod_{\nu=0}^{n-1}((1+\exp(\frac{2\pi\nu}{n}))^n - 1)$, ferner $\mathrm{Z}(1,\ldots,n) = (-n)^{n-1}(n+1)/2$.

6. (Cauchysche Ungleichung) Sei $f = \sum_{\nu=0}^{\infty} a_\nu Z^\nu$ eine konvergente Potenzreihe mit Koeffizienten $a_\nu \in \mathbb{C}$. Ferner sei ρ eine reelle Zahl mit $0 < \rho < R$, wobei R der Konvergenzradius von f ist, und

$$\mu(\rho) := \mathrm{Max}\{|f(z)| : z \in \mathbb{C}, |z| = \rho\}\,.$$

Dann gilt für alle $\nu \in \mathbb{N}$:

$$|a_\nu| \le \frac{\mu(\rho)}{\rho^\nu}\,.$$

(Ohne Einschränkung sei f ein Polynom des Grades n. Man wendet dann die Interpolationsformel aus Beispiel 5 auf $f(\rho Z)$ an.)

7. Seien A ein kommutativer Ring, $n \in \mathbb{N}_+$ und $\alpha = c_0 + c_1X + \cdots + c_{n-1}X^{n-1} \in A[X]$. Über einem Erweiterungsring von A zerfalle $X^n - 1$ in ein Produkt von Linearfaktoren $X - \zeta_\nu$, $\nu = 0, \ldots, n-1$. Ist die Zirkulante $\mathbf{Z}(c_0, \ldots, c_{n-1})$ invertierbar, so ist ihr Inverses selbst eine Zirkulante, und zwar ist

$$\mathbf{Z}(c_0, \ldots, c_{n-1})^{-1} = \mathbf{Z}(b_0, \ldots, b_{n-1})$$

mit Koeffizienten b_j, für die gilt:

$$nb_j = \sum_{\nu=0}^{n-1} \frac{1}{\zeta_\nu^j \alpha(\zeta_\nu)}\,,$$

$j = 0, \ldots, n-1$. (Vgl. Beispiel 5.)

8. **a)** Seien K ein Körper, $\alpha \in K[X]$ ein normiertes Polynom und $\beta \in K[X]$ beliebig. Sei x die Restklasse von X in $B := K[X]/K[X]\alpha$. Es gilt $\mathrm{Rang}\,\lambda_{\beta(x)} = \mathrm{Dim}_K B\beta(x) = \mathrm{Grad}\,\alpha - \mathrm{Grad}(\mathrm{ggT}(\alpha,\beta)) = \mathrm{Grad}(\alpha/\mathrm{ggT}(\alpha,\beta))$.

b) Seien K ein Körper mit q Elementen ($q \ge 2$), $n := q-1$ und $\beta = c_0 + c_1X + \cdots + c_{n-1}X^{n-1} \in K[X]$. Dann ist $\mathrm{Z}(c_0, \ldots, c_{n-1}) = \prod_{a\in K^\times} \beta(a)$, und der Rang der mit den Elementen $c_0, \ldots, c_{n-1}$ gebildeten zirkulanten Matrix ist gleich der Anzahl der Elemente $a \in K^\times$ mit $\beta(a) \neq 0$. (Satz von König–Rados. — Für die letzte Aussage benutze man Teil a) mit $\alpha := X^n - 1$.)

9. Man beweise die Formel (2) in 69.11 in folgenden Schritten: (1) Man kann annehmen, daß $A := \mathbb{Z}[Y_0, \ldots, Y_{n-1}]$ und $\alpha := Y_0 + Y_1X + \cdots + Y_{n-1}X^{n-1} + X^n$ ist. (2) Man kann annehmen, daß $A = K$ ein Körper ist und $\alpha = (X - a_1) \cdots (X - a_n)$ mit paarweise verschiedenen $a_1, \ldots, a_n \in K$. (3) In der Situation des vorigen Schrittes (2) ist $B := K[X]/K[X]\alpha \to K^n$ mit $\beta(x) \mapsto (\beta(a_1), \ldots, \beta(a_n))$, $\beta \in K[X]$, ein Isomorphismus. Für

$$e_i := \frac{\prod_{j \neq i}(x - a_j)}{\alpha'(a_i)} = \frac{\prod_{j \neq i}(x - a_j)}{\alpha'(x)} \in B$$

gilt $\alpha'(x)\eta(e_i) = \eta(\alpha'(x)e_i) = 1 = \mathrm{Sp}_K^B(e_i)$, $i = 1, \ldots, n$. (4) Es ist $\alpha'(x)\eta = \mathrm{Sp}_K^B$.

10. Unter den Voraussetzungen von Satz 69.11 gilt

$$(n - i)!a_i = N_{n-i}(\mathrm{Sp}(x), \ldots, \mathrm{Sp}(x^{n-i}))$$

für $i = 0, \ldots, n - 1$, wobei die N_j die in §53, Aufgabe 30 definierten Newton–Polynome sind.

11. Seien V ein endlicher freier A–Modul des Ranges n und $f \in \mathrm{End}_A V$. Die Spur auf $\mathrm{End}_A V$ ergibt durch Beschränken eine A–Linearform $A[f] \to A$, deren Komposition mit dem kanonischen A–Algebra–Homomorphismus von $B := A[X]/\chi_f A[X]$ auf $A[f]$ gerade Sp_A^B ergibt. (Bemerkung. Insbesondere induziert Sp_A^B eine Linearform auf $A[f]$.)

12. Sei B eine kommutative endliche freie A–Algebra. S sei die Menge der Nichtnullteiler von A. Dann ist B_S der totale Quotientenring $\mathrm{Q}(B)$ von B. Insbesondere ist $\mathrm{Q}(B)$ eine endliche freie $\mathrm{Q}(A)$–Algebra.

13. Seien B eine endliche freie kommutative A–Algebra und $\delta : B \to B$ eine Derivation mit $\delta A \subseteq A$.

a) Es ist $\delta \circ \mathrm{Sp}_A^B = \mathrm{Sp}_A^B \circ \delta$.

b) Für jeden Nichtnullteiler $x \in B$ gilt $\mathrm{Sp}_{\mathrm{Q}(A)}^{\mathrm{Q}(B)}(\delta x/x) = \delta \mathrm{N}_A^B(x)/\mathrm{N}_A^B(x)$. (Man rechnet mit den Strukturkonstanten von B bezüglich einer festen A–Basis. — Bemerkung. Zu weiteren Sätzen über fortsetzbare Derivationen siehe G. Scheja, U. Storch, Fortsetzung von Derivationen, J. Algebra **54**, 353–365(1978).)

14. Seien z eine komplexe Zahl mit $z^3 = 5^2 \cdot 7$, R der Ring der ganzen Zahlen in $\mathbb{Q}[z]$ und $w := z^2/5$.

a) $1, z, w$ ist eine $\mathbb{Z}$-Basis von R. ($A := \mathbb{Z}[z, w]$ hat $1, z, w$ als $\mathbb{Z}$-Basis. Ist $u \in R$ beliebig, so zeigt die Betrachtung von $\mathrm{Sp}(u), \mathrm{Sp}(uz)$ und $\mathrm{Sp}(uw)$, daß $3 \cdot 5 \cdot 7 \cdot R \subseteq A$ ist. Die Minimalpolynome von z, w und $z - 5^2 \cdot 7$ über $\mathbb{Q}$ sind Eisensteinsche Polynome bezüglich 7 bzw. 5 bzw. 3. Daher ist $R = A$.)

b) R ist keine zyklische $\mathbb{Z}$–Algebra. (Sei etwa $R = \mathbb{Z}[u]$. Man kann $u = sz + tw$ mit $s, t \in \mathbb{Z}$ annehmen. Die Übergangsmatrix von $1, z, w$ zu $1, u, u^2$ hat die Determinante $5s^3 - 7t^3 = \pm 1$. Modulo 7 ergibt sich ein Widerspruch.)

15. (R e i n – k u b i s c h e Z a h l b e r e i c h e) Ein Körper $K \subseteq \mathbb{C}$ heißt r e i n – k u b i s c h e r Z a h l k ö r p e r und der Ring R der ganzen Zahlen darin ein r e i n – k u b i s c h e r Z a h l b e r e i c h, wenn K über $\mathbb{Q}$ den Grad 3 hat und aus $\mathbb{Q}$ durch Adjunktion einer 3–ten Wurzel aus einer rationalen Zahl entsteht.

Man kann dann immer so normieren: $K = \mathbb{Q}[z]$; $z^3 = m \in \mathbb{Z}$, $m > 1$, $m = ab^2$ mit $a, b \in \mathbb{N}_+$, ab quadratfrei. Sei dann $w := z^2/b$ und $v_\epsilon := (1 + \epsilon z + z^2)/3$ zu $\epsilon \in \{1, -1\}$. Es gilt:

(1) Ist $m \not\equiv 1(9)$ und $m \not\equiv -1(9)$, so ist $1, z, w$ eine $\mathbb{Z}$–Basis von R.

(2) Ist $m \equiv \epsilon(9)$, so ist z, w, v_ϵ eine $\mathbb{Z}$–Basis von R.

(Die Minimalpolynome von z und w über $\mathbb{Q}$ sind Eisensteinsch bezüglich a bzw. b. Eines der Minimalpolynome von $z, w, z - m$ ist Eisensteinsch bezüglich 3, wenn $m \not\equiv 1(9)$ und $m \not\equiv -1(9)$ ist. Wie in 14a) sieht man nun, daß (1) gilt. — Sei jetzt $m \equiv \epsilon(9)$. Eine einfache Rechung zeigt: $v_\epsilon \in R$, $\mathrm{Sp}(v_\epsilon) = 1$. Zum Nachweis, daß jedes $u \in R$ eine Linearkombination von z, w, v_ϵ über $\mathbb{Z}$ ist, genügt es, den Fall $u = xz + yw$ zu betrachten, $x, y \in \mathbb{Q}$. Mit Hilfe des Minimalpolynoms von uw über $\mathbb{Q}$ folgt leicht $x, y \in \mathbb{Z}$, da $R/\mathbb{Z}[z, w]$ eine 3–Gruppe ist.)

16. (Doppelt–quadratische Zahlbereiche) Im folgenden seien D und m ganzrationale Zahlen $\neq 0, \neq 1$, welche zudem quadratfrei seien; ferner seien D und m teilerfremd und nicht beide gleich -1. Man nennt dann

$$K := \mathbb{Q}[\sqrt{D}, \sqrt{m}] \subseteq \mathbb{C}$$

einen doppelt–quadratischen Zahlkörper und den Ring R der ganzen Zahlen in K einen doppelt–quadratischen Zahlbereich. Es gilt:

a) Sei D gerade, $m \equiv 3(4)$. Dann ist $1, \sqrt{D}, \sqrt{m}, z$ eine $\mathbb{Z}$–Basis von R, $z := \frac{1}{2}\sqrt{D}(1 + \sqrt{m})$.

b) Sei $D \equiv 3(4)$, $m \equiv 3(4)$. Dann ist $R = \mathbb{Z}[\sqrt{D}, \frac{1}{2}(\sqrt{D} + \sqrt{m})]$.

c) Sei $D \not\equiv 1(4)$, $m \equiv 1(4)$. Dann ist $R = \mathbb{Z}[\sqrt{D}, \frac{1}{2}(1 + \sqrt{m})]$.

d) Sei $D \equiv 1(4)$, $m \equiv 1(4)$. Dann ist $R = \mathbb{Z}[\frac{1}{2}(1 + \sqrt{D}), \frac{1}{2}(1 + \sqrt{m})]$; ferner ist R keine zyklische $\mathbb{Z}$–Algebra.

(Vom Ring der ganzen Zahlen in $\mathbb{Q}[\sqrt{D}]$ ausgehend, berechne man R nach der direkten Methode aus §56, Beispiel 5. Es kürzt die Rechnungen freilich ab, die Sätze aus Beispiel 3 anzuwenden. Beim Zusatz in d) verwendet man die Methode aus Aufgabe 14b).)

17. Seien p eine Primzahl, $r \geq 1$, aber $p^r \neq 2$, und ζ_{p^r} eine primitive p^r–te Einheitswurzel. Dann ist

$$\mathrm{Diskr}(\zeta_{p^r}) = (-1)^{\varphi(p^r)/2} p^{r(p-1)p^{r-1} - p^{r-1}}.$$

(Man benutzt die Gleichungen aus dem Beweis zu Satz 69.15. — Es ist $\mathrm{Sign}(\mathrm{Diskr}(\zeta_{p^r}))$ gleich -1 bei $p^r = 4$ oder $p \equiv 3(4)$ und gleich 1 sonst.)

18. Sei A ein Integritätsbereich.

a) Das Polynom $\alpha = a_n X^n + \cdots + a_0 \in A[X]$ und das Element $v \in A$ mögen folgende Bedingungen erfüllen: $a_0, \ldots, a_{n-1} \in Av$, $a_0 a_n \notin Av^2$, A/Av ist reduziert. Dann besitzt α keinen nichtkonstanten Teiler in $A[X]$.

b) Ein Eisensteinpolynom $\alpha \in A[X]$ bezüglich einer Nichteinheit $v \in A$ ist irreduzibel (und prim, wenn A normal ist).

19. Seien A ein normaler Integritätsbereich, $n \in \mathbb{N}_+$ und $a \in A$ ein Element $\neq 0$ derart, daß A/Aa reduziert und $X^n - a$ irreduzibel ist. Ist n eine Einheit in A, so ist $A[X]/(X^n - a)$ ebenfalls normal. (Ist $a \notin A^\times$, so ist $X^n - a$ nach Aufgabe 18 eo ipso irreduzibel.)

20. Sei K ein Körper der Charakteristik $\neq 2$.

a) $K[X, Y]/(X^2 + Y^2 - 1)$ ist normal.

b) $K[X_1, X_2, X_3]/(f)$ ist normal für $f = X_1^2 + X_2^2 + X_3^2$ und $f = X_1^2 + X_2^2 - X_3^2$.

c) $K[X_1, X_2, X_3, X_4]/(f)$ ist normal für $f = X_1^2 + X_2^2 + X_3^2 + X_4^2$, $f = X_1^2 + X_2^2 + X_3^2 - X_4^2$ und $f = X_1^2 + X_2^2 - X_3^2 - X_4^2$. (Vgl. §60, Aufgaben 20,22 bis 24.)

21. Für $n \geq 3$ ist $\mathbb{Z}[X_1, \ldots, X_n]/(X_1^2 + \cdots + X_n^2)$ normal. (Vgl. §60, Aufgabe 21.)

22. Seien K ein Körper und A eine endliche lokale K–Algebra mit dem (einzigen) maximalen Ideal $\mathbf{m}_A$. Für jedes $x \in A$ sind das Minimalpolynom μ_x und das charakteristische Polynom χ_x jeweils eine Potenz des Minimalpolynoms $\mu_{\overline{x}}$ der Restklasse $\overline{x}$ von x in dem Divisionsbereich $A/\mathbf{m}_A$.

23. Seien A ein kommutativer Ring, S das multiplikative System der Nichtnullteiler in A und $K := A_S$ der totale Quotientenring von A. Eine A–Algebra B heiße eine D e d e k i n d - A l g e b r a, wenn sie folgende Bedingungen erfüllt:

(1) B ist torsionsfrei mit endlichem Rang (vgl. §51, Beispiel 11).

(2) Für jedes $x \in B$ hat das charakteristische Polynom $\chi_{x,K}^{B_S}$ Koeffizienten in A.

Für eine Dedekind–Algebra B über A sind die Spur und die Norm als Funktionen von B nach A definiert.

a) Jede endliche freie A–Algebra ist eine Dedekind–Algebra.

b) Jede Dedekind–Algebra über A ist ganz über A.

c) Jede ganze torsionsfreie Algebra von endlichem Rang über einem normalen Integritätsbereich ist eine Dedekind–Algebra. (Das Minimalpolynom eines Elements $x \in B$ über K ist Teiler einer Ganzheitsgleichung von x. Nun benutze man 56.15.)

d) Die Endomorphismenalgebra eines endlichen torsionsfreien Moduls über einem normalen Integritätsbereich ist eine Dedekind–Algebra. (§51, Aufgabe 6 und §64, Aufgabe 37.)

e) Ist B eine Dedekind–Algebra über A, so ist ein Element $x \in B$ genau dann eine Einheit in B, wenn die Norm $\mathrm{N}(x)$ von x eine Einheit in A ist.

f) Ist B eine kommutative Dedekind–Algebra über A, so ist B_S der totale Quotientenring von B. (Vgl. Aufgabe 12.)

(Bemerkung. Dedekind–Algebren sind von den (in Anhang V.B, Aufgabe 7 eingeführten) Dedekind–Bereichen zu unterscheiden.)

IX Dualität

§70 Sesquilineare Funktionen

In dem vorliegenden Kapitel wird der Grundring kommutativ sein. Wir werden diese Voraussetzung jedoch gewöhnlich angeben.

Seien V ein Modul über dem kommutativen Ring A und $V^* = \mathrm{Hom}_A(V, A)$ sein Dualmodul. Die beiden A–Moduln V und V^* sind in natürlicher Weise durch die A–bilineare Funktion $V \times V^* \to A$ mit $(x, e) \mapsto e(x)$ verbunden. In diesem Kapitel werden Paare von Moduln untersucht, die mittels einer solchen bilinearen Funktion zusammenhängen.

Es ist nützlich, die Begriffe relativ zu einer vorgegebenen (und dann festgehaltenen) Involution des Grundringes einzuführen. Vorgegeben ist demnach ein kommutativer Ring A zusammen mit einer Involution, also einem Ringautomorphismus, dessen Quadrat die Identität ist, d.h. der zu sich selbst invers ist. Wir werden diesen Automorphismus in der Form $a \mapsto \overline{a}$ notieren. Für $a, b \in A$ ist

$$\overline{a+b} = \overline{a} + \overline{b}\,, \quad \overline{ab} = \overline{a}\overline{b}\,, \quad \overline{\overline{a}} = a\,.$$

Beispiel 1 (1) Neben der Identitätsabbildung id_A wird bei $A = \mathbb{C}$ die gewöhnliche komplexe Konjugation $z = c + d\mathrm{i} \mapsto \overline{z} = c - d\mathrm{i}$, $c, d \in \mathbb{R}$, eine wichtige Rolle spielen, vgl. §28, Beispiel 2.

(2) Der Körper $\mathbb{R}$ der rellen Zahlen besitzt neben der Identität überhaupt keinen weiteren Automorphismus und insbesondere keine weitere Involution (vgl. 31.10).

(3) Die komplexe Konjugation ist ein Spezialfall der K o n j u g a t i o n in einer quadratischen Algebra A über einem kommutativen Ring k. Ist $1, w$ eine k–(Modul–)Basis von A mit $w^2 = \alpha + \beta w$, wobei $\alpha, \beta \in k$ sind, so ist diese Konjugation durch $\overline{c + dw} = (c + d\beta) - dw$ für $c, d \in k$ definiert, siehe Anhang V.A. Für ein beliebiges Element $a \in A$ gelten für die Norm bzw. die Spur bzw. das charakteristische Polynom von a über k die folgenden Gleichungen:

$$\mathrm{N}_k^A(a) = a\overline{a}\,, \;\; \mathrm{Sp}_k^A = a + \overline{a}\,, \;\; \chi_a = X^2 - (a + \overline{a})X + a\overline{a} = (X - a)(X - \overline{a})\,.$$

Ist $A = K$ ein Körper und $a \mapsto \overline{a}$ eine von der Identität verschiedene Involution von K, so ist K eine quadratische Algebra über dem Fixkörper $k = \{a \in K : a = \overline{a}\}$, und die Involution stimmt mit der Konjugation von K über k überein, die der einzige k–Algebra–Automorphismus $\neq \mathrm{id}_K$ von K ist. Ist $w \in K$ ein Element mit $w \neq \overline{w}$, so ist

$$a = \left(\frac{w\overline{a} - \overline{w}a}{w - \overline{w}}\right) + \left(\frac{a - \overline{a}}{w - \overline{w}}\right) w$$

für ein beliebiges $a \in K$ die Darstellung als Linearkombination von 1 und w mit Koeffizienten aus k, vgl. auch Aufgabe 2.

Eine Abbildung $f : V \to W$ von A–Moduln heißt s e m i l i n e a r (bzgl. der gegebenen Involution $\bar{}$ von A), wenn f additiv ist und $f(ax) = \bar{a}f(x)$ für alle $a \in A$ und alle $x \in V$ gilt. Die semilinearen Abbildungen von V in W stimmen mit den A–linearen Abbildungen von V in den A n t i m o d u l $\overline{W}$ zu W überein und auch mit den A–linearen Abbidlungen von $\overline{V}$ in W. Dabei ist $\overline{W}$ bzw. $\overline{V}$ der A–Modul, der aus W bzw. V dadurch gewonnen wird, daß die gegebene Skalarenmultiplikation durch $(a, y) \mapsto \bar{a}y$ ersetzt wird; hierzu vgl. man §35, Bemerkung 1. Die Komposition gf zweier semilinearer Abbildungen $f : V \to W$ und $g : W \to X$ ist linear; ist eine der Abbildungen semilinear, die andere linear, so ist gf semilinear. Ist f semilinear und bijektiv, so ist f^{-1} ebenfalls semilinear. Die semilinearen Abbildungen eines A–Moduls V in den Grundring A heißen S e m i l i n e a r f o r m e n. Die semilinearen Abbildungen von V in W bilden einen A–Untermodul von W^V.

Definition Seien A ein kommutativer Ring (mit einer Involution $a \mapsto \bar{a}$) und V, W Moduln über A. Eine Funktion $\Phi : V \times W \to A$ heißt s e s q u i l i n e a r oder eine S e s q u i l i n e a r f u n k t i o n, wohl auch eine S e s q u i l i n e a r f o r m — welchem Sprachgebrauch wir uns gelegentlich anschließen —, wenn sie in der ersten Komponente linear und in der zweiten Komponente semilinear (zusammen also anderthalblinear) ist. Eine Sesquilinearfunktion $V \times V \to A$ wird (stets) eine S e s q u i l i n e a r f o r m auf V genannt.

Eine sesquilineare Funktion $\Phi : V \times W \to A$ erfüllt definitionsgemäß folgende Bedingungen: Für alle $a \in A$, alle $x, x_1, x_2 \in V$ und $y, y_1, y_2 \in W$ ist

$$\Phi(x_1 + x_2, y) = \Phi(x_1, y) + \Phi(x_2, y)\,, \quad \Phi(ax, y) = a\Phi(x, y)\,,$$

$$\Phi(x, y_1 + y_2) = \Phi(x, y_1) + \Phi(x, y_2)\,, \quad \Phi(x, ay) = \bar{a}\Phi(x, y)\,.$$

Insbesondere ist $\Phi(ax, y) = \Phi(x, \bar{a}y)$. Die Menge der sesquilinearen Funktionen $V \times W \to A$ ist offenbar ein A–Untermodul von $A^{V \times W}$. Wir bezeichnen ihn mit

$$\mathrm{Sesq}_A(V, W)\,,$$

wobei — wenn nötig — noch die zugrunde liegende Involution von A anzugeben ist. Ist diese Involution die Identität, so sind die sesquilinearen Funktionen gleich den bilinearen, also ist in diesem Fall $\mathrm{Sesq}_A(V, W) = \mathrm{Mult}_A(V, W)$ mit der Bezeichnung aus §45. Häufig werden die Werte einer sesquilinearen Funktion $\Phi : V \times W \to A$ in der Form

$$<x, y>$$

für $x \in V$, $y \in W$ oder in ähnlicher Weise geschrieben, insbesondere dann, wenn man es stets mit ein und derselben Funktion zu tun hat. Ist A gleich dem Körper $\mathbb{C}$ der komplexen Zahlen mit der gewöhnlichen Konjugation als Involution, so heißen die Sesquilinearfunktionen einfach k o m p l e x e S e s q u i l i n e a r f u n k t i o n e n.

Ist $(x, y) \mapsto \langle x, y \rangle$ eine sesquilineare Funktion $V \times W \to A$, so ist auch die Funktion $W \times V \to A$ mit $(y, x) \mapsto \overline{\langle x, y \rangle}$ sesquilinear. Die Komponenten V und W sind also im wesentlichen gleichberechtigt.

Bemerkung 1 Jede sesquilineare Funktion $\Phi : V \times W \to A$ definiert eine A–Linearform auf dem Tensorprodukt $V \otimes_A \overline{W}$ mit $x \otimes y \mapsto \Phi(x, y)$ (vgl. §80), und umgekehrt induziert jede A–Linearform e auf $V \otimes_A \overline{W}$ durch $(x, y) \mapsto e(x \otimes y)$ eine sesquilineare Funktion $V \times W \to A$. Die so definierte bijektive Abbildung liefert eine kanonische A–Isomorphie

$$\mathrm{Sesq}_A(V, W) \cong (V \otimes_A \overline{W})^* .$$

Bemerkung 2 Bei nicht notwendig kommutativem A legt man der Definition der sesquilinearen Funktionen einen involutorischen Anti–Automorphismus von A zugrunde. Neben $\overline{a + b} = \overline{a} + \overline{b}$ und $\overline{\overline{a}} = a$ gilt also $\overline{ab} = \overline{b}\,\overline{a}$. (Ein nichttriviales Beispiel dafür ist die Konjugation auf den Quaternionenalgebren, vgl. §28, Beispiel 3.) Eine Funktion $\Phi : V \times W \to A$, wobei V und W wieder A–Moduln sind, heißt dann sesquilinear, wenn sie in der ersten Komponente linear und in der zweiten Komponente semilinear ist. Dies letztere bedeutet definitionsgemäß, daß in der zweiten Komponente neben der Additivität die Gleichung $\Phi(x, ay) = \Phi(x, y)\overline{a}$ für alle $x \in V$, $y \in W$, $a \in A$ gilt.
Ist eine Involution auf dem nicht notwendig kommutativen Ring A gegeben, so definiert man sesquilineare Funktionen $\Phi : V \times W \to A$, wobei V ein A–Links–Modul und W ein A–*Rechts*–Modul ist, und zwar ist eine solche Funktion in der ersten Komponente linear und in der zweiten Komponente rechts–semilinear, es gilt also $\Phi(x, ya) = \Phi(x, y)\overline{a}$ für alle $x \in V$, $y \in W$, $a \in A$. Die kanonische Funktion $V \times V^* \to A$ mit $(x, e) \mapsto e(x)$ ist eine solche Funktion (wobei die Involution auf A die Identität ist), vgl. §41, Bemerkung 1.

Sei $\Phi : V \times W \to A$ eine sesquilineare Funktion. Für beliebige Linearkombinationen $x = \sum_{i \in I} a_i x_i$ und $y = \sum_{j \in J} b_j y_j$ der Elemente $x_i \in V$, $i \in I$, $y_j \in W$, $j \in J$, gilt dann

$$\Phi(x, y) = \sum_{(i,j) \in I \times J} a_i \overline{b}_j \Phi(x_i, y_j) .$$

Es folgt insbesondere, daß Φ bereits durch die Werte $\Phi(x_i, y_j)$, $i \in I$, $j \in J$, bestimmt ist, falls die Familien x_i, $i \in I$, bzw. y_j, $j \in J$, Erzeugendensysteme von V bzw. W sind. Sind diese Familien sogar Basen, so lassen sich die Werte $c_{ij} = \Phi(x_i, y_j) \in A$ beliebig vorschreiben: Die durch $\Phi(\sum_{i \in I} a_i x_i, \sum_{j \in J} b_j y_j) := \sum_{(i,j) \in I \times J} a_i \overline{b}_j c_{ij}$ definierte Funktion $\Phi : V \times W \to A$ ist sesquilinear und nimmt für (x_i, y_j), $i \in I$, $j \in J$, die vorgebenen Werte c_{ij} an. Die Abbildung $\Phi \mapsto (\Phi(x_i, y_j))$ ist in diesem Fall ein A–Modul–Isomorphismus von $\mathrm{Sesq}_A(V, W)$ auf $A^{I \times J}$.

Definition Seien $(x_i)_{i \in I}$ bzw. $(y_j)_{j \in J}$ endliche Familien von Elementen der A–Moduln V bzw. W. Ist $\Phi : V \times W \to A$ eine sesquilineare Funktion, so heißt die Matrix

$$\mathbf{Gr}(x_i, y_j) = \mathbf{Gr}_\Phi(x_i, y_j)_{(i,j) \in I \times J} := (\Phi(x_i, y_j))_{(i,j) \in I \times J} \in \mathsf{M}_{I,J}(A)$$

die Gramsche Matrix der Elemente x_i, $i \in I$, bzw. $y_j, j \in J$, bezüglich Φ. Im Falle $I = J$ heißt die Determinante der Gramschen Matrix $\mathbf{Gr}(x_i, y_j)_{i,j\in I}$ Gramsche Determinante, bezeichnet mit

$$\mathrm{Gr}(x_i, y_j) = \mathrm{Gr}_\Phi(x_i, y_j)_{i,j\in I}\,.$$

Bei $V = W$ und $y_j = x_j$ für alle $j \in J = I$ schreiben wir auch kürzer

$$\mathbf{Gr}(x_i)_{i\in I} \quad \text{bzw.} \quad \mathrm{Gr}(x_i)_{i\in I}$$

für die Gramsche Matrix $\mathbf{Gr}(x_i, x_j)_{i,j\in I}$ bzw. die Gramsche Determinante $\mathrm{Gr}(x_i, x_j)_{i,j\in I}$.

Für das Rechnen mit den Gramschen Matrizen ist es bequem, die Involution von A auf Matrizen mit Elementen aus A zu erweitern. Für eine Matrix $\mathbf{A} = (a_{ij}) \in \mathsf{M}_{I,J}(A)$ sei also

$$\overline{\mathbf{A}} := (\overline{a}_{ij}) \in \mathsf{M}_{I,J}(A)\,,$$

vgl. §40, Bemerkung 6. Die Abbildung $\mathbf{A} \mapsto \overline{\mathbf{A}}$ ist eine semilineare Involution von $\mathsf{M}_{I,J}(A)$. Es ist

$${}^t\overline{\mathbf{A}} = \overline{{}^t\mathbf{A}} \quad \text{und} \quad \overline{\mathbf{AB}} = \overline{\mathbf{A}}\,\overline{\mathbf{B}}\,,$$

falls $\mathbf{B} \in \mathsf{M}_{J,R}(A)$. Für quadratische Matrizen $\mathbf{A} \in \mathsf{M}_I(A)$ ist

$$\mathrm{Det}\,\overline{\mathbf{A}} = \overline{\mathrm{Det}\,\mathbf{A}}$$

(vgl. 47.9) und überdies für $\mathbf{A} \in \mathsf{GL}_I(A)$:

$$\overline{\mathbf{A}}^{-1} = \overline{\mathbf{A}^{-1}}\,.$$

Sind $(x_i)_{i\in I}$ bzw. $(y_j)_{j\in J}$ endliche Familien in V bzw. W mit der Gramschen Matrix $\mathbf{C} := \mathbf{Gr}(x_i, y_j)$ bzgl. der sesquilinearen Funktion $\Phi: V \times W \to A$, so ist für die Linearkombinationen $x = \sum_i a_i x_i \in V$ bzw. $y = \sum_j b_j y_j \in W$

$$\Phi(x, y) = {}^t\mathbf{a}\mathbf{C}\overline{\mathbf{b}}\,,$$

wobei $\mathbf{a}$ bzw. $\mathbf{b}$ die einspaltigen Matrizen mit den Elementen a_i, $i \in I$, bzw. b_j, $j \in J$, sind. Das Transformationsverhalten der Gramschen Matrizen wird wie folgt beschrieben:

70.1 *Sind I, J, R, S endliche Indexmengen und gelten für die Familien $(x_i)_{i\in I}$, $(x'_r)_{r\in R}$ bzw. $(y_j)_{j\in J}$, $(y'_s)_{s\in S}$ von Elementen aus V bzw. W die Gleichungen*

$$x_i = \sum_{r\in R} v_{ri} x'_r\,, \; i \in I; \qquad y_j = \sum_{s\in S} w_{sj} y'_s\,, \; j \in J\,,$$

so ist mit $\mathbf{V} := (v_{ri}) \in \mathsf{M}_{R,I}(A)$, $\mathbf{W} := (w_{sj}) \in \mathsf{M}_{S,J}(A)$

$$\mathbf{Gr}_\Phi(x_i, y_j)_{(i,j)\in I\times J} = {}^t\mathbf{V}\,\mathbf{Gr}_\Phi(x'_r, y'_s)_{(r,s)\in R\times S}\overline{\mathbf{W}}\,.$$

Sind speziell V und W endliche freie A-Moduln mit den Basen x_i, $i \in I$, bzw. y_j, $j \in J$, so ist die Zuordnung $\mathrm{Sesq}_A(V, W) \to \mathsf{M}_{I,J}(A)$ mit $\Phi \mapsto \mathbf{Gr}_\Phi(x_i, y_j)$ ein A-Modul-Isomorphismus. Bei einem Basiswechsel zu x_i', $i \in I$, bzw. y_j', $j \in J$, mit den Übergangsmatrizen $\mathbf{V} = (v_{ri}) \in \mathsf{GL}_I(A)$, $\mathbf{W} = (w_{sj}) \in \mathsf{GL}_J(A)$ ist

$$\mathbf{C} = {}^t\mathbf{V}\mathbf{C}'\overline{\mathbf{W}} \quad \text{oder} \quad \mathbf{C}' = {}^t\mathbf{V}^{-1}\mathbf{C}\overline{\mathbf{W}}^{-1}$$

für die Gramschen Matrizen $\mathbf{C} := \mathbf{Gr}(x_i, y_j)$ bzw. $\mathbf{C}' := \mathbf{Gr}(x_i', y_j')$.

Eine sesquilineare Funktion $\Phi: V \times W \to A$ definiert kanonische *semilineare* Abbildungen

$$\sigma_\Phi: V \to W^* \quad \text{bzw.} \quad \tau_\Phi: W \to V^*$$

durch $x \mapsto (y \mapsto \overline{\Phi(x, y)})$ bzw. $y \mapsto (x \mapsto \Phi(x, y))$. Man schreibt kurz $\sigma(x) = \sigma_\Phi(x) = \overline{\Phi(x, -)}$ und $\tau(y) = \tau_\Phi(y) = \Phi(-, y)$. Aus jeder der Abbildungen σ bzw. τ gewinnt man Φ zurück, denn definitionsgemäß ist

$$\Phi(x, y) = \overline{\sigma(x)(y)} = \tau(y)(x)$$

für alle $x \in V$, $y \in W$. Die folgenden Diagramme sind kommutativ:

$$\begin{array}{ccc} V & \xrightarrow{\sigma} & W^* \\ \downarrow & \nearrow_{\tau^*} & \\ V^{**} & & \end{array} \qquad \begin{array}{ccc} W & \xrightarrow{\tau} & V^* \\ \downarrow & \nearrow_{\sigma^*} & \\ W^{**} & & \end{array} .$$

Dabei sind die vertikalen Homomorphismen diejenigen aus 41.5.

70.2 *Seien x_i, $i \in I$, bzw. y_j, $j \in J$, endliche Basen der A-Moduln V bzw. W und $\Phi: V \times W \to A$ eine sesquilineare Funktion mit der Gramschen Matrix $\mathbf{C} = \mathbf{Gr}(x_i, y_j)$. Dann gilt: Die Matrizen der kanonischen semilinearen Abbildungen $\sigma_\Phi: V \to W^*$ bzw. $\tau_\Phi: W \to V^*$ bezüglich der Basen x_i, $i \in I$, y_j^*, $j \in J$, bzw. y_j, $j \in J$, x_i^*, $i \in I$, sind ${}^t\overline{\mathbf{C}}$ bzw. $\mathbf{C}$.*

B e w e i s. Sei $\sigma(x_i) = \sum_j a_{ji} y_j^*$. Dann ist $a_{ji} = \sigma(x_i)(y_j) = \overline{\Phi(x_i, y_j)}$. Sei $\tau(y_j) = \sum_i b_{ij} x_i^*$. Dann ist $b_{ij} = \tau(y_j)(x_i) = \Phi(x_i, y_j)$. •

Definition Seien V und W Moduln über A und $\Phi: V \times W \to A$ eine sesquilineare Funktion. Φ heißt n i c h t a u s g e a r t e t, wenn die zu Φ gehörenden Abbildungen $\sigma_\Phi: V \to W^*$ und $\tau_\Phi: W \to V^*$ injektiv sind. Φ d e f i n i e r t e i n e (v o l l s t ä n d i g e) D u a l i t ä t zwischen V und W, wenn σ_Φ und τ_Φ bijektiv sind.

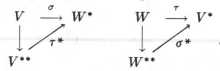

Definiere Φ eine vollständige Dualität. Mittels σ_Φ und τ_Φ lassen sich dann die Moduln V und W^* bzw. W und V^* identifizieren. Zu jeder Linearform $f \in W^*$ gibt es genau ein Element $x_f \in V$ mit $f = \overline{\Phi(x_f, -)}$, und zu jeder Linearform $e \in V^*$ gibt es genau ein $y_e \in W$ mit $e = \Phi(-, y_e)$. Man nennt x_f bzw. y_e auch die G r a d i e n t e n von f bzw. e (bezüglich Φ) und bezeichnet sie mit

$$\operatorname{grad} f \quad \text{bzw.} \quad \operatorname{grad} e\,.$$

Die Linearformen auf W bzw. V korrespondieren also mit ihren jeweiligen Gradienten: Es ist $f = \sigma(\operatorname{grad} f)$ und $e = \tau(\operatorname{grad} e)$.

$\Phi : V \times W \to A$ ist genau dann nicht ausgeartet, wenn gilt: Ist $x_0 \in V$ und $\Phi(x_0, y) = 0$ für alle $y \in W$, so ist $x_0 = 0$; und ist $y_0 \in W$ und $\Phi(x, y_0) = 0$ für alle $x \in V$, so ist $y_0 = 0$. Ist Φ beliebig, so gewinnt man aus Φ in folgender Weise eine nicht ausgeartete Funktion: Seien $V' := \operatorname{Kern} \sigma$, $W' := \operatorname{Kern} \tau$ und $\tilde{V} := V/V'$, $\tilde{W} := W/W'$. Dann ist die Funktion $\tilde{\Phi} : \tilde{V} \times \tilde{W} \to A$ mit

$$\tilde{\Phi}(\tilde{x}, \tilde{y}) := \Phi(x, y)$$

für $\tilde{x} = x + V' \in \tilde{V}$ und $\tilde{y} = y + W' \in \tilde{W}$ wohldefiniert und offensichtlich nicht ausgeartet. Man nennt $\tilde{\Phi}$ auch d i e v o n Φ i n d u z i e r t e n i c h t a u s g e a r t e t e s e s q u i l i n e a r e F u n k t i o n.

70.3 Satz *Seien V und W endliche freie Moduln über dem vom Nullring verschiedenen kommutativen Ring A (mit Involution) und $\Phi : V \times W \to A$ eine sesquilineare Funktion. Folgende Aussagen sind äquivalent:*

(1) *Φ definiert eine vollständige Dualität.*

(2) *Es ist $\operatorname{Rang}_A V = \operatorname{Rang}_A W$, und sind x_i, $i \in I$, bzw. y_i, $i \in I$, Basen von V bzw. W, so ist die Gramsche Matrix $\mathbf{Gr}_\Phi(x_i, y_j) \in \mathsf{M}_I(A)$ invertierbar, d.h. die Gramsche Determinante $\operatorname{Gr}(x_i, y_j)$ ist eine Einheit in A.*

(3) *Die kanonische semilineare Abbildung $\sigma_\Phi : V \to W^*$ ist bijektiv.*

(4) *Die kanonische semilineare Abbildung $\tau_\Phi : W \to V^*$ ist bijektiv.*

B e w e i s. Aus (1) folgen (3) bzw. (4) definitionsgemäß. Sowohl (3) als auch (4) implizieren (2): Aus (3) oder (4) folgt zunächst, daß V und W denselben Rang haben. Sei ferner $\mathbf{C} := \mathbf{Gr}(x_i, y_j)$. Nach 70.2 ist ${}^t\overline{\mathbf{C}}$ die Matrix von σ_Φ bezüglich der Basen x_i; y_i^* und $\mathbf{C}$ die Matrix von τ_Φ bezüglich y_i; x_i^*. Ist σ_Φ bzw. τ_Φ bijektiv, so ist ${}^t\overline{\mathbf{C}}$ bzw. $\mathbf{C}$ invertierbar. In jedem Fall ist $\mathbf{C}$ invertierbar. Umgekehrt ist mit $\mathbf{C}$ auch ${}^t\overline{\mathbf{C}}$ invertierbar, so daß aus (2) sowohl (3) als auch (4) folgen. (3) und (4) zusammen sind aber äquivalent zu (1). •

70.4 Gramsches Kriterium *Seien V und W endliche A-Moduln, die jeweils ein Erzeugendensystem aus n Elementen besitzen, und $\Phi : V \times W \to A$ eine sesquilineare Funktion. Dann gilt: Sind $x_1, \ldots, x_n \in V$ und $y_1, \ldots, y_n \in W$ Elemente, für die die Gramsche Matrix $\mathbf{Gr}(x_i, y_j) \in \mathsf{M}_n(A)$ invertierbar ist, so sind $x_1, \ldots, x_n$ bzw. $y_1, \ldots, y_n$ Basen von V bzw. W, und Φ definiert eine vollständige Dualität zwischen V und W.*

B e w e i s. Seien $x'_1, \ldots, x'_n$ bzw. $y'_1, \ldots, y'_n$ Erzeugendensysteme von V bzw. W und $x_i = \sum_r v_{ri} x'_r$, $y_j = \sum_s w_{sj} y'_s$. Nach 70.1 ist

$$\mathbf{Gr}(x_i, y_j) = {}^t\mathbf{V}\,\mathbf{Gr}(x'_i, y'_j)\overline{\mathbf{W}}$$

mit $\mathbf{V} := (v_{ri})$, $\mathbf{W} := (w_{sj})$. Da $\mathbf{Gr}(x_i, y_j)$ nach Voraussetzung invertierbar ist, gilt dasselbe auch für die Matrizen $\mathbf{Gr}(x'_i, y'_j)$, ${}^t\mathbf{V}$ und $\overline{\mathbf{W}}$ und damit auch für $\mathbf{V}$ und $\mathbf{W}$. Es bleibt zu zeigen, daß die $x'_1, \ldots, x'_n$ bzw. $y'_1 \ldots, y'_n$ linear unabhängig sind. Sei $\sum_r a_r x'_r = 0$. Es folgt $0 = \Phi(\sum_r a_r x'_r, y'_s) = \sum_r a_r \Phi(x'_r, y'_s)$ für $s = 1, \ldots, n$. Da die Matrix $\mathbf{Gr}(x'_r, y'_s) = (\Phi(x'_r, y'_s))$ invertierbar ist, folgt $a_1 = \cdots = a_n = 0$ aus der Cramerschen Regel 48.8. Analog beweist man die lineare Unabhängigkeit der $y'_1, \ldots, y'_n$. •

Bemerkung 3 Für nicht ausgeartete Formen auf endlichen freien Moduln gelten die folgenden zu 70.3 bzw. 70.4 analogen Kriterien, die der Leser leicht mit 49.4 und 49.6 beweist.

70.5 Satz *Unter den Voraussetzungen von* 70.3 *sind äquivalent:*

(1) Φ *ist nicht ausgeartet.*

(2) *Es ist* $\mathrm{Rang}_A V = \mathrm{Rang}_A W$, *und sind* x_i, $i \in I$, *bzw.* y_i, $i \in I$, *Basen von* V *bzw.* W, *so ist die Gramsche Determinante* $\mathrm{Gr}(x_i, y_j)_{i,j\in I}$ *Nichtnullteiler in* A.

(3) *Es ist* $\mathrm{Rang}_A V = \mathrm{Rang}_A W$, *und die kanonische Abbildung* σ_Φ *ist injektiv.*

(4) *Es ist* $\mathrm{Rang}_A V = \mathrm{Rang}_A W$, *und die kanonische Abbildung* τ_Φ *ist injektiv.*

70.6 Gramsches Kriterium *Unter den Voraussetzungen von* 70.4 *gilt: Sind* $x_1, \ldots, x_n \in V$ *und* $y_1, \ldots, y_n \in W$ *Elemente, für die die Gramsche Determinante* $\mathrm{Gr}(x_i, y_j)_{1\le i,j\le n}$ *ein Nichtnullteiler ist, so sind* $x_1, \ldots, x_n$ *bzw.* $y_1, \ldots, y_n$ *linear unabhängig, und* V *und* W *sind freie Moduln (vom Rang* n, *falls* $A \neq 0$).

Definition Seien V und W endliche freie A-Moduln mit den Basen x_i, $i \in I$, bzw. y_i, $i \in I$, und $\Phi : V \times W \to A$ eine sesquilineare Funktion. Die Basen $(x_i)_{i\in I}$ bzw. $(y_i)_{i\in I}$ heißen d u a l oder D u a l b a s e n (bezüglich Φ), wenn $\Phi(x_i, y_j) = \delta_{ij}$ für $i, j \in I$ ist, wenn also die Gramsche Matrix $\mathbf{Gr}(x_i, y_j)_{i,j\in I}$ die Einheitsmatrix $\mathbf{E}_I$ ist.

Ist V ein endlicher freier A-Modul mit der Basis x_i, $i \in I$, so ist die gewöhnliche Dualbasis x_i^*, $i \in I$, von V dual im Sinne der obigen Definition bezüglich der kanonischen Bilinearform $V \times V^* \to A$ mit $(x, e) \mapsto e(x)$.

Sind (x_i) und (y_i) Dualbasen bezüglich $\Phi : V \times W \to A$, so hat Φ in diesen Basen die einfache Gestalt

$$\Phi\left(\sum_{i\in I} a_i x_i, \sum_{i\in I} b_i y_i\right) = \sum_{i\in I} a_i \overline{b}_i = {}^t\mathbf{a}\overline{\mathbf{b}},$$

wobei $\mathbf{a}$ bzw. $\mathbf{b}$ der Spaltenvektor der Koeffizienten a_i bzw. b_i ist, $i \in I$.

Nach 70.4 können Dualbasen nur dann existieren, wenn Φ eine vollständige Dualität definiert. Daß in diesem Fall genügend viele Dualbasen existieren, besagt der folgende Satz:

70.7 Satz *Seien V und W endliche freie A-Moduln und $\Phi: V \times W \to A$ eine sesquilineare Funktion, die eine vollständige Dualität definiert. Genau dann sind die Basen $(x_i)_{i\in I}$ bzw. $(y_i)_{i\in I}$ von V bzw. W dual, wenn $\sigma_\Phi(x_i) = y_i^*$ ist, $i \in I$, oder wenn $\tau_\Phi(y_i) = x_i^*$ ist, $i \in I$, wobei $\sigma_\Phi: V \to W^*$ bzw. $\tau_\Phi: W \to V^*$ die kanonischen Abbildungen sind. — Zu jeder Basis x_i, $i \in I$, von V gibt es genau eine Basis y_i, $i \in I$, von W derart, daß (x_i) und (y_i) dual sind, und zu jeder Basis y_i, $i \in I$, von W gibt es genau eine Basis x_i, $i \in I$, von V derart, daß (x_i) und (y_i) dual sind.*

Beweis. Wegen der Bijektivität von σ_Φ und τ_Φ folgt die zweite Behauptung aus der ersten. Diese ist aber wegen $\Phi(x_i, y_j) = \sigma(x_i)(y_j) = \tau(y_j)(x_i)$ selbstverständlich. •

Für endlichdimensionale Vektorräume über einem Körper (mit Involution) lassen sich einige spezielle Aussagen beweisen:

70.8 Satz *Seien V und W endlichdimensionale Vektorräume über dem Körper K. Eine sesquilineare Funktion $\Phi: V \times W \to K$ definiert genau dann eine vollständige Dualität, wenn Φ nicht ausgeartet ist.*

Beweis. Sei Φ nicht ausgeartet. Aus der Injektivität von $\sigma_\Phi: V \to W^*$ und $\tau_\Phi: W \to V^*$ folgen die Abschätzungen $\mathrm{Dim}_K V \leq \mathrm{Dim}_K W^* = \mathrm{Dim}_K W$ und $\mathrm{Dim}_K W \leq \mathrm{Dim}_K V^* = \mathrm{Dim}_K V$. Somit haben V und W die gleiche Dimension, und σ_Φ bzw. τ_Φ sind notwendigerweise bijektiv. •

Bemerkung 4 Es genügt in 70.8 offenbar vorauszusetzen, daß einer der Vektorräume V bzw. W endlichdimensional ist.

70.9 Satz *Seien V und W endlichdimensionale Vektorräume über dem Körper K und $\Phi: V \times W \to K$ eine sesquilineare Funktion. Dann haben die zugehörigen semilinearen Abbildungen σ_Φ und τ_Φ denselben Rang.*

Beweis. Sei $V' := \mathrm{Kern}\,\sigma_\Phi$ und $W' := \mathrm{Kern}\,\tau_\phi$. Dann induziert Φ eine nicht ausgeartete sesquilineare Funktion $(V/V') \times (W/W') \to K$. Mit 70.8 ergibt sich $\mathrm{Rang}\,\sigma_\Phi = \mathrm{Dim}_K V/V' = \mathrm{Dim}_K W/W' = \mathrm{Rang}\,\tau_\Phi$. •

Direkter läßt sich 70.9 so beweisen: Sei $\mathbf{C}$ die Gramsche Matrix der Basen x_i, $i \in I$, bzw. y_j, $j \in J$, von V bzw. W bezüglich Φ. Dann ergibt sich mit 70.2: $\mathrm{Rang}\,\sigma_\Phi = \mathrm{Rang}\,{}^t\overline{\mathbf{C}} = \mathrm{Rang}\,\overline{\mathbf{C}} = \mathrm{Rang}\,\mathbf{C} = \mathrm{Rang}\,\tau_\Phi$.

Definition Unter den Voraussetzungen von 70.9 heißt der gemeinsame Rang von σ_Φ und τ_Φ der Rang von Φ, in Zeichen:

$$\mathrm{Rang}\,\Phi\,.$$

Sind x_i, $i \in I$, bzw. y_j, $j \in J$, Basen von V bzw. W, so ist

$$\mathrm{Rang}\,\Phi = \mathrm{Rang}\,\mathbf{Gr}_\Phi(x_i, y_j)_{(i,j)\in I\times J}\,.$$

Der folgende Begriff der Orthogonalität, dessen geometrischen Ursprung wir in §73, Beispiel 8 beschreiben, ist grundlegend für alles weitere.

Definition Sei $\Phi : V \times W \to A$ eine sesquilineare Funktion. Die Elemente $x \in V$ und $y \in W$ sind **orthogonal** oder stehen aufeinander **senkrecht** (bezüglich Φ), wenn $\Phi(x, y) = 0$ ist. Wir schreiben dann

$$x \perp y .$$

Sind $M \subseteq V$ und $N \subseteq W$, so gelte

$$M \perp N$$

genau dann, wenn jedes Element von M senkrecht steht auf jedem Element von N. Ferner sei

$$M^{\perp} := \{y \in W : M \perp \{y\}\} \quad \text{und} \quad {}^{\perp}N := \{x \in V : \{x\} \perp B\} .$$

$M^{\perp}$ bzw. ${}^{\perp}N$ sind offenbar Untermoduln von W bzw. V. Es ist $M^{\perp} = \left(\sum_{x \in M} Ax\right)^{\perp}$ und ${}^{\perp}N = {}^{\perp}(\sum_{y \in N} Ay)$. Aus $M_1 \subseteq M_2 \subseteq V$ folgt $M_2^{\perp} \subseteq M_1^{\perp}$, und aus $N_1 \subseteq N_2 \subseteq W$ folgt ${}^{\perp}N_2 \subseteq {}^{\perp}N_1$. Für jede Teilmenge $M \subseteq V$ ist $M \subseteq {}^{\perp}(M^{\perp})$, und für jede Teilmenge $N \subseteq W$ ist $N \subseteq ({}^{\perp}N)^{\perp}$. Es ist $V^{\perp} = \operatorname{Kern} \tau_{\Phi}$ und ${}^{\perp}W = \operatorname{Kern} \sigma_{\Phi}$. Allgemeiner ist $V_1^{\perp} = \operatorname{Kern} \tau_{\Phi|V_1 \times W}$ und ${}^{\perp}W_1 = \operatorname{Kern} \sigma_{\Phi|V \times W_1}$ für beliebige Untermoduln $V_1 \subseteq V$ und $W_1 \subseteq W$.

Beispiel 2 Seien $<-,->$ eine sesquilineare Funktion $V \times W \to A$ und $f \in W^*$ eine Linearform mit einem Gradienten $\operatorname{grad} f \in V$, also mit $f(y) = <\operatorname{grad} f, y>$ für alle $y \in W$. Dann ist

$$\operatorname{Kern} f = \{\operatorname{grad} f\}^{\perp} .$$

Analog gilt für eine Linearform $e \in V^*$ mit einem Gradienten $\operatorname{grad} e \in W$:

$$\operatorname{Kern} e = {}^{\perp}\{\operatorname{grad} e\} .$$

Beispiel 3 (**Orthogonale direkte Summe**) Seien V_i, $i \in I$, und W_i, $i \in I$, Familien von A-Moduln und $\Phi_i : V_i \times W_i \to A$ sesquilineare Funktionen. Dann wird durch

$$((x_i)_{i \in I}, (y_i)_{i \in I}) \mapsto \sum_{i \in I} \Phi_i(x_i, y_i)$$

eine sesquilineare Funktion $\Phi : (\bigoplus_i V_i) \times (\bigoplus_i W_i) \to A$ definiert, für die $\Phi | V_i \times W_i = \Phi_i$ gilt, wobei die V_i bzw. W_i in kanonischer Weise als Untermoduln von $\bigoplus V_i$ bzw. $\bigoplus W_i$ aufgefaßt werden; ferner ist $V_i \perp W_j$ bezüglich Φ für alle $i, j \in I$, $i \neq j$. Man nennt Φ die **orthogonale direkte Summe** der Φ_i, $i \in I$, und schreibt dafür

$$\bigoplus_{i \in I} \Phi_i .$$

Ist umgekehrt $\Phi : V \times W \to A$ eine sesquilineare Funktion für die A-Moduln V und W und ist V direkte Summe der Untermoduln V_i, $i \in I$, und W die direkte Summe der Untermoduln W_i, $i \in I$, mit $V_i \perp W_j$ für $i \neq j$, so ist $\Phi(\sum_i v_i, \sum_j w_j) = \sum_i \Phi(v_i, w_i)$ für $v_i \in V_i$, $w_j \in W_j$. Man sagt auch dann, Φ sei die (innere) orthogonale direkte Summe der $\Phi_i := \Phi | V_i \times W_i$, $i \in I$. Ist dabei insbesondere $V = W$ und $V_i = W_i$, $i \in I$, so sagt man, V sei (bezüglich Φ) die orhogonale direkte Summe der Untermoduln V_i, $i \in I$, und schreibt

$$V = \bigoplus_{i \in I} V_i .$$

70.10 Satz *Seien V und W Vektorräume der endlichen Dimension n über dem Körper K und $\Phi : V \times W \to K$ eine nicht ausgeartete sesquilineare Funktion. V_1, V_2 bzw. W_1, W_2 seien Unterräume von V bzw. W. Dann gilt:*

(1) *Es ist* $\mathrm{Dim}_K V_1 + \mathrm{Dim}_K V_1^{\perp} = \mathrm{Dim}_K W_1 + \mathrm{Dim}_K {}^{\perp}W_1 = n$.

(2) *Es ist* ${}^{\perp}(V_1^{\perp}) = V_1$ *und* $({}^{\perp}W_1)^{\perp} = W_1$.

(3) *Genau dann ist $V_1 \subseteq V_2$ wenn $V_2^{\perp} \subseteq V_1^{\perp}$ ist; und genau dann ist $W_1 \subseteq W_2$, wenn ${}^{\perp}W_2 \subseteq {}^{\perp}W_1$ ist.*

(4) *Die Abbildungen $V_1 \mapsto V_1^{\perp}$ und $W_1 \mapsto {}^{\perp}W_1$ sind zueinander inverse Anti-Isomorphismen der Verbände der Untervektorräume von V bzw. W.*

Beweis. Die Funktion $\Phi | V_1 \times W$ induziert offenbar eine nicht ausgeartete sesquilineare Funktion $\tilde{\Phi}: V_1 \times (W/V_1^{\perp}) \to K$ und damit nach 70.8 eine vollständige Dualität. Somit ist (vgl. 70.3) $\mathrm{Dim}_K V_1 = \mathrm{Dim}_K W/V_1^{\perp} = \mathrm{Dim}_K W - \mathrm{Dim}_K V_1^{\perp}$. Analog ergibt sich $\mathrm{Dim}_K W_1 = \mathrm{Dim}_K V - \mathrm{Dim}_K {}^{\perp}W_1$. Das beweist (1). Nach (1) gilt

$$\mathrm{Dim}_K {}^{\perp}(V_1^{\perp}) = n - \mathrm{Dim}_K V_1^{\perp} = n - (n - \mathrm{Dim}_K V_1) = \mathrm{Dim}_K V_1 .$$

Mit der trivialen Inklusion $V_1 \subseteq {}^{\perp}(V_1^{\perp})$ ergibt sich $V_1 = {}^{\perp}(V_1^{\perp})$. Analog beweist man $W_1 = ({}^{\perp}W_1)^{\perp}$. Aus $V_1 \subseteq V_2$ folgt trivialerweise $V_2^{\perp} \subseteq V_1^{\perp}$. Umgekehrt folgt aus $V_2^{\perp} \subseteq V_1^{\perp}$ die Inklusion ${}^{\perp}(V_1^{\perp}) \subseteq {}^{\perp}(V_2^{\perp})$ und damit $V_1 \subseteq V_2$ wegen (2). Analog beweist man den zweiten Teil von (3). Die Aussage (4) ist eine Zusammenfassung der Aussagen (2) und (3). •

Beispiel 4 Sei V ein Modul über dem kommutativen Ring A. Wir betrachten die kanonische bilineare Funktion $V \times V^* \to A$ mit $(x, e) \mapsto e(x)$. Die zugehörige kanonische Abbildung $\tau : V^* \to V^*$ ist die Identität, die kanonische Abbildung $\sigma : V \to V^{**}$ die bereits in 41.5 besprochene Abbildung. Es folgt: Genau dann ist $V \times V^* \to A$ nicht ausgeartet, wenn V torsionslos ist (§41, Aufgabe 11). Genau dann definiert $V \times V^* \to A$ eine vollständige Dualität, wenn V reflexiv ist (§41, Beispiel 4). Hiermit gewinnt man leicht Beispiele für nichtfreie Moduln mit vollständigen Dualitäten, vgl. die Aufgaben 15,16. Nach dem Satz III.C.4 von Specker ist der freie nicht endliche $\mathbb{Z}$-Modul $\mathbb{Z}^{(\mathbb{N})}$ mit dem Dualmodul $(\mathbb{Z}^{(\mathbb{N})})^* \cong \mathbb{Z}^{\mathbb{N}}$ reflexiv. Die Bilinearform $\mathbb{Z}^{(\mathbb{N})} \times \mathbb{Z}^{\mathbb{N}} \to \mathbb{Z}$ mit $((a_i), (b_i)) \mapsto \sum_{i \in \mathbb{N}} a_i b_i$ definiert eine vollständige Dualität zwischen dem freien Modul $\mathbb{Z}^{(\mathbb{N})}$ und dem (nach III.C.3) nicht freien $\mathbb{Z}$-Modul $\mathbb{Z}^{\mathbb{N}}$.

Beispiel 5 Sei V ein Vektorraum über dem Körper K. Wie im letzten Beispiel betrachten wir die kanonische bilineare Funktion $V \times V^* \to K$ mit $(x, e) \mapsto e(x)$. Da V freier K-Modul ist, ist diese Form nicht ausgeartet. Eine vollständige

Dualität liefert sie jedoch nur, wenn V endlichdimensional ist, vgl. §41, Beispiel 4. Für Unterräume $V_1 \subseteq V$ und $W_1 \subseteq V^*$ setzen wir

$$V_1^0 := V_1^\perp = \{e \in V^* : e(V_1) = 0\},$$

$$^0W_1 := {}^\perp W_1 = \{x \in V : e(x) = 0 \text{ für alle } e \in W_1\} = \bigcap_{e \in W_1} \operatorname{Kern} e.$$

Nach 70.10 gelten dann für einen beliebigen n-dimensionalen K-Vektorraum V, $n \in \mathbb{N}$, und Unterräume $V_1, V_2 \subseteq V$, $W_1, W_2 \subseteq V^*$ die folgenden Aussagen:

(1) $\operatorname{Dim}_K V_1 + \operatorname{Dim}_K V_1^0 = \operatorname{Dim}_K W_1 + \operatorname{Dim}_K {}^0W_1 = n.$

(2) $^0(V_1^0) = V_1$ *und* $(^0W_1)^0 = W_1$.

(3) *Die Aussagen* $V_1 \subseteq V_2$ *und* $V_2^0 \subseteq V_1^0$ *bzw.* $W_1 \subseteq W_2$ *und* $^0W_2 \subseteq {}^0W_1$ *sind jeweils äquivalent.*

Wir bemerken, daß bei einem *beliebigen* K-Vektorraum V von diesen Aussagen die folgenden gültig bleiben: Es ist $^0(V_1^0) = V_1$ und $V_1 \subseteq V_2 \Leftrightarrow V_2^0 \subseteq V_1^0$ für beliebige Teilräume $V_1, V_2 \subseteq V$, vgl. §35, Aufgabe 2. Es ist $(^0W_1)^0 = W_1$ und $W_1 \subseteq W_2 \Leftrightarrow {}^0W_2 \subseteq {}^0W_1$ für beliebige *endlichdimensionale* Unterräume $W_1, W_2 \subseteq V^*$, vgl. §41, Aufgabe 5 oder die Aufgabe 10 im vorliegenden Paragraphen.

Bemerkung 5 Seien V ein endlichdimensionaler Vektorraum über dem Körper K und $\Phi : V \times V \to K$ eine nicht ausgeartete Bilinearform. Dann sind $V_1 \mapsto V_1^\perp$ und $V_1 \mapsto {}^\perp V_1$ zueinander inverse Anti-Automorphismen des Verbandes der K-Unterräume von V. Ist Φ symmetrisch, d.h. ist $\Phi(x, y) = \Phi(y, x)$ für alle $x, y \in V$, so ist dieser Anti-Automorphismus wegen $V_1^\perp = {}^\perp V_1$ sogar involutorisch. (Φ ist symmetrisch, wenn die Gramsche Matrix bezüglich einer Basis von V symmetrisch ist, also z.B. dann, wenn diese Matrix die Einheitsmatrix ist.) Es folgt insbesondere, *daß der Verband der Unterräume von V isomorph zu seinem dualen Verband ist.*

Seien nun K ein Divisionsbereich und V ein endlichdimensionaler K-Vektorraum. *Die kanonische Funktion* $V \times V^* \to K$ *mit* $(x, e) \mapsto e(x)$ (vgl. das Ende von Bemerkung 2) *definiert wie im kommutativen Fall des Beispiels* 5 *durch* $V_1 \mapsto V_1^0$ *und* $W_1 \mapsto {}^0W_1$ *zueinander inverse Anti-Isomorphismen des Verbandes der Unterräume von V und des Verbandes der Rechts-Unterräume von V^*.* Da V^* ein Vektorraum über K^{op} der gleichen Dimension wie V ist (§18, Bemerkung 1), folgt, *daß die Verbände der Unterräume eines K- bzw. K^{op}-Vektorraumes gleicher endlicher Dimension anti-isomorph sind.* (Dagegen ist dann nach dem Fundamentalsatz V.H.4 der projektiven Geometrie bei $\operatorname{Dim}_K V \geq 3$ der Verband der Unterräume von V genau dann isomorph zu seinem dualen Verband, wenn es einen Isomorphismus $K \to K^{\text{op}}$, d.h. einen Anti-Automorphismus von K gibt.)

Bemerkung 6 Sind V und W Vektorräume über einem Körper und ist wenigstens einer der Räume nicht endlichdimensional, so existiert keine sesquilineare Funktion $V \times W \to K$, die eine vollständige Dualität definiert, vgl. etwa Aufgabe 5b). Auf rein algebraischem Wege ist also für nicht endlichdimensionale Vektorräume keine befriedigende Dualitätstheorie zu erwarten. Im Fall der reellen oder komplexen Zahlen betrachtet man daher Vektorräume, die neben der algebraischen Struktur noch eine (mit den algebraischen Operationen verträgliche) Topologie besitzen, so daß unter den linearen Abbildungen die stetigen ausgezeichnet sind und in den Mittelpunkt des Interesses rücken. Wir wollen dies hier an einem einfachen aber typischen Beispiel erläutern (andere wichtigere Beispiele findet man in §76): Sei $\Phi: V \times W \to \mathbb{R}$ eine nicht ausgeartete bilineare Funktion für die beiden (beliebigen) reellen Vektorräume V und W. Vermöge $\sigma_\Phi: V \to W^*$ bzw. $\tau_\Phi: W \to V^*$ fassen wir V bzw. W als Unterräume von W^* bzw. V^* auf, die wiederum Unterräume von $\mathbb{R}^W$ bzw. $\mathbb{R}^V$ sind. Wir versehen nun V bzw. W mit den von $\mathbb{R}^W$ bzw. $\mathbb{R}^V$ induzierten Topologien. (Diese Topologien heißen die schwachen Topologien oder die Topologien der punktweisen Konvergenz. Die zweite Bezeichnungsweise rührt daher, daß eine Folge (x_n) in V bzw. eine Folge (y_n) in W genau dann gegen $x \in V$ bzw. gegen $y \in W$ konvergiert, wenn für alle $w \in W$ bzw. für alle $v \in V$ gilt: $\lim_{n\to\infty} \Phi(x_n, w) = \Phi(x, w)$ bzw. $\lim_{n\to\infty} \Phi(v, y_n) = \Phi(v, y)$. $\mathbb{R}^W$ bzw. $\mathbb{R}^V$ tragen die gewöhnliche Produkttopologie.) Die Linearformen auf W, die als Bilder unter σ_Φ auftreten, sind genau die Beschränkungen der kanonischen Projektionen $\mathbb{R}^V \to \mathbb{R}$ auf W und damit stetig auf W. Analoges gilt für die Bilder von τ_Φ. Wie der Leser mühelos verifizieren wird, sind dies die einzigen *stetigen* Linearformen auf W bzw. V. Somit werden σ_Φ und τ_Φ *bijektiv*, wenn als Dualräume die Räume der *stetigen* Linearformen auf W bzw. V gewählt werden. Φ definiert dann in diesem eingeschränkten Sinne eine vollständige Dualität. Entsprechendes gilt für komplexe Vektorräume V, W und nicht ausgeartete bilineare bzw. (bezüglich der komplexen Konjugation) sesquilineare Funktionen $\Phi: V \times W \to \mathbb{C}$.

Ein völlig analoges Resultat erhält man ferner für einen beliebigen Körper K und eine nicht ausgeartete sesquilineare Funktion $V \times W \to K$, wenn man V bzw. W wieder mittels der Injektionen $V \to W^* \subseteq K^W$ bzw. $W \to V^* \subseteq K^V$ als Unterräume der Produkträume K^W bzw. K^V auffaßt und K jetzt mit der *diskreten* Topologie versieht, bei der also alle Teilmengen von K offen sind. Beweis! Mit den reellen und komplexen topologischen Vektorräumen beschäftigt sich die Funktionalanalysis, vgl. auch §§76,79.

Zum Schluß sei kurz der Prozeß des Ringwechsels für sesquilineare Funktionen beschrieben. A und B seien kommutative Ringe mit Involutionen. Unter einem zulässigen Homomorphismus $\varphi: A \to B$ verstehen wir einen Ringhomomorphismus mit $\varphi(\overline{a}) = \overline{\varphi(a)}$ für alle $a \in A$. Seien $\Phi: V \times W \to A$ eine sesquilineare Funktion und $\varphi: A \to B$ solch ein zulässiger Homomorphismus. Dann existiert offenbar genau eine sesquilineare Funktion

$$\Phi_{(B)}: V_{(B)} \times W_{(B)} \to B$$

auf den B-Moduln $V_{(B)} = B \otimes_A V$ und $W_{(B)} = B \otimes_A W$ mit

$$\Phi_{(B)}(b \otimes x, c \otimes y) = b\overline{c}\Phi(x, y) \,(= b\overline{c}\varphi(\Phi(x, y)))$$

für $b, c \in B$, $x \in V$, $y \in W$. Diese sesquilineare Funktion $\Phi_{(B)}$ heißt die Ausdehnung oder Erweiterung von Φ nach B (bezüglich φ). Die kanonischen Diagramme

$$\begin{array}{ccc} V & \xrightarrow{\sigma_\Phi} & W^* \\ \downarrow & & \downarrow \\ V_{(B)} & \xrightarrow{\sigma_{\Phi_{(B)}}} & (W_{(B)})^* \end{array} \qquad \begin{array}{ccc} W & \xrightarrow{\tau_\Phi} & V^* \\ \downarrow & & \downarrow \\ W_{(B)} & \xrightarrow{\tau_{\Phi_{(B)}}} & (V_{(B)})^* \end{array}$$

sind kommutativ. Sind x_i, $i \in I$, bzw. y_j, $j \in J$, endliche Familien von Elementen aus V bzw. W, so ist

$$\mathbf{Gr}_{\Phi_{(B)}}(1 \otimes x_i, 1 \otimes y_j) = \mathsf{M}_{I,J}(\varphi)(\mathbf{Gr}_\Phi(x_i, y_j))$$

und bei $I = J$

$$\mathrm{Gr}_{\Phi_{(B)}}(1 \otimes x_i, 1 \otimes y_j) = \varphi(\mathrm{Gr}_\Phi(x_i, y_j)) .$$

Insbesondere gilt nach 70.3: *Sind V, W endliche freie A-Moduln und definiert $\varphi: V \times W \to A$ eine vollständige Dualität, so gilt dies auch für* $\Phi_{(B)}: V_{(B)} \times W_{(B)} \to B$. (Vgl. aber Aufgabe 16.)

Beispiel 6 (1) Ist $S \subseteq A$ ein multiplikatives System, das unter der Involution von A invariant ist, so wird durch $\overline{a/s} := \overline{a}/\overline{s}$ eine Involution auf dem Ring A_S der Brüche mit Nennern aus S definiert, und der kanonische Homomorphismus $a \mapsto a/1$ von A in A_S ist zulässig. Jede sesquilineare Funktion $\Phi: V \times W \to A$ läßt sich somit zu einer sesquilinearen Funktion $\Phi_S: V_S \times W_S \to A_S$ mit $\Phi_S(x/s, y/t) = \Phi(x, y)/s\overline{t}$ für $x \in V$, $y \in W$, $s, t \in S$ erweitern.

(2) Die Einbettung $\mathbb{R} \subseteq \mathbb{C}$ ist zulässig sowohl bezüglich der Identität auf $\mathbb{C}$ als auch bezüglich der komplexen Konjugation auf $\mathbb{C}$. Jede bilineare Funktion $V \times W \to \mathbb{R}$ auf $\mathbb{R}$-Vektorräumen V, W läßt sich somit zu einer bilinearen Funktion $V_{(\mathbb{C})} \times W_{(\mathbb{C})} \to \mathbb{C}$ oder zu einer sesquilinearen Funktion $V_{(\mathbb{C})} \times W_{(\mathbb{C})} \to \mathbb{C}$ komplexifizieren. Auf diese beiden Möglichkeiten ist zu achten.

Bemerkung 7 (Dualitätstheorie für endliche abelsche Gruppen) Sei A ein kommutativer Ring mit Involution. Allgemeiner als in diesem Paragraphen hat man gelegentlich sesquilineare Abbildungen $\Phi: V \times W \to E$ mit Werten in einem A-Modul E zu betrachten, auf dem eine feste semilineare Involution $z \mapsto \overline{z}$ vorgegeben ist. Wie im Fall $E = A$ induziert ein solches Φ kanonische semilineare Abbildungen $\sigma_\Phi: V \to \mathrm{Hom}_A(W, E)$ und $\tau_\Phi: W \to \mathrm{Hom}_A(V, E)$. In analoger Weise sind auch die Begriffe "nicht ausgeartet" und "vollständige Dualität" definiert.

Als ein wichtiges Beispiel behandeln wir die Dualitätstheorie für endliche abelsche Gruppen. Für eine abelsche Gruppe G heißt die Gruppe

$$\hat{G} := \mathrm{Hom}(G, \mathbb{Q}/\mathbb{Z})$$

die Charaktergruppe von G, vgl. Aufgabe 6 im Anhang V.D. Von nun an seien G und H stets (additiv geschriebene) *endliche* abelsche Gruppen. Wir betrachten $\mathbb{Z}$-bilineare (d.h. bi-additive) Abbildungen

$$\Phi: G \times H \to \mathbb{Q}/\mathbb{Z}$$

mit den zugehörigen kanonischen Homomorphismen $\sigma_\Phi: G \to \hat{H}$, $\tau_\Phi: H \to \hat{G}$. Zunächst gilt:

70.11 Lemma *Jede endliche abelsche Gruppe G ist zu ihrer Charaktergruppe $\hat{G} = \mathrm{Hom}(G, \mathbb{Q}/\mathbb{Z})$ isomorph.*

Beweis. Ist G zyklisch, so ist die Aussage trivial. Im allgemeinen Fall ist G direkte Summe zyklischer Gruppen $G_1, \ldots, G_r$ (vgl. etwa §61, insbesondere 61.10), und die Behauptung folgt aus

$$\hat{G} = (G_1 \oplus \cdots \oplus G_r)\hat{\ } \cong \hat{G}_1 \oplus \cdots \oplus \hat{G}_r \cong G_1 \oplus \cdots \oplus G_r = G . \qquad \bullet$$

70.12 Lemma *Für eine endliche abelsche Gruppe G ist die natürliche Dualität*

$$G \times \hat{G} \to \mathbb{Q}/\mathbb{Z}$$

mit $(x, \chi) \mapsto \chi(x)$ eine vollständige Dualität.

Beweis. Ein Beweis ist im Anhang V.D, Aufgabe 6 angedeutet. Zu zeigen ist, daß der kanonische Homomorphismus $G \to \hat{\hat{G}}$ ein Isomorphismus ist. Für zyklische Gruppen ist das trivial. Dann folgt die allgemeine Aussage wieder daraus, daß jede endliche kommutative Gruppe direkte Summe zyklischer Gruppen ist. •

Es folgt:

70.13 Satz *Seien G und H endliche abelsche Gruppen und $\Phi : G \times H \to \mathbb{Q}/\mathbb{Z}$ eine bi-additive Abbildung. Dann sind folgende Aussagen äquivalent:*

(1) *Φ definiert eine vollständige Dualität.*

(2) *Φ ist nicht ausgeartet.*

(3) *$\sigma_\Phi : G \to \hat{H}$ ist bijektiv.*

(3') *$\tau_\Phi : H \to \hat{G}$ ist bijektiv.*

(4) *Es ist $\operatorname{Kard} G = \operatorname{Kard} H$, und σ_Φ ist injektiv.*

(4') *Es ist $\operatorname{Kard} G = \operatorname{Kard} H$, und τ_Φ ist injektiv.*

Sind diese Bedingungen erfüllt, so sind G und H isomorphe Gruppen.

Beweis. Wir zeigen die Äquivalenz von (1), (2), (3) und (4). Die Implikation (1)⇒(2) ist trivial. Ist (2) erfüllt, so sind $\sigma_\Phi : G \to \hat{H}$ und $\tau_\Phi : H \to \hat{G}$ injektiv. Aus $H \cong \hat{H}$ und $G \cong \hat{G}$ folgt dann $\operatorname{Kard} G \leq \operatorname{Kard} H \leq \operatorname{Kard} G$. Somit sind σ_Φ und τ_Φ sogar bijektiv. Da beweist (2)⇒(3). Aus (3) folgt (4) wegen $\hat{H} \cong H$. Schließlich folgt (1) aus (4): Ist (4) erfüllt, so ist $\sigma_\Phi : G \to \hat{H}$ wegen $H \cong \hat{H}$ sogar bijektiv. Das Diagramm

$$\begin{array}{ccc} G \times H & \xrightarrow{\ \Phi\ } & \mathbb{Q}/\mathbb{Z} \\ {\scriptstyle \sigma_\Phi \times \mathrm{id}_H} \downarrow & \nearrow {\scriptstyle \Psi} & \\ \hat{H} \times H & & \end{array}$$

wobei Ψ die natürliche Dualität ist, ist kommutativ. Da Ψ nach 70.12 eine vollständige Dualität definiert, gilt dies auch für Φ.

Der Zusatz ergibt sich aus den Isomorphien $G \cong \hat{H} \cong H$. •

Ganz ähnlich wie hier für abelsche Gruppen läßt sich eine Dualitätstheorie für endlich erzeugte Torsionsmoduln über einem Hauptidealbereich A entwickeln. Die Rolle der Gruppe $\mathbb{Q}/\mathbb{Z}$ übernimmt dann der A-Modul K/A, wobei K der Quotientenkörper von A ist. Ferner sei bemerkt, daß in den obigen Aussagen die Gruppe $\mathbb{Q}/\mathbb{Z}$ durch eine beliebige Gruppe ersetzt werden kann, deren Torsionsgruppe zu $\mathbb{Q}/\mathbb{Z}$ isomorph ist, insbesondere also durch $\mathbb{R}/\mathbb{Z}$ oder die multiplikative Gruppe $\mathbb{C}^\times$. Sind G und H endliche abelsche Gruppen, deren Exponent die Zahl $m \in \mathbb{N}_+$ teilt, so kann man $\mathbb{Q}/\mathbb{Z}$ sogar durch jede abelsche Gruppe ersetzen, für die die Untergruppe der x mit $mx = 0$ zyklisch von der Ordnung m ist, z.B. durch die zyklische Gruppe Z_m der Ordnung m selbst.

Aufgaben

In den folgenden Aufgaben ist A stets ein kommutativer Ring mit einer Involution $a \mapsto \overline{a}$.

1. Die Bilinearform $\Phi : \mathbb{R}^3 \times \mathbb{R}^3 \to \mathbb{R}$ habe bezüglich der Standardbasis e_1, e_2, e_3 die Gramsche Matrix

$$\begin{pmatrix} 1 & 0 & 2 \\ 0 & 2 & 2 \\ 1 & 0 & 1 \end{pmatrix}.$$

a) Φ definiert eine vollständige Dualität.

b) Für $W := \mathbb{R}e_1 + \mathbb{R}e_2$ berechne man $W^\perp$ und ${}^\perp W$.

c) Zu e_1, e_2, e_3 berechne man die beiden dazu dualen Basen x_1, x_2, x_3 bzw. y_1, y_2, y_3 (mit $\Phi(x_i, e_j) = \delta_{ij}$ bzw. $\Phi(e_i, y_j) = \delta_{ij}$).

2. Seien K ein Körper mit einer von der Identität verschiedenen Involution und K' der Fixkörper $\{a \in K : a = \overline{a}\}$. Ferner seien V ein K–Vektorraum mit einer semilinearen Involution $x \mapsto \overline{x}$ und $V' := \{x \in V : x = \overline{x}\}$ der K'–Unterraum der invarianten Elemente in V. Sei $w \in K$ ein Element mit $w \neq \overline{w}$.

a) Für jedes $x \in V$ gilt

$$x = \left(\frac{w\overline{x} - \overline{w}x}{w - \overline{w}}\right) + w\left(\frac{x - \overline{x}}{w - \overline{w}}\right)$$

mit $(w\overline{x} - \overline{w}x)/(w - \overline{w}),\ (x - \overline{x})/(w - \overline{w}) \in V'$. Es ist $x \mapsto (w\overline{x} - \overline{w}x)/(w - \overline{w})$ eine K'–lineare Projektion von V auf V'.

b) Der kanonische K–Homomorphismus $K \otimes_{K'} V' \to V$ mit $a \otimes x \mapsto ax$ ist eine K–Isomorphie, und das Diagramm

$$\begin{array}{ccc} K\otimes_{K'} V' & \longrightarrow & V \\ {\scriptstyle -}\big\downarrow & & \big\downarrow{\scriptstyle -} \\ K\otimes_{K'} V' & \longrightarrow & V \end{array}$$

ist kommutativ, wobei $^-$ für $K \otimes_{K'} V'$ die kanonische semilineare Involution mit $\overline{a \otimes x} = \overline{a} \otimes x$ ist.

c) Eine Familie x_i, $i \in I$, von invarianten Elementen in V' ist genau dann linear unabhängig bzw. ein Erzeugendensystem bzw. eine Basis des K'–Vektorraums V', wenn die Familie die entsprechende Eigenschaft für den K–Vektorraum V hat.

d) Eine Familie x_i, $i \in I$, von Elementen in V ist genau dann linear unabhängig bzw. ein Erzeugendensystem bzw. eine Basis des K'–Vektorraums V, wenn die Familie $(x_i, \overline{x}_i)$, $i \in I$, die entsprechende Eigenschaft für den K–Vektorraum $V \times V$ hat. (Man betrachte in $V \times V$ die Involution $\overline{(x, y)} := (\overline{y}, \overline{x})$.)

(Bemerkung. Bei $K := \mathbb{C}$ mit der komplexen Konjugation und $w := \mathrm{i}$ gilt

$$x = (\operatorname{Re} x) + \mathrm{i}(\operatorname{Im} x)\,,\quad \operatorname{Re} x := \frac{x + \overline{x}}{2}\,,\ \operatorname{Im} x := \frac{x - \overline{x}}{2\mathrm{i}}\,,$$

für $x \in V$. Dabei heißen $\operatorname{Re} x \in V'$ bzw. $\operatorname{Im} x \in V'$ der Real– bzw. Imaginärteil von $x \in V$. Die Elemente in V' heißen auch die reellen

Elemente von V. — Beispiele für K–Vektorräume mit einer natürlichen Involution sind die Funktionenräume $V = K^X$ (wobei X eine beliebige Menge ist) mit $\overline{f}(x) := \overline{f(x)}$ für $f \in K^X$, $x \in X$, und ihre unter dieser Involution invarianten Unterräume. Die unter der Involution invarianten Elemente in K^X sind die Funktionen mit Werten in K', es ist also $V' = K'^X$.)

3. Sei V ein A–Modul. Die Abbildung $e \mapsto \overline{e} := \overline{(x \mapsto e(x))}$ ist eine (natürliche) Isomorphie des A–Moduls $\overline{V^*}$ auf den A–Modul $\overline{V}^*$ der Semilinearformen auf V. (Man identifiziert daher häufig diese beiden Moduln.)

4. Seien K ein Körper mit einer von der Identität verschiedenen Involution und $k := \{a \in K : a = \overline{a}\}$ der Fixkörper bezüglich dieser Involution. Dann ist für jeden K–Vektorraum V

$$\mathrm{Hom}_k(V, K) = V^* \oplus \overline{V}^* .$$

(Für eine k–lineare Abbildung $e : V \to K$ mit $e = e_1 + e_2$, $e_1 \in V^*$, $e_2 \in \overline{V}^*$, heißen e_1 bzw. e_2 der K–l i n e a r e bzw. K–s e m i l i n e a r e B e s t a n d t e i l von e. — Man beachte den Fall $K := \mathbb{C}$ mit der komplexen Konjugation.)

5. Sei $\Phi : V \times W \to A$ eine sesquilineare Funktion.

a) Ist Φ nicht ausgeartet, so sind V und W torsionslose A–Moduln.

b) Definiert Φ eine vollständige Dualität, so sind V und W reflexive A–Moduln.

6. Seien $\Phi_i : V_i \times W_i \to A$ sesquilineare Funktionen, $i \in I$, und $\Phi := \bigoplus_{i \in I} \Phi_i$, vgl. Beispiel 3.

a) Genau dann ist Φ nicht ausgeartet, wenn alle Φ_i, $i \in I$, nicht ausgeartet sind.

b) Sei I endlich. Genau dann definiert Φ eine vollständige Dualität, wenn dies für alle Φ_i, $i \in I$, gilt.

7. Definiert $\Phi : V \times W \to A$ eine vollständige Dualität, so lassen sich V und W^* bzw. W und V^* mittels σ_Φ bzw. τ_Φ identifizieren. σ_Φ und τ_Φ sind semilinear, d.h. diese Abbildungen definieren A–Isomorphismen $V \to \overline{W^*}$ und $W \to \overline{V^*}$. Die A–Moduln V und W^* bzw. W und V^* selbst sind dann nicht notwendigerweise A–isomorph, denn für einen A–Modul X sind X und $\overline{X}$ im allgemeinen nicht A–isomorph. Zu diesem Problem einige Beispiele ($\iota : A \to A$ sei die vorgegebene Involution):

a) Sei X ein A–Modul. Eine Familie x_i, $i \in I$, von Elementen in X ist genau dann linear unabhängig bzw. ein Erzeugendensystem bzw. eine Basis von X, wenn Entsprechendes für den A–Modul $\overline{X}$ gilt.

b) Ein A–Modul X ist genau dann torsionsfrei bzw. torsionslos bzw. reflexiv bzw. frei (eines vorgegebenen Ranges), wenn $\overline{X}$ die entsprechende Eigenschaft hat.

c) Ist $\mathbf{a} \subseteq A$ ein Ideal, so sind $\overline{A/\mathbf{a}}$ und $A/\iota(\mathbf{a})$ isomorphe A–Moduln. Genau dann sind $A/\mathbf{a}$ und $\overline{A/\mathbf{a}}$ isomorphe A–Moduln, wenn $\mathbf{a} = \iota(\mathbf{a})$ ist.

d) Ist $\mathbf{a} \subseteq A$ ein Ideal, so sind $\overline{\mathbf{a}}$ und $\iota(\mathbf{a})$ A–isomorph. Enthält $\mathbf{a}$ einen Nichtnullteiler, so sind $\mathbf{a}$ und $\overline{\mathbf{a}}$ genau dann A–isomorph, wenn es Nichtnullteiler $a, b \in A$ mit $a\mathbf{a} = b\,\iota(\mathbf{a})$ gibt.

e) Sei $A = \mathbb{Z}[\sqrt{-14}]$ und ι die Konjugation $\alpha + \beta\sqrt{-14} \mapsto \alpha - \beta\sqrt{-14}$, $\alpha, \beta \in \mathbb{Z}$. Für das Ideal $\mathbf{a} := A \cdot 3 + A \cdot (1 + \sqrt{-14})$ sind $\mathbf{a}$ und $\iota(\mathbf{a}) = A \cdot 3 + A \cdot (1 - \sqrt{-14})$

nicht A–isomorph. Die Sesquilinearform $\mathbf{a} \times \mathbf{a} \to A$ mit $(x, y) \mapsto \frac{1}{3}x\overline{y}$ definiert eine vollständige Dualität.

8. V und W seien endliche freie A–Moduln und $(x_i)_{i\in I}$ bzw. $(y_i)_{i\in I}$ seien duale Basen bezüglich der sesquilinearen Funktion $\Phi : V \times W \to A$. Ferner seien $f \in W^*$ bzw. $e \in V^*$ Linearformen. Dann gilt

$$\operatorname{Kern} f = \{\operatorname{grad} f\}^\perp\,, \quad \operatorname{Kern} e = {}^\perp\{\operatorname{grad} e\}$$

$$\operatorname{grad} f = \sum_{i\in I} \overline{f(y_i)} x_i\,, \quad \operatorname{grad} e = \sum_{i\in I} \overline{e(x_i)} y_i\,.$$

9. Seien V, W endlichdimensionale Vektorräume über dem Körper K und ferner $\Phi : V \times W \to K$ eine nicht ausgeartete sesquilineare Funktion. Für beliebige Unterräume $V_1, V_2 \subseteq V$, $W_1, W_2 \subseteq W$ gilt

$$(V_1 + V_2)^\perp = V_1^\perp \cap V_2^\perp\,, \quad (V_1 \cap V_2)^\perp = V_1^\perp + V_2^\perp\,;$$

$${}^\perp(W_1 + W_2) = {}^\perp W_1 \cap {}^\perp W_2\,, \quad {}^\perp(W_1 \cap W_2) = {}^\perp W_1 + {}^\perp W_2\,.$$

10. Seien V, W (nicht notwendig endlichdimensionale) Vektorräume über dem Körper K und $\Phi : V \times W \to K$ eine nicht ausgeartete sesquilineare Funktion. Für endlichdimensionale Unterräume $V_1 \subseteq V$ und $W_1 \subseteq W$ gilt

$$\operatorname{Dim}_K V_1 = \operatorname{Kodim}_K(V_1^\perp, W)\,, \quad {}^\perp(V_1^\perp) = V_1\,,$$

$$\operatorname{Dim}_K W_1 = \operatorname{Kodim}_K({}^\perp W_1, V)\,, \quad ({}^\perp W_1)^\perp = W_1\,.$$

Für Unterräume $V_1 \subseteq V$ bzw. $W_1 \subseteq W$ endlicher Kodimension ist

$$\operatorname{Dim}_K V_1^\perp \le \operatorname{Kodim}_K(V_1, V)\,, \quad \operatorname{Dim}_K {}^\perp W_1 \le \operatorname{Kodim}_K(W_1, W)\,.$$

Man gebe ein Beispiel dafür, daß in den letzten Ungleichungen nicht notwendig die Gleichheit gilt.

11. Seien V, W endliche freie A–Moduln mit den Basen x_i, $i \in I$, bzw. y_j, $j \in J$. Die sesquilinearen Funktionen $\Phi_{ij} : V \times W \to A$ mit $\Phi_{ij}(x, y) = x_i^*(x)\overline{y_j^*(y)}$, $(i, j) \in I \times J$, bilden eine A–Basis von $\operatorname{Sesq}_A(V, W)$.

12. Seien V, W endlichdimensionale Vektorräume über dem Körper K und $\Phi : V \times W \to K$ eine sesquilineare Funktion. Folgende Aussagen sind äquivalent: (1) $\operatorname{Rang} \Phi \le r$. (2) Es gibt Linearformen $e_1, \ldots, e_r \in V^*$ und $f_1, \ldots, f_r \in W^*$ mit $\Phi(x, y) = \sum_{\rho=1}^{r} e_\rho(x)\overline{f_\rho(y)}$.

13. Seien V, W torsionsfreie A–Moduln endlichen Ranges und Q der totale Quotientenring von A. Eine sesquilineare Funktion $\Phi : V \times W \to A$ ist genau dann nicht ausgeartet, wenn die Erweiterung $\Phi_{(Q)} : V_{(Q)} \times W_{(Q)} \to Q$ eine vollständige Dualität definiert.

14. Seien V, W torsionsfreie A–Moduln des endlichen Ranges n und $\Phi : V \times W \to A$ eine nicht ausgeartete sesquilineare Funktion. Für Untermoduln $V_1 \subseteq V$ bzw. $W_1 \subseteq W$ des Ranges n ist $V_1^\perp = 0$ bzw. ${}^\perp W_1 = 0$.

15. Seien K ein Körper und $A := K[X, Y]/(X^3 + Y^4) = K[x, y]$, wobei x, y die Restklassen von X, Y sind. $\mathbf{a}$ bzw. $\mathbf{b}$ seien die Ideale $Ax + Ay$ bzw. $Ax + Ay^3$ in A. Es ist A ein Integritätsbereich. $\mathbf{b}$ und $\mathbf{a}^*$ sind isomorphe A–Moduln, $\mathbf{a}$ ist reflexiver A–Modul, $\mathbf{b}$ (und damit $\mathbf{a}^*$) ist nicht A–isomorph zu $\mathbf{a}$. Die kanonische Bilinearform $\mathbf{a} \times \mathbf{a}^* \to A$ definiert also eine vollständige Dualität zwischen den nichtisomorphen A–Moduln $\mathbf{a}$ und $\mathbf{a}^*$.

16. Seien K ein Körper und $A := K[X,Y]/(X^2 - Y^3) = K[x,y]$, wobei x, y die Restklassen von X, Y sind. Sei $\mathbf{m}$ das von x und y in A erzeugte (maximale) Ideal. Es gibt eine Bilinearform $\Phi : \mathbf{m} \times \mathbf{m} \to A$ mit der Gramschen Matrix

$$\begin{pmatrix} y^2 & x \\ x & y \end{pmatrix}$$

bezüglich des Erzeugendensystems x, y von $\mathbf{m}$. Es definiert Φ eine vollständige Dualität, während die durch den Grundringwechsel $A \to A/\mathbf{m}\ (= K)$ gewonnene Form $\Phi_{(A/\mathbf{m})} : (\mathbf{m}/\mathbf{m}^2) \times (\mathbf{m}/\mathbf{m}^2) \to A/\mathbf{m}$ die Nullform ist.

17. In folgenden Fällen gibt es auf dem A–Modul W eine ausgeartete Bilinearform Φ, für die eine der kanonischen Abbildungen σ_Φ, τ_Φ injektiv ist.

a) $A = K$ ein Körper, W ein unendlichdimensionaler K–Vektorraum.

b) $A = K \times V$ wie in §41, Aufgabe 10, wobei W das Ideal $0 \times V$ in A ist.

18. Sei Φ eine Bilinearform auf dem A–Modul V derart, daß eine der kanonischen Abbildungen σ_Φ, τ_Φ bijektiv ist.

a) Φ ist nicht ausgeartet.

b) Ist V endlicher A–Modul, so definiert Φ eine vollständige Dualität. (Für endliche A–Moduln V gilt sogar: Sind V und V^{**} überhaupt isomorph, so bereits kanonisch, d.h. V ist dann reflexiv: $V^{**} \to V^{****}$ spaltet auf, vgl. §41, Aufgabe 7; nun wendet man §39, Bemerkung zur Aufgabe 10 an.)

19. Seien V, W torsionsfreie A–Moduln des Ranges n und $\Phi : V \times W \to A$ eine nicht ausgeartete sesquilineare Funktion. Die Erweiterung $\Phi_{(Q)}$ von Φ nach dem totalen Quotientenring Q von A, die nach Aufgabe 13 eine vollständige Dualität zwischen den (freien) Q–Moduln $V_{(Q)}$ und $W_{(Q)}$ des Ranges n definiert, bezeichnen wir ebenfalls mit Φ. Ferner fassen wir V und W bezüglich der kanonischen Inklusionen $V \to V_{(Q)}$ und $W \to W_{(Q)}$ als A–Untermoduln von $V_{(Q)}$ und $W_{(Q)}$ auf. Mit $\mathbf{Q}_V$ (bzw. $\mathbf{R}_V$) bezeichnen wir die Menge der torsionslosen (bzw. reflexiven) A–Untermoduln von $V_{(Q)}$ vom Rang n. Analoge Bedeutung haben $\mathbf{Q}_W$ bzw. $\mathbf{R}_W$ für W. Für $V_1 \in \mathbf{Q}_V$ bzw. $W_1 \in \mathbf{Q}_W$ heißen die A–Moduln

$$V_1^c := \{y \in W_{(Q)} : \Phi(V_1, y) \subseteq A\} \subseteq W_{(Q)},$$

$$^cW_1 := \{x \in V_{(Q)} : \Phi(x, W_1) \subseteq A\} \subseteq V_{(Q)}$$

die Komplementärmoduln von V_1 bzw. W_1 (bezüglich Φ).

a) Es ist $V_1 \in \mathbf{Q}_V$ genau dann, wenn es Elemente $c, d \in Q^\times$ mit $cV \subseteq V_1 \subseteq dV$ gibt.

b) Es ist $V_1^c \in \mathbf{Q}_W$ für alle $V_1 \in \mathbf{Q}_V$, und Φ induziert eine nicht ausgeartete sesquilineare Funktion $V_1 \times V_1^c \to A$, für die die zugehörige Abbildung $\tau : V_1^c \to V_1^*$ bijektiv ist. Es ist $^c(V_1^c)$ kanonisch isomorph zu V_1^{**}.

c) Für $V_1, V_2 \in \mathbf{Q}_V$ gilt: (1) Aus $V_1 \subseteq V_2$ folgt $V_2^c \subseteq V_1^c$. (2) Es ist $V_1 \subseteq {}^c(V_1^c)$. (3) Genau dann ist $V_1 = {}^c(V_1^c)$, wenn $V_1 \in \mathbf{R}_V$ ist. (4) Es ist $({}^c(V_1^c))^c = V_1^c$ und folglich $V_1^c \in \mathbf{R}_W$.

d) Ist $V_1 \in \mathbf{Q}_V$ frei mit der A–Basis $x_1, \ldots, x_n$ und ist $y_1, \ldots, y_n$ die Dualbasis zu $x_1, \ldots, x_n$ (bezüglich $\Phi = \Phi_{(Q)}$), so ist V_1^c frei mit der Basis $y_1, \ldots, y_n$.

e) Die Abbildungen $V_1 \mapsto V_1^c$ und $W_1 \mapsto {}^cW_1$ sind zueinander inverse Abbildungen von $\mathbf{R}_V$ und $\mathbf{R}_W$, bei denen die freien Moduln aufeinander abgebildet werden und die bezüglich der Inklusionen Anti–Isomorphismen sind.

(Bemerkung. Ein einfaches und wichtiges Beispiel liefern $V := W := A$ und die Bilinearform $\Phi: A \times A \to A$ bzw. $\Phi: Q \times Q \to Q$ mit $\Phi(x, y) = xy$. Die torsionslosen A–Untermoduln von Q vom Rang 1 heißen auch gebrochene Ideale in Q. Ist $\mathbf{a} \subseteq Q$ ein gebrochenes Ideal, so ist $\mathbf{a}^c = {}^c\mathbf{a} = \{x \in Q : x\mathbf{a} \subseteq A\}$ nach b) kanonisch isomorph zu $\mathbf{a}^* = \mathrm{Hom}(\mathbf{a}, A)$. Man bezeichnet dieses gebrochene Ideal auch mit $\mathbf{a}^{-1}$. Man formuliere die Ergebnisse dieser Aufgabe für diesen Spezialfall.)

20. Seien V, W reelle Vektorräume der Dimension $n \in \mathbb{N}$ und $\Phi: V \times W \to \mathbb{R}$ eine nicht ausgeartete bilineare Funktion. Mit $\mathbf{G}_V$ (bzw. $\mathbf{G}_W$) bezeichnen wir die Menge der vollen Gitter in V (bzw. W), das sind die Untergruppen von V (bzw. W), die jeweils von einer $\mathbb{R}$–Basis von V (bzw. W) erzeugt werden. Für $G \in \mathbf{G}_V$ bzw. $H \in \mathbf{G}_W$ sei

$$G^c := \{y \in W : \Phi(G, y) \subseteq \mathbb{Z}\} \subseteq W\,,$$
$${}^cH := \{x \in V : \Phi(x, H) \subseteq \mathbb{Z}\} \subseteq V\,.$$

a) Ist $x_1, \ldots, x_n$ eine $\mathbb{Z}$–Basis von $G \in \mathbf{G}_V$ und ist $y_1, \ldots, y_n$ die Dualbasis zu $x_1, \ldots, x_n$ (bezüglich Φ), so ist $G^c = \mathbb{Z}y_1 + \cdots + \mathbb{Z}y_n$. Insbesondere ist $G^c \in \mathbf{G}_W$. In analoger Weise ergibt sich ${}^cH \in \mathbf{G}_V$ für $H \in \mathbf{G}_W$. Die Gitter G^c bzw. ${}^cH$ heißen die zu G bzw. H komplementären oder dualen Gitter (bezüglich Φ).

b) Für $G_1, G_2 \in \mathbf{G}_V$ gilt (1) ${}^c(G_1^c) = G_1$. (2) $G_1 \subseteq G_2$ ist äquivalent mit $G_2^c \subseteq G_1^c$. (3) Es ist $[G_2 : G_1] = [G_1^c : G_2^c]$ bei $G_1 \subseteq G_2$. — Für $H_1, H_2 \in \mathbf{G}_W$ gelten analoge Aussagen.

c) Die Abbildungen $G \mapsto G^c$ und $H \mapsto {}^cH$ sind zueinander inverse Abbildungen von $\mathbf{G}_V$ und $\mathbf{G}_W$, die bezüglich der Inklusionen Anti–Isomomorphismen sind.

d) Für $G_1, G_2 \in \mathbf{G}_V$ mit $G_1 \subseteq G_2$ induziert Φ eine bi–additive Abbildung $\overline{\Phi}: (G_2/G_1) \times (G_1^c/G_2^c) \to \mathbb{R}/\mathbb{Z}$ mit $\overline{\Phi}(\overline{x}, \overline{y}) = \overline{\Phi(x, y)}$, die eine vollständige Dualität zwischen G_2/G_1 und G_1^c/G_2^c definiert. (Dies verschärft die Ergebnisse von b). Vgl. Bemerkung 7.) — Eine analoge Aussage gilt für $H_1, H_2 \in \mathbf{G}_W$ mit $H_1 \subseteq H_2$.

21. Es seien G, H endliche abelsche Gruppen, und die bi–additive Abbildung $\Phi: G \times H \to \mathbb{Q}/\mathbb{Z}$ definiere eine vollständige Dualität, vgl. Bemerkung 7. Sei $n := \mathrm{Kard}\, G = \mathrm{Kard}\, H$.

a) Für Untergruppen $G_1 \subseteq G$ bzw. $H_1 \subseteq H$ induziert Φ bi–additive Abbildungen $G_1 \times (H/G_1^\perp) \to \mathbb{Q}/\mathbb{Z}$ bzw. $(G/{}^\perp H_1) \times H_1 \to \mathbb{Q}/\mathbb{Z}$, die vollständige Dualitäten definieren.

b) Für Untergruppen $G_1, G_2 \subseteq G$ gilt: (1) $\mathrm{Kard}\, G_1 \cdot \mathrm{Kard}\, G_1^\perp = n$. (2) ${}^\perp(G_1^\perp) = G_1$. (3) Die Aussagen $G_1 \subseteq G_2$ und $G_2^\perp \subseteq G_1^\perp$ sind äquivalent. (4) Es ist $G_1^\perp/G_2^\perp \cong G_2/G_1$ bei $G_1 \subseteq G_2$. (5) Es ist $(G_1 + G_2)^\perp = G_1^\perp \cap G_2^\perp$ und $(G_1 \cap G_2)^\perp = G_1^\perp + G_2^\perp$. (6) Für ${}^mG := \{mx : x \in G\}$ bzw. ${}_mG := \{x \in G : mx = 0\}$, $m \in \mathbb{N}_+$, gilt $({}^mG)^\perp = {}_mH$ und $({}_mG)^\perp = {}^mH$. — Zu (1) bis (5) analoge Aussagen gelten für Untergruppen $H_1, H_2 \subseteq H$.

c) Die Abbildungen $G_1 \mapsto G_1^\perp$ und $H_1 \mapsto {}^\perp H_1$ sind zueinander inverse Anti–Isomorphismen der Verbände der Untergruppen von G bzw. H mit $G_1 \cong H/G_1^\perp$

und $H_1 \cong G/(^{\perp}H_1)$.

22. Sei G eine endliche abelsche Gruppe. Es gibt eine symmetrische bi-additive Abbildung $\Phi : G \times G \to \mathbb{Q}/\mathbb{Z}$, die eine vollständige Dualität definiert. (Es ist also $\Phi(x, y) = \Phi(y, x)$.) Es gibt einen involutorischen Anti-Automorphismus φ des Verbandes des Untergruppen von G mit $G_1 \cong G/\varphi(G_1)$ für jede Untergruppe $G_1 \subseteq G$. (Φ und φ sind nicht kanonisch.)

23. Seien G und H endliche multiplikativ geschriebene abelsche Gruppen und $\Phi : G \times H \to \mathbb{C}^\times$ eine bi-multiplikative Abbildung. Genau dann definiert Φ eine vollständige Dualität, wenn die Orthogonalitätsrelationen

$$\sum_{y \in H} \Phi(x_0, y) = 0 = \sum_{x \in G} \Phi(x, y_0)$$

für alle $x_0 \in G$, $x_0 \neq e_G$, und alle $y_0 \in H$, $y_0 \neq e_H$, erfüllt sind. Insbesondere gelten die Gleichungen

$$\sum_{\chi \in \hat{G}} \chi(x_0) = 0 = \sum_{x \in G} \chi_0(x)$$

für jedes Element $x_0 \neq e_G$ von G und jeden nichttrivialen Charakter $\chi_0 \in \hat{G} := \mathrm{Hom}(G, \mathbb{C}^\times)$.

24. Sei $(x, y) \mapsto <x, y>$ eine nicht ausgeartete sesquilineare Funktion $V \times W \to K$ auf den endlichdimensionalen K-Vektorräumen V, W. Ferner seien x_j, $j \in J$, eine Basis von V und y_j, $j \in J$, beliebige Elemente in W. Die y_j, $j \in J$, definieren dann das folgende lineare Interpolationsproblem: Zu gegebenen Elementen $a_j \in K$, $j \in J$, sind die Elemente $x \in V$ gesucht mit:

$$<x, y_j> = a_j\,, \quad j \in J\,.$$

a) Folgende Aussagen sind äquivalent: (1) Für jede Wahl der a_j, $j \in J$, hat das Interpolationsproblem genau eine Lösung $x \in V$. (2) Für jede Wahl der a_j, $j \in J$, hat das Interpolationsproblem (wenigstens) eine Lösung $x \in V$. (3) Hat das Interpolationsproblem für ein Tupel $(a_j) \in K^J$ eine Lösung, so hat es nur eine Lösung. (4) Das triviale Problem mit $a_j = 0$, $j \in J$, hat nur die triviale Lösung $x = 0$. (5) y_j, $j \in J$, ist eine Basis von W. (6) Die Gramsche Determinante $\mathrm{Gr}(x_i, y_j)$ ist von 0 verschieden, d.h. die Gramsche Matrix $\mathbf{Gr}(x_i, y_j)$ ist invertierbar.

Sind diese äquivalenten Bedingungen erfüllt, so sagt man, das Interpolationsproblem sei korrekt gestellt.

b) Ist das Interpolationsproblem korrekt gestellt und ist x'_j, $j \in J$, die zu y_j, $j \in J$, duale Basis von V, so ist $x = \sum_{j \in J} a_j x'_j$ die Lösung des Interpolationsproblems $<x, y_j> = a_j$, $j \in J$. (x'_j, $j \in J$, heißen auch die Fundamentallösungen des gegebenen Interpolationsproblems.) Ist $J = \{1, \ldots, n\}$, so gilt für x die Gleichung

$$\begin{vmatrix} x & a_1 & \cdots & a_n \\ x_1 & <x_1, y_1> & \cdots & <x_1, y_n> \\ \vdots & \vdots & \ddots & \vdots \\ x_n & <x_n, y_1> & \cdots & <x_n, y_n> \end{vmatrix} = 0\,,$$

aus der man durch formales Entwickeln nach der ersten Spalte die Darstellung von x als Linearkombination der x_j, $j \in J$, gewinnt.

c) Häufig ist $V \subseteq K^I$ ein endlichdimensionaler Funktionenraum, $W = V^*$ der Dualraum und $<-,->$ die kanonische Dualität. Ist beispielsweise $x_1, \dots, x_n \in K^I$ ein Tschebyscheff–System und sind $t_1, \dots, t_n \in I$ beliebige paarweise verschiedene Elemente, so ist das Interpolationsproblem

$$x(t_1) = a_1, \dots, x(t_n) = a_n\,, \quad a_1, \dots, a_n \in K\,,$$

auf $V = Kx_1 + \cdots + Kx_n$ stets korrekt gestellt, vgl. §48, Aufgabe 11. Im allgemeinen Fall ist das Interpolationsproblem $x(t_i) = a_i$, $i = 1, \dots, n$, genau für die n–Tupel $(t_1, \dots, t_n) \in I^n$ korrekt gestellt, für die

$$\Delta(t_1, \dots, t_n) := \begin{vmatrix} x_1(t_1) & \cdots & x_1(t_n) \\ \vdots & \ddots & \vdots \\ x_n(t_1) & \cdots & x_n(t_n) \end{vmatrix} \neq 0$$

ist. Derartige Determinanten heißen auch Alternanten. (Spezialfall. Sind $x_1, \dots, x_n$ linear unabhängige Polynomfunktionen auf $I = K^m$, so ist Δ eine nicht identisch verschwindende Polynomfunktion auf K^{mn}.)

d) Ist das Tschebyscheff–System $g, gf, \dots, gf^{n-1} \in K^I$ vorgegeben, wo $g: I \to K$ nirgendwo verschwindet und $f: I \to K$ injektiv ist, und sind $t_1, \dots, t_n \in I$ paarweise verschieden, so ist

$$g \prod_{\substack{\nu=1 \\ \nu \neq \mu}}^{n} (f - f(t_\nu)) \Big/ g(t_\mu) \prod_{\substack{\nu=1 \\ \nu \neq \mu}}^{n} (f(t_\mu) - f(t_\nu))\,,$$

$\mu = 1, \dots, n$, das System von Fundamentallösungen für das Interpolationsproblem

$$x(t_\mu) = a_\mu\,, \quad \mu = 1, \dots, n\,, \quad x \in V := Kg + \cdots + Kgf^{n-1}$$

(Lagrangesche Interpolationsformel). Man spezialisiere auf die folgenden Fälle:

(1) $\exp(i\nu t)$, $\nu \in \mathbb{Z}$, $|\nu| \leq n$; $0 \leq t_1 < \cdots < t_{2n+1} < 2\pi$ (Gauß).

(2) $\sin t, \dots, \sin nt$; $0 < t_1 < \ldots < t_n < \pi$. (Es ist $\mathbb{C} \sin t + \cdots + \mathbb{C} \sin nt = \mathbb{C} \sin t + \mathbb{C} \sin t \cos t + \cdots + \mathbb{C} \sin t \cos^{n-1} t$.)

(3) $1/(t - c_1), \dots, 1/(t - c_n)$; $t_1, \dots, t_n \in K \setminus \{c_1, \dots, c_n\}$ paarweise verschieden. ($c_1, \dots, c_n \in K$ seien dabei ebenfalls paarweise verschieden. Dann ist

$$K \frac{1}{t - c_1} + \cdots + K \frac{1}{t - c_n} = K \frac{1}{g} + K \frac{t}{g} + \cdots + K \frac{t^{n-1}}{g}$$

mit $g(t) := (t - c_1) \cdots (t - c_n)$.)

e) Sei $\operatorname{Char} K = 0$. Dann ist das Hermite–Interpolationsproblem aus §57, Aufgabe 13 korrekt gestellt. Man zeige, daß zum Beispiel auch die Interpolationsprobleme

$$x(t_0) = a_0, x'(t_1) = a_1, \dots, x^{(m-1)}(t_{m-1}) = a_{m-1}$$

($t_0, \dots, t_{m-1} \in K$ paarweise verschieden) bzw.

$$x(t_0) = a_0, x''(t_0) = a_1, \dots, x^{(2m)}(t_0) = a_m\,,$$
$$x(t_1) = b_0, x''(t_1) = b_1, \dots, x^{(2m)}(t_1) = b_m$$

(bei $t_0 \neq t_1$) auf dem Raum der Polynomfunktionen vom Grade $< m$ bzw. vom Grade $< 2m + 2$ korrekt gestellt sind.

25. Sei $\Phi : V \times W \to A$ eine sesquilineare Funktion. Dann wird durch $(v \otimes w) \circ (x \otimes y) := \Phi(x, w) v \otimes y$ eine A–bilineare und assoziative Multiplikation auf $V \otimes_A \overline{W}$ definiert. (Vgl. Bemerkung 1. Im allgemeinen fehlt ein Einselement in $V \otimes_A \overline{W}$.) Die kanonische A-lineare Abbildung $V \otimes_A \overline{W} \to \operatorname{End}_A V$ mit $v \otimes w \mapsto (x \mapsto \Phi(x, w)v)$ ist mit den Multiplikationen verträglich (und zum Beispiel ein A–Algebra–Isomorphismus, wenn V, W endliche freie A–Moduln sind und Φ eine vollständige Dualität definiert, vgl. auch §82, insbesondere 82.4).

§71 Sesquilinearformen

Seien A ein kommutativer Ring mit einem fest vorgegebenen involutorischen Automorphismus $a \mapsto \overline{a}$ und V ein A–Modul. Wir besprechen zunächst die Besonderheiten für Sesquilinearformen $V \times V \to A$, die sich gegenüber sesquilinearen Funktionen $V \times W \to A$ für beliebige A–Moduln V, W aus dem Umstand ergeben, daß $V = W$ ist.

Im allgemeinen hat man bei einer Sesquilinearform $V \times V \to A$, die wir auch in der Form

$$(x, y) \mapsto \langle x, y \rangle$$

schreiben wollen, und einer Teilmenge $M \subseteq V$ zwischen $M^\perp = \{y \in V : M \perp \{y\}\}$ und ${}^\perp M = \{x \in V : \{x\} \perp M\}$ zu unterscheiden, da die Relation $\perp$ des Senkrechtstehens nicht symmetrisch zu sein braucht. Diese Unterscheidung entfällt jedoch für hermitesche und schiefhermitesche Formen.

Definition Eine Sesquilinearform $(x, y) \mapsto \langle x, y \rangle$ auf dem A-Modul V heißt h e r m i t e s c h bzw. s c h i e f h e r m i t e s c h, wenn

$$\langle x, y \rangle = \overline{\langle y, x \rangle} \quad \text{bzw.} \quad \langle x, y \rangle = -\overline{\langle y, x \rangle}$$

für alle $x, y \in V$ gilt. Man spricht dann kurz von einer hermiteschen bzw. schiefhermiteschen F o r m.

Sind $\sigma : V \to V^*$ und $\tau : V \to V^*$ die beiden kanonischen semilinearen Abbildungen zur Sesquilinearform Φ auf V, so ist Φ genau dann hermitesch bzw. schiefhermitesch, wenn $\sigma = \tau$ bzw. $\sigma = -\tau$ ist. Für eine hermitesche oder schiefhermitesche Form Φ ist die Relation $\perp$ symmetrisch. Der Untermodul ${}^\perp V = V^\perp = \operatorname{Kern} \sigma = \operatorname{Kern} \tau$ heißt in diesem Fall der A u s a r t u n g s m o d u l oder das R a d i k a l von Φ und wird auch mit

$$\operatorname{Rad}(V, \Phi) = \operatorname{Rad} V = \operatorname{Rad} \Phi$$

bezeichnet. Genau dann ist die Form nicht ausgeartet, wenn ihr Radikal verschwindet.

Die hermiteschen bzw. schiefhermiteschen Formen auf V bilden jeweils einen A'–Untermodul des A–Moduls aller Sesquilinearformen auf V, wobei

$A' := \{a \in A : a = \overline{a}\}$ der Unterring der unter der Involution invarianten Elemente ist. Ist die Involution die Identität, so sind die hermiteschen bzw. schiefhermiteschen Formen auf V die symmetrischen bzw. schiefsymmetrischen (Bilinear-)Formen $V \times V \to A$.

Ist die Involution nicht die Identität, so spricht man auch von echt hermiteschen bzw. echt schiefhermiteschen Formen. Im Fall $A = \mathbb{C}$ mit der gewöhnlichen Konjugation als Involution heißen die hermiteschen bzw. schiefhermiteschen Formen kurz komplex-hermitesche bzw. komplex-schiefhermitesche Formen.

Ist x_i, $i \in I$, ein Erzeugendensystem von V, so ist die Sesquilinearform $(x, y) \mapsto <x, y>$ auf V offenbar bereits dann hermitesch bzw. schiefhermitesch, wenn $<x_i, x_j> = \overline{<x_j, x_i>}$ bzw. $<x_i, x_j> = -\overline{<x_j, x_i>}$ für alle $i, j \in I$ gilt. Speziell gilt:

71.1 *Sei x_i, $i \in I$, ein endliches Erzeugendensystem des A-Moduls V. Genau dann ist die Sesquilinearform $(x, y) \mapsto <x, y>$ auf V hermitesch bzw. schiefhermitesch, wenn für die Gramsche Matrix $\mathbf{C} := \mathbf{Gr}(x_i) = (<x_i, x_j>)_{i,j \in I} \in \mathsf{M}_I(A)$ gilt: $\mathbf{C} = {}^t\overline{\mathbf{C}}$ bzw. $\mathbf{C} = -{}^t\overline{\mathbf{C}}$.*

Definition Sei I eine endliche Menge. Eine Matrix $\mathbf{A} \in \mathsf{M}_I(A)$ heißt hermitesch bzw. schiefhermitesch, wenn $\mathbf{A} = {}^t\overline{\mathbf{A}}$ bzw. $\mathbf{A} = -{}^t\overline{\mathbf{A}}$ gilt. $\mathbf{A} \in \mathsf{M}_I(A)$ heißt symmetrisch bzw. schiefsymmetrisch, wenn $\mathbf{A} = {}^t\mathbf{A}$ bzw. $\mathbf{A} = -{}^t\mathbf{A}$ ist.

Ist $\mathbf{A}$ hermitesch bzw. schiefhermitesch, so gilt dies auch für $\overline{\mathbf{A}}$ und ${}^t\mathbf{A}$ und — falls $\mathbf{A}$ invertierbar ist — auch für $\mathbf{A}^{-1}$. Die symmetrischen bzw. schiefsymmetrischen Matrizen sind die hermiteschen bzw. schiefhermiteschen Matrizen für den Fall, daß die Involution die Identität ist. Im Fall $A = \mathbb{C}$ mit der komplexen Konjugation spricht man von komplex-hermiteschen bzw. komplex-schiefhermiteschen Matrizen.

Ist x_i, $i \in I$, eine endliche Basis des A-Moduls V, so ist die Abbildung

$$\Phi \mapsto \mathbf{Gr}_\Phi(x_i)_{i \in I}$$

jeweils ein A'-linearer Isomorphismus ($A' := \{a \in A : a = \overline{a}\}$) des A'-Moduls der hermiteschen bzw. schiefhermiteschen Formen auf V auf den A'-Modul der hermiteschen bzw. schiefhermiteschen Matrizen in $\mathsf{M}_I(A)$.

Ist x'_i, $i \in I$, eine weitere Basis von V mit der Übergangsmatrix $\mathbf{V} = (v_{ri}) \in \mathsf{GL}_I(A)$, d.h. mit $x_i = \sum_r v_{ri} x'_r$, so transformieren sich die Gramschen Matrizen

$$\mathbf{C} := \mathbf{Gr}(x_i)\,, \quad \mathbf{C}' := \mathbf{Gr}(x'_i)$$

nach 70.1 gemäß der Regel

$$\mathbf{C} = {}^t\mathbf{V}\mathbf{C}'\overline{\mathbf{V}} \quad \text{bzw.} \quad \mathbf{C}' = {}^t\mathbf{V}^{-1}\mathbf{C}\overline{\mathbf{V}}^{-1}\,.$$

Beispiel 1 (Orthonormalbasen. Standardformen) Sei V ein freier A–Modul mit einer Sesquilinearform $<-,->$. Eine Basis x_i, $i \in I$, von V heißt eine Orthonormalbasis, wenn

$$<x_i, x_j> = \delta_{ij}\,,$$

$i, j \in I$, ist. Ist I endlich, so ist dies äquivalent damit, daß x_i, $i \in I$, zu sich selbst dual ist. Die Gramsche Matrix bezüglich einer endlichen Orthonormalbasis ist die Einheitsmatrix. Eine Form, die eine Orthonormalbasis besitzt, ist stets hermitesch und definiert bei endlichem I eine vollständige Dualität. Bezüglich einer Orthonormalbasis x_i, $i \in I$, hat die Form $<-,->$ die einfache Gestalt

$$<\sum_{i\in I} a_i x_i, \sum_{i\in I} b_i x_i> = \sum_{i\in I} a_i \overline{b}_i\,.$$

Ist umgekehrt x_i, $i \in I$, eine Basis des A–Moduls V, so ist auf V durch $<\sum a_i x_i, \sum b_i x_i> := \sum a_i \overline{b}_i$ eine hermitesche Sesquilinearform definiert, für die x_i, $i \in I$, eine Orthonormalbasis ist. Ist hierbei speziell $x_i := e_i$, $i \in I$, die Standardbasis des A–Moduls $A^{(I)}$, so heißt die so definierte hermitesche Form die Standardform auf $A^{(I)}$.

Zur Existenz von Orthonormalbasen vergleiche man 71.11 und §72.

Beispiel 2 (Alternierende Formen. Alternierende Matrizen) Sei V ein A–Modul. Eine Bilinearform $(x, y) \mapsto <x, y>$ auf V heißt alternierend, wenn $<x, x> = 0$ für alle $x \in V$ gilt, vgl. §45. Wegen $<x + y, x + y> = <x, x> + <x, y> + <y, x> + <y, y>$ ist eine alternierende Bilinearform stets schiefsymmetrisch. Ist 2 ein Nichtnullteiler in A, so ist umgekehrt jede schiefsymmetrische Bilinearform alternierend. Ist x_i, $i \in I$, ein Erzeugendensystem von V, so ist die Bilinearform $<-,->$ offenbar genau dann alternierend, wenn $<x_i, x_j> = -<x_j, x_i>$ für alle $i, j \in I$ *und* überdies $<x_i, x_i> = 0$ für alle $i \in I$ ist. Demgemäß heißt bei endlichem I eine Matrix $\mathbf{A} \in \mathsf{M}_I(A)$ alternierend, wenn $\mathbf{A}$ schiefsymmetrisch ist und die Elemente der Hauptdiagonalen von $\mathbf{A}$ alle verschwinden. Ist 2 ein Nichtnullteiler in A, so sind die alternierenden Matrizen über A genau die schiefsymmetrischen. Ist $\mathrm{Char} A = 2$, so sind die schiefsymmetrischen Matrizen über A identisch mit den symmetrischen und die alternierenden Matrizen sind diejenigen symmetrischen Matrizen, deren Hauptdiagonalelemente verschwinden.

Beispiel 3 (Sobolev–Formen) Reell–symmetrische bzw. komplex–hermitesche Formen treten in der Analysis sehr häufig auf. Hier sei folgendes Beispiel erwähnt: Seien $I \subseteq \mathbb{R}$ ein (nichttriviales endliches oder unendliches) Intervall und $\mathrm{C}_c^\infty(I)$ der $\mathbb{C}$–Vektorraum der beliebig oft differenzierbaren komplexwertigen Funktionen auf I, die außerhalb einer (von der jeweiligen Funktion abhängenden) kompakten Menge verschwinden. Sei ferner $m \in \mathbb{N}$. Dann ist durch

$$<x, y>_m := \sum_{\nu=0}^{m} \int_I \frac{d^\nu x}{dt^\nu} \cdot \overline{\frac{d^\nu y}{dt^\nu}}\, dt$$

eine komplex–hermitesche Form auf $\mathrm{C}_c^\infty(I)$ definiert. Es genügt zu zeigen, daß jeder der Summanden eine komplex–hermitesche Form definiert. Ist aber $w : I \to \mathbb{C}$ eine stetige Funktion, die außerhalb einer kompakten Menge verschwindet, und $w = u + \mathrm{i}v$, $u := \mathrm{Re}\, w$, $v := \mathrm{Im}\, w$, so ist $\overline{w} = u - \mathrm{i}v$ und

$$\overline{\int_I w\,dt} = \overline{\int_I u\,dt + \mathrm{i}\int_I v\,dt} = \int_I u\,dt - \mathrm{i}\int_I v\,dt = \int_I \overline{w}\,dt\,.$$

Für beliebige $x, y \in \mathrm{C}_c^\infty(I)$ folgt damit

$$\int_I x\overline{y}\,dt = \int_I \overline{\overline{x}y}\,dt = \overline{\int_I \overline{x}y\,dt} = \overline{\int_I y\overline{x}\,dt}$$

und daraus die Behauptung. Die Formen $<-,->_m$ sind übrigens nicht ausgeartet. Es genügt dafür zu zeigen, daß $<x,x>_m \neq 0$ ist für alle $x \in \mathrm{C}_c^\infty(I)$, $x \neq 0$. Es ist aber für solch ein x

$$<x,x>_m = \sum_{\nu=0}^{m} \int_I \frac{d^\nu x}{dt^\nu} \cdot \overline{\frac{d^\nu x}{dt^\nu}}\,dt\,,$$

und die Funktionen $x^{(\nu)} \cdot \overline{x^{(\nu)}}$ sind reell und ≥ 0. Folglich sind die einzelnen Integrale alle ≥ 0. Da aber $x \neq 0$ ist, ist $\int_I x\overline{x}\,dt = \int_I |x(t)|^2\,dt > 0$ und damit $<x,x>_m > 0$.

Die Form $<-,->_m$ heißt die m-te S o b o l e v - F o r m auf I. Die Form $<-,-> := <-,->_0$ mit

$$<x,y> = \int_I x\overline{y}\,dt$$

heißt auch die I n t e g r a l f o r m auf I. Sie ist sogar auf dem Raum $\mathrm{C}_c^0(I)$ der komplexwertigen stetigen Funktionen, die jeweils außerhalb einer kompakten Teilmenge von I verschwinden, definiert.

In ganz analoger Weise lassen sich die Sobolev-Formen für die Räume $\mathrm{C}_c^\infty(U)$ definieren, wobei $U \subseteq \mathbb{R}^n$ eine offene Menge ist. Für $x, y \in \mathrm{C}_c^\infty(U)$ ist

$$<x,y>_m := \sum_{\substack{(\alpha_1,\ldots,\alpha_n)\in\mathbb{N}^n \\ \alpha_1+\cdots+\alpha_n\leq m}} \int_U \frac{\partial^{\alpha_1+\cdots+\alpha_n} x}{\partial t_1^{\alpha_1}\cdots\partial t_n^{\alpha_n}} \cdot \overline{\frac{\partial^{\alpha_1+\cdots+\alpha_n} y}{\partial t_1^{\alpha_1}\cdots\partial t_n^{\alpha_n}}}\,dt_1\cdots dt_n\,.$$

In wichtigen Fällen ist eine Sesquilinearform $V \times V \to A$ bereits völlig durch ihre Werte auf der Diagonalen $\{(x,x) : x \in V\}$ bestimmt. Das folgende Lemma formulieren wir der Einfachheit halber nur für Vektorräume.

71.2 Lemma *Sei V ein Vektorraum über dem Körper K.*

(1) *Die Involution auf K sei nicht die Identität, und es sei $w \in K$ ein Element mit $\overline{w} \neq w$. Dann gilt für jede Sesquilinearform auf V:*

$$<x,y> = \frac{1}{w-\overline{w}}(<wx+y,wx+y> - \overline{w}<x+y,x+y>$$

$$-\overline{w}(w-1)<x,x> - (1-\overline{w})<y,y>)\,,$$

$$<y,x> = \frac{1}{\overline{w}-w}(<wx+y,wx+y> - w<x+y,x+y>$$

$$-w(\overline{w}-1)<x,x> - (1-w)<y,y>)\,.$$

Insbesondere ist jede Sesquilinearform auf V durch die Werte auf der Diagonalen bestimmt.

(2) *Sei* Char$K \neq 2$. *Dann gilt für jede symmetrische Bilinearform auf V:*

$$\begin{aligned} \langle x, y\rangle &= \frac{1}{2}(\langle x+y, x+y\rangle - \langle x, x\rangle - \langle y, y\rangle) \\ &= \frac{1}{4}(\langle x+y, x+y\rangle - \langle x-y, x-y\rangle). \end{aligned}$$

Insbesondere ist jede symmetrische Bilinearform auf V durch die Werte auf der Diagonalen bestimmt.

Beweis. Im Fall (1) gilt

$$\begin{aligned} \langle x, y\rangle + \langle y, x\rangle &= \langle x+y, x+y\rangle - \langle x, x\rangle - \langle y, y\rangle \\ w\langle x, y\rangle + \overline{w}\langle y, x\rangle &= \langle wx+y, wx+y\rangle - w\overline{w}\langle x, x\rangle - \langle y, y\rangle. \end{aligned}$$

Dies ist ein lineares Gleichungssystem für $\langle x, y\rangle$ und $\langle y, x\rangle$, dessen Koeffizientenmatrix die Determinante $\overline{w} - w \neq 0$ hat. Die angegebenen Lösungen ergeben sich mit der Cramerschen Regel 48.7. (2) ergibt sich direkt aus $\langle x \pm y, x \pm y\rangle = \langle x, x\rangle \pm 2\langle x, y\rangle + \langle y, y\rangle$. •

71.3 Korollar *Seien K ein Körper mit einer von der Identität verschiedenen Involution und V ein K-Vektorraum. Eine Sesquilinearform $\langle -, -\rangle$ auf V ist genau dann hermitesch bzw. schiefhermitesch, wenn $\langle x, x\rangle = \overline{\langle x, x\rangle}$ bzw. $\langle x, x\rangle = -\overline{\langle x, x\rangle}$ für alle $x \in V$ ist.*

71.3 besagt speziell, *daß eine komplexe Sesquilinearform genau dann komplex-hermitesch bzw. komplex-schiefhermitesch ist, wenn die Werte $\langle x, x\rangle$ alle reell bzw. alle rein-imaginär sind.*

71.4 Korollar *Seien K ein Körper und V ein K-Vektorraum.*

(1) *Die Involution auf K sei nicht die Identität. Genau dann ist eine Sesquilinearform $\langle -, -\rangle$ auf V die Nullform, wenn $\langle x, x\rangle = 0$ für alle $x \in V$ ist.*

(2) *Sei* Char$K \neq 2$. *Eine symmetrische Bilinearform $\langle -, -\rangle$ auf V ist genau dann die Nullform, wenn $\langle x, x\rangle = 0$ für alle $x \in V$ ist.*

Beweis. Die Aussagen folgen direkt aus 71.2. •

Bemerkung 1 (Quadratische Formen) Seien A ein kommutativer Ring und V ein A-Modul. Die Beschränkung einer Bilinearform $\Phi : V \times V \to A$ auf die Diagonale liefert die Abbildung $V \to A$ mit $x \mapsto \Phi(x, x)$. Diese Funktion auf V mit Werten in A heißt die zu Φ gehörende quadratische Form auf V. Hat V eine endliche Basis x_i, $i \in I$, und ist $\mathbf{C} = (c_{ij}) := \mathbf{Gr}(x_i)$ die Gramsche Matrix zu Φ bezüglich dieser Basis, so ist die zugehörige quadratische Form die (Polynom-)Funktion

$$\sum_{i \in I} a_i x_i \mapsto \sum_{i,j \in I} c_{ij} a_i a_j = {}^t\mathbf{aCa},$$

wobei $\mathbf{a}$ die einspaltige Matrix mit den Elementen a_i, $i \in I$, ist.

Da zwei homogene quadratische Polynome in $A[X_i]_{i\in I}$ gleich sind, wenn die zugehörigen Polynomfunktionen übereinstimmen, ist der Modul der quadratischen Formen, die zu den Bilinearformen eines endlichen freien Moduls mit Basis x_i, $i \in I$, gehören, isomorph zum Modul der homogenen quadratischen Polynome in $A[X_i]_{i\in I}$.

Unabhängig von den Bilinearformen definiert man eine quadratische Form auf V allgemeiner als eine Funktion $Q: V \to A$ mit folgenden Eigenschaften:

(1) Es ist $Q(ax) = a^2 Q(x)$ für alle $a \in A$ und alle $x \in V$.

(2) $(x, y) \mapsto Q(x+y) - Q(x) - Q(y)$ ist eine (symmetrische) Bilinearform auf V.

Die zu einer Bilinearform $\Phi: V \times V \to A$ gehörende quadratische Form Q ist eine quadratische Form in diesem verallgemeinerten Sinn: Die symmetrische Bilinearform gemäß der obigen Bedingung (2) ist in diesem Fall die Symmetrisierung $(x, y) \mapsto \Phi(x, y) + \Phi(y, x)$ von Φ. *Ist V ein freier A-Modul, so rühren alle verallgemeinerten quadratischen Formen von Bilinearformen her.* (Beweis!)

Sei nun 2 eine Einheit in A und $Q: V \to A$ eine quadratische Form auf V. Für die symmetrische Bilinearform $\Phi: V \times V \to A$ mit $(x, y) \mapsto Q(x+y) - Q(x) - Q(y)$ gilt dann $\Phi(x, x) = 2Q(x)$ oder $Q(x) = \frac{1}{2}\Phi(x, x)$, d.h. Q gehört zur *symmetrischen* Bilinearform $\frac{1}{2}\Phi$. Umgekehrt ist jede symmetrische Bilinearform auf V durch die zugehörige quadratische Form bestimmt, vgl. (Beweis von) 71.2(2). Mit anderen Worten: Die Abbildung, die jeder symmetrischen Bilinearform auf V die zugehörige quadratische Form zuordnet, ist ein Isomorphismus. *Man identifiziert daher bei $2 \in A^\times$ die symmetrischen Bilinearformen mit den quadratischen Formen.* Ist V ein endlicher freier A-Modul mit der Basis $x_1, \ldots, x_n$ und identifiziert sich die quadratische Form Q bezüglich dieser Basis mit dem Polynom $\sum_{1\le i\le j\le n} b_{ij} X_i X_j$, so hat die korrespondierende symmetrische Bilinearform bezüglich $x_1, \ldots, x_n$ die Gramsche Matrix $(c_{ij}) \in \mathsf{M}_n(A)$ mit

$$c_{ij} = c_{ji} = \frac{1}{2} b_{ij} \quad \text{für} \quad 1 \le i < j \le n\,, \quad c_{ii} = b_{ii} \quad \text{für} \quad 1 \le i \le n\,.$$

Ist 2 keine Einheit in A, so rührt im allgemeinen nicht jede quadratische Form von einer symmetrischen Bilinearform her, auch dann nicht, wenn der Modul frei ist. Im klassischen Fall $A = \mathbb{Z}$ etwa rührt die quadratische Form $(a_1, \ldots, a_n) \mapsto \sum_{1\le i\le j\le n} c_{ij} a_i a_j$ auf $\mathbb{Z}^n$ genau dann von einer symmetrischen Bilinearform her, wenn die Koeffizienten c_{ij} für $i < j$ *gerade* sind.

Definition Sei Φ eine Sesquilinearform auf dem A-Modul V.

(1) Ein Element $x \in V$ heißt isotrop (bezüglich Φ), wenn $\Phi(x, x) = 0$ ist, wenn also $x \perp x$ gilt. Die Menge der isotropen Elemente in V heißt der isotrope Kegel.

(2) Ein Untermodul $W \subseteq V$ heißt isotrop, wenn die Beschränkung von Φ auf W ausgeartet ist.

(3) Ein Untermodul $W \subseteq V$ heißt total isotrop, wenn die Beschränkung von Φ auf W die Nullform ist.

(4) Die Form Φ (oder auch V) heißt anisotrop, wenn kein von 0 verschiedenes Element in V isotrop ist.

Ist $x \in V$ ein Element des isotropen Kegels, so auch ax für alle $a \in A$ wegen $\Phi(ax, ax) = a\overline{a}\Phi(x, x)$. Der isotrope Kegel enthält also mit jedem Element den von diesem Element erzeugten zyklischen Untermodul. Im allgemeinen ist der isotrope Kegel aber nicht abgeschlossen bezüglich der Addition und daher *kein* Untermodul. Für eine Bilinearform ist der isotrope Kegel die Nullstellenmenge der zuhörigen quadratischen Form, vgl. Bemerkung 1. Besitzt V die Basis x_i, $i \in I$, und ist $c_{ij} := \Phi(x_i, x_j)$, so ist der isotrope Kegel die Menge der $x = \sum_{i \in I} a_i x_i \in V$ mit

$$0 = \Phi(x, x) = \sum_{i,j \in I} c_{ij} a_i \overline{a}_j .$$

Beispiel 4 Für die Bilinearform im $\mathbb{R}^2$ mit der Gramschen Matrix $\mathrm{Diag}(1, -1)$ bezüglich der Standardbasis ist der isotrope Kegel die Menge $\{(a, b) \in \mathbb{R}^2 : a^2 = b^2\}$, also die Vereinigung der beiden Geraden $\mathbb{R}(1, 1)$ und $\mathbb{R}(1, -1)$, vgl. linke Figur. Im $\mathbb{R}^3$ ist der isotrope Kegel bezüglich der Form mit der Gramschen Matrix $\mathrm{Diag}(1, 1, -1)$ bezüglich der Standardbasis der gewöhnliche Kegel $\{(a, b, c) \in \mathbb{R}^3 : a^2 + b^2 = c^2\}$, vgl. rechte Figur.

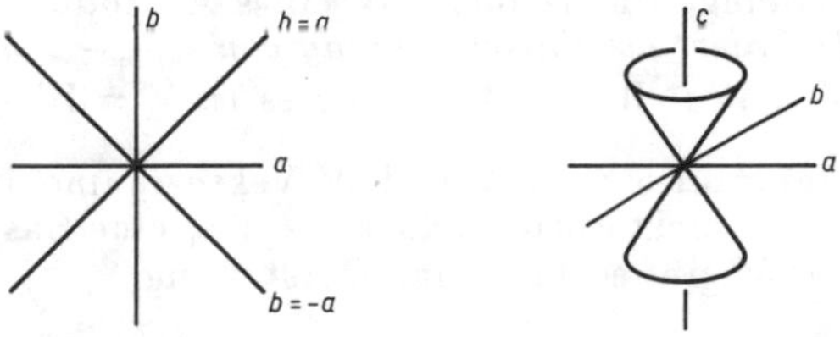

Jedes isotrope Element erzeugt einen (total) isotropen Untermodul. Anisotrop sind genau die Formen, deren isotroper Kegel nur das Nullelement enthält. *Anisotrope Formen sind nicht ausgeartet.* Beschränkungen anisotroper Formen auf Untermoduln sind ebenfalls anisotrop und folglich nicht ausgeartet. Für anisotrope Formen ist somit *jeder* Untermodul nicht isotrop. Offenbar charakterisiert diese Bedingung die anisotropen Formen. Die Standardform auf dem $\mathbb{R}^n$ ist anisotrop, ebenso die *komplex-hermitesche* Standardform auf dem $\mathbb{C}^n$, vgl. Beispiel 1. Dagegen ist die *symmetrische* Standardform auf dem $\mathbb{C}^n$ für $n \geq 2$ nicht anisotrop, vgl. auch Aufgabe 4.

Für die Beschreibung einer Sesquilinearform ist die Zerlegung in orthogonale direkte Summen, vgl. §70, Beispiel 2, ein wesentliches Hilfsmittel. Von grundlegender Bedeutung dafür ist das folgende Ergebnis:

71.5 Satz *Es sei W ein endlichdimensionaler Unterraum des Vektorraumes V über dem Körper K. Auf V sei eine Sesquilinearform $<-,->$ gegeben. Dann sind folgende Aussagen äquivalent:*
(1) *W ist nicht isotrop.*
(2) *Es ist $W \cap W^{\perp} = 0$.* (2′) *Es ist $W \cap {}^{\perp}W = 0$.*
(3) *Es ist $V = W \oplus W^{\perp}$.* (3′) *Es ist $V = W \oplus {}^{\perp}W$.*

Beweis. Wir begnügen uns damit, die Äquivalenz von (1), (2) und (3) zu zeigen. Aus (1) folgt (2): Sei $x \in W \cap W^\perp$. Dann ist $<y,x> = 0$ für alle $y \in W$. Da $<-,->$ auf W nicht ausgeartet ist, folgt $x = 0$. — Aus (2) folgt (1): Die zur Beschränkung von $<-,->$ auf W gehörige semilineare Abbildung $\tau : W \to W^*$ ist injektiv und damit bijektiv. Ist nämlich $x \in \operatorname{Kern}\tau$, so ist $<y,x> = 0$ für alle $y \in W$ und somit $x \in W \cap W^\perp = 0$. Nach 70.3 ist $<-,->|W$ nicht ausgeartet. — Aus (1) folgt (3): Da mit (1) auch (2) gilt, braucht nur $V = W + W^\perp$ gezeigt zu werden. Sei $z \in V$. Wie gezeigt ist $\tau : W \to W^*$ bijektiv. Zu der Linearform $x \mapsto <x,z>$ auf W gibt es also ein $y \in W$ mit $<x,z> = <x,y>$ für alle $x \in W$. Dann ist $z - y \in W^\perp$ und $z = y + (z-y) \in W + W^\perp$. — (2) schließlich ist eine Abschwächung von (3). •

71.6 Korollar *Seien V ein K-Vektorraum mit einer Sesquilinearform und $W \subseteq V$ ein endlichdimensionaler nicht isotroper Unterraum mit $W^\perp = {}^\perp W$. Dann ist V die orthogonale direkte Summe von W und $W^\perp$, also $V = W \oplus W^\perp$.*

Bemerkung 2 Wie der Beweis der Implikation (1)⇒(3) in 71.5 zeigt, gilt für beliebige Untermoduln W eines A-Moduls V mit einer Sesquilinearform $<-,->$: *Definiert die Einschränkung von $<-,->$ auf W eine vollständige Dualität, so ist $V = W \oplus W^\perp = W \oplus {}^\perp W$; es ist $V = W \oplus W^\perp$, falls überdies $W^\perp = {}^\perp W$ ist.*

Beispiel 5 Seien V und W Vektorräume über dem Körper K wie in 71.5. Ferner sei W nicht isotrop und $x_1, \ldots, x_n$ eine Basis von W. Für einen beliebigen Vektor $z \in V$ gibt es dann eine Darstellung

$$z = x + y \quad \text{mit} \quad x = \sum_{i=1}^{n} a_i x_i \in W\,, \quad y \in {}^\perp W\,,$$

wobei x und y eindeutig bestimmt sind. Die Koeffizienten a_i von x ergeben sich aus $y \perp x_j$, $j = 1, \ldots, n$, d.h. aus $0 = <z - \sum_i a_i x_i, x_j>$ bzw.

$$\sum_{i=1}^{n} a_i <x_i, x_j> = <z, x_j>\,, \quad j = 1, \ldots, n\,,$$

nach der Cramerschen Regel 48.7 zu

$$a_i = \frac{\Delta_i}{\operatorname{Gr}(x_j)}\,, \quad i = 1, \ldots, n\,,$$

wobei Δ_i die Determinante

$$\begin{vmatrix} <x_1,x_1> & \cdots & <x_{i-1},x_1> & <z,x_1> & <x_{i+1},x_1> & \cdots & <x_n,x_1> \\ \vdots & & \vdots & \vdots & \vdots & & \vdots \\ <x_1,x_n> & \cdots & <x_{i-1},x_n> & <z,x_n> & <x_{i+1},x_n> & \cdots & <x_n,x_n> \end{vmatrix}$$

ist. Speziell erhält man: Ist $x \in V$ ein nicht isotroper Vektor und ist W die Gerade $Kx \subseteq V$, so ist

$$z \mapsto \frac{<z,x>}{<x,x>}x \quad \text{bzw.} \quad z \mapsto z - \frac{<z,x>}{<x,x>}x$$

die Projektion von V auf W längs ${}^\perp W$ bzw. auf ${}^\perp W$ längs W. Ähnliche Formeln erhält man für die Zerlegung $V = W \oplus W^\perp$.

Seien V ein A–Modul mit einer Sesquilinearform Φ und $W, W' \subseteq V$ Untermoduln mit $V = W \oplus W'$. Dann heißt W' ein **orthogonales Komplement** zu W in V. Ist W' ein orthogonales Komplement zu W, so ist $W' \subseteq W^\perp \cap {}^\perp W$. Sei W überdies nicht isotrop. Dann ist $W^\perp \cap W = {}^\perp W \cap W = 0$, und es folgt: *Ein nicht isotroper Untermodul $W \subseteq V$ besitzt genau dann ein orthogonales Komplement in V, wenn $W^\perp = {}^\perp W$ und $V = W + W^\perp$ ist. In diesem Fall ist $W' := W^\perp = {}^\perp W$ das einzige orthogonale Komplement von W in V.*

Man beachte, daß die Bedingung $W^\perp = {}^\perp W$ bei hermiteschen oder schiefhermiteschen Formen stets erfüllt ist. Ist Φ nicht ausgeartet, so ist ein Untermodul $W \subseteq V$, der ein orthogonales Komplement besitzt, notwendigerweise nicht isotrop. 71.6 besagt, daß ein endlichdimensionaler nicht isotroper Unterraum W eines Vektorraumes V mit $W^\perp = {}^\perp W$ stets diesen Raum $W' := W^\perp = {}^\perp W$ als eindeutig bestimmtes orthogonales Komplement in V besitzt.

Aus 71.6 gewinnt man direkt den unten folgenden Zerlegungssatz 71.7, zu dessen Formulierung wir zunächst einen Begriff einführen:

Definition Sei x_i, $i \in I$, eine Familie von Elementen eines A–Moduls V mit einer Sesquilinearform Φ. Diese Familie heißt **orthogonal** (bezüglich Φ), wenn $x_i \perp x_j$ für alle $i, j \in I$ mit $i \neq j$ gilt. Ist überdies $\Phi(x_i, x_i) = 1$ für alle $i \in I$, so heißt die Familie **orthonormal**.

Eine orthogonale Familie x_i, $i \in I$, für die die Elemente $\Phi(x_i, x_i) \in A$ Nichtnullteiler sind, ist linear unabhängig. Ist nämlich $\sum_i a_i x_i = 0$, so folgt

$$0 = \Phi(\sum_{i\in I} a_i x_i, x_j) = \sum_{i\in I} a_i \Phi(x_i, x_j) = a_j \Phi(x_j, x_j)$$

und damit $a_j = 0$ für alle $j \in I$. *Insbesondere ist eine orthonormale Familie stets linear unabhängig.* Ein orthonormales Erzeugendensystem ist also stets eine Orthonormalbasis.

Ist x_i, $i \in I$, eine Orthogonalbasis bezüglich der Sesquilinearform Φ, so ist V die orthogonale direkte Summe der Untermoduln Ax_i, $i \in I$, vom Rang 1. Ist I überdies endlich, so ist die Gramsche Matrix der x_i, $i \in I$, die Diagonalmatrix $\mathrm{Diag}(\Phi(x_i, x_i))_{i \in I}$.

71.7 Satz *Sei Φ eine Sesquilinearform auf dem endlichdimensionalen K–Vektorraum V. In den folgenden Fällen existiert eine Orthogonalbasis auf V bezüglich Φ:*

(1) *Φ ist hermitesch oder schiefhermitesch, und die Involution ist nicht die Identität.*

(2) *Φ ist eine symmetrische Bilinearform, und es ist* $\mathrm{Char} K \neq 2$.

B e w e i s durch Induktion über $\text{Dim}_K V$. Die Aussage ist im Fall $\text{Dim}_K V \leq 1$ trivial. Sei $n := \text{Dim}_K V \geq 2$ und Φ nicht die Nullform. Nach 71.4 gibt es einen nichtisotropen Vektor $x_1 \in V$. Sei $W := Kx_1$. Nach 71.6 ist V die orthogonale direkte Summe von W und $W^\perp = {}^\perp W$. Nach Induktionsvoraussetzung gibt es eine orthogonale Basis $x_2, \ldots, x_n$ von $W^\perp$. Dann ist $x_1, x_2, \ldots, x_n$ eine Orthogonalbasis von W. •

Für Matrizen formuliert, lautet 71.7 (vgl. 70.1):

71.8 Korollar *Seien K ein Körper, I eine endliche Menge und $\mathbf{C} \in \mathsf{M}_I(K)$ eine hermitesche oder schiefhermitesche Matrix. Ist die Involution die Identität, so sei* Char$K \neq 2$ *und* $\mathbf{C}$ *symmetrisch. Dann gibt es eine invertierbare Matrix $\mathbf{V} \in \mathsf{GL}_I(K)$ derart, daß ${}^t\mathbf{V}\mathbf{C}\overline{\mathbf{V}}$ eine Diagonalmatrix ist.*

Beispiel 6 Sei $\mathbf{C} \in \mathsf{M}_I(K)$ wie in 71.8. Ferner sei Φ auf K^I die Form mit der Gramschen Matrix $\mathbf{C}$ bezüglich der Standardbasis. Ist dann x_j, $j \in I$, eine Orthogonalbasis von K^I bezüglich Φ und ist $\mathbf{V} \in \mathsf{GL}_I(K)$ die Matrix, deren Spalten die Vektoren x_j sind, so ist ${}^t\mathbf{V}\mathbf{C}\overline{\mathbf{V}}$ die Diagonalmatrix $\text{Diag}(\Phi(x_j, x_j))_{j \in I}$. Die Kenntnis einer Matrix $\mathbf{V}$ wie in 71.8 ist also äquivalent mit der Kenntnis einer Orthogonalbasis für Φ. Für die Konstruktion einer solchen Orthogonalbasis liefert der Beweis von 71.7 ein effektives Verfahren, dessen einzelne Schritte jeweils darin bestehen, für eine Form $\neq 0$ einen nichtisotropen Vektor x zu finden und das orthogonale Komplement $(Kx)^\perp$ zu berechnen. Das letztere geschieht sehr einfach gemäß Beispiel 5. Zur Suche nach nicht isotropen Vektoren sei bemerkt, daß im symmetrischen Fall bei Char$K \neq 2$ die Summe $y + z$ nicht isotrop ist, falls y, z isotrop sind und $\Phi(y, z) \neq 0$ ist. Siehe auch das folgende Beispiel 7.

Beispiel 7 (S c h m i d t s c h e s O r t h o g o n a l i s i e r u n g s v e r f a h r e n) In folgendem Fall wird die Konstruktion einer Orthogonalbasis einfach: $x_1, \ldots, x_n$ sei eine Basis von V derart, *daß die Unterräume* $V_i := Kx_1 + \cdots + Kx_i$, $i = 1, \ldots, n$, *nicht isotrop sind* (bezüglich der hermiteschen oder schiefhermiteschen Form $<-,->$). Wir wollen rekursiv eine Orthogonalbasis $x'_1, \ldots, x'_n$ so bestimmen, daß $V_i = Kx'_1 + \cdots + Kx'_i$ ist, $i = 1, \ldots, n$. Dazu setzen wir

$$x'_1 := x_1$$

und nehmen an, daß $x'_1, \ldots, x'_i$, $i < n$, bereits konstruiert sind. Es ist $<x'_\mu, x'_\nu> = \delta_{\mu\nu} c_\nu$ mit $c_\nu \neq 0$, $\mu, \nu = 1, \ldots, i$. Wir setzen dann $x'_{i+1} = a_1 x'_1 + \cdots + a_i x'_i + x_{i+1}$, und die Bedingungen $<x'_{i+1}, x'_j> = 0$ für $j = 1, \ldots, i$ sind äquivalent mit den Gleichungen $a_j <x'_j, x'_j> + <x_{i+1}, x'_j> = 0$ oder mit

$$x'_{i+1} := x_{i+1} - \sum_{j=1}^{i} \frac{<x_{i+1}, x'_j>}{<x'_j, x'_j>} x'_j \,.$$

Dieses Konstruktionsverfahren heißt das S c h m i d t s c h e O r t h o g o n a l i s i e r u n g s v e r f a h r e n. Es läßt sich auch auf eine unendliche Folge x_i, $i \in \mathbb{N}_+$, von linear unabhängigen Vektoren anwenden, wenn die Räume $V_i = \sum_{j=1}^{i} Kx_j$ nicht isotrop sind, $i \in \mathbb{N}_+$. Diese letzte Bedingung ist etwa stets dann erfüllt, wenn die Form $<-,->$ anisotrop ist.

Es sei noch bemerkt, daß die Übergangsmatrix der Basis $x_1, \ldots, x_n$ zu der oben konstruierten Orthogonalbasis $x'_1, \ldots, x'_n$ eine obere Dreiecksmatrix ist, deren Hauptdiagonalelemente alle gleich 1 sind. Deshalb ist

$$\mathbf{Gr}(x'_j)_{j=1,\ldots,i} = \mathrm{Diag}(<x'_1, x'_1>, \ldots, <x'_i, x'_i>) = {}^t\mathbf{W}_i \mathbf{Gr}(x_j)_{j=1,\ldots,i} \overline{\mathbf{W}_i}$$

mit oberen Dreiecksmatrizen $\mathbf{W}_i$, $i = 0, \ldots, n$, deren Determinante 1 ist. Es folgt

$$\mathrm{Gr}(x'_j)_{j=1,\ldots,i} = <x'_1, x'_1> \cdots <x'_i, x'_i> = \mathrm{Gr}(x_j)_{j=1,\ldots,i}$$

und $<x'_i, x'_i> = D_i/D_{i-1}$, wobei die D_i die Gramschen Determinanten

$$D_i := \mathrm{Gr}(x_j)_{j=1,\ldots,i} = \begin{vmatrix} <x_1, x_1> & \cdots & <x_1, x_i> \\ \vdots & \ddots & \vdots \\ <x_i, x_1> & \cdots & <x_i, x_i> \end{vmatrix}$$

sind, $i = 0, \ldots, n$. Wir notieren dies:

71.9 Satz *Sei $x_1, \ldots, x_n$ eine Basis des K-Vektorraumes V mit einer hermiteschen oder schiefhermiteschen Form $<-,->$. Die Hauptminoren*

$$1 = D_0\,,\ D_1\,, \ldots,\ D_n$$

der Gramschen Matrix $\mathbf{Gr}(x_j)_{j=1,\ldots,n}$ seien alle von 0 verschieden. Dann liefert das Schmidtsche Orthogonalisierungsverfahren eine Orthogonalbasis $x'_1, \ldots, x'_n$ von V mit

$$<x'_i, x'_i> = \frac{D_i}{D_{i-1}}\,, \quad i = 1, \ldots, n\,.$$

Der Satz 71.7 über die Existenz von Orthogonalbasen ist der Ausgangspunkt für die Klassifikation hermitescher und schiefhermitescher Formen. Dazu die folgende Definition:

Definition Seien Φ und Ψ Sesquilinearformen auf den A–Moduln V bzw. W. Eine Abbildung $f: V \to W$ heißt ein Homomorphismus von (V, Φ) in (W, Ψ), wenn sie A–linear und mit den Formen Φ bzw. Ψ verträglich ist, d.h. wenn neben der A–Linearität die Bedingung

$$\Phi(x, y) = \Psi(f(x), f(y))$$

für alle $x, y \in V$ erfüllt ist. Ein bijektiver Homomorphismus von (V, Φ) in (W, Ψ) heißt ein Isomorphismus.

Die Homomorphismen von (V, Φ) in sich heißen die Endomorphismen von (V, Φ) oder die Endomorphismen von Φ. Sie bilden ein Monoid (mit der Komposition als Verknüpfung). Die Isomorphismen von (V, Φ) auf sich nennt man die Automorphismen von (V, Φ) oder Φ. Sie bilden die Automorphismengruppe von Φ, die mit

$$\mathrm{Aut}_A(V, \Phi) = \mathrm{Aut}_A \Phi \quad \text{oder} \quad \mathsf{GL}_A(V, \Phi) = \mathsf{GL}_A(\Phi)$$

bezeichnet wird.

Existiert ein Isomorphismus von (V, Φ) auf (W, Ψ), so heißen (V, Φ) und (W, Ψ) oder auch die Formen Φ und Ψ kongruent. Ist $f: V \to W$ ein

Isomorphismus von (V, Φ) auf (W, Ψ), so ist $g \mapsto fgf^{-1}$ ein Isomorphismus von Aut Φ auf Aut Ψ.

Ist $f: V \to W$ eine beliebige A-lineare Abbildung und ist Ψ eine Sesquilinearform auf W, so ist die mit f nach V geliftete Abbildung

$$(x, y) \mapsto \Psi(f(x), f(y))$$

eine Sesquilinearform auf V. Genau dann ist f ein Homomorphismus, wenn diese geliftete Form mit der gegebenen Form Φ auf V übereinstimmt. Es folgt:

(1) *Genau dann ist die A-lineare Abbildung $f: V \to W$ ein Homomorphismus von (V, Φ) in (W, Ψ), wenn für ein Erzeugendensystem x_i, $i \in I$, von V gilt:*

$$\Phi(x_i, x_j) = \Psi(f(x_i), f(x_j)), \quad i, j \in I .$$

(2) *Sind V und W freie A-Moduln, so sind Φ und Ψ genau dann kongruent, wenn es Basen x_i, $i \in I$, von V und y_i, $i \in I$, von W gibt, für die gilt:*

$$\Phi(x_i, x_j) = \Psi(y_i, y_j), \quad i, j \in I .$$

Aus 71.4 ergibt sich speziell:

(3) *Ist $A = K$ ein Körper und die Involution nicht die Identität, so ist die K-lineare Abbildung $f: V \to W$ genau dann ein Homomorphismus von (V, Φ) in (W, Ψ), wenn für alle $x \in V$ gilt:*

$$\Phi(x, x) = \Psi(f(x), f(x)) .$$

(4) *Ist $A = K$ ein Körper und* Char$K \neq 2$ *und sind Φ und Ψ symmetrische Bilinearformen, so ist die K-lineare Abbildung $f: V \to W$ genau dann ein Homomorphismus von (V, Φ) in (W, Ψ), wenn für alle $x \in V$ gilt:*

$$\Phi(x, x) = \Psi(f(x), f(x)) .$$

Explizit notieren wir:

71.10 *Seien V und W endliche freie A-Moduln gleichen Ranges mit den Basen x_i, $i \in I$, bzw. y_i, $i \in I$. Ferner seien Φ und Ψ Sesquilinearformen auf V bzw. W mit den Gramschen Matrizen*

$$\mathbf{C} = \mathbf{Gr}_\Phi(x_i) = (\Phi(x_i, x_j)) \quad \textit{bzw.} \quad \mathbf{D} = \mathbf{Gr}_\Psi(y_i) = (\Psi(y_i, y_j)) .$$

Genau dann ist die bijektive A-lineare Abbildung $x_j \mapsto \sum_{i \in I} v_{ij} y_i$ mit der Matrix $\mathbf{V} = (v_{ij}) \in \mathsf{GL}_I(A)$ ein Isomorphismus von (V, Φ) auf (W, Ψ), wenn

$$\mathbf{C} = {}^t\mathbf{V}\mathbf{D}\overline{\mathbf{V}} \quad \textit{bzw.} \quad \mathbf{D} = {}^t\mathbf{V}^{-1}\mathbf{C}\overline{\mathbf{V}}^{-1}$$

gilt. Insbesondere sind Φ und Ψ genau dann kongruent, wenn es ein $\mathbf{V} \in \mathsf{GL}_I(A)$ mit $\mathbf{C} = {}^t\mathbf{V}\mathbf{D}\overline{\mathbf{V}}$ gibt.

Der Beweis ergibt sich unmittelbar aus dem in 70.1 beschriebenen Transformationsverhalten der Gramschen Matrizen. •

Man nennt zwei Matrizen $\mathbf{C}, \mathbf{D} \in \mathsf{M}_I(A)$ **kongruent**, wenn es ein $\mathbf{V} \in \mathsf{GL}_I(A)$ mit

$$\mathbf{D} = {}^t\mathbf{V}^{-1}\mathbf{C}\overline{\mathbf{V}}^{-1}$$

gibt. Das Klassifikationsproblem für die Sesquilinearformen auf endlichen freien A–Moduln ist nach 71.10 gleichwertig mit dem Problem, ein übersichtliches Repräsentantensystem für die Klassen kongruenter Matrizen über A anzugeben. *Nach 71.7 oder 71.8 ist zum Beispiel über einem Körper K jede echt hermitesche oder echt schiefhermitesche Matrix und für den Fall, daß* $\mathrm{Char} K \neq 2$ *ist, auch jede symmetrische Matrix zu einer Diagonalmatrix kongruent.* Ist dies die Diagonalmatrix $\mathrm{Diag}(c_i)_{i\in I}$, so ist die Form kongruent zu der Form auf dem K^I mit $(e_i, e_j) \mapsto \delta_{ij}c_i$, also mit $((a_i),(b_i)) \mapsto \sum_{i\in I} a_i\bar{b}_i c_i$. Man bezeichnet diese Form (und gelegentlich auch jede dazu kongruente Form) mit

$$[c_i]_{i\in I}$$

und bei $I = \{1,\ldots,n\}$ auch mit

$$[c_1,\ldots,c_n]\,.$$

Es ist $[c_i]_{i\in I}$ die orthogonale direkte Summe der Formen $[c_i]$ auf K mit $(a,b) \mapsto a\bar{b}c_i$, was sich so schreiben läßt:

$$[c_i]_{i\in I} = \bigoplus_{i\in I}[c_i]\,.$$

Diese Bezeichnungen werden auch für beliebige kommutative Ringe benutzt. Im allgemeinen ist es immer noch schwierig, die Formen $[c_i]_{i\in I}$ auf Kongruenz zu klassifizieren. Trivialerweise ist die Form $[c_i]_{i\in I}$ kongruent zu den Formen $[a_i\bar{a}_i c_i]_{i\in I}$, wobei $a_i \in A^\times$ ist, $i \in I$, denn dies ist nur ein Übergang von der Basis e_i, $i \in I$, zur Basis $a_i e_i$, $i \in I$. Man kann also die c_i stets ersetzen durch Elemente, die sich nur um einen Faktor aus der Gruppe

$$\mathrm{N}A^\times = \{a\bar{a} : a \in A^\times\}$$

unterscheiden. Die Elemente in $\mathrm{N}A^\times$ sind Einheiten im Ring A' der unter der Involution invarianten Elemente. Ist die Involution die Identität, so ist $\mathrm{N}A^\times$ die Gruppe ${}^2A^\times$ der Einheitenquadrate von A.
Ist die Form $[c_i]_{i\in I}$ hermitesch, so ist $c_i \in A'$. Wir erhalten aus 71.7:

71.11 Satz *Sei K ein Körper mit* $\mathrm{N}K^\times = K'^\times$, *wobei K' der Körper der unter der Involution invarianten Elemente ist. Ist die Involution die Identität, so sei* $\mathrm{Char}K \neq 2$. *Dann ist jede hermitesche Form vom Rang r auf einem n-dimensionalen K-Vektorraum kongruent zu der Form*

$$[1,\ldots,1,0,\ldots,0]$$

mit r Einsen und $n - r$ Nullen. Insbesondere ist jede nicht ausgeartete hermitesche Form auf einem n-dimensionalen K-Vektorraum kongruent zur Standardform $[1,\ldots,1]$ *auf dem* K^n.

Über einem Körper der Charakteristik $\neq 2$, in dem jedes Element ein Quadrat ist, sind also alle symmetrischen Matrizen in $\mathsf{M}_n(K)$ gleichen Ranges kongruent: Die Diagonalmatrizen

$$\mathrm{Diag}(0,\ldots,0), \mathrm{Diag}(1,0,\ldots,0), \ldots, \mathrm{Diag}(1,\ldots,1) = \mathbf{E}_n$$

bilden ein volles Repräsentantensystem.

Aus 71.10 ergibt sich direkt die folgende Beschreibung der Automorphismen einer Sesquilinearform auf einem endlichen freien Modul.

71.12 *Sei* Φ *eine Sesquilinearform auf dem endlichen freien A-Modul V mit der Basis* x_i, $i \in I$, *und sei* $\mathbf{C} := \mathbf{Gr}_\Phi(x_i)$. *Ein invertierbarer Operator f auf V mit der Matrix* $\mathbf{V} = (v_{ij}) \in \mathsf{GL}_I(A)$ *bezüglich der Basis* x_i, $i \in I$, *ist genau dann ein Automorphismus von* Φ, *wenn gilt:*

$$\mathbf{C} = {}^t\mathbf{V}\mathbf{C}\overline{\mathbf{V}}.$$

Ist V ein endlicher freier A-Modul mit einer Sesquilinearform Φ, so heißen die Automorphismen von Φ, deren Determinante 1 ist, e i g e n t l i c h e oder s p e z i e l l e A u t o m o r p h i s m e n von Φ. Diese bilden eine Untergruppe der Automorphismengruppe $\mathsf{GL}_A(\Phi)$ von Φ, die mit

$$\mathsf{SL}_A(V,\Phi) = \mathsf{SL}_A(\Phi)$$

bezeichnet wird und die e i g e n t l i c h e oder s p e z i e l l e A u t o m o r p h i s m e n g r u p p e von Φ heißt.

Beispiel 8 (U n i t ä r e G r u p p e n. O r t h o g o n a l e G r u p p e n) Sei I eine endliche Menge. Die Automorphismengruppe der Standardform auf A^I ist die Gruppe der Matrizen $\mathbf{A} \in \mathsf{GL}_I(A)$ mit

$${}^t\mathbf{A}\overline{\mathbf{A}} = \mathbf{E}_I, \text{ d.h. mit } \mathbf{A}^{-1} = {}^t\overline{\mathbf{A}}.$$

Die Gruppe dieser Matrizen wird mit

$$\mathsf{U}_I(A) = \mathsf{U}(I, A)$$

bezeichnet. Sie heißt die u n i t ä r e G r u p p e vom Typ I über A. (Sie hängt wesentlich von der vorgegebenen Involution auf A ab!) Die Elemente in $\mathsf{U}_I(A)$ heißen u n i t ä r e M a t r i z e n. *Genau dann ist* $\mathbf{A} \in \mathsf{M}_I(A)$ *unitär, wenn die Spalten (oder die Zeilen) von* $\mathbf{A}$, *aufgefaßt als Elemente in* A^I, *eine Orthonormalbasis bezüglich der Standardform bilden.*

Die Gruppe $\mathsf{U}_I(A) \cap \mathsf{SL}_I(A)$ der speziellen Automorphismen wird mit

$$\mathsf{SU}_I(A) = \mathsf{SU}(I, A)$$

bezeichnet und heißt die s p e z i e l l e u n i t ä r e G r u p p e (vom Typ I).

Ist $I = \{1, \ldots, n\}$, so bezeichnet man diese Gruppen mit

$$\mathsf{U}_n(A) = \mathsf{U}(n, A) \quad \text{bzw.} \quad \mathsf{SU}_n(A) = \mathsf{SU}(n, A).$$

Besitzt die hermitesche Form Φ auf einem freien A-Modul V vom Rang n eine Orthonormalbasis, so ist $\mathsf{GL}_A(\Phi) \cong \mathsf{U}_n(A)$ und $\mathsf{SL}_A(\Phi) \cong \mathsf{SU}_n(A)$.
Ist die Involution die Identität, so heißen die unitären bzw. die speziellen unitären Gruppen auch die orthogonalen bzw. die speziellen orthogonalen Gruppen über A. Sie werden mit

$$\mathsf{O}_I(A) = \mathsf{O}(I, A) \quad \text{bzw.} \quad \mathsf{SO}_I(A) = \mathsf{SO}(I, A)$$

bezeichnet. Die orthogonalen Matrizen in $\mathsf{M}_I(A)$ sind diejenigen invertierbaren Matrizen in $\mathsf{M}_I(A)$, deren Inverses mit dem Transponierten übereinstimmt. Ist $I = \{1, \ldots, n\}$, so bezeichnet man die genannten Gruppen auch mit

$$\mathsf{O}_n(A) = \mathsf{O}(n, A) \quad \text{bzw.} \quad \mathsf{SO}_n(A) = \mathsf{SO}(n, A).$$

Im Fall $A = \mathbb{R}$ bezeichnet man die speziellen orthogonalen Gruppen gelegentlich auch mit $\mathsf{O}_I^+(\mathbb{R}) = \mathsf{O}^+(I, \mathbb{R})$ bzw. mit $\mathsf{O}_n^+(\mathbb{R}) = \mathsf{O}^+(n, \mathbb{R})$ oder noch kürzer einfach mit O_I^+ bzw. mit O_n^+. Man vergleiche auch das unten folgende Beispiel 9.

71.13 Satz *Sei V ein endlicher freier A-Modul des Ranges n mit einer nicht ausgearteten Sesquilinearform Φ. Dann gilt: Für jeden Automorphismus f von (V, Φ) ist*

$$\chi_f = \overline{\chi_{f^{-1}}} = (-1)^n \overline{\mathrm{Det} f}^{-1} \cdot X^n \cdot \overline{\chi_f}(1/X).$$

Insbesondere ist $(\mathrm{Det} f)\overline{(\mathrm{Det} f)} = 1$. *— Ist $A = K$ ein Körper, so ist*

$$\mathrm{spek} f = \overline{(\mathrm{spek} f)}^{-1},$$

wobei für die Teilmenge $S \subseteq K^\times$ die Menge S^{-1} durch $\{a^{-1} : a \in S\}$ und die Menge $\overline{S}$ durch $\{\overline{a} : a \in S\}$ definiert ist.

Beweis. Sei x_i, $i \in I$, eine endliche Basis von V und $\mathbf{C}$ die Gramsche Matrix von Φ bzw. $\mathbf{V}$ die Matrix von f jeweils bezüglich dieser Basis. Nach 71.11 ist $\mathbf{C} = {}^t\mathbf{V}\mathbf{C}\overline{\mathbf{V}}$ bzw. ${}^t\mathbf{V}\mathbf{C} = \mathbf{C}\overline{\mathbf{V}}^{-1}$. Daraus folgt

$$(X\mathbf{E}_I - {}^t\mathbf{V})\mathbf{C} = \mathbf{C}(X\mathbf{E}_I - \overline{\mathbf{V}}^{-1})$$

$$\mathrm{Det}(X\mathbf{E}_I - {}^t\mathbf{V}) \cdot \mathrm{Det}\mathbf{C} = \mathrm{Det}\mathbf{C} \cdot \mathrm{Det}(X\mathbf{E}_I - \overline{\mathbf{V}}^{-1}).$$

Da $\mathrm{Det}\,\mathbf{C}$ ein Nichtnullteiler ist (vgl. 70.3 für den Fall, daß Φ eine vollständige Dualität definiert, und 70.5 für den allgemeinen Fall), folgt

$$\begin{aligned}\chi_f &= \mathrm{Det}(X\mathbf{E}_I - \mathbf{V}) = \mathrm{Det}(X\mathbf{E}_I - {}^t\mathbf{V}) = \mathrm{Det}(X\mathbf{E}_I - \overline{\mathbf{V}}^{-1}) \\ &= \mathrm{Det}\overline{(X\mathbf{E}_I - \mathbf{V}^{-1})} = \overline{\chi_{f^{-1}}}.\end{aligned}$$

Der Zusatz über die Spektren folgt daraus, daß diese die Nullstellenmengen der charakteristischen Polynome sind. •

Beispiel 9 Aus 71.13 folgt speziell, *daß die Automorphismen einer nicht ausgearteten Bilinearform Φ auf einem endlichdimensionalen Vektorraum die Determinante 1 oder -1 haben und mit jedem Eigenwert a auch a^{-1} als Eigenwert besitzen.*

Für einen Automorphismus einer nicht ausgearteten komplexen Sesquilinearform auf einem endlichdimensionalen $\mathbb{C}$–Vektorraum ist $|\mathrm{Det} f| = 1$, ferner ist das Spektrum von f in diesem Fall invariant gegen die Abbildung $z \mapsto \overline{z}^{-1} = z/z\overline{z} = z/|z|^2$, das ist die sogenannte Spiegelung am Einheitskreis:

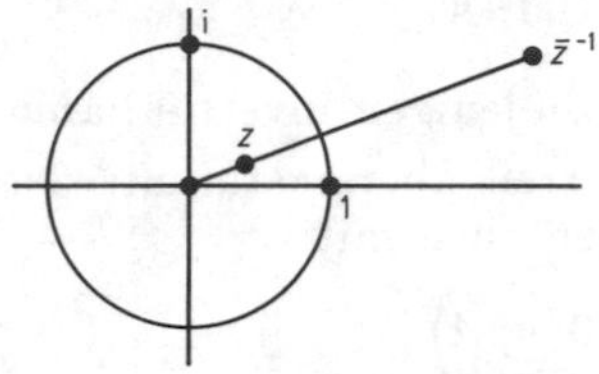

Für einen Automorphismus einer reellen nicht ausgearteten Bilinearform auf einem endlichdimensionalen reellen Vektorraum ist die Menge der (reellen und komplexen) Nullstellen des charakteristischen Polynoms invariant gegenüber Konjugation und Spiegelung am Einheitskreis.

Eine wichtige Invariante von Sesquilinearformen auf endlichen freien Moduln ist die Diskriminante. Seien V ein endlicher freier A–Modul mit der Basis x_i, $i \in I$, und Φ eine Sesquilinearform auf V. Die Gramsche Determinante der Basis (x_i) heißt die Diskriminante

$$\mathrm{Diskr}(x_i)_{i\in I} = \mathrm{Diskr}_\Phi(x_i)_{i\in I}$$

der Basis (x_i) bezüglich Φ. Es ist also

$$\mathrm{Diskr}(x_i)_{i\in I} = \mathrm{Gr}(x_i) = \mathrm{Det}(\Phi(x_i, x_j))_{i,j\in I}\,.$$

Ist x_i', $i \in I$, eine weitere Basis mit der Übergangsmatrix $\mathbf{V} = (v_{ij}) \in \mathsf{GL}_I(A)$, d.h. mit $x_j = \sum_{i\in I} v_{ij} x_i'$, $j \in I$, so ist

$$\mathrm{Diskr}(x_i) = a\overline{a}\mathrm{Diskr}(x_i')\,,\quad a := \mathrm{Det}\,\mathbf{V} \in A^\times\,,$$

wegen $\mathbf{Gr}(x_i) = {}^t\mathbf{V}\mathbf{Gr}(x_i')\overline{\mathbf{V}}$. Die Diskriminanten zu verschiedenen Basen unterscheiden sich also nur um ein Element der bereits weiter oben eingeführten Gruppe $\mathrm{N}A^\times = \{a\overline{a} : a \in A^\times\}$. Die Diskriminanten der Basen von V definieren daher in dem multiplikativen Quotientenmonoid $A/\mathrm{N}A^\times$ eine wohlbestimmte Restklasse. Diese heißt die Diskriminante (oder auch die Determinante) der Form Φ und wird mit

$$\mathrm{d} = \mathrm{d}_\Phi$$

bezeichnet.[1]) Ist die Involution die Identität, so ist $\mathrm{d} \in A/{}^2A^\times$. Bei $A = \mathbb{Z}$ ist $\mathrm{N}\mathbb{Z}^\times = \{1\}$, so daß die Diskriminante in diesem Fall sogar ein Element

[1]) Dieser Begriff ist in der Literatur nicht einheitlich festgelegt; häufig findet man zusätzlich Vorzeichen und Faktoren.

im Ring selbst ist. *Sonst aber ist die Diskriminante einer Form immer als obige Restklasse aufzufassen,* auch wenn wir die Restklassenbildung nicht immer explizit andeuten. *Ist* Φ *hermitesch, so ist* $\mathrm{d}_\Phi \in A'/\mathrm{N}A^\times$ mit $A' := \{a \in A : a = \overline{a}\}$, da die Gramschen Matrizen bezüglich Φ dann hermitesch sind. Ist V die orthogonale Summe zweier freier Untermoduln V_1 und V_2, so ist

$$\mathrm{d}_\Phi = \mathrm{d}_{\Phi|V_1} \cdot \mathrm{d}_{\Phi|V_2}\,.$$

Genauer: Ist x_{i_1}, $i_1 \in I_1$, eine Basis von V_1 und x_{i_2}, $i_2 \in I_2$, eine Basis von V_2 (mit $I_1 \cap I_2 = \emptyset$), so gilt für die Basis x_i, $i \in I := I_1 \cup I_2$, von V offenbar

$$\mathrm{Diskr}(x_i)_{i\in I} = \mathrm{Diskr}(x_{i_1})_{i_1\in I_1} \cdot \mathrm{Diskr}(x_{i_2})_{i_2\in I_2}\,.$$

Generell nennt man für eine beliebige Familie x_i, $i \in I$, von Elementen eines endlichen freien A-Moduls V mit $\mathrm{Rang}_A V = \mathrm{Kard} I$ die Gramsche Determinante $\mathrm{Gr}(x_i)_{i\in I}$ bezüglich der Sesquilinearform Φ auf V die Diskriminante $\mathrm{Diskr}(x_i)_{i\in I}$ der Familie (x_i) bezüglich Φ.

Beispiel 10 (Die Spurform) Seien A ein kommutativer Ring und V ein endlicher freier A-Modul. Die Abbildung

$$(f, g) \mapsto \mathrm{Sp}(fg)$$

ist eine (nach 64.12) symmetrische Bilinearform auf $\mathrm{End}_A V$. Sie heißt die Spurform auf $\mathrm{End}_A V$.

71.14 Satz *Die Spurform definiert eine vollständige Dualität auf* $\mathrm{End}_A V$.

Beweis. Sei x_i, $i \in I$, eine endliche Basis von V und e_{rs}, $r, s \in I$, die zugehörige Basis von $\mathrm{End}_A V$ mit $e_{rs}(x_j) = \delta_{sj} x_r$, vgl. §40, Beispiel 11. Für den zu der Spurform gehörenden kanonischen Homomorphismus $\sigma : \mathrm{End}_A V \to (\mathrm{End}_A V)^*$ gilt dann $\sigma(e_{pq})(e_{rs}) = \mathrm{Sp}(e_{pq}e_{rs}) = \mathrm{Sp}(\delta_{qr} e_{ps}) = \delta_{qr}\delta_{ps}$ und daher $\sigma(e_{pq}) = e_{qp}^*$. Somit ist σ ein Isomorphismus. •

Offenbar ist die Diskriminante der Spurform auf $\mathrm{End}_A V$ das Vorzeichen der Permutation $(p, q) \mapsto (q, p)$ von $I \times I$, also gleich $(-1)^{\binom{n}{2}}$, $n := \mathrm{Kard}\, I = \mathrm{Rang}_A V$.

Ein zu 71.14 analoges Resultat gilt für die Matrizenalgebren $\mathsf{M}_I(A)$.

Sei nun B eine endliche freie A-Algebra. Dann ist durch

$$(x, y) \mapsto \mathrm{Sp}_A^B(xy) = \mathrm{Sp}(\lambda_x \lambda_y)\,,$$

vgl. §69, eine ebenfalls symmetrische Bilinearform auf B definiert. Sie heißt wieder die Spurform der A-Algebra B. In ihr spiegeln sich wichtige Eigenschaften von B wider, worauf wir in §94 eingehen werden. Ist $B = \mathrm{End}_A V$ die Algebra der Endomorphismen eines endlichen freien A-Moduls V, so hat man die Spurform auf $\mathrm{End}_A V$ als A-Algebra zu unterscheiden von der oben eingeführten Spurform auf $\mathrm{End}_A V$. Offenbar ist für jeden Endomorphismus $f \in \mathrm{End}_A V$:

$$\mathrm{Sp}_A^{\mathrm{End}_A V} f = n\,\mathrm{Sp} f\,, \quad n := \mathrm{Rang}_A V\,,$$

vgl. auch §69, Bemerkung 1.

Bemerkung 3 (Satz von Witt) Wir beweisen einige Existenzsätze über Isomorphismen von Sesquilinearformen. Sei Φ eine Sesquilinearform auf dem A-Modul V. Ist $a \in A^\times$ ein Element mit $a\overline{a} = 1$, so ist die Homothetie mit a in

V wegen $\Phi(ax, ay) = a\bar{a}\Phi(x, y)$ ein Automorphismus von Φ; und ist unter den Werten von Φ wenigstens ein Nichtnullteiler in A, so sind dies auch die einzigen Homothetien, die Automorphismen von Φ sind. Ist V die orthogonale Summe der Untermoduln V_i, $i \in I$, also $V = \bigoplus_{i\in I} V_i$, und ist f_i für jedes $i \in I$ jeweils ein Automorphismus von $(V_i, \Phi|V_i)$, so ist die direkte Summe $\oplus_{i\in I} f_i$, die für $i \in I$ auf V_i mit f_i übereinstimmt, offenbar ein Automorphismus von (V, Φ). Insbesondere definiert eine Familie a_i, $i \in I$, von Elementen aus A mit $a_i\bar{a}_i = 1$ einen Automorphismus von V, der auf jedem V_i die Homothetie mit a_i induziert. Ist speziell $V = W \oplus U$ und $1 \neq -1$ in A, so heißt der Automorphismus von V, der auf W die Identität und auf U die Punktspiegelung $-\mathrm{id}_U$ induziert, die orthogonale Spiegelung am Untermodul W längs U. Allgemeiner heißt ein Automorphismus $\mathrm{id}_W \oplus a\,\mathrm{id}_U$ mit $a\bar{a} = 1$ und $V = W \oplus U$ eine orthogonale Pseudospiegelung an W längs U. Ist V ein endlichdimensionaler Vektorraum über dem Körper K und ist U eindimensional, so sind die orthogonalen Pseudospiegelungen an W längs U (die nicht die Identität sind) Pseudospiegelungen im Sinne von §40, Aufgabe 9. In diesem Fall ist jede allgemeine orthogonale Pseudospiegelung (bzw. Spiegelung) trivialerweise Produkt von solchen orthogonalen Pseudospiegelungen (bzw. Spiegelungen) im engeren Sinne (die jeweils eine Hyperebene punktweise festlassen).

71.15 Lemma *Sei Φ eine hermitesche oder schiefhermitesche Form auf dem K-Vektorraum V. Ist die Involution die Identität, so sei* Char$K \neq 2$ *und Φ symmetrisch. Sind $x, y \in V$ Elemente mit $\Phi(x, x) = \Phi(y, y) \neq 0$, so gibt es einen Automorphismus f von Φ mit $f(x) = y$.*

Beweis. Seien x, y linear abhängig, $y = ax$. Wegen $\Phi(x, x) = \Phi(y, y) = \Phi(ax, ax) = a\bar{a}\Phi(x, x)$ ist dann $a\bar{a} = 1$, und die orthogonale Pseudospiegelung an $(Kx)^\perp$ mit $x \mapsto ax = y$ leistet das Verlangte.

Im weiteren seien x, y linear unabhängig. Wir betrachten mehrere Fälle:

(1) *Der Vektor $y - x$ ist nicht isotrop.* Es ist

$$\begin{aligned}\Phi(y - x, y - x) &= (\Phi(y, y) - \Phi(y, x)) + (\Phi(x, x) - \Phi(x, y)) \\ &= (\Phi(x, x) - \Phi(y, x)) + (\Phi(x, x) - \Phi(x, y)) = \epsilon\bar{c} + c,\end{aligned}$$

wobei $\epsilon := 1$ bzw. $\epsilon := -1$ gesetzt ist je nachdem, ob Φ hermitesch oder schiefhermitesch ist, und $c := \Phi(x, x) - \Phi(x, y) = -\Phi(x, y - x)$. Es folgt $c \neq 0$. Die orthogonale Pseudospiegelung an $(K(y - x))^\perp$ mit $(y - x) \mapsto (-\epsilon\bar{c}/c)(y - x)$ bildet

$$x = \frac{\Phi(x, y - x)}{\Phi(y - x, y - x)}(y - x) + z = \frac{-c}{\epsilon\bar{c} + c}(y - x) + z$$

mit $z \in (K(y - x))^\perp$ auf

$$\begin{aligned}\frac{c}{\epsilon\bar{c} + c} \cdot \frac{\epsilon\bar{c}}{c}(y - x) + z &= \frac{-c}{\epsilon\bar{c} + c}(y - x) + z + \frac{c}{\epsilon\bar{c} + c}\left(\frac{\epsilon\bar{c}}{c} + 1\right)(y - x) \\ &= x + (y - x) = y\end{aligned}$$

ab und leistet somit das Gewünschte.

(2) *Es gibt ein $b \in K$ mit $b\bar{b} = 1$ derart, daß $by - x$ nicht isotrop ist.* Dann gibt es nach (1) eine orthogonale Pseudospiegelung mit $x \mapsto by$. Die Komposition mit der Homothetie $b^{-1}\mathrm{id}_V$ bildet x auf y ab.

(3) *Es ist* $\mathrm{Char}K \neq 2$. Dann ist $\Phi(-y-x, -y-x) + \Phi(y-x, y-x) = 2\Phi(y,y) + 2\Phi(x,x) = 4\Phi(x,x) \neq 0$, und $-y-x$ oder $y-x$ ist nicht isotrop. Nach (2) oder (1) gibt es einen Automorphismus mit $x \mapsto y$.

(4) *Es ist* $\mathrm{Char}K = 2$ *und* $\Phi(x,y) \neq 0$. *Ferner sei* $x+y$ *isotrop.* Die Involution ist dann nicht die Identität, und es ist $0 = \Phi(x+y, x+y) = 2\Phi(x,x) + \Phi(x,y) + \Phi(y,x)$, also $\Phi(x,y) = \Phi(y,x) = \overline{\Phi(x,y)}$. Ist dann $a \in K^\times$ mit $a \neq \overline{a}$, so gilt für $b := a/\overline{a} \neq 1$: $\Phi(by-x, by-x) = (b+\overline{b})\Phi(y,x) \neq 0$ wegen $b \neq \overline{b} = \overline{a}/a = b^{-1}$. Nach (2) gibt es einen Automorphismus mit $x \mapsto y$.

(5) *Es ist* $\Phi(x,y) = 0$. Dann ist durch $x \mapsto y$ und $y \mapsto x$ ein Automorphismus auf $Kx + Ky$ definiert, der zusammen mit der Identität auf $(Kx+Ky)^\perp$ einen Automorphismus von Φ der gewünschten Art liefert. •

71.16 Satz von Witt *Sei Φ eine hermitesche oder schiefhermitesche Form auf dem K-Vektorraum V. Ist die Involution die Identität, so sei* $\mathrm{Char}K \neq 2$ *und Φ symmetrisch. Ferner seien U, W endlichdimensionale nicht isotrope Unterräume von V und $f\colon U \to W$ ein Isomorphismus von $(U, \Phi|U)$ auf $(W, \Phi|W)$. Dann gibt es einen Automorphismus von Φ, der f fortsetzt.*

Beweis durch Induktion über $\mathrm{Dim}_K U$. Der Induktionsanfang mit $\mathrm{Dim}_K U = 0$ ist trivial. Sei $U \neq 0$. Nach 71.4 gibt es einen nichtisotropen Vektor $x \in U$, und nach 71.15 gibt es einen Automorphismus $f_1\colon V \to V$ von Φ mit $f_1(x) = f(x)$. Es genügt, eine Fortsetzung von $f_1^{-1} \circ f$ zu finden. Wir können also $f(x) = x$ annehmen. Sei $H := (Kx)^\perp$. Es ist

$$V = (Kx) \oplus H\,,\quad U = (Kx) \oplus (H \cap U)\,,\quad W = (Kx) \oplus (H \cap W)\,.$$

f induziert einen Isomorphismus f' von $\Phi|H \cap U$ auf $\Phi|H \cap W$. Nach Induktionsvoraussetzung gibt es eine Fortsetzung von f' zu einem Automorphismus von $\Phi|H$. Zusammen mit der Identität auf Kx liefert diese eine gewünschte Fortsetzung von f. •

Neben 71.16 läßt sich folgende Fassung des Satzes von Witt beweisen:

71.17 Satz *Sei Φ eine nicht ausgeartete hermitesche oder schiefhermitesche Form auf dem endlichdimensionalen K-Vektorraum V. Ist die Involution die Identität, so sei* $\mathrm{Char}K \neq 2$ *und Φ symmetrisch. Ferner seien U, W Unterräume von V und $f\colon U \to W$ ein Isomorphismus von $(U, \Phi|U)$ auf $(W, \Phi|W)$. Dann gibt es einen Automorphismus von Φ, der f fortsetzt.*

Beweis durch Induktion über $\mathrm{Dim}_K V$. Der Induktionsschluß läßt sich wie im Beweis von 71.16 ausführen, falls U nicht total isotrop ist.

Sei nun U (und folglich auch W) total isotrop und $U \neq 0$. Sei $x \notin U^\perp$. Die semilineare Abbildung $y \mapsto (z \mapsto \Phi(f(z), y))$ von V in U^* hat $W^\perp$ als Kern und ist daher wegen $\mathrm{Dim}V - \mathrm{Dim}W^\perp = \mathrm{Dim}W = \mathrm{Dim}U = \mathrm{Dim}U^*$ surjektiv. Daher gibt es ein $y \notin W^\perp$ mit $\Phi(f(z), y) = \Phi(z, x)$ für alle $z \in U$. Wegen $W \subseteq W^\perp$ gilt dieselbe Gleichung dann auch für beliebige $y + cy'$ statt y mit $c \in K$ und $y' \in W$. Wegen $y \notin W^\perp$ gibt es ein $y' \in W$ mit $\Phi(y, y') \neq 0$. Es ist dann für beliebige $c \in K$

$$\Phi(y+cy', y+cy') = \Phi(y,y) + c\Phi(y', y) + \overline{c}\Phi(y, y')\,.$$

Nach der folgenden Aussage 71.18 gibt es ein $c' \in K$ mit

$$c' + \epsilon\overline{c'} = \Phi(x,x) - \Phi(y,y)\,,$$

wobei $\epsilon = 1$ oder $\epsilon = -1$ ist je nachdem, ob Φ hermitesch oder schiefhermitesch ist. Für $c := c'/\Phi(y', y)$ gilt dann

$$\Phi(y + cy', y + cy') = \Phi(y,y) + c' + \epsilon\overline{c'} = \Phi(x,x)\,.$$

Wir dürfen daher ohne Einschränkung $\Phi(y,y) = \Phi(x,x)$ annehmen. In diesem Fall wird, wie der Leser leicht verifiziert, durch $x \mapsto y$ eine Fortsetzung von f auf $U \oplus Kx$ definiert, die ein Isomorphismus von $\Phi|(U \oplus Kx)$ auf $\Phi|(W \oplus Ky)$ ist. Da $U \oplus Kx$ wegen $x \notin U^\perp$ nicht total isotrop ist, läßt sich der Induktionsschluß nun ausführen. •

71.18 *Seien K ein Körper mit einer Involution, die bei* Char$K = 2$ *nicht die Identität ist, und $\epsilon \in \{\pm 1\}$. Zu jedem $e \in K$ mit $e = \epsilon\overline{e}$ gibt es ein $c \in K$ mit $e = c + \epsilon\overline{c}$.*

Beweis. Bei Char$K \neq 2$ wähle man $c := e/2$. Bei Char$K = 2$ gibt es ein $d \in K$ mit $d \neq \overline{d}$. Dann setze man $c := (ed)/(d + \overline{d})$. •

71.19 Korollar *Seien V, W, X endlichdimensionale K-Vektorräume mit hermiteschen bzw. schiefhermiteschen Formen. Ist die Involution die Identität, so seien die Formen symmetrisch und* Char$K \neq 2$. *Sind dann die orthogonalen Summen $V \ominus X$ und $W \ominus X$ kongruent und ist X nicht ausgeartet, so sind auch V und W kongruent.*

Das Korollar 71.19 nennt man aus ersichtlichen Gründen auch den Kürzungssatz für hermitesche bzw. schiefhermitesche Formen.

Beweis von 71.19. Sei $f : V \ominus X \to W \ominus X$ ein Isomorphismus. Dann ist $W \ominus X = f(V) \ominus f(X)$. Der Isomorphismus $f|X : X \to f(X)$ läßt sich nach 71.16 zu einem Automorphismus von $W \ominus X$ fortsetzen. Dieser induziert einen Isomorphismus von $W = X^\perp$ auf $f(V) = f(X)^\perp$. Somit sind W und $f(V)$ und folglich auch W und V kongruent. •

Aufgaben

In diesen Aufgaben bezeichnet A stets einen kommutativen Ring und K einen Körper, jeweils versehen mit einer Involution.

1. Sei $<-,->$ eine komplex–hermitesche Form auf dem $\mathbb{C}$–Vektorraum V. Dann ist für alle $x, y \in V$:

$$\mathrm{Re}<x,y> = \frac{1}{4}(<x+y, x+y> - <x-y, x-y>)\,,$$

$$\mathrm{Im}<x,y> = -\frac{1}{4}(<ix+y, ix+y> - <ix-y, ix-y>)\,.$$

2. Sei V ein Vektorraum der Dimension n über dem Körper K.

a) Die symmetrischen Bilinearformen auf V bilden einen K–Vektorraum der Dimension $\binom{n+1}{2}$. Die alternierenden Bilinearformen auf V bilden jeweils einen K–Vektorraum der Dimension $\binom{n}{2}$.

b) Die Involution auf K sei nicht die Identität. Ferner sei $K' := \{a \in K : a = \overline{a}\}$. Die hermiteschen bzw. schiefhermiteschen Formen auf V bilden einen K'-Vektorraum der Dimension n^2.

3. Die Involution auf dem Körper K sei nicht die Identität. Ferner sei $K' := \{a \in K : a = \overline{a}\}$.

a) Die Abbildung $a \mapsto a/\overline{a}$ ist ein surjektiver Homomorphismus von $K^\times$ auf die Normeinsgruppe $\{b \in K : b\overline{b} = 1\}$, dessen Kern $K'^\times$ ist. (Vgl. Anhang V.A, Aufgabe 8.)

b) Sei $a \in K$ ein Element mit $a/\overline{a} = -1$. Die Sesquilinearform Φ auf einem K-Vektorraum V ist genau dann schiefhermitesch, wenn $a\Phi$ hermitesch ist. (Ist $K = \mathbb{C}$ der Körper der komplexen Zahlen mit der komplexen Konjugation, so kann man $a :=$ i wählen.)

4. Sei K ein Körper.

a) Besitzt jedes quadratische Polynom $X^2 + aX + b \in K[X]$ eine Nullstelle in K, so gibt es auf einem K-Vektorraum der Dimension ≥ 2 keine anisotropen Bilinearformen.

b) Das Polynom $X^2 + aX + b \in K[X]$ besitze keine Nullstelle in K. Man gebe mit Hilfe der Elemente a, b eine anisotrope Bilinearform (bzw. bei Char$K \neq 2$ eine anisotrope symmetrische Bilinearform) auf K^2 an.

5. Sei V ein endlichdimensionaler K-Vektorraum mit einer nicht ausgearteten Sesquilinearform. Ist $W \subseteq V$ ein total isotroper Unterraum von V, so ist $\mathrm{Dim}_K W \leq \frac{1}{2}\mathrm{Dim}_K V$.

6. Sei $<-,->$ eine anisotrope Sesquilinearform auf dem K-Vektorraum V. Genau dann ist die endliche Familie x_i, $i \in I$, von Elementen aus V linear unabhängig, wenn $\mathrm{Gr}(x_i) = \mathrm{Det}(<x_i, x_j>)_{i,j \in I} \neq 0$ ist.

7. Sei K ein Körper mit Char$K \neq 2$. Man bestimme eine Orthogonalbasis des K^2 für die symmetrische Bilinearform, deren Gramsche Matrix bezüglich der Standardbasis gleich $\begin{pmatrix} 0 & 1 \\ 1 & 0 \end{pmatrix}$ ist. Wann besitzt K^2 eine Orthonormalbasis bezüglich dieser Form?

8. Man bestimme eine Orthogonalbasis des $\mathbb{Q}^3$ für die symmetrische Bilinearform mit der Gramschen Matrix

$$\mathbf{A} := \begin{pmatrix} 1 & 2 & 1 \\ 2 & 1 & 1 \\ 1 & 1 & 3 \end{pmatrix}$$

bezüglich der Standardbasis und gebe eine Matrix $\mathbf{V} \in \mathsf{GL}_3(\mathbb{Q})$ an, für die ${}^t\mathbf{VAV}$ eine Diagonalmatrix ist.

9. Sei K ein Körper derart, daß jedes Element in $K' := \{a \in K : a = \overline{a}\}$ von der Form $b\overline{b}$ mit einem $b \in K$ ist. Dann ist eine Matrix $\mathbf{A} \in \mathsf{M}_I(K)$, I endlich, genau dann hermitesch, wenn es eine Matrix $\mathbf{B} \in \mathsf{M}_I(K)$ mit $\mathbf{A} = {}^t\mathbf{B}\overline{\mathbf{B}}$ gibt.

10. Sei Φ eine hermitesche oder schiefhermitesche Form vom Rang r auf dem endlichdimensionalen K-Vektorraum V. Ist die Involution die Identität, so sei Char$K \neq 2$ und Φ symmetrisch. Dann gibt es r linear unabhängige Linearformen

$e_1, \ldots, e_r \in V^*$ und Elemente $a_1, \ldots, a_r \in K^\times$ mit $a_\rho = \epsilon\overline{a}_\rho$, $\rho = 1, \ldots, r$, ($\epsilon := 1$, falls Φ hermitesch, $\epsilon := -1$, falls Φ schiefhermitesch) derart, daß

$$\Phi(x, y) = \sum_{\rho=1}^{r} a_\rho e_\rho(x)\overline{e_\rho(y)}$$

für alle $x, y \in V$ ist. (Dies ist eine Umformulierung von 71.7.)

11. Seien V ein endlichdimensionaler K–Vektorraum und Φ eine Sesquilinearform auf V. Ist U ein gemeinsames Komplement von $V^\perp$ und ${}^\perp V$ in V, so ist U nicht isotrop. Der Rang von Φ ist das Maximum der Dimensionen der nicht isotropen Unterräume von V. (§39, Aufgabe 7.)

12. Sei Φ eine hermitesche bzw. schiefhermitesche Form auf dem K–Vektorraum V mit dem Ausartungsraum $\mathrm{Rad}\Phi = V^\perp$. Dann induziert Φ eine nicht ausgeartete hermitesche bzw. schiefhermitesche Form $\tilde{\Phi}$ auf $\tilde{V} := V/V^\perp$, und (V, Φ) ist kongruent (wenn auch nicht kanonisch) zur orthogonalen direkten Summe von $(\tilde{V}, \tilde{\Phi})$ und $(V^\perp, 0)$. Ist $W \subseteq V$ ein beliebiger Unterraum von V mit $V = W \oplus V^\perp$, so ist $(W, \Phi|W)$ kongruent zu $(\tilde{V}, \tilde{\Phi})$, ferner ist dann $V = W \ominus V^\perp$. (Bemerkung. Zur Klassifikation der Formen Φ genügt es also im wesentlichen, sich auf nicht ausgeartete Formen zu beschränken.) Man folgere: Sei $\mathbf{A} = (a_{ij}) \in \mathsf{M}_n(K)$, $n \in \mathbb{N}$, eine hermitesche bzw. schiefhermitesche Matrix vom Rang r. Dann gibt es Indizes $1 \leq i_1 < \cdots < i_r \leq n$ derart, daß die hermitesche bzw. schiefhermitesche Untermatrix

$$\mathbf{A}_{i_1 \cdots i_r} := \begin{pmatrix} a_{i_1 i_1} & \cdots & a_{i_1 i_r} \\ \vdots & \ddots & \vdots \\ a_{i_r i_1} & \cdots & a_{i_r i_r} \end{pmatrix} \in \mathsf{M}_r(K)$$

den Rang r hat. Alle Untermatrizen $\mathbf{A}_{i_1 \cdots i_r}$ von $\mathbf{A}$ zu solchen Index–Tupeln $(i_1, \ldots, i_r)$ sind untereinander kongruent. Die Matrix $\mathbf{A}$ ist kongruent zur Blockmatrix

$$\begin{pmatrix} \mathbf{A}_{i_1 \cdots i_r} & 0 \\ 0 & 0 \end{pmatrix} \in \mathsf{M}_n(K).$$

13. Sei K ein Körper. Ist die Involution die Identität, so sei $\mathrm{Char}K \neq 2$. Folgende Aussagen über K sind äquivalent: (1) Je zwei nicht ausgeartete hermitesche Formen auf einem endlichdimensionalen K–Vektorraum sind kongruent. (2) Zu jeder nicht ausgearteten hermiteschen Form auf einem endlichdimensionalen K–Vektorraum existiert eine Orthonormalbasis. (3) Zu jeder nicht ausgearteten hermiteschen Form Φ auf einem K–Vektorraum $V \neq 0$ gibt es ein $x \in V$ mit $\Phi(x, x) = 1$. (4) Jede hermitesche Form auf einem K–Vektorraum V der Dimension ≥ 2 ist nicht anisotrop. (5) Jedes unter der Involution invariante Element in K ist von der Form $b\overline{b}$ mit einem $b \in K$.

14. Sei K ein Körper, $K' := \{a \in K : a = \overline{a}\}$. Ist die Involution die Identität, so sei $\mathrm{Char}K \neq 2$. Folgende Aussagen über K sind äquivalent: (1) Auf einem endlichdimensionalen K–Vektorraum V sind zwei nicht ausgeartete hermitesche Formen genau dann kongruent, wenn sie dieselbe Diskriminante haben. (2) Jede nicht ausgeartete hermitesche Form auf einem endlichdimensionalen K–Vektorraum ist kongruent zu einer Form $[1, \ldots, 1, a]$ mit $a \in K'^\times$. (3) Zu jeder nicht ausgearteten hermiteschen Form Φ auf einem K–Vektorraum V der Dimension ≥ 2 existiert ein $x \in V$ mit $\Phi(x,x) = 1$. (4) Jede hermitesche Form auf einem K-Vektorraum der Dimension ≥ 3 ist nicht anisotrop.

Ist die Involution die Identität (und somit $\operatorname{Char} K \neq 2$), so sind diese Bedingungen überdies äquivalent zu den folgenden: (5) Für jede quadratische Körpererweiterung L von K ist die Normrestgruppe $K^\times / \mathrm{N}_K^L(L^\times)$ trivial. (6) Bilden die Nebenklassen der $a_i \in K^\times$, $i \in I$, ein Erzeugendensystem für die Quadratrestgruppe $K^\times/{}^2K^\times$, so gibt es für beliebige $i, j \in I$ Elemente $b_{ij}, c_{ij} \in K$ mit $b_{ij}^2 - a_i c_{ij}^2 = a_j$. (Zu den Bedingungen (5) und (6) vgl. auch Aufg. 17,18.)

15. Seien p eine Primzahl und $n \in \mathbb{N}_+$. Der Körper K_q mit $q := p^{2n}$ Elementen besitzt genau eine von der Identität verschiedene Involution, nämlich $a \mapsto \overline{a} := a^{p^n}$, vgl. 55.8. Je zwei (bezüglich dieser Involution) nicht ausgeartete hermitesche Formen auf einem endlichdimensionalen K_q-Vektorraum sind kongruent. (Aufgabe 13.)

16. Man zeige, daß in folgenden Fällen die äquivalenten Bedingungen (1) bis (6) der Aufgabe 14 für den Körper K der Charakteristik $\neq 2$ mit der Identität als Involution erfüllt sind:

a) K ist ein Körper mit endlich vielen Elementen.

b) K ist der rationale Funktionenkörper $k(X)$ in einer Variablen über einem algebraisch abgeschlossenen Körper k.

c) K ist der Körper $k((X))$ der formalen Laurentreihen über einem Körper k mit $k^\times = {}^2k^\times$. (Vgl. §63, Beispiel 3.)

17. Sei K ein Körper der Charakteristik $\neq 2$ mit der Identität als Involution. Für $a, b \in K^\times$ sind folgende Aussagen äquivalent: (1) Die Formen $[a, b]$ und $[1, ab]$ sind kongruent. (2) Es gibt $x, y \in K$ mit $1 = ax^2 + by^2$. (3) Die Form $[1, -a, -b]$ ist nicht anisotrop. (4) Die Formen $[1, -b]$ und $[a, -ab]$ sind kongruent. (4′) Die Formen $[1, -a]$ und $[b, -ab]$ sind kongruent. (5) a ist Norm für die K-Algebra $K[\sqrt{-ab}] = K[X]/(X^2 + ab)$. (5′) b ist Norm für die K-Algebra $K[\sqrt{-ab}] = K[X]/(X^2 + ab)$. (6) a ist Norm für die K-Algebra $K[\sqrt{b}]$. (6′) b ist Norm für die K-Algebra $K[\sqrt{a}]$. (Bemerkung. Man setzt für $a, b \in K^\times$

$$(a,b) = (a,b)_K := \begin{cases} 1, & \text{falls die obigen Bedingungen erfüllt sind,} \\ -1 & \text{sonst.} \end{cases}$$

Diese symmetrische Funktion $K^\times \times K^\times \to \mathbb{Z}^\times$ heißt das Hilbert-Symbol für K; es induziert eine Funktion $(K^\times/{}^2K^\times) \times (K^\times/{}^2K^\times) \to \mathbb{Z}^\times$, die in gleicher Weise bezeichnet wird. Zu wichtigen Beispielen vgl. [34], chap. III.)

18. Sei K ein Körper mit $\operatorname{Char} K \neq 2$ und $\Delta \in K^\times$. Die symmetrischen nicht ausgearteten Bilinearformen über K vom Rang 2 mit Diskriminante Δ und ihre Automorphismen sollen beschrieben werden. Dabei kommt es nur auf die Restklasse $\tilde{\Delta}$ von Δ in $K^\times/{}^2K^\times$ an. L bezeichne die quadratische K-Algebra $K[\sqrt{-\Delta}] = K[X]/(X^2 + \Delta)$. Auch der Isomorphietyp dieser Algebra hängt nur von $\tilde{\Delta}$ ab. Ist $-\Delta \in {}^2K^\times$, so ist $L \cong K \times K$; ist $-\Delta \notin {}^2K^\times$, so ist L eine quadratische Körpererweiterung von K. Die Konjugation κ von L über K bezeichnen wir mit $y \mapsto \kappa(y) = \overline{y}$. Ist $y = a + b\sqrt{-\Delta}$, so ist $\overline{y} = a - b\sqrt{-\Delta}$, $a, b \in K$.

a) Die Norm $\mathrm{N} = \mathrm{N}_K^L$ mit $y \mapsto y\overline{y}$ ist eine quadratische Form über K auf L. Sie rührt von einer symmetrischen Bilinearform auf L her, die wir ebenfalls mit N bezeichnen und die zu $[1, \Delta]$ kongruent ist. Es ist

$$\begin{aligned} N(x, y) &= \frac{1}{2}(N(x+y) - N(x) - N(y)) = \frac{1}{2}((x+y)(\overline{x}+\overline{y}) - x\overline{x} - y\overline{y}) \\ &= \frac{1}{2}(x\overline{y} + \overline{x}y) = \frac{1}{2}\mathrm{Sp}_K^L(x\overline{y}). \end{aligned}$$

b) Jede symmetrische K–Bilinearform auf L mit Diskriminante Δ ist kongruent zu einem Vielfachen $a\mathrm{N}$ ($\cong [a, a\Delta]$) von N mit $a \in K^\times$. Genau dann sind $a\mathrm{N}$ und $b\mathrm{N}$ für $a, b \in K^\times$ kongruent, wenn a und b dieselbe Nebenklasse in der Normrestgruppe $K^\times/\mathrm{N}_K^L(L^\times)$ repräsentieren. (Die Elemente dieser Normrestgruppe repräsentieren also die Kongruenzklassen der nicht ausgearteten symmetrischen Bilinearformen über K vom Rang 2 mit Diskriminante Δ.)

c) Jeder eigentliche Automorphismus f der Bilinearform $a\mathrm{N}$ auf L, $a \in K^\times$, ist die Multiplikation λ_x mit einem Element x der Normeinsgruppe $\{y \in L^\times : \mathrm{N}_K^L y = 1\}$. ($f$ ist durch das Bild eines nicht isotropen Vektors eindeutig bestimmt.) Es ist also $\mathsf{SL}_K(a\mathrm{N})$ isomorph zu dieser Normeinsgruppe, die das Bild des Endomorphismus $y \mapsto y/\overline{y} = y^2/\mathrm{N}_K^L y$ von $L^\times$ in sich ist (vgl. Aufgabe 3a)). Somit ist $\mathsf{SL}_K(a\mathrm{N}) \cong L^\times/K^\times$.

d) Die Konjugation κ ist ein Automorphismus von $a\mathrm{N}$ mit der Determinante -1. Jeder andere solche Automorphismus ist von der Form $\kappa \circ \lambda_x = \lambda_{\overline{x}} \circ \kappa = \lambda_{x^{-1}} \circ \kappa$ mit $x \in L^\times$, $x\overline{x} = 1$.

e) Die Automorphismengruppe von $a\mathrm{N}$ ist die Diedergruppe der Normeinsgruppe (und daher niemals kommutativ bis auf den Fall $\Delta = -1$, $K = \mathsf{K}_3$).

19. Sei K ein Körper der Charakteristik $\neq 2$. Die speziellen Automorphismen der symmetrischen Bilinearform $[1, -1]$ auf K^2 werden bezüglich der Standardbasis durch die Matrizen

$$\mathrm{H}(a) := \frac{1}{2}\begin{pmatrix} a + a^{-1} & a - a^{-1} \\ a - a^{-1} & a + a^{-1} \end{pmatrix}, \quad a \in K^\times,$$

beschrieben. Die Abbildung $a \mapsto \mathrm{H}(a)$ von $K^\times$ auf $\mathsf{SL}_K([1, -1])$ ist ein Gruppenisomorphismus. (Bemerkung. Die ersten Spalten der Matrizen $\mathrm{H}(a)$, $a \in K^\times$, sind genau die Paare $(c, d) \in K^2$ mit $c^2 - d^2 = 1$. Benutzt man für $K = \mathbb{C}$ bzw. $K = \mathbb{R}$ den natürlichen Gruppenhomomorphismus $t \mapsto \mathrm{e}^t$ von $(\mathbb{C}, +)$ auf $\mathbb{C}^\times$ bzw. von $(\mathbb{R}, +)$ auf $\mathbb{R}_+^\times$, so erhält man in

$$t \mapsto \frac{1}{2}(\mathrm{e}^t + \mathrm{e}^{-t}, \mathrm{e}^t - \mathrm{e}^{-t}) = (\cosh t, \sinh t)$$

die bekannte (im reellen Fall bijektive) Parametrisierung der komplexen Hyperbel bzw. des reellen Hyperbelastes $\{(c, d) \in \mathbb{R}^2 : c^2 - d^2 = 1, c > 0\}$ mittels der Hyperbelfunktionen cosh und sinh.)

20. (Die Gruppe $\mathsf{SO}_2(K)$) Seien K ein Körper der Charakteristik $\neq 2$, in dem -1 kein Quadrat ist und $L := K[\mathrm{i}]$ die quadratische Körpererweiterung mit $\mathrm{i} := \sqrt{-1}$. Die Kongruenzklassen der symmetrischen nicht ausgearteten Bilinearformen vom Rang 2 mit Diskriminante 1 entsprechen umkehrbar eindeutig den Elementen der Normrestgruppe $K^\times/\mathrm{N}_K^L(L^\times)$. Die speziellen Automorphismen der Standardform $[1,1]$ auf K^2 werden bezüglich der Standardbasis durch die Matrizen

$$\mathrm{C}(c,d) := \begin{pmatrix} c & -d \\ d & c \end{pmatrix}, \quad c,d \in K\,,\ c^2+d^2=1\,,$$

beschrieben. Die Abbildung $c+d\mathrm{i} \mapsto \mathrm{C}(c,d)$ ist ein Isomorphismus der Normeinsgruppe von L auf die Gruppe $\mathsf{SO}_2(K)$. Jedes Paar $(c,d) \in K^\times$ mit $c^2+d^2=1$ hat die Gestalt

$$\frac{1}{a^2+b^2}(a^2-b^2, 2ab)\,, \quad a,b \in K\,, (a,b) \neq (0,0)\,.$$

(Indische Formeln — Man benutze 18c). — Bemerkungen.

(1) Die Gruppe $\mathsf{SO}_2(K)$ bzw. die dazu isomorphe Normeinsgruppe von $K[\mathrm{i}]$, die wiederum zu $K[\mathrm{i}]^\times/K^\times$ isomorph ist, heißt auch die Kreisgruppe über K. Im Fall $K=\mathbb{R}$ ist $L=\mathbb{C}$, und wir haben die natürliche Parametrisierung

$$\begin{pmatrix} \cos t & -\sin t \\ \sin t & \cos t \end{pmatrix}, \quad t \in \mathbb{R}\,,$$

für die Elemente $\mathrm{C}(c,d) \in \mathsf{SO}_2(\mathbb{R})$. Die Abbildung $t \mapsto \mathrm{C}(\cos t, \sin t)$ ist ein surjektiver Gruppenhomomorphismus von $(\mathbb{R},+)$ auf $\mathsf{SO}_2(\mathbb{R})$ mit $\mathbb{Z}\cdot 2\pi$ als Kern.
(2) Im Fall $K=\mathbb{Q}$ leitet man aus den indischen Formeln sofort ab: Die sogenannten primitiven pythagoreischen Tripel $(c,d,e) \in \mathbb{N}_+^3$ mit

$$c^2+d^2=e^2\,, \quad \mathrm{ggT}(c,d,e)=1\,, \quad d \equiv 0\,(2)$$

haben die Gestalt

$$c=a^2-b^2\,, \quad d=2ab\,, \quad e=a^2+b^2$$

mit $a,b \in \mathbb{N}_+$, $a>b$, $\mathrm{ggT}(a,b)=1$, $a+b \equiv 1(2)$. Dabei sind die Zahlen $a,b \in \mathbb{N}_+$ durch das Tripel (c,d,e) eindeutig bestimmt. (Man beachte, daß aus $c^2+d^2=e^2$ offensichtlich $c \equiv 0(2)$ oder $d \equiv 0(2)$ folgt.) Ferner zeigt der Zwei–Quadrate–Satz (§59, Aufgabe 52), daß die Restklassen von -1 und den Primzahlen $p \equiv 3(4)$ in der Normrestgruppe von $\mathbb{Q}[\mathrm{i}]$ eine Basis dieser Gruppe — aufgefaßt als K_2–Vektorraum — bilden. Insbesondere gibt es (vgl. §10, Aufgabe 6) unendlich viele paarweise inkongruente symmetrische Bilinearformen auf $\mathbb{Q}^2$ mit Diskriminante 1. Dies letztere gilt freilich für jede Diskriminante $\Delta \in \mathbb{Q}^\times$ mit $-\Delta \notin {}^2\mathbb{Q}^\times$ und folgt etwa daraus, daß zu einer Zahl $D \in \mathbb{Z}$, die keine Quadratzahl ist, unendlich viele Primzahlen p mit $\left(\frac{D}{p}\right)=-1$ existieren, vgl. den Anhang IV.C über quadratische Reste. Man zeige noch, daß bei gegebener Hypotenuse $e \in \mathbb{N}_+$, $e \geq 2$, die Anzahl der obigen Tripel (c,d,e) gleich $2^{\nu-1}$ ist, falls ν die Anzahl der Primteiler von e ist und diese alle $\equiv 1\,(4)$ sind, und gleich 0 sonst. Für die allgemeine Theorie der symmetrischen nicht ausgearteten Bilinearformen über $\mathbb{Q}$ sei auf das Buch [34] von J. P. Serre verwiesen.)

21. Bei der Klassifikation der symmetrischen Bilinearformen über einem Körper spielt die Quadratrestgruppe $K^\times/{}^2K^\times$, die eine elementare abelsche 2–Gruppe ist, eine entscheidende Rolle. Man zeige in diesem Zusammenhang: Ist H eine beliebige elementare abelsche 2–Gruppe und ist $m \in \mathbb{N}$ eine Primzahl $\neq 2$ oder gleich 0, so gibt es einen Körper der Charakteristik m, dessen Quadratrestgruppe zu H isomorph ist. (Man übersieht $K^\times/{}^2K^\times$ zum Beispiel recht gut, wenn K der Quotientenkörper eines faktoriellen Ringes ist und insbesondere gleich dem Körper

$k((X))$ der formalen Laurentreihen über einem Körper k. — Bemerkung. Ist $\operatorname{Char} K = 2$, so ist $K^\times/^2K^\times$ trivial — dann ist K (definitionsgemäß) vollkommen — oder aber unendlich. Beweis!)

22. Sei f ein Homomorphismus von (V, Φ) in (W, Ψ), wobei V bzw. W Moduln über A mit Sesquilinearformen Φ bzw. Ψ sind. Φ sei nicht ausgeartet. Dann ist f injektiv.

23. Sei f ein Endomorphismus von (V, Φ), wobei V ein endlicher freier A-Modul mit der nicht ausgearteten Sesquilinearform Φ ist. Dann ist f ein Automorphismus. Es ist also $\operatorname{End}\Phi = \operatorname{Aut}\Phi$ unter den angegebenen Voraussetzungen.

24. Seien V ein K-Vektorraum mit einer Sesquilinearform Φ und f ein Endomorphismus von Φ. Ist a ein Eigenwert von f mit einem nicht isotropen Eigenvektor, so ist $a\bar{a} = 1$.

25. (Orthogonale Projektionen) Seien V ein A-Modul und Φ eine hermitesche oder schiefhermitesche Form auf V. Eine Projektion $P \in \operatorname{End}_A V$ heißt orthogonal, wenn $\operatorname{Bild} P \perp \operatorname{Kern} P$ ist.

a) Genau dann ist eine Projektion P orthogonal, wenn $\Phi(Px, y) = \Phi(x, Py)$ für alle $x, y \in V$ ist.

b) Ist Φ nicht ausgeartet, so sind die Abbildungen $P \mapsto \operatorname{Bild} P$ bzw. $P \mapsto \operatorname{Kern} P$ bijektive Abbildungen der orthogonalen Projektionen von V auf die Menge der Untermoduln von V, die ein (notwendigerweise eindeutig bestimmtes) orthogonales Komplement in V besitzen.

c) Ist 2 eine Einheit in A, so ist die Abbildung $P \mapsto \operatorname{id}_V - 2P$ eine Bijektion der orthogonalen Projektionen von V auf die Menge der orthogonalen Spiegelungen von V.

d) Sei Φ nicht ausgeartet, und seien P, Q orthogonale Projektionen von V. (1) Genau dann ist PQ eine orthogonale Projektion, wenn $PQ = QP$ ist. In diesem Fall ist PQ die orthogonale Projektion auf $\operatorname{Bild} P \cap \operatorname{Bild} Q$ längs $\operatorname{Kern} P + \operatorname{Kern} Q$. (2) Sei 2 ein Nichtnullteiler in V. Folgende Aussagen sind äquivalent: (α) $P + Q$ ist eine orthogonale Projektion. (β) $PQ = 0$. (γ) $QP = 0$. (δ) $\operatorname{Bild} P \perp \operatorname{Bild} Q$. (3) Sei 2 ein Nichtnullteiler in V. Genau dann ist $P - Q$ eine orthogonale Projektion, wenn $\operatorname{Bild} P \supseteq \operatorname{Bild} Q$ gilt. (Man betrachte $1 - (P - Q) = (1 - P) + Q$ und benutze (2).)

26. Sei V ein n-dimensionaler K-Vektorraum ($n \in \mathbb{N}$) mit einer nicht ausgearteten hermiteschen Form Φ. Unter einer orthogonalen Pseudospiegelung von V sei in dieser Aufgabe stets eine orthogonale Pseudospiegelung im engeren Sinne gemeint, also ein Automorphismus $\operatorname{id}_U \oplus a\operatorname{id}_W$ mit $a\bar{a} = 1$, $V = U \oplus W$ und $\operatorname{Dim}_K W = 1$. Man beweise den folgenden Spiegelungssatz: Ist Φ anisotrop, so ist jeder Automorphismus von Φ die Komposition von höchstens n orthogonalen Pseudospiegelungen. (Es liegt der Fall (1) im Beweis des Lemmas 71.15 vor. — Bemerkung. Es gilt der folgende allgemeine Satz von Cartan–Dieudonné: Ist Φ auf V symmetrisch und ist $\operatorname{Char} K \neq 2$, so ist jeder Automorphismus von Φ Produkt von höchstens n orthogonalen (Pseudo-)Spiegelungen; ist Φ auf V hermitesch und ist die Involution auf K nicht die Identität, so ist jeder Automorphismus von Φ Produkt von höchstens $n + 1$ orthogonalen Pseudospiegelungen, ausgenommen der Fall, in dem $n = 2$ und K der Körper K_4 ist. (In diesem letzten Fall ist die Form kongruent zur Standardform auf K_4^2, vgl. Aufgabe 15. Der durch $e_1 \mapsto e_2$, $e_2 \mapsto e_1$ definierte Automorphismus dieser Form beispielsweise ist nicht Produkt von orthogonalen Pseudospiegelungen. Beweis!) Ist Char$K \neq 2$, so erhält man mit dem Beweis von 71.15 leicht, daß jeder Automorphismus von Φ Produkt von orthogonalen Pseudospiegelungen ist. — Zur weitergehenden Beschreibung der Gruppen AutΦ sei auf das Buch [44] von J. Dieudonné verwiesen.)

27. Seien K ein Körper der Charakteristik $\neq 2$ und $F \in K[X_1, \ldots, X_n]$ ein homogenes Polynom vom Grade 2. Dann gibt es einen homogenen linearen Automorphismus φ von $K[X_1, \ldots, X_n]$ (vgl. §52, Beispiel 7) derart, daß $\varphi(F)$ die Gestalt $c_1 X_1^2 + \cdots + c_n X_n^2$ hat. Insbesondere sind die K-Algebren $K[X_1, \ldots, X_n]/(F)$ und $K[X_1, \ldots, X_n]/(c_1 X_1^2 + \cdots + c_n X_n^2)$ isomorph. (Bemerkung. Ist Char$K = 2$, so ist die Algebra $K[X, Y]/(XY)$ zu keiner Algebra der Form $K[X, Y]/(aX^2 + bY^2)$, $a, b \in K$, isomorph. Beweis!)

28. a) (Hyperbolische Ebenen) Sei V ein 2-dimensionaler K-Vektorraum mit einer nicht ausgearteten hermiteschen Form Φ. Bei Char $K = 2$ sei die Involution nicht die Identität. Folgende Aussagen sind äquivalent: (1) Φ ist nicht anisotrop. (2) Φ hat die Diskriminante -1. (3) Φ ist kongruent zur Form $[1, -1]$ auf K^2. (4) Φ ist kongruent zu der Form auf K^2, deren Gramsche Matrix bezüglich der Standardbasis gleich $\begin{pmatrix} 0 & 1 \\ 1 & 0 \end{pmatrix}$ ist.

Erfüllt (V, Φ) diese äquivalenten Bedingungen, so heißt (V, Φ) eine hyperbolische Ebene. Ein Paar x, y von Elementen eines Vektorraumes mit einer hermiteschen Form $<-, ->$, für das $<x, x> = <y, y> = 0$ und $<x, y> = <y, x> = 1$ ist, heißt ein hyperbolisches Paar. Ein hyperbolisches Paar erzeugt eine hyperbolische Ebene. (Für den symmetrischen Fall vgl. auch Aufgabe 19.)

b) (Hyperbolische Räume) Seien X ein (beliebiger) K-Vektorraum und $\overline{X}^*$ der Raum der Semilinearformen auf X. Auf $X \oplus \overline{X}^*$ ist durch

$$<(x, e), (y, f)> := \overline{f(x)} + e(y)$$

eine nicht ausgeartete hermitesche Form definiert. $X \oplus \overline{X}^*$ mit dieser Form heißt der hyperbolische Raum zu X; er wird mit $\mathrm{H}(X)$ bezeichnet. Der hyperbolische Raum zu einer direkten Summe $X_1 \oplus X_2$ ist (kanonisch) kongruent zur orthogonalen direkten Summe der hyperbolischen Räume zu X_1 bzw. X_2: $\mathrm{H}(X_1 \oplus X_2) \cong \mathrm{H}(X_1) \ominus \mathrm{H}(X_2)$. Ist X n-dimensional, so ist $\mathrm{H}(X)$ kongruent zur orthogonalen Summe von n hyperbolischen Ebenen.

29. Sei V ein endlichdimensionaler K-Vektorraum mit einer nicht ausgearteten hermiteschen Form Φ. Bei Char$K = 2$ sei die Involution nicht die Identität.

a) Ist Φ nicht anisotrop, so besitzt V eine hyperbolische Ebene als Unterraum.

b) (Zerlegungssatz von Witt) V ist die orthogonale Summe von Unterräumen $H_1, \ldots, H_\nu, W$, wobei $H_1, \ldots, H_\nu$ hyperbolische Ebenen sind und W anisotrop ist. Die Zahl ν und der Isomorphietyp von $(W, \Phi|W)$ sind eindeutig bestimmt. (Bemerkung. Der Isomorphietyp von $(W, \Phi|W)$ heißt der anisotrope Kern von Φ. — Die Zahl ν läßt sich auch charakterisieren als das Maximum der total isotropen Unterräume von V (man benutze 71.17) und heißt der (Witt-)Index $\nu(\Phi)$ von Φ.)

30. (Symplektische Basen, Räume und Gruppen) Seien V ein endlichdimensionaler K-Vektorraum und Φ eine alternierende (und insbesondere schiefsymmetrische) Bilinearform auf V.

a) Es gibt eine Basis $x_1, y_1, \ldots, x_k, y_k, z_1, \ldots, z_l$ von V, für die die Gramsche Matrix bezüglich Φ die Gestalt

$$\begin{pmatrix} 0 & 1 & & & & & & & \\ -1 & 0 & & & & & & & \\ & & \ddots & & & & & & \\ & & & 0 & 1 & & & & \\ & & & -1 & 0 & & & & \\ & & & & & 0 & & & \\ & & & & & & \ddots & & \\ & & & & & & & & 0 \end{pmatrix}$$

hat, wobei in der Diagonalen das Kästchen $\left(\begin{smallmatrix} 0 & 1 \\ -1 & 0 \end{smallmatrix}\right)$ genau k-mal vorkommt und die Elemente an den nicht näher gekennzeichneten Stellen alle gleich 0 sind. (Induktion über $\mathrm{Dim}_K V$. Ist Φ nicht die Nullform, so gibt es ein sogenanntes symplektisches Paar $x_1, y_1 \in V$ mit $\Phi(x_1, y_1) = 1$. Auf $(Kx_1 + Ky_1)^\perp$ wende man die Induktionsvoraussetzung an.)

b) Der Rang von Φ ist gerade. Zwei alternierende Bilinearformen auf V sind genau dann kongruent, wenn sie denselben Rang haben.

c) Ist Φ nicht ausgeartet, so heißt $V = (V, \Phi)$ ein symplektischer Raum. Die Dimension eines symplektischen Raumes V ist gerade. Ein symplektischer Raum der Dimension $2k$ besitzt eine symplektische Basis $x_1, y_1, \ldots, x_k, y_k$ mit der Gramschen Matrix

$$\mathbf{R}_{2k} := \begin{pmatrix} 0 & 1 & & & \\ -1 & 0 & & & \\ & & \ddots & & \\ & & & 0 & 1 \\ & & & -1 & 0 \end{pmatrix} \in \mathsf{M}_{2k}(K)$$

bezüglich Φ. Für die Basis $x_1, \ldots, x_k, y_1, \ldots, y_k$ ist die Gramsche Matrix dann

$$\mathbf{R}'_{2k} := \begin{pmatrix} 0 & \mathbf{E}_k \\ -\mathbf{E}_k & 0 \end{pmatrix}.$$

Ist X ein k-dimensionaler K-Vektorraum mit der Basis $z_1, \ldots, z_k$, so hat der natürliche zu X gehörende symplektische Raum $V := X \oplus X^*$ mit der Form

$$\Phi((x, e), (y, f)) := f(x) - e(y),$$

$x, y \in X$, $e, f \in X^*$, die symplektische Basis $(z_1, 0), (0, z_1^*), \ldots, (z_k, 0), (0, z_k^*)$.

d) Die Automorphismengruppe eines symplektischen Raumes (V, Φ) heißt die symplektische Gruppe von V. Sie wird mit $\mathsf{Sp}V = \mathsf{Sp}(V, \Phi)$ bezeichnet. Die symplektische Gruppe des symplektischen Raumes K^{2k} mit der Standardbasis als symplektischer Basis ist kanonisch isomorph zur Gruppe der Matrizen $\mathbf{A} \in \mathsf{GL}_{2k}(K)$ mit

$${}^t\mathbf{A}\mathbf{R}_{2k}\mathbf{A} = \mathbf{R}_{2k}$$

und heißt die symplektische Gruppe der Ordnung $2k$ über K. Sie wird mit

$$\mathsf{Sp}_{2k}(K) = \mathsf{Sp}(2k, K)$$

bezeichnet. Für jeden symplektischen Raum der Dimension $2k$ ist $\mathsf{Sp}(V) \cong \mathsf{Sp}_{2k}(K)$. Es ist $\mathsf{Sp}_2(K) = \mathsf{SL}_2(K)$. Generell gilt $\mathsf{Sp}_{2k}(K) \subseteq \mathsf{SL}_{2k}(K)$, vgl.

Aufgabe 34.

31. Man beweise einen zu 71.16 bzw. 71.17 analogen Satz für endlichdimensionale Vektorräume mit alternierenden Bilinearformen.

32. (Pfaffsche Aggregate) Sei $k \in \mathbb{N}$ und $n := 2k$. Die Determinante der alternierenden Matrix

$$\mathbf{A}_{2k} = \begin{pmatrix} 0 & X_{12} & \cdots & X_{1n} \\ -X_{12} & 0 & \cdots & X_{2n} \\ \vdots & \vdots & \ddots & \vdots \\ -X_{1n} & -X_{2n} & \cdots & 0 \end{pmatrix},$$

wobei die Elemente X_{ij}, $1 \leq i < j \leq n$, Unbestimmte über $\mathbb{Z}$ sind, ist das Quadrat eines Polynoms $\mathrm{Pf}_{2k} \in \mathbb{Z}[X_{ij} : 1 \leq i < j \leq n]$:

$$\mathrm{Pf}_{2k}^2 = \mathrm{Det}\,\mathbf{A}_{2k}.$$

Durch die Forderung, daß Pf_{2k} für die Matrix $\mathbf{R}_{2k} \in \mathsf{M}_{2k}(\mathbb{Z})$, vgl. Aufgabe 30c), den Wert 1 hat, ist Pf_{2k} eindeutig bestimmt. (Pf_{2k} heißt das Pfaffsche Aggregat oder die Pfaffsche (Determinante) der Ordnung $2k$. — Zum Beweis: Nach Aufgabe 30b) gibt es eine invertierbare $(n \times n)$–Matrix $\mathbf{V}$ über dem Quotientenkörper $\mathbb{Q}(X_{ij} : 1 \leq i < j \leq n)$ von $\mathbb{Z}[X_{ij}]$ derart, daß $\mathbf{A}_{2k} = {}^t\mathbf{V}\mathbf{R}_{2k}\mathbf{V}$ ist. Also ist $\mathrm{Det}\,\mathbf{A}_{2k} = (\mathrm{Det}\,\mathbf{V})^2$ ein Quadrat in $\mathbb{Q}(X_{ij})$ und folglich auch in $\mathbb{Z}[X_{ij}]$, da $\mathbb{Z}[X_{ij}]$ faktoriell ist.) Es ist

$$\mathrm{Pf}_0 = 1\,,\quad \mathrm{Pf}_2 = X_{12}\,,\quad \mathrm{Pf}_4 = X_{12}X_{34} - X_{13}X_{24} + X_{14}X_{23}\,.$$

Allgemein ist (vgl. §85, Aufgabe 6)

$$\mathrm{Pf}_{2k} = \sum_{\substack{\sigma \in \mathsf{S}_{2k},\ \sigma(1)<\sigma(3)<\cdots<\sigma(2k-1) \\ \sigma(1)<\sigma(2),\ldots,\sigma(2k-1)<\sigma(2k)}} (\mathrm{Sign}\,\sigma) X_{\sigma(1)\sigma(2)} \cdots X_{\sigma(2k-1)\sigma(2k)}\,.$$

Die Anzahl der Summanden in Pf_{2k} ist $1 \cdot 3 \cdots (2k-1)$.

33. Sei $n = 2k$, $k \in \mathbb{N}$. Für beliebige alternierende Matrizen $\mathbf{A} \in \mathsf{M}_n(A)$ und Matrizen $\mathbf{V} \in \mathsf{M}_n(A)$ gilt

$$\mathrm{Pf}_{2k}({}^t\mathbf{VAV}) = \mathrm{Det}\,\mathbf{V}\,\mathrm{Pf}_{2k}(\mathbf{A})\,.$$

(Ohne Einschränkung sei $\mathbf{A} = \mathbf{A}_{2k}$ wie in Aufgabe 32 und $\mathbf{V} = (Y_{rs})$ mit weiteren Unbestimmten Y_{rs} über $\mathbb{Z}$. Dann stimmen die Quadrate beider Seiten der Gleichung überein. Daß auch das Vorzeichen korrekt ist, ergibt sich durch Betrachten eines Spezialfalles.)

34. Sei V ein endlicher freier A–Modul mit einer nicht ausgearteten alternierenden Bilinearform Φ. Für jeden Automorphismus f von Φ ist $\mathrm{Det}\,f = 1$. (Man benutze Aufgabe 33. $\mathrm{Rang}_A V$ ist (bei $A \neq 0$) notwendigerweise eine gerade Zahl. — Vgl. auch §85, Aufgabe 6.)

35. Seien K ein Körper der Charakteristik 2 und V ein endlichdimensionaler K–Vektorraum. Eine symmetrische Bilinearform auf V ist alternierend oder besitzt eine Orthogonalbasis. (Die Form mit der Gramschen Matrix

$$\begin{pmatrix} a & 0 & 0 \\ 0 & 0 & 1 \\ 0 & 1 & 0 \end{pmatrix}, \quad a \neq 0,$$

für die Basis x, y, z besitzt die Orthogonalbasis $x+y,\ x+az,\ x+y+az$.)

36. Seien Φ eine Sesquilinearform auf dem K–Vektorraum V und $\perp$ die zugehörige Relation des Senkrechtstehens.

a) Die Involution sei nicht die Identität. Genau dann ist die Relation $\perp$ symmetrisch, wenn es ein $a \in K$, $a \neq 0$, gibt derart, daß $a\Phi$ hermitesch ist.

b) Die Involution sei die Identität. Genau dann ist die Relation $\perp$ symmetrisch, wenn Φ symmetrisch oder schiefsymmetrisch ist.

37. Sei K ein Körper der Charakteristik $\neq 2$ mit einer von der Identität verschiedenen Involution. K' sei der Körper $\{a \in K : a = \overline{a}\}$ der invarianten Elemente. Es gibt ein $i \in K \setminus K'$ mit $i^2 = c \in K'$. Dann ist $K = K'[i]$. Sei ferner V ein K–Vektorraum, den wir in kanonischer Weise auch als K'–Vektorraum auffassen.

a) Die Abbildungen $\Phi \mapsto \Phi_1$ bzw. $\Phi \mapsto \Phi_2$ mit

$$\Phi_1(x,y) := \frac{1}{2}(\Phi(x,y) + \overline{\Phi(x,y)}), \quad \Phi_2(x,y) := \frac{1}{2i}(\Phi(x,y) - \overline{\Phi(x,y)})$$

bilden jeweils einen K'–linearen Isomorphismus des Raumes der K–Sesquilinearformen Φ auf V auf den Raum der K'–Bilinearformen φ auf V mit $\varphi(ix, iy) = -c\varphi(x,y)$ für alle $x, y \in V$. Die Umkehrabbildungen sind

$$\varphi \mapsto ((x,y) \mapsto \varphi(x,y) + c^{-1} i\varphi(ix,y)), \quad \varphi \mapsto ((x,y) \mapsto i\varphi(x,y) + \varphi(ix,y)).$$

b) Folgende Aussagen für eine K–Sesquilinearform Φ auf V sind jeweils äquivalent: (1) Φ ist hermitesch (bzw. schiefhermitesch). (2) Φ_1 ist symmetrisch (bzw. schiefsymmetrisch). (3) Φ_2 ist schiefsymmetrisch (bzw. symmetrisch).

c) Für eine K–Sesquilinearform Φ auf V sind äquivalent: (1) Φ ist nicht ausgeartet. (2) Φ_1 ist nicht ausgeartet. (3) Φ_2 ist nicht ausgeartet. — Ist V endlichdimensional, so ist $2\mathrm{Rang}\Phi = \mathrm{Rang}\Phi_1 = \mathrm{Rang}\Phi_2$.

d) Ist V endlichdimensional, so sind zwei K–hermitesche Formen Φ, Ψ auf V genau dann kongruent, wenn Φ_1 und Ψ_1 (also symmetrische K'–Bilinearformen) kongruent sind. (Sind Φ_1, Ψ_1 kongruent, so schließe man durch Induktion über $\mathrm{Dim}_K V$ mit Hilfe von 71.19 auf die Kongruenz von Φ und Ψ. — Bemerkung. Die Kongruenz von Φ_2 und Ψ_2 impliziert im allgemeinen nicht die von Φ und Ψ. Beispiel!)

e) Ist Φ eine Sesquilinearform auf V, so ist

$$\mathrm{Aut}_K\Phi = \mathsf{GL}_K(V) \cap \mathrm{Aut}_{K'}\Phi_1 = \mathsf{GL}_K(V) \cap \mathrm{Aut}_{K'}\Phi_2.$$

Ist Φ überdies nicht ausgeartet, so gilt darüber hinaus

$$\mathrm{Aut}_K\Phi = \mathrm{Aut}_{K'}\Phi_1 \cap \mathrm{Aut}_{K'}\Phi_2.$$

38. Seien V bzw. W Moduln über A mit Sesquilinearformen Φ bzw. Ψ. In vielen Fällen ist eine Abbildung $f: V \to W$ bereits dann A–linear und damit ein Homomorphismus von (V, Φ) in (W, Ψ), wenn sie nur im folgenden Sinne mit Φ und Ψ verträglich ist: Es ist $\Psi(f(x), f(y)) = \Phi(x,y)$ für alle $x, y \in V$. (Für das folgende vgl. J. Rätz: Zur Definiton der Lorentztransformationen. Math.-Phys. Semesterberichte **17**, 163–167 (1970).)

a) Seien Φ und Ψ bilinear und symmetrisch. Ferner sei 2 ein Nichtnullteiler in A. Gilt $\Phi(x-y, x-y) = \Psi(f(x)-f(y), f(x)-f(y))$ für alle $x, y \in V$ (man sagt in diesem Fall, f sei a b s t a n d s e r h a l t e n d, vgl. §73), so ist $f - f(0)$ mit Φ und Ψ verträglich.

b) Sei f mit Φ und Ψ verträglich. Für beliebige Linearkombinationen $\sum_{i\in I} a_i x_i$ und $\sum_{j\in J} b_j y_j$ in V gilt $\Phi(\sum_i a_i x_i, \sum_j b_j y_j) = \Psi(\sum_i a_i f(x_i), \sum_j b_j f(y_j))$.

c) Die Abbildung $f: V \to W$ sei mit Φ und Ψ verträglich, und Φ sei nicht ausgeartet. Dann ist f injektiv.

d) V und W seien endliche freie A-Moduln des gleichen Ranges, und Φ sei nicht ausgeartet. Ist $f: V \to W$ mit Φ und Ψ verträglich, so ist f ein injektiver Homomorphismus von (V, Φ) in (W, Ψ); definiert Φ sogar eine vollständige Dualität, so ist f ein Isomorphismus von (V, Φ) auf (W, Ψ).

e) Seien V bzw. W endliche freie A-Moduln des Ranges n bzw. $n+1$ und Φ und Ψ nicht ausgeartet. Ist $f: V \to W$ mit Ψ und Φ verträglich, so ist f ein injektiver Homomorphismus von (V, Φ) in (W, Ψ).

f) Sei $A = K$ ein Körper und Ψ anisotrop. Ist $f: V \to W$ mit Ψ und Φ verträglich, so ist f ein Homomorphismus von (V, Φ) in (W, Ψ) (der injektiv ist, falls Φ überdies nicht ausgeartet ist).

g) Man gebe ein Beispiel einer mit Φ und Ψ verträglichen Abbildung $f: V \to W$, die nicht linear ist, wobei V und W freie A-Moduln des Ranges 1 bzw. 3 und Φ und Ψ nicht ausgeartete symmetrische Bilinearformen sind.

39. Sei $K = \mathsf{K}_q$ ein endlicher Körper mit q Elementen.

a) In einem symplektischen Raum der Dimension $2k$ über K, $k \in \mathbb{N}$, (vgl. Aufgabe 30) gibt es genau $q^{2k-1}(q^{2k}-1)$ symplektische Paare.

b) Die symplektische Gruppe $\mathsf{Sp}_{2k}(\mathsf{K}_q)$ hat die Ordnung $q^{k^2}\prod_{i=1}^{k}(q^{2i}-1)$.

40. Seien $K = \mathsf{K}_q$ ein endlicher Körper mit q Elementen der Charakteristik $\neq 2$ und $a \in K$ ein Element, das kein Quadrat ist. Ferner seien V ein K-Vektorraum der Dimension $n \in \mathbb{N}$ mit einer nicht ausgearteten symmetrischen Bilinearform Φ und $k := [n/2]$ der ganze Teil von $n/2$.

a) (V, Φ) ist kongruent zu einem Raum des Typs

$$W \oplus [1]\,,\quad W \oplus [a]\,,\quad W\,,\quad W \oplus [1, -a]\,,$$

wobei W eine orthogonale Summe von hyperbolischen Ebenen ist (Aufgabe 16a) oder auch Aufgabe 29b)). Wir bezeichnen diese Fälle der Reihe nach als Fall I bis Fall IV. Für die Fälle I,III setzen wir $\epsilon = \epsilon_V := 1$, für die Fälle II,IV setzen wir $\epsilon = \epsilon_V := -1$.

b) Sei $N = N_V = N_\Phi$ die Anzahl der Elemente des isotropen Kegels von Φ. Es ist

$$N = \begin{cases} q^{2k}\,, & \text{falls } n \text{ ungerade,} \\ (q^k-\epsilon)(q^{k-1}+\epsilon)+1\,, & \text{falls } n \text{ gerade.} \end{cases}$$

(Induktion. Es ist $N_{H\oplus V} = qN_V + q^n(q-1)$ für eine hyperbolische Ebene H.)

c) Die Anzahl der hyperbolischen Paare in V ist $(N_V - 1)q^{n-2}$.

d) Es ist

$$\mathrm{Kard}(\mathrm{Aut}\Phi) = \begin{cases} 2q^{k^2}\prod_{i=1}^{k}(q^{2i}-1)\,, & \text{falls } n \text{ ungerade,} \\ \frac{2q^{k(k-1)}}{q^k+\epsilon}\prod_{i=1}^{k}(q^{2i}-1)\,, & \text{falls } n \text{ gerade.} \end{cases}$$

(Induktion. Ist Ψ die Bilinearform einer hyperbolischen Ebene H, so ist $\mathrm{Kard}(\mathrm{Aut}(\Psi \oplus \Phi))$ gleich dem Produkt aus $\mathrm{Kard}(\mathrm{Aut}(\Phi))$ und der Anzahl der hyperbolischen Paare in $H \oplus V$.)

e) Sei $\Lambda\colon \mathsf{K}_q^\times \to \{\pm 1\}$ der Legendrecharakter von $\mathsf{K}_q^\times$, also $\Lambda(c) = 1$, falls c ein Quadrat in $\mathsf{K}_q^\times$ ist und $\Lambda(c) = -1$ sonst. (Ist q eine Primzahl, so ist $\Lambda(c) = \left(\frac{c}{q}\right)$, vgl. Anhang IV.C.) Für $c \in \mathsf{K}_q^\times$ ist die Anzahl der $x \in V$ mit $\Phi(x,x) = c$ gleich

$$q^k(q^k + \epsilon\Lambda(c))\,, \quad \text{falls } n \text{ ungerade,}$$

$$q^{k-1}(q^k - \epsilon)\,, \quad \text{falls } n \text{ gerade.}$$

(Es sind keine umfangreichen Rechnungen mehr nötig.)

f) Sei $\epsilon_n := \Lambda((-1)^k)$. (Man beachte $\Lambda(-1) = (-1)^{(q-1)/2}$.) Dann gilt

$$\mathrm{Kard}(\mathsf{O}_n(\mathsf{K}_q)) = \begin{cases} 2q^{k^2}\prod_{i=1}^{k}(q^{2i}-1)\,, & \text{falls } n \text{ ungerade,} \\ \frac{2q^{k(k-1)}}{q^k+\epsilon_n}\prod_{i=1}^{k}(q^{2i}-1)\,, & \text{falls } n \text{ gerade.} \end{cases}$$

Für $c \in \mathsf{K}_q^\times$ ist die Anzahl der n–Tupel $(b_1,\ldots,b_n) \in \mathsf{K}_q^n$ mit $b_1^2 + \cdots + b_n^2 = c$ gleich

$$q^k(q^k + \epsilon_n\Lambda(c))\,, \quad \text{falls } n \text{ ungerade,}$$

$$q^{k-1}(q^k - \epsilon_n)\,, \quad \text{falls } n \text{ gerade.}$$

(Bemerkung. Aus der letzten Formel ergibt sich nach V.A. Lebesgue leicht die Hauptformel

$$\left(\frac{p}{q}\right)\left(\frac{q}{p}\right) = (-1)^{\frac{p-1}{2}\cdot\frac{q-1}{2}}$$

des quadratischen Reziprozitätsgesetzes für ungerade Primzahlen p, q. Sei nämlich $n := p$. Die Anzahl der konstanten p–Tupel $(b,\ldots,b) \in \mathsf{K}_q^p$ mit $b^2 + \cdots + b^2 = pb^2 = c$ ist

$$1 + \Lambda(cp) = 1 + \left(\frac{c}{q}\right)\left(\frac{p}{q}\right) = \begin{cases} 0, & \text{falls } cp^{-1} \notin {}^2\mathsf{K}_q^\times, \\ 2, & \text{falls } cp^{-1} \in {}^2\mathsf{K}_q^\times. \end{cases}$$

Läßt man nun auf der Menge M der p–Tupel $(b_1,\ldots,b_p) \in \mathsf{K}_q^p$ mit $b_1^2+\cdots+b_p^2 = c$ die zyklische Gruppe Z_p durch zyklisches Vertauschen der Komponenten operieren, so ist (mit dem einfachen Lemma IV.A.1 und dem Eulerschen Restkriterium IV.C.5)

$$1 + \left(\frac{c}{q}\right)\left(\frac{p}{q}\right) = \mathrm{Kard}(\mathrm{Fix}_{\mathsf{Z}_p} M) \equiv \mathrm{Kard}(M)$$

$$= q^{\frac{p-1}{2}}\left(q^{\frac{p-1}{2}} + (-1)^{\frac{p-1}{2}\cdot\frac{q-1}{2}}\left(\frac{c}{q}\right)\right) \equiv 1 + (-1)^{\frac{p-1}{2}\cdot\frac{q-1}{2}}\left(\frac{c}{q}\right)\left(\frac{q}{p}\right) \mod p.)$$

41. Sei $K = \mathsf{K}_{q^2}$ ein endlicher Körper mit q^2 Elementen. Auf K sei die einzige von der Identität verschiedene Involuion $a \mapsto a^q$ betrachtet. Dann ist jede nicht ausgeartete hermitesche Form auf einem n-dimensionalen K-Vektorraum kongruent zur Standardform $<-,->_n$ auf dem K^n (Aufgabe 15). Mit $K' = \mathsf{K}_q$ sei der Körper der unter der Involution invarianten Elemente bezeichnet.

a) Der isotrope Kegel von $<-,->_n$ hat genau $q^{n-1}(q^n+(-1)^n(q-1))$ Elemente. Ist $b \in K'^{\times}$, so gibt es genau $q^{n-1}(q^n-(-1)^n)$ Elemente $x \in K^n$ mit $<x,x>_n = b$. (Induktion über n. Die zweite Aussage folgt direkt aus der ersten.)

b) Es ist $\mathrm{Kard}(\mathsf{U}_n(\mathsf{K}_{q^2})) = q^{\binom{n}{2}} \prod_{i=1}^{n}(q^i-(-1)^i)$. (Induktion über n.)

§72 Reelle und komplexe Formen

In diesem Paragraphen klassifizieren wir die reell-symmetrischen bzw. komplex-hermiteschen Formen auf endlichdimensionalen reellen bzw. komplexen Vektorräumen (bis auf Kongruenz). Die Theorie verläuft für beide Fälle weitgehend parallel. Um Wiederholungen zu vermeiden, führen wir folgende Sprech- und Bezeichnungsweisen ein:

$$\mathbb{K}$$

bezeichnet im weiteren den Körper $\mathbb{R}$ oder $\mathbb{C}$. Die Involution ist im Fall $\mathbb{K} = \mathbb{R}$ die Identität und im Fall $\mathbb{K} = \mathbb{C}$ die gewöhnliche komplexe Konjugation. Das Wort "hermitesch" bedeutet demgemäß "reell-symmetrisch" bei $\mathbb{K} = \mathbb{R}$ und "komplex-hermitesch" bei $\mathbb{K} = \mathbb{C}$.

Seien V ein $\mathbb{K}$-Vektorraum und Φ eine hermitesche Form auf V. *Ist Φ anisotrop, so ist $\Phi(x,x) > 0$ für alle $x \in V$, $x \neq 0$, oder es ist $\Phi(x,x) < 0$ für alle $x \in V$, $x \neq 0$.* Zum B e w e i s haben wir zu zeigen, daß Φ nicht anisotrop ist, wenn es Vektoren $x_1, x_2 \in V$ mit $b := \Phi(x_1,x_1) > 0$ und $d := \Phi(x_2,x_2) < 0$ gibt. x_1, x_2 sind linear unabhängig. Sei $c := \Phi(x_1,x_2) + \Phi(x_2,x_1) = 2\mathrm{Re}\,\Phi(x_1,x_2) \in \mathbb{R}$. Für beliebige $a \in \mathbb{R}$ ist

$$\Phi(ax_1+x_2, ax_1+x_2) = a^2b + ac + d;$$

somit ist $\Phi(ax_1+x_2, ax_1+x_2) = 0$ für $a := \frac{1}{2b}(-c+\sqrt{c^2-4bd}) \in \mathbb{R}$.

Definition Sei Φ eine hermitesche Form auf dem $\mathbb{K}$-Vektorraum V. Ist $\Phi(x,x) > 0$ (bzw. $\Phi(x,x) < 0$) für alle $x \in V$, $x \neq 0$, so heißt Φ p o s i t i v (bzw. n e g a t i v) d e f i n i t. Ist $\Phi(x,x) \geq 0$ (bzw. $\Phi(x,x) \leq 0$) für alle $x \in V$, so heißt Φ p o s i t i v (bzw. n e g a t i v) s e m i d e f i n i t. Gibt es Vektoren $x_1, x_2 \in V$ mit $\Phi(x_1,x_1) > 0$ und $\Phi(x_2,x_2) < 0$, so heißt Φ i n d e f i n i t.

Eine hermitesche Form auf einem $\mathbb{K}$-Vektorraum ist also genau dann anisotrop, wenn sie (positiv oder negativ) definit ist. Definite Formen sind nicht ausgeartet. Einschränkungen definiter bzw. semidefiniter Formen auf Unterräume sind wieder definit bzw. semidefinit. Φ ist genau dann negativ definit (bzw. negativ semidefinit), wenn $-\Phi$ positiv definit (bzw. positiv semidefinit) ist.

Sei x_i, $i \in I$, eine Orthogonalbasis von V bezüglich der hermiteschen Form Φ und sei $c_i := \Phi(x_i, x_i) \in \mathbb{R}$. Dann ist

$$\Phi(\sum_{i\in I} a_i x_i, \sum_{i\in I} a_i x_i) = \sum_{i\in I} c_i a_i \overline{a}_i$$

für $x = \sum_i a_i x_i \in V$. Daraus liest man sofort ab: *Genau dann ist Φ positiv definit (bzw. negativ definit), wenn alle $c_i > 0$ (bzw. alle $c_i < 0$) sind, und genau dann ist Φ positiv semidefinit (bzw. negativ semidefinit), wenn alle $c_i \geq 0$ (bzw. alle $c_i \leq 0$) sind.*

Sei nun V endlichdimensional. Dann besitzt V nach 71.7 Orthogonalbasen bezüglich Φ, und mit den Werten von Φ auf solchen Basen läßt sich die Definitheit bzw. Semidefinitheit von Φ nach dem Gesagten leicht entscheiden. Zur genaueren Klassifizierung führen wir folgende Begriffe ein.

Definition Seien V ein endlichdimensionaler $\mathbb{K}$–Vektorraum und Φ eine hermitesche Form auf V. Dann heißt Φ vom Typ (p,q), wenn p (bzw. q) das Maximum der Dimensionen der Unteräume W von V ist, für die die Beschränkung von Φ auf W positiv (bzw. negativ) definit ist. Ist Φ vom Typ (p,q), so heißen p der (Trägheits-)Index, q der Morse-Index und $p-q$ die Signatur von Φ.

Seien I eine endliche Menge und $\mathbf{A} \in \mathsf{M}_I(\mathbb{K})$ eine hermitesche Matrix. (Es ist also $\mathbf{A} = {}^t\overline{\mathbf{A}}$.) Ist die Form Φ auf $\mathbb{K}^I$, bezüglich der die Standardbasis e_i, $i \in I$, die Matrix $\mathbf{A}$ als Gramsche Matrix besitzt, vom Typ (p,q), so heißt $\mathbf{A}$ vom Typ (p,q). Da kongruente Formen den gleichen Typ haben, ist dann jede Form vom Typ (p,q), bezüglich der für eine geeignete Basis die Gramsche Matrix gleich $\mathbf{A}$ ist. Analog heißt $\mathbf{A}$ positiv definit, negativ definit usw., wenn die zugehörige Form die entsprechende Eigenschaft besitzt.

Sei $\text{Dim}_{\mathbb{K}} V = n \in \mathbb{N}$, und Φ sei eine hermitesche Form auf V vom Typ (p,q). Genau dann ist Φ positiv definit, wenn $p = n$ (und dann notwendigerweise $q = 0$) ist. Entsprechend ist Φ genau dann negativ definit, wenn $q = n$ ist. Durch $q = 0$ (bzw. $p = 0$) sind die positv (bzw. negativ) semidefiniten Formen charakterisiert. Die Form $-\Phi$ hat den Typ (q,p). Die Einschränkung von Φ auf einen Unterraum $W \subseteq V$ hat einen Typ (p',q') mit $p' \leq p$, $q' \leq q$.

Grundlegend für die Bestimmung des Typs ist der folgende Satz.

72.1 Trägheitssatz von Sylvester *Sei Φ eine hermitesche Form auf dem $\mathbb{K}$-Vektorraum V der Dimension $n \in \mathbb{N}$. Ferner sei x_i, $i \in I$, eine Orthogonalbasis von V bezüglich Φ (solche Basen gibt es nach* 71.7*). Dann ist Φ vom Typ (p,q), wobei p die Anzahl der Indizes $i \in I$ mit $\Phi(x_i, x_i) > 0$ und q die Anzahl der Indizes $j \in I$ mit $\Phi(x_j, x_j) < 0$ ist. — Insbesondere ist*

$p+q = \operatorname{Rang}\Phi$, und die Anzahl der Indizes $i \in I$ mit $\Phi(x_i,x_i) > 0$ bzw. die Anzahl der Indizes j mit $\Phi(x_j,x_j) < 0$ ist unabhängig von der Wahl der Orthogonalbasis x_i, $i \in I$.

Beweis. Sei (p,q) der Typ von Φ. Ferner sei

$$I_+ := \{i \in I : \Phi(x_i,x_i) > 0\}\,, \quad I_- := \{i \in I : \Phi(x_i,x_i) < 0\}\,,$$
$$I_0 := \{i \in I : \Phi(x_i,x_i) = 0\}\,,$$

$W_+ := \sum_{i\in I_+} \mathbb{K}x_i$, $W_- := \sum_{i\in I_-} \mathbb{K}x_i$, $W_0 := \sum_{i\in I_0} \mathbb{K}x_i$, $r := \operatorname{Kard} I_+ = \operatorname{Dim}_{\mathbb{K}} W_+$, $s := \operatorname{Kard} I_- = \operatorname{Dim}_{\mathbb{K}} W_-$, $t := \operatorname{Kard} I_0 = \operatorname{Dim}_{\mathbb{K}} W_0$. Auf W_+ ist Φ positiv definit, somit ist $r \le p$; auf W_- ist Φ negativ definit, somit ist $s \le q$. Sei nun $W \subseteq V$ ein beliebiger Unterraum, auf dem Φ positiv definit ist. Da Φ auf $W_- + W_0$ negativ semidefinit ist, ist $W \cap (W_- + W_0) = 0$ und folglich

$$\operatorname{Dim}_{\mathbb{K}} W \le \operatorname{Dim}_{\mathbb{K}} V - \operatorname{Dim}_{\mathbb{K}}(W_- + W_0) = n - s - t = r\,.$$

Das beweist $p \le r$. Insgesamt erhält man $p = r$. Analog folgt $q = s$. •

Sei weiter V ein n-dimensionaler $\mathbb{K}$-Vektorraum mit einer hermiteschen Form Φ und einer Orthogonalbasis x_i, $i \in I$. Ersetzen wir die Basiselemente x_i mit $\Phi(x_i,x_i) \ne 0$ durch $x_i/\sqrt{|\Phi(x_i,x_i)|}$, so erhalten wir eine Orthogonalbasis (die wir wieder mit x_i, $i \in I$, bezeichnen wollen), für die

$$\Phi(x_i,x_i) \in \{0,1,-1\}\,,$$

$i \in I$, gilt. Es folgt: Genau dann ist Φ vom Typ (p,q), wenn V eine Basis $x_1,\ldots,x_n$ besitzt, für die die Gramsche Matrix bezüglich Φ gleich

$$\mathbf{E}_n^{(p,q)} = \operatorname{Diag}(1,\ldots,1,-1,\ldots,-1,0,\ldots,0)$$

ist, wobei die Anzahl der Einsen in $\mathbf{E}_n^{(p,q)}$ gleich p und die Anzahl der Minus-Einsen gleich q ist. Mit anderen Worten: Jede Form vom Typ (p,q) auf einem n-dimensionalen $\mathbb{K}$-Vektorraum ist kongruent zur Form

$$[\underbrace{1,\ldots,1}_{p\text{-mal}},\underbrace{-1,\ldots,-1}_{q\text{-mal}},\ \underbrace{0,\ldots,0}_{(n-p-q)\text{-mal}}\ ]\,.$$

Speziell ergibt sich:

72.2 Satz *Zwei hermitesche Formen auf einem endlichdimensionalen $\mathbb{K}$-Vektorraum sind genau dann kongruent, wenn sie den gleichen Typ haben.*

Für Matrizen erhalten wir die folgende Aussage:

72.3 Satz *Sei I eine endliche Menge. Zwei hermitesche Matrizen $\mathbf{A},\mathbf{B} \in \mathsf{M}_I(\mathbb{K})$ haben genau dann den gleichen Typ, wenn sie kongruent sind. — Speziell: Eine hermitesche $(n\times n)$-Matrix über $\mathbb{K}$ ist genau dann vom Typ (p,q), wenn sie zur Matrix $\mathbf{E}_n^{(p,q)}$ kongruent ist.*

Zu der hermiteschen Form Φ auf dem n–dimensionalen $\mathbb{K}$–Vektorraum gibt es genau dann eine Ortho*normal*basis, wenn Φ positiv definit ist. Wir nennen eine Basis x_i, $i \in I$, eine verallgemeinerte Orthonormalbasis (bezüglich Φ), wenn $|\Phi(x_i, x_j)| = \delta_{ij}$ ist. Genau dann besitzt Φ eine verallgemeinerte Orthonormalbasis, wenn Φ nicht ausgeartet ist.

Ist Φ positiv definit und $n = \mathrm{Dim}_{\mathbb{K}} V$, so ist Φ kongruent zur Standardform auf $\mathbb{K}^n$, und die Automorphismengruppe von Φ ist isomorph zur unitären Gruppe $\mathsf{U}_n(\mathbb{K})$, vgl. §71, Beispiel 8. Allgemeiner ist die Automorphismengruppe einer nicht ausgearteten Form Φ vom Typ $(p,q) = (p, n-p)$ auf V isomorph zur Gruppe

$$\mathsf{U}_{p,q}(\mathbb{K})$$

der Matrizen $\mathbf{A} \in \mathsf{GL}_{p+q}(\mathbb{K})$ mit

$${}^t\mathbf{A}\mathbf{E}_{p+q}^{(p,q)}\overline{\mathbf{A}} = \mathbf{E}_{p+q}^{(p,q)}\,.$$

Die Untergruppe der speziellen Automorphismen ist isomorph zu

$$\mathsf{SU}_{p,q}(\mathbb{K}) := \mathsf{U}_{p,q}(\mathbb{K}) \cap \mathsf{SL}_{p+q}(\mathbb{K})\,.$$

Im Fall $\mathbb{K} = \mathbb{R}$ bezeichnet man diese Gruppen auch mit

$$\mathsf{O}_{p,q} = \mathsf{O}_{p,q}(\mathbb{R}) \quad \text{bzw.} \quad \mathsf{SO}_{p,q} = \mathsf{SO}_{p,q}(\mathbb{R}) = \mathsf{O}_{p,q}^{+}\,.$$

Die Gruppen $\mathsf{O}_{n-1,1}(\mathbb{R})$ bzw. $\mathsf{SO}_{n-1,1}(\mathbb{R})$, $n \geq 2$, heißen die Lorentzgruppen bzw. die speziellen Lorentzgruppen. Offenbar sind $\mathsf{U}_{p,q}(\mathbb{K})$ und $\mathsf{U}_{q,p}(\mathbb{K})$ isomorph. Es genügt daher generell, den Fall $p \geq q$ zu behandeln.

Zum Schluß dieses Paragraphen geben wir noch ein nützliches Kriterium zur Bestimmung des Typs einer nicht ausgearteten hermiteschen Form Φ auf einem endlichdimensionalen $\mathbb{K}$–Vektorraum an. *Ist eine solche Form vom Typ (p,q), so ist ihre Diskriminante gleich* $(-1)^q \in \mathbb{R}^\times/\mathbb{R}_+^\times \cong \{1,-1\}$. Auf dieser Aussage beruht der Beweis des angekündigten Kriteriums:

72.4 Hurwitzsches Kriterium *Sei Φ eine hermitesche Form auf dem $\mathbb{K}$–Vektorraum V. Es sei $x_1, \ldots, x_n$ eine Basis von V derart, daß die Gramschen Determinanten*

$$D_i := \begin{vmatrix} \Phi(x_1,x_1) & \cdots & \Phi(x_1,x_i) \\ \vdots & \ddots & \vdots \\ \Phi(x_i,x_1) & \cdots & \Phi(x_i,x_i) \end{vmatrix}\,, \quad i = 0, \ldots, n\,,$$

alle von 0 verschieden sind. Dann ist Φ vom Typ $(n-q, q)$, wobei q die Anzahl der Vorzeichenwechsel in der Folge $1 = D_0, D_1, \ldots, D_n$ ist.

Beweis durch Induktion über n. Für $n \leq 1$ ist die Aussage trivial. Sei $n \geq 2$ und Φ vom Typ $(n-q, q)$. Man beachte, daß Φ wegen $D_n \neq 0$ nicht ausgeartet ist. Nach Induktionsvoraussetzung ist die Beschränkung von Φ

auf $\mathbb{K}x_1 + \cdots + \mathbb{K}x_{n-1}$ vom Typ $(n-1-q', q')$, wobei q' die Anzahl der Vorzeichenwechsel in der Folge $D_0, \ldots, D_{n-1}$ ist. Wegen $n-1-q' \le n-q$ und $q' \le q$ ist $q' \le q \le q'+1$. Habe D_n zunächst dasselbe Vorzeichen wie D_{n-1}, was $(-1)^q = (-1)^{q'}$ bedeutet. Es folgt dann $q = q'$, und q ist auch die Anzahl der Vorzeichenwechsel in $D_0, \ldots, D_n$. Haben aber D_{n-1} und D_n verschiedene Vorzeichen, so ist $(-1)^q = -(-1)^{q'}$ und damit notwendigerweise $q = q'+1$, was wieder mit der Anzahl der Vorzeichenwechsel in $D_0, \ldots, D_n$ übereinstimmt. •

Da bei definiten Formen die Determinanten D_i in 72.4 für beliebige Basen $x_1, \ldots, x_n$ von 0 verschieden sind, erhalten wir sofort:

72.5 Korollar *Sei Φ eine hermitesche Form auf dem $\mathbb{K}$-Vektorraum V mit der Basis $x_1, \ldots, x_n$. Genau dann ist Φ positiv bzw. negativ definit, wenn für die Gramschen Determinanten*

$$D_i = \begin{vmatrix} \Phi(x_1, x_1) & \cdots & \Phi(x_1, x_i) \\ \vdots & \ddots & \vdots \\ \Phi(x_i, x_1) & \cdots & \Phi(x_i, x_i) \end{vmatrix}, \quad i = 1, \ldots, n,$$

gilt: Es ist $D_i > 0$ bzw. $(-1)^i D_i > 0$, jeweils für alle $i = 1, \ldots, n$.

Beispiel 1 Sei $<-,->$ eine hermitesche Form auf dem 2-dimensionalen $\mathbb{K}$-Vektorraum V mit der Basis x_1, x_2. Aus den Werten $D_1 := <x_1, x_1>$ und

$$D_2 := \begin{vmatrix} <x_1, x_1> & <x_1, x_2> \\ <x_2, x_1> & <x_2, x_2> \end{vmatrix} = <x_1, x_1><x_2, x_2> - |<x_1, x_2>|^2$$

ergibt sich der Typ nach folgender Tabelle:

D_1	>0	>0	>0	<0	<0	<0	0	0	0	0
D_2	>0	<0	0	>0	<0	0	<0	0	0	0
$<x_2, x_2>$								>0	<0	0
Typ	$(2,0)$	$(1,1)$	$(1,0)$	$(0,2)$	$(1,1)$	$(0,1)$	$(1,1)$	$(1,0)$	$(0,1)$	$(0,0)$.

Man beachte, daß der Fall $D_1 = 0$, $D_2 > 0$ nicht möglich ist. Für die anderen Fälle gebe der Leser jeweils ein Beispiel explizit an.

Beispiel 2 Die komplex-hermitesche Form Φ werde auf dem 3-dimensionalen $\mathbb{C}$-Vektorraum bezüglich der Basis x_1, x_2, x_3 durch die Gramsche Matrix

$$\begin{pmatrix} 1 & 1+\mathrm{i} & 5 \\ 1-\mathrm{i} & 2 & \mathrm{i} \\ 5 & -\mathrm{i} & 7 \end{pmatrix}$$

definiert. Hier ist $D_2 = \begin{vmatrix} 1 & 1+\mathrm{i} \\ 1-\mathrm{i} & 2 \end{vmatrix} = 0$, und das Hurwitzsche Kriterium läßt sich nicht direkt anwenden. Für die umgestellte Basis x_1, x_3, x_2 ist die Gramsche Matrix gleich

$$\begin{pmatrix} 1 & 5 & 1+\mathrm{i} \\ 5 & 7 & -\mathrm{i} \\ 1-\mathrm{i} & \mathrm{i} & 2 \end{pmatrix}$$

mit den Hauptminoren $D_0 = 1, D_1 = 1, D_2 = -18, D_3 = -61$. Nach 72.4 ist der Typ daher $(2, 1)$. Vergleiche auch die Aufgabe 14.

Beispiel 3 Sei $\mathbb{C}[X]_n$, $n \geq 0$, der Raum der komplexen Polynome vom Grade $\leq n$. Die Integralform $\int_0^1 x(t)\overline{y(t)}\,dt$, $x, y \in \mathbb{C}[X]_n$, ist auf $\mathbb{C}[X]_n$ positiv definit, vgl. §71, Beispiel 3. Die Gramsche Matrix bezüglich der Basis $1, X, \ldots, X^n$ ist $(1/(1+i+j))_{0 \leq i,j \leq n}$. Diese Matrizen (auch Hilbert-Matrizen genannt) haben also für alle $n \geq 0$ eine positive Determinante (was man freilich auch leicht direkt zeigen kann, vgl. Aufgabe 7).

Beispiel 4 (Schwarzsche Ungleichung) Seien Φ eine positiv definite Form auf dem $\mathbb{K}$–Vektorraum V und $x, y \in V$. Sind x, y linear abhängig, so ist die Gramsche Determinante

$$D := \begin{vmatrix} \Phi(x,x) & \Phi(x,y) \\ \Phi(y,x) & \Phi(y,y) \end{vmatrix} = \Phi(x,x)\Phi(y,y) - |\Phi(x,y)|^2$$

gleich 0. Sind aber x, y linear unabhängig, so induziert Φ auf dem 2–dimensionalen Raum $\mathbb{K}x + \mathbb{K}y$ eine positiv definite Form, und folglich ist $D > 0$. Wir erhalten:

$$|\Phi(x,y)|^2 \leq \Phi(x,x)\Phi(y,y)\,;$$

und das Gleichheitszeichen gilt dabei genau dann, wenn x, y linear abhängig sind (Schwarzsche Ungleichung). Ist Φ nur positiv semidefinit, so ist ebenfalls stets $D \geq 0$ und $|\Phi(x,y)|^2 \leq \Phi(x,x)\Phi(y,y)$; nur kann jetzt das Gleichheitszeichen auch dann gelten, wenn x, y linear unabhängig sind.

Bemerkung 1 Satz 72.4 und damit 72.5 folgen auch direkt aus 71.9.

Bemerkung 2 Für semidefinite Formen hat man folgendes Kriterium:

72.6 Satz *Sei Φ eine hermitesche Form auf dem $\mathbb{K}$-Vektorraum V mit der Basis $x_1, \ldots, x_n$. Für Indizes $\nu_1, \ldots, \nu_i$ mit $i \leq n$ sei*

$$D_{\nu_1 \cdots \nu_i} := \begin{vmatrix} \Phi(x_{\nu_1}, x_{\nu_1}) & \cdots & \Phi(x_{\nu_1}, x_{\nu_i}) \\ \vdots & \ddots & \vdots \\ \Phi(x_{\nu_i}, x_{\nu_1}) & \cdots & \Phi(x_{\nu_i}, x_{\nu_i}) \end{vmatrix}.$$

Genau dann ist Φ positiv bzw. negativ semidefinit, wenn für alle i mit $1 \leq i \leq n$ und alle Indextupel $\nu_1, \ldots, \nu_i$ mit $1 \leq \nu_1 < \cdots < \nu_i \leq n$ gilt: $D_{\nu_1 \cdots \nu_i} \geq 0$ bzw. $(-1)^i D_{\nu_1 \cdots \nu_i} \geq 0$.

Beweis. Es genügt, den Fall positiv semidefiniter Formen zu behandeln. (Man betrachte sonst $-\Phi$.) Ist Φ positiv semidefinit, so ist die Beschränkung von Φ auf $\mathbb{K}x_{\nu_1} + \cdots + \mathbb{K}x_{\nu_i}$ ebenfalls positiv semidefinit und die Gramsche Determinante $\mathrm{Gr}_\Phi(x_{\nu_\rho})_{\rho=1,\ldots,i}$ demnach nicht negativ.

Seien umgekehrt alle diese Determinanten nicht negativ. Wir schließen durch Induktion über n. Für $n \leq 1$ ist die Aussage trivial. Sei $n \geq 2$. Ist Φ ausgeartet, so folgt die Aussge unmittelbar mit §71, Aufgabe 12 aus der Induktionsvoraussetzung. Sei nun Φ nicht ausgeartet vom Typ $(n-q, q)$. Dann ist nach Voraussetzung die Diskriminante $(-1)^q$ von Φ positiv und q folglich gerade. Sei W_- ein q–dimensionaler Unterraum von V, auf dem Φ negativ definit ist. Da Φ nach Induktionsvoraussetzung auf $W := \mathbb{K}x_1 + \cdots + \mathbb{K}x_{n-1}$ positiv semidefinit ist, ist $W_- \cap W = 0$ und $q = \mathrm{Dim}\, W_- \leq 1$, also $q = 0$; und Φ ist positiv semidefinit. •

Aufgaben

In diesen Aufgaben bezeichnet $\mathbb{K}$ den Körper $\mathbb{R}$ oder $\mathbb{C}$.

1. Man bestimme den Typ der folgenden reell–symmetrischen Matrizen in Abhängigkeit von $t \in \mathbb{R}$:

$$\begin{pmatrix} 3 & 2 & -1 \\ 2 & 1 & -1 \\ -1 & -1 & t \end{pmatrix}, \quad \begin{pmatrix} 1 & 2 & 1 \\ 2 & 7 & t \\ 1 & t & 1 \end{pmatrix}.$$

2. Ist Q eine quadratische Form auf einem endlichdimensionalen reellen Vektorraum, so bezeichnet man als Typ von Q den Typ der zu Q gehörenden symmetrischen Bilinearform, vgl. §71, Bemerkung 1. Man bestimme den Typ der folgenden reellen quadratischen Formen: $t_1t_2 + t_2t_3$ (auf $\mathbb{R}^3$), $8t_1^2 + 24t_1t_2 - 8t_1t_3 + 32t_1t_4 + 16t_2^2 + 40t_2t_4 + 16t_3t_4 + 25t_4^2$ (auf $\mathbb{R}^4$), $t_1^2 + t_1t_2 - 2t_1t_3 - 3t_2^2 + 4t_3^2$ (auf $\mathbb{R}^3$).

3. Sei Φ die komplex–hermitesche Form auf dem $\mathbb{C}^3$ mit der Gramschen Matrix

$$\begin{pmatrix} 1 & 1+\mathrm{i} & 5 \\ 1-\mathrm{i} & 2 & \mathrm{i} \\ 5 & -\mathrm{i} & 7 \end{pmatrix}$$

für die Standardbasis. Man bestimme eine verallgemeinerte Orthonormalbasis bezüglich Φ. (Vgl. Beispiel 2.)

4. Sei $\mathbf{A} \in \mathsf{M}_n(\mathbb{K})$ hermitesch und invertierbar. Dann ist auch $\mathbf{A}^{-1}$ hermitesch, und $\mathbf{A}$ und $\mathbf{A}^{-1}$ haben denselben Typ.

5. a) Sei $\mathbf{A} \in \mathsf{M}_{m,n}(\mathbb{K})$. Dann ist ${}^t\mathbf{A}\overline{\mathbf{A}}$ hermitesch und positiv semidefinit mit $\operatorname{Rang}{}^t\mathbf{A}\overline{\mathbf{A}} = \operatorname{Rang}\mathbf{A}$. Genau dann ist ${}^t\mathbf{A}\overline{\mathbf{A}}$ positiv definit, wenn $\operatorname{Rang}\mathbf{A} = n$ ist.

b) Jede positiv semidefinite (bzw. positiv definite) hermitesche Matrix $\mathbf{C} \in \mathsf{M}_n(\mathbb{K})$ ist von der Form ${}^t\mathbf{A}\overline{\mathbf{A}}$ mit $\mathbf{A} \in \mathsf{M}_n(\mathbb{K})$ (bzw. $\mathbf{A} \in \mathsf{GL}_n(\mathbb{K})$).

c) Ist $\mathbf{A} \in \mathsf{M}_n(\mathbb{K})$ hermitesch und positiv semidefinit, so auch $\mathbf{A}^r$ für alle $r \in \mathbb{N}_+$, und es ist $\operatorname{Rang}\mathbf{A} = \operatorname{Rang}\mathbf{A}^r$ für alle $r \in \mathbb{N}_+$.

d) Ist $\mathbf{A} \in \mathsf{GL}_n(\mathbb{K})$ hermitesch und positiv definit, so auch $\mathbf{A}^r$ für alle $r \in \mathbb{Z}$.

e) Sind $\mathbf{A}_1, \ldots, \mathbf{A}_m \in \mathsf{M}_n(\mathbb{K})$, $m \in \mathbb{N}_+$, hermitesch und positiv semidefinit und sind $a_1, \ldots, a_m$ positive reelle Zahlen, so ist $a_1\mathbf{A}_1 + \cdots + a_m\mathbf{A}_m$ hermitesch und positiv semidefinit und bereits dann positiv definit, falls nur eine der Matrizen $\mathbf{A}_1, \ldots, \mathbf{A}_m$ positiv definit ist.

6. Sei Φ eine hermitesche Form vom Typ (p, q) auf dem n–dimensionalen $\mathbb{K}$–Vektorraum V. Sei $m := \operatorname{Min}(p, q) + n - p - q = n - \operatorname{Max}(p, q)$. Dann ist m das Maximum der Dimensionen der total isotropen Unterräume von V.

7. Sind $a_1, \ldots, a_n$ positive reelle Zahlen, so ist die Matrix $((a_i + a_j)^{-1})_{1 \le i,j \le n} \in \mathsf{M}_n(\mathbb{R})$ positiv semidefinit und genau dann positiv definit, wenn die $a_1, \ldots, a_n$ überdies paarweise verschieden sind. (§53, Aufgabe 28b).)

8. Sei $n \in \mathbb{N}$. Man bestimme den Typ der symmetrischen Matrix $(1 - t\delta_{ij}) \in \mathsf{M}_n(\mathbb{R})$, $t \in \mathbb{R}$, in Abhängigkeit von t.

9. a) Eine hermitesche Form Φ auf einem endlichdimensionalen $\mathbb{K}$–Vektorraum V ist genau dann positiv semidefinit, wenn es Linearformen $e_1, \ldots, e_r \in V^*$ mit $\Phi(x,y) = \sum_{\rho=1}^r e_\rho(x)\overline{e_\rho(y)}$ für alle $x, y \in V$ gibt. In diesem Fall ist $\bigcap_{\rho=1}^r \operatorname{Kern} e_\rho$ der Ausartungsraum von Φ, und Φ ist genau dann positiv definit, wenn die $e_1, \ldots, e_r$ den Dualraum V^* erzeugen.

b) Eine hermitesche Matrix $\mathbf{A} \in \mathsf{M}_n(\mathbb{K})$ ist genau dann positiv semidefinit, wenn $\mathbf{A}$ Summe von Matrizen der Form $(c_i\overline{c}_j)_{1\leq i,j\leq n}$ mit $c_i \in \mathbb{K}$, $i = 1, \ldots, n$, ist.

c) Sind $(a_{ij}), (b_{ij}) \in \mathsf{M}_n(\mathbb{K})$ positiv semidefinite hermitesche Matrizen, so ist auch die Matrix $(a_{ij}b_{ij}) \in \mathsf{M}_n(\mathbb{K})$ positiv semidefinit.

10. Die Menge der hermiteschen Matrizen $\mathbf{A} \in \mathsf{M}_n(\mathbb{K})$, $n \in \mathbb{N}$, zerfällt in genau $\binom{n+2}{2}$ Kongruenzklassen.

11. Eine komplex–schiefhermitesche Matrix $\mathbf{A} \in \mathsf{M}_n(\mathbb{C})$ ist zu genau einer der Matrizen $\mathrm{i}\mathbf{E}_n^{(p,q)} = \operatorname{Diag}(\mathrm{i}, \ldots, \mathrm{i}, -\mathrm{i}, \ldots, -\mathrm{i}, 0, \ldots, 0) \in \mathsf{M}_n(\mathbb{C})$ kongruent, $0 \leq p \leq p+q \leq n$.

12. Sei Φ eine positiv (bzw. negativ) semidefinite hermitesche Form auf dem $\mathbb{K}$–Vektorraum V. Dann gilt: Der Ausartungsraum $V^\perp$ von Φ ist gleich dem isotropen Kegel von Φ. Die auf $\tilde{V} := V/V^\perp$ induzierte Form ist positiv (bzw. negativ) definit. (Man benutze die Schwarzsche Ungleichung, vgl. Beispiel 4.)

13. Auf $\mathsf{M}_n(\mathbb{K})$, $n \in \mathbb{N}$, wird durch $<\mathbf{A}, \mathbf{B}> := \operatorname{Sp}(\mathbf{A}\overline{B})$ eine hermitesche Form Φ definiert. Auf dem Raum der symmetrischen Matrizen in $\mathrm{M}_n(\mathbb{K})$ ist Φ positiv definit, auf dem Raum der schiefsymmetrischen Matrizen in $\mathsf{M}_n(\mathbb{K})$ ist Φ negativ definit. Es ist $\mathsf{M}_n(\mathbb{K})$ bezüglich Φ die orthogonale direkte Summe dieser Räume. Der Typ von Φ ist $\left(\binom{n+1}{2}, \binom{n}{2}\right)$.

14. Seien V ein $\mathbb{K}$–Vektorraum der Dimension n und Φ eine nicht ausgeartete hermitesche Form auf V. Sei ferner $x_1, \ldots, x_n$ eine Basis von V und $D_i = \operatorname{Det}(\Phi(x_\mu, x_\nu))_{1\leq\mu,\nu\leq i}$, $i = 0, \ldots, n$.

a) Ist $n = 2$ und $D_1 = 0$, so ist $D_2 < 0$ und Φ vom Typ $(1,1)$.

b) Ist $n = 3$ und $D_1 = D_2 = 0$, so ist Φ vom Typ $(1,2)$ bei $D_3 > 0$ und vom Typ $(2,1)$ bei $D_3 < 0$.

c) Sei $n \geq 1$ beliebig, und in der Folge $1 = D_0, D_1, \ldots, D_n \neq 0$ seien jeweils höchstens zwei aufeinanderfolgende Zahlen gleich 0. Ist $D_i = D_{i+1} = 0$ und haben D_{i-1}, D_{i+2} gleiches Vorzeichen, so ersetze man in der Folge $D_0, \ldots, D_n$ die beiden Nullen D_i, D_{i+1} durch von 0 verschiedene reelle Zahlen, deren Vorzeichen verschieden sind von dem von D_{i-1}. Ist dann q die Anzahl der Vorzeichenwechsel in der so gewonnenen Folge $D'_0, \ldots, D'_n$, so ist Φ vom Typ $(n-q, q)$. (Man schließe ähnlich wie beim Beweis von 72.4. Ist $D_{n-2} \neq 0$ und $D_{n-1} = 0$, so betrachte man $V_{n-2} \subseteq V_{n-1} = V_{n-2} \oplus (V_{n-2}^\perp \cap V_{n-1}) \subseteq V_n = V = V_{n-2} \oplus V_{n-2}^\perp$, wobei $V_i := \mathbb{K}x_1 + \cdots + \mathbb{K}x_i$, $i = 0, \ldots, n$, gesetzt ist, und analog verfahre man bei $D_{n-3} \neq 0$, $D_{n-2} = D_{n-1} = 0$. Man beachte, daß die Anzahl der Vorzeichenwechsel in einer endlichen Folge reeller Zahlen definitionsgemäß gleich der Anzahl der Vorzeichenwechsel in derjenigen Folge ist, die man durch Streichen der Nullen in der Ausgangsfolge erhält. Ferner sei bemerkt, daß bei $D_{i-1}D_{i+1} \neq 0$, aber $D_i = 0$ notwendigerweise $D_{i-1}D_{i+1} < 0$ ist.)

d) Sei $n = 4$ und $D_1 = D_2 = D_3 = 0$. Man zeige durch Beispiele, daß das Vorzeichen von D_4 allein nicht den Typ von Φ bestimmt.

e) Man bestimme den Typ der hermiteschen $(n \times n)$-Matrix

$$\begin{pmatrix} 0 & b & & & & \\ \bar{b} & 0 & b & & & \\ & \bar{b} & 0 & b & & \\ & & & \ddots & & \\ & & & \bar{b} & 0 & b \\ & & & & \bar{b} & 0 \end{pmatrix}, \quad b \in \mathbb{C}, \; b \neq 0 .$$

(Vgl. auch Aufgabe 25b).)

15. a) Sei Φ eine reell-symmetrische Bilinearform vom Typ (p, q) auf dem endlichdimensionalen reellen Vektorraum V. Dann ist die hermitesche Komplexifizierung $\Phi_{(\mathbb{C})}$ eine komplex-hermitesche Form vom gleichen Typ (p, q) auf $V_{(\mathbb{C})}$. Insbesondere ist $\Phi_{(\mathbb{C})}$ genau dann positiv (bzw. negativ) definit, wenn dies für Φ gilt. (Diese letzte Aussage gilt auch, wenn V nicht endlichdimensional ist.)

b) Sei Φ eine komplex-hermitesche Form vom Typ (p, q) auf dem endlichdimensionalen Vektorraum V. Dann ist $\operatorname{Re}\Phi : (x, y) \mapsto \operatorname{Re}(\Phi(x, y))$ eine reell-symmetrische Bilinearform vom Typ $(2p, 2q)$ auf dem durch Skalareneinschränkung aus V gewonnenen reellen Vektorraum. (Vgl. hierzu auch §71, Aufgabe 37.) Genau dann ist $\operatorname{Re}\Phi$ positiv (bzw. negativ) definit, wenn dies für Φ gilt. (Diese letzte Aussage gilt auch, wenn V nicht endlichdimensional ist.)

16. Sei $(a_{ij}) \in \mathsf{M}_n(\mathbb{K})$ eine positiv (bzw. negativ) definite hermitesche Matrix. Dann gibt es ein $\epsilon > 0$ mit folgender Eigenschaft: Ist $(b_{ij}) \in \mathsf{M}_n(\mathbb{K})$ eine hermitesche Matrix mit $|a_{ij} - b_{ij}| \leq \epsilon$ für alle i, j, so ist auch (b_{ij}) positiv (bzw. negativ) definit. (Man benutze 72.5. Die Determinantenfunktionen sind stetig. — Für Verallgemeinerungen vgl. die folgende Aufgabe 17 und §76, Beispiel 8.)

17. Sei $\mathbf{A} = (a_{ij}) \in \mathsf{M}_n(\mathbb{K})$ eine *nicht ausgeartete* hermitesche Matrix vom Typ (p, q). Dann gibt es ein $\epsilon > 0$ mit folgender Eigenschaft: Ist $\mathbf{B} = (b_{ij}) \in \mathsf{M}_n(\mathbb{K})$ eine hermitesche Matrix mit $|a_{ij} - b_{ij}| \leq \epsilon$, so ist auch $\mathbf{B}$ vom Typ (p, q). (Seien W_+ bzw. W_- Unterräume im $\mathbb{K}^n$ der Dimension p bzw. $q = n - p$ derart, daß die Beschränkungen der durch $\mathbf{A}$ definierten Form auf W_+ bzw. W_- positiv bzw. negativ definit sind. Nach Aufgabe 16 gibt es dann ein $\epsilon > 0$ derart, daß auch die Beschränkungen der durch die Matrizen $\mathbf{B}$ definierten Formen auf W_+ bzw. W_- positiv bzw. negativ definit sind. Bemerkung. Vgl. Aufgabe 23 und §76, Beispiel 9 für andere Beweise. — Man kann das Ergebnis dieser Aufgabe auch so ausdrücken: *Die nicht ausgearteten hermiteschen Matrizen eines festen Typs in* $\mathsf{M}_n(\mathbb{K})$ *bilden jeweils eine offene Menge im Raum aller hermiteschen Matrizen in* $\mathsf{M}_n(\mathbb{K})$. Es folgt: *Ist* $\gamma : [a, b] \to \mathsf{M}_n(\mathbb{K})$ *eine stetige Abbildung des Intervalls* $[a, b] \subseteq \mathbb{R}$ *und sind alle Matrizen* $\gamma(t)$, $t \in [a, b]$, *hermitesch und nicht ausgeartet, so haben die* $\gamma(t)$ *alle den gleichen Typ.*)

18. a) Sei $\mathbf{A} = (a_{ij}) \in \mathsf{M}_n(\mathbb{K})$ eine nicht ausgeartete hermitesche Matrix, deren Elemente unterhalb der Nebendiagonalen alle gleich 0 sind (also mit $a_{ij} = 0$ für $i + j > n + 1$). Ist $n = 2m$ gerade, so ist $\mathbf{A}$ vom Typ (m, m). Ist $n = 2m + 1$ ungerade, so ist $\mathbf{A}$ vom Typ $(m + 1, m)$ bzw. vom Typ $(m, m + 1)$ je nachdem, ob das zentrale Element $a_{m+1,m+1}$ positiv bzw. negativ ist. Ein analoges Resultat gilt, wenn alle Elemente oberhalb der Nebendiagonalen verschwinden. (Mit Aufgabe 17 zeige man zunächst, daß der Typ von $\mathbf{A}$ unabhängig ist von den Elementen oberhalb der Nebendiagonalen; man kann demnach annehmen, daß diese auch verschwinden.)

b) Seien $a_1, \ldots, a_n \in \mathbb{R}$ paarweise verschieden, $n \geq 2$. Dann ist die Matrix $(|a_j - a_i|)_{1 \leq i,j \leq n} \in \mathsf{M}_n(\mathbb{R})$ vom Typ $(1, n-1)$.

c) Für die hermitesche Matrix $(a_{ij}) \in \mathsf{M}_n(\mathbb{K})$ gelte $|a_{ii}| > \sum_{j \neq i} |a_{ij}|$, $i = 1, \ldots, n$. Dann ist (a_{ij}) vom Typ $(p, n-p)$, wobei p die Anzahl der i mit $a_{ii} > 0$ ist. (Vgl. §48, Aufgabe 6.)

19. Man beweise folgende Verallgemeinerung von 72.4. Sei $\mathbf{A} \in \mathsf{M}_n(\mathbb{K})$ eine nicht ausgeartete hermitesche Matrix. Mit $\mathbf{A}_i$ sei die Matrix bezeichnet, die aus $\mathbf{A}$ durch Streichen der letzten $n - i$ Spalten und Zeilen entsteht, $i = 0, \ldots, n$. Ferner sei

$$\mathrm{Det}(X\mathbf{E}_i + \mathbf{A}_i) = \chi_{-\mathbf{A}_i} = D_i^{(d_i)} X^{d_i} + \cdots + X^i\,, \quad D_i^{(d_i)} \neq 0\,,$$

$i = 0, \ldots, n$. Dann ist $\mathbf{A}$ vom Typ $(n-q, q)$, wobei q die Anzahl der Vorzeichenwechsel in der Folge

$$1 = D_0^{(0)}, D_1^{(d_1)}, \ldots, D_n^{(d_n)} = \mathrm{Det}\,\mathbf{A}$$

ist. (Man betrachte die Matrizen $\mathbf{A} + \epsilon \mathbf{E}_n$ für kleine positive ϵ.)

20. Seien V ein endlichdimensionaler $\mathbb{K}$–Vektorraum mit der Basis x_i, $i \in I$, und $<-,->$ eine hermitesche Form auf V. Für eine Teilmenge $J \subseteq I$ sei $x_J := \sum_{i \in J} x_i$ und $V_J := \sum_{i \in J} \mathbb{K} x_i$.

a) Ist $<x_i, x_i> \; > \sum_{j \in I, j \neq i} |<x_i, x_j>|$ für alle $i \in I$, so ist $<-,->$ positiv definit. (Aufgabe 18c).)

b) Sei $\mathbb{K} = \mathbb{R}$ und $<x_i, x_j> \; \leq 0$ für alle $i \neq j$. Ist $\sum_{j \in I} <x_i, x_j> \; = \; <x_i, x_I> \; > 0$ für alle $i \in I$, so ist $<-,->$ positiv definit.

c) Sei weiter $\mathbb{K} = \mathbb{R}$ und $<x_i, x_j> \; \leq 0$ für $i \neq j$. Wir ordnen der Gramschen Matrix $(<x_i, x_j>)_{i,j \in I}$ den folgenden Graphen Γ mit der Eckenmenge I zu (Zum Begriff des Graphen vgl. Anhang IV.E.): Genau dann ist $\{i, j\}$, $i \neq j$, eine Kante von Γ, wenn $<x_i, x_j> \; = \; <x_j, x_i> \; \neq 0$ ist. Die Zusammenhangskomponenten des so gewonnenen Graphen seien $I_1, \ldots, I_r$. Sei nun $<x_i, x_I> \; \geq 0$ für alle $i \in I$. Dann gilt: $<-,->$ ist positiv semidefinit. Der Ausartungsraum von $<-,->$ wird erzeugt von denjenigen Vektoren unter den x_{I_ρ}, $\rho = 1, \ldots, r$, für die gilt: $<x_i, x_{I_\rho}> \; = 0$ für alle $i \in I_\rho$. Insbesondere gilt: (1) Ist $r = 1$ (der Graph also zusammenhängend), so ist $<-,->$ positiv definit, falls überdies $<x_i, x_I> \; > 0$ für wenigstens ein $i \in I$ ist, und positiv semidefinit mit dem Ausartungsraum $\mathbb{R} x_I$, falls $<x_i, x_I> \; = 0$ für alle $i \in I$ ist. (2) Ist $<x_i, x_I> \; = 0$ für alle $i \in I$, so ist $<-,->$ positiv semidefinit des Ranges $\mathrm{Dim}_{\mathbb{R}} V - r$, und der Ausartungsraum wird von x_{I_ρ}, $\rho = 1, \ldots, r$, erzeugt. (Man beachte $V = \bigoplus_{\rho=1}^{r} V_{I_\rho}$ und orientiere sich am Hinweis zu Aufgabe 6 in §48.)

21. Sei V ein endlichdimensionaler $\mathbb{K}$–Vektorraum mit einer positiv definiten hermiteschen Form Φ. Ist f ein trigonalisierbarer Operator auf V, so gibt es eine Orthonormalbasis von V, in der die Matrix von f eine obere Dreiecksmatrix ist. (Ist $x_1, \ldots, x_n$ eine Basis von V, in der die Matrix von f eine obere

Dreiecksmatrix ist, so wende man auf diese das Schmidtsche Orthogonalisierungsverfahren aus §71, Beispiel 7 an. Erhält man dabei die Basis $x'_1, \ldots, x'_n$, so ist $x'_1/\sqrt{\Phi(x'_1, x'_1)}, \ldots, x'_n/\sqrt{\Phi(x'_n, x'_n)}$ eine Basis der gewünschten Art.)

22. Sei I eine endliche Menge. Zwei Matrizen $\mathbf{A}, \mathbf{B} \in \mathsf{M}_I(\mathbb{K})$ heißen unitär ähnlich, wenn es eine unitäre Matrix $\mathbf{U} \in \mathsf{U}_I(\mathbb{K})$ mit $\mathbf{B} = \mathbf{U}\mathbf{A}\mathbf{U}^{-1}$ gibt, und unitär kongruent, wenn es eine unitäre Matrix $\mathbf{V} \in \mathsf{U}_I(\mathbb{K})$ mit $\mathbf{B} = {}^t\mathbf{V}^{-1}\mathbf{A}\overline{\mathbf{V}}^{-1}$ gibt.

a) Zwei Matrizen $\mathbf{A}, \mathbf{B} \in \mathsf{M}_I(\mathbb{K})$ sind genau dann unitär ähnlich, wenn sie unitär kongruent sind.

b) Jede trigonalisierbare Matrix $\mathbf{A} \in \mathsf{M}_n(\mathbb{K})$ ist unitär ähnlich zu einer oberen Dreiecksmatrix. (Man wende Aufgabe 21 auf die Standardform des $\mathbb{K}^n$ an.)

c) Sei $\mathbf{A} \in \mathsf{M}_n(\mathbb{K})$ hermitesch. Ist $\mathbb{K} = \mathbb{C}$, so ist $\mathbf{A}$ unitär ähnlich und folglich unitär kongruent zu der Diagonalmatrix $\mathrm{Diag}(a_1, \ldots, a_n)$, wobei die $a_1, \ldots, a_n$ die (notwendigerweise reellen) Eigenwerte von $\mathbf{A}$ sind, jeder Eigenwert so oft gezählt, wie seine Vielfachheit im charakteristischen Polynom $\chi_{\mathbf{A}}$ von $\mathbf{A}$ angibt. Insbesondere ist $\mathbf{A}$ diagonalisierbar. Man folgere das analoge Ergebnis für $\mathbb{K} = \mathbb{R}$. (Eine symmetrische Matrix aus $\mathsf{M}_n(\mathbb{R})$ ist hermitesch in $\mathsf{M}_n(\mathbb{C})$. — Bemerkung. Das hier bewiesene Resultat über die sogenannte Hauptachsentransformation hermitescher Matrizen werden wir in §79 in einem allgemeineren Rahmen noch einmal gewinnen.)

d) Sei $\mathbf{A} \in \mathsf{M}_n(\mathbb{K})$ hermitesch. Dann ist $\mathbf{A}$ vom Typ (p, q), wobei p die Anzahl der positiven und q die Anzahl der negativen Eigenwerte von $\mathbf{A}$ ist, jeder Eigenwert mit seiner Vielfachheit in $\chi_{\mathbf{A}}$ gerechnet.

23. Man löse Aufgabe 16 (und damit auch Aufgabe 17) mit Hilfe von Aufgabe 22d). (Man benutze die Stetigkeit der Nullstellen eines Polynoms, §54, Bemerkung 7. Mit der Verschärfung in §76, Aufgabe 52 gewinnt man das Ergebnis der Aufgabe 17 direkt mit Aufgabe 22d).)

24. Sei $\mathbf{A} \in \mathsf{M}_n(\mathbb{K})$ hermitesch und

$$\chi_{\mathbf{A}} = c_0 + c_1 X + \cdots + c_{n-1} X^{n-1} + X^n \in \mathbb{R}[X]$$

das charakteristische Polynom von $\mathbf{A}$. Dann ist $\mathbf{A}$ vom Typ (p, q), wobei p die Anzahl der Vorzeichenwechsel in der Folge $c_0, c_1, \ldots, c_{n-1}, c_n = 1$ und q die Anzahl der Vorzeichenwechsel in der Folge $c_0, -c_1, \ldots, (-1)^{n-1}c_{n-1}, (-1)^n$ ist. Ist $c_0 = \cdots = c_{r-1} = 0$, $c_r \neq 0$, so ist $p + q = n - r$. (Aufgabe 22d) und 57.15.)

25. a) Man löse Aufgabe 8 mit Aufgabe 22d). Allgemeiner gebe man den Typ einer Matrix $\mathbf{A} - t\mathbf{E}_n$, $t \in \mathbb{R}$, an, wobei $\mathbf{A} \in \mathsf{M}_n(\mathbb{K})$ eine hermitesche Matrix vom Rang ≤ 1 ist.

b) Man bestimme den Typ der $(n \times n)$–Matrix

$$\begin{pmatrix} a & b & & & & \\ \overline{b} & a & b & & & \\ & \overline{b} & a & b & & \\ & & & \ddots & & \\ & & & \overline{b} & a & b \\ & & & & \overline{b} & a \end{pmatrix}, \quad a \in \mathbb{R},\ b \in \mathbb{C},\ b \neq 0.$$

(Vgl. §66, Aufgabe 35.)

Für die Aufgaben 26 bis 29 werden folgende Bezeichnungen aus dem Bereich der Analysis benutzt: U sei stets eine offene Menge im $\mathbb{R}^n$, $n \geq 1$, und $g: U \to \mathbb{R}$ eine zweimal stetig differenzierbare Funktion, d.h. die partiellen Ableitungen $\partial_i g = \partial g/\partial t_i$ und die zweifachen partiellen Ableitungen $\partial_i \partial_j g = \partial^2 g/\partial t_i \partial t_j$ mögen für alle i, j mit $1 \leq i, j \leq n$ in allen Punkten $t \in U$ existieren und stetige Funktionen definieren. In jedem Punkt $t_0 \in U$ existiert dann das totale Differential $\mathrm{d}_{t_0} g$. Dies ist die Linearform $\mathbb{R}^n \to \mathbb{R}$ mit $e_i \mapsto \partial_i g(t_0)$, $i = 1, \ldots, n$, wobei $e_1, \ldots, e_n$ die Standardbasis des $\mathbb{R}^n$ ist. Der Wert

$$(d_{t_0} g)(u) = \lim_{\substack{h \to 0 \\ h \neq 0}} \frac{g(t_0 + hu) - g(t_0)}{h} = \sum_{i=1}^{n} \partial_i g(t_0) u_i$$

für $u = (u_1, \ldots, u_n) \in \mathbb{R}^n$ ist die (Richtungs-)Ableitung von g im Punkt t_0 in Richtung u. Sie wird mit

$$\mathrm{D}_u g(t_0)$$

bezeichnet. Die partiellen Ableitungen $\partial_i g$ sind die Richtungsableitungen $\mathrm{D}_{e_i} g$. Ist $d_{t_0} g \neq 0$, so heißt $t_0 \in U$ ein **regulärer Punkt** von g, andernfalls heißt g in t_0 **singulär** (vgl. §48, Aufgabe 15d)). Voraussetzungsgemäß existieren für beliebige $u, v \in \mathbb{R}^n$ die zweifachen Richtungsableitungen $\mathrm{D}_u \mathrm{D}_v g$ auf U. Für festes $t_0 \in G$ ist die Abbildung $\mathbb{R}^n \times \mathbb{R}^n \to \mathbb{R}$ mit

$$(u, v) \mapsto \mathrm{D}_u \mathrm{D}_v g(t_0)$$

bilinear (das ist trivial) und symmetrisch (sogenannter **Satz von Schwarz**, vgl. [53], Theorem 52.3). Die so definierte symmetrische Bilinearform auf dem $\mathbb{R}^n$ heißt die **Hesseform** von g im Punkt $t_0 \in U$. Sie wird mit

$$\mathrm{Hess}_{t_0} g$$

bezeichnet. Die Gramsche Matrix von $\mathrm{Hess}_{t_0} g$ bezüglich der Standardbasis ist die (symmetrische) **Hesse-Matrix**

$$\begin{pmatrix} \partial_1 \partial_1 g(t_0) & \cdots & \partial_1 \partial_n g(t_0) \\ \vdots & \ddots & \vdots \\ \partial_n \partial_1 g(t_0) & \cdots & \partial_n \partial_n g(t_0) \end{pmatrix}.$$

26. (**Lokale Extrema**) Sei $g: U \to \mathbb{R}$ in $t_0 \in U$ singulär. Ist die Hesseform $\mathrm{Hess}_{t_0} g$ von g in t_0 positiv (bzw. negativ) definit, so hat g in t_0 ein isoliertes lokales Minimum (bzw. Maximum), d.h. es ist $g(t_0) < g(t)$ (bzw. $g(t_0) > g(t)$) für alle $t \neq t_0$ in einer Umgebung von t_0. Ist $\mathrm{Hess}_{t_0} g$ in t_0 indefinit, so hat g in t_0 kein lokales Extremum. (Sei $u \in \mathbb{R}^n$, $u \neq 0$. Die in einer Umgebung I von $0 \in \mathbb{R}$ definierte Funktion $h \mapsto g(t_0 + hu)$ hat in $h \in I$ die erste Ableitung $\mathrm{D}_u g(t_0 + hu)$ und die zweite Ableitung $\mathrm{D}_u \mathrm{D}_u g\,(t_0 + hu) = \mathrm{Hess}_{t_0 + hu}\, g\,(u, u)$. Nun benutze man die Taylor-Formel (für die eine Variable h):

$$\begin{aligned} g(t_0 + hu) &= g(t_0) + \mathrm{D}_u g(t_0) h + \mathrm{Hess}_{t_0 + \vartheta h u}\, g\,(u, u) \frac{h^2}{2} \\ &= g(t_0) + \mathrm{Hess}_{t_0 + \vartheta h u}\, g\,(u, u) \frac{h^2}{2} \end{aligned}$$

mit einem ϑ, $0 < \vartheta < 1$, und beachte noch Aufgabe 16.)

27. (Konvexe und konkave Funktionen) $g: U \to \mathbb{R}$ heißt konvex (bzw. konkav), wenn der Epigraph

$$\Gamma_{\geq g} := \{(t, s) \in U \times \mathbb{R} : s \geq g(t)\}$$

(bzw. der Subgraph $\Gamma_{\leq g} := \{(t, s) \in U \times \mathbb{R} : s \leq g(t)\}$) von g konvex ist (vgl. §43).

a) Genau dann ist g konvex (bzw. konkav), wenn U konvex ist und folgendes gilt: Sind $t_1, \ldots, t_m \in U$ und $\lambda_1, \ldots, \lambda_m \in \mathbb{R}$ mit $\lambda_1, \ldots, \lambda_m \geq 0$, $\lambda_1 + \cdots + \lambda_m = 1$, so ist

$$g(\lambda_1 t_1 + \cdots + \lambda_m t_m) \leq \lambda_1 g(t_1) + \cdots + \lambda_m g(t_m)$$

(bzw. $\geq \lambda_1 g(t_1) + \cdots + \lambda_m g(t_m)$). (Ist g konvex (bzw. konkav), so liegt der Punkt $\lambda_1(t_1, g(t_1)) + \cdots + \lambda_m(t_m, g(t_m))$ in $\Gamma_{\geq g}$ (bzw. $\Gamma_{\leq g}$), vgl. 43.7.)

b) Genau dann ist g konvex (bzw. konkav), wenn U konvex ist und die Hesseform $\mathrm{Hess}_{t_0} g$ von g für alle $t_0 \in U$ positiv (bzw. negativ) semidefinit ist. (Man führe die Aussage auf den (aus der Schule bekannten) Fall einer Veränderlichen zurück. — Ist $\mathrm{Hess}_{t_0} g$ sogar überall positiv (bzw. negativ) definit, so sagt man, g sei streng konvex (bzw. streng konkav). In diesem Fall gilt in den in a) angegebenen Ungleichungen das Gleichheitszeichen nur dann, wenn die Punkte t_μ, für die $\lambda_\mu \neq 0$ ist, alle gleich sind. Beweis! Beispiel. Die Funktion $t \mapsto \mathrm{e}^t$ ist streng konvex wegen $(\mathrm{e}^t)'' = \mathrm{e}^t > 0$ für alle $t \in \mathbb{R}$. Folglich gilt: Sind $\lambda_1, \ldots, \lambda_m$ positive reelle Zahlen mit $\lambda_1 + \cdots + \lambda_m = 1$ und sind $t_1, \ldots, t_m \in \mathbb{R}$ beliebige reelle Zahlen, so ist $\mathrm{e}^{\lambda_1 t_1} \cdots \mathrm{e}^{\lambda_m t_m} \leq \lambda_1 \mathrm{e}^{t_1} + \cdots + \lambda_m \mathrm{e}^{t_m}$ und das Gleichheitszeichen gilt nur, wenn alle t_μ gleich sind. Oder anders ausgedrückt: Für positive reelle Zahlen $a_1 (= \mathrm{e}^{t_1}), \ldots, a_m (= \mathrm{e}^{t_m})$ und $\lambda_1, \ldots, \lambda_m$ mit $\lambda_1 + \cdots + \lambda_m = 1$ ist $a_1^{\lambda_1} \cdots a_m^{\lambda_m} \leq \lambda_1 a_1 + \cdots + \lambda_m a_m$, und das Gleichheitszeichen gilt nur, wenn alle a_μ gleich sind. Speziell erhält man für $\lambda_1 = \cdots = \lambda_m = \frac{1}{m}$: Es ist $(a_1 \cdots a_m)^{1/m} \leq \frac{1}{m}(a_1 + \cdots + a_m)$ — Satz vom arithmetischen und geometrischen Mittel.)

28. Seien $\alpha = (\alpha_1, \ldots, \alpha_n)$ ein n-Tupel reeller Zahlen zu $n \in \mathbb{N}_+$ und $g = g_\alpha$ die Potenzfunktion $(\mathbb{R}_+)^n \to \mathbb{R}_+$ mit $(t_1, \ldots, t_n) \mapsto t_1^{\alpha_1} \cdots t_n^{\alpha_n}$.

a) Genau dann ist g_α konkav (bzw. streng konkav), wenn gilt: $0 \leq \alpha_\nu$, $\nu = 1, \ldots, n$; $\alpha_1 + \cdots + \alpha_n \leq 1$ (bzw. $0 < \alpha_\nu$, $\nu = 1, \ldots, n$; $\alpha_1 + \cdots + \alpha_n < 1$).

b) Genau in den folgenden beiden Fällen ist g_α konvex (bzw. streng konvex):

(1) Es ist $\alpha_\nu \leq 0$, $\nu = 1, \ldots, n$ (bzw. $\alpha_\nu < 0$, $\nu_1, \ldots, n$).

(2) Es ist $\alpha_\nu \leq 0$ für alle $\nu = 1, \ldots, n$ bis auf einen Index ν_0, und es ist $1 \leq \alpha_1 + \cdots + \alpha_n$ (bzw. es ist $\alpha_\nu < 0$ für alle $\nu = 1, \ldots, n$ bis auf einen Index ν_0, und es ist $1 < \alpha_1 + \cdots + \alpha_n$).

(Bemerkung. Die Funktionen g_α, die konkav sind, also die in a) angegebenen Bedingungen erfüllen, werden gelegentlich für wirtschaftstheoretische Modelle benutzt und heißen in diesem Zusammenhang Cobb-Douglas-Funktionen.)

29. $g: U \to \mathbb{R}$ heißt eine Morse-Funktion, wenn die Hesseform von g in den singulären Punkten von g nicht ausgeartet ist. Ist t_0 ein singulärer Punkt der Morsefunktion g und ist $\mathrm{Hess}_{t_0} g$ vom Typ $(n-q, q)$, so heißt q der Morse-Index von g in t_0.

a) Sei $g: \mathbb{R}^n \to \mathbb{R}$ eine quadratische Form. Genau dann ist g eine Morsefunktion, wenn die zugehörige symmetrische Bilinearform (das ist $\frac{1}{2}\mathrm{Hess}_0 g$) nicht ausgeartet ist. In desem Fall ist 0 der einzige singuläre Punkt von g, und der Morse-Index von g im Punkt 0 ist der Morse–Index der symmetrischen Bilinearform, die zu g gehört.

b) Man bestimme den Typ der Hesseformen in den singulären Punkten folgender Funktionen g:

(1) $g(t_1,\ldots,t_n) = g_1(t_1)+\cdots+g_n(t_n)$, $a_i < t_i < b_i$, $i=1,\ldots,n$, wobei die Funktionen $g_i\colon]a_i,b_i[\to \mathbb{R}$ zweimal stetig differenzierbar sind.

(2) $g(t_1,\ldots,t_n) = g_1(t_1)\cdots g_n(t_n)$, $a_i < t_i < b_i$, $i=1,\ldots,n$, mit Funktionen g_i wie in (1).

(3) $g(t_1,\ldots,t_n) = (t_1^2+\cdots+t_n^2)\exp(\lambda_1 t_1^2+\cdots+\lambda_n t_n^2)$, $(t_1,\ldots,t_n)\in\mathbb{R}^n$, mit $\lambda_1,\ldots,\lambda_n\in\mathbb{R}$.

(4) $g(t_1,\ldots,t_n) = t_1^m+\cdots+t_n^m+t_1\cdots t_n$, $(t_1,\ldots,t_n)\in\mathbb{R}^n$, mit $m\in\mathbb{N}_+$.

c) Seien $F: U\to U'$ ein zweimal stetig differenzierbarer Diffeomorphismus der offenen Menge $U\subseteq\mathbb{R}^n$ auf die offene Menge $U'\subseteq\mathbb{R}^n$ und $g'\colon U'\to\mathbb{R}$ eine zweimal stetig differenzierbare Funktion. Ist für ein $t_0\in U$ die Funktion g' in $t_0' := F(t_0)$ singulär, so sind die Hesseformen von $g := g'\circ F$ in t_0 und von g' in t_0' kongruent. Insbesondere sind die Morse–Indizes invariant gegenüber Diffeomorphismen.

§73 Räume mit Skalarprodukt

Wie im vorigen Paragraphen bezeichne $\mathbb{K}$ den Körper $\mathbb{R}$ oder $\mathbb{C}$. Eine hermitesche Form ist im reellen Fall eine symmetrische Bilinearform und im komplexen Fall eine komplex–hermitesche (Sesquilinear–)Form.

Definition Eine positiv definite hermitesche Form auf einem $\mathbb{K}$–Vektorraum V heißt ein Skalarprodukt auf V. Ein $\mathbb{K}$–Vektorraum V zusammen mit einem Skalarprodukt auf V heißt ein Prähilbert–Raum oder ein Raum mit Skalarprodukt. Ein endlichdimensionaler reeller Prähilbert–Raum heißt auch ein euklidischer Raum und ein endlichdimensionaler komplexer Prähilbert–Raum ein unitärer Raum.

Hilberträume werden in §76 definiert. Endlichdimensionale Prähilberträume sind stets Hilberträume, vgl. §76, Beispiel 11.

In diesem Paragraphen bezeichnet V stets einen Prähilbert–Raum. Das Skalarprodukt bezeichnen wir im allgemeinen mit $<-,->$. Es ist nicht ausgeartet. Insbesondere definiert es eine vollständige Dualität, wenn V endlichdimensional ist.

Aus einem komplexen Prähilbertraum gewinnt man in natürlicher Weise durch Skalareneinschränkung einen reellen Prähilbertraum, der als solcher das Skalarprodukt $(x,y)\mapsto \mathrm{Re}<x,y>$ trägt, vgl. §72, Aufgabe 15b). Ist V ein unitärer Raum der (komplexen) Dimension n, so ist V ein euklidischer Raum der (reellen) Dimension $2n$.

Aus einem reellen Prähilbertraum V gewinnt man umgekehrt durch Komplexifizierung den komplexen Prähilbertraum $V_{(\mathbb{C})}$. Jedes Element in $V_{(\mathbb{C})} = \mathbb{C} \otimes_{\mathbb{R}} V = V \oplus \mathrm{i}V$ hat die Gestalt $x + \mathrm{i}y$ mit eindeutig bestimmten Elementen $x, y \in V$, vgl. §81, Beispiel 1, und es ist

$$<u + \mathrm{i}v, x + \mathrm{i}y> = <u, x> + <v, y> + \mathrm{i}(<v, x> - <u, y>)$$

für $u, v, x, y \in V$, vgl. §72, Aufgabe 15a).

Jeder Teilraum eines Prähilbertraums ist in natürlicher Weise ebenfalls ein Prähilbertraumm.

Prähilberträume endlicher oder abzählbar unendlicher Dimension besitzen stets Orthonormalbasen. Aus einer beliebigen endlichen Basis $x_1, \ldots, x_n$ oder abzählbar unendlichen Basis $x_1, x_2, x_3, \ldots$ gewinnt man eine Orthonormalbasis auf algorithmischem Wege durch das Schmidtsche Orthogonalisierungsverfahren aus §71, Beispiel 7. Wie es dort beschrieben wurde, liefert es zunächst nur eine Ortho*gonal*basis. Wegen $<x/\sqrt{<x,x>}, x/\sqrt{<x,x>}> = 1$ für alle $x \neq 0$ gewinnt man aber aus einer Orthogonalbasis durch *Normieren* unmittelbar eine Ortho*normal*basis. Insgesamt sind damit die Elemente der nach diesem modifizierten Verfahren, dem sogenannten Schmidtschen Orthonormalisierungsverfahren gewonnenen Orthonormalbasis $y_1, \ldots, y_n$ bw. $y_1, y_2, y_3, \ldots$ rekursiv folgendermaßen bestimmt:

$$y_1 := \frac{x'_1}{\sqrt{<x'_1, x'_1>}} \quad \text{mit} \quad x'_1 := x_1 \,,$$

$$y_{i+1} := \frac{x'_{i+1}}{\sqrt{<x'_{i+1}, x'_{i+1}>}} \quad \text{mit} \quad x'_{i+1} := x_{i+1} - \sum_{j=1}^{i} <x_{i+1}, y_j> y_j \,.$$

Für einen beliebigen Vektor x eine Prähilbertraumes V setzen wir

$$\|x\| := \sqrt{<x, x>} \,.$$

$\|x\|$ heißt die Norm oder auch die Länge von x. Genau dann ist $\|x\| = 0$, wenn $x = 0$ ist. Ferner ist offenbar

$$\|ax\| = |a| \|x\|$$

für alle $a \in \mathbb{K}$ und alle $x \in V$. Die Funktion $x \mapsto \|x\|$ heißt die zum Skalarprodukt $<-,->$ gehörende Norm(funktion). Nach 71.2 ist das Skalarprodukt durch die zugehörige Norm eindeutig bestimmt. Ein Element $x \in V$ mit $\|x\| = 1$ heißt normiert oder ein Einheitsvektor. Ist $x \neq 0$, so ist $x/\|x\|$ normiert. $x/\|x\|$ heißt der zu x ($\neq 0$) gehörende normierte Vektor. Den schon oben beim Schmidtschen Orthonormalisierungsverfahren benutzten Übergang von x zu $x/\|x\|$ bezeichnet man als Normieren. Die Menge der normierten Vektoren von V heißt die Einheitssphäre von V.

73.1 Satz des Pythagoras *Sei x_i, $i \in I$, eine endliche orthogonale Familie im Prähilbertraum V. Dann gilt:*

$$\Big\| \sum_{i \in I} x_i \Big\|^2 = \sum_{i \in I} \|x_i\|^2 \,.$$

Beweis. Ohne Einschränkung sei Kard $I = 2$ (Induktion). Für $x, y \in V$ mit $x \perp y$, d.h. mit $<x,y> = 0 = <y,x>$ ist aber

$$\|x+y\|^2 = <x+y, x+y> = <x,x> + <x,y> + <y,x> + <y,y>$$

$$= \|x\|^2 + \|y\|^2 .$$

•

Aus 73.1 folgt: Ist $V = \bigoplus_{i\in I} V_i$ die orthogonale Summe der Unterräume V_i, $i \in I$, wobei I eine beliebige Indexmenge ist, so gilt für jedes $x \in V$, $x = \sum_{i\in I} x_i$, $x_i \in V_i$:

$$\|x\|^2 = \sum_{i\in I} \|x_i\|^2 .$$

Insbesondere gilt: Ist x_i, $i \in I$, eine Orthogonalbasis von V, so ist für $x \in V$

$$\|x\|^2 = \sum_{i\in I} |a_i|^2 \|x_i\|^2 , \quad a_i := x_i^*(x) ;$$

ist x_i, $i \in I$, sogar eine Ortho*normal*basis, so hat man einfach

$$\|x\|^2 = \sum_{i\in I} |a_i|^2 , \quad a_i := x_i^*(x) .$$

Ist $V = U \oplus W$, so ist notwendigerweise $W = U^\perp$ und $U = W^\perp$. In einer orthogonalen Zerlegung $V = U \oplus W$ bestimmt also der eine Summand jeweils den anderen: W ist *das* orthogonale Komplement zu U und U *das* orthogonale Komplement zu W. Die Projektion auf W längs $U = W^\perp$ heißt die orthogonale Projektion auf W (vgl. auch §71, Aufgabe 25). Ist $W \subseteq V$ ein Unterraum, so gibt es genau dann eine *orthogonale* Projektion auf W, wenn W ein *orthogonales* Komplement in V besitzt. Ist $W \subseteq V$ endlichdimensional, so besitzt W nach 71.5 ein orthogonales Komplement. Die orthogonale Projektion auf W läßt sich in diesem Fall besonders einfach mit einer Orthonormalbasis von W beschreiben:

73.2 Satz *Seien W ein endlichdimensionaler Unterraum des Prähilbertraumes V und x_i, $i \in I$, eine Orthonormalbasis von W. Dann ist*

$$x \mapsto \sum_{i\in I} <x, x_i> x_i$$

die orthogonale Projektion auf W. Für $x \in V$ ist

$$\sum_{i\in I} |<x, x_i>|^2 \le \|x\|^2 \qquad \text{(Besselsche Ungleichung).}$$

In dieser Ungleichung gilt genau dann das Gleichheitszeichen, wenn $x \in W$ ist (Parsevalsche Gleichung).

B e w e i s. Wir haben für $y := \sum_{i\in I} <x, x_i>x_i \in W$ zu zeigen, daß $x - y$ senkrecht auf x_j für alle $j \in I$ steht. Es ist aber

$$\begin{aligned} <x - y, x_j> &= <x, x_j> - <y, x_j> = <x, x_j> - \sum_{i\in I} <x, x_i><x_i, x_j> \\ &= <x, x_j> - \sum_{i\in I} <x, x_i>\delta_{ij} = <x, x_j> - <x, x_j> = 0\,. \end{aligned}$$

Ferner ist nun nach dem Satz des P y t h a g o r a s

$$\|x\|^2 = \|y + (x - y)\|^2 = \|y\|^2 + \|x - y\|^2 \quad \text{und} \quad \|y\|^2 = \sum_{i\in I} |<x, x_i>|^2\,.$$

Daraus folgt die Besselsche Ungleichung. Das Gleichheitszeichen gilt dabei genau dann, wenn $\|x - y\|^2 = 0$, d.h. $x - y = 0$ ist. Dies ist aber gleichbedeutend mit $x \in W$. •

Bemerkung 1 Für die Beschreibung der orthogonalen Projektion auf einen endlichdimensionalen Unterraum $W \subseteq V$ mittels einer beliebigen Basis von W vergleiche man §71, Beispiel 5. Daraus ergibt sich auch direkt 73.2 als Spezialfall.

73.3 Schwarzsche Ungleichung *Für beliebige Elemente x, y eines Prähilbertraumes V gilt*

$$|<x, y>| \le \|x\|\|y\| \quad (\text{Schwarzsche Ungleichung}).$$

Das Gleichheitszeichen gilt dabei genau dann, wenn x und y linear abhängig sind.

B e w e i s. Wir haben 73.3 bereits in §72, Beispiel 4 bewiesen und geben hier für diese wichtige Aussage zwei weitere Beweise:

(1) Wir können $y \neq 0$ annehmen. Die Besselsche Ungleichung 73.2, angewandt auf den Unterraum $W := \mathbb{K}y$ mit der Orthonormalbasis $y/\|y\|$, ergibt

$$|<x, y/\|y\|>|^2 \le \|x\|^2 \quad \text{oder} \quad |<x, y>|^2 \le \|x\|^2\|y\|^2\,,$$

wobei das Gleichheitszeichen genau dann gilt, wenn $x \in \mathbb{K}y$ ist, d.h. x und y linear abhängig sind.

(2) Seien x, y linear unabhängig und $a := <x, y>/\|y\|$, $\overline{a} = <y, x>/\|y\|$. Dann ist $\|y\|x - ay \neq 0$ und

$$\begin{aligned} 0 < \|(\|y\|x - ay)\|^2 &= <\|y\|x - ay, \|y\|x - ay> \\ &= \|y\|^2\|x\|^2 - a\|y\|<y, x> - \overline{a}\|y\|<x, y> + a\overline{a}\|y\|^2 \\ &= \|y\|^2(\|x\|^2 - 2|a|^2 + |a|^2) = \|y\|\|^2\|x\|^2 - |<x, y>|^2\,. \end{aligned}$$

Sind aber x, y linear abhängig, ist etwa $x = by$, so erhält man unmittelbar $|<x, y>| = |<by, y>| = |b|\|y\|^2 = \|x\|\|y\|$. •

Beispiel 1 Sei I eine Menge. Auf $\mathbb{K}^{(I)}$ ist die Standardform

$$<(a_i),(b_i)> = \sum_{i \in I} a_i \overline{b}_i ,$$

$(a_i),(b_i) \in \mathbb{K}^{(I)}$, ein Skalarprodukt. Es heißt das Standardskalarprodukt. Die Schwarzsche Ungleichung ergibt

$$|\sum_{i \in I} a_i \overline{b}_i|^2 \leq (\sum_{i \in I} |a_i|^2)(\sum_{i \in I} |b_i|^2)$$

für beliebige $(a_i),(b_i) \in \mathbb{K}^{(I)}$. Diese Ungleichung heißt auch Cauchysche Ungleichung.

Beispiel 2 Die in §71, Beispiel 3 beschriebenen Sobolev–Formen sind Skalarprodukte. Speziell für die Integralform auf dem Raum $\mathrm{C}_c^0(I)$ der komplexwertigen stetigen Funktionen auf einem Intervall $I \subseteq \mathbb{R}$, die außerhalb einer (von der jeweiligen Funktion abhängenden) kompakten Teilmenge von I verschwinden, ist $<x, y> = \int_I x(t)\overline{y(t)}\, dt$, $x, y \in \mathrm{C}_c^0(I)$, und die Schwarzsche Ungleichung lautet:

$$\left| \int_I x\overline{y} dt \right|^2 \leq \int_I |x|^2 dt \int_I |y|^2 dt .$$

Betrachten wir jetzt den Vektorraum $\mathcal{L}^2(I)$ der auf I (im Lebesgueschen Sinne) quadratintegrierbaren komplex–wertigen Funktionen, d.h. den Raum der meßbaren Funktionen $x : I \to \mathbb{C}$, für die $\int_I |x|^2 dt < \infty$ ist. Auf $\mathcal{L}^2(I)$ ist durch $<x, y> = \int_I x\overline{y} dt$ eine positiv *semi*definite hermitesche Form definiert. Der Ausartungsraum $\mathcal{N}(I)$ ist nach §72, Aufgabe 12 der Raum der Funktionen $x \in \mathcal{L}^2(I)$ mit $\int_I |x^2| dt = 0$, und das sind bekanntlich genau die (meßbaren) Funktionen, die fast überall, d.h. außerhalb einer (Lebesgueschen) Nullmenge verschwinden. Auf

$$\mathrm{L}^2(I) := \mathcal{L}^2(I)/\mathcal{N}(I)$$

induziert die Integralform ein Skalarprodukt. Wegen $\mathrm{C}_c^0(I) \cap \mathcal{N}(I) = 0$ definiert die kanonische Einbettung $\mathrm{C}_c^0(I) \subseteq \mathcal{L}^2(I)$ eine kanonische Einbettung von $\mathrm{C}_c^0(I)$ in $\mathrm{L}^2(I)$.

Das hier benutzte Verfahren zur Konstruktion des Prähilbertraumes $\mathrm{L}^2(I)$ (der übrigens ein Hilbertraum ist, vgl. §76, Beispiel 13) läßt sich auf jeden $\mathbb{K}$–Vektorraum mit einer positiv semidefiniten hermiteschen Form anwenden.

73.4 Minkowskische Ungleichung *Für beliebige Elemente x, y eines Prähilbertraums V gilt*

$$\|x + y\| \leq \|x\| + \|y\| \quad (\text{Minkowskische Ungleichung}).$$

Beweis. Es ist

$$\begin{aligned} \|x+y\|^2 &= \|x\|^2 + <x,y> + <y,x> + \|y\|^2 \\ &= \|x\|^2 + 2\mathrm{Re}<x,y> + \|y\|^2 \\ &\leq \|x\|^2 + 2\|x\|\|y\| + \|y\|^2 = (\|x\| + \|y\|)^2 \end{aligned}$$

wegen $\mathrm{Re}\langle x, y\rangle \leq |\langle x, y\rangle| \leq \|x\|\|y\|$ nach 73.3. •

Die Minkowskische Ungleichung erlaubt es, auf einem Prähilbertraum V eine Metrik einzuführen. Um dabei direkten Anschluß an unsere Anschauungen zu gewinnen, soll dies allgemeiner für einen affinen Prähilbertraum, das ist ein affiner Raum über einem Prähilbertraum (vgl. §43) dargestellt werden. Sei also E ein affiner Prähilbertraum über V. (Ist E endlichdimensional, so heißt E ein euklidischer affiner bzw. unitärer affiner Raum.) Dann gilt: *Durch*

$$d(P,Q) := \|\overrightarrow{PQ}\|\,,\quad P,Q \in E\,,$$

ist eine translationsinvariante Metrik auf E definiert, d.h. es gilt:

(1) $d(P,Q) \geq 0$ für alle $P,Q \in E$;

(2) $d(P,Q) = 0$ genau dann, wenn $P = Q$ ist;

(3) $d(P,Q) = d(Q,P)$ für alle $P,Q \in E$;

(4) $d(P,R) \leq d(P,Q) + d(Q,R)$ für alle $P,Q,R \in E$;

(5) $d(P,Q) = d(x+P, x+Q)$ für alle $x \in V$ und alle $P,Q \in E$.

Dabei charakterisieren die Bedingungen (1) bis (4) eine Metrik, und (5) ist die Translationsinvarianz. Zum Beweis: (1) und (2) ergeben sich direkt aus der Definition. (3) gilt wegen $d(P,Q) = \|\overrightarrow{PQ}\| = \|-\overrightarrow{PQ}\| = \|\overrightarrow{QP}\| = d(Q,P)$. Schließlich ist (4) wegen $d(P,R) = \|\overrightarrow{PR}\| = \|\overrightarrow{PQ} + \overrightarrow{QR}\|$ und $\|\overrightarrow{PQ}\| + \|\overrightarrow{QR}\| = d(P,Q) + d(Q,R)$ mit der Minkowskischen Ungleichung 73.4 äquivalent. Und (5) gilt einfach wegen $\overrightarrow{x+P, x+Q} = \overrightarrow{PQ}$.

$d(P,Q)$ heißt der Abstand von P und Q oder auch die Länge der (Verbindungs-)Strecke $[P,Q]$ von P und Q. Bei der letzten Sprechweise fassen wir E stets als reellen affinen Raum auf. Man beachte dabei, daß die Norm eines komplexen Prähilbertraums V identisch ist mit der Norm des aus V durch Skalareneinschränkung gewonnenen reellen Prähilbertraumes; somit ändert sich auch die Metrik d auf E nicht, wenn E als reeller affiner Raum über V aufgefaßt wird. Sind P, Q, R Punkte in E, so besagt die Ungleichung (4), daß die (Länge der) Seite $[P,R]$ des Dreiecks (P,Q,R) höchstens so groß ist wie die Summe der (Längen der) beiden anderen Seiten $[P,Q]$ und $[Q,R]$. Man bezeichnet deshalb (4) und die dazu äquivalente Minkowskische Ungleichung auch als Dreiecksungleichung. Sind $M \in E$ und $r \in \mathbb{R}$, $r \geq 0$, so setzen wir

$$\mathrm{S}(M;r) := \{P \in E : d(M,P) = r\}\,,$$
$$\overline{\mathrm{B}}(M;r) := \{P \in E : d(M,P) \leq r\}\,,$$
$$\mathrm{B}(M;r) := \{P \in E : d(M,P) < r\}\,.$$

$\mathrm{S}(M;r)$ heißt die Sphäre um M mit dem Radius r, $\overline{\mathrm{B}}(M;r)$ der (abgeschlossene) Ball oder die (abgeschlossene) Kugel um M mit dem Radius r und $\mathrm{B}(M;r)$ der offene Ball oder die offene Kugel um M mit dem Radius r. $\overline{\mathrm{B}}(M;r)$ ist die disjunkte Vereinigung von $\mathrm{B}(M;r)$ und $\mathrm{S}(M;r)$. Man nennt M auch den Mittelpunkt von $\mathrm{S}(M;r)$, $\overline{\mathrm{B}}(M;r)$ bzw. $\mathrm{B}(M;r)$.

Beispiel 3 (Der Anschauungsraum) Unser Anschauungsraum ist zunächst ein dreidimensionaler reeller affiner Raum, vgl. §43, Beispiel 1. Er ist in natürlicher Weise sogar ein *euklidischer* affiner Raum. Um diese zusätzliche Struktur zu gewinnen, fixieren wir zwei verschiedene Punkte O, A des Anschauungsraumes. Diese definieren eine zu $\mathbb{R}$ isomorphe Zahlengerade mit O als Null- und A als Einspunkt. Dem Strahl durch A mit dem Anfangspunkt O entspricht bei dieser Isomorphie die Menge der nichtnegativen reellen Zahlen. Diesen Strahl benutzen wir als Lineal:

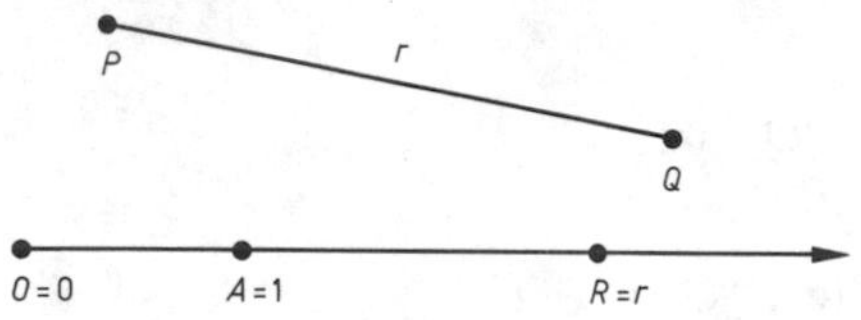

Zu zwei beliebigen Punkten P, Q des Anschauungsraumes gibt es genau einen Punkt R auf diesem Lineal derart, so daß die Punkte P, Q und die Punkte O, R jeweils "gleich weit entfernt" sind. Ist $r \geq 0$ die zu R gehörende reelle Zahl, so ist $r =: d(P, Q)$ definitionsgemäß der Abstand von P und Q. Diese Abstandsfunktion ist translationsinvariant und rührt von einem Skalarprodukt auf dem Raum der Parallelverschiebungen unseres Anschauungsraumes her.

Unser Anschauungsraum ist somit euklidisch. Die Abstandsfunktion d und damit das Skalarprodukt hängen von der Wahl des durch die Punkte O, A bestimmten Lineals ab, jedoch unterscheiden sich zwei dieser Funktionen jeweils nur um einen konstanten Faktor, den Maßstabsfaktor: Ist d' die Abstandsfunktion, die durch die Punkte O', A' definiert wird, so ist $d = d(O', A')d'$.

Jede Gerade bzw. jede Ebene des Anschauungsraumes ist eine euklidische affine Gerade bzw. eine euklidische affine Ebene. Die oben definierten Mengen $\mathrm{S}(M;r)$, $\overline{\mathrm{B}}(M;r)$ und $\mathrm{B}(M;r)$ sind wohlvertraute Objekte im Anschauungsraum bzw. in einer Ebene unseres Anschauungsraumes.

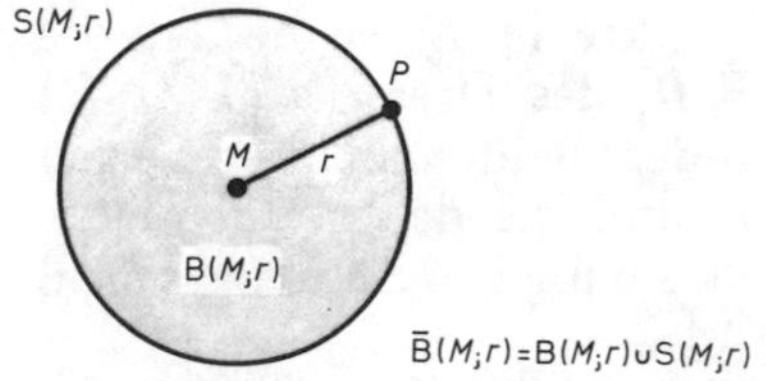

Beispiel 4 Ist V ein Prähilbertraum, so ist V ein affiner Raum über sich selbst (vgl. §43, Beispiel 2) und besitzt daher die natürliche translationsinvariante Metrik, die durch $d(x, y) = \|y - x\|$, $x, y \in V$, definiert ist.

Beispiel 5 (Kartesische Koordinatensysteme) Sei E ein affiner Prähilbertraum über V. Ein affines Koordinatensystem $O; x_i$, $i \in I$, von E heißt kartesisch, wenn x_i, $i \in I$, eine Orthonormalbasis von V ist. *Ist die Dimension* *von E abzählbar, so besitzt E kartesische (affine) Koordinatensysteme.* Ist $O; x_i$, $i \in I$, ein kartesisches Koordinatensystem von E und sind P, Q Punkte in E mit den Koordinaten a_i bzw. b_i, $i \in I$, so ist $\overrightarrow{OP} = \sum_i a_i x_i$, $\overrightarrow{OQ} = \sum_i b_i x_i$ und folglich $\overrightarrow{PQ} = \sum_i (b_i - a_i) x_i$, also

$$d(P,Q) = \|\overrightarrow{PQ}\| = \sqrt{\sum_{i \in I} |b_i - a_i|^2}\,.$$

Beispiel 6 (Orthogonale Projektionen) Sei E ein affiner Prähilbertraum über V. Eine affine Abbildung f von E in sich heißt eine orthogonale (Parallel-)Projektion, wenn $f^2 = f$ ist und die zu f gehörende Projektion $\overline{f}$ von V orthogonal ist. Ist $F = W + P_0$, $P_0 \in E$, W linearer Unterraum von V, ein (nichtleerer) affiner Unterraum von E, so gibt es genau dann eine (notwendigerweise eindeutig bestimmte) orthogonale Projektion f von E auf F, wenn W ein orthogonales Komplement U in V besitzt: $V = W \oplus U$. In diesem Fall ist

$$x + P_0 \mapsto \overline{f}(x) + P_0$$

diese orthogonale Projektion f, wobei $\overline{f}$ die orthogonale Projektion von V auf W ist. *Für $P \in E$ und $f(P) \in F$ ist $d(P,Q) > d(P, f(P))$ für alle $Q \in F$, $Q \neq P$. Mit anderen Worten: $f(P)$ ist derjenige eindeutig bestimmte Punkt in F, der von P den kleinsten Abstand hat.*

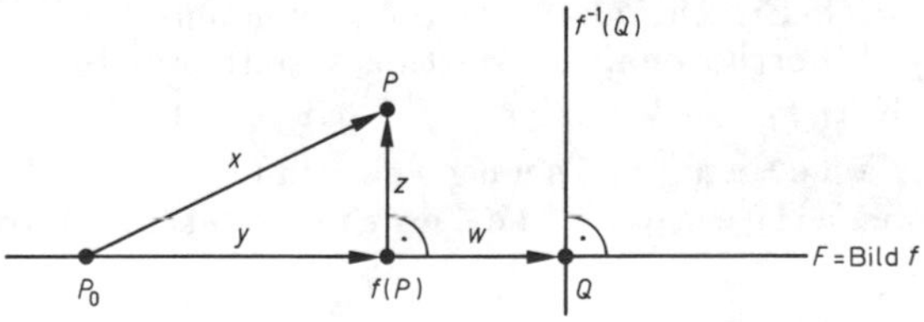

Beweis. Ist $P = x + P_0$, $x = y + z$, $y \in W$, $z \in U = W^\perp$ und $Q = w + f(P) = w + y + P_0 = w - z + x + P_0 = w - z + P$ mit $w \in W$, $w \neq 0$, so ist $w \perp -z$ und $d(P,Q)^2 = \|\overrightarrow{PQ}\|^2 = \|w - z\|^2 = \|w\|^2 + \|-z\|^2 = d(f(P),Q)^2 + d(P, f(P))^2 > d(P, f(P))^2$. •

Man nennt den Vektor $\overrightarrow{Pf(P)}$ das Lot von P auf F und $f(P)$ den Fußpunkt des Lotes von P auf F. Den Abstand $d(P, f(P))$, das ist die Länge des Lotes von P auf F, nennt man den Abstand von P und F und bezeichnet ihn mit $d(P,F)$. Für jeden Punkt $Q \in F$ ist $d(Q,P)^2 = d(Q, f(P))^2 + d(P,F)^2$. Die Faser $f^{-1}(Q) = U + Q = W^\perp + Q$ durch $Q \in F$ heißt das orthogonale Komplement zu F durch Q, und kurz die Senkrechte auf F durch Q, wenn F eine Hyperebene ist.

In 73.2 ist die orthogonale Projektion auf einen endlichdimensionalen Unterraum $W \subseteq V$ explizit beschrieben.

Beispiel 7 (Ausgleichsrechnung. Verallgemeinerte Inverse) Wir schließen an Beispiel 6 an. Sei $f\colon V \to W$ eine lineare Abbildung von $\mathbb{K}$-Vektorräumen, W trage ein Skalarprodukt, V sei endlichdimensional. Ist $y_0 \notin$

Bild$f$, so besitzt die (lineare) Gleichung

$$f(x) = y_0$$

keine Lösung $x \in V$. Sei y_0' das Bild von y_0 unter der orthogonalen Projektion von W auf Bild$f$, also der Fußpunkt des Lotes von y_0 auf Bild$f$. Lösungen $x \in V$ der Gleichung

$$f(x) = y_0'$$

erfüllen dann die Ausgangsgleichung $f(x) = y_0$ in dem Sinne am besten, daß der Fehler $\|f(x) - y_0\|$ für sie den kleinstmöglichen Wert hat. Man nennt diese Lösungen x deshalb beste Näherungslösungen für die Gleichung $f(x) = y_0$. Ist W endlichdimensional und $y_1, \ldots, y_m$ eine Orthonormalbasis von W, so sind diese besten Näherungslösungen genau diejenigen, für die die Summe

$$|y_1^*(f(x) - y_0)|^2 + \cdots + |y_m^*(f(x) - y_0)|^2$$

der Betragsquadrate der Komponenten des Fehlers $f(x) - y_0$ bezüglich der Basis $y_1, \ldots, y_m$ den kleinstmöglichen Wert hat. Daher heißt diese Methode, beste Näherungslösungen zu definieren, auch die Methode der kleinsten Fehlerquadrate.

Ist f injektiv, so ist die beste Näherungslösung eindeutig bestimmt. Trage nun auch V ein Skalarprodukt. Dann läßt sich generell in der Menge $f^{-1}(y_0') = \operatorname{Kern} f + x_0$ der besten Näherungslösungen die mit der kleinsten Länge auszeichnen, das ist der Fußpunkt des Lotes von 0 auf $f^{-1}(y_0')$ oder — was dasselbe ist — das eindeutig bestimmte Element in $f^{-1}(y_0') \cap (\operatorname{Kern} f)^\perp$. Bezeichnet also f' die durch Einschränkung von f gewonnene bijektive Abbildung $(\operatorname{Kern} f)^\perp \to \operatorname{Bild} f$, p die orthogonale Projektion von W auf Bild$f$ und ι die kanonische Einbettung $(\operatorname{Kern} f)^\perp \to V$, so ist $\iota \circ f'^{-1} \circ p(y_0)$ die eindeutig bestimmte kürzeste beste Näherungslösung von $f(x) = y_0$ in V. Man nennt $\iota f'^{-1} p : W \to V$ die verallgemeinerte Inverse oder die Moore-Penrose-Inverse von f.

Ist $\mathbf{A} \in \mathsf{M}_{I,J}(\mathbb{K})$, wobei I, J endliche Indexmengen sind, so bezeichnet man als verallgemeinerte oder Moore-Penrose-Inverse von $\mathbf{A}$ die Matrix, die die verallgemeinerte Inverse der durch $\mathbf{A}$ beschriebenen Abbildung $\mathbb{K}^J \to \mathbb{K}^I$ bezüglich der Standardskalarprodukte beschreibt.

Als Beispiel seien X eine endliche Teilmenge von $\mathbb{K}$ mit $\operatorname{Kard} X = m + 1$, $m \in \mathbb{N}$, V der Raum $\mathbb{K}[t]_n$ der Polynomfunktionen $\mathbb{K} \to \mathbb{K}$ vom Grade $\leq n$ mit $n \in \mathbb{N}$, $n \leq m$ und $W := \mathbb{K}^X$ der Raum der $\mathbb{K}$-wertigen Funktionen auf X mit dem Standardskalarprodukt. Die kanonische Abbildung $\mathbb{K}[t]_n \to W$ mit $x \mapsto x|X$ ist injektiv (Satz 54.4). Ist $y : X \to \mathbb{K}$ beliebig, so heißt die Polynomfunktion $x \in \mathbb{K}[t]_n$, die die Funktion y am besten approximiert, für die also $\|x|X - y\|$ am kleinsten ist, das ausgleichende Polynom vom Grade $\leq n$. Bei $n = 0, 1, 2, \ldots$ spricht man auch vom Mittelwert, der ausgleichenden Geraden, der ausgleichenden Parabel usw. Man bestimmt das ausgleichende Polynom zu $y : X \to \mathbb{K}$ etwa in der Weise, daß man zunächst die Potenzen $t^\nu|X$, $\nu = 0, \ldots, n$, mit dem Schmidtschen Orthonormalisierungsverfahren orthonormalisiert. Ergibt dies die Funktionen $x_\nu : X \to \mathbb{K}$, $\nu = 0, \ldots, n$, so ist nach 73.2 die Funktion

$$[y\overline{x}_0]x_0 + \cdots + [y\overline{x}_n]x_n$$

das ausgleichende Polynom zu y vom Grade $\leq n$, wobei für $z : X \to \mathbb{K}$, wie in der Ausgleichsrechnung üblich,

$$[z] := \sum_{\xi \in X} z(\xi)$$

gesetzt ist. Die Formeln in §71, Beispiel 5 ergeben für das ausgleichende Polynom $a_0 + a_1 t + \cdots + a_n t^n$ explizit die Koeffizienten a_ν an. Insbesondere ist

$$\frac{[y]}{[1]} \quad \text{bzw.} \quad \frac{[y][t\bar{t}] - [y\bar{t}][t]}{[1][t\bar{t}] - [t][\bar{t}]} + \frac{[1][y\bar{t}] - [y][\bar{t}]}{[1][t\bar{t}] - [t][\bar{t}]}\, t$$

der Mittelwert bzw. die ausgleichende Gerade zu y. Der Mittelwert ist wegen $[1] = \operatorname{Kard} X$ nichts anderes als das arithmetische Mittel der Werte $y(\xi)$, $\xi \in X$. Bei $\mathbb{K} = \mathbb{R}$ ermittelt man die ausgleichende Gerade näherungsweise auch durch zeichnerische Ausgleichung der Daten auf Millimeterpapier: Man sucht die Gerade, die die Punkte $(\xi, y(\xi)) \in \mathbb{R}^2$, $\xi \in X$, möglichst gut verbindet.

Sei jetzt E ein *reeller* affiner Prähilbertraum. Neben Abständen lassen sich in E auch Winkel definieren. Seien dazu P, Q, R Punkte in E mit $P \neq Q$, $Q \neq R$. Nach der Schwarzschen Ungleichung 73.3 ist

$$-1 \leq \frac{<\overrightarrow{QP}, \overrightarrow{QR}>}{\|\overrightarrow{QP}\|\,\|\overrightarrow{QR}\|} \leq 1\,.$$

Folglich gibt es genau eine reelle Zahl α mit $0 \leq \alpha \leq \pi$ und

$$\cos\alpha = \frac{<\overrightarrow{QP}, \overrightarrow{QR}>}{\|\overrightarrow{QP}\|\,\|\overrightarrow{QR}\|}\,.$$

α heißt der Winkel $\sphericalangle(P, Q, R)$. Es ist $\sphericalangle(P, Q, R) = \sphericalangle(R, Q, P)$. Ferner ist offenbar $\sphericalangle(P, Q, R) = \sphericalangle(P', Q, R')$, wobei P' bzw. R' beliebige von Q verschiedene Punkte auf dem Strahl von Q aus durch P bzw. von Q aus durch R sind. α heißt deshalb auch der Winkel dieser beiden Strahlen. Q ist der Scheitel.

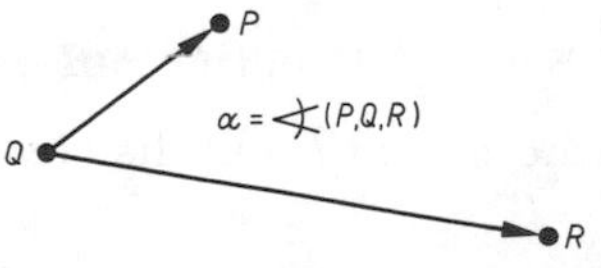

Wir setzen noch $\sphericalangle(P, Q, R) = \pi/2$, wenn einer der Punkte P, R (oder jeder von ihnen) gleich Q ist. Dann ist der Winkel $\sphericalangle(P, Q, R)$ für beliebige Tripel (P, Q, R) von Punkten aus E definiert, und es gilt ausnahmslos

$$<\overrightarrow{QP}, \overrightarrow{QR}> = d(Q, P)d(Q, R)\cos\sphericalangle(P, Q, R)\,.$$

Für zwei Vektoren x, y in einem reellen Prähilbertraum V setzt man $\sphericalangle(x, y) := \sphericalangle(x, 0, y)$. Für Punkte $P, Q, R \in E$ ist dann $\sphericalangle(P, Q, R) = \sphericalangle(\overrightarrow{QP}, \overrightarrow{QR})$. Sind ferner s_1 und s_2 zwei Strahlen in E mit den Anfangspunkten Q_1 und Q_2 (die nicht übereinzustimmen brauchen) und sind P_1

bzw. P_2 von Q_1 bzw. Q_2 verschiedene Punkte auf s_1 bzw. s_2, so setzt man $\sphericalangle(s_1, s_2) := \sphericalangle(\overrightarrow{Q_1P_1}, \overrightarrow{Q_2P_2})$. Für zwei Geraden $g_1 = \mathbb{R}x_1 + P_1$ und $g_2 = \mathbb{R}x_2 + P_2$ läßt sich wegen $\sphericalangle(x_1, x_2) = \sphericalangle(-x_1, -x_2) = \pi - \sphericalangle(-x_1, x_2) = \pi - \sphericalangle(x_1, -x_2)$ der Winkel nicht eindeutig definieren. Häufig setzt man $\sphericalangle(g_1, g_2) := \text{Min}(\sphericalangle(x_1, x_2), \pi - \sphericalangle(x_1, x_2))$.

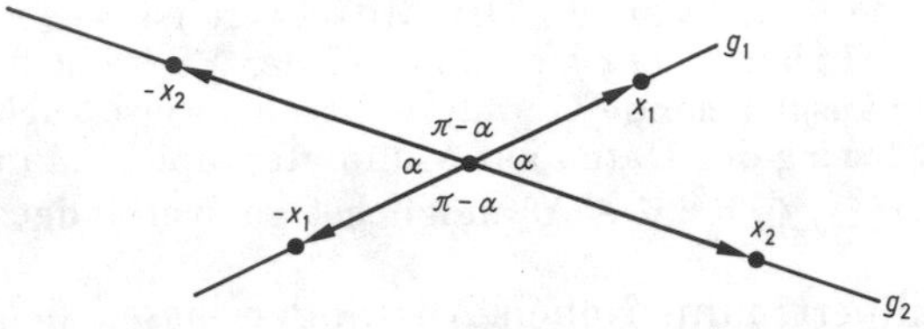

Beispiel 8 (Rechte Winkel) Definitionsgemäß ist $\sphericalangle(P, Q, R)$ genau dann ein rechter Winkel, d.h. gleich $\pi/2$, wenn $x := \overrightarrow{QP}$ und $y := \overrightarrow{QR}$ aufeinander senkrecht stehen. Wegen $4<x, y> = \|x+y\|^2 - \|x-y\|^2 = d(S, P)^2 - d(R, P)^2$ mit $S := -y + Q$ *ist dies genau dann der Fall, wenn die Abstände $d(R, P)$ und $d(S, P)$ gleich groß sind.* Dies ist die klassische Charakterisierung der rechten Winkel (nach Euklid: Ein rechter Winkel ist ein Winkel, der zu seinem Nebenwinkel kongruent ist).

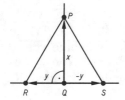

Sei $Q \neq P$ und $Q \neq R$ und ferner $\sphericalangle(Q, R, P) = \pi/2$, d.h. R sei der Fußpunkt des Lotes von P auf die Gerade durch Q und R. Dann gilt wegen $\overrightarrow{QR} \perp \overrightarrow{RP}$:

$$\cos\alpha = \cos\sphericalangle(P, Q, R) = \frac{<\overrightarrow{QP}, \overrightarrow{QR}>}{\|\overrightarrow{QP}\|\,\|\overrightarrow{QR}\|} = \frac{<\overrightarrow{QR} + \overrightarrow{RP}, \overrightarrow{QR}>}{\|\overrightarrow{QP}\|\,\|\overrightarrow{QR}\|}$$

$$= \frac{\|\overrightarrow{QR}\|^2}{\|\overrightarrow{QP}\|\,\|\overrightarrow{QR}\|} = \frac{d(Q, R)}{d(Q, P)} = \frac{\text{(Länge der) Ankathete}}{\text{(Länge der) Hypotenuse}},$$

womit der Anschluß an die gewöhnliche Winkelmessung im Anschauungsraum gewonnen ist.

Beispiel 9 (Kosinussatz) Sei (A, B, C) ein beliebiges Dreieck in E mit dem Winkel $\gamma := \sphericalangle(B, C, A)$ und den drei Seitenlängen $a := d(B, C)$, $b := d(C, A)$, $c := d(A, B)$.

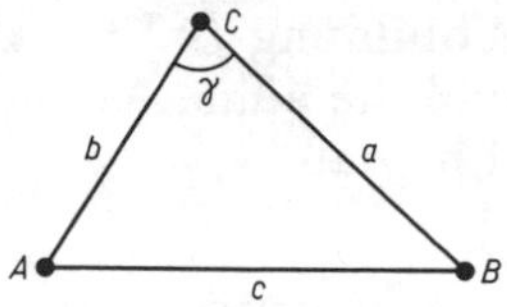

Dann ist $\overrightarrow{AB} = \overrightarrow{CB} - \overrightarrow{CA}$ und $\|\overrightarrow{AB}\|^2 = \|\overrightarrow{CB}\|^2 + \|\overrightarrow{CA}\|^2 - 2\langle\overrightarrow{CB}, \overrightarrow{CA}\rangle = \|\overrightarrow{CB}\|^2 + \|\overrightarrow{CA}\|^2 - 2\|\overrightarrow{CB}\|\,\|\overrightarrow{CA}\| \cos \sphericalangle(B, C, A)$, also

$$c^2 = a^2 + b^2 - 2ab\cos\gamma\,.$$

Dies ist der Kosinussatz der ebenen Trigonometrie. Für ein rechtwinkliges Dreieck ($\gamma = \pi/2$) ergibt sich der Satz des Pythagoras: $c^2 = a^2 + b^2$.

Seien wieder allgemein V und W $\mathbb{K}$–Prähilberträume. Eine lineare Abbildung $f: V \to W$, die mit den Skalarprodukten verträglich ist, für die also

$$\langle x, y\rangle = \langle f(x), f(y)\rangle$$

für alle $x, y \in V$ gilt, heißt eine Isometrie. Eine Isometrie ist somit ein Homomorphismus von $(V, \langle -, -\rangle)$ in $(W, \langle -, -\rangle)$ im Sinne des §71. Eine lineare Abbildung $f : V \to W$ ist bereits dann eine Isometrie, wenn $\langle x, x\rangle = \langle f(x), f(x)\rangle$ für alle $x \in V$ ist, d.h. wenn $\|x\| = \|f(x)\|$ für alle $x \in V$ ist, vgl. §71, insbesondere 71.2. *Eine Isometrie f ist stets injektiv.* Aus $f(x) = 0$ folgt nämlich $\|x\| = \|f(x)\| = 0$ und somit $x = 0$.

Bijektive Isometrien von V auf W sind Isomorphien von $(V, \langle -, -\rangle)$ auf $(W, \langle -, -\rangle)$. *Jeder Prähilbertraum V der Dimension $n \in \mathbb{N}$ ist isomorph zum Raum $\mathbb{K}^n$ mit dem Standardskalarprodukt.* Ist $x_1, \ldots, x_n$ eine Orthonormalbasis von V und $e_1, \ldots, e_n$ die Standardbasis von $\mathbb{K}^n$, so wird durch $x_i \mapsto e_i$, $i \in 1, \ldots, n$, ein Isomorphismus $V \to \mathbb{K}^n$ definiert. Folglich ist die Automorphismengruppe eines n–dimensionalen Prähilbertraumes isomorph zur Automorphismengruppe des $\mathbb{K}^n$ mit dem Standardskalarprodukt. Das ist die unitäre Gruppe $\mathsf{U}_n(\mathbb{K})$, vgl. §71, Beispiel 8. Man bezeichnet für einen beliebigen Prähilbertraum V die Automorphismengruppe mit

$$\mathsf{U}(V) = \mathsf{U}_{\mathbb{K}}(V)$$

und nennt sie die unitäre Gruppe von V. Im reellen Fall spricht man auch von der orthogonalen Gruppe

$$\mathsf{O}(V)$$

von V. Ist V endlichdimensional, so ist $\mathsf{SU}(V) = \mathsf{SU}_{\mathbb{K}}(V)$ die spezielle unitäre Gruppe von V, das ist die Gruppe der Automorphismen von V, deren Determinante 1 ist. Im reellen Fall sind dafür auch die Bezeichnungen $\mathsf{SO}(V)$ bzw. $\mathsf{O}^+(V)$ üblich. Generell ist $|\mathrm{Det} f| = 1$ für ein $f \in \mathsf{U}_{\mathbb{K}}(V)$, wenn V endlichdimensional ist (Satz 71.13).

Sind E, F affine Prähilberträume über V bzw. W, so heißt eine affine Abbildung $f: E \to F$ eine (affine) Isometrie, wenn die zugehörige lineare

Abbildung $\overline{f}: V \to W$ eine Isometrie ist. Dies ist offenbar äquivalent damit, daß die affine Abbildung f mit den Metriken auf E bzw. F verträglich ist, d.h. daß

$$d(P,Q) = d(f(P), f(Q))$$

für alle $P, Q \in E$ ist. Die surjektiven affinen Isometrien von E auf sich heißen die Bewegungen oder die Kongruenzabbildungen von E. Sie bilden eine Gruppe, die Bewegungs- oder Kongruenzgruppe von E, die wir mit

$$\mathsf{B}(E)$$

bezeichnen. Der Gruppenhomomorphismus $\mathsf{B}(E) \to \mathsf{U}(V)$, der jeder Bewegung f von E den zugehörigen Automorphismus $\overline{f}$ von V zuordnet, ist surjektiv mit der Gruppe $\mathsf{T}(E)$ der Translationen von E als Kern. Die Sequenz von Gruppen

$$1 \to \mathsf{T}(E) \to \mathsf{B}(E) \to \mathsf{U}(V) \to 1$$

ist also exakt. Der Homomorphismus $\mathsf{B}(E) \to \mathsf{U}(V)$ induziert für jeden Punkt $O \in E$ einen Isomorphismus der Gruppe $\mathsf{B}_O(E)$ der Bewegungen von E mit O als Fixpunkt auf $\mathsf{U}(V)$. Ist E endlichdimensional, so bezeichnet $\mathsf{SB}(E)$ (oder auch $\mathsf{B}^+(E)$ bei $\mathbb{K} = \mathbb{R}$) die Gruppe der eigentlichen oder speziellen Bewegungen f, die durch $\overline{f} \in \mathsf{SU}(V)$ definiert sind.

Beispiel 10 (Symmetriegruppen) Untergruppen der Bewegungsgruppe $\mathsf{B}(E)$ eines affinen Prähilbertraumes E treten in natürlicher Weise als Symmetriegruppen von Figuren K in E auf. Unter einer Figur wollen wir hier eine Familie $K = (K_j)_{j \in J}$ von Teilmengen $K_j \subseteq E$ verstehen. (Ist $\operatorname{Kard} J = 1$, so identifiziert man natürlich die Figur K mit der einzigen Teilmenge, die zu K gehört.) Zwei Figuren $K = (K_j)_{j \in J}$ und $K' = (K'_j)_{j \in J}$ (mit derselben Indexmenge J) heißen kongruent in E, wenn es eine Bewegung $f \in \mathsf{B}(E)$ mit $K' = fK$, d.h. mit $K'_j = f(K_j)$ für alle $j \in J$ gibt. Solch ein f heißt eine Kongruenzabbildung von K auf K'. Die Kongruenzabbildungen von K auf sich heißen die Symmetrien von K. Sie bilden eine Untergruppe $\mathrm{S}(K)$ von $\mathsf{B}(E)$, die Symmetriegruppe von K. Die Symmetriegruppe der zu K kongruenten Figur fK, $f \in \mathsf{B}(E)$, ist die konjugierte Untergruppe $f\mathrm{S}(K)f^{-1}$.

Sei nun E euklidisch, d.h. endlichdimensional und reell. Die Figuren $K = (K_j)_{j \in J}$ und $K' = (K'_j)_{j \in J}$ in E heißen eigentlich kongruent in E, wenn es eine eigentliche Bewegung $f \in \mathsf{B}^+(E)$ mit $fK = K'$ gibt. Demgemäß heißt dann $\mathrm{S}^+(K) := \mathrm{S}(K) \cap \mathsf{B}^+(E)$ die eigentliche Symmetriegruppe von K.

Zwei kongruente Figuren in E, die nicht eigentlich kongruent sind, heißen enantiomorph in E. *Die zwei kongruenten Figuren K und fK mit $f \in \mathsf{B}(E)$ sind genau dann enantiomorph in E, wenn $f \notin \mathsf{B}^+(E)$ und $\mathrm{S}(K) = \mathrm{S}^+(K)$ ist.* (Beweis!) Insbesondere gibt es bei $\operatorname{Dim} E \geq 1$ zu einer Figur K in E genau dann enantiomorphe Figuren, wenn alle Symmetrien von K eigentlich sind. In der euklidischen Ebene gibt es beispielsweise zu einem ungleichseitigen Dreieck (dessen

Symmetriegruppe nur die Identität enthält) enantiomorphe Dreiecke, nicht aber zu einem *gleichschenkligen* Dreieck:

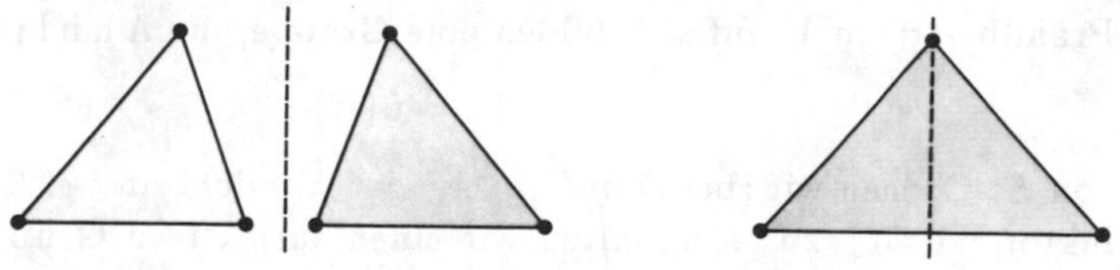

Beispiel 11 (Ähnlichkeiten) Seien E, F reelle affine Prähilberträume über V bzw. W. Eine affine Abbildung $f: E \to F$, die die Winkel erhält, heißt winkeltreu oder konform oder ähnlich oder eine (affine) Ähnlichkeit(sabbildung). Für eine solche Abbildung f ist definitionsgemäß

$$\sphericalangle(P, Q, R) = \sphericalangle(f(P), f(Q), f(R))$$

für alle $P, Q, R \in E$. Eine Ähnlichkeit ist injektiv. Sei $\overline{f}: V \to W$ die lineare Abbildung zu einer affinen Ähnlichkeit $f: E \to F$, und sei $\operatorname{Dim} E \geq 1$. Ferner sei $x_0 \in V$ ein Einheitsvektor und $r := \|\overline{f}(x_0)\| \, (> 0)$. *Dann ist $r^{-1}\overline{f}: V \to W$ eine Isometrie.* Zum Beweis können wir $r = 1$ und $f = \overline{f}$ annehmen. Wir haben dann $\|f(x)\| = \|x\|$ für alle $x \in V$ zu zeigen. Für $x \in \mathbb{R}x_0$ ist das wegen $\|f(x_0)\| = \|x_0\|$ klar.

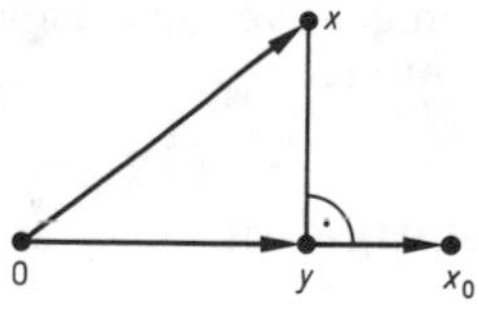

Seien nun x und x_0 linear unabhängig und sei zunächst $<x, x_0> \neq 0$. Für den Fußpunkt $y \in \mathbb{R}x_0$ des Lotes von x auf $\mathbb{R}x_0$ gilt $y \neq 0$, $\|y\| = \|f(y)\|$ und $\pi/2 = \sphericalangle(0, y, x) = \sphericalangle(0, f(y), f(x))$, ferner ist $\sphericalangle(x, 0, y) = \sphericalangle(f(x), 0, f(y)) =: \alpha$. Aus Beispiel 8 folgt $\cos\alpha = \|y\|/\|x\| = \|f(y)\|/\|f(x)\|$, also $\|f(x)\| = \|x\|$. Ist aber $<x, x_0> = 0$, so ist $<x + x_0, x_0> \neq 0$ und $<f(x), f(x_0)> = 0$. Aus dem bereits Bewiesenen ergibt sich dann $\|f(x)\|^2 + \|f(x_0)\|^2 = \|f(x) + f(x_0)\|^2 = \|f(x + x_0)\|^2 = \|x + x_0\|^2 = \|x\|^2 + \|x_0\|^2$, woraus wieder $\|f(x)\| = \|x\|$ folgt. Damit ist bewiesen:

73.5 *Eine affine Abbildung $f: E \to F$ zwischen reellen affinen Prähilberträumen über den Vektorräumen V bzw. W ist genau dann eine Ähnlichkeitsabbildung, wenn die zugehörige lineare Abbildung $\overline{f}: V \to W$ bis auf einen konstanten positiven Fakor r eine Isometrie ist, wenn also $d(f(P), f(Q)) = r\,d(P, Q)$ für alle $P, Q \in E$ gilt.*

Der Faktor r einer Ähnlichkeitsabbildung f gemäß 73.5 heißt der Streckungsfaktor von f. (Bei $r < 1$ spräche man besser von einem Stauchungsfaktor.) Die elementarsten Ähnlichkeiten sind die Streckungen, vgl. §43, Beispiel 10. Man beachte die Mehrdeutigkeit des Begriffs "Streckungsfaktor": Ist $a \in \mathbb{R}^{\times}$

der Streckungsfaktor einer Streckung f im Sinne von §43, Beispiel 10, so ist $|a|$ der Streckungsfaktor von f im Sinne von 73.5.

Die bijektiven affinen Ähnlichkeiten eines affinen Raumes E über einem reellen Prähilbertraum V auf sich bilden eine Gruppe, die Ähnlichkeitsgruppe

$$\mathsf{C}(E)$$

von E. Ordnen wir (bei $\operatorname{Dim} E \geq 1$) jeder Ähnlichkeit $f \in \mathsf{C}(E)$ ihren Streckungsfaktor $r \in \mathbb{R}_+^\times$ zu, so erhalten wir einen surjektiven Gruppenhomomorphismus, dessen Kern genau die Gruppe $\mathsf{B}(E)$ der Bewegungen von E ist. Wir haben also eine kanonische exakte Sequenz von Gruppen

$$1 \to \mathsf{B}(E) \to \mathsf{C}(E) \to \mathbb{R}_+^\times \to 1,$$

falls $\operatorname{Dim} E \geq 1$ ist. Ist E endlichdimensional, so bezeichnen wir mit $\mathsf{C}^+(E)$ die Gruppe der eigentlichen Ähnlichkeitsabbildungen, das ist die Gruppe der $f \in \mathsf{C}(E)$ mit $\operatorname{Det} \overline{f} > 0$.

Wir bemerken noch, *daß, falls E endlichdimensional ist, jede affine Ähnlichkeit $f \in \mathsf{C}(E)$ mit einem Streckungsfaktor $r \neq 1$ genau einen Fixpunkt besitzt.* Dieser heißt das Ähnlichkeitszentrum von f. Zum Beweis braucht man nur zu beachten, daß $\overline{f}$ wegen $\|\overline{f}(x)\| = r\|x\|$ außer 0 keinen Fixpunkt besitzt, und das Ergebnis von §66, Aufgabe 24 anzuwenden.

Im übernächsten Paragraphen beschreiben wir die Bewegungen und Ähnlichkeiten genauer, insbesondere die der zwei- und dreidimensionalen euklidischen affinen Räume.

Aufgaben

1. Sei V ein Prähilbertraum. In der Minkowskischen Ungleichung $\|x + y\| \leq \|x\| + \|y\|$, $x, y \in V$, von 73.4 gilt genau dann das Gleichheitszeichen, wenn $x = ay$ oder $y = ax$ mit einem $a \in \mathbb{R}$, $a \geq 0$ ist. Wann gilt in der Dreiecksungleichung $d(P, R) \leq d(P, Q) + d(Q, R)$ für die Punkte P, Q, R eines affinen Raumes über V das Gleichheitszeichen?

2. Sei U der von den Vektoren $(1, -1, 0, 3)$ und $(2, 0, 1, -1)$ im $\mathbb{R}^4$ erzeugte Unterraum. Man berechne eine Orthonormalbasis von U und $U^\perp$ (bezüglich des Standardskalarprodukts).

3. Man zeige, daß die hermitesche Form auf dem $\mathbb{C}^2$, bezüglich der die Gramsche Matrix der Standardbasis gleich $\begin{pmatrix} 1 & -i \\ i & 2 \end{pmatrix}$ ist, ein Skalarprodukt ist, und bestimme eine Orthonormalbasis des $\mathbb{C}^2$ bezüglich dieses Skalarproduktes, indem man auf die Standardbasis e_1, e_2 das Schmidtsche Orthonormalisierungsverfahren anwendet.

4. **a)** Zu den folgenden Matrizen bestimme man jeweils die verallgemeinerte (Moore–Penrose–)Inverse (vgl. Beispiel 7):

$$\begin{pmatrix} 1 & 0 \\ 0 & 1 \\ 1 & 1 \end{pmatrix}, \quad \begin{pmatrix} 1 & 0 & 1 \\ 1 & 0 & 1 \\ 0 & 1 & 0 \end{pmatrix}.$$

b) Die Moore–Penrose–Inverse einer Matrix $\mathbf{A} \in \mathsf{M}_{m,n}(\mathbb{K})$ vom Rang n (bzw. vom Rang m) ist $({}^t\overline{\mathbf{A}}\mathbf{A})^{-1}\,{}^t\overline{\mathbf{A}}$ (bzw. ${}^t\overline{\mathbf{A}}(\mathbf{A}\,{}^t\overline{\mathbf{A}})^{-1}$).

5. Für folgende Funktionstafel y berechne man die ausgleichende Parabel $a + bt + ct^2$ (vgl. Beispiel 7):

ξ	$-3,0$	$-2,5$	$-2,0$	$-1,5$	$-1,0$	$-0,5$
$y(\xi)$	$24,6$	$16,0$	$8,3$	$3,3$	$-1,0$	$-1,0$

ξ	0	$0,5$	$1,0$	$1,5$	$2,0$	$2,5$	$3,0$
$y(\xi)$	$-1,9$	$2,2$	$7,9$	$14,1$	$20,3$	$30,7$	$46,0$

.

6. Seien $\xi_0, \ldots, \xi_m$ Punkte im $\mathbb{K}^n$, die nicht in einer affinen Hyperebene liegen (unter denen also $n+1$ Punkte affin unabhängig sind). Zu gegebenen Werten $y_i = y(\xi_i) \in \mathbb{K}$, $i = 0, ..., m$, gebe man die Koeffizienten $a, b_1, ..., b_n$ der ausgleichenden affinen Funktion $(t_1, ..., t_n) \mapsto a + b_1 t_1 + \cdots + b_n t_n$ von $\mathbb{K}^n$ in $\mathbb{K}$ an. (Vgl. Beispiel 7. — Bemerkung. In Naturwissenschaft und Technik ist es häufig günstig, eine Serie von Meßdaten

$$(u_1^{(i)}, \ldots, u_n^{(i)}; z_i) \in (\mathbb{R}_+^\times)^{n+1}, i = 0, ..., m\,,$$

durch eine P o t e n z f u n k t i o n $g_{\alpha;c} : (\mathbb{R}_+^\times)^n \to \mathbb{R}_+^\times$, $c > 0$, $\alpha = (\alpha_1, ..., \alpha_n) \in \mathbb{R}^n$ mit

$$g_{\alpha;c}(u_1, ..., u_n) := c u_1^{\alpha_1} ... u_n^{\alpha_n}$$

zu interpolieren. Dann ist $\ln g_{\alpha;c}(u_1, ..., u_n) = \ln c + \alpha_1 \ln u_1 + \cdots + \alpha_n \ln u_n$, und die Konstanten $\ln c, \alpha_1, ..., \alpha_n$ bestimmt man nach dem angegebenen Verfahren aus den Werten

$$\xi_i := (\ln u_1^{(i)}, \ldots, \ln u_n^{(i)})\,, \quad y_i := \ln z_i\,, \quad i = 0, \ldots, m\,.$$

Bei $n = 1$ gewinnt man angenäherte Werte für $\ln c$ und $\alpha := \alpha_1$ auch durch zeichnerisches Ausgleichen der Daten auf d o p p e l t l o g a r i t h m i s c h e m P a p i e r, sogenanntem P o t e n z p a p i e r.

Ist für die Meßdaten eine interpolierende E x p o n e n t i a l f u n k t i o n

$$h_{\alpha;c}(u_1, \ldots, u_n) := c \exp(\alpha_1 u_1 + \cdots + \alpha_n u_n)$$

gesucht, so wendet man das Verfahren wegen $\ln h_{\alpha;c}(u_1, \ldots, u_n) = \ln c + \alpha_1 u_1 + \ldots + \alpha_n u_n$ entsprechend auf

$$\xi_i := (u_1^{(i)}, \ldots, u_n^{(i)})\,, \quad y_i := \ln z_i\,, \quad i = 0, \ldots, m,$$

an und benutzt beim zeichnerischen Ausgleichen im Fall $n = 1$ e i n f a c h l o g a - r i t h m i s c h e s P a p i e r, sogenannntes E x p o n e n t i a l p a p i e r.

7. Sei V ein endlichdimensionaler Prähilbertraum. Das Skalarprodukt $<-,->$ definiert eine vollständige Dualität. Die kanonische semilineare Abbildung $V \to V^*$ ist bijektiv. Jede Linearform $e \in V^*$ besitzt genau einen Gradienten $\operatorname{grad} e$ mit $e(x) = <x, \operatorname{grad} e>$ für alle $x \in V$. Ist $e \neq 0$ und $(\operatorname{Kern} e)^\perp = \mathbb{K}z$ mit $\|z\| = 1$, so ist $\operatorname{grad} e = \overline{e(z)}z$. Ist x_i, $i \in I$, eine Orthonormalbasis von V, so ist $\operatorname{grad} e = \sum_{i \in I} \overline{e(x_i)} e_i$.

Sei im weiteren $e \neq 0$. Ist V reell und $e \in V^*$, so ist

$$e(x) = \|x\|\,\|\operatorname{grad} e\| \cos \sphericalangle(x, \operatorname{grad} e)\,.$$

Insbesondere nimmt e, beschränkt auf die Einheitssphäre von V, sein Maximum $\|\operatorname{grad} e\|$ im Punkt $\operatorname{grad} e/\|\operatorname{grad} e\|$ an (und sein Minimum $-\|\operatorname{grad} e\|$ in $-\operatorname{grad} e/\|\operatorname{grad} e\|$). Ist V komplex, so ist das Maximum von $|e|$, beschränkt auf die Einheitssphäre von V, gleich $\|\operatorname{grad} e\|$. Es wird angenommen in den Punkten $a \operatorname{grad} e/\|\operatorname{grad} e\|$, $a \in \mathbb{C}$, $|a| = 1$.

8. Seien E ein endlichdimensionaler affiner Prähilbertraum über V und $O \in E$. Sei ferner $S := \{x \in V : \|x\| = 1\}$ die Einheitssphäre in V.

a) Die Abbildung $x \mapsto H_x := \{x\}^\perp + x + O = \{y + O : y \in V, <x, y - x> = 0\}$ ist eine bijektive Abbildung der Menge der Vektoren $x \in V$, $x \neq 0$, auf die Menge der Hyperebenen $H \subseteq E$ mit $O \notin H$. Der Vektor x ist das Lot von O auf H_x. H_x ist das orthogonale Komplement der Geraden $\mathbb{K}x + O$ durch $x + O$. Der Abstand eines beliebigen Punktes $z + O \in E$, $z \in V$, von H_x ist $|<x, z - x>|/\|x\|$. Im reellen Fall ist $<x, z - x>/\|x\|$ der Abstand von H_x, falls $z + O$ und O in verschiedenen Halbräumen bezüglich H_x liegen, und gleich dem Negativen dieses Abstands, falls $z + O$ und O in gleichen Halbräumen liegen.

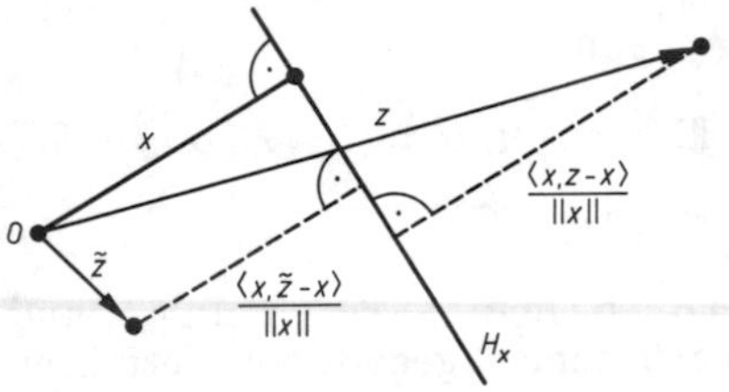

b) Die Abbildung $x \mapsto F_x := \{x\}^\perp + O = \{y + O : <x, y> = 0\}$ ist eine surjektive Abbildung von S auf die Menge der Hyperebenen in E durch O. Genau dann ist $F_x = F_{x'}$ für $x, x' \in S$, wenn $x = ax'$ mit einem $a \in \mathbb{K}$, $|a| = 1$, ist. F_x ist das orthogonale Komplement der Geraden $\mathbb{K}x + O$ durch O. Der Abstand eines beliebigen Punktes $z + O \in E$, $z \in V$, von F_x, $x \in S$, ist $|<x, z>|$. Im reellen Fall ist $<x, z>$ gleich dem Abstand von $z + O$ und F_x, falls $z + O$ und $x + O$ in gleichen Halbräumen bezüglich F_x liegen, und gleich dem Negativen dieses Abstands, falls $z + O$ und $x + O$ in verschiedenen Halbräumen liegen. Im reellen Fall parametrisieren die Punkte von S also die Halbräume bezüglich der Hyperebenen durch O.

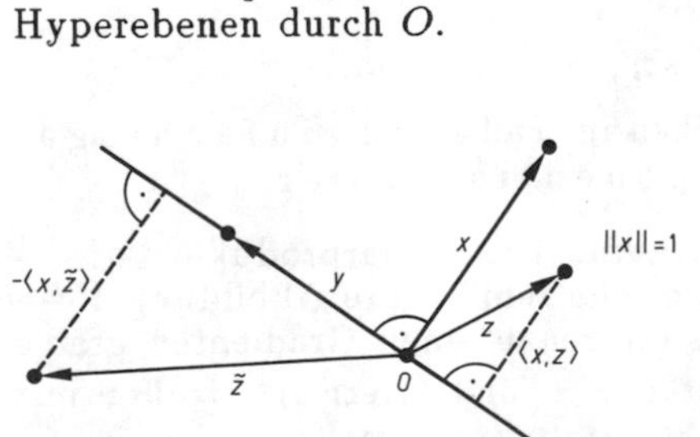

(Bemerkung. Die hier angegebenen Darstellungen von Hyperebenen in E nennt man die Hesseschen Normalformen.)

9. (Mittelpunkt und Umsphäre eines Simplex) Seien E ein euklidischer affiner Raum und P_i, $i \in I$, eine affine Basis von E.

a) Es gibt genau einen Punkt $M \in E$ mit $d(M, P_i) = d(M, P_j)$ für alle $i, j \in I$. (Die P_i, $i \in I$, liegen also auf genau einer Sphäre $S(M; r)$, der Umsphäre des Simplex $(P_i)_{i \in I}$. Der Punkt M heißt der Mittelpunkt des Simplex $(P_i)_{i \in I}$. — Induktion über Dim E.)

b) Seien P_i, $i \in I$, eine endliche affin unabhängige Familie im reellen affinen Prähilbertraum F und E der von den P_i, $i \in I$, erzeugte euklidische affine Unterraum von F. Die Menge der Punkte $P \in F$ mit $d(P, P_i) = d(P, P_j)$ für alle $i, j \in I$ ist das orthogonale Komplement von E durch den Mittelpunkt M des Simplex $(P_i)_{i \in I}$ in E.

c) Sei Dim $E \geq 2$. Für $i \in I$ seien M_i der Mittelpunkt des Simplex $(P_j)_{j \in I, j \neq i}$ in dem von den P_j, $j \neq i$, erzeugten euklidischen Unterraum E_i und m_i die (Mittel-)Senkrechte auf E_i durch M_i. Die m_i, $i \in I$, schneiden sich im Mittelpunkt M von $(P_i)_{i \in I}$. M_i ist der Fußpunkt des Lotes von M auf E_i, $i \in I$.

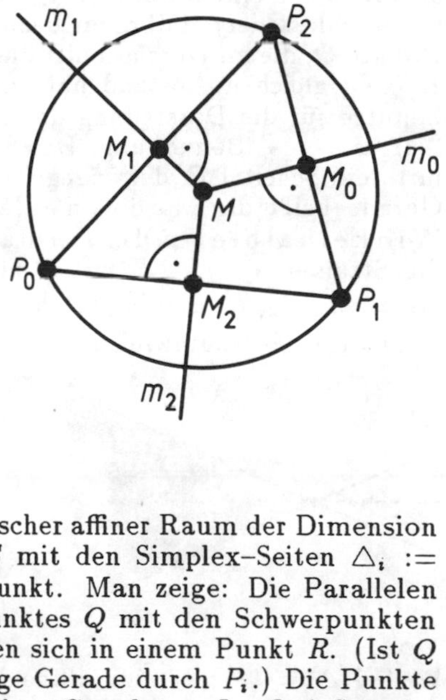

10. (Eulersche Gerade) Seien E ein euklidischer affiner Raum der Dimension ≥ 2 und $\triangle = (P_i)_{i \in I}$ eine affine Basis von E mit den Simplex-Seiten $\triangle_i := (P_j)_{j \in I, j \neq i}$. Ferner sei $Q \in E$ ein beliebiger Punkt. Man zeige: Die Parallelen g_i durch P_i zu den Verbindungsgeraden des Punktes Q mit den Schwerpunkten S_i der Seiten $\triangle_i$ (vgl. §43, Aufgabe 11) schneiden sich in einem Punkt R. (Ist Q einer der Schwerpunkte S_i, so sei g_i eine beliebige Gerade durch P_i.) Die Punkte Q, R und der Schwerpunkt S von $\triangle$ liegen auf einer Geraden g. Ist $Q \neq S$, so ist das Teilverhältnis $(Q, R) : (Q, S)$ gleich Dim $E + 1$. (Bei $Q = S$ ist auch $R = S$.) (Zum Beweis wähle man Q als Ursprung eines affinen Koordinatensystems in E. — Bemerkung. Sei Q der Mittelpunkt M von $\triangle$ (vgl. Aufgabe 9). Die Gerade g heißt dann die Eulersche Gerade von $\triangle$. Ist überdies Dim $E = 2$, so sind die Geraden g_i die Höhen des Dreiecks $\triangle$, das sind die Verbindungsgeraden der Ecken P_i mit den Fußpunkten der Lote von P_i auf die Seiten $\triangle_i$, $i \in I$, und R der Schnittpunkt dieser Höhen. Bei Dim $E \geq 3$ schneiden sich diese Höhen im allgemeinen nicht in einem Punkt.)

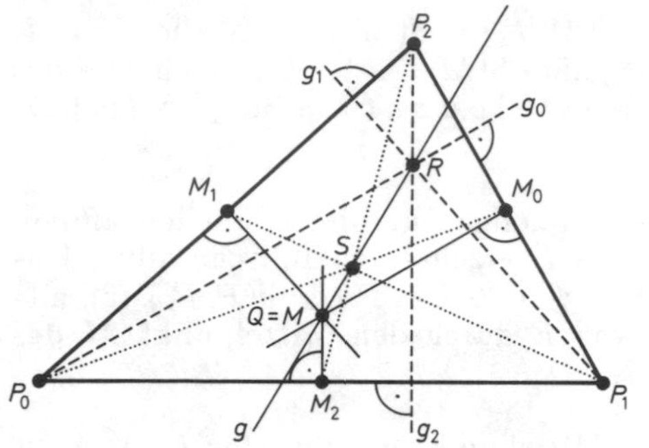

11. (Insphäre eines Simplex) Sei E ein euklidischer affiner Raum der Dimension $n \geq 2$.

a) Seien J eine Indexmenge mit Kard $J = n$ und H_j, $j \in J$, Hyperebenen in E, die sich in genau einem Punkt $P \in E$ schneiden. Zu jeder der Hyperebenen H_j sei ein (abgeschlossener) Halbraum bezüglich H_j ausgezeichnet, $j \in J$. Dann bilden die Punkte Q, die im Durchschnitt dieser Halbräume liegen und von jeder Hyperebene H_j den gleichen Abstand haben, einen Strahl mit P als Anfangspunkt. (Man benutze für die Darstellung der H_j die Hessesche Normalform bezüglich P, vgl. Aufgabe 8. — Bemerkung. Das System der Halbräume heißt ein Raumwinkel mit dem Scheitel P; der angegebene Strahl von P aus bzw. die zu ihm gehörende Gerade heißt die Mediane des Winkels, bei $n = 2$ handelt es sich um die Winkelhalbierende. Der Raumwinkel in P läßt sich gleichwertig auch durch die Strahlen s_j, $j \in J$, mit P als Anfangspunkt beschreiben, wobei s_j auf der Geraden $\bigcap_{i \neq j} H_i$ und im durch H_j bestimmten Halbraum liegt. Die s_j heißen die Kanten des Raumwinkels.)

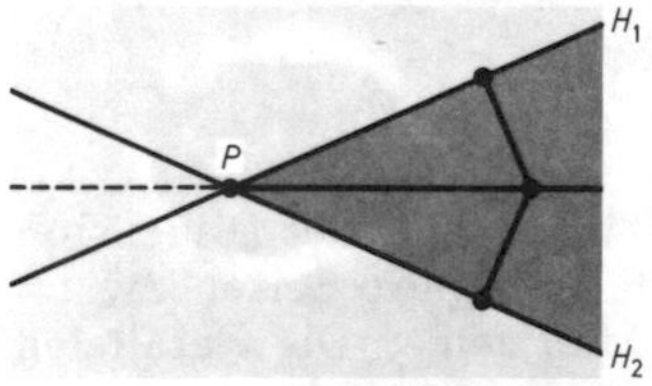

b) Sei $\triangle = (P_i)_{i \in I}$ eine affine Basis von E. Ferner seien E_i, $i \in I$, die von den Simplexseiten $\triangle_i = (P_j)_{j \in I, j \neq i}$ erzeugten Hyperebenen in E. Zu E_i gehört in natürlicher Weise der Halbraum, in dem P_i liegt. Der Durchschnitt dieser offenen Halbräume ist das Innere des Simplex $\triangle$. Ferner ist in jedem Punkt P_i in natürlicher Weise ein Raumwinkel definiert. Man zeige: Es gibt genau einen Punkt Q im Innern von $\triangle$, der von allen E_i, $i \in I$, den gleichen Abstand hat. Q ist der Schnittpunkt der Strahlen, die zu den in den Punkten P_i definierten Raumwinkeln gemäß Teil a) dieser Aufgabe gehören. (Bemerkung. Ist r der gemeinsame Abstand des Punktes Q von den E_i, so heißt $S(Q; r)$ die Insphäre von $\triangle$.)

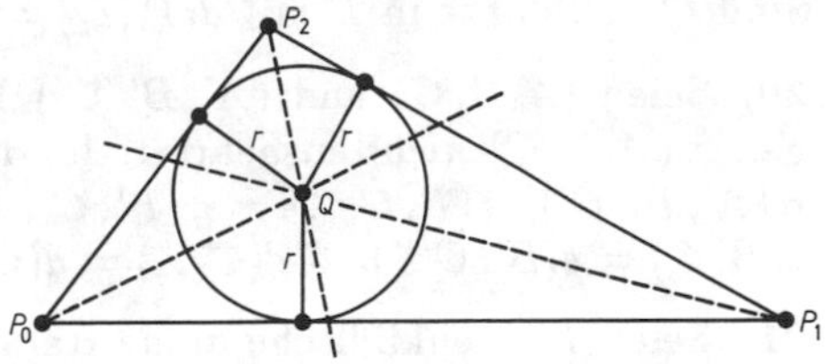

12. Seien E eine euklidische affine Ebene und $\triangle$ ein nicht ausgeartetes Dreieck in E. Man beweise mit dem Satz von Ceva (§43, Aufgabe 13), daß sich die Winkelhalbierenden bzw. die Höhen bzw. die Seitenhalbierenden von $\triangle$ jeweils in einem Punkt schneiden. Ebenso schneiden sich die Verbindungsgeraden der Ecken von $\triangle$ mit den Berührpunkten des Inkreises auf der jeweils gegenüberliegenden Seite in einem Punkt (Gergonnescher Punkt von $\triangle$).

13. Man beweise den Sinussatz: Sind A, B, C Punkte eines reellen affinen Prähilbertraumes, so ist $b \sin\alpha = a \sin\beta$ mit $a := d(B,C)$, $b := d(C,A)$, $\alpha := \sphericalangle(C,A,B)$, $\beta := \sphericalangle(A,B,C)$. (Bei $A \neq B$ fälle man das Lot von C auf die Gerade AB.)

14. Seien g_1, g_2 parallele Geraden in einem affinen euklidischen Raum E und $P \in E$ ein Punkt. Dann gibt es Punkte $Q_1 \in g_1$ und $Q_2 \in g_2$ derart, daß $d(P,Q_1) = d(P,Q_2)$ und $\sphericalangle(Q_1, P, Q_2) = \pi/2$ ist.

15. (Satz von Pohlke) Seien E ein dreidimensionaler euklidischer affiner Raum und $f\colon E \to E$ eine affine Abbildung, die nicht surjektiv ist. Dann gibt es eine Ähnlichkeit g von E und eine (im allgemeinen schräge) Parallelprojektion p von E mit $f = pg$. (Man benutze Aufgabe 14. — Bemerkung. Man formuliert das Ergebnis meist so: Ist (O', P_1', P_2', P_3') ein beliebiges 4-Tupel von Punkten einer Ebene unseres Anschauungsraumes, so gibt es ein *orthogonales* 3-Bein (O, P_1, P_2, P_3), für das die von 0 verschiedenen Vektoren $\overrightarrow{OP_1}$, $\overrightarrow{OP_2}$, $\overrightarrow{OP_3}$ (paarweise aufeinander senkrecht stehen und) gleichlang sind und das mittels einer Parallelprojektion auf (O', P_1', P_2', P_3') abgebildet wird. Natürlich kann man überdies $O = O'$ fordern.)

16. Sei V ein Prähilbertraum. Eine Projektion P von V ist genau dann eine orthogonale Projektion, wenn $\|Px\| \leq \|x\|$ für alle $x \in V$ ist. (Sei $\|Px\| \leq \|x\|$ für alle $x \in V$. Für $y \in \operatorname{Bild} P$, $z \in \operatorname{Kern} P$, $\|z\| = 1$, ist $\|y\|^2 = \|P(y - \langle y,z\rangle z)\|^2 \leq \|y - \langle y,z\rangle z\|^2$, woraus $\langle y,z\rangle = 0$ folgt.)

17. Seien V ein Prähilbertraum und W ein Unterraum von V. Eine (nicht notwendig lineare) Abbildung p von V in sich mit $p(V) \subseteq W$ ist genau dann eine (und folglich *die*) Orthogonalprojektion auf W, wenn für alle $x \in V$ und alle $y \in W$ gilt: $d(x, p(x)) \leq d(x,y)$. (Ohne Einschränkung sei V endlichdimensional.)

18. Seien V, W Prähilberträume und $f\colon V \to W$ eine lineare Abbildung $\neq 0$, die das Aufeinander-Senkrecht-Stehen respektiert, für die also $x \perp y$ stets $f(x) \perp f(y)$ zur Folge hat für alle $x, y \in V$. Dann gibt es ein $r \in \mathbb{R}$, $r > 0$, und eine Isometrie $g : V \to W$ mit $f = rg$. (Ohne Einschränkung sei V endlichdimensional und $\|x_1\| = \|f(x_1)\| = 1$ für ein $x_1 \in V$. Dann betrachte man die Bilder $f(x_1), \ldots, f(x_n)$ einer Orthonormalbasis $x_1, \ldots, x_n$ von V.)

19. Seien E ein euklidischer affiner Raum und P_i, $i \in I$, eine affine Basis von E. Sind Q, R Punkte in E mit $d(P_i, Q) = d(P_i, R)$ für alle $i \in I$, so ist $Q = R$.

20. Seien (A, B, C) und (A', B', C') Dreiecke im euklidischen affinen Raum E. Es sei (A, B, C) nicht ausgeartet. Ist dann $d(A, B) = d(A', B')$ und $\sphericalangle(A, B, C) = \sphericalangle(A', B', C')$, $\sphericalangle(B, C, A) = \sphericalangle(B', C', A')$, $\sphericalangle(C, A, B) = \sphericalangle(C', A', B')$, so ist auch $d(B, C) = d(B', C')$ und $d(C, A) = d(C', A')$.

21. Seien E, F euklidische affine Räume. $(P_i)_{i\in I}$ sei eine affine Basis von E. Ist $(Q_i)_{i\in I}$ eine Familie von Punkten in F, so gibt es genau dann eine Isometrie (bzw. eine Ähnlichkeit) $E \to F$ mit $P_i \mapsto Q_i$ für alle $i \in I$, wenn $d(P_i, P_j) = d(Q_i, Q_j)$ für alle $i, j \in I$ (bzw. $\sphericalangle(P_i, P_j, P_k) = \sphericalangle(Q_i, Q_j, Q_k)$ für alle $i, j, k \in I$) ist.

22. Seien E, F reelle affine Prähilberträume.

a) Eine Abbildung $f : E \to F$ mit $d(P, Q) = d(f(P), f(Q))$ für alle $P, Q \in E$ ist notwendigerweise affin und damit eine affine Isometrie. (Vgl. auch §71, Aufgabe 38.)

b) Sei $\operatorname{Dim} E \geq 2$. Für $f : E \to F$ gelte $\sphericalangle(P, Q, R) = \sphericalangle(f(P), f(Q), f(R))$, $P, Q, R \in E$. Dann ist f notwendigerweise affin und damit eine affine Ähnlichkeit.

23. Seien E, F reelle affine Prähilberträume, $L \subseteq E$ eine Teilmenge und E' der von L erzeugte affine Unterraum von E.

a) Für eine Abbildung $f: L \to F$ gelte $d(P, Q) = d(f(P), f(Q))$ für alle $P, Q \in L$. Dann gibt es genau eine affine Isometrie $f' : E' \to F$ mit $f = f'|L$. (Man kann voraussetzen, daß L endlich ist.— Beispiele. (1) Ist K ein s t a r r e r Körper unseres Anschauungsraumes, der nicht ganz in einer affinen Ebene liegt, so läßt sich jede Lageänderung von K (bei der nach Definition eines starren Körpers die Abstände seiner Punkte nicht verändert werden) durch genau eine Bewegung unseres Anschauungsraumes (die sogar eigentlich ist, vgl. dazu §76, Beispiel 7) beschreiben. Was läßt sich sagen, wenn K in einer Ebene oder sogar auf einer Geraden liegt? Man beachte: Sind E ein euklidischer affiner Raum und $H \subseteq E$ eine Hyperebene, so läßt sich eine Isometrie $H \to E$ zu genau einer *eigentlichen* Bewegung von E fortsetzen.— (2) Seien $K = (K_j)_{j\in J}$ und $K' = (K'_j)_{j\in J}$ Figuren in E, vgl. Beispiel 10. Wir sagen, daß K und K' k o n g r u e n t i m w e i t e r e n S i n n e sind, wenn es eine bijektive Abbildung $f : \bigcup_{j\in J} K_j \to \bigcup_{j\in J} K'_j$ mit $f(K_j) = K'_j$ und $d(P, Q) = d(f(P), f(Q))$ für alle $P, Q \in \bigcup K_j$ gibt. Ist E endlichdimensional oder liegen K und K' jeweils in keinem echten affinen Unterraum von E, so sind K und K' genau dann im weiteren Sinne kongruent, wenn sie kongruent im Sinne des Beispiels 10 sind. Insbesondere gilt für eine Figur K in E, die nicht in einem echten affinen Unterraum von E liegt: *Jede Symmetrie von K in dem oben beschriebenen weiteren Sinne ist die Einschränkung auf K einer eindeutig bestimmten Bewegung von E. Die Symmetriegruppe* $\mathrm{S}(K)$ *von K stimmt mit der Gruppe der Symmetrien von K im weiteren Sinne überein.*)

b) Sei $\operatorname{Dim} E' \geq 2$. Für $f : L \to F$ gelte $\sphericalangle(P, Q, R) = \sphericalangle(f(P), f(Q), f(R))$, $P, Q, R \in L$. Dann gibt es genau eine affine Ähnlichkeit $f': E' \to F$ mit $f'|L = f$.

24. (S i m p l e x – G r u p p e n) Seien E ein euklidischer affiner Raum der Dimension $n \in \mathbb{N}_+$ und $P_0, \ldots, P_n$ ein regelmäßiges n–Simplex in E, das ist eine affine Basis von E mit $d(P_i, P_j) = d(P_k, P_l)$ für alle i, j, k, l mit $i \neq j$, $k \neq l$. Die Gruppe der Symmetrien der Eckenmenge $\{P_0, \ldots, P_n\}$ ist kanonisch isomorph zur Permutationsgruppe dieser Menge, also zur Permutationsgruppe $\mathbf{S}_{n+1}$. Die eigentliche

Symmetriegruppe ist isomorph zur alternierenden Gruppe $\mathbf{A}_{n+1}$. Die Gruppe $\mathbf{S}_{n+1}$ ist auch die Symmetriegruppe der konvexen Hülle der Punkte $P_0, \ldots, P_n$, d.h. des affinen Simplex $\triangle = \left\{\sum_{i=0}^n a_i P_i : \sum_{i=0}^n a_i = 1,\, 0 \leq a_i,\, i = 0, \ldots, n\right\}$. (Man bezeichnet diese Symmetriegruppen daher auch als Simplex-Gruppen. In den Fällen $n = 2$ bzw. $n = 3$ handelt es sich um die Symmetriegruppe eines regelmäßigen Dreiecks bzw. eines regelmäßigen Tetraeders, die man die Dreiecks- bzw. Tetraedergruppe nennt. Bis auf Ähnlichkeit gibt es in einem n–dimensionalen affinen euklidischen Raum nur ein regelmäßiges n–Simplex. Ein Standardmodell dafür ist das Standard–n–Simplex $\triangle_n \subseteq \mathbb{R}^{n+1}$ mit den Standardbasisvektoren $e_0, \ldots, e_n \in \mathbb{R}^{n+1}$ als Ecken. (Vgl. §43. — $\mathbb{R}^{n+1}$ trägt das Standardskalarprodukt.) Die Länge der Kanten ist hier $d(e_i, e_j) = \sqrt{2}$ für alle i, j mit $i \neq j$. Man berechne den Radius der Umsphäre und den Radius der Insphäre eines regelmäßigen n–Simplexes mit der Kantenlänge a.)

25. (Würfel- und Quadergruppen) Sei $n \in \mathbb{N}_+$.

a) Die ganzzahligen Matrizen in der orthogonalen Gruppe $\mathsf{O}_n(\mathbb{R})$ bilden eine Untergruppe $\mathrm{W}_n = \mathsf{O}_n(\mathbb{Z})$ der Ordnung $2^n n!$. Es ist W_n die Gruppe $\mathrm{N}_n(\mathbb{Z})$ der invertierbaren Monommatrizen über $\mathbb{Z}$, siehe §40, Aufgabe 10. Die Gruppe W_n (allgemeiner: Die Gruppe $\mathrm{N}_n(A)$, A Ring $\neq 0$) ist isomorph zum Kranzprodukt von $\mathbb{Z}^\times = \{\pm 1\}$ (allgemeiner von $A^\times$) und $\mathbf{S}_n$ (mit der kanonischen Operation von $\mathbf{S}_n$ auf $\{1, \ldots, n\}$), vgl. §34, Aufgabe 16. Die Gruppe W_n ist die Symmetriegruppe des Achsenkreuzes $\bigcup_{i=1}^n \mathbb{R} e_i$ oder auch die Symmetriegruppe des Würfels $[-1, 1]^n \subseteq \mathbb{R}^n$ (bezüglich des Standardskalarproduktes). (Die Gruppen W_n heißen daher auch Würfelgruppen und die Untergruppen $\mathrm{W}_n^+ := \mathrm{W}_n \cap \mathsf{O}_n^+(\mathbb{R}) = \mathsf{SO}_n(\mathbb{Z})$ die eigentlichen Würfelgruppen. Es ist $[\mathrm{W}_n : \mathrm{W}_n^+] = 2$. Ferner gilt $\mathrm{W}_1^+ = \{1\}$, $\mathrm{W}_1 = \mathbb{Z}^\times$; $\mathrm{W}_2^+ \cong \mathbb{Z}_4$, $\mathrm{W}_2 \cong \mathsf{D}_4$; $\mathrm{W}_3^+ \cong \mathbf{S}_4$, $\mathrm{W}_3 \cong \mathbf{S}_4 \times \mathbb{Z}^\times$. Für gerades n ist $\mathrm{W}_n \not\cong \mathrm{W}_n^+ \times \mathbb{Z}^\times$. — Eine Numerierung der $2n$ Seiten eines n–dimensionalen Würfels mit den Zahlen $1, \ldots, 2n$ heißt eine Standardnumerierung, wenn die Summe der Zahlen gegenüberliegender Seiten gleich $2n + 1$ ist. Die Würfelgruppe W_n operiert (in natürlicher Weise) einfach transitiv auf den Standardnumerierungen. Identifiziert man zwei Numerierungen, wenn sie durch die Operation von W_n auseinander hervorgehen, so gibt es also nur eine solche Numerierung. Bezüglich der Operation von W_n^+ gibt es dann zwei, die den Elementen von $\mathrm{W}_n / \mathrm{W}_n^+$ entsprechen. Die Spielwürfelhersteller ($n = 3$) bevorzugen eine dieser Möglichkeiten. Wie läßt sich diese charakterisieren? Man vergleiche §74, Beispiel 4.)

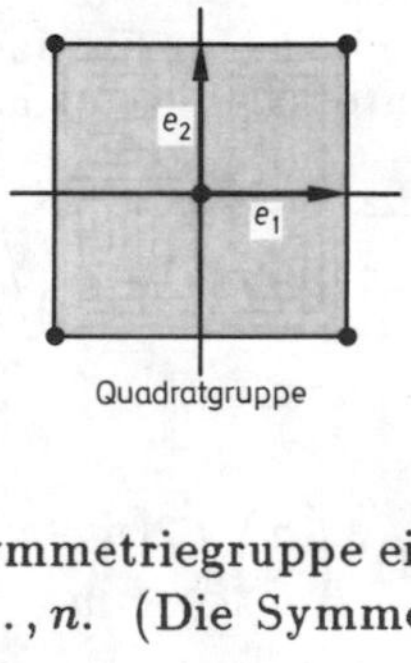

Quadratgruppe

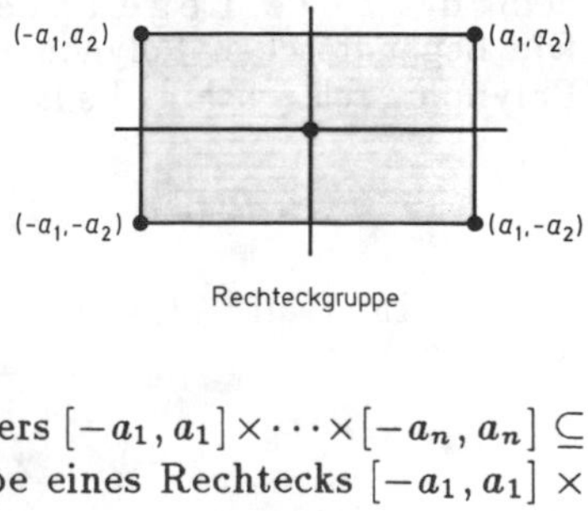

Rechteckgruppe

b) Man bestimme die Symmetriegruppe eines Quaders $[-a_1, a_1] \times \cdots \times [-a_n, a_n] \subseteq \mathbb{R}^n$, $a_i \in \mathbb{R}_+^\times$, $i = 1, \ldots, n$. (Die Symmetriegruppe eines Rechtecks $[-a_1, a_1] \times$

$[-a_2, a_2] \subseteq \mathbb{R}^2$, $a_1 \neq a_2$, ist *die* geometrische Realisierung der Kleinschen Vierergruppe.)

26. Sei $n \in \mathbb{N}$. Die Multiplikation $(\mathbf{A}, \mathbf{B}) \mapsto \mathbf{AB}$ definiert bijektive Abbildungen

$$\mathsf{U}_n(\mathbb{K}) \times \mathsf{T}_n^+(\mathbb{K}) \to \mathsf{GL}_n(\mathbb{K}),$$
$$\mathsf{T}_n^+(\mathbb{K}) \times \mathsf{U}_n(\mathbb{K}) \to \mathsf{GL}_n(\mathbb{K})$$

(die aber bei $n \geq 2$ *keine* Gruppenisomorphismen sind). Dabei ist $\mathsf{T}_n^+(\mathbb{K})$ die Gruppe der oberen Dreiecksmatrizen über $\mathbb{K}$, deren Hauptdiagonalelemente (reell und) > 0 sind. (Schmidtsches Orthogonalisierungsverfahren.)

27. Sei I eine endliche Menge. Für $\mathbf{A} \in \mathsf{M}_I(\mathbb{K})$ ist

$$|\mathrm{Det}\,\mathbf{A}| \leq \prod_{i \in I} \|\mathbf{a}_i\| \quad \text{und} \quad |\mathrm{Det}\,\mathbf{A}| \leq \prod_{j \in I} \|\mathbf{a}'_j\|,$$

wobei die $\mathbf{a}_i$, $i \in I$, bzw. $\mathbf{a}'_j$, $j \in I$, die Zeilen- bzw. Spaltenvektoren von $\mathbf{A}$ sind und $\|-\|$ die Norm zum Standardskalarprodukt des $\mathbb{K}^I$ ist. Das Gleichheitszeichen gilt bei $\mathbf{A} \in \mathsf{GL}_I(\mathbb{K})$ genau dann, wenn die $\mathbf{a}_i$, $i \in I$, bzw. die $\mathbf{a}'_j$, $j \in I$, eine Ortho*gonal*basis des $\mathbb{K}^I$ bilden. (Ungleichung von Hadamard — Für Operatoren formuliert, lautet die Ungleichung: Seien V ein endlichdimensionaler Prähilbertraum und x_i, $i \in I$, eine Orthonormalbasis von V. Für jeden Operator $f \in \mathrm{End}_{\mathbb{K}} V$ ist dann $|\mathrm{Det} f| \leq \prod_{i \in I} \|f(x_i)\|$, wobei das Gleichheitszeichen bei invertierbarem f genau dann gilt, wenn die $f(x_i)$, $i \in I$, eine Ortho*gonal*basis von V sind. — Zum Beweis der Hadamardschen Ungleichung setze man $I = [1, n]$ und benutze Aufgabe 26. Vergleiche auch Aufgabe 30 für einen etwas anderen Beweis.)

28. (Legendresche Polynome) Seien a, b reelle Zahlen mit $a < b$. Auf dem Raum der Polynome $\mathbb{K}[X]$ wählen wir das Skalarprodukt

$$\langle x, y \rangle := \int_a^b x(t)\overline{y(t)}\,dt\,,$$

$x, y \in \mathbb{K}[X]$, vgl. Beispiel 2. Das Polynom

$$P_n := \frac{1}{(b-a)^n n!} \sqrt{\frac{2n+1}{b-a}} \frac{d^n}{dX^n}((X-a)^n (X-b)^n)$$

heißt das n-te Legendresche Polynom für das Intervall $[a, b]$, $n \in \mathbb{N}$. Die Legendreschen Polynome für das Intervall $[-1, 1]$ heißen die Legendreschen Polynome schlechthin. Es ist

$$P_n(a) = (-1)^n \cdot \sqrt{\frac{2n+1}{b-a}}, \quad P_n(b) = \sqrt{\frac{2n+1}{b-a}}\,.$$

Für das Intervall $[-1, 1]$ ist

$$P_n = \frac{1}{2^n} \sqrt{\frac{2n+1}{2}} \sum_{\nu=0}^{[n/2]} (-1)^\nu \binom{n}{\nu} \binom{2(n-\nu)}{n} X^{n-2\nu}\,,$$

$n \in \mathbb{N}$, und speziell

$$P_0 = \frac{1}{\sqrt{2}}, \quad P_1 = \sqrt{\frac{3}{2}}X, \quad P_2 = \sqrt{\frac{5}{8}}(3X^2 - 1), \quad P_3 = \sqrt{\frac{7}{8}}(5X^3 - 3X),$$

$$P_4 = \frac{1}{8}\sqrt{\frac{9}{2}}(35X^4 - 30X^2 + 3), \quad P_5 = \frac{1}{8}\sqrt{\frac{11}{2}}(63X^5 - 70X^3 + 15X).$$

a) Die Legendreschen Polynome bilden eine Orthonormalbasis des $\mathbb{K}[X]$. (Partielle Integration: Sind f, g m–mal stetig differenzierbare Funktionen in $[a, b]$ und ist die Summe der Nullstellenordnungen von f bzw. g in den Punkten a, b jeweils $\geq m$, so ist $\int_a^b f^{(m)}(t)g(t)dt = (-1)^m \int_a^b f(t)g^{(m)}(t)dt$.) Man gewinnt die Legendreschen Polynome aus der Basis $1, X, X^2, X^3, \ldots$ von $\mathbb{K}[X]$ durch Anwenden des Schmidtschen Orthonormalisierungsverfahrens.

b) Seien $\tilde{P}_n := \sqrt{\frac{b-a}{2n+1}}P_n$ und c_n der Leitkoeffizient von $\tilde{P}_n$. Es gibt $a_n, b_n \in \mathbb{R}$ mit $c_{n-1}\tilde{P}_n - c_n X\tilde{P}_{n-1} = a_n\tilde{P}_{n-2} + b_n\tilde{P}_{n-1}$, $n \geq 2$. ($c_{n-1}\tilde{P}_n - c_n X\tilde{P}_{n-1}$ steht senkrecht auf $1, X, \ldots, X^{n-3}$.) Es folgt die Rekursionsgleichung

$$n\tilde{P}_n - \frac{2n-1}{b-a}(2X - (b+a))\tilde{P}_{n-1} + (n-1)\tilde{P}_{n-2} = 0, \quad n \geq 2.$$

(Gelegentlich bezeichnet man die $\tilde{P}_n$ als die Legendreschen Polynome.)

c) P_n hat n einfache Nullstellen im offenen Intervall $]a, b[$, die symmetrisch bezüglich des Mittelpunktes $(a + b)/2$ liegen. (§57, Aufgabe 20. — Die Aussage ergibt sich auch daraus, daß die Polynome $\tilde{P}_n, \ldots, \tilde{P}_0$ eine verallgemeinerte Sturmsche Kette im Sinne der Aufgabe 33 des §57 bilden. Beweis?!)

29. (Gaußsche Quadraturformeln) Seien $a, b \in \mathbb{R}$, $a < b$, und $n \in \mathbb{N}_+$. Gesucht sind Punkte $t_1, \ldots, t_n \in [a, b]$ und Zahlen $w_1, \ldots, w_n \in \mathbb{R}$ derart, daß für stetige Funktionen $g : [a, b] \to \mathbb{R}$ mit möglichst guter Näherung

$$\int_a^b g(t)dt \approx w_1 g(t_1) + \cdots + w_n g(t_n)$$

gilt: Quadraturformel für das Intervall $[a, b]$ mit den Stützstellen $t_1, \ldots, t_n$ und den Gewichten $w_1, \ldots, w_n$. Man zeige: Es gibt für das Intervall $[a, b]$ genau eine Quadraturformel mit n Stützstellen, die für *alle* Polynomfunktionen des Grades $< 2n$ *exakt* ist. Die Stützstellen dieser Quadraturformel sind die n Nullstellen $t_1, \ldots, t_n$ des n–ten Legendreschen Polynoms P_n für das Intervall $[a, b]$, vgl. Aufgabe 28c); die Gewichte sind die Zahlen

$$w_i := \frac{1}{\mathrm{V}(t_1, \ldots, t_n)} \begin{vmatrix} 1 & \cdots & 1 & b-a & 1 & \cdots & 1 \\ t_1 & \cdots & t_{i-1} & (b^2 - a^2)/2 & t_{i+1} & \cdots & t_n \\ \vdots & & \vdots & \vdots & \vdots & & \vdots \\ t_1^{n-1} & \cdots & t_{i-1}^{n-1} & (b^n - a^n)/n & t_{i+1}^{n-1} & \cdots & t_n^{n-1} \end{vmatrix},$$

$i = 1, \ldots, n$. (Gaußsche Quadraturformeln — Zum Beweis beachte man, daß für die gesuchte Quadraturformel das Polynom $(X - t_1)\cdots(X - t_n)$ bezüglich der Integralform senkrecht auf allen Polynomen des Grades $< n$ steht und daß $1, X, \ldots, X^{n-1}, P_n, XP_n, \ldots, X^{n-1}P_n$ eine Basis der Polynome des Grades $< 2n$

ist. — Bemerkung. Ist $g:[a,b] \to \mathbb{R}$ $(2n)$-mal differenzierbar und ist f das Polynom vom Grade $< 2n$ mit $f(t_i) = g(t_i)$, $f'(t_i) = g'(t_i)$ für $i = 1,\ldots,n$ (vgl. §57, Aufgabe 13), so gilt bekanntlich

$$g(t) - f(t) = \frac{(t-t_1)^2 \cdots (t-t_n)^2}{(2n)!} g^{(2n)}(\tau) = \frac{(b-a)^{2n+1}}{(2n+1)!\binom{2n}{n}^2} P_n^2(t) g^{(2n)}(\tau)$$

für jedes $t \in [a,b]$ mit einem (von t abhängigen) $\tau \in]a,b[$. Folglich gilt für die n-te Gaußsche Quadraturformel die Abschätzung

$$\left|\int_a^b g(t)dt - (w_1 g(t_1) + \cdots + w_n g(t_n))\right| = \left|\int_a^b (g(t) - f(t))dt\right|$$

$$\leq \frac{M_{2n} \cdot (b-a)^{2n+1} (n!)^4}{((2n)!)^3 (2n+1)}$$

mit $M_{2n} := \mathrm{Sup}\{|g^{(2n)}(t)| : t \in [a,b]\}$. Ist $g_i := \prod_{\nu \neq i}((X - t_\nu)/(t_i - t_\nu))$ das Polynom vom Grade $n-1$, das an den Stellen $t_1,\ldots,t_{i-1},t_{i+1},\ldots,t_n$ den Wert 0 und an der Stelle t_i den Wert 1 hat, so gilt für die Gewichte w_i:

$$w_i = w_1 g_i^2(t_1) + \cdots + w_i g_i^2(t_i) + \cdots + w_n g_i^2(t_n) = \int_a^b g_i^2(t)dt > 0\,,$$

$i = 1,\ldots,n$. Für $[a,b] = [-1,1]$ gebe man die fünf ersten Gaußschen Quadraturformeln mit den Fehlerabschätzungen explizit an.)

30. Seien $x_1,\ldots,x_n$ linear unabhängige Elemente eines Prähilbertraumes V.

a) Für jeden Vektor $y \in V$ ist

$$\sqrt{\frac{\mathrm{Gr}(x_1,\ldots,x_n,y)}{\mathrm{Gr}(x_1,\ldots,x_n)}}$$

der Abstand von y zum Unterraum $\mathbb{K}x_1 + \cdots + \mathbb{K}x_n \subseteq V$. (71.9 beispielsweise.)

b) Es ist $\mathrm{Gr}(x_1,\ldots,x_n) \leq \|x_1\|^2 \cdots \|x_n\|^2$, und das Gleichheitszeichen gilt genau dann, wenn die Familie $x_1,\ldots,x_n$ orthogonal ist. (Induktion über n. — Bemerkung. Die Ungleichung ist offenbar äquivalent zur Ungleichung von Hadamard, vgl. Aufgabe 27.)

31. Seien V ein Prähilbertraum und I eine endliche nichtleere Menge mit n Elementen. In der I-fachen *orthogonalen* Summe V^I von V fassen wir V bezüglich der Diagonaleinbettung $x \mapsto (x_i)_{i \in I}$ mit $x_i := x$ für alle $i \in I$ als Unterraum auf. Dann ist die Schwerpunktabbildung $(x_i) \mapsto \frac{1}{n}\sum_i x_i$ die orthogonale Projektion von V^I auf V. Insbesondere besitzt V (d.h. die Diagonale in V^I) ein orthogonales Komplement, und der Schwerpunkt $\frac{1}{n}\sum_i x_i \in V$ ist der Punkt $x \in V$, für den die Summe $\sum_i \|x - x_i\|^2$ der Abstandsquadrate minimal wird.

32. (Gleitspiegelungen und Spiegelungen) Sei E ein affiner Raum über dem Prähilbertraum V. Eine affine Abbildung $f: E \to E$ heißt eine orthogonale Pseudogleitspiegelung, wenn die zugehörige lineare Abbildung $\overline{f}: V \to V$ eine orthogonale Pseudospiegelung $\mathrm{id}_W \oplus a\,\mathrm{id}_U$ bezüglich einer orthogonalen Zerlegung $V = W \oplus U$ ist, $a \in \mathbb{K}$, $|a| = 1$, $a \neq 1$. Eine orthogonale Pseudospiegelung mit Fixpunkt O heißt eine orthogonale

Pseudospiegelung (an der Fixpunktmenge $W+O$). Bei $a=-1$ spricht man von orthogonalen Gleitspiegelungen bzw. orthogonalen Spiegelungen. Die Punktspiegelungen bzw. die Streckungen mit einem Streckungsfaktor a, $|a|=1$, $a\neq 1$, sind spezielle orthogonale Spiegelungen bzw. orthogonale Pseudospiegelungen.

a) Ist f eine orthogonale Pseudogleitspiegelung mit $\overline{f}=\mathrm{id}_W\oplus a\,\mathrm{id}_U$ $(a\neq 1)$, so gibt es genau einen zu W parallelen affinen Unterraum $F=W+P_0\subseteq E$ mit $f(F)=F$. Auf F induziert f eine Translation mit einem Vektor $w_0\in W$, und f ist die Komposition der Translation von E mit w_0 und einer orthogonalen Pseudospiegelung an F (in beliebiger Reihenfolge). Man nennt f eine orthogonale Pseudogleitspiegelung an F. Insbesondere ist eine orthogonale Gleitspiegelung die Komposition einer orthogonalen Spiegelung und einer Translation parallel zur Fixpunktmenge der Spiegelung.

b) Sind $P,Q\in E$ und $P\neq Q$, so gibt es genau eine orthogonale Spiegelung an einer Hyperebene in E mit $P\mapsto Q$. Die Spiegelungsebene ist das orthogonale Komplement zur Geraden durch P und Q, das durch die Mitte $\frac{1}{2}P+\frac{1}{2}Q$ von P und Q geht.

33. Seien E ein affiner Prähilbertraum und $K\subseteq E$, $K\neq\emptyset$. Ein Punkt $O\in E$ heißt Inversionszentrum von K, wenn die Symmetriegruppe von K die Spiegelung am Punkt O enthält. Ist K beschränkt, so besitzt K höchstens ein Inversionszentrum.

34. Seien E ein affiner Prähilbertraum und $K\subseteq E$ eine beschränkte Menge mit mehr als einem Punkt. Jede Ähnlichkeit f von E mit $f(K)=K$ ist eine Bewegung von E.

35. (Spiegelungssatz) Sei E ein affiner euklidischer Raum der Dimension $n\in\mathbb{N}_+$. Jede Bewegung f von E ist die Komposition von höchstens $n+1$ orthogonalen Spiegelungen an *Hyperebenen* von E. Jede Bewegung f von E mit einem Fixpunkt ist die Komposition von höchstens n orthogonalen Spiegelungen an *Hyperebenen* von E, die alle durch ein und denselben Fixpunkt O von f gehen. (Vgl. §71, Aufgabe 26. — Bemerkungen. (1) Ist $f=\sigma_1\cdots\sigma_m$ mit orthogonalen Spiegelungen $\sigma_1,\cdots,\sigma_m$, so ist $\mathrm{Det}\overline{f}=(-1)^m$. Somit ist m gerade, wenn f eigentlich ist, und ungerade, wenn f uneigentlich ist. (2) Man folgere: Ist n gerade (bzw.ungerade), so besitzt jede uneigentliche (bzw. jede eigentliche) Bewegung f von E mit einem Fixpunkt sogar eine Fixgerade. Man beweise dies auch alternativ durch Betrachten des charakteristischen Polynoms von $\overline{f}$.)

36. (Halbdrehungen) Sei E ein affiner euklidischer Raum der Dimension $n\geq 2$. Eine orthogonale Spiegelung von E an einem affinen Unterraum der Kodimension 2 von E heißt eine Halbdrehung von E. Jede Halbdrehung ist eine eigentliche Bewegung.

a) Jede Translation von E ist das Produkt zweier Halbdrehungen von E.

b) Ist $n\geq 3$, so ist das Produkt zweier orthogonaler Spiegelungen an Hyperebenen von E das Produkt zweier Halbdrehungen von E.

c) Ist $n\geq 3$, so ist jede eigentliche Bewegung von E das Produkt von höchstens n bzw. $n+1$ Halbdrehungen je nachdem, ob n gerade oder ungerade ist.

d) Ist $n\geq 3$, so ist jede eigentliche Bewegung von E mit einem Fixpunkt O das Produkt von höchstens $n-1$ bzw. n Halbdrehungen mit O als Fixpunkt je nachdem, ob n ungerade oder gerade ist.

37. Seien E ein affiner Raum über dem Prähilbertraum V und K eine endliche nichtleere Punktmenge in E. Die Elemente der Symmetriegruppe $\mathsf{S}(K)$ von K besitzen einen gemeinsamen Fixpunkt O, nämlich den Schwerpunkt $\sum_{P\in K}\frac{1}{m}P$ von K, $m := \operatorname{Kard} K$. Es ist also $\mathsf{S}(K) \subseteq \mathsf{B}_O(E) \cong \mathsf{U}_{\mathbb{K}}(V)$. Ist E endlichdimensional, so gilt die Aussage für beliebige nichtleere beschränkte Mengen K in E: Ist nämlich K meßbar mit einem von 0 verschiedenen Inhalt (vgl. §77), so ist wieder der Schwerpunkt von K ein gemeinsamer Fixpunkt der Elemente von $\mathsf{S}(K)$. Im allgemeinen Fall betrachte man statt K die nichtleere offene beschränkte Menge $K' := \bigcup_{P\in K} \mathsf{B}(P;1)$ und beachte $\mathsf{S}(K) \subseteq \mathsf{S}(K')$.)

38. Seien E ein affiner Raum über dem Prähilbertraum V und G eine endliche Untergruppe der Bewegungsgruppe $\mathsf{B}(E)$ von E. Dann besitzen die Elemente von G einen gemeinsamen Fixpunkt O. Es ist also $G \subseteq \mathsf{B}_O(E) \cong \mathsf{U}_{\mathbb{K}}(V)$. ($G$ ist Untergruppe der Symmetriegruppe einer Bahn $GP = \{g(P) : g \in G\}$, $P \in E$. — Bemerkung. Ist E endlichdimensional, so gilt wegen der Bemerkung in Aufgabe 37 die Aussage für beliebige kompakte Gruppen $G \subseteq \mathsf{B}(E)$. Zur Topologie von $\mathsf{B}(E)$ vgl. §76.)

39. Seien E ein affiner Raum über dem $\mathbb{K}$–Vektorraum V und G eine endliche Untergruppe der Gruppe $\mathsf{A}(E)$ der Affinitäten von E. Für eine Sesquilinearform Φ auf V und einen $\mathbb{K}$-Automorphismus $\overline{f} \in \mathsf{GL}_{\mathbb{K}}V$ sei $\overline{f}\Phi$ die Sesquilinearform $(x, y) \mapsto \Phi(\overline{f}^{-1}x, \overline{f}^{-1}y)$. (Auf diese Weise ist eine Operation der Gruppe $\mathsf{GL}_{\mathbb{K}}V$ im Sinne des §34 definiert.)

a) Ist Φ ein beliebiges Skalarprodukt auf V, so ist $\Phi_G := \sum_{g\in G}\overline{g}\Phi$ ein Skalarprodukt auf V, bezüglich dessen sämtliche Elemente von G Bewegungen von E sind. (Bemerkungen. (1) Es ergibt sich folgender Satz von Maschke für $\mathbb{K}$ (vgl. V.G.17): *Ist V ein endlichdimensionaler $\mathbb{K}$-Vektorraum und $G \subseteq \mathsf{GL}_{\mathbb{K}}(V)$, so besitzt jeder Unterraum $V' \subseteq V$, der invariant unter allen Elementen $g \in G$ ist, ein Komplement V'', das ebenfalls invariant unter allen $g \in G$ ist.* Wegen des Ergebnisses der Aufgabe können wir nämlich annehmen, daß V ein Skalarprodukt trägt und $G \subseteq \mathsf{U}_{\mathbb{K}}(V)$ ist. Dann ist mit V auch $V'' := (V')^{\perp}$ invariant unter allen $g \in G$. — (2) Ist V endlichdimensional, so läßt sich das Ergebnis dieser Aufgabe auf *kompakte* Untergruppen $G \subseteq \mathsf{A}(E)$ verallgemeinern (zur Topologie von $\mathsf{A}(E)$ vergleiche §76): Ist Φ ein beliebiges Skalarprodukt auf V, so ist $(x, y) \mapsto \Phi_G(x, y) := \int_G \overline{g}\Phi(x, y)d\lambda_G$ ein Skalarprodukt auf V, bezüglich dessen sämtliche $g \in G$ Bewegungen von E sind. λ_G ist dabei ein nichttriviales translationsinvariantes (d.h. Haarsches) Maß auf G. Demgemäß gilt der Satz von Maschke allgemein für *kompakte* Untergruppen $G \subseteq \mathsf{GL}_{\mathbb{K}}(V)$.)

b) Sei V ein endlichdimensionaler Prähilbertraum. Dann gibt es ein $f \in \mathsf{A}(E)$ mit $fGf^{-1} \subseteq \mathsf{B}(E)$. Insbesondere gilt: Jede endliche Untergruppe von $\mathsf{GL}_{\mathbb{K}}(V)$ ist zu einer Untergruppe von $\mathsf{U}_{\mathbb{K}}(V)$ konjugiert. (Wegen Bemerkung (2) aus Teil a) dieser Aufgabe gelten die Aussagen für beliebige *kompakte* Untergruppen von $\mathsf{A}(E)$ bzw. $\mathsf{GL}_{\mathbb{K}}(V)$.)

§74 Orientierungen

Sei V ein eindimensionaler reeller Vektorraum. Dann besitzt V in natürlicher Weise zwei Orientierungen. Dies sind die beiden Ordnungen auf V, die in folgender Weise durch die Ordnung der reellen Zahlen gegeben werden: Sei $x \in V$, $x \neq 0$. Dann ist $a \mapsto ax$ eine $\mathbb{R}$–Isomorphie von $\mathbb{R}$ auf V, mit deren Hilfe die Ordnung von $\mathbb{R}$ auf V übertragen wird. Ist $x' \in V$ ein weiterer Vektor $\neq 0$ und ist $x' = bx$, so definiert x' genau dann dieselbe Ordnung, wenn $b > 0$ ist. Bei $b < 0$ sind die von x und x' definierten Ordnungen entgegengesetzt. Man vergleiche hierzu auch §43. Die beiden Ordnungen von V, das sind die beiden Orientierungen von V, entsprechen also den beiden Äquivalenzklassen der Vektoren $\neq 0$ in V bezüglich derjenigen Äquivalenzrelation, für die $x, x' \in V \setminus \{0\}$ genau dann äquivalent sind, wenn $x = bx'$ mit einem $b \in \mathbb{R}_+^\times$ ist.

Sei nun V ein reeller Vektorraum der Dimension $n \in \mathbb{N}$. Der Raum $\mathrm{Alt}_{\mathbb{R}}(n, V)$ der alternierenden n-Linearformen (d.h. der Determinantenfunktionen) auf V ist eindimensional. Mit diesem Raum definieren wir die Orientierungen auf V.

Definition Eine Orientierung auf dem reellen Vektorraum V der Dimension $n \in \mathbb{N}$ ist eine Orientierung auf $\mathrm{Alt}_{\mathbb{R}}(n, V)$. Ein endlichdimensionaler reeller Vektorraum mit einer Orientierung heißt ein orientierter Vektorraum.

Ein endlichdimensionaler reeller Vektorraum V besitzt genau zwei Orientierungen. Sie werden nach dem eingangs Gesagten durch die beiden Äquivalenzklassen der nichttrivialen Determinantenfunktionen $V^n \to \mathbb{R}$ repräsentiert. Die beiden verschiedenen Orientierungen auf V nennt man entgegengesetzt.

Es ist bequem, auf der Menge der beiden Orientierungen eines endlichdimensionalen reellen Vektorraumes V die Gruppe $\mathbb{Z}^\times = \{1, -1\}$ (in der einzig möglichen Weise) treu operieren zu lassen. Ist dann $\mathbf{o}$ eine Orientierung von V, so ist $-\mathbf{o}$ die entgegengesetzte.

Beispiel 1 Sei $\mathrm{Dim}_{\mathbb{R}} V = 0$, also $V = \{0\}$. Einer nichttrivialen Determinantenfunktion $\Delta : V^0 \to \mathbb{R}$ entspricht dann einfach eine reelle Zahl $b \neq 0$, nämlich der Wert von Δ auf dem einzigen Element von V^0, und die beiden Orientierungen werden durch die Zahlen 1 bzw. -1 repräsentiert.

Ist V eindimensional, so ist $\mathrm{Alt}(1, V) = V^*$. Eine Orientierung auf V ist dann definitionsgemäß eine Orientierung auf V^*. Dies führt jedoch zu keinen Mißverständnissen, da die Orientierungen von V und V^* sich gegenseitig bedingen. Repräsentiert $x \in V \setminus \{0\}$ eine Orientierung auf V, so repräsentiert x^* eine auf V^*, und umgekehrt: Repräsentiert $e \in V^* \setminus \{0\}$ eine Orientierung auf V^*, so repräsentiert das Element $x \in V$ mit $e(x) = 1$ eine Orientierung auf V.

Eine solche natürliche Entsprechung der Orientierungen eines Vektorraums V und seines Dualraumes V^* gibt es bei beliebiger endlicher Dimension, vgl. Aufgabe 6.

Sei V ein n–dimensionaler reeller Vektorraum. Eine Basis $\mathbf{x} = (x_1, \ldots, x_n)$ von V definiert nach 46.1 genau eine Determinantenfunktion $\Delta_{\mathbf{x}}: V^n \to \mathbb{R}$ mit $\Delta_{\mathbf{x}}(\mathbf{x}) = \Delta_{\mathbf{x}}(x_1, \ldots, x_n) = 1$. Die durch diese Determinantenfunktion bestimmte Orientierung auf V heißt d i e d u r c h $\mathbf{x}$ d e f i n i e r t e O r i e n t i e r u n g auf V. Stimmt eine gegebene Orientierung auf V mit dieser durch $\mathbf{x}$ definierten überein, so sagt man, $\mathbf{x}$ r e p r ä s e n t i e r e d i e g e g e b e n e O r i e n t i e r u n g a u f V. Ist $\mathbf{x}' = (x_1', \ldots, x_n')$ eine weitere Basis von V und ist $\mathbf{V} = (v_{ij})$ die Übergangsmatrix von $\mathbf{x}$ nach $\mathbf{x}'$, d.h. ist $x_j = \sum_{i=1}^n v_{ij} x_i'$, $j = 1, \ldots, n$, so gilt

$$\Delta_{\mathbf{x}'} = (\operatorname{Det} \mathbf{V}) \Delta_{\mathbf{x}}\,.$$

Folglich repräsentieren $\mathbf{x}$ und $\mathbf{x}'$ genau dann dieselbe Orientierung auf V, wenn die Determinante der Übergangsmatrix von $\mathbf{x}$ nach $\mathbf{x}'$ positiv ist. Definiert die Determinantenfunktion Δ die Orientierung auf V, so repräsentiert $\mathbf{x} = (x_1, \ldots, x_n)$ genau dann diese Orientierung, wenn $\Delta(\mathbf{x}) > 0$ ist. Ist $n = 0$, also $V = 0$, so ist notwendigerweise $\mathbf{x} = \emptyset$, und die von $\mathbf{x}$ repräsentierte Orientierung ist $+1$. Ist $n > 0$, so gibt es zu jeder Orientierung von V eine Basis von V, die diese gegebene Orientierung repräsentiert.

Sei $f: V \to W$ eine bijektive lineare Abbildung n-dimensionaler reeller Vektorräume. Dann ist auch

$$\operatorname{Alt}(n, f): \operatorname{Alt}(n, W) \to \operatorname{Alt}(n, V)$$

bijektiv. Seien nun V und W überdies orientiert. Ist dann $\operatorname{Alt}(n, f)$ orientierungserhaltend, so sagt man, f sei o r i e n t i e r u n g s e r h a l t e n d, im anderen Falle, f sei o r i e n t i e r u n g s u m k e h r e n d. Sind $\mathbf{x} = (x_1, \ldots, x_n)$ bzw. $\mathbf{y} = (y_1, \ldots, y_n)$ Basen von V bzw. W, die die Orientierungen repräsentieren, so ist f nach obigem genau dann orientierungserhaltend, wenn die Determinante der Matrix von f bezüglich der Basen $\mathbf{x}$ und $\mathbf{y}$ positiv ist. *Insbesondere ist ein Automorphismus eines orientierten endlichdimensionalen reellen Vektorraumes genau dann orientierungserhaltend, wenn seine Determinante positiv ist.*

Sei V ein n-dimensionaler reeller Vektorraum. Eine Basis $\mathbf{x} = (x_1, \ldots, x_n)$ von V definiert eine Fahne

$$0 = V_0 \subset V_1 \subset \cdots \subset V_n = V$$

von V mit $V_i := \sum_{j=1}^i \mathbb{R} x_j$ und in den Teilräumen V_i durch die Basen $\mathbf{x}_i = (x_1, \ldots, x_i)$ jeweils eine Orientierung, $i = 0, \ldots, n$. Man nennt eine solche Fahne orientierter Unterräume eine o r i e n t i e r t e F a h n e von V. Die obige orientierte Fahne läßt sich auch durch die Folge $H_1 \subset H_2 \subset \cdots \subset H_n$ kennzeichnen, wobei H_i derjenige Halbraum in V_i bezüglich der Hyperebene V_{i-1} in V_i ist, der den Vektor x_i enthält, $i = 1, \ldots, n$. Aus der Folge der H_i gewinnt man die orientierte Fahne zurück: Wählt man nämlich die Elemente x'_i in den zu den H_i gehörigen offenen Halbräumen beliebig, so ist $V_i = \sum_{j=1}^{i} \mathbb{R}x'_j$, und die Übergangsmatrix von $\mathbf{x}_i = (x_1, \ldots, x_i)$ zu $\mathbf{x}'_i = (x'_1, \ldots, x'_i)$ ist eine obere Dreiecksmatrix, deren Hauptdiagonalelemente alle positiv sind. Insbesondere definieren also $\mathbf{x}_i$ und $\mathbf{x}'_i$ dieselbe Orientierung auf V_i, $i = 0, \ldots, n$.

Ist E ein affiner Raum über dem endlichdimensionalen reellen Vektorraum V, so ist eine Orientierung von E durch eine Orientierung von V definiert. Ist $n := \operatorname{Dim} E$ und E orientiert, so sagt man, das n–Simplex $(P_0, \ldots, P_n)$ der affin unabhängigen Punkte $P_0, \ldots, P_n \in E$ repräsentiere die Orientierung, wenn die Basis $(\overrightarrow{P_0P_1}, \ldots, \overrightarrow{P_0P_n})$ von V die Orientierung von V repräsentiert. *Ist σ eine Permutation der Indizes $0, \ldots, n$ und repräsentiert $(P_0, \ldots, P_n)$ die Orientierung $\mathbf{o}$, so repräsentiert $(P_{\sigma 0}, \ldots, P_{\sigma n})$ die Orientierung* $(\operatorname{Sign}\sigma)\mathbf{o}$. Es genügt, dies für Transpositionen σ zu zeigen. Ist $\sigma 0 = 0$, so ist die Aussage trivial. Vertauscht aber σ die Elemente 0 und i, $i > 0$, und ist $x_j := \overrightarrow{P_0P_j}$, $j = 1, \ldots, n$, $\mathbf{x} := (x_1, \ldots, x_n)$, so ist $\overrightarrow{P_{\sigma 0}P_{\sigma j}} = x_j - x_i$ für $j \neq i$ und $\overrightarrow{P_{\sigma 0}P_{\sigma i}} = -x_i$ und folglich

$$\begin{aligned}
&\Delta_{\mathbf{x}}(\overrightarrow{P_{\sigma 0}P_{\sigma 1}}, \ldots, \overrightarrow{P_{\sigma 0}P_{\sigma n}}) \\
&\quad = \Delta_{\mathbf{x}}(x_1 - x_i, \ldots, x_{i-1} - x_i, -x_i, x_{i+1} - x_i, \ldots, x_n - x_i) \\
&\quad = \Delta_{\mathbf{x}}(x_1, \ldots, x_{i-1}, -x_i, x_{i+1}, \ldots, x_n) = -1\,.
\end{aligned}$$

Beispiel 2 Die Standardbasis $e_1, \ldots, e_n$ repräsentiert die sogenannte Standardorientierung des $\mathbb{R}^n$, $n \in \mathbb{N}$.

Beispiel 3 Seien F eine affine Hyperebene im n–dimensionalen reellen affinen Raum E und H ein Halbraum in E bezüglich F. *Dann induziert jede Orientierung von F eine von E und umgekehrt jede Orientierung von E eine von F.*

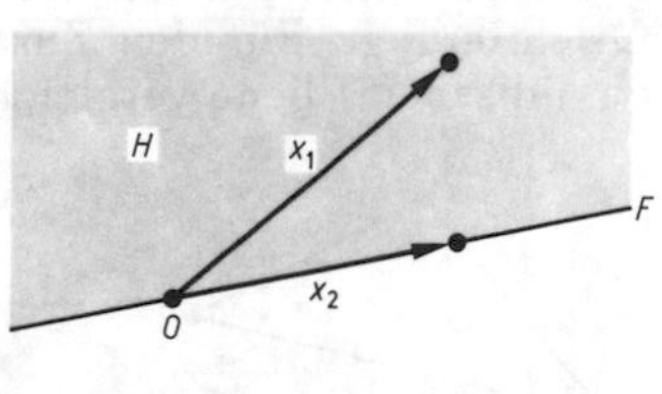

Dazu wähle man einen Punkt $O \in F$ und eine Basis $x_1, \ldots, x_n \in V$ derart, daß $x_1 + O \in H$ und $F = \mathbb{R}x_2 + \cdots + \mathbb{R}x_n + O$ ist. Die Orientierungen von F und E sollen sich nun genau dann entsprechen, wenn die Basen $x_2, \ldots, x_n$ bzw. $x_1, \ldots, x_n$ beide die Orientierungen von F bzw. E repräsentieren bzw. beide dies nicht tun. Man überlegt sich sofort, daß diese Konvention unabhängig ist von der Wahl (des Punktes O und) der Basis $x_1, \ldots, x_n$. Man achte hier auf die Reihenfolge. Der in den Halbraum H weisende Vektor x_1 wird an die *erste* Stelle gesetzt. Diese Konvention entspricht der in der Analysis bei der Formulierung des Satzes von Stokes benutzten. Grundsätzlich könnte auch vereinbart werden, x_1 an die letzte Stelle zu setzen. Dann unterscheiden sich beide Orientierungen um den Faktor $(-1)^{n-1}$.

Beispiel 4 (Orientierungen unseres Anschauungsraumes) Die sogenannte Standardorientierung unseres Anschauungsraumes wird repräsentiert von den drei Vektoren, die jeweils von der Wurzel zur Spitze des Daumens, des Zeigefingers bzw. des Mittelfingers der rechten Hand führen. (Rechte-Hand-Regel — Die rechte Hand ist (bei der überwiegenden Mehrheit der Menschen) die Hand an dem Arm, dessen zugehörige Schulter vom Herzen weiter entfernt ist als die des anderen Armes.)

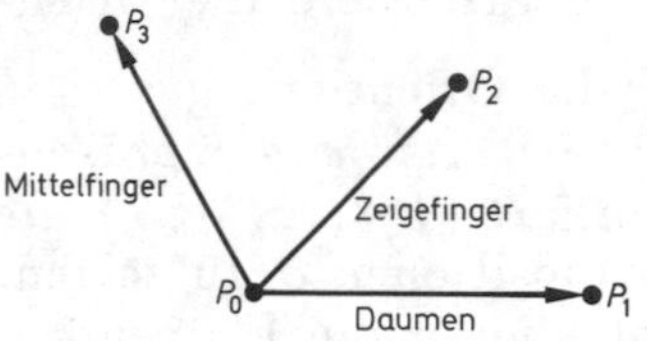

Die analog mit der linken Hand definierte Orientierung ist zur Standardorientierung entgegengesetzt. Es sei bemerkt, daß man seit den fünfziger Jahren weiß, wie sich die Standardorientierung physikalisch, also ohne Benutzung der menschlichen Anatomie oder ähnlicher Hilfsmittel kennzeichnen läßt. (Lee-Yang-Wu-Experiment — Man lese etwa die Beschreibung dieses Experimentes in M. Eigen/R. Winkler: Das Spiel. Piper, München 1975.)

Um eine Orientierung einer Ebene F unseres Anschauungsraumes festzulegen, ist es nach Beispiel 3 nötig, einen Halbraum bezüglich F auszuzeichnen. Das ist in der Regel der Halbraum, in dem sich ein bestimmter Beobachter befindet. Die damit definierte Orientierung ist entgegengesetzt zur Orientierung, die durch zwei (kurz) aufeinander folgende Stellungen des großen (oder kleinen) Zeigers einer gewöhnlichen und für den Beobachter ablesbaren Uhr in der Ebene F gegeben ist. Man spricht daher von der dem Uhrzeigersinn entgegengesetzten Orientierung. So repräsentiert das Dreieck (P_0, P_1, P_2) die Orientierung der Ebene dieser Buchseite für den Leser, der diese Seite liest. Nach dem Umschlagen repräsentiert dieses Dreieck nicht mehr die dann durch den Leser definierte Orientierung. Für den Zusammenhang von Orientierung und Drehsinn in einer euklidischen Ebene vergleiche man auch §75.

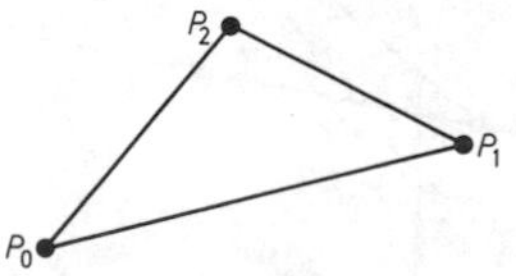

Wir überlassen es dem Leser, Konventionen zur Festlegung der Orientierung einer Geraden unseres Anschauungsraumes anzugeben.

Beispiel 5 Seien V_1, V_2 komplementäre Unterräume des endlichdimensionalen reellen Vektorraumes V. Orientierungen auf V_1 und V_2 induzieren eine Orientierung auf $V = V_1 \oplus V_2$. Seien dazu $\mathbf{x} = (x_1, \ldots, x_r)$ und $\mathbf{y} = (y_1, \ldots, y_s)$ Basen von V_1 bzw. V_2. Die Basis $(x_1, \ldots, x_r, y_1, \ldots, y_s)$ von V repräsentiere genau dann die Orientierung von V, wenn sowohl $\mathbf{x}$ als auch $\mathbf{y}$ jeweils die Orientierungen der Teilräume V_1 bzw. V_2 repräsentieren oder wenn sowohl $\mathbf{x}$ als auch $\mathbf{y}$ dies nicht tun. Diese Konvention ist offensichtlich unabhängig von der Wahl der Basen $\mathbf{x}$ und $\mathbf{y}$. Die Orientierung von V hängt aber im allgemeinen von dem Paar (V_1, V_2) ab, also von der Reihenfolge der V_i, $i = 1, 2$. Die durch (V_1, V_2) und (V_2, V_1) bestimmten Orientierungen unterscheiden sich um den Faktor $(-1)^{rs}$. Ist $\mathrm{Dim}_{\mathbb{R}} V$ ungerade, spielt die Reihenfolge keine Rolle.

Sind umgekehrt V und einer der Räume V_1 oder V_2 orientiert, so wird dadurch eine Orientierung des anderen der beiden Räume V_1, V_2 induziert. Für Verallgemeinerungen siehe Aufgaben 4,5.

Beispiel 6 (Orientierung komplexer Vektorräume) Die $\mathbb{R}$-Algebra $\mathbb{C}$ besitzt genau zwei Elemente, deren Quadrat -1 ist. Wir zeichnen eins davon ein für allemal aus und bezeichnen es wie üblich mit i. Dann repräsentiere $(1, \mathrm{i})$ die Standardorientierung von $\mathbb{C}$.

Sei nun V ein komplexer Vektorraum der Dimension $n \in \mathbb{N}$. Dann gilt: *Für beliebige $\mathbb{C}$-Basen $(x_1, \ldots, x_n)$ bzw. $(x_1', \ldots, x_n')$ von V repräsentieren die $\mathbb{R}$-Basen $(x_1, \mathrm{i}x_1, \ldots, x_n, \mathrm{i}x_n)$ bzw. $(x_1', \mathrm{i}x_1', \ldots, x_n', \mathrm{i}x_n')$ dieselbe Orientierung von V.* Beweis. Wir haben zu zeigen, daß der durch

$$x_1 \mapsto x_1', \mathrm{i}x_1 \mapsto \mathrm{i}x_1', \ldots, x_n \mapsto x_n', \mathrm{i}x_n \mapsto \mathrm{i}x_n'$$

definierte $\mathbb{R}$-Automorphismus f von V eine positive Determinante hat. f ist aber sogar $\mathbb{C}$-linear. Nach §50, Beispiel 2 ist daher $\mathrm{Det}_{\mathbb{R}} f = |\mathrm{Det}_{\mathbb{C}} f|^2$ positiv. (Dem Leser sei empfohlen, die Formel $\mathrm{Det}_{\mathbb{R}} f = |\mathrm{Det}_{\mathbb{C}} f|^2$ direkt zu verifizieren.) — Nach dem Bewiesenen wird somit durch $(x_1, \mathrm{i}x_1, \ldots, x_n, \mathrm{i}x_n)$, wobei $(x_1, \ldots, x_n)$ eine $\mathbb{C}$-Basis von V ist, eine Orientierung von V definiert, die unabhängig von der Wahl dieser Basis $(x_1, \ldots, x_n)$ ist. Diese Orientierung heißt die natürliche Orientierung des komplexen Vektorraumes V. Für $V = \mathbb{C}$ ergibt sich die Standardorientierung. Der Nullraum hat die Orientierung $+1$.

Wir bemerken, daß gelegentlich die durch die $\mathbb{R}$-Basis $(x_1, \ldots, x_n, \mathrm{i}x_1, \ldots, \mathrm{i}x_n)$ zu einer $\mathbb{C}$-Basis $(x_1, \ldots x_n)$ definierte Orientierung als natürliche Orientierung des komplexen Vektorraumes V vorgezogen wird. Die beiden Orientierungen unterscheiden sich um den Faktor $(-1)^{\binom{n}{2}}$ und stimmen folglich genau dann überein, wenn $n \equiv 0, 1$ modulo 4 ist.

Beispiel 7 (Orientierung symplektischer reeller Vektorräume) Sei V ein symplektischer reeller Vektorraum der Dimension $2k$, $k \in \mathbb{N}$, d.h. V trage eine nicht ausgeartete schiefsymmetrische Bilinearform Φ, vgl. §71, Aufgabe 30. *Dann repräsentieren alle symplektischen Basen $x_1, y_1, x_2, y_2, \ldots, x_k, y_k$ von V dieselbe Orientierung*; denn nach §71, Aufgabe 34 hat jeder Automorphismus von Φ die Determinante 1. Diese Orientierung heißt die kanonische Orientierung von V (bezüglich Φ). Sie wird auch repräsentiert durch die kanonische Determinantenfunktion auf V, die für eine (und damit jede) symplektische Basis von V den Wert 1 hat.

Auf einem orientierten reellen Vektorraum V mit einer nicht ausgearteten symmetrischen Bilinearform Φ ist das sogenannte äußere oder Vektor-Produkt definiert. Es sei $n := \mathrm{Dim}_{\mathbb{R}} V \geq 2$ und Φ vom Typ (p, q), $p + q = n$. Eine Basis $v_1, \ldots, v_n$ mit $|\Phi(v_i, v_j)| = \delta_{ij}$, $1 \leq i, j \leq n$, heißt eine verallgemeinerte Orthonormalbasis von V, vgl. §72. Da der Betrag der Gramschen Matrix zu einer verallgemeinerten Orthonormalbasis gleich 1 ist, ist die Determinante für die Übergangsmatrix zweier verallgemeinerter Orthonormalbasen ebenfalls vom Betrag 1. Es folgt: *Repräsentieren zwei verallgemeinerte Orthonormalbasen von V die Orientierung von V, so ist die Determinante der Übergangsmatrix gleich* 1. Die Determinantenfunktion auf V, die für eine und damit für jede die Orientierung von V repräsentierende verallgemeinerte Orthonormalbasis den Wert 1 hat, heißt die k a n o n i s c h e D e t e r m i n a n t e n f u n k t i o n auf V bezüglich Φ. Wir bezeichnen sie einfach mit Δ. Für beliebige $x_1, \ldots, x_{n-1} \in V$ ist dann

$$x \mapsto \Delta(x_1, \ldots, x_{n-1}, x)$$

eine Linearform auf V. Ihr Gradient bezüglich Φ wird mit

$$x_1 \times \cdots \times x_{n-1} \quad \text{oder} \quad [x_1, \ldots, x_{n-1}]$$

bezeichnet und heißt ä u ß e r e s oder V e k t o r - P r o d u k t der $x_1, \ldots, x_{n-1}$ bezüglich Φ und der gegebenen Orientierung. Definitionsgemäß ist also

$$\Delta(x_1, \ldots, x_{n-1}, x) = \Phi(x_1 \times \cdots \times x_{n-1}, x)$$

für alle $x \in V$. Offensichtlich ist das äußere Produkt $x_1 \times \cdots \times x_{n-1}$ multilinear und alternierend und genau dann gleich 0, wenn das Tupel $x_1, \ldots, x_{n-1}$ linear abhängig ist. Sei nun $v_1, \ldots, v_n$ eine verallgemeinerte Orthonormalbasis von V, die die Orientierung von V repräsentiert. Ist dann $x_j = \sum_{i=1}^n a_{ij} v_i$, $j = 1, \ldots, n-1$, und

$$x_1 \times \cdots \times x_{n-1} = a_1 v_1 + \cdots + a_n v_n ,$$

so folgt aus $a_i = \epsilon_i \Phi(x_1 \times \cdots \times x_{n-1}, v_i) = \epsilon_i \Delta(x_1, \ldots, x_{n-1}, v_i)$, $\epsilon_i := \Phi(v_i, v_i)$, die Darstellung $a_i = (-1)^{n-i} \epsilon_i \Delta_i$ mit

$$\Delta_i := \begin{vmatrix} a_{11} & \cdots & a_{1,n-1} \\ \vdots & & \vdots \\ a_{i-1,1} & \cdots & a_{i-1,n-1} \\ a_{i+1,1} & \cdots & a_{i+1,n-1} \\ \vdots & & \vdots \\ a_{n,1} & \cdots & a_{n,n-1} \end{vmatrix} ,$$

$i = 1, \ldots, n$. Insbesondere ergibt sich

$$\Phi(x_1 \times \cdots \times x_{n-1}, x_1 \times \cdots \times x_{n-1}) = \sum_{i=1}^n \epsilon_i \Delta_i^2 .$$

Erzeugen $x_1, \ldots, x_{n-1}$ eine Hyperebene U, auf der Φ nicht ausgeartet ist, so kann man $v_1, \ldots, v_n$ so wählen, daß $v_1, \ldots, v_{n-1}$ dieselbe Hyperebene U wie $x_1, \ldots, x_{n-1}$ erzeugen. Dann ist $\Delta_1 = \cdots = \Delta_{n-1} = 0$, und man erhält die wichtigen Formeln

$$x_1 \times \cdots \times x_{n-1} = \epsilon_n \Delta_n v_n ,$$

$$\begin{aligned} \Phi(x_1 \times \cdots \times x_{n-1}, x_1 \times \cdots \times x_{n-1}) &= \epsilon_n \Delta_n^2 = \epsilon_1 \cdots \epsilon_n \mathrm{Gr}_\Phi(x_1, \ldots, x_{n-1}) \\ &= (-1)^q \mathrm{Gr}_\Phi(x_1, \ldots, x_{n-1}) . \end{aligned}$$

Es ist dann $x_1 \times \cdots \times x_{n-1}$ ein Vektor, der das orthogonale Komplement von U erzeugt. Ist U orientiert und repräsentiert $x_1, \ldots, x_{n-1}$ die Orientierung von U, so zeigt $x_1 \times \cdots \times x_{n-1}$ genau dann in den durch die Orientierung von U definierten Halbraum von V (gemäß Beispiel 3), wenn $\epsilon_n = \Phi(v_n, v_n) = (-1)^{n-1}$ ist.

Aufgaben

1. E sei ein orientierter reeller affiner Raum der Dimension $n \in \mathbb{N}$.

a) Eine Punktspiegelung von E erhält genau dann die Orientierung, wenn n gerade ist.

b) Eine Spiegelung (an einer Hyperebene) von E ist stets orientierungsumkehrend.

c) Eine Scherung von E ist stets orientierungserhaltend.

d) Ist $P_0, \ldots, P_n$ eine affine Basis von E und ist σ eine Permutation der Ziffern $0, \ldots, n$, so ist die durch $P_i \mapsto P_{\sigma i}$, $i = 0, \ldots, n$, definierte Affinität von E genau dann orientierungserhaltend, wenn σ gerade ist.

2. Sei $f : V \to W$ ein Isomorphismus orientierter endlichdimensionaler reeller Vektorräume $\neq 0$. Äquivalent sind: (1) f ist orientierungserhaltend. (2) Es gibt eine die Orientierung von V repräsentierende Basis von V, deren Bild unter f die Orientierung von W repräsentiert. (3) Von jeder die Orientierung von V repräsentierenden Basis von V repräsentiert das Bild unter f die Orientierung von W.

3. Seien V und W endlichdimensionale komplexe Vektorräume mit den natürlichen Orientierungen, vgl. Beispiel 6. Jeder ($\mathbb{C}$–lineare) Isomorphismus $V \to W$ ist orientierungserhaltend.

4. Sei $0 \to V' \xrightarrow{f'} V \xrightarrow{f} V'' \to 0$ eine exakte Sequenz von endlichdimensionalen $\mathbb{R}$–Vektorräumen.

a) Gemäß der folgenden Vorschrift induzieren Orientierungen auf zweien der Räume V', V, V'' eindeutig eine Orientierung auf dem dritten: Ist $x'_1, \ldots, x'_r$ eine Basis von V' und sind $x_1, \ldots, x_s$ Elemente von V, deren Bilder $f(x_1), \ldots, f(x_s)$ eine Basis von V'' bilden, so repräsentiert die Basis

$$f'(x'_1), \ldots, f'(x'_r), x_1, \ldots, x_s$$

von V genau dann die Orientierung, wenn die Basen $x'_1, \ldots, x'_r$ von V' bzw. $f(x_1), \ldots, f(x_s)$ von V'' beide die jeweiligen Orientierungen repräsentieren oder wenn beide dies nicht tun.

b) Ist W ein Unterraum von V, so bestimmen Orientierungen auf zweien der Räume $W, V, V/W$ eindeutig eine Orientierung auf dem dritten gemäß a), angewandt auf die kanonische exakte Sequenz $0 \to W \to V \to V/W \to 0$. Ist W eine Hyperebene in V, so gewinnt man auf diese Weise genau dann die Konvention von Beispiel 3, wenn $\mathrm{Dim}_{\mathbb{R}} V$ ungerade ist. (Die duale Sequenz $0 \to (V/W)^* \to V^* \to W^* \to 0$ ergibt stets die korrespondierenden Orientierungen gemäß Beispiel 3, vgl. Aufgabe 6.)

c) Ist $V = U \oplus W$ mit Unterräumen $U, W \subseteq V$, so gewinnt man die Konvention des Beispiels 5, wenn man die Vorschrift von a) auf die kanonische exakte Sequenz $0 \to U \to V \to W \to 0$ anwendet.

5. Seien V_1, V_2 orientierte endlichdimensionale Unterräume eines reellen Vektorraumes. Dann induziert eine Orientierung auf $V_1 + V_2$ kanonisch eine Orientierung auf $V_1 \cap V_2$, und zwar mittels der Isomorphie

$$(V_1 + V_2)/(V_1 \cap V_2) \to ((V_1 + V_2)/V_2) \oplus ((V_1 + V_2)/V_1),$$

die durch $\overline{x_1 + x_2} \mapsto (\overline{x}_1, \overline{x}_2)$ gegeben wird, und den Konventionen von Beispiel 5 bzw. Aufgabe 4b). Vertauscht man V_1 und V_2, so ändert sich die auf $V_1 \cap V_2$ induzierte Orientierung um das Vorzeichen $(-1)^{(m-p)(n-p)}$ mit $m := \operatorname{Dim} V_1$, $n := \operatorname{Dim} V_2$, $p := \operatorname{Dim}(V_1 \cap V_2)$. (Beispiel. Seien $V_1, V_2 \subseteq \mathbb{R}^3$ die Unterräume $\mathbb{R}e_1 + \mathbb{R}e_2$ bzw. $\mathbb{R}e_1 + \mathbb{R}e_3$. Die Basen e_1, e_2, e_3 bzw. e_1, e_2 und e_1, e_3 mögen die Orientierungen von $\mathbb{R}^3 = V_1 + V_2$ bzw. V_1 und V_2 repräsentieren. Welche Orientierung wird auf $V_1 \cap V_2 = \mathbb{R}e_1$ induziert?)

6. Die Bilinearform $\Phi : V \times W \to \mathbb{R}$ definiere eine vollständige Dualität zwischen den endlichdimensionalen reellen Vektorräumen V und W. Dann induziert eine Orientierung auf V in kanonischer Weise eine Orientierung auf W (und umgekehrt), und zwar repräsentiert eine Basis $y_1, \ldots, y_n$ von W genau dann die induzierte Orientierung, wenn die zu $y_1, \ldots, y_n$ duale Basis $x_1, \ldots, x_n$ von V die gegebene Orientierung repräsentiert. — Insbesondere entsprechen sich die Orientierungen eines endlichdimensionalen reellen Vektorraumes V und seines Dualraumes V^* bezüglich der kanonischen Dualität. (Bemerkung. Diese Korrespondenz ist nicht verträglich mit kurzen exakten Sequenzen: Sei $0 \to V' \to V \to V''$ eine exakte Sequenz von endlichdimensionalen reellen Vektorräumen, wobei V' und V'' orientiert seien. Nach Aufgabe 4 ist dann auch V orientiert und damit V^*. Aus der exakten Sequenz $0 \to V''^* \to V^* \to V'^* \to 0$ gewinnt man jedoch mit den Orientierungen von V''^* und V'^* eine Orientierung von V^*, die sich von der ersten um den Faktor $(-1)^{rs}$ unterscheidet, $r := \operatorname{Dim} V'$, $s := \operatorname{Dim} V''$.)

7. Seien V ein orientierter reeller Vektorraum der Dimension $n \in \mathbb{N}$, $n \geq 2$, mit einer nicht ausgearteten symmetrischen Bilinearform Φ vom Typ (p, q). Für das zugehörige äußere Produkt gilt dann die Lagrangesche Formel

$$\Phi(x_1 \times \cdots \times x_{n-1}, x'_1 \times \cdots \times x'_{n-1}) = (-1)^q \operatorname{Gr}_\Phi(x_i, x'_j)_{1 \leq i,j \leq n-1}$$

für beliebige $x_1, \ldots, x_{n-1}, x'_1, \ldots, x'_{n-1} \in V$. (Es genügt, die Formel für den Fall zu beweisen, daß $x_1, \ldots, x_{n-1}, x'_1, \ldots, x'_{n-1}$ Elemente einer die Orientierung repräsentierenden verallgemeinerten Orthonormalbasis von V sind.) Insbesondere ist $x_1 \times \cdots \times x_{n-1}$ genau dann nicht isotrop, wenn die $x_1, \ldots, x_{n-1}$ eine Hyperebene erzeugen, auf der Φ nicht ausgeartet ist.

§75 Isometrien

Wir beschreiben in diesem Paragraphen die Isometrien endlichdimensionaler Vektorräume, die ein Skalarprodukt tragen, etwas näher. Fast trivial ist der folgende Satz:

75.1 Satz *Sei V ein unitärer Vektorraum, d.h. ein endlichdimensionaler komplexer Vektorraum mit einem Skalarprodukt. Zu jeder Isometrie $f \in$*

$\mathsf{U}_{\mathbb{C}}(V)$ *existiert eine Orthonormalbasis von* V *aus Eigenvektoren von* f. *Die zugehörigen Eigenwerte haben den Betrag* 1.

Beweis. Wir schließen durch Induktion über $n := \mathrm{Dim}_{\mathbb{C}} V$. Der Fall $n \le 1$ ist trivial. Sei nun $n > 0$. Dann besitzt f einen Eigenvektor x_1, den wir nach Übergang zu $x_1/\|x_1\|$ als normiert annehmen können. Ist $f(x_1) = a_1 x_1$, so ist $|a_1| = \|a_1 x_1\| = \|f(x_1)\| = \|x_1\| = 1$. Die Gerade $\mathbb{C}x_1$ wird von f in sich abgebildet und folglich auch ihr orthogonales Komplement $V' := (\mathbb{C}x_1)^\perp$. Wenden wir auf $f' := f|V'$ die Induktionsvoraussetzung an, so gewinnen wir eine Orthonormalbasis $x_2, \ldots, x_n$ von V' aus Eigenvektoren von f' mit Eigenwerten vom Betrag 1. Dann ist $x_1, x_2, \ldots, x_n$ eine Orthonormalbasis von V mit den in 75.1 angegebenen Eigenschaften. •

Nach 75.1 ist eine Isometrie eines unitären Raumes insbesondere diagonalisierbar. Für Matrizen formuliert lautet 75.1: Ist I eine endliche Menge und $\mathbf{A} \in \mathsf{U}_I(\mathbb{C})$ eine unitäre Matrix, so gibt es eine unitäre Matrix $\mathbf{U} \in \mathsf{U}_I(\mathbb{C})$ derart, daß $\mathbf{UAU}^{-1}$ eine Diagonalmatrix $\mathrm{Diag}(a_i)_{i\in I}$ mit $|a_i| = 1$, $i \in I$, ist. *Jede unitäre Matrix ist also zu einer Diagonalmatrix unitär äquivalent.*

Sei jetzt V ein euklidischer Vektorraum, also ein endlichdimensionaler reeller Vektorraum mit einem Skalarprodukt. Ist $\mathrm{Dim}_{\mathbb{R}} V = 1$, so sind id_V und $-\mathrm{id}_V$ die einzigen Isometrien von V.

Sei $\mathrm{Dim}_{\mathbb{R}} V = 2$ und x_1, x_2 eine Orthonormalbasis von V. Ferner sei f eine eigentliche Isometrie von V. Die Matrix von f bezüglich x_1, x_2 ist eine orthogonale Matrix $\mathbf{A} = \begin{pmatrix} a & c \\ b & d \end{pmatrix} \in \mathsf{SO}_2(\mathbb{R})$. Es ist also $a^2 + b^2 = c^2 + d^2 = 1$ und $ac + bd = 0$. Es folgt $\binom{c}{d} = \binom{-b}{a}$ oder $\binom{c}{d} = \binom{b}{-a}$. Wegen $\mathrm{Det}\,\mathbf{A} = ad - bc = 1$ ist nur $\binom{c}{d} = \binom{-b}{a}$ möglich. Es gibt weiter ein $\alpha \in \mathbb{R}$ mit $a = \cos\alpha$, $b = \sin\alpha$, und α ist bis auf ganzzahlige Vielfache von 2π eindeutig bestimmt. Dann ist

$$\mathbf{A} = \mathbf{D}_\alpha := \begin{pmatrix} \cos\alpha & -\sin\alpha \\ \sin\alpha & \cos\alpha \end{pmatrix}.$$

Für beliebige $\alpha, \beta \in \mathbb{R}$ ist $\mathbf{D}_\alpha \mathbf{D}_\beta = \mathbf{D}_{\alpha+\beta}$, wie sich aus den Additionstheoremen von cos und sin ergibt. Somit ist $\alpha \mapsto \mathbf{D}_\alpha$ ein surjektiver Gruppenhomomorphismus $\mathbb{R} \to \mathsf{SO}_2(\mathbb{R})$ mit $\mathbb{Z}2\pi$ als Kern. Man erhält die Isomorphie

$$\mathbb{R}/\mathbb{Z}2\pi \to \mathsf{SO}_2(\mathbb{R})$$

mit $[\alpha] := \alpha + \mathbb{Z}2\pi \mapsto \mathbf{D}_\alpha$. Mit der Isomorphie $\mathsf{SO}_2(\mathbb{R}) \cong \mathsf{SO}(V)$, die durch die Orthonormalbasis x_1, x_2 vermittelt wird, gilt dann auch $\mathsf{SO}(V) \cong \mathbb{R}/\mathbb{Z}2\pi$. Doch hängt diese Isomorphie von der Wahl der Basis x_1, x_2 ab. Bezüglich der Basis x_2, x_1 hat f die Matrix $\begin{pmatrix} \cos\alpha & \sin\alpha \\ -\sin\alpha & \cos\alpha \end{pmatrix} = \mathbf{D}_{-\alpha} = \mathbf{D}_\alpha^{-1}$. Ist aber x_1', x_2' eine Orthonormalbasis von V, zu der die Übergangsmatrix $\mathbf{V}$ von x_1, x_2 eine positive Determinante hat, so ist $\mathbf{V}$

selbst eine Matrix der Form $\mathbf{D}_\beta$, und f hat bezüglich x_1', x_2' die Matrix $\mathbf{V}\mathbf{D}_\alpha\mathbf{V}^{-1} = \mathbf{D}_\beta\mathbf{D}_\alpha\mathbf{D}_{-\beta} = \mathbf{D}_\alpha$, also dieselbe wie bezüglich x_1, x_2. Es folgt: *Ist V orientiert, so ist die Matrix $\mathbf{D}_\alpha$ von $f \in \mathsf{SO}(V)$ bezüglich aller Orthonormalbasen, die die Orientierung repräsentieren, dieselbe.* Für einen *orientierten* zweidimensionalen euklidischen Vektorraum gibt es somit eine *kanonische* Isomorphie

$$\varphi: \mathbb{R}/\mathbb{Z}2\pi \longrightarrow \mathsf{SO}(V).$$

Wird die Orientierung geändert, so erhält man den Isomorphismus $[\alpha] \mapsto \varphi([-\alpha]) = \varphi([\alpha])^{-1}$. Aus der Isomorphie φ gewinnt man direkt die Orientierung zurück: Ist $x_1 \in V$ normiert, so ist $x_1, x_2 := \varphi([\pi/2])(x_1)$ eine Orthonormalbasis von V, die die Orientierung von V repräsentiert. Generell ist für $x = a_1x_1 + a_2x_2 \in V$ und $f = \varphi([\alpha])$, $\alpha \in \mathbb{R}$:

$$f(x) = (a_1 \cos\alpha - a_2 \sin\alpha)x_1 + (a_1 \sin\alpha + a_2 \cos\alpha)x_2,$$
$$\cos \sphericalangle(x, f(x)) = \cos\alpha \quad (\text{falls } x \neq 0).$$

Ist ferner $0 < \alpha < \pi$ und $x \neq 0$, so repräsentiert die Basis $x, f(x)$ die Orientierung. Man nennt α den Drehwinkel von f. Dieser ist durch die Orientierung bis auf ein ganzzahliges Vielfaches von 2π eindeutig bestimmt. Durch Wahl der Orientierung kann man immer erreichen, daß $0 \leq \alpha \leq \pi$ ist. Ist $f \neq \mathrm{id}_V$ und $f \neq -\mathrm{id}_V$, so gibt es genau eine Orientierung auf V, für die f einen Drehwinkel mit $0 < \alpha < \pi$ hat. Eine Orientierung auf V und der zugehörige kanonische Isomorphismus $\varphi: \mathbb{R}/\mathbb{Z}2\pi \to \mathsf{SO}(V)$ legen einen Drehsinn auf V fest: Sind $x, y \in V$ von 0 verschieden, so gibt es genau eine eigentliche Isometrie mit $x/\|x\| \mapsto y/\|y\|$. Deren Drehwinkel α läßt sich eindeutig im halboffenen Intervall $[0, 2\pi[$ wählen. Dieses α heißt der orientierte Winkel zwischen x und y.

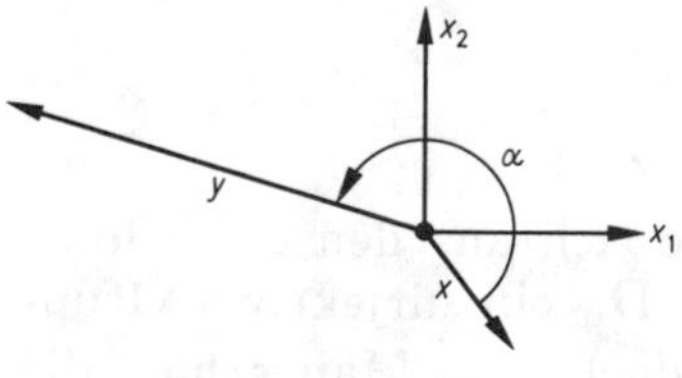

Bei Vertauschen von x und y oder bei Wechsel der Orientierung ergibt sich der orientierte Winkel $2\pi - \alpha$ (falls $\alpha \neq 0$). Die eigentlichen Isometrien von V heißen auch die Drehungen auf V.

Für eine nicht eigentliche Isometrie f der euklidischen Ebene V ist die Determinante -1. Somit besitzt f die Eigenwerte 1 und -1. Es gibt eine Orthonormalbasis y_1, y_2 von V, bezüglich der die Matrix von f gleich $\begin{pmatrix} 1 & 0 \\ 0 & -1 \end{pmatrix}$ ist: *f ist die orthogonale Spiegelung an der Geraden $\mathbb{R}y_1$.*

Für beliebige euklidische Räume gilt:

75.2 Satz *Seien V ein euklidischer Raum und f eine Isometrie von V. Dann gibt es eine Orthonormalbasis von V, in der die Matrix von f die Gestalt*

$$\begin{pmatrix} \mathbf{E}_r &&&&&& \\ & -\mathbf{E}_s &&&&& \\ && \cos\alpha_1 & -\sin\alpha_1 &&& \\ && \sin\alpha_1 & \cos\alpha_1 &&& \\ &&&& \ddots && \\ &&&&& \cos\alpha_t & -\sin\alpha_t \\ &&&&& \sin\alpha_t & \cos\alpha_t \end{pmatrix}$$

hat, wobei die nicht gekennzeichneten Stellen der Matrix mit 0 besetzt sind.

Beweis. Wir schließen durch Induktion über $n := \mathrm{Dim}_{\mathbb{R}} V$. Sei $n > 1$. Besitze f einen Eigenvektor x_1, den wir normiert annehmen können. Der zugehörige Eigenwert ist wegen $\|x_1\| = \|f(x_1)\|$ gleich 1 oder -1. Besitzt f den Eigenwert 1, so sei $f(x_1) = x_1$. Andernfalls ist $f(x_1) = -x_1$. Das orthogonale Komplement $V' := (\mathbb{R}x_1)^\perp$ wird von f in sich abgebildet. Nach Induktionsvoraussetzung besitzt V' eine Orthonormalbasis $x_2, \ldots, x_n$, in der die Matrix von $f|V'$ die im Satz angegebene Gestalt hat. Dann hat die Matrix von f bezüglich der Orthonormalbasis $x_1, x_2, \ldots, x_n$ ebenfalls die angegebene Gestalt. — Besitze nun f keinen Eigenvektor. Es gibt dann aber einen zweidimensionalen f-invarianten Unterraum $W \subseteq V$. Auf W induziert f eine Isometrie, die notwendigerweise eigentlich ist, da sie keinen Eigenwert besitzt. Somit besitzt W nach den Vorbemerkungen eine Orthonormalbasis x_1, x_2, bezüglich der $f|W$ die Matrix $\begin{pmatrix} \cos\alpha_1 & -\sin\alpha_1 \\ \sin\alpha_1 & \cos\alpha_1 \end{pmatrix}$ hat. Auf dem orthogonalen Komplement $W^\perp$ induziert f ebenfalls eine Isometrie. Nach Induktionsvoraussetzung gibt es eine Orthonormalbasis $x_3, \ldots, x_n$ von $W^\perp$, bezüglich der $f|W^\perp$ eine Matrix der gewünschten Art (ohne Diagonalelemente 1 oder -1) hat. Bezüglich der Orthonormalbasis $x_1, x_2, x_3, \ldots, x_n$ hat dann die Matrix von f die geforderte Gestalt. •

Da die Isometrien eines 1- bzw. 2-dimensionalen euklidischen Vektorraumes leicht zu beschreiben sind, ist der Kern von Satz 75.2 die folgende Aussage: *Ist f eine Isometrie eines euklidischen Vektorraumes V, so gibt es eine orthogonale Zerlegung*

$$V = W_1 \oplus \cdots \oplus W_m$$

mit f-invarianten Unterräumen W_μ der Dimension ≤ 2, $\mu = 1, \ldots, m$.

Bemerkung 1 Die Sätze 75.1 und 75.2 ergeben sich auch direkt aus dem Spektralsatz, vgl. §79.7 und 79.10. — Wegen

$$\begin{pmatrix} 1 & 0 \\ 0 & 1 \end{pmatrix} = \begin{pmatrix} \cos 0 & -\sin 0 \\ \sin 0 & \cos 0 \end{pmatrix}, \begin{pmatrix} -1 & 0 \\ 0 & -1 \end{pmatrix} = \begin{pmatrix} \cos\pi & -\sin\pi \\ \sin\pi & \cos\pi \end{pmatrix}$$

kann man in der Matrix von f gemäß 75.2 stets annehmen, daß die Zahlen 1 und -1 am Anfang jeweils höchstens einmal auftreten. Die uneigentlichen Isometrien sind dann dadurch gekennzeichnet, daß -1 auftritt. Die Winkel $\alpha_1, \ldots, \alpha_t$ lassen sich ferner zwischen 0 und π wählen und sind dann durch f eindeutig bestimmt. Sie lassen sich aus dem charakteristischen Polynom

$$(X-1)^r(X+1)^s(X^2-(2\cos\alpha_1)X+1)\cdots(X^2-(2\cos\alpha_t)X+1)$$

von f direkt ablesen.

Beispiel 1 (Isometrien dreidimensionaler euklidischer Vektorräume) Seien V ein dreidimensionaler euklidischer Vektorraum und f eine eigentliche Isometrie von V. Dann gibt es nach 75.2 eine Orthonormalbasis x_1, x_2, x_3 von V, bezüglich der f die Matrix

$$\begin{pmatrix} 1 & 0 & 0 \\ 0 & \cos\alpha & -\sin\alpha \\ 0 & \sin\alpha & \cos\alpha \end{pmatrix}$$

mit $0 \le \alpha \le \pi$ hat. Die Gerade $\mathbb{R}x_1$ ist somit eine Fixgerade von f. Auf der dazu senkrechten Ebene $\mathbb{R}x_2 + \mathbb{R}x_3$ induziert f eine Drehung mit dem Winkel α. Wir nennen f eine Drehung um die Achse $\mathbb{R}x_1$ mit dem Winkel α. Ist f nicht die Identität, so ist die Achse der (1–dimensionale) Eigenraum zum Eigenwert 1 von f. Der Winkel α ergibt sich leicht aus

$$\operatorname{Sp} f = 1 + 2\cos\alpha\,.$$

Die Drehachse $\mathbb{R}x_1$ und der Drehwinkel α bestimmen eine Isometrie f nicht eindeutig, wenn $\alpha \neq 0, \pi$ ist (d.h. wenn f weder die Identität noch eine Halbdrehung ist), da es dann in der Drehebene $(\mathbb{R}x_1)^\perp$ zwei Drehungen mit dem Winkel α gibt. Ist aber V *orientiert*, so läßt sich eine Drehung f mit Hilfe des von Euler zugeordneten Drehvektors

$$\mathrm{v}_f$$

eindeutig beschreiben: Sei zunächst f *nicht die Identität* und auch *keine Halbdrehung*. $\mathbb{R}x_1$, $\|x_1\| = 1$, sei die Drehachse von f. In der Drehebene $(\mathbb{R}x_1)^\perp$ gibt es genau eine Orientierung derart, daß die Matrix von $f|(\mathbb{R}x_1)^\perp$ in einer und damit in jeder die Orientierung repräsentierenden Orthonormalbasis x_2, x_3 gleich

$$\begin{pmatrix} \cos\alpha & -\sin\alpha \\ \sin\alpha & \cos\alpha \end{pmatrix}, \quad 0 < \alpha < \pi\,,$$

ist, wobei α der Drehwinkel ist. v_f wird dann auf der Drehachse $\mathbb{R}x_1$ so gewählt, daß die Basis v_f, x_2, x_3 die Orientierung von V repräsentiert und aus $\|\mathrm{v}_f\|$ der Drehwinkel α ablesbar ist. Am bequemsten ist hierbei die Festlegung

$$\|\mathrm{v}_f\| = \sin\frac{\alpha}{2}\,.$$

Ist nun f die Identität ($\alpha = 0$), so setzt man natürlicherweise $\mathrm{v}_f = 0$. Ist aber f eine Halbdrehung ($\alpha = \pi$), so gibt es keine Möglichkeit, auf der Drehachse $\mathbb{R}x_1$ einen der Vektoren x_1 bzw. $-x_1$ der Länge $1 = \sin\frac{\pi}{2}$ vor dem anderen auszuzeichnen. Es ist dann v_f nur bis aufs Vorzeichen bestimmt und gleich einem dieser Vektoren. Der Drehvektor v_f ist somit definitionsgemäß ein Vektor der Länge ≤ 1 in V. Umgekehrt bestimmt jeder solche Vektor v genau eine Drehung f_v, deren Drehvektor v ist. Die Abbildung $v \mapsto f_v$ bildet somit die Kugel $\overline{\mathrm{B}}(0;1)$ mit dem Radius 1 um $0 \in V$ surjektiv auf die spezielle orthogonale Gruppe $\mathsf{SO}(V)$ von V ab. Zwei verschiedene Vektoren $v_1, v_2 \in \overline{\mathrm{B}}(0;1)$ definieren genau dann dieselbe

Drehung, wenn v_1 und v_2 auf der Einheitssphäre S(0; 1) liegen und antipodal sind, wenn also $\|v_1\| = \|v_2\| = 1$ und $v_1 = -v_2$ ist.

Sei nun f eine nicht eigentliche Isometrie eines dreidimensionalen euklidischen Raumes. Dann ist $-f$ eine eigentliche Isometrie und folglich eine Drehung. f selbst ist die Komposition von $-f$ mit der Punktspiegelung $-\mathrm{id}$. Man nennt f daher eine Drehinversion. In einer geeigneten Orthonormalbasis x_1, x_2, x_3 hat f die Matrix

$$\begin{pmatrix} -1 & 0 & 0 \\ 0 & \cos\alpha & -\sin\alpha \\ 0 & \sin\alpha & \cos\alpha \end{pmatrix}.$$

Man kann daher f ebenso beschreiben als die Komposition einer Drehung um die Achse $\mathbb{R}x_1$ und der orthogonalen Spiegelung an der Drehebene $(\mathbb{R}x_1)^\perp = \mathbb{R}x_2 + \mathbb{R}x_3$. Man nennt f wegen dieser Darstellung auch eine orthogonale Drehspiegelung. Den Winkel α findet man aus der Gleichung $\mathrm{Sp}\overline{f} = -1 + 2\cos\alpha$.

Beispiel 2 (Bewegungen euklidischer affiner Ebenen) Sei E ein affiner Raum über dem euklidischen Vektorraum V der Dimension 2. Eine eigentliche Bewegung f von E, die keine Translation ist, besitzt genau einen Fixpunkt O, denn die zugehörige eigentliche Isometrie $\overline{f}$ von V besitzt nicht den Eigenwert 1. Man nennt f eine Drehung um den Punkt O. Ist E, d.h. V orientiert, so ist der Drehwinkel $\alpha \in \mathbb{R}/\mathbb{Z}2\pi$ von f eindeutig festgelegt. Die Gruppe der Drehungen um den Punkt O ist dann kanonisch isomorph zu $\mathbb{R}/\mathbb{Z}2\pi$. Ist f eine nicht eigentliche Bewegung, so ist $\overline{f}$ eine orthogonale Spiegelung an einer Geraden und f selbst eine orthogonale Gleitspiegelung an einer Geraden $F \subseteq E$, vgl. §73, Aufgabe 32. Da eine Ähnlichkeit auf E, die keine Bewegung ist, genau einen Fixpunkt O besitzt, ist sie die Komposition einer Streckung mit dem Zentrum O und einer Drehung um O oder einer orthogonalen Spiegelung an einer Geraden durch O. Ähnlichkeiten von E, die keine Bewegungen sind, sind somit Drehstreckungen bzw. orthogonale Streckspiegelungen.

Beispiel 3 (Bewegungen dreidimensionaler euklidischer affiner Räume) Sei E ein affiner Raum über dem euklidischen Vektorraum V der Dimension 3. Sei f eine Bewegung von E. Besitzt f einen Fixpunkt O, so ist f nach Beispiel 1 eine Drehung um eine Achse durch O oder eine Drehinversion am Punkt O.

Habe f *keinen* Fixpunkt und sei keine Translation. Die zugehörige Isometrie $\overline{f}$ von V hat bezüglich einer geeigneten Orthonormalbasis x_1, x_2, x_3 die Matrix

$$\begin{pmatrix} \epsilon & 0 & 0 \\ 0 & \cos\alpha & -\sin\alpha \\ 0 & \sin\alpha & \cos\alpha \end{pmatrix},$$

$\epsilon \in \{1, -1\}$. Sei f *eigentlich,* also $\epsilon = 1$. Ist $O \in E$, so bildet f die Ebene $\mathbb{R}x_2 + \mathbb{R}x_3 + O$ auf die dazu parallele Ebene $\mathbb{R}x_2 + \mathbb{R}x_3 + f(O) = \mathbb{R}x_2 + \mathbb{R}x_3 + ax_1 + O$ mit einem $a \in \mathbb{R}$ ab. Damit bildet $\tau_{-ax_1} \circ f$ die Ebene $\mathbb{R}x_2 + \mathbb{R}x_3 + O$ in sich ab und induziert dort eine Drehung mit dem Winkel $\alpha \neq 0$. Diese hat einen Fixpunkt. Ohne Einschränkung sei dies O. Es folgt: *Ist f eigentlich, so ist f die Komposition einer Drehung um eine Achse $\mathbb{R}x_1 + O$ und einer Translation parallel zu dieser Achse.* Eine solche Bewegung heißt eine Schraubung an der Schraubungsachse $\mathbb{R}x_1 + O$.

Sei f *nicht eigentlich,* also $\epsilon = -1$. Bei $\alpha \neq 0$ hätte f mit den obigen Bezeichnungen den Fixpunkt $\frac{1}{2}ax_1 + O$. Also ist $\alpha = 0$. Folglich ist $\overline{f}$ eine orthogonale Spiegelung an der Ebene $\mathbb{R}x_2 + \mathbb{R}x_3$ und f eine orthogonale Gleitspiegelung, vgl. §73, Aufgabe 32.

Ist f eine *Ähnlichkeit* von E mit dem Fixpunkt O und dem Streckungsfaktor r, so ist die Punktstreckung mit dem Zentrum O und dem Streckungsfaktor r^{-1} bzw. $-r^{-1}$ (bei eigentlichem bzw. nicht eigentlichem f), komponiert mit f eine Drehung um eine Achse durch O. Jede Ähnlichkeit von E, die keine Bewegung ist, ist somit eine Drehstreckung, wobei als Streckungsfaktoren allerdings auch negative Zahlen zuzulassen sind.

Für weitere Darstellungen der Drehungen mit einem Fixpunkt $O \in E$ verweisen wir auf die Aufgaben 12 und 13.

Beispiel 4 (Endliche Bewegungsgruppen euklidischer affiner Ebenen) Seien E eine euklidische affine Ebene über dem euklidischen Vektorraum V und G eine endliche Untergruppe der Bewegungsgruppe $\mathsf{B}(E)$ von E. Die Elemente von G haben einen gemeinsamen Fixpunkt O, etwa den Punkt

$$\sum_{g\in G} \frac{1}{\operatorname{Kard} G} g(P_0),$$

wobei P_0 ein beliebiger Punkt von E ist, vgl. §73, Aufgabe 37. Somit ist $G \subseteq \mathsf{B}_O(E) \cong \mathsf{O}(V)$. Wir wollen annehmen, daß V orientiert ist. Dann gibt es eine kanonische Isomorphie $\mathsf{SO}(V) \cong \mathbb{R}/\mathbb{Z}2\pi$. Einem Element $\alpha \in \mathbb{R}/\mathbb{Z}2\pi$ entspricht die Drehung um O mit dem Winkel α.

Nehmen wir zunächst an, daß G nur eigentliche Bewegungen enthält, also $G \subseteq \mathsf{B}_O^+(E) \cong \mathsf{SO}(V)$ ist. Dann ist G isomorph zu einer endlichen Untergruppe der Torsionsuntergruppe $\mathbb{Q}2\pi/\mathbb{Z}2\pi$ von $\mathbb{R}/\mathbb{Z}2\pi$ und damit eine zyklische Gruppe. Sie wird erzeugt von einer Drehung um den Fixpunkt $O \in E$ mit dem Winkel $2\pi/m$, wenn $m := \operatorname{Kard} G$ ist. Alle diese Gruppen sind konjugiert in $\mathsf{B}(E)$. Wir bezeichnen die Konjugationsklasse dieser Gruppen und auch jeden ihrer Repräsentanten mit

$$\mathrm{C}_m$$

$(m \in \mathbb{N}_+)$. Sei nun $G \not\subseteq \mathsf{B}_O^+(E)$. Dann ist $G^+ := G \cap \mathsf{B}_O^+(E)$ eine Untergruppe vom Index 2 in G und eine der Gruppen C_m. Ist $g \in G$, $g \notin \mathsf{B}_O^+(E)$, so ist g eine Spiegelung an einer Geraden durch O und $G = G^+ \cup G^+g$ die disjunkte Vereinigung der beiden Nebenklassen G^+ und $G^+g (= gG^+)$ von G^+ in G. Es ist G das semidirekte Produkt von G^+ und $T = \{\mathrm{id}, g\}$, und wegen $ghg^{-1} = h^{-1}$ für alle $h \in G^+$ ist dieses semidirekte Produkt eine Diedergruppe der Ordnung $2m$, vgl. §34, Aufgabe 14. Wir bezeichnen diese Gruppen, die offenbar alle zueinander konjugiert sind, mit

$$\mathrm{D}_m$$

$(m \in \mathbb{N}_+)$. D_m enthält neben den Drehungen mit den Winkeln $\frac{2\pi}{m}k$, $k = 0, \ldots, m-1$, um O noch m orthogonale Spiegelungen an m Achsen $\mathbb{R}x_1 + O, \ldots, \mathbb{R}x_m + O$ durch O mit $\sphericalangle(x_i, x_{i+1}) = \pi/m$, $i = 1, \ldots, m-1$ (und $\sphericalangle(x_m, -x_1) = \pi/m$).

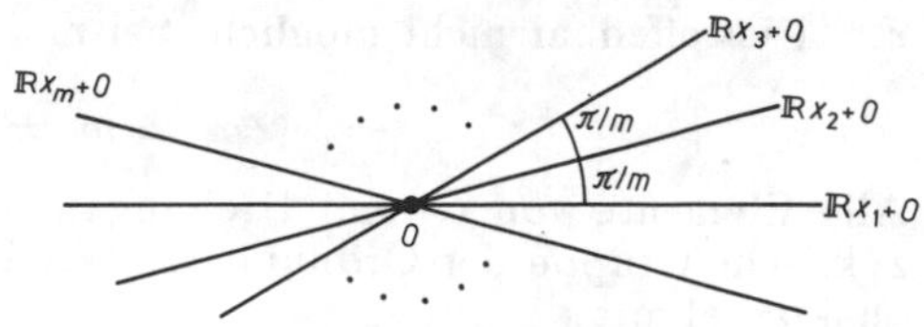

Wir haben somit bewiesen:

75.3 Satz *Die endlichen Bewegungsgruppen einer euklidischen affinen Ebene sind die Gruppen*

$$\mathrm{C}_m\,,\quad \mathrm{D}_m\,,\quad m \in \mathbb{N}_+\,,$$

wobei die C_m *zyklisch von der Ordnung* m *sind und jeweils von einer Drehung mit dem Winkel* $2\pi/m$ *erzeugt werden und die Gruppen* D_m *Diedergruppen sind, die von einer solchen Drehung und einer Spiegelung an einer Geraden durch den Drehpunkt erzeugt werden.*

Es sei bemerkt, daß in 75.3 die Konjugationsklassen mit den Isomorphieklassen übereinstimmen *bis auf die eine Ausnahme* $\mathrm{C}_2 \cong \mathrm{D}_1 \cong \mathsf{Z}_2$. Die Gruppe D_m ist für $m \geq 3$ die Gruppe der Symmetrien eines regelmäßigen m–Ecks der Ebene E.

Beispiel 5 (Endliche Bewegungsgruppen dreidimensionaler euklidischer affiner Räume) Seien E ein dreidimensionaler euklidischer affiner Raum über dem euklidischen Vektorraum V und G eine endliche Untergruppe der Ordnung m' in der Bewegungsgruppe $\mathsf{B}(E)$ von E. Die Elemente von G haben wieder einen gemeinsamen Fixpunkt O. Wir betrachten zunächst den Fall, daß $G \subseteq \mathsf{B}_O^+(E) \cong \mathsf{SO}(V)$ ist. Jedes Element $g \in G$, $g \neq \mathrm{id}$, ist eine Drehung um eine wohlbestimmte Achse durch O. Die beiden Punkte auf der Sphäre $\mathrm{S}(O\,;1)$, die auf dieser Achse liegen, heißen die Pole von g. Die Isotropiegruppe I_P aller $g \in G$, die einen Punkt $P \in \mathrm{S}(O\,;1)$ festlassen, ist die Gruppe der Drehungen um die Achse durch O und P, die in G liegen. Dies ist nach Beispiel 4 eine zyklische Gruppe der Ordnung m_P. Ist $P' \in \mathrm{S}(O\,;1)$ antipodal zu P, so ist $\mathrm{I}_P = \mathrm{I}_{P'}$ und insbesondere $m_P = m_{P'}$. Ist $m_P > 1$, d.h. ist P Pol eines Elements $g \in G$, $g \neq \mathrm{id}$, so nennen wir m_P die Ordnung des Pols P. Die Gruppe aller $g \in G$, die eine Achse OP durch O und $P \in \mathrm{S}(O\,;1)$ in sich abbildet, ist entweder gleich I_P oder umfaßt I_P als Untergruppe vom Index 2. Im ersten Fall heißt die Achse polar. Genau dann ist eine Achse OP nicht polar, wenn G eine Halbdrehung um eine zu OP senkrechte Achse enthält.

Sei nun Y die Menge aller Pole der Elemente $g \in G$, $g \neq \mathrm{id}$. Die Gruppe G operiert auf Y und wegen $\mathrm{I}_{g(P)} = g\mathrm{I}_P g^{-1}$ haben die Pole ein und derselben Bahn bezüglich dieser Operation dieselbe Ordnung. Seien $Y_1, \ldots, Y_r$ die verschiedenen Bahnen und $m_1, \ldots, m_r$ die Ordnungen der Pole in diesen Bahnen, wobei wir $(2 \leq) m_1 \leq \cdots \leq m_r$ annehmen. Es ist also $\mathrm{Kard}\, Y_\rho = m'/m_\rho$, $\rho = 1, \ldots, r$.

Die Menge der Paare (g, P), $g \in G$, $g \neq \mathrm{id}$, P ist Pol von g, hat $2(m'-1)$ Elemente. Zu einem festen Pol P gibt es definitionsgemäß $m_P - 1$ Elemente $g \in G$, $g \neq \mathrm{id}$, die P als Pol haben. Wir erhalten die Gleichung

$$2(m'-1) = \sum_{\rho=1}^{r} \frac{m'}{m_\rho}(m_\rho - 1) \quad \text{oder} \quad 2 - \frac{2}{m'} = \sum_{\rho=1}^{r}\Big(1 - \frac{1}{m_\rho}\Big).$$

Wegen $1 - \frac{1}{m_\rho} \geq \frac{1}{2}$ ist $r \leq 3$. Im Fall $r = 0$ ist $m' = 1$ und $G = \{\mathrm{id}\}$. Der Fall $r = 1$ ist offenbar nicht möglich. Sei $r = 2$. Dann ist $\frac{2}{m'} = \frac{1}{m_1} + \frac{1}{m_2}$, also

$$m := m' = m_1 = m_2 .$$

Alle Elemente von G sind Drehungen um eine feste (polare) Achse. G ist eine zyklische Gruppe der Ordnung m. Wir bezeichnen sie (und auch ihre Konjugationsklasse) mit

$$\mathrm{C}_m$$

($m \in \mathbb{N}_+$), wobei wir die triviale Gruppe $\mathrm{C}_1 = \{\mathrm{id}\}$ mit einbezogen haben.

Sei nun $r = 3$. Dann ergibt sich $1 = \frac{1}{m_1} + \frac{1}{m_2} + \frac{1}{m_3} - \frac{2}{m'}$. Es ist notwendigerweise $m_1 = 2$ und daher $\frac{1}{2} = \frac{1}{m_2} + \frac{1}{m_3} - \frac{2}{m'}$ oder $(m_2 - 2)(m_3 - 2) = 4(1 - \frac{m_2 m_3}{m'}) < 4$. Es ergeben sich die folgenden vier Möglichkeiten:

$$\begin{aligned}
m_1 &= 2, & m_2 &= 2, & m_3 &\geq 2, & m' &= 2m_3;\\
m_1 &= 2, & m_2 &= 3, & m_3 &= 3, & m' &= 12;\\
m_1 &= 2, & m_2 &= 3, & m_3 &= 4, & m' &= 24;\\
m_1 &= 2, & m_2 &= 3, & m_3 &= 5, & m' &= 60.
\end{aligned}$$

Die Tripel (m_1, m_2, m_3), die hier auftreten, heißen die platonischen Tripel.

Im *ersten* der vier Fälle sei zunächst $m_3 \geq 3$. Dann enthält Y_3 zwei antipodale Punkte der Ordnung m_3. Diese bestimmen somit eine nicht polare Achse. G enthält die zyklische Gruppe der Ordnung m_3 der Drehungen mit den Winkeln $\frac{2\pi}{m_3}k$, $k = 0, \ldots, m_3 - 1$, um diese Achse, ferner m_3 Halbdrehungen um Achsen, die in der Ebene dieser Drehungen liegen. Die Gruppe der von den Elementen aus G in dieser Ebene induzierten Bewegungen ist eine Diedergruppe D_m, $m := m_3$. Wir bezeichnen diese Gruppe G deshalb auch mit D_m. Man beachte aber, daß D_m als Gruppe von Bewegungen in E nur eigentliche Bewegungen enthält, während die Gruppe der in der Drehebene induzierten Bewegungen auch uneigentliche Bewegungen enthält. Im Fall $m := m_3 = 2$ enthält G neben der Identität drei Halbdrehungen um Achsen, die paarweise aufeinander senkrecht stehen, vgl. §73, Aufgabe 36. Insgesamt erhalten wir alle Diedergruppen

$$\mathrm{D}_m\,, \quad m \geq 2\,,$$

die offenbar für jedes m eine Konjugationsklasse repräsentieren. Bei $m = 2$ sind alle Achsen nicht polar. Bei $m \geq 3$ sind die m Achsen der Ordnung 2 genau dann polar, wenn m ungerade ist. Für $m \geq 3$ ist D_m die Gruppe der eigentlichen Symmetrien eines m-gonalen Dieders, das ist eine gerade Doppelpyramide über einem regelmäßigen m-Eck in einer Ebene (wobei man bei $m = 4$ darauf zu achten hat, daß die Gesamthöhe der Doppelpyramide nicht gleich dem $\sqrt{2}$-fachen einer Seitenlänge der Grundfläche ist: Sonst handelte es sich um ein Oktaeder mit einer größeren Symmetriegruppe).

Die Gruppen C_m und D_m sind unter den endlichen Untergruppen der eigentlichen Bewegungsgruppe $\mathsf{B}^+(E)$ dadurch charakterisiert, daß sie jeweils eine Ebene in sich abbilden.

Im *zweiten* Fall operiert G offenbar treu auf der Polbahn Y_3 (oder Y_2) mit vier Elementen. Somit ist G isomorph zu einer Untergruppe der Ordnung 12 der Permutationsgruppe $\mathbf{S}(Y_3) \cong \mathbf{S}_4$. Folglich ist G isomorph zu $\mathbf{A}(Y_3) \cong \mathbf{A}_4$, vgl. §44, Bemerkung 1. Es folgt ferner, daß die Punkte von Y_3 (oder Y_2) die Ecken eines regelmäßigen Tetraeders sind und G die Gruppe der eigentlichen Symmetrien dieses Tetraeders ist, vgl. §73, Aufgabe 24. Alle diese **T e t r a e d e r g r u p p e n** sind konjugiert. Man bezeichnet diese Konjugationsklasse und ihre Vertreter mit

$$\mathrm{T}.$$

T hat vier polare Achsen der Ordnung 3 und drei nicht polare der Ordnung 2.

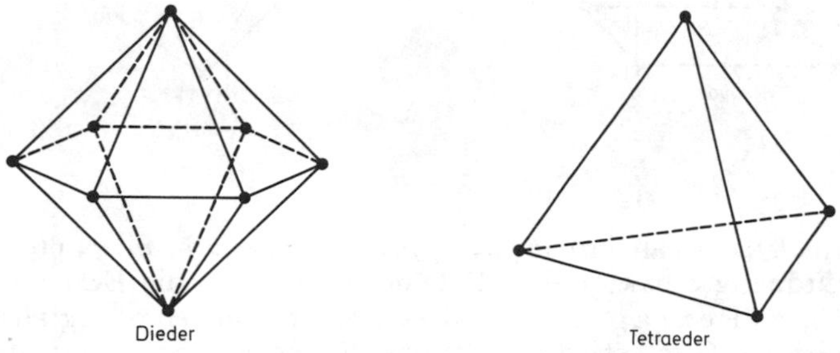

Im *dritten* Fall liegen die sechs Pole $P \in Y_3$ der Ordnung 4 auf drei nicht polaren Achsen, die von den Elementen aus G permutiert werden. Sind $x_1 = \overrightarrow{OP_1}$, $x_2 = \overrightarrow{OP_2}$, $x_3 = \overrightarrow{OP_3}$ drei Einheitsvektoren auf diesen Achsen, so sind die x_1, x_2, x_3 linear unabhängig (da G keine Ebene in sich abbildet) und für jedes $f \in G$ permutiert $\overline{f} \in \mathsf{SO}(V)$ die Menge $\{\pm x_1, \pm x_2, \pm x_3\}$. Es gibt genau 24 Elemente in $\mathsf{SL}(V)$ mit dieser Eigenschaft. Da $\overline{G}$ ebenfalls 24 Elemente hat, stimmt $\overline{G}$ mit dieser Gruppe überein. Insbesondere enthält G Elemente f_1, f_2, f_3, für die die Matrizen von $\overline{f}_1, \overline{f}_2, \overline{f}_3$ bezüglich x_1, x_2, x_3 gleich

$$\begin{pmatrix} 1 & 0 & 0 \\ 0 & -1 & 0 \\ 0 & 0 & -1 \end{pmatrix}, \quad \begin{pmatrix} -1 & 0 & 0 \\ 0 & 1 & 0 \\ 0 & 0 & -1 \end{pmatrix}, \quad \begin{pmatrix} -1 & 0 & 0 \\ 0 & -1 & 0 \\ 0 & 0 & 1 \end{pmatrix}$$

sind. Dies sind Halbdrehungen, deren Achsen $\mathbb{R}x_1 + O$, $\mathbb{R}x_2 + O$ und $\mathbb{R}x_3 + O$ notwendigerweise aufeinander senkrecht stehen. x_1, x_2, x_3 ist also eine Orthonormalbasis von V, und G ist eine eigentliche **W ü r f e l g r u p p e**

$$\mathrm{W},$$

die wir in §73, Aufgabe 25 mit W_3^+ bezeichnet haben. Da die sechs Pole in Y_3 die Ecken eines Oktaeders bilden, spricht man auch von einer **O k t a e d e r g r u p p e** und bezeichnet sie dann mit

$$\mathrm{O}.$$

Alle diese Gruppen sind offenbar konjugiert. Sie sind isomorph zur Gruppe $\mathbf{S}_4$, und zwar operiert W treu auf den vier nicht polaren Achsen der Ordnung 3, deren zugehörige acht Pole die Ecken eines Würfels bilden. Daneben besitzt W noch 12 Pole der Ordnung 2 auf sechs nicht polaren Achsen, die durch die Mitten der Kanten des Würfels bzw. Oktaeders laufen.

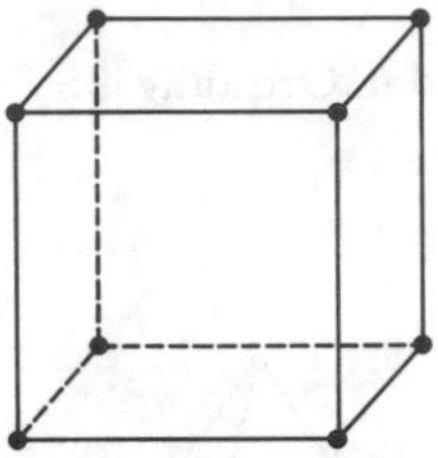

Hexaeder

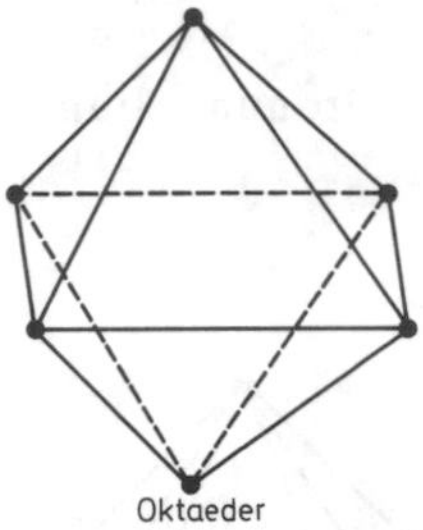

Oktaeder

Im *letzten* Fall mit $m_1 = 2$, $m_3 = 3$, $m_3 = 5$, $m' = 60$ bilden die zwölf Pole der Ordnung 5 bzw. die 20 Pole der Ordnung 3 die Ecken eines I k o s a e d e r s bzw. eines (P e n t a g o n -) D o d e k a e d e r s, wie eine sorgfältige Diskussion zeigt. Die Gruppe G selbst ist die Gruppe der eigentlichen Symmetrien dieser Körper. Man bezeichnet sie und ihre Konjugationsklasse mit

$$\mathrm{I}.$$

Sie heißt meist die I k o s a e d e r g r u p p e. Sie hat 6 Achsen der Ordnung 5, ferner 10 Achsen der Ordnung 3 und 15 Achsen der Ordnung 2. Alle diese Achsen sind nicht polar. Dementsprechend besitzt I außer der Identität 24 Drehungen der Ordnung 5 und 20 Drehungen der Ordnung 3 bzw. 15 Halbdrehungen. Die 24 Drehungen der Ordnung 5 zerfallen in zwei Konjugationsklassen. Die eine bilden Drehungen mit dem Winkel $2\pi/5$, die andere bilden die Drehungen mit dem Winkel $4\pi/5$; die übrigen Elemente gleicher Ordnung bilden jeweils eine Konjugationsklasse. Die 5 Konjugationsklassen von I haben also jeweils $1, 12, 12, 20$ bzw. 15 Elemente. Somit ist I einfach. Denn jeder Normalteiler in I ist die Vereinigung von $\{\mathrm{id}\}$ und Konjugationsklassen $\neq \{\mathrm{id}\}$, und die Anzahl der Elemente einer solchen Vereinigung ist kein Teiler von 60 außer in den Fällen, daß sie nur die Identität enthält bzw. die ganze Gruppe ist. Es ist also $\mathrm{I} \cong \mathbf{A}_5$ (vgl. Anhang VI.A, Aufgabe 9). Um diese Isomorphie direkt einzusehen, betrachten wir noch einmal die 15 Achsen, der Ordnung 2. Die Isotropiegruppe jeder Achse hat die Ordnung 4 und enthält drei Halbdrehungen um Achsen, die paarweise aufeinander senkrecht stehen. Diese drei Achsen haben jeweils dieselbe Isotropiegruppe. Somit gibt es 5 Achsenklassen, die durch die Isotropiegruppe ihrer Elemente definiert sind. I operiert auf diesen 5 Klassen transitiv und treu (I ist einfach!) und ist somit isomorph zu einer Untergruppe der Ordnung 60 in $\mathbf{S}_5$, also zu $\mathbf{A}_5$, vgl. §44, Bemerkung 1.

(Bemerkung. Der obige Beweis der Einfachheit von $\mathbf{A}_5$ durch Abzählen der Konjugationsklassen ist unabhängig von dem Beweis in Anhang VI.A. *Es folgt daraus direkt die Einfachheit aller Gruppen* $\mathbf{A}_n$, $n \geq 5$. Seien nämlich $N \subseteq \mathbf{A}_n$ ein Normalteiler mit einem Element $\sigma \neq \mathrm{id}$ und a ein Element mit $b := \sigma(a) \neq a$. Ferner sei c ein von $a, b, \sigma(b)$ verschiedenes Element. $\tau := <a\ b\ c>\sigma<a\ b\ c>^{-1}\sigma^{-1} = <a\ b\ c><\sigma c, \sigma b, \sigma a> = <a\ b\ c><\sigma c\ \sigma b\ b>$ ist dann ein Element $\neq \mathrm{id}$ in N, und ist $M \subseteq \{1, \ldots, n\}$ eine 5–elementige Teilmenge mit $a, b, c, \sigma b, \sigma c \in M$, so ist $\tau \in \mathbf{A}(M) \cap N$, also $\mathbf{A}(M) \cap N = \mathbf{A}(M)$ und $\mathbf{A}(M) \subseteq N$. Insbesondere enthält N einen Dreierzyklus und ist daher gleich $\mathbf{A}_n$.)

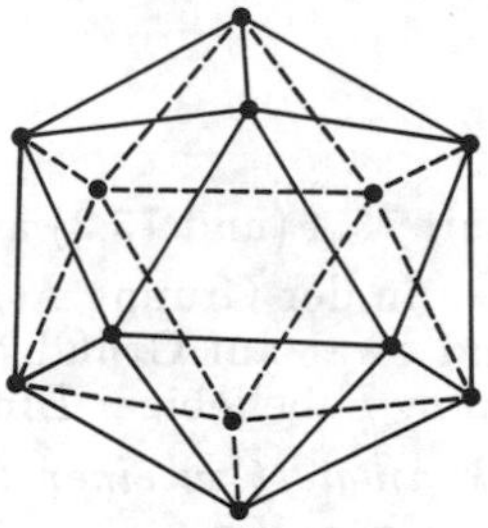

Ikosaeder

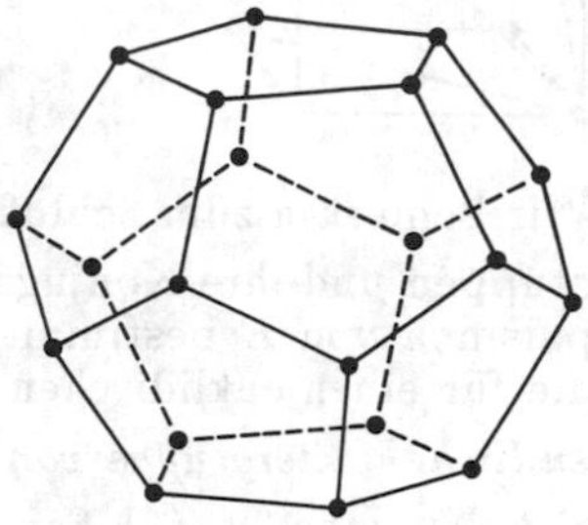

Dodekaeder

Um nun die endlichen Untergruppen von $\mathsf{B}(E)$ zu bestimmen, die nicht in $\mathsf{B}^+(E)$ liegen, bemerken wir, daß für ein $O \in E$ die Gruppe $\mathsf{B}_O(E) \cong \mathsf{O}(V)$ das direkte Produkt von $\mathsf{B}_O^+(E)$ und der Gruppe ist, die neben der Identität noch die Spiegelung am Punkt O enthält. Diese letzte Gruppe identifizieren wir mit $\mathbb{Z}^\times$. Sie ist das Zentrum von $\mathsf{B}_O(E)$. Es ist also $\mathsf{B}_O(E) = \mathsf{B}_O^+(E) \times \mathbb{Z}^\times$. Damit ergeben sich nach Aufgabe 19 die folgenden endlichen Untergruppen in $\mathsf{B}_O(E)$, die nicht in $\mathsf{B}_O^+(E)$ liegen: Erstens die Gruppen

$$H_{\mathrm{i}} := H \times \mathbb{Z}^\times ,$$

wobei H die endlichen Untergruppen von $\mathsf{B}_O^+(E)$ durchläuft, und zweitens die Gruppen

$$F[H := \{g\epsilon(g) : g \in H\} \ (\cong H) ,$$

wobei (H, F) die Paare von Untergruppen in $\mathsf{B}_O^+(E)$ mit $F \subseteq H$ und $[H : F] = 2$ durchläuft und ϵ jeweils der surjektive Homomorphismus $H \to \mathbb{Z}^\times$ mit F als Kern ist. Insgesamt erhalten wir (vgl. wieder Aufgabe 19):

75.4 Satz *Die Konjugationsklassen der endlichen Untergruppen der Bewegungsgruppe $\mathsf{B}(E)$ eines dreidimensionalen euklidischen affinen Raumes E werden durch die folgenden Gruppen repräsentiert:*

$$\mathrm{C}_m , \ m \in \mathbb{N}_+ , \ \mathrm{D}_m , \ m \geq 2 , \ \mathrm{T} , \ \mathrm{W} , \ \mathrm{I} ;$$

$$\mathrm{C}_{m\mathrm{i}} , \ m \in \mathbb{N}_+ , \ \mathrm{D}_{m\mathrm{i}} , \ m \geq 2 , \ \mathrm{T}_{\mathrm{i}} , \ \mathrm{W}_{\mathrm{i}} , \ \mathrm{I}_{\mathrm{i}} ;$$

$$\mathrm{C}_m[\mathrm{C}_{2m} , \ m \in \mathbb{N}_+ , \ \mathrm{C}_m[\mathrm{D}_m , \ m \geq 2 , \ \mathrm{D}_m[\mathrm{D}_{2m} , \ m \geq 2 , \ \mathrm{T}[\mathrm{W} .$$

Dabei stehen in der ersten Zeile die Konjugationsklassen der endlichen Untergruppen von $\mathsf{B}^+(E)$.

Daß die Tetraedergruppe T in der Würfelgruppe W liegt, entnimmt man auch direkt der folgenden Figur.

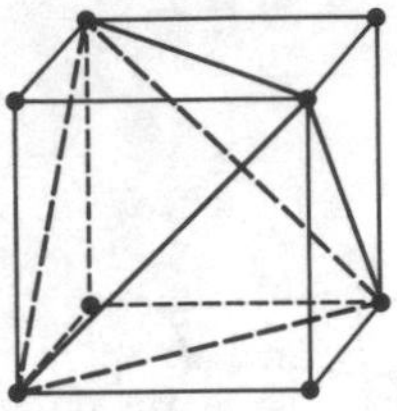

Wir bemerken zum Schluß, daß wir mit 75.4 (und 75.3) auch die endlichen Untergruppen und ihre Konjugationsklassen in der Gruppe $\mathsf{A}(E)$ der affinen Automorphismen von E bestimmt haben, und zwar auf Grund der folgenden Aussagen, die für einen euklidischen affinen Raum E beliebiger Dimension gelten: (1) *Jede endliche Untergruppe von* $\mathsf{A}(E)$ *ist konjugiert zu einer Untergruppe von* $\mathsf{B}_O(E)$, §73, Aufgabe 39. (2) *Sei* $O \in E$ *und* $G \subseteq \mathsf{B}_O(E)$ *eine (nicht notwendig endliche) Gruppe. Ist dann* $f \in \mathsf{A}_O(E)$ *mit* $fGf^{-1} \subseteq \mathsf{B}_O(E)$, *so gibt es ein* $g \in \mathsf{B}_O(E)$ *mit* $fGf^{-1} = gGg^{-1}$, §79, Aufgabe 28.

Beispiel 6 (Kristallgruppen und -klassen) Denkt man sich eine chemische Substanz im ganzen Raum auskristallisiert, so besitzt das Kristallgitter eine Symmetriegruppe, in der die Untergruppe der Translationen von drei linear unabhängigen Parallelverschiebungen erzeugt wird. Generell nennt man eine Untergruppe der additiven Gruppe eines n-dimensionalen reellen Vektorraumes V, die (über $\mathbb{Z}$) von den Elementen einer $\mathbb{R}$-Basis von V erzeugt wird, ein (volles) Gitter in V.

Im weiteren sei E ein euklidischer affiner Raum der Dimension n über dem euklidischen Vektorraum V. Den kanonischen Homomorphismus $\mathsf{A}(E) \to \mathsf{GL}_{\mathbb{R}}(V)$ bezeichnen wir wie bisher mit $f \longmapsto \overline{f}$.

Definition Eine Untergruppe G der Bewegungsgruppe $\mathsf{B}(E)$ von E heißt eine Kristallgruppe in E, wenn $\mathsf{T}(E) \cap G$ ein volles Gitter im Raum $\mathsf{T}(E) \cong V$ der Translationen von E ist. Zwei Kristallgruppen $G, G' \subseteq \mathsf{B}(E)$ heißen äquivalent, wenn es eine *affine* Transformation $f \in \mathsf{A}(E)$ mit $G' = fGf^{-1}$ gibt.

Zur Motivation dafür, daß bei der Äquivalenz von Kristallgruppen die Konjugation mit beliebigen Affinitäten $f \in \mathsf{A}(E)$ zugelassen ist und nicht nur die mit Bewegungen $f \in \mathsf{B}(E)$, sei folgendes bemerkt: Bei Konjugation mit Elementen $f \in \mathsf{B}(E)$ wären zwei volle Gitter $G, G' \in V = \mathsf{T}(E) \subseteq \mathsf{B}(E)$ genau dann äquivalent, wenn es ein $\overline{f} \in \mathsf{O}(V)$ mit $\overline{f}(G) = G'$ gäbe. Es gäbe dann (bei $\operatorname{Dim} E \geq 1$) unendlich viele Klassen solcher Gitter (vgl. Aufgabe 15). Läßt man aber beliebige $f \in \mathsf{GL}(V)$ zu, so sind natürlich je zwei volle Gitter äquivalent. Generell gilt, was wir hier ohne Beweis mitteilen: *Es gibt nur endlich viele Äquivalenzklassen von Kristallgruppen in* E (Satz von Bieberbach).

Eine Äquivalenzklasse von Kristallgruppen heißt üblicherweise eine Raumgruppe in E. *Die Raumgruppen stimmen*, ebenfalls nach einem Satze Bieberbachs, *mit den Isomorphieklassen der Kristallgruppen überein*, vgl. Aufgabe 21.

Seien $G \subseteq \mathsf{B}(E)$ eine Kristallgruppe und $\overline{G}$ ihr kanonisches Bild in $\mathsf{O}(V)$. Ist $G' \subseteq \mathsf{B}(E)$ eine weitere Kristallgruppe, die zu derselben Raumgruppe wie G gehört, so ist $\overline{G}'$ konjugiert zu $\overline{G}$ in $\mathsf{GL}(V)$. Nach §79, Aufgabe 28 ist dies aber äquivalent dazu, daß $\overline{G}$ und $\overline{G}'$ in $\mathsf{O}(V)$ konjugiert sind, vgl. auch die Bemerkung (2) am Ende des Beispiels 5. Folglich definiert eine Raumgruppe eine wohlbestimmte Konjugationsklasse in $\mathsf{O}(V)$. Diese heißt die zugehörige Kristallklasse oder Punktgruppe der vorgegebenen Raumgruppe. Übrigens induziert die Konjugation in $\mathsf{B}(E)$ eine Operation von $\overline{G} \subseteq \mathsf{O}(V)$ auf der Gruppe $T := G \cap \mathsf{T}(E) = G \cap V$, die mit der natürlichen Operation übereinstimmt, vgl. §43, Beispiele 7,8. Insbesondere ist $\overline{G}$ isomorph zu einer Untergruppe von $\operatorname{Aut} T \cong \mathsf{GL}_n(\mathbb{Z})$, $n := \operatorname{Dim} E$. Es gilt nun:

75.5 Lemma *Die Kristallklassen enthalten nur endliche Gruppen.*

Beweis. Seien G eine Kristallgruppe und $\overline{G} \subseteq \mathsf{O}(V)$ das kanonische Bild. $T := G \cap \mathsf{T}(E) = G \cap V$ ist ein volles Gitter in V. Sei $x_1, \ldots, x_n$ eine $\mathbb{R}$-Basis von V, die eine $\mathbb{Z}$-Basis von T ist. Ist $\overline{g} \in \overline{G}$, so ist $\overline{g}(x_1), \ldots, \overline{g}(x_n)$ ebenfalls eine $\mathbb{Z}$-Basis von T, und es ist $\|\overline{g}(x_i)\| = \|x_i\|$, $i = 1, \ldots, n$. Da es in T offenbar nur endlich viele Elemente mit einer Länge $< \operatorname{Max}(\|x_i\| : i = 1, \ldots, n)$ gibt, kann $\overline{G}$ nur endlich viele Elemente $\overline{g}$ enthalten. •

75.6 Satz von der kristallographischen Einschränkung *Sei $\overline{G} \subseteq \mathsf{O}(V)$ Repräsentant einer Kristallklasse eines zwei- oder dreidimensionalen euklidischen affinen Raumes. Dann haben die Elemente von $\overline{G}$ die Ordnungen* 1, 2, 3, 4 *oder* 6.

Beweis. Seien $\overline{g} \in \overline{G}$ und G eine Kristallgruppe, deren Kristallklasse $\overline{G}$ repräsentiert. Im zweidimensionalen Fall ist $\overline{g}$ eine Spiegelung oder eine Drehung. Bezüglich einer Gitterbasis von $T = G \cap V = G \cap \mathsf{T}(E)$ ist die Matrix von $\overline{g}$ ganzzahlig, also ist auch $\operatorname{Sp} \overline{g}$ ganzzahlig. Ist nun $\overline{g}$ eine Drehung mit dem Winkel α, $0 \leq \alpha \leq \pi$, so ist $\operatorname{Sp} \overline{g} = 2\cos\alpha \in \mathbb{Z}$, $\cos\alpha \in \{0, \pm\frac{1}{2}, \pm 1\}$, $\alpha \in \{\frac{\pi}{2}, \frac{\pi}{3}, \frac{2\pi}{3}, 0, \pi\}$. Folglich hat $\overline{g}$ eine der angegebenen Ordnungen. Im dreidimensionalen Fall ist analog $\operatorname{Sp} \overline{g} = \epsilon + 2\cos\alpha \in \mathbb{Z}$, wobei $\epsilon = 1$ oder $\epsilon = -1$ ist je nachdem, ob $\overline{g}$ eine Drehung oder Drehinversion ist. Wieder ist $2\cos\alpha \in \mathbb{Z}$, $\alpha \in \{\frac{\pi}{2}, \frac{\pi}{3}, \frac{2\pi}{3}, 0, \pi\}$ und $\operatorname{Ord} \overline{g}$ eine der angegebenen Zahlen. •

Gemäß 75.6 kann eine von der Identität verschiedene Drehung in einer Gruppe, die zu einer Punktgruppe eines zwei- oder dreidimensionalen affinen euklidischen Raumes gehört, nur die Ordnungen 2, 3, 4 oder 6 besitzen. Die Achse einer solchen Drehung heißt dann eine Di-, Tri-, Tetra- bzw. Hexagyre. Die Zahlen 1, 2, 3, 4, 6 heißen auch die kristallographischen Zahlen der Dimension 2 bzw. 3. Die kristallographischen Zahlen für höhere Dimensionen werden in §65, Aufgabe 15 berechnet. Ferner sind in der §65, Aufgabe 17 explizite obere Schranken für die Ordnungen der Gruppen der Kristallklassen in beliebigen euklidischen affinen Räumen gefunden worden, was ein wesentlicher Schritt für den Beweis des oben erwähnten Endlichkeitssatzes von Bieberbach ist.

Für die Dimensionen 2 und 3 lassen sich nun leicht alle Kristallklassen direkt angeben:

75.7 Satz *Sei E ein euklidischer affiner Raum über V.*

(1) (L. da Vinci) *Ist* $\operatorname{Dim} E = 2$, *so gibt es genau* 10 *Kristallklassen in* E. *Diese werden repräsentiert durch die Gruppen*

$$C_1, C_2, C_3, C_4, C_6;$$

$$D_1, D_2, D_3, D_4, D_6.$$

Die Kristallklassen der ersten Zeile gehören zu den eigentlichen Kristallgruppen.
(2) (J.F.C. Hessel) *Ist* $\operatorname{Dim} E = 3$, *so gibt es genau* 32 *Kristallklassen in* E. *Diese werden repräsentiert durch die Gruppen*

$$C_1, C_2, C_3, C_4, C_6, D_2, D_3, D_4, D_6, T, W;$$

$$C_{1i}, C_{2i}, C_{3i}, C_{4i}, C_{6i}, D_{2i}, D_{3i}, D_{4i}, D_{6i}, T_i, W_i;$$

$$C_1[C_2, C_2[C_4, C_3[C_6, C_2[D_2, C_3[D_3, C_4[D_4, C_6[D_6, D_2[D_4, D_3[D_6, T[W.$$

Die Kristallklassen der ersten Zeile gehören zu den eigentlichen Kristallgruppen.

Beweis. Wegen 75.5 und 75.6 können nach den Sätzen 75.3 und 75.4 höchstens die in 75.7 angegebenen Kristallklassen auftreten. Es bleibt zu beweisen, daß alle diese Gruppen auch vorkommen. Sei zunächst $\operatorname{Dim} E = 2$, und sei x_1, x_2 eine Orthonormalbasis von V. Die Symmetriegruppe eines Quadratgitters

$$a_1 x_1 + a_2 x_2 + O, \quad a_1, a_2 \in \mathbb{Z},$$

$O \in E$ fest, ist eine Kristallgruppe der Kristallklasse D_4; die Symmetriegruppe eines hexagonalen Gitters

$$a_1 x_1 + \frac{a_2}{2}(x_1 + \sqrt{3} x_2) + O, \quad a_1, a_2 \in \mathbb{Z},$$

$O \in E$ fest, ist eine Kristallgruppe der Kristallklasse D_6, vgl. auch Aufgabe 15. Da die übrigen Gruppen in 75.7(1) Untergruppen von D_4 oder D_6 sind, treten auch diese als Kristallklassen auf.

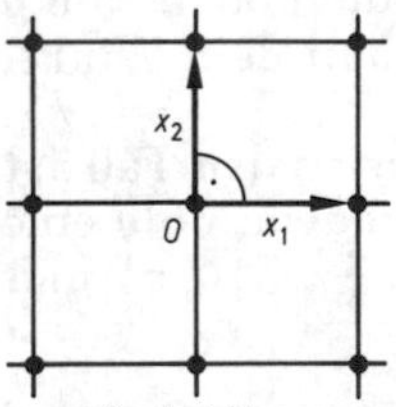

Quadratgitter

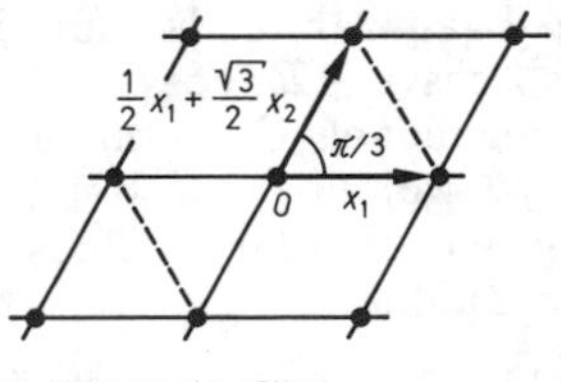

Hexagonales Gitter

Sei nun $\operatorname{Dim} E = 3$, und sei x_1, x_2, x_3 eine Orthonormalbasis von V. Die Symmetriegruppe eines Würfelgitters

$$a_1 x_1 + a_2 x_2 + a_3 x_3 + O, \quad a_1, a_2, a_3 \in \mathbb{Z},$$

$O \in E$ fest, ist eine Kristallgruppe der Kristallklasse W_i; die Symmetriegruppe eines hexagonalen Gitters

$$a_1 x_1 + \frac{a_2}{2}(x_1 + \sqrt{3} x_2) + a_3 x_3 + O, \quad a_1, a_2, a_3 \in \mathbb{Z},$$

$O \in E$ fest, ist eine Kristallgruppe der Kristallklasse D_{6i}. Da alle anderen Gruppen in 75.7(2) Untergruppen von W_i oder D_{6i} sind, treten auch diese als Kristallklassen auf. ●

Die von uns gewählten Bezeichnungen der Kristallklassen gehen auf Pólya und Meyer zurück. Daneben gibt es einige weitere gebräuchliche Symbole, insbesondere die von A. Schoenflies und die (in der Kristallographie fast ausschließlich verwendeten) von C. Hermann und Ch. Mauguin.

Im Anschluß an §73, Beispiel 10 bemerken wir, daß die Kristalle derjenigen chemischen Verbindungen, deren Raumgruppe zu den 11 eigentlichen Kristallklassen gehören, in *enantiomorphen* Formen auftreten. Diese Enantiomorphie läßt sich häufig (insbesondere bei organischen Verbindungen) bis in die räumliche Struktur der Moleküle zurückverfolgen und macht sich gelegentlich auch in verschiedener *optischer Aktivität* bemerkbar (d.h. in der Drehung der Ebene polarisierten Lichts nach der einen bzw. anderen Seite). Ein klassisches Beispiel dafür ist die *Weinsäure*

HO—CH—COOH
|
HO—CH—COOH ,

die als D- und L-Weinsäure auftritt. (Pasteur 1848 - "D" steht für "dextro", "L" für "laevo". Die Zuordnung von "D" und "L" zu den enantiomorphen Verbindungen beruht auf Konvention und ist im allgemeinen nicht mit der Richtung, in der polarisiertes Licht gedreht wird, identisch.) Die Kristallklasse dieser beiden Weinsäuren ist C_2. Dagegen besitzt die *Mesoweinsäure*, die keine Enantiomorphie zuläßt und auch optisch inaktiv ist, die Kristallklasse C_{1i}.

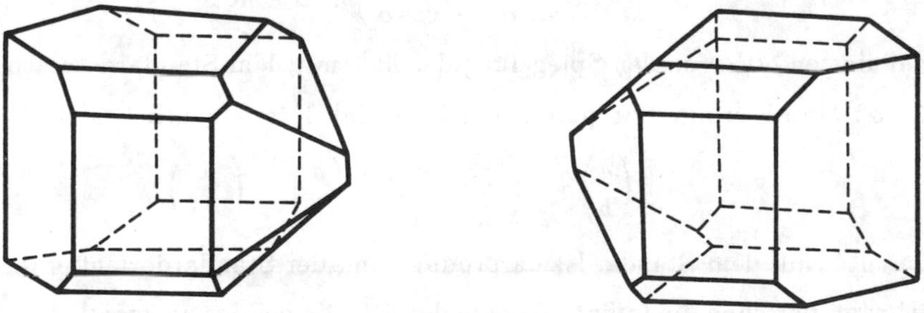

Enantiomorphe Weinsäurekristalle

Anorganische Beispiele für Enantiomorphie mit verschiedener optischer Aktivität sind etwa der (Tief-)Quarz SiO_2 und der Zinnober HgS jeweils mit der Kristallklasse D_3. *Hier beruht die optische Aktivität aber auf der Anordnung der Moleküle im Kristall* und nicht auf der Anordnung der Atome im Molekül. Im nichtkristallisierten Zustand zeigen diese Stoffe keine optische Aktivität.

In der Kristallographie werden die 32 Kristallklassen unseres Anschauungsraumes zu 7 Kristallsystemen gemäß folgender Tabelle zusammengefaßt:

Kristallsystem	Kristallklassen
Triklin	C_1, C_{1i};
Monoklin	$C_2, C_1[C_2, C_{2i}$;
Rhombisch (=Orthorhombisch)	$D_2, C_2[D_2, D_{2i}$;
Tetragonal	$C_4, C_2[C_4, C_{4i}, D_4, C_4[D_4, D_2[D_4, D_{4i}$;
Trigonal (=Rhomboedrisch)	$C_3, C_{3i}, D_3, C_3[D_3, D_{3i}$;
Hexagonal	$C_6, C_3[C_6, C_{6i}, D_6, C_6[D_6, D_3[D_6, D_{6i}$;
Kubisch	$T, T_i, W, T[W, W_i$.

Zum Schluß erwähnen wir, daß zweidimensionale euklidische affine Räume 17, dreidimensionale 219 und vierdimensionale 4783 Raumgruppen besitzen. Die 219 dreidimensionalen Raumgruppen wurden (im großen und ganzen) von E. v. Fedorow bzw. A. Schoenflies unabhängig voneinander um 1890 bestimmt, die vierdimensionalen 1978 mit Computerunterstützung von H.R. Brown, R. Bülow, J. Neubüser, H. Wondratschok und H. Zassenhaus.

Aufgaben

1. Man bestimme die Spiegelungsachse der durch die Matrix

$$\begin{pmatrix} \cos\alpha & \sin\alpha \\ \sin\alpha & -\cos\alpha \end{pmatrix}, \quad \alpha \in \mathbb{R},$$

definierten orthogonalen Spiegelung des $\mathbb{R}^2$ (mit dem Standardskalarprodukt).

2. a) Man bestimme Fixpunkt und Drehwinkel der eigentlichen Bewegung

$$\begin{pmatrix} a \\ b \end{pmatrix} \mapsto \begin{pmatrix} \frac{12}{13} & -\frac{5}{13} \\ \frac{5}{13} & \frac{12}{13} \end{pmatrix} \begin{pmatrix} a \\ b \end{pmatrix} + \begin{pmatrix} 1 \\ -1 \end{pmatrix}$$

des $\mathbb{R}^2$ (mit dem Standardskalarprodukt und der Standardorientierung).

b) Man berechne die (affine) Gerade des $\mathbb{R}^2$, die bei der uneigentlichen Bewegung

$$\begin{pmatrix} a \\ b \end{pmatrix} \mapsto \begin{pmatrix} \frac{12}{13} & \frac{5}{13} \\ \frac{5}{13} & -\frac{12}{13} \end{pmatrix} \begin{pmatrix} a \\ b \end{pmatrix} + \begin{pmatrix} 1 \\ -1 \end{pmatrix}$$

in sich abgebildet wird. Handelt es sich bei dieser Bewegung um eine orthogonale Spiegelung oder (nur) um eine orthogonale Gleitspiegelung?

3. Man bestimme den Drehvektor der durch die Matrix

$$\begin{pmatrix} \frac{1}{4}\sqrt{3}+\frac{1}{2} & \frac{1}{4}\sqrt{3}-\frac{1}{2} & -\frac{1}{4}\sqrt{2} \\ \frac{1}{4}\sqrt{3}-\frac{1}{2} & \frac{1}{4}\sqrt{3}+\frac{1}{2} & -\frac{1}{4}\sqrt{2} \\ \frac{1}{4}\sqrt{2} & \frac{1}{4}\sqrt{2} & \frac{1}{2}\sqrt{3} \end{pmatrix}$$

definierten Drehung f des $\mathbb{R}^3$ (mit dem Standardskalarprodukt und der Standardorientierung). Ferner bestimme man eine die Orientierung repräsentierende

Orthonormalbasis des $\mathbb{R}^3$, bezüglich der die Matrix von f die Gestalt

$$\begin{pmatrix} 1 & 0 & 0 \\ 0 & \cos\alpha & -\sin\alpha \\ 0 & \sin\alpha & \cos\alpha \end{pmatrix}$$

hat, wobei α, $0 \leq \alpha \leq \pi$, der Drehwinkel von f ist.

4. Man bestimme den Typ der vier Bewegungen $x \mapsto \mathbf{A}x + x_0$ des $\mathbb{R}^3$ mit

$$\mathbf{A} := \begin{pmatrix} 0 & 0 & 1 \\ 0 & -1 & 0 \\ -1 & 0 & 0 \end{pmatrix}, \begin{pmatrix} \frac{1}{2} & -\frac{1}{\sqrt{2}} & \frac{1}{2} \\ \frac{1}{\sqrt{2}} & 0 & -\frac{1}{\sqrt{2}} \\ \frac{1}{2} & \frac{1}{\sqrt{2}} & \frac{1}{2} \end{pmatrix}; \; x_0 := \begin{pmatrix} 1 \\ 0 \\ 0 \end{pmatrix}, \begin{pmatrix} \frac{1}{\sqrt{2}} \\ 1 \\ -\frac{1}{\sqrt{2}} \end{pmatrix}.$$

5. Sei E eine euklidische affine Ebene. Zwei Drehungen $\neq \mathrm{id}_E$ in E sind genau dann vertauschbar, wenn ihre Drehpunkte übereinstimmen.

6. Sei F eine Teilmenge einer euklidischen affinen Ebene E. Ein Punkt $M \in E$ heißt ein Mittelpunkt von F, wenn es eine Drehung $f \neq \mathrm{id}_E$ um M mit $f(F) = F$ gibt. Ist F beschränkt und $F \neq \emptyset$, so hat F höchstens einen Mittelpunkt.

7. Sei f eine Drehung der euklidischen affinen Ebene E mit dem Drehwinkel $2\pi\omega$, $0 \leq \omega \leq \frac{1}{2}$. Dann gilt

$$\mathrm{Ord} f = \begin{cases} 0, & \text{falls } \omega \text{ irrational,} \\ q, & \text{falls } \omega = \frac{p}{q},\ p, q \in \mathbb{N},\ q > 0,\ \mathrm{ggT}(p,q) = 1. \end{cases}$$

8. Seien f, g zwei orthogonale Spiegelungen der euklidischen affinen Ebene E an zwei Geraden, die sich in $O \in E$ unter dem Winkel $\pi\omega$ schneiden, $0 \leq \omega \leq \frac{1}{2}$. Die in $\mathsf{B}(E)$ von f und g erzeugte Gruppe ist eine Diedergruppe D_m mit

$$m := \mathrm{Ord} fg = \begin{cases} 0, & \text{falls } \omega \text{ irrational,} \\ q, & \text{falls } \omega = \frac{p}{q},\ p, q \in \mathbb{N},\ q > 0,\ \mathrm{ggT}(p,q) = 1. \end{cases}$$

Welche Untergruppe erzeugen f und g, wenn die Spiegelungsgeraden parallel sind?

9. Seien V ein dreidimensionaler euklidischer Raum und $f, g \in \mathsf{SO}(V)$ von der Identität verschiedene Drehungen. Ferner sei wenigstens eine der beiden Abbildungen f, g keine Halbdrehung. Genau dann kommutieren f und g, wenn f und g dieselben Drehachsen haben.

10. Seien V ein dreidimensionaler euklidischer Raum und $f, g \in \mathsf{SO}(V)$ zwei verschiedene Halbdrehungen. Folgende Aussagen sind äquivalent: (1) fg ist eine Halbdrehung. (2) f und g kommutieren. (3) Die Drehachsen von f und g stehen aufeinander senkrecht.

11. Seien V ein euklidischer Raum und $f \in \mathsf{O}(V)$ eine Isometrie mit einer orthogonalen Zerlegung $V = W_1 \oplus \cdots \oplus W_m$ von V mit f–invarianten Unterräumen W_μ der Dimension ≤ 2 gemäß 75.2. Ist $\mathrm{Dim}_{\mathbb{R}} W_\mu = 2$, so induziert f auf W_μ eine Drehung mit dem Winkel α_μ, $0 \leq \alpha_\mu \leq \pi$. Ist $\mathrm{Dim}_{\mathbb{R}} W_\mu = 1$, so sei $\alpha_\mu = 0$ bzw. $\alpha_\mu = \pi$ je nachdem, ob $f|W_\mu = \mathrm{id}$ bzw. $f|W_\mu = -\mathrm{id}$ ist. Dann gilt: Ist $\alpha \in [0, \pi]$, so gibt es genau dann ein $x \in V$, $x \neq 0$, mit $\sphericalangle(x, f(x)) = \alpha$, wenn $\mathrm{Min}_\mu(\alpha_\mu) \leq \alpha \leq \mathrm{Max}_\mu(\alpha_\mu)$ ist.

12. Sei V ein dreidimensionaler orientierter euklidischer Vektorraum mit dem Skalarprodukt $(x, y) \mapsto \langle x, y\rangle$ und dem zugehörigen Vektorprodukt $(x, y) \mapsto x \times y$

(vgl. §74). Sei $v \in V$, $\|v\| \le 1$, $\alpha := 2\arcsin\|v\|$, $d := v/\|v\|$ (bei $v = 0$ sei d ein beliebiger Vektor in V mit $\|d\| = 1$).

a) $x \mapsto (\cos\alpha)x + (\sin\alpha)d \times x + (1-\cos\alpha)\langle d, x\rangle d$ ist die Drehung in V mit dem Drehvektor v.

b) Seien $V := \mathbb{R}^3$ mit dem Standardskalarprodukt und der Standardorientierung und $d = d_1e_1 + d_2e_2 + d_3e_3$. Bezüglich e_1, e_2, e_3 hat die Matrix der Drehung mit dem Drehvektor $v = d\sin\frac{\alpha}{2}$ der Reihe nach die Spalten

$$\begin{pmatrix} \cos\alpha + d_1^2(1-\cos\alpha) \\ d_3\sin\alpha + d_1d_2(1-\cos\alpha) \\ -d_2\sin\alpha + d_1d_3(1-\cos\alpha) \end{pmatrix}, \quad \begin{pmatrix} -d_3\sin\alpha + d_1d_2(1-\cos\alpha) \\ \cos\alpha + d_2^2(1-\cos\alpha) \\ d_1\sin\alpha + d_2d_3(1-\cos\alpha) \end{pmatrix}$$

bzw.

$$\begin{pmatrix} d_2\sin\alpha + d_1d_3(1-\cos\alpha) \\ -d_1\sin\alpha + d_2d_3(1-\cos\alpha) \\ \cos\alpha + d_3^2(1-\cos\alpha) \end{pmatrix} \quad \text{(Formeln von Euler).}$$

c) Sei $v = -q_1e_1 + q_2e_2 + q_3e_3 \in \mathbb{R}^3$ und $q_0 := \cos\frac{\alpha}{2}$. Die Matrix der Drehung mit dem Drehvektor v bezüglich der Standardbasis ist

$$\begin{pmatrix} q_0^2 + q_1^2 - q_2^2 - q_3^2 & 2(-q_0q_3 + q_1q_2) & 2(q_0q_2 + q_1q_3) \\ 2(q_0q_3 + q_1q_2) & q_0^2 - q_1^2 + q_2^2 - q_3^2 & 2(-q_0q_1 + q_2q_3) \\ 2(-q_0q_2 + q_1q_3) & 2(q_0q_1 + q_2q_3) & q_0^2 - q_1^2 - q_2^2 - q_3^2 \end{pmatrix}$$

(Formeln von Cayley).

d) Für $q = q_0e_0 + q_1e_1 + q_2e_2 + q_3e_3 \in \mathbb{R}^4$ mit $\|q\| = 1$ sei $\mathbf{A}(q)$ die in Teil c) angegebene Matrix. Die Abbildung $q \mapsto \mathbf{A}(q)$ ist eine surjektive Abbildung $S^3 \to \mathsf{SO}_3(\mathbb{R})$, deren Fasern genau die Paare $\{q, -q\}$ antipodaler Punkte sind. Sie induziert eine bijektive Abbildung $\mathsf{P}_3(\mathbb{R}) \to \mathsf{SO}_3(\mathbb{R})$, wobei $\mathsf{P}_3(\mathbb{R})$ der dreidimensionale projektive Raum über $\mathbb{R}$ ist (vgl. Anhang V.H, Beispiel 1).

13. Sei $\mathbb{H} = \mathbb{H}(\mathbb{R})$ der Divisionsbereich der Quaternionen über $\mathbb{R}$ mit der $\mathbb{R}$-Standardbasis $1 = e_0$, $\mathrm{i} = e_1$, $\mathrm{j} = e_2$, $\mathrm{k} = e_3$, vgl. §28, Beispiel 3. Für $q \in \mathbb{H}(=\mathbb{R}^4)$ ist die Quaternionennorm $\mathrm{N}(q) = q\overline{q}$ gleich dem Quadrat $\|q\|^2 = \langle q, q\rangle$ der Länge von q bezüglich des Standardskalarprodukts. Die Gruppe der Quaternionen $q \in \mathbb{H}^\times$ mit $\mathrm{N}(q) = \|q\|^2 = 1$ sei mit

$$\mathrm{Spin}$$

bezeichnet. Für $q \in \mathrm{Spin}$ ist $q^{-1} = \overline{q}$.

a) Für $q \in \mathrm{Spin}$ ist die Konjugation $\kappa_q\colon x \mapsto qxq^{-1} = qx\overline{q}$ eine eigentliche Isometrie des $\mathbb{R}^4$ mit 1 als Fixpunkt. κ_q induziert eine eigentliche Isometrie auf $\mathbb{R}^\perp = \mathbb{R}\mathrm{i} + \mathbb{R}\mathrm{j} + \mathbb{R}\mathrm{k} = \mathbb{R}^3$, die ebenfalls mit κ_q bezeichnet werde. Die Abbildung

$$\mathrm{Spin} \to \mathsf{SO}(\mathbb{R}^3) = \mathsf{SO}_3(\mathbb{R})$$

mit $q \mapsto \kappa_q$ ist ein Gruppenhomomorphismus und identisch mit der in Aufgabe 12d) durch die Cayleyschen Formeln gegebenen Abbildung. Insbesondere ist dieser Homomorphismus surjektiv mit $\{1, -1\}$ als Kern und induziert eine Isomorphie

$$\mathrm{Spin}/\{\pm 1\} \cong \mathsf{SO}_3(\mathbb{R}).$$

(Bemerkung. Die Inklusion $\mathrm{Spin} \to \mathbb{H}^\times$ induziert eine Isomorphie

$$\text{Spin}/\{\pm 1\} \cong \mathbb{H}^\times/\mathbb{R}^\times = \mathbb{H}^\times/Z(\mathbb{H}^\times).$$

Nach §36, Aufgabe 18 ist $\mathbb{H}^\times/Z(\mathbb{H}^\times) \cong \text{Aut}_{\mathbb{R}-\text{Alg}}\mathbb{H} = \text{Aut}\mathbb{H}$. Somit gilt auch $\text{Aut}\mathbb{H} \cong \mathsf{SO}_3(\mathbb{R})$.)

b) Für $p, q \in$ Spin ist $\lambda_p \circ \rho_{q^{-1}} : x \mapsto pxq^{-1} = px\overline{q}$ eine eigentliche Isometrie des $\mathbb{R}^4$. Die so definierte Abbildung Spin × Spin $\to \mathsf{SO}(\mathbb{R}^4) = \mathsf{SO}_4(\mathbb{R})$ ist ein surjektiver Gruppenhomomorphismus mit $\{(1,1),(-1,-1)\}$ als Kern. (Ist $f \in \mathsf{SO}(\mathbb{R}^4)$ mit $f(1) = p \in$ Spin, so ist $\lambda_{p^{-1}} \circ f$ eine Isometrie mit 1 als Fixpunkt und damit von der Form κ_q mit $q \in$ Spin, also ist $f = \lambda_p \circ \kappa_q = \lambda_{pq} \circ \rho_{q^{-1}}$.) Insbesondere induziert dieser Homomorphismus eine Isomorphie

$$(\text{Spin} \times \text{Spin})/\{\pm(1,1)\} \cong \mathsf{SO}_4(\mathbb{R}).$$

14. Sei φ: Spin $\to \mathsf{SO}_3(\mathbb{R})$ der Homomorphismus aus Aufgabe 13a). Ist $G \subseteq \mathsf{SO}_3(\mathbb{R})$ eine Untergruppe, so heißt $G' := \varphi^{-1}(G) \subseteq$ Spin die zugehörige b i n ä r e oder d o p p e l t e Gruppe. Genau dann sind zwei Untergruppen $G_1, G_2 \subseteq \mathsf{SO}_3(\mathbb{R})$ konjugiert in $\mathsf{SO}_3(\mathbb{R})$, wenn die zugehörigen binären Gruppen in Spin konjugiert sind. Die Konjugationsklassen D_m, $m \geq 2$, T, W, I der endlichen Gruppen in $\mathsf{SO}_3(\mathbb{R})$ definieren jeweils eine Konjugationsklasse in Spin, nämlich die Klassen D'_m, $m \geq 2$, T′, W′, I′ der b i n ä r e n D i e d e r g r u p p e n, d e r b i n ä r e n T e t r a e d e r g r u p p e n, d e r b i n ä r e n W ü r f e l- o d e r O k t a e d e r g r u p p e n b z w. d e r b i n ä r e n I k o s a e d e r g r u p p e n.

a) Die Konjugationsklassen D'_m, $m \geq 2$, T′, W′, I′ zusammen mit den Konjugationsklassen C_m, $m \geq 1$, der zyklischen Gruppen, die jeweils von einem Element der Ordnung m in Spin erzeugt werden, sind alle Konjugationsklassen der endlichen Gruppen in Spin. (Man beachte: $-1 \in$ Spin ist das einzige Element der Ordnung 2 in Spin. — Bemerkungen. Für $m \in \mathbb{N}_+$ ist $\mathrm{C}_{2m} = \mathrm{C}'_m$. — Es ist D'_2 die Konjugationsklasse der Quaternionengruppe $\mathrm{Q} \subseteq$ Spin der Ordnung 8, vgl. §28, Beispiel 3. Demgemäß bezeichnet man die binären Diedergruppen D'_m, $m \geq 2$, auch als (v e r a l l g e m e i n e r t e) Q u a t e r n i o n e n g r u p p e n Q_m, $m \geq 2$. Es ist Kard $\mathrm{Q}_m = 4m$ für alle $m \geq 2$. Aus den Darstellungen $\langle x, y\,; x^2 = y^2 = (xy)^m = e\rangle$ oder $\langle z, y\,; z^m = y^2 = e, yzy^{-1} = z^{-1}\rangle$ für D_m gewinnt man entsprechende Darstellungen $\langle x, y\,; x^2 = y^2 = (xy)^m, y^4 = e\rangle$ oder $\langle z, y\,; z^m = y^2, yzy^{-1} = z^{-1}\rangle$ für Q_m, $m \geq 2$, vgl. Anhang IV.D, Aufgaben 2,6,7. Für $m = 1$ erhält man formal $\mathrm{Q}_1 \cong \mathsf{Z}_4$. Ferner ist es natürlich, die u n e n d l i c h e Q u a t e r n i o n e n g r u p p e Q_0 als binäre Diedergruppe D'_0 mit den Darstellungen $\langle x, y\,; x^2 = y^2, y^4 = e\rangle$ oder $\langle z, y\,; y^4 = e, yzy^{-1} = z^{-1}\rangle$ zu definieren. — Die Isomorphietypen der Quaternionengruppen seien mit Q_m bezeichnet, $m \in \mathbb{N}$.)

b) Mit Hilfe des Homomorphismus $\mathbb{Z}^\times \times$ Spin $\to \mathsf{O}_3(\mathbb{R})$ mit $(\epsilon, q) \mapsto \epsilon\varphi(q)$ bestimme man die Konjugationsklassen der endlichen Gruppen in $\mathbb{Z}^\times \times$ Spin.

15. (G i t t e r i n d e r e u k l i d i s c h e n E b e n e) Sei V ein zweidimensionaler euklidischer Vektorraum mit der Orthonormalbasis x, y. Zwei volle Gitter Γ, Γ' in V heißen ä h n l i c h (bzw. e i g e n t l i c h ä h n l i c h), wenn es eine Ähnlichkeit (bzw. eine eigentliche Ähnlichkeit) f von V mit $f(\Gamma) = \Gamma'$ gibt.

a) Seien F bzw. F' die folgenden Mengen in V:

$$F := \{ax + by : -\frac{1}{2} < a \leq \frac{1}{2}, \ a^2 + b^2 \geq 1\},$$

$$F' := \{ax + by : 0 \leq a \leq \frac{1}{2}, \ a^2 + b^2 \geq 1\}.$$

Man zeige: Die Gitter

$$\mathbb{Z}x + \mathbb{Z}\omega, \quad \omega \in F \ (\text{bzw. } \omega \in F'),$$

bilden jeweils ein volles Repräsentantensystem für die Gitteräquivalenzklassen bezüglich der Ähnlichkeit (bzw. bzgl. der eigentlichen Ähnlichkeit). (Bemerkung. Die Gitter mit $a = 0$ nennt man Rechteckgitter, die mit $a = 0$, $b = 1$ speziell Quadratgitter; die Gitter mit $a^2 + b^2 = 1$ oder mit $a = \frac{1}{2}$ heißen Rhomben- oder flächenzentrierte Rechteckgitter, wobei insbesondere die mit $a = \frac{1}{2}$, $b = \frac{1}{2}\sqrt{3}$ die hexagonalen Gitter heißen. Alle anderen Gitter bezeichnet man als allgemeine Gitter.)

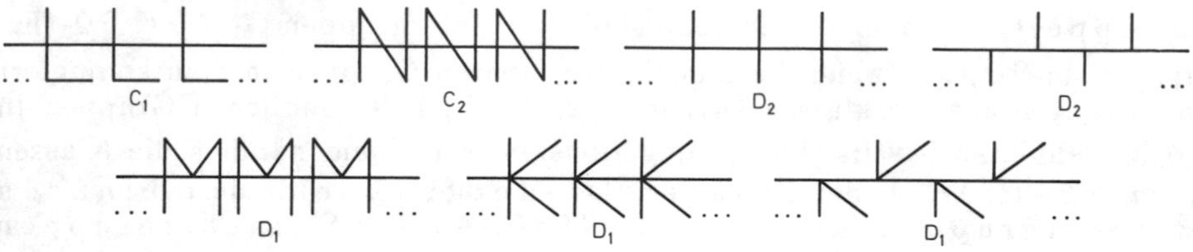

b) Sei $S_0(\Gamma)$ die Untergruppe derjenigen Symmetrien des Gitters Γ, die $0 \in \Gamma$ festlassen. Dann ist $S(\Gamma) = \Gamma S_0(\Gamma)$, wobei Γ mit der Gruppe der Translationen τ_z, $z \in \Gamma$, identifiziert wird. $S_0(\Gamma)$ ist die Kristallklasse von Γ. Die Quadratgitter haben die Kristallklasse D_4, die hexagonalen Gitter die Klasse D_6. Die Kristallklasse der Rechteckgitter bzw. der Rhombengitter, die keine Quadrat- bzw. hexagonalen Gitter sind, ist D_2. Die allgemeinen Gitter gehören zur Klasse C_2.

c) Zwei Gitter Γ, Γ' in V heißen Bravais-äquivalent, wenn es eine $\mathbb{R}$-Isomorphie $f : V \to V$ mit $f(\Gamma) = \Gamma'$ und $S(\Gamma') = fS(\Gamma)f^{-1}$ gibt. Die Äquivalenzklassen der Gitter bezüglich dieser Äquivalenzrelation heißen die Bravais-Klassen. Man zeige: Die Rechteck-, Quadrat-, Rhomben-, hexagonalen und allgemeinen Gitter in V bilden jeweils eine Bravais-Klasse.

16. Sei V ein euklidischer Vektorraum der Dimension $n \geq 3$.

a) Die Halbdrehungen in $SO(V)$ bilden eine Konjugationsklasse in $SO(V)$ und erzeugen $SO(V)$. (§73, Aufgabe 36.)

b) Ist n ungerade, so ist $SO(V)$ eine einfache Gruppe. (Sei $N \subseteq SO(V)$ ein Normalteiler mit $N \neq \{\mathrm{id}_V\}$. Es genügt zu zeigen, daß N eine Halbdrehung enthält. Sei $f \in N$, $f \neq \mathrm{id}$. Es gibt ein $x \in V$, $x \neq 0$, mit $f(x) = x$, ferner einen dreidimensionalen f-invarianten Unterraum $W \subseteq V$ mit $x \in W$, auf dem f oder eine geeignete Potenz f^ν von f eine Drehung mit einem Winkel α, $\frac{\pi}{2} \leq \alpha \leq \pi$, induziert. Es gibt ein $y \in W$, $y \neq 0$, mit $\sphericalangle(y, f^\nu(y)) = \frac{\pi}{2}$. Sei g die Halbdrehung mit dem Fixraum $\mathbb{R}y + W^\perp \subseteq V$. Dann ist $g(f^\nu g^{-1} f^{-\nu}) = (gf^\nu g^{-1})f^{-\nu} \in N$ eine Halbdrehung, vgl. Aufgabe 10.)

c) Ist $n \geq 6$ gerade, so ist $\mathsf{SO}(V)/\{\pm \mathrm{id}_V\} = \mathsf{SO}(V)/\mathrm{Z}(\mathsf{SO}(V))$ eine einfache Gruppe. (Es genügt zu zeigen: Ist $N \subseteq \mathsf{SO}(V)$ ein Normalteiler, der ein f enthält, das keine Homothetie ist, so ist $N = \mathsf{SO}(V)$: Es gibt einen 2–kodimensionalen Unterraum W mit $f(W) \neq W$ (sonst wäre auch jede Gerade in V invariant unter f und f eine Homothetie). Sei g die Halbdrehung mit $g|W = \mathrm{id}_W$. Dann ist $\mathrm{id}_V \neq gfg^{-1}f^{-1} \in N$. Ferner induziert $gfg^{-1}f^{-1}$ auf $W \cap f(W) \neq \{0\}$ die Identität. Sei $y \in W \cap f(W)$, $y \neq 0$, und sei $G \subseteq \mathsf{SO}(V)$ die Untergruppe der h mit $h(y) = y$. Es ist $G \cong \mathsf{SO}((\mathbb{R}y)^{\perp})$ nach b) einfach. Ferner ist $G \cap N \neq \{\mathrm{id}\}$ ein Normalteiler in G. Somit ist $G \cap N = G$, und N enthält eine Halbdrehung. — Bemerkung. Die Gruppe $\mathsf{SO}_4(\mathbb{R})/\{\pm \mathbf{E}_4\} \cong \mathsf{SO}_3(\mathbb{R}) \times \mathsf{SO}_3(\mathbb{R})$ ist nicht einfach, vgl. Aufgabe 13.)

17. a) Wir fassen die Quaternionen $\mathbb{H} = \mathbb{H}(\mathbb{R})$ als zweidimensionalen $\mathbb{C}$–Vektorraum auf vermöge der Inklusion $\mathbb{C} = \mathbb{R} + \mathbb{R}\mathrm{i} \subseteq \mathbb{H}$. Ferner ist $\mathbb{H}$ ein unitärer Raum mit der Orthonormalbasis $1, \mathrm{j}$. Für $q = q_0 + q_1\mathrm{i} + q_2\mathrm{j} + q_3\mathrm{k}$ ist

$$q = (q_0 + q_1\mathrm{i}) + (q_2 + q_3\mathrm{i})\mathrm{j}\,, \quad \langle q, q\rangle = q_0^2 + q_1^2 + q_2^2 + q_3^2 = \|q\|^2\,.$$

Die Abbildung $q \mapsto \rho_q$, die jedem $q \in \mathrm{Spin}$ die Multiplikation mit q von rechts zuordnet, ist ein Antiisomorphismus von Spin auf $\mathsf{SU}(\mathbb{H}) \cong \mathsf{SU}_2(\mathbb{C})$. Insbesondere gilt $\mathrm{Spin} \cong \mathsf{SU}_2(\mathbb{C})$.

b) Für $n \in \mathbb{N}$, $n \geq 2$, ist das Zentrum von $\mathsf{SU}_n := \mathsf{SU}_n(\mathbb{C})$ die Gruppe der Matrizen $\zeta\mathbf{E}_n$, wobei $\zeta \in \mathbb{C}$ die n–ten Einheitswurzeln durchläuft.

c) Für $n \geq 2$ sind die Gruppen $\mathsf{SU}_n/\mathrm{Z}(\mathsf{SU}_n)$ einfach. Etwas allgemeiner: Jeder Normalteiler N von SU_n $(n \geq 2)$, der ein Nichtzentrumselement enthält, ist gleich SU_n. (Der Fall $n = 2$ ergibt sich aus a) und 16b). Sei $n \geq 3$ und $f \in N \subseteq \mathsf{SU}_n$ ein Nichtzentrumselement. Es gibt eine f–invariante Ebene $W \subseteq \mathbb{C}^n$, auf der f eine Isometrie induziert, die keine Homothetie ist. Dann gibt es ein $g \in \mathsf{SU}(W)$ derart, daß $g(f|W)g^{-1}(f|W)^{-1} \in \mathsf{SU}(W)$ ebenfalls keine Homothetie ist. Wir setzen g zu einem Element $g \in \mathsf{SU}_n$ so fort, daß $g|W^{\perp} = \mathrm{id}_{W^{\perp}}$ ist. Dann ist $gfg^{-1}f^{-1} \in N \cap G$, wobei $G \cong \mathsf{SU}(W)$ die Untergruppe der $h \in \mathsf{SU}_n$ ist, die auf $W^{\perp}$ die Identität induzieren. Es ist $N \cap G = G$, und G und die zu G in SU_n konjugierten Untergruppen erzeugen SU_n.)

18. Seien V ein euklidischer Vektorraum der Dimension 3 und x_1, x_2, x_3 von 0 verschiedene Elemente in V. Mit R_i sei die Gruppe der Drehungen mit Drehachse $\mathbb{R}x_i$ bezeichnet, $i = 1, 2, 3$. Genau dann ist die Abbildung $R_1 \times R_2 \times R_3 \to \mathsf{SO}(V)$ mit $(f_1, f_2, f_3) \mapsto f_1 \circ f_2 \circ f_3$ surjektiv, wenn sowohl x_1 als auch x_3 senkrecht auf x_2 steht. — Man diskutiere insbesondere die Fälle, daß die Geraden $\mathbb{R}x_1$, $\mathbb{R}x_2$, $\mathbb{R}x_3$ paarweise aufeinander senkrecht stehen bzw. daß $\mathbb{R}x_1 = \mathbb{R}x_3 \perp \mathbb{R}x_2$ gilt.

19. Seien G eine Gruppe und p eine Primzahl. Die Untergruppen von $G \times \mathsf{Z}_p$ sind genau die folgenden Gruppen:

$$H \times \{1\}\,, \quad H \times \mathsf{Z}_p\,, \quad F[_\varphi H := \{(x, \varphi\,\overline{x}) : x \in H\}\,,$$

wobei H die Untergruppen von G durchläuft und (H, F, φ) die Tripel mit einer Untergruppe H von G, einem Normalteiler F in H vom Index p und einem Isomorphismus $\varphi\colon H/F \to \mathsf{Z}_p$. (Bei $p = 2$ ist φ eindeutig bestimmt, und man schreibt dann $F[H$ für $F[_\varphi H$. — Stets gilt die Isomorphie $H \cong F[_\varphi H$.) Ist ψ ein Automorphismus von G (dessen Fortsetzung auf $G \times \mathsf{Z}_p$, die auf Z_p wie die Identität operiert, wir ebenfalls mit ψ bezeichnen), so ist $\psi(F[_\varphi H) = \psi(F)[_{\varphi\overline{\psi}^{-1}}\psi(H)$, wobei $\overline{\psi}: H/F \to \psi H/\psi F$ der von ψ induzierte Isomorphismus ist.)

20. a) Sei E ein affiner Raum über dem Vektorraum V mit der Vektorraumbasis x_i, $i \in I$. Jede Affinität von E, die mit allen Translationen τ_{x_i}, $i \in I$, vertauschbar ist, ist selbst eine Translation.

b) Seien E ein euklidischer affiner Raum, G eine Kristallgruppe in E mit dem Normalteiler $\mathrm{T}(G) := \mathsf{T}(E) \cap G$ der Translationen in G (die ein volles Gitter im Raum $\mathsf{T}(E)$ aller Translationen bilden). Dann ist $\mathrm{T}(G)$ die größte abelsche Untergruppe in G mit endlichem Index. (Sei $H \subseteq G$ abelsch und von endlichem Index. $H \cap \mathrm{T}(G)$ ist von endlichem Index in $\mathrm{T}(G)$ und enthält daher eine $\mathbb{R}$-Basis von $\mathsf{T}(E)$. Nach a) ist $H \subseteq \mathsf{T}(E) \cap G = \mathrm{T}(G)$.)

21. Seien E ein euklidischer affiner Raum über V und G bzw. G' Kristallgruppen in E. Dann wird jeder Gruppenisomorphismus $\psi: G \to G'$ von einer Konjugation der Gruppe $\mathsf{A}(E)$ der Affinitäten von E induziert. Insbesondere sind die Raumgruppen in E mit den Isomorphieklassen der Kristallgruppen in E identisch. (Bieberbach — Nach Aufgabe 20b) ist $\psi(\mathrm{T}(G)) = \mathrm{T}(G')$. Es wird also $\psi|\mathrm{T}(G)$ von einer Konjugation in $\mathsf{A}(E)$ induziert. Daher sei ohne Einschränkung $\mathrm{T}(G) = \mathrm{T}(G')$ und $\psi|\mathrm{T}(G) = \mathrm{id}_{\mathrm{T}(G)}$. Dann induziert ψ auch auf $\overline{G} \subseteq \mathsf{O}(V)$ die Identität. Ist $\overline{\rho} \in \overline{G}$ und $\rho \in G$ mit $\overline{\rho}$ als zugehöriger linearer Abbildung, so ist $(\psi\rho)\rho^{-1} \in \mathsf{T}(E)$ mit einem Translationsvektor $x_{\overline{\rho}} \in V$, der unabhängig von der Wahl von ρ ist. Ferner gilt $x_{\overline{\rho\rho'}} = x_{\overline{\rho}} + \overline{\rho}(x_{\overline{\rho}'})$ für $\overline{\rho}, \overline{\rho}' \in \overline{G}$. Nun ist ψ die Konjugation mit der Translation zum Vektor $x := \frac{1}{n}\sum_{\overline{\rho}\in\overline{G}} x_{\overline{\rho}}$, $n := \mathrm{Kard}\,\overline{G}$. Man beachte $x = x_{\overline{\sigma}} + \overline{\sigma}(x)$ für $\overline{\sigma} \in \overline{G}$.)

22. Eine Untergruppe G der Bewegungsgruppe $\mathsf{B}(E)$ einer euklidischen affinen Ebene E heißt eine Bänder- oder Friesgruppe, wenn die Gruppe $G \cap \mathsf{T}(E)$ der Translationen in G eine unendliche zyklische Gruppe ist. Zwei Bändergruppen, die durch Konjugation mit einer Affinität $f \in \mathsf{A}(E)$ auseinander hervorgehen, heißen äquivalent. Es gibt genau sieben Äquivalenzklassen von Bändergruppen, von denen je eine zu den Kristallklassen C_1, C_2, drei zu D_1 und zwei zu D_2 gehören. Sie werden etwa durch die Symmetriegruppen der folgenden Bänder repräsentiert:

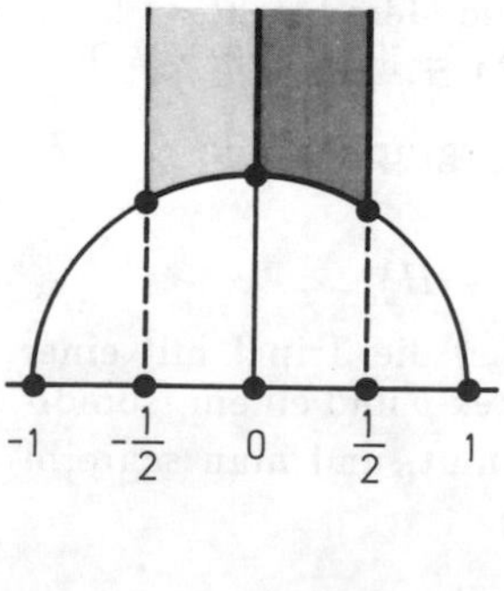

§76 Normierte Vektorräume

Vektorräume mit Skalarprodukt sind spezielle normierte Vektorräume. Wir stellen in diesem Paragraphen die grundlegenden und elementaren Dinge über normierte Vektorräume zusammen. Beim ersten Lesen genügt es, bis 76.5 vorzugehen und sich darüber hinaus den Begriff des Banach- bzw. Hilbert-Raumes anzuschauen.

Im folgenden bezeichnet $\mathbb{K}$ wieder einen der Körper $\mathbb{R}$ oder $\mathbb{C}$.

Definition Sei V ein $\mathbb{K}$-Vektorraum. Eine $\mathbb{R}$-wertige Funktion

$$x \mapsto \|x\|$$

auf V heißt eine Norm auf V, wenn sie folgende Bedingungen erfüllt:

(1) Es ist $\|x\| \geq 0$ für alle $x \in V$.

(2) Genau dann ist $\|x\| = 0$, wenn $x = 0$ ist.

(3) Es ist $\|ax\| = |a|\|x\|$ für alle $a \in \mathbb{K}$ und alle $x \in V$.

(4) Es ist $\|x + y\| \leq \|x\| + \|y\|$ für alle $x, y \in V$.

Ein $\mathbb{K}$-Vektorraum, versehen mit einer Norm, heißt ein normierter Vektorraum. Eine $\mathbb{K}$-Algebra mit einer Norm $\|-\|$ heißt eine normierte $\mathbb{K}$-Algebra, wenn überdies

$$\|xy\| \leq \|x\|\,\|y\|$$

für alle $x, y \in A$ und ferner $\|1_A\| = 1$ bei $A \neq 0$ gilt.

Beispiel 1 Ein Prähilbertraum ist mit der zum Skalarprodukt $<-,->$ gehörenden Norm $\|x\| := \sqrt{<x,x>}$ ein normierter Vektorraum. Gibt es zu einer Norm ein Skalarprodukt, das diese Norm induziert, so sagt man, die Norm rühre von einem Skalarprodukt her, vgl. auch Beispiel 6.

Beispiel 2 Ist V ein normierter $\mathbb{C}$-Vektorraum, so ist auch der V unterliegende reelle Vektorraum normiert (mit derselben Norm).

Beispiel 3 Sei x_i, $i \in I$, eine $\mathbb{K}$-Basis des $\mathbb{K}$-Vektorraumes V. Dann sind durch

$$\mathrm{Max}_{i\in I}(|a_i|)\,, \quad \sum_{i\in I} |a_i| \text{ bzw. } \sqrt{\sum_{i\in I} |a_i|^2}$$

für $x = \sum_{i\in I} a_i x_i \in V$ Normen auf V definiert. Die erste davon heißt die Maximumsnorm bezüglich der Basis x_i, $i \in I$. Die letzte dieser Normen rührt vom Skalarprodukt $<\sum_i a_i x_i, \sum_i b_i x_i> := \sum_i a_i \bar{b}_i$ auf V her und heißt die euklidische Norm auf V bezüglich der Basis x_i, $i \in I$. Schließlich heißt die Norm $\sum_i |a_i|$ auch die Summennorm auf V bezüglich der Basis x_i, $i \in I$.

Beispiel 4 Sei X eine Menge. Die Menge $\mathrm{B}_{\mathbb{K}}(X)$ der beschränkten $\mathbb{K}$-wertigen Funktionen auf X ist eine $\mathbb{K}$-Unteralgebra der Algebra $\mathbb{K}^X$ aller $\mathbb{K}$-wertigen Funktionen auf X. Mit der Norm

$$\|f\| = \|f\|_\infty = \|f\|_X := \mathrm{Sup}(|f(x)| : x \in X)$$

ist $\mathrm{B}_{\mathbb{K}}(X)$ eine normierte $\mathbb{K}$-Algebra. Diese Norm heißt die Tschebyscheff-Norm oder auch die Supremumsnorm auf $\mathrm{B}_{\mathbb{K}}(X)$.

Ist X ein kompakter topologischer Raum, so ist die Algebra $\mathrm{C}_{\mathbb{K}}(X)$ der *stetigen* Funktionen auf X eine $\mathbb{K}$-Unteralgebra von $\mathrm{B}_{\mathbb{K}}(X)$ und insbesondere ebenfalls eine normierte $\mathbb{K}$-Algebra mit der Tschebyscheff-Norm. Ist $f \in \mathrm{C}_{\mathbb{K}}(X)$, so gibt es ein $x \in X$ mit $\|f\| = |f(x)|$. Die Tschebyscheff-Norm auf $\mathrm{C}_{\mathbb{K}}(X)$ heißt daher auch die Maximumsnorm auf $\mathrm{C}_{\mathbb{K}}(X)$.

Sei $x \mapsto \|x\|$ eine Norm auf dem $\mathbb{K}$-Vektorraum V. Diese definiert durch

$$d(x,y) := \|y - x\|\,, \quad x, y \in V\,,$$

eine translationsinvariante Metrik auf V. Allgemeiner wird für einen affinen Raum E über V durch

$$d(P,Q) := \|\overrightarrow{PQ}\|\,, \quad P, Q \in E\,,$$

eine translationsinvariante Metrik auf E definiert. Für die von einem Skalarprodukt herrührenden Normen haben wir dies bereits in §73 ausgeführt.

Eine Norm auf V definiert insbesondere eine Topologie auf einem affinen Raum E über V. Eine Menge $U \subseteq E$ ist genau dann offen, wenn zu jedem Punkt $P \in U$ ein $\epsilon > 0$ existiert derart, daß der offene Ball

$$\mathrm{B}(P;\epsilon) = \{Q \in E : d(P,Q) < \epsilon\}$$

ganz in U liegt. Solch ein Ball ist wegen $\mathrm{B}(Q; \epsilon - d(P,Q)) \subseteq \mathrm{B}(P;\epsilon)$ für alle $Q \in \mathrm{B}(P;\epsilon)$ selbst offen. Analog wie in §73 sind die abgeschlossenen Bälle $\overline{\mathrm{B}}(P;\epsilon)$ und die Sphären $\mathrm{S}(P;\epsilon)$ für $P \in E$, $\epsilon \geq 0$, definiert. Diese Mengen sind im Sinne der Topologie abgeschlossen, d.h. ihre Komplemente sind jeweils offen in E. *Die Mengen* $\mathrm{B}(P;\epsilon)$ *und* $\overline{\mathrm{B}}(P;\epsilon)$ *sind konvex,* wie unmittelbar aus den obigen Bedingungen (3) und (4) für eine Norm folgt. Eine Teilmenge von E, die ganz in einem Ball liegt, heißt beschränkt.

Ein normierter Vektorraum ist ein topologischer Vektorraum. Das soll heißen: Addition $V \times V \to V$ und Skalarenmultiplikation $\mathbb{K} \times V \to V$ sind stetig, wobei $\mathbb{K}$ die kanonische Topologie trägt. Der Leser beweist dies analog wie für $\mathbb{K}$ selbst. Ferner ist die Metrik $d: V \times V \to \mathbb{R}$ stetig. Mit der Topologie ist auch die Konvergenz von Folgen definiert: Eine Folge $(P_\nu)_{\nu \in \mathbb{N}}$ von Punkten eines affinen Raumes E über V konvergiert gegen $P \in E$, wenn $d(P_\nu, P)$, $\nu \in \mathbb{N}$, eine Nullfolge in $\mathbb{R}$ ist. Insbesondere konvergiert eine Folge $(x_\nu)_{\nu \in \mathbb{N}}$ in V genau dann gegen $x \in V$, wenn $\|x - x_\nu\|$, $\nu \in \mathbb{N}$, eine Nullfolge in $\mathbb{R}$ ist.

Sei W neben V ein weiterer normierter Vektorraum. Eine Abbildung $f: V \to W$ ist stetig, wenn zu jedem $x \in V$ und jedem $\epsilon > 0$ ein $\delta > 0$ existiert, für das $d(f(x), f(y)) = \|f(y) - f(x)\| \leq \epsilon$ für alle $y \in V$ mit $d(x,y) = \|y - x\| \leq \delta$ gilt. Für *lineare* Abbildungen hat man speziell:

76.1 *Eine lineare Abbildung $f: V \to W$ normierter $\mathbb{K}$-Vektorräume ist genau dann stetig, wenn es ein $c \in \mathbb{R}$, $c \geq 0$, mit*

$$\|f(x)\| \leq c\|x\|$$

für alle $x \in V$ gibt.

B e w e i s. Sei f stetig. Wegen $f(0) = 0$ gibt es ein $\delta > 0$ mit $\|f(y)\| \leq 1$ für alle $y \in V$ mit $\|y\| \leq \delta$. Ist $x \in V$, $x \neq 0$, beliebig, so ist $\|(\delta x/\|x\|)\| = \delta$ und folglich $\delta\|f(x)\|/\|x\| = \|f(\delta x/\|x\|)\| \leq 1$, also $\|f(x)\| \leq \delta^{-1}\|x\| = c\|x\|$ mit $c := \delta^{-1}$.

Sei umgekehrt $\|f(x)\| \leq c\|x\|$ für alle $x \in V$, und sei $x_0 \in V$ beliebig. Ferner sei $\epsilon > 0$. Dann gilt $\|f(y) - f(x_0)\| = \|f(y - x_0)\| \leq c\|y - x_0\| \leq \epsilon$ für alle $y \in V$ mit $\|y - x_0\| \leq \delta := c^{-1}\epsilon$ ($:= \infty$ bei $c = 0$). •

Die Bedingung $\|f(x)\| \leq c\|x\|$ für alle $x \in V$ in 76.1 ist offenbar äquivalent mit $\|f(x)\| \leq c$ für alle $x \in V$ mit $\|x\| = 1$. Für eine beliebige lineare Abbildung $f: V \to W$ setzen wir

$$\|f\| := \operatorname{Sup}(\|f(x)\| : x \in V\,,\ \|x\| = 1)\,.$$

Es ist $\|f\| \in \overline{\mathbb{R}}_+ = \{c \in \mathbb{R} : c \geq 0\} \cup \{\infty\}$ und

$$\|f(x)\| \leq \|f\|\|x\|$$

für alle $x \in V$. Genau dann ist f stetig, wenn $\|f\| < \infty$ ist. Wegen

$$\|f + g\| \leq \|f\| + \|g\|\,,\quad \|af\| = |a|\|f\|$$

für lineare Abbildungen $f, g: V \to W$ und $a \in \mathbb{K}$ bilden die stetigen linearen Abbildungen $V \to W$ einen linearen Unterraum im Raum $\operatorname{Hom}_{\mathbb{K}}(V, W)$ aller linearen Abbildungen von V in W. Wir bezeichnen ihn mit

$$\mathrm{L}(V, W) = \mathrm{L}_{\mathbb{K}}(V, W)\,.$$

Ferner ist $f \mapsto \|f\|$ eine Norm auf $\mathrm{L}(V, W)$ (die im allgemeinen von den auf V und W gegebenen Normen abhängt). Wenn wir $\mathrm{L}_{\mathbb{K}}(V, W)$ als normierten Raum betrachten, so ist stets diese Norm gemeint, falls nicht ausdrücklich etwas anderes gesagt wird. Insbesondere ist der Raum

$$V' := \mathrm{L}(V, \mathbb{K}) = \mathrm{L}_{\mathbb{K}}(V, \mathbb{K})$$

der stetigen Linearformen auf V ein normierter Raum. Er heißt der s t e t i g e D u a l r a u m zu V. Sind $f: V \to W$ und $g: W \to X$ lineare Abbildungen normierter Räume, so gilt offenbar

$$\|g \circ f\| \leq \|g\|\|f\|\,.$$

Es folgt speziell, daß die stetigen Endomorphismen eines normierten Raumes eine normierte $\mathbb{K}$-Algebra bilden.

Zwei Normen $\|-\|_1$, $\|-\|_2$ auf ein und demselben $\mathbb{K}$-Vektorraum V heißen ä q u i v a l e n t, wenn sie dieselbe Topologie auf V definieren. Dies ist gleichbedeutend damit, daß die Identität von V eine stetige Abbildung ist, gleichgültig mit welchen der beiden Topologien man V — einmal als Bild- das andere Mal als Urbildbereich — versieht. Aus 76.1 folgt daher sofort:

76.2 *Die Normen* $\|-\|_1$ *und* $\|-\|_2$ *auf dem* $\mathbb{K}$*-Vektorraum* V *sind genau dann äquivalent, wenn es positive reelle Zahlen* α, β *mit*

$$\alpha\|x\|_1 \le \|x\|_2 \le \beta\|x\|_1$$

für alle $x \in V$ *gibt.*

Von großer Bedeutung ist der folgende Satz:

76.3 Satz *Auf einem endlichdimensionalen* $\mathbb{K}$*-Vektorraum* V *sind je zwei Normen äquivalent.*

Beweis. Wir können $\mathbb{K} = \mathbb{R}$ annehmen, vgl. Beispiel 2. Sei $x_1, \ldots, x_n$ eine Basis von V. Es genügt zu zeigen, daß die bijektive lineare Abbildung $f : \mathbb{R}^n \to V$ mit $(a_1, \ldots, a_n) \mapsto a_1x_1 + \cdots + a_nx_n$ und ihre Umkehrabbildung stetig sind, wobei $\mathbb{R}^n$ (etwa) die Maximumsnorm trägt. Es ist

$$\begin{aligned}\|f(a_1, \ldots, a_n)\| &= \|a_1x_1 + \cdots + a_nx_n\| \le \|a_1x_1\| + \cdots + \|a_nx_n\| \\ &= |a_1|\|x_1\| + \cdots + |a_n|\|x_n\| \le \beta\|(a_1, \ldots, a_n)\|\end{aligned}$$

mit $\beta := \|x_1\| + \cdots + \|x_n\|$. Daher ist f stetig.
Die Einheitssphäre $S(0;1) = \{x \in \mathbb{R}^n : \|x\| = 1\} \subseteq \mathbb{R}^n$ ist beschränkt und abgeschlossen und daher kompakt. Ihr f-Bild ist somit ebenfalls kompakt und insbesondere abgeschlossen in V, da f stetig ist. Da 0 nicht zu diesem Bild gehört, gibt es ein $\epsilon_0 > 0$ mit $\|f(x)\| > \epsilon_0$ für alle $x \in S(0;1)$. Dann ist $\|f(x)\| > \epsilon_0$ für alle $x \in \mathbb{R}^n$ mit $\|x\| \ge 1$. Es folgt: Ist $y \in V$ und $\|y\| \le \epsilon_0$, so ist $\|f^{-1}(y)\| < 1$. Daraus ergibt sich für $y \ne 0$: $\|f^{-1}(y)\| = \epsilon_0^{-1}\|y\|\,\|f^{-1}(\epsilon_0\|y\|^{-1}y)\| < \epsilon_0^{-1}\|y\|$. Also ist auch f^{-1} stetig. •

Bemerkung 1 Für 76.3 sei noch ein Beweis gegeben, der nur benutzt, daß in $\mathbb{K}$ das Cauchysche Konvergenzkriterium gilt: Ist b_ν, $\nu \in \mathbb{N}$, eine Folge von Elementen aus $\mathbb{K}$ mit der Eigenschaft, daß zu jedem $\epsilon > 0$ ein $\nu_0 \in \mathbb{N}$ mit $|b_\nu - b_\mu| \le \epsilon$ für $\nu, \mu \ge \nu_0$ existiert, so ist $(b_\nu)_{\nu \in \mathbb{N}}$ konvergent.
Wir wählen in V eine $\mathbb{K}$-Basis $x_1, \ldots, x_n$ und zeigen, daß die gegebene Norm $\|-\|$ zur Maximumsnorm $\|-\|_\infty$ auf V bezüglich dieser Basis äquivalent ist. Zunächst ist wie im obigen Beweis von 76.3

$$\|a_1x_1 + \cdots + a_nx_n\| \le |a_1|\|x_1\| + \cdots + |a_n|\|x_n\| \le \beta\|x\|_\infty$$

mit $\beta := \|x_1\| + \cdots + \|x_n\|$. Wir haben noch ein $\alpha > 0$ mit $\alpha\|x\|_\infty \le \|x\|$ für alle $x \in V$ zu finden. Es genügt dafür, $\alpha \le \|x\|$ für alle x mit $\|x\|_\infty = 1$ zu zeigen. Der Beweis der Existenz eines solchen α geschieht durch Induktion über $n = \mathrm{Dim}_{\mathbb{K}} V$. Die Fälle $n \le 1$ sind trivial. Nach Induktionsvoraussetzung sind die Beschränkungen der Normen $\|-\|$ bzw. $\|-\|_\infty$ auf den von $x_1, \ldots, x_{n-1}$ erzeugten Unterraum V' äquivalent. Daraus folgt insbesondere, daß jede Cauchy-Folge in V' einen Grenzwert in V' hat und daß V' in V bezüglich der durch $\|-\|$ definierten Topologie abgeschlossen ist. Es gibt also ein $\epsilon > 0$ mit $B(x_n;\epsilon) \cap V' = \emptyset$. Nach Induktionsvoraussetzung gibt es ein $\alpha' > 0$ mit $\alpha' \le \|x'\|$ für alle $x' \in V'$ mit $\|x'\|_\infty = 1$. Wir können $\alpha' \le \|x_n\|$ annehmen. Sei nun $x \in V$, $\|x\|_\infty = 1$ und

$$x = a_1x_1 + \cdots + a_nx_n = x' + a_nx_n\,,\quad x' := a_1x_1 + \cdots + a_{n-1}x_{n-1}\,.$$

Im Fall $|a_n| \leq \alpha'/2\|x_n\|$ (< 1) ist $\|x'\|_\infty = 1$ und $\frac{\alpha'}{2} \leq \|x\|$ wegen

$$\alpha' \leq \|x'\| \leq \|x\| + |a_n|\|x_n\| \leq \|x\| + \frac{\alpha'}{2}.$$

Im Fall $|a_n| \geq \alpha'/2\|x_n\|$ ist

$$\|x\| = |a_n|\|\frac{x'}{a_n} + x_n\| \geq |a_n|\epsilon \geq \frac{\alpha'\epsilon}{2\|x_n\|}.$$

Insgesamt ist $\alpha \leq \|x\|$ mit $\alpha := \mathrm{Min}(\alpha'/2, \alpha'\epsilon/2\|x_n\|)$. •

Dieser Beweis von 76.3 geht auf O. Teichmüller zurück und zeigt zudem, *daß 76.3 für endlichdimensionale Vektorräume über beliebigen vollständig bewerteten Körpern K gilt.* Dazu die folgende Definition:

Definition Sei K ein Körper. Eine Abbildung $a \mapsto |a|$ von K in die Menge der nichtnegativen reellen Zahlen heißt eine Bewertung auf K, wenn folgende Bedingungen erfüllt sind:

(1) $|a| = 0$ gilt genau dann, wenn $a = 0$ ist.

(2) Es ist $|ab| = |a||b|$ für alle $a, b \in K$.

(2) Es ist $|a + b| \leq |a| + |b|$ für alle $a, b \in K$.

Ist $a \mapsto |a|$ eine Bewertung auf K, so ist $(a, b) \mapsto |b - a|$ eine Metrik auf K. Ist jede Cauchy-Folge in K bezüglich dieser Metrik konvergent, so heißt die Bewertung vollständig. Der Begriff der Norm auf einem Vektorraum über einem bewerteten Körper wird wie im Fall der reellen oder komplexen Zahlen (für die die gewöhnlichen Betragsfunktionen vollständige Bewertungen sind) erklärt.

Ist die Bewertung von K nicht vollständig, so brauchen zwei Normen auf einem endlichdimensionalen K-Vektorraum nicht äquivalent zu sein. Sei etwa V ein zweidimensionaler Vektorraum über $\mathbb{Q}$ mit der gewöhnlichen Betragsbewertung. x, y sei eine Basis von V, und $\alpha \in \mathbb{R}$ sei eine beliebige *irrationale* Zahl. Dann sind die beiden Normen $\|ax + by\|_1 := |a + b\alpha|$ bzw. $\|ax + by\|_2 := |a - b\alpha|$, $a, b \in \mathbb{Q}$, auf V nicht äquivalent, und keine dieser Normen ist wiederum äquivalent zur Maximumsnorm $\|ax + by\|_\infty := \mathrm{Max}(|a|, |b|)$ auf V (Beweis!).

Beispiel 5 Seien $a, b \in \mathbb{R}$, $a < b$, und $V = C_{\mathbb{C}}([a, b])$ der $\mathbb{C}$-Vektorraum der auf dem Intervall $[a, b] \subseteq \mathbb{R}$ stetigen komplexwertigen Funktionen. Dann sind die vom Skalarprodukt $<x, y> = \int_a^b x\overline{y}dt$ herrührende Integralnorm $\|x\| := (\int_a^b |x(t)|^2 dt)^{1/2}$ und die Tschebyscheff-Norm $\|x\|_\infty := \mathrm{Max}(|x(t)| : t \in [a, b])$, vgl. Beispiel 4, *nicht* äquivalent. Zum Beispiel konvergiert die Folge der Funktionen $(t - a)^n/(b - a)^n$, $n \in \mathbb{N}$, bezüglich der Integralnorm (gegen 0), bezüglich der Tschebyscheff-Norm hingegen nicht. Für jeden endlichdimensionalen Unterraum von V aber sind die beiden Normen nach 76.3 äquivalent. So sind etwa für den $(n + 1)$-dimensionalen Raum der Polynomfunktionen $x : t \mapsto a_0 + a_1 t + \cdots + a_n t^n$ vom Grade $\leq n$ diese beiden Normen äquivalent. Sie sind ferner äquivalent zur Maximumsnorm $x \mapsto \mathrm{Max}(|a_0|, \ldots, |a_n|)$ bezüglich der Basis $1, t, \ldots, t^n$.

Beispiel 6 (Normen, die von einem Skalarprodukt herrühren)

76.4 Satz *Eine Norm $x \mapsto \|x\|$ auf einem $\mathbb{K}$-Vektorraum V rührt genau dann von einem Skalarprodukt her, wenn für alle $x, y \in V$ die Parallelogrammgleichung* *gilt:*

$$\|x+y\|^2 + \|x-y\|^2 = 2(\|x\|^2 + \|y\|^2)\,.$$

Beweis. Die Parallelogrammgleichung in V ist äquivalent zu der folgenden Aussage in einem affinen Raum E über V: Ist (P, Q, R, S) ein Parallelogramm in E (vgl. §43, Aufgabe 1), so ist die Summe der Quadrate der (zwei) Diagonallängen gleich der Summe der Quadrate der (vier) Seitenlängen. Daher rührt die Bezeichnung Parallelogrammgleichung.

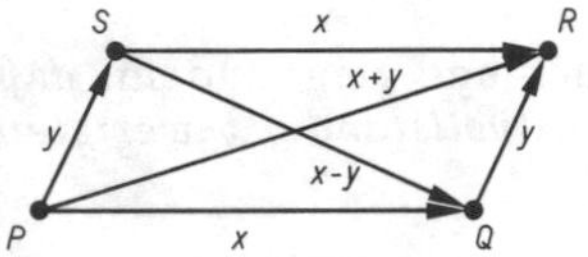

Ist nun $\|-\|$ die Norm zum Skalarprodukt $<-,->$, so gilt

$$\begin{aligned} \|x+y\|^2 + \|x-y\|^2 &= <x+y, x+y> + <x-y, x-y> \\ &= 2(<x,x> + <y,y>) = 2(\|x\|^2 + \|y\|^2) \end{aligned}$$

trivialerweise. Zum Beweis der Umkehrung betrachten wir nur den (etwas schwierigeren) komplexen Fall und überlassen den reellen Fall dem Leser. (Man kann den reellen Fall auch formal auf den komplexen Fall durch Komplexifizierung zurückführen.) Nach 71.2(1) hat das gesuchte Skalarprodukt notwendigerweise das folgende Aussehen (man setze $w := \mathrm{i}$ in 71.2(1)):

$$<x,y> := \frac{1}{2}((\|x+y\|^2 - \|x\|^2 - \|y\|^2) - \mathrm{i}(\|\mathrm{i}x+y\|^2 - \|x\|^2 - \|y\|^2))\,.$$

Aus der Parallelogrammgleichung zusammen mit der Bedingung $\|ax\| = |a|\|x\|$ folgt leicht $<x,x> = \|x\|^2$, $<x,y> = \overline{<y,x>}$ und

$$<x_1 + x_2, y> = <x_1, y> + <x_2, y>$$

für alle $x_1, x_2, y \in V$. (Für die letzte Gleichung ist

$$\|x_1+x_2+y\|^2 - \|x_1+x_2\|^2 - \|y\|^2 = \|x_1+y\|^2 + \|x_2+y\|^2 - \|x_1\|^2 - \|x_2\|^2 - 2\|y\|^2$$

zu verifizieren. Mit der Parallelogrammgleichung erhält man aber der Reihe nach

$$\begin{aligned} 2\|x_1+x_2+y\|^2 &= \|x_1+x_2+y+y\|^2 + \|x_1+x_2\|^2 - 2\|y\|^2 \\ &= 2\|x_1+y\|^2 + 2\|x_2+y\|^2 - \|x_1-x_2\|^2 + \|x_1+x_2\|^2 - 2\|y\|^2 \\ &= 2\|x_1+y\|^2 + 2\|x_2+y\|^2 + 2\|x_1+x_2\|^2 \\ &\quad - 2\|x_1\|^2 - 2\|x_2\|^2 - 2\|y\|^2\,.) \end{aligned}$$

Weiter ergibt sich unmittelbar, daß zu gegebenen $x, y \in V$ die Menge der $a \in \mathbb{C}$ mit $<ax,y> = a<x,y>$ ein Unterkörper K von $\mathbb{C}$ ist, der wegen $\mathrm{i} \in K$ den Unterkörper $\mathbb{Q}[\mathrm{i}]$ umfaßt. Da $\mathbb{Q}[\mathrm{i}]$ dicht in $\mathbb{C}$ ist, genügt es nun zu zeigen, daß K abgeschlossen in $\mathbb{C}$ ist. Dies folgt aber daraus, daß sowohl $a \mapsto <ax,y>$ als auch $a \mapsto a<x,y>$ stetige Funktionen von $\mathbb{C}$ in sich sind. •

Sei V ein endlichdimensionaler $\mathbb{K}$–Vektorraum. Die Normen auf V definieren nach 76.3 alle dieselbe Topologie auf V. Diese Topologie heißt die natürliche Topologie auf V. Sämtliche topologischen Begriffe und Aussagen für endlichdimensionale $\mathbb{K}$–Vektorräume und ihre Teilmengen beziehen sich immer auf diese natürliche Topologie (falls nicht ausdrücklich etwas anderes gesagt wird). In analoger Weise besitzt jeder affine Raum über einem endlichdimensionalen $\mathbb{K}$–Vektorraum eine natürliche Topologie. Ist F ein affiner Unterraum des endlichdimensionalen $\mathbb{K}$–affinen Raumes E, so stimmt die natürliche Topologie von F mit der von E auf F induzierten Topologie überein.

76.5 Satz *Jede lineare Abbildung f zwischen endlichdimensionalen $\mathbb{K}$–Vektorräumen V, W ist stetig. Jede bijektive lineare Abbildung f zwischen solchen Räumen ist ein Homöomorphismus.*

Beweis. Seien $x_1, \ldots, x_n$ bzw. $y_1, \ldots, y_m$ Basen von V bzw. W, und sei $\mathbf{A} = (a_{ij}) \in \mathsf{M}_{m,n}(\mathbb{K})$ die Matrix von f bezüglich dieser Basen. Wir versehen V bzw. W jeweils mit der Maximumsnorm bezüglich der angegebenen Basen, vgl. Beispiel 3. Dann gilt für $x = a_1 x_1 + \cdots + a_n x_n$

$$\|f(x)\| = \|\sum_{i=1}^{m}(\sum_{j=1}^{n} a_{ij}a_j)y_i\| = \mathrm{Max}(|\sum_{j=1}^{n} a_{ij}a_j| : 1 < i < m) \leq c\|x\|$$

mit $c := n\mathrm{Max}(|a_{ij}| : 1 \leq i, j \leq n)$. Also ist f stetig.

Ist f linear und bijektiv, so ist auch f^{-1} linear, und die zweite Behauptung ergibt sich aus der ersten. •

Beispiel 7 (Zusammenhang linearer Gruppen) Sei V ein n–dimensionaler $\mathbb{K}$–Vektorraum, $n \in \mathbb{N}$. *Dann ist die Determinantenfunktion* $f \mapsto \mathrm{Det} f$ *eine stetige Funktion von* $\mathrm{End}_{\mathbb{K}} V$ *in* $\mathbb{K}$.

Zeichnen wir nämlich in V eine Basis $x_1, \ldots, x_n$ aus, so ist die Komposition der mit dieser Basis definierten Isomorphie $\mathsf{M}_n(\mathbb{K}) \to \mathrm{End}_{\mathbb{K}} V$ mit der Determinantenfunktion $\mathrm{Det} : \mathrm{End}_{\mathbb{K}} V \to \mathbb{K}$ die stetige Funktion $(a_{ij}) \mapsto \mathrm{Det}(a_{ij})$, $(a_{ij}) \in \mathsf{M}_n(\mathbb{K})$. Die Gruppe $\mathrm{Aut}_{\mathbb{K}} V$ der $\mathbb{K}$–Automorphismen von V ist das Urbild $\mathrm{Det}^{-1}(\mathbb{K}^{\times})$. Da $\mathbb{K}^{\times} = \mathbb{K} \setminus \{0\}$ offen in $\mathbb{K}$ ist, *ist* $\mathrm{Aut}_{\mathbb{K}} V$ *offen in* $\mathrm{End}_{\mathbb{K}} V$.

Sei $n \geq 1$ und $\mathbb{K} = \mathbb{R}$. Dann ist $\mathrm{Det} : \mathrm{Aut}_{\mathbb{R}} V \to \mathbb{R}^{\times}$ surjektiv. Da $\mathbb{R}^{\times}$ nicht zusammenhängend ist, kann auch $\mathrm{Aut}_{\mathbb{R}} V$ nicht zusammenhängend sein. Wir zeigen:

76.6 Satz $\mathrm{Aut}_{\mathbb{R}} V$ *hat bei* $\mathrm{Dim}_{\mathbb{R}} V \in \mathbb{N}_+$ *genau zwei Zusammenhangskomponenten. Es sind dies die Menge der Automorphismen* $f \in \mathrm{Aut}_{\mathbb{R}} V$ *mit* $\mathrm{Det} f > 0$ *bzw. die Menge der Automorphismen* $f \in \mathrm{Aut}_{\mathbb{R}} V$ *mit* $\mathrm{Det} f < 0$.

Beweis. Es genügt zu zeigen: Für $n \in \mathbb{N}_+$ ist die Gruppe $\overset{+}{\mathsf{GL}}_n(\mathbb{R})$ der Matrizen $\mathbf{A} \in \mathsf{GL}_n(\mathbb{R})$ mit $\mathrm{Det}\mathbf{A} > 0$ zusammenhängend. Sei $c := \mathrm{Det}\mathbf{A}$, $c > 0$. Die Matrix $\mathbf{A}' := \mathrm{Diag}(c^{-1}, 1, \ldots, 1)\mathbf{A}$ hat die Determinante 1. Mittels elementarer Zeilen– und Spaltenumformungen, die durch Multiplikation von links oder rechts mit Elementarmatrizen $\mathbf{B}_{ij}(a)$, $i \neq j$, beschrieben werden (vgl. §41, Beispiel 7), läßt sich $\mathbf{A}'$ in die Einheitsmatrix $\mathbf{E}_n$ überführen. Es folgt

$$\mathbf{A} = \mathrm{Diag}(c, 1, \ldots, 1)\mathbf{B}_{i_1 j_1}(a_1) \cdots \mathbf{B}_{i_r j_r}(a_r)$$

mit $a_1, \ldots, a_r \in \mathbb{R}$ (vgl. auch Satz VI.B.5). Dann ist

$$\gamma : t \mapsto \mathrm{Diag}(1 + t(c-1), 1, \ldots, 1)\mathbf{B}_{i_1 j_1}(a_1 t) \cdots \mathbf{B}_{i_r j_r}(a_r t)$$

ein (stetiger) Weg in $\mathsf{GL}_n^+(\mathbb{R})$ mit $\gamma(0) = \mathbf{E}_n$ und $\gamma(1) = \mathbf{A}$. Also ist $\mathsf{GL}_n^+(\mathbb{R})$ (weg–)zusammenhängend. •

Im komplexen Fall gilt:

76.7 Satz *Ist V ein komplexer Vektorraum der Dimension $n \in \mathbb{N}_+$, so ist* $\mathrm{Aut}_{\mathbb{C}} V$ *zusammenhängend.*

Der Beweis verläuft wie der von 76.6. Man hat jetzt nur auszunutzen, daß sich jede komplexe Zahl $c \neq 0$ durch einen Weg in $\mathbb{C}^\times$ mit 1 verbinden läßt. •

Sei nun V ein endlichdimensionaler $\mathbb{K}$–Vektorraum mit Skalarprodukt. *Die unitäre Gruppe $\mathsf{U}_{\mathbb{K}}(V)$ von V ist eine kompakte Untergruppe von* $\mathrm{Aut}_{\mathbb{K}} V$. Zum Beweis wählen wir eine Orthonormalbasis $x_1, \ldots, x_n$ in V. Bei der damit definierten Isomorphie $\mathsf{GL}_n(\mathbb{K}) \cong \mathrm{Aut}_{\mathbb{K}} V$ entspricht der Gruppe $\mathsf{U}_{\mathbb{K}}(V)$ die unitäre Gruppe $\mathsf{U}_n(\mathbb{K}) \subseteq \mathsf{GL}_n(\mathbb{K})$. Es genügt also zu zeigen, daß $\mathsf{U}_n(\mathbb{K})$ kompakt ist, d.h. daß $\mathsf{U}_n(\mathbb{K})$ eine abgeschlossene und beschränkte Menge in $\mathsf{M}_n(\mathbb{K}) = \mathbb{K}^{n^2} = (\mathbb{K}^n)^n$ ist. Seien $\mathbf{a}_1, \ldots, \mathbf{a}_n \in \mathbb{K}^n$ die Spalten einer Matrix $\mathbf{A} = (a_{ij}) \in \mathsf{M}_n(\mathbb{K})$. Genau dann gehört $\mathbf{A}$ zu $\mathsf{U}_n(\mathbb{K})$, wenn $<\mathbf{a}_i, \mathbf{a}_j> = \sum_{r=1}^n a_{ri}\overline{a}_{rj} = \delta_{ij}$ ist. Dies zeigt zunächst, daß $\mathsf{U}_n(\mathbb{K})$ abgeschlossen in $\mathsf{M}_n(\mathbb{K})$ ist, und ferner, daß $|a_{ij}| \leq 1$ ist für alle i, j im Fall $\mathbf{A} \in \mathsf{U}_n(\mathbb{K})$, daß $\mathsf{U}_n(\mathbb{K})$ folglich beschränkt ist.

Nach Aufgabe 26 in §73 definiert die Multiplikation $(\mathbf{A}, \mathbf{B}) \mapsto \mathbf{AB}$ eine bijektive Abbildung

$$\mathsf{U}_n(\mathbb{K}) \times \mathsf{T}_n^+(\mathbb{K}) \to \mathsf{GL}_n(\mathbb{K}),$$

wobei $\mathsf{T}_n^+(\mathbb{K})$ die Gruppe der oberen Dreiecksmatrizen ist, deren Hauptdiagonalelemente reell und > 0 sind. Offenbar ist diese Abbildung sogar eine Homöomorphie. Da $\mathsf{T}_n^+(\mathbb{K})$ zu $\mathbb{K}^{\binom{n}{2}} \times \mathbb{R}^n$ homöomorph ist, gibt es eine *Homöomorphie*

$$\mathsf{GL}_n(\mathbb{K}) \cong \mathsf{U}_n(\mathbb{K}) \times \mathbb{K}^{\binom{n}{2}} \times \mathbb{R}^n .$$

Insbesondere haben $\mathsf{GL}_n(\mathbb{K})$ und $\mathsf{U}_n(\mathbb{K})$ dieselben Zusammenhangseigenschaften. Mit 76.6 und 76.7 ergibt sich:

76.8 Satz *Sei V ein $\mathbb{K}$–Vektorraum der Dimension $n \in \mathbb{N}_+$ mit Skalarprodukt. Dann ist $\mathsf{U}_{\mathbb{K}}(V)$ eine kompakte Gruppe. Im Fall $\mathbb{K} = \mathbb{C}$ ist $\mathsf{U}_{\mathbb{C}}(V)$ zusammenhängend. Im Fall $\mathbb{K} = \mathbb{R}$ besitzt $\mathsf{U}_{\mathbb{R}}(V) = \mathsf{O}(V)$ die beiden Zusammenhangskomponenten $\mathsf{SO}(V)$ und $\mathsf{O}(V) \setminus \mathsf{SO}(V)$.*

Die Zusammenhangsaussagen in 76.8 lassen sich freilich auch direkt beweisen und ergeben dann neue Beweise für 76.6 und 76.7. Sei zum Beispiel $f \in \mathsf{SO}(V)$. Es genügt wieder, einen Weg von id_V nach f in $\mathsf{SO}(V)$ zu konstruieren. In einer geeigneten Orthonormalbasis von V hat f eine Matrix der Form

$$\mathbf{A}(\alpha_1,\ldots,\alpha_2) := \begin{pmatrix} 1 &&&&& \\ & \cos\alpha_1 & -\sin\alpha_1 &&& \\ & \sin\alpha_1 & \cos\alpha_1 &&& \\ &&& \ddots && \\ &&&& \cos\alpha_s & -\sin\alpha_s \\ &&&& \sin\alpha_s & \cos\alpha_s \end{pmatrix},$$

vgl. 75.2. Dies gilt, wenn $\mathrm{Dim}_{\mathbb{R}} V$ $(= 2s+1)$ ungerade ist. Bei gerader Dimension sind die erste Zeile und die erste Spalte zu streichen. Nun ist $t \mapsto \mathbf{A}(\alpha_1 t,\ldots,\alpha_s t)$, $t \in [0,1]$, ein Weg, der die Einheitsmatrix mit $\mathbf{A}(\alpha_1,\ldots,\alpha_s)$ verbindet. Der korrespondierende Weg in $\mathsf{SO}(V)$ leistet das Gewünschte. — Im komplexen Fall schließt man analog mit 75.1.

Sei E ein affiner Raum über dem endlichdimensionalen $\mathbb{K}$-Vektorraum V. Dann trägt auch die Gruppe $\mathsf{A}(E)$ der affinen Automorphismen eine natürliche Topologie. Dazu wählen wir einen Punkt $O \in E$. Die Gruppe $\mathsf{A}_O(E)$ der affinen Automorphismen von E mit O als Fixpunkt ist kanonisch zu $\mathrm{Aut}_{\mathbb{K}}(V)$ isomorph. Einem $f \in \mathrm{Aut}_{\mathbb{K}}(V)$ entspricht dabei die Affinität $x + O \mapsto f(x) + O$, $x \in V$, die wir ebenfalls mit f bezeichnen wollen. Dann ist

$$V \times \mathrm{Aut}_{\mathbb{K}}(V) \xrightarrow{\alpha_O} \mathsf{A}(E)$$

mit $(x,f) \mapsto \tau_x \circ f$ eine bijektive Abbildung, mit deren Hilfe wir die Topologie von $V \times \mathrm{Aut}_{\mathbb{K}}(V)$ auf $\mathsf{A}(E)$ übertragen. Da $\alpha_O^{-1}\alpha_{O'}$ für $O, O' \in E$ das Element $(x,f) \in V \times \mathrm{Aut}_{\mathbb{K}}(V)$ auf $(x + \overrightarrow{OO'} - f(\overrightarrow{OO'}), f)$ abbildet und folglich eine Homöomorphie von $V \times \mathrm{Aut}_{\mathbb{K}}(V)$ ist, ist diese Topologie unabhängig von der Wahl des Punktes O. Trägt V ein Skalarprodukt, so gewinnt man Homöomorphien $V \times \mathsf{U}_{\mathbb{K}}(V) \to \mathsf{B}(E)$. Sei nun $\mathbb{K} = \mathbb{R}$ und V euklidisch von positiver Dimension. Dann bilden die eigentlichen Bewegungen bzw. die uneigentlichen Bewegungen von E nach 76.8 jeweils eine Zusammenhangskomponente von $\mathsf{B}(E)$. Sind K und K' *eigentlich* kongruente Figuren in E, so gibt es ein $f \in \mathsf{B}^+(E)$ mit $fK = K'$, vgl. §73, Beispiel 10, und damit nach 76.8 einen Weg $\gamma : [0,1] \to \mathsf{B}^+(E)$ mit $\gamma(0) = f_0 = \mathrm{id}_E$ und $\gamma(1) = f_1 = f$. Die Figur $K = K_0 = f_0 K$ läßt sich folglich *stetig* über die Figuren $K_t := \gamma(t)K = f_t K$ in die Figur $K' = K_1 = f_1 K$ überführen. Umgekehrt sind zwei Figuren, die sich in dieser Weise stetig ineinander überführen lassen, eigentlich kongruent, da dann die Bewegung $f := f_1$ mit $fK = K'$ notwendigerweise in derselben Zusammenhangskomponente wie id_E liegt.

Beispiel 8 (Zusammenhang von Räumen hermitescher Formen) Sei V ein komplexer Vektorraum der Dimension $n \in \mathbb{N}$. Die komplex-hermiteschen Formen auf V bilden einen *reellen* Unterraum der Dimension n^2 im Raum $\mathrm{Sesq}(V)$ aller Sesquilinearformen auf V, vgl. §71, Aufgabe 2b). Die nicht ausgearteten komplex-hermiteschen Formen bilden eine offene Teilmenge dieses Raumes.

76.9 Satz *Sei V ein komplexer Vektorraum der Dimension $n \in \mathbb{N}$. Für $p \in \mathbb{N}$, $0 \le p \le n$, bilden die komplex-hermiteschen Formen vom Typ $(p, n-p)$ auf V jeweils eine offene Zusammenhangskomponente des Raumes aller nicht ausgearteten komplex-hermiteschen Formen auf V.*

B e w e i s. Es genügt zu zeigen: Die Menge $H_n(p, n-p)$ der komplex–hermiteschen $(n \times n)$–Matrizen vom Typ $(p, n-p)$ ist eine zusammenhängende und offene Teilmenge im Raum aller komplex–hermiteschen $(n \times n)$–Matrizen. Nach 72.3 ist

$$H_n(p, n-p) = \{{}^t\mathbf{V}\mathbf{E}_n^{(p,n-p)}\overline{\mathbf{V}} : \mathbf{V} \in \mathsf{GL}_n(\mathbb{C})\}.$$

Da die Abbildung $\mathbf{V} \mapsto {}^t\mathbf{V}\mathbf{E}_n^{(p,n-p)}\overline{\mathbf{V}}$ stetig und $\mathsf{GL}_n(\mathbb{C})$ nach 76.7 zusammenhängend ist, ist auch $H_n(p, n-p)$ zusammenhängend. Es bleibt zu zeigen, daß $H_n(p, n-p)$ offen ist. Sei

$$\mathbf{A} = {}^t\mathbf{V}\mathbf{E}_n^{(p,n-p)}\overline{\mathbf{V}} \in H_n(p, n-p)$$

mit $\mathbf{V} \in \mathsf{GL}_n(\mathbb{C})$. Der lineare Automorphismus $\mathbf{B} \mapsto {}^t\mathbf{V}\mathbf{B}\overline{\mathbf{V}}$ des Raumes der komplex–hermiteschen $(n \times n)$–Matrizen induziert einen Homöomorphismus von $H_n(p, n-p)$ auf sich. Es genügt also zu zeigen, daß eine offene Umgebung von $\mathbf{E}_n^{(p,n-p)}$ zu $H_n(p, n-p)$ gehört. Dies ergibt sich aber direkt aus dem Hurwitzschen Kriterium 72.4: Die Hauptminoren $D_0, D_1, \ldots, D_n$ von $\mathbf{E}_n^{(p,n-p)}$ sind alle von 0 verschieden und haben $n-p$ Vorzeichenwechsel. Dies gilt dann für alle komplex–hermiteschen Matrizen in einer Umgebung von $\mathbf{E}_n^{(p,n-p)}$, da die Determinantenabbildung stetig ist. •

76.10 Satz *Sei V ein reeller Vektorraum der Dimension $n \in \mathbb{N}$. Für $p \in \mathbb{N}$, $0 \le p \le n$, bilden die symmetrischen Bilinearformen vom Typ $(p, n-p)$ auf V jeweils eine offene Zusammenhangskomponente des Raumes aller nicht ausgearteten symmetrischen Bilinearformen auf V.*

B e w e i s. Man geht wie im Beweis zu 76.9 vor, 76.6 verwendend. Ferner beachte man, daß die Menge der reell–symmetrischen $(n \times n)$–Matrizen vom Typ $(p, n-p)$ gleich $\{{}^t\mathbf{V}\mathbf{E}_n^{(p,n-p)}\mathbf{V} : \mathbf{V} \in \mathsf{GL}_n^{+}(\mathbb{R})\}$ ist. •

Wir bemerken noch, daß die Menge der positiv definiten hermiteschen Formen auf einem beliebigen $\mathbb{K}$–Vektorraum V offensichtlich sogar konvex ist.

Beispiel 9 (G i t t e r) Sei V ein endlichdimensionaler reeller Vektorraum (mit der natürlichen Topologie). Eine Untergruppe (der additiven Gruppe) von V, die von über $\mathbb{R}$ linear unabhängigen Elementen erzeugt wird, heißt ein G i t t e r in V. Ein Gitter Γ in V hat also die Form $\Gamma = \mathbb{Z}x_1 + \cdots + \mathbb{Z}x_r$ mit über $\mathbb{R}$ linear unabhängigen Elementen $x_1, \ldots, x_r \in V$. Insbesondere ist $x_1, \ldots, x_r$ eine $\mathbb{Z}$–Basis von Γ und $r = \mathrm{Rang}_{\mathbb{Z}}\Gamma \le \mathrm{Dim}_{\mathbb{R}}V$. Ist $r = \mathrm{Dim}_{\mathbb{R}}V$, wird Γ also als Gruppe von einer $\mathbb{R}$–Basis von V erzeugt, so heißt Γ ein v o l l e s G i t t e r in V. (Häufig versteht man unter einem Gitter stets solch ein volles Gitter.)

Ist $\Gamma = \mathbb{Z}x_1 + \cdots + \mathbb{Z}x_r$ ein Gitter in V und ist $x_1, \ldots, x_r, x_{r+1}, \ldots, x_{r+s}$ eine $\mathbb{R}$–Basis von V, so induziert die Abbildung

$$a_1x_1 + \cdots + a_rx_r + b_1x_{r+1} + \cdots + b_sx_{r+s} \mapsto (\exp(2\pi\, ia_1), \ldots, \exp(2\pi\, ia_r), b_1, \ldots, b_s)$$

von V in $U^r \times \mathbb{R}^s$, wobei $U \subseteq \mathbb{C}$ die Kreisgruppe $\{z \in \mathbb{C} : |z| = 1\}$ ist, offensichtlich einen Gruppenisomorphismus

$$V/\Gamma \to U^r \times \mathbb{R}^s,$$

der gleichzeitig ein Homöomorphismus ist (wobei eine Menge in V/Γ genau dann offen ist, wenn ihr Urbild in V unter der kanonischen Projektion $V \to V/\Gamma$ offen ist). Man nennt die Gruppe U^r auch die r–dimensionale (kompakte)

Torusgruppe und bezeichnet sie mit T^r. Es ist also $V/\Gamma \cong T^r \times \mathbb{R}^{n-r}$ mit $r := \mathrm{Rang}_{\mathbb{Z}}\Gamma$ und $n := \mathrm{Dim}_{\mathbb{R}} V$. *Insbesondere ist* V/Γ *genau dann kompakt, wenn* $r = n$, *d.h.* Γ *ein volles Gitter in* V *ist.* $T^2 = U \times U \cong \mathbb{R}^2/\mathbb{Z}^2$ ist der Torus schlechthin.

Gitter sind diskrete Untergruppen. Ist etwa $\Gamma = \mathbb{Z}x_1 + \cdots + \mathbb{Z}x_r$, wobei $x_1, \ldots, x_n$ eine $\mathbb{R}$-Basis von V ist, so haben zwei verschiedene Punkte von Γ in der Maximumsnorm bezüglich $x_1, \ldots, x_n$ einen Abstand ≥ 1. Umgekehrt gilt:

76.11 Satz *Sei* G *eine diskrete Untergruppe der additiven Gruppe eines endlichdimensionalen* $\mathbb{R}$*-Vektorraums* V. *Dann ist* G *ein Gitter in* V.

Beweis. Wir bemerken zunächst, daß G abgeschlossen in V ist. Ist nämlich x_n, $n \in \mathbb{N}$, eine konvergente Folge von Elementen in G, so ist $x_{n+1} - x_n$, $n \in \mathbb{N}$, eine Nullfolge aus G und folglich, da 0 isolierter Punkt von G ist, ab einer Stelle $n_0 \in \mathbb{N}$ konstant gleich 0. Dann ist aber $x_n = x_0$ für alle $n \geq n_0$. In jeder kompakten Teilmenge von V liegen also nur endlich viele Punkte von G.

Sei $x_1, \ldots, x_r \in G$ eine $\mathbb{R}$-Basis des von G erzeugten $\mathbb{R}$-Unterraums $\mathbb{R}G$. Es genügt zu zeigen, daß G/H, $H := \mathbb{Z}x_1 + \cdots + \mathbb{Z}x_r$, eine endliche Gruppe ist, denn dann ist G eine endlich erzeugte freie Gruppe vom Rang r, die einen r-dimensionalen reellen Unterraum von V erzeugt.

Sei $Q := \{a_1x_1 + \cdots + a_rx_r : a_i \in [0,1],\ i = 1, \ldots, r\}$. Für $x \in G \subseteq \mathbb{R}G$ ist

$$x = b_1x_1 + \cdots + b_rx_r = [b_1]x_1 + \cdots + [b_r]x_r + (b_1 - [b_1])x_1 + \cdots + (b_r - [b_r])x_r$$

und $\sum_\rho (b_\rho - [b_\rho])x_\rho \in G \cap Q$. Daher repräsentieren die endlich vielen Elemente der (diskreten und kompakten) Menge $G \cap Q$ alle Nebenklassen von H in G. •

Für die Charakterisierung der abgeschlossenen Untergruppen von V vgl. man Aufgabe 54.

Sei V wieder ein beliebiger normierter $\mathbb{K}$-Vektorraum mit der Norm $\|-\|$. Eine konvergente Folge $(x_\nu)_{\nu \in \mathbb{N}}$ in V ist stets eine Cauchy-Folge, d.h. zu jedem $\epsilon > 0$ gibt es ein $\nu_0 \in \mathbb{N}$ mit $d(x_\mu, x_\nu) = \|x_\nu - x_\mu\| \leq \epsilon$ für $\mu, \nu \geq \nu_0$. Umgekehrt aber braucht eine Cauchy-Folge in V nicht konvergent zu sein.

Definition Eine Norm auf einem $\mathbb{K}$-Vektorraum heißt vollständig, wenn bezüglich dieser Norm jede Cauchy-Folge konvergent ist. Ein normierter $\mathbb{K}$-Vektorraum, dessen Norm vollständig ist, heißt vollständig oder ein Banachraum. — Ein vollständiger Prähilbertraum heißt ein Hilbertraum. — Eine vollständige normierte $\mathbb{K}$-Algebra heißt eine $\mathbb{K}$-Banachalgebra.

Sei V ein normierter Vektorraum. *Ist* V *ein Banachraum, so ist auch jeder abgeschlossene Unterraum* W *von* V *ein Banachraum.* Ist nämlich $(x_\nu)_{\nu \in \mathbb{N}}$ eine Cauchy-Folge in W, so ist (x_ν) auch eine Cauchy-Folge in V und damit konvergent mit einem Grenzwert $x \in V$. Da W abgeschlossen in V ist, liegt x bereits in W. *Ist umgekehrt ein Unterraum* W *eines beliebigen normierten* $\mathbb{K}$*-Vektorraums* V *ein Banachraum, so ist* W *abgeschlossen in* V. Um dies zu beweisen, sei $(x_\nu)_{\nu \in \mathbb{N}}$ eine konvergente Folge von Elementen aus W mit einem Grenzwert $x \in V$. Dann ist (x_ν) eine Cauchy–Folge in W und besitzt daher einen Grenzwert in W. Somit ist notwendigerweise $x \in W$. Also ist W abgeschlossen.

Sind $\|-\|_1$ und $\|-\|_2$ äquivalente Normen auf einem $\mathbb{K}$–Vektorraum V, so ist $\|-\|_1$ genau dann vollständig, wenn dies für $\|-\|_2$ gilt.

Beispiel 10 (Komplettierung) *Jeder normierte $\mathbb{K}$-Vektorraum V ist in kanonischer Weise Unterraum eines $\mathbb{K}$-Banachraumes $\hat{V}$, und jeder $\mathbb{K}$-Prähilbertraum ist in kanonischer Weise Unterraum eines $\mathbb{K}$-Hilbertraumes.* Dabei ist V jeweils dicht in $\hat{V}$, jedes Element in $\hat{V}$ also Grenzwert einer Folge von Elementen aus V.

Der Raum $\hat{V}$ wird aus V in analoger Weise wie der Körper $\mathbb{R}$ der reellen Zahlen aus dem Körper $\mathbb{Q}$ der rationalen Zahlen konstruiert, vgl. §33, Beispiel 5: Seien $V_c^{\mathbb{N}}$ der $\mathbb{K}$–Vektorraum der Cauchy–Folgen in V und N_V der Unterraum der Nullfolgen. Dann setzt man

$$\hat{V} := V_c^{\mathbb{N}}/N_V .$$

In $\hat{V}$ ist V als Unterraum der Restklassen der konstanten Folgen eingebettet. Ist $(x_\nu) \in V_c^{\mathbb{N}}$, so ist $(\|x_\nu\|)$ wegen $|\|x_\nu\| - \|x_\mu\|| \leq \|x_\nu - x_\mu\|$ eine Cauchy–Folge in $\mathbb{R}$ und damit in $\mathbb{R}$ konvergent. Durch

$$\|\overline{(x_\mu)}\| := \lim_{\nu\to\infty} \|x_\nu\| ,$$

$\overline{(x_\nu)} \in \hat{V}$, ist auf $\hat{V}$ eine Norm definiert, die die von V fortsetzt. Wegen $\overline{(x_\nu)} = \lim x_\nu$ liegt V dicht in $\hat{V}$. Auch daß $\hat{V}$ vollständig ist, ist leicht zu sehen. Ist V ein Prähilbertraum, so ist

$$<\overline{(x_\nu)}, \overline{(y_\nu)}> := \lim_{\nu\to\infty} <x_\nu, y_\nu>$$

ein Skalarprodukt auf $\hat{V}$, das die Norm induziert.

$\hat{V}$ heißt die Vervollständigung oder die Komplettierung von V. Sie hat folgende universelle Eigenschaft: Ist $f: V \to W$ eine stetige $\mathbb{K}$–lineare Abbildung in einen $\mathbb{K}$-*Banachraum* W, so gibt es genau eine stetige Fortsetzung $\hat{f}: \hat{V} \to W$ von f, nämlich $\overline{(x_\nu)} \mapsto \lim f(x_\nu)$. Offenbar ist $\|\hat{f}\| = \|f\|$. Ist V ein dichter Unterraum des Banachraumes V_1, so ist $\hat{\iota}: \hat{V} \to V_1$ ein Isomorphismus, wobei $\iota: V \to V_1$ die Inklusionsabbildung ist.

Beispiel 11 Wir zeigen:

76.12 Satz *Jeder endlichdimensionale normierte $\mathbb{K}$-Vektorraum W ist ein Banachraum. Insbesondere ist jeder endlichdimensionale Prähilbertraum ein Hilbertraum.*

Beweis. Da nach 76.3 je zwei Normen auf W äquivalent sind, genügt es, die Vollständigkeit der Maximumsnorm $\|-\|$ bezüglich einer Basis $y_1, \ldots, y_n$ von W zu zeigen. Die ergibt sich aber direkt aus der Vollständigkeit von $\mathbb{K}$: Ist $x_\nu = a_{1\nu}y_1 + \cdots + a_{n\nu}y_n$, $\nu \in \mathbb{N}$, eine Cauchy-Folge in W, so sind die Folgen $(a_{i\nu})_{\nu\in\mathbb{N}}$, $i = 1, \ldots, n$, Cauchy–Folgen in $\mathbb{K}$ und $x := a_1y_1 + \cdots + a_ny_n$ mit $a_i := \lim a_{i\nu}$ ist der Grenzwert von (x_ν) in W. •

Es folgt: *Jeder endlichdimensionale Unterraum eines normierten Raumes V ist abgeschlossen in V.*

Die Vollständigkeit eines endlichdimensionalen normierten $\mathbb{K}$-Vektorraums W ergibt sich auch aus dem Satz von Weierstraß: *Jede beschränkte Folge in W besitzt eine konvergente Teilfolge.* Diese Aussage folgt ebenfalls direkt aus der entsprechenden Aussage für $\mathbb{K}$. Eine unmittelbare Konsequenz daraus ist das folgende sogenannte Fundamentallemma der Approximationstheorie: *Sei W ein endlichdimensionaler Unterraum des normierten $\mathbb{K}$-Vektorraums V. Zu jedem $x \in V$ gibt es ein $y \in W$ mit*

$$d(x, y) = \|y - x\| = \operatorname{Inf}(d(x, z) = \|z - x\| : z \in W).$$

Beweis. Sei d das angegebene Infimum, und sei $(y_\nu)_{\nu \in \mathbb{N}}$ eine Folge in W mit $\lim_\nu \|y_\nu - x\| = d$. Dann ist (y_ν) beschränkt in W, und für den Grenzwert y einer konvergenten Teilfolge von (y_ν) ist $d = \|y - x\|$. •

Ein Element y wie in der letzten Aussage heißt eine beste Approximation von x in W. Die Zahl $d(x, W) := \operatorname{Inf}(d(x, z) : z \in W)$ heißt auch der Abstand von x und W. Ist V ein Prähilbertraum, so ist y nach §73, Beispiel 6 eindeutig bestimmt und gleich dem Fußpunkt des Lotes von y auf W. Im allgemeinen aber ist eine beste Approximation *nicht* eindeutig bestimmt, vgl. Aufgaben 38,39. Die Menge der besten Approximationen von x in W ist $\overline{\mathrm{B}}(x; d(x, W)) \cap W$ und folglich konvex. Bei unendlichdimensionalem W braucht eine beste Approximation nicht zu existieren, selbst dann nicht, wenn W vollständig ist, vgl. Aufgabe 42.

Ganz analog sind beste Approximationen bezüglich affiner Unterräume in affinen Räumen über normierten Vektorräumen erklärt.

Beispiel 12 Sei X eine Menge. Der Raum $\mathrm{B}_{\mathbb{K}}(X)$ der auf X beschränkten $\mathbb{K}$-wertigen Funktionen ist mit der Tschebyscheff-Norm (vgl. Beispiel 4) ein Banachraum. *Eine Folge $(f_\nu)_{\nu \in \mathbb{N}}$ konvergiert genau dann gegen $f \in \mathrm{B}_{\mathbb{K}}(X)$ bezüglich der Tschebyscheff-Norm, wenn (f_ν) gleichmäßig gegen f konvergiert.* Ist X ein topologischer Raum, so ist der Raum $\mathrm{C}^b_{\mathbb{K}}(X)$ der beschränkten stetigen $\mathbb{K}$-wertigen Funktionen auf X ein abgeschlossener Unterraum von $\mathrm{B}_{\mathbb{K}}(X)$, da der Grenzwert einer gleichmäßig konvergenten Folge stetiger Funktionen wieder stetig ist. Insbesondere ist $\mathrm{C}^b_{\mathbb{K}}(X)$ ebenfalls ein Banachraum. Ist X sogar kompakt, so ist $\mathrm{C}^b_{\mathbb{K}}(X) = \mathrm{C}_{\mathbb{K}}(X)$ gleich dem Raum aller stetigen $\mathbb{K}$-wertigen Funktionen auf X. Bei $\mathbb{K} = \mathbb{R}$ gilt das folgende Kriterium für die dichten Unterräume in $\mathrm{C}_{\mathbb{R}}(X)$:

76.13 Satz von Stone–Weierstraß *Sei X ein kompakter topologischer Raum. Eine $\mathbb{R}$-Unteralgebra B der Algebra $\mathrm{C}_{\mathbb{R}}(X)$ aller stetigen reellwertigen Funktionen auf X liegt dicht in $\mathrm{C}_{\mathbb{R}}(X)$, wenn B die Punkte von X trennt, d.h. wenn zu je zwei verschiedenen Punkten $x, y \in X$ ein $f \in B$ mit $f(x) \neq f(y)$ existiert.*

Für einen Beweis von 76.13 (der gar nicht so schwer ist) vgl. man [33], II.4.3, Satz 3 oder [47], II, Satz 115.3 bzw. Satz 159.5. Übrigens trennt jede in $\mathrm{C}_{\mathbb{R}}(X)$ dichte Unteralgebra notwendigerweise die Punkte von X, da dies nach dem Lemma von Urysohn (vgl. [33], I.8.4, Satz 1) für $\mathrm{C}_{\mathbb{R}}(X)$ gilt. (Für metrische Räume trennt $z \mapsto d(x, z)$ die Punkte x, y mit $x \neq y$.)

Aus 76.13 ergibt sich als Spezialfall der klassische Weierstraßsche Approximationssatz: *Sei $X \subseteq \mathbb{R}^n$ kompakt, d.h. beschränkt und abgeschlossen. Dann liegt die Algebra der Beschränkungen der reellen Polynomfunktio-*

nen des $\mathbb{R}^n$ auf X dicht im Raum $C_{\mathbb{R}}(X)$ aller stetigen reellwertigen Funktionen auf X (mit der Tschebyscheff–Norm). Es folgt, daß die komplexwertigen Polynomfunktionen auf X einen dichten Unterraum im Raum $C_{\mathbb{C}}(X)$ aller stetigen komplexwertigen Funktionen auf X bilden, vgl. auch Aufgabe 43.

Beispiel 13 Sei $I \subseteq \mathbb{R}$ ein Intervall. Der Raum $L^2(I) = \mathcal{L}^2(I)/\mathcal{N}(I)$ der quadratintegrierbaren komplexwertigen Funktionen auf I modulo des Raumes $\mathcal{N}(I)$ der auf I fast überall verschwindenden Funktionen (vgl. §73, Beispiel 2) ist ein Hilbertraum. Die Integralnorm

$$\|[x]\|_2 = \left(\int_I |x|^2\,dt\right)^{1/2}, \quad x \in \mathcal{L}^2(I),$$

heißt auch L^2–N o r m. Analoges gilt für jeden Maßraum an Stelle des Intervalls I (mit dem Lebesgue–Maß), siehe hierzu [40], Satz 15.5. Der Raum $C_c(I)$ der stetigen Funktionen auf I, die außerhalb einer (von der jeweiligen Funktion abhängigen) beschränkten Menge verschwinden, ist dicht in $L^2(I)$. Somit läßt sich $L^2(I)$ als Vervollständigung von $C_c(I)$ bezüglich der Norm $\|-\|_2$ auffassen.

Analog ist $L^1(I) = \mathcal{L}^1(I)/\mathcal{N}(I)$, wobei $\mathcal{L}^1(I)$ der Raum der auf I Lebesgue–integrierbaren Funktionen ist, mit der sogenannten L^1–N o r m

$$\|[x]\|_1 := \int_I |x|\,dt, \quad x \in \mathcal{L}^1(I),$$

vollständig und die Vervollständigung von $C_c(I)$ bezüglich der Norm $\|-\|_1$. Da für die Funktionen $x \in C_c(I)$ das Lebesgue–Integral gleich dem Riemann–Integral ist, läßt sich auf diese Weise der Raum $L^1(I)$ der Lebesgue–integrierbaren Funktionen einführen, ohne über Lebesgue–Integrale sprechen zu müssen, was gelegentlich geschieht.

Zum Schluß wollen wir einige rechnerische Besonderheiten für Prähilberträume und Hilberträume besprechen. Insbesondere sollen die Besselsche Ungleichung und die Parsevalsche Gleichung (vgl 73.2), soweit möglich, auf unendlichdimensionale Räume ausgedehnt werden. Um diese Aussagen angemessen formulieren zu können, benutzen wir den Begriff der summierbaren Familie in normierten Vektorräumen.

Definition Sei x_i, $i \in I$, eine Familie von Elementen in dem normierten Vektorraum V. Diese Familie heißt s u m m i e r b a r mit der S u m m e x $(\in V)$, wenn folgendes gilt: Ist $\epsilon > 0$, so gibt es eine endliche Menge $J_0 \subseteq I$ derart, daß für alle endlichen Teilmengen $J \subseteq I$ mit $J_0 \subseteq J$ gilt:

$$\|x - \sum_{i \in J} x_i\| \leq \epsilon .$$

Offenbar ist die Summe x für eine summierbare Familie $(x_i)_{i \in I}$ eindeutig bestimmt. Man schreibt

$$x = \sum_{i \in I} x_i .$$

Sind für nur endlich viele $i \in I$ die Elemente x_i von 0 verschieden, so stimmt die Summe mit der aus §9 überein. Ist $\sigma: I' \to I$ eine bijektive Abbildung, so ist mit $(x_i)_{i\in I}$ auch $(x_{\sigma(i')})_{i'\in I'}$ summierbar, und es ist $\sum_{i'\in I'} x_{\sigma(i')} = \sum_{i\in I} x_i$. Umindizieren ändert also die Summe nicht.

Ist $(x_n)_{n\in\mathbb{N}}$ eine summierbare Folge, so ist die Reihe $\sum_{n=0}^{\infty} x_n$, das ist die Folge $(s_\nu)_{\nu\in\mathbb{N}}$ der Partialsummen $s_\nu = \sum_{n=0}^{\nu} x_n$, $\nu \in \mathbb{N}$, konvergent mit dem Limes $\sum_{n\in\mathbb{N}} x_n$. Ist umgekehrt $\sum_{n=0}^{\infty} x_n$ eine konvergente Reihe, so braucht die Folge $(x_n)_{n\in\mathbb{N}}$ nicht summierbar zu sein, wie beispielsweise schon die alternierende harmonische Reihe $\sum_{n=0}^{\infty}(-1)^n/(n+1)$ in $\mathbb{R}$ zeigt.

Ist $(x_i)_{i\in I}$ summierbar und $f: V \to W$ eine stetige lineare Abbildung normierter $\mathbb{K}$-Vektorräume, so ist auch $(f(x_i))_{i\in I}$ summierbar, und es ist

$$f\Big(\sum_{i\in I} x_i\Big) = \sum_{i\in I} f(x_i)\,.$$

Ist V ein Banachraum, so läßt sich ein dem Cauchyschen Konvergenzkriterium ähnliches Summierbarkeitskriterium beweisen:

76.14 Cauchy-Kriterium für summierbare Familien *Sei $(x_i)_{i\in I}$ eine Familie im $\mathbb{K}$-Banachraum V, die folgende Eigenschaft besitzt: Zu jedem $\epsilon > 0$ gibt es eine endliche Teilmenge $J_0 \subseteq I$ derart, daß $\|\sum_{i\in J} x_i\| \le \epsilon$ für alle endlichen Teilmengen $J \subseteq I$ mit $J \cap J_0 = \emptyset$ ist. Dann ist $(x_i)_{i\in I}$ summierbar.*

Beweis. Erfüllt zu vorgegebenem $\epsilon > 0$ die endliche Teilmenge $J_0 \subseteq I$ die angegebene Bedingung, so auch jede endliche Teilmenge von I, die J_0 umfaßt. Es gibt daher eine Folge J_ν, $\nu \in \mathbb{N}$, endlicher Teilmengen $J_\nu \subseteq I$ mit $J_\nu \subseteq J_{\nu+1}$ für alle $\nu \in \mathbb{N}$ und $\|\sum_{i\in J} x_i\| \le 1/(\nu+1)$ für jede endliche Teilmenge $J \subseteq I$ mit $J \cap J_\nu = \emptyset$. *Die Folge $y_\nu := \sum_{i\in J_\nu} x_i$, $\nu \in \mathbb{N}$, ist eine Cauchy-Folge in V.* Zum Beweis sei $\epsilon > 0$ vorgegeben und $1/(\nu_0+1) \le \epsilon$ für $\nu_0 \in \mathbb{N}$. Dann gilt für alle $\mu \ge \nu \ge \nu_0$:

$$\|y_\mu - y_\nu\| = \|\sum_{i\in J_\mu \setminus J_\nu} x_i\| \le \frac{1}{\nu_0+1} \le \epsilon$$

wegen $(J_\mu \setminus J_\nu) \cap J_{\nu_0} = \emptyset$. Sei $x := \lim_{\nu\to\infty} y_\nu$. Dann ist $x = \sum_{i\in I} x_i$. Sei nämlich $\epsilon > 0$ vorgegeben und $\nu_0 \in \mathbb{N}$ so bestimmt, daß $1/(\nu_0+1) \le \epsilon/2$ und $\|x - y_{\nu_0}\| \le \epsilon/2$ gilt. Dann ist für jede endliche Teilmenge $J \subseteq I$ mit $J_{\nu_0} \subseteq J$:

$$\begin{aligned}\|x - \sum_{i\in J} x_i\| &\le \|x - y_{\nu_0}\| + \|y_{\nu_0} - \sum_{i\in J} x_i\| \\ &\le \frac{\epsilon}{2} + \|\sum_{i\in J\setminus J_{\nu_0}} x_i\| \le \frac{\epsilon}{2} + \frac{1}{\nu_0+1} \le \epsilon\,.\end{aligned}$$

•

Eine Familie eines normierten Raumes, die die Bedingung in 76.14 erfüllt, heiße eine Cauchy-Familie. Jede summierbare Familie ist notwendigerweise eine Cauchy-Familie. In einem Banachraum gilt nach 76.14 auch die Umkehrung. Ein häufig nützliches Kriterium für Cauchy-Familien ist:

76.15 *Sei $(x_i)_{i\in I}$ eine Familie in einem normierten Raum V. Ist $(\|x_i\|)_{i\in I}$ summierbar in $\mathbb{R}$, so ist $(x_i)_{i\in I}$ eine Cauchy-Familie in V.*

Beweis. $(\|x_i\|)_{i\in I}$ ist eine Cauchy-Familie in $\mathbb{R}$. Für jede endliche Teilmenge $J \subseteq I$ ist $\|\sum_{i\in J} x_i\| \leq \sum_{i\in J} \|x_i\|$. Daraus folgt die Behauptung. •

76.16 Korollar (Weierstraßscher M-Test) *Sei $(x_i)_{i\in I}$ eine Familie in einem normierten Raum V. Ist $\|x_i\| \leq M_i$ für alle $i \in I$ und ist $(M_i)_{i\in I}$ summierbar in $\mathbb{R}$, so ist $(x_i)_{i\in I}$ eine Cauchy-Familie.*

Eine Familie $(x_i)_{i\in I}$ von Elementen eines Banachraumes V, für die $(\|x_i\|)_{i\in I}$ in $\mathbb{R}$ summierbar ist, heißt normal summierbar. Ist die Folge $(x_n)_{n\in\mathbb{N}}$ normal summierbar, so sagt man auch, die Reihe $\sum_{n=0}^{\infty} x_n$ konvergiere normal.

Eine Familie $(a_i)_{i\in I}$ reeller Zahlen ≥ 0 ist offenbar genau dann summierbar, wenn die Familie $a_J := \sum_{i\in J} a_i$, $J \subseteq I$, J endlich, beschränkt ist. Es ist dann $\sum_{i\in I} a_i = \mathrm{Sup}(a_J : J \subseteq I,\ J \text{ endlich})$. Ist die Reihe $\sum_{\nu=0}^{\infty} a_\nu$ von reellen Zahlen $a_\nu \geq 0$ konvergent, so ist $(a_\nu)_{\nu\in\mathbb{N}}$ summierbar und $\sum_{\nu\in\mathbb{N}} a_\nu = \sum_{\nu=0}^{\infty} a_\nu$.

76.17 Lemma *Sei $(x_i)_{i\in I}$ eine orthogonale Familie im Prähilbertraum V. Genau dann ist $(x_i)_{i\in I}$ eine Cauchy-Familie, wenn $(\|x_i\|^2)_{i\in I}$ in $\mathbb{R}$ summierbar ist.*

Beweis. Nach dem Satz 73.1 des Pythagoras ist $\|\sum_{i\in J} x_i\|^2 = \sum_{i\in J} \|x_i\|^2$ für jede endliche Teilmenge $J \subseteq I$. Das ergibt die Behauptung. •

In Verallgemeinerung zu 73.2 beweisen wir:

76.18 Satz *Sei $(x_i)_{i\in I}$ eine orthonormale Familie im $\mathbb{K}$-Prähilbertraum V.*

a) *Für alle $x \in V$ ist die Familie $(|<x, x_i>|^2)_{i\in I}$ summierbar in $\mathbb{R}$, und es ist $\sum_{i\in I} |<x, x_i>|^2 \leq \|x\|^2$ (Besselsche Ungleichung).*

Insbesondere ist $(<x, x_i>x_i)_{i\in I}$ eine Cauchy-Familie in V.

b) *Folgende Aussagen für ein $x \in V$ sind äquivalent:*

(1) *Es ist $\sum_{i\in I} |<x, x_i>|^2 = \|x\|^2$ (Parsevalsche Gleichung).*

(2) *Es ist $\sum_{i\in I} <x, x_i>x_i = x$.*

(3) *x liegt in der abgeschlossenen Hülle des von den x_i, $i \in I$, erzeugten $\mathbb{K}$-Unterraums von V.*

Beweis. Die Ungleichung in a) folgt direkt aus der Besselschen Ungleichung in 73.2 für endliche orthonormale Familien. Der Zusatz in a) folgt wegen $\|<x, x_i>x_i\|^2 = |<x, x_i>|^2$ aus 76.17.

Zu b). Aus (1) folgt (2): Sei (1) erfüllt und $\epsilon > 0$ vorgegeben. Es gibt eine endliche Teilmenge $J_0 \subseteq I$ mit $\|x\|^2 - \sum_{i\in J} |<x, x_i>|^2 \leq \epsilon^2$ für alle endlichen Teilmengen $J \subseteq I$ mit $J_0 \subseteq J$. Für ein solches J steht $\sum_{i\in J} <x, x_i>x_i$ nach 73.2 senkrecht auf $x - \sum_{i\in J} <x, x_i>x_i$, woraus

$$\|x - \sum_{i\in J} <x, x_i>x_i\| = (\|x\|^2 - \sum_{i\in J} |<x, x_i>|^2)^{1/2} \leq \epsilon$$

folgt. Das zeigt $x = \sum_{i\in I} <x, x_i>x_i$.

Die Implikation (2)⇒(3) ist trivial.

Aus (3) folgt (1): Sei (3) erfüllt und $\epsilon > 0$ vorgegeben. Es gibt eine endliche Teilmenge $J_0 \subseteq I$ und Skalare $a_i \in \mathbb{K}$, $i \in J_0$, mit $\|x - \sum_{i\in J_0} a_i x_i\| \leq \epsilon^{1/2}$. Für eine endliche Teilmenge $J \subseteq I$ ist $x_J := \sum_{i\in J} <x, x_i>x_i$ der Fußpunkt des Lotes von x auf den von den x_i, $i \in J$, erzeugten $\mathbb{K}$–Unterraum V_J. Daher ist $\|x - x_J\| \leq \|x - z\|$ für alle $z \in V_J$. Insbesondere gilt bei $J_0 \subseteq J$:

$$\|x\|^2 - \sum_{i\in J} |<x, x_i>|^2 = \|x - x_J\|^2 \leq \|x - \sum_{i\in J_0} a_i x_i\|^2 \leq \epsilon .$$

Das beweist $\sum_{i\in I} |<x, x_i>|^2 = \|x\|^2$. •

Satz 76.18b) legt die folgende Definition nahe.

Definition Ein Orthonormalsystem $(x_i)_{i\in I}$ eines $\mathbb{K}$–Prähilbertraumes V heißt vollständig, wenn der von den x_i, $i \in I$, erzeugte $\mathbb{K}$–Unterraum dicht in V ist.

Vollständige Orthonormalysteme heißen auch Hilbert–Basen. Eine Orthonormalbasis ist trivialerweise ein vollständiges Orthonormalsystem. Da jeder Prähilbertraum abzählbarer Dimension Orthonormalbasen besitzt (Schmidtsches Orthonormalisierungsverfahren), *besitzt jeder Prähilbertraum mit einem dichten Unterraum abzählbarer Dimension vollständige Orthonormalsysteme.*

Aus 76.18b) folgt sofort:

76.19 Satz *Sei $(x_i)_{i\in I}$ ein Orthonormalsystem im Prähilbertraum V. Folgende Aussagen sind äquivalent:*

(1) *$(x_i)_{i\in I}$ ist vollständig.*

(2) *Für alle $x \in V$ ist $\sum_{i\in I} |<x, x_i>|^2 = \|x\|^2$ (Parsevalsche Gleichung).*

(3) *Für alle $x \in V$ ist $\sum_{i\in I} <x, x_i>x_i = x$.*

76.20 Satz *Seien V ein $\mathbb{K}$-Prähilbertraum, W ein vollständiger Unterraum und x_i, $i \in I$, ein vollständiges Orthonormalsystem von W. Dann ist*

$$x \mapsto \sum_{i \in I} <x, x_i> x_i$$

die orthogonale Projektion von V auf W. Insbesondere besitzt W ein orthogonales Komplement in V: Es ist $V = W \oplus W^\perp$.

Beweis. Für $x \in V$ ist $(<x, x_i>x_i)_{i \in I}$ nach 76.18a) eine Cauchy-Familie und damit summierbar in W. Es genügt nun zu zeigen, daß $y := x - \sum_{i \in I} <x, x_i> x_i$ senkrecht auf W ist. Da $\{y\}^\perp$ als Kern der stetigen Linearform $z \mapsto <z, y>$ abgeschlossen ist, genügt es, $y \perp x_j$ für alle $j \in I$ zu verifizieren. Es ist aber wegen der Stetigkeit des Skalarprodukts (vgl. Aufgabe 5)

$$\begin{aligned} <y, x_j> &= <x, x_j> - <\sum_{i \in I} <x, x_i> x_i, x_j> \\ &= <x, x_j> - \sum_{i \in I} <x, x_i><x_i, x_j> = <x, x_j> - <x, x_j> = 0 . \bullet \end{aligned}$$

76.21 Satz *Jeder Hilbert-Raum V besitzt ein vollständiges Orthonormalsystem.*

Beweis. Sei $\mathcal{O} \subseteq \mathbf{P}(V)$ die Menge der Teilmengen von V, die ein Orthonormalsystem sind. $\mathcal{O}$ ist trivialerweise bezüglich der Inklusion induktiv geordnet. Seien $N \in \mathcal{O}$ ein maximales Element (vgl. das Zornsche Lemma 4.1) und W der Abschluß des von N erzeugten Unterraumes von V. Wir haben $W = V$ zu zeigen. W ist ein Hilbert-Raum mit vollständigem Orthonormalsystem N. Nach 76.20 ist $V = W \oplus W^\perp$. Wäre $W^\perp \neq 0$ und $x \in W^\perp$ mit $\|x\| = 1$, so wäre $N \cup \{x\}$ ebenfalls ein Orthonormalsystem. Dies widerspräche der Maximalität von N. Also ist $W^\perp = 0$ und $V = W$.•

Der Beweis zeigt genauer: Jedes Orthonormalsystem eines Hilbertraumes läßt sich zu einem vollständigen Orthonormalsystem ergänzen.

Aus 76.20 und 76.21 folgt sofort:

76.22 Satz *In einem Hilbert-Raum besitzt jeder abgeschlossene Unterraum ein orthogonales Komplement.*

Umgekehrt ist in einem beliebigen Prähilbertraum ein Unterraum W, der ein orthogonales Komplement besitzt, offenbar notwendigerweise abgeschlossen.

Sei V weiter ein Prähilbertraum. Ist V endlichdimensional, so definiert das Skalarprodukt eine vollständige Dualität: Der (semilineare) Homomorphismus $\tau : V \to V^*$ mit $y \mapsto (x \mapsto <x, y>)$ ist bijektiv. In jedem Fall ist

τy für alle $y \in V$ eine *stetige* Linearform auf V mit $\|\tau y\| = \|y\|$, denn $|(\tau y)(x)| = |<x,y>| \le \|x\|\|y\|$, $x \in V$, impliziert $\|\tau y\| \le \|y\|$. Andererseits ist $|(\tau y)(y)| = <y,y> = \|y\|\|y\|$, woraus $\|\tau y\| \ge \|y\|$ folgt. Somit induziert τ eine semilineare Isometrie von V in den Raum V' der *stetigen* Linearformen auf V.

Ist nun V vollständig, so ist das Bild dieser Abbildung ganz V'. Jede stetige Linearform $f \in V'$ besitzt dann also einen Gradienten $\mathrm{grad} f$ mit $f(x) = <x, \mathrm{grad} f>$ für alle $x \in V$. Dies ist der Inhalt des folgenden Satzes.

76.23 Darstellungssatz von Riesz *Für einen Hilbertraum V ist die kanonische semilineare Abbildung $\tau : V \to V'$ eine bijektive Isometrie.*

Beweis. Die Surjektivität von τ ist noch zu zeigen. Sei $f \in V'$, $f \neq 0$. Es ist $H := \mathrm{Kern} f$ eine abgeschlossene Hyperebene in V, die nach 76.22 ein orthogonales Komplement $\mathbb{K}z$ mit $\|z\| = 1$ besitzt. Sei $y := \overline{f(z)}z$. Dann gilt für $x \in V$:

$$<x,y> = \begin{cases} 0 = f(x)\,, & \text{falls } x \in H, \\ <z,y> = <z, \overline{f(z)}z> = f(z)\,, & \text{falls } x = z. \end{cases}$$

Es folgt $f = \tau y$. ∎

Insbesondere folgt aus 76.23, daß die Norm auf dem Raum V' der stetigen Linearformen auf einem Hilbertraum V von einem Skalarprodukt herrührt und daß V' demgemäß ebenfalls ein Hilbertraum ist.

Beispiel 14 (Legendresche Polynome) Seien $a, b \in \mathbb{R}$, $a < b$. *Im Raum* $\mathrm{C}([a,b])$ *der stetigen (komplexwertigen) Funktionen mit der Integralnorm* $x \mapsto \|x\| = (\int_a^b |x|^2 dt)^{1/2}$ (vgl. Beispiel 5) *ist der Raum der Polynomfunktionen ein dichter Unterraum.* Nach dem Weierstraßschen Approximationssatz (vgl. Beispiel 12) gilt dies zunächst bezüglich der Tschebyscheff-Norm $\| - \|_\infty$ auf $\mathrm{C}([a,b])$. Wegen $\|x\| \le \sqrt{(b-a)}\|x\|_\infty$ für alle $x \in \mathrm{C}([a,b])$ gilt dies dann aber erst recht für die Integralnorm. Nach §73, Aufgabe 28 bilden daher die Legendreschen Polynome P_n, $n \in \mathbb{N}$, für das Intervall $[a,b]$ ein vollständiges Orthonormalsystem in $\mathrm{C}([a,b])$. Es folgt aus 76.19 für alle $x \in \mathrm{C}([a,b])$ (wegen $P_n = \overline{P}_n$):

$$x = \sum_{n \in \mathbb{N}} \Big(\int_a^b x P_n \, dt\Big) P_n \,, \quad \|x\|^2 = \int_a^b |x|^2 dt = \sum_{n \in \mathbb{N}} \Big|\int_a^b x P_n \, dt\Big|^2 .$$

$y_n := \sum_{\nu=0}^n (\int_a^b x P_\nu \, dt) P_\nu$ ist ferner unter allen Polynomfunktionen y vom Grade $\le n$ diejenige, für die $\|x - y\| = (\int_a^b |x-y|^2 dt)^{1/2}$ den kleinsten Wert annimmt. Man sagt: y_n approximiert x unter allen Polynomfunktionen vom Grade $\le n$ im quadratischen Mittel am besten, und die Folge (y_n) konvergiert gegen x im quadratischen Mittel. Da $\mathrm{C}([a,b])$ dicht in $\mathrm{L}^2([a,b])$ ist (vgl. Beispiel 13), gelten entsprechende Aussagen für beliebige $x \in \mathrm{L}^2([a,b])$.

Beispiel 15 (Fourier-Entwicklung) Im Raum $\mathrm{C}([0,1])$ der auf dem Einheitsintervall $[0,1] \subseteq \mathbb{R}$ stetigen (komplexwertigen) Funktionen mit dem Skalarprodukt $<x, y> = \int_0^1 x\overline{y}dt$ bilden die Funktionen

$$x_n := \exp(2\pi\,\mathrm{i}nt) = \cos 2\pi nt + \mathrm{i}\sin 2\pi nt\,,\ \ n \in \mathbb{Z}\,,$$

ein Orthonormalsystem wegen

$$\int_0^1 x_m\overline{x}_n dt = \int_0^1 \exp(2\pi\,\mathrm{i}(m-n)t)dt = \begin{cases} 1\,, & \text{falls } m = n, \\ 0\,, & \text{falls } m \neq n. \end{cases}$$

Dieses Orthonormalsystem ist vollständig. B e w e i s. Offensichtlich ist in $\mathrm{C}([0,1])$ der Raum W der $x \in \mathrm{C}([0,1])$ mit $x(0) = x(1)$ dicht. Es ist $x = \lim xy_n$, wobei die Funktionen y_n, $n \in \mathbb{N}$, wie folgt definiert sind:

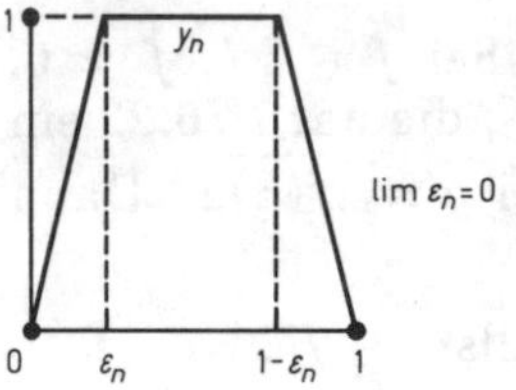

Die Abbildung $t \mapsto \exp(2\pi\,\mathrm{i}t)$ von $[0,1]$ auf $S^1 = \{u \in \mathbb{C} : |u| = 1\}$ induziert einen Isomorphismus von W auf den Raum $\mathrm{C}(S^1)$ aller stetigen Funktionen auf dem Einheitskreis $S^1 \subseteq \mathbb{C}$. Den Funktionen x_n, $n \in \mathbb{Z}$, entsprechen dabei die Funktionen $u \mapsto u^n$, $n \in \mathbb{Z}$. Diese bilden aber eine $\mathbb{C}$–Basis der Algebra der Polynomfunktionen auf $S^1 \subseteq \mathbb{R}^2$. Sind nämlich t_1, t_2 die beiden Koordinatenfunktionen des $\mathbb{R}^2$, so ist auf S^1:

$$t_1 = \operatorname{Re} u = \frac{1}{2}(u + \overline{u}) = \frac{1}{2}(u + u^{-1})\,,\ \ t_2 = \operatorname{Im} u = \frac{1}{2\mathrm{i}}(u + u^{-1})\,,$$

$$u = t_1 + \mathrm{i}t_2\,,\ \ u^{-1} = t_1 - \mathrm{i}t_2\,,$$

und folglich $\mathbb{C}[t_1, t_2] = \mathbb{C}[u, u^{-1}]$ wie behauptet. Da die Algebra der Polynomfunktionen nach dem Weierstraßschen Approximationssatz (vgl. Beispiel 12) bezüglich der Tschebyscheff–Norm dicht in $\mathrm{C}(S^1)$ ist, ist der von den x_n, $n \in \mathbb{Z}$, in W erzeugte Unterraum ebenfalls dicht bezüglich der Tschebyscheff–Norm und dann erst recht bezüglich der Integralnorm. — Aus 76.19 ergibt sich nun für $x \in \mathrm{C}([0,1])$:

$$x = \sum_{n\in\mathbb{Z}} a_n \exp(2\pi\,\mathrm{i}nt)\,,\ \ a_n := <x, x_n> = \int_0^1 x\exp(-2\pi\,\mathrm{i}nt)dt$$

(E u l e r – F o u r i e r s c h e F o r m e l),

$$\|x\|^2 = \int_0^1 |x|^2\,dt = \sum_{n\in\mathbb{Z}} |a_n|^2$$

(P a r s e v a l s c h e G l e i c h u n g). Ferner approximiert die Funktion

$$y_n := \sum_{\nu=-n}^{n} a_\nu \exp(2\pi\,\mathrm{i}\nu t)$$

unter allen Funktionen aus $T_n := \sum_{\nu=-n}^{n} \mathbb{C}\exp(2\pi i\nu t)$ die Funktion x im quadratischen Mittel am besten. (Man nennt den Raum $T_n \subseteq \mathrm{C}([0,1])$ auch den Raum der trigonometrischen Polynome vom Grade $\leq n$ und $T := \bigcup_{n\geq 0} T_n$ die Algebra aller trigonometrischen Polynome auf $[0,1]$.)

Analoge Resultate gelten für alle $x \in \mathrm{L}^2([0,1])$, da $\mathrm{C}([0,1])$ dicht in $\mathrm{L}^2([0,1])$ liegt, vgl. Beispiel 13. Die Koeffizienten $a_n = \langle x, x_n\rangle$, $n \in \mathbb{Z}$, in der obigen sogenannten Fourier-Entwicklung von x heißen auch die Fourierkoeffizienten. Man überträgt diese Sprechweise häufig auf die Zahlen $\langle x, x_i\rangle$, $i \in I$, für ein Element x eines beliebigen Prähilbertraumes V bezüglich eines beliebigen Orthonormalsystems $(x_i)_{i\in I}$ in V.

Für die Funktion $t \mapsto t$, $t \in [0,1]$, etwa sind die Fourierkoeffizienten die Zahlen

$$a_n = \int_0^1 t\exp(-2\pi int)dt = \begin{cases} \frac{1}{2}, & \text{falls } n = 0, \\ -\frac{1}{2\pi in}, & \text{falls } n \neq 0, \end{cases}$$

und die Parsevalsche Gleichung ergibt $\frac{1}{3} = \sum_{n\in\mathbb{Z}} |a_n|^2 = \frac{1}{4} + \sum_{n\in\mathbb{N}_+} 1/(2n^2\pi^2)$ bzw. nach trivialen Umformungen die bereits von Euler gefundene Gleichung

$$\sum_{n=1}^{\infty} \frac{1}{n^2} = \frac{\pi^2}{6}.$$

(Vgl. auch Aufgabe 60.)

Beispiel 16 (Entwicklung mittels Kugelfunktionen) Allgemeiner als in Beispiel 15 betrachten wir für ein $n \in \mathbb{N}$ den Raum $\mathrm{C}(S^n)$ der stetigen komplexwertigen Funktionen auf der Einheitssphäre

$$S^n = \{(t_0, \ldots, t_n) \in \mathbb{R}^{n+1} : \sum_{\nu=0}^{n} t_\nu^2 = 1\} \subseteq \mathbb{R}^{n+1}.$$

Wir benutzen im weiteren die Integrationstheorie für mehrere Veränderliche. Das Skalarprodukt für $x, y \in \mathrm{C}(S^n)$ ist das Oberflächenintegral

$$\langle x, y\rangle := \int_{S^n} x\overline{y}\,d\lambda_{S^n}.$$

Nach dem Weierstraßschen Approximationssatz (vgl. Beispiel 12) ist die Algebra der Polynomfunktionen auf $S^n \subseteq \mathbb{R}^{n+1}$ dicht in $\mathrm{C}(S^n)$ bezüglich der Tschebyscheff-Norm $\|-\|_\infty$ auf $\mathrm{C}(S^n)$ und dann wegen

$$\|x\| = \Big(\int_{S^n} |x|^2 d\lambda_{S^n}\Big)^{1/2} \leq \|x\|_\infty \sqrt{\Omega_n},$$

wobei Ω_n die Größe der Oberfläche von S^n ist, auch bezüglich der von obigem Skalarprodukt herrührenden Integralnorm $\|-\|$. Nach §57, Aufgabe 37 werden alle Polynomfunktionen auf S^n durch die harmonischen Polynome $f \in \mathbb{C}[X_0, \ldots, X_n]$ mit $\Delta f = \partial_0^2 f + \cdots + \partial_n^2 f = 0$ induziert. Ist U_{n+1} der Raum dieser harmonischen Polynome, so ist

$$U_{n+1} = \bigoplus_{r \in \mathbb{N}} U_{n+1}^{(r)}, \quad \mathrm{Dim}_{\mathbb{C}} U_{n+1}^{(r)} = \binom{n+r}{r} - \binom{n+r-2}{r-2}, \quad n, r \in \mathbb{N},$$

wobei $U_{n+1}^{(r)}$ der Raum der homogenen harmonischen Polynome vom Grade r ist, vgl. loc. cit. Die Polynome aus $U_{n+1}^{(r)}$ definieren auf S^n die Kugelfunktionen r-ter Ordnung. *Es ist*

$$U_{n+1}^{(r)} \perp U_{n+1}^{(s)}, \quad r \neq s.$$

Beweis. Seien $f \in U_{n+1}^{(r)}$ und $g \in U_{n+1}^{(s)}$. Mit der Greenschen Formel (vgl. [47], §210, Aufgabe 13 oder [53], 88.8.2) erhält man wegen $\Delta f = 0$ und $\Delta \overline{g} = \overline{\Delta g} = 0$

$$0 = \int_{\overline{B}^{n+1}} (f \Delta \overline{g} - \overline{g} \Delta f) dt_0 \cdots dt_n = \int_{S^n} (f \partial_N \overline{g} - \overline{g} \partial_N f) d\lambda_{S^n},$$

wobei $\overline{B}^{n+1} := \{(t_0, \ldots, t_n) \in \mathbb{R}^{n+1} : t_0^2 + \cdots + t_n^2 \leq 1\}$ ist und ∂_N die Ableitung in Richtung der äußeren Normalen bezeichnet, also $\partial_N h(t) = \sum_{\nu=0}^{n} t_\nu \partial_\nu h(t)$ für $t = (t_0, \ldots, t_n) \in S^n$. Nach der Eulerschen Formel (vgl. §57, Aufgabe 4) ist

$$\partial_N f(t) = \sum_{\nu=0}^{n} t_\nu \partial_\nu f(t) = r f(t), \quad \partial_N \overline{g}(t) = s \overline{g}(t),$$

woraus $0 = \int_{S^n} (f \partial_N \overline{g} - \overline{g} \partial_N f) d\lambda_{S^n} = (s - r) \int_{S^n} f \overline{g} d\lambda_{S^n}$ und somit $f \perp g$ bei $r \neq s$ folgt, wie behauptet. •

Ohne für die einzelnen Räume $U_{n+1}^{(r)}$ Orthonormalbasen angeben zu müssen (die zusammen ein vollständiges Orthonormalsystem für $\mathrm{C}(S^n)$ ergäben), können wir jetzt auf Grund von 76.19 sagen: Ist $x \in \mathrm{C}(S^n)$ und bezeichnet $p_r x$ die orthogonale Projektion von x auf $U_{n+1}^{(r)}$, so ist

$$x = \sum_{r \in \mathbb{N}} p_r x, \quad \|x\|^2 = \sum_{r \in \mathbb{N}} \|p_r x\|^2.$$

Die so gewonnene Darstellung von x heißt die Entwicklung von x nach den Kugelfunktionen. Für $n = 1$ ist dies im wesentlichen die Fourier-Entwicklung, vgl. Beispiel 15 und §57, Aufgabe 37c). Der Fall $n = 2$ ist für unseren Anschauungsraum wichtig, z.B. für die Darstellung von Funktionen auf der Erdoberfläche. — Die Darstellungen $x = \sum_{r \in \mathbb{N}} p_r x$ und $\|x\|^2 = \sum_{r \in \mathbb{N}} \|p_r x\|^2$ gelten allgemeiner für Funktionen $x \in \mathrm{L}^2(S^n)$.

Aufgaben

1. Sei I eine Menge. Ein I-Tupel $(a_i)_{i \in I} \in \mathbb{K}^I$ heiße ein Nullsystem, wenn für jedes $\epsilon > 0$ die Ungleichung $|a_i| \leq \epsilon$ für fast alle $i \in I$ gilt. Die Menge der Nullsysteme ist ein Unterraum $\ell_{\mathbb{K}}^0(I)$ von $\mathbb{K}^I$. Durch $\|(a_i)\|_0 := \mathrm{Max}(|a_i| : i \in I)$ ist eine vollständige Norm auf $\ell_{\mathbb{K}}^0(I)$ definiert, und $\mathbb{K}^{(I)}$ liegt dicht in $\ell_I^0(\mathbb{K})$. Es ist also $\ell_{\mathbb{K}}^0(I)$ die Vervollständigung von $\mathbb{K}^{(I)}$ bezüglich der Maximumsnorm.

2. Sei I eine Menge. Die Menge der absolut summierbaren I–Tupel $(a_i)_{i\in I} \in \mathbb{K}^I$ ist ein Unterraum $\ell^1_{\mathbb{K}}(I)$ von $\mathbb{K}^I$, der bezüglich der Norm $\|(a_i)\|_1 := \sum_{i\in I} |a_i|$ ein Banachraum ist, in dem $\mathbb{K}^{(I)}$ dicht liegt. $\ell^1_{\mathbb{K}}(I)$ ist also die Vervollständigung von $\mathbb{K}^{(I)}$ bezüglich der Summennorm.

3. Sei I eine Menge. Die Menge der I–Tupel $(a_i)_{i\in I} \in \mathbb{K}^I$, für die $(|a_i|^2)_{i\in I}$ summierbar ist, ist ein Unterraum $\ell^2_{\mathbb{K}}(I)$ von $\mathbb{K}^I$. Auf $\ell^2_{\mathbb{K}}(I)$ ist durch $<(a_i),(b_i)> := \sum_i a_i \bar{b}_i$ ein Skalarprodukt definiert, bezüglich dessen $\ell^2_{\mathbb{K}}(I)$ ein Hilbertraum ist, in dem $\mathbb{K}^{(I)}$ dicht liegt. $\ell^2_{\mathbb{K}}(I)$ ist also die Vervollständigung von $\mathbb{K}^{(I)}$ mit dem Standardskalarprodukt. Ist V ein beliebiger $\mathbb{K}$–Hilbertraum mit einem vollständigen Orthonormalsystem x_i, $i \in I$, so ist $(a_i) \mapsto \sum_i a_i x_i$ eine bijektive Isometrie von $\ell^2_{\mathbb{K}}(I)$ auf V. (Die Räume $\ell^2_{\mathbb{K}}(I)$ repräsentieren also bis auf Isomorphie sämtliche $\mathbb{K}$–Hilberträume.)

4. a) Die Maximumsnorm und die Summennorm auf $\mathbb{K}^{(I)}$ rühren bei Kard $I \geq 2$ nicht von einem Skalarprodukt her.

b) Die Tschebyscheff–Norm und die L^1–Norm auf $C_{\mathbb{K}}([a,b])$, $a < b$, rühren nicht von einem Skalarprodukt her.

5. Sei V ein $\mathbb{K}$–Vektorraum mit Skalarprodukt. Das Skalarprodukt ist eine stetige Abbildung von $V \times V$ in $\mathbb{K}$.

6. Für eine normierte $\mathbb{K}$–Algebra A ist die Multiplikation $(x, y) \mapsto xy$ eine stetige Abbildung von $A \times A$ in A.

7. Seien V und W normierte $\mathbb{K}$–Vektorräume. Ist V endlichdimensional, so ist jede $\mathbb{K}$–lineare Abbildung $V \to W$ stetig. Ist V nicht endlichdimensional und $W \neq 0$, so gibt es $\mathbb{K}$–lineare Abbildungen $V \to W$, die nicht stetig sind.

8. (H o m o g e n e F u n k t i o n e n) Seien V ein reeller Vektorraum und $\alpha \in \mathbb{R}$. Eine Funktion $f : V \setminus \{0\} \to \mathbb{R}$ heißt h o m o g e n v o m G r a d e α, wenn für alle $x \in V \setminus \{0\}$ und alle $r \in \mathbb{R}_+^\times$ gilt:

$$f(rx) = r^\alpha f(x)\,.$$

Sei nun V überdies normiert und endlichdimensional. Ist $f : V \setminus \{0\} \to \mathbb{R}$ stetig und homogen vom Grade α, so gibt es ein $C \geq 0$ mit

$$|f(x)| \leq C \cdot \|x\|^\alpha$$

für alle $x \in V \setminus \{0\}$. Ist $f(x) > 0$ für alle $x \in V \setminus \{0\}$, so gibt es ein $c > 0$ mit

$$c\|x\|^\alpha \leq f(x)$$

für alle $x \in V \setminus \{0\}$. (Dies verallgemeinert 76.3. — Man wähle $C := \mathrm{Max}(|f(x)| : \|x\| = 1)$ bzw. $c := \mathrm{Min}(f(x) : \|x\| = 1)$ (bei $V \neq 0$). — Generell definiert man homogene Funktionen auf sogenannten K e g e l n $K \subseteq V \setminus \{0\}$, die mit jedem Punkt $x \in K$ den offenen Strahl $\mathbb{R}_+^\times x$ enthalten.)

9. Sei E ein reeller affiner Raum der Dimension $n \in \mathbb{N}$. Sind $P_0, \ldots, P_n \in E$ affin unabhängige Punkte, so heißt die Menge der Punkte $\sum_{i=0}^n a_i P_i$ mit $\sum_{i=0}^n a_i = 1$, $0 < a_i$, $i = 0, \ldots, n$, das I n n e r e des affinen n–Simplex mit den Ecken $P_0, \ldots, P_n$ oder auch das o f f e n e n – S i m p l e x mit den Ecken $P_0, \ldots, P_n$, vgl. §43. Man zeige: Das Innere eines affinen n–Simplex in E ist offen in E, und jede offene Menge in E ist Vereinigung von offenen n–Simplizes in E. (Bemerkung. Die offenen affinen n–Simplizes in E bilden also eine Basis der Topologie von E. Damit ist eine invariante Beschreibung der natürlichen Topologie von E gegeben. Andere solche Beschreibungen sind etwa die folgenden: Die natürliche Topologie von E ist die kleinste Topologie, die die offenen Halbräume von E enthält (vgl. §43), bzw. die kleinste Topologie, für die die affinen Funktionen $E \to \mathbb{R}$ stetig sind (bzgl. der natürlichen Topologie von $\mathbb{R}$).)

10. Seien V und W normierte $\mathbb{K}$–Vektorräume, W sei vollständig.

a) $\mathrm{L}_{\mathbb{K}}(V, W)$ ist vollständig. Insbesondere sind der stetige Dualraum $V' = \mathrm{L}_{\mathbb{K}}(V, \mathbb{K})$ und die Algebra $\mathrm{L}_{\mathbb{K}}(W, W)$ der stetigen Operatoren auf W vollständig.

b) Die Abbildung $f \mapsto f|V$ von $\mathrm{L}_{\mathbb{K}}(\hat{V}, W)$ in $\mathrm{L}_{\mathbb{K}}(V, W)$ ist bijektiv und normerhaltend.

11. Seien V und W endlichdimensionale reelle Vektorräume. Jeder stetige Homomorphismus der additiven Gruppe von V in die additive Gruppe von W ist $\mathbb{R}$–linear.

12. a) Die einzigen stetigen Körper–Endomorphismen von $\mathbb{C}$ sind die Identität und die komplexe Konjugation.

b) Seien E ein endlichdimensionaler komplexer affiner Raum der Dimension ≥ 2 über dem $\mathbb{C}$–Vektorraum V und f eine stetige Kollineation von E (vgl. §43, Bemerkung 5). Dann ist f affin oder aber von der Gestalt $P \mapsto f_0(\overrightarrow{OP}) + O$, $O \in E$ fest, wobei $f_0 \colon V \to V$ ein antilinearer Automorphismus von V ist (mit $f_0(ax) = \overline{a} f_0(x)$ für $a \in \mathbb{C}$, $x \in V$). (43.9.)

c) Man formuliere und beweise die zu b) analoge Aussage für komplex–projektive Räume. (Vgl. Anhang V.H, insbesondere V.H.4.)

13. Seien $a, b \in \mathbb{R}$, $a < b$.

a) Sei $y \in \mathrm{C}_{\mathbb{K}}([a, b])$. Die Linearform $x \mapsto \int_a^b x(t)y(t)dt$ auf $\mathrm{C}_{\mathbb{K}}([a, b])$ hat bezüglich der Tschebyscheff–Norm bzw. der L^1–Norm bzw. der L^2–Norm auf $\mathrm{C}_{\mathbb{K}}([a, b])$ die Normen $\|y\|_1$ bzw. $\|y\|_\infty$ bzw. $\|y\|_2$.

b) Seien $t_1, \ldots, t_r \in [a, b]$ paarweise verschieden und $w_1, \ldots, w_r \in \mathbb{K}^\times$, $r > 0$. Die Linearform $x \mapsto \sum_{i=1}^r w_i x(t_i)$ auf $\mathrm{C}_{\mathbb{K}}([a, b])$ hat bezüglich der Tschebyscheff–Norm die Norm $\sum_{i=1}^r |w_i|$ und bezüglich der L^1– bzw. L^2–Norm die Norm ∞.

14. Seien I, J endliche Mengen. Die $\mathbb{K}$–linearen Abbildungen $\mathbb{K}^J \to \mathbb{K}^I$ identifizieren wir mit den $(I \times J)$–Matrizen über $\mathbb{K}$. Normen auf $\mathbb{K}^I$ und $\mathbb{K}^J$ induzieren daher eine Norm auf $\mathsf{M}_{I,J}(\mathbb{K})$.

a) Tragen $\mathbb{K}^I$ und $\mathbb{K}^J$ die Maximumsnormen, so ist $\|\mathbf{A}\|$ das Maximum der Zeilen–Summennormen $\sum_{j \in J} |a_{ij}|$, $i \in I$, für $\mathbf{A} = (a_{ij}) \in \mathsf{M}_{I,J}(\mathbb{K})$.

b) Tragen $\mathbb{K}^I$ und $\mathbb{K}^J$ die Summennormen, so ist $\|\mathbf{A}\|$ das Maximum der Spalten–Summennormen $\sum_{i \in I} |a_{ij}|$, $j \in J$, für $\mathbf{A} = (a_{ij}) \in \mathsf{M}_{I,J}(\mathbb{K})$.

c) Tragen $\mathbb{K}^I$ und $\mathbb{K}^J$ die euklidischen Normen, so ist $\|\mathbf{A}\| = \sqrt{c}$, wobei c der größte Eigenwert von ${}^t\mathbf{A}\overline{\mathbf{A}}$ ist. (Man benutze §72, Aufgabe 22c); vgl. auch §79, Aufgabe 35g), wo das Ergebnis durchsichtiger dargestellt ist.)

15. Seien A eine $\mathbb{K}$–Banach–Algebra und $\sum_{\nu=0}^{\infty} a_\nu X^\nu$ eine konvergente Potenzreihe über $\mathbb{K}$ mit dem Konvergenzradius R (d.h. insbesondere, $\sum |a_\nu| r^\nu$ konvergiere für alle r mit $0 \leq r < R$).

a) Für $x \in A$ mit $\|x\| < R$ ist $\sum_{\nu=0}^{\infty} a_\nu x^\nu$ normal konvergent. Beispiele. (1) Ist V ein $\mathbb{K}$–Banach–Raum und ist f ein Operator auf V mit $\|f\| < R$, so ist $\sum_{\nu=0}^{\infty} a_\nu f^\nu$ normal konvergent (in $\mathrm{L}_{\mathbb{K}}(V,V)$). (2) Für alle $x \in A$ sind

$$\exp x = \sum_{\nu=0}^{\infty} \frac{x^\nu}{\nu!}, \quad \sin x = \sum_{\nu=0}^{\infty} (-1)^\nu \frac{x^{2\nu+1}}{(2\nu+1)!}, \quad \cos x = \sum_{\nu=0}^{\infty} (-1)^\nu \frac{x^{2\nu}}{(2\nu)!}$$

usw. wohldefinierte Elemente in A, ebenso

$$\ln(1+x) = \sum_{\nu=1}^{\infty} (-1)^{\nu-1} \frac{x^\nu}{\nu},$$

falls $\|x\| < 1$. Insbesondere gilt dies, wenn $x = f$ wie in (1) ein stetiger Operator auf einem $\mathbb{K}$–Banachraum ist. (Vgl. auch die Aufgaben 16,18.)

b) Die Abbildung $x \mapsto \sum_{\nu=0}^{\infty} a_\nu x^\nu$ ist auf der offenen Kugel $\mathrm{B}(0; R)$ von A stetig. (Man beachte etwa die Gleichung $x^n - y^n = \sum_{\nu=0}^{n-1} x^\nu (x-y) y^{n-1-\nu}$, die für alle $n \in \mathbb{N}$ und beliebige (nicht notwendig vertauschbare) Elemente x, y eines Ringes gilt.)

16. Sei A eine $\mathbb{K}$–Banachalgebra.

a) Ist $x \in A$ und $\|x\| < 1$, so ist $1 - x$ in A invertierbar mit $(1-x)^{-1} = \sum_{\nu=0}^{\infty} x^\nu$ und $\|(1-x)^{-1}\| \leq (1 - \|x\|)^{-1}$.

b) Ist $x \in A^\times$, so ist $\mathrm{B}(x; 1/\|x^{-1}\|) \subseteq A^\times$. Insbesondere ist $A^\times$ offen in A.

c) Die Inversenbildung $y \mapsto y^{-1}$ ist ein Homöomorphismus von $A^\times$. (Aufg. 15b).)

17. Sei f ein Operator auf dem endlichdimensionalen normierten $\mathbb{C}$–Vektorraum V.

a) Folgende Aussagen sind äquivalent: (1) Die geometrische Reihe $\sum_\nu f^\nu$ konvergiert. (2) Es ist $\lim f^n = 0$. (3) Es gibt ein $m \in \mathbb{N}$ mit $\|f^m\| < 1$. (4) Alle Eigenwerte von f haben einen Betrag < 1. — Sind diese Bedingungen erfüllt, so ist $\sum_\nu f^\nu = (1-f)^{-1}$ und f heißt a s y m p t o t i s c h s t a b i l.

b) Folgende Aussagen sind äquivalent: (1) Die Folge f^n, $n \in \mathbb{N}$, konvergiert. (2) Alle Eigenwerte $\neq 1$ von f haben einen Betrag < 1; und ist 1 Eigenwert von f, so ist sein Index bezüglich f gleich 1. — Sind diese Bedingungen erfüllt, so ist $\lim f^n$ die Projektion auf den Eigenraum $V^1(1; f) = V(1; f)$ längs der übrigen Primärkomponenten von f.

c) Folgende Aussagen sind äquivalent: (1) Die Folge f^n, $n \in \mathbb{N}$, ist beschränkt. (2) Alle Eigenwerte von f haben einen Betrag ≤ 1; und die Eigenwerte vom Betrag 1 haben bezüglich f den Index 1. — Sind diese Bedingungen erfüllt, so sagt man, f sei s t a b i l. Ist $\|f\| \leq 1$, so ist f stabil.

d) $\lim \sqrt[n]{\|f^n\|}$ ist der S p e k t r a l r a d i u s $\rho(f) := \mathrm{Max}(|a| : a \in \mathrm{spek} f)$ von f. (Es ist $\rho(f) \leq \sqrt[n]{\|f^n\|}$ für alle $n \in \mathbb{N}_+$. Ferner ist f^n/a^n, $n \in \mathbb{N}$, für alle $a > \rho(f)$ nach a) eine Nullfolge.)

e) Zu jedem $\epsilon > 0$ gibt es eine Norm auf V (sogar eine, die von einem Skalarprodukt herrührt) mit $\rho(f) \le \|f\| \le \rho(f) + \epsilon$. (Zu jedem $\delta > 0$ gibt es eine Basis von V derart, daß die Matrix von f in dieser Basis eine obere Dreiecksmatrix ist, deren Elemente außerhalb der Hauptdiagonalen dem Betrage nach $\le \delta$ sind. Nun benutze man Aufgabe 14. — Unter welcher Voraussetzung läßt sich sogar die Gleichheit $\rho(f) = \|f\|$ erreichen? (Vgl. c).))

18. (Exponentialabbildung) Sei A eine $\mathbb{K}$–Banachalgebra. Für jedes $x \in A$ konvergiert die Reihe $\sum_{\nu \ge 0} x^\nu/\nu!$ normal mit der Summe

$$e^x = \exp x = \sum_{\nu=0}^{\infty} \frac{x^\nu}{\nu!}\,.$$

a) Für $x, y \in A$ ist

$$\|\exp x\| \le \exp\|x\| \quad \text{und} \quad \|\exp x - \exp y\| \le \|x - y\| \exp(\mathrm{Max}(\|x\|, \|y\|))\,.$$

b) Sind $x, y \in A$ vertauschbar, so ist $\exp(x+y) = \exp(x)\exp(y)$ (Additionstheorem der Exponentialabbildung).

c) Für jedes $x \in A$ ist $\exp x \in A^\times$ und $(\exp x)^{-1} = \exp(-x)$. Die Abbildung $x \mapsto \exp x$ von A in $A^\times$ ist stetig. Ist A kommutativ, so ist sie ein Gruppenhomomorphismus (der additiven Gruppe von A in die multiplikative Gruppe $A^\times$).

d) Ist $\varphi : A \to B$ ein stetiger Homomorphismus von $\mathbb{K}$–Banachalgebren, so ist das folgende Diagramm kommutativ:

$$\begin{array}{ccc} A & \xrightarrow{\varphi} & B \\ {\scriptstyle \exp_A}\big\downarrow & & \big\downarrow{\scriptstyle \exp_B} \\ A^\times & \xrightarrow{\varphi^\times} & B^\times\,. \end{array}$$

19. Sei A eine kommutative endlichdimensionale (normierte) $\mathbb{K}$–Algebra. (Man beachte: Jede endlichdimensionale $\mathbb{K}$–Algebra A läßt sich normieren, beispielsweise mit der kanonischen Einbettung $A \to \mathrm{End}_{\mathbb{K}} A$.) Wir betrachten das kommutative Diagramm

$$\begin{array}{ccccccccc} 0 & \longrightarrow & \mathbf{m}_A & \longrightarrow & A & \longrightarrow & A/\mathbf{m}_A & \longrightarrow & 0 \\ & & \big\downarrow{\scriptstyle \exp} & & \big\downarrow{\scriptstyle \exp_A} & & \big\downarrow{\scriptstyle \exp_{A/\mathbf{m}_A}} & & \\ 1 & \longrightarrow & 1+\mathbf{m}_A & \longrightarrow & A^\times & \longrightarrow & (A/\mathbf{m}_A)^\times & \longrightarrow & 1\,, \end{array}$$

wobei $\mathbf{m}_A = \mathbf{n}_A$ das Jacobson- und Nilradikal von A ist.

a) Nach §57, Aufgabe 36 ist $\mathbf{m}_A \to 1 + \mathbf{m}_A$ bijektiv. Es folgt (vgl. §42, Aufg. 15):

$$\mathrm{Kern}\ \exp_A \cong \mathrm{Kern}\ \exp_{A/\mathbf{m}_A}\,, \quad \mathrm{Kokern}\ \exp_A \cong \mathrm{Kokern}\ \exp_{A/\mathbf{m}_A}\,.$$

b) Sei $\mathbb{K} = \mathbb{C}$ und $A/\mathbf{m}_A \cong \mathbb{C}^n$ (vgl. §55, Aufgabe 10a)). Dann ist

$$\mathrm{Kern}\ \exp_A \cong \mathbb{Z}^n\,, \quad \mathrm{Kokern}\ \exp_A = 1\,.$$

c) Sei $\mathbb{K} = \mathbb{R}$ und $A/\mathbf{m}_A \cong \mathbb{R}^m \times \mathbb{C}^n$ (vgl. §55, Aufgabe 10b)). Dann ist

$$\mathrm{Kern}\ \exp_A \cong \mathbb{Z}^n\,, \quad \mathrm{Kokern}\ \exp_A \cong (\mathbb{Z}^\times)^m \cong \mathsf{Z}_2^m\,.$$

20. Sei A eine endlichdimensionale (normierte) $\mathbb{C}$–Algebra. Dann ist die Abbildung $x \mapsto \exp x$ von A in $A^\times$ surjektiv. (Bemerkungen. (1) Ist $y \in A^\times$, so bezeichnet man im allgemeinen mit $\ln y$ ein Urbild von y in der Unteralgebra $\mathbb{C}[y] \subseteq A$ unter der Exponentialabbildung. $\ln y$ ist nach 19b) nur bis auf Elemente eines Gitters $\mathbb{Z}^{n(y)}$ bestimmt, wobei $n(y)$ die Anzahl der verschiedenen Nullstellen des Minimalpolynoms (oder des charakteristischen Polynoms) von y ist. (2) Für eine unendlichdimensionale $\mathbb{C}$–Banachalgebra A ist die Exponentialabbildung $\exp : A \to A^\times$ im allgemeinen nicht surjektiv. Man betrachte etwa die Algebren $\mathrm{C}_{\mathbb{C}}(X)$ der stetigen komplexwertigen Funktionen auf kompakten Räumen X (mit der Supremumsnorm), zum Beispiel für den Einheitskreis $X := S^1 \subseteq \mathbb{R}^2$.)

21. Seien V ein n–dimensionaler (normierter) $\mathbb{K}$–Vektorraum und $f \in \mathrm{End}_{\mathbb{K}} V$.
a) Ist f trigonalisierbar mit der kanonischen Zerlegung $f = g + h$ (vgl. 67.8), so ist $\exp f \in \mathrm{Aut}_{\mathbb{K}} V$ trigonalisierbar mit der kanonischen multiplikativen Zerlegung $\exp f = \exp(g)\exp(h)$, wobei $\exp(g)$ diagonalisierbar ist und $\exp(h)$ unipotent. (Vgl. §67, Aufgabe 24.)
b) Ist $\chi_f = \prod_{i=1}^n (X - a_i)$ das charakteristische Polynom von f, so ist $\chi_{\exp f} = \prod_{i=1}^n (X - \exp a_i)$ das charakteristische Polynom von $\exp f$.
c) Es ist $\mathrm{Det}(\exp f) = \exp(\mathrm{Sp} f)$. (Ohne Einschränkung sei $\mathbb{K} = \mathbb{C}$, f also trigonalisierbar.)
d) Sei $\mathbb{K} = \mathbb{C}$ und $a \in \mathbb{C}$. Dann ist der Index $\nu(a; \exp f)$ von a bezüglich $\exp f$ gleich dem Maximum der Indizes $\nu(b; f)$ mit $a = e^b$.
e) Sei $\mathbb{K} = \mathbb{C}$. Genau dann ist $\exp f$ asymptotisch stabil, wenn alle Eigenwerte von f einen negativen Realteil haben. (Aufgabe 17a).)
f) Sei $\mathbb{K} = \mathbb{C}$. Genau dann ist $\exp f$ stabil, wenn alle Eigenwerte von f einen Realteil ≤ 0 haben und der Index der rein–imaginären Eigenwerte gleich 1 ist. (Aufgabe 17c).)

22. Sei A eine endlichdimensionale (normierte) $\mathbb{K}$–Algebra. Für jedes $x \in A$ ist $\mathrm{N}_{\mathbb{K}}^A(\exp x) = \exp(\mathrm{Sp}_{\mathbb{K}}^A x)$. (Aufgabe 21c).)

23. Ist $(x_i)_{i \in I}$ eine summierbare Familie in einem normierten Vektorraum V, so ist $x_i \neq 0$ für höchstens abzählbar viele $i \in I$.

24. **a)** Eine Familie $(x_i)_{i \in I}$ in einem endlichdimensionalen normierten $\mathbb{K}$–Vektorraum V ist genau dann summierbar, wenn sie normal summierbar ist, wenn also $(\|x_i\|)_{i \in I}$ in $\mathbb{R}$ summierbar ist. (Ohne Einschränkung sei $\mathbb{K} = \mathbb{R}$ und $V = \mathbb{R}$.)
b) Seien I eine unendliche Menge und V der in Aufgabe 1 definierte Banachraum $\ell_{\mathbb{K}}^0(I) \subseteq \mathbb{K}^I$. Für jedes $x := (a_i) \in V$ ist $x = \sum_{i \in I} a_i e_i$, im allgemeinen ist die Familie $(a_i e_i)_{i \in I}$ aber nicht normal summierbar.

25. (G r o ß e r U m o r d n u n g s s a t z) Seien $(x_i)_{i \in I}$ eine summierbare Familie im Banachraum V und $(I_j)_{j \in J}$ eine Partition von I. Dann sind die Teilfamilien $(x_i)_{i \in I_j}$ für alle $j \in J$ summierbar, ferner die Familie $(\sum_{i \in I_j} x_i)_{j \in J}$, und es gilt

$$\sum_{i \in I} x_i = \sum_{j \in J} \sum_{i \in I_j} x_i \,.$$

26. Sei V ein Hilbertraum. Ein Orthonormalsystem $(x_i)_{i \in I}$ in V ist genau dann vollständig, wenn gilt: Ist $x \in V$ und $<x, x_i> = 0$ für alle $i \in I$, so ist $x = 0$.

27. Sei V ein Prähilbertraum.

a) Ist $(x_i)_{i\in I}$ ein Orthonormalsystem in V, so ist für ein $x \in V$ die Menge der $i \in I$ mit $<x, x_i> \neq 0$ abzählbar.

b) Je zwei vollständige Orthonormalsysteme in V haben dieselbe Mächtigkeit.

28. Sei $(x_i)_{i\in I}$ ein vollständiges Orthonormalsystem im Prähilbertraum V. Für alle $x, y \in V$ ist $<x,y> = \sum_i <x, x_i><x_i, y>$.

29. Sei V ein $\mathbb{K}$–Hilbertraum mit dem vollständigen Orthonormalsystem x_i, $i \in I$. Für eine Linearform $f: V \to \mathbb{K}$ sind folgende Aussagen äquivalent: (1) f ist stetig. (2) $f(x) = \sum_{i\in I} <x, x_i>f(x_i)$ für alle $x \in V$. — Sind diese Bedingungen erfüllt, so ist

$$\operatorname{grad} f = \sum_{i\in I} \overline{f(x_i)}x_i\,, \quad \|f\|^2 = \|\operatorname{grad} f\|^2 = \sum_{i\in I} |f(x_i)|^2\,.$$

(Aus Bedingung (2) folgere man zunächst $\sum_i |b_i|^2 < \infty$, $b_i := f(x_i)$. Wäre nämlich $\sum |b_i|^2 = \infty$, so gäbe es eine Zerlegung $I = \bigcup_{n\in\mathbb{N}} I_n$ der Indexmenge I mit $\sum_{i\in I_n} |b_i|^2 \geq 1$ für alle $n \in \mathbb{N}$ und für $x = \sum a_i x_i \in V$ mit $a_i := \overline{b}_i/(n+1)(\sum_{i\in I_n} |b_i|^2)^{1/2}$, falls $i \in I_n$, konvergierte $\sum_i a_i b_i$ nicht.)

30. Sei $f: V \to \mathbb{K}$ eine stetige Linearform $\neq 0$ auf dem $\mathbb{K}$–Hilbertraum V. Dann ist $\operatorname{grad} f$ der Fußpunkt des Lotes von 0 auf die affine Hyperebene $f^{-1}(\|f\|^2)$.

31. Seien V ein $\mathbb{K}$–Hilbertraum und f_i, $i \in I$, eine Familie von Elementen im (Hilbert–)Raum V' der stetigen Linearformen auf V.

a) Folgende Aussagen sind äquivalent: (1) $\sum_{i\in I} \mathbb{K}f_i$ ist dicht in V'. (2) Es ist $\bigcap_{i\in I} \operatorname{Kern} f_i = 0$. (3) $\sum_{i\in I} \mathbb{K}\operatorname{grad} f_i$ ist dicht in V.

b) Genau dann ist f_i, $i \in I$, ein vollständiges Orthonormalsystem in V', wenn $\operatorname{grad} f_i$, $i \in I$, ein vollständiges Orthonormalsystem in V ist.

32. Sei f_n, $n \in \mathbb{N}$, eine Folge linear unabhängiger stetiger Linearformen auf dem $\mathbb{K}$–Hilbertraum V. Für $n \in \mathbb{N}$ sei x_n der Fußpunkt des Lotes von 0 auf $f_n^{-1}(1) \cap \bigcap_{\nu<n} \operatorname{Kern} f_\nu$. Dann ist x_n, $n \in \mathbb{N}$, ein Orthogonalsystem in V. Ist $\bigcap_\nu \operatorname{Kern} f_\nu = 0$, so ist $\sum_\nu \mathbb{K}x_\nu$ dicht in V.

33. Sei W ein Unterraum des $\mathbb{K}$–Hilbertraums V. Dann ist $W^{\perp\perp}$ die abgeschlossene Hülle $\overline{W}$ von W in V.

34. Sei W ein Unterraum des $\mathbb{K}$–Vektorraums V mit Skalarprodukt. Ein Vektor $x \in V$ liegt genau dann in der abgeschlossenen Hülle $\overline{W}$ von W in V, wenn jede stetige Linearform auf V, die auf W verschwindet, auch auf x verschwindet. Insbesondere liegt W dicht in V, wenn die einzige stetige Linearform, die auf W verschwindet, die Nullform ist. (Man benutze die Komplettierung $\hat{V}$ von V. — Bemerkung. Die Aussagen gelten für beliebige normierte $\mathbb{K}$–Vektorräume.)

35. Seien V ein Prähilbertraum und W ein *vollständiger* Unterraum von V. Für ein $x \in V$ sei x_ν, $\nu \in \mathbb{N}$, eine Folge in W mit $\lim\|x - x_\nu\| = d(x, W)$. Dann ist $(x_\nu)_{\nu\in\mathbb{N}}$ eine Cauchy-Folge in W und $\lim x_\nu \in W$ ist der Fußpunkt des Lotes von x auf W. (Man beweise dies, ohne ein vollständiges Orthonormalsystem für W zu benutzen, und gewinne so die orthogonale Projektion von V auf W auf direktem Wege.)

36. Für einen normierten Vektorraum sind folgende Aussagen äquivalent: (1) Die Topologie von V besitzt eine abzählbare Basis. (2) V besitzt eine abzählbare dichte Teilmenge. (3) V besitzt einen dichten Unterraum abzählbarer Dimension. — Ist V ein Prähilbertraum, so sind diese Bedingungen überdies äquivalent mit der folgenden: (4) V besitzt ein abzählbares vollständiges Orthonormalsystem. (Bemerkungen. Erfüllt V die angegebenen Bedingungen, so heißt V separabel. Jeder Unterraum eines separablen normierten Raumes ist ebenfalls separabel. Da demnach separable Hilberträume und alle ihre Unterräume a priori vollständige Orthonormalsysteme besitzen, lassen sich für sie die Aussagen 76.22 und 76.23 etwas einfacher beweisen. Man führe dies aus.)

37. Sei V ein unendlichdimensionaler $\mathbb{K}$–Hilbertraum. Dann ist $\mathrm{Dim}_{\mathbb{K}} V$ überabzählbar. (Allgemeiner gilt: Ist V ein unendlichdimensionaler $\mathbb{K}$–Banachraum, so ist $\mathrm{Dim}_{\mathbb{K}} V$ überabzählbar.)

38. Seien V ein normierter $\mathbb{K}$–Vektorraum und $W \subseteq V$ ein endlichdimensionaler Unterraum. Folgende Aussagen sind äquivalent: (1) Für jedes $x \in V$ ist die beste Approximation von x in W eindeutig bestimmt. (2) Die Sphäre $\mathrm{S}(0;1) = \{x \in V : \|x\| = 1\}$ enthält keine Strecke $[x,y] = \{tx + (1-t)y : t \in [0,1]\}$ mit $x \neq y$, die zu W parallel ist.

39. (Strikt konvexe normierte Räume) Sei V ein normierter $\mathbb{K}$–Vektorraum. Folgende Aussagen sind äquivalent: (1) Für jeden Unterraum $W \subseteq V$ und jedes Element $x \in V$ ist eine beste Approximation von x in W, falls sie existiert, eindeutig bestimmt. (2) Die Sphäre $\mathrm{S}(0;1)$ enthält keine Strecke $[x,y]$ mit mehr als einem Punkt. (3) Für je zwei Punkte $x, y \in \mathrm{S}(0;1)$ mit $x \neq y$ ist $\|\frac{1}{2}(x+y)\| < 1$. (3′) Sind $x, y \in \mathrm{S}(0;1)$ und ist $\|x+y\| = 2$, so ist $x = y$. (4) Sind $x, y \in V$ und ist $\|x+y\| = \|x\| + \|y\|$, so sind x, y linear abhängig. (Normierte Räume, die diese äquivalenten Bedingungen erfüllen, heißen strikt konvex. Prähilberträume sind strikt konvex. Ist X eine Menge bzw. ein kompakter topologischer Raum mit mehr als einem Punkt, so ist $\mathrm{B}_{\mathbb{K}}(X)$ bzw. $\mathrm{C}_{\mathbb{K}}(X)$ mit der Tschebyscheff–Norm nicht strikt konvex. (Man verwende, daß $\mathrm{C}_{\mathbb{K}}(X)$ nichtkonstante Funktionen enthält.))

40. Sei K eine nichtleere abgeschlossene konvexe Menge im euklidischen affinen Raum E. Zu jedem Punkt $P_0 \in E$ gibt es genau eine beste Approximation Q_0 von P_0 in K, d.h. genau einen Punkt $Q_0 \in K$ mit $d(P_0, Q_0) = d(P_0, K) := \mathrm{Inf}(d(P_0, Q) : Q \in K)$. Ist $P_0 \notin K$, so liegt K ganz in dem P_0 nicht enthaltenden abgeschlossenen Halbraum zur affinen Hyperebene H durch Q_0, die senkrecht auf der Geraden durch P_0 und Q_0 ist. Für jeden Punkt $P \neq P_0$ auf der Strecke $[P_0, Q_0]$ gilt $d(P,Q) < d(P_0, Q)$ für alle $Q \in K$.

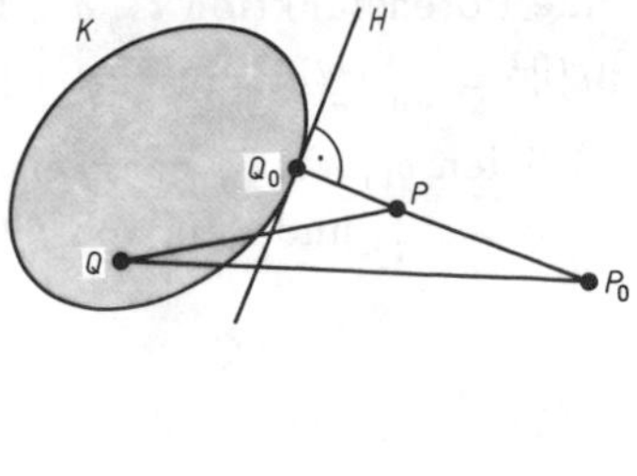

41. (Stützebenen) Sei K eine abgeschlossene konvexe Menge im affinen Raum E über dem euklidischen Vektorraum V. Zu jedem Punkt Q_0 aus dem Rand von K gibt es eine affine Hyperebene H durch Q_0 derart, daß K ganz in einem abgeschlossenen Halbraum zu H liegt. (Man nennt H eine Stützebene an K durch Q_0. — Zum Beweis der Existenz von H sei P_ν, $\nu \in \mathbb{N}_+$, eine Folge von Punkten in $E \setminus K$ mit $\lim P_\nu = Q_0$ und $Q_\nu \in K$ jeweils die beste Approximation von P_ν in K. Es ist $\lim Q_\nu = Q_0$. Ohne Einschränkung kann man annehmen, daß die Folge $x_\nu := \overrightarrow{P_\nu Q_\nu}/||\overrightarrow{P_\nu Q_\nu}|| \in V$, $\nu \in \mathbb{N}_+$, gegen einen Vektor $x \in V$ konvergiert. Dann ist $H := (\mathbb{R}x)^\perp + Q_0$ eine gesuchte Stützebene, denn für alle $Q \in K$ ist $<x_\nu, \overrightarrow{Q_\nu Q}> \geq 0$, $\nu \in \mathbb{N}_+$, also auch $<x, \overrightarrow{Q_0 Q}> \geq 0$.)

42. Sei f die Linearform $(a_i) \mapsto \sum_i a_i/2^{i+1}$ auf $V := \ell^0_{\mathbb{K}}(\mathbb{N})$, vgl. Aufgabe 1.

a) f ist stetig. Kern f ist ein Banachunterraum von V.

b) Für $x \in V \setminus \operatorname{Kern} f$ gibt es keine beste Approximation von x in Kern f.

43. Sei X ein kompakter topologischer Raum. Eine $\mathbb{C}$–Unteralgebra der Algebra $C_{\mathbb{C}}(X)$ aller $\mathbb{C}$–wertigen stetigen Funktionen auf X, die die Punkte von X trennt und mit jedem f auch die konjugiert–komplexe Funktion $\overline{f}$ enthält, liegt dicht in $C_{\mathbb{C}}(X)$ bezüglich der Tschebyscheff–Norm. (76.13.)

44. Sei X ein kompakter topologischer Raum, $C_{\mathbb{K}}(X)$ trage die Tschebyscheff–Norm.

a) Ist $f : X \to \mathbb{R}$ stetig und injektiv, so ist $\mathbb{R}[f]$ dicht in $C_{\mathbb{R}}(X)$.

b) Ist $f : X \to \mathbb{C}$ stetig und injektiv, so ist $\mathbb{C}[f, \overline{f}]$ dicht in $C_{\mathbb{C}}(X)$.

45. Seien $[a, b] \subseteq \mathbb{R}$ ein kompaktes Intervall und $(c_n)_{n\in\mathbb{N}}$ eine Folge reeller Zahlen mit $c_n \notin [a, b]$ für alle $n \in \mathbb{N}$ und $\lim |c_n| = \infty$.

a) Für jedes $m \in \mathbb{N}$ konvergiert die Folge $f_n \in C_{\mathbb{R}}([a, b])$, $n \in \mathbb{N}$, mit

$$f_n(t) := (-1)^{m+1} t^m \frac{c_n c_{n+1} \cdots c_{n+m}}{(t - c_n) \cdots (t - c_{n+m})}$$

gleichmäßig gegen t^m.

b) Die Funktionenfolge $1/(t - c_n)$, $n \in \mathbb{N}$, und jede unendliche Teilfolge davon erzeugen einen dichten Unterraum in $C_{\mathbb{R}}([a, b])$ mit der Tschebyscheff–Norm. (G. Szegö — Die Funktion f_n aus Teil a) ist, falls die $c_n, \ldots, c_{n+m}$ paarweise verschieden sind, eine Linearkombination von $1/(t - c_n), \ldots, 1/(t - c_{n+m})$ (Partialbruchzerlegung).)

46. Wir betrachten den $\mathbb{K}$–Hilbertraum $L^2([0, 1])$ der auf dem Intervall $[0, 1]$ quadratintegrierbaren $\mathbb{K}$–wertigen Funktionen, vgl. Beispiel 13. Bekanntlich gehört eine Potenzfunktion t^q, $q \in \mathbb{R}$, genau dann zu $L^2([0, 1])$, wenn $q > -\frac{1}{2}$ ist. (Es ist $||t^q||^2 = \int_0^1 t^{2q} dt = 1/(2q + 1)$ für $q > -\frac{1}{2}$.)

a) Seien $q_1, \ldots, q_n$ paarweise verschiedene reelle Zahlen $> -\frac{1}{2}$. Der Abstand von t^q, $q > -\frac{1}{2}$, und dem von $t^{q_1}, \ldots, t^{q_n}$ in $L^2([0, 1])$ erzeugten Unterraum ist

$$\frac{1}{\sqrt{2q + 1}} \prod_{\nu=1}^{n} \left| \frac{q - q_\nu}{q + q_\nu + 1} \right| .$$

(§73, Aufgabe 30 und §53, Aufgabe 28b).)

b) Sei q_ν, $\nu \in \mathbb{N}$, eine Folge paarweise verschiedener reeller Zahlen $> -\frac{1}{2}$. Genau dann liegt der von den Funktionen t^{q_ν}, $\nu \in \mathbb{N}$, in $\mathrm{L}^2([0,1])$ erzeugte Unterraum dicht in $\mathrm{L}^2([0,1])$, wenn eine der folgenden Bedingungen erfüllt ist: (1) (q_ν) enthält eine Teilfolge, die gegen eine Zahl q mit $-\frac{1}{2} < q$ $(< \infty)$ konvergiert. (2) (q_ν) enthält eine Teilfolge (q_{ν_μ}) mit $\lim_\mu q_{\nu_\mu} = \infty$ und $\sum_\mu (\frac{1}{2} + q_{\nu_\mu})^{-1} = \infty$. (3) (q_ν) enthält eine konvergente Teilfolge (q_{ν_μ}) mit $\lim_\mu q_{\nu_\mu} = -\frac{1}{2}$ und $\sum_\mu (\frac{1}{2} + q_{\nu_\mu}) = \infty$. (Satz von Müntz — Nach a) und Beispiel 14 ist $\sum_\nu \mathbb{K} t^{q_\nu}$ genau dann dicht in $\mathrm{L}^2([0,1])$, wenn für alle $n \in \mathbb{N}$ gilt:

$$\prod_{\nu=0}^{\infty} \left(\frac{n - q_\nu}{n + q_\nu + 1} \right)^2 = \prod_{\nu=0}^{\infty} \left(1 - \frac{2q_\nu + 1}{n + q_\nu + 1} \right)^2 = 0\,.)$$

47. Wir betrachten den $\mathbb{K}$-Banachraum $\mathrm{C}([0,1])$ der auf dem Intervall $[0,1]$ stetigen $\mathbb{K}$-wertigen Funktionen mit der Tschebyscheff-Norm, vgl. Beispiel 12. Sei q_ν, $\nu \in \mathbb{N}$, eine Folge nichtnegativer reeller Zahlen, die die 0 enthält. Eine der beiden folgenden Bedingungen sei erfüllt. (1) (q_ν) enthält eine Teilfolge, die gegen eine Zahl q mit $0 < q$ $(< \infty)$ konvergiert. (2) (q_ν) enthält eine Teilfolge (q_{ν_μ}) mit $q_{\nu_\mu} \neq 0$, $\lim q_{\nu_\mu} = \infty$ und $\sum_{\mu=0}^{\infty} q_{\nu_\mu}^{-1} = \infty$. Dann erzeugen die Potenzfunktionen t^{q_ν}, $\nu \in \mathbb{N}$, einen dichten Unterraum in $\mathrm{C}([0,1])$. (Satz von Müntz — Sei eine der Bedingungen erfüllt und sei überdies $q > \frac{1}{2}$ im Fall (1). Dann ist $\sum_{q_\nu > \frac{1}{2}} \mathbb{K} t^{q_\nu - 1}$ dicht in $\mathrm{L}^2([0,1])$ nach Aufgabe 46. Für ein $n \in \mathbb{N}_+$, eine Linearkombination $\sum_{q_\nu > \frac{1}{2}} a_\nu t^{q_\nu}$ und $t \in [0,1]$ gilt aber

$$|t^n - \sum_{q_\nu > \frac{1}{2}} a_\nu t^{q_\nu}| = |\int_0^t (n\tau^{n-1} - \sum_{q_\nu} q_\nu a_\nu \tau^{q_\nu - 1}) d\tau|$$

$$\leq \int_0^1 |n\tau^{n-1} - \sum_{q_\nu} q_\nu a_\nu \tau^{q_\nu - 1}| d\tau \leq \left(\int_0^1 |n\tau^{n-1} - \sum_{q_\nu} q_\nu a_\nu \tau^{q_\nu - 1}|^2 d\tau \right)^{1/2}.$$

Ist $0 < q \leq \frac{1}{2}$ im Fall (1), so sei $c > 0$ so gewählt, daß $cq > \frac{1}{2}$ ist. Dann ist $\sum_\nu \mathbb{K} t^{cq_\nu}$ dicht, woraus leicht folgt, daß $\sum_\nu \mathbb{K} t^{q_\nu}$ selbst dicht ist. — Übrigens: Ist 0 kein Häufungspunkt von (q_ν) und ist $\sum_\nu \mathbb{K} t^{q_\nu}$ dicht in $\mathrm{C}([0,1])$, so erfüllt (q_ν) notwendigerweise eine der obigen Bedingungen (1) bzw. (2), da $\sum_\nu \mathbb{K} t^{q_\nu}$ dann auch dicht in $\mathrm{L}^2([0,1])$ (bezüglich der Integralnorm) ist. Die Familie $1, t^p$, p Primzahl, erzeugt einen dichten Unterraum in $\mathrm{C}([0,1])$, §10, Aufgabe 16, die Familie t^{ν^2}, $\nu \in \mathbb{N}$, aber nicht.)

48. Seien X ein kompakter topologischer Raum mit $\mathrm{Kard}\, X > n$, $f_1, \ldots, f_n \in \mathrm{C}_{\mathbb{K}}(X)$ ein Tschebyscheff-System auf X (vgl. §48, Aufgabe 11) und W der von den $f_1, \ldots, f_n$ in $\mathrm{C}_{\mathbb{K}}(X)$ erzeugte Unterraum. Wir versehen den Raum $\mathrm{C}_{\mathbb{K}}(X)$ der $\mathbb{K}$-wertigen stetigen Funktionen auf X mit der Tschebyscheff-Norm.

a) Ist $f \in \mathrm{C}_{\mathbb{K}}(X)$ und ist $g \in W$ eine beste Approximation von f in W, so gibt es $n+1$ verschiedene Punkte $x_1, \ldots, x_{n+1} \in X$ mit

$$|f(x_i) - g(x_i)| = \|f - g\| \;(= d(f, W))\,.$$

(Ohne Einschränkung der Allgemeinheit sei $g = 0$ und $f \neq 0$. Seien $x_1, \ldots, x_m$, $m \leq n$, die einzigen Punkte $x \in X$ mit $|f(x)| = \|f\|$. Sei dann $h \in W$ eine Funktion mit $h(x_i) = f(x_i)$, $i = 1, \ldots, m$. Für kleine $\epsilon > 0$ ist $\|f - \epsilon h\| < \|f\|$. Widerspruch. — Man beachte: Ist $z_0 \in \mathbb{C}^\times$, so gibt es $\epsilon_0, \delta_0 > 0$ mit $|u - \epsilon v| < |u|$ für alle $u, v \in \mathbb{C}$ mit $|u - z_0|, |v - z_0| \leq \delta_0$ und alle ϵ mit $0 < \epsilon \leq \epsilon_0$.)

b) Für jedes $f \in C_{\mathbb{K}}(X)$ ist die beste Approximation von f in W eindeutig bestimmt. (Ohne Einschränkung der Allgemeinheit sei $g = 0$ eine beste Approximation von f in W. Sei $h \neq 0$ eine weitere solche Approximation. Dann ist auch $\frac{1}{2}h$ eine beste Approximation, und es gibt nach Teil a) Punkte $x_1, \ldots, x_{n+1} \in X$ mit $|f(x_i) - \frac{1}{2}h(x_i)| = \|f\|$, $i = 1, \ldots, n+1$. Aus $|f(x_i)| \leq \|f\|$, $|f(x_i) - h(x_i)| \leq \|f\|$ folgt wegen

$$\|f\| = |f(x_i) - \frac{1}{2}h(x_i)| = |\frac{1}{2}(f(x_i) - h(x_i)) + \frac{1}{2}f(x_i)| \leq \frac{1}{2}|f(x_i) - h(x_i)| + \frac{1}{2}|f(x_i)|,$$

daß $f(x_i) - h(x_i) = f(x_i)$ und somit $h(x_i) = 0$ ist, $i = 1, \ldots, n+1$. Dann ist $h = 0$. Widerspruch! — Bemerkung. Es gilt die folgende Umkehrung: Ist $W \subseteq C_{\mathbb{K}}(X)$ ein endlichdimensionaler Unterraum derart, daß jedes $f \in C_{\mathbb{K}}(X)$ genau eine beste Approximation in W hat, so wird W von einem Tschebyscheff-System erzeugt. Die so gewonnene Charakterisierung von Tschebyscheff-Systemen in $C_{\mathbb{K}}(X)$ geht auf A. Haar zurück. Man nennt daher Tschebyscheff-Systeme häufig auch Haarsche Systeme. — Für die Approximationstheorie generell verweisen wir auf [42].)

49. (Allgemeine Tschebyscheff-Polynome) Seien $K \subseteq \mathbb{C}$ eine kompakte Teilmenge und $n \in \mathbb{N}$ mit $n \leq \operatorname{Kard} K$. Das nach Aufgabe 48 eindeutig bestimmte normierte Polynom $f \in \mathbb{C}[X]$ des Grades n, für das $\|f\|_K = \operatorname{Sup}(|f(t)| : t \in K)$ minimal wird, heißt das n-te Tschebyscheff-Polynom

$$T_{n,K},$$

bezüglich K.

a) Ist $\sigma : t \mapsto at + b$, $a, b \in \mathbb{C}$, $a \neq 0$, so ist $T_{n,K}(t) = a^{-n} T_{n,\sigma(K)}(at + b)$.

b) Das n-te Tschebyscheff-Polynom für einen Kreis $\{z \in \mathbb{C} : |z| \leq R\}$ bzw. für seine Peripherie $\{z \in \mathbb{C} : |z| = R\}$ ist (bei $R > 0$) das Polynom X^n. Mit anderen Worten: $t \mapsto t^n$ ist die einzige normierte Polynomfunktion n-ten Grades, die den Einheitskreis $\{z \in \mathbb{C} : |z| \leq 1\}$ bzw. seine Peripherie in sich abbildet. ($t \mapsto \zeta t$, wobei ζ eine n-te Einheitswurzel ist, bildet den Kreis bzw. seine Peripherie jeweils in sich ab.)

c) Die Nullstellen von $T_{n,K}$ liegen in der (ebenfalls kompakten) konvexen Hülle von K. (Satz von Fejér — Sei $T_{n,K} = \prod_{\nu=1}^{n}(X - z_\nu)$, und z_1 liege nicht in der konvexen Hülle von K. Nach Aufgabe 40 gibt es ein z_1' mit $|t - z_1'| < |t - z_1|$ für alle $t \in K$. Dann ist $|(t - z_1')\prod_{\nu=2}^{n}(t - z_\nu)| < |T_{n,K}(t)|$ für alle $t \in K$, $t \neq z_2, \ldots, z_n$.) Ist $K \subseteq \mathbb{R}$, so sind die Polynome $T_{n,K}$ reell und ihre Nullstellen liegen zwischen dem Minimum und dem Maximum von K. (Bemerkung. Im allgemeinen ist es schwer, die Polynome $T_{n,K}$ für eine kompakte Teilmenge $K \subseteq \mathbb{C}$ explizit zu bestimmen. Man mache sich dies am Fall $n = 1$ klar. Für ein Beispiel vgl. man die nächste Aufgabe.)

50. ((Spezielle) Tschebyscheff-Polynome) Die Tschebyscheff-Polynome bezüglich des Intervalls $[-1, 1]$ (vgl. Aufgabe 49) heißen die Tschebyscheff-Polynome T_n, $n \in \mathbb{N}$, schlechthin. Ihre Koeffizienten sind reell.

a) Es ist $T_0 = 1$ und

$$T_n(t) = \frac{1}{2^{n-1}}\cos(n \arccos t) = \frac{1}{2^{n-1}}\sum_{\nu\in\mathbb{N}}\binom{n}{2\nu}t^{n-2\nu}(t^2-1)^\nu\,,\quad n\in\mathbb{N}_+\,.$$

(Die angegebene normierte (!) Polynomfunktion $T_n(t)$ hat an den $n+1$ Stellen $a_k = \cos(k\pi/n)$, $k = 0,\ldots,n$, die Extremalwerte $(-1)^k 2^{-(n-1)}$. Für ein reelles Polynom $T_n + h$ mit Grad $h < n$ und $\mathrm{Sup}(|T_n(t) + h(t)| : t \in [-1,1]) < 2^{-(n-1)}$ wäre $h(a_0) < 0$, $-h(a_1) < 0, \ldots, (-1)^n h(a_n) < 0$. Somit hätte h mindestens n Nullstellen.)

b) Aus $2\cos(nt) = \exp(\,int) + \exp(-\,int)$ folgere man

$$T_n(\tfrac{1}{2}(Z + Z^{-1})) = \frac{1}{2^n}(Z^n + Z^{-n})\,,\quad n\in\mathbb{N}_+\,,$$

bzw.

$$T_n = \frac{1}{2^n}((X + \sqrt{X^2-1})^n + (X - \sqrt{X^2-1})^{-n})\,,\quad n\in\mathbb{N}_+\,.$$

c) Für $\tilde{T}_0 := T_0$ und $\tilde{T}_n := 2^{n-1}T_n$, $n\in\mathbb{N}_+$, gilt die Rekursionsgleichung $\tilde{T}_{n+1} = 2X\tilde{T}_n - \tilde{T}_{n-1}$, $n\in\mathbb{N}_+$. Man folgere (Induktion über n)

$$T_n = \frac{n}{2^n}\sum_{\nu=0}^{[n/2]}(-1)^\nu\frac{(n-(\nu+1))!}{\nu!(n-2\nu)!}(2X)^{n-2\nu}\,,\quad n\in\mathbb{N}_+\,,$$

und speziell

$$T_0 = 1\,,\ T_1 = X\,,\ T_2 = \frac{1}{2}(2X^2-1)\,,\ T_3 = \frac{1}{4}(4X^3-3X)\,,$$

$$T_4 = \frac{1}{8}(8X^4 - 8X^2 + 1)\,,\ T_5 = \frac{1}{16}(16X^5 - 20X^3 + 5X)\,.$$

(Bemerkung. Das Polynom T_n hat die n Nullstellen $t_k := \cos((2k-1)\pi/2n)$, $k = 1,\ldots,n$, die alle im offenen Intervall $]-1,1[$ liegen. Ist $g : [-1,1] \to \mathbb{R}$ eine n-mal stetig differenzierbare Funktion und ist f die Polynomfunktion vom Grade $< n$ mit $f(t_k) = g(t_k)$ für $k = 1,\ldots,n$ (vgl. §54, Beispiel 2), so gibt es bekanntlich zu jedem $t \in [-1,1]$ ein $\tau \in [-1,1]$ mit

$$g(t) - f(t) = \frac{(t-t_1)\cdots(t-t_n)}{n!}g^{(n)}(\tau) = \frac{T_n(t)}{n!}g^{(n)}(\tau)\,.$$

Folglich ist bei $n > 0$

$$|g(t) - f(t)| \le M_n/(2^{n-1}n!)\,,\quad t\in[-1,1]\,,$$

mit $M_n := \mathrm{Sup}(|g^{(n)}(t)| : t \in [-1,1])$. — Man nennt die Interpolationsknoten $\cos((2k-1)\pi/2n)$, $k = 1,\ldots,n$, auch die T s c h e b y s c h e f f - K n o t e n der Ordnung n (für das Intervall $[-1,1]$).)

51. Sei V ein n-dimensionaler $\mathbb{K}$-Vektorraum. Die abgeschlossene Hülle der Menge der hermiteschen Formen vom Typ $(p, n-p)$ im Raum aller hermiteschen Formen auf V ist die Menge der Formen vom Typ (p', q') mit $p' \le p$, $q' \le n-p$. (Beispiel 8.)

52. Sei V ein endlichdimensionaler $\mathbb{C}$–Vektorraum. Welche der folgenden Teilmengen von $\text{End}_{\mathbb{C}} V$ sind offen, abgeschlossen, kompakt bzw. dicht in $\text{End}_{\mathbb{C}} V$: (1) Die Menge der Operatoren auf V, deren Spektrum in A liegt, wobei A eine vorgegebene offene, abgeschlossene, kompakte bzw. dichte Teilmenge von $\mathbb{C}$ ist; (2) die Menge der diagonalisierbaren Operatoren auf V; (3) die Menge der Projektionen von V; (4) die Menge der orthogonalen Projektionen von V (falls V ein Skalarprodukt trägt); (5) die Menge der Operatoren auf V mit gegebenem Minimal- bzw. charakteristischen Polynom; (6) die Menge der asymptotisch stabilen bzw. der stabilen Operatoren auf V (vgl. Aufgaben 17a),c)); (7) die Menge der Operatoren auf V vom Rang $< r$, $= r$ bzw. $> r$, wobei $r \in \mathbb{N}$ vorgegeben ist. (Der Satz von der S t e t i g k e i t d e r N u l l s t e l l e n in §54, Bemerkung 7 ist nützlich. Gelegentlich ist dieser aber zu schwach. Es gilt folgende Verschärfung: *Seien* $c_1, \ldots, c_n$ *die (nicht notwendig verschiedenen) Nullstellen des normierten Polynoms* $f = a_0 + \cdots + a_{n-1}X^{n-1} + X^n \in \mathbb{C}[X]$. *Zu jedem* $\epsilon > 0$ *gibt es ein* $\delta > 0$ *mit folgender Eigenschaft: Die Anzahl der Nullstellen (mit ihren Vielfachheiten gerechnet) eines Polynoms* $b_0 + \cdots + b_{n-1}X^{n-1} + X^n$ *mit* $|a_i - b_i| \leq \delta$, $0 \leq i \leq n-1$, *die im Kreis* $\overline{\text{B}}(c_i; \epsilon) \subseteq \mathbb{C}$ *liegen, ist genau* n_i, *wenn* n_i *die Vielfachheit der Nullstelle* c_i *von* f *ist,* $i = 1, \ldots, n$. Zum Beweis betrachte man die Abbildung $S: \mathbb{C}^n \to \mathbb{C}^n$ mit $x = (x_1, \ldots, x_n) \mapsto (S_1(x), \ldots, S_n(x))$, wobei $S_1, \ldots, S_n$ die elementarsymmetrischen Polynome in n Variablen sind, und zeige der Reihe nach folgendes: S ist stetig; S ist surjektiv (Fundamentalsatz der Algebra); S–Urbilder kompakter Mengen sind kompakt (es genügt zu zeigen: S–Urbilder beschränkter Mengen sind beschränkt); S–Bilder abgeschlossener Mengen sind abgeschlossen; S–Bilder offener Mengen U sind offen (es ist $S^{-1}(S(U)) = \bigcup_{\sigma \in \mathbf{S}_n} \sigma(U)$, wobei $\mathbf{S}_n$ auf $\mathbb{C}^n$ durch Vertauschen der Komponenten operiert) und schließlich die Behauptung.)

53. Sei G eine abgeschlossene Untergruppe der additiven Gruppe eines endlichdimensionalen (normierten) $\mathbb{R}$–Vektorraums V, aber kein Gitter. Dann umfaßt G einen $\mathbb{R}$–Unterraum $\neq 0$. (Sei x_n, $n \in \mathbb{N}$, eine Folge in $G \setminus \{0\}$ mit $\lim x_n = 0$, für die auch die Folge $[1/\|x_n\|]x_n \in \overline{\text{B}}(0;1)$ konvergiert. Ist x der Grenzwert dieser Folge, so ist $x \neq 0$ und für alle $a \in \mathbb{R}$ ist $ax = \lim[a/\|x_n\|]x_n \in G$.)

54. Seien G eine *abgeschlossene* Untergruppe der additiven Gruppe des endlichdimensionalen $\mathbb{R}$–Vektorraums V und U der größte in G enthaltene $\mathbb{R}$–Unterraum von V. Ist W ein Komplement von U in V, so ist $G = U \oplus (G \cap W)$ und $G \cap W$ ist ein Gitter in W. Insbesondere gibt es eine Basis $x_1, \ldots, x_n$ von V und Zahlen d, r mit $0 \leq d \leq r \leq n$ und $G = \mathbb{R}x_1 + \cdots + \mathbb{R}x_d + \mathbb{Z}x_{d+1} + \cdots + \mathbb{Z}x_r$. (Aufgabe 53. — Man nennt $d = \text{Dim}_{\mathbb{R}} U$ auch die D i m e n s i o n von G und r den R a n g.)

55. Seien G eine Untergruppe der additiven Gruppe des n–dimensionalen $\mathbb{R}$–Vektorraums V und $\overline{G}$ die abgeschlossene Hülle von G in V. Genau dann ist die Dimension von $\overline{G}$ höchstens $m \leq n$ (vgl. Aufgabe 54), wenn es einen surjektiven $\mathbb{R}$–Homomorphismus $f: V \to \mathbb{R}^{n-m}$ mit $f(G) \subseteq \mathbb{Z}^{n-m}$ gibt.

56. (K r o n e c k e r) Sei $x = (a_1, \ldots, a_n) \in \mathbb{R}^n$.

a) Sind $1, a_1, \ldots, a_n$ linear unabhängig über $\mathbb{Q}$, so ist $\mathbb{Z}x + \mathbb{Z}^n$ dicht in $\mathbb{R}^n$ und das Bild von $\mathbb{Z}x$ dicht im Torus $T^n = \mathbb{R}^n/\mathbb{Z}^n$.

b) Sind $a_1, \ldots, a_n$ linear unabhängig über $\mathbb{Q}$, so ist $\mathbb{R}x + \mathbb{Z}^n$ dicht in $\mathbb{R}^n$ und das Bild von $\mathbb{R}x$ dicht in $T^n = \mathbb{R}^n/\mathbb{Z}^n$.

57. Seien Γ ein volles Gitter im endlichdimensionalen $\mathbb{R}$–Vektorraum V und U

ein Unterraum von V. Folgende Aussagen sind äquivalent: (1) $\Gamma \cap U$ ist ein volles Gitter in U. (2) Das Bild von Γ in V/U ist ein Gitter in V/U. (Sind diese Bedingungen erfüllt, so sagt man, U sei ein Γ-Unterraum von V. Das Bild von Γ ist dann auch ein volles Gitter in V/U.)

58. Seien $a_1, \ldots, a_n \in \mathbb{R}$. Zu jedem $\epsilon > 0$ gibt es ganze Zahlen $p_1, \ldots, p_n, q$ mit $q > 0$ und $|a_i - (p_i/q)| \leq \epsilon/q$, $i = 1, \ldots, n$. (Kronecker — Ist $x := (a_1, \ldots, a_n) \notin \mathbb{Q}^n$, so ist $\mathbb{Z}x + \mathbb{Z}^n$ kein Gitter in $\mathbb{R}^n$.)

59. Sei Γ ein Gitter vom Rang r im n-dimensionalen reellen Vektorraum V. Dann ist jede diskrete Untergruppe H von V/Γ eine endlich erzeugte abelsche Gruppe vom Rang $\leq n - r$, die ein Erzeugendensystem von höchstens n Elementen besitzt. (Man betrachte das Urbild von H unter der Projektion $V \twoheadrightarrow V/\Gamma$. — Das Ergebnis zeigt, daß der Isomorphietyp der Gruppe V/Γ *unter Einschluß der Topologie* die Zahlen r, n bestimmt. Wann sind zwei Gruppen der Form V/Γ rein algebraisch isomorph?)

60. a) Aus den Fourier-Entwicklungen

$$\frac{x \exp(tx)}{\exp(x) - 1} = \sum_{n \in \mathbb{Z}} \frac{x \exp(2\pi i n t)}{x - 2\pi i n}$$

der Funktionen $t \mapsto x \exp(tx)/(\exp(x) - 1)$ auf $[0, 1]$, $x \in \mathbb{R}^\times$, leite man für $|x| < 2\pi$ mit der Parsevalschen Gleichung

$$\begin{aligned} \frac{x^2}{(\exp(x) - 1)^2} \int_0^1 \exp(2tx)dt &= \frac{x}{2} \cdot \frac{\exp(2x) - 1}{(\exp(x) - 1)^2} = \frac{x}{2} + \frac{x}{\exp(x) - 1} \\ &= 1 + 2 \sum_{n=1}^{\infty} \frac{x^2}{x^2 + (2\pi n)^2} = 1 + 2 \sum_{n=1}^{\infty} \sum_{m=1}^{\infty} (-1)^{m-1} \left(\frac{x}{2\pi n}\right)^{2m} \\ &= 1 + 2 \sum_{m=1}^{\infty} (-1)^{m-1} \left(\sum_{n=1}^{\infty} \frac{1}{(2\pi n)^{2m}} \right) x^{2m} \end{aligned}$$

(vgl. Aufgabe 25 für die letzte Gleichheit) durch Vergleich mit der Reihe $x/(\exp(x) - 1) = \sum_{m=0}^{\infty} \frac{B_m}{m!} x^m$ aus §63, Aufgabe 8 die folgenden schon Euler bekannten Gleichungen ab:

$$2\zeta(2m) = 2 \sum_{n=1}^{\infty} \frac{1}{n^{2m}} = (-1)^{m-1} \frac{B_m}{(2m)!} (2\pi)^{2m}, \quad m \in \mathbb{N}_+ .$$

(Über die Werte $\zeta(2m+1)$, $m \in \mathbb{N}_+$, weiß man sehr wenig. 1978 wurde bewiesen, daß $\zeta(3)$ irrational ist (Satz von Apéry).)

b) Man bestimme die Fourier-Entwicklungen der Bernoulli-Polynome (§63, Aufgabe 9).

§77 Volumenmessung

Dieser Paragraph kann beim ersten Lesen übergangen werden.

In endlichdimensionalen reellen Vektorräumen existieren kanonische Volumenmaße, die wir in diesem Paragraphen so weit besprechen wollen, wie sie linearer Natur sind. Wir versehen die endlichdimensionalen $\mathbb{R}$-Vektorräume stets mit ihrer natürlichen Topologie, vgl. §76.

Wir beginnen mit dem $\mathbb{R}^n$, $n \in \mathbb{N}$. Grundlage für die Volumenmessung im $\mathbb{R}^n$ sind die Quader

$$Q = \prod_{i=1}^{n} [a_i, b_i]\,, \quad a_i \leq b_i\,, \quad i = 1, \ldots, n\,,$$

deren Volumen $\lambda^n(Q)$ gleich dem Produkt der Kantenlängen sein soll:

$$\lambda^n(Q) = \prod_{i=1}^{n} (b_i - a_i)\,.$$

Ferner soll sich das Volumen bei einer Parallelverschiebung nicht ändern, d.h. translationsinvariant sein: $\lambda^n(x + A) = \lambda^n(A)$ für alle $x \in \mathbb{R}^n$. Darüber hinaus fordern wir die sogenannte σ-Additivität: Ist A_i, $i \in I$, eine abzählbare Familie *paarweise disjunkter* Teilmengen, so ist

$$\lambda^n(\bigcup_{i \in I} A_i) = \sum_{i \in I} \lambda^n(A_i) \in \overline{\mathbb{R}}_+ = \mathbb{R}_+ \cup \{\infty\}\,,$$

wobei die Summe auf der rechten Seite gleich dem Supremum der endlichen Partialsummen ist; man vergleiche dazu auch den Begriff der Summierbarkeit aus §76. Es ist nun leicht zu sehen, daß es keine Funktion λ^n mit Werten in $\overline{\mathbb{R}}_+$ geben kann, die auf *allen* Teilmengen des $\mathbb{R}^n$ definiert ist und die angegebenen Eigenschaften besitzt, vgl. Aufgabe 2b). Schränkt man den Definitionsbereich für λ^n jedoch ein, so gelangt man nach E. Borel und H. Lebesgue zu einem vernünftigen Ergebnis. Um dies darzustellen, brauchen wir die Begriffe der σ-Algebra bzw. des Maßes.

Definition Sei X eine Menge.

a) Eine Teilmenge $\mathbf{A}$ der Potenzmenge $\mathbf{P}(X)$ von X heißt eine σ-Algebra auf X, wenn folgende Bedingungen erfüllt sind: (1) $\mathbf{A}$ enthält mit jedem Element A auch das Komplement $X \setminus A$ von A in X. (2) Gehören die Elemente A_i einer abzählbaren Familie A_i, $i \in I$, zu $\mathbf{A}$, so ist auch die Vereinigungsmenge $\bigcup_{i \in I} A_i$ ein Element von $\mathbf{A}$.

b) Sei $\mathbf{A}$ eine σ-Algebra auf der Menge X. Eine Funktion

$$\mu : \mathbf{A} \to \overline{\mathbb{R}}_+ = \mathbb{R}_+ \cup \{\infty\}$$

heißt ein Maß, wenn μ σ-additiv ist, d.h. wenn für jede abzählbare Familie A_i, $i \in I$, paarweise disjunkter Elemente von **A** gilt:

$$\mu(\bigcup_{i\in I} A_i) = \sum_{i\in I} \mu(A_i)\,.$$

Ist $\mu\colon \mathbf{A} \to \overline{\mathbb{R}}_+$ ein Maß, so heißt $X = (X, \mathbf{A}, \mu)$ ein Maßraum. Man beachte, daß die σ-Algebra **A** auch abgeschlossen gegenüber der Bildung von Durchschnitten abzählbar vieler Mengen ist und insbesondere $\emptyset$ und X enthält. Es ist $\mu(\emptyset) = 0$. Die Elemente von **A** heißen auch die bezüglich μ meßbaren Mengen.

Ist **E** eine beliebige Teilmenge von $\mathbf{P}(X)$, so gibt es eine kleinste σ-Algebra auf X, die **E** umfaßt, nämlich den Durchschnitt aller **E** umfassenden σ-Algebren auf X (wozu stets $\mathbf{P}(X)$ gehört). Diese Algebra heißt die von **E** erzeugte σ-Algebra.

Kehren wir zurück zum $\mathbb{R}^n$. Da die Quader im $\mathbb{R}^n$ bezüglich des gesuchten Maßes λ^n meßbar sein sollen, ist λ^n notwendigerweise auf der von diesen Quadern erzeugten σ-Algebra definiert. Diese σ-Algebra heißt die σ-Algebra der Borel-Mengen auf $\mathbb{R}^n$. Sie wird mit

$$\mathbf{B}^n$$

bezeichnet. Da jede offene Menge im $\mathbb{R}^n$ offenbar abzählbare Vereinigung von Quadern ist, *ist jede offene Menge und folglich auch jede abgeschlossene Menge eine Borelmenge.* $\mathbf{B}^n$ kann also auch als die von der Topologie des $\mathbb{R}^n$ erzeugte σ-Algebra definiert werden.

In diesem Sinne ist die σ-Algebra $\mathbf{B}(X)$ der Borel-Mengen für jeden topologischen Raum X erklärt. Jeder Homöomorphismus $f\colon X \to Y$ topologischer Räume induziert eine Bijektion $\mathbf{B}(X) \to \mathbf{B}(Y)$ der σ-Algebren der Borelmengen.

Es gilt nun der folgende fundamentale Existenz- und Eindeutigkeitssatz, für dessen Beweis wir auf die Lehrbücher der Analysis oder der Maßtheorie verweisen, etwa auf [40]:

77.1 Satz *Sei $n \in \mathbb{N}$. Es gibt genau ein translationsinvariantes Maß $\lambda^n\colon \mathbf{B}^n \to \overline{\mathbb{R}}_+$, das für den Einheitswürfel $[0,1]^n$ den Wert 1 hat. Für einen beliebigen Quader $Q := \prod_{i=1}^n [a_i, b_i]$, $a_i \le b_i$, ist $\lambda^n(Q) = \prod_{i=1}^n (b_i - a_i)$, und für eine beliebige Borelmenge $A \in \mathbf{B}^n$ ist*

$$\lambda^n(A) = \operatorname{Inf}_{\mathcal{Q}} \sum_{Q\in\mathcal{Q}} \lambda^n(Q)\,,$$

wobei $\mathcal{Q}$ die abzählbaren Quadermengen mit $A \subseteq \bigcup_{Q\in\mathcal{Q}} Q$ durchläuft.

Das Maß $\lambda^n\colon \mathbf{B}^n \to \overline{\mathbb{R}}_+$ gemäß 77.1 heißt das (Standard-)Borel-Lebesgue-Maß auf $\mathbb{R}^n$. Es ist $\lambda^n(A) < \infty$ für jede beschränkte Borel-Menge $A \in \mathbf{B}^n$.

77.2 Korollar *Seien $n \in \mathbb{N}$ und $\mu: \mathbf{B}^n \to \overline{\mathbb{R}}_+$ ein translationsinvariantes Maß mit $\mu([0,1]^n) \in \mathbb{R}_+^\times$. Dann ist $\mu = \mu([0,1]^n)\lambda^n$.*

Beweis. Sei $a := \mu([0,1]^n)$. Dann ist $A \mapsto a^{-1}\mu(A)$ (mit $a^{-1} \cdot \infty = \infty$) ein translationsinvariantes Maß $\mathbf{B}^n \to \overline{\mathbb{R}}_+$, das auf dem Einheitswürfel den Wert 1 hat und folglich mit λ^n identisch ist. •

Sei $f: \mathbb{R}^n \to \mathbb{R}^n$ ein linearer Automorphismus. Da f insbesondere ein Homöomorphismus ist, induziert f eine Bijektion von $\mathbf{B}^n$: Eine Menge $A \subseteq \mathbb{R}^n$ ist genau dann eine Borelmenge, wenn dies für ihr f–Bild $f(A)$ gilt. Das Bild des Einheitswürfels $[0,1]^n$ ist das Parallelotop

$$Q(\mathbf{x}) := \{a_1x_1 + \cdots + a_nx_n : a_i \in [0,1],\ 1 \le i \le n\},$$

wobei das Basis–Tupel $\mathbf{x} := (x_1, \ldots, x_n)$ das f–Bild der Standardbasis $\mathbf{e} := (e_1, \ldots, e_n)$ ist: $x_i = f(e_i)$, $i = 1, \ldots, n$. Trivialerweise ist $A \mapsto \lambda^n(f(A))$, $A \in \mathbf{B}^n$, ein translationsinvariantes Maß. Nach 77.2 gilt daher

$$\lambda^n(f(A)) = \lambda^n(f)\lambda^n(A)$$

für alle $A \in \mathbf{B}^n$ mit dem Faktor

$$\lambda^n(f) := \lambda^n(f([0,1]^n)) = \lambda^n(Q(\mathbf{x})) \in \mathbb{R}_+^\times,$$

der unabhängig von A ist. (Daß $\lambda^n(Q(\mathbf{x}))$ positiv ist, folgt zum Beispiel daraus, daß $Q(\mathbf{x})$ einen Quader mit positiven Kantenlängen umfaßt.)

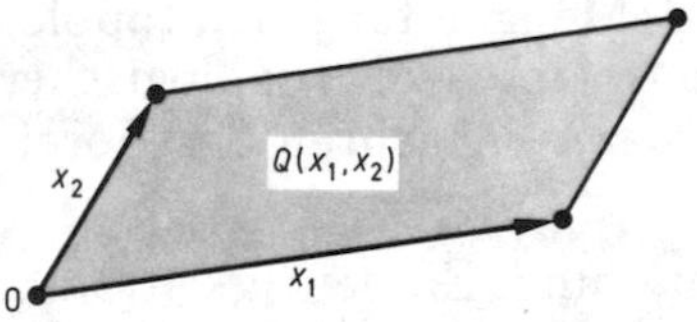

Wegen $\lambda^n(gf(A)) = \lambda^n(g)\lambda^n(f(A)) = \lambda^n(g)\lambda^n(f)\lambda^n(A)$ ist

$$\lambda^n(gf) = \lambda^n(g)\lambda^n(f)$$

für beliebige Automorphismen $f, g: \mathbb{R}^n \to \mathbb{R}^n$. Es gilt nun:

77.3 Satz *Sei $f: \mathbb{R}^n \to \mathbb{R}^n$ ein $\mathbb{R}$-Automorphismus. Dann ist $\lambda^n(f) = |\mathrm{Det} f|$, d.h. für eine beliebige Borelmenge $A \subseteq \mathbb{R}^n$ ist*

$$\lambda^n(f(A)) = |\mathrm{Det} f|\lambda^n(A).$$

Insbesondere ist (mit der Standard–Determinantenfunktion)

$$\lambda^n(Q(x_1, \ldots, x_n)) = |\mathrm{Det}(x_1, \ldots, x_n)|$$

für jede Basis $x_1, \ldots, x_n$ des $\mathbb{R}^n$.

Beweis. Wir identifizieren die Automorphismen des $\mathbb{R}^n$ mit ihren Matrizen bezüglich der Standardbasis. Wir haben $\lambda^n(\mathbf{A}) = |\mathrm{Det}\mathbf{A}|$ für alle $\mathbf{A} \in \mathsf{GL}_n(\mathbb{R})$ zu zeigen. Da $\mathbf{A}$ sich durch elementare Zeilen- oder Spaltenumformungen auf eine Diagonalmatrix bringen läßt, ist $\mathbf{A}$ Produkt von Elementarmatrizen $\mathbf{B}_{ij}(a) = \mathbf{E}_n + a\mathbf{E}_{ij}$, $i \neq j$, und einer Diagonalmatrix $\mathrm{Diag}(a_1, \ldots, a_n)$, vgl. §41, Beispiel 7. Nach der Vorbemerkung ist $\lambda^n(\mathbf{AB}) = \lambda^n(\mathbf{A})\lambda^n(\mathbf{B})$ für $\mathbf{A}, \mathbf{B} \in \mathsf{GL}_n(\mathbb{R})$. Da auch $|\mathrm{Det}(\mathbf{AB})| = |\mathrm{Det}\mathbf{A}| \cdot |\mathrm{Det}\mathbf{B}|$ ist, genügt es, die Formel 77.3 für Diagonal- und Elementarmatrizen zu beweisen.

Ist $\mathbf{A} = \mathrm{Diag}(a_1, \ldots, a_n)$, so ist $f(e_i) = a_i e_i$, $i = 1, \ldots, n$, und das f-Bild des Einheitswürfels ist ein Quader mit den Kantenlängen $|a_1|, \ldots, |a_n|$.

Sei $\mathbf{A} = \mathbf{B}_{ij}(a)$ mit $a \neq 0$, d.h. $\mathbf{A} \neq \mathbf{E}_n$. Dann ist $\mathbf{B}_{ij}(a) = \mathbf{D}\mathbf{B}_{ij}(1)\mathbf{D}^{-1}$, wobei $\mathbf{D}$ die Diagonalmatrix $\mathrm{Diag}(1, \ldots, 1, a, 1, \ldots, 1)$ mit dem Element a an der i-ten Stelle ist. Also ist $\lambda^n(\mathbf{B}_{ij}(a)) = \lambda^n(\mathbf{B}_{ij}(1))$ für alle $a \neq 0$, und wegen $\mathbf{B}_{ij}(m) = (\mathbf{B}_{ij}(1))^m$, d.h. $\lambda^n(\mathbf{B}_{ij}(m)) = (\lambda^n(\mathbf{B}_{ij}(1)))^m$ für alle $m \in \mathbb{Z}$, ist nur $\lambda^n(\mathbf{B}_{ij}(1)) = 1$ möglich. (Die Gleichung $\lambda^n(\mathbf{B}_{ij}(1)) = 1$ bzw. allgemeiner $\lambda^n(\mathbf{B}_{ij}(a)) = 1$ für $0 \leq a \leq 1$ entnimmt man auch leicht der folgenden geometrischen Konstruktion:

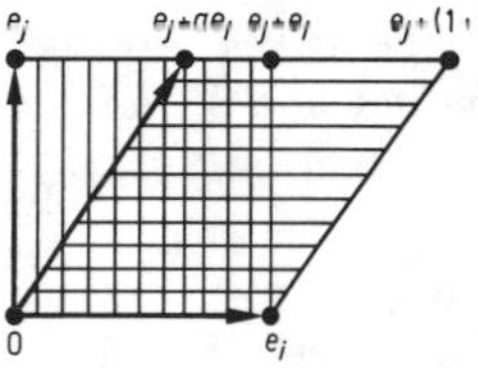

Die Dreiecke mit den Ecken $0, e_j + ae_i, e_j$ bzw. $e_i, e_j + e_i, e_j + (1 + a)e_i$ gehen durch die Translation mit e_i ineinander über.) •

Bemerkung 1 Der obige Beweis von 77.3 benutzt die sogenannte Kommutator-Methode. Nach Satz VI.B.7 ist $\mathsf{SL}_n(\mathbb{R})$ die Kommutatorgruppe von $\mathsf{GL}_n(\mathbb{R})$. Der Gruppenhomomorphismus $\mathbf{A} \mapsto \lambda^n(\mathbf{A})$ von $\mathsf{GL}_n(\mathbb{R})$ in die kommutative Gruppe $\mathbb{R}_+^\times$ hat daher auf $\mathsf{SL}_n(\mathbb{R})$ notwendigerweise den konstanten Wert 1 und ist durch die Werte auf den Diagonalmatrizen vollständig bestimmt. Vgl. §83, Aufgabe 23.

Sei jetzt E ein beliebiger n-dimensionaler reeller affiner Raum über dem Vektorraum V. Ein affiner Isomorphismus $h: \mathbb{R}^n \to E$ induziert eine Bijektion der Menge $\mathbf{B}^n$ der Borelmengen von $\mathbb{R}^n$ und der Menge $\mathbf{B}(E)$ der Borelmengen von E. Ist $\mu: \mathbf{B}^n \to \overline{\mathbb{R}}_+$ ein Maß, so auch $h_*\mu: \mathbf{B}(E) \to \overline{\mathbb{R}}_+$ mit $h_*\mu(A) := \mu(h^{-1}(A))$. Dabei ist μ genau dann translationsinvariant, wenn dies für das mit h nach E übertragene Maß $h_*\mu$ gilt. Insbesondere erhält man durch Übertragen der Maße $a\lambda^n$, $a \in \mathbb{R}_+^\times$, nach E genau die translationsinvarianten Maße auf E, die auf beschränkten Mengen von E einen endlichen Wert haben (aber nicht identisch verschwinden).

Jedes solche Maß heißt ein Borel–Lebesgue–Maß auf E. Je zwei Borel–Lebesgue–Maße auf E unterscheiden sich um einen positiven Faktor. Ist $O; x_1, \ldots, x_n$ ein affines Koordinatensystem in E, so gibt es genau ein Borel–Lebesgue–Maß auf E, das für das Parallelotop

$$Q(O; \mathbf{x}) = \{a_1 x_1 + \cdots + a_n x_n + O : a_i \in [0,1],\ 1 \le i \le n\},$$

$\mathbf{x} := (x_1, \ldots, x_n)$, den Wert 1 hat. Es wird durch Übertragen des Standard-Borel–Lebesgue–Maßes λ^n mittels des Isomorphismus $h: \mathbb{R}^n \to E$, der das affine Koordinatensystem $0; e_1, \ldots, e_n$ auf $O; x_1, \ldots, x_n$ abbildet, gewonnen. Dieses Maß hängt nicht von der Wahl des Ursprungs O ab. Wir bezeichnen es mit

$$\lambda_{\mathbf{x}}\,.$$

Aus 77.3 ergibt sich sofort die folgende Aussage:

77.4 Transformationsformel *Seien λ ein Borel–Lebesgue–Maß auf dem endlichdimensionalen reellen affinen Raum E über dem Vektorraum V und $f: E \to E$ eine Affinität von E. Dann ist*

$$\lambda(f(A)) = |\mathrm{Det}\,\overline{f}| \cdot \lambda(A)$$

für jede Borel-Menge $A \subseteq E$, wobei $\overline{f}$ der zu f gehörende lineare Automorphismus von V ist. — Insbesondere ist

$$\lambda(Q(O'; \mathbf{y})) = |\mathrm{Det}(a_{ij})|\lambda(Q(O; \mathbf{x}))\,,$$

wenn $\mathbf{x} = (x_1, \ldots, x_n)$ und $\mathbf{y} = (y_1, \ldots, y_n)$ Basen von V sind mit $y_j = \sum_{i=1}^n a_{ij} x_i$, $j = 1, \ldots, n$, und $O, O' \in E$.

77.4 besagt insbesondere, daß eine Affinität genau dann maßtreu ist, d.h. ein Borel–Lebesgue–Maß invariant läßt, wenn ihre Determinante ± 1 ist. Da eine Affinität, die eine gegebene Borelmenge endlichen Volumens $\neq 0$ bijektiv auf sich abbildet, maßtreu ist, ist die Determinante einer solchen Affinität also notwendigerweise ± 1.

Sei in der Situation von 77.4 speziell $\lambda = \lambda_{\mathbf{x}}$ mit einer Basis $\mathbf{x} = (x_1, \ldots, x_n)$ von V. Ist dann $\mathbf{y} = (y_1, \ldots, y_n)$ eine weitere Basis von V mit $y_j = \sum_{i=1}^n a_{ij} x_i$, $j = 1, \ldots, n$, so gilt $\lambda_{\mathbf{x}}(Q(O; \mathbf{y})) = |\mathrm{Det}(a_{ij})|$ nach 77.4. Es folgt $\lambda_{\mathbf{x}} = |\mathrm{Det}(a_{ij})| \cdot \lambda_{\mathbf{y}}$, und genau dann ist $\lambda_{\mathbf{x}} = \lambda_{\mathbf{y}}$, wenn die Übergangsmatrix $(a_{ij}) \in \mathsf{GL}_n(\mathbb{R})$ eine Determinante ± 1 hat. Ferner bemerken wir, daß die Formel $\lambda_{\mathbf{x}}(Q(O; \mathbf{y})) = |\mathrm{Det}(a_{ij})|$ auch dann gültig ist, wenn das Tupel $\mathbf{y} = (y_1, \ldots, y_n)$ linear abhängig ist, da dann $Q(O; \mathbf{y})$ ganz in einer Hyperebene von E liegt, deren Volumen bereits 0 ist, vgl. Aufgabe 5a).

Häufig ist es bequem, sämtliche Vielfachen $a\lambda$, $a \in \mathbb{R}$, eines Borel–Lebesgue–Maßes λ auf dem affinen Raum E zu betrachten und nicht nur die positiven. Man spricht dann auch von (nicht notwendig positiven) Borel–Lebesgue–Maßen auf E. Sie bilden einen eindimensionalen reellen Vektorraum

$$\Lambda(E)\,,$$

und natürlich gilt auch für sie die Transformationsformel 77.4. Diese legt es überdies nahe, den Raum $\Lambda(E)$ mit dem Raum $\mathrm{Alt}(n, V)$ der Determinantenfunktionen auf V in Verbindung zu bringen. Zunächst hat man stets die kanonische Abbildung $\mathrm{Alt}(n, V) \to \Lambda(E)$, die der Determinantenfunktion $\Delta = \Delta_{\mathbf{x}} \in \mathrm{Alt}(n, V)$, die auf der Basis $\mathbf{x} = (x_1, \ldots, x_n)$ den Wert 1 hat, das (positive) Borel–Lebesgue-Maß $\lambda_{\mathbf{x}}$ zuordnet. Wir bezeichnen dieses Maß mit $|\Delta|$. Es ist $|a\Delta| = |a||\Delta|$ für alle $a \in \mathbb{R}$ und alle $\Delta \in \mathrm{Alt}(n, V)$. Ist nun E, d.h. V sogar orientiert, so gibt es einen kanonischen $\mathbb{R}$-*linearen Isomorphismus*

$$\mathrm{Alt}(n, V) \to \Lambda(E).$$

Er ordnet der Determinantenfunktion $\Delta_{\mathbf{x}}$, *wobei die Basis* $\mathbf{x} = (x_1, \ldots, x_n)$ *von* V *die Orientierung von* V *repräsentiert*, das Maß $\lambda_{\mathbf{x}}$ zu. (Umgekehrt definiert jeder Isomorphismus $\mathrm{Alt}(n, V) \to \Lambda(E)$ eine Orientierung auf V, da $\Lambda(E)$ durch die Halbgerade der positiven Maße in natürlicher Weise orientiert ist.) *Jede Determinantenfunktion* $\Delta \neq 0$ *auf* V *definiert also sowohl eine Orientierung als auch ein (positives) Borel–Lebesgue-Maß* $|\Delta|$ auf E und insgesamt die Isomorphie $\mathrm{Alt}(n, V) \to \Lambda(E)$ mit $a\Delta \mapsto a|\Delta|$, $a \in \mathbb{R}$.

Im allgemeinen ist unter den Borel–Lebesgue-Maßen auf einem endlichdimensionalen reellen affinen Raum keines ausgezeichnet. Zusätzliche Strukturen definieren jedoch gelegentlich ein kanonisches Borel–Lebesgue-Maß. Wir diskutieren einige wichtige Fälle. E ist im folgenden stets ein affiner Raum über dem endlichdimensionalen reellen Vektorraum V.

Beispiel 1 (Durch symmetrische Bilinearformen definierte Maße) Der Vektorraum V trage eine nicht ausgeartete symmetrische Bilinearform Φ. Diese Form Φ definiert ein kanonisches Borel–Lebesgue-Maß λ_Φ auf E, und zwar ist

$$\lambda_\Phi = \lambda_{\mathbf{v}},$$

wobei $\mathbf{v} = (v_1, \ldots, v_n)$ eine verallgemeinerte Orthonormalbasis von V ist (mit $|\Phi(v_i, v_j)| = \delta_{ij}$ für $i, j = 1, \ldots, n$). Da die Übergangsmatrizen für verallgemeinerte Orthonormalbasen eine Determinante ± 1 haben, ist in der Tat λ_Φ unabhängig von der Wahl der Basis $\mathbf{v}$ definiert. Um Sonderfälle zu vermeiden, setzt man noch $\lambda_\Phi = 0$, falls die symmetrische Bilinearform Φ auf V ausgeartet ist.

Insbesondere trägt jeder euklidische affine Raum E *ein kanonisches Borel–Lebesgue-Maß.* Es ist dadurch charakterisiert, daß jeder Würfel $Q(O; x_1, \ldots, x_n)$, dessen Kantenvektoren $x_1, \ldots, x_n$ eine Orthonormalbasis von V bilden, das Volumen 1 hat. Diese Konstruktion liefert auch das kanonische Volumenmaß in unserem Anschauungsraum und die kanonischen Flächenmaße in den affinen Ebenen unseres Anschauungsraumes. Durch das Standardskalarprodukt auf dem $\mathbb{R}^n$ wird das Standard-Borel–Lebesgue-Maß λ^n definiert.

Die folgende Aussage liefert eine wichtige Interpretation der Gramschen Determinanten.

77.5 Gramsche Formel *Seien* E *ein* n*-dimensionaler reeller affiner Raum über dem Vektorraum* V *mit der symmetrischen Bilinearform* Φ*. Für* $O \in E$ *und* $\mathbf{x} = (x_1, \ldots, x_n) \in V^n$ *ist*

$$\lambda_\Phi(Q(O;\mathbf{x})) = \sqrt{|\mathrm{Gr}_\Phi(\mathbf{x})|} = \sqrt{|\mathrm{Det}(\Phi(x_i,x_j))|}\,.$$

B e w e i s. Wir können gleich annehmen, daß Φ nicht ausgeartet ist. Sei dann $\mathbf{v} = (v_1,\ldots,v_n)$ eine verallgemeinerte Orthonormalbasis von V bezüglich Φ und $x_j = \sum_i a_{ij}v_i$, $j=1,\ldots,n$. Dann ist mit 77.4

$$\lambda_\Phi(Q(O;\mathbf{x})) = \lambda_\mathbf{v}(Q(O;\mathbf{x})) = |\mathrm{Det}(a_{ij})|\,.$$

Nach 70.1 ist andererseits

$$|\mathrm{Gr}_\Phi(\mathbf{x})| = (\mathrm{Det}(a_{ij}))^2|\mathrm{Gr}_\Phi(\mathbf{v})| = (\mathrm{Det}(a_{ij}))^2\,. \qquad \bullet$$

77.6 *Die Voraussetzungen seien dieselben wie in* 77.5. *Ferner sei V die orthogonale Summe der Unterräume U und W mit* $\mathrm{Dim}_\mathbb{R}U = r$ *und* $\mathrm{Dim}_\mathbb{R}W = s$, *und p sei die (orthogonale) Projektion auf W längs U. Für $O \in E$ und $(x_1,\ldots,x_r,y_1,\ldots,y_s) \in V^n$ mit $x_1,\ldots,x_r \in U$ ist dann*

$$\lambda_\Phi(Q(O;x_1,\ldots,x_r,y_1,\ldots,y_s))$$
$$= \lambda_{\Phi|U}(Q(O;x_1,\ldots,x_r))\lambda_{\Phi|W}(Q(O;p(y_1),\ldots,p(y_s)))\,.$$

B e w e i s. Wir können wieder gleich annehmen, daß Φ nicht ausgeartet ist. Sei dann $u_1,\ldots,u_r \in U$ eine verallgemeinerte Orthonormalbasis von U bezüglich $\Phi|U$ und $w_1,\ldots,w_s \in W$ eine verallgemeinerte Orthonormalbasis von W bezüglich $\Phi|W$. Es ist $u_1,\ldots,u_r,w_1,\ldots,w_s$ eine verallgemeinerte Orthonormalbasis von V bezüglich Φ und $x_j = \sum_{i=1}^r a_{ij}u_i$, $j=1,\ldots,r$, $y_j = \sum_{i=1}^r a_{ij}u_i + \sum_{i=1}^s b_{ij}w_i$, $j=1,\ldots,s$, $p(y_j) = \sum_{i=1}^s b_{ij}w_i$, $j=1,\ldots,s$, folglich

$$\lambda_\Phi(Q(O;x_1,\ldots,x_r,y_1,\ldots,y_s)) = |\mathrm{Det}(a_{ij})|\cdot|\mathrm{Det}(b_{ij})|$$
$$= \lambda_{\Phi|U}(Q(O;x_1,\ldots,x_r))\cdot\lambda_{\Phi|W}(Q(O;p(y_1),\ldots,p(y_s)))\,. \qquad \bullet$$

Häufig wird 77.6 für den Fall benutzt, daß $r = n-1$ ist. Man nennt dann $Q(O;x_1,\ldots,x_{n-1})$ die G r u n d f l ä c h e des Parallelotops $Q(O;x_1,\ldots,x_{n-1},y)$ und $Q(O;p(y))$ die H ö h e.

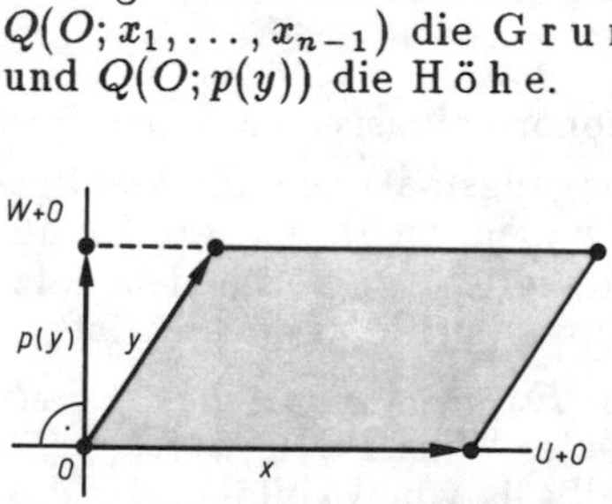

Beispiel 2 (K a n o n i s c h e M a ß e s y m p l e k t i s c h e r R ä u m e) Der Vektorraum V sei ein symplektischer reeller Vektorraum der Dimension $n = 2k$ mit der nicht ausgearteten schiefsymmetrischen Bilinearform Φ, vgl. §71, Aufgabe 30. Dann gibt es eine kanonische Determinantenfunktion Δ auf V, die für eine und damit für jede symplektische Basis $x_1,y_1,x_2,y_2,\ldots,x_k,y_k$ den Wert 1 hat. Die durch Δ definierte Orientierung ist die kanonische Orientierung von V bzw. E, und das Δ zugeordnete Borel–Lebesgue–Maß λ_Φ ist das k a n o n i s c h e M a ß auf V bzw. E, vgl. auch §74, Beispiel 7 und §85, Aufgabe 6. Jedes Parallelotop, dessen Kantenvektoren eine symplektische Basis bilden, hat das Volumen 1. Wir

setzen wieder $\lambda_\Phi = 0$, falls V eine ausgeartete schiefsymmetrische Bilinearform Φ trägt. Die Gramsche Formel 77.5 gilt auch im schiefsymmetrischen Fall. Ferner ist $\lambda_\Phi(P(O;\mathbf{x})) = |\Delta(\mathbf{x})|$ für $O \in E$ und $\mathbf{x} \in V^n$.

Beispiel 3 (Kanonische Maße unitärer Räume) Sei V zunächst ein (endlichdimensionaler) komplexer Vektorraum mit einer nicht ausgearteten komplex–hermiteschen Form Φ. Diese definiert auf V die nicht ausgeartete reell–symmetrische Form $\Phi_1 = \operatorname{Re}\Phi$ und die nicht ausgeartete reell–schiefsymmetrische Form $\Phi_2 := \operatorname{Im}\Phi$, vgl. §71, Aufgabe 37 und §72, Aufgabe 15b). Sei $v_1, \ldots, v_n$ eine komplexe verallgemeinerte Orthonormalbasis von V mit $\Phi(v_i, v_j) = \epsilon_i \delta_{ij}$, $\epsilon_i \in \{-1, 1\}$, $i, j = 1, \ldots, n$. Dann ist $v_1, \mathrm{i}v_1, \ldots, v_n, \mathrm{i}v_n$ eine verallgemeinerte reelle Orthonormalbasis von V bezüglich Φ_1, und $-\epsilon_1 v_1, \mathrm{i}v_1, \ldots, -\epsilon_n v_n, \mathrm{i}v_n$ ist eine symplektische Basis von V bezüglich Φ_2. Es folgt, *daß die beiden kanonischen Maße* λ_{Φ_1} *bzw.* λ_{Φ_2} *gemäß der Beispiele* 1 *bzw.* 2 *übereinstimmen.* Dies ist das kanonische durch Φ definierte Borel–Lebesgue–Maß λ_Φ. (Allerdings stimmt die durch Φ_2 definierte Orientierung dann und nur dann mit der durch die komplexe Struktur definierten Orientierung auf V (vgl. §74, Beispiel 6) überein, wenn $(-1)^n \epsilon_1 \cdots \epsilon_n = 1$ ist.) Mit den Formen Φ_1 und Φ_2 lassen sich die komplexen Unterräume unter den reellen Unterräumen charakterisieren, falls Φ definit ist:

77.7 *Sei* Φ *eine definite komplex–hermitesche Form auf dem endlichdimensionalen komplexen Vektorraum* V *mit* $\Phi_1 := \operatorname{Re}\Phi$ *und* $\Phi_2 := \operatorname{Im}\Phi$. *Für einen beliebigen reellen Unterraum* W *von* V *ist dann* $\lambda_{\Phi_2|W} \le \lambda_{\Phi_1|W}$, *und das Gleichheitszeichen gilt genau dann, wenn* W *ein komplexer Unterraum von* V *ist.*

Beweis. Ist W ein komplexer Unterraum, so ist $\lambda_{\Phi_2|W} = \lambda_{\Phi_1|W}$ nach der Vorbemerkung. Zum Beweis der restlichen Behauptungen können wir annehmen, daß $\operatorname{Dim}_{\mathbb{R}} W = 2k$ gerade und Φ positiv definit ist. Wir benutzen dann den Satz 79.13: Es gibt eine reelle Orthonormalbasis $x_1, y_1, \ldots, x_k, y_k$ von W bezüglich $\Phi_1|W$, in der die Gramsche Matrix von $\Phi_2|W$ die Gestalt

$$\begin{pmatrix} 0 & c_1 & & & \\ -c_1 & 0 & & & \\ & & \ddots & & \\ & & & 0 & c_k \\ & & & -c_k & 0 \end{pmatrix}$$

mit $c_1, \ldots, c_k \ge 0$ hat. Ist $\Phi_2|W$ nicht ausgeartet, so ist $c_1^{-1}x_1, y_1, \ldots, c_k^{-1}x_k, y_k$ eine symplektische Basis von W bezüglich $\Phi_2|W$. Es folgt $\lambda_{\Phi_2|W} = c_1 \cdots c_k \lambda_{\Phi_1|W}$. Mit der Cauchy–Schwarzschen Ungleichung erhält man

$$c_\kappa = \operatorname{Im}\Phi(x_\kappa, y_\kappa) \le |\Phi(x_\kappa, y_\kappa)| \le (\Phi(x_\kappa, x_\kappa)\Phi(y_\kappa, y_\kappa))^{1/2} = 1$$

für $\kappa = 1, \ldots, k$ und damit $\lambda_{\Phi_2|W} \le \lambda_{\Phi_1|W}$. Im Fall der Gleichheit ist notwendigerweise $c_1 = \cdots = c_k = 1$, und in den obigen Ungleichungen gilt das Gleichheitszeichen. Dann sind x_κ und y_κ jeweils über $\mathbb{C}$ linear abhängig für $\kappa = 1, \ldots, k$ und $\mathbb{R}x_\kappa + \mathbb{R}y_\kappa = \mathbb{C}x_\kappa = \mathbb{C}y_\kappa$, also $W = \mathbb{C}x_1 + \cdots + \mathbb{C}x_k = \mathbb{C}y_1 + \cdots + \mathbb{C}y_k$. (Übrigens ist im zuletzt diskutierten Fall $y_\kappa = -\mathrm{i}x_\kappa$, $\kappa = 1, \ldots, k$.) •

Beispiel 4 (Durch Gitter definierte Maße) Sei Γ ein (volles) Gitter im n–dimensionalen reellen Vektorraum V. Es ist also

$$\Gamma = \mathbb{Z}x_1 + \cdots + \mathbb{Z}x_n$$

wobei $\mathbf{x} = (x_1, \ldots, x_n)$ eine $\mathbb{R}$–Basis von V ist. *Dann ist das Maß* $\lambda_\Gamma := \lambda_{\mathbf{x}}$ *allein durch* Γ *bestimmt, also unabhängig von der Wahl der Gitterbasis* $\mathbf{x}$. Ist nämlich $\mathbf{x}' = (x'_1, \ldots, x'_n)$ eine weitere Gitterbasis, so ist $x_j = \sum_{i=1}^n a_{ij} x'_i$, $j = 1, \ldots, n$, mit einer invertierbaren ganzzahligen Matrix $\mathbf{A} := (a_{ij}) \in \mathsf{GL}_n(\mathbb{Z})$. Insbesondere ist also $\mathrm{Det}\mathbf{A} \in \mathbb{Z}^\times = \{1, -1\}$ und $\lambda_{\mathbf{x}} = \lambda_{\mathbf{x}'}$. Im affinen Raum E über V heißt ein Parallelotop $Q(O; \mathbf{x})$, wo $\mathbf{x}$ eine Gitterbasis von Γ ist, eine G r u n d m a s c h e bezüglich Γ. Sie hat definitionsgemäß das Volumen 1 bezüglich λ_Γ.

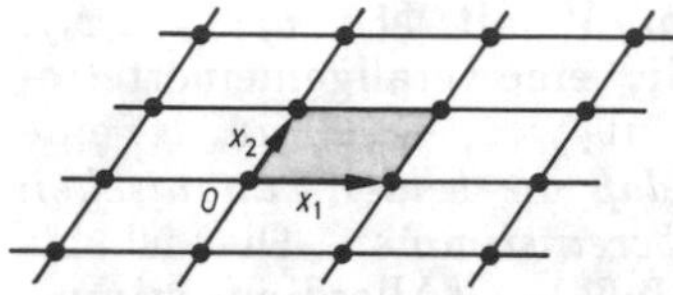

Sei $\Gamma' \subseteq V$ ein weiteres volles Gitter in V und sei $\Gamma \subseteq \Gamma'$. Sind dann $\mathbf{x}$ bzw. $\mathbf{x}'$ Gitterbasen von Γ bzw. Γ', so ist $x_j = \sum_{i=1}^n a_{ij} x'_i$, $j = 1, \ldots, n$, mit einer Matrix $\mathbf{A} := (a_{ij}) \in \mathsf{M}_n(\mathbb{Z})$. Nach 49.9 ist $|\mathrm{Det}\mathbf{A}| = \mathrm{Kard}(\Gamma'/\Gamma) = [\Gamma' : \Gamma]$, und es folgt

$$\lambda_{\Gamma'} = \lambda_{\mathbf{x}'} = |\mathrm{Det}\mathbf{A}| \cdot \lambda_{\mathbf{x}} = [\Gamma' : \Gamma] \cdot \lambda_\Gamma .$$

Man nennt daher für zwei *beliebige* volle Gitter $\Gamma, \Gamma' \subseteq V$ das Verhältnis

$$[\Gamma' : \Gamma] := \lambda_{\Gamma'} : \lambda_\Gamma \in \mathbb{R}_+^\times$$

den I n d e x von Γ in Γ'. Es ist definitionsgemäß $\lambda_{\Gamma'} = [\Gamma' : \Gamma] \cdot \lambda_\Gamma$ für beliebige volle Gitter $\Gamma, \Gamma' \subseteq V$. Der Index $[\Gamma' : \Gamma]$ ist der Betrag der Determinante der Übergangsmatrix einer Gitterbasis $\mathbf{x}$ von Γ zu einer Gitterbasis $\mathbf{x}'$ von Γ'. (Die Aussage $\lambda_{\Gamma'} = \mathrm{Kard}(\Gamma'/\Gamma) \cdot \lambda_\Gamma$ für Gitter Γ, Γ' mit $\Gamma \subseteq \Gamma'$ läßt sich unabhängig von 49.9 mit den folgenden Überlegungen gewinnen, vgl. Aufgabe 21.)

Im weiteren betrachten wir einen affinen Raum E über dem Vektorraum V mit dem vollen Gitter Γ. Dann operiert Γ als Gruppe von Translationen auf E. Ist $\mathbf{x} = (x_1, \ldots, x_n)$ eine Gitterbasis und $O \in E$, so ist das h a l b o f f e n e P a r a l l e l o t o p

$$P = P(O; \mathbf{x}) := \{a_1 x_1 + \cdots + a_n x_n + O : a_i \in [0, 1[\,, \;\; i = 1, \ldots, n\}$$

ein volles Repräsentantensystem für die Menge E/Γ der Bahnen. Wie die Grundmasche $Q(O; \mathbf{x})$ hat auch $P(O; \mathbf{x})$ bezüglich λ_Γ das Volumen 1, da $Q(O; \mathbf{x}) \setminus P(O; \mathbf{x})$ sicherlich das Maß 0 hat. Wir beweisen nun:

77.8 Lemma von Blichfeldt *Seien* $\pi : E \to E/\Gamma$ *die kanonische Projektion und* $A \subseteq E$ *eine Borelmenge. Dann gilt:*

(1) *Ist* $\pi|A$ *injektiv, so ist* $\lambda_\Gamma(A) \le 1$.

(2) *Ist* $\pi|A$ *surjektiv, so ist* $\lambda_\Gamma(A) \ge 1$.

(3) *Ist* $\pi|A$ *bijektiv, so ist* $\lambda_\Gamma(A) = 1$.

(4) *Ist* A *kompakt,* $\mathrm{Dim}_{\mathbb{R}} E > 0$ *und* $\pi|A$ *injektiv, so ist* $\lambda_\Gamma(A) < 1$.

B e w e i s. Wir übernehmen die obigen Bezeichnungen. Es ist $E = \bigcup_{x \in \Gamma} (x + P)$ eine Zerlegung von E in abzählbar viele paarweise disjunkte Borelmengen. Folglich gilt wegen der σ-Additivität und der Translationsinvarianz von λ_Γ:

$$\lambda_\Gamma(A) = \lambda_\Gamma\Big(\bigcup_{x\in\Gamma}(A\cap(x+P))\Big) = \sum_{x\in\Gamma}\lambda_\Gamma(A\cap(x+P)) = \sum_{x\in\Gamma}\lambda_\Gamma(-x+A\cap(x+P)).$$

Die Mengen $-x+A\cap(x+P)$, $x\in\Gamma$, liegen alle in P. Sei nun $\lambda_\Gamma(A)>1$. Wegen $\lambda_\Gamma(P)=1$ können dann die Mengen $-x+A\cap(x+P)$, $x\in\Gamma$, nicht paarweise disjunkt sein. Sei $R\in P$ ein Punkt im Durchschnitt von $-x+A\cap(x+P)$ und $-y+A\cap(y+P)$ mit $x,y\in\Gamma$, $x\neq y$. Dann sind $x+R$ und $y+R$ zwei verschiedene Punkte in A, die in derselben Γ-Bahn liegen. Das beweist (1).

Sei nun $\pi|A$ surjektiv. Dann ist $P=\bigcup_{x\in\Gamma}(-x+A\cap(x+P))$, und es folgt

$$1=\lambda_\Gamma(P)\le\sum_{x\in\Gamma}\lambda_\Gamma(-x+A\cap(x+P))=\lambda_\Gamma(A),$$

vgl. Aufgabe 3. Das beweist (2). (3) folgt aus (1) und (2).

Sei jetzt $\lambda_\Gamma(A)\ge 1$ und A kompakt. Es gibt offenbar eine absteigende Folge kompakter Mengen A_m, $m\in\mathbb{N}$, mit $\lambda_\Gamma(A_m)>1$ und $\bigcap_m A_m = A$. Nach (1) gibt es Punktfolgen $R_m, S_m\in A_m$, $m\in\mathbb{N}$, mit $\overrightarrow{R_mS_m}\in\Gamma\setminus\{0\}$. Wir können annehmen, daß die Folgen (R_m) bzw. (S_m) konvergieren. Für $R:=\lim R_m$ und $S:=\lim S_m$ gilt $R,S\in A$ und auch $\overrightarrow{RS}=\lim\overrightarrow{R_mS_m}\in\Gamma\setminus\{0\}$. Das beweist (4). •

Ein wichtiges Korollar zu 77.8 ist der folgende Satz:

77.9 Gitterpunktsatz von Minkowski *Sei K eine konvexe um den Punkt $O\in E$ symmetrische Borelmenge in E mit*

$$\lambda_\Gamma(K)>2^n,\quad n:=\mathrm{Dim}_{\mathbb{R}}E.$$

Dann enthält K einen von O verschiedenen Punkt der Γ-Bahn $\Gamma+O$. Ist K überdies kompakt und $n\ge 1$, so gibt es einen solchen Punkt bereits dann, wenn $\lambda_\Gamma(K)\ge 2^n$ ist.

B e w e i s. Sei σ die Streckung mit dem Zentrum O und dem Streckungsfaktor $\frac{1}{2}$. Dann ist $\sigma(K)$ ebenfalls konvex und symmetrisch um den Punkt O. Ferner ist $\lambda_\Gamma(\sigma(K))=2^{-n}\lambda_\Gamma(K)>1$. Nach 77.8(1) gibt es Punkte $R=x+O$, $S=y+O$ in $\sigma(K)$ mit $\overrightarrow{RS}=y-x\in\Gamma\setminus\{0\}$. Es ist dann $(y-x)+O=\frac{1}{2}(2y+(-2x))+O\in K$ von O verschieden. — Ist K kompakt, so benutzt man 77.8(4). •

Eine typische Situation, in der der Gitterpunktsatz 77.9 angewendet wird, ist:

77.10 Korollar *Ist Γ ein volles Gitter im normierten n-dimensionalen $\mathbb{R}$-Vektorraum $V\neq 0$ mit $\lambda_\Gamma(\overline{\mathrm{B}}(0;1))=\omega$, so gibt es einen Gittervektor $x\in\Gamma$, $x\neq 0$, mit $\|x\|\le 2/\omega^{1/n}$.*

B e w e i s. Die Kugel $\overline{\mathrm{B}}(0;2/\omega^{1/n})$ hat das λ_Γ-Volumen 2^n. •

Beispiel 5 (G r u n d l a g e n d e r Z a h l e n t h e o r i e) Wir werden einige Bezeichnungen und Begriffe aus späteren Paragraphen verwenden. Sei A eine *reduzierte* endliche freie kommutative $\mathbb{Z}$-Algebra vom Rang n. Dann ist die n-dimensionale $\mathbb{Q}$-Algebra $A_0:=A_{(\mathbb{Q})}$, die gleich dem totalen Quotientenring $Q(A)$

von A ist (vgl. §69, Aufgabe 12) ebenfalls reduziert. Die (symmetrische) Spurform $(x,y) \mapsto \mathrm{Sp}(xy)$ von A_0 über $\mathbb{Q}$ ist nicht ausgeartet, da A_0 wegen $\mathrm{Char}\,\mathbb{Q} = 0$ separabel über $\mathbb{Q}$ ist, vgl. 94.1. Entsprechendes gilt dann auch für die $\mathbb{R}$–Algebra $A_\infty := A_{(\mathbb{R})} = \mathbb{R}\otimes_{\mathbb{Z}} A = \mathbb{R}\otimes_{\mathbb{Q}} A_0$, die wir kurz mit R bezeichnen wollen. Das nach Beispiel 1 durch die Spurform auf R definierte Borel–Lebesgue–Maß

$$\lambda = \lambda_{\mathrm{Sp}}$$

ist das **n a t ü r l i c h e M a ß** auf R. Da R reduziert ist, gilt $R \cong \mathbb{R}^p \times \mathbb{C}^q$ mit wohlbestimmten Zahlen $p, q \in \mathbb{N}$, vgl. §55, Aufgabe 10b). Dabei ist p die Anzahl der reellen und q die Anzahl der komplexen lokalen Komponenten von R gemäß 55.15, also ist $p + 2q$ die Dimension n und $r = r_\infty := p + q = n - q$ die Anzahl aller lokalen Komponenten von $R = A_\infty$. Seien $e_1, \ldots, e_p$ die reellen Hauptidempotenten mit $Re_i \cong R/(1-e_i)R \cong \mathbb{R}$ und $f_1, \ldots, f_q$ die komplexen Hauptidempotenten mit $Rf_j \cong R/(1-f_j)R \cong \mathbb{C}$. Jedes Element $x \in R = Re_1 \oplus \cdots \oplus Re_p \oplus Rf_1 \oplus \cdots \oplus Rf_q$ hat eine eindeutige Darstellung

$$x = a_1 e_1 + \cdots + a_p e_p + b_1 f_1 + \cdots + b_q f_q\,,$$

$a_1, \ldots, a_p \in \mathbb{R}$, $b_1, \ldots, b_q \in \mathbb{C}$, wobei die $b_1, \ldots, b_q$ durch eine Identifikation von Rf_j mit $\mathbb{C}$ gewonnen werden, $j = 1, \ldots, q$. Es ist

$$\mathrm{Sp}\,x = \mathrm{Sp}_{\mathbb{R}}^R x = a_1 + \cdots + a_p + 2\mathrm{Re}\,b_1 + \cdots + 2\mathrm{Re}\,b_q\,,$$

$$\mathrm{N}x = \mathrm{N}_{\mathbb{R}}^R x = a_1 \cdots a_p |b_1|^2 \cdots |b_q|^2\,.$$

Allgemein ist das charakteristische Polynom von x gleich

$$\chi_x = (X - a_1)\cdots(X - a_p)(X - b_1)(X - \overline{b}_1)\cdots(X - b_q)(X - \overline{b}_q)\,.$$

Es folgt, daß die Elemente

$$e_1, \ldots, e_p, \frac{f_1}{\sqrt{2}}, \mathrm{i}\frac{f_1}{\sqrt{2}}, \ldots, \frac{f_q}{\sqrt{2}}, \mathrm{i}\frac{f_q}{\sqrt{2}}$$

eine verallgemeinerte Orthonormalbasis von R bezüglich der Spurform bilden und demnach ein Parallelotop des λ–Volumens 1 aufspannen.

Aus der Zerlegung der $\mathbb{R}$–Algebra R in ihre lokalen Komponenten gewinnt man auch leicht einige natürliche (Vektorraum–)Normen auf R. Neben der euklidischen Norm

$$\|x\|_2 := (|a_1|^2 + \cdots + |a_p|^2 + |b_1|^2 + \cdots + |b_q|^2)^{1/2}\,,$$

die von dem Skalarprodukt auf R herrührt, für das $e_1, \ldots, e_p, f_1, \mathrm{i}f_1, \ldots, f_q, \mathrm{i}f_q$ eine Orthonormalbasis ist und das daher auf R ein Borel–Lebesgue–Maß λ_2 mit $\lambda = 2^q\lambda_2$ definiert, erwähnen wir die Norm

$$\|x\| := \mathrm{Max}(|a_1| + \cdots + |a_p|, |b_1|, \ldots, |b_q|)\,.$$

Die Einheitskugel $\overline{\mathrm{B}}(0;1)$ bezüglich dieser letzten Norm hat das λ–Volumen

$$\lambda(\overline{\mathrm{B}}(0;1)) = 2^q\lambda_2(\overline{\mathrm{B}}(0;1)) = 2^q \cdot \frac{2^p}{p!}\pi^q = \frac{2^r\pi^q}{p!}$$

(vgl. Aufgaben 8 und 5b)), und es gilt die Abschätzung

$$|\mathrm{N}x| = |a_1|\cdots|a_p||b_1|^2\cdots|b_q|^2 \le \left(\frac{|a_1| + \cdots + |a_p|}{p}\right)^p |b_1|^2\cdots|b_q|^2 \le \frac{\|x\|^n}{p^p}\,,$$

wobei die Ungleichung vom arithmetischen und geometrischen Mittel (vgl. §72, Aufgabe 27b)) benutzt wurde.

Die Ausgangsalgebra A ist ein (volles) Gitter in $R = \mathbb{R}\otimes_{\mathbb{Z}} A$ und definiert daher nach Beispiel 4 ebenfalls ein Borel–Lebesgue–Maß λ_A auf R. Ist $\mathbf{x} = (x_1, \ldots, x_n)$ eine $\mathbb{Z}$-Basis von A, so ist $\lambda_A = \lambda_{\mathbf{x}}$. Nach der Gramschen Formel 77.5 gilt

$$\lambda(Q(0;\mathbf{x})) = \sqrt{|\mathrm{Det}(\mathrm{Sp}(x_i \cdot x_j))|}$$

und folglich

$$\lambda = \sqrt{|\Delta_{\mathbb{Z}}^A|} \cdot \lambda_A\,,$$

wobei $\Delta = \Delta_{\mathbb{Z}}^A = \mathrm{Det}(\mathrm{Sp}(x_i, x_j)) = \mathrm{Diskr}_{\mathrm{Sp}}(x_1, \ldots, x_n)$ die Diskriminante der $\mathbb{Z}$-Algebra A ist.

Ist $x \in R$ eine Einheit (was hier dasselbe wie ein Nichtnullteiler ist), so ist auch Ax ein volles Gitter in R. Ist $x_j x = \sum_{i=1}^n a_{ij} x_i$, $j = 1, \ldots, n$, mit der $\mathbb{Z}$-Basis $x_1, \ldots, x_n$ von A, so erhält man nach Beispiel 4

$$[A : Ax] = \lambda_A : \lambda_{Ax} = |\mathrm{Det}(a_{ij})| = |\mathrm{N}x|\,.$$

In dieser Formel kann man natürlich A durch ein beliebiges volles Gitter Γ in R ersetzen. Setzen wir $|\Gamma| := \lambda : \lambda_\Gamma$ gleich dem λ-Volumen einer Grundmasche von Γ, so ist also

$$|A| = \sqrt{|\Delta_{\mathbb{Z}}^A|} \quad \text{und} \quad |\Gamma x| = |\Gamma| \cdot |\mathrm{N}x|$$

für jede Einheit $x \in R^\times$.

Aus 77.10 erhält man:

77.11 Lemma *Sei $n \geq 1$ und Γ ein volles Gitter in R. Dann gibt es einen Gitterpunkt $x \in \Gamma$, $x \neq 0$, mit*

$$\|x\| \leq 2\left(\frac{p!|\Gamma|}{2^r \pi^q}\right)^{1/n} \quad \textit{und} \quad |\mathrm{N}x| \leq \left(\frac{2}{\pi}\right)^q \cdot \frac{p!}{p^p} \cdot |\Gamma|\,.$$

B e w e i s. Das λ-Volumen der Kugel $\overline{\mathrm{B}}(0;1)$ ist — wie bereits bemerkt — gleich $2^r \pi^q / p!$, ihr λ_Γ-Volumen wegen $\lambda = |\Gamma|\lambda_\Gamma$ gleich $2^r\pi^q/|\Gamma|p!$. Die Existenz von x mit der angegebenen Abschätzung für $\|x\|$ folgt damit direkt aus 77.10. Für solch ein x gilt ferner

$$|\mathrm{N}x| \leq \frac{\|x\|^n}{p^p} \leq \frac{2^n p! |\Gamma|}{2^r \pi^q p^p} = \left(\frac{2}{\pi}\right)^q \cdot \frac{p!}{p^p} \cdot |\Gamma|\,. \qquad \bullet$$

Für eine etwas bessere Abschätzung vergleiche man Aufgabe 29.

Sei A ein *Integritätsbereich.* Dann ist $\mathrm{N}x \in \mathbb{Z}\setminus\{0\}$ und somit $|\mathrm{N}x| \geq 1$ für alle $x \in A\setminus\{0\}$. Aus 77.11 erhalten wir für $\Gamma := A$ wegen $|A| = |\Delta|^{1/2}$ die Abschätzung

$$|\Delta| \geq \left(\frac{\pi}{2}\right)^{2q} \cdot \left(\frac{p^p}{p!}\right)^2,$$

woraus sich insbesondere das folgende berühmte Resultat ergibt:

77.12 Satz (H e r m i t e – M i n k o w s k i) *Der Betrag der Diskriminante einer nullteilerfreien kommutativen freien $\mathbb{Z}$-Algebra A vom Rang > 1 ist größer als 1.*

(*A ist also niemals separabel.*)

Ist A nicht notwendig nullteilerfrei und $|\Delta_{\mathbb{Z}}^{A}| = 1$, so ist A isomorph zu einer Produktalgebra $\mathbb{Z}^n$, vgl. Aufgabe 27.

Die $\mathbb{R}$–Algebra R trägt neben λ und λ_A ein weiteres, etwas verborgener liegendes kanonisches Borel–Lebesgue–Maß, das ebenfalls durch ein Gitter definiert wird und mit der Struktur der Einheitengruppe $A^\times$ von A in engem Zusammenhang steht. Wir wollen wieder voraussetzen, *daß A ein Integritätsbereich ist.*

Wir betrachten die Exponentialabbildung $\exp: R \to R^\times$. (Für eine allgemeine Diskussion dieser generell wichtigen Abbildung vergleiche man die Aufgaben 18 bis 22 aus §76.) Für

$$x = a_1 e_1 + \cdots + a_p e_p + b_1 f_1 + \cdots + b_q f_q \in R$$

mit $a_1, \ldots, a_p \in \mathbb{R}$, $b_1, \ldots, b_q \in \mathbb{C}$ ist

$$\exp x = (\exp a_1)e_1 + \cdots + (\exp a_p)e_p + (\exp b_1)f_1 + \cdots + (\exp b_q)f_q .$$

Insbesondere ist das Bild $\exp(R)$ die Untergruppe $R_+^\times$ der sogenannten (strikt) positiven oder Plus–Einheiten von R, deren reelle Komponenten alle positiv sind, und der Kern $\exp^{-1}(1)$ ist das q–dimensionale (also niemals volle) Gitter $2\pi\,\mathrm{i}(\mathbb{Z}f_1 + \cdots + \mathbb{Z}f_q)$. Die Elemente der Einheitengruppe $A^\times$ von A sind genau diejenigen $x \in A$ mit $Ax = A$, d.h. mit $|\mathrm{N}x| = 1$. Die Gruppe $A_+^\times := A^\times \cap R_+^\times$ der positiven Einheiten von A liegt also auch in der Normeinsgruppe $R_1^\times$ von R, und $A^\times / A_+^\times$ ist eine Untergruppe der elementaren abelschen 2–Gruppe $R^\times / R_+^\times \cong \mathsf{Z}_2^p$. (Die Zahl $p' \leq p$ mit $\mathrm{Kard}(A^\times / A_+^\times) = 2^{p'}$ ist eine wichtige Invariante von A.) Wegen $\mathrm{N}(\exp x) := \exp(\mathrm{Sp}\, x)$ induziert der Exponentialhomomorphismus einen surjektiven Homomorphismus

$$\exp: H \to R_{1,+}^\times := R_1^\times \cap R_+^\times$$

der Hyperebene $H := \mathrm{Kern}(\mathrm{Sp})$ (die übrigens das orthogonale Komplement $\mathbb{R}^\perp$ von $\mathbb{R} = \mathbb{R} \cdot 1_R$ in R bezüglich der Spur ist) auf die Gruppe $R_{1,+}^\times$ der positiven Einheiten in R mit Norm 1. Die Untergruppe $A_+^\times \subseteq R_{1,+}^\times$ ist eine diskrete Untergruppe von $R_{1,+}^\times$. Da auch der Kern $\exp^{-1}(1) \subseteq H$ diskret ist, ist das Urbild $\exp^{-1}(A_+^\times) \subseteq H$ eine diskrete Untergruppe in H, d.h. ein Gitter, vgl. §76, Beispiel 9. Wir nennen es das logarithmische Einheitengitter von A. Aus der Isomorphie

$$\exp^{-1}(A_+^\times) / \exp^{-1}(1) \cong A_+^\times$$

ergibt sich, daß $A_+^\times$ und damit $A^\times$ eine endlich erzeugte Gruppe ist, deren Rang gleich der Differenz des Ranges von $\exp^{-1}(A_+^\times)$ und des Ranges q von $\exp^{-1}(1)$ ist. Insbesondere ist $\mathrm{Rang}\, A^\times \leq \mathrm{Dim}_{\mathbb{R}} H - q = n - 1 - q = p + q - 1 = r - 1$. Der folgende Dirichletsche Einheitensatz besagt, daß hier das Gleichheitszeichen gilt, d.h. daß *das logarithmische Einheitengitter* $\exp^{-1}(A_+^\times)$ *ein volles Gitter in der Hyperebene* $H = \mathrm{Sp}^{-1}(0)$ *ist.*

77.13 Dirichletscher Einheitensatz *Die endliche freie $\mathbb{Z}$–Algebra A vom Rang n sei ein Integritätsbereich. Dann ist die Einheitengruppe $A^\times$ von A eine endlich erzeugte Gruppe vom Rang $n - q - 1 = r - 1$, wobei r die Anzahl der lokalen*

Komponenten von $A_{(\mathbb{R})}$ ist und q die Anzahl der komplexen lokalen Komponenten.

Ist A reduziert, so ist $A^\times$ eine endlich erzeugte Gruppe vom Rang $r-s$, wobei $s = r_0$ die Anzahl der lokalen Komponenten von $A_0 = A_{(\mathbb{Q})}$ ist, vgl. Aufgabe 26b). Für den nichtreduzierten Fall vgl. man Aufgabe 28.

Beweis von 77.13. Sei $R := A_{(\mathbb{R})}$. Es ist zu zeigen, daß $H/\exp^{-1}(A_+^\times)$ kompakt ist, vgl. §76, Beispiel 9. Wegen der Isomorphie

$$H/\exp^{-1}(A_+^\times) \cong R_{1,+}^\times/A_+^\times\,,$$

die offenbar in beiden Richtungen stetig ist, genügt es zu zeigen, daß $R_{1,+}^\times/A_+^\times$ kompakt ist, daß es also eine kompakte Menge $K \subseteq R_{1,+}^\times$ gibt mit $R_{1,+}^\times = K\cdot A_+^\times$.

Sei $y \in R_{1,+}^\times$. In dem Gitter $Ay \subseteq R$ gibt es wegen $|Ay| = |A|\cdot|\mathrm{N}y| = |A| = \sqrt{|\Delta|}$ nach 77.11 einen Punkt xy, $x \in A\setminus\{0\}$, mit $xy \in \overline{\mathrm{B}}(0;\rho)$ und $|\mathrm{N}(xy)| = |\mathrm{N}(x)| \le \sigma$, $\rho := 2(p!\sqrt{|\Delta|}/2^r\pi^q)^{1/n}$, $\sigma := 2^q p!\sqrt{|\Delta|}/\pi^q p^p$. Es gibt in A nur endlich viele Hauptideale $Ax_1,\dots,Ax_m$, deren Index in A höchstens σ ist. Wegen $[A:Ax] = |\mathrm{N}x| \le \sigma$ ist $Ax = Ax_\mu$ mit einem $\mu \in \{1,\dots,m\}$, d.h. $x = \epsilon x_\mu$, $\epsilon \in A^\times$, oder $x = \eta\eta_\lambda x_\mu$ mit $\eta \in A_+^\times$, wobei $\eta_1,\dots,\eta_l \in A^\times$ ein volles Repräsentantensystem für die Restklassen von $A_+^\times$ in $A^\times$ sei. Dann ist

$$y = (xy)x^{-1} = (xyx_\mu^{-1}\eta_\lambda^{-1})\eta^{-1} \in K_{\mu\lambda}\cdot A_+^\times$$

mit der kompakten Menge $K_{\mu\lambda} := R_{1,+}^\times \cap (x_\mu^{-1}\eta_\lambda^{-1}\overline{\mathrm{B}}(0;\rho)) \subseteq R_{1,+}^\times$. Insgesamt ist $R_{1,+}^\times = K\cdot A_+^\times$ mit $K := \bigcup_{\mu,\lambda} K_{\mu\lambda}$. •

Wir wollen noch das Volumen einer Grundmasche des logarithmischen Einheitengitters (bezüglich des durch die Spur definierten Maßes) bestimmen. Wir fügen das zu $H = \mathrm{Sp}^{-1}(0)$ senkrechte Element $1_R/n$, dessen Spurlänge gleich $|\mathrm{Sp}(1/n^2)|^{1/2} = 1/\sqrt{n}$ ist, hinzu und betrachten das *volle* Gitter

$$\Lambda := \mathbb{Z}\frac{1_R}{n} \oplus \exp^{-1}(A_+^\times)$$

in R. Nach der Projektionsformel 77.6 ist $|\Lambda| = \lambda : \lambda_\Lambda = \mu_1\mu_2$, wobei μ_1 das Volumen einer Grundmasche von $\Lambda_1 := \mathrm{i}(\mathbb{R}f_1+\cdots+\mathbb{R}f_q)\cap\Lambda = \mathrm{i}(\mathbb{R}f_1+\cdots+\mathbb{R}f_q)\cap\exp^{-1}(A_+^\times)$ ist und μ_2 das Volumen einer Grundmasche des Bildes Λ_2 von Λ unter der orthogonalen Projektion auf $\mathbb{R}e_1+\cdots+\mathbb{R}e_p+\mathbb{R}f_1+\cdots+\mathbb{R}f_q$, vgl. auch Aufgabe 22. Es ist $\Lambda_1/\exp^{-1}(1)$ isomorph zur (zyklischen) Torsionsuntergruppe $\mathrm{t}A_+^\times$ von $A_+^\times$. Bezeichnen wir ihre Ordnung mit w_+, so ist $[\Lambda_1 : \exp^{-1}(1)] = w_+$ und folglich $\mu_1 = (2\pi)^q 2^{q/2}/w_+$, da $(2\pi)^q 2^{q/2}$ das Volumen einer Grundmasche von $\exp^{-1}(1) = 2\pi\mathrm{i}(\mathbb{Z}f_1+\cdots+\mathbb{Z}f_q)$ ist. Λ_2 ist gleich $\mathbb{Z}\frac{1_R}{n}\oplus\Gamma_+$, wobei Γ_+ das Bild von $A_+^\times$ unter dem Homomorphismus $R^\times \to R$ mit

$$a_1e_1+\cdots+a_pe_p+b_1f_1+\cdots+b_qf_q \mapsto \sum_{i=1}^{p}(\ln|a_i|)e_i + \sum_{i=1}^{q}(\ln|b_i|)f_i$$

ist. Sind $\epsilon_1,\dots,\epsilon_{r-1}$ Elemente in $A_+^\times$, deren Bilder

$$\sum_{i=1}^{p} \epsilon_{ij} e_i + \sum_{i=1}^{q} \eta_{ij} f_i \,, \quad j = 1, \ldots, r-1 \,,$$

in R eine Gitterbasis von Γ_+ bilden, so gilt nach 77.4 die Gleichung $\mu_2 = \mathrm{Reg}_+/2^{q/2}$, wobei $\mathrm{Reg}_+ = \mathrm{Reg}(\epsilon_1, \ldots, \epsilon_{r-1})$ der sogenannte Regulator

$$\mathrm{Reg}(\epsilon_1, \ldots, \epsilon_{r-1}) := \left\| \begin{matrix} \frac{1}{n} & \epsilon_{11} & \cdots & \epsilon_{1,r-1} \\ \vdots & \vdots & & \vdots \\ \frac{1}{n} & \epsilon_{p1} & \cdots & \epsilon_{p,r-1} \\ \frac{2}{n} & 2\eta_{11} & \cdots & 2\eta_{1,r-1} \\ \vdots & \vdots & & \vdots \\ \frac{2}{n} & 2\eta_{q1} & \cdots & 2\eta_{q,r-1} \end{matrix} \right\|$$

der Elemente $\epsilon_1, \ldots, \epsilon_{r-1}$ ist. (Man beachte, daß wegen $\Gamma_+ \subseteq H = \mathrm{Sp}^{-1}(0)$ die Summe der Zeilen der Matrix, mit deren Hilfe $\mathrm{Reg}(\epsilon_1, \ldots, \epsilon_{r-1})$ definiert ist, gleich $(1, 0, \ldots, 0)$ ist, so daß $\mathrm{Reg}(\epsilon_1, \ldots, \epsilon_{r-1})$ auch der Betrag eines beliebigen $(r-1)$–Minors der Matrix ist, die durch Streichen der ersten Spalte gewonnen wird.) Insgesamt ist also $|\Lambda| = \mu_1 \mu_2 = (2\pi)^q \mathrm{Reg}_+/w_+$.

Man nennt Reg_+ auch den Plus-Regulator von A. Den Regulator Reg von A selbst definiert man analog mit dem Bild Γ von $A^\times$ unter dem angegebenen Homomorphismus $R^\times \to R$. Da die Elemente von $A^\times$ die Absolutnorm 1 haben, liegt auch Γ in $H = \mathrm{Sp}^{-1}(0)$. Es ist $\Gamma \cong A^\times / \mathrm{t}A^\times$. Bezeichnen wir die Ordnung der Torsionsgruppe $\mathrm{t}A^\times$ von $A^\times$ mit w, so ist wegen $\Gamma/\Gamma_+ \cong A^\times / A_+^\times \mathrm{t}A^\times$ offenbar

$$[\Gamma : \Gamma_+] = \mathrm{Kard}(A^\times / A_+^\times)/\mathrm{Kard}(\mathrm{t}A^\times / \mathrm{t}A_+^\times)$$
$$= \frac{2^{p'}}{w/w_+} = \begin{cases} 2^{p'-1}, & \text{falls } p > 0, \\ 1, & \text{falls } p = 0, \end{cases}$$

und daher $\mathrm{Reg}_+ = [\Gamma : \Gamma_+]\mathrm{Reg} = 2^{p'} w_+ \mathrm{Reg}/w$, woraus $|\Lambda| = 2^{p'+q}\pi^q \mathrm{Reg}/w$ folgt. Wir fassen den Vergleich der Maße zusammen:

77.14 Satz *Die endliche freie $\mathbb{Z}$-Algebra A des Ranges n sei ein Integritätsbereich. Dann ist*

$$\Lambda := \mathbb{Z}\frac{1_R}{n} \oplus \exp^{-1}(A_+^\times)$$

ein volles Gitter in $R = \mathbb{R} \otimes_{\mathbb{Z}} A$ mit

$$|\Lambda| = \lambda : \lambda_\Lambda = \frac{(2\pi)^q}{w_+}\mathrm{Reg}_+ = \frac{2^{p'+q}\pi^q}{w}\mathrm{Reg}\,,$$

wobei $\lambda = \lambda_{\mathrm{Sp}}$ das kanonische Maß auf R ist (und $w_+ = \mathrm{Kard}(\mathrm{t}A_+^\times)$, $w = \mathrm{Kard}(\mathrm{t}A^\times)$, $2^{p'} = [A^\times : A_+^\times]$).

Der Regulator Reg von A ist gleich dem Regulator $\mathrm{Reg}(\epsilon_1, \ldots, \epsilon_{r-1})$ eines Systems von Elementen $\epsilon_1, \ldots, \epsilon_{r-1} \in A^\times$, die ein freies Komplement zur Torsionsuntergruppe $\mathrm{t}A^\times$ von $A^\times$ erzeugen. Ein solches System heißt ein System von Grundeinheiten in A und ist im allgemeinen nur mühsam zu finden. Der einfachste nichttriviale Fall ist $n = p = 2$, der in Anhang V.A, Beispiel 9 behandelt wird: Ist $\epsilon > 1$ die Grundeinheit einer (nullteilerfreien) reell-quadratischen $\mathbb{Z}$-Algebra A, so ist

$$\mathrm{Reg} = \ln \epsilon \quad \text{und} \quad \mathrm{Reg}_+ = \begin{cases} \mathrm{Reg}\,, & \text{falls } \mathrm{N}\epsilon = 1, \\ 2\,\mathrm{Reg}\,, & \text{falls } \mathrm{N}\epsilon = -1. \end{cases}$$

Übrigens erhält man eine zu Lemma 59.22 analoge Aussage für beliebiges (nullteilerfreies) A aus 77.11: *Ist* $\mathbf{a} \neq 0$ *ein Ideal in* A, *so gibt es ein* $x \in \mathbf{a}$, $x \neq 0$, *mit* $|\mathrm{N}x| = m[A : \mathbf{a}]$ *und* $m \leq 2^q p! |\Delta|^{1/2} \pi^q p^p$. Bei $n = 2$ ist die hier gewonnene Abschätzung für m allerdings etwas ungünstiger als die in 59.22 angegebene.

Schließlich bemerken wir, daß man — wie es häufig geschieht — umgekehrt mit einem vollen Gitter Γ in einer endlichen reduzierten $\mathbb{R}$-Algebra $R \cong \mathbb{R}^p \times \mathbb{C}^q$ beginnen kann. Γ enthält dann auch Einheiten von R (Beweis!), und die Menge der $x \in R$ mit $x\Gamma \subseteq \Gamma$ ist eine diskrete $\mathbb{Z}$-Unteralgebra A. Hat sie den maximal möglichen $\mathbb{Z}$-Rang $\mathrm{Dim}_{\mathbb{R}} R$ (was in der Regel nicht der Fall ist), so ist $R = A_{(\mathbb{R})}$.

Aufgaben

1. Eine Teilmenge $\mathbf{A}$ der Potenzmenge $\mathbf{P}(X)$ einer Menge X heißt eine (Mengen-) Algebra auf X, wenn $\mathbf{A}$ mit jedem Element A auch dessen Komplement $X \setminus A$ in X enthält und mit je endlich vielen Elementen auch deren Vereinigung. Eine σ-Algebra auf X ist eine Algebra auf X, und eine Algebra auf X mit nur endlich vielen Elementen ist eine σ-Algebra auf X.

a) $\mathbf{A} \subseteq \mathbf{P}(X)$ ist genau dann eine Algebra auf X, wenn $\mathbf{A}$ ein Unterring des (vollen) Mengenringes $\mathbf{P}(X)$ ist. (Vgl. §14, Beispiel 2 und §33, Aufgabe 13.)

b) Ist $\mathbf{A} \subseteq \mathbf{P}(X)$ eine Algebra mit nur endlich vielen Elementen, so gibt es eine Zerlegung $X = A_1 \cup \cdots \cup A_n$ von X in (paarweise disjunkte) nichtleere Mengen $A_1, \ldots, A_n$ aus $\mathbf{A}$, den sogenannten Atomen von $\mathbf{A}$, derart, daß die Mengen $A_H := \bigcup_{i \in H} A_i$, $H \subseteq \{1, \ldots, n\}$, genau die Elemente von $\mathbf{A}$ sind.

c) Teilmengen $E_1, \ldots, E_s \subseteq X$ erzeugen eine Algebra auf X mit höchstens 2^{2^s} Elementen, und jede Algebra auf X mit 2^n Elementen besitzt ein solches Erzeugendensystem, falls $n \leq 2^s$ ist. (Mengen-Algebren mit 2^{2^s} Elementen sind als Ringe isomorph zu $\mathsf{K}_2[X_1, \ldots, X_s]/(X_1^2 - X_1, \ldots, X_s^2 - X_s)$. Für eine beliebige Indexmenge I heißt der Ring $\mathsf{K}_2[X_i : i \in I]/(X_i^2 - X_i : i \in I) = \mathsf{K}_2[x_i : i \in I]$ der freie Boolesche Ring in den Booleschen Unbestimmten x_i, $i \in I$.)

2. Sei $A \subseteq [0, 1]^n$ ein volles Repräsentantensystem für die Menge der Nebenklassen von $\mathbb{Q}^n$ in $\mathbb{R}^n$, $n \in \mathbb{N}_+$.

a) A ist keine Borel-Menge in $\mathbb{R}^n$. (Wegen $\mathbb{R}^n = \bigcup_{x \in \mathbb{Q}^n} (x + A)$ müßte $\lambda^n(A) > 0$ und wegen $\bigcup_{x \in \mathbb{Q}^n \cap [0,1]^n} (x + A) \subseteq [0, 2]^n$ müßte $\lambda^n(A) = 0$ sein. — Die Menge $\mathbf{B}^n$ der Borelmengen auf $\mathbb{R}^n$ hat die Mächtigkeit des Kontinuums, wie sich mit den Hilfsmitteln aus Anhang I.A, Aufgaben 6,7 beweisen läßt.)

b) Es gibt kein translationsinvariantes Maß $\mu : \mathbf{P}(\mathbb{R}^n) \to \overline{\mathbb{R}}_+$ mit $0 < \mu([0, 1]^n) < \infty$. ($\mu(A) = ?$)

3. Sei $A = \bigcup_{i\in I} A_i$ die Vereinigung einer abzählbaren Familie A_i, $i \in I$, von meßbaren Mengen im Maßraum $X = (X, \mathbf{A}, \mu)$. Dann ist $\mu(A) \leq \sum_{i\in I} \mu(A_i)$. (Sei $I = \mathbb{N}$. Dann ist A die Vereinigung der paarweise disjunkten Mengen $B_i := A_i \setminus \bigcup_{j<i} A_j$, $i \in I$.)

4. Eine meßbare Menge A eines Maßraumes $X = (X, \mathbf{A}, \mu)$ mit $\mu(A) = 0$ heißt eine $(\mu-)$Nullmenge.

a) Meßbare Teilmengen von Nullmengen sind Nullmengen.

b) Die Vereinigung abzählbar vieler Nullmengen ist eine Nullmenge.

c) Eine Borelmenge $A \subseteq \mathbb{R}^n$ ist genau dann eine λ^n–Nullmenge, wenn es zu jedem $\epsilon > 0$ abzählbar viele Quader $Q_i \subseteq \mathbb{R}^n$, $i \in I$, gibt mit $A \subseteq \bigcup_{i\in I} Q_i$ und $\sum_{i\in I} \lambda^n(Q_i) \leq \epsilon$. (77.1.)

5. a) Seien A_i, $i \in I$, paarweise disjunkte Borelmengen im $\mathbb{R}^n$. Dann ist die Menge der $i \in I$ mit $\lambda^n(A_i) > 0$ abzählbar. (Für eine beschränkte Borelmenge $B \subseteq \mathbb{R}^n$ ist wegen $\lambda^n(B) < \infty$ die Menge der $i \in I$ mit $\lambda^n(A_i \cap B) > 0$ sicher abzählbar.) Einfache Folgerungen. (1) Eine (affine) Hyperebene H im $\mathbb{R}^n$ ist eine λ^n–Nullmenge. ($\mathbb{R}^n = \bigcup_i H_i$ mit den zu H parallelen Hyperebenen H_i.) (2) Für eine beliebige Norm auf $\mathbb{R}^n$ ist die Sphäre $\mathrm{S}(0;1)$ eine λ^n–Nullmenge. ($\mathbb{R}^n = \bigcup_{a\geq 0} \mathrm{S}(0;a)$ und $\lambda^n(\mathrm{S}(0;a)) = a^n\lambda^n(\mathrm{S}(0;1))$ für $a > 0$.) (3) Der Graph Γ_f einer stetigen Funktion $f : \mathbb{R}^n \to \mathbb{R}$ ist eine λ^{n+1}–Nullmenge. ($\Gamma_f \subseteq \mathbb{R}^{n+1}$ ist abgeschlossen und $\mathbb{R}^{n+1} = \bigcup_{a\in\mathbb{R}} \Gamma_{f+a}$.)

b) Ist $A \in \mathbf{B}^n$ und $B \in \mathbf{B}^p$, so ist $A \times B \in \mathbf{B}^{n+p}$ und $\lambda^{n+p}(A\times B) = \lambda^n(A)\cdot\lambda^p(B)$. (Man kann annehmen, daß A und B beschränkt sind. Bei festem $A \in \mathbf{B}^n$ ist $C \mapsto \lambda^{n+p}(A \times C)$ ein translationsinvariantes Maß $\mathbf{B}^p \to \overline{\mathbb{R}}_+$.)

c) Sei $\|-\|$ eine Norm auf $\mathbb{R}^n$. Die lineare Abbildung $f : \mathbb{R}^n \to \mathbb{R}^n$ sei normerhaltend, d.h. es gelte $\|f(x)\| = \|x\|$ für alle $x \in \mathbb{R}^n$. Dann ist f maßtreu und folglich $|\mathrm{Det} f| = 1$.

6. Seien E ein orientierter reeller n–dimensionaler affiner Raum über dem Vektorraum V, $\Delta \in \mathrm{Alt}(n, V)$ eine Determinantenfunktion und $\lambda \in \Lambda(E)$ das zugehörige (nicht notwendig positive) Borel–Lebesgue–Maß auf E. Für $O \in E$ und eine Basis $\mathbf{x} = (x_1, \ldots, x_n)$ von V ist

$$\lambda(Q(O;\mathbf{x})) = \begin{cases} \Delta(\mathbf{x}), & \text{falls } \mathbf{x} \text{ die Orientierung repräsentiert,} \\ -\Delta(\mathbf{x}) & \text{sonst.} \end{cases}$$

(Man nennt $\Delta(\mathbf{x})$ gelegentlich das orientierte Volumen des orientierten Parallelotops $Q(O;\mathbf{x})$.)

7. Seien $S \subseteq \mathbb{R}^n$ das affine Simplex mit den Ecken $0, e_1, \ldots, e_n$ (also die konvexe Hülle dieser Ecken) und S_σ für eine Permutation $\sigma \in \mathbf{S}_n$ das affine Simplex der Punkte $(a_1, \ldots, a_n) \in [0,1]^n$ mit $a_{\sigma(1)} \leq a_{\sigma(2)} \leq \cdots \leq a_{\sigma(n)}$. Dann ist $\lambda^n(S) = \lambda^n(S_\sigma)$ für alle $\sigma \in \mathbf{S}_n$ und $\sum_\sigma \lambda^n(S_\sigma) = \lambda^n([0,1]^n) = 1$, also $\lambda^n(S) = 1/n!$.

8. Sei $(P_0, \ldots, P_n)$ ein die Orientierung repräsentierendes Eckentupel eines nicht ausgearteten affinen Simplexes S im n–dimensionalen orientierten reellen affinen Raum E über dem Vektorraum V. Durch Fortlassen eines Punktes P_i erhalten wir ein $(n-1)$–dimensionales Seitensimplex T_i, das wir stets gemäß §74, Beispiel 3 mittels des Halbraumes orientieren, in dem P_i *nicht* liegt.

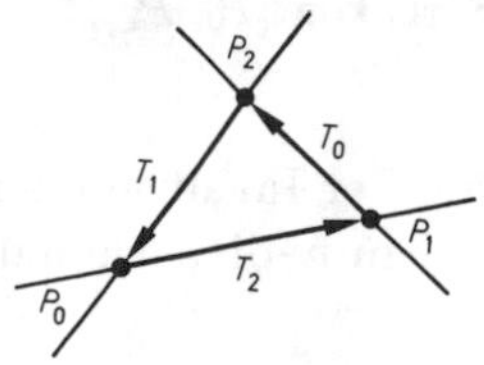

Seien nun $\Delta \in \mathrm{Alt}(n, V)$ eine Determinantenfunktion $\neq 0$, λ das zugehörige Maß auf E und $y_j := \overrightarrow{OP_j}$, $j = 0, \ldots, n$, die Ortsvektoren der P_j bezüglich eines Ursprungs $O \in E$. Dann ist

$$\lambda(S) = \frac{1}{n!}\lambda(Q(P_0; \overrightarrow{P_0P_1}, \ldots, \overrightarrow{P_0P_n})) = \frac{1}{n!}\Delta(y_1 - y_0, \ldots, y_n - y_0)$$
$$= \frac{1}{n!}\sum_{i=0}^{n}(-1)^i\Delta(y_0, \ldots, \hat{y}_i, \ldots, y_n) = \frac{1}{n!}\sum_{i=0}^{n}\Delta_O(T_i)\,,$$

wobei wir $\Delta_O(T) := \Delta(\overrightarrow{OQ_1}, \ldots, \overrightarrow{OQ_n})$ für ein $(n-1)$–dimensionales orientiertes Simplex T mit einem die Orientierung repräsentierenden Eckentupel $(Q_1, \ldots, Q_n)$ gesetzt haben (und $\hat{}$ andeuten soll, daß das entsprechende Argument auszulassen ist). (Aufgabe 7. — Bemerkung. Sei $K = \bigcup_j S_j \subseteq E$ die Vereinigung von endlich vielen n–dimensionalen Simplizes S_j in E, von denen je zwei keine inneren Punkte gemeinsam haben. Ferner seien zwei $(n-1)$–dimensionale Seiten dieser Simplizes, die einen inneren Punkt gemeinsam haben, bereits identisch. Dann ist

$$\lambda(K) = \sum_j \lambda(S_j) = \frac{1}{n!}\sum_{T \subseteq \partial K}\Delta_O(T)\,,$$

wobei T nur die $(n-1)$–dimensionalen Seiten durchläuft, die ganz zum Rand ∂K von K gehören. — Im $\mathbb{R}^n$ mit $\lambda := \lambda^n$ und der Standardorientierung ist $\Delta_0(T) = \mathrm{Det}(a_{ij})$, wenn $(a_{1j}, \ldots, a_{nj})$, $j = 1, \ldots, n$, Eckpunkte von T sind, die die Orientierung von T repräsentieren. Ist zum Beispiel $[P_0, \ldots, P_k]$ mit $P_k = P_0$ ein einfach geschlossener Streckenzug im $\mathbb{R}^2$, so ist der Inhalt der von diesem Streckenzug eingeschlossenen Fläche gleich

$$\frac{1}{2}\sum_{i=0}^{k-1}\begin{vmatrix} a_i & a_{i+1} \\ b_i & b_{i+1} \end{vmatrix}\,,$$

wenn $P_i = (a_i, b_i)$, $i = 0, \ldots, k$, ist und der Streckenzug korrekt orientiert ist.

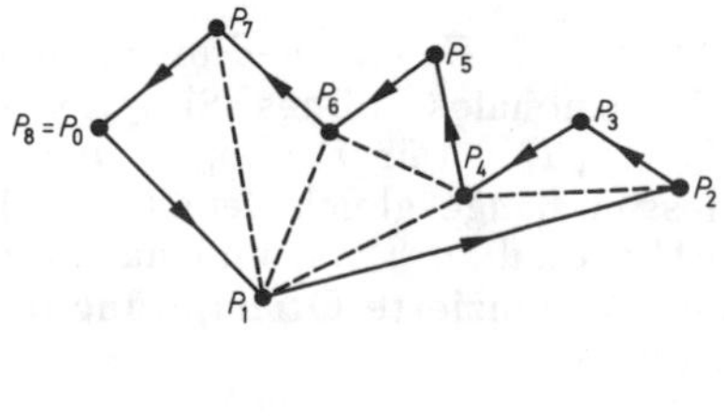

Zum Beweis ist zu überlegen, daß die Fläche so trianguliert werden kann, daß die Strecken $[P_0, P_1], \ldots, [P_{k-1}, P_k]$ die Randkanten werden.)

9. Der Inhalt eines gleichseitigen affinen n–Simplexes mit der Kantenlänge a in einem n–dimensionalen euklidischen affinen Raum ist $\sqrt{n+1}a^n/2^{n/2}n!$.

10. (Heronische Formeln) Seien $P_0, \ldots, P_n$ die Ecken eines n–dimensionalen affinen Simplexes S im n–dimensionalen reellen affinen Raum E über dem Vektorraum V, der eine nicht ausgeartete symmetrische Bilinearform Φ trage. a_{ij}, $i = 1, \ldots, n$, seien die Koordinaten von P_j bezüglich eines kartesischen Koordinatensystems $O; v_1, \ldots, v_n$ (mit einer verallgemeinerten Orthonormalbasis $v_1, \ldots, v_n$ von V), $y_{ij} := \overrightarrow{P_i P_j}$ seien die Kantenvektoren von S und $c_{ij} := \Phi(y_{ij}, y_{ij})$ die "Quadrate der Φ–Abstände" der Eckpunkte (die nicht unbedingt positiv sind). Für das λ_Φ–Volumen von S gilt

$$\begin{aligned}\lambda_\Phi(S) &= \frac{1}{n!}\lambda_\Phi(Q(P_0; y_{01}, \ldots, y_{0n})) = \frac{1}{n!}|\mathrm{Det}(\Phi(y_{0i}, y_{0j}))_{1\le i,j\le n}|^{1/2}\\ &= \frac{1}{n!}|\mathrm{Det}\,\mathbf{A}| = \frac{1}{2^{n/2}n!}|\mathrm{Det}\,\mathbf{C}|^{1/2} \quad \text{mit}\end{aligned}$$

$$\mathbf{A} := \begin{pmatrix} 1 & \cdots & 1\\ a_{10} & \cdots & a_{1n}\\ \vdots & & \vdots\\ a_{n0} & \cdots & a_{nn}\end{pmatrix}, \quad \mathbf{C} := \begin{pmatrix} 0 & 1 & \cdots & 1\\ 1 & c_{00} & \cdots & c_{0n}\\ \vdots & \vdots & & \vdots\\ 1 & c_{n0} & \cdots & c_{nn}\end{pmatrix}.$$

(Man beachte $y_{ij} = y_{0j} - y_{0i}$ und $\Phi(y_{0i}, y_{0j}) = \frac{1}{2}(c_{0i} + c_{0j} - c_{ij})$. — Man folgere: (1) In einer euklidischen Ebene hat ein Dreieck mit den Kantenlängen a, b, c und dem halben Umfang $s := (a+b+c)/2$ den Flächeninhalt $(s(s-a)(s-b)(s-c))^{1/2}$. (2) Ist E euklidisch (n wieder beliebig) und sind c_{ij}, $0 \le i, j \le n$, reelle Zahlen mit $c_{ij} = c_{ji}$ und $c_{ii} = 0$, so gibt es in E genau dann ein nicht ausgeartetes Simplex mit diesen Zahlen als Kantenlängenquadraten, wenn die oben angegebene (symmetrische) $(n+2) \times (n+2)$–Matrix $\mathbf{C}$ den Typ $(1, n+1)$ hat.)

11. Sei V ein orientierter n–dimensionaler reeller Vektorraum mit einer nicht ausgearteten symmetrischen Bilinearform Φ. Für ein linear unabhängiges System $x_1, \ldots, x_{n-1} \in V$ mit dem Vektorprodukt $x := x_1 \times \cdots \times x_{n-1}$ ist

$$\lambda_{\Phi|U}(Q(x_1, \ldots, x_{n-1})) = |\Phi(x, x)|^{1/2},$$

wobei U die von $x_1, \ldots, x_{n-1}$ erzeugte Hyperebene in V ist. (§74.)

12. Seien E ein n–dimensionaler euklidischer affiner Raum und S ein n–dimensionales affines Simplex in E mit den $(n-1)$–dimensionalen Seiten $T_0, \ldots, T_n$. Für $i = 0, \ldots, n$ sei f_i der sogenannte Seitenvektor von T_i, dessen Länge gleich dem $(n-1)$–dimensionalen Volumen von T_i ist, der ferner orthogonal zu T_i ist und nach außen zeigt, d.h. in den Halbraum, der die von S auf T_i induzierte Orientierung definiert. Dann ist $\sum_{i=0}^n f_i = 0$.

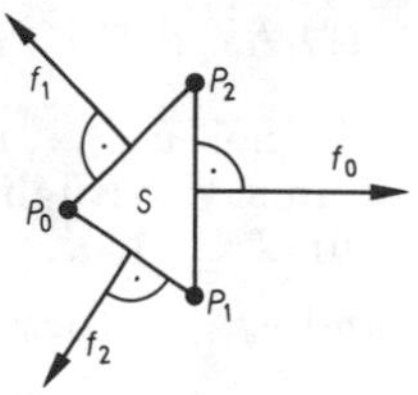

(Man benutze Aufgabe 11. — Bemerkung. Ist K ein Körper wie in der Bemerkung zu Aufgabe 8, so verschwindet die Summe $\sum_{T\subseteq\partial K} f_T$ der Randseitenvektoren f_T von K. Bei $n = 3$ gibt es dafür ein physikalisches Argument: K befinde sich schwerelos im evakuierten Anschauungsraum und sei mit einem Gas konstanten Druckes gefüllt. Wäre $\sum_{T\subseteq\partial K} f_T \neq 0$, so würde sich K von selbst bewegen! — Wie hat man die Vektoren f_i zu definieren, wenn die zugrunde liegende nicht ausgeartete Bilinearform indefinit ist?)

13. Seien Φ und Ψ nicht ausgeartete symmetrische Bilinearformen auf dem endlichdimensionalen reellen Vektorraum V. Dann ist $\lambda_\Phi : \lambda_\Psi = |\mathrm{d}_{\Phi|\Psi}|^{1/2}$, wobei $\mathrm{d}_{\Phi|\Psi}$ die sogenannte (Relativ-)Diskriminante von Φ in bezug auf Ψ ist, d.h. $\mathrm{d}_{\Phi|\Psi} := \mathrm{Diskr}_\Phi(x_i)_{i\in I}$, wobei x_i, $i \in I$, eine verallgemeinerte Orthonormalbasis von V bezüglich Ψ ist.

14. Seien $x_1, \ldots, x_n$ Elemente des n-dimensionalen komplexen Raums V, der mit einer komplex-hermiteschen Form Φ versehen sei. Dann ist

$$|\mathrm{Gr}_\Phi(x_1, \ldots, x_n)| = \lambda_\Phi(Q(x_1, \mathrm{i}x_1, \ldots, x_n, \mathrm{i}x_n))\,.$$

15. Mit ω_n, $n \in \mathbb{N}$, bezeichnen wir das Volumen einer Kugel vom Radius 1 in einem n-dimensionalen euklidischen Vektorraum V. Es ist $\omega_0 = 1$, $\omega_1 = 2$, $\omega_2 = \pi$, $\omega_3 = 4\pi/3$ und allgemein $\omega_n = \pi^{n/2}/(n/2)!$ $(= 2^n\pi^m m!/n!$, falls $n = 2m+1$ ungerade ist), wie man den Lehrbüchern der Analysis entnimmt (vgl. etwa [53], 81.6 oder [47], §203, Aufgabe 6). $\lambda = \lambda_V$ sei das Borel-Lebesgue-Maß auf V.

a) Sei Φ ein (weiteres) Skalarprodukt auf V. Dann hat die Φ-Einheitskugel $\overline{\mathrm{B}}_\Phi(0;1) = \{x \in V : \Phi(x,x) \leq 1\}$ das λ-Volumen $\omega_n/\sqrt{D}$, wobei D die Diskriminante von Φ in bezug auf das gegebene Skalarprodukt ist. (Aufgabe 13.)

b) Sei $n > 0$. In jedem vollen Gitter $\Gamma \subseteq V$ gibt es einen Vektor $x \neq 0$ mit $\|x\| \leq c_n|\Gamma|^{1/n}$, $c_n := 2/\omega_n^{1/n}$, $|\Gamma| := \lambda : \lambda_\Gamma$. Ist Φ ein Skalarprodukt wie in a), so gibt es einen Vektor $y \neq 0$ in Γ mit $\Phi(y,y)^{1/2} \leq c_n D^{1/2n}|\Gamma|^{1/n}$. (77.10.— Bemerkung. Der angegebene Wert für c_n ist bei $n > 1$ nicht der bestmögliche. So kann man $c_2 = 2/\sqrt{\pi} = 1{,}128\ldots$ durch $(2/\sqrt{3})^{1/2} = 1{,}074\ldots$ ersetzen, wie man unmittelbar §75, Aufgabe 15 entnimmt. Für $n = 3, \ldots, 8$ sind die optimalen Werte der Reihe nach $2^{1/6}, 2^{1/4}, 2^{3/10}, (2/\sqrt[6]{3})^{1/2}, 2^{3/7}, 2^{1/2}$. Für größere n sind sie nicht bekannt, aber $> 1/\omega_n^{1/n}$. Zu diesen Angaben und weiteren Bemerkungen dazu verweisen wir auf [50]. — In einem Gitter einen möglichst kurzen Vektor $\neq 0$ zu finden, ist ein immer wiederkehrendes (und häufig recht schwieriges) Problem.)

16. Seien $f_j = \sum_{i=1}^n a_{ij}e_i^*$, $j = 1, \ldots, n$, linear unabhängige Linearformen auf dem $\mathbb{R}^n$ und $d := \mathrm{Det}(a_{ij})$. Ferner seien $\delta_1, \ldots, \delta_n$ positive reelle Zahlen mit $\delta_1 \cdots \delta_n \geq |d|$. Man folgere aus 77.10: Es gibt Gitterpunkte $x, y, z \in \mathbb{Z}^n \setminus \{0\}$

mit $|f_j(x)| \leq \delta_j$, $j = 1, \ldots, n$, $\sum_{j=1}^n |f_j(y)| \leq \sqrt[n]{|d|n!}$ und $(\sum_{j=1}^n |f_j(z)|^2)^{1/2} \leq 2(|d|/\omega_n)^{1/n}$. (Für ω_n vgl. Aufgabe 15.)

17. Sei $v_1, \ldots, v_n$ eine verallgemeinerte Orthonormalbasis des reellen Vektorraums V bezüglich der nicht ausgearteten symmetrischen Bilinearform Φ auf V. Für $J \subseteq \{1, \ldots, n\}$ bezeichne p_J die orthogonale Projektion auf $V_J := \sum_{j \in J} \mathbb{R} v_j$ und ϵ_J das Vorzeichen $\prod_{j \in J} \Phi(v_j, v_j)$. Für das von linear unabhängigen Vektoren $x_1, \ldots, x_r \in V$ erzeugte Parallelotop $Q = Q(x_1, \ldots, x_r)$ gilt

$$\lambda(Q)^2 = \Big| \sum_{\mathrm{Kard}\, J = r} \epsilon_J \lambda_J (p_J(Q))^2 \Big| ,$$

wobei λ bzw. λ_J die durch Φ auf $\sum_i \mathbb{R} x_i$ bzw. V_J definierten Maße sind. Insbesondere ist $\lambda(Q)^2 = \sum_{\mathrm{Kard}\, J = r} \lambda_J (p_J(Q))^2$, falls Φ ein Skalarprodukt ist.

18. Seien $x_1, \ldots, x_r$ linear unabhängige Vektoren im euklidischen Vektorraum V, $U := \mathbb{R} x_1 + \cdots + \mathbb{R} x_r$ und $Q := Q(x_1, \ldots, x_r) \subseteq U$. Für jeden r-dimensionalen Unterraum $W \subseteq V$ ist $\lambda_U(Q) \geq \lambda_W(p_W(Q))$, wobei p_W die orthogonale Projektion auf W ist. Das Gleichheitszeichen gilt genau dann, wenn $U = W$ ist.

19. Seien $x_1, \ldots, x_r, x_{r+1}, \ldots, x_{r+s}$ linear unabhängige Vektoren im euklidischen Vektorraum V. Dann ist

$$\mathrm{Gr}(x_1, \ldots, x_r, x_{r+1}, \ldots, x_{r+s}) \leq \mathrm{Gr}(x_1, \ldots, x_r) \mathrm{Gr}(x_{r+1}, \ldots, x_{r+s}) .$$

Das Gleichheitszeichen gilt genau dann, wenn $(\sum_{i=1}^r \mathbb{R} x_i) \perp (\sum_{j=r+1}^{r+s} \mathbb{R} x_j)$ ist. (Man vgl. mit §73, Aufgabe 30b).) Die entsprechende Aussage gilt auch für unitäre Vektorräume.

20. Seien $x_1, \ldots, x_n$ linear unabhängige Punkte des vollen Gitters Γ im n-dimensionalen reellen Vektorraum V, $Q := Q(x_1, \ldots, x_n)$ das von ihnen erzeugte Parallelotop und S das affine Simplex mit den Ecken $0, x_1, \ldots, x_n$. Folgende Aussagen sind äquivalent: (1) $x_1, \ldots, x_n$ ist eine $\mathbb{Z}$-Basis von Γ. (2) $\lambda_\Gamma(Q) = 1$. (2′) $\lambda_\Gamma(S) = 1/n!$. (3) Q enthält außer den 2^n Eckpunkten keine weiteren Punkte von Γ. — Ist $n \leq 2$, so sind diese Bedingungen äquivalent mit: (3′) S enthält außer den Eckpunkten keine weiteren Punkte von Γ. (Bemerkungen. Bei $n > 2$ ist Bedingung (3′) nicht äquivalent zu den übrigen (Beispiel!). — Man folgere die sogenannte Formel von P i c k: Ist $n = 2$ und ist $[P_0, \ldots, P_k]$, $P_k = P_0$, ein einfach geschlossener Streckenzug in V mit $P_0, \ldots, P_k \in \Gamma$, so ist der λ_Γ-Inhalt der von diesem Streckenzug eingeschlossenen Fläche gleich $\frac{r}{2} + s - 1$, wobei r die Anzahl der Gitterpunkte auf dem Streckenzug ist und s die Anzahl der Punkte im Innern der eingeschlossenen Fläche. (Vgl. das Ende der Bemerkung von Aufgabe 8.))

21. Seien Γ, Γ' zwei volle Gitter im endlichdimensionalen reellen Vektorraum V mit $\Gamma \subseteq \Gamma'$. Man beweise die Forml $\lambda_{\Gamma'} : \lambda_\Gamma = \mathrm{Kard}(\Gamma'/\Gamma)$ mit Hilfe von 77.8(3) ohne Benutzung von 49.9.

22. Seien V ein endlichdimensionaler $\mathbb{R}$-Vektorraum mit einer nicht ausgearteten symmetrischen Bilinearform Φ und Γ ein volles Gitter in V. Die Zahl $\lambda_\Gamma : \lambda_\Phi = 1/|\Gamma|$ heißt auch die (G i t t e r -) D i c h t e von Γ (bezüglich Φ). Ferner seien $V = U \oplus W$ eine orthogonale Zerlegung von V und p die orthogonale Projektion auf W (längs U). Ist U ein Γ-Unterraum von V (d.h. ist $\Gamma \cap U$ ein volles Gitter in U, vgl. §76, Aufgabe 57), so ist $|\Gamma| = |\Gamma \cap U| \cdot |p(\Gamma)|$, d.h. die Dichte von

Γ ist gleich dem Produkt der Dichten von $\Gamma \cap U$ und $p(\Gamma)$ (bezüglich $\Phi|U$ bzw. $\Phi|W$.) Ist U überdies eine Hyperebene in V, so ist der minimale Φ–Abstand zweier verschiedener zu U paralleler Γ–Hyperebenen $x+U$, $x \in \Gamma$, gleich $|p(\Gamma)| = |\Gamma|/|\Gamma \cap U|$, also proportional zur Dichte von $\Gamma \cap U$.

23. Seien V, Φ und Γ wie in Aufgabe 22. Für das zu Γ komplementäre oder duale Gitter Γ^c (bezüglich Φ), vgl. §70, Aufgabe 20, gilt $|\Gamma| \cdot |\Gamma^c| = 1$. Die Dichten komplementärer Gitter sind also zueinander invers. (Bemerkung. Neben dem geometrisch wichtigen Fall eines Skalarproduktes Φ erwähnen wir im Anschluß an Beispiel 5 explizit die folgende spezielle Situation: A sei eine endliche freie reduzierte kommutative $\mathbb{Z}$–Algebra und $V := R = \mathbb{R} \otimes_{\mathbb{Z}} A$, Φ sei die Spurform $\mathrm{Sp}_{\mathbb{R}}^{R}$ wie in Beispiel 5. In diesem Fall heißt Γ^c das zu $\Gamma \subseteq R$ gehörende Dedekindsche Komplementärgitter. Genau dann ist Γ^c ein A–Modul, d.h. $A\Gamma^c = \Gamma^c$, wenn Γ selbst solch ein A–Modul ist. Man spricht in diesem Fall auch von Dedekindschen Komplementärmoduln. Insbesondere ist $\mathbf{C} = \mathbf{C}_{\mathbb{Z}}^{A} := A^c$ der Dedekindsche Komplementärmodul von A schlechthin. Vgl. §94, Beispiel 8.)

24. Sei $\varphi : A \to B$ ein Homomorphismus reduzierter endlicher kommutativer freier $\mathbb{Z}$–Algebren. φ induziert einen Homomorphismus $\varphi_{(\mathbb{Q})}: A_{(\mathbb{Q})} \to B_{(\mathbb{Q})}$ der totalen Quotientenringe von A bzw. B. Äquivalent sind: (1) $\varphi_{(\mathbb{Q})}$ ist bijektiv. (2) φ ist injektiv und $\mathrm{Rang}_{\mathbb{Z}} A = \mathrm{Rang}_{\mathbb{Z}} B$. (3) φ ist injektiv mit endlichem Kokern.

25. Der Homomorphismus $\varphi : A \to B$ wie in Aufgabe 24 erfülle die dort angegebenen äquivalenten Bedingungen. Mittels φ fassen wir A als Unteralgebra von B mit endlichem Index auf.

a) Es ist $\Delta_{\mathbb{Z}}^{A} = [B : A]^2 \Delta_{\mathbb{Z}}^{B}$.

b) Das sogenannte Führerideal $\mathbf{f} = \mathbf{f}_A^B := \mathrm{Ann}_A B/A = \{x \in A : xB \subseteq A\}$ ist sowohl ein A– als auch ein B–Ideal.

c) $A^\times$ ist eine Untergruppe von endlichem Index in $B^\times$. (Die Gruppe $(1+\mathbf{f}) \cap B^\times = (1+\mathbf{f}) \cap A^\times \subseteq A^\times$ ist als Kern des kanonischen Homomorphismus $B^\times \to (B/\mathbf{f})^\times$ von endlichem Index in $B^\times$.)

26. Wir übernehmen die Voraussetzungen und Bezeichnungen von Beispiel 5. Der totale Quotientenring $K := \mathrm{Q}(A) = A_{(\mathbb{Q})} \subseteq R = A_{(\mathbb{R})} \cong \mathbb{R}^p \times \mathbb{C}^q$ der endlichen freien reduzierten kommutativen $\mathbb{Z}$–Algebra A habe s lokale Komponenten. Dann ist $K \cong K_1 \times \cdots \times K_s$ mit endlichen Körpererweiterungen K_σ von $\mathbb{Q}$, $\sigma = 1, \ldots, s$. Die Hauptidempotenten $g_1, \ldots, g_s$ von K sind von der Form

$$g_\sigma = \sum_{i \in I_\sigma} e_i + \sum_{j \in J_\sigma} f_j\,, \quad \sigma = 1, \ldots, s\,,$$

wo $\{1, \ldots, p\} = I_1 \cup \cdots \cup I_s$ und $\{1, \ldots, q\} = J_1 \cup \cdots \cup J_s$ jeweils Zerlegungen sind. Mit $\pi_\sigma : K \to K_\sigma$, $\sigma = 1, \ldots, s$, bezeichnen wir die kanonischen Projektionen.

a) Die Bilder $A_\sigma := \pi_\sigma(A) \subseteq K_\sigma$, $\sigma = 1, \ldots, s$, sind nullteilerfreie endliche freie $\mathbb{Z}$–Algebren mit Quotientenkörper K_σ, und der kanonische Homomorphismus $(\pi_1, \ldots, \pi_s) : A \to A_1 \times \cdots \times A_s$ erfüllt die Bedingungen der Aufgabe 24. Insbesondere ist $\Delta_{\mathbb{Z}}^{A}$ ein Vielfaches von $\Delta_{\mathbb{Z}}^{A_1} \cdots \Delta_{\mathbb{Z}}^{A_s}$ (und der Quotient ist eine Quadratzahl).

b) $A^\times$ ist eine Untergruppe von endlichem Index in $A_1^\times \times \cdots \times A_s^\times$. (Aufgabe 25c).) Insbesondere ist $A^\times$ eine endlich erzeugte Gruppe vom Rang $r - s$, wobei

$r = p + q$ die Anzahl der lokalen Komponenten von $R = A_{(\mathbb{R})}$ und s die Anzahl der lokalen Komponenten von $K = A_{(\mathbb{Q})}$ ist. (77.13.)

c) Das logarithmische Einheitengitter $\exp^{-1}(A_+^\times) \subseteq R$ ist ein volles Gitter im orthogonalen Komplement von $\sum_{\sigma=1}^s \mathbb{R}g_\sigma$ in R, und

$$\Lambda := \sum_{\sigma=1}^{s} \mathbb{Z}\frac{g_\sigma}{n_\sigma} \oplus \exp^{-1}(A_+^\times)$$

ist ein volles Gitter in R, wobei $n_\sigma := [K_\sigma : \mathbb{Q}] = \mathrm{Rang}_{\mathbb{Z}} A_\sigma = \mathrm{Kard}\, I_\sigma + 2\,\mathrm{Kard}\, J_\sigma$ gesetzt sei, $\sigma = 1, \ldots, s$. (Vgl. 77.14. — Man diskutiere auch die Regulatoren Reg_+ und Reg für A.)

27. Eine endliche freie kommutative $\mathbb{Z}$–Algebra vom Rang n mit $|\Delta_{\mathbb{Z}}^A| = 1$ ist isomorph zur Produktalgebra $\mathbb{Z}^n$. (77.12 und Aufgabe 26a).)

28. Sei A eine endliche kommutative (nicht notwendig reduzierte) freie $\mathbb{Z}$–Algebra vom Rang n mit dem Nilradikal $\mathbf{n} = \mathbf{n}_A$ (das übrigens gleich dem Jacobson–Radikal $\mathbf{m}_A$ von A ist (Beweis!)). Dann ist $1 \to 1 + \mathbf{n} \to A^\times \to (A/\mathbf{n})^\times \to 1$ eine exakte Sequenz von Gruppen, und $1 + \mathbf{n}$ ist eine freie Untergruppe von $A^\times$ des Ranges $\mathrm{Rang}_{\mathbb{Z}}\mathbf{n}$ (§37, Aufgabe 12). $A^\times$ ist eine endlich erzeugte Gruppe des Ranges $n - q - s$, wobei q die Anzahl der lokalen Komponenten von $R = A_{(\mathbb{R})}$ mit Restekörper $\mathbb{C}$ ist und s die Anzahl aller lokalen Komponenten von $K = A_{(\mathbb{Q})}$. Der kanonische Homomorphismus $\mathrm{t}A^\times \to \mathrm{t}(A/\mathbf{n})^\times$ der Torsionsuntergruppen ist injektiv, im allgemeinen aber nicht surjektiv. (Beispiel. $A := \mathbb{Z}[X,Y]/(X^2, Y^2 - X - 1)$ etwa.)

29. Seien A eine endliche freie reduzierte kommutative $\mathbb{Z}$–Algebra vom Rang n. Ferner seien wie in Beispiel 5 die Hauptidempotenten von $R = A_{(\mathbb{R})}$ mit $e_1, \ldots, e_p, f_1, \ldots, f_q$ bezeichnet. $\|-\|_1$ sei die Summennorm auf R mit

$$\|a_1 e_1 + \cdots + a_p e_p + b_1 f_1 + \cdots + b_q f_1\|_1 := |a_1| + \cdots + |a_p| + 2|b_1| + \cdots + 2|b_q|$$

für $a_1, \ldots, a_p \in \mathbb{R}$, $b_1, \ldots, b_q \in \mathbb{C}$. Dann hat die Kugel $\{x \in R : \|x\|_1 \leq 1\}$ das (λ_{Sp})–Volumen $2^p \pi^q / n!$. (Zum Beweis muß man wohl integrieren.) Es ist $|\mathrm{N}x| \leq (\|x\|_1/n)^n$ für $x \in R$. Bei $n > 0$ gibt es in jedem vollen Gitter $\Gamma \subseteq R$ einen Punkt $x \neq 0$ mit

$$\|x\|_1 \leq 2\left(\frac{n!|\Gamma|}{2^p \pi^q}\right)^{1/n} \quad \text{und} \quad |\mathrm{N}x| \leq \left(\frac{4}{\pi}\right)^q \frac{n!}{n^n}|\Gamma|.$$

(Bei $q > 0$ und $p + q > 1$ ist die hier gewonnene Abschätzung für $|\mathrm{N}x|$ günstiger als die in 77.11. Beweis!)

§78 Adjungierte Abbildungen

Wir besprechen in diesem Paragraphen die mehr formalen (und daher auch einfachen) Eigenschaften adjungierter Abbildungen und Operatoren.

Seien V_1, V_2 Moduln über dem kommutativen Ring A. Zu jeder A–linearen Abbildung $f: V_1 \to V_2$ gehört in kanonischer Weise die duale Abbildung $f^*: V_2^* \to V_1^*$ mit $f^*(e) = ef$ für $e \in V_2^*$, vgl. §41. Mit Hilfe der natürlichen bilinearen Funktionen $V_1 \times V_1^* \to A$ und $V_2 \times V_2^* \to A$ läßt sich der Zusammenhang zwischen f und f^* in der Form

$$<f(x), e> = <x, f^*(e)>$$

für $x \in V_1$, $e \in V_2^*$ schreiben.

Wir betrachten nun allgemeiner Moduln V_1, W_1 bzw. V_2, W_2 über dem kommutativen Ring A mit Involution, die jeweils mittels einer sesquilinearen Funktion $V_1 \times W_1 \to A$ bzw. $V_2 \times W_2 \to A$ verbunden sind, die wir mit $<-,->_1$ bzw. $<-,->_2$ bezeichnen wollen oder auch einfach mit $<-,->$, wenn keine Mißverständnisse zu befürchten sind.

Definition Zwei lineare Abbildungen $f: V_1 \to V_2$ und $g: W_2 \to W_1$ heißen adjungiert (bezüglich der gegebenen Sesquilinearfunktionen), wenn für alle $x_1 \in V_1$ und alle $y_2 \in W_2$ gilt:

$$<f(x_1), y_2>_2 = <x_1, g(y_2)>_1 .$$

Sind f und g adjungiert, so heißt g eine zu f adjungierte und f eine zu g adjungierte lineare Abbildung.

Nach der Vorbemerkung ist die duale Abbildung f^* einer linearen Abbildung f adjungiert zu f (bezüglich der natürlichen Dualitäten).

Häufig liegt der Fall vor, daß $V_1 = V_2$ und $W_1 = W_2$ ist und auch die sesquilinearen Funktionen $<-,->_1$ und $<-,->_2$ übereinstimmen. Dann sind ein *Operator* f auf V und ein *Operator* g auf W adjungiert, wenn $<f(x), y> = <x, g(y)>$ für alle $x \in V$ und alle $y \in W$ ist.

Beispiel 1 (Matrizen adjungierter Abbildungen) Seien x_i, $i \in I$, y_j, $j \in J$, bzw. v_r, $r \in R$, w_s, $s \in S$, endliche Basen von V_1, W_1 bzw. V_2, W_2. Die linearen Abbildungen $f: V_1 \to V_2$ und $g: W_2 \to V_2$ sind genau dann adjungiert, wenn die Gramschen Matrizen $(<f(x_i), w_s>_2)$ und $(<x_i, g(w_s)>_1)$ aus $\mathsf{M}_{I,S}(A)$ übereinstimmen. Sind also $\mathbf{C} := (<x_i, y_j>_1) \in \mathsf{M}_{I,J}(A)$ und $\mathbf{D} := (<v_r, w_s>_2) \in \mathsf{M}_{R,S}(A)$ die Gramschen Matrizen der Sesquilinearfunktionen und $\mathbf{A} \in \mathsf{M}_{R,I}(A)$ bzw. $\mathbf{B} \in \mathsf{M}_{J,S}(A)$ die Matrizen von f bzw. g, jeweils bezüglich der angegebenen Basen, *so sind f und g genau dann adjungiert, wenn*

$${}^t\mathbf{A}\mathbf{D} = \mathbf{C}\overline{\mathbf{B}}$$

ist. Sind speziell die Basen (x_i), (y_j) bzw. (v_r), (w_s) dual zueinander (was insbesondere $I = J$ und $R = S$ impliziert), so sind $\mathbf{C}$ und $\mathbf{D}$ jeweils die Einheitsmatrizen und die obige Bedingung reduziert sich zu

$$^t\mathbf{A} = \overline{\mathbf{B}} \quad \text{oder} \quad ^t\overline{\mathbf{A}} = \mathbf{B} \quad \text{oder} \quad \mathbf{A} = {}^t\overline{\mathbf{B}}\,.$$

Matrizen $\mathbf{A}$, $\mathbf{B}$, die in diesem Zusammenhang stehen, heißen auch adjungierte Matrizen.

Mit den kanonischen durch die sesquilinearen Funktionen gegebenen semilinearen Abbildungen $\sigma_i\colon V_i \to W_i^*$ bzw. $\tau_i\colon W_i \to V_i^*$, $i = 1, 2$, läßt sich das Adjungiertsein von $f : V_1 \to V_2$ und $g : W_2 \to W_1$ durch die Kommutativität eines der Diagramme

$$\begin{array}{ccc} V_1 & \xrightarrow{f} & V_2 \\ \sigma_1\big\downarrow & & \big\downarrow\sigma_2 \\ W_1^* & \xrightarrow{g^*} & W_2^* \end{array} \quad , \qquad \begin{array}{ccc} W_2 & \xrightarrow{g} & W_1 \\ \tau_2\big\downarrow & & \big\downarrow\tau_1 \\ V_2^* & \xrightarrow{f^*} & V_1^* \end{array}$$

charakterisieren, wie der Leser mühelos verifiziert. Es folgt:

78.1 *Seien $f : V_1 \to V_2$ und $g : W_2 \to W_1$ lineare Abbildungen. Dann gilt:*

(1) *Ist $<-,->_1$ (bzw. $<-,->_2$) nicht ausgeartet, so gibt es zu f (bzw. g) höchstens eine adjungierte lineare Abbildung.*

(2) *Definiert $<-,->_1$ (bzw. $<-,->_2$) eine vollständige Dualität, so gibt es zu f (bzw. g) genau eine adjungierte lineare Abbildung.*

Beweis. (1) Sei etwa $<-,->_1$ nicht ausgeartet. Dann ist τ_1 injektiv. Sind nun g und g' zu f adjungiert, so ist $\tau_1 g = \tau_1 g' = f^*\tau_2$, woraus $g = g'$ folgt.
(2) Definiert $<-,->_1$ (bzw. $<-,->_2$) eine vollständige Dualität, so ist τ_1 (bzw. σ_2) bijektiv und $\tau_1^{-1} f^*\tau_2$ (bzw. $\sigma_2^{-1} g^*\sigma_1$) ist die eindeutig bestimmte zu f (bzw. g) adjungierte lineare Abbildung. •

Sei $<-,->_1$ nicht ausgeartet. Besitzt eine lineare Abbildung $f : V_1 \to V_2$ eine adjungierte, so ist diese nach 78.1(1) eindeutig bestimmt. Wir bezeichnen sie mit

$$\hat{f}\,.$$

Analog ist die Bezeichnung $\hat{g}$ für eine lineare Abbildung $g : W_2 \to W_1$ zu verstehen, wenn $<-,->_2$ nicht ausgeartet ist.[1]) Es gelten die folgenden trivialen Rechenregeln:

$$(af)\hat{}\ = \overline{a}\hat{f}\,, \quad (f_1 + f_2)\hat{}\ = \hat{f}_1 + \hat{f}_2\,, \quad \hat{\hat{f}} = f$$

[1]) Die Bezeichnung $\hat{}$ an dieser Stelle kann wohl nicht mit der Komplettierung einer $\mathbb{K}$-linearen Abbildung, die am Ende des Beispiels 10 in §76 beschrieben wird, verwechselt werden.

für $a \in A$ und $f, f_1, f_2 \in \mathrm{Hom}_A(V_1, V_2)$ und entsprechend für Abbildungen von W_2 in W_1. Schließlich ist

$$(f'f)\hat{\ } = \hat{f}\hat{f}',$$

falls $V_3 \times W_3 \to A$ eine weitere sesquilineare Funktion ist und $f' \in \mathrm{Hom}_A(V_2, V_3)$. Dabei sind natürlich entsprechende Voraussetzungen über die Existenz der adjungierten Abbildungen (und über das Nichtausgeartetsein der Sesquilinearfunktionen) zu machen.

Allgemein gilt für beliebige Sesquilinearfunktionen $<-,->_i : V_i \times W_i \to A$, $i = 1, 2, 3$, und lineare Abbildungen $f, f_1, f_2 : V_1 \to V_2$, $g, g_1, g_2 : W_2 \to W_1$ bzw. $f' : V_2 \to V_3$, $g' : W_3 \to W_2$:

78.2 (1) *Sind f und g adjungiert, so auch af und $\bar{a}g$ für alle $a \in A$.*

(2) *Sind sowohl f_1 und g_1 als auch f_2 und g_2 adjungiert, so auch $f_1 + f_2$ und $g_1 + g_2$.*

(3) *Sind sowohl f und g als auch f' und g' adjungiert, so auch $f'f$ und gg'.*

Charakteristische Polynome adjungierter Abbildungen hängen eng zusammen.

78.3 Satz *Seien V und W endliche freie A-Moduln und $<-,->$ eine nicht ausgeartete sesquilineare Funktion $V \times W \to A$. Sind die Operatoren $f \in \mathrm{End}_A V$ und $g \in \mathrm{End}_A W$ adjungiert, so gilt $\chi_f = \overline{\chi_g}$.*

Beweis. Definiere $<-,->$ zunächst eine vollständige Dualität. x_i, $i \in I$, und y_i, $i \in I$, seien Basen von V bzw. W. Ferner seien $\mathbf{C}$ die Gramsche Matrix $(<x_i, y_j>)$ und $\mathbf{A}$ bzw. $\mathbf{B}$ die Matrizen von f bzw. g bezüglich der angegebenen Basen. Wie bereits vor 78.1 bemerkt, ist dann ${}^t\mathbf{A}\mathbf{C} = \mathbf{C}\overline{\mathbf{B}}$ und folglich $(X\mathbf{E}_I - {}^t\mathbf{A})\mathbf{C} = \mathbf{C}(X\mathbf{E}_I - \overline{\mathbf{B}})$, woraus sich

$$\mathrm{Det}(X\mathbf{E}_I - {}^t\mathbf{A}) \cdot \mathrm{Det}\mathbf{C} = \mathrm{Det}\mathbf{C} \cdot \mathrm{Det}(X\mathbf{E}_I - \overline{\mathbf{B}})$$

ergibt. Da $\mathrm{Det}\mathbf{C}$ nach 70.3 eine Einheit in A ist, ergibt sich die Behauptung. Ist $<-,->$ nicht ausgeartet, so ist $\mathrm{Det}\mathbf{C}$ nach 70.5 ein Nichtnullteiler in A und läßt sich ebenfalls kürzen. •

Für die Minimalpolynome adjungierter Operatoren auf Vektorräumen läßt sich leicht das Folgende zeigen:

78.4 Satz *Seien V und W Vektorräume über dem Körper K und $<-,->$ eine nicht ausgeartete sesquilineare Funktion $V \times W \to K$. Sind die Operatoren $f \in \mathrm{End}_K V$ und $g \in \mathrm{End}_K W$ adjungiert, so ist f genau dann endlich, wenn dies für g gilt. In diesem Fall ist $\mu_f = \overline{\mu_g}$, $\mathrm{SPEK} f = \overline{\mathrm{SPEK}\, g}$ und insbesondere $\mathrm{spek} f = \overline{\mathrm{spek}\, g}$.*

B e w e i s. Es ist $g = \hat{f}$. Nach den Rechenregeln für adjungierte Operatoren ist $\widehat{\alpha(f)} = \overline{\alpha}(\hat{f}) = \overline{\alpha}(g)$ für jedes Polynom $\alpha \in K[X]$. Da die Bedingung $\alpha(f) = 0$ mit $\widehat{\alpha(f)} = 0$ äquivalent ist, folgt die Behauptung über die Minimalpolynome. Daraus folgt weiter die Behauptung über die Spektralpolynome bzw. die Spektralwerte, da diese nach 66.8 für einen endlichen Operator mit den normierten Primteilern bzw. mit den Nullstellen seines Minimalpolynoms übereinstimmen (und gleich den Eigenpolynomen bzw. Eigenwerten sind). •

Sind in der Situation von 78.4 die adjungierten Operatoren f und g nicht endlich, so gilt im allgemeinen nicht $\operatorname{spek} f = \overline{\operatorname{spek} g}$, vgl. Aufgaben 15,16.

Sei jetzt $V = V_1 = W_1$ und $W = V_2 = W_2$. Zwei lineare Abbildungen $f: V \to W$ und $g: W \to V$ sind definitionsgemäß adjungiert, wenn $<f(x), y> = <x, g(y)>$ für alle $x \in V$ und alle $y \in W$ ist. Dann brauchen aber g und f nicht adjungiert zu sein! Zu einer Abbildung $f: V \to W$ hat man also im allgemeinen rechts– und linksadjungierte Abbildungen zu unterscheiden. Sind aber die auf V bzw. W gegebenen Sesquilinearformen beide hermitesch oder beide schiefhermitesch, so verschwindet dieser Unterschied und adjungierte Abbildungen f, g sind durch die äquivalenten Bedingungen

$$<f(x), y> = <x, g(y)> \quad \text{bzw.} \quad <g(y), x> = <y, f(x)>,$$

$x \in V$, $y \in W$, charakterisiert. Diese Bemerkung gilt insbesondere für adjungierte Operatoren auf einem A–Modul V mit einer hermiteschen oder schiefhermiteschen Sesquilinearform.

Für beliebige Sesquilinearformen auf einem A–Modul V sind die selbstadjungierten und schiefselbstadjungierten Operatoren definiert.

Definition Sei $<-,->$ eine Sesquilinearform auf dem A–Modul V. Ein Operator f auf V heißt s e l b s t a d j u n g i e r t bzw. s c h i e f s e l b s t a d j u n g i e r t, wenn f zu sich selbst bzw. zu $-f$ adjungiert ist.

Die selbstadjungierten Operatoren $f \in \operatorname{End}_A V$ sind also durch

$$<f(x), y> = <x, f(y)>$$

und die schiefselbstadjungierten durch

$$<f(x), y> = -<x, f(y)>,$$

jeweils für alle $x, y \in V$, charakterisiert. *Ist U ein f–invarianter Untermodul von V, so ist mit f auch die Beschränkung $f|U$ selbstadjungiert bzw. schiefselbstadjungiert.*

Aus 78.3 und 78.4 folgt sofort:

78.5 Satz *Sei f ein Operator auf dem endlichen freien A–Modul V des Ranges n mit der nicht ausgearteten Sesquilinearform $<-,->$.*

(1) *Ist f selbstadjungiert, so ist* $\chi_f = \overline{\chi_f}$. *Ist überdies A ein Körper, so ist auch* $\mu_f = \overline{\mu_f}$.

(2) *Ist f schiefselbstadjungiert, so ist* $\chi_f(-X) = (-1)^n\overline{\chi_f}$. *Ist überdies A ein Körper, so ist auch* $\mu_f(-X) = (-1)^m\overline{\mu_f}$, *wobei m der Grad des Minimalpolynoms* μ_f *ist.*

Beispiel 2 Satz 78.5(2) besagt für einen schiefselbstadjungierten Operator f bezüglich einer nicht ausgearteten Bilinearform, daß für die Koeffizienten des charakteristischen Polynoms $\chi_f = a_0 + a_1X + \cdots + a_{n-1}X^{n-1} + X^n$ die Gleichungen $a_i = (-1)^{i+n}a_i$, $i = 0, \ldots, n-1$, gelten. Ist 2 ein Nichtnullteiler in A, so folgt $a_i = 0$ für alle $i = 0, \ldots, n-1$ mit $i \not\equiv n(2)$. Insbesondere ist dann $\mathrm{Det} f = (-1)^n a_0$ gleich 0 oder n eine gerade Zahl.

Im Fall $A = \mathbb{C}$ mit der komplexen Konjugation besagt 78.5, daß die Koeffizienten des charakteristischen Polynoms und des Minimalpolynoms eines selbstadjungierten bzw. schiefselbstadjungierten Operators bezüglich einer nicht ausgearteten komplexen Sesquilinearform auf einem endlichdimensionalen $\mathbb{C}$–Vektorraum alle reell sind bzw. abwechselnd reell und rein–imaginär sind (mit dem reellen Leitkoeffizienten 1 beginnend).

Beispiel 3 Aus 78.5 folgt, daß durch $a \mapsto \overline{a}$ bzw. durch $a \mapsto -\overline{a}$ das Spektrum eines selbstadjungierten bzw. schiefselbstadjungierten Operators bezüglich einer nicht ausgearteten Sesquilinearform auf einem endlichdimensionalen K–Vektorraum in sich abgebildet wird. Das heißt aber im allgemeinen *nicht*, daß die einzelnen Spektralwerte unter diesen Abbildungen jeweils invariant sind, vgl. Aufgabe 8. Generell gilt aber natürlich: *Ist a ein Eigenwert eines selbstadjungierten bzw. schiefselbstadjungierten Operators f auf einem K–Vektorraum mit einem nicht isotropen Eigenvektor x, so ist* $a = \overline{a}$ *bzw.* $a = -\overline{a}$. Man hat ja nur die Beschränkung von f auf die Gerade Kx zu betrachten.

Sei wieder V ein A–Modul mit einer Sesquilinearform $<-,->$. Ein Operator f auf V definiert zwei Sesquilinearformen auf V, nämlich die Formen

$$_f\Phi : (x,y) \mapsto <f(x),y> \quad \text{und} \quad \Phi_f : (x,y) \mapsto <x,f(y)>.$$

Die Abbildung $f \mapsto {}_f\Phi$ ist eine lineare und die Abbildung $f \mapsto \Phi_f$ eine semilineare Abbildung von $\mathrm{End}_A V$ in den Modul $\mathrm{Sesq}_A V$ der Sesquilinearformen auf V. Ist $<-,->$ nicht ausgeartet, so sind beide Abbildungen offenbar injektiv; definiert $<-,->$ sogar eine vollständige Dualität, so sind beide bijektiv. Im letzteren Fall gilt für $\Psi \in \mathrm{Sesq}_A V$

$$\Psi = {}_f\Phi = \Phi_g,$$

wobei f und g durch

$$f(x) = \mathrm{grad}(y \mapsto \overline{\Psi(x,y)}) \quad \text{bzw.} \quad g(y) = \mathrm{grad}(x \mapsto \Psi(x,y))$$

definiert sind.

Genau dann ist f selbst– bzw. schiefselbstadjungiert, wenn ${}_f\Phi = \Phi_f$ bzw. ${}_f\Phi = -\Phi_f$ ist. Es ergibt sich:

78.6 *Sei $<-,->$ eine hermitesche Sesquilinearform auf dem A-Modul V. Genau dann ist ein Operator f auf V selbstadjungiert bzw. schiefselbstadjungiert, wenn die Sesquilinearform Φ_f hermitesch bzw. schiefhermitesch ist. — Definiert $<-,->$ eine vollständige Dualität, so wird durch $f \mapsto \Phi_f$ eine bijektive Abbildung des Moduls der selbstadjungierten bzw. schiefselbstadjungierten Operatoren auf den Modul der hermiteschen bzw. schiefhermiteschen Sesquilinearformen auf V gegeben.*

Beweis. Da $<-,->$ hermitesch ist, gilt

$$\Phi_f(x,y) = <x, f(y)> = \overline{<f(y), x>} = \overline{{}_f\Phi(y,x)}$$

für alle Operatoren f auf V und alle $x, y \in V$. Daraus folgt die erste Behauptung. Der Zusatz ergibt sich aus der oben bemerkten Bijektivität der Abbildung $f \mapsto \Phi_f$ im Fall einer vollständigen Dualität. •

Der in 78.6 beschriebene enge Zusammenhang zwischen Operatoren und Sesquilinearformen erlaubt es, je nach Situation von den Formen zu den Operatoren überzugehen oder umgekehrt von den Operatoren zu den Formen. Wir werden dies häufiger tun, insbesondere im nächsten Paragraphen. — Natürlich läßt sich 78.6 analog auch mit ${}_f\Phi$ statt mit Φ_f formulieren.

Beispiel 4 Sei V ein endlicher freier A-Modul mit einer hermiteschen Sesquilinearform. Die Gramsche Matrix $\mathbf{C} := (<x_i, x_j>) \in \mathsf{M}_I(A)$ bezüglich einer Basis x_i, $i \in I$, von V ist dann hermitesch, d.h. es ist ${}^t\mathbf{C} = \overline{\mathbf{C}}$. Ist nun $\mathbf{A}$ die Matrix eines Operators f auf V bezüglich der Basis x_i, $i \in I$, so hat die Sesquilinearform Φ_f die Gramsche Matrix $(<x_i, f(x_j)>) = \mathbf{C}\mathbf{A}$. Es ist also f nach 78.6 genau dann selbst- bzw. schiefselbstadjungiert, wenn $\mathbf{C}\mathbf{A}$ hermitesch bzw. schiefhermitesch ist. Ist insbesondere x_i, $i \in I$, eine Orthonormalbasis, so ist $\mathbf{C}$ die Einheitsmatrix $\mathbf{E}_I$ und es ergibt sich das folgende nützliche Kriterium (vgl. auch Beispiel 1):

78.7 *Sei x_i, $i \in I$, eine Orthonormalbasis des endlichen freien A-Moduls V. Genau dann ist ein Operator f auf V selbst- bzw. schiefselbstadjungiert, wenn die Matrix von f bezüglich x_i, $i \in I$, hermitesch bzw. schiefhermitesch ist.*

Mit 71.3 folgt aus 78.6 noch:

78.8 *Sei $<-,->$ eine echt hermitesche Form auf dem K-Vektorraum V (die Involution auf K sei also nicht die Identität). Genau dann ist ein Operator f auf V selbst- bzw. schiefselbstadjungiert, wenn $\overline{<x, f(x)>} = <x, f(x)>$ bzw. $\overline{<x, f(x)>} = -<x, f(x)>$ für alle $x \in V$ ist.*

Man beachte den Fall $K = \mathbb{C}$ mit der komplexen Konjugation.

Aufgaben

In diesen Aufgaben ist A stets ein kommutativer Ring mit Involution.

1. Ist $<-,->$ eine hermitesche oder schiefhermitesche Sesquilinearform auf dem A-Modul V und sind f, g adjungierte Operatoren auf V, so sind fg und gf selbstadjungiert.

2. Sind f und g adjungierte invertierbare Operatoren auf den A-Moduln V bzw. W bezüglich der sesquilinearen Funktion $<-,->: V \times W \to A$, so sind auch f^{-1} und g^{-1} adjungiert. Sind V und W endliche freie Moduln und ist $<-,->$ nicht ausgeartet, so ist mit f notwendigerweise auch g invertierbar, falls f und g adjungiert sind.

3. Ein invertierbarer Operator f auf einem A-Modul V mit einer Sesquilinearform Φ ist genau dann ein Automorphismus von Φ, wenn f und f^{-1} (und damit nach Aufgabe 2 auch f^{-1} und f) adjungiert sind.

4. Sind f und g adjungierte Operatoren auf den A-Moduln V bzw. W bezüglich einer sesquilinearen Funktion $V \times W \to A$, so sind auch die Operatoren $\alpha(f)$ und $\overline{\alpha}(g)$ adjungiert für beliebige Polynome $\alpha \in A[X]$. Insbesondere ist mit einem selbstadjungierten Operator f auf V bezüglich einer Sesquilinearform auf V auch der Operator $\alpha(f)$ selbstadjungiert, wenn $\alpha \in A[X]$ ein Polynom ist, dessen Koeffizienten unter der Involution invariant sind.

5. Sind f und g beide selbst- oder beide schiefselbstadjungierte Operatoren auf V bezüglich einer nicht ausgearteten Sesquilinearform, so ist fg genau dann selbstadjungiert, wenn f und g vertauschbar sind, also $fg = gf$ ist.

6. Sei f ein selbst- oder schiefselbstadjungierter Operator auf dem A-Modul V bezüglich einer Sesquilinearform. Ist $W \subseteq V$ ein f-invarianter Untermodul, so sind auch $W^{\perp}$ und ${}^{\perp}W$ invariant unter f.

7. Sei $<-,->$ eine hermitesche oder schiefhermitesche Sesquilinearform auf dem A-Modul V.

a) Sind f und g adjungiert, so sind $f+g$, fg und gf selbstadjungiert und $f-g$ schiefselbstadjungiert.

b) Sei 2 eine Einheit in A. Genau dann besitzt ein Operator f auf V einen adjungierten Operator, wenn $f = g + h$ mit einem selbstadjungierten Operator g und einem schiefselbstadjungierten Operator h ist. Ist $<-,->$ nicht ausgeartet, so sind g und h dabei eindeutig bestimmt, und zwar ist dann

$$g = \frac{1}{2}(f + \hat{f}), \quad h = \frac{1}{2}(f - \hat{f}).$$

(g bzw. h heißen in diesem Fall der selbst- bzw. schiefselbstadjungierte Bestandteil oder auch die selbst- bzw. schiefselbstadjungierte Komponente von f.)

8. Sei K ein Körper mit $\mathrm{Char} K \neq 2$ und einer von der Identität verschiedenen Involution. Für das Element $a \in K$ gelte $a \neq \overline{a}$. Die Sesquilinearform $<-,->$ auf K^2 habe bezüglich der Standardbasis die Gramsche Matrix $\begin{pmatrix} 1 & 0 \\ 0 & -1 \end{pmatrix}$. Dann ist der durch die Matrix

$$\frac{1}{2}\begin{pmatrix} a+\overline{a} & a-\overline{a} \\ a-\overline{a} & a+\overline{a} \end{pmatrix}$$

bezüglich der Standardbasis definierte Operator auf K^2 selbstadjungiert, aber die Eigenwerte von f sind nicht invariant unter der Involution.

9. Sei $a \in A$ ein Nichtnullteiler mit $\overline{a} = -a$. (Ist $A = K$ ein Körper und die Involution nicht die Identität, so gibt es stets solch ein a.) Genau dann ist ein Operator f auf einem A–Modul V mit einer Sesquilinearform schiefselbst- bzw. selbstadjungiert, wenn af selbst- bzw. schiefselbstadjungiert ist.

10. Sei P eine Projektion auf dem A–Modul V mit einer Sesquilinearform. Genau dann ist P selbstadjungiert, wenn V die orthogonale Summe von $\operatorname{Kern} P$ und $\operatorname{Bild} P$ ist. (Vgl. §71, Aufgabe 25.)

11. Die Sesquilinearform $<-,->$ auf V sei hermitesch (oder schiefhermitesch) und anisotrop. Für jeden Operator auf V, für den der adjungierte Operator $\hat{f}$ existiert, gilt $\operatorname{Kern} f = \operatorname{Kern} \hat{f} f$.

12. Sei f ein selbstadjungierter Operator auf dem K–Vektorraum V bezüglich einer Sesquilinearform auf V. K' sei der Körper der unter der Involution invarianten Elemente. Dann gilt $V(\pi_1; f) \perp V(\pi_2; f)$ für beliebige verschiedene normierte Primpolynome $\pi_1, \pi_2 \in K'[X]$. ($\pi_2(f)$ induziert auf $V(\pi_1; f)$ nach 66.3 eine Isomorphie.) Insbesondere gilt: Ist f lokal endlich, so ist $V = \bigoplus_\pi V(\pi; f)$, wobei π die normierten Primpolynome in $K'[X]$ durchläuft.

13. Seien f und g adjungierte Operatoren auf den A–Moduln V bzw. W bezüglich der nicht ausgearteten sesquilinearen Funktion $V \times W \to A$. Dann gilt für die Annullatoren $\mathbf{a}_f$ bzw. $\mathbf{a}_g$ der $A[X]$–Moduln V_f bzw. W_g die Gleichung $\mathbf{a}_f = \overline{\mathbf{a}}_g$. (Vgl. Beweis von 78.4.)

14. Seien f und g adjungierte Operatoren auf den K–Vektorräumen V bzw. W bezüglich einer nicht ausgearteten sesquilinearen Funktion $V \times W \to K$. Ist $\pi \in \operatorname{EIG} f$ (bzw. $\operatorname{EIG} g$), so ist $\overline{\pi} \in \operatorname{SPEK} g$ (bzw. $\operatorname{SPEK} f$).

15. Seien $V := \mathbb{R}[t]$ und $W := \mathbb{R}[t, 1/(t-2)]$ und $<-,->$ die Integralform $<x,y> := \int_0^1 x(t)y(t)dt$ auf $V \times W$. Dann ist $<-,->$ nicht ausgeartet, und die Multiplikation mit $t-2$ auf V bzw. W definiert adjungierte Operatoren f und g mit $0 \in \operatorname{spek} f$ und $0 \notin \operatorname{spek} g$.

16. Man konstruiere Beispiele für folgende Situation: f und g sind adjungierte Operatoren auf K–Vektorräumen V bzw. W bezüglich einer nicht ausgearteten sesquilinearen Funktion $V \times W \to K$ mit folgenden Eigenschaften: (1) f ist lokal endlich. (2) Es ist $\operatorname{SPEK} f \neq \overline{\operatorname{SPEK} g}$. (Nach Aufgabe 14 darf g nicht lokal endlich sein.)

17. Der lokal nilpotente Differentiationsoperator $D: \mathbb{R}[t] \to \mathbb{R}[t]$ besitzt bezüglich des Skalarproduktes $<x,y> := \int_0^1 x(t)y(t)dt$ keinen adjungierten Operator.

18. Seien $f: V \to V$ und $g: W \to W$ adjungierte Operatoren bezüglich einer sesquilinearen Funktion $V \times W \to A$. Ist der Untermodul $U \subseteq V$ invariant unter f, so ist $U^\perp \subseteq W$ invariant unter g.

19. Seien $f: V_1 \to V_2$ und $g: W_2 \to W_1$ adjungierte lineare Abbildungen bezüglich der sesquilinearen Funktionen $V_i \times W_i \to A$, $i = 1, 2$. Ferner sei $\varphi: A \to B$ ein zulässiger Homomorphismus kommutativer Ringe mit Involution (es ist also

$\varphi(\overline{a}) = \overline{\varphi(a)}$). Dann sind auch die durch Ringwechsel gewonnenen Homomorphismen $f_{(B)}: (V_1)_{(B)} \to (V_2)_{(B)}$ und $g_{(B)}: (W_2)_{(B)} \to (W_1)_{(B)}$ adjungiert (bezüglich der erweiterten Funktionen $(V_i)_{(B)} \times (W_i)_{(B)} \to B$, $i = 1, 2$).

20. Seien $f: V_1 \to V_2$ und $g: W_2 \to W_1$ adjungierte lineare Abbildungen bezüglich der nicht ausgearteten sesquilinearen Funktionen $V_i \times W_i \to A$, $i = 1, 2$.

a) Es ist $\operatorname{Kern} g = (\operatorname{Bild} f)^{\perp}$ und ${}^{\perp}(\operatorname{Bild} g) = \operatorname{Kern} f$.

b) Sei $A = K$ ein Körper. Genau dann hat f einen endlichen Rang, wenn dies für g gilt. In diesem Fall ist $\operatorname{Rang} f = \operatorname{Rang} g$. Man gebe ein Beispiel dafür, daß zu einer gegebenen linearen Abbildung $f: V_1 \to V_2$ endlichen Ranges keine adjungierte Abbildung $g: W_2 \to W_1$ zu existieren braucht.

21. Seien K ein Körper und $V_i \times W_i \to K$, $i = 1, 2$, nicht ausgeartete sesquilineare Funktionen. Wir versehen die Räume V_i, W_i, $i = 1, 2$, mit den am Ende von §70, Bemerkung 6 angegebenen Topologien (K bekommt also die diskrete Topologie). Genau dann existiert zu einer linearen Abbildung $f: V_1 \to V_2$ die adjungierte Abbildung $\hat{f}: W_2 \to W_1$, wenn f stetig ist. In diesem Fall ist $\hat{f}$ ebenfalls stetig. (f ist genau dann stetig, wenn die Linearformen $x \mapsto \langle f(x), y\rangle$ für alle $y \in W_2$ stetig sind.)

§79 Normale Operatoren · Spektralsatz

In diesem Paragraphen beschränken wir uns auf die Untersuchung von Operatoren auf $\mathbb{K}$-Vektorräumen V mit Skalarprodukt, wobei $\mathbb{K}$ wieder einen der Körper $\mathbb{R}$ oder $\mathbb{C}$ bezeichnet. Als wesentliche Eigenschaft eines Skalarprodukts wird die Anisotropie eine Rolle spielen: Ein Vektor $x \in V$ ist bereits dann der Nullvektor, wenn $\langle x, x\rangle = 0$ ist. Existiert zu einem Operator f auf V ein adjungierter Operator, so ist er eindeutig bestimmt. Er wird mit $\hat{f}$ bezeichnet und erfüllt definitionsgemäß die Gleichung

$$\langle f(x), y\rangle = \langle x, \hat{f}(y)\rangle$$

für alle $x, y \in V$. Ist V endlichdimensional mit der Orthonormalbasis x_i, $i \in I$, und hat f die Matrix $\mathbf{A} \in \mathsf{M}_I(\mathbb{K})$ bezüglich x_i, $i \in I$, so hat $\hat{f}$ die adjungierte Matrix ${}^t\overline{\mathbf{A}}$ bezüglich x_i, $i \in I$, vgl. §78.

Wir beginnen mit einigen allgemeinen Aussagen:

79.1 Satz *Sei V ein $\mathbb{K}$-Vektorraum mit Skalarprodukt.*

(1) *Sind f und $\hat{f}$ adjungierte Operatoren auf V, so ist $\|f\| = \|\hat{f}\|$. Insbesondere ist f genau dann stetig, wenn dies für $\hat{f}$ gilt.*

(2) *Ist V ein Hilbertraum und ist $f: V \to V$ ein stetiger Operator, so existiert der adjungierte Operator $\hat{f}$.*

B e w e i s. (1) Es genügt, $\|\hat{f}\| \le \|f\|$ zu zeigen. Für $y \in V$ ist aber

$$\|\hat{f}(y)\|^2 = <\hat{f}(y), \hat{f}(y)> = <f\hat{f}(y), y> \le \|f\hat{f}(y)\| \, \|y\| \le \|f\| \, \|\hat{f}(y)\| \, \|y\|,$$

woraus $\|\hat{f}(y)\| \le \|f\| \, \|y\|$ folgt.

(2) Für $y \in V$ ist die Linearform $x \mapsto <f(x), y>$ auf V stetig, da f stetig ist, und besitzt daher nach dem Darstellungssatz 76.23 von R i e s z einen Gradienten $\hat{f}(y) \in V$ mit $<f(x), y> = <x, \hat{f}(y)>$ für alle $x \in V$. •

Bemerkung 1 Satz 79.1 gilt offenbar analog für $\mathbb{K}$-lineare Abbildungen $V \to W$ von $\mathbb{K}$-Vektorräumen V, W mit Skalarprodukten, wobei für die Existenzaussage 79.1(2) der Raum V als vollständig vorauszusetzen ist, wenn $f: V \to W$ die gegebene Abbildung ist.

Für selbstadjungierte Operatoren läßt sich die Norm mit Hilfe des sogenannten R a y l e i g h - Q u o t i e n t e n

$$R(x) = R_f(x) := \frac{<f(x), x>}{<x, x>},$$

$x \in V \setminus \{0\}$, $f \in \operatorname{End}_{\mathbb{K}} V$, bestimmen. Dieser ist für jeden Operator $f: V \to V$ auf den punktierten Geraden $\mathbb{K}x \setminus \{0\}$, $x \ne 0$, konstant. Es genügt daher, ihn auf der Einheitssphäre in V zu betrachten. Bei $\|x\| = 1$ ist $|R_f(x)| = |<f(x), x>| \le \|f(x)\|$. Es folgt

$$\|R_f\| := \operatorname{Sup}\{|R_f(x)| : x \in V, x \ne 0\} \le \|f\|.$$

Für selbstadjungierte Operatoren f (mit $f = \hat{f}$) sind die Werte von R_f auch im Fall $\mathbb{K} = \mathbb{C}$ reell, vgl. 78.8. Es gilt nun:

79.2 Satz *Sei $f: V \to V$ ein selbstadjungierter Operator auf dem $\mathbb{K}$-Vektorraum V mit Skalarprodukt. Dann gilt:*

(1) *Es ist $\|R_f\| = \|f\|$.*

(2) *Sei $f \ne 0$ (und damit $\|R_f\| = \|f\| > 0$). Ferner sei $x_n \in \mathrm{S}(0;1)$, $n \in \mathbb{N}$, eine Folge von Einheitsvektoren in V, für die $\lim f(x_n)$ und $\lim <f(x_n), x_n>$ existieren, mit*

$$\lim <f(x_n), x_n> = M, \quad |M| = \|R_f\|.$$

Dann konvergiert die Folge x_n, $n \in \mathbb{N}$, gegen

$$x := \frac{1}{M} \lim f(x_n) \in \mathrm{S}(0;1),$$

und x ist ein Eigenvektor von f zum Eigenwert M, d.h. es ist

$$f(x) = Mx.$$

Insbesondere ist $f(x) = Mx$ für jeden Vektor $x \in \mathrm{S}(0;1) \subseteq V$ mit $<f(x), x> = M$ und $|M| = \|R_f\|$.

B e w e i s. (1) Wir haben noch $\|f\| \leq \|R_f\|$ zu zeigen und können $\mathbb{K} = \mathbb{R}$ annehmen (bei $\mathbb{K} = \mathbb{C}$ beschränke man den Skalarenbereich). Für beliebige $x, y \in V$ ist dann

$$<f(x), f(y)> = \frac{1}{4}(<f(x + f(y)), x + f(y)> - <f(x - f(y)), x - f(y)>)$$
$$\leq \frac{1}{4}\|R_f\|(\|x + f(y)\|^2 + \|x - f(y)\|^2) = \frac{1}{2}\|R_f\|(\|x\|^2 + \|f(y)\|^2).$$

Sei $\|x\| = 1$ und $f(x) \neq 0$. Mit $y := x/\|f(x)\|$ folgt $\|f(x)\| \leq \|R_f\|$.

(2) Es ist $\|f(x_n)\| \leq \|f\| = |M|$, also $\lim\|f(x_n)\|^2 = M^2\|x\|^2 \leq M^2$, d.h. $\|x\| \leq 1$. Aus $0 \leq \lim\|f(x_n) - Mx_n\|^2 = \lim\|f(x_n)\|^2 - 2M\lim<f(x_n), x_n> + M^2 = M^2(\|x\|^2 - 1)$ ergibt sich $\|x\| = 1$ und $Mx = \lim f(x_n) = M\lim x_n$. •

79.2(2) ist ein wichtiger Existenzsatz für Eigenwerte und gibt gleichzeitig ein Konstruktionsprinzip für Eigenvektoren an. Es folgt zum Beispiel sofort, daß ein selbstadjungierter Operator f auf einem endlichdimensionalen $\mathbb{K}$–Vektorraum $V \neq 0$ einen Eigenwert hat, da wegen der Kompaktheit von $S(0;1) \subseteq V$ und der Stetigkeit von f sicher ein Punkt $x \in S(0;1)$ mit $<f(x), x> = M$, $|M| = \|f\|$, existiert. Dieser Schluß vermeidet den Fundamentalsatz der Algebra. Zum Zusatz in 79.2(2) vgl. man Aufgabe 22.

Bemerkung 2 Ohne Beweis erwähnen wir, daß ein selbstadjungierter Operator auf einem Hilbert–Raum V notwendigerweise stetig ist. Daraus folgt in Umkehrung von 79.1(2), *daß jeder Operator f auf V, zu dem es einen adjungierten Operator $\hat{f}$ gibt, stetig ist.* Wegen $\|f(x)\|^2 = <f(x), f(x)> = <\hat{f}f(x), x>$ folgt mit 79.2(1) ja $\|f\|^2 = \|\hat{f}f\|$, da $\hat{f}f$ selbstadjungiert ist.

Wir kommen nun zu den normalen Operatoren, die im Mittelpunkt dieses Paragraphen stehen.

Definition Ein Operator f auf einem $\mathbb{K}$–Vektorraum V mit Skalarprodukt heißt n o r m a l, wenn der zu f adjungierte Operator $\hat{f}$ existiert und mit f vertauschbar ist.

Ist V endlichdimensional und $\mathbf{A}$ die Matrix des Operators f bezüglich einer Orthonormalbasis von V, so ist f genau dann normal, wenn $\mathbf{A}$ und ${}^t\overline{\mathbf{A}}$ vertauschbar sind. Solche Matrizen heißen n o r m a l e Matrizen.

Beispiel 1 Selbst– und schiefselbstadjungierte Operatoren sind normal. Eine Isometrie $f: V \to V$ von V ist genau dann normal, wenn sie bijektiv ist, d.h. ein Automorphismus von $(V, <-,->)$. Ist nämlich $\hat{f}$ adjungiert zur normalen Isometrie f, so ist $<x, y> = <f(x), f(y)> = <x, \hat{f}f(y)>$ für alle $x, y \in V$, woraus $\mathrm{id}_V = \hat{f}f = f\hat{f}$ folgt. Umgekehrt ist trivialerweise f^{-1} adjungiert zu einer bijektiven Isometrie.

Beispiel 2 Sei $f : V \to V$ ein normaler Operator auf dem $\mathbb{K}$-Vektorraum V mit Skalarprodukt. Ist der Unterraum $U \subseteq V$ sowohl invariant unter f als auch unter $\hat{f}$, so ist $f|U$ ein normaler Operator auf U. Man vergleiche auch Aufgabe 7.

Ist V die *orthogonale* Summe der Unterräume V_i, $i \in I$, so ist ein Operator f auf V, der die Unterräume V_i invariant läßt, offenbar genau dann normal, wenn die Beschränkungen $f|V_i$, $i \in I$, normale Operatoren sind. Beweis!

Beispiel 3 Sei $f : V \to V$ ein normaler Operator auf dem $\mathbb{K}$-Vektorraum V mit Skalarprodukt. Dann ist die Algebra $\mathbb{K}[f, \hat{f}] \subseteq \mathrm{End}_{\mathbb{K}} V$ kommutativ, und jeder Operator $g = \alpha(f, \hat{f}) \in \mathbb{K}[f, \hat{f}]$, $\alpha \in \mathbb{K}[X, Y]$, ist ebenfalls normal mit $\hat{g} = \overline{\alpha}(\hat{f}, f)$.

Wichtig ist das folgende einfache Lemma:

79.3 Lemma *Sei f ein Operator auf dem $\mathbb{K}$-Vektorraum V mit Skalarprodukt, zu dem der adjungierte Operator $\hat{f}$ existiere. Dann sind äquivalent:*
(1) *f ist normal.*
(2) *Es ist $<f(x), f(y)> = <\hat{f}(x), \hat{f}(y)>$ für alle $x, y \in V$.*
(3) *Es ist $\|f(x)\| = \|\hat{f}(x)\|$ für alle $x \in V$.*

B e w e i s. (2) und (3) sind nach 71.2 äquivalent.

Sei (1) erfüllt. Dann gilt $<f(x), f(y)> = <x, \hat{f}f(y)> = <x, f\hat{f}(y)> = <\hat{f}(x), \hat{f}(y)>$ für alle $x, y \in V$ und damit (2).

Sei umgekehrt (2) erfüllt. Es folgt $<x, \hat{f}f(y)> = <f(x), f(y)> = <\hat{f}(x), \hat{f}(y)> = <x, f\hat{f}(y)>$ für alle $x, y \in V$ und $\hat{f}f = f\hat{f}$. •

79.4 Korollar *Sei f ein normaler Operator auf dem $\mathbb{K}$-Vektorraum V mit Skalarprodukt. Dann gilt:*

$$\mathrm{Kern} f = \mathrm{Kern} \hat{f} = \mathrm{Kern} \hat{f}f = \mathrm{Kern} f^2 .$$

B e w e i s. Die Gleichung $\mathrm{Kern} f = \mathrm{Kern} \hat{f}$ folgt aus 79.3(3). Die Gleichung $\mathrm{Kern} \hat{f}f = \mathrm{Kern} f$ gilt wegen $<\hat{f}f(x), x> = <f(x), f(x)>$, $x \in V$, generell. Schließlich ist $\mathrm{Kern} \hat{f}f = f^{-1}(\hat{f}^{-1}(0)) = f^{-1}(f^{-1}(0)) = \mathrm{Kern} f^2$. •

Sei $f : V \to V$ wieder ein normaler Operator. Dann ist der Unterraum $\mathrm{t}V_f$ der Vektoren $x \in V$, für die ein Polynom $\alpha \in \mathbb{K}[X]$, $\alpha \neq 0$, mit $\alpha x = \alpha(f)x = 0$ existiert, invariant unter f und unter dem mit f vertauschbaren Operator $\hat{f}$. Somit induziert f auf $\mathrm{t}V_f = \bigoplus V(\pi; f)$ einen lokal endlichen normalen Operator. Der folgende Satz ist daher von generellem Interesse.

79.5 Spektralsatz für normale lokal endliche Operatoren *Sei f ein normaler lokal endlicher Operator auf dem $\mathbb{K}$-Vektorraum V mit Skalarprodukt. Dann ist f halbeinfach, d.h. für jedes normierte Primpolynom*

$\pi \in \mathbb{K}[X]$ ist $V(\pi; f) = V^1(\pi; f)$. Ferner ist V die orthogonale direkte Summe der Primärkomponenten:

$$V = \bigoplus_{\pi} V^1(\pi; f).$$

B e w e i s. Die Gleichung $V(\pi; f) = V^1(\pi; f)$ ist mit $V^1(\pi; f) = V^2(\pi; f)$, d.h. mit $\operatorname{Kern}\pi(f) = \operatorname{Kern}\pi^2(f)$ äquivalent. Die letzte Gleichung ergibt sich aber aus 79.4, da mit f auch $\pi(f)$ normal ist.

Seien $\pi_1, \pi_2 \in \mathbb{K}[X]$ verschiedene normierte Primpolynome. Für $x \in V(\pi_1; f) = V^1(\pi_1; f) = \operatorname{Kern}\pi_1(f) = \operatorname{Kern}\overline{\pi}_1(\hat{f})$ (vgl. 79.4) und $y \in V(\pi_2; f)$ ist $0 = <\overline{\pi}_1(\hat{f})(x), y> = <x, \pi_1(f)y>$. Also ist $V(\pi_1; f) \perp V(\pi_2; f)$, da $\pi_1(f)$ nach 66.3 auf $V(\pi_2; f)$ eine Isomorphie induziert. •

Jeder normale Operator f induziert auf einer Primärkomponente $V(\pi; f) = V^1(\pi; f)$ einen normalen Operator, da $V(\pi; f)$ auch unter (dem mit f vertauschbaren Operator) $\hat{f}$ invariant ist. Mit 79.5 überschaut man daher die lokal endlichen normalen Operatoren völlig, wenn man sie auf den Primärkomponenten $V(\pi) = V^1(\pi; f)$ kennt.

Ist $\pi = X - a$ linear, so ist $V(\pi) = V^1(a; f)$ der Eigenraum zu a, und f ist auf $V^1(a; f)$ die Homothetie mit a, $\hat{f}$ die Homothetie mit $\overline{a}$.

Sei nun $\mathbb{K} = \mathbb{R}$ und $\pi = X^2 + pX + q = (X - a)(X - \overline{a}) \in \mathbb{R}[X]$ mit

$$a := b - \mathrm{i}c\,, \quad b := -\frac{p}{2}\,, \quad c := \frac{1}{2}\sqrt{4q - p^2}\,, \quad 4q - p^2 = 4c^2 > 0\,,$$

ein quadratisches Primpolynom. Für die (ebenfalls normale) Komplexifizierung $f_{(\mathbb{C})}: V_{(\mathbb{C})} \to V_{(\mathbb{C})}$ mit $V_{(\mathbb{C})} = V \oplus \mathrm{i}V$,

$$f_{(\mathbb{C})}(x + \mathrm{i}y) = f(x) + \mathrm{i}f(y)$$

und $\hat{f}_{(\mathbb{C})} := (f_{(\mathbb{C})})\hat{} = (\hat{f})_{(\mathbb{C})}$ gilt dann

$$V(\pi)_{(\mathbb{C})} = V^1_{(\mathbb{C})}(a) \oplus V^1_{(\mathbb{C})}(\overline{a})\,, \quad V^1_{(\mathbb{C})}(\overline{a}) = \overline{V^1_{(\mathbb{C})}(a)}\,,$$

vgl. §66, Beispiel 2, also gelten auf $V(\pi)_{(\mathbb{C})}$ die Gleichungen $f_{(\mathbb{C})} + \hat{f}_{(\mathbb{C})} = (2\operatorname{Re} a)\mathrm{id} = -p\,\mathrm{id}$ und $\hat{f}_{(\mathbb{C})}f_{(\mathbb{C})} = f_{(\mathbb{C})}\hat{f}_{(\mathbb{C})} = a\overline{a}\,\mathrm{id} = q\,\mathrm{id}$, und auf $V(\pi)$ ist

$$f + \hat{f} = -p\,\mathrm{id}\,, \quad \hat{f}f = f\hat{f} = q\,\mathrm{id}\,.$$

Es folgt $<f(x), f(y)> = <x, \hat{f}f(y)> = q<x, y>$ für alle $x, y \in V(\pi)$. *Somit ist f auf $V(\pi)$ eine Ähnlichkeit mit dem Streckungsfaktor $\sqrt{q}$.*

Ist $z_i = x_i + \mathrm{i}y_i$, $i \in I$, ein vollständiges Orthonormalsystem von $V^1_{(\mathbb{C})}(a)$, so ist

$$\sqrt{2}x_i, \sqrt{2}y_i\,, \quad i \in I\,,$$

ein vollständiges Orthonormalsystem von $V(\pi)$. Daß diese Vektoren einen dichten Unterraum von $V(\pi)$ erzeugen, ist selbstverständlich. Daß das System orthonormal ist, ergibt sich aus den Gleichungen

$$\delta_{ij} = \langle z_i, z_j \rangle = \langle x_i, x_j \rangle + \langle y_i, y_j \rangle + \mathrm{i}(\langle y_i, x_j \rangle - \langle x_i, y_j \rangle),$$

$$0 = \langle z_i, \overline{z}_j \rangle = \langle x_i, x_j \rangle - \langle y_i, y_j \rangle + \mathrm{i}(\langle y_i, x_j \rangle + \langle x_i, y_j \rangle),$$

$i, j \in I$, wobei $z_i \perp \overline{z}_j$ wegen $\overline{z}_j = x_j - \mathrm{i}y_j \in V^1_{(\mathbb{C})}(\overline{a})$ gilt. Aus

$$f_{(\mathbb{C})}(z_i) = f(x_i) + \mathrm{i}f(y_i) = az_i = (bx_i + cy_i) + \mathrm{i}(-cx_i + by_i)$$

folgt

$$f(x_i) = bx_i + cy_i\,, \quad f(y_i) = -cx_i + by_i\,, \quad i \in I\,.$$

Insbesondere sind die zweidimensionalen Unterräume $\mathbb{R}x_i + \mathbb{R}y_i$, $i \in I$, f*-invariant und paarweise orthogonal.*

Wir formulieren noch einige Korollare zu 79.5 explizit. Die Projektionen P_π, $\pi \in \mathbb{K}[X]$ prim, die zu der orthogonalen Zerlegung $V = \oplus_\pi V^1(\pi; f)$ in 79.5 gehören, sind orthogonal, d.h. selbstadjungiert (vgl. §78, Aufgabe 10). Für $\pi = X - a$, $a \in \mathbb{K}$, schreiben wir wieder P_a statt P_π, vgl. §67.

79.6 Korollar *Sei f ein lokal endlicher normaler Operator auf dem komplexen Vektorraum V mit Skalarprodukt. Dann ist $V = \oplus_{a\in\mathbb{C}} V^1(a; f)$ die orthogonale Summe der Eigenräume von f. Insbesondere ist f diagonalisierbar, und die Projektionen P_a in der Spektralzerlegung $f = \sum_{a\in\mathbb{C}} aP_a$ von f sind orthogonal. Es ist $\hat{f} = \sum_{a\in\mathbb{C}} \overline{a}P_a$. Genau dann ist f endlich, wenn f nur endlich viele Eigenwerte besitzt. In diesem Fall ist $\hat{f}$ ein Polynom in f. Vollständige Orthonormalsysteme für die Eigenräume $V^1(a; f)$, $a \in \mathbb{C}$, ergeben zusammen ein vollständiges Orthonormalsystem für V aus Eigenvektoren von f.*

Daß $\hat{f}$ bei endlichem f in 79.6 ein Polynom in f ist, folgt daraus, daß die Projektionen P_a, $a \in \mathbb{C}$, Polynome in f sind (66.4).

Im reellen Fall ist $f = \sum_{a\in\mathbb{R}} aP_a + \sum_\pi fP_\pi$ und $\hat{f} = \sum_{a\in\mathbb{R}} aP_a - \sum_\pi (f + p_\pi)P_\pi$, wobei π die normierten quadratischen Primpolynome $X^2 + p_\pi X + q_\pi$ in $\mathbb{R}[X]$ durchläuft. Auch hier ist $\hat{f}$ ein Polynom in f, wenn f endlich ist (was auch daraus folgt, daß $\hat{f}_{(\mathbb{C})}$ in diesem Fall ein Polynom in $f_{(\mathbb{C})}$ ist).

79.7 Korollar *Sei f ein normaler Operator auf einem unitären Vektorraum V. Dann besitzt V eine Orthonormalbasis aus Eigenvektoren von f, und $\hat{f}$ ist ein Polynom in f.*

79.8 Korollar *Sei f ein lokal endlicher selbstadjungierter Operator auf dem $\mathbb{K}$-Vektorraum V mit Skalarprodukt. Dann ist $V = \bigoplus_{a\in\mathbb{R}} V^1(a; f)$ die orthogonale Summe der Eigenräume $V^1(a; f)$, $a \in \mathbb{R}$. Insbesondere* *ist f diagonalisierbar mit (auch bei $\mathbb{K} = \mathbb{C}$) nur reellen Eigenwerten, und in der Spektralzerlegung $f = \sum_{a\in\mathbb{R}} aP_a$ sind die Projektionen P_a orthogonal. Vollständige Orthonormalsysteme für die Eigenräume $V^1(a; f)$, $a \in \mathbb{R}$, ergeben zusammen ein vollständiges Orthonormalsystem für V aus Eigenvektoren von f.*

Zum Beweis ist nur zu bemerken, daß bei $\mathbb{K} = \mathbb{C}$ jeder Eigenwert von f reell ist (beispielsweise wegen $a\langle x, x\rangle = \langle f(x), x\rangle = \langle x, f(x)\rangle = \overline{a}\langle x, x\rangle$ für einen Eigenvektor x von f zum Eigenwert a) und daß bei $\mathbb{K} = \mathbb{R}$ kein quadratisches Primpolynom π zu SPEKf gehören kann, da sonst die ebenfalls selbstadjungierte Komplexifizierung $f_{(\mathbb{C})}$ nicht reelle Eigenwerte hätte. •

79.9 Korollar *Sei f ein selbstadjungierter Operator auf einem unitären oder euklidischen Vektorraum V. Dann besitzt V eine Orthonormalbasis aus Eigenvektoren von f mit reellen Eigenwerten, d.h. die Matrix von f in dieser Orthonormalbasis ist eine reelle Diagonalmatrix.*

79.10 Korollar *Sei f ein normaler Operator auf dem euklidischen Vektorraum V. Dann besitzt V eine Orthonormalbasis, in der f durch eine Matrix*

$$\begin{pmatrix} a_1 & & & & & & & \\ & \ddots & & & & & & \\ & & a_s & & & & & \\ & & & b_1 & -c_1 & & & \\ & & & c_1 & b_1 & & & \\ & & & & & \ddots & & \\ & & & & & & b_t & -c_t \\ & & & & & & c_t & b_t \end{pmatrix}$$

mit $a_\sigma, b_\tau, c_\tau \in \mathbb{R}$, $c_\tau \neq 0$, (und Nullen an den nicht näher gekennzeichneten Stellen) beschrieben wird. Genau dann ist f schiefselbstadjungiert, wenn $a_1 = \cdots = a_s = b_1 = \cdots = b_t = 0$ ist.

Der Zusatz in 79.10 über den schiefselbstadjungierten Fall ergibt sich aus 78.7. Durch Umnumerieren der Basis–Elemente kann man immer erreichen, daß in 79.10 alle $c_\tau > 0$ (oder alle $c_\tau < 0$) sind. Bei solch einer Normierung sind die Kästchen der Matrix in 79.10 bis auf die Reihenfolge eindeutig bestimmt und lassen sich direkt aus dem charakteristischen Polynom

$$\chi_f = (X - a_1)\cdots(X - a_s)((X - b_1)^2 + c_1^2)\cdots((X - b_t)^2 + c_t^2)$$

von f ablesen.

Aus dem in 78.6 beschriebenen Zusammenhang zwischen Formen und Operatoren ergeben sich mit dem hier Bewiesenen wichtige Ergebnisse über Formen. Seien V ein unitärer oder euklidischer Vektorraum und Φ eine

Sesquilinearform auf V. Dann gibt es genau einen Operator f auf V mit $\Phi = \Phi_f$, d.h. mit

$$\Phi(x,y) = <x, f(y)>,$$

$x, y \in V$, und Φ ist nach 78.6 genau dann hermitesch bzw. schiefhermitesch, wenn f selbst- bzw. schiefselbstadjungiert ist. Ist $\mathbf{A}$ die Matrix von f in einer Orthonormalbasis von V, so ist $\overline{\mathbf{A}}$ die Gramsche Matrix von Φ in dieser Basis. Es folgt aus 79.9:

79.11 Satz über die Hauptachsentransformation *Sei Φ eine reell-symmetrische bzw. komplex-hermitesche Form auf dem endlichdimensionalen reellen bzw. komplexen Vektorraum V mit Skalarprodukt. Dann gibt es eine Orthonormalbasis von V, die eine Orthogonalbasis bezüglich Φ ist. Genauer: Ist f der selbstadjungierte Operator auf V mit $\Phi = \Phi_f = {}_f\Phi$, d.h. mit $\Phi(x,y) = <x, f(y)> = <f(x), y>$, $x, y \in V$, so ist jede Orthonormalbasis x_i, $i \in I$, aus Eigenvektoren von f eine Orthogonalbasis bezüglich Φ mit*

$$\Phi(x_i, x_i) = <f(x_i), x_i> = <a_i x_i, x_i> = a_i\,,$$

wobei a_i der (reelle) Eigenwert von f für den Eigenvektor x_i ist, $i \in I$. Insbesondere ist Φ vom Typ (p, q), wobei p die Anzahl der positiven und q die Anzahl der negativen Eigenwerte von f ist, jeweils mit ihren Vielfachheiten in χ_f gerechnet.

In der Situation von 79.11 heißt jede Gerade $\mathbb{K}x$, wobei x ein Eigenvektor von f ist, eine Hauptachse von Φ und der zugehörige Eigenwert $\Phi(x,x)/\|x\|^2$ ein Hauptwert. Sind die Hauptachsen $\mathbb{K}x_j$, $j \in J$, paarweise orthogonal und erzeugen sie V, so heißt $\mathbb{K}x_j$, $j \in J$, ein (vollständiges) Hauptachsensystem von Φ. Für ein solches System ist der von den Hauptachsen mit jeweils gleichen Hauptwerten erzeugte Unterraum von V (als Eigenraum von f) eindeutig bestimmt. Insbesondere ist ein vollständiges Hauptachsensystem genau dann bis auf die Indizierung eindeutig bestimmt, wenn die Anzahl der verschiedenen Hauptwerte von Φ gleich $n := \mathrm{Dim}_{\mathbb{K}} V$ ist. Die Hauptachsen von $\Phi = \Phi_f$ heißen auch die Hauptachsen des zugehörigen selbstadjungierten Operators f.

Man kann 79.11 auch folgendermaßen ausdrücken: *Zwei hermitesche Formen auf einem endlichdimensionalen $\mathbb{K}$-Vektorraum, von denen wenigstens eine positiv definit ist, lassen sich gleichzeitig auf Diagonalgestalt bringen.*

79.12 Korollar *Sei $\mathbf{A} \in \mathsf{M}_I(\mathbb{K})$ eine reell-symmetrische bzw. komplex-hermitesche Matrix (I endlich). Dann gibt es eine reell-orthogonale bzw. komplex-unitäre Matrix $\mathbf{U} \in \mathsf{U}_I(\mathbb{K})$ derart, daß*

$$\mathbf{U}\mathbf{A}\mathbf{U}^{-1} = \mathbf{U}\mathbf{A}^t\overline{\mathbf{U}}$$

eine (in jedem Fall reelle) Diagonalmatrix ist. ($\mathbf{A}$ ist also unitär ähnlich und unitär kongruent zu einer Diagonalmatrix.) Insbesondere ist $\mathbf{A}$ vom Typ (p, q), wobei p die Anzahl der positiven und q die Anzahl der negativen Eigenwerte von $\mathbf{A}$ ist.

B e w e i s. Wir versehen $\mathbb{K}^I$ mit dem Standardskalarprodukt und betrachten auf $\mathbb{K}^I$ die Form Φ mit der Gramschen Matrix $\mathbf{A}$ bezüglich der Standardbasis. Dann gibt es nach 79.11 eine Orthonormalbasis x_j, $j \in I$, bezüglich der die Gramsche Matrix von Φ eine Diagonalmatrix ist, und zwar ist eine Orthonormalbasis aus Eigenvektoren des durch $\overline{\mathbf{A}} = {}^t\mathbf{A}$ beschriebenen Operators solch eine Basis. Ist dann $\mathbf{V} \in \mathsf{U}_I(\mathbb{K})$ die Matrix mit den Spalten x_j, $j \in I$, so ist ${}^t\mathbf{V}\mathbf{A}\overline{\mathbf{V}}$ eine Diagonalmatrix. Man setze nun $\mathbf{U} := {}^t\mathbf{V}$. •

Für reell–schiefsymmetrische bzw. komplex–schiefhermitesche Formen ergibt sich analog aus 79.7 bzw. 79.10:

79.13 Satz *Sei Φ eine schiefhermitesche Form auf dem endlichdimensionalen $\mathbb{K}$-Vektorraum V mit Skalarprodukt. Dann besitzt V eine Orthonormalbasis $x_1, \ldots, x_n$, in der die Gramsche Matrix von Φ bei $\mathbb{K} = \mathbb{C}$ eine Diagonalmatrix mit rein–imaginären Diagonalelementen ist und bei $\mathbb{K} = \mathbb{R}$ die folgende Gestalt hat:*

$$\begin{pmatrix} 0 & & & & & & & \\ & \ddots & & & & & & \\ & & 0 & -c_1 & & & & \\ & & c_1 & 0 & & & & \\ & & & & \ddots & & & \\ & & & & & & 0 & -c_t \\ & & & & & & c_t & 0 \end{pmatrix}.$$

B e w e i s. Es ist $\Phi = \Phi_f$ mit einem schiefselbstadjungierten Operator f auf V. Für den komplexen Fall beachte man, daß die Eigenwerte von f rein–imaginär sind (wegen $a<x,x> = <f(x),x> = <x,-f(x)> = -\overline{a}<x,x>$ für einen Eigenvektor $x \in V$ zum Eigenwert a). •

Der Hauptsatz 79.5 läßt sich — wie bereits bemerkt — stets für den Torsionsbestandteil $\mathrm{t}V_f$ eines normalen Operators f auf V anwenden, da f auf $\mathrm{t}V_f$ einen ebenfalls normalen Operator induziert. Wenn nun $\mathrm{t}V_f$ genügend groß ist, zum Beispiel dicht in V liegt, ist f mit seiner Beschränkung auf $\mathrm{t}V_f$ gut bekannt. Eine wichtige Klasse von Operatoren, für die das zutrifft, sind die kompakten Operatoren auf Hilberträumen.

Definition Eine lineare Abbildung $f : V \to W$ normierter $\mathbb{K}$–Vektorräume V und W heißt k o m p a k t, wenn das f–Bild der Einheitskugel $\overline{\mathrm{B}}(0;1) \subseteq V$ relativ kompakt in W liegt, d.h. in einer kompakten Teilmenge von W enthalten ist.

Ist $f : V \to W$ kompakt, so ist $f(\overline{\mathrm{B}}(0;1))$ insbesondere beschränkt und f stetig. Ist f stetig von endlichem Rang, so ist f kompakt, da eine beschränkte Menge in einem endlichdimensionalen $\mathbb{K}$–Vektorraum relativ kompakt ist (Satz von H e i n e – B o r e l). *Die $\mathbb{K}$-lineare Abbildung $f : V \to W$ ist genau dann kompakt, wenn für jede beschränkte Folge x_n, $n \in \mathbb{N}$, in V die*

Bildfolge $f(x_n)$, $n \in \mathbb{N}$, eine konvergente Teilfolge besitzt. Dies ergibt sich daraus, daß die Kompaktheit eines metrischen Raumes X dadurch charakterisiert ist, daß jede Folge in X eine konvergente Teilfolge besitzt. (Wir benötigen im folgenden nur, daß in einem kompakten metrischen Raum jede Folge eine konvergente Teilfolge besitzt.)

Sind $f: V \to W$ und $g: U \to V$ stetige lineare Abbildungen normierter $\mathbb{K}$-Vektorräume, von denen wenigstens eine kompakt ist, so ist auch die Komposition $fg: U \to W$ kompakt. Auch die Vervollständigung einer kompakten linearen Abbildung $f: V \to W$ (die wir hier mit $\tilde{f}: \tilde{V} \to \tilde{W}$ bezeichnen wollen, vgl. §76, Beispiel 10) ist kompakt. Man beachte, daß das Bild dieser Vervollständigung ebenfalls in W liegt.

79.14 Lemma *Sei f ein kompakter normaler Operator auf dem $\mathbb{K}$-Hilbertraum V. Dann ist der Raum $\mathrm{t}V_f$ der Elemente $x \in V$, für die ein Polynom $\alpha \in \mathbb{K}[X]$, $\alpha \neq 0$, mit $\alpha(f)(x) = 0$ existiert, dicht in V.*

Beweis. Sei $W := U^\perp = \overline{U}^\perp$ das orthogonale Komplement von $U := \mathrm{t}V_f$ in V. Da U invariant unter f und $\hat{f}$ ist, gilt dies auch für W. Wegen $V = \overline{U} \oplus W$ ist $W = 0$ zu verifizieren. Da $f|W$ ebenfalls kompakt und normal ist, haben wir also nur zu zeigen: Für einen kompakten normalen Operator f auf einem Hilbert Raum $V \neq 0$ ist $\mathrm{t}V_f \neq 0$. Wir können $f \neq 0$ annehmen und betrachten den selbstadjungierten kompakten Operator $g := \hat{f}f$. Es gibt eine Folge x_n, $n \in \mathbb{N}$, von Einheitsvektoren in V mit $\lim <g(x_n), x_n> = M$ und $|M| = \|R_g\| = \|g\|$, vgl. 79.2(1). Da g kompakt ist, besitzt $g(x_n)$, $n \in \mathbb{N}$, eine konvergente Teilfolge. Wir können also annehmen, daß $g(x_n)$, $n \in \mathbb{N}$, selbst konvergiert. Nach 79.2(2) ist dann $\lim x_n$ ein Eigenvektor von g zum Eigenwert M. Auf dem Eigenraum $V^1(M; g)$ induziert g die Homothetie mit $M \neq 0$. Somit ist $V^1(M; g)$ endlichdimensional. (Andernfalls gäbe es in $V^1(M; g)$ eine Folge y_n, $n \in \mathbb{N}$, die ein Orthonormalsystem ist und für die $g(y_n) = My_n$, $n \in \mathbb{N}$, keine konvergente Teilfolge besäße.) Da $V^1(M; g)$ auch invariant unter dem mit g vertauschbaren Operator f ist, gehört $V^1(M; g) \neq 0$ zu $\mathrm{t}V_f$. •

79.15 Spektralsatz für kompakte normale komplexe Operatoren *Sei f ein kompakter normaler Operator auf dem komplexen Hilbertraum V. Dann ist der Unterraum*

$$\bigoplus_{a \in \mathbb{C}} V^1(a; f)$$

dicht in V. Für jedes $\delta > 0$ ist der Teilraum $\bigoplus_{|a| > \delta} V^1(a; f)$ endlichdimensional. Bezeichnet P_a, $a \in \mathbb{C}$, die orthogonale Projektion von V auf den (bei $a \neq 0$ endlichdimensionalen) Eigenraum $V^1(a; f)$, so ist

$$f = \sum_{a \in \mathbb{C}^\times} aP_a,$$

wobei die Summe in $\mathrm{End}_{\mathbb{C}} V$ *zu verstehen ist. Vollständige Orthonormalsysteme der Eigenräume* $V^1(a; f)$, $a \in \operatorname{spek} f$, *ergeben zusammen ein vollständiges Orthonormalsystem von* V. *Insbesondere besitzt* V *ein vollständiges Orthonormalsystem aus Eigenvektoren von* f.

Beweis. Bis auf die Endlichdimensionalität von $V_\delta := \bigoplus_{|a|>\delta} V^1(a; f)$ folgt 79.15 direkt aus 79.14 und 79.5. Wäre V_δ nicht endlichdimensional, so gäbe es eine orthonormale Folge x_n, $n \in \mathbb{N}$, von Eigenvektoren von f mit zugehörigen Eigenwerten a_n, für die $|a_n| > \delta$ ist. Wegen $\|f(x_n) - f(x_m)\|^2 = \|a_n x_n - a_m x_m\|^2 = |a_n|^2 + |a_m|^2 > 2\delta^2$ bei $m \neq n$ besitzt $f(x_n)$, $n \in \mathbb{N}$, keine konvergente Teilfolge. Widerspruch! •

Die Dimension von $V^1(a; f)$ heißt die Vielfachheit von a. Sie ist gleich dem Rang von P_a. Eine entsprechende Formulierung von 79.15 für den reellen Fall überlassen wir dem Leser. Wir bemerken noch folgendes: Ist $f: V \to V$ ein kompakter Operator auf dem nicht notwendig vollständigen $\mathbb{K}$-Vektorraum V mit Skalarprodukt, so wendet man 79.15 auf die Vervollständigung $\tilde{f}: \tilde{V} \to \tilde{V}$ von f an. *Alle Eigenräume* $\tilde{V}^1(a; \tilde{f})$ *mit* $a \neq 0$ (und bei $\mathbb{K} = \mathbb{R}$ auch alle Spektralräume $\tilde{V}^1(\pi; \tilde{f})$ zu den quadratischen Primpolynomen $\pi \in \mathbb{R}[X]$ (die bei selbstadjungiertem f alle 0 sind)) *liegen bereits in* V, da sie ja zu $\operatorname{Bild} \tilde{f}$ gehören.

Für die allgemeine Spektraltheorie verweisen wir auf die Lehrbücher der Funktionalanalysis.

Beispiel 4 (Positive Operatoren) Sei V ein $\mathbb{K}$-Vektorraum mit Skalarprodukt. Ein Operator f auf V heißt positiv bzw. semipositiv, wenn die hermitesche Form

$$(x, y) \mapsto \frac{1}{2}(<f(x), y> + <x, f(y)>),$$

$x, y \in V$, positiv definit bzw. positiv semidefinit ist. Bei der angegebenen Form handelt es sich um den hermiteschen Bestandteil $\frac{1}{2}({}_f\Phi + \Phi_f)$ der zum Operator f gehörenden Sesquilinearform Φ_f (mit $\Phi_f(x, y) = <x, f(y)>$). Besitzt f einen adjungierten Operator $\hat{f}$, so ist es die Form zur selbstadjungierten Komponente $\frac{1}{2}(f + \hat{f})$ von f. Ist f schließlich selbstadjungiert, so ist f genau dann positiv bzw. semipositiv, wenn Φ_f positiv definit bzw. positiv semidefinit ist.

Eine Matrix $\mathbf{A} \in \mathsf{M}_I(\mathbb{K})$, I endlich, heißt positiv bzw. semipositiv, wenn $\frac{1}{2}(\mathbf{A} + {}^t\overline{\mathbf{A}})$ positiv definit bzw. positiv semidefinit ist. Dies ist genau dann der Fall, wenn der Operator f auf $\mathbb{K}^I$ mit der Matrix $\overline{\mathbf{A}}$ bezüglich der Standardbasis die entsprechende Eigenschaft hat oder auch der Operator mit der Matrix $\mathbf{A}$ selbst.

Die Eigenwerte eines positiven bzw. semipositiven Operators f *haben positive bzw. nicht negative Realteile,* denn es ist

$$\frac{1}{2}(<f(x), x> + <x, f(x)>) = \operatorname{Re} a <x, x>$$

für einen Eigenvektor x von f zum Eigenwert a. Im allgemeinen gilt hier nicht die Umkehrung, vgl. aber Aufgabe 29. Leicht zu beweisen ist:

79.16 Satz *Ein lokal endlicher selbstadjungierter Operator f auf dem $\mathbb{K}$-Vektorraum V mit Skalarprodukt ist genau dann positiv bzw. semipositiv, wenn alle Eigenwerte von f positiv bzw. nicht negativ sind.*

Beweis. Nach 79.8 ist $V = \bigoplus_{a \in \mathrm{eig} f} V^1(a; f)$. Für $x = \sum_a x_a$ mit $x_a \in V^1(a; f)$ ist daher $<f(x), x> = \sum_a a<x_a, x_a>$, woraus die Behauptung folgt. •

Aus Operatoren f wie in 79.16 lassen sich in natürlicher Weise Wurzeln ziehen:

79.17 Satz *Sei f ein semipositiver selbstadjungierter lokal endlicher Operator auf dem $\mathbb{K}$-Vektorraum V mit Skalarprodukt. Zu jedem $m \in \mathbb{N}_+$ gibt es genau einen semipositiven selbstadjungierten Operator g auf V mit $g^m = f$. Dieser ist lokal endlich.*

Beweis. In der Spektralzerlegung $f = \sum_{a \in \mathrm{eig} f} aP_a$ sind nach 79.16 alle $a \geq 0$. Dann hat $g := \sum_{a \in \mathrm{eig} f} a^{1/m} P_a$ offenbar die in 79.17 geforderten Eigenschaften und ist lokal endlich.

Zum Beweis der Eindeutigkeit von g sei h ein beliebiger Operator mit den für g verlangten Eigenschaften. Mit f ist auch h lokal endlich. Ist dann $h = \sum_{b \in \mathrm{eig} h} bP'_b$ die Spektralzerlegung von h, so ist $f = h^m = \sum_{b \in \mathrm{eig} h} b^m P'_b$ die Spektralzerlegung von f und aus deren Eindeutigkeit folgt $P'_b = P_{b^m}$ und $g = h$. •

In der Situation von 79.17 ist die m-te Wurzel g von f, die man auch mit $f^{1/m}$ bezeichnet, ein Polynom in f, wenn f endlich ist. Allgemein definiert man für einen lokal endlichen selbstadjungierten Operator $f = \sum_{a \in \mathrm{eig} f} aP_a$ und eine Funktion F auf $\mathrm{spek} f = \mathrm{eig} f$ mit Werten in $\mathbb{K}$ den Operator $F(f) := \sum_{a \in \mathrm{eig} f} F(a) P_a$. Dieser ist stets normal und sogar selbstadjungiert, wenn F reellwertig ist.

Beispiel 5 (Polarform eines Operators) Eine Anwendung des Ziehens von Wurzeln aus selbstadjungierten Operatoren gemäß 79.17 ist der folgende Satz, den wir der Übersicht halber nur für endlichdimensionale Räume formulieren.

79.18 Satz *Sei $f: V \to W$ eine bijektive $\mathbb{K}$-lineare Abbildung zwischen endlichdimensionalen $\mathbb{K}$-Vektorräumen mit Skalarprodukt. Dann gibt es einen eindeutig bestimmten positiven selbstadjungierten Operator g auf V und eine eindeutig bestimmte Isometrie $h: V \to W$ mit $f = hg$.*

Beweis. Aus $f = hg$ wie im Satz folgt $\hat{f} = \hat{g}\hat{h} = gh^{-1}$ und $\hat{f}f = g^2$. Also ist g die Quadratwurzel aus dem wegen $<\hat{f}f(x), x> = <f(x), f(x)>$ positiven selbstadjungierten Operator $\hat{f}f$ auf V. Umgekehrt ist bei $g := (\hat{f}f)^{1/2}$ die Abbildung $h := fg^{-1}$ wegen $h\hat{h} = fg^{-1}g^{-1}\hat{f} = \mathrm{id}_W$ isometrisch. •

Die Darstellung $f = hg$ in 79.18 entspricht der Polarkoordinatendarstellung

$$z = u|z|\,, \quad |z| > 0\,, \quad u := \frac{z}{|z|} = \cos\alpha + \mathrm{i}\sin\alpha\,,$$

einer komplexen Zahl $z \neq 0$. Sie heißt daher auch die Polarform von f. Wegen

$$<f(x), f(y)> = <hg(x), hg(y)> = <g(x), g(y)>\,,$$

$x, y \in V$, beschreibt der Operator $g = (\hat{f}f)^{1/2}$ völlig die durch f bewirkte Verzerrung. Man nennt ihn den Verzerrungsanteil und seine Hauptachsen die Hauptverzerrungsachsen von f. Die Haupt(verzerrungs)werte (d.h. die Eigenwerte von g) sind gleich den Wurzeln aus den Eigenwerten von $\hat{f}f$. Je nachdem ob solch ein Hauptwert > 1, < 1 oder $= 1$ ist, wird die korrespondierende Hauptachse gestreckt, gestaucht oder isometrisch abgebildet. Genau dann ist f konform (d.h. winkeltreu, also verzerrungsfrei), wenn die Hauptwerte alle gleich sind und g somit eine Homothetie ist. Der Quotient $\mu_{\max}/\mu_{\min}$ des größten und kleinsten Hauptwertes ist somit ein gutes Maß für den Grad der Verzerrung. Er heißt der Verzerrungsfaktor oder der Astigmatismus von f. Es ist $\mu_{\max} = ||f||$ und $1/\mu_{\min} = ||f^{-1}||$, der Astigmatismus also $||f||\,||f^{-1}||$, vgl. Aufgabe 23.

Übrigens erhält man aus der ersten Polarform $f = hg$ in $f = (hgh^{-1})h = g'h$ die zweite Polarform von f mit einem (zu g unitär ähnlichen positiven und selbstadjungierten) Verzerrungsoperator $g' = hgh^{-1} = (f\hat{f})^{1/2}$, der der Isometrie *folgt*. Man beachte, *daß der isometrische Anteil h für beide Polarformen derselbe ist.*

Beispiel 6 (Kompakte Operatoren mit Kernfunktion) Für dieses Beispiel sollte der Leser mit dem Tensorprodukt von Vektorräumen vertraut sein. Sei V ein $\mathbb{K}$–Hilbertraum. v_i, $i \in I$, sei im folgenden immer ein vollständiges Orthonormalsystem in V, vgl. 76.21. Ferner sei $\overline{V}$ der Antiraum zu V (mit der Skalarmultiplikation $(a, x) \mapsto \overline{a}x$ und dem Skalarprodukt $(x, y) \mapsto \overline{<x, y>} = <y, x>$). Die Komplettierung des Tensorproduktes $V \otimes \overline{V} = V \otimes_{\mathbb{K}} \overline{V}$ (bezüglich des kanonischen Skalarprodukts mit $<v \otimes w, x \otimes y> = <v, x><w, y>$, vgl. §82, Beispiel 2) bezeichnen wir mit $V \hat{\otimes} \overline{V}$. Die $\mathbb{K}$-lineare Abbildung $h : V \otimes \overline{V} \to \mathrm{L}_{\mathbb{K}}(V, V)$ mit $x \otimes y \mapsto (z \mapsto <z, y>x)$ setzt sich wegen $||h(K)|| \le ||K||$ (vgl. Aufgabe 35g)) zu einer stetigen $\mathbb{K}$-linearen Abbildung $V \hat{\otimes} \overline{V} \to \mathrm{L}_{\mathbb{K}}(V, V)$ fort, die wir ebenfalls mit h bezeichnen. $v_i \otimes v_j$, $i, j \in I$, ist ein vollständiges Orthonormalsystem von $V \hat{\otimes} \overline{V}$. Hat $K \in V \hat{\otimes} \overline{V}$ die Fourier-Entwicklung $K = \sum a_{ij} v_i \otimes v_j$, so ist $||K||^2 = \sum ||a_{ij}||^2$, vgl. 76.19, und $h(K) = \sum a_{ij} e_{ij}$ mit $e_{ij} := h(v_i \otimes v_j)$. Es ist also $a_{rs} = <h(K)(v_s), v_r> = v_r^*(h(K)(v_s))$. Insbesondere ist h injektiv, und für jedes $K \in V \hat{\otimes} \overline{V}$ *ist der Operator* $f = h(K)$ *als Grenzwert von stetigen Operatoren endlichen Ranges ein kompakter Operator auf* V, vgl. Aufgabe 34. Man nennt K den Kern des Operators $f = h(K)$. (Man verwechsle dies nicht mit $\mathrm{Kern} f = f^{-1}(0)$! Man spricht — besonders im Hinblick auf den am Ende dieses Beispiels besprochenen Spezialfall — auch von der Kernfunktion K statt vom Kern K. Natürlich hat bei unendlichdimensionalem V nicht jeder kompakte Operator f auf V einen Kern.)

Der adjungierte Operator $\hat{f}$ besitzt den adjungierten Kern $\hat{K}$, der aus K durch Vertauschen der Faktoren $x \otimes y \mapsto y \otimes x$ in $V \hat{\otimes} \overline{V}$ hervorgeht. Das Produkt $f \circ g$ der Operatoren $f = h(K)$ und $g = h(L)$ hat den Produktkern $KL := K \circ L$ gemäß §71, Aufgabe 25. (Die Multiplikation auf $V \otimes \overline{V}$ läßt sich wegen $||K \circ L|| \le ||K||\,||L||$ nach $V \hat{\otimes} \overline{V}$ fortsetzen, vgl. auch Aufgabe 35.) Für $K = \sum a_{ij} v_i \otimes v_j$ ist $\hat{K} = \sum \overline{a}_{ij} v_j \otimes v_i$. Der Operator $h(K)$ ist also normal bzw. selbst- oder schiefselbstadjungiert, wenn die (im allgemeinen unendliche) Koeffizientenmatrix $\mathbf{A} = (a_{ij}) \in \mathsf{M}_I(\mathbb{K})$ normal bzw. hermitesch oder schiefhermitesch ist. Man sagt dann, K habe diese Eigenschaft.

Sei nun $f = h(K)$ normal. Im komplexen Fall oder im selbstadjungierten Fall besitzt V nach dem Spektralsatz 79.15 ein vollständiges Orthonormalsystem aus Eigenvektoren von f. Wählen wir speziell für v_i, $i \in I$, solch ein System und sind a_i, $i \in I$, die zugehörigen Eigenwerte, so ergibt sich die wichtige Gleichung

$$\|K\|^2 = \sum_{i \in I} |a_i|^2 = \sum_{a \in \operatorname{eig} f, a \neq 0} n_a |a|^2 < \infty ,$$

wobei $n_a := \operatorname{Dim}_{\mathbb{K}} V^1(a; f)$ die (endliche) Vielfachheit des Eigenwerts $a \neq 0$ ist. Der Kern $K = \sum a_{ij} v_i \otimes v_j$ (v_i, $i \in I$, sei wieder beliebig) wird durch die Kerne $K_J = \sum_{i,j \in J} a_{ij} v_i \otimes v_j$, wobei J die *endlichen* Teilmengen von I durchläuft, beliebig genau approximiert. Entsprechendes gilt dann für die zugehörigen Operatoren $f = h(K)$ bzw. $f_J := h(K_J)$. Die von 0 verschiedenen Eigenwerte der f_J und die zugehörigen Eigenvektoren sind aber durch die Beschränkungen der f_J auf die *endlichdimensionalen* Unterräume $V_J = \sum_{j \in J} \mathbb{K} v_j$ bestimmt. Ist nun $x_0 \in V_{J_0}$ mit $\|x_0\| = 1$ ein Eigenvektor von $f_0 := f_{J_0}$ zum Eigenwert $b_0 \neq 0$, so ist

$$f(x_0) = b_0 x_0 + z_0 , \quad z_0 := (f - f_0)(x_0) , \quad \|z_0\| \leq \|f - f_0\| \leq \|K - K_0\| ,$$

$K_0 := K_{J_0}$, und es gibt nach dem folgenden allgemeinen und nützlichen Approximationslemma einen Eigenwert b von f und einen Eigenvektor x zu b mit

$$\|b - b_0\| \leq \|z_0\| , \quad \|x - x_0\| \leq \|z_0\|/\delta ,$$

wobei δ das Infimum der Abstände von b_0 zu den Eigenwerten $a \neq b$ von f ist.

79.19 Lemma *Sei f ein kompakter normaler Operator auf dem $\mathbb{K}$-Hilbertraum V. Bei $\mathbb{K} = \mathbb{R}$ sei f sogar selbstadjungiert. Es sei $x_0 \in V$ ein Vektor mit*

$$\|x_0\| = 1 , \quad f(x_0) = b_0 x_0 + z_0 , \quad b_0 \neq 0 .$$

Dann gibt es einen Eigenwert b von f und einen zugehörigen Eigenvektor $x \in V$ mit

$$|b - b_0| \leq \|z_0\| , \quad \|x - x_0\| \leq \|z_0\|/\delta ,$$

wobei δ das Infimum der Abstände von b_0 zu den Eigenwerten $a \neq b$ von f ist.

Beweis. Sei $f = \sum_{a \in \operatorname{eig} f} a P_a$ die Spektralzerlegung von f. Aus

$$f(x_0) = \sum_a a P_a x_0 = \sum_a b_0 P_a x_0 + \sum_a P_a z_0$$

folgt $a P_a x_0 = b_0 P_a x_0 + P_a z_0$, $a \in \mathbb{K}$, und wegen $1 = \|x_0\|^2 = \sum_a \|P_a x_0\|^2$

$$\|z_0\|^2 = \sum_a \|P_a z_0\|^2 = \sum_a |a - b_0|^2 \|P_a x_0\|^2 \geq |b - b_0|^2 ,$$

wobei b ein Eigenwert von f mit $P_b x_0 \neq 0$ ist, der b_0 am nächsten liegt. Ferner ist

$$\|P_b(x_0) - x_0\|^2 = \sum_{a \neq b} \|P_a x_0\|^2 = \sum_{a \neq b} \frac{\|P_a z_0\|^2}{|a - b_0|^2} \leq \|z_0\|^2/\delta^2 . \qquad \bullet$$

Wichtige Beispiele von kompakten Operatoren mit Kernen sind die folgenden: Seien $X \subseteq \mathbb{R}$ ein Intervall (oder allgemeiner ein σ-endlicher Maßraum $(X, \mathbf{A}, \mu)$), d.h. ein Maßraum, der mit abzählbar vielen meßbaren Mengen endlichen Inhalts ausgeschöpft werden kann) und $V := \mathrm{L}^2_{\mathbb{K}}(X)$ der Hilbertraum der quadratintegrierbaren Funktionen auf X mit dem Skalarprodukt

$$<x, y> = \int_X x(t)\overline{y(t)}dt ,$$

vgl. §76, Beispiel 13. Mittels der Konjugation $x \mapsto \overline{x}$ lassen sich V und $\overline{V}$ und damit $V\hat{\otimes}\overline{V}$ und $V\hat{\otimes}V$ identifizieren Der Satz von Fubini (siehe etwa [40], §22) zeigt ferner, daß $V\hat{\otimes}V$ und der Raum $\mathrm{L}^2_{\mathbb{K}}(X \times X)$ der quadratintegrierbaren Funktionen auf dem Produkt $X \times X$ kanonisch isomorph sind: Dem zerlegbaren Tensor $x \otimes y \in V \otimes V$ entspricht die zerlegbare Funktion $x(s)y(t) \in \mathrm{L}^2_{\mathbb{K}}(X \times X)$. Eine Kernfunktion $K = K(s,t) \in V\hat{\otimes}V = \mathrm{L}^2_{\mathbb{K}}(X \times X)$ definiert demgemäß den kompakten Integraloperator $f = h(K)$ auf $\mathrm{L}^2_{\mathbb{K}}(X)$ mit

$$f(x)(s) = \int_X K(s,t)x(t)dt ,$$

$x \in \mathrm{L}^2_{\mathbb{K}}(X)$. Ferner ist $\hat{K}(s,t) = \overline{K(t,s)}$, und das Produkt $K \circ L$ zweier Kernfunktionen K und L ist die Funktion $(K \circ L)(s,t) = \int_X K(s,u)L(u,t)du$. Alle diese Gleichungen brauchen nur für zerlegbare Kernfunktionen $v(s)w(t)$ geprüft zu werden, wofür sie trivial sind.

Aufgaben

Die Vektorräume $V, W, \ldots$ in den folgenden Aufgaben sind $\mathbb{K}$–Vektorräume mit Skalarprodukt, soweit nicht etwas anderes gesagt wird.

1. Man beweise die zweite Aussage in Beispiel 2.

2. Sei f ein Operator auf V.

a) Existiert der zu f adjungierte Operator $\hat{f}$, so ist f genau dann normal, wenn der selbstadjungierte Bestandteil $\frac{1}{2}(f + \hat{f})$ und der schiefselbstadjungierte Bestandteil $\frac{1}{2}(f - \hat{f})$ kommutieren. (Vgl. §78, Aufgabe 7.)

b) Sei $\mathbb{K} = \mathbb{C}$. Genau dann existiert $\hat{f}$, wenn f eine Darstellung $f = g + \mathrm{i}h$ mit selbstadjungierten Operatoren g, h besitzt. In diesem Fall sind diese selbstadjungierten Komponenten $g = \frac{1}{2}(f + \hat{f})$ und $h = \frac{1}{2\mathrm{i}}(f - \hat{f})$ eindeutig bestimmt und kommutieren genau dann, wenn f normal ist. (Die Darstellung $f = g + \mathrm{i}h$ entspricht der Darstellung $a = \mathrm{Re}\, a + \mathrm{i}\,\mathrm{Im}\, a$ einer komplexen Zahl a. Der Übergang von $f = g + \mathrm{i}h$ zu $\hat{f} = g - \mathrm{i}h$ entspricht der komplexen Konjugation.)

3. Für normale Operatoren f, g auf V sind äquivalent: (1) $fg = 0$. (2) $gf = 0$. (3) $\mathrm{Bild}\, f \perp \mathrm{Bild}\, g$.

4. Ein endlicher Operator f auf V ist genau dann normal, wenn $\hat{f}$ existiert und ein Polynom in f ist.

5. Sei V ein Hilbertraum. Die normalen stetigen Operatoren auf V bilden eine abgeschlossene Teilmenge von $\mathrm{L}_{\mathbb{K}}(V,V)$. (Vgl. auch Bemerkung 2.)

6. Seien f und g vertauschbare normale Operatoren auf V.

a) Ist f lokal endlich, so sind alle Operatoren in $\mathbb{K}[f,g]$ normal.

b) Ist V ein Hilbertraum und f kompakt, so sind alle Operatoren in $\mathbb{K}[f,g]$ normal.

7. Seien f ein normaler Operator auf V und $U \subseteq V$ ein f–invarianter Unterraum.

a) Ist f lokal endlich, so ist U auch $\hat{f}$–invariant.

b) Ist V ein Hilbertraum, f kompakt und U abgeschlossen in V, so ist U auch $\hat{f}$–invariant.

c) Man gebe auf $\ell^2_{\mathbb{C}}(\mathbb{N})$, vgl. §76, Aufgabe 3, einen kompakten normalen Operator f an mit einem f–invarianten Unterraum, der nicht $\hat{f}$–invariant ist.

8. Für eine Projektion P auf V sind äquivalent: (1) P ist normal. (2) P ist orthogonal. (3) Es ist $\|P\| \leq 1$. (§73, Aufgabe 16.)

9. Sei f ein normaler Operator auf V.

a) $\mathrm{Kern} f = \mathrm{Kern} \hat{f} = (\mathrm{Bild} f)^{\perp} = (\mathrm{Bild} \hat{f})^{\perp}$ ist abgeschlossen in V. (Nach §78, Aufgabe 20a) ist $\mathrm{Kern}\, g = (\mathrm{Bild}\, \hat{g})^{\perp}$ für jeden Operator g, der einen adjungierten Operator $\hat{g}$ besitzt, und allgemeiner jeder Raum $V^n(\pi; g) = \mathrm{Kern}\, \pi^n(g)$ für einen solchen Operator abgeschlossen.)

b) Ist V ein Hilbertraum, so ist $V = \mathrm{Kern} f \oplus \overline{\mathrm{Bild} f}$.

c) Ist f lokal endlich, so ist $\mathrm{Bild} f = \mathrm{Bild} \hat{f}$ und $V = \mathrm{Kern} f \oplus \mathrm{Bild} f$.

d) Ist V ein Hilbertraum und f kompakt, so ist $\mathrm{Bild} f = \mathrm{Bild} \hat{f}$.

e) Ist f lokal endlich, so ist f genau dann stetig, wenn $\mathrm{SPEK} f$ beschränkt ist. (Man interpretiere das bei $\mathbb{K} = \mathbb{R}$ in der "richtigen" Weise.) Insbesondere ist f stetig, wenn f endlich ist.

10. Für normale Operatoren auf einem endlichdimensionalen Hilbertraum sind äquivalent: (1) f und g sind unitär ähnlich. (2) f und g sind ähnlich. (3) Es ist $\chi_f = \chi_g$.

11. Man beweise 75.1 und 75.2 mit 79.7 bzw. 79.10.

12. Sei V endlichdimensional. Für $f \in \mathsf{GL}_{\mathbb{K}}(V)$ mit den beiden Polarformen $f = hg = g'h$ (vgl. Beispiel 5) sind äquivalent: (1) $g = g'$. (2) h und g sind vertauschbar. (2′) h und g' sind vertauschbar. (3) f ist normal.

13. Seien V und W endlichdimensional und $f \in \mathrm{Hom}_{\mathbb{K}}(V,W)$ bijektiv. Es gibt eine Orthogonalbasis x_i, $i \in I$, von V, deren f–Bild $f(x_i)$, $i \in I$, eine Orthogonalbasis von W ist. (79.18. — $\mathbb{K}x_i$, $i \in I$, ist ein vollständiges System von Hauptverzerrungsachsen von f.)

14. Man zeige direkt (ohne 79.10), daß die symmetrischen Matrizen und die Ähnlichkeitsmatrizen $\left(\begin{smallmatrix} b & -c \\ c & b \end{smallmatrix}\right)$ die einzigen normalen Matrizen in $\mathsf{M}_2(\mathbb{R})$ sind.

15. Für die symmetrische Bilinearform auf $\mathbb{R}^3$ mit der Gramschen Matrix

$$\begin{pmatrix} 8 & 4 & -1 \\ 4 & -7 & 4 \\ -1 & 4 & 8 \end{pmatrix}$$

gebe man ein vollständiges System von Hauptachsen nebst Hauptwerten an.

16. Für die beiden symmetrischen Formen auf $\mathbb{R}^2$ mit den Gramschen Matrizen $\begin{pmatrix} 1 & -1 \\ -1 & 2 \end{pmatrix}$ bzw. $\begin{pmatrix} -1 & 2 \\ 2 & 1 \end{pmatrix}$ gebe man eine gemeinsame Orthogonalbasis an.

17. Für die hermitesche Form auf $\mathbb{K}^2$ mit der Gramschen Matrix $\begin{pmatrix} a & b \\ \bar{b} & d \end{pmatrix}$, $a, d \in \mathbb{R}$, $b \in \mathbb{K}$, bestimme man ein vollständiges Hauptachsensystem nebst Hauptwerten.

18. Für den Operator f auf $\mathbb{K}^2$ mit der Matrix $\begin{pmatrix} a & b \\ c & d \end{pmatrix} \in \mathsf{GL}_2(\mathbb{K})$ gebe man den Verzerrungsanteil, die Hauptverzerrungsachsen, die Hauptverzerrungswerte und den Astigmatismus an. (Beispiel 5.)

19. Sei $\mathrm{Dim}_{\mathbb{K}} V$ endlich und ≥ 2. Ferner sei H eine Hyperebene in V und $v \in V$ ein Einheitsvektor senkrecht zu H. Für die Pseudospiegelung f an H mit $f(v) = \lambda v + w$, $w \in H$, $\lambda \neq 0$, (vgl. §43, Aufgabe 16) bestimme man den Verzerrungsanteil, die Hauptverzerrungsachsen, die Hauptverzerrungswerte und den Astigmatismus. (Die folgende Figur zeigt für $\mathbb{K} = \mathbb{R}$ eine konstruktive Lösung zur Bestimmung der Hauptverzerrungsachsen bei $w \neq 0$:

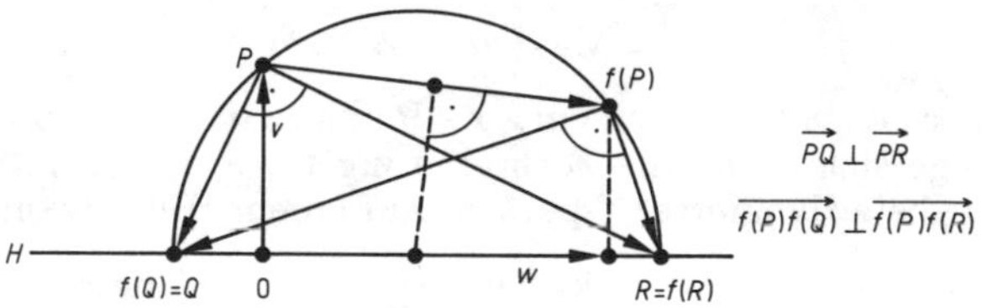

λ ist der Streckungsfaktor in der Spiegelungsrichtung $(\lambda - 1)e + w$. Durch $\lambda = 1$ sind die Scherungen charakterisiert; $\|w\|$ heißt der S c h e r u n g s m o d u l.)

20. Sei f ein normaler invertierbarer Operator auf dem endlichdimensionalen Hilbertraum V.

a) Ist $\mathbb{K} = \mathbb{C}$ und $f = \sum_{a \in \mathrm{eig} f} aP_a$ die Spektralzerlegung von f, so ist $f = hg$ mit $g := \sum_a |a| P_a$ und $h := \sum_a \frac{a}{|a|} P_a$ die Polarform von f.

b) Ist $\mathbb{K} = \mathbb{R}$ und $f = \sum_{a \in \mathrm{eig} f} aP_a + \sum_\pi fP_\pi$ die Spektralzerlegung von f, wobei $\pi = X^2 + p_\pi X + q_\pi$ die quadratischen normierten Primpolynome durchläuft, so ist $f = hg$ mit $g := \sum_a |a| P_a + \sum_\pi q_\pi^{1/2} P_\pi$ und $h := \sum_a \frac{a}{|a|} P_a + \sum_\pi f q_\pi^{-1/2} P_\pi$ die Polarform von f.

21. Man bestimme die Polarform des (normalen) Operators auf dem $\mathbb{R}^3$ mit der Matrix

$$\begin{pmatrix} a & 1 & 0 \\ 0 & a & 1 \\ 1 & 0 & a \end{pmatrix}, \quad a \neq -1.$$

22. Seien f ein selbstadjungierter Operator auf V und $x_0 \neq 0$ ein Vektor in V, in dem der Rayleigh-Quotient R_f stationär ist, d.h. für den die Funktion $t \mapsto R_f(x_0 + tx)$ für jedes $x \in V$ im Nullpunkt $0 \in \mathbb{R}$ eine verschwindende Ableitung besitzt. Dann ist x_0 ein Eigenvektor von f zum Eigenwert $R_f(x_0)$.

23. Für einen kompakten Operator f auf V ist $\|f\| = \|\hat{f}\| = \|\hat{f}f\|^{1/2} = \sqrt{\mu}$, wobei μ der größte Eigenwert des (semipositiven kompakten) Operators $\hat{f}f$ ist. Ist f überdies normal, so gilt $\|f\| = |\lambda|$, wobei λ ein dem Betrage nach größter Eigenwert von f ist.

24. Für einen selbstadjungierten Operator f bezeichne $M(f)$ das Supremum und $m(f)$ das Infimum des Rayleigh-Quotienten R_f auf $V \setminus \{0\}$. Sei $V \neq 0$. Dann ist $\|R_f\| = \mathrm{Max}(|M(f)|, |m(f)|)$. Ist f kompakt, so ist $M(f)$ gleich dem Supremum und $m(f)$ gleich dem Infimum der Eigenwerte von f. Ist $M(f) \neq 0$ (bzw. $m(f) \neq 0$), so ist $M(f)$ der größte (bzw. $m(f)$ der kleinste) Eigenwert von f und es gilt $R_f(x) = M(f)$ (bzw. $R_f(x) = m(f)$) genau für $x \in V^1(M(f))$ (bzw. $x \in V^1(m(f))$), $x \neq 0$.

25. Für eine Sesquilinearform Φ auf einem Prähilbertraum V heißt die Funktion $x \mapsto \Phi(x,x)/\|x\|^2$ auf $V \setminus \{0\}$ der Rayleigh-Quotient R_Φ von Φ. Ist Φ hermitesch, so bezeichnet $M(\Phi)$ das Supremum und $m(\Phi)$ das Infimum von R_Φ. Sei nun Φ hermitesch auf dem n-dimensionalen Hilbertraum V, $n \in \mathbb{N}_+$. Es seien $c_1 \geq \cdots \geq c_n$ die Hauptwerte von Φ (mit ihren Vielfachheiten notiert). Dann ist

$$\begin{aligned} c_\nu &= \mathrm{Min}(M(\Phi|W) : W \subseteq V\,,\ \ \mathrm{Kodim}(W,V) = \nu - 1) \\ &= \mathrm{Max}(m(\Phi|W) : W \subseteq V\,,\ \ \mathrm{Dim}\, W = \nu)\,, \end{aligned}$$

$\nu = 1, \ldots, n$. (Minimax-Prinzip von Courant-Fischer — Man überlege sich auch eine Formulierung für eine Form $\Phi = \Phi_f$, wobei f ein kompakter selbstadjungierter Operator auf einem Hilbertraum ist.)

26. Sei f ein bijektiver Operator auf dem endlichdimensionalen $\mathbb{C}$-Hilbertraum V. Der Astigmatismus von f ist mindestens so groß wie die sogenannte Konditionszahl von f, die als Quotient $|a_{\max}/a_{\min}| = \rho(f)\rho(f^{-1})$ definiert ist, wobei $a_{\max}$ ein Eigenwert maximalen und $a_{\min}$ ein Eigenwert minimalen Betrages von f ist. (Es ist $|a_{\max}| = \rho(f) \leq \|f\|$, §76, Aufgabe 17d).)

27. Man definiere Polarformen für einen beliebigen Homomorphismus $f : V \to W$ endlichdimensionaler $\mathbb{K}$-Hilberträume und allgemeiner für kompakte Homomorphismen f von $\mathbb{K}$-Hilberträumen mit den Wurzeln $(\hat{f}f)^{1/2}$ bzw. $(f\hat{f})^{1/2}$.

28. Seien V ein endlichdimensionaler Hilbertraum und $G \subseteq \mathsf{U}_{\mathbb{K}}(V)$ eine Untergruppe der unitären Gruppe von V. Ist dann $f \in \mathsf{GL}_{\mathbb{K}}(V)$ ein Operator und $fGf^{-1} \subseteq \mathsf{U}_{\mathbb{K}}(V)$, so gibt es bereits einen unitären Operator $h \in \mathsf{U}_{\mathbb{K}}(V)$ mit $hGh^{-1} \subseteq \mathsf{U}_{\mathbb{K}}(V)$. (Für h kann man den unitären Anteil in der Polarform $f = hg$ von f wählen. Für alle $\sigma \in G$ ist $g\sigma g^{-1} = \sigma$.)

29. Sei f ein Operator auf dem endlichdimensionalen $\mathbb{K}$-Vektorraum V, auf dem noch kein Skalarprodukt vorgegeben sei. Genau dann gibt es ein Skalarprodukt auf V derart, daß f ein positiver Operator wird, wenn alle Eigenwerte von f bzw. bei $\mathbb{K} = \mathbb{R}$ von $f_{(\mathbb{C})}$ einen positiven Realteil haben. (Ohne Einschränkung sei $\mathbb{K} = \mathbb{C}$. Dann benutze man den Hinweis zu Aufgabe 17e) in §76.)

30. Sei Φ eine Sesquilinearform auf dem n–dimensionalen $\mathbb{K}$–Vektorraum V, deren hermitescher Anteil $\frac{1}{2}(\Phi(x,y)+\overline{\Phi(y,x)})$ positiv definit sei. Dann gibt es eine Basis $x_1,\ldots,x_n$ von V derart, daß die Gramsche Matrix von Φ in dieser Basis bei $\mathbb{K}=\mathbb{C}$ eine Diagonalmatrix $\operatorname{Diag}(1+ib_1,\ldots,1+ib_n)$ ist und bei $\mathbb{K}=\mathbb{R}$ die folgende Gestalt hat:

$$\begin{pmatrix} 1 & & & & & & & & \\ & \ddots & & & & & & & \\ & & 1 & & & & & & \\ & & & 1 & -c_1 & & & & \\ & & & c_1 & 1 & & & & \\ & & & & & \ddots & & & \\ & & & & & & 1 & -c_t \\ & & & & & & c_t & 1 \end{pmatrix}.$$

31. Sei Q eine Polynomfunktion des Grades 2 auf dem $\mathbb{R}^n$. Dann gibt es ein (affines) kartesisches Koordinatensystem auf dem $\mathbb{R}^n$ derart, daß Q in den Koordinaten $x_1,\ldots,x_n$ dieses Systems die Gestalt

$$\frac{x_1^2}{a_1^2}+\cdots+\frac{x_p^2}{a_p^2}-\frac{x_{p+1}^2}{a_{p+1}^2}-\cdots-\frac{x_{p+q}^2}{a_{p+q}^2}-f$$

hat, wobei $a_1,\ldots,a_{p+q}>0$ sind und $f=c$ eine Konstante ist oder $f=bx_{p+q+1}$ mit $b>0$. Dabei ist (p,q) der Typ des quadratischen Anteils von Q. (Man betrachte zunächst den quadratischen Anteil von Q in einem System von Hauptachsen.) Für die Nullstellenmenge $\{x\in\mathbb{R}^n : Q(x)=0\}$ ergeben sich, falls diese $\neq\emptyset$ ist, bei $n=3$ die folgenden wesentlich verschiedenen Möglichkeiten:

$x^2=0$: Doppelebene; $\frac{x^2}{a^2}=1$: zwei parallele Ebenen;

$\frac{x^2}{a^2}=y$: parabolischer Zylinder;

$\frac{x^2}{a^2}+y^2=0$: Gerade; $\frac{x^2}{a^2}+\frac{y^2}{b^2}=1$: elliptischer Zylinder;

$\frac{x^2}{a^2}+\frac{y^2}{b^2}=z$: elliptisches Paraboloid;

$\frac{x^2}{a^2}-y^2=0$: zwei sich schneidende Ebenen; $\frac{x^2}{a^2}-\frac{y^2}{b^2}=1$: hyperbolischer Zylinder;

$\frac{x^2}{a^2}-\frac{y^2}{b^2}=z$: hyperbolisches Paraboloid (=Sattel=Paß);

$\frac{x^2}{a^2}+\frac{y^2}{b^2}+z^2=0$: Punkt; $\frac{x^2}{a^2}+\frac{y^2}{b^2}+\frac{z^2}{c^2}=1$: Ellipsoid;

$\frac{x^2}{a^2}+\frac{y^2}{b^2}-z^2=0$: Kegel; $\frac{x^2}{a^2}+\frac{y^2}{b^2}-\frac{z^2}{c^2}=1$: einschaliges Hyperboloid;

$\frac{x^2}{a^2}-\frac{y^2}{b^2}-\frac{z^2}{c^2}=1$: zweischaliges Hyperboloid.

32. (Simultanes Diagonalisieren normaler Operatoren) Für Operatoren $f_1,\ldots,f_r$ auf V und $a=(a_1,\ldots,a_r)\in\mathbb{K}^r$ sei

$$V^1(a)=V^1(a_1,\ldots,a_r)=V^1(a_1,\ldots,a_r;f_1,\ldots,f_r):=\bigcap_{\rho=1}^{r}V^1(a_\rho;f_\rho)\,.$$

Seien nun $f_1,\ldots,f_r$ paarweise vertauschbare normale Operatoren auf V. Bei $\mathbb{K}=\mathbb{R}$ seien die $f_1,\ldots,f_r$ sogar selbstadjungiert.

a) Sind $f_1, \ldots, f_r$ lokal endlich, so ist $V = \bigoplus_{a \in \mathbb{K}^r} V^1(a)$.

b) Sind $f_1, \ldots, f_r$ kompakt und ist V ein Hilbertraum, so ist $\bigoplus_{a \in \mathbb{K}^r} V^1(a)$ ein dichter Unterraum in V. Insbesondere besitzt V dann ein vollständiges Orthonormalsystem aus gemeinsamen Eigenvektoren der $f_1, \ldots, f_r$.

(Analog wie in 67.10 betrachte man die (orthogonalen) Projektionen $P_a = P_{a_1}^{(1)} \cdots P_{a_r}^{(r)}$, $a \in \mathbb{K}^r$, zu den Spektralzerlegungen $f_\rho = \sum a P_a^{(\rho)}$ der f_ρ, $\rho = 1, \ldots, r$. — Was kann man bei $\mathbb{K} = \mathbb{R}$ für normale Operatoren erreichen? — Bemerkung. Man kann für $\mathbb{K} = \mathbb{C}$ die Spektralsätze 79.5 und 79.15 für normale Operatoren f auf den Fall von selbstadjungierten Operatoren zurückführen, indem man für f die Zerlegung $f = g + ih$ gemäß Aufgabe 2b) benutzt und auf $f_1 := g$, $f_2 := h$ das Ergebnis der vorliegenden Aufgabe anwendet. Im Fall kompakter Operatoren auf Hilberträumen hat man allerdings die a priori nicht ganz selbstverständliche Aussage zu benutzen, daß mit f auch $\hat{f}$ kompakt ist.)

33. Sei f ein stetiger Operator auf dem Hilbertraum V. Ist $\|f\| < \ln 2$, so ist $f = \ln(\exp f)$ mit $\ln g = \ln(1 + (g-1)) := \sum_{\nu=0}^{\infty} (-1)^\nu (g-1)^{\nu+1}/(\nu+1)$ bei $\|g - 1\| < 1$. Es ist $\exp(\hat{f}) = (\exp f)\hat{}$ und $\ln(\hat{g}) = (\ln g)\hat{}$.

a) Äquivalent sind: (1) f ist selbstadjungiert. (2) $\exp(tf)$ ist selbstadjungiert für alle $t \in \mathbb{R}$. (3) $\exp(tf)$ ist selbstadjungiert für ein $t \in \mathbb{R}$ mit $0 < |t| < (\ln 2)/\|f\|$. — Sind diese Bedingungen erfüllt, so ist $\exp(f)$ ein positiver selbstadjungierter Operator (wegen $\exp(f) = (\exp(f/2))^2$ beispielsweise). Ist V endlichdimensional, so ist $f \mapsto \exp f$ eine bijektive Abbildung des Raumes der selbstadjungierten Operatoren auf die Menge der positiven selbstadjungierten Operatoren von V.

b) Äquivalent sind: (1) f ist schiefselbstadjungiert. (2) $\exp(tf)$ ist eine (bijektive) Isometrie für alle $t \in \mathbb{R}$. (3) $\exp(tf)$ ist eine Isometrie für ein $t \in \mathbb{R}$ mit $0 < |t| < (\ln 2)/\|f\|$. — Ist V endlichdimensional, so ist die Abbildung $f \mapsto \exp(f)$ eine surjektive Abbildung des Raumes der schiefselbstadjungierten Operatoren auf die Gruppe der unitären Operatoren (bei $\mathbb{K} = \mathbb{C}$) bzw. auf die Gruppe der eigentlichen orthogonalen Operatoren (bei $\mathbb{K} = \mathbb{R}$) von V.

c) Äquivalent sind: (1) f ist normal. (2) $\exp(tf)$ ist normal für alle $t \in \mathbb{K}$. (3) $\exp(tf)$ ist normal für ein $t \in \mathbb{K}$ mit $0 < |t| < (\ln 2)/\|f\|$. — Ist V endlichdimensional und $\mathbb{K} = \mathbb{C}$, so ist $f \mapsto \exp(f)$ eine surjektive Abbildung der Menge der normalen Operatoren auf die Menge der invertierbaren normalen Operatoren auf V. Für normales f ist $\exp(f) = \exp(\frac{1}{2}(f - \hat{f}))\exp(\frac{1}{2}(f + \hat{f})) = \exp(\frac{1}{2}(f+\hat{f}))\exp(\frac{1}{2}(f-\hat{f}))$ die Polarform von $\exp(f)$. (Generell hat man die Polarform als das multiplikative Pendant zur additiven Zerlegung $f = \frac{1}{2}(f+\hat{f}) + \frac{1}{2}(f-\hat{f})$ eines Operators in seinen selbst- bzw. schiefselbstadjungierten Bestandteil anzusehen. Für kleine $t \in \mathbb{K}$ sind $\mathrm{id} + \frac{1}{2}(tf - \bar{t}\hat{f})$ und $\mathrm{id} + \frac{1}{2}(tf + \bar{t}\hat{f})$ häufig schon gute Approximationen für den isometrischen Anteil und den Verzerrungsanteil von $\mathrm{id} + tf$ (auch bei nicht normalem f).)

(Bemerkung. In den obigen Bedingungen (3) genügt es nicht ohne weiteres, daß $\exp(f)$ die jeweilige Eigenschaft hat. Man bestimme etwa bei endlichdimensionalem V *alle* f mit $\exp(f) = \mathrm{id}_V$.)

34. Seien V und W Banachräume über $\mathbb{K}$. Die kompakten $\mathbb{K}$-linearen Abbildungen $V \to W$ bilden einen abgeschlossenen Unterraum von $\mathrm{L}_{\mathbb{K}}(V, W)$. (Für die Abgeschlossenheit benutze man das Folgenkriterium für Kompaktheit und wende einen Diagonalschluß an.) Die kompakten Operatoren auf V bilden ein abgeschlossenes zweiseitiges Ideal in $\mathrm{L}_{\mathbb{K}}(V,V)$.

35. Sei $h = h_{W,V}$ der kanonische (injektive) Homomorphismus $W \otimes_{\mathbb{K}} \overline{V} \to \mathrm{Hom}_{\mathbb{K}}(V,W)$ mit $x \otimes y \mapsto (z \mapsto <z,y>x)$, der bei endlichdimensionalem V ein Isomorphismus ist (§82). Die Tensorprodukte tragen die kanonischen von den Faktoren vererbten Skalarprodukte. Für $K \in W \otimes \overline{V}$ und $f := h(K)$ heißt die Norm $\|K\|$ auch die Hilbertraum-Norm von f. Wir bezeichnen sie, um sie von der gewöhnlichen Norm $\|f\|$ von f zu unterscheiden, mit $\|f\|_H$.

a) Ist X ein weiterer $\mathbb{K}$-Vektorraum mit Skalarprodukt, so ist das Diagramm

$$\begin{array}{ccc} X \otimes \overline{W} \otimes W \otimes \overline{V} & \longrightarrow & X \otimes \overline{V} \\ \big\downarrow {\scriptstyle h \otimes h} & & \big\downarrow {\scriptstyle h} \\ \mathrm{Hom}(W,X) \otimes \mathrm{Hom}(V,W) & \longrightarrow & \mathrm{Hom}(V,X) \end{array}$$

kommutativ, wobei die horizontalen Pfeile durch $v \otimes w \otimes x \otimes y \mapsto <x,w> v \otimes y$ bzw. durch die Komposition $g \otimes f \mapsto g \circ f$ definiert sind. Wir bezeichnen daher für $L \in X \otimes \overline{W}$ und $K \in W \otimes \overline{V}$ das Bild von $L \otimes K$ in $X \otimes \overline{V}$ mit $L \circ K = LK$.

b) Für $K \in W \otimes \overline{V}$ ist $h(K)\,\hat{} = h(\hat{K})$, mit $\hat{K}$ das Bild von K unter dem die Faktoren vertauschenden Antihomomorphismus $x \otimes y \mapsto y \otimes x$ von $W \otimes \overline{V}$ auf $V \otimes \overline{W}$ bezeichnend.

c) Für $K \in V \otimes \overline{V}$, ist $\mathrm{Sp}(h(K)) = \alpha(K)$, wo $\alpha = \alpha_V$ die das Skalarprodukt definierende Linearform $V \otimes \overline{V} \to \mathbb{K}$ mit $\alpha(x \otimes y) = <x,y>$ ist und die Spur diejenige für Operatoren von endlichem Rang, vgl. §82, Aufgabe 4. (Man beachte, daß α bei unendlichdimensionalem V nicht stetig ist und sich nicht kanonisch zu einer Linearform auf dem kompletten Tensorprodukt $V \hat{\otimes} \overline{V} := (V \otimes \overline{V})\,\hat{}$ fortsetzen läßt. Beweis!)

d) Für $K, L \in W \otimes \overline{V}$ und $f := h(K)$, $g := h(L)$ ist $<K,L> = \alpha_V(\hat{L}K) = \alpha_W(K\hat{L}) = \mathrm{Sp}(\hat{g}f) = \mathrm{Sp}(f\hat{g})$ und speziell $\|f\|_H^2 = \|K\|^2 = \mathrm{Sp}(\hat{f}f) = \mathrm{Sp}(f\hat{f})$.

e) Für $K \in W \otimes \overline{V}$ und $L \in X \otimes \overline{W}$ ist $\|LK\| \leq \|L\|\|K\|$ und folglich $\|gf\|_H \leq \|g\|_H \|f\|_H$, $f := h(K)$, $g := h(L)$.

f) Für $f = h(K)$, $K \in W \otimes \overline{V}$, ist $\|f\|_H^2$ gleich der Summe der Eigenwerte von $\hat{f}f$ bzw. $f\hat{f}$, jeweils mit Vielfachheiten gezählt. Ist $W = V$, so ist $\|f\|_H^2$ mindestens gleich der Summe der Betragsquadrate der Eigenwerte von f (mit Vielfachheiten gezählt) und die Gleichheit gilt genau dann, wenn f normal ist.

g) Für $f = h(K)$, $K \in W \otimes \overline{V}$, ist $\|f\|^2$ gleich dem größten Eigenwert von $\hat{f}f$ bzw. $f\hat{f}$. Es ist $\|f\| \leq \|f\|_H$, und das Gleichheitszeichen gilt genau dann, wenn $\mathrm{Rang}\, f \leq 1$ ist.

36. (Simultanes Diagonalisieren hermitescher Formen) Sei K ein Körper mit Involution. Ist diese die Identität, so sei $\mathrm{Char} K \neq 2$. V sei ein endlichdimensionaler K-Vektorraum, Φ und Ψ seien hermitesche Sesquilinearformen auf V. Es sei Ψ nicht ausgeartet und f der bzgl. Ψ selbstadjungierte Operator auf V mit $\Phi = {}_f\Phi = \Phi_f$, d.h. mit $\Phi(x,y) = \Psi(f(x),y)$, $x, y \in V$.

a) Genau dann lassen sich Φ und Ψ gleichzeitig auf Diagonalgestalt bringen, wenn f diagonalisierbar ist und die Eigenwerte von f alle invariant unter der Involution von K sind. (Man beachte §78, Aufgabe 12.)

b) Sei x_i, $i \in I$, eine Basis von V, und seien $\mathbf{C}$ und $\mathbf{D}$ die Gramschen Matrizen von Φ bzw. Ψ bzgl. x_i, $i \in I$. Genau dann lassen sich Φ und Ψ gleichzeitig auf Diagonalgestalt bringen, wenn die Matrix $\mathbf{C}\mathbf{D}^{-1}$ diagonalisierbar ist und die Eigenwerte unter der Involution von K invariant sind. (Das Polynom

$$\operatorname{Det}(X\mathbf{D} - \mathbf{C}) = \operatorname{Det}\mathbf{D} \cdot \operatorname{Det}(X\mathbf{E}_I - \mathbf{C}\mathbf{D}^{-1})$$

heißt das c h a r a k t e r i s t i s c h e P o l y n o m v o n $\mathbf{C}$ r e l a t i v z u $\mathbf{D}$.)

c) Besitzen Φ und Ψ keine von 0 verschiedenen gemeinsamen isotropen Vektoren und ist f trigonalisierbar, so lassen sich Φ und Ψ gleichzeitig auf Diagonalgestalt bringen.

d) Sind $\mathbf{C}, \mathbf{D} \in \mathsf{M}_I(\mathbb{K})$ hermitesch und ist $\mathbf{D}$ positiv definit, so ist $\mathbf{C}\mathbf{D}^{-1}$ diagonalisierbar mit lauter reellen Eigenwerten. (79.11.)

e) Sei $\operatorname{Dim}_K V = 2$. Sind $\binom{a\,1}{1\,0}$ bzw. $\binom{b\,1}{1\,0}$, $a \neq b$, die Gramschen Matrizen von Φ bzw. Ψ bzgl. einer Basis von V, so lassen sich Φ und Ψ nicht gleichzeitig diagonalisieren.

f) Sei $\operatorname{Char} K \neq 2$ und -1 kein Quadrat in K. Dann lassen sich die symmetrischen Formen mit den Gramschen Matrizen $\begin{pmatrix} 1 & 0 \\ 0 & -1 \end{pmatrix}$ und $\begin{pmatrix} 0 & 1 \\ 1 & 0 \end{pmatrix}$ nicht gleichzeitig diagonalisieren, besitzen aber außer 0 keinen gemeinsamen isotropen Vektor. Auch die komplex–hermiteschen Formen auf $\mathbb{C}^2$ mit diesen Matrizen lassen sich nicht gleichzeitig diagonalisieren.

37. Seien V ein dreidimensionaler reeller Vektorraum und Φ und Ψ zwei symmetrische Bilinearformen auf V ohne gemeinsamen isotropen Vektor $\neq 0$.

a) Ist eine der Formen Φ und Ψ nicht ausgeartet, so lassen sich Φ und Ψ gleichzeitig diagonalisieren. (Sei Ψ nicht ausgeartet und f der Operator auf V mit $\Phi(x, y) = \Psi(f(x), y)$. Für einen Eigenvektor z von f ist $\Psi(z, z) \neq 0$. Es genügt zu zeigen, daß $\Phi|V'$ und $\Psi|V'$ auf dem orthogonalen Komplement V' von z in V bezüglich Ψ eine gemeinsame Orthogonalbasis haben. Ohne Einschränkung sei $\Psi|V'$ nicht definit. Dann gibt es eine Basis x, y von V' derart, daß die Gramschen Matrizen von Φ bzw. Ψ in der Basis x, y, z von V die Gestalt

$$\begin{pmatrix} c & e & 0 \\ e & d & 0 \\ 0 & 0 & a \end{pmatrix} \quad \text{bzw.} \quad \begin{pmatrix} 0 & 1 & 0 \\ 1 & 0 & 0 \\ 0 & 0 & b \end{pmatrix}$$

mit $cd \neq 0$ haben. Bei $cd < 0$ hätten die isotropen Kegel von Φ und Ψ einen gemeinsamen von 0 verschiedenen Schnittpunkt. Also ist $cd > 0$, und Aufgabe 36c) liefert das Gewünschte.)

b) Es gibt ein $a \in \mathbb{R}$ derart, daß $\Phi + a\Psi$ nicht ausgeartet ist. (Diese Aussage ist unabhängig von der Voraussetzung $\operatorname{Dim}_{\mathbb{R}} V = 3$. Seien $\sigma_1, \sigma_2 \colon V \to V^*$ die durch Φ bzw. Ψ definierten kanonischen linearen Abbildungen und $x_1, \ldots, x_n$ eine Basis von V derart, daß $x_1, \ldots, x_s$ eine Basis von Kern σ_2 ist. Wegen $V^* = \sigma_1(\operatorname{Kern}\sigma_2) + \operatorname{Bild}\sigma_2 = \mathbb{R}\sigma_1 x_1 + \cdots + \mathbb{R}\sigma_1 x_s + \mathbb{R}\sigma_2 x_{s+1} + \cdots + \mathbb{R}\sigma_2 x_n$ gibt es ein $a \in \mathbb{R}$ derart, daß $\sigma_1 + a\sigma_2$ bijektiv ist.)

c) Φ und Ψ lassen sich simultan diagonalisieren. (Man benutze a) und b). — Bemerkung. Die Aussage gilt generell für $\operatorname{Dim}_{\mathbb{R}} V \geq 3$. Nach b) kann man annehmen, daß Ψ nicht ausgeartet ist. Zu zeigen ist (Induktion über $\operatorname{Dim}_{\mathbb{R}} V$), daß die lineare Abbildung f wie in a) einen Eigenvektor z hat. Ein solcher wird beispielsweise in [13] konstruiert.)

38. Sei V ein Vektorraum über dem Körper K mit einer anisotropen hermiteschen Form. Ein Operator f auf V heißt normal, wenn der zu f adjungierte Operator $\hat{f}$ existiert und mit f vertauschbar ist.

a) Ist f normal, so sind alle Operatoren in $K[f, \hat{f}]$ normal.

b) Ist f normal, so ist $\mathrm{Kern} f = \mathrm{Kern} \hat{f} f = \mathrm{Kern} f \hat{f} = \mathrm{Kern} \hat{f} = \mathrm{Kern} f^2 = \mathrm{Kern} \hat{f}^2$.

c) Sei f ein normaler Operator auf V. Dann ist $V(\pi; f) = V^1(\pi; f)$ für alle normierten Primpolynome $\pi \in K[X]$ und

$$\mathrm{t}V_f = \bigoplus_{\pi \in \mathrm{SPEK} f} V^1(\pi; f).$$

(Man schließe wie beim Beweis von 79.5.)

X Multilineare Algebra

§80 Tensorprodukte

Die Tensorprodukte von Moduln besitzen ähnlich grundlegende Bedeutung wie die Homomorphismenmoduln. Wir gehen auf die mit dem Tensorprodukt zusammenhängenden Begriffe in diesem Kapitel ein, wobei wir das Hauptaugenmerk auf die Entwicklung der Theorie über kommutativen Grundringen richten. Erst ab §87 werden Tensorprodukte über beliebigen Ringen besprochen.

Sei A ein kommutativer Ring. Eine endliche Familie V_i, $i \in I$, von A-Moduln sei vorgegeben. Hierzu konstruiert man das Tensorprodukt wie folgt. Zunächst wird die Produktmenge $P := \prod_{i \in I} V_i$ gebildet und damit der freie Modul $A^{(P)}$ mit der kanonischen Basis e_p, $p \in P$. In diesem Paragraphen bezeichnen wir mit U den von allen Elementen

$$e_{(\ldots,x_i,\ldots)} + e_{(\ldots,y_i,\ldots)} - e_{(\ldots,x_i+y_i,\ldots)}\,, \quad e_{(\ldots,ax_i,\ldots)} - ae_{(\ldots,x_i,\ldots)}\,,$$

$x_i, y_i \in V_i$, $a \in A$, erzeugten A-Untermodul; dabei sollen in den I-Tupeln $(\ldots, x_i, \ldots)$ etc. die durch Punkte angedeuteten Elemente, die einen von i verschiedenen Index haben, jeweils übereinstimmen. Der Restklassenmodul $A^{(P)}/U$ ist definitionsgemäß das Tensorprodukt der V_i, $i \in I$, über A, bezeichnet mit

$$\bigotimes_{i \in I} V_i = \bigotimes_{i \in I}{}_A V_i\,.$$

Die Elemente des Tensorprodukts heißen Tensoren. Die Komposition der Abbildung $p \mapsto e_p$ von P in $A^{(P)}$ mit der Restklassenabbildung von $A^{(P)}$ auf das Tensorprodukt ist offenbar eine *multilineare Abbildung*

$$\tau : \prod_{i \in I} V_i \to \bigotimes_{i \in I} V_i$$

über A, die als kanonische Abbildung dem Tensorprodukt zugerechnet wird. Für $(x_i)_{i \in I}$ aus dem Produkt der V_i schreibt man

$$\otimes_{i \in I} x_i := \tau\big((x_i)_{i \in I}\big)$$

und nennt diesen Tensor auch das Tensorprodukt der x_i, $i \in I$.

Beispiel 1 *Das Tensorprodukt über die leere Familie ist kanonisch isomorph zu A.* Bei $I = \emptyset$ besteht P nämlich nur aus der leeren Abbildung; es ist daher $A^{(P)} = A$. Ferner ist U der Nullmodul, womit sich die Behauptung ergibt. Es ist $\otimes_{i \in \emptyset} x_i = 1_A$.

Sei nun Kard $I = 1$, etwa $I = \{j\}$, $V := V_j$. *Dann ist* $\bigotimes_{i \in I} V_i$ *kanonisch isomorph zu* V, genauer: Die kanonische Abbildung τ von V in $\bigotimes_{i \in I} V_i$ ist ein Isomorphismus; der Homomorphismus $A^{(V)} \to V$ mit $e_x \mapsto x$ induziert dabei die Umkehrung.

Beispiel 2 (Zerlegbare Tensoren) Die Bildelemente der kanonischen Abbildung τ in $\bigotimes_{i \in I} V_i$ heißen zerlegbare Tensoren. Sie sind gerade die homomorphen Bilder der Erzeugenden des freien A-Moduls $A^{(P)}$ und *bilden daher selbst ein A-Erzeugendensystem des Tensorproduktes.* Aus den Erzeugenden von $U \subseteq A^{(P)}$ ergeben sich bei der Restklassenbildung Relationen der zerlegbaren Tensoren, die wie folgt geschrieben werden können:

$$\cdots \otimes (x_i + y_i) \otimes \cdots = \cdots \otimes x_i \otimes \cdots + \cdots \otimes y_i \otimes \cdots,$$
$$\cdots \otimes (ax_i) \otimes \cdots = a(\cdots \otimes x_i \otimes \cdots).$$

Diesen Formeln sieht man auch direkt an, daß τ multilinear ist. Eine triviale Folgerung ist: Ist $x_j = 0$ für ein $j \in I$, so ist

$$\otimes_{i \in I} x_i = \cdots \otimes 0 \otimes \cdots = 0\,;$$

ist $V_j = 0$ für ein $j \in I$, so ist $\bigotimes_{i \in I} V_i = 0$. Weiter sieht man, daß bei $I \neq \emptyset$ für jedes $a \in A$ die a-fachen der zerlegbaren Tensoren wieder zerlegbar sind. Damit folgt auch: *Bei $I \neq \emptyset$ ist jeder Tensor Summe zerlegbarer Tensoren.* Insbesondere sind Homomorphismen von Tensorprodukten durch ihre Werte auf den zerlegbaren Tensoren eindeutig bestimmt und können bequem durch ihre Werte auf den zerlegbaren Tensoren charakterisiert werden!

Aus Erzeugendensystemen der Moduln V_i, $i \in I$, kann man einfach dadurch, daß man alle Tensorprodukte $\otimes_{i \in I} x_i$ bildet, wobei jeweils x_i zum betreffenden Erzeugendensystem von V_i gehört, ein Erzeugendensystem des Tensorproduktes der V_i, $i \in I$, gewinnen. Denn diese Tensoren erzeugen augenscheinlich alle zerlegbaren Tensoren und damit auch das ganze Tensorprodukt. Es folgt beispielsweise: Sind V_i, $i \in I$, endliche A-Moduln, so ist auch $\bigotimes_{i \in I} V_i$ ein endlicher A-Modul.

Beispiel 3 (Kommutativität des Tensorproduktes) *Das Tensorprodukt ist im wesentlichen unabhängig von der Indizierung.* Betrachten wir nämlich die Familie V_i, $i \in I$, und eine Bijektion $\sigma : I \to J$ der endlichen Indexmenge I auf eine weitere Menge J. Die Tensorprodukte $\bigotimes_{i \in I} V_i$ und $\bigotimes_{j \in J} V_{\sigma^{-1} j}$ sind kanonisch isomorph! Die durch die Bijektion von $P := \prod_{i \in I} V_i$ auf $Q := \prod_{j \in J} V_{\sigma^{-1} j}$ durch $(x_i) \mapsto (x_{\sigma^{-1} j})$ gewonnene Isomorphie von $A^{(P)}$ auf $A^{(Q)}$ bildet nämlich U auf den analog zu U definierten Untermodul von $A^{(Q)}$ ab und induziert somit eine Isomorphie

$$\bigotimes_{i \in I} V_i \cong \bigotimes_{j \in J} V_{\sigma^{-1} j}$$

der Tensorprodukte. Diese ist auch als A-lineare Abbildung mit der Eigenschaft

$$\otimes_{i \in I} x_i \mapsto \otimes_{j \in J} x_{\sigma^{-1} j}$$

eindeutig bestimmt. Das Tensorprodukt ist insbesondere gegenüber einer Permutation der Indexmenge bis auf kanonische Isomorphie invariant; dies nennt man die Kommutativität des Tensorproduktes.

Die Unabhängigkeit von der Indizierung erlaubt es, zu bequemen Indexmengen wie etwa $I = [1, n]$ überzugehen. In diesem Falle schreibt man auch

$$\bigotimes_{i=1}^{n} V_i = \bigotimes_{i=1}^{n}{}_A V_i = V_1 \otimes_A \cdots \otimes_A V_n$$

für das Tensorprodukt von $V_1, \ldots, V_n$. Entsprechend sind

$$V \otimes W = V \otimes_A W\,, \quad V \otimes W \otimes X = V \otimes_A W \otimes_A X\,, \ldots$$

für A-Moduln $V, W, X, \ldots$ zu interpretieren. Die zerlegbaren Tensoren in diesen Tensorprodukten schreibt man

$$x_1 \otimes \cdots \otimes x_n\,, \quad x \otimes y\,, \quad x \otimes y \otimes z\,, \ldots$$

oder ähnlich. Die in Beispiel 2 genannten Relationen reduzieren sich in $V \otimes_A W$ wie folgt ($x, x' \in V$, $y, y' \in W$, $a \in A$):

$$(x + x') \otimes y = x \otimes y + x' \otimes y\,, \quad x \otimes (y + y') = x \otimes y + x \otimes y'\,,$$
$$(ax) \otimes y = a(x \otimes y) = x \otimes (ay)\,.$$

Man beachte, wie sich Klammern durch die Konvention sparen lassen, daß das (Tensor–)Produkt stärker binde als die Addition. Die Kommutativität $V \otimes W \cong W \otimes V$ ist die durch $x \otimes y \leftrightarrow y \otimes x$ beschriebene Isomorphie.

Beispiel 4 (Tensorpotenzen von Moduln) Seien I eine endliche Menge und V ein A-Modul. Dann heißt das Tensorprodukt der $V_i := V$, $i \in I$, die I-te Tensorpotenz von V. Sie wird mit

$$\mathsf{T}^I(V) = \mathsf{T}^I_A(V)$$

bezeichnet. Das direkte Produkt der V_i ist hier nichts anderes als V^I. Die kanonische multilineare Abbildung von V^I in $\mathsf{T}^I(V)$ sei mit

$$\tau^I = \tau^I_V : V^I \to \mathsf{T}^I(V)$$

bezeichnet. Bei $I = [1, n]$ schreibt man für $\mathsf{T}^I(V)$ auch

$$\mathsf{T}^n(V) = V^{\otimes n}\,,$$

für τ^I dann auch τ^n. (Verwechslungen mit Potenzen von Abbildungen sind nicht zu befürchten.) Es ist $\mathsf{T}^0(V) = A$, $\mathsf{T}^1(V) = V$. Ferner sei $\mathsf{T}^n(V) := 0$ für $n < 0$.

80.1 Universelle Eigenschaft des Tensorproduktes *Seien A ein kommutativer Ring und V_i, $i \in I$, eine endliche Familie von A-Moduln. Zu jeder A-multilinearen Abbildung*

$$\Phi : \prod_{i \in I} V_i \to W$$

mit Werten in einem A-Modul W gibt es genau eine A-lineare Abbildung

$$f : \bigotimes_{i \in I} V_i \to W$$

mit $f \circ \tau = \Phi$, d.h. mit $f(\otimes_{i \in I} x_i) = \Phi((x_i)_{i \in I})$ für alle $(x_i) \in \prod_{i \in I} V_i$.

Mit f ist das folgende Diagramm kommutativ:

$$\begin{array}{ccc} \prod_{i\in I} V_i & \xrightarrow{\Phi} & W \\ \tau\big\downarrow & \nearrow_{f} & \\ \bigotimes_{i\in I} V_i & & \end{array}$$

f heißt der z u Φ g e h ö r i g e oder der v o n Φ i n d u z i e r t e Homomorphismus.

B e w e i s. Sei $P := \prod_{i\in I} V_i$. Bei gegebenem Φ verschwindet die durch $e_{(x_i)} \mapsto \Phi((x_i))$ definierte A-lineare Abbildung $A^{(P)} \to W$ wegen der Multilinearität von Φ auf dem (eingangs definierten) Untermodul U von $A^{(P)}$ und induziert daher eine A-lineare Abbildung

$$\bigotimes_{i\in I} V_i = A^{(P)}/U \to W$$

mit $\otimes_{i\in I} x_i = \overline{e_{(x_i)}} \mapsto \Phi((x_i))$. Dies ist die gesuchte Abbildung f. Sie ist eindeutig bestimmt, da die zerlegbaren Tensoren das Tensorprodukt erzeugen.•

Satz 80.1 ist vor allem deswegen wichtig, weil mit ihm die Existenz linearer Abbildungen des Tensorproduktes erhalten wird, die zwar durch ihre Werte auf den zerlegbaren Tensoren in natürlicher Weise beschrieben, wegen deren Relationen aber nicht direkt konstruiert werden können.

Bemerkung 1 Nach Satz 80.1 sind alle multilinearen Abbildungen von $\prod_{i\in I} V_i$ durch τ (bis auf anschließende *lineare* Abbildungen) bestimmt; τ ist gewissermaßen die u n i v e r s e l l e multilineare Abbildung von $\prod_{i\in I} V_i$. Man beachte, daß τ zum Tensorprodukt hinzugerechnet wird, auch wenn dies nicht ausdrücklich erwähnt wird; an der Schreibweise des Tensorproduktes selbst: $\bigotimes_{i\in I} V_i$, $V \otimes_A W, \ldots$ ist dies gewöhnlich erkennbar.

Wir werden in Zukunft bei Rechnungen mit Tensorprodukten fast ausnahmslos von 80.1 ausgehen, ohne die konkrete Konstruktion $A^{(P)}/U$ weiter in Erinnerung zu behalten. Daß diesem Vorgehen grundsätzlich keine Grenzen gesetzt sind, folgt aus einer kanonischen Zusatzüberlegung, die ähnlich bei allen sogenannten universellen Konstruktionen verläuft. Diese sei hier einmal näher ausgeführt. Sei dazu

$$\tau' : \prod_{i\in I} V_i \to X$$

irgendeine multilineare Abbildung (über A) derart, daß es zu jeder multilinearen Abbildung Φ von $\prod_{i\in I} V_i$ in einen A-Modul W genau eine lineare Abbildung f' von X in W mit $f'\tau' = \Phi$ gibt. Dann läßt sich das Tensorprodukt der V_i, $i \in I$, kanonisch durch das Paar (X, τ') ersetzen! Nach den Eigenschaften von τ und τ' gibt es nämlich lineare Abbildungen f und f' derart, daß das Diagramm

$$\begin{array}{ccc} & \prod_{i\in I} V_i & \\ {}^{\tau}\swarrow & & \searrow^{\tau'} \\ \bigotimes_{i\in I} V_i & \underset{f}{\overset{f'}{\rightleftarrows}} & X \end{array}$$

sowohl mit f als auch mit f' kommutativ ist. Da $(ff') \circ \tau' = \mathrm{id} \circ \tau'$ ist, hat man voraussetzungsgemäß $ff' = \mathrm{id}$. Ebenso sieht man $f'f = \mathrm{id}$ ein. Also ist f ein Isomorphismus mit f' als Umkehrung.

In der Situation von 80.1 gilt:

80.2 Korollar *Die durch $f \mapsto f \circ \tau$ definierte kanonische Abbildung*

$$\mathrm{Hom}_A(\bigotimes_{i \in I} V_i, W) \to \mathrm{Mult}_A(V_i, i \in I; W)$$

ist eine Isomorphie von A-Moduln.

Beweis. Nach 80.1 ist die Abbildung bijektiv. Daß sie auch A–linear ist, sieht man unmittelbar. •

Man kann die Moduln multilinearer Abbildungen auch durch ineinandergesetzte Homomorphismenmoduln ersetzen. Wie damit 80.2 umformuliert werden kann, soll beim Tensorprodukt zweier Moduln beschrieben werden:

80.3 Korollar *Seien V, W, X Moduln über dem kommutativen Ring A. Dann gibt es kanonische A-Isomorphismen*

$$\mathrm{Hom}_A(V \otimes_A W, X) \to \mathrm{Hom}_A(V, \mathrm{Hom}_A(W, X)),$$
$$\mathrm{Hom}_A(V \otimes_A W, X) \to \mathrm{Hom}_A(W, \mathrm{Hom}_A(V, X))$$

mit $f \mapsto (v \mapsto (w \mapsto f(v \otimes w)))$ bzw. $f \mapsto (w \mapsto (v \mapsto f(v \otimes w)))$.

Beweis. Die Isomorphismen entstehen unter Verwendung von 80.2 aus den kanonischen A–Isomorphismen

$$\mathrm{Mult}_A(V, W; X) \to \mathrm{Hom}_A(V, \mathrm{Hom}_A(W, X)),$$
$$\mathrm{Mult}_A(V, W; X) \to \mathrm{Hom}_A(W, \mathrm{Hom}_A(V, X))$$

mit $\Phi \mapsto (v \mapsto (w \mapsto \Phi(v, w)))$ bzw. $\Phi \mapsto (w \mapsto (v \mapsto \Phi(v, w)))$, deren Umkehrungen $\alpha \mapsto ((v, w) \mapsto \alpha(v)(w))$ bzw. $\beta \mapsto ((v, w) \mapsto \beta(w)(v))$ sind. •

Beispiel 5 (Multiplikation in Algebren) Sei A ein kommutativer Ring. Eine A–Algebra B ist ein A–Modul B zusammen mit einer als Multiplikation geschriebenen A–bilinearen Abbildung $B \times B \to B$, vgl. §45, Beispiel 1. Nach 80.1 kann man die Algebrastruktur auch durch die zugehörige A–lineare Abbildung

$$\mu : B \otimes_A B \to B$$

mit $b \otimes c \mapsto bc$ beschreiben.

Beispiel 6 Seien A ein kommutativer Ring und V ein A–Modul. Die Skalarmultiplikation $(a, x) \mapsto ax$ ist eine A–bilineare Abbildung $A \times V \to V$ und induziert folglich nach 80.1 eine A–lineare Abbildung

$$A \otimes_A V \to V$$

mit $a \otimes x \mapsto ax$. Invers dazu ist offenbar die (A–lineare) Abbildung

$$V \to A \otimes_A V$$

mit $x \mapsto 1 \otimes x$. Insgesamt erhalten wir eine kanonische A–Isomorphie

$$A \otimes_A V \cong V$$

mit $1 \otimes x \leftrightarrow x$. Ebenso gibt es eine kanonische A–Isomorphie $V \otimes_A A \cong V$ mit $x \otimes 1 \leftrightarrow x$.

Allgemeiner ist die folgende Überlegung.

80.4 Lemma *Seien A ein kommutativer Ring, V ein freier A–Modul mit der Basis x_j, $j \in J$, und W ein beliebiger A–Modul. Dann ist die Abbildung*

$$W^{(J)} \to V \otimes_A W$$

mit $(y_j)_{j \in J} \mapsto \sum_{j \in J} x_j \otimes y_j$ ein A–Modul–Isomorphismus.

Beweis. Die angegebene Abbildung sei mit g bezeichnet. Sie ist offensichtlich A–linear. Zur Konstruktion ihrer Umkehrung verwenden wir die Koordinatenfunktionen x_j^* von V bezüglich der Basis x_j, $j \in J$. Die Abbildung von $V \times W$ in $W^{(J)}$ mit

$$(x, y) \mapsto (x_j^*(x) y)_{j \in J}$$

ist A–bilinear und induziert nach 80.1 eine A–lineare Abbildung f von $V \otimes_A W$ in $W^{(J)}$. Nachrechnen zeigt, daß f und g in der Tat invers zueinander sind. •

Die Kommutativität des Tensorproduktes ausnützend, kann man das Lemma auch wie folgt formulieren: *Ist V ein beliebiger A–Modul und W ein freier A–Modul mit der Basis y_s, $s \in H$, so ist die Abbildung*

$$V^{(H)} \to V \otimes_A W$$

mit $(x_s)_{s \in H} \mapsto \sum_{s \in H} x_s \otimes y_s$ ein A–Modul–Isomorphismus.

Mit dem Lemma ist leicht zu erhalten: *Das Tensorprodukt zweier freier Moduln ist ebenfalls frei.* Seien nämlich V, W frei mit den Basen x_j, $j \in J$, bzw. y_s, $s \in H$. Dann ist $(\delta_{jr} y_s)_{j \in J}$, $(r, s) \in J \times H$, eine A–Basis von $W^{(J)}$. Diese geht bei der Isomorphie $W^{(J)} \cong V \otimes_A W$ nach Lemma 80.4 in eine A–Basis von $V \otimes_A W$ über, und zwar in

$$x_r \otimes y_s \,, \quad (r, s) \in J \times H \,,$$

wie man direkt sieht. (Wir verallgemeinern dieses Resultat in 80.8.)

Speziell hat man in der Vektorraumtheorie über einem Körper K

$$\mathrm{Dim}_K(V \otimes_K W) = \mathrm{Dim}_K V \cdot \mathrm{Dim}_K W$$

für beliebige K–Vektorräume V, W.

Sei A ein kommutativer Ring. Wir behandeln nun die Verträglichkeit der Tensorprodukte über A mit Homomorphismen.

Betrachten wir eine endliche Familie $f_i : V_i \to W_i$, $i \in I$, von A–Modul–Homomorphismen! Die Abbildung von $\prod_{i \in I} V_i$ in $\bigotimes_{i \in I} W_i$ mit

$$(x_i)_{i \in I} \mapsto \otimes_{i \in I} f_i(x_i)$$

ist multilinear und induziert daher nach 80.1 einen A–Homomorphismus

$$\bigotimes_{i \in I} f_i : \bigotimes_{i \in I} V_i \to \bigotimes_{i \in I} W_i \,,$$

den man das Tensorprodukt der f_i, $i \in I$, nennt. Für $(x_i) \in \prod_{i\in I} V_i$ gilt:

$$\bigotimes_{i\in I} f_i : \otimes_{i\in I} x_i \mapsto \otimes_{i\in I} f_i(x_i)\,,$$

und durch diese Angabe der Werte auf den zerlegbaren Tensoren ist der A-Homomorphismus $\bigotimes_{i\in I} f_i$ eindeutig bestimmt; es ist bequem, diese Formel im folgenden kurz als Ausrechnungsformel zitieren zu können.

Beispiel 7 In Fortführung von Beispiel 1 sieht man: Bei $I = \emptyset$ ist $\bigotimes_{i\in I} f_i = \mathrm{id}_A$. Bei Kard $I = 1$, etwa $I = \{j\}$, ist $\bigotimes_{i\in I} f_i$ nichts anderes als f_j.

Beispiel 8 $\bigotimes_{i\in I} f_i$ ist im wesentlichen unabhängig von der Indexmenge. Ist nämlich $\sigma: I \to J$ eine Bijektion von Mengen, so ist das Diagramm

$$\begin{array}{ccc} \bigotimes_{i\in I} V_i & \rightarrow & \bigotimes_{i\in I} W_i \\ \downarrow & & \downarrow \\ \bigotimes_{j\in J} V_{\sigma^{-1}j} & \rightarrow & \bigotimes_{j\in J} W_{\sigma^{-1}j} \end{array}$$

kommutativ, in dem die senkrechten Abbildungen die Isomorphien gemäß Beispiel 3 und die waagerechten Abbildungen die Tensorprodukte der f_i, $i \in I$, bzw. der $f_{\sigma^{-1}j}$, $j \in J$, sind.

Die Unabhängigkeit von der Indizierung erlaubt es, bequeme Schreibweisen wie in Beispiel 1 zu gebrauchen. Bei $I = [1, n]$ etwa schreibt man auch

$$\bigotimes_{i=1}^{n} f_i = f_1 \otimes \cdots \otimes f_n$$

für das Tensorprodukt der f_i, $i \in I$. Die letztere Schreibweise ist in einer Hinsicht mißverständlich: Sie erlaubt nicht, von dem zerlegbaren Tensor $f_1 \otimes \cdots \otimes f_n$ im Tensorprodukt der A-Moduln $\mathrm{Hom}_A(V_i, W_i)$ zu unterscheiden. Aus dem Zusammenhang heraus wird jedoch die jeweilige Bedeutung des Tensorproduktes zu erkennen sein. (Man vergleiche auch mit den späteren Überlegungen zur Additivität des Tensorproduktes in §82.)

Sind $f: V \to W$ und $g: X \to Y$ Homomorphismen von A-Moduln, so ist

$$f \otimes g : V \otimes_A X \to W \otimes_A Y$$

der A-Homomorphismus mit $v \otimes x \mapsto f(v) \otimes g(x)$. Gelegentlich werden in den Situationen $f = \mathrm{id}_V$ bzw. $g = \mathrm{id}_X$ folgende Schreibweisen verwendet:

$$V \otimes g := \mathrm{id}_V \otimes g : V \otimes_A X \to V \otimes_A Y$$

$$f \otimes X := f \otimes \mathrm{id}_X : V \otimes_A X \to W \otimes_A X\,.$$

(Man vergleiche mit den entsprechenden Definitionen bei Homomorphismen von Homomorphismenmoduln in §42.)

Beispiel 9 (Tensorpotenzen von Homomorphismen) Seien I eine endliche Menge und $f: V \to W$ ein Homomorphismus von A-Moduln. Das

Tensorprodukt der $f_i := f$, $i \in I$, heißt die I-te T e n s o r p o t e n z von f und wird mit

$$\mathsf{T}^I(f) : \mathsf{T}^I(V) \to \mathsf{T}^I(W)$$

bezeichnet, vgl. Beispiel 4. Bei $I = [1, n]$ schreibt man für $\mathsf{T}^I(f)$ auch

$$\mathsf{T}^n(f) = f^{\otimes n}.$$

Es ist $\mathsf{T}^0(f) = f^{\otimes 0} = \mathrm{id}_A$, $\mathsf{T}^1(f) = f^{\otimes 1} = f$. Schließlich setzt man für $\mathsf{T}^n(f)$ bei $n < 0$ die Nullabbildung.

80.5 *Seien $f_i : V_i \to W_i$, $i \in I$, $g_i : W_i \to X_i$, $i \in I$, endliche Familien von Homomorphismen von Moduln über dem kommutativen Ring A. Dann gilt:*
(1) $\bigotimes_{i\in I} \mathrm{id}_{V_i} = \mathrm{id}_{\otimes_{i\in I} V_i}$. (2) $(\bigotimes_{i\in I} g_i)(\bigotimes_{i\in I} f_i) = \bigotimes_{i\in I}(g_i f_i)$.

Der B e w e i s ergibt sich direkt mit der obigen Ausrechnungsformel. •

80.6 Satz *Sei $f_i : V_i \to W_i$, $i \in I$, eine endliche Familie von Homomorphismen von Moduln über dem kommutativen Ring A. Dann gilt für $f := \bigotimes_{i\in I} f_i$:*

(1) *Ist f_i ein Isomorphismus für jedes $i \in I$, so ist auch f ein Isomorphismus.*

(2) *Ist f_i surjektiv für jedes $i \in I$, so ist auch f surjektiv.*

(3) *Wird V_i von f_i isomorph auf einen direkten Summanden von W_i abgebildet für jedes $i \in I$, so wird $\bigotimes_{i\in I} V_i$ von f isomorph auf einen direkten Summanden von $\bigotimes_{i\in I} W_i$ abgebildet.*

(4) *Ist $A = K$ ein Körper und ist f_i injektiv für jedes $i \in I$, so ist auch f injektiv.*

B e w e i s. (1) folgt direkt aus 80.5; dabei ist $(\bigotimes_{i\in I} f_i)^{-1} = \bigotimes_{i\in I} f_i^{-1}$. Zu (2). Ist $\mathrm{Bild} f_i = W_i$ für jedes $i \in I$, so gehört, wie ein Blick auf die Ausrechnungsformel zeigt, jeder zerlegbare Tensor von $\bigotimes_{i\in I} W_i$ zum Bild von f, woraus aber folgt, daß f surjektiv ist.

Daß V_i von f_i isomorph auf einen direkten Summanden von W_i abgebildet wird, ist gleichbedeutend damit, daß ein Homomorphismus g_i von W_i in V_i mit $g_i f_i = \mathrm{id}$ existiert, s. 42.10. Mit 80.5 wird diese Situation auf f übertragen. Das beweist (3). Mit 39.3 folgt (4) aus (3). •

Beispiel 10 Zur Aussage (4) in 80.6 sei bemerkt, daß das Tensorprodukt zweier injektiver Homomorphismen nicht injektiv zu sein braucht. Dies zeigt das folgende Beispiel über $A = \mathbb{Z}$. Sei $n \in \mathbb{N}$, $n \geq 2$. Dann ist $\mathbb{Z} \cong \mathbb{Z}n$ und

$$(\mathbb{Z}/\mathbb{Z}n) \otimes_{\mathbb{Z}} \mathbb{Z}n \cong (\mathbb{Z}/\mathbb{Z}n) \otimes_{\mathbb{Z}} \mathbb{Z} \cong \mathbb{Z}/\mathbb{Z}n \neq 0\,.$$

Ist nun f die Identität von $\mathbb{Z}/\mathbb{Z}n$ und $g : \mathbb{Z}n \to \mathbb{Z}$ die Inklusion, so ist

$$f \otimes g : (\mathbb{Z}/\mathbb{Z}n) \otimes_{\mathbb{Z}} \mathbb{Z}n \to (\mathbb{Z}/\mathbb{Z}n) \otimes_{\mathbb{Z}} \mathbb{Z}$$

die Nullabbildung (Beweis!) und somit nicht injektiv.

Iterierte Tensorprodukte lassen sich kanonisch durch ein Tensorprodukt ersetzen:

80.7 Assoziativität des Tensorproduktes *Sei V_i, $i \in I$, eine endliche Familie von Moduln über dem kommutativen Ring A. Die Menge I sei zerlegt in Teilmengen I_j, $j \in J$. Dann gibt es eine kanonische A-Isomorphie*

$$\bigotimes_{i\in I} V_i \cong \bigotimes_{j\in J}\Big(\bigotimes_{i\in I_j} V_i\Big),$$

bei der sich zerlegbare Tensoren wie folgt entsprechen ($x_i \in V_i$ für $i \in I$):

$$\otimes_{i\in I} x_i \leftrightarrow \otimes_{j\in J}(\otimes_{i\in I_j} x_i).$$

Beweis. Wegen 80.6(1) kann man in Tensorprodukten von Moduln Faktoren mittels Isomorphien kanonisch ersetzen, wovon wir im folgenden ohne weitere Erwähnung Gebrauch machen.

Induktion über Kard$J$ führend, dürfen wir annehmen, daß I in zwei Teilmengen I', I'' zerlegt ist. Da die Abbildung

$$(x_i)_{i\in I} \mapsto (\otimes_{i\in I'} x_i)\otimes(\otimes_{i\in I''} x_i)$$

multilinear ist, existiert nach 80.1 ein A–Homomorphismus

$$\bigotimes_{i\in I} V_i \to \bigotimes_{j\in J}\Big(\bigotimes_{i\in I_j} V_i\Big)$$

mit der im Satz genannten Zuordnung zerlegbarer Tensoren. Um zu zeigen, daß diese bijektiv ist, konstruieren wir die Umkehrabbildung. Zu festem $x'' = (x_i)_{i\in I''}$ ist die Abbildung $(x_i)_{i\in I'} \mapsto \otimes_{i\in I} x_i$ multilinear und induziert eine lineare Abbildung

$$g_{x''} : \bigotimes_{i\in I'} V_i \to \bigotimes_{i\in I} V_i .$$

Zu festem $z' \in \bigotimes_{i\in I'} V_i$ ist nun $x'' \mapsto g_{x''}(z')$ ebenfalls multilinear und induziert eine lineare Abbildung

$$h_{z'} : \bigotimes_{i\in I''} V_i \to \bigotimes_{i\in I} V_i .$$

Die Abbildung $(z', z'') \mapsto h_{z'}(z'')$ ist bilinear und induziert die gewünschte Umkehrabbildung. •

Als Folgerung aus Satz 80.7 hat man, daß das Klammersetzen in einem iterierten Tensorprodukt ganz willkürlich erfolgen kann. Beispielsweise hat man bei A–Moduln U, V, W kanonische Isomorphien

$$(U\otimes_A V)\otimes_A W = U\otimes_A V\otimes_A W = U\otimes_A(V\otimes_A W),$$

bei der sich zerlegbare Tensoren wie folgt entsprechen:

$$(u\otimes v)\otimes w \leftrightarrow u\otimes v\otimes w \leftrightarrow u\otimes(v\otimes w).$$

Häufig werden Tensorprodukte von Moduln, die sich nur in der Klammersetzung unterscheiden, identifiziert. Tensorprodukte von Homomorphismen machen diese Identifikation in natürlicher Weise mit, wie man unmittelbar mit der Ausrechnungsformel sieht. Wir verzichten auf die zu 80.7 analoge genaue Formulierung und notieren den Sachverhalt so: *Das Tensorprodukt von Homomorphismen ist assoziativ.*

Ein durch den Satz 80.7 eröffneter Vorteil ist es, bequem Induktionsbeweise durchführen zu können. Beispielsweise folgt aus Lemma 80.4 und den anschließenden Ausführungen in Beispiel 6 nun sofort:

80.8 Satz *Seien A ein kommutativer Ring und V_i, $i \in I$, eine endliche Familie von freien A-Moduln. Dann ist auch $\bigotimes_{i\in I} V_i$ ein freier A-Modul. Ist x_{ij_i}, $j_i \in J_i$, eine A-Basis von V_i, wobei i durch I läuft, so ist*

$$\otimes_{i\in I} x_{ij_i}\,,\quad (j_i)_{i\in I} \in \prod_{i\in I} J_i\,,$$

eine A-Basis von $\bigotimes_{i\in I} V_i$. Insbesondere gilt (bei $A \neq 0$):

$$\mathrm{Rang}_A\Big(\bigotimes_{i\in I} V_i\Big) = \prod_{i\in I} \mathrm{Rang}_A V_i\,.$$

Vielfach erlaubt es 80.7, sich bei der Untersuchung von Tensorprodukten von Moduln und Homomorphismen auf Produkte je zweier Moduln bzw. Homomorphismen zu beschränken. Wir werden im folgenden oft dieser üblichen Einschränkung folgen, dem Leser die naheliegenden Verallgemeinerungen überlassend.

Bemerkung 2 (Funktoren und natürliche Transformationen) Konstruktionen wie $\mathrm{Hom}_A(V,W)$, $V\otimes_A W$, $\mathrm{Hom}_A(V, X\otimes_A W)$, $\bigotimes_{i\in I} V_i$ etc. haben den Charakter von "Funktionen" in den "Variablen" V, W, X, V_i etc. Man nennt sie Funktoren und hat diesen Begriff axiomatisch festgelegt. Wir können darauf nicht näher eingehen; dem Leser sei etwa die Darstellung in [20], Kapitel II empfohlen. Es genügt hier durchaus, mit den Funktoren Hom und $\otimes$ (wie man kurz schreibt) in naiver Weise zu rechnen.

Die aus den Grundfunktoren Hom und $\otimes$ zusammengesetzten Funktoren haben oft natürliche Beziehungen untereinander, die man natürliche Transformationen nennt. Definitionsgemäß liegt diese Situation vor, wenn die Transformation das Verändern der Variablen (mit Homomorphismen) respektiert, was sich in der Kommutativität von Diagrammen ausdrückt. So sind die Isomorphismen gemäß 80.7 natürliche Transformationen. Sind beispielsweise $f_i\colon V_i \to W_i$, $i = 1,2,3$, Homomorphismen von A-Moduln, so ist das Diagramm

$$\begin{array}{ccc} V_1\otimes V_2\otimes V_3 & \to & (V_1\otimes V_2)\otimes V_3 \\ {\scriptstyle f_1\otimes f_2\otimes f_3}\downarrow & & \downarrow{\scriptstyle (f_1\otimes f_2)\otimes f_3} \\ W_1\otimes W_2\otimes W_3 & \to & (W_1\otimes W_2)\otimes W_3 \end{array}$$

mit den Isomorphien gemäß 80.7 als waagerechten Abbildungen kommutativ.

Wir werden im folgenden kurz nur von kanonischen Abbildungen sprechen, wenn natürliche Transformationen vorliegen. Der Leser mache es sich zum Leitsatz, die

Kommutativität der Diagramme nachzuprüfen, die zu homomorphen Änderungen in den Variablen entstehen. Zur ersten Übung sei empfohlen, die kanonische Isomorphie $\mathrm{Hom}_A(V\otimes_A W, X) \to \mathrm{Hom}_A(V, \mathrm{Hom}_A(W, X))$ (vgl. 80.3) unter diesem Gesichtspunkt zu studieren.

Es ist kurz auf die Matrizenbeschreibung des Tensorproduktes linearer Abbildungen hinzuweisen. Seien $f: V \to W$ und $g: X \to Y$ Homomorphismen endlicher freier Moduln über dem kommutativen Ring A, die bezüglich der Basen v_j, $j \in J$, von V und w_i, $i \in I$, von W bzw. der Basen x_s, $s \in S$, von X und y_r, $r \in R$, von Y die Matrizen

$$\mathbf{A} = (a_{ij}) \in \mathsf{M}_{I,J}(A) \quad \text{bzw.} \quad \mathbf{B} = (b_{rs}) \in \mathsf{M}_{R,S}(A)$$

haben. Dann sind $V\otimes_A X$ und $W\otimes_A Y$ freie A-Moduln mit den Basen $v_j\otimes x_s$, $(j, s) \in J \times S$, bzw. $w_i\otimes y_r$, $(i, r) \in I \times R$, und es gilt:

$$(f\otimes g)(v_j\otimes x_s) = f(v_j)\otimes g(x_s) = (\sum_{i\in I} a_{ij}w_i)\otimes(\sum_{r\in R} b_{rs}y_r)$$
$$= \sum_{(i,r)\in I\times R} a_{ij}b_{rs}(w_i\otimes y_r)\,.$$

Bezüglich der angegebenen Basen hat $f\otimes g$ also die Matrix

$$\mathbf{A}\otimes\mathbf{B} := (a_{ij}b_{rs}) \in \mathsf{M}_{I\times R, J\times S}(A)\,,$$

die das Kronecker-Produkt der Matrizen $\mathbf{A}$ und $\mathbf{B}$ heißt.

Beispiel 11 (Tensorprodukt von Matrizenmoduln) Das Kroneckerprodukt von Matrizen, dessen Faktoren in den A-Moduln $\mathsf{M}_{I,J}(A)$ und $\mathsf{M}_{R,S}(A)$ variieren, ist offenbar eine bilineare Abbildung und induziert daher einen kanonischen A-Homomorphismus

$$\mathsf{M}_{I,J}(A)\otimes_A \mathsf{M}_{R,S}(A) \to \mathsf{M}_{I\times R, J\times S}(A)\,,$$

welcher dem Tensor $\mathbf{A}\otimes\mathbf{B}$ eben das mit dem Tensor-Multiplikationszeichen bezeichnete Kroneckerprodukt $\mathbf{A}\otimes\mathbf{B}$ zuordnet. Es steht allerdings nicht zu befürchten, daß diese Mehrdeutigkeit der Schreibweise Fehler verursacht, da die beschriebene kanonische Abbildung ein *Isomorphismus* ist! Zum Beweis genügt es darauf hinzuweisen, daß die Abbildung Basen auf Basen wirft; für die Standardbasen der Matrizenmoduln (vgl. §40, Beispiel 6) gilt ja offenbar $\mathbf{E}_{ij}\otimes\mathbf{E}_{rs} = \mathbf{E}_{(i,r),(j,s)}$.

Dem Homomorphismus durch das Kroneckerprodukt der Matrizen, der im Moment kurz mit a bezeichnet sei, entspricht bei den Moduln V, W, X, Y selbst ein kanonischer A-Homomorphismus

$$\mathrm{Hom}_A(V, W)\otimes_A \mathrm{Hom}_A(X, Y) \to \mathrm{Hom}_A(V\otimes_A X, W\otimes_A Y)$$

mit $f\otimes g \mapsto f\otimes g$; dabei haben die Tensorzeichen verschiedene Bedeutung, vgl. Beispiel 8. Dieser Homomorphismus wird durch die Abbildung $(f, g) \mapsto f\otimes g$ induziert, welche man mit der Ausrechnungsformel leicht als bilinear erkennt; der Homomorphismus sei kurz mit α bezeichnet. Er ist für beliebige Moduln V, W, X, Y definiert, jedoch im allgemeinen nicht bijektiv, wie wir in den Aufgaben sehen werden. *Sind allerdings V, W, X, Y wie oben endliche freie Moduln,* *so ist α ein Isomorphismus!* Durch Anwenden der Isomorphien der Homomorphismenmoduln zu Matrizenmoduln bezüglich der verwendeten Basen gemäß 40.1 geht α nämlich in einem kommutativen Diagramm in a über.

Schließlich führen wir noch das Tensorprodukt von Algebren ein. Seien dazu A ein kommutativer Grundring und B, C (nicht notwendig kommutative) A–Algebren. Der A–Modul

$$B \otimes_A C$$

trägt dann eine kanonische A–Algebrastruktur, die folgendermaßen eindeutig beschrieben wird: Für $b, b' \in B$ und $c, c' \in C$ ist

$$(b \otimes c)(b' \otimes c') = bb' \otimes cc' .$$

$B \otimes_A C$, versehen mit dieser A–Algebrastruktur, heißt das Tensorprodukt der A–Algebren B und C.

Daß die genannte Algebrastruktur existiert, sieht man wie folgt. Für $b \in B$ und $c \in C$ sind die Linkstranslationen λ_b bzw. λ_c auf B bzw. C lineare Endomorphismen, deren Tensorprodukt $\lambda_b \otimes \lambda_c$ ein A–linearer Operator auf $B \otimes_A C$ ist. Man sieht sofort, daß $(b, c) \mapsto \lambda_b \otimes \lambda_c$ bilinear ist und daß deswegen ein A–Homomorphismus

$$\lambda : B \otimes_A C \to \operatorname{End}_A(B \otimes_A C)$$

mit $\lambda(b \otimes c) = \lambda_b \otimes \lambda_c$ existiert. Für ein beliebiges $x \in B \otimes_A C$ schreiben wir auch λ_x anstelle von $\lambda(x)$. Die in Rede stehende Multiplikation auf $B \otimes_A C$ kann nun so erhalten werden: Für $x, y \in B \otimes_A C$ ist

$$xy = \lambda_x(y) .$$

Im Falle $x = b \otimes c$, $y = b' \otimes c'$ erhält man in der Tat $xy = (\lambda_b \otimes \lambda_c)(b' \otimes c') = bb' \otimes cc'$. Nach Konstruktion ist die Multiplikation A-bilinear. Ferner ist $1_B \otimes 1_C$ ein Einselement. Man hat sich schließlich noch zu vergewissern, daß die Multiplikation assoziativ ist. Das ist offenbar nur für zerlegbare Tensoren nachzuprüfen, wofür es trivial ist.

Eigenschaften der Multiplikation auf $B \otimes_A C$ sind wegen der simplen Multiplikation der zerlegbaren Tensoren häufig direkt einzusehen. Beispielsweise ist es trivial, daß die Algebra $B \otimes_A C$ kommutativ ist, wenn B und C kommutativ sind. Oder: Sind $\varphi : B \to B'$ und $\psi : C \to C'$ A-Algebra-Homomorphismen, so ist die A–lineare Abbildung

$$\varphi \otimes \psi : B \otimes_A C \to B' \otimes_A C'$$

sogar ein A–Algebra–Homomorphismus.

Man hat kanonische A–lineare Abbildungen

$$\iota_B : B \to B \otimes_A C \, , \quad \iota_C : C \to B \otimes_A C$$

mit $\iota_B(b) = b \otimes 1$ bzw. $\iota_C(c) = 1 \otimes c$. Diese sind offenbar sogar A-Algebra-Homomorphismen. Aus der Gleichung

$$(b \otimes 1)(1 \otimes c) = b \otimes c = (1 \otimes c)(b \otimes 1)$$

für $b \in B$, $c \in C$ liest man ab, daß die kanonischen Bilder von B und C Unteralgebren von $B \otimes_A C$ sind, die elementweise vertauschbar sind.

Mit ι_B und ι_C formuliert man die universelle Eigenschaft von $B \otimes_A C$ wie folgt.

80.9 Satz *Seien A ein kommutativer Ring und $\beta : B \to D$, $\gamma : C \to D$ A-Algebra-Homomorphismen derart, daß für alle $b \in B$, $c \in C$ gilt: $\beta(b)\gamma(c) = \gamma(c)\beta(b)$. Dann gibt es genau einen A-Algebra-Homomorphismus*

$$\chi : B \otimes_A C \to D$$

mit $\chi\,\iota_B = \beta$, $\chi\,\iota_C = \gamma$.

Man beachte das Diagramm

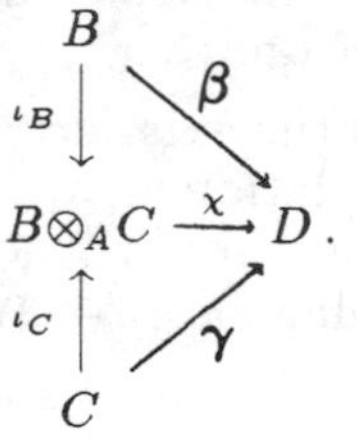

B e w e i s. Existiert χ mit den angegebenen Eigenschaften, so ist χ wegen

$$\chi(b \otimes c) = \chi((b \otimes 1)(1 \otimes c) = \chi(b \otimes 1)\chi(1 \otimes c) = \chi\,\iota_B(b)\chi\,\iota_C(c) = \beta(b)\gamma(c)$$

eindeutig bestimmt. Zur Konstruktion von χ beachte man, daß die Abbildung $B \times C \to D$ mit $(b, c) \mapsto \beta(b)\gamma(c)$ bilinear ist und folglich eine A-lineare Abbildung χ von $B \otimes_A C$ in D mit $\chi(b \otimes c) = \beta(b)\gamma(c)$ induziert. Trivialerweise ist $\chi\,\iota_B = \beta$ und $\chi\,\iota_C = \gamma$, sowie $\chi(1 \otimes 1) = 1$. Daß χ schließlich auch multiplikativ ist, folgt mittels der vorausgesetzten Vertauschbarkeitsbedingungen. Es genügt, zerlegbare Tensoren $b \otimes c$, $b' \otimes c'$ zu betrachten; für diese ist

$$\begin{aligned} \chi((b \otimes c)(b' \otimes c')) &= \chi(bb' \otimes cc') = \beta(bb')\gamma(cc') \\ &= \beta(b)\beta(b')\gamma(c)\gamma(c') = \beta(b)\gamma(c)\beta(b')\gamma(c') \\ &= \chi(b \otimes c)\chi(b' \otimes c'). \end{aligned}$$

•

Beispiel 12 (K o m p o s i t u m v o n U n t e r a l g e b r e n) Sei D eine kommutative Algebra über dem kommutativen Ring A. Ferner seien B, C Unteralgebren von D über A. Man nennt die kleinste B und C umfassende A-Unteralgebra

$$H := B[C] = C[B] = A[B, C]$$

auch das K o m p o s i t u m von B und C. Nach 80.9 ist klar, daß es einen kanonischen A-Algebra-Homomorphismus χ von $B \otimes_A C$ auf H gibt. Dieser ist i.a. nicht injektiv; ist χ injektiv, so nennt man B, C auch l i n e a r d i s j u n k t über A.

Ist $A = K$ ein Körper und sind die K-Unteralgebren B, C von D Körper, so ist das Kompositum H von B und C i.a. kein Körper, selbst wenn D ein Körper ist, vgl. Aufgabe 24; dazu müssen spezielle Voraussetzungen vorliegen, wie etwa, daß B oder C algebraisch über K ist.

Beispiel 13 (Tensorprodukte von Monoid- und Polynomalgebren) Seien M, N Monoide und $B = A[M]$, $C = A[N]$ Monoidalgebren über dem kommutativen Ring A. Dann gibt es eine *kanonische A-Algebra-Isomorphie*

$$A[M] \otimes_A A[N] \cong A[M \times N].$$

Seien e_σ, $\sigma \in M$, bzw. e_τ, $\tau \in N$, bzw. $e_{(\sigma,\tau)}$, $(\sigma, \tau) \in M \times N$, die Standardbasen der drei in Rede stehenden Monidalgebren. Zu den Einbettungen $M \to M \times N$ durch $\sigma \mapsto (\sigma, 1)$, bzw. $N \to M \times N$ durch $\tau \mapsto (1, \tau)$ gehören A-Algebra-Homomorphismen $\beta: A[M] \to A[M \times N]$, $\gamma: A[N] \to A[M \times N]$, deren Bilder wegen $(\sigma, 1)(1, \tau) = (\sigma, \tau) = (1, \tau)(\sigma, 1)$ kommutieren. Nach 80.9 gibt es daher einen A-Algebra-Homomorphismus χ von $A[M] \otimes_A A[N]$ in $A[M \times N]$ mit $e_\sigma \otimes e_\tau \mapsto e_{(\sigma,\tau)}$. Dieser ist eine Isomorphie, da er A-Basen auf A-Basen abbildet ! Man kann die Isomorphie in der umgekehrten Richtung übrigens auch leicht mit 52.2 erhalten.

Speziell gilt: Sind $B = A[X_i : i \in I]$, $C = A[Y_j : j \in J]$ Polynomalgebren über dem kommutativen Ring A, so gibt es eine *kanonische A-Algebra-Isomorphie*

$$A[X_i : i \in I] \otimes_A A[Y_j : j \in J] \cong A[X_i, Y_j : i \in I, j \in J]$$

mit $X_i \otimes 1 \leftrightarrow X_i$ und $1 \otimes Y_j \leftrightarrow Y_j$, allgemeiner mit $X^\mu \otimes Y^\nu \leftrightarrow X^\mu Y^\nu$ bei beliebigen Monomen.

Beispiel 14 Seien V, W Moduln über dem kommutativen Ring A. Dann ist die nach Beispiel 11 existierende kanonische A-lineare Abbildung

$$(\mathrm{End}_A V) \otimes_A (\mathrm{End}_A W) \to \mathrm{End}_A(V \otimes_A W)$$

mit $f \otimes g \mapsto f \otimes g$ ein *A-Algebra-Homomorphismus*. Sie bildet nämlich $\mathrm{id}_V \otimes \mathrm{id}_W$ auf $\mathrm{id}_{V \otimes W}$ ab. Es bleibt daher zu zeigen, daß sie multiplikativ ist. Es genügt dies für zerlegbare Tensoren nachzurechnen, wofür es nach 80.5(2) klar ist.

Der angegebene Homomorphismus von A-Algebren ist ein *Isomorphismus*, wenn V und W endliche freie A-Moduln sind, vgl. Beispiel 11. Es genügt sogar zu wissen, daß V oder W endlich frei über A ist, wie wir in §82 sehen werden.

Tensorprodukte von Algebren und ihren Homomorphismen (und Nachfolgebegriffe) lassen sich für beliebige endliche Indexmengen definieren. Sei etwa B_i, $i \in I$, eine endliche Familie von A-Algebren. Dann trägt

$$\bigotimes_{i \in I} B_i$$

eine kanonische A-Algebrastruktur derart, daß für $(b_i), (b_i') \in \prod_{i \in I} B_i$ gilt:

$$(\otimes_{i \in I} b_i)(\otimes_{i \in I} b_i') = \otimes_{i \in I} b_i b_i'.$$

Man kann das wie im hier vorgestellten Fall $I = \{1, 2\}$ zeigen; eine andere Möglichkeit eröffnet Aufgabe 18. Unabhängigkeit von der Indizierung und Assoziativität gelten auch für die allgemeinen Tensorprodukte von Algebren und ihren Homomorphismen, da die in Betracht kommenden kanonischen Abbildungen trivialerweise mit den Multiplikationen vertauschbar sind.

Aufgaben

1. a) Seien $m, n \in \mathbb{N}$ mit $\mathrm{ggT}(m, n) = 1$. Dann ist $(\mathbb{Z}/\mathbb{Z}m)\otimes_{\mathbb{Z}}(\mathbb{Z}/\mathbb{Z}n) = 0$.

b) Es ist $\mathbb{Q}\otimes_{\mathbb{Z}}(\mathbb{Q}/\mathbb{Z}) = 0$ und $(\mathbb{Q}/\mathbb{Z})\otimes_{\mathbb{Z}}(\mathbb{Q}/\mathbb{Z}) = 0$.

2. Der kanonische Homomorphismus $\mathbb{Q}\otimes_{\mathbb{Z}}\mathbb{Q} \to \mathbb{Q}$ ist ein Isomorphismus. (Man geht wie in Beispiel 6 vor.)

3. Seien V und W Vektorräume über dem Körper K und $x, x' \in V$, $y \in W$.

a) Ist $x\otimes y = 0$, so ist $x = 0$ oder $y = 0$.

b) $x\otimes x' = x'\otimes x$ gilt genau dann, wenn $\mathrm{Dim}_K(Kx + Kx') \leq 1$ ist.

4. Seien $V_1, \ldots, V_n$ Vektorräume über dem Körper K und $x_i, y_i \in V_i$ für $i = 1, \ldots, n$. Gilt in $V_1\otimes\cdots\otimes V_n$

$$x_1\otimes\cdots\otimes x_n = y_1\otimes\cdots\otimes y_n \neq 0\,,$$

dann gibt es Elemente $a_i \in K$ mit $x_i = a_i y_i$ für $i = 1, \ldots, n$ und $a_1 \cdots a_n = 1$.

5. Seien K ein Körper und V, W Vektorräume über K. Seien x_i, $i \in I$, linear unabhängige Vektoren in V, ferner $(y_i) \in W^{(I)}$ und $(z_i) \in W^{(I)}$ beliebig. Aus

$$\sum_{i\in I} x_i\otimes y_i = \sum_{i\in I} x_i\otimes z_i$$

folgt dann $y_i = z_i$ für alle $i \in I$.

6. Seien V, W Vektorräume über dem Körper K und x_i, $i \in I$, sowie y_j, $j \in J$, Familien von Elementen aus V bzw. W. Genau dann ist die Familie $x_i\otimes y_j$, $(i, j) \in I \times J$, linear unabhängig bzw. ein Erzeugendensystem bzw. eine Basis von $V\otimes_K W$, wenn beide Familien x_i, $i \in I$, und y_j, $j \in J$, die entsprechenden Eigenschaften in V bzw. W haben.

7. Seien K ein Körper und V, W Vektorräume über K. Sind $V' \subseteq V$ und $W' \subseteq W$ Unterräume, so ist der von den Inklusionen $V' \to V$, $W' \to W$ herrührende Homomorphismus

$$V'\otimes W' \to V\otimes W$$

injektiv. Wir identifizieren im folgenden $V'\otimes W'$ mit seinem kanonischen Bild in $V\otimes W$, sehen $V'\otimes W'$ also als Unterraum von $V\otimes W$ an.

a) Für Unterräume $V_1, V_2 \subseteq V$ und $W_1, W_2 \subseteq W$ gilt:

$$\begin{aligned}(V_1\otimes W) \cap (V_2\otimes W) &= (V_1 \cap V_2)\otimes W\,,\\ (V_1\otimes W) \cap (V\otimes W_1) &= V_1\otimes W_1\,,\\ (V_1\otimes W_1) \cap (V_2\otimes W_2) &= (V_1 \cap V_2)\otimes(W_1 \cap W_2)\,.\end{aligned}$$

b) Für Unterräume $V_i \subseteq V$, $i \in I$, und $W_j \subseteq W$, $j \in J$, gilt:

$$\bigcap_{(i,j)\in I\times J} V_i\otimes W_j = \Big(\bigcap_{i\in I} V_i\Big)\otimes\Big(\bigcap_{j\in J} W_j\Big)\,.$$

8. Seien K ein Körper und V, W Vektorräume über K, ferner $V' \subseteq V$, $W' \subseteq W$ Unterräume und z ein Tensor aus $V'\otimes W' \subseteq V\otimes W$. Sei $z = \sum_{j=1}^{s} v_j\otimes w_j$, wobei $v_1, \ldots, v_s$ linear unabhängig in V und $w_1, \ldots, w_s$ linear unabhängig in W seien.

Dann sind $v_1, \ldots, v_s \in V'$ und $w_1, \ldots, w_s \in W'$. (Man bilde nach $(V/V')\otimes W$ und $V\otimes(W/W')$ ab.)

9. (Rang von Tensoren) Seien V, W Vektorräume über dem Körper K und $z \in V\otimes_K W$. Ist $z = \sum_{i=1}^{r} x_i \otimes y_i$ mit $x_i \in V$, $y_i \in W$ und *minimalem* r, so nennt man $r(z) := r$ den Rang des Tensors $z \in V\otimes_K W$.

a) Ist $z = \sum_{i=1}^{r} x_i \otimes y_i$ mit $x_i \in V$, $y_i \in W$, $r = r(z)$, so sind $x_1, \ldots, x_r$ linear unabhängig in V und $y_1, \ldots, y_r$ linear unabhängig in W.

b) Ist $z = \sum_{j=1}^{s} v_j \otimes w_j$ mit linear unabhängigen Vektoren $v_1, \ldots, v_s$ in V und linear unabhängigen Vektoren $w_1, \ldots, w_s$ in W, dann ist $s = r(z)$. (Die Vektorräume $Kv_1 + \cdots + Kv_s \subseteq V$ und $Kw_1 + \cdots + Kw_s \subseteq W$ sind sogar eindeutig bestimmt, s. die vorstehende Aufgabe.)

c) Sind V und W unendlichdimensional, so gibt es Tensoren beliebig vorgegebenen Ranges in $V\otimes_K W$.

(Bemerkung. Zum Begriff des Ranges siehe auch §82, Aufgabe 2.)

10. Seien A ein kommutativer Ring, sowie I, J, R, S endliche Indexmengen und $\mathbf{A} = (a_{ij}) \in \mathsf{M}_{I,J}(A)$, $\mathbf{B} = (b_{rs}) \in \mathsf{M}_{R,S}(A)$. Dann läßt sich $\mathbf{A}\otimes\mathbf{B}$ auf zweierlei Weise als Blockmatrix

$$\mathbf{A}\otimes\mathbf{B} = (a_{ij}\mathbf{B})_{(i,j)\in I\times J} = (b_{rs}\mathbf{A})_{(r,s)\in R\times S}$$

schreiben. Man führe dies konkret an Matrizen aus $\mathsf{M}_2(A)$ durch.

11. Seien A ein kommutativer Ring, $V \cong A^m$, $W \cong A^n$ endliche freie A-Moduln und $f \in \mathrm{End}_A V$, $g \in \mathrm{End}_A W$. Dann gilt:

$$\mathrm{Sp}(f\otimes g) = \mathrm{Sp}(f)\cdot\mathrm{Sp}(g)\,,\quad \mathrm{Det}(f\otimes g) = (\mathrm{Det} f)^n(\mathrm{Det} g)^m\,.$$

Für $\mathbf{A} \in \mathsf{M}_m(A)$, $\mathbf{B} \in \mathsf{M}_n(A)$ gilt analog:

$$\mathrm{Sp}(\mathbf{A}\otimes\mathbf{B}) = \mathrm{Sp}(\mathbf{A})\cdot\mathrm{Sp}(\mathbf{B})\,,\quad \mathrm{Det}(\mathbf{A}\otimes\mathbf{B}) = (\mathrm{Det}\mathbf{A})^n(\mathrm{Det}\mathbf{B})^m\,.$$

(Man benutzt $f\otimes g = (f\otimes W)(V\otimes g)$ und etwa die vorstehende Aufgabe.)

12. Seien K ein Körper und $f_i : V_i \to W_i$, $i \in I$, eine endliche Familie von Vektorraum-Homomorphismen. Dann gilt

$$\mathrm{Rang}(\bigotimes_{i\in I} f_i) = \prod_{i\in I} \mathrm{Rang}\, f_i\,.$$

Für endliche Matrizen $\mathbf{A}, \mathbf{B}$ über K ist $\mathrm{Rang}(\mathbf{A}\otimes\mathbf{B}) = (\mathrm{Rang}\mathbf{A})(\mathrm{Rang}\mathbf{B})$.

13. Seien V, W Moduln über dem kommutativen Ring A.

a) Es ist $\mathrm{Ann}_A V + \mathrm{Ann}_A W \subseteq \mathrm{Ann}_A(V\otimes_A W)$.

b) Ist V frei und sind $x \in V$, $y \in W$, so gilt $\mathrm{Ann}_A(x\otimes y) = 0$ für den Tensor $x\otimes y \in V\otimes_A W$ genau dann, wenn $\mathrm{Ann}_A(x) = 0$ und $\mathrm{Ann}_A(y) = 0$ ist. (80.4.)

14. Sei A ein kommutativer Ring mit Involution $a \mapsto \overline{a}$. Für A-Moduln V, W und V_i, $i \in I$, gibt es kanonische Identitäten:

$$\overline{\mathrm{Hom}_A(V, W)} = \mathrm{Hom}_A(\overline{V}, \overline{W})\,;\quad \overline{\bigotimes_{i\in I} V_i} = \bigotimes_{i\in I} \overline{V_i}\,.$$

(Überqueren bedeutet Übergang zum Antimodul. Die kanonische Abbildung von $\overline{\bigotimes_i V_i}$ in $\bigotimes_i \overline{V}_i$ erhält man aus $\bigotimes_i V_i \to \overline{\bigotimes_i \overline{V}_i}$.)

15. Seien A ein kommutativer Ring und I eine endliche Menge. Dann gibt es eine kanonische A-Isomorphie $\mathsf{T}^I(A) \to A$ mit $\otimes_{i\in I} a_i \mapsto \prod_{i\in I} a_i$.

16. (Auswertung) Seien V, W Moduln über dem kommutativen Ring A. Dann gibt es einen kanonischen A–Homomorphismus

$$\mathrm{Hom}_A(V,W)\otimes_A V \to W$$

mit $f\otimes x \mapsto f(x)$, der Auswertung oder ähnlich genannt wird. Insbesondere gibt es einen kanonischen A–Homomorphismus

$$V^*\otimes_A V \to A$$

mit $f\otimes x \mapsto f(x)$. Dieser ist genau dann surjektiv, wenn es ein n gibt derart, daß V^n einen zu A isomorphen direkten Summanden besitzt.

17. Seien K ein Körper und V, W, X, Y Vektorräume über K. Dann ist der kanonische K–Homomorphismus

$$\mathrm{Hom}_K(V,W)\otimes_K \mathrm{Hom}_K(X,Y) \to \mathrm{Hom}_K(V\otimes_K X, W\otimes_K Y)$$

(vgl. Beispiel 11) injektiv. (Es genügt, auf die folgende Betrachtung zu verweisen: Sei $f_1\otimes g_1 + \cdots + f_r\otimes g_r$ ein Element des Kernes. Ist $f_1 \neq 0$ und $f_1(v) \neq 0$ für ein $v \in V$, so kann man nach einer Umgestaltung des Tensors in den Faktoren $g_1,\ldots,g_r$ sowie $f_2,\ldots,f_r$ annehmen, daß es ein s mit $1 \le s \le r$ gibt derart, daß $f_1(v),\ldots,f_s(v)$ linear unabhängig sind, während $f_{s+1}(v) = \cdots = f_r(v) = 0$ ist. Anwenden des Tensors auf $v\otimes x$, $x \in X$, ergibt nun $g_1 = \cdots = g_s = 0$.)

18. Seien B, C Algebren über dem kommutativen Ring A und

$$\mu: B\otimes_A B \to B\,,\quad \nu: C\otimes_A C \to C$$

die zugehörigen Multiplikationsabbildungen. Dann ist

$$(B\otimes_A C)\otimes_A(B\otimes_A C) \to (B\otimes_A B)\otimes_A(C\otimes_A C) \overset{\mu\otimes\nu}{\to} B\otimes_A C$$

die Multiplikationsabbildung der A–Algebra $B\otimes_A C$; dabei ist der $\mu\otimes\nu$ vorgeschaltete Homomorphismus eine Isomorphie, die auf der Assoziativität des Tensorproduktes beruht. (Bemerkung. Umgekehrt läßt sich mit dieser Abbildung die Multiplikation auf $B\otimes_A C$ definieren.)

19. Seien A ein kommutativer Ring, B_i, $i \in I$, eine endliche Familie von A-Algebren und D eine kommutative A-Algebra. Dann gibt es eine kanonische bijektive Abbildung

$$\mathrm{Hom}_{A\text{-}\mathrm{Alg}}\Big(\bigotimes_{i\in I} B_i, D\Big) \to \prod_{i\in I} \mathrm{Hom}_{A\text{-}\mathrm{Alg}}(B_i, D)\,.$$

20. Seien K ein Divisonsbereich, der endlich über seinem Zentrum $k := \mathrm{Z}(K)$ ist. Der kanonische k–Algebra–Homomorphismus

$$K\otimes_k K^{\mathrm{op}} \to \mathrm{End}_k K$$

mit $a\otimes b \mapsto \lambda_a\rho_b = \rho_b\lambda_a$ ist ein Isomorphismus. (λ_a bzw. ρ_b sind die Links- bzw. Rechtstranslationen mit $a, b \in K$. Vgl. §36, Aufgabe 17c).)

21. Seien $K_1, \ldots, K_r$ Erweiterungskörper des Körpers K. Dann gibt es einen Erweiterungskörper L von K derart, daß sich $K_1, \ldots, K_r$ sämtlich als K–Algebren in L einbetten lassen. (Man bette $K_1, \ldots, K_r$ zunächst in ihr Tensorprodukt über K ein.) Sind $K_1, \ldots, K_r$ algebraisch über K, so kann L außerdem algebraisch über K gewählt werden.

22. Seien L, M endliche Erweiterungskörper des Körpers K derart, daß $[L : K]$ und $[M : K]$ teilerfremd sind.

a) $L \otimes_K M$ ist ein Körper.

b) Liegen L und M beide in ein und demselben Erweiterungskörper von K, so gilt $[L(M) : K] = [M(L) : K] = [L : K] \cdot [M : K]$.

23. Sei B eine kommutative Algebra über dem Körper K. Ferner seien L, M K–Unteralgebren von B.

a) Genau dann sind L, M linear disjunkt über K, wenn jede K–Basis von M eine L–Basis des Kompositums $L[M]$ ist.

b) Sind L, M linear disjunkt über K, so ist $L \cap M = K$.

c) Sind L, M endlich über K, so sind L, M genau dann linear disjunkt über K, wenn gilt: $[L[M] : K] = [L : K] \cdot [M : K]$.

24. Sei $K(X, Y)$ der rationale Funktionenkörper in zwei Unbestimmten über dem Körper K. Das Kompositum der Unterkörper $K(X)$ und $K(Y)$ von $K(X, Y)$, aufgefaßt als K–Algebren, ist kein Körper.

25. Seien B, C kommutative ganze Algebren über dem kommutativen Ring A. Dann ist $B \otimes_A C$ eine ganze A–Algebra.

26. Seien A ein kommutativer Ring, B, C endliche freie kommutative A–Algebren des Ranges m bzw. n und $x \in B$, $y \in C$. In der A–Algebra $B \otimes_A C$ gilt dann für Spur und Norm des zerlegbaren Tensors $x \otimes y$:

$$\mathrm{Sp}_A^{B\otimes C}(x \otimes y) = \mathrm{Sp}_A^B(x) \cdot \mathrm{Sp}_A^C(y)\,, \quad \mathrm{N}_A^{B\otimes C}(x \otimes y) = (\mathrm{N}_A^B(x))^n (\mathrm{N}_A^C(y))^m\,.$$

(Aufgabe 11.)

27. Seien A ein kommutativer Ring und I, R endliche Indexmengen. Der mit dem Kroneckerprodukt definierte kanonische A–Homomorphismus

$$\mathsf{M}_I(A) \otimes_A \mathsf{M}_R(A) \longrightarrow \mathsf{M}_{I\times R}(A)$$

ist ein Isomorphismus von A–Algebren.

28. Seien A ein kommutativer Ring und I, J beliebige Indexmengen. Der kanonische A–Homomorphismus $h : A^I \otimes_A A^J \longrightarrow A^{I\times J}$ mit $(a_i) \otimes (b_j) \longrightarrow (a_i b_j)$ ist ein A–Algebra–Homomorphismus.

a) Ist I oder J endlich, so ist h bijektiv. (80.4.)

b) Ist $A \neq 0$ und sind I und J beide nicht endlich, so ist h nicht surjektiv. (Sei $\nu : I \longrightarrow J$ eine Abbildung, deren Bild eine unendliche Teilmenge von J sei. Dann gehört $z := (\delta_{\nu i, j})_{(i,j)\in I\times J}$ nicht zum Bild von h. — Sei dies nämlich doch der Fall. Die Betrachtung eines Restekörpers von A zeigt dann, daß man ohne weiteres annehmen darf, daß $A = K$ ein Körper ist. Sei etwa $z = h(\sum_{k=1}^m x_k \otimes y_k)$ mit $x_k = (a_{ki})_{i\in I}$, $y_k = (b_{kj})_{j\in J}$, wobei $y_1, \ldots, y_m$ außerdem linear unabhängig seien. Man betrachtet das Gleichungssystem

$$a_{1i} b_{1j} + \cdots + a_{mi} b_{mj} = \delta_{\nu i, j}$$

in den a_{ki} und erhält mit §25, Aufgabe 6 einen Widerspruch.)

29. Seien A ein kommutativer Ring, V, W freie A-Moduln und

$$k : (\mathrm{End}_A V)\otimes_A(\mathrm{End}_A W) \to \mathrm{End}_A(V\otimes_A W)$$

der kanonische A-Algebra-Homomorphismus, vgl. Beispiel 14.

a) Ist $A = K$ ein Körper, so ist k injektiv. (Aufgabe 17.)

b) Ist $A \neq 0$ und haben V, W beide unendlichen Rang, so ist k nicht surjektiv. (Ist k surjektiv, so konstruiert man aus k unter Benutzung nichttrivaler Linearformen aus V^* und W^* leicht einen kanonischen A-Homomorphismus von $V^*\otimes_A W^*$ auf $\mathrm{Hom}_A(V\otimes_A W, A\otimes_A A) \cong (V\otimes_A W)^*$, den man unter Benutzung von 80.4 als einen Homomorphismus wie in Aufgabe 28 interpretiert, wobei deren zweiter Teil zum Widerspruch führt.)

§81 Wechsel des Grundringes

Schon häufig haben wir bei der Behandlung eines Problems den Ring A, über dem es formuliert war, gewechselt: Vom Integritätsbereich A etwa gingen wir zum Quotientenkörper $\mathrm{Q}(A)$ über. Oder statt A betrachteten wir einen passenden Restklassenring $A/\mathbf{a}$ vgl. §37, Bemerkung 1. Oft wird ein reelles Problem durch Übergang zum Körper $\mathbb{C}$ der komplexen Zahlen einfacher und übersichtlicher, weil $\mathbb{C}$ algebraisch abgeschlossen ist. In diesem Paragraphen sollen solche Ringwechsel mit Hilfe des Tensorproduktes systematisch beschrieben werden.

Ausgangspunkt ist die grundsätzliche Bemerkung, daß sich vielfach Eigenheiten der Faktoren eines Tensorproduktes auf eben dieses vererben.

Wir betrachten folgende Situation: A sei ein kommutativer Ring, und B sei eine (nicht notwendig kommutative) A-Algebra mit dem Strukturhomomorphismus

$$\varphi : A \to B\,.$$

Ist nun V ein beliebiger A-Modul, so trägt

$$V_{(\varphi)} := B\otimes_A V$$

eine B-Modul-Struktur, die durch die Formel

$$b(c\otimes x) = (bc)\otimes x$$

bestimmt ist, $b, c \in B$, $x \in V$. Dies ist die Modulstruktur auf $B\otimes_A V$, die durch den A-Algebra-Homomorphismus

$$\vartheta : B \to \mathrm{End}_A(B\otimes_A V)$$

durch $b \mapsto \lambda_b\otimes V$ definiert ist, vgl. §31, Bemerkung 3, wobei λ_b das (A-lineare) Multiplizieren von links auf B mit b bezeichnet. Daß ϑ in der Tat ein A-Algebra-Homomorphismus ist, folgt zwanglos aus den Eigenschaften des Tensorproduktes von Homomorphismen.

Definition Man nennt $V_{(\varphi)}$ den durch den Grundringwechsel $A \to B$ aus V gewonnenen B–Modul. Es ist üblich,

$$V_{(B)} = V_{(\varphi)}$$

zu setzen, wenn dies keine Mißverständnisse verursacht und wenn die Notierung von φ neben B unnötig wäre.

Für $a \in A$ und $z \in B \otimes_A V$ ist $az = \varphi(a)z$, d.h. die durch Zurücknehmen aus der B–Modul–Struktur von $B \otimes_A V$ entstehende A–Modul–Struktur ist die des Tensorproduktes der beiden A–Moduln B, V.

Bemerkung 1 Der A–Modul $V \otimes_A B$ trägt eine B–Modul–Struktur, die durch die Formel $b(x \otimes c) = x \otimes (bc)$ bestimmt ist. Die kanonische A–Isomorphie $V \otimes_A B = B \otimes_A V$ der Kommutativität ist dann offensichtlich eine B–Isomorphie. Die für die B–Moduln des Typs $B \otimes_A V$ entwickelten Ergebnisse gelten also m.m. für die B–Moduln des Typs $V \otimes_A B$.

Bemerkung 2 Der hier besprochene Grundringwechsel heißt genauer der kovariante Grundringwechsel von A nach B. Als kontravarianten Grundringwechsel von A nach B bezeichnet man das Verfahren, aus A–Moduln V Moduln über B herzustellen, indem man den B–Modul

$$V^{(B)} = V^{(\varphi)} := \mathrm{Hom}_A(B, V)$$

bildet, vgl. 35.3. Als Beispiel dazu sei der Beweis des Satzes V.C.6 über die Einbettung beliebiger Moduln in injektive genannt, der durch kontravarianten Grundringwechsel aus der entsprechenden Situation über $\mathbb{Z}$ erfolgte.

Von V aus hat man eine kanonische A–lineare Abbildung

$$\iota_V : V \to V_{(B)}$$

durch $x \mapsto 1 \otimes x$, die offenbar V auf ein B–Erzeugendensystem von $V_{(B)}$ abbildet, sogar jedes A–Erzeugendensystem von V auf ein B–Erzeugendensystem von $V_{(B)}$ abbildet. Weiter gilt:

81.1 Satz *Seien A ein kommutativer Ring, B eine A–Algebra und V ein freier A–Modul. Dann ist $V_{(B)}$ ein freier B–Modul. Genauer gilt: Ist x_i, $i \in I$, eine A–Basis von V, so ist $1 \otimes x_i$, $i \in I$, eine B–Basis von $V_{(B)}$.*

Beweis. Sei x_i, $i \in I$, eine A–Basis von V. Nach Lemma 80.4 ist die Abbildung von $B^{(I)}$ in $B \otimes_A V$ mit

$$(b_i)_{i \in I} \mapsto \sum_{i \in I} b_i \otimes x_i = \sum_{i \in I} b_i (1 \otimes x_i)$$

eine A–Isomorphie. Sie ist offensichtlich auch B–linear und bildet die Standardbasis von $B^{(I)}$ auf eine Basis von $V_{(B)}$ ab, eben $1 \otimes x_i$, $i \in I$. •

Ist $\varphi\colon A \to B$ injektiv, so spricht man auch von Grundringerweiterung statt von Grundringwechsel. In diesem Fall braucht der kanonische A–Homomorphismus $\iota_V : V \to V_{(B)}$ nicht injektiv zu sein, vgl. Bemerkung 3 unten. Ist ι_V jedoch injektiv, so ist es üblich, V mit seinem kanonischen Bild $\iota_V(V) \subseteq V_{(B)}$ zu identifizieren. Man schreibt dann kurz

$$bx := b(1\otimes x)\,,$$

wenn $b \in B$, $x \in V$ ist. Dies ist immer möglich, wenn V ein freier A–Modul ist (und φ injektiv ist), wie leicht aus 81.1 abzuleiten ist (Aufgabe!). Beispielsweise liegt diese Situation immer dann vor, wenn $A = K$ ein Körper und $B \neq 0$ ist!

Beispiel 1 (Komplexifizierung) Sei V ein reeller Vektorraum. Dann ist

$$V_{(\mathbb{C})} = \mathbb{C}\otimes_{\mathbb{R}} V$$

ein komplexer Vektorraum, der die Komplexifizierung von V heißt. Es ist

$$\operatorname{Dim}_{\mathbb{C}} V_{(\mathbb{C})} = \operatorname{Dim}_{\mathbb{R}} V\,.$$

Mit der $\mathbb{R}$–Basis $1, \mathrm{i} \in \mathbb{C}$ erhalten wir nach Lemma 80.4 die $\mathbb{R}$–Isomorphie

$$V \times V \to V_{(\mathbb{C})}$$

mit $(x, y) \mapsto 1\otimes x + \mathrm{i}\otimes y = x + \mathrm{i}y$. Bei dieser Identifikation von $V_{(\mathbb{C})}$ mit $V \times V$ schreibt sich die Skalarmultiplikation in der Form ($a, b \in \mathbb{R}$, $x, y \in V$):

$$(a + b\mathrm{i})(x + \mathrm{i}y) = (ax - by) + \mathrm{i}(ay + bx)\,.$$

Über diese Formel wird $V_{(\mathbb{C})}$ gelegentlich ad hoc konstruiert.

Bemerkung 3 (Reine Algebren) Die Abbildung ι_V ist offensichtlich gleich der Komposition

$$V \to A\otimes_A V \overset{\varphi\otimes V}{\to} B\otimes_A V\,.$$

Dabei ist $V \to A\otimes_A V$ die kanonische Isomorphie, vgl. §80, Beispiel 6. Die Untersuchung von ι_V ist also mit der von $\varphi\otimes V$ äquivalent.

Definition Eine A–Algebra B über dem kommutativen Ring A mit dem Strukturhomomorphismus $\varphi : A \to B$ heißt rein, wenn für jeden A–Modul V die Abbildung $\varphi\otimes V$ injektiv ist.

Nach der Vorbemerkung ist die A–Algebra B genau dann rein, wenn für jeden A–Modul V die Abbildung $\iota_V\colon V \to V_{(B)}$ injektiv ist. Die Betrachtung von $V = A$ zeigt, daß dann notwendig φ selbst injektiv ist.

Wird A von $\varphi\colon A \to B$ isomorph auf einen direkten Summanden des A–Moduls B abgebildet, so ist B reine A–Algebra. Dies ergibt sich direkt aus 80.6(3).

Schließlich zeigen wir noch:

81.2 Satz *Sei A ein kommutativer Ring. Jede freie A–Algebra $B \neq 0$ ist rein.*

Beweis. Sei b_i, $i \in I$, eine A-Basis von B. Es gibt eine Darstellung $1_B = \sum_{i\in I} a_i b_i$ mit Koeffizienten $a_i \in A$. Wegen $B \neq 0$ gibt es ein $j \in I$. Zu jedem

$i \in I$ gibt es eine Darstellung $b_i b_j = \sum_k a_{ij}^k b_k$ mit Koeffizienten $a_{ij}^k \in A$. Aus

$$b_j = 1_B b_j = (\sum_{i\in I} a_i b_i) b_j = \sum_{i\in I} a_i \sum_{k\in I} a_{ij}^k b_k = \sum_{k\in I} (\sum_{i\in I} a_i a_{ij}^k) b_k$$

erhält man durch Koeffizientenvergleich bei b_j: $1_A = \sum_{i\in I} a_i a_{ij}^j$. Es gibt eine A–lineare Abbildung $h: B \to A$ mit $h(b_i) = a_{ij}^j$. Damit ist

$$h\varphi(1_A) = h(1_B) = h(\sum_{i\in I} a_i b_i) = \sum_{i\in I} a_i a_{ij}^j = 1_A$$

und somit $h\varphi = \mathrm{id}_A$. (Vgl. §39, Aufgabe 15a).) Dies bedeutet aber, daß A vermöge φ zu einem direkten Summanden des A–Moduls B isomorph ist. •

Reine Algebren werden weiter in §88 studiert. $\mathbb{Q}$ ist keine reine $\mathbb{Z}$–Algebra, vgl. schon §80, Aufgabe 1b).

Die durch Grundringwechsel entstehenden Moduln haben folgende universelle Eigenschaft:

81.3 *Seien A ein kommutativer Ring, B eine A–Algebra und V ein A–Modul. Dann gibt es zu jedem A–Homomorphismus*

$$f: V \to W$$

in einen B–Modul W genau einen B–Homomorphismus

$$f_B: V_{(B)} \to W$$

mit $f = f_B \circ \iota_V$; dabei ist $\mathrm{Bild} f_B = B \cdot \mathrm{Bild} f$.

Die Gleichung $f = f_B \iota_V$ läßt sich auch als Kommutativität des Diagramms

$$\begin{array}{ccc} V & & \\ {\scriptstyle \iota_V}\downarrow & \searrow^{f} & \\ V_{(B)} & \xrightarrow{f_B} & W \end{array}$$

beschreiben. Wir nennen f_B die universelle Ausdehnung von f.

Beweis. Die Abbildung $B \times V \to W$ mit $(b, x) \mapsto bf(x)$ ist A–bilinear und induziert eine A–lineare Abbildung f_B von $V_{(B)}$ in W mit $\mathrm{Bild} f_B = B \cdot \mathrm{Bild} f$, die augenscheinlich auch B–linear ist. Trivialerweise ist $f_B \iota_V = f$. Hierdurch ist f eindeutig bestimmt, da das Bild von ι_V ein Erzeugendensystem des B–Moduls $V_{(B)}$ ist. •

Bemerkung 4 Die Aussage 81.3 bedeutet gerade, daß die Abbildung

$$\mathrm{Hom}_B(V_{(B)}, W) \to \mathrm{Hom}_A(V, W)$$

mit $g \mapsto g \circ \iota_V$ bijektiv ist, also eine A–Isomorphie ist. Sie ist auch eine B–Isomorphie, wenn B kommutativ ist.

Die häufigste Weise, in der Homomorphismen des Typs f_B erscheinen, ist die der Übersetzung A–linearer Abbildungen in B–lineare beim Grundringwechsel. Betrachten wir weiter einen kommutativen Ring A und eine beliebige A–Algebra B. Sei $f:V \to W$ ein Homomorphismus von A–Moduln. Dann ist

$$f_{(B)} := B\otimes f : V_{(B)} \to W_{(B)}$$

nicht nur A–linear, sondern trivialerweise sogar B–linear.

Definition Man nennt $f_{(B)}$ den durch den Grundringwechsel $A \to B$ aus f gewonnenen B–Homomorphismus.

Das Diagramm

$$\begin{array}{ccc} V & \xrightarrow{f} & W \\ {\scriptstyle \iota_V}\downarrow & & \downarrow{\scriptstyle \iota_W} \\ V_{(B)} & \xrightarrow{f_{(B)}} & W_{(B)} \end{array}$$

ist kommutativ; dies zeigt, daß $f_{(B)}$ die universelle Ausdehnung von $\iota_W \circ f$ nach $V_{(B)}$ ist.

Zum Rechnen mit den Homomorphismen des Typs $f_{(B)}$ sei auf die folgenden direkt aus 80.5 fließenden Aussagen hingewiesen: Ist f die Identitätsabbildung von V, so ist $f_{(B)}$ die Identitätsabbildung von $V_{(B)}$. Ist $g:W \to X$ ein weiterer Homomorphismus von A–Moduln, so ist $g_{(B)}f_{(B)} = (gf)_{(B)}$.

Beispiel 2 (Kern und Bild beim Grundringwechsel) Seien A ein kommutativer Ring und B eine A–Algebra. Wir betrachten eine A–lineare Abbildung $f:V \to W$. Aus dem Diagramm oben liest man direkt ab, daß $\operatorname{Kern} f$ von ι_V in $\operatorname{Kern} f_{(B)}$, sowie $\operatorname{Bild} f$ von ι_W in $\operatorname{Bild} f_{(B)}$ abgebildet wird. Durch universelle Ausdehnung dieser Abbildungen erhält man also kanonische B–Homomorphismen

$$(\operatorname{Kern} f)_{(B)} \to \operatorname{Kern} f_{(B)}\,, \quad (\operatorname{Bild} f)_{(B)} \to \operatorname{Bild} f_{(B)}\,.$$

Unter gewissen Voraussetzungen sind diese Abbildungen Isomorphien, s. beispielsweise §82, Aufgabe 16. Wir behandeln hier einen einfachen, aber wichtigen Spezialfall.

81.4 Satz *Seien K ein Körper, B eine K-Algebra und $f:V \to W$ eine lineare Abbildung von K-Vektorräumen. Dann gilt:*

(1) *Der kanonische B-Homomorphismus*

$$(\operatorname{Kern} f)_{(B)} \to \operatorname{Kern} f_{(B)}$$

ist ein Isomorphismus. Ist x_i, $i \in I$, eine K-Basis von $\operatorname{Kern} f$, *so ist $1\otimes x_i \in V_{(B)}$, $i \in I$, eine B-Basis von* $\operatorname{Kern} f_{(B)}$.

(2) *Der kanonische B-Homomorphismus*

$$(\operatorname{Bild} f)_{(B)} \to \operatorname{Bild} f_{(B)}$$

ist ein Isomorphismus. Ist y_j, $j \in J$, eine K-Basis von $\operatorname{Bild} f$, *so ist $1\otimes y_j \in V_{(B)}$, $j \in J$, eine B-Basis von* $\operatorname{Bild} f_{(B)}$.

Beweis. Wir beweisen beide Aussagen zugleich. Es genügt dabei, die Aussagen über die Basen nachzuweisen. Seien also eine Basis x_i, $i \in I$, von Kern$f$ und eine Basis y_j, $j \in J$, von Bild$f$ vorgegeben, wobei wir $I \cap J = \emptyset$ annehmen können. Zu jedem $j \in J$ sei x_j ein Vektor mit $f(x_j) = y_j$. Dann ist x_i, $i \in I \cup J$, eine Basis von V und $1 \otimes x_i$, $i \in I \cup J$, eine Basis von $V_{(B)}$, vgl. 36.21. Da $1 \otimes x_i$, $i \in I$, in Kern$f_{(B)}$ liegen, genügt es zum Beweis von (1) zu zeigen, daß die Elemente

$$f_{(B)}(1 \otimes x_j) = 1 \otimes f(x_j) = 1 \otimes y_j \,, \quad j \in J \,,$$

linear unabhängig über B sind; da diese Elemente augenscheinlich den B-Modul Bild$f_{(B)}$ erzeugen, ist damit zugleich (2) bewiesen. Die y_j, $j \in J$, sind aber Teil einer Basis von W, so daß $1 \otimes y_j$, $j \in J$, Teil einer B-Basis von $W_{(B)}$ ist. •

Als Folgerungen hat man bei $B \neq 0$: Genau dann ist $f_{(B)}$ injektiv bzw. surjektiv bzw. bijektiv, wenn f die jeweilige Eigenschaft hat. Ferner ist erwähnenswert: Ist $B = L$ ein Erweiterungskörper von K, so gilt:

$$\mathrm{Rang}_L f_{(L)} = \mathrm{Rang}_K f \,.$$

Weiterhin ergibt sich aus 81.4 die folgende nützliche Bemerkung: Ist U ein K-Unterraum des K-Vektorraumes V, so ist die kanonische Abbildung

$$U_{(B)} \to V_{(B)} \,,$$

die von der Einbettung $U \subseteq V$ herrührt, injektiv. Wir werden deshalb $U_{(B)}$ im allgemeinen mit seinem Bild in $V_{(B)}$ identifizieren. Bei dieser Identifikation können wir 81.4 so aussprechen: Es ist

$$\mathrm{Kern} f_{(B)} = (\mathrm{Kern} f)_{(B)} \,, \quad \mathrm{Bild} f_{(B)} = (\mathrm{Bild} f)_{(B)} \,.$$

Es ist kurz auf Matrizen beim Grundringwechsel einzugehen. Seien A ein kommutativer Ring und B eine A-Algebra mit dem Strukturhomomorphismus $\varphi : A \to B$. Ferner seien V, W freie A-Moduln mit den Basen x_j, $j \in J$, bzw. y_i, $i \in I$, und $f : V \to W$ ein A-Homomorphismus mit

$$f(x_j) = \sum_{i \in I} a_{ij} y_i \,,$$

$a_{ij} \in A$, $j \in J$. Dann gilt:

$$\begin{aligned} f_{(B)}(1 \otimes x_j) &= 1 \otimes f(x_j) = \sum_{i \in I} 1 \otimes a_{ij} y_i \\ &= \sum_{i \in I} a_{ij}(1 \otimes y_i) = \sum_{i \in I} \varphi(a_{ij})(1 \otimes y_i) \,. \end{aligned}$$

Für endliche I, J folgt: *Ist* $\mathbf{A} = (a_{ij}) \in \mathsf{M}_{I,J}(A)$ *die Matrix von* f *bezüglich der* A*-Basen* x_j, $j \in J$, *von* V *und* y_i, $i \in I$, *von* W, *so ist*

$$\mathsf{M}_{I,J}(\varphi)(\mathbf{A}) = (\varphi(a_{ij})) \in \mathsf{M}_{I,J}(B)$$

die Matrix von $f_{(B)}$ *bezüglich der assoziierten Basen* $1 \otimes x_j$, $j \in J$, *von* $V_{(B)}$ *und* $1 \otimes y_i$, $i \in I$, *von* $W_{(B)}$.

Ist I endlich, $V = W$ und ist B kommutativ, so gilt offenbar

$$\mathrm{Sp} f_{(B)} = \varphi(\mathrm{Sp} f), \quad \mathrm{Det} f_{(B)} = \varphi(\mathrm{Det} f).$$

Beispiel 3 (Matrizenmoduln beim Grundringwechsel) Seien I, J endliche Mengen. Die universelle Ausdehnung von $\mathsf{M}_{I,J}(\varphi)$ ergibt einen kanonischen B–Homomorphismus

$$B \otimes_A \mathsf{M}_{I,J}(A) \to \mathsf{M}_{I,J}(B)$$

mit $b \otimes \mathbf{A} \mapsto b \cdot \mathsf{M}_{I,J}(\varphi)(\mathbf{A})$. Dieser ist sogar ein *$B$–Isomorphismus*, da er Basen auf Basen abbildet (Elementarmatrizen!).

Beispiel 4 (Homomorphismenmoduln beim Grundringwechsel) Seien A ein kommutativer Ring, B eine *kommutative* A–Algebra und V, W beliebige A–Moduln. Durch $f \mapsto f_{(B)}$ wird eine Abbildung

$$\mathrm{Hom}_A(V, W) \to \mathrm{Hom}_B(V_{(B)}, W_{(B)})$$

definiert, die A–linear ist, wie man leicht nachrechnet (Aufgabe!). Ihre universelle Ausdehnung ergibt einen kanonischen B–Homomorphismus

$$B \otimes_A \mathrm{Hom}_A(V, W) \to \mathrm{Hom}_B(V_{(B)}, W_{(B)}).$$

Ist dieser bijektiv, so darf man mit Fug und Recht sagen, daß das Bilden des Homomorphismenmoduls mit dem Grundringwechsel verträglich ist, kurz gefaßt:

$$\mathrm{Hom}_A(V, W)_{(B)} = \mathrm{Hom}_B(V_{(B)}, W_{(B)}).$$

Dies ist zwar nicht immer möglich; es gilt jedoch:

81.5 Satz *Seien B eine kommutative A–Algebra, V, W Moduln über A und*

$$\alpha : B \otimes_A \mathrm{Hom}_A(V, W) \to \mathrm{Hom}_B(V_{(B)}, W_{(B)})$$

der kanonische B–Homomorphismus.

(1) *Sind V und W endliche freie A–Moduln, so ist α bijektiv.*

(2) *Ist B endliche freie A–Algebra, so ist α bijektiv.*

(3) *Ist B freie A–Algebra, so ist α injektiv. Insbesondere ist dies der Fall, wenn $A = K$ ein Körper ist.*

Beweis. Zum Beweis von (1) betrachten wir den Strukturhomomorphismus $\varphi : A \to B$ und Matrixdarstellungen der $f \in \mathrm{Hom}_A(V, W)$ bezüglich einer Basis x_j, $j \in J$, von V und y_i, $i \in I$, von W. Dann ist α äquivalent zu der in Beispiel 3 besprochenen universellen Ausdehnung von $\mathsf{M}_{I,J}(\varphi)$ und daher ebenso bijektiv. (2) und (3) beweisen wir mit einem anderen Ansatz. Sei b_j, $j \in J$, eine A–Basis von B. Vor α schalten wir eine A–Isomorphie gemäß Lemma 80.4, hinter α die kanonische Isomorphie, die aus 81.3 fließt (vgl. Bemerkung 4). Wir erhalten dann den zu α äquivalenten A–Homomorphismus

$$\mathrm{Hom}_A(V, W)^{(J)} \to \mathrm{Hom}_A(V, B \otimes_A W)$$

mit $(f_j)_{j \in J} \mapsto (v \mapsto \sum_{j \in J} b_j \otimes f_j(v))$. Man kann $B \otimes_A W$ weiter isomorph durch $W^{(J)}$ gemäß 80.4 ersetzen und erhält schließlich den zu α äquivalenten A–Homomorphismus

$$\mathrm{Hom}_A(V, W)^{(J)} \to \mathrm{Hom}_A(V, W^{(J)})$$

mit $(f_j)_{j\in J} \mapsto (v \mapsto (f_j(v))_{j\in J})$. Dieser ist trivialerweise injektiv, was (3) beweist. Ist J endlich, so ist der Homomorphismus auch surjektiv, da dann jeder Homomorphismus von V in $W^{(J)}$ Summe von Homomorphismen in die Komponenten von $W^{(J)}$ ist. Damit ist auch (2) bewiesen. •

Verschärfungen von 81.5 beweisen wir in §82, Aufgabe 22. Ein simples Beispiel dafür, daß α nicht bijektiv zu sein braucht, wird in Aufgabe 8 besprochen.

Beispiel 5 (Tensorprodukte beim Grundringwechsel) Tensorprodukte sind ohne weiteres mit dem Grundringwechsel verträglich. Der nur an einer Einführung interessierte Leser kann die folgenden Ausführungen überschlagen.

81.6 Satz *Seien A ein kommutativer Ring, B eine kommutative A-Algebra und V_i, $i \in I$, eine endliche Familie von A-Moduln. Dann gibt es eine kanonische B-Isomorphie*

$$B\otimes_A\Big(\bigotimes_{i\in I}{}_A V_i\Big) \cong \bigotimes_{i\in I}{}_B(B\otimes_A V_i)$$

mit $1\otimes(\otimes_{i\in I}x_i) \leftrightarrow \otimes_{i\in I}(1\otimes x_i)$ *für* $x_i \in V_i$, $i \in I$.

Beweis. Die angegebenen zerlegbaren Tensoren sind jeweils Erzeugende des B-Moduls links bzw. rechts. Der B-Homomorphismus f von links nach rechts, der die zerlegbaren Tensoren wie angegeben abbildet, ist leicht zu konstruieren: Die Abbildung

$$(x_i)_{i\in I} \mapsto \otimes_{i\in I}(1\otimes x_i)$$

ist multilinear über A und induziert einen A-Homomorphismus von $\bigotimes_A V_i$ in den Modul rechts, und seine universelle Ausdehnung ergibt f. Zur Konstruktion der Umkehrung g von f verwendet man den von der Multiplikation $(b_i)_{i\in I} \mapsto \prod_{i\in I} b_i$ induzierten A-Homomorphismus $\mu\colon \mathsf{T}^I(B) \to B$. Dann ist die natürliche über A multilineare Abbildung

$$\prod_{i\in I}(B\otimes_A V_i) \to \bigotimes_{i\in I}{}_A(B\otimes_A V_i) \xrightarrow{\alpha} \mathsf{T}^I(B)\otimes_A\Big(\bigotimes_{i\in I}{}_A V_i\Big) \xrightarrow{\mu\otimes\mathrm{id}} B\otimes_A\Big(\bigotimes_{i\in I}{}_A V_i\Big),$$

deren Teil α nach 80.7 konstruiert ist, offenbar sogar multilinear über B und induziert g. •

Man kann das Resultat aus 81.6 formelmäßig auch so schreiben:

$$\Big(\bigotimes_{i\in I}{}_A V_i\Big)_{(B)} = \bigotimes_{i\in I}{}_B V_{(B)}.$$

Der Satz enthält das folgende Ergebnis über Tensorpotenzen: Sei B eine kommutative A-Algebra, V ein A-Modul und I eine endliche Menge; dann hat man eine kanonische B-Isomorphie zwischen $B\otimes_A \mathsf{T}^I(B)$ und $\mathsf{T}^I(B\otimes_A V)$, kurz gesagt:

$$\mathsf{T}^I(V)_{(B)} = \mathsf{T}^I(V_{(B)}).$$

Schließlich ist zu erwähnen, daß auch Tensorprodukte von Homomorphismen mit dem Grundringwechsel verträglich sind: Für A-Homomorphismen $f_i : V_i \to W_i$ ist

$$\Big(\bigotimes_{i\in I} f_i\Big)_{(B)} = \bigotimes_{i\in I} f_{i(B)},$$

d.h. die eine Abbildung geht bei der Isomorphie aus 81.6 in die andere über. Dies ist direkt mit der Ausrechnungsformel zu sehen.

In den folgenden drei Beispielen besprechen wir Fälle des Grundringwechsels, die häufig mit direkten Konstruktionen realisiert werden. Beim ersten Lesen genügt es, diese Beispiele zu überfliegen.

Beispiel 6 (Reduktion modulo eines Ideals) Seien A ein kommutativer Ring und $\mathbf{a}$ ein Ideal in A. Für jeden A–Modul V ist (wobei Überqueren die jeweilige Restklassenabbildung andeutet) die Abbildung

$$(A/\mathbf{a})\otimes_A V \to V/\mathbf{a}V$$

mit $\overline{a}\otimes x \mapsto \overline{ax}$ für $a \in A$, $x \in V$ ein Isomorphismus von $(A/\mathbf{a})$-Moduln, dessen Umkehrung $\overline{x} \mapsto \overline{1}\otimes x$ ist. Mit anderen Worten: *$V_{(A/\mathbf{a})}$ ist bis auf kanonische Isomorphie die Reduktion von V modulo* $\mathbf{a}$, vgl. §37, Bemerkung 1. Benutzt man diese Isomorphie zur Identifizierung, so ist für einen Homomorphismus $f: V \to W$ von A–Moduln $f_{(A/\mathbf{a})}$ der von f induzierte Homomorphismus $\overline{f}: V/\mathbf{a}V \to W/\mathbf{a}W$.

Beispiel 7 (Nenneraufnahme) Seien A ein kommutativer Ring und S ein multiplikatives System in A. Für jeden A–Modul V ist die Abbildung

$$A_S \otimes_A V \to V_S$$

mit $(a/s)\otimes x \mapsto (ax)/s$ für $a \in A$, $s \in S$, $x \in V$ ein Isomorphismus von A_S–Moduln, dessen Umkehrung $x/s \mapsto (1/s)\otimes x$ ist. Mit anderen Worten: *$V_{(A_S)}$ ist bis auf kanonische Isomorphie der Modul V_S der Brüche mit Nennern aus S*, vgl. §51. Benutzt man diese Isomorphie zur Identifikation, so ist für einen Homomorphismus $f: V \to W$ von A–Moduln $f_{(A_S)}$ der Homomorphismus $f_S: V_S \to W_S$.

Beispiel 8 (Grundringerweiterung mit Polynomen) Seien A ein kommutativer Ring und $B = A[X_i]_{i\in I}$ die Polynomalgebra über A in den Unbestimmten X_i, $i \in I$. Die Monome X^ν, $\nu \in \mathbb{N}^{(I)}$, bilden eine A-Basis von B. Sei V ein A-Modul. Ein beliebiges Element von $V_{(B)}$ läßt sich in der Form

$$\sum_{\nu\in\mathbb{N}^{(I)}} X^\nu \otimes x_\nu$$

mit *eindeutig bestimmten* Elementen $x_\nu \in V$, $\nu \in \mathbb{N}^{(I)}$, schreiben (von denen fast alle verschwinden), vgl. 80.4. Insbesondere ist die kanonische Abbildung von V in $V_{(B)}$ injektiv, so daß wir V mit seinem Bild in $V_{(B)}$ identifizieren können. Dann erhalten wir für das Element von $V_{(B)}$ die eindeutige Schreibweise

$$\sum_{\nu\in\mathbb{N}^{(I)}} X^\nu x_\nu \quad \text{oder} \quad \sum_{\nu\in\mathbb{N}^{(I)}} x_\nu X^\nu .$$

Man nennt daher die Elemente in $V_{(B)}$ auch die Polynome in den Unbestimmten X_i, $i \in I$, mit Koeffizienten in V. Man nennt $V_{(B)}$ auch einen Polynommodul und schreibt

$$V_{(B)} = V[X_i]_{i\in I}$$

oder ähnlich. In dieser Form kann man im allgemeinen im B-Modul $V_{(B)}$ am besten rechnen. Ist $\sum a_\nu X^\nu \in B$, so ist

$$\Big(\sum_{\mu\in\mathbb{N}^{(I)}} a_\mu X^\mu\Big)\Big(\sum_{\nu\in\mathbb{N}^{(I)}} x_\nu X^\nu\Big) = \sum_{\lambda\in\mathbb{N}^{(I)}}\Big(\sum_{\mu+\nu=\lambda} a_\mu x_\nu\Big)X^\lambda .$$

Ist $f \in \mathrm{Hom}_A(V, W)$, so gewinnt man die $f_{(B)}$-Bilder einfach durch koeffizientenweises Ausführen von f:

$$f_{(B)} : \sum_{\nu\in\mathbb{N}^{(I)}} x_\nu X^\nu \mapsto \sum_{\nu\in\mathbb{N}^{(I)}} f(x_\nu)X^\nu .$$

Wir gehen schließlich auf den Grundringwechsel bei Algebren ein. Sei A ein kommutativer Grundring.

Ferner seien B, C Algebren über A, wobei B als *kommutativ* vorausgesetzt sei. Dann liegt das Bild des A–Algebra–Homomorphismus

$$\iota_B : B \to B\otimes_A C$$

im Zentrum von $B\otimes_A C$ und definiert folglich eine B–Algebra–Struktur auf $B\otimes_A C$. Multiplizieren mit $b \in B$ auf $B\otimes_A C$ bedeutet dabei Multiplizieren mit b in den ersten Komponenten der Tensoren aus $B\otimes_A C$. Daher ist $B\otimes_A C$ als B–Modul gerade der durch Grundringwechsel $A \to B$ aus dem A–Modul C gewonnene B–Modul $C_{(B)}$. Man nennt

$$C_{(B)} ,$$

versehen mit der genannten B–Algebra–Struktur, die *aus C durch den Grundringwechsel $A \to B$ gewonnene B–Algebra*. Ist $\gamma : C \to C'$ ein Homomorphismus von A–Algebren, so ist die durch Grundringwechsel $A \to B$ gewonnene B–lineare Abbildung

$$\gamma_{(B)} : C_{(B)} \to C'_{(B)}$$

sogar ein B–Algebra–Homomorphismus.

Die durch Grundringwechsel entstehenden Algebren haben folgende universelle Eigenschaft:

81.7 *Seien A ein kommutativer Ring, B eine kommutative A–Algebra und C eine beliebige A–Algebra. Dann gibt es zu jedem A–Algebra–Homomorphismus $\psi : C \to D$ in eine B–Algebra D genau einen B–Algebra–Homomorphismus*

$$\psi_B : C_{(B)} \to D$$

mit $\psi = \psi_B \circ \iota_C$.

Die Gleichung $\psi = \psi_B \circ \iota_C$ läßt sich auch als Kommutativität des Diagramms

$$\begin{array}{ccc} C & & \\ {\scriptstyle \iota_C}\downarrow & \searrow{\scriptstyle \psi} & \\ C_{(B)} & \xrightarrow{\ \psi_B\ } & D \end{array}$$

beschreiben. Wir nennen ψ_B die *universelle Ausdehnung* von ψ nach $C_{(B)}$.

Beweis. Nach 81.3 gibt es genau eine B–lineare Abbildung ψ_B mit den gewünschten Eigenschaften. Für $b \in B$, $c \in C$ ist $\psi_B(b \otimes c) = b\psi(c)$. Man sieht so sofort, daß ψ_B auch ein B–Algebra–Homomorphismus ist. •

Bemerkung 5 Die Aussage 81.7 bedeutet gerade, daß die Abbildung

$$\mathrm{Hom}_{B\text{-Alg}}(C_{(B)}, D) \to \mathrm{Hom}_{A\text{-Alg}}(C, D)$$

mit $\chi \mapsto \chi\iota_C$ bijektiv ist. Die Anwendungsfähigkeit dieses Gesichtspunktes zeigt der folgende Beweis des Lemmas von Dedekind, vgl. §36, Aufgabe 16a), nämlich mit 81.7 aus 55.13:

81.8 Lemma (Dedekind) *Seien $L \supseteq K$ eine Körpererweiterung und B eine endliche kommutative K-Algebra der Dimension n. Dann enthält $\mathrm{Hom}_{K\text{-Alg}}(B, L)$ höchstens n Homomorphismen.*

Beispiel 9 (Endomorphismenringe beim Grundringwechsel) Seien A ein kommutativer Ring, B eine kommutative A–Algebra und V ein A–Modul. Dann ist die kanonische B–lineare Abbildung

$$B \otimes_A \mathrm{End}_A V \to \mathrm{End}_B(B \otimes_A V)$$

mit $b \otimes f \mapsto bf_{(B)}$, vgl. Beispiel 4, offensichtlich sogar ein B–Algebra–Homomorphismus. Ist dieser bijektiv, so darf man kurz schreiben:

$$(\mathrm{End}_A V)_{(B)} = \mathrm{End}_B(V_{(B)}) .$$

Aus Satz 81.5 folgt sofort:

81.9 Satz *Sei B eine kommutative A–Algebra und V ein A–Modul. Der kanonische B–Algebra–Homomorphismus*

$$B \otimes_A \mathrm{End}_A V \to \mathrm{End}_B(B \otimes_A V)$$

ist bijektiv, wenn B endliche freie A–Algebra ist oder wenn V endlicher freier A–Modul ist, und wenigstens injektiv, wenn B freie A–Algebra ist (was beispielsweise der Fall ist, wenn $A = K$ ein Körper ist).

Verschärfungen dieses Satzes beruhen auf Verschärfungen von 81.5. Siehe dazu das Ende von Beispiel 4.

Beispiel 10 (Strukturkonstanten beim Grundringwechsel) Seien A ein kommutativer Ring, B eine kommutative A–Algebra mit dem Strukturhomomorphismus $\varphi: A \to B$ und C eine freie A–Algebra mit der Basis x_i, $i \in I$, und den Strukturkonstanten $\gamma_{ij}^k \in A$ bezüglich dieser Basis, also mit

$$x_i x_j = \sum_{k \in I} \gamma_{ij}^k x_k$$

für $i, j \in I$, vgl. §28. Dann ist $C_{(B)}$ eine freie B–Algebra mit der Basis $1 \otimes x_i$, $i \in I$, und den Strukturkonstanten $\varphi(\gamma_{ij}^k) \in B$ bezüglich dieser Basis, also mit

$$(1 \otimes x_i)(1 \otimes x_j) = \sum_{k \in I} \varphi(\gamma_{ij}^k)(1 \otimes x_k)$$

für $i, j \in I$, wie man durch Einsetzen in $(1 \otimes x_i)(1 \otimes x_j) = 1 \otimes x_i x_j$ verifiziert.

Beispiel 11 (Monoid- und Polynomalgebren beim Grundringwechsel) Seien A ein kommutativer Ring, B eine kommutative A–Algebra mit dem Strukturhomomorphismus $\varphi: A \to B$, ferner M ein (multiplikativ geschriebenes) Monoid und $A[M]$ die Monoidalgebra über A, vgl. §28, Bemerkung 3. Sei e_σ, $\sigma \in M$, die Standardbasis von $A[M]$; für $\sigma, \tau \in M$ gilt $e_\sigma e_\tau = e_{\sigma\tau}$. Dann ist $B \otimes_A A[M]$ eine freie B–Algebra mit der Basis $1 \otimes e_\sigma$, $\sigma \in M$, und mit

$$(1 \otimes e_\sigma)(1 \otimes e_\tau) = 1 \otimes e_\sigma e_\tau = 1 \otimes e_{\sigma\tau}\,.$$

Dies ist ein Spezialfall von Beispiel 10. Folglich ist $B \otimes_A A[M]$ nichts anderes als die Monoidalgebra zu M über B, d.h. man hat eine kanonische B–Algebra–Isomorphie

$$A[M]_{(B)} = B \otimes_A A[M] \cong B[M]\,,$$

bei der $1 \otimes e_\sigma$ dem Basiselement $e_\sigma \in B[M]$ entspricht, $\sigma \in M$.

Insbesondere hat man für Polynomalgebren $A[Y_j : j \in J]$ eine kanonische B–Algebra–Isomorphie

$$A[Y_j : j \in J]_{(B)} = B \otimes_A A[Y_j : j \in J] \cong B[Y_j : j \in J]\,.$$

Die kanonische Abbildung von links nach rechts läßt sich durch

$$b \otimes \sum_\nu a_\nu Y^\nu \mapsto \sum_\nu (b\varphi(a_\nu))Y^\nu$$

beschreiben, die Umkehrung davon durch

$$\sum_\nu b_\nu Y^\nu \mapsto \sum_\nu b_\nu \otimes Y^\nu\,.$$

Aufgaben

1. Seien K ein Körper, L ein Erweiterungskörper von K und V ein K–Vektorraum. Für ein System x_i, $i \in I$, von Elementen aus V gilt: Genau dann ist x_i, $i \in I$, linear unabhängig bzw. ein Erzeugendensystem bzw. eine Basis im K–Vektorraum V, wenn $1 \otimes x_i$, $i \in I$, die jeweils entsprechende Eigenschaft im L–Vektorraum $V_{(L)} = L \otimes_K V$ hat.

2. Seien K ein Körper, L ein Erweiterungskörper von K, V ein K–Vektorraum und $U, U_1, \ldots, U_r$ K–Unterräume von V.

a) Seien $x_1, \ldots, x_n \in V$. Gibt es K–linear unabhängige Elemente $b_1, \ldots, b_n$ in L derart, daß $b_1 \otimes x_1 + \cdots + b_n \otimes x_n$ im L–Unterraum $U_{(L)}$ von $V_{(L)}$ liegt, so sind $x_1, \ldots, x_n \in U$.

b) Die kanonische Einbettung von $(U_1 \cap \cdots \cap U_r)_{(L)}$ in $V_{(L)}$ definiert eine kanonische L–Isomorphie

$$(U_1 \cap \cdots \cap U_r)_{(L)} = U_{1(L)} \cap \cdots \cap U_{r(L)}\,.$$

3. Seien K ein Körper, L ein Erweiterungskörper von K, V ein K–Vektorraum, W ein L–Vektorraum, $f: V \to W$ eine K–lineare Abbildung und $f_L: V_{(L)} \to W$ ihre universelle Ausdehnung. f_L ist L–linear.

a) Folgende Aussagen sind äquivalent: (1) f_L ist surjektiv. (2) Ist x_i, $i \in I$, ein K–Erzeugendensystem von V, so ist $f(x_i)$, $i \in I$, ein L–Erzeugendensystem von

W. (3) Es gibt ein K–Erzeugendensystem x_i, $i \in I$, von V derart, daß $f(x_i)$, $i \in I$, ein L–Erzeugendensystem von W ist.

b) Folgende Aussagen sind äquivalent: (1) f_L ist injektiv. (2) Ist die Familie x_i, $i \in I$, von Elementen in V linear unabhängig über K, so ist die Familie $f(x_i)$, $i \in I$, linear unabhängig über L. (3) Es gibt eine K–Basis x_i, $i \in I$, von V derart, daß $f(x_i)$, $i \in I$, linear unabhängig über L ist.

c) Folgende Aussagen sind äquivalent: (1) f_L ist bijektiv. (2) Ist x_i, $i \in I$, eine K–Basis von V, so ist $f(x_i)$, $i \in I$, eine L–Basis von W. (3) Es gibt eine K–Basis x_i, $i \in I$, von V derart, daß $f(x_i)$, $i \in I$, eine L–Basis von W ist.

4. Seien A ein kommutativer Ring, B eine A–Algebra und W ein B–Modul. Dann ist die kanonische Abbildung $\iota_W : W \to W_{(B)}$ injektiv und bildet auf einen direkten Summanden des A–Moduls $W_{(B)}$ ab. (Es gibt eine B–lineare Abbildung $h : W_{(B)} \to W$ mit $b \otimes w \mapsto bw$, und es ist $h\,\iota_W = \mathrm{id}$.)

5. Seien A ein lokaler kommutativer Ring und V, W endliche A–Moduln. Ist $V \otimes_A W = 0$, so ist $V = 0$ oder $W = 0$. (Grundringwechsel zum Restekörper.)

6. Für $a_1, \ldots, a_n \in \mathbb{Z}$ ist $(\mathbb{Z}/\mathbb{Z}a_1) \otimes \cdots \otimes (\mathbb{Z}/\mathbb{Z}a_n) \cong \mathbb{Z}/\mathbb{Z}\mathrm{ggT}(a_1, \ldots, a_n)$. (Durch Induktion über n zeigt man $(\mathbb{Z}/\mathbb{Z}a_1) \otimes \cdots \otimes (\mathbb{Z}/\mathbb{Z}a_n) \cong \mathbb{Z}/(\mathbb{Z}a_1 + \cdots + \mathbb{Z}a_n)$.)

7. Für endliche abelsche Gruppen G, H ist $G \otimes_{\mathbb{Z}} H = 0$ genau dann, wenn $\mathrm{ggT}(\mathrm{Ord}G, \mathrm{Ord}H) = 1$ ist. (Aufgabe 6 und §32, Aufgabe 13.)

8. Sei A ein Integritätsbereich mit dem Quotientenkörper K. Genau dann ist die kanonische K–lineare Abbildung

$$K \otimes_A \mathrm{Hom}_A(K, A) \to \mathrm{Hom}_K(K_{(K)}, A_{(K)})$$

surjektiv, wenn $A = K$ ist. (Es ist $K_{(K)} = A_{(K)} = K$. Nun: §35, Aufgabe 4.)

9. Seien $A = K[X_i]_{i \in I}$ ein Polynomring über dem Körper K in den Unbestimmten X_i, $i \in I$, I unendlich, und $\mathbf{m}$ das von den Unbestimmten X_i, $i \in I$, in A erzeugte Ideal. Ferner sei J eine unendliche Menge.

a) Der kanonische Homomorphismus

$$(A/\mathbf{m}) \otimes_A A^J \to ((A/\mathbf{m}) \otimes_A A)^J = (A/\mathbf{m})^J$$

ist surjektiv, aber nicht injektiv. ($\mathbf{m}(A^J)$ ist ein echter Untermodul von $\mathbf{m}^J \subseteq A^J$.)

b) Für $B := A/\mathbf{m}$, $V := A^{(J)}$ und $W := A$ ist der kanonische Homomorphismus

$$B \otimes_A \mathrm{Hom}_A(V, W) \to \mathrm{Hom}_B(V_{(B)}, W_{(B)})$$

surjektiv, aber nicht injektiv. (Der Homomorphismus geht unter Verwendung kanonischer Isomorphismen wie $\mathrm{Hom}_A(A^{(J)}, A) = A^J$ und $B \otimes_A A^{(J)} = B^{(J)}$ in die Abbildung aus a) über.)

(Bemerkung. Vergleiche mit den Konstruktionen aus §51, Aufgabe 8.)

10. (Transitivität des Grundringwechsels) Seien A ein kommutativer Ring, B eine kommutative A–Algebra und C eine B–Algebra. Zu jedem A–Modul V gibt es dann eine kanonische C–Isomorphie

$$(V_{(B)})_{(C)} = V_{(C)}\,.$$

(Die universelle Ausdehnung von $V_{(B)} \to V_{(C)}$ definiert einen C–Homomorphismus von $(V_{(B)})_{(C)}$ in $V_{(C)}$ mit $c\otimes(b\otimes x) \mapsto cb\otimes x$, dessen Umkehrung durch $c\otimes x \mapsto c\otimes(1\otimes x)$ gegeben wird.)

11. Seien A ein kommutativer Ring, B eine ganze kommutative A–Algebra und A' eine beliebige kommutative A–Algebra. Dann ist die A'–Algebra $B_{(A')}$ ganz.

12. Seien A ein kommutativer Ring, B eine kommutative A–Algebra bezüglich des Strukturhomomorphismus $\varphi\colon A \to B$ und C eine endliche freie kommutative A–Algebra. Für jedes $y \in C$ gilt dann in der A–Algebra $B\otimes C = C_{(B)}$:

$$\mathrm{Sp}_B^{B\otimes C}(1\otimes y) = \varphi(\mathrm{Sp}_A^C(y)), \quad \mathrm{N}_B^{B\otimes C}(1\otimes y) = \varphi(\mathrm{N}_A^C(y)).$$

Man leite nun Aufgabe 26 aus §80 mittels Schachtelungssätzen her.

13. Seien $L \supseteq K$ eine Körpererweiterung und B eine endliche kommutative K–Algebra der Dimension n. Genau dann besteht $\mathrm{Hom}_{K\text{-Alg}}(B, L)$ aus n Homomorphismen, wenn $B_{(L)}$ als L–Algebra zu L^n isomorph ist. (Vgl. Bem. 5.)

14. Seien B, C Algebren über dem kommutativen Ring A.

a) Ist B kommutativ und frei, so ist $\mathrm{Z}(C)_{(B)} \subseteq C_{(B)}$ das Zentrum von $C_{(B)}$.

b) Sind $\mathrm{Z}(B)$ und C frei (oder umgekehrt B und $\mathrm{Z}(C)$), so ist $\mathrm{Z}(B)\otimes_A \mathrm{Z}(C)$ das Zentrum der A–Algebra $B\otimes_A C$.

c) Ist $A = K$ ein Körper, so ist $\mathrm{Z}(B)\otimes_K \mathrm{Z}(C) \subseteq B\otimes_K C$ das Zentrum der K–Algebra $B\otimes_K C$.

15. Seien A ein kommutativer Ring, B eine A–Algebra mit dem Strukturhomomorphismus $\varphi\colon A \to B$ und I eine endliche Menge. Dann ist die kanonische A–Isomorphie

$$\mathsf{M}_I(\varphi)_B : B\otimes_A \mathsf{M}_I(A) \to \mathsf{M}_I(B)$$

eine Isomorphie von A–Algebren. Diese ist eine Isomorphie von B–Algebren, wenn B kommutativ ist. (Vgl. auch §40, Bemerkung 6.)

16. Seien A ein kommutativer Ring, B eine kommutative A–Algebra und C, D beliebige A–Algebren. Dann ist die kanonische B–Isomorphie

$$B\otimes_A(C\otimes_A D) \cong (B\otimes_A C)\otimes_B(B\otimes_A D)$$

mit $1\otimes(y\otimes z) \leftrightarrow (1\otimes y)\otimes(1\otimes z)$ eine B–Algebra–Isomorphie.

17. Seien K ein Körper, L ein über K unendlich–dimensionaler Erweiterungskörper von K und V ein unendlichdimensionaler K–Vektorraum. Dann ist der kanonische L–Algebra–Homomorphismus

$$L\otimes_K \mathrm{End}_K V \to \mathrm{End}_L(L\otimes_K V)$$

nicht surjektiv. (Man geht wie in §80, Aufgabe 29 vor, die multiplikativen Strukturen vergessend.)

§82 Additivität des Tensorproduktes

In diesem Paragraphen besprechen wir die Additivität und damit verbundene Eigenschaften des Tensorproduktes, die wir aus konkreten Beispielen von §80 und §81 bereits kennen, aber erst jetzt im Zusammenhang vorstellen können.

Als Additivität des Tensorproduktes bezeichnet man die Eigenschaft des Funktors $\otimes$, Linearkombinationen von Homomorphismen zu respektieren. Darunter ist Folgendes zu verstehen: Seien A ein kommutativer Ring und V_i, $i \in I$, sowie W_i, $i \in I$, endliche Familien von A-Moduln. *Dann ist die durch* $(f_i)_{i\in I} \mapsto \bigotimes_{i\in I} f_i$ *definierte Abbildung*

$$\prod_{i\in I} \mathrm{Hom}_A(V_i, W_i) \to \mathrm{Hom}_A(\bigotimes_{i\in I} V_i, \bigotimes_{i\in I} W_i)$$

A-multilinear. Daß dies so ist, zeigt unmittelbar die Ausrechnungsformel für das Tensorprodukt von Homomorphismen. Die multilineare Abbildung induziert weiter einen kanonischen Homomorphismus des Tensorproduktes der $\mathrm{Hom}_A(V_i, W_i)$:

82.1 Satz *Durch die Additivität des Tensorproduktes ist ein kanonischer A-Homomorphismus*

$$\bigotimes_{i\in I} \mathrm{Hom}_A(V_i, W_i) \to \mathrm{Hom}_A(\bigotimes_{i\in I} V_i, \bigotimes_{i\in I} W_i)$$

mit $\otimes_{i\in I} f_i \mapsto \bigotimes_{i\in I} f_i$ *definiert. Dieser ist bijektiv, wenn alle* V_i, W_i, $i \in I$, *endliche freie A-Moduln sind.*

Beweis. Es bleibt der Zusatz über Bijektivität zu beweisen. Die Assoziativität des Tensorproduktes erlaubt dabei, sich auf den Fall $\mathrm{Kard}\, I = 2$ zu beschränken, den wir aber schon in §80, Beispiel 11 behandelten. •

Der Homomorphismus aus 82.1 ergibt durch Spezialisieren eine Reihe wichtiger Abbildungen.

Beispiel 1 (Gemischte Identitäten) Seien A ein kommutativer Ring und V, X, W Moduln über A. Der kanonische Homomorphismus

$$\mathrm{Hom}_A(V, X) \otimes_A \mathrm{Hom}_A(A, W) \to \mathrm{Hom}_A(V \otimes_A A, X \otimes_A W)$$

geht, wenn wir die kanonischen A-Isomorphien $\mathrm{Hom}_A(A, W) = W$ und $V \otimes_A A = V$ einsetzen, in einen kanonischen A-Homomorphismus von $\mathrm{Hom}_A(V, X) \otimes_A W$ in $\mathrm{Hom}_A(V, X \otimes_A W)$ über. Aus 82.1 folgt:

82.2 Satz *Durch die Additivität des Tensorproduktes ist ein kanonischer A-Homomorphismus*

$$\mathrm{Hom}_A(V,X)\otimes_A W \to \mathrm{Hom}_A(V, X\otimes_A W)$$

mit $f\otimes w \mapsto (v \mapsto f(v)\otimes w)$ *definiert. Dieser ist bijektiv, wenn* V, X *und* W *freie endliche A-Moduln sind.*

Der Satz und seine Korollare lassen sich erheblich verschärfen, wie wir in Aufgabe 19 und weiter in §88 sehen werden.

Ist der Homomorphismus aus 82.2 bijektiv, so spricht man von einer gemischten Identität (gemischt: zwischen Hom und $\otimes$). Es gibt auch einen kanonischen A-Homomorphismus

$$V\otimes_A \mathrm{Hom}_A(X,W) \to \mathrm{Hom}_A(X, V\otimes_A W)$$

mit $v\otimes g \mapsto (x \mapsto v\otimes g(x))$, der aber mit dem Homomorphismus in 82.2 wegen der Kommutativität des Tensorproduktes bis auf Umbenennung übereinstimmt.

Indem wir in 82.2 weiter $X = A$ und $A\otimes_A W = W$ spezialisieren, erhalten wir:

82.3 Korollar *Durch die Additivität des Tensorproduktes ist ein kanonischer A-Homomorphismus*

$$V^*\otimes_A W \to \mathrm{Hom}_A(V,W)$$

mit $e\otimes w \mapsto (v \mapsto e(v)w)$ *definiert. Dieser ist bijektiv, wenn* V *und* W *freie endliche A-Moduln sind.*

Schließlich setzen wir noch $V = W$ und bekommen:

82.4 Korollar *Der kanonische A-Homomorphismus*

$$V^*\otimes_A V \to \mathrm{End}_A V$$

mit $e\otimes w \mapsto (v \mapsto e(v)w)$ *ist bijektiv, wenn* V *freier endlicher A-Modul ist.*

Beispiel 2 (Tensorprodukte von Linearformen) Seien A ein kommutativer Ring und V_i, $i \in I$, eine endliche Familie von A-Moduln. *Dann gibt es eine kanonische A-lineare Abbildung*

$$\bigotimes_{i\in I} V_i^* \to \Big(\bigotimes_{i\in I} V_i\Big)^*$$

vom Tensorprodukt der Dualmoduln V_i^* *in das Dual des Tensorproduktes der* V_i. Sind nämlich $f_i \in V_i^*$, $i \in I$, Linearformen, so induziert die Multilinearform $\mathrm{Mult}_{i\in I} f_i : (v_i) \mapsto \prod_{i\in I} f_i(v_i)$ eine A-Linearform

$$\mathrm{Lin}_{i\in I} f_i : \otimes_{i\in I} v_i \mapsto \prod_{i\in I} f_i(v_i)$$

auf $\bigotimes_{i\in I} V_i$. Die Abbildung $(f_i)_{i\in I} \mapsto \mathrm{Lin}_{i\in I} f_i$ ist ebenfalls A-multilinear und induziert dann die erwähnte kanonische Abbildung, welche durch

$$\otimes_{i\in I} f_i \mapsto \mathrm{Lin}_{i\in I} f_i$$

charakterisiert wird. Oft wird $\mathrm{Lin}_{i\in I} f_i$ wie $\otimes_{i\in I} f_i$ das Tensorprodukt der Linearformen f_i, $i \in I$, genannt und ebenso bezeichnet; aus dem Zusammenhang heraus muß dann auf die Bedeutung der Bezeichnung $\otimes_{i\in I} f_i$ geschlossen werden. Schwierigkeiten in den Anwendungen sind sicher dann nicht zu befürchten, wenn die kanonische Abbildung injektiv ist.

82.5 Satz *Sind V_i, $i \in I$, endliche freie A–Moduln, so ist der kanonische Homomorphismus*

$$\bigotimes_{i\in I} V_i^* \to (\bigotimes_{i\in I} V_i)^*$$

mit $\otimes_{i\in I} f_i \mapsto (\otimes_{i\in I} v_i \mapsto \prod_{i\in I} f_i(v_i))$ *bijektiv.*

Beweis. Setzt man im kanonischen Homomorphismus aus 82.1 überall $W_i = A$ und ersetzt man zudem $\mathsf{T}^i(A)$ kanonisch durch A, vgl. §80, Aufgabe 15, so erhält man den Homomorphismus aus 82.5. Satz 82.5 ist also ein Korollar zu 82.1. •

Unter der Voraussetzung von 82.5 kann man auch sagen, daß das Tensorprodukt mit der Bildung von Dualen vertauschbar sei.

Beispiel 3 (Tensorprodukte von Sesquilinearfunktionen) Seien A ein kommutativer Ring mit Involution $a \mapsto \overline{a}$ und V_i, $i \in I$, sowie W_i, $i \in I$, endliche Familien von A–Moduln.

82.6 Satz *Es gibt eine kanonische A–lineare Abbildung*

$$\bigotimes_{i\in I} \mathrm{Sesq}_A(V_i, W_i) \to \mathrm{Sesq}_A(\bigotimes_{i\in I} V_i, \bigotimes_{i\in I} W_i)\,.$$

Diese ist bijektiv, wenn V_i, $i \in I$, und W_i, $i \in I$, freie endliche A–Moduln sind.

Beweis. Man hat kanonische A–Isomorphien $\mathrm{Sesq}_A(V_i, W_i) = (V_i \otimes_A \overline{W}_i)^*$, wobei Überqueren die Bildung des Antimoduls bedeutet, vgl. §70, Bemerkung 1. Mit dem Homomorphismus aus Beispiel 2 erhält man so eine kanonische Abbildung

$$\bigotimes_{i\in I} \mathrm{Sesq}_A(V_i, W_i) \to \bigotimes_{i\in I}(V_i \otimes_A \overline{W}_i)^* \to (\bigotimes_{i\in I}(V_i \otimes_A \overline{W}_i))^*\,.$$

Die Assoziativität des Tensorproduktes und die simple Tatsache, daß Antimodul–Bildung und Tensorprodukt vertauschbar sind, erlauben, mit den Isomorphien

$$(\bigotimes_{i\in I}(V_i \otimes_A \overline{W}_i))^* \to ((\bigotimes_{i\in I} V_i) \otimes_A \overline{(\bigotimes_{i\in I} W_i)})^* \to \mathrm{Sesq}_A(\bigotimes_{i\in I} V_i, \bigotimes_{i\in I} W_i)$$

fortzufahren. Die Komposition liefert die gewünschte Abbildung. Der Zusatz ergibt sich dabei aus 82.5. •

Die kanonische Abbildung aus 82.6 ordnet einer Familie

$$\Phi_i : V_i \times W_i \to A$$

von Sesquilinearfunktionen die Sesquilinearfunktion

$$\Phi : (\bigotimes_{i\in I} V_i) \times (\bigotimes_{i\in I} W_i) \to A$$

zu, welche auf zerlegbaren Tensoren durch

$$\Phi(\otimes_{i\in I}v_i, \otimes_{i\in I}w_i) = \prod_{i\in I}\Phi_i(v_i, w_i)$$

gegeben ist. Bei $I = \emptyset$ ist $\Phi : A \times A \to A$ die Abbildung $(a, b) \mapsto a\bar{b}$. Φ wird oft wie das Element $\otimes_{i\in I}\Phi_i$ von $\bigotimes_{i\in I}\mathrm{Sesq}_A(V_i, W_i)$ das Tensorprodukt der Sesquilinearfunktionen Φ_i, $i \in I$, genannt und ebenso bezeichnet; Mehrdeutigkeiten sind jedenfalls dann harmlos, wenn die kanonische Abbildung aus 82.6 injektiv ist.

82.7 Satz *Definieren die Sesquilinearfunktionen $\Phi_i : V_i \times W_i \to A$, $i \in I$, vollständige Dualitäten freier endlicher A-Moduln V_i, W_i, $i \in I$, so definiert auch ihr Tensorprodukt Φ eine vollständige Dualität.*

Beweis. Sei x_{ij_i}, $j_i \in J_i$, eine Basis von V_i und y_{ir_i}, $r_i \in J_i$, die zugehörige duale Basis von W_i bezüglich Φ_i. Es genügt zu zeigen, daß die zugehörigen Tensorprodukte der Basen dual bezüglich Φ sind. Es ist aber:

$$\Phi(\otimes_{i\in I}x_{ij_i}, \otimes_{i\in I}y_{ir_i}) = \prod_{i\in I}\Phi_i(x_{ij_i}, y_{ir_i}) = \prod_{i\in I}\delta_{j_i,r_i},$$

woraus die Behauptung folgt. •

Die Überlegungen dieses Beispiels lassen sich insbesondere auf Bilinearfunktionen anwenden.

Das Tensorprodukt ist mit beliebigen direkten Summen vertauschbar. Es genügt hier, den Fall zweier Faktoren vorzustellen:

82.8 Satz *Seien A ein kommutativer Ring, V und W Moduln über A und*

$$\alpha_i : V_i \to V\,,\quad i \in I\,,\qquad bzw.\quad \beta_j : W_j \to W\,,\quad j \in J\,,$$

Darstellungen von V bzw. W als direkte Summen der Moduln V_i, $i \in I$, bzw. W_j, $j \in J$. Dann ist

$$\alpha_i\otimes\beta_j : V_i\otimes_A W_j \to V\otimes_A W\,,\quad (i,j) \in I \times J\,,$$

eine Darstellung von $V\otimes_A W$ als direkte Summe der Moduln $V_i\otimes_A W_j$, $(i,j) \in I \times J$.

Beweis. Für ein $k \in I$ bezeichne P_k die Projektion von V auf $\alpha_k(V_k)$ längs der übrigen direkten Summanden $\alpha_i(V_i)$, $i \neq k$, und $\rho_k : V \to V_k$ die wohldefinierte Komposition $\rho_k := \alpha_k^{-1}P_k$. Es gilt dann $\rho_i\alpha_i = \mathrm{id}$, $\rho_k\alpha_i = 0$ bei $k \neq i$. Analog konstruiert man Homomorphismen $\sigma_l : W \to W_l$ für $l \in J$ derart, daß gilt $\sigma_j\beta_j = \mathrm{id}$, $\sigma_l\beta_j = 0$ bei $l \neq j$. Offensichtlich gilt dann

$$(\rho_i\otimes\sigma_j)(\alpha_i\otimes\beta_j) = \mathrm{id}_{V_i\otimes W_j}\,,\quad (\rho_k\otimes\sigma_l)(\alpha_i\otimes\beta_j) = 0 \quad \text{bei} \quad (k,l) \neq (i,j)\,.$$

Es genügt daher zu zeigen, daß $V\otimes_A W$ die Summe der Bilder der Homomorphismen $\alpha_i\otimes\beta_j$ ist, und sogar nur, daß jeder zerlegbare Tensor $v\otimes w$ zu der genannten Summe gehört. Es gibt aber Darstellungen

$$v = \sum_{i\in I}\alpha_i(v_i)\,,\quad w = \sum_{j\in J}\beta_j(w_j)$$

mit Elementen $v_i \in V_i$, $w_j \in W_j$, die für fast alle $i \in I$ und $j \in J$ verschwinden. Nun ist

$$v \otimes w = \sum_{i,j} \alpha_i(v_i) \otimes \beta_j(w_j) = \sum_{i,j} (\alpha_i \otimes \beta_j)(v_i \otimes w_j) . \qquad \bullet$$

Beispiel 4 Setzt man in 82.8 für eine der Darstellungen als direkte Summe die triviale Darstellung $V \to V$ oder $W \to W$ ein, so erhält man die genaue Beschreibung des Sachverhaltes, daß das Tensorprodukt in jeder Variablen mit beliebigen direkten Summen vertauschbar ist. Dies verwendet man beispielsweise beim Grundringwechsel: Seien A ein kommutativer Ring, B eine A–Algebra und V_i, $i \in I$, irgendeine Familie von A–Moduln. Dann hat man nach 82.8 eine kanonische A–Isomorphie

$$(\bigoplus_{i \in I} V_i)_{(B)} = \bigoplus_{i \in I} (V_i)_{(B)} .$$

Diese ist offenbar auch eine Isomorphie von B–Moduln.

Bemerkung 1 Der Funktor Hom ist ebenso wie der Funktor $\otimes$ additiv, vgl. §42, und daher mit der Bildung *endlicher* direkter Summen in seinen Variablen verträglich. Darüber hinausgehende Eigenschaften sind in §39, Bemerkung 1 und 2 sowie Aufgabe 21 besprochen. Zur Verträglichkeit des Tensorproduktes mit direkten Produkten siehe Aufgabe 18 unten.

Eine grundlegende Eigenschaft des Tensorproduktes wird wie folgt beschrieben.

82.9 Satz *Seien A ein kommutativer Ring und*

$$X' \xrightarrow{g'} X \xrightarrow{g} X'' \to 0$$

eine exakte Sequenz von A–Moduln. Für jeden A–Modul V ist dann

$$V \otimes_A X' \xrightarrow{V \otimes g'} V \otimes_A X \xrightarrow{V \otimes g} V \otimes_A X'' \to 0$$

eine exakte Sequenz von A–Moduln.

Beweis. Nach 80.6(2) ist $V \otimes g$ surjektiv. Wegen $(V \otimes g)(V \otimes g') = V \otimes gg' = 0$ ist das Bild von $V \otimes g'$ im Kern von $V \otimes g$ enthalten. Um hier die Gleichheit zu bekommen, ist zu zeigen, daß der von $V \otimes g$ induzierte Homomorphismus von $Z := (V \otimes_A X)/\mathrm{Bild}(V \otimes g')$ in $V \otimes_A X''$ injektiv, d.h. insgesamt bijektiv ist. Wir konstruieren die Umkehrabbildung. Seien dazu $v \in V$ und $x'' \in X''$. Es gibt ein $x \in g^{-1}(x'')$. Die Restklasse $\overline{v \otimes x}$ von $v \otimes x$ in Z hängt offensichtlich nicht von der Wahl von $x \in g^{-1}(x'')$, sondern nur von v und x'' ab. Die Abbildung $(v, x'') \mapsto \overline{v \otimes x}$ von $V \times X''$ in Z ist A–bilinear und induziert einen Homomorphismus, der die gesuchte Umkehrung ist. •

Wegen der Kommutativität des Tensorproduktes ist ein zu 82.9 analoger Satz über das Tensorieren mit V von rechts richtig, den wir im folgenden ohne weiteres unter 82.9 zitieren.

Bemerkung 2 Man drückt die in 82.9 angegebene Eigenschaft des Tensorproduktes mit Worten so aus: Das Tensorprodukt (der Funktor $\otimes$) ist rechts-exakt. Die Sätze 42.6 und 42.7 werden demgegenüber so beschrieben: Der Funktor Hom ist links-exakt.

Beispiel 5 (Tensorprodukte von Restklassenmoduln) Sei $f: V \to W$ ein Homomorphismus von Moduln über dem kommutativen Ring A. Die kanonische Sequenz

$$V \xrightarrow{f} W \to \mathrm{Kokern} f \to 0$$

ist exakt. Nach 82.9 ist dann für jeden A-Modul U auch

$$U \otimes_A V \xrightarrow{U \otimes f} U \otimes_A W \to U \otimes_A \mathrm{Kokern} f \to 0$$

exakt, mit anderen Worten: Wir haben eine kanonische A-Isomorphie

$$U \otimes_A \mathrm{Kokern} f \cong \mathrm{Kokern}(U \otimes f)\,.$$

Insbesondere gilt für jeden Untermodul V' von V:

$$U \otimes_A (V/V') \cong (U \otimes_A V)/\mathrm{Bild}(U \otimes_A V' \to U \otimes_A V)\,.$$

Wenden wir dieses Resultat noch einmal in der ersten Variablen des Tensorproduktes an, so erhalten wir insgesamt eine kanonische A-Isomorphie

$$(U/U') \otimes_A (V/V') \cong$$
$$(U \otimes_A V)/(\mathrm{Bild}(U' \otimes_A V \to U \otimes_A V) + \mathrm{Bild}(U \otimes_A V' \to U \otimes_A V))$$

für beliebige Untermoduln $U' \subseteq U$, $V' \subseteq V$. Man benutzt dies auch zur praktischen Berechnung von Tensorprodukten, indem man die Faktoren als Restklassenmoduln freier Moduln darstellt.

Beispiel 6 (Darstellung von Moduln beim Grundringwechsel) Seien A ein kommutativer Ring und B eine A-Algebra mit Strukturhomomorphismus $\varphi: A \to B$. Ein A-Modul V sei mittels Erzeugenden und Relationen, d.h. durch eine exakte Sequenz

$$A^{(J)} \to A^{(I)} \to V \to 0$$

gegeben, vgl. §42, Beispiel 8. Dann ist nach 82.9 auch die Sequenz

$$B \otimes_A A^{(J)} \to B \otimes_A A^{(I)} \to V_{(B)} \to 0$$

von B-Moduln exakt. Setzen wir unter Verwendung von 81.1 noch $B^{(J)}$ für $B \otimes_A A^{(J)}$ usw., so erhalten wir die Darstellung

$$B^{(J)} \to B^{(I)} \to V_{(B)} \to 0$$

von $V_{(B)}$. Explizit: Ist x_i, $i \in I$, ein Erzeugendensystem von V und $y_j = (a_{ij})_{i \in I}$, $j \in J$, ein Erzeugendensystem von $\mathrm{Rel}_A(x_i)_{i \in I}$, so ist $(\varphi(a_{ij}))_{i \in I}$, $j \in J$, ein Erzeugendensystem des Relationenmoduls $\mathrm{Rel}_B(1 \otimes x_i)_{i \in I}$ des Erzeugendensystems $1 \otimes x_i$, $i \in I$, von $V_{(B)}$. Insbesondere gilt: Ist V ein A-Modul von endlicher Darstellung, so ist $V_{(B)}$ ein B-Modul von endlicher Darstellung.

Beispiel 7 (Tensorprodukte von Restklassenalgebren) Seien A ein kommutativer Ring, B und C Algebren über A und $\mathbf{b} \subseteq B$, $\mathbf{c} \subseteq C$ zweiseitige Ideale. Bezeichnen wir mit $[\mathbf{b} \otimes_A C]$ bzw. $[B \otimes_A \mathbf{c}]$ kurz das Bild von $\mathbf{b} \otimes_A C$

bzw. $B \otimes_A \mathbf{c}$ in $B \otimes_A C$, so haben wir nach Beispiel 5 eine kanonische A-lineare Isomorphie

$$(B/\mathbf{b}) \otimes_A (C/\mathbf{c}) \cong (B \otimes_A C)/([\mathbf{b} \otimes_A C] + [B \otimes_A \mathbf{c}]),$$

die vom Tensorprodukt der Restklassenabbildungen $B \to B/\mathbf{b}$ und $C \to C/\mathbf{c}$ induziert wird (eine Abbildung von rechts nach links). Dieses Tensorprodukt ist aber ein A-Algebra-Homomorphismus! Die angegebene A-lineare Isomorphie ist also, da $[\mathbf{b} \otimes_A C]$ und $[B \otimes_A \mathbf{c}]$ offensichtlich zweiseitige Ideale in $B \otimes_A C$ sind, eine *Isomorphie von A-Algebren.*

Ist B kommutativ und $\mathbf{b} = 0$, so ist die Isomorphie sogar eine *Isomorphie von B-Algebren.* Man hat

$$(C/\mathbf{c})_{(B)} = B \otimes_A (C/\mathbf{c}) \cong C_{(B)}/[B \otimes_A \mathbf{c}],$$

kurz gesagt, die Bildung von Restklassenringen ist mit dem Grundringwechsel verträglich.

Man wendet das Vorstehende häufig zur konkreten Bestimmung des Tensorproduktes von (kommutativen) Algebren an. Seien etwa B' und C' kommutative A-Algebren, zu denen Restklassendarstellungen

$$B' = A[X_i : i \in I]/\mathbf{b}, \quad C' = A[Y_j : j \in J]/\mathbf{c}$$

mit Polynomalgebren über A und Polynomidealen $\mathbf{b}, \mathbf{c}$ gegeben seien. Zusammen mit der kanonischen Isomorphie nach §80, Beispiel 13 erhält man eine kanonische A-Algebra-Isomorphie

$$B' \otimes_A C' \cong A[X_i, Y_j : i \in I, j \in J]/[\mathbf{b}, \mathbf{c}],$$

wobei $[\mathbf{b}, \mathbf{c}]$ hier das von $\mathbf{b}$ und $\mathbf{c}$ in $A[X_i, Y_j : i \in I, j \in J]$ erzeugte Ideal bezeichnet.

Schließlich erhält man für eine kommutative A-Algebra B und

$$C' = A[Y_j : j \in J]/\mathbf{c}$$

zusammen mit der kanonischen Isomorphie nach §81, Beispiel 11 eine kanonische B-Algebra-Isomorphie

$$C'_{(B)} = B \otimes_A C' \cong B[Y_j : j \in J]/[\mathbf{c}],$$

wobei $[\mathbf{c}]$ hier das von den kanonischen Bildern der Polynome aus $\mathbf{c}$ in $B[Y_j : j \in J]$ erzeugte Ideal ist. Ist speziell

$$C' = A[Y]/A[Y]\alpha,$$

so ist, wenn $\tilde{\alpha}$ das Polynom bezeichnet, das aus α durch Abbilden der Koeffizienten vermöge der Strukturabbildung $A \to B$ entsteht:

$$(A[Y]/A[Y]\alpha)_{(B)} \cong B[Y]/B[Y]\tilde{\alpha}.$$

Sei A ein kommutativer Ring. Ist

$$X' \xrightarrow{g'} X \xrightarrow{g} X''$$

eine exakte Sequenz von A-Moduln und V ein weiterer A-Modul, so ist die tensorierte Sequenz

$$V \otimes_A X' \xrightarrow{V \otimes g'} V \otimes_A X \xrightarrow{V \otimes g} V \otimes_A X''$$

i.a. nicht exakt, wenn nicht besondere Verhältnisse bei der Sequenz oder bei V vorliegen.

Beispiel 8 Ist $0 \to X \xrightarrow{g} X''$ eine exakte Sequenz, ist also g injektiv, so bedeutete die Exaktheit der mit V tensorierten Sequenz wegen $V \otimes 0 = 0$ gerade, daß $V \otimes g$ injektiv wäre. Dies braucht nicht der Fall zu sein, s. §80, Beispiel 10.

Andererseits ist die tensorierte Sequenz $V \otimes X' \to V \otimes X \to V \otimes X''$ nach 82.9 jedenfalls dann exakt, wenn g surjektiv ist. Einen anderen Fall haben wir schon in 82.8 mitbehandelt: *Ist*

$$0 \to X' \xrightarrow{g'} X \xrightarrow{g} X'' \to 0$$

eine aufspaltende exakte Sequenz von A-Moduln, dann ist für jeden A-Modul V

$$0 \to V \otimes_A X' \xrightarrow{V \otimes g'} V \otimes_A X \xrightarrow{V \otimes g} V \otimes_A X'' \to 0$$

eine exakte Sequenz, die aufspaltet. Ein direkter Beweis ergibt sich leicht mit 82.9 und 80.6(3).

82.10 Satz *Seien A ein kommutativer Ring, V ein freier A-Modul und*

$$X' \xrightarrow{g'} X \xrightarrow{g} X''$$

eine exakte Sequenz von A-Moduln. Dann ist auch

$$V \otimes_A X' \xrightarrow{V \otimes g'} V \otimes_A X \xrightarrow{V \otimes g} V \otimes_A X''$$

eine exakte Sequenz von A-Moduln.

Beweis. Sei v_j, $j \in J$, eine Basis von V. Dann ist, wie man sofort sieht, das Diagramm

$$\begin{array}{ccccc} V \otimes X' & \xrightarrow{V \otimes g'} & V \otimes X & \xrightarrow{V \otimes g} & V \otimes X'' \\ \uparrow & & \uparrow & & \uparrow \\ X'^{(J)} & \xrightarrow{g'^{(J)}} & X^{(J)} & \xrightarrow{g^{(J)}} & X''^{(J)} \end{array}$$

mit den vertikalen Isomorphien gemäß Lemma 80.4 kommutativ; die untere Zeile ist als J-fache direkte Summe der exakten Ausgangssequenz ebenfalls exakt. Folglich ist auch die obere Zeile des Diagramms exakt. •

Satz 82.10 läßt sich insbesondere in der Vektorraumtheorie über Körpern anwenden: *Aus einer exakten Sequenz von Vektorräumen entsteht durch Tensorieren mit einem festen Vektorraum wieder eine exakte Sequenz von Vektorräumen.*

Definition Sei A ein kommutativer Ring. Ein A-Modul V heißt flach über A, wenn exakte Sequenzen von A-Moduln beim Tensorieren mit V stets in exakte Sequenzen übergehen. Eine A-Algebra B heißt flach, wenn sie als A-Modul flach ist.

Satz 82.10 kann jetzt so formuliert werden: *Freie Moduln sind flach.* Von dem nachfolgenden Beispiel abgesehen untersuchen wir flache Moduln und Algebren erst in §88.

Bemerkung 3 Ein Funktor in einer Variablen heißt e x a k t, wenn er exakte Sequenzen in ebensolche überführt. Ein A-Modul V ist genau dann flach, wenn der Funktor $V \otimes_A (\cdots)$ exakt ist. Die wichtigen Klassen der projektiven und der injektiven Moduln lassen sich analog durch Exaktheitsforderungen für die einzelnen Variablen des Funktors Hom charakterisieren, vgl. V.B.1, V.C.1.

Beispiel 9 (N e n n e r a u f n a h m e) Seien A ein kommutativer Ring und S ein multiplikatives System in A. Nach §81, Beispiel 7 und 51.7 ist das Tensorieren mit A_S über A exakt, d.h. *A_S ist eine flache A-Algebra.* (Man gewinnt in den A_S übrigens im allgemeinen auch flache Algebren (insbesondere: flache Moduln), die nicht frei sind, vgl. §35, Aufgabe 4.)

Sei nun V ein A-Modul. Das Diagramm

$$\begin{array}{ccc} V & & \\ {\scriptstyle \iota_V}\downarrow & \searrow & \\ A_S \otimes_A V & \leftrightarrow & V_S \end{array}$$

mit den kanonischen Homomorphismen $x \mapsto (1/1) \otimes x$ bzw. $x \mapsto x/1$ von V ist kommutativ. Daher ist der Kern von ι_V nichts anderes als der Untermodul derjenigen $x \in V$, zu denen es ein $s \in S$ mit $sx = 0$ gibt.

Fassen wir dies noch einmal in der speziellen Situation zusammen, in der A ein Integritätsbereich ist, S das multiplikative System aller Elemente $\neq 0$ in A und somit $A_S = K$ der Quotientenkörper von A. Der Kern der kanonischen Abbildung

$$V \to K \otimes_A V$$

ist dann gerade der Torsions-Untermodul von V. Exakte Sequenzen von A-Moduln gehen beim Tensorieren mit K in exakte Sequenzen von K-Vektorräumen über. Schließlich ist

$$\mathrm{Rang}_A V = \mathrm{Dim}_K (K \otimes_A V)$$

nach §51, Beispiel 11. Rangberechnungen werden durch das Rechnen mit exakten Sequenzen (über A und dann über K) übersichtlicher.

Aufgaben

1. Seien V_i, $i \in I$, und W_i, $i \in I$, endliche Familien von Vektorräumen über dem Körper K. Dann sind die kanonischen linearen Abbildungen

$$\bigotimes_{i \in I} \mathrm{Hom}_K(V_i, W_i) \to \mathrm{Hom}_K\Big(\bigotimes_{i \in I} V_i, \bigotimes_{i \in I} W_i\Big), \quad \bigotimes_{i \in I} V_i^* \to \Big(\bigotimes_{i \in I} V_i\Big)^*$$

injektiv. (§80, Aufgabe 17, und Induktion über Kard$I$.)

2. Seien K ein Körper und V, W Vektorräume über K. Mit den kanonischen Abbildungen ins Bidual und anschließenden kanonischen Abbildungen aus Beispiel 1 definiert man kanonische K-lineare Abbildungen

$$\lambda : V \otimes_K W \to \mathrm{Hom}_K(V^*, W), \quad \rho : V \otimes_K W \to \mathrm{Hom}_K(W^*, V)$$

mit $v \otimes w \mapsto (e \mapsto e(v)w)$ bzw. $v \otimes w \mapsto (f \mapsto f(w)v)$. Sei $z \in V \otimes_K W$ und $r(z)$ der Rang von z (vgl. §80, Aufgabe 9). Dann gilt:

$$\mathrm{Rang}_K \lambda(z) = r(z) = \mathrm{Rang}_K \rho(z).$$

3. Seien A ein kommutativer Ring, V ein endlicher freier A-Modul und

$$h : V^* \otimes_A V \to \mathrm{End}_A V$$

die kanonische Isomorphie. $h^{-1}(\mathrm{id}_V)$ heißt ein Einheitstensor. Daneben betrachte man den kanonischen Homomorphismus

$$g : V^* \otimes_A V \to \mathrm{End}_A(V^*)$$

mit $e \otimes w \mapsto (\lambda \mapsto \lambda(w)e)$. (Dieser ist Komposition der kanonischen Abbildung $V^* \otimes_A V \to V^* \otimes_A V^{**}$ mit einem Homomorphismus wie h und daher hier ebenfalls eine Isomorphie.)

a) Sei v_i, $i \in I$, eine Basis von V und v_i^*, $i \in I$, die zugehörige Dualbasis von V^*. Für jedes $f \in \mathrm{End}_A V$ gilt:

$$h^{-1}(f) = \sum_{i \in I} v_i^* \otimes f(v_i) = \sum_{i \in I} f^*(v_i^*) \otimes v_i = g^{-1}(f^*).$$

Insbesondere ist $\sum_{i \in I} v_i^* \otimes v_i$ der Einheitstensor.

b) Sei $\alpha : V^* \otimes_A V \to A$ die Auswertung. Dann ist $\alpha h^{-1} : \mathrm{End}_A V \to A$ die Spur.

4. Sei V ein Vektorraum über dem Körper K. Die kanonische Abbildung

$$h : V^* \otimes_K V \to \mathrm{End}_K V$$

ist injektiv. Ihr Bild besteht aus den linearen Operatoren von endlichem Rang. (Bemerkung: Sei $f \in \mathrm{End}_K V$ ein Operator von endlichem Rang. Dann definiert man seine Spur

$$\mathrm{Sp}(f)$$

als Bild von $h^{-1}(f)$ unter der Auswertung $V^* \otimes_K V \to K$; vgl. dazu Aufgabe 3. Der von f auf dem endlichdimensionalen Vektorraum $V/\mathrm{Kern} f$ induzierte Operator hat dieselbe Spur wie f. Ferner ist $\mathrm{Sp}(f)$ die Spur des von f auf der (endlichdimensionalen) Fittingschen 1–Komponente induzierten Operators.)

5. Seien V, W, X Moduln über dem kommutativen Ring A. Die Komposition von Abbildungen induziert wegen 35.4 einen kanonischen A–Homomorphismus

$$\mathrm{Hom}_A(X, W) \otimes_A \mathrm{Hom}_A(V, X) \to \mathrm{Hom}_A(V, W).$$

Man diskutiere, welche bereits bekannten kanonischen Homomorphismen daraus durch Spezialisieren entstehen.

6. Seien V, W Moduln über dem kommutativen Ring A, $z \in V^* \otimes_A W$ ein Tensor und f sein kanonisches Bild in $\mathrm{Hom}_A(V, W)$. Sei $\alpha : W \to W^{**}$ die kanonische Abbildung ins Bidual. Bildet man z mit $V^* \otimes \alpha$ nach $V^* \otimes_A W^{**} = V^* \otimes_A (W^*)^*$ und von dort kanonisch nach $\mathrm{Hom}_A(W^*, V^*)$ ab, so erhält man gerade f^*.

7. Seien $\Phi_i : V_i \times W_i \to A$, $i \in I$, endlich viele Bilinearfunktionen über dem kommutativen Ring A und Φ ihr Tensorprodukt, vgl. Bsp. 3. Seien $\sigma_i : V_i \to W_i^*$, $i \in I$, $\tau_i : W_i \to V_i^*$, $i \in I$, $\sigma : \bigotimes_{i \in I} V_i \to (\bigotimes_{i \in I} W_i)^*$, $\tau : \bigotimes_{i \in I} W_i \to (\bigotimes_{i \in I} V_i)^*$ die den Φ_i, $i \in I$, und Φ gemäß §70 zugeordneten kanonischen Homomorphismen. Unter Zuhilfenahme von 82.1 und Beispiel 2 konstruiert man kanonische

Homomorphismen

$$\bigotimes_{i\in I} \mathrm{Hom}_A(V_i, W_i^*) \to \mathrm{Hom}_A(\bigotimes_{i\in I} V_i, (\bigotimes_{i\in I} W_i)^*),$$

$$\bigotimes_{i\in I} \mathrm{Hom}_A(W_i, V_i^*) \to \mathrm{Hom}_A(\bigotimes_{i\in I} W_i, (\bigotimes_{i\in I} V_i)^*).$$

Diese bilden $\otimes_{i\in I}\sigma_i$ auf σ bzw. $\otimes_{i\in I}\tau_i$ auf τ ab.

8. Über einem Körper ist das Tensorprodukt nicht ausgearteter Bilinearfunktionen wieder nicht ausgeartet. (Aufgaben 1,7.)

9. Seien V, W Moduln über dem kommutativen Ring A. Mit Φ sei das Tensorprodukt der kanonischen Bilinearformen $V \times V^* \to A$ und $W \times W^* \to A$ durch Auswertung bezeichnet, mit σ bzw. τ die zugehörigen kanonischen Abbildungen

$$\sigma : V \otimes_A W \to (V^* \otimes_A W^*)^*, \quad \tau : V^* \otimes_A W^* \to (V \otimes_A W)^*.$$

a) τ ist die in Beispiel 2 eingeführte Abbildung. Wie faktorisiert σ sich über das Tensorprodukt der kanonischen Abbildungen $V \to V^{**}$ und $W \to W^{**}$?

b) Sind V, W freie, nicht endliche Moduln, so ist τ nicht bijektiv. (τ ist hier nichts anderes als der Homomorphismus aus §80, Aufgabe 28.)

c) Sei $A := \mathbb{Z}/\mathbb{Z}4$ und $\mathbf{m}(= \mathbb{Z}2/\mathbb{Z}4)$ das maximale Ideal in A. Dann ist $\mathbf{m} \cong A/\mathbf{m} \cong \mathbf{m}^*$ ein reflexiver A–Modul, d.h. die Bilinearform auf $\mathbf{m} \times \mathbf{m}^*$ durch Auswertung definiert eine vollständige Dualität. Das Tensorprodukt dieser Bilinearform mit sich selbst ist hingegen trivial und definiert keine vollständige Dualität. (Es ist $\mathbf{m} \otimes_A \mathbf{m} \cong \mathbf{m}$.)

10. Seien A ein kommutativer Ring mit Involution $a \mapsto \overline{a}$. Unter Benutzung von Antimoduln lassen sich Sesquilinearfunktionen als Bilinearfunktionen umdeuten:

$$\mathrm{Sesq}_A(V, W) = \mathrm{Mult}_A(V, \overline{W}).$$

Mit dieser Betrachtungsweise zeige man: Über einem Körper ist das Tensorprodukt nicht ausgearteter Sesquilinearfunktionen wieder nicht ausgeartet. (Die Umdeutung respektiert Tensorprodukte.)

11. Seien A ein kommutativer Ring mit Involution $a \mapsto \overline{a}$ und $\Phi_i : V_i \times V_i \to A$, $i \in I$, eine endliche Familie von Sesquilinearformen. Sind alle Φ_i hermitesch, so gilt dies auch für ihr Tensorprodukt. Was passiert, wenn einige der Φ_i schiefhermitesch sind?

12. Sei Φ_i, $i \in I$, eine endliche Familie von hermiteschen Formen auf $\mathbb{K}$–Vektorräumen V_i, $i \in I$; der Sprachgebrauch von "hermitesch" sei dabei derselbe wie in §72. Mit Φ sei das Tensorprodukt der Φ_i, $i \in I$, bezeichnet.

a) Sind die V_i, $i \in I$, endlichdimensional, so sind der Rang bzw. die Signatur von Φ gleich dem Produkt der Ränge bzw. der Signaturen der Φ_i, $i \in I$. (Man betrachtet das Tensorprodukt von Orthogonalbasen.)

b) Sind die Φ_i, $i \in I$, positiv definit bzw. positiv semidefinit, so gilt Entsprechendes für Φ. (Man reduziert auf den endlichdimensionalen Fall.)

13. Seien A ein Integritätsbereich, B eine flache kommutative A–Algebra und V ein A–Modul.

a) Ist V torsionsfreier A–Modul, so ist $V_{(B)}$ torsionsfreier B–Modul. ($V_{(B)}$ wird ausgeschöpft durch Moduln $U_{(B)} \subseteq V_{(B)}$, wobei U endlicher A–Modul ist. Da U Untermodul eines freien A–Moduls ist, ist $U_{(B)}$ Untermodul eines freien B–Moduls und damit torsionsfrei.)

b) Für die Torsionsuntermoduln bezüglich A bzw. B gilt:

$$\mathrm{t}_B V_{(B)} = (\mathrm{t}_A V)_{(B)} \,.$$

(Man tensoriert die exakte Sequenz $0 \to \mathrm{t}_A V \to V \to V/\mathrm{t}_A V \to 0$ mit B.)

(Bemerkung. Verwendung findet b) in der Operatorentheorie, §66, Bemerkung 2. Dort ist K ein Körper, L ein Erweiterungskörper von K und B die freie Algebra $L[X]$ über $A = K[X]$.)

14. Seien A ein kommutativer Ring, V ein A–Modul und $\mathbf{a}, \mathbf{b}$ Ideale in A.

a) Die Moduln $(V/\mathbf{a}V)\otimes_A(V/\mathbf{b}V)$ und $V/(\mathbf{a}+\mathbf{b})V$ sind (kanonisch) isomorph.

b) Der Kern des Homomorphismus

$$j\otimes(A/\mathbf{b}) : (\mathbf{a}V)\otimes_A(A/\mathbf{b}) \to V\otimes_A(A/\mathbf{b}) \,,$$

wobei $j : \mathbf{a}V \to V$ die Inklusion ist, ist zu $(\mathbf{a}V \cap \mathbf{b}V)/\mathbf{ab}V$ isomorph. Genau dann ist $j\otimes(A/\mathbf{b})$ injektiv, wenn $\mathbf{a}V \cap \mathbf{b}V = \mathbf{ab}V$ ist.

15. Seien A ein kommutativer Ring und V, W Moduln über A.

a) Sind V und W Moduln von endlicher Darstellung, so ist auch $V\otimes_A W$ ein Modul von endlicher Darstellung.

b) Ist V endlicher Modul und W noetherscher (bzw. artinscher) Modul, so ist $V\otimes_A W$ ebenfalls noetherscher (bzw. artinscher) Modul.

c) Sind V und W Moduln endlicher Länge, so ist auch $V\otimes_A W$ ein Modul endlicher Länge und es gilt:

$$\ell_A(V\otimes_A W) \leq \ell_A(V) \cdot \ell_A(W) \,.$$

Das Gleichheitszeichen braucht nicht zu gelten. (Man betrachte zyklische A–Moduln.)

d) Sind V und W noethersch, so ist auch $V\otimes_A W$ noethersch.

e) Sind V und W artinsch, so ist auch $V\otimes_A W$ artinsch. (Artinsche Induktion verwendend, darf man annehmen, daß die Behauptung für alle echten Untermoduln von V richtig ist. Sei $t = \sum_{i\in I} v_i \otimes w_i$ ein beliebiges Element von $V\otimes_A W$. Dann ist $A/\mathrm{Ann}_A w_i$ artinsch für $i \in I$. Nach 38.23 gibt es ein Ideal $\mathbf{a}$ in A derart, daß $A/\mathbf{a}$ artinsch ist und $\mathbf{a}w_i = 0$ ist für $i \in I$. Bei $V = \mathbf{a}V$ ist offenbar $t = 0$. Bei $V \neq \mathbf{a}V$ zeigt die exakte Sequenz

$$\mathbf{a}V\otimes_A W \to V\otimes_A W \to (V/\mathbf{a}V)\otimes_A W \to 0$$

wegen $(V/\mathbf{a}V)\otimes_A W = (V/\mathbf{a}V)\otimes_{A/\mathbf{a}}(W/\mathbf{a}W)$, daß man A artinsch annehmen kann. Siehe nun V.G, Aufgabe 2.)

16. Seien A ein kommutativer Ring, B eine A–Algebra und $f : V \to W$ ein Homomorphismus von A–Moduln. Dann gibt es eine kanonische B–Isomorphie

$$(\mathrm{Kokern}\, f)_B = \mathrm{Kokern}\, f_{(B)}$$

und kanonische B–Homomorphismen

$$(\mathrm{Bild} f)_{(B)} \to \mathrm{Bild} f_{(B)} \,, \quad (\mathrm{Kern} f)_{(B)} \to \mathrm{Kern} f_{(B)} \,,$$

die jedenfalls dann bijektiv sind, wenn B flache A–Algebra ist. (Man untersucht die kanonische Vierersequenz zu f, vgl. §42, Beispiele 3,5.)

17. Seien A ein Integritätsbereich und V, W Moduln über A.

a) Es ist $\mathrm{Rang}_A(V \oplus W) = \mathrm{Rang}_A V + \mathrm{Rang}_A W$.

b) Es ist $\mathrm{Rang}_A(V \otimes_A W) = \mathrm{Rang}_A V \cdot \mathrm{Rang}_A W$.

c) Es ist $\mathrm{Rang}_A \mathrm{Hom}_A(V, W) = \mathrm{Rang}_A V \cdot \mathrm{Rang}_A W$, falls V endlicher A–Modul ist. (§51, Aufgabe 6.) Die Formel gilt nicht ohne Einschränkungen, auch Abschätzungen $\geq$ oder $\leq$ gelten nicht generell, selbst wenn V und W endlichen Rang haben. (§81, Aufgabe 8. Ferner betrachte man die $\mathbb{Z}$–Moduln $V = \mathbb{Z}^{(\mathbb{N})}$, $W = \mathbb{Q}/\mathbb{Z}$ oder $V = \mathbb{Q}$, $W = \mathbb{Q}/\mathbb{Z}$; zum letzteren Beispiel vgl. V.D, Aufgabe 7.)

18. Seien A ein kommutativer Ring, V ein A–Modul von endlicher Darstellung und $\pi_j : W \to W_j$, $j \in J$, eine Darstellung des A–Moduls W als direktes Produkt der A–Moduln W_j,. $j \in J$, vgl. §39, Bemerkung 2. Dann ist

$$V \otimes \pi_j : V \otimes_A W \to V \otimes_A W_j \, , \quad j \in J \, ,$$

eine Darstellung des A–Moduls $V \otimes_A W$ als direktes Produkt der $V \otimes_A W_j$, $j \in J$. (Ist V frei mit endlicher Basis v_i, $i \in I$, so ist $V \otimes \pi_j$ nach 80.4 äquivalent zum Homomorphismus $\pi_j^{(I)}$, womit sich das Gewünschte ergibt. Ist V ein Modul von endlicher Darstellung, gibt es also eine exakte Sequenz $G \to F \to V \to 0$ mit endlichen freien A–Moduln F, G, so erhält man die Bijektivität der mit den $V \otimes \pi_j$ gebildeten kanonischen Abbildung

$$V \otimes_A W \to \prod_{j \in J} V \otimes_A W_j$$

nach dem Fünfer–Lemma, indem man auf beiden Seiten V mit der angegebenen exakten Sequenz variiert.)

Das Tensorprodukt ist nicht generell mit direkter Produktbildung vertauschbar. (§80, Aufgabe 28; §81, Aufgabe 9).

19. Seien V, X, W Moduln über dem kommutativen Ring A und

$$h : \mathrm{Hom}_A(V, X) \otimes_A W \to \mathrm{Hom}_A(V, X \otimes_A W)$$

der kanonische A–Homomorphismus.

a) Ist V oder W endlicher freier Modul, so ist h bijektiv. (Ist W frei mit einer Basis w_j, $j \in J$, so führt man h mittels 80.4 in die kanonische Abbildung

$$\mathrm{Hom}_A(V, X)^{(J)} \to \mathrm{Hom}_A(V, X^{(J)})$$

über, die nach §39, Bemerkung 2 bijektiv ist, wenn J endlich ist. Ist V frei mit einer Basis v_i, $i \in I$, so führt man h auf die kanonische Abbildung

$$X^I \otimes_A W \to (X \otimes_A W)^I$$

zurück, die nach 82.8 bijektiv ist, wenn I endlich ist.)

b) Ist W freier Modul, so ist h injektiv. Insbesondere: Ist $A = K$ ein Körper, so ist h injektiv.

c) Ist $X \neq 0$ und sind V, W beide nicht–endliche freie Moduln, so ist h nicht bijektiv. (Sei $V \cong A^{(I)}$, $W \cong A^{(J)}$. Durch Anwenden von 80.4 geht h in die kanonische Abbildung von $(X^I)^{(J)}$ in $(X^{(J)})^I$ über.)

d) Ist V freier Modul und W ein Modul von endlicher Darstellung, so ist h bijektiv. (Aufgabe 18.)

e) Ist V endlicher Modul und W freier Modul, so ist h bijektiv. (§39, Aufg. 21.)

f) Ist V ein endlicher Modul (bzw. ein Modul von endlicher Darstellung) und ist W flacher Modul, so ist h injektiv (bzw. bijektiv). (Man variiert V durch eine exakte Sequenz $G \to F \to V \to 0$ mit endlichen freien A–Moduln F, G. — Bemerkung. Auch a),b), e) lassen sich ähnlich beweisen.)

20. Seien V, X, W, Y Moduln über dem kommutativen Ring A. Der kanonische A–Homomorphismus

$$\mathrm{Hom}_A(V,W)\otimes_A \mathrm{Hom}_A(X,Y) \to \mathrm{Hom}_A(V\otimes_A X, W\otimes_A Y)$$

ist die Komposition folgender kanonischer Homomorphismen:

$$\begin{gathered}\mathrm{Hom}_A(V,W)\otimes_A \mathrm{Hom}_A(X,Y) \to \mathrm{Hom}_A(V, W\otimes_A \mathrm{Hom}_A(X,Y)) \to \\ \mathrm{Hom}_A(V, \mathrm{Hom}_A(X, Y\otimes_A W) \to \mathrm{Hom}_A(V\otimes_A X, Y\otimes_A W) \to \\ \mathrm{Hom}_A(V\otimes_A X, W\otimes_A Y)\,.\end{gathered}$$

Er ist bijektiv, wenn eines der Paare (V,W), (X,Y) oder (V,X) aus endlichen freien Moduln besteht.

21. Seien V_i, $i \in I$, Moduln über dem kommutativen Ring A. Sind alle von ihnen bis auf höchstens eine Ausnahme freie endliche A–Moduln, so ist die kanonische Abbildung

$$\bigotimes_{i\in I} V_i^* \to \Big(\bigotimes_{i\in I} V_i\Big)^*$$

bijektiv. (Aufgabe 20.)

22. Seien A ein kommutativer Ring, B eine kommutative A–Algebra und V, W Moduln über A. Wir betrachten den kanonischen B–Homomorphismus

$$H\colon \mathrm{Hom}_A(V,W)_{(B)} \to \mathrm{Hom}_B(V_{(B)}, W_{(B)})$$

mit $b\otimes f \mapsto bf_{(B)}$, vgl. §81, Beispiel 4. Man hat ein kommutatives Diagramm

$$\begin{array}{ccc} B\otimes_A \mathrm{Hom}_A(V,W) & \xrightarrow{H} & \mathrm{Hom}_B(B\otimes_A V, B\otimes_A W) \\ & \searrow^{h} & \updownarrow \\ & & \mathrm{Hom}_A(V, B\otimes_A W) \end{array}$$

von B–Homomorphismen; dabei ist h ein Homomorphismus wie in Aufgabe 19 (Kommutativität des Tensorproduktes benutzt) und die vertikale Abbildung die Isomorphie aus §81, Bemerkung 4. (Der Übergang von H zu h macht die Ringstruktur von B vergessen.) In folgenden Fällen ist H bijektiv:

a) B ist endliche freie A–Algebra.

b) V ist endlicher freier A–Modul.

c) B ist ein A–Modul von endlicher Darstellung, und V ist freier A–Modul.

d) B ist freie A–Algebra, und V ist ein endlicher A–Modul.

e) B ist flache A–Algebra, und V ist ein A–Modul von endlicher Darstellung.

H ist wenigstens injektiv in den Fällen:

f) B ist freie A–Algebra.

g) B ist flache A–Algebra, und V ist endlicher A–Modul.

23. (Duale und Biduale beim Grundringwechsel) Seien A ein kommutativer Ring, B eine kommutative A–Algebra, $\varphi : A \to B$ der Strukturhomomorphismus und V ein A–Modul.

a) Es gibt einen kanonischen B–Homomorphismus

$$B \otimes_A \mathrm{Hom}_A(V, A) \to \mathrm{Hom}_B(B \otimes_A V, B)$$

mit $1 \otimes e \mapsto (1 \otimes v \mapsto \varphi(e(v)))$. Ist dieser Homomorphismus bijektiv, so kann man — Duale über A und B gleichermaßen mit Sternen bezeichnend — von einer kanonischen B–Isomorphie

$$(V^*)_{(B)} = (V_{(B)})^*$$

sprechen. Fälle, in denen dies möglich ist, lassen sich beispielsweise leicht nach Aufgabe 22 angeben.

b) Es gibt ein kanonisches kommutatives Diagramm

$$\begin{array}{ccc} B\otimes_A V & \xrightarrow{B\otimes E} & B\otimes_A \mathrm{Hom}_A(\mathrm{Hom}_A(V,A),A) \\ {\scriptstyle F}\downarrow & & \downarrow{\scriptstyle \alpha} \\ \mathrm{Hom}_B(\mathrm{Hom}_B(B\otimes_A V,B),B) & \xrightarrow{\beta} & \mathrm{Hom}_B(B\otimes_A \mathrm{Hom}_A(V,A),B) \end{array}$$

von B–Homomorphismen. Dabei sind E und F die kanonischen Abbildungen ins Bidual über A bzw. B. Wie in a) wird α konstruiert, und β entsteht durch Dualisieren über B einer derartigen Abbildung. Sind α und β bijektiv, so kann man von einer kanonischen B–Isomorphie

$$(V^{**})_{(B)} = (V_{(B)})^{**}$$

sprechen. Dies ist beispielsweise der Fall, wenn V endlicher freier Modul ist: Dann sind $B \otimes E$, F, α, β bijektiv.

Sei nun B endliche freie A–Algebra, oder: Sei A noethersch, B flache A–Algebra und V endlicher A–Modul. Dann gilt:

(1) α und β sind bijektiv.

(2) Ist V torsionsloser (bzw. reflexiver) A–Modul, so ist $V_{(B)}$ torsionsloser (bzw. reflexiver) B–Modul.

24. Seien B_i, $i \in I$, und C_j, $j \in J$, endliche Familien von Algebren über dem kommutativen Ring A. Dann gibt es eine kanonische A–Algebra–Isomorphie

$$\Big(\prod_{i\in I} B_i\Big) \otimes_A \Big(\prod_{j\in J} C_j\Big) \cong \prod_{(i,j)\in I\times J} (B_i \otimes_A C_j)\,.$$

25. Seien V, W Moduln über dem kommutativen Ring A. Der kanonische A–Algebra–Homomorphismus

$$(\mathrm{End}_A V) \otimes_A (\mathrm{End}_A W) \to \mathrm{End}(V \otimes_A W)$$

(vgl. §80, Beispiel 14) ist bijektiv, wenn V oder W endlicher freier Modul ist. (Aufgabe 20. — Eine weitere Abschwächung der Voraussetzung findet man in §88, Aufgabe 40.)

26. Seien $L \supseteq K$ eine endliche Körpererweiterung und $f \in K[X]$ ein irreduzibles Polynom mit zu $[L : K]$ teilerfremdem Grad. Dann ist f in $L[X]$ ebenfalls irreduzibel. (§80, Aufgabe 22.)

27. Seien A ein kommutativer Ring, $P := A[X_i : i \in I]$ eine Polynomalgebra über A zur endlichen Indexmenge I und $f_j \in A[X_j] \subseteq P$ ein Polynom zu jedem $j \in I$. Dann gibt es eine natürliche A-Algebra-Isomorphie

$$P / \sum_{j \in I} P f_j \cong \bigotimes_{i \in I} A[X_i]/(f_i).$$

28. (Dedekindscher Reziprozitätssatz) Seien f und g Primpolynome in einer Unbestimmten X über dem Körper K. Ferner sei y eine Nullstelle von g in einem Erweiterungskörper von K, und

$$f = f_1^{\alpha_1} \cdots f_r^{\alpha_r}$$

sei eine Primfaktorzerlegung von f über $K[y]$ mit paarweise teilerfremden Primpolynomen $f_1, \ldots, f_r$ aus $K[y][X]$. Ist nun x eine Nullstelle von f in einem Erweiterungskörper von K, so besitzt g über $K[x]$ eine Primfaktorzerlegung vom selben Typ wie f über $K[y]$, nämlich

$$g = g_1^{\alpha_1} \cdots g_r^{\alpha_r}$$

mit paarweise teilerfremden Primpolynomen $g_1, \ldots, g_r$ aus $K[x][X]$, für die außerdem

$$\operatorname{Grad} f \cdot \operatorname{Grad} g_i = \operatorname{Grad} g \cdot \operatorname{Grad} f_i$$

gilt, $i = 1, \ldots, r$. (Man schreibe $K[X]/(f) \otimes_K K[X]/(g)$ zweifach als direktes Produkt seiner lokalen Komponenten.)

§83 Äußere Potenzen

Mit §83 beginnend, wird die Determinantentheorie, die in Kapitel VI ad hoc entwickelt wurde, in einem größeren Rahmen neu aufgenommen. Als knappe Einführung in die allgemeinere Methodik kann §83 allein dienen. Abgerundete Darstellungen und übersichtliche Beweise sind dagegen vielfach erst in §85 möglich, auf den für weitergehende Fragen verwiesen sei.

Multilineare Abbildungen lassen sich als lineare Abbildungen geeigneter Moduln, eben der Tensorprodukte, darstellen. Wir gehen hier auf die entsprechende Behandlung alternierender multilinearer Abbildungen ein. Der Grundring ist kommutativ. In einigen Einzelheiten knüpfen wir an §45 an.

Sei A ein kommutativer Ring. Seien V ein A-Modul und I eine endliche Indexmenge. In der I-fachen Tensorpotenz $\mathsf{T}^I(V)$ sei

$$\mathbf{I}^I(V) = \mathbf{I}^I_A(V)$$

der Untermodul, der von allen zerlegbaren Tensoren $\otimes_{i \in I} v_i$ erzeugt wird, zu denen es Indizes $r, s \in I$, $r \neq s$, mit $v_r = v_s$ gibt. Man nennt den Restklassenmodul

$$\bigwedge^I(V) = \bigwedge^I_A(V) := \mathsf{T}^I(V)/\mathbf{I}^I(V)$$

die I-te **äußere Potenz** des A-Moduls V. Die aus der Komposition der kanonischen A-multilinearen Abbildung τ^I von V^I in $\mathsf{T}^I(V)$ mit der Restklassenabbildung resultierende kanonische A-multilineare Abbildung ist dann offenbar *alternierend;* wir bezeichnen sie mit

$$\lambda^I = \lambda_V^I : V^I \to \bigwedge^I(V).$$

Ihre Bildelemente beschreiben wir so: Für $(v_i) \in V^I$ sei

$$\wedge_{i\in I} v_i := \lambda^I((v_i)_{i\in I}).$$

Man nennt dieses Element auch das **äußere Produkt** der v_i, $i \in I$.

Beispiel 1 Bei Kard$I \leq 1$ gibt es keine Elemente in V^I mit mehreren Komponenten. Daher ist in diesem Fall $\mathbf{I}^I(V)$ zwangsläufig der Nullmodul, und $\bigwedge^I(V)$ identifiziert sich mit $\mathsf{T}^I(V)$. Bei Kard $I = 0$ ist somit $\bigwedge^I(V) = A$ und $\wedge_{i\in\emptyset} v_i = 1_A$. Bei Kard $I = 1$ ist $\bigwedge^I(V) = \mathsf{T}^I(V) = V$ und $\lambda^I = \mathrm{id}_V$.

Beispiel 2 Die Bildelemente von λ^I in $\bigwedge^I(V)$ heißen auch **zerlegbare** Elemente. Sie sind die homomorphen Bilder der zerlegbaren Tensoren aus $\mathsf{T}^I(V)$; man zieht daraus Folgerungen wie in §80, Beispiel 2. Das äußere Produkt $\wedge_{i\in I} v_i$ ist linear in jeder Variablen; insbesondere ist dieses Produkt 0, wenn einer der Faktoren 0 ist. Da λ^I alternierend ist, gilt nach 45.3 für jedes $\sigma \in \mathbf{S}(I)$:

$$\wedge_{i\in I} v_{\sigma i} = (\mathrm{Sign}\,\sigma) \wedge_{i\in I} v_i .$$

Beispiel 3 *Äußere Potenzen sind im wesentlichen unabhängig von der Indizierung.* Sei nämlich $\sigma : I \to J$ eine Bijektion endlicher Mengen. Hierzu gehört nach §80, Beispiel 3 eine A-Isomorphie von $\mathsf{T}^I(V)$ auf $\mathsf{T}^J(V)$, die offenbar $\mathbf{I}^I(V)$ auf $\mathbf{I}^J(V)$ abbildet und so eine kanonische A-Isomorphie von $\bigwedge^I(V)$ auf $\bigwedge^J(V)$ mit

$$\wedge_{i\in I} v_i \mapsto \wedge_{j\in J} v_{\sigma^{-1} j}$$

induziert, welche man zu natürlicher Identifikation benutzt.
Diese Unabhängigkeit von der Indizierung erlaubt bequeme Schreibweisen, etwa den Übergang zur Indexmenge $I = [1, n]$. In diesem Fall schreibt man kurz

$$\bigwedge^n(V) = \bigwedge_A^n(V)$$

für $\bigwedge^{[1,n]}(V)$, $\mathbf{I}^n(V) = \mathbf{I}_A^n(V)$ für $\mathbf{I}^{[1,n]}(V)$ und λ^n für $\lambda^{[1,n]}$. Es ist dann $\bigwedge^0(V) = A$, $\bigwedge^1(V) = V$ und $\lambda^1 = \mathrm{id}_V$. Sind $v_1, \ldots, v_n \in V$, so schreibt man auch

$$v_1 \wedge \cdots \wedge v_n = \wedge_{i\in[1,n]} v_i .$$

Schließlich setzt man im Falle $n \in \mathbb{Z}$, $n < 0$, noch $\bigwedge^n(V) := 0$.

Beispiel 4 Zu Rechnungen mit äußeren Potenzen ist die folgende Überlegung nützlich: Seien V ein A-Modul und $n \in \mathbb{N}$. *Der Untermodul* $\mathbf{I}^n(V)$ *von* $\mathsf{T}^n(V)$ *wird von den zerlegbaren Tensoren der Form* $v_1 \otimes \cdots \otimes v_n$ *erzeugt, bei denen für ein* i *mit* $1 \leq i < n$ *gilt:* $v_i = v_{i+1}$.

Zum Beweis wird der Untermodul U von $\mathbf{I}^n(V)$ betrachtet, der von allen Tensoren der angegebenen Art erzeugt wird. Es genügt zu zeigen, daß jeder zerlegbare Tensor $v_1 \otimes \cdots \otimes v_n$, bei dem für Indizes r, s mit $1 \leq r < s \leq n$ gilt: $v_r = v_s$, in U liegt: denn dann ist $U = \mathbf{I}^n(V)$. Man führt Induktion über $s - r$, wobei der Fall $s - r = 1$ trivial ist. Sei nun $r < s - 1$. Mit $T(z_1, z_2, z_3)$ bezeichnen wir den Tensor $w_1 \otimes \cdots \otimes w_n$, für den gilt: $w_r = z_1$, $w_{s-1} = z_2$, $w_s = z_3$ und sonst $w_i = v_i$. Sei schließlich $v := v_r = v_s$. Es ist

$$T(v, v_{s-1}+v, v_{s-1}+v) = T(v, v_{s-1}, v_{s-1}) + T(v, v, v) + T(v, v, v_{s-1}) + T(v, v_{s-1}, v)\,.$$

Die drei erstgenannten Tensoren liegen in U, $T(v, v, v_{s-1})$ nach Induktionsvoraussetzung auch. Folglich liegt auch $T(v, v_{s-1}, v) = v_1 \otimes \cdots \otimes v_n$ in U.

Mit dem folgenden Satz werden die Eigenschaften der äußeren Potenzen vollständig erfaßt.

83.1 Universelle Eigenschaft der äußeren Potenz *Seien A ein kommutativer Ring, V ein A-Modul und I eine endliche Menge. Zu jeder alternierenden A-multilinearen Abbildung*

$$\Phi : V^I \to W$$

mit Werten in einem A-Modul W gibt es genau eine A-lineare Abbildung

$$f : \bigwedge^I(V) \to W$$

mit $f \circ \lambda^I = \Phi$, d.h. mit $f(\wedge_{i \in I} v_i) = \Phi((v_i)_{i \in I})$ für $(v_i) \in V^I$.

Die Behauptung lautet anders gesagt so: Zu jedem $\Phi \in \mathrm{Alt}_A(I, V; W)$ gibt es genau eine lineare Abbildung f, welche das Diagramm

$$\begin{array}{ccc} V^I & \xrightarrow{\;\Phi\;} & W \\ {\scriptstyle\lambda^I}\big\downarrow & \nearrow{\scriptstyle f} & \\ \bigwedge^I(V) & & \end{array}$$

kommutativ macht. f heißt der zu Φ gehörige oder der von Φ induzierte Homomorphismus.

Beweis. Es kann höchstens ein f der genannten Art geben, da f durch seine Werte auf dem Bild von λ^I bestimmt ist, welches den A-Modul $\bigwedge^I(V)$ erzeugt. Die zu Φ gehörige A-lineare Abbildung f' von $\mathsf{T}^I(V)$ in W mit $f'\tau^I = \Phi$ verschwindet auf den kanonischen Erzeugenden von $\mathbf{I}^I(V)$, da Φ alternierend ist, und induziert folglich einen Homomorphismus f mit den gewünschten Eigenschaften. •

Bemerkung 1 Durch 83.1 ist das Paar $(\lambda^I, \bigwedge^I(V))$ bis auf kanonische Isomorphie bestimmt, vgl. §80, Bemerkung 1. Es gilt offenbar:

83.2 Korollar *Die durch $f \mapsto f\lambda^I$ definierte kanonische Abbildung*

$$\mathrm{Hom}_A(\bigwedge^I(V), W) \to \mathrm{Alt}_A(I, V; W)$$

ist eine Isomorphie von A-Moduln.

Sei x_j, $j \in J$, ein Erzeugendensystem des A–Moduls V. Aus der Multilinearität von λ^I folgt nach 45.1, daß

$$x_\mu := \wedge_{i \in I} x_{\mu(i)}\,, \quad \mu \in J^I\,,$$

ein Erzeugendensystem von $\bigwedge^I(V)$ ist. Hiervon kann man alle äußeren Produkte weglassen, bei denen Indizes doppelt vorkommen; denn es ist $x_\mu = 0$, wenn μ nicht injektiv ist. Bei den verbleibenden äußeren Produkten kann man sich wegen der Formel aus Beispiel 2 auf solche beschränken, aus denen man die übrigen durch eine Permutation der Indizes bekommt.

Beispiel 5 Sei V ein endlicher A–Modul. Dann ist auch $\bigwedge^I(V)$ ein endlicher A–Modul. Besitzt V ein Erzeugendensystem x_j, $j \in J$, mit $\operatorname{Kard} J < \operatorname{Kard} I$,so ist sogar $\bigwedge^I(V) = 0$; vgl. auch schon 45.6. Insbesondere sind die Moduln der Folge $\bigwedge^n(V)$, $n \in \mathbb{N}$, ab einer Stelle n_0 Nullmoduln.

Wir führen nun die beschriebene Konstruktion von Erzeugenden des A–Moduls $\bigwedge^I(V)$ näher aus. Die Menge der *injektiven* Abbildungen von I in J sei mit

$$[J^I]$$

bezeichnet. Auf J^I und $[J^I]$ operiert $\mathbf{S}(I)$ in kanonischer Weise, vgl. §34, Beispiel 5. Aus jeder Bahn von $\mathbf{S}(I)$ in $[J^I]$ wähle man ein Element aus. Die hierdurch definierte Teilmenge von $[J^I]$ sei ohne nähere Kennzeichnung der Auswahl hier mit

$$<J^I>$$

bezeichnet; wir nennen $<J^I>$ auch ein zu J gehörendes Auswahlsystem (injektiver Abbildungen $I \to J$). Das dazu konstruierte Erzeugendensystem von $\bigwedge^I(V)$ ist

$$x_\mu\,, \quad \mu \in <J^I>\,.$$

Beispiel 6 (Erzeugendensysteme von $\mathbf{I}^I(V)$) Genauere Informationen über die Erzeugendensysteme von $\bigwedge^I(V)$ erhält man indirekt über Beschreibungen des Kernes $\mathbf{I}^I(V)$ von $\mathsf{T}^I(V) \to \bigwedge^I(V)$. Wir behalten die gerade verwendeten Bezeichnungen bei.
Zunächst einmal ist

$$u_\mu := \otimes_{i \in I} x_{\mu(i)}\,, \quad \mu \in J^I\,,$$

ein Erzeugendensystem von $\mathsf{T}^I(V)$. Durch Umindizieren entsteht daraus das Erzeugendensystem

$$u_\mu\,, \quad \mu \in J^I \setminus [J^I]; \quad u_{\sigma\mu}\,, \quad \sigma \in \mathbf{S}(I)\,, \quad \mu \in <J^I>\,.$$

Mit Hilfe der Formel aus Beispiel 2 sieht man, daß jedes Element der Form $u_{\sigma\mu} - (\operatorname{Sign}\sigma)u_\mu$ $(= u_{\mu\sigma^{-1}} - (\operatorname{Sign}\sigma^{-1})u_\mu)$ in $\bigwedge^I(V)$ die Restklasse 0 hat, also in $\mathbf{I}^I(V)$ liegt. *Folglich ist*

$$u_\mu\,, \quad \mu \in J^I \setminus [J^I]; \quad u_{\sigma\mu} - (\operatorname{Sign}\sigma)u_\mu\,, \quad \mu \in <J^I>\,, \quad \sigma \in \mathbf{S}(I)\,, \quad \sigma \neq 1\,;$$

$$u_\mu\,,\quad \mu \in \langle J^I\rangle,$$

ein Erzeugendensystem von $\mathsf{T}(V)$*, dessen beide ersten Unterfamilien in* $\mathbf{I}^I(V)$ *liegen.* Behauptung: *Sie erzeugen* $\mathbf{I}^I(V)$.

Zum Beweis bezeichne U den von den genannten Unterfamilien erzeugten Untermodul von $\mathbf{I}^I(V)$. Sei $t = \otimes_{i\in I} v_i$ irgendein zerlegter Tensor in $\mathsf{T}^I(V)$, wobei die Faktoren Darstellungen $v_i = \sum_{j\in J} a_{ji}x_j$, $a_{ji} \in A$, $i \in I$, haben mögen. Mit 45.1 beginnend erhalten wir

$$t = \sum_{\mu\in J^I}\Big(\prod_{i\in I} a_{\mu(i),i}\Big)u_\mu\,.$$

Modulo U erhalten wir daraus mit $u_{\sigma\mu} \equiv (\operatorname{Sign}\sigma)u_\mu$ folgendes:

$$\begin{aligned} t &\equiv \sum_{\mu\in J^I}\Big(\prod_{i\in I} a_{\mu(i),i}\Big)u_\mu = \sum_{\mu\in\langle J^I\rangle}\ \sum_{\sigma\in \mathbf{S}(I)}\Big(\prod_{i\in I} a_{\sigma\mu(i),i}\Big)u_{\sigma\mu} \\ &\equiv \sum_{\mu\in\langle J^I\rangle}\ \sum_{\sigma\in \mathbf{S}(I)} (\operatorname{Sign}\sigma)\Big(\prod_{i\in I} a_{\sigma\mu(i),i}\Big)u_\mu = \sum_{\mu\in\langle J^I\rangle} D_\mu u_\mu\,, \end{aligned}$$

wobei der Koeffizient D_μ nichts anderes ist als die Determinante

$$\begin{aligned} D_\mu &= \sum_{\sigma\in \mathbf{S}(I)} (\operatorname{Sign}\sigma)\prod_{i\in I} a_{\mu(\sigma^{-1}i),i} \\ &= \sum_{\sigma\in \mathbf{S}(I)} (\operatorname{Sign}\sigma)\prod_{i\in I} a_{\mu(\sigma i),i} = \operatorname{Det}(a_{\mu(i),k})_{(i,k)\in I\times I}\,. \end{aligned}$$

Gibt es nun Indizes r, s mit $r \neq s$ und $v_r = v_s$, d.h. ist t eines der typischen Elemente zur Erzeugung von $\mathbf{I}^I(V)$, so sind r–te und s–te Spalte von $(a_{\mu(i),k})$ gleich, so daß $D_\mu = 0$ für alle $\mu \in \langle J^I\rangle$ resultiert. Es folgt $t \in U$. Damit ist $U = \mathbf{I}^I(V)$ erwiesen. •

Es sei bemerkt, daß das Verschwinden der Größen D_μ aus dem einfachen Satz 45.7 resultiert, dessen Beweis man beispielsweise direkt kopieren kann.

Ein Teil der Rechnungen des vorstehenden Beispiels zeigt:

83.3 *Seien* x_j, $j \in J$, *ein System von Elementen des* A*–Moduls* V *und* $v_i = \sum_{j\in J} a_{ji}x_j$, $i \in I$, A*–Linearkombinationen der* x_j, $j \in J$, *so gilt*

$$\wedge_{i\in I} v_i = \sum_{\mu\in\langle J^I\rangle} D_\mu(\wedge_{i\in I} x_{\mu(i)})$$

in $\bigwedge^I(V)$ *mit den Minoren maximaler Ordnung*

$$D_\mu = \operatorname{Det}(a_{\mu(i),k})_{(i,k)\in I\times I}$$

der Koeffizientenmatrix $(a_{\mu(i),k})$.

In der Formulierung gebrauchten wir den Begriff des Minors allgemeiner als gemäß der Definition von §48. Ganz allgemein wollen wir bei einer

$(J \times S)$–Matrix mit Elementen in A zu einer endlichen Indexmenge I und vorgegebenen Funktionen $\mu \in J^I$, $\nu \in S^I$ die Determinante

$$D_{\mu\nu} := \operatorname{Det}(a_{\mu(i),\nu(k)})_{(i,k)\in I\times I}$$

den Minor der Matrix bezüglich μ, ν nennen; wir sprechen dabei auch von einem Minor der Ordnung $\operatorname{Kard} I$. In 83.3 steht D_μ kurz für D_{μ,id_I}.

83.4 Satz *Seien A ein kommutativer Ring, V ein freier A–Modul und I eine endliche Menge aus n Elementen. Dann ist $\bigwedge^I(V)$ ebenfalls ein freier A–Modul. Genauer:*

(1) *Sind x_j, $j \in J$, eine A–Basis von V und $<J^I>$ ein zu J gehörendes Auswahlsystem, so ist*

$$x_\mu := \wedge_{i\in I} x_{\mu(i)}\,, \quad \mu \in <J^I>\,,$$

eine A–Basis von $\bigwedge^I(V)$.

(2) *Besitzt V den endlichen Rang m, so sind $\bigwedge^I(V)$ und $\mathrm{Alt}_A(I,V) = \mathrm{Hom}_A(\bigwedge^I(V), A)$ freie endliche A–Moduln des Ranges $\binom{m}{n}$.*

Beweis. Zum Beweis von (1) verwenden wir die Konstruktion aus Beispiel 6. Die wie dort gebildeten Tensoren u_μ bilden nach 80.8 eine Basis von $\mathsf{T}^I(V)$. Dann ist aber auch u_μ, $\mu \in <J^I>$, zusammen mit

$$u_\mu\,, \quad \mu \in J^I \setminus [J^I]; \quad u_{\sigma\mu} - (\operatorname{Sign}\sigma)u_\mu\,, \quad \mu \in [J^I]\,, \quad \sigma \neq 1\,,$$

eine A–Basis von $\mathsf{T}^I(V)$. Die beiden letztgenannten Teilfamilien erzeugen $\mathbf{I}^I(V)$ und *bilden sogar eine A–Basis von* $\mathbf{I}^I(V)$. Vor allem erzeugen die u_μ, $\mu \in <J^I>$, ein Komplement von $\mathbf{I}^I(V)$ in $\mathsf{T}^I(V)$. Ihre homomorphen Bilder x_μ, $\mu \in <J^I>$, ergeben daher eine Basis von $\bigwedge^I(V)$.

Zum Beweis von (2) betrachtet man eine Basis x_j, $j \in J$, von V mit $\operatorname{Kard} J = m$. Die Elemente von $<J^I>$ werden bis auf Äquivalenz bezüglich der Operation von $\mathbf{S}(I)$ auf $[J^I]$ eindeutig durch ihre Wertebereiche festgelegt. Nach 2.5 ist daher $\operatorname{Kard} <J^I> = \binom{m}{n}$. Nach (1) besitzt $\bigwedge^I(V)$ den Rang $\binom{m}{n}$.

Der Rest der Behauptung folgt nun mit 83.2. •

Beispiel 7 (Auswahlsysteme bei geordneten Indizes) Sind die Indexmengen J und I mit totalen Ordnungen versehen, so kann man, darauf Bezug nehmend, eine natürliche Auswahl von $<J^I>$ treffen: Man nehme alle *streng monoton steigenden* Abbildungen aus J^I. Diese lassen sich eindeutig durch ihre Bilder in J charakterisieren. Somit hat man durch die Menge $\mathbf{P}_n(J)$, $n := \operatorname{Kard} I$, der Teilmengen aus jeweils n Elementen von J eine eindeutige und natürliche Parametrisierung von $<J^I>$ gegeben.

In diesem Falle kann man die zu einer Basis x_j, $j \in J$, von V gehörende Basis x_μ, $\mu \in <J^I>$, auch mit

$$x_H\,, \quad H \in \mathbf{P}_n(J)\,,$$

bezeichnen; dabei ist $x_H := x_\mu$ bei $H = \text{Bild}\,\mu$.

Bei $I = [1,n]$ verwendet man die kanonische Ordnung dieses Intervalls. Sind dann beispielsweise $v_1, \ldots, v_n$ Elemente von V, ausgedrückt als Linearkombinationen

$$v_i = \sum_{j \in J} a_{ji} x_j \,, \quad 1 \le i \le n \,,$$

in den Elementen x_j, $j \in J$, von V, so ist

$$v_1 \wedge \cdots \wedge v_n = \sum_{j_1 < \cdots < j_n} (\text{Det}(a_{j_i r})_{1 \le i,r \le n})\, x_{j_1} \wedge \cdots \wedge x_{j_n}$$

nach der Formel aus 83.3. Die hier auftretenden Koeffizienten sind übrigens Minoren im engeren Sinne der Definition von §48. Ergänzend sei zu dieser Definition verabredet: Sei $\mathbf{A} \in \mathsf{M}_{J,S}(A)$, wobei J, S total geordnete Indexmengen seien. Zu endlichen Teilmengen $H \subseteq J$, $K \subseteq S$ derselben Anzahl n bezeichne

$$D_{HK}$$

den Minor von $\mathbf{A}$ bezüglich H, K. Sind $\mu : [1,n] \to H$ und $\nu : [1,n] \to K$ die streng monoton steigenden Abbildungen, so ist $D_{HK} = D_{\mu\nu}$.

Bemerkung 2 (Antisymmetrische Tensoren) Seien V ein A–Modul und I eine endliche Menge. *Die symmetrische Gruppe $\mathbf{S}(I)$ operiert in kanonischer Weise auf $\mathsf{T}^I(V)$ als Gruppe von A–Automorphismen.* Diese Operation wird analog zur Operation von $\mathbf{S}(I)$ auf V^I unter Benutzung von §80, Beispiel 2 gebildet. Für $\sigma \in \mathbf{S}(I)$ und $(v_i) \in V^I$ ist dabei

$$\sigma((v_i)_{i\in I}) = (v_{\sigma^{-1}i})_{i \in I} \,, \quad \sigma(\otimes_{i\in I} v_i) = \otimes_{i \in I} v_{\sigma^{-1}i} \,.$$

Die kanonische Abbildung $\tau^I : V^I \to \mathsf{T}^I(V)$ ist mit den Operationen von $\mathbf{S}(I)$ verträglich. Weiter induzieren die den $\mathbf{S}(I)$ zugeordneten Automorphismen von $\mathsf{T}^I(V)$ ebensolche auf $\bigwedge^I(V)$, wie in Beispiel 3 bemerkt wurde. Hierdurch wird eine Operation von $\mathbf{S}(I)$ auf $\bigwedge^I(V)$ definiert, die vergleichsweise einfach ist:

$$\sigma(\wedge_{i\in I} v_i) = \wedge_{i \in I} v_{\sigma^{-1}i} = (\text{Sign}\,\sigma)(\wedge_{i\in I} v_i) \,,$$

vgl. Beispiel 2, woraus folgt, daß jedes $\sigma \in \mathbf{S}(I)$ als Homothetie mit $\text{Sign}\,\sigma$ auf $\bigwedge^I(V)$ operiert.

Wir haben es hier mit Operationen der symmetrischen Gruppe $\mathbf{S}(I)$ zu tun, die wir in dieser Allgemeinheit in §45 nicht besprochen haben. Einige Bemerkungen zur Verallgemeinerung sind daher angebracht. Sei dazu X ein beliebiger A–Modul, auf dem $\mathbf{S}(I)$ als Gruppe von A–Automorphismen operiert. Ein Element $x \in X$ heißt antisymmetrisch oder schief-symmetrisch, wenn

$$\sigma x = (\text{Sign}\,\sigma) x$$

für alle $\sigma \in \mathbf{S}(I)$ gilt. Die Menge der antisymmetrischen Elemente von X ist ein Untermodul, der mit

$$X^{\text{asym}}$$

bezeichnet sei. Der A–lineare Operator

$$\mathcal{A}: x \mapsto \sum_{\sigma \in \mathbf{S}(I)} (\operatorname{Sign} \sigma)\sigma x$$

heißt Antisymmetrisierungsoperator. Sei $n := \operatorname{Kard} I$. Für jedes $x \in X$ ist $\mathcal{A}(x)$ antisymmetrisch (Beweis!); ist x selbst antisymmetrisch, so ist $\mathcal{A}(x) = n!x$ wegen $(\operatorname{Sign} \sigma)\sigma x = x$. Der Operator $\mathcal{A}$ bildet also X in X^{asym} ab und operiert als Homothetie mit $n!$ auf X^{asym}. Ist $n!$ eine Einheit in A, so ist der dann wohldefinierte Operator $(1/n!)\mathcal{A}$ eine A–lineare Projektion von X auf X^{asym}.

Kehren wir zur Operation von $\mathbf{S}(I)$ auf $\mathsf{T}^I(V)$ zurück. Die Elemente von $\mathsf{T}^I(V)^{\text{asym}}$ heißen antisymmetrische Tensoren. Für das Antisymmetrisieren auf $\mathsf{T}^I(V)$ gilt:

$$\mathbf{I}^I(V) \subseteq \operatorname{Kern} \mathcal{A}.$$

$\mathcal{A}$ verschwindet nämlich auf den Erzeugenden von $\mathbf{I}^I(V)$ der Form $(v_i)_{i \in I}$, $v_r = v_s$ für ein Paar (r, s) mit $r \neq s$. Man zeigt dies leicht wie im Beweis zu 45.7. (Man kann den Beweis auch auf 45.7 selbst zurückführen, da $\mathcal{A} \circ \tau^I = \mathcal{A}(\tau^I)$ (Beweis!) in $\operatorname{Mult}(I, V; \mathsf{T}^I(V))$ gilt.)

Sei nun $n!$ eine Einheit in A, wo $n = \operatorname{Kard} I$ ist. In diesem Falle ist $(1/n!)\mathcal{A}$ eine A–lineare Projektion von $\mathsf{T}^I(V)$ auf $\mathsf{T}^I(V)^{\text{asym}}$. Der Modul der antisymmetrischen Tensoren ist dann also ein direkter Summand von $\mathsf{T}^I(V)$. Ferner induziert $(1/n!)\mathcal{A}$, da dieser Operator auf $\mathbf{I}^I(V)$ verschwindet, einen Homomorphismus h von $\bigwedge^I(V)$ in $\mathsf{T}^I(V)$, dessen Komposition mit dem Restklassenhomomorphismus die Identität von $\bigwedge^I(V)$ ergibt. Insbesondere spaltet die exakte A–Sequenz

$$0 \to \mathbf{I}^I(V) \to \mathsf{T}^I(V) \to \bigwedge^I(V) \to 0$$

auf (wie sie es nach 83.4 nebst Beweis oder 42.12 auch dann tut, wenn V freier A–Modul ist, $n!$ jedoch nicht notwendig eine Einheit in A ist). Weiter ergibt h eine Isomorphie

$$\bigwedge^I(V) \cong \mathsf{T}^I(V)^{\text{asym}}.$$

$\mathsf{T}^I(V)^{\text{asym}}$ läßt sich daher auch als konkretes Modell für $\bigwedge^I(V)$ verwenden.

Zu symmetrischen Tensoren siehe §86, Bemerkung 2.

Sei weiter A ein kommutativer Ring, und sei I eine endliche Menge. Homomorphismen von Moduln sind Homomorphismen ihrer äußeren Potenzen wie folgt kanonisch zugeordnet.

Sei $f: V \to W$ eine lineare Abbildung von A–Moduln. Mit

$$f^I: V^I \to W^I$$

wird die Abbildung $(x_i)_{i \in I} \mapsto (f(x_i))_{i \in I}$ bezeichnet. Die Komposition mit λ_W^I ist eine alternierende Abbildung. Nach 83.1 gibt es daher genau eine A–lineare Abbildung

$$\bigwedge^I(f) = \bigwedge\nolimits_A^I(f): \bigwedge^I(V) \to \bigwedge^I(W)$$

mit $\bigwedge^I(f)\lambda_V^I = \lambda_W^I f^I$; letzteres besagt, daß das Diagramm

$$\begin{array}{ccc} V^I & \xrightarrow{f^I} & W^I \\ {\scriptstyle\lambda_V^I}\downarrow & & \downarrow{\scriptstyle\lambda_W^I} \\ \bigwedge^I(V) & \xrightarrow{\bigwedge^I(f)} & \bigwedge^I(W) \end{array}$$

kommutativ ist. Man nennt $\bigwedge^I(f)$ die I-te **äußere Potenz** von f. Aus der Kommutativität des Diagramms resultiert die folgende **Auswertungsformel** auf äußeren Produkten von Elementen $v_i \in V$, $i \in I$:

$$\bigwedge^I(f)(\wedge_{i\in I} v_i) = \wedge_{i\in I} f(v_i)\,.$$

$\bigwedge^I(f)$ kann als lineare Abbildung, welche der Auswertungsformel genügt, charakterisiert werden.

Bei $I = [1, n]$ ist es üblich, $\bigwedge^n(f) = \bigwedge^n_A(f)$ für $\bigwedge^I(f)$ zu schreiben. Es ist

$$\bigwedge^\emptyset(f) = \bigwedge^0(f) = \mathrm{id}_A\,.$$

Bei $\mathrm{Kard}\, I = 1$ ist $\bigwedge^I(f) = \bigwedge^1(f)$ nicht anderes als $f : V \to W$. Schließlich setzt man für $\bigwedge^n(f)$ bei $n < 0$ die Nullabbildung.

Beispiel 8 Äußere Potenzen von Homomorphismen hängen wie die äußeren Potenzen von Moduln im wesentlichen nur von der Kardinalzahl der Indexmenge ab. Ist nämlich $\sigma : I \to J$ eine Bijektion endlicher Mengen, so ist das Diagramm

$$\begin{array}{ccc} \bigwedge^I(V) & \xrightarrow{\bigwedge^I(f)} & \bigwedge^I(W) \\ \downarrow & & \downarrow \\ \bigwedge^J(V) & \xrightarrow{\bigwedge^J(f)} & \bigwedge^J(W) \end{array}$$

kommutativ, in dem die senkrechten Abbildungen die Isomorphien gemäß Beispiel 3 sind. Der Beweis folgt direkt mit der Auswertungsformel. Als Anwendung im Fall $I = J$ ergibt sich, daß $\bigwedge^I(f)$ mit den Operationen der symmetrischen Gruppe $\mathbf{S}(I)$ verträglich ist; vgl. Bemerkung 2.

83.5 *Für A-Moduln V, A-Homomorphismen $f : V \to W$, $g : W \to X$ und Elemente $a \in A$ gilt:*

(1) $\bigwedge^I(\mathrm{id}_V) = \mathrm{id}_{\bigwedge^I(V)}$. (2) $\bigwedge^I(gf) = \bigwedge^I(g)\bigwedge^I(f)$.

(3) $\bigwedge^I(af) = a^n \bigwedge^I(f)$, $n := \mathrm{Kard}\, I$.

Die **Beweise** ergeben sich einfach mit der Auswertungsformel. •

83.6 Satz *Seien A ein kommutativer Ring, I eine endliche Menge und $f: V \to W$ ein Homomorphismus von A-Moduln. Dann gilt:*

(1) *Ist f ein Isomorphismus, so ist auch $\bigwedge^I(f)$ ein Isomorphismus.*

(2) *Ist f surjektiv, so ist auch $\bigwedge^I(f)$ surjektiv.*

(3) *Wird V von f isomorph auf einen direkten Summanden von W abgebildet, so wird $\bigwedge^I(V)$ von $\bigwedge^I(f)$ isomorph auf einen direkten Summanden von $\bigwedge^I(W)$ abgebildet.*

(4) *Ist $A = K$ ein Körper und ist f injektiv, so ist auch $\bigwedge^I(f)$ injektiv.*

Beweis. Wegen 83.5(1) und (2) kann man den Beweis so führen wie beim entsprechenden Satz 80.6 über Tensorprodukte. •

Zu einer Verallgemeinerung von (4) siehe §85, Aufgabe 3.

Beispiel 9 (Matrixdarstellungen von $\bigwedge^I(f)$) Seien V und W freie Moduln mit Basen x_s, $s \in S$, bzw. y_j, $j \in J$, ferner $f: V \to W$ ein A-Homomorphismus, der durch

$$f(x_s) = \sum_{j \in J} a_{js} y_j \, , \quad a_{js} \in A \, , \quad s \in S \, ,$$

beschrieben sei. Schließlich seien eine Indexmenge I gegeben und Auswahlmengen $<S^I>$ und $<J^I>$ festgelegt. Hierzu gehören Basen x_ν, $\nu \in <S^I>$, von $\bigwedge^I(V)$ bzw. y_μ, $\mu \in <J^I>$, von $\bigwedge^I(W)$. Man hat dann lineare Darstellungen

$$\bigwedge^I(f)(x_\nu) = \sum_{\mu \in <J^I>} D_{\mu\nu} y_\mu \, , \quad D_{\mu\nu} \in A \, , \quad \nu \in <S^I> \, ,$$

deren Koeffizienten wegen $\bigwedge^I(f)(x_\nu) = \bigwedge^I(f)(\wedge_{i \in I} x_{\nu(i)}) = \wedge_{i \in I} f(x_{\nu(i)})$ nach 83.3 die Determinanten

$$D_{\mu\nu} = \operatorname{Det}(a_{\mu(i),\nu(k)})_{(i,k) \in I \times I}$$

sind. In Worten: *Die Elemente der Matrix von $\bigwedge^I(f)$ sind Minoren der Ordnung* Kard I *der Ausgangsmatrix von f.*

Betrachten wir nun die spezielle Situation $V = W$ und $S = J = I$, ferner $x_i = y_i$ für $i \in I$. Der Endomorphismus $f \in \operatorname{End}_A V$ hat dann die Matrixdarstellung

$$f(x_j) = \sum_{i \in I} a_{ij} x_i \, , \quad a_{ij} \in A \, , \quad j \in I \, ,$$

bezüglich x_i, $i \in I$. Als Auswahlsystem kommt zwar jede Menge $\{\nu\}$ zu einem $\nu \in \mathbf{S}(I)$ in Frage; es ist hier indes bequem, $\nu = \mathrm{id}_I$ zu nehmen. $\bigwedge^I(V)$ ist ein freier Modul mit Basis $\{x_\nu\}$, und $\bigwedge^I(f)$ ist nach den Ausführungen oben einfach die Homothetie mit $\operatorname{Det}(a_{ij})$. *Daher ist $\bigwedge^I(f)$ die Homothetie*

$$\bigwedge^I(f) = \vartheta_{\operatorname{Det} f}$$

mit Det$f$ *auf* $\bigwedge^I(V) \cong A$. Anders gesagt, es ist

$$\mathrm{Det} f = \mathrm{Sp} \bigwedge^I (f) .$$

Bemerkung 3 Man kann unter Benutzung äußerer Potenzen Determinanten von Operatoren nach Maßgabe des vorstehenden Beispiels einführen, da eine Homothetie ϑ_D auf einem Modul $\bigwedge^I(V) \cong A$ das Element D eindeutig bestimmt. Man beachte dabei, daß dieser Schluß auf Satz 83.4 basiert; ferner können die zum Beweis von 83.4 verwendeten Minoren als Hilfsgrößen angesehen werden, die rein auf den Techniken von §45 beruhen. Beispiel 8 zeigt, daß die Determinante unabhängig von der gewählten Indexmenge ist; mit 83.5 ergibt sich 46.5, usw.

Die Einführung der Determinanten in §46 beruht demgegenüber auf Begriffen, die Duale verwenden. Den Zusammenhang liefert die folgende Überlegung. Für jeden Homomorphismus $f : V \to W$ von A-Moduln ist das Diagramm

$$\begin{array}{ccc} \bigwedge^I(W)^* & \xrightarrow{\bigwedge^I(f)^*} & \bigwedge^I(V)^* \\ \downarrow & & \downarrow \\ \mathrm{Alt}(I, W) & \xrightarrow{\mathrm{Alt}(I,f)} & \mathrm{Alt}(I, V) \end{array}$$

mit den kanonischen Isomorphien nach 83.2 als senkrechten Abbildungen kommutativ (Beweis!). Ist daher $f \in \mathrm{End}_A V$ ein Operator auf einem endlichen freien A-Modul $V \cong A^{(I)}$, so sind $\bigwedge^I(f)^*$ und $\mathrm{Alt}(I, f)$ ähnliche Operatoren, also Homothetien mit demselben Element Det$f$, wie dies auch für $\bigwedge^I(f)$ gilt.

Im Nachfolgenden wird Dualität besprochen. Sei dazu weiter A ein kommutativer Ring, I eine endliche Menge.

Beispiel 10 (Äußere Produkte von Linearformen) Sei V ein A-Modul. *Dann gibt es eine kanonische zugeordnete A-lineare Abbildung*

$$\bigwedge^I(V^*) \to \bigwedge^I(V)^*$$

mit $\wedge_{i\in I} f_i \mapsto (\wedge_{i\in I} v_i \mapsto \mathrm{Det}(f_i(v_k))_{(i,k)\in I\times I})$. Für $(f_i) \in (V^*)^I$ ist nämlich $\Phi : (v_i) \mapsto \mathrm{Det}(f_i(v_k))$ offenbar eine alternierende Multilinearform, die wegen

$$\Phi((v_i)_{i\in I}) = \sum_{\sigma\in \mathbf{S}(I)} (\mathrm{Sign}\,\sigma) \prod_{i\in I} f_i(v_{\sigma i})$$

auch die Beschreibung

$$\Phi = \mathcal{A}(\mathrm{Mult}_{i\in I} f_i)$$

besitzt. Φ induziert eine A-Linearform

$$\mathrm{Alin}_{i\in I} f_i : \wedge_{i\in I} v_i \mapsto \mathrm{Det}(f_i(v_k)) .$$

Die Abbildung $(f_i)_{i\in I} \mapsto \mathrm{Alin}_{i\in I} f_i$ ist ebenfalls alternierend und induziert dann die erwähnte kanonische Abbildung mit

$$\wedge_{i\in I} f_i \mapsto \mathrm{Alin}_{i\in I} f_i .$$

Oft wird $\mathrm{Alin}_{i\in I} f_i$ wie $\wedge_{i\in I} f_i$ das äußere Produkt der Linearformen f_i, $i \in I$, genannt — und ebenso bezeichnet, wenn die kanonische Abbildung injektiv ist; vgl. dazu auch Aufgabe 14.

83.7 Satz *Ist V freier endlicher A-Modul, so ist der Homomorphismus*

$$\bigwedge^I(V^*) \to \bigwedge^I(V)^*$$

mit $\wedge_{i\in I} f_i \mapsto (\wedge_{i\in I} v_i \mapsto \mathrm{Det}(f_i(v_k)))$ *ein Isomorphismus.*

Beweis. Sei x_j, $j \in J$, eine Basis von V und x_j^*, $j \in J$, die zugehörige Dualbasis von V^*. Dazu und zu einem Auswahlsystem $<J^I>$ seien die Basen

$$x_\nu := \wedge_{i\in I} x_{\nu(i)}\,, \quad \nu \in <J^I>\,, \qquad \text{bzw.} \quad x_\mu^* := \wedge_{i\in I} x_{\mu(i)}^*\,, \quad \mu \in <J^I>\,,$$

von $\bigwedge^I(V)$ bzw. $\bigwedge^I(V^*)$ gebildet. Dann hat das kanonische Bild von x_μ^* auf x_ν den Wert

$$\mathrm{Det}(x_{\mu(i)}^*(x_{\nu(k)})) = \mathrm{Det}(\delta_{\mu(i),\nu(k)}) = \delta_{\mu,\nu}\,.$$

Daher ist das kanonische Bild der Basis x_μ^*, $\mu \in <J^I>$, gerade die Dualbasis von $\bigwedge^I(V)^*$ zur Basis x_ν, $\nu \in <J^I>$, von $\bigwedge^I(V)$. Folglich ist die kanonische Abbildung ein Isomorphismus. •

Die konstruierten dualen Basen spielen über den Beweis hinaus eine Rolle im Rechnen. Ist beispielsweise $x = \sum a_\nu x_\nu$ eine A-Linearkombination der Basiselemente von $\bigwedge^I(V)$ und bezeichnet $\varphi_I\colon \bigwedge^I(V^*) \to \bigwedge^I(V)^*$ die kanonische Abbildung, so gilt für jedes $\mu \in <J^I>$:

$$a_\mu = \varphi_I(x_\mu^*)x\,.$$

Beispiel 11 (Determinantenfunktionen) Die Situation aus Beispiel 10 spezialisierend nehmen wir an, daß V ein endlicher freier A-Modul des Ranges n ist und daß $\mathrm{Kard}\, I = n$ ist. Jedes Element des A-Moduls $\mathrm{Alt}_A(I, V)$ heißt dann eine I-Determinantenfunktion auf V. Die $[1, n]$-Determinantenfunktionen, also die Elemente von $\mathrm{Alt}_A(n, V)$, heißen Determinantenfunktionen schlechthin.

Sei x_j, $j \in J$, eine Basis von V und x_j^*, $j \in J$, die zugehörige Dualbasis von V^*. Wir fixieren eine Bijektion $\nu\colon I \to J$. Dann ist

$$\Delta := \mathcal{A}(\mathrm{Mult}_{i\in I} x_{\nu(i)}^*)$$

eine I-Determinantenfunktion auf V mit $\Delta(x_{\nu(i)})_{i\in I} = 1$. Für die Δ kanonisch entsprechende Linearform $E \in \bigwedge^I(V)^*$ gilt $E(x_\nu) = \Delta(x_{\nu(i)}) = 1$. Als Element von $\bigwedge^I(V)^*$ mit $E(x_\nu) = 1$ ist E eindeutig bestimmt. Daher ist Δ die *einzige* I-Determinantenfunktion, die auf $(x_{\nu(i)})_{i\in I}$ den Wert 1 annimmt.

Wegen $E = \varphi_I(x_\nu^*)$ ist offenbar jedes Vielfache von E und damit jedes Element von $\bigwedge^I(V)^*$ Bild unter φ_I eines zerlegten Elementes aus $\bigwedge^I(V^*)$. Folglich läßt sich jede I-Determinantenfunktion auf V in der Form $\mathcal{A}(\mathrm{Mult}_{i\in I} f_i)$ mit gewissen $f_i \in V^*$ schreiben.

Beispiel 12 Sei V ein orientierter n-dimensionaler reeller Vektorraum. Wir treffen die Konvention, daß die Orientierung von $\mathrm{Alt}(n, V)$ auf $\bigwedge^n(V)^*$ mittels der kanonischen Isomorphie zu übertragen sei. Mit $\bigwedge^n(V)^*$ trägt dann auch $\bigwedge^n(V)$ eine kanonisch bedingte Orientierung, s. §74, Beispiel 1.

Eine Basis $(x_1, \ldots, x_n)$ *von* V *repräsentiert die Orientierung von* V *genau dann, wenn* $x_1 \wedge \cdots \wedge x_n$ *die Orientierung von* $\bigwedge^n(V)$ *repräsentiert.* Beweis. $(x_1, \ldots, x_n)$ repräsentiert definitionsgemäß die Orientierung von V genau dann, wenn die zugehörige Determinantenfunktion Δ mit $\Delta(x_1, \ldots, x_n) = 1$ die Orientierung von V definiert. Dies ist genau dann der Fall, wenn die Δ entsprechende Linearform $E \in \bigwedge^n(V)^*$ die Orientierung von $\bigwedge^n(V)^*$ repräsentiert, und dies ist wegen $E(x_1 \wedge \cdots \wedge x_n) = 1 > 0$ genau dann der Fall, wenn $x_1 \wedge \cdots \wedge x_n$ die Orientierung von $\bigwedge^n(V)$ repräsentiert.

Von vornherein wäre es natürlicher gewesen, eine Orientierung auf dem n-dimensionalen reellen Vektorraum V durch eine Orientierung des eindimensionalen Raumes $\bigwedge^n(V)$ — und nicht seines *Duals* $\bigwedge^n(V)^* = \mathrm{Alt}_{\mathbb{R}}(n, V)$ — zu definieren; dies ließ sich jedoch in §74 nicht realisieren.

Beispiel 13 (Dualität bei äußeren Potenzen) Sei A ein kommutativer Ring mit einer Involution $a \mapsto \overline{a}$. Seien V, W Moduln über A und $\Phi: V \times W \to A$ eine Sesquilinearfunktion, ferner I eine endliche Menge. *Dann gibt es eine zugeordnete Sesquilinearfunktion*

$$\bigwedge^I(V) \times \bigwedge^I(W) \to A$$

mit $(\wedge_{i \in I} v_i, \wedge_{i \in I} w_i) \mapsto \mathrm{Det}(\Phi(v_i, w_k))_{(i,k) \in I \times I}$.

Zur Konstruktion verwenden wir die Φ zugeordneten semilinearen Abbildungen

$$\sigma = \sigma_\Phi : V \to W^*, \quad \tau = \tau_\Phi : W \to V^*.$$

Deren äußeren Potenzen lassen sich bilden, wenn man Antimoduln verwendet. Die Abbildung von V^I in $\overline{\bigwedge^I(W^*)}$ durch $(v_i) \mapsto \wedge_{i \in I} \sigma(v_i)$ ist nämlich offensichtlich A-multilinear und alternierend und induziert daher einen A-Homomorphismus von $\bigwedge^I(V)$ in $\overline{\bigwedge^I(W^*)}$. Die Komposition mit dem Übergang zum gewöhnlichen A-Modul $\bigwedge^I(W^*)$ liefert dann eine *semilineare* Abbildung

$$\bigwedge^I(\sigma): \bigwedge^I(V) \to \bigwedge^I(W^*)$$

mit $\wedge_{i \in I} v_i \mapsto \wedge_{i \in I} \sigma(v_i)$. Bei $I = \emptyset$ ist $\bigwedge^I(\sigma)$ die Involution $a \mapsto \overline{a}$. Unter Verwendung der kanonischen Abbildung aus Beispiel 10 erhält man in der Komposition

$$\bigwedge^I(V) \xrightarrow{\bigwedge^I(\sigma)} \bigwedge^I(W^*) \to \bigwedge^I(W)^*$$

eine semilineare Abbildung σ_I, der eine Sesquilinearfunktion

$$\Phi_I: (x, y) \mapsto \overline{\sigma_I(x) y}$$

entspricht. Dies ist die (nämlich sogar eindeutig bestimmte) gewünschte Sesquilinearfunktion, wie man durch Einsetzen bestätigt, und σ_I ist eine der ihr kanonisch zugeordneten semilinearen Abbildungen. Bei $I = \emptyset$ ist Φ_I die Sesquilinearfunktion $A \times A \to A$ mit $(a, b) \mapsto a\overline{b}$.

Analog kann man, von τ ausgehend, in der Komposition

$$\bigwedge^I(W) \xrightarrow{\bigwedge^I(\tau)} \bigwedge^I(V^*) \to \bigwedge^I(V)^*$$

eine semilineare Abbildung τ_I gewinnen, die ebenfalls Φ_I über

$$\Phi_I\colon (x,y) \mapsto \tau_I(y)x$$

konstruiert; τ_I ist die andere der Φ kanonisch zugeordneten semilinearen Abbildungen. Bei $I = \emptyset$ ist auch $\bigwedge^I(\tau)$ die Involution $a \mapsto \overline{a}$.

Ist $V = W$, d.h. ist Φ eine Sesquilinearform, so ist offenbar Φ_I mit Φ hermitesch; ist Φ schiefhermitesch, so ist Φ_I hermitesch bzw. schiefhermitesch je nachdem, ob Kard I gerade oder ungerade ist.

83.8 Satz *Definiert die Sesquilinearfunktion $\Phi: V \times W \to A$ eine vollständige Dualität endlicher freier A-Moduln V, W, so definiert die ihr zugeordnete Sesquilinearfunktion $\bigwedge^I(V) \times \bigwedge^I(W) \to A$ eine vollständige Dualtität endlicher freier A-Moduln.*

Beweis. Nach Voraussetzung über Φ sind die Abbildungen σ_Φ und τ_Φ bijektiv; mit 83.7 folgt dann, daß auch σ_I und τ_I bijektiv sind, und das war zu zeigen. •

Einen anderen Beweis kann man durch direkte Angabe dualer Basen führen. Dies sei dem Leser zur Übung empfohlen.

Sei schließlich Φ eine hermitesche Form auf dem $\mathbb{K}$-Vektorraum V; der Sprachgebrauch "hermitesch" lehnt sich dabei an die Einleitung von §72 an. *Ist Φ positiv definit bzw. positiv semidefinit, so gilt dasselbe für die hermitesche Form Φ_I.* Zum Beweis darf man offenbar annehmen, daß V endlich-dimensional ist. Sei dann x_j, $j \in J$, eine Orthogonalbasis von V, und sei $c_j := \Phi(x_j, x_j)$. Es ist $c_j \in \mathbb{R}$ und $c_j > 0$ (bzw. ≥ 0, wenn Φ nur semidefinit ist). Zu einer Auswahlmenge $<J^I>$ betrachten wir die Basis x_μ, $\mu \in <J^I>$, von $\bigwedge^I(V)$. Dies ist eine Orthogonalbasis; denn es ist

$$\Phi_I(x_\mu, x_\nu) = \mathrm{Det}(\Phi(x_{\mu(i)}, x_{\nu(k)})) = \delta_{\mu,\nu} \prod_{i \in I} c_{\mu(i)}$$

für $\mu, \nu \in <J^I>$. Die Behauptung über den Typ von Φ_I ergibt sich nun zwanglos. Außerdem sieht man: *Ist x_j, $j \in J$, eine Orthonormalbasis von V, so ist x_μ, $\mu \in <J^I>$, eine Orthonormalbasis von $\bigwedge^I(V)$.*

Aufgaben

1. Sei A ein Integritätsbereich, K sein Quotientenkörper. Dann ist $\bigwedge_A^2(K) = 0$.

2. Seien A ein kommutativer Ring, V ein A-Modul und $v_i \in V$, $i \in I$, eine endliche Familie von Elementen. Für jede Relation $\sum_{i\in I} a_i v_i = 0$ mit Koeffizienten a_i aus A gilt: $a_j(\wedge_{i\in I} v_i) = 0$ für alle $j \in I$.

3. Seien K ein Körper und V ein K-Vektorraum. Eine endliche Familie von Vektoren $v_i \in V$, $i \in I$, ist genau dann linear unabhängig, wenn $\wedge_{i\in I} v_i \neq 0$ in $\bigwedge^I(V)$ ist.

4. Seien K ein Körper, V ein K–Vektorraum und $U \subseteq V$ ein endlicher Unterraum mit Basis $u_1, \ldots, u_n$. Dann ist

$$U = \{x \in V : x \wedge u_1 \wedge \cdots \wedge u_n = 0\}.$$

5. Seien K ein Körper, V ein K–Vektorraum und $U, W \subseteq V$ Unterräume derselben Dimension n mit K–Basen $u_1, \ldots, u_n$ bzw. $w_1, \ldots, w_n$. Genau dann ist $U = W$, wenn gilt

$$K\, u_1 \wedge \cdots \wedge u_n = K\, w_1 \wedge \cdots \wedge w_n .$$

6. Seien K ein Körper und $f : V \to W$ eine K–lineare Abbildung.

a) Folgende Aussagen sind äquivalent: (1) f besitzt endlichen Rang. (2) Für fast alle $n \in \mathbb{N}$ ist $\bigwedge^n(f) = 0$. (3) Es gibt ein $s \in \mathbb{N}$ mit $\bigwedge^s(f) = 0$.

b) Besitzt f den endlichen Rang m, so gilt für jedes $n \in \mathbb{N}$: $\operatorname{Rang}_K \bigwedge^n(f) = \binom{m}{n}$.

7. Seien V, W Moduln über dem kommutativen Ring A, I eine endliche Menge, $\Phi \in \operatorname{Mult}(I, V; W)$ und f' die zu Φ gehörige A-lineare Abbildung $\mathsf{T}^I(V) \to W$ mit $f'\tau^I = \Phi$. Genau dann ist Φ alternierend, wenn $\mathbf{I}^I(V) \subseteq \operatorname{Kern} f'$ ist.

8. Seien A ein kommutativer Ring, V ein A–Modul und $n \in \mathbb{N}_+$. Dann gibt es einen kanonischen surjektiven A–Homomorphismus

$$V \otimes_A \bigwedge^{n-1}(V) \to \bigwedge^n(V)$$

mit $v_1 \otimes (v_2 \wedge \cdots \wedge v_n) \mapsto v_1 \wedge v_2 \wedge \cdots \wedge v_n$. Eine Folgerung: Ist $\bigwedge^{n-1}(V) = 0$, so ist auch $\bigwedge^n(V) = 0$.

9. Seien K ein Körper, V ein K–Vektorraum der Dimension $n \geq 1$. Dann ist jedes Element von $\bigwedge^{n-1}(V)$ zerlegbar. (Sei $z \in \bigwedge^{n-1}(V)$ vorgegeben, $z \neq 0$. Sei α die kanonische Abbildung gemäß der vorstehenden Aufgabe. Dann ist die Menge U der $x \in V$ mit $\alpha(x \otimes z) = 0$ ein Unterraum der Dimension $n-1$. Ist $u_2, \ldots, u_n$ eine Basis von U, so ist z skalares Vielfaches von $u_2 \wedge \cdots \wedge u_n$. —Siehe weiter §85, Aufgaben 1,2.)

10. Man gebe einen alternativen Beweis zu Satz 83.4, die Idee des Beweises von 83.7 heranziehend. (Vgl. auch §46, Bemerkung 1.)

11. Seien $f : V \to W$ ein Homomorphismus von Moduln über dem kommutativen Ring A und I eine endliche Menge. Dann ist das Diagramm

$$\begin{array}{ccc} \bigwedge^I(W^*) & \xrightarrow{\bigwedge^I(f^*)} & \bigwedge^I(V^*) \\ \downarrow & & \downarrow \\ \bigwedge^I(W)^* & \xrightarrow{\bigwedge^I(f)^*} & \bigwedge^I(V)^* \end{array}$$

(mit den kanonischen Abbildungen) kommutativ. Insbesondere gilt, wenn $V = W$ endlich frei ist: $\bigwedge^I(f^*)$ und $\bigwedge^I(f)^*$ sind ähnliche Operatoren.

12. Seien A ein kommutativer Ring, V ein A–Modul und I eine endliche Menge. Der kanonische Homomorphismus von $\mathsf{T}^I(V^*)$ in $\mathsf{T}^I(V)^*$ ist mit den kanonischen Operationen der $\mathbf{S}(I)$ sowie dem Antisymmetrisieren auf den angegebenen Moduln verträglich. Das mit den kanonischen Homomorphismen gebildete Diagramm (in dem $\mathrm{Mult}(I,V)$ für $\mathrm{Mult}(I,V;A)$ steht)

$$\begin{array}{ccc} \mathsf{T}^I(V^*) & \xrightarrow{k} & \mathsf{T}^I(V)^* \cong \mathrm{Mult}(I,V) \\ \downarrow & & \downarrow \mathcal{A} \\ \bigwedge^I(V^*) & \xrightarrow{\varphi_I} & \bigwedge^I(V)^* \cong \mathrm{Alt}(I,V) \end{array}$$

ist kommutativ. Ist k injektiv und ist $\mathbf{I}^I(V^*)$ der Kern des Antisymmetrisierungsoperators auf $\mathsf{T}^I(V^*)$, so ist φ_I ebenfalls injektiv.

13. Seien A ein kommutativer Ring, V ein freier A-Modul und I eine endliche Menge. Für den Antisymmetrisierungsoperator $\mathcal{A}$ auf $\mathsf{T}^I(V)$ ist dann $\mathrm{Kern}\,\mathcal{A} = \mathbf{I}^I(V)$.

14. Seien K ein Körper, V ein K-Vektorraum und I eine endliche Menge.

a) Der kanonische Homomorphismus $\bigwedge^I(V^*) \to \bigwedge^I(V)^*$ ist injektiv. (Man verwendet die beiden vorstehenden Aufgaben.)

b) Die der Bilinearform $V \times V^* \to A$ mit $(v,f) \mapsto f(v)$ zugeordnete Bilinearform $\bigwedge^I(V) \times \bigwedge^I(V^*) \to A$ ist nicht entartet.

15. Seien A ein kommutativer Ring, V ein A-Modul und $n \in \mathbb{N}_+$. Zu jeder Linearform f aus $\bigwedge^{n-1}(V)^*$ gibt es einen A-Homomorphismus

$$g = g_f : \bigwedge^n(V) \to V\,,$$

$$g(v_1 \wedge \cdots \wedge v_n) = \sum_{i=1}^{n} (-1)^{i+1} f(v_1 \wedge \cdots \wedge \hat{v}_i \wedge \cdots \wedge v_n) v_i$$

für $v_1, \ldots, v_n \in V$; dabei bedeutet ^ die Auslassung des darunter stehenden Terms. Die Abbildung $\bigwedge^{n-1}(V)^* \to \mathrm{Hom}_A(\bigwedge^n(V), V)$ mit $f \mapsto g_f$ ist A-linear.

16. (C r a m e r s c h e R e g e l) Seien A ein kommutativer Ring, $n \in \mathbb{N}_+$, $v_1, \ldots, v_n$ Elemente aus A^n und $w = a_1 v_1 + \cdots + a_n v_n$ eine Linearkombination mit Koeffizienten aus A. Ersetzt man in $v_1 \wedge \cdots \wedge v_n$ das Tupel v_j durch w, so erhält man trivialerweise

$$v_1 \wedge \cdots \wedge w \wedge \cdots \wedge v_n = a_j (v_1 \wedge \cdots \wedge v_n)\,.$$

Man leite daraus die spezielle Cramersche Regel (§48, Bemerkung 6) ab.

17. Seien A ein kommutativer Ring, $V \cong A^n$ ein freier A-Modul und $f \in \mathrm{End}_A V$.

a) Es gilt $(\mathrm{Det} f)V \subseteq \mathrm{Bild} f$. (Zu einer Basis $x_1, \ldots, x_n$ von V konstruiere man mit der Dualbasis $x_1^*, \ldots, x_n^*$ zu jedem j jeweils den zur Linearform $x_1^* \wedge \cdots \wedge \hat{x}_j^* \wedge \cdots \wedge x_n^*$ gemäß Aufgabe 15 gehörenden Homomorphismus g_j von $\bigwedge^n(V)$ in V. Aus

$$(\mathrm{Det} f) g_j (x_1 \wedge \cdots \wedge x_n) = g_j (f(x_1) \wedge \cdots \wedge f(x_n))$$

leite man durch Ausrechnen beider Seiten $(\mathrm{Det} f) x_j \in \mathrm{Bild} f$ her. — Bemerkung. Genaueres Verfolgen der Formel liefert die a l l g e m e i n e C r a m e r s c h e R e g e l 48.7.)

b) f ist genau dann bijektiv, wenn $\mathrm{Det} f$ eine Einheit in A ist. (Dies ist freilich ein Teil von 46.6 bzw. §48, Bemerkung 2. Man gebe hier einen Beweis mit a) und Aufgabe 2.)

c) Elemente $y_1, \ldots, y_n$ in V bilden genau dann eine Basis von V, wenn $\bigwedge^n(V) = A y_1 \wedge \cdots \wedge y_n$ ist.

18. Seien A ein kommutativer Ring $\neq 0$ und V ein freier A–Modul. Elemente $v_1, \ldots, v_n$ aus V sind genau dann A–linear unabhängig, wenn

$$\mathrm{Ann}_A(v_1 \wedge \cdots \wedge v_n) = 0$$

gilt. (Die Bedingung ist hinreichend nach Aufgabe 2. Sie ist auch notwendig, wie man mit einem Induktionsargument zeigt, wobei man den Homomorphismus g_f verwendet, der gemäß Aufgabe 15 zu einer Linearform f auf $\bigwedge^{n-1}(V)$ mit $f(v_2 \wedge \cdots \wedge v_n) \neq 0$ konstruiert wird.)

19. Sei V ein endlicher freier Modul über dem kommutativen Ring A.

a) Seien $x_1, \ldots, x_m$ eine Basis von V und $v_1, \ldots, v_n \in V$ Elemente mit $n \leq m$. Ferner sei $v_i = \sum_j a_{ji} x_j$ mit $a_{ji} \in A$, $1 \leq i \leq n$. Genau dann sind $v_1, \ldots, v_n$ linear unabhängig, wenn für beliebige $a \in A$ gilt: Ist

$$a \cdot \mathrm{Det}(a_{j_i r})_{1 \leq i, r \leq n} = 0$$

für jede Wahl von $1 \leq j_1 < \cdots < j_n \leq m$, so ist $a = 0$. (Aufgabe 18.) Im Falle $n = m$ kann man sich einfacher ausdrücken: $v_1, \ldots, v_m$ sind genau dann linear unabhängig, wenn $\mathrm{Det}(a_{ji})$ ein Nichtnullteiler in A ist.

b) Ein linearer Operator $f \in \mathrm{End}_A V$ ist genau dann injektiv, wenn $\mathrm{Det} f$ ein Nichtnullteiler in A ist.

(Bemerkung. In a) und b) liegen einfach formulierte Beweise für die entscheidenden Teile der Sätze 49.2 bis 49.6 vor. Auch die Sätze 49.7 und 49.8 lassen sich nun ähnlich übersichtlich beweisen. Aufgabe!)

c) A sei noethersch, und V habe den Rang m. Sind $v_1, \ldots, v_{m-1}$ linear unabhängige Elemente in V, so gibt es ein $v_m \in V$ derart, daß $v_1, \ldots, v_m$ linear unabhängig sind. (§58, Aufgabe 39.)

d) A sei noethersch. Jeder Nichtnullteiler in A sei Einheit, d.h. A sei gleich seinem totalen Quotientenring. Dann ist jeder freie Untermodul von V ein direkter Summand. (§58, Aufgabe 39 und §48, Aufgabe 18 (vgl. Aufgabe 30 unten).)

20. (Äußere Potenzen beim Grundringwechsel) Seien V ein A–Modul, I eine endliche Menge und B eine kommutative A–Algebra. Die kanonische Abbildung von $\bigwedge^I(V)$ in $\bigwedge^I(V_{(B)})$ ergibt durch universelle Ausdehnung einen kanonischen Isomorphismus

$$\bigwedge^I(V)_{(B)} \to \bigwedge^I(V_{(B)})$$

mit $1 \otimes (\wedge_{i \in I} x_i) \mapsto \wedge_{i \in I}(1 \otimes x_i)$. (Zur Herstellung der Umkehrabbildung benutzt man 81.6.) Ist $f: V \to W$ ein A–Homomorphismus, so ist

$$\bigwedge^I(f)_{(B)} = \bigwedge^I(f_{(B)}).$$

21. Sei A ein kommutativer Ring. Bezüglich des Rangbegriffes von A–Moduln nach §51, Beispiel 11 gilt: (1) Sind $V_1, \ldots, V_t$ Moduln mit den Rängen $r_1, \ldots, r_t$, so ist $V_1 \otimes \cdots \otimes V_t$ ein Modul mit dem Rang $r_1 \cdots r_t$. (2) Ist V ein Modul mit dem Rang r, so ist $\bigwedge^n(V)$ ein Modul mit dem Rang $\binom{r}{n}$ für jedes $n \in \mathbb{N}$.

22. Sei A ein lokaler kommutativer Ring. Zu jedem A–Modul V bezeichne $\mu(V)$ die Minimalzahl von Erzeugenden. Ist V ein endlicher A–Modul mit $\mu(V) = m$, so ist $\mu(\bigwedge^n(V)) = \binom{m}{n}$ für jedes $n \in \mathbb{N}$.

23. Seien A ein kommutativer Ring, $V \cong A^n$ ein endlicher freier A–Modul, $f \in \operatorname{End}_A V$ und $r \in \mathbb{N}$. Dann gilt:

$$\operatorname{Det} \bigwedge^r(f) = (\operatorname{Det} f)^{\binom{n-1}{r-1}}.$$

(S a t z v o n F r a n k e — Man vereinfacht mit der Kroneckerschen Unbestimmtenmethode: A läßt sich so als Algebra über $R := \mathbb{Z}[X_{ij} : i, j \in [1, n]]$ auffassen, daß es ein $g \in \operatorname{End}_R R^n$ gibt derart, daß $g_{(A)}$ ähnlich zu f ist; nach Aufgabe 20 braucht der Satz dann nur über R bewiesen zu werden. Weiter kann man zum Quotientenkörper von R übergehen.

Sei von nun an $A = K$ ein Körper. In diesem Falle kann man eine Methode benutzen, auf die wir uns als K o m m u t a t o r – M e t h o d e beziehen wollen. Man beweist den Satz zunächst für den simplen Typ des diagonalisierbaren Operators. Sei $d := \operatorname{Det} f$. Mit Aufgabe 6b) etwa erledigt man den Fall $d = 0$. Sei $d = 1$. Die Fälle $n \leq 2$ sind trivial. Sei $n \geq 3$. Nach Satz VI.B.7 ist f ein Kommutator in $\mathsf{GL}(V)$. Nach 83.5 gilt dasselbe für $\bigwedge^r(f)$ in $\mathsf{GL}(\bigwedge^r(V))$; folglich ist $\operatorname{Det} \bigwedge^r(f) = 1$. Sei schließlich $d \neq 0$, d beliebig. Es gibt einen diagonalisierbaren Operator h auf V mit $\operatorname{Det} h = 1/d$. Dann betrachtet man hf.)

24. Sei V ein orientierter n–dimensionaler reeller Vektorraum und $m \in \mathbb{N}$, $m \leq n$. Sei $J := [1, n]$ und $N := \mathbf{P}_m(J)$, versehen mit der aus J vererbten lexikographischen Ordnung. Es gibt eine Orientierung von $\bigwedge^m(V)$ derart, daß für jede die Orientierung von V repräsentierende Basis x_j, $j \in J$, von V die Basis x_H, $H \in N$, von $\bigwedge^m(V)$ die Orientierung von $\bigwedge^m(V)$ repräsentiert. Im Fall $m = n$ stimmt die so beschriebene Orientierung von $\bigwedge^n(V)$ mit der in Beispiel 12 definierten überein. (Sind x_j, $j \in J$, und x'_j, $j \in J$, die Orientierung von V repräsentierende Basen, so bezeichne f den Automorphismus von V mit $f(x'_j) = x_j$, $j \in J$; dann ist $\bigwedge^m(f)x'_H = x_H$ für $H \in N$. Nun betrachte man die Determinanten von f und $\bigwedge^m(f)$.)

25. Seien Φ eine hermitesche Form vom Typ (p, q) auf dem endlichdimensionalen $\mathbb{K}$–Vektorraum V und I eine endliche Menge aus m Elementen. Dann hat die Φ auf $\bigwedge^I(V)$ zugeordnete hermitesche Form (vgl. Beispiel 13) den Rang $\binom{p+q}{m}$ und die Signatur $\sum_{j=0}^{m}(-1)^j \binom{q}{j}\binom{p}{m-j}$.

26. Seien A ein kommutativer Ring, $f : V \to W$ ein surjektiver A–Homomorphismus und $n \in \mathbb{N}_+$. Dann ist die Sequenz

$$(\operatorname{Kern} f) \otimes_A \bigwedge^{n-1}(V) \xrightarrow{\alpha} \bigwedge^n(V) \xrightarrow{\bigwedge^n(f)} \bigwedge^n(W) \to 0$$

exakt; dabei ist α wie in Aufgabe 8 gebildet. (Es gibt eine natürliche multilineare Abbildung von W^n in den Kokern von α, die alternierend ist. Mit dem von ihr induzierten Homomorphismus zeigt man, daß der Kern von $\bigwedge^n(f)$ in der Tat das Bild von α ist.)

27. Seien A ein kommutativer Ring, V ein A–Modul und I eine endliche Menge.

a) Ist V von endlicher Darstellung, so auch $\bigwedge^I(V)$. (Man benutzt die vorstehende Aufgabe oder die Restklassendarstellung als $\mathsf{T}^I(V)/\mathbf{I}^I(V)$ und Beispiel 6.)

b) Ist V noethersch (bzw. artinsch), so ist bei $I \neq \emptyset$ auch $\bigwedge^I(V)$ noethersch (bzw. artinsch). (§82, Aufgabe 15.)

28. Seien A ein kommutativer Ring und $m, n \in \mathbb{N}$ mit $n > m \geq 1$. Ferner seien $\mathbf{A} \in \mathsf{M}_{m,n}(A)$, $\mathbf{B} \in \mathsf{M}_{n,m}(A)$. Dann ist $\mathrm{Det}(\mathbf{BA}) = 0$.

29. (Minoren bei Produkten von Matrizen) Seien A ein kommutativer Ring und $\mathbf{A} = (a_{ij}) \in \mathsf{M}_{m,n}(A)$, $\mathbf{B} = (b_{hi}) \in \mathsf{M}_{l,m}(A)$, wobei $l, m, n \in \mathbb{N}_+$ seien. Dann ist $\mathbf{BA} \in \mathsf{M}_{l,n}(A)$.

a) Jeder Minor der Ordnung $r > m$ von $\mathbf{BA}$ ist 0.

b) Sei $r \leq \mathrm{Min}(l, m, n)$ und seien $N \subseteq [1, n]$, $L \subseteq [1, l]$ mit Kard N = Kard $L = r$ vorgegeben. Für den Minor D_{LN} bezüglich L, N von $\mathbf{BA}$ gilt dann:

$$D_{LN} = \sum_M D_{LM} D_{MN} \,,$$

wobei sich die Summe über die Menge aller $M \in \mathbf{P}_r([1, m])$ erstreckt. (Man betrachtet die $\mathbf{A}$ und $\mathbf{B}$ zugeordneten Homomorphismen $A^n \to A^m$, $A^m \to A^l$.)

30. Seien A ein kommutativer Ring und $f : V \to W$ ein Homomorphismus freier endlicher A–Moduln, wobei $V \cong A^n$ und $W \cong A^m$ sei.

a) Äquivalent sind: (1) f ist surjektiv. (2) $\bigwedge^i(f)$ ist surjektiv für ein i mit $1 \leq i \leq m$. (3) $\bigwedge^m(f)$ ist surjektiv. (4) Die Minoren der Ordnung m einer Matrix von f erzeugen das Einheitsideal. (Aus (2) folgt (3) mit Aufgabe 8 per Induktion. Aus (4) folgt (1) mit Aufgabe 17.)

b) Äquivalent sind: (1) f bildet V isomorph auf einen direkten Summanden von W ab. (2) $\bigwedge^j(f)$ bildet $\bigwedge^j(V)$ isomorph auf einen direkten Summanden von $\bigwedge^j(W)$ ab für ein j mit $1 \leq j \leq n$. (3) $\bigwedge^n(f)$ bildet $\bigwedge^n(f)$ isomorph auf einen direkten Summanden von $\bigwedge^n(W)$ ab. (4) Die Minoren der Ordnung n einer Matrix von f erzeugen das Einheitsideal.

(Dies ist dual zu a). Übrigens folgt (4) aus (3) auch wie in §39, Aufgabe 14, und die Äquivalenz von (1) und (4) wurde in praktisch derselben Weise schon in §48, Aufgabe 18 bewiesen.)

31. (Fitting-Ideale) Seien A ein kommutativer Ring und V ein endlicher A–Modul.

a) Sei $x_1, \ldots, x_n$ ein Erzeugendensystem von V. Für jedes $r \in \mathbb{N}$, $r \leq n$, bezeichne $\mathbf{d}_r(V; x_1, \ldots, x_n)$ das von allen $(n-r)$–Minoren der Matrix der Relationen $\mathrm{Rel}_A(x_1, \ldots, x_n) \subseteq A^n$ erzeugte Ideal. $\mathbf{d}_r(V; x_1, \ldots, x_n)$ wird bereits von allen $(n-r)$–Minoren einer beliebigen Matrix erzeugt, deren Spalten die Relationen der $x_1, \ldots, x_n$ erzeugen. Für $r > n$ setzt man $\mathbf{d}_r(V; x_1, \ldots, x_n) := A$. Die Ideale $\mathbf{d}_r(V; x_1, \ldots, x_n)$ ändern sich nicht bei Permutationen der $x_1, \ldots, x_n$. Für jedes $y \in V$ und alle $r \in \mathbb{N}$ gilt $\mathbf{d}_r(V; x_1, \ldots, x_n, y) = \mathbf{d}_r(V; x_1, \ldots, x_n)$. (Ist $y = a_1x_1 + \cdots + a_nx_n$, so wird $\mathrm{Rel}_A(x_1, \ldots, x_n, y)$ von $\mathrm{Rel}_A(x_1, \ldots, x_n) \times \{0\} \subseteq A^{n+1}$ und dem $(n+1)$–Tupel mit den Elementen $-a_1, \ldots, -a_n, 1$ erzeugt.) Ist $y_1, \ldots, y_m$ ein weiteres Erzeugendensystem von V, so gilt

$$\mathbf{d}_r(V; x_1, \ldots, x_n) = \mathbf{d}_r(V; x_1, \ldots, x_n, y_1, \ldots, y_m) = \mathbf{d}_r(V; y_1, \ldots, y_m).$$

Das zu $r \in \mathbb{N}$ unabhängig von den Erzeugenden $x_1, \ldots, x_n$ von V durch $\mathbf{d}_r(V; x_1, \ldots, x_n)$ definierte Ideal heißt das r–te Fitting–Ideal oder r–te Determinantenideal von V und wird mit

$$\mathbf{d}_r = \mathbf{d}_r(V) = \mathbf{d}_r^A(V)$$

bezeichnet. Ist $F \to V$ ein surjektiver Homomorphismus eines endlichen freien A–Moduls F des Ranges n mit dem Kern U, so ist $\mathbf{d}_r$ das Bild des Homomorphismus ρ im kanonischen kommutativen Diagramm

$$\begin{array}{ccc} \bigwedge^{n-r}(F)^* \otimes_A \bigwedge^{n-r}(U) & & \\ \downarrow & \searrow^{\rho} & \\ \bigwedge^{n-r}(F)^* \otimes_A \bigwedge^{n-r}(F) & \to & A. \end{array}$$

b) Die Fittingideale $\mathbf{d}_r(V)$, $r \in \mathbb{N}$, bilden eine aufsteigende Kette:

$$\mathbf{d}_0(V) \subseteq \mathbf{d}_1(V) \subseteq \cdots.$$

Besitzt V ein Erzeugendensystem aus n Elementen, so ist $\mathbf{d}_r(V) = A$ für alle $r \geq n$. Ist V ein Modul von endlicher Darstellung, so sind alle Fittingideale von V endlich erzeugt. Ist W ein homomorphes Bild von V, so gilt $\mathbf{d}_r(V) \subseteq \mathbf{d}_r(W)$ für jedes $r \in \mathbb{N}$. Ist V ein freier A–Modul des Ranges n, so ist $\mathbf{d}_r(V) = 0$ für $r < n$ und $\mathbf{d}_r(V) = A$ für $r \geq n$.

c) Ist A lokal und ist n die minimale Erzeugendenzahl von V, so gilt $\mathbf{d}_r(V) \neq A$ genau für $r < n$. (Die Koeffizienten der Relationen eines minimalen Erzeugendensystems von V liegen im maximalen Ideal von A. — Bemerkung. Zu Beispielen, daß die Aussage nicht allgemein gilt, s. §88, Aufgaben 62 und 63.)

d) Ist V die direkte Summe der Moduln U, W, so gilt für jedes $r \in \mathbb{N}$:

$$\mathbf{d}_r(V) = \sum_{i=0}^{r} \mathbf{d}_i(U)\mathbf{d}_{r-i}(W).$$

(Dies ergibt sich leicht mit dem Kommentar zu 47.8.)

e) Besitzt V ein Erzeugendensystem von n Elementen, so gilt

$$(\mathrm{Ann}_A V)^n \subseteq \mathbf{d}_0(V) \subseteq \mathrm{Ann}_A V.$$

(Satz von Fitting — Die erste Inklusion ist unmittelbar klar, die zweite ergibt sich aus der Cramerschen Regel. — Bemerkung. Ist V endlicher freier A–Modul des Ranges n, ist $f \in \mathrm{End}_A V$ und bezeichnet V_f den f gemäß §64 zugeordneten $A[X]$–Modul, so ist nach 64.14: $\mathbf{d}_0^{A[X]}(V_f) = A[X]\chi_f$. Für $\mathbf{a}_f := \mathrm{Ann}_{A[X]} V_f$ gilt also $(\mathbf{a}_f)^n \subseteq A[X]\chi_f \subseteq \mathbf{a}_f$. Die erste Inklusion ist 64.15, die zweite 64.3.)

f) Sei B eine kommutative A–Algebra. Dann gilt für $r \in \mathbb{N}$:

$$\mathbf{d}_r^B(V_{(B)}) = \mathbf{d}_r^{(A)}(V) \cdot B.$$

(§82, Beispiel 6.)

g) Ist V ein Modul mit dem Rang m, so ist $\mathbf{d}_r = 0$ für $r < m$ und $\mathbf{d}_m$ enthält einen Nichtnullteiler. (Vgl. §51, Beispiel 11.)

32. Sei A ein Hauptidealbereich.

a) Sei V ein endlicher A–Modul. Ist $V \cong A^n/U$ und wird U von den Spalten der Matrix $\mathbf{A} \in \mathsf{M}_{n,p}(A)$ erzeugt, so wird $\mathbf{d}_r(V)$ bei $r \leq n$ vom größten gemeinsamen Teiler $d_r = d_r(\mathbf{A})$ der $(n-r)$–Minoren von $\mathbf{A}$ erzeugt.

b) Sei V ein endlicher A–Modul des Ranges m. Dann ist

$$V \cong A^m \oplus \mathrm{t}V\,,\ \ \mathrm{t}V \cong \bigoplus_{\tau=1}^{\infty} A/Ae_\tau\,,$$

wobei die Elemente $e_\tau \in A \setminus \{0\}$ die Elementarteiler des Torsionsmoduls $\mathrm{t}V$ von V sind, vgl. Satz 61.10 und §61, Aufgabe 6; dabei ist $e_\tau = 1$, falls τ größer als die minimale Erzeugendenzahl von $\mathrm{t}V$ ist. Für die Fitting–Ideale von V gilt:

$$\mathbf{d}_0 = \cdots = \mathbf{d}_{m-1} = 0\,,\ \ \mathbf{d}_{m+r} = A \cdot \prod_{\tau=r+1}^{\infty} e_\tau\,.$$

Insbesondere ist $e_{r+1}\mathbf{d}_{m+r+1} = \mathbf{d}_{m+r}$ für $r \in \mathbb{N}$. Folgerungen. Die Fitting–Ideale von V bestimmen den Isomorphietyp von V. Es ist $e_{r+1} = d_{m+r}/d_{m+r+1}$ für $r \in \mathbb{N}$, wobei die d_i wie in a) bestimmt sind.

c) Seien $\mathbf{B} \in \mathsf{M}_{n,q}(A)$ und $\mathbf{A} \in \mathsf{M}_{n,p}(A)$, wobei $p \leq q$ gelte und die Spalten von $\mathbf{A}$ auch Spalten von $\mathbf{B}$ seien. Genau dann erzeugen die Spalten von $\mathbf{A}$ denselben Untermodul von A^n wie die Spalten von $\mathbf{B}$, wenn $d_r(\mathbf{A}) = d_r(\mathbf{B})$ ist für alle $r \leq n$. (§38, Aufgabe 13.) Folgerung. Das Gleichungssystem $\mathbf{A}x = \mathbf{b}$ mit $\mathbf{b} \in A^n$ besitzt genau dann eine Lösung in A, wenn $d_r(\mathbf{A}) = d_r((\mathbf{A}, \mathbf{b}))$ ist für alle $r \leq n$, wobei $(\mathbf{A}, \mathbf{b})$ aus $\mathbf{A}$ durch Hinzufügen der Spalte $\mathbf{b}$ gewonnen wird.

d) Sei V ein endlicher A–Modul des Ranges m. Dann haben der Torsionsmodul $\mathrm{t}V$ von V und $A/\mathbf{d}_m$ äquivalente Kompositionsreihen über A. Insbesondere gilt für die Länge:

$$\ell_A(\mathrm{t}V) = \ell_A(A/\mathbf{d}_m)\,.$$

Folgerungen. (1) Ist A fastendlich (vgl. Satz 49.9), so ist

$$\mathrm{Kard}(\mathrm{t}V) = [A : \mathbf{d}_m]\,.$$

(2) Ist V eine endlich erzeugte abelsche Gruppe des Ranges m, so besteht die Torsionsuntergruppe von V aus $|d_m|$ Elementen, wobei d_m ein Erzeugendes von $\mathbf{d}_m$ ist. (3) Sei K ein Körper. Ist V ein endlicher Modul über $K[X]$ des Ranges m, so ist $\mathrm{Dim}_K(\mathrm{t}V) = \mathrm{Grad}\, d_m$, wobei d_m ein Erzeugendes von $\mathbf{d}_m$ ist.

33. Sei A ein Integritätsbereich. Zur Verallgemeinerung des Satzes 49.9 nehmen wir weiter an, daß A folgender Endlichkeitsbedingung genügt: Für jedes Element $a \in A$, $a \neq 0$, sei A/Aa ein artinscher Ring. (Dies bedeutet gerade, daß A noethersch ist und jedes von 0 verschiedene Primideal maximal ist, vgl. 55.12.)
Sei V ein A–Modul der Form $V \cong F/U$, wobei F ein endlicher freier A–Modul des Ranges n und U ein freier Untermodul des Ranges $n - m \geq n - 1$ ist; es ist insbesondere $\mathrm{Rang}_A V = m \leq 1$. Dann haben $\mathrm{t}V$ und $A/\mathbf{d}_m(V)$ äquivalente Kompositionsreihen; insbesondere ist

$$\ell_A(\mathrm{t}V) = \ell_A(A/\mathbf{d}_m)\,.$$

(Induktion über n. Die Fälle $n \leq 1$ sind trivial. Seien $y_2, \ldots, y_n$ Teil einer Basis von U und $x_1, \ldots, x_n$ eine Basis von F derart, daß $x_1, y_2, \ldots, y_n$ linear unabhängig sind. Seien $U' := Ay_2 + \cdots + Ay_n$ und $V' := F/U'$. Der Homomorphismus von F in A mit $x \mapsto a$, wobei $x \wedge y_2 \wedge \cdots \wedge y_n = ax_1 \wedge \cdots \wedge x_n$ ist (vgl. Aufgabe 8), induziert einen Homomorphismus $h: V' \to A$ mit zugehöriger exakter Vierersequenz

$$0 \to \mathrm{t}V' \to V' \xrightarrow{h} A \to A/\mathbf{d}_1(V') \to 0 .$$

Ist x' die Restklasse von x_1 in V' und $V'' := V'/Ax'$, so ist $h(Ax') = \mathbf{d}_0(V'')$, und man erhält eine induzierte exakte Sequenz

$$0 \to \mathrm{t}V' \to V'' \to A/\mathbf{d}_0(V'') \to A/\mathbf{d}_1(V') \to 0 .$$

Nach Induktionsvoraussetzung haben die beiden mittleren Moduln äquivalente Kompositionsreihen. Das gilt dann auch für die beiden äußeren Moduln, vgl. Beweis von Lemma V.E.3. Dies beweist den Fall $m = 1$, in dem $V = V'$ ist. Bei $m = 0$ sei y_1 ein Element von U, das $y_2, \ldots, y_n$ zu einer Basis von U ergänzt, und y' seine Restklasse in V'; dann ist $V \cong V'/Ay'$. In der analog gewonnenen exakten Sequenz

$$0 \to \mathrm{t}V' \to V \to A/\mathbf{d}_0(V) \to A/\mathbf{d}_1(V') \to 0$$

haben jetzt die beiden äußeren und damit auch die beiden mittleren Moduln äquivalente Kompositionsreihen. — Zu Verallgemeinerungen des Resultats siehe U. Storch, Zur Längenberechnung von Moduln, Arch. Math. **24** (1973), 39—43, und W. Bruns, U. Vetter, Zur Längenberechnung der Torsion äußerer Potenzen man. math. **14**, 337–348(1975).)

§84 Tensoralgebren

Sei A ein kommutativer Ring. Die äußeren Potenzen eines A–Moduls hängen in einer Weise zusammen, die man am besten durch eine Algebrastruktur auf ihrer direkten Summe beschreibt. Dasselbe gilt für die symmetrischen Potenzen, die wir in §86 einführen. Der Behandlung dieser Algebren geht zweckmäßigerweise die Einführung einer darüber liegenden universellen Algebra voraus, der Tensoralgebra des Moduls.

Da Tensoralgebren eine natürliche Graduierung besitzen, werden im folgenden einige der Grundtatsachen über graduierte Algebren aus §62 benutzt. Insbesondere sei auf den Begriff der positiv graduierten Algebra hingewiesen sowie auf die Bezeichnung homogener Bestandteile graduierter Ringe und Moduln als Stufen. Da Tensoralgebren keine von 0 verschiedenen Stufen negativen Grades besitzen, werden wir bei Definitionen und in Beweisen im allgemeinen nur die Stufen nichtnegativen Grades ansprechen.

Sei V ein A–Modul. Der Tensoralgebra von V liegt der A–Modul

$$\mathsf{T}(V) = \mathsf{T}_A(V) := \bigoplus_{n \in \mathbb{N}} \mathsf{T}^n(V)$$
$$= A \oplus V \oplus (V \otimes_A V) \oplus (V \otimes_A V \otimes_A V) \oplus \cdots$$

zugrunde. Es ist bequem, $\mathsf{T}^n(V)$ selbst als A–Untermodul von $\mathsf{T}(V)$ aufzufassen. Die Multiplikation auf $\mathsf{T}(V)$ wird zunächst auf den direkten Summanden erklärt. Seien dazu $m, n \in \mathbb{N}$. Es gibt eine kanonische A–Isomorphie

$$\mathsf{T}^n(V) \otimes_A \mathsf{T}^n(V) \to \mathsf{T}^{m+n}(V),$$

welche bei $m \geq 1$, $n \geq 1$ durch die Assoziativität des Tensorproduktes 80.7, andernfalls durch die Isomorphien aus dem Anfang von §80, Beispiel 6 gegeben wird. Durch Einschränken auf das Kreuzprodukt von $\mathsf{T}^m(V)$ und $\mathsf{T}^n(V)$ erhält man so eine A–bilineare Abbildung

$$\mathsf{T}^m(V) \times \mathsf{T}^n(V) \to \mathsf{T}^{m+n}(V),$$

welche von nun an als Produkt geschrieben sei, für welches wir, ohne Mißverständnisse befürchten zu müssen, das Zeichen $\otimes$ verwenden können. Bei $m \geq 1$ und $n \geq 1$ ist beispielsweise

$$(u_1 \otimes \cdots \otimes u_m) \otimes (v_1 \otimes \cdots \otimes v_n) = u_1 \otimes \cdots \otimes u_m \otimes v_1 \otimes \cdots \otimes v_n$$

für $u_i, v_j \in V$, während in den übrigen Fällen gilt: Das Produkt von a und b aus $\mathsf{T}^0(V) = A$ ist das gewöhnliche Produkt ab im Ring A; die beiden Produkte von $a \in \mathsf{T}^0(V) = A$ und $x \in \mathsf{T}^n(V)$ stimmen mit dem gewöhnlichen Produkt ax im A–Modul $\mathsf{T}^n(V)$ überein.

Aus den elementaren Eigenschaften der so definierten Multiplikation ergeben sich folgende Regeln: Für $1, a \in A$, $x, x' \in \mathsf{T}^m(V)$, $y, y' \in \mathsf{T}^n(V)$, $z \in \mathsf{T}^r(V)$ gilt

$$1\,x = x\,, \quad a \otimes x = ax = x \otimes a\,, \quad a(x \otimes y) = (ax) \otimes y = x \otimes (ay)\,,$$

$$(x + x') \otimes y = x \otimes y + x' \otimes y\,, \quad x \otimes (y + y') = x \otimes y + x \otimes y'\,,$$

$$(x \otimes y) \otimes z = x \otimes (y \otimes z)\,.$$

Die letzte Gleichung benutzt noch einmal das Assoziativgesetz für Tensorprodukte.

Die *Multiplikation* auf $\mathsf{T}(V)$ wird nun durch *distributive Ausdehnung* der Multiplikation zwischen den direkten Summanden $\mathsf{T}^n(V)$, $n \in \mathbb{N}$, definiert. Sind also $x, y \in \mathsf{T}(V)$ mit den kanonischen Zerlegungen

$$x = \sum_{n=0}^{\infty} x_n\,, \quad y = \sum_{n=0}^{\infty} y_n\,,$$

wobei $x_n, y_n \in \mathsf{T}^n(V)$ sind, so ist

$$x \otimes y = \sum_{n=0}^{\infty} \left(\sum_{i=0}^{n} x_i \otimes y_{n-i} \right).$$

Der Term in Klammern ist dabei die n-te homogene Komponente von $x \otimes y$. Die oben aufgeführten Regeln der Multiplikation der direkten Summanden $\mathsf{T}^n(V)$ zeigen, daß die konstruierte Multiplikation $\mathsf{T}(V)$ zu einer A-Algebra macht. Wegen $\mathsf{T}^m(V)\mathsf{T}^n(V) \subseteq \mathsf{T}^{m+n}(V)$ für $m, n \in \mathbb{N}$ ist diese Algebra zudem in natürlicher Weise eine positiv graduierte A-Algebra. Man nennt $\mathsf{T}(A)$, versehen mit der konstruierten A-Algebrastruktur, die *Tensoralgebra* des A-Moduls V.

Beispiel 1 $\mathsf{T}(V)$ wird als A-Algebra von den Elementen $v \in V$ erzeugt. Kleinere Systeme von A-Algebra-Erzeugenden von $\mathsf{T}(V)$ erhält man in beliebigen Systemen von A-Modul-Erzeugenden von V.

Ist V ein freier A-Modul, so ist $\mathsf{T}(V)$ nach 80.8 eine freie A-Algebra; ist x_i, $i \in I$, eine A-Basis von V, so erhält man eine A-Basis von $\mathsf{T}(V)$, indem man alle möglichen endlichen Produkte der x_i (einschließlich des leeren Produktes 1) bildet. Ist I endlich, etwa $r := \operatorname{Kard} I$, so hat $\mathsf{T}^n(V)$ eine Basis aus r^n Elementen. Bei $A \neq 0$ und $r := \operatorname{Rang}_A V < \infty$ gilt dann für die Poincaréreihe (vgl. §63, Beispiel 7) der graduierten freien A-Algebra $\mathsf{T}(V)$ bezüglich der Funktion $\rho = \operatorname{Rang}_A$:

$$\mathcal{P}_{\mathsf{T}(V)} = \sum_{n=0}^{\infty} \operatorname{Rang}_A \mathsf{T}^n(V) \cdot Z^n = \sum_{n=0}^{\infty} r^n Z^n = \frac{1}{1 - rZ}.$$

84.1 Universelle Eigenschaft der Tensoralgebra *Seien A ein kommutativer Ring, V ein A-Modul, B eine A-Algebra und $f: V \to B$ eine A-lineare Abbildung. Dann gibt es genau einen A-Algebra-Homomorphismus $\varphi: \mathsf{T}(V) \to B$ mit $\varphi|V = f$.*

Es gibt also genau einen A-Algebra-Homomorphismus φ, der das Diagramm

$$\begin{array}{ccc} V & \xrightarrow{f} & B \\ \downarrow & \nearrow_{\varphi} & \\ \mathsf{T}(V) & & \end{array}$$

kommutativ macht, in dem $V = \mathsf{T}^1(V) \to \mathsf{T}(V)$ die kanonische Einbettung ist. Wir sagen auch, daß φ eine *Fortsetzung* von f ist, oder gebrauchen ähnliche Redeweisen.

84.2 Zusatz *Ist bei den Vorgaben von 84.1 die A-Algebra B eine graduierte A-Algebra mit der Zerlegung $B = \sum_{i \in \mathbb{Z}} B_i$ in Stufen B_i und gilt $f(V) \subseteq B_1$, so ist φ ein homogener Homomorphismus.*

Beweis von 84.1. φ wird als Summe A-linearer Abbildungen $f_n : \mathsf{T}^n(V) \to B$ konstruiert. Bei $n = 0$ sei $f_0 : A \to B$ der Strukturhomomorphismus der A-Algebra B. Sei jetzt $n \geq 1$. Die Abbildung $V^n \to B$ durch $(v_1, \ldots, v_n) \mapsto f(v_1) \cdots f(v_n)$ ist augenscheinlich multilinear und induziert den vorgesehenen A-Homomorphismus f_n von $\mathsf{T}^n(V)$ in B. Dabei ist

$f_1 = f$. Insgesamt ist dann φ eine A–lineare Abbildung von $\mathsf{T}(V)$ in B mit $\varphi|V = f$; für $x \in \mathsf{T}(V)$, $x = \sum_n x_n$ mit $x_n \in \mathsf{T}^n(V)$, ist außerdem $\varphi(\sum_n x_n) = \sum_n f_n(x_n)$. Es bleibt zu zeigen, daß φ multiplikativ ist. Dies braucht man, da φ A–linear ist, nur für zerlegbare homogene Tensoren $x \in \mathsf{T}^m(V)$, $y \in \mathsf{T}^n(V)$ mit $m, n \geq 1$ nachzuweisen. Seien also x, y von der Form $x = u_1 \otimes \cdots \otimes u_m$, $y = v_1 \otimes \cdots \otimes v_n$ mit $u_i, v_j \in V$. Dann ist in der Tat

$$\begin{aligned}\varphi(x \otimes y) &= \varphi(u_1 \otimes \cdots \otimes u_m \otimes v_1 \otimes \cdots \otimes v_n)\\ &= f(u_1) \cdots f(u_m) f(v_1) \cdots f(v_n) = \varphi(x)\varphi(y)\,.\end{aligned}$$

Da φ auf dem A–Algebra–Erzeugendensystem V von $\mathsf{T}(V)$ mit f übereinstimmen soll, ist die Eindeutigkeit der Konstruktion klar. •

B e w e i s von 84.2. Der Zusatz resultiert einfach daraus, daß f_n in die Menge der Summen n–facher Produkte aus B_1, also in B_n abbildet. •

84.3 Korollar *Seien A ein kommutativer Ring, V ein freier A–Modul mit der Basis x_i, $i \in I$, ferner B eine beliebige A–Algebra und $(b_i)_{i \in I} \in B^I$. Dann gibt es genau einen A–Algebra–Homomorphismus $\varphi : \mathsf{T}(V) \to B$ mit $\varphi(x_i) = b_i$, $i \in I$.*

B e w e i s. Dies folgt aus 36.9 und 84.1. •

Bemerkung 1 Mit den Bezeichnungen von 84.3 gilt: $\mathsf{T}(V)$ ist als A–Algebra zur Monoidalgebra $A[\mathrm{M}(I)]$ zum über dem Alphabet I konstruierten freien Monoid $\mathrm{M}(I)$, also zur A–Algebra in den nichtkommutierenden Unbestimmten X_i, $i \in I$, isomorph; vgl. §52, Bemerkung 2.

Über linearen Abbildungen von Moduln liegen kanonische Algebra–Homomorphismen der Tensoralgebren.

84.4 Korollar *Sei $f : V \to W$ ein Homomorphismus von Moduln über dem kommutativen Ring A. Dann gibt es genau einen f fortsetzenden A–Algebra–Homomorphismus*

$$\mathsf{T}(f) : \mathsf{T}(V) \to \mathsf{T}(W)\,.$$

$\mathsf{T}(f)$ ist ein homogener Homomorphismus graduierter A–Algebren, und zwar ist $\mathsf{T}(f)$ die direkte Summe der $\mathsf{T}^n(f) : \mathsf{T}^n(V) \to \mathsf{T}^n(W)$, $n \in \mathbb{N}$.

B e w e i s. Existenz und Eindeutigkeit von $\mathsf{T}(f)$ ergeben sich nach 84.1 und 84.2, ebenso die speziellen Eigenschaften von $\mathsf{T}(f)$ als Homomorphismus graduierter A–Algebren. Es bleibt, wenn man nicht auf die Konstruktion im Beweis von 84.1 zurückgreifen will, zu zeigen, daß $\mathsf{T}(f)$ auf $\mathsf{T}^n(V)$ mit $\mathsf{T}^n(f)$ übereinstimmt. Da beide Abbildungen A–linear sind, genügt es, ihre Übereinstimmung auf zerlegbaren homogenen Tensoren $x \in \mathsf{T}^n(V)$, $n \geq 1$, von der Form $x = v_1 \otimes \cdots \otimes v_n$ zu zeigen. In $\mathsf{T}(V)$ ist x das Produkt der Elemente $v_1, \ldots, v_n$. Also ist

$$\begin{aligned}\mathsf{T}(f)(x) &= \mathsf{T}(f)(v_1 \otimes \cdots \otimes v_n) = \mathsf{T}(f)(v_1) \cdots \mathsf{T}(f)(v_n) = f(v_1) \otimes \cdots \otimes f(v_n) \\ &= \mathsf{T}^n(f)(v_1 \otimes \cdots \otimes v_n) = \mathsf{T}^n(f)(x).\end{aligned}$$ •

84.5 *Seien A ein kommutativer Ring, V ein A-Modul und $f: V \to W$, $g: W \to X$ Homomorphismen von A-Moduln. Dann gilt:*

(1) $\mathsf{T}(\mathrm{id}_V) = \mathrm{id}_{\mathsf{T}(V)}$. (2) $\mathsf{T}(gf) = \mathsf{T}(g)\mathsf{T}(f)$.

Beweis. Man benutzt die Eindeutigkeitsaussage aus 84.4. •

84.6 Satz *Seien A ein kommutativer Ring und $f: V \to W$ ein Homomorphismus von A-Moduln. Dann gilt:*

(1) *Ist f ein Isomorphismus, so ist $\mathsf{T}(f)$ ein Isomorphismus.*

(2) *Ist f surjektiv, so ist $\mathsf{T}(f)$ surjektiv.*

(3) *Wird V von f isomorph auf einen direkten Summanden von W abgebildet, so wird $\mathsf{T}(V)$ von $\mathsf{T}(f)$ isomorph auf einen direkten A-Summanden von $\mathsf{T}(W)$ abgebildet.*

(4) *Ist $A = K$ ein Körper und ist f injektiv, so ist $\mathsf{T}(f)$ injektiv.*

Der Beweis ergibt sich leicht aus 80.6 und 84.4, 84.5. •

In (3) ist überdies $\mathsf{T}(W)$ semi-direktes Produkt der A-Unteralgebra Bild $\mathsf{T}(f)$ mit einem zweiseitigen Ideal als Komplement. Der einfacheren Beschreibung dieser Situation wegen fassen wir V als Untermodul von W, also als einen direkten Summanden von W auf. Es gibt dann eine Projektion π von W auf V. Nach 84.5 ist $\mathsf{T}(\pi)$ eine Projektion von $\mathsf{T}(W)$ auf das kanonische Bild von $\mathsf{T}(V)$ in $\mathsf{T}(W)$, deren Kern sich so als zweiseitiges Ideal erweist. Über die Erzeugung dieses Ideals gibt das folgende Beispiel eine Auskunft.

Beispiel 2 (Tensoralgebren von Restklassenmoduln) Seien A ein kommutativer Ring und $f: V \to W$ ein A-Homomorphismus.

84.7 Satz *Ist f surjektiv, so wird* Kern $\mathsf{T}(f)$ *als zweiseitiges Ideal in* $\mathsf{T}(V)$ *von* Kern$f$ *erzeugt.*

Beweis. Sei f surjektiv. Wir setzen $U :=$ Kern$f$ und bezeichnen mit $\mathbf{a}$ das von U in $\mathsf{T}(V)$ erzeugte zweiseitige Ideal ($\subseteq$ Kern$f$). Offensichtlich ist $\mathbf{a} \cap V = U$. Daher induziert $V \to \mathsf{T}(V)/\mathbf{a}$ eine A-lineare Abbildung $g: W \to \mathsf{T}(V)/\mathbf{a}$. Zu g gehört ein A-Algebra-Homomorphismus $\psi: \mathsf{T}(W) \to \mathsf{T}(V)/\mathbf{a}$. Die Komposition $\psi\mathsf{T}(f)$ bildet $\mathbf{a}$ auf 0 ab und induziert daher einen Endomorphismus von $\mathsf{T}(V)/\mathbf{a}$, welcher auf dem Algebra-Erzeugendensystem $(V + \mathbf{a})/\mathbf{a}$ die Identität ist, also überhaupt die Identität ist. Folglich ist Kern$(\psi\mathsf{T}(f)) = \mathbf{a}$ und erst recht Kern $\mathsf{T}(f) = \mathbf{a}$. •

Tensorprodukte von Tensoralgebren übernehmen eine Graduierung von ihren Faktoren. Zur Verfolgung dieses Gesichtspunktes betrachten wir zunächst allgemein das Tensorprodukt graduierter Algebren.

Seien A ein kommutativer Ring und $B = \sum_{i\in\mathbb{Z}} B_i$, $C = \sum_{j\in\mathbb{Z}} C_j$ graduierte A-Algebren. Die Einbettungen $B_i \to B$, $i \in \mathbb{Z}$, ergeben eine Darstellung von B als direkte Summe der A-Moduln B_i, und das Analoge gilt für C. Nach Satz 82.8 bilden dann die Tensorprodukte

$$B_i \otimes_A C_j \to B \otimes_A C\,,\ i,j \in \mathbb{Z}\,,$$

der Einbettungen eine Darstellung von $B\otimes_A C$ als direkte Summe der A-Moduln $B_i\otimes_A C_j$. Diese Homomorphismen werden zur Identifikation der $B_i\otimes_A C_j$ mit ihren Bildern in $B\otimes_A C$ benutzt.

Zur Beschreibung der Multiplikation in $B\otimes_A C$ nach der Identifikation genügt es, (zerlegbare) Tensoren aus den Summanden zu betrachten. Sind $i,i',j,j' \in \mathbb{Z}$ und $b \in B_i$, $b' \in B_{i'}$, $c \in C_j$, $c' \in C_{j'}$, so sind $bb' \in B_{i+i'}$, $cc' \in B_{j+j'}$ und $(b\otimes c)(b'\otimes c') = bb'\otimes cc' \in B_{i+i'}\otimes_A C_{j+j'}$. Zu jedem $n \in \mathbb{Z}$ setzt man

$$(B\otimes_A C)_n := \sum_{i+j=n} B_i\otimes_A C_j\,.$$

Die konkrete Multiplikation zeigt dann, daß für $m,n \in \mathbb{Z}$ gilt:

$$(B\otimes_A C)_m (B\otimes_A C)_n \subseteq (B\otimes_A C)_{m+n}\,,$$

daß also $B\otimes_A C$ eine graduierte A-Algebra mit den homogenen A-Untermoduln $(B\otimes_A C)_n$ ist. Unter Bezug auf diese Graduierung nennt man $B\otimes_A C$ das graduierte Tensorprodukt der graduierten A-Algebren B, C.

Beispiel 3 (Grundringwechsel graduierter Algebren) Sind homogene Bestandteile der Algebren B, C Nullmoduln, so sind die mit ihnen gebildeten Summanden in der Darstellung der Moduln $(B\otimes_A C)_n$ überflüssig. Ein Fall dieser Art ist der, daß $B_i = 0$ für alle $i \neq 0$ gilt, daß also $B = B_0$ eine gewöhnliche A-Algebra ist. In diesem Fall ist $(B\otimes_A C)_n = B\otimes_A C_n$.

Ist B eine beliebige kommutative A-Algebra, so ist für jede graduierte A-Algebra C die B-Algebra $B\otimes_A C$ in kanonischer Weise graduiert, nämlich bezüglich der B-Moduln $B\otimes_A C_n$.

Betrachten wir nun speziell den Grundringwechsel bei Tensoralgebren.

84.8 Satz *Seien A ein kommutativer Ring, V ein A-Modul und B eine kommutative A-Algebra. Dann ist die graduierte B-Algebra $B\otimes_A \mathsf{T}_A(V)$ kanonisch isomorph zur Tensoralgebra des B-Moduls $B\otimes_A V$, kurz:*

$$\mathsf{T}_A(V)_{(B)} = \mathsf{T}_B(V_{(B)})\,.$$

Beweis. Zum kanonischen Homomorphismus $V \to V_{(B)} \subseteq \mathsf{T}_B(V_{(B)})$ gibt es den homogenen Homomorphismus

$$\varphi\colon \mathsf{T}_A(V) \to \mathsf{T}_B(V_{(B)})$$

graduierter A–Algebren. Dabei ist φ auf $\mathsf{T}^n_A(V)$ nichts anderes als der Homomorphismus in $\mathsf{T}^n_B(V_{(B)})$ mit

$$v_1\otimes\cdots\otimes v_n \mapsto (1\otimes v_1)\otimes\cdots\otimes(1\otimes v_n)\,.$$

Durch universelle Ausdehnung von φ erhält man dann einen homogenen B–Algebra–Homomorphismus

$$\varphi_B\colon \mathsf{T}_A(V)_{(B)} \to \mathsf{T}_B(V_{(B)}),$$

der auf $(\mathsf{T}_A(V)_{(B)})_n = \mathsf{T}^n_A(V)_{(B)}$ nichts anderes ist als der kanonische B–Homomorphismus aus 81.6, der $\mathsf{T}^n_A(V)_{(B)}$ bijektiv auf $\mathsf{T}^n_B(V_{(B)})$ abbildet. Daher ist φ_B ebenfalls ein Isomorphismus. •

Anstatt 81.6 zu verwenden, kann man im Vorstehenden die Umkehrung von φ_B direkt als B–Algebra–Homomorphismus konstruieren, welcher die kanonische B–lineare Abbildung von $V_{(B)}$ in $\mathsf{T}_A(V)_{(B)}$ fortsetzt.

Schließlich ist auf die Verträglichkeit des Grundringwechsels mit homogenen Homomorphismen hinzuweisen. Ist $f: V \to W$ ein A–Homomorphismus, so ist

$$\mathsf{T}_A(f)_{(B)} = \mathsf{T}_B(f_{(B)})\,,$$

d.h. die eine Abbildung geht bei der Isomorphie aus 84.8 in die andere über. Dies ist ja in den homogenen Teilen richtig.

Beispiel 4 Seien B, C graduierte A–Algebren. Sind B und C nach unten beschränkt, so gilt das auch für das graduierte Tensorprodukt $B\otimes_A C$. Ist nämlich $B_i = 0$ für $i \le r$ und $C_j = 0$ für $j \le s$, so ist für $k \le r+s$ stets $(B\otimes_A C)_k = 0$, da für i, j mit $i+j = k \le r+s$ einer der Faktoren B_i, C_j gleich 0 ist, was $B_i\otimes_A C_j = 0$ bedeutet. Außerdem ist für jedes $n \in \mathbb{Z}$ die Summe

$$(B\otimes_A C)_n = \sum_{i+j=n} B_i\otimes_A C_j$$

im wesentlichen endlich, da fast alle Summanden verschwinden. Sind B und C positiv graduiert, so ist auch $B\otimes_A C$ positiv graduiert.

Sind B und C nach unten beschränkt und sind die homogenen Bestandteile beider Algebren endliche freie A–Moduln, so gilt dasselbe auch für ihr graduiertes Tensorprodukt. Bei $A \ne 0$ hat man dann nach 80.8

$$\mathrm{Rang}_A(B\otimes_A C)_n = \sum_{i+j=n} (\mathrm{Rang}_A B_i)(\mathrm{Rang}_A C_j)$$

für $n \in \mathbb{N}$, so daß für die mit Rang_A definierten Poincaré–Reihen gilt:

$$\mathcal{P}_{B\otimes C} = \mathcal{P}_B\mathcal{P}_C\,.$$

Bemerkung 2 Seien V und W A–Moduln und D eine A–Algebra. Nach 84.6 lassen sich $\mathsf{T}(V)$ und $\mathsf{T}(W)$ in kanonischer Weise als Unteralgebren von $\mathsf{T}(V\oplus W)$ auffassen. A–Algebra–Homomorphismen $\beta: \mathsf{T}(V) \to D$ und $\gamma: \mathsf{T}(W) \to D$ lassen sich dann zu einem A–Algebra–Homomorphismus $\mathsf{T}(V \oplus W) \to D$ fortsetzen (Beweis!). Dabei brauchen keine Vertauschbarkeitsbedingungen an die Bilder von β und γ gestellt zu werden, wie dies etwa in Satz 80.9 bei der Konstruktion von

Homomorphismen des Tensorproduktes von Algebren der Fall ist. Es gibt nach 84.2 einen kanonischen homogenen A–Algebra–Homomorphismus

$$\mathsf{T}(V \oplus W) \to \mathsf{T}(V) \otimes_A \mathsf{T}(W),$$

der surjektiv, aber im allgemeinen nicht injektiv ist, vgl. auch Aufgabe 8. Die Situation entspricht völlig dem Vergleich zwischen Polynomalgebren in nichtkommutierenden bzw. kommutierenden Unbestimmten.

Als duales Objekt zu der Tensoralgebra $\mathsf{T}(V)$ eines A–Moduls V kommt die Tensoralgebra $\mathsf{T}(V^*)$ seines Duals V^* in Frage. Außerdem gibt es das hier zu besprechende g r a d u i e r t e D u a l

$$\mathsf{T}(V)^{(*)} = \mathsf{T}_A(V)^{(*)} := \bigoplus_{n \in \mathbb{N}} \mathsf{T}_A^n(V)^*$$

von $\mathsf{T}(V)$, eine ebenfalls graduierte A–Algebra, deren n–te Stufe der A–Modul $\mathsf{T}^n(V)^*$ ist. Zwischen zwei Stufen des Grades $m, n \in \mathbb{N}$ definiert man die Multiplikation

$$\mathsf{T}^m(V)^* \times \mathsf{T}^n(V)^* \to \mathsf{T}^{m+n}(V)^*$$

als Abbildung, die entsteht, indem man zunächst in $\mathsf{T}^n(V)^* \otimes_A \mathsf{T}^n(V)^*$ abbildet, dort den kanonischen Homomorphismus

$$\mathsf{T}^m(V)^* \otimes_A \mathsf{T}^n(V)^* \to (\mathsf{T}^m(V) \otimes_A \mathsf{T}^n(V))^*$$

gemäß §82, Beispiel 2 anwendet und die kanonische Isomorphie von $\mathsf{T}^m(V) \otimes_A \mathsf{T}^n(V)$ zu $\mathsf{T}^{m+n}(V)$ einsetzt. Im einzelnen sieht das so aus: Sind $f \in \mathsf{T}^m(V)^*$, $g \in \mathsf{T}^n(V)^*$ und $v_1, \ldots, v_{m+n} \in V$, so ist

$$fg(v_1 \otimes \cdots \otimes v_{m+n}) = f(v_1 \otimes \cdots \otimes v_m) g(v_{m+1} \otimes \cdots \otimes v_{m+n}).$$

$T^0(V)^* = A^*$ kann kanonisch mit A identifiziert werden; die Multiplikation mit Elementen dieser Art (von beiden Seiten) auf $\mathsf{T}^n(V)^*$ ist dann die Skalarenmultiplikation. Die Multiplikation auf $\mathsf{T}(V)^{(*)}$ wird schließlich durch distributive Ausdehnung definiert; sie ist auch assoziativ, wie ein Blick auf die konkrete Formel der Multiplikation zeigt. Somit ist $\mathsf{T}(V)^{(*)}$ mit einer kanonischen Struktur einer graduierten A–Algebra versehen.

Beispiel 5 Im graduierten Dual $\mathsf{T}(V)^{(*)}$ der Tensoralgebra $\mathsf{T}(V)$ des A–Moduls V ist der homogene Bestandteil des Grades 1 nichts anderes als der Dualmodul V^*. Das Produkt von Elementen $f_1, \ldots, f_n$ aus V^* in $\mathsf{T}(V)^{(*)}$ ist nach der konkreten Formel der Multiplikation die Linearform auf $\mathsf{T}^n(V)$ mit

$$v_1 \otimes \cdots \otimes v_n \mapsto f_1(v_1) \cdots f_n(v_n),$$

also das Bild von $f_1 \otimes \cdots \otimes f_n$ unter der kanonischen Abbildung $\varphi_n : \mathsf{T}^n(V^*) \to \mathsf{T}^n(V)^*$, vgl. §82, Beispiel 2. Dies weist bereits auf eine Beziehung zwischen

$\mathsf{T}(V^*)$ und $\mathsf{T}(V)^{(*)}$ hin. Nun, die Einbettung $V^* \to \mathsf{T}(V)^{(*)}$ läßt sich nach 84.2 zu einem homogenen A–Algebra–Homomorphismus

$$\varphi: \mathsf{T}(V^*) \to \mathsf{T}(V)^{(*)}$$

fortsetzen. Auf $\mathsf{T}^n(V^*)$ ist φ wegen $\varphi(f_1 \otimes \cdots \otimes f_n) = \varphi(f_1) \cdots \varphi(f_n) = f_1 \cdots f_n$ nichts anderes als die kanonische Abbildung φ_n, $n \in \mathbb{N}$.

Ist $A = K$ ein Körper, so ist φ injektiv, s. §82, Aufgabe 1. Nach 82.5 gilt:

84.9 Satz *Ist V ein endlicher freier A–Modul, so ist der kanonische A–Algebra–Homomorphismus $\mathsf{T}(V^*) \to \mathsf{T}(V)^{(*)}$ bijektiv.*

Beispiel 6 (Algebra der Multilinearformen) Seien A ein kommutativer Ring und V ein A–Modul. Definitionen aus §45 ergänzend, bezeichnen wir zu jeder endlichen Menge I mit

$$\mathrm{Mult}(I, V) = \mathrm{Mult}_A(I, V) := \mathrm{Mult}_A(I, V; A)$$

den A–Modul der I–Linearformen auf V. Bei $I = [1, n]$ schreiben wir dafür kurz $\mathrm{Mult}(n, V) = \mathrm{Mult}_A(n, V)$. Es ist $\mathrm{Mult}(0, V) = A$, $\mathrm{Mult}(1, V) = V^*$.

Zwischen m– und n–Formen läßt sich eine Multiplikation

$$\mathrm{Mult}(m, V) \times \mathrm{Mult}(n, V) \to \mathrm{Mult}(m + n, V)$$

durch $(\Phi, \Psi) \mapsto ((v_1, \ldots, v_{m+n}) \mapsto \Phi(v_1, \ldots, v_m)\Psi(v_{m+1}, \ldots, v_{m+n}))$ definieren; wir nennen das so definierte Produkt von Φ, Ψ auch das Tensorprodukt der Formen Φ, Ψ und bezeichnen es, wenn dies keine Verwirrung hervorruft, mit

$$\Phi \otimes \Psi .$$

Die distributive Fortsetzung der Multiplikation macht dann

$$\mathrm{Mult}(V) = \mathrm{Mult}_A(V) := \bigoplus_{n \in \mathbb{N}} \mathrm{Mult}_A(n, V)$$

offensichtlich zu einer graduierten A–Algebra, der Algebra der Multilinearformen des A–Moduls V. Die direkte Summe der kanonischen Isomorphien zwischen $\mathrm{Mult}(n, V)$ und $\mathsf{T}^n(V)^*$, $n \in \mathbb{N}$, ergibt dann eine kanonische homogene A–Algebra–Isomorphie

$$\mathrm{Mult}(V) \cong \mathsf{T}(V)^{(*)} .$$

Beispiel 7 (Gemischte Tensoralgebren) Seien A ein kommutativer Ring und V ein A–Modul. Das graduierte Tensorprodukt

$$\mathsf{T}(V^*, V) = \mathsf{T}_A(V^*, V) := \mathsf{T}_A(V^*) \otimes_A \mathsf{T}_A(V)$$

heißt die gemischte Tensoralgebra des A–Moduls V. Sie ist direkte Summe der Moduln

$$\mathsf{T}^{p,q}(V) = \mathsf{T}_A^{p,q}(V) := \mathsf{T}_A^p(V^*) \otimes_A \mathsf{T}_A^q(V) ,$$

$p, q \in \mathbb{N}$. Die Elemente von $\mathsf{T}^{p,q}(V)$ heißen gemischte Tensoren vom Typ (p, q) über V. Man spricht hier auch von p–fach kontravarianten, q–fach kovarianten Tensoren über V. Die n–te Stufe von $\mathsf{T}(V^*, V)$ ist

$$\mathsf{T}^n(V^*,V) = \mathsf{T}^n_A(V^*,V) := \sum_{p+q=n} \mathsf{T}^{p,q}_A(V).$$

Fragen der Dualität können innerhalb jeder Stufe $\mathsf{T}^n(V^*, V)$ abgehandelt werden, wobei jeweils die Bilinearfunktionen

$$\mathsf{T}^{p,q}(V) \times \mathsf{T}^{q,p}(V) \to A$$

verwendet werden, die nach §82, Beispiel 3 als Tensorprodukt von p kanonischen Bilinearformen $V^* \times V \to A$ und q kanonischen Bilinearformen $V \times V^* \to A$ bezeichnet werden. Für zerlegbare Tensoren ist dabei

$$<f_1 \otimes \cdots \otimes f_p \otimes u_1 \otimes \cdots \otimes u_q, g_1 \otimes \cdots \otimes g_q \otimes v_1 \otimes \cdots \otimes v_p> = \prod_{i=1}^{p} f_i(v_i) \cdot \prod_{j=1}^{q} g_j(u_j),$$

$f_i, g_j \in V^*$, $u_j, v_i \in V$. Ist V endlich frei, so definieren die genannten Bilinearformen vollständige Dualitäten jeweils zwischen $\mathsf{T}^{p,q}(V)$ und $\mathsf{T}^{q,p}(V)$. In diesem Spezialfall läßt sich $\mathsf{T}^{p,q}(V)$ über die zur Dualität gehörende kanonische Isomorphie

$$\mathsf{T}^p(V^*) \otimes_A \mathsf{T}^q(V) \to (\mathsf{T}^q(V^*) \otimes_A \mathsf{T}^p(V))^*$$

mit dem Modul der Multilinearformen auf $(V^*)^q \times V^p$ identifizieren, den man dementsprechend den Modul der q–fach k o v a r i a n t e n, p–fach k o n t r a v a r i a n t e n Multilinearformen der Stufe $p+q$ nennt. Gelegentlich wird diese Interpretationsmöglichkeit zur ad hoc–Konstruktion gemischter Tensoren verwendet.

Schließlich sei auf die Koeffizienten gemischter Tensoren bezüglich kanonischer Basen eingegangen. Sei etwa V frei mit der endlichen Basis x_j, $j \in I$. Hierzu gehört die Dualbasis x_i^*, $i \in I$, von V^*. Es ist in der Tensorrechnung üblich, x^i für x_i^* zu schreiben; Verwechslungen mit Potenzen sind kaum zu befürchten. Jedes $v \in V$ besitzt eine lineare Darstellung

$$v = \sum_{j \in I} a^j x_j$$

mit Koeffizienten $a^j \in A$; hierbei ist j als Index aufzufassen. Jedes $f \in V^*$ besitzt eine lineare Darstellung

$$f = \sum_{i \in I} a_i x^i$$

mit Koeffizienten $a_i \in A$. Das hier schon verwendete Prinzip des Gegenüberstellens von Summationsindizes ist typisch für den Formelapparat des Rechnens mit Tensoren (in Koordinatenschreibweise), wie auch das Folgende zeigt. Betrachten wir zu $p, q \in \mathbb{N}$ den Modul $\mathsf{T}^{p,q}(V)$. Jeder Tensor aus $\mathsf{T}^{p,q}(V)$ kann eindeutig in der Form

$$\sum_{\substack{i_1,\ldots,i_p \\ j_1,\ldots,j_q}} a^{j_1\ldots j_q}_{i_1\ldots i_p} x^{i_1} \otimes \cdots \otimes x^{i_p} \otimes x_{j_1} \otimes \cdots \otimes x_{j_q}$$

geschrieben werden, wobei die Indizes jeweils unabhängig voneinander I durchlaufen; die Koeffizienten sind aus A und tragen die Indizes je nach Varianz oben und unten. Der Tensor wird bezüglich der Ausgangsbasis von V eindeutig durch das I^{p+q}–Tupel

$$\left(a_{i_1\ldots i_p}^{j_1\ldots j_q}\right)$$

beschrieben. Ein Basiswechsel hat die wie folgt beschriebenen Auswirkungen. Sei y_s, $s \in I$, eine zweite Basis von V, und sei y^r, $r \in I$, die zugehörige Dualbasis von V^*. Es ist anzugeben, wie sich die Koordinate $b_{r_1\ldots r_p}^{s_1\ldots s_q}$ des Tensors bezüglich der neuen Basis aus den alten Koordinaten berechnet. Der Koordinatenwechsel in V läßt sich durch

$$x_j = \sum_s \alpha_j^s y_s\,,\ j \in I\,,\quad y_s = \sum_j \beta_s^j x_j\,,\ s \in I\,,$$

beschreiben, wobei die Matrizen (α_j^s), (β_s^j) aus $\mathsf{M}_I(A)$ invers zueinander sind. Nach 41.3 ist dann

$$y^r = \sum_i \alpha_i^r x^i\,,\ r \in I\,,\quad x^i = \sum_r \beta_r^i y^r\,,\ i \in I\,.$$

Einsetzen liefert

$$b_{r_1\ldots r_p}^{s_1\ldots s_q} = \sum_{\substack{i_1,\ldots,i_p\\ j_1,\ldots,j_q}} a_{i_1\ldots i_p}^{j_1\ldots j_q}\beta_{r_1}^{i_1}\cdots\beta_{r_p}^{i_p}\alpha_{j_1}^{s_1}\cdots\alpha_{j_q}^{s_q}\,.$$

Bei Tensoralgebren und ihren Restklassenalgebren nach homogenen Idealen treten in natürlicher Weise homogene A–Endomorphismen auf, welche die Multiplikation in der Weise berücksichtigen, wie dies bei Derivationen der Fall ist. Zu ihrer Einführung treffen wir folgende Definition für graduierte Ringe.

Sei $B = \sum_{n\in\mathbb{Z}} B_n$ eine graduierte Algebra über dem kommutativen Ring A. Eine Abbildung $\delta : B \to B$ heißt eine (graduierte) Derivation von B, wenn δ ein homogener $\mathbb{Z}$–Endomorphismus von B ist, derart, daß für homogene $x \in B$ und beliebige $y \in B$ die Produktformel gilt:

$$\delta(xy) = (\delta x)y + (-1)^{(\mathrm{Grad}\,\delta)(\mathrm{Grad}\,x)} x\,\delta y\,.$$

Man nennt δ eine A–Derivation, wenn δ eine A–lineare Derivation ist.

Zum Rechnen mit der Produktformel beachte man, daß sie $\mathbb{Z}$–bilinear in x und y ist.

Sei δ eine graduierte Derivation von B. Ist Grad δ gerade, so verschwindet das Vorzeichen in der Produktformel, die Formel gilt dann für beliebige $x, y \in B$, und folglich ist δ eine Derivation im üblichen Sinne. Ist Grad δ ungerade, so heißt f auch eine Antiderivation; die Produktformel lautet für sie einfach so:

$$\delta(xy) = (\delta x)y + (-1)^{\mathrm{Grad}\,x} x\,\delta y\,.$$

Beispiel 8 Ist B ein graduierter Ring, so ist seine Eulerderivation δ_E eine graduierte Derivation vom Grade 0, vgl. §62, Aufgabe 31. Partielle Ableitungen in Polynomringen sind homogene Abbildungen vom Grade -1, aber im allgemeinen keine Antiderivationen.

84.10 *Sei δ eine Antiderivation des graduierten Ringes B. Dann ist δ^2 eine gewöhnliche Derivation.*

B e w e i s. Sei $x \in B_n$, $y \in B$. Bezeichnet g den Grad von δ, dann hat δx den Grad $n+g$, und es gilt, da n und $n+g$ verschiedene Parität haben:

$$\begin{aligned}\delta^2(xy) &= \delta((\delta x)y + (-1)^n x\,\delta y)\\ &= (\delta^2 x)y + (-1)^{n+g}(\delta x)(\delta y) + (-1)^n(\delta x)(\delta y) + (-1)^n(-1)^n x\,\delta^2 y\\ &= (\delta^2 x)y + x\,\delta^2 y\,.\end{aligned}$$

Also gilt die gewöhnliche Produktregel für δ^2. •

84.11 *Sei B eine positiv graduierte Algebra über dem kommutativen Ring A, welche als A-Algebra von B_1 erzeugt werde. Für jede Antiderivation δ vom Grade -1 von B ist $\delta^2 = 0$.*

B e w e i s. Nach 84.10 ist δ^2 eine Derivation von B. Aus Gradgründen ist $\delta A = 0$, $\delta^2 B_1 = 0$. Wegen $\delta^2 A = 0$ ist δ^2 eine A-Derivation von B, deren Kern dann eine A-Unteralgebra von B ist. Da B_1 im Kern von δ^2 liegt, folgt überhaupt $\delta^2 = 0$. •

Beispiel 9 (D i e A n t i d e r i v a t i o n $\mathtt{i}(f)$) Seien A ein kommutativer Ring, V ein A-Modul und $f \in V^*$ eine Linearform. *Dann gibt es eine A-Antiderivation*

$$\mathtt{i}(f)$$

vom Grade -1 auf der A-Algebra $\mathsf{T}(V)$, welche auf zerlegbaren Tensoren so wirkt:

$$\mathtt{i}(f)(v_1\otimes\cdots\otimes v_n) = \sum_{i=1}^{n}(-1)^{i+1} f(v_i)\cdot v_1\otimes\cdots\otimes\hat{v}_i\cdots\otimes v_n\,,$$

$n \geq 1$, $v_i \in V$; dabei ist $\hat{}$ das Auslassungszeichen.

Zu $n \geq 1$ ist nämlich die Abbildung $V^n \to \mathsf{T}^{n-1}(V)$ durch

$$(v_1,\ldots,v_n) \mapsto \sum_{i=1}^{n}(-1)^{i+1} f(v_i)\, v_1\otimes\cdots\otimes\hat{v}_i\cdots\otimes v_n$$

offensichtlich multilinear und induziert daher einen entsprechenden A-Homomorphismus $\mathtt{i}(f)_n$ von $\mathsf{T}^n(V)$ in $\mathsf{T}^{n-1}(V)$. Seien $\mathtt{i}(f)_0$ die Nullabbildung und $\mathtt{i}(f)$ die Summe der $\mathtt{i}(f)_n$. Dann ist $\mathtt{i}(f)$ ein homogener A-Endomorphismus vom Grade -1 von $\mathsf{T}(V)$.

Es bleibt die Produktregel zu verifizieren, wobei es genügt, zerlegbare Tensoren $x \in \mathsf{T}^m(V)$, $y \in \mathsf{T}^n(V)$ zu betrachten. Die Fälle $m = 0$, $n = 0$ sind trivial, da $\mathtt{i}(f)$ auf $A = \mathsf{T}^0(V)$ verschwindet und A-linear ist. Seien daher nun $x = u_1\otimes\cdots\otimes u_m$, $v = v_1\otimes\cdots\otimes v_n$ mit $u_i, v_j \in V$. Aus

$$\mathtt{i}(f)(x\otimes y) = \sum_{i=1}^{m}(-1)^{i+1} f(u_i)\, u_1\otimes\cdots\otimes\hat{u}_i\cdots\otimes u_m\otimes v_1\otimes\cdots\otimes v_n$$

$$+\sum_{i=1}^{n}(-1)^{m+i+1}f(v_i)\,u_1\otimes\cdots\otimes u_m\otimes v_1\otimes\cdots\otimes\hat{v}_i\cdots\otimes v_n$$

ergibt sich sofort $\mathsf{i}(f)(x\otimes y) = (\mathsf{i}(f)x)\otimes y + (-1)^m x\otimes \mathsf{i}(f)y$. •

Nach 84.11 ist $\mathsf{i}(f)^2 = 0$. Daher ist $(\mathsf{T}^n(V), \mathsf{i}(f)_n)_{n\in\mathbb{N}}$ ein Komplex von A-Homomorphismen.

Aufgaben

1. Seien K ein Körper und V ein K-Vektorraum. Zu jedem Unterraum U von V fasse man $\mathsf{T}(U)$ kanonisch als K-Unteralgebra von $\mathsf{T}(V)$ auf.

a) $\mathsf{T}(V)$ ist die Vereinigung der $\mathsf{T}(U)$, $U \subseteq V$, U endlichdimensional.

b) Sind U, W Unterräume von V, so ist $\mathsf{T}(U) \cap \mathsf{T}(W) = \mathsf{T}(U \cap W)$.

2. Man gebe einen weiteren Beweis zu 84.8, indem man zeige, daß der Kern von $\mathsf{T}^n(f)$ von denjenigen Tensoren $v_1\otimes\cdots\otimes v_n$ erzeugt wird, bei denen mindestens eines der v_i zum Kern von f gehört. (§82, Beispiel 5.)

3. Seien A ein kommutativer Ring und $\mathbf{a} \subseteq A$ ein Ideal derart, daß der natürliche Homomorphismus $\mathbf{a}\otimes_A\mathbf{a} \to A$ (mit Bild $\mathbf{a}^2$) nicht injektiv ist. Dann ist zwar die Injektion $\iota : \mathbf{a} \to A$ injektiv, nicht jedoch $\mathsf{T}(\iota)$. Man suche konkrete Beispiele dieser Art, etwa nach §82, Aufgabe 9c).

4. Seien A ein Integritätsbereich und V ein A-Modul. Die Tensoralgebra $\mathsf{T}(V)$ ist genau dann nullteilerfrei, wenn alle Potenzen $\mathsf{T}^n(V)$, $n \in \mathbb{N}$, torsionsfreie A-Moduln sind. (Lemma 62.1.) Ist dies der Fall, so ist $\mathsf{T}(V)^\times = A^\times$. (Bemerkung. Ist V flacher A-Modul, so ist $\mathsf{T}(V)$ nullteilerfrei.)

5. Seien V, W Moduln über dem kommutativen Ring A und $f \in \operatorname{Hom}_A(V, W)$.

a) Die Summe der A-Homomorphismen $\mathsf{T}^n(f)^*: \mathsf{T}^n(W)^* \to \mathsf{T}^n(V)^*$ ergibt einen kanonischen homogenen A-Algebra-Homomorphismus

$$\mathsf{T}(f)^{(*)}: \mathsf{T}(W)^{(*)} \to \mathsf{T}(V)^{(*)}.$$

b) Das mit kanonischen Homomorphismen gebildete Diagramm

$$\begin{array}{ccc} \mathsf{T}(W^*) & \xrightarrow{\mathsf{T}(f^*)} & \mathsf{T}(V^*) \\ \downarrow & & \downarrow \\ \mathsf{T}(W)^{(*)} & \xrightarrow{\mathsf{T}(f)^{(*)}} & \mathsf{T}(V)^{(*)} \end{array}$$

ist kommutativ.

c) Man übertrage die Sätze 84.5 und 84.6 sinngemäß auf die Homomorphismen des Typs $\mathsf{T}(f)^{(*)}$.

6. Seien V, W Moduln über dem kommutativen Ring A. Ein A–Homomorphismus $f: V \to W$ definiert kanonische A–Homomorphismen

$$\mathrm{Mult}(n, f): \mathrm{Mult}(n, W) \to \mathrm{Mult}(V),$$

$n \in \mathbb{N}$. Die Summe dieser Homomorphismen ist ein homogener A–Algebra–Homomorphismus

$$\mathrm{Mult}(f): \mathrm{Mult}(W) \to \mathrm{Mult}(V)$$

der Algebren der Multilinearformen. Identifiziert man diese mit den entsprechenden graduierten Dualen der Tensoralgebren über W und V, so geht $\mathrm{Mult}(f)$ in $\mathsf{T}(f)^{(*)}$ über.

7. Sei V ein Modul über dem kommutativen Ring A. Zur Dualität zwischen $\mathsf{T}(V^*)$ und $\mathsf{T}(V)$ gehört neben dem Homomorphismus von $\mathsf{T}(V^*)$ in $\mathsf{T}(V)^{(*)} = \mathrm{Mult}(V)$ auch ein kanonischer homogener A–Algebra–Homomorphismus

$$\mathsf{T}(V) \to \mathsf{T}(V^*)^{(*)} = \mathrm{Mult}(V^*).$$

Dieser ist auf $\mathsf{T}^n(V)$ nichts anderes als die kanonische Abbildung in $\mathsf{T}^n(V^*)^*$.

8. a) Seien V, W endliche freie Moduln über dem kommutativen Ring $A \neq 0$. Man berechne die Poincaréreihen der positiv graduierten A–Algebren $\mathsf{T}(V \oplus W)$ und $\mathsf{T}(V) \otimes_A \mathsf{T}(W)$ (bezüglich der Rangfunktion).

b) Man gebe aufgrund von §80, Beispiel 13 einen neuen Beweis für die in §63, Aufgabe 16 angegebene Formel für die Poincaréreihen von Polynomalgebren.

9. Man beschreibe die Multiplikation gemischter Tensoren in Koordinaten.

10. (Verjüngung gemischter Tensoren) Sei V ein Modul über dem kommutativen Ring A. Zu Indizes $r, s \in \mathbb{N}_+$ und $p \geq r$, $q \geq s$ ist die Verjüngung (oder Kontraktion)

$$C_s^r: \mathsf{T}^{p,q}(V) \to \mathsf{T}^{p-1,q-1}(V)$$

über die Indizes (r, s) definiert als der A–Homomorphismus mit

$$f_1 \otimes \cdots \otimes f_p \otimes u_1 \otimes \cdots \otimes u_q \mapsto f_r(u_s) \cdot f_1 \otimes \cdots \otimes \hat{f}_r \cdots \otimes f_p \otimes u_1 \otimes \cdots \otimes \hat{u}_s \cdots \otimes u_q$$

für $f_i \in V^*$, $u_j \in V$; dabei ist ˆ das Auslassungszeichen. Man beschreibe die Verjüngung von Tensoren in Koordinatenschreibweise (Beispiel 7).

11. Seien V ein endlicher freier Modul über dem kommutativen Ring A und $f \in \mathrm{End}_A V$. Mit φ_f sei derjenige Tensor aus $\mathsf{T}^{1,1}(V)$ bezeichnet, der bei der kanonischen Isomorphie $\mathsf{T}^{1,1}(V) \to \mathrm{End}_A V$ auf f abgebildet wird.

a) Für jedes $x \in V$ ist $C_2^1(\varphi_f \otimes x) = f(x)$.

b) Sei x_j, $j \in I$, eine Basis von V, dazu x^i, $i \in I$, die Dualbasis von V^* und $f(x_r) = \sum_j a_r^j x_j$, $r \in I$, mit $a_r^j \in A$. Dann ist

$$\varphi_f = \sum_{i,j} a_i^j x^i \otimes x_j .$$

12. Sei B eine endliche freie Algebra über dem kommutativen Ring A, deren Multiplikation durch den A–Homomorphismus $\mu: B \otimes_A B \to B$ gegeben sei. Mit γ_B

sei derjenige Tensor aus $\mathsf{T}^{2,1}(V)$ bezeichnet, der bei der kanonischen Isomorphie h von $\mathsf{T}^{2,1}(V)$ auf $\mathrm{Hom}_A(B \otimes_A B, B)$ auf μ abgebildet wird.

a) h ist die Komposition der kanonischen Isomorphien zwischen $B^* \otimes B^* \otimes B$, $\mathrm{Hom}_A(B, B^* \otimes B)$, $\mathrm{Hom}_A(B, \mathrm{Hom}_A(B, B))$, $\mathrm{Hom}_A(B \otimes B, B)$. Für $f, g \in B^*$ und $z \in B$ ist $h(f \otimes g \otimes z) = (x \otimes y \mapsto f(x)g(y)z)$.

b) Für $x, y \in B$ ist $C_2^1(C_2^1(\gamma_B \otimes x \otimes y)) = xy$.

c) Sei x_k, $k \in I$, eine Basis von B und x^i, $i \in I$, die zugehörige Dualbasis von B^*. Ferner seien $\gamma_{r,s}^k$, $r, s \in I$, die Strukturkonstanten von B bezüglich der Basis x_j, $j \in I$, von B, vgl. §28. Dann ist

$$\gamma_B = \sum_{i,j,k} \gamma_{ij}^k x^i \otimes x^j \otimes x_k .$$

13. Seien δ, δ' graduierte Derivationen vom Grade g bzw. g' des graduierten Ringes B. Dann ist das K l a m m e r p r o d u k t

$$[\delta, \delta'] := \delta\delta' - (-1)^{gg'} \delta'\delta$$

eine graduierte Derivation vom Grade $g + g'$ von B. — Man formuliere die nach den Paritäten von g, g' unterschiedenen Spezialfälle.

14. Seien A ein kommutativer Ring, V ein A–Modul und $f \in \mathrm{End}_A V$. Dann gibt es eine A–Derivation $\delta(f)$ des Grades 0 von $\mathsf{T}(V)$, welche auf zerlegbaren Tensoren wie folgt wirkt:

$$\delta(f)(v_1 \otimes \cdots \otimes v_n) = \sum_{i=1}^{n} v_1 \otimes \cdots \otimes f(v_i) \cdots \otimes v_n ,$$

$n \geq 1$, $v_i \in V$. Durch $f \mapsto \delta(f)$ ist ein Homomorphismus

$$\delta : [\mathrm{End}_A V] \to [\mathrm{End}_A \mathsf{T}(V)]$$

von A–Lie–Algebren definiert. (Die Lie–Produkte sind dabei die gewöhnlichen Klammerprodukte.)

15. Seien A ein kommutativer Ring, V ein A–Modul und $x \in V$.

a) Es gibt eine A–Antiderivation $\mathsf{c}(x)$ des Grades -1 der Algebra $\mathrm{Mult}(V)$, welche auf $\Phi \in \mathrm{Mult}(n, V)$, $n \geq 1$, wie folgt wirkt:

$$\mathsf{c}(x)(\Phi)(v_1, \ldots, v_{n-1}) = \sum_{i=0}^{n-1} (-1)^i \Phi(v_1, \ldots, v_i, x, \ldots, v_{n-1}) .$$

b) Bezeichne x^{**} die kanonische Linearform $f \mapsto f(x)$ auf V^*. Für den kanonischen Homomorphismus $\varphi : \mathsf{T}(V^*) \to \mathsf{T}(V)^{(*)} = \mathrm{Mult}(V)$ gilt $\mathsf{c}(x)\varphi = \varphi\, \mathsf{i}(x^{**})$.

16. Seien A ein kommutativer Ring, V ein A–Modul und $f \in V^*$ eine A–Linearform. Dann gibt es genau eine A–Derivation

$$\mathsf{j}(f)$$

der Algebra $\mathsf{T}(V)$ mit $\mathsf{j}(f)|V = f$, welche homogen vom Grade -1 ist. ($\mathsf{j}(f)$ operiert auf zerlegten Tensoren notwendig so:

$$\mathsf{j}(f)(v_1 \otimes \cdots \otimes v_n) = \sum_{i=1}^{n} f(v_i)\, v_1 \otimes \cdots \otimes \hat{v}_i \cdots \otimes v_n\,.$$

Man geht wie in Beispiel 9 vor, läßt aber die Vorzeichen weg.)

§85 Äußere Algebren

Sei A ein kommutativer Ring. Ferner sei V ein A–Modul. Mit

$$\mathbf{I}(V) = \mathbf{I}_A(V)$$

sei das zweiseitige Ideal in der Tensoralgebra $\mathsf{T}_A(V)$ bezeichnet, das von allen Tensoren der Form $v \otimes v$, $v \in V$, erzeugt wird. Da die Erzeugenden homogene Elemente in $\mathsf{T}(V)$ sind, ist $\mathbf{I}(V)$ ein homogenes Ideal. Seine n–te Stufe ist

$$\mathbf{I}(V) \cap \mathsf{T}^n(V) = \mathbf{I}^n(V)$$

nach der Überlegung aus §83, Beispiel 4. Die Restklassenalgebra

$$\bigwedge(V) = \bigwedge_A(V) := \mathsf{T}_A(V)/\mathbf{I}_A(V)$$

heißt die G r a ß m a n n - A l g e b r a oder die ä u ß e r e A l g e b r a des A–Moduls V. Sie ist eine positiv graduierte A–Algebra, deren n–te Stufe in kanonischer Weise mit dem A–Modul

$$\mathsf{T}^n(V)/(\mathbf{I}(V) \cap \mathsf{T}^n(V)) = \mathsf{T}^n(V)/\mathbf{I}^n(V) = \bigwedge^n(V)$$

identifiziert wird. Die Zerlegung in homogene Bestandteile ist dann:

$$\bigwedge(V) = A \oplus V \oplus \bigwedge^2(V) \oplus \bigwedge^3(V) \cdots .$$

Die Multiplikation in $\bigwedge(V)$ wird mit $\wedge$ bezeichnet.

Beispiel 1 Für zerlegbare Elemente $u_1 \wedge \cdots \wedge u_m \in \bigwedge^m(V)$, $v_1 \wedge \cdots \wedge v_n \in \bigwedge^n(V)$ hat man $(u_1 \wedge \cdots \wedge u_m) \wedge (v_1 \wedge \cdots \wedge v_n) = u_1 \wedge \cdots \wedge u_m \wedge v_1 \wedge \cdots \wedge v_n$, da eine entsprechende Gleichung bereits in $\mathsf{T}(V)$ gilt: Insbesondere ist der Gebrauch des Multiplikationszeichens $\wedge$ verträglich mit der Bezeichnung zerlegbarer Elemente in den einzelnen äußeren Potenzen $\bigwedge^n(V)$. Für $a \in A$ und $x \in \bigwedge(V)$ ist $a \wedge x = x \wedge a$ nichts anderes als das a–fache ax im A–Modul $\bigwedge(V)$.

Bei der Multiplikation homogener Elemente ist folgende Formel erwähnenswert: Für $x \in \bigwedge^m(V)$, $y \in \bigwedge^n(V)$ ist

$$x \wedge y = (-1)^{mn}\, y \wedge x\,.$$

Es genügt dies für zerlegte Elemente zu beweisen. In diesem Falle ist das Gewünschte einfach eine Folgerung aus der Formel von §83, Beispiel 2.

Beispiel 2 (Antikommutative und alternierende graduierte Algebren) Eine graduierte Algebra B über dem kommutativen Ring A heißt antikommutativ, wenn für alle homogenen Elemente $b_i, b_j \in B$ (des Grades i bzw. j) gilt:

$$b_i b_j = (-1)^{ij} b_j b_i ,$$

und alternierend, wenn B antikommutativ ist und wenn außerdem für jedes homogene Element $b \in B$ *ungeraden* Grades

$$b^2 = 0$$

gilt. Beide Begriffe fallen zusammen, wenn 2 Nichtnullteiler in B ist.

Zur Verifikation von Gleichungen der Form $b^2 = 0$ in einer A–Algebra B kann es vorteilhaft sein, sich des folgenden von selbst anbietenden Schlusses zu bedienen: Sind x_k, $k \in K$, endlich viele Elemente von B mit $x_k^2 = 0$ für alle $k \in K$ und $x_k x_l = -x_l x_k$ für alle $k, l \in K$, so gilt $\left(\sum_{k \in K} a_k x_k\right)^2 = 0$ mit beliebigen Koeffizienten $a_k \in A$. Zum Beispiel gilt: *Eine antikommutative graduierte A–Algebra B ist bereits dann alternierend, wenn es zu jeder ungeraden Zahl $i \in \mathbb{Z}$ ein A–Erzeugendensystem x_k, $k \in K$, der i–ten Stufe von B mit $x_k^2 = 0$, $k \in K$, gibt.* Die Vorbedingung, daß die x_k paarweise antikommutieren, ist ja nach Voraussetzung über B erfüllt, da die x_k den ungeraden Grad i haben.

85.1 *Äußere Algebren sind alternierend.*

Beweis. Sei V ein A–Modul. Nach Beispiel 1 ist $\bigwedge(V)$ antikommutativ. Nach den Vorüberlegungen ist nur noch zu zeigen, daß für jedes ungerade $n \in \mathbb{N}$ und jedes zerlegbare Element $x \in \bigwedge^n(V)$ gilt: $x \wedge x = 0$. Dies ist aber trivial. •

Beispiel 3 Sei V ein Modul über dem kommutativen Ring A. Die A–Algebra $\bigwedge(V)$ wird (wie $\mathsf{T}(V)$) von den Elementen $v \in V$ erzeugt. Darüber hinaus ist jedes A–Modul–Erzeugendensystem von V ein A–Algebra–Erzeugendensystem von $\bigwedge(V)$.

Ist V endlicher A–Modul, so ist $\bigwedge(V)$ nach den Überlegungen aus §83, Beispiel 5 eine endliche A–Algebra.

Ist V ein freier A–Modul, so ist $\bigwedge(V)$ nach 83.4 eine freie A–Algebra. Genauer: Ist x_j, $j \in J$, eine A–Basis von V mit total geordneter Indexmenge J, so ist

$$x_{j_1} \wedge \cdots \wedge x_{j_n} , \quad j_i \in J , \quad j_1 < \cdots < j_n , \quad n \in \mathbb{N} ,$$

eine A–Basis von $\bigwedge(V)$. Ist V zudem endlich, so ist $\bigwedge(V)$ eine endliche freie A–Algebra. Bei $A \neq 0$ und $r := \mathrm{Rang}_A V$ $(< \infty)$ gilt dann für die Poincaréreihe der freien graduierten A–Algebra $\bigwedge(V)$ (bezüglich $\rho = \mathrm{Rang}_A$):

$$\mathcal{P}_{\bigwedge(V)} = \sum_{n=0}^{\infty} \mathrm{Rang}_A \bigwedge^n(V) \cdot Z^n = \sum_{n=0}^{\infty} \binom{r}{n} Z^n = (1+Z)^r ,$$

und $\bigwedge(V)$ ist eine endliche freie A–Algebra des Ranges 2^r.

Beispiel 4 Zum praktischen Rechnen mit äußeren Produkten von Elementen des Ausgangsmoduls V in seiner äußeren Algebra $\bigwedge(V)$ sind die folgenden Vorzeichenbetrachtungen, die über die aus Beispiel 1 und 2 hinausgehen, wichtig.

Seien X, Y endliche Teilmengen einer total geordneten Menge, versehen mit der Ordnung durch Beschränken. Wir führen ein Symbol $\epsilon(Y, X)$ ein, das bei $Y \not\subseteq X$ einfach 0 sei und bei $Y \subseteq X$ ein wie folgt zu bestimmendes Vorzeichen. Sei also $Y \subseteq X$ und $r := \operatorname{Kard} Y$, $n := \operatorname{Kard} X$. Sei $\mu : [1, n] \to X$ die (eindeutig bestimmte) monoton steigende Bijektion; es ist

$$X = \{\mu(1), \ldots, \mu(n)\}, \quad \mu(1) < \cdots < \mu(n),$$

und $Y, X \setminus Y$ lassen sich in der Form

$$Y = \{\mu(i_1), \ldots, \mu(i_r)\}, \quad i_1 < \cdots < i_r,$$
$$X \setminus Y = \{\mu(i_{r+1}), \ldots, \mu(i_n)\}, \quad i_{r+1} < \cdots < i_n,$$

schreiben. Schließlich sei $\sigma_{YX} \in \mathbf{S}_n$ die Permutation

$$\sigma_{YX} : \begin{pmatrix} 1 & \ldots & r & r+1 & \ldots & n \\ i_1 & \ldots & i_r & i_{r+1} & \ldots & i_n \end{pmatrix}$$

und

$$\epsilon(Y, X) := \operatorname{Sign} \sigma_{YX}.$$

Für irgendein Element j schreiben wir auch kurz

$$\sigma_{jX} := \sigma_{\{j\}X}, \quad \epsilon(j, X) := \epsilon(\{j\}, X).$$

Bei $Y = \emptyset$ wie bei $Y = X$ ist $\sigma_{YX} = \langle 1 \rangle$ und $\epsilon(Y, X) = 1$. Zur Berechnung von $\epsilon(Y, X)$ in den nichttrivialen Fällen beachte man, daß ein Paar (k, l) nur dann ein Fehlstand von σ_{YX} sein kann, wenn $k \le r < l$ ist. Zu festem k ist $(i_k - 1) - (k - 1) = i_k - k$ die Anzahl der Fehlstände (k, l); denn von $1, \ldots, i_k - 1$ treten $i_1, \ldots, i_{k-1}$ vor i_k auf. Insgesamt ist dann

$$\epsilon(Y, X) = (-1)^s, \quad s := \sum_{k=1}^{r} (i_k - k) = \left(\sum_{k=1}^{r} i_k \right) - \binom{r+1}{2}.$$

Seien nun v_j, $j \in X$, Elemente des A–Moduls V. Wie in §83, Beispiel 7 sei

$$v_X := v_{\mu(1)} \wedge \cdots \wedge v_{\mu(n)} \in \bigwedge^n (V).$$

Rückt man in diesem äußeren Produkt die Elemente $v_{\mu(i_1)}, \ldots, v_{\mu(i_r)}$ nach vorn, so muß man gerade $\epsilon(Y, X)$ als Vorzeichen in Kauf nehmen:

$$\begin{aligned} v_X &= \epsilon(Y, X)\, v_{\mu(i_1)} \wedge \cdots \wedge v_{\mu(i_r)} \wedge v_{\mu(i_{r+1})} \wedge \cdots \wedge v_{\mu(i_n)} \\ &= \epsilon(Y, X)\, v_Y \wedge v_{X \setminus Y}. \end{aligned}$$

Beispiel 5 (Laplacescher Entwicklungssatz) Die Vorteile des Rechnens mit äußeren Produkten in der äußeren *Algebra*, also der Benutzung der Assoziativität und der Distributivität, demonstriert die folgende Darstellung der Laplace–Entwicklung der Determinanten quadratischer Matrizen nach Spalten. Seien dazu $\mathbf{A} \in \mathsf{M}_n(A)$ und Spaltennummern $j_1, \ldots, j_r \in J := [1, n]$, $j_1 < \cdots < j_r$, vorgegeben; A ist ein kommutativer Ring. Sei $H := \{j_1, \ldots, j_r\}$. Mit $e_1, \ldots, e_n$ sei die kanonische Basis von A^n bezeichnet und mit v_j der j–te Spaltenvektor von $\mathbf{A}$, $j \in J$. Nach 83.3 ist $(\operatorname{Det} \mathbf{A}) e_J = v_J$. Dieses Element läßt sich nach 83.3 und §83, Beispiel 7 wie folgt zerlegen, wobei vorab festgelegt sei, daß bei den Summationen K die Menge $\mathbf{P}_r(J)$ und L die Menge $\mathbf{P}_{n-r}(J)$ durchlaufen soll:

$$\begin{aligned} v_J &= \epsilon(H,J) v_H \wedge v_{J\setminus H} = \epsilon(H,J)(\sum_K D_{KH} e_K) \wedge (\sum_L D_{L,J\setminus H} e_L) \\ &= \epsilon(H,J) \sum_{K,L} D_{KH} D_{L,J\setminus H} e_K \wedge e_L = \epsilon(H,J) \sum_K D_{KH} D_{J\setminus K, J\setminus L} e_K \wedge e_{J\setminus K} \\ &= \epsilon(H,J) (\sum_K \epsilon(K,J) D_{KH} D_{J\setminus K, J\setminus H}) e_J\,. \end{aligned}$$

Durch Vergleich erhält man die L a p l a c e - E n t w i c k l u n g

$$\operatorname{Det}\mathbf{A} = \epsilon(H,J) \sum_K \epsilon(K,J) D_{KH} D_{J\setminus K, J\setminus H}$$

nach den Spalten $j_1, \ldots, j_r$. Der Minor D_{KH} entsteht dabei nach Aussuchen der Spalten $j_1, \ldots, j_r$ sowie der Zeilen i, $i \in K$, von $\mathbf{A}$, der Minor $D_{J\setminus K, J\setminus H}$ entsprechend nach Streichen der genannten Spalten und Zeilen. Ferner ist einfach

$$\epsilon(H,J)\epsilon(K,J) = (-1)^s\,, \quad s := \sum_{i\in K} i + \sum_{j \in H} j\,.$$

Im Falle $r = 1$ erhält man die spezielle Entwicklung von $\operatorname{Det}\mathbf{A}$ nach einer Spalte, vgl. 48.1(1). Durch Stürzen der Matrix $\mathbf{A}$ erhält man einen analogen Entwicklungssatz für $\operatorname{Det}\mathbf{A}$ nach den Zeilen $j_1, \ldots, j_r$, der 48.1(2) verallgemeinert. Zu einer anderen Herleitung des Entwicklungssatzes nach Zeilen siehe Aufgabe 8.

85.2 Universelle Eigenschaft der äußeren Algebra *Seien A ein kommutativer Ring, V ein A-Modul, B eine A-Algebra und $f: V \to B$ eine A-lineare Abbildung mit $f(v)^2 = 0$ für alle $v \in V$. Dann gibt es genau einen A-Algebra-Homomorphismus $\varphi: \bigwedge(V) \to B$ mit $\varphi|V = f$.*

Es gibt also genau einen A-Algebra-Homomorphismus φ, der das Diagramm

$$\begin{array}{ccc} V & \xrightarrow{f} & B \\ \downarrow & \nearrow_{\varphi} & \\ \bigwedge(V) & & \end{array}$$

kommutativ macht, in dem $V = \bigwedge^1(V) \to \bigwedge(V)$ die kanonische Einbettung ist. Man nennt φ die F o r t s e t z u n g von f oder gebraucht ähnliche Redeweisen.

85.3 Zusatz *Ist bei den Vorgaben von 85.2 die A-Algebra B eine graduierte A-Algebra mit der homogenen Zerlegung $B = \sum_{i\in\mathbb{Z}} B_i$ und gilt $f(V) \subseteq B_1$, so ist φ ein homogener Homomorphismus.*

B e w e i s von 85.2 und 85.3. Nach 84.1 gibt es einen A-Algebra-Homomorphismus φ_0 von $\mathsf{T}(V)$ in B mit $\varphi_0|V = f$. Für $v \in V$ ist $\varphi_0(v \otimes v) = \varphi_0(v)\varphi_0(v) = f(v)^2 = 0$. Mit $v\otimes v$, $v \in V$, gehört dann aber das von diesen Elementen erzeugte Ideal $\mathbf{I}(V)$ zum Kern von φ_0. Folglich induziert φ_0 einen f fortsetzenden A-Algebra-Homomorphismus φ. Die

Eindeutigkeit von φ folgt daraus, daß φ durch seine Werte auf dem A-Algebra–Erzeugendensystem V von $\bigwedge(V)$ eindeutig bestimmt ist. — Der Zusatz ist trivial. •

85.4 Korollar *Sind A ein kommutativer Ring, $B = \sum_{i\in\mathbb{Z}} B_i$ eine alternierende graduierte A-Algebra, V ein A-Modul und $f: V \to B_1 \subseteq B$ eine A-lineare Abbildung, so gibt es genau einen A-Algebra-Homomorphismus $\varphi: \bigwedge(V) \to B$ mit $\varphi|V = f$, und dieser ist homogen.*

Beweis. Für $v \in V$ ist $f(v) \in B_1$ und daher $f(v)^2 = 0$; denn B ist als alternierend vorausgesetzt. Nun lassen sich 85.2 und 85.3 anwenden. •

Über linearen Abbildungen von Moduln liegen kanonische Algebra–Homomorphismen der äußeren Algebren.

85.5 Korollar *Sei $f: V \to W$ ein Homomorphismus von Moduln über dem kommutativen Ring A. Dann gibt es genau einen f fortsetzenden A-Algebra–Homomorphismus*

$$\bigwedge(f): \bigwedge(V) \to \bigwedge(W).$$

$\bigwedge(f)$ ist ein homogener Homomorphismus graduierter A-Algebren, und zwar ist $\bigwedge(f)$ die direkte Summe der $\bigwedge^n(f): \bigwedge^n(V) \to \bigwedge^n(W)$, $n \in \mathbb{N}$.

Beweis. Existenz, Eindeutigkeit und Homogenität von $\bigwedge(f)$ folgen aus 85.4, da $\bigwedge(W)$ nach 85.1 alternierend ist. Für $v_1, \ldots, v_n \in V$ gilt

$$\begin{aligned}\bigwedge(f)(v_1 \wedge \cdots \wedge v_n) &= \bigwedge(f)v_1 \wedge \cdots \wedge \bigwedge(f)v_n = f(v_1) \wedge \cdots \wedge f(v_n)\\ &= \bigwedge^n(f)(v_1 \wedge \cdots \wedge v_n).\end{aligned}$$

Dies zeigt, daß $\bigwedge(f)$ auf $\bigwedge^n(V)$ mit $\bigwedge^n(f)$ übereinstimmt. •

85.6 *Seien A ein kommutativer Ring, V ein A-Modul und $f: V \to W$, $g: W \to X$ Homomorphismen von A-Moduln. Dann gilt:*
(1) $\bigwedge(\mathrm{id}_V) = \mathrm{id}_{\bigwedge(V)}$. (2) $\bigwedge(gf) = \bigwedge(g)\bigwedge(f)$.

Beweis. Man schließt mit der Eindeutigkeitsaussage aus 85.5. •

85.7 Satz *Seien A ein kommutativer Ring und $f: V \to W$ ein Homomorphismus von A-Moduln. Dann gilt:*

(1) *Ist f ein Isomorphismus, so ist auch $\bigwedge(f)$ ein Isomorphismus.*

(2) *Ist f surjektiv, so ist auch $\bigwedge(f)$ surjektiv.*

(3) *Wird V von f isomorph auf einen direkten Summanden von W abgebildet, so wird $\bigwedge(V)$ von $\bigwedge(f)$ isomorph auf einen direkten $(A$-$)$Summanden von $\bigwedge(W)$ abgebildet.*

(4) *Ist $A = K$ ein Körper und ist f injektiv, so ist $\bigwedge(f)$ injektiv.*

B e w e i s. Die Aussagen ergeben sich leicht aus 83.6 und 85.5, 85.6. •

In (3) ist überdies $\bigwedge(W)$ semi-direktes Produkt der A-Unteralgebra Bild $\bigwedge(f) \cong \bigwedge(V)$ mit einem zweiseitigen Ideal als Komplement; zu den näheren Einzelheiten siehe die Nachbemerkungen zu 84.6. Eine Verallgemeinerung von (4) wird in Aufgabe 3 behandelt.

Beispiel 6 (Äußere Algebren von Restklassenmoduln) Seien A ein kommutativer Ring und $f: V \to W$ ein A-Homomorphismus.

85.8 Satz *Ist f surjektiv, so wird* Kern $\bigwedge(f)$ *sowohl als linksseitiges wie auch als rechtsseitiges Ideal in $\bigwedge(V)$ von* Kern f *erzeugt:*

$$\mathrm{Kern} \bigwedge(f) = \bigwedge(V) \wedge \mathrm{Kern} f = (\mathrm{Kern} f) \wedge \bigwedge(V).$$

B e w e i s. Daß Kern $\bigwedge(f)$ als zweiseitiges Ideal von Kern f erzeugt wird, läßt sich durch einfaches Übertragen des Beweises von 84.7 zeigen. Daß das Ideal schon einseitig von den homogenen Elementen aus Kern f erzeugt wird, folgt mittels dieser Überlegung: Für homogenes x in einer antikommutativen graduierten Algebra B ist $Bx = xB$. •

Satz 85.8 folgt übrigens auch aus §83, Aufgabe 26.

Im Hinblick auf antikommutative graduierte Algebren verwendet man statt des graduierten Tensorproduktes häufig ein leicht modifiziertes Tensorprodukt, das wir nun besprechen.

Seien dazu $B = \sum_{i \in \mathbb{Z}} B_i$ und $C = \sum_{j \in \mathbb{Z}} C_j$ graduierte Algebren über dem kommutativen Ring A. Das Tensorprodukt $B \otimes_A C$ von A-Moduln samt der kanonischen Graduierung

$$B \otimes_A C = \bigoplus_{n \in \mathbb{Z}} \Big(\bigoplus_{i+j=n} B_i \otimes_A C_j \Big)$$

wird beibehalten. Für beliebige $i, j, i', j' \in \mathbb{Z}$ sei aber die Multiplikation

$$(B_i \otimes_A C_j) \times (B_{i'} \otimes_A C_{j'}) \to B_{i+i'} \otimes_A C_{j+j'}$$

durch $(x, y) \mapsto (-1)^{ji'} xy$ definiert, wobei xy das gewöhnliche Produkt in der A-Algebra $B \otimes_A C$ ist. Die Multiplikation wird dann durch distributive Ausdehnung auf dem ganzen A-Modul $B \otimes_A C$ definiert. $1 \otimes 1$ ist offenbar ein Einselement für diese Multiplikation. Es bleibt nachzuweisen, daß die Multiplikation assoziativ ist. Wegen der Bilinearität genügt es hierbei, zerlegte homogene Tensoren zu betrachten. Seien also

$$b_i \otimes c_j \in B_i \otimes C_j, \quad b_{i'} \otimes c_{j'} \in B_{i'} \otimes C_{j'}, \quad b_{i''} \otimes c_{j''} \in B_{i''} \otimes C_{j''}.$$

Berechnet man das Produkt dieser Elemente bei den beiden möglichen Klammerungen, so erhält man den Tensor $b_i b_{i'} b_{i''} \otimes c_j c_{j'} c_{j''}$, versehen mit den Vorzeichen

$$(-1)^{ji'} (-1)^{(j+j')i''} \quad \text{bzw.} \quad (-1)^{j'i''} (-1)^{j(i'+i'')},$$

die aber übereinstimmen.
Die dergestalt konstruierte graduierte A–Algebra heißt das antikommutative (graduierte) Tensorprodukt der graduierten A–Algebren B, C. Es soll hier zur Unterscheidung von $B \otimes_A C$ mit

$$B \hat{\otimes}_A C$$

bezeichnet werden.

85.9 *Seien B, C antikommutative (bzw. alternierende) graduierte Algebren über dem kommutativen Ring A. Dann ist $B \hat{\otimes}_A C$ ebenfalls eine antikommutative (bzw. alternierende) graduierte A–Algebra.*

Beweis. Seien B, C antikommutativ. Es genügt dann, das Antikommutieren für zerlegbare homogene Tensoren nachzuweisen. Seien etwa $b_i \otimes c_j \in B_i \otimes C_j$ und $b_{i'} \otimes c_{j'} \in B_{i'} \otimes C_{j'}$ vom Grade $i + j$ bzw. $i' + j'$. Dann ist, wie gewünscht:

$$\begin{aligned}(b_i \otimes c_j)(b_{i'} \otimes c_{j'}) &= (-1)^{ji'} b_i b_{i'} \otimes c_j c_{j'} \\ &= (-1)^{ji'} (-1)^{ii'} (-1)^{jj'} b_{i'} b_i \otimes c_{j'} c_j \\ &= (-1)^{ji'} (-1)^{ii'} (-1)^{jj'} (-1)^{j'i} (b_{i'} \otimes c_{j'})(b_i \otimes c_j) \\ &= (-1)^{(i+j)(i'+j')} (b_{i'} \otimes c_{j'})(b_i \otimes c_j) \,.\end{aligned}$$

Seien B, C alternierend. Für $b_i \otimes c_j \in B_i \otimes C_j$ gilt, wenn $i + j$ ungerade ist:

$$(b_i \otimes c_j)^2 = (-1)^{ji} b_i^2 \otimes c_j^2 = 0 \,,$$

da entweder i oder j ungerade ist, was $b_i^2 = 0$ bzw. $c_j^2 = 0$ nach Voraussetzung über B bzw. C bedeutet. Da die zerlegten homogenen Tensoren des Typs $b_i \otimes c_j$, $i + j = n$, den homogenen Teil $(B \otimes_A C)_n$ erzeugen, folgt mit einer Überlegung aus Beispiel 2, daß die antikommutative A–Algebra $B \hat{\otimes}_A C$ auch alternierend ist. •

Wie beim gewöhnlichen Tensorprodukt hat man auch beim antikommutativen Tensorprodukt graduierter A–Algebren B, C kanonische Abbildungen

$$\iota_B : B \to B \hat{\otimes}_A C \quad \text{und} \quad \iota_C : C \to B \hat{\otimes}_A C$$

mit $b \mapsto b \otimes 1$ bzw. $c \mapsto 1 \otimes c$. Diese sind homogene A–Algebra–Homomorphismen, wie man sofort sieht. Mit ihnen wird das antikommutative Tensorprodukt wie folgt universell beschrieben.

85.10 Satz *Seien A ein kommutativer Ring und $\beta : B \to D$, $\gamma : C \to D$ homogene A–Algebra–Homomorphismen graduierter A–Algebren B, C in eine antikommutative graduierte A–Algebra D. Dann gibt es genau einen (homogenen) A–Algebra–Homomorphismus*

$$\alpha : B \hat{\otimes}_A C \to D$$

mit $\alpha \, \iota_B = \beta$, $\alpha \, \iota_C = \gamma$.

Beweis. Das Beweisschema von Satz 80.9 übernehmend definieren wir α als die von der bilinearen Abbildung $B\otimes C \to D$ durch $(b,c) \mapsto \beta(b)\gamma(c)$ induzierte A-lineare Abbildung. Es ist dann $\alpha\,\iota_B = \beta$ und $\alpha\,\iota_C = \gamma$, und α ist dadurch eindeutig bestimmt, denn für jeden zerlegten homogenen Tensor $b_i \otimes c_j$ gilt

$$b_i \otimes c_j = (b_i \otimes 1)(1 \otimes c_j)$$

auch in $B\hat{\otimes}_A C$. Trivialerweise ist $\alpha(1\otimes 1) = 1$, und α ist homogen vom Grade 0. Die Multiplikativität von α braucht nur für Produkte von Elementen der Form $b_i \otimes c_j \in B_i \otimes C_j$, $b_{i'} \otimes c_{j'} \in B_{i'} \otimes C_{j'}$ bestätigt zu werden. Es ist aber

$$\begin{aligned}\alpha((b_i\otimes c_j)(b_{i'}\otimes c_{j'})) &= \alpha((-1)^{ji'}\, b_i b_{i'} \otimes c_j c_{j'}) \\ &= (-1)^{ji'}\, \beta(b_i)\beta(b_{i'})\gamma(c_j)\gamma(c_{j'}) \\ &= \beta(b_i)\gamma(c_j)\beta(b_{i'})\gamma(c_{j'}) = \alpha(b_i\otimes c_j)\alpha(b_{i'}\otimes c_{j'}),\end{aligned}$$

da $\beta(b_{i'}) \in D_{i'}$, $\gamma(c_j) \in D_j$ ist und D antikommutativ ist. •

Beispiel 7 (Grundringwechsel antikommutativer Algebren) Ist die graduierte A-Algebra B auf den homogenen Teil B_0 konzentriert, so hat das bei der Konstruktion von $B\hat{\otimes}_A C$ zu einer graduierten A-Algebra C verwendete Vorzeichen keinen Effekt. In diesem Fall ist $B\hat{\otimes}_A C = B\otimes_A C$.

Sei nun B eine beliebige *kommutative* A-Algebra. Man kann sie in trivialer Weise als graduierte A-Algebra mit $B = B_0$ auffassen; als solche ist sie antikommutativ, sogar alternierend. Für jede graduierte A-Algebra C ist dann $C_{(B)} = B\otimes_A C = B\hat{\otimes}_A C$. Nach 85.9 gilt somit: *Ist C eine antikommutative (bzw. alternierende) graduierte A-Algebra, so ist $C_{(B)}$ eine antikommutative (bzw. alternierende) graduierte A-Algebra.*

Für äußere Algebren gilt darüber hinaus:

85.11 Satz *Seien A ein kommutativer Ring, V ein A-Modul und B eine kommutative A-Algebra. Dann ist die alternierende graduierte B-Algebra $B\otimes_A \bigwedge_A(V)$ kanonisch isomorph zur äußeren Algebra des B-Moduls $B\otimes_A V$, kurz:*

$$\bigwedge\nolimits_A(V)_{(B)} = \bigwedge\nolimits_B(V_{(B)}).$$

Beweis. Zum kanonischen Homomorphismus $V \to V_{(B)} \subseteq \bigwedge_B(V_{(B)})$ gibt es nach 85.4 den zugeordneten homogenen Homomorphismus

$$\varphi: \bigwedge\nolimits_A(V) \to \bigwedge\nolimits_B(V_{(B)})$$

alternierender graduierter A-Algebren. Dabei ist φ auf $\bigwedge_A^n(V)$ nichts anderes als der Homomorphismus in $\bigwedge_B^n(V_{(B)})$ mit

$$v_1 \wedge \cdots \wedge v_n \mapsto (1\otimes v_1) \wedge \cdots \wedge (1\otimes v_n).$$

Durch universelle Ausdehnung von φ erhält man dann einen (homogenen) B-Algebra-Homomorphismus

$$\varphi_B: \bigwedge\nolimits_A(V)_{(B)} \to \bigwedge\nolimits_B(V_{(B)}),$$

der, auf $V_{(B)}$ eingeschränkt, die Identität ergibt. Andererseits ist $\bigwedge_A(V)_{(B)}$ nach der Vorbemerkung eine alternierende B–Algebra. Deshalb gibt es nach 85.4 einen die Identität von $V_{(B)}$ fortsetzenden homogenen B–Algebra–Homomorphismus

$$\psi: \bigwedge_B(V_{(B)}) \to \bigwedge_A(V)_{(B)} .$$

Nun sind φ_B und ψ invers zueinander, da $\psi\varphi_B$ und $\varphi_B\psi$ Endomorphismen von B–Algebren sind, die jeweils auf dem Erzeugendensystem $1\otimes V$, dann aber auch auf den Algebren selbst die Identität ergeben. •

Auf $(\bigwedge_A(V)_{(B)})_n = \bigwedge_A^n(V)_{(B)}$ ist φ_B nichts anderes als der kanonische Homomorphismus von $\bigwedge_A^n(V)_{(B)}$ in $\bigwedge_B^n(V_{(B)})$, der nach §83, Aufgabe 20 bijektiv ist. Hiermit folgt ohne Benutzung von ψ, daß φ_B bijektiv ist, wie andererseits 85.11 eine Lösung der genannten Aufgabe beinhaltet.
Schließlich ist auf die Verträglichkeit des Grundringwechsels mit homogenen Homomorphismen hinzuweisen. Ist $f: V \to W$ ein A–Homomorphismus, so ist

$$\bigwedge_A(f)_{(B)} = \bigwedge_B(f_{(B)}),$$

d.h. die eine Abbildung geht bei der Isomorphie aus 85.11 in die andere über. Dies ist trivial zu verifizieren.

Beispiel 8 Da das antikommutative wie das gewöhnliche Tensorprodukt graduierter Algebren von derselben Struktur eines graduierten A–Moduls ausgehen, übertragen sich die Überlegungen aus §84, Beispiel 4 in simpler Weise. Für nach unten beschränkte graduierte A–Algebren B, C mit endlichen freien Stufen gilt beispielsweise

$$\mathcal{P}_{B\hat{\otimes}C} = \mathcal{P}_{B\otimes C} = \mathcal{P}_B\mathcal{P}_C .$$

Beispiel 9 (Äußere Algebren direkter Summen) Ein Beispiel für die zwingende Verwendung des antikommutativen Tensorproduktes gibt der folgende Satz.

85.12 Satz *Seien V, W Moduln über dem kommutativen Ring A. Dann gibt es eine kanonische homogene Isomorphie*

$$\bigwedge(V \oplus W) \cong \bigwedge(V) \hat{\otimes}_A \bigwedge(W)$$

graduierter A–Algebren.

Beweis. Nach 85.9 ist das Tensorprodukt eine alternierende graduierte A–Algebra. Über der kanonischen Isomorphie $V \oplus W = (V\otimes_A A) \oplus (A\otimes_A W)$ der homogenen Teile des Grades 1 beider Algebren liegt daher nach 85.4 ein homogener A–Algebra–Homomorphismus

$$\varphi: \bigwedge(V \oplus W) \to \bigwedge(V) \hat{\otimes}_A \bigwedge(W) .$$

Über den Einbettungen $V \to V \oplus W$ und $W \to V \oplus W$ liegen homogene Homomorphismen der A–Algebren $\bigwedge(V)$ und $\bigwedge(W)$ in $\bigwedge(V\oplus W)$, die sich gemäß Satz 85.10 zu einem homogenen A–Algebra–Homomorphismus

$$\alpha: \bigwedge(V) \hat{\otimes}_A \bigwedge(W) \to \bigwedge(V \oplus W)$$

zusammensetzen. Offenbar sind φ und α invers zueinander. •

Der Vergleich der homogenen Bestandteile der Algebren ergibt die Isomorphie

$$\bigwedge^n (V \oplus W) = \sum_{i=0}^{n} \bigwedge^{n-i}(V) \otimes_A \bigwedge^i (W)$$

zu $n \in \mathbb{N}$. Oft sind nur wenige Terme der Summe von Null verschieden, vor allem, wenn V oder W kleine Erzeugendenzahlen haben. Beispielsweise hat man bei $W \cong A$ einfach

$$\bigwedge^n (V \oplus W) = (\bigwedge^n (V) \otimes_A A) \oplus (\bigwedge^{n-1}(V) \otimes_A W) \cong \bigwedge^n (V) \oplus \bigwedge^{n-1}(V).$$

Zur Vorbereitung auf die Dualitätstheorie äußerer Algebren behandeln wir Antiderivationen auf äußeren Algebren.

85.13 Satz und Definition *Seien A ein kommutativer Ring, V ein A-Modul und $f \in V^*$ eine A-Linearform. Dann gibt es genau eine A-Antiderivation*

$$\mathtt{i}(f)$$

des Grades -1 der A-Algebra $\bigwedge(V)$ mit $\mathtt{i}(f)|V = f$.

B e w e i s. Sei $\mathtt{i}_T(f)$ die entsprechende Antiderivation von $\mathsf{T}(V)$, vgl. §84, Beispiel 9. Für $v \in V$ ist $\mathtt{i}_T(f)(v \otimes v) = f(v)v - f(v)v = 0$. Mit der Produktformel für $\mathtt{i}_T(f)$ sieht man nun leicht, daß das von den Elementen $v \otimes v$, $v \in V$, erzeugte Ideal $\mathbf{I}(V)$ in $\mathsf{T}(V)$ invariant unter $\mathtt{i}_T(f)$ ist. Daher induziert $\mathtt{i}_T(f)$ einen homogenen A-Endomorphismus des Grades -1 von $\bigwedge(V) = \mathsf{T}(V)/\mathbf{I}(V)$, der mit $\mathtt{i}(f)$ bezeichnet sei. Die Produktformel bleibt bei der homogenen Restklassenbildung erhalten, so daß $\mathtt{i}(f)$ auch eine Antiderivation ist. Als Abbildung von $V = \bigwedge^1(V)$ in $A = \bigwedge^0(V)$ ist $\mathtt{i}(f)$ nichts anderes als f. Schließlich ist $\mathtt{i}(f)$ wie jede graduierte A-Derivation auf $\bigwedge(V)$ durch die Werte auf dem Algebra–Erzeugendensystem V eindeutig bestimmt. •

Beispiel 10 Beschreiben wir $\mathtt{i}(f)$ im einzelnen. Für $v_1, \ldots, v_n \in V$ ist

$$\mathtt{i}(f) v_1 \wedge \cdots \wedge v_n = \sum_{j=1}^{n} (-1)^{j+1} f(v_j)\, v_1 \wedge \cdots \wedge \hat{v}_j \cdots \wedge v_n\,,$$

wobei das Auslassungszeichen ˆ verwendet wird. Eine glattere Beschreibung wird mit den zyklischen Permutationen

$$\sigma_1 := \langle 1 \rangle\,,\ \sigma_2 := \langle 2\ 1 \rangle\,, \ldots,\ \sigma_n := \langle n\ \ldots\ 1 \rangle$$

erreicht. Für jedes j ist $\operatorname{Sign}\sigma_j = (-1)^{j+1}$, ferner $\sigma_j 1 = j$ und $\sigma_j 2 < \cdots < \sigma_j n$, so daß man σ_j auch durch die Tafel

$$\sigma_j : \begin{pmatrix} 1 & 2 & \ldots & n \\ j & j_2 & \ldots & j_n \end{pmatrix}$$

beschreiben kann, wobei $j_2 < \cdots < j_n$ die aufsteigend angeordneten Elemente von $[1,n] \setminus \{j\}$ sind. Mit $S := \{\sigma_1, \ldots, \sigma_n\}$ gilt:

$$\mathtt{i}(f)\, v_1 \wedge \cdots \wedge v_n = \sum_{\sigma \in S} (\operatorname{Sign} \sigma) f(v_{\sigma 1})\, v_{\sigma 2} \wedge \cdots \wedge v_{\sigma n}\,.$$

S ist übrigens ein Repräsentantensystem der Linksnebenklassen von $\mathbf{S}_n$ bezüglich der Untergruppe $H := \{\sigma \in \mathbf{S}_n : \sigma 1 = 1\}$. Die σ_j repräsentieren nämlich verschiedene Linksnebenklassen bezüglich H: Ist $\sigma_i \sigma_j^{-1} \in H$, so folgt aus $\sigma_i^{-1} \sigma_j 1 = 1$ ja $i = \sigma_i 1 = \sigma_i(\sigma_j^{-1} \sigma_j 1) = \sigma_j 1 = j$. Ein beliebiges $\sigma \in \mathbf{S}_n$ gehört schließlich zu einer der erwähnten Linksnebenklassen: Es ist $\sigma_{\sigma 1}^{-1} \sigma 1 = 1$, also $\sigma \in \sigma_{\sigma 1} H$.

85.14 Lemma *Seien $f_1, \ldots, f_n \in V^*$ und $v_1, \ldots, v_n \in V$. Dann ist*

$$\mathtt{i}(f_n) \cdots \mathtt{i}(f_1)\, v_1 \wedge \cdots \wedge v_n = \operatorname{Det}(f_i(v_k))_{1 \le i,k \le n}\,.$$

B e w e i s durch Induktion über n, wobei der Fall $n = 1$ trivial ist. Wir verwenden das in Beispiel 10 eingeführte Repräsentantensystem S für die Linksnebenklassen von $\mathbf{S}_n$ bezüglich der Untergruppe H, die zu $\mathbf{S}([2,n])$ kanonisch isomorph ist. Für $\tau \in H$ und alle σ gilt $\sigma 1 = \sigma\tau 1$. Unter Benutzung der Induktionsvoraussetzung erhalten wir nun:

$$\begin{aligned}
\mathtt{i}(f_n) \cdots \mathtt{i}(f_1)\, v_1 \wedge \cdots \wedge v_n &= \mathtt{i}(f_n) \cdots \mathtt{i}(f_2)(\mathtt{i}(f_1)\, v_1 \wedge \cdots \wedge v_n) \\
&= \mathtt{i}(f_n) \cdots \mathtt{i}(f_2) \sum_{\sigma \in S} (\operatorname{Sign} \sigma) f_1(v_{\sigma_1})\, v_{\sigma 2} \wedge \cdots \wedge v_{\sigma n} \\
&= \sum_{\sigma \in S} (\operatorname{Sign} \sigma) f_1(v_{\sigma_1})\, \mathtt{i}(f_n) \cdots \mathtt{i}(f_2)\, v_{\sigma 2} \wedge \cdots \wedge v_{\sigma n} \\
&= \sum_{\sigma \in S} (\operatorname{Sign} \sigma) f_1(v_{\sigma 1}) \sum_{\tau \in H} (\operatorname{Sign} \tau) \prod_{i \in [2,n]} f_i(v_{\sigma\tau i}) \\
&= \sum_{\substack{\sigma \in S \\ \tau \in H}} (\operatorname{Sign} \sigma\tau) \prod_{i=1}^{n} f_i(v_{\sigma\tau i}) \\
&= \sum_{\sigma \in \mathbf{S}_n} (\operatorname{Sign} \sigma) \prod_{i=1}^{n} f_i(v_{\sigma i}) = \operatorname{Det}(f_i(v_k))\,.
\end{aligned}$$

•

Für $f \in V^*$ gilt $\mathtt{i}(f)\,\mathtt{i}(f) = 0$ nach 84.11. Mit 85.1 erhält man daher:

85.15 Satz und Definition *Seien A ein kommutativer Ring und V ein A-Modul. Die A-lineare Abbildung $f \mapsto \mathtt{i}(f)$ läßt sich auf genau eine Weise zu einem A-Algebra-Homomorphismus*

$$\mathtt{i}: \bigwedge(V^*) \to (\operatorname{End}_A \bigwedge(V))^{\mathrm{op}}$$

fortsetzen; für beliebige $\alpha, \beta \in \bigwedge(V^*)$ ist $\mathtt{i}(\alpha \wedge \beta) = \mathtt{i}(\beta) \circ \mathtt{i}(\alpha)$.

Die Verwendung der oppositionellen Endomorphismenalgebra garantiert nach 85.14, daß die Abbildung i auf zerlegten Elementen die einfache Form

$$\mathrm{i}(f_1 \wedge \cdots \wedge f_n)\, v_1 \wedge \cdots \wedge v_n = \mathrm{Det}(f_i(v_k))$$

annimmt, $f_i \in V^*$, $v_k \in V$. Gehen wir nun von zerlegten zu allgemeinen Elementen über, so erhalten wir nach §83, Beispiel 10:

85.16 Lemma *Zu $n \in \mathbb{N}$ bezeichne $\varphi_n\colon \bigwedge^n(V^*) \to \bigwedge^n(V)^*$ die kanonische Abbildung. Für $\alpha \in \bigwedge^n(V^*)$ und $x \in \bigwedge^n(V)$ gilt dann:*

$$\mathrm{i}(\alpha)x = \varphi_n(\alpha)x\,.$$

Beispiel 11 Die Operation eines $\mathrm{i}(\alpha)$, $\alpha \in \bigwedge(V^*)$ homogen, auf $\bigwedge(V)$ soll unter Verwendung der Begriffe aus Beispiel 4 beschrieben werden. Sind $v_j \in V$, $j \in X$, wobei X total geordnet ist, so gilt nach Beispiel 10 für ein $f \in V^*$:

$$\mathrm{i}(f)v_X = \sum_{j\in X} \epsilon(j,X) f(v_j) v_{X\setminus\{j\}}\,.$$

85.17 Satz *Seien $\alpha \in \bigwedge^m(V^*)$, wobei $m \ge 1$ ist, und $v_j \in V$, $j \in X$, wobei X eine totalgeordnete endliche Indexmenge ist. Dann gilt:*

$$\mathrm{i}(\alpha)v_X = \sum_{Y\in \mathbf{P}_m(X)} \epsilon(Y,X)(\mathrm{i}(\alpha)v_Y)v_{X\setminus Y}\,.$$

B e w e i s. Sei $n := \mathrm{Kard}\,X$. Bei $n < m$ sind beide Seiten der zu beweisenden Gleichung 0. Wir dürfen daher $n \ge m$ annehmen. Der Fall $m = 1$ ist gerade erwähnt worden. Wir dürfen daher $m \ge 2$ annehmen. Beide Seiten der zu beweisenden Gleichung sind in α additiv. Wir dürfen daher weiter annehmen, daß $\alpha = f \wedge \beta$ mit einem $f \in V^*$ und einem $\beta \in \bigwedge^{m-1}(V^*)$ ist, für das der Satz gilt (Induktionsargument). Dann ist

$$\begin{aligned}
\mathrm{i}(\alpha)v_X &= \mathrm{i}(\beta)\,\mathrm{i}(f)v_X = \mathrm{i}(\beta)\sum_{j\in X}\epsilon(j,X)f(v_j)v_{X\setminus\{j\}}\\
&= \sum_{j\in X}\epsilon(j,X)f(v_j) \sum_{Z\in\mathbf{P}_{m-1}(X\setminus\{j\})} \epsilon(Z, X\setminus\{j\})(\mathrm{i}(\beta)v_Z)v_{X\setminus\{j\}\setminus Z}\\
&= \sum_{Y\in\mathbf{P}_m(X)}\left(\sum_{j\in Y}\epsilon(j,X)\epsilon(Y\setminus\{j\}, X\setminus\{j\})f(v_j)(\mathrm{i}(\beta)v_{Y\setminus\{j\}})\right)v_{X\setminus Y}\\
&= \sum_{Y}\left(\mathrm{i}(\beta)\sum_{j\in Y}\epsilon_j f(v_j)v_{Y\setminus\{j\}}\right)v_{X\setminus Y}\,,
\end{aligned}$$

wobei ϵ_j für $\epsilon(j,X)\epsilon(Y\setminus\{j\}, X\setminus\{j\})$ steht. Wir zeigen weiter $\epsilon_j = \epsilon(j,Y)\epsilon(Y,X)$. Sei nämlich $X = \{\mu(1),\ldots,\mu(n)\}$ mit $\mu(1) < \cdots < \mu(n)$ und $j = \mu(i_k)$, ferner $Y = \{\mu(i_1),\ldots,\mu(i_m)\}$ mit $i_1 < \cdots < i_m$ und $X \setminus Y = \{\mu(i_{m+1}),\ldots,\mu(i_n)\}$, $i_{m+1} < \cdots < i_n$. Klar ist dann $\epsilon(j,X) = (-1)^{i_k+1}$, $\epsilon(j,Y) = (-1)^{k+1}$. Zum Vergleich von $\epsilon(Y\setminus\{j\}, X\setminus\{j\})$ und $\epsilon(Y,X)$ hat man nur die Differenz der Anzahlen der Fehlstände der jeweiligen Permutationen in Betracht zu ziehen: Das ist aber $i_k - k$, wie wir in Beispiel 4 sahen. Übergang zur Parität ergibt nun die genannte Identität für ϵ_j. Damit erhalten wir

$$\begin{aligned}\mathtt{i}(\alpha)v_X &= \sum_Y \epsilon(Y,X)\left(\mathtt{i}(\beta)\sum_{j\in Y}\epsilon(j,Y)f(v_j)v_{Y\setminus\{j\}}\right)v_{X\setminus Y}\\ &= \sum_Y \epsilon(Y,X)(\mathtt{i}(\beta)\,\mathtt{i}(f)v_Y)v_{X\setminus Y}\,,\end{aligned}$$

und dies ist wegen $\mathtt{i}(\beta)\,\mathtt{i}(f) = \mathtt{i}(\alpha)$ die gewünschte Identität für $\mathtt{i}(\alpha)$. •

Bemerkung 1 (Graduiertes Dual einer äußeren Algebra) Seien A ein kommutativer Ring und V ein A-Modul. Als duales Objekt zur äußeren Algebra $\bigwedge(V)$ kommt neben der Algebra $\bigwedge(V^*)$ auch das graduierte Dual

$$\bigwedge(V)^{(*)} = \bigwedge\nolimits_A(V)^{(*)} := \bigoplus_{n\in\mathbb{N}}\bigwedge\nolimits_A^n(V)^*$$

in Frage, ebenfalls eine alternierende positiv graduierte A-Algebra bezüglich einer zur A-Modul-Struktur hinzukommenden Multiplikation, die hier noch entwickelt werden muß. Dazu konstruieren wir eine injektive A-lineare Abbildung

$$h:\bigwedge(V)^{(*)} \to (\mathrm{End}_A\bigwedge(V))^{\mathrm{op}}\,,$$

die auf eine Unteralgebra der Endomorphismenalgebra abbildet und somit erlaubt, eine A-Algebra-Struktur auf $\bigwedge(V)^{(*)}$ zu erklären (bezüglich der h ein A-Algebra-Homomorphismus ist). Die kanonische Abbildung $\varphi = \sum\varphi_n$ von $\bigwedge(V^*)$ in $\bigwedge(V)^{(*)}$ wird dann ein homogener A-Algebra-Homomorphismus sein, und das Diagramm

$$\begin{array}{ccc}\bigwedge(V^*) & \xrightarrow{\ \mathtt{i}\ } & (\mathrm{End}_A\bigwedge(V))^{\mathrm{op}}\\ {\scriptstyle\varphi}\downarrow & \nearrow{\scriptstyle h} & \\ \bigwedge(V)^{(*)} & & \end{array}$$

wird kommutativ sein; in der Tat lassen wir uns bei der Konstruktion von h von der Idee leiten, $\mathtt{i}$ über φ nach $\bigwedge(V)^{(*)}$ fortzusetzen.

Zunächst sei h auf $\bigwedge^m(V)^*$ konstruiert, $m\in\mathbb{N}$. Sei $F\in\bigwedge^m(V)^*$ fest vorgegeben. Zu jedem $n\in\mathbb{N}$ und $J=[1,m+n]$ ($=\emptyset$ bei $m+n=0$) betrachten wir die multilineare Abbildung Φ von V^J in $\bigwedge^n(V)$ durch

$$(v_j)_{j\in J}\mapsto \sum_{X\in\mathbf{P}_m(J)}\epsilon(X,J)F(v_X)v_{J\setminus X}\,.$$

Φ ist, wir wir sehen werden, alternierend. Nehmen wir dazu an, daß etwa $v_r = v_s$ für ein Paar $r, s\in J$, $r\neq s$ ist; zu zeigen ist dann, daß der Wert der Summe 0 ist. Sei M (bzw. N) die Menge der $X\in\mathbf{P}_m(J)$ mit $r\in X$, $s\in J\setminus X$ (bzw. $s\in X$, $r\in J\setminus X$). Die Summation braucht nur über $M\cup N$ zu erfolgen; denn bei $r,s\in X$ oder $r,s\in J\setminus X$ ist $v_X = 0$ bzw. $v_{J\setminus X}=0$. Die Transposition $\tau = \langle r\ s\rangle$ auf J induziert eine Bijektion von M auf N mit $X\mapsto\tau X$. Es genügt nun zu zeigen, daß für $X \in M$ gilt:

$$\epsilon(X,J)F(v_X)v_{J\setminus X} + \epsilon(\tau X,J)F(v_{\tau X})v_{J\setminus \tau X} = 0\,.$$

Sei $\sigma := \sigma_{XJ}$ und $\sigma' := \sigma_{\tau X,J}$. Es ist $\sigma' = \lambda\tau\sigma$, wobei λ die Mengen τX, $J - \tau X$ invariant läßt (und dort die Ordnung wiederherstellt). Nach der Formel aus §83, Beispiel 2 und wegen $v_r = v_s$ gilt $F(v_X) = \epsilon_1 F(v_{\tau X})$ und $v_{J\setminus X} = \epsilon_2 v_{J\setminus\tau X}$, wobei $\epsilon_1\epsilon_2 = \operatorname{Sign}\lambda$ ist, da die Argumente nach der Vorschrift von λ umgeordnet werden müssen. Andererseits ist $\epsilon(\tau X, J) = \operatorname{Sign}\sigma' = (\operatorname{Sign}\lambda)(\operatorname{Sign}\tau)(\operatorname{Sign}\sigma) = -(\operatorname{Sign}\lambda)\epsilon(X,J)$, so daß sich insgesamt die erwartete Nullsumme ergibt. Φ ist also alternierend und induziert einen A–Homomorphismus

$$h(F) : \bigwedge^{m+n}(V) \to \bigwedge^{n}(V)\,.$$

Durch lineare Ausdehnung ist, wenn außerdem noch $h(F)$ auf $\bigwedge^r(V)$ bei $r < m$ als Nullabbildung festgesetzt wird, ein homogener A–Endomorphismus $h(F)$ von $\bigwedge(V)$ des Grades $-m$ definiert. Die Zuordnung $F \mapsto h(F)$ ist zudem offensichtlich A–linear. Durch A–lineare Ausdehnung wird endlich h auf ganz $\bigwedge(V)^{(*)}$ definiert.

Für $X = \emptyset$ ist $\epsilon(\emptyset, J) = 1$ und $v_\emptyset = 1$; daher ist für $F = a \in A = \bigwedge^0(V)^*$ der Operator $h(a)$ nichts anderes als die Homothetie mit a auf $\bigwedge(V)$. Bei $m = 1$ ist für $F = f \in V^* = \bigwedge^1(V)^*$ der Operator $h(f)$ identisch mit $\mathtt{i}(f)$, wie Beispiel 11 zeigt. Allgemeiner gilt bei $m \geq 1$ für $\alpha \in \bigwedge^m(V^*)$, $J = [1, m+n]$ und $(v_j) \in V^J$ nach Konstruktion und 85.16, 85.17 offenbar $h(\varphi_m(\alpha))v_J = \mathtt{i}(\alpha)v_J$, d.h. es ist in der Tat $h\varphi = \mathtt{i}$.

Für ein beliebiges $F \in \bigwedge^m(V)^*$, $X = [1,m]$ und $(v_j) \in V^X$ gilt $h(F)v_X = \epsilon(X,X)\cdot F(v_X)\cdot 1 = F(v_X)$, und dies bedeutet:

$$h(F)|\bigwedge^m(V) = F\,.$$

Hieraus folgt sofort, daß h injektiv ist. Außerdem gibt die Gleichung einen Fingerzeig darauf, wie das Produkt in $\bigwedge(V)^{(*)}$ zu erklären ist: Für homogene Elemente $E \in \bigwedge^l(V)^*$, $F \in \bigwedge^m(V)^*$ sei

$$E \wedge F := (h(F) \circ h(E))|\bigwedge^{l+m}(V)\,.$$

Für $X = [1, l+m]$ und $(v_j) \in V^X$ ist dann einfach

$$(E \wedge F)v_X = h(F)(h(E)v_X) = h(F) \sum_{Y \in \mathbf{P}_l(X)} \epsilon(Y,X)E(v_Y)v_{X\setminus Y}$$

$$= \sum_Y \epsilon(Y,X)E(v_Y)F(v_{X\setminus Y})\,.$$

Schließlich dehnt man das Produkt distributiv auf $\bigwedge(V)^{(*)}$ aus und verwendet als Verknüpfungszeichen ebenfalls $\wedge$. Man spricht von diesem Produkt auch von einem ä u ß e r e n P r o d u k t.

Im nächsten Schritt zeigen wir für beliebige $E, F \in \bigwedge(V)^{(*)}$:

$$h(E \wedge F) = h(F) \circ h(E)\,.$$

Hierzu dürfen wir offenbar annehmen, daß E und F homogene Elemente sind, sagen wir: $E \in \bigwedge^l(V)^*$, $F \in \bigwedge^m(V)^*$. Seien $n \in \mathbb{N}$, $J = [1, l+m+n]$ und $(v_j) \in V^J$ beliebig. Dann ist einerseits

$$h(E \wedge F)v_J = \sum_{X \in \mathbf{P}_{l+m}(J)} \epsilon(X,J)((E \wedge F)v_X)v_{J\setminus X}$$
$$= \sum_{X \in \mathbf{P}_{l+m}(J)} \sum_{Y \in \mathbf{P}_l(X)} \epsilon(X,J)\epsilon(Y,X)E(v_Y)F(v_{X\setminus Y})v_{J\setminus X},$$

andererseits hat man

$$h(F)(h(E)v_J) = h(F) \sum_{Y \in \mathbf{P}_l(J)} \epsilon(Y,J)E(v_Y)v_{J\setminus Y}$$
$$= \sum_{Y \in \mathbf{P}_l(J)} \sum_{Z \in \mathbf{P}_m(J\setminus Y)} \epsilon(Y,J)\epsilon(Z, J\setminus Y)E(v_Y)F(v_Z)v_{(J\setminus Y)\setminus Z}$$
$$= \sum_{X \in \mathbf{P}_{l+m}(J)} \sum_{Y \in \mathbf{P}_l(X)} \epsilon(Y,J)\epsilon(X\setminus Y, J\setminus Y)E(v_Y)F(v_{X\setminus Y})v_{J\setminus X}.$$

Beide Summen sind gleich, da $\epsilon(X\setminus Y, J\setminus Y)$ das Produkt von $\epsilon(Y,J)$, $\epsilon(Y,X)$ und $\epsilon(X,J)$ ist, s. Aufgabe 5b). Somit ist in der Tat $h(E \wedge F) = h(F) \circ h(E)$. Dies zeigt nun aber, daß h eine A-lineare Isomorphie auf eine A-Unteralgebra von $(\mathrm{End}_A \bigwedge(V))^{\mathrm{op}}$ ist, woraus folgt: *$\bigwedge(V)^{(*)}$ ist bezüglich des eingeführten Produktes $\wedge$ eine positiv graduierte (assoziative) A-Algebra.*

$\bigwedge(V)^{(*)}$ ist antikommutativ: Seien $E \in \bigwedge^l(V)^*$, $F \in \bigwedge^m(V)^*$, $X = [1, l+m]$ und $(v_j) \in V^X$. Dann ist

$$(E \wedge F)v_X = \sum_{Y \in \mathbf{P}_l(X)} \epsilon(Y,X)E(v_Y)F(v_{X\setminus Y})$$
$$= \sum_{Z \in \mathbf{P}_l(X)} \epsilon(X\setminus Z, X)F(v_Z)E(v_{X\setminus Z})$$
$$= (-1)^{lm}(F \wedge E)v_X$$

wegen $\epsilon(X\setminus Z, X) = (-1)^{lm}\epsilon(Z,X)$, s. Aufgabe 5a), folglich $E\wedge F = (-1)^{lm} F\wedge E$.

$\bigwedge(V)^{(*)}$ ist alternierend. Sei $m \in \mathbb{N}$ ungerade, $F \in \bigwedge^m(V)^*$, ferner $X = [1, 2m]$ und $(v_j) \in V^X$. Zu jedem $Y \in \mathbf{P}_m(X)$ ist auch $X\setminus Y \in \mathbf{P}_m(X)$. Es gibt daher eine Zerlegung $\mathbf{P}_m(X) = M \cup M'$ derart, daß $M \cap M' = \emptyset$ und $M' = \{X\setminus Y : Y \in M\}$ ist. Dann gilt:

$$(F \wedge F)v_X = \sum_{Y \in M} (\epsilon(Y,X)F(v_Y)F(v_{X\setminus Y}) + \epsilon(X\setminus Y, X)F(v_{X\setminus Y})F(v_Y)).$$

Diese Summe verschwindet termweise, da $\epsilon(X\setminus Y, X) = (-1)^{mm}\epsilon(Y,X) = -\epsilon(Y,X)$ ist. Damit ist auch $F \wedge F = 0$.

Es bleibt zu zeigen: *φ ist ein A-Algebra-Homomorphismus.* Der A-Isomorphismus $V^* = \bigwedge^1(V^*) \to \bigwedge^1(V)^* = V^*$ läßt sich zu einem A-Algebra-Homomor-

phismus $\varphi' : \bigwedge(V^*) \to \bigwedge(V)^{(*)}$ fortsetzen, da $\bigwedge(V)^{(*)}$ alternierend ist. Wegen $\mathtt{i}(f) = h(f)$ für $f \in V^*$ ist dann $h\varphi'$ ein A–Algebra–Homomorphismus, der auf V^* mit $\mathtt{i}$ übereinstimmt, und somit gleich $\mathtt{i}$ ist. Aus $h\varphi = \mathtt{i} = h\varphi'$ folgt, da h injektiv ist: $\varphi = \varphi'$. Also ist φ notwendig ein A–Algebra–Homomorphismus.
Schließlich sei darauf hingewiesen, daß, wenn V ein endlicher freier A–Modul ist, φ nach 83.7 ein Isomorphismus ist. In diesem Falle liefert die Konstruktion von $\bigwedge(V)^{(*)}$ und h nichts, was nicht auch mit $\bigwedge(V^*)$ und $\mathtt{i}$ zu leisten wäre.

Zur allgemeinen Behandlung der Dualität sei im folgenden A ein kommutativer Ring mit einer Involution $a \mapsto \overline{a}$ und $A' := \{a \in A : a = \overline{a}\}$ der zugehörige Fixring. Gegeben sei weiter eine Sesquilinearfunktion

$$\Phi : V \times W \to A$$

auf A–Moduln V, W. Bezeichne $\sigma = \sigma_\Phi : V \to W^*$ bzw. $\tau = \tau_\Phi : W \to V^*$ die Φ zugeordneten semilinearen Abbildungen, zu $n \in \mathbb{N}$

$$\Phi_n : \bigwedge^n(V) \times \bigwedge^n(W) \to A$$

die kanonisch erweiterte Sesquilinearfunktion, vgl. §83, Beispiel 13, und

$$\sigma_n : \bigwedge^n(V) \to \bigwedge^n(W)^*, \quad \tau_n : \bigwedge^n(W) \to \bigwedge^n(V)^*$$

die zugeordneten semilinearen Abbildungen, welche als Kompositionen

$$\bigwedge^n(V) \xrightarrow{\bigwedge^n(\sigma)} \bigwedge^n(W^*) \xrightarrow{\psi_n} \bigwedge^n(W)^*,$$

$$\bigwedge^n(W) \xrightarrow{\bigwedge^n(\tau)} \bigwedge^n(V^*) \xrightarrow{\varphi_n} \bigwedge^n(V)^*$$

gebildet sind, wobei ψ_n, φ_n die kanonischen Abbildungen gemäß §83, Beispiel 10 sind. Bei $n = 0$ ist $\Phi_0(a,b) = a\overline{b}$, und σ_0, τ_0 stimmen mit der Involution überein. Schließlich sei

$$\Phi' := \bigoplus_{n \in \mathbb{N}} \Phi_n : \bigwedge(V) \times \bigwedge(W) \to A$$

die orthogonale direkte Summe der Φ_n, die wir im folgenden einfach mit dem Symbol $<-,->$ notieren.
Bezeichnen wir mit $\bigwedge(\sigma)$, $\bigwedge(\tau)$ die Summen der $\bigwedge^n(\sigma)$ bzw. $\bigwedge^n(\tau)$, so erhalten wir semilineare Abbildungen, die außerdem A'–Algebra–Homomorphismen sind. Die Kompositionen

$$\bigwedge(V) \xrightarrow{\bigwedge(\sigma)} \bigwedge(W^*) \xrightarrow{\mathtt{i}} (\mathrm{End}_A \bigwedge(W))^{\mathrm{op}},$$

$$\bigwedge(W) \xrightarrow{\bigwedge(\tau)} \bigwedge(V^*) \xrightarrow{\mathtt{i}} (\mathrm{End}_A \bigwedge(V))^{\mathrm{op}}$$

sind dann ebenfalls semilineare A'–Algebra–Homomorphismen; wir bezeichnen sie im folgenden der Einfachheit halber auch mit $\mathtt{i}$, was wohl keine Mißverständnisse verursachen wird.

85.18 Lemma *Sei $n \in \mathbb{N}$. Für $x \in \bigwedge^n(V)$ und $y \in \bigwedge^n(W)$ gilt:*

$$<x, y> = \overline{\mathtt{i}(x)y} = \mathtt{i}(y)x.$$

B e w e i s. Unter Verwendung von 85.16 erhalten wir

$$\overline{<x,y>} = \sigma_n(x)y = \psi_n(\bigwedge^n(\sigma)x)y = \mathtt{i}(\bigwedge^n(\sigma)x)y = \mathtt{i}(x)y,$$

daraus $<x, y> = \overline{\mathtt{i}(x)y}$, und

$$<x, y> = \tau_n(y)x = \varphi_n(\bigwedge^n(\tau)y)x = \mathtt{i}(\bigwedge^n(\tau)y)x = \mathtt{i}(y)x. \qquad \bullet$$

85.19 Satz *Für beliebige $x, v \in \bigwedge(V)$ und $y, w \in \bigwedge(W)$ gilt:*

$$<v \wedge x, y> = <x, \mathtt{i}(v)y>, \quad <x, w \wedge y> = <\mathtt{i}(w)x, y>.$$

B e w e i s. Nach Konstruktion von $<-,->$ dürfen wir annehmen, daß x, v, y, w homogen sind und jeweils im Grad zueinander passen. Bei der ersten Formel sei etwa Grad $v = m$, Grad $x = n$ und Grad $y = m+n$. Nach 85.18 gilt dann

$$<v \wedge x, y> = \overline{\mathtt{i}(v \wedge x)y} = \overline{\mathtt{i}(x)(\mathtt{i}(v)y)} = <x, \mathtt{i}(v)y>.$$

Die andere Formel beweist man analog. •

Der Satz sagt aus, daß Multiplikation und $\mathtt{i}$-Operation adjungiert sind; zur genauen Beschreibung dieses Sachverhaltes siehe Aufgabe 9.
Wir machen nun die Einschränkung, daß V und W endliche freie A-Moduln des Ranges n sind und Φ eine vollständige Dualität zwischen ihnen definiert. Nach 83.8 definiert dann auch $\Phi' = <-,->$ eine vollständige Dualität zwischen $\bigwedge(V)$ und $\bigwedge(W)$.

Beispiel 12 Seien etwa x_j, $j \in J$, und y_j, $j \in J$, duale Basen von V bzw. W bezüglich Φ. Wir versehen J mit einer totalen Ordnung. Dann gilt:

$$x_H, \ H \in \mathbf{P}(J), \quad \text{und} \quad y_H, \ H \in \mathbf{P}(J),$$

sind duale Basen von $\bigwedge(V)$ bzw. $\bigwedge(W)$ bezüglich Φ'. Es ist nämlich $\tau(y_j) = x_j^*$, $j \in J$, die duale Basis von V^* zu x_j, $j \in J$, und $\sigma(x_j) = y_j^*$, $j \in J$, die duale Basis von W^* zu y_j, $j \in J$. Für $r \in \mathbb{N}$ und $H, K \in \mathbf{P}_r(J)$ gilt dann $\bigwedge^r(\sigma)x_H = y_H^*$, $\bigwedge^r(\tau)y_K = x_K^*$, folglich $\mathtt{i}(x_H) = \mathtt{i}(y_H^*)$, $\mathtt{i}(y_K) = \mathtt{i}(x_K^*)$ und

$$<x_H, y_K> = \mathtt{i}(y_K)x_H = \mathtt{i}(x_K^*)x_H = \delta_{H,K}.$$

Sind aber $H, K \in \mathbf{P}(J)$ mit Kard $H \neq$ Kard K, so ist $<x_H, y_K> = 0$ klar.

Von P o i n c a r é - D u a l i t ä t spricht man bei der folgenden Konstruktion. Als Bezugsgrößen seien Elemente

$$\omega_V \in \bigwedge^n(V), \quad \omega_W \in \bigwedge^n(W)$$

mit $<\omega_V, \omega_W> = 1$ gegeben, so daß ω_V und ω_W zueinander duale Basiselemente der zyklischen A-Moduln $\bigwedge^n(V)$ bzw. $\bigwedge^n(W)$ sind; man erinnere sich daran, daß n hier den gemeinsamen Rang von V und W bezeichnet. Man definiert dann semilineare Abbildungen

$$P : \bigwedge(V) \to \bigwedge(W), \quad Q : \bigwedge(W) \to \bigwedge(V)$$

durch $x \mapsto \mathtt{i}(x)\omega_W$ bzw. $y \mapsto \mathtt{i}(y)\omega_V$. Man bemerkt, daß $P(\bigwedge^r(V)) \subseteq \bigwedge^{n-r}(W)$ und $Q(\bigwedge^r(W)) \subseteq \bigwedge^{n-r}(V)$ für $r \leq n$ gilt. Somit definieren P und Q durch Einschränkung semilineare Abbildungen

$$P_r : \bigwedge^r(V) \to \bigwedge^{n-r}(W), \quad Q_r : \bigwedge^r(W) \to \bigwedge^{n-r}(V),$$

$r \leq n$. Wir werden in 85.21 sehen, daß alle P_r, Q_r und damit auch P, Q bijektiv sind; man nennt diese Abbildungen dann Poincaré-Isomorphismen.

85.20 Satz *Bei einer Poincaré-Dualität gilt für $x \in \bigwedge(V)$ und $y \in \bigwedge(W)$*

$$<Qy, Px> = <x, y>.$$

Beweis. Es genügt den homogenen Fall $x \in \bigwedge^r(V)$, $y \in \bigwedge^r(W)$, $r \leq n$, zu betrachten. Nach 85.19 ist dann $<Qy, Px> = <\mathtt{i}(y)\omega_V, \mathtt{i}(x)\omega_W> = <x \wedge \mathtt{i}(y)\omega_V, \omega_W>$. Es ist also zu zeigen:

$$x \wedge \mathtt{i}(y)\omega_V = <x, y>\omega_V,$$

eine auch für sich interessante Formel. Wir benutzen Induktion über r. Der Fall $r = 0$ ist einfach: Hier ist $x = a \in A$, $y = b \in A$ und folglich $x \wedge \mathtt{i}(y)\omega_V = a\bar{b}\omega_V$, andererseits auch $<x, y> = a\bar{b}$. Sei die Formel nun im Grade r richtig. Aus Linearitätsgründen genügt es weiter, sie für Elemente des Typs $x \in \bigwedge^{r+1}(V)$, $w \wedge y$ mit $w \in W$, $y \in \bigwedge^r(W)$ zu beweisen. Es ist $x \wedge \mathtt{i}(w \wedge y)\omega_V = x \wedge (-1)^r \mathtt{i}(y \wedge w)\omega_V = x \wedge (-1)^r \mathtt{i}(w)(\mathtt{i}(y)\omega_V)$. Wegen $x \wedge \mathtt{i}(y)\omega_V \in \bigwedge^{n+1}(V) = 0$ folgt $x \wedge \mathtt{i}(w \wedge y)\omega_V = \mathtt{i}(w)x \wedge \mathtt{i}(y)\omega_V$, da $\mathtt{i}(w)$ eine Antiderivation ist. Nach Induktionsvoraussetzung folgt mit 85.19 weiter $x \wedge \mathtt{i}(w \wedge y)\omega_V = <\mathtt{i}(w)x, y>\omega_V = <x, w \wedge y>\omega_V$, und das war zu zeigen. •

85.21 Korollar *Bei einer Poincaré-Dualität sind P, Q semilineare Isomorphismen. Genauer gilt für jedes $r \leq n$:*

$$Q_{n-r}P_r = (-1)^{r(n-r)}\mathrm{id}_{\bigwedge^r(V)}, \quad P_{n-r}Q_r = (-1)^{r(n-r)}\mathrm{id}_{\bigwedge^r(W)}.$$

Beweis. Für $x \in \bigwedge^r(V)$ und beliebiges $y \in \bigwedge^r(W)$ gilt nach 85.19 und 85.20:

$$\begin{aligned} <Q_{n-r}P_r x, y> &= <\mathtt{i}(\mathtt{i}(x)\omega_W)\omega_V, y> = <\omega_V, \mathtt{i}(x)\omega_W \wedge y> \\ &= <\omega_V, (-1)^{r(n-r)} y \wedge \mathtt{i}(x)\omega_W> \end{aligned}$$

$$= (-1)^{r(n-r)} < \mathtt{i}\,(y)\omega_V, \mathtt{i}\,(x)\omega_W >$$
$$= (-1)^{r(n-r)} <Qy, Px> = <(-1)^{r(n-r)}x, y> .$$

Da Φ' eine vollständige Dualität definiert, folgt $Q_{n-r}P_r x = (-1)^{r(n-r)}x$, wie behauptet. Analog beweist man den zweiten Teil der Aussage. •

Die Poincaré–Isomorphismen hängen nur unwesentlich von der Auswahl der ω_V, ω_W ab. Seien nämlich $\tilde{\omega}_V \in \bigwedge^n(V)$ und $\tilde{\omega}_W \in \bigwedge^n(W)$ Elemente mit $<\tilde{\omega}_V, \tilde{\omega}_W> = 1$ und $\tilde{P}, \tilde{Q}$ die zugehörigen Poincaré–Isomorphismen. Es gibt Übergangs–Einheiten $e_1, e_2 \in A^\times$ mit $\tilde{\omega}_V = e_1\omega_V$, $\tilde{\omega}_W = e_2\omega_W$; aus $<\tilde{\omega}_V, \tilde{\omega}_W> = 1$ folgt $e_1\overline{e}_2 = 1$. Und es ist $\tilde{P} = e_2 P$, $\tilde{Q} = e_1 Q$. Ohne Benutzung von 85.21 sieht man hier auch $\tilde{P}\tilde{Q} = PQ$, $\tilde{Q}\tilde{P} = QP$.

Beispiel 13 Beschreiben wir P, Q kurz in kanonischen Basen! Die Bezeichnungen aus Beispiel 12 seien übernommen. Wir betrachten die Poincaré–Dualität bezüglich

$$\omega_V := x_J\,, \quad \omega_W := y_J\,.$$

Für jedes $H \subseteq J$ gilt:

$$P(x_H) = \epsilon(H, J)y_{J\setminus H}\,, \quad Q(y_H) = \epsilon(H, J)x_{J\setminus H}\,.$$

Aus Symmetriegründen genügt es, die erste Formel zu beweisen. Sei $r := \operatorname{Kard} H$. Dann ist $P(x_H) = \mathtt{i}\,(x_H)y_J = \mathtt{i}\,(y_H^*)y_J$ und nach 85.17 weiter

$$P(x_H) = \mathtt{i}\,(y_H^*)y_J = \sum_{K\in\mathbf{P}_r(J)} \epsilon(K, J)(\mathtt{i}\,(y_H^*)y_K)y_{J\setminus K}\,.$$

Wegen $\mathtt{i}\,(y_H^*)y_K = \delta_{H,K}$ bleibt von der Summe nur der Term $\epsilon(H, J)y_{J\setminus H}$ übrig. Aus beiden Formeln erhält man mit Aufgabe 5a) direkt 85.21, auch bei beliebigen ω_V, ω_W, wie die Verwendung von Übergangs–Einheiten zeigt.

Schließlich seien noch einige Bemerkungen zur Dualitätstheorie bezüglich hermitescher Formen gemacht. Sei Φ eine hermitesche Form auf dem A–Modul V. Die vorstehenden Begriffe sind auf die Situation $V = W$ zu übertragen. Da $\sigma_\Phi = \tau_\Phi$ ist, hat man auch nur *eine* Abbildung

$$\mathtt{i} : \bigwedge(V) \to (\operatorname{End}_A \bigwedge(V))^{\mathrm{op}}$$

zur Verfügung. Diese ist semilinear und ein A'–Algebra–Homomorphismus, $A' := \{a \in A : a = \overline{a}\}$.

Definiere nun Φ außerdem eine vollständige Dualität, und sei $V \cong A^n$. Die beiden verschiedenen Typen von Poincaré–Isomorphismen brauchen nicht zusammenzufallen. Immerhin sind sie skalare Vielfache voneinander. Ist nämlich $\omega \in \bigwedge^n(V)$ ein Basiselement, ω' ein Element von $\bigwedge^n(V)$ mit $<\omega, \omega'> = 1$ und $\omega' = e\omega$ mit $e \in A^\times$, so ist offenbar $P = eQ$. Weiter sieht man leicht, daß die Restklasse von e in $A'^\times/NA^\times$ nicht von der Wahl von ω abhängt (Beweis!). Die Restklasse von $\overline{e}^{-1}$ ist dann gerade die Diskriminante von Φ. Ist nämlich $\omega = x_1 \wedge \cdots \wedge x_n$ zu einer Basis $x_1, \ldots, x_n$

von V, so ist

$$\begin{aligned}\overline{e}^{\,-1} &= <\omega, e^{-1}\omega'> = <\omega,\omega> = <x_1 \wedge \cdots \wedge x_n, x_1 \wedge \cdots \wedge x_n> \\ &= \mathtt{i}(x_1 \wedge \cdots \wedge x_n)\, x_1 \wedge \cdots \wedge x_n = \mathrm{Det}(\Phi(x_i, x_k)) = \mathrm{Diskr}(x_i)\,.\end{aligned}$$

Ist die in Rede stehende Involution die Identität, d.h. ist Φ eine symmetrische Bilinearform, so sind P und Q im allgemeinen immer noch verschieden.

Beispiel 14 Sei V ein reeller Vektorraum der Dimension n mit einer nicht ausgearteten symmetrischen Bilinearform Φ. Die zugehörige Abbildung

$$\mathtt{i} : \bigwedge(V) \to (\mathrm{End}_{\mathbb{R}} \bigwedge(V))^{\mathrm{op}}$$

ist ein $\mathbb{R}$–Algebra–Homomorphismus. Orientierungen von V geben zu einer kanonischen Poincaré–Dualität Anlaß. Man vergleiche zum Folgenden den Schlußteil von §74. Zu jeder verallgemeinerten Orthonormalbasis $x_1, \ldots, x_n$ von V gehört ein erzeugendes Element $\omega = x_1 \wedge \cdots \wedge x_n$ von $\bigwedge^n(V)$. Übergangsmatrizen zwischen solchen Basen haben die Determinante 1 oder -1, und dementsprechend unterscheiden sich die äußeren Produkte um den Faktor 1 oder -1. Alle verallgemeinerten Orthonormalbasen von V, die dieselbe Orientierung von V repräsentieren, ergeben also ein und dasselbe Element $\omega \in \bigwedge^n(V)$; und eben dieses Element ω definiert die kanonische Poincaré–Dualtität.

Sei nun V orientiert, und bezeichnen P, Q die Poincaré–Isomorphismen zum kanonischen Element ω. Sei $x_1, \ldots, x_n$ eine verallgemeinerte Orthonormalbasis von V und $\epsilon_i := \Phi(x_i, x_i)$, $i = 1, \ldots, n$. Dann ist

$$<\omega, \omega> = \mathrm{Det}(\Phi(x_i, x_h)) = \epsilon_1 \cdots \epsilon_n = (-1)^q\,,$$

wenn Φ vom Typ (p, q) ist. Um dieses Vorzeichen unterscheiden sich P und Q.

Ist $(-1)^q = 1$, wie dies beispielsweise der Fall ist, wenn Φ ein Skalarprodukt auf V definiert, so ist $\omega = \omega'$ und $P = Q$. In diesem Falle bezeichnet man den reellen Operator $P = Q$ auf $\bigwedge(V)$ auch mit einem $*$ und spricht vom Sternoperator.

Kehren wir zur allgemeinen Situation zurück. Für Elemente $v_1, \ldots, v_{n-1}$ in V gilt:

$$v_1 \times \cdots \times v_{n-1} = P_{n-1}(v_1 \wedge \cdots \wedge v_{n-1})\,.$$

Beweis. Bei der kanonischen Isomorphie $\mathrm{Alt}(n, V) = \bigwedge^n(V)^*$ entspricht $\mathtt{i}(\omega')$ wegen $\mathtt{i}(\omega')\omega = <\omega, \omega'> = 1$ der kanonischen Determinantenfunktion Δ auf V zu Φ (vgl. hierzu §74); dabei ist $\omega' = (-1)^q\omega$. Nach Definition des Vektorproduktes gilt $<v, v_1 \times \cdots \times v_{n-1}> = \Delta(v_1, \ldots, v_{n-1}, v)$ für jedes $v \in V$. Daher ist

$$\begin{aligned}<v, v_1 \times \cdots \times v_{n-1}> &= \mathtt{i}(\omega')(v_1 \wedge \cdots \wedge v_{n-1} \wedge v) = <v_1 \wedge \cdots \wedge v_{n-1} \wedge v, \omega'> \\ &= <v, \mathtt{i}(v_1 \wedge \cdots \wedge v_{n-1})\omega'> = <v, P(v_1 \wedge \cdots \wedge v_{n-1})>\end{aligned}$$

für jedes $v \in V$, und das bedeutet $v_1 \times \cdots \times v_{n-1} = P(v_1 \wedge \cdots \wedge v_{n-1})$.

Aufgaben

1. Seien K ein Körper, V ein K–Vektorraum und $x \in \bigwedge^n(V) \subseteq \bigwedge(V)$.

a) (Satz von E. Cartan) Sind $v_1, \ldots, v_s$ linear unabhängige Vektoren aus V mit $v_1 \wedge \cdots \wedge v_s \wedge x = 0$, so gibt es Elemente $y_1, \ldots, y_s \in \bigwedge^{n-1}(V)$ mit $x = v_1 \wedge y_1 + \cdots + v_s \wedge y_s$. (Induktion über s. Zum Induktionsschritt verwende man die Antiderivation $\mathrm{i}(f)$ von $\bigwedge(V)$ zu einer Linearform f mit $f(v_s) = 1$, $f(v_i) = 0$ für $i < s$.)

b) Sind $v_1, \ldots, v_s$ linear unabhängige Vektoren aus V mit $v_i \wedge x = 0$ für $i = 1, \ldots, s$, so gibt es ein $y \in \bigwedge^{n-s}(V)$ mit $x = v_1 \wedge \cdots \wedge v_s \wedge y$.

c) Sei $x \neq 0$. Sei $h: V \to \bigwedge^{n+1}(V)$ die lineare Abbildung $v \mapsto v \wedge x$ und $r := \mathrm{Dim}_K \mathrm{Kern}\, h$. Dann ist $r \leq n$, $r \neq n-1$, und r ist das Maximum der Zahlen s, für die es Elemente $v_1, \ldots, v_s \in V$, $y \in \bigwedge^{n-s}(V)$ gibt mit $x = v_1 \wedge \cdots \wedge v_s \wedge y$.

d) Ist $\mathrm{Dim}_K V = n + 1$, so ist x zerlegbar. (Vgl. auch §83, Aufgabe 9.)

2. Sei K ein Körper der Charakteristik $\neq 2$.

a) Sei V ein K–Vektorraum und $x \in \bigwedge^2(V)$. Genau dann ist x zerlegbar, wenn $x \wedge x = 0$ gilt. (Sei $x \wedge x = 0$ und $x \neq 0$. Es gibt eine Linearform f mit $\mathrm{i}(f)(x) \neq 0$; nun betrachtet man $\mathrm{i}(f)(x \wedge x)$.)

b) In $\bigwedge(K^r)$, $r \leq 3$, sind alle homogenen Elemente zerlegbar. (Man braucht Teil d) der vorstehenden Aufgabe.) Man gebe unzerlegbare Elemente in $\bigwedge^2(K^4)$ an.

3. Sei $f: V \to W$ ein injektiver Homomorphismus freier Moduln über dem kommutativen Ring A. Dann ist $\bigwedge(f): \bigwedge(V) \to \bigwedge(W)$ ebenfalls injektiv. (Sei $\bigwedge(f)$ etwa nicht injektiv; sei x_j, $j \in J$, eine Basis von V. Von einem Element $\neq 0$ des Kernes von $\bigwedge(f)$ ausgehend, erhält man durch geeignete Multiplikation mit Basiselementen von $\bigwedge(V)$ ein $x \neq 0$ im Kern von $\bigwedge(f)$, welches skalares Vielfaches von einem äußeren Produkt von einigen der Basiselemente x_j ist. Dann wendet man §83, Aufgabe 18 an.)

4. Seien A ein kommutativer Ring, $V \cong A^n$ ein endlicher freier A–Modul und $f \in \mathrm{End}_A V$. Für $r \in [1, n]$ sei $s_r := \mathrm{Sp}(\bigwedge^r(f))$.

a) Für $a \in A$ ist $\mathrm{Det}(a \cdot \mathrm{id}_V + f) = \sum_{r=0}^{n} s_r a^{n-r}$. (Sei $x_1, \ldots, x_n$ eine Basis von V. Zu $H \subseteq [1, n]$ sei $D_H := D_{HH}$ der Minor bezüglich H, H der Matrix von f bezüglich $x_1, \ldots, x_n$. Es ist

$$\begin{aligned} \mathrm{Det}(a \cdot \mathrm{id}_V + f)\, x_1 \wedge \cdots \wedge x_n &= (a x_1 + f(x_1)) \wedge \cdots \wedge (a x_n + f(x_n)) \\ &= \sum_{r=0}^{n} \sum_{H \in \mathbf{P}_r([1,n])} a^{n-r} y(H), \end{aligned}$$

wobei $y(H) = y_1 \wedge \cdots \wedge y_n$ mit $y_i := f(x_i)$ bei $i \in H$ und $y_i := x_i$ sonst ist. Schreibt man $H = \{i_1, \ldots, i_r\}$ mit $i_1 < \cdots < i_r$ und $[1, n] \setminus H = \{j_1, \ldots, j_{n-r}\}$ mit $j_1 < \cdots < j_{n-r}$, so ist

$$\begin{aligned} y(H) &= \epsilon_H f(x_{i_1}) \wedge \cdots \wedge f(x_{i_r}) \wedge x_{j_1} \wedge \cdots \wedge x_{j_{n-r}} \\ &= D_H \epsilon_H\, x_{i_1} \wedge \cdots \wedge x_{i_r} \wedge x_{j_1} \wedge \cdots \wedge x_{j_{n-r}} = D_H\, x_1 \wedge \cdots \wedge x_n \end{aligned}$$

mit einem Vorzeichen ϵ_H, das man nicht auszurechnen braucht.)

b) Für das charakteristische Polynom χ_f von f gilt:

$$\chi_f = X^n - s_1 X^{n-1} + \cdots + (-1)^n s_n .$$

(Man betrachtet $X \cdot \mathrm{id} - f_{(A[X])}$ aus $\mathrm{End}_{A[X]} V_{(A[X])}$. — Vgl. auch §64, Aufg. 10.)

5. Seien $Z \subseteq Y \subseteq X$ endliche Teilmengen einer totalgeordneten Menge.

a) Mit $r := \mathrm{Kard}\, Y$ und $n := \mathrm{Kard}\, X$ gilt $\epsilon(Y, X) = (-1)^{r(n-r)}\epsilon(X \setminus Y, X)$.

b) Es ist $\epsilon(Y \setminus Z, X \setminus Z) = \epsilon(Z, Y)\epsilon(Z, X)\epsilon(Y, X)$. (Induktion über $s := \mathrm{Kard}\, Z$. Zu $s = 1$ siehe den Beweis von 85.17.)

6. Seien K ein Körper, V ein K–Vektorraum der Dimension n und Φ eine alternierende Bilinearform auf V. Für $m \in \mathbb{N}$ bezeichne φ_m den kanonischen Isomorphismus von $\bigwedge^m(V^*)$ auf $\bigwedge^m(V)^*$. Sei $\alpha := \varphi_2^{-1}(\Phi)$.

a) Sei $x_1, y_1, \ldots, x_k, y_k, z_1, \ldots, z_{n-2k}$ eine Basis von V im Sinne von §71, Aufgabe 30a). Dann ist $\alpha = x_1^* \wedge y_1^* + \cdots + x_k^* \wedge y_k^*$ und

$$\alpha^k = k!\, x_1^* \wedge y_1^* \wedge \cdots \wedge x_k^* \wedge y_k^* .$$

Für beliebige $v_1, \ldots, v_{2k} \in V$ gilt:

$$(\varphi_{2k}(\alpha^k) v_1 \wedge \cdots \wedge v_{2k})^2 = (k!)^2 \mathrm{Det}(\Phi(v_i, v_j)) .$$

b) Sei $n = 2k$ gerade und $k! \neq 0$ in K. Genau dann ist Φ nicht ausgeartet, wenn $\alpha^k \neq 0$ in $\bigwedge^n(V^*)$ ist. (Bemerkung. Im Fall $K = \mathbb{R}$ ist, wenn Φ nicht ausgeartet ist, $(1/k!)\varphi_n(\alpha^k)$ die kanonische Determinantenfunktion auf V, die die Orientierung des symplektischen Raumes (V, Φ) definiert, vgl. §74, Beispiel 7.)

c) Sei Φ nicht ausgeartet, und sei f ein Automorphismus von Φ. Dann ist $\bigwedge^n(f^*)\alpha^k = \alpha^k$ für $k := n/2$. Folgerung: Ist $k! \neq 0$ in K, so ist $\mathrm{Det} f = 1$. (Vgl. §71, Aufgabe 34.)

d) Sei speziell $K := \mathbb{Q}(X_{ij})_{1 \leq i,j \leq n}$, $n = 2k$ und Φ die Form auf K^n, welche bezüglich der Standardbasis die Gramsche Matrix $\mathbf{A}_{2k}$ aus §71, Aufgabe 32 hat. Dann ist

$$\alpha = \sum_{1 \leq i < j \leq n} X_{ij} e_i^* \wedge e_j^* \quad \text{und} \quad \alpha^k = k!\, \mathrm{Pf}_{2k}\, e_1^* \wedge \cdots \wedge e_n^* .$$

Hieraus folgt noch einmal die Existenz von Pf_{2k} und überdies die explizite Darstellung am Ende von §71, Aufgabe 32.

7. Seien A ein kommutativer Ring und V ein A–Modul mit $V \oplus A^{n-1} \cong A^n$ für ein $n \in \mathbb{N}_+$. Dann ist $V \cong A$. (Man betrachte $\bigwedge^n(V \oplus A^{n-1})$. Vgl. auch §48, Aufgabe 20.)

8. Seien A ein kommutativer Ring, $\mathbf{A} \in \mathsf{M}_n(A)$ und $H := \{i_1, \ldots, i_r\}$ eine Menge von Zeilennummern aus $J := [1, n]$, $i_1 < \cdots < i_r$. Seien $e_1, \ldots, e_n$ die kanonische Basis von A^n, $e_1^*, \ldots, e_n^*$ die zugehörige Dualbasis von $(A^n)^*$ und v_j der j–te Spaltenvektor von $\mathbf{A}$, $j \in J$. Man beweise den Laplaceschen Entwicklungssatz für $\mathrm{Det}\, \mathbf{A}$ bezüglich der Zeilen $i_1, \ldots, i_r$, indem man wie folgt beginnt:

$$\mathrm{Det}\, \mathbf{A} = \mathtt{i}(e_J^*) v_J = \mathtt{i}(\epsilon(H, J) e_H^* \wedge x_{J \setminus H}^*) v_J .$$

9. Seien A ein kommutativer Ring, V ein A-Modul, ferner $m, n \in \mathbb{N}$ und $\alpha \in \bigwedge^m(V^*)$, $x \in \bigwedge^m(V)$. Dann sind die Diagramme

$$\begin{array}{ccc} \bigwedge^n(V^*) & \xrightarrow{(\alpha\wedge)} & \bigwedge^{m+n}(V^*) \\ \Big\downarrow{\scriptstyle\varphi_n} & & \Big\downarrow{\scriptstyle\varphi_{m+n}} \\ \bigwedge^n(V)^* & \xrightarrow{\mathrm{i}(\alpha)^*} & \bigwedge^{m+n}(V)^* \end{array}, \qquad \begin{array}{ccc} \bigwedge^n(V^*) & \xrightarrow{\mathrm{i}(x)} & \bigwedge^{m+n}(V^*) \\ \Big\downarrow{\scriptstyle\varphi_n} & & \Big\downarrow{\scriptstyle\varphi_{m+n}} \\ \bigwedge^n(V)^* & \xrightarrow{(x\wedge)^*} & \bigwedge^{m+n}(V)^* \end{array}$$

kommutativ, in denen φ_n, φ_{m+n} kanonisch sind, $(\alpha\wedge)$ das Multiplizieren $\beta \mapsto \alpha\wedge\beta$ in $\bigwedge(V^*)$ sowie $(x\wedge)$ das Multiplizieren $y \mapsto x \wedge y$ in $\bigwedge(V)$ bezeichnet. (Man betrachtet die Bilinearfunktion $V \times V^* \to A$ mit $(v, e) \mapsto e(v)$ und benutzt 85.19.)

10. Seien A ein kommutativer Ring, $f: V \to W$ ein Homomorphismus von A-Moduln, $f^*: W^* \to V^*$ sein Dual, $m \in \mathbb{N}$ und $\alpha \in \bigwedge^m(W^*)$. Dann ist das Diagramm

$$\begin{array}{ccc} \bigwedge^n(V) & \xleftarrow{\mathrm{i}(\bigwedge^m(f^*)\alpha)} & \bigwedge^{m+n}(V) \\ {\scriptstyle\bigwedge^n(f)}\Big\downarrow & & \Big\downarrow{\scriptstyle\bigwedge^{m+n}(f)} \\ \bigwedge^n(W) & \xleftarrow{\mathrm{i}(\alpha)} & \bigwedge^{m+n}(W) \end{array}$$

kommutativ. (85.16, 85.17 (oder Induktion) und §83, Aufgabe 11.)

11. (*Algebren alternierender Multilinearformen*) Seien A ein kommutativer Ring und V ein A-Modul. Zu $n \in \mathbb{N}$ schreiben wir kurz

$$\mathrm{Alt}(n, V) = \mathrm{Alt}_A(n, V)$$

für den Modul der alternierenden n-Linearformen auf V. Auf den A-Modul

$$\mathrm{Alt}(V) = \mathrm{Alt}_A(V) := \bigoplus_{n\in\mathbb{N}} \mathrm{Alt}(n, V)$$

wird mittels der kanonischen Isomorphie zu $\bigwedge(V)^{(*)}$ die A-Algebra-Struktur des graduierten Duals übertragen, vgl. Bemerkung 1. Hiermit versehen heißt $\mathrm{Alt}(V)$ die *Algebra der alternierenden Multilinearformen* auf V. Man verwendet das Multiplikationszeichen $\wedge$. Sind $\Phi, \Psi \in \mathrm{Alt}(V)$, so heißt $\Phi \wedge \Psi$ das *Graßmann-Produkt* oder *äußere Produkt der alternierenden Multilinearformen* Φ, Ψ.

a) Seien $m, n \in \mathbb{N}$ und $J := [1, m+n]$. Mit U sei die Untergruppe der $\mathbf{S}_{m+n}$ bezeichnet, die aus allen σ mit $\sigma[1, m] = [1, m]$ und folglich $\sigma[m+1, m+n] = [m+1, m+n]$ besteht. Die Permutationen σ_{XJ}, $X \in \mathbf{P}_m(J)$, bilden ein Repräsentantensystem für die Linksnebenklassen von $\mathbf{S}_{m+n}$ bezüglich U. Sind $\Phi \in \mathrm{Alt}(m, V)$, $\Psi \in \mathrm{Alt}(n, V)$, so gilt für jedes Repräsentantensystem S der Linksnebenklassen von $\mathbf{S}_{m+n}$ bezüglich U und $(v_j) \in V^J$:

$$(\Phi \wedge \Psi)(v_j)_{j\in J} = \sum_{\sigma\in S} (\mathrm{Sign}\,\sigma)\Phi(v_{\sigma 1}, \ldots, v_{\sigma m})\Psi(v_{\sigma(m+1)}, \ldots, v_{\sigma(m+n)}).$$

(Bemerkung. Vielfach wird das äußere Produkt alternierender Multilinearformen in dieser Weise definiert. Man kann dann die Eigenschaften des Produktes durch das Rechnen mit Linksnebenklassen ableiten.)

b) Für $\Phi \in \mathrm{Alt}(m, V)$ und $\Psi \in \mathrm{Alt}(n, V)$ ist

$$m!n!\,\Phi\wedge\Psi=\mathcal{A}(\Phi\otimes\Psi)\,.$$

(Das Tensorprodukt bezeichnet hier die Multiplikation in $\mathrm{Mult}(V)$, vgl. §84, Beispiel 6. — Bemerkung. Sind alle $n\in\mathbb{N}_+$ Einheiten in A, so läßt sich das Produkt in $\mathrm{Alt}(V)$ in naheliegender Weise durch den Antisymmetrisierungsoperator einführen.) Allgemeiner gilt für $\Phi_i\in\mathrm{Alt}(n_i,V)$, $1\le i\le r$, folgendes: $n_1!\cdots n_r!\,\Phi_1\wedge\cdots\wedge\Phi_r=\mathcal{A}(\Phi_1\otimes\cdots\otimes\Phi_r)$.

12. Seien A ein kommutativer Ring und V ein A–Modul. Die Summe der Antisymmetrisationen $\mathrm{Mult}(n,V)\to\mathrm{Alt}(n,V)$ definiert einen kanonischen homogenen A–Algebra–Homomorphismus

$$\mathcal{A}:\mathrm{Mult}(V)\to\mathrm{Alt}(V)\,.$$

Folgendes kanonisch gebildete Diagramm ist kommutativ (§83, Aufgabe 12):

$$\begin{array}{ccc}\mathrm{T}(V^*) & \to & \mathrm{T}(V)^{(*)}=\mathrm{Mult}(V)\\ \downarrow & & \downarrow{\scriptstyle\mathcal{A}}\\ \bigwedge(V^*) & \to & \bigwedge(V)^{(*)}=\mathrm{Alt}(V)\,.\end{array}$$

13. Seien V,W Moduln über dem kommutativen Ring A und $f\in\mathrm{Hom}_A(V,W)$.

a) Die Summe der A–Homomorphismen $\bigwedge^n(f)^*:\bigwedge^n(W)^*\to\bigwedge^n(V)^*$ ergibt einen kanonischen homogenen A–Algebra–Homomorphismus

$$\bigwedge(f)^{(*)}:\bigwedge(W)^{(*)}\to\bigwedge(V)^{(*)}\,.$$

Die Summe der A–Homomorphismen $\mathrm{Alt}(n,f):\mathrm{Alt}(n,W)\to\mathrm{Alt}(n,V)$ ergibt einen kanonischen homogenen A–Algebra–Homomorphismus

$$\mathrm{Alt}(f):\mathrm{Alt}(W)\to\mathrm{Alt}(V)\,.$$

Bei den kanonischen Isomorphien $\bigwedge(W)^{(*)}\cong\mathrm{Alt}(W)$ und $\bigwedge(V)^{(*)}\cong\mathrm{Alt}(V)$ geht $\bigwedge(f)^{(*)}$ in $\mathrm{Alt}(f)$ über.

b) Das mit kanonischen Homomorphismen gebildete Diagramm

$$\begin{array}{ccccc}\bigwedge(W^*) & \to & \bigwedge(W)^{(*)} & \leftrightarrow & \mathrm{Alt}(W)\\ \downarrow{\scriptstyle\bigwedge(f^*)} & & \downarrow{\scriptstyle\bigwedge(f)^{(*)}} & & \downarrow{\scriptstyle\mathrm{Alt}(f)}\\ \bigwedge(V^*) & \to & \bigwedge(V)^{(*)} & \leftrightarrow & \mathrm{Alt}(V)\end{array}$$

ist kommutativ.

c) Man übertrage die Sätze 85.6 und 85.7 sinngemäß auf die Homomorphismen des Typs $\bigwedge(f)^{(*)}$ und $\mathrm{Alt}(f)$.

14. Seien V,W Moduln über dem kommutativen Ring A. Auf dem graduierten A–Modul

$$\mathrm{Hom}'(\bigwedge(V),W):=\bigoplus_{n\in\mathbb{N}}\mathrm{Hom}_A(\bigwedge^n(V),W)$$

gibt es eine im folgenden mit $\wedge$ bezeichnete Operation des Ringes $\bigwedge(V)^{(*)}$, die wie folgt auf homogenen Elementen definiert ist: Zu $F\in\bigwedge^m(V)^*$ und $G\in$

$\operatorname{Hom}_A(\bigwedge^n(V), W)$ ist $F \wedge G \in \operatorname{Hom}_A(\bigwedge^{m+n}(V), W)$ derjenige Homomorphismus, der für $(v_j) \in V^J$, $J := [1, m+n]$, auf v_J den Wert

$$(F \wedge G)v_J = \sum_{X \in \mathbf{P}_m(J)} \epsilon(X, J)F(v_X)G(v_{J \setminus X})$$

annimmt. Bezüglich dieser Operation ist $\operatorname{Hom}'(\bigwedge(V), W)$ ein graduierter $\bigwedge(V)^{(*)}$-Modul. (Daß der Homomorphismus $F \wedge G$ existiert und daß die Axiome der Modulstruktur erfüllt sind, zeigt man wie in Bemerkung 1 bei der Einführung der Ringstruktur auf $\bigwedge(V)^{(*)} = \operatorname{Hom}'(\bigwedge(V), A)$.)
Es gibt einen kanonischen $\bigwedge(V)^{(*)}$-Homomorphismus

$$W_{(\bigwedge(V)^{(*)})} = \bigwedge(V)^{(*)} \otimes_A W \to \operatorname{Hom}'(\bigwedge(V), W),$$

der homogen vom Grade 0 ist und auf $\bigwedge^n(V)^* \otimes_A W$ mit

$$\bigwedge^n(V)^* \otimes_A W \to \operatorname{Hom}_A(\bigwedge^n(V), W)$$

(kanonisch gebildet) übereinstimmt. Ist V oder W endlicher freier A-Modul, so ist der Homomorphismus ein Isomorphismus.

(Bemerkungen. (1) Durch kanonische Übertragung erhält man auf

$$\operatorname{Alt}(V; W) := \bigoplus_{n \in \mathbb{N}} \operatorname{Alt}_A(n, V; W)$$

die Struktur eines graduierten Moduls über $\operatorname{Alt}(V)$. Wie sieht der durch Übertragung entstehende $\operatorname{Alt}(V)$-Homomorphismus $\operatorname{Alt}(V) \otimes_A W \to \operatorname{Alt}(V; W)$ konkret aus? (2) Ist V endlicher A-Modul, so stimmen $\operatorname{Hom}'(\bigwedge(V), W)$ und $\operatorname{Hom}_A(\bigwedge(V), W)$ bzw. $\bigwedge(V)^{(*)}$ und $\bigwedge(V)^*$ jeweils überein.)

15. Sei V ein Modul über dem kommutativen Ring A. Zu $v \in V$ bezeichne $v\wedge$ die Multiplikation mit v von links auf $\bigwedge(V)$ und $\mathtt{c}(v)$ den homogenen A-Endomorphismus des Grades -1 von $\bigwedge(V)^{(*)}$, der $F \in \bigwedge^n(V)^*$ auf $F \circ (v\wedge)$ abbildet.

a) $\mathtt{c}(v)$ ist eine A-Antiderivation des Grades -1.

b) Die Abbildung $v \mapsto \mathtt{c}(v)$ induziert einen kanonischen A-Algebra-Homomorphismus

$$\mathtt{c}: \bigwedge(V) \to \operatorname{End}_A(\bigwedge(V)^{(*)}).$$

Für jedes $x \in \bigwedge(V)$ ist $\varphi\mathtt{i}(x) = \mathtt{c}(x)\varphi$, wobei φ den kanonischen Homomorphismus von $\bigwedge(V^*)$ in $\bigwedge(V)^{(*)}$ bezeichnet.

16. Seien K ein Körper, V ein K-Vektorraum und $x \in \bigwedge^r(V)$, $x \neq 0$, $r \geq 1$. Genau dann ist x ein zerlegtes Element von $\bigwedge^r(V)$, wenn für jedes $\alpha \in \bigwedge^{r-1}(V^*)$ gilt: $(\mathtt{i}(\alpha)x) \wedge x = 0$. (Ist x zerlegt, so ergibt sich $(\mathtt{i}(\alpha)x) \wedge x = 0$ mit 85.17. Die Umkehrung beweist man etwa durch Induktion über r. Zum Induktionsschluß: Besitzt x die angegebene Eigenschaft und sind $\alpha \in \bigwedge^{r-1}(V^*)$, $e \in V^*$ gewählt mit $\mathtt{i}(\alpha\wedge e)x \neq 0$, so ist $(\mathtt{i}(\alpha\wedge e)x)\cdot x = \mathtt{i}(\alpha)x\wedge \mathtt{i}(e)x$, wobei $\mathtt{i}(\alpha)x \in V$ ist und die Induktionsvoraussetzung auf $\mathtt{i}(e)x \in \bigwedge^{r-1}(V)$ angewendet werden kann.)

17. (Graßmannsche Relationen) Seien K ein Körper, V ein endlicher K–Vektorraum und $x \in \bigwedge^r(V)$, $x \neq 0$, $r \geq 1$. Ferner sei x_j, $j \in J$, eine Basis von V zur total geordneten Indexmenge J und

$$x = \sum_{H\in \mathbf{P}_r(J)} a_H x_H$$

mit Koeffizienten $a_H \in A$. Genau dann ist x zerlegt in $\bigwedge^r(V)$, wenn für alle $Z \in \mathbf{P}_{r+1}(J)$ und alle $Y \in \mathbf{P}_{r-1}(J)$ gilt:

$$\sum_{j\in Z\setminus Y} \epsilon(j, Y\cup\{j\})\epsilon(j, Z) a_{Y\cup\{j\}} a_{Z\setminus\{j\}} = 0 .$$

(Sei x_j^*, $j \in J$, die Dualbasis von V^* zu x_j, $j \in J$. Nach der vorstehenden Aufgabe ist x genau dann zerlegt, wenn für beliebiges $Z \in \mathbf{P}_{r+1}(J)$ und $Y \in \mathbf{P}_{r-1}(J)$ gilt: $\mathtt{i}(x_Z^*)(\mathtt{i}(x_Y^*)x \wedge x) = 0$. Man setzt hier $x = \sum a_H x_H$ ein.) Man gebe die Relationen konkret im Falle $\mathrm{Dim}_K V = 4$, $r = 2$ an; vgl. auch Aufgabe 2b).

(Bemerkung. Das Bild der Menge der zerlegten Elemente $\neq 0$ in $\bigwedge^r(V)$ im projektiven Raum $\mathrm{P}(\bigwedge^r(V))$ heißt die Graßmannsche (Varietät) $\mathrm{G}_r(V)$ vom Index r von V. Die Graßmannschen Relationen von oben beschreiben sie in homogenen Koordinaten. Man erhält offenbar eine Bijektion b von der Menge der r–dimensionalen Unterräume U von V auf $\mathrm{G}_r(V)$ so: Ist $v_1, \ldots, v_r$ eine Basis von U, so sei $b(U)$ das Bild von $v_1 \wedge \cdots \wedge v_r$ in $\mathrm{P}(\bigwedge^r(V))$.)

18. Bei einer Poincaré–Dualität zwischen endlichen freien Moduln V und W des Ranges n hat man für $x \in \bigwedge^r(V)$, $v \in \bigwedge^{n-r}(V)$ und $y \in \bigwedge^r(W)$, $w \in \bigwedge^{n-r}(W)$ die Formeln $<x, P_{n-r}v> = (-1)^{r(n-r)}<v, P_r x>$ bzw. $<Q_r y, w> = (-1)^{r(n-r)}<Q_{n-r}w, y>$.

19. Mit den Begriffen der Poincaré–Dualität verifiziere man die Koordinatendarstellungen des Vektorproduktes am Ende von §74 und löse neu §74, Aufgabe 7.

20. Sei E ein dreidimensionaler orientierter euklidischer Raum. Bezüglich seines Skalarproduktes seien das Vektorprodukt und der Poincaré–Isomorphismus P definiert. Für $x, y, z, v, w \in E$ gilt dann:

a) $(x\times y)\times z = <x, z>y - <y, z>x$, $x\times(y\times z) = <x, z>y - <x, y>z$ (Graßmann).

b) $x \times (y \times z) + y \times (z \times x) + z \times (x \times y) = 0$ (Jacobi).

(Bemerkung. E ist mit dem äußeren Produkt eine Lie–Algebra über $\mathbb{R}$.)

c) $<x \times y, v \times w> = <x, v><y, w> - <x, w><y, v>$ (Lagrange).

d) $x \times (y \times (v \times w)) = <y, w>\, x \times v - <y, v>\, x \times w$.

e) $(x\times y)\times(v\times w) = P(x\wedge y\wedge w)v - P(x\wedge y\wedge v)w = P(x\wedge v\wedge w)y - P(y\wedge v\wedge w)x$.

21. (Die inneren Produkte $\lrcorner$ und $\llcorner$) Seien A ein kommutativer Ring mit Involution $a \mapsto \overline{a}$ und Fixring A' zur Involution, ferner $\Phi : V \times W \to A$ eine Sesquilinearfunktion endlicher freier A–Moduln V, W des Ranges n, die eine vollständige Dualität definiert. Mit $<-, ->$ sei die Fortsetzung der Dualität auf die äußeren Algebren $\bigwedge(V)$ und $\bigwedge(W)$ bezeichnet.

a) Zu $x \in \bigwedge(V)$ und $y \in \bigwedge(W)$ bezeichne $x \lrcorner y$ dasjenige Element von $\bigwedge(W)$, das zu jedem $v \in \bigwedge(V)$ die Identität

$$<v, x \lrcorner y> = <v \wedge x, y>$$

erfüllt. Durch $(x, y) \mapsto x \lrcorner y$ wird auf $\bigwedge(W)$ die Struktur eines $\bigwedge(V)$-Linksmoduls definiert: $x \mapsto (y \mapsto x \lrcorner y)$ ist ein semilinearer A'-Algebra-Homomorphismus von $\bigwedge(V)$ in $\mathrm{End}_A \bigwedge(W)$.

b) Zu $x \in \bigwedge(V)$ und $y \in \bigwedge(W)$ bezeichne $x \llcorner y$ dasjenige Element von $\bigwedge(V)$, das zu jedem $w \in \bigwedge(W)$ die Identität

$$<x \llcorner y, w> = <x, y \wedge w>$$

erfüllt. Für $x \in \bigwedge^r(V)$ und $y \in \bigwedge^{r+s}(W)$ ist $x \llcorner y = (-1)^{rs}\,\mathtt{i}(x)y$. Durch $(x, y) \mapsto x \llcorner y$ wird auf $\bigwedge(W)$ die Struktur eines $\bigwedge(W)$-Rechtsmoduls definiert: $y \mapsto (x \mapsto x \llcorner y)$ ist ein semilinearer A'-Algebra-Homomorphismus von $\bigwedge(W)$ in $(\mathrm{End}_A \bigwedge(V))^{\mathrm{op}}$. In der Tat ist diese Abbildung einfach die Abbildung $\mathtt{i}$; es ist

$$x \llcorner y = \mathtt{i}(y)x\,.$$

c) Seien $\omega_V \in \bigwedge^n(V)$ und $\omega_W \in \bigwedge^n(W)$ mit $<\omega_V, \omega_W> = 1$ festgelegt, und seien P, Q die zugehörigen Poincaré-Isomorphismen. Dann ist $Q: y \to \omega_V \llcorner y$, $Q^{-1}: x \mapsto x \lrcorner \omega_W$ und

$$x \lrcorner y = Q^{-1}(x \wedge Qy)\,, \quad x \llcorner y = Q(Q^{-1}(x) \wedge y)\,.$$

22. (Äußere Potenzen adjungierter Operatoren) Seien A ein kommutativer Ring mit einer Involution $a \mapsto \overline{a}$ und $\Phi: V \times W \to A$ eine Sesquilinearfunktion. $<-,->$ bezeichne die zugehörige Sesquilinearfunktion $\bigwedge(V) \times \bigwedge(W) \to A$. Ferner seien $f \in \mathrm{End}_A V$ und $g \in \mathrm{End}_A W$ adjungierte Operatoren bezüglich Φ, d.h. es gelte $\Phi(f(v), w) = \Phi(v, g(w))$ für alle $v \in V$, $w \in W$.

a) Für die semilinearen Funktionen $\sigma = \sigma_\Phi: V \to W^*$ und $\tau = \tau_\Phi: W \to V^*$ gilt $\sigma f = g^* \sigma$ und $\tau g = f^* \tau$.

b) Für $x \in \bigwedge(V)$ und $y \in \bigwedge(W)$ gilt

$$\bigwedge(g) \circ \mathtt{i}(\bigwedge(f)x) = \mathtt{i}(x) \circ \bigwedge(g)\,, \quad \bigwedge(f) \circ \mathtt{i}(\bigwedge(g)y) = \mathtt{i}(y) \circ \bigwedge(f)\,.$$

(Man benutzt Aufgabe 10 in der homogenen Situation.)

c) Für $x \in \bigwedge(V)$ und $y \in \bigwedge(W)$ gilt $<\bigwedge(f)x, y> = <x, \bigwedge(g)y>$, d.h. $\bigwedge(f)$ und $\bigwedge(g)$ sind adjungierte Operatoren bezüglich $<-,->$. (Man verwendet b).) Insbesondere gilt: Definiert Φ eine vollständige Dualität endlicher freier Moduln V, W, so ist $\mathrm{Det} f = \overline{\mathrm{Det} g}$.

d) Φ definiere eine vollständige Dualität endlicher freier A-Moduln V, W des Ranges n. Seien P, Q zugehörige Poincaré-Isomorphismen. Dann gelten die Laplace-Formeln

$$\bigwedge(f) \circ Q \circ \bigwedge(g) \circ P = (\mathrm{Det} f)QP\,, \quad \bigwedge(g) \circ P \circ \bigwedge(f) \circ Q = (\mathrm{Det} g)PQ\,.$$

(Man verwendet b) und c).) Speziell gilt für $r \leq n$:

$$\bigwedge^r(f)\, P_r^{-1} \bigwedge^{n-r}(g)\, P_r = (\mathrm{Det} f)\, \mathrm{id}_{\bigwedge^r(V)}\,,$$

$$\bigwedge^r(g)\, Q_r^{-1} \bigwedge^{n-r}(f)\, Q_r = (\mathrm{Det} g)\, \mathrm{id}_{\bigwedge^r(W)}\,.$$

23. (Klassische Adjungierte) Seien A ein kommutativer Ring, $V \cong A^n$ ein endlicher freier A–Modul und $f \in \mathrm{End}_A V$. Bezeichne Φ die Bilinearfunktion $V \times V^* \to A$ mit $(v, e) \mapsto e(v)$ und $<-,->$ die zugehörige Bilinearfunktion $\bigwedge(V) \times \bigwedge(V^*) \to A$. Für $r \le n$ definiert man zu einem Poincaré–Isomorphismus P die r-te Adjungierte von f als

$$\mathrm{Adj}^r(f) := P_r^{-1} \bigwedge^{n-r}(f^*) P_r\,.$$

$\mathrm{Adj}\, f = \mathrm{Adj}^1(f)$ heißt die Adjungierte von f schlechthin. (Man spricht auch kurz von den klassischen Adjungierten oder Adjunkten von f.)

a) Der Operator $\mathrm{Adj}^r(f)$ hängt nicht von der Wahl von P ab.

b) Ist $\mathbf{A}$ die Matrix von f bezüglich einer Basis von V, so ist $\mathrm{Adj}\,\mathbf{A}$ die Matrix von $\mathrm{Adj}\, f$ bezüglich derselben Basis. (Zu adjungierten Matrizen vgl. auch §48 und §49, Aufgabe 5, sowie §64, Aufgabe 31.)

c) Es ist $\bigwedge^r(f)\,\mathrm{Adj}^r(f) = \mathrm{Adj}^r(f) \bigwedge^r(f) = (\mathrm{Det}\, f)\mathrm{id}$ auf $\bigwedge^r(V)$. (f und f^* sind adjungiert bezüglich Φ. Man zitiert die Laplace–Formeln.)

d) Ist $f' \in \mathrm{End}_A V$ ein weiterer Operator, so gilt $\mathrm{Adj}^r(ff') = \mathrm{Adj}^r(f')\mathrm{Adj}^r(f)$.

e) Es ist $\mathrm{Adj}^r(f^*) = P_{n-r} \bigwedge^{n-r}(f)\, P_{n-r}^{-1}$. (Man benutzt: Seien $\iota : V \to V^{**}$ die kanonische Abbildung und $P : \bigwedge(V) \to \bigwedge(V^*)$, $Q' : \bigwedge(V^{**}) \to \bigwedge(V^*)$ Poincaré–Isomorphismen, welche zu x_J, x_J^* und $\bigwedge^n(\iota)x_J$ gehören, wobei x_j, $j \in J$, eine Basis von V ist; dann ist $P = Q' \circ \bigwedge(\iota)$.)

f) $\mathrm{Adj}^r(f)$ und $\mathrm{Adj}^r(f^*)$ sind adjungierte Operatoren auf $\bigwedge^r(V)$ bzw. $\bigwedge^r(V^*)$.

g) Es ist $\mathrm{Det}(\mathrm{Adj}^r(f)) = (\mathrm{Det} f)^t$ mit $t := \binom{n-1}{r}$. (§83, Aufgabe 23.)

h) (Satz von Jacobi) Es ist $\bigwedge^r(\mathrm{Adj} f) = (\mathrm{Det} f)^{r-1}\mathrm{Adj}^r(f)$. (Ist $\mathrm{Det} f$ Nichtnullteiler, so folgt die Aussage leicht aus den Laplace–Formeln. Den allgemeinen Fall beweist man etwa so, daß man mit der Unbestimmtenmethode auf den bereits bekannten Fall reduziert.)

24. Seien A ein kommutativer Ring und V ein A–Modul. Zu $f \in \mathrm{End}_A V$ gibt es genau eine graduierte A–Derivation

$$\delta(f)$$

des Grades 0 der A–Algebra $\bigwedge(V)$ mit $\delta(f)|V = f$. ($\delta(f)$ wird von einer entsprechenden Derivation der Tensoralgebra $\mathsf{T}(V)$ induziert, vgl. §84, Aufgabe 14.) Der von $\delta(f)$ auf $\bigwedge^r(V)$ durch Beschränken definierte Operator sei mit $\delta^r(f)$ bezeichnet. Durch $f \mapsto \delta(f)$ ist ein Homomorphismus

$$\delta : [\mathrm{End}_A V] \to [\mathrm{End}_A \bigwedge(V)]$$

von A–Lie–Algebren definiert.

25. Seien A ein kommutativer Ring, V ein endlicher freier A–Modul des Ranges n und $f \in \mathrm{End}_A V$.

a) $\delta^n(f)$ ist die Homothetie mit $\mathrm{Sp} f$ auf $\bigwedge^n(V) \cong A$. Also ist $\mathrm{Sp}\,\delta^n(f) = \mathrm{Sp} f$.

b) Für jedes r ist $\operatorname{Sp}\delta^r(f) = \binom{n-1}{r-1}(\operatorname{Sp}f)$. (Wie beim Beweis des Satzes von Franke in §83, Aufgabe 23 läßt sich auf den Fall reduzieren, daß $A = K$ ein Körper der Charakteristik 0 ist. Der Beweis ist weiter simpel für den Fall, daß f ein Vielfaches der Identität von V ist. Ist $\operatorname{Sp}f = 0$, so ist f Summe von Kommutatoren (§64, Aufgabe 23), so daß auch $\delta^r(f)$ Summe von Kommutatoren ist, woraus $\operatorname{Sp}\delta^r(f) = 0$ folgt. Im allgemeinen Fall stellt man f in der Form $a \cdot \mathrm{id}_V + h$ mit $a = (\operatorname{Sp}f)/n$ und $\operatorname{Sp}h = 0$ dar.)

c) Für jedes r ist $r!\bigwedge^r(f) = (-1)^r N_r(\delta^r(f), \delta^r(f^2), \ldots, \delta^r(f^r))$ mit dem Newton-polynom N_r.

26. Seien A ein kommutativer Ring mit einer Involution $a \mapsto \overline{a}$ und $\Phi: V \times W \to A$ eine Sesquilinearfunktion. Ferner seien $f \in \operatorname{End}_A V$ und $g \in \operatorname{End}_A W$ adjungierte Operatoren bezüglich Φ. Wir übernehmen die Bezeichnungen aus den Aufgaben 22,24.

a) Für $x \in \bigwedge(V)$ und $y \in \bigwedge(W)$ gilt:

$$[\mathrm{i}(x), \delta(g)] = \mathrm{i}(\delta(f)x)\,,\ [\mathrm{i}(y), \delta(f)] = \mathrm{i}(\delta(g)y)\,.$$

(Übergang zu zerlegten Elementen und Induktion über den Grad.)

b) Für $x \in \bigwedge(V)$ und $y \in \bigwedge(W)$ gilt $<\delta(f)x, y> = <x, \delta(g)y>$. Insbesondere: Definiert Φ eine vollständige Dualität endlicher freier Moduln, so ist $\operatorname{Sp}f = \overline{\operatorname{Sp}g}$.

c) Φ definiere eine vollständige Dualität endlicher freier A–Moduln des Ranges n. Seien P, Q zugehörige Poincaré–Isomorphismen. Dann gilt:

$$\delta(f) + P^{-1}\delta(g)P = (\operatorname{Sp}f)\,\mathrm{id}_{\bigwedge(V)}\,,\ \delta(g) + Q^{-1}\delta(f)Q = (\operatorname{Sp}g)\,\mathrm{id}_{\bigwedge(W)}\,.$$

27. Seien A ein kommutativer Ring, V ein endlicher freier A–Modul des Ranges n und $f \in \operatorname{End}_A V$. Bezeichne $\Phi: V \times V^* \to A$ die kanonische Bilinearfunktion und $< -, - >$ die zugehörige Bilinearfunktion $\bigwedge(V) \times \bigwedge(V^*) \to A$. Zu einem Poincaré–Isomorphismus P und $r \leq n$ definiere man

$$\operatorname{adj}^r(f) := P_r^{-1}\delta^{n-r}(f^*)P_r\,.$$

a) Der Operator $\operatorname{adj}^r(f)$ hängt nicht von der Wahl von P ab.

b) $\delta^r(f)$ und $\operatorname{adj}^r(f)$ sind vertauschbar miteinander.

c) Ist f' ein weiterer Operator, so gilt $\operatorname{adj}^r([f, f']) = [\operatorname{adj}^r(f'), \operatorname{adj}^r(f)]$.

d) Es ist $\operatorname{adj}^r(f^*) = P_{n-r}\delta^{n-r}(f)P_{n-r}^{-1}$.

e) $\operatorname{adj}^r(f)$ und $\operatorname{adj}^r(f^*)$ sind adjungierte Operatoren auf $\bigwedge^r(V)$ bzw. $\bigwedge^r(V^*)$.

f) Es ist $\operatorname{Sp}(\operatorname{adj}^r(f)) = \binom{n-1}{r}(\operatorname{Sp}f)$.

g) Es ist $\delta^r(\operatorname{adj}^1(f)) = (r-1)(\operatorname{Sp}f) \cdot \mathrm{id} + \operatorname{adj}^r(f)$.

28. (Koszul-Komplexe) Seien A ein kommutativer Ring, V ein A–Modul und $f \in V^*$. Wegen $\mathrm{i}(f)^2 = 0$ definiert $\mathrm{i}(f)$ auf $\bigwedge(V)$ einen Komplex

$$0 \leftarrow A \overset{f}{\leftarrow} V \overset{\mathrm{i}(f)}{\leftarrow} \bigwedge^2(V) \overset{\mathrm{i}(f)}{\leftarrow} \bigwedge^3(V) \cdots,$$

den Koszul-Komplex $(\bigwedge(V), f)$. Mit $\mathrm{Z}_\bullet(f)$ bzw. $\mathrm{B}_\bullet(f)$ sei der Kern bzw. das Bild von $\mathrm{i}(f)$ in $\bigwedge(V)$ bezeichnet. $\mathrm{Z}_\bullet(f)$ ist eine homogene A–Unteralgebra von $\bigwedge(V)$, und $\mathrm{B}_\bullet(f)$ ist ein homogenes zweiseitiges Ideal darin; denn $\mathrm{i}(f)$ ist eine homogene A–Derivation.

$$\mathrm{H}_\bullet(f) := \mathrm{Z}_\bullet(f)/\mathrm{B}_\bullet(f)$$

ist eine alternierende graduierte A–Algebra, die Homologie–Algebra des Koszul–Komplexes. Mit $\mathrm{Z}_r(f)$ bzw. $\mathrm{B}_r(f)$ sei der r–te homogene Teil von $\mathrm{Z}_\bullet(f)$ bzw. $\mathrm{B}_\bullet(f)$ bezeichnet. Dann ist $\mathrm{H}_r(f) := \mathrm{Z}_r(f)/\mathrm{B}_r(f)$ der r–te Homologiemodul des Koszul–Komplexes.

a) Es ist $\mathrm{H}_r(f) = 0$ für $r < 0$. Besitzt V ein Erzeugendensystem aus n Elementen, so ist $\mathrm{H}_r(f) = 0$ für $r > n$.

b) Mit $\mathbf{a}$ sei das Ideal Bild$f$ in A bezeichnet. Es ist $\mathrm{H}_0(f) = A/\mathbf{a}$, und $\mathrm{H}_\bullet(f)$ ist eine $A/\mathbf{a}$–Algebra. Insbesondere ist $\mathrm{H}_\bullet(f) = 0$ genau dann, wenn $\mathbf{a} = A$ ist.

c) Ist V endlicher freier A–Modul des Ranges n, so ist $\mathrm{H}_n(f) \cong \mathrm{Ann}_A\mathbf{a}$.

29. Seien A ein kommutativer Ring, V ein A–Modul und $v \in V$. Mit $\rho(v)$ sei das Multiplizieren mit v von rechts in der A–Algebra $\bigwedge(V)$ bezeichnet. Wegen $\rho(v)^2 = 0$ definiert $\rho(v)$ auf $\bigwedge(V)$ einen Komplex

$$0 \to A \overset{\rho(v)}{\to} V \overset{\rho(v)}{\to} \bigwedge^2(V) \overset{\rho(v)}{\to} \bigwedge^3(V) \cdots.$$

Mit $\mathrm{Z}^\bullet(v)$ bzw. $\mathrm{B}^\bullet(v)$ sei der Kern bzw. das Bild von $\rho(v)$ bezeichnet. Dies sind homogene A–Untermoduln von $\bigwedge(V)$.

$$\mathrm{H}^\bullet(v) := \mathrm{Z}^\bullet(v)/\mathrm{B}^\bullet(v)$$

ist ein graduierter A–Modul. Mit $\mathrm{Z}^r(v)$ bzw. $\mathrm{B}^r(v)$ sei die r–te Stufe von $\mathrm{Z}^\bullet(v)$ bzw. $\mathrm{B}^\bullet(v)$ bezeichnet. Dann ist $\mathrm{H}^r(v) := \mathrm{Z}^r(v)/\mathrm{B}^r(v)$ die r–te Stufe von $\mathrm{H}^\bullet(v)$.

a) Für jedes $f \in V^*$ ist $\mathrm{i}(f)\rho(v) + \rho(v)\mathrm{i}(f)$ die Homothetie mit $f(v) \in A$ auf $\bigwedge(V)$. Gibt es ein $f \in V^*$ mit $f(v) = 1$, so ist $\mathrm{H}^\bullet(v) = 0$. Ist umgekehrt $H^\bullet(v) = 0$ und ist V endlicher freier A–Modul, so gibt es ein $f \in V^*$ mit $f(v) = 1$.

b) Sei V endlich frei mit Basis $x_1, \ldots, x_n$. Sei Φ die symmetrische Bilinearform auf V mit $\Phi(x_i, x_j) = \delta_{ij}$, $1 \le i, j \le n$, ferner $\sigma_\Phi \colon V \to V^*$ die zugehörige kanonische Isomorphie und f die Linearform $\sigma_\Phi(v)$. Ist $v = a_1x_1 + \cdots + a_nx_n$ mit $a_i \in A$, so ist $f(x_i) = a_i$, $1 \le i \le n$. Schließlich bezeichne P den zu Φ und $\omega := x_1 \wedge \cdots \wedge x_n$ gehörenden Poincaré–Isomorphismus auf $\bigwedge(V)$. Zu jedem r induziert P_r einen A–Isomorphismus

$$\mathrm{H}^r(v) \cong \mathrm{H}_{n-r}(f).$$

(Es ist $\mathrm{i}(f) = \mathrm{i}(v)$. Auf $\bigwedge^r(V)$ ist $P_{r+1}\rho(v) = \mathrm{i}(v)P_r$.)

c) Ist unter den Voraussetzungen von b) der Komplex $(\bigwedge(V), f)$ azyklisch, d.h. ist $\mathrm{H}_s(f) = 0$ für alle $s \ge 1$, so gilt für jedes $r \le n-1$: Ist $x \in \bigwedge^r(V)$ ein Element mit $x \wedge v = 0$, so ist x durch v teilbar, d.h. es gibt ein $y \in \bigwedge^{r-1}(V)$ mit $x = y \wedge v$. (Lemma von de Rham — Diese Aussage bekommt Gewicht erst in Verbindung mit einer Interpretation der Azyklizität des Koszul–Komplexes wie in Aufgabe 31.)

30. (Koszul–Homologie und –Kohomologie mit Koeffizientenmoduln) Seien A ein kommutativer Ring, V ein A–Modul, $f \in V^*$ und W ein weiterer A–Modul.

a) Wegen $\mathrm{i}(f)^2 = 0$ definiert $\mathrm{i}(f)\otimes W$ einen Koszul-Komplex $(\bigwedge(V)\otimes_A W, f)$ mit Koeffizienten in W:

$$0 \leftarrow W \leftarrow V\otimes_A W \leftarrow \bigwedge^2(V)\otimes_A W \leftarrow \bigwedge^3(V)\otimes_A W \cdots .$$

(Es ist $A\otimes_A W = W$.) Kern bzw. Bild von $\mathrm{i}(f)\otimes W$ seien mit $\mathrm{Z}_\bullet(f,W)$ bzw. $\mathrm{B}_\bullet(f,W)$ bezeichnet. Dann ist

$$\mathrm{H}_\bullet(f,W) := \mathrm{Z}_\bullet(f,W)/\mathrm{B}_\bullet(f,W)$$

in natürlicher Weise ein graduierter $\mathrm{H}_\bullet(f)$-Modul, auch kurz Homologiemodul genannt, mit r-ter Stufe $\mathrm{H}_r(f,W) := \mathrm{Z}_r(f,W)/\mathrm{B}_r(f,W)$. Es ist $\mathrm{H}_0(f,W) \cong W/\mathbf{a}W$ mit $\mathbf{a} := \mathrm{Bild} f$. Ferner ist $\mathrm{H}_\bullet(f,A) \cong \mathrm{H}_\bullet(f)$.

b) Wegen $\mathrm{i}(f)^2 = 0$ definiert $\mathrm{Hom}(\mathrm{i}(f), W)$ einen Koszul-(Ko-)Komplex $(\mathrm{Hom}_A(\bigwedge(V), W), f)$ mit Koeffizienten in W:

$$0 \to W \to \mathrm{Hom}_A(V,W) \to \mathrm{Hom}_A(\bigwedge^2(V),W) \to \mathrm{Hom}_A(\bigwedge^3(V),W)\cdots .$$

(Es ist $\mathrm{Hom}_A(A,W) = W$.) Kern bzw. Bild von $\mathrm{Hom}(\mathrm{i}(f),W)$ sei mit $\mathrm{Z}^\bullet(f,W)$ bzw. $\mathrm{B}^\bullet(f,W)$ bezeichnet. Dann ist

$$\mathrm{H}^\bullet(f,W) := \mathrm{Z}^\bullet(f,W)/\mathrm{B}^\bullet(f,W)$$

ein graduierter A-Modul, auch kurz Kohomologiemodul genannt, mit r-ter Stufe $\mathrm{H}^r(f,W) := \mathrm{Z}^r(f,W)/\mathrm{B}^r(f,W)$. Dabei ist $\mathrm{H}^0(f,W)$ isomorph zum Untermodul von W der Elemente w mit $\mathbf{a}w = 0$; $\mathbf{a} := \mathrm{Bild} f$.

c) Sei V endlicher freier A-Modul des Ranges n. Dann gibt es einen A-Isomorphismus

$$\mathrm{H}_r(f,W) \cong \mathrm{H}^{n-r}(f,W)$$

zu jedem r; man spricht von Poincaré-Dualität. (Man verwendet die konkrete Poincaré-Dualität zwischen $\bigwedge(V)$ und $\bigwedge(V^*)$ bezüglich einer festen Basis $x_1,\ldots,x_n$ von V und $\omega := x_1\wedge\cdots\wedge x_n$; bezeichne $P:\bigwedge(V)\to\bigwedge(V^*)$ den zugehörigen Poincaré-Isomorphismus. Sei φ_r die kanonische Isomorphie von $\bigwedge^r(V^*)$ auf $\bigwedge^r(V)^*$. Mit ψ_r bezeichnen wir die Komposition

$$\bigwedge^r(V)\otimes_A W \to \bigwedge^r(V)^{**}\otimes_A W \to \mathrm{Hom}_A(\bigwedge^r(V)^*, W) \to$$
$$\mathrm{Hom}_A(\bigwedge^r(V^*), W) \to \mathrm{Hom}_A(\bigwedge^{n-r}(V), W)$$

kanonischer Isomorphismen, von denen die beiden letzten von φ_r bzw. P_{n-r} induziert werden. Auf $\bigwedge^r(V)\otimes_A W$ stimmen $\mathrm{Hom}(\mathrm{i}(f),w)\circ\psi_r$ und $\psi_{r-1}\circ(\mathrm{i}(f)\otimes W)$ bis aufs Vorzeichen überein. ψ_r induziert daher eine Isomorphie der gewünschten Art.)

31. (Azyklische Koszul-Komplexe) Seien A ein kommutativer Ring, V ein A-Modul, $f\in V^*$ und W ein weiterer A-Modul. Der Komplex $(\bigwedge(V)\otimes W, f)$ heißt azyklisch, wenn $\mathrm{H}_r(f,W) = 0$ für alle $r\geq 1$ gilt.

a) Sei U ein direkter Summand von V mit einem Komplement $Av\cong A$. Sei $g := f|U$ und $\mathbf{b} := \mathrm{Bild}\, g$. Man hat eine aufspaltende exakte Sequenz

$$0 \to \bigwedge^r(U) \xrightarrow{e} \bigwedge^r(V) \xrightarrow{p} \bigwedge^{r-1}(U) \to 0$$

für $r \in \mathbb{N}$, wobei e von der Einbettung $U \subseteq V$ und p von der Projektion auf $\bigwedge^{r-1}(U) \otimes_A Av \cong \bigwedge^{r-1}(U)$ herrührt. (Schreibt man ein $x \in \bigwedge^r(v)$ in der Form $x = u_r + u_{r-1} \wedge v$ mit $u_r \in \bigwedge^r(U)$ und $u_{r-1} \in \bigwedge^{r-1}(U)$, so ist $p(x) = u_{r-1}$.) Die Homomorphismen e und p induzieren eine exakte Sequenz

$$\mathrm{H}_r(g, W) \to \mathrm{H}_r(f, W) \to \mathrm{H}_{r-1}(g, W)$$

der Homologiegruppen für $r \in \mathbb{N}$. Bezeichne m das Multiplizieren mit $f(v) \in A$ auf den Homologiemoduln. Dann ist die unendliche Sequenz

$$\cdots \mathrm{H}_{r+1}(f, W) \to \mathrm{H}_r(g, W) \xrightarrow{m} \mathrm{H}_r(g, W) \to \mathrm{H}_r(f, W) \to \mathrm{H}_{r-1}(g, W) \xrightarrow{m} \cdots$$

exakt. Insbesondere gilt: Ist $(\bigwedge(U) \otimes W, g)$ azyklisch und ist $f(v)$ kein Nullteiler von $W/\mathbf{b}W$, so ist auch $(\bigwedge(V) \otimes W, f)$ azyklisch.

b) Sei V endlich frei mit einer Basis $x_1, \ldots, x_n$. Für $i = 1, \ldots, n$ sei $f(x_i)$ kein Nullteiler von $W/(Af(x_1) + \cdots + Af(x_{i-1}))W$. Dann ist $(\bigwedge(V) \otimes W, f)$ azyklisch.

c) Sei V endlich frei. Ferner sei A noethersch, W sei endlicher A–Modul und Bild f sei im Jacobsonradikal von A enthalten. Dann sind äquivalent: (1) Ist $x_1, \ldots, x_n$ eine Basis von V, so ist $f(x_i)$ kein Nullteiler von $W/(Af(x_1) + \cdots + Af(x_{i-1}))W$ für $i = 1, \ldots, n$. (2) $(\bigwedge(V) \otimes W, f)$ ist azyklisch. (3) $H_1(f, W) = 0$.

32. (Primfolgen) Seien A ein noetherscher kommutativer Ring und W ein endlicher A–Modul. Eine Folge $a_1, \ldots, a_n$ von Elementen im Jacobsonradikal $\mathbf{m}_A$ heißt eine Primfolge von W (in A), wenn a_i kein Nullteiler von $W/(Aa_1 + \cdots + Aa_{i-1})W$ ist für $i = 1, \ldots, n$. Eine Primfolge von $W = A$ heißt Primfolge schlechthin. Seien $a_1, \ldots, a_n \in \mathbf{m}_A$, $\mathbf{A} = (a_{ij}) \in \mathsf{GL}(n, A)$ und $b_j = \sum_i a_{ij} a_i$ für $j = 1, \ldots, n$. Genau dann ist $a_1, \ldots, a_n$ eine Primfolge von W, wenn $b_1, \ldots, b_n$ dies ist. Insbesondere bleiben Primfolgen nach Änderung der Reihenfolge Primfolgen. (Sei $x_1, \ldots, x_n$ eine Basis von V, ferner $f \in V^*$ die Linearform mit $f(x_i) = a_i$, $i = 1, \ldots, n$. Basiswechsel liefert das Resultat mit Aufgabe 31.)

(Bemerkung. Sei A zudem semilokal. Eine Primfolge $a_1, \ldots, a_n$ von W heißt maximal, wenn sie nicht zu einer Primfolge $a_1, \ldots, a_n, a_{n+1}$ von W zu verlängern ist. Es läßt sich zeigen, daß die Längen aller maximalen Primfolgen von W gleich sind; die (gemeinsame) Länge heißt die homologische Kodimension von W. Zu diesem wichtigen Begriff der lokalen Algebra siehe Jean-Pierre Serre, Algèbre Locale. Multiplicités, Lecture Notes in Math. **11** (1965).)

§86 Symmetrische Algebren

Beim ersten Lesen genügt es, bis Bemerkung 3 vorzugehen.

Seien A ein kommutativer Ring, V ein A–Modul und I eine endliche Indexmenge. In der I–fachen Tensorpotenz $\mathsf{T}^I(V)$ sei

$$\mathbf{J}^I(V) = \mathbf{J}^I_A(V)$$

der Untermodul, der von allen Elementen

$$\otimes_{i\in I} v_{\sigma i} - \otimes_{i\in I} v_i\,,$$

$(v_i) \in V^I$, $\sigma \in \mathbf{S}(I)$, erzeugt wird. Man nennt den Restklassenmodul

$$\mathsf{S}^I(V) = \mathsf{S}^I_A(V) := \mathsf{T}^I(V)/\mathbf{J}^I(V)$$

die I-te symmetrische Potenz des A-Moduls V. Die aus der Komposition der kanonischen A-multilinearen Abbildung τ^I von V^I in $\mathsf{T}^I(V)$ mit der Restklassenabbildung resultierende kanonische A-multilineare Abbildung ist dann *symmetrisch*; wir bezeichnen sie mit

$$\mathsf{s}^I = \mathsf{s}^I_V : V^I \to \mathsf{S}^I(V)\,.$$

Für ihre Bildelemente, die zerlegbaren Elemente von $\mathsf{S}^I(V)$, verwenden wir einfach die Produktschreibweise: Für $(v_i) \in V^I$ sei also

$$\prod_{i\in I} v_i := \mathsf{s}^I((v_i)_{i\in I})\,;$$

man nennt dieses Element auch das symmetrische Produkt der v_i, $i \in I$. *Nach Konstruktion ist das symmetrische Produkt kommutativ in seinen Faktoren.*

Bei Kard $I \leq 1$ ist $\mathbf{J}(V)$ zwangsläufig der Nullmodul, und $\mathsf{S}^I(V)$ identifiziert sich dann mit $\mathsf{T}^I(V)$.

Wie $\mathsf{T}^I(V)$ ist $\mathsf{S}^I(V)$ im wesentlichen unabhängig von der Indizierung, was den Übergang zu bequemen Indexmengen erlaubt. Bei $I = [1, n]$ schreiben wir für $\mathsf{S}^I(V)$ bzw. $\mathbf{J}^I(V)$ bzw. s^I kurz

$$\mathsf{S}^n(V) = \mathsf{S}^n_A(V)\,,\ \mathbf{J}^n(V) = \mathbf{J}^n_A(V)\,,\ \mathsf{s}^n = \mathsf{s}^n_V\,.$$

Schließlich setzt man $\mathsf{S}^n(V) = 0$ für $n < 0$.

Beispiel 1 *Der Untermodul $\mathbf{J}^I(V)$ von $\mathsf{T}^I(V)$ wird von den zerlegbaren Tensoren der Form $\otimes_{i\in I} v_{\sigma i} - \otimes_{i\in I} v_i$ erzeugt, wobei σ ein Erzeugendensystem der Gruppe $\mathbf{S}(I)$ durchläuft.* (Beweis!) Als einfache Erzeugendensysteme von $\mathbf{S}(I)$ kommen dabei die Menge aller Transpositionen oder, bei $I = [1, n]$, die Menge der Transpositionen $<1\ 2>, <2\ 3>, \ldots, <n-1,\ n>$ in Frage.

Mit dem folgenden Satz werden die symmetrischen Potenzen axiomatisch beschrieben; der einfache Beweis sei dem Leser überlassen.

86.1 Universelle Eigenschaft der symmetrischen Potenz *Seien A ein kommutativer Ring, V ein A-Modul und I eine endliche Menge. Zu jeder symmetrischen A-multilinearen Abbildung $\Phi : V^I \to W$ mit Werten in einem A-Modul W gibt es genau eine A-lineare Abbildung $f : \mathsf{S}^I(V) \to W$ mit $f \circ \mathsf{s}^I = \Phi$, d.h. mit $f(\prod_{i\in I} v_i) = \Phi((v_i)_{i\in I})$ für $(v_i) \in V^I$.*

Bemerkung 1 Durch 86.1 ist das Paar $(\mathsf{s}^I, \mathsf{S}^I(V))$ bis auf kanonische Isomorphie bestimmt, vgl. §80, Bemerkung 1. Zudem gilt offenbar:

86.2 Korollar *Die durch $f \mapsto f\mathsf{S}^I$ definierte kanonische Abbildung*

$$\mathrm{Hom}_A(\mathsf{S}^I(V), W) \to \mathrm{Sym}_A(I, V; W)$$

ist eine Isomorphie von A-Moduln.

Wir beschreiben nun Erzeugendensysteme von $\mathsf{S}^I(V)$. Sei zunächst x_j, $j \in J$, irgendeine Familie von Elementen von V. Zu beliebigem $\mu \in J^I$ ist dann

$$x^\mu := \prod_{i \in I} x_{\mu(i)}$$

ein wohldefiniertes Element von $\mathsf{S}^I(V)$. Aus jeder Bahn von $\mathbf{S}(I)$ in J^I wähle man ein Element aus; die dadurch definierte Teilmenge von J^I sei mit

$$<J^I>$$

bezeichnet und kurz Auswahlsystem genannt. Ist x_j, $j \in J$, ein Erzeugendensystem von X, so ist x^μ, $\mu \in <J^I>$, ein Erzeugendensystem von $\mathsf{S}^I(V)$.

Beispiel 2 (Erzeugendensysteme von $\mathbf{J}^I(V)$) Genauere Informationen über die Erzeugendensysteme von $\mathsf{S}^I(V)$ erhält man indirekt über Beschreibungen des Moduls $\mathbf{J}^I(V)$. Wir behalten die gerade verwendeten Bezeichnungen bei; x_j, $j \in J$, sei ein Erzeugendensystem von V. Zunächst einmal ist $u_\mu := \otimes_{i \in I} x_{\mu(i)}$, $\mu \in J^I$, ein Erzeugendensystem von $\mathsf{T}^I(V)$. Dann ist auch

$$u_\mu\,,\quad \mu \in <J^I>;\quad u_{\sigma\mu} - u_\mu\,,\quad \mu \in <J^I>\,,\quad \sigma \in \mathbf{S}(I)\,,$$

ein Erzeugendensystem von $\mathsf{T}^I(V)$, dessen zweite Unterfamilie in $\mathbf{J}^I(V)$ liegt. Behauptung: *Sie erzeugt $\mathbf{J}^I(V)$.*

Beim Beweis bezeichne U den von der zweiten Unterfamilie erzeugten Untermodul von $\mathbf{J}^I(V)$. Seien $(v_i) \in V^I$ und $v_i = \sum_{j \in J} a_{ji} x_j$, $a_{ji} \in A$, $i \in I$. Mit 45.1 beginnend, erhalten wir, modulo U rechnend:

$$\otimes_{i \in I} v_i = \sum_{\mu \in J^I} (\prod_{i \in I} a_{\mu(i),i}) u_\mu = \sum_{\mu \in <J^I>} \sum_{\sigma \in \mathbf{S}(I)} (\prod_{i \in I} a_{\sigma\mu(i),i}) u_{\sigma\mu}$$

$$= \sum_{\mu \in <J^I>} (\sum_{\sigma \in \mathbf{S}(I)} \prod_{i \in I} a_{\sigma\mu(i),i}) u_\mu\,.$$

(Auf die Koeffizienten gehen wir unten ein.) Andererseits ist für festes $\tau \in \mathbf{S}(I)$:

$$\sum_{\sigma \in \mathbf{S}(I)} \prod_{i \in I} a_{\sigma\mu(i),\tau i} = \sum_{\sigma \in \mathbf{S}(I)} \prod_{i \in I} a_{\tau\sigma\mu(i),i} = \sum_{\sigma \in \mathbf{S}(I)} \prod_{i \in I} a_{\sigma\mu(i),i}\,.$$

Daraus resultiert $\otimes_{i \in I} v_{\tau i} - \otimes_{i \in I} v_i \in U$, und dies beweist die Behauptung.

In dem genannten Erzeugendensystem der $u_{\sigma\mu} - u_\mu$ von $\mathbf{J}^I(V)$ kann man noch alle diejenigen Terme weglassen, die aus formalen Gründen verschwinden, bzw. mehrfach auftreten. Ein derart modifiziertes Erzeugendensystem von $\mathbf{J}^I(V)$ besteht aus allen $u_{\sigma\mu} - u_\mu$, wobei zu $\mu \in <J^I>$ jeweils σ ein Repräsentantensystem

M_μ der nichttrivialen Linksnebenklassen von $\mathbf{S}(I)$ bezüglich der Isotropiegruppe von μ durchläuft.

Ein Teil der Rechnungen des vorstehenden Beispiels zeigt:

86.3 *Sind x_j, $j \in J$, ein System von Elementen des A–Moduls V und $v_i = \sum_{j\in J} a_{ji}x_j$, $i \in I$, A–Linearkombinationen der x_j, $j \in J$, so gilt*

$$\prod_{i\in I} v_i = \sum_{\mu\in <J^I>} P_\mu x^\mu$$

in $\mathsf{S}^I(V)$ mit Koeffizienten $P_\mu \in A$,

$$P_\mu = \sum_{\sigma\in\mathbf{S}(I)} \prod_{i\in I} a_{\sigma\mu(i),i} \, .$$

Beispiel 3 (Permanenten) Seien A ein kommutativer Ring und I eine endliche Menge. Für $\mathbf{A} := (a_{ik}) \in \mathsf{M}_I(A)$ heißt

$$\operatorname{Perm}\mathbf{A} := \sum_{\sigma\in\mathbf{S}(I)} \prod_{i\in I} a_{\sigma i,i} = \sum_{\sigma\in\mathbf{S}(I)} \prod_{i\in I} a_{i,\sigma i}$$

die Permanente der Matrix $\mathbf{A}$. In 86.3 ist $P_\mu = \operatorname{Perm}(a_{\mu(i),k})_{(i,k)\in I\times I}$.

86.4 Satz *Seien A ein kommutativer Ring, V ein freier A–Modul und I eine endliche Menge aus n Elementen. Dann ist $\mathsf{S}^I(V)$ ebenfalls ein freier A–Modul. Genauer:*

(1) *Sind x_j, $j \in J$, eine A–Basis von V und $<J^I>$ ein Auswahlsystem, so ist*

$$x^\mu = \prod_{i\in I} x_{\mu(i)}\,, \quad \mu \in <J^I>,$$

eine A–Basis von $\mathsf{S}^I(V)$.

(2) *Besitzt V den endlichen Rang m, so sind $\mathsf{S}^I(V)$ und $\operatorname{Sym}_A(I,V) \cong \operatorname{Hom}_A(\mathsf{S}^I(V), A)$ freie endliche A–Moduln des Ranges $\binom{n+m-1}{m-1} = \binom{m-1+n}{n}$.*

Beweis. Zum Beweis von (1) schließen wir an Beispiel 2 an. Die wie dort gebildeten Tensoren u_μ, $\mu \in J^I$, bilden nach 80.8 eine Basis von $\mathsf{T}^I(V)$. Dann ist aber auch

$$u_\mu\,, \ \mu \in <J^I>; \quad u_{\sigma\mu} - u_\mu\,, \ \mu \in <J^I>, \ \sigma \in M_\mu\,,$$

eine Basis von $\mathsf{T}^I(V)$. Die zweite Unterfamilie *bildet sogar eine Basis von* $\mathbf{J}^I(V)$. Vor allem erzeugen die u_μ, $\mu \in <J^I>$, ein Komplement von $\mathbf{J}^I(V)$ in $\mathsf{T}^I(V)$. Ihre homogenen Bilder x^μ, $\mu \in <J^I>$, ergeben daher eine Basis von $\mathsf{S}^I(V)$.

Zum Beweis von (2) sei $\operatorname{Kard} J = m$. Eine Bahn $\mathbf{S}(I)\mu$ in J^I wird durch den Zerlegungstyp von I in die Fasern von μ beschrieben, läßt sich also in eineindeutiger Weise durch eine Funktion $s : J \rightarrow \mathbb{N}$ mit $\sum_{j \in J} s(j) = n$ beschreiben. Die Anzahl $\mathrm{b}(m, n)$ der Funktionen dieser Art ist nach §2, Aufgabe 5 gerade der im Satz angegebene Binomialkoeffizient. Diesen hat man im Falle $m = n = 0$ übrigens als 1 zu definieren.   ●

Beispiel 4 (A u s w a h l s y s t e m e b e i g e o r d n e t e n I n d e x m e n g e n) Sind I und die Indexmenge J der Basis x_j, $j \in J$, von V total geordnet oder versieht man sie mit totalen Ordnungen, so kann man, darauf Bezug nehmend, eine natürliche Wahl für $<J^I>$ treffen: *Man nehme alle monoton steigenden Abbildungen aus J^I.*

Bemerkung 2 (S y m m e t r i s c h e T e n s o r e n) Seien A ein kommutativer Ring, V ein A–Modul und I eine endliche Menge. Wir betrachten die kanonische Operation von $\mathbf{S}(I)$ auf $\mathsf{T}^I(V)$ als Gruppe von A–Automorphismen, vgl. §83, Bemerkung 2. Für $(v_i) \in V^I$ und $\tau, \sigma \in \mathbf{S}(I)$ ist, wenn wir kurz $w_i := v_{\tau^{-1}i}$ setzen:

$$\tau(\otimes_{i \in I} v_{\sigma i} - \otimes_{i \in I} v_i) = \tau(\sigma^{-1}(\otimes_{i \in I} v_i) - \otimes_{i \in I} v_i)$$
$$= (\tau \sigma \tau^{-1})^{-1}(\otimes_{i \in I} w_i) - \otimes_{i \in I} w_i = \otimes_{i \in I} w_{\tau \sigma \tau^{-1}i} - \otimes_{i \in I} w_i .$$

Also ist $\mathbf{J}^I(V)$ invariant unter $\mathbf{S}(I)$, und die Operation von $\mathbf{S}(I)$ auf $\mathsf{T}^I(V)$ induziert eine Operation auf dem Restklassenmodul $\mathsf{S}^I(V)$, die allerdings trivial ist.

Wie in §83, Bemerkung 2 sind einige zusätzliche Bemerkungen über allgemeine Operationen angebracht. Sei dazu X ein beliebiger A–Modul, auf dem $\mathbf{S}(I)$ als Gruppe von A–Automorphismen operiert. Ein Element $x \in X$ heißt s y m m e t r i s c h, wenn $\sigma x = x$ für alle $\sigma \in \mathbf{S}(I)$ gilt. Die Menge der symmetrischen Elemente von X ist ein Untermodul, der mit

$$X^{\mathrm{sym}}$$

bezeichnet sei. Der A–lineare Operator

$$\mathcal{S} : x \mapsto \sum_{\sigma \in \mathbf{S}(I)} \sigma x$$

heißt S y m m e t r i s i e r u n g s o p e r a t o r. Sei $n := \mathrm{Kard}\, I$. Für jedes $x \in X$ ist $\mathcal{S}(x)$ symmetrisch; ist x selbst symmetrisch, so ist $\mathcal{S}(x) = n! x$. Der Operator bildet also X in X^{sym} ab und operiert als Homothetie mit $n!$ auf X^{sym}. Ist $n!$ eine Einheit in A, so ist der dann wohldefinierte Operator $(1/n!)\mathcal{S}$ eine A–lineare Projektion von X auf X^{sym}.

Kehren wir zur Operation von $\mathbf{S}(I)$ auf $\mathsf{T}^I(V)$ zurück. Die Elemente von $\mathsf{T}^I(V)^{\mathrm{sym}}$ heißen s y m m e t r i s c h e T e n s o r e n. Es gilt:

$$\mathbf{J}^I(V) \subseteq \mathrm{Kern}\, \mathcal{S} .$$

$\mathcal{S}$ verschwindet nämlich auf den Erzeugenden des Typs $\otimes_{i \in I} v_{\sigma i} - \otimes_{i \in I} v_i$, wie man sofort sieht.

Sei nun $n!$ eine Einheit in A, wo $n := \mathrm{Kard}\, I$ ist. In diesem Falle ist $(1/n!)\mathcal{S}$ eine A–lineare Projektion von $\mathsf{T}^I(V)$ auf $\mathsf{T}^I(V)^{\mathrm{sym}}$. Der Modul der symmetrischen Tensoren ist dann also ein direkter Summand von $\mathsf{T}^I(V)$. Ferner induziert $(1/n!)\mathcal{S}$ einen Homomorphismus h von $\mathsf{S}^I(V)$ in $\mathsf{T}^I(V)$, dessen Komposition mit dem

Restklassenhomomorphismus die Identität von $\mathsf{S}^I(V)$ ergibt. Insbesondere spaltet die exakte A–Sequenz

$$0 \to \mathsf{J}^I(V) \to \mathsf{T}^I(V) \to \mathsf{S}^I(V) \to 0$$

auf (wie sie es nach 86.4 nebst Beweis (oder 42.12) auch dann tut, wenn V freier A–Modul ist, $n!$ jedoch nicht notwendig eine Einheit in A ist). Weiter ergibt h eine Isomorphie

$$\mathsf{S}^I(V) \cong \mathsf{T}^I(V)^{\mathrm{sym}}.$$

$\mathsf{T}^I(V)^{\mathrm{sym}}$ läßt sich daher auch als konkretes Modell für $\mathsf{S}^I(V)$ verwenden.

Seien weiter A ein kommutativer Ring und I eine endliche Menge. Homomorphismen von Moduln sind Homomorphismen ihrer symmetrischen Potenzen wie folgt kanonisch zugeordnet. Sei $f : V \to W$ eine lineare Abbildung von A–Moduln. Die Komposition von f^I mit s^I_V ist eine symmetrische multilineare Abbildung. Nach 86.1 gibt es daher genau eine A–lineare Abbildung

$$\mathsf{S}^I(f) = \mathsf{S}^I_A(f) : \mathsf{S}^I(V) \to \mathsf{S}^I(W)$$

derart, daß das folgende Diagramm kommutativ ist:

$$\begin{array}{ccc} V^I & \xrightarrow{f^I} & W^I \\ {\scriptstyle \mathsf{s}^I_V}\downarrow & & \downarrow{\scriptstyle \mathsf{s}^I_W} \\ \mathsf{S}^I(V) & \xrightarrow{\mathsf{S}^I(f)} & \mathsf{S}^I(W). \end{array}$$

Es gilt die einfache *Auswertungsformel* $\mathsf{S}^I(f)(\prod_{i\in I} v_i) = \prod_{i\in I} f(v_i)$ für $(v_i) \in V^I$. $\mathsf{S}^I(f)$ heißt die I-te *symmetrische Potenz* von f.
Bei $I = [1,n]$ ist es üblich, $\mathsf{S}^n(f) = \mathsf{S}^n_A(f)$ für $\mathsf{S}^I(f)$ zu schreiben; desgleichen setzt man $\mathsf{S}^n(f) = 0$ bei $n < 0$. Es ist $\mathsf{S}^\emptyset(f) = \mathsf{S}^0(f) = \mathrm{id}_A$. Bei $\operatorname{Kard} I = 1$ ist $\mathsf{S}^I(f) = \mathsf{S}^1(f) = f$.
Mit der Auswertungsformel sieht man zunächst unmittelbar, daß $\mathsf{S}^I(f)$ *funktoriell* in f ist. Für A–Moduln V und A–Homomorphismen $f : V \to W$, $g : W \to X$ gilt also:

$$\mathsf{S}^I(\mathrm{id}_V) = \mathrm{id}_{\mathsf{S}^I(V)}, \quad \mathsf{S}^I(gf) = \mathsf{S}^I(g)\mathsf{S}^I(f).$$

Man folgert, daß $\mathsf{S}^I(f)$ ein Isomorphismus ist, falls f dies ist, und: Wird V von f isomorph auf einen direkten Summanden von W abgebildet, so gilt Entsprechendes für $\mathsf{S}^I(f)$.
Darüber hinaus gilt: Für $a \in A$ ist $\mathsf{S}^I(af) = a^{\operatorname{Kard} I}\mathsf{S}^I(f)$. Ist f surjektiv, so ist $\mathsf{S}^I(f)$ surjektiv. Ist $A = K$ ein Körper und ist f injektiv, so ist auch $\mathsf{S}^I(f)$ injektiv; zu einer Verallgemeinerung dieser Aussage siehe Aufgabe 16.

Beispiel 5 (*Matrixdarstellungen von* $\mathsf{S}^I(f)$) Seien V und W freie Moduln mit Basen x_s, $s \in S$, bzw. y_j, $j \in J$, ferner $f : V \to W$ ein A–Homomorphismus, der durch $f(x_s) = \sum_{j\in J} a_{js} y_j$, $a_{js} \in A$, $s \in S$, beschrieben sei. Schließlich seien eine endliche Menge I gegeben und Auswahlsysteme $<S^I>$ und $<J^I>$ festgelegt. Hierzu gehören Basen x^ν, $\nu \in <S^I>$, von $\mathsf{S}^I(V)$ bzw. y^μ, $\mu \in <J^I>$, von $\mathsf{S}^I(W)$. Man hat dann Darstellungen

$$\mathsf{S}^I(f)(x^\nu) = \sum_{\mu\in <J^I>} P_{\mu\nu} y^\mu\,, \quad P_{\mu\nu} \in A\,, \quad \nu \in <S^I>\,,$$

deren Koeffizienten nach 86.3 die Permanenten

$$P_{\mu\nu} = \mathrm{Perm}(a_{\mu(i),\nu(k)})_{(i,k)\in I\times I}$$

sind; denn es ist $\mathsf{S}^I(f)(\prod_{i\in I} x_{\nu(i)}) = \prod_{i\in I} f(x_{\nu(i)})$.

Seien A ein kommutativer Ring und V ein A–Modul. Mit

$$\mathbf{J}(V) = \mathbf{J}_A(V)$$

sei das zweiseitige Ideal in der Tensoralgebra $\mathsf{T}_A(V)$ bezeichnet, das von allen Tensoren der Form $v\otimes w - w\otimes v$, $v, w \in V$, erzeugt wird. Da die Erzeugenden homogene Elemente in $\mathsf{T}(V)$ sind, ist $\mathbf{J}(V)$ ein homogenes Ideal. Seine n–te Stufe ist

$$\mathbf{J}(V) \cap \mathsf{T}^n(V) = \mathbf{J}^n(V)$$

nach der Überlegung aus Beispiel 1. Die Restklassenalgebra

$$\mathsf{S}(V) = \mathsf{S}_A(V) := \mathsf{T}_A(V)/\mathbf{J}_A(V)$$

heißt die s y m m e t r i s c h e A l g e b r a des A–Moduls V. Sie ist eine positiv graduierte A–Algebra, deren n–te Stufe in kanonischer Weise mit dem A–Modul

$$\mathsf{T}^n(V)/(\mathbf{J}(V) \cap \mathsf{T}^n(V)) = \mathsf{T}^n(V)/\mathbf{J}^n(V) = \mathsf{S}^n(V)$$

identifiziert wird. Die Zerlegung in homogene Bestandteile ist dann

$$\mathsf{S}(V) = A \oplus V \oplus \mathsf{S}^2(V) \oplus \mathsf{S}^3(V) \cdots .$$

Für die Multiplikation in $\mathsf{S}(V)$ wird üblicherweise kein Sonderzeichen verwendet.

Beispiel 6 Für $v, w \in V = \mathsf{S}^1(V)$ ist $vw = wv$ in $\mathsf{S}(V)$ (wegen $v\otimes w - w\otimes v \in \mathbf{J}(V)$). Die A–Algebra $\mathsf{S}(V)$ wird wie $\mathsf{T}(V)$ von den Elementen $v \in V$ erzeugt. Insbesondere ist $\mathsf{S}(V)$ in jedem Falle eine *kommutative Algebra.*
Wegen der Kommutativität kann man symmetrische Produkte von Elementen aus V als Monome in der Algebra $\mathsf{S}(V)$ schreiben. Sind also x_j, $j \in J$, Elemente von V und ist $\mu : [1, n] \to J$ eine Abbildung, so ist

$$x^\mu = \prod_{i=1}^n x_{\mu(i)} = \prod_{j\in J} x^{s(j)}\,,$$

wobei $s(j)$ die Anzahl der Elemente in der Faser $\mu^{-1}(j)$ angibt; bei $s(j) = 0$ ist $x_j^0 = 1$ zu setzen. Man beachte, daß $\sum_j s(j) = n$ ist; es handelt sich ja um ein

Element von $S^n(V)$. Die Gesamtheit aller mit den x_j, $j \in J$, gebildeten Monome in $S(V)$ kann durch

$$x^s := \prod_{j \in J} x_j^{s(j)}, \quad s \in \mathbb{N}^{(J)},$$

beschrieben werden. Für $s \in \mathbb{N}^{(J)}$ sei wie bisher $|s| = \sum_{j\in J} s(j)$, $s! = \prod_{j \in J} s(j)!$. Jedes A-Modul-Erzeugendensystem von V ist ein A-Algebra-Erzeugendensystem von $S(V)$. Ist also V ein endlicher A-Modul, so ist $S(V)$ eine endlich erzeugte A-Algebra.

Ist V ein freier A-Modul, so ist $S(V)$ nach 86.4 eine freie A-Algebra. Genauer: Ist x_j, $j \in J$, eine Basis von V, so ist die Familie x^s, $s \in \mathbb{N}^{(J)}$, der damit gebildeten Monome eine Basis von $S(V)$. Bei $A \neq 0$ und $r := \mathrm{Rang}_A V < \infty$ gilt dann für die Poincaréreihe der freien graduierten A-Algebra $S(V)$ (bezüglich $\rho = \mathrm{Rang}_A$)

$$\mathcal{P}_{S(V)} = \sum_{n=0}^{\infty} \mathrm{Rang}_A S^n(V) \cdot Z^n = \sum_{n=0}^{\infty} \binom{r+n-1}{n} Z^n = \frac{1}{(1-Z)^r}.$$

Die letztgenannte Identität kann man leicht durch Induktion über r beweisen. Vgl. auch 86.7 unten und §84, Aufgabe 8b).

86.5 Universelle Eigenschaft der symmetrischen Algebra *Seien A ein kommutativer Ring, V ein A-Modul, B eine A-Algebra und $f: V \to B$ eine A-lineare Abbildung mit $f(v)f(w) = f(w)f(v)$ für alle $v, w \in V$. Dann gibt es genau einen A-Algebra-Homomorphismus $\varphi: S(V) \to B$ mit $\varphi|V = f$.*

Man nennt φ die Fortsetzung von f oder gebraucht ähnliche Redeweisen.

86.6 Zusatz *Ist bei den Vorgaben von 86.5 die A-Algebra B eine graduierte A-Algebra mit der homogenen Zerlegung $B = \sum_{i \in \mathbb{Z}} B_i$ und gilt $f(V) \subseteq B_1$, so ist φ ein homogener Homomorphismus.*

Beweis von 86.5 und 86.6. Nach 84.1 gibt es einen A-Algebra-Homomorphismus φ_0 von $T(V)$ in B mit $\varphi_0|V = f$. Für $v, w \in V$ ist $\varphi_0(v \otimes w - w \otimes v) = \varphi_0(v)\varphi_0(w) - \varphi_0(w)\varphi_0(v) = f(v)f(w) - f(w)f(v) = 0$. Daher gehört $\mathbf{J}(V)$ zum Kern von φ_0. Folglich induziert φ_0 einen f fortsetzenden A-Algebra-Homomorphismus φ. Die Eindeutigkeit von φ folgt daraus, daß φ durch seinen Wert auf dem A-Algebra-Erzeugendensystem V von $S(V)$ eindeutig bestimmt ist. — Der Zusatz ist klar. •

86.7 Korollar *Seien A ein kommutativer Ring und V ein freier A-Modul mit der Basis x_i, $i \in I$. Ferner seien B eine A-Algebra und b_i, $i \in I$, paarweise kommutierende Elemente von B. Dann gibt es genau einen A-Algebra-Homomorphismus $\varphi: S(V) \to B$ mit $\varphi(x_i) = b_i$, $i \in I$. — Insbesondere gibt es eine kanonische A-Algebra-Isomorphie*

$$S_A(V) = A[X_i : i \in I].$$

Beweis. Der erste Teil der Aussage folgt aus 36.9 und 86.5. Daraus ergibt sich dann insbesondere, daß es einen A–Algebra–Homomorphismus $\varphi: \mathsf{S}(V) \to A[X_i : i \in I]$ mit $\varphi(x_i) = X_i$ für $i \in I$ gibt. Dieser ist ein Isomorphismus, dessen Umkehrung durch 52.4 garantiert wird. •

Bemerkung 3 Satz 86.7 erklärt, weshalb wir die Theorie der symmetrischen Algebren hier nur flüchtig behandeln: Die hauptsächlich zu verwendenden symmetrischen Algebren sind bereits als Polynomalgebren besprochen worden. Vgl. auch noch Beispiel 7.

Über linearen Abbildungen von Moduln liegen kanonische Algebra–Homomorphismen der symmetrischen Algebren.

86.8 Korollar *Sei $f: V \to W$ ein Homomorphismus von Moduln über dem kommutativen Ring A. Dann gibt es genau einen f fortsetzenden A–Algebra–Homomorphismus*

$$\mathsf{S}(f): \mathsf{S}(V) \to \mathsf{S}(W).$$

$\mathsf{S}(f)$ *ist ein homogener Homomorphismus graduierter A-Algebren, und zwar ist* $\mathsf{S}(f)$ *die Summe der* $\mathsf{S}^n(f): \mathsf{S}^n(V) \to \mathsf{S}^n(W)$, $n \in \mathbb{N}$.

Der Beweis ergibt sich leicht mit 86.6. •

$\mathsf{S}(f)$ ist *funktoriell* in f, d.h. für A-Moduln V und A-Homomorphismen $f: V \to W$, $g: W \to X$ gilt

$$\mathsf{S}(\mathrm{id}_V) = \mathrm{id}_{\mathsf{S}(V)}, \quad \mathsf{S}(gf) = \mathsf{S}(g)\mathsf{S}(f).$$

Dies ergibt sich sofort aus 86.8. Man folgert, daß $\mathsf{S}(f)$ ein Isomorphismus ist, falls f dies ist. Wird V von f isomorph auf einen direkten Summanden von W abgebildet, so wird $\mathsf{S}(V)$ von $\mathsf{S}(f)$ isomorph auf einen direkten (A–)Summanden von $\mathsf{S}(W)$ abgebildet; darüber hinaus ist $\mathsf{S}(W)$ semidirektes Produkt der A-Unteralgebra Bild $\mathsf{S}(f) \cong \mathsf{S}(V)$ mit einem homogenen Ideal als Komplement.

Weiter gilt: Ist f surjektiv, so ist $\mathsf{S}(f)$ surjektiv. Ist $A = K$ ein Körper und ist f injektiv, so ist auch $\mathsf{S}(f)$ injektiv; zu einer Verallgemeinerung siehe Aufgabe 16.

Beispiel 7 (Symmetrische Algebren von Restklassenmoduln) Seien A ein kommutativer Ring und $f: V \to W$ ein A–Homomorphismus. Ist *f surjektiv, so wird* Kern $\mathsf{S}(f)$ *von* Kern f *erzeugt.* Man überträgt den Beweis von 84.7. Insbesondere ergibt sich aus der Darstellung des A–Moduls V mittels Erzeugenden x_i, $i \in I$, und Relationen $y_j = \sum_{i \in I} a_{ij} e_i \in A^{(I)}$, $j \in J$, die den Modul aller Relationen der x_i, $i \in I$, erzeugen, eine Darstellung

$$A[X_i : i \in I] \to \mathsf{S}_A(V)$$

(mit $X_i \mapsto x_i$) der symmetrischen Algebra $\mathsf{S}(V)$ als Restklassenalgebra der kanonisch graduierten Polynomalgebra $A[X_i : i \in I]$ mit dem von den homogenen Elementen $\sum_{i\in I} a_{ij} X_i$, $j \in J$, des Grades 1 erzeugten Kern.

Beispiel 8 (Grundringwechsel symmetrischer Algebren) Durch sinngemäße Übertragung der Variante des Beweises von 84.8, wie sie auch beim Beweis von 85.11 verwendet wurde, erhält man:

86.9 Satz *Seien A ein kommutativer Ring, V ein A-Modul und B eine kommutative A-Algebra. Dann ist die graduierte B-Algebra $B\otimes_A \mathsf{S}(V)$ kanonisch isomorph zur symmetrischen Algebra des B-Moduls $B\otimes_A V$, kurz:*

$$\mathsf{S}_A(V)_{(B)} \cong \mathsf{S}_B(V_{(B)}).$$

Die im Beweis konstruierte Isomorphie ist direkte Summe der kanonischen Homomorphismen

$$(\mathsf{S}_A(V)_{(B)})_n = \mathsf{S}^n_A(V)_{(B)} \to \mathsf{S}^n_B(V_{(B)})$$

mit $b\otimes v_1 \cdots v_n \mapsto b((1\otimes v_1)\cdots(1\otimes v_n))$ für $b \in B$, $v_1, \ldots, v_n \in V$. Diese erweisen sich so auch als bijektiv. Schließlich ist auf die Verträglichkeit des Grundringwechsels mit homogenen Homomorphismen hinzuweisen. Man verifiziert direkt: Ist $f : V \to W$ ein A-Homomorphismus, so ist

$$\mathsf{S}_A(f)_{(B)} = \mathsf{S}_B(f_{(B)}),$$

d.h. die eine Abbildung geht bei der Isomorphie aus 86.9 in die andere über; dasselbe gilt auch für die homogenen Teile dieser Homomorphismen.

Beispiel 9 (Symmetrische Algebren direkter Summen) Ein Beispiel für die Verwendung des (gewöhnlichen) graduierten Tensorproduktes gibt der folgende Satz.

86.10 Satz *Seien V, W Moduln über dem kommutativen Ring A. Dann gibt es eine kanonische homogene Isomorphie*

$$\mathsf{S}(V \oplus W) \cong \mathsf{S}(V) \otimes_A \mathsf{S}(W)$$

graduierter A-Algebren.

Beweis. Über der kanonischen Isomorphie $V \oplus W = (V\otimes_A A) \oplus (A \otimes_A W)$ der homogenen Teile der Grades 1 beider Algebren liegt nach 86.6 ein homogener A-Algebra-Homomorphismus φ von $\mathsf{S}(V \oplus W)$ in $\mathsf{S}(V) \otimes_A \mathsf{S}(W)$. Über den Einbettungen von V und W in $V \oplus W$ liegen andererseits Homomorphismen der A-Algebren $\mathsf{S}(V)$ bzw. $\mathsf{S}(W)$ in $\mathsf{S}(V \oplus W)$, zu denen nach 80.9 ein A-Algebra-Homomorphismus α von $\mathsf{S}(V) \otimes_A \mathsf{S}(W)$ in $\mathsf{S}(V \oplus W)$ gehört. φ und α sind invers zueinander. •

Sind $\mathsf{S}(V)$ und $\mathsf{S}(W)$ Polynomalgebren, so ist die Isomorphie aus 86.10 gerade die in §80 am Ende von Beispiel 13 besprochene Isomorphie.

Im Nachfolgenden werden noch Fragen der Dualität besprochen.

Beispiel 10 (Symmetrische Produkte von Linearformen) Seien A ein kommutativer Ring, V ein A–Modul und I eine endliche Menge. Dann gibt es eine *kanonische zugeordnete A-lineare Abbildung*

$$\varphi_I : \mathsf{S}^I(V^*) \to \mathsf{S}^I(V)^*$$

mit $\prod_{i\in I} f_i \mapsto \left(\prod_{i\in I} v_i \mapsto \mathrm{Perm}(f_i(v_k))_{(i,k)\in I\times I}\right)$.

Für $(f_i) \in (V^*)^I$ ist $\Phi : (v_i) \mapsto \mathrm{Perm}(f_i(v_k))$ offenbar eine symmetrische Multilinearform, die auch die Beschreibung

$$\Phi = \mathcal{S}(\mathrm{Mult}_{i\in I} f_i)$$

besitzt. Φ induziert eine A–Linearform

$$\mathrm{Slin}_{i\in I} f_i : \prod_{i\in I} v_i \mapsto \mathrm{Perm}(f_i(v_k))\,.$$

Die Abbildung $(f_i)_{i\in I} \mapsto \mathrm{Slin}_{i\in I} f_i$ ist ebenfalls symmetrisch und induziert dann die kanonische Abbildung

$$\varphi_I : \prod_{i\in I} f_i \mapsto \mathrm{Slin}_{i\in I} f_i\,.$$

Oft wird $\mathrm{Slin}_{i\in I} f_i$ wie $\prod_{i\in I} f_i$ das symmetrische Produkt der Linearformen f_i, $i \in I$, genannt — und ebenso bezeichnet, beispielsweise, wenn φ_I injektiv ist. Sei nun V frei mit Basis x_j, $j \in J$, seien x_j^*, $j \in J$, die zugehörigen Koordinatenfunktionen und sei $<J^I>$ ein zu den Indexmengen gebildetes Auswahlsystem. Zu jedem $\mu \in <J^I>$ bezeichne $x^\mu \in \mathsf{S}^I(V)$ bzw. $x^{*\mu} \in \mathsf{S}^I(V^*)$ das wie üblich gebildete Monom. Die Koordinatenfunktionen zu der aus den x^μ bestehenden Basis von $\mathsf{S}^I(V)$ seien mit $x^{\mu *}$ bezeichnet. Schließlich bezeichne $\mathrm{I}_\mu \subseteq \mathbf{S}(I)$ die Isotropiegruppe von μ, welche einfach das Kreuzprodukt der Permutationsgruppen der Fasern von μ ist; ihre Ordnung ist

$$\mu! := \prod_{j\in J} (\mathrm{Kard}\,\mu^{-1}(j))!\,.$$

86.11 Lemma *Für $\mu \in <J^I>$ ist $\varphi_I(x^{*\mu}) = \mu!\, x^{\mu *}$.*

Beweis. Für $\nu, \mu \in <J^I>$ ist

$$\begin{aligned}\varphi_I(x^{*\mu})(x^\nu) &= \varphi_I\left(\prod_{i\in I} x^*_{\mu(i)}\right)\left(\prod_{k\in I} x_{\nu(k)}\right) = \mathrm{Perm}(x^*_{\mu(i)}, x_{\nu(k)})\\ &= \sum_{\sigma\in\mathbf{S}(I)} \prod_{i\in I} x^*_{\sigma\mu(i)}(x_{\nu(i)}) = \sum_{\sigma\in\mathbf{S}(I)} \delta_{\sigma\mu,\nu}\,.\end{aligned}$$

Bei $\mu \neq \nu$ ist stets $\sigma\mu \neq \nu$. Bei $\mu = \nu$ ist $\sigma\mu = \nu$ genau dann, wenn $\sigma \in \mathrm{I}_\mu$ ist. Damit ergibt sich die Behauptung. •

Man sieht an 86.11, daß φ_I gar nicht injektiv sein kann, wenn nicht gewisse Vorbedingungen an die Charakteristik des Ringes A erfüllt sind. Sei $n := \mathrm{Kard}\, I$; aus 86.11 folgt dann:

86.12 Satz *Ist V endlicher freier A–Modul und ist $n!$ eine Einheit in A, dann ist der kanonische Homomorphismus φ_I bijektiv.*

Es sei erwähnt, daß φ_I bei Körpern $A = K$ der Charakteristik 0 immer injektiv ist, s. Aufgabe 4.

In der Dualitätstheorie der symmetrischen Algebren benutzt man wie in der Dualitätstheorie der äußeren Algebren Derivationen.

86.13 Satz und Definition *Seien A ein kommutativer Ring, V ein A-Modul und $f \in V^*$ eine A-Linearform. Dann gibt es genau eine A-Derivation*

$$\mathsf{j}(f)$$

der Algebra $\mathsf{S}(V)$ mit $\mathsf{j}(f)|V = f$, welche homogen vom Grade -1 ist.

Beweis. Sei $\mathsf{j}_T(f)$ die entsprechende Derivation von $\mathsf{T}(V)$, §84, Aufgabe 16. Es ist $\mathsf{j}_T(f)(v \otimes w - w \otimes v) = f(v)w + f(w)v - f(w)v - f(v)w = 0$ für $v, w \in V$. Daher ist $\mathbf{J}(V)$ invariant unter $\mathsf{j}_T(f)$, und $\mathsf{j}_T(f)$ induziert eine A-Derivation von $\mathsf{S}(V)$ mit den verlangten Eigenschaften. •

Beispiel 11 Nach Konstruktion operiert $\mathsf{j}(f)$ wie folgt: Für $v_1, \ldots, v_n \in V$ ist

$$\mathsf{j}(f)\, v_1 \cdots v_n = \sum_{i=1}^{n} f(v_i) v_1 \cdots \hat{v}_i \cdots v_n \,,$$

wobei $\hat{}$ als Auslassungszeichen verwendet wird. Mit einem Repräsentantensystem S der Linksnebenklassen in $\mathbf{S}_n$ bezüglich $\{\sigma \in \mathbf{S}_n : \sigma 1 = 1\}$ gilt auch:

$$\mathsf{j}(f)\, v_1 \cdots v_n = \sum_{\sigma \in S} f(v_{\sigma 1}) v_{\sigma 2} \cdots v_{\sigma n} \,,$$

vgl. §85, Beispiel 10. Mit demselben Ansatz wie im Beweis zu 85.14 erhält man, Vorzeichen ignorierend:

86.14 Lemma *Seien $f_1, \ldots, f_n \in V^*$ und $v_1, \ldots, v_n \in V$. Dann ist*

$$\mathsf{j}(f_n) \cdots \mathsf{j}(f_1)\, v_1 \cdots v_n = \operatorname{Perm}(f_i(v_k)) \,.$$

Bemerkenswert ist, daß die *Derivationen $\mathsf{j}(f)$, $f \in V^*$, paarweise kommutieren!* Für $f_1, f_2 \in V^*$ ist ja auch $[\mathsf{j}(f_1), \mathsf{j}(f_2)] = \mathsf{j}(f_1)\mathsf{j}(f_2) - \mathsf{j}(f_2)\mathsf{j}(f_1)$ eine A-Derivation. Diese verschwindet aus Gradgründen auf V, dem A-Erzeugendensystem von $\mathsf{S}(V)$, und ist deshalb die Nullderivation auf $\mathsf{S}(V)$. Dies bedeutet $\mathsf{j}(f_1)\mathsf{j}(f_2) = \mathsf{j}(f_2)\mathsf{j}(f_1)$. Als Folgerung hat man nach 86.5:

86.15 Satz und Definition *Seien A ein kommutativer Ring und V ein A-Modul. Die A-lineare Abbildung $f \mapsto \mathsf{j}(f)$ läßt sich zu einem A-Algebra-Homomorphismus*

$$\mathsf{j} : \mathsf{S}(V^*) \to \operatorname{End}_A \mathsf{S}(V)$$

fortsetzen, in eindeutiger Weise zudem.

Auf zerlegten Elementen von $\mathsf{S}(V^*)$ operiert j nach 86.14 so:

$$\mathsf{j}(f_1 \cdots f_n)\, v_1 \cdots v_n = \operatorname{Perm}(f_i(v_k))$$

für $f_1, \ldots, f_n \in V^*$, $v_1, \ldots, v_n \in V$. Geht man zu allgemeinen Elementen über, so erhält man mit der Konstruktion aus Beispiel 10:

86.16 Lemma *Zu $n \in \mathbb{N}$ bezeichne $\varphi_n \colon \mathsf{S}^n(V^*) \to \mathsf{S}^n(V)^*$ die kanonische Abbildung. Für $\alpha \in \mathsf{S}^n(V^*)$ und $x \in \mathsf{S}^n(V)$ gilt dann*

$$\mathsf{j}(\alpha)x = \varphi_n(\alpha)x\,.$$

Beispiel 12 Die Operation eines $\mathsf{j}(\alpha)$, $\alpha \in \mathsf{S}(V^*)$ homogen, auf $\mathsf{S}(V)$ soll allgemein, d.h. über 86.16 hinausgehend, beschrieben werden. Es genügt dabei, zerlegte Elemente zu betrachten.

Ein bequemes Mittel zum Umindizieren wird durch Ordnungen in die Hand gegeben. Seien etwa v_j, $j \in X$, Elemente von V, wobei X eine total geordnete Menge sei. Ist dann $n := \operatorname{Kard} X$ und $\mu \colon [1, n] \to X$ die (eindeutig bestimmte) streng monoton steigende Bijektion, so sei

$$v^X := \prod\nolimits_{i=1}^n v_{\mu(i)} \in \mathsf{S}^n(V)\,.$$

Diese Konvention erlaubt den schnellen Übergang zu Teilprodukten über Teilmengen $Y \subseteq X$, die man mit der von X vererbten Ordnung versieht.

86.17 Satz *Seien $\alpha \in \mathsf{S}^m(V^*)$, wobei $m \geq 1$ ist, und $v_i \in V$, $i \in X$, wobei X eine total geordnete Menge ist. Dann gilt:*

$$\mathsf{j}(\alpha)v^X = \sum_{Y \in \mathbf{P}_m(X)} (\mathsf{j}(\alpha)v^Y)v^{X \setminus Y}\,.$$

Beweis. Sei $n := \operatorname{Kard} X$. Bei $n < m$ sind beide Seiten der zu beweisenden Gleichung 0. Wir dürfen daher $n \geq m$ annehmen. Der Fall $m = 1$ ist trivial, so daß wir weiter $m \geq 2$ annehmen. Beide Seiten der zu beweisenden Gleichung sind in α additiv. Wir dürfen daher endlich annehmen, daß $\alpha = f\beta$ mit einem $f \in V^*$ und einem $\beta \in \mathsf{S}^{m-1}(V^*)$ ist, für das der Satz bereits erwiesen ist. Dann ist

$$\begin{aligned}
\mathsf{j}(\alpha)v^X &= \mathsf{j}(\beta)\mathsf{j}(f)v^X = \mathsf{j}(\beta)\sum_{i \in X} f(v_i)v^{X \setminus \{i\}} \\
&= \sum_{i \in X} f(v_i) \sum_{Z \in \mathbf{P}_{m-1}(X \setminus \{i\})} (\mathsf{j}(\beta)v^Z)v^{X \setminus \{i\} \setminus Z} \\
&= \sum_{Y \in \mathbf{P}_m(X)} \left(\sum_{i \in Y} f(v_i)\mathsf{j}(\beta)v^{Y \setminus \{i\}}\right) v^{X \setminus Y} \\
&= \sum_{Y} \mathsf{j}(\beta)\left(\sum_{i \in Y} f(v_i)v^{Y \setminus \{i\}}\right) v^{X \setminus Y} = \sum_{Y} (\mathsf{j}(\beta)\mathsf{j}(f)v^Y)v^{X \setminus Y}\,,
\end{aligned}$$

und dies ist wegen $\mathsf{j}(\beta)\mathsf{j}(f) = \mathsf{j}(\alpha)$ die gewünschte Identität für $\mathsf{j}(\alpha)$. •

Bemerkung 4 (Graduiertes Dual einer symmetrischen Algebra) Seien A ein kommutativer Ring und V ein A-Modul. Als duales Objekt zu $\mathsf{S}(V)$

kommt neben $\mathsf{S}(V^*)$ auch das graduierte Dual

$$\mathsf{S}(V)^{(*)} = \mathsf{S}_A(V)^{(*)} := \bigoplus_{n \in \mathbb{N}} \mathsf{S}^n_A(V)^*$$

in Frage, ebenfalls eine kommutative positiv graduierte A–Algebra bezüglich einer zur A–Modul–Struktur hinzukommenden Multiplikation, die hier entwickelt wird. Dazu konstruieren wir eine injektive A–lineare Abbildung

$$h : \mathsf{S}(V)^{(*)} \longrightarrow \mathrm{End}_A \mathsf{S}(V),$$

die auf eine Unteralgebra der Endomorphismenalgebra abbildet und somit erlaubt, eine A–Algebra–Struktur nach $\mathsf{S}(V)^{(*)}$ zu transportieren. Die kanonische Abbildung $\varphi = \sum \varphi_n$ von $\mathsf{S}(V^*)$ in $\mathsf{S}(V)^{(*)}$ wird damit ein homogener A–Algebra–Homomorphismus und

$$\begin{array}{ccc} \mathsf{S}(V^*) & \xrightarrow{\ \mathrm{j}\ } & \mathrm{End}_A \mathsf{S}(V) \\ {\scriptstyle\varphi}\big\downarrow & \nearrow{\scriptstyle h} & \\ \mathsf{S}(V)^{(*)} & & \end{array}$$

ein kommutatives Diagramm.

Zunächst sei h auf $\mathsf{S}^m(V)^*$ konstruiert, $m \in \mathbb{N}$. Sei $F \in \mathsf{S}^m(V)^*$ fest vorgegeben. Zu jedem $n \in \mathbb{N}$ und $J = [1, m+n]$ betrachten wir $\Phi \in \mathrm{Mult}_A(J, V; \mathsf{S}^n(V))$ mit

$$\Phi((v_i)_{i \in J}) = \sum_{X \in \mathbf{P}_m(J)} F(v^X) v^{J \setminus X} .$$

Für $\sigma \in \mathbf{S}(J)$ ist

$$\Phi((v_{\sigma i})_{i \in J}) = \sum_{X \in \mathbf{P}_m(J)} F(v^{\sigma X}) v^{J \setminus \sigma X} = \Phi((v_i)),$$

da σ die Menge $\mathbf{P}_m(J)$ permutiert. Also induziert Φ einen A–Homomorphismus

$$h(F) : \mathsf{S}^{m+n}(V) \to \mathsf{S}^n(V).$$

Durch lineare Ausdehnung ist, wenn außerdem noch $h(F)$ auf $\mathsf{S}^r(V)$ bei $r < m$ Null gesetzt wird, ein homogener A–Endomorphismus $h(F)$ von $\mathsf{S}(V)$ des Grades $-m$ definiert. Die Zuordnung $F \mapsto h(F)$ ist zudem A–linear; sie wird auf $\mathsf{S}(V)^{(*)}$ linear fortgesetzt.

Für $X = \emptyset$ ist $v^\emptyset = 1$; daher ist für $F = a \in A = \mathsf{S}^0(V)^*$ der Operator $h(a)$ nichts anderes als die Homothetie mit a. Bei $m = 1$ ist $F = f \in V^* = \mathsf{S}^1(V)^*$ identisch mit $\mathrm{j}(f)$. Allgemeiner folgt mit 86.16 und 86.17 direkt $h\varphi = \mathrm{j}$.

Für $F \in \mathsf{S}^m(V)^*$, $X = [1, m]$ und $(v_i) \in V^X$ gilt $h(F)v^X = F(v^X)$. Also ist

$$h(F) | \mathsf{S}^m(V) = F .$$

Hieraus folgt: *h ist injektiv.* Außerdem zeigt die Gleichung, wie das Produkt in $\mathsf{S}(V)^{(*)}$ zu erklären ist: Für $E \in \mathsf{S}^l(V)^*$, $F \in \mathsf{S}^m(V)^*$ sei

$$EF := (h(F) \circ h(E)) | \mathsf{S}^{l+m}(V) .$$

Für $X = [1, l+m]$ und $(v_i) \in V^X$ ist dann einfach

$$(EF)v^X = h(F)(h(E)v^X) = h(F) \sum_{Y \in \mathbf{P}_l(X)} E(v^Y)v^{X \setminus Y} = \sum_Y E(v^Y)F(v^{X \setminus Y}).$$

Daran ist auf einen Blick zu sehen, daß das Produkt *kommutativ* ist. Sodann dehnt man das Produkt distributiv auf $\mathsf{S}(V)^{(*)}$ aus. Man spricht von diesem Produkt auch von einem symmetrischen Produkt.

Im nächsten Schritt zeigen wir für $E, F \in \mathsf{S}(V)^{(*)}$:

$$h(EF) = h(E) \circ h(F) = h(F) \circ h(E).$$

Hierzu dürfen wir annehmen, daß E und F homogene Elemente sind, sagen wir: $E \in \mathsf{S}^l(V)^*$, $F \in \mathsf{S}^m(V)^*$. Seien $n \in \mathbb{N}$, $J := [1, l+m+n]$ und $(v_i) \in V^J$. Dann ist

$$\begin{aligned} h(EF)v^J &= \sum_{X \in \mathbf{P}_{l+m}(J)} ((EF)v^X)v^{J \setminus X} \\ &= \sum_{X \in \mathbf{P}_{l+m}(J)} \sum_{Y \in \mathbf{P}_l(X)} E(v^Y)F(v^{X \setminus Y})v^{J \setminus X} \\ &= \sum_{Y \in \mathbf{P}_l(J)} \sum_{Z \in \mathbf{P}_m(J \setminus Y)} E(v^Y)F(v^Z)v^{(J \setminus Y) \setminus Z} \\ &= h(F) \sum_{Y \in \mathbf{P}_l(J)} E(v^Y)v^{J \setminus Y} = h(F)(h(E)v^J). \end{aligned}$$

Somit ist in der Tat $h(EF) = h(F)h(E)$. Wegen $EF = FE$ ist klar, daß $h(E)$ und $h(F)$ kommutieren. In der Hauptsache folgt aber, daß h eine A–lineare Isomorphie auf eine Unter*algebra* von $\mathrm{End}_A \mathsf{S}(V)$ ist. Insgesamt haben wir: $\mathsf{S}(V)^{(*)}$ *ist bezüglich des symmetrischen Produktes eine positiv graduierte kommutative (assoziative) A-Algebra.*

φ ist ein A-Algebra-Homomorphismus. Da $\mathsf{S}(V)^{(*)}$ kommutativ ist, läßt sich die Einbettung $V^* \to \mathsf{S}^1(V)^* \subseteq \mathsf{S}(V)^{(*)}$ zu einem homogenen A-Algebra-Homomorphismus $\varphi' : \mathsf{S}(V^*) \to \mathsf{S}(V)^{(*)}$ fortsetzen. Aus $h\varphi' | V^* = \mathsf{j} \,|V^*$ ergibt sich $h\varphi' = \mathsf{j}$. Da h injektiv ist, muß φ' mit φ übereinstimmen. Damit ist alles gezeigt.

φ ist jedenfalls dann eine Isomorphie, wenn V endlicher freier Modul ist und wenn außerdem jedes $n \in \mathbb{N}_+$ eine Einheit in A ist, s. 86.12.

Aufgaben

1. Seien $f: V \to W$ ein Homomorphismus von Moduln über dem kommutativen Ring A und I eine endliche Menge. Das Diagramm

$$\begin{array}{ccc} \mathsf{S}^I(W^*) & \xrightarrow{\mathsf{S}^I(f^*)} & \mathsf{S}^I(V^*) \\ \downarrow & & \downarrow \\ \mathsf{S}^I(W)^* & \xrightarrow{\mathsf{S}^I(f)^*} & \mathsf{S}^I(V)^* \end{array}$$

(in der Senkrechten mit den kanonischen Abbildungen) ist kommutativ.

2. Seien A ein kommutativer Ring, V ein A–Modul und I eine endliche Menge. Das mit den kanonischen Homomorphismen gebildete Diagramm

$$\begin{array}{ccc} \mathsf{T}^I(V^*) & \xrightarrow{k} & \mathsf{T}^I(V)^* = \mathrm{Mult}(I, V) \\ \downarrow & & \downarrow S \\ \mathsf{S}^I(V^*) & \xrightarrow{\varphi_I} & \mathsf{S}^I(V)^* = \mathrm{Sym}(I, V) \end{array}$$

(in dem $\mathrm{Sym}(I, V)$ für $\mathrm{Sym}_A(I, V; A)$ steht) ist kommutativ. Ist k injektiv und ist $\mathbf{J}^I(V^*)$ der Kern des Symmetrisierungsoperators auf $\mathsf{T}^I(V^*)$, so ist φ_I ebenfalls injektiv.

3. Seien A ein kommutativer Ring, V ein freier A–Modul und I eine endliche Menge aus n Elementen. Ist $n!$ ein Nichtnullteiler in A, so stimmt $\mathbf{J}^I(V)$ mit dem Kern des Symmetrisierungsoperators $\mathcal{S}$ auf $\mathsf{T}^I(V)$ überein.

4. Seien K ein Körper und V ein K–Vektorraum.

a) Ist I eine endliche Menge aus n Elementen und ist $\mathrm{Char} K > n$, so ist die kanonische Abbildung $\mathsf{S}^I(V^*) \to \mathsf{S}^I(V)^*$ injektiv. (Aufgaben 2,3.)

b) Bei $\mathrm{Char} K = 0$ ist die kanonische Abbildung $\mathsf{S}(V^*) \to \mathsf{S}(V)^{(*)}$ injektiv.

5. Seien A ein Integritätsbereich und V ein A–Modul. Die symmetrische Algebra $\mathsf{S}(V)$ ist genau dann ein Integritätsbereich, wenn alle $\mathsf{S}^n(V)$, $n \in \mathbb{N}$, torsionsfreie A–Moduln sind. Ist dies der Fall, so ist $\mathsf{S}(V)^\times = A^\times$. (Bemerkung. Ist V flacher A–Modul, so ist $\mathsf{S}(V)$ ein Integritätsbereich.)

6. Seien A ein kommutativer Ring, V ein A–Modul und I eine endliche Menge.

a) Ist V von endlicher Darstellung, so auch $\mathsf{S}^I(V)$.

b) Ist V noethersch (bzw. artinsch), so ist bei $I \neq \emptyset$ auch $\mathsf{S}^I(V)$ noethersch (bzw. artinsch). (§82, Aufgabe 15.)

7. Seien A ein kommutativer Ring und V ein A–Modul mit Rang r (vgl. §51, Beispiel 11). Für jedes $n \in \mathbb{N}$ ist $\mathsf{S}^n(V)$ ein A–Modul mit Rang $\binom{r+n-1}{n}$.

8. (D u a l i t ä t b e i s y m m e t r i s c h e n P o t e n z e n) Sei A ein kommutativer Ring mit einer Involution $a \mapsto \overline{a}$. Seien V, W Moduln über A und $\Phi: V \times W \to A$ eine Sesquilinearfunktion, ferner I eine endliche Menge. Dann gibt es eine zugeordnete Sesquilinearfunktion

$$\Phi_I : \mathsf{S}^I(V) \times \mathsf{S}^I(W) \to A$$

mit $(\prod_{i\in I} v_i, \prod_{k\in I} w_k) \mapsto \mathrm{Perm}(\Phi(v_i, w_k))$. (Man orientiert sich an §83, Beispiel 13. Zur Konstruktion werden die Φ kanonisch zugeordneten semilinearen Abbildungen σ von V in W^* und τ von W in V^* verwendet. Es gibt eine semilineare Abbildung $\mathsf{S}^I(\sigma)$ von $\mathsf{S}^I(V)$ in $\mathsf{S}^I(W^*)$ mit $\prod_{i\in I} v_i \mapsto \prod_{i\in I} \sigma(v_i)$. Die Komposition mit einem kanonischen Homomorphismus gemäß Beispiel 10 ergibt eine semilineare Abbildung σ_I, die Φ_I durch $\Phi_I(x,y) = \overline{\sigma_I(x)y}$ definiert. Analog konstruiert man τ_I und erhält $\Phi_I(x,y)$ auch durch $\tau_I(y)x$. Bei $I = \emptyset$ ist $\Phi_I(a,b) = a\bar{b}$.)

Sind alle $r \leq \mathrm{Kard}\, I$ Einheiten in A und definiert Φ eine vollständige Dualität endlicher freier Moduln, so definiert auch Φ_I eine vollständige Dualität endlicher freier Moduln.

9. Seien Φ eine hermitesche Form auf dem $\mathbb{K}$–Vektorraum V und I eine endliche Menge. (Zum Sprachgebrauch von $\mathbb{K}$ und "hermitesch" sowie zu anderen Hinweisen siehe §83, Beispiel 13.) Mit Φ_I sei die Φ auf $\mathsf{S}^I(V)$ zugeordnete Form bezeichnet.

a) Φ_I ist hermitesch.

b) Ist Φ positiv definit bzw. positiv semidefinit, so auch Φ_I.

c) Ist V endlichdimensional, ist $m = \mathrm{Kard}\, I$ und hat Φ den Typ (p,q), so hat Φ_I den Rang $\binom{p+q+m-1}{m}$ und die Signatur $\sum_{j=0}^{m}(-1)^j \binom{p+m-j-1}{m-j}\binom{q+j-1}{j}$.

10. Seien A ein kommutativer Ring und V ein A–Modul. Zu $f \in \mathrm{End}_A V$ gibt es genau eine A–Derivation

$$\delta(f)$$

der A–Algebra $\mathsf{S}(V)$ in sich mit $\delta(f)|V = f$, welche homogen vom Grade 0 ist. ($\delta(f)$ wird von einer entsprechenden Derivation der Tensoralgebra $\mathsf{T}(V)$ induziert, vgl. §84, Aufgabe 14.) Durch $f \mapsto \delta(f)$ ist ein Homomorphismus

$$\delta : [\mathrm{End}_A V] \to [\mathrm{End}_A \mathsf{S}(V)]$$

von A–Lie–Algebren definiert.

11. (A l g e b r e n s y m m e t r i s c h e r M u l t i l i n e a r f o r m e n) Seien A ein kommutativer Ring und V ein A–Modul. Zu $n \in \mathbb{N}$ schreiben wir kurz

$$\mathrm{Sym}(n,V) = \mathrm{Sym}_A(n,V)$$

für den Modul der symmetrischen n–Linearformen auf V. Auf dem A–Modul

$$\mathrm{Sym}(V) = \mathrm{Sym}_A(V) := \bigoplus_{n\in\mathbb{N}} \mathrm{Sym}(n,V)$$

wird mittels der kanonischen Isomorphie zu $\mathsf{S}(V)^{(*)}$ die A–Algebra–Struktur des graduierten Duals übertragen. Hiermit versehen heißt Sym(V) die A l g e b r a d e r s y m m e t r i s c h e n M u l t i l i n e a r f o r m e n auf V.

a) Seien $m, n \in \mathbb{N}$ und $J := [1, m+n]$. Mit dem in §85, Aufgabe 11a) eingeführten System $S \subseteq \mathbf{S}_{m+n}$ gilt für $\Phi \in \mathrm{Sym}(m,V)$, $\Psi \in \mathrm{Sym}(n,V)$ und $(v_i) \in V^J$:

$$(\Phi\Psi)(v_i)_{i\in J} = \sum_{\sigma\in S} \Phi(v_{\sigma 1},\ldots,v_{\sigma m})\Psi(v_{\sigma(m+1)},\ldots,v_{\sigma(m+n)})\,.$$

b) Für $\Phi \in \mathrm{Sym}(m, V)$ und $\Psi \in \mathrm{Sym}(n, V)$ ist

$$m!n!\,\Phi\Psi = \mathcal{S}(\Phi\otimes\Psi).$$

Allgemeiner gilt für $\Phi_i \in \mathrm{Sym}(n_i, V)$, $1 \le i \le r$:

$$n_1!\cdots n_r!\,\Phi_1\cdots\Phi_r = \mathcal{S}(\Phi_1\otimes\cdots\otimes\Phi_r).$$

12. Seien A ein kommutativer Ring und V ein A–Modul. Die Summe der Symmetrisationen $\mathrm{Mult}(n, V) \to \mathrm{Sym}(n, V)$, $n \in \mathbb{N}$, definiert einen kanonischen homogenen A–Algebra–Homomorphismus

$$\mathcal{S}: \mathrm{Mult}(V) \to \mathrm{Sym}(V).$$

Folgendes kanonisch gebildete Diagramm (Aufgabe 2) ist kommutativ:

$$\begin{array}{ccc} \mathsf{T}(V^*) & \to & \mathsf{T}(V)^{(*)} = \mathrm{Mult}(V) \\ \downarrow & & \downarrow \mathcal{S} \\ \mathsf{S}(V^*) & \to & \mathsf{S}(V)^{(*)} = \mathrm{Sym}(V). \end{array}$$

13. Sei $f: V \to W$ ein Homomorphismus von Moduln über dem kommutativen Ring A.

a) Die Summe der A–Homomorphismen $\mathsf{S}^n(f)^*: \mathsf{S}^n(W)^* \to \mathsf{S}^n(V)^*$ ergibt einen kanonischen homogenen A–Algebra–Homomorphismus

$$\mathsf{S}(f)^{(*)}: \mathsf{S}(W)^{(*)} \to \mathsf{S}(V)^{(*)}.$$

b) Sei I eine endliche Menge. Der durch $\Phi \mapsto \Phi \circ f^I$ definierte Homomorphismus von $\mathrm{Sym}_A(I, W)$ in $\mathrm{Sym}_A(I, V)$ sei mit $\mathrm{Sym}(I, f)$ bezeichnet. Man schreibt auch $\mathrm{Sym}(n, f)$ für $\mathrm{Sym}([1, n], f)$. Die Summe der A–Homomorphismen $\mathrm{Sym}(n, f)$ ergibt einen kanonischen homogenen A–Algebra–Homomorphismus

$$\mathrm{Sym}(f): \mathrm{Sym}(W) \to \mathrm{Sym}(V).$$

Bei den kanonischen Isomorphien $\mathsf{S}(W)^{(*)} = \mathrm{Sym}(W)$ und $\mathsf{S}(V)^{(*)} = \mathrm{Sym}(V)$ geht $\mathsf{S}(f)^{(*)}$ in $\mathrm{Sym}(f)$ über.

c) Man übertrage die in §85, Aufgabe 13b), c) vorgestellten Überlegungen.

14. Seien V, W Moduln über dem kommutativen Ring A. Auf dem graduierten A–Modul

$$\mathrm{Hom}'(\mathsf{S}(V), W) := \bigoplus_{n\in\mathbb{N}} \mathrm{Hom}_A(\mathsf{S}^n(V), W)$$

gibt es eine Operation des Ringes $\mathsf{S}(V)^{(*)}$, die wie folgt auf homogenen Elementen definiert ist: Zu $F \in \mathsf{S}^m(V)^*$ und $G \in \mathrm{Hom}_A(\mathsf{S}^n(V), W)$ ist FG derjenige Homomorphismus aus $\mathrm{Hom}_A(\mathsf{S}^{m+n}(V), W)$, der für $(v_i) \in V^J$, $J := [1, m+n]$, auf v^J den Wert

$$(FG)v^J = \sum_{X\in\mathbf{P}_m(J)} F(v^X)G(v^{J\setminus X})$$

annimmt. Bezüglich dieser Operation ist $\mathrm{Hom}'(\mathsf{S}(V), W)$ ein graduierter $\mathsf{S}(V)^{(*)}$–Modul. Man übertrage die Zusatzbemerkungen aus §85, Aufgabe 14.

15. Seien A ein kommutativer Ring, $V \cong A^n$ ein endlicher freier A–Modul, $f \in \mathrm{End}_A V$ und $r \in \mathbb{N}$.

a) Für die r–te symmetrische Potenz von f gilt:

$$\mathrm{Det}\, \mathsf{S}^r(f) = (\mathrm{Det} f)^{\binom{n+r-1}{n}}.$$

(Vgl. den Beweis in §83, Aufgabe 23.)

b) Sei $X^n + c_1 X^{n-1} + \cdots + c_n$ das charakteristische Polynom von f. Für $j > n$ setze man $c_j = 0$. Dann gilt:

$$\mathrm{Sp}\, \mathsf{S}^r(f) = L_r(c_1, \ldots, c_r),$$

wobei L_r das in §53, Aufgabe 29 definierte Polynom ist.

(Es ist also $(1 + c_1 X + \cdots + c_n X^n)^{-1} = \sum_{j=0}^{\infty} (\mathrm{Sp}\, \mathsf{S}^j(f)) X^j$.)

16. Seien A ein kommutativer Ring und $f: V \to W$ ein injektiver Homomorphismus freier A–Moduln. Dann ist $\mathsf{S}(f): \mathsf{S}(V) \to \mathsf{S}(W)$ ebenfalls injektiv. (Man darf annehmen, daß V und W endliche freie A–Moduln sind. Wie in §38, Beispiel 4 läßt sich das Problem auf eines mit noetherschem Grundring reduzieren. Sei also A noethersch. K bezeichne den totalen Quotientenring von A. Die kanonische Abbildung von $\mathsf{S}(V)$ in $\mathsf{S}(V)_{(K)} = \mathsf{S}_K(V_{(K)})$ ist injektiv, so daß es genügt zu zeigen, daß $\mathsf{S}(f_{(K)})$ injektiv ist. $f_{(K)}$ bildet aber $V_{(K)}$ isomorph auf einen direkten Summanden von $W_{(K)}$ ab, was man mit §48, Aufgabe 18, mit 49.8 und §58, Aufgabe 39 sieht.)

17. Seien K ein Körper und $\mathbf{m}$ das von den Unbestimmten X, Y in $A := K[X, Y]$ erzeugte Ideal. Dann ist $B := \mathsf{S}_A(\mathbf{m})$ eine normale noethersche endlich erzeugte K–Algebra. B ist nicht faktoriell. (B ist zu der in §60, Aufgabe 28 besprochenen Algebra isomorph.)

18. Sei $\mathbf{a}$ ein Ideal im Integritätsbereich A. Genau dann ist $B := \mathsf{S}_A(\mathbf{a})$ faktoriell, wenn A faktoriell ist und $\mathbf{a}$ ein Hauptideal in A ist. (A. Micali — Sei B faktoriell. Man sieht leicht, daß $A = \mathsf{S}^0(\mathbf{a})$ faktoriell ist, vgl. §62, Aufgabe 36. Bei $\mathbf{a} \neq 0$ findet man ein $f \in \mathbf{a}$ derart, daß für jeden Primteiler p von f das Element f/p nicht zu $\mathbf{a}$ gehört. Zwei derartige Elemente sind assoziiert; hierzu betrachtet man neben $f \in \mathsf{S}^0(\mathbf{a})$ noch $x_f := \mathsf{s}^1(f)$, welches prim in B ist.)

19. Sei A ein Integritätsbereich.

a) Sei V ein A–Modul derart, daß $\mathsf{S}(V)$ faktoriell ist. Ist U ein direkter A–Summand von V, so ist auch $\mathsf{S}(U)$ faktoriell. (Sei W ein Komplement von U in V. Dann läßt sich $\mathsf{S}(V) = \mathsf{S}(U) \otimes_A \mathsf{S}(W) = \mathsf{S}(W)_{(\mathsf{S}(U))}$ als positiv graduierte $\mathsf{S}(U)$–Algebra auffassen, deren 0–te Stufe nach §62, Aufgabe 36 faktoriell ist.) Insbesondere ist notwendig A selbst faktoriell.

b) Ist A faktoriell, so ist $\mathsf{S}(U)$ faktoriell für jeden projektiven A–Modul U. (A. Micali — Projektive Moduln sind gerade die direkten Summanden freier Moduln.)

20. Seien A ein kommutativer Ring, V ein A–Modul und C die graduierte A–Algebra $\mathsf{S}(V) \otimes_A \bigwedge(V)$. Ferner seien $f: \mathsf{S}(V) \otimes_A V \to \mathsf{S}(V)$ der $\mathsf{S}(V)$–lineare

Homomorphismus, der vom Multiplizieren mit den $v \in V$ in $\mathsf{S}(V)$ herrührt, und D die $\mathsf{S}(V)$–Algebra $\bigwedge_{\mathsf{S}(V)}(\mathsf{S}(V)\otimes_A V) = \bigwedge_{\mathsf{S}(V)}(V_{(\mathsf{S}(V))})$. Man betrachtet den Koszulkomplex (D, f).

a) Dem Operator $\mathrm{i}(f)$ auf D entspricht bei der kanonischen Isomorphie der $\mathsf{S}(V)$–Algebren C und D ein $\mathsf{S}(V)$–linearer und erst recht A–linearer Operator d auf C, welcher auf den direkten A–Summanden von C so operiert (bei $0 \le r \le n$):

$$d : \mathsf{S}^r(V)\otimes_A \bigwedge^{n-r}(V) \to \mathsf{S}^{r+1}(V)\otimes_A \bigwedge^{n-r-1}(V)$$

mit $x\otimes(v_1 \wedge \cdots \wedge v_{n-r}) \mapsto \sum_{j=1}^{n-r}(-1)^{j+1} v_j x\otimes(v_1 \wedge \cdots \wedge \hat{v}_j \cdots \wedge v_{n-r})$. Für jedes $n \in \mathbb{N}$ definiert d einen Komplex K_n:

$$0 \to \mathsf{S}^0(V)\otimes_A \bigwedge^n(V) \to \mathsf{S}^1(V)\otimes_A \bigwedge^{n-1}(V) \to \cdots \to \mathsf{S}^n(V)\otimes_A \bigwedge^0(V) \to 0\,.$$

b) Sei V ein endlicher freier Modul. Dann ist (D, f) azyklisch; es ist $\mathrm{H}_0(f) \cong A$. (§85, Aufgabe 31b).) Die Komplexe K_n haben für $n \geq 1$ Homologie 0, d.h. stellen exakte Sequenzen dar. (Bemerkung. Die Exaktheit dieser Sequenzen gibt der Formel

$$\mathcal{P}_{\mathsf{S}(V)}(Z)\cdot \mathcal{P}_{\bigwedge(V)}(-Z) = \frac{1}{(1-Z)^r}\cdot(1+(-Z))^r = 1\,,$$

$r := \operatorname{Rang}_A V$, inhaltliche Bedeutung. — Mit den Lokalisierungstechniken aus §88 dehnt man die Ergebnisse leicht auf endliche projektive Moduln V aus.)

§87 Ergänzungen zum Tensorprodukt

Das Tensorprodukt über beliebigen Ringen wird eingeführt und in Beispielen behandelt, die auch neue Gesichtspunkte für kommutative Grundringe enthalten; beim ersten Lesen jedoch kann der Paragraph übergangen werden.

Sei zunächst A ein kommutativer Ring. Seien ferner V, W Moduln über A. Nicht nur A–bilineare Abbildungen von $V \times W$ lassen sich als Homomorphismen von $V \otimes_A W$ darstellen, sondern auch gewisse allgemeinere Abbildungen, die wir mittellinear nennen wollen.

Eine Abbildung Φ von $V \times W$ in eine abelsche Gruppe X heißt dabei mittellinear, wenn sie $\mathbb{Z}$–bilinear ist und wenn für alle $a \in A$, $x \in V$, $y \in W$ gilt: $\Phi(ax, y) = \Phi(x, ay)$. Jede A–bilineare Abbildung mit Werten in einem A–Modul ist erst recht mittellinear. Insbesondere ist die kanonische Abbildung τ von $V \times W$ in $V \otimes_A W$ mittellinear. Es gilt nun:

87.1 *Zu jeder mittellinearen Abbildung $\Phi : V \times W \to X$ mit Werten in einer abelschen Gruppe X gibt es einen eindeutig bestimmten (Gruppen–) Homomorphismus $f : V \otimes_A W \to X$ mit $f\tau = \Phi$.*

B e w e i s. Wir verwenden die Standardkonstruktion $V \otimes_A W = A^{(P)}/U$ mit $P := V \times W$ aus §80. Auf $A^{(P)}$ ist durch $ae_{(x,y)} \mapsto \Phi(ax, y)$ ein $\mathbb{Z}$–Homomorphismus mit Werten in X definiert. Man verifiziert leicht, daß dieser Homomorphismus auf den Linearkombinationen der erzeugenden Elemente von U verschwindet; beispielsweise ist für $a, b \in A$ und $x \in V$, $y \in W$

$$\Phi(b(ax), y) - \Phi(bx, ay) = \Phi(bax, y) - \Phi(x, bay) = 0,$$

so daß $b(e_{(ax,y)} - e_{(x,ay)})$ auf 0 abgebildet wird. Folglich induziert der Homomorphismus einen Homomorphismus f von $A^{(P)}/U$ in X, für den offensichtlich $f\tau = \Phi$ gilt. f ist eindeutig bestimmt, da die zerlegbaren Tensoren das Tensorprodukt additiv erzeugen. •

Die in 87.1 beschriebene universelle Eigenschaft des Tensorproduktes erlaubt die Verallgemeinerung auf nichtkommutative Grundringe. Wir skizzieren dies nur mehr oder weniger, wobei wir auf typische Fälle eingehen, die in Anwendungen auftauchen.

Sei dazu nun A ein beliebiger Ring. Es seien A–Moduln V, W gegeben, die Links- oder Rechtsmoduln sein können; die Skalarenmultiplikation sei dabei zunächst als Linksmultiplikation geschrieben.

Definition Eine Abbildung Φ von $V \times W$ in eine abelsche Gruppe X heißt (A–) m i t t e l l i n e a r, wenn sie $\mathbb{Z}$-bilinear ist und wenn für alle $a \in A$, $x \in V$, $y \in W$ gilt: $\Phi(ax, y) = \Phi(x, ay)$.

Das Tensorprodukt von V und W konstruiert man als Restklassengruppe

$$V \otimes_A W := \mathbb{Z}^{(V \times W)}/U$$

nach der Untergruppe U der freien abelschen Gruppe $\mathbb{Z}^{(V \times W)}$, welche von allen Elementen

$$e_{(x+v,y)} - e_{(x,y)} - e_{(v,y)}, \quad e_{(x,y+w)} - e_{(x,y)} - e_{(x,w)}, \quad e_{(ax,y)} - e_{(x,ay)},$$

$a \in A$, $x, v \in V$, $y, w \in W$, erzeugt wird. Die Restklasse von $e_{(x,y)}$ wird mit $x \otimes y$ bezeichnet. Die kanonische Abbildung

$$\tau : V \times W \to V \otimes_A W$$

mit $\tau(x, y) = x \otimes y$ ist dann mittellinear. Aus den verwendeten erzeugenden Relationen ergeben sich die Regeln:

$$(x + v) \otimes y = x \otimes y + v \otimes y, \quad x \otimes (y + w) = x \otimes y + x \otimes w, \quad (ax) \otimes y = x \otimes (ay).$$

87.2 Universelle Eigenschaft des Tensorproduktes *Seien A ein Ring und V, W Links- oder Rechtsmoduln über A. Zu jeder mittellinearen Abbildung*

$$\Phi : V \times W \to X$$

mit Werten in einer abelschen Gruppe X gibt es genau einen Gruppen-Homomorphismus

$$f : V \otimes_A W \to X$$

mit $f\tau = \Phi$.

B e w e i s. Durch $e_{(x,y)} \mapsto \Phi(x,y)$ wird ein Homomorphismus auf $\mathbb{Z}^{(V\times W)}$ definiert, der augenscheinlich auf U verschwindet. Er induziert daher einen Homomorphismus f von $V\otimes_A W$ in X mit $f(x\otimes y) = \Phi(x,y)$ für alle $x \in V$, $y \in W$, also mit der geforderten Eigenschaft. f ist eindeutig bestimmt, da die zerlegbaren Tensoren $x\otimes y$ das Tensorprodukt additiv erzeugen. •

Durch die universelle Eigenschaft wird das Tensorprodukt bis auf kanonische Isomorphie eindeutig festgelegt, vgl. §80, Bemerkung 1. Dies zeigt wegen 87.1 auch, daß wir in der Tat eine Verallgemeinerung des bisher verwendeten Begriffs vorliegen haben.

Das Tensorprodukt von Homomorphismen läßt sich ebenfalls problemlos verallgemeinern. Sind $f: V \to W$ und $g: X \to Y$ Homomorphismen von A–Moduln (jeweils paarweise vergleichbaren Typs), so ist die Abbildung

$$V \times X \to W\otimes_A Y$$

durch $(v,x) \mapsto f(v)\otimes g(x)$ offensichtlich mittellinear und induziert daher in kanonischer Weise einen Gruppenhomomorphismus

$$f\otimes g: V\otimes_A X \to W\otimes_A Y\,,$$

der durch $v\otimes x \mapsto f(v)\otimes g(x)$ festgelegt ist.

Viele der Sätze und Beispiele aus den vorhergehenden Paragraphen lassen sich zwanglos in die allgemeinere Lage versetzen. Man sieht so beispielsweise sofort, daß man dabei einen Funktor (vgl. §80, Bemerkung 2) erhalten hat, dessen Werte abelsche Gruppen und ihre Homomorphismen sind.

Zum Typ der im Tensorprodukt zusammengefaßten Moduln ist zu bemerken, daß es ausreicht, sich auf Situationen wie die folgende zu beschränken: Man betrachtet vor allem das Tensorprodukt eines A–*Rechts*moduls V mit einem A–*Links*modul W, wobei die Skalarenmultiplikation in V rechtsseitig geschrieben wird. Für $a \in A$, $x \in V$, $y \in W$ ist dann

$$xa\otimes y = x\otimes ay\,.$$

Wir verwenden von nun an Tensorprodukte nur noch in dieser speziellen Ausgangssituation.

Beispiel 1 Seien A ein Ring, V ein A–Rechtsmodul, W ein A–Linksmodul und X eine abelsche Gruppe. In der abelschen Gruppe

$$\mathrm{Mult}_{\mathbb{Z}}(V,W;X)$$

der bilinearen Funktionen auf $V\times W$ mit Werten in X bilden die mittellinearen Funktionen eine Untergruppe

$$\mathrm{Mitt}_A(V,W;X)\,,$$

wie wir sie bezeichnen wollen. Die kanonische Abbildung

$$\mathrm{Hom}_{\mathbb{Z}}(V\otimes_A W, X) \to \mathrm{Mitt}_A(V,W;X)$$

durch $f \mapsto f\tau$ gemäß 87.2 ist eine Isomorphie. $\mathrm{Mitt}_A(V,W;X)$ ist andererseits zu zwei anders gearteten Gruppen kanonisch isomorph, vgl. §80, Bemerkung 1, insbesondere den Beweis zu 80.3.

Betrachten wir zuerst die kanonische Isomorphie abelscher Gruppen

$$\mathrm{Mult}_{\mathbb{Z}}(V, W; X) \to \mathrm{Hom}_{\mathbb{Z}}(V, \mathrm{Hom}_{\mathbb{Z}}(W, X))$$

mit $\Phi \mapsto (v \mapsto (w \mapsto \Phi(v, w)))$. Die Gruppe $\mathrm{Hom}_{\mathbb{Z}}(W, X)$ trägt eine kanonische A–Rechtsmodul–Struktur, vgl. §35, Bemerkung 4. Eine bilineare Abbildung $\Phi : V \times W \to X$ ist nun genau dann mittellinear, wenn $v \mapsto (w \mapsto \Phi(v, w))$ ein Homomorphismus von A–Rechtsmoduln ist. Die genannte kanonische Isomorphie führt daher durch Einschränken zu einer kanonischen Isomorphie

$$\mathrm{Mitt}_A(V, W; X) \to \mathrm{Hom}_A(V, \mathrm{Hom}_{\mathbb{Z}}(W, X))$$

und insgesamt zu einer kanonischen Isomorphie

$$\mathrm{Hom}_{\mathbb{Z}}(V \otimes_A W, X) \to \mathrm{Hom}_A(V, \mathrm{Hom}_{\mathbb{Z}}(W, X))$$

mit $f \mapsto (v \mapsto (w \mapsto f(v \otimes w)))$. Analog erhält man eine kanonische Isomorphie

$$\mathrm{Hom}_{\mathbb{Z}}(V \otimes_A W, X) \to \mathrm{Hom}_A(W, \mathrm{Hom}_{\mathbb{Z}}(V, X)),$$

wobei auf der rechten Seite eine Homomorphismengruppe von A–Linksmoduln steht. Alle angegebenen Isomorphien sind funktoriell.

Die Additivität des Funktors $\otimes$ ist wie im Fall kommutativer Grundringe eine wichtige Grundeigenschaft. Der Leser übe sich darin, indem er die Beweise für die Verträglichkeit von $\otimes$ mit direkter Summenbildung, den Spezialfall freier Moduln einbegriffen, sowie für die Rechtsexaktheit von $\otimes$ durchgeht.

Eine wichtige Konsequenz der Additivität ist es, daß Multimodulstrukturen auf die Tensorprodukte durchschlagen. Für Homomorphismenmoduln sind entsprechende Modulstrukturen schon in §35, Bemerkung 4 und Aufgaben 7,8,9 betrachtet worden.

Seien also A und B Ringe. Ferner sei V ein (A, B)–Bimodul vom Typ ${}_BV_A$ und W ein A–Linksmodul. (Es bietet sich übrigens an, W auch als einen Modul vom Typ ${}_AW$ zu bezeichnen.) *Dann ist $V \otimes_A W$ in kanonischer Weise ein B–Linksmodul.* Für $b \in B$ und $v \in V$, $w \in W$ ist dabei

$$b(v \otimes w) = bv \otimes w.$$

Die Homothetie ϑ_b mit b auf V ist nämlich wegen der Bimodulstruktur auf V ein A–Endomorphismus des A–Rechtsmoduls V, so daß

$$\vartheta_b \otimes W \in \mathrm{End}_{\mathbb{Z}}(V \otimes_A W)$$

wohldefiniert ist. Funktorialität und Additivität des Tensorproduktes zeigen dann sofort, daß

$$B \to \mathrm{End}_{\mathbb{Z}}(V \otimes_A W)$$

mit $b \mapsto \vartheta_b \otimes W$ ein Ringhomomorphismus ist, womit die Behauptung bewiesen ist.

Analog zeigt man, daß $V \otimes_A W$ ein B–Rechtsmodul ist, wenn V ein Bimodul vom Typ $V_{A,B}$ ist. Entsprechendes gilt zudem in der Variablen W.

Zusätzlich gilt: *Tensorprodukte von Homomorphismen, welche die Bimodulstrukturen respektieren, respektieren die auf den Tensorprodukten der Bimoduln entstehenden Modulstrukturen.* Ist beispielsweise $f : V \to X$ ein sowohl

A–linearer als auch B–linearer Homomorphismus von A–Moduln des Typs ${}_BV_A$ bzw. ${}_BX_A$, so ist der Gruppenhomomorphismus $f \otimes W$ linear bezüglich der B–Modulstrukturen von $V \otimes_A W$ und $X \otimes_A W$. Es sei dem Leser überlassen, die Behauptung in unterschiedlichen Situationen der Bimodulstrukturen zu formulieren und zu verifizieren.

Beispiel 2 Sei C das Zentrum des Ringes A. Jeder A–Rechtsmodul V ist dann ein Bimodul vom Typ ${}_CV_A$ und $V_{A,C}$, jeder A–Linksmodul W ein Bimodul vom Typ ${}_AW_C$ und ${}_{C,A}W$. Tensorprodukte mit V und W lassen sich daher stets in kanonischer Weise als C–Moduln auffassen, und die Homomorphismen aller Tensorprodukte über A sind C–linear.

Über einem kommutativen Ring A sind so alle Tensorprodukte per se A–Moduln und ihre Homomorphismen A–linear. Die Standardkonstruktionen aus §80 haben das vorweggenommen.

Beispiel 3 Die Assoziativität des allgemeinen Tensorproduktes wird im folgenden Satz beschrieben.

87.3 Satz *Seien A und B Ringe, V ein A–Rechtsmodul, W ein Bimodul vom Typ ${}_AV_B$ und X ein B–Linksmodul. Dann gibt es eine kanonische Gruppenisomorphie*

$$(V \otimes_A W) \otimes_B X = V \otimes_A (W \otimes_B X)$$

mit $(v \otimes w) \otimes x \leftrightarrow v \otimes (w \otimes x)$.

Beweis. Man beachte zunächst, daß sich die Tensorprodukte beider Seiten nach dem oben Besprochenen in natürlicher Weise bilden lassen. Sei nun $x \in X$ fest. Die Abbildung $(v, w) \mapsto v \otimes (w \otimes x)$ ist dann A–mittellinear und induziert einen Homomorphismus

$$h_x : V \otimes_A W \to V \otimes_A (W \otimes_B X) .$$

Die Abbildung $(V \otimes_A W) \times X \to V \otimes_A (W \otimes_A X)$ mit $(z, x) \mapsto h_x(z)$ ist weiter B–mittellinear und induziert daher einen Homomorphismus

$$(V \otimes_A W) \otimes_B X \to V \otimes_A (W \otimes_B X)$$

mit $(v \otimes w) \otimes x \mapsto v \otimes (w \otimes x)$. Seine Umkehrung wird genauso konstruiert. •

Beispiel 4 (Kovariante Ringwechsel) Sei $\varphi : A \to B$ ein Homomorphismus. A–Rechtsmoduln V werden durch Übergang zu $V \otimes_A B$ zu B–Rechtsmoduln, wobei B als Bimodul des Typs ${}_AB_B$ verwendet wird. Analog werden A–Linksmoduln W durch Übergang zu $B \otimes_A W$ zu B–Linksmoduln. Beide Übergänge sind funktoriell.

Beispiel 5 (Rücknahme von Tensorprodukten) Sei $\varphi : A \to B$ ein Homomorphismus von Ringen. Ferner sei V ein B–Rechtsmodul und W ein B–Linksmodul; V und W seien durch Rücknahme der Strukturen bezüglich φ als Moduln über A aufgefaßt. Wie lassen sich $V \otimes_A W$ und $V \otimes_B W$ miteinander vergleichen? Die kanonische Abbildung $V \times W \to V \otimes_B W$ ist mittellinear über B, also erst recht mittellinear über A, und induziert daher einen Homomorphismus

$$k : V \otimes_A W \to V \otimes_B W$$

(mit $v \otimes w \mapsto v \otimes w$), der offensichtlich surjektiv ist.

87.4 Lemma *Der Kern von $k: V\otimes_A W \to V\otimes_B W$ ist die von den Elementen*

$$vb\otimes w - v\otimes bw\,,$$

$b\in B$, $v\in V$, $w\in W$, erzeugte Untergruppe von $V\otimes_A W$.

Beweis. Sei M die von den genannten Elementen erzeugte Untergruppe von $V\otimes_A W$ und k_1 der von k induzierte Homomorphismus von $T := (V\otimes_A W)/M$ in $V\otimes_B W$. Es ist klar, daß die Komposition von $V\times W \to V\otimes_A W$ mit der Restklassenabbildung auf T mittellinear über B ist und somit einen Homomorphismus k_2 von $V\otimes_B W$ in T induziert, der $v\otimes w \in V\otimes_B W$ auf die Restklasse von $v\otimes w \in V\otimes_A W$ in T abbildet. Es ist $k_2 k_1 = \mathrm{id}$. Also ist k_1 auch injektiv. •

Der vorstehende Satz ermöglicht es übrigens auch, die allgemeinen Tensorprodukte aus denen über $\mathbb{Z}$ durch Restklassenbildung zu konstruieren.

87.5 Korollar *Ist φ surjektiv, so ist $k: V\otimes_A W \to V\otimes_B W$ eine Isomorphie.*

Diese simple Folgerung aus 87.4 wird nichtsdestoweniger oft gebraucht. Als Beispiel sei erwähnt: Ist $\mathbf{a}$ ein Ideal im kommutativen Ring A und sind V, W Moduln über A, so hat man die kanonische Isomorphie

$$(V/\mathbf{a}V)\otimes_A(W/\mathbf{a}W) = (V/\mathbf{a}V)\otimes_{A/\mathbf{a}}(W/\mathbf{a}W)\,.$$

87.6 Satz *Seien A ein kommutativer Ring und S ein multiplikatives System in A. Für beliebige A_S-Moduln V, W ist dann*

$$k: V\otimes_A W \to V\otimes_{A_S} W$$

eine Isomorphie von A-Moduln.

Beweis. Für $a\in A$, $s\in S$, $v\in V$, $w\in W$ gilt

$$\frac{a}{s}v\otimes w = \frac{a}{s}v\otimes s(\frac{1}{s}w) = s(\frac{a}{s}v)\otimes\frac{1}{s}w = av\otimes\frac{1}{s}w = v\otimes\frac{a}{s}w\,.$$

Daher ist der Kern von k trivial. •

Weiter läßt sich dieses Resultat auch so verwenden: Sind V, W beliebige A-Moduln, so hat man eine kanonische A-Isomorphie

$$V_S\otimes_A W_S = V_S\otimes_{A_S} W_S\,.$$

87.7 Korollar *Seien A ein Integritätsbereich und K der Quotientenkörper von A. Für beliebige K-Vektorräume V, W ist dann*

$$k: V\otimes_A W \to V\otimes_K W$$

eine Isomorphie von A-Moduln.

Sind in der Ausgangssituation von 87.4 die Ringe A und B kommutativ, so trägt $V\otimes_A B$ eine kanonische B-Modulstruktur, während $V\otimes_A W$ zwei B-Modulstrukturen besitzt, die durch Multiplizieren bei V bzw. W beschrieben werden können. Der Kern von k ist Untermodul von $V\otimes_A W$ bezüglich beider B-Modulstrukturen und läßt sich als der kleinste derartige Untermodul ansehen, bezüglich dessen nach der Restklassenbildung die B-Modulstrukturen zusammenfallen. Was bedeutet dies für die Isomorphien aus 87.6 und 87.7?

Aufgaben

1. Seien A ein kommutativer Ring, B eine A–Algebra und δ eine Derivation von B (in sich) derart, daß das Bild des Strukturhomomorphismus $A \to B$ invariant unter δ ist. Dann gibt es eine Derivation der A–Algebra $B \otimes_A B$ mit $b \otimes c \mapsto (\delta b) \otimes c + b \otimes \delta c$. (Man verwendet 87.1.)

2. Seien A und B kommutative Ringe, V ein A–Modul, X ein (A, B)–Bimodul und W ein B–Modul. Dann gibt es einen kanonischen Homomorphismus

$$\mathrm{Hom}_A(V, X) \otimes_B W \to \mathrm{Hom}_A(V, X \otimes_B W)$$

von (A, B)–Bimoduln mit $f \otimes w \mapsto (v \mapsto f(v) \otimes w)$. Dieser ist beispielsweise bijektiv, wenn V freier endlicher A–Modul oder wenn W freier endlicher B–Modul ist. Darüber hinaus gelten m.m. auch die Aussagen von §82, Aufgabe 19. Man verallgemeinere schließlich auf den Fall beliebiger Ringe A, B.

3. Sei $\varphi : A \to B$ ein Homomorphismus kommutativer Ringe. Tensorprodukte und Homomorphismenmoduln über A, die aus B–Moduln gebildet sind, lassen sich in ebensolche Gebilde über B umschreiben; genauer: Ist V ein A–Modul und W ein B–Modul, so gibt es kanonische B–Isomorphien

$$V \otimes_A W = (B \otimes_A V) \otimes_B W\,,$$
$$\mathrm{Hom}_A(V, W) = \mathrm{Hom}_B(B \otimes_A V, W) = \mathrm{Hom}_B(V_{(\varphi)}, W)\,,$$
$$\mathrm{Hom}_A(W, V) = \mathrm{Hom}_B(W, \mathrm{Hom}_A(B, V)) = \mathrm{Hom}_B(W, V^{(\varphi)})\,.$$

Man verallgemeinere die Formeln auf den Fall beliebiger Ringe A, B.

4. Seien A ein kommutativer Ring und B eine kommutative A–Algebra. Ferner seien C eine A–Algebra und D eine B–Algebra (somit auch A–Algebra).

a) $C \otimes_A D$ ist in kanonischer Weise eine B–Algebra.

b) Der kanonische Isomorphismus von B–Moduln

$$C \otimes_A D \to C_{(B)} \otimes_B D$$

(vgl. die vorstehende Aufgabe) ist eine Isomorphie von B–Algebren.

5. Seien A ein kommutativer Ring und $B = A[x_i]_{i \in I}$ eine kommutative A–Algebra. Ferner seien V, W Moduln über B. Dann wird der Kern des kanonischen A–Homomorphismus von $V \otimes_A W$ in $V \otimes_B W$ von den Tensoren

$$x_i v \otimes w - v \otimes x_i w\,,$$

$i \in I$, $v \in V$, $w \in W$, über A erzeugt.

6. Seien A ein kommutativer Ring, B eine kommutative A–Algebra und C, D Algebren über B.

a) Der kanonische surjektive A–Homomorphismus

$$k : C \otimes_A D \to C \otimes_B D$$

ist ein A–Algebra–Homomorphismus. Sein Kern ist ein zweiseitiges Ideal, das sowohl als Links– als auch als Rechtsideal von den Elementen $1 \otimes b - b \otimes 1$, $b \in B$, erzeugt wird. (b steht hier kurz für $b \cdot 1_D$ bzw. $b \cdot 1_C$.) k ist bijektiv beispielsweise dann, wenn A ein Integritätsbereich und B sein Quotientenkörper ist.

b) Sei x_i, $i \in I$, ein A–Algebra–Erzeugendensystem von B. Dann wird der Kern von k sowohl als Links– wie auch als Rechtsideal von den Elementen $1\otimes x_i - x_i\otimes 1$, $i \in I$, erzeugt.

§88 Flache Moduln

Beim ersten Lesen kann dieser Paragraph übergangen werden.

Es werden Untersuchungen über flache und projektive Moduln nachgetragen. Fast alle davon lassen sich zwanglos auf den Fall nichtkommutativer Grundringe übertragen, wenn auch zum Preis mühseliger Situationsbeschreibungen. Wir beschränken uns auf kommutative Grundringe.

Zu Beginn sei ein Lemma besprochen, das es erlaubt, das Verschwinden von Tensoren jeweils in Tensorprodukten endlicher Moduln zu interpretieren.

88.1 Lemma *Seien V, W Moduln über dem kommutativen Ring A und $x_i \in V$, $i \in I$, $y_i \in W$, $i \in I$, endliche Familien von Elementen derart, daß $\sum_{i\in I} x_i\otimes y_i = 0$ in $V\otimes_A W$ gilt. Dann gibt es endliche Untermoduln $V' \subseteq V$, $W' \subseteq W$ mit $x_i \in V'$, $y_i \in W'$ für alle $i \in I$ und $\sum_{i\in I} x_i\otimes y_i = 0$ in $V'\otimes_A W'$.*

Sind $V'' \subseteq V$ und $W'' \subseteq W$ beliebige Untermoduln mit $V' \subseteq V''$, $W' \subseteq W''$, so gilt natürlich erst recht $\sum_{i\in I} x_i\otimes y_i = 0$ in $V''\otimes_A W''$.

B e w e i s von 88.1. Wir benutzen der Kürze halber noch einmal die Standardkonstruktion $V\otimes_A W = A^{(V\times W)}/U$ aus §80. Das Element $\sum_{i\in I} e_{(x_i,y_i)}$ von U ist Linearkombination endlich vieler der kanonischen Erzeugenden von U. Hierin kommen nur endlich viele Elemente aus V bzw. W vor. Die von ihnen zusammen mit den x_i bzw. y_i erzeugten Untermoduln $V' \subseteq V$ bzw. $W' \subseteq W$ sind von der gewünschten Art. •

Beispiel 1 (R e i n e H o m o m o r p h i s m e n. R e i n e U n t e r m o d u l n) Sei A ein kommutativer Ring. Ein Homomorphismus $f : U \to V$ von A–Moduln heißt r e i n, wenn für jeden A–Modul W der Homomorphismus

$$f\otimes W : U\otimes_A W \to V\otimes_A W$$

injektiv ist. Nach 80.6(3) gilt beispielsweise: *f ist rein, wenn f eine Isomorphie von U auf einen direkten Summanden von V ist.* Ist f rein, so ist f selbst injektiv; denn $f\otimes A$ läßt sich mit f identifizieren. Eine Komposition reiner Homomorphismen ist rein. Eine A–Algebra B ist rein, wenn der Strukturhomomorphismus $A \to B$ ein reiner Homomorphismus von A–Moduln ist, vgl. §81, Bemerkung 3.

88.2 *Der Homomorphismus $f : U \to V$ ist genau dann rein, wenn für jeden endlichen A–Modul W der Homomorphismus $f\otimes W : U\otimes_A W \to V\otimes_A W$ injektiv ist.*

Beweis. Es genügt zu zeigen, daß die Bedingung hinreichend ist. Sei W ein beliebiger A-Modul. Ist $x = \sum_{i \in I} u_i \otimes w_i$ ein Element des Kernes von $f \otimes W$, so gibt es nach 88.1 bereits einen endlichen Untermodul W' von W derart, daß $x' := \sum_{i \in I} u_i \otimes w_i \in U \otimes_A W'$ zum Kern von $f \otimes W'$ gehört. Da $f \otimes W'$ voraussetzungsgemäß injektiv ist, gilt $x' = 0$. Erst recht ist $x = 0$ in $V \otimes_A W$. Dies zeigt, daß $f \otimes W$ injektiv ist. •

Ein Untermodul U eines A-Moduls V heißt rein, wenn die Injektion $U \to V$ rein ist. Da reine Homomorphismen stets injektiv sind, ist es häufig möglich, die Situation durch Identifizieren zu vereinfachen und statt dessen reine Untermoduln zu behandeln.

88.3 *Seien U ein Untermodul des A-Moduls V und $\mathbf{a}$ ein Ideal in A. Genau dann ist $(A/\mathbf{a}) \otimes_A U \to (A/\mathbf{a}) \otimes_A V$ injektiv, wenn $\mathbf{a}V \cap U = \mathbf{a}U$ gilt.*

Beweis. Wir betrachten die exakte Sequenz $0 \to \mathbf{a} \to A \to A/\mathbf{a} \to 0$ und die zugeordnete exakte Sequenz

$$\mathbf{a} \otimes_A V \xrightarrow{\alpha} A \otimes_A V \xrightarrow{\beta} (A/\mathbf{a}) \otimes_A V \to 0\,.$$

Wegen $A \otimes_A V = V$ berechnet man das Bild von α sofort zu $\mathbf{a}V$. Das heißt nun, daß β nichts anderes ist als die Restklassenabbildung $V \to V/\mathbf{a}V$. Im kanonischen kommutativen Diagramm

$$\begin{array}{ccc} A \otimes_A U & \longrightarrow & A \otimes_A V \\ \big\downarrow & & \big\downarrow \\ (A/\mathbf{a}) \otimes_A U & \xrightarrow{\gamma} & (A/\mathbf{a}) \otimes_A V \end{array}$$

ist daher γ der von der Injektion $U \to V$ induzierte Homomorphismus $U/\mathbf{a}U \to V/\mathbf{a}V$, der genau dann injektiv ist, wenn $\mathbf{a}V \cap U = \mathbf{a}U$ gilt. •

Aus 88.3 folgt: Ist U reiner Untermodul von V, so gilt $\mathbf{a}V \cap U = \mathbf{a}U$ für jedes Ideal $\mathbf{a}$ in A.

88.4 Satz *Seien A ein Hauptidealring und V ein A-Modul. Ein Untermodul U von V ist genau dann rein, wenn für jedes Ideal $\mathbf{a}$ in A gilt: $\mathbf{a}V \cap U = \mathbf{a}U$.*

Beweis. Die Bedingung ist notwendig nach 88.3. Sie ist auch hinreichend: Sei W ein beliebiger endlicher A-Modul. Dieser ist isomorph zu einer endlichen direkten Summe zyklischer Moduln W_i, $i \in I$. (Ist A ein Bereich, so kann man 61.10 verwenden. Andernfalls kann man §58, Aufgabe 16 und §61, Aufgabe 10 sowie §39, Beispiel 6 heranziehen.) Nach 88.3 und der Voraussetzung ist jeder der Homomorphismen $U \otimes_A W_i \to V \otimes_A W_i$ injektiv. Dies gilt dann auch für ihre direkte Summe $U \otimes_A W \to V \otimes_A W$. Nach 88.2 ist U rein in V. •

Der Satz zeigt, daß der hier vorgestellte Begriff der Reinheit eines Untermoduls mit dem schon in §61, Bemerkung 3 untersuchten Begriff bei Moduln über Hauptidealringen verträglich ist. — Siehe außerdem Aufgabe 16.

Lemma 88.1 wird auch beim Beweis des folgenden Satzes benutzt.

88.5 Satz *Seien A ein kommutativer Ring und V ein A-Modul derart, daß jeder endliche Untermodul von V in einem flachen Untermodul von V enthalten ist. Dann ist V selbst ein flacher A-Modul.*

Beweis. Sei $X' \xrightarrow{g'} X \xrightarrow{g} X''$ eine exakte Sequenz von A–Moduln. Zu zeigen ist, daß dann auch die tensorierte Sequenz

$$V \otimes_A X' \overset{V\otimes g'}{\rightarrow} V \otimes_A X \overset{V\otimes g}{\rightarrow} V \otimes_A X''$$

exakt ist. Trivialerweise ist $(V\otimes g)(V\otimes g') = 0$. Sei weiter ein Tensor w aus dem Kern von $V\otimes g$ vorgegeben; zu zeigen ist, daß w zum Bild von $V\otimes g'$ gehört. Sei etwa $w = \sum_{i\in I} v_i \otimes x_i$, I endlich. Nach 88.1 und der Voraussetzung über V gibt es einen flachen Untermodul U von V mit $v_i \in U$ für $i \in I$ derart, daß $(U\otimes g)(\sum_{i\in I} v_i \otimes x_i) = 0$ in $U \otimes_A X''$ gilt. Da U flach ist, gibt es einen Tensor $\sum_{j\in J} u_j \otimes x'_j$ in $U\otimes_A X'$ mit $(U\otimes g')(\sum_{j\in J} u_j\otimes x'_j) = \sum_{i\in I} v_i \otimes x_i$ in $U\otimes_A X$. Diese Gleichung gilt erst recht für $V\otimes g'$. •

Beispiel 2 (Flachheit und Torsionsfreiheit) Seien A ein kommutativer Ring und V ein flacher A–Modul. *Ist $a \in A$ ein Nichtnullteiler, dann ist die Homothetie ϑ_a mit a auf V injektiv.* Nach Voraussetzung ist das Multiplizieren λ_a mit a auf A nämlich injektiv, und nach Voraussetzung über V ist dann auch $\lambda_a \otimes V : A \otimes_A V \to A \otimes_A V$ injektiv. Identifiziert man $A\otimes_A V$ mit V über die kanonische Isomorphie, so geht $\lambda_a \otimes V$ aber in ϑ_a über; also ist ϑ_a injektiv. — Eine direkte Folgerung ist:

88.6 Satz *Über einem Integritätsbereich ist jeder flache Modul torsionsfrei.*

Torsionsfreie Moduln brauchen nicht flach zu sein, wie wir in den Aufgaben sehen werden. Hingegen gilt:

88.7 Satz *Über einem Hauptidealbereich A ist ein Modul genau dann flach, wenn er torsionsfrei ist.*

Beweis. Nach 88.6 und 88.5 genügt es zu zeigen, daß jeder endliche Untermodul U eines torsionsfreien A-Moduls flach ist. Nach 61.9 ist U aber sogar frei. •

Wegen der Rechtsexaktheit des Tensorproduktes läßt sich der Nachweis der Flachheit von Moduln mit der folgenden Überlegung auf das Wesentliche beschränken.

88.8 Lemma *Ein Modul V über dem kommutativen Ring A ist genau dann flach, wenn gilt: Ist $j : Y \to Z$ ein injektiver Homomorphismus, so ist auch $V\otimes j : V\otimes_A Y \to V\otimes_A Z$ injektiv.*

Beweis. Die Bedingung ist trivialerweise notwendig. Sie ist auch hinreichend: Betrachten wir dazu eine exakte Sequenz

$$X' \xrightarrow{g'} X \xrightarrow{g} X''$$

von A–Moduln. Mit $Q := \operatorname{Bild} g$, der eingeschränkten Abbildung $h : X \to Q$ und der Einbettung $\iota : Q \to X''$ haben wir die exakten Sequenzen

$$X' \xrightarrow{g'} X \xrightarrow{h} Q \to 0, \ \ 0 \to Q \xrightarrow{\iota} X'',$$

wobei $\iota h = g$ ist. Nach 82.9 bzw. nach Voraussetzung über V sind dann

$$V \otimes X' \overset{V\otimes g'}{\to} V \otimes X \overset{V\otimes h}{\to} V \otimes Q \to 0, \quad 0 \to V \otimes Q \overset{V\otimes \iota}{\to} V \otimes X''$$

exakt. Wegen $(V\otimes\iota)(V\otimes h) = V\otimes g$ ist deshalb die Sequenz

$$V \otimes X' \overset{V\otimes g'}{\to} V \otimes X \overset{V\otimes g}{\to} V \otimes X''$$

exakt, und das war zu zeigen. •

Beispiel 3 (Direkte Summen flacher Moduln) Mit 88.8 läßt sich beispielsweise der Beweis des folgenden Satzes leichter formulieren.

88.9 Satz *Eine direkte Summe von Moduln ist genau dann flach, wenn alle direkten Summanden flach sind.*

Beweis. Sei $\alpha_i \colon V_i \to V$, $i \in I$, eine Darstellung des Moduls V als direkte Summe der Moduln V_i, $i \in I$. Schließlich sei $j : Y \to Z$ ein injektiver Homomorphismus von Moduln. Das Diagramm

$$\begin{array}{ccc} V\otimes Y & \overset{V\otimes j}{\longrightarrow} & V\otimes Z \\ \uparrow & & \uparrow \\ \bigoplus_{i\in I}(V_i\otimes Y) & \overset{\oplus(V_i\otimes j)}{\longrightarrow} & \bigoplus_{i\in I}(V_i\otimes Z) \end{array}$$

mit den Isomorphien gemäß 82.8 als vertikalen Abbildungen ist offensichtlich kommutativ. Daher ist $V\otimes j$ genau dann injektiv, wenn die direkte Summe der $V_i\otimes j$, $i \in I$, injektiv ist, d.h. wenn alle $V_i\otimes j$, $i \in I$, injektiv sind. Daraus ergibt sich mit 88.8 sofort die Behauptung. •

Eine exakte Sequenz $0 \to U \to X \to V \to 0$, in der V ein flacher Modul ist, braucht nicht aufzuspalten, besitzt aber eine Eigenschaft, die aufspaltende Sequenzen nach §82, Beispiel 8 haben: Tensoriert man sie mit beliebigen Moduln, so entstehen wieder exakte Sequenzen. Dies charakterisiert sogar die Flachheit von V, wie wir mit Hilfe der folgenden Überlegung sehen werden.

88.10 Lemma *Seien A ein kommutativer Ring und V, W Moduln über A. Dann sind äquivalent:*

(1) *Ist $0 \to X' \to X \to V \to 0$ eine exakte Sequenz von A-Moduln, so auch*

$$0 \to X'\otimes_A W \to X\otimes_A W \to V\otimes_A W \to 0\,.$$

(2) *Es gibt eine exakte Sequenz $0 \to X' \to X \to V \to 0$ von A-Moduln mit flachem X derart, daß auch die folgende Sequenz exakt ist:*

$$0 \to X'\otimes_A W \to X\otimes_A W \to V\otimes_A W \to 0\,.$$

(3) *Ist $0 \to Y' \to Y \to W \to 0$ eine exakte Sequenz von A-Moduln, so auch*

$$0 \to V\otimes_A Y' \to V\otimes_A Y \to V\otimes_A W \to 0\,.$$

(4) *Es gibt eine exakte Sequenz $0 \to Y' \to Y \to W \to 0$ von A-Moduln mit flachem Y derart, daß auch die folgende Sequenz exakt ist:*

$$0 \to V\otimes_A Y' \to V\otimes_A Y \to V\otimes_A W \to 0\,.$$

Die im Satz stehenden Homomorphismen der Tensorprodukte sind jeweils die zu den Homomorphismen der Moduln gebildeten natürlichen Homomorphismen; es ist nicht nötig, sie genauer zu bezeichnen. (Ebenso verfahren wir im Rest dieses Paragraphen und in den Aufgaben.)

Beweis von 88.10. Da jeder Modul Restklassenmodul eines freien und damit flachen Moduls ist, sind (1)⇒(2) und (3)⇒(4) triviale Implikationen. Wegen der Kommutativität des Tensorproduktes ist (4)⇒(1) derselbe Schluß wie (2)⇒(3); es genügt also, (2)⇒(3) zu beweisen.

Sind $0 \to X' \to X \to V \to 0$ und $0 \to Y' \to Y \to W \to 0$ exakte Sequenzen, wobei X außerdem flach ist, so ist das kanonisch gebildete Diagramm

$$\begin{array}{ccccccccc}
 & & 0 & & 0 & & 0 & & \\
 & & \uparrow & & \uparrow & & \uparrow & & \\
0 & \to & X'\otimes W & \to & X\otimes W & \to & V\otimes W & \to & 0 \\
 & & \uparrow & & \uparrow & & \uparrow & & \\
 & & X'\otimes Y & \to & X\otimes Y & \to & V\otimes Y & \to & 0 \\
 & & \uparrow & & \uparrow & & \uparrow{\scriptstyle\alpha} & & \\
 & & X'\otimes Y' & \to & X\otimes Y' & \to & V\otimes Y' & \to & 0 \\
 & & & & \uparrow & & & & \\
 & & & & 0 & & & &
\end{array}$$

kommutativ und die darin vorkommenden Sequenzen sind exakt wegen der Rechtsexaktheit des Tensorproduktes, weil X flach ist (mittlere vertikale Sequenz) und nach Voraussetzung (2) (obere horizontale Sequenz). Eine einfache Diagrammjagd, die dem Leser Vergnügen bereiten sollte, zeigt nun, daß α injektiv ist; damit ist (3) gewonnen. •

Gelten die Aussagen in 88.10, so wollen wir V und W kurz **torsionsfremd** nennen.

Bemerkung 1 In der homologischen Algebra konstruiert man A-Moduln $\mathrm{Tor}_1^A(V,W)$ derart, daß in den in (1) und (3) beschriebenen Ausgangssituationen stets exakte Sequenzen

$$\cdots \to \mathrm{Tor}_1^A(V,W) \to X'\otimes_A W \to X\otimes_A W \to V\otimes_A W \to 0\,,$$
$$\cdots \to \mathrm{Tor}_1^A(V,W) \to V\otimes_A Y' \to V\otimes_A Y \to V\otimes_A W \to 0$$

existieren. In 88.10 haben wir die Bedingung $\mathrm{Tor}_1^A(V,W) = 0$ charakterisiert. Man vergleiche mit ähnlichen Überlegungen zum Funktor Hom in Anhang V.C, Aufgabe 10.

88.11 Satz *Ein Modul über einem kommutativen Ring A ist genau dann flach, wenn er zu jedem A-Modul torsionsfremd ist.*

Beweis mit 88.10 und 88.8. •

88.12 Korollar *Sei* $0 \to V' \to V \to V'' \to 0$ *eine exakte Sequenz von Moduln mit einem flachen Modul* V''. *Genau dann ist* V *flach, wenn* V' *flach ist.*

Beweis. Sei $j: Y \to Z$ ein beliebiger injektiver Homomorphismus von Moduln. Dann hat man ein kanonisches kommutatives Diagramm

$$\begin{array}{ccccccccc} 0 & \to & V'\otimes Y & \to & V\otimes Y & \to & V''\otimes Y & \to & 0 \\ & & \downarrow{\scriptstyle V'\otimes j} & & \downarrow{\scriptstyle V\otimes j} & & \downarrow{\scriptstyle V''\otimes j} & & \\ 0 & \to & V'\otimes Z & \to & V\otimes Z & \to & V''\otimes Z & \to & 0, \end{array}$$

dessen horizontale Sequenzen nach 88.11 exakt sind. Ferner ist $V''\otimes j$ ebenfalls nach Voraussetzung über V'' injektiv. Eine triviale Diagrammjagd zeigt nun, daß $V\otimes j$ genau dann injektiv ist, wenn $V'\otimes j$ injektiv ist. Dies ergibt sofort die Behauptung. •

Beispiel 4 Satz 88.11 zeigt, daß es Beziehungen zwischen Reinheit und Flachheit gibt. Sei A weiterhin ein kommutativer Ring.

88.13 Satz *Sei* U *ein Untermodul des Moduls* V. *Es gilt:*
(1) *Ist* V/U *flach, so ist* U *rein in* V.
(2) *Ist* U *rein in* V *und ist* V *flach, so ist* V/U *flach und* U *selbst auch flach.*

Beweis. (1) und (2) folgen aus 88.11, der Zusatz in (2) aus 88.12. •

Ist $0 \to V' \to V \to V'' \to 0$ eine exakte Sequenz von Moduln mit flachen Moduln V' und V, so braucht V'' nicht flach zu sein: Ist A ein Integritätsbereich und $a \in A$ eine Nichteinheit $\neq 0$, so ist A/aA nicht flach, aber A und $aA \cong A$ sind flach.

Sei A ein Integritätsbereich mit dem Quotientenkörper K, wobei $A \neq K$ sei. Es gibt eine exakte Sequenz $0 \to U \to F \to K \to 0$ mit einem freien A–Modul F. Alle Moduln K, F, U sind flach, nämlich K nach §82, Beispiel 9, F als freier Modul und U nach 88.12. Die Sequenz spaltet aber nicht auf, denn sonst wäre K Untermodul eines freien Moduls, was nicht möglich ist, vgl. §35, Aufgabe 4.

Wir kommen nun zu Ergänzungen über projektive Moduln. Diese wurden in Anhang V.B eingeführt; sie lassen sich beispielsweise als direkte Summanden freier Moduln charakterisieren. In den Sätzen und Aufgaben dieses Kapitels läßt sich i.a. die Voraussetzung freier bzw. endlicher freier Moduln durch die Voraussetzung projektiver bzw. endlicher projektiver Moduln ersetzen.

Beispiel 5 Die natürliche Beweismethode für die genannten Verallgemeinerungen ist die funktorielle in den einzelnen Variablen, welche direkte Summenbildung respektiert. Die Ausführung der Einzelheiten sei dem Leser angeraten.

Als einfach Beispiele erwähnen wir: *Über einem kommutativen Ring* A *sind Tensorprodukte und äußere und symmetrische Potenzen projektiver Moduln wieder projektive Moduln.* Dies folgt aus den entsprechenden Sätzen über freie Moduln mit 80.6(3) bzw. den entsprechenden Sätzen über äußere und symmetrische Potenzen. Zu Rangaussagen dabei siehe §83, Aufgabe 21, §86, Aufgabe 7.

Fälle, in denen die Verallgemeinerung Schwierigkeiten bereitet, wie beispielsweise in Satz 81.2 über reine Algebren, werden in den Aufgaben unten wieder aufgenommen.

Beispiel 6 Mit 82.10 und 88.9 ergibt sich direkt:

88.14 Satz *Projektive Moduln sind flach.*

Darauf, daß flache Moduln nicht Untermoduln freier Moduln zu sein brauchen und erst recht nicht projektiv zu sein brauchen, haben wir schon hingewiesen, vgl. Beispiel 4. Es gilt jedoch:

88.15 Satz *Für einen Modul V über dem kommutativen Ring A sind äquivalent:*
(1) *V ist endlicher projektiver Modul.*
(2) *V ist flacher Modul von endlicher Darstellung.*
(3) *Der kanonische Homomorphismus $V^* \otimes_A V \xrightarrow{h} \mathrm{End}_A V$ ist bijektiv.*
(4) id_V *liegt im Bild des kanonischen Homomorphismus $V^* \otimes_A V \xrightarrow{h} \mathrm{End}_A V$.*

Beweis. Nach 88.14 und Anhang V.B ist klar, daß (2) aus (1) folgt. Aus (2) folgt (3): Sei V flacher A-Modul von endlicher Darstellung. Dann gibt es eine exakte Sequenz $G \to F \to V \to 0$ mit endlichen freien A-Moduln F, G. Die dualisierte Sequenz $0 \to V^* \to F^* \to G^*$ ist ebenfalls exakt. Durch Tensorieren mit dem flachen Modul V entsteht hieraus eine exakte Sequenz, die man in das kommutative Diagramm

$$\begin{array}{ccccccc} 0 \to & V^* \otimes_A V & \to & F^* \otimes_A V & \to & G^* \otimes_A V \\ & \downarrow h & & \downarrow & & \downarrow \\ 0 \to & \mathrm{Hom}_A(V, V) & \to & \mathrm{Hom}_A(F, V) & \to & \mathrm{Hom}_A(G, V) \end{array}$$

einbauen kann, dessen untere Zeile eine ebenfalls exakte Sequenz ist, die mittels $\mathrm{Hom}_A(-, V)$ entsteht, und dessen vertikale Homomorphismen die kanonischen gemäß §82, Beispiel 1 sind; diese sind für die endlichen freien Moduln F, G nach §82, Aufgabe 19 bijektiv. Nach dem Fünfer-Lemma ist dann auch h bijektiv.
(4) ist eine Abschwächung von (3). Es bleibt daher zu zeigen, daß (1) aus (4) folgt. Unter der Voraussetzung von (4) gibt es eine Darstellung

$$\mathrm{id}_V = h(\sum_{i \in I} f_i \otimes v_i) = v \mapsto \sum_{i \in I} f_i(v) v_i \,,$$

$f_i \in V^*$, $v_i \in V$, I endlich. Sei $A^{(I)}$ der freie A-Modul mit der Standardbasis e_i, $i \in I$, und $\pi : A^{(I)} \to V$ der Homomorphismus mit $e_i \mapsto v_i$. Für den Homomorphismus $g : V \to A^{(I)}$ mit $v \to \sum_{i \in I} f_i(v) e_i$ gilt dann offenbar $\pi g = \mathrm{id}_V$. Nach 42.11 ist V direkter Summand des endlichen freien Moduls $A^{(I)}$, also ein endlicher projektiver Modul. Somit gilt (1). •

Beispiel 7 Über manchen Ringen sind die projektiven Moduln freilich mit den freien identisch. Beispielsweise folgt aus III.B.3: *Über einem Linkshauptidealbereich sind alle projektiven Moduln frei.*

Über einem lokalen Ring ist jeder projektive Modul frei. Der Beweis für den simplen Fall endlicher Moduln ist im Anhang V.B, Aufgabe 12 angegeben. Der Beweis von Kaplansky für den allgemeinen Fall wird in Aufgabe 45 besprochen. Ohne Schwierigkeiten ergibt sich nach demselben Beweisprinzip auch: *Über einem Bezoutbereich ist jeder projektive Modul frei.* Dies wird in Aufgabe 46 bewiesen, in der wie in den oben genannten Fällen nichtkommutative Ringe betrachtet werden. Bei kommutativen Ringen ergeben sich Beziehungen der projektiven zu den freien Moduln über das Lokalisieren–Delokalisieren.

Wie schließen mit der Darstellung eines wichtigen Beweisprinzips, das man mit dem Begriffspaar Lokalisieren–Delokalisieren kennzeichnet. Ausgangspunkt ist die Bemerkung, daß für jedes multiplikative System S des kommutativen Ringes A die durch Nenneraufnahme gewonnene A–Algebra A_S flach ist, vgl. §82, Beispiel 9 und §81, Beispiel 7. Dementsprechend gehen viele Eigenschaften von A-Moduln V auf die Moduln $A_S \otimes_A V = V_S$ der Brüche mit Nennern aus S über. Insbesondere gilt dies für den Fall, daß $S := A \backslash \mathbf{p}$ das Komplement eines Primideals $\mathbf{p}$ in A ist. Den Übergang von A zu dem lokalen Ring $A_{\mathbf{p}} = A_S$ bzw. vom A–Modul V zum $A_{\mathbf{p}}$–Modul $V_{\mathbf{p}} = V_S$ bezeichnet man als Lokalisieren, siehe auch §58, Bemerkung 1. Läßt sich umgekehrt von den Eigenschaften der $A_{\mathbf{p}}$–Moduln $V_{\mathbf{p}}$ auf Eigenschaften von V selbst schließen, so spricht man vom Delokalisieren.

Sei A ein kommutativer Ring. Mit

$$\operatorname{Spek} A \quad \text{bzw.} \quad \operatorname{Spm} A$$

wird die Menge der Primideale bzw. die Menge der maximalen Ideale von A bezeichnet. Diese Mengen heißen das Spektrum bzw. das maximale Spektrum von A. Eine Eigenschaft von Moduln heißt lokal, wenn gilt: Ein A–Modul V hat diese Eigenschaft genau dann, wenn sämtliche Lokalisierungen $V_{\mathbf{p}}$, $\mathbf{p} \in \operatorname{Spek} A$, als $A_{\mathbf{p}}$–Moduln diese Eigenschaft haben. Eine entsprechende Redeweise gebraucht man bei Modulhomomorphismen. Beispielsweise ist die Eigenschaft, Nullmodul zu sein, lokal:

88.16 Lemma *Für einen Modul V über einem kommutativen Ring A sind äquivalent:*

(1) *Es ist $V = 0$.*

(2) *Für alle $\mathbf{p} \in \operatorname{Spek} A$ ist $V_{\mathbf{p}} = 0$.*

(3) *Für alle $\mathbf{m} \in \operatorname{Spm} A$ ist $V_{\mathbf{m}} = 0$.*

Beweis. Aus (1) folgt (2) und hieraus (3); das ist trivial. Sei nun (3) erfüllt. Zu $x \in V$ und jedem $\mathbf{m} \in \operatorname{Spm} A$ gibt es wegen $x/1 = 0$ in $V_{\mathbf{m}}$ ein $s \in A \setminus \mathbf{m}$ mit $sx = 0$, woraus $\operatorname{Ann} Ax \not\subseteq \mathbf{m}$ folgt. Nach dem Satz 20.5 von Krull ist dann $\operatorname{Ann} Ax = A$, also $x = 0$. Daher gilt (1). •

Wie in 88.16 kommt man bei der Charakterisierung einer lokalen Eigenschaft auch in vielen Fällen mit den Lokalisierungen nach den maximalen Idealen aus, worauf im folgenden nicht mehr eigens eingegangen wird.

Bei der nächsten Aussage über Untermoduln beachte man §51, Beispiel 9.

88.17 Korollar *Sei V ein Modul über dem kommutativen Ring A. Untermoduln U, W von V sind genau dann gleich, wenn für alle $\mathfrak{m} \in \operatorname{Spm} A$ die Moduln $U_{\mathfrak{m}}$ und $W_{\mathfrak{m}}$ in $V_{\mathfrak{m}}$ gleich sind.*

Beweis. Indem man $U + W$ betrachtet, reduziert man die Aussage sofort auf den Sonderfall $U \subseteq W$. Sei $U_{\mathfrak{m}} = W_{\mathfrak{m}}$ für alle $\mathfrak{m} \in \operatorname{Spm} A$. Dann ist $(W/U)_{\mathfrak{m}} = W_{\mathfrak{m}}/U_{\mathfrak{m}} = 0$ für alle $\mathfrak{m} \in \operatorname{Spm} A$ und somit $W/U = 0$ nach 88.16. Also ist $W = U$. •

88.18 Korollar *Sei V ein Modul über dem kommutativen Ring A. Elemente x, y von V sind genau dann gleich, wenn für alle $\mathfrak{m} \in \operatorname{Spm} A$ die Elemente $x/1$ und $y/1$ in $V_{\mathfrak{m}}$ gleich sind.*

Den Beweis liefert 88.17, da $x = y$ zu $A(x - y) = 0$ äquivalent ist. •

Auch die Exaktheit von Sequenzen ist eine lokale Eigenschaft:

88.19 Satz *Sei A ein kommutativer Ring. Eine Sequenz*

$$V' \xrightarrow{f'} V \xrightarrow{f} V''$$

von A-Moduln ist genau dann exakt, wenn für jedes $\mathfrak{m} \in \operatorname{Spm} A$ die Sequenz

$$V'_{\mathfrak{m}} \xrightarrow{f'_{\mathfrak{m}}} V_{\mathfrak{m}} \xrightarrow{f_{\mathfrak{m}}} V''_{\mathfrak{m}}$$

von $A_{\mathfrak{m}}$-Moduln exakt ist.

Beweis. Ist die Ausgangssequenz exakt, so sind nach 51.7 die lokalisierten Sequenzen exakt. Seien umgekehrt die lokalisierten Sequenzen exakt. Wegen $(\operatorname{Bild} f')_{\mathfrak{m}} = \operatorname{Bild} f'_{\mathfrak{m}}$ und $(\operatorname{Kern} f)_{\mathfrak{m}} = \operatorname{Kern} f_{\mathfrak{m}}$ (vgl. §82, Aufgabe 16) folgt $\operatorname{Bild} f' = \operatorname{Kern} f$ mit 88.17. •

Insbesondere sind Injektivität und Surjektivität von Homomorphismen lokale Eigenschaften.

88.20 Satz *Sei A ein kommutativer Ring. Ein A-Modul V ist genau dann flach, wenn für alle $\mathfrak{m} \in \operatorname{Spm} A$ die Lokalisierungen $V_{\mathfrak{m}}$ flache $A_{\mathfrak{m}}$-Moduln sind.*

Beweis. Die Flachheit von Moduln bleibt generell bei Grundringwechsel erhalten, s. Aufgabe 27. Nehmen wir daher an, daß die Lokalisierungen $V_{\mathfrak{m}}$ sämtlich flach sind, und geben wir uns zum Beweis der Flachheit von V eine exakte Sequenz $X' \to X \to X''$ von A-Moduln vor. Für $\mathfrak{m} \in \operatorname{Spm} A$ ist aber die lokalisierte Sequenz

$$(V \otimes X')_{\mathfrak{m}} \to (V \otimes X)_{\mathfrak{m}} \to (V \otimes X'')_{\mathfrak{m}}$$

nach §81, Beispiel 5 kanonisch isomorph zur $A_{\mathfrak{m}}$-Sequenz

$$V_{\mathfrak{m}} \otimes X'_{\mathfrak{m}} \to V_{\mathfrak{m}} \otimes X_{\mathfrak{m}} \to V_{\mathfrak{m}} \otimes X''_{\mathfrak{m}},$$

die nach Voraussetzung über $V_{\mathfrak{m}}$ exakt ist. 88.19 ergibt die Behauptung. •

Beispiel 8 Aus 88.14, 88.15 und 88.20 folgt sofort: *Ein Modul V von endlicher Darstellung über einem kommutativen Ring A ist genau dann projektiv, wenn für alle* $\mathbf{m} \in \operatorname{Spm} A$ *die Lokalisierungen* $V_{\mathbf{m}}$ *projektive* $A_{\mathbf{m}}$*-Moduln sind.* Generell ist die Projektivität aber keine lokale Eigenschaft von Moduln; in diesem Zusammenhang siehe die Aufgaben 50ff. Man beachte dabei, daß projektive Moduln lokal immer frei sind, vgl. Beispiel 7.

Aufgaben

1. Seien A ein kommutativer Ring, B eine flache A-Algebra und V ein A-Modul. Für jeden Untermodul U von V sei $B \otimes_A U$ mit dem kanonischen Bild in $B \otimes_A V$ identifiziert. Sind $U_1, \ldots, U_n$ Untermoduln von V, so gilt in $B \otimes_A V$:

$$(B \otimes_A U_1) \cap \cdots \cap (B \otimes_A U_n) = B \otimes_A (U_1 \cap \cdots \cap U_n).$$

(Der Charakter der kanonischen Abbildung $V \to (V/U_1) \oplus \cdots \oplus (V/U_n)$ bleibt beim Tensorieren mit B erhalten.) Insbesondere gilt für Ideale $\mathbf{a}_1, \ldots, \mathbf{a}_n$ in A:

$$B\mathbf{a}_1 \cap \cdots \cap B\mathbf{a}_n = B(\mathbf{a}_1 \cap \cdots \cap \mathbf{a}_n).$$

2. Seien A ein kommutativer Ring, B eine flache kommutative A-Algebra und V ein endlicher A-Modul. Dann gilt

$$B \cdot \operatorname{Ann}_A V = \operatorname{Ann}_B V_{(B)}.$$

(Man verifiziert die Aussage zunächst für zyklische Moduln.)

3. Sei B eine kommutative Algebra über dem kommutativen Ring A.

a) Ist $f: U \to V$ ein reiner A-Modul-Homomorphismus, so ist $f_{(B)}: U_{(B)} \to V_{(B)}$ ein reiner B-Modul-Homomorphismus.

b) Ist $f: X \to Y$ ein reiner Homomorphismus von B-Moduln, so ist f auch rein als A-Homomorphismus.

4. Sei B eine kommutative Algebra über dem kommutativen Ring A.

a) Ist C eine reine A-Algebra, so ist $C_{(B)}$ reine B-Algebra.

b) Ist B rein über A, so ist jede reine B-Algebra auch rein über A.

c) Gibt es eine B-Algebra, die als A-Algebra rein ist, so ist auch B reine A-Algebra.

5. Sei S ein multiplikatives System im kommutativen Ring A. Ist A_S rein über A, so ist der kanonische Homomorphismus $A \to A_S$ eine Isomorphie.

6. Sei B eine reine Algebra über dem kommutativen Ring A und $\varphi: A \to B$ der Strukturhomomorphismus.

a) Für jedes Ideal $\mathbf{a}$ in A gilt $\varphi^{-1}(\mathbf{a}B) = \mathbf{a}$. (Man verwendet 88.3.)

b) Ist B linksnoethersch (bzw. linksartinsch), so ist A noethersch (bzw. artinsch).

7. Sei $A \subseteq B$ eine reine Erweiterung kommutativer Ringe derart, daß jeder Nichtnullteiler von A auch Nichtnullteiler von B ist. Der totale Quotientenring K von A läßt sich also kanonisch als Unterring des totalen Quotientenringes von B auffassen.

a) Für jedes Ideal $\mathbf{a}$ in A gilt:

$$K \cap B\mathbf{a} = \mathbf{a}.$$

Insbesondere gilt $K \cap B = A$.

b) Ist B ganz–abgeschlossen (bzw. vollständig ganz–abgeschlossen), so auch A.

c) Die (oben getroffenen) Voraussetzungen über die Erweiterung $A \subseteq B$ kommutativer Ringe sind erfüllt, wenn B rein und flach über A ist.

d) Die Voraussetzungen über $A \subseteq B$ sind erfüllt, wenn A normal ist und B ein Integritätsbereich ist, der ganz über A ist und dessen Quotientenkörper L einen endlichen Rang n über K hat, wobei $n \cdot 1_A$ eine Einheit in A ist. (Man betrachtet die Spur von L über K.)

8. Seien A ein Integritätsbereich, V ein flacher und W ein torsionsfreier A–Modul. Dann ist der A–Modul $V \otimes_A W$ torsionsfrei.

9. Seien A ein Integritätsbereich, B eine flache kommutative A–Algebra und V ein torsionsfreier A–Modul. Dann ist der B–Modul $V_{(B)}$ torsionsfrei.

10. Über einem Bezoutbereich A ist ein Modul genau dann flach, wenn er torsionsfrei ist. (Jeder endliche torsionsfreie A–Modul ist frei, vgl. §42, Bsp. 12.)

11. Seien A ein Bezoutbereich und V, W Moduln über A.

a) Sind V, W torsionsfrei und sind $V' \subseteq V$, $W' \subseteq W$ beliebige Untermoduln, so ist der kanonische Homomorphismus $V' \otimes_A W' \to V \otimes_A W$ injektiv.

b) Sind V, W torsionsfrei, so ist auch $V \otimes_A W$ torsionsfrei.

c) Sind V, W torsionslos, so ist auch $V \otimes_A W$ torsionslos. (Sei $z := \sum v_i \otimes w_i \neq 0$ in $V \otimes W$. Ohne Einschränkung kann man die w_i linear unabhängig annehmen. Es gibt weiter eine Linearform f auf V, die nicht auf allen v_i verschwindet. Dann ist $(f \otimes W)(z) \neq 0$ in $A \otimes_A W = W$.)

(Bemerkung. Daß b) und c) nicht einschränkungslos richtig sind, zeigen Beispiele aus den folgenden Aufgaben.)

12. Seien A ein kommutativer Ring, V ein A–Modul und $\mathbf{a}, \mathbf{b}$ Ideale in A. Es gibt einen kanonischen surjektiven A–Homomorphismus

$$\mathbf{a} \otimes_A V \to \mathbf{a}V$$

mit $a \otimes v \mapsto av$. (Dieser ist die Einschränkung der kanonischen Abbildung von $\mathbf{a} \otimes_A V$ in $A \otimes_A V = V$ auf das Bild.) Speziell gibt es einen kanonischen surjektiven A–Homomorphismus

$$\mathbf{a} \otimes_A \mathbf{b} \to \mathbf{ab} (\subseteq A).$$

a) Ist V ein flacher Modul, so ist $\mathbf{a} \otimes_A V \to \mathbf{a}V$ eine Isomorphie. Ist $\mathbf{a}$ oder $\mathbf{b}$ flaches Ideal, so ist $\mathbf{a} \otimes_A \mathbf{b} \to \mathbf{ab}$ eine Isomorphie.

b) In $A := \mathbb{Z}[\sqrt{-3}]$ ist das von 2 und $1 + \sqrt{-3}$ erzeugte Ideal $\mathbf{m}$ ein maximales Ideal. Es ist $\mathbf{m}^2 = 2\mathbf{m}$. Der Torsionsuntermodul von $\mathbf{m} \otimes_A \mathbf{m}$ ist isomorph zu $(A/\mathbf{m})^2$. (Die Relationen von 2 und $1+\sqrt{-3}$ werden von den Paaren $(1+\sqrt{-3}, -2)$ und $(2, -1+\sqrt{-3})$ erzeugt.)

c) In $A := \mathbb{Z}[\sqrt{-5}]$ ist das von 2 und $1 + \sqrt{-5}$ erzeugte Ideal $\mathbf{m}$ ein maximales Ideal. Man berechne $\mathbf{m} \otimes_A \mathbf{m} \to \mathbf{m}^2$ konkret. (Die Relationen von 2 und $1 + \sqrt{-5}$ werden von den Paaren $(1 + \sqrt{-5}, -2)$ und $(3, -1 + \sqrt{-5})$ erzeugt.)

13. Seien K ein Körper, $A := K[X,Y]$ der Polynomring über K in zwei Unbestimmten und $\mathbf{m}$ das maximale Ideal $AX + AY$ in A.

a) Der Kern der kanonischen Abbildung $\mathbf{m} \otimes_A \mathbf{m} \to \mathbf{m}^2 \subseteq A$ ist isomorph zu $A/\mathbf{m} = K$. (Zur Berechnung von $\mathbf{m} \otimes \mathbf{m}$ tensoriere man die exakte Sequenz $0 \to A \xrightarrow{\beta} A^2 \xrightarrow{\alpha} \mathbf{m} \to 0$ mit $\mathbf{m}$; dabei ist $\beta(h) = (hY, -hX)$ und $\alpha(f,g) = fX + gY$.)

b) Es ist $\bigwedge^2(\mathbf{m}) \cong A/\mathbf{m}$. Insbesondere ist für die Injektion $j : \mathbf{m} \to A$ die äußere Potenz $\bigwedge^2(j)$ *nicht* injektiv.

14. (Charakterisierung der Flachheit) Sei A ein kommutativer Ring. Ein A-Modul V ist genau dann flach, wenn für jedes endliche Ideal $\mathbf{a}$ in A der kanonische Homomorphismus $\mathbf{a} \otimes_A V \to \mathbf{a}V$ mit $a \otimes v \mapsto av$ bijektiv ist. (Die Bedingung ist offensichtlich notwendig. Sei sie umgekehrt erfüllt. Sie gilt dann offenbar auch für beliebige Ideale. Man beweist nun zuerst für Untermoduln U endlicher freier A-Moduln F, daß $V \otimes_A U \to V \otimes_A F$ injektiv ist, und zwar durch Induktion über den Rang n von F, wobei der Fall $n = 1$ von der Anfangsbedingung geliefert wird. Induktionsschritt: Sei $F = F_1 \oplus F_2$ mit freien Moduln $F_1 \neq 0$, $F_2 \neq 0$ und $U_1 := U \cap F_1$, während U_2 das Bild von U unter der Projektion von F auf F_2 längs F_1 sei. Man hat ein natürliches kommutatives Diagramm

$$\begin{array}{ccccccccc} 0 & \to & U_1 & \to & U & \to & U_2 & \to & 0 \\ & & \downarrow{\scriptstyle j_1} & & \downarrow{\scriptstyle j} & & \downarrow{\scriptstyle j_2} & & \\ 0 & \to & F_1 & \to & F & \to & F_2 & \to & 0 \end{array}$$

mit exakten Zeilen. Die Zeile unten spaltet sogar auf. Tensoriert man das Diagramm mit V, so erhält man nach simpler Diagrammjagd, daß $V \otimes j$ injektiv ist, da $V \otimes j_1$ und $V \otimes j_2$ nach Induktionsvoraussetzung injektiv sind. Eine einfache Überlegung zeigt weiter, daß $V \otimes_A U \to V \otimes_A F$ für Untermoduln U beliebiger freier Moduln F gilt. Nun benutzt man 88.8. Sei also $j : Y \to Z$ ein beliebiger injektiver Homomorphismus. Es gibt einen freien Modul F und einen surjektiven Homomorphismus π von F auf Z; sei U sein Kern und $G := \pi^{-1}(jY)$. Dann ist

$$\begin{array}{ccccccc} U & \to & G & \to & Y & \to & 0 \\ \downarrow{\scriptstyle \mathrm{id}} & & \downarrow{\scriptstyle \iota} & & \downarrow{\scriptstyle j} & & \\ U & \to & F & \to & Z & \to & 0 \end{array}$$

ein kommutatives Diagramm mit exakten Zeilen, die ebensolche nach dem Tensorieren mit V bleiben. $V \otimes \iota$ ist injektiv. Foglich ist auch $V \otimes j$ injektiv.)

15. Seien A ein noetherscher kommutativer Ring und V_i, $i \in I$, eine Familie von A-Moduln. Genau dann ist der Produktmodul $\prod_{i \in I} V_i$ flach, wenn alle V_i, $i \in I$, flach sind. (Aufgabe 14 und §82, Aufgabe 18.)

16. In Ergänzung zu Beispiel 1 zeige man: Ist U ein Untermodul des flachen A-Moduls V derart, daß für alle (endlichen) Ideale $\mathbf{a}$ in A gilt: $\mathbf{a}V \cap U = \mathbf{a}U$, dann ist U rein in V. (Ist $\mathbf{a}V \cap U = \mathbf{a}U$, so ist $(A/\mathbf{a}) \otimes U \to (A/\mathbf{a}) \otimes V$ injektiv. Mit Aufgabe 14 folgt also, daß V/U flach ist.)

17. Sei V ein Modul über dem kommutativen Ring A.

a) V ist genau dann flach, wenn gilt: Sind $a_i \in A$, $x_i \in V$ Elemente mit

$$\sum_{i\in I} a_i x_i = 0\,,$$

wobei die Indexmenge I endlich ist, dann gibt es eine endliche Indexmenge J und Elemente $a_{ij} \in A$, $y_j \in V$ mit

$$\sum_{i\in I} a_i a_{ij} = 0 \quad \text{für} \quad j \in J\,, \qquad x_i = \sum_{j\in J} a_{ij} y_j \quad \text{für} \quad i \in I\,.$$

(Die Bedingung ist notwendig: Sei $\mathbf{a} := \sum_i Aa_i$. Es folgt $\sum_i a_i \otimes x_i = 0$ in $\mathbf{a} \otimes V$. Sei e_i, $i \in I$, die Standardbasis von $A^{(I)}$ und $f : A^{(I)} \to \mathbf{a}$ der Homomorphismus mit $e_i \mapsto a_i$. Zu $\sum_i e_i \otimes x_i$ gibt es ein Urbild in $(\mathrm{Kern} f) \otimes V$, aus dem man die a_{ij}, y_j gewinnt. Daß die Bedingung auch hinreicht, folgt mit Aufgabe 14.)

b) Seien V ein endlicher flacher A-Modul und $x_1, \ldots, x_n$ ein Erzeugendensystem von V. Sind $a_1, \ldots, a_n \in A$ Elemente mit $a_1 x_1 + \cdots + a_n x_n = 0$, so gibt es ein $(a_{ij}) \in \mathsf{M}_n(A)$ mit

$$\sum_i a_i a_{ij} = 0 \quad \text{für} \quad j = 1, \ldots, n \quad \text{und} \quad x_i = \sum_j a_{ij} x_j \quad \text{für} \quad i = 1, \ldots, n\,.$$

c) Sei V flach. Sind Gleichungen $\sum_i a_i(\nu) x_i = 0$ gegeben, wobei der Parameter ν aus einer beliebigen Menge N stammt und $(a_i(\nu))_{(\nu)}$ aus $A^{(N)}$ ist, so lassen sich $a_{ij} \in A$, $y_j \in V$ finden mit

$$\sum_{i\in I} a_i(\nu) a_{ij} = 0 \quad \text{für} \quad j \in J\,, \nu \in N\,, \qquad x_i = \sum_{j\in J} a_{ij} y_j \quad \text{für} \quad i \in I\,.$$

(Man betrachtet ähnlich wie in a) eine Abbildung von $A^{(I)}$ in die direkte Summe der Ideale $\sum_i Aa_i(\nu)$, $\nu \in N$.)

d) Äquivalent sind: (1) V ist flach. (2) Zu jedem Homomorphismus $\alpha : W \to V$ eines A-Moduls W von endlicher Darstellung gibt es einen Homomorphismus $\varphi : W \to F$ in einen endlichen freien A-Modul F und einen Homomorphismus $\beta : F \to V$ mit $\alpha = \beta\varphi$. (3) Zu jedem Element x des Kernes eines Homomorphismus $\alpha : E \to V$ eines endlichen freien Moduls E gibt es einen Homomorphismus $\varphi : E \to F$ in einen endlichen freien A-Modul F und einen Homomorphismus $\beta : F \to V$ mit $\varphi(x) = 0$ und $\alpha = \beta\varphi$. (Man benutzt a) und c). — Die Äquivalenz zu (2) wird beim Beweise des Satzes von D. L a z a r d, daß jeder flache Modul induktiver Limes endlicher freier Moduln ist, verwendet.)

18. Seien A ein kommutativer Ring, V ein A-Modul, V_1 ein endlicher Untermodul von V, ferner n eine natürlicher Zahl und M eine endliche Teilmenge des Kerns der natürlichen Abbildung von $\bigwedge^n(V_1)$ in $\bigwedge^n(V)$ (bzw. von $\mathsf{S}^n(V_1)$ in $\mathsf{S}^n(V)$). Dann gibt es einen endlichen Untermodul V_2 von V mit $V_1 \subseteq V_2$ derart, daß M zum Kern der natürlichen Abbildung von $\bigwedge^n(V_1)$ in $\bigwedge^n(V_2)$ (bzw. von $\mathsf{S}^n(V_1)$ in $\mathsf{S}^n(V_2)$) gehört.

19. Seien A ein kommutativer Ring und V ein flacher A-Modul. Dann sind die äußeren und symmetrischen Potenzen $\bigwedge^n(V)$, $\mathsf{S}^n(V)$ flache A-Moduln; $\bigwedge(V)$ und $\mathsf{S}(V)$ sind flache A-Algebren. (Aufgaben 17d), 18.)

20. (Flachheit graduierter Moduln) Sei V ein graduierter Modul über dem kommutativen graduierten Ring A derart, daß für jedes endliche *homogene* Ideal $\mathbf{a} \subseteq A$ der kanonische Homomorphismus $\mathbf{a} \otimes_A V \to \mathbf{a}V$ bijektiv ist. Dann ist V flach über A. (M. Herrmann / U. Orbanz — Man benutzt das Kriterium aus 17a). Dabei kann man annehmen, daß x_i homogen (vom Grade ν_i) ist. Man schreibt $a_i = \sum_\nu a_i(\nu)$ mit $a_i(\nu) = 0$ oder Grad $a_i(\nu) = \nu - \nu_i$ und wendet eine Version von 17c) für homogene Elemente an, die man mittels der Voraussetzung beweist, wobei man einen Teil des Beweises von Aufgabe 14 auf den graduierten Fall übertragen muß.)

21. (Treuflache Moduln) Sei A ein kommutativer Ring. Ein A–Modul V heißt treuflach, wenn er flach ist und wenn für jeden A–Modul W aus $V \otimes_A W = 0$ folgt: $W = 0$.

a) Jeder treuflache Modul ist treu.

b) Freie A–Moduln $\neq 0$ sind treuflach.

c) Ist A Integritätsbereich, aber kein Körper, so ist sein Quotientenkörper flacher, aber nicht treuflacher A–Modul.

d) Ein flacher A–Modul ist genau dann treuflach, wenn für jedes maximale Ideal $\mathbf{m}$ in A gilt: $V \neq \mathbf{m}V$.

e) Jeder endliche flache treue A–Modul ist treuflach.

f) Man gebe projektive Moduln $\neq 0$ an, die nicht treuflach sind. (Dies ist beispielsweise möglich, wenn A echter direkter Produktring ist.)

22. Sei V ein treuflacher Modul über dem kommutativen Ring A. Eine Sequenz von A–Moduln ist genau dann exakt, wenn sie nach Tensorieren mit V eine exakte Sequenz ergibt. Insbesondere ist ein A–Homomorphismus f genau dann injektiv bzw. surjektiv, wenn dies für $V \otimes f$ gilt.

23. Das Tensorprodukt endlich vieler flacher (bzw. treuflacher) Moduln ist ebenfalls flach (bzw. treuflach).

24. Eine direkte Summe flacher Moduln, von denen wenigstens einer treuflach ist, ist treuflach.

25. Seien A ein noetherscher kommutativer Ring und V_i, $i \in I$, eine Familie flacher A–Moduln, von denen wenigstens einer treuflach ist. Dann ist $\prod_{i \in I} V_i$ treuflacher A–Modul. (Aufgabe 15.)

26. **a)** Sei V ein projektiver treuer Modul über dem kommutativen Ring A. Ist A noethersch oder nullteilerfrei, so ist V treuflach. (Eine Einbettung von V in einen freien A–Modul zeigt, daß das Bild der kanonischen Abbildung von $V^* \otimes_A V$ in A dieselben Annullatoren hat wie V.)

b) Seien $R \neq 0$ ein kommutativer Ring, I eine unendliche Menge, A der Produktring R^I und $\mathbf{a}$ das Ideal $R^{(I)}$ in A. Das Ideal $\mathbf{a}$ ist treuer projektiver, aber nicht treuflacher A–Modul.

c) Beim Grundringwechsel brauchen treue projektive Moduln nicht in ebensolche überzugehen. (Setze $B := A/\mathbf{a}$ in b). Dann ist $B \otimes_A \mathbf{a} = 0$.)

27. Sei B eine kommutative Algebra über dem kommutativen Ring A.

a) Ist V ein flacher (bzw. treuflacher) A–Modul, so ist $V_{(B)}$ ein flacher (bzw. treuflacher) B–Modul. (87.3 und §87, Aufgabe 3.)

b) Ist B flach über A, so ist jeder flache B–Modul auch flach als A–Modul.

c) Gibt es einen über A flachen treuflachen B–Modul W, so ist B flach über A.

d) Was bedeuten a),b),c) für Algebren über A und B?

28. Sei B eine Algebra über dem kommutativen Ring A. Gibt es einen B–Modul W, der als A–Modul treuflach ist, so ist B reine A–Algebra. (Ein A–Homomorphismus $\iota: V \to V_{(B)}$ ist genau dann injektiv, wenn $\iota \otimes W$ injektiv ist. Daß $\iota \otimes W$ injektiv ist, läßt sich durch Komponieren mit $V_{(B)} \otimes_A W \cong V \otimes_A W_{(B)}$ und $V \otimes h$ verifizieren, wobei h wie in §81, Aufgabe 4 konstruiert ist.)

29. (Treuflache Algebren) Seien A ein kommutativer Ring, B eine A–Algebra und $\varphi: A \to B$ der Strukturhomomorphismus. B heißt treuflache A–Algebra, wenn B als A–Modul treuflach ist.

a) Ist B freie A–Algebra $\neq 0$, so ist B treuflach.

b) Ist B flach über A, so sind folgende Aussagen äquivalent: (1) B ist treuflache A–Algebra. (2) B ist reine A–Algebra. (3) Für jedes Ideal $\mathbf{a}$ in A ist $\varphi^{-1}(B\mathbf{a}) = \mathbf{a}$. (4) Für jedes maximale Ideal $\mathbf{m}$ in A ist $B\mathbf{m} \neq B$. (Aus (1) folgt (2) so: Sei V ein beliebiger A–Modul, $\iota: V \to V_{(B)}$ die kanonische Abbildung. Es gibt einen Homomorphismus h von $(V_{(B)})_{(B)}$ in $V_{(B)}$ mit $h\iota_{(B)} = \mathrm{id}$, vgl. mit einer ähnlichen Konstruktion in §81, Aufgabe 4. Folglich ist $\iota_{(B)}$ injektiv und damit auch ι.)

30. Sei $A \subseteq B$ eine flache Erweiterung kommutativer Ringe. Ist B ganz über A, so ist B treuflach über A.

31. Sei B eine treuflache kommutative Algebra über dem kommutativen Ring A. Viele Eigenschaften von A–Moduln und deren Homomorphismen lassen sich aus denen der nach B erweiterten Moduln und Homomorphismen zurückschließen. Es folgen einige einfache Beispiele.

a) Ein A–Modul V ist genau dann endlich bzw. von endlicher Darstellung bzw. flach bzw. endlich projektiv, wenn Entsprechendes für den B–Modul $V_{(B)}$ gilt.

b) Ein A–Homomorphismus f ist genau dann rein, wenn dies für den B–Homomorphismus $f_{(B)}$ gilt.

c) Eine exakte Sequenz $0 \to V' \to V \to V'' \to 0$, in der V'' von endlicher Darstellung ist, spaltet genau dann auf, wenn dies für die mit B tensorierte Sequenz gilt.

32. Sei $A \subseteq B$ eine treuflache Erweiterung lokaler kommutativer Ringe. Ist B faktoriell, so auch A. (Mit B genügt auch A der aufsteigenden Kettenbedingung für Hauptideale. Es genügt dann zu zeigen, daß der Durchschnitt zweier Hauptideale Aa und Ab wieder ein Hauptideal in A ist. Ein Erzeugendensystem von $Aa \cap Ab$ enthält ein erzeugendes Element des Ideals $Ba \cap Bb$ in B; hierzu verwendet man das Lemma von Krull–Nakayama. Dann ist $Aa \cap Ab = Ac$.) (Bemerkungen. Ohne die Voraussetzung “lokal” ist die Aussage nicht richtig, vgl. §60, Aufgabe 20b). — Ein Analogon bei graduierten Ringen findet man in §62, Aufgabe 40.)

33. Sei A ein kommutativer Ring. Zur Erklärung des Begriffs “torsionsfremd” mögen die folgenden Aufgaben dienen.

a) Ein A–Modul V ist genau dann torsionsfrei, wenn er zu jedem zyklischen Modul der Form A/aA, wobei a Nichtnullteiler in A ist, torsionsfremd ist.

b) Ist A Integritätsbereich, so sind Elemente $a, b \in A \setminus \{0\}$ genau dann teilerfremd (vgl. §58, Aufgabe 17), wenn A/Aa und A/Ab torsionsfremd sind.

c) Ist A Hauptidealbereich, so sind A–Moduln V, W genau dann torsionsfremd, wenn für Torsionselemente $x \in \mathrm{t}V$, $y \in \mathrm{t}W$ stets gilt: $\mathrm{Ann}_A x + \mathrm{Ann}_A y = A$.

34. Sei A ein kommutativer Ring. Ein A–Modul V ist genau dann flach, wenn er zu jedem zyklischen A–Modul torsionsfremd ist.

35. Sei $0 \to W' \to W \to W'' \to 0$ eine exakte Sequenz von Moduln über dem kommutativen Ring A. Ist ein A–Modul V torsionsfremd zu W' und zu W'', so auch zu W.

36. Seien A ein kommutativer Ring, $\mathbf{a}$ ein Ideal in A und V ein A–Modul. Dann sind folgende Aussagen äquivalent: (1) V ist zu allen $(A/\mathbf{a})$–Moduln torsionsfremd. (2) V ist zu $A/\mathbf{a}$ torsionsfremd, und $V/\mathbf{a}V$ ist flacher $(A/\mathbf{a})$–Modul. (Für einen beliebigen A–Modul X und einen beliebigen $(A/\mathbf{a})$–Modul W ist $X \otimes_A W \cong (X/\mathbf{a}X) \otimes_{A/\mathbf{a}} W$ in kanonischer Weise, vgl. 87.5. Sei F frei und $0 \to U \to F \to V \to 0$ eine exakte Sequenz von A–Moduln. Unter Voraussetzung von (1) oder (2) ist stets $0 \to U/\mathbf{a}U \to F/\mathbf{a}F \to V/\mathbf{a}V \to 0$ exakt. Das Tensorieren beider Sequenzen mit beliebigen A–Moduln ergibt dasselbe.)

37. (Punktales Kriterium der Flachheit) Seien A ein kommutativer Ring, $\mathbf{a}$ ein Ideal in A und V ein A–Modul derart, daß für jeden endlichen A–Modul Y gilt: $\bigcap_{n \in \mathbb{N}} \mathbf{a}^n (V \otimes_A Y) = 0$. Dann sind folgende Aussagen äquivalent: (1) V ist flacher A–Modul. (2) V ist zu $A/\mathbf{a}$ torsionsfremd, und $V/\mathbf{a}V$ ist flacher $(A/\mathbf{a})$ Modul. (3) $V/\mathbf{a}^n(V)$ ist flacher $(A/\mathbf{a}^n)$–Modul für alle $n \geq 1$. ((2) folgt aus (1) mit Aufgabe 36. Man leitet (3) aus (2) durch Induktion über n ab, wobei man die exakten Sequenzen

$$0 \to \mathbf{a}^n/\mathbf{a}^{n+1} \to A/\mathbf{a}^{n+1} \to A/\mathbf{a}^n \to 0\,,$$
$$0 \to \mathbf{a}^n V/\mathbf{a}^{n+1} V \to V/\mathbf{a}^{n+1} V \to V/\mathbf{a}^n V \to 0$$

benutzt, vgl. Aufgaben 35,36. Zum Beweis von (3)⇒(1) sei ein injektiver A–Homomorphismus $Y \xrightarrow{j} Z$ vorgegeben, wobei Y endlich sei. Aus (3) ergibt sich

$$\mathrm{Kern}(V \otimes j) \subseteq \bigcap_n \mathbf{a}^n (V \otimes_A Y) = 0\,.)$$

Die Voraussetzung über V ist in jedem der folgenden Fälle erfüllt: (a) $\mathbf{a}$ ist nilpotent. (b) $\mathbf{a}$ ist im Jacobson–Radikal von A enthalten, und V ist noetherscher A–Modul.

38. a) Seien k ein kommutativer Ring und A eine noethersche kommutative positiv graduierte k–Algebra. Dann ist die Komplettierung $\hat{A}$ flach über A. (Der A–Modul $V := \hat{A}$ und das Ideal $\mathbf{a} := A_{(+)}$ erfüllen die Voraussetzungen des Satzes in Aufgabe 37, da $\hat{A}\mathbf{a}$ im Jacobson–Radikal von $\hat{A}$ liegt. Für alle n ist $A/\mathbf{a}^n \to \hat{A}/\mathbf{a}^n\hat{A}$ bijektiv, vgl. §62, Aufgabe 34.)

b) Sei $n \in \mathbb{N}$. Ist k ein noetherscher kommutativer Ring, so ist $k[\![X_1, \ldots, X_n]\!]$ flach über $k[X_1, \ldots, X_n]$ und flach über k. Ist K ein Körper, so ist $K[\![X_1, \ldots, X_n]\!]$ flach über $K[X_1, \ldots, X_n]_S$, wobei S das multiplikative System der Polynome f mit $f(0) \neq 0$ ist.

39. Sei V ein projektiver Modul über dem kommutativen Ring A. Jeder endliche reine Untermodul von V ist direkter Summand von V. (Man sehe V als direkten Summanden eines freien Moduls.)

40. Seien V, W Moduln über dem kommutativen Ring A. Der kanonische A–Algebra–Homomorphismus

$$(\mathrm{End}_A V)\otimes_A(\mathrm{End}_A W) \to \mathrm{End}_A(V\otimes_A W)$$

ist bijektiv, wenn eine der folgenden Situationen vorliegt:

(a) V oder W ist endlicher projektiver A–Modul.

(b) A ist noethersch. V ist endlicher und W ist projektiver A–Modul (oder umgekehrt). (§82, Aufgaben 19,20.)

41. Seien $A \subseteq B$ eine Erweiterung kommutativer Ringe und V ein projektiver A–Modul. Ist $V_{(B)}$ endlicher B–Modul, so ist V endlicher A–Modul. (Vgl. §51, Aufgabe 9.)

42. (S u p p l e m e n t i e r t e A l g e b r e n) Sei A ein kommutativer Ring. Eine A–Algebra B, zusammen mit einem A–Algebra–Homomorphismus $\epsilon : B \to A$ (die S u p p l e m e n t a t i o n von B genannt) heißt eine s u p p l e m e n t i e r t e A–Algebra. Sei B eine supplementierte A–Algebra mit der Supplementation ϵ.

a) Ist $\varphi : A \to B$ der Struktur–Homomorphismus, so gilt $\epsilon\varphi = \mathrm{id}$. Daher ist φ injektiv, $\varphi(A)$ ist direkter A–Summand von B, und B ist reine A–Algebra. Jede A–Unteralgebra von B ist in natürlicher Weise supplementiert. Dasselbe gilt für Restklassenalgebren $B/\mathbf{b}$, wenn $\mathbf{b}$ ein Ideal mit $\varphi(A) \cap \mathbf{b} = 0$ ist, sowie für Polynomalgebren über B.

b) Sei W ein A–Modul. Genau dann ist W endlicher A–Modul, wenn $W_{(B)}$ endlicher B–Modul ist. Genau dann ist W projektiver A–Modul, wenn $W_{(B)}$ projektiver B–Modul ist.

43. Sei A_i, $i \in I$, eine endliche Familie supplementierter A–Algebren mit den Supplementationen ϵ_i. Dann ist auch das Tensorprodukt $B := \bigotimes_{i\in I} A_i$ eine supplementierte A–Algebra, deren Supplementation aus dem Tensorprodukt der ϵ_i besteht. Es gibt kanonische A–Algebra–Homomorphismen $\sigma_i : A_i \to B$ sowie $\pi_i : B \to A_i$, für die gilt: $\pi_i\sigma_i = \mathrm{id}$; für $i \neq j$ ist $\pi_j\sigma_i$ nichts anderes als ϵ_i. Ferner wird B von den $\sigma_i(A_i) \cong A_i$ als A–Algebra erzeugt. (Bemerkung. Umgekehrt läßt sich so das Tensorprodukt supplementierter Algebren axiomatisch beschreiben.)

44. Sei A ein Ring.

a) Seien alle abzählbar erzeugten projektiven A–Moduln frei. Dann sind alle projektiven A–Moduln frei. (Sei V ein projektiver A–Modul. V ist direkter Summand eines freien A–Moduls F. Seien x_i, $i \in I$, eine Basis von F und W ein Komplement von V in F. Für $J \subseteq I$ bezeichne F_J den von den x_i, $i \in J$, erzeugten Untermodul von F. Mit $\mathbf{M}$ sei die Menge der Paare (J, X) bezeichnet, wo $J \subseteq I$ ist, F_J die Darstellung $F_J = (F_J \cap V) + (F_J \cap W)$ besitzt und $F_J \cap V$ frei mit Basis X ist. Bezüglich natürlicher Inklusionen ist $\mathbf{M}$ eine nichtleere induktiv geordnete Menge. Es genügt zu zeigen: Jedes $(J, X) \in \mathbf{M}$ mit $J \neq I$ ist nicht maximal in $\mathbf{M}$. Bei $J \neq I$ wählt man ein $j \in I \setminus J$ und $J(1) := J \cup \{j\}$ und konstruiert $J(n) \subseteq I$ rekursiv derart, daß für $n \geq 1$ gilt: (1) $J(n) \subseteq J(n+1)$. (2) $J(n) \setminus J$ ist endlich. (3) Die V–Komponenten aller x_j, $j \in J(n)$, liegen in $F_{J(n+1)}$. Sei dann K die Vereinigung der $J(n)$, $n \in \mathbb{N}_+$. Da $(F_K \cap V)/(F_J \cap V)$ als direkter Summand von F_K/F_J abzählbar erzeugter projektiver Modul ist, läßt sich X zu einer Basis Y von $F_K \cap V$ verlängern. Dann ist $(K, Y) \in \mathbf{M}$, und dieses Element ist größer als (J, X).)

b) Die projektiven A–Moduln mögen folgende Eigenschaft besitzen: Zu jedem $v \in V$ gibt es einen v enthaltenden endlichen freien direkten Summanden von

V. Dann sind alle projektiven A–Moduln frei. (Ist V projektiv und abzählbar erzeugt, so erhält man eine Basis von V leicht durch Ausschöpfen mit endlichen freien direkten Summanden. Dies reduziert b) auf a).)

45. Sei A ein lokaler Ring.

a) Sei G ein endlicher freier A–Modul des Ranges n. Ein Element $v \in G$ stützt G, wenn es keine Basis $z_1, \ldots, z_n$ von G gibt derart, daß sich v von weniger als n der Elemente $z_1, \ldots, z_n$ erzeugen läßt. Es gilt: (1) Ein $v \in G$ stützt G genau dann, wenn das Rechtsideal $\{e(v) : e \in V^*\}$ nicht von weniger als n Elementen erzeugt werden kann. (2) $v \in G$ stütze G. Seien $x_1, \ldots, x_n$ eine Basis von G, $v = a_1x_1 + \cdots + a_nx_n$ mit $a_i \in A$ und $y_1, \ldots, y_n$ Elemente von G mit $v = a_1y_1 + \cdots + a_ny_n$. Dann ist auch $y_1, \ldots, y_n$ eine Basis von G. (Wendet man $e \in V^*$ auf $0 = a_1(x_1 - y_1) + \cdots + a_n(x_n - y_n)$ an, so ergibt sich $e(x_i - y_i) \in \mathbf{m}_A$ für $i = 1, \ldots, n$. Daher ist $x_i - y_i \in \mathbf{m}_A G$ für $i = 1, \ldots, n$.)

b) Sei V ein projektiver A–Modul. Zu jedem $v \in V$ gibt es einen v enthaltenden freien direkten Summanden V' von V. (V ist direkter Summand eines freien Moduls F; sei π eine Projektion von F auf V. Sei F' ein v enthaltender endlicher freier direkter Summand kleinsten Ranges von F. Mit a), (2) folgert man $F = \pi(F') \oplus \operatorname{Kern} \pi$. Daher läßt sich $V' := \pi(F')$ nehmen.)

c) Jeder projektive A–Modul ist frei. (I. Kaplansky — Aufgabe 44.)

46. Sei A ein Bereich, in dem jedes endliche Linksideal ein Linkshauptideal und jedes endliche Rechtsideal ein Rechtshauptideal ist. (Beispiele für derartige Ringe. Bezoutbereiche; $K[X]$ über Divisonsbereichen K, vgl. §59, Aufgabe 50.)

a) Sei G ein endlicher freier A–Modul. Zu $v \in G$ gibt es eine Basis $y_1, \ldots, y_n$ von G mit $v \in Ay_1$. (Sei $x \neq 0$. Sei $x_1, \ldots, x_r$ eine Basis von G und $v = a_1x_1 + \cdots + a_rx_r$ mit $a_i \in A$. Sei $a_1A + \cdots + a_rA = aA$ und $a_i = ab_i$, $y_1 := b_1x_1 + \cdots + b_rx_r$. Es gibt eine Linearform e auf G mit $e(y_1) = 1$. Nach 42.13 ist $\operatorname{Kern} e$ frei.)

b) Sei V ein projektiver A–Modul. Jedes $v \in V$, $v \neq 0$, liegt in einem direkten Summanden der Form Ay von V. (V ist direkter Summand eines freien A–Moduls F. Mit a) konstruiert man eine Basis von F, in der für ein Basiselement y gilt: $v \in Ay$. Es ist aber $y \in V$.)

c) Jeder projektive A–Modul ist frei. (I. Kaplansky — Aufgabe 44.)

47. Sei $0 \to V' \to V \to V'' \to 0$ eine exakte Sequenz von Moduln über dem kommutativen Ring A, wobei V'' von endlicher Darstellung sei. Genau dann spaltet die Sequenz auf, wenn die $A_{\mathbf{m}}$–Sequenz $0 \to V'_{\mathbf{m}} \to V_{\mathbf{m}} \to V''_{\mathbf{m}} \to 0$ für jedes $\mathbf{m} \in \operatorname{Spm} A$ aufspaltet. (Man benutze das Kriterium 42.10 und §51, Aufgabe 6(3) (oder §82, Aufgabe 22e)).)

48. Sei V ein Modul von endlicher Darstellung über dem kommutativen Ring A.

a) Sei W ein endlicher A–Modul derart, daß $W_{\mathbf{m}} \neq 0$ für jedes $\mathbf{m} \in \operatorname{Spm} A$ ist. Ist $V \otimes_A W$ projektiv, so auch V.

b) Ist $\mathsf{T}^n(V)$ für ein $n \in \mathbb{N}_+$ projektiv, so auch V.

49. Seien A ein semilokaler kommutativer Ring und V ein flacher A–Modul.

a) Ist das Jacobson–Radikal von A nilpotent, so ist V projektiv. (Anhang V.B, Aufgabe 10.) Insbesondere sind flache Moduln über artinschen Ringen stets projektiv.

b) Ist V endlicher A–Modul, so ist V projektiv. (Mit Aufgabe 17b) sieht man, daß minimale Erzeugendensysteme von V linear unabhängig sind, falls A lokal ist. Man zeigt nun, daß V von endlicher Darstellung ist.)

50. Sei V der $\mathbb{Z}$–Untermodul von $\mathbb{Q}$, der von den Elementen $1/p$, p prim, erzeugt wird. Für jedes maximale Ideal $\mathbf{m}$ von $\mathbb{Z}$ ist $V_{\mathbf{m}}$ frei vom Rang 1 über $\mathbb{Z}_{\mathbf{m}}$. Hingegen ist V weder endlicher noch projektiver $\mathbb{Z}$–Modul, und es ist $V^* = 0$.

51. Sei $f: X \to V$ ein surjektiver Homomorphismus von Moduln über dem kommutativen Ring A. Für jedes $\mathbf{m} \in \operatorname{Spm} A$ sei $V_{\mathbf{m}}$ freier $A_{\mathbf{m}}$–Modul des Ranges r. Ferner sei $\bigwedge^{r+1}(X) = 0$. Dann ist f bijektiv. (Lokalisieren–Delokalisieren.)

52. Sei V ein endlicher Modul über dem kommutativen Ring A, dessen sämtliche Lokalisierungen $V_{\mathbf{m}}$, $\mathbf{m} \in \operatorname{Spm} A$, freie $A_{\mathbf{m}}$–Moduln des Ranges r seien. Dann ist V projektiv. (Zu zeigen ist, daß V von endlicher Darstellung ist. Sei $V = F/U$ mit einem endlichen freien A–Modul F. Wegen $\bigwedge^{r+1}(V) = 0$ ist $U \wedge \bigwedge^{r}(F) = \bigwedge^{r+1}(F)$. Dann gibt es einen endlichen Untermodul U' von U mit $U' \wedge \bigwedge^{r}(F) = \bigwedge^{r+1}(F)$, also mit $\bigwedge^{r+1}(F/U') = 0$. Es folgt $V = F/U'$ nach Aufgabe 51.)

53. Seien A ein kommutativer Ring und V ein A–Modul mit dem endlichen Rang r (im Sinne von §51, Beispiel 11). Dann sind äquivalent: (1) V ist projektiv. (2) V ist endlich und projektiv. (3) V ist endlich und flach. (4) V ist endlich, und für jedes $\mathbf{m} \in \operatorname{Spm} A$ ist $V_{\mathbf{m}}$ projektiver $A_{\mathbf{m}}$–Modul. (5) V ist endlich, und es ist $\bigwedge^{m}(V) = 0$ für jedes $m > r$. (6) V ist endlich, und es ist $\bigwedge^{r+1}(V) = 0$.

54. Sei $\mathbf{a}$ ein endliches Ideal im kommutativen Ring A.

a) Ist $\mathbf{a}$ projektiv, so ist $\bigwedge^{2}(\mathbf{a}) = 0$.

b) Ist $\operatorname{Ann}_A \mathbf{a} = 0$ und $\bigwedge^{2}(\mathbf{a}) = 0$, so ist $\mathbf{a}$ projektiv. (Bemerkung. In einem Bezoutbereich gilt $\bigwedge^{2}(\mathbf{a}) = 0$ für jedes Ideal $\mathbf{a}$, aber nur die endlichen Ideale in A (das sind die Hauptideale in A) sind projektiv.)

c) $\mathbf{a}$ ist genau dann projektiv, wenn $\mathbf{a}$ flach ist und $\mathbf{b} := \operatorname{Ann}_A \mathbf{a}$ endlich ist. (Ist $\mathbf{a}$ projektiv, so ist der Homomorphismus von A in den (endlichen projektiven) Modul $\operatorname{Hom}_A(\mathbf{a}, \mathbf{a})$, welcher $a \in A$ die Homothetie mit a zuordnet, lokal surjektiv, also surjektiv; sein Kern ist aber $\mathbf{b}$. Ist umgekehrt $\mathbf{a}$ flach, so ist $\mathbf{a}$ lokal frei, somit $\mathbf{b}$ lokal idempotent, also überhaupt idempotent. Nach §48, Aufgabe 21 wird $\mathbf{b}$ von einem idempotenten Element e erzeugt. Nun betrachtet man $\mathbf{a}$ über A/Ae. — Bemerkung. Zu Verallgemeinerungen siehe W.V. Vasconcelos, On projective modules of finite rank, Proc. Amer. Math. Soc. **22** (1969), sowie die dort angegebene Literatur.)

55. Seien K ein Körper, I eine unendliche Menge und A der Produktring K^I.

a) Ist $\mathbf{p} \in \operatorname{Spek} A$, so ist $A_{\mathbf{p}}$ ein Körper (und $\mathbf{p}$ insbesondere maximal). (Vgl. auch §20, Aufgabe 9.)

b) Es gibt zyklische A–Moduln, die nicht projektiv sind.

56. Sei A ein kommutativer semilokaler Ring. Ein A–Modul V ist frei vom Rang r genau dann, wenn $V_{\mathbf{m}}$ frei vom Rang r über $A_{\mathbf{m}}$ ist für jedes $\mathbf{m} \in \operatorname{Spm} A$. (Man rechne modulo des Jacobson–Radikales $\mathbf{m}_A = \mathbf{m}_1 \cap \cdots \cap \mathbf{m}_n$ von A und beachte, daß $A/\mathbf{m}_A$ das Produkt der Körper $A/\mathbf{m}_i$, $1 \leq i \leq n$, ist.)

57. Sei A ein noetherscher kommutativer Ring. Jeder Nichtnullteiler von A sei eine Einheit, d.h. es sei $A = \mathrm{Q}(A)$. Jeder freie Untermodul U eines endlichen freien A–Moduls V besitzt ein freies Komplement. (V/U ist nach §83, Aufgabe 19d) projektiv, und A ist semilokal nach §58, Aufgabe 40.)

58. Seien A ein kommutativer Ring mit noetherschem totalen Quotientenring und $0 \to V_0 \to \cdots \to V_n \to 0$ eine exakte Sequenz von A–Moduln. Besitzen alle Moduln V_i bis auf höchstens einen einen endlichen Rang, so besitzen alle Moduln V_i einen endlichen Rang.

59. Sei A ein faktorieller Integritätsbereich. Jeder projektive A–Modul des Ranges 1 ist frei vom Rang 1. (Nach Aufgabe 41 ist V endlich. Man kann V daher leicht in A einbetten; d.h. es gibt ein projektives Ideal $\mathbf{a}$ in A mit $V \cong \mathbf{a}$. Dabei darf man annehmen, daß $\mathbf{a}$ in keinem Primhauptideal enthalten ist. Sei etwa $\mathbf{a} \neq A$, und sei $\mathbf{m} \supseteq \mathbf{a}$ ein maximales Ideal. Primfaktorzerlegung der Elemente von $\mathbf{a}$ ergibt einen Widerspruch dazu, daß $\mathbf{a}A_{\mathbf{m}}$ ein Hauptideal ist.)

60. Seien A ein kommutativer Ring und V ein A–Modul mit $V^n \cong A^n$ für ein $n \in \mathbb{N}_+$. Dann ist V projektiv vom Rang 1, und es gilt: $\mathsf{T}^n(V) \cong \bigwedge^n(V^n) \cong A$.

61. Jeder faktorielle oder semilokale kommutative Ring hat die Eigenschaft (P_n) für jedes $n \in \mathbb{N}_+$. (Siehe hierzu Anhang V.F, Bemerkung 2.)

62. Seien A ein kommutativer Ring und V ein endlicher A–Modul. Sei n das Maximum der minimalen Erzeugendenzahlen der $A_{\mathbf{m}}$–Moduln $V_{\mathbf{m}}$, $\mathbf{m} \in \operatorname{Spm} A$. Dann ist $\mathbf{d}_r(V) \neq A$ genau für $r < n$.

63. Seien A ein kommutativer Ring und V ein endlicher A–Modul mit einem Rang r. Genau dann ist V projektiv, wenn $\mathbf{d}_r(V) = A$ ist. (Im lokalen Fall ist die Aussage klar. Für den allgemeinen Fall benutze man Aufgabe 52. — Bemerkung. Ist also V ein nichtfreier endlicher projektiver Modul vom Rang r, so ist $\mathbf{d}_r(V) = A$, aber die minimale Erzeugendenzahl von V ist größer als r.)

64. (Erzeugendensysteme in allgemeiner Lage) Sei V ein Modul mit endlichem Rang r. Ein System x_j, $j \in J$, von Elementen von V hat allgemeine Lage (kurz: x_j, $j \in J$, sind allgemein), wenn für jede Teilmenge I von J aus r Elementen x_j, $j \in I$, linear unabhängig sind.

Seien A ein lokaler noetherscher kommutativer Ring und V ein endlicher A–Modul mit Rang. Dann besitzt V Erzeugendensysteme in allgemeiner Lage.

(V habe den Rang r. Es gibt linear unabhängige Elemente $x_1, \ldots, x_r$ von V und einen Nichtnullteiler a mit $aV \subseteq F$, $F := Ax_1 + \cdots + Ax_r \cong A^r$. Ist a Einheit, so ist $V = F$ frei. Sei daher nun a Element des maximalen Ideals $\mathbf{m}$ von A. Es genügt zu zeigen: Sind $x_1, \ldots, x_r, \ldots, x_m$ allgemein in V und $y \in V$ beliebig, so gibt es ein $z \in F$ derart, daß $x_1, \ldots, x_m, y + z$ allgemein sind. Multiplikation mit a verlegt das Problem nach F. Somit genügt es zu zeigen: Sind $u_1, \ldots, u_m$ allgemein in A^r, $m \geq r$, und ist $v \in A^r$, so gibt es ein $w \in aA^r$ derart, daß $u_1, \ldots, u_m, v+w$ allgemein sind. Für $n \in \mathbb{N}_+$ sei $w_n := \sum_{i=1}^r a^{in} e_i$. Zu $X \subseteq [1, m]$ mit $\operatorname{Kard} X = r - 1$ bezeichne $E(X)$ die Menge der n, für die u_i, $i \in X$; $v + w_n$ nicht linear unabhängig sind. Es genügt offenbar zu zeigen, daß $E(X)$ endlich ist.

Somit bleibt zu zeigen: Seien $z_1, \ldots, z_{r-1} \in A^r$ linear unabhängig und $v \in A^r$; dann ist die Menge E der n, für die $z_1, \ldots, z_{r-1}, v + w_n$ nicht linear unabhängig sind, endlich. Beweis: Für $z \in A^r$ sind die Elemente $z_1, \ldots, z_{r-1}, z$ genau dann linear unabhängig, wenn die Determinante $D(z)$ der Matrix ihrer Koordinaten bezüglich der Standardbasis ein Nichtnullteiler ist. Die Menge der Nichtnullteiler in A ist nach §58, Aufgabe 38 Vereinigung endlich vieler Primideale; sei $\mathbf{p}$ eines davon. Es genügt zu zeigen, daß $E' := \{n \in E : D(v + w_n) \in \mathbf{p}\}$ endlich ist.

Es ist aber Kard $E' \leq r$. Zum Beweis seien etwa $n(0), \ldots, n(r) \in E'$ gegeben mit $n(0) > \cdots > n(r)$; dann ist ein Widerspruch herzuleiten. Seien $v_i := w_{n(i)} - w_{n(i-1)}$ für $i = 1, \ldots, r$. Es ist $D(v_i) \in \mathbf{p}$ für $i = 1, \ldots, r$. Für die Determinante Δ der Matrix der Koordinaten der v_i gilt $\Delta A^r \subseteq Av_1 + \cdots + Av_r$. Folglich ist $\Delta D(z) = D(\Delta z) \in \mathbf{p}$ für alle $z \in A^r$. Nach §83, Aufgabe 19c) gibt es ein z_r derart, daß $D(z_r)$ Nichtnullteiler ist. Ein Widerspruch ergibt sich jedenfalls dann, wenn $\Delta \notin \mathbf{p}$ ist.

S bezeichne die Untergruppe $\pm 1 + aA$ von $A^\times$; hier wird $a \in \mathbf{m}$ ausgenutzt. Man hat $\Delta = \operatorname{Det}(a_{ij})$, wobei $a_{ij} = a^{i \cdot n(j)} - a^{i \cdot n(j-1)} = e_{ij} a^{i \cdot n(j)}$ mit $e_{ij} \in S$ ist. Schließlich ist $\Delta = \sum_\sigma e_\sigma a^{s(\sigma)}$, wobei $e_\sigma \in S$ ist, σ die $\mathbf{S}_r$ durchläuft und $s(\sigma) := \sum_{i=1}^r i \cdot n(\sigma i)$ nur für $\sigma = 1$ das Minimum annimmt, so daß $\Delta = ea^{s(1)}$ mit $e \in S$ ist. Folglich ist $\Delta \notin \mathbf{p}$.)

Folgerung. Ein Ideal eines lokalen noetherschen kommutativen Ringes, das einen Nichtnullteiler enthält, besitzt ein Erzeugendensystem aus Nichtnullteilern.

65. Seien A ein kommutativer Ring und V ein endlicher A–Modul mit Rang r. Dann ist $\mathbf{d}_r(V) \cdot \mathrm{t}V = 0$. (Dies ergänzt den Satz von F i t t i n g, vgl. §83, Aufgabe 31e). Man beachte aber, daß $\mathbf{d}_r(V)$ im allgemeinen keine Potenz des Annullators von $\mathrm{t}V$ umfaßt. Beispiel? — Zum Beweis darf man A noethersch und lokal annehmen. Seien dann $x_1, \ldots, x_n$ ein Erzeugendensystem von V in allgemeiner Lage und $f : A^n \to V$ der Homomorphismus mit $e_i \mapsto x_i$. Seien $u_1, \ldots, u_{n-r} \in$ Kern$f$ und eine Teilmenge H von $J := [1, n]$ aus $n - r$ Elementen vorgegeben. D_H bezeichne den Minor der Matrix der Koordinaten der $u_1, \ldots, u_{n-r}$ bezüglich H. Ist nun $x \in A^n$ mit $f(x) \in \mathrm{t}V$, so gibt es nach der Cramerschen Regel Elemente $c_1, \ldots, c_{n-r} \in A$ derart, daß $z := D_H x - (c_1 u_1 + \cdots + c_{n-r} u_{n-r})$ in $\sum_{j \in J \setminus H} Ae_j$ liegt. Die Betrachtung von $f(z) \in \mathrm{t}V$ ergibt $z = 0$. Folglich ist $D_H \cdot \mathrm{t}V = 0$.

66. Seien A ein kommutativer Ring und V ein endlicher A–Modul des Ranges r. Dann sind äquivalent: (1) $\mathbf{d}_r(V)$ ist ein projektives Ideal (vom Rang 1). (2) Der Modul $V/\mathrm{t}V$ ist projektiv vom Rang r, und $\mathrm{t}V$ ist isomorph zu einem Modul der Form F'/G', wobei F' ein endlicher freier A–Modul ist und $G' \subseteq F'$ ein projektiver Untermodul desselben Ranges wie F'. (J. L i p m a n — Man kann annehmen, daß A lokal ist. Zu (1)⇒(2): Sei $V \cong F/G$, wobei F ein freier A–Modul des Ranges n ist. Ferner seien K der totale Quotientenring von A, $s := n - r$ und $\mathbf{d}_r(V) = Ad$ mit einem Nichtnullteiler $d \in A$. Es gibt Elemente $x_1, \ldots, x_s \in G$ und eine Basis $e_1, \ldots, e_n$ von V mit $e_1 \wedge \cdots \wedge e_r \wedge x_1 \wedge \cdots \wedge x_s = d e_1 \wedge \cdots \wedge e_n$. Dann ist $e_1, \ldots, e_r, x_1, \ldots, x_s$ eine Basis von $F_{(K)}$. Sei

$$x = a_1 e_1 + \cdots + a_r e_r + b_1 x_1 + \cdots + b_s x_s \in F_{(K)}\,.$$

Es gilt: Ist $x \in F$, so ist $a_i \in A$ für $i = 1, \ldots, r$. Ist $x \in G$, so ist $a_i = 0$ für $i = 1, \ldots, r$ und $b_j \in A$ für $j = 1, \ldots, s$. Also ist $G = Ax_1 + \cdots + Ax_s$ frei. Die Abbildung $F \to \bigwedge^{s+1}(F)$ mit $x \mapsto x \wedge x_1 \wedge \cdots \wedge x_s$ induziert einen Homomorphismus $V \to \bigwedge^{s+1}(F)$, dessen Kern der Torsionsmodul $\mathrm{t}V$ und dessen Bild der freie Modul $\sum_{i=1}^r A e_i \wedge x_1 \wedge \cdots \wedge x_s$ ist.)

Sind die Bedingungen erfüllt, so ist $\mathbf{d}_0(\mathrm{t}V) = \mathbf{d}_r(V)$.

XI Algebraische Erweiterungen

§89 Zerfällungskörper

Sei K ein Körper. Wir betrachten vor allem kommutative algebraische K-Algebren und benutzen dabei Teile der Paragraphen 54,55 und 56.

Definition Ein Element x einer K-Algebra zerfällt über K, wenn x algebraisch über K ist und wenn das Minimalpolynom von x über K (in Linearfaktoren) zerfällt. Eine K-Algebra B zerfällt über K, wenn jedes Element von B über K zerfällt.

Ein Element x einer K-Algebra zerfällt bereits dann, wenn es ein zerfallendes Polynom $f \in K[X]$, $f \neq 0$, mit $f(x) = 0$ gibt.

Ein zerfallendes Element x einer K-Algebra wird durch einen K-Algebra-Homomorphismus φ auf ein zerfallendes Element abgebildet; ist nämlich f ein zerfallendes Polynom aus $K[X]$, $f \neq 0$, mit $f(x) = 0$, so ist $f(\varphi(x)) = \varphi(f(x)) = 0$. Insbesondere gilt: *Ist B eine zerfallende K-Algebra, so ist jedes homomorphe Bild von B ebenfalls eine zerfallende K-Algebra.*

Trivialerweise ist jede Unteralgebra einer zerfallenden K-Algebra wieder zerfallend. Jede zerfallende K-Algebra ist algebraisch. Eine algebraische K-Algebra zerfällt genau dann, wenn jede endliche K-Unteralgebra zerfällt.

Beispiel 1 Seien $B_1, \ldots, B_r$ Algebren über dem Körper K. Genau dann zerfällt die Produktalgebra $B := B_1 \times \cdots \times B_r$, wenn alle Faktoren $B_1, \ldots, B_r$ zerfallen. Das Minimalpolynom eines Elementes $(x_1, \ldots, x_r)$ von B ist ja das kleinste gemeinsame Vielfache der Minimalpolynome der einzelnen Komponenten $x_1, \ldots, x_r$. Insbesondere zerfällt die K-Algebra K^r.

Beispiel 2 Sei $f \in K[X]$, $f \neq 0$, und $B := K[X]/(f)$. Die Struktur dieser Algebra läßt sich mittels der Primfaktorzerlegung von f beschreiben. Sei also

$$f = ef_1^{\alpha_1} \cdots f_r^{\alpha_r}$$

mit $e \in K^\times$ und paarweise teilerfremden Primpolynomen f_i. Die maximalen Ideale von B sind die r verschiedenen Ideale

$$\mathbf{m}_i := K[X]f_i/(f) \,,$$

$i = 1, \ldots, r$. Der Restekörper (:= Restklassenkörper)

$$B/\mathbf{m}_i \cong K[X]/(f_i)$$

ist eine K-Algebra der Dimension Gradf_i. Die Restklasse x von X in B, deren Minimalpolynom f ist, zerfällt daher genau dann, wenn die Restekörper $B/\mathbf{m}_i$ (als K-Algebren) gleich K sind.

Auf die Vielfachheiten α_i kommt es bei dieser Fragestellung nicht an. Statt f kann man gleich die Reduktion $\mathrm{Red}(f) = f_1 \cdots f_r$ (vgl. §58, Aufgabe 22) und statt B die reduzierte K-Algebra

$$C := B/(f_1(x)\cdots f_r(x)) \cong K[X]/(f_1\cdots f_r) \cong \prod_{i=1}^{r} K[X]/(f_i)$$

betrachten. Genau dann zerfällt x über K, wenn C als K-Algebra zu K^r isomorph ist. Der Kern von $B \to C$ besteht nur aus nilpotenten Elementen.

Beispiel 3 Seien B eine Algebra über dem Körper K und $\mathbf{a}$ ein (zweiseitiges) Nilideal in B. Zerfällt ein $x \in B$ über K, so zerfällt die Restklasse $\overline{x}$ von x in $B/\mathbf{a}$ ebenfalls. Die Umkehrung ist hier auch richtig; denn ist $f \in K[X]$ ein zerfallendes Polynom $\neq 0$ mit $f(\overline{x}) = 0$, so ist $f(x) \in \mathbf{a}$ nilpotent, so daß es ein t mit $f(x)^t = 0$ gibt: x ist Nullstelle des zerfallenden Polynoms $f^t \neq 0$ aus $K[X]$. Insbesondere gilt: *B zerfällt genau dann über K, wenn die Restklassenalgebra $B/\mathbf{a}$ nach dem Nilideal $\mathbf{a}$ zerfällt.*

Wie die vorangehenden Beispiele zeigen, ist für die Eigenschaft einer Algebra B, über K zu zerfallen, die Kenntnis der Nilideale und der maximalen Ideale wichtig. Insbesondere interessiert das Nilradikal $\mathbf{n}_B$ von B, das größte Nilideal in B. Ist B kommutativ, so ist $\mathbf{n}_B$ einfach das Ideal aller nilpotenten Elemente von B. (Zum Nilradikal im kommutativen Fall vgl. §20, Aufgabe 4 und §58, Beispiel 6, im allgemeinen Fall Anhang III.A.)

89.1 Lemma *Sei B eine kommutative algebraische Algebra über dem Körper K. Dann stimmt das Nilradikal $\mathbf{n}_B$ von B mit dem Jacobson-Radikal $\mathbf{m}_B$ von B überein.*

B e w e i s. Das Jacobson-Radikal ist der Durchschnitt aller maximalen Ideale. Da jedes nilpotente Element trivialerweise in jedem maximalen Ideal enthalten ist, haben wir noch zu zeigen, daß jedes Element von $\mathbf{m}_B$ nilpotent ist. Sei also $x \in \mathbf{m}_B$. Da x algebraisch über K ist, gibt es eine Gleichung

$$x^t(x^s + a_{s-1}x^{s-1} + \cdots + a_0) = 0$$

mit Koeffizienten $a_i \in K$, wobei $a_0 \neq 0$ ist. Für ein beliebiges maximales Ideal $\mathbf{m}$ in B folgt aus $x \in \mathbf{m}$ wegen $K \cap \mathbf{m} = 0$ sofort $y := x^s + \cdots + a_0 \notin \mathbf{m}$. Nach dem Satz von K r u l l 20.5 ist y eine Einheit in B. Daraus ergibt sich mit der Ausgangsgleichung $x^t = 0$. •

Ob eine kommutative algebraische K-Algebra zerfällt, hängt allein von ihren Restekörpern (=Restklassenkörpern) ab:

89.2 Satz *Eine kommutative algebraische Algebra B über dem Körper K zerfällt genau dann, wenn jeder Restekörper von B gleich K ist.*

B e w e i s. Zerfällt B über K, so auch jeder Restekörper von B. Dies bedeutet offenbar, daß jeder Restekörper von B als K-Algebra gleich K ist.

Sei umgekehrt jeder Restekörper von B gleich K, und sei $x \in B$ vorgegeben. Seien $a_1, \ldots, a_r$ die Nullstellen des Minimalpolynoms μ von x über K in K selbst. Ist L ein Restekörper von B, so ist die Restklasse $\overline{x}$ von x in L eine Nullstelle von μ in $L = K$ und stimmt mit einem der Elemente $a_1, \ldots, a_r$ von K überein. Für $f := (X - a_1) \cdots (X - a_r)$ ist daher $f(x)$ ein Element von B, das in jedem Restekörper verschwindet. Folglich ist $f(x) \in \mathbf{m}_B$. Nach 89.1 gibt es ein t mit $f(x)^t = 0$. Dann ist $f^t \neq 0$ ein zerfallendes Polynom mit x als Nullstelle, d.h. x zerfällt über K. •

89.3 Korollar *Eine kommutative algebraische Algebra B über dem Körper K zerfällt bereits dann, wenn sie ein K-Algebra-Erzeugendensystem von Elementen besitzt, die über K zerfallen.*

Beweis. Mit B wird auch jeder Restekörper von B von zerfallenden Elementen erzeugt und ist daher gleich K. Nach 89.2 zerfällt B. •

Beispiel 4 Sei B eine kommutative endliche Algebra über dem Körper K. Es gibt nur endliche viele maximale Ideale in B, und B ist das direkte Produkt seiner lokalen Komponenten $B_1, \ldots, B_s$, vgl. 55.16. Die Restekörper von B sind dann die Körper $K_i := B_i/\mathbf{b}_i$, wobei $\mathbf{b}_i$ das (einzige) maximale Ideal von B_i ist. Die maximalen Ideale von B sind die s Ideale

$$\mathbf{b}_1 \times B_2 \times \cdots \times B_s\,, \ldots, B_1 \times \cdots \times B_{s-1} \times \mathbf{b}_s\,,$$

deren Durchschnitt das Jacobson-Radikal $\mathbf{m}_B = \mathbf{b}_1 \times \cdots \times \mathbf{b}_s$ ist. Es ist $B/\mathbf{m}_B \cong K_1 \times \cdots \times K_s$. Insbesondere gilt: *$B$ zerfällt genau dann, wenn $B/\mathbf{m}_B$ zu einer K-Algebra K^s isomorph ist.*

Sei K ein Körper. Zerfällt eine zu betrachtende K-Algebra nicht über K, so kann man das Zerfallen jedoch durch die Technik der Grundkörpererweiterung erwingen. Wir besprechen dies im folgenden.

Sei also B eine K-Algebra, ferner sei L ein Erweiterungskörper von K. Dann ist $B_{(L)} = L \otimes_K B$ eine L-Algebra, und die kanonische Abbildung $B \to B_{(L)}$ durch $x \mapsto 1 \otimes x$ ist injektiv, vgl. 81.2. Man kann daher B in kanonischer Weise als K-Unteralgebra von $B_{(L)}$ auffassen. Dabei sind K-linear unabhängige Elemente von B in $B_{(L)}$ linear unabhängig über L. Somit ist $x \in B$ genau dann algebraisch über K, wenn x algebraisch über L ist, und es gilt: Das Minimalpolynom von x über K ist dasselbe wie das von x über L.

Definition Sei L ein Erweiterungskörper von K. Ein Element x einer K-Algebra zerfällt über L, wenn x algebraisch über K ist und wenn das Minimalpolynom von x über L zerfällt. Eine K-Algebra B zerfällt über L, wenn jedes Element von B über L zerfällt; ist dies der Fall, so heißt L ein Zerfällungskörper der K-Algebra B.

Beispiel 5 Ein $x \in B$ zerfällt genau dann über L, wenn $x = 1 \otimes x \in B_{(L)}$ über L zerfällt (im Sinne unserer früheren Definiton); denn das Minimalpolynom von x über K ist gleich dem von x über L.

Homomorphe Bilder eines über $L \supseteq K$ zerfallenden Elementes einer K-Algebra zerfallen ebenfalls über L. Ist L ein Zerfällungskörper für die K-Algebra B, so auch für jedes homomorphe Bild von B und trivialerweise für jede K-Unteralgebra von B.

89.4 Satz *Sei B eine kommutative algebraische K-Algebra über dem Körper K. Für einen Erweiterungskörper L von K sind äquivalent:*

(1) *Die K-Algebra B zerfällt über L.*

(2) *Es gibt ein K-Erzeugendensystem von B, dessen Elemente über L zerfallen.*

(3) *Die L-Algebra $B_{(L)}$ zerfällt.*

Beweis. (1)⇒(2) ist trivial. Wird B von den Elementen x_i, $i \in I$, über K erzeugt, so wird $B_{(L)}$ von den x_i, $i \in I$, über L erzeugt. Daher folgt (3) aus (2) mit 89.3. Aus (3) folgt (1) nach Beispiel 5. •

Satz 89.4 werden wir im folgenden häufig ohne besondere Erwähnung benutzen.

Beispiel 6 Sei $f \in K[X]$, $f \neq 0$, und $B := K[X]/(f)$. Ein Erweiterungskörper L von K ist wegen $B_{(L)} = L[X]/(f)$ genau dann ein Zerfällungskörper von B, wenn f über L zerfällt.

Beispiel 7 Seien $B_1, \ldots, B_r$ kommutative algebraische K-Algebren und $K \subseteq L$ eine Körpererweiterung. Wegen $(B_1 \times \cdots \times B_r)_{(L)} \cong (B_1)_{(L)} \times \cdots \times (B_r)_{(L)}$ zeigt Beispiel 1, daß die K-Algebra $B_1 \times \cdots \times B_r$ genau dann über L zerfällt, wenn dies für $B_1, \ldots, B_r$ gilt.

Beispiel 8 Seien B eine kommutative algebraische Algebra über dem Körper K und $K \subseteq L$ eine Körpererweiterung. Ist $\mathbf{b}$ ein Nilideal in B, so zerfällt B genau dann über L, wenn das für $B/\mathbf{b}$ gilt. Dies folgt mit Beispiel 3 daraus, daß $\mathbf{b}_{(L)} = \mathbf{b}B_{(L)}$ ein Nilideal ist.

89.5 Satz *Sei K ein Körper. Zu jeder kommutativen algebraischen K-Algebra gibt es Zerfällungskörper. — Zu jeder kommutativen endlichen K-Algebra gibt es Zerfällungskörper, die endlich über K sind.*

Beweis. Jeder *algebraische Abschluß* von K ist ein Zerfällungskörper für jede kommutative algebraische K-Algebra. Der Satz von Steinitz 56.22 garantiert somit ganz allgemein die Existenz von Zerfällungskörpern.

Sei nun B eine kommutative endliche K-Algebra. Seien $x_1, \ldots, x_n$ Elemente, die B als K-Algebra erzeugen, und $f_1, \ldots, f_n \in K[X]$ Polynome $\neq 0$ mit $f_i(x_i) = 0$ für $i = 1, \ldots, n$. Nach dem Satz 54.10 von Kronecker gibt es einen endlichen Erweiterungskörper L von K, über dem $f_1, \ldots, f_n$ zerfallen. Nach 89.4 zerfällt B über L. •

Ist L ein Zerfällungskörper der kommutativen K-Algebra B, so zerfällt B erst recht über jedem Erweiterungskörper von L. Andererseits enthält L

einen *kleinsten* Zerfällungskörper für B; dieser wird von den Nullstellen der Minimalpolynome aller Elemente von B über K erzeugt. Er wird offensichtlich auch von den Nullstellen der Minimalpolynome eines beliebigen K-Algebra-Erzeugendensystems von B erzeugt. Ist L bereits der kleinste in L enthaltene Zerfällungskörper der K-Algebra B, so heißt L ein minimaler Zerfällungskörper von B.

Ist B endlich über K, so ist jeder minimale Zerfällungskörper von B endlich über K. Inwieweit minimale Zerfällungskörper eindeutig bestimmt sind, können wir erst weiter unten nach der Behandlung von Homomorphismen besprechen.

Bemerkung 1 (Zerfällungskörper von Polynomen) Seien K ein Körper und f_i, $i \in I$, eine Familie von Polynomen positiven Grades aus $K[X]$. Ein Erweiterungskörper L von K heißt ein Zerfällungskörper der Familie f_i, $i \in I$, über K, wenn alle f_i über L (in Linearfaktoren) zerfallen. Minimale Zerfällungskörper von f_i, $i \in I$, werden entsprechend definiert.[1])

Die kommutative algebraische K-Algebra

$$F := K[X_i : i \in I]/(f_i(X_i) : i \in I)$$

zerfällt genau dann über einem Erweiterungskörper L von K, wenn f_i, $i \in I$, über L zerfällt, vgl. Aufgabe 5. Wir können daher Sätze über Zerfällungskörper von Algebren direkt als solche über Zerfällungskörper von Familien von Polynomen auffassen, und umgekehrt.

Für endliche Familien ist dies auch wie folgt zu sehen: $f_1, \ldots, f_n \in K[X]$ zerfallen über L genau dann, wenn $f := f_1 \cdots f_n$ über L zerfällt; dies ist aber nach Beispiel 6 äquivalent dazu, daß $K[X]/(f)$ über L zerfällt.

Sei B eine kommutative Algebra über dem Körper K. Ist $\mathbf{m}$ ein maximales Ideal in B derart, daß die K-Algebra $B/\mathbf{m}$ gleich K ist, so definiert der Restklassenhomomorphismus $B \to B/\mathbf{m}$ ein Element von

$$\mathrm{Hom}_{K-\mathrm{Alg}}(B, K).$$

Jedes Element φ von $\mathrm{Hom}_{K-\mathrm{Alg}}(B, K)$ wird auch so erhalten, denn Kern φ ist ein maximales Ideal. Zerfällt B über K, so ist $\varphi \mapsto$ Kern φ eine Bijektion von $\mathrm{Hom}_{K-\mathrm{Alg}}(B, K)$ auf die Menge aller maximalen Ideale in B.

Von dieser Situation ist man weit entfernt, wenn B nicht über K zerfällt. Man betrachtet daher im allgemeinen Fall besser Homomorphismen von B in Erweiterungskörper von K. Ist L solch ein Erweiterungskörper, so ist durch universelle Ausdehung eine kanonische Bijektion

$$\mathrm{Hom}_{K-\mathrm{Alg}}(B, L) = \mathrm{Hom}_{L-\mathrm{Alg}}(B_{(L)}, L)$$

erklärt, vgl. 81.7, die wir im folgenden häufig ohne weitere Erwähnung verwenden. Die Elemente in $\mathrm{Hom}_{K-\mathrm{Alg}}(B, L)$ sind (als Elemente von

---

[1]) In der Literatur wird beim Begriff des Zerfällungskörpers von Polynomen häufig die Minimalität mit eingeschlossen.

$\mathrm{Hom}_K(B, L) \subseteq L^B$) linear unabhängig über L und sogar algebraisch unabhängig über L, wenn K unendlich viele Elemente enthält. Für dieses Lemma von Dedekind–Artin vergleiche man §36, Aufgabe 15 bzw. §54, Aufgabe 53.

Zerfällt $B_{(L)}$ über L, so hat $\mathrm{Hom}_{K\text{-Alg}}(B, L)$ eine übersichtliche Struktur! Beispielsweise ist nun leicht zu sehen:

89.6 Satz *Sei B eine kommutative algebraische Algebra $\neq 0$ über dem Körper K. Ist L ein Zerfällungskörper von B, so ist* $\mathrm{Hom}_{K\text{-Alg}}(B, L) \neq \emptyset$.

Beweis. Wegen $B_{(L)} \neq 0$ gibt es nach dem Satz 20.5 von Krull ein maximales Ideal in $B_{(L)}$ und damit auch ein Element in $\mathrm{Hom}_{L\text{-Alg}}(B_{(L)}, L)$. •

Dieser so einfach formulierte Satz hat bereits nichttriviale Anwendungen.

Beispiel 9 Sei $L' \supseteq K$ eine algebraische Körpererweiterung. Ist L ein Zerfällungskörper für L' über K — beispielsweise ein algebraisch abgeschlossener Erweiterungskörper von K —, so gibt es nach 89.6 einen K-Algebra-Homomorphismus $\varphi: L' \to L$. Als Körper-Homomorphismus ist φ injektiv. Man kann daher φ verwenden, um L' mit einem Zwischenkörper von $L \supseteq K$ zu identifizieren.

89.7 Satz *Je zwei algebraische Abschlüsse eines Körpers K sind als K-Algebren isomorph.*

Beweis. Seien L_1, L_2 algebraische Abschlüsse von K. Nach Beispiel 9 gibt es einen injektiven Körper-Homomorphismus $\varphi: L_1 \to L_2$. Da $L_1 \cong \varphi(L_1) \subseteq L_2$ algebraisch abgeschlossen ist, hat man $\varphi(L_1) = L_2$. Folglich ist φ eine K-Algebra-Isomorphie von L_1 auf L_2. •

Etwas allgemeiner kann man mit 89.6 auch zeigen, daß minimale Zerfällungskörper eindeutig bestimmt sind.

89.8 Satz *Sei B eine kommutative algebraische Algebra über dem Körper K. Je zwei minimale Zerfällungskörper L_1, L_2 von B sind als K-Algebren isomorph.*

Beweis. Wir zeigen zunächst, daß L_2 ein Zerfällungskörper der K-Algebra L_1 ist. L_1 wird erzeugt von Nullstellen der Minimalpolynome μ_x der Elemente $x \in B$. Sei $y \in L_1$ Nullstelle solch eines Polynoms μ_x. Das Minimalpolynom von y über K ist dann ein Teiler von μ_x und zerfällt deshalb wie μ_x über L_2.

Ebenso zerfällt L_2 über L_1. Nach 89.6 gibt es somit K-Algebra-Homomorphismen $\varphi_1: L_1 \to L_2$ und $\varphi_2: L_2 \to L_1$. Die Kompositionen $\varphi_2\varphi_1$ und $\varphi_1\varphi_2$ sind nach dem folgenden Lemma 89.9 Automorphismen von L_1 bzw. L_2. Daher sind φ_1 und φ_2 Isomorphismen — wenn auch nicht notwendig invers zueinander. •

89.9 Lemma *Sei L ein algebraischer Erweiterungskörper des Körpers K und φ ein K-Algebra-Endomorphismus von L. Dann ist φ ein Automorphismus von L.*

B e w e i s. Zu zeigen ist, daß φ surjektiv ist. Sei $x \in L$ vorgegeben, und sei N die Menge der Nullstellen des Minimalpolynoms von x über K. Da φ die endliche Menge N in sich abbildet und als Körper-Homomorphismus injektiv ist, induziert φ eine Permutation von N. Also gehört $x(\in N)$ zum Bild von φ. •

Eine für die folgenden Paragraphen wichtige Verschärfung von Satz 89.6 ist der folgende *allgemeine Fortsetzungssatz.*

89.10 Satz *Seien $\varphi: B \to C$ ein injektiver Homomorphismus von kommutativen algebraischen Algebren über dem Körper K und $L \supseteq K$ ein Zerfällungskörper von C. Dann läßt sich jeder K-Algebra-Homomorphismus $\beta: B \to L$ zu einem K-Algebra-Homomorphismus $\gamma: C \to L$ fortsetzen, d.h. die kanonische Abbildung*

$$\mathrm{Hom}_{K\text{-Alg}}(C, L) \xrightarrow{\varphi'} \mathrm{Hom}_{K\text{-Alg}}(B, L)$$

mit $\gamma \mapsto \gamma\varphi$ ist surjektiv.

B e w e i s. Es gibt ein kanonisches kommutatives Diagramm

$$\begin{array}{ccc} \mathrm{Hom}_{K\text{-Alg}}(C, L) & \xrightarrow{\varphi'} & \mathrm{Hom}_{K\text{-Alg}}(B, L) \\ \downarrow & & \downarrow \\ \mathrm{Hom}_{L\text{-Alg}}(C_{(L)}, L) & \xrightarrow{\varphi'_{(L)}} & \mathrm{Hom}_{L\text{-Alg}}(B_{(L)}, L) \end{array}$$

mit den kanonischen Bijektionen der universellen Ausdehnung als vertikalen Abbildungen. Da $\varphi_{(L)}$ wie φ injektiv ist, können wir zum Beweis annehmen, daß $K = L$ ist, daß also C zerfällt.

Sei nun $\beta \in \mathrm{Hom}_{L\text{-Alg}}(B, L)$ und $\mathbf{b} := \mathrm{Kern}\,\beta$. Gibt es ein maximales Ideal $\mathbf{c}$ in C mit $\varphi^{-1}(\mathbf{c}) = \mathbf{b}$, so gibt es, da C zerfällt, ein $\gamma \in \mathrm{Hom}_{L\text{-Alg}}(C, L)$ mit $\mathrm{Kern}\,\gamma = \mathbf{c}$; dann ist $\mathrm{Kern}\,\gamma\varphi = \varphi^{-1}(\mathbf{c}) = \mathbf{b}$, also $\gamma\varphi = \beta$. Die Existenz von $\mathbf{c}$ ergibt sich wieder mit dem Satz 20.5 von K r u l l, sobald gezeigt ist, daß $\varphi(\mathbf{b})$ nicht das Einheitsideal in C erzeugt.

Die Ungleichung $\varphi(\mathbf{b})C \neq C$ ergibt sich direkt nach §56, Aufgabe 11. Wir führen den Beweis mit den hier verwendeten speziellen Bezeichnungen aus. φ zur Identifikation verwendend, dürfen wir annehmen, daß B eine Unteralgebra von C ist. Sei doch $\mathbf{b}C = C$. Dann gibt es eine Darstellung $1 = b_1c_1 + \cdots + b_nc_n$ mit $b_j \in \mathbf{b}$, $c_j \in C$. Für die über B endliche K-Algebra $C' := B[c_1, \ldots, c_n]$ gilt dann ebenfalls $\mathbf{b}C' = C'$. Nach dem Lemma 48.9 von D e d e k i n d gibt es ein $b \in \mathbf{b}$ mit $(1-b)C' = 0$, woraus $1 - b = 0$ folgt, also $1 = b \in \mathbf{b}$. Widerspruch! •

Beispiel 10 Die Fortsetzung γ von β in 89.10 ist im allgemeinen nicht eindeutig bestimmt, vielmehr gibt es, wie der Beweis zeigt, genau so viele Fortsetzungen von β, wie es maximale Ideale $\mathbf{m}$ in $C_{(L)}$ gibt, für die $\varphi_{(L)}^{-1}(\mathbf{m})$ gleich dem Kern der universellen Ausdehnung von β nach $B_{(L)}$ ist. Ist beispielsweise $C = K[x] = K[X]/(f)$, wobei $f \neq 0$ ist und f über $L \supseteq K$ zerfällt, so hat die Inklusion $K \to L$ so viele Fortsetzungen $C \to L$, wie es verschiedene maximale Ideale in $C_{(L)} = L[X]/(f)$ überhaupt gibt. Diese werden von den Elementen $x - b_i$ erzeugt, wobei $b_1, \ldots, b_r$ die verschiedenen Nullstellen von f in L sind. Die Fortsetzungen von $K \to L$ sind dann die durch $x \mapsto b_i$, $1 \leq i \leq r$, eindeutig bestimmten K-Algebra-Homomorphismen $C \to L$.

Wir gehen nun auf Folgerungen und Zusätze unserer bisherigen Ausführungen ein, so wie man sie für die Untersuchung von *Körpererweiterungen* zur Hand haben muß.

Bemerkung 2 (K-Homomorphismen) Sei K ein Körper. Bei der Behandlung von Erweiterungskörpern von K sind die verwendeten Homomorphismen in der Regel K-Algebra-Homomorphismen und nicht bloß K-Vektorraum-Homomorphismen. Man spricht daher häufig kurz von K-Homomorphismen, wenn man K-Algebra-Homomorphismen meint. Wir schließen uns dieser Redeweise gelegentlich an, wenn Mißverständnisse ausgeschlossen sind.

Definition Eine Körpererweiterung $L \supseteq K$ heißt normal, wenn L algebraisch über K ist und sich selbst zerfällt.

Eine Körpererweiterung $L \supseteq K$ ist also genau dann normal, wenn es zu jedem $x \in L$ ein über L zerfallendes Polynom $f \in K[X]$, $f \neq 0$, mit $f(x) = 0$ gibt. Klar ist daher:

89.11 *Sei $L \supseteq K$ eine normale Körpererweiterung. Dann ist L auch normal über jedem Zwischenkörper von $L \supseteq K$.*

Ein triviales Beispiel für eine normale Körpererweiterung ist $K \supseteq K$. Jeder algebraische Abschluß von K ist normal über K.

Beispiel 11 *Jeder endliche Körper L ist normal über jedem Unterkörper.* Besteht L nämlich aus q Elementen, so ist jedes Element von L Nullstelle des Polynoms $f := X^q - X$, das über L zerfällt, vgl. §55, Beispiel 4; das Polynom f ist aber über jedem Unterkörper von L definiert.

89.12 Satz *Für eine algebraische Körpererweiterung $L \supseteq K$ sind äquivalent:*

(1) *L ist normal über K.*

(2) *Besitzt ein Primpolynom aus $K[X]$ eine Nullstelle in L, so zerfällt es über L.*

(3) *Es gibt eine Familie f_i, $i \in I$, von Polynomen $f_i \in K[X]$, die über L zerfallen und deren Nullstellen die K-Algebra L erzeugen.*

B e w e i s. Aus (1) folgt (2): Sei $x \in L$ Nullstelle des (normierten) Primpolynoms $f \in K[X]$. Da f das Minimalpolynom von x über K ist, zerfällt f nach (1) über L. Die Implikation (2)$\Rightarrow$(3) ist trivial. Aus (3) folgt (1) mit 89.4. •

Beispiel 12 Sei K ein Körper. Jeder minimale Zerfällungskörper einer kommutativen algebraischen K–Algebra ist ein normaler Erweiterungskörper von K. Die Umkehrung trifft auch zu!

Beispiel 13 Eine endliche Körpererweiterung $L \supseteq K$ ist genau dann normal, wenn es *ein* über L zerfallendes Polynom $f \in K[X]$, $f \neq 0$, gibt, dessen Nullstellen L über K erzeugen.

Beispiel 14 (N o r m a l e H ü l l e n) Seien $L' \supseteq K$ eine algebraische Körpererweiterung und L_1 ein Zerfällungskörper von L' über K, der L' enthält. Man nennt dann den minimalen Zerfällungskörper $L \subseteq L_1$ von L' auch die normale Hülle von L' (in L_1 über K). Offenbar ist

$$K \subseteq L' \subseteq L \subseteq L_1\,,$$

und L ist der kleinste normale, L' umfassende Unterkörper von L_1. Ist L' endlich über K, so ist L notwendigerweise ebenfalls endlich über K.

Schließlich sind Homomorphismen bei normalen Körpererweiterungen zu besprechen, insbesondere Existenzaussagen, die über den Fortsetzungssatz 89.10 gewonnen werden.

89.13 Satz *Seien $L \supseteq K$ eine normale Körpererweiterung, L' ein beliebiger Erweiterungskörper von K und $\varphi_i : L' \to L$, $i = 1,2$, zwei K-Algebra-Homomorphismen. Dann gibt es einen K-Algebra-Automorphismus ψ von L mit $\varphi_2 = \psi\varphi_1$.*

B e w e i s. Nach 89.10 gibt es zum (injektiven) Körper–Homomorphismus φ_1 einen K–Endomomorphismus ψ von L mit $\varphi_2 = \psi\varphi_1$. Nach 89.9 ist ψ ein Automorphismus. •

89.14 Korollar *Seien $L \supseteq K$ eine normale Körpererweiterung und L' ein Körper zwischen L und K. Dann gibt es zu jedem K-Algebra-Homomorphismus $\varphi: L' \to L$ einen K-Algebra-Automorphismus ψ von L mit $\psi|L' = \varphi$. — Insbesondere läßt sich jeder K-Algebra-Automorphismus von L' zu einem Automorphismus von L fortsetzen.*

B e w e i s. Man verwendet 89.13 mit φ für φ_2 und der Inklusion $L' \subseteq L$ für φ_1. Der Zusatz über Automorphismen ist klar. •

Einer weiteren Anwendung von 89.13 schicken wir eine Definition voraus. Sei K ein Körper. Wir nennen Elemente x, y einer K-Algebra B k o n j u g i e r t über K, wenn sie algebraisch sind und dasselbe Minimalpolynom über K haben.

Die Verwendung des Wortes "konjugiert" in diesem Zusammenhang ist in der Literatur nicht eindeutig festgelegt; manchmal werden $x, y \in B$ auch konjugiert genannt, wenn sie durch K–Algebra–Automorphismen von B ineinander übergeführt werden können. Indessen gilt:

89.15 Korollar *Sei $L \supseteq K$ eine normale Körpererweiterung. Elemente x, y von L sind genau dann konjugiert über K, wenn es einen K-Algebra-Automorphismus ψ von L mit $\psi(x) = y$ gibt.*

Beweis. Seien x und y konjugiert mit dem gemeinsamen Minimalpolynom μ. Sei φ_1 (bzw. φ_2) der K–Homomorphismus $K[X]/(\mu) \to L$, welcher die Restklasse von X auf x (bzw. y) abbildet. Nach 89.13 gibt es einen K–Automorphismus ψ von L mit $\varphi_2 = \psi\varphi_1$. Offenbar ist $\psi(x) = y$.

Sei umgekehrt ψ ein K–Automorphismus von L mit $\psi(x) = y$. Für das Minimalpolynom μ von x gilt dann: $0 = \psi(\mu(x)) = \mu(\psi(x)) = \mu(y)$. Also ist μ als irreduzibles normiertes Polynom auch das Minimalpolynom von y. Folglich sind x, y konjugiert. •

Zum Schluß gehen wir noch auf Zwischenkörper einer normalen Körpererweiterung ein, die selbst normal über dem Grundkörper sind.

89.16 Satz *Seien $L \supseteq K$ eine normale Körpererweiterung und L' ein Zwischenkörper. Dann sind äquivalent:*

(1) *L' ist normal über K.*

(2) *Jeder K-Algebra-Automomorphismus von L bildet L' in L' ab.*

Sind diese Bedingungen erfüllt, so ist $\mathrm{Aut}_{L'\text{-Alg}}(L)$ in $\mathrm{Aut}_{K\text{-Alg}}(L)$ ein Normalteiler, und man hat eine kanonische exakte Sequenz

$$1 \to \mathrm{Aut}_{L'\text{-Alg}}(L) \to \mathrm{Aut}_{K\text{-Alg}}(L) \xrightarrow{p} \mathrm{Aut}_{K\text{-Alg}}(L') \to 1\,.$$

Beweis. Die Minimalpolynome der $x \in L'$ zerfallen genau dann über L', wenn alle zu den $x \in L'$ in L gebildeten konjugierten Elemente in L' liegen. Nach 89.15 sind daher (1) und (2) äquivalent.

Sei nun L' normal über K. Mit p bezeichnen wir die nach (2) mögliche Einschränkung der K–Automorphismen von L auf L'. Den Kern des Gruppen–Homomorphismus p bilden gerade die L'–Automorphismen von L; zu seinem Bilde gehören nach 89.14 alle K–Automorphismen von L'. Daraus ergeben sich die restlichen Behauptungen. •

Aufgaben

1. Sei B eine kommutative endliche Algebra über dem Körper K. Ein $x \in B$ zerfällt genau dann über dem Erweiterungskörper L von K, wenn das charakteristische Polynom χ_x über L zerfällt.

2. Sei B eine kommutative algebraische Algebra über dem Körper K. Ein Erweiterungskörper L von K ist genau dann ein Zerfällungskörper für B über K, wenn L ein Zerfällungskörper für jeden Restekörper von B über K ist.

3. Sei B das Tensorprodukt kommutativer algebraischer von 0 verschiedener Algebren $B_1, \ldots, B_r$ über dem Körper K. Genau dann zerfällt B über dem Erweiterungskörper L von K, wenn dies für alle $B_1, \ldots, B_r$ gilt. (Die $(B_i)_{(L)}$ sind kanonisch in $B_{(L)}$ eingebettet und erzeugen $B_{(L)}$.)

4. Sei B eine kommutative algebraische Algebra über dem Körper K. Dann ist jedes Primideal in B ein maximales Ideal in B. Wie erhält man hiermit einen Beweis von Lemma 89.1?

5. Man beweise die in Bemerkung 1 aufgestellte Behauptung über die K–Algebra F. (Für $i \in I$ ist f_i das Minimalpolynom der Restklasse von X_i in F. Dies folgt daraus, daß für jede endliche Teilmenge E von I nach §82, Aufgabe 27 gilt:

$$K[X_i : i \in E]/(f_i(X_i) : i \in E) = \bigotimes_{i \in E} K[X_i]/(f_i(X_i))\,.)$$

6. Sei $\varphi : K_1 \to K_2$ ein Homomorphismus von Körpern. Ferner sei L_i ein algebraischer Abschluß von K_i, $i = 1, 2$. Dann läßt sich φ zu einem Körper–Homomorphismus $\Phi : L_1 \to L_2$ fortsetzen. (Man benutzt 89.6.) Ist φ eine Isomorphie, so auch Φ. Insbesondere gilt: Jeder Automorphismus eines Körpers K läßt sich zu einem Automorphismus des algebraischen Abschlusses von K fortsetzen.

7. Jede Körpererweiterung vom Grade 2 ist normal.

8. Sind $L \supseteq L' \supseteq K$ Körpererweiterungen, ist L normal über L' und L' normal über K, so braucht L nicht normal über K zu sein. (Man betrachte beispielsweise eine Nullstelle x von $X^4 - 2$ und $L := \mathbb{Q}[x]$.)

9. Sei $L \supseteq K$ eine Körpererweiterung. Sind L_1, L_2 Zwischenkörper, die normal über K sind, so sind auch $L_1 \cap L_2$ und $K[L_1, L_2]$ normal über K.

10. Sei $L \supseteq L' \supseteq K$ eine Kette von Körpererweiterungen, wobei L' normal über K ist. Jeder K–Algebra–Endomorphismus von L induziert dann einen Automorphismus von L'.

11. Seien $L \supseteq K$ eine Körpererweiterung und $L' \subseteq L$, $K' \subseteq K$ jeweils Unterkörper derart, daß $L' \supseteq K'$ eine normale Erweiterung ist und $L = K[L']$ ist. Dann ist auch $L \supseteq K$ normal, und die Beschränkung definiert eine Einbettung von $\mathrm{Aut}_{K-\mathrm{Alg}} L$ in $\mathrm{Aut}_{K'-\mathrm{Alg}} L'$.

12. Sei L eine normale Hülle der algebraischen Körpererweiterung $L' \supseteq K$. Dann ist L das Kompositum der zu L' konjugierten Körper $\varphi(L')$, $\varphi \in \mathrm{Aut}_{K-\mathrm{Alg}} L$.

13. Seien $L \supseteq K$ eine normale Körpererweiterung und L_1 ein Zwischenkörper derart, daß jedes Polynom aus $K[X]$, welches eine Nullstelle in L hat, auch eine Nullstelle in L_1 hat. Dann ist $L_1 = L$. (Man reduziert leicht auf den Fall, daß L endlich über K ist. Hat K endlich viele Elemente, so erhält man die Aussage leicht aus der Tatsache, daß L dann zyklisch über K ist. Sei nun K unendlich. Sind $\alpha_1, \ldots, \alpha_r$ sämtliche K–Automorphismen von L, so folgt mit 89.15, daß L die mengentheoretische Vereinigung der Zwischenkörper $\alpha_i(L_1)$ ist; nach §19, Aufgabe 6 ist dann $L = L_1$. — Bemerkung. Die hier bewiesene Aussage ergänzt Artins Verfahren zum Beweis des Satzes 56.22 über die Existenz algebraischer Abschlüsse.)

§90 Separable Polynome

Sei A ein kommutativer Ring. Zu jedem Polynom $f \in A[X]$ bezeichne $f' = df/dX$ die Ableitung von f nach der Unbestimmten X.

Definition Das Polynom $f \in A[X]$ heißt separabel, wenn sein Leitkoeffizient eine Einheit in A ist und f und f' zusammen das Einheitsideal in $A[X]$ erzeugen.

Sei der Leitkoeffizient von $f \in A[X]$ eine Einheit $e \in A^\times$. Dann ist f genau dann separabel, wenn das (zugehörige normierte) Polynom $e^{-1}f$ separabel ist. Es genügt also, normierte Polynome zu betrachten, wenn es um Separabilitätsfragen geht.

Ein Polynom $f \in A[X]$, dessen Leitkoeffizient eine Einheit ist, ist definitionsgemäß genau dann separabel, wenn es Polynome $g, h \in A[X]$ mit $1 = gf + hf'$ gibt. Dies ist äquivalent dazu, daß das Element $f'(x)$ in der (freien) Restklassenalgebra $A[x] = A[X]/(f)$ eine Einheit ist. Ist $A = K$ ein Körper, so ist $f \in K[X]$ genau dann separabel, wenn $\mathrm{ggT}(f, f') = 1$ ist.

Ein separables Polynom $f \in A[X]$ bleibt bei beliebiger Änderung des Grundrings separabel: Ist $\varphi: A \to A_1$ ein Homomorphismus kommutativer Ringe, so ist $\varphi[X](f) \in A_1[X]$ ebenfalls separabel.

Sei $f \in A[X]$ ein separables Polynom. Ist x eine Nullstelle von f in einer kommutativen A-Algebra B, so erhält man aus einer Darstellung $1 = gf + hf'$ nach Einsetzen von x:

$$1 = g(x)f(x) + h(x)f'(x) = h(x)f'(x)\,.$$

Daher ist $f'(x)$ eine Einheit in B, so daß x eine "einfache" Nullstelle von f ist, vgl. §57, Beispiel 2. Nullstellen separabler Polynome liegen also, wie man sagt, getrennt. Hierher rührt auch die Verwendung des Eigenschaftswortes "separabel".

Beispiel 1 Triviale Beispiele (normierter) separabler Polynome sind 1, $X - a$, $(X - a)(X - a - 1)$ für beliebiges $a \in A$. Im Fall $f := (X - a)(X - a - 1)$ mit $f' = 2(X - a) - 1$ entnimmt man dies der Gleichung $1 = (f')^2 - 4f$. (Für $A = \mathbb{Z}$ sind die angegebenen Polynome die einzigen normierten separablen Polynome. Dies folgt sofort aus dem Satz 77.12 von Hermite-Minkowski, vgl. den folgenden Satz 90.1 und §77, Aufgabe 27.)

Beispiel 2 Ein Polynom $f = X^n - a \in A[X]$, $n \geq 2$, *ist genau dann separabel, wenn n und a Einheiten in A sind.* Denn in der Restklassenalgebra $A[x] = A[X]/(f)$ ist $f'(x) = nx^{n-1}$ genau dann eine Einheit, wenn dort n und x Einheiten sind. Wegen $x^n = a$ ist dies äquivalent damit, daß n und a Einheiten in $A[x]$ und folglich Einheiten in A sind.

Beispiel 3 (Diskriminanten) Sei $f \in A[X]$ ein normiertes Polynom vom Grade n über dem kommutativen Ring A. Genau dann ist f separabel, wenn $f'(x)$ in $B := A[x] = A[X]/(f)$, x Restklasse von X, eine Einheit ist, wenn also die Norm $\mathrm{N}_A^B(f'(x))$ eine Einheit in A ist. Nach §53, Beispiel 6 ist diese Norm definitionsgemäß die Resultante $\mathrm{R}(f, f')$ von f und f'. Das Element

$$\mathrm{D}(f) := (-1)^{\binom{n}{2}}\mathrm{R}(f, f') = (-1)^{\binom{n}{2}}\mathrm{N}_A^B(f'(x))$$

heißt die Diskriminante von f. (Wegen der Wahl des Vorzeichens sei auf den folgenden Satz 90.1 und auf die damit zusammenhängenden Überlegungen in §94, Beispiel 4 hingewiesen.) Die Bestimmung der Diskriminante ist mit beliebigem Wechsel des Grundringes verträglich: Ist $\varphi : A \to A_1$ ein Homomorphismus kommutativer Ringe, so gilt $\mathrm{D}(\varphi[X](f)) = \varphi(\mathrm{D}(f))$.

Wir haben Diskriminanten bereits in §57, Aufgabe 14 eingeführt. Eine der dort vorgestellten Aussagen sei hier wegen ihrer großen Bedeutung wiederholt, wobei der Beweis variiert wird.

90.1 Satz *Sei $f \in A[X]$ ein normiertes Polynom des Grades n über dem kommutativen Ring A. Dann gilt:*

(1) *Genau dann ist f separabel, wenn die Diskriminante $D(f)$ Einheit in A ist.*

(2) *Zerfalle f in Linearfaktoren: $f = \prod_{i=1}^{n}(X - a_i)$ mit $a_i \in A$. Dann ist*

$$\mathrm{D}(f) = (-1)^{\binom{n}{2}} \prod_{j=1}^{n} f'(a_j) = \prod_{1 \le i < j \le n} (a_j - a_i)^2 = \mathrm{V}(a_1, \ldots, a_n)^2 .$$

Insbesondere ist in diesem Fall f genau dann separabel, wenn alle Differenzen $a_j - a_i$, $i \neq j$, Einheiten in A sind.

Beweis. Nur die Formeln in (2) sind noch zu beweisen. Wegen

$$f' = \sum_{j=1}^{n} \prod_{i \neq j} (X - a_i)$$

ergeben sie sich aber direkt 67.5. •

Viele Anwendungen der Separabilität ergeben sich mit folgendem Resultat:

90.2 Lemma von Newton–Hensel *Seien A ein kommutativer Ring, $\mathbf{a}$ ein Nilideal in A und π die kanonische Projektion von A auf $A/\mathbf{a}$. Ferner seien $f \in A[X]$ ein Polynom und $\overline{a} \in A/\mathbf{a}$ eine Nullstelle von f derart, daß $f'(\overline{a})$ eine Einheit in $A/\mathbf{a}$ ist. Dann besitzt f eine und nur eine Nullstelle a in A mit $\pi(a) = \overline{a}$.*

Beweis. Wir nehmen zunächst an, daß $\mathbf{a}$ sogar nilpotent ist; bei Anwendungen ist diese Voraussetzung häufig erfüllt. Die Nullstelle von f wird mit einer Näherungsfolge $a_n \in A$ gefunden, wobei mit einem beliebigen Startwert $a_0 \in \pi^{-1}(\overline{a})$ begonnen wird. An das Newtonsche Näherungsverfahren denkend, das die Nullstelle einer differenzierbaren Funktion F durch die

Iteration $a_{n+1} = a_n - F(a_n)/F'(a_n)$ approximiert, definiert man rekursiv

$$a_{n+1} = a_n - f(a_n)b\,,$$

wobei für b ein Element aus $\pi^{-1}(1/f'(\overline{a}))$ fest gewählt wird. Durch Induktion über n zeigen wir (1) $f(a_n) \in \mathbf{a}^{n+1}$ und (2) $\pi(a_n) = \overline{a}$. Für $n = 0$ ist das trivial. Zum Schluß von n auf $n+1$ bemerken wir zunächst, daß für ein beliebiges Polynom $g \in A[X]$ und Elemente $c, d \in A$ ein $e \in A$ mit $g(c+d) = g(c) + g'(c)d + ed^2$ existiert, was sich unmittelbar durch Einsetzen von $c + d$ für X aus der Darstellung $g = g(c) + g'(c)(X - c) + h(X - c)^2$ mit einem $h \in A[X]$ ergibt, die mit der Taylorformel 57.7 erhalten wird. Es gibt also ein $e \in A$ mit

$$f(a_{n+1}) = f(a_n - f(a_n)b) = f(a_n) - f'(a_n)f(a_n)b + e(f(a_n)b)^2\,.$$

Wegen $\pi(a_n) = \overline{a}$ ist $\pi(f'(a_n)b) = f'(\overline{a})/f'(\overline{a}) = 1$; somit gibt es ein $u \in \mathbf{a}$ mit $f'(a_n)b = 1 - u$. Man erhält

$$f(a_{n+1}) = f(a_n) - f(a_n)(1-u) + eb^2 f(a_n)^2 = uf(a_n) + eb^2 f(a_n)^2\,.$$

Wegen $u \in \mathbf{a}$ und $f(a_n) \in \mathbf{a}^{n+1}$ ist demnach $f(a_{n+1}) \in \mathbf{a}^{n+2}$. Aus $f(a_n) \in \mathbf{a}^{n+1} \subseteq \mathbf{a}$ folgt auch $\pi(a_{n+1}) = \pi(a_n) = \overline{a}$. Das beendet den Induktionsschluß.

Es gibt ein $m \in \mathbb{N}$ mit $\mathbf{a}^{m+1} = 0$. Daher ist $f(a_n) = 0$ und $a_{n+1} = a_n$ für alle $n \geq m$. Für $a := a_m$ ist dann $f(a) = 0$ und $\pi(a) = \overline{a}$.

Man beachte, daß dieser Beweis für die Existenz der Nullstelle konstruktiv ist!

Ist $\mathbf{a}$ nicht notwendig nilpotent, so wird die oben konstruierte Folge (a_n) dennoch stationär. Die Konstruktion verläuft nämlich ganz in dem von den Koeffizienten von f, von a_0 und b erzeugten Unterring A_1 von A. Dieser Unterring ist noethersch (vgl. 38.11), so daß das Nilideal $\mathbf{a}_1 := A_1 \cap \mathbf{a}$ in A_1 endlich erzeugt und damit nilpotent ist (vgl. §20, Aufgabe 4). Man prüft überdies leicht nach, daß auch $f(a_n) \in \mathbf{a}_1^{n+1}$ für $n \in \mathbb{N}$ ist.

Zum Beweis der Eindeutigkeit der gebildeten Nullstelle a von f sei a' eine weitere solche Nullstelle von f in A. Dann ist $a' - a \in \mathbf{a}$ nilpotent. Es gibt ein $e \in A$ mit

$$0 = f(a') = f(a + (a' - a)) = f(a) + f'(a)(a' - a) + e(a' - a)^2 = (a' - a)c\,,$$

wobei $c := f'(a) + e(a' - a)$ gesetzt ist. $\pi(f'(a)) = f'(\overline{a})$ ist eine Einheit in $A/\mathbf{a}$. Somit ist $f'(a)$ eine Einheit in A und dann auch c, vgl. 15.4(3). Aus $(a' - a)c = 0$ folgt daher $a' = a$, was noch zu zeigen war. •

Beispiel 4 Das Polynom $X - X^2 = X(1 - X)$ ist separabel, vgl. Beispiel 1. Eine Folgerung aus 90.2 ist daher, daß sich idempotente Elemente eines Restklassenringes $A/\mathbf{a}$ nach einem Nilideal $\mathbf{a}$ zu eindeutig bestimmten idempotenten Elementen von A liften lassen. Dieser Spezialfall von 90.2 wurde bereits in §15, Aufgabe 8 durchgeführt. Zur Interpretation dieser Aussage siehe auch §33, Aufgabe 18.

Beispiel 5 Ein Polynom $X^n - a$, $n \geq 1$, $a \neq 0$, über einem Körper K ist genau dann separabel, wenn n kein Vielfaches von Char K ist, vgl. Beispiel 2.

Seien nun p eine Primzahl und $n \in \mathbb{N}_+$ bzw. $a \in \mathbb{Z}$ Zahlen, die keine Vielfachen von p sind. Aus 90.2 folgt: *Besitzt $X^n - a$ eine Nullstelle in $\mathbb{Z}/\mathbb{Z}p$, d.h. ist a n-ter Potenzrest* modulo p, *so besitzt $X^n - a$ auch eine Nullstelle in $\mathbb{Z}/\mathbb{Z}p^m$ für jedes $m \geq 1$, d.h. a ist n-ter Potenzrest* modulo p^m *für alle $m \geq 1$.* Mehr noch: Die Anzahlen der Nullstellen von $X^n - a$ in $\mathbb{Z}/\mathbb{Z}p$ bzw. in $\mathbb{Z}/\mathbb{Z}p^m$ stimmen überein. Für quadratische Reste ($n = 2$) ist dies in IV.C.2 bewiesen worden. (Ist n ein Vielfaches von p, so sind Sonderüberlegungen nötig, vgl. beispielsweise IV.C.3.)

Im weiteren behandeln wir separable Polynome über Körpern.

90.3 Lemma *Sei $K \subseteq L$ eine Körpererweiterung. Ein Polynom $f \in K[X]$ ist genau dann separabel über K, wenn es separabel über L ist.*

Der Beweis ergibt sich beispielsweise direkt aus 59.7, angewandt auf $\operatorname{ggT}(f, f')$. •

90.4 Satz *Sei K ein Körper. Für ein $f \in K[X]$ sind äquivalent:*

(1) *f ist separabel über K.*

(2) *Über jedem Erweiterungskörper von K hat f nur einfache Primfaktoren.*

(3) *In jedem Erweiterungskörper von K hat f nur einfache Nullstellen.*

(4) *Es gibt einen Erweiterungskörper von K, über dem f in Linearfaktoren zerfällt und nur einfache Nullstellen hat.*

Beweis. Besitzt ein Polynom f einen quadratischen Faktor g^2, so ist g ein gemeinsamer Teiler von f und f'. Daraus ergibt sich (1)⇒(2). Aus (2) folgt (3) durch Spezialisieren. (4) folgt aus (3), weil es nach 54.10 einen Erweiterungskörper von K gibt, über dem f in Linearfaktoren zerfällt. Aus (4) folgt (1) mit 90.1(2). Ein direktes Argument wie etwa mit dem folgenden Lemma ist freilich einfacher. •

90.5 Lemma *Seien K ein Körper und $f_1, \ldots, f_n \in K[X]$. Dann sind äquivalent:*

(1) *Das Produkt $f_1 \cdots f_n$ ist separabel.*

(2) *Die Polynome $f_1, \ldots, f_n$ sind separabel und paarweise teilerfremd.*

Beweis. Ohne Einschränkung der Allgemeinheit sei $n = 2$ und $f := f_1, g := f_2$. Aus (1) folgt (2): Ist fg separabel, so sind fg und $(fg)' = f'g + fg'$ teilerfremd. Darum haben auch f, f' bzw. g, g' bzw. f, g jeweils keinen gemeinsamen Primteiler. Aus (2) folgt (1): Ein gemeinsamer Primteiler h von fg und $(fg)'$ teilt zunächst einmal f oder g, sagen wir f. Da h auch $(fg)' = f'g + fg'$ teilt, ist h ein Teiler von $f'g$, also von f' oder g, was beides der Voraussetzung widerspricht. •

Aus 90.5 oder aus 90.4 folgt insbesondere, *daß ein Teiler eines separablen Polynoms über einem Körper auch separabel ist.* Weiter folgt aus 90.5:

90.6 Satz *Sei K ein Körper. Ein Polynom $f \neq 0$ aus $K[X]$ ist genau dann separabel, wenn alle Primfaktoren von f separabel und einfach sind.*

Für Primpolynome läßt sich die Separabilität sehr einfach prüfen: *Genau dann ist das Primpolynom $f \in K[X]$ separabel, wenn $f' \neq 0$ ist.* Denn wegen $\operatorname{Grad} f' < \operatorname{Grad} f$ ist $\operatorname{ggT}(f, f') \neq 1$ mit $f' \neq 0$ äquivalent.

Ist $\operatorname{Char} K = 0$, so ist jedes Primpolynom $f \in K[X]$ separabel, weil dann trivialerweise $f' \neq 0$ ist. Ist aber $\operatorname{Char} K = p > 0$, so ist für ein Poynom $f \in K[X]$ die Ableitung f' offensichtlich genau dann gleich 0, wenn $f \in K[X^p]$ ist, d.h. wenn die Koeffizienten von f höchstens bei den Potenzen $1, X^p, X^{2p}, \ldots$ von X^p von 0 verschieden sind.

Definition Ein Körper K heißt vollkommen oder perfekt, wenn sämtliche Primpolynome in $K[X]$ separabel sind.

Nach 90.6 ist über einem vollkommenen Körper ein Polynom $\neq 0$ genau dann separabel, wenn alle seine Primfaktoren einfach sind.

Da über einem algebraisch abgeschlossenen Körper die Primpolynome linear und daher trivialerweise separabel sind, gilt:

90.7 Satz *Jeder algebraisch abgeschlossene Körper ist vollkommen.*

Da über einem Körper der Charakteristik 0 ebenfalls — wie oben bemerkt — alle Primpolynome separabel sind, gilt:

90.8 Satz *Jeder Körper der Charakteristik 0 ist vollkommen.*

Im Fall der Charakteristik > 0 hat man folgendes wichtige Kriterium.

90.9 Satz *Ein Körper der Charakteristik $p > 0$ ist genau dann vollkommen, wenn der Frobenius-Homomorphismus $x \mapsto x^p$ von K surjektiv ist.*

Beweis. Es ist zu zeigen, daß K genau dann vollkommen ist, wenn jedes Element $a \in K$ eine p-te Potenz in K ist, anders gesagt, wenn jedes Polynom $X^p - a$, $a \in K$, eine Nullstelle in K hat.

Sei K vollkommen, und habe etwa $X^p - a$ keine Nullstelle in K. Nach dem folgenden Lemma 90.10 ist das nichtseparable Polynom $X^p - a$ irreduzibel in $K[X]$. Widerspruch!

Sei umgekehrt jedes Element in K eine p-te Potenz in K. Ferner sei $f \in K[X]$ ein Poynom mit $f' = 0$. Dann ist $f \in K[X^p]$, etwa

$$f = a_0 + a_1 X^p + \cdots + a_n X^{pn}.$$

Es gibt Elemente $b_i \in K$ mit $b_i^p = a_i$ für $i = 0, \ldots, n$. Dann ist

$$f = b_0^p + b_1^p X^p + \cdots + b_n^p X^{pn} = (b_0 + b_1 X + \cdots + b_n X^n)^p$$

nicht prim. Dies zeigt, daß alle Primpolynome in $K[X]$ separabel sind. •

90.10 Lemma *Sei K ein Körper der Charakteristik $p > 0$. Ist $a \in K$ keine p-te Potenz in K, so ist $X^p - a$ irreduzibel in $K[X]$.*

Beweis. Sei L ein Erweiterungskörper von K, in dem $X^p - a$ eine Nullstelle b hat. In $L[X]$ ist

$$X^p - a = X^p - b^p = (X - b)^p .$$

Sei $X^p - a$ nicht prim in $K[X]$, und sei f ein normierter Primfaktor des Grades $n < p$ von $X^p - a$ in $K[X]$. Aus Gradgründen ist f separabel. Andererseits gilt $f = (X - b)^n$ in $L[X]$. Daher ist $n = 1$ und $b \in K$. Widerspruch! •

Sei K ein Körper der Charakteristik $p > 0$. Dann ist der Frobenius-Homomorphismus stets injektiv. Satz 90.9 besagt, daß er genau dann ein Automorphismus ist, wenn K vollkommen ist.

Für einen endlichen Körper ist ein Endomorphismus stets ein Automorphismus. Daher gilt:

90.11 Satz *Jeder endliche Körper ist vollkommen.*

Beispiel 6 Ein einfaches Beispiel eines nicht vollkommenen Körpers erhält man wie folgt. Sei k ein beliebiger Körper der Charakteristik $p > 0$. Im rationalen Funktionenkörper $k(X)$ ist X keine p–te Potenz. Daher ist $K := k(X)$ nach 90.9 nicht vollkommen.

Allgemeiner als 90.10 gilt folgende Beziehung zwischen beliebigen Primpolynomen und separablen Primpolynomen.

90.12 Satz *Seien K ein Körper der Charakteristik $p > 0$ und $f \in K[X]$ ein normiertes Polynom. Es sei*

$$f = g(X^{p^e})$$

und $g \in K[X]$, $g \notin K[X^p]$. Genau dann ist f irreduzibel, wenn g irreduzibel ist und wenn bei $e > 0$ überdies die Koeffizienten von g (die mit denen von f übereinstimmen) nicht alle p-te Potenzen in K sind. — Ist f irreduzibel, so ist g separabel.

Beweis. Sei f irreduzibel. Dann ist g trivialerweise irreduzibel: Aus $g = g_1 g_2$ folgt ja $f = g(X^{p^e}) = g_1(X^{p^e})g_2(X^{p^e})$. Bei $e > 0$ sind überdies die Koeffizienten von g nicht alle p–te Potenzen, da sonst f selbst eine p–te Potenz in $K[X]$ wäre, wie der zweite Teil des Beweises von 90.9 zeigt.

Seien nun umgekehrt die angegebenen Bedingungen für g erfüllt. Daß dann $g(X^{p^e})$ irreduzibel ist, zeigen wir durch Induktion über e. Der Fall $e = 0$ ist trivial. Sei nun $e > 0$ und sei h ein normierter Primfaktor von $g(X^{p^e})$. Es gibt eine Darstellung $g(X^{p^e}) = h^r q$ mit $r \geq 1$ und einem Polynom $q \in K[X]$, das nicht von h geteilt wird. Im Fall, daß sowohl $r = 1$ als auch $q = 1$ gilt, sind wir fertig. Nehmen wir an, daß $r \geq 2$ oder $q \neq 1$ gilt. Wir behaupten, daß es dann eine Zerlegung des Types $g(X^{p^e}) = f_1 f_2$ mit nichtkonstanten Polynomen $f_1, f_2 \in K[X^p]$ gibt: Sei zunächst r ein Vielfaches von p. Dann ist h^p und folglich h^r ein Poynom in X^p, und dasselbe gilt auch für q wegen $0 = g(X^{p^e})' = (h^r)'q + h^r q' = h^r q'$, d.h. $q' = 0$. Der Fall $q = 1$ ist nicht möglich, da sonst alle Koeffizienten von g p–te Potenzen wären. Also lassen sich $f_1 := h^r$ und $f_2 := q$ wählen. Sei r kein Vielfaches von p. Aus $0 = g(X^{p^e})' = rh^{r-1}h'q + h^r q'$ folgt jetzt nach Kürzen durch h^{r-1}, daß h notwendigerweise h' teilt, was nur bei $h' = 0$ möglich ist. Also ist jetzt h selbst und damit wieder h^r ein Poynom in X^p, und dasselbe gilt wieder für q. Bei $q = 1$ setzt man $f_1 := h$, $f_2 := h^{r-1} (\neq 1)$, bei $q \neq 1$ einfach $f_1 := h^r$, $f_2 := q$.

Sei nun $g_i = f_i(X^p)$, $i = 1, 2$. Dann ist $g(X^{p^{e-1}}) = g_1 g_2$, was der Induktionsvoraussetzung widerspricht. •

Sei K ein Körper der Charakteristik $p > 0$. Ist $f \in K[X]$ ein irreduzibles Polynom und $f = g(X^{p^e})$ die Darstellung von f mit einem Polynom $g \in K[X]$, $g \notin K[X^p]$, wie in 92.12, so heißt e der Inseparabilitätsgrad von f.

90.13 Satz *Seien K ein Körper der Charakteristik $p > 0$ und $f \in K[X]$ ein normiertes irreduzibles Poynom des Grades n mit dem Inseparabilitätsgrad e. Nullstellen von f in Erweiterungskörpern von K haben jeweils die Vielfachheit p^e. Insbesondere gilt: Ist L ein Zerfällungskörper von f über K, so ist*

$$f = (X - b_1)^{p^e} \cdots (X - b_r)^{p^e}$$

mit $r := n/p^e$ verschiedenen Elementen $b_1, \ldots, b_r \in L$.

Beweis. Sei $f = g(X^{p^e})$ mit $g \in K[X]$. Dann ist g irreduzibel und separabel. Sei b eine Nullstelle von f in einem Erweiterungskörper von K. Dann ist $a = b^{p^e}$ eine Nullstelle von g. Es ist $g = (X - a)h$, wobei $h(a) \neq 0$ ist, und $f = (X - b)^{p^e} h(X^{p^e})$ mit $h(b^{p^e}) = h(a) \neq 0$. Also ist p^e die Vielfachheit der Nullstelle b von f. •

Übrigens sind die Potenzen $b_1^{p^e}, \ldots, b_r^{p^e}$ der Elemente $b_1, \ldots, b_r$ in 90.13 gerade die r verschiedenen Nullstellen des separablen Polynoms g in L.

Aufgaben

1. Man löse die (ganzzahlige) Kongruenz $x^3 - x + 4 \equiv 0\,(7^4)$.

2. Wie viele Lösungen hat die (ganzzahlige) Kongruenz $x^3 + 5x - 3 \equiv 0\,(3^{10}5^5)$?

3. Das Polynom $f = 2X^2 - 1 \in \mathbb{Z}[X]$ und seine Ableitung $f' = 4X$ erzeugen in $\mathbb{Z}[X]$ das Einheitsideal. Da der Leitkoeffizient von f keine Einheit ist, ist f aber nicht separabel. Die Diskriminante von f ist 8.

4. Seien A ein kommutativer Ring, $\mathbf{a} \subseteq A$ ein Nilideal, $a \in A^\times$ und $m \in \mathbb{N}_+$ mit $m \in A^\times$. Genau dann hat a eine m-te Wurzel in A (d.h. genau dann gibt es ein $b \in A$ mit $b^m = a$), wenn die Restklasse $\overline{a}$ von a in $\overline{A} := A/\mathbf{a}$ eine m-te Wurzel in $\overline{A}$ hat. Genauer: Die Anzahl der m-ten Wurzeln von a in A und die Anzahl der m-ten Wurzeln von $\overline{a}$ in $\overline{A}$ stimmen überein.

5. a) Seien $\mathbf{A} \in \mathsf{GL}_n(\mathbb{C})$ eine invertierbare komplexe $(n \times n)$-Matrix, $n \in \mathbb{N}_+$, und $m \in \mathbb{N}_+$. Es gibt genau m^r Matrizen $\mathbf{B} \in \mathbb{C}[\mathbf{A}]$ mit $\mathbf{B}^m = \mathbf{A}$, wobei r die Anzahl der verschiedenen Nullstellen des charakteristischen Poynoms $\chi_\mathbf{A}$ von $\mathbf{A}$ ist. (r ist auch die Anzahl der verschiedenen Nullstellen des Minimalpolynoms $\mu_\mathbf{A}$ von $\mathbf{A}$.)

b) Seien $\mathbf{A} \in \mathsf{GL}_n(\mathbb{R})$, $n \in \mathbb{N}_+$, und $m \in \mathbb{N}_+$. Sei r die Anzahl der verschiedenen reellen Nullstellen und $2s$ die Anzahl der verschiedenen komplexen Nullstellen des charakteristischen Polynoms $\chi_\mathbf{A}$ von $\mathbf{A}$. Ist m ungerade, so gibt es genau m^s Matrizen $\mathbf{B} \in \mathbb{R}[\mathbf{A}]$ mit $\mathbf{B}^m = \mathbf{A}$. Ist m gerade, so gibt es genau dann ein $\mathbf{B} \in \mathbb{R}[\mathbf{A}]$ mit $\mathbf{B}^m = \mathbf{A}$, wenn alle reellen Eigenwerte von $\mathbf{A}$ positiv sind. In diesem Fall gibt es $2^r m^s$ solcher Matrizen $\mathbf{B}$.

c) Man gebe eine Matrix $\mathbf{A} \in \mathsf{M}_n(\mathbb{C})$, $n \geq 2$, an derart, daß für kein $m \in \mathbb{N}$, $m \geq 2$, eine Matrix $\mathbf{B} \in \mathsf{M}_n(\mathbb{C})$ mit $\mathbf{B}^m = \mathbf{A}$ existiert.

d) Die Matrix $\mathbf{A} \in \mathsf{GL}_n(\mathbb{C})$ habe nur reelle Eigenwerte. Ferner sei $\mathbf{A}^m$ komplex-orthogonal für ein $m \in \mathbb{Z}$, $m \neq 0$ (d.h. es gelte $\mathbf{A}^m = {}^t\mathbf{A}^{-m}$). Ist m ungerade oder haben alle Eigenwerte von $\mathbf{A}$ dasselbe Vorzeichen, so ist bereits $\mathbf{A}$ komplex-orthogonal. (W. Kaup — Mit §26, Aufgabe 6c) gewinnt man $\mathbb{R}[\mathbf{A}^m] = \mathbb{R}[\mathbf{A}]$ und $\mathbb{R}[({}^t\mathbf{A}^{-1})^m] = \mathbb{R}[{}^t\mathbf{A}^{-1}]$. Nun schließe man wie in b).)

6. Seien K ein algebraisch abgeschlossener Körper der Charakteristik $\neq 2$ und f ein invertierbarer Operator auf einem endlichdimensionalen K-Vektorraum V. Genau dann sind f und f^{-1} ähnlich, wenn f Produkt zweier Involutionen ist. (Sei $f = hf^{-1}h^{-1}$ mit $h \in \mathrm{Aut}_K V$. Es gibt ein $g \in K[h^2]$ mit $g^2 = h^2$. (90.2.) Dann ist $f = (fhg^{-1})(hg^{-1})$ mit $(fhg^{-1})^2 = (hg^{-1})^2 = \mathrm{id}_V$.)

7. Seien A ein kommutativer Ring und $f, g \in A[X]$ normierte Polynome. Dann sind äquivalent: (1) fg ist separabel. (2) f und g sind separabel, und es ist $A[X]f + A[X]g = A[X]$. (Für (2)⇒(1) rechne man modulo der maximalen (oder Prim-)Ideale in $A[X]$ oder schließe direkt mit §33, Aufgabe 14.)

8. Sei $B \neq 0$ eine freie (allgemeiner: treu-flache) kommutative Algebra über dem kommutativen Ring A. Ein Polynom $f \in A[X]$ ist genau dann separabel über A, wenn es separabel über B ist.

9. Sei K ein Körper. Genau dann sind die Polynome $f_1, \ldots, f_n \in K[X]$ alle separabel, wenn $\mathrm{kgV}(f_1, \ldots, f_n)$ separabel ist.

10. Seien K ein Körper der Charakteristik $p > 0$, $f \in K[X]$ ein normiertes Primpolynom vom Inseparabilitätsgrad e und $f = g(X^{p^e})$ mit dem separablen Primpolynom $g \in K[X]$, $g \notin K[X^p]$, vgl. 90.12. Ferner sei L ein Erweiterungskörper von K. In L habe g die normierte Primfaktorzerlegung $g = g_1 \cdots g_r$. Für $\rho = 1, \ldots, r$ sei p^{e_ρ} die größte p-Potenz derart, daß $g_\rho(X^{p^e})$ eine p^{e_ρ}-Potenz in $L[X]$ ist, und es sei $g_\rho(X^{p^e}) = \pi_\rho^{p^{e_\rho}}$, $\rho = 1, \ldots, r$. Dann ist π_ρ prim in $L[X]$ vom Inseparabilitätsgrad $e'_\rho := e - e_\rho$, und $f = \pi_1^{p^{e_1}} \cdots \pi_r^{p^{e_r}}$ ist die normierte Primfaktorzerlegung von f in $L[X]$. (Beispiel. Seien k ein Körper der Charakteristik $p > 0$ und $e, e_1, \ldots, e_r$ natürliche Zahlen mit $e_\rho \leq e$, $\rho = 1, \ldots, r$. Ferner seien $S_1, \ldots, S_r$ die elementarsymmetrischen Polynome in den Unbestimmten $X_1, \ldots, X_r$, und $X_\rho^{1/p^{e_\rho}}$ sei eine p^{e_ρ}-te Wurzel von X_ρ in einem Erweiterungskörper von $k(X_1, \ldots, X_r)$, $\rho = 1, \ldots, r$. Dann hat das über $K := k(S_1, \ldots, S_r)$ irreduzible Polynom

$$f := X^{rp^e} - S_1 X^{(r-1)p^e} + \cdots + (-1)^r S_r$$

über $L := k(X_1^{1/p^{e_1}}, \ldots, X_r^{1/p^{e_r}})$ die Primfaktorzerlegung

$$(X^{p^{e'_1}} - X_1^{1/p^{e_1}})^{p^{e_1}} \cdots (X^{p^{e'_r}} - X_r^{1/p^{e_r}})^{p^{e_r}},$$

wobei wieder $e'_\rho := e - e_\rho$ gesetzt ist, $\rho = 1, \ldots, r$.)

11. Sei K ein Körper der Charakteristik p. Dann ist jedes Polynom $X^p - X - a \in K[X]$ mit $a \notin \{x^p - x : x \in K\}$ ein separables Primpolynom.

12. Die im Beweis von 90.2 angebene Rekursion konvergiert nur linear. Sie entspricht dem vereinfachten Newton–Verfahren, bei dem die Ableitung nur einmal berechnet wird. Wie in der Analysis kann man auch in der Situation von 90.2 quadratische Konvergenz erreichen. Genauer: Mit den Bezeichnungen von 90.2 seien die Folgen (a_n) und (b_n) rekursiv definiert durch

$$f(a_0) \equiv 0 \bmod \mathbf{a}, \quad b_0 f'(a_0) \equiv 1 \bmod \mathbf{a},$$

$$\begin{aligned} a_{n+1} = a_n - f(a_n)b_n, \quad b_{n+1} &= b_n(2 - n_n(f'(a_n) - f''(a_n)f(a_n)b_n)) \\ &= b_n(2 - b_n(2f'(a_n) - f'(a_{n+1}))). \end{aligned}$$

Dann gilt $f(a_n) \equiv 0 \bmod \mathbf{a}^{2^n}$ (und $b_n f'(a_n) \equiv 1 \bmod \mathbf{a}^{2^n}$) für alle $n \in \mathbb{N}$. (Als Beispiel löse man erneut Aufgabe 1.)

§91 Separable Algebren über Körpern

Sei K ein Körper. In diesem Paragraphen werden kommutative algebraische K–Algebren besprochen, die separabel über K sind. Insbesondere werden separable algebraische Körpererweiterungen abgehandelt.

Definition Ein Element x einer K–Algebra heißt separabel (algebraisch) über K, wenn x algebraisch über K ist und wenn das Minimalpolynom von x über K separabel ist. Eine kommutative K–Algebra B heißt separabel (algebraisch) über K, wenn jedes Element von B separabel über K ist.[1])

---

[1]) Die Separabilität von Algebren wird in der Literatur in verschiedenen Weisen erklärt, die nicht alle inhaltlich übereinstimmen.

Ein Element x einer K–Algebra ist bereits dann separabel, wenn es ein separables Polynom $f \in K[X]$ mit $f(x) = 0$ gibt, vgl. 90.5.

Ein separables Element x einer K–Algebra wird durch einen K–Algebra–Homomorphismus φ auf ein separables Element über K abgebildet; ist nämlich f ein separables Polynom aus $K[X]$ mit $f(x) = 0$, so ist ja $f(\varphi(x)) = \varphi(f(x)) = 0$. Insbesondere gilt: *Ist die kommutative K-Algebra B separabel, so ist jedes homomorphe Bild von B ebenfalls eine separable K-Algebra.*

Trivialerweise ist jede Unteralgebra einer separablen kommutativen K–Algebra wieder separabel. Jede separable kommutative K–Algebra ist algebraisch. Eine kommutative algebraische K–Algebra ist genau dann separabel, wenn jede endliche K–Unteralgebra separabel ist.

Beispiel 1 Seien $B_1, \ldots, B_r$ kommutative Algebren über dem Körper K. Die Produktalgebra $B := B_1 \times \cdots \times B_r$ ist genau dann separabel, wenn alle Faktoren $B_1, \ldots, B_r$ separabel sind. Dies folgt mit 90.6 daraus, daß das Minimalpolynom eines Elementes $(x_1, \ldots, x_r)$ von B das kleinste gemeinsame Vielfache der Minimalpolynome der Komponenten $x_1, \ldots, x_r$ ist. Insbesondere ist K^r eine separable K–Algebra.

91.1 Satz *Sei B eine kommutative algebraische Algebra über dem Körper K. Dann gilt:*

(1) *Ist B separabel, so ist B reduziert.*

(2) *Ist B reduziert und ist K vollkommen, so ist B separabel.*

B e w e i s. Wir erinneren daran, daß ein kommutativer Ring reduziert heißt, wenn er keine von 0 verschiedenen nilpotenten Elemente besitzt.

Sei $x \in B$. Man hat $K[x] \cong K[X]/(\mu)$ mit dem Minimalpolynom μ von x über K. Genau dann ist $K[x]$ reduziert, wenn μ keine mehrfachen Faktoren besitzt. Daher folgen (1) und (2) aus 90.6. •

Beispiel 2 Sei B eine kommutative algebraische Algebra über dem Körper K. Die Restklassenalgebra $B/\mathbf{m}_B$ von B nach dem Nilradikal von B (vgl. 89.1) ist reduziert; sie ist sicher dann separabel, wenn K vollkommen ist.

Beispiel 3 *Eine endliche kommutative Algebra B über dem Körper K ist genau dann separabel, wenn sie isomorph zu einem direkten Produkt von Erweiterungskörpern von K ist, die endlich und separabel über K sind.* Die Bedingung ist hinreichend nach Beispiel 1. Sei umgekehrt B separabel. B ist nach 91.1 reduziert und deshalb (vgl. 89, Beispiel 4) direktes Produkt von Körpern, die wie B endlich und separabel über K sind.

Beispiel 4 Eine zerfallende kommutative algebraische Algebra B über dem Körper K ist genau dann separabel, wenn sie reduziert ist. Dies folgt daraus, daß die Minimalpolynome der Elemente von B definitionsgemäß über K in Linearfaktoren zerfallen. — Insbesondere ist eine zerfallende kommutative endliche K–Algebra genau dann separabel, wenn sie isomorph zu einer K–Algebra K^r ist.

Zur Behandlung separabler Algebren sind Grundkörpererweiterungen unumgänglich. Beginnen wir mit folgender einfachen Bemerkung: Sei $L \supseteq K$ eine Körpererweiterung. Ein Element x einer K-Algebra B ist genau dann separabel über K, wenn $x = 1 \otimes x \in B_{(L)}$ separabel über L ist; dies folgt mit 90.3 daraus, daß x und $1 \otimes x$ dasselbe Minimalpolynom über K bzw. L haben.

Eine einfache Folgerung ist diese: B ist sicher dann über K separabel, wenn $B_{(L)}$ separabel über L ist. Die Umkehrung ist auch richtig, wie sich aus dem folgenden Kriterium ergibt, das in vielfacher Weise grundlegend für das Umgehen mit separablen Elementen ist.

91.2 Satz *Eine kommutative Algebra B über dem Körper K ist bereits dann separabel, wenn sie ein K-Algebra-Erzeugendensystem aus separablen Elementen besitzt.*

Beweis. Ohne Einschränkung der Allgemeinheit können wir annehmen, daß $B = K[x_1, \ldots, x_n]$ mit separablen Elementen $x_1, \ldots, x_n$ ist. Insbesondere ist B dann auch endlich. Nach Übergang zu einem Zerfällungskörper von B können wir weiter annehmen, daß B über K zerfällt.

Es ist $K[x_i] \cong K[X]/(\mu_i)$, wobei μ_i das Minimalpolynom von x_i ist. Nach Voraussetzung zerfällt μ_i in r_i einfache Linearfaktoren; daher ist $K[x_i] \cong K^{r_i}$. Nun ist B als homomorphes Bild der separablen K-Algebra

$$K[x_1] \otimes_K \cdots \otimes_K K[x_n] \cong K^{r_1} \otimes_K \cdots \otimes_K K^{r_n} \cong K^{r_1 \cdots r_n}$$

selbst separabel. •

Beispiel 5 Sei B eine separable kommutative Algebra über dem Körper K. Dann ist jeder minimale Zerfällungskörper von B über K ein separabler (und normaler) Erweiterungskörper von K, da er von Nullstellen der separablen Minimalpolynome der Elemente $x \in B$ erzeugt wird.

Die Aussage bleibt richtig, wenn B algebraisch über K ist und nur $B/\mathbf{m}_B$ separabel ist; denn diese Restklassenalgebra hat dieselben Zerfällungskörper wie B, vgl. §89, Beispiel 8. Daß $B/\mathbf{m}_B$ separabel ist, ist äquivalent damit, daß für jedes $x \in B$ das Minimalpolynom μ von x eine separable Reduktion $\operatorname{Red}(\mu)$ hat.

91.3 Satz *Sei B eine kommutative algebraische Algebra über dem Körper K. Dann sind folgende Aussagen äquivalent:*

(1) *B ist separabel über K.*

(2) *Für jeden Erweiterungskörper L von K ist $B_{(L)}$ separabel über L.*

(3) *Für jeden Erweiterungskörper L von K ist $B_{(L)}$ reduziert.*

(4) *Für jeden endlichen Erweiterungskörper L von K ist $B_{(L)}$ reduziert.*

(5) *Es gibt einen Zerfällungskörper L von B über K derart, daß $B_{(L)}$ reduziert ist.*

(6) *Es gibt einen Erweiterungskörper L von K derart, daß $B_{(L)}$ separabel über L ist.*

Beweis. Aus (1) folgt (2) mit 91.2 daraus, daß $B_{(L)}$ von den separablen Elementen $1\otimes x$, $x \in B$, erzeugt wird. Aus (2) folgt (3) mit 91.1(1). Aus (3) folgt (4) durch Spezialisieren. Aus (4) folgt (5) so: Es gibt einen über K algebraischen Zerfällungskörper L von B. Jedes Element von $B_{(L)}$ gehört zu einem Unterring $B_{(L')} \subseteq B_{(L)}$, wobei L' ein geeigneter über L endlicher Körper mit $L \supseteq L' \supseteq K$ ist. Wie die Ringe $B_{(L')}$ ist dann auch $B_{(L)}$ reduziert. Aus (5) folgt (6) mit Beispiel 4. Wie man von (1) aus (6) gewinnt, ist uns schon bekannt. •

Beweisvariante. Man kann auf einfache Weise von (4) direkt nach (1) schließen und somit (5) ausklammern (Aufgabe !). Man vermeidet dabei, die generelle Existenz von Zerfällungskörpern zu verwenden.

Beispiel 6 Als partielle Verallgemeinerung von 91.3 zeigen wir:

91.4 Satz *Seien B und C kommutative algebraische Algebren über dem Körper K. Ist B separabel über K und ist C reduziert, so ist $B_{(C)} = C\otimes_K B$ reduziert.*

Beweis. Ohne Einschränkung der Allgemeinheit dürfen wir annehmen, daß C endlich über K ist. Dann ist C direktes Produkt von Erweiterungskörpern $L_1, \ldots, L_r$ von K, und

$$C\otimes_K B = (L_1 \times \cdots \times L_r)\otimes_K B = B_{(L_1)} \times \cdots \times B_{(L_r)}$$

ist reduziert nach 91.3. •

Satz 91.4 gilt für beliebige kommutative reduzierte K-Algebren C, vgl. Aufg. 7.

Beispiel 7 (Transitivität der Separabilität) Seien $L \supseteq K$ eine Körpererweiterung und B eine von 0 verschiedene kommutative L-Algebra.

91.5 Satz *Folgende Aussagen sind äquivalent:*

(1) B ist separabel über K.

(2) B ist separabel über L, und L ist separabel über K.

Beweis. Aus (1) folgt (2). Wegen $B \neq 0$ ist L eine K-Unteralgebra von B und deswegen wie B separabel. Ist ferner $x \in B$, so ist das Minimalpolynom von x über K ein separables Polynom in $L[X]$, das x als Nullstelle hat.

Aus (2) folgt (1). Wegen 91.3 genügt es zu zeigen, daß für jeden endlichen Erweiterungskörper L' von K die L'-Algebra $B_{(L')}$ reduziert ist. Zunächst ist die L'-Algebra $L'\otimes_K L$ nach 91.3 reduziert, da L separabel über K ist. Die kanonische Isomorphie

$$B_{(L')} = L'\otimes_K B \cong (L'\otimes_K L)\otimes_L B$$

mit $x'\otimes y \leftrightarrow (x'\otimes 1)\otimes y$ ergibt nun, da B separabel über L ist, nach 91.4, daß $B_{(L')}$ reduziert ist. •

91.6 Korollar *Sei $Q \supseteq L \supseteq K$ eine Kette von Körpererweiterungen. Q ist genau dann separabel über K, wenn Q separabel über L und L separabel über K ist.*

Mit Satz 91.3 sind wir auch in der Lage, einige wichtige Tatsachen über Unteralgebren separabler Algebren übersichtlich zu beweisen.

91.7 Satz *Sei B eine separable kommutative endliche Algebra über dem Körper K. Dann besitzt B nur endlich viele K-Unteralgebren.*

Beweis. Sei L ein Zerfällungskörper von B über K. Nach 91.3 und Beispiel 4 ist $B_{(L)}$ zu einer L-Algebra vom Typ L^r isomorph und besitzt daher nur endlich viele L-Unteralgebren. (Die Hauptidempotenten einer L-Unteralgebra von L^r bilden eine L-Basis dieser Unteralgebra. Es gibt aber nur endlich viele Idempotente in L^r! Zu Einzelheiten und Ergänzungen sei auf §55, Aufgabe 8b) verwiesen.) Durch $C \mapsto C_{(L)}$ wird aber wegen $C_{(L)} \cap B = C$ die Menge der K-Unteralgebren von B injektiv in die Menge der L-Unteralgebren von $B_{(L)}$ abgebildet. •

91.8 Satz vom primitiven Element *Seien K ein Körper mit unendlich vielen Elementen und B eine separable kommutative endliche K-Algebra. Dann ist B eine zyklische K-Algebra, d.h. es gibt ein $x \in B$ mit $B = K[x]$.*

Beweis. Nach 91.7 gibt es nur endlich viele von B verschiedene K-Unteralgebren von B. Deren Vereinigung U ist nach §19, Aufgabe 6 von B verschieden. Jedes Element von $B \setminus U$ erzeugt B. •

Zu einer Beweisvariante siehe Beispiel 11 unten.

Beispiel 8 Eine separable endliche *Körpererweiterung* $K \subseteq L$ ist auch dann zyklisch, wenn K nur endlich viele Elemente besitzt: Jedes erzeugende Element der zyklischen Gruppe $L^\times$ ist ein primitives Element.

Dagegen ist die separable K-Algebra K^r nicht zyklisch über K, wenn $r > \operatorname{Kard} K$ ist; denn jedes Element von K^r hat ein Minimalpolynom vom Grade $\leq \operatorname{Kard} K$.

Beispiel 9 Seien K ein Körper mit unendlich vielen Elementen und B eine separable kommutative K-Algebra. *Genügt jedes Element $x \in B$ einer Gleichung $f(x) = 0$ mit $f \in K[X]$, $f \neq 0$ und* $\operatorname{Grad} f \leq n$, *so ist B eine zyklische K-Algebra endlicher Dimension $\leq n$ über K.*

Ist $B = L$ ein Körper, so gilt die Aussage auch, wenn K ein endlicher Körper ist, vgl. Beispiel 8.

Als Nächstes besprechen wir einige Aussagen über Homomorphismen separabler Algebren, wobei wir an die entsprechenden Teile in §89 anschließen.

91.9 Satz *Seien K ein Körper, B eine endliche kommutative K-Algebra der Dimension n und L ein Erweiterungskörper von K. Dann enthält*

$$\operatorname{Hom}_{K-\mathrm{Alg}}(B, L) = \operatorname{Hom}_{L-\mathrm{Alg}}(B_{(L)}, L)$$

höchstens n Elemente. Äquivalent sind folgende Aussagen:

(1) $\operatorname{Hom}_{K-\mathrm{Alg}}(B, L)$ *enthält genau n Elemente.*

(2) *Sind ψ_i, $i \in I$, die verschiedenen L-Homomorphismen von $B_{(L)}$ in L, so ist der L-Algebra-Homomorphismus*

$$\psi : B_{(L)} \to L^I$$

mit $x \mapsto (\psi_i(x))_{i\in I}$ *ein Isomorphismus.*

(3) $B_{(L)}$ *und* L^n *sind als* L*–Algebren isomorph.*

(4) L *ist ein Zerfällungskörper von* B *über* K, *und* B *ist separabel über* K.

Beweis. $\mathrm{Hom}_{K\text{-Alg}}(B, L)$ ist nach einem Lemma von Dedekind endlich mit $\leq n$ Elementen, vgl. etwa 55.13 und §81, Bemerkung 5.

Da ψ nach dem Chinesischen Restsatz 33.6 stets surjektiv ist, sind (1), (2) und (3) offenbar äquivalent. (3) ist äquivalent dazu, daß L ein Zerfällungskörper von B über K ist und daß $B_{(L)}$ reduziert ist. Mit 91.3 folgt jetzt, daß (3) zu (4) äquivalent ist. •

Sei B eine beliebige kommutative algebraische K–Algebra. Es ist interessant zu verfolgen, wie die Bilder eines Elementes $x \in B$ unter allen K–Homomorphismen von B aussehen.

Definition Seien L ein Zerfällungskörper von B über K und φ_i, $i \in I$, die verschiedenen K–Algebra–Homomorphismen von B in L. Zu $x \in B$ heißen die Elemente $\varphi_i(x)$, $i \in I$, von L die Konjugierten von $x \in B$ in L.

Die Konjugierten von $x \in B$ in L liegen im minimalen Zerfällungskörper von B in L über K; denn die *Menge* $\{\varphi_i(x) : i \in I\}$ ist nach §89, Beispiel 10 und 89.10 genau die Nullstellenmenge des Minimalpolynoms μ_x von x in L. Da die minimalen Zerfällungskörper nach 89.8 im wesentlichen eindeutig bestimmt sind, gilt dies auch für die Familie der Konjugierten von x. Man spricht deswegen oft auch von den Konjugierten von $x \in B$ schlechthin.

Beispiel 10 Ist μ_x prim — dies ist etwa der Fall, wenn B ein Körper ist —, so besteht die Menge $\{\varphi_i(x) : i \in I\}$ aus untereinander konjugierten Elementen im Sinne der Definition aus §89. Auf dieser Menge operiert dann die Gruppe der K–Automorphismen des minimalen Zerfällungskörpers von B über K transitiv, vgl. 89.15.

Die in der Definiton oben eingeführten Konjugierten eines Elementes $x \in B$ sind, worauf noch einmal hingewiesen sei, eine *Familie* von Elementen, in der einzelne Elemente mehrfach auftreten können. Dies liegt in der Natur der Sache. Der folgende Satz ist dafür ein typisches Beispiel.

91.10 Satz *Seien* B *eine endliche separable kommutative Algebra über dem Körper* K *und* L *ein Zerfällungskörper von* B *über* K. *Ferner seien* φ_i, $i \in I$, *die verschiedenen* K*–Algebra–Homomorphismen von* B *in* L. *Für jedes* $x \in B$ *gilt dann:*

(1) *Das charakteristische Polynom von* x *über* K *ist*

$$\chi_x = \prod_{i\in I}(X - \varphi_i(x)).$$

Insbesondere ist $\mathrm{Sp}_K^B(x) = \sum_{i\in I}\varphi_i(x)$ *und* $\mathrm{N}_K^B(x) = \prod_{i\in I}\varphi_i(x)$.

(2) *Das Minimalpolynom von x über K ist*

$$\mu_x = \prod_y (X - y),$$

wobei y die Elemente der Menge $\{\varphi_i(x) : i \in I\}$ durchläuft.

B e w e i s. Da sich charakteristisches Polynom und Minimalpolynom bei Grundkörpererweiterung nicht ändern, können wir $K = L$ annehmen. Dann ist $\varphi\colon B \to K^I$ mit $x \mapsto (\varphi_i(x))_{i \in I}$ ein K-Isomorphismus, und wegen $\chi_x = \chi_{\varphi(x)}$ und $\mu_x = \mu_{\varphi(x)}$ folgt die Behauptung. •

Beispiel 11 Wir geben eine Variante zum Beweis des Satzes vom primitiven Element 91.8 an. Seien φ_i, $i \in I$, die verschiedenen K-Algebra-Homomorphismen von B in einen Zerfällungskörper L von B über K. Zu $i, j \in I$ mit $i \neq j$ ist der Kern der K-linearen Abbildung $\varphi_i - \varphi_j$ ein echter K-Unterraum V_{ij} von B. Sei V die Vereinigung der V_{ij}, $i, j \in I$, $i \neq j$. Wie im Beweis zu 91.8 schließt man, daß $V \neq B$ ist. Jedes $x \in B \setminus V$ erzeugt dann B über K, da der Grad von x über K nach 91.10(2) mit $n := \mathrm{Dim}_K B$ übereinstimmt; die Konjugierten von x in L sind ja paarweise verschieden.

Die Idee des vorstehenden Beweisganges ist, ein $x \in B$ so zu finden, daß es in $B_{(L)} \cong L^n$ einem n-Tupel mit paarweise verschiedenen Komponenten entspricht, woraus man sofort erkennt, daß es ein primitives Element ist.

Beispiel 12 Seien K ein Körper und $f \in K[X]$ ein normiertes separables Polynom vom Grade n. Die Konjugierten der Restklasse x von X in $B := K[X]/(f)$ in einem Zerfällungskörper L von f seien $\varphi_1(x), \ldots, \varphi_n(x)$. Nach 91.10 ist $f = \chi_x = \prod_{i=1}^n (X - \varphi_i(x))$, und nach 90.1(2) gilt dann für die Diskriminante von f:

$$\mathrm{D}(f) = \prod_{1 \leq i < j \leq n} (\varphi_j(x) - \varphi_i(x))^2 = \mathrm{V}(\varphi_1(x), \ldots, \varphi_n(x))^2 .$$

Beispiel 13 Seien B eine endliche separable kommutative Algebra über dem Körper K und L ein Zerfällungskörper von B über K. Ferner seien φ_i, $i \in I$, die verschiedenen K-Algebra-Homomorphismen von B in L.

91.11 Lemma (D e d e k i n d) *Eine Familie x_i, $i \in I$, von Elementen $x_i \in B$ ist genau dann eine K-Basis von B, wenn gilt:*

$$\mathrm{Det}(\varphi_i(x_j))_{i,j \in I} \neq 0 .$$

B e w e i s. Ohne Beschränkung der Allgemeinheit dürfen wir $K = L$ annehmen. Der K-Isomorphismus $\varphi\colon B \to K^I$ mit $x \mapsto (\varphi_i(x))_{i \in I}$ bildet dann x_j auf die j-te Spalte der Matrix $(\varphi_i(x_j))$ ab. Daraus folgt das Resultat. •

In der speziellen Situation von Beispiel 12 mit $x_j := x^{j-1}$ für $j = 1, \ldots, n$ ist $\mathrm{Det}(\varphi_i(x_j)) = \mathrm{V}(\varphi_1(x), \ldots, \varphi_n(x))$. Das Quadrat der Determinante ist also die Diskriminante und insbesondere ein Element von K. Eine analoge Aussage gilt auch in der allgemeinen Situation von 91.11, vgl. §94, Beispiel 5.

Über die Automorphismengruppen endlicher separabler Algebren kann man pauschal nur wenig sagen, wenn man sich nicht wie in der Galoistheorie auf endliche separable und normale Körpererweiterungen beschränkt.

Beispiel 14 Erwähnenswert ist:

91.12 Satz *Sei B eine endliche separable kommutative Algebra der Dimension n über dem Körper K. Sei G eine Gruppe, die als Gruppe von K-Algebra-Automorphismen auf B operiert. Dann gilt:*

(1) *Operiert G treu auf B, so läßt sich G in die symmetrische Gruppe $\mathbf{S}_n$ einbetten. Insbesondere ist* $\operatorname{Kard} G \leq n!$.

(2) *Ist* $\operatorname{Fix}_G B = K$, *so ist* $\operatorname{Kard} G \geq n$.

B e w e i s. Sei L ein Zerfällungskörper von B über K. Die Operation von G läßt sich eineindeutig durch $\sigma \mapsto 1 \otimes \sigma$ zu einer Operation von G als Gruppe von L-Automorphismen von $B_{(L)}$ fortsetzen.

Da B separabel über K ist, ist $B_{(L)} \cong L^n$. Ein beliebiger L-Automorphismus von L^n permutiert notwendig die Hauptidempotenten $e_1, \ldots, e_n$ von L^n, ist also einfach eine Permutation der Komponenten von L^n. Damit ergibt sich (1).

Sei nun $K = \operatorname{Fix}_G B$. Wegen der Darstellungen

$$\operatorname{Fix}_G B = \bigcap_{\sigma \in G} \operatorname{Fix}_\sigma B = \bigcap_{\sigma \in G} \operatorname{Kern}(\operatorname{id}_B - \sigma),$$

$$\operatorname{Kern}(\operatorname{id}_B - \sigma)_{(L)} = \operatorname{Kern}(\operatorname{id}_{B_{(L)}} - 1 \otimes \sigma), \ \sigma \in G,$$

und wegen 81.4 und §81, Aufgabe 2b) hat G auch die Fixpunktmenge L bei der Operation auf $B_{(L)}$. Die Isomorphie $B_{(L)} \cong L^n$ überträgt die Operation von G auf die L-Algebra L^n. Betrachten wir nun die Bahn Ge_1. Diese besteht aus einigen der Hauptidempotenten $e_1, \ldots, e_n$. Die Summe der Elemente von Ge_1 gehört offenbar zu $\operatorname{Fix}_G(L^n) = L$, kann also nur $1 = e_1 + \cdots + e_n$ sein. Daher ist $Ge_1 = \{e_1, \ldots, e_n\}$ womit sich (2) ergibt; vgl. auch §55, Aufgabe 9b). •

Zum Schluß gehen wir auf separable Abschlüsse ein. Sei B eine kommutative Algebra über dem Körper K. Die über K separablen Elemente von B bilden nach 91.2 eine separable Unteralgebra von B.

Definition Die K-Unteralgebra der über K separablen Elemente von B wird mit

$$B_{\text{sep}}$$

bezeichnet; sie heißt die s e p a r a b l e H ü l l e oder der s e p a r a b l e A b s c h l u ß von K in B.

Beispiel 15 Sei $L \supseteq K$ eine Körpererweiterung. Man nennt L_{sep} auch die s e p a r a b l e a l g e b r a i s c h e H ü l l e von K in L. *Ist L normal über K, so ist offenbar auch L_{sep} normal über K.*

Ist K' ein algebraischer Abschluß von K, so heißt K'_{sep} ein s e p a r a b l e r a l g e b r a i s c h e r A b s c h l u ß von K schlechthin. Er ist wie K' bis auf K-Isomorphie eindeutig bestimmt.

Ist $\varphi: B \to C$ ein Homomorphismus kommutativer K–Algebren, so gilt $\varphi(B_{\text{sep}}) \subseteq C_{\text{sep}}$, da φ–Bilder separabler Elemente wieder separabel sind. φ induziert also einen K–Algebra–Homomorphismus

$$\varphi_{\text{sep}} : B_{\text{sep}} \to C_{\text{sep}} .$$

91.13 Satz *Sei $\varphi: B \to C$ ein surjektiver Homomorphismus kommutativer Algebren über dem Körper K mit einem Nilideal als Kern. Dann ist $\varphi_{\text{sep}} : B_{\text{sep}} \to C_{\text{sep}}$ eine Isomorphie von K-Algebren.*

Beweis. φ_{sep} ist nach dem Lemma 90.2 von Newton–Hensel surjektiv und nach 91.1(1) injektiv. •

91.14 Korollar *Sei B eine kommutative Algebra über dem Körper K derart, daß die Restklassenalgebra $B/\mathbf{n}_B$ von B nach seinem Nilradikal separabel ist. Dann induziert die Restklassenabbildung $B \to B/\mathbf{n}_B$ eine K-Algebra–Isomorphie $B_{\text{sep}} \cong B/\mathbf{n}_B$.*

91.15 Korollar *Sei B eine kommutative algebraische Algebra über dem vollkommenen Körper K. Dann induziert die Restklassenabbildung $B \to B/\mathbf{n}_B$ eine K-Algebra-Isomorphie $B_{\text{sep}} \cong B/\mathbf{n}_B$.*

Dies folgt aus 91.14 zusammen mit der Bemerkung aus Beispiel 2.

Beispiel 16 (Koeffizientenringe und -körper) Sei B ein kommutativer Ring. Man nennt einen Unterring R von B einen (vollen) Koeffizientenring von B, wenn R bei der Restklassenabbildung $B \to B/\mathbf{m}_B$ nach dem Jacobson–Radikal $\mathbf{m}_B$ bijektiv auf $B/\mathbf{m}_B$ abgebildet wird. Ist $B/\mathbf{m}_B$ ein Körper, d.h. ist B ein lokaler Ring, so nennt man R dann entsprechend einen (vollen) Koeffizientenkörper von B.

Da bei einer kommutativen algebraischen Algebra B über einem Körper K Nilradikal und Jacobson-Radikal übereinstimmen, vgl 89.1, besagt 91.14 insbesondere, daß *eine solche Algebra B einen Koeffizientenring besitzt, falls $B/\mathbf{m}_B = B/\mathbf{n}_B$ separabel über K ist. Dieser Koeffizientenring kann als K-Unteralgebra gewählt werden und ist mit dieser Zusatzforderung eindeutig bestimmt,* nämlich als separable Hülle von K in B.

Koeffizientenringe in B können, falls sie überhaupt existieren, nicht immer so gewählt werden, daß sie einen vorgegebenen Unterring B_1 mit $B_1 \cap \mathbf{m}_B = 0$ umfassen, vgl. Aufgabe 26.

Beispiel 17 (Jordan–Chevalley–Zerlegung) Sei K ein Körper. Zu Polynomen $f \in K[X]$, $f \neq 0$, bezeichnet $\text{Red}(f)$ das zugehörige reduzierte Polynom, vgl. §89, Beispiel 2.

91.16 Satz *Sei B eine (beliebige) K-Algebra. Ferner sei $x \in B$ ein algebraisches Element, dessen Minimalpolynom eine separable Reduktion hat. Dann gibt es eine und nur eine Zerlegung*

$$x = x_{\text{sep}} + x_{\text{nil}}$$

von x als Summe eines separablen Elementes x_{sep} aus B und eines nilpotenten Elementes x_{nil} aus B mit

$$x_{\text{sep}} x_{\text{nil}} = x_{\text{nil}} x_{\text{sep}} .$$

Die Elemente x_{sep} und x_{nil} liegen in $K[x]$.

Beweis. Sei μ das Minimalpolynom von x über K. Für den Beweis der Existenz der Zerlegung können wir $B = K[x] \cong K[X]/(\mu)$ annehmen. Nach Voraussetzung ist $K[X]/(\mathrm{Red}(\mu))$ separabel. Nach 91.14 hat man die kanonische Isomorphie $B_{\mathrm{sep}} \cong B/\mathbf{m}_B$. Dies bedeutet, daß B die direkte Summe

$$B = B_{\mathrm{sep}} \oplus \mathbf{m}_B$$

(von K–Vektorräumen) ist. Insbesondere hat x die Darstellung $x = x_{\mathrm{sep}} + x_{\mathrm{nil}}$ mit $x_{\mathrm{sep}} \in B_{\mathrm{sep}}$ und $x_{\mathrm{nil}} \in \mathbf{m}_B = \mathbf{n}_B$. Die Summanden sind vertauschbar, da sie in der kommutativen Algebra $B = K[x]$ liegen.

Zum Beweis der Eindeutigkeit der Zerlegung betrachten wir wieder ein allgemeines B und eine weitere Zerlegung $x = x_s + x_n$ der angegebenen Art. Dann ist $K[x_s, x_n]$ eine kommutative Unteralgebra von B, die x enthält. In dieser ist $x_s - x_{\mathrm{sep}} = x_{\mathrm{nil}} - x_n$ einerseits nach 91.2 separabel, andererseits nilpotent und daher gleich 0. Also ist $x_s = x_{\mathrm{sep}}$ und $x_n = x_{\mathrm{nil}}$, wie behauptet. •

Wir bemerken noch, daß man in der Darstellung $x_{\mathrm{nil}} = h(x)$ mit einem Polynom $h \in K[X]$ stets h so wählen kann, daß *der konstante Term $h(0)$ von h verschwindet:* Besitzt μ einen konstanten Term $\neq 0$, so braucht man nur h durch $h - h(0)\mu(0)^{-1}\mu$ zu ersetzen. Ist aber $\mu(0) = 0$, so ist von vornherein $h(0) = 0$, da aus $0 = x_{\mathrm{nil}}^t - h^t(x)$ folgt, daß h^t ein Vielfaches von μ ist.

Die Zerlegung $x = x_{\mathrm{sep}} + x_{\mathrm{nil}}$ gemäß 91.16 heißt die kanonische Zerlegung oder die Jordan–Chevalley–Zerlegung von x. Dabei heißt x_{sep} der separable und x_{nil} der nilpotente Bestandteil von x.

Ist $\varphi : B \to C$ ein Homomorphismus von K–Algebren und besitzt $x \in B$ eine Jordan–Chevalley–Zerlegung, so auch $\varphi(x)$, und es gilt:

$$\varphi(x_{\mathrm{sep}}) = \varphi(x)_{\mathrm{sep}}\,, \quad \varphi(x_{\mathrm{nil}}) = \varphi(x)_{\mathrm{nil}}\,.$$

Über vollkommenen Körpern existiert die kanonische Zerlegung algebraischer Elemente einschränkungslos.

Ist die Reduktion des Minimalpolynoms eines algebraischen Elementes x nicht separabel, so besitzt x keine Jordan–Chevalley–Zerlegung, vgl. Aufgabe 25.

Beispiel 18 (Jordan–Chevalley–Zerlegung linearer Operatoren) Seien K ein Körper und V ein K–Vektorraum. Ein Operator $f \in \mathrm{End}_K V$ heißt separabel, wenn er als Element der K–Algebra $\mathrm{End}_K V$ separabel ist, d.h. wenn er endlich ist und wenn sein Minimalpolynom μ_f separabel ist.

Ein endlicher zerfallender, d.h. trigonalisierbarer Operator ist genau dann separabel, wenn er diagonalisierbar ist. Jeder separable Operator ist halbeinfach. Ist K vollkommen, so ist umgekehrt auch jeder halbeinfache endliche Operator über K separabel, vgl. 67.12.

Aus 91.2 folgt direkt: Ist f_i, $i \in I$, eine Familie paarweise kommutierender separabler Operatoren auf V, so ist jeder Operator aus $K[f_i : i \in I]$ separabel. Man vergleiche dieses Resultat mit dem entsprechenden über diagonalisierbare Operatoren: 67.10.

Satz 91.3 entsprechend gilt:

91.17 Satz *Sei f ein endlicher Operator auf dem K–Vektorraum V. Dann sind äquivalent:*

(1) *f ist separabel.*

(2) *Für jeden Erweiterungskörper L von K ist $f_{(L)}$ separabel.*

(3) *Für jeden Erweiterungskörper L von K ist $f_{(L)}$ halbeinfach.*

(4) *Für jeden endlichen Erweiterungskörper L von K ist $f_{(L)}$ halbeinfach.*

(5) *Es gibt einen Erweiterungskörper L von K so, daß $f_{(L)}$ diagonalisierbar ist.*

(6) *Es gibt einen Erweiterungskörper L von K so, daß $f_{(L)}$ separabel ist.*

Sei $f \in \mathrm{End}_K V$ ein endlicher Operator, dessen Minimalpolynom eine separable Reduktion hat. Dann gibt es nach 91.16 eine eindeutig bestimmte Zerlegung

$$f = f_{\mathrm{sep}} + f_{\mathrm{nil}}$$

in einen separablen Operator f_{sep} und einen nilpotenten Operator f_{nil} mit $f_{\mathrm{sep}} f_{\mathrm{nil}} = f_{\mathrm{nil}} f_{\mathrm{sep}}$: die J o r d a n - C h e v a l l e y - Z e r l e g u n g von f. Ein Spezialfall dieser Zerlegung ist die kanonische Zerlegung eines endlichen zerfallenden (also trigonalisierbaren) Operators in diagonalisierbaren und nilpotenten Bestandteil gemäß 67.8. Jordan-Chevalley-Zerlegungen linearer Operatoren lassen sich auch noch in etwas allgemeineren Situationen finden, vgl. Aufgabe 28.

Schließlich sei bemerkt, daß sich die in diesem Beispiel besprochenen Redeweisen und Ergebnisse problemlos auf endliche quadratische Matrizen übertragen lassen.

Aufgaben

1. Sei $L \supseteq K$ eine Körpererweiterung und $x \in L$. Gibt es ein Polynom $f \in K[X]$ mit $f(x) = 0$ und $f'(x) \neq 0$, so ist x separabel über K.

2. Eine kommutative algebraische Algebra über dem Körper K ist genau dann separabel, wenn sie reduziert ist und wenn alle ihre Restekörper separabel über K sind.

3. Sei $L \supseteq K$ eine endliche Körpererweiterung, deren Grad kein Vielfaches der Charakteristik von K sei. Dann ist $L \supseteq K$ separabel.

4. a) Die Produktalgebren $\mathbb{C}^n$, $n \in \mathbb{N}$, sind bis auf Isomorphie die einzigen separablen endlichen kommutativen $\mathbb{C}$-Algebren. Die Dimension über $\mathbb{C}$ ist also die einzige Invariante einer solchen Algebra.

b) Die Produktalgebren $\mathbb{R}^m \times \mathbb{C}^n$, $m, n \in \mathbb{N}$, sind bis auf Isomorphie die einzigen separablen endlichen kommutativen $\mathbb{R}$-Algebren. (Bemerkung. Zu einer Charakterisierung der Zahlen m, n einer solchen Algebra siehe Satz 94.7.)

5. Sei B das Tensorprodukt kommutativer Algebren $B_1, \ldots, B_r$ über dem Körper K, die alle von 0 verschieden seien. Genau dann ist B separabel über K, wenn dies für alle $B_1, \ldots, B_r$ gilt. — Sind $x_i \in B_i$, $i = 1, \ldots, r$, separable algebraische Elemente, so ist $x_1 \otimes \cdots \otimes x_r$ separabel algebraisch in B.

6. Sei $L \supseteq K$ eine algebraische Körpererweiterung. Ist L separabel über K oder endlich über K, so ist L genau dann vollkommen, wenn K vollkommen ist. (Ist L endlich über K und $\mathrm{Char}\, K = p > 0$, so beachte man $[L^p : K^p] = [L : K]$.)

7. Seien K ein Körper, B eine separable kommutative K-Algebra und C eine reduzierte kommutative K-Algebra. Dann ist $B_{(C)} = C \otimes_K B$ reduziert. (Man darf annehmen, daß C endlich erzeugte K-Algebra und demzufolge noethersch ist. Nach §58, Aufgabe 12c) kann man dann annehmen, daß das Nullideal in C Durchschnitt endlich vieler Primideale ist.)

8. (Steinitz) **a)** Zu einer endlichen zyklischen Körpererweiterung $L \supseteq K$ gibt es nur endlich viele Zwischenkörper L'. (Sei $L = K[x]$, und sei μ das Minimalpolynom von x über K. Ist $f = a_0 + \cdots + a_{r-1}X^{r-1} + X^r$ aus $L'[X]$ das Minimalpolynom von x über L', so ist $L' = K[a_0, \ldots, a_{r-1}]$. Ferner ist f einer der (endlich vielen) normierten Teiler von μ in $L[X]$.)

b) Eine endliche Körpererweiterung $L \supseteq K$ ist genau dann zyklisch, wenn sie nur endliche viele Zwischenkörper besitzt. Ist dies der Fall, so ist jeder Zwischenkörper zyklisch über K. (Bemerkung. Ist K unendlich, so hat man §19, Aufgabe 6 oder ähnliche Überlegungen zu verwenden. Diese sind der Anlage nach konstruktiv. Ist nämlich $L = K[x_1, \ldots, x_n]$ zyklisch über K, so ist $L = K[a_1 x_1 + \cdots + a_n x_n]$ mit geeigneten Koeffizienten $a_i \in K$, die man durch Probieren in endlich vielen Schritten finden kann, deren Anzahl nach oben durch $2^{m(n-1)}$ beschränkt ist, $m := [L : K]$.)

9. Seien k ein Körper der Charakteristik $p > 0$, L der Funktionenkörper $k(X, Y)$ in zwei Unbestimmten und K der Unterkörper $k(X^p, Y^p)$ von L. Dann ist L ein endlicher Erweiterungskörper von K mit $[L : K] = p^2$, der nicht separabel und nicht zyklisch ist. Man gebe explizit unendlich viele Körper zwischen K und L an.

10. Sei K ein Körper.

a) Sei B eine reduzierte endliche zyklische K-Algebra. Dann besitzt B nur endlich viele Unteralgebren. (Das Problem besteht darin, auf den Satz von Steinitz in Aufgabe 8 zu reduzieren. Zur Vorbereitung bestimme man sämtliche Unteralgebren der $\mathbb{R}$-Algebra $\mathbb{C} \times \mathbb{C}$.) Ist K unendlich, so ist jede Unteralgebra von B zyklisch.

b) Sei K endlich und $r >$ Kard K. Man zeige, daß es endliche Erweiterungskörper $L_1, \ldots, L_r$ gibt derart, daß die Produktalgebra $B := L_1 \times \cdots \times L_r$ zyklisch ist. B enthält die nicht zyklische K-Algebra K^r.

c) Sei $B := K[X]/(X^4) = K[x]$, wobei x die Restklasse von X bezeichnet. B enthält die nicht zyklische Unteralgebra $K[x^2, x^3]$. Ist K unendlich, so enthält B unendlich viele Unteralgebren ($\subseteq K[x^2, x^3]$ beispielsweise).

11. Seien K ein unendlicher Körper und $B_1, \ldots, B_r$ eine Familie endlicher zyklischer K-Algebren. Dann ist auch die Produktalgebra $B_1 \times \cdots \times B_r$ zyklisch. (Man kann beispielsweise $B_i \cong K[X]/(f_i)$ mit paarweise teilerfremden Polynomen $f_1, \ldots, f_r$ erreichen.)

12. Seien K ein unendlicher Körper, B eine endliche K-Algebra und L ein Erweiterungskörper von K. Genau dann ist B eine zyklische K-Algebra, wenn $B_{(L)} = L \otimes_K B$ eine zyklische L-Algebra ist.

13. Seien K ein unendlicher Körper und B eine endliche kommutative K-Algebra mit einem Algebra-Erzeugendensystem x_i, $i \in I$, dessen sämtliche Elemente bis auf höchstens eines separabel über K sind. Dann ist B eine zyklische K-Algebra.

(Es gibt ein y mit $B = B_{\text{sep}}[y]$ und einen Erweiterungskörper L von K mit $L \otimes_K B_{\text{sep}} \cong L^r$. Dann ist

$$L \otimes_K (B_{\text{sep}} \otimes_K K[y]) = (L \otimes_K B_{\text{sep}}) \otimes_K K[y] \cong L^r \otimes_K K[y] \cong (L \otimes_K K[y])^r .$$

Man verwendet nun die beiden vorstehenden Aufgaben. — Zu einer ergänzenden Aussage siehe Aufgabe 17.)

14. Sei K ein Körper der Charakteristik $p > 0$. Ferner sei x ein über K algebraisches Element einer K–Algebra.

a) Es gibt ein $e \in \mathbb{N}$ derart, daß x^{p^e} separabel über K ist. (Ist $K[x]$ ein Körper, so erhält man das Gewünschte direkt aus 90.12. Im allgemeinen Fall gibt es zunächst ein $r \in \mathbb{N}$ derart, daß die Restklassen von $y := x^{p^r}$ in den Restekörpern von $K[x]$ separabel sind. Nun betrachtet man die Jordan–Chevalley–Zerlegung von y.)

b) Genau dann ist x separabel über K, wenn $x \in K[x^p]$ ist. (Sei x separabel. Bezeichne f das Minimalpolynom von x über K und g das von x^p über K. Aus einer Darstellung $g(X^p) = hf^m$ mit $h(x) \neq 0$ folgert man $m = 0$ in K und daraus $\text{Grad}\, g = \text{Grad} f$, also $K[x] = K[x^p]$. — Die Umkehrung folgt leicht mit a).)

15. Seien $L \supseteq K$ eine algebraische Körpererweiterung und B eine kommutative algebraische L–Algebra. Bezeichnet B_{sep} die separable Hülle von K in B, so ist $L[B_{\text{sep}}]$ die separable Hülle von L in B. (Es genügt zu zeigen, daß jedes über L separable $x \in B$ von einem Element aus B_{sep} über L erzeugt wird. Dazu verwendet man Aufgabe 14.)

16. Seien $L \supseteq K$ eine Körpererweiterung und B eine kommutative algebraische K–Algebra. Dann ist in kanonischer Weise

$$(B_{(L)})_{\text{sep}} = (B_{\text{sep}})_{(L)} .$$

Folgerung. Ist B endlich über K, so ist $\text{Dim}_K B_{\text{sep}}$ die Anzahl der lokalen Komponenten von $B_{(L)}$, falls L ein Zerfällungskörper von B ist.

17. Seien K ein unendlicher Körper, L ein endlicher zyklischer Erweiterungskörper von K und B eine endliche separable kommutative L–Algebra. Dann ist B eine zyklische K–Algebra. (Man verwendet Aufgaben 13 und 15. Eine Variante des Beweises macht Aufgabe 11 möglich; danach kann man annehmen, daß B selbst ein Körper ist.)

18. Seien K ein Körper der Charakteristik $p > 0$ und B eine endliche kommutative K–Algebra. Mit B^p sei das Bild von B unter dem Frobenius-Homomorphismus bezeichnet. Mit einem Ringschluß zeige man, daß folgende Aussagen äquivalent sind: (1) B ist separabel über K. (2) Es ist $B = K[x_i : i \in I]$ mit separablen Elementen x_i, $i \in I$. (3) Es ist $B = K[B^p]$. (4) Sind $x_1, \ldots, x_r \in B$ linear unabhängig über K, so sind auch $x_1^p, \ldots, x_r^p$ linear unabhängig über K. (Aus (2) folgt (3) mit Aufgabe 14b). Aus (3) folgt (4): Zum Beweis ergänzt man $x_1, \ldots, x_r$ zu einer K–Basis von B und verwendet (3). Aus (4) ergibt sich (3) leicht zurück. Aus (3) folgt (1): B ist offenbar reduziert. Da sich (3) auf die Restekörper von B überträgt, kann man annehmen, daß B ein Körper ist. Sei dann etwa $x \in B$ nicht separabel. Das Minimalpolynom von x ist ein Polynom in X^p und liefert eine unzulässige lineare Relation der p–ten Potenzen von $1, x, x^2, \ldots$. — Bemerkung. Der Ringschluß liefert einen neuen Beweis für 91.2 im Fall $\text{Char}\, K > 0$.)

19. Sei K ein Körper der Charakteristik $p > 0$. Ferner sei K' ein algebraisch abgeschlossener Erweiterungskörper von K. Man definiert für $n \in \mathbb{N}$

$$K(n) = K^{p^{-n}} := \{x \in K' : x^{p^n} \in K\}, \quad K(\infty) := \bigcup_{n \in \mathbb{N}} K(n).$$

a) $K = K(0) \subseteq K(1) \subseteq \cdots \subseteq K(\infty)$ ist eine Kette von Körpererweiterungen. Die Körper $K(n)$ und $K(\infty)$ sind im wesentlichen eindeutig durch K bestimmt.

b) $K(\infty)$ ist vollkommen. K ist genau dann vollkommen, wenn $K = K(\infty)$ gilt. Ist K nicht vollkommen, so ist $K = K(0) \subset \cdots \subset K(\infty)$ eine Kette jeweils echter Erweiterungen.

c) Für einen algebraischen Erweiterungskörper L von K sind äquivlent: (1) L ist separabel über K. (2) $K(\infty) \otimes_K L$ ist ein Körper. (3) Für jedes $n \in \mathbb{N}$ ist $K(n) \otimes_K L$ ein Körper. (4) $K(1) \otimes_K L$ ist ein Körper. (Man kann annehmen, daß L und $K(\infty)$ in einem algebraisch abgeschlossenen Körper L' liegen und daß L endlich über K ist. Man hat dann zu untersuchen, wann der natürliche Homomorphismus $K(n) \otimes_K L \to K(n)[L] \subseteq L'$ injektiv ist, und verwendet dazu Aufgabe 18.)

20. (Rein-inseparable Elemente) Sei K ein Körper der Charakteristik $p > 0$. Ferner sei B eine K-Algebra. Ein $x \in B$ heißt rein-inseparabel über K, wenn es eine Zahl $e \in \mathbb{N}$ gibt derart, daß x^{p^e} in $K \cdot 1_B$ liegt. (Insbesondere ist x dann algebraisch über K.) Ist B kommutativ, so heißt B rein-inseparabel über K, wenn jedes Element von B rein-inseparabel über K ist. (Manche Autoren verwenden statt "rein-inseparabel" auch "radiziell".)

a) Ein $x \in B$ gehört genau dann zu $K \cdot 1_B$, wenn x sowohl separabel als auch rein-inseparabel über K ist.

b) Sei B kommutativ. Die rein-inseparablen Elemente in B bilden eine K-Unteralgebra von B, die rein-inseparable Hülle von K in B. Genau dann ist B rein-inseparabel über K, wenn $B_{\mathrm{sep}} = K \cdot 1_B$ ist.

21. Seien K ein Körper der Charakteristik $p > 0$ und $L \supseteq K$ eine rein-inseparable Körpererweiterung.

a) L ist normal über K.

b) Ist L endlich über K, so ist $[L : K]$ eine Potenz von p.

c) Sei L zyklisch über K. Gilt $L = K[x_1, \ldots, x_n]$, so gibt es ein i mit $L = K[x_i]$. Ist $[L : K] = p^e$, so gibt es genau $e + 1$ Körper zwischen K und L.

22. Seien B eine kommutative algebraische Algebra über dem Körper K und L ein Zerfällungskörper von B über K. Dann ist die kanonische Abbildung

$$\mathrm{Hom}_{K\text{-Alg}}(B, L) \to \mathrm{Hom}_{K\text{-Alg}}(B_{\mathrm{sep}}, L)$$

mit $\gamma \mapsto \gamma | B_{\mathrm{sep}}$ bijektiv. Folgerung. Ist $L \supseteq K$ eine normale Körpererweiterung, so hat man eine kanonische Bijektion

$$\mathrm{Aut}_{K\text{-Alg}}(L) = \mathrm{Aut}_{K\text{-Alg}}(L_{\mathrm{sep}}).$$

23. (Separabilitätsgrad) Sei K ein Körper. Ist B eine kommutative algebraische K-Algebra, so heißt

$$[B : K]_{\mathrm{sep}} := [B_{\mathrm{sep}} : K]$$

ihr Separabilitätsgrad.

Seien nun L ein endlicher Erweiterungskörper von K und B eine endliche kommutative L-Algebra. Dann gilt:

$$[B : K]_{\mathrm{sep}} = [B : L]_{\mathrm{sep}} \cdot [L : K]_{\mathrm{sep}}.$$

(Sei $p = \operatorname{Char} K > 0$. Es gibt ein $e \in \mathbb{N}$ derart, daß für jedes $x \in L$ gilt: $x^{p^e} \in L_{\text{sep}}$. Nach Aufgabe 15 gibt es Elemente $y_1, \ldots, y_s$ in B, die separabel über K sind und eine L-Basis der separablen Hülle von L in B bilden. Nach Aufgabe 18 darf man y_j durch $z_j := y_j^{p^e}$ ersetzen. Ist $x_1, \ldots, x_r$ eine K-Basis von L_{sep}, so ist $x_i z_j$, $1 \le i \le r$, $1 \le j \le s$, eine K-Basis der separablen Hülle von K in B.)

24. (Inseparabilitätsgrad) Sei $L \supseteq K$ eine algebraische Körpererweiterung. Dann heißt

$$[L : K]_{\text{insep}} := [L : L_{\text{sep}}]$$

ihr Inseparabilitätsgrad. Es ist

$$[L : K] = [L : K]_{\text{sep}} \cdot [L : K]_{\text{insep}}\,.$$

Sei nun $p = \operatorname{Char} K > 0$.

a) Ist $[L : K]_{\text{insep}}$ endlich, so ist diese Zahl eine Potenz von p.

b) Sei $x \in L$ mit dem Minimalpolynom μ über K. Dann ist $[K[x] : K]_{\text{sep}}$ der reduzierte Grad von μ und $[K[x] : K]_{\text{insep}}$ der Inseparabilitätsgrad von μ.

25. Sei B eine Algebra über dem Körper K.

a) Seien x, y vertauschbare Elemente von B, wobei y nilpotent ist. Genau dann ist x algebraisch über K, wenn $x + y$ algebraisch über K ist. In diesem Fall haben die Minimalpolynome von x und $x + y$ dieselben Primfaktoren. (Man studiert die Restekörper der kommutativen Algebra $K[x, y]$.)

b) Ist $x \in B$ algebraisch über K und besitzt x eine Jordan–Chevalley–Zerlegung im Sinne von 91.16, so ist die Reduktion des Minimalpolynoms von x über K separabel.

26. Seien k ein Körper der Charakteristik $p > 0$ und $B := k(X)[Y]/(Y^2)$. Die Restklassen von X und Y in B bezeichnen wir mit x bzw. y. Das Element $x^p + y$ ist transzendent über k, und in B existiert der Quotentienkörper K von $k[x^p + y]$. Dann ist $B = K[x]$ eine endliche K-Algebra der Dimension $2p$. Man bestimme das Minimalpolynom von x über K. Es gibt keine Zerlegung $x = x_r + x_n$ in B derart, daß $K[x_r]$ reduziert und x_n nilpotent ist. B besitzt den Koeffizientenkörper $k(X)$, aber keinen Koeffizientenkörper, der K umfaßt.

27. a) Sei B eine Algebra über dem Körper K. Ein Element $x \in B$ heißt halbeinfach, wenn x algebraisch mit reduziertem Minimalpolynom ist. Ist K vollkommen, so ist $x \in B$ genau dann halbeinfach, wenn x separabel ist.

b) Man gebe ein Beispiel einer endlichen kommutativen Algebra über einem passenden Körper an, in der die halbeinfachen Elemente keine Unteralgebra bilden.

28. Sei K ein Körper. Sei f ein lokal endlicher Operator auf einem K-Vektorraum V. Man nennt f separabel, wenn seine Einschränkung auf jeden endlichdimensionalen f-invarianten Unterraum von V separabel ist.

a) f ist genau dann separabel, wenn f halbeinfach ist und wenn alle Spektralpolynome von f separabel sind.

b) Alle Spektralpolynome von f seien separabel. Dann besitzt f eine eindeutig bestimmte kanonische Zerlegung $f = f_{\text{sep}} + f_{\text{nil}}$ mit vertauschbaren Operatoren $f_{\text{sep}}, f_{\text{nil}}$, wobei f_{sep} separabel und f_{nil} lokal nilpotent ist.

29. Seien K ein Körper, V ein K-Vektorraum und $f \in \operatorname{Aut}_K V$ ein lokal endlicher Operator, dessen Spektralpolynome separabel sind. Dann ist $f_{\text{sep}} \in \operatorname{Aut}_K V$, und

$u := f(f_{\text{sep}})^{-1}$ ist ein mit f vertauschbarer lokal unipotenter Automorphismus von V. (Man nennt u auch den **lokal unipotenten Bestandteil** von f, vgl. §67, Aufgabe 24.)

30. Seien K ein Körper und A eine K–Algebra im allgemeinen Sinne.

a) Sei $\delta \in \text{Der}_K A \subseteq \text{End}_K A$ eine K–Derivation, welche als linearer Operator lokal endlich sei; die Spektralpolynome von δ seien separabel. Dann sind δ_{sep} und δ_{nil} ebenfalls K–Derivationen.

b) Sei f ein K–Algebra–Endomorphismus von A, welcher als linearer Operator lokal endlich sei; die Spektralpolynome von f seien separabel. Dann ist f_{sep} ebenfalls ein K–Algebra–Endomorphismus. Ist f ein Automorphismus, so sind f_{sep} und der lokal unipotente Bestandteil von f ebenfalls K–Algebra–Automorphismen.

(Vgl. Aufgaben 28 und 29. Durch Grundkörpererweiterung zum algebraischen Abschluß von K führe man die Aussagen auf §67, Aufgabe 33 zurück.)

§92 Galoistheorie

Sei $L \supseteq K$ eine Körpererweiterung. Wir verwenden im folgenden häufig die Bezeichnung

$$\text{G}_K(L) := \text{Aut}_{K\text{-Alg}}(L)$$

für die Gruppe der K–(Algebra–)Automorphismen des Körpers L. Die Elemente von $\text{G}_K(L)$ sind die (Körper–)Automorphismen von L, die K elementweise fest lassen. Ist K der Primkörper von L, so ist $\text{G}_K(L)$ die Gruppe aller Automorphismen von L, für die wir auch kurz $\text{G}(L)$ schreiben. Ist H eine beliebige Untergruppe von $\text{G}(L)$, so ist

$$\text{Fix}_H L = \{x \in L : \sigma x = x \text{ für alle } \sigma \in H\}$$

der **Fix- oder Invariantenkörper** von H in L. Für jeden Unterkörper K von $\text{Fix}_H L$ umfaßt $\text{G}_K(L)$ die Gruppe H. Die klassische Galoistheorie behandelt das Wechselspiel zwischen den Untergruppen von $\text{G}(L)$ und den Unterkörpern von L.

92.1 Satz *Seien $L \supseteq K$ eine endliche Körpererweiterung des Grades $n := [L : K] = \text{Dim}_K L$ und $G := \text{G}_K(L)$. Folgende Aussagen sind äquivalent:*

(1) *$L \supseteq K$ ist normal und separabel.*

(2) *L ist minimaler Zerfällungskörper eines separablen Polynoms aus $K[X]$.*

(3) *$L_{(L)} (= L \otimes_K L)$ ist als L–Algebra isomorph zu L^n.*

(4) *Es ist* $\text{Kard}\, G = n$.

(5) *Es ist* $\text{Kard}\, G \geq n$.

(6) *Es ist* $\text{Fix}_G L = K$.

B e w e i s. Aus (1) folgt (2): Sei etwa $L = K[x_1, \ldots, x_m]$, und sei μ_i das (separable und über L in Linearfaktoren zerfallende) Minimalpolynom von x_i über K. Dann ist L minimaler Zerfällungskörper des separablen Polynoms $\mathrm{kgV}(\mu_1, \ldots, \mu_m)$ über K. — Aus (2) ergibt sich (1) sofort zurück.

Die Äquivalenz von (1), (3), (4) und (5) ergibt sich aus Satz 91.9, wenn man dort $B = L$ wählt und beachtet, daß $\mathrm{G}_K(L) = \mathrm{End}_{K-\mathrm{Alg}}(L)$ ist.

Aus (5) folgt (6): Sei $K' := \mathrm{Fix}_G L$. Nach dem Lemma von D e d e k i n d (vgl. auch §36, Aufgabe 16a)) ist $n \leq \mathrm{Kard}\, G \leq \mathrm{Dim}_{K'} L \leq \mathrm{Dim}_K L = n$. Dann ist $\mathrm{Dim}_{K'} L = \mathrm{Dim}_K L = n$, also $K = K'$. Aus (6) folgt (1) mit dem folgenden allgemeinen Lemma. •

92.2 Lemma *Seien L ein Körper und H eine endliche Untergruppe von* $\mathrm{G}(L)$. *Dann ist L normal und separabel über dem Fixkörper* $K := \mathrm{Fix}_H L$. *Jedes $x \in L$ hat einen Grad $\leq \mathrm{Kard}\, H$ über K.*

B e w e i s. Sei $x \in L$ vorgegeben. Dann ist $f := \prod_{y \in Hx}(X - y)$ ein Polynom aus $L[X]$, das über L in einfache Linearfaktoren zerfällt und x als Nullstelle hat. f hat Koeffizienten in K, denn für jedes $\sigma \in H$ gilt:

$$\sigma[X](f) = \prod_{y \in Hx} (X - \sigma y) = \prod_{y \in Hx} (X - y) = f\,.$$

Somit ist $f \in K[X]$ ein separables Polynom mit Nullstelle x, das über L zerfällt. Der Grad von f ist $\mathrm{Kard}\, Hx \leq \mathrm{Kard}\, H$. •

Definition Sei $L \supseteq K$ eine endliche Körpererweiterung, welche die äquivalenten Bedingungen von Satz 92.1 erfüllt. Dann heißt $L \supseteq K$ eine G a l o i s e r w e i t e r u n g oder kurz g a l o i s s c h, und $\mathrm{G}_K(L)$ heißt die G a l o i s g r u p p e von $L \supseteq K$.

Sei $L \supseteq K$ eine endliche separable Körpererweiterung. Dann ist die normale Hülle (vgl. §89, Beispiel 14) von L über K ebenfalls separabel und deshalb galoissch. Sie heißt die G a l o i s - H ü l l e von L über K.

Schärfer als in 92.2 gilt:

92.3 Satz (E. A r t i n) *Seien L ein Körper und H eine endliche Untergruppe von* $\mathrm{G}(L)$. *Dann ist L galoissch über* $\mathrm{Fix}_H L$ *mit Galoisgruppe H.*

B e w e i s. Sei $K := \mathrm{Fix}_H L$. Nach Lemma 92.2 und §91, Beispiel 9 ist $\mathrm{Dim}_K L \leq \mathrm{Kard}\, H$. Die Behauptung folgt nun aus 92.1. •

Bemerkung 1 Für einen Beweis der Ungleichung $\mathrm{Dim}_K L \leq \mathrm{Kard}\, H$, der den Satz vom primitiven Element nicht benutzt, sei auf die Aufgabe 1 hingewiesen.

Sei $L \supseteq K$ eine endliche Galoiserweiterung. Für jeden Körper F mit $L \supseteq F \supseteq K$ ist dann auch $L \supseteq F$ normal und separabel und damit galoissch. Die Galoisgruppe $\mathrm{G}_F(L)$ ist eine Untergruppe von $\mathrm{G}_K(L)$. Die Zwischenkörper

F der Galoiserweiterung $L \supseteq K$ liefern auf diese Weise alle Untergruppen von $\mathrm{G}_K(L)$. Genauere Auskunft gibt der folgende sogenannte Hauptsatz der Galoistheorie.

92.4 Hauptsatz der Galoistheorie *Sei $L \supseteq K$ eine galoissche endliche Körpererweiterung mit der Galoisgruppe $G := \mathrm{G}_K(L)$. Dann sind*

$$F \mapsto \mathrm{G}_F(L) \quad \textit{und} \quad H \mapsto \mathrm{Fix}_H L$$

zueinander inverse bijektive Abbildungen der Menge der Zwischenkörper von $L \supseteq K$ und der Menge der Untergruppen von G.

Beweis. Sei F ein Zwischenkörper von $L \supseteq K$. Da die Erweiterung $L \supseteq F$ wieder galoissch ist, ist nach 92.1 der Fixkörper von $\mathrm{G}_F(L)$ wieder F.

Sei umgekehrt H eine Untergruppe von G. Wir haben zu zeigen, daß die Galoisgruppe von $\mathrm{Fix}_H(L)$ wieder H ist. Offenbar können wir dazu $\mathrm{Fix}_H L = K$ annehmen und haben dann $H = G$ zu zeigen. Dies ist aber nach 92.1(4) und 91.12(2) klar. Statt 91.12(2) kann man auch 92.3 verwenden. •

Ergänzend zu 92.4 bemerken wir: Ist F ein Zwischenkörper von $L \supseteq K$ mit der zugehörigen Untergruppe H von $G = \mathrm{G}_K(L)$, so ist

$$[F : K] = [G : H].$$

Für Zwischenkörper F_1, F_2 gilt genau dann die Inklusion $F_1 \subseteq F_2$, wenn für die zugehörigen Untergruppen H_1, H_2 von G die umgekehrte Inklusion $H_1 \supseteq H_2$ gilt. Zum Kompositum $K[F_1 \cup F_2]$ gehört der Durchschnitt $H_1 \cap H_2$, und zum Durchschnitt $F_1 \cap F_2$ gehört die von $H_1 \cup H_2$ erzeugte Untergruppe in G. Ferner gilt für beliebige Zwischenkörper F von $L \supseteq K$, beliebige Untergruppen H von G und beliebige Elemente $\sigma \in G$:

$$\mathrm{G}_{\sigma F}(L) = \sigma\, \mathrm{G}_F(L)\, \sigma^{-1} \quad \text{und} \quad \sigma(\mathrm{Fix}_H L) = \mathrm{Fix}_{\sigma H \sigma^{-1}} L.$$

Aus den letzten Gleichungen ergibt sich beispielsweise zusammen mit 89.16 der folgende Zusatz:

92.5 Satz *Sei $L \supseteq K$ eine galoissche endliche Körpererweiterung mit der Galoisgruppe $G := \mathrm{G}_K(L)$. Bei der Galoiskorrespondenz im Sinne von 92.4 entsprechen den über K normalen Zwischenkörpern genau die normalen Untergruppen von G. — Ist F ein über K normaler Zwischenkörper, so sind $\mathrm{G}_K(F)$ und $G/\mathrm{G}_F(L)$ kanonisch isomorph.*

Die in 92.5 angegebene kanonische Isomorphie $\mathrm{G}_K(F) \cong G/\mathrm{G}_F(L)$ ergibt sich aus der exakten Sequenz

$$1 \to \mathrm{G}_F(L) \to \mathrm{G}_K(L) \to \mathrm{G}_K(F) \to 1$$

von Satz 89.16.

Galoissche endliche Körpererweiterungen sind separable Körpererweiterungen, die sich selbst zerfällen. Satz 91.10 ergibt:

92.6 Satz *Sei $L \supseteq K$ eine galoissche endliche Körpererweiterung mit der Galoisgruppe $G := \mathrm{G}_K(L)$. Für jedes $x \in L$ gilt dann:*

(1) *Das charakteristische Polynom von x über K ist*

$$\chi_x = \prod_{\sigma \in G} (X - \sigma x)\,.$$

Insbesondere ist $\mathrm{Sp}_K^L(x) = \sum_{\sigma\in G} \sigma x$ *und* $\mathrm{N}_K^L(x) = \prod_{\sigma \in G} \sigma x$.

(2) *Das Minimalpolynom von x über K ist*

$$\mu_x = \prod_{y \in Gx} (X - y)\,.$$

Bemerkung 2 Unabhängig vom charakteristischen Polynom lassen sich $\mathrm{Sp}_K^L(x)$ und $\mathrm{N}_K^L(x)$ eines Elementes x einer galoisschen endlichen Erweiterung L von K direkt mit den in 92.6(1) angegebenen Formeln definieren. Da diese Elemente invariant unter allen $\sigma \in \mathrm{G}_K(L)$ sind, liegen sie in K. Die K–Linearität der Spur $\mathrm{Sp}_K^L : L \to K$ und die Multiplikativität der Norm $\mathrm{N}_K^L : L \to K$ folgen ebenfalls direkt aus diesen Darstellungen.

Sei $L \supseteq K$ eine galoissche endliche Körpererweiterung. Unter den primitiven Elementen von L über K sind diejenigen ausgezeichnet, deren Bahnen unter der Operation der Galois–Gruppe K–Basen sind.

Definition Ein Element $x \in L$ heißt Normalbasis von L über K, wenn die Elemente σx, $\sigma \in \mathrm{G}_K(L)$, eine K–Basis von L bilden.

Bemerkung 3 Ein Element $x \in L$ ist genau dann eine Normalbasis über K, wenn die Konjugierten von x bezüglich $G := \mathrm{G}_K(L)$ den Körper L über K linear erzeugen, d.h. wenn x ein erzeugendes Element des $K[G]$–Moduls L ist (vgl. §52, Aufgabe 15). Dann ist x sogar eine Basis von L über der Gruppenalgebra $K[G]$.

92.7 Normalbasensatz *Jede galoissche endliche Körpererweiterung besitzt Normalbasen.*

Beweis. Sei $L \supseteq K$ eine galoissche Körpererweiterung vom Grade n mit der Galoisgruppe $G = \{\sigma_1, \ldots, \sigma_n\}$. Ferner sei $x_1, \ldots, x_n$ eine K–Basis von L. Ein Element $x \in L$ ist genau dann eine Normalbasis, wenn die Elemente $\sigma_j x$, $j = 1, \ldots, n$, linear unabhängig über K sind. Es ist

$$\sigma_j x = \sum_{i=1}^{n} f_{ij}(x) x_i\,, \quad j = 1, \ldots, n\,,$$

mit Linearformen $f_{ij}: L \to K$. Somit ist x genau dann eine Normalbasis, wenn $D(x) := \mathrm{Det}(f_{ij}(x))$ von 0 verschieden ist. $D: L \to K$ ist eine Polynomfunktion. Für die Ausdehnung von D auf die L–Algebra $L_{(L)} = L \otimes_K L$ gilt entsprechend $D(x) \neq 0$ für ein $x \in L_{(L)}$ genau dann, wenn die Elemente

$\sigma_j x = (1 \otimes \sigma_j)(x)$, $j = 1, \ldots, n$, linear unabhängig über L sind. Solche Elemente gibt es in $L_{(L)} \cong L^n$, beispielsweise die Hauptidempotenten in $L_{(L)}$, die eine L–Basis von $L_{(L)}$ bilden und auf denen G transitiv operiert, vgl. das Ende des Beweises von 91.12. Daher ist D auf $L_{(L)}$ nicht die Nullfunktion. Ist nun K unendlich, so ist D nach dem Identitätssatz 54.7 für Polynome auch auf L selbst nicht die Nullfunktion, was zu beweisen war.

Hat K nur endlich viele Elemente, so erhalten wir die Existenz von Normalbasen aus dem Beispiel 2 unten. •

Beispiel 1 Seien x eine Normalbasis der galoisschen endlichen Körpererweiterung $L \supseteq K$ und H eine Untergruppe der Galoisgruppe $G = \mathrm{G}_K(L)$ mit den Rechtsnebenklassen $H_1, \ldots, H_s$, $s := [G : H] = [\mathrm{Fix}_H L : K]$. Dann ist

$$\sum_{\sigma \in H_i} \sigma x \,, \quad i = 1, \ldots, s \,,$$

eine K–Basis von $\mathrm{Fix}_H L$. Jedes dieser Basiselemente ist ein primitives Element von $\mathrm{Fix}_H L$ über K und sogar ebenfalls eine Normalbasis, wenn H ein Normalteiler in G ist. Für ein Beispiel vergleiche die Aufgaben 6 und 7.

Beispiel 2 (Galois–Felder) Sei $L \supseteq K$ eine Erweiterung endlicher Körper. Die Charakteristik sei p, K habe $q = p^r$ und L habe q^n Elemente, wobei $n = [L : K]$ ist. Sei $\varphi : x \mapsto x^p$ der Frobenius–Automorphismus von L. Dann erzeugt der Automorphismus $\psi := \varphi^r$, der x auf x^q abbildet, die Gruppe der K–Automorphismen von L. Diese Gruppe hat die Ordnung n, vgl. 55.8. Also ist L über K galoissch mit der Galois–Gruppe

$$G = \{\mathrm{id} = \psi^0, \psi, \ldots, \psi^{n-1}\} \,.$$

ψ ist ein ausgezeichnetes erzeugendes Element von G und liefert eine kanonische Isomorphie $G \cong \mathbb{Z}/\mathbb{Z}n$. Die Galois–Korrespondenz der Zwischenkörper von $L \supseteq K$ und der Untergruppen von G ist in 55.7 schon direkt bewiesen worden. Nach 92.6 ist für ein beliebiges $x \in L$:

$$\chi_x = \prod_{i=0}^{n-1} (X - x^{q^i}) \,, \quad \mu_x = \prod_{i=0}^{s-1} (X - x^{q^i}) \,,$$

wobei s die kleinste positive natürliche Zahl mit $x^{q^s} = x$ ist.

ψ ist ein zyklischer K–linearer Operator auf L, denn die Potenzen ψ^i sind die Polynomabbildungen $x \mapsto x^{q^i}$ und daher für $i = 0, \ldots, n-1$ wegen $q^i < q^n = \mathrm{Kard}\, L$ sogar linear unabhängig über L. *Jeder zyklische Vektor des K–Vektorraumes L bezüglich ψ ist dann eine Normalbasis von L über K.*

(Bemerkung. Die zuletzt angegebene Konstruktion von Normalbasen kann immer dann durchgeführt werden, wenn die Galois–Gruppe zyklisch ist.)

Beispiel 3 (Kreisteilungskörper) Sei $n \in \mathbb{N}_+$. Mit E_n bezeichnen wir den Unterkörper der komplexen Zahlen, der über $\mathbb{Q}$ von den n–ten Einheitswurzeln erzeugt wird. Ist ζ eine primitive n–te Einheitswurzel, so ist $E_n = \mathbb{Q}[\zeta]$. Das Minimalpolynom von ζ ist das n–te Kreisteilungspolynom Φ_n vom Grade $\varphi(n)$, vgl. Satz 59.4. In E_n ist $\Phi_n = \prod_\zeta (X - \zeta)$, wobei ζ alle primitiven n-ten Einheitswurzeln durchläuft. Somit ist E_n galoissch über $\mathbb{Q}$. Man nennt E_n den n-ten Kreisteilungskörper.

92.8 Satz *Es ist* $\mathrm{G}_{\mathbb{Q}}(E_n) = (\mathbb{Z}/\mathbb{Z}n)^\times$.

Beweis. Sei $W_n (\subseteq E_n^\times)$ die zyklische Gruppe der n-ten Einheitswurzeln. Dann ist $\sigma \mapsto \sigma|W_n$ ein injektiver Homomorphismus $\alpha : \mathrm{G}_{\mathbb{Q}}(E_n) \to \mathrm{Aut}\, W_n$ von Gruppen. Nach 31.7 gibt es eine kanonische Isomorphie β von $\mathsf{A}_n^\times = (\mathbb{Z}/\mathbb{Z}n)^\times$ auf $\mathrm{Aut}\, W_n$. Alle diese Gruppen haben die Ordnung $\varphi(n)$. Folglich ist auch α bijektiv und $\beta^{-1}\alpha$ eine kanonische Isomorphie $\mathrm{G}_{\mathbb{Q}}(E_n) \to \mathsf{A}_n^\times$. •

Bei der Isomorphie $\mathrm{G}_{\mathbb{Q}}(E_n) = (\mathbb{Z}/\mathbb{Z}n)^\times$ von 92.8 entspricht der primen Restklasse von $m \in \mathbb{Z}$ in $(\mathbb{Z}/\mathbb{Z}n)^\times$ der Automorphismus von E_n, der ζ auf ζ^m abbildet.

Da jede endliche abelsche Gruppe bis auf Isomorphie Restklassengruppe einer geeigneten primen Restklassengruppe ist (vgl. Anhang IV.B, Aufgabe 13[1])), folgt aus 92.8 und 92.5:

92.9 Satz *Zu jeder endlichen abelschen Gruppe H gibt es einen galoisschen endlichen Erweiterungskörper L von $\mathbb{Q}$ mit* $\mathrm{G}_{\mathbb{Q}}(L) \cong H$.

In Umkehrung zu 92.9 gilt der folgende berühmte Satz von Kronecker und Weber: *Ist $L(\subseteq \mathbb{C})$ ein galoisscher endlicher Erweiterungskörper von $\mathbb{Q}$ mit abelscher Galoisgruppe $\mathrm{G}_{\mathbb{Q}}(L)$, so gibt es ein $n \in \mathbb{N}_+$ mit $L \subseteq E_n$.* (Für ein Beispiel zu diesem Satz vergleiche Aufgabe 12f).)

Bemerkung 4 Es ist noch unbekannt, ob jede endliche Gruppe (bis auf Isomorphie) als Galoisgruppe einer Galois-Erweiterung von $\mathbb{Q}$ realisierbar ist.

Bemerkung 5 (Unendliche Galois-Erweiterungen nach W. Krull) Eine (nicht notwendig endliche) Körpererweiterung $L \supseteq K$ heißt galoissch, wenn sie separabel und normal ist.

Sei $L \supseteq K$ eine galoissche Körpererweiterung. Die Gruppe

$$G = \mathrm{G}_K(L) := \mathrm{Aut}_{K\text{-}\mathrm{Alg}} L$$

heißt wieder die Galois-Gruppe dieser Körpererweiterung. L ist auch galoissch über jedem Zwischenkörper F, und es ist $\mathrm{G}_F(L) \subseteq \mathrm{G}_K(L)$.

Ist K ein Körper und L ein separabler algebraischer Abschluß von K (vgl. §91, Beispiel 15), so ist $L \supseteq K$ galoissch. Die Galois-Gruppe $\mathrm{G}_K(L)$ heißt in diesem Fall die Galois-Gruppe von K schlechthin; bezeichnet wird sie mit

$$\mathrm{Gal}(K)\,.$$

Sei wieder $L \supseteq K$ eine beliebige galoissche Körpererweiterung mit Galois-Gruppe $G := \mathrm{G}_K(L)$. Die Bahn eines Elementes $x \in L$ unter der Operation von G ist die Menge der Nullstellen des Minimalpolynoms μ_x in L, das ist die Menge der Konjugierten von x in L, vgl. §91, Beispiel 10. Insbesondere ist $\mathrm{Kard}\, Gx = [x : K] = \mathrm{Grad}\, \mu_x$. Speziell:

---

[1]) Zur Lösung der Aufgabe benutze man die Aufgabe 18 aus Anhang IV.B.

92.10 Lemma *Es ist* $\mathrm{Fix}_G L = K$.

Wir streben an, den Hauptsatz 92.4 zu verallgemeinern. Zunächst formulieren wir ein Teilergebnis:

92.11 Lemma *Sei F ein über K endlicher Zwischenkörper, und sei $H := \mathrm{G}_F(L)$. Dann ist*

$$\mathrm{Fix}_H L = F \quad \textit{und} \quad [G:H] = [F:K].$$

F ist genau dann normal über K, wenn H ein Normalteiler von G ist. Ist dies der Fall, so sind $\mathrm{G}_K(F)$ und G/H kanonisch isomorph.

Beweis. Die Gleichung $\mathrm{Fix}_H L = F$ folgt aus 92.10, da L galoissch über F ist. Mit den vor 92.5 angegebenen Formeln folgt nun, daß F genau dann normal über K ist, wenn H Normalteiler in G ist. In diesem Fall folgt aus der exakten Sequenz in 89.16 die Isomorphie $\mathrm{G}_K(F) \cong G/H$ und insbesondere $[F:K] = \mathrm{Kard}\,\mathrm{G}_K(F) = [G:H]$.

Im allgemeinen Fall betrachten wir einen über K endlichen normalen Zwischenkörper F' von $L \supseteq F$ mit $H' := \mathrm{G}_{F'}(L) \subseteq H$. Offenbar ist $H/H' \subseteq G/H' = \mathrm{G}_K(F')$ die Galoisgruppe $\mathrm{G}_F(F')$ und besitzt deswegen den Index $[F:K]$ in $\mathrm{G}_K(F') = G/H'$. Daher ist auch $[F:K] = [G:H]$. •

Sei nun $\mathcal{G}_K(L)$ die Menge der Untergruppen $\mathrm{G}_F(L)$ in $G = \mathrm{G}_K(L)$, wobei F die Menge der über K endlichen Zwischenkörper von $L \supseteq K$ durchläuft. Jedes $H \in \mathcal{G}_K(L)$ ist von endlichem Index in G. Es ist $\mathcal{G}_K(L)$ abgeschlossen gegenüber endlicher Durchschnittsbildung. Mit H gehört auch jede H umfassende und jede zu H konjugierte Untergruppe zu $\mathcal{G}_K(L)$.

Eine Untergruppe H von G heißt abgeschlossen, wenn H der Durchschnitt derjenigen $H' \in \mathcal{G}_K(L)$ ist, die H umfassen. Mit diesem Begriff läßt sich die Verallgemeinerung des Hauptsatzes 92.4 auf beliebige Galois–Erweiterungen übersichtlich formulieren:

92.12 Satz (Krull) *Sei $L \supseteq K$ eine galoissche Körpererweiterung mit Galoisgruppe $G := \mathrm{G}_K(L)$. Die Abbildungen*

$$F \mapsto \mathrm{G}_F(L) \quad \textit{und} \quad H \mapsto \mathrm{Fix}_H L$$

sind zueinander inverse bijektive Abbildungen der Menge der Zwischenkörper F von $L \supseteq K$ und der Menge der abgeschlossenen Untergruppen H von G.

Beweis. Die Abgeschlossenheit von $\mathrm{G}_F(L)$ folgt aus 92.11 und der Formel

$$\mathrm{G}_F(L) = \bigcap_{F'} \mathrm{G}_{F'}(L),$$

wobei F' die über K endlichen Zwischenkörper von $F \supseteq K$ durchläuft. Die Gleichheit $\mathrm{Fix}_{\mathrm{G}_F(L)} L = F$ folgt wieder aus 92.10.

Sei $H \subseteq G$ eine abgeschlossene Untergruppe und $F := \mathrm{Fix}_H L$. Wegen $H \subseteq \mathrm{G}_F(L)$ und nach Definition der Abgeschlossenheit von Untergruppen in G haben wir zu zeigen: Für jeden über K endlichen Zwischenkörper F' von $L \supseteq K$ mit $H' := \mathrm{G}_{F'}(L) \supseteq H$ gilt $\mathrm{G}_F(L) \subseteq H'$ oder — was nach 92.10 damit äquivalent ist — $F \supseteq F'$. Mit 92.11 erhält man aber $F' = \mathrm{Fix}_{H'} L \subseteq \mathrm{Fix}_H L = F$. •

Offensichtlich haben die zu dem Hauptsatz 92.4 angegebenen Ergänzungen ebenso wie auch 92.5 Entsprechungen in dem allgemeineren Rahmen des Satzes 92.12. (Speziell heißt dies, daß zum Durchschnitt $F_1 \cap F_2$ zweier Zwischenkörper von $L \supseteq K$ die kleinste *abgeschlossene* Untergruppe von $\mathrm{G}_K(L)$ gehört, die die zu F_1 bzw. F_2 gehörenden Untergruppen H_1 bzw. H_2 umfaßt.)

Die Galois-Gruppe $G = \mathrm{G}_K(L)$ einer galoisschen Körpererweiterung $L \supseteq K$ läßt sich derart mit einer Topologie versehen, daß die oben definierten abgeschlossenen Untergruppen genau die abgeschlossenen Untergruppen bezüglich dieser Topologie sind. Eine Menge $U \subseteq G$ ist dabei definitionsgemäß genau dann offen, wenn zu jedem $\sigma \in U$ ein $H \in \mathcal{G}_K(L)$ mit $\sigma H \subseteq U$ existiert. Die Untergruppen, ja bereits die Normalteiler $H \in \mathcal{G}_K(L)$ bilden eine Umgebungsbasis der Identität. Da der Durchschnitt der Untergruppen $H \in \mathcal{G}_K(L)$ nur die Identität enthält, ist G hausdorffsch: Sind nämlich $\sigma, \tau \in G$, $\sigma \neq \tau$, und ist $\sigma^{-1}\tau \notin H_0$ für ein $H_0 \in \mathcal{G}_K(L)$, so sind σH_0 und τH_0 disjunkte Umgebungen von σ bzw. τ. *Mit der angegebenen Topologie ist G eine kompakte topologische Gruppe.* Beweis. Daß die Multiplikation $G \times G \to G$ und die Inversenbildung $G \to G$ stetig sind, ist trivial. Zum Beweis der Kompaktheit betrachten wir die Gruppe $P := \prod_F \mathrm{G}_K(F)$, wobei F alle über K endlichen und normalen Zwischenkörper von $L \supseteq K$ durchläuft, und darin die Untergruppe G_1 derjenigen Tupel (σ_F), für die $\sigma_F|F' = \sigma_{F'}$ für alle F, F' mit $F' \subseteq F$ ist. Der kanonische Homomorphismus $\sigma \mapsto (\sigma|F)$ von G in G_1 ist offenbar ein Isomorphismus. Wir versehen die (endlichen) Gruppen $\mathrm{G}_K(F)$ mit der diskreten Topologie und P mit der Produkttopologie. Dann ist P eine *kompakte* topologische Gruppe. (Den Satz von Tychonoff, daß das Produkt kompakter topologischer Räume wieder kompakt ist, beweist man übrigens sehr leicht unter Verwendung von Subbasen mit Aufgabe 3 aus Anhang I.A.) G_1 ist abgeschlossen in P und damit ebenfalls kompakt. Da die angegebene Isomorphie $G \to G_1$ auch eine Homöomorphie ist, ist G selbst kompakt.

Da eine kompakte unendliche topologische Gruppe stets nicht abgeschlossene Untergruppen besitzt, folgt mit 92.12, daß die Galoisgruppe $\mathrm{G}_K(L)$ einer nicht endlichen galoisschen Körpererweiterung $L \supseteq K$ Untergruppen besitzt, denen kein Zwischenkörper von $L \supseteq K$ entspricht, vergleiche die Aufgabe 10c). Für konkrete Beispiele siehe auch die Aufgaben 12e), 13d), 14c).

Zum Schluß bemerken wir, daß die obigen Mengen $\mathcal{G}_K(L)$ im allgemeinen *nicht alle* Untergruppen von endlichem Index in $\mathrm{G}_K(L)$ enthalten, vgl. Aufgabe 12e). Die Elemente in $\mathcal{G}_K(L)$ lassen sich offenbar auch als die offenen Untergruppen von $\mathrm{G}_K(L)$ charakterisieren.

Aufgaben

1. Seien L ein Körper, H eine endliche Untergruppe von $\mathrm{G}(L) = \mathrm{Aut}\, L$ mit n Elementen und $K := \mathrm{Fix}_H L$. Unabhängig von 92.3 beweise man die Ungleichung $[L : K] \leq n$ auf folgende Weise: Sei $H = \{\sigma_1, \ldots, \sigma_n\}$, $\sigma_1 := \mathrm{id}_L$. Ferner seien $x_1, \ldots, x_{n+1} \in L$. In der Matrix

$$\mathbf{A} := \begin{pmatrix} \sigma_1 x_1 & \sigma_1 x_2 & \cdots & \sigma_1 x_{n+1} \\ \vdots & \vdots & \ddots & \vdots \\ \sigma_n x_1 & \sigma_n x_2 & \cdots & \sigma_n x_{n+1} \end{pmatrix}$$

sind die Spalten $\mathbf{a}_1, \ldots, \mathbf{a}_{n+1} \in L^n$ linear abhängig über L. Seien $\mathbf{a}_1, \ldots, \mathbf{a}_r$ linear unabhängig und $\mathbf{a}_1, \ldots, \mathbf{a}_r, \mathbf{a}_{r+1}$ linear unabhängig, $r \geq 0$. Dann gibt es *eindeutig bestimmte* Elemente $y_1, \ldots, y_r \in L$ mit

$$\mathbf{a}_{r+1} = y_1 \mathbf{a}_1 + \cdots + y_r \mathbf{a}_r .$$

Auf die Elemente in L^n wenden wir die Automorphismen $\sigma \in H$ komponentenweise an. Dann folgt für alle $\sigma \in H$

$$\sigma \mathbf{a}_{r+1} = (\sigma y_1) \sigma \mathbf{a}_1 + \cdots + (\sigma y_r) \sigma \mathbf{a}_r .$$

Die Matrix mit den Spalten $\sigma \mathbf{a}_1, \ldots, \sigma \mathbf{a}_n$ entseht aus $\mathbf{A}$ durch eine Permutation der *Zeilen*. Daher ist auch

$$\mathbf{a}_{r+1} = (\sigma y_1) \mathbf{a}_1 + \cdots + (\sigma y_r) \mathbf{a}_r$$

und folglich $\sigma y_1 = y_1, \ldots, \sigma y_r = y_r$ für alle $\sigma \in H$, was $y_1, \ldots, y_r \in K$ impliziert. Wegen $x_{r+1} = y_1 x_1 + \cdots + y_r x_r$ sind somit $x_1, \ldots, x_{n+1}$ linear abhängig über K.

2. Seien $L \supseteq K$ eine endliche Galoiserweiterung von Körpern und F ein Zwischenkörper, der in der Gestalt $F = K[x]$ dargestellt sei. Ferner sei $\sigma_1, \ldots, \sigma_r$ ein vollständiges Repräsentantensystem für die Links-Nebenklassen von $\mathrm{G}_F(L)$ in $\mathrm{G}_K(L)$. Für ein beliebiges Element $y \in F$ ist dann $y = g(x)/h'(x)$ mit

$$g := \Big(\sum_{i=1}^{r} \frac{\sigma_i y}{X - \sigma_i x}\Big) \cdot h \in K[X] , \quad h := \prod_{i=1}^{r} (X - \sigma_i x) \in K[X]$$

(Lagrange-Interpolation).

3. Seien $L \supseteq K$ eine normale Körpererweiterung, $G := \mathrm{G}_K(L)$ und $K' := \mathrm{Fix}_G L$.

a) K' ist die rein-inseparable Hülle von K in L. (Vgl. §91, Aufgabe 20.)

b) $L \supseteq K'$ ist galoissch mit Galois-Gruppe G.

c) Die Körpererweiterung $L_{\mathrm{sep}} \supseteq K$ ist galoissch, und die Beschränkung $G \to \mathrm{G}_K(L_{\mathrm{sep}})$ ist ein Gruppenisomorphismus (sowie ein Homöomorphismus). (§91, Aufgabe 22.)

d) Ist $[L : K]$ endlich, so ist $[L : K]_{\mathrm{insep}} = [L : L_{\mathrm{sep}}] = [K' : K]$. (§91, Aufgabe 24. — Im allgemeinen ist für eine endliche Körpererweiterung $[L : L_{\mathrm{sep}}] \neq [K' : K]$. Beispiel?)

e) Ist $f \in K[X]$ ein irreduzibles Polynom und $f = f_1 \cdots f_r$ eine Zerlegung von f über L in normierte Primfaktoren $f_i \in L[X]$, so sind diese Primpolynome konjugiert über L; sie haben insbesondere denselben Grad. (G operiert auf den verschiedenen normierten Primfaktoren von f über L, und zwar transitiv, da alle normierten Primfaktoren von f über K' untereinander gleich sind.)

4. Seien $K = \mathsf{K}_q$ ein Körper mit q Elementen und n eine zu q teilerfremde natürliche Zahl. Sei L der von den n-ten Einheitswurzeln über K erzeugte Körper. Dann läßt sich die Galois-Gruppe von L über K (in kanonischer Weise) mit der von q in der Primrestklassengruppe $(\mathbb{Z}/\mathbb{Z}n)^\times$ erzeugten Untergruppe identifizieren. Insbesondere ist $[L : K]$ gleich der Ordnung $\mathrm{s}_q(n)$ von q in $(\mathbb{Z}/\mathbb{Z}n)^\times$. (Vgl. auch §59, Aufgabe 14.)

5. Seien $q = p^r$ eine Primzahlpotenz, K_q ein Körper mit q Elementen und $L \supseteq \mathsf{K}_q$ eine Körpererweiterung vom Grade $n \in \mathbb{N}_+$.

a) Die Anzahl der Normalbasen von L über K_q ist gleich der Anzahl der Einheiten in $\mathsf{K}_q[X]/(X^n - 1)$.

b) Für einen kommutativen Ring A mit endlich vielen Elementen gilt die Eulersche Formel

$$\operatorname{Kard} A^\times = \operatorname{Kard} A \cdot \prod_{\mathbf{m}} \Big(1 - \frac{1}{\operatorname{Kard} A/\mathbf{m}}\Big),$$

wobei $\mathbf{m}$ die Menge der maximalen Ideale von A durchläuft. (§37, Aufgabe 12a). Vgl. 10.6.)

c) Die Anzahl der Normalbasen von L über K_q ist

$$q^n \cdot \prod_{d|n,\, p\nmid d} \big(1 - q^{-s_q(d)}\big)^{\varphi(d)/s_q(d)},$$

wobei $s_q(d)$ die Ordnung von q in $(\mathbb{Z}/\mathbb{Z}d)^\times$ ist. (§59, Aufgabe 14.)

6. Seien E_n der n–te Kreisteilungskörper, $n \in \mathbb{N}_+$, und $\zeta \in E_n$ eine primitive n–te Einheitswurzel. Genau dann ist ζ eine Normalbasis von E_n über $\mathbb{Q}$, wenn n quadratfrei ist. (Ist n nicht quadratfrei, so ist beispielsweise die Summe aller primitiven n–ten Einheitswurzeln gleich 0, vgl. §54, Aufgabe 28b). Ist $n = p_1 \cdots p_r$ mit verschiedenen Primzahlen $p_1, \ldots, p_r$ und sind ζ_ρ primitive p_ρ–te Einheitswurzeln, $\rho = 1, \ldots, r$, so erzeugen die primitiven n–ten Einheitswurzelen $\zeta_1^{\nu_1} \cdots \zeta_r^{\nu_r}$, $1 \le \nu_\rho < p_\rho$, den Körper E_n linear über $\mathbb{Q}$.)

7. (Gaußsche Perioden) Seien p eine Primzahl ≥ 3 und $a \in \mathbb{Z}$ ein primitiver Rest modulo p (d.h. $\overline{a}$ erzeuge die Gruppe $(\mathbb{Z}/\mathbb{Z}p)^\times$). Ferner sei s ein Teiler von $p - 1$ und $t := (p-1)/s$. Es sei ζ eine primitive p–te Einheitswurzel in E_p.

a) Für jede nicht durch p teilbare ganze Zahl m ist

$$(t, m) := \zeta^m + \zeta^{ma^s} + \cdots + \zeta^{ma^{s(t-1)}}$$

eine Normalbasis für den (einzigen) Unterkörper vom Grade s über $\mathbb{Q}$ in E_p. Durchläuft dabei m ein Repräsentantensystem für die s Nebenklassen der von a^s in $(\mathbb{Z}/\mathbb{Z}p)^\times$ erzeugten Untergruppe, z.B. die Elemente $1, a, \ldots, a^{s-1}$, so bilden die Elemente (t, m) eine $\mathbb{Q}$–Basis dieses Körpers. (Gauß nennt die Elemente $(t,m) \in E_p$ Perioden. Sie bilden den Hauptgegenstand seiner in [11] dargestellten Theorie der Kreisteilung, die er mehr als 30 Jahre vor den Entdeckungen Galois' entwickelte.) Man beweise die folgende zum Rechnen mit den Perioden bequeme Formel von Gauß für das Produkt zweier gleichartiger Perioden: Für alle $m_1, m_2 \in \mathbb{Z}$ ist

$$(t, m_1)(t, m_2) = \sum_{j=0}^{t-1} (t, m_1 + m_2 a^{sj}).$$

Man beachte $(t, m) = (t, ma^s)$ für alle $m \in \mathbb{Z}$.

b) Sei $s := (p-1)/2$, $t := 2$. Dann erzeugt $(2,1) = \zeta + \zeta^{-1}$ in E_p den Unterkörper $\mathbb{R} \cap E_p$ vom Grade s über $\mathbb{Q}$. Ist $\zeta := \exp(2\pi \mathrm{i}/p)$, so ist $\zeta + \zeta^{-1} = 2\cos(2\pi/p)$. Das Minimalpolynom von $\zeta + \zeta^{-1}$ über $\mathbb{Q}$ ist

$$\sum_{\nu=0}^{[s/2]}(-1)^{\nu}\left(\binom{s-\nu}{\nu}X^{s-2\nu}+\binom{s-(\nu+1)}{\nu}X^{s-(2\nu+1)}\right).$$

(Die Gleichung $X^n + X^{-n} = F_n(X + X^{-1})$, $n \in \mathbb{N}_+$, mit

$$F_n(Z) = 2^n T_n(\frac{1}{2}Z) = Z^n + \sum_{\nu=1}^{[n/2]}(-1)^{\nu}\left(\binom{n-\nu}{\nu}+\binom{n-(\nu+1)}{\nu-1}\right)Z^{n-2\nu}$$

$$= n\sum_{\nu=0}^{[n/2]}(-1)^{\nu}\frac{(n-(\nu+1))!}{\nu!(n-2\nu)!}Z^{n-2\nu}$$

(vgl. §76, Aufgabe 50) mag helfen.)

c) Sei $s := 2$, $t := (p-1)/2$. Dann erzeugt $(t,1)$ in E_p den Unterkörper vom Grad 2 über $\mathbb{Q}$. Das Minimalpolynom von $(t,1)$ über $\mathbb{Q}$ ist

$$(X-(t,1))(X-(t,a)) = X^2 + X + \frac{1-(-1)^{(p-1)/2}p}{4}.$$

(Es ist $(t,1)+(t,a) = -1$ und

$$(t,1)-(t,a) = \sum_{\nu\in(\mathbb{Z}/\mathbb{Z}p)^\times}\left(\frac{\nu}{p}\right)\zeta^{\nu},$$

wobei $\left(\frac{\nu}{p}\right)$ das Legendresymbol ist. Es folgt $((t,1)-(t,a))^2 = (-1)^{(p-1)/2}p$, vgl. §55, Aufgabe 19. — Bemerkungen. (1) Daß $\mathbb{Q}[\sqrt{(-1)^{(p-1)/2}p}]$ der Körper vom Grade 2 in E_p ist, folgt auch aus §93, Beispiel 3, da die Diskriminante von Φ_p nach §69, Aufgabe 17 gleich $(-1)^{(p-1)/2}p^{p-2}$ ist. (2) Mit $\zeta := \exp(2\pi\mathrm{i}/p)$ ist nach obigem

$$(t,1) = \frac{1}{2}(-1 \pm \mathrm{i}^{(p-1)/2}\sqrt{p}),$$

wobei das zu wählende Vorzeichen eindeutig bestimmt ist, und zwar ist

$$1+2(t,1) = \begin{cases}\sqrt{p}, & \text{falls } p\equiv 1(4),\\ \mathrm{i}\sqrt{p}, & \text{falls } p\equiv 3(4).\end{cases}$$

Beweis (nach Gauß [11], Art. 356 und Abhandlung 2). Wir benutzen die Formel $\prod_{\rho=1}^{r}(1+T^{\rho}) = \sum_{n=0}^{r}T^n\left[{r \atop n}\right](T^2)$ der Aufgabe 30c) des §63 über die Gaußschen Polynome. Offenbar ist $1+2(t,1) = \sum_{n=0}^{p-1}\zeta^{n^2}$. Für eine primitive m-te Einheitswurzel η ($m \in \mathbb{N}_+$) und $0 \le n < m$ gilt ferner

$$\left[{m-1 \atop n}\right](\eta) = \prod_{\nu=1}^{n}\frac{\eta^{m-\nu}-1}{\eta^{\nu}-1} = \prod_{\nu=1}^{n}\frac{\eta^{-\nu}-1}{\eta^{\nu}-1} = \prod_{\nu=1}^{n}(-\eta^{-\nu}) = (-1)^n\eta^{-\binom{n+1}{2}}.$$

Substituieren wir nun in der erwähnten Formel mit $r := p-1$ für T die Zahl $-\zeta^{-1}$, so erhalten wir

$$\prod_{\rho=1}^{p-1}(1+(-1)^\rho\zeta^{-\rho}) = \sum_{n=0}^{p-1}(-1)^n\zeta^{-n}\begin{bmatrix} p-1 \\ n \end{bmatrix}(\zeta^{-2})$$
$$= \sum_{n=0}^{p-1}\zeta^{-n}\zeta^{(n+1)n} = \sum_{n=0}^{p-1}\zeta^{n^2} = 1+2(t,1)$$

und mit $t = (p-1)/2$ wegen

$$\prod_{\rho=1}^{p-1}(1+(-1)^\rho\zeta^{-\rho}) = \prod_{\rho=1}^{t}(1+(-1)^\rho\zeta^{-\rho})(1-(-1)^\rho\zeta^\rho)$$
$$= \prod_{\rho=1}^{t}(-1)^{\rho+1}(\zeta^\rho-\zeta^{-\rho}) = (2\,\mathrm{i})^t\prod_{\rho=1}^{t}(-1)^{\rho+1}\sin\frac{2\pi}{p}\rho$$

die auch für sich interessante Beziehung

$$1+2(t,1) = (2\,\mathrm{i})^t\prod_{\rho=1}^{t}(-1)^{\rho+1}\sin\frac{2\pi}{p}\rho = \begin{cases} 2^t\prod_{\rho=1}^{t}\sin\frac{2\pi}{p}\rho, & \text{falls } p\equiv 1(4), \\ \mathrm{i}2^t\prod_{\rho=1}^{t}\sin\frac{2\pi}{p}\rho, & \text{falls } p\equiv 3(4), \end{cases}$$

womit insbesondere das fragliche Vorzeichen bestimmt ist.)

8. Sei $L \supseteq K$ eine (nicht notwendig endliche) galoissche Körpererweiterung. Für eine Untergruppe $H \subseteq \mathrm{G}_K(L)$ ist $\mathrm{G}_{\mathrm{Fix}_H L}(L) = \overline{H}$, wobei $\overline{H}$ die kleinste H umfassende abgeschlossene Untergruppe von $\mathrm{G}_K(L)$ ist. Insbesondere ist $\mathrm{Fix}_H L = K$ mit $\overline{H} = \mathrm{G}_K(L)$ äquivalent.

9. Seien L ein Körper und H eine Untergruppe von $\mathrm{G}(L) = \mathrm{Aut}L$, ferner $K := \mathrm{Fix}_H L$. Folgende Aussagen sind äquivalent: (1) Die Bahnen der Operation von H auf L sind endlich. (2) Die Körpererweiterung $L \supseteq K$ ist algebraisch. (3) Die Körpererweiterung $L \supseteq K$ ist galoissch. — Sind diese Bedingungen erfüllt, so ist $H \subseteq \mathrm{G}_K(L)$ und H dicht in $\mathrm{G}_K(L)$.

10. a) Eine kompakte topologische Gruppe G mit abzählbar vielen Elementen ist endlich. (Dies ist ein Spezialfall des folgenden sogenannten Baireschen Dichtesatzes: Die Vereinigung von abzählbar vielen abgeschlossenen nirgends dichten Mengen eines lokal kompakten topologischen Raumes besitzt keinen inneren Punkt, vgl. [33], II.3.9, Satz 3. Wegen $G = \bigcup_{x\in G}\{x\}$ ist daher eine der Mengen $\{x\}$ und damit jede offen, d.h. G besitzt die diskrete Topologie.)

b) Ist $L \supseteq K$ eine nicht endliche galoissche Körpererweiterung, so ist $\mathrm{G}_K(L)$ überabzählbar.

c) Ist $L \supseteq K$ eine nicht endliche galoissche Körpererweiterung, so besitzt $\mathrm{G}_K(L)$ Untergruppen, die nicht abgeschlossen sind, zum Beispiel die Untergruppen mit abzählbar unendlich vielen Elementen. (Eine Gruppe mit einem abzählbaren Erzeugendensystem ist selbst abzählbar.)

11. Sei $L \supseteq K$ eine galoissche Körpererweiterung. Folgende Aussagen sind äquivalent: (1) $[L:K] = \mathrm{Dim}_K L$ ist abzählbar. (2) Die Identität id_L besitzt eine abzählbare Umgebungsbasis in $\mathrm{G}_K(L)$. (3) $\mathrm{G}_K(L)$ ist metrisierbar. (4) Die Topologie von $\mathrm{G}_K(L)$ besitzt eine abzählbare Basis. (Einige der Äquivalenzen sind rein topologischer Natur, lassen sich aber im vorliegenden Fall leicht direkt beweisen.)

12. Sei P die Menge der Primzahlen und $P_0 := P \cup \{-1\}$. Es sei $\sqrt{-1} := \mathrm{i}$, und $\sqrt{p}$ sei die positive Wurzel für $p \in P$. Für eine Teilmenge $Q \subseteq P_0$ sei $\mathbb{Q}[\sqrt{Q}] := \mathbb{Q}[\sqrt{p} : p \in Q] \subseteq \mathbb{C}$. Es ist $\mathbb{Q}[\sqrt{Q}] \subseteq L := \mathbb{Q}[\sqrt{P_0}]$. Ist $J \subseteq P_0$ endlich, so setzen wir noch $p_J := \prod_{p\in J} p$, $\sqrt{p_J} := \prod_{p\in J} \sqrt{p}$.

a) Für jedes $Q \subseteq P_0$ ist $\mathbb{Q}[\sqrt{Q}]$ eine Galois-Erweiterung von $\mathbb{Q}$. Die Abbildung $\sigma \mapsto (\sigma(\sqrt{p})/\sqrt{p})_{p\in Q}$ ist ein Isomorphismus

$$G_{\mathbb{Q}}(\mathbb{Q}[\sqrt{Q}]) \cong (\mathbb{Z}^\times)^Q$$

von topologischen Gruppen, d.h. ein Gruppenisomorphismus und gleichzeitig ein Homöomorphismus (wobei $(\mathbb{Z}^\times)^Q$ die Produkttopologie trägt). (Zum Beweis der Surjektivität kann man annehmen, daß Q endlich ist. Dann enthält $\mathbb{Q}[\sqrt{Q}]$ die $2^{\mathrm{Kard}\,Q} - 1$ verschiedenen Unterkörper $\mathbb{Q}[\sqrt{p_J}]$, $J \subseteq Q$, $J \neq \emptyset$, vom Grade 2 über $\mathbb{Q}$. Also hat $G_{\mathbb{Q}}(\mathbb{Q}[\sqrt{Q}])$ (mindestens) $2^{\mathrm{Kard}\,Q} - 1$ Untergruppen vom Index 2.)

b) Im weiteren identifizieren wir die multiplikative Gruppe $\mathbb{Z}^\times$ mit der additiven Gruppe von K_2 und nach a) demgemäß $G_{\mathbb{Q}}(L)$ mit $\mathsf{K}_2^{P_0}$. Für eine Teilmenge $J \subseteq P_0$ bezeichne $e_J \in \mathsf{K}_2^{P_0}$ das Tupel, das für $p \in J$ eine Eins und für $p \notin J$ eine Null hat. Man zeige: Für $Q \subseteq P_0$ ist die Familie $\sqrt{p_J}$, $J \subseteq Q$ endlich, eine $\mathbb{Q}$-Basis von $\mathbb{Q}[\sqrt{Q}]$. Das Element

$$x = \sum_J a_J \sqrt{p_J} \in L\,,$$

wobei J die endlichen Teilmengen von P_0 durchläuft, hat den Grad

$$[x : \mathbb{Q}] = 2^{r(x)}\,,$$

wobei $r(x)$ die Dimension des von den e_J mit $a_J \neq 0$ in $\mathsf{K}_2^{P_0}$ erzeugten K_2-Vektorraumes ist. Insbesondere ist $\sum_{p\in Q} \sqrt{p}$ ein primitives Element von $\mathbb{Q}[\sqrt{Q}]$ für eine endliche Teilmenge $Q \subseteq P_0$.

c) Ist $\mathrm{Kard}\,Q = n \in \mathbb{N}$, so besitzt $\mathbb{Q}[\sqrt{Q}]$ für $r \in \mathbb{N}$ genau

$$\begin{bmatrix} n \\ r \end{bmatrix}_2 := \frac{(2^n - 1)\cdots(2^{n-r+1} - 1)}{(2-1)\cdots(2^r - 1)}$$

Unterkörper vom Grade 2^r über $\mathbb{Q}$. (§39, Aufgabe 9f).)

d) $\mathsf{K}_2^{(P_0)}$ ist eine abzählbare dichte Untergruppe in $\mathsf{K}_2^{P_0} = G_{\mathbb{Q}}(L)$.

e) Die verschiedenen Unterkörper von L vom Grade 2 über $\mathbb{Q}$ sind die Körper $\mathbb{Q}[\sqrt{p_J}]$, $J \subseteq P_0$ endlich, $J \neq \emptyset$. Die Anzahl der offenen Untergruppen vom Index 2 in $G_{\mathbb{Q}}(L) = \mathsf{K}_2^{P_0}$ ist $\aleph_0$. (Welche Untergruppen sind das?) Die Anzahl aller Untergruppen vom Index 2 in $G_{\mathbb{Q}}(L)$ ist $\mathrm{Kard}((\mathsf{K}_2^{P_0})^*) = 2^{\mathrm{Dim}\,\mathsf{K}_2^{P_0}} = 2^{\aleph}$ (§25, Aufgabe 4). Insbesondere gibt es (sehr viele) Untergruppen vom Index 2 in $G_{\mathbb{Q}}(L)$, die nicht offen sind.

f) Es ist $\frac{1}{2}\sqrt{2}(1+\mathrm{i})$ eine primitive achte Einheitswurzel und folglich $\mathbb{Q}[\mathrm{i}, \sqrt{2}] = E_8$. Für $p \in P$, $p \geq 3$, ist $\mathrm{i}^{(p-1)/2}\sqrt{p} \in E_p$. (Aufgabe 7c).) Somit ist $L \subseteq E$. (Das ist ein Spezialfall des Satzes von K r o n e c k e r und W e b e r.) Dem Unterkörper L von E entspricht in der Galoisgruppe $G_{\mathbb{Q}}(E) = \prod_{p\in P} C_p^\times$ von E die Untergruppe $\mathrm{G}_L(E) = \prod_{p\in P} {}^2C_p^\times$ der Quadrate, woraus $\mathrm{G}_\mathbb{Q}(L) = \mathrm{G}_\mathbb{Q}(E)/\mathrm{G}_L(E) = \prod_{p\in P} C_p^\times/{}^2C_p^\times$ folgt. (Zu Teil f) vgl. die folgende Aufgabe 13.)

13. Seien $E := \bigcup_{n\geq 1} E_n$ der über $\mathbb{Q}$ von allen Einheitswurzeln erzeugte Unterkörper von $\mathbb{C}$ und $W := \bigcup_{n\geq 1} W_n$ die Gruppe aller Einheitswurzeln. Für eine Primzahl $p \in P$ sei ferner $E_{p^\infty} := \bigcup_{r\geq 0} E_{p^r}$, $W_{p^\infty} := \bigcup_{r\geq 0} W_{p^r}$.

a) Die Abbildungen $\mathrm{G}_\mathbb{Q}(E) \to \operatorname{Aut} W$ und $\mathrm{G}_\mathbb{Q}(E_{p^\infty}) \to \operatorname{Aut} W_{p^\infty}$, $p \in P$, mit $\sigma \mapsto \sigma|W$ bzw. $\sigma \mapsto \sigma|W_{p^\infty}$ sind Isomorphismen von Gruppen.

b) Es ist $W \cong \mathbb{Q}/\mathbb{Z}$, und W_{p^∞} ist für $p \in P$ die p–Primärkomponente von W. Es folgt $W_{p^\infty} \cong \mathrm{I}(p)$, wobei $\mathrm{I}(p)$ die Prüfersche p–Gruppe ist, vgl. Anhang V.D, Beispiele 1,2. Es ergeben sich kanonische Isomorphien

$$\operatorname{End} W_{p^\infty} = \operatorname{End} \mathrm{I}(p) = C_p\,,\quad \operatorname{Aut} W_{p^\infty} = C_p^\times\,,$$

$$\operatorname{Aut} W = \prod_{p\in P} \operatorname{Aut} W_{p^\infty} = \prod_{p\in P} C_p^\times\,,$$

wobei $C_p \subseteq \prod_{n\in\mathbb{N}} \mathbb{Z}/\mathbb{Z}p^{n+1}$ der Ring der ganzen p–adischen Zahlen ist. (Anhang V.D, Aufgabe 4. Man beachte: C_p besitzt außer der Identität keinen Ringautomorphismus.) Die sich ergebenden Isomorphien

$$\mathrm{G}_\mathbb{Q}(E_{p^\infty}) = C_p^\times\,,\ p \in P\,,\quad \mathrm{G}_\mathbb{Q}(E) = \prod_{p\in P} C_p^\times$$

sind auch Homöomorphismen (wobei C_p die von der Produkttopologie auf $\prod \mathbb{Z}/\mathbb{Z}p^{n+1}$ induzierte Topologie trägt).

c) In $\mathrm{G}_\mathbb{Q}(E_{p^\infty})$, $p \in P$, ist jede Untergruppe von endlichem Index offen. (Für $\mathrm{G}_\mathbb{Q}(E)$ gilt das nicht, vgl. Aufgabe 12.)

d) Sei $p \in P$, $p \geq 3$, und $a \in \mathbb{Z}$ ein primitiver Rest modulo p^2, vgl. Satz IV.B.5. Für den zum Automorphismus $\zeta \mapsto \zeta^a$ von W_{p^∞} gehörenden Automorphismus $\sigma \in \mathrm{G}_\mathbb{Q}(E_{p^\infty})$ gilt $\mathrm{Fix}_\sigma E_{p^\infty} = \mathbb{Q}$. Die von σ in $\mathrm{G}_\mathbb{Q}(E_{p^\infty})$ erzeugte Untergruppe ist also dicht, aber nicht abgeschlossen (Dedekind).

14. Seien q eine Primzahlpotenz, $K := \mathsf{K}_q$ ein Körper mit q Elementen und $L := \overline{\mathsf{K}}_q$ der algebraische Abschluß von K. Zu jedem $n \in \mathbb{N}_+$ gibt es genau einen Zwischenkörper F_n von $L \supseteq K$ mit $[F_n : K] = n$. Nach Beispiel 2 ist $\mathrm{G}_K(F_n) = \mathbb{Z}/\mathbb{Z}n$, dem Automorphismus $x \mapsto x^q$ entspricht die Restklasse $\overline{1} \in \mathbb{Z}/\mathbb{Z}n$. Wir wollen die Galois–Gruppe $\mathrm{Gal}(\mathsf{K}_q) = \mathrm{Gal}_{\mathsf{K}_q}(\overline{\mathsf{K}}_q)$ beschreiben.

a) Sei C die Untergruppe der $\mathbb{N}_+$–Tupel $(\overline{a}_n) \in \prod(\mathbb{Z}/\mathbb{Z}n)$ mit $a_n \equiv a_m\ (m)$ für alle $m, n \in \mathbb{N}_+$ mit $m|n$. Es ist C kanonisch isomorph zum Produkt $\prod_{p\in P} C_p$, wobei C_p für eine Primzahl $p \in P$ die additive Gruppe des Ringes der ganzen p–adischen Zahlen ist.

b) Die Abbildung $\sigma \mapsto (\sigma|F_n)$ ist ein Isomorphismus

$$\mathrm{Gal}(\mathsf{K}_q) \cong C = \prod_{p\in P} C_p$$

von topologischen Gruppen (wobei C die von der Produkttopologie auf $\prod(\mathbb{Z}/\mathbb{Z}n)$ induzierte Topologie trägt).

c) Der Automorphismus $\psi \in \mathrm{Gal}(\mathsf{K}_q)$ mit $x \mapsto x^q$ erzeugt eine dichte Untergruppe in $\mathrm{Gal}(\mathsf{K}_q)$, die nicht abgeschlossen ist.

d) Jede Untergruppe von endlichem Index in $\mathrm{Gal}(\mathsf{K}_q)$ ist offen in $\mathrm{Gal}(\mathsf{K}_q)$.

15. Seien $L \supseteq K$ eine galoissche Körpererweiterung und L_i, $i \in I$, eine Familie von Zwischenkörpern derart, daß alle L_i galoissch über K sind und $L = K[\bigcup_{i\in I} L_i]$ ist. Ferner sei ι der kanonische Homomorphismus $\sigma \mapsto (\sigma|L_i)_{i\in I}$ von $G := \mathrm{G}_K(L)$ in die Produktgruppe $P := \prod_{i\in I} \mathrm{G}_K(L_i)$.

a) ι ist injektiv. Insbesondere ist G isomorph zur Untergruppe $H := \iota(G)$ von P. Ferner ist $\pi_i(H) = \mathrm{G}_K(L_i)$, wobei die $\pi_i : P \to \mathrm{G}_K(L_i)$ die kanonischen Projektionen sind. ($\iota : G \to H$ ist auch ein Homöomorphismus.)

b) Folgende Aussagen sind äquivalent: (1) L ist surjektiv. (2) Die L_i sind linear disjunkt in L, d.h. für jede endliche Teilmenge $J \subseteq I$ ist der kanonische Homomorphismus $\bigotimes_{i\in J} L_i \to L$ injektiv, vgl. §80, Beispiel 12. (3) Für jede endliche Teilmenge $J \subseteq I$ ist $\bigotimes_{i\in J} L_i$ ein Körper. (4) Es ist $L_i \cap K[L_j : j \in I \setminus \{i\}] = K$ für jedes $i \in I$. (Beim Beweis von (1)$\Rightarrow$(2) reduziert man das Problem leicht auf den Fall, daß $[L : K]$ und I endlich sind. Dann sind die Bedingungen (1) bis (4) mit folgender äquivalent: (5) Es ist $[L : K] = \prod_{i\in I}[L_i : K]$.)

c) Die Körper $L := E$ und $L_p := E_{p^\infty}$, $p \in I := P$, aus Aufgabe 13 erfüllen die äquivalenten Bedingungen (1) bis (4) aus b).

d) Die Körper $L := \mathbb{Q}[\sqrt{P_0}]$ und $L_p := \mathbb{Q}[\sqrt{p}]$, $p \in I := P_0$, aus Aufgabe 12 erfüllen die äquivalenten Bedingungen (1) bis (4) aus b).

16. Sei $L \supseteq K$ eine endliche galoissche Körpererweiterung mit der Galois-Gruppe $G := \mathrm{G}_K(L)$. Es sei $L[G]$ der verschränkte Gruppenring bezüglich der natürlichen Operation von G auf L, vgl. §52, Aufgabe 14. Ein $L[G]$-Modul wird gegeben durch einen L-Vektorraum V zusammen mit einer Operation von G auf V als Gruppe von K-Homomorphismen, für die $\sigma(bx) = \sigma(b)\sigma(x)$, $\sigma \in G$, $b \in L$, $x \in V$, gilt. In diesem Fall nennt man V auch einen (L, G)-Modul. L selbst ist ein $L[G]$-Modul bezüglich der natürlichen Operation.

a) Der natürliche (L-lineare) K-Algebra-Homomorphismus $\Lambda : L[G] \to \mathrm{End}_K L$ ist ein Isomorphismus. (§52, Aufgabe 14c).)

b) Nach Satz V.F.4 gibt es bis auf Isomorphie genau einen einfachen $L[G]$-Modul, nämlich L, und jeder $L[G]$-Modul V ist isomorph zu einer direkten Summe $L^{(I)}$, wobei $\mathrm{Kard}\, I$ durch V eindeutig bestimmt ist.

c) (S a t z v o n S p e i s e r) Für jeden $L[G]$-Modul V ist der kanonische $L[G]$-Modul-Homomorphismus $L \otimes_K \mathrm{Fix}_G V \to V$ mit $c \otimes x \mapsto cx$ ein Isomorphismus, d.h. eine K-Basis des Raumes $\mathrm{Fix}_G V$ der Fixpunkte ist eine L-Basis von V. (Für $V = L^{(I)}$ ist die Aussage trivial. Nun benutze man b).)

17. (F u n d a m e n t a l s a t z d e r A l g e b r a) Sei K ein angeordneter Körper (vgl. §31, Beispiel 7) mit folgenden Eigenschaften: (1) Jedes positive Element in K ist ein Quadrat in K. (2) Jedes Polynom ungeraden Grades mit Koeffizienten in K hat eine Nullstelle in K. Dann ist $L_0 := K[\sqrt{-1}]$ algebraisch abgeschlossen. Insbesondere ist $\mathbb{C} = \mathbb{R}[\mathrm{i}]$ algebraisch abgeschlossen. (L_0 ist die einzige quadratische Körpererweiterung von K, und L_0 besitzt keine quadratische Körpererweiterung, vgl. Anhang V.A, Beispiel 5. Es genügt nun zu zeigen, daß jede (endliche) Galois–Erweiterung L von K einen Grad ≤ 2 hat. Sei $G = \mathrm{G}_K(L)$ und S eine 2–Sylow–Gruppe von G. Dann ist $[\mathrm{Fix}_S L : K] = [G : S]$ ungerade und deshalb notwendigerweise $\mathrm{Fix}_S L = K$, d.h. $G = S$. Wäre $\mathrm{Kard}\, G = 2^s$ mit $s \geq 2$, so gäbe es Zwischenkörper L_1 und L_2 mit $K \subset L_1 \subset L_2 \subseteq L$ und $[L_2 : L_1] = [L_1 : K] = 2$. Widerspruch! — Man vgl. auch §93, Aufgabe 17. — Bemerkung. Angeordnete Körper K, die die obigen Bedingungen (1) und (2) erfüllen, heißen reell-abgeschlossene Körper.)

§93 Beispiele zur Galoistheorie

Wir sammeln in diesem Abschnitt spezielle Ergänzungen und Beispiele zur Galoistheorie.

Auf eine in der Körpertheorie übliche Redeweise, die ab Beispiel 5 gebraucht wird, sei hier bereits hingewiesen: Sei $L \supseteq K$ eine galoissche Körpererweiterung. Besitzt die Galoisgruppe $\mathrm{G}_K(L)$ eine spezielle Eigenschaft, so sagt man häufig, daß die Körpererweiterung $L \supseteq K$ diese Eigenschaft besitze. So heißt etwa $L \supseteq K$ abelsch, wenn $\mathrm{G}_K(L)$ abelsch ist.

Beispiel 1 (Die Galoisgruppe einer Gleichung) Sei K ein Körper. Weiter sei f ein Polynom $\neq 0$ in $K[X]$ mit separabler Reduktion $\mathrm{Red}(f)$. Dann ist der minimale Zerfällungskörper von f eine galoissche endliche Körpererweiterung L von K. Man gewinnt L durch Adjunktion der Nullstellen von f in einem Erweiterungskörper von K, über dem f (in Linearfaktoren) zerfällt. Es ist also $L = K[x : f(x) = 0]$.

Definition Die Galoisgruppe $\mathrm{G}_K(L)$ heißt die Galois-Gruppe des Polynoms f oder der Gleichung $f(x) = 0$ über K. Wir bezeichnen sie mit

$$\mathrm{G}_K(f)\,.$$

Die Menge der Nullstellen von f über L sei mit

$$\mathrm{N}(f)$$

bezeichnet. Dann ist $\mathrm{N}(f) = \mathrm{N}(\mathrm{Red}(f))$ und $\mathrm{Kard}\,\mathrm{N}(f) = \mathrm{Grad}(\mathrm{Red}(f))$. Ferner ist $\mathrm{G}_K(f) = \mathrm{G}_K(\mathrm{Red}(f))$.

Jedes Element $\sigma \in \mathrm{G}_K(f)$ induziert eine Permutation von $\mathrm{N}(f)$, und der Homomorphismus

$$\mathrm{G}_K(f) \to \mathbf{S}(\mathrm{N}(f))$$

mit $\sigma \mapsto \sigma|\mathrm{N}(f)$ ist eine treue Darstellung der Galoisgruppe $\mathrm{G}_K(f)$ in der Permutationsgruppe $\mathbf{S}(\mathrm{N}(f))$. Diese natürliche Beschreibung der Gruppe $\mathrm{G}_K(f)$ geht auf Evariste Galois zurück; die moderne Beschreibung der Galois–Gruppen als Automorphismengruppen stammt erst von Richard Dedekind (veröffentlicht 1894, aber schon früher verwendet).

Wir fassen im weiteren die Galois–Gruppe einer Gleichung stets als Permutationsgruppe im oben beschriebenen Sinne auf. Klar ist:

93.1 *Die Galoisgruppe von f ist isomorph zu einer Untergruppe von* $\mathbf{S}_n$ *mit* $n := \mathrm{Grad}(\mathrm{Red}(f))$.

Wie man dabei $\mathrm{G}_K(f)$ als Untergruppe der $\mathbf{S}_n$ auffaßt, hängt von der Numerierung der Nullstellen von f ab. Verschiedene Numerierungen führen zu konjugierten Untergruppen der $\mathbf{S}_n$. Man achte darauf, daß Eigenschaften von $\mathrm{G}_K(f)$ als Untergruppe der $\mathbf{S}_n$ unter Berücksichtigung von Konjugationen zu formulieren sind!

Nach 89.15 gilt:

93.2 *Ist f_1 ein irreduzibler Faktor von f, so operiert $\mathrm{G}_K(f)$ transitiv auf der Nullstellenmenge $\mathrm{N}(f_1) \subseteq \mathrm{N}(f)$, d.h. die Bahnen der Operation von $\mathrm{G}_K(f)$ auf $\mathrm{N}(f)$ sind die Nullstellenmengen der irreduziblen Faktoren von f.*

Der Index von $\mathrm{G}_K(f)$ in $\mathbf{S}(\mathrm{N}(f))$ heißt der Affekt von f. Ist dieser gleich 1, d.h. ist $\mathrm{G}_K(f) = \mathbf{S}(\mathrm{N}(f))$, so heißt f auch ein Polynom ohne Affekt oder ein affektloses (affektfreies) Polynom. Diese Redeweisen gehen auf Kronecker zurück. Ein reduziertes Polynom ohne Affekt ist notwendigerweise irreduzibel.

Sei $F \supseteq K$ eine endliche Galoiserweiterung. Das Minimalpolynom g eines primitiven Elementes von F über K ist dann ein irreduzibles separables Polynom über K mit $\mathrm{G}_K(g) = \mathrm{G}_K(F)$; ist y irgendeine Nullstelle von g in einem Erweiterungskörper von K, so zerfällt g über $K[y]$ in Linearfaktoren. Man nennt ein Polynom dieser Art eine galoissche Resolvente für $F \supseteq K$. Eine galoissche Resolvente für einen (und damit jeden) minimalen Zerfällungskörper von f heißt eine galoissche Resolvente für das Polynom f bzw. die Gleichung $f(x) = 0$. Dieser Begriff wird in der älteren Literatur häufiger verwendet.

Beispiel 2 (Die allgemeine Gleichung) Seien k ein beliebiger Körper und

$$f_n := X^n + Z_1 X^{n-1} + \cdots + Z_{n-1} X + Z_n$$

das allgemeine (normierte) Polynom n-ten Grades über k, vgl. §54, Beispiel 7. Wir betrachten f_n hier als Polynom in X über dem rationalen Funktionenkörper $K := k(Z_1, \ldots, Z_n)$ und sprechen von $f_n(x) = 0$ als der allgemeinen Gleichung n-ten Grades (über k). Diese ist affektlos über K:

93.3 Satz *Es ist* $\mathrm{G}_K(f_n) = \mathbf{S}_n$.

Beweis. Sei $L := k(X_1, \ldots, X_n)$ der Funktionenkörper in den Unbestimmten $X_1, \ldots, X_n$ über k. Ferner seien $S_1, \ldots, S_n$ die elementar-symmetrischen Funktionen in den Unbestimmten $X_1, \ldots, X_n$, sowie $C_i := (-1)^i S_i$. Dann ist

$$\prod_{i=1}^{n} (X - X_i) = X^n + C_1 X^{n-1} + \cdots + C_n \,.$$

Die Polynome $C_1, \ldots, C_n$ sind algebraisch unabhängig über k. Daher können wir $k[Z_1, \ldots, Z_n]$ und $k[C_1, \ldots, C_n]$ mittels $Z_i \leftrightarrow C_i$ identifizieren, also auch die Quotientenkörper K und $k(C_1, \ldots, C_n) \subseteq L$ als gleich ansehen; dabei entspricht f_n dem Polynom $X^n + C_1 X^{n-1} + \cdots + C_n$.

Trivialerweise entsteht L aus K durch Adjunktion der Elemente $X_1, \ldots, X_n$. Daher ist L der minimale Zerfällungskörper von f_n. Jeder k-Automorphismus von

L, der die Unbestimmten $X_1, \ldots, X_n$ permutiert, läßt die elementarsymmetrischen Polynome invariant und gehört daher zu $\mathrm{G}_K(L) = \mathrm{G}_K(f_n)$. Man erhält so die volle Permutationsgruppe der Menge $\mathrm{N}(f_n) = \{X_1, \ldots, X_n\}$, und es ist $\mathrm{G}_K(f_n) = \mathbf{S}_n$. •

Im übrigen sei bemerkt, daß die Gleichungen $\mathrm{Fix}_{\mathrm{G}_K(f_n)} L = k(C_1, \ldots, C_n)$ und $[k(X_1, \ldots, X_n) : k(C_1, \ldots, C_n)] = n!$ direkt aus dem Hauptsatz 92.4 der Galoistheorie (und 92.1) folgen. Dies ist ein unabhängiger Beweis für einen Teil der Aussage 54.13.

93.3 zeigt, daß jede endliche Gruppe bis auf Isomorphie als Galois-Gruppe einer galoisschen Körpererweiterung auftritt. Denn jede endliche Gruppe ist zu einer Untergruppe G einer Permutationsgruppe $\mathbf{S}_n$ isomorph. Da $\mathbf{S}_n$ auf $L := k(X_1, \ldots, X_n)$ treu operiert, ist dann G die Galoisgruppe von L über $\mathrm{Fix}_G L$. Da G stets als transitive Untergruppe einer $\mathbf{S}_n$ gewählt werden kann, erkennt man so auch: *Jede endliche Gruppe ist als Galois-Gruppe einer irreduziblen Gleichung realisierbar.* Man kann diesen Zusatz freilich auch aus der Existenz galoisscher Resolventen erschließen.

Beispiel 3 Wann die Galois-Gruppe einer Gleichung Untergruppe der alternierenden Gruppe ist, läßt sich wie folgt entscheiden.

93.4 Satz *Seien K ein Körper der Charakteristik $\neq 2$ und $f \in K[X]$ ein von 0 verschiedenes Polynom mit separabler Reduktion. Genau dann liegt $\mathrm{G}_K(f)$ in der alternierenden Gruppe, wenn die Diskriminante $\mathrm{D}(\mathrm{Red} f)$ ein Quadrat in K ist.*

Beweis. Ohne Einschränkung der Allgemeinheit sei $f = \mathrm{Red} f$ und $n = \mathrm{Grad} f \geq 1$. Seien $x_1, \ldots, x_n$ die verschiedenen Nullstellen von f. Nach Beispiel 7 aus §54 ist $\mathrm{D}(f) = a^{2n-2} V^2$ mit $a \in K^\times$, $V := \mathrm{V}(x_1, \ldots, x_n)$. Für ein $\sigma \in \mathrm{G}_K(f)$ ist $\sigma V = \mathrm{V}(\sigma x_1, \ldots, \sigma x_n) = (\mathrm{Sign}\, \sigma) V$. Wegen $V \neq 0$ und $\mathrm{Char}\, K \neq 2$ gilt daher $\mathrm{G}_K(f) \subseteq \mathbf{A}_n$ genau dann, wenn V invariant unter allen $\sigma \in \mathrm{G}_K(f)$ ist, d.h. wenn $V \in K$ ist. Dies ist aber äquivalent damit, daß V^2 in K ein Quadrat ist. Wegen $a^{2n-2} = (a^{n-1})^2$ ist dies äquivalent dazu, daß $\mathrm{D}(f)$ ein Quadrat in K ist. •

Der Beweis zeigt noch, daß bei $\mathrm{Char}\, K = 2$ die Diskriminante einer Gleichung stets ein Quadrat in K ist.

Ist $\mathrm{D}(\mathrm{Red}(f))$ kein Quadrat in K, so ist $K[V]$ eine quadratische Erweiterung von K; die zugehörige Untergruppe von $\mathrm{G}_K(f)$ ist der Normalteiler vom Index 2, den man erhält, indem man $\mathrm{G}_K(f)$ mit der alternierenden Gruppe schneidet.

Betrachten wir speziell Gleichungen zweiten und dritten Grades, und sei weiterhin $\mathrm{Char}\, K \neq 2$. Für ein irreduzibles separables quadratisches Polynom $f = aX^2 + bX + c$ über K ist einerseits $\mathrm{G}_K(f) = \mathbf{S}_2$ und andererseits $\mathrm{D}(f) = b^2 - 4ac$ bekanntlich kein Quadrat in K, in Übereinstimmung mit 93.4. Für ein irreduzibles separables kubisches Polynom f über K kommen als Galois-Gruppe $\mathrm{G}_K(f)$ nur $\mathbf{A}_3$ und $\mathbf{S}_3$ in Frage. Die Unterscheidung kann man nach 93.4 allein mit der Diskriminante $\mathrm{D}(f)$ treffen.

Beispiel 4 (Gleichungen ohne Affekt über $\mathbb{Q}$) Affektlose Gleichungen über den rationalen Zahlen werden häufig mit folgendem einfachen Lemma konstruiert:

93.5 Lemma *Seien $p \geq 3$ eine Primzahl und $f \in \mathbb{Q}[X]$ ein irreduzibles Polynom vom Grade p mit genau zwei nicht reellen Nullstellen in $\mathbb{C}$. Dann ist f ohne Affekt.*

Beweis. Die Ordnung von $G := \mathrm{G}_{\mathbb{Q}}(f)$ ist ein Vielfaches von p. Die komplexe Konjugation induziert ein Element aus G, das die beiden echt komplexen Nullstellen von f vertauscht und die reellen Nullstellen von f invariant läßt, also eine Transposition ist. Nach §44, Aufgabe 21 ist $G = \mathbf{S}_p$. •

Konkrete Beispiele für die in 93.5 beschriebene Situation sind etwa die Polynome

$$f_p := (X^2 + 1)(X - 1)(X - 2) \cdots (X - (p - 2)) - 1 \in \mathbb{Z}[X],$$

$p \geq 3$ prim. Sie sind irreduzibel. (Für $p \geq 7$ folgt dies aus dem simplen Argument in §60, Aufgabe 1. Daß f_3 prim ist, ist trival. f_5 ist modulo 3 prim.) f_p hat nicht nur reelle Nullstellen. Wäre nämlich $f_p = (X - c_1) \cdots (X - c_p)$ mit reellen Zahlen $c_1, \ldots, c_p$, so wäre $1 = |f_p(\mathrm{i})| = |\mathrm{i} - c_1| \cdots |\mathrm{i} - c_p| > 1$, Widerspruch! Es ist nun noch zu zeigen, daß f_p mindestens $p - 2$ reelle Nullstellen hat. Dies folgt aber mit dem Zwischenwertsatz (vgl. §54, Beispiel 6) daraus, daß die Werte von f_p an den $p - 3$ Stellen $3/2, 5/2, \ldots, (2p - 5)/2$ die Vorzeichen $+, -, \ldots, -$ haben.

Es folgt speziell, daß jede endliche Gruppe als Galois-Gruppe über einem endlichen Erweiterungskörper von $\mathbb{Q}$ realisierbar ist.

Bemerkt sei schließlich, daß es zu jedem $n \geq 1$ irreduzible affektlose Polynome des Grades n über $\mathbb{Q}$ gibt, vgl. Aufgabe 34.

Beispiel 5 (Zyklische Erweiterungen und reine Gleichungen) Eine galoissche Körpererweiterung $L \supseteq K$ heißt gemäß der eingangs dieses Paragraphen eingeführten Redeweise zyklisch, wenn ihre Galois-Gruppe $\mathrm{G}_K(L)$ zyklisch ist. (Man verwechsele dies nicht damit, daß L als K-Algebra zyklisch ist, was ja nach dem Satz vom primitiven Element für jede endliche Galois-Erweiterung der Fall ist.)

Seien $L \supseteq K$ eine zyklische galoissche Körpererweiterung vom Grade n und σ ein erzeugendes Element der Galois-Gruppe $\mathrm{G}_K(L)$. Wir besprechen eine Beziehung zwischen zwei Endomorphismen von $L^\times$, nämlich zwischen der Norm $\mathrm{N} = \mathrm{N}_K^L$ mit $x \mapsto \mathrm{N}_K^L(x) = \prod_{i=0}^{n-1} \sigma^i x$ und dem Endomorphismus σ/id mit

$$x \longmapsto \sigma x / x .$$

Der folgende Satz ist gemeinhin als Hilberts Satz 90 (aus dem sogenannten Zahlbericht im Jahresbericht der Deutschen Mathematiker-Vereinigung **4** (1897)) bekannt.

93.6 Satz *Die Sequenz $L^\times \xrightarrow{\sigma/\mathrm{id}} L^\times \xrightarrow{\mathrm{N}} L^\times$ ist exakt.*

Beweis. $\mathrm{N} \circ (\sigma/\mathrm{id})$ ist trivial, denn für $x \in L^\times$ ist $\mathrm{N}(\sigma x/x) = \mathrm{N}(\sigma x)/\mathrm{N}(x) = 1$.

Sei umgekehrt $y \in L^\times$ mit $\mathrm{N}(y) = 1$. Man betrachte den nach dem Lemma von Dedekind von 0 verschiedenen K-linearen Endomorphismus

$$\gamma := \sum_{i=0}^{n-1} \left(\prod_{j=0}^{i-1} \sigma^j y^{-1} \right) \sigma^i$$

von L. Wegen $1 = \mathrm{N}(y^{-1}) = \prod_{j=0}^{n-1} \sigma^j y^{-1}$ ist offenbar $y^{-1}\sigma\gamma = \gamma$ und daher $y = \sigma\gamma(z)/\gamma(z)$ für jedes $z \in L$ mit $\gamma(z) \neq 0$. •

Die Sequenz $L^\times \xrightarrow{\mathrm{N}} L^\times \xrightarrow{\sigma/\mathrm{id}} L^\times$ ist im allgemeinen nicht exakt. Zwar ist $(\sigma/\mathrm{id}) \circ \mathrm{N}$ der triviale Homomorphismus, aber die Homologiegruppe $\mathrm{Kern}(\sigma/\mathrm{id})/\mathrm{Bild}\,\mathrm{N}$ ist die Normrestgruppe $K^\times/\mathrm{N}(L^\times)$. Beispielsweise ist $\mathbb{R}^\times/\mathrm{N}(\mathbb{C}^\times) \cong \mathbb{Z}^\times$.

93.7 Satz *Seien $n \in \mathbb{N}_+$ und K ein Körper, dessen Charakteristik n nicht teilt und der alle n-ten Einheitswurzeln enthält.*

(1) *Die Galoisgruppe eines irreduziblen reinen Polynoms*

$$X^n - c$$

aus $K[X]$, $c \neq 0$, ist zyklisch von der Ordnung n.

(2) *Ist $L \supseteq K$ eine zyklische Galoiserweiterung vom Grade n, so ist L minimaler Zerfällungskörper eines (notwendigerweise irreduziblen) reinen Polynoms $X^n - c$ aus $K[X]$.*

Beweis. Sei $W_n := \{\zeta_1, \ldots, \zeta_n\} \subseteq K$ die zyklische Gruppe der n-ten Einheitswurzeln in K. Zum Beweis von (1) seien L ein minimaler Zerfällungskörper von $X^n - c$ über K und $x \in L$ eine Nullstelle dieses Polynoms. Dann sind $\zeta_1 x, \ldots, \zeta_n x$ die n verschiedenen Nullstellen von $X^n - c$ in L, und $L = K[x]$ hat den Grad n über K. Die Abbildung

$$\alpha : \sigma \mapsto \sigma x/x$$

ist ein Homomorphismus von $\mathrm{G}_K(L)$ in W_n; sind nämlich $\sigma, \tau \in \mathrm{G}_K(L)$, so ist $\tau x/x \in K$ und daher invariant unter σ, woraus

$$\frac{\tau x}{x} = \sigma\left(\frac{\tau x}{x}\right) = \frac{(\sigma\tau)x}{\sigma x} = \frac{(\sigma\tau)x}{x} \cdot \frac{x}{\sigma x}$$

folgt. Da jedes $\sigma \in \mathrm{G}_K(L)$ durch den Wert σx eindeutig bestimmt ist, ist α injektiv und damit bijektiv. — Übrigens ist α unabhängig von der Wahl der Nullstelle x und daher eine kanonische Isomorphie.

Zum Beweis von (2) seien ζ eine primitive n-te Einheitswurzel in K und σ ein erzeugendes Element der Galois-Gruppe $\mathrm{G}_K(L)$. Nach dem Beweis von (1) hat man ein $x \in L$ mit $\sigma x/x = \zeta$ zu finden. Dies ist wegen $\mathrm{N}_K^L(\zeta) = \zeta^n = 1$ nach 93.6 möglich. Es ist $\sigma(x^n) = (\sigma x)^n = (\zeta x)^n = x^n$ und daher $c := x^n$ ein Element in K. Das Polynom $X^n - c \in K[X]$ zerfällt in L, da es dort die n verschiedenen Nullstellen $\zeta^i x = \sigma^i x$, $0 \leq i \leq n-1$, hat. Auf diesen Nullstellen operiert $\mathrm{G}_K(L)$ transitiv. Folglich ist $X^n - c$ irreduzibel über K. •

Beispiel 6 (Zyklische Erweiterungen und Artin-Schreier-Gleichungen) Seien $L \supseteq K$ eine zyklische galoissche Körpererweiterung vom Grade n und σ ein erzeugendes Element der Galoisgruppe $\mathrm{G}_K(L)$. Dann ist $\mathrm{Sp} = \mathrm{Sp}_K^L = \sum_{i=0}^{n-1} \sigma^i$. Das additive Pendant zu Satz 93.6 (Hilberts Satz 90) ist:

93.8 Satz *Die Sequenz $L \xrightarrow{\sigma-\mathrm{id}} L \xrightarrow{\mathrm{Sp}} L$ ist exakt.*

Beweis. $\mathrm{Sp} \circ (\sigma - \mathrm{id})$ ist trivial, denn für $x \in L$ ist $\mathrm{Sp}(\sigma x - x) = \mathrm{Sp}(\sigma x) - \mathrm{Sp}(x) = 0$.

Sei umgekehrt $y \in L$ mit $\mathrm{Sp}(y) = 0$. Man betrachte

$$\beta := -\sum_{i=1}^{n-1}\left(\sum_{j=0}^{i-1}\sigma^j y\right)\sigma^i .$$

Wegen $0 = \mathrm{Sp}(y) = \sum_{i=0}^{n-1}\sigma^i y$ ist offenbar $-y\mathrm{Sp} + \sigma\beta = \beta$. Nach dem Lemma von Dedekind ist $\mathrm{Sp} \neq 0$. Für jedes $z \in L$ mit $\mathrm{Sp}(z) \neq 0$ ist

$$y = \sigma\left(\frac{\beta(z)}{\mathrm{Sp}(z)}\right) - \frac{\beta(z)}{\mathrm{Sp}(z)} . \qquad \bullet$$

Die Sequenz $L \xrightarrow{\mathrm{Sp}} L \xrightarrow{\sigma-\mathrm{id}} L$ ist ebenfalls exakt, was einfach daraus folgt, daß die Spur K–linear ist und wegen $\mathrm{Sp} \neq 0$ das Bild K hat.

93.9 Satz *Sei K ein Körper der Charakteristik $p > 0$.*

(1) *Sei $c \in K$. Dann zerfällt das Polynom*

$$X^p - X - c$$

aus $K[X]$ über K in Linearfaktoren, oder es ist irreduzibel über K und seine Galoisgruppe ist zyklisch von der Ordnung p.

(2) *Ist $L \supseteq K$ eine zyklische Galoiserweiterung vom Grade p, so ist L minimaler Zerfällungskörper eines (notwendigerweise irreduziblen) Polynoms $X^p - X - c$ aus $K[X]$.*

Beweis. Zum Beweis von (1) seien L ein minimaler Zerfällungskörper von $X^p - X - c$ und $x \in L$ eine beliebige Nullstelle dieses Polynoms. Dann sind $x + r$, $0 \le r \le p-1$, offenbar die p verschiedenen Nullstellen von $X^p - X - c$ in L, und es ist $L = K[x]$. Die Abbildung

$$\alpha : \sigma \longmapsto \sigma x - x$$

ist ein Homomorphismus von $\mathrm{G}_K(L)$ in die additive Gruppe Z_p des Primkörpers von K; sind nämlich $\sigma, \tau \in \mathrm{G}_K(L)$, so ist $\tau x - x \in K$ und daher invariant unter σ, woraus

$$\tau x - x = \sigma(\tau x - x) = (\sigma\tau)x - \sigma x = ((\sigma\tau)x - x) - (\sigma x - x)$$

folgt. Da jedes $\sigma \in \mathrm{G}_K(L)$ durch den Wert σx eindeutig bestimmt ist, ist α injektiv. Folglich ist α entweder der triviale Homomorphismus, d.h. es ist $L = K$ und $X^p - X - c$ zerfällt über K, oder α ist ein Isomorphismus, d.h. es ist $\mathrm{G}_K(L) \cong \mathsf{Z}_p$ und $X^p - X - c$ ist prim über K. — Übrigens ist α unabhängig von der Wahl der Nullstelle x und daher eine kanonische Isomorphie.

Zum Beweis von (2) sei σ ein erzeugendes Element der Galois–Gruppe $\mathrm{G}_K(L)$. Nach dem Beweis von (1) hat man ein $x \in L$ mit $\sigma x - x = 1$ zu finden. Dies ist wegen $\mathrm{Sp}_K^L(1) = p \cdot 1 = 0$ nach 93.8 möglich. Es ist $\sigma(x^p - x) = (\sigma x)^p - \sigma x = (x+1)^p - (x+1) = x^p - x$ und daher $c := x^p - x$ ein Element in K. Wegen $x \notin K$ ist $L = K[x]$, und $X^p - X - c$ ist das Minimalpolynom von x über K. •

Satz 93.9 geht auf Emil Artin und Otto Schreier zurück. Man nennt daher Polynome des Typs $X^p - X - c$ Artin–Schreier–Polynome. Diese Polynome ersetzen für den kritischen Fall einer Galoiserweiterung vom Grade p

eines Körpers der Charakteristik $p > 0$ die reinen Polynome. Die minimalen Zerfällungskörper von Artin–Schreier–Polynomen heißen auch Artin–Schreier–Erweiterungen.

Beispiel 7 (Auflösbare Gleichungen. Radikalerweiterungen) Sei K ein Körper der Charakteristik $p \geq 0$. Eine Nullstelle x eines Polynoms $X^n - c$ aus $K[X]$, $c \neq 0$, n kein Vielfaches von p, in einem Erweiterungskörper von K heißt ein Radikal über K. Man schreibt für x auch

$$\sqrt[n]{c} \quad \text{oder} \quad c^{1/n}$$

und spricht von einer n–ten Wurzel aus c. Der Körper $K[x]$ heißt eine einfache Radikalerweiterung von K. Ist die Gleichung $X^n - c$ irreduzibel in $K[X]$, so heißt x ein irreduzibles Radikal des Grades n über K. Im Fall $p > 0$ heißt auch eine Nullstelle x eines Artin–Schreier–Polynoms $X^p - X - c$ aus $K[X]$ ein Radikal über K und $K[x]$ eine einfache Radikalerweiterung von K. Ist $X^p - X - c$ irreduzibel, d.h. ist $x \notin K$, so heißt das Radikal wieder irreduzibel.

Sei $L \supseteq K$ eine endliche Körpererweiterung. Wir betrachten im folgenden spezielle Körperketten der Form

$$(*) \qquad K = K_0 \subseteq K_1 \subseteq \cdots \subseteq K_m = L\,.$$

Wir nennen $L \supseteq K$ eine Radikalerweiterung, wenn es eine Körperkette $(*)$ gibt derart, daß für $r = 1, \ldots, m$ die Erweiterung $K_{r-1} \subseteq K_r$ eine einfache Radikalerweiterung ist. Da einfache Radikalerweiterungen offenbar separabel sind, ist jede Radikalerweiterung separabel, vgl. 91.6. Ferner gilt:

93.10 *Sei $L \supseteq K$ eine Radikalerweiterung. Dann ist auch die Galois–Hülle von L über K eine Radikalerweiterung von K.*

Beweis. Sei L' die Galois–Hülle von L über K. Dann ist L' das Kompositum der konjugierten Körper $\sigma(L)$, $\sigma \in \mathrm{G}_K(L')$, die wie L Radikalerweiterungen von K sind. Somit ist auch L' Radikalerweiterung von K, da das Kompositum zweier Radikalerweiterungen offenbar wieder eine Radikalerweiterung ist. •

93.11 Satz *Seien K ein Körper und $f \in K[X]$ ein Polynom mit separabler Reduktion. Folgende Aussagen sind äquivalent:*

(1) *Die Galois–Gruppe $\mathrm{G}_K(f)$ ist auflösbar.*

(2) *Es gibt eine endliche Körpererweiterung L von K, über der f zerfällt, mit einer Körperkette $(*)$ derart, daß für $r = 1, \ldots, m$ die Erweiterung $K_{r-1} \subseteq K_r$ eine zyklische Galois–Erweiterung von Primzahlgrad ist.*

(3) *Es gibt eine endliche Galois–Erweiterung L von K, über der f zerfällt, mit einer Körperkette $(*)$ derart, daß für $r = 1, \ldots, m$ die Erweiterung $K_{r-1} \subseteq K_r$ eine (einfache) galoissche Radikalerweiterung von Primzahlgrad ist.*

(4) *Es gibt eine Radikalerweiterung L von K, über der f zerfällt.*

Beweis. Wir erinnern daran, daß eine endliche Gruppe G genau dann auflösbar ist, wenn es eine Kette

$$G = G_0 \supseteq G_1 \supseteq \cdots \supseteq G_m = \{e\}$$

von Untergruppen in G gibt derart, daß für $r = 1, \ldots, m$ gilt: G_r ist normal in G_{r-1}, und G_{r-1}/G_r ist zyklisch von Primzahlordnung, vgl. Anhang IV.A, insbesondere Aufgabe 17. Nach dem Hauptsatz 92.4 der Galoistheorie und 92.5

folgert man daher (2) aus (1), indem man für L den minimalen Zerfällungskörper von f wählt. Umgekehrt folgt (1) aus (2), da $G_K(f)$ nach 92.5 ein homomorphes Bild der auflösbaren Gruppe $G_K(L)$ ist, vgl. Anhang IV.A, Aufgabe 8.

Aus (1) folgt (3). Seien L ein minimaler Zerfällungskörper von f und $n := [L : K] = \operatorname{Kard} G_K(f)$. Ferner seien q der größte Primfaktor von n, $L' \supseteq L$ ein minimaler Zerfällungskörper von $X^{q!} - 1$ und f, und schließlich sei $K' \subseteq L'$ der minimale Zerfällungskörper von $X^{q!} - 1$ über K. Sowohl K' als auch L' sind galoissch über K. Die Galoisgruppe $G' := G_{K'}(L')$ ist eine Untergruppe von $G := G_K(L)$, vgl. §89, Aufgabe 11. Es genügt nun, jeweils eine Körperkette der in (3) verlangten Art von K nach K' und von K' nach L' zu konstruieren.

Betrachten wir zunächst $L' \supseteq K'$. Da G' als Untergruppe von G auflösbar ist, gibt es eine Körperkette von K' nach L', deren einzelne Schritte jeweils Galois-Erweiterungen von einem Primzahlgrad sind, der Kard G' und damit Kard G teilt, also $\leq q$ ist. Da K' alle s-ten Einheitswurzeln für $s \leq q$ enthält, folgt das Gewünschte aus 93.7 und 93.9.

Wir zeigen nun noch, daß sogar für ein beliebiges $q \in \mathbb{N}_+$ der Zerfällungskörper K' von $X^{q!} - 1$ über K eine Körperkette, wie in (3) verlangt, besitzt. Dies geschieht durch Induktion über q. Zum Schluß von $q-1$ auf q dürfen wir $q \geq 2$ annehmen und nach Induktionsvoraussetzung, daß K alle s-ten Einheitswurzeln, $s < q$, enthält. K' ist dann der Zerfällungskörper von $X^q - 1$ über K. Die Galoisgruppe $G_K(K')$ ist daher abelsch mit einer Ordnung, die $\varphi(q)$ teilt. Die Körpererweiterung $K' \supseteq K$ ist somit von derselben Art wie die oben behandelte Erweiterung $L' \supseteq K'$.

(Man erkennt an dieser Stelle, daß bei $p := \operatorname{Char} K > 0$ in der von uns konstruierten Körperkette gemäß (3) sicher dann keine nichttrivialen Artin–Schreier–Erweiterungen auftreten, wenn der größte Primteiler q von $\operatorname{Kard} G_K(f)$ kleiner als p ist, insbesondere dann, wenn $\operatorname{Grad}(\operatorname{Red} f) < p$ ist. Die Bedingung, daß p nicht $\operatorname{Kard} G_K(f)$ teilt, reicht nicht hin, vgl. Aufgabe 20!)

(4) ist eine Abschwächung von (3).

Aus (4) folgt (1): Sei $F \subseteq L$ der minimale Zerfällungskörper von f in der Radikalerweiterung L von K. Nach 93.10 können wir annehmen, daß auch L galoissch über K ist. Da $G_K(f)$ dann nach 92.5 ein homomorphes Bild von $G_K(L)$ ist, genügt es zu zeigen, daß die Galois–Gruppe einer galoisschen Radikalerweiterung auflösbar ist.

Wir beweisen dies durch Induktion über die Länge m einer Körperkette $K = K_0 \subseteq \cdots \subseteq K_m = L$ einfacher Radikalerweiterungen $K_{r-1} \subseteq K_r = K_{r-1}[x_r]$, $r = 1, \ldots, m$. Sei K_1' die Galois–Hülle von K_1 in L. Dann ist $K_1' \subseteq K_2' \subseteq \cdots \subseteq K_m' = L$ mit $K_r' := K_1'[K_r] = K_{r-1}'[x_r]$, $r = 2, \ldots, m$, eine Kette einfacher Radikalerweiterungen der Länge $m-1$ von K_1' nach L. Nach Induktionsvoraussetzung ist die Galois–Gruppe H von L über K_1' auflösbar. Es ist leicht zu sehen, daß auch $G_K(K_1')$ auflösbar ist, vgl. Aufgabe 18b). Wegen $G_K(L)/H \cong G_K(K_1')$ und Aufgabe 8 aus Anhang IV.A ist auch $G_K(L)$ auflösbar. •

Ein Polynom $f \in K[X]$ mit separabler Reduktion (ebenso die zugehörige Gleichung $f(x) = 0$) heißt a u f l ö s b a r[1]), wenn f die äquivalenten Bedingungen des

[1]) Früher wurde, einer Bezeichnung von G e o r g F r o b e n i u s aus der Gruppentheorie folgend, statt "auflösbar" häufig "metazyklisch" gesagt.

Satzes 93.11 erfüllt. Die Lösungen einer auflösbaren Gleichung $f(x) = 0$ lassen sich also allein durch Wurzelziehen (Radizieren) und Anwenden der Grundrechenarten bestimmen. Gleichungen vom Grade ≤ 4 sind stets auflösbar, da ihre Gruppen als Untergruppen der $\mathbf{S}_4$ auflösbar sind, vgl. §32, Aufgabe 6. Für eine explizite Angabe der Lösungen von Gleichungen des Grades ≤ 4 vgl. auch §54, Aufgaben 40ff. Die Gleichungen des Grades ≥ 5 sind im allgemeinen nicht auflösbar. Für die allgemeine Gleichung, vgl. Satz 93.3 und Satz VI.A.4, wurde dies bereits von Niels Hendrik Abel 1824/26 bewiesen. Die allgemeine Gleichung 5-ten Grades wurde (mit gruppentheoretischen Methoden) schon 1799/1814 von Paolo Ruffini behandelt. Die präzise Charakterisierung der auflösbaren Gleichungen gemäß Satz 93.11 stammt von Evariste Galois 1832. Nicht geringes Gewicht legte Galois selbst einer Charakterisierung der auflösbaren irreduziblen Gleichungen von Primzahlgrad zu, die wir in den Aufgaben besprechen.

Beispiel 8 (Kummer-Erweiterungen) Seien m eine positive natürliche Zahl und K ein Körper, welcher m verschiedene m-te Einheitswurzeln enthält; insbesondere ist damit m kein Vielfaches der Charakteristik von K.

Eine abelsche Galois-Erweiterung L von K heißt eine Kummer-Erweiterung von K zum Exponenten m, wenn der Exponent der Galois-Gruppe $\mathrm{G}_K(L)$ ein Teiler von m ist, d.h. wenn $\sigma^m = \mathrm{id}_L$ für alle $\sigma \in \mathrm{G}_K(L)$ gilt.

93.12 *Eine Körpererweiterung $L \supseteq K$ ist genau dann eine Kummer-Erweiterung von K zum Exponenten m, wenn L aus K durch Adjunktion m-ter Wurzeln von Elementen aus K entsteht.*

Beweis. L entstehe aus K durch Adjunktion m-ter Wurzeln, d.h. L sei von der Form $L = K[x_i : i \in I]$ mit $x_i^m \in K$, $x_i \neq 0$. Das Polynom $X^m - x_i^m$ aus $K[X]$ hat in L die m verschiedenen Nullstellen ζx_i, wobei ζ die m-ten Einheitswurzeln durchläuft. Daher ist L normal und separabel über K. Sei $\sigma \in \mathrm{G}_K(L)$. Dann ist $\sigma(x_i) = \zeta x_i$ mit einer m-ten Einheitswurzel ζ, die in K liegt. Es folgt $\sigma^m x_i = \zeta^m x_i = x_i$ und damit $\sigma^m = \mathrm{id}$. Ist weiter $\tau \in \mathrm{G}_K(L)$ mit $\tau x_i = \eta x_i$, wobei $\eta \in K$, $\eta^m = 1$ ist, so ist $\sigma\tau x_i = \sigma\eta x_i = \eta\sigma x_i = \eta\zeta x_i = \zeta\eta x_i = \zeta\tau x_i = \tau\zeta x_i = \tau\sigma x_i$, womit $\sigma\tau = \tau\sigma$ folgt. Also ist $\mathrm{G}_K(L)$ abelsch.

Sei umgekehrt L eine Kummer-Erweiterung von K zum Exponenten m. Da alle endlichen galoisschen Zwischenkörper von $L \supseteq K$ ebenfalls Kummer-Erweiterungen von K zum Exponenten m sind, können wir voraussetzen, daß L endlich über K ist. Der Durchschnitt der Untergruppen H von $\mathrm{G}_K(L)$ mit zyklischer Restklassengruppe $\mathrm{G}_K(L)/H$ enthält nur die Identität. Daher wird L von Zwischenkörpern mit zyklischer Galois-Gruppe erzeugt, und Satz 93.7(2) liefert das Gewünschte. •

Sei $L \supseteq K$ eine Körpererweiterung. Wir setzen

$$Q(L) := ({}^m L^\times \cap K^\times)/{}^m K^\times .$$

Der Exponent dieser Gruppe ist ein Teiler von m. Die Gruppe hängt nur vom Isomorphietyp der Körpererweiterung ab, d.h. ist L' ein zu L K-isomorpher Körper, so ist $Q(L) = Q(L')$.

Man erhält eine natürliche bilineare Funktion

$$\Phi : Q(L) \times \mathrm{G}_K(L) \to K^\times$$

wie folgt: Für $x \in L^\times$ mit $x^m \in K^\times$ und $\sigma \in \mathrm{G}_K(L)$ setze man

$$\Phi([x^m],\sigma) := \sigma x/x\,.$$

Diese Abbildung ist wohldefiniert: Ist nämlich $y \in L^\times$ mit $[y^m] = [x^m]$, gibt es also ein $a \in K^\times$ mit $y^m = a^m x^m$, so gibt es eine m-te Einheitswurzel $\zeta(\in K)$ mit $y = \zeta a x$, und es ist $\sigma y/y = \sigma x/x$. Die Werte von Φ sind m-te Einheitswurzeln. In der ersten Variablen ist Φ offensichtlich multiplikativ. Die Multiplikativität in der zweiten Variablen ergibt sich aus

$$\frac{\sigma\tau x}{x} = \frac{\sigma(\tau x)}{\tau x}\cdot\frac{\tau x}{x} = \frac{\sigma x}{x}\cdot\frac{\tau x}{x}$$

für $\sigma, \tau \in \mathrm{G}_K(L)$ wegen $(\tau x)^m = \tau x^m = x^m$.

93.13 Satz *Sei L eine endliche Kummer-Erweiterung von K zum Exponenten m. Dann definiert die Funktion*

$$\Phi : Q(L) \times \mathrm{G}_K(L) \to K^\times$$

eine vollständige Dualität. Insbesondere ist die Galoisgruppe $\mathrm{G}_K(L)$ kanonisch isomorph zur Charaktergruppe von $Q(L)$.

Beweis. Nach 70.13 definiert Φ bereits dann eine vollständige Dualität, wenn Φ nicht ausgeartet ist. Man beachte, daß dann mit $\mathrm{G}_K(L)$ auch $Q(L)$ endlich ist. Sei $[x^m] \in Q(L)$ ein Element mit $\Phi([x^m],\sigma) = \sigma x/x = 1$ für alle $\sigma \in \mathrm{G}_K(L)$. Dann gehört x zum Fixkörper von $\mathrm{G}_K(L)$, d.h. zu K, was $[x^m] = [1]$ bedeutet. Sei andererseits $\sigma \in \mathrm{G}_K(L)$ ein Automorphismus mit $\Phi([x^m],\sigma) = \sigma x/x = 1$ für alle $x \in L^\times$ mit $x^m \in K^\times$. Diese Elemente x erzeugen L über K nach 93.12. Also ist $\sigma = \mathrm{id}$ wie gewünscht. •

Man beachte, daß aus 93.13 auch folgt, daß $Q(L)$ und $\mathrm{G}_K(L)$ als abelsche Gruppen isomorph sind, wenn auch nicht in kanonischer Weise.

Für eine Familie a_i, $i \in I$, von Elementen in $K^\times$ bezeichne

$$K[\sqrt[m]{a_i} : i \in I]$$

einen minimalen Zerfällungskörper der Familie $X^m - a_i$, $i \in I$, über K. Zwei Familien a_i, $i \in I$, bzw. b_j, $j \in J$, ergeben dabei K-isomorphe Zerfällungskörper sicher dann, wenn die Restklassen der Familien in $K^\times/{}^mK^\times$ dieselbe Untergruppe erzeugen. Davon gilt auch die Umkehrung:

93.14 Satz *Den Untergruppen von $K^\times/{}^mK^\times$ entsprechen umkehrbar eindeutig die K-Isomorphie-Typen der Kummer-Erweiterungen von K zum Exponenten m. Genauer: Die Abbildung, die jeder Untergruppe Q von $K^\times/{}^mK^\times$ den Isomorphietyp des Körpers*

$$K[\sqrt[m]{a} : a \in K^\times, [a] \in Q]$$

zuordnet, und die Abbildung, die dem Isomorphietyp der Kummer-Erweiterung L die Gruppe $Q(L)$ zuordnet, sind zueinander invers.

Beweis. Ist L eine Kummer-Erweiterung von K zum Exponenten m, so ist L nach 93.12 ein minimaler Zerfällungskörper der Polynome $X^m - x^m$, $x \in L^\times$, $[x^m] \in Q(L)$.

Sei umgekehrt Q eine vorgegebene Untergruppe von $K^\times/{}^mK^\times$ und L die zugeordnete Kummer-Erweiterung. Selbstverständlich ist $Q \subseteq Q(L)$. Offenbar können wir für den Beweis der umgekehrten Inklusion annehmen, daß Q eine endliche Gruppe ist und damit L eine endliche Erweiterung von K. Um $Q = Q(L)$ zu beweisen, genügt es nach 93.13 zu zeigen, daß das orthogonale Komplement von Q in $\mathrm{G}_K(L)$ bezüglich Φ nur aus der Identität besteht. Ist aber $\sigma \in \mathrm{G}_K(L)$ und $\Phi([x^m], \sigma) = \sigma x / x = 1$ für alle $x \in L^\times$ mit $[x^m] \in Q$, so ist trivialerweise $\sigma = \mathrm{id}$.•

Beispiel 9 (Zur Bestimmung von Galois-Gruppen) Seien K ein Körper und $f \in K[X]$ ein normiertes Polynom vom Grade n mit separabler Reduktion. Die Galois-Gruppe von f läßt sich direkt über K bestimmen, ohne daß ein Zerfällungskörper von f über K verwendet werden muß. Dies läßt sich sogar algorithmisch ausführen, wenn die Primfaktorzerlegung in den Polynomringen in $n+1$ Unbestimmten über K beherrscht wird. (Hierzu genügt es zu wissen, daß die Primfaktorzerlegung in einem Polynomring in einer Unbestimmten über K beherrscht wird, vgl. §60, Beispiel 2.) Die im folgenden dargestellte Konstruktion geht auf frühe Arbeiten von Kronecker und Dedekind im vorigen Jahrhundert zurück.

Die Galois-Gruppe von

$$f = X^n + c_1 X^{n-1} + \cdots + c_n$$

wird realisiert als Untergruppe der symmetrischen Gruppe $\mathbf{S}_n$, die in kanonischer Weise auf $K[U_1, \ldots, U_n]$ operiert. Man ordnet dazu dem Polynom f ein Polynom

$$F \in K[U_1, \ldots, U_n][X]$$

wie folgt zu: Seien $x_1, \ldots, x_n$ die Nullstellen von f in einem minimalen Zerfällungskörper L von f (jede Nullstelle mit ihrer Vielfachheit gezählt) und

$$u := x_1 U_1 + \cdots + x_n U_n \in L[U_1, \ldots, U_n]\,, \quad F := \prod_{\sigma \in \mathbf{S}_n} (X - \sigma u)\,.$$

Man erhält F durch Spezialisieren $C_i \mapsto c_i$ aus einem universellen Polynom

$$\mathcal{F} \in \mathbb{Z}[C_1, \ldots, C_n; U_1, \ldots, U_n][X]\,.$$

Zum Beweis seien $X_1, \ldots, X_n; U_1, \ldots, U_n; X$ Unbestimmte über $\mathbb{Z}$ und

$$U := X_1 U_1 + \cdots + X_n U_n\,, \quad \mathcal{F} := \prod_{\sigma \in \mathbf{S}_n} (X - \sigma U)\,.$$

Unter der natürlichen Operation der $\mathbf{S}_n$ auf $X_1, \ldots, X_n$ ist $\mathcal{F}$ wegen

$$\sigma U = X_1 U_{\sigma 1} + \cdots + X_n U_{\sigma n} = X_{\sigma^{-1} 1} U_1 + \cdots + X_{\sigma^{-1} n} U_n$$

invariant und gehört deshalb nach Satz 54.13 zum Polynomring über $\mathbb{Z}$ in $C_1, \ldots, C_n; U_1, \ldots, U_n; X$, wobei die Unbestimmten C_i bis aufs Vorzeichen $(-1)^i$ die elementar-symmetrischen Funktionen in den $X_1, \ldots, X_n$ sind. Es ist

$$F = \mathcal{F}(c_1, \ldots, c_n; U_1, \ldots, U_n; X)\,.$$

Insbesondere ist also F ein bezüglich X normiertes Polynom in $K[U_1, \ldots, U_n][X]$, dessen Koeffizienten wohlbestimmte ganzrationale Funktionen in den Koeffizienten von f sind. Es folgt, daß die Koeffizienten von F in $\mathbb{Z}[c_1, \ldots, c_n]$ liegen.

Die Galois-Gruppe $G := \mathrm{G}_K(L)$ von f operiert in natürlicher Weise auf $L[U_1, \ldots, U_n]$. Diese Operation ist offenbar mit der natürlichen Operation der Gruppe $\mathbf{S}_n$ vertauschbar, d.h. für $\varphi \in G$, $\sigma \in \mathbf{S}_n$ und $E \in L[U_1, \ldots, U_n]$ ist

$\varphi\sigma E = \sigma\varphi E$. Die Konjugierten

$$\varphi u = \varphi(x_1)U_1 + \cdots + \varphi(x_n)U_n\,,$$

$\varphi \in G$, von u sind untereinander alle verschieden. Daher ist

$$F_0 := \prod_{\varphi\in G}(X - \varphi u)$$

das Minimalpolynom von u über $K[U_1, \ldots, U_n]$. Sei I die Isotropiegruppe von F_0 in $\mathbf{S}_n$. Ein $\sigma \in \mathbf{S}_n$ gehört genau dann zu I, wenn σ die Konjugierten φu von u permutiert. Dies ist genau dann der Fall, wenn σu eine der Konjugierten von u ist, wenn es also (genau) ein $\varphi_\sigma \in G$ mit $\sigma u = \varphi_\sigma^{-1} u$ gibt. Die Abbildung

$$I \to G$$

mit $\sigma \mapsto \varphi_\sigma$ ist ein surjektiver Gruppenhomomorphismus. Für $\sigma, \tau \in \mathbf{S}_n$ ist nämlich $(\tau\sigma)u = \tau(\varphi_\sigma^{-1}u) = \varphi_\sigma^{-1}\tau u = \varphi_\sigma^{-1}\varphi_\tau^{-1}u = (\varphi_\tau\varphi_\sigma)^{-1}u$.

Offenbar ist F_0 ein Primteiler von F in $K[U_1, \ldots, U_n][X]$. Die vollständige Primfaktorzerlegung von F in $K[U_1, \ldots, U_n][X]$ hat die Gestalt

$$F = F_1^\alpha \cdots F_r^\alpha$$

mit normierten Primpolynomen F_ρ, auf denen $\mathbf{S}_n$ transitiv operiert und von denen eines gleich F_0 ist. Die Isotropiegruppen der F_ρ sind untereinander konjugiert und folglich konjugiert zu I. (Es ist also gleichgültig, von welchem Primteiler von F die Isotropiegruppe berechnet wird.) Speziell erhält man:

93.15 Lemma *Sei f separabel. Dann ist $F = F_1 \cdots F_r$ mit r verschiedenen normierten Primteilern $F_1, \ldots, F_r$, auf denen $\mathbf{S}_n$ transitiv operiert. Jede der Isotropiegruppen der F_ρ ist zur Galois-Gruppe $\mathrm{G}_K(f)$ isomorph. Insbesondere ist r der Affekt von f. — Der oben konstruierte Homomorphismus $I \to G$ ist ein Isomorphismus und gleich der Identität, wenn G mittels der Nullstellen $x_1, \ldots, x_n$ von f mit einer Untergruppe von $\mathbf{S}_n$ identifiziert wird.*

Liegen die Koeffizienten des Ausgangspolynoms f in einem *normalen* Unterring A von K mit $\mathrm{Q}(A) = K$, so liegen die Koeffizienten von F in $A[U_1, \ldots, U_n]$ und damit nach §56, Beispiel 6 auch die Koeffizienten der Primfaktoren $F_1, \ldots, F_r$ von F. Man beachte auch §60, Aufgabe 10.

Diese Bemerkung erlaubt es, das Verhalten der Galois-Gruppe von Polynomen bei Ringwechsel zu verfolgen.

93.16 Satz *Seien A ein normaler Integritätsbereich mit Quotientenkörper K und $a \mapsto a'$ ein Homomorphismus von A in einen Körper K'. Ferner sei $f \in A[X]$ ein über K separables Polynom vom Grade n, dessen kanonisches Bild in $K'[X]$ ein separables Polynom vom Grade n über K' ist. G bzw. G' sei die Galois-Gruppe des Polynoms f über K bzw. seines kanonischen Bildes über K', aufgefaßt als Untergruppe der Gruppe $\mathbf{S}_n$. Dann ist G' konjugiert zu einer Untergruppe von G.*

Beweis. Nach Anwenden des Ganz-Normierens gemäß §54, Aufgabe 44 können wir annehmen, daß $f \in A[X]$ normiert ist. Sei $F = F_1 \cdots F_r$ die Primfaktorzerlegung des wie oben zu f konstruierten Polynoms F aus $A[U_1, \ldots, U_n][X]$. Das kanonische Bild $F' = F_1' \cdots F_r'$ von F in $K'[U_1, \ldots, U_n][X]$ ist dann das zum kanonischen Bild von f in $K'[X]$ gehörende Polynom.

Nach 93.15 können wir annehmen, daß G die Isotropiegruppe von F_1 ist, und nach Übergang zu einer zu G' konjugierten Untergruppe, daß G' die Isotropiegruppe eines Primfaktors H' von F_1' ist.

Die Isotropiegruppe von H' ist aber eine Untergruppe der Isotropiegruppe von F_1. Sei nämlich $\sigma \in \mathbf{S}_n$ aus der Isotropiegruppe von H'. Dann ist $\sigma F_1 = F_i$, und wir haben $i = 1$ zu zeigen. Es ist $\sigma F_1' = F_i'$. Da $\sigma H' = H'$ ist, folgt, daß H' ein Teiler von F_i' ist. Da aber (wegen der vorausgesetzten Separabilität des kanonischen Bildes von f über K') F_1' zu $F_2', \ldots, F_r'$ teilerfremd ist, ergibt sich $i = 1$. •

Betrachten wir noch den Spezialfall $A = \mathbb{Z}$. Wir wenden 93.16 auf die Übergänge von $\mathbb{Z}$ zu den Restekörpern $\mathsf{K}_p = \mathbb{Z}/\mathbb{Z}p$, p prim, an.

93.17 Satz *Sei $f \in \mathbb{Z}[X]$ ein über $\mathbb{Q}$ separables Polynom vom Grade n. Ferner sei p eine Primzahl derart, daß das kanonische Bild $\overline{f}$ von f in $\mathsf{K}_p[X]$ ebenfalls ein separables Polynom vom Grade n ist. (Diese Bedingung an $\overline{f}$ ist genau dann erfüllt, wenn die Diskriminante von f in $\mathbb{Z}$ nicht von p geteilt wird.) Sei*

$$\overline{f} = g_1 \cdots g_s$$

die Primfaktorzerlegung von $\overline{f}$ in $\mathsf{K}_p[X]$ mit den Primfaktoren $g_i \in \mathsf{K}_p[X]$ vom Grade n_i, $i = 1, \ldots, s$. Dann enthält die Galois-Gruppe $\mathrm{G}_{\mathbb{Q}}(f) \subseteq \mathbf{S}_n$ eine Permutation vom Typ $(n_1, \ldots, n_s)$.

B e w e i s. Die Galoisgruppe von $\overline{f}$ ist zyklisch, vgl. §92, Beispiel 2, und die Bahnen eines erzeugenden Elementes σ dieser Gruppe sind nach 93.2 genau die Nullstellenmengen der Primfaktoren von $\overline{f}$, d.h. die kanonische Zyklenzerlegung von σ ist von der Form $\sigma = \sigma_1 \cdots \sigma_s$ mit Zyklen σ_i der Ordnung n_i, $i = 1, \ldots, s$. Aus 93.16 folgt nun die Behauptung.

Die Umformulierung der Bedingung an $\overline{f}$ mit Hilfe der Diskriminante $\mathrm{D}(f)$ von f ergibt sich einfach daraus, daß $\mathrm{D}(\overline{f})$ die Restklasse von $\mathrm{D}(f)$ modulo p ist. •

Satz 93.17 ist ein Spezialfall von weiter reichenden Methoden D e d e k i n d s aus der algebraischen Zahlentheorie.

Es gibt den folgenden Umkehrsatz von F r o b e n i u s zu 93.17, den wir hier nicht beweisen können, den wir aber angeben, da er bei konkreten Rechnungen beachtet werden sollte. *Seien $f \in \mathbb{Z}[X]$ ein über $\mathbb{Q}$ separables Polynom vom Grade n und $\sigma \in \mathbf{S}_n$ ein Element der Galois-Gruppe G von f vom Zyklen-Zerlegungstyp $(n_1, \ldots, n_s)$. Dann gibt es* (um F r o b e n i u s zu zitieren) *"unzählig" viele Primzahlen p derart, daß die Primfaktorzerlegung von f modulo p vom Typ $g_1 \cdots g_s$ mit paarweise teilerfremden Polynomen g_i vom Grade n_i ist.*

Genauer hat F r o b e n i u s einen Dichtesatz über die Primzahlen der genannten Art bewiesen, aus dem sich folgendes ergibt: Sei Z die Menge aller $\sigma \in G (\subseteq \mathbf{S}_n)$ mit dem Zerlegungstyp $(n_1, \ldots, n_s)$, ferner P die Menge aller Primzahlen und P' die Menge der Primzahlen derart, daß f modulo p vom Zerlegungstyp $g_1 \cdots g_s$ (der oben beschriebenen Art) ist. Zu $x \in \mathbb{R}$ sei $\pi'(x)$ die Anzahl der p aus P' mit $p \leq x$ und $\pi(x)$ der Wert der gewöhnlichen Primzahlfunktion, also die Anzahl der $p \in P$ mit $p \leq x$. Dann ist

$$\lim_{x \to \infty} \pi'(x)/\pi(x) = \mathrm{Kard}\, Z / \mathrm{Kard}\, G\,.$$

Es gibt übrigens einen (schon von Frobenius formulierten) allgemeineren Satz: Seien C eine Konjugationsklasse der Gruppe G und P'' die Menge der Primzahlen p derart, daß C (in der oben ausgeführten Weise) durch ein erzeugendes Element der Galois-Gruppe von f mod p bestimmt wird; schließlich sei $\pi''(x)$ die Anzahl der p aus P'' mit $p \leq x$. Dann ist

$$\lim_{x\to\infty} \pi''(x)/\pi(x) = \operatorname{Kard} C/\operatorname{Kard} G .$$

Dies ist der Dichtesatz von Nikolai Gregorovich Tschebotareff. Die Dichtesätze dienten bisher noch nicht zum Berechnen von Galois-Gruppen ganzzahliger Polynome, außer in der Weise, daß sie Erwartungswerte lieferten; zu endgültigen Beweisen wurden dann Rechnungen mit Resolventen benutzt.

Bemerkung 1 Zum Schluß seien noch einige Hinweise für das praktische Rechnen mit rationalzahligen Polynomen gegeben. Der kanonische Prozeß des Ganz-Normierens, vgl. §54, Aufgabe 44, erlaubt es, für viele Probleme zu ganzzahligen Polynomen überzugehen, ja zu solchen, die außerdem normiert sind.
Diskriminanten, einzelne rationale Nullstellen, Resolventen etc. ganzzahliger Polynome kann man auch leicht so berechnen, daß man zu Restklassen modulo Primzahlen übergeht und die dort gewonnenen Resultate mit dem Chinesischen Restsatz nach $\mathbb{Z}$ zurücknimmt. Die dazu nötigen Abschätzungen der Größenordnungen erhält man beispielsweise leicht mit §54, Aufgabe 52.

Der Typ der Primfaktorzerlegung eines separablen Polynoms $g \in \mathsf{K}_p[X]$, p prim, kann wie folgt bestimmt werden: Man setzt etwa $g_0 := g$, $h_0 := 1$ und rekursiv

$$g_r = g_{r-1}/h_{r-1} , \quad h_r = \operatorname{ggT}(X^{p^r} - X, g_r) , \quad r \in \mathbb{N}_+ .$$

Dann hat g genau $(\operatorname{Grad} h_r)/r$ Primfaktoren vom Grade r, $r \in \mathbb{N}_+$. (Beweis!)
Rechnungen des genannten Typs sind nur ganz selten von Hand durchführbar; immerhin kann man sie durchweg schon auf kleinen programmierbaren Rechnern durchführen. Der Leser hat dies ab Aufgabe 26 zu beachten.

Aufgaben

1. Sei f ein irreduzibles separables Polynom über dem Körper K. Ist $\mathrm{G}_K(f)$ abelsch, so ist $\operatorname{Kard}(\mathrm{G}_K(f)) = \operatorname{Grad} f$.

2. Ein Polynom $a_0X^n + a_1X^{n-1} + \cdots + a_n$ über dem Körper K mit separabler Reduktion und das dazu reziproke Polynom $a_nX^n + a_{n-1}X^{n-1} + \cdots + a_0$ haben dieselbe Galoisgruppe über K.

3. Sei $L \supseteq K$ eine Galoiserweiterung. Ist $f \in K[X]$ ein separables Primpolynom, so zerfällt f über L in ein Produkt von Primfaktoren, die alle denselben Grad haben. (Man kann sofort annehmen, daß L endlich über K ist. Dann wendet man den Dedekindschen Reziprozitätssatz (§82, Aufgabe 28) auf f und eine galoissche Resolvente g von L über K an.)

4. Man berechne die Galois-Gruppen der Polynome $X^3 \pm 3X + 1$ über $\mathbb{Q}$ auf zwei Weisen: Erstens mit konkreten Überlegungen anhand von $\mathbb{Q}(x)$, wobei x eine Nullstelle des Polynoms in $\mathbb{C}$ ist, und zweitens mit den Überlegungen aus Beispiel 3.

5. Sei $f = aX^4 + bX^2 + c$ ein irreduzibles separables Polynom des Grades 4 über dem Körper K. Dann ist $\mathrm{G}_K(f)$ eine der Gruppen D_4, Z_4 oder $\mathbf{V}_4$.

6. Man bestimme die Galois–Gruppen folgender Polynome über $\mathbb{Q}$: X^4+1, X^4-2, X^4+2X^2+4, X^4+X^2+1, X^4+4X^2+2, X^4+20X^2+2, X^4+2X^2-2, indem man ihre Nullstellen mit Quadratwurzeln darstellt.

7. Sei L ein Teilkörper der komplexen Zahlen, normal über $\mathbb{Q}$ mit $[L:\mathbb{Q}] = 4$. Gibt es ein $x \in L \setminus \mathbb{R}$ mit $[x:\mathbb{Q}] = 2$, so ist $\mathrm{G}_{\mathbb{Q}}(L)$ nicht zyklisch.

8. Man bestimme die Galoisgruppen der Polynome $X^4 + 8X \pm 12$ über $\mathbb{Q}$, indem man ihre Nullstellen in $\mathbb{C}$ untersucht.

9. Das Polynom $X^5 - 5X + 1$ über $\mathbb{Q}$ ist affektlos.

10. Das Polynom $X^5+X^4-4X^3-3X^2+3X+1$ über $\mathbb{Q}$ hat die Galois–Gruppe Z_5. (Bezeichnet ζ eine primitive 11–te Einheitswurzel, so ist das Polynom das Minimalpolynom von $x := \zeta+\zeta^{-1}$. Man verifiziere dies nicht unmittelbar, sondern drücke $1, x, \dots, x^5$ durch die Konjugierten von x aus. Vgl. auch §92, Aufg. 7b).)

11. (Dedekind 1886) Seien $\sqrt{2}$, $\sqrt{3}$ die positiven Quadratwurzeln und

$$\mu := (1+\sqrt{2})(\sqrt{2}+\sqrt{3})\sqrt{2}\sqrt{3}\,,$$

$H := \mathbb{Q}(\mu) \subseteq \mathbb{R}$. Ferner sei ω die positive Quadratwurzel aus μ und

$$\Omega := H(\omega) = \mathbb{Q}(\omega)\,.$$

Dann ist Ω ein Normalkörper mit Automorphismengruppe $Q = \mathsf{Q}_2$ (Quaternionengruppe der Ordnung 8). Das Minimalpolynom von ω über $\mathbb{Q}$ ist

$$f = X^8 - 24X^6 + 108X^4 - 144X^2 + 36\,,$$

und Q_2 ist die Galoisgruppe von f über $\mathbb{Q}$. (Hinweise. Sei ϵ der H–Automorphismus von Ω, welcher ω auf $-\omega$ abbildet. Die Quotienten der Konjugierten von μ sind Quadrate in H; daher kann man die 8 Nullstellen von f in Ω leicht hinschreiben. Über den nichttrivialen Automorphismen von H liegen Automorphismen φ von Ω mit $\varphi^2 = \epsilon$. — Übrigens ist die Quaternionengruppe nicht mit einer einfacheren Gleichung als Galoisgruppe zu realisieren. Jede Gleichung $f(x) = 0$ mit separabler Reduktion über einem Körper K, deren Galoisgruppe $\mathrm{G}_K(f)$ die Quaternionengruppe Q_2 ist, hat einen Primfaktor g des Grades 8 mit $\mathrm{G}_K(g) = \mathsf{Q}_2$. Beweis!)

12. (Gleichungen 4-ten Grades) Seien K ein Körper und

$$f = a_0X^4 + a_1X^3 + a_2X^2 + a_3X + a_4$$

ein irreduzibles separables Polynom des Grades 4 über K, ferner L ein minimaler Zerfällungskörper von f über K und $\mathrm{N}(f) = \{x_1, \dots, x_4\}$ die Menge der Nullstellen von f in L. Der Grad von $L = K(\mathrm{N}(f))$ über K ist ein Vielfaches von 4. Aus $x_1, \dots, x_4$ bildet man

$$y_1 := x_1x_4 + x_2x_3\,,\quad y_2 := x_1x_3 + x_2x_4\,,\quad y_3 := x_1x_2 + x_3x_4\,.$$

Die kubische Resolvente zu f ist vereinbarungsgemäß (§54, Beispiel 7)

$$\begin{aligned} g &= (Y - a_0 y_1)(Y - a_0 y_2)(Y - a_0 y_3) \\ &= Y^3 - a_2 Y^2 + (-4a_0 a_4 + a_1 a_3)Y + 4a_0 a_2 a_4 - a_0 a_3^2 - a_1^2 a_4 . \end{aligned}$$

Ihr minimaler Zerfällungskörper über K ist der Zwischenkörper $F := K(\mathrm{N}(g)) = K(y_1, y_2, y_3)$ von $L \supseteq K$. Sein Grad über K ist ein Teiler von 6. Man hat daher $L \supset F \supseteq K$. Wegen $D := \mathrm{D}(f) = \mathrm{D}(g)$ ist g separabel, d.h. y_1, y_2, y_3 sind untereinander verschieden. Damit ergibt sich leicht:

$$\mathrm{G}_K(L) \cap \mathbf{V}_4 = \mathrm{G}_F(L)\,, \quad \mathrm{G}_K(g) = \mathrm{G}_K(f)/(\mathrm{G}_K(f) \cap \mathbf{V}_4).$$

Die Vandermonde–Determinante $\mathrm{V}(x_1, \ldots, x_4)$ gehört zu F. Daher ist die Diskriminante D ein Quadrat in F.

a) Bei $[F : K] = 6$ bzw. 3 bzw. 1 ist $\mathrm{G}_K(L) = \mathbf{S}_4$ bzw. $\mathbf{A}_4$ bzw. $\mathbf{V}_4$. Bei $[F : K] = 2$ ist $\mathrm{G}_K(L) = \mathsf{D}_4$ bzw. Z_4 je nachdem, ob f über F irreduzibel ist oder nicht. (Bei $\mathrm{G}_K(L) = \mathsf{D}_4$ operiert $\mathrm{G}_F(L) = \mathbf{V}_4$ noch transitiv auf $\mathrm{N}(f)$.) Es ist:

$$\mathrm{G}_K(f) = \begin{cases} \mathbf{S}_4 \Leftrightarrow \mathrm{G}(g) = \mathbf{S}_3, \\ \mathbf{A}_4 \Leftrightarrow \mathrm{G}(g) = \mathbf{A}_3, \\ \mathbf{V}_4 \Leftrightarrow g \text{ zerfällt über } K, \\ \mathsf{D}_4 \Leftrightarrow (g \text{ hat genau eine Nullstelle in } K,\ f \text{ ist irreduzibel über } F), \\ \mathsf{Z}_4 \Leftrightarrow (g \text{ hat genau eine Nullstelle in } K,\ f \text{ ist reduzibel über } F). \end{cases}$$

b) Man bestimme die Galois–Gruppen folgender Polynome über $\mathbb{Q}$: $X^4 + 4X^3 + 12X^2 + 24X + 24$, $X^4 - 3X^3 + 3X^2 - 3X + 1$, $X^4 + X^3 + X^2 + X + 1$, $5X^4 + 4X^3 + 4X + 5$, $X^4 + 5X + 5$, $4X^4 + 48X^3 + 108X^2 + 72X + 9$, $12X^4 - 15X^3 + 20X^2 - 30X + 60$.

c) Sei $\mathrm{Char}\, K \neq 2$. Ist g irreduzibel über K, so kann man $\mathrm{G}_K(f)$ mittels 93.4 bestimmen. Ähnliche Kriterien existieren auch, wenn g reduzibel ist. Hat g eine Nullstelle in K, so ist $\mathrm{G}_K(f) = \mathbf{V}_4$ genau dann, wenn D ein Quadrat in K ist.

Sei schließlich z die einzige Nullstelle von g in K. Wir bilden

$$u := 4a_0 z - 4a_0 a_2 + a_1^2 .$$

Ist $u \neq 0$ (d.h. ist $(4a_0 a_2 - a_1^2)/4a_0$ keine Nullstelle von g), so ist $\mathrm{G}_K(f) = \mathsf{Z}_4$ oder D_4 je nachdem, ob uD ein Quadrat in K ist oder nicht. Sei

$$v := -64a_0^3 a_4 + 16a_0^2 a_1 a_3 - 4a_0 a_1^2 a_2 + a_1^4 - 4a_0 a_1^2 z + 16a_0^2 z^2 .$$

Ist $v \neq 0$, so ist $\mathrm{G}_K(f) = \mathsf{Z}_4$ oder D_4 je nachdem, ob vD ein Quadrat in K ist oder nicht. Bei $u = 0$ ist $v \neq 0$ und nimmt die einfachere Gestalt

$$v' = -64a_0^3 a_4 + 16a_0^2 a_2^2 + 8a_0 a_1^2 a_2 + a_1^4$$

an. (Man numeriere die Nullstellen von f so, daß $\mathrm{G}_K(f)$ in der Untergruppe von $\mathbf{S}_4$ liegt, die von $<1\ 3>$ und $<1\ 2\ 3\ 4>$ erzeugt wird. Dann ist $z = a_0 y_2$. Für $w := x_1 + x_3 + a_1/2a_0$ gilt dann $w^2 = u/4a_0^2$. Bei $u \neq 0$ ist $w \notin K$ und $w \in F$ bzw. $w \notin F$ je nachdem, ob $\mathrm{G}_K(f) = \mathsf{Z}_4$ oder D_4 ist. Man beachte nun, daß hier $F = K[\sqrt{D}]$ ist. Mit $(x_1 + x_2 + a_1/2a_0)(x_1 + x_4 + a_1/2a_0)$ kann man analoge Überlegungen anstellen; dies führt zum Kriterium mit v.)

d) Man bestätige die betreffenden Rechnungen zu b) sowie zu Aufgabe 6.

e) Sei $\mathrm{Char}\, K \neq 2$. Genau dann geht f durch die Substitution $X \mapsto a_1/4a_0$ in ein biquadratisches Polynom (d.h. ein Polynom in X^2) über, wenn $(4a_0 a_2 - a_1^2)/4a_0$

eine Nullstelle von g ist.

f) Sei $\mathrm{Char}\, K \neq 2$ und f selbstreziprok, etwa $f = aX^4 + bX^3 + cX^2 + bX + a$. Genau dann ist $\mathrm{G}_K(f) = \mathbf{V}_4$, wenn $\delta := f(1)f(-1)$ ein Quadrat in K ist. Ist dies nicht der Fall, so ist $\mathrm{G}_K(f) = \mathsf{Z}_4$ bzw. D_4 je nachdem, ob $(8a^2 - 4ac + b^2)\delta$ ein Quadrat in K ist oder nicht. (Vgl. §54, Aufgabe 50.)

13. (Irreduzibilität reiner Gleichungen) Seien K ein Körper, $n \in \mathbb{N}_+$ und $a \in K$. Wie erkennt man, ob $X^n - a$ reduzibel oder irreduzibel über K ist?

a) K enthalte alle n-ten Einheitswurzeln. Genau dann ist $X^n - a$ irreduzibel über K, wenn für jeden Teiler $d > 1$ von n das Element a keine d-te Potenz in K ist. (Man beachte, daß nicht vorausgesetzt wird, daß n kein Vielfaches der Charakteristik von K ist. — Sei x eine Nullstelle von $f := X^n - a$ in einem Erweiterungskörper von K. Über $K(x)$ zerfällt f. Ist f reduzibel, so zeigt die Betrachtung des Minimalpolynoms von x über K, daß $x^m \in K$ ist für ein $m < n$; das kleinste derartige m ist ein Teiler von n.)

b) (Abel) Sei $n = q$ eine Primzahl. Genau dann ist $X^q - a$ irreduzibel über K, wenn a keine q-te Potenz in K ist. (Sei $X^q - a$ reduzibel. Dann hat $X^q - a$ in einem Erweiterungskörper L eines Grades $m < q$ von K eine Nullstelle x. Aus $x^q = a$ folgt $\mathrm{N}_K^L(x)^q = a^m \in {}^qK$, woraus $a \in {}^qK$ folgt.)

c) Hilfsatz: Sei $X^n - a$ irreduzibel über K. Ferner sei L ein Erweiterungskörper von K der Form $L = K(x)$, wobei $x^n = a$ ist. Sei $\nu \in \mathbb{N}_+$, und sei n oder ν ungerade. Ist a keine ν-te Potenz in K, so ist x keine ν-te Potenz in L. (Man betrachtet $\mathrm{N}_K^L(x)$.)

d) Sei n ungerade. Für jeden Teiler $d > 1$ von n sei a keine d-te Potenz in K. Dann ist $X^n - a$ irreduzibel über K. (Induktion über n mit b) und c).)

e) Sei $m \in \mathbb{N}_+$ mit $\mathrm{ggT}(m, n) = 1$. Genau dann ist $X^{mn} - a$ irreduzibel über K, wenn $X^m - a$ und $X^n - a$ irreduzibel über K sind.

f) (Capelli) Genau dann ist $X^n - a$ reduzibel über K, wenn es einen Teiler $d > 1$ von n gibt derart, daß a eine d-te Potenz in K ist, oder wenn n Vielfaches von 4 ist und a von der Form $-4b^4$ mit einem $b \in K$. (Sei $f := X^n - a$ reduzibel. Nach dem Vorstehenden genügt es, den Fall $n = 2^r$ zu betrachten. Nach 90.12 darf man $\mathrm{Char}\, K \neq 2$ annehmen. Induktion über r. Sei $r \geq 2$, und sei etwa a kein Quadrat in K. Dann betrachtet man einen Erweiterungskörper $L = K(x)$ von K, wobei $x^2 = a$ ist. $X^m - x$, $m := 2^{r-1}$, ist reduzibel über L. Ist $x = -4y^4$ in L, so ergibt die Anwendung von N_K^L das Entsprechende für a in K. Betrachten wir endlich den Fall, daß $x = y^2$ mit einem $y \in L$ ist. Hier zeigt sich, daß es ein $c \in K$ mit $-a = c^2$ gibt. Folglich ist -1 kein Quadrat in K. Sei $K(i)$ ein Erweiterungskörper von K mit einem Element i, $i^2 = -1$. Da f reduzibel ist, sind die Faktoren der Zerlegung

$$f = X^{2^r} - a = X^{2^r} + c^2 = (X^{2^{r-1}} + ic)(X^{2^{r-1}} - ic)$$

nicht beide irreduzibel. Folglich ist ic ein Quadrat in $K(i)$. Das bedeutet aber, daß a von der Form $-4b^4$ mit einem $b \in K$ ist. — Zur Umkehrung beachte man: $X^{4t} + 4b^4 = (X^{2t} + 2b^2 + 2X^t)(X^{2t} + 2b^2 - 2X^t)$.)

14. (Wurzelerweiterungen) Sei $U \subseteq L^\times$ eine Untergruppe der multiplikativen Gruppe $L^\times$ des Erweiterungskörpers L von K mit folgenden Eigenschaften: (1) $K^\times \subseteq U$. (2) $U/K^\times$ ist eine Torsionsgruppe. (3) $L = K[U]$. (4) L über K ist separabel. — Wir nennen dann L eine (von U erzeugte) Wurzelerweiterung von K. Jede Kummererweiterung ist eine Wurzelerweiterung.

a) Die Ordnung eines jeden Elements von $U/K^\times$ ist kein Vielfaches von Char K.

b) Die normale Hülle von L über K ist ebenfalls eine Wurzelerweiterung von K.

c) Ist $U/K^\times$ endlich, so ist L eine (spezielle) Radikalerweiterung vom Grade $\leq \mathrm{Kard}(U/K^\times)$.

d) Sei $U/K^\times$ eine endliche p–Gruppe der Ordnung p^α, $p \geq 3$ prim. Enthält U eine p–te Einheitswurzel, so liege diese bereits in K. Dann gilt $[L : K] = p^\alpha$, und $U/K^\times$ ist die p–Primärkomponente von $L^\times/K^\times$. (Induktion über α. — Im Fall $\alpha = 1$ adjungiere man, wenn nötig, eine p–te Einheitswurzel.)

e) Sei $U/K^\times$ eine endliche 2–Gruppe der Ordnung 2^α. Dann gilt: (1) Ist $i\,(= \sqrt{-1}) \in K$ oder $i \notin L$, so ist $[L : K] = 2^\alpha$ und $U/K^\times$ die 2-Primärkomponente von $L^\times/K^\times$. (2) Ist $i \notin U$, so ist $i \notin L$ (und folglich gilt die Konklusion aus (1)). (3) Ist $i \in U$ aber $1 + i \notin U$, so ist $[L : K] = 2^\alpha$ und die 2-Primärkomponente von $L^\times/K^\times$ wird von $U/K^\times$ und (der Restklasse von) $1 + i$ erzeugt, hat also die Ordnung $2^{\alpha+1}$. (4) Ist $1 + i \in U$ aber $i \notin K$, so ist $[L : K] = 2^{\alpha-1}$ und $U/K^\times$ die 2–Primärkomponente von $L^\times/K^\times$. (In allen Fällen schließe man durch Induktion über α.)

f) Enthält $U/K^\times$ ein Element der Primzahlordnung $p \geq 3$, so sei jede in U liegende p–te Einheitswurzel bereits ein Element von K; enthält U das Element $1 + i$ (und dann auch $1 - i$), so sei $i \in K$. (Man beachte, daß diese letzte Bedingung wegen $(1 + i)^2 = 2i$ trivialerweise erfüllt ist, wenn $U/K^\times$ kein Element der Ordnung 2 enthält.) Dann ist jedes Repräsentantensystem der Nebenklassen von U bezüglich $K^\times$ eine K–Basis von L. (M. Kneser — Ohne Einschränkung sei $U/K^\times$ endlich. Man zerlege dann die Gruppe $U/K^\times$ in ihre Primärkomponenten und benutze die Ergebnisse von d) und e).)

g) Für jede Primzahl q gelte: Enthält L eine q–te Einheitswurzel, so liege diese bereits in K. Dann ist $U/K^\times$ die Torsionsuntergruppe von $L^\times/K^\times$, es sei denn, U enthalte i aber nicht $1 + i$. Im letzteren Fall gehört $1 + i$ noch zur Torsionsuntergruppe von $L^\times/K^\times$.

h) Man gebe ein Beispiel dafür an, daß $U/K^\times$ endlich ist, die Torsionsuntergruppe von $L^\times/K^\times$ aber nicht.

15. Sei p eine Primzahl und sei $m \in \mathbb{Z}$ mit $m \notin p\mathbb{Z}$. Dann ist $X^p - X + m$ irreduzibel über $\mathbb{Q}$.

16. Sei $L \supset K$ eine echte Artin–Schreier–Erweiterung. Dann besitzt auch L echte Artin–Schreier–Erweiterungen. (Sei $p := \mathrm{Char} K$ und $X^p - X - c$ aus $K[X]$ irreduzibel, $L = K(x)$, $c = x^p - x$. Es gibt ein $y \in L$ mit $\mathrm{Sp}(y) = c$. Dann ist $X^p - X - y$ in $L[X]$ irreduzibel.)

17. (Artin) Seien K ein Körper und $\overline{K}$ ein algebraischer Abschluß von K. Ist $1 < [\overline{K} : K] < \infty$, so ist Char $K = 0$ und $\overline{K} = K[\sqrt{-1}]$. (Notwendig ist $\overline{K} \supseteq K$ eine Galoiserweiterung. Mit der vorstehenden Aufgabe und dem Satz von Capelli erhält man $\overline{K} = K[\sqrt{-1}]$ und Char $K \neq 2$. — Nun ist noch die Annahme $p = \mathrm{Char}\, K > 2$ zum Widerspruch zu führen. Man wähle $n = 2^r \geq 2p^2$. Sei $E(\subseteq \overline{K})$ der minimale Zerfällungskörper des n–ten Kreisteilungspolynoms über dem Primkörper k von K. Die Galoisgruppe G von E über k besteht aus mehr als 2 Elementen und ist zyklisch. Nach §92, Aufgabe 4 ist $\operatorname{Kard} G = 2^s$ mit $s \geq 2$. Indem man das erzeugende Element von $\mathrm{G}_K(\overline{K})$ als Element von G auffaßt, erhält man einen Widerspruch. — Übrigens besagt schon das Ergebnis der Aufgabe 14 aus §92, daß die Galoisgruppe des algebraischen Abschlusses eines endlichen Körpers keine Elemente positiver Ordnung enthält.)

Folgerungen. (1) Im reellen Zahlkörper $\mathbb{R}$ gibt es keinen Unterkörper K mit $1 < [\mathbb{R} : K] < \infty$. (2) Ein algebraisch abgeschlossener Körper von Primzahlcharakteristik besitzt keine Automorphismen endlicher Ordnung außer der Identität.

18. (Galois-Gruppen reiner Gleichungen) Seien K ein Körper, $n \in \mathbb{N}_+$ kein Vielfaches von $\operatorname{Char} K$ und $f = X^n - c \in K[X]$, $c \neq 0$. Wir studieren eine konkrete Darstellung von $\mathrm{G}_K(f)$, welche die Konstruktion aus den Beweisen von 92.8 und 93.7(1) verallgemeinert.

Sei L ein minimaler Zerfällungskörper von f über K, und sei F der in L enthaltene minimale Zerfällungskörper von $X^n - 1$ über K. Mit W_n sei die Gruppe der n-ten Einheitswurzeln in L bezeichnet. Sei x eine beliebige Nullstelle von f in L. Es ist $L = F[x]$.

a) Das kanonische semi-direkte Produkt $W_n \times \operatorname{Aut} W_n$ sei mit

$$\mathbf{L}_n$$

bezeichnet; für $u, v \in W_n$ und $\varphi, \psi \in \operatorname{Aut} W_n$ ist dabei $(u, \varphi)(v, \psi) = (u\varphi(v), \varphi\psi)$. Mit N sei der Normalteiler $W_n \times \{\mathrm{id}\}$, mit H die Untergruppe $\{1\} \times \operatorname{Aut} W_n$ bezeichnet. Es ist $N \cong W_n \cong (\mathbb{Z}/n\mathbb{Z}, +)$ und $H \cong \operatorname{Aut} W_n \cong (\mathbb{Z}/n\mathbb{Z})^\times$. Insbesondere ist $\mathbf{L}_n$ eine auflösbare Gruppe der Ordnung $n\varphi(n)$.

b) Durch $\sigma \mapsto (\sigma x/x, \sigma|W_n)$ ist eine Einbettung

$$\alpha : \mathrm{G}_K(f) \to \mathbf{L}_n$$

definiert. Insbesondere ist $\mathrm{G}_K(f)$ auflösbar.

c) Es ist $\alpha(\mathrm{G}_F(L)) = \alpha(\mathrm{G}_K(f)) \cap N$. Daher ist $\mathrm{G}_F(L)$ ein zyklischer Normalteiler in $\mathrm{G}_K(f)$, dessen Ordnung m ein Teiler von n ist. m ist nichts anderes als die Ordnung der Restklasse von x in $L^\times/F^\times$. Man hat $m = n$ genau dann, wenn f irreduzibel über F ist.

d) α induziert eine Einbettung von $\mathrm{G}_K(F) = \mathrm{G}_K(X^n - 1)$ in $\operatorname{Aut} W_n \cong (\mathbb{Z}/n\mathbb{Z})^\times$. Die Ordnung e von $\mathrm{G}_K(F)$ ist daher ein Teiler von $\varphi(n)$. Die Ordnung von $\mathrm{G}_K(f)$ ist me, ein Teiler von $n\varphi(n)$.

(Bemerkung. $\mathbf{L}_n$ ist isomorph zur Gruppe der linearen Automorphismen von $(\mathbb{Z}/n\mathbb{Z})[X]$ und wird daher auch kurz eine (volle) lineare Gruppe genannt. Eine Anti-Isomorphie erhält man beispielsweise so: Sei ζ ein erzeugendes Element von W_n. Man ordnet (u, φ) dann $X \mapsto aX + r$ zu, wobei r durch $u = \zeta^r$ und a durch $\varphi(\zeta) = \zeta^a$ bestimmt sind.)

19. Sei f ein irreduzibles separables Polynom über dem Körper K. Besitzt f eine Nullstelle in einer Radikalerweiterung von K, so ist $f(x) \doteq 0$ auflösbar.

20. Sei K der Körper mit 2 Elementen, und sei $K = K_0 \subseteq \cdots \subseteq K_m = F$ eine Körperkette derart, daß F galoissch über K ist und für $r = 1, \ldots, m$ die Erweiterung $K_{r-1} \subseteq K_r$ eine galoissche Radikalerweiterung von Primzahlgrad, jedoch keine Artin-Schreier-Erweiterung ist. Dann enthält F nicht den Körper L mit 8 Elementen. (Die Galois-Gruppe $\mathrm{G}_K(L) = \mathsf{Z}_3$ kann nicht als Galois-Gruppe einer der Radikalerweiterungen $K_{r-1} \subseteq K_r$ auftreten, da F keine primitive 3–te Einheitswurzel enthält.)

21. Dem Beweis von Satz 93.11 zufolge muß man bei der Auflösung einer Gleichung $f(x) = 0$ durch Radikale Einheitswurzeln adjungieren, wenn sich diese nicht im Grundkörper K vorfinden; dies führt im allgemeinen aus dem minimalen Zerfällungskörper von f über K hinaus. Das ist ein altbekanntes Phänomen: Schon bei reellen Gleichungen 3–ten Grades kann es vorkommen, daß zwar alle Lösungen reell sind, daß aber keine Lösungen mit reellen Radikalen existieren (sog. casus irreducibilis; konkrete Beispiele bieten $x^3 - 6x + 2 = 0$ und $x^3 - 39x + 65 = 0$).

Sei $K \subseteq \mathbb{R}$ ein Körper und $f \in K[X]$ ein irreduzibles Polynom des Grades 3, das nur reelle Nullstellen hat. (Letzteres ist genau dann der Fall, wenn die Diskriminante von f positiv ist. Beweis!) Es gibt keine Radikalerweiterung $L \subseteq \mathbb{R}$ von K, über der f zerfällt. (Sonst gäbe es Körper $F \subset F_1 \subseteq \mathbb{R}$, eine Primzahl q, eine Darstellung $F_1 = F[x]$ mit $x^q \in F$, f irreduzibel über F, f reduzibel über F_1. Es folgte $q = 3$; alle 3–ten Einheitswurzeln lägen im minimalen Zerfällungskörper von f über F, welcher aber in $\mathbb{R}$ liegt; Widerspruch!)

22. Wir stellen eine Charakterisierung gewisser auflösbarer Gruppen vor, die von Galois stammt. Sei p eine Primzahl, und sei G eine transitive Untergruppe der $\mathbf{S}_p$, also der Permutationsgruppe von $X := \{1, \ldots, p\}$.

a) Ist $N \neq 1$ ein Normalteiler von G, so enthält N einen p–Zyklus und operiert transitiv auf X. (Die Isotropiegruppen der $x \in X$ in N sind in G konjugiert. Die Bahnen von N in X bestehen daher alle aus derselben Anzahl m von Elementen. Wegen $m > 1$ ist $m = p$.) Ist N außerdem abelsch, so ist Kard $N = p$.

b) Sei G auflösbar. Dann gibt es eine und nur eine p–Sylow–Gruppe S in G. (Denn in der Kommutatorreihe von G tritt ein abelscher Normalteiler $\neq 1$ auf; dies ist übrigens ein Lemma von Abel und auch Galois.) Die Gruppe S ist ihr eigener Zentralisator. (Jede mit einem p–Zyklus vertauschbare Permutation ist selbst ein p–Zyklus.) Ist I_x die Isotropiegruppe von x in G, so ist G semi–direktes Produkt von S mit I_x; man erhält eine Einbettung

$$\alpha : G \to S \times \mathrm{Aut}S$$

von G in das kanonische semidirekte Produkt, indem man für $\sigma \in G$ schreibt: $\sigma = \tau\rho$ mit $\tau \in S$, $\rho \in \mathrm{I}_x$, und dann

$$\alpha(\sigma) = \alpha(\tau\rho) := (\tau, \kappa_\rho | S)$$

setzt, wobei κ_ρ die Konjugation mit ρ in G ist. Die Gruppe $S \times \mathrm{Aut}S$ ist zur linearen Gruppe $\mathbf{L}_p$ isomorph, vgl. Aufgabe 18. G wie auch jeder Normalteiler $N \neq 1$ von G ist isomorph zum semidirekten Produkt einer Gruppe Z_p mit einer (zyklischen) Untergruppe von $(\mathbb{Z}/p\mathbb{Z})^\times$. Insbesondere ist Kard $G = pt$, wobei t ein Teiler von $p-1$ ist. (Bemerkung. Die Gruppe G ist allein durch ihre Ordnung pt bestimmt; sie heißt auch die Frobenius–Gruppe F_{pt}. Die Gruppe $\mathsf{F}_{p(p-1)} = \mathbf{L}_p$ kann auch als affine Gruppe $\mathsf{A}(\mathsf{K}_p)$ beschrieben werden, vgl. §43, Beispiel 8.)

c) Besitzt G genau eine p–Sylow–Untergruppe S, so ist G auflösbar. (S ist ihr eigener Zentralisator. Folglich ist G wie $G/S \subseteq \mathrm{Aut}S$ auflösbar.)

d) G ist genau dann auflösbar, wenn jedes Element $\sigma \neq \mathrm{id}$ von G höchstens einen Fixpunkt hat. (Man benutzt beide Male die Formel von Burnside, §34, Aufgabe

9. Man hat jeweils $p-1$ Permutationen ohne Fixpunkte.)

23. (G a l o i s) Sei f ein irreduzibles separables Polynom vom Primzahlgrad p über dem Körper K, und bezeichne L einen minimalen Zerfällungskörper von f über K. Genau dann ist $\mathrm{G}(f)$ auflösbar, wenn L von je zweien der Nullstellen von f in L über K erzeugt wird. Ist dies der Fall, so ist $\mathrm{G}(f)$ isomorph zu einer Untergruppe der linearen Gruppe $\mathbf{L}_p$, und es gibt einen Zwischenkörper F von $L \supseteq K$ derart, daß gilt: (1) $F \supseteq K$ ist eine zyklische Galoiserweiterung von einem Grade t, welcher $p-1$ teilt. (2) Jeder über K normale Zwischenkörper $\neq L$ von $L \supseteq K$ ist in F enthalten. (3) $L \supseteq F$ ist eine zyklische Galoiserweiterung vom Grade p.

24. (K r o n e c k e r) Sei f ein irreduzibles Polynom vom Primzahlgrad $p \geq 3$ über einem Körper $K \subseteq \mathbb{R}$. Sei $\mathrm{G}_K(f)$ auflösbar. Dann hat f entweder lauter reelle Wurzeln oder nur eine. Bei $p \equiv 1\,(4)$ ist $\mathrm{D}(f)$ positiv. Bei $p \equiv 3\,(4)$ ist $\mathrm{D}(f)$ positiv bzw. negativ je nachdem, ob f lauter reelle Wurzeln oder nur eine hat. (Man benutzt den vorstehenden Satz von G a l o i s und §54, Aufgabe 51.)

25. Die transitiven Untergruppen der $\mathbf{S}_5$ sind folgende: (1) Die symmetrische Gruppe $\mathbf{S}_5$. (2) Die alternierende Gruppe $\mathbf{A}_5$. (3) Die zyklische Gruppe Z_5, erzeugt von $<1\ 2\ 3\ 4\ 5>$. (4) Die Diedergruppe D_5, erzeugt von $<1\ 2\ 3\ 4\ 5>$ und $<2\ 5><3\ 4>$. (5) Die volle lineare Gruppe $\mathbf{L}_5$, erzeugt von $<1\ 2\ 3\ 4\ 5>$ und $<2\ 3\ 5\ 4>$. Ferner hat man unter (3), (4), (5) jeweils 5 weitere in $\mathbf{S}_5$ konjugierte Gruppen. (Aufgabe 22.)

26. (G l e i c h u n g e n 5 - t e n G r a d e s) Über dem Körper K mit $\mathrm{Char}\, K \neq 2$ sei

$$f = X^5 + a_1X^4 + a_2X^3 + a_3X^2 + a_4X + a_5$$

ein separables Polynom. Zur Bestimmung von $\mathrm{G}_K(f)$ hat man bei irreduziblem f nach den vorstehenden Aufgaben vor allem zu entscheiden, ob $\mathrm{G}_K(f)$ auflösbar ist oder nicht. Hierzu dient die sog. r a t i o n a l e R e s o l v e n t e $h \in K[Z]$ von f, die im folgenden besprochen wird.

a) Seien $x_1, \ldots, x_5$ die Nullstellen von f in einem minimalen Zerfällungskörper L von f über K, $V = \mathrm{V}(x_1, \ldots, x_5)$ die Vandermonde-Determinante, $D = \mathrm{D}(f)$ und $F := K[V]$. Sei

$$u := x_1x_2 + x_2x_3 + x_3x_4 + x_4x_5 + x_5x_1\,,$$

$$v := x_1x_3 + x_3x_5 + x_5x_2 + x_2x_4 + x_4x_1\,,$$

$$y := u - v = 2u - a_2\,, \quad z := y^2\,.$$

Ferner sei u_i, $1 \leq i \leq 6$, das Element, das man erhält, wenn man die Permutation $<1>$ (bzw. $<1\ 2\ 3>$, $<2\ 3\ 4>$, $<3\ 4\ 5>$, $<4\ 5\ 1>$, $<5\ 1\ 2>$) auf die Indizes von $u = u_1$ wirken läßt, und $y_i := 2u_i - a_2$, $z_i := y_i^2$. Die Permutation $\alpha := <1\ 2\ 3\ 4\ 5>$ läßt u fest und operiert transitiv auf $\{y_2, \ldots, y_6\}$. Für $\beta := <2\ 3\ 5\ 4>$ gilt $\beta u = v$, $\beta y = -y$, $\beta z = z$. Ist $\mathrm{G}_K(f) = \mathbf{S}_5$ (wie etwa bei der allgemeinen Gleichung), so sind $y_1, \ldots, y_6$ die Konjugierten von y über $K[V]$ und $z_1, \ldots, z_6$ die Konjugierten von z über K. Seien

$$g := \prod_{i=1}^{6}(Y - y_i) \in K[V][Y]\,, \quad h := \prod_{i=1}^{6}(Z - z_i) \in K[Z]\,.$$

Diese Konstruktion ist universell (wie die allgemeine Gleichung zeigt) und unabhängig von der Numerierung der Nullstellen. Man nennt h auch die rationale Resolvente zu f.

b) Ist $\mathbf{A}_5 \subseteq \mathrm{G}_K(f)$, so ist $h \in K[Z]$ irreduzibel und separabel mit $\mathrm{G}_K(h) = \mathrm{G}_K(f)$. ($\mathbf{A}_5$ operiert transitiv auf $M := \{z_1, \ldots, z_6\}$. Bestünde M aus $r < 6$ Elementen, so hätte die Standgruppe von z in $\mathbf{A}_5$ einen Index < 5 in $\mathbf{A}_5$, woraus $r = 1$ folgte. $r = 1$ ist aber nicht möglich, wie die Betrachtung der Identitäten

$$y_2 + y_3 = -2(x_3 - x_2)(x_5 - x_1)\,, \quad y_2 - y_3 = 2(x_4(x_1 - x_2 - x_3 + x_5) - (x_1x_5 - x_2x_3))$$

(beispielsweise) zeigt. Bei $y_2 - y_3 = 0$ wendet man etwa $< 1\ 2\ 3 >$ auf die letzte Identität an. — Die Operation von $\mathrm{G}_K(f)$ auf M hat trivialen Kern.)

(Bemerkung. Die Betrachtung der allgemeinen Gleichung $f_5(x) = 0$ zeigt hier, daß $\mathbf{S}_5$ als Galoisgruppe von f_5 isomorph zu einer transitiven Untergruppe der $\mathbf{S}_6$ ist; vgl. Anhang VI.A, Aufgabe 8. Dies ist in der Tat merkwürdig, denn für $n \neq 6$ sind die Untergruppen vom Index n in $\mathbf{S}_n$ nur die Standgruppen einzelner Elemente. Es gilt sogar der Satz von Bertrand: Ist $n \geq 5$, $n \neq 6$, so sind die Standgruppen einzelner Elemente die einzigen Untergruppen der $\mathbf{S}_n$ vom Index m mit $2 < m \leq n$. Dies folgt leicht daraus, daß alle Automorphismen der $\mathbf{S}_n$ bei $n \geq 3$, $n \neq 6$, innere Automorphismen sind; vgl. Anhang VI.A, Aufgabe 7.)

c) Ist f irreduzibel und ist $\mathrm{G}_K(f)$ auflösbar, so besitzt $h \in K[Z]$ eine Nullstelle z in K; bei Char $K \neq 5$ ist $h/(Z-z)$ irreduzibel und separabel mit $\mathrm{G}_K(h/(Z-z)) = \mathrm{G}_K(f)$. (Man betrachtet $N := \{z_2, \ldots, z_6\}$ und schließt ähnlich wie unter b).)

d) Über $K[V]$ hat g die Gestalt

$$g = Y^6 + b_2Y^4 + b_4Y^2 + b_5Y + b_6$$

mit ganzzahligen homogenen Polynomen b_i vom Grade $2i$ in den Koeffizienten $a_1, \ldots, a_5$, wobei a_i das Gewicht i hat. (Für $\beta = <2\ 3\ 5\ 4>$ gilt $\beta[Y]g = g(-Y)$.) Aus Gradgründen ist $b_5/V \in K$. Ein einfaches Beispiel zeigt $b_5 = \pm 32V$, je nach Wahl von V; man nehme $K = \mathbb{Q}$, $f = X(X^4 - 1)$. Weiter ist $g(Y)g(-Y) = (Y^6 + b_2Y^4 + b_4Y^2 + b_6)^2 - 2^{10}DY^2$ und folglich

$$h = (Z^3 + b_2Z^2 + b_4Z + b_6)^2 - 2^{10}DZ\,.$$

Ändert man das Polynom f durch eine Translation $X \mapsto X + c$, $c \in K$, so ändern sich $y_1, \ldots, y_6$ und daher auch g und h nicht. Zur Berechnung von h darf man daher $a_1 = 0$ annehmen. Einige einfache konkrete Beispiele ergeben folgende Formeln ($a_1 = 0$ vorausgesetzt!):

$$\begin{aligned}
b_2 &= -3a_2^2 - 20a_4\\
b_4 &= 3a_2^4 - 8a_2^2a_4 + 16a_2a_3^2 - 400a_3a_5 + 240a_4^2\\
b_6 &= -a_2^6 + 28a_2^4a_4 - 16a_2^3a_3^2 - 80a_2^2a_3a_5 - 176a_2^2a_4^2\\
&\quad + 224a_2a_3^2a_4 + 4000a_2a_5^2 - 64a_3^4 - 1600a_3a_4a_5 + 320a_4^3\,.
\end{aligned}$$

Praktische Rechnungen zeigen, daß in den Koeffizienten b_i überfüssige Potenzen von 2 vorkommen. In der Tat ist ja $z_i - a_2^2 = y_i^2 - a_2^2 = (y_i + a_2)(y_i - a_2) = 4u_i(u_i - a_2)$. Daher hat

$$h_1 := \frac{1}{4^6}h(4Z + a_2^2)$$

Koeffizienten, die immer noch ganzzahlige Polynome in den a_i sind. In konkreten Rechnungen kann man gut h durch h_1 ersetzen, welches dieselben Eigenschaften wie h hat. (Bemerkung. Zur Geschichte der hier besprochenen Resolvente, die bis auf Lagrange zurückgeht, siehe [37], I, §189 und [54], IV, §5. Zur Unterscheidung, ob Z_5 oder D_5 als Galoisgruppe einer irreduziblen Gleichung vorliegt, liefert die Resolvente nichts; dazu siehe man Aufgabe 27.)

e) Man untersuche die Polynome $X^5 - X + 1$, $X^5 + 10X^2 + 24$, $X^5 - 2$, $X^5 - 5X + 12$, $X^5 + X^4 - 4X^3 - 3X^2 + 3X + 1$ über $\mathbb{Q}$ mit Hilfe der rationalen Resolvente. Zu weiteren Rechnungen seien $X^5 + 15X + 12$, $X^5 + 5X^2 + 3$, $X^5 - 10X^3 + 5X^2 + 10X + 1$, $X^5 + X^4 - 12X^3 - 21X^2 + X + 5$ empfohlen.

27. a) Seien K ein Körper der Charakteristik $\neq 2$ und $f \in K[X]$ ein irreduzibles separables auflösbares Polynom des Grades 5 mit der Diskriminante $D = \mathrm{D}(f)$. Dann läßt sich ein Element $I = \mathrm{I}(f)$ in K finden dergestalt, daß $\mathrm{G}_K(f)$ mit Hilfe von

$$g := Y^4 + IY^2 + D$$

wie folgt beschrieben werden kann: Es ist $\mathrm{G}_K(f) = \mathbf{L}_5$ bzw. D_5 bzw. Z_5 je nachdem, ob g über K irreduzibel ist bzw. in zwei quadratische Faktoren bzw. in Linearfaktoren zerfällt. (Seien L ein minimaler Zerfällungskörper von f über K und $G := \mathrm{G}_K(L)$. Die einzige 5-Sylow-Gruppe von G sei mit S bezeichnet; ferner sei $T := S \setminus \{\mathrm{id}\}$. Zu jedem $\varphi \in T$ sei

$$u(\varphi) := \prod_{\sigma \in S} \sigma(x - \varphi x)$$

mit einem beliebigen x aus der Nullstellenmenge $\mathrm{N}(f)$ von f in L definiert; $u(\varphi)$ ist unabhängig von der Wahl von $x \in \mathrm{N}(f)$, da S auf $\mathrm{N}(f)$ transitiv operiert. Klar ist ferner

$$\prod_{\varphi \in T} u(\varphi) = D\,.$$

Für jedes $\tau \in G$ und $\varphi \in T$ gilt $\tau u(\varphi) = u(\tau\varphi\tau^{-1})$. Der Körper $K[u(\varphi) : \varphi \in T]$ ist der Fixkörper zu S in L, galoissch über K mit (zyklischer) Galoisgruppe G/S. Für jedes $\varphi \in T$ gilt $u(\varphi) + u(\varphi^{-1}) = 0$. Durch

$$I = \mathrm{I}(f) := u(\varphi)u(\varphi^4) + u(\varphi^2)u(\varphi^3)$$

ist unabhängig von der Wahl von $\varphi \in T$ ein Element I des Grundkörpers K definiert, das zudem nur vom Isomorphietyp der Körpererweiterung $L \supseteq K$ abhängt. Dann besitzt das Polynom $g := \prod_{\varphi \in T}(X - u(\varphi)) = Y^4 + IY^2 + D$ die verlangten Eigenschaften. (Bei $G = \mathsf{D}_5$ sind $u(\varphi)$ und $u(\varphi^4)$ konjugiert, so daß $u(\varphi)^2$ in K liegt, $u(\varphi)$ aber nicht.) Wir nennen $\mathrm{I}(f)$ auch die zyklische Invariante zu f und g die zyklische Resolvente zu f.

b) Sei $f \in \mathbb{Z}[X]$ ein irreduzibles auflösbares Polynom des Grades 5. Ferner sei $p \geq 3$ eine Primzahl derart, daß das modulo p zu f gebildete Restklassenpolynom $\overline{f}$ irreduzibel über $k := \mathsf{K}_p$ ist. Die Restklasse von $\mathrm{I}(f)$ modulo p stimmt dann mit $\mathrm{I}(\overline{f})$ überein. (Sei L der minimale Zerfällungskörper von f in $\mathbb{C}$ über $\mathbb{Q}$. Unter Verwendung des Ganz-Normierens kann man sich auf den Fall zurückziehen, daß f normiert ist. Die Nullstellen von f liegen dann im Ring B der ganzen Zahlen von L. Es gibt ein maximales Ideal $\mathbf{q}$ in B mit $\mathbf{q} \cap \mathbb{Z} = p\mathbb{Z}$. Über dem Erweiterungskörper $B/\mathbf{q}$ von k zerfällt $\overline{f}$ in Linearfaktoren. Daher ist $\mathrm{Dim}_k B/\mathbf{q} \geq 5$. Die Betrachtung von B/pB zeigt, daß es höchstens 4 Ideale derselben Art wie $\mathbf{q}$ in B

gibt. Die Elemente 5–ter Ordnung in G bilden daher $\mathfrak{q}$ auf sich ab und induzieren (5 verschiedene) Automorphismen von $B/\mathfrak{q}$ über k. Die Konstruktionen von $\mathrm{I}(f)$ und $\mathrm{I}(\overline{f})$ können nun verglichen werden.)

c) Die Polynome aus der vorstehenden Aufgabe, Teil e), ab $X^5 - 2$ sind auflösbar über $\mathbb{Q}$. Man bestimme ihre Galoisgruppen über $\mathbb{Q}$ unter Verwendung der zyklischen Resolvente. (Siehe dazu Bemerkung 1. Die Nullstellen von $\overline{f}$ in $\mathsf{K}_p[X]/(\overline{f})$ ergeben sich einfach aus der Restklasse von x durch den Frobenius-Automorphismus.)

d) Die Galoisgruppe von $X^5 + X^4 - 5X^3 - 4X^2 + 3X + 1$ über $\mathbb{Q}$ ist D_5. Der in $\mathbb{C}$ gebildete minimale Zerfällungskörper des Polynoms liegt im Körper der reellen Zahlen. (A. A. Bruen / N. Yui — Man berechnet die zyklische Resolvente und deren Zerfällungskörper.)

(Bemerkung. Teil b) oben ist nur der Bequemlichkeit halber über $\mathbb{Z}$ formuliert. Er läßt sich m.m. über algebraischen Zahlbereichen durchführen.)

28. Seien K ein endlicher Körper der Charakteristik $p \geq 3$, ferner $f \in K[X]$ ein separables Polynom des Grades n und $\mathrm{D}(f)$ seine Diskriminante.

a) Die Anzahl s der Primfaktoren von f hat genau dann dieselbe Parität wie der Grad n, wenn $\mathrm{D}(f)$ ein Quadrat in K ist. (Dies ist ein Satz von Ludwig Stickelberger, vgl. auch 94.8. Zum Beweis: Mit §57, Aufgabe 14c) reduziert man die Aussage leicht auf den Fall, daß f irreduzibel ist; dann wendet man 93.4 an.)

b) Kennt man den Typ der Primfaktoren des Grades $\leq n/3$ von f, so läßt sich mit a) der vollständige Zerlegungstyp von f bestimmen (Zahl und Grad der Primfaktoren). Was bedeutet dies bei $n = 5$?

29. (Primitive Gruppen) **a)** Seien X eine Menge, M ein auf X operierendes Monoid und $\mathcal{R}$ eine Äquivalenzrelation in X. Man nennt $\mathcal{R}$ kompatibel mit (der Aktion von) M oder kurz M–kompatibel, wenn für alle $x, y \in X$ und $\sigma \in M$ gilt: Ist $x\mathcal{R}y$, so auch $\sigma x\mathcal{R}\sigma y$. Die Identitätsrelation und die Allrelation in X sind M–kompatibel; sie heißen die trivialen M–kompatiblen Äquivalenzrelationen. Ist $\mathcal{R}$ kompatibel mit M, so operiert M in kanonischer Weise auf $X/\mathcal{R}$; operiert M als Monoid von Permutationen von X, so bildet jedes σ aus M jede Äquivalenzklasse (von X bezüglich $\mathcal{R}$) bijektiv auf eine Äquivalenzklasse ab.

b) Seien X eine Menge und G eine auf X operierende Gruppe. Eine Teilmenge $Y \subseteq X$ heißt ein Block, wenn für jedes $\sigma \in G$ gilt: $\sigma Y \cap Y$ ist leer oder mit Y identisch. Ist Y ein Block und $\tau \in G$, so ist τY ein Block. Ist Y ein Block, so gibt es genau eine G–kompatible Äquivalenzrelation in GY, bezüglich der Y eine Äquivalenzklasse ist.

c) Seien X eine Menge und G eine auf X *transitiv* operierende Gruppe, ferner $x \in X$ und I_x die Standgruppe von x. Durch $U \mapsto Ux$ erhält man eine bijektive Abbildung der Menge der Gruppen U mit $G \supseteq U \supseteq \mathrm{I}_x$ auf die Menge der Blöcke in X, die x enthalten; die letztere Menge wiederum steht in eineindeutiger Beziehung zu den G–kompatiblen Äquivalenzrelationen in X. Man sagt, G operiere primitiv auf X, wenn jede G–kompatible Äquivalenzrelation in X die Identitäts- oder die Allrelation ist, d.h., wenn es nur triviale Blöcke in X gibt. Äquivalent dazu ist, daß die Standgruppen einzelner Elemente von X maximale

Untergruppen von G sind. Operiert G nicht primitiv, so sagt man auch, G operiere imprimitiv. Ist G Untergruppe von $\mathbf{S}(X)$, so sagt man entsprechend, G sei primitiv bzw. imprimitiv.

d) Sei X eine Menge. Die symmetrische Gruppe $\mathbf{S}(X)$ ist primitiv. Ist X endlich, so ist die alternierende Gruppe $\mathbf{A}(X)$ primitiv. Bei $\operatorname{Kard} X = 4$ ist die Vierergruppe transitiv und imprimitiv.

e) Seien K ein Körper und f ein irreduzibles separables Polynom aus $K[X]$. Man nennt die Gleichung $f(x) = 0$ primitiv, wenn $\mathrm{G}_K(f)$ (als Permutationsgruppe der Nullstellen von f) primitiv ist, andernfalls imprimitiv. f ist genau dann primitiv, wenn für eine (und damit jede) Nullstelle x von f in einem Erweiterungskörper von K gilt: Die Körpererweiterung $K[x] \supseteq K$ besitzt keine echten Zwischenkörper. Das wiederum ist äquivalent damit, daß jedes Element $y \in K[x]$, $y \notin K$, ein primitives Element von $K[x]$ über K ist.

30. Seien X eine endliche Menge mit n Elementen und G eine transitive Untergruppe von $\mathbf{S}(X)$.

a) Sei $m \in \mathbb{N}_+$. Man erhält eine mit G kompatible Äquivalenzrealtion $\mathcal{R}_m$ in X, indem man für $x, y \in X$ genau dann $x\mathcal{R}_m y$ setzt, wenn es einen m–Zyklus $\sigma \in G$ und ein $i \in \mathbb{N}$ mit $\sigma^i x = y$ gibt.

b) Sei G primitiv. Enthält G eine Transposition, so ist $G = \mathbf{S}(X)$. Enthält G einen 3–Zyklus, so ist $G \supseteq \mathbf{A}(X)$. (Im letzteren Fall ist die gemäß a) gebildete Relation $\mathcal{R}_3$ die Allrelation. Ohne Einschränkung sei $X = [1, n]$ und $<1\ 2\ n> \in G$. Es ist leicht zu sehen, daß dann auch alle $<1\ 2\ x>$ mit $x \geq 3$ in G liegen. Nun wende man Anhang VI.A, Aufgabe 5a) an.)

c) Es gebe eine Permutation σ in G, in deren kanonischer Zerlegung ein Zyklus der Länge t vorkommt, für die gilt: Ist $n = rs$ mit ganzen Zahlen $r > 1$, $s > 1$, so gibt es keinen positiven Teiler d von t mit $r \geq d$, $s \geq t/d$. Dann ist G primitiv. (Sei $\mathcal{R}$ eine mit G kompatible Äquivalenzrelation in X. Bezeichne r die Anzahl der Elemente in einer (und damit jeder) Äquivalenzklasse in X bezüglich $\mathcal{R}$ und s die Anzahl der Äquivalenzklassen; es ist $n = rs$. Sei B eine Bahn der Länge t der von σ erzeugten Untergruppe von G. Die Beschränkung von $\mathcal{R}$ auf B gibt Anlaß zu einer Zerlegung $t = d \cdot (t/d)$ mit $r \geq d$, $s \geq t/d$.)

(Bemerkung. Zu schärferen Aussagen der verwendeten Art siehe [55]. Erwähnt sei beispielsweise ein Satz von Camille Jordan 1873: Ist G primitiv und enthält G einen p–Zyklus, wobei p eine Primzahl mit $p \leq n - 3$ ist, so gilt $G \supseteq \mathbf{A}(X)$.)

31. Sei G eine transitive Untergruppe der symmetrischen Gruppe $\mathbf{S}_n$. Eine der folgenden Bedingungen sei erfüllt: (1) n ist prim. (2) Es gibt einen Primteiler p von $\operatorname{Kard} G$ mit $p > n/2$. (3) Es gibt einen Primteiler p von $\operatorname{Kard} G$ derart, daß n/p kleiner als jeder Primteiler von n ist. (4) G enthält einen Zyklus der Länge $n - 1$. (5) n ist ungerade, und G enthält eine Permutation mit einem Zyklus der Länge $n - 2$. (6) Es ist $n \geq 5$, n ist nicht durch 3 teilbar, und G enthält eine Permutation mit einem Zyklus der Länge $n - 3$. — Dann gilt: Enthält G eine Transposition, so ist $G = \mathbf{S}_n$. Enthält G einen 3–Zyklus, so ist $G \supseteq \mathbf{A}_n$. (Jede der Bedingungen impliziert, daß G primitiv ist (vgl. Aufgabe 30).)

32. Die Galoisgruppen folgender vier Polynome über $\mathbb{Q}$ sind jeweils die alternierende oder symmetrische Gruppe: $X^6 + 24X \pm 20$, $X^7 \pm 56X + 48$.

33. (Philipp Furtwängler) Seien A ein normaler Integritätsbereich und $f = a_0X^n + \cdots + a_n$ ein Polynom aus $A[X]$, welches irreduzibel über dem Quotientenkörper K von A sei. Ferner gebe es ein Primelement $p \in A$ derart, daß a_0 nicht von p geteilt wird, daß $a_1, \ldots, a_n$ von p geteilt werden, a_n von p^2 geteilt wird und schließlich a_{n-1} nicht von p^2 geteilt wird. Dann ist die Gleichung $f(x) = 0$ primitiv über K. (Nach Ganz–Normieren darf man annehmen, daß $a_0 = 1$ ist. Sei L ein algebraischer Abschluß von K. Wir nennen ein Element $z_1 \in L$ durch das Element $z_2 \in L$, $z_2 \neq 0$, teilbar, wenn z_1/z_2 ganz über A ist. Betrachten wir nun eine Nullstelle x von f in L und einen echten Zwischenkörper F von K und $K[x]$; sei etwa $[K[x] : F] = r \geq 2$, $[F : K] = s \geq 2$. Aus $f(x) = 0$ liest man ab, daß x und alle Konjugierten von x durch $p^{1/(n-1)}$ teilbar sind. Sei $x^r + y_1 x^{r-1} + \cdots + y_r = 0$ die Minimalgleichung von x über F. Für jedes j ist y_j durch $p^{j/(n-1)}$ teilbar, da es sich aus Konjugierten von x zusammensetzt. Jedes solche y erfüllt die charakteristische Gleichung $\chi_y(y) = y^s + b_1 y^{s-1} + \cdots + b_s = 0$ über K, in der die Elemente $b_1, \ldots, b_s$ von A sämtlich durch p teilbar sind; folglich ist y selbst durch $p^{1/s}$ teilbar. Bei $y = y_r$ ist zudem $b_s = \pm a_n$ durch p^2 teilbar. Daher ist y_r durch $p^{1/(s-1)}$ teilbar. Darauf kommt es an! Man erhält nämlich a_{n-1} als Summe von Produkten, die aus jeweils $s-1$ Konjugierten von y_r und einem Konjugierten von y_{r-1} zusammengesetzt sind. Daher ist a_{n-1} durch $p^{\frac{s-1}{s-1}+\frac{1}{s}} = p^{1+\frac{1}{s}}$ teilbar, also sogar (in A) durch p^2 teilbar. Widerspruch!)

34. (Affektlose Gleichungen über $\mathbb{Q}$) Aus Überlegungen von David Hilbert 1892 folgt, daß es zu jedem $n \geq 1$ irreduzible Gleichungen über $\mathbb{Q}$ mit Galoisgruppe $\mathbf{S}_n$ (und solche mit Galoisgruppe $\mathbf{A}_n$) gibt. Konkrete Beispiele wurden später von Michael Bauer und anderen angegeben.

a) (Issai Schur) Sei $n \geq 4$. Nach einem Satz von Tschebyscheff (Bertrandsches Postulat) gibt es eine Primzahl p mit $n/2 < p < n$. Dann ist das Polynom n–ten Grades

$$(X(X-2)(X-4)\cdots(X-2p+2)-p-1)X(X+2)\cdots(X+2m-2)+2p$$

mit $m := n-p$ affektlos über $\mathbb{Q}$. (Bezeichne $f = X^n + a_{n-1}X^{n-1} + \cdots + a_0$ das angegebene Polynom. Nach 60.11 ist f irreduzibel. Modulo p ist f separabel und hat den Primfaktor $X^p - X - 1$. Nach 93.17 teilt p die Ordnung der Galoisgruppe. Es genügt weiter zu zeigen, daß f genau zwei nichtreelle Nullstellen hat. Daß f mindestens $n-2$ reelle Nullstellen hat, ist leicht zu sehen. Hätte f nur reelle Nullstellen, so wäre $s := a_1^2 - 2a_0a_2$ als Summe der Quadrate der Produkte von je $n-1$ Nullstellen von f positiv; andererseits ist leicht $s < 0$ abzuschätzen.)

b) (Furtwängler) Sei $n \geq 4$, und sei $1 < b_1 < \cdots < b_{n-4}$ eine Folge ganzer Zahlen. Dann ist das Polynom n–ten Grades

$$X^4(X-2b_1)(X-2b_2)\cdots(X-2b_{n-4}) - (-1)^n(2X+4)$$

über $\mathbb{Q}$ ohne Affekt. (Das Polynom sei mit f bezeichnet. Mit §60, Aufgabe 5 sieht man leicht, daß f irreduzibel ist. Nach dem Lemma von Furtwängler (Aufg. 33) ist $f(x) = 0$ primitiv. Daß f mindestens $n-2$ reelle Nullstellen hat, ist wieder leicht zu sehen. Nach §57, Aufgabe 21 hat f nicht nur reelle Nullstellen.)

35. Sei $f \in \mathbb{Z}[X]$ ein über $\mathbb{Q}$ irreduzibles Polynom des Grades n derart, daß $\mathrm{G}_K(f)$ keinen n–Zyklus enthält. Für jede Primzahl p ist dann die Restklasse von f modulo p kein Primpolynom des Grades n. (Bemerkung. Man sieht so, wie sich systematisch Polynome konstruieren lassen, deren Irreduzibilität sich nicht einfach dadurch ergibt, daß sie modulo einer Primzahl prim sind. Das einfachste derartige Beispiel ist zur Galoisgruppe $\mathbf{V}_4$ möglich, vgl. §59, Aufgabe 12.)

36. Sei $f \in \mathbb{Z}[X]$ ein irreduzibles Polynom vom Primzahlgrad p. Genau dann ist f auflösbar, wenn für jede Primzahl q, welche die Diskriminante von f nicht teilt, gilt: Besitzt das Bild von f modulo q zwei Linearfaktoren, so zerfällt es sogar ganz in Linearfaktoren. (Man benutze auch die am Ende von Beispiel 9 zitierten Sätze.)

37. a) Man stelle zu jeder transitiven Untergruppe der $\mathbf{S}_n$, $n \leq 5$, eine Liste der Häufigkeiten der verschiedenen Zyklen–Zerlegungs–Typen der Elemente her.

b) Man vergleiche die zu irreduziblen Polynomen $f \in \mathbb{Z}[X]$ des Grades ≤ 5 aus a) über den Dichtesatz von Frobenius resultierenden Erwartungswerte für die Häufigkeiten der Primfaktor–Zerlegungs–Typen von f modulo Primzahlen $p \leq 100$ mit den tatsächlich auftretenden Häufigkeiten. Insbesondere führe man dies mit den Polynomen aus Aufgabe 26e) durch.

c) Daß $X^5 - X^3 + X^2 + X + 1$ über $\mathbb{Q}$ affektlos ist, läßt sich mit Primzahlen $p < 53$ nicht gemäß Satz 93.17 entscheiden. Der Vergleich mit den Listen der Erwartungswerte aus a) kündigt das Endresultat jedoch schon bei weniger Primzahlen an.

§94 Die Spurform

Seien A ein kommutativer Ring und B eine endliche freie A–Algebra. Die Spur $\mathrm{Sp} = \mathrm{Sp}_A^B \in \mathrm{Hom}_A(B, A)$ definiert durch

$$(x, y) \mapsto \mathrm{Sp}(xy)$$

eine symmetrische A–Bilinearform auf B, die wir die Spurform von B (über A) nennen. Ihre Diskriminante heißt die Diskriminante von B über A. Diese bezeichnen wir mit

$$\Delta = \Delta_A^B .$$

Gemäß §71 berechnet man sie wie folgt: Für eine endliche Familie x_i, $i \in I$, von Elementen aus B mit $\mathrm{Kard}\, I = \mathrm{Rang}_A B$ ist

$$\Delta(x_i)_{i \in I} = \Delta_A^B(x_i)_{i \in I}$$

die Diskriminante

$$\mathrm{Diskr}_{\mathrm{Sp}}(x_i)_{i \in I} = \mathrm{Det}(\mathrm{Sp}(x_i x_j))_{i,j \in I}$$

bezüglich der Spurform. Die Diskriminanten verschiedener *Basen* von B über A unterscheiden sich nur um einen Faktor, der das Quadrat einer Einheit in A ist. Die Diskriminante $\Delta = \Delta_A^B$ ist dann die gemeinsame Restklasse in $A/{}^2A^\times$ dieser Diskriminanten von Basen. Solange keine Mißverständnisse zu befürchten sind, werden wir allerdings die Restklassenbildung in der Bezeichnungsweise im allgemeinen übergehen. Ist ${}^2A^\times = \{1\}$, was zum Beispiel für $A = \mathbb{Z}$ der Fall ist, so ist Δ_A^B ein Element in A; man spricht dann auch von einer absoluten Diskriminante.

Die Spurform ist mit Grundringwechsel verträglich, da dies für die Spurabbildung $\mathrm{Sp}: B \to A$ gilt. Insbesondere ergibt sich: Ist $\varphi: A \to A'$ ein Homomorphismus kommutativer Ringe und ist $B' := A' \otimes_A B$, so ist

$$\Delta_{A'}^{B'} = \varphi(\Delta_A^B).$$

Beispiel 1 (Diskriminanten direkter Produkte) Seien $B_1, \ldots, B_r$ endliche freie A-Algebren und $B := B_1 \times \cdots \times B_r$ ihr Produkt. Die Spurform auf B ist dann die orthogonale direkte Summe der Spurformen der einzelnen Komponenten $B_1, \ldots, B_r$. Folglich ist

$$\Delta_A^B = \prod_{i=1}^{r} \Delta_A^{B_i}.$$

Die Spurform auf der Produktalgebra $B = A^r$ ist die Standardform auf A^r, vgl. §71, Beispiel 1.

Beispiel 2 (Diskriminanten von Tensorprodukten) Seien $B_1, \ldots, B_r$ endliche freie A-Algebren der Ränge $n_1, \ldots, n_r$ und $B := B_1 \otimes_A \cdots \otimes_A B_r$ ihr Tensorprodukt. Sei $n := n_1 \cdots n_r$ der Rang von B und $m_i := n/n_i$, $i = 1, \ldots, r$. Dann ist

$$\Delta_A^B = \prod_{i=1}^{r} (\Delta_A^{B_i})^{m_i}.$$

Beim Beweis können wir uns auf den Fall $r = 2$ beschränken. Seien x_i, $i \in I$, bzw. y_j, $j \in J$, Basen von B_1 bzw. B_2. Nach §80, Aufgabe 11 ist $\mathrm{Sp}_A^B(x \otimes y) = \mathrm{Sp}_A^{B_1}(x) \cdot \mathrm{Sp}_A^{B_2}(y)$ für beliebige Elemente $x \in B_1$, $y \in B_2$. Damit ergibt sich

$$\begin{aligned}\mathrm{Disk}(x_i \otimes y_j) &= \mathrm{Det}(\mathrm{Sp}(x_i x_r \otimes y_j y_s)) = \mathrm{Det}(\mathrm{Sp}(x_i x_r) \cdot \mathrm{Sp}(y_j y_s)) \\ &= \mathrm{Det}(\mathrm{Sp}(x_i x_r))^{n_2} \cdot \mathrm{Det}(\mathrm{Sp}(y_j y_s))^{n_1} \\ &= (\mathrm{Diskr}(x_i))^{n_2} \cdot (\mathrm{Diskr}(y_j))^{n_1},\end{aligned}$$

wobei die vorletzte Gleichheit ebenfalls aus §80, Aufgabe 11 folgt, da $(\mathrm{Sp}(x_i x_r) \cdot \mathrm{Sp}(y_j y_s)) = (\mathrm{Sp}(x_i x_r)) \otimes (\mathrm{Sp}(y_j y_s))$ ist.

Beispiel 3 (Schachtelungssatz für Diskriminanten) Seien B eine endliche freie kommutative A-Algebra und C eine endliche freie B-Algebra. Dann ist C auch eine endliche freie A-Algebra. Ist x_i, $i \in I$, eine A-Basis von B und ist y_j, $j \in J$, eine B-Basis von C, so ist $x_i y_j$, $(i, j) \in I \times J$, eine A-Basis von C, vgl. 27.2. Für die Diskriminanten gilt

$$\mathrm{Diskr}_A^C(x_i y_j) = (\mathrm{Diskr}_A^B(x_i))^n \mathrm{N}_A^B(\mathrm{Diskr}_B^C(y_j)),$$

wobei $n := \mathrm{Kard} J$ der Rang von C über B ist. Insbesondere ist

$$\Delta_A^C = (\Delta_A^B)^n \cdot \mathrm{N}_A^B(\Delta_B^C).$$

Wir wollen die Formel hier nur für den Fall beweisen, *daß* $\mathrm{Diskr}(x_i)$ *ein Nichtnullteiler in A ist.* (Der allgemeine Fall läßt sich beispielsweise mit einer Unbestimmtenmethode darauf zurückführen.) Nach Grundringerweiterung können wir dann gleich annehmen, daß B isomorph zu einer Produktalgebra A^m ist, vgl. Aufgabe 15. Ferner genügt es, die Formel für eine spezielle A-Basis von B zu verifizieren.

Ist nämlich x'_i, $i \in I$, eine Familie von Elementen in B mit $x'_i = \sum a_{ri} x_r$ und $a := \mathrm{Det}(a_{ri})$, so ist ja einerseits $\mathrm{Diskr}_A^C(x'_i y_j) = a^{2n} \mathrm{Diskr}_A^C(x_i y_j)$ und andererseits $\mathrm{Diskr}_A^B(x'_i) = a^2 \mathrm{Diskr}_A^B(x_i)$. Wir wählen für x_i, $i \in I$, die Standardbasis $e_1, \ldots, e_m$ von $B = A^m$. Der Zerlegung von B entspricht eine Zerlegung $C = C_1 \times \cdots \times C_m$ mit freien A–Algebren $C_1, \ldots, C_m$ vom Rang n, vgl. 33.7 und §39, Beispiel 6. Ist nun $y_j = (y_j^1, \ldots, y_j^m)$, $j \in J$, so ist $e_i y_j = y_j^i$. Nach Beispiel 1 ist

$$\mathrm{Diskr}_A^C(y_j^i)_{(i,j)\in I\times J} = \prod_{i=1}^m \mathrm{Diskr}_A^{C_i}(y_j^i)_{j\in J}\,.$$

Ferner ist offenbar

$$\mathrm{Diskr}_B^C(y_j)_{j\in J} = (\mathrm{Diskr}_A^{C_1}(y_j^1)_{j\in J}, \ldots, \mathrm{Diskr}_A^{C_m}(y_j^m)_{j\in J})$$

und folglich auch

$$\mathrm{N}_A^B(\mathrm{Diskr}_B^C(y_j)) = \prod_{i=1}^m \mathrm{Diskr}_A^{C_i}(y_j^i)_{j\in J}\,.$$

Im weiteren beschränken wir uns auf *kommutative* Algebren und verweisen für Bemerkungen zum nichtkommutativen Fall auf die Aufgaben.

Beispiel 4 (Diskriminanten zyklischer freier Algebren) Seien $\alpha \in A[X]$ ein normiertes Polynom vom Grade n und B die Restklassenalgebra

$$B = A[x] = A[X]/(\alpha)\,,$$

wobei x die Restklasse von X ist. Dann gilt

$$\mathrm{Diskr}(1, x, \ldots, x^{n-1}) = \mathrm{D}(\alpha) = (-1)^{\binom{n}{2}} \mathrm{N}_A^B(\alpha'(x))\,,$$

vgl. Satz 69.11 und die dort nachfolgende Bemerkung. *Die Diskriminante des Polynoms α stimmt also mit der Diskriminante der zyklischen Algebra B überein.*

Mit der Spurform läßt sich sehr einfach die Separabilität endlicher Algebren über Körpern charakterisieren:

94.1 Satz *Seien K ein Körper und B eine endliche kommutative K-Algebra. Genau dann ist die Spurform auf B nicht ausgeartet, wenn B separabel über K ist.*

Beweis. Nach einer Grundkörpererweiterung können wir annehmen, daß B über K zerfällt, und haben unter dieser Voraussetzung zu zeigen, daß die Spurform genau dann nicht ausgeartet ist, wenn B reduziert ist, vgl. §91, Beispiel 4. Ist B reduziert, so ist $B \cong K^r$ und $\Delta_K^B = (\Delta_K^K)^r = 1$. Die Umkehrung ergibt sich unmittelbar aus dem folgenden Lemma 94.2. •

94.2 Lemma *Seien K ein Körper und B eine endliche kommutative K-Algebra. Ist die Spurform von B über K nicht ausgeartet, so ist das Nilradikal von B gleich dem Nullideal.*

Beweis. Sei $x \in B$ ein Element des Nilradikals von B. Dann enthält xB nur nilpotente Elemente. Folglich ist $\mathrm{Sp}(xy) = 0$ für alle $y \in B$. Da nach Voraussetzung die Spurform nicht ausgeartet ist, folgt $x = 0$. •

Lemma 94.2 gilt (mit demselben Beweis) auch, wenn B nicht kommutativ ist (vgl. Anhang III.A für das Nilradikal von B in diesem Fall).

94.3 Korollar *Eine endliche Körpererweiterung $K \subseteq L$ ist genau dann separabel, wenn $\mathrm{Sp}_K^L \neq 0$ ist.*

Beweis. Ist $K \subseteq L$ separabel, so ist die Spurform nach 94.1 nicht ausgeartet und insbesondere ist $\mathrm{Sp}_K^L \neq 0$. Sei umgekehrt $\mathrm{Sp}_K^L(y) \neq 0$ für ein $y \in L$. Für ein beliebiges $x \in L$, $x \neq 0$, ist dann $\mathrm{Sp}_K^L(x \cdot (y/x)) = \mathrm{Sp}_K^L(y) \neq 0$, und die Spurform von L über K ist nicht ausgeartet. •

Beispiel 5 Seien B eine endliche kommutative separable Algebra über dem Körper K und $x_1, \ldots, x_n$ eine K–Basis von B. Ferner sei L ein Zerfällungskörper von B über K. Dann gibt es genau n verschiedene K–Algebra–Homomorphismen $\varphi_1, \ldots, \varphi_n$ von B in L, vgl. Satz 91.9. Nach 91.10 gilt $\mathrm{Sp}_K^B(x) = \sum_{i=1}^n \varphi_i(x)$, $x \in B$. Es folgt

$$\begin{aligned}\mathrm{Diskr}_K^B(x_1, \ldots, x_n) &= \begin{vmatrix} \mathrm{Sp}(x_1x_1) & \cdots & \mathrm{Sp}(x_1x_n) \\ \vdots & \ddots & \vdots \\ \mathrm{Sp}(x_nx_1) & \cdots & \mathrm{Sp}(x_nx_n) \end{vmatrix} \\ &= \begin{vmatrix} \sum \varphi_i(x_1)\varphi_i(x_1) & \cdots & \sum \varphi_i(x_1)\varphi_i(x_n) \\ \vdots & \ddots & \vdots \\ \sum \varphi_i(x_n)\varphi_i(x_1) & \cdots & \sum \varphi_i(x_n)\varphi_i(x_n) \end{vmatrix} \\ &= \begin{vmatrix} \varphi_1(x_1) & \cdots & \varphi_1(x_n) \\ \vdots & \ddots & \vdots \\ \varphi_n(x_1) & \cdots & \varphi_n(x_n) \end{vmatrix}^2 \neq 0\,.\end{aligned}$$

Vgl. hierzu das Lemma von Dedekind in §91, Beispiel 13.

Wir verallgemeinern den Begriff der Separabilität auf endliche freie kommutative Algebren:

Definition Sei B eine endliche freie kommutative A–Algebra. B heißt separabel (über A), wenn die Spurform Sp_A^B eine vollständige Dualität definiert.

Genau dann ist die endliche freie kommutative A–Algebra B separabel, wenn die Diskriminante Δ_A^B eine Einheit in A ist.

Eine Algebra B der Form $B = A[X]/(\alpha)$, wobei $\alpha \in A[X]$ ein normiertes Polynom vom Grade n ist, ist genau dann separabel, wenn das Polynom α separabel ist, vgl. Beispiel 4 und Satz 90.1.

Da die Diskriminante mit Grundringerweiterung verträglich ist, gewinnt man durch diesen Prozeß aus separablen Algebren stets wieder separable Algebren.

94.4 Satz *Sei B eine endliche freie kommutative A–Algebra. Folgende Aussagen sind äquivalent:*

(1) *B ist separabel über A.*

(2) *Die Spurabbildung $\mathrm{Sp}_A^B : B \to A$ ist eine B–Basis von $\mathrm{Hom}_A(B, A)$.*

(3) *Für jedes maximale Ideal $\mathbf{m} \subseteq A$ ist die Algebra $B/\mathbf{m}B$ separabel über dem Restekörper $A/\mathbf{m}$.*

Beweis. Sei x_i, $i \in I$, eine A–Basis von B. Eine Linearform $\eta : B \to A$ ist genau dann eine B–Basis von $\mathrm{Hom}_A(B, A)$, wenn die Formen $x_i\eta$, $i \in I$, eine A–Basis von $\mathrm{Hom}_A(B, A)$ bilden. Dies wiederum gilt genau dann, wenn die Determinante der Matrix $((x_i\eta)(x_j))_{i,j\in I} = (\eta(x_i x_j))_{i,j\in I}$ eine Einheit in A ist, vgl. 70.3. Das beweist die Äquivalenz von (1) und (2).

Die Äquivalenz von (1) und (3) ergibt sich daraus, daß die Diskriminante Δ_A^B von B über A genau dann eine Einheit ist, wenn ihre Restklassen in den Restekörpern $A/\mathbf{m}$, $\mathbf{m} \subseteq A$ maximales Ideal, alle von 0 verschieden sind. •

Aus 94.4 folgt insbesondere, daß eine endliche freie kommutative A–Algebra B genau dann separabel ist, wenn $B/\mathbf{m}_A B$ eine separable $(A/\mathbf{m}_A)$–Algebra ist, wobei $\mathbf{m}_A$ das Jacobson–Radikal von A ist, also der Durchschnitt aller maximalen Ideale von A.

Beispiel 6 Sei B eine endliche freie kommutative Algebra über dem kommutativen Ring A. Ferner seien $\mathbf{a}$ ein Nilideal in A und $\overline{A} := A/\mathbf{a}$. Nach der letzten Bemerkung ist B genau dann separabel über A, wenn die Algebra $\overline{B} := B/\mathbf{a}B$ separabel über $\overline{A}$ ist. Sei nun $\overline{B}$ zyklisch über $\overline{A}$, d.h. $\overline{B} = \overline{A}[\overline{x}]$ mit einer Restklasse $\overline{x} \in \overline{B}$, $x \in B$. Dann ist $1, \overline{x}, \ldots, \overline{x}^{n-1}$, $n := \mathrm{Rang}_{\overline{A}}\overline{B} = \mathrm{Rang}_A B$, eine $\overline{A}$–Basis von $\overline{B}$ und folglich $1, x, \ldots, x^{n-1}$ eine A–Basis von B, d.h. B ist ebenfalls zyklisch über A. Das Minimalpolynom α des erzeugenden Elementes x ist ein separables (normiertes) Polynom vom Grade n in $A[X]$. Bezeichnet $\mathrm{N}(\alpha)$ die Nullstellenmenge von α in B und $\mathrm{N}(\overline{\alpha})$ die Nullstellenmenge des kanonischen Bildes $\overline{\alpha} \in \overline{A}[X]$ in $\overline{B}$, so sind die Abbildungen

$$\mathrm{End}_{A\text{-Alg}} B \to \mathrm{N}(\alpha) \quad \text{und} \quad \mathrm{End}_{\overline{A}\text{-Alg}} \overline{B} \to \mathrm{N}(\overline{\alpha})$$

mit $\varphi \mapsto \varphi(x)$ und $\psi \mapsto \psi(\overline{x})$ bijektiv. Da nach dem Lemma 90.2 die kanonische Abbildung $\mathrm{N}(\alpha) \to \mathrm{N}(\overline{\alpha})$ bijektiv ist, gilt Entsprechendes für die kanonische Abbildung von $\mathrm{End}_{A\text{-Alg}} B$ in $\mathrm{End}_{\overline{A}\text{-Alg}} \overline{B}$. Wir haben bewiesen:

94.5 Satz *Seien B eine endliche freie kommutative separable A–Algebra und $\mathbf{a} \subseteq A$ ein Nilideal. Die Algebra $B/\mathbf{a}B$ sei zyklisch über $A/\mathbf{a}$. Dann ist der kanonische Monoid–Homomorphismus*

$$\mathrm{End}_{A\text{-Alg}} B \to \mathrm{End}_{(A/\mathbf{a})\text{-Alg}} B/\mathbf{a}B$$

ein Isomorphismus. Insbesondere ist der kanonische Gruppenhomomorphismus

$$\mathrm{Aut}_{A\text{-}\mathrm{Alg}} B \to \mathrm{Aut}_{(A/\mathbf{a})\text{-}\mathrm{Alg}} B/\mathbf{a}B$$

ein Isomorphismus.

Es sei ohne Beweis bemerkt, daß die Aussage 94.5 gültig bleibt, wenn auf die Voraussetzung, daß $B/\mathbf{a}B$ zyklisch über $A/\mathbf{a}$ ist, verzichtet wird.

Beispiel 7 (Die Sätze von Stickelberger) In einigen Fällen läßt sich die Feinstruktur der Spurform einer endlichen freien Algebra mit Hilfe von einfachen Merkmalen der Algebra selbst beschreiben. Wir behandeln hier endliche (freie) kommutative Algebren über den reellen Zahlen, über endlichen Körpern und über $\mathsf{A}_4 = \mathbb{Z}/(4)$ bzw. $\mathsf{A}_8 = \mathbb{Z}/(8)$ und beginnen mit einem einfachen Lemma:

94.6 *Sei B eine endliche kommutative Algebra über dem Körper K mit separabler Reduktion $B/\mathbf{n}_B$. Es seien $\mathbf{m}_1, \ldots, \mathbf{m}_r$ die (verschiedenen) maximalen Ideale in B; für jedes $\rho = 1, \ldots, r$ bezeichne L_ρ den Restekörper $B/\mathbf{m}_\rho$ und λ_ρ die Anzahl der zu $B/\mathbf{m}_\rho$ isomorphen Faktoren in einer Kompositionsreihe des B-Moduls B. Dann ist die Spurform Sp_K^B von B über K kongruent zur orthogonalen Summe der Formen $\lambda_\rho \mathrm{Sp}_K^{L_\rho}$, $\rho = 1, \ldots, r$, und der Nullform auf $\mathbf{n}_B$.*

Beweis. Zum Begriff der Kompositionsreihe vergleiche man Anhang V.E und insbesondere den Satz V.E.2 von Hölder. — Seien $B_1, \ldots, B_r$ die lokalen Komponenten von B, also $B \cong B_1 \times \cdots \times B_r$. Dann ist Sp_K^B die orthogonale Summe der Spurformen $\mathrm{Sp}_K^{B_\rho}$, $\rho = 1, \ldots, r$. Wir können also annehmen, daß B lokal ist mit dem Restekörper L und der Länge λ. Dann ist die separable Hülle B_{sep} von K in B isomorph zu L und B die direkte Summe von B_{sep} und $\mathbf{n}_B$, vgl. 91.14. Ferner ist λ die Dimension von B über dem Körper B_{sep}. Wegen $B = B_{\mathrm{sep}} \oplus \mathbf{n}_B$ folgt das Gewünschte, etwa nach 69.8. •

Ist K ein vollkommener Körper, so ist die Separabilitätsvoraussetzung in 94.6 stets erfüllt. Für den Fall $K = \mathbb{R}$ ergibt sich sofort:

94.7 Satz *Sei B eine endliche kommutative $\mathbb{R}$-Algebra. Dann ist die Spurform $\mathrm{Sp}_{\mathbb{R}}^B$ von B über $\mathbb{R}$ vom Typ $(r_1 + r_2, r_2)$, wobei r_1 die Anzahl der zu $\mathbb{R}$ und r_2 die Anzahl der zu $\mathbb{C}$ isomorphen Restekörper von B ist.*

Beweis. Wir bemerken, daß $\mathbb{R}$ und $\mathbb{C}$ die einzig möglichen Restekörper von B sind. Die Behauptung folgt dann aus 94.6, da die Spurform von $\mathbb{R}$ über $\mathbb{R}$ vom Typ $(1, 0)$ und die Spurform von $\mathbb{C}$ über $\mathbb{R}$ vom Typ $(1, 1)$ ist. •

Sei nun K ein endlicher Körper der Charakteristik $p \geq 3$. Jede nicht ausgeartete symmetrische Bilinearform auf einem endlichdimensionalen K-Vektorraum ist bis auf Kongruenz allein durch die Diskriminante d bestimmt: Ist d ein Quadrat in K, so ist die Form kongruent zur Form $[1, \ldots, 1, 1]$, andernfalls ist sie kongruent zur Form $[1, \ldots, 1, a]$, wobei a kein Quadrat in K ist, vgl. §71, Aufgabe 16a). Die Unterscheidung der beiden Fälle kann also einfach durch Angabe von $\Lambda(d)$ getroffen werden, wobei $\Lambda\colon K^\times \to \mathbb{Z}^\times$ der Legendre–Charakter ist, dessen Kern gerade die Quadrate in $K^\times$ bilden.

94.8 Satz *Seien K ein endlicher Körper der Charakteristik $p \geq 3$ und B eine endliche kommutative separable K-Algebra mit der Diskriminante $\Delta = \Delta_K^B$. Dann* *gilt*

$$\Lambda(\Delta) = (-1)^{n-r},$$

wobei $n := \mathrm{Dim}_K B$ *ist und* r *die Anzahl der lokalen Komponenten von* B.

Beweis. Ohne Einschränkung sei B lokal, also eine endliche Körpererweiterung L von K. Sei dann φ ein erzeugendes Element der Galois–Gruppe von L über K, beispielsweise $x \mapsto x^q$, wobei $q := \mathrm{Kard}\, K$ ist. Ist $x_1, \ldots, x_n$ eine K–Basis von L, so ist $\Delta = \delta^2$ mit

$$\delta := \begin{vmatrix} x_1 & \cdots & x_n \\ \varphi(x_1) & \cdots & \varphi(x_n) \\ \vdots & \ddots & \vdots \\ \varphi^{n-1}(x_1) & \cdots & \varphi^{n-1}(x_n) \end{vmatrix}$$

nach Beispiel 5. Wegen $\varphi^n = \mathrm{id}$ ist $\varphi(\delta) = (-1)^{n-1}\delta$. Folglich gehört δ genau dann zum Fixkörper K von φ, wenn $n-1$ gerade ist. Dies wiederum ist genau dann der Fall, wenn Δ ein Quadrat in K ist, und das ist die Behauptung. •

Die Spurformen für nichtseparable Algebren über endlichen Körpern der Charakteristik $p \geq 3$ lassen sich mit 94.6 und 94.8 analysieren.

Die Spurform einer endlichen kommutativen separablen Algebra über einem vollkommenen Körper der Charakteristik 2 besitzt stets eine Orthonormalbasis, vgl. Aufgabe 2. Sie enthält daher keine weiteren Informationen über die Algebra. Insbesondere gilt dies für endliche Körper der Charakteristik 2. Interessanter sind in dieser Hinsicht Algebren etwa über den Ringen $\mathsf{A}_4 = \mathbb{Z}/(4)$ oder $\mathsf{A}_8 = \mathbb{Z}/(8)$.

94.9 Satz *Sei* B *eine endliche freie kommutative* A_4*–Algebra. Dann ist die Diskriminante von* B *über* A_4 *gleich* 0 *oder* 1.

Beweis. Die lokalen Komponenten von B sind ebenfalls frei über $A := \mathsf{A}_4$. Wir können daher annehmen, daß B lokal ist. Wir unterscheiden zwei Fälle:

1. Fall: B ist separabel über A. Dann ist $L := B/2B$ eine (separable) Körpererweiterung von $K := \mathsf{A}_4/2\mathsf{A}_4 = \mathsf{K}_2$. Nach 94.5 ist der kanonische Gruppenhomomorphismus $\mathrm{Aut}_{A-\mathrm{Alg}} B \to \mathrm{Aut}_{K-\mathrm{Alg}} L \; (= \mathrm{G}_K(L))$ ein Isomorphismus. Seien x ein erzeugendes Element von B über A und φ ein erzeugendes Element von $\mathrm{Aut}_{A-\mathrm{Alg}} B$; dann ist

$$\chi_x = \mu_x = \prod_{i=1}^{n} (X - \varphi^i x), \quad n := \mathrm{Rang}_A B = \mathrm{Dim}_K L,$$

und $\Delta = \Delta_A^B = \delta^2$, $\delta := \prod_{1 \leq i < j \leq n} (\varphi^j x - \varphi^i x)$, vgl. Aufgabe 10. Es folgt $\delta \equiv 1 \mod 2B$, also $\Delta = (1+2z)^2 = 1 + 4(z+z^2) = 1$.

2. Fall: B ist nicht separabel über A. Dann ist $\mathbf{m}_B \neq 2B$. Es gibt eine A–Basis $x_1, \ldots, x_n$ von B derart, daß die Restklassen von $x_1, \ldots, x_m$ in $L := B/\mathbf{m}_B$ eine K–Basis von L bilden und $x_{m+1}, \ldots, x_n$ Elemente in $\mathbf{m}_B$ sind. Dabei ist $n = \mathrm{Dim}_K B/2B = mq$, wobei $q > 1$ die Länge des B–Moduls $B/2B$ ist. Für $m < i \leq n$ oder $m < j \leq n$ ist $\mathrm{Sp}_A^B(x_i x_j) \in 2A$. Ist also $n \geq m+2$, so sind in der Matrix $(\mathrm{Sp}(x_i x_j))$ die Elemente wenigstens zweier Zeilen alle in $2A$ und $\Delta = \mathrm{Det}(\mathrm{Sp}(x_i x_j)) \in 4A = 0$. Ist aber $n = m+1$, so ist $q = 1$, $n = 2$ und B

eine quadratische A–Algebra. Ist dann $1, x$ eine A–Basis von B mit $x^2 = \alpha + \beta x$, $\alpha, \beta \in A$, so ist $\Delta = \beta^2 + 4\alpha = \beta^2 = 0$. •

94.10 Korollar *Die Diskriminante einer kommutativen endlichen freien $\mathbb{Z}$–Algebra B ist kongruent 0 oder kongruent 1 modulo 4.*

Beweis. Die Diskriminante der A_4–Algebra $B/4B$ ist 0 oder 1 in A_4. •

94.11 Satz *Sei B eine endliche freie kommutative separable Algebra über $A := \mathsf{A}_8 = \mathbb{Z}/(8)$ mit der Diskriminante $\Delta \in \mathsf{A}_8$. Dann ist*

$$\left(\frac{\Delta}{2}\right) = (-1)^{n-r},$$

wobei $n := \mathrm{Rang}_A B$ ist, r die Anzahl der lokalen Komponenten von B und $\left(\frac{-}{2}\right)$ der quadratische Charakter $\mathsf{A}_8^\times \to \mathbb{Z}^\times$ mit

$$\left(\frac{d}{2}\right) = (-1)^{(d^2-1)/8} = \begin{cases} 1, & \text{falls } d \in \mathbb{Z} \text{ ungerade, } d = 1,7 \text{ in } \mathsf{A}_8, \\ -1, & \text{falls } d \in \mathbb{Z} \text{ ungerade, } d = 3,5 \text{ in } \mathsf{A}_8. \end{cases}$$

Beweis. Wir können wieder annehmen, daß B lokal ist. Sei $K := A/2A = \mathsf{K}_2$. Wie im ersten Fall des Beweises von 94.9 ist $\Delta = \delta^2$ mit $\delta := \prod_{1 \le i < j \le n}(\varphi^j x - \varphi^i x)$, wobei $B = A[x]$ ist und φ die Gruppe $\mathrm{Aut}_{A-\mathrm{Alg}} B \cong \mathrm{Aut}_{K-\mathrm{Alg}} B/2B$ erzeugt. Für φ wählen wir den Automorphismus, der modulo $2B$ das Quadrieren induziert: $\varphi y \equiv y^2$ modulo $2B$ für alle $y \in B$. Es ist $\delta = 1 + 2z$ mit einem $z \in B$ und

$$\Delta = \delta^2 = 1 + 4(z + z^2),$$

ferner $\varphi\delta = (-1)^{n-1}\delta$. Ist n ungerade, so ist $\delta = 1 + 2z = \varphi\delta = 1 + 2\varphi z$ oder $2(z - \varphi z) = 0$, woraus $z - \varphi z \in 2B$ folgt. Wegen $\varphi z \equiv z^2$ modulo $2B$ ergibt sich schließlich $z + z^2 \equiv 0$ modulo $2B$ und $\Delta = 1 + 4(z + z^2) = 1$. Ist jedoch n gerade, so ist $\varphi\delta = -\delta$ und daher $1 + 2z = -(1 + 2\varphi z)$ oder $2(z + \varphi z + 1) = 0$, woraus $z + z^2 + 1 \equiv 0$ modulo $2B$ und $\Delta = 5$ folgt. •

Beispiel 8 (Dedekindsche Komplementärmoduln) Wir betrachten eine kommutative Dedekind–Algebra B über A, vgl. §69, Aufgabe 23. Ist $K = \mathrm{Q}(A)$ der totale Quotientenring von A, so ist der totale Quotientenring $L := \mathrm{Q}(B) = B_{(K)}$ von B eine endliche freie K–Algebra, in die B eingebettet ist. Für jedes $x \in B$ liegt definitionsgemäß das charakteristische Polynom $\chi^L_{x,K}$ in $B[X]$. Wir setzen zusätzlich voraus, *daß L über K separabel ist.* Man sagt dann, B sei generisch separabel über A. Die Spurform $\mathrm{Sp} = \mathrm{Sp}^L_K$ definiert eine nicht ausgeartete symmetrische Bilinearform auf B, mit deren Hilfe wir für jeden torsionslosen A–Untermodul $U \subseteq L$ vom Rang $n := \mathrm{Rang}_K L$ gemäß §70, Aufgabe 19 den Komplementärmodul

$$U^c = \{x \in L : \mathrm{Sp}(xU) \subseteq A\}$$

definieren können. U^c ist in kanonischer Weise isomorph zum Dualmodul $\mathrm{Hom}_A(U, A)$ mittels $x \mapsto x\mathrm{Sp} = (y \mapsto \mathrm{Sp}(xy))$, $x \in U^c$. Ist U sogar ein B–Untermodul von L, was genau dann der Fall ist, wenn $U = \mathbf{b} \subseteq L$ ein gebrochenes Ideal ist (vgl. die Bemerkung zu §70, Aufgabe 19), so ist auch $U^c = \mathbf{b}^c$ ein solches gebrochenes Ideal. Es heißt das D e d e k i n d s c h e K o m p l e m e n t ä r i d e a l zu $\mathbf{b}$. Das Komplementärideal

$$\mathbf{C} = \mathbf{C}_A^B := B^c = \{x \in L : \mathrm{Sp}(xB) \subseteq A\}$$

zu B heißt der D e d e k i n d s c h e K o m p l e m e n t ä r m o d u l (von B über A) schlechthin. Ist B frei über A, so ist die Dualbasis zu einer A–Basis von B (bezüglich der Spur) eine A–Basis von $\mathbf{C}$. Insbesondere ist dann $\mathbf{C} \subseteq B \cdot (1/\Delta_A^B)$ wegen 48.3. Ist A ein normaler Integritätsbereich, so umfaßt $\mathbf{C}$ den ganzen Abschluß von B (oder A) in L, vgl. 56.15.

Weil $\mathrm{Sp}(x\mathbf{b}) \subseteq A$ mit $x\mathbf{b} \subseteq \mathbf{C}$ äquivalent ist, gilt

$$\mathbf{b}^c = \mathbf{b}_{\mathbf{C}}^{-1} := \{x \in L : x\mathbf{b} \subseteq \mathbf{C}\}$$

für jedes gebrochene Ideal $\mathbf{b} \subseteq L$.

Sei nun $\mathbf{C}$ ein invertierbares Ideal, d.h. es gelte $\mathbf{C}\mathbf{C}^{-1} = B$ mit $\mathbf{C}^{-1} = \{x \in L : x\mathbf{C} \subseteq B\}$, vgl. loc.cit. Dies ist genau dann der Fall, wenn $\mathbf{C} \cong \mathrm{Hom}_A(B, A) = \mathbf{C} \cdot \mathrm{Sp}$ ein projektiver B–Modul ist. Dann ist offenbar (!) $\mathbf{b}_{\mathbf{C}}^{-1} = \mathbf{b}^{-1}\mathbf{C}$, und wir erhalten die wichtigen Gleichungen

$$\mathbf{b}^c = \mathbf{b}^{-1}\mathbf{C}\,, \quad \mathbf{b}^{-1} = \mathbf{b}^c\mathbf{C}^{-1}$$

für jedes gebrochene Ideal $\mathbf{b} \subseteq L$, die mit Hilfe von $\mathbf{C}$ das B–Dual $\mathbf{b}^{-1} \cong \mathrm{Hom}_B(\mathbf{b}, B)$ auf das häufig leichter zu handhabende A–Dual $\mathbf{b}^c \cong \mathrm{Hom}_A(\mathbf{b}, A) = \mathbf{b}^c \cdot \mathrm{Sp}$ zurückführen.

Ist $\mathbf{C}$ invertierbar, so heißt B eine (generisch separable) Q u a s i – F r o b e n i u s – A l g e b r a über A; ist $\mathbf{C}$ sogar ein Hauptideal Bz, so heißt B eine F r o b e n i u s – A l g e b r a.

Sei beispielsweise B die zyklische A–Algebra $A[X]/(\alpha)$ mit dem normierten Polynom $\alpha \in A[X]$, ferner x die Restklasse von X. Nach 69.11 ist $\mathrm{Hom}_A(B, A) = B\eta = B \cdot \frac{\mathrm{Sp}}{\alpha'(x)}$ und B eine Frobenius–Algebra mit dem Dedekindschen Komplementärmodul $\mathbf{C}_A^B = B \cdot \frac{1}{\alpha'(x)}$.

Ist B projektive A–Algebra und definiert sogar $\mathrm{Sp}_A^B : B \times B \to A$ eine vollständige Dualität, so ist $\mathrm{Hom}_A(B, A) = B \cdot \mathrm{Sp}$ und $\mathbf{C}_A^B = B$, B also eine Frobenius–Algebra. In Verallgemeinerung der Definition in diesem Paragraphen nennt man auch solche Algebren B s e p a r a b e l (und gelegentlich auch é t a l e) über A.

Für $\mathbb{Z}$–Algebren sei auf das Beispiel 5 in §77 und die Bemerkung zur Aufgabe 23 in §77 hingewiesen.

Bemerkung 1 Neben der Spurform sind häufig auch andere Bilinearformen zur Untersuchung endlicher Algebren nützlich. Man vergleiche etwa die Arbeit: G. Scheja, U. Storch, Quasi–Frobenius–Algebren und lokal vollständige Durchschnitte, manuscripta math. **19**, 75–104 (1976).

Aufgaben

1. Seien B eine endliche kommutative freie A–Algebra und C eine endliche kommutative freie B–Algebra, jeweils positiven Ranges. Genau dann ist C eine separable A–Algebra, wenn B eine separable A–Algebra ist und C eine separable B–Algebra. (94.4(3) oder die Schachtelungsformel in Beispiel 3.)

2. Sei B eine endliche kommutative separable Algebra über dem Körper K der Charakteristik 2. Dann besitzt die Spurform von B über K eine Orthogonalbasis, ist K vollkommen, sogar eine Orthonormalbasis. (Es ist $B = K[B^2]$, §91, Aufgabe 18. Ferner benutze man §71, Aufgabe 35.)

3. Sei B eine endliche kommutative $\mathbb{R}$–Algebra. Genau dann ist die Spurform von B über $\mathbb{R}$ positiv definit, wenn B separabel ist und über $\mathbb{R}$ zerfällt, d.h. wenn $B \cong \mathbb{R}^n$ ist, $n := \mathrm{Dim}_{\mathbb{R}} B$.

4. Sei $f \in \mathbb{R}[X]$ ein normiertes Polynom. Genau dann sind alle Nullstellen von f reell und einfach, wenn die Spurform auf der $\mathbb{R}$–Algebra $\mathbb{R}[X]/(f)$ positiv definit ist.

5. Ein normiertes Polynom aus $\mathbb{R}[X]$ vom Grade ≤ 3 hat genau dann nur (nicht notwendig einfache) reelle Nullstellen, wenn seine Diskriminante ≥ 0 ist, und genau dann nur reelle Nullstellen, die überdies einfach sind, wenn seine Diskriminante > 0 ist.

6. Sei $f \in K[X]$ ein normiertes Polynom vom Grade n über dem endlichen Körper K der Charakteristik ≥ 3. Genau dann hat f keine mehrfachen Faktoren, wenn die Diskriminante $\mathrm{D}(f)$ von f von 0 verschieden ist. In diesem Fall gilt $\Lambda(\mathrm{D}(f)) = (-1)^{n-r}$, wobei $\Lambda : K^\times \to \mathbb{Z}^\times$ der Legendre–Charakter von K ist und r die Anzahl der verschiedenen irreduziblen Faktoren von f.

7. Sei B eine kommutative endliche freie $\mathbb{Z}$–Algebra mit Diskriminante $\Delta \neq 0$. Für die Primzahl p gelte $p|\Delta$, $p^2 \nmid \Delta$. Dann sind die lokalen Komponenten von B/pB alle unverzweigt über $\mathsf{K}_p = \mathbb{Z}/\mathbb{Z}p$ mit genau einer Ausnahme, die quadratisch und isomorph zu $\mathsf{K}_p[\epsilon] = \mathsf{K}_p[X]/(X^2)$ ist, $\epsilon^2 = 0$. (Man schließe ähnlich wie beim Beweis von 94.9, 2. Fall.)

8. (Quadratisches Reziprozitätsgesetz) Sei p eine ungerade Primzahl. Den Legendre–Charakter $\Lambda : \mathsf{K}_p^\times \to \mathbb{Z}^\times$ bezeichnen wir wie üblich mit dem Legendre–Symbol $a \mapsto \left(\frac{a}{p}\right)$.

a) Für jede ungerade natürliche Zahl n, die nicht von p geteilt wird, gilt

$$\left(\frac{(-1)^{\frac{n-1}{2}} n}{p}\right) = (-1)^r, \quad r := \sum_{\substack{d|n \\ d\neq 1}} \frac{\varphi(d)}{\mathrm{s}_p(d)},$$

wobei $\mathrm{s}_p(d)$ die Ordnung von p in $(\mathbb{Z}/\mathbb{Z}d)^\times$ ist. (Man wende 94.8 auf die K_p–Algebra $\mathsf{K}_p[X]/(X^n - 1)$ an und benutze das Ergebnis von §59, Aufgabe 14.)

b) Man setze in a) für n eine von p verschiedene ungerade Primzahl q ein und gewinne damit das quadratische Reziprozitätsgesetz

$$\left(\frac{q}{p}\right)\left(\frac{p}{q}\right) = (-1)^{\frac{p-1}{2}\cdot\frac{q-1}{2}} .$$

c) Man setze in a) für n die Zahl $(p+1)/2$ bei $p \equiv 1(4)$ bzw. die Zahl $(p-1)/2$ bei $p \equiv 3(4)$ ein und gewinne damit den Ergänzungssatz

$$\left(\frac{2}{p}\right) = (-1)^{\frac{p^2-1}{8}} = \left(\frac{p}{2}\right) .$$

(Bei $p \equiv 1(4)$ und $d \neq 1$ ist $\mathrm{s}_p(d) = 2$.)

(Bemerkung. Dieser Beweis des quadratischen Reziprozitätsgesetzes und des Ergänzungssatzes stammt von Mirimanoff–Hensel.)

9. Seien B eine endliche freie kommutative Algebra über dem kommutativen Ring A und $\mathbf{a}$ ein Ideal in A, das im Jacobson–Radikal $\mathbf{m}_A$ von A liegt. Ferner werde $\overline{B} := B/\mathbf{a}B$ als Algebra über $\overline{A} := A/\mathbf{a}$ aufgefaßt.

a) Genau dann ist B eine zyklische Algebra, d.h. von der Form $B = A[x]$, wenn dies für $\overline{B}$ als $\overline{A}$–Algebra gilt. Genau dann ist $x \in B$ ein primitives Element von B über A, wenn die Restklasse $\overline{x} \in \overline{B}$ ein primitives Element von $\overline{B}$ über $\overline{A}$ ist.

b) Genau dann ist B separabel über A, wenn $\overline{B}$ separabel über $\overline{A}$ ist. (Vgl. 94.4.)

10. Seien A ein kommutativer lokaler Ring, dessen maximales Ideal $\mathbf{m}$ ein Nilideal ist, und B eine endliche freie kommutative A–Algebra. $L := B/\mathbf{m}B$ sei ein Galois–Erweiterungskörper des Restekörpers $K := A/\mathbf{m}$ von A. Wir setzen $G := \mathrm{Aut}_{A\text{-Alg}}B$ und $\overline{G} := \mathrm{G}_K(L)$. Dann gilt: B ist eine zyklische separable A–Algebra. Der kanonische Homomorphismus $G \to \overline{G}$ ist ein Isomorphismus. Für jedes $x \in B$ ist

$$\chi_x = \prod_{\varphi \in G} (X - \varphi(x))$$

und insbesondere $\mathrm{N}_A^B(x) = \prod_{\varphi\in G} \varphi(x)$ und $\mathrm{Sp}_A^B(x) = \sum_{\varphi \in G} \varphi(x)$. Ist $x_1, \ldots, x_n$ eine A–Basis von B und ist $G = \{\varphi_1, \ldots, \varphi_n\}$, so ist

$$\Delta_A^B = \delta^2 \quad \text{mit} \quad \delta = \mathrm{Det}(\varphi_i(x_j))_{1\leq i,j\leq n} .$$

Ferner ist A der Fixring von B unter der natürlichen Operation von G. (Zum Beweis der letzten Aussage wähle man $x_1 := 1$.)

11. Sei B eine endliche freie A–Algebra. Mit B^{e} bezeichnen wir die sogenannte einhüllende Algebra $B \otimes_A B^{\mathrm{op}}$. Ferner sei μ die Multiplikationsabbildung

$$B^{\mathrm{e}} = B \otimes_A B^{\mathrm{op}} \to B$$

mit $\mu(x \otimes y) = xy$. (Ist B nicht kommutativ, so ist μ kein Ringhomomorphismus.) Der Kern von μ ist ein B^{e}–Links–Ideal I_B, das von den Elementen $1 \otimes b - b \otimes 1$, $b \in B$, erzeugt wird. (Beweis! Vgl. §87, Aufgabe 6.) Bezüglich dieser Darstellung von B fassen wir B als (zyklischen) B^{e}–Modul auf. κ bezeichne den kanonischen Homomorphismus

$$B^{\mathrm{e}} = B \otimes B^{\mathrm{op}} \to \mathrm{End}_A B$$

mit $\kappa(x \otimes y) = (w \mapsto \mathrm{Sp}(wx)y)$. (Dieser ist B^{e}–linear, wenn $\mathrm{End}_A B$ die durch $(x \otimes y)f := \rho_y \circ f \circ \rho_x$, $x, y \in B$, $f \in \mathrm{End}_A B$, definierte B^{e}–Modul–Struktur trägt, wobei ρ_z für $z \in B$ die Multiplikation mit z von rechts ist.)

Definiere nun überdies die Spurform Sp_A^B eine vollständige Dualität. Dann ist κ bijektiv, vgl. 88.15. Für eine A–Basis x_i, $i \in I$, von B bezeichne x_i', $i \in I$, stets die dazu duale Basis bezüglich der Spurform. Es gilt also $\mathrm{Sp}(x_i x_j') = \delta_{ij}$, $i, j \in I$. Das Element

$$\omega := \sum_{i \in I} x_i \otimes x_i' \in B^e$$

ist wegen $\kappa(\omega) = \mathrm{id}_B$ unabhängig von der Wahl der Basis (x_i).

a) Für beliebige $x \in B$ ist

$$x = \sum_{i \in I} \mathrm{Sp}(x x_i') x_i = \sum_{i \in I} \mathrm{Sp}(x x_i) x_i', \quad \mathrm{Sp}\, x = \sum_{i \in I} \mathrm{Sp}(x x_i x_i') = \sum_{i \in I} \mathrm{Sp}(x x_i' x_i).$$

b) Es ist $\mu(\alpha\omega) = \mu(\alpha)$ und $\kappa(\alpha\omega) = \rho_{\mu(\alpha)}$ für alle $\alpha \in B^e$.

c) Es ist $\omega^2 = \omega$, $\mathrm{I}_B = \mathrm{Ann}_{B^e}\omega = B^e(1-\omega)$ und $B^e = B^e(1-\omega) \oplus B^e\omega$. Insbesondere spaltet die Sequenz $0 \to \mathrm{I}_B \to B^e \xrightarrow{\mu} B \to 0$ als Sequenz von B^e–Moduln auf. Ist B kommutativ, so ist $B^e = B_{(B)}$ als B–Algebra isomorph zum Produkt der beiden B–Algebren $B^e/\mathrm{I}_B = B^e/(1-\omega) \cong B$ und $B^e/(\omega)$.

d) Sei $\mu^{\mathrm{op}}: B^e \to B$ definiert durch $x \otimes y \mapsto yx$. Dann ist $\mu^{\mathrm{op}}(\omega) = 1$ und $\mathrm{Kern}\, \mu^{\mathrm{op}} = (1-\omega)B^e$. Ferner gilt: $\mu^{\mathrm{op}}(\omega\alpha) = \mu^{\mathrm{op}}(\alpha)$ und $\kappa(\omega\alpha) = \lambda_{\mu^{\mathrm{op}}(\alpha)}$ für alle $\alpha \in B^e$.

(Bemerkung. Alle Ergebnisse dieser Aufgabe übertragen sich auf den Fall, daß B eine endliche projektive A–Algebra mit Rang ist. Man hat dann $\omega \in B^e$ als das Element mit $\kappa(\omega) = \mathrm{id}_B$ zu *definieren* (unter der Voraussetzung, daß Sp_A^B eine vollständige Dualität definiert). Man beachte, daß im kommutativen Fall die B–Algebra $B^e/(\omega)$ im allgemeinen nur projektiv ist, auch dann, wenn B freie A–Algebra ist.)

12. Wir übernehmen die Bezeichnungen der Aufgabe 11. Überdies sei B *kommutativ*. Für ein $\alpha \in B^e$ ist $\kappa(\alpha)$ genau dann B–linear, also eine Homothetie mit einem Element aus B, wenn $\mathrm{I}_B\alpha = 0$, d.h. $\alpha \in \mathrm{Ann}_{B^e}\mathrm{I}_B$ ist. In diesem Fall ist $\kappa(\alpha) = \mu(\alpha)\mathrm{id}_B$. (Ist B separabel über A, folgt das Ergebnis sofort aus Aufgabe 11. Im allgemeinen Fall rechne man zum Beweis der Gleichung $\kappa(\alpha) = \mu(\alpha)\mathrm{id}_B$, d.h. der Gleichung $\kappa(\alpha)(1) = \mu(\alpha)$ für ein $\alpha \in \mathrm{Ann}\, \mathrm{I}_B$ explizit mit den Stukturkonstanten bezüglich einer A–Basis von B.)

13. Wir übernehmen die Bezeichnungen der Aufgabe 11. Überdies sei B *kommutativ*. Spaltet die Sequenz $0 \to \mathrm{I}_B \to B^e \xrightarrow{\mu} B \to 0$ als Sequenz von B^e–Moduln auf, d.h. wird I_B als B^e–Ideal von einem idempotenten Element ω' erzeugt, so ist B separabel über A. (Nach Aufgabe 12 ist $\kappa(1-\omega') = \mathrm{id}_B$. — Für die Umkehrung vgl. man Aufgabe 11c).)

14. Sei B eine kommutative freie (oder projektive) separable A–Algebra vom Rang n. Dann gibt es eine kommutative endliche projektive (und separable) A–Algebra A' eines Ranges $n!$ derart, daß die durch Grundringerweiterung $A \to A'$ gewonnene A'–Algebra $B' = B_{(A')}$ isomorph zur Produktalgebra A'^n ist. (Mit Hilfe von Aufgabe 11c) spalte man sukzessive einen freien Faktor ab. — Analog zum Fall eines Körpers nennt man A' eine z e r f ä l l e n d e A l g e b r a für B.)

15. Sei B eine kommutative freie A–Algebra des Ranges n. Genau dann ist die Diskriminante Δ ein Nichtnullteiler in A, wenn es einen kommutativen Erweiterungsring $A' \supseteq A$ gibt derart, daß $B' = B_{(A')}$ als A'-Algebra isomorph zur Produktalgebra A'^n ist. (Die Algebra B_Δ über A_Δ ist separabel. — Ist $\Delta = \Delta_A^B$ ein Nichtnullteiler, so sagt man auch, B sei generisch separabel über A, vgl. Beispiel 8.)

16. Seien B eine kommutative freie (oder projektive) separable A-Algebra und $\mathbf{b} \subseteq B$ ein Ideal derart, daß die Restklassenalgebra $B/\mathbf{b}$ ebenfalls frei (oder projektiv mit Rang) ist. Dann wird $\mathbf{b}$ von einem idempotenten Element $e \in B$ erzeugt, und B ist folglich isomorph zum Produkt der Algebren $B/\mathbf{b} = B/Be$ und $B/B(1-e)$. Insbesondere ist $B/\mathbf{b}$ ebenfalls separabel. (Mit Hilfe von Aufgabe 14 reduziere man auf den Fall, daß B eine Produktalgebra A^n ist. Man beachte dazu §48, Aufgabe 21. Die Separabilität von $B/\mathbf{b}$ ergibt sich auch direkt mit dem Kriterium 94.4(3).)

17. Seien K ein Körper der Charakteristik 0 und B eine endliche (nicht notwendig kommutative) K-Algebra. Genau dann definiert die Spurform auf B eine vollständige Dualität, wenn B isomorph ist zu einem endlichen Produkt von Matrizenalgebren $\mathsf{M}_n(L)$, wobei L jeweils ein Divisionsbereich ist, der endlich über K ist (wenn also B eine halbeinfache K-Algebra ist, vgl. Anhang V.G, Korollar V.G.13). (Die Spurform auf solch einer Matrizenalgebra definiert eine vollständige Dualität: Wegen $\mathsf{M}_n(L) = L \otimes_K \mathsf{M}_n(K)$ genügt es, L zu betrachten. Da das Zentrum $\mathrm{Z}(L)$ separabel über K ist, genügt es, den Fall $K = \mathrm{Z}(L)$ zu behandeln. In diesem Fall ist aber $L \otimes_K L^{\mathrm{op}} \cong \mathsf{M}_m(K)$, $m := \mathrm{Dim}_K L$, vgl. §80, Aufgabe 20. — Definiert umgekehrt die Spurform auf B eine vollständige Dualität, so ist $\mathbf{m}_B = 0$ und B halbeinfach nach V.G.13. — Ist $\mathrm{Char}\, K > 0$ und die Spurform Sp_K^B nicht ausgeartet, so ist B immer noch endliches Produkt von Matrizenalgebren $\mathsf{M}_n(L)$ mit über K endlichen Divisionsbereichen L, deren Zentrum über K separabel ist (Beweis!). Hiervon gilt aber im allgemeinen nicht die Umkehrung, da schon auf einer Matrizen-Algebra $\mathsf{M}_n(K)$ die Spurform die Nullform ist, wenn n ein Vielfaches von $\mathrm{Char}\, K$ ist. Im Fall der Charakteristik > 0 definiert man daher die Separabilität für nichtkommutative Algebren nicht mit Hilfe der Spurform. Eine Möglichkeit der Definition ergibt sich aus Aufgabe 11: Sei B eine endliche freie (nicht notwendig kommutative) A-Algebra. B heißt separabel über A, wenn die kanonische Sequenz

$$0 \to \mathrm{I}_B \to B \otimes_A B^{\mathrm{op}} \xrightarrow{\mu} B \to 0\,,$$

wobei μ die Multiplikation $x \otimes y \mapsto xy$ ist, als Sequenz von $B \otimes_A B^{\mathrm{op}}$-Links-Moduln aufspaltet. Wir wollen diesen allgemeinen Fall nicht weiterverfolgen und verweisen etwa auf [8]. B ist nach Aufgabe 11c) immer dann separabel, wenn die Spurform Sp_A^B eine vollständige Dualität definiert, d.h. wenn die Diskriminante Δ_A^B eine Einheit ist, also in $A^\times/{}^2A^\times$ liegt.)

18. Seien G eine endliche Gruppe der Ordnung n und B die Gruppenalgebra $A[G] = \sum_\sigma A\sigma$. Für $\sigma, \tau \in G$ ist $\mathrm{Sp}_A^B(\sigma\tau) = n\delta_{\sigma,\tau^{-1}}$. Folgerungen. (1) Es ist $\Delta_A^B = \epsilon n^n$, wobei $\epsilon := (-1)^{(n-r)/2}$, $r :=$ Anzahl der involutorischen Elemente in G, das Vorzeichen der Permutation $\sigma \mapsto \sigma^{-1}$ von G ist. (2) Ist n eine Einheit in A, so sind die Basen $(\sigma)_{\sigma\in G}$ und $(\sigma^{-1}/n)_{\sigma\in G}$ dual (bezüglich der Spur). (Man vergleiche den Satz von Maschke V.G.17.)

19. Die Diskriminante der Quaternionenalgebra $\mathbb{H}(A)$ über A (§28, Beispiel 3) ist

-2^8, die der Hurwitzschen Quaternionen H' über $\mathbb{Z}$ (§28, Aufgabe 8) ist -2^6. Ist 2 eine Einheit in A, so sind die Basen $1/2, i/2, j/2, k/2$ und $1/2, -i/2, -j/2, -k/2$ dual (bezüglich der Spur).

20. Für eine endliche freie A-Algebra B mit nicht ausgearteter Spurform ist $\mathbf{n}_B = \mathbf{n}_A B$. (Man betrachte die $(A/\mathbf{n}_A)$-Algebra $B/\mathbf{n}_A B$.)

Literatur

Mit den folgenden Angaben setzen wir das Literatur- und Quellenverzeichnis des ersten Teils fort.

[40] B a u e r, H.: Wahrscheinlichkeitstheorie und Grundzüge der Maßtheorie. 2. Aufl. Berlin 1974 (3. Aufl. 1977)

[41] B o u r b a k i, N.: Algèbre commutative. Chap. 1 à 5. Paris 1961/64

[42] B r a e s s, D.: Nonlinear Approximation Theory. Berlin 1986. = Springer Series in Computational Mathematics 7

[43] B r i e s k o r n, E.: Lineare Algebra und Analytische Geometrie. Bd I, II. Braunschweig 1983/85

[44] D i e u d o n n é, J.: La Géométrie des Groupes Classiques. 3me Ed. Berlin 1971. = Ergebnisse der Mathematik und ihrer Grenzgebiete Bd. 5

[45] G r e u b, W. H.: Multilinear Algebra. Berlin 1967. = Die Grundlehren der mathematischen Wissenschaften in Einzeldarstellungen Bd. 136

[46] H a s s e, H.: Zahlentheorie. 2. Aufl. Berlin 1963

[47] H e u s e r, H.: Lehrbuch der Analysis. Teil 1, 2. Stuttgart 1980/81 (4. bzw. 3. Aufl. 1986)

[48] K a p l a n s k y, I.: Infinite Abelian Groups. Ann Arbor 1954

[49] K a p l a n s k y, I.: Commutative Rings. Boston 1970

[50] M i l n o r, J.; H u s e m o l l e r, D.: Symmetric Bilinear Forms. Berlin 1973. = Ergebnisse der Mathematik und ihrer Grenzgebiete Bd. 73

[51] N a g a t a, M.: Local Rings. New York 1962

[52] N a r k i e w i c s, W.: Elementary and Analytic Theory of Algebraic Numbers. Warschau 1974. = Polish Sci. Publ. Vol. 57

[53] R e i f f e n, H.-J.; T r a p p, H. W.: Einführung in die Analysis I, II, III. Mannheim 1972/73. = B.I.-Hochschultaschenbücher Bd. 776, 786, 787

[54] T s c h e b o t a r ö w, N. G.: Grundzüge der Galoisschen Theorie. Groningen 1950

[55] W i e l a n d t, H.: Finite Permutation Groups. New York 1964

Verzeichnis einiger Symbole

Namen– und Sachverzeichnis